東洋人物
レファレンス事典

政治・外交・軍事篇

日外アソシエーツ

BIOGRAPHY INDEX

6,911 Oriental Rulers, Statesmen, Diplomats and Soldiers,
Appearing in 300 Volumes of
100 Biographical Dictionaries and Encyclopedias

Compiled by
Nichigai Associates, Inc.

©2014 by Nichigai Associates, Inc.

Printed in Japan

本書はディジタルデータでご利用いただくことが
できます。詳細はお問い合わせください。

●編集担当● 城谷 浩
装 丁：赤田 麻衣子

刊行にあたって

　本書は、古代から現代までの東洋（日本を除く東アジア・東南アジア・中央アジア）の政治・外交・軍事分野の人物が、どの事典にどのような名前で掲載されているかが一覧できる総索引である。
　人物について調べようとするとき、事典類が調査の基本資料となる。しかし、人名事典、百科事典から専門事典まで、数多くの事典類の中から、特定の人物がどの事典のどこに掲載されているかを把握することは容易ではない。そうした人物調査に役立つ総索引ツールとして、小社では「人物レファレンス事典」シリーズを刊行してきた。外国人を対象とした「外国人物レファレンス事典」シリーズでは、索引対象の事典が多く、収録人名も膨大なため、「古代－19世紀」「古代－19世紀 第Ⅱ期（1999-2009）」「20世紀」「20世紀 第Ⅱ期（2002-2010）」の4篇を刊行している。それぞれ「欧文名」「漢字名」、五十音順で引く「索引」の3部で構成され、時代や地域に応じてご活用いただいているが、特定分野の人物を広範に調べるためには、4篇すべてを検索する必要があった。
　本書では、100種300冊の事典から、皇帝、政治家、外交官、軍人、革命家など、政治・外交・軍事に関わる人物を幅広く収録した。収録対象は、古代中国の三皇五帝から現代の政治家まで、幅広い時代・地域にわたる。人名見出しには、人物同定に必要な活動年代、国・王朝、職業・肩書、在位・在職年などを簡潔に示した。収録人数は6,911人におよび、東洋の政治・外交・軍事分野の最大の人名事典としても使える。本文は漢字・カナ表記の五十音順とし、欧文索引、漢字画数順索引を巻末に付し、検索の便を図った。
　なお、西洋の政治・外交・軍事分野の人物は「西洋人物レファレンス事典 政治・外交・軍事篇」に収録している。両書を併用すれば世界史上の人物2.4万人を調査できる。併せてご利用いただきたい。
　本書が、東洋の政治・外交・軍事分野に関する人物調査の基本ツールとして、図書館・研究機関等で広く利用されることを期待したい。

　2014年6月

　　　　　　　　　　　　　　　　　　　　　　　　日外アソシエーツ

凡　例

1．本書の内容

　本書は、国内で刊行された人物事典、百科事典、歴史事典に掲載されている、東洋の政治・外交・軍事分野の人物の総索引である。見出し人名のもとに、活動年代（世紀）、地域・国名、職業・肩書、業績など、人物の特定に最低限必要なプロフィールを記載し、その人物が掲載されている事典、その事典での見出し表記、生没年を示した。

2．収録範囲と人数

　(1) 100種300冊の事典に掲載されている、皇帝・王などの君主、大統領・首相・閣僚・議員などの政治家、外交官・使節、武将・軍人、革命家・独立運動家・民主化運動家などの政治活動家など、古代から現代までの東洋の政治・外交・軍事分野の人物を収録した。

　(2) 収録対象事典の詳細は「収録事典一覧」に示した。
なお、刊行当時の要人名鑑の性格をもつ事典（『韓国人名録』『中国重要人物事典』『中国人名事典』『中国のニューリーダー』の4種）にのみ掲載されている人物は、原則として収録対象外とした。

　(3) 東洋の収録範囲は、中国・朝鮮など日本を除く東アジア、東南アジア、中央アジアの各地域である。インド以西は「西洋人物レファレンス事典　政治・外交・軍事篇」に収録している。

　(4) 収録人数は6,911人、事典項目数はのべ28,553項目である。

3．記載事項

　(1) 人名見出し

　　1) 漢字またはカタカナによる日本語表記を見出しとし、同一人物は一項目にまとめた。日本語表記は、多くの事典に掲載されている一般的な人名を代表表記として採用した。

2）漢字表記には読みを、カタカナ表記には欧文表記を併記した。読み・欧文表記は、多くの事典に掲載されているものを代表として挙げた。なお、韓国・朝鮮人名は民族読みを優先して採用した。

3）事典に漢字表記の読みの記載がない人名については、編集部で適切と思われる読みを補記し、末尾右肩に＊を付した。

4）代表読みと同音の漢字異表記、またカタカナ表記に対応する漢字表記がある場合は、代表表記の後に（ ）で囲んで示した。

　　（例）　**王仙芝**（王仙之）
　　　　　　ホー・チ・ミン（胡志明）

5）代表読みに対し、清濁音・拗促音の差のある読みがある場合は、代表読みの後に「，」で区切って示した。

　　（例）　**西太后**　せいたいこう，せいたいごう

(2) 参照見出し

　見出しの表記・読みとは異なる別名・別読みからは、参照項目を立てた。

(3) 人物説明

　人物の活動年代（世紀）、地域・国名・王朝、職業・肩書、別名、在位・在職年、業績などを簡潔に記載した。

(4) 掲載事典

1）その人物が掲載されている事典を ⇒ の後に略号で示した。

2）略号の後に、各事典における人名見出し・生没年を（ ）内に示した。カタカナ・欧文見出しの姓名倒置の形式は「姓，名」に統一した。

3）生没年に複数の説がある場合は、／(スラッシュ)で区切って示した。

4）紀元前は生没年の先頭に「前」で示した。紀元後を示す「後」は、紀元前に生まれ紀元後に没した人物の没年のみに示した。

5）事典に生没年の記載がなく、活動年代、在位年などが記載されている場合は、年の前に（活動）（在位）のように示した。

4．排　列

(1) 人名見出しを姓・名一体として五十音順に排列した。
(2) 同音の場合は、同じ表記のものをまとめた。
(3) 表記まで一致する人物は、おおむね活動年代順とした。
(4) 掲載事典は、略号の五十音順に記載した。

5．収録事典一覧（巻頭）
　(1) 本書で索引対象にした事典の一覧を (7) 〜 (9) ページの「収録事典一覧」に示した。本文で使用した掲載事典の略号の後に、書名、出版社、刊行年月を記載した。
　(2) 掲載順は略号の五十音順とした。

6．索引（巻末）
　(1) 欧文索引
　　1) 事典に掲載されている各人名の欧文表記を ABC 順に排列した。キリル表記は ABC 順の末尾にまとめた。
　　2) 本文の見出しとその掲載ページを → に続けて示した。
　(2) 漢字画数順索引
　　1) 本文の見出し、および異表記・参照に挙げた漢字表記を画数順（画数が同じ場合は部首順）に排列した。見出しと異なる漢字表記からは、見出しを → に続けて示した。
　　2) 本文の見出し読みとその掲載ページを示した。

収録事典一覧

略号	書名	出版社	刊行年
逸話	世界人物逸話大事典	角川書店	1996.6
岩ケ	岩波=ケンブリッジ世界人名辞典	岩波書店	1997.12
岩哲	岩波哲学・思想事典	岩波書店	1998.3
イン	インド仏教人名辞典	法蔵館	1987.3
旺世	旺文社 世界史事典 3訂版	旺文社	2000.10
音大	音楽大事典（1～5）	平凡社	1981.10～1983.12
外国	外国人名事典	平凡社	1954.12
海作4	最新海外作家事典 新訂第4版	日外アソシエーツ	2009.7
外女	外国映画人名事典 女優篇	キネマ旬報社	1995.6
科史	科学史技術史事典	弘文堂	1983.3
科人	科学者人名事典	丸善	1997.3
華人	華僑・華人事典	弘文堂	2002.6
角世	角川世界史辞典	角川書店	2001.10
看護	看護人名辞典	医学書院	1968.12
韓国	現代韓国人名録	日外アソシエーツ	1993.12
教育	教育人名辞典	理想社	1962.2
キリ	キリスト教人名辞典	日本基督教団出版局	1986.2
近中	近代中国人名辞典	霞山会	1995.9
経済	経済思想史辞典	丸善	2000.6
芸術	世界芸術家辞典	順天出版	2006.7
現人	現代人物事典	朝日新聞社	1977.3
広辞4	広辞苑 第4版	岩波書店	1991.11
広辞5	広辞苑 第5版	岩波書店	1998.11
広辞6	広辞苑 第6版	岩波書店	2008.1
皇帝	世界皇帝人名辞典	東京堂出版	1977.9
国史	国史大辞典（1～15）	吉川弘文館	1979.3～1997.4
国小	ブリタニカ国際大百科事典 小項目事典（1～6）	TBSブリタニカ	1972.9～1974.12
国百	ブリタニカ国際大百科事典（1～20）	TBSブリタニカ	1972.5～1975.8
コン2	コンサイス外国人名事典 改訂版	三省堂	1990.4
コン3	コンサイス外国人名事典 第3版	三省堂	1999.4
最世	最新ニュースがわかる世界人名事典	学習研究社	2003.2
三国	三国志人物事典（上,中,下）（講談社文庫）	講談社	2009.3
三全	三国志全人物事典	G.B.	2007.10

略号	書　名	出版社	刊行年
詩歌	和漢詩歌作家辞典	みづほ出版	1972.11
思想	20世紀思想家事典	誠信書房	2001.10
児文	児童文学事典	東京書籍	1988.4
集世	集英社世界文学事典	集英社	2002.2
集文	集英社世界文学大事典（1～4）	集英社	1996.10～1998.1
シル	シルクロード往来人物辞典	同朋舎出版	1989.4
シル新	シルクロード往来人物辞典 新版	昭和堂	2002.11
新美	新潮世界美術辞典	新潮社	1985.2
人物	世界人物事典	旺文社	1967.11
数学	世界数学者人名事典	大竹出版	1996.11
数学増	世界数学者人名事典 増補版	大竹出版	2004.4
スパ	スーパーレディ1009（上,下）	工作舎	1977.11～1978.1
西洋	岩波西洋人名辞典 増補版	岩波書店	1981.12
世科	世界科学者事典（1～6）	原書房	1985.12～1987.12
世宗	世界宗教用語大事典 コンパクト版2007（上,下）	新人物往来社	2007.9
世女	世界女性人名大辞典 マクミラン版	国書刊行会	2005.1
世女日	世界女性人名事典―歴史の中の女性たち	日外アソシエーツ	2004.10
世人	世界史のための人名辞典 増補版	山川出版社	2006.4
世政	世界政治家人名事典 20世紀以降	日外アソシエーツ	2006.4
世西	世界人名辞典 西洋編 新版〈増補版〉	東京堂出版	1993.9
世東	世界人名辞典 東洋編 新版〈増補版〉	東京堂出版	1994.7
世俳	世界映画人名辞典・俳優篇（1～6）	科学書院	2007.2
世百	世界大百科事典（1～23）	平凡社	1964.7～1967.11
世百新	世界大百科事典 改訂新版（1～30）	平凡社	2007.9
世文	新潮世界文学辞典 増補改訂	新潮社	1990.4
全書	日本大百科全書（1～24）	小学館	1984.11～1988.11
対外	対外関係史辞典	吉川弘文館	2009.2
大辞	大辞林	三省堂	1988.11
大辞2	大辞林 第2版	三省堂	1995.11
大辞3	大辞林 第3版	三省堂	2006.10
大百	大日本百科事典（1～23）	小学館	1967.11～1971.9
探検1	世界探検家事典1 古代～18世紀	日外アソシエーツ	1997.11
中皇	中国歴代皇帝人物事典	河出書房新社	1999.2
中芸	中国学芸大事典	大修館書店	1978.10
中国	中国史人名辞典	新人物往来社	1984.5
中史	中国歴史文化事典	新潮社	1998.2
中重	中国重要人物事典	蒼蒼社	2009.10
中書	中国書人名鑑	二玄社	2007.10

略号	書　名	出版社	刊行年
中人	中国人名事典	日外アソシエーツ	1993.2
中ニ	中国のニューリーダー who's who	弘文堂	2003.4
中ユ	中央ユーラシアを知る事典	平凡社	2005.4
朝人	朝鮮人物辞典	大和書房	1995.5
朝鮮	朝鮮を知る事典 新訂増補版	平凡社	2000.11
デス	大事典 desk	講談社	1983.5
伝記	世界伝記大事典 日本・中国・朝鮮編	ほるぷ出版	1978.7
伝世	世界伝記大事典 世界編（1～12）	ほるぷ出版	1980.12～1981.6
天文	天文学人名辞典	恒星社厚生閣	1983.3
東欧	東欧を知る事典 新訂増補版	平凡社	2001.3
統治	世界歴代統治者名辞典 紀元前3000～現代	東洋書林	2001.10
東仏	東洋仏教人名事典	新人物往来社	1989.2
ナビ	大事典 NAVIX	講談社	1997.11
南ア	南アジアを知る事典 新訂増補版	平凡社	2002.4
二十	20世紀西洋人名事典（上，下）	日外アソシエーツ	1995.2
日人	講談社日本人名大辞典	講談社	2001.12
ノベ	ノーベル賞受賞者業績事典 新訂版	日外アソシエーツ	2003.7
東ア	東南アジアを知る事典 新版	平凡社	2008.6
百科	大百科事典（1～15）	平凡社	1984.11～1985.6
評世	世界史事典 新版	評論社	2001.2
ベト	ベトナム人名人物事典	暁印書館	2000.2
名著	世界名著大事典 8 著者編	平凡社	1962.4
山世	山川世界史小辞典 改訂新版	山川出版社	2004.1
来日	来日西洋人名事典 増補改訂普及版	日外アソシエーツ	1995.1
歴学	歴史学事典 第5巻 歴史家とその作品	弘文堂	1997.10
歴史	世界歴史大事典 スタンダード版（1～20）	教育出版センター	1995.9
ロシ	ロシアを知る事典 新版	平凡社	2004.1
ロマ	古代ローマ人名事典	原書房	1994.7

東洋人物レファレンス事典

政治・外交・軍事篇

【 あ 】

哀公（秦） あいこう
前6世紀, 中国, 春秋末期・秦の王。景公の子。前536年即位。
⇒世東（哀公　あいこう　?–前501頃）

哀公（魯） あいこう
前6・5世紀, 中国, 春秋末期・魯の君主（在位前494〜468）。
⇒皇帝（哀公　あいこう　?–前468）
　国小（哀公(魯)　あいこう　?–前468（哀公27））
　コン2（哀公　あいこう　?–前468）
　コン3（哀公　あいこう　?–前468）
　人物（哀公　あいこう　?–前468）
　世東（哀公　あいこう　前6-5世紀）
　全書（哀公　あいこう　?–前468）
　大百（哀公　あいこう　?–前468）
　中国（哀公　あいこう　前494–468）
　歴史（哀公(魯)　魯侯　あいこう）

哀公（前涼） あいこう
4世紀, 中国, 五胡十六国・前涼の皇帝（在位353）。
⇒中皇（哀公　343–353）

アイジット
⇨アイディット

愛新覚羅浩 あいしんかくらひろ
20世紀, 中国の王妃。清朝最後の皇帝, 愛新覚羅溥儀の弟・溥傑の妻。
⇒中人（愛新覚羅浩　あいしんかくらひろ　1914.3.16–1987.6.20）
　日人（愛新覚羅浩　あいしんかくらひろ　1914–1987）

愛新覚羅溥儀 あいしんかくらふぎ
⇨溥儀（ふぎ）

愛新覚羅溥傑 あいしんかくらふけつ
⇨溥傑（ふけつ）

愛薛 あいせ
13・14世紀, 中国, 元の科学者, 政治家。謚は忠献。西域払菻出身。天文・暦・医薬等の諸学に通じ, 世祖に仕えた。
⇒コン2（愛薛　あいせ　1227–1308）
　コン3（愛薛　あいせ　1227–1308）
　世東（愛薛　あいせつ　13世紀末–14世紀初）

愛薛 あいせつ
⇨愛薛（あいせ）

哀宗 あいそう
12・13世紀, 中国, 金の第9代皇帝（在位1223〜34）。姓は完顔, 諱は守緒。宣宗の第3子。モンゴルの侵入により自殺。
⇒コン2（哀宗　あいそう　1198–1234）
　コン3（哀宗　あいそう　1198–1234）
　世東（哀宗　あいそう　1198–1234）
　中皇（哀宗　1198–1234）
　統治（哀宗　Ai Tsung　(在位)1224–1234）

哀帝（前漢） あいてい
前1世紀, 中国, 前漢の第13代皇帝（在位前7〜1）。名は欣。成帝の死に即位。
⇒皇帝（哀帝　あいてい　前26–1）
　コン2（哀帝(漢)　あいてい　前26–1）
　コン3（哀帝(漢)　あいてい　前26–1）
　三国（哀帝　あいてい）
　人物（哀帝　あいてい　前26–1）
　世人（哀帝　あいてい　前26–1）
　世東（哀帝　あいてい　前26–1）
　全書（哀帝　あいてい　前26–1）
　大百（哀帝　あいてい　前26–1）
　中皇（哀帝　前26–1）
　中国（哀帝　あいてい　前26–1）
　統治（哀帝　Ai Ti　(在位)前7–前1）
　東仏（哀帝　あいてい　前26–前1）
　評世（哀帝　あいてい　前26–1）
　歴史（哀帝(前漢)　あいてい　前26–前1）

哀帝（成漢） あいてい*
3・4世紀, 中国, 五胡十六国・成漢（前蜀）の皇帝（在位334）。
⇒中皇（哀帝　287–334）

哀帝（東晋） あいてい
4世紀, 中国, 東晋の第6代王（在位361〜365）。名は司馬丕。
⇒世東（哀帝　あいてい　341–365.3）
　中皇（哀帝　341–365）
　統治（哀帝　Ai Ti　(在位)361–365）

哀帝（唐） あいてい
9・10世紀, 中国, 唐の第20代（最後の）皇帝（在位904〜907）。謚は哀皇帝・昭宣光烈孝皇帝。昭宗の第9子。
⇒皇帝（哀帝　あいてい　892–908）
　コン2（哀帝(唐)　あいてい　892–908）
　コン3（哀帝(唐)　あいてい　892–908）
　世東（哀帝　あいてい　892–908）
　中皇（哀帝　892–908）
　統治（哀帝　Ai Ti　(在位)904–907）

アイディット Aidit, Dipa Nusantara
20世紀, インドネシアの革命家。1965年11月, いわゆる「9・30事件」の主謀者として軍当局によって処刑されたといわれる。
⇒角世（アイディット　1923–1965）
　現人（アイジット　1923.6.30–1965.10）
　国小（アイジット　1923–1965）
　コン3（アイディット　1923–1965頃）
　世政（アイディット, ディパ・ヌサンタラ　1923.

6.30–1965.10）
世東（アイディット　1923–1965頃）
世百新（アイディット　1923–1965）
全書（アイディット　1923–1965）
大百（アイジット　1923–1965?）
二十（アイディット，D.　1923.6.30–1965.10）
東ア（アイディット　1923–1965）
百科（アイディット　1923–1965）

愛納噶　あいながㄜ
16・17世紀，中央アジア，蒙古，杜爾伯特部の長。清代の初め科爾秘部から分立。
⇒世東（愛納噶　あいなが　16–17世紀）

哀平帝　あいへいてい*
4世紀，中国，五胡十六国・前秦の皇帝（在位385～386）。
⇒中皇（哀平帝　?–386）

アイルランガ　Airlangga
10・11世紀，インドネシア，東ジャワ・クディリ朝の王（在位1006～49頃）。
外国（エルランガ　992–1042?）
角世（アイルランガ　1001?–1049）
皇帝（アイルランガ　990–1049）
国小（エルランガ　990?–1049）
コン2（エルランガ　992–1049頃）
コン3（エルランガ　992–1049頃）
世東（アイルランガ　990頃–1049）
伝世（アイルランガ　990?–1049）
東ア（アイルランガ　991–1052頃）
評世（エルランガ　992–1042頃）

愛魯　あいろ
13世紀，中国，元の武将。タングート出身。世祖に仕え，雲南平定の功労者。
⇒世東（愛魯　あいろ　?–1288）

阿于　あう
7世紀頃，朝鮮，高句麗から来日した使節。
⇒シル（阿于　あう　7世紀頃）
シル新（阿于　あう）

アウ・コ　(嫗姫)
ベトナムの王妃。赤鬼国の王，駱龍君の妻。
⇒ベト（Au-Co　アウ・コ〔嫗姫〕）

アウンサン　Aung San
20世紀，ビルマの政治家，独立運動指導者。1945年3月，ビルマ義勇軍を率いて日本軍と戦い，反ファシスト人民自由連盟AFPFLを結成，総裁となる。
旺世（アウン＝サン　1915–1947）
角世（アウン・サン　1915–1947）
現人（アウン・サン　1915–1947.7.19）
広辞5（アウン・サン　1915–1947）
広辞6（アウン・サン　1915–1947）
国小（オン・サン　1915–1947.7.19）
コン3（アウンサン　1915–1947）
人物（オン・サン　1915–1947）

世人（アウン＝サン　1915–1947）
世政（アウン・サン　1915–1947.7.19）
世東（オン・サン　1916–1947.7.19）
世百（オンサン　1915–1947）
世百新（アウンサン　1915–1947）
全書（アウンサン　1915–1947）
大辞2（アウン・サン　1915–1947）
大辞3（アウンサン　1915–1947）
大百（オン・サン　1914–1947）
伝世（アウンサン　1915.2.13–1947.7.19）
二十（アウン・サン　1915–1947.7.19）
日人（アウンサン　1915–1947）
東ア（アウンサン　1915–1947）
百科（アウンサン　1915–1947）
山世（アウン・サン　1915–1947）
歴史（アウン＝サン　1915–1947）

アウンサンスーチー　Aung San Suu Kyi
20世紀，ミャンマーの民主化運動指導者。ビルマ建国の父アウン＝サン将軍の長女。1991年度ノーベル平和賞受賞。
岩ケ（アウン・サン・スー・チー，ダウ　1945–）
旺世（スーチー　1945–）
角世（アウン・サン・スー・チー　1945–）
広辞6（アウン・サン・スー-チー　1945–）
最世（アウン・サン・スー・チー，ダウ　1945–）
世女（アウン・サン・スー・チー　1945–）
世人（アウン＝サン＝スーチー　1945–）
世政（アウン・サン・スー・チー　1945.6.19–）
世東（アウン・サン・スー・チー　1945–）
大辞2（アウンサン・スー・チー　1945–）
ナビ（アウン・サン・スー＝チー　1945–）
ノベ（アウン・サン・スー・チー　1945.6.19–）
東ア（アウンサンスーチー　1945–）
評世（アウン＝サン＝スー＝チー　1945–）
山世（アウン・サン・ス・チー　1945–）

アウン・ジー　Aung Gyi
20世紀，ミャンマーの政治家。ミャンマー国民民主連合(UNDP)議長。
⇒世政（アウン・ジー　1918–）
世東（アウン・ジー　1919–）
二十（オン・ジー　1920–）

阿解支達干思伽　あかいしたつかんしか
8世紀頃，中央アジア，抜汗那（フェルガーナ）の入唐使節。
⇒シル（阿解支達干思伽　あかいしたつかんしか　8世紀頃）
シル新（阿解支達干思伽　あかいしたつかんしか）

阿会喃　あかいなん
3世紀，中国，三国時代，蛮王孟獲配下の第三洞の主。
⇒三国（阿会喃　あかいなん）
三全（阿会喃　あかいなん　?–225）

アカエフ, アスカル　Akayev, Askar A.
20世紀，キルギスの政治家，量子物理学者。キルギス大統領。
⇒世政（アカエフ，アスカル　1944.11.10–）

中ユ（アカエフ　1944–）
ロシ（アカエフ　1944–）

阿華王（阿花王）　あかおう
⇨阿莘王（あしんおう）

アギナルド　Emilio Aguinaldo
19・20世紀，フィリピンの政治家。フィリピン革命の指導者。1899年1月，マローロス憲法を発布しフィリピン共和国を樹立。初代大統領に選ばれる。
⇨岩ケ（アギナルド，エミリオ　1870–1964）
　旺世（アギナルド　1869–1964）
　外国（アギナルド　1869–1946）
　角世（アギナルド　1869–1964）
　広辞4（アギナルド　1869–1964）
　広辞5（アギナルド　1869–1964）
　広辞6（アギナルド　1869–1964）
　国小（アギナルド　1869.3.23–1964.2.6）
　国百（アギナルド　1869.3.23–1964.2.6）
　コン2（アギナルド　1869–1964）
　コン3（アギナルド　1869–1964）
　人物（アギナルド　1869–1964.2.6）
　世人（アギナルド　1869–1964）
　世東（アギナルド　1869–1964）
　全書（アギナルド　1869–1964）
　大辞（アギナルド　1869–1964）
　大辞2（アギナルド　1869–1964）
　大辞3（アギナルド　1869–1964）
　大百（アギナルド　1869–1964）
　デス（アギナルド　1869–1964）
　伝世（アギナルド　1869.3.23–1964.2.6）
　ナビ（アギナルド　1869–1964）
　二十（アギナルド，エミリオ　1869–1964）
　東ア（アギナルド　1869–1964）
　百科（アギナルド　1869–1964）
　評世（アギナルド　1869–1964）
　山世（アギナルド　1869–1964）
　歴史（アギナルド　1869–1964）

アキノ，コラソン
20世紀，フィリピンの政治家。独立後第7代大統領（在任1986〜92）。
⇨岩ケ（アキノ，コリー　1933–）
　旺世（アキノ（コラソン）　1933–）
　華人（アキノ（コラソン）　1933–）
　角世（アキノ（コラソン）　1933–）
　広辞5（アキノ　1933–）
　広辞6（アキノ　1933–）
　最世（アキノ，コリー　1933–）
　世女（アキノ，（マリア）コラソン　1933–）
　世人（アキノ（妻コラソン）　1933–）
　世東（アキノ，コラソン　1933.1.25–）
　世東（アキノ　1933–）
　大辞2（アキノ　1933–）
　ナビ（アキノ　1933–）
　二十（アキノ，コラソン　1933.1.25–）
　東ア（アキノ　1933–）
　評世（アキノ　1933–）
　山世（アキノ　1933–）

アキノ，ベニグノ　Aquino, Benigno Jr.
20世紀，フィリピンの政治家。1967年上院議員に当選。大統領選挙の最有力候補と目されたが，1972年，戒厳令施行で逮捕。83年8月亡命先のアメリカから帰国直後，暗殺された。
⇨旺世（アキノ（ベニグノ）　1932–1983）
　角世（アキノ（ベニグノ）　1932–1983）
　現人（アキノ　1932.11.27–）
　コン3（アキノ　1932–1983）
　世人（アキノ（夫ベニグノ）　1932–1983）
　世政（アキノ，ベニグノ（Jr.）　1932.11.27–1983.8.21）
　世東（アキノ　1932–1983）
　全書（アキノ　1932–1983）
　ナビ（アキノ　1932–1983）
　二十（アキノ，ベニグノ　1932.11.27–1983.8.21）

アグス・サリム　Agus Salim
19・20世紀，インドネシアの政治家，思想家。外相，外務省顧問，イスラム教大学教授などを歴任。
⇨角世（アグス・サリム　1884–1954）
　世政（アグス・サリム　1884–1954）
　世百新（アグス・サリム　1884–1954）
　二十（アグス・サリム　1884–1954）
　東ア（アグス・サリム　1884–1954）
　百科（アグス・サリム　1884–1954）
　歴史（アグス＝サリム　1884–1954）

阿骨打　あくだ
⇨完顔阿骨打（ワンヤンアクダ）

アク・ナザル・ハーン　Ak Nazar Khān
16世紀，中央アジア，カザフ族の王（在位1538〜80）。
⇨国小（アク・ナザル・ハン　?–1580）
　世東（アク・ナザル・ハーン　?–1580）

悪来　あくらい
3世紀頃，中国，三国時代，殷の紂王の家臣。
⇨三国（悪来　あくらい）

アグン　Agung
17世紀，インドネシア，マタラム王国の第3代王（在位1613〜45）。ジャワ全土をほぼ征服。
⇨コン2（アグン　?–1645）
　コン3（アグン　?–1645）

阿桂　あけい
18世紀，中国，清代の満州人の官僚，将軍。姓はジャンギヤ（章佳）氏。32年イリ（伊犁）将軍となった。
⇨外国（阿桂　アケイ　1717–1797）
　国小（阿桂　あけい　1717（康熙56）–1797（嘉慶2））
　コン2（阿桂　アグイ　1717–1797）
　コン3（アグイ〔阿桂〕　1717–1797）
　人物（阿桂　あけい　1717–1797）
　世東（阿桂　あけい　1717–1797）
　歴史（阿桂　あけい　1717–1797）

阿佐　あさ
⇨阿佐太子（あさたいし）

あ

アーサ・サラシン Arsa Sarasin
20世紀, タイの政治家。タイ暫定政権外相。
⇒世政 (アーサ・サラシン 1936-)

阿佐太子 あさたいし
6世紀, 朝鮮, 百済の王子。597 (推古天皇5) 年来朝。
⇒国史 (阿佐太子 あさたいし 6世紀)
シル (阿佐 あさ 6世紀頃)
シル新 (阿佐 あさ)
人物 (阿佐太子 あさたいし 生没年不詳)
対外 (阿佐太子 あさたいし 6世紀)
大辞2 (阿佐太子 あさたいし)
日人 (阿佐太子 あさたいし 生没年不詳)

アジゲ (阿済格) Ajige
17世紀, 中国, 清前期の皇族, 将軍。太祖ヌルハチの第12子。
⇒コン2 (アジゲ〔阿済格〕 1605-1651)
コン3 (アジゲ〔阿済格〕 1605-1651)
中皇 (阿済格 1605-1651)

阿悉爛達扐耽発黎 あしつらんたつふつたんはつれい
8世紀頃, 中央アジア, パミール高原, 東安 (ザラフシャン川南岸) からの入唐朝貢使。
⇒シル (阿悉爛達扐耽発黎 あしつらんたつふつたんはつれい 8世紀頃)
シル新 (阿悉爛達扐耽発黎 あしつらんたつふつたんはつれい)

阿史徳 あしとく
7世紀頃, 中央アジア, 突厥 (チュルク) の遣唐使。
⇒シル (阿史徳 あしとく 7世紀頃)
シル新 (阿史徳 あしとく)

阿史徳頡利発 あしとくきつりはつ
8世紀頃, 中央アジア, 突厥 (チュルク) の遣唐使。毘伽可汗の大臣。
⇒シル (阿史徳頡利発 あしとくきつりはつ 8世紀頃)
シル新 (阿史徳頡利発 あしとくきつりはつ)

アシナガロ (阿史那賀魯)
7世紀, 西突厥の可汗 (在位651〜657)。
⇒国小 (アシナガロ〔阿史那賀魯〕 ?-659)
評世 (アシナガロ〔阿史那賀魯〕 ?-659)

アシナ・クトルク
⇨アシナ・コットツロク

アシナ・コットツロク (阿史那骨咄禄)
7世紀, 東突厥の可汗 (在位682〜691)。アシナ・クトルクAshina-Khuthughとも呼ばれる。
⇒国小 (アシナコットツロク〔阿史那骨咄禄〕 ?-691)
人物 (アシナ・クトルク ?-691)

阿史那思摩 あしなしま
7世紀頃, 中央アジア, 突厥 (チュルク) の可汗。唐に仕えた。
⇒シル (阿史那思摩 あしなしま 7世紀頃)
シル新 (阿史那思摩 あしなしま)

阿史那社爾 あしなしゃじ
7世紀, 東突厥の王族, のちに唐の将軍。東突厥のショラ・カガン (処羅可汗) の2男。
⇒角世 (阿史那社爾 あしなしゃじ ?-655)
国小 (アシナシャジ〔阿史那社爾〕 ?-655)
コン2 (阿史那社爾 あしなしゃじ ?-655)
コン3 (阿史那社爾 あしなしゃじ ?-655)
世東 (阿史那社爾 あしなしゃじ ?-655)

阿史那忠節 あしなちゅうせつ
7・8世紀, 中央アジア, 突騎施国の武将。突騎施の烏質勒に仕えた。
⇒世東 (阿史那忠節 あしなちゅうせつ ?-708)

阿史那泥孰 あしなでいじゅく
7世紀頃, 中央アジア, 突厥 (チュルク) の右賢王。唐に仕えた。
⇒シル (阿史那泥孰 あしなでいじゅく 7世紀頃)
シル新 (阿史那泥孰 あしなでいじゅく)

阿史那弥射 あしなびしゃ
7世紀, 西突厥の王。太宗の頃親唐の態度を示した。
⇒シル (阿史那弥射 あしなびしゃ ?-662)
シル新 (阿史那弥射 あしなびしゃ ?-662)
世東 (阿史那弥射 あしなびしゃ ?-662)

阿史那歩真 あしなほしん
7世紀, 中央アジア, 突厥 (チュルク) の将軍。唐に仕えた。
⇒シル (阿史那歩真 あしなほしん ?-666?)
シル新 (阿史那歩真 あしなほしん ?-666?)

アシャブカ (阿沙不花) Ashabukha
13・14世紀, 中国, 元の宰相。カングリ (康里) 族出身。諡は忠烈。元朝第3代皇帝武宗擁立に活躍。
⇒国小 (アシャブハ〔阿沙不花〕 1263 (中統4) -1309 (至大2))
人物 (アシャブカ〔阿沙不花〕 1263-1309)
世東 (あしゃぶか〔阿沙不花〕 1263-1309.10)

アジュ (阿求, 阿朮) Adju
13世紀, 中国, 元の武将。諡は武宣, のち武定。モンゴル, ウイリャンハ部の出身。モンゴルの南宋平定に従事。
⇒コン2 (アジュ〔阿求〕 1227-1280)
コン3 (アジュ〔阿朮〕 1227-1280)
人物 (アジュ〔阿朮〕 1227-1280)
世東 (あじゅ〔阿求〕 1227-1280)
百科 (アジュル 1227-1280)

アジュル
⇨アジュ

阿順　あじゅん
8世紀頃，南アジア，迦湿密羅（カシミール）の王子。唐に来住した。
⇒シル（阿順　あじゅん　8世紀頃）
　シル新（阿順　あじゅん）

阿莘王　あしんおう
4・5世紀，朝鮮，百済の第17代王（在位392～405）。別名は阿芳王・阿花（華）王。倭と結び，高句麗の広開土王に対抗。
⇒コン2（阿莘王　あしんおう　?-405）
　コン3（阿莘王　あしんおう　?-405）
　世東（阿花(華)王　あかおう　?-405）
　日人（阿花王　あかおう　?-405）

アズラン・シャー　Azlam Shah
20世紀，マレーシア国王（第9代）。
⇒世政（アズラン・シャー　1928-）

アタイ（阿台）　Atai
16世紀，中国，明末期建州女直の武将。王杲（おうこう）の子。
⇒コン2（アタイ〔阿台〕　?-1583）
　コン3（アタイ〔阿台〕　?-1583）

アタハイ（阿塔海）　Atakhai
13世紀，中国，元の武将。モンゴルのスルトス（遜都思）族出身。
⇒国史（アタハイ　アタハイ　1234-1289）
　国小（アタハイ〔阿塔海〕　1234（元，太宗6）-1289（至元26））
　世東（あたはい〔阿塔海〕　1234-1289）
　対外（阿塔海　アタハイ　1234-1289）
　日人（阿塔海　アタハイ　1234-1289）

アダム・マリク　Adam Malik
20世紀，インドネシアの政治家。スカルノ体制を倒した1965年の九・三〇事件後，スハルト大統領の新体制下で66年第6副首相兼外相となり，67年7月以来外相。78～83年3月副大統領。
⇒角世（マリク，アダム　1917-1984）
　現人（アダム・マリク　1917.6.22-）
　国小（マリク　1917.7.22-）
　コン3（マリク　1917-1984）
　世政（アダム・マリク　1917.7.22-1984.9.5）
　世東（マリク　1917.7.22-）
　世百新（アダム・マリク　1917-1984）
　全書（マリク　1917-1984）
　二十（アダム・マリク　1917-1984）
　東ア（アダム・マリク　1917-1984）
　百科（アダム・マリク　1917-）

阿直岐　あちき
4・5世紀，朝鮮，百済からの渡来人。阿直岐史の祖。阿直吉師。応神天皇の時に，百済王の使者として来日。
⇒国史（阿直岐　あちき）

対外（阿直岐　あちき）
大辞（阿直岐　あちき）
大辞3（阿直岐　あちき）

アチット・ウライラット　Arthit Ourairat
20世紀，タイの政治家。タイ外相。
⇒世政（アチット・ウライラット　1938-）

アッチラ王
⇨アッティラ

アッティラ　Attila
5世紀，中央アジア，フン族の王（在位434～453）。ゲルマン諸族を征服して，中央ヨーロッパを支配（433～441）。
⇒逸話（アッティラ　406頃-453）
　岩ケ（アッティラ　406頃-453）
　旺世（アッティラ　406頃-453）
　外国（アッティラ　406?-453）
　角世（アッティラ　395?-453）
　キリ（アッティラ　405/6-453）
　広辞4（アッティラ　406?-453）
　広辞6（アッティラ　406?-453）
　皇帝（アッティラ　?-453）
　国小（アッティラ　406頃-453）
　国百（アッティラ　406頃-453）
　コン2（アッティラ　?-453）
　コン3（アッティラ　406頃-453）
　人物（アッチラ王　406頃-453）
　西洋（アッティラ　406頃-453）
　世人（アッティラ　406頃-453）
　世東（アッティラ　406頃-453頃）
　世百（アッティラ　406?-453）
　全書（アッティラ　406頃-453）
　大辞（アッティラ　406?-453）
　大辞3（アッティラ　406?-453）
　大百（アッチラ　406頃-453）
　中ユ（アッティラ　?-453）
　デス（アッティラ　?-453）
　伝世（アッティラ　?-453）
　東欧（アッティラ　406頃-453）
　百科（アッティラ　?-453）
　評世（アッチラ　406頃-453）
　山世（アッティラ　406頃-453）
　歴世（アッティラ　?-453）
　ロマ（アッティラ　（在位）434-453）

遏必隆　あつひつりゅう
17世紀，中国，清の武将。満洲鑲黄旗出身。清の太祖，太宗及び康熙帝に仕えた。
⇒世東（遏必隆　あつひつりゅう　?-1673）

アディカリ，マン・モハン　Adhikari, Man Mohan
20世紀，ネパールの政治家。ネパール統一共産党議長，ネパール首相。
⇒世政（アディカリ, マン・モハン　1920.6.22-1999.4.26）

アーティット, カムランエク　Arthit, kamlangek
20世紀，タイの軍人。陸軍司令官（1982），国軍

最高司令官 (83) などを歴任。
⇒二十（アーティット、カムランエク　1925.8.31-）

アーディル・スルターン　'Ādil Sulṭān
14世紀、チャガタイ・ハン国のハン。在位1364–1370。
⇒統治（アーディル・スルターン　（在位）1364–1370）

阿撒多　あてつた
6世紀頃、マレー半島、狼牙脩（ランカスカ）の朝貢使。
⇒シル（阿撒多　あてつた　6世紀頃）
シル新（阿撒多　あてつた）

アデバ，マヌエル　Adeva, Manuel A.
20世紀、フィリピンの外交官1946年外務省課長、在ニューヨーク南京総領事、56年タイ大使をなど歴任。
⇒二十（アデバ、マヌエル　1901-）

安刀　あと
6世紀頃、朝鮮、新羅から来日した使節。
⇒シル（安刀　あと　6世紀頃）
シル新（安刀　あと）

アドゥン・アドゥンデーチャラット　Adum Adundetcharat, Luang
20世紀、タイの軍人。ピブンと同期で第2次大戦中抗日自由タイ運動を指導、のち陸・空軍警察の最高司令官に就任。
⇒世東（アドゥン・アドゥンデーチャラット　1902-）

阿毛得文　あとくとくもん
6世紀頃、朝鮮、百済使。544（欽明5）年来日。
⇒シル（阿毛得文　あとくとくもん　6世紀頃）
シル新（阿毛得文　あとくとくもん）

アトスィーズ
⇨アラー・アッディーン・アトスィズ

アドンデット
⇨ラーマ9世

アナウッペッルン　Anaukpetlun
17世紀、ビルマ王国の王。在位1606–1628。
⇒統治（アナウッペッルン　（在位）1606–1628）

阿那壊　あなかい
6世紀、柔然の最後のカガン（可汗）（在位520～552）。北魏末の混乱に乗じて勢力をふるった。
⇒角世（阿那壊　あなかい　?-552）
国小（アナカイ〔阿那壊〕　?-552）

アナン　Anand Panyarachun
20世紀、タイの政治家。タイ首相。

⇒世政（アナン・パンヤラチュン　1932.8.9-）
東ア（アナン　1932-）

アーナンタ・マヒドーン
⇨ラーマ8世

アヌ　Anou
18・19世紀、ラオス、ヴィエンティアン国王（在位1804～29）。
⇒角世（チャオ・アヌ　1767–1828）
伝世（アヌ　1767–1829.2）
東ア（アヌ　1767–1829）
百科（チャオ・アヌ　1767–1829）

アヌルッサ　Anuruttha
18・19世紀、ラオス王国の王。在位1791–1816。
⇒統治（アヌルッサ　（在位）1791–1816）

アノウラータ
⇨アノーヤター

アノオラター
⇨アノーヤター

アノーヤター　Anawrahta
11世紀、ビルマ、パガン朝の創建王（在位1044～77）。碑文ではAniruddha王と記す。
⇒外国（アノウラータ　?-1077）
角世（アノーラータ　1014–1077）
皇帝（アノーラーター　?-1077）
国小（アノウラータ　?-1077）
コン2（アノーヤター　?-1077）
コン3（アノーヤター　?-1077）
世東（アノーラータ　?-1077）
世百（アノウラータ　?-1077）
全書（アノーヤター　1014–1077）
デス（アノウラータ　?-1077）
伝世（アノオラター　1014–1077）
百科（アノーヤター　1014–1077）

アノーラータ
⇨アノーヤター

アパイウォン　Aphaiwong, Khuang
20世紀、タイの文民政治家。1944年8月軍部内閣総辞職後首相に就任。戦後3度首相となる。55年反政府系の民主党を結成。
⇒外国（アパイウォン　1902-）
コン3（アパイウォン　1902–1968）
人物（クアン・アパイウォン　1902-）
世東（クアン・アパイウォン　1902.5–1968.3）

アバカ　Abaqa
13世紀、イル・ハン国第2代の王（在位1265～81）。
⇒皇帝（アバーカー　1234–1282）
国小（アバーカ・ハン〔阿八哈汗〕　1234.3–1282.4.1）
コン2（アバーガー・ハーン　?-1282）
コン3（アバーガー・ハーン　?-1282）
西洋（アバーガー・カーン）

世東（アバーカー〔阿八哈〕　1234–1282）
統治（アバカ　（在位）1265–1282）
百科（アーバーカー・ハーン　1234–1282）

アハ・カガン（阿波可汗）　Apa-Kaghan
6世紀，突厥の小カガン（在位581～?）。第3代カガンのモクカン・カガンの子。
⇒国小（アハ・カガン〔阿波可汗〕　生没年不詳）
　世東（阿波可汗　あはかかん）

阿波可汗　あはかかん
⇨アハ・カガン

アバーガー・ハーン
⇨アバカ

阿波伎　あはき
7世紀頃，朝鮮，耽羅（済州島）の王子。
⇒シル（阿波伎　あはき　7世紀頃）
　シル新（阿波伎　あはき）

阿巴岱　あばたい
16世紀，中国，明代，土謝図の王。達延汗の末裔。
⇒世東（阿巴岱　あばたい）

阿拔　あばつ
8世紀頃，東南アジア，波斯（スマトラ北部のバーシールとされる）の入唐使節。
⇒シル（阿拔　あばつ　8世紀頃）
　シル新（阿拔　あばつ）

アハマ
⇨アフマド

アビクスノ　Abikusuno Tjokrosujoso
20世紀，インドネシアの政治家，イスラム同盟党（PSII）の幹部。1952年ムスリム連盟議長。
⇒コン3（アビクスノ　?–）

阿比多　あひた
朝鮮，百済の使節。
⇒日人（阿比多　あひた　生没年不詳）

アブー・アルハイル・ハーン　Abū al-Khayr Khān
15世紀，中央アジア，ウズベク族の統一者。
⇒百科（アブー・アルハイル・ハーン　1412–1468）

アブー・サイード（不賽因）　Abū Sa'īd
14世紀，イル・ハン国の第9代君主（在位1316～35）。
⇒皇帝（アブー・サイード　1305–1335）
　国小（アブー・サイード〔不賽因〕　1305–1335）
　人物（アブー・サイド　1306–1335）
　世東（アブー・サイード〔不賽因〕　1305–1335）
　統治（アブー・サイード　（在位）1316–1335）

アブー・サイード　Abū Sa'īd
15世紀，ティムール帝国のスルタン。
⇒統治（アブー・サイード　（在位）1451–1469（ホラサーン大守1459–69）
　統治（アブー・サイード　（在位）1459–1469（トランスオクシアナ大守1451–69））

アフタイ（阿忽台）　Akhutai
14世紀，中国，元の宰相。諡は忠献。モンゴルのエルジギダイ族出身。
⇒国小（アフタイ〔阿忽台〕　?–1307（大徳11））

アブド・アッラー　'Abd Allāh
15世紀，ティムール帝国のスルタン。在位1450–1451。
⇒統治（アブド・アッラー　（在位）1450–1451）

アブド・アッラティーフ　'Abd al-Laṭīf
15世紀，ティムール帝国のスルタン。在位1449–1450。
⇒統治（アブド・アッラティーフ　（在位）1449–1450）

アブドゥラ・バダウィ　Abdullah bin Badawi
20世紀，マレーシアの政治家。マレーシア首相，統一マレー国民組織（UMNO）総裁。
⇒世政（アブドゥラ・バダウィ　1939.11.26–）
　東ア（アブドゥラ・バダウィ　1939–）

アブドゥルガニ，ルスラン　Abdulgani, Ruslan
20世紀，インドネシアの政治家。インドネシア外相。
⇒世政（アブドゥルガニ，ルスラン　1914.11.24–2005.6.29）

アブドゥル・ラフマーン（奥都剌合蛮）　'Abd al-Rahman
13世紀，モンゴルのイスラム教徒商人。蒙古帝国第2皇帝太宗に任え，1239年帝国東半部の財政を一手に握った。
⇒国小（アブドゥル・ラフマーン〔奥都剌合蛮〕　?–1246）
　世東（アブドゥル・ラフマーン〔奥都剌合蛮〕　?–1246）
　百科（アブドゥル・ラーマン　?–1246）

アブドゥル・ラーマン　Abdul Rahman
20世紀，マレーシアの政治家。1957年8月イギリス連邦内独立国マラヤ連邦の成立と同時に初代首相となる。
⇒岩ケ（アブドゥル・ラーマン（・プトラ・アルハージ），トゥンク　1903–1990）
　旺世（ラーマン（アブドゥル）　1903–1990）
　角世（ラーマン　1903–1990）
　現人（アブドゥル・ラーマン　1903–）
　国百（アブドゥル・ラーマン　1903.2.8–）
　コン3（ラーマン　1903–1990）

人物（ラーマン　1903-）
世政（アブドゥル・ラーマン　1903.2.8-1990.12.6）
世東（ラーマン　1903-）
世百（アブドゥルラーマン　1903-）
世百新（アブドゥル・ラーマン　1903-1990）
大辞3（ラーマン　1903-1990）
大百（アブドゥル・ラーマン　1903-）
伝世（ラーマン　1903.2.8-）
東ア（アブドゥル・ラーマン　1903-1990）
百科（アブドゥル・ラーマン　1903-）
山世（ラーマン　1903-1990）
歴史（アブドゥル＝ラーマン　1903-）

アフマド（阿合馬）　Aḥmad Fanākatī
13世紀, 中国, 元の政治家。中央アジアのフェナーケットの出身。世祖に認められ, 財政関係の要職を歴任。
⇒外国（アフマッド〔阿哈嗎〕　?-1282）
　角世（アフマド〔阿合馬〕　?-1282）
　コン2（アフマド〔阿合馬〕　?-1282）
　コン3（アフマド〔阿合馬〕　?-1282）
　西洋（アフマッド　?-1282）
　世東（あほま〔阿合馬〕　?-1282）
　世百（アハマ　?-1282）
　中国（アーマッド〔阿合馬〕　?-1282）
　中史（阿合馬　アフマ（アフマッド）　?-1282）
　中ユ（アフマド　?-1282）
　百科（アフマド　?-1282）
　評世（アーマッド　?-1282）
　歴史（アフマド〔阿合馬〕　?-1282）

アフマド　Aḥmad
15世紀, ティムール帝国のスルタン。
⇒統治（アフマド　（在位）1469-1494）

アフマド・ハン　Aḥmad khān
15世紀, キプチャク・ハン国の後継国家の一つ, 大ハン国のハン。在位?-1481。
⇒角世（アフマド・ハン　?-1481）

アブライ・ハン　Abïlay Khan
18世紀, 中央アジア, カザフ中ジュズの君主。在位1771-81。
⇒角世（アブライ・ハン　1712-1781）
　中ユ（アブライ・ハン　1711?-1781）

アブルハイル・ハン　Abū al-Khayr Khān
17・18世紀, 中央アジア, カザフ小ジュズの君主。在位1716-48。
⇒角世（アブル・ハイル　1693-1748）
　中ユ（アブルハイル・ハン　1680年代後半?-1748）

阿保機　あほき
⇨耶律阿保機（やりつあほき）

アマルジャルガル, リンチンニャム　Amarjargal, Rinchinnyamiyn
20世紀, モンゴルの政治家。モンゴル首相。
⇒世政（アマルジャルガル, リンチンニャム　1961.2.27-）

アムシュヴァルマン
7世紀, ネパールの国王。
⇒外国（アムシュヴァルマン　7世紀）

アムヌアイ・ウィラワン　Virawan, Amunuai
20世紀, タイの政治家, 副首相。
⇒華人（アムヌアイ・ウィラワン　1932-）

アムルサナ（阿睦爾撒納, 阿睦爾撒納）　Amursana
18世紀, オイラートのホイト部の長。清に来投し, 親王に封ぜられ, 北路副将軍としてジュンガルの征討に参加。
⇒角世（アムルサナ〔阿睦爾撒納〕　?-1757）
　国小（アムルサナー〔阿睦爾撒納〕　?-1757（乾隆22））
　コン2（アムルサナ〔阿睦爾撒納〕　?-1757）
　コン3（アムルサナ〔阿睦爾撒納〕　?-1757）
　世東（アムルサナ〔阿睦爾撒納〕　?-1757）
　世百（アムルサナ　?-1757）
　全書（アムルサナ　?-1757）
　デス（アムルサナ　1722-1757）
　百科（アムルサナ　1722-1757）
　山世（アムルサナ〔阿睦爾撒納〕　1723-1757）

アーメッド（阿黒麻）　Ahmed
15・16世紀, 中央アジア, 土魯藩（とうるはん）の王。1478年即位。ハミ（哈密）領の主権を明朝と争った。
⇒世東（アーメッド〔阿黒麻〕　?-1507）

天日槍　あめのひぼこ
朝鮮, 新羅の王子とされる人物。記紀などにみえる帰化人伝説の一人。
⇒対外（天日槍　あめのひぼこ）

アユルバリバタラ
⇨仁宗（元）（じんそう）

アラー・アッディーン・アトスィズ　Àlā' al-Dīn Atsïz
12世紀, ホラズム朝の王（在位1128～1156）。
⇒コン3（アトスィーズ　1108頃-1156）
　統治（アラー・アッディーン・アトスィズ　（在位）1128-1156）

アラー・アッディーン・テキシュ　Àlā' al-Dīn Tekish
12世紀, ホラズム朝の王。
⇒統治（アラー・アッディーン・テキシュ　（在位）1172-1200（スルタン1187））

アラー・アッディーン・ムハンマド2世　Àlā' al-Dīn Muḥammad II
12・13世紀, ホラズム・シャー朝の王（在位1200～20）。チンギス・ハンの侵入を受けた。
⇒国小（アラー・ウッディーン・ムハンマド　生没

年不詳）
コン2（アラー・ウッディーン・ムハンマド ?–1220）
コン3（アラー・ウッディーン・ムハンマド ?–1220）
世東（アラー・ウッディーン・ムハンマド）
統治（アラー・アッディーン・ムハンマド2世（在位）1200–1220）
百科（アラー・アッディーン・ムハンマド ?–1220）

アラウンパヤー　Alaungpaya
18世紀、ビルマ、コンバウン朝の初代王（在位1752〜60）。モン族の支配に抗して反乱を起こした。
⇒外国（アラウンパヤ 1714–1760）
角世（アラウンパヤー 1714–1760）
皇帝（アラウンパヤー 1714–1760）
コン2（アラウンパヤー 1714–1760）
コン3（アラウンパヤー 1714–1760）
人物（アラウンパヤー 1714–1760）
世東（アラウンパヤー 1714–1760）
世百（アラウンパヤー 1714–1760）
伝世（アラウンパヤー 1714–1760）
統治（アラウンパヤー （在位）1752–1760）
東ア（アラウンパヤー 1714–1760）
百科（アラウンパヤー 1714–1760）

アラクシュ・テギン（阿剌忽思的斤）
12・13世紀、中央アジア、トルコ系遊牧部族オングートの族長。チンギス・ハンに服属し、同家と通婚関係を結んだ。
⇒国小（アラクシュ・テギン〔阿剌忽思的斤〕?–1212頃）

アラタス, アリ　Alatas, Ali
20世紀、インドネシアの外交官。インドネシア外相。
⇒世政（アラタス, アリ 1932.11.4–）

アラチイン（阿剌知院）
15世紀、中央アジア、モンゴル人の首領。オイラートのエセン太師の部下であったが、1454年ハン位をねらって叛乱を起こした。
⇒国小（阿剌知院 アラチイン 生没年不詳）

阿羅那順　あらなじゅん
7世紀頃、インドの王族。北インドの帝那伏帝（ティーラブクティ）国王。中国、長安に連行された。
⇒シル（阿羅那順 あらなじゅん 7世紀頃）
シル新（阿羅那順 あらなじゅん）

アラハン（阿剌罕）　Arakhan
13世紀、中国、元の武将。モンゴルのジャライル（札剌亦児）族出身。諡は忠宣。
⇒国小（アラハン〔阿剌罕〕1233（元、太宗5）–1281（至元18））

アラムダル（阿藍答児）
13世紀、モンゴルの政治家。1251年モンケ・ハンの即位とともにカラコルムの副留守になる。刪丹の耀碑谷の合戦で戦死。
⇒国小（アラムダル〔阿藍答児〕生没年不詳）

アリー　Alī
15世紀、ティムール帝国のスルタン。在位1498–1500。
⇒統治（アリー （在位）1498–1500）

アリアルハム　Aliarcham
20世紀、インドネシアの共産党指導者。1924年、党大会議長・中央委員として人民同盟の解散・権力樹立（蜂起）路線の確立を指導した。
⇒コン3（アリアルハム 1901–1933）

アリクブカ（阿里不哥）　Arikbüge
13世紀、中国、元の王族。ツルイの子。
⇒旺世（アリクブカ〔阿里不哥〕?–1266）
外国（アリクブハ ?–1266）
角世（アリク・ブケ〔阿里不哥〕?–1266）
国小（アリ・ブガ〔阿里不哥〕?–1266）
コン2（アリクブカ〔阿里不哥〕?–1266）
コン3（アリクブカ〔阿里不哥〕?–1266）
世人（アリクブカ〔阿里不哥〕?–1266）
世東（アリクブカ〔阿里不哥〕?–1266）
世百（アリクブカ ?–1266）
全書（アリク・ブハ ?–1266）
大百（アリクブカ ?–1266）
中皇（アリクブカ〔阿里不哥〕?–1266）
中国（阿里不哥 アリブカ ?–1266）
中ユ（アリクブカ〔阿里不哥〕?–1266）
デス（アリク・ブガ ?–1266）
百科（アリクブカ ?–1266）
山世（アリク・ブケ〔阿里不哥〕?–1266）

アリク・ブケ
⇨アリクブカ

アリク・ブハ
⇨アリクブカ

アリ・サストロアミジョヨ　Ali Sastroamidjojo
20世紀、インドネシアの政治家、外交官。中部ジャワ、マゲラン出身。1953年首相。
⇒現人（アリ・サストロアミジョヨ 1903–）
国小（アリ・サストロアミジョヨ 1903–1975）
世東（アリ・サストロアミジョヨ 1903–1975）
世百新（アリ・サストロアミジョヨ 1903–1975）
東ア（アリ・サストロアミジョヨ 1903–1975）
百科（アリ・サストロアミジョヨ 1903–1975）

阿利斯等　ありしと
朝鮮、加羅の国王。
⇒日人（阿利斯等 ありしと 生没年不詳）

アリー・シール・ナヴァーイー
⇨ナヴァーイー

アリー・シール・ナバーイー
⇨ナヴァーイー

アリー・シール・ナワーイー
⇨ナヴァーイー

アリハイヤ（阿利海牙） Arikh-khaya
13世紀, 中国, 元の武将。ウイグル（回鶻）人。阿里海涯とも書く。元の世祖クビライに用いられて宋との戦に多くの功をたてた。
⇒世東（アリハイヤ〔阿利海牙〕　1227-1286）
　百科（アリハイヤー〔阿利海牙〕　1227-1286）

アリフィン, K. Arifin, K.
20世紀, マレーシアの銀行家, 政治家, 弁護士。プミプトラ・マレーシア銀行会長, 上院議員。
⇒二十（アリフィン, K.　1934-）

アリミン Alimin Prawirodirdjo
20世紀, インドネシアの共産党指導者。1927年蜂起後モスクワ・延安に滞在。46年帰国, サルジョノとともに党を再建。
⇒コン3（アリミン　1889-1964-）
　世東（アリミン　生没年不詳）
　世百（アリミン　?-1948頃）
　二十（アリミン, プラウィロディルジョ　1889-1964）
　百科（アリミン　1889-1964）

アーリム・ハーン Alim Khān
18・19世紀, ホーカンド・ハン国の王（在位1799〜1813頃）。弟のウマルと協力して, タシュケントを討ち, 近隣を従えて1799年ホーカンド汗を号した。
⇒世東（アーリム・ハーン）

アーリム・ハン ʻĀlim Khān, Sayyid
19・20世紀, 中央アジア, ブハラ・アミール国最後のアミール。在位1910〜20年。
⇒角世（アーリム・ハン　1880-1946）
　中ユ（アーリム・ハン　1881-1944）

アリ・ムルトポ Ali Murtopo
20世紀, インドネシアの軍人, 政治家。1967年大統領補佐官となり, その後国家情報調整本部副長官を歴任し, 最高諮問委員会副委員長となる。
⇒現人（アリ・ムルトポ　1924-）
　世東（アリ・ムルトポ　1924-1984.5.15）
　二十（アリ, ムルトポ　1924-1984.5）

アルカティリ, マリ Alkatiri, Mari bin Amude
20世紀, 東ティモールの独立運動家, 政治家。東ティモール首相・経済開発相, 東ティモール独立革命戦線（フレテリリン）中央委員。
⇒世政（アルカティリ, マリ　1949-）
　東ア（アルカティリ, マリ　1949-）

アルグ Alughu
13世紀, チャガタイ・ハン国のハン。在位1261-1266。
⇒統治（アルグ　（在位）1261-1266）

アルクタイ（阿魯台）
15世紀, モンゴルの首領。1410年から度々明の攻撃を受け31年オイラートのトゴンに敗死。
⇒国小（アルクタイ〔阿魯台〕　?-1434）
　世東（アルクタイ〔阿魯台〕　?-1434）

アルグン・ハン（阿魯渾汗）
13世紀, モンゴルのイル・ハン国の第4代ハン（在位1284.8.11〜91.3.9）。イランを統治。
⇒角世（アルグン・カン〔阿魯渾汗〕　?-1291）
　皇帝（アルグーン　1250/55頃-1291）
　国小（アルグン・ハン〔阿魯渾汗〕　1250-1291.3.9）
　人物（アルグン　1250/55?-1291）
　世東（アルグーン・ハーン〔阿魯渾汗〕　1250/55-1291）
　全書（アルグン・ハン　1258?-1291）
　大百（アルグン・カン　1259-1291）
　統治（アルグン〔阿魯渾汗〕（在位）1284-1291）
　評世（アルグン＝カン〔阿魯渾汗〕　?-1291）
　山世（アルグン・ハン〔阿魯渾汗〕　?-1291）
　歴史（アルグン＝ハン）

アルタンゲレル, シュフーリン Altangerel, Shukheriin
20世紀, モンゴルの政治家。モンゴル外相。
⇒世政（アルタンゲレル, シュフーリン　1951-）

アルタン・ハン（阿勒坦汗, 阿勒担汗, 俺答汗）Altan Khan
16世紀, モンゴルの実力者。チンギス・ハンの後裔, タヤン・ハンの孫。
⇒旺世（アルタン＝ハン〔俺答汗〕　1507-1582）
　外国（アルタン・ハン　1507-1582）
　角世（アルタン・ハーン〔俺答汗〕　1507-1582）
　広義4（アルタン・ハン〔阿勒坦汗・俺答汗〕　1507-1582）
　広義6（阿勒坦汗, 俺答汗　アルタン・ハン　1507-1582）
　皇帝（アルタン・ハン　1507-1582）
　国小（アルタン・ハン〔俺答汗〕　1507-1582.1.13）
　コン2（アルタン・ハン〔俺答汗〕　1507-1582）
　コン3（アルタン・ハン〔俺答汗〕　1507-1582）
　人物（アルタン　1507-1582）
　世人（アルタン＝ハン　1507-1582）
　世東（アルタン・ハン〔阿勒担汗, 俺答汗〕　1507-1582）
　世百（アルタンカン　?-1581）
　全書（アルタン・ハン　1507-1582）
　大辞（アルタン・ハン　1507-1582）
　大辞3（アルタン・ハン〔俺答汗〕　1507-1582）
　大百（アルタン・カン　1507-1581）
　中国（俺答汗　アルタン・カン　1507-1581）
　デス（アルタン・ハン　1507-1581）
　東仏（アルタン・ハーン〔俺答汗〕　1507（正徳2）-1581（万暦9））

政治・外交・軍事篇　　　　　　　　　　　　　　あんけ

　　百科　（アルタン・ハーン　1507–1582）
　　評世　（アルタン汗　1507–1582）
　　山世　（アルタン・ハーン〔俺答汗〕　1508–1582）
　　歴史　（アルタン＝ハン　1507–1582）

アルトゥ（阿魯図）
14世紀，中国，元の宰相。モンゴルのアルラト（阿魯剌特）族出身。
⇒国小　（阿魯図　アルトゥ　?–1351〈至正11〉）

アロヨ　Arroyo, Gloria Macapagal
20世紀，フィリピンの政治家。
⇒広辞6　（アロヨ　1947–)
　　最世　（アロヨ，グロリア・マカパガル　1947–）
　　世人　（アロヨ　1947–）
　　世政　（アロヨ，グロリア・マカパガル　1947.4.5–）
　　東ア　（アロヨ　1947–）

安　あん
1世紀頃，中央アジア，鄯善（チャルクリク）国王。漢との関係を修復した。
⇒シル　（安　あん　1世紀頃）
　　シル新　（安　あん）

安維峻　あんいしゅん
19・20世紀，中国，清末・民国初期の官僚，学者。字は暁峰。甘粛省秦安県出身。著書『四書講義』。
⇒コン2　（安維峻　あんいしゅん　?–1925）
　　コン3　（安維峻　あんいしゅん　?–1925）
　　中人　（安維峻　あんいしゅん　1854–1925）

晏嬰　あんえい
前6・5世紀頃，中国，斉の政治家。諡は平仲，通称は晏子。管仲と並ぶ斉の名宰相。
⇒旺世　（晏子　あんし　生没年不詳）
　　角世　（晏子　あんし　生没年不詳）
　　広辞4　（晏嬰　あんえい　?–前500）
　　広辞6　（晏嬰　あんえい　?–前500）
　　国小　（晏子　あんし　?–前500〈景公48〉）
　　コン2　（晏嬰　あんえい　?–前500）
　　コン3　（晏嬰　あんえい　?–前500）
　　人物　（晏嬰　あんえい　?–前500頃）
　　世東　（晏子　あんし　前5世紀頃）
　　全書　（晏嬰　あんえい　生没年不詳）
　　大辞　（晏嬰　あんえい　前6世紀後半）
　　大辞　（晏子　あんし）
　　大辞3　（晏嬰　あんえい）
　　大百　（晏子　あんし　?–前500）
　　中芸　（晏嬰　あんえい　生没年不詳）
　　中国　（晏子　あんし　?–前500）
　　中史　（晏嬰　あんえい　?–前500）
　　評世　（晏子（晏嬰）　あんし　?–前500）
　　歴史　（晏子（晏嬰）　あんし　?–前500）

アンエイン　Eng
18世紀，カンボジア王国の王。
⇒統治　（エン（アンエィン）　（在位）1779–1797〈タイ国の家臣としてのカンボディア王〉）

安延師　あんえんし
8世紀頃，中央アジア，吐火羅（トハラ）の入唐朝貢使。
⇒シル　（安延師　あんえんし　8世紀頃）
　　シル新　（安延師　あんえんし）

安王　あんおう*
前5・4世紀，中国，東周の王（第33代，在位：前402～376年）。
⇒統治　（安（安驕）　An　（在位）前402–376）

安化王朱寘鐇　あんかおうしゅしはん
15・16世紀，中国，明中期の王族。封地は寧夏。宦官劉瑾の専横を憎む将士の支持で挙兵し殺される。
⇒外国　（寘鐇（安化王）　しんぱん　?–1510）
　　コン2　（安化王朱寘鐇　あんかおうしゅしはん　?–1510）
　　コン3　（安化王朱寘鐇　あんかおうしゅしはん　?–1510）

安歓喜　あんかんき
9世紀頃，渤海から来日した使節。
⇒シル　（安歓喜　あんかんき　9世紀頃）
　　シル新　（安歓喜　あんかんき）

安義公主　あんぎこうしゅ
6世紀頃，中国，隋宗室の娘。突厥（チュルク）の可汗に嫁した。
⇒シル　（安義公主　あんぎこうしゅ　6世紀頃）
　　シル新　（安義公主　あんぎこうしゅ）
　　世女日　（安義公主　ANYI gongzhu）

安貴宝　あんきほう
8世紀頃，渤海から来日した使節。
⇒シル　（安貴宝　あんきほう　8世紀頃）
　　シル新　（安貴宝　あんきほう）

安珦　あんきょう
13・14世紀，朝鮮，高麗末期の儒臣。別名は安裕，号は晦軒。中国から多くの書籍を購入し，学校を復旧。
⇒コン2　（安珦　あんきょう　1243–1306）
　　コン3　（安珦　あんきょう　1243–1306）
　　世東　（安裕　あんゆう　1243–1297）
　　全書　（安裕　あんゆう　1243–1306）
　　朝鮮　（安裕　あんゆう　1243–1306）
　　伝記　（安裕　あんゆう〈アンユ〉　1243–1306）

アンギョンス
⇨安駉寿（あんけいじゅ）

安駉寿　あんけいじゅ
19世紀，朝鮮，李朝の政治家。
⇒国史　（安駉寿　あんけいじゅ　?–1900）
　　日人　（安駉寿　アンギョンス　1853–1900）

安慶緒　あんけいしょ
⇨安慶緒（あんけいちょ）

あんけ

安慶緒　あんけいちょ
8世紀, 中国, 唐代中期の政治家。安禄山の2男。名は仁執。禄山が安史の乱を起し大燕皇帝を称すると, 晋王にされた。
⇒国小（安慶緒　あんけいしょ　?-759（乾元2））
コン2（安慶緒　あんけいちょ　?-759）
コン3（安慶緒　あんけいちょ　?-759）
中皇（安慶緒　?-759）
評世（安慶緒　あんけいしょ　?-759）

安康郡主　あんこうぐんしゅ*
12・13世紀, 中国, 南宋, 恵献王の娘。
⇒中皇（安康郡主　1167–1205）

安光泉　あんこうせん
20世紀, 朝鮮の社会主義者。
⇒コン3（安光泉　あんこうせん　1897–?）
朝人（安光泉　あんこうせん　生没年不詳）

安在鴻　あんざいこう
⇨安在鴻（アンジェホン）

晏子　あんし
⇨晏嬰（あんえい）

安在鴻　アンジェホン
20世紀, 朝鮮の独立運動家, 政治家。京幾道平沢で生れる。三・一運動に参加。1945年国民党党首。朝鮮戦争後北朝鮮に留まり, 56年平和統一協議会最高委員となった。
⇒外国（安在鴻　あんざいこう　1891–）
角世（安在鴻　あんざいこう　1891–1965）
現人（安在鴻　アンジェホン　1891–1965.3.1）
コン3（安在鴻　あんざいこう　1891–1965）
世東（安在鴻　あんざいこう　1892–?）
世百新（安在鴻　あんざいこう　1891–1965）
全書（安在鴻　あんざいこう　1891–1965）
朝人（安在鴻　あんざいこう　1891–1965）
朝鮮（安在鴻　あんざいこう　1891–1965）
日人（安在鴻　アンジェホン　1891–1965）
百科（安在鴻　あんざいこう　1891–1965）

安子文　あんしぶん
20世紀, 中国共産党組織部門の指導者。
⇒近中（安子文　あんしぶん　1909.9.25–1980.6.25）

晏殊　あんしゅ, あんじゅ
10・11世紀, 中国, 北宋の政治家, 詞人。字, 同叔。真宗, 仁宗の信任を受けて昇進, 宰相を務めた。
⇒外国（晏殊　あんじゅ　?–1055）
広辞6（晏殊　あんしゅ　991–1055）
国小（晏殊　あんしゅ　991（淳化2）–1055（至和2））
コン2（晏殊　あんしゅ　991–1055）
コン3（晏殊　あんしゅ　991–1055）
詩歌（晏殊　あんしゅ　991（北宋・太宗・淳化2）–1055（仁宗・至和2））
集世（晏殊　あんしゅ　991（淳化2）–1055（至和2））
集文（晏殊　あんしゅ　991（淳化2）–1055（至和2））
人物（晏殊　あんしゅ　991–1055）
世東（晏殊　あんしゅ　991–1055）
世百（晏殊　あんしゅ　991–1055）
世文（晏殊　あんしゅ　991（淳化2）–1055（至和2））
全書（晏殊　あんしゅ　991–1055）
中芸（晏殊　あんしゅ　991–1055）
百科（晏殊　あんしゅ　991–1055）

アンシュ・ヴァルマー　Aṃśuvarmā
7世紀, ネパール, 古代のリッチャヴィ朝の王。在位605–612。
⇒角世（アンシュ・ヴァルマー　（在位）605–612）

安重根　あんじゅうこん
⇨安重根（アンジュングン）

安修仁　あんしゅうじん
7世紀頃, 中国, 唐の遣突厥使。
⇒シル（安修仁　あんしゅうじん　7世紀頃）
シル新（安修仁　あんしゅうじん）

安重根　アンジユンガン
⇨安重根（アンジュングン）

安重根　アンジュングン, アンジュンクン
19・20世紀, 朝鮮の独立運動家。黄海道海州郡に生れる。1909年朝鮮の植民地化を決定した乙巳条約（1905年）の日本側代表である伊藤博文を暗殺。
⇒旺世（安重根　アンチュングン　1879–1910）
外国（安重根　あんじゅうこん　1879–1910）
角世（安重根　あんじゅうこん　1879–1910）
キリ（安重根　アンジュングン　1879.9.2–1910.3.26）
広辞4（安重根　あんじゅうこん　1879–1910）
広辞5（安重根　アンジュングン　1879–1910）
広辞6（安重根　アンジュングン　1879–1910）
国史（安重根　あんじゅうこん　1879–1910）
コン2（安重根　あんじゅうこん　1879–1910）
コン3（安重根　あんじゅうこん　1879–1910）
人物（安重根　あんじゅうこん　1878–1910.3.26）
世人（安重根　あんじゅうこん　1879–1910）
世東（安重根　あんじゅうこん　1878–1910）
全書（安重根　あんじゅうこん　1879–1910）
大辞（安重根　あんじゅうこん　1879–1910）
大辞2（安重根　あんじゅうこん　1879–1910）
大辞3（安重根　アンジュングン　1879–1910）
大百（安重根　あんじゅうこん　1879–1910）
朝人（安重根　あんじゅうこん　1879–1910）
朝鮮（安重根　あんじゅうこん　1879–1910）
デス（安重根　あんじゅうこん〈アンジユンガン〉 1879–1910）
伝記（安重根　あんじゅうこん〈アンジュングン〉 1879–1910.3.26）
ナビ（安重根　あんじゅうこん　1879–1910）
日人（安重根　アンジュングン　1879–1910）
百科（安重根　あんじゅうこん　1879–1910）
山世（安重根　あんじゅうこん　1879–1910）
歴史（安重根　あんじゅうこん　1879–1910）

安勝　あんしょう
7世紀，朝鮮，高句麗の滅亡後に遺民をひきいて新羅の西部に高句麗遺民の国を建てた王。
⇒朝人（安勝　あんしょう　生没年不詳）

安昌浩　あんしょうこう
⇨安昌浩（アンチャンホ）

奄𨚗　あんす
7世紀頃，朝鮮，高句麗から来日した使節。
⇒シル（奄𨚗　あんす　7世紀頃）
　シル新（奄𨚗　あんす）

アン・ズオン・ヴォン（安陽王）　An-Duong-Vuong
前3世紀，ベトナムの王。蜀王朝の創始者。在位，紀元前257〜207年。本名は蜀泮（トゥック・ファン）。
⇒ベト（An-Duong-Vuong　アン・ズオン・ヴォン〔安陽王〕）
　ベト（Thuc-Phan　トック・ファン〔蜀泮〕（在位）前257-207）

安世高　あんせいこう
2世紀，中国，後漢の僧。パルティア（安息国）の王子。
⇒イン（安世高　あんせいこう　2世紀頃）
　旺世（安世高　あんせいこう　生没年不詳）
　角世（安世高　あんせいこう　生没年不詳）
　シル（安世高　あんせいこう　2世紀頃）
　シル新（安世高　あんせいこう）
　人物（安世高　あんせいこう　生没年不詳）
　世東（安世高　あんせいこう　前2世紀）
　全書（安世高　あんせいこう　生没年不詳）
　東仏（安世高　あんせいこう　生没年不詳）
　評世（安世高　あんせいこう）
　歴世（安世高　あんせいこう　生没年不詳）

安成公主　あんせいこうしゅ＊
15世紀，中国，明，永楽帝の娘。
⇒中皇（安成公主　?-1443）

安宗　あんそう
17世紀，中国，明の皇帝（在位1644〜45）。
⇒コン2（福王朱由崧　ふくおうしゅゆうしょう　?-1646）
　コン3（福王朱由崧　ふくおうしゅゆうしょう　?-1646）
　世百（福王　ふくおう　?-1646）
　中皇（安宗（弘光帝）　?-1645）
　中皇（朱由崧　?-1645）
　百科（福王　ふくおう　1601-1648）

安諾槃陀　あんだくはんだ
6世紀頃，中国，西魏の遣突厥使。
⇒シル（安諾槃陀　あんだくはんだ　6世紀頃）
　シル新（安諾槃陀　あんだくはんだ）

アン・チャン1世　Ang Chan I
16世紀，カンボジアの君主。シャムの侵攻を打ち破る。
⇒コン2（アン・チャン1世　1505頃-1555）
　コン3（アン・チャン1世　1505頃-1555）

安昌浩　アンチャンホ
19・20世紀，朝鮮の独立運動家，教育者，思想家。号は島山。梁起鐸らと新民会をつくり，独立反日運動を展開。
⇒外国（安昌浩　あんしょうこう　1878-1938）
　角世（安昌浩　あんしょうこう　1878-1938）
　キリ（安昌浩　アンチャンホ　1878.11.9-1938.3.10）
　コン2（安昌浩　あんしょうこう　1878-1938）
　コン3（安昌浩　あんしょうこう　1878-1938）
　世政（安昌浩　アンチャンホ　1878.11.9-1938.3.10）
　世東（安昌浩　あんしょうこう　1878-1938）
　全書（安昌浩　あんしょうこう　1878-1938）
　朝人（安昌浩　あんしょうこう　1878-1938）
　朝鮮（安昌浩　あんしょうこう　1878-1938）
　ナビ（安昌浩　あんしょうこう　1878-1938）
　日人（安昌浩　アンチャンホ　1878-1938）
　百科（安昌浩　あんしょうこう　1878-1938）

安重根　アンチュングン
⇨安重根（アンジュングン）

安調遮　あんちょうし
7世紀，中国，唐の遣突厥答礼使。
⇒シル（安調遮　あんちょうし　?-647）
　シル新（安調遮　あんちょうし　?-647）

安帝（後漢）　あんてい
1・2世紀，中国，後漢の第6代皇帝（在位106〜125）。名は祐。
⇒コン2（安帝　あんてい　94-125）
　コン3（安帝　あんてい　94-125）
　世人（安帝　あんてい　94-125）
　中皇（安帝　94-125）
　統治（安帝　An Ti　（在位）106-125）

安帝（東晋）　あんてい＊
4・5世紀，中国，東晋の皇帝（在位396〜418）。
⇒中皇（安帝　382-418）
　統治（安帝　An Ti　（在位）396-419）

安定王　あんていおう＊
6世紀，中国，北魏（鮮卑）の皇帝。在位531〜532（対立帝）
⇒統治（安定王　An-ting Wang　（在位）531-532）

アン・ドゥオン　Ang Duon
18・19世紀，カンボジアの君主（在位1847〜59）。フランスの援助を求めた。
⇒コン2（アン・ドゥオン　1796-1859）
　コン3（アン・ドゥオン　1796-1859）
　集文（アン・ドゥオン　1796-1859）
　世文（アン・ドゥオン　1796-1859）
　統治（ドゥアン（アンドゥオン）　（在位）1847-1860）

アントン（安童）　An-t'ung
　13世紀, 中国, 元の宰相。モンゴルの札刺亦児（ジャライル）族出身。謚は忠憲。3人の財政家と尚書省と対立。
　⇒国小（アントン〔安童〕　1245（元, 脱列哥那4)–1293（至元30））

安莫純瑟　あんばくじゅんしつ
　8世紀頃, 安国（ボハラ）の入唐使節。
　⇒シル（安莫純瑟　あんばくじゅんしつ　8世紀頃）
　　シル新（安莫純瑟　あんばくじゅんしつ）

安炳瓚　あんへいさん
　19・20世紀, 朝鮮の義兵将。
　⇒コン3（安炳瓚　あんへいさん　1854–1929）

晏明　あんめい
　3世紀, 中国, 三国時代, 魏の曹洪の部将。
　⇒三国（晏明　あんめい）
　　三全（晏明　あんめい　?–208）

安明根　あんめいこん
　19・20世紀, 朝鮮の独立運動家。安重根の弟。朝鮮総督寺内正毅の暗殺を企てたが失敗。
　⇒コン2（安明根　あんめいこん　生没年不詳）
　　コン3（安明根　あんめいこん　生没年不詳）
　　朝人（安明根　あんめいこん　1879–?）

安裕　アンユ
　⇨安珦（あんきょう）

安裕　あんゆう
　⇨安珦（あんきょう）

安楽公主　あんらくこうしゅ
　7・8世紀, 中国, 唐の中宗の娘。母は韋后。韋后の勢力をたのみ, 専横を極める。
　⇒コン2（安楽公主　あんらくこうしゅ　?–710）
　　コン3（安楽公主　あんらくこうしゅ　?–710）
　　人物（安楽公主　あんらくこうしゅ　?–710）
　　世女日（安楽公主　ANLE gongzhu）
　　世東（安楽公主　あんらくこうしゅ　?–710）
　　中皇（安楽公主）
　　中国（安楽公主　あんらくこうしゅ　?–710）
　　歴史（安楽公主　あんらくこうしゅ　?–710）

安禄山　あんろくざん, あんろくさん
　8世紀, 中国, ソグド系突厥の雑胡で唐の節度使, 安史の乱の中心人物。
　⇒逸話（安禄山　あんろくざん　703?–757）
　　岩ケ（安禄山　あんろくざん　?–757）
　　旺世（安禄山　あんろくざん　?–757）
　　外国（安禄山　あんろくざん　705–757）
　　角世（安禄山　あんろくざん　705–757）
　　広辞4（安禄山　あんろくざん　705–757）
　　広辞6（安禄山　あんろくざん　705–757）
　　皇帝（安禄山　あんろくざん　705–757）
　　国小（安禄山　あんろくざん　705（神龍1)–757（至徳2)）
　　コン2（安禄山　あんろくざん　705–757）

　　コン3（安禄山　あんろくざん　705–757）
　　人物（安禄山　あんろくざん　705–757.1.2）
　　世人（安禄山　あんろくざん　705–757）
　　世東（安禄山　あんろくざん　?–757.1.2）
　　世百（安禄山　あんろくざん　?–757）
　　全書（安禄山　あんろくざん　703?–757）
　　大辞（安禄山　あんろくざん　705–757）
　　大辞3（安禄山　あんろくざん　705–757）
　　大百（安禄山　あんろくざん　703?–757）
　　中皇（安禄山　705–757）
　　中国（安禄山　あんろくざん　?–757）
　　中史（安禄山　あんろくざん　?–757）
　　デス（安禄山　あんろくざん　705頃–757）
　　伝記（安禄山　あんろくざん　703?–757）
　　百科（安禄山　あんろくざん　705–757）
　　評世（安禄山　あんろくざん　?–757）
　　山世（安禄山　あんろくざん　705–757）
　　歴史（安禄山　あんろくざん　705–757）

アンロック
　⇨ケン・アロ

アンワル・イブラヒム　Anwar Ibrahim
　20世紀, マレーシアのイスラム知識人, 政治家。
　⇒世政（アンワル・イブラヒム　1947.8.10–）
　　東ア（アンワル・イブラヒム　1947–）

【い】

韋安石　いあんせき
　7・8世紀, 中国, 唐の則天武后から玄宗朝にかけての官僚。謚は文貞。京兆・万年（陝西省）出身。
　⇒コン2（韋安石　いあんせき　651–714）
　　コン3（韋安石　いあんせき　651–714）
　　世東（韋安石　いあんせき　7–8世紀）

李珥　イーイ
　⇨李珥（りじ）

伊夷模　いいも
　2・3世紀, 中国の正史にみえる高句麗の初期の王。
　⇒朝人（伊夷模　いいも　生没年不詳）

伊尹　いいん
　前16世紀頃, 中国, 殷初期の名臣。湯王を助け, 夏の桀王を討ち, 殷朝を創始したという。
　⇒外国（伊尹　いいん）
　　広辞4（伊尹　いいん）
　　広辞6（伊尹　いいん）
　　コン2（伊尹　いいん　生没年不詳）
　　コン3（伊尹　いいん　生没年不詳）
　　三国（伊尹　いいん）
　　人物（伊尹　いいん　生没年不詳）
　　世東（伊尹　いいん）
　　世百（伊尹　いいん）
　　大辞（伊尹　いいん）

政治・外交・軍事篇

大辞3（伊尹　いいん）
中芸（伊尹　いいん　生没年不詳）
中史（伊尹　いいん）
百科（伊尹　いいん）

李仁済　イインジェ
　20世紀，韓国の労働部長官，弁護士，国会議員。民自党政策委員会第3政策調整室長。
　⇒韓国（李仁済　イインジェ　1948.12.11-）
　　朝鮮（李仁済　りじんさい　1948-）

李源京　イウォンギョン
　20世紀，韓国の外交官。駐日韓国大使，韓国外相。
　⇒韓国（李源京　イウォンギョン　1922.1.15-）
　　世政（李源京　イウォンギョン　1922.1.15-）

李乙雪　イウルソル
　20世紀，北朝鮮の首道防衛司令官，中央軍事委員，国防委員，中央委員。
　⇒韓国（李乙雪　イウルソル　1921-）
　　世政（李乙雪　イウルソル　1921-）

李垠　イウン
　20世紀，朝鮮，李朝最後の皇太子。26代皇帝高宗（李太王）の子。1910年，日韓併合に際し皇族に列せられ，20年梨本宮方子と結婚。朴正熙政権の成立後，1963年に韓国帰還。
　⇒現人（李垠　イウン　1897.10.20-1970.5.1)
　　コン3（英親王　えいしんのう　1897-1970）
　　日人（李垠　イウン　1897-1970）

葉公超　イエコンチャオ
　⇨葉公超（ようこうちょう）

葉聖陶　イエションタオ
　⇨葉聖陶（ようせいとう）

イェス・ティムール　Yesün Temür
　14世紀，チャガタイ・ハン国のハン。在位1337-1340。
　⇒統治（イェス・ティムール　（在位）1337-1340）

イェス・モンケ　Yesü Möngke
　13世紀，チャガタイ・ハン国のハン。在位1246-1252。
　⇒統治（イェス・モンケ（イス＝マングー）　（在位）1246-1252）

イェスン・ティムール
　⇨泰定帝（元）（たいていてい）

葉剣英　イエチエンイン
　⇨葉剣英（ようけんえい）

イェット・キエン（歇驕）　Yet-Kien
　ベトナムの武将。興道王・陳国俊（チャン・クォック・トゥアン）麾下。
　⇒ベト（Yet-Kien　イェット・キエン〔歇驕〕）

イエン・サリ　Ieng Sary
　20世紀，カンボジアの政治家。ポル・ポト派最高幹部，民主カンボジア副首相。
　⇒現人（イエン・サリ　1930.1-）
　　コン3（イエン・サリ　1930-）
　　世政（イエン・サリ　1924.10.20-）
　　世東（イエン・サリ　1930-）
　　二十（イエン・サリ　1930.1.1-）

閻錫山　イエンシーシャン
　⇨閻錫山（えんしゃくざん）

厳家淦　イエンチヤカン
　⇨厳家淦（げんかかん）

夷王　いおう*
　前9世紀，中国，西周の王（第9代，在位前866～858）。
　⇒統治（夷（夷王燮）　Yi　（在位）前866-858）

威王（斉）　いおう
　前4世紀，中国，戦国時代の斉の王。
　⇒中史（威王（斉）　いおう　?-前320）

威王（前涼）　いおう*
　4世紀，中国，五胡十六国・前涼の皇帝（在位353～355）。
　⇒中皇（威王　?-355）

懿王　いおう*
　前9世紀，中国，西周の王（第7代，在位前900～873）。
　⇒統治（懿（懿王囏）　I　（在位）前900-873）

李基沢　イキテク
　20世紀，韓国の政治家。民主党総裁，共同代表委員。
　⇒韓国（李基沢　イキテク　1937.7.25-）
　　世東（李基沢　りきたく　1937-）

李起鵬　イギブン
　20世紀，韓国の政治家。ソウル生れ。1948年大統領に就任した李承晩の秘書室長に起用され，独裁政権の一翼を担った。60年3月の副大統領選挙で当選したが，4月革命で自殺。
　⇒現人（李起鵬　イギブン　1896-1960.4.28）
　　コン3（李起鵬　りきほう　1896-1960）
　　朝人（李起鵬　りきほう　1896-1960）

李基百　イキペク
　20世紀，韓国の政治家，軍人。国防相。
　⇒韓国（李基百　イキペク　1931.10.20-）

尉仇台　いきゅうだい
　2世紀頃，中央アジア，扶余国の王子。紀元120年に後漢に使節として入朝。
　⇒シル（尉仇台　いきゅうだい　2世紀頃）
　　シル新（尉仇台　いきゅうだい）

い

李奎報　イーギュポ
⇨李奎報（りけいほう）

韋渠牟　いきょぼう
8・9世紀, 中国, 唐の政治家。謚は忠。京兆・万年（陝西省）出身。徳宗に仕え, 諫議大夫となる。
⇒コン2（韋渠牟　いきょぼう　749-801）
　コン3（韋渠牟　いきょぼう　749-801）

郁久閭弥娥　いくきゅうろびが
6世紀頃, 柔然の遣北魏使。
⇒シル（郁久閭弥娥　いくきゅうろびが　6世紀頃）
　シル新（郁久閭弥娥　いくきゅうろびが）

毓賢　いくけん
19・20世紀, 中国, 清末の満人官僚。内務府正黄旗漢軍。字は佐臣。義和団事件の罪で処刑された。
⇒角世（毓賢　いくけん　?-1901）
　国小（毓賢　いくけん　?-1901（光緒27.1.6））
　コン2（毓賢　いくけん　?-1901）
　コン3（毓賢　いくけん　?-1901）
　世東（毓賢　いくけん　?-1901）
　中人（毓賢　いくけん　?-1901（光緒27.1.6））
　歴史（毓賢　いくけん　?-1901）

イクミシ（亦黒迷失）　Yekemish
14世紀, 中国, 元の武将。ウイグル族出身。仁宗のとき呉国公に封ぜられた。
⇒国小（イクミシ〔亦黒迷失〕　生没年不詳）

李根模　イクンマク
⇨李根模（イクンモ）

李根模　イクンモ
20世紀, 北朝鮮の政治家, 北朝鮮首相。南満州生れ。1952年頃より朝鮮労働党中央部に所属。70年第5回党大会で中央委員, 政治委員候補。72年中央人民委員会委員に選出され, 73年には副首相。
⇒韓国（李根模　イクンマク　1924-）
　現人（李根模　リグンモ　?-）
　世政（李根模　イクンモ　1924-）
　世東（李根模　りこんぼ　?-）

韋堅　いけん
8世紀, 中国, 唐の財政官僚。京兆・万年（陝西省）の生れ。米など江南の物産を長安に運ぶ運河を建設。
⇒コン2（韋堅　いけん　?-747）
　コン3（韋堅　いけん　?-747）

尉健行　いけんこう
20世紀, 中国の政治家。監察相, 共産党中央政治局委員・書記局書記・規律検査委員会書記。
⇒中人（尉健行　いけんこう　1931.1-）

韋賢妃　いけんひ＊
11・12世紀, 中国, 北宋, 徽宗の皇妃。
⇒中皇（韋賢妃　1080-1159）

韋后　いこう
⇨韋氏（いし）

韋皋　いこう
8・9世紀, 中国, 唐の武将。陝西出身。字は城武。検校司徒兼中書令南康郡王となった。
⇒コン2（韋皋　いこう　745-805）
　コン3（韋皋　いこう　745-805）
　世東（韋皋　いこう　745-805）

韋慤　いこく
19・20世紀, 中国の教育者。広東省出身。1942年12月蘇皖辺区政府が樹立されると李一氓の下で副主席を勤め, 49年5月上海第3副市長, 全国人民代表大会代表, 華僑大学副校長。
⇒世東（韋慤　いこく　1880頃-）
　中人（韋慤　いこく　1880頃-）

韋国清　いこくせい
20世紀, 中国の政治家。コワンシー自治区の少数民族チワン族出身。1971年2月, 再建された同自治区党委員会第一書記。73年党政治局員, 77～82年軍総政治部主任, 82年全人代常務委副委員長。
⇒現人（韋国清　いこくせい〈ウェイクオチン〉　1906-）
　国小（韋国清　いこくせい　1914?-）
　世政（韋国清　いこくせい　1913-1989.6.14）
　世東（韋国清　いこくせい　1913-）
　中人（韋国清　いこくせい　1913-1989.6.14）

イサラ・スントーン
⇨ラーマ2世

李相玉　イサンオク
20世紀, 韓国の政治家, 外交官。韓国外相。
⇒韓国（李相玉　イサンオク　1934.8.25-）
　世政（李相玉　イサンオク　1934.8.25-）

李商在　イサンジェ
19・20世紀, 朝鮮の独立運動家, 宗教家。1896年独立協会を創立して『独立新聞』を発刊。1924年『朝鮮日報』社長。
⇒キリ（李商在　イサンジェ　1850.10.26-1927.3.29）
　コン2（李商在　りしょうざい　1850-1927）
　コン3（李商在　りしょうざい　1850-1927）
　朝人（李商在　りしょうざい　1850-1927）

韋氏　いし
7・8世紀, 中国, 唐第4代中宗の皇后。政権を握ろうと夫の中宗を毒殺したが, 李隆基（後の玄宗）に殺された。
⇒旺世（韋后　いこう　?-710）
　広辞6（韋后　いこう　?-710）
　皇帝（韋　い　?-710）

国小　（韋氏　いし　?-710（唐隆1））
コン2　（韋太后　いたいごう　?-710）
コン3　（韋太后　いたいごう　?-710）
人物　（韋后　いこう　?-710）
世安日　（韋太后　WEI taihou　?-710）
世人　（韋后　いこう　?-710）
世百　（韋后　いこう　?-710）
全書　（韋后　いこう　?-710）
大辞3　（韋后　いこう　?-710）
大百　（韋后　いこう　660頃-710）
中皇　（韋皇后　?-710）
百科　（韋后　いこう　?-710）
評世　（韋后　いこう　?-710）
山世　（韋后　いこう　?-710）
歴史　（韋氏（皇后）　いし　?-710）

李済臣　イージェシン
16世紀，朝鮮，李朝中期の文臣。号は清江。主著『清江集』など。
⇒集文　（李済臣　イージェシン　1536-1584）

李斉賢　イジェヒョン
⇨李斉賢（りせいけん）

イシハ（亦失哈）
15世紀，中国，明代の宦官。海西女直の出身。永楽帝の信任を得ていた。
⇒角世　（イシハ〔亦失哈〕　生没年不詳）
　国小　（亦失哈　いしは　生没年不詳）
　コン2　（イシハ〔亦失哈〕　生没年不詳）
　コン3　（イシハ〔亦失哈〕　生没年不詳）
　歴史　（亦失哈　イシハ）

イシバル・テレス・カガン（沙鉢羅咥利失可汗）　Isbar Tölis Khaghan
7世紀，西突厥の可汗（在位634〜639）。アルプチュルク・カガンと争い，イリ川西部を自分の領域とした。
⇒世東　（イシバル・テレス・カガン〔沙鉢羅咥利可汗〕　?-639）

異斯夫（異斯夫）　いしふ
5・6世紀，朝鮮，新羅の6世紀前半の将軍。
⇒国史　（異斯夫　いしふ　6世紀）
　対外　（異斯夫　いしふ　6世紀）
　朝鮮　（異斯夫　いしふ　5・6世紀）

伊叱夫礼智干岐　いしぶれちかんき
朝鮮，新羅の大臣。
⇒日人　（伊叱夫礼智干岐　いしぶれちかんき　生没年不詳）

イシャク，ユソフ・ビン　Ishak, Yusof Bin
20世紀，シンガポールの政治家。1959年シンガポールの元首となり，65年マレーシアからの分離独立に伴い，初代のシンガポール共和国大統領に就任。
⇒国小　（ユソフ・ビン・イシャク　1910.8.12-1970.11.23）
　二十　（イシャク，ユソフ・ビン　1910-1970）

イーシャーナヴァルマン1世　Īśānavarman I
7世紀，カンボジア，クメール族真臘王国の王。616/7以前〜635頃に在位。
⇒外国　（イシャナヴァルマン　?-635頃）
　角世　（イーシャーナヴァルマン1世　生没年不詳）
　国小　（イーシャナバルマン　生没年不詳）
　コン2　（イーシャーナヴァルマン1世　?-635）
　コン3　（イーシャーナヴァルマン1世　?-635）
　統治　（イーシャーナヴァルマン1世　（在位）611-635）

イーシャーナヴァルマン2世　Īśānavarman II
10世紀，カンボジア，クメール王国の王。
⇒統治　（イーシャーナヴァルマン2世　（在位）922-928）

イーシャナバルマン
⇨イーシャーナヴァルマン1世

伊舎羅　いしゃら
7世紀頃，インドの外交使節。東インドから中国にわたり，唐に仕えた。
⇒シル　（伊舎羅　いしゃら　7世紀頃）
　シル新　（伊舎羅　いしゃら）

韋昭　いしょう
3世紀，中国，三国・呉の政治家。雲陽出身。字は弘嗣。呉の歴史を編纂した『呉書』（55巻）がある。
⇒外国　（韋昭　いしょう　204-273）
　集世　（韋昭　いしょう　204（建安9）-273（鳳凰2））
　集文　（韋昭　いしょう　204（建安9）-273（鳳凰2））
　世東　（韋昭　いしょう　?-273）
　中芸　（韋昭　いしょう　204-273）

韋昌輝　いしょうき
19世紀，中国，太平天国の指導者の一人。北王。
⇒外国　（韋昌輝　いしょうき　?-1856）
　国小　（韋昌輝　いしょうき　1823（道光3）頃-1857（咸豊7））
　コン2　（韋昌輝　いしょうき　1823頃-1856）
　コン3　（韋昌輝　いしょうき　1823頃-1856）
　世東　（韋昌輝　いしょうき　1823頃-1856）
　評世　（韋昌輝　いしょうき　1823頃-1856）
　歴史　（韋昌輝　いしょうき　1823?-1856）

韋承慶　いしょうけい
7・8世紀，中国，唐の政治家。字は延休，諡は温。鄭州・陽武（河南省）の生れ。
⇒コン2　（韋承慶　いしょうけい　?-706）
　コン3　（韋承慶　いしょうけい　?-706）

李鐘玉　イジョンオク
20世紀，北朝鮮の政治家。1960年，67年副首相。一時失脚したが，77年，82年首相。北朝鮮国家副主席。
⇒国小　（李鐘玉　りしょうぎょく　1908-）
　世政　（李鐘玉　イジョンオク　1916-1999.9.23）

世東　(李鐘玉　りしょうぎょく　1908-)
全書　(李鐘玉　りしょうぎょく　1918-)

怡親王載垣　いしんおうさいえん
19世紀, 中国, 清末の宗室出身の政治家。咸豊帝の信任を得, 御前大臣を務めた。
⇒国小 (怡親王載垣　いしんおうさいえん　?-1861 (咸豊11))

韋審規　いしんき
9世紀頃, 中国, 唐の遣南詔使。
⇒シル (韋審規　いしんき　9世紀頃)
　シル新 (韋審規　いしんき)

怡親王胤祥　いしんのういんしょう*
18世紀, 中国, 清, 康熙帝の子。
⇒中皇 (怡親王胤祥　?-1730)

イスカンダル, シャー　Iskandar, Shah
20世紀, マレーシアの国王(1984年即位)。
⇒二十 (イスカンダル, シャー　1932.4.8-)

李寿成　イスソン
20世紀, 韓国の政治家, 法学者。韓国首相, ソウル大学総長。
⇒世政 (李寿成　イスソン　1939.3.10-)

イス・チムール (玉昔鉄木児)
13世紀, 中国, 元の功臣。モンゴルのアララト(阿魯刺特)族出身。諡は貞憲。世祖フビライに風憲の長として重用された。
⇒国小 (イス・チムール〔玉昔鉄木児〕　1242 (元, 脱列哥那1)-1295 (元貞1))

イステミ・カガン (室点蜜)　Istämi Qaγan
6世紀, 突厥のカガン (可汗)。
⇒角世 (イステミ・カガン〔室点蜜〕　?-576)
　国小 (イステミ・カガン　?-575/6)
　世東 (イステミ・カガン)
　歴史 (イステミ=カガン　?-575)

イスマイル・ナシルジン, T.　Ismail Nashiruddin Shah, Tuanku Al Sultan
20世紀, マレーシアの政治家。1945年トレンガヌ州藩王, マレーシア副元首を経て, 65年元首となる。
⇒二十 (イスマイル・ナシルジン, T.　1907-)

李崇仁　イースンイン
14世紀, 朝鮮, 李朝初の学者, 政治家。京山出身。著書に『陶隠集』(5巻)がある。
⇒集文 (李崇仁　イースンイン　1349-1392)
　世東 (李崇仁　りすうじん　1347-1392)

李舜臣　イスンシン
16世紀, 朝鮮, 李朝の武将。京畿道徳水出身。字, 汝諧。壬辰倭乱 (文禄・慶長の役) で日本水軍を撃破。
⇒旺世 (李舜臣　りしゅんしん　1545-1598)
　角世 (李舜臣　りしゅんしん　1545-1598)
　広辞4 (李舜臣　りしゅんしん　1545-1598)
　広辞6 (李舜臣　りしゅんしん　1545-1598)
　国史 (李舜臣　りしゅんしん　1545-1598)
　国小 (李舜臣　りしゅんしん　1545 (明宗1)-1598 (宣祖31))
　国百 (李舜臣　りしゅんしん　1545 (明宗1)-1598 (宣祖31.11.19))
　コン2 (李舜臣　りしゅんしん　1545-1598)
　コン3 (李舜臣　りしゅんしん　1545-1598)
　集世 (李舜臣　イースンシン　1544-1598)
　集文 (李舜臣　イースンシン　1544-1598)
　世人 (李舜臣　りしゅんしん　1545-1598)
　世東 (李舜臣　りしゅんしん　1545-1598)
　世百 (李舜臣　りしゅんしん　1545-1598)
　全書 (李舜臣　りしゅんしん　1545-1598)
　対外 (李舜臣　りしゅんしん　1545-1598)
　大辞 (李舜臣　りしゅんしん　1545-1598)
　大辞3 (李舜臣　りしゅんしん　1545-1598)
　大百 (李舜臣　りしゅんしん　1545-1598)
　朝人 (李舜臣　りしゅんしん　1545-1598)
　朝鮮 (李舜臣　りしゅんしん　1545-1598)
　デス (李舜臣　りしゅんしん　1545-1598)
　伝記 (李舜臣　りしゅんしん〈イスンシン〉　1545-1598.11)
　日人 (李舜臣　りしゅんしん　1545-1598)
　百科 (李舜臣　りしゅんしん　1545-1598)
　山世 (李舜臣　りしゅんしん　1545-1598)

李昇薫　イスンフン
19・20世紀, 朝鮮の独立運動家, 教育者。号は南岡。1907年講明義塾・五山学校を創設して民族的教育を始め, 新民会に加わる。
⇒キリ (李昇薫　イスンフン　1864.3.25-1930.5.9)
　コン2 (李昇薫　りしょうくん　1864-1930)
　コン3 (李昇薫　りしょうくん　1864-1930)
　朝人 (李昇薫　りしょうくん　1864-1930)
　朝鮮 (李昇薫　りしょうくん　1864-1930)
　百科 (李昇薫　りしょうくん　1864-1930)

李承晩　イスンマン
19・20世紀, 韓国の政治家。1948年8月大韓民国独立時に初代大統領に就任。60年まで3期連続して独裁的権力をふるった。
⇒岩ケ (李承晩　イスンマン　1875-1965)
　旺世 (李承晩　イスンマン　1875-1965)
　外国 (李承晩　りしょうばん　1875-)
　角世 (李承晩　りしょうばん　1875-1965)
　キリ (李承晩　イスンマン　1875.3.26-1965)
　現人 (李承晩　イスンマン　1875.3.26-1965)
　広辞4 (李承晩　りしょうばん　1875-1965)
　広辞5 (李承晩　イスンマン　1875-1965)
　広辞6 (李承晩　イスンマン　1875-1965)
　国史 (李承晩　りしょうばん　1875-1965)
　国小 (李承晩　りしょうばん　1875.3.26-1965.7.19)
　国百 (李承晩　りしょうばん　1875 (高宗12.3.26)-1965.7.19)
　コン2 (李承晩　りしょうばん　1875-1965)
　コン3 (李承晩　りしょうばん　1875-1965)
　最世 (李承晩　りしょうばん　1875-1965)
　人物 (李承晩　りしょうばん　1875.3.26-1965.7.9)

政治・外交・軍事篇

世人　（李承晩　りしょうばん　1875–1965）
世政　（李承晩　イスンマン　1875.3.26–1965.7.19）
世東　（李承晩　りしょうばん　1875–1965）
世百　（李承晩　りしょうばん　1875–1965）
全書　（李承晩　りしょうばん　1875–1965）
大辞　（李承晩　りしょうばん　1875–1965）
大辞2　（李承晩　いせい　生没年不詳）
大辞3　（李承晩　イスンマン　1875–1965）
大百　（李承晩　りしょうばん　1875–1965）
朝人　（李承晩　りしょうばん　1875–1965）
朝鮮　（李承晩　りしょうばん　1875–1965）
デス　（李承晩　りしょうばん〈イスンマン〉1875–1965）
伝記　（李承晩　りしょうばん〈イスンマン〉1875–1965.7.19）
ナビ　（李承晩　イスンマン　1875–1965）
日人　（李承晩　イスンマン　1875–1965）
百科　（李承晩　りしょうばん　1875–1965）
評世　（李承晩　りしょうばん　1874–1965）
山世　（李承晩　イスンマン　1875–1965）
歴史　（李承晩　りしょうばん　1875–1965）

李穡　イーセク
⇨李穡（りしょく）

韋節　いせつ
7世紀頃, 中国, 隋の使者。中央アジアおよびインド方面に派遣され, 帰国後『西番記』を著す。
⇒コン2　（韋節　いせつ　生没年不詳）
コン3　（韋節　いせつ　7世紀初期）
シル　（韋節　いせつ　7世紀頃）
シル新　（韋節　いせつ）

イゼン・カガン（伊然可汗）
8世紀, 中央アジア, 東突厥末期のカガン（在位734～741）。ビルゲ・カガンの子。
⇒国小　（イゼン・カガン〔伊然可汗〕　?–741?）

懿宗　いそう
9世紀, 中国, 唐の第17代皇帝（在位860～873）。諡は睿文昭聖恭恵孝皇帝。宣宗の長子。
⇒コン2　（懿宗　いそう　833–873）
コン3　（懿宗　いそう　833–873）
中皇　（懿宗　833–873）
統治　（懿宗　I Tsung　（在位）859–873）

李成桂　イソンゲ
⇨李成桂（りせいけい）

韋太后　いたいごう
⇨韋氏（いし）

イダム・ハリド　Idham Chalid
20世紀, インドネシアの政治家。インドネシア国民評議会（MPR）議長。
⇒国小　（イドハム・ハリド　1921.1.5–）
世政　（イダム・ハリド　1922.8.27–）
世東　（ハリド　1921.1.5–）
二十　（イダム，ハリド　1921–）

一山一寧　いちざんいちねい
⇨一山一寧（いっさんいちねい）

伊稚斜単于　イチシャゼンウ
前2世紀, 匈奴の第4代単于（君主）（在位前126～114）。
⇒国小　（イチシャゼンウ〔伊稚斜単于〕　?–前114）

伊秩靡　いちつび
前1世紀頃, 中央アジア, 烏孫（天山山脈北方の遊牧民）の大昆弥（部族長）。漢へ入朝した。
⇒シル　（伊秩靡　いちつび　前1世紀頃）
シル新　（伊秩靡　いちつび）

一寧　いちねい
⇨一山一寧（いっさんいちねい）

壱万福　いちまんぷく
8世紀頃, 渤海から来日した使節。
⇒シル　（壱万福　いちまんぷく　8世紀頃）
シル新　（壱万福　いちまんぷく）

李哲承　イチョルスン
20世紀, 韓国の政治家。全羅北道の生れ。1954年に国会議員として政界に入る。70年新民党入党。73年国会副議長。76年9月金泳三を破って新民党党首となる。
⇒韓国　（李哲承　イチョルスン　1922.5.15–）
現人　（李哲承　イチョルスン　1922.5.15–）
朝人　（李哲承　りてっしょう　1922–）

イッサラヌソン
⇨ラーマ2世

一山一寧　いっさんいちねい
13・14世紀, 中国, 宋代の禅僧。宋の台州臨海県出身。俗姓は胡氏。1299年外交使節として来日。『語録』2巻を残した。
⇒教育　（一寧　いちねい　1247（宝治1）–1317（文保1））
国史　（一山一寧　いっさんいちねい　1247–1317）
国小　（一山一寧　いっさんいちねい　1247（淳祐7）–1317（文保1.10.25））
コン2　（一山一寧　いちざんいちねい　1247–1317）
コン3　（一山一寧　いっさんいちねい　1247–1317）
人物　（一山一寧　いっさんいちねい　1247（宝治元）–1317（文保元.10.25））
世東　（一寧　いちねい　1247–1317）
世百　（一山一寧　いっさんいちねい　1247–1317）
全書　（一山一寧　いっさんいちねい　1247–1317）
対外　（一山一寧　いっさんいちねい　1247–1317）
大辞3　（一山一寧　いっさんいちねい　1247–1317）
大百　（一山一寧　いっさんいちねい　1247–1317）
中書　（一山一寧　いっさんいちねい　1247–

　　　　デス（一山一寧　いっさんいちねい　1247-
　　　　　1317)
　　　　日人（一山一寧　いっさんいちねい　1247-
　　　　　1317)
　　　　百科（一山一寧　いっさんいちねい　1247-
　　　　　1317)
乙支文徳　いっしぶんとく
　⇨乙支文徳（おつしぶんとく）

威帝　いてい*
　4世紀，中国，五胡十六国・西燕の皇帝（在位
　384〜386)。
　　⇒中皇（威帝　359-386)

尉屠耆　いとき
　前1世紀頃，中央アジア，鄯善初代王。もと楼蘭
　国王子。
　　⇒シル（尉屠耆　いとき　前1世紀頃）
　　　シル新（尉屠耆　いとき）

威徳王　いとくおう
　6世紀，朝鮮，百済の第27代国王。
　　⇒日人（威徳王　いとくおう　525-599)

イトクブツシツ・カガン（伊特勿失可汗）
　7世紀頃，中央アジア，鉄勒薛延陀部の可汗。唐
　に来降した。
　　⇒シル（伊特勿失可汗　いとくぶつしつかがん　7
　　　世紀頃）
　　　シル新（伊特勿失可汗　いとくぶつしつかがん）

醫徳密施　いとくみつし
　9世紀頃，ウイグルの遣唐使。
　　⇒シル（醫徳密施　いとくみつし　9世紀頃）
　　　シル新（醫徳密施　いとくみつし）

イドハム・ハリド
　⇨イダム・ハリド

李東元　イドンウォン
　20世紀，韓国の政治家，外交官。朴正煕に認め
　られて，1962年大統領秘書室長，64〜66年外
　相。67年第7代，71年第8代国会議員。
　　⇒韓国（李東元　イドンウォン　1926.9.8-)
　　　現人（李東元　イドンウォン　1926.9.8-)
　　　国小（李東元　りとうげん　1925.8.2-)
　　　世政（李東元　イドンウォン　1926.9.8-)

李東輝　イトンヒ
　20世紀，朝鮮の初期の共産党指導者。武断派と
　呼ばれ，上海で高麗共産党を組織し，軍政部を
　設立，海外から反日独立運動を展開した。
　　⇒外国（李東輝　りとうき）
　　　角世（李東輝　りとうき　1873-1935)
　　　キリ（李東輝　イトンヒ　1873.12.3-1935.2.13)
　　　コン3（李東輝　りとうき　1873-1935)
　　　世東（李東輝　りとうき）
　　　全書（李東輝　りとうき　1873-1928/35)

　　　朝人（李東輝　りとうき　1873-1935)
　　　朝鮮（李東輝　りとうき　1873-1928)
　　　百科（李東輝　りとうき　1873-1928/35)

伊難如達干羅底睟　いなんじょたつかんらてい
　　　ちん
　8世紀頃，中央アジア，吐火羅（トハラ）の入唐
　使節。
　　⇒シル（伊難如達干羅底睟　いなんじょたつかんら
　　　ていちん　8世紀頃）
　　　シル新（伊難如達干羅底睟　いなんじょたつかん
　　　らていちん）

イハウン
　⇨大院君（たいいんくん）

韋抜群　いばつぐん
　20世紀，中国の農民運動指導者。1922年より広
　西省で農民運動を指導，32年国民革軍に殺さ
　れた。
　　⇒コン3（韋抜群　いばつぐん　1893-1932)
　　　中人（韋抜群　いばつぐん　1894-1932)

李漢基　イハンギ
　20世紀，韓国の法学者。韓日文化交流基金理事
　長，韓国首相。
　　⇒韓国（李漢基　イハンギ　1917.9.5-)
　　　世政（李漢基　イハンギ　1917.9.5-1995.2.2)

李方子　イパンジャ
　20世紀，朝鮮，李朝，皇太子李垠の妃。
　　⇒日人（李方子　イパンジャ　1901-1989)

李漢東　イハンドン
　20世紀，韓国の政治家。韓国首相，韓国自由民
　主連合（自民連）総裁。
　　⇒韓国（李漢東　イハンドン　1934.12.5-)
　　　最世（李漢東　イハンドン　1934-)
　　　世政（李漢東　イハンドン　1934.12.5-)

イ・ビアン・アレオ　Y Binh Aleo
　20世紀，ベトナムの政治家。1962年解放戦線中
　央委員会副議長，69年南ベトナム臨時革命政府
　樹立に参加，顧問評議会議員を兼任。
　　⇒世東（イ・ビアン・アレオ　1908-)
　　　二十（アレオ，Y. 1901-)

李熹性　イヒソン
　20世紀，韓国の政治家，軍人。交通相，陸軍参
　謀総長。
　　⇒韓国（李熹性　イヒソン　1924.12.29-)

李孝祥　イヒョサン
　20世紀，韓国の政治家。慶尚北道の生れ。1960
　年から政界に入る。61年軍事クーデターで議員
　資格喪失のあと，民主共和党の創設に加わり，
　63年から71年まで国会議長。著書『文化と宗
　教』，詩集『愛』がある。
　　⇒現人（李孝祥　イヒョサン　1906.1.14-)

李賢宰　イヒョンジェ
20世紀，韓国の経済学者。韓国首相，ソウル大学総長。
⇒韓国（李賢宰　イヒョンジェ　1929.12.20–）
　世政（李賢宰　イヒョンジェ　1929.12.20–）

李賢輔　イーヒョンポ
15・16世紀，朝鮮，李朝初期の文臣，時調歌人。号は聾巌。主著『聾巌集』など。
⇒集文（李賢輔　イーヒョンポ　1467–1555）

李会昌　イフェチャン
20世紀，韓国の政治家，法律家。ハンナラ党総裁，韓国首相，韓国最高裁判事。
⇒韓国（李会昌　イフェチャン　1935.6.2–）
　世政（李会昌　イフェチャン　1935.6.2–）
　朝鮮（李会昌　りかいしょう　1935–）

イブヌ，ストオ　Ibunu, Sutowo
20世紀，インドネシアの実業家，軍人。中部ジャワ州生れ。1957年陸軍第2副参謀長の地位から，国営石油公社プルミナ（プルタミナの前身）の初代総裁。76年3月巨額の赤字を出した責任により解任された。
⇒現人（イブヌ・ストオ　1914–）
　二十（イブヌ，ストオ　1914–）

李富栄　イブヨン
20世紀，韓国の国会議員。民主党最高委員。
⇒韓国（李富栄　イブヨン　1942.9.26–）
　世東（李富栄　りふえい　1942–）

イブラギモフ　Ibrahimov, Galimjan
19・20世紀，タタール人革命家。
⇒角世（イブラギーモフ　1887–1938）
　中ユ（イブラギモフ　1887–1938）

李厚洛　イフラク
20世紀，韓国の軍人，政治家。朴大統領3選のため活躍。1970〜73年中央情報部長。72年5月南北共同声明をまとめた。80年「権力型不正蓄財」容疑で逮捕され，公職辞退。
⇒韓国（李厚洛　イフラク　1924.2.23–）
　現人（李厚洛　イフラク　1924.5.10–）
　国小（李厚洛　りこうらく　1924.5.10–）
　世東（李厚洛　りこうらく　1924–）
　全書（李厚洛　りこうらく　1924–）
　朝人（李厚洛　りこうらく　1924–）

李海瓚（李海瓉）　イヘチャン
20世紀，韓国の政治家。韓国首相。韓国社会発展研究所長。
⇒韓国（李海瓚　イヘチャン　1952.7.10–）
　世政（李海瓚　イヘチャン　1952.7.10–）

尉鳳英　いほうえい
20世紀，中国の政治家。1954年瀋陽労働模範となる。69年9全大会主席団，同大会で9期中央委

員に選出。73年遼寧省婦連第2期委主任。
⇒世東（尉鳳英　いほうえい　?–）
　中人（尉鳳英　いほうえい　?–）

李範奭　イボムソク
20世紀，朝鮮の軍人。蒋介石軍に属して大韓臨時政府の軍務部要職にあった。1948年韓国政府の国務総理兼国防長官。
⇒外国（李範奭　りはんせき　1898–）
　現人（李範奭　イボムソク　1900.10.20–1972.5.11）
　朝人（李範奭　りはんせき　1900–1972）
　朝鮮（李範奭　りはんせき　1898–1972?）

李範錫　イボムソク
20世紀，韓国の政治家。韓国外相。
⇒世政（李範錫　イボムソク　1925–）

李洪九　イホング
20世紀，韓国の政治家，政治学者。駐英大使，韓国首相，新韓国党代表委員。
⇒韓国（李洪九　イホング　1934.5.9–）
　世政（李洪九　イホング　1934.5.9–）

李奉昌　イポンチャン
20世紀，朝鮮の独立運動家。
⇒世百新（李奉昌　りほうしょう　1900–1932）
　朝人（李奉昌　りほうしょう　1900–1932）
　朝鮮（李奉昌　りほうしょう　1900–1932）
　日人（李奉昌　イポンチャン　1900–1932）
　百科（李奉昌　りほうしょう　1900–1932）

李万燮　イマンソプ
20世紀，韓国の政治家。国会議長。国民新党総裁。
⇒韓国（李万燮　イマンソプ　1932.2.25–）
　世政（李万燮　イマンソプ　1932.2.25–）

伊弥買　いみばい
7世紀頃，朝鮮，新羅から来日した使節。
⇒シル（伊弥買　いみばい　7世紀頃）
　シル新（伊弥買　いみばい）

李明漢　イーミョンハン
16・17世紀，朝鮮，李朝中期の文臣。号は白洲。主著『白洲集』など。
⇒集文（李明漢　イーミョンハン　1595–1645）

李敏雨　イミンウ
20世紀，韓国の政治家。韓国国会副議長，新韓民主党総裁。
⇒韓国（李敏雨　イミンウ　1915.9.5–）
　世政（李敏雨　イミンウ　1915.9.5–2004.12.9）

異牟尋　いむじん
8・9世紀，中国，唐の南詔王。吐蕃（チベット）の領土を奪い，唐の西南境をも蚕食した。のち唐と同盟して吐蕃の大半を領土とした。

李裕元　イーユウォン
　⇨李裕元（りゅうげん）

李陸史　イーユクサ
　20世紀，朝鮮の詩人，独立運動家。本名は李源禄，のち活と改名。
　⇒集世　（李陸史　イーユクサ　1904.4.4（陰暦）-1944.1.16）
　　集文　（李陸史　イーユクサ　1904.4.4（陰暦）-1944.1.16）
　　世界新（李陸史　りりくさ　1904-1944）
　　朝人　（李陸史　りりくさ　1904-1955）
　　朝鮮　（李陸史　りりくさ　1904-1944）
　　百科　（李陸史　りりくさ　1904-1944）

李栄徳　イヨンドク
　20世紀，韓国の教育学者，政治家。韓国首相，明知大学総長，韓国赤十字副総裁兼南北赤十字会談首席代表，ユネスコソウル協会会長。
　⇒韓国　（李栄徳　イヨンドク　1926.3.6-）
　　世政　（李栄徳　イヨンドク　1926.3.6-）

イ・ラン フ・ニャン（倚蘭夫人）
　ベトナムの皇妃。李聖宗帝の后妃，李仁宗帝の生母。
　⇒ベト　（Y-Lan Phu-Nhan　イ・ラン フ・ニャン〔倚蘭夫人〕）

イリ・カガン（伊利可汗）Ili Khaghan
　6世紀，突厥の初代カガン（在位552～53）。本名は土門（テュミン「万人の長」の意）。552年柔然を倒し，突厥遊牧国家を建設。
　⇒皇帝　（イリ・カガン　?-553）
　　国小　（イリ・カガン〔伊利可汗〕　?-553）
　　コン2　（イリ・カガン〔伊利可汗〕　?-553）
　　コン3　（イリ・カガン〔伊利可汗〕　?-553）
　　人物　（イリカカン　?-552頃）
　　世東　（イリ・カガン〔伊利可汗〕　?-553）
　　世百　（どもんカガン〔土門可汗〕）
　　全書　（イリク・ハガン　?-552頃）
　　大百　（イリ・カガン　?-552頃）
　　中国　（イリ・カガン〔伊利可汗〕　?-553）
　　歴史　（イリ＝カガン〔伊利可汗〕　?-553）

イリカカン
　⇨イリ・カガン

イリク・ハガン
　⇨イリ・カガン

伊利之　いりし
　7世紀頃，朝鮮，高句麗から来日した使節。
　⇒シル　（伊利之　いりし　7世紀頃）
　　シル新（伊利之　いりし）

伊里布　いりふ，いりぶ
　18・19世紀，中国，清末の官僚。満州鑲黄旗出身。1840年のアヘン戦争には欽差大臣として浙江に出征。
　⇒外国　（伊里布　いりぶ　1771/2-1843）
　　国小　（伊里布　いりふ　1772（乾隆37）-1843（道光23））
　　評世　（伊里布　いりふ　1722-1843）
　　歴史　（伊里布　いりふ　1772-1843）

怡良　いりょう
　18・19世紀，中国，清末期の満人官僚。広東巡撫，両江総督など歴任。太平天国末期，川沙，上海などで太平軍鎮圧にあたった。
　⇒コン2　（怡良　いりょう　1791-1867）
　　コン3　（怡良　いりょう　1791-1867）

韋倫　いりん
　8世紀頃，中国，唐の遣吐蕃使。
　⇒シル　（韋倫　いりん　8世紀頃）
　　シル新（韋倫　いりん）

イリンジバル
　⇨寧宗（元）（ねいそう）

イルジギデイ　Eljigedei
　14世紀，チャガタイ・ハン国のハン。在位1326。
　⇒統治　（イルジギデイ（イルチギタイ）　（在位）1326）

威烈王　いれつおう
　前5世紀，中国，周の第32代王（在位前425～402）。
　⇒広辞4　（威烈王　いれつおう　?-前402）
　　広辞6　（威烈王　いれつおう　前431-408）
　　皇帝　（威烈王　いれつおう　?-前402）
　　国小　（威烈王　いれつおう　?-前402（威烈王24））
　　世東　（威烈王　いれつおう　?-前402）
　　中国　（威烈王　いれつおう　?-前402）
　　統治　（威烈（威烈王午）Wei-lieh　（在位）前426-402）
　　評世　（威烈王　いれつおう　?-前402）
　　歴史　（威烈王（周）　いれつおう）

イワ・クスマ・スマントリ　Iwa Kusuma Sumantri
　20世紀，インドネシアの左翼民族主義者。チアミス生れ。1945年独立後初代社会相。
　⇒コン3　（イワ・クスマ・スマントリ　1899-1971）
　　世百新（イワ・クスマ・スマントリ　1899-1971）
　　二十　（イワ・クスマ・スマントリ　1899-1971）
　　百科　（イワ・クスマ・スマントリ　1899-1971）

李完用　イワンヨン
　19・20世紀，朝鮮，李朝末期の政治家。字，敬徳。号，一堂。日韓併合条約の際の首相，韓国代表署名者。
　⇒外国　（李完用　りかんよう　1868-1926）
　　角世　（李完用　りかんよう　1858-1926）
　　国小　（李完用　りかんよう　1868（高宗5）-1926）
　　コン3　（李完用　りかんよう　1858-1926）
　　人物　（李完用　りかんよう　1868-1926）

⇒外国　（異牟尋　いむじん　?-808）
　世東　（異牟尋　いむじん　?-808）

政治・外交・軍事篇　　　　　　　いんし

世政　(李完用　イワンヨン　1858–1926)
世東　(李完用　りかんよう　1868–1926)
世百　(李完用　りかんよう　1868–1926)
全書　(李完用　りかんよう　1858–1926)
大百　(李完用　りかんよう　1858–1926)
朝人　(李完用　りかんよう　1858–1926)
朝鮮　(李完用　りかんよう　1858–1926)
デス　(李完用　りかんよう〈イワンヨン〉　1868–1926)
日人　(李完用　イワンヨン　1858–1926)
百科　(李完用　りかんよう　1858–1926)
評世　(李完用　りかんよう　1868–1926)

隠王　いんおう*
4世紀、中国、五胡十六国・後涼の皇帝（在位399）。
⇒中皇　(隠王　?–399)

尹鶚　いんがく
9世紀、中国、唐代の政治家、詞人。昭宗の乾寧(894–898)ごろ在世。成都（四川省）出身。
⇒中芸　(尹鶚　いんがく　生没年不詳)

尹瓘(尹灌)　いんかん
11・12世紀、朝鮮、高麗の武臣。北方の女真の侵入に対し、1107年高麗軍の都元帥として女真を攻めた。
⇒角世　(尹瓘　いんかん　?–1111)
コン2　(尹瓘　いんかん　?–1111)
コン3　(尹瓘　いんかん　?–1111)
世東　(尹瓘　いんかん　?–1111)
世百　(尹瓘　いんかん　?–1111)
全書　(尹瓘　いんかん　?–1111)
朝人　(尹瓘　いんかん　?–1111)
朝鮮　(尹瓘　いんかん　?–1111)
百科　(尹瓘　いんかん　?–1111)
歴史　(尹瓘　いんかん　?–1111)

尹喜　いんき
前6・5世紀頃、中国、戦国時代の秦の政治家。字は公度、または公文。函谷関の長。著書に『関尹子』。
⇒中芸　(尹喜　いんき　生没年不詳)

尹吉甫　いんきつほ
前9世紀、中国、周の名臣。前823年、匈奴を討伐。
⇒コン2　(尹吉甫　いんきつほ　生没年不詳)
コン3　(尹吉甫　いんきつほ　生没年不詳)

尹仇寛　いんきゅうかん
8世紀頃、中国西南部、南詔の入唐使節。
⇒シル　(尹仇寛　いんきゅうかん　8世紀頃)
シル新　(尹仇寛　いんきゅうかん)

尹鑴(尹鐫)　いんけい
17世紀、朝鮮、李朝の政治家、学者。別名は尹鑴、号は白湖。宋時烈に反朱子学的として排斥され、殺された。
⇒コン2　(尹鑴　いんけい　1617–1680)

コン3　(尹鑴　いんけい　1617–1680)
世東　(尹鑴　いんせん　?–1680)
朝鮮　(尹鑴　いんけい　1617–1680)
百科　(尹鑴　いんけい　1617–1680)

尹元衡　いんげんこう
16世紀、朝鮮、李朝の文臣。明宗の生母の実弟。
⇒コン2　(尹元衡　いんげんこう　?–1565)
コン3　(尹元衡　いんげんこう　?–1565)
世東　(尹元衡　いんげんこう　?–1565)

隠公(魯)　いんこう
前8世紀、中国、春秋前期の魯の君主（在位前723～712）。
⇒国小　(隠公(魯)　いんこう　生没年不詳)

陰皇后　いんこうごう
1世紀、中国、後漢の光武帝の皇后。姓名は陰麗華。南陽・新野（河南省）出身。
⇒コン2　(陰皇后　いんこうごう　5–64)
コン3　(陰皇后　いんこうごう　5–64)
世女日　(陰皇后　YIN huanghou　5–64)
世女日　(陰皇后　YIN huanghou　?–98)
中皇　(陰皇后　5–64)

インサソム　Inthasom
18世紀、ラオス王国の王。在位1723–1749。
⇒統治　(インサソム　(在位)1723–1749)

インサフォン　Inthaphon
18世紀、ラオス王国の王。在位1749–1750。
⇒統治　(インサフォン　(在位)1749–1750)

胤禩　いんし
18世紀、中国、清、康熙帝の子。
⇒中皇　(胤禩　?–1726)

殷志瞻　いんしたん
8世紀頃、中国、唐の遣渤海使。
⇒シル　(殷志瞻　いんしたん　8世紀頃)
シル新　(殷志瞻　いんしたん)

尹始炳　いんしへい
⇨尹始炳(ユンシビョン)

陰寿　いんじゅ
6世紀、中国、北周から隋初期の武将。武威（甘粛省）出身。北周末の尉遅迥の乱(580)を平定。
⇒コン2　(陰寿　いんじゅ　?–585)
コン3　(陰寿　いんじゅ　?–585)

尹順之　いんじゅんし
16・17世紀、朝鮮、李朝の官僚。
⇒日人　(尹順之　いんじゅんし　1592–1666)

蔭昌　いんしょう
19・20世紀、中国の軍人。満州正白旗人。1910年陸軍大臣。辛亥革命が勃発すると、袁世凱に

武力の実権をにぎられ,民国成立後は参謀総長などをつとめる。
⇒近中 (廙昌 いんしょう 1859–1928)
　世東 (廙昌 いんしょう 1860–1928)
　中人 (廙昌 いんしょう 1860–1928)

尹昌衡 いんしょうこう
19・20世紀,中国の軍人,政治家。号は止園。四川省出身。1911年辛亥革命後の混乱を収拾,14年以降,政界を引退。
⇒近中 (尹昌衡 いんしょうこう 1886–1953)
　コン3 (尹昌衡 いんしょうこう 1866–1953)
　中人 (尹昌衡 いんしょうこう 1866–1953)

殷汝耕 いんじょこう
19・20世紀,中国の親日政治家。浙江省出身。国民政府下で対日妥協策を推進,1935年冀東防共自治政府を樹立。戦後漢奸として処刑された。
⇒外国 (殷汝耕 いんじょこう 1888–1947)
　角世 (殷汝耕 いんじょこう 1889–1947)
　近中 (殷汝耕 いんじょこう 1889–1947.12.1)
　コン3 (殷汝耕 いんじょこう 1889–1947)
　人物 (殷汝耕 いんじょこう 1889–1947)
　世人 (殷汝耕 いんじょこう 1889–1947)
　世東 (殷汝耕 いんじょこう 1889–1947.12.1)
　世百 (殷汝耕 いんじょこう 1885–1947)
　世百新 (殷汝耕 いんじょこう 1889–1947)
　中人 (殷汝耕 いんじょこう 1885–1947)
　ナビ (殷汝耕 いんじょこう 1889–1947)
　日人 (殷汝耕 いんじょこう 1889–1947)
　百科 (殷汝耕 いんじょこう 1889–1947)

尹鐫 いんせん
⇨尹鑴(いんけい)

尹大目 いんだいもく
中国,魏の大将軍曹爽に信任のあった殿中校尉。
⇒三国 (尹大目 いんだいもく)
　三全 (尹大目 いんだいもく 生没年不詳)

イン・タム In Tam
20世紀,カンボジアの政治家。内務大臣,国会議長,第一副首相を経て,1973年最高評議会委員と首相を兼任。
⇒世政 (イン・タム 1922–)
　二十 (イン・タム 1922–)

尹致暎 いんちえい
20世紀,韓国の政治家。1968年金鍾泌辞任のあとを受け韓国民主共和党議長代理。70年12月同党総裁常任顧問。
⇒国小 (尹致暎 いんちえい 1898.2–)

尹致昊 いんちこう
⇨尹致昊(ユンチホ)

殷仲堪 いんちゅうかん
4世紀,中国,東晋の武将。陳郡(河南省)出身。挙兵して失敗し,桓玄と同志討ちして死ぬ。

⇒コン2 (殷仲堪 いんちゅうかん ?–399)
　コン3 (殷仲堪 いんちゅうかん ?–399)
　世東 (殷仲堪 いんちゅうかん)

隠帝(前趙) いんてい*
4世紀,中国,五胡十六国・前趙(漢)の皇帝(在位318)。
⇒中皇 (隠帝 ?–318)

隠帝(五代十国・後漢) いんてい*
10世紀,中国,五代十国・後漢の皇帝(在位948～950)。
⇒中皇 (隠帝 931–950)
　統治 (隠帝 Yin Ti (在位)948–951)

インドラヴァルマン
⇨インドラヴァルマン1世

インドラヴァルマン1世 Indravarman I
9世紀,カンボジア,アンコール王朝の君主(在位877～89)。バコンに最初のピラミッドを建立。
⇒外国 (インドラヴァルマン ?–889)
　コン2 (インドラヴァルマン1世 ?–889)
　コン3 (インドラヴァルマン1世 ?–889)
　統治 (インドラヴァルマン1世 (在位)877–889)

インドラヴァルマン2世 Indravarman II
9世紀,中央アジア,チャムパ第6王朝の始祖(在位860～?)。アマラヴァティー(広南地方)の出身。仏教を信じて寺院の建立を行った。
⇒外国 (インドラヴァルマン2世)
　統治 (インドラヴァルマン2世 (在位)1218–1243)

インドラヴァルマン3世 Indravarman III
13・14世紀,カンボジア,クメール王国の王。在位1295–1307。
⇒統治 (インドラヴァルマン3世 (在位)1295–1307)

インドラジャヤヴァルマン Indrajayavarman
14世紀,カンボジア,クメール王国の王。在位1307–1327。
⇒統治 (インドラジャヤヴァルマン (在位)1307–1327)

尹潽善 いんふぜん
⇨尹潽善(ユンボソン)

尹奉 いんほう
3世紀頃,中国,三国時代,魏の曆城の統兵校尉。
⇒三国 (尹奉 いんほう)
　三全 (尹奉 いんほう 生没年不詳)

尹奉吉 いんほうきつ
⇨尹奉吉(ユンボンギル)

政治・外交・軍事篇　　　　　　27　　　　　　ういら

尹輔酋　いんほしゅう
　8世紀頃、中国西南部、南詔の遣唐使。
　⇒シル（尹輔酋　いんほしゅう　8世紀頃）
　　シル新（尹輔酋　いんほしゅう）

殷侑　いんゆう
　8・9世紀、中国、唐の遣回紇使。
　⇒シル（殷侑　いんゆう　767-838）
　　シル新（殷侑　いんゆう　767-838）

【う】

禹（兎）　う
　中国、古代伝説上の夏王朝の始祖。姓は姒。帝舜に登用された。
　⇒逸話（禹王　うおう　生没年不詳）
　　旺世（禹　う　生没年不詳）
　　外国（禹　う）
　　角世（禹　う）
　　広辞6（禹　う）
　　コン2（禹　う）
　　コン3（禹　う）
　　三国（禹　う）
　　人物（禹　う　生没年不詳）
　　世東（禹　う）
　　世百（禹　う）
　　全書（禹　う）
　　大辞（禹　う）
　　大辞3（禹　う）
　　大百（禹　う）
　　中芸（禹　う）
　　中国（禹　う）
　　中史（禹　う）
　　デス（禹　う）
　　伝記（禹　う）
　　百科（禹　う）
　　評世（禹　う）
　　山世（兎　う）

ヴァースデーヴァ1世
　中央アジア、インドのクシャン朝の王。カニシカ1世より2代後に即位。
　⇒世百（ヴァースデーヴァ1世）

ウーアルカイシ
　⇨ウアルカイシ

ウアルカイシ（吾尓開希, 多莱特）　Tolait'ê Wu êrhk'aihsi
　20世紀、中国の民主化運動指導者。民主中国陣線副主席。漢字名、多莱特・吾尓開希、ウイグル名、トライト・ウーアルカイシ（ウルケシ）。
　⇒世東（ウアルカイシ（ウルケシ）トライト・ウアルカイシ　1968.2.17-）
　　中人（ウーアルカイシ　1968.2.17-）

ウァン・ラーティクン　Ouane Rathikone
　20世紀、ラオスの軍人、政治家。1959年国軍参謀長を経て最高司令官、60年プーマ政府国防担当国務相、64年3派連合政府打倒を狙いとするクーデターに参加。
　⇒世東（ウァン・ラーティクン　1923-）

ウィカナ　Wikana
　20世紀、インドネシアの共産主義者。1937年人民行動党を結成、48年共産党政治局員。
　⇒コン3（ウィカナ　1914-?）
　　世百新（ウィカナ　1914-?）
　　二十（ウィカナ　1914-?）
　　百科（ウィカナ　1914-?）

ウィ・キムウィ　Wee Kim-wee
　20世紀、シンガポールの政治家。1973年駐マレーシア大使、80年駐日大使、85年大統領。
　⇒華人（ウィ・キムウィー　1915-）
　　世政（ウィ・キムウィ　1915.11.4-2005.5.2）
　　二十（ウィー・キム・ウィー　1915.11-）

ウィジャヤ　Widjaja
　13・14世紀、インドネシア、マジャパヒト朝の祖（在位1294～1309）。シンガサリ朝の王クルタナガラの子。
　⇒コン2（ウィジャヤ　生没年不詳）
　　コン3（ウィジャヤ　生没年不詳）

ウィジョヨ, N.　Widjojo, Nitisastro
　20世紀、インドネシアのテクノクラート。東部ジャワ州生れ。1966年スハルト新体制下で大統領付経済専門家チームの座長に抜擢され、68年発足の第1次内閣で国家開発企画庁長官に就任。
　⇒現人（ウィジョヨ　1927-）
　　二十（ウィジョヨ, N.　1927.9.23-）

ウィチット・ワダカーン　Vichit Vadakan
　20世紀、タイの外交官、政治家。1942年外相、44年駐日大使、51年商相などを歴任。著書に『政治心理学』ほか。
　⇒世東（ウィチット・ワダカーン　1898.8.11-）

ウイ・モンチェン　Wee Mon Cheng
　20世紀、シンガポールの共産党活動家、企業家、外交官。
　⇒華人（ウイ・モンチェン　1913-）

ヴィラナタクスマ　Wiranatakoesma, Raden
　19・20世紀、インドネシアの政治家。日本軍政下の内務部官吏として軍政に協力、戦後西ジャワ国発足に当たって1948年3月大統領に選挙された。
　⇒世東（ヴィラナタクスマ　1889-）

ウィラント　Wiranto
　20世紀、インドネシア・スハルト政権下の最後の国軍司令官。

⇒世政（ウィラント 1947-）
東ア（ウィラント 1947-）

ウイ・リン・ラン（威霊郎）
ベトナムの王族。一説に陳聖帝帝の王子。別称は威閣。
⇒ベト（Uy-Linh-Lang ウイ・リン・ラン〔威霊郎〕）

ウイロポ Wilopo
20世紀, インドネシアの政治家, 国民党員。中部ジャワ生れ。1952～53年国民党最初の首相。
⇒コン3（ウイロポ 1909-1981）
世政（ウイロポ 1909-1981.1.20）
世東（ウイロポ 1909-）
二十（ウイロポ 1910-1981.1.20）

ウィン・アウン Win Aung
20世紀, ミャンマーの政治家。ミャンマー外相。
⇒世政（ウィン・アウン 1944.2.28-）

ウー・ウィン・マウン U Win Maung
20世紀, ビルマの政治家。鉱山相, 労働相などを歴任後, 1957年第3代大統領。
⇒現人（ウー・ウィン・マウン 1916-）
世政（ウー・ウィン・マウン 1916-1989.7.4）
二十（ウ・ウィン・モン 1916-）

呉文英 ウーウェンイン
⇨呉文英（ごぶんえい）

韋国清 ウェイクオチン
⇨韋国清（いこくせい）

魏道明 ウェイタオミン
⇨魏道明（ぎどうめい）

禹王 うおう
⇨禹（う）

ヴォ・ヴァン・ズン（武文勇）
ベトナム, 西山朝の名将。
⇒ベト（Vo-Van-Dung ヴォ・ヴァン・ズン〔武文勇〕）

ヴォー・グエン・ザップ Vo Nguyen Giap
20世紀, ベトナムの軍人, 政治家。ゲリラを組織し反日闘争, 反仏闘争を指導。1945年ホー・チ・ミン政権の発足時に内相。1976年ベトナム統一で副首相兼国防相。
⇒岩ケ（ザップ, ヴォ・グエン 1912-）
外国（ボー・グエン・ザップ 1921-）
角世（ヴォー・グエン・ザップ 1912-）
現人（ボー・グエン・ザップ 1912-）
国小（ボー・グエン・ザップ 1912.9-）
コン3（ヴォー・グエン・ザップ 1912-）
最世（ザップ, ヴォ・グエン 1912-）
世人（ヴォー＝グエン＝ザップ 1912-）
世政（ボー・グエン・ザップ 1911.8.28-）
世東（ボー・グエン・ザップ 1911-）
世百（ヴォーゲンザップ〔武元甲〕 1912-）
全書（ボー・グエン・ザップ 1912-）
伝世（ヴォー・グエン・ザップ 1910.9-）
ナビ（ボー＝グエン＝ザップ 1912-）
二十（ボー・グエン・ザップ 1912-）
東ア（ヴォー・グエン・ザップ 1911-）
百科（ボー・グエン・ザップ 1912-）

ヴォ・ジ・グイ（武彝巍）
18世紀, ベトナム, 阮朝初期の功臣。
⇒ベト（Vo-Di-Nguy ヴォ・ジ・グイ〔武彝巍〕 1745-1801）

ヴォ・ズイ・ズオン（武維陽）
ベトナムの民族闘士。フランスの侵略に抗して壮烈に闘った英雄。
⇒ベト（Vo-Duy-Duong ヴォ・ズイ・ズオン〔武維陽〕）

ヴォ・ズイ・ニン（武維寧）
19世紀, ベトナムの官吏。嘉定城の護督官。
⇒ベト（Vo-Duy-Ninh ヴォ・ズイ・ニン〔武維寧〕 ?-1859.2.17）

ヴォ・タィン（武性）
ベトナムの武将。阮朝草創期の名将にして功臣。
⇒ベト（Vo-Tanh ヴォ・タィン〔武性〕）

ヴォ・ニャン（武聞）
ベトナム, 杜清仁麾下の武将。
⇒ベト（Vo-Nhan ヴォ・ニャン〔武聞〕）

ヴォ・ホアィン（武宏） Vo-Hoanh
20世紀, ベトナムの革命家。東京義塾に参加した。
⇒ベト（Vo-Hoanh ヴォ・ホアィン）

ウォンウィチット Vongvichit, Phoumi
20世紀, ラオスの民族解放運動指導者。1974年, 第3次民連合政府の副首相兼外相。
⇒現人（ブーミ・ボンビチト 1910-）
コン3（ウォンウィチット 1910-）
世東（ブーミ・ウォンウィチット 1909.4.6-）
全書（ボンビチト 1909-）
二十（ボンビチト, P. 1909-1994.1.7）

ウォン・リンケン Wong Lin Ken
20世紀, シンガポールの歴史学者, 政治家。
⇒華人（ウォン・リンケン 1931-1983）

烏介特勤 うかいとっきん
9世紀, ウイグル帝国滅亡時のカガン一族。帝国の内乱（839）のときカガンに擁立された。
⇒国小（烏介特勤 うかいとっきん ?-845）

于学忠 うがくちゅう
19・20世紀, 中国の軍人。山東省蓬莱県出身。

張学良の下で北方の中央化に努力。解放後は河北省人民政府委員,全国人民代表大会河北省代表等を兼ねた。
⇒外国（于学忠　うがくちゅう　1890-）
　近中（于学忠　うがくちゅう　1890.11.19-1964.9.22）
　コン3（于学忠　うがくちゅう　1889-1964）
　世百（于学忠　うがくちゅう　1889-）
　全書（于学忠　うがくちゅう　1889-1964）
　中人（于学忠　うがくちゅう　1889-1964）

ヴ・カン〔武幹〕
ベトナムの官吏。号は松軒,1502年官途につき,礼部尚書を勤めた。
⇒ベト（Vu-Can　ヴ・カン〔武幹〕）

ヴ・クイン〔武瓊〕
ベトナムの官吏。1478年官途につき,以来黎聖宗帝から黎襄翼帝までの5代の帝に仕えて,尚書の職に任ぜられた。字は守朴,号は篤斎,別に燕莒とも号した。
⇒ベト（Vu-Quynh　ヴ・クイン〔武瓊〕）

于謙　うけん
14・15世紀,中国,明代の政治家。字は廷益,諡は粛愍のち忠粛。銭塘（浙江省杭州）出身。土木の変では景帝を立て,エセンの大軍を敗退させた。
⇒外国　（于謙　うけん　1394-1457）
　角世　（于謙　うけん　1398-1457）
　国小　（于謙　うけん　1398（洪武31）-1457（天順1））
　コン2　（于謙　うけん　1394-1457）
　コン3　（于謙　うけん　1398-1457）
　詩歌　（于謙　うけん　1398（明・洪武元）-1457（明・天順元））
　人物　（于謙　うけん　?-1457）
　世東　（于謙　うけん　1394-1457）
　世百　（于謙　うけん　1399-1457）
　全書　（于謙　うけん　1398-1457）
　中国　（于謙　うけん　1398-1457）
　中史　（于謙　うけん　1398-1457）
　百科　（于謙　うけん　1398-1457）

烏賢偲　うけんし
9世紀頃,渤海から来日した使節。
⇒シル（烏賢偲　うけんし　9世紀頃）
　シル新（烏賢偲　うけんし）

ウゲン・ワンチュク　Ugyen Wangchuk
19・20世紀,ブータン国王。
⇒統治（ウゲン・ワンチュク　（在位）1907-1926（州主1881））

于光遠　うこうえん
20世紀,中国の経済学者,イデオロギー担当の党官僚。著書『政治経済学探索』など。
⇒全書（于光遠　うこうえん　1915?-）
　中人（于光遠　うこうえん　1915.7.15-）

烏光賛　うこうさん
10世紀頃,朝鮮,渤海の遣唐留学生。
⇒シル（烏光賛　うこうさん　10世紀頃）
　シル新（烏光賛　うこうさん）

于豪章　うごうしょう
20世紀,中国,国民党政府の軍人。安徽省出身。1968～69年,陸軍副総司令官。69年,陸軍大将陸軍総司令官を歴任。
⇒世東（于豪章　うごうしょう　1918-）
　中人（于豪章　うごうしょう　1918-）

烏孝慎　うこうしん
9世紀頃,渤海から来日した使節。
⇒シル（烏孝慎　うこうしん　9世紀頃）
　シル新（烏孝慎　うこうしん）
　朝人（烏孝慎　うこうしん　生没年不詳）

呉桂賢　ウーコエシエン
⇨呉桂賢（ごけいけん）

烏鶻達干　うこつたつかん
8世紀頃,護密（ワッハーン）の入唐朝貢使。
⇒シル（烏鶻達干　うこつたつかん　8世紀頃）
　シル新（烏鶻達干　うこつたつかん）

ヴ・コン・ズエ〔武公睿〕
ベトナム,黎朝の忠臣。
⇒ベト（Vu-Conh-Due　ヴ・コン・ズエ〔武公睿〕）

呉三連　ウーサンリエン
⇨呉三連（ごさんれん）

于芷山　うしざん
19・20世紀,中国の満州国の軍政部大臣。
⇒近中（于芷山　うしざん　1883-?）

于志寧　うしねい
6・7世紀,中国,唐の政治家。字は仲謐,諡は定。京兆・高陵生れ。高祖・太宗・高宗に仕える。
⇒コン2（于志寧　うしねい　588-665）
　コン3（于志寧　うしねい　588-665）

禹之謨　うしぼ
19・20世紀,中国,清末期の革命派ブルジョアジー。湖南省出身。対米ボイコット運動を指導し,革命派青年の育成・組織に努めた。
⇒コン2（禹之謨　うしぼ　1866-1907）
　コン3（禹之謨　うしぼ　1866-1907）
　中人（禹之謨　うしぼ　1866-1907）
　百科（禹之謨　うしぼ　1866-1907）

烏借芝蒙　うしゃくしもう
8世紀頃,朝鮮,渤海の遣唐使。
⇒シル（烏借芝蒙　うしゃくしもう　8世紀頃）
　シル新（烏借芝蒙　うしゃくしもう）

烏重胤　うじゅういん
9世紀, 中国, 唐の節度使。字は保君, 諡は懿穆。
⇒コン2（烏重胤　うじゅういん　?–827）
　コン3（烏重胤　うじゅういん　?–827）

烏重玘　うじゅうき
9世紀頃, 中国, 唐の遣吐蕃使。
⇒シル（烏重玘　うじゅうき　9世紀頃）
　シル新（烏重玘　うじゅうき）

伍修権　ウーシュウチュアン
⇨伍修権（ごしゅうけん）

于樹徳　うじゅとく
20世紀, 中国の人民政治協商会議第5期全国委常務委員。
⇒近中（于樹徳　うじゅとく　1894–1982.2.18）
　中人（于樹徳　うじゅとく　1894–1982.2.16）

烏承玼　うしょうし
8世紀, 中国, 唐中期の武将。字は徳潤。張掖（甘粛省）出身。安史の乱で史思明の殺害に失敗して逃亡。
⇒コン2（烏承玼　うしょうし　生没年不詳）
　コン3（烏承玼　うしょうし　生没年不詳）

烏昭度　うしょうど
9世紀頃, 朝鮮, 渤海の遣唐留学生。
⇒シル（烏昭度　うしょうど　9世紀頃）
　シル新（烏昭度　うしょうど）

烏須弗　うすふつ
8世紀頃, 渤海から来日した使節。
⇒シル（烏須弗　うすふつ　8世紀頃）
　シル新（烏須弗　うすふつ）

ウズベク・ハン（月即別汗）　Uzbeg Khan
13・14世紀, キプチャク・ハン国のハン（在位1312〜41）。イスラムを国教として採用。
⇒外国（ウズベク・ハーン　1300–1340）
　国小（ウズベク［月即別汗］　1283–1342）
　コン2（ウズベク・ハン　1312–1340）
　コン3（ウズベク・ハン　1312–1340）
　人物（ウズベク　?–1340）
　世人（ウズベク＝ハン　?–1340）
　全書（ウズベク・ハン　1300–1341）
　中ユ（ウズベク・ハン　?–1342）
　統治（ウズベク　（在位）1312–1341）

于成龍　うせいりゅう
17世紀, 中国, 清初期の地方官。字は北溟, 号は子山, 諡は清端。『于清端公政書』を刊行。
⇒コン2（于成龍　うせいりゅう　1617–1684）
　コン3（于成龍　うせいりゅう　1617–1684）

ウー・セイン・ウィン　U Sein Win
20世紀, ビルマの軍人出身の政治家。1961年南部軍管区司令官。62年革命評議会結成と同時にメンバーになる。74年人民議会議員, 3月の民政移管後, 首相に選任。
⇒現人（ウー・セイン・ウィン　1919–）
　世政（ウー・セイン・ウィン　1919.3.19–）

于詮　うせん
3世紀, 中国, 三国時代, 呉の将軍。
⇒三国（于詮　うせん）
　三全（于詮　うせん　?–258）

ウー・ソー　U Saw
20世紀, ビルマの政治家。戦後首相を務めたが, 1948年5月, オン・サン暗殺の首謀者としてラングーンで死刑にされた。
⇒角世（ウー・ソー　1900–1948）
　世東（ウ・ソー　1901–1947）
　評世（ウー＝ソー　1901–1948）
　歴史（ウー＝ソー　1900–1948）

ウソマイシ・カガン（烏蘇米施可汗）　U-su-mi-shih Ko-han, Özmish Qaghan
8世紀, 中央アジア, 東突厥最後のカガン（在位741〜744）。服属していたバスミル, ウイグル, カルルクの反乱で殺された。
⇒国小（ウソマイシ・カガン　?–744）

ウダヤーディティヤヴァルマン1世　Udayādityavarman I
10・11世紀, カンボジア, クメール王国の王。在位1001–1002。
⇒統治（ウダヤーディティヤヴァルマン1世　（在位）1001–1002）

ウダヤーディティヤヴァルマン2世　Udayādityavarman II
11世紀, カンボジア, クメール王国の王。在位1050–1066。
⇒統治（ウダヤーディティヤヴァルマン2世　（在位）1050–1066）

ウー・タン
⇨ウ・タント

ウー・タン・シェイン　U Tun Shein
20世紀, ビルマの外交官。ビルマ駐日大使。
⇒二十（ウ・タン・シェイン　1919–）

ウ・タント　U Thant
20世紀, ビルマの政治家, 第3代国際連合事務総長。西イリアン調停, キューバ危機などの解決に尽力。
⇒岩ケ（ウ・タント　1909–1974）
　旺世（ウ＝タント　1909–1974）
　角世（ウー・タント　1909–1974）
　現人（ウー・タント　1909.1.22–1974.11.25）
　広辞5（ウ・タント　1909–1974）
　広辞6（ウ・タント　1909–1974）
　国小（ウ・タント　1909.1.22–1974.11.25）
　国百（ウ・タント　1909.1.22–1974.11.25）

政治・外交・軍事篇

コン3 （ウー・タン（ウ・タント） 1909–1974）
最世 （ウ＝タント 1909–1974）
人物 （ウ・タント 1909.1.22–）
世政 （ウ・タント 1909.1.22–1974.11.25）
世東 （ウ・タント 1909.1.22–）
世百 （ウタント 1909–）
世百新 （ウー・タント 1909–1974）
全書 （ウ・タント 1909–1974）
大辞2 （ウ・タント 1909–1974）
大辞3 （ウー・タン 1909–1974）
大百 （ウ・タント 1909–1974）
伝世 （ウー・タント 1909.1.22–1974.11）
ナビ （ウ＝タント 1909–1974）
二十 （ウ・タント 1909.1.22–1974.11.25）
東ア （ウ・タント 1909–1974）
百科 （ウー・タント 1909–1974）
山世 （ウー・タント 1909–1974）

ウ・チ・ハン　U Thi Han
20世紀, ビルマの外交官。
⇒二十 （ウ・チ・ハン 1912–）

ヴ・チャン・ティエウ （武陳紹）
ベトナム, 黎朝の義臣。
⇒ベト （Vu-Tran-Thieu ヴ・チャン・ティエウ〔武陳紹〕）

于冲漢　うちゅうかん
19・20世紀, 中国の官僚, 政治家。
⇒近中 （于冲漢 うちゅうかん 1871–1932.11.22）

ウー・チョオ・ニエン
⇨ウ・チョー・ニュイン

ウ・チョー・ニュイン　U Co Nyein
19・20世紀, ビルマの政治家。1943年反ファシスト人民自由連盟に入り副総裁, 57年ウ・バ・スエ政権で副首相に就任。
⇒現人 （ウー・チョオ・ニエン 1915–）
　世東 （ウ・チョー・ニュイン 1819.3–?）
　二十 （ウー・チョー・ニエイン 1915–）

鬱于　うつう
8世紀, 中央アジア, 契丹主。722（開元10）年唐に来朝。
⇒シル （鬱于 うつう ?–723）
　シル新 （鬱于 うつう ?–723）

尉遅瓌　うっちかい
8世紀頃, 中国, 唐の遣吐蕃使。
⇒シル （尉遅瓌 うっちかい 8世紀頃）
　シル新 （尉遅瓌 うっちかい）

尉遅恭　うっちきょう
6・7世紀, 中国, 唐初期の武将。字は敬徳, 諡は忠武。朔州・善陽（山西省）出身。太宗にくだり王世充ら群雄討伐に従う。
⇒コン2 （尉遅恭 うっちきょう 585–658）
　コン3 （尉遅恭 うっちきょう 585–658）

人物 （尉遅恭 うっちきょう 585–658）

尉遅勝　うっちしょう
8世紀頃, 中央アジア, 于闐（ホータン）王。748年頃唐に入朝。
⇒シル （尉遅勝 うっちしょう 8世紀頃）
　シル新 （尉遅勝 うっちしょう）

尉遅坫　うっちてん
7世紀頃, 中央アジア, 于闐（ホータン）王子。649（貞観23）年父の于闐王尉遅伏闍信と共に入朝。
⇒シル （尉遅坫 うっちてん 7世紀頃）
　シル新 （尉遅坫 うっちてん）

尉遅伏闍信　うっちふくじゃしん
7世紀頃, 中央アジア, 于闐（ホータン）国王。649（貞観23）年入唐。
⇒シル （尉遅伏闍信 うっちふくじゃしん 7世紀頃）
　シル新 （尉遅伏闍信 うっちふくじゃしん）

尉遅伏闍雄　うっちふくじゃゆう
7世紀, 中央アジア, 于闐（ホータン）国王。674（上元1）年唐に入朝。
⇒シル （尉遅伏闍雄 うっちふくじゃゆう ?–692）
　シル新 （尉遅伏闍雄 うっちふくじゃゆう ?–692）

尉比建　うつひけん
6世紀頃, 柔然の遣北魏使。
⇒シル （尉比建 うつひけん 6世紀頃）
　シル新 （尉比建 うつひけん）

于定国　うていこく
前2・1世紀, 中国, 前漢の政治家。字は曼倩。廷尉・御史大夫を歴任, 丞相となる。律令960巻を編集。
⇒広辞4 （于定国 うていこく 前110頃–前40頃）
　広辞6 （于定国 うていこく 前110頃–40頃）
　コン3 （于定国 うていこく 前110–40頃）
　大辞 （于定国 うていこく 前110頃–前40頃）
　大辞3 （于定国 うていこく 前110頃–40頃）

卯貞寿　うていじゅ
9世紀頃, 朝鮮, 渤海の遣唐使。
⇒シル （卯貞寿 うていじゅ 9世紀頃）
　シル新 （卯貞寿 うていじゅ）

于頔　うてき
8・9世紀, 中国, 唐の政治家。遣吐蕃使。呉少誠の乱の鎮圧等に活躍。
⇒コン2 （于頔 うてき ?–818）
　コン3 （于頔 うてき ?–818）
　シル （于頔 うてき ?–818）
　シル新 （于頔 うてき ?–818）

呉徳　ウートー
⇨呉徳（ごとく）

ウートン・スワンナウォン　Outhong Souvannavong
20世紀, ラオスの政治家。1947年財政相, 国防相, 外相などを歴任。65年国王諮問議会議長。
⇒世東（ウートン・スワンナウォン　1907-）

烏那達利　うなたつり
8世紀頃, 朝鮮, 渤海靺鞨の遣唐使。
⇒シル（烏那達利　うなたつり　8世紀頃）
　シル新（烏那達利　うなたつり）

ウ・ニュン　U Nyun
20世紀, ビルマの政治家, 官友。経済関係の国際会議にビルマ代表として出席し活躍, 1951年ECAFE工業貿易課長, 59年同事務局長。
⇒世東（ウ・ニュン　1911-）
　二十（ウ・ニュン　1911-）

ウ・ヌ　U Nu
20世紀, ビルマ（ミャンマー）の政治家。1948年ビルマ独立とともに初代首相。
⇒岩ケ（ウー・ヌ　1907-1995）
　角世（ウー・ヌ　1907-1995）
　現人（ウー・ヌ　1907.5.25-）
　広辞5（ウー・ヌ　1907-1995）
　広辞6（ウー・ヌ　1907-1995）
　国小（ウ・ヌー　1907-）
　コン3（ウー・ヌ　1907-1995）
　人物（ウ・ヌー　1907.5.25-）
　世人（ウー＝ヌー　1907-1995）
　世政（ウ・ヌー　1907.5.25-1995.2.14）
　世東（ウ・ヌー（タキン・ヌー）　1907.5.25-）
　世百（ウヌー　1907-）
　世百新（ウー・ヌ　1907-1995）
　全書（ウー・ヌ　1907-）
　大百（ウー・ヌ　1907-）
　伝世（ウー・ヌ　1907.5.25-）
　二十（ウー・ヌ　1907.5.25-）
　東ア（ウー・ヌ　1907-1995）
　評世（ウ＝ヌー　1907-）
　山世（ウー・ヌ　1907-1995）

ウ・バー・ウ　U Ba U.
19・20世紀, ビルマの政治家。ビルマ大統領。
⇒二十（ウー・バー・ウ　1887-1963）

ウ・バ・スウェ　U Ba Swe
20世紀, ビルマの政治家。1956年6月〜57年2月首相。57年3月ウ・ヌー内閣の副首相兼国防相。
⇒現人（ウ・バ・スエ　1915-）
　国小（ウ・バ・スエ　1911-）
　世政（ウ・バ・スウェ　1915-）
　世東（ウ・バ・スウェ　1915.10.7-）
　二十（ウ・バ・スウェ　1915-）

ウ・バ・セイン　U Ba Sein
20世紀, ビルマの政治家。ビルマ民主党首, ビルマ法務総裁。
⇒二十（ウ・バ・セイン　1910-）

呉晗　ウーハン
⇨呉晗（ごがん）

于麋　うび
2世紀, 中国, 三国時代, 揚州の刺史劉繇の部将。
⇒三国（于麋　うび）
　三全（于麋　うび　?-195）

于敏中　うびんちゅう
18世紀, 中国, 清中期の政治家。字は叔子, 号は耐圃, 諡は文襄。1771〜76年金川征討に功績をあげる。著書『素余堂集』『浙程備覧』。
⇒コン2（于敏中　うびんちゅう　1714-1779）
　コン3（于敏中　うびんちゅう　1714-1779）
　中芸（于敏中　うびんちゅう　1714-1779）

呉法憲　ウーファーシエン
⇨呉法憲（ごほうけん）

ヴ・ファット（武発）
ベトナムの民族闘士。1886年から1895年にかけて, フランスに対する抵抗運動で活躍。通称は邦如。
⇒ベト（Vu-Phat　ヴ・ファット〔武発〕）

ヴ・フイ・タン（武輝進）
ベトナム, 光中皇帝朝の文臣。
⇒ベト（Vu-Huy-Tan　ヴ・フイ・タン〔武輝進〕）

烏物　うぶつ
8世紀頃, 中央アジア, 寧遠（フェルガーナ）の入唐使節。
⇒シル（烏物　うぶつ　8世紀頃）
　シル新（烏物　うぶつ）

宇文化及　うぶんかきゅう
7世紀, 中国, 隋の叛臣。北周系の門閥宇文述の長子。隋末に各地で叛乱が起ったとき, 江都にいた煬帝を殺した。
⇒国小（宇文化及　うぶんかきゅう　?-619（武徳2））
　コン2（宇文化及　うぶんかきゅう　?-619）
　コン3（宇文化及　うぶんかきゅう　?-619）
　世東（宇文化及　うぶんかきゅう　?-619）
　百科（宇文化及　うぶんかきゅう　?-619）

宇文覚　うぶんかく
⇨孝閔帝（こうびんてい）

宇文貴　うぶんき
6世紀, 中国, 北周の遣突厥使。
⇒シル（宇文貴　うぶんき　?-567）
　シル新（宇文貴　うぶんき　?-567）

宇文歆　うぶんきん
7世紀頃, 中国, 唐の遣突厥使。
⇒シル（宇文歆　うぶんきん　7世紀頃）
　シル新（宇文歆　うぶんきん）

宇文護　うぶんご
5・6世紀, 中国, 北周の政治家。宇文泰の兄の子。北周の基礎を固めるのに功績があったが, 武帝によって殺された。
　⇒角世　(宇文護　うぶんご　515–572)
　　国小　(宇文護　うぶんご　495 (太和19)–572 (建徳1))
　　世東　(宇文護　うぶんご　515–572)
　　中皇　(宇文護　?–572)
　　中国　(宇文護　495–572)
　　評世　(宇文護　495–572)

宇文泰　うぶんたい, うぶんだい
6世紀, 中国, 西魏の実権者で北周の基礎をつくった政治家, 武将。府兵制の創始者としても知られる。
　⇒旺世　(宇文泰　うぶんたい　505–556)
　　外国　(宇文泰　うぶんたい　505–556)
　　角世　(宇文泰　うぶんたい　505–556)
　　広辞4　(宇文泰　うぶんたい　505–556)
　　広辞6　(宇文泰　うぶんたい　505–556)
　　皇帝　(宇文泰　うぶんたい　505–556)
　　国小　(宇文泰　うぶんたい　505 (正始2)–556 (恭帝3))
　　コン2　(宇文泰　うぶんたい　505–556)
　　コン3　(宇文泰　うぶんたい　505–556)
　　人物　(宇文泰　うぶんたい　505–556)
　　世東　(宇文泰　うぶんたい　505–556)
　　世百　(宇文泰　うぶんたい　505–556)
　　全書　(宇文泰　うぶんたい　505–556)
　　大辞　(宇文泰　うぶんたい　505–556)
　　大辞3　(宇文泰　うぶんたい　505–556)
　　大百　(宇文泰　うぶんたい　505–556)
　　中皇　(宇文泰　505–556)
　　中国　(宇文泰　うぶんたい　505–556)
　　中史　(宇文泰　うぶんたい　507–556)
　　デス　(宇文泰　うぶんたい　505–556)
　　百科　(宇文泰　うぶんたい　505?–556)
　　評世　(宇文泰　うぶんたい　505–556)
　　山世　(宇文泰　うぶんたい　505–556)
　　歴史　(宇文泰　うぶんたい　505 (北魏, 正始1)–556 (西魏, 恭帝3))

宇文融　うぶんゆう
8世紀, 中国, 唐の政治家。陝西省西安の出身。玄宗に仕えて監察御史となった。
　⇒角世　(宇文融　うぶんゆう　?–729)
　　国小　(宇文融　うぶんゆう　?–729 (開元17))
　　コン2　(宇文融　うぶんゆう　?–729)
　　コン3　(宇文融　うぶんゆう　?–729)
　　世東　(宇文融　うぶんゆう　?–729)
　　世百　(宇文融　うぶんゆう　?–729/30)
　　全書　(宇文融　うぶんゆう　?–729)
　　中国　(宇文融　うぶんゆう　?–729)
　　デス　(宇文融　うぶんゆう　?–730頃)
　　百科　(宇文融　うぶんゆう　?–729)
　　評世　(宇文融　うぶんゆう　?–729)
　　歴史　(宇文融　うぶんゆう　?–729)

呉佩孚　ウーペイフー
　⇨呉佩孚 (ごはいふ)

于方舟　うほうしゅう
20世紀, 中国の学生運動指導者, 農民運動指導者。
　⇒近中　(于方舟　うほうしゅう　1900.9.15–1928.1.14)

ヴー・ホン・カイン　Vu-Hōng-Khanh
20世紀, ベトナムの政治家。1952年グエン・ヴァン・タム内閣成立で青年・体育長官となる。バオダイ帝擁立工作の中心人物であった。
　⇒外国　(ヴー・ホン・カイン　1907–)

宇麻　うま
7世紀頃, 朝鮮, 済州島の耽羅から来日した使節。
　⇒シル　(宇麻　うま　7世紀頃)
　　シル新　(宇麻　うま)

ウマル・ハン　'Umar Khān
19世紀, コーカンド・ハン国の最盛期を築いた君主。在位1810–22。
　⇒角世　(ウマル・ハン　?–1822)
　　コユ　(ウマル・ハン　?–1822)

呉耀宗　ウーヤオゾン
　⇨呉耀宗 (ごようそう)

于右任 (于右仁)　うゆうじん
19・20世紀, 中国の政治家。字は伯循。陝西 (せんせい) 省三原県出身。馮玉祥 (ひょうぎょくしょう) らと西北を平定し, 北伐に呼応, 南京政府に参加。国民党中央執行委員となり, 政府監察院長など要職を歴任。
　⇒外国　(于右仁　うゆうじん　1878–)
　　近中　(于右任　うゆうじん　1879.4.11–1964.11.10)
　　コン2　(于右任　うゆうじん　1879–1964)
　　コン3　(于右任　うゆうじん　1879–1964)
　　人物　(于右任　うゆうじん　1879–1964.11.10)
　　世東　(于右任　うゆうにん　1879–1964.11.10)
　　世百　(于右任　うゆうじん　1878–)
　　全書　(于右任　うゆうじん　1879–1964)
　　大百　(于右任　うゆうじん　1878–1964)
　　中書　(于右任　うゆうじん　1879–1964)
　　中人　(于右任　うゆうじん　1879–1964)
　　デス　(于右任　うゆうじん〈ユイユーレン〉　1879–1964)

于右任　うゆうにん
　⇨于右任 (うゆうじん)

ウラグチ　Ulaghčï
13世紀, キプチャク・ハン国のハン。在位1256–1257。
　⇒統治　(ウラグチ　(在位) 1256–1257)

ウラズバーエヴァ, アルマ　Urazbaeva, Alma Din'mukhamedovna
20世紀, カザフスタンの共産党活動家。
　⇒世女日　(ウラズバーエヴァ, アルマ　1898–1943)

烏蘭夫 ウランフ，ウランプ
20世紀，中国の政治家。内モンゴル自治区出身。中国名は雲沢。1983年国家副主席。
⇒外国（烏蘭夫　ウランフ　1903–）
　角世（烏蘭夫　ウランフ　1906–1988）
　近中（烏蘭夫　うらんふ　1906.12.23–1988.12.8）
　現人（烏蘭夫　ウランフ　1906–）
　広辞6（烏蘭夫　ウランフ　1906–1988）
　国小（烏蘭夫　ウランフ　1904（光緒30）–）
　コン3（烏蘭夫　ウランフ　1906–1988）
　世東（烏蘭夫　うらんふ　1904–）
　世百（烏蘭夫　ウランフ　1905–）
　全書（烏蘭夫　ウランフ　1904–）
　大百（烏蘭夫　うらんふ　1904–）
　中人（ウランフ　1906–1988.12.8）
　評世（烏蘭夫　うらんふ　1906–1988）

烏利多 うりた
8世紀頃，中央アジア，吐火羅（トハラ）の入唐使節。
⇒シル（烏利多　うりた　8世紀頃）
　シル新（烏利多　うりた）

ウリヤスタイ将軍 ウリヤスタイしょうぐん
Uliyasutai Chiang-chün
18世紀頃，中国，清代の武官。外モンゴル，ウリヤスタイに駐在。
⇒国小（ウリヤスタイ将軍〔烏里雅蘇台将軍〕）

ウリャンハ・タイ（兀良哈台）
13世紀，モンゴルの武将。モンケ・ハンの即位前からの家臣。
⇒広辞4（ウリャンハ・タイ〔兀良哈台〕　1200–1271）
　広辞6（兀良哈台　ウリャンハ・タイ　1200–1271）
　国小（ウリヤンハタイ〔兀良合台〕　1201–1272）
　百科（ウリヤンハタイ　生没年不詳）

烏林皇后烏林答氏 うりんこうごううりんだし*
中国，金，世宗の皇妃。
⇒中皇（烏林皇后烏林答氏）

ウー・ルイン U Lwin
20世紀，ビルマの軍人出身政治家。南東軍管区司令官を経て，1974年の総選挙で人民議会議員。3月の民政移管後副首相兼計画相，蔵相に選任。
⇒現人（ウー・ルイン　1924–）

ウルーグ・ベイ
⇨ウルグ・ベク

ウルーグ・ベグ
⇨ウルグ・ベク

ウルグ・ベク（兀魯伯）　Ulugh Beg
14・15世紀，中央アジアのティムール王家のサマルカンド王（在位1447～49）。
⇒岩ケ（ウルグ・ベグ　1394–1449）
　旺世（ウルグ＝ベク　1394–1449）
　外国（ウルーグ・ベグ　1393–1449）
　科史（ウルグ・ベグ　1394–1449）
　科人（ウールグ・ベーグ　1394–1449.10.27）
　角世（ウルグ・ベグ　1394–1449）
　広辞4（ウルグ・ベク　1394–1449）
　広辞6（ウルグ・ベク　1394–1449）
　皇帝（ウルグ・ベグ　1393頃–1449）
　国小（ウルグ・ベグ〔兀魯伯〕　1393–1449）
　コン2（ウルグ・ベク　1393/4–1449）
　コン3（ウルグ・ベク　1393/4–1449）
　人物（ウルグ・ベク　1393–1449.10.27）
　数学（ウルグ・ベーク　1394.3.22–1449.10.27）
　数学増（ウルグ・ベーク　1394.3.22–1449.10.27）
　西洋（ウルグ・ベグ　1393–1449.10.27）
　世科（ウルグ・ベグ　1394–1449）
　世人（ウルグ＝ベク　1393/94–1449）
　世西（ウル・ベイ　1394–1449）
　世東（ウルグ・ベグ　1394–1449）
　世百（ウルグベグ　1393–1449）
　全書（ウルグ・ベク　1393/94–1449）
　大辞（ウルグ・ベグ　1393–1449）
　大辞3（ウルグ・ベグ　1393–1449）
　大百（ウルグ・ベグ　1393–1449）
　中ユ（ウルグ・ベグ　1394–1449）
　デス（ウルグ・ベグ　1394–1449）
　伝世（ウルグ・ベグ　1393–1449.10.27）
　天文（ウルーグ・ベグ〔兀魯伯〕　1394–1449）
　統治（ウルグ・ベグ　（在位）1447–1449）
　百科（ウルグ・ベク　1394–1449）
　評世（ウルグ＝ベグ（ウルーグ＝ベイ）　1393–1449）
　山世（ウルグ・ベグ　1394–1449）

ウルジェイトゥ Öljeitü
13・14世紀，イル・ハン国第8代のハン（在位1305～16）。スルターニーイェに都を建設。
⇒皇帝（オルジェイトゥー　生没年不詳）
　国小（オルジャイトゥー　生没年不詳）
　コン2（ウルジャーイトゥー　?–1317）
　コン3（ウルジャーイトゥー　?–1317）
　西洋（ウルジャーイトゥー　?–1316.12.16）
　統治（ウルジェイトゥ（ウルジャイトゥー）（ムハンマド）　（在位）1304–1316）
　百科（ウルジャーイートゥー・ハーン　1281–1316）

ウルジャイトゥー，ムハンマド
⇨ウルジェイトゥ

ウルジャーイートゥー・ハーン
⇨ウルジェイトゥ

ウルス Urus
14世紀，キプチャク・ハン国のハン。在位1374–1375。
⇒統治（ウルス　（在位）1374–1375）

乙支文徳 ウルチムンドク
⇨乙支文徳（おつしぶんとく）

ウル・ベイ
⇨ウルグ・ベク

雲英　うんえい
3世紀頃, 中国, 三国時代, 車騎将軍董承の妾。
⇒三国（雲英　うんえい）
　　三全（雲英　うんえい　生没年不詳）

ウン・カム　Un Kham
19世紀, ラオス王国の王。在位1870–1891。
⇒統治（ウン・カム　（在位）1870–1891）

惲代英　うんだいえい, うんたいえい
20世紀, 中国の初期の共産党指導者。江蘇省出身。五・四運動以降, 青年学生運動を指導した。
⇒近中（惲代英　うんたいえい　1895.8.12–1931.4.29）
　　コン3（惲代英　うんだいえい　1895–1931）
　　世東（惲代英　うんたいえい　1895/96–1931.4.29）
　　世百新（惲代英　うんだいえい　1895–1931）
　　中人（惲代英　うんたいえい　1895–1931）
　　百科（惲代英　うんだいえい　1895–1931）

ウン・チェム（雍占）
19世紀, ベトナムの民族闘士。19世紀末, フランスの侵略によって祖国が征服される事態に抵抗して勤王運動に挺身した志士。
⇒ベト（Ung-Chiem　ウン・チェム〔雍占〕　19世紀）

ウン・バン・キエム　Ung Van Khiem
20世紀, ベトナムの政治家。1961年外交部長となり, 62年ジュネーブ会議代表団長。63年内務部長に就任。
⇒世政（ウン・バン・キエム　1910–1991.3.20）
　　世東（ウン・バン・キエム　1910–）

ウン・フォト　Ung Huot
20世紀, カンボジアの政治家。カンボジア第1首相。
⇒世政（ウン・フォト　1947.1.1–）

雲宝　うんぽう
6世紀頃, 中国, 梁の遣扶南使。
⇒シル（雲宝　うんぽう　6世紀頃）
　　シル新（雲宝　うんぽう）

ウン・リック（膺歴）
ベトナムの王。阮朝第7代咸宣帝（1884〜1888）の諱名。
⇒ベト（Ung-Lich　ウン・リック〔膺歴〕）

【え】

永　えい*
4世紀, 中国, 五胡十六国・西燕の皇帝（在位386〜394）。
⇒中皇（永　?–394）

永安公主　えいあんこうしゅ*
15世紀, 中国, 明, 永楽帝(成祖・朱棣)の娘。
⇒中皇（永安公主　?–1417）

衛王　えいおう
⇨帝昺（ていへい）

永王李璘　えいおうりりん*
中国, 唐, 玄宗の子。
⇒中皇（永王李璘）

瀛王完顔従憲　えいおうワンヤンじゅうけん*
12世紀, 中国, 金, 世宗の孫。
⇒中皇（瀛王完顔従憲　?–1108）

栄王完顔爽　えいおうわんやんそう*
12世紀, 中国, 金, 太祖（阿骨打）の孫。
⇒中皇（栄王完顔爽　?–1183）

永嘉公主　えいかこうしゅ*
中国, 明, 洪武帝の娘。
⇒中皇（永嘉公主）

栄毅仁　えいきじん
20世紀, 中国の政治家。中国国家副主席, 中国国際信託投資公司（CITIC）理事長。
⇒近中（栄毅仁　えいきじん　1916–）
　　世政（栄毅仁　えいきじん　1916.5.1–2005.10.26）
　　世東（栄毅仁　えいきじん　1916.5–）
　　中人（栄毅仁　えいきじん　1916.5.1–）

衛皇后　えいこうごう*
前1世紀, 中国, 前漢, 武帝の皇妃。
⇒中皇（衛皇后　?–前91）

永康公主　えいこうこうしゅ*
中国, 明, 成化帝の娘。
⇒中皇（永康公主）

永淳公主　えいじゅんこうしゅ*
中国, 明, 弘治帝の娘。
⇒中皇（永淳公主）

永常　えいじょう
18世紀, 中国, 清中期の武将。満州正白旗出身。バンディとともにジュンガル部を平定。
⇒コン2　（永常　えいじょう　18世紀中頃）
　コン3　（永常　えいじょう　18世紀頃）

衛紹王　えいしょうおう
13世紀, 中国, 金の第7代皇帝 (在位1208～13)。廃帝。小字は興勝, 諱は允済, のち永済, 諡は紹。世宗の第7子。
⇒角世　（衛紹王　えいしょうおう　?-1213）
　国小　（衛紹王　えいしょうおう　?-1213 (金, 至寧1)）
　コン2　（廃帝 (金)　はいてい　?-1213）
　コン3　（廃帝 (金)　はいてい　?-1213）
　中皇　（衛 (紹) 王　?-1213）
　統治　（衛紹王　Wei-shao Wang　（在位) 1208-1213）
　歴史　（衛紹王　えいしょうおう　?-1213）

英親王　えいしんのう
⇨李垠 (イウン)

睿親王　えいしんのう
⇨ドルゴン

衛青　えいせい
前2世紀, 中国, 前漢武帝時代の武将。前130年車騎将軍として匈奴を討伐。大将軍, 大司馬に任じられた。
⇒旺世　（衛青　えいせい　?-前106）
　外国　（衛青　えいせい　?-前106）
　角世　（衛青　えいせい　?-前106）
　広辞4　（衛青　えいせい　?-前106）
　広辞6　（衛青　えいせい　?-前106）
　国小　（衛青　えいせい　?-前106 (元封5)）
　コン2　（衛青　えいせい　?-前106）
　コン3　（衛青　えいせい　?-前106）
　三国　（衛青　えいせい）
　シル　（衛青　えいせい）
　シル新　（衛青　えいせい　?-前106）
　人物　（衛青　えいせい　?-前106）
　世人　（衛青　えいせい　?-前106）
　世東　（衛青　えいせい　?-前106）
　世百　（衛青　えいせい　?-前106）
　全書　（衛青　えいせい　?-前106）
　大辞　（衛青　えいせい　?-前106）
　大辞3　（衛青　えいせい　?-前106）
　大百　（衛青　えいせい　?-前106）
　中国　（衛青　えいせい　?-前106）
　中史　（衛青　えいせい　?-前106）
　デス　（衛青　えいせい　?-前106）
　百科　（衛青　えいせい　?-前106）
　評世　（衛青　えいせい　?-前106）
　山世　（衛青　えいせい　?-前106）

英祖 (李朝)　えいそ
17・18世紀, 朝鮮, 李朝の第21代王 (在位1724～76)。1741年党争および人民収奪の拠点である書院300余か所を撤廃し, 濫設を禁止。
⇒角世　（英祖　えいそ　1694-1776）
　コン2　（英祖　えいそ　1694-1776）
　コン3　（英祖　えいそ　1694-1776）
　全書　（英祖　えいそ　1694-1776）
　大百　（英祖　えいそ　1694-1776）
　朝人　（英祖　えいそ　1694-1776）
　朝鮮　（英祖　えいそ　1694-1776）
　伝記　（英祖 (李朝)　えいそ　1694.9-1776）
　統治　（英祖　Yŏngjo　（在位) 1724-1776）
　百科　（英祖　えいそ　1694-1776）

英宗 (宋)　えいそう
11世紀, 中国, 北宋の第5代皇帝 (在位1063～67)。
⇒皇帝　（英宗　えいそう　1032-1067）
　国小　（英宗 (宋)　えいそう　1032 (明道1) -1067 (治平4)）
　コン2　（英宗 (宋)　えいそう　1032-1067）
　コン3　（英宗 (宋)　えいそう　1032-1067）
　人物　（英宗 (宋)　えいそう　1032-1067）
　世人　（英宗 (北宋)　えいそう　1032-1067）
　世東　（英宗　えいそう　1032.1-1067.1）
　中皇　（英宗　1032-1067）
　中国　（英宗 (宋)　えいそう　1032-1067）
　統治　（英宗　Ying Tsung　（在位) 1063-1067）

英宗 (元)　えいそう
14世紀, 中国, 元の第5代皇帝 (在位1320～23)。格堅皇帝 (ゲゲン・ハン) ともいう。諱は碩徳八剌。諡は睿聖文孝皇帝。
⇒角世　（英宗　えいそう　1303-1323）
　国小　（英宗 (元)　えいそう　1303 (大徳7) -1323 (至治3)）
　コン2　（英宗 (元)　えいそう　1303-1332）
　コン3　（英宗 (元)　えいそう　1303-1332）
　人物　（英宗 (元)　えいそう　1303-1323）
　世東　（英宗　えいそう　1303-1323.8）
　中皇　（英宗　1303-1323）
　統治　（英宗〈シデバラ〉　Ying Tsung [Shidebala]　（在位) 1320-1323）

英宗 (明)　えいそう
⇨正統帝 (明) (せいとうてい)

睿宗 (唐)　えいそう
7・8世紀, 中国, 唐の第5代, 第7代皇帝 (在位684～690, 710～712)。第3代高宗の第8子。母は則天武后。
⇒皇帝　（睿宗　えいそう　662-716）
　国小　（睿宗　えいそう　662 (龍朔2) -716 (開元4)）
　コン2　（睿宗　えいそう　662-716）
　コン3　（睿宗　えいそう　662-716）
　人物　（睿宗　えいそう　662-716）
　世人　（睿宗　えいそう　662-716）
　世東　（睿宗　えいそう　662.6-716.6）
　中皇　（睿宗　662-716）
　統治　（睿宗　Jui Tsung　（在位) 684-690, 710-712 (復位)）

睿宗 (五代十国・呉)　えいそう*
10世紀, 中国, 五代十国・呉の皇帝 (在位920～937)。
⇒中皇　（睿宗　901-938）

睿宗（五代十国・北漢） えいそう＊
10世紀, 中国, 五代十国・北漢の皇帝（在位954～968）。
⇒中皇（睿宗　926-968）

睿宗（高麗） えいそう
11・12世紀, 朝鮮, 高麗の第16代王。在位1105～22。
⇒角世（睿宗　えいそう　1078-1122）
　統治（睿宗　Yejong　（在位）1105-1122）

睿宗（李朝） えいそう
15世紀, 朝鮮, 李朝の王。在位1468～1469。
⇒統治（睿宗　Yejong　（在位）1468-1469）

永泰公主 えいたいこうしゅ
7・8世紀, 中国, 唐第4代皇帝中宗の第7女。高宗の孫。李仙蕙。
⇒広辞4（永泰公主　えいたいこうしゅ　684-701）
　広辞6（永泰公主　えいたいこうしゅ　684-701）
　コン2（永泰公主　えいたいこうしゅう　684-701）
　コン3（永泰公主　えいたいこうしゅう　684-701）
　大辞3（永泰公主　えいたいこうしゅ　684-701）

永泰公主 えいたいこうしゅう
⇨永泰公主（えいたいこうしゅ）

栄徳帝姫 えいとくていひ＊
中国, 北宋, 徽宗の娘。
⇒中皇（栄徳帝姫）

永寧公主 えいねいこうしゅ＊
17世紀, 中国, 明, 隆慶帝の娘。
⇒中皇（永寧公主　?-1607）

永寧太后 えいねいたいこう
中国, 魏の皇帝・曹叡の妻。
⇒三全（永寧太后　えいねいたいこう　生没年不詳）

永寧長公主 えいねいちょうこうしゅ＊
17世紀, 中国, 清, 太宗（ホンタイジ）の娘。
⇒中皇（永寧長公主　1625-1663）

衛伯玉 えいはくぎょく
8世紀, 中国, 唐の武将。安史の乱で軍功をたてた。
⇒コン2（衛伯玉　えいはくぎょく　?-776）
　コン3（衛伯玉　えいはくぎょく　?-776）

英布 えいふ
前3・2世紀, 中国, 秦末漢初の武将。安徽出身。項羽の将として功をたて, 項羽十八王の一人となった。
⇒広辞4（英布　えいふ　?-前195頃）
　広辞6（英布　えいふ　?-前195頃）

国小（英布　えいふ　?-前195）
コン2（黥布　げいふ　?-前195）
コン3（黥布　げいふ　?-前195）
三国（黥布　げいふ）
人物（黥布　けいふ　?-前195）
世東（英布　えいふ　?-前195.10）
大辞（英布　えいふ　?-前195）
大辞3（英布　えいふ　?-前195）
評世（英布　えいふ　?-前195）
歴史（黥布　えいふ（げいふ）　?-前195（高祖12））

永福公主 えいふくこうしゅ＊
中国, 明, 弘治（こうち）帝の娘。
⇒中皇（永福公主）

嬴扶蘇 えいふそ
⇨扶蘇（ふそ）

英武帝 えいぶてい＊
10世紀, 中国, 五代十国・北漢の皇帝（在位968～979）。
⇒中皇（英武帝　?-991）

永平公主 えいへいこうしゅ＊
15世紀, 中国, 明, 永楽帝の娘。
⇒中皇（永平公主　?-1444）

衛満 えいまん
前3・2世紀, 朝鮮, 古朝鮮の国王名。燕（現代の河北省方面）の人といわれる。
⇒旺世（衛満　えいまん　生没年不詳）
　広辞4（衛満　えいまん）
　広辞6（衛満　えいまん）
　国小（衛満　えいまん　生没年不詳）
　コン2（衛満　えいまん　生没年不詳）
　コン3（衛満　えいまん　生没年不詳）
　人物（衛満　えいまん　生没年不詳）
　世人（衛満　えいまん　生没年不詳）
　世東（衛満　えいまん）
　全書（衛満　えいまん　生没年不詳）
　大辞（衛満　えいまん　生没年不詳）
　大辞3（衛満　えいまん）
　大百（衛満　えいまん　生没年不詳）
　朝人（衛満　えいまん　生没年不詳）
　評世（衛満　えいまん　生没年不詳）
　山世（衛満　えいまん　生没年不詳）

永明王 えいめいおう
17世紀, 中国, 明滅亡後の遺王。桂王・永暦帝と称す。万暦帝の孫。
⇒旺世（永明王　えいめいおう　1625-1662）
　外国（永明王　?-1661）
　広辞6（永暦帝　えいれきてい　1625-1662）
　皇帝（永明王　えいめいおう　1625-1662）
　コン2（永明王朱由榔　えいめいおうしゅゆうろう　1625-1662）
　コン3（永明王朱由榔　えいめいおうしゅゆうろう　1625-1662）
　人物（桂王　けいおう　1625-1662.4）
　世人（永明王　えいめいおう　1625-1661）
　世東（永明王　えいめいおう　1625-1662）

全書　（永明王　えいめいおう　1625-1662）
大百　（永明王　えいめいおう　1625-1662）
中皇　（永明王（永暦帝）　1625-1662）
中皇　（朱由榔）
中国　（永明王（永暦帝）　えいめいおう　1625-1662）
百科　（永明王　えいめいおう　1625-1662）
評世　（永明王　えいめいおう　1625-1662）
山世　（永明王　えいめいおう　1625-1662）

嬰陽王　えいようおう
7世紀、朝鮮、高句麗の第26代王。在位590～618。
⇒角世　（嬰陽王　えいようおう　?-618）

永楽公主　えいらくこうしゅ
8世紀頃、中国、唐の和蕃公主。契丹へ降嫁。
⇒シル　（永楽公主　えいらくこうしゅ　8世紀頃）
　シル新　（永楽公主　えいらくこうしゅ　8世紀頃）

永楽帝　えいらくてい
14・15世紀、中国、明の第3代皇帝(在位1402~24)。名は朱棣。廟号を太宗、のち成祖。洪武帝の第4子。北京を都とし、前後7回にわたり遠く西アジア、東アフリカ諸国まで朝貢させ、明の国威を示した。
⇒岩ケ　（永楽帝　えいらくてい　1360-1424）
　旺世　（永楽帝　えいらくてい　1360-1424）
　外国　（永楽帝　えいらくてい　1360-1424）
　角世　（永楽帝　えいらくてい　1360-1424）
　広辞4（永楽帝　えいらくてい　1360-1424）
　広辞6（永楽帝　えいらくてい　1360-1424）
　皇世　（永楽帝　えいらくてい　1360-1425）
　国史　（永楽帝　えいらくてい　1360-1424）
　国小　（永楽帝　えいらくてい　1360（至正20）-1424（永楽22））
　国百　（永楽帝　えいらくてい　1360-1424）
　コン2（永楽帝　えいらくてい　1360-1424）
　コン3（永楽帝　えいらくてい　1360-1424）
　人物　（永楽帝　えいらくてい　1360-1424）
　世人　（永楽帝　えいらくてい　1360-1424）
　世東　（永楽帝　えいらくてい　1360-1424）
　世百　（永楽帝　えいらくてい　1360-1424）
　全書　（永楽帝　えいらくてい　1360-1424）
　対外　（永楽帝　えいらくてい　1360-1424）
　大辞　（永楽帝　えいらくてい　1360-1424）
　大辞3（永楽帝　えいらくてい　1360-1424）
　大百　（永楽帝　えいらくてい　1360-1424）
　中皇　（成祖（永楽帝）　1360-1424）
　中国　（永楽帝（成祖）　えいらくてい　1360-1424）
　中史　（永楽帝　えいらくてい　1360-1424）
　デス　（永楽帝　えいらくてい　1360-1424）
　伝記　（永楽帝　えいらくてい　1360.4-1424）
　統治　（永楽帝（成祖）　Yung Lo [Ch'êng Tsu]（在位）1402-1424）
　百科　（永楽帝　えいらくてい　1360-1424）
　評世　（永楽帝　えいらくてい　1360-1424）
　山世　（永楽帝　えいらくてい　1360-1424）
　歴史　（永楽帝　えいらくてい　1360-1424）

衛立煌　えいりっこう、えいりつこう
20世紀、中国の軍人。安徽省合肥市出身。戦後の内戦で東北掃共総司令となり瀋陽作戦に失敗、1955年寝返る。政治協商会議全国委員会特別招請委員。
⇒近中　（衛立煌　えいりつこう　1897.2.16-1960.1.17）
　コン3（衛立煌　えいりっこう　1896-1960）
　世東　（衛立煌　えいりつこう　1896-1960）
　中人　（衛立煌　えいりっこう　1896-1960）

永暦帝　えいれきてい
⇨永明王（えいめいおう）

英廉　えいれん
18世紀、中国の官僚、大臣。字は計六、姓は馮氏、諡は文粛。主著『日下旧聞考』（共著）。
⇒名著　（英廉　えいれん　?-1783）

栄禄（栄祿）　えいろく
19・20世紀、中国、清末の満人官僚。満州正白旗人。姓は瓜爾佳（グワルギヤ）、字は仲華、諡は文忠。1898年軍機大臣、直隸総督となり、西太后の側近として重要な役割を果した。
⇒外国　（栄禄　えいろく　1836-1903）
　角世　（栄禄　えいろく　1836-1903）
　近中　（栄禄　えいろく　1836.4.6-1903.4.11）
　国小　（栄禄　えいろく　1836（道光16）-1903（光緒29））
　コン2（栄祿　えいろく　1836-1903）
　コン3（栄禄　えいろく　1836-1903）
　世東　（栄禄　えいろく　1836-1903）
　中国　（栄禄　えいろく　1836-1903）
　中史　（栄禄　えいろく　1836-1903）
　中人　（栄禄　えいろく　1836（道光16）-1903（光緒29））
　百科　（栄禄　えいろく　1836-1903）
　評世　（栄禄　えいろく　1836-1903）
　歴史　（栄禄　えいろく　1836（道光16）-1903（光緒29））

英和　えいわ
18・19世紀、中国、清代後期の政治家、書家。
⇒新美　（英和　えいわ　1771（清・乾隆36）-1840（道光20））

衛綰　えいわん
前2世紀頃、中国、前漢の武将。代の大陵（山西省）出身。呉楚七国の乱鎮圧に功をあげた。
⇒広辞4（衛綰　えいわん）
　広辞6（衛綰　えいわん）
　コン2（衛綰　えいわん　生没年不詳）
　コン3（衛綰　えいわん　生没年不詳）

エカトーツァロト　Ekat'otsarot
16・17世紀、タイ、シャムの王（在位1605～10）。ナレスエン大王の弟。商店市場税を新設。日本人が多数来住し、徳川家康との間に書簡、贈品の交換もあった。
⇒外国　（エカトーツァロト　?-1610）

益王朱祐檳　えきおうしゅゆうひん*
16世紀、中国、明、成化帝の子。
⇒中皇　（益王朱祐檳　?-1539）

奕劻　えききょう
　⇨慶親王（けいしんおう）

奕訢　えききん
　⇨恭親王（きょうしんおう）

奕山　えきさん，えきざん
　18・19世紀，中国，清末の宗室出身の官僚。満州鑲藍旗所属。諡は荘簡，康熙帝の第14子の5代の子孫。
　⇒外国（奕山　えきさん　?-1878）
　　角世（奕山　えきざん　1790-1878）
　　国小（奕山　えきさん　?-1878（光緒4））
　　コン2（奕山　えきさん　1790-1878）
　　コン3（奕山　えきさん　1790-1878）
　　人物（奕山　えきさん　?-1878）
　　世東（奕山　えきさん　19世紀）
　　歴史（奕山　えきさん　?-1878）

易培基　えきばいき
　19・20世紀，中国，1920年代の学生運動の指導者。湖南長沙生れ。28年国民政府農鉱部長に任じ国民党中央執行委員会政治会議委員その他各種委員会委員を兼任。
　⇒世東（易培基　えきばいき　1880.2.28-1937.9）
　　中人（易培基　えきばいき　1880.2.28-1937.9）

易礼容　えきれいよう
　20世紀，中国共産党の初期の指導者，後に無党派人士。
　⇒近中（易礼容　えきれいよう　1898-）

エストラーダ，ジョセフ　Estrada, Joseph
　20世紀，フィリピンの俳優，政治家，大統領（1997〜2001）。
　⇒最世（エストラーダ，ジョセフ　1937-）
　　世人（エストラーダ　1937-）
　　世政（エストラーダ，ジョセフ　1937.4.19-）
　　東ア（エストラーダ　1937-）

エセン（也先）　Esen
　15世紀，オイラートの指導者。北アジアを東西に連ねる大帝国をつくりあげた。「大元天聖大ハン」と称した。
　⇒旺世（エセン＝ハン　?-1454）
　　外国（エセン〔也先〕　?-1454）
　　角世（エセン　?-1454）
　　広辞6（エセン〔也先〕　?-1454）
　　皇帝（エセン・ハン　?-1454）
　　国小（エセン〔也先〕　?-1454）
　　コン2（エセン〔也先〕　?-1454）
　　コン3（エセン〔也先〕　?-1454）
　　人物（エッセン〔也先〕　?-1454）
　　世人（エセン＝ハン　?-1454）
　　世東（エッセン〔也先〕　?-1454）
　　世百（エセン〔也先〕　?-1454）
　　全書（エセン　?-1454）
　　大辞（エセン　?-1454）
　　大辞3（エセン〔也先〕　?-1454）
　　大百（エセン　?-1454）
　　中国（エセン〔也先〕　?-1454）
　　デス（エセン〔也先〕　?-1454）
　　百科（エセン〔也先〕　?-1454）
　　評世（エセン（也先）　?-1454）
　　山世（エセン　?-1454）
　　歴史（エセン〔也先〕　?-1454）

エセン・ハン
　⇨エセン

エセン・ブカ　Esen Buqa
　14世紀，チャガタイ・ハン国のハン。在位1309-1318。
　⇒統治（エセン・ブカ　（在位）1309-1318）

エセンブカ　Essen Bukha
　13・14世紀，中国，元の政治家。モンゴルの怯烈（ケレイト）族出身。
　⇒国小（エセンブハ〔也先不花〕　?-1309（至大2））
　　コン2（エセンブカ〔也先不花〕　?-1309）
　　コン3（エセンブカ〔也先不花〕　?-1309）
　　世東（エッセンブカ〔也先不花〕　?-1316頃）

越王楊侗　えつおうようどう*
　7世紀，中国，隋，元徳太子楊昭の子。
　⇒中皇（越王楊侗　?-619）

越王李系　えつおうりけい*
　中国，唐，粛宗の子。
　⇒中皇（越王李系）

越王李貞　えつおうりてい*
　7世紀，中国，唐，太宗の子。
　⇒中皇（越王李貞　?-688）

越国公主　えつこくこうしゅ*
　10世紀，中国，遼，景宗の娘。
　⇒中皇（越国公主　?-996）

粤蘇梅落　えつそばいらく
　8世紀頃，中央アジア，奚国の大臣。入唐した。
　⇒シル（粤蘇梅落　えつそばいらく　8世紀頃）
　　シル新（粤蘇梅落　えつそばいらく）

謁徳　えつとく
　8世紀頃，朝鮮，渤海靺鞨の首領。725年入唐した。
　⇒シル（謁徳　えつとく　8世紀頃）
　　シル新（謁徳　えつとく）

淮南子　えなんじ
　⇨劉安（りゅうあん）

恵文　えぶん
　7世紀頃，朝鮮，新羅の遣隋使。
　⇒シル（恵文　えぶん　7世紀頃）
　　シル新（恵文　えぶん）

エリサルデ　Elizalde, Joaquin M.
20世紀, フィリピンの政治家。1946年アメリカ駐在大使。
⇒外国（エリサルデ　1896–）
　コン3（エリサルデ　1896–）
　世my（エリサルデ　1896.8.2–）
　二十（エリサルデ, J.M.　1896.8.2–?）

エルジギデイ（按只吉歹）
13世紀, モンゴル帝国の武将。チンギス・ハンの第3弟ハチウンの子。
⇒国小（エルジギデイ〔按只吉歹〕　?–1251/9）

エル・テムル（燕帖木児）El-temür
14世紀, 中国, 元の権臣。欽察（キプチャク）人, 諡は忠武。1328年泰定帝没後, 武宗の皇子文宗を擁立。
⇒角世（エル・テムル　?–1333）
　国小（エン・チムール〔燕鉄木児〕　?–1333（元統1））
　コン2（エルテムル〔燕鉄木児〕　?–1333）
　コン3（エルテムル〔燕鉄木児〕　?–1333）
　世東（エンティムール〔燕鉄木児〕　?–1333）
　世百（エンティムール〔燕帖木児〕　?–1333）
　中国（エンティムール〔燕鉄木児〕　?–1333）

エルデンボー（額勒登保）Eldemboo
18・19世紀, 中国, 清中期の武将。字は珠軟, 諡は忠毅。白蓮教徒の乱の拡大で, 各地に転戦。
⇒コン2（エルデンボー〔額勒登保〕　1748–1805）
　コン3（エルデンボー〔額勒登保〕　1748–1805）

エルベグドルジ, T.　Elbegdorj, Tsahiagiin
20世紀, モンゴルの政治家。モンゴル首相。
⇒世政（エルベグドルジ, T.　1963.3.30–）

エルランガ
⇨アイルランガ

エロス・ジャロット　Eros Djarot
20世紀, インドネシアの政治家, 文化人。
⇒東ア（エロス・ジャロット　1950–）

エン
⇨アンエィン

閻晏　えんあん
3世紀頃, 中国, 三国時代, 蜀の将。
⇒三国（閻晏　えんあん）
　三全（閻晏　えんあん　生没年不詳）

袁遺　えんい
3世紀頃, 中国, 三国時代, 山陽の太守。
⇒三国（袁遺　えんい）
　三全（袁遺　えんい　生没年不詳）

閻宇　えんう
3世紀頃, 中国, 三国時代, 蜀の右将軍。

⇒三国（閻宇　えんう）
　三全（閻宇　えんう　生没年不詳）

袁盎　えんおう
前2世紀, 中国, 前漢の重臣。楚出身。文帝・景帝に仕えたが, 鼂錯と反目して景帝のとき免官となる。
⇒コン2（袁盎　えんおう　?–前148）
　コン3（袁盎　えんおう　?–前148）

燕王趙德昭　えんおうちょうとくしょう*
中国, 宋（北宋）, 太祖の子。
⇒中皇（燕王趙德昭）

燕王劉旦　えんおうりゅうたん*
前1世紀, 中国, 前漢, 武帝の子。
⇒中皇（燕王劉旦　?–前80）

淵蓋蘇文　えんがいそぶん
⇨泉蓋蘇文（せんがいそぶん）

袁熙（袁煕）えんき
3世紀, 中国, 袁紹の次男。幽州の太守。
⇒三国（袁熙　えんき）
　三全（袁熙　えんき　?–207）

延亨黙　えんきょうもく
⇨延亨黙（ヨンヒョンムク）

袁金凱　えんきんがい
19・20世紀, 中国の政治家。字は潔珊。満州国の参議府参議・尚書府大臣などつとめ, 戦後抑留されてソ連で病死。
⇒コン2（袁金凱　えんきんがい　1870–?）
　コン3（袁金凱　えんきんがい　1870–1947）
　中人（袁金凱　えんきんがい　1869–1947）

燕郡公主　えんぐんこうしゅ
8世紀頃, 中国, 唐の和蕃公主。契丹に降嫁した。
⇒シル（燕郡公主　えんぐんこうしゅ　8世紀頃）
　シル新（燕郡公主　えんぐんこうしゅ）

焉鶏　えんけい
8世紀頃, 西アジア, 黒衣大食（アッバース朝）の朝貢使。唐に来朝。
⇒シル（焉鶏　えんけい　8世紀頃）
　シル新（焉鶏　えんけい）

袁黄　えんこう
16・17世紀, 中国, 明後期の思想家, 官僚。号は了凡。浙江省出身。自伝に『立命編』, 生活規範に『功過格』がある。
⇒コン2（袁黄　えんこう　1533–1606）
　コン3（袁黄　えんこう　1533–1606）
　百科（袁黄　えんこう　生没年不詳）

えんし

袁郊　えんこう
8・9世紀頃、中国、唐代の官吏。字は子儀、子乾。淮陽郡公袁滋の子。『甘沢謡』9章を著す。
⇒外国（袁郊　えんこう）
　中芸（袁郊　えんこう　生没年不詳）

袁高　えんこう
8世紀、中国、唐の政治家。字は公頤。滄州東光（河北省）出身。代宗・徳宗・憲宗の3代に仕える。
⇒コン2（袁高　えんこう　726-786）
　コン3（袁高　えんこう　726-786）

閻紅彦　えんこうげん
20世紀、中国の政治家。陝西省出身。国防委員会委員、中央委員候補を歴任したが、文化大革命では鄧小平派として批判され、自殺をした。
⇒世東（閻紅彦　えんこうげん）
　中人（閻紅彦　えんこうげん　?-）

袁皇后　えんこうごう*
5世紀、中国、魏晋南北朝、宋の文帝の皇妃。
⇒中皇（袁皇后　?-440）

閻皇后　えんこうごう*
2世紀、中国の皇妃。
⇒世女日（閻皇后　YANG huanghou　?-126）

袁甲三　えんこうさん
19世紀、中国、清の官僚。河南省項城県出身。張洛行配下の捻軍討伐の功で、1859年漕運総督欽差大臣となる。
⇒コン2（袁甲三　えんこうさん　1806-1863）
　コン3（袁甲三　えんこうさん　1806-1863）

袁克定　えんこくてい
19・20世紀、中国の官僚、政客。
⇒近中（袁克定　えんこくてい　1878-1958）

袁国平　えんこくへい
20世紀、中国の工農紅軍、新四軍の指導者。
⇒近中（袁国平　えんこくへい　1906-1941）

袁采　えんさい
12世紀頃、中国、南宋の政治家。字は君載。浙江省信安県の生れ。主著『袁氏世範』。
⇒名著（袁采　えんさい　生没年不詳）

燕山君　えんざんくん
15・16世紀、朝鮮、李朝の第10代王（在位1495～1506）。成宗の第1王世子。成希顔らのクーデターによって、廃位、追放された。
⇒角世（燕山君　えんざんくん　1476-1506）
　国小（燕山君　えんざんくん　1476（成宗7）-1506（中宗1））
　コン2（燕山君　えんざんくん　1476-1506）
　コン3（燕山君　えんざんくん　1476-1506）
　世東（燕山君　えんざんくん　1471-1506）
　世百（燕山君　えんざんくん　1476-1506）
　全書（燕山君　えんざんくん　1476-1506）
　大百（燕山君　えんざんくん　1476-1506）
　朝人（燕山君　えんざんくん　1476-1506）
　朝鮮（燕山君　えんざんくん　1476-1506）
　統治（燕山君　Yŏnsan-gun　（在位）1494-1506）
　百科（燕山君　えんざんくん　1476-1506）

袁滋　えんじ
8世紀頃、中国、唐の遣南詔使。
⇒シル（袁滋　えんじ　8世紀頃）
　シル新（袁滋　えんじ）

閻芝　えんし
3世紀、中国、三国時代、蜀の将。
⇒三国（閻芝　えんし）
　三全（閻芝　えんし　?-228）

宴子抜　えんしばつ
7世紀頃、朝鮮、高句麗から来日した使節。
⇒シル（宴子抜　えんしばつ　7世紀頃）
　シル新（宴子抜　えんしばつ）

閻錫山　えんしゃくざん
19・20世紀、中国の軍閥。字は百川。山西省五台県出身。台湾移転後は総統府資政、国民党中央評議員など歴任。
⇒旺世（閻錫山　えんしゃくざん　1883-1960）
　外国（閻錫山　えんしゃくざん　1883-1953）
　角世（閻錫山　えんしゃくざん　1883-1960）
　近中（閻錫山　えんしゃくざん　1883.10.8-1960.5.23）
　広辞5（閻錫山　えんしゃくざん　1883-1960）
　広辞6（閻錫山　えんしゃくざん　1883-1960）
　コン3（閻錫山　えんしゃくざん　1883-1960）
　人物（閻錫山　えんしゃくざん　1883-1960.5.23）
　世東（閻錫山　えんしゃくざん　1883-1960.5.23）
　世百（閻錫山　えんしゃくざん　1883-1960）
　世百新（閻錫山　えんしゃくざん　1883-1960）
　全書（閻錫山　えんしゃくざん　1883-1960）
　大辞2（閻錫山　えんしゃくざん　1883-1960）
　大辞3（閻錫山　えんしゃくざん　1883-1960）
　大百（閻錫山　えんしゃくざん〈イエンシーシャン〉　1883-1960）
　中国（閻錫山　えんしゃくざん　1883-1960）
　中人（閻錫山　えんしゃくざん　1883-1960）
　伝記（閻錫山　えんしゃくざん　1883-1960.5）
　日人（閻錫山　えんしゃくざん　1883-1960）
　百科（閻錫山　えんしゃくざん　1883-1960）
　評世（閻錫山　えんしゃくざん　1883-1960）
　山世（閻錫山　えんしゃくざん　1883-1960）
　歴史（閻錫山　えんしゃくざん　1883（光緒9）-1960）

袁守謙　えんしゅけん
20世紀、中国、国民党政府の軍人。湖南省に生れる。1960年党中央常務委員。中国国民党中央常務委員、革命実践研究院主任。

えんし

⇒世東（袁守謙　えんしゅけん　1903-）
　中人（袁守謙　えんしゅけん　1903-）

袁術　えんじゅつ
2世紀,中国,後漢末期の群雄。汝南・汝陽（河南省）出身。袁紹の従弟,孫堅と結んで,献帝をたてた董卓を討つ。
⇒コン2　（袁術　えんじゅつ　?-199）
　コン3　（袁術　えんじゅつ　?-199）
　三国　（袁術　えんじゅつ　?-199）
　三全　（袁術　えんじゅつ　?-199）
　世百　（袁術　えんじゅつ　?-199）
　全書　（袁術　えんじゅつ　?-199）
　大百　（袁術　えんじゅつ　?-199）
　中皇　（袁術　?-199）
　百科　（袁術　えんすい　?-199）
　歴史　（袁術　えんじゅつ　?-199（建安4））

爰邵　えんしょう
3世紀頃,中国,三国時代,魏の護衛。
⇒三国（爰邵　えんしょう）

袁紹　えんしょう
2・3世紀,中国,後漢末の群雄の一人。汝南（河南省）の出身。字は本初。200年官渡の戦いで曹操に大敗。
⇒旺世　（袁紹　えんしょう　?-202）
　外国　（袁紹　えんしょう　?-120）
　角世　（袁紹　えんしょう　?-202）
　広辞4　（袁紹　えんしょう　?-202）
　広辞6　（袁紹　えんしょう　?-202）
　国小　（袁紹　えんしょう　?-202（建安7））
　コン2　（袁紹　えんしょう　?-202）
　コン3　（袁紹　えんしょう　?-202）
　三国　（袁紹　えんしょう）
　三全　（袁紹　えんしょう　?-202）
　人物　（袁紹　えんしょう　?-202）
　世東　（袁紹　えんしょう　?-202.5）
　世百　（袁紹　えんしょう　?-202）
　全書　（袁紹　えんしょう　?-202）
　大辞　（袁紹　えんしょう　?-202）
　大辞3　（袁紹　えんしょう　?-202）
　大百　（袁紹　えんしょう　?-202）
　中国　（袁紹　えんしょう　?-202）
　中史　（袁紹　えんしょう　?-202）
　百科　（袁紹　えんしょう　?-202）
　評世　（袁紹　えんしょう　?-202）
　歴史　（袁紹　えんしょう　?-202（建安7））

閻詳　えんしょう
2世紀頃,中国,後漢の戊校尉。車師後部へ遣わされた。
⇒シル　（閻詳　えんしょう　2世紀頃）
　シル新　（閻詳　えんしょう）

淵浄土　えんじょうど
7世紀頃,朝鮮,新羅の遣唐使。
⇒シル　（淵浄土　えんじょうど　7世紀頃）
　シル新　（淵浄土　えんじょうど）

袁振　えんしん
8世紀,中国,唐の遣突厥使。

⇒シル　（袁振　えんしん　?-730）
　シル新　（袁振　えんしん　?-730）

閻振興　えんしんこう
20世紀,中国,国民党政府の軍人。河南省に生れる。1957～65年台湾成功大学学長。国家安全会議科学発展委員会副主任,中国国民党中央常務委員。
⇒世東　（閻振興　えんしんこう　1912.7.12-）
　中人　（閻振興　えんしんこう　1912.7.12-）

袁術　えんすい
⇨袁術（えんじゅつ）

袁崇煥　えんすうかん
17世紀,中国,明末の武将。東莞（広東省）出身。字は元素。
⇒外国　（袁崇煥　えんすうかん　?-1630）
　角世　（袁崇煥　えんすうかん　1584-1630）
　国小　（袁崇煥　えんすうかん）
　コン2　（袁崇煥　えんすうかん　?-1630）
　コン3　（袁崇煥　えんすうかん　1584-1630）
　世東　（袁崇煥　えんすうかん　?-1630）
　中国　（袁崇煥　えんすうかん　?-1630）
　中史　（袁崇煥　えんすうかん　1584-1630）
　百科　（袁崇煥　えんすうかん　?-1630）
　評世　（袁崇煥　えんすうかん　?-1630）

爰靚　えんせい
2・3世紀頃,中国,三国時代,魏の武将。
⇒三全（爰靚　えんせい　生没年不詳）

爰靚　えんせい
3世紀頃,中国,三国時代,魏の将。
⇒三国（爰靚　えんせい）

袁世凱　えんせいがい
19・20世紀,中国の軍人,政治家。北洋軍閥の巨頭。1911年,辛亥革命には内閣総理大臣に起用され,12年宣統帝を退位させ,13年中華民国大総統就任。
⇒逸話　（袁世凱　えんせいがい　1859-1916）
　岩ケ　（袁世凱　えんせいがい　1859-1916）
　旺世　（袁世凱　えんせいがい　1859-1916）
　外国　（袁世凱　えんせいがい　1860-1916）
　角世　（袁世凱　えんせいがい　1859-1916）
　広辞4　（袁世凱　えんせいがい　1859-1916）
　広辞5　（袁世凱　えんせいがい　1859-1916）
　広辞6　（袁世凱　えんせいがい　1859-1916）
　国史　（袁世凱　えんせいがい　1859-1916）
　国小　（袁世凱　えんせいがい　1859（咸豊9）-1916.6.6）
　国百　（袁世凱　えんせいがい　1859-1916.6.6）
　コン2　（袁世凱　えんせいがい　1859-1916）
　コン3　（袁世凱　えんせいがい　1859-1916）
　人物　（袁世凱　えんせいがい　1859-1916.6.6）
　世人　（袁世凱　えんせいがい　1859-1916）
　世東　（袁世凱　えんせいがい　1859-1916.6.6）
　世百　（袁世凱　えんせいがい　1859-1916）
　全書　（袁世凱　えんせいがい　1859-1916）
　大辞　（袁世凱　えんせいがい　1859-1916）
　大辞2　（袁世凱　えんせいがい　1859-1916）

大辞3（袁世凱　えんせいがい　1859–1916）
大百（袁世凱　えんせいがい　1859–1916）
中皇（袁世凱　1859–1916）
中国（袁世凱　えんせいがい　1859–1916）
中人（袁世凱　えんせいがい　1859（咸豊9）–1916.6.6）
朝人（袁世凱　えんせいがい　1859–1916）
朝鮮（袁世凱　えんせいがい　1859–1916）
デス（袁世凱　えんせいがい〈ユワンシーカイ〉1859–1916）
伝記（袁世凱　えんせいがい　1859–1916.6）
ナビ（袁世凱　えんせいがい　1859–1916）
日人（袁世凱　えんせいがい　1859–1916）
百科（袁世凱　えんせいがい　1859–1916）
評世（袁世凱　えんせいがい　1859–1916）
山世（袁世凱　えんせいがい　1859–1916）
歴史（袁世凱　えんせいがい　1859（咸豊9）–1916（民国5））

燕太子姫丹　えんたいしきたん
中国、春秋戦国、燕王の姫喜（きき）の子。
⇒中皇（燕太子姫丹）

袁仲賢　えんちゅうけん
20世紀、中国の政治家。1950年初代駐インド大使。56年外交部副部長。
⇒外国（袁仲賢　えんちゅうけん　1914–）
　コン3（袁仲賢　えんちゅうけん　1904–1957）
　中人（袁仲賢　えんちゅうけん　1904–1957）

袁昶　えんちょう
19世紀、中国、庚子死節の五忠臣の一人。浙江省桐廬県出身。『乱中日記残稿』を著す。
⇒世東（袁昶　えんちょう　?–1900）

袁晁　えんちょう
8世紀、中国、唐中期の農民反乱指導者。浙東（浙江省）に生れた。
⇒コン2（袁晁　えんちょう　?–763）
　コン3（袁晁　えんちょう　?–763）

袁綝　えんちん
⇨袁綝（えんりん）

炎帝　えんてい
⇨神農（しんのう）

延田跌　えんでんてつ
7世紀頃、亀茲（クチャ）国王。入唐した。
⇒シル（延田跌　えんでんてつ　7世紀頃）
　シル新（延田跌　えんでんてつ）

閻毗　えんび
7世紀頃、中国、隋の武将。榆林・盛楽（内蒙古自治区和林格尔県）出身。煬帝の大運河建設に参画。
⇒コン2（閻毗　えんび　生没年不詳）
　コン3（閻毗　えんび　生没年不詳）

縁福　えんぷく
7世紀頃、朝鮮、百済から来日した使節。
⇒シル（縁福　えんぷく　7世紀頃）
　シル新（縁福　えんぷく）
　日人（縁福　えんぷく　生没年不詳）

エンフサイハン, メンドサイハニィ　Enkhsaikhan, Mendsaikhani
20世紀、モンゴルの政治家。モンゴル首相。
⇒世政（エンフサイハン, メンドサイハニィ　1955.6.4–）

菸夫須計　えんふしゅけい
8世紀頃、朝鮮、渤海靺鞨の遣唐使。
⇒シル（菸夫須計　えんふしゅけい　8世紀頃）
　シル新（菸夫須計　えんふしゅけい）

エンフバヤル, ナンバリン　Enkhbayar, Nambaryn
20世紀、モンゴルの政治家、作家。モンゴル大統領、モンゴル国民大会議議長、モンゴル人民革命党（MPRP）党首。
⇒世政（エンフバヤル, ナンバリン　1958.6.1–）

袁文才　えんぶんさい
20世紀、中国工農紅軍の高級将校。
⇒近中（袁文才　えんぶんさい　1898–1930.2.23）

燕文進　えんぶんしん
7世紀頃、朝鮮、百済の遣隋使。
⇒シル（燕文進　えんぶんしん　7世紀頃）
　シル新（燕文進　えんぶんしん）

閻明復　えんめいふく
20世紀、中国の政治家。中国民政部副部長。
⇒シル（閻明復　えんめいふく　1931.11–）
　世東（閻明復　えんめいふく　1931.10–）
　中人（閻明復　えんめいふく　1931.11–）

菴羅辰　えんらしん
6世紀頃、中央アジア、柔然、可汗阿那瓌の息子。北斉へ亡命。
⇒シル（菴羅辰　えんらしん　6世紀頃）
　シル新（菴羅辰　えんらしん）

袁了凡　えんりょうぼん
16・17世紀、中国、明代の嘉善趙由（浙江省）の政治家、学者。名は黄。字は学海。
⇒中芸（袁了凡　えんりょうぼん　生没年不詳）

エンリレ, フアン・ポンセ　Enrile, Juan Ponce
20世紀、フィリピンの政治家。フィリピン上院議員、フィリピン国防相。
⇒現人（エンリレ　1924.2.14–）
　世政（エンリレ, フアン・ポンセ　1924.2.14–）
　二十（エンリレ, J.P.　1924.2.14–）

えんり

袁綝　えんりん
3世紀頃、中国、三国時代、蜀の将。
　⇒三国（袁綝　えんちん）
　　三全（袁綝　えんりん　生没年不詳）

燕荔陽　えんれいよう
1世紀頃、中央アジア、鮮卑大人。後漢に朝貢した。
　⇒シル（燕荔陽　えんれいよう　1世紀頃）
　　シル新（燕荔陽　えんれいよう）

【お】

王安石　おうあんせき
11世紀、中国、北宋の政治家、文人。撫州、臨川（現江西省）出身。字は介甫、号は半山。荊公と呼ばれる。著書に『臨川集』『周官新義』『唐百家詩選』などがある。
　⇒逸話（王安石　おうあんせき　1021-1086）
　　岩ケ（王安石　おうあんせき　1021-1086）
　　岩哲（王安石　おうあんせき　1021-1086）
　　旺世（王安石　おうあんせき　1021-1086）
　　外国（王安石　おうあんせき　1021-1086）
　　角世（王安石　おうあんせき　1021-1086）
　　教育（王安石　おうあんせき　1021-1086）
　　広辞4（王安石　おうあんせき　1021-1086）
　　広辞6（王安石　おうあんせき　1021-1086）
　　国小（王安石　おうあんせき　1021（天祐5）-1086（天祐1））
　　国百（王安石　おうあんせき　1021-1086）
　　コン2（王安石　おうあんせき　1021-1086）
　　コン3（王安石　おうあんせき　1021-1086）
　　詩歌（王安石　おうあんせき　1021（宋・真宗・天禧5）-1086（哲宗・元祐元）
　　集世（王安石　おうあんせき　1021（天禧5）-1086（元祐1））
　　集文（王安石　おうあんせき　1021（天禧5）-1086（元祐1））
　　人物（王安石　おうあんせき　1021-1086）
　　世人（王安石　おうあんせき　1021-1086）
　　世東（王安石　おうあんせき　1021-1086）
　　世百（王安石　おうあんせき　1021-1086）
　　世文（王安石　おうあんせき　1021（天禧5）-1086（元祐元））
　　全書（王安石　おうあんせき　1021-1086）
　　大辞（王安石　おうあんせき　1021-1086）
　　大辞3（王安石　おうあんせき　1021-1086）
　　大百（王安石　おうあんせき　1021-1086）
　　中芸（王安石　おうあんせき　1019-1086）
　　中国（王安石　おうあんせき　1021-1086）
　　中史（王安石　おうあんせき　1021-1086）
　　デス（王安石　おうあんせき　1021-1086）
　　伝記（王安石　おうあんせき　1021-1086）
　　東仏（王安石　おうあんせき　1019-1086）
　　百科（王安石　おうあんせき　1021-1086）
　　評世（王安石　おうあんせき　1021-1086）
　　名著（王安石　おうあんせき　1021-1086）
　　山世（王安石　おうあんせき　1021-1086）
　　歴史（王安石　おうあんせき　1021（天禧5）-1086（元祐1））

王懿栄　おういえい
19世紀、中国、清末の学者、官僚。金石の研究にすぐれ、劉鶚とともに甲骨文発見の功労者。
　⇒角世（王懿栄　おういえい　1845-1900）
　　国小（王懿栄　おういえい　1845（道光25）-1900（光緒26））
　　コン2（王懿栄　おういえい　1845-1900）
　　コン3（王懿栄　おういえい　1845-1900）
　　世東（王懿栄　おういえい　1845-1900）
　　中国（王懿栄　おういえい　1845-1900）
　　中書（王懿栄　おういえい　1845-1900）
　　評世（王懿栄　おういえい　1845-1900）
　　歴史（王懿栄　おういえい　1845（道光25）-1900（光緒26））

王郁　おういく
1世紀頃、中国、後漢の南匈奴への使節。
　⇒シル（王郁　おういく　1世紀頃）
　　シル新（王郁　おういく）

王一亭　おういってい
　⇨王震（おうしん）

王揖唐　おういっとう
19・20世紀、中国の政治家。安徽省合肥市出身。日本の傀儡政権である冀察政務委員会の委員長、汪精衛政権の考試院院長などを歴任。
　⇒近中（王揖唐　おうゆうとう　1877.9.11-1946）
　　コン3（王揖唐　おういっとう　1878-1948）
　　中人（王揖唐　おういっとう　1877-1948）

王一飛　おういつぴ
20世紀、中国共産党初期の指導者、組織・宣伝工作の専門家。浙江省出身。原名は王兆鵬。
　⇒近中（王一飛　おういつぴ　1898.11.17-1928.1.28）

王一飛　おういつぴ
20世紀、中国共産党の指導者、組織工作の専門家、軍人。湖北省出身。
　⇒近中（王一飛　おういつぴ　1901-1968）

王以哲　おういてつ
19・20世紀、中国の軍人。字は鼎方。黒龍江省出身。張学良直系の東北軍軍官として活躍。西安事件の首謀者の一人。
　⇒コン3（王以哲　おういてつ　1887-1937）
　　人物（王以哲　おういてつ　1887-1937）
　　中人（王以哲　おういてつ　1896-1937）

王允　おういん
2世紀、中国、後漢の地方官。太原・祁（山西省）出身。郡吏として宦官の専横と戦う。
　⇒コン2（王允　おういん　?-192）
　　コン3（王允　おういん　?-192）
　　三国（王允　おういん）
　　三全（王允　おういん　137-192）

王烏　おうう
前2世紀頃、中国、前漢の遣匈奴使。

政治・外交・軍事篇

おうか

⇒シル（王烏　おうう　前2世紀頃）
　シル新（王烏　おうう）

王惲　おううん
13・14世紀, 中国, 元の学者, 政治家。字は仲謀, 諡は文定, 号は秋澗先生。成宗の即位時『守成事鑑』15篇を献呈,『世祖実録』『聖訓』6巻を編集。
⇒国小（王惲　おううん　1228（元・太祖23）-1304（大徳8））
　コン2（王惲　おううん　1228-1304）
　コン3（王惲　おううん　1228-1304）
　人物（王惲　おううん　1228-1304）
　世東（王惲　おううん　1228-1304）
　中芸（王惲　おううん　1227-1304）
　中国（王惲　おううん　1228-1304）

王永江　おうえいこう
19・20世紀, 中国の奉天派の代表的官僚。
⇒近中（王永江　おうえいこう　1872.2.17-1927.11.1）

汪栄宝　おうえいほう
19・20世紀, 中国の政治家。
⇒近中（汪栄宝　おうえいほう　1878-1933.6）

王琰　おうえん
中国, 後漢の上洛都尉。
⇒三国（王琰　おうえん）
　三全（王琰　おうえん　生没年不詳）

王淵　おうえん
3・4世紀, 中国, 晋の政治家。字は夷甫。竹林の七賢の1人, 王戎の徒孫。
⇒世東（王淵　おうえん　3世紀末-4世紀初）

王衍　おうえん
3・4世紀, 中国, 西晋の貴族, 清談家。山東出身。字は夷甫。永嘉の乱で石勒に敗れ殺された。
⇒角世（王衍　おうえん　256-311）
　国小（王衍　おうえん　256（甘露1）-311（永嘉5））
　コン2（王衍　おうえん　256-311）
　コン3（王衍　おうえん　256-311）
　人物（王衍　おうえん　256-311）
　中芸（王衍　おうえん　256-311）
　中国（王衍　おうえん　256-311）
　評世（王衍　おうえん　256-311）

王衍　おうえん
10世紀, 中国, 五代前蜀の第2代皇帝。字は化源。王建（太祖）の子, 鄭王。
⇒世東（王衍　おうえん　?-926）
　中芸（王衍　おうえん　?-926）

王延徳　おうえんとく
10・11世紀, 中国, 宋初の武官。大名県（河北）出身。宋の太宗の命で, 西ウイグルの高昌国に派遣され（981~84）, 帰国後その見聞記『高昌行紀』を著した。
⇒角世（王延徳　おうえんとく　939-1006）
　国小（王延徳　おうえんとく　939（天福4）-1006（景徳3））
　コン2（王延徳　おうえんとく　939-1006）
　コン3（王延徳　おうえんとく　939-1006）
　世東（王延徳　おうえんとく　939-1006）
　中国（王延徳　おうえんとく　939-1006）
　百科（王延徳　おうえんとく　939-1006）
　山世（王延徳　おうえんとく　939-1006）

王温舒　おうおんじょ
前2・1世紀頃, 中国, 前漢の地方官。馮翊・陽陵（陝西省）出身。
⇒コン2（王温舒　おうおんじょ　生没年不詳）
　コン3（王温舒　おうおんじょ　生没年不詳）

王恩生　おうおんせい
5世紀頃, 中国, 北魏の遣天域諸国答礼使。
⇒シル（王恩生　おうおんせい　5世紀頃）
　シル新（王恩生　おうおんせい）

王恩茂　おうおんも
20世紀, 中国の政治家, 軍人。中国人民政治協商会議副主席。
⇒世政（王恩茂　おうおんも　1913.5-2001.4.12）
　全書（王恩茂　おうおんも　1912-）
　大百（王恩茂　おうおんも　?-）
　中人（王恩茂　おうおんも　1913-）

王涯　おうがい
9世紀, 中国, 唐の政治家。字は広津。太原の名門の出身。835年茶の専売を強行。
⇒コン2（王涯　おうがい　?-835）
　コン3（王涯　おうがい　?-835）

王楷　おうかい
3世紀頃, 中国, 三国時代, 呂布の幕僚。
⇒三国（王楷　おうかい）
　三全（王楷　おうかい　生没年不詳）

王海容　おうかいよう
20世紀, 中国の女性外交官。外務次官補として国連や外交の舞台で活動。毛沢東の姪とも遠縁ともいわれる。
⇒現人（王海容　おうかいよう〈ワンハイロン〉1938-）
　世東（王海容　おうかいよう　?-）
　中人（王海容　おうかいよう　1938-）

王嘉胤　おうかいん
17世紀, 中国, 明末の農民叛乱の指導者。府谷（陝西省）出身の農民。
⇒外国（王嘉胤　おうかいん　?-1631）
　国小（王嘉胤　おうかいん　?-1631（崇禎4））
　コン2（王嘉胤　おうかいん　?-1631）
　コン3（王嘉胤　おうかいん　?-1631）
　世東（王嘉胤　おうかいん　?-1631）
　中国（王嘉胤　おうかいん　?-1631）
　百科（王嘉胤　おうかいん　?-1631）

おうか

歴史（王嘉胤　おうかいん　?-1631）

王鍔　おうがく
8・9世紀, 中国, 唐の官僚。字は昆吾, 諡は魏。814年宰相。
⇒コン2（王鍔　おうがく　740-815）
　コン3（王鍔　おうがく　740-815）
　人物（王鍔　おうがく　740-815）
　世東（王鍔　おうがく　740-815）

王学文　おうがくぶん
20世紀, 中国の政治家, 経済学者。
⇒近中（王学文　おうがくぶん　1895.5.4-1985.2.22）
　コン3（王学文　おうがくぶん　1895-1985）
　中人（王学文　おうがくぶん　1895.5.4-1985.2.22）

王稼祥　おうかしょう
20世紀, 中国の政治家。1949年人民共和国の初代駐ソ大使, 文化大革命中批判されたが, 73年10全大会で中央委員に復帰した。
⇒外国（王稼祥　おうかしょう　1907-）
　近中（王稼祥　おうかしょう　1906.8.15-1974.1.25）
　コン3（王稼祥　おうかしょう　1906-1974）
　人物（王稼祥　おうかしょう　1907-）
　世東（王稼祥　おうかしょう　1907-1974.1.25）
　世百（王稼祥　おうかしょう　1907-）
　大百（王稼祥　おうかしょう〈ワンチャシャン〉1907-）
　中人（王稼祥　おうかしょう　1906-1974.1.25）

汪家道　おうかどう
20世紀, 中国の政治家。1971年8月黒龍江省党委第一書記。
⇒世東（汪家道　おうかどう　1916頃-）
　中人（汪家道　おうかどう　1916-）

王荷波　おうかは
19・20世紀, 中国共産党の指導者, 労働運動の組織者。
⇒近中（王荷波　おうかは　1882.5-1927.11.11）

王瓘　おうかん
3世紀, 中国, 三国時代, 魏の参軍。
⇒三国（王瓘　おうかん）
　三全（王瓘　おうかん　?-260）

王観　おうかん
11世紀, 中国, 宋代の政治家。揚州江都県の知事。字は通叟（達叟）。
⇒中芸（王観　おうかん　生没年不詳）

王含　おうがん
3世紀頃, 中国, 三国時代, 蜀末期の将。
⇒三国（王含　おうがん）
　三全（王含　おうがん　生没年不詳）

王巌叟　おうがんそう
11世紀, 中国, 北宋の諫臣。字は彦霖。山東省出身。旧法党に属し, 新法派の宰相蔡確を痛烈に論難。
⇒コン2（王巌叟　おうがんそう　1043-1093）
　コン3（王巌叟　おうがんそう　1043-1093）

王頎　おうき
2世紀, 中国, 後漢の越騎校尉。
⇒三国（王頎　おうき）
　三全（王頎　おうき　?-192）

王頎　おうき
3世紀頃, 中国, 三国時代, 魏の天水郡の太守。
⇒三国（王頎　おうき）
　三全（王頎　おうき　生没年不詳）

王基　おうき
3世紀, 中国, 三国時代, 安平の太守。
⇒三国（王基　おうき）
　三全（王基　おうき　?-261）

王起　おうき
8・9世紀, 中国, 唐中期の政治家。字は挙子, 諡は文懿。王播の弟。憲宗のとき, 戸部尚書など歴任。武宗朝に同中書門下平章事となる。
⇒コン2（王起　おうき　760-847）
　コン3（王起　おうき　760-847）

王熙（王煕）　おうき
17・18世紀, 中国, 清初の学者, 政治家。河北宛平出身。官は礼部尚書・太子太傅。「大清会典」「明史」の編纂に従事。著書「文靖集」。
⇒広辞4（王熙　おうき　1628-1703）
　広辞6（王熙　おうき　1628-1703）
　中芸（王熙　おうき　1628-1703）

王驥　おうき
14・15世紀, 中国, 明代の武将。字は尚徳。河北省東鹿出身。思任発が反乱を起すや, 1441年より三度諸軍を総督してこれを討ち, 大勝を得た。
⇒外国（王驥　おうき　1377-1459）

王輝球　おうききゅう
20世紀, 中国の政治家。湖南省出身。1955年3月空軍政治部主任, 1級「解放」勲章をうける。69年4月九全大会で9期中央委に選出。
⇒世東（王輝球　おうききゅう　1911-）
　中人（王輝球　おうききゅう　1911-）

王岐山　おうきざん
20世紀, 中国共産党中央政治局委員, 国務院副総理, 党組成員。
⇒中重（王岐山　おうきざん　1948.7-）
　中二（王岐山　おうきざん　1948.7-）

汪輝祖　おうきそ
18・19世紀, 中国, 清中期の学者, 地方官。字は龍荘。浙江省出身。吏政に関する著書『学治臆説』『佐治薬言』がある。
⇒外国（汪輝祖　おうきそ　1731–1807）
　コン2（汪輝祖　おうきそ　1730–1807）
　コン3（汪輝祖　おうきそ　1730–1807）
　中芸（汪輝祖　おうきそ　1729–1806）

王吉　おうきつ
前1世紀, 中国, 前漢の政治家。山東出身。字は子陽。昭帝, 昌邑王, 宣帝に仕えた。
⇒人物（王吉　おうきつ　生没年不詳）
　世東（王吉　おうきつ）

王亀謀　おうきぼう
9世紀頃, 渤海から来日した使節。
⇒シル（王亀謀　おうきぼう　9世紀頃）
　シル新（王亀謀　おうきぼう）

王丘各　おうきゅうかく
8世紀頃, 中国西南部, 南詔の遣唐使。
⇒シル（王丘各　おうきゅうかく　8世紀頃）
　シル新（王丘各　おうきゅうかく）

王匡　おうきょう
1世紀頃, 中国, 前・後漢交替期の反乱指導者。新市（湖北省）出身。王鳳らと貧民を率いて立ち上がり, 緑林山にたてこもった。
⇒コン2（王匡　おうきょう　生没年不詳）
　コン3（王匡　おうきょう　生没年不詳）

王匡　おうきょう
3世紀頃, 中国, 三国時代, 河内の太守。
⇒三国（王匡　おうきょう）
　三全（王匡　おうきょう　生没年不詳）

王喬　おうきょう
1世紀頃, 中国, 後漢の政治家, 仙術家。明帝のとき尚書郎となり, 葉の長官となった。
⇒中芸（王喬　おうきょう　生没年不詳）

王暁雲　おうぎょううん
20世紀, 中国の外交官。1963年中国愛蘭協会代表団員として来日して以来対日工作に従事。72年より中日友好協会秘書長。外務省アジア局次長。
⇒現人（王暁雲　おうぎょううん〈ワン・シヤオユン〉　1920–）
　世政（王暁雲　おうぎょううん　1920–1983.6.2）
　世東（王暁雲　おうぎょううん　1920–）
　中人（王暁雲　おうぎょううん　1920–1983.6.2）

王拱辰　おうきょうしん
11世紀, 中国, 北宋の名臣。字は君貺, 諡は懿恪。開封・咸平（河南省）出身。
⇒コン2（王拱辰　おうきょうしん　1012–1085）
　コン3（王拱辰　おうきょうしん　1012–1085）

王欽若　おうきんじゃく
10・11世紀, 中国, 北宋初の政治家。『冊府元亀』の編纂者。
⇒外国（王欽若　おうきんじゃく　?–1025）
　角世（王欽若　おうきんじゃく　962–1025）
　国小（王欽若〈宋〉　おうきんじゃく　962（建隆3）–1025（天聖3））
　コン2（王欽若　おうきんじゃく　962–1025）
　コン3（王欽若　おうきんじゃく　962–1025）
　世東（王欽若　おうきんじゃく　10–11世紀）
　中国（王欽若　おうきんじゃく　?–1025）
　百科（王欽若　おうきんじゃく　962–1025）
　評世（王欽若　おうきんじゃく　962–1025）
　名著（王欽若　おうきんじゃく　962–1025）
　歴史（王欽若　おうきんじゃく　962–1025）

王金発　おうきんはつ
19・20世紀, 中国の革命家。
⇒近中（王金発　おうきんはつ　1882–1915.6.2）

王君政　おうくんせい
7世紀頃, 中国, 隋の遣南海使。
⇒シル（王君政　おうくんせい　7世紀頃）
　シル新（王君政　おうくんせい）

王君㚟　おうくんちゃく
8世紀, 中国, 唐の武将。甘粛西部の出身。字は威明。西辺を吐蕃らから防衛し, 右羽林軍大将軍となる。
⇒国小（王君㚟　おうくんちゃく　?–727（開元15））
　コン2（王君㚟　おうくんちゃく　?–727）
　コン3（王君㚟　おうくんちゃく　?–727）
　中国（王君㚟　おうくんちゃく　?–727）

王珪　おうけい
6・7世紀, 中国, 唐の政治家。字は叔玠。唐の太宗に仕え, 房玄齢・魏徴らとともに, 太宗を補佐。
⇒外国（王珪　おうけい　571–639）
　コン2（王珪　おうけい　571–639）
　コン3（王珪　おうけい　571–639）
　世東（王珪　おうけい　571–639）

王珪　おうけい
11世紀, 中国, 北宋の政治家。字は禹玉, 諡は文恭。成都・華陽（四川省）出身。哲宗を擁立し, 金紫光禄大夫, 岐国公に封ぜられた。
⇒コン2（王珪　おうけい　1019–1085）
　コン3（王珪　おうけい　1019–1085）
　集文（王珪　おうけい　1019（天禧3）–1085（元豊8））
　世東（王珪　おうけい　1019–1085.5）
　中芸（王珪　おうけい　1019–1085）

王慶　おうけい
6世紀, 中国, 北周の遣突厥使。
⇒シル（王慶　おうけい　?–581?）
　シル新（王慶　おうけい　?–581?）

王慶雲　おうけいうん
18・19世紀, 中国, 清代の官吏。字は家鏡, 賢関, 号は楽一, 雁汀。福建省福州の生れ。清朝財政史を研究,『石渠余紀』6巻を著した。
⇒外国（王慶雲　おうけいうん　1789-1862）

王景弘　おうけいこう
14・15世紀, 中国, 明代の宦官。永楽帝の命を受け, 南洋, 印度洋方面を巡航。周辺国の入貢を促した。
⇒外国（王景弘　おうけいこう）
　中史（王景弘　おうけいこう　生没年不詳）

王敬祥　おうけいしょう
19・20世紀, 中国, 清末・中華民国初期, 孫文など革命派および国民党を支援して活動した神戸華僑。
⇒華人（王敬祥　おうけいしょう　1871-1922）

王杰　おうけつ
20世紀, 中国の軍人。解放軍の模範兵士。解放軍済南部隊工兵第一中隊分隊長であった。
⇒世東（王杰　おうけつ　1942-1965.7.14）
　大百（王杰　おうけつ〈ワンチー〉　1942-1965）
　中人（王杰　おうけつ　1942-1965）

王建　おうけん
3世紀, 中国, 三国時代, 魏, 遼東の太守・公孫淵の相国。
⇒三国（王建　おうけん）
　三全（王建　おうけん　?-238）

王建　おうけん
⇨太祖（高麗）（たいそ）

王建　おうけん
9・10世紀, 中国, 五代十国前蜀の建国者（在位907〜918）。字は光図, 廟号は高祖。許州・舞陽（河南省）出身。
⇒外国（王建　おうけん　847-918）
　皇帝（王建　おうけん　847-918）
　コン2（王建　おうけん　847-918）
　コン3（王建　おうけん　847-918）
　中皇（高祖　847-918）
　中国（王建　おうけん　847-918）
　中史（王建　おうけん　847-918）
　百科（王建　おうけん　847-918）
　評世（王建　おうけん　847-918）

王彦威　おうげんい
9世紀頃, 中国, 唐末期の政治家, 学者。諡は靖。太原（山西省）出身。『元和新礼』を著した。
⇒コン2（王彦威　おうげんい　生没年不詳）
　コン3（王彦威　おうげんい　生没年不詳）

王玄廓　おうげんがく
中国, 唐の入竺使節。
⇒シル（王玄廓　おうげんがく）
　シル新（王玄廓　おうげんがく）

王元啓　おうげんけい
18世紀, 中国, 清代の政治家, 学者。嘉興（浙江省）出身。字は宋賢。号は惺斎。
⇒中芸（王元啓　おうげんけい　1714-1786）

王建煊　おうけんけん
20世紀, 台湾の財政相。
⇒中人（王建煊　おうけんけん　1938-）

王玄策　おうげんさく
7世紀, 中国, 唐朝初期のインドへの使者。『中天竺行記』（別名『王玄策行記』）を撰述。
⇒旺世（王玄策　おうげんさく　生没年不詳）
　外国（王玄策　おうげんさく）
　角世（王玄策　おうげんさく　生没年不詳）
　国小（王玄策　おうげんさく　生没年不詳）
　コン2（王玄策　おうげんさく）
　コン3（王玄策　おうげんさく）
　シル（王玄策　おうげんさく　7世紀頃）
　シル新（王玄策　おうげんさく）
　世人（王玄策　おうげんさく　生没年不詳）
　世東（王玄策　おうげんさく　7世紀）
　世百（王玄策　おうげんさく）
　全書（王玄策　おうげんさく）
　大百（王玄策　おうげんさく　生没年不詳）
　中国（王玄策　おうげんさく）
　百科（王玄策　おうげんさく）
　評世（王玄策　おうげんさく　生没年不詳）
　歴史（王玄策　おうげんさく　生没年不詳）

王賢妃　おうけんひ*
9世紀, 中国, 唐, 武宗の皇妃。
⇒中皇（王賢妃　?-846）

王翃　おうこう
8・9世紀, 中国, 唐の武将。字は宏肱, 諡は粛。并州・晋陽（山西省）出身。安史の乱後, 広東にて梁崇牽が自立すると兵を募らて討伐。
⇒コン2（王翃　おうこう　?-802）
　コン3（王翃　おうこう　?-802）

王翶　おうごう
14・15世紀, 中国, 明中期の政治家。塩山（河北省）出身。字は九皋, 諡は忠粛。1453年に吏部尚書。
⇒角世（王翶　おうごう　1383-1467）
　国小（王翶　おうごう　1384（洪武17）-1467（成化3））
　中国（王翶　おうごう　1383-1467）

王鉷　おうこう
8世紀, 中国, 唐の政治家。太原・祁（山西省）出身。玄宗に厚遇されて権勢をふるった。
⇒コン2（王鉷　おうこう　?-752）
　コン3（王鉷　おうこう　?-752）

王剛　おうごう
20世紀, 中国共産党中央政治局委員, 第11期全国政協副主席・党組副書記, 党中央直属機関工作委員会書記, 中央保密委員会主任。

⇒中重（王剛　おうごう　1942.10-）
　中二（王剛　おうごう　1942.10-）

王伉　おうこう
2世紀, 中国, 三国時代, 蜀の永昌の太守。
⇒三国（王伉　おうこう）
　三全（王伉　おうこう　?-198）

王洪軌　おうこうき
5世紀頃, 中国, 劉宋の遣柔然使。
⇒シル（王洪軌　おうこうき　5世紀頃）
　シル新（王洪軌　おうこうき）

王孝傑　おうこうけつ
7世紀, 中国, 唐の武将。京兆・新豊（陝西省）出身。吐蕃としばしば戦い, 軍功をたてる。
⇒コン2（王孝傑　おうこうけつ　?-696）
　コン3（王孝傑　おうこうけつ　?-696）

王皇后（前漢）　おうこうごう*
前1世紀, 中国, 前漢, 元帝の皇妃。
⇒中皇（王皇后　前71-13）

汪皇后　おうこうごう*
中国, 明, 景泰帝の皇妃。
⇒中皇（汪皇后）

王鴻緒　おうこうしょ
17・18世紀, 中国, 清初の学者, 政治家。婁県（江蘇省松江県）出身。字は季友, 号は儼斎, 横雲山人。1723年『明史稿』310巻を完成。
⇒国小（王鴻緒　おうこうしょ　1645（順治2）-1723（雍正1））
　コン2（王鴻緒　おうこうしょ　1645-1723）
　コン3（王鴻緒　おうこうしょ　1645-1723）
　新美（王鴻緒　おうこうしょ　1645（清・順治2）-1723（雍正1））
　人物（王鴻緒　おうこうしょ　1645-1723）
　世東（王鴻緒　おうこうちょ　1645-1723）
　中芸（王鴻緒　おうこうしょ　1645-1723）
　中国（王鴻緒　おうこうちょ　1645-1722）
　中書（王鴻緒　おうこうちょ　1645-1723）
　歴史（王鴻緒　おうこうしょ　1645（順治2）-1723（雍正1））

王鴻緒　おうこうちょ
⇨王鴻緒（おうこうしょ）

汪康年　おうこうねん
19・20世紀, 中国, 清末の変法論者, ジャーナリスト。字は穣卿。上海で旬刊『時務報』を創刊。
⇒近中（汪康年　おうこうねん　1860.1.3-1911.9.13）
　国小（汪康年　おうこうねん　1860（咸豊10）-1911（宣統3））
　コン2（汪康年　おうこうねん　1860-1911）
　コン3（汪康年　おうこうねん　1860-1911）
　中人（汪康年　おうこうねん　1860（咸豊10）-1911（宣統3））
　評世（汪康年　おうこうねん　1860-1911）

王光美　おうこうび
20世紀, 中国の政治家。人民政治協商会議全国委員会常務委員, 中国社会科学院副秘書長。
⇒世女（王光美　おうこうび　1921-）
　中人（王光美　おうこうび　1921-）

王洪文　おうこうぶん
20世紀, 中国の政治家。東北出身。文化大革命時に毛沢東擁護で活躍。1973年党十全大会で規約改正報告を行い, 党中央委副主席に昇格。76年「四人組」の一人として失脚, 81年裁判で無期懲役判決。
⇒現人（王洪文　おうこうぶん〈ワンホンウェン〉1935-）
　コン3（王洪文　おうこうぶん　1936/38頃-1992）
　世政（王洪文　おうこうぶん　1935-1992.8.3）
　世東（王洪文　おうこうぶん　1935-）
　全書（王洪文　おうこうぶん　1935-）
　中人（王洪文　おうこうぶん　1935-1992.8.3）

王行瑜　おうこうゆ
9世紀, 中国, 唐末期の群雄の一人。邠州（陝西省）出身。黄巣の乱の討伐に功あり。
⇒コン2（王行瑜　おうこうゆ　?-895）
　コン3（王行瑜　おうこうゆ　?-895）

王孝鄰　おうこうりん
7世紀頃, 朝鮮, 百済の遣隋使。
⇒シル（王孝鄰　おうこうりん　7世紀頃）
　シル新（王孝鄰　おうこうりん）

王孝廉　おうこうれん
9世紀頃, 朝鮮, 渤海国の大使。814（弘仁5）年来朝。詩は『文華秀麗集』に5首のる。
⇒詩歌（王孝廉　おうこうれん　生没年不詳）
　集世（王孝廉　ワンヒョーリョム　?-815）
　集文（王孝廉　ワンヒョーリョム　?-815）
　シル（王孝廉　おうこうれん　?-815）
　シル新（王孝廉　おうこうれん　?-815）
　朝人（王孝廉　おうこうれん　?-815）
　日人（王孝廉　おうこうれん　?-815）
　百科（王孝廉　おうこうれん　?-815）

王国権　おうこくけん
20世紀, 中国の外交官。文革後対日問題担当。1971年8月に松村謙三葬儀参列のため来日。
⇒現人（王国権　おうこくけん〈ワンクオチュアン〉1910-）
　国小（王国権　おうこくけん　1911-）
　世政（王国権　おうこくけん　1910-）
　世東（王国権　おうこくけん　1911-）
　中人（王国権　おうこくけん　1910-）

王克敏　おうこくびん
19・20世紀, 中国の政治家。1937年華北の日本傀儡政権「中華民国臨時政府」行政委員長。45年漢奸として逮捕され獄死。
⇒外国（王克敏　おうこくびん　1875-1945）
　角世（王克敏　おうこくびん　1873-1945）

近中（王克敏　おうこくびん　1873–1945.12.25）
国小（王克敏　おうこくびん　1873（同治12）–1945）
コン2（王克敏　おうこくびん　1873–1945）
コン3（王克敏　おうこくびん　1873–1945）
人物（王克敏　おうこくびん　1873–1945）
世東（王克敏　おうこくびん　1873–1945.12.25）
世百（王克敏　おうこくびん　1873–1945）
全書（王克敏　おうこくびん　1873–1945）
中国（王克敏　おうこくびん　1873–1945）
中人（王克敏　おうこくびん　1873（同治12）–1945）
日人（王克敏　おうこくびん　1873–1945）
百科（王克敏　おうこくびん　1873–1945）
歴史（王克敏　おうこくびん　1873（同治12）–1945（民国34））

王崑崙　おうこんろん
20世紀，中国の政治家。江蘇省無錫の生れ。人民共和国の成立とともに政務院政務委員になる。1954年人民代表大会常務委員会委員，55年北京副市長を兼ねる。
⇒世百（王崑崙　おうこんろん　1902–）
　中人（王崑崙　おうこんろん　1902–1985）

王佐　おうさ
20世紀，中国共産党員，井岡山革命根拠地の軍事指導者。
⇒近中（王佐　おうさ　1898–1930.3）

王三槐　おうさんかい
18世紀，中国，清代の白蓮教の乱の首領。1796年末，四川省東部で徐天徳らと乱を起した。清将勒保の招撫に応じ，捕えられて殺された。
⇒外国（王三槐　おうさんかい　?–1798）

王士誠　おうしせい
14世紀，中国，元末期の反乱指導者。劉福通の紅巾軍に参加。
⇒コン2（王士誠　おうしせい　?–1362）
　コン3（王士誠　おうしせい　?–1362）

王士珍　おうしちん
19・20世紀，中国の軍閥。河北省出身。段祺瑞，馮国璋らと北洋三傑の一人。
⇒近中（王士珍　おうしちん　1861–1930.7.1）
　コン2（王士珍　おうしちん　1863–1930）
　コン3（王士珍　おうしちん　1863–1930）
　中人（王士珍　おうしちん　1861–1930）

王十朋　おうじっぽう
12世紀，中国，南宋の政治家，学者。字，亀齢。号，梅渓。著書『梅渓集』。
⇒国小（王十朋　おうじゅうほう　1112（政和2）–1171（乾道7））
　コン2（王十朋　おうじっぽう　1112–1171）
　コン3（王十朋　おうじっぽう　1112–1171）
　集文（王十朋　おうじっぽう　1112（政和2）–1171（乾道7））
　中芸（王十朋　おうじゅうほう　1112–1171）

王灼　おうしゃく
12世紀，中国，北宋の政治家，文人。
⇒中芸（王灼　おうしゃく　生没年不詳）

王若虚　おうじゃくきょ
13世紀，中国，金末の政治家，文学者。字，従之。著『滹南遺老』『慵夫集』。
⇒国小（王若虚　おうじゃくきょ　?–1233（紹定6））
　コン2（王若虚　おうじゃくきょ　生没年不詳）
　コン3（王若虚　おうじゃくきょ　生没年不詳）
　中芸（王若虚　おうじゃくきょ　1174–1243）
　中史（王若虚　おうじゃくきょ　1174–1243）

王若飛　おうじゃくひ
20世紀，中国の政治家。貴州省安順県出身。日中戦争中に中国共産党中央秘書長など歴任，1944〜46年3回にわたり国共交渉に参加。
⇒外国（王若飛　おうじゃくひ　1896–1946）
　近中（王若飛　おうじゃくひ　1896.10.11–1946.4.8）
　コン3（王若飛　おうじゃくひ　1896–1946）
　人物（王若飛　おうじゃくひ　1896–1946）
　世東（王若飛　おうじゃくひ　1896–1946.4.8）
　世百新（王若飛　おうじゃくひ　1896–1946）
　中人（王若飛　おうじゃくひ　1896–1946）
　百科（王若飛　おうじゃくひ　1896–1946）

王戎　おうじゅう
3・4世紀，中国，西晋の高級官吏。竹林の七賢の一人。琅邪（山東省）出身。字は濬沖。
⇒逸話（王戎　おうじゅう　234–305）
　外国（王戎　おうじゅう　234–305）
　角世（王戎　おうじゅう　234–305）
　広辞4（王戎　おうじゅう　234–305）
　広辞6（王戎　おうじゅう　234–305）
　国小（王戎　おうじゅう　234（青龍2）–305（永興2））
　コン2（王戎　おうじゅう　234–305）
　コン3（王戎　おうじゅう　234–305）
　三国（王戎　おうじゅう　234–305）
　三全（王戎　おうじゅう　234–305）
　人物（王戎　おうじゅう　234–305）
　世東（王戎　おうじゅう　234–305）
　大辞（王戎　おうじゅう　234–305）
　大辞3（王戎　おうじゅう　234–305）
　中芸（王戎　おうじゅう　234–305）
　中国（王戎　おうじゅう　234–305）
　中史（王戎　おうじゅう　234–305）
　評世（王戎　おうじゅう　234–305）

王重栄　おうじゅうえい
9世紀，中国，唐末期の武将。河中（山西省）出身。880年黄巣の軍を破り，882年宰相。
⇒コン2（王重栄　おうじゅうえい　?–887）
　コン3（王重栄　おうじゅうえい　?–887）

王秀珍　おうしゅうちん
20世紀，中国の女子革命家。文革の中で浮びあがってきた人物。1969年4月九全大会主席団，中共9期中央委に選出。上海工人革命造反総司令部部員，上海国棉30廠革委会主任。

⇒世東（王秀珍　おうしゅうちん　?–)
　中人（王秀珍　おうしゅうちん　?–)

王十朋　おうじゅうほう
　⇨王十朋（おうじっぽう）

王叔文　おうしゅくぶん
　8・9世紀, 中国, 唐の大臣。
　⇒中史（王叔文　おうしゅくぶん　753–806）

王叔銘　おうしゅくめい
　20世紀, 中国の軍人。山東省諸城出身。1949年国防, 防空軍司令兼副総司令。52年空軍中将, 国府空軍総司令となった。
　⇒外国（王叔銘　おうしゅくめい　1904–）
　　中人（王叔銘　おうしゅくめい　1904–）

王守仁　おうしゅじん
　⇨王陽明（おうようめい）

王樹声　おうじゅせい
　20世紀, 中国の軍人。湖北省麻城出身。1950年李先念の後をつぎ湖北軍区司令員。9月国防部副部長, 国防委となり解放軍の近代化に専念。69年4月九全大会で9期中央委に選出。
　⇒世東（王樹声　おうじゅせい　1905–1974.1.7)
　　中人（王樹声　おうじゅせい　1905–1974.1.7)

王守善　おうしゅぜん
　19・20世紀, 中国の外交官。
　⇒華人（王守善　おうしゅぜん　1881–?）

王守澄　おうしゅちょう
　9世紀, 中国, 唐の宦官。憲宗を毒殺して穆宗を擁立。さらに文宗の即位にも関係。
　⇒コン2（王守澄　おうしゅちょう　?–835）
　　コン3（王守澄　おうしゅちょう　?–835）

王首道　おうしゅどう
　20世紀, 中国の政治家。中国共産党中央顧問委員会常務委員。
　⇒コン3（王首道　おうしゅどう　1907–）
　　世政（王首道　おうしゅどう　1906–1996.9.13）
　　世東（王首道　おうしゅどう　1907–）
　　中人（王首道　おうしゅどう　1906–）

王樹枏　おうじゅなん
　19・20世紀, 中国, 清末, 民国の学者, 政治家。新城（河北省涿県）出身。字は晋卿, 号は陶盧。1920年国史館総裁となり『清史稿』の編纂にあたる。
　⇒角世（王樹枏　おうじゅなん　1851–1936）
　　国小（王樹枏　おうじゅなん　1852（咸豊2）–1936）
　　コン2（王樹枏　おうじゅなん　1857–1936）
　　コン3（王樹枏　おうじゅなん　1857–1936）
　　世東（王樹枏　おうじゅなん　1857–1936）
　　世百（王樹枏　おうじゅなん　1852–1936）
　　中芸（王樹枏　おうじゅなん　生没年不詳）
　　中国（王樹枏　おうじゅなん　1857–1936）

　　中人（王樹枏　おうじゅなん　1851（咸豊2）–1936）
　　歴史（王樹枏　おうじゅなん　1851–1936）

王淮湘　おうじゅんしょう
　20世紀, 中国の政治家。湖南省出身。吉林省党委第一書記。九全大会で, 中央委員。
　⇒世東（王淮湘　おうじゅんしょう　1916頃–）
　　世東（王淮湘　おうわいしょう　?–）
　　中人（王淮湘　おうじゅんしょう　1916頃–）

王恕　おうじょ
　15・16世紀, 中国, 明の政治家。字は宗貫, 諡は端毅。陝西・三原県（陝西省）出身。揚州知府, 河南布政使, 兵部尚書等を歴任。
　⇒外国（王恕　おうじょ　1416–1508）
　　コン2（王恕　おうじょ　1416–1508）
　　コン3（王恕　おうじょ　1416–1508）

王昌　おうしょう
　1世紀頃, 中国, 前漢の問責使。匈奴に派遣された。
　⇒シル（王昌　おうしょう　1世紀頃）
　　シル新（王昌　おうしょう）

王祥　おうしょう
　2・3世紀, 中国, 三国時代, 魏の太尉。
　⇒三国（王祥　おうしょう）
　　三全（王祥　おうしょう　184–268）

王韶　おうしょう
　11世紀, 中国, 北宋の名将。
　⇒角世（王韶　おうしょう　1030–1081）
　　国小（王韶　おうしょう　1030（天聖8）–1081（元豊4））
　　コン2（王韶　おうしょう　1030–1081）
　　コン3（王韶　おうしょう　1030–1081）
　　世東（王韶　おうしょう　1030–1081）
　　中国（王韶　おうしょう　1030–1081）
　　百科（王韶　おうしょう　1030–1081）

汪昭　おうしょう
　3世紀, 中国, 三国時代, 袁紹の長子袁譚配下の大将。
　⇒三国（汪昭　おうしょう）
　　三全（汪昭　おうしょう　?–202）

王昇基　おうしょうき
　8・9世紀, 渤海から来日した使節。
　⇒シル（王昇基　おうしょうき　?–815?）
　　シル新（王昇基　おうしょうき　?–815?）

王昭君　おうしょうくん
　前1世紀頃, 中国, 漢代の美人。名を嬙, 字を昭君。後宮に仕え, 前33年元帝の命により匈奴の単于に嫁し, 寧胡閼氏と称した。
　⇒逸話（王昭君　おうしょうくん　生没年不詳）
　　旺世（王昭君　おうしょうくん　生没年不詳）
　　外国（王昭君　おうしょうくん）

おうし

```
角世　（王昭君　おうしょうくん　生没年不詳）
広辞4　（王昭君　おうしょうくん）
広辞6　（王昭君　おうしょうくん）
国小　（王昭君　おうしょうくん　生没年不詳）
コン2　（王昭君　おうしょうくん　生没年不詳）
コン3　（王昭君　おうしょうくん　生没年不詳）
詩歌　（王昭君　おうしょうくん　生没年不詳）
シル　（王昭君　おうしょうくん　前1世紀頃）
シル新（王昭君　おうしょうくん）
新美　（王昭君　おうしょうくん）
人物　（王昭君　おうしょうくん　生没年不詳）
世女日（王昭君　WANG Zhaojun）
世人　（王昭君　おうしょうくん　生没年不詳）
世東　（王昭君　おうしょうくん　前1世紀頃）
世百　（王昭君　おうしょうくん　生没年不詳）
全書　（王昭君　おうしょうくん　生没年不詳）
大辞　（王昭君　おうしょうくん　生没年不詳）
大辞3（王昭君　おうしょうくん　生没年不詳）
大百　（王昭君　おうしょうくん　生没年不詳）
中芸　（王昭君　おうしょうくん　生没年不詳）
中国　（王昭君　おうしょうくん）
中史　（王昭君　おうしょうくん　生没年不詳）
デス　（王昭君　おうしょうくん）
百科　（王昭君　おうしょうくん）
評世　（王昭君　おうしょうくん　生没年不詳）
山世　（王昭君　おうしょうくん　生没年不詳）
歴史　（王昭君　おうしょうくん　生没年不詳）
```

汪少庭 おうしょうてい
20世紀，中国の政治活動家。横浜で国民党政府の僑務・党務組織の基礎を確立した功労者。
⇒華人（汪少庭　おうしょうてい　1899-1981）

王小波 おうしょうは
10世紀，中国，宋代に起こった農民反乱，均産一揆の指導者。
⇒外国（王小波　おうしょうは　?-993）
　国小（王小波　おうしょうは　?-994（淳化5））
　コン2（王小波　おうしょうは　?-993）
　コン3（王小波　おうしょうは　?-993）
　世東（王小波　おうしょうは　?-994）
　中国（王小波　おうしょうは　?-994）
　評世（王小波　おうしょうは　?-993）
　歴史（王小波　おうしょうは　?-993（淳化4））

王植 おうしょく
2世紀，中国，三国時代，滎陽の太守。
⇒三国（王植　おうしょく）
　三全（王植　おうしょく　?-200）

王振 おうしん
15世紀，中国，明代の宦官。蔚州（河北省蔚県）出身。正統帝の側近として仕え，内閣の三楊（楊士奇，楊溥，楊栄）が退官してからは政権を左右した。
⇒外国（王振　おうしん　?-1449）
　国小（王振　おうしん　?-1449（正統14））
　コン2（王振　おうしん　?-1449）
　コン3（王振　おうしん　?-1449）
　中国（王振　おうしん　?-1449）
　歴史（王振　おうしん　?-1449（正統14））

王森 おうしん
16・17世紀頃，中国，明後期の白蓮教徒の乱の指導者。河北省薊県で，聞香教主と称した。
⇒外国（王森　おうしん　16-17世紀）
　コン2（王森　おうしん　17世紀頃）
　コン3（王森　おうしん　17世紀頃）

王真 おうしん
3世紀，中国，三国時代，魏の司馬望配下の将。
⇒三国（王真　おうしん）
　三全（王真　おうしん　?-258）

王震 おうしん
19・20世紀，中国の実業家，書画家。字は一亭。浙江省出身。南京臨時政府の農商部長など歴任。
⇒外国（王一亭　おういってい　1866-1938）
　コン2（王震　おうしん　1867-1936）
　コン3（王震　おうしん　1867-1936）
　新美（王震　おうしん　1866（清・同治5）-1938（民国27））
　人物（王震　おうしん　1866-1938）
　世百（王震　おうしん　1866-1938）
　大百（王震　おうしん　1866-1938）
　中人（王震　おうしん　1867-1938）
　百科（王震　おうしん　1866-1938）

王震 おうしん
20世紀，中国の政治家。湖南省出身。中国国務院農墾部部長，国防委員会委員を歴任。1969年4月中国共産党中央委員，75～80年副首相，78年党政治局員。
⇒近中（王震　おうしん　1908-1993.3.12）
　現人（王震　おうしん〈ワンチェン〉　1908-）
　国小（王震　おうしん　1908-）
　コン2（王震　おうしん　1909-1993）
　世政（王震　おうしん　1908.4-1993.3.12）
　世東（王震　おうしん　1908-）
　中人（王震　おうしん　1908.4-）
　中ユ（王震　おうしん　1908-1993）

王縉 おうしん
8世紀，中国，唐の宰相。山西出身。字は夏卿。詩人王維の弟。安史の乱のとき李光弼に協力して活躍。
⇒国小（王縉　おうしん　700（久視1）?-781（建中2））
　コン2（王縉　おうしん　700頃-781）
　コン3（王縉　おうしん　700頃-781）
　中芸（王縉　おうしん　700-781）
　中国（王縉　おうしん　699-781）
　歴史（王縉　おうしん　700（久視1）-781（上元2））

王審琦 おうしんき
10世紀，中国，五代の後周～北宋初の武臣。
⇒国小（王審琦　おうしんき　925（同光3）-974（開宝7））
　中国（王審琦　おうしんき　925-974）

王進喜　おうしんき
20世紀, 中国の大慶油田開発に貢献した労働者。甘粛省玉門県の生れ。1969年党中央委員に選出される。
⇒現人（王進喜　おうしんき〈ワンチンシー〉　1923-1970.11）
　中人（王進喜　おうしんき　1923-1970.11.15）

王任重　おうじんじゅう
⇨王任重（おうにんじゅう）

王任叔　おうじんしゅく
20世紀, 中国の小説家。字は碧珊, 筆名は趙冷など。日本に留学。『革命文学論文集』を編み, 短篇集『殉』(1929)などがある。新中国初代のインドネシア駐在大使となる。
⇒外国（王任叔　おうじんしゅく　?-）
　華人（王任叔　おうじんしゅく　1901-1972）
　中芸（王任叔　おうじんしゅく　1897-?）
　中人（王任叔　おうじんしゅく　1901-1972）

翁心存　おうしんそん
18・19世紀, 中国, 清の官僚。江蘇省出身。太平天国期の財政窮乏の建て直しをはかる。
⇒コン2（翁心存　おうしんそん　1791-1862）
　コン3（翁心存　おうしんそん　1791-1862）

王審知　おうしんち
9・10世紀, 中国, 五代十国・閩の建国者（在位909～925）。字は信通, 廟号は太祖。光州・固始（河南省）出身。
⇒外国（王審知　おうしんち　862-925）
　コン2（王審知　おうしんち　862-925）
　コン3（王審知　おうしんち　862-925）
　中皇（太祖　862-925）
　中史（王審知　おうしんち　862-925）

王新亭　おうしんてい
20世紀, 中国の軍人。湖北省出身。解放後国防委, 副総参謀長を歴任。1967年1月全軍文革小組副組長。69年4月九全大会で9期中央委に選出。
⇒世東（王新亭　おうしんてい　?-）
　中人（王新亭　おうしんてい　?-1984.12.11）

王燼美　おうじんび
20世紀, 中国共産党第1次全国代表大会の代表。
⇒近中（王燼美　おうじんび　1898-1925.8.19）

王新福　おうしんぷく
8世紀頃, 渤海から来日した使節。
⇒シル（王新福　おうしんぷく　8世紀頃）
　シル新（王新福　おうしんぷく）

王人文　おうじんぶん
19・20世紀, 中国, 清末の地方官。雲南省大理県の人, 字は采臣。1908年陝西, 四川の布政使に累進。
⇒近中（王人文　おうじんぶん　1863-1941.3.26）

世東（王人文　おうじんぶん　1863-1941）

王仁裕　おうじんゆう
9・10世紀, 中国, 五代周の政治家, 詩人。
⇒中芸（王仁裕　おうじんゆう　880-956）

王崇古　おうすうこ
16世紀, 中国, 明後期の政治家。字は学甫, 号は鑑川, 諡は襄毅。蒲州（山西省）出身。倭寇の鎮圧に功。
⇒コン2（王崇古　おうすうこ　1516-1589）
　コン3（王崇古　おうすうこ　1516-1589）

汪精衛　おうせいえい
⇨汪兆銘（おうちょうめい）

王世杰　おうせいけつ
20世紀, 中国の政治家。字は雪艇。湖北省崇陽県出身。1939年国民党宣伝部長。第2次大戦後は国連など外交面で活躍のほか総統府秘書長, 中央研究院院長等の要職につく。
⇒外国（王世杰　おうせいけつ　1882-）
　近中（王世杰　おうせいけつ　1891.3.10-1981.4.21）
　コン3（王世杰　おうせいけつ　1891-1981）
　人物（王世杰　おうせいけつ　1891-）
　世東（王世杰　おうせいけつ　1891-）
　中人（王世杰　おうせいけつ　1891-1981）

王世充　おうせいじゅう
7世紀, 中国, 隋末唐初の鄭国皇帝（在位619～621）。字は行満。
⇒角世（王世充　おうせいじゅう　?-621）
　国小（王世充　おうせいじゅう　?-621（武徳4））
　コン2（王世充　おうせいじゅう　?-621）
　コン3（王世充　おうせいじゅう　?-621）
　世東（王世充　おうせいじゅう　?-621）
　中皇（王世充　?-621）
　中国（王世充　おうせいじゅう　?-621）
　中史（王世充　おうせいじゅう　?-621）
　百科（王世充　おうせいじゅう　?-621?）
　歴史（王世充　おうせいじゅう　?-621）

王正廷　おうせいてい
19・20世紀, 中国の外交家。字は儒堂。浙江省出身。1936～38年駐米大使。
⇒外国（王正廷　おうせいてい　1881-）
　近中（王正廷　おうせいてい　1882.9.8-1961.5.21）
　コン3（王正廷　おうせいてい　1882-1961）
　人物（王正廷　おうせいてい　1882-1961.5.21）
　世東（王正廷　おうせいてい　1881-1961）
　世百（王正廷　おうせいてい　1882-1961）
　中人（王正廷　おうせいてい　1882-1961）

王世武　おうせいぶ
5世紀頃, 中国, 南斉の遣吐谷渾使。
⇒シル（王世武　おうせいぶ　5世紀頃）
　シル新（王世武　おうせいぶ）

王積翁　おうせきおう
　13世紀、中国、南宋末・元初期の官吏。字は良臣、諡は敬愍、のち忠愍。福建・福寧（福建省）出身。
　⇒コン2（王積翁　おうせきおう　?-1284）
　　コン3（王積翁　おうせきおう　?-1284）

王翦　おうせん
　中国、戦国後期の秦国の名将。
　⇒中史（王翦　おうせん　生没年不詳）

王占元　おうせんげん
　19・20世紀、中国の軍人。山東省冠県出身。北洋軍人。辛亥革命の時には、馮国璋に従い漢口漢陽の奪還のために革命軍と戦う。1920年両湖巡察使となる。
　⇒近中（王占元　おうせんげん　1861.2.20-1934.9.14）
　　世東（王占元　おうせんげん　1861.2.20-1934.9.14）
　　中人（王占元　おうせんげん　1861.2.20-1934.9.14）

王仙芝（王仙之）　おうせんし
　9世紀、中国、黄巣の乱の初期の指導者。山東出身。
　⇒旺世（王仙芝　おうせんし　?-878）
　　広辞6（王仙芝　おうせんし　?-878）
　　国小（王仙芝　おうせんし　?-878（乾符5））
　　コン2（王仙芝　おうせんし　?-878）
　　コン3（王仙芝　おうせんし　?-878）
　　人物（王仙芝　おうせんし　?-878）
　　世人（王仙芝　おうせんし　?-878）
　　世東（王仙之　おうせんし　?-878）
　　世百（王仙芝　おうせんし　?-878）
　　全書（王仙芝　おうせんし　?-878）
　　大辞（王仙芝　おうせんし　?-878）
　　大辞3（王仙芝　おうせんし　?-878）
　　大百（王仙芝　おうせんし　?-878）
　　中国（王仙芝　おうせんし　?-878）
　　百科（王仙芝　おうせんし　?-878）
　　評世（王仙芝　おうせんし　?-878）
　　山世（王仙芝　おうせんし　?-878）
　　歴史（王仙芝　おうせんし　?-878（乾符5））

王祚　おうそ
　3世紀頃、中国、三国時代、呉の将。
　⇒三国（王祚　おうそ）
　　三全（王祚　おうそ　生没年不詳）

王曾　おうそう
　10・11世紀、中国、北宋の政治家。字は孝先、諡は文正公。青州・益都（山東省）出身。著書『王文正公筆録』。
　⇒コン2（王曾　おうそう　978-1038）
　　コン3（王曾　おうそう　978-1038）

王双　おうそう
　3世紀頃、中国、三国時代、魏、曹叡時代の虎威将軍。曹真の配下の部将。
　⇒三国（王双　おうそう）

　　三全（王双　おうそう　?-228）

王双　おうそう
　3世紀頃、中国、三国時代、魏の部将。
　⇒三国（王双　おうそう）

王僧弁　おうそうべん
　6世紀、中国、南梁の武将。太原・祁（山西省）出身。侯景の乱を平定し大功をたてた。
　⇒コン2（王僧弁　おうそうべん　?-555）
　　コン3（王僧弁　おうそうべん　?-555）
　　歴史（王僧弁　おうそうべん　?-555（天成1））

王則　おうそく
　3世紀頃、中国、三国時代、曹操の部将。
　⇒三国（王則　おうそく）
　　三全（王則　おうそく　生没年不詳）

王則　おうそく
　11世紀、中国、貝州（河北省清河県）における弥勒教の乱（1047）の主謀者。
　⇒国小（王則　おうそく　?-1048（慶暦8））
　　世東（王則　おうそく　生没年不詳）
　　中国（王則　おうそく　?-1047）

王存　おうそん
　11・12世紀、中国、北宋の政治家。地理書『元豊九域志』の編集責任者。
　⇒外国（王存　おうそん　1023-1101）
　　角世（王存　おうそん　1023-1101）
　　国小（王存　おうそん　1023（天聖1）-1101（建中靖国1））
　　世東（王存　おうそん　1023-1101）
　　中国（王存　おうそん　1023-1101）
　　歴史（王存　おうそん　1023-1101）

王体玄　おうたいげん
　5世紀頃、高昌（トルファン）の遣北魏使。
　⇒シル（王体玄　おうたいげん　5世紀頃）
　　シル新（王体玄　おうたいげん）

汪大燮　おうたいしょう
　⇨汪大燮（おうたいへん）

汪大燮　おうたいへん
　19・20世紀、中国の北洋政治家。浙江省杭県出身。1920年中国赤十字社総裁、北部五省機鐘救済会会長、22年国務総理兼財政庁長等に歴任。
　⇒近中（汪大燮　おうだいしょう　1859.10-1928.11）
　　コン2（汪大燮　おうたいしょう　1860-1929）
　　コン3（汪大燮　おうたいしょう　1860-1929）
　　世東（汪大燮　おうたいへん　1859.10-1928.11）
　　中人（汪大燮　おうたいへん　1859.10-1929.11）

王丹　おうたん
　20世紀、中国の民主化運動指導者。
　⇒最世（王丹　おうたん　1970-）
　　世政（王丹　おうたん　1970-）

世東（王丹　おうたん　1965-）
中人（王丹　おうたん　1965-）

王旦　おうたん
10・11世紀, 中国, 北宋の政治家。字は子明, 諡は文正。大名・莘（山東省）出身。王祜の子。『文集』20巻を残す。
⇒コン2（王旦　おうたん　957-1017）
　コン3（王旦　おうたん　957-1017）

王智興　おうちきょう
8・9世紀, 中国, 唐の武将。字は匡諫。懐州・温県（河南省）出身。戦功により身をたてる。
⇒コン2（王智興　おうちきょう　757-836）
　コン3（王智興　おうちきょう　757-836）

王忠　おうちゅう
3世紀頃, 中国, 三国時代, 曹操配下の将。
⇒三国（王忠　おうちゅう）
　三全（王忠　おうちゅう　生没年不詳）

王仲舒　おうちゅうじょ
8・9世紀, 中国, 唐の政治家。字は弘仲, 諡は成。并州・祁（山西省）出身。徳宗, 穆宗の2朝で知制誥, 中書舎人等を歴任。
⇒コン2（王仲舒　おうちゅうじょ　761-823）
　コン3（王仲舒　おうちゅうじょ　761-823）

王潮　おうちょう
9世紀, 中国, 五代十国・閩（福建）の実質上の建設者。弟の王審知があとをつぎ, のち, 閩王に封ぜられた。
⇒皇帝（王潮　おうちょう　?-897）

王昶　おうちょう
3世紀頃, 中国, 三国時代, 魏, 司馬師時代の鎮南大将軍。
⇒三国（王昶　おうちょう）
　三全（王昶　おうちょう　生没年不詳）
　中芸（王昶　おうちょう　生没年不詳）

王昶　おうちょう
10世紀, 中国, 五代十国の閩王（在位935～938）。名は継鵬, 廟号は康宗。王審知の孫。
⇒コン2（王昶　おうちょう　?-938）
　コン3（王昶　おうちょう　?-938）
　世東（王昶　おうちょう　?-939）
　中皇（康宗　?-939）

王寵恵　おうちょうけい
19・20世紀, 中国, 中華民国の政治家, 法律家。東莞（広東）出身。字は亮疇（りょうちゅう）。教育総長, 国際連盟代表などの要職を歴任。
⇒角世（王寵恵　おうちょうけい　1881-1958）
　近中（王寵恵　おうちょうけい　1881.12.1-1958.3.15）
　広辞5（王寵恵　おうちょうけい　1881-1958）
　広辞6（王寵恵　おうちょうけい　1881-1958）
　国小（王寵恵　おうちょうけい　1882-1958）

コン3（王寵恵　おうちょうけい　1881-1958）
人物（王寵恵　おうちょうけい　1881-1958）
世東（王寵恵　おうちょうけい　1881-1958.3.15）
大辞2（王寵恵　おうちょうけい　1881-1958）
大辞3（王寵恵　おうちょうけい　1881-1958）
評世（王寵恵　おうちょうけい　1882-1958）

王兆国　おうちょうこく
20世紀, 中国共産党中央政治局委員, 第11期全人代常務委員会副委員長, 全国総工会主席。
⇒中重（王兆国　おうちょうこく　1941.7-）
　中人（王兆国　おうちょうこく　1941-）
　中二（王兆国　おうちょうこく　1941.7-）

汪兆銘　おうちょうめい
19・20世紀, 中国の政治家。字は精衛。初期は中国革命同盟会の指導者の一人。
⇒岩ケ（汪兆銘　おうちょうめい　1883-1944）
　旺世（汪兆銘　おうちょうめい　1883-1944）
　外国（汪兆銘　おうちょうめい　1885-1944）
　角世（汪兆銘　おうちょうめい　1883-1944）
　近中（汪精衛　おうせいえい　1883.5.4-1944.11.10）
　広辞5（汪兆銘　おうちょうめい　1883-1944）
　広辞6（汪兆銘　おうちょうめい　1883-1944）
　国小（汪兆銘　おうちょうめい　1885-1944）
　コン3（汪兆銘　おうちょうめい　1883-1944）
　人物（汪兆銘　おうちょうめい　1885-1944）
　世人（汪兆銘（汪精衛）　おうちょうめい（おうせいえい）　1883-1944）
　世政（汪兆銘　おうちょうめい　1883-1944.11.10）
　世東（汪兆銘　おうちょうめい　1883-1944）
　世百（汪兆銘　おうちょうめい　1885-1944）
　世百新（汪兆銘　おうちょうめい　1883-1944）
　全書（汪兆銘　おうちょうめい　1883-1944）
　大辞2（汪兆銘　おうちょうめい　1883-1944）
　大辞3（汪兆銘　おうちょうめい　1883-1944）
　大百（汪兆銘　おうちょうめい〈ワンチャオミン〉1885-1944）
　中国（汪兆銘　おうちょうめい　1885-1944）
　中人（汪兆銘　おうちょうめい　1883-1944.11.10）
　伝記（汪兆銘　おうちょうめい　1883-1944）
　ナビ（汪兆銘　おうちょうめい　1883-1944）
　日人（汪兆銘　おうちょうめい　1883-1944）
　百科（汪兆銘　おうちょうめい　1883-1944）
　評世（汪兆銘　おうちょうめい　1885-1944）
　山世（汪兆銘　おうちょうめい　1883-1944）
　歴史（汪兆銘　おうちょうめい　1885-1944）

王直　おうちょく
14・15世紀, 中国, 明代の学者, 政治家。泰和（江西省）出身。字は行倹, 号は抑菴, 諡は文端。
⇒国小（王直　おうちょく　1379（洪武12）-1462（天順6））

王直　おうちょく
16世紀, 中国, 明代の海寇の首領, 密貿易業者。徽州歙県（安徽省）の出身。号は五峰。五島, 平戸に拠り徽王と号して倭寇を指揮

おうち

```
⇒逸話 (王直 おうちょく ?-1557)
広辞4 (王直 おうちょく ?-1557)
広辞6 (王直 おうちょく ?-1557)
国史 (王直 おうちょく ?-1559)
国小 (王直 おうちょく ?-1557(嘉靖36))
コン2 (王直 おうちょく ?-1557)
コン3 (王直 おうちょく ?-1557)
世東 (王直 おうちょく ?-1557)
世百 (王直 おうちょく ?-1559)
全書 (王直 おうちょく ?-1559)
対外 (王直 おうちょく ?-1559)
大辞 (王直 おうちょく ?-1557)
大辞3 (王直 おうちょく ?-1557)
大百 (王直 おうちょく ?-1557)
中国 (王直 おうちょく ?-1557)
日人 (王直 おうちょく ?-1559)
百科 (王直 おうちょく ?-1559)
歴史 (王直 おうちょく ?-1559)
```

汪直 おうちょく

15世紀, 中国, 明代の宦官。大藤峡(広西省桂平県北西)の瑤族の出身。成化帝の寵を得, 特務機関の西廠の長として暴威をふるった。

```
⇒外国 (汪直 おうちょく)
国小 (汪直 おうちょく 生没年不詳)
コン2 (汪直 おうちょく 生没年不詳)
コン3 (汪直 おうちょく 生没年不詳)
世百 (汪直 おうちょく 生没年不詳)
全書 (汪直 おうちょく 生没年不詳)
大百 (汪直 おうちょく 生没年不詳)
中国 (汪直 おうちょく 生没年不詳)
百科 (汪直 おうちょく 生没年不詳)
評世 (汪直 おうちょく 生没年不詳)
歴史 (汪直 おうちょく 生没年不詳)
```

王廷相 おうていしょう

15・16世紀, 中国, 明代の政治家, 学者, 詩人。儀封(河南省蘭考県)出身。字は子衡, 号は平厓, 浚川, 諡は粛敏。兵部尚書となり綱紀の粛清に努めた。

```
⇒岩哲 (王廷相 おうていしょう 1474-1544)
国小 (王廷相 おうていしょう 1474(成化10)-1544(嘉靖23))
コン2 (王廷相 おうていしょう 1474-1544)
コン3 (王廷相 おうていしょう 1474-1544)
人物 (王廷相 おうていしょう 1474-1544)
世東 (王廷相 おうていしょう ?-1544)
全書 (王廷相 おうていしょう 1474-1544)
中国 (王廷相 おうていしょう 1474-1544)
中史 (王廷相 おうていしょう 1474-1544)
```

応天皇后 おうてんこうごう

9・10世紀, 中国, 遼の太祖の皇后。述律氏出身。諱は平, 字は月理朶, 諡は淳欽皇后。太祖没後国事と軍政を代行。

```
⇒外国 (述律皇后 じゅつりつこうごう 879-953)
国小 (応天皇后 おうてんこうごう 879(乾符6)-953(応暦3))
コン2 (応天皇后 おうてんこうごう 879-953)
コン3 (応天皇后 おうてんこうごう 879-953)
世女日 (応天皇后 YINGTIAN huanghou 879-953)
中皇 (皇后述律氏 879-953)
```

王導 おうどう

3・4世紀, 中国, 東晋の宰相。琅邪(山東省)出身。字は茂弘。琅邪王(のちの元帝)が東晋朝を建てたさいその第一の功臣となった。

```
⇒角世 (王導 おうどう 267-330)
広辞4 (王導 おうどう 267-330)
広辞6 (王導 おうどう 267-330)
国小 (王導 おうどう 267(泰始3)-330(咸和5))
コン2 (王導 おうどう 267-330)
コン3 (王導 おうどう 267-339/330)
新美 (王導 おうどう 276(西晋・咸寧2)-339(東晋・咸康5))
人物 (王導 おうどう 267-330)
世東 (王導 おうどう 267-330)
世百 (王導 おうどう 267-330)
大辞 (王導 おうどう 267?-330?)
大辞3 (王導 おうどう 267?-330?)
中国 (王導 おうどう 267-330)
中史 (王導 おうどう 276-339)
百科 (王導 おうどう 276-339)
評世 (王導 おうどう 267-339)
```

王韜 おうとう

19世紀, 中国, 清末の改革派思想家。江蘇省蘇州の出身。啓蒙家で, 洋務論から変法論への橋渡しをした。

```
⇒角世 (王韜 おうとう 1828-1897)
国小 (王韜 おうとう 1828(道光8)-1897(光緒23))
コン2 (王韜 おうとう 1828-1897)
コン3 (王韜 おうとう 1828-1897)
集世 (王韜 おうとう 1828(道光8)-1897(光緒23))
集文 (王韜 おうとう 1828(道光8)-1897(光緒23))
人物 (王韜 おうとう 1828-1897)
世東 (王韜 おうとう 1828-1897)
世百 (王韜 おうとう 1828-1897)
世文 (王韜 おうとう 1828(道光8)-1897(光緒23))
全書 (王韜 おうとう 1828-1897)
中芸 (王韜 おうとう 1828-1897)
中国 (王韜 おうとう 1828-1897)
中史 (王韜 おうとう 1828-1897)
伝記 (王韜 おうとう 1828-1897?)
評世 (王韜 おうとう 1828-1897)
歴史 (王韜 おうとう 1828-1897)
```

汪東興(王東興) おうとうこう

20世紀, 中国の政治家。江西省出身。1947年以後毛沢東の護衛にあたる。69年党中央委員に初選出, 73年政治局員。77年党副主席に就任するが, 文革批判で80年解任。

```
⇒現人 (汪東興 おうとうこう〈ワントンシン〉1912-)
世政 (汪東興 おうとうこう 1916-)
世東 (汪東興 おうとうこう ?-)
全書 (汪東興 おうとうこう 1916-)
中人 (汪東興 おうとうこう 1916-)
```

翁同龢(王同龢) おうどうわ

19・20世紀, 中国, 清朝末期の政治家。江蘇省常熟出身。大学士, 翁心存の子。光緒帝の師伝

政治・外交・軍事篇　　　　　　　　　　57　　　　　　　　　　おうふ

として帝の信任厚く、西太后派とは対立した。
⇒外国（翁同龢　おうどうわ　1830-1904）
　角世（翁同龢　おうどうわ　1830-1904）
　国小（翁同龢　おうどうわ　1830（道光10）-1904
　　（光緒30））
　コン2（翁同龢　おうどうわ　1830-1904）
　コン3（翁同龢　おうどうわ　1830-1904）
　新美（翁同龢　おうどうわ　1830（清・道光10）-
　　1904（光緒30））
　世東（王同龢　おうどうわ　1830-1904）
　世百（翁同龢　おうどうわ　1830-1904）
　中国（翁同龢　おうどうわ　1830-1904）
　中史（翁同龢　おうどうわ　1830-1904）
　中書（翁同龢　おうどうわ　1830-1904）
　中人（翁同龢　おうどうわ　1830（道光10）-1904
　　（光緒30））
　百科（翁同龢　おうどうわ　1830-1904）
　歴史（翁同龢　おうどうわ　1830（道光10）-1905
　　（光緒31））

王徳成　おうとくせい
20世紀、中国、義和団指導者。
⇒近中（王徳成　おうとくせい　生没年不詳）

王徳泰　おうとくたい
20世紀、中国の東北抗日連軍の高級将校。
⇒近中（王徳泰　おうとくたい　1908-1936.11）

王徳林　おうとくりん
19・20世紀、中国の東北の国民救国軍、吉林光復軍の指導者、軍人。
⇒近中（王徳林　おうとくりん　1874-1938.12.20）

王惇　おうとん
3世紀、中国、三国時代、呉の将軍。
⇒三国（王惇　おうとん）
　三全（王惇　おうとん　?-256）

王敦　おうとん
3・4世紀、中国、東晋の武将。琅邪（山東省）出身。字は処仲。東晋朝で広大な支配地をもつ地方長官で、その権勢は元帝をしのぐほどであった。
⇒角世（王敦　おうとん　266-324）
　国小（王敦　おうとん　266（泰始2）-324（太寧2））
　コン2（王敦　おうとん　266-324）
　コン3（王敦　おうとん　266-324）
　中国（王敦　おうとん　266-324）
　百科（王敦　おうとん　266-324）
　評世（王敦　おうとん　266-324）

王任重　おうにんじゅう
20世紀、中国の政治家。文革の時中央文革小組副組長。1966年失脚、78年復権し党中央委員、副首相。80～82年党宣伝部長、83年全人代常務委員副委員長、88年人民政治協商会議全国委員会副主席。
⇒近中（王任重　おうにんじゅう　1917.1.15-1992.3.16）
　世政（王任重　おうじんじゅう　1917-1992.3.

16）
　世東（王任重　おうにんちょう　1906-）
　中人（王任重　おうじんじゅう　1917-1992.3.16）

王任重　おうにんちょう
⇒王任重（おうにんじゅう）

王買　おうばい
3世紀頃、中国、三国時代、魏の将。
⇒三国（王買　おうばい）
　三全（王買　おうばい　生没年不詳）

王伯羣　おうはくぐん
19・20世紀、中国国民党の政治家。
⇒近中（王伯羣　おうはくぐん　1855-1944.12.20）

汪伯彦　おうはくげん
11・12世紀、中国、南宋の政治家。字は廷俊、諡は忠定。徽州・祁門（安徽省）の出身。
⇒コン2（汪伯彦　おうはくげん　1069-1141）
　コン3（汪伯彦　おうはくげん　1069-1141）

王柏齢　おうはくれい
19・20世紀、中国の軍人。
⇒近中（王柏齢　おうはくれい　1889-1942.8.26）

王弼　おうひつ
14世紀、中国、元末明初の武将。臨淮出身。太祖に用いられ元将鉄木児不花を破り、元帥となり、定遠侯に封ぜられた。
⇒人物（王弼　おうひつ　?-1394）
　世東（王弼　おうひつ　?-1394）

王溥　おうふ
10世紀、中国、宋の政治家、学者。山西出身。字は斉物。太子太保、太子太師に進み、『唐会要』『五代会要』を著した。
⇒世東（王溥　おうふ　917-977）

王黼　おうふ
12世紀、中国、北宋の政治家。字は将明。河南省出身。対金策をおこたり、欽宗の即位で弾劾された。
⇒コン2（王黼　おうふ　?-1126）
　コン3（王黼　おうふ　?-1126）

王文矩　おうぶんく
9世紀頃、渤海から来日した使節。
⇒シル（王文矩　おうぶんく　9世紀頃）
　シル新（王文矩　おうぶんく）

翁文灝　おうぶんこう
19・20世紀、中国の学者、官僚。字は詠霓。浙江省慈谿県出身。第2次大戦後、台湾で資源委員長・行政院長などの要職につくが、1951年中華人民共和国に参加。
⇒外国（翁文灝　おうぶんこう　1891-）

角世（翁文灝　おうぶんこう　1889–1971）
近中（翁文灝　おうぶんこう　1889.6.29–1971.1.17）
コン3（翁文灝　おうぶんこう　1889–1971）
世百（翁文灝　おうぶんこう　1889–）
中人（翁文灝　おうぶんこう　1889–1971）
評世（翁文灝　おうぶんこう　1889–1971）

王文韶　おうぶんしょう
19・20世紀，中国，清の官僚。浙江省仁和県出身。1901年外務部会弁大臣などの要職にあり，義和団事件の処理にあたった。
⇒近中（王文韶　おうぶんしょう　1830–1908）
　コン2（王文韶　おうぶんしょう　1830–1908）
　コン3（王文韶　おうぶんしょう　1829–1908）
　中人（王文韶　おうぶんしょう　1830–1908）

王文信　おうぶんしん
9世紀頃，渤海から来日した使節。
⇒シル（王文信　おうぶんしん　9世紀頃）
　シル新（王文信　おうぶんしん）

王文明　おうぶんめい
20世紀，中国共産党の指導者，組織工作の専門家。
⇒近中（王文明　おうぶんめい　1892–1930.1.17）

王平　おうへい
3世紀，中国，三国時代，魏の牙門将軍。巴西郡宕渠出身。字は子均（しきん）。
⇒三国（王平　おうへい）
　三全（王平　おうへい　?–248）

王丙乾　おうへいかん
20世紀，中国の政治家。国務委員，財政相。
⇒中人（王丙乾　おうへいかん　1925.6–）

王秉璋　おうへいしょう
20世紀，中国の軍人。湖南省出身。1953年空軍第3司令員，参謀長を兼任。
⇒世東（王秉璋　おうへいしょう　1903–）
　中人（王秉璋　おうへいしょう　1914–）

王炳南　おうへいなん
20世紀，中国の外交官。1955年〜64年駐ポーランド大使。
⇒国小（王炳南　おうへいなん　1910–）
　世政（王炳南　おうへいなん　1910–1988.12.22）
　中人（王炳南　おうへいなん　1910–1988.12.22）

王弁那　おうべんな
6・7世紀，朝鮮，百済の長史，遣隋使。
⇒シル（王弁那　おうべんな　6–7世紀頃）
　シル新（王弁那　おうべんな）

王甫　おうほ
3世紀，中国，三国時代，蜀の臣。
⇒三国（王甫　おうほ）
　三全（王甫　おうほ　?–219）

王方　おうほう
2世紀，中国，三国時代，董卓の残党。
⇒三国（王方　おうほう）
　三全（王方　おうほう　?–192）

王鳳　おうほう
前1世紀，中国，前漢の外戚，元帝の皇后王政君の長兄。魏郡・元城（河北省）出身。政君の子，成帝の即位で大司馬大将軍となる。
⇒コン2（王鳳　おうほう　?–前22）
　コン3（王鳳　おうほう　?–前22）

王鳳　おうほう
1世紀，中国，前漢王莽末の反乱指導者。緑林の兵，新市の兵と号した。
⇒コン2（王鳳　おうほう　生没年不詳）
　コン3（王鳳　おうほう　生没年不詳）

王法勤　おうほうきん
19・20世紀，中国の反蔣介石派の中国国民党長老。
⇒近中（王法勤　おうほうきん　1870–1941.5.28）

王宝璋　おうほうしょう
9世紀頃，渤海から来日した使節。
⇒シル（王宝璋　おうほうしょう　9世紀頃）
　シル新（王宝璋　おうほうしょう）

王鳳生　おうほうせい
18・19世紀，中国，清末期の官僚。字は竹嶼。江西省出身。1829年以降，両淮の塩法改革に努めた。
⇒コン2（王鳳生　おうほうせい　1775–1834）
　コン3（王鳳生　おうほうせい　1775–1834）

王保保　おうほうほう
⇨ココ・テムル

王輔臣　おうほしん
17世紀，中国，清初期の武将。山西省大同出身。三藩の乱で呉三桂を裏切り，ついで三藩側に加わる。
⇒コン2（王輔臣　おうほしん　?–1681）
　コン3（王輔臣　おうほしん　?–1681）
　人物（王輔臣　おうほしん　?–1681）
　世東（王輔臣　おうほしん　?–1681）

王明　おうめい
20世紀，中国共産党留ソ派の指導者。
⇒近中（王明　おうめい　1904.4.9–1974.3.27）

王猛　おうもう
4世紀，中国，前秦の政治家。山東出身。字は景略。苻堅に仕え，尚書令，都督中外諸軍事などとして前秦の実権を握った。
⇒角世（王猛　おうもう　325–375）
　広辞4（王猛　おうもう　325–375）
　広辞6（王猛　おうもう　325–375）

国小（王猛　おうもう　325（太寧3）-375（寧康3））
　　コン2（王猛　おうもう　325-375）
　　コン3（王猛　おうもう　325-375）
　　世東（王猛　おうもう　325-375.7）
　　大辞（王猛　おうもう　325-375）
　　大辞3（王猛　おうもう　325-375）
　　中国（王猛　おうもう　325-375）
　　中史（王猛　おうもう　325-375）
　　歴史（王猛　おうもう　325-375）

王莽（王莽）　おうもう
　前1・後1世紀，中国，前漢末の政治家，新（8～24）の建国者。山東出身。字は巨君。漢，元帝の皇后王氏の庶母弟の子。
　⇒逸話（王莽　おうもう　前45-後23）
　　岩ケ（王莽　おうもう）
　　旺世（王莽　おうもう　前45-後23）
　　外国（王莽　おうもう　前45-後23）
　　角世（王莽　おうもう　前45-後23）
　　広辞4（王莽　おうもう　前45-後23）
　　広辞6（王莽　おうもう　前45-後23）
　　皇帝（王莽　おうもう　前45（初元4）-後23（地皇4））
　　国小（王莽　おうもう　前45（初元4）-後23（地皇4））
　　コン2（王莽　おうもう　前45-後23）
　　コン3（王莽　おうもう　前45-後23）
　　三国（王莽　おうもう）
　　人物（王莽　おうもう　前45-後23）
　　世人（王莽　おうもう　前45-後23）
　　世東（王莽　おうもう　前45-後23）
　　世百（王莽　おうもう　前45-後23）
　　全書（王莽　おうもう　前45-後23）
　　大辞（王莽　おうもう　前45-後23）
　　大辞3（王莽　おうもう　前45-後23）
　　大百（王莽　おうもう　前45-後23）
　　中皇（王莽　前45-23）
　　中国（王莽　おうもう　前45-後23）
　　中史（王莽　おうもう　前45-後23）
　　デス（王莽　おうもう　前45-後23）
　　伝記（王莽　おうもう　前45-後23）
　　統治（仮皇帝（摂皇帝）（王莽）　Chia Huang Ti〔Wang Mang〕　（在位）9-23）
　　百科（王莽　おうもう　前45-後23）
　　評世（王莽　おうもう　前45-後23）
　　山世（王莽　前45-23）
　　歴史（王莽　おうもう　前45-後23）

王爚　おうやく
　13世紀，中国，南宋末期の政治家。字は仲潜・伯晦。浙江省出身。度宗朝で枢密使・平章軍国重事など歴任。
　⇒コン2（王爚　おうやく　生没年不詳）
　　コン3（王爚　おうやく　生没年不詳）

王冶秋　おうやしゅう
　20世紀，中国の政治家，美術史の専門家。安徽省出身。中央人民政府文化部文物局副局長に就任して以来，一貫して文物の管理保護にあたる。1963年8月「中国永楽宮壁画展覧会」工作団長として来日。
　⇒現人（王冶秋　おうやしゅう〈ワンイエチュウ〉1909-）
　　中人（王冶秋　おうやしゅう　1910.1.2-1987.10.5）

欧陽脩　オウヤンシウ
　⇨欧陽修（おうようしゅう）

王邑　おうゆう
　3世紀頃，中国，三国時代，河東の太守。
　⇒三国（王邑　おうゆう）
　　三全（王邑　おうゆう　生没年不詳）

王揖唐　おうゆうとう
　⇨王揖唐（おういっとう）

汪洋　おうよう
　20世紀，中国共産党中央政治局委員，党広東省委員会書記。
　⇒中重（汪洋　おうよう　1955.3-）
　　中人（汪洋　おうよう　?-）
　　中二（汪洋　おうよう　1955-）

欧陽海　おうようかい
　20世紀，中国の人民解放軍の一兵士。小説『欧陽海の歌』の題材となった人物。
　⇒世東（欧陽海　おうようかい　?-1963）
　　中人（欧陽海　おうようかい　1940-1963）

欧陽奇　おうようき
　20世紀，シンガポール，華人の外交官，銀行家。
　⇒華人（欧陽奇　おうようき　1897-1988）

欧陽欽　おうようきん
　20世紀，中国の政治家。1965年7月政協黒龍江省委主席。67年4月「劉少奇直系人物」として名ざしで批判される。
　⇒世東（欧陽欽　おうようきん　1903-）
　　中人（欧陽欽　おうようきん　1900-1978）

欧陽修（欧陽脩）　おうようしゅう
　11世紀，中国，北宋の政治家，学者，文学者。字は永叔，号は酔翁，晩年は六一居士。吉州廬陵（江西省吉安県）出身。主著『欧陽文忠公全集』『廬陵雑説』。
　⇒逸話（欧陽修　おうようしゅう　1007-1072）
　　旺世（欧陽脩　おうようしゅう　1007-1072）
　　外国（欧陽脩　おうようしゅう　1007-1072）
　　角世（欧陽脩　おうようしゅう　1007-1072）
　　教育（欧陽修　おうようしゅう　1007-1072）
　　広辞4（欧陽修・欧陽脩　おうようしゅう　1007-1072）
　　広辞6（欧陽脩　おうようしゅう　1007-1072）
　　国小（欧陽修　おうようしゅう　1007（景徳4）-1072（熙寧5））
　　国百（欧陽脩　おうようしゅう　1007（景徳4.6.21）-1072（熙寧5.閏7.23））
　　コン2（欧陽脩　おうようしゅう　1007-1072）
　　コン3（欧陽脩　おうようしゅう　1007-1072）
　　詩ések（欧陽修　おうようしゅう　1007（宋・景徳4）-1072（熙寧5））
　　集世（欧陽修　おうようしゅう　1007（景徳4）-1072（熙寧5））
　　集文（欧陽修　おうようしゅう　1007（景徳4）-

```
             1072（熙寧5））
    新美（欧陽脩　おうようしゅう　1007（北宋・景
        徳4)-1072（熙寧5））
    人物（欧陽脩　おうようしゅう　1007-1072）
    世人（欧陽脩　おうようしゅう　1007-1072）
    世東（欧陽脩　おうようしゅう　1007-1072.8）
    世百（欧陽脩　おうようしゅう　1007-1072）
    世文（欧陽脩　おうようしゅう　1007（景徳4）-
        1072（熙寧5））
    全書（欧陽脩　おうようしゅう　1007-1072）
    大辞（欧陽脩　おうようしゅう　1007-1072）
    大辞3（欧陽脩　おうようしゅう　1007-1072）
    大百（欧陽脩　おうようしゅう　1007-1072）
    中芸（欧陽脩　おうようしゅう　1007-1072）
    中国（欧陽脩　おうようしゅう　1007-1072）
    中史（欧陽脩　おうようしゅう　1007-1072）
    中書（欧陽脩　おうようしゅう　1007-1072）
    デス（欧陽脩　おうようしゅう　1007-1072）
    伝記（欧陽脩　おうようしゅう　1007.6.21-1072.
        7.23)
    東仏（欧陽脩　おうようしゅう　1007-1072）
    百科（欧陽脩　おうようしゅう　1007-1072）
    評世（欧陽脩　おうようしゅう　1007-1072）
    名著（欧陽脩　おうようしゅう　1007-1072）
    山世（欧陽脩　おうようしゅう　1007-1072）
    歴学（欧陽脩　おうようしゅう　1007-1072）
    歴史（欧陽脩　おうようしゅう　1007-1072）
```

王幼平　おうようへい
20世紀，中国の外交官。解放後ルーマニア大使，カンボジア大使を歴任。1966年5月中国政府貿易代表団団長として「中・キューバ1966年議定書」に調印。
⇒世東（王幼平　おうようへい　1910-)
　中人（王幼平　おうようへい　1910-)

王陽明　おうようめい
15・16世紀，中国，明代の哲学者，政治家。陽明学の始祖。浙江省余姚県出身。字は伯安，名は守仁，諡は文成。著書『朱子晩年定論』『伝習録』。
⇒逸話（王陽明　おうようめい　1472-1528)
　岩ケ（王陽明　おうようめい　1472-1529)
　岩哲（王陽明　おうようめい　1472-1528)
　旺世（王陽明　おうようめい　1472-1528)
　外国（王陽明　おうようめい　1472-1529)
　角世（王守仁　おうしゅじん　1472-1528)
　教育（王陽明　おうようめい　1472-1529)
　広辞4（王陽明　おうようめい　1472-1528)
　広辞6（王陽明　おうようめい　1472-1528)
　国史（王陽明　おうようめい　1472-1528)
　国小（王陽明　おうようめい　1472（成化8）-
　　1529（嘉靖8))
　国百（王陽明　おうようめい　1472（成化8）-
　　1529（嘉靖8.11.29))
　コン2（王守仁　おうしゅじん　1472-1528)
　コン3（王守仁　おうしゅじん　1472-1528)
　詩歌（王陽明　おうようめい　1472（明・成化
　　8）-1529（嘉靖8))
　集世（王守仁　おうしゅじん　1472（成化8）-
　　1528（嘉靖7))
　集文（王守仁　おうしゅじん　1472（成化8）-
　　1528（嘉靖7))
　新美（王守仁　おうしゅじん　1472（明・成化
　　8）-1528（嘉靖7))

```
    人物（王陽明　おうようめい　1472-1528.11)
    世人（王守仁　おうしゅじん　1472-1529)
    世東（王陽明　おうようめい　1472-1529)
    世百（王陽明　おうようめい　1472-1528)
    世文（王陽明　おうしゅじん　1472（成化8)-
        1528（嘉靖7))
    全書（王守仁　おうしゅじん　1472-1528)
    大辞（王陽明　おうようめい　1472-1528)
    大辞3（王陽明　おうようめい　1472-1528)
    大百（王陽明　おうようめい　1472-1528)
    中芸（王守仁　おうしゅじん　1472-1528)
    中国（王陽明　おうようめい　1472-1528)
    中史（王守仁　おうしゅじん　1472-1528)
    中書（王陽明　おうようめい　1472-1528)
    デス（王陽明　おうようめい　1472-1528)
    伝記（王陽明　おうようめい　1472-1528)
    東仏（王守仁　おうしゅじん　1472-1528)
    百科（王守仁　おうしゅじん　1472-1528)
    評世（王守仁　おうしゅじん　1472-1528)
    名著（王守仁　おうしゅじん　1472-1528)
    山世（王守仁　おうしゅじん　1472-1528)
    歴史（王陽明　おうようめい　1472（成化8)-
        1528（嘉靖7))
```

王楽泉　おうらくせん
20世紀，中国共産党中央政治局委員・党新疆維吾爾（ウイグル）自治区委員会書記・新疆生産建設兵団第1政治委員・党中央新疆工作協調小組副組長。
⇒中重（王楽泉　おうらくせん　1944.12-)
　中二（王楽泉　おうらくせん　1944.12-)

王楽平　おうらくへい
19・20世紀，中国国民党員，国民党改組派の一員。
⇒近中（王楽平　おうらくへい　1884-1930.2.18)

王力　おうりき
20世紀，中国の党理論家。『紅旗』副編集長だったが文化大革命とともに中央文化革命小組のメンバーとなり，一時は党宣伝部長を兼任した。1967年失脚。
⇒外国（王力　おうりき　1901-)
　現人（王力　おうりき〈ワンリー〉　1918-)
　世東（王力　おうりき　?-)
　中人（王力　おうりき　?-)
　名著（王力　おうりき　1901-)

王立言　おうりつげん
20世紀，中国，山東義和団の指導者。
⇒近中（王立言　おうりつげん　?-1900.2)

王倫　おうりん
11・12世紀，中国，宋代の官吏。字は正道，諡は愍節。迎梓宮奉遷両宮交割地界使にあてられ，4度金に使したが抑留された。
⇒国小（王倫　おうりん　1084（元豊7）-1144（紹興14))
　コン2（王倫　おうりん　生没年不詳)
　コン3（王倫　おうりん　1084-1144)
　中国（王倫　おうりん　1084-1144)

政治・外交・軍事篇　　　　　　　　　　　　　　　　61　　　　　　　　　　　　　　　　おしん

王倫　おうりん
18世紀, 中国, 清の清水教の乱の指導者。寿張県(山東省)出身。宗教的秘密結社白蓮教の分派(清水教)の教首。
　⇒外国　（王倫　おうりん　?–1774）
　　コン2　（王倫　おうりん　?–1774）
　　コン3　（王倫　おうりん　?–1774）
　　世東　（王倫　おうりん　?–1774）
　　中国　（王倫　おうりん　?–1774）

王朗　おうろう
3世紀, 中国, 三国時代, 会稽の太守。王粛の父。
　⇒三国　（王朗　おうろう）
　　三全　（王朗　おうろう　?–228）
　　中芸　（王朗　おうろう　?–228）

王禄昇　おうろくしょう
9世紀頃, 渤海から来日した使節。
　⇒シル　（王禄昇　おうろくしょう　9世紀頃）
　　シル新　（王禄昇　おうろくしょう）

王淮　おうわい
12世紀, 中国, 南宋の政治家。字は季海, 諡は文定。婺州金華県(浙江省)出身。
　⇒コン2　（王淮　おうわい　1127–1189）
　　コン3　（王淮　おうわい　1127–1189）

王淮湘　おうわいしょう
　⇨王淮湘（おうじゅんしょう）

王綰　おうわん
前3世紀頃, 中国, 秦の丞相。秦の功臣王氏の一族。
　⇒コン2　（王綰　おうわん　生没年不詳）
　　コン3　（王綰　おうわん　生没年不詳）

於仇賁　おきゅうほん
1世紀頃, 中央アジア, 鮮卑大人。後漢に朝貢した。
　⇒シル　（於仇賁　おきゅうほん　1世紀頃）
　　シル新　（於仇賁　おきゅうほん）

屋磨　おくま
8世紀頃, 中央アジア, 寧遠(フェルガーナ)の王子。唐に来朝。
　⇒シル　（屋磨　おくま　8世紀頃）
　　シル新　（屋磨　おくま）

オグル・ガイミシュ(斡兀立海迷失)　Oγul Γaymïš
13世紀, モンゴル帝国, 第3代皇帝定宗(グユク)の皇后。
　⇒角世　（オグル・ガイミシュ　?–1252）
　　国小　（オグルガイミシ〔斡兀立海迷失〕　?–1252）

オゴタイ(窩闊台)　Ögödäi
12・13世紀, モンゴル帝国, 第2代の大ハン(在位1229～41)。チンギス・カーンの第3子。
　⇒逸話　（オゴタイ汗　おごたいはん　1186–1241）
　　旺世　（オゴタイ＝ハン　1186–1241）
　　外国　（オゴタイ　1186–1241）
　　角世　（オゴデイ　1186–1241）
　　広辞4　（オゴタイ〔窩闊台〕　1186–1241）
　　広辞6　（オゴタイ　1186–1241）
　　皇帝　（オゴダイ・ハン　1186–1241）
　　コン2　（オゴタイ・ハン　1186–1241）
　　コン3　（オゴタイ・ハン　1186–1241）
　　人物　（オゴタイ　1186–1241）
　　西洋　（オゴタイ・カーン　1185–1241）
　　世人　（オゴタイ＝ハン〔太宗(元)〕　1186–1241）
　　世東　（たいそう〔太宗〕　1186–1241）
　　世百　（オゴタイ　1186–1241）
　　全書　（オゴタイ・ハン　1186?–1241）
　　大辞　（オゴタイ　1186–1241）
　　大辞3　（オゴタイ　1186–1241）
　　大百　（オゴタイ　1186–1241）
　　中皇　（オゴタイ・ハーン　1186–1241）
　　中国　（たいそう〔太宗(元)〕　1186–1241）
　　中史　（窩闊台　オゴタイ　1186–1241）
　　デス　（オゴタイ　1186–1241）
　　統治　（太宗〈オゴタイ〉　T'ai Tsung［Ögödei］(在位)1229–1241）
　　百科　（オゴタイ・ハーン　1186–1241）
　　評世　（オゴタイ汗　1186–1241）
　　山世　（オゴデイ　1186–1241）
　　歴史　（オゴタイ　1186–1241）

オゴタイ・ハン(オゴタイ汗)
　⇨オゴタイ

オゴデイ
　⇨オゴタイ

日佐分屋　おさぶんおく
6世紀頃, 朝鮮, 百済使。554(欽明15)年来日。
　⇒シル　（日佐分屋　おさぶんおく　6世紀頃）
　　シル新　（日佐分屋　おさぶんおく）

オシアス　Osias, Camilo
19・20世紀, フィリピンの教育家, 政治家。1947年上院議員に当選。49年ナショナリスタ党から大統領に立候補, ラウレルに敗れた。
　⇒外国　（オシアス　1889–）

呉振宇　オジヌ
　⇨呉振宇（オジンウ）

呉振宇　オジンウ
20世紀, 北朝鮮の軍人。咸鏡南道の出身。満州で, 金日成抗日遊撃隊のパルチザン闘争に参加。1968年人民軍総参謀長。朝鮮労働党第5回党大会(70)で政治委員兼秘書, 72年には中央人民委員にも列した。
　⇒韓国　（呉振宇　オジンウ　1917–）
　　現人　（呉振宇　オジヌ　1910–）
　　世東　（呉振宇　ごしんう　1910–）
　　全書　（呉振宇　ごしんう　1910–）
　　朝人　（呉振宇　ごしんう　1917–1995）

オスメニア, セルジオ Osmeña, Sergio
19・20世紀, フィリピンの政治家。日本占領中の亡命政権の大統領。
⇒外国（オスメニア 1878-）
　角世（オスメーニャ 1878-1961）
　コン2（オスメーニャ 1878-1961）
　コン3（オスメーニャ 1878-1961）
　世政（オスメニア, セルジオ 1878-1984.3.25）
　世東（オスメニア 1878.9.9-?）
　世百（オスメニャ 1878-1961）
　全書（オスメーニャ 1878-1961）
　伝世（オスメーニャ 1878.9.9-1961.10.19）
　二十（オスメーニャ, S. 1878-1961）
　百科（オスメーニャ 1878-1961）

オスメーニャ, S.
⇨オスメニア, セルジオ

オチルバト, ポンサルマーギン Ochirbat, Punsalmaagiyn
20世紀, モンゴルの政治家。モンゴル人民共和国初代の大統領（1990年就任）。
⇒大辞2（オチルバト, ポンサルマーギン 1942-）
　ナビ（オチルバト 1942-）

乙支文徳 おつしぶんとく
7世紀, 朝鮮, 高句麗の軍人。612, 13, 14年, 隋の侵略を撃退。18年の隋の滅亡に大きく影響した。
⇒角世（乙支文徳 おつしぶんとく 7世紀）
　コン2（乙支文徳 いっしぶんとく 生没年不詳）
　コン3（乙支文徳 いっしぶんとく 生没年不詳）
　全書（乙支文徳 いっしぶんとく 生没年不詳）
　朝人（乙支文徳 おつしぶんとく 生没年不詳）
　朝鮮（乙支文徳 おつしぶんとく 6世紀）
　伝記（乙支文徳 おつしぶんとく〈ウルチムンドク〉 生没年不詳）
　百科（乙支文徳 おつしぶんとく 生没年不詳）

オーバイ（鰲拝）
17世紀, 中国, 清の大臣。
⇒中史（鰲拝 オーバイ ?-1669）

オプレ, ブラス Ople, Blas F.
20世紀, フィリピンの政治家。フィリピン外相, フィリピン上院議員。
⇒世政（オプレ, ブラス 1927.2.3-2003.12.14）

呉明 オミョン
20世紀, 韓国の大田世界博覧会委員長, 大統領教育政策諮問委員。
⇒韓国（呉明 オミョン 1940.3.21-）
　世東（呉明 ぐめい 1940-）

オユンジュン
⇨魚允中（ぎょいんちゅう）

オルガナ Orghina
13世紀, チャガタイ・ハン国のハン。
⇒統治（オルガナ （在位）1252-1261）

オルガナ（倭耳千納）
13世紀, 中央アジア, チャガタイ・ハン・カラ・フラグの妃。
⇒国小（オルガナ 生没年不詳）
　世東（オルガナ〔倭耳千納〕）

オルジャイトゥー
⇨ウルジェイトゥ

オルダ（幹魯朶） Orda
13世紀, モンゴルの王族。ジンギスカンの孫。抜都の兄。
⇒世東（オルダ〔幹魯朶〕 13世紀）

オルタイ（鄂爾泰） Ortai
17・18世紀, 中国, 清代の満州人の政治家。姓はシリンギョロ（西林覚羅）氏。
⇒外国（オルタイ〔鄂爾泰〕 1677-1745）
　角世（オルタイ 1680-1745）
　国小（オルタイ〔鄂爾泰〕 1680（康熙19）-1745（乾隆10））
　コン2（オルタイ〔鄂爾泰〕 1677-1745）
　コン3（オルタイ〔鄂爾泰〕 1677-1745）
　歴史（オルタイ〔鄂爾泰〕 1677-1745）

オン, オマール・ヨクリン Ong, Omar Yoke Lin
20世紀, マレーシアの政治家, 実業家。
⇒華人（オン, オマール・ヨクリン 1917-）

オン・イック・キエム（翁益謙）
ベトナム, 嗣徳帝代の名将。
⇒ベト（Ong-Ich-Khiem オン・イック・キエム〔翁益謙〕）

オン・エンチー Ong Yen Chee
20世紀, マレー地方の革命運動家。1930年代後半のマラヤ共産党指導者。
⇒華人（オン・エンチー 1896-1980）

温家宝 おんかほう
20世紀, 中国の政治家。中国首相, 中国共産党政治局常務委員。
⇒広辞6（温家宝 おんかほう 1942-）
　世人（温家宝 おんかほう 1942-）
　世政（温家宝 おんかほう 1942.9-）
　中重（温家宝 おんかほう 1942.9-）
　中人（温家宝 おんかほう 1942-）
　中二（温家宝 おんかほう 1942.9-）

オング・ノック Ong Nok
18世紀, ラオス王国の王。在位1713-1723。
⇒統治（オング・ノック （在位）1713-1723）

温君解　おんくんかい
7世紀頃, 朝鮮, 新羅の遣唐使随行員。
⇒シル（温君解　おんくんかい　7世紀頃）
　シル新（温君解　おんくんかい）

温佐慈　おんさじ
20世紀, 中国の軍人。
⇒華人（温佐慈　おんさじ　1907–）

オン・サン
⇨アウンサン

オン・ジョー　Ohn Gyaw
20世紀, ミャンマーの政治家。ミャンマー外相。
⇒世政（オン・ジョー　1932.3.3–）

温生才　おんせいさい
19・20世紀, 中国, 清末期の革命家。字は練生。広東省出身。広東駐防将軍孚琦を暗殺。
⇒コン2（温生才　おんせいさい　1869–1911）
　コン3（温生才　おんせいさい　1869–1911）
　中人（温生才　おんせいさい　1870–1911）

温宗堯　おんそうぎょう
19・20世紀, 中国, 中華民国の政治家。広東出身。字は欽甫。広東政府の総裁となって活躍。1940年新国民政府立法院長, 中央政治委員会当然委員に就任。
⇒近中（温宗堯　おんそうぎょう　1876–1947.11.29）
　世東（温宗堯　おんそうぎょう　1875–?）

温祚王　おんそおう
4世紀頃, 朝鮮, 百済の王。百済国の開国伝説中の始祖。
⇒人物（温祚王　おんそおう）
　世東（温祚王　おんそおう　生没年不詳）
　朝人（温祚王　おんそおう）
　朝鮮（温祚王　おんそおう）
　百科（温祚王　おんそおう）

温体仁　おんたいじん
17世紀, 中国, 明末期の政治家。字は長卿, 諡は文忠。烏程（浙江省）出身。
⇒コン2（温体仁　おんたいじん　?–1638）
　コン3（温体仁　おんたいじん　1573–1638）

オン・テンチョン　Ong Teng-cheong
20世紀, シンガポールの政治家。シンガポール大統領。
⇒世政（オン・テンチョン　1936.1.22–2002.2.8）

オンピン, ロバート　Ongpin, Robert
20世紀, フィリピンの華人経済学者, 政治家。
⇒華人（オンピン, ロバート　1937–1987）

【 か 】

解琬　かいえん
7・8世紀, 中国, 唐の突騎施（トゥルギシュ）可汗冊立使。
⇒シル（解琬　かいえん　638?–718）
　シル新（解琬　かいえん　638?–718）

懐王　かいおう
前3世紀, 中国, 戦国時代の楚の王。
⇒三国（懐王　かいおう）
　中史（懐王（楚）　かいおう　?–前205）

懐王朱由模　かいおうしゅゆうも*
中国, 明, 泰昌帝の諸子。
⇒中皇（懐王朱由模）

解学恭　かいがくきょう
20世紀, 中国の政治家。1967年12月天津市革命委主任, 天津警備区第一政治委員を経て天津市党委員会第一書記。
⇒世政（解学恭　かいがくきょう　1912頃–）
　中人（解学恭　かいがくきょう　1912頃–）

会稽王道子　かいけいおうどうし
4・5世紀, 中国, 南北朝・東晋の王族。東晋王武帝の弟。武帝末年の摂政。
⇒人物（会稽王司馬道子　かいけいおうしばどうし　363–402）
　世東（会稽王道子　かいけいおうどうし　?–402）
　中皇（会稽王司馬道子　?–402）

会稽公主　かいけいこうしゅ*
中国, 南北朝, 宋の武帝の娘。
⇒中皇（会稽公主）

懐慶公主　かいけいこうしゅ*
中国, 明, 洪武帝の娘。
⇒中皇（懐慶公主）

蓋墳　がいけん
8世紀頃, 中国, 唐の遣新羅使。
⇒シル（蓋墳　がいけん　8世紀頃）
　シル新（蓋墳　がいけん）

隗囂　かいごう
1世紀, 中国, 後漢初期の反乱指導者。天水・成紀（甘粛省）の生れ。32年光武帝に撃破された。
⇒コン2（隗囂　かいごう　?–33）
　コン3（隗囂　かいごう　?–33）

カイシャン
⇨武宗（元）（ぶそう）

解縉 かいしん
14・15世紀, 中国, 明の政治家。字は大紳。吉水県（江西省）出身。永楽帝のとき, 侍読となり, 文淵閣に入る。
  ⇒コン2（解縉　かいしん　1369–1415）
  　コン3（解縉　かいしん　1369–1415）
  　新美（解縉　かいしん　1369（明・洪武2）–1415（永楽13））
  　中芸（解縉　かいしん　1369–1415）
  　中書（解縉　かいしん　1369–1415）
  　名著（解縉　かいしん　1369–1415）

カイシン・カガン（懐信可汗）　Huai-hsin K'ohan
8・9世紀, ウイグル帝国第7代カガン（在位795〜808）。
  ⇒国小（カイシン・カガン〔懐信可汗〕　?–808）
  　中国（懐信可汗　かいしんカガン　（在位）795–808）

懐信可汗　かいしんカガン
  ⇨カイシン・カガン

懐仁可汗　かいじんかかん
  ⇨クトルク・ボイラ

海瑞　かいずい
16世紀, 中国, 明代の政治家。瓊山（広東省海南島）出身。字は汝賢, 号は剛峰, 諡は忠介。隆慶帝の即位後応天巡撫となる。
  ⇒角世（海瑞　かいずい　1514–1587）
  　広辞6（海瑞　かいずい　1514–1587）
  　国小（海瑞　かいずい　1514（正徳9）–1587（万暦15））
  　コン2（海瑞　かいずい　1514–1587）
  　コン3（海瑞　かいずい　1514–1587）
  　世東（海瑞　かいずい　1514–1587）
  　全書（海瑞　かいずい　1514–1587）
  　大百（海瑞　かいずい　1514–1587）
  　中国（海瑞　かいずい　1514–1587）
  　中史（海瑞　かいずい　1514–1587）
  　デス（海瑞　かいずい　1514–1587）
  　山世（海瑞　かいずい　1514–1587）

カイソン・プームビハン
  ⇨カイソーン・ポムウィハーン

カイソーン・ポムウィハーン　Kaysone Phomvihane
20世紀, ラオスの政治家。ハノイ大学在学中に学生運動に加わる。1955年人民党（現人民革命党）を結成し書記長, 75年首相に就任。
  ⇒岩ケ（ポムヴィハン, カイソン　1920–1992）
  　現人（カイソン・ポムビハン　1920–）
  　世政（カイソン・ポムウィハン　1920.12.13–1992.11.21）
  　世東（カイソン・ポムウィハン　1920–1992.11.21）
  　全書（カイソン　1920–）
  　二十（カイソン・プームビハン　1920.12.13–）
  　東ア（カイソーン・ポムウィハーン　1920–1992）

艾知生　がいちせい
20世紀, 中国の放送・映画・テレビ相, 共産党中央委員。
  ⇒中人（艾知生　がいちせい　1928–）

解忠順　かいちゅうじゅん
8世紀頃, 中国, 唐の遣突厥使。
  ⇒シル（解忠順　かいちゅうじゅん　8世紀頃）
  　シル新（解忠順　かいちゅうじゅん）

賀一龍　がいちりゅう
17世紀, 中国, 明末期の農民反乱指導者。張献忠の乱の一翼。
  ⇒コン2（賀一龍　がいちりゅう　17世紀）
  　コン3（賀一龍　がいちりゅう　?–1643）

懐帝　かいてい
3・4世紀, 中国, 西晋の第3代皇帝（在位306〜313）。姓名は司馬熾。武帝の子で恵帝の弟。
  ⇒皇帝（孝懐帝　こうかいてい　284–313）
  　国小（懐帝　かいてい　284（太康5）–313（建興1））
  　人物（懐帝　かいてい　284–313）
  　世東（懐帝　かいてい　287–313.1）
  　中皇（懐帝　284–313）
  　統治（懐帝　Huai Ti　（在位）307–311）

カイ・ディン　Khai Dinh
19・20世紀, ベトナムの皇帝。在位1916〜1925。
  ⇒統治（カアイ（カイ）・ディン〔啓定帝〕　（在位）1916–1925）

カイドゥ
  ⇨ハイドゥ

階伯　かいはく
7世紀, 朝鮮, 滅亡時の百済将軍。
  ⇒朝人（階伯　かいはく　?–660）

ガイハトウ　Gaikhatu
13世紀, イル・ハン国第5代のハン（在位1291〜95）。元朝に倣い1294年交鈔（紙幣）を発行。
  ⇒皇帝（ガイハトゥー　?–1295）
  　国小（ガイハトゥー　?–1295）
  　統治（ガイハトゥ　（在位）1291–1295）

解臂鷹　かいひよう
8世紀頃, 渤海から来日した使判官。
  ⇒シル（解臂鷹　かいひよう　8世紀頃）
  　シル新（解臂鷹　かいひよう）

蓋文　がいぶん
6世紀頃, 朝鮮, 百済から来日した使節。
  ⇒シル（蓋文　がいぶん　6世紀頃）
  　シル新（蓋文　がいぶん）

解憂　かいゆう
前2・1世紀, 中国, 前漢の和蕃公主。

政治・外交・軍事篇　　　　　　　　　　　　　　かおか

⇒シル（解憂　かいゆう　前120?-前49）
　シル新（解憂　かいゆう　前120?-?49）
　中皇（解憂公主　前120-49）

悔落拽何　かいらくえいか
　8世紀頃、契丹の大首領。794（貞元10）年入唐。
⇒シル（悔落拽何　かいらくえいか　8世紀頃）
　シル新（悔落拽何　かいらくえいか）

海陵王（南斉）　かいりょうおう*
　5世紀、中国、南斉の皇帝。在位494。
⇒統治（海陵王　Hai-ling Wang　（在位）494）

海陵王（金）　かいりょうおう
　12世紀、中国、金の第4代皇帝（在位1149～61）。姓名は完顔亮、女真名は迪古乃、諡は煬。
⇒旺世（海陵王　かいりょうおう　1122-1161）
　角世（海陵王　かいりょうおう　1122-1161）
　広辞6（海陵王　かいりょうおう　1122-1161）
　国小（海陵王　かいりょうおう　1122（天輔6）-1161（大定1））
　コン2（海陵王　かいりょうおう　1122-1161）
　コン3（海陵王　かいりょうおう　1122-1161）
　人物（海陵王　かいりょうおう　1122-1161）
　世東（海陵王　かいりょうおう　1122-1161）
　世百（海陵王　かいりょうおう　1122-1161）
　全書（海陵王　かいりょうおう　1122-1161）
　大百（海陵王　かいりょうおう　1122-1161）
　中皇（海陵王　1126-1161）
　中国（海陵王（金）　かいりょうおう　1122-1161）
　デス（海陵王　かいりょうおう　1122-1161）
　統治（海陵王　Hai-ling Wang　（在位）1150-1161）
　百科（海陵王　かいりょうおう　1122-1161）
　評世（海陵王　かいりょうおう　1122-1161）
　歴史（海陵王　かいりょうおう　1122-1161）

回良玉　かいりょうぎょく
　20世紀、中国の政治家。中国副首相、中国共産党政治局員。
⇒世政（回良玉　かいりょうぎょく　1944.10-）
　中重（回良玉　かいりょうぎょく　1944.10-）
　中人（回良玉　かいりょうぎょく　1944-）
　中二（回良玉　かいりょうぎょく　1944.10-）

蓋鹵王　がいろおう
　5世紀、朝鮮、麗と闘って敗れた百済第21代の王（在位455～475）。
⇒朝人（蓋鹵王　がいろおう　?-475）
　百科（蓋鹵王　がいろおう　?-475）

ガウアー・シャド
　⇨ガウハル・シャード

ガウハル・シャード　Gauhar Shād
　14・15世紀、ティムール帝国のペルシア・アフガン系の女王。
⇒世女（ガウハル・シャード　1378頃-1459）
　世女日（ガウアー・シャド　1378頃-1459）

夏惲　かうん
　2世紀、中国、後漢の宦官。
⇒三国（夏惲　かうん）
　三全（夏惲　かうん　?-189）

夏雲杰　かうんけつ
　20世紀、中国の東北抗日連軍の指導者。
⇒近中（夏雲杰　かうんけつ　1903-1936.11.26）

カウンディンヤ　Kaundinya
　1世紀頃、カンボジア、扶南国の王。1世紀頃東部インドより女王柳葉を征服して結婚し、扶南国の始祖となった。
⇒世東（カウンディンヤ）

カウンディンヤ
　⇨キョウチンニョ・ジャバツマ

花永　かえい
　3世紀頃、中国、三国時代、魏の雍州の刺史王経配下の将。
⇒三国（花永　かえい）
　三全（花永　かえい　生没年不詳）

何応欽　かおうきん
　19・20世紀、中国の軍人。貴州出身。蒋介石の腹心として北伐などに参加。
⇒旺世（何応欽　かおうきん　1890-1987）
　外国（何応欽　かおうきん　1889-）
　角世（何応欽　かおうきん　1889-1987）
　近中（何応欽　かおうきん　1890.4.2-1987.10.21）
　現人（何応欽　かおうきん〈ホーインチン〉1889-）
　広辞5（何応欽　かおうきん　1890-1987）
　広辞6（何応欽　かおうきん　1890-1987）
　国小（何応欽　かおうきん　1889-）
　コン3（何応欽　かおうきん　1890-1987）
　人物（何応欽　かおうきん　1889-）
　世人（何応欽　かおうきん　1890-1987）
　世東（何応欽　かおうきん　1889-）
　世百（何応欽　かおうきん　1889-）
　世百新（何応欽　かおうきん　1890-1987）
　大辞2（何応欽　かおうきん　1889-1987）
　大辞3（何応欽　かおうきん　1889-1987）
　大百（何応欽　かおうきん　1889-）
　中国（何応欽　かおうきん　1889-）
　中人（何応欽　かおうきん　1889-1987.10.21）
　日人（何応欽　かおうきん　1890-1987）
　百科（何応欽　かおうきん　1890-）
　評世（何応欽　かおうきん　1889-1987）
　山世（何応欽　かおうきん　1890-1987）

賀王真　がおうしん
　9世紀頃、渤海から来日した使節。
⇒シル（賀王真　がおうしん　9世紀頃）
　シル新（賀王真　がおうしん）

高岡　カオカン
　⇨高岡（こうこう）

高魁元　カオコエユアン
　⇨高魁元（こうかいげん）

カオ・スアン・ズック（高春育）
　19・20世紀、ベトナムの官吏。嗣徳帝の学部尚書。字は慈発、号は龍岡。
　⇒ベト（Cao-Xuan-Duc　カオ・スアン・ズック〔高春育〕　1842–1923）

カオ・ダット（高達）
　ベトナム、勤王派の闘士。
　⇒ベト（Cao-Đat　カオ・ダット〔高達〕）

カオ・タン（高勝）
　ベトナムの民族闘士。1886年から1893年にかけて、フランス軍に抵抗した愛国者潘延蓬を援けた将軍。
　⇒ベト（Cao-Thang　カオ・タン〔高勝〕）

カオ・バン・ビエン　Cao Van Vien
　20世紀、南ベトナムの軍人。1964年グエン・カーンの反ズオン・バン・ミン・クーデターに空挺部隊司令官として参加。66年海軍司令官、67年国防相を兼任。
　⇒世東（カオ・バン・ビエン　?–）

高玉樹　カオユーシュー
　⇨高玉樹（こうぎょくじゅ）

賈華　かか
　3世紀頃、中国、三国時代、呉の孫権の部将。
　⇒三国（賈華　かか）
　　三全（賈華　かか　生没年不詳）

何楷　かかい
　17世紀、中国、明末・清初期の官僚。字は元子。漳州鎮海衛（福建省）出身。明滅亡後、唐王朱聿鍵のもとで復興に努めた。
　⇒コン2（何楷　かかい　17世紀前半）
　　コン3（何楷　かかい　17世紀前半）

華覈　かかく
　3世紀頃、中国、三国時代、呉の中書の丞。
　⇒三国（華覈　かかく）
　　三全（華覈　かかく　生没年不詳）

俄何焼戈　がかしょうか
　3世紀頃、中国、三国時代、羌族の大将。
　⇒三国（俄何焼戈　がかしょうか）
　　三全（俄何焼戈　がかしょうか　生没年不詳）

河間王司馬顒　かかんおうしばぎょう*
　4世紀、中国、西晋の宗室。
　⇒中皇（河間王司馬顒　?–306）

河間王李孝恭　かかんおうりこうきょう*
　7世紀、中国、唐、高祖の甥。
　⇒中皇（河間王李孝恭　?–640）

何儀　かぎ
　2世紀、中国、三国時代、黄巾賊の残党。
　⇒三国（何儀　かぎ）
　　三全（何儀　かぎ　?–194）

夏姫　かき
　中国、春秋戦国、鄭の穆公の娘。
　⇒中皇（夏姫）

夏曦　かぎ
　20世紀、中国共産党初期の革命家。湖南省出身。湖南省立第一師範学校で毛沢東と同窓。長征の途中、貴州省で溺死。
　⇒近中（夏曦　かぎ　1901.8.17–1936.2.28）
　　コン3（夏曦　かぎ　1900–1935）
　　中人（夏曦　かぎ　1901–1936）

賈逵　かき
　2・3世紀、中国、三国時代・魏の官吏。河東（山西省）生れ。曹操に仕えて重用された。のち魏王朝成立後、予州刺史となった。
　⇒角世（賈逵　かき　174–228）
　　国小（賈逵　かき　175（熹平4）?–228（太和2)?）
　　コン2（賈逵　かき　175–228）
　　コン3（賈逵　かき　175–228）
　　三国（賈逵　かき）
　　三全（賈逵　かき　生没年不詳）
　　中国（賈逵　かき　175–228）
　　評世（賈逵　かき　174–228）

何顒　かぎょう
　3世紀頃、中国、三国時代、大将軍何進の従者。南陽出身。
　⇒三国（何顒　かぎょう）
　　三全（何顒　かぎょう　生没年不詳）

華歆　かきん
　2・3世紀、中国、三国時代、予章郡の太守。
　⇒三国（華歆　かきん）
　　三全（華歆　かきん　157–231）

楽安公主　がくあんこうしゅ*
　中国、明、泰昌帝の娘。
　⇒中皇（楽安公主）

郭威　かくい
　10世紀、中国、五代後周の初代皇帝。諡は聖神恭粛文武孝皇帝、廟号は太祖。父は郭簡、母は王氏。
　⇒外国（郭威　かくい　904–954）
　　角世（郭威　かくい　904–954）
　　皇国（太祖　たいそ　904–954）
　　国小（郭威　かくい　904（天祐1.7.28）–954（顕徳1.1.17））
　　コン2（太祖（後周）　たいそ　904–954）
　　コン3（太祖（後周）　たいそ　904–954）
　　人物（郭威　かくい　904–954.1)

世東（郭威　かくい　904-954）
中皇（太祖　904-954）
中国（郭威　かくい　904-954）
中史（郭威　かくい　904-954）
統治（太祖（郭威）　T'ai Tsu [Kuo Wei]　（在位）951-954）
評世（郭威　かくい　904-954）

郭婉容　かくえんよう
20世紀, 台湾の政治家。台湾行政院政務委員, 台湾国民党中央常務委員。
⇒世政（郭婉容　かくえんよう　1930.1.25-）
　世東（郭婉容　かくえんよう　1930-）
　中人（郭婉容　かくえんよう　1930-）

岳珂　がくか
12・13世紀, 中国, 南宋の学者, 政治家。字, 粛之。号, 倦翁。岳飛の孫。主著『桯史』など。
⇒国小（岳珂　がくか　1183（淳熙10）-1243（淳祐3））
　コン2（岳珂　がくか　1183-1243）
　コン3（岳珂　がくか　1183-1243）
　中芸（岳珂　がくか　1183-1243）

霍戈　かくか
⇨霍弋（かくよく）

郭隗　かくかい
前4・3世紀, 中国, 戦国時代の政治家。昭王が人材を求めた時,「まず, 隗より始めよ」と自ら推薦した話で有名。
⇒広辞4（郭隗　かくかい）
　広辞6（郭隗　かくかい）
　コン2（郭隗　かくかい　前4世紀末-3世紀初期）
　コン3（郭隗　かくかい　生没年不詳）
　大辞（郭隗　かくかい　生没年不詳）
　大辞3（郭隗　かくかい　生没年不詳）

鄂煥　がくかん
3世紀頃, 中国, 三国時代の武将。益州の辺境の太守・高定の配下の猛将。
⇒三国（鄂煥　がくかん）
　三全（鄂煥　がくかん　生没年不詳）

郭冠杰　かくかんけつ
20世紀, 中国の政治家。広東省梅県出身。北伐時代から国民党左派として進歩的意見を持ち, 民主革命を推進。中国農工民主党執行委員, 新政協準備会委員となった。
⇒外国（郭冠杰　かくかんけつ　1895-1952）
　世東（郭冠杰　かくかんけつ　1895-）
　中人（郭冠杰　かくかんけつ　1892-1952）

郭驥　かくき
20世紀, 中国の政治家。浙江省出身。光復大陸設計研究委員会秘書長, 中国国民党中央常務委員, 国民代表大会代表。
⇒世東（郭驥　かくき　1912.5.28-）
　中人（郭驥　かくき　1912.5.28-）

楽毅　がくき
前4・3世紀, 中国の武将。魏の初期の武将楽羊の子孫。燕の昭王に仕え, 斉に大勝, 昌国君と号した。
⇒角世（楽毅　がくき　生没年不詳）
　広辞4（楽毅　がっき）
　広辞6（楽毅　がっき）
　国小（楽毅　がっき　生没年不詳）
　コン2（楽毅　がくき　前4世紀末-3世紀初）
　コン3（楽毅　がくき　生没年不詳）
　三国（楽毅　がくき）
　人物（楽毅　がくき　前4世紀末-3世紀初）
　世東（楽毅　がくき　前4世紀末-3世紀初）
　世百（楽毅　がくき）
　大辞（楽毅　がくき　生没年不詳）
　大辞3（楽毅　がくき　生没年不詳）
　中国（楽毅　がくき）
　中史（楽毅　がくき　生没年不詳）
　百科（楽毅　がくき　生没年不詳）
　評世（楽毅　がくき　生没年不詳）
　歴史（楽毅　がくき　生没年不詳）

郭寄嶠　かくききょう
19・20世紀, 中国, 国民党政府の軍人。重慶警備副司令などを歴任, 国府の台湾移転後は国防部次長, 1951年国防部長となる。
⇒世東（郭寄嶠　かくききょう　1871-）
　中人（郭寄嶠　かくききょう　1871-）

郭吉　かくきつ
前2世紀頃, 中国, 前漢の遣匈奴使。
⇒シル（郭吉　かくきつ　前2世紀頃）
　シル新（郭吉　かくきつ）

赫居世　かくきょせい
⇨朴赫居世（ぼくかくきょせい）

霍去病　かくきょへい
前2世紀, 中国, 前漢（武帝時代）の武将。衛皇后, 衛青の姉の子。衛青の匈奴遠征に従って功をたてた。
⇒旺世（霍去病　かくきょへい　前140-117）
　外国（霍去病　かくきょへい　?-前117）
　角世（霍去病　かくきょへい　前140-117）
　広辞4（霍去病　かくきょへい　前140-前117）
　広辞6（霍去病　かくきょへい　前140-117）
　国小（霍去病　かくきょへい　前140（建元1）?-117（元狩6））
　コン2（霍去病　かくきょへい　前140-117）
　コン3（霍去病　かくきょへい　前140頃-117）
　三国（霍去病　かくきょへい）
　シル（霍去病　かくきょへい　?-前117）
　シル新（霍去病　かくきょへい　?-前117）
　人物（霍去病　かくきょへい　前140?-117.9）
　世人（霍去病　かくきょへい）
　世東（霍去病　かくきょへい　?-前117）
　世百（霍去病　かくきょへい　?-前117）
　全書（霍去病　かくきょへい）
　大辞（霍去病　かくきょへい　前140頃-前117）
　大辞3（霍去病　かくきょへい　前140-117）
　大百（霍去病　かくきょへい）
　中国（霍去病　かくきょへい　前140-117）
　中史（霍去病　かくきょへい　前140-117）

かくき

デス　（霍去病　かくきょへい　前140頃–117）
伝記　（霍去病　かくきょへい　前140頃–117）
百科　（霍去病　かくきょへい　前140–前117）
評世　（霍去病　かくきょへい　前140?–117）
歴史　（霍去病　かくきょへい　前140頃–前117頃）

郭欽　かくきん
3・4世紀頃、中国、西晋の政治家。待御史として北方領内の治安維持にあたる。
⇒コン2　（郭欽　かくきん　生没年不詳）
　コン3　（郭欽　かくきん　生没年不詳）

郝経　かくけい
13世紀、中国、元初の政治家、学者、文学者。沢州陵川（山西省晋城県）出身。字、伯常。著書『続後漢書』『易春秋外伝』。
⇒国小　（郝経　かくけい　1223（嘉定16）–1275（徳祐1））
　コン2　（郝経　かくけい　1223–1275）
　コン3　（郝経　かくけい　1223–1275）
　詩歌　（郝経　かくけい　1223（元・太祖18）–1275（世祖・至元12））
　中芸　（郝経　かくけい　1226–1278）
　中史　（郝経　かくけい　1223–1275）
　百科　（郝経　かくけい　1223–1275）

霍彦威　かくげんい
9・10世紀、中国、五代、後唐の武将。河北の生れ。字は子重。荘宗、明宗に仕えた。
⇒国小　（霍彦威　かくげんい　872（咸通13）–928（天成3））

郝建秀　かくけんしゅう
20世紀、中国の政治家。国家計画委員会副主任、共産党中央委員。
⇒世女　（郝建秀　かくけんしゅう　1935–）
　中人　（郝建秀　かくけんしゅう　1935.11–）

霍光　かくこう
前1世紀、中国、前漢中期を代表する文臣。字は子孟。武帝時代の将軍霍去病の異母弟。昭帝死後、宣帝を民間より迎え、娘を皇后に立てた。
⇒角世　（霍光　かくこう　?–前68）
　広辞4　（霍光　かくこう　?–前68）
　広辞6　（霍光　かくこう　?–前68）
　国小　（霍光　かくこう　?–前68（地節2））
　コン2　（霍光　かくこう　?–前68）
　コン3　（霍光　かくこう　?–前68）
　三国　（霍光　かくこう）
　人物　（霍光　かくこう　?–前68.3）
　世東　（霍光　かくこう　?–前68）
　世百　（霍光　かくこう　?–前68）
　全書　（霍光　かくこう　?–前68）
　大辞　（霍光　かくこう　?–前68）
　大辞3　（霍光　かくこう　?–前68）
　大百　（霍光　かくこう　?–前68）
　中国　（霍光　かくこう　?–前68）
　中史　（霍光　かくこう　?–前68）
　百科　（霍光　かくこう　?–前68）
　評世　（霍光　かくこう　?–前68）

郭広敬　かくこうけい
7世紀頃、中国、唐の遣突厥使。
⇒シル　（郭広敬　かくこうけい　7世紀頃）
　シル新　（郭広敬　かくこうけい）

郭皇后（魏・曹丕）（郭皇后）　かくこうごう*
2・3世紀、中国、魏晋南北朝、魏の文帝の皇后。
⇒三全　（郭皇后　かくこうごう　生没年不詳）
　中皇　（郭皇后　184–235）

郭皇后（魏・曹叡）（郭皇后）　かくこうごう*
3世紀頃、中国、三国時代、魏の皇帝・曹叡の側室。
⇒三国　（郭皇后　かくこうごう）
　三全　（郭夫人　かくふじん　生没年不詳）

郭皇后（唐）　かくこうごう*
9世紀、中国の皇妃。
⇒世女日　（郭皇后　GUO fei）
　中皇　（郭皇后）

郭皇后（北宋）　かくこうごう*
11世紀、中国、北宋、仁宗の皇后。
⇒世女日　（郭皇后　GUO huanghou）

郭皇后（南宋）　かくこうごう*
12世紀、中国、南宋、孝宗の皇妃。
⇒中皇　（郭皇后　1125–1156）

郭再佑（郭再祐）　かくさいゆう
16・17世紀、朝鮮、李朝の義兵将。日本の朝鮮侵略に対して義兵を起こした在地土豪。
⇒コン2　（郭再佑　かくさいゆう　1552–1617）
　コン3　（郭再佑　かくさいゆう　1552–1617）
　全書　（郭再祐　かくさいゆう　1552–1617）
　対外　（郭再佑　かくさいゆう　1552–1617）
　朝人　（郭再佑　かくさいゆう　1552–1617）

郭汜　かくし
2世紀、中国、三国時代、董卓配下の将。
⇒三国　（郭汜　かくし）
　三全　（郭汜　かくし　?–197）

閣之　かくし
8世紀頃、西アジア、黒衣大食（アッバース朝）の朝貢使。唐に来朝。
⇒シル　（閣之　かくし　8世紀頃）
　シル新　（閣之　かくし）

郭子儀　かくしぎ
7・8世紀、中国、中唐の武将。河南出身。字は心儀、諡は忠武。安史の乱では李光弼とともに唐朝軍を率いて活躍。
⇒外国　（郭子儀　かくしぎ　697–781）
　角世　（郭子儀　かくしぎ　697–781）
　広辞4　（郭子儀　かくしぎ　697–781）
　広辞6　（郭子儀　かくしぎ　697–781）
　国小　（郭子儀　かくしぎ　697（神功1）–781（建中

```
2))
  コン2　（郭儀　かくしぎ　697–781)
  コン3　（郭儀　かくしぎ　697–781)
  新美　（郭儀　かくしぎ)
  人物　（郭儀　かくしぎ　697–781)
  世東　（郭儀　かくしぎ　697–781)
  世百　（郭儀　かくしぎ　697–781)
  全書　（郭儀　かくしぎ　697–781)
  大辞　（郭儀　かくしぎ　697–781)
  大辞3（郭儀　かくしぎ　697–781)
  大百　（郭儀　かくしぎ　697–781)
  中国　（郭儀　かくしぎ　697–781)
  中史　（郭儀　かくしぎ　697–781)
  デス　（郭儀　かくしぎ　697–781)
  百科　（郭儀　かくしぎ　697–781)
  評世　（郭儀　かくしぎ　697–781)
```

郭子興　かくしこう
14世紀, 中国, 元末の紅巾軍の一部将。定遠(安徽省)出身。1352年壮士数千人を集めて起兵し, 濠州(安徽)を占拠して元軍を退け, 元帥と称した。
```
  ⇒外国　（郭子興　かくしこう　?–1355)
   国小　（郭子興　かくしこう　?–1355(至正15))
   コン2　（郭子興　かくしこう　?–1355)
   コン3　（郭子興　かくしこう　?–1355)
   全書　（郭子興　かくしこう　?–1355)
   中国　（郭子興　かくしこう　?–1355)
   評世　（郭子興　かくしこう　?–1355)
   歴史　（郭子興　かくしこう　?–1355(至正15))
```

霍嗣光　かくしこう
8世紀頃, 中国, 唐の遣西域使。
```
  ⇒シル　（霍嗣光　かくしこう　8世紀頃)
   シル新（霍嗣光　かくしこう)
```

郭志崇　かくしすう
9世紀頃, チベット, 吐蕃王朝の遣唐使。
```
  ⇒シル　（郭志崇　かくしすう　9世紀頃)
   シル新（郭志崇　かくしすう)
```

郭琇　かくしゅう
17・18世紀, 中国, 清初期の官僚。字は華野。即墨(山東省)出身。官吏の廃敗摘発に活躍。
```
  ⇒コン2　（郭琇　かくしゅう　1638–1715)
   コン3　（郭琇　かくしゅう　1638–1715)
```

楽就　がくしゅう
2世紀, 中国, 三国時代, 袁術の部将。
```
  ⇒三国　（楽就　がくしゅう)
   三全　（楽就　がくしゅう　?–197)
```

霍峻　かくしゅん
3世紀頃, 中国, 三国時代, 荊州の劉表の部将。南郡枝江県出身。字は仲邈(ちゅうばく)。
```
  ⇒三国　（霍峻　かくしゅん)
   三全　（霍峻　かくしゅん　生没年不詳)
```

郭春濤　かくしゅんとう
20世紀, 中国国民党員, 中華人民共和国では中国国民党革命委員会の中心人物。
```
  ⇒近中　（郭春濤　かくしゅんとう　1895–1950.6.30)
```

郝昭　かくしょう
3世紀, 中国, 魏, 曹丕時代の武将, 陳倉城の守将。
```
  ⇒三国　（郝昭　かくしょう)
   三全　（郝昭　かくしょう　?–229)
```

郭勝　かくしょう
2世紀, 中国, 後漢末の宦官。「十常侍」の一人。
```
  ⇒三国　（郭勝　かくしょう)
   三全　（郭勝　かくしょう　?–189)
```

岳鍾琪（岳鐘琪）　がくしょうき
17・18世紀, 中国, 清代の武将。成都(四川)出身。字は東美。康熙, 雍正, 乾隆の3代に仕え, ジュンガル, 青海の討伐に功をたてた。
```
  ⇒外国　（岳鐘琪　がくしょうき　1686–1754)
   国小　（岳鐘琪　がくしょうき　1686(康熙25)–1754(乾隆19))
   コン2　（岳鐘琪　がくしょうき　1686–1754)
   コン3　（岳鐘琪　がくしょうき　1686–1754)
   人物　（岳鐘琪　がくしょうき　1686–1754)
   世東　（岳鐘琪　がくしょうき　1686–1754.3)
   百科　（岳鐘琪　がくしょうき　1686–1754)
```

楽昌公主　がくしょうこうしゅ*
中国, 南北朝, 陳の後主の娘。
```
  ⇒中皇　（楽昌公主)
```

郭松齢　かくしょうれい
19・20世紀, 中国の軍閥。字は茂辰。遼寧省瀋陽県出身。
```
  ⇒外国　（郭松齢　かくしょうれい　1886–1925)
   角世　（郭松齢　かくしょうれい　1883–1925)
   近中　（郭松齢　かくしょうれい　1883–1925.12.25)
   広辞5（郭松齢　かくしょうれい　1884–1925)
   広辞6（郭松齢　かくしょうれい　1884–1925)
   コン3　（郭松齢　かくしょうれい　1883–1925)
   人物　（郭松齢　かくしょうれい　1886–1925)
   世東　（郭松齢　かくしょうれい　1886–1925.12.24)
   世百新（郭松齢　かくしょうれい　1884–1925)
   全書　（郭松齢　かくしょうれい　1884–1925)
   大辞2（郭松齢　かくしょうれい　1884–1925)
   大辞3（郭松齢　かくしょうれい　1884–1925)
   中国　（郭松齢　かくしょうれい　1886–1925)
   中人　（郭松齢　かくしょうれい　1882–1925)
   百科　（郭松齢　かくしょうれい　1884–1925)
   評世　（郭松齢　かくしょうれい　1886–1925)
   歴史　（郭松齢　かくしょうれい　1886–1925)
```

郭震　かくしん
7・8世紀, 中国, 唐代の政治家, 詩人。字は元振。
```
  ⇒中芸　（郭震　かくしん　656–713)
```

郭崇燾（郭嵩燾, 郭嵩籌）　かくすうとう
19世紀, 中国, 清の官僚, 学者。湖南省湘陰県

出身。初代イギリス公使として渡欧。1878年駐仏公使を兼任。対欧理解を強調した。著書『使西紀程』。
⇒外国（郭崇燾　かくすうとう　1818–1891）
　角世（郭嵩燾　かくすうとう　1818–1891）
　国小（郭嵩燾　かくすうとう　1818（嘉慶23）– 1891（光緒17））
　コン2（郭崇燾　かくすうとう　1818–1891）
　コン3（郭崇燾　かくすうとう　1818–1891）
　世東（郭嵩籌　かくすうとう　1818–1891）
　中史（郭嵩燾　かくすうとう　1818–1891）
　歴史（郭嵩燾　かくすうとう　1818–1891）

楽成王劉党　がくせいおうりゅうとう*
1世紀, 中国, 後漢, 明帝の子。
⇒中皇（楽成王劉党　?–96）

郭泰祺　かくたいき
19・20世紀, 中国の外交官。字は復初。湖北省広済県出身。1941年外交部長。第2次大戦後も国民政府の外交に重きをなした。
⇒コン3（郭泰祺　かくたいき　1889–1952）
　世百（郭泰祺　かくたいき　1889–1952）
　中人（郭泰祺　かくたいき　1889–1952）

楽綝　がくちん
⇨楽綝（がくりん）

郭滴人　かくてきじん
20世紀, 中国共産党の農民運動指導者。
⇒近中（郭滴人　かくてきじん　1907.12.8–1936.11.18）

郭図　かくと
3世紀, 中国, 三国時代, 袁紹の幕僚。
⇒三国（郭図　かくと）
　三全（郭図　かくと　?–205）

霍韜　かくとう
15・16世紀, 中国, 明中期の官僚。字は渭先, 号は渭厓, 諡は文敏。著書に『渭厓文集』。
⇒コン2（霍韜　かくとう　1487–1540）
　コン3（霍韜　かくとう　1487–1540）

郝柏村　かくはくそん
20世紀, 台湾の政治家, 軍人。台湾国民党副主席, 台湾行政院長（首相）。
⇒世政（郝柏村　かくはくそん　1919.7.13–）
　世東（郝柏村　かくはくそん　1919–）
　中人（郝柏村　かくはくそん　1919–）

郭伯雄　かくはくゆう
20世紀, 中国共産党中央政治局委員, 党中央軍事委員会副主席, 国家中央軍事委員会副主席。
⇒中重（郭伯雄　かくはくゆう　1942.7–）
　中二（郭伯雄　かくはくゆう　1942.7–）

岳飛　がくひ
12世紀, 中国, 南宋の武将。字は鵬挙, 諡は武穆。金軍を破り, 枢密副使となったが, 無実の罪で殺される。
⇒逸話（岳飛　がくひ　1103–1142）
　旺世（岳飛　がくひ　1103–1141）
　外国（岳飛　がくひ　1103–1141）
　角世（岳飛　がくひ　1103–1141）
　広辞4（岳飛　がくひ　1103–1141）
　広辞6（岳飛　がくひ　1103–1141）
　国小（岳飛　がくひ　1103（崇寧2）–1141（紹興11.12））
　コン2（岳飛　がくひ　1103–1141）
　コン3（岳飛　がくひ　1103–1142）
　三国（岳飛　がくひ）
　詩歌（岳飛　がくひ　1103（宋・徽宗・崇寧2）– 1141（高宗・紹興11））
　集文（岳飛　がくひ　1103–1141（紹興11））
　新美（岳飛　がくひ　1103（北宋・崇寧2）–1141（南宋・紹興11））
　人物（岳飛　がくひ　1103–1141）
　世人（岳飛　がくひ　1103–1141）
　世東（岳飛　がくひ　1103–1141）
　世百（岳飛　がくひ　1103–1141）
　全書（岳飛　がくひ　1103–1142）
　大辞（岳飛　がくひ　1103–1141）
　大辞3（岳飛　がくひ　1103–1141）
　大百（岳飛　がくひ　1103–1141）
　中国（岳飛　がくひ　1103–1141）
　中史（岳飛　がくひ　1103–1142）
　デス（岳飛　がくひ　1103–1141）
　伝記（岳飛　がくひ　1103–1141）
　百科（岳飛　がくひ　1103–1141）
　評世（岳飛　がくひ　1103–1141）
　山世（岳飛　がくひ　1103–1141）
　歴史（岳飛　がくひ　1103–1141）

郭夫人　かくふじん
⇨郭皇后（魏・曹叡）（かくこうごう*）

郝萌　かくほう
2世紀, 中国, 三国時代, 呂布配下の勇将。
⇒三国（郝萌　かくほう）
　三全（郝萌　かくほう　?–198）

郭鋒　かくほう
8・9世紀, 中国, 唐の遣回紇弔祭使。
⇒シル（郭鋒　かくほう　?–801）
　シル新（郭鋒　かくほう　?–801）

郭沫若　かくまつじゃく
20世紀, 中国の文学者, 政治家。名は開貞。号は麦克昂, 易坎人。九大医学部卒。国共分裂後, 日本に亡命し中国古代史を研究。戦後, 国務院副総理, 科学院長を歴任。小説『牧羊哀話』『函太閼』, 戯曲『北伐』『創造十年』など。
⇒逸話（郭沫若　かくまつじゃく　1892–1978）
　岩哲（郭沫若　かくまつじゃく　1892–1978）
　旺世（郭沫若　かくまつじゃく　1892–1978）
　外国（郭沫若　かくまつじゃく　1892–）
　角世（郭沫若　かくまつじゃく　1892–1978）
　教育（郭沫若　かくまつじゃく　1891–）
　近中（郭沫若　かくまつじゃく　1892.11.16–1978.6.12）

現人（郭沫若　かくまつじゃく〈クオモールオ〉1891-）
広辞5（郭沫若　かくまつじゃく　1892-1978）
広辞6（郭沫若　かくまつじゃく　1892-1978）
国小（郭沫若　かくまつじゃく　1892（光緒18）-1978.6.12）
国百（郭沫若　かくまつじゃく　1892-1978）
コン3（郭沫若　かくまつじゃく　1892-1978）
詩歌（郭沫若　かくまつじゃく　1892（清・光緒18）-）
児世（郭沫若　グオモールオ　1892-1978）
集世（郭沫若　かくまつじゃく　1892.11.16-1978.6.12）
集文（郭沫若　かくまつじゃく　1892.11.16-1978.6.12）
人物（郭沫若　かくまつじゃく　1892-）
世人（郭沫若　かくまつじゃく　1892-1978）
世政（郭沫若　かくまつじゃく　1892.11.16-1978.6.12）
世東（郭沫若　かくまつじゃく　1892-）
世百（郭沫若　かくまつじゃく　1892-）
世百新（郭沫若　かくまつじゃく　1892-1978）
世文（郭沫若　かくまつじゃく　1892-1978）
全書（郭沫若　かくまつじゃく　1892-1978）
大辞2（郭沫若　かくまつじゃく　1892-1978）
大辞3（郭沫若　かくまつじゃく　1892-1978）
大百（郭沫若　かくまつじゃく〈クオモールオ〉1892-1978）
中芸（郭沫若　かくまつじゃく　1892-1978）
中書（郭沫若　かくまつじゃく　1892-1978）
中人（郭沫若　かくまつじゃく　1892.11.16-1978.6.12）
伝記（郭沫若　かくまつじゃく　1892-1978.6.12）
ナビ（郭沫若　かくまつじゃく　1892-1978）
日人（郭沫若　かくまつじゃく　1892-1978）
百科（郭沫若　かくまつじゃく　1892-1978）
評伝（郭沫若　かくまつじゃく　1893-1978）
名著（郭沫若　かくまつじゃく　1892-）
山世（郭沫若　かくまつじゃく　1892-1978）
歴学（郭沫若　かくまつじゃく　1892-1978）
歴史（郭沫若　かくまつじゃく　1892-1978）

郭務悰　かくむそう
7世紀頃、中国、唐から来日した使節。
⇒国史（郭務悰　かくむそう　7世紀）
シル（郭務悰　かくむそう　7世紀頃）
シル新（郭務悰　かくむそう）
対外（郭務悰　かくむそう　7世紀）
日人（郭務悰　かくむそう　生没年不詳）
百科（郭務悰　かくむそう　生没年不詳）

霍弋　かくよく
3世紀頃、中国、三国時代、霍峻の子。蜀の建寧の太守。
⇒三国（霍弋　かくよく）
三全（霍戈　かくか　生没年不詳）

岳楽　がくらく
17世紀、中国、清、ヌルハチの孫。
⇒中皇（岳楽　?-1671）

閣羅鳳　かくらほう
8世紀、中国、南詔の第5代王（在位748〜779）。姓は蒙。第4代の王皮羅閣の長子。
⇒外国（閣羅鳳　かくらほう　?-779）
コン2（閣羅鳳　かくらほう　?-779）
コン3（閣羅鳳　かくらほう　?-779）

郭亮　かくりょう
20世紀、中国共産党の指導者、労働運動の組織者。
⇒近中（郭亮　かくりょう　1901.12.3-1928.3.29）

楽綝　がくりん
3世紀、中国、三国時代、魏の将。曹操配下の大将楽進の子。
⇒三国（楽綝　がくちん）
三全（楽綝　がくりん　?-257）

赫連勃勃　かくれんぼつぼつ
4・5世紀、中国、五胡十六国・大夏の建国者。南匈奴単于の子孫。字は屈孑。
⇒角世（赫連勃勃　かくれんぼつぼつ　381-425）
広辞4（赫連勃勃　かくれんぼつぼつ　381-425）
広辞6（赫連勃勃　かくれんぼつぼつ　381-425）
皇帝（武烈帝　ぶれってい　?-425）
国小（赫連勃勃　かくれんぼつぼつ　?-425（真興7））
コン2（赫連勃勃　かくれんぼつぼつ　?-425）
コン3（赫連勃勃　かくれんぼつぼつ　?-425）
世東（赫連勃勃　かくれんぼつぼつ　381-425）
大辞（赫連勃勃　かくれんぼつぼつ　381-435）
大辞3（赫連勃勃　かくれんぼつぼつ　381-425）
中皇（世祖　?-425）
中国（赫連勃勃　かくれんぼつぼつ　381-425）

ガクワンロブサンギャムツォ
⇨ダライ・ラマ5世

果郡王弘胆　かぐんおうこうせん*
18世紀、中国、清、果親王胤礼の養子。
⇒中皇（果郡王弘胆　?-1766）

何啓　かけい
19・20世紀、中国、清末期の変法運動の先駆者。字は沃生。広東省南海県出身。
⇒角世（何啓　かけい　1859-1914）
近中（何啓　かけい　1859.3.21-1914.7.21）
コン2（何啓　かけい　1859-1914）
コン3（何啓　かけい　1859-1914）
世東（何啓　かけい　1859-1914）
中人（何啓　かけい　1859-1914）

何継筠　かけいいん
10世紀、中国、五代末・宋初期の武将。字は化龍。河南省出身。
⇒コン2（何継筠　かけいいん　921-971）
コン3（何継筠　かけいいん　921-971）

柯慶施　かけいし
20世紀、中国の政治家。安徽省出身。1949年以後、中央政治局員、国務院副総理等の要職を歴任。

かけい

⇒近中（柯慶施　かけいし　1902–1965.4.9）
　現人（柯慶施　かけいし〈コーチンシー〉　1902–1965.4.9）
　コン3（柯慶施　かけいし　1902–1965）
　世東（柯慶施　かけいし　1902–1965.4.9）
　中人（柯慶施　かけいし　1902–1965）

嘉慶帝（嘉慶帝仁宗（清））　かけいてい
18・19世紀，中国，清朝第7代皇帝。名は顒琰，廟号は仁宗。乾隆帝の第15子。生母は皇貴妃魏氏。
⇒旺世（嘉慶帝　かけいてい　1760–1820）
　角世（嘉慶帝　かけいてい　1760–1820）
　皇帝（嘉慶帝　かけいてい　1760–1820）
　国小（嘉慶帝　かけいてい　1760（乾隆25）–1820（嘉慶25））
　コン2（嘉慶帝　かけいてい　1760–1820）
　コン3（嘉慶帝　かけいてい　1760–1820）
　世人（嘉慶帝　かけいてい　1760–1820）
　世東（嘉慶帝（仁宗）　かけいてい　1760–1820）
　世百（嘉慶帝　かけいてい　1760–1820）
　全書（嘉慶帝　かけいてい　1760–1820）
　大百（嘉慶帝　かけいてい　1760–1820）
　中皇（仁宗（嘉慶帝）　1760–1820）
　中国（嘉慶帝仁宗（清）　かけいてい　1760–1820）
　中史（嘉慶帝　かけいてい　1760–1820）
　統治（嘉慶（仁宗）　Chia Ch'ing [Jên Tsung]（在位）1796–1820）
　百科（嘉慶帝　かけいてい　1760–1820）
　評世（嘉慶帝　かけいてい　1760–1820）
　歴史（嘉慶帝　かけいてい　1760–1820）

賈慶林　かけいりん
20世紀，中国の政治家。中国共産党中央政治局常務委員，第11期全国政協主席，北京市長。
⇒世政（賈慶林　かけいりん　1940.3–）
　中重（賈慶林　かけいりん　1940.3–）
　中人（賈慶林　かけいりん　1940–）
　中二（賈慶林　かけいりん　1940.3–）

何鍵　かけん
19・20世紀，中国の軍人。字は芸樵。湖南省醴陵県出身。1927年唐生智の反共クーデターに活躍。日中戦後，総統府戦略顧問委員などをつとめた。
⇒近中（何鍵　かけん　1887.3.11–1956.4.25）
　コン3（何鍵　かけん　1887–1956）
　世東（何鍵　かけん　1889–?）
　世百（何鍵　かけん　1887–1956）
　全書（何鍵　かけん　1887–1956）
　中人（何鍵　かけん　1887–1956）

夏言　かげん
15・16世紀，中国，明代の政治家。貴渓（江西省）出身。字は公謹，号は桂洲，諡は文愍。1536年武英殿大学士として入閣し首輔となる。
⇒外国（夏言　かげん　1482–1548）
　角世（夏言　かげん　1482–1548）
　国小（夏言　かげん　1482（咸化18）–1548（嘉靖27））
　世東（夏言　かげん　1482–1548）
　中国（夏言　かげん　1482–1548）

何康　かこう
20世紀，中国の政治家。農業相。
⇒中人（何康　かこう　1923.2–）

華崗　かこう
20世紀，中国の歴史家，政治家。浙江省紹興県出身。中国共産党の工作に従事。著書『1925～27の中国大革命史』『中国民族解放運動史』（1940）。
⇒外国（華崗　かこう　?–）
　コン3（華崗　かこう　1903–1972）
　世百（華崗　かこう　1900–）
　中芸（華崗　かこう　1900–）
　中人（華崗　かこう　1903–1972）

和洽　かこう
3世紀頃，中国，三国時代，曹操の臣。
⇒三国（和洽　かこう）
　三全（和洽　かこう　生没年不詳）

娥皇　がこう
中国の伝説上の人物で，堯の娘，舜の妻。
⇒中史（娥皇　がこう）

夏侯嬰　かこうえい
前2世紀，中国，前漢の高祖劉邦の功臣。沛（江蘇省）出身。
⇒コン2（夏侯嬰　かこうえい　?–前172）
　コン3（夏侯嬰　かこうえい　?–前172）
　三国（夏侯嬰　かこうえい）

何光遠　かこうえん
20世紀，中国の機械電子工業相，共産党中央委員。
⇒中人（何光遠　かこうえん　1930–）

夏侯淵（夏候淵）　かこうえん
3世紀，中国，三国時代・魏の武将。夏侯惇の族弟。沛国・譙（江蘇省）出身。曹操に従って功をたてる。
⇒コン2（夏侯淵　かこうえん　?–219）
　コン3（夏侯淵　かこうえん　?–219）
　三国（夏侯淵　かこうえん）
　三全（夏侯淵　かこうえん　?–219）

夏侯恩（夏候恩）　かこうおん
3世紀，中国，三国時代，曹操の側近。
⇒三国（夏侯恩　かこうおん）
　三全（夏侯恩　かこうおん　?–208）

夏侯咸（夏候咸）　かこうかん
3世紀頃，中国，三国時代，魏の将。
⇒三国（夏侯咸　かこうかん）
　三全（夏侯咸　かこうかん　生没年不詳）

何香凝　かこうぎ
⇨何香凝（かこうぎょう）

何香凝　かこうぎょう
19・20世紀，中国の女性革命家。広東省南海県出身。廖承志の母。孫文の革命運動に参加。夫，廖仲愷の暗殺後も，国民党左派として活動。
⇒華人　(何香凝　かこうぎょう　1878–1972)
　角世　(何香凝　かこうぎょう　1878–1972)
　近中　(何香凝　かこうぎょう　1878.6.27–1972.9.1)
　コン2　(何香凝　かこうぎょう　1879–1972)
　コン3　(何香凝　かこうぎょう　1878–1972)
　世女　(何香凝　かこうぎょう　1878–1972)
　世女日　(何香凝　1878–?)
　世東　(何香凝　かこうぎょう　1878–1972)
　世百　(何香凝　かこうぎょう　1878–)
　全書　(何香凝　かこうぎょう　1878–1972)
　中国　(何香凝　かこうぎょう　1878–1972)
　中人　(何香凝　かこうぎょう　1878–1972.9.1)
　日人　(何香凝　かこうぎょう　1878–1972)
　百科　(何香凝　かこうぎょう　1878–1972)
　評世　(何香凝　かこうぎ　1877–1972)

夏侯傑(夏候傑)　かこうけつ
3世紀頃，中国，三国時代，曹操の部将。
⇒三国　(夏侯傑　かこうけつ)
　三全　(夏侯傑　かこうけつ　生没年不詳)

夏侯玄(夏候玄)　かこうげん
3世紀，中国，三国時代・魏の政治家。司馬氏を打倒しようとして失敗し，処刑された。
⇒コン2　(夏侯玄　かこうげん　209–254)
　コン3　(夏侯玄　かこうげん　209–254)
　三国　(夏侯玄　かこうげん)
　三全　(夏侯玄　かこうげん　?–254)

何皇后　かこうごう
2世紀，中国，後漢の霊帝の皇后。南陽・宛(河南省)出身。実子を即位させ(少帝)，皇太后として実権を握る。
⇒コン2　(何皇后　かこうごう　?–189)
　コン3　(何皇后　かこうごう　?–189)
　三国　(何皇后　かこうごう)
　三全　(何太后　かたいごう　?–189)
　世女日　(何皇后　かこうごう　HE huanghou　?–189)

夏皇后　かこうごう*
12世紀，中国，南宋，孝宗の皇妃。
⇒中皇　(夏皇后　?–1167)

賈皇后　かこうごう
3世紀，中国，西晋第2代恵帝の皇后。平陽(河南省)出身。賈充の娘。武帝の死後，独裁権を掌握。
⇒コン2　(賈皇后　かこうごう　257–300)
　コン3　(賈皇后　かこうごう　257–300)
　世女日　(賈皇后　CHIA huanghou　257–300)
　中皇　(賈皇后　258–300)

夏侯尚(夏候尚)　かこうしょう
3世紀，中国，三国時代，魏の将。字は伯仁(はくじん)。

⇒三国　(夏侯尚　かこうしょう)
　三全　(夏侯尚　かこうしょう　?–218)

夏侯存(夏候存)　かこうそん
3世紀，中国，三国時代，魏の武将。
⇒三国　(夏侯存　かこうそん)
　三全　(夏侯存　かこうそん　?–219)

夏侯惇(夏候惇)　かこうとん
3世紀，中国，三国時代・魏の武将。沛国・譙(江蘇省)出身。曹操の親族として親任され，呂布・孫権との対戦で功をたてる。
⇒コン2　(夏侯惇　かこうとん　?–220)
　コン3　(夏侯惇　かこうとん　?–220)
　三国　(夏侯惇　かこうとん)
　三全　(夏侯惇　かこうとん　?–220)

夏侯覇(夏候覇)　かこうは
3世紀，中国，三国時代，夏侯淵の長子。魏の将。字は仲権(ちゅうけん)。
⇒三国　(夏侯覇　かこうは)
　三全　(夏侯覇　かこうは　?–262)

夏侯蘭(夏候蘭)　かこうらん
3世紀，中国，三国時代，曹操の部将。
⇒三国　(夏侯蘭　かこうらん)
　三全　(夏侯蘭　かこうらん　?–208)

賀国強　がこくきょう
20世紀，中国共産党中央政治局常務委員，中央紀律検査委員会書記。
⇒中重　(賀国強　がこくきょう　1943.10–)
　中人　(賀国強　がこくきょう　1944–)
　中二　(賀国強　がこくきょう　1943.10–)

賀国光　がこくこう
19・20世紀，中国の軍人。字は元靖。湖北省蒲圻出身。抗戦中重慶・成都行営主任，重慶市長など首都の守を固めた。終戦後西康省主席。
⇒外国　(賀国光　がこくこう　1884–)
　中人　(賀国光　がこくこう　1885–1969)

嘉国公主　かこくこうしゅ*
12世紀，中国，南宋，孝宗の娘。
⇒中皇　(嘉国公主　?–1162)

何克全　かこくぜん
20世紀，中国共産党の活動家。別名は凱豊。江西省出身。党中央政治局員・同宣伝部長など歴任。著書『民族統一戦線教程』。
⇒コン3　(何克全　かこくぜん　1905–1955)
　中人　(何克全　かこくぜん　1906–1955)

何国宗　かこくそう
16・17世紀，中国，清代の官人，科学者。康熙帝の勅命によって『暦象考成』編纂にあたった。
⇒名著　(何国宗　かこくそう)

華国鋒　かこくほう
20世紀，中国の政治家。1968年2月湖南省革委会準備小組副組長。69年4月9期中央委。76年首相，同年「四人組」を追放し党主席，80年12月解任される。
- ⇒岩ケ　(華国鋒　かこくほう　1920-)
- 旺世　(華国鋒　かこくほう　1921-)
- 角世　(華国鋒　かこくほう　1921-)
- 現人　(華国鋒　かこくほう〈ホワクオフォン〉1920-)
- 広辞5　(華国鋒　かこくほう　1921-)
- 広辞6　(華国鋒　かこくほう　1921-2008)
- コン3　(華国鋒　かこくほう　1920-)
- 最世　(華国鋒　かこくほう　1921-)
- 世人　(華国鋒　かこくほう　1921-)
- 世政　(華国鋒　かこくほう　1921.2-)
- 世東　(華国鋒　かこくほう　?-)
- 全書　(華国鋒　かこくほう　1921-)
- 大百　(華国鋒　かこくほう〈ホワクオフォン〉1921-)
- 中人　(華国鋒　かこくほう　1921-)
- ナビ　(華国鋒　かこくほう　1921-)
- 評世　(華国鋒　かこくほう　1921-)
- 山世　(華国鋒　かこくほう　1921-)

ガザリ・シャフィ　Ghazali bin Shafie, Tan Sri Muhammad
20世紀，マレーシアの政治家。マレーシア外相。
- ⇒世政　(ガザリ・シャフィ　1922-)

カーザーン　Kāzān
14世紀，チャガタイ・ハン国末期の君主(在位1343〜46)。
- ⇒世東　(カーザーン　?-1346)
- 大百　(カザン・カン　?-1346)

カザーン　Qazan
14世紀，チャガタイ・ハン国のハン。在位1343-1346。
- ⇒統治　(カザーン　(在位)1343-1346)

ガーザーン(合賛)　Ghāzān
13・14世紀，イル・ハン国の第7代ハン(在位1295〜1304)。同国の最盛期を現出。
- ⇒旺世　(ガザン=ハン　1271-1304)
- 外国　(ガーザーン・ハーン　1271-1304)
- 角世　(ガザン・ハン　1271-1304)
- 広辞4　(ガーザーン〔合賛〕　1271-1304)
- 広辞6　(ガーザーン　1271-1304)
- 皇帝　(ガザン・ハン　1271-1304)
- 国小　(カザン・ハン〔合賛汗〕　1271-1304.5.17)
- コン2　(ガーザーン・ハーン　1271-1304)
- コン3　(ガザン・ハーン　1271-1304)
- 人物　(ガーザーン　1271.12.4-1304.5.17)
- 西洋　(ガーザーン・マハムード　1271.12.4-1304.5.17)
- 世人　(ガザン=ハン　1271-1304)
- 世東　(ガーザーン・ハーン　1271-1304)
- 世百　(ガーザーン　1271-1304)
- 全書　(ガザン・ハーン　1271-1304)
- 大辞　(ガザン　1271-1304)
- 大辞3　(ガザン　1271-1304)
- デス　(ガーザーン・ハン　1271-1304)
- 伝世　(ガーザーン・ハーン　1271-1304.5.11)
- 統治　(ガザン(マフムード)　(在位)1295-1304)
- 百科　(ガーザーン・ハーン　1271-1304)
- 評世　(カザン汗　1271-1304)
- 歴史　(ガザン=ハン　1271-1304)

カザン・カン
⇨カーザーン

ガザン・ハン
⇨ガーザーン

夏時　かじ
15世紀頃，中国，明中期の政治家。字は以正。銭塘(浙江省)出身。均徭冊の作成などの税制改革や，地方政治に尽した。
- ⇒コン2　(夏時　かじ　生没年不詳)
- コン3　(夏時　かじ　生没年不詳)

賈士毅　かしき
19・20世紀，中国の財政家。江蘇省出身。1932年国民政府財政部常務次長となる。『民間財政史』を著わす。
- ⇒コン3　(賈士毅　かしき　1887-1965)
- 世東　(賈士毅　こしこく　1887-1965.7.9)
- 中人　(賈士毅　かしき　1887-1965)

賈思勰　かしきょう
6世紀頃，中国，後魏の官吏。山東省益都出身。高陽郡の太守となり，『斉民要術』を著す。
- ⇒旺世　(賈思勰　かしきょう　生没年不詳)
- 外国　(賈思勰　かしきょう)
- 国小　(賈思勰　かしきょう)
- コン2　(賈思勰　かしきょう　生没年不詳)
- コン3　(賈思勰　かしきょう　生没年不詳)
- 人物　(賈思勰　かしきょう　生没年不詳)
- 世人　(賈思勰　かしきょう　生没年不詳)
- 世東　(賈思勰　かしきょう　生没年不詳)
- 全書　(賈思勰　かしきょう　生没年不詳)
- 大百　(賈思勰　かしきょう　生没年不詳)
- 中国　(賈思勰　かしきょう)
- 伝記　(賈思勰　かしきょう)
- 評世　(賈思勰　かしきょう)
- 名著　(賈思勰　かしきょう　生没年不詳)

賀子珍　がしちん
20世紀，中国の毛沢東主席の2番目の夫人。別名は賀子貞。
- ⇒近人　(賀子珍　がしちん　1909.9-1984.4.19)
- 中人　(賀子珍　がしちん　?-1984.4.19)

何執中　かしつちゅう
11・12世紀，中国，北宋の政治家。字は伯通，諡は正献。処州・龍泉(浙江省)出身。蔡京を助け宰相となり，蔡京の政策を踏襲。
- ⇒コン2　(何執中　かしつちゅう　1043-1116)
- コン3　(何執中　かしつちゅう　1043-1116)

賈似道　かじどう
13世紀，中国，南宋末の宰相。字は師憲。理宗，

度宗, 恭帝の3代にわたって政権を握り, 1267年太師平章軍国重事。
⇒旺世（賈似道　かじどう　1213-1275）
　外国（賈似道　かじどう　1220-1275）
　角世（賈似道　かじどう　1213-1275）
　広辞4（賈似道　かじどう　1213-1275）
　広辞6（賈似道　かじどう　1213-1275）
　国小（賈似道　かじどう　1213(嘉定6)?-1275(徳祐1.10)）
　コン2（賈似道　かじどう　1213-1275）
　コン3（賈似道　かじどう　1213-1275）
　人物（賈似道　かじどう　1213-1275）
　世人（賈似道　かじどう　1213-1275）
　世東（賈似道　かじどう　1213-1275.10）
　世百（賈似道　かじどう　1220頃-1275）
　全書（賈似道　かじどう　1213-1275）
　大辞（賈似道　かじどう　1213-1275）
　大辞3（賈似道　かじどう　1213-1275）
　大百（賈似道　かじどう　1213-1275）
　中国（賈似道　かじどう　1213-1275）
　中史（賈似道　かじどう　1213-1275）
　伝記（賈似道　かじどう　1213-1275）
　百科（賈似道　かじどう　1213-1275）
　評世（賈似道　かじどう　1213-1275）
　山世（賈似道　かじどう　1213-1275）
　歴史（賈似道　かじどう　1213-1275）

賀若誼　がじゃくぎ
6世紀, 中国, 北周の遣突厥使。
⇒シル（賀若誼　がじゃくぎ　520-596）
　シル新（賀若誼　がじゃくぎ　520-596）

賀若弼　かじゃくひつ
6・7世紀, 中国, 隋の武将。字は輔伯。洛陽(河南省)出身。
⇒コン2（賀若弼　かじゃくひつ　544-607）
　コン3（賀若弼　かじゃくひつ　544-607）

ガジャ・マダ　Gajah Mada
14世紀, ジャワ, マジャパヒト王国の宰相(1331就任)。
⇒角世（ガジャ・マダ　?-1364）
　国小（ガジャ・マダ　?-1364）
　コン2（ガジャ・マダ　?-1364）
　コン3（ガジャ・マダ　?-1364）
　世人（ガジャ=マダ　?-1364）
　伝世（ガジャ・マダ　?-1364）
　東ア（ガジャマダ　?-1364）
　百科（ガジャ・マダ　?-1364）
　歴史（ガジャ=マダ　1310?-1364）

賈充　かじゅう
3世紀, 中国, 西晋の政治家。平陽・襄陵(山西省)出身。賈逵の子。賈皇后の父。
⇒コン2（賈充　かじゅう　217-282）
　コン3（賈充　かじゅう　217-282）
　三国（賈充　かじゅう）
　三全（賈充　かじゅう　217-282）
　世百（賈充　かじゅう　217-282）
　百科（賈充　かじゅう　217-282）

何叔衡　かしゅくこう
19・20世紀, 中国共産党初期の革命家。文教・司法工作の専門家。湖南省出身。新民学会のメンバーで, 湖南省と上海で活動。
⇒近中（何叔衡　かしゅくこう　1876.5.27-1935.2.24）
　コン2（何叔衡　かしゅくこう　1875-1935）
　コン3（何叔衡　かしゅくこう　1876-1935）
　世東（何叔衡　かしゅくこう　1874-1934）
　中人（何叔衡　かしゅくこう　1876-1935）

賀取文　がしゅぶん
7世紀頃, 朝鮮, 高句麗から来日した使節。
⇒シル（賀取文　がしゅぶん　7世紀頃）
　シル新（賀取文　がしゅぶん）

夏恂　かじゅん, かしゅん
3世紀, 中国, 三国時代, 呉の部将。
⇒三国（夏恂　かしゅん）
　三全（夏恂　かじゅん　?-221）

賈春旺　かしゅんおう
20世紀, 中国の政治家。中国公安相, 中国共産党中央委員。最高人民検察院検察長, 党社会治安総合治理委員会副主任。
⇒世政（賈春旺　かしゅんおう　1938.5-）
　世東（賈春旺　こしゅんおう　1938.5-）
　中人（賈春旺　かしゅんおう　1938.5-）
　中二（賈春旺　かしゅんおう　1938.5-）

夏竦　かしょう
11世紀, 中国, 北宋の政治家。字は子喬, 諡は文荘。江州・徳安(江西省)出身。著に『文荘集』(36巻)など。
⇒コン2（夏竦　かしょう　?-1051）
　コン3（夏竦　かしょう　985-1051）

何承天　かしょうてん
4・5世紀, 中国, 南宋の学者, 政治家。東海・郯(山東省)出身。元嘉暦を作成。
⇒外国（何承天　かしょうてん　307-447）
　科史（何承天　かしょうてん　370-447）
　コン2（何承天　かしょうてん　370-447）
　コン3（何承天　かしょうてん　370-447）
　集世（何承天　かしょうてん　370(太和5)-447(元嘉24)）
　集文（何承天　かしょうてん　370(太和5)-447(元嘉24)）
　人物（何承天　かしょうてん　370-447）
　世東（何承天　かしょうてん　370-447）
　天文（何承天　かしょうてん　370-447）
　東仏（何承天　かしょうてん　370-447）
　歴史（何承天　かしょうてん　370-447）

哥舒翰　かじょかん
8世紀, 中国, 唐の武将。チュルク族チュルゲッシュ(突騎施)哥舒部族の後裔。吐蕃を討ち, 西平郡王に封ぜられた。
⇒角世（哥舒翰　かじょかん　?-757）
　国小（哥舒翰　かじかん　?-756(天宝15)）

かしよ

コン2 （哥舒翰　かじょかん　?-756)
コン3 （哥舒翰　かじょかん　?-756)
人物 （哥舒翰　かじょかん　?-756)
世東 （哥舒翰　かじょかん　?-756)
世百 （哥舒翰　かじょかん　?-756)
全書 （哥舒翰　かじょかん　?-756)
中国 （哥舒翰　かじょかん　?-756)
中史 （哥舒翰　かじょかん　?-757)
百科 （哥舒翰　かじょかん　?-757)
評世 （哥舒翰　かじょかん　?-756)
歴史 （哥舒翰　かじょかん　?-756(天宝15))

何如璋　かじょしょう
19世紀, 中国, 清末期の外交官。字は璞山。広東省大埔県出身。1883年福州の船政大臣。
⇒コン2 （何如璋　かじょしょう　1838-1891)
　コン3 （何如璋　かじょしょう　1838-1891)
　日人 （何如璋　かじょしょう　1838-1891)

哥舒道元　かじょどうげん
8世紀頃, 中国, 唐のホータン実叉難陀送使。
⇒シル （哥舒道元　かじょどうげん　8世紀頃)
　シル新 （哥舒道元　かじょどうげん)

何処羅抜　かしょらばつ
7世紀頃, 中国, 唐の遣闕賓答礼使。
⇒シル （何処羅抜　かしょらばつ　7世紀頃)
　シル新 （何処羅抜　かしょらばつ)

何進　かしん
2世紀, 中国, 後漢の外戚。南陽・宛(河南省)出身。袁紹とともに宦官誅滅を謀って失敗。
⇒コン2 （何進　かしん　?-189)
　コン3 （何進　かしん　?-189)
　三国 （何進　かしん)
　三全 （何進　かしん　?-189)
　歴史 （何進　かしん　?-189(中平6))

果親王胤礼　かしんおういんれい*
18世紀, 中国, 清, 康熙帝の子。
⇒中皇 （果親王胤礼　?-1738)

花蕊夫人　かずいふじん
中国, 五代十国, 後蜀の後主の皇妃。
⇒中皇 （花蕊夫人)
　中史 （花蕊夫人　かずいふじん　生没年不詳)

カスマン　Kasman Singadimedja
20世紀, インドネシアの政治家, 軍人。中部ジャワの出身。1945年独立後中央保安隊(軍の前身)隊長。国会議長マシュミ党副議長等を歴任。
⇒コン3 （カスマン　1908-)

何成濬　かせいしゅん
19・20世紀, 中国の軍人。字は雪竹, 雪舟。
⇒コン3 （何成濬　かせいしゅん　1882-1961)

嘉靖帝（嘉靖帝）　かせいてい
⇨世宗(明)(せいそう)

何世礼　かせいれい
20世紀, 中国, 国民党政府の軍人。陳誠内閣の国防部次長を経て, 1950年中国駐日代表団長として日華媾和に奔走尽力した。
⇒世東 （何世礼　かせいれい　1902-)
　中人 （何世礼　かせいれい　1902-)

和碩長公主　カセキちょうこうしゅ*
17世紀, 中国, 清, 太宗(ホンタイジ)の娘。
⇒中皇 （和碩長公主　1632)

ガセ・ジクメ　Gyase Jigme
19・20世紀, ブータン王国の王。在位1926-1952。
⇒統治 （ガセ・ジクメ　(在位)1926-1952)

何会　かそう
2・3世紀, 中国, 晋の丞相。
⇒三全 （何会　かそう　199-278)

何曾　かそう
3世紀頃, 中国, 三国時代, 魏の臣。のち晋の丞相。
⇒三国 （何曾　かそう)

夏曾佑　かそうゆう
19・20世紀, 中国の啓蒙家, 史学家, 官僚。
⇒近中 （夏曾佑　かそうゆう　1863.11-1924.4.17)

賀祚慶　がそけい
8世紀頃, 朝鮮, 渤海靺鞨の遣唐賀正使。
⇒シル （賀祚慶　がそけい　8世紀頃)
　シル新 （賀祚慶　がそけい)

何太后　かたいこう
⇨何皇后(かこうごう)

賀多羅　がたら
6世紀頃, 中国, 北魏の遣北涼使。
⇒シル （賀多羅　がたら　6世紀頃)
　シル新 （賀多羅　がたら)

カダン（合丹, 哈丹）　Khadan
13世紀, モンゴル帝国の武将。バトゥのヨーロッパ遠征に従いハンガリーを攻撃。
⇒国小 （ハダン〔合丹〕(元初の)　?-1292)
　人物 （カダン〔哈丹〕　?-1262)
　世東 （カダン〔合丹, 哈丹〕　13世紀中頃)

雅丹　がたん
3世紀頃, 中国, 三国時代, 西羌の丞相。
⇒三国 （雅丹　がたん)
　三全 （雅丹　がたん　生没年不詳)

賈耽　かたん
8・9世紀, 中国, 唐の政治家, 地理学者。字は敦詩。『海内華夷図』『古今郡国道県四夷述』を著した。
⇒外国　(賈耽　かたん　730–805)
　広辞4　(賈耽　かたん　730–805)
　広辞6　(賈耽　かたん　730–805)
　国小　(賈耽　かたん　730 (開元18)–805 (永貞1))
　コン2　(賈耽　かたん　730–805)
　コン3　(賈耽　かたん　730–805)
　人物　(賈耽　かたん　730–805)
　世東　(賈耽　かたん　730–805)
　世百　(賈耽　かたん　730–805)
　全書　(賈耽　かたん　730–805)
　大辞　(賈耽　かたん　730–805)
　大辞3　(賈耽　かたん　730–805)
　大百　(賈耽　かたん　730–805)
　中国　(賈耽　かたん　730–805)
　中史　(賈耽　かたん　730–805)
　デス　(賈耽　かたん　730–805)
　百科　(賈耽　かたん　730–805)
　評世　(賈耽　かたん　730–805)
　歴史　(賈耽　かたん　730–805)

俄啖児　がたんじ
7世紀頃, チベット地方, 東女 (西チベット) 国王。692 (長寿1) 年唐に来朝。
⇒シル　(俄啖児　がたんじ　7世紀頃)
　シル新　(俄啖児　がたんじ)

賀衷寒　がちゅうかん
20世紀, 中国の政治家。湖南省に生まる。1962〜65年, 中国国民党中央政策委員会委員長。66年, 行政院政務委員。著書『中国問題の原因』『交通管理に関して』など。
⇒近中　(賀衷寒　がちゅうかん　1900.1.5–1972.5.9)
　世東　(賀衷寒　がちゅうかん　1900.1.5–)
　中人　(賀衷寒　がちゅうかん　1900.1.5–1972)

何長工　かちょうこう
20世紀, 中国の革命家。
⇒近中　(何長工　かちょうこう　1900.12.8–1987.12.29)
　中人　(何長工　かちょうこう　1900–1987.12.29)

賀長齢　がちょうれい
18・19世紀, 中国, 清の官僚。湖南省出身。ケシ栽培の禁止, 綿花栽培, 紡織・養蚕の普及に努める。
⇒外国　(賀長齢　がちょうれい　1785–1848)
　コン2　(賀長齢　がちょうれい　1785–1850)
　コン3　(賀長齢　がちょうれい　1785–1848)
　中史　(賀長齢　がちょうれい　1785–1848)

葛　かつ
8世紀頃, 中央アジア, 寧遠 (フェルガナ) の入唐使節。
⇒シル　(葛　かつ　8世紀頃)
　シル新　(葛　かつ)

葛栄　かつえい
6世紀, 中国, 南北朝・北魏の皇帝。
⇒中皇　(葛栄　?–528)

葛王忒隣　かつおうとんりん＊
中国, 金, 章宗の子。
⇒中皇　(葛王忒隣)

楽毅　がっき
⇨楽毅 (がくき)

羯漫陀　かつまんだ
7世紀頃, 中央アジア, 突厥 (チュルク) の降将。
⇒シル　(羯漫陀　かつまんだ　7世紀頃)
　シル新　(羯漫陀　かつまんだ)

葛雍　かつよう
3世紀, 中国, 三国時代, 揚州で反乱した毋丘倹配下の将。
⇒三国　(葛雍　かつよう)
　三全　(葛雍　かつよう　?–255)

葛邏支　かつら
8世紀頃, ウイグルの授将。唐に派遣された。
⇒シル　(葛邏支　かつら　8世紀頃)
　シル新　(葛邏支　かつら)

葛立方　かつりっぽう
中国, 宋代の文人, 官吏。字は常之。江蘇省丹陽出身。詩論書『韻語春秋』, 文集『帰愚集』がある。
⇒外国　(葛立方　かつりっぽう)
　中芸　(葛立方　かつりっぽう　?–1164)

カツロク・カガン (葛勒可汗)　Ko-lê K'ê-han
8世紀, ウイグル帝国の第2代カガン (在位747〜759)。本名はマエンテツ (磨延啜)。唐から贈られた号は英武威遠。
⇒皇帝　(カツロク・カガン　?–759)
　国小　(カツロク・カガン〔葛勒可汗〕　?–759)
　中国　(葛勒可汗　かつろく・カガン　?–759)

貨狄　かてき
中国古代の伝説で, 黄帝の臣。化狄とも書く。共鼓と共に初めて舟を作るという。
⇒広辞4　(貨狄・化狄　かてき)
　広辞6　(貨狄, 化狄　かてき)
　大辞　(貨狄 (化狄)　かてき)
　大辞3　(貨狄 (化狄)　かてき)

何天烱　かてんけい
19・20世紀, 中国の革命家。貴州興義出身。広東同盟会会長。辛亥革命が起きると, 孫文の駐日代表となる。
⇒世東　(何天烱　かてんけい　?–1925)
　中人　(何天烱　かてんけい　1877–1925)

夏斗寅　かとういん
19・20世紀, 中国の国民党の指導者, 軍人。
⇒近中（夏斗寅　かとういん　1886.1.14–1951.6.23）

何騰蛟　かとうこう
17世紀, 中国, 明末期の官僚。字は雲従, 諡は文烈。黎平衛（貴州省）出身。明の復興を誓い, 福王・唐王・桂王を相次いで擁立, 抗戦して敗死。
⇒コン2（何騰蛟　かとうこう　?–1649）
　コン3（何騰蛟　かとうこう　1592–1649）

嘉徳帝姫　かとくていき
中国, 北宋, 徽宗（きそう）の娘。
⇒中皇（嘉徳帝姫）

賈徳耀　かとくよう
19・20世紀, 中国の安徽派の軍人指導者・北京政府国務総理。
⇒近中（賈徳耀　かとくよう　1880–1940.12）

カトリ，パドマ　Khatri, Padma Bahadur
20世紀, ネパール外相。
⇒世政（カトリ，パドマ　1915–1985.7.19）

ガニ　Gani, Adnan K.
20世紀, インドネシアの国民党指導者, 医師, 実業家。パレンバンの出身。1947～48年シャフリルに協力し副首相。
⇒コン3（ガニ　?–）

奇奴知　がぬち
6世紀頃, 朝鮮, 百済から来日した使節。
⇒シル（奇奴知　がぬち　6世紀頃）
　シル新（奇奴知　がぬち）

賀抜岳　がばつがく
6世紀, 中国, 北朝後魏の武将。北族出身。高歓につき, 関隴地域の大都督となる。
⇒コン2（賀抜岳　がばつがく　?–534）
　コン3（賀抜岳　がばつがく　?–534）

賈範　かはん
3世紀, 中国, 三国時代, 遼東の公孫淵の副将。
⇒三国（賈範　かはん）
　三全（賈範　かはん　?–238）

賈謐　かひつ
3世紀, 中国, 西晋の政治家。平陽・襄陵（山西省）の生れ。母は賈充の娘。
⇒コン2（賈謐　かひつ　?–300）
　コン3（賈謐　かひつ　?–300）

軻比能　かひのう
3世紀, 鮮卑の君主。チャハルおよび山西北部を支配したが, 魏の刺客に殺された。

⇒国小（軻比能　かひのう　?–235）
　三国（軻比能　かひのう）
　三全（軻比能　かひのう　生没年不詳）

何苗　かびょう
2世紀, 中国, 三国時代, 大将軍何進の弟。
⇒三国（何苗　かびょう）
　三全（何苗　かびょう　?–189）

何武　かぶ
前1世紀頃, 中国, 前漢の臣。四川出身。字は君公。宣帝に召され, 大司空に至ったが, 哀帝の時王莽に誣されて自殺。
⇒人物（何武　かぶ　?–3）
　世東（何武　かぶ　前1世紀後半）

カプガン・カガン（黙啜可汗）
7・8世紀, 中央アジア, 突厥（復興後の）のカガン（在位691～716）。奚, 契丹, キルギスなどの諸部を破り, 領域を拡大。東西交通の要地を押え, 突厥の隆盛をもたらした。
⇒角世（カプガン・カガン〔黙啜可汗〕　?–716）
　国小（モクテツ・カガン〔黙啜可汗〕　?–716）
　コン2（カパガン・カガン　?–716）
　コン3（カパガン・カガン〔黙啜可汗〕　?–716）
　世百（黙啜可汗　もくてつカガン　?–716）
　全書（カプガン・ハガン　?–716）
　評世（ベクチュール＝カカン〔黙啜可汗〕　?–715）

賈復　かふく
1世紀, 中国, 後漢の武将。南陽・冠軍（河南省）出身。26年赤眉の農民反乱を鎮圧。
⇒コン2（賈復　かふく　?–55）
　コン3（賈復　かふく　?–55）

賀福延　がふくえん
9世紀頃, 渤海から来日した使節。
⇒シル（賀福延　がふくえん　9世紀頃）
　シル新（賀福延　がふくえん）

ガフロフ　Ghafurov, Bobojon
20世紀, タジキスタンの歴史学者, 政治家。
⇒中ユ（ガフロフ　1908–1977）

戈宝権　かほうけん
20世紀, 中国のロシア文学研究家。1935年からモスクワに3年滞在, 帰国後『新華日報』編集者となり, 中ソ友好協会の仕事に努力。49年, 駐ソ大使館参事官となる。プーシキンなどロシア文学の翻訳が多数あり, 『蘇聯文芸講話』の著書もある。
⇒外国（戈宝権　かほうけん　1912–）
　中芸（戈宝権　かほうけん　1912–）
　中人（戈宝権　かほうけん　1913–）

ガマラ（甘麻剌）　Gamala
13・14世紀, 中国, 元の皇族。諡は光聖仁孝皇帝, 廟号は顕宗。世祖フビライの孫。

政治・外交・軍事篇

かまん

⇒国小（ガマラ〔甘麻刺〕　1263（中統4）–1302（太徳6））

何曼　かまん
2世紀，中国，三国時代，黄巾賊の残党黄邵の部下。
⇒三国（何曼　かまん）
　三全（何曼　かまん　?–194）

カミロフ, アブドゥラジズ　Kamilov, Abdulaziz Khufizovich
20世紀，ウズベキスタンの政治家。ウズベキスタン外相。
⇒世政（カミロフ，アブドゥラジズ　1947.11.16–）

カムスック・ケオラ　Khamsouk Keola
20世紀，ラオスの政治家，医師。ルアンプラバン生れ。1961年内戦時シエンクワンにプーマ政権を擁立し首相代理兼保健相，69年愛国中立勢力連盟委を設立し，以来議長。
⇒世東（カムスック・ケオラ　1908.8.8–）

カムタイ・シーパンドーン　Khamtay Siphandone
20世紀，ラオスの政治家，軍人。
⇒最世（カムタイ，シパンドン　1924–）
　世政（カムタイ・シパンドン　1924.2.8–）
　東ア（カムタイ・シーパンドーン　1924–）

カム・バ・トゥオック（琴伯尺）
ベトナム，潘延逢勤王党首麾下の将軍。
⇒ベト（Cam-Ba-Thuoc　カム・バ・トゥオック〔琴伯尺〕）

何孟雄　かもうゆう
20世紀，中国共産党初期の労働運動指導者。湖南省湘潭出身。
⇒近中（何孟雄　かもうゆう　1898–1931.2.7）
　コン3（何孟雄　かもうゆう　1898–1931）
　中人（何孟雄　かもうゆう　1898–1931）

華雄　かゆう
2世紀，中国，三国時代，董卓の部将。後漢の都尉。
⇒三国（華雄　かゆう）
　三全（華雄　かゆう　?–191）

賀耀組　がようそ
19・20世紀，中国，国民党政府の軍人。1931年以来国民党中央執行委員，41–42年大元帥副官。渡台後，何応欽内閣の政務委員に就任。
⇒世東（賀耀組　がようそ　1889–）
　中人（賀耀組　がようそ　1889–1961）

加羅　から
7世紀頃，朝鮮，済州島の耽羅から来日した使節。
⇒シル（加羅　から　7世紀頃）

シル新（加羅　から）

加良井山　からじょうざん
7世紀頃，朝鮮，新羅から来日した使節。
⇒シル（加良井山　からじょうざん　7世紀頃）
　シル新（加良井山　からじょうざん）

カラ・フラグ　Qara Hülegü
13世紀，チャガタイ・ハン国のハン。在位1242–1246, 1252（復位）。
⇒統治（カラ・フラグ　（在位）1242–1246, 1252（復位））

ガリ（噶礼）
17・18世紀，中国，清初期の満州人官僚。1696年ガルダン攻撃に功をたてた。
⇒コン2（ガリ〔噶礼〕　?–1714）
　コン3（ガリ　噶礼　?–1714）

カリム, アブドゥル　Karim, Abdul
20世紀，インドネシアのイスラム指導者，社会活動家，政治家。
⇒華人（カリム，アブドゥル　1905–1988）

カリモフ, イスラム　Karimov, Islam Abduganievich
20世紀，ウズベキスタンの政治家。ウズベキスタン大統領。
⇒世政（カリモフ，イスラム　1938.1.30–）
　中ユ（カリモフ　1938–）
　ロシ（カリモフ　1938–）

賀龍　がりゅう
20世紀，中国の政治家，軍人。長征に参加。1955年解放軍元帥。国防委員会副主席，国務院副総理などの要職にあったが文化大革命で失脚。
⇒外国（賀龍　がりゅう　1895–）
　角世（賀龍　がりゅう　1896–1969）
　近中（賀龍　がりゅう　1896.3.22–1969.6.9）
　現人（賀龍　がりゅう〈ホーロン〉　1896–?）
　広辞5（賀龍　がりゅう　1896–1969）
　広辞6（賀龍　がりゅう　1896–1969）
　国小（賀龍　がりゅう　1895（光緒21）–）
　コン3（賀龍　がりゅう　1896–1969）
　人物（賀龍　がりゅう　1896–）
　世東（賀龍　がりゅう　1897–）
　世百（賀龍　がりゅう　1896–1969）
　世百新（賀龍　がりゅう　1896–1969）
　全書（賀龍　がりゅう　1896–1969）
　大辞2（賀龍　がりゅう　1896–1969）
　大百（賀龍　がりゅう〈ホーロン〉　1895–1975）
　中国（賀龍　がりゅう　1896–1969）
　中人（賀龍　がりゅう　1896（光緒21）–1969）
　百科（賀龍　がりゅう　1896–1969）
　歴史（賀龍　がりょう　1896–1969）

賀龍　がりょう
⇨賀龍（がりゅう）

か

可妻 かる
7世紀頃，朝鮮，高句麗から来日した使節。
⇒シル（可妻　かる　7世紀頃）
　シル新（可妻　かる）

カルサンギャムツォ
⇨ダライ・ラマ7世

ガルシア　Garcia, Carlos Polestico
20世紀，フィリピンの政治家。大統領（1957〜61）。1954年4月大野=ガルシア覚書を交換。
⇒角世　（ガルシア　1896–1971）
　現人　（ガルシア　1896.11.4–1971.6.14）
　国小　（ガルシア　1896–1971.6.14）
　人物　（ガルシア　1896–）
　世東　（ガルシア　1896–）
　世百新（ガルシア　1896–1971）
　全書　（ガルシア　1896–1971）
　大百　（ガルシア　1896–1971）
　伝世　（ガルシア　1896–1971.6.16）
　二十　（ガルシア，カルロス・ポレスティコ　1896.11.4–1971.6.14）
　百科　（ガルシア　1896–1971）

ガルダン（噶爾丹）　Galdan
17世紀，ジュンガル王国のハン（在位1671〜97）。東トルキスタンを征服，88年外モンゴルに侵入して占領。
⇒旺世　（ガルダン　1645頃–1697）
　外国　（ガルダン〔噶爾丹〕　1649?–1697）
　角世　（ガルダン　1644–1697）
　広辞4（ガルダン〔噶爾丹〕　1644–1697）
　広辞6（ガルダン〔噶爾丹〕　1644–1697）
　国小　（ガルダン〔噶爾丹〕　1644–1697）
　コン2（ガルダン〔噶爾丹〕　1644頃–1697）
　コン3（ガルダン〔噶爾丹〕　1644頃–1697）
　人物　（ガルダン　1644–1697）
　世東　（ガルダン〔噶爾丹〕）
　世百　（ガルダン　1649?–1697）
　全書　（ガルダン　1649?–1697）
　大辞　（ガルダン　1644頃–1697）
　大辞3（ガルダン　1644頃–1697）
　中国　（ガルダン〔噶爾丹〕　1644–1697）
　中ユ　（ガルダン　1644–1697）
　デス　（ガルダン　1645頃–1697）
　伝記　（ガルダン〔噶爾丹〕　1644–1697）
　百科　（ガルダン　1645?–1697）
　評世　（ガルダン　1645/49–1697）
　山世　（ガルダン　1644–1697）
　歴史　（ガルダン〔噶爾丹〕　1644–1697）

ガルダンツェリン　Galdantsering
18世紀，モンゴルのオイラートのジュンガル部の長（在位1727–45）。
⇒角世　（ガルダンツェリン　?–1745）
　コン2（ガルダン・ツェレン〔噶爾丹策凌〕　?–1745）
　コン3（ガルダン・ツェレン〔噶爾丹策凌〕　?–1745）
　世百　（ガルダンツェリン　?–1745）
　全書　（ガルダンツェリン　?–1745）
　山世　（ガルダンツェリン　?–1745）

カルトスウィルヨ　Kartosuwirjo, Sukarmadji
20世紀，インドネシアの宗教・政治運動家。1948年西ジャワにダルル・イスラム（イスラム国家）運動を起こし，オランダ軍と，ついで共和国軍と戦った。
⇒コン3（カルトスウィルヨ　?–1962）
　全書　（カルドーゾ　1920–）
　二十　（カルドーゾ，E.　1920–）

カルドーゾ，E.
⇨カルトスウィルヨ

ガルビ（噶爾弼）　Garbi
18世紀，中国，清前期の満州人武将。諡は果毅。
⇒コン2（ガルビ〔噶爾弼〕　?–1735）
　コン3（ガルビ　噶爾弼　?–1735）

訶黎布失畢　かれいふしつひつ
7世紀頃，亀茲（クチャ）国王。長安に連行された。
⇒シル（訶黎布失畢　かれいふしつひつ　7世紀頃）
　シル新（訶黎布失畢　かれいふしつひつ）

賈魯　かろ
13・14世紀，中国，元末期の官吏。字は友恒。河東・高平（山西省）の生れ。
⇒コン2（賈魯　かろ　1297–1353）
　コン3（賈魯　かろ　1297–1353）

何魯之　かろし
20世紀，中国の西洋史学者，教育者，中国青年党の指導者。
⇒近中（何魯之　かろし　1891.2.28–1968.4.25）

河内部阿斯比多　かわちべのあしひた
6世紀頃，朝鮮，任那の使節。552（欽明13）年来日。
⇒シル（河内部阿斯比多　かわちべのあしひた　6世紀頃）
　シル新（河内部阿斯比多　かわちべのあしひた）

鑒　かん*
4世紀，中国，五胡十六国・後趙の皇帝（在位349〜350）。
⇒中皇（鑒　?–350）

咸安公主　かんあんこうしゅ
8・9世紀，中国，唐の皇女。第9代皇帝徳宗の第8女。ウイグルの武義成功可汗に嫁ぎ，21年間，4可汗のもとに置かれた。
⇒コン2（咸安公主　かんあんこうしゅ　?–808）
　コン3（咸安公主　かんあんこうしゅ　?–808）
　シル（咸安公主　かんあんこうしゅ　?–808）
　シル新（咸安公主　かんあんこうしゅ　?–808）
　世女日（咸安公主　XIANAN gongzhu　?–808）

桓彝　かんい
3世紀，中国，三国時代，呉の孫綝時代の尚書。

⇒三国（桓彝　かんい）
　三全（桓彝　かんい　?-258）

桓彝　かんい
3・4世紀, 中国, 南北朝・東晋の政治家。明帝に仕えた。
⇒世東（桓彝　かんい　276-328）

韓維　かんい
11世紀, 中国, 北宋の政治家, 文学者。字は持国。詩文集『南陽集』を残す。
⇒国小（韓維　かんい　1017（天禧1）-1098（元符）)
　コン2（韓維　かんい　1017-1098）
　コン3（韓維　かんい　1017-1098）
　世東（韓維　かんい　1017-1098）
　中国（韓維　かんい　1017-1098）
　歴史（韓維　かんい　1017-1098）

韓偉健　かんいけん
20世紀, 朝鮮の社会主義者。
⇒コン3（韓偉健　かんいけん　1896-1937）
　朝人（韓偉健　かんいけん　1896?-1937）

韓以礼　かんいれい
20世紀, 中国・天津地区義和団の著名な指導者。
⇒近中（韓以礼　かんいれい　?-1901）

関羽　かんう
3世紀, 中国, 三国時代・蜀の武将。河東（山西省）出身。字は雲長。劉備を助けその政権の確立のために努力した。
⇒岩ケ（関羽　かんう　?-219）
　旺世（関羽　かんう　?-219）
　外国（関羽　かんう　?-219）
　角世（関羽　かんう　?-219）
　広辞4（関羽　かんう　?-219）
　広辞6（関羽　かんう　?-219）
　国小（関羽　かんう　?-219（建安24））
　コン2（関羽　かんう　?-219）
　コン3（関羽　かんう　?-219）
　三国（関羽　かんう）
　三全（関羽　かんう　162-219）
　人物（関羽　かんう　?-219.10.1）
　世人（関羽　かんう　?-219）
　世東（関羽　かんう　?-219.10.1）
　世百（関羽　かんう　?-219）
　全書（関羽　かんう　?-219）
　大辞（関羽　かんう　?-219）
　大辞3（関羽　かんう　?-219）
　大百（関羽　かんう　?-219）
　中国（関羽　かんう　?-219）
　中史（関羽　かんう　?-219）
　デス（関羽　かんう　?-219）
　百科（関羽　かんう　?-219）
　評世（関羽　かんう　?-219）
　山世（関羽　かんう　?-219）
　歴史（関羽　かんう　?-219）

甘英　かんえい
1世紀, 中国, 後漢時代の西域都護。班超の命を受け, 97年通交を求めて大秦国（ローマ）に向かった。
⇒岩ケ（甘英　かんえい　1世紀）
　旺世（甘英　かんえい　生没年不詳）
　外国（甘英　かんえい）
　角世（甘英　かんえい　生没年不詳）
　広辞4（甘英　かんえい）
　広辞6（甘英　かんえい）
　国小（甘英　かんえい　生没年不詳）
　コン2（甘英　かんえい　生没年不詳）
　コン3（甘英　かんえい　生没年不詳）
　シル（甘英　かんえい　1世紀頃）
　シル新（甘英　かんえい）
　人物（甘英　かんえい　生没年不詳）
　世人（甘英　かんえい　生没年不詳）
　世東（甘英　かんえい　1世紀末頃）
　世百（甘英　かんえい　生没年不詳）
　全書（甘英　かんえい　生没年不詳）
　大辞（甘英　かんえい　生没年不詳）
　大辞3（甘英　かんえい　生没年不詳）
　大百（甘英　かんえい　生没年不詳）
　中国（甘英　かんえい　生没年不詳）
　デス（甘英　かんえい　生没年不詳）
　百科（甘英　かんえい　生没年不詳）
　評世（甘英　かんえい　生没年不詳）
　山世（甘英　かんえい　生没年不詳）
　歴史（甘英　かんえい　生没年不詳）

灌嬰　かんえい
前2世紀, 中国, 漢の高祖劉邦の将軍。
⇒中史（灌嬰　かんえい　?-前176）

韓延徽　かんえんき
9・10世紀, 中国, 遼の時代の大臣。
⇒中史（韓延徽　かんえんき　882-959）

甘延寿　かんえんじゅ
前1世紀頃, 中国, 前漢代の武将。西域都護として, 西域諸国を率いて匈奴の郅支単于を斬った。
⇒国小（甘延寿　かんえんじゅ　生没年不詳）
　シル（甘延寿　かんえんじゅ　前1世紀頃）
　シル新（甘延寿　かんえんじゅ）
　世東（甘延寿　かんえんじゅ　前1世紀頃）
　評世（甘延寿　かんえんじゅ　生没年不詳）

桓王　かんおう*
前8・7世紀, 中国, 東周の王（第14代, 在位前720～697）。
⇒統治（桓（桓王林）　Huan　（在位）前720-697）

簡王　かんおう*
前6世紀, 中国, 東周の王（第22代, 在位前586～572）。
⇒統治（簡（簡王夷）　Chien　（在位）前586-572）

漢王朱高煦　かんおうしゅこうく
15世紀頃, 中国, 明前期の皇族。永楽帝の第2子。1426年反乱を起こしたが, 宣徳帝の親征をうけて, 捕えられる。
⇒外国（高煦　こうく　?-1426）
　コン2（漢王朱高煦　かんおうしゅこうく　生没年不詳）

かんお

コン3（漢王朱高煦　かんおうしゅこうく　生没年不詳）
中皇（漢王朱高煦　?-1426）

簡王朱由樺　かんおうしゅゆうがく*
中国, 明, 泰昌帝の諸子。
⇒中皇（簡王朱由樺）

漢王趙元佐　かんおうちょうげんさ*
11世紀, 中国, 宋(北宋), 太宗(趙光義)の子。
⇒中皇（漢王趙元佐　?-1023）

漢王楊諒　かんおうようりょう*
7世紀, 中国, 隋, 文帝の子。
⇒中皇（漢王楊諒　?-604）

桓温　かんおん
4世紀, 中国, 東晋の政治家, 武将。安徽省譙国出身。字は元子, 諡は宣武。345年荊州の刺史となり, 蜀の成を滅ぼし, 前秦の軍を破り, さらに前燕を討った。
⇒外国（桓温　かんおん　312-373）
　角世（桓温　かんおん　312-373）
　広辞4（桓温　かんおん　312-373）
　広辞6（桓温　かんおん　312-373）
　国小（桓温　かんおん　313（建興1）-374（寧康2））
　コン2（桓温　かんおん　313-374）
　コン3（桓温　かんおん　313-374）
　人物（桓温　かんおん　312-373.7）
　世東（桓温　かんおん　312-373）
　世百（桓温　かんおん　312-373）
　大辞（桓温　かんおん　313-374）
　大辞3（桓温　かんおん　313-374）
　中皇（桓温　313-374）
　中国（桓温　かんおん　312-373）
　中史（桓温　かんおん　312-373）
　百科（桓温　かんおん　312-373）
　評世（桓温　かんおん　312-373）
　歴史（桓温　かんおん　312（永嘉6）-373（寧康1））

桓嘉　かんか
3世紀, 中国, 三国時代, 魏の将。
⇒三国（桓嘉　かんか）
　三全（桓嘉　かんか　?-253）

韓華　かんか
7世紀, 中国, 唐の遣突厥答礼使。
⇒シル（韓華　かんか　?-647）
　シル新（韓華　かんか　?-647）

管亥　かんがい
2世紀, 中国, 三国時代, 黄巾の残党。
⇒三国（管亥　かんがい）
　三全（管亥　かんがい　?-194）

韓澥　かんかい
9世紀頃, 中国, 唐の遣吐蕃判官。
⇒シル（韓澥　かんかい　9世紀頃）

シル新（韓澥　かんかい）

桓寛　かんかん
前1世紀, 中国, 前漢中期の学者, 官僚。字は次公。汝南(河南省南部)の出身。著書『塩鉄論(編)』。
⇒外国（桓寛　かんかん）
　広辞4（桓寛　かんかん）
　広辞6（桓寛　かんかん）
　中史（桓寛　かんかん　生没年不詳）
　中史（桓寛　かんかん　生没年不詳）
　名著（桓寛　かんかん　生没年不詳）

完顔希尹　かんがんきいん
⇨完顔希尹（ワンヤンキイン）

韓琦　かんき
11世紀, 中国, 北宋の政治家, 文学者。河南省相州安陽出身。字は稚圭, 諡は忠献。1058年宰相。詩人として著書『安陽集』,『韓魏公集』を残す。
⇒旺世（韓琦　かんき　1008-1075）
　外国（韓琦　かんき　1008-1075）
　角世（韓琦　かんき　1008-1075）
　広辞4（韓琦　かんき　1008-1075）
　広辞6（韓琦　かんき　1008-1075）
　国小（韓琦　かんき　1008（大中祥符1）-1075（熙寧8））
　コン2（韓琦　かんき　1008-1075）
　コン3（韓琦　かんき　1008-1075）
　人物（韓琦　かんき　1008-1075.6）
　世東（韓琦　かんき　1008-1075）
　世百（韓琦　かんき　1008-1075）
　全書（韓琦　かんき　1008-1075）
　大辞（韓琦　かんき　1008-1075）
　大辞3（韓琦　かんき　1008-1075）
　大百（韓琦　かんき　1008-1075）
　中芸（韓琦　かんき　1008-1075）
　中国（韓琦　かんき　1008-1075）
　中史（韓琦　かんき　1008-1075）
　中書（韓琦　かんき　1008-1075）
　百科（韓琦　かんき　1008-1075）
　評世（韓琦　かんき　1008-1075）

韓熙載（韓熙載）　かんきさい
10世紀, 中国, 五代の南唐の学者, 政治家。
⇒中芸（韓熙載　かんきさい　911-970）
　中国（韓熙載　かんきさい　911-970）
　中史（韓熙載　かんきさい　902-970）

韓休　かんきゅう
7・8世紀, 中国, 唐の政治家。諡は文忠。京兆・長安(陝西省)出身。剛直, 玄宗の誤りをいさめた。
⇒コン2（韓休　かんきゅう　672-739）
　コン3（韓休　かんきゅう　672-739）

毌丘倹（母丘倹）　かんきゅうけん
3世紀, 中国, 三国魏の官人出身の武将。明帝に仕え幽州刺史となる。244年高句麗軍を破り, 国都丸都城を陥れた。「ぶ(ば)きゅうけん」とも読む。

⇒角世 （毌丘倹　かんきゅうけん　?–255）
　国小 （毌丘倹　かんきゅうけん　?–255（正元2））
　コン2 （毌丘倹　かんきゅうけん　?–255）
　コン3 （毌丘倹　かんきゅうけん　?–255）
　三国 （毌丘倹　かんきゅうけん）
　三全 （毌丘倹　かんきゅうけん　?–255）
　世百 （毌丘倹　かんきゅうけん　?–255）
　中国 （毌丘倹　かんきゅうけん　?–255）
　朝鮮 （毌丘倹　かんきゅうけん　?–255）
　デス （毌丘倹　かんきゅうけん　?–255）
　百科 （毌丘倹　かんきゅうけん　?–255）

宦郷　かんきょう
20世紀，中国の対外政策の理論的指導者，国際政治経済学者。国際問題研究センター総幹事。
⇒近中 （宦郷　かんきょう　1919.11.2–1989.2.28）

韓莆子　かんきょし
2世紀，中国，三国時代，袁紹の部将。
⇒三国 （韓莆子　かんきょし）
　三全 （韓莆子　かんきょし　?–200）

韓擒虎　かんきんこ
6・7世紀，中国，北周・隋の政治家。字は子通。河南・東垣（河南省）出身。
⇒コン2 （韓擒虎　かんきんこ　生没年不詳）
　コン3 （韓擒虎　かんきんこ　538–592）

顔恵慶　がんけいけい
19・20世紀，中国の外交官。字は駿人。上海市出身。英・米公使，駐ソ大使などを歴任。戦後，国民政府委員，国共和平交渉にあたる。
⇒外国 （顔恵慶　がんけいけい　1877–1950）
　コン2 （顔恵慶　がんけいけい　1877–1950）
　コン3 （顔恵慶　がんけいけい　1877–1950）
　人物 （顔恵慶　がんけいけい　1877–1950.5.23）
　世東 （顔恵慶　がんけいけい　1877–1950.5.23）
　世百 （顔恵慶　がんけいけい　1877–1950）
　中人 （顔恵慶　がんけいけい　1877–1950）

韓圭卨（韓圭卨）　かんけいせつ
19・20世紀，朝鮮の政治家。忠清北道忠州出身。1896年皇帝のロシア公使館潜幸当時法部大臣，1904年議政府参政になった。のちに中枢院顧問官，宮内府特進官，併合後男爵になった。
⇒外国 （韓圭卨　かんけいせつ　1856–1930）
　コン3 （韓圭卨　かんけいせつ　?–1930）
　コン3 （韓圭卨　かんけいせつ　?–1930）
　朝人 （韓圭卨　かんけいせつ　?–1930）

桓玄　かんげん
4・5世紀，中国，東晋末の政治家。書家としても有名な教養人。
⇒角世 （桓玄　かんげん　369–404）
　中皇 （桓玄　369–404）
　中国 （桓玄　かんげん　369–404）
　中書 （桓玄　かんげん　369–404）
　百科 （桓玄　かんげん　369–404）
　歴史 （桓玄　かんげん　369（太和4）–404（元興3））

韓玄　かんげん
3世紀，中国，三国時代，長沙の太守。
⇒三国 （韓玄　かんげん）
　三全 （韓玄　かんげん　?–208）

桓彦範　かんげんはん
7・8世紀，中国，唐の政治家。字は士則，諡は忠烈。潤州・丹陽（江蘇省）出身。則天武后に仕えたが，挙兵，中宗を復位させる。のち，皇后韋氏に殺された。
⇒コン2 （桓彦範　かんげんはん　653–706）
　コン3 （桓彦範　かんげんはん　653–706）

桓公（斉）　かんこう
前7世紀，中国，春秋時代，斉の君主，春秋五覇の一（在位前685～643）。襄公の死後，斉侯となり，管仲を用いて富国強兵の実をあげた。
⇒旺世 （桓公　かんこう　?–前643）
　外国 （桓公　かんこう）
　角世 （桓公　かんこう　?–前643）
　広辞4（桓公　かんこう　?–前643）
　広辞6（桓公　かんこう　?–前643）
　皇帝 （桓公　かんこう　?–前643）
　コン2 （桓公　かんこう　?–前643）
　コン3 （桓公　かんこう　?–前643）
　三国 （桓公　かんこう）
　人物 （桓公　かんこう　?–前643.10）
　世人 （桓公　かんこう　?–前643）
　世東 （桓公　かんこう　?–前643.10）
　世百 （桓公　かんこう　?–前643）
　全書 （桓公　かんこう　?–前643）
　大辞 （桓公　かんこう　?–前643）
　大辞3（桓公　かんこう　?–前643）
　大百 （桓公　かんこう　?–前643）
　中国 （桓公　かんこう　（在位）前685–643）
　中史 （桓公（斉）　かんこう　?–前643）
　デス （桓公　かんこう　?–前643）
　百科 （桓公　かんこう　?–前643）
　評世 （桓公　かんこう　?–前643）
　山世 （桓公　かんこう　?–前643）
　歴史 （桓公（斉）　かんこう　?–前643（桓公43））

韓浩　かんこう
3世紀，中国，三国時代，曹操の部将。
⇒三国 （韓浩　かんこう）
　三全 （韓浩　かんこう　?–218）

韓滉　かんこう
8世紀，中国，唐の政治家。陝西省出身。字は太沖。粛宗に仕え，監察御史として活躍。
⇒外国 （韓滉　かんこう　723–787）
　国小 （韓滉　かんこう　722（開元10）–787（貞元3））
　コン2 （韓滉　かんこう　722–787）
　コン3 （韓滉　かんこう　723–787）
　新美 （韓滉　かんこう　723（唐・開元11）–787（貞元3））
　世東 （韓滉　かんこう　723–787）
　世百 （韓滉　かんこう　723–787）
　全書 （韓滉　かんこう　723–778）
　中国 （韓滉　かんこう　722–787）
　中史 （韓滉　かんこう　723–787）

百科　(韓滉　かんこう　723-787)
評世　(韓滉　かんこう　722-787)

韓絳　かんこう
　11世紀, 中国, 北宋の政治家。字は子華, 諡は
　献粛公。開封・雍丘の出身。韓維の兄。
　⇒コン2　(韓絳　かんこう　1012-1088)
　　コン3　(韓絳　かんこう　1012-1088)

関向応　かんこうおう
　20世紀, 中国の政治家。遼寧省の生れ。長征に
　参加。日中戦争中, 八路軍政治委員として賀龍
　を助けて活躍。
　⇒近中　(関向応　かんこうおう　1904.9.18-1946.7.
　　21)
　　コン3　(関向応　かんこうおう　1902-1946)
　　中人　(関向応　かんこうおう　1904-1946)

顔杲卿　がんこうけい
　7・8世紀, 中国, 唐の忠臣。山東出身。山東の
　名族顔氏の出身で, 初め安禄山に用いられて常
　山の太守となった。
　⇒広辞4　(顔杲卿　がんこうけい　692-756)
　　広辞6　(顔杲卿　がんこうけい　692-756)
　　国小　(顔杲卿　がんこうけい　692(嗣聖9)-756
　　　(至徳1))
　　コン2　(顔杲卿　がんこうけい　692-756)
　　コン3　(顔杲卿　がんこうけい　692-756)
　　人物　(顔杲卿　がんこうけい　692-756)
　　世東　(顔杲卿　がんこうけい　692-756)
　　世百　(顔杲卿　がんこうけい　692-756)
　　全書　(顔杲卿　がんこうけい　692-756)
　　大辞　(顔杲卿　がんこうけい　692-756)
　　大辞г　(顔杲卿　がんこうけい　692-756)
　　大百　(顔杲卿　がんこうけい　692-756)
　　中史　(顔杲卿　がんこうけい　692-756)
　　評世　(顔杲卿　がんこうけい　692-756)
　　歴史　(顔杲卿　がんこうけい　692-756)

康克清　カンコーチン
　⇨康克清　(こうこくせい)

含嵯　がんさ
　8世紀頃, 西アジア, 黒衣大食 (アッバース朝)
　の朝貢使。798 (貞元14) 年来唐。
　⇒シル　(含嵯　がんさ　8世紀頃)
　　シル新　(含嵯　がんさ)

韓山童　かんざんどう, かんさんどう
　14世紀, 中国, 元末の紅巾軍の首領。河北省欒
　城出身。白蓮会で民衆の布教に努め, 農民の間
　に多くの信徒を得た。
　⇒旺世　(韓山童　かんざんどう　?-1351)
　　広辞4　(韓山童　かんざんどう　?-1351)
　　広辞6　(韓山童　かんざんどう　?-1351)
　　国小　(韓山童　かんざんどう　?-1351 (至正11))
　　コン2　(韓山童　かんざんどう　?-1351)
　　コン3　(韓山童　かんざんどう　?-1351)
　　人物　(韓山童　かんざんどう　?-1351)
　　世人　(韓山童　かんざんどう　?-1351)
　　世東　(韓山童　かんざんどう　?-1351)
　　全書　(韓山童　かんざんどう　?-1351)

中国　(韓山童　かんざんどう　?-1351)
評世　(韓山童　かんさんどう　?-1351)
歴史　(韓山童　かんさんどう　?-1351)

管子　かんし
　⇨管仲 (かんちゅう)

邯子　かんし
　7世紀頃, 朝鮮, 高句麗から来日した使節。
　⇒シル　(邯子　かんし　7世紀頃)
　　シル新　(邯子　かんし)

甘泗淇　かんしき
　20世紀, 中国の軍人。湖南省出身。1953年人民
　解放軍総政治部副主任。
　⇒コン3　(甘泗淇　かんしき　1903-1964)
　　中人　(甘泗淇　かんしき　1903-1964)

緩邵　かんしょう
　中国, 魏の珍虜将軍。
　⇒三全　(緩邵　かんしょう　生没年不詳)

韓昌　かんしょう
　前1世紀頃, 中国, 前漢の遣匈奴答礼使。
　⇒シル　(韓昌　かんしょう　前1世紀頃)
　　シル新　(韓昌　かんしょう)

韓杼浜　かんじょひん
　20世紀, 中国の政治家。中国最高人民検察院検
　察長, 中国法学会会長。
　⇒世政　(韓杼浜　カンチョヒン　1932.2-)
　　中軍　(韓杼浜　かんじょひん　1932.2-)
　　中人　(韓杼浜　かんちょひん　?-)

康生　カンション
　⇨康生 (こうせい)

韓信　かんしん
　前3・2世紀, 中国, 漢の高祖の勇将。江蘇省淮
　陰県の人。蕭何・張良とともに漢の三傑の一人。
　劉邦のもとで華北を平定。
　⇒旺世　(韓信　かんしん　?-前196)
　　外国　(韓信　かんしん　?-前196)
　　角世　(韓信　かんしん　?-前196)
　　広辞4　(韓信　かんしん　?-前196)
　　広辞6　(韓信　かんしん　?-前196)
　　国小　(韓信　かんしん　?-前196 (高祖11))
　　コン2　(韓信　かんしん　?-前196)
　　コン3　(韓信　かんしん　?-前196)
　　三国　(韓信　かんしん)
　　人物　(韓信　かんしん　?-前196)
　　世東　(韓信　かんしん　?-前196)
　　世百　(韓信　かんしん　?-前196)
　　全書　(韓信　かんしん　?-前196)
　　大辞　(韓信　かんしん　?-前196)
　　大辞3　(韓信　かんしん　?-前196)
　　大百　(韓信　かんしん　?-前196)
　　中国　(韓信　かんしん　?-前196)
　　中史　(韓信　かんしん　?-前196)
　　デス　(韓信　かんしん　?-前196)
　　百科　(韓信　かんしん　?-前196)

評世（韓信　かんしん　?-前196）
歴史（韓信　かんしん　?-前196）

韓嵩　かんすう
3世紀頃、中国、三国時代、荊州の劉表の幕僚。
⇒三国（韓嵩　かんすう）
　三全（韓嵩　かんすう　生没年不詳）

韓世忠　かんせいちゅう
11・12世紀、中国、南宋の武将。字は良臣、諡は忠武。高宗南渡のとき、10万の金軍を鎮江に大破。死後太師を贈られる。
⇒外国（韓世忠　かんせいちゅう　1089-1151）
　角世（韓世忠　かんせいちゅう　1089-1151）
　広辞6（韓世忠　かんせいちゅう　1088-1151）
　国小（韓世忠　かんせいちゅう　1089（天祐4）-1151（紹興21.8.5））
　コン2（韓世忠　かんせいちゅう　1088-1151）
　コン3（韓世忠　かんせいちゅう　1089-1151）
　人物（韓世忠　かんせいちゅう　1088-1151）
　世東（韓世忠　かんせいちゅう　1089-1151）
　中国（韓世忠　かんせいちゅう　1088-1151）
　中史（韓世忠　かんせいちゅう　1089-1151）
　評世（韓世忠　かんせいちゅう　1089-1151）
　歴史（韓世忠　かんせいちゅう　1089（元祐4）-1151（紹興21））

韓詮　かんせん
⇨ハン・テュエン

韓暹　かんせん
2世紀、中国、三国時代、もと「白波の賊」の頭目。征東将軍。
⇒三国（韓暹　かんせん）
　三全（韓暹　かんせん　?-197）

韓先楚　かんせんそ
20世紀、中国の軍人、政治家。湖北省礼山出身。1950年解放後東北連合参謀部副参謀長。
⇒現人（韓先楚　かんせんそ〈ハンシエンチュー〉1911-）
　世東（韓先楚　かんせんそ　1912-）
　中人（韓先楚　かんせんそ　?-1986.10.3）

桓宗　かんそう*
12・13世紀、中国、西夏の皇帝。在位1193〜1206。
⇒統治（桓宗　Huan Tsung　(在位)1193-1206）

韓綜　かんそう
3世紀、中国、三国時代、魏の将。
⇒三国（韓綜　かんそう）
　三全（韓綜　かんそう　?-253）

姜成山　カンソンサン
20世紀、北朝鮮の政治家。1969年平壌市党責任秘書、75年政務院副総理、80年政治局委員などを経て、84年総理。92年総理に再任。
⇒韓国（姜成山　カンソンサン　1931-）
　世政（姜成山　カンソンサン　1931.3.3-）
　朝人（姜成山　きょうせいざん　1926-）

咸台永　かんたいえい
⇨咸台永（ハムテヨン）

甘乃光　かんだいこう
20世紀、中国の政治家。広東省梧州出身。国民党左派として活躍。1931年国民党各派の合作成立とともに中央執行委員。戦後、駐オーストラリア大使など歴任。
⇒外国（甘乃光　かんだいこう　1885-）
　近中（甘乃光　かんだいこう　1897-1956.9.30）
　コン3（甘乃光　かんだいこう　1897-1956）
　中人（甘乃光　かんだいこう　1897-1956）

簡大獅　かんだいし
20世紀、中国、緑林出身の抗日運動の指導者。
⇒近中（簡大獅　かんだいし　?-1901.3.29）

韓退之　かんたいし
⇨韓愈（かんゆ）

韓侂冑（韓佗冑，韓佗冑）　かんたくちゅう
12・13世紀、中国、南宋の政治家。字は節夫。安陽（河南省）出身。韓琦の曾孫。1206年北辺をモンゴルに脅かされた金を討とうと開戦したが、敗れた。
⇒外国（韓侂冑　かんたくちゅう　?-1207）
　角世（韓侂冑　かんたくちゅう　?-1207）
　コン2（韓侂冑　かんたくちゅう　?-1207）
　コン3（韓侂冑　かんたくちゅう　1152-1207）
　人物（韓侂冑　かんたくちゅう　?-1207）
　世東（韓侂冑　かんたくちゅう　?-1207）
　世百（韓侂冑　かんたくちゅう　?-1207）
　全書（韓侂冑　かんたくちゅう　?-1207）
　大百（韓侂冑　かんたくちゅう　?-1207）
　中国（韓侂冑　かんたくちゅう　?-1207）
　中史（韓侂冑　かんたくちゅう　1152-1207）
　百科（韓侂冑　かんたくちゅう　1152-1207）
　評世（韓侂冑　かんたくちゅう　?-1207）
　歴史（韓侂冑　かんたくちゅう　?-1207）

カンチェネ
18世紀、チベットの宰相。ジュンガル軍との戦いに功をたてたが、貴族層の反乱で虐殺された。
⇒コン2（カンチェネ　?-1727）
　コン3（カンチェネ　?-1727）

管仲　かんちゅう
前7世紀、中国、春秋時代・斉の政治家、思想家。名は夷吾、仲は字。桓公に仕え、斉の富国強兵化に貢献。北方の夷狄、南方の楚を撃退。
⇒逸話（管仲　かんちゅう　?-前645）
　旺世（管仲　かんちゅう　?-前645）
　外国（管仲　かんちゅう）
　教育（管子　かんし）
　広辞4（管仲　かんちゅう　?-前645）
　広辞6（管仲　かんちゅう　?-前645）
　国小（管仲　かんちゅう　?-前645（桓公41））
　コン2（管仲　かんちゅう　?-前645）
　コン3（管仲　かんちゅう　?-前645）

三国　(管仲　かんちゅう)
人物　(管仲　かんちゅう　?-前645)
世東　(管仲　かんちゅう　?-前645)
世百　(管仲　かんちゅう　?-前645)
全書　(管仲　かんちゅう　?-前645)
大辞　(管仲　かんちゅう　?-前645)
大辞3　(管仲　かんちゅう　?-前645)
大百　(管仲　かんちゅう　?-前645)
中芸　(管仲　かんちゅう　?-前645)
中国　(管子　かんし　?-前645)
中史　(管仲　かんちゅう　前730頃-645)
デス　(管仲　かんちゅう　?-前645)
伝記　(管仲　かんちゅう　?-前645)
百科　(管仲　かんちゅう　?-前645)
評世　(管仲　かんちゅう　?-前645)
山世　(管仲　かんちゅう　?-前645)
歴史　(管仲　かんちゅう　?-前645(桓公41))

韓忠　かんちゅう
2世紀、中国、三国時代、黄巾賊の残党。
⇒三国　(韓忠　かんちゅう)
　三全　(韓忠　かんちゅう　?-184)

韓朝彩　かんちょうさい
8世紀頃、中国、唐の遣新羅使。
⇒シル　(韓朝彩　かんちょうさい　8世紀頃)
　シル新　(韓朝彩　かんちょうさい)

韓朝宗　かんちょうそう
8世紀、中国、唐代の玄宗ごろの政治家。
⇒中芸　(韓朝宗　かんちょうそう　生没年不詳)

韓杼浜　かんちょひん
⇨韓杼浜(かんじょひん)

桓帝　かんてい
2世紀、中国、後漢の第11代皇帝(在位146~167)。姓名劉志。
⇒皇帝　(桓帝　かんてい　133-167)
　国小　(桓帝　かんてい　132(陽嘉1)-167(永康1))
　コン2　(桓帝　かんてい　132-167)
　コン3　(桓帝　かんてい　132-167)
　三国　(桓帝　かんてい)
　三全　(桓帝　かんてい　132-167)
　人物　(桓帝　かんてい　133-167)
　世東　(桓帝　かんてい)
　全書　(桓帝　かんてい　132-167)
　大百　(桓帝　かんてい　132-167)
　中皇　(桓帝　132-167)
　中国　(桓帝　かんてい　132-167)
　統治　(桓帝　Huan Ti　(在位)146-168)
　東仏　(桓帝　かんてい　(在位)147-167)
　百科　(桓帝　かんてい　132-167)
　歴史　(桓帝(後漢)　かんてい　133(陽嘉1)-167(永康1))

韓禎　かんてい
2世紀、中国、三国時代、蜀の将。
⇒三国　(韓禎　かんてい)
　三全　(韓禎　かんてい　?-184)

関天培　かんてんばい
18・19世紀、中国、清末期の武将。字は仲因、号は滋圃、諡は忠節。江蘇省山陽県出身。アヘン戦争のなかで、仮条約決裂の直後、戦死。
⇒外国　(関天培　かんてんばい　1781-1841)
　コン2　(関天培　かんてんばい　1781-1841)
　コン3　(関天培　かんてんばい　1781-1841)

韓当　かんとう
3世紀、中国、三国時代、呉の孫堅配下の大将。遼西郡令支県出身。字は義公(ぎこう)。
⇒三国　(韓当　かんとう)
　三全　(韓当　かんとう　?-227)

韓徳　かんとく
3世紀、中国、三国時代、西涼の大将。
⇒三国　(韓徳　かんとく)
　三全　(韓徳　かんとく　?-227)

韓徳銖　かんとくしゅ
20世紀、朝鮮の民族運動家、朝鮮総連議長。1945年在日本朝鮮人連盟に参加。55年在日本朝鮮人総連合会結成とともに中央常任委員長に就任。北朝鮮最高人民会議代議員、朝鮮大学校名誉学長、共和国(北朝鮮)教授。
⇒韓国　(韓徳銖　ハンドクス　1907.2.18-)
　朝人　(韓徳銖　かんとくしゅ　1907-)
　朝鮮　(韓徳銖　かんとくしゅ　1907-2001)
　日人　(韓徳銖　ハンドクス　1907-2001)

韓徳譲　かんとくじょう
⇨耶律隆運(やりつりゅううん)

甘寧　かんねい
3世紀、中国、三国時代、孫権配下に降った武将。巴郡臨江出身。字は興覇(こうは)。
⇒三国　(甘寧　かんねい)
　三全　(甘寧　かんねい　?-222)

韓念龍　かんねんりゅう
20世紀、中国の外交官。中国外務次官、中日平和友好条約交渉首席代表。
⇒現人　(韓念龍　かんねんりゅう〈ハンニエンロン〉1910-)
　世政　(韓念龍　かんねんりゅう　1910.5.24-2000.6.2)
　世東　(韓念龍　かんねんりゅう　?-)
　中人　(韓念龍　かんねんりゅう　1910.5.24-)

闞伯周　かんはくしゅう
5世紀、中国、高昌国の王。460年、柔然の助けで即位。
⇒国小　(闞伯周　かんはくしゅう　生没年不詳)

韓抜　かんばつ
5世紀頃、中央アジア、鄯善(ミーラーン)王。鄯善を攻略した北魏より派遣された。
⇒シル　(韓抜　かんばつ　5世紀頃)
　シル新　(韓抜　かんばつ)

政治・外交・軍事篇　　　　　　　　　　87　　　　　　　　　　　　　　　かんほ

康盤石　カンパンソク
20世紀, 北朝鮮の金日成国家主席の母。
⇒スパ（康盤石　カンパンソク　?–）

姜希源　カンヒウォン
20世紀, 北朝鮮の政治家。北朝鮮副首相, 朝鮮労働党政治局員候補。
⇒韓国（姜希源　カンヒウォン　1921–）
　世政（姜希源　カンヒウォン　1921–1994.7.29）

韓百謙　かんひゃくけん
16・17世紀, 朝鮮, 李朝の文臣, 学者。著書『東国地理志』。
⇒コン2（韓百謙　かんひゃくけん　1552–1615）
　コン3（韓百謙　かんひゃくけん　1552–1615）

韓斌　かんびん
20世紀, 朝鮮の政治家。シベリアの沿海州の生れ。1920年朝鮮独立運動に参加。中国に亡命して42年7月独立同盟を組織, 副主席となる。八・一五解放後帰国して新民党南朝鮮特別委員会組織を工作。
⇒外国（韓斌　かんびん　1903–）

桓父　かんふ
7世紀頃, 朝鮮, 高句麗から来日した使節。
⇒シル（桓父　かんふ　7世紀頃）
　シル新（桓父　かんふ）

灌夫　かんぶ
前2世紀, 中国, 前漢の猛将。
⇒中史（灌夫　かんぶ　?–前131）

韓福　かんふく
2世紀, 中国, 三国時代, 洛陽の太守。
⇒三国（韓福　かんふく）
　三全（韓福　かんふく　?–200）

韓復榘　かんふくきょ
⇨韓復榘（かんふくく）

韓復榘　かんふくく
19・20世紀, 中国の軍人。字は方向。河北省覇県出身。初め馮玉祥の幕下。1929年馮の反蒋決起で, 国府中央側に移る。のち日本と妥協, 蒋介石により逮捕, 銃殺された。
⇒角世（韓復榘　かんふくく　1890–1938）
　近中（韓復榘　かんふくきょ　1890–1938.1.24）
　コン3（韓復榘　かんふくく　1890–1938）
　人物（韓復榘　かんふくく　1890–1938）
　世東（韓復榘　かんふくく　1890–1938）
　中人（韓復榘　かんふくく　1890–1938）

官文　かんぶん
18・19世紀, 中国, 清の武将。満州族の出。太平天国軍と戦い, 湖広総督となる。のち内大臣。
⇒コン2（官文　かんぶん　1798–1871）
　コン3（官文　かんぶん　1798–1871）

官文森　かんぶんしん
19・20世紀, 中国致公党の指導者。
⇒華人（官文森　かんぶんしん　1886–1957）

簡文帝（東晋）　かんぶんてい*
4世紀, 中国, 東晋の皇帝（在位371～372）。
⇒中皇（簡文帝　321–372）
　統治（簡文帝　Chien Wên Ti　（在位）372）

簡文帝（梁）　かんぶんてい
6世紀, 中国, 六朝梁の第2代皇帝太宗。姓名は蕭綱, 字は世纘。武帝の第3子で, 文才に富み艶麗な詩は「宮体」と呼ばれる。
⇒外国（蕭綱　しょうこう　503–552）
　国小（簡文帝　かんぶんてい　503（天監2）–552（承聖1））
　詩歌（蕭綱　しょうこう　503（天監2）–551（太宝2））
　集世（蕭綱　しょうこう　503（天監2）–551（大宝2））
　集文（蕭綱　しょうこう　503（天監2）–551（大宝2））
　人物（蕭綱　しょうこう　503–551）
　世文（蕭綱　しょうこう　503（天監2）–551（大宝2））
　中皇（簡文帝　503–552）
　中芸（簡文帝　かんぶんてい　503–551）
　中史（蕭綱　しょうこう　503–551）
　統治（簡文帝　Chien Wên Ti　（在位）549–551）
　百科（簡文帝　かんぶんてい　503–551）

甘父　かんぽ
前2世紀頃, 中国, 前漢の遣月氏使の従者。張騫に仕えた。
⇒シル（甘父　かんぽ　前2世紀頃）
　シル新（甘父　かんぽ）

咸豊帝　かんぽうてい
19世紀, 中国, 清朝第9代皇帝。名は奕詝, 廟号は文宗。道光帝の第4子。太平天国の乱で, 1860年英仏連合軍と北京条約を結んで講和。
⇒旺世（咸豊帝　かんぽうてい　1831–1861）
　角世（咸豊帝　かんぽうてい　1831–1861）
　皇帝（咸豊帝　かんぽうてい　1831–1861）
　国小（咸豊帝　かんぽうてい　1831（道光11）–1861（咸豊11））
　コン2（咸豊帝　かんぽうてい　1831–1861）
　コン3（咸豊帝　かんぽうてい　1831–1861）
　人物（文宗　ぶんそう　1831–1861）
　人物（咸豊帝　かんぽうてい　1831–1861）
　世人（咸豊帝　かんぽうてい　1831–1861）
　世東（咸豊帝　かんぽうてい　1831–1861）
　世百（咸豊帝　かんぽうてい　1831–1861）
　全書（咸豊帝　かんぽうてい　1831–1861）
　大辞3（咸豊帝　かんぽうてい　1831–1861）
　大百（咸豊帝　かんぽうてい　1831–1861）
　中皇（文宗（咸豊帝）　1831–1861）
　中国（咸豊帝　かんぽうてい　1831–1861）
　統治（文宗）　Hsien Fêng [Wên Tsung]（在位）1850–1861）
　評世（咸豊帝　かんぽうてい　1831–1861）
　山世（咸豊帝　かんぽうてい　1831–1861）
　歴史（咸豊帝　かんぽうてい　1831–1861）

甘茂　かんも
前4・3世紀, 中国, 戦国時代・秦の政治家。武王, 昭王の重臣として独り政権を左右した。
⇒世東（甘茂　かんも　前315頃-266）

韓猛　かんもう
3世紀頃, 中国, 三国時代, 袁紹の部将。
⇒三国（韓猛　かんもう）
　三全（韓猛　かんもう　生没年不詳）

甘勿那　かんもつな
7世紀頃, 朝鮮, 新羅から来日した使節。
⇒シル（甘勿那　かんもつな　7世紀頃）
　シル新（甘勿那　かんもつな）

康良煜　カンヤンウク
20世紀, 北朝鮮の政治家。1967年第4期最高人民会議代議員。対外文化連絡協会委員長, オリンピック委員長, 共和国副主席などを歴任。
⇒キリ（康良煜　カンヤンウク　1904-1983.1.9）
　現人（康良煜　カンリャンウク　1904-）
　国小（康良煜　こうりょういく　1904-）

韓愈（韓癒）　かんゆ
8・9世紀, 中国, 中唐の文学者, 思想家, 政治家。河南省南陽出身。字は退之, 諡は文公。韓昌黎ともいう。著作は『昌黎先生集』40巻, 『外集』10巻など。
⇒逸話（韓愈　かんゆ　768-824）
　岩哲（韓愈　かんゆ　768-824）
　旺世（韓愈　かんゆ　768-824）
　外国（韓愈　かんゆ　768-827）
　角世（韓愈　かんゆ　768-824）
　教育（韓愈　かんゆ　768-824）
　広辞4（韓愈　かんゆ　768-824）
　広辞6（韓愈　かんゆ　768-824）
　国小（韓愈　かんゆ　768（大暦3）-824（長慶4））
　国百（韓愈　かんゆ　768（大暦3）-824（長慶4.12.2））
　コン2（韓愈　かんゆ　768-824）
　コン3（韓愈　かんゆ　768-824）
　詩歌（韓愈　かんゆ　768（代宗・大暦3）-824（穆宗・長慶4））
　集世（韓愈　かんゆ　768（大暦3）-824（長慶4））
　集文（韓愈　かんゆ　768（大暦3）-824（長慶4））
　人物（韓愈　かんゆ　768-824.12）
　世人（韓愈　かんゆ　768-824）
　世東（韓愈　かんゆ　768-824）
　世百（韓愈　かんゆ　768-824）
　世文（韓愈　かんゆ　768（大暦3）-824（長慶4））
　全書（韓愈　かんゆ　768-824）
　大辞（韓愈　かんゆ　768-824）
　大辞3（韓愈　かんたいし　768-824）
　大百（韓退之　かんたいし　768-824）
　中芸（韓愈　かんゆ　768-824）
　中国（韓愈　かんゆ　768-824）
　中史（韓愈　かんゆ　768-824）
　デス（韓愈　かんゆ　768-824）
　伝記（韓愈　かんゆ　766-824）
　百科（韓愈　かんゆ　768-824）
　評世（韓愈　かんゆ　768-824）
　名著（韓愈　かんゆ　768-824）

　山世（韓愈　かんゆ　768-824）
　歴史（韓癒　かんゆ　768-824）

簡又新　かんゆうしん
20世紀, 台湾の政治家。台湾外交部長（外相）。
⇒世政（簡又新　かんゆうしん　1946.2.4-）

官雝　かんよう
3世紀頃, 中国, 三国時代, 蜀の後護軍典軍中郎将。
⇒三国（官雝　かんよう）
　三全（官雝　かんよう　生没年不詳）

簡雍　かんよう
3世紀頃, 中国, 三国時代, 劉備の幕僚。涿県出身。字は憲和（けんか）。
⇒三国（簡雍　かんよう）
　三全（簡雍　かんよう　生没年不詳）

韓雍　かんよう
15世紀, 中国, 明代の官僚。字は永煕。江蘇省長洲出身。1465年広西の猺族（大藤峡の賊）の反乱を平定。
⇒外国（韓雍　かんよう　1423-1479）

康有為　カンヨウウェイ
⇨康有為（こうゆうい）

漢陽公主　かんようこうしゅ*
9世紀, 中国, 唐, 順宗の娘。
⇒中皇（漢陽公主　?-840）

韓羊皮　かんようひ
5世紀頃, 中国, 北魏の遣波斯使。
⇒シル（韓羊皮　かんようひ　5世紀頃）
　シル新（韓羊皮　かんようひ）

姜英勲　カンヨンフン
20世紀, 韓国の政治家。韓国首相。
⇒韓国（姜英勲　カンヨンフン　1922.5.30-）
　世政（姜英勲　カンヨンフン　1922.5.30-）
　世東（姜英勲　きょうえいくん　1922-）

康良煜　カンリャンウク
⇨康良煜（カンヤンウク）

韓龍雲　かんりゅううん
⇨韓龍雲（ハンニョグン）

顔良　がんりょう
2世紀, 中国, 三国時代, 袁紹配下の大将。
⇒三国（顔良　がんりょう）
　三全（顔良　がんりょう　?-200）

韓林児（韓林兒）　かんりんじ
14世紀, 中国, 元末の紅巾軍の首領。河北省欒城出身。1355年劉福通により亳州に迎えられて皇帝（小明王）と称し, 国号を宋, 年号を龍鳳と

した。
⇒旺世（韓林児　かんりんじ　?-1366)
外国（韓林児　かんりんじ　?-1366)
角世（韓林児　かんりんじ　?-1366)
広辞6（韓林児　かんりんじ　?-1366)
国小（韓林児　かんりんじ　?-1366(至正26))
コン2（韓林児　かんりんじ　?-1366)
コン3（韓林児　かんりんじ　?-1366)
人物（韓林児　かんりんじ　?-1366.12)
世人（韓林児　かんりんじ　?-1366)
世東（韓林児　かんりんじ　?-1366)
世百（韓林児　かんりんじ　?-1366)
全書（韓林児　かんりんじ　?-1366)
大百（韓林児　かんりんじ　?-1366)
中皇（韓林児　かんりんじ　?-1366)
中国（韓林児　かんりんじ　?-1366)
百科（韓林児　かんりんじ　?-1366)
評世（韓林児　かんりんじ　?-1366)

【 き 】

季雨霖　きうりん
20世紀，中国，中華民国初期の革命派幹部・日知会会員。
⇒近中（季雨霖　きうりん　?-1918.2.11)

耆英　きえい
18・19世紀，中国，清末の政治家。宗室出身で満州正藍旗所属。字は介春。アヘン取締りや満州の海防に活躍，虎門寨追加条約，天津条約などの締結に関与。
⇒外国（耆英　きえい　1787-1858)
国小（耆英　きえい　1787(乾隆52)-1858(咸豊8))
コン2（耆英　きえい　1790-1858)
コン3（耆英　きえい　1790-1858)
世東（耆英　きえい　1787-1858)
世百（耆英　きえい　1787-1858)
全書（耆英　きえい　1787-1858)
中国（耆英　きえい　?-1858)
伝記（耆英　きえい　?-1858)
評世（耆英　きえい　1787-1858)
歴史（耆英　きえい　1787(乾隆52)-1858(咸豊8))

キェウ・フ（喬富）
ベトナム，黎朝代の賢臣。孝礼と号す。
⇒ベト（Kieu-Phu　キェウ・フ〔喬富〕)

キェウ・フウ・タイン（皦有清）
ベトナム，黎朝代の名臣。
⇒ベト（Khieu-Huu-Thanh　キェウ・フウ・タイン〔皦有清〕)

ギエム・スアン・イエム　Nghiem Xuan Yem
20世紀，ベトナムの農業技術者，政治家。土地と農業生産の改革に功績が大きい。1971年中央農業委員会設置により副委員長。

⇒世東（ギエム・スアン・イエム　1913-)

魏延　ぎえん
3世紀，中国，三国時代，劉備の配下。義陽出身。字は文長（ぶんちよう）。
⇒三国（魏延　ぎえん)
三全（魏延　ぎえん　?-234)

キエン・フック　Kiên Phúc
19世紀，ベトナムの皇帝。在位1883-1884。
⇒統治（キエン・フック，建福帝　（在位）1883-1884)

僖王　きおう*
前7世紀，中国，東周の王。在位前682～677。
⇒統治（僖（僖王胡齊）Hsi　（在位）前682-677)

魏国大長公主　ぎおうだいちょうこうしゅ*
11世紀，中国，北宋，英宗の娘。
⇒中皇（魏国大長公主　1051-1080)

魏王趙愷　ぎおうちょうがい*
12世紀，中国，宋（北宋），孝宗の子。
⇒中皇（魏王趙愷　?-1180)

魏王趙廷美　ぎおうちょうていび*
10世紀，中国，宋（北宋），太祖（趙匡胤）の弟。
⇒中皇（魏王趙廷美　?-984)

魏王李継岌　ぎおうりけいきゅう*
10世紀，中国，五代十国，後唐の荘宗（李存勗）の子。
⇒中皇（魏王李継岌　?-926)

貴干宝　きかんぽう
7世紀頃，朝鮮，新羅から来日した使節。
⇒シル（貴干宝　きかんぽう　7世紀頃)
シル新（貴干宝　きかんぽう)

魏京生　ぎきょうせい
20世紀，中国の民主化運動活動家。ペンネーム，金生。
⇒世東（魏京生　ぎきょうせい　1949-)
中人（魏京生　ぎきょうせい　1949-)

紀喬容　ききょうよう
8世紀頃，中国，唐から来日した使節。
⇒シル（紀喬容　ききょうよう　8世紀頃)
シル新（紀喬容　ききょうよう)

麴嘉（麹嘉）　きくか
5・6世紀，中央アジア，高昌（トルファン）国の魏氏の建設者(在位498～521)。
⇒皇帝（麴嘉　きくか　?-521)
国小（麴嘉　きくか　生没年不詳)
中国（麴嘉　きくか　497-520)
評世（麹嘉　きくか　生没年不詳)

麴義　きくぎ
2世紀, 中国, 三国時代, 袁紹の部将。
⇒三国（麴義　きくぎ）
　三全（麴義　きくぎ　?-191）

麴智盛　きくちせい
7世紀, 中央アジア, 麴氏高昌国（トルファン）最後の王。唐に降った。
⇒シル（麴智盛　きくちせい　（在位）640）
　シル新（麴智盛　きくちせい　（在位）640）

麴伯雅　きくはくが
7世紀頃, 中央アジア, 高昌（トルファン）国王。隋に入朝した。
⇒シル（麴伯雅　きくはくが　7世紀頃）
　シル新（麴伯雅　きくはくが）

麴文泰　きくぶんたい
7世紀, 中央アジア, 高昌（トルファン）国王。入唐した。
⇒シル（麴文泰　きくぶんたい　（在位）619-640）
　シル新（麴文泰　きくぶんたい　（在位）619-640）

麴雍　きくよう
7世紀頃, 高昌（トルファン）の入唐使節。
⇒シル（麴雍　きくよう　7世紀頃）
　シル新（麴雍　きくよう）

魏玄同　ぎげんどう
7世紀, 中国, 唐の政治家。字は和初。定州・鼓城（河北省）の出身。
⇒コン2（魏玄同　ぎげんどう　617-689）
　コン3（魏玄同　ぎげんどう　617-689）

熙洽　きこう
19・20世紀, 中国の軍閥。字は格民。満洲事変で吉林に独立政府を樹立, 1932年満州傀儡政府に参加。
⇒近中（熙洽　きこう　1884-?）
　コン3（熙洽　きこう　1884-1945）
　中人（熙洽　きこう　1884-1945）
　日人（熙洽　きこう　1884-?）

奇皇后　きこうごう*
14世紀, 中国の皇妃。
⇒世女日（奇皇后　QI huanghou　?-1369）

箕子　きし
前11世紀頃, 中国, 朝鮮古代の伝説的な賢人。「箕子朝鮮（韓氏朝鮮）」の建国者といわれる。
⇒外国（箕子　きし）
　広辞4（箕子　きし）
　広辞6（箕子　きし）
　国小（箕子　きし　生没年不詳）
　コン2（箕子　きし）
　コン3（箕子　きし　生没年不詳）
　人物（箕子　きし　生没年不詳）
　世東（箕子　きし　生没年不詳）
　大辞（箕子　きし）
　大辞3（箕子　きし）
　中皇（箕子）
　中国（箕子　きし）
　朝人（箕子　きし）

義慈王　ぎじおう
7世紀, 朝鮮, 百済の最後の王（在位641～660）。文化面で日朝交流に尽力。
⇒皇帝（義慈王　ぎじおう　?-660）
　国史（義慈王　ぎじおう　?-660）
　国小（義慈王　ぎじおう　?-660（義慈王20））
　コン2（義慈王　ぎじおう　?-660）
　コン3（義慈王　ぎじおう　?-660）
　世東（義慈王　ぎじおう　?-660）
　対外（義慈王　ぎじおう　?-660）
　朝人（義慈王　ぎじおう　?-660）
　日人（義慈王　ぎじおう　?-660）
　百科（義慈王　ぎじおう　?-660）

枳叱政　きしせい
6世紀頃, 朝鮮, 新羅から来日した使節。
⇒シル（枳叱政　きしせい　6世紀頃）
　シル新（枳叱政　きしせい）

鬼室福信　きしつふくしん
7世紀, 朝鮮, 百済の武将。660年新羅軍を破る。
⇒角世（鬼室福信　きしつふくしん　?-663）
　国史（鬼室福信　きしつふくしん　?-663）
　国小（鬼室福信　きしつふくしん　?-663）
　コン2（鬼室福信　きしつふくしん　?-663）
　コン3（鬼室福信　きしつふくしん　?-663）
　人物（鬼室福信　きしつふくしん　?-662.5）
　世東（鬼室福信　きしつふくしん　?-662）
　対外（鬼室福信　きしつふくしん　?-663）
　朝人（鬼室福信　きしつふくしん　?-664）
　朝鮮（鬼室福信　きしつふくしん　?-663）
　日人（鬼室福信　きしつふくしん　?-663）

姫氏怒唎斯致契　きしぬりしちけい
6世紀頃, 朝鮮, 百済使。552（欽明13）年来日。
⇒シル（姫氏怒唎斯致契　きしぬりしちけい　6世紀頃）
　シル新（姫氏怒唎斯致契　きしぬりしちけい）
　日人（姫氏怒唎斯致契　きしぬりしちけい　生没年不詳）

義縦　ぎじゅう
前2世紀, 中国, 前漢時代の官僚。酷吏として有名。河東出身。
⇒コン2（義縦　ぎじゅう　?-前118）
　コン3（義縦　ぎじゅう　?-前117）

箕準　きじゅん
朝鮮, 箕氏朝鮮の最後の王。
⇒角世（箕準　きじゅん　生没年不詳）

祁寯藻　きしゅんそう
18・19世紀, 中国, 清の官僚, 学者。字は叔頴。1841年軍機大臣としてアヘン戦争で主戦論を唱える。

政治・外交・軍事篇　　　　　　　　　　91　　　　　　　　　　きそう

⇒コン2（祁寯藻　きしゅんそう　1792–1866）
コン3（祁寯藻　きしゅんそう　1792–1866）

魏象枢　ぎしょうすう
17世紀, 中国, 清初期の官僚, 朱子学者。字は環渓, 号は庸斎, 諡, 敏果。著書『寒松堂全集』。
⇒外国（魏象枢　ぎしょうすう　1616–1686）
コン2（魏象枢　ぎしょうすう　1617–1687）
コン3（魏象枢　ぎしょうすう　1617–1687）

魏拯民　ぎじょうみん
20世紀, 中国の中国共産党系軍人。
⇒近中（魏拯民　ぎじょうみん　1909.2.3–1941.3.8）

紀信　きしん
前3世紀, 中国, 漢初の武将。漢王を偽称して楚に降り, 楚の項羽に焼き殺された。
⇒広辞4（紀信　きしん）
広辞6（紀信　きしん）
コン3（紀信　きしん　生没年不詳）
大辞（紀信　きしん）
大辞3（紀信　きしん）

魏宸組　ぎしんそ
19・20世紀, 中国の外交官。
⇒近中（魏宸組　ぎしんそ　1885–?）

儀親王永璇　ぎしんのうえいせん*
19世紀, 中国, 清, 乾隆帝の子。
⇒中皇（儀親王永璇　?–1832）

帰崇敬　きすうけい
8世紀, 中国, 唐の遣新羅使。
⇒シル（帰崇敬　きすうけい　719–799）
シル新（帰崇敬　きすうけい　719–799）

貴須王　きすおう
4世紀, 朝鮮, 百済の第14代国王。
⇒日人（貴須王　きすおう　?–384）

義生公主(義成公主)　ぎせいこうしゅ
7世紀, 中国, 隋朝の皇女。突厥の啓明可汗に嫁す。
⇒コン2（義生公主　ぎせいこうしゅ　?–630）
コン3（義生公主　ぎせいこうしゅ　?–630）
シル（義成公主　ぎせいこうしゅ　?–630）
シル新（義成公主　ぎせいこうしゅ　?–630）
中皇（義成公主　?–630）

琦善　きぜん
18・19世紀, 中国, 清末の政治家。満州正黄旗人。姓は博爾済吉特, 字は静庵, 諡は文勤。川鼻仮条約を締結。
⇒外国（琦善　きぜん　?–1854）
角世（琦善　きぜん　1790–1854）
国小（琦善　きぜん　?–1854(咸豊4)）
コン2（琦善　きぜん　1790頃–1854）
コン3（琦善　きぜん　1790頃–1854）

人物（琦善　きぜん　?–1854）
世東（琦善　きぜん　?–1854頃）
世百（琦善　きぜん　?–1854）
全書（琦善　きぜん　?–1854）
中国（琦善　きぜん　?–1854）
中史（琦善　きぜん　1790頃–1854）
評世（琦善　きぜん　?–1854）
歴史（琦善　きぜん　?–1854(咸豊4)）

魏冉　ぎぜん
前4・3世紀, 中国, 秦の王族。昭王の母宣太后の異父弟。若年の昭王に代わって政務をとった。
⇒世東（魏冉　ぎぜん　前4–3世紀）

毅宗(西夏)　きそう*
11世紀, 中国, 西夏の皇帝。在位1048～1068。
⇒統治（毅宗　I Tsung　（在位）1048–1068）

毅宗(高麗)　きそう
12世紀, 朝鮮, 高麗の第18代王（在位1146～70）。名は王晛。諡は荘孝大王。
⇒外国（毅宗　きそう　1127–1175）
角世（毅宗　きそう　1127–1173）
皇帝（毅宗　きそう　1127–1173）
国小（毅宗(高麗)　きそう　1127(仁宗5.4)–1173(明宗3.10.1)）
コン2（毅宗　きそう　1127–1173）
コン3（毅宗　きそう　1127–1173）
世東（毅宗　きそう　1127–1173）
統治（毅宗　Ŭijong　（在位）1146–1170）
百科（毅宗　きそう　1127–1173）

毅宗(明)　きそう
⇨崇禎帝(すうていてい)

徽宗　きそう
11・12世紀, 中国, 北宋の第8代皇帝（在位1100～25）。名は佶。神宗の子。詩文, 書画, 建築などに造詣が深く美術工芸を奨励。古美術の蒐集家でもあった。
⇒旺世（徽宗　きそう　1082–1135）
外国（徽宗　きそう　1082–1135）
角世（徽宗　きそう　1082–1135）
広辞4（徽宗　きそう　1082–1135）
広辞6（徽宗　きそう　1082–1135）
皇帝（徽宗　きそう　1082–1135）
国小（徽宗　きそう　1082(元豊5.10.10)–1135(紹興5.4.21)）
コン2（徽宗　きそう　1082–1135）
コン3（徽宗　きそう　1082–1135）
詩歌（徽宗　きそう　1082(宋・元豊5)–1135(紹興5)）
新美（徽宗　きそう　1082(北宋・元豊5)–1135(南宋・紹興5)）
人物（徽宗　きそう　1082–1135.4）
世人（徽宗　きそう　1082–1135）
世東（徽宗　きそう　1081–1135）
世百（徽宗　きそう　1082–1135）
全書（徽宗　きそう　1082–1135）
大辞（徽宗　きそう　1082–1135）
大辞3（徽宗　きそう　1082–1135）
大百（徽宗　きそう　1082–1135）

きそう

中皇（徽宗　1082-1135）
中芸（徽宗　きそう　1082-1135）
中国（徽宗〔宋〕　きそう　1082-1135）
中史（徽宗　きそう　1082-1135）
中書（徽宗　きそう　1082-1135）
デス（徽宗　きそう　1082-1135）
伝記（徽宗　きそう　1082-1135）
統治（徽　Hui Tsung　〔在位〕1100-1126）
百科（徽宗　1082-1135）
評世（徽宗　きそう　1082-1135）
山世（徽宗　きそう　1082-1135）
歴史（徽宗〔宋〕　きそう　1082〔元豊5〕-1135（紹興5））

僖宗　きそう
9世紀，中国，唐の第18代皇帝（在位873～888）。本名李儇，初名は儼。17代懿宗の5男。
⇒皇帝（僖宗　きそう　862-888）
　国小（僖宗　きそう　862（咸通3.5.8）-888（文徳1.3））
　コン2（僖宗　きそう　862-888）
　コン3（僖宗　きそう　862-888）
　世東（僖宗　きそう　862-888）
　中皇（僖宗　862-888）
　統治（僖宗　Hsi Tsung　〔在位〕873-888）
　百科（僖宗　きそう　862-888）

熙宗（金）（熙宗）　きそう
12世紀，中国，金朝第3代皇帝（在位1135-49）。諱は亶。女真名は合剌。太祖の嫡孫。
⇒角世（熙宗　きそう　1119-1149）
　皇帝（熙宗　きそう　1119-1149）
　国小（熙宗〔金〕　きそう　1119（天輔3）-1149（天徳1））
　コン2（熙宗　きそう　1119-1149）
　コン3（熙宗　きそう　1119-1149）
　世東（熙宗　きそう　1119-1149）
　全書（熙宗　きそう　1119-1149）
　大百（熙宗　きそう　1119-1149）
　中皇（熙宗　1119-1149）
　中国（熙宗　きそう　1119-1149）
　統治（熙宗　Hsi Tsung　〔在位〕1135-1150）
　評世（熙宗　きそう　1119-1149）

熙宗（高麗）　きそう*
13世紀，朝鮮，高麗王国の王。在位1204-1211。
⇒統治（熙宗　Hüijong　〔在位〕1204-1211）

紀僧真　きそうしん
5世紀，中国，南朝斉の政治家。丹陽・建康（江蘇省）出身。蕭氏一族に仕える。
⇒コン2（紀僧真　きそうしん　?-498）
　コン3（紀僧真　きそうしん　?-498）

魏続　ぎぞく
2世紀，中国，三国時代，呂布配下の勇将。
⇒三国（魏続　ぎぞく）
　三全（魏続　ぎぞく　?-200）

魏泰　ぎたい
8世紀頃，中国，唐の遣突騎施（トゥルギシュ）使。
⇒シル（魏泰　ぎたい　8世紀頃）
　シル新（魏泰　ぎたい）

祇陀太子　ぎだたいし
中央アジア，コーサラ国王プラセーナジットの太子ジェータ。
⇒イン（ジェータ）
　広辞4（祇陀太子　ぎだたいし）
　広辞6（祇陀太子　ぎだたいし）
　国小（祇陀太子　ギダタイシ）
　大辞（祇陀太子　ぎだたいし）
　大辞3（祇陀太子　ぎだたいし）

キダーラ（寄多羅）
5世紀頃，中央アジア，クシャン朝の王。王朝を再興させた。
⇒世東（キダーラ〔寄多羅〕）
　山世（キダーラ〔寄多羅〕　生没年不詳）
　歴史（キダーラ）

貴智　きち
7世紀頃，朝鮮，百済から来日した使節。
⇒シル（貴智　きち　7世紀頃）
　シル新（貴智　きち）

魏知古　ぎちこ
7・8世紀，中国，唐の政治家。諡は忠。深州・陸沢（河北省）の生れ。睿宗・玄宗に仕える。
⇒コン2（魏知古　ぎちこ　647-715）
　コン3（魏知古　ぎちこ　647-715）

魏忠賢　ぎちゅうけん
17世紀，中国，明末の宦官。熹宗のもとで司礼秉筆太監となり権勢をふるった。
⇒旺世（魏忠賢　ぎちゅうけん　?-1627）
　外国（魏忠賢　ぎちゅうけん　?-1629）
　角世（魏忠賢　ぎちゅうけん　?-1627）
　広辞6（魏忠賢　ぎちゅうけん　1568-1627）
　国小（魏忠賢　ぎちゅうけん　?-1627（天啓7））
　コン2（魏忠賢　ぎちゅうけん　?-1627）
　コン3（魏忠賢　ぎちゅうけん　1568-1627）
　人物（魏忠賢　ぎちゅうけん　?-1627）
　世人（魏忠賢　ぎちゅうけん　?-1627）
　世東（魏忠賢　ぎちゅうけん　?-1629）
　世百（魏忠賢　ぎちゅうけん　?-1627）
　全書（魏忠賢　ぎちゅうけん　?-1627）
　大辞3（魏忠賢　?-1627）
　大百（魏忠賢　ぎちゅうけん　?-1627）
　中国（魏忠賢　ぎちゅうけん　?-1627）
　中史（魏忠賢　ぎちゅうけん　?-1627）
　デス（魏忠賢　ぎちゅうけん　?-1627）
　百科（魏忠賢　ぎちゅうけん　?-1627）
　評世（魏忠賢　ぎちゅうけん　?-1627）
　山世（魏忠賢　ぎちゅうけん　?-1627）
　歴史（魏忠賢　ぎちゅうけん　?-1627（天啓7））

魏徴　ぎちょう
6・7世紀，中国，唐初の功臣，学者。魏州曲城出身。字は玄成，諡は文貞。太宗の貞観の治に貢献。『隋書』『北斉書』などの編纂に関与。

政治・外交・軍事篇　　　　きにむ

⇒旺世　（魏徴　ぎちょう　580-643)
　外国　（魏徴　ぎちょう　580-643)
　角世　（魏徴　ぎちょう　580-643)
　広辞4（魏徴　ぎちょう　580-643)
　広辞6（魏徴　ぎちょう　580-643)
　国小　（魏徴　ぎちょう　580（太建12)-643（貞観17))
　コン2　（魏徴　ぎちょう　580-643)
　コン3　（魏徴　ぎちょう　580-643)
　詩歌　（魏徴　ぎちょう　580（陳・大建12)-643（太宗・貞観17))
　集文　（魏徴　ぎちょう　580（大象2)-643（貞観17))
　新美　（魏徴　ぎちょう　580（北周・大象2)-643（唐・貞観17))
　人物　（魏徴　ぎちょう　580-643.1)
　世東　（魏徴　ぎちょう　580-643)
　世百　（魏徴　ぎちょう　580-643)
　全書　（魏徴　ぎちょう　580-643)
　大辞　（魏徴　ぎちょう　580-643)
　大辞3（魏徴　ぎちょう　580-643)
　大百　（魏徴　ぎちょう　580-643)
　中芸　（魏徴　ぎちょう　580-643)
　中国　（魏徴　ぎちょう　580-643)
　中史　（魏徴　ぎちょう　580-643)
　デス　（魏徴　ぎちょう　580-643)
　百科　（魏徴　ぎちょう　580-643)
　評世　（魏徴　ぎちょう　580-643)
　歴史　（魏徴　ぎちょう　580-643)

冀朝鼎　きちょうてい
20世紀，中国の経済学者。博作義のもとで平和運動に尽力，新政府成立後は経済，貿易・外交関係の要職を歴任。主著『支那基本経済と潅漑』。
⇒国小　（冀朝鼎　きちょうてい　1903-1963.8.9)
　コン3　（冀朝鼎　きちょうてい　1904-1963)
　世百　（冀朝鼎　きちょうてい　1903-1963)
　中人　（冀朝鼎　きちょうてい　1903-1963.8.9)

紇何辰　きつかしん
5世紀頃，中央アジア，契丹最初の遣北魏使。
⇒シル　（紇何辰　きつかしん　5世紀頃)
　シル新（紇何辰　きつかしん)

吉鴻昌　きつこうしょう，きっこうしょう
20世紀，中国の軍人。抗日同盟軍指揮官として活躍。
⇒国小　（吉鴻昌　きっこうしょう　1897-1934.11.24)
　コン3　（吉鴻昌　きつこうしょう　1895-1934)
　世百　（吉鴻昌　きつこうしょう　1897-1934)
　世百新（吉鴻昌　きつこうしょう　1895-1934)
　中人　（吉鴻昌　きつこうしょう　1895-1934.11.24)
　百科　（吉鴻昌　きつこうしょう　1895-1934)

紇石烈良弼　きっせきれつりょうひつ
12世紀，中国，金の官僚。本名は婁室。回柏川出身。20年近く宰相として世宗に仕え，金の黄金時代を築く。
⇒コン2　（紇石烈良弼　きっせきれつりょうひつ　生没年不詳)

　コン3　（紇石烈良弼　きっせきれつりょうひつ　生没年不詳)

キッティカチョーン
⇨タノーム

奇轍　きてつ
14世紀，朝鮮，高麗の政治家。モンゴルの出身。元の行省参知政事に任ぜられる。
⇒世東　（奇轍　きてつ　?-1357)

帰登　きとう
8・9世紀，中国，唐の政治家。字は沖之。蘇州・呉郡（江蘇省）出身。皇子侍読，工部尚書等を歴任。
⇒コン2　（帰登　きとう　754-820)
　コン3　（帰登　きとう　754-820)

紀登奎　きとうけい
20世紀，中国の政治家。1965年，河南省党委員会書記候補となり，地方工作で頭角を現した。73年8月党政治局委員，74年1月北京軍区第一政治委員。75年1月全国人民代表大会で副首相に就任。
⇒現人　（紀登奎　きとうけい〈チートンコエ〉　1930-)
　世政　（紀登奎　きとうけい　1923.3.17-1988.7.13)
　中人　（紀登奎　きとうけい　1923-1988)

魏道明　ぎどうめい
20世紀，中国の外交官，政治家。江西省に生れる。1947～49年台湾省主席。64～66年日本駐在大使。
⇒現人　（魏道明　ぎどうめい〈ウェイタオミン〉　1899-)
　世東　（魏道明　ぎどうめい　1899-)
　中人　（魏道明　ぎどうめい　1901-1978)

魏徳和　ぎとくわ
9世紀頃，中国，唐の遣䩙䩉使。
⇒シル　（魏徳和　ぎとくわ　9世紀頃)
　シル新（魏徳和　ぎとくわ)

キドル　Khidr
14世紀，キプチャク・ハン国のハン。在位1360-1361。
⇒統治　（キドル　（在位)1360-1361)

キ・ドン（駪童）
19世紀，ベトナムの民族闘士。19世紀末の北部ベトナムにおける反フランス運動の革命志士。実名は阮文錦。
⇒ベト　（Ky-Đong　キ・ドン〔駪童〕　19世紀)

キニム・ポンセーナー
⇨ポルセナ，キニム

紀弥麻沙　きのみまさ
6世紀頃、朝鮮、百済使。542（欽明3）年来日。
⇒シル（紀（臣）弥麻沙　きのみまさ　6世紀頃）
シル新（紀（臣）弥麻沙　きのみまさ）

耆婆　きば
4世紀頃、中央アジア、亀茲（クチャ）国王白純の妹、鳩摩羅什の母。
⇒シル（耆婆　きば　4世紀頃）
シル新（耆婆　きば）

魏邈　ぎばく
3世紀頃、中国、三国時代、呉の将軍。
⇒三国（魏邈　ぎばく）
三全（魏邈　ぎばく　生没年不詳）

紀妃　きひ*
18世紀、中国、明、成化帝の皇妃。
⇒中皇（紀妃　?-1745）

貴妃葉赫那拉氏　きひイエヘナラし*
19・20世紀、中国、清、咸豊帝の皇妃。
⇒中皇（貴妃葉赫那拉氏　1835-1908）

魏文伯　ぎぶんはく
20世紀、中国の政治家。共産党中央顧問委員会委員、共産党中央規律検査委員会副書記、司法相。
⇒中人（魏文伯　ぎぶんはく　?-1987.11.15）

魏平　ぎへい
3世紀頃、中国、三国時代、魏の大将。
⇒三国（魏平　ぎへい）
三全（魏平　ぎへい　生没年不詳）

季方　きほう
20世紀、中国の政治家。江蘇省出身。日中戦争中は、新四軍とともにあり、解放後は政治協商会議・全国人民代表大会に参加。
⇒外国（季方　きほう　1894-）
コン3（季方　きほう　1894-1987）
中人（季方　きほう　1890-1987）

姫鵬飛　きほうひ
20世紀、中国の政治家。周恩来首相を補佐し米中接近を推進。中国共産党中央顧問委員会常務委員、中国外相、中国国務委員。
⇒現人（姫鵬飛　きほうひ〈チーポンフェイ〉1906-）
国小（姫鵬飛　きほうひ　1910-）
世政（姫鵬飛　きほうひ　1910-2000.2.10）
世東（姫鵬飛　きほうひ　1910-）
中人（姫鵬飛　きほうひ　1910-）

魏邦平　ぎほうへい
19・20世紀、中国の軍人。
⇒近中（魏邦平　ぎほうへい　1880-1935）

金麟厚　キミンフ
⇒金麟厚（きんりんこう）

金一　キムイル
20世紀、北朝鮮の政治家。1959年第1副首相となり、同時に在日朝鮮人迎接委員長をつとめる。72～76年首相、76年副主席、80年労働党政治局常務委員。
⇒現人（金一　キムイル　1912-）
国小（金一　きんいち　1912-）
コン3（金一　きんいち　1912-1984）
世政（金一　キムイル　1910.3.20-1984.3.9）
世東（金一　きんいち　1912-）
世百新（金一　きんいつ　1912-1984）
全書（金一　きんいち　1912-1984）
朝人（金一　きんいつ　1910-1984）
朝鮮（金一　きんいつ　1912-1984）
百科（金一　きんいつ　1912-1984）

金日成　キムイルソン
20世紀、北朝鮮の政治家。本名は成桂。1947年北朝鮮人民委員会委員長、48年北朝鮮首相、49年朝鮮労働党（北労党と南労党の合併党）委員長。66年「自主路線」を宣言。72年新憲法制定で国家元首の主席に就任。
⇒岩ケ（金日成　キムイルソン　1912-1994）
旺世（金日成　キムイルソン　1912-1994）
外国（金日成　きんにっせい　1912-）
角世（金日成　キムイルソン　1912-1994）
韓国（金日成　キムイルソン　1912.4.15-）
現人（金日成　キムイルソン　1912.4.15-）
広辞5（金日成　キムイルソン　1912-1994）
広辞6（金日成　キムイルソン　1912-1994）
国小（金日成　きんにちせい　1912.4.15-）
国百（金日成　きんにちせい　1912-）
コン3（金日成　キムイルソン　1912-1994）
最世（金日成　キムイルソン　1912-1994）
人物（金日成　きんにっせい　1912-）
世人（金日成　きんにっせい　1912-1994）
世政（金日成　キムイルソン　1912.4.15-1994.7.8）
世東（金日成　きんにっせい　1912-）
世百（金日成　きんじっせい　1912-）
世百新（金日成　きんにっせい　1912-1994）
全書（金日成　きんにっせい　1912-）
大辞2（金日成　キムイルソン　1912-1994）
大辞3（金日成　キムイルソン　1912-1994）
大百（金日成　きんにっせい〈キムイルソン〉1912-）
朝人（金日成　きんにちせい　1912-1994）
朝鮮（金日成　きんにっせい　1912-1994）
伝記（金日成　きんにっせい〈キムイルソン〉1912-）
ナビ（金日成　キムイルソン　1912-1994）
日人（金日成　キムイルソン　1912-1994）
百科（金日成　きんにっせい　1912-）
評世（金日成　きんにちせい　1991-1994）
山世（金日成　キムイルソン　1912-1994）

金元鳳　キムウォンボン
20世紀、朝鮮の独立運動家、政治家。1948年第1期最高人民会議代議員に南朝鮮から当選。
⇒外国（金元鳳　きんげんほう　1895-）
角世（金元鳳　きんげんほう　1898-?）

コン3（金元鳳　きんげんぽう　1898–?）
世政（金元鳳　キムウォンボン　1898–?）
世百新（金元鳳　きんげんぽう　1898–?）
朝人（金元鳳　きんげんぽう　1898–?）
朝鮮（金元鳳　きんげんぽう　1898–?）
百科（金元鳳　きんげんぽう　1898–?）

金玉均　キムオクキュン
⇨金玉均（きんぎょくきん）

金玉均　キムオッキュン
⇨金玉均（きんぎょくきん）

金嘉鎮　キムガジン
19・20世紀，朝鮮の政治家。
⇒国史（金嘉鎮　きんかちん　1846–1923）
　日人（金嘉鎮　キムガジン　1846–1923）

金奎植　キムギュシク，キムギュシク
19・20世紀，韓国の独立運動家，政治家。号は尤史。1913年中国に亡命し，35年南京で民族革命党を組織し，党首。44年重慶で大韓民国臨時政府の副首席となり，45年解放とともに帰国。中間派のリーダーとして左右合作に尽力した。
⇒外国（金奎植　きんけいしょく　1877–）
　国小（金奎植　きんけいしょく　1881（高宗18）–1950）
　コン2（金奎植　きんけいしょく　1877–?）
　コン3（金奎植　きんけいしょく　1881–1950）
　人物（金奎植　きんけいしょく　1877–）
　世東（金奎植　きんけいしょく　1877–?）
　世百新（金奎植　きんけいしょく　1881–1950）
　大辞2（金奎植　きんけいしょく　1881–1950）
　朝人（金奎植　きんけいしょく　1881–1950）
　朝鮮（金奎植　きんけいしょく　1881–1950）
　デス（金奎植　きんけいしょく〈キムギュシク〉1877–1952）
　百科（金奎植　きんけいしょく　1881–1950）

金九　キムグ，キムク
19・20世紀，韓国の独立運動家，政治家。本名は亀，昌洙，号は白凡。韓人愛国団を組織して1932年の桜田門天皇狙撃未遂事件などを起した。46年民主議院副議長。主著は自叙伝『白凡逸去』(46)。
⇒旺世（金九　キムク　1876–1949）
　外国（金九　きんきゅう　1876–1949）
　角世（金九　きんきゅう　1876–1949）
　現人（金九　きんきゅう　1875–1949.6.26）
　広辞6（金九　キムグ　1876–1949）
　国史（金九　きんきゅう　1876–1949）
　国小（金九　きんきゅう　1876（高宗13.7.11）–1949.6.27）
　コン2（金九　きんきゅう　1876–1949）
　コン3（金九　きんきゅう　1876–1949）
　人物（金九　きんきゅう　1876–1949）
　世人（金九　きんきゅう　1876–1949）
　世政（金九　キムグ　1876–1949.6.26）
　世東（金九　きんきゅう　1876–1949.6.26）
　世百（金九　きんきゅう　1876–1949）
　全書（金九　きんきゅう　1876–1949）
　大辞（金九　きんきゅう　1876–1949）
　大辞2（金九　きんきゅう　1876–1949）

大辞3（金九　キムグ　1876–1949）
朝人（金九　きんきゅう　1876–1949）
朝鮮（金九　きんきゅう　1876–1949）
デス（金九　きんきゅう〈キムク〉1876–1949）
伝記（金九　きんきゅう〈キムグ〉1876.7.11–1949.6）
ナビ（金九　きんきゅう　1876–1949）
日人（金九　キムグ　1876–1949）
百科（金九　きんきゅう　1876–1949）
評世（金九　きんきゅう　1876–1949）

金相浹　キムサンヒョプ
20世紀，韓国の政治学者。高麗大学名誉総長，韓国首相。
⇒世政（金相浹　キムサンヒョプ　1920.4.20–1995.2.21）

金芝河　キムジハ
20世紀，朝鮮の詩人，民主化運動家。全羅南道の木浦に生れる。李承晩政権を倒した「四・一九革命」に参加。1970年長編譚詩『五賊』を発表し，反共法違反で投獄される。74年民青学連事件で無期懲役，80年12月釈放。戯曲『ナポレオン・コニャック』(70)。
⇒韓国（金芝河　キムジハ　1941.2.4–）
　キリ（金芝河　キムジハ　1941.2.4–）
　現人（金芝河　キムジハ　1941–）
　広辞5（金芝河　キムジハ　1941–）
　コン3（金芝河　きんしが　1941–）
　集文（キムジハ　1941.2.4–）
　世東（金芝河　きんしが　1941–）
　世文（金芝河　キムジハ　1941–）
　全書（金芝河　きんしが　1941–）
　大辞2（金芝河　キムジハ　1941–）
　大百（金芝河　きんしが〈キムジハ〉1941–）
　朝人（金芝河　きんしが　1941–）
　ナビ（金芝河　キムジハ　1941–）
　百科（キムジハ　1941–）

金仲麟　キムジュンニン
⇨金仲麟（キムジュンリン）

金仲麟　キムジュンリン
20世紀，北朝鮮の政治家。咸鏡北道出身。解放後，咸鏡北道の朝鮮労働党幹部として活動。1970年の第5回党大会で政治委員兼秘書，対南工作，対日工作の責任者となる。72年中央人民委員会委員に就任。
⇒韓国（金仲麟　キムジュンリン　1924–）
　現人（金仲麟　キムジュンニン　?–）

金正一　キムジョンイル
20世紀，北朝鮮の政治家。金日成の長男。ソ連邦のサマルカンドで生れる。1974年政治委員となった頃から「尊敬する指導者」と呼ばれ，金日成の後継者と目されている。
⇒現人（金正一　キムジョンイル　1941.2.19–）

金正日　キムジョンイル
20世紀，北朝鮮の政治家。父である金日成の死後，共和国最高指導者となる。朝鮮労働党総書記・政治局常務委員，北朝鮮国防委員会委員長，

朝鮮人民軍最高司令官・元帥。
⇒旺世（金正日　キムジョンイル　1942-）
　角世（金正日　キムジョンイル　1942-）
　韓国（金正日　キムジョンイル　1942-）
　広辞6（金正日　キムジョンイル　1942-）
　コン3（金正日　きんしょうにち　1942-）
　最世（金正日　キムジョンイル　1942-）
　世人（金正日　きんしょうにち　1942-）
　世政（金正日　キムジョンイル　1942.2.16-）
　世東（金正日　きんしょうにち　1942.2.16-）
　全書（金正日　きんしょうにち　1942-）
　朝人（金正日　きんせいにち　1942-）
　朝鮮（金正日　きんせいにち　1942-）
　ナビ（金正日　キムジョンイル　1942-）
　評世（金正日　キムジョンイル　1942-）
　山世（金正日　キムジョンイル　1942-）

金貞淑　キムジョンスク
20世紀、朝鮮の革命家。幼くして抗日革命闘争に加わり、朝鮮の解放に生涯を捧げた。
⇒スパ（金貞淑　キムジョンスク　1917-1949）

金正濂　キムジョンニョン
⇨金正濂（キムジョンヨム）

金鍾泌（金鐘泌）　キムジョンピル
20世紀、韓国の政治家。1963年国会議員、民主共和党議長。71〜75年首相。80年「権力型不正蓄財」容疑で逮捕され、公職辞退。87年新民主共和党結成、90年新与党民自由党最高委員、95年自由民主連合結成。
⇒韓国（金鍾泌　キムジョンピル　1926.1.7-）
　現人（金鍾泌　キムジョンピル　1926.1.7-）
　国小（金鍾泌　きんしょうひつ　1926.1.7-）
　コン3（金鍾泌　きんしょうひつ　1926-）
　世人（金鍾泌　きんしょうひつ　1926-）
　世東（金鍾泌　きんしょうひつ　1926-）
　大百（金鍾泌　きんしょうひつ〈キムジョンピル〉1926-）
　朝人（金鍾泌　きんしょうひつ　1926-）
　朝鮮（金鍾泌　きんしょうひつ　1926-）

金正濂　キムジョンヨム
20世紀、韓国の政治家。ソウル生れ。1966年蔵相、67年商工相をつとめるなど経済分野の行政を担当、69年10月大統領秘書室長に就任した。
⇒韓国（金正濂　キムジョンヨム　1924.1.3-）
　現人（金正濂　キムジョンヨム　1924.1.3-）
　世政（金正濂　キムジョンヨム　1924.1.3-）

金貞烈　キムジョンヨル
20世紀、韓国の政治家、実業家。韓日協力委員会会長、韓国首相。
⇒韓国（金貞烈　キムジョンヨル　1917.9.29-）
　世政（金貞烈　キムジョンヨル　1917.9.29-1992.9.7）

金碩洙　キムソクス
20世紀、韓国の政治家、裁判官。韓国首相、韓国中央選挙管理委員会委員長、韓国最高裁判事。

⇒韓国（金碩洙　キムソクス　1932.11.20-）
　世政（金碩洙　キムソクス　1932.11.20-）

金誠一　キムソンイル
⇨金誠一（きんせいいつ）

金成坤　キムソンゴン
20世紀、韓国の政治家、実業家。慶尚北道生れ。1948年金星紡織を設立。67年双龍セメントを建設し、双龍財閥を築いた。58年自由党から民議院議員に当選、63年から3回民主共和党議員として当選、71年6月党中央委員会議長に就任した。
⇒現人（金成坤　キムソンゴン　1913.7.14-1975.2.25）

金性洙　キムソンス
20世紀、韓国の教育家、政治家。号は仁村。1946年韓国民主党首席総務（党首）として政府樹立に活躍。
⇒外国（金性洙　きんせいしゅ　1892-）
　現人（金性洙　キムソンス　1891.10.21-）
　国小（金性洙　きんせいしゅ　1891〈高宗28.10.21〉-1955.2.18）
　コン3（金性洙　きんせいしゅ　1891-1955）
　人物（金性洙　きんせいしゅ　1891-1955）
　世東（金性洙　きんせいしゅ　1891-1955）
　世百新（金性洙　きんせいしゅ　1891-1955）
　朝人（金性洙　きんせいしゅ　1891-1955）
　朝鮮（金性洙　きんせいしゅ　1891-1955）
　百科（金性洙　きんせいしゅ　1891-1955）

金達鉉　キムダルヒョン
20世紀、北朝鮮の政治家。北朝鮮副首相・国家計画委員長。
⇒世政（金達鉉　キムダルヒョン　1941.1-）

金策　キムチェク
20世紀、朝鮮の政治家。1916年北朝鮮労働党常務委員、48年副首相兼産業相。朝鮮戦争で、51年戦死。
⇒外国（金策　きんさく　1904-1951）
　現人（金策　キムチェク　1904-1951.1.30）
　コン3（金策　きんさく　1904-1951）
　世東（金策　きんさく　?-1951）

キム・チット　Khim Tit
20世紀、カンボジアの政治家。カンボジア首相。
⇒二十（キム・チット　1896-?）

金昌柱　キムチャンジュ
20世紀、北朝鮮の政治家。北朝鮮副首相。
⇒韓国（金昌柱　キムチャンジュ　1923-）
　世政（金昌柱　キムチャンジュ　1922-2003.11.19）

金昌鳳　キムチャンボン
20世紀、北朝鮮の軍人。金昌奉とも書く。中国東北地方の出身。1950年朝鮮人民軍第12師団長として朝鮮戦争に従軍。60年大将、62年民族保衛相に就任。66年朝鮮労働党政治委員となり、

同年副首相と民族保衛相を兼ねた。68年11月、解任。
⇒現人（金昌鳳　キムチャンボン　?–）

金昌満　キムチャンマン
20世紀、北朝鮮の政治家、副首相。1930年代から中国で抗日運動に参加。42年北朝鮮独立同盟が結成され、中央委員。57年最高人民会議外交委員長、61年党副委員長・政治委員、62年副首相など要職を歴任した。
⇒現人（金昌満　キムチャンマン　?–）
　世政（金昌満　キムチャンマン　1907–）

金天海　キムチョンヘ
20世紀、朝鮮の政治家。慶尚南道出身。朝鮮共産党日本総局責任者となる。1949年の朝鮮人連盟解散後北朝鮮へ脱出。
⇒外国（金天海　きんてんかい　1900–）
　角世（金天海　きんてんかい　1898–?）
　コン3（金天海　きんてんかい　1898–?）
　世百新（金天海　きんてんかい　1898–）
　朝人（金天海　きんてんかい　1898–?）
　朝鮮（金天海　きんてんかい　1898–?）
　日人（金天海　キムチョンヘ　1898–）
　百科（金天海　きんてんかい　1898–）

金大中　キムデジュン，キムテジュン
20世紀、韓国の政治家。1971年大統領選に敗れる。73年滞日中拉致され、国家保安法違反などで死刑判決を受けたが、最終審で無期刑へ減刑。82年12月米国へ出国。97年第15代大統領に就任（在任1998～2003）。新千年民主党総裁。2000年ノーベル平和賞。
⇒旺世（金大中　キムデジュン　1925–）
　角世（金大中　キムデジュン　1925–）
　韓国（金大中　キムデジュン　1925.12.3–）
　キリ（金大中　キムテジュン　1925.12.3–）
　現人（金大中　キムデジュン　1925.12.3–）
　広辞6（金大中　キムデジュン　1925–）
　国小（金大中　きんだいちゅう　1925.12.3–）
　コン3（金大中　キムデジュン　1925–）
　最世（金大中　キムデジュン　1925–）
　世人（金大中　キムデジュン　1925–）
　世政（金大中　キムデジュン　1925.12.3–）
　世東（金大中　きんだいちゅう　1925–）
　全書（金大中　キムデジュン　1925–）
　大辞2（金大中　きんだいちゅう　1925–）
　朝人（金大中　きんだいちゅう　1925–）
　朝鮮（金大中　キムデジュン　1925–）
　ナビ（金大中　キムデジュン　1925–）
　日人（金大中　キムデジュン　1925–）
　ノベ（金大中　キムデジュン　1925.12.3–）
　評世（金大中　キムデジュン　1925–）
　山世（金大中　キムデジュン　1925–）

金枓奉　キムドゥボン
19・20世紀、北朝鮮の学者、政治家。1942年朝鮮独立同盟主席、1946年北朝鮮労働党を結成、委員長。48年北朝鮮最高人民会議常任委員会議長。
⇒外国（金枓奉　きんとうほう　1890–）
　現人（金枓奉　キムドゥボン　1899–）
　国小（金枓奉　きんとうほう　1889–）
　コン3（金枓奉　きんとうほう　1889–?）
　人物（金枓奉　きんとうほう　1889–）
　世政（金枓奉　キムドゥボン　1889–?）
　世東（金枓奉　きんとうほう　1889–）
　世百（金枓奉　きんとうほう　1889–）
　世百新（金枓奉　きんとうほう　1890–1961?）
　全書（金枓奉　きんとうほう　1889–?）
　朝鮮（金枓奉　きんとうほう　1890–1961?）
　百科（金枓奉　きんとうほう　1890–）
　評世（金枓奉　きんとうほう　1889–）

金度演　キムドヨン
20世紀、韓国の政治家。韓国民主党総務となり、1948年初代蔵相。61年2月新民党を結成して総裁に就任。66年新韓党顧問。
⇒現人（金度演　キムドヨン　1894.8.28–1967）

金東奎　キムドンギュ
20世紀、北朝鮮の政治家。中国東北地方の生れ。1961年朝鮮労働党中央委員、62年第3期最高人民会議代議員。74年には共和国副主席に就任し、主に外交に携わる。
⇒現人（金東奎　キムドンギュ　1915–）

金東吉　キムドンギル，キムトンギル
20世紀、韓国の国会議員。国民党最高委員、朝鮮日報社説顧問。
⇒韓国（金東吉　キムドンギル　1928.10.2–）
　キリ（金東吉　キムトンギル　1928–）

金東祚　キムドンジョ
20世紀、韓国の外交官、弁護士。韓国外相。
⇒韓国（金東祚　キムドンジョ　1918.8.14–）
　世政（金東祚　キムドンジョ　1918.8.14–2004.12.9）

金煕洙　キムヒス
20世紀、北朝鮮の職業総同盟副委員長。
⇒韓国（金煕洙　キムヒス）
　キリ（金瑪利亜　キムマリア　1892.6.18–1944.3.13）
　コン3（金マリア　きんまりあ　1891–1945）
　朝人（金マリア　きんまりあ　1892–1944）

金富軾　キムブシク
⇨金富軾（きんふしょく）

金福信　キムボクシン
20世紀、北朝鮮の政治家。北朝鮮副首相・軽工業委員長、朝鮮労働党政治局員候補・中央委員。
⇒韓国（金福信　キムボクシン　1926–）
　世政（金福信　キムボクシン　1926–）

金弘壱　キムホンイル
20世紀、韓国の政治家。韓国義勇軍司令官などとして反日ゲリラ運動に加わり、第2次大戦後帰国。1961年外相、その後野党新民党首など歴任。
⇒現人（金弘壱　キムホンイル　1898.9.23–）

金弘集　キムホンジプ
　⇨金弘集（きんこうしゅう）

金瑪利亜　キムマリア
　⇨金熙洙（キムヒス）

金万金　キムマングム
　20世紀、北朝鮮の政治家。平安北道生れ。1956年朝鮮労働党中央委員、農業部長、59年農相に就任。社会主義農村建設に携わる。70年副首相、党政治委員候補。
　⇒現人（金万金　キムマングム　1905-）

金万重　キムマンジュン
　17世紀、朝鮮、李朝の文臣、小説家。字は重叔。号は西浦。刑曹判書、大司憲などを歴任。著に『九雲夢』『謝氏南征記』など。
　⇒国小（金万重　きんばんじゅう　1637（仁祖15）-1692（粛宗18））
　　コン2（金万重　きんまんじゅう　1637-1692）
　　コン3（金万重　きんまんじゅう　1637-1692）
　　集世（金万重　キムマンジュン　1637-1692）
　　集文（金万重　キムマンジュン　1637-1692）
　　世百（金万重　きんまんじゅう　1637-1692）
　　世文（金万重　きんまんじゅう　1637-1692）
　　全書（金万重　きんまんじゅう　1637-1692）
　　朝人（金万重　きんまんじゅう　1637-1692）
　　朝鮮（金万重　きんまんじゅう　1637-1692）
　　百科（金万重　きんまんじゅう　1637-1692）
　　名著（金万重　きんまんじゅう　1637-1692）

金仁謙　キムミンギョム
　18世紀、朝鮮、李朝中期の文臣。号は退石。長編紀行歌辞『日東壮遊歌』など。
　⇒集文（金仁謙　キムミンギョム　1707-1772）

金庾信　キムユシン
　⇨金庾信（きんゆしん）

金允植　キムユンシク
　19・20世紀、朝鮮の政治家。1894年甲午改革を行い、外務大臣。1919年の三・一運動では独立宣言書を日本政府と朝鮮総督に送りつけた。
　⇒外国（金允植　きんいんしょく　1831-1919）
　　国史（金允植　きんいんしょく　1835-1920）
　　コン2（金允植　きんいんしょく　1835-1922）
　　コン3（金允植　きんいんしょく　1835-1922）
　　人物（金允植　きんいんしょく　1835-1930）
　　世東（金允植　きんいんしょく　1835-1922）
　　全書（金允植　きんいんしょく　1835-1922）
　　朝人（金允植　きんいんしょく　1835-1922）
　　朝鮮（金允植　きんいんしょく　1841-1920）
　　伝記（金允植　きんいんしょく（キムユンシク）1835-1922.1）
　　日人（金允植　キムユンシク　1835-1922）
　　百科（金允植　きんいんしょく　1841-1920）

金泳三　キムヨンサム
　20世紀、韓国の政治家。1973年新民党副総裁に就任。また民主回復国民会議を結成するなど朴正煕政権批判を続けた。74、79年同党総裁、80年辞任。93年に約30年ぶりの文民大統領に就任。
　⇒岩ケ（金泳三　キムヨンサム　1927-）
　　旺世（金泳三　キムヨンサム　1927-）
　　角世（金泳三　キムヨンサム　1927-）
　　韓国（金泳三　キムヨンサム　1927.12.20-）
　　現人（金泳三　キムヨンサム　1927.12.20-）
　　広辞6（金泳三　キムヨンサム　1927-）
　　コン3（金泳三　キムヨンサム　1927-）
　　最世（金泳三　キムヨンサム　1927-）
　　世人（金泳三　きんえいさん　1927-）
　　世政（金泳三　キムヨンサム　1927.12.20-）
　　世東（金泳三　きんえいさん　1927-）
　　全書（金泳三　きんえいさん　1927-）
　　大辞2（金泳三　キムヨンサム　1927-）
　　朝人（金泳三　きんえいさん　1927-）
　　朝鮮（金泳三　きんえいさん　1927-）
　　ナビ（金泳三　キムヨンサム　1927-）
　　山世（金泳三　キムヨンサム　1927-）

金溶植　キムヨンシク
　20世紀、朝鮮の政治家、外交官。1963年外務部長官、無任所相を歴任し、国連代表となる。
　⇒韓国（金溶植　キムヨンシク　1913.11.11-）
　　現人（金溶植　キムヨンシク　1913.10.14）
　　世政（金溶植　キムヨンシク　1913.11.11-1995.3.31）
　　世東（金溶植　きんようしょく　1913-）

金英柱　キムヨンジュ
　20世紀、北朝鮮の政治家。北朝鮮国家副主席。金日成の末弟。平安北道生れ。1961年朝鮮労働党中央委員、組織指導部長。72年7月、南北共同声明の平壌側署名者をつとめ、南北調整委員会北朝鮮側委員長となった。74年政務院副首相に就任。
　⇒韓国（金英柱　キムヨンジュ　1922-）
　　現人（金英柱　キムヨンジュ　1922-）
　　世政（金英柱　キムヨンジュ　1920-）
　　朝人（金英柱　きんえいちゅう　1922-）

金容淳　キムヨンスン
　20世紀、北朝鮮の政治家。朝鮮労働党中央委員会書記、党国際部長、反核平和委員長、最高人民会議外交委員副委員長、世界人民との連帯朝鮮委員長。
　⇒韓国（金容淳　キムヨンスン　1934-）
　　最世（金容淳　キムヨンスン　1934-）
　　世政（金容淳　キムヨンスン　1934.7.5-2003.10.26）
　　朝鮮（金容淳　きんようじゅん　1934-2003）

金永南　キムヨンナム
　20世紀、北朝鮮の政治家。北朝鮮副首相・外相。政治局員、党中央委員。
　⇒韓国（金永南　キムヨンナム　1925-）
　　世政（金永南　キムヨンナム　1928.2-）
　　世東（金永南　きんえいなん　1927-）
　　朝鮮（金永南　きんえいなん　1928-）

金英男　キムヨンナム
　20世紀、北朝鮮の外交官、政治家。咸鏡北道の

生れ。1962年外務次官。72年最高人民会議代議員、朝鮮労働党国際部長に就任。74年政治委員候補、75年党秘書。国際面での実力者。
⇒現人（金英男　キムヨンナム　1927頃–）

ギャネンドラ・ビル・ビクラム・シャー・デブ　Gyanendra Bir Bikram Shah Dev
20世紀, ネパール国王。
⇒世政（ギャネンドラ・ビル・ビクラム・シャー・デブ　1947.7.7–）
統治（ギャネンドラ　（在位）1950–1951, 2001–（摂政, 復位））

汲黯　きゅうあん
前2・1世紀, 中国, 前漢武帝時代の諫臣。字は長孺。僕陽（河南省清豊県南）出身。武帝のとき主爵都尉となり, 九卿に列した。
⇒国小（汲黯　きゅうあん　?–前112/109（元鼎5/元封2））
コン2（汲黯　きゅうあん　?–前112）
コン3（汲黯　きゅうあん　?–前112）
人物（汲黯　きゅうあん　?–前112/09）
世東（汲黯　きゅうあん　前1世紀）
中国（汲黯　きゅうあん　?–前108）

弓裔　きゅうえい
9・10世紀, 朝鮮, 新羅末の武将, 泰封国王。国号を泰封, 年号を水徳万歳とし, その勢力は中部朝鮮一帯に及んだ。
⇒外国（弓裔　きゅうえい　?–918）
角世（弓裔　きゅうえい　?–918）
国小（弓裔　きゅうえい　?–918（景明王?））
コン2（弓裔　きゅうえい　?–918）
コン3（弓裔　きゅうえい　?–918）
人物（弓裔　きゅうえい　?–918）
世東（弓裔　きゅうえい　?–918）
世百（弓裔　きゅうえい　?–918）
全書（弓裔　きゅうえい　?–918）
大百（弓裔　きゅうえい　?–918）
朝人（弓裔　きゅうえい　?–918）
朝鮮（弓裔　きゅうえい　?–918）
百科（弓裔　きゅうえい　?–918）
歴史（弓裔　きゅうえい　?–918）

邱会作　きゅうかいさく
20世紀, 中国の軍人, 政治家。中国人民解放軍総後勤部長。1955年9月中将。広東軍区政委。69年4月9期中央委。71年9月林彪失脚に連座。
⇒現人（邱会作　きゅうかいさく〈チュウホエツオ〉　?–）
世政（邱会作　きゅうかいさく　1914–2002.7.18）
世東（邱会作　きゅうかいさく　?–）
中人（邱会作　きゅうかいさく　1914–）

丘冠先　きゅうかんせん
5世紀頃, 中国, 南斉の遣吐谷渾使。
⇒シル（丘冠先　きゅうかんせん　5世紀頃）
シル新（丘冠先　きゅうかんせん）

久貴　きゅうき
6世紀頃, 朝鮮, 百済から来日した使節。
⇒シル（久貴　きゅうき　6世紀頃）
シル新（久貴　きゅうき）

牛金　ぎゅうきん
3世紀頃, 中国, 三国時代, 魏の曹仁配下の大将。
⇒三国（牛金　ぎゅうきん）
三全（牛金　ぎゅうきん　生没年不詳）

邱瓊山　きゅうけいざん
⇨邱濬（きゅうしゅん）

丘建　きゅうけん
3世紀頃, 中国, 三国時代, 魏の将。
⇒三国（丘建　きゅうけん）
三全（丘建　きゅうけん　生没年不詳）

牛弘　ぎゅうこう
6・7世紀, 中国, 隋の政治家。南北朝以来の戦乱で散逸した書物の収集に尽力。
⇒コン2（牛弘　ぎゅうこう　545–610）
コン3（牛弘　ぎゅうこう　545–610）
シル（牛弘　ぎゅうこう　545–610）
シル新（牛弘　ぎゅうこう　545–610）

牛皋（牛皐）　ぎゅうこう
11・12世紀, 中国, 南宋の武将。字は伯遠。汝州・魯山（河南省）出身。金軍の侵入を防いで, 戦功をかさね, のち岳飛のもとで部将となる。
⇒コン2（牛皋　ぎゅうこう　1087–1147）
コン3（牛皋　ぎゅうこう　1087–1147）
中史（牛皋　ぎゅうこう　1087–1147）

丘行恭　きゅうこうきょう
6・7世紀, 中国, 隋末・唐初期の武将。諡は襄。陝西省出身。唐の太宗に仕え, 高昌遠征等に活躍。
⇒コン2（丘行恭　きゅうこうきょう　586–665）
コン3（丘行恭　きゅうこうきょう　586–665）

宮之寄　きゅうしき
前3世紀, 中国, 春秋・虞の宰相。唇歯輔車の諺で知られる。
⇒世東（宮之寄　きゅうしき　前3世紀）

邱菽園　きゅうしゅくえん
19・20世紀, 中国の南洋華僑の保皇派指導者の1人。
⇒近中（邱菽園　きゅうしゅくえん　1874–1941.11.30）

邱濬（丘濬）　きゅうしゅん
15世紀, 中国, 明の儒学者, 政治家。字は仲深, 諡は文荘。尚書で入閣した最初の人物。『英宗実録』『憲宗実録』を編纂, 『大学衍義補』を著した。

⇒角世　(邱濬　きゅうしゅん　1420-1495)
　国小　(邱濬　きゅうしゅん　1420(永楽18)-1495
　　　(弘治8))
　国小　(邱瓊山　きゅうけいざん　1420(永楽18)-
　　　1495(弘治8))
　コン2　(丘濬　きゅうしゅん　1420-1495)
　コン3　(丘濬　きゅうしゅん　1420-1495)
　世東　(邱濬　きゅうしゅん　1420-1495)
　世百　(邱瓊山　きゅうけいざん　1420-1495)
　中芸　(邱濬　きゅうしゅん　1420-1495)
　中国　(邱濬　きゅうしゅん　1420-1495)
　評世　(邱濬　きゅうしゅん　1420-1495)

丘升頭　きゅうしょうとう
6世紀頃、柔然の使。521(正光2)年北魏使の帰国に同伴した。
⇒シル　(丘升頭　きゅうしょうとう　6世紀頃)
　シル新　(丘升頭　きゅうしょうとう)

仇士良　きゅうしりょう
8・9世紀、中国、唐の宦官。字は匡美。循州、興寧(広東省)出身。
⇒コン2　(仇士良　きゅうしりょう　781-843)
　コン3　(仇士良　きゅうしりょう　781-843)

丘神勣　きゅうしんせき
7世紀、中国、唐の政治家。河南・洛陽(河南省)出身。則天武后に仕え、その信任が厚かった。
⇒コン2　(丘神勣　きゅうしんせき　?-691)
　コン3　(丘神勣　きゅうしんせき　?-691)

丘佺　きゅうせん
9世紀頃、中国西南部、南詔の王。823(長慶3)年入唐。
⇒シル　(丘佺　きゅうせん　9世紀頃)
　シル新　(丘佺　きゅうせん)

牛仙客　ぎゅうせんかく
7・8世紀、中国、唐の政治家。諡は貞簡。涇州・鶉觚(甘粛省)出身。
⇒コン2　(牛仙客　ぎゅうせんかく　674-742)
　コン3　(牛仙客　ぎゅうせんかく　674-742)

牛僧孺　ぎゅうそうじゅ
8・9世紀、中国、唐の政治家。安定(甘粛省涇川県)出身。字は思黯。823年宰相となった。李徳裕らと激しい抗争を繰広げて「牛李の党争」と呼ばれた。
⇒広辞4　(牛僧孺　ぎゅうそうじゅ　779-847)
　広辞6　(牛僧孺　ぎゅうそうじゅ　779-847)
　国小　(牛僧孺　ぎゅうそうじゅ　779(大暦14)-
　　　847(大中1))
　コン2　(牛僧孺　ぎゅうそうじゅ　779-847)
　コン3　(牛僧孺　ぎゅうそうじゅ　779-847)
　集世　(牛僧孺　ぎゅうそうじゅ　780(建中1)-
　　　848(大中2))
　集文　(牛僧孺　ぎゅうそうじゅ　780(建中1)-
　　　848(大中2))
　世東　(牛僧孺　ぎゅうそうじゅ　779-847)
　世百　(牛僧孺　ぎゅうそうじゅ　779-847)
　全辞　(牛僧孺　ぎゅうそうじゅ　779-847)
　大辞　(牛僧孺　ぎゅうそうじゅ　779-847)

　大辞3　(牛僧孺　ぎゅうそうじゅ　779-847)
　大百　(牛僧孺　ぎゅうそうじゅ　779-847)
　中芸　(牛僧孺　ぎゅうそうじゅ　779-847)
　中国　(牛僧孺　ぎゅうそうじゅ　779-847)
　百科　(牛僧孺　ぎゅうそうじゅ　779-847)

邱創成　きゅうそうせい
20世紀、中国の政治家。湖南省平江県出身。1954年砲兵副政委。55年中将。65年国防会、第5機械工業部部長。69年4月9期中央委。
⇒世東　(邱創成　きゅうそうせい　1913-)
　中人　(邱創成　きゅうそうせい　1912-1982.2.
　　　21)

丘遅　きゅうち
5・6世紀、中国、南朝梁の文臣。字は希範。『梁国子博士丘遅集』10巻(『隋書』経籍志)など。
⇒集世　(丘遅　きゅうち　464(大明8)-508(天監7))
　集文　(丘遅　きゅうち　464(大明8)-508(天監7))
　中史　(丘遅　きゅうち　464-508)

丘福　きゅうふく
14・15世紀、中国、明の武将。安徽省鳳陽県出身。1409年タタール部のベンヤシリ(本雅失理)が明にそむいたとき、征虜大将軍として討伐にあたった。
⇒国小　(丘福　きゅうふく　1343(至正3)-1409(永楽7))
　コン2　(丘福　きゅうふく　1343-1409)
　コン3　(丘福　きゅうふく　1343-1409)

弓福　きゅうふく
9世紀頃、朝鮮、新羅の商人、政治家。838年挙兵、政府軍を破り、839年金佑徴を王位につけた(第45代神武王)。
⇒角世　(張保皐　ちょうほこう　?-846)
　国史　(張宝高　ちょうほこう　?-841)
　コン2　(張保皐　ちょうほこう　?-846)
　コン3　(張保皐　ちょうほこう　?-846)
　シル　(張保皐　ちょうほこう　9世紀頃)
　シル　(張宝高　ちょうほこう　?-841)
　シル新　(張保皐　ちょうほこう)
　シル新　(張宝高　ちょうほこう　?-841)
　世東　(弓福　きゅうふく　?-841)
　対外　(張宝高　ちょうほこう　?-841)
　朝人　(張弓福　ちょうほこう　?-841)
　朝鮮　(張保皐　ちょうほこう　?-841)
　デス　(弓福　きゅうふく　?-846)
　伝記　(張宝高　ちょうほこう〈チャンボゴ〉　?-841)
　日人　(張宝高　ちょうほこう　?-841)
　百科　(張保皐　ちょうほこう　?-841)

牛輔　ぎゅうほ
2世紀、中国、三国時代、董卓の女婿で中郎将。
⇒三国　(牛輔　ぎゅうほ)
　三全　(牛輔　ぎゅうほ　?-192)

裘甫　きゅうほ
9世紀、中国、唐後期の農民叛乱の指導者。浙東

出身。859年、唐朝に対抗して挙兵。
　⇒国小（裘甫　きゅうほ　?–860（咸通1））
　　コン2（裘甫　きゅうほ　?–860）
　　コン3（裘甫　きゅうほ　?–860）
　　世東（裘(仇)甫　きゅうほ　?–860）
　　中国（裘甫　きゅうほ　?–860）
　　歴史（裘甫　きゅうほ　?–860）

邱逢甲（丘逢甲）　きゅうほうこう
19・20世紀、中国、清末期の台湾の抗日志士。字は仙根。日本軍に敗れ、広東に亡命し、教育に従事。中国革命同盟会にも参加。
　⇒外国（邱逢甲　きゅうほうこう　1864–1912）
　　近中（邱逢甲　きゅうほうこう　1864–1912）
　　コン2（邱逢甲　きゅうほうこう　1864–1912）
　　コン3（邱逢甲　きゅうほうこう　1864–1912）
　　中史（丘逢甲　きゅうほうこう　1864–1912）
　　中人（邱逢甲　きゅうほうこう　1864–1912）

丘本　きゅうほん
3世紀頃、中国、三国時代、魏の監軍。
　⇒三国（丘本　きゅうほん）
　　三全（丘本　きゅうほん　生没年不詳）

休密駄　きゅうみつた
4世紀、中央アジア、鄯善（チャルクリク）王。前秦国王苻堅に朝貢した。
　⇒シル（休密駄　きゅうみつた　?–385?）
　　シル新（休密駄　きゅうみつた　?–385?）

仇鸞　きゅうらん
16世紀、中国、明中期の武将。字は伯翔。鎮原（甘粛省）出身。1550年アルタン・ハン侵入（庚戌の変）に、平虜大将軍として戦い敗北。
　⇒コン2（仇鸞　きゅうらん　?–1552）
　　コン3（仇鸞　きゅうらん　?–1552）
　　中皇（熹宗（天啓帝）　1605–1627）

及烈　きゅうれつ
8世紀頃、ペルシアの朝貢使。732（開元20）年9月に入唐。
　⇒シル（及烈　きゅうれつ　8世紀頃）
　　シル新（及烈　きゅうれつ）
　　世東（及烈　きゅうれつ）

仇連　きゅうれん
3世紀、中国、三国時代、司馬懿の軍の右都督。
　⇒三国（仇連　きゅうれん）
　　三全（仇連　きゅうれん　?–238）

キュー・サムパン
　⇨キュー・サムファン

キュー・サムファン　Khieu Samphan
20世紀、カンボジアの政治家。1970年クーデター後、シアヌークの在北京亡命政権副首相兼国防相。79年プノンペン陥落後ゲリラ戦に入り、民主カンボジア（ポル・ポト派）国家幹部会議長。82年三派連合政府副大統領。

　⇒現人（キュー・サムファン　1931–）
　　コン3（キュー・サムパン（キュー・サムファン）　1931–）
　　世政（キュー・サムファン　1931.7.27–）
　　世東（キュー・サムパン　1931–）
　　全書（キュー・サムファン　1931–）
　　二十（キュー・サムファン　1931.7.27–）

キュル・テギン
　⇨キョル・テギン

ギュルメ・ナムギエル　hGyurmed rnam-rgyal
18世紀、チベット、最後の王（在位1747〜50）。ポラネの第2子。
　⇒コン2（ギュルメ・ナムギエル　?–1750）
　　コン3（ギュルメ・ナムギエル　?–1750）
　　世東（ギュルメ・ナムギエル　?–1750）

許蔿　きょい
19・20世紀、朝鮮の学者、義兵将。
　⇒コン3（許蔿　きょい　1855–1908）
　　朝人（許蔿　きょい　1855–1908）

許筠　きょいん
　⇨許筠（きょきん）

許允　きょいん
3世紀頃、中国、三国時代、蜀の偏将軍・漢城（成）亭侯。
　⇒三国（許允　きょいん）
　　三全（許允　きょいん　生没年不詳）

魚允中　ぎょいんちゅう
19世紀、朝鮮の政治家。1894年金弘集・金允植らと甲午改革を担当。
　⇒国史（魚允中　ぎょいんちゅう　1848–1896）
　　コン2（魚允中　ぎょいんちゅう　1848–1896）
　　コン3（魚允中　ぎょいんちゅう　1848–1896）
　　朝人（魚允中　ぎょいんちゅう　1848–1896）
　　朝鮮（魚允中　ぎょいんちゅう　1848–1896）
　　日人（魚允中　オユンジュン　1848–1896）
　　百科（魚允中　ぎょいんちゅう　1848–1896）

堯　ぎょう
中国古代の伝説上の聖王。三皇五帝のうちの一人。堯は諡号、名は放勲。天文暦法を定めた。理想的君主の典型と考えられた。
　⇒逸話（堯　ぎょう　生没年不詳）
　　旺世（堯　ぎょう）
　　外国（堯　ぎょう）
　　角世（堯　ぎょう）
　　広辞6（堯　ぎょう）
　　国小（堯　ぎょう）
　　コン2（堯　ぎょう）
　　コン3（堯　ぎょう）
　　三国（堯　ぎょう）
　　人物（堯　ぎょう）
　　世東（堯　ぎょう）
　　世百（堯　ぎょう）
　　全書（堯　ぎょう）
　　大辞（堯　ぎょう）
　　大辞3（堯　ぎょう）

```
大百  (堯  ぎょう)
中芸  (堯  ぎょう)
中国  (堯  ぎょう)
中史  (堯  ぎょう)
デス  (堯  ぎょう)
伝記  (堯  ぎょう)
百科  (堯  ぎょう)
評世  (堯  ぎょう)
山世  (堯)
歴史  (堯  ぎょう)
```

姜維　きょうい
3世紀, 中国, 三国時代の蜀漢の武将。
⇒三国 (姜維　きょうい)
　三全 (姜維　きょうい　202-264)
　歴史 (姜維　きょうい　202頃-264)

恭懿王　きょういおう*
10世紀, 中国, 五代十国・閩の皇帝(在位943〜945)。
⇒中皇 (恭懿王　(在位)943-945)

姜宇奎　きょううけい
19・20世紀, 朝鮮の独立運動家。1920年朝鮮総督府斎藤実の暗殺を計画し, 京城駅で爆弾を投げる。
⇒コン2 (姜宇奎　きょううけい　1855-1920)
　コン3 (姜宇奎　きょううけい　1855-1920)
　朝人 (姜宇奎　きょううけい　1855-1920)
　朝鮮 (姜宇奎　きょううけい　1855-1920)

姜英勲　きょうえいくん
⇨姜英勲(カンヨンフン)

匡王　きょうおう*
前7世紀, 中国, 東周の王(第20代, 在位前613〜607)。
⇒統白 (匡(匡王班)　K'uang　(在位)前613-607)

姜確　きょうかく
7世紀, 中国, 唐の武将。字は行本。甘粛省出身。
⇒コン2 (姜確　きょうかく　?-646)
　コン3 (姜確　きょうかく　?-646)

喬冠華　きょうかんか
20世紀, 中国の政治家, ジャーナリスト。1971年11月中国国連代表団の初代首席代表。
⇒外国 (喬冠華　きょうかんか　1908-)
　現人 (喬冠華　きょうかんか〈チヤオコアンホワ〉1913-)
　国小 (喬冠華　きょうかんか　1903-)
　世政 (喬冠華　きょうかんか　1913-1983.9.22)
　世東 (喬冠華　きょうかんか　1903-)
　全書 (喬冠華　きょうかんか　1912-1983)
　中人 (喬冠華　きょうかんか　1913-1983.9.22)

姜邯贊(姜邯賛)　きょうかんさん
10・11世紀, 朝鮮, 高麗初期の武臣。1010年契丹軍を大敗させ, 契丹の高麗侵略を完全に断念

させた。
⇒コン2 (姜邯贊　きょうかんさん　948-1031)
　コン3 (姜邯贊　きょうかんさん　948-1031)
　世東 (姜邯贊　きょうかんさん　947-1031)
　朝人 (姜邯贊　きょうかんさん　948-1031)
　朝鮮 (姜邯贊　きょうかんさん　948-1031)
　百科 (姜邯贊　きょうかんさん　948-1031)

龔起　きょうき
3世紀, 中国, 三国時代, 蜀の部将。
⇒三国 (龔起　きょうき)
　三全 (龔起　きょうき　?-228)

翹岐　ぎょうき
7世紀, 朝鮮, 百済の王族。7世紀中ころに倭に渡来。
⇒朝人 (翹岐　ぎょうき　生没年不詳)
　日人 (翹岐　ぎょうき　生没年不詳)

龔景　きょうけい
3世紀頃, 中国, 三国時代, 青州の太守。
⇒三国 (龔景　きょうけい)
　三全 (龔景　きょうけい　生没年不詳)

龔景瀚　きょうけいかん
18・19世紀, 中国, 清中期の地方官。字は惟広, 号は澹静斎。白蓮教徒の乱を鎮定。
⇒コン2 (龔景瀚　きょうけいかん　1747-1802)
　コン3 (龔景瀚　きょうけいかん　1747-1802)

姜桂題　きょうけいだい
20世紀, 中国, 清末の軍人。安徽省亳県出身。民国成立後, 将軍府事務管理などを歴職。
⇒世東 (姜桂題　きょうけいだい　?-1922.1.16)

姜健　きょうけん
20世紀, 朝鮮の政治家, 軍人。金日成の抗日パルチザンに参加し, 10年あまり反日武力闘争を展開。1948年2月人民軍創建とともに総参謀。
⇒外国 (姜健　きょうけん　1920-1950)

恭孝王　きょうこうおう*
10世紀, 中国, 五代十国・楚の皇帝(在位950〜951)。
⇒中皇 (恭孝王　(在位)950-951)

姜子牙　きょうしが
3世紀頃, 中国, 三国時代, 殷王朝を破った周の名将。
⇒三国 (姜子牙　きょうしが)

喬師望　きょうしぼう
7世紀頃, 中国, 唐の遺薛延陀冊立使。
⇒シル (喬師望　きょうしぼう　7世紀頃)
　シル新 (喬師望　きょうしぼう)

姜春雲　きょうしゅんうん
20世紀, 中国の政治家。共産党中央政治局委員,

共産党山東省委員会書記。
⇒中人（姜春雲　きょうしゅんうん　1930-）

況鐘（況鍾）　きょうしょう
　15世紀,中国,明の政治家。字は伯律。靖安（江西省）出身。1430年蘇州知府となる。
　⇒コン2（況鐘　きょうしょう　?-1442）
　　コン3（況鐘　きょうしょう　?-1442）
　　中史（況鐘　きょうしょう　1383-1443）

恭譲王　きょうじょうおう
　14世紀,朝鮮,高麗朝最後の国王(在位1389〜92)。1392年名実ともに李成桂に王位を譲り,王氏高麗は完全に滅亡。
　⇒角世（恭譲王　きょうじょうおう　1345-1394）
　　国小（恭譲王　きょうじょうおう　1345(忠穆王1)-1394(太祖3)）
　　コン2（恭譲王　きょうじょうおう　1345-1394）
　　コン3（恭譲王　きょうじょうおう　1345-1394）
　　世東（恭譲王　きょうじょうおう　1345-1394）
　　世百（恭譲王　きょうじょうおう　1345-1394）
　　全書（恭譲王　きょうじょうおう　1345-1394）
　　朝鮮（恭譲王　きょうじょうおう　1345-1394）
　　統治（恭譲王　Kongyang Wang　(在位)1389-1392）
　　百科（恭譲王　きょうじょうおう　1345-1394）
　　歴史（恭譲王　きょうじょうおう　1345-1394）

恭親王　きょうしんおう
　19世紀,中国,清末の皇族。名は奕訢。道光帝の第6子。1860年には北京条約を結んだ。
　⇒旺世（恭親王奕訢　きょうしんおうえききん　1832-1898）
　　外国（恭親王　きょうしんのう　1832-1898）
　　角世（恭親王奕訢　きょうしんおうえききん　1832-1898）
　　広辞4（恭親王奕訢　きょうしんのうえききん　1832-1898）
　　広辞6（恭親王奕訢　きょうしんのうえききん　1832-1898）
　　国史（恭親王奕訢　きょうしんのうえききん　1832-1898）
　　国小（恭親王　きょうしんおう　1832(道光12)-1898(光緒24)）
　　コン2（恭親王奕訢　きょうしんおうえききん　1832-1898）
　　コン3（恭親王奕訢　きょうしんおうえききん　1832-1898）
　　人物（恭親王奕訢　きょうしんおうえききん　1832-1898）
　　世人（恭親王奕訢　きょうしんおうえききん　1832-1898）
　　世東（恭親王奕訢　きょうしんおうえききん　1832-1898）
　　世百（恭親王　きょうしんのう　1832-1898）
　　全書（恭親王奕訢　きょうしんのうえききん　1833-1898）
　　大辞（恭親王奕訢　きょうしんのうえききん　1832-1898）
　　大辞3（恭親王奕訢　きょうしんのうえききん　1832-1898）
　　大百（恭親王奕訢　きょうしんのうえききん　1832-1898）
　　中皇（恭親王奕訢　?-1898）

　　中国（恭親王　きょうしんおう　1832-1898）
　　中史（奕訢　えききん　1832-1898）
　　評世（恭親王奕訢　きょうしんのうえききん　1831-1898）
　　歴史（恭親王奕訢　きょうしんおうえききん　1833-1898）

龔心湛　きょうしんたん
　19・20世紀,中国の政治家。字は汕舟。安徽省合肥出身。1915年以後,北京政府の財政総長・国務総理・内務総長など歴任。
　⇒コン2（龔心湛　きょうしんたん　1871-1943）
　　コン3（龔心湛　きょうしんたん　1868-1943）
　　中人（龔心湛　きょうしんたん　1868-1943）

恭親王　きょうしんのう
　⇨恭親王（きょうしんおう）

橋蕤　きょうずい
　2世紀,中国,三国時代,袁術の部将。
　⇒三国（橋蕤　きょうずい）
　　三全（橋蕤　きょうずい　?-197）

姜成山　きょうせいざん
　⇨姜成山（カンソンサン）

喬石　きょうせき
　20世紀,中国の政治家。中国全国人民代表大会（全人代）常務委員長,中国共産党政治局常務委員。
　⇒世政（喬石　きょうせき　1924.12.24-）
　　世東（喬石　きょうせき　1924-）
　　中人（喬石　きょうせき　1924-）

岐陽荘淑公主　きょうそうしゅくこうしゅ*
　9世紀,中国,唐,憲宗の娘。
　⇒中皇（岐陽荘淑公主　836-840(開成年間)頃）

饒漱石　ぎょうそうせき
　⇨饒漱石（じょうそうせき）

キョウチンニョ・ジャバツマ（橋陳如,橋陳如闍邪跋摩）
　5・6世紀,カンボジア,扶南の王(在位?〜514)。484年インド僧の那伽仙を使節として中・南朝斉に派遣。
　⇒外国（橋陳如　キョウチンニョ）
　　外国（橋陳如闍邪跋摩　キョウチンニョ・ジャバツマ　?-514）
　　世東（カウンディンヤ）

恭帝（東晋）　きょうてい*
　4・5世紀,中国,東晋の皇帝(在位418〜420)。
　⇒中皇（恭帝　386-421）
　　統治（恭帝　Kung Ti　(在位)419-420）

恭帝（廃帝廓）　きょうてい*
　6世紀,中国,南北朝・西魏の皇帝(在位554〜556)。

⇒中皇　(恭帝（廃帝廓）　?–556)
　統治　(恭帝　Kung Ti　(在位)554–557)

恭帝（隋第3代）　きょうてい
7世紀, 中国, 隋第3代皇帝(在位617～618)。姓名は楊侑。煬帝の子, 元徳太子昭の子。母は韋妃。
⇒広辞4　(恭帝　きょうてい　605–619)
　広辞6　(恭帝　きょうてい　605–619)
　コン2　(恭帝(隋)　きょうてい　605–619)
　コン3　(恭帝(隋)　きょうてい　605–619)
　中皇　(恭帝　605–619)
　統治　(恭帝　Kung Ti　(在位)617–618)

恭帝（隋第4代）　きょうてい
7世紀, 中国, 隋第4代皇帝(正統な皇帝には数えられていない)(在位618～619)。姓名は楊侗。煬帝の子, 元徳太子昭の子。母は劉良娣。
⇒広辞4　(恭帝　きょうてい　?–619)
　広辞6　(恭帝　きょうてい　?–619)
　コン2　(恭帝(隋)　きょうてい　?–619)
　コン3　(恭帝(隋)　きょうてい　?–619)
　中皇　(恭帝　?–619)

恭帝（後周）　きょうてい*
10世紀, 中国, 五代十国・後周の皇帝(在位959～960)。
⇒中皇　(恭帝　953–973)
　統治　(恭帝　Kung Ti　(在位)959–960)

恭帝（宋）　きょうてい
13世紀, 中国, 南宋の第7代皇帝(在位1274～76)。父は第6代皇帝の度宗。
⇒広辞4　(恭帝　きょうてい　1270–?)
　広辞6　(恭帝　きょうてい　1270–?)
　皇中　(恭帝　きょうてい　1270–?)
　コン2　(恭帝(宋)　きょうてい　1270–?)
　コン3　(恭帝(宋)　きょうてい　1270–?)
　中皇　(恭宗　1270–?)
　統治　(恭帝　Kung Ti　(在位)1274–1276)

龔都　きょうと
2世紀, 中国, 三国時代, 黄巾の賊の残党。
⇒三国　(龔都　きょうと)
　三全　(龔都　きょうと　?–201)

姜飛　きょうひ
4世紀頃, 中国, 前秦の将軍。鳩摩羅什を迎えた。
⇒シル　(姜飛　きょうひ　4世紀頃)
　シル新　(姜飛　きょうひ)

恭愍王　きょうびんおう
14世紀, 朝鮮, 高麗朝の第31代王(在位1352～74)。名は王顓。雙城総管府を高麗支配に移すなど徹底した反元政策をとった。
⇒角世　(恭愍王　きょうびんおう　1330–1374)
　国史　(恭愍王　きょうびんおう　1330–1374)
　国小　(恭愍王　きょうびんおう　1330(忠恵王17)–1374(恭愍王23))
　コン2　(恭愍王　きょうびんおう　1330–1374)
　コン3　(恭愍王　きょうびんおう　1330–1374)
　新美　(恭愍王　きょうびんおう　1330(高麗・忠肅王17).2.5–1374(恭愍王23).9.22)
　世ศ　(恭愍王　きょうびんおう　1330–1374)
　世百　(恭愍王　きょうびんおう　1330–1374)
　全書　(恭愍王　きょうびんおう　1330–1374)
　対外　(恭愍王　きょうびんおう　1330–1374)
　朝人　(恭愍王　きょうびんおう　1330–1374)
　朝鮮　(恭愍王　きょうびんおう　1330–1374)
　伝記　(恭愍王　きょうびんおう〈コンミンワン〉　1330–1374)
　統治　(共愍王　Kongmin Wang　(在位)1351–1374)
　日人　(恭愍王　きょうびんおう　1330–1374)
　百科　(恭愍王　きょうびんおう　1330–1374)
　評世　(恭愍王　きょうびんおう)

向敏中　きょうびんちゅう
⇨向敏中（こうびんちゅう）

喬瑁　きょうぼう
2世紀, 中国, 三国時代, 東郡の太守。
⇒三国　(喬瑁　きょうぼう)
　三全　(喬瑁　きょうぼう　?–191)

鞏鳳景　きょうほうけい
6世紀頃, 柔然の遣北魏使。
⇒シル　(鞏鳳景　きょうほうけい　6世紀頃)
　シル新　(鞏鳳景　きょうほうけい)

喬夢松　きょうぼうしょう
8世紀頃, 中国, 唐の疏勒(カシュガル)王冊立使。
⇒シル　(喬夢松　きょうぼうしょう　8世紀頃)
　シル新　(喬夢松　きょうぼうしょう)

竟陵王司馬楙　きょうりょうおうしばぼう*
4世紀, 中国, 西晋, 宗室。
⇒中皇　(竟陵王司馬楙　?–311)

竟陵王蕭子良　きょうりょうおうしょうしりょう
⇨蕭子良（しょうしりょう）

竟陵王劉誕　きょうりょうおうりゅうたん
5世紀, 中国, 南朝宋の皇族で政治家。第3代文帝の第6子。劉劭・劉義宣の反乱を平定して功をたてる。
⇒コン2　(竟陵王劉誕　きょうりょうおうりゅうたん　433–459)
　コン3　(竟陵王劉誕　きょうりょうおうりゅうたん　433–459)

許宴　きょえん
3世紀, 中国, 三国時代, 呉の孫権が張弥とともに派遣した使者。
⇒三国　(許宴　きょえん)
　三全　(許宴　きょえん　?–237)

許遠　きょえん
8世紀, 中国, 唐の官僚。浙江省杭州塩官出身。唐3代高宗朝の宰相許敬宗の曾孫。
⇒広辞4　(許遠　きょえん　709–757)
　広辞6　(許遠　きょえん　709–757)
　国小　(許遠　きょえん　709(景龍3)–757(至徳2))
　コン2　(許遠　きょえん　709–757)
　コン3　(許遠　きょえん　709–757)
　大辞　(許遠　きょえん　709–757)
　大辞3　(許遠　きょえん　709–757)
　中国　(許遠　きょえん　709–757)

共王　きょおう＊
前10・9世紀, 中国, 西周の王(第6代, 在位前918〜900)。
⇒統治　(共(共王繋屓)　Kung　(在位)前918–900)

許家屯　きょかとん
20世紀, 中国の政治家。新華社通信香港支社長, 共産党中央委員。
⇒世政　(許家屯　きょかとん　1916–)
　世東　(許家屯　きょかとん　1916–)
　中人　(許家屯　きょかとん　1916–)

許儀　きょぎ
3世紀, 中国, 三国時代, 魏の将。曹操時代の猛将許褚の子。
⇒三国　(許儀　きょぎ)
　三全　(許儀　きょぎ　?–263)

許堯佐　きょぎょうさ
中国, 唐代の官吏。進士に及第して太子校書となり, 諫議大夫に至ったというほか伝記は不明。
⇒外国　(許堯佐　きょぎょうさ)
　中芸　(許堯佐　きょぎょうさ　生没年不詳)

許筠　きょきん
16・17世紀, 朝鮮, 李朝の文臣, 小説家。字, 端甫。号, 蛟山。小説『洪吉童伝』がある。
⇒国小　(許筠　きょきん　1569(宣祖2)–1618(光海君10.8.24))
　コン2　(許筠　きょきん　1569–1618)
　コン3　(許筠　きょきん　1569–1618)
　詩歌　(許筠　きょきん　1569(朝鮮・宣宗2)–1618(光海君10.8.24))
　集世　(許筠　ホギュン　1569–1618.8.24)
　集文　(許筠　ホギュン　1569–1618.8.24)
　世百　(許筠　きょきん　1569–1618)
　世文　(許筠　きょいん　1569–1618)
　全書　(許筠　きょきん　1569–1618)
　大百　(許筠　きょきん　1569–1618)
　朝鮮　(許筠　きょいん　1569–1618)
　デス　(許筠　きょきん〈ホギュン〉　1569–1618)
　伝記　(許筠　きょいん〈ホギュン〉　1569–1618)
　百科　(許筠　きょいん　1569–1618)
　名著　(許筠　きょきん　1569–1618)

玉真公主　ぎょくしんこうしゅ＊
8世紀, 中国, 唐, 睿宗の娘。

⇒中皇　(玉真公主　762–763(宝応年間)頃)

許継慎　きょけいしん
20世紀, 中国工農紅軍の高級将校。
⇒近中　(許継慎　きょけいしん　1901–1931.11)

許敬宗　きょけいそう
6・7世紀, 中国, 唐初の政治家, 文人。『高祖実録』『晋書』などの編纂に関係。
⇒国小　(許敬宗　きょけいそう　592(開皇12)–672(咸亨3))
　コン2　(許敬宗　きょけいそう　592–672)
　コン3　(許敬宗　きょけいそう　592–672)
　中芸　(許敬宗　きょけいそう　592–672)

許景澄　きょけいちょう
19世紀, 中国, 清の外交官, 政治家。浙江省嘉興県出身。1884〜87年ドイツなど五国駐在公使として渡欧。
⇒外国　(許景澄　きょけいちょう　1845–1900)
　世東　(許景澄　きょけいちょう　1845–1900)

許憲　きょけん
⇨許憲(ホホン)

許綱　きょこう
5世紀頃, 中国, 北魏の遣西域諸国答礼使。
⇒シル　(許綱　きょこう　5世紀頃)
　シル新　(許綱　きょこう)

許貢　きょこう
3世紀頃, 中国, 三国時代, 呉郡の太守。
⇒三国　(許貢　きょこう)
　三全　(許貢　きょこう　生没年不詳)

許皇后　きょこうごう＊
前1世紀, 中国, 前漢の皇妃。宣帝の皇后。元帝の母。許平君ともよばれる。
⇒世女日　(許皇后　XU huanghou　前92頃–71)

許皇后　きょこうごう＊
前1世紀, 中国, 前漢の皇妃。成帝の皇后。
⇒世女日　(許皇后　XU huanghou　?–前8)

許光達　きょこうたつ
20世紀, 中国の軍人, 政治家。湖南省出身。1954年9月8期中央委。59年9月国防部副部長。文革で「反革命修正主義分子」として批判される。
⇒近中　(許光達　きょこうたつ　1908.11.19–1969.6.3)
　世政　(許光達　きょこうたつ　1908–1969)
　世東　(許光達　きょこうたつ　1902–)
　中人　(許光達　きょこうたつ　1908–1969)

許広平(許公平)　きょこうへい
20世紀, 中国の文学者魯迅夫人。全国婦女連合会副主席, 全国人民代表大会常務委員などの要

職を歴任。魯迅との往復書簡集『両地書』(1933)が有名。
⇒外国（許広平　きょこうへい　1907-）
　近中（許広平　きょこうへい　1898.2.12-1968.3.3)
　現人（許広平　きょこうへい〈シューコアンピン〉1898-1968.3.4)
　広辞5（許広平　きょこうへい　1898-1968）
　広辞6（許広平　きょこうへい　1898-1968）
　国小（許広平　きょこうへい　1898-1968.3.3）
　コン3（許広平　きょこうへい　1898-1968）
　集世（許広平　きょこうへい　1898.2.12-1968.3.3)
　集文（許広平　きょこうへい　1898.2.12-1968.3.3)
　人物（許広平　きょこうへい　1898-）
　スパ（許広平　きょこうへい　1898-1968）
　世女日（許広平　1898-1968）
　世東（許広平　きょこうへい　1907-1968.3.3）
　世百（許広平　きょこうへい　1898-）
　世百新（許広平　きょこうへい　1898-1968）
　全書（許広平　きょこうへい　1898-1968）
　大辞2（許広平　きょこうへい　1898-1968）
　大辞3（許広平　きょこうへい　1898-1968）
　大百（許公平　きょこうへい　1898-1968）
　中芸（許広平　きょこうへい　1898-1968）
　中人（許広平　きょこうへい　1898-1968.3.3）
　百科（許広平　きょこうへい　1898-1968）
　評世（許広平　きょこうへい　1898-1968）

許克祥　きょこくしょう
19・20世紀、中国の軍人。湖南省出身。はじめ袁祖銘指揮下に入り、陸軍第24師長等を歴任。
⇒近中（許克祥　きょこくしょう　1889.12.15-1964.6.13)
　コン3（許克祥　きょこくしょう　1879-1967）
　世東（許克祥　きょこくしょう　1889-1964）
　中人（許克祥　きょこくしょう　1890-1967）

許汜　きょし
3世紀頃、中国、三国時代、呂布の幕僚。
⇒三国（許汜　きょし）
　三全（許汜　きょし　生没年不詳）

許芝　きょし
3世紀頃、中国、三国時代、魏の臣。
⇒三国（許芝　きょし）
　三全（許芝　きょし　生没年不詳）

許昌　きょしょう
2世紀、中国、三国時代の人。会稽出身。句章で反乱を起こす。妖術を使い「陽明皇帝」と称した。
⇒三国（許昌　きょしょう）
　三全（許昌　きょしょう　?-174）

許水徳　きょすいとく
20世紀、台湾の政治家。駐日台北経済文化代表事務所代表、内政相、台北市長。
⇒中人（許水徳　きょすいとく　1931.8.1-）

許崇智　きょすうち
19・20世紀、中国の軍人、政治家。広東省番禺県出身。辛亥革命以後革命運動に参加。1925年孫文が没すると広東政府の政治委員兼軍事部長として汪兆銘・蔣介石とともに事態の収拾に努めた。
⇒外国（許崇智　きょすうち　1883-）
　近中（許崇智　きょすうち　1887.10.26-1965.1.25)
　コン3（許崇智　きょすうち　1887-1965）
　世東（許崇智　きょすうち　1833-）
　中人（許崇智　きょすうち　1887-1965）

居正　きょせい
19・20世紀、中国の政治家。字は覚生。第2次大戦後、国民党非常委員会委員。
⇒近中（居正　きょせい　1876.11.8-1951.11.23)
　コン2（居正　きょせい　1876-1951）
　コン3（居正　きょせい　1876-1951）
　人物（居正　きょせい　1882-1951）
　世東（居正　きょせい　1882-1951.11.23)
　中人（居正　きょせい　1876-1951）

許政　きょせい
⇒許政（ホジョン）

許靖　きょせい
3世紀、中国、三国時代、蜀郡の太守。
⇒三国（許靖　きょせい）
　三全（許靖　きょせい　?-222）

許世英　きょせいえい
19・20世紀、中国の政治家。安徽秋浦生。1931年国民政府賑務委員会主席。
⇒コン2（許世英　きょせいえい　1872-1964）
　コン3（許世英　きょせいえい　1872-1964）
　世東（許世英　きょせいえい　1873.9.10-1964.10.13)
　中人（許世英　きょせいえい　1873.9.10-1964.10.13)

許成沢　きょせいたく
20世紀、朝鮮の労働運動家。戦後、朝鮮労働組合全国評議会委員長として労働運動に活躍。のち労働相に就任。
⇒世東（許成沢　きょせいたく　1911-）

許世友　きょせいゆう
20世紀、中国の軍人、政治家。湖南省黄安出身。1954年1期全人大会軍代表、55年9月中将、59年国防部副部長。69年4月9全大会で9期中央委、中政委に選出。
⇒近中（許世友　きょせいゆう　1906.2.28-1985.10.22)
　現人（許世友　きょせいゆう〈シューシーヨウ〉1906-）
　世政（許世友　きょせいゆう　1905-1985.10.22)
　世東（許世友　きょせいゆう　1906-）
　中人（許世友　きょせいゆう　1905-1985.10.22)

去折豆　きょせつとう
　6世紀頃，柔然の遣東魏使。
　⇒シル（去折豆　きょせつとう　6世紀頃）
　　シル新（去折豆　きょせつとう）

許乃済　きょだいせい
　18・19世紀，中国，清末期の官僚。字は青士。浙江省出身。
　⇒コン2（許乃済　きょだいせい　1777–1839）
　　コン3（許乃済　きょだいせい　1777–1839）
　　中史（許乃済　きょだいさい　1777–1839）

許淡（許錟）　きょたん
　⇨許淡（ホダム）

魚朝恩　ぎょちょうおん
　8世紀，中国，唐の宦官。瀘州・瀘川（四川省）出身。763年チベット（吐蕃）の侵入に際し，神策軍を率いて代宗に従う。
　⇒コン2（魚朝恩　ぎょちょうおん　722–770）
　　コン3（魚朝恩　ぎょちょうおん　722–770）

許貞淑　きょていしゅく
　⇨許貞淑（ホジョンスク）

許鼎霖　きょていりん
　19・20世紀，中国の官僚，政治家，実業家。
　⇒近中（許鼎霖　きょていりん　1857–1915.10.15）

許徳珩　きょとくこう
　20世紀，中国の政治家，社会学者。江西省九江出身。1954年7月1日全人大会江西省代表，65年1月政協副主席，当時国務院水産部長。
　⇒外国（許徳珩　きょとくこう　1894–）
　　近中（許徳珩　きょとくこう　1890.10.17–1990.2.8）
　　世政（許徳珩　きょとくこう　1890–1990.2.8）
　　世東（許徳珩　きょとくこう　1894–）
　　中人（許徳珩　きょとくこう　1890–1990.2.8）

去汾　きょふん
　5世紀頃，柔然の遣北魏使。
　⇒シル（去汾　きょふん　5世紀頃）
　　シル新（去汾　きょふん）

許穆夫人　きょぼくふじん*
　中国，春秋戦国，衛の宣公の娘。
　⇒中皇（許穆夫人）

許攸　きょゆう
　3世紀，中国，三国時代，袁紹の幕僚。字は子遠（しえん）。
　⇒三国（許攸　きょゆう）
　　三全（許攸　きょゆう　?–204）

キョル・テギン（闕特勤）　Köl Tegin
　7・8世紀，東突厥のビルゲ・カガン（毗伽可汗）の弟。兄の即位に協力し軍事権を握り功績をたてた。
　⇒旺世（キュル＝テギン　685–731）
　　外国（キュル・テギン〔闕特勤〕　686–731）
　　角世（キョル・テギン　685–731）
　　国小（キュル・テギン〔闕特勤〕　685–731）
　　全書（キョル・テギン　685–731）
　　評世（キュルテギン　685–731）
　　山世（キョル・テギン　685–731）
　　歴史（キュル＝テギン〔闕特勤〕　685–731）

媯覧　きらん
　3世紀，中国，三国時代，丹陽の督将。「三国志演義」の登場人物。
　⇒三国（媯覧　きらん）
　　三全（媯覧　きらん　?–204）

キリノ　Quirino, Elpidio
　19・20世紀，フィリピンの政治家。1948年大統領就任，自由党党首。
　⇒外国（キリノ　1890–）
　　角世（キリーノ　1890–1956）
　　現人（キリノ　1890.11.16–1955.2.29）
　　広辞5（キリノ　1890–1956）
　　広辞6（キリノ　1890–1956）
　　国小（キリノ　1890.11.16–1956.2.28）
　　コン3（キリノ　1890–1956）
　　人物（キリノ　1890–1956）
　　世政（キリノ，エルピデオ　1890.11.16–1956.2.28）
　　世東（キリノ　1890–1956）
　　世百（キリノ　1890–1956）
　　世百新（キリーノ　1890–1956）
　　全書（キリノ　1890–1956）
　　大百（キリノ　1890–1960）
　　伝世（キリノ　1890.11.16–1956.2.29）
　　二十（キリーノ，エルピデオ　1890.11.16–1956）
　　百科（キリノ　1890–1956）
　　評世（キリノ　1890–1956）

宜林　ぎりん
　7世紀頃，中国南西方面，附国（後の吐蕃）からの朝貢使。
　⇒シル（宜林　ぎりん　7世紀頃）
　　シル新（宜林　ぎりん）

ギルヴァン・ジュッダハ　Girvan Juddha
　18・19世紀，ネパール王国の王。在位1799–1816。
　⇒統治（ギルヴァン・ジュッダハ　（在位）1799–1816）

紀霊　きれい
　2世紀，中国，三国時代，袁術配下の大将。
　⇒三国（紀霊　きれい）
　　三全（紀霊　きれい　?–198）

欽愛皇后　きんあいこうごう*
　11世紀，中国の皇妃。
　⇒世女日（欽愛皇后　QINAI huanghou　?–1057）

金夷魚　きんいぎょ
9世紀頃, 朝鮮, 新羅の遣唐留学生。
⇒シル（金夷魚　きんいぎょ　9世紀頃）
シル新（金夷魚　きんいぎょ）

金堉　きんいく
16・17世紀, 朝鮮, 李朝の政治家, 学者。号は潜谷。大同法の実施, 貨幣の鋳造・流通などを主張。著書『潜谷筆譚』。
⇒コン2（金堉　きんいく　1580-1658）
　コン3（金堉　きんいく　1580-1658）
　朝鮮（金堉　きんいく　1580-1658）
　百科（金堉　きんいく　1580-1658）

金一　きんいち
⇨金一（キムイル）

金一　きんいつ
⇨金一（キムイル）

金壱世　きんいっせい
7世紀頃, 朝鮮, 新羅から来日した使節。
⇒シル（金壱世　きんいっせい　7世紀頃）
シル新（金壱世　きんいっせい）

金隠居　きんいんきょ
8世紀頃, 朝鮮, 新羅の遣唐使。
⇒シル（金隠居　きんいんきょ　8世紀頃）
シル新（金隠居　きんいんきょ）

金允植　きんいんしょく
⇨金允植（キムユンシク）

金允夫　きんいんふ
9世紀頃, 朝鮮, 新羅の王子。唐の質子となった。
⇒シル（金允夫　きんいんふ　9世紀頃）
シル新（金允夫　きんいんふ）

金殷傅　きんいんふ
10・11世紀, 朝鮮, 高麗の政治家。高麗外戚政治の端緒をつくった。
⇒コン2（金殷傅　きんいんふ　?-1017）
　コン3（金殷傅　きんいんふ　?-1017）

金雲卿　きんうんけい
9世紀頃, 朝鮮, 新羅の遣唐留学生。
⇒シル（金雲卿　きんうんけい　9世紀頃）
シル新（金雲卿　きんうんけい）

靳雲鵬（金雲鵬）　きんうんほう, きんうんぼう
19・20世紀, 中国の軍人。字は翼卿。山東省済寧出身。1911年辛亥革命で段祺瑞に従い, 武漢（革命派）を攻撃。19年組閣して, 国務総理兼陸軍総長。
⇒コン2（靳雲鵬　きんうんほう　1877-?）
　コン3（靳雲鵬　きんうんほう　1877-1951）
　世東（金雲鵬　きんうんほう　1877-?）
　中人（靳雲鵬　きんうんほう　1879-1935）

キンウン・ミンヂー　Kinwun Mingyi
19・20世紀, ビルマ, コンバウン朝末期の政治家, 作家。ミンドン王・ティーボー王に仕える。著書『ロンドン日記』。
⇒コン2（キンウン・ミンヂー　1821-1908）
　コン3（キンウン・ミンヂー　1821-1908）
　東ア（キンウン・ミンヂー　1821-1908）
　百科（キンウン・ミンヂー　1821-1908）

金栄　きんえい
8世紀頃, 朝鮮, 新羅の遣唐賀正副使。
⇒シル（金栄　きんえい　?-735）
シル新（金栄　きんえい　?-735）

金頴　きんえい
9世紀頃, 朝鮮, 新羅の遣唐賀正使。
⇒シル（金頴　きんえい　9世紀頃）
シル新（金頴　きんえい）

金英柱　きんえいちゅう
⇨金英柱（キムヨンジュ）

金永南　きんえいなん
⇨金永南（キムヨンナム）

金押実　きんおうじつ
7世紀頃, 朝鮮, 新羅から来日した使節。
⇒シル（金押実　きんおうじつ　7世紀頃）
シル新（金押実　きんおうじつ）

金開南　きんかいなん
19世紀, 朝鮮の甲午農民戦争指導者。
⇒コン2（金開南　きんかいなん　?-1894）
　コン3（金開南　きんかいなん　?-1894）
　朝人（金開南　きんかいなん　1853-1895）

金可紀　きんかき
9世紀頃, 朝鮮, 新羅の遣唐留学僧。
⇒シル（金可紀　きんかき　9世紀頃）
シル新（金可紀　きんかき）

金嘉鎮　きんかちん
⇨金嘉鎮（キムガジン）

金巌　きんがん
8世紀頃, 朝鮮, 新羅から来日した使節。
⇒シル（金巌　きんがん　8世紀頃）
シル新（金巌　きんがん）

金環三結　きんかんさんけつ
3世紀, 中国, 三国時代, 蛮王孟獲配下の第一洞の主。
⇒三国（金環三結　きんかんさんけつ）
　三全（金環三結　きんかんさんけつ　?-225）

金祇山　きんぎざん
7世紀頃, 朝鮮, 新羅から来日した使節。
⇒シル（金祇山　きんぎざん　7世紀頃）

シル新（金祇山　きんぎざん）

金綺秀　きんきしゅう
19世紀, 朝鮮, 第一次修信使の正使として対日開国後, 最初に訪日した文臣。
⇒コン3（金綺秀　きんきしゅう　1832-?）
　朝人（金綺秀　きんきしゅう　1832-?）
　朝鮮（金綺秀　きんきしゅう　1832-?）
　百科（金綺秀　きんきしゅう　1832-?）

金義琮　きんぎそう
9世紀頃, 朝鮮, 新羅の遣唐使。
⇒シル（金義琮　きんぎそう　9世紀頃）
　シル新（金義琮　きんぎそう）

金義忠　きんぎちゅう
8世紀, 朝鮮, 新羅の遣唐使。
⇒シル（金義忠　きんぎちゅう　?-739）
　シル新（金義忠　きんぎちゅう　?-739）

キン・キッラ
⇨キングキツァラット

金九　きんきゅう
⇨金九（キムグ）

金仇亥　きんきゅうがい
6世紀, 朝鮮, 金官国（駕洛国）の最後の王（在位521〜532）。別名は仇衡王。532年新羅に帰投。
⇒コン2（金仇亥　きんきゅうがい　生没年不詳）
　コン3（金仇亥　きんきゅうがい　生没年不詳）
　朝人（金仇亥　きんきゅうがい　生没年不詳）

金郷公主　きんきょうこうしゅ*
中国, 遼, 聖宗の娘。
⇒中皇（金郷公主）

金玉均　きんぎょくきん
19世紀, 朝鮮, 李朝末期の政治家。開明派。号は古筠。甲申政変（京城事変）に失敗, 日本に亡命。著書は『箕和近事』『甲申日録』『治道略論』など。
⇒旺世（金玉均　きんぎょくきん　1851-1894）
　外国（金玉均　きんぎょくきん　1851-1894）
　角世（金玉均　きんぎょくきん　1851-1894）
　広辞4（金玉均　きんぎょくきん　1851-1894）
　広辞6（金玉均　キムオクキュン　1851-1894）
　国史（金玉均　きんぎょくきん　1851-1894）
　国小（金玉均　きんぎょくきん　1851（哲宗2.2.23）-1894（高宗31.3.28））
　コン2（金玉均　きんぎょくきん　1851-1894）
　コン3（金玉均　きんぎょくきん　1851-1894）
　人物（金玉均　きんぎょくきん　1851-1894）
　世人（金玉均　きんぎょくきん　1851-1894）
　世東（金玉均　きんぎょくきん　1851-1894）
　世百（金玉均　きんぎょくきん　1851-1894）
　全書（金玉均　きんぎょくきん　1851-1894）
　大辞（金玉均　きんぎょくきん　1851-1894）
　大辞3（金玉均　キムオクキュン　1851-1894）
　大百（金玉均　きんぎょくきん　1851-1894）
　中国（金玉均　きんぎょくきん　1851-1894）

朝人（金玉均　きんぎょくきん　1851-1894）
朝鮮（金玉均　きんぎょくきん　1851-1894）
デス（金玉均　きんぎょくきん〈キムオクキュン〉　1851-1894）
伝記（金玉均　きんぎょくきん〈キムオッキュン〉　1851-1894.3）
日人（金玉均　キムオッキュン　1851-1894）
百科（金玉均　きんぎょくきん　1851-1894）
評世（金玉均　きんぎょくきん　1851-1894）
山世（金玉均　きんぎょくきん　1851-1894）
歴史（金玉均　きんぎょくきん　1851-1894）

金昕　きんきん
9世紀頃, 朝鮮, 新羅の遣唐使。
⇒シル（金昕　きんきん　9世紀頃）
　シル新（金昕　きんきん）

金欽英　きんきんえい
8世紀頃, 朝鮮, 新羅から来日した使節。
⇒シル（金欽英　きんきんえい　8世紀頃）
　シル新（金欽英　きんきんえい）

金欽吉　きんきんきつ
7世紀頃, 朝鮮, 新羅から来日した使節。
⇒シル（金欽吉　きんきんきつ　7世紀頃）
　シル新（金欽吉　きんきんきつ）

金今古　きんきんこ
8世紀頃, 朝鮮, 新羅から来日した使節。
⇒シル（金今古　きんきんこ　8世紀頃）
　シル新（金今古　きんきんこ）

金欽質　きんきんしつ
8世紀頃, 朝鮮, 新羅国王の弟。入唐した。
⇒シル（金欽質　きんきんしつ　8世紀頃）
　シル新（金欽質　きんきんしつ）

キングキツァラット　Kingkitsarat
18世紀, ラオスのルアンプラバーン王国の創始者。
⇒コン2（キン・キッラ　?-1722/6）
　コン3（キン・キッラ　?-1722/6）
　統治（キングキツァラット　（在位）1707-1713（ラオス分割によるルアンプラバン王国を継承, 1707頃））

金炯旭　きんけいきょく
20世紀, 韓国の軍人, 韓国中央情報部（KCIA）の第4代部長。
⇒朝鮮（金炯旭　きんけいきょく　1925-1979）

金奎植　きんけいしょく
⇨金奎植（キムギュシク）

金喧　きんけん
8世紀頃, 朝鮮, 新羅から来日した使節。
⇒シル（金喧　きんけん　8世紀頃）
　シル新（金喧　きんけん）

金乾安　きんけんあん
8世紀頃、朝鮮、新羅から来日した使節。
⇒シル（金乾安　きんけんあん　8世紀頃）
　シル新（金乾安　きんけんあん）

金健勲　きんけんくん
7世紀頃、朝鮮、新羅から来日した使節。
⇒シル（金健勲　きんけんくん　7世紀頃）
　シル新（金健勲　きんけんくん）

金元玄　きんげんげん
8世紀頃、朝鮮、新羅の大臣。738（開元26）年2月に賀正使として入唐。
⇒シル（金元玄　きんげんげん　8世紀頃）
　シル新（金元玄　きんげんげん）

金憲昌　きんけんしょう
9世紀、朝鮮、新羅の王族。822年王位を争って反乱を起こし、熊州（公州）に長安国をつくったが鎮圧されて、失敗。
⇒角世（金憲昌　きんけんしょう　?-822）
　コン2（金憲昌　きんけんしょう　?-822）
　コン3（金憲昌　きんけんしょう　?-822）
　朝人（金憲昌　きんけんしょう　?-822）
　百科（金憲昌　きんけんしょう　?-822）

金憲章　きんけんしょう
9世紀頃、朝鮮、新羅の遣唐使。
⇒シル（金憲章　きんけんしょう　9世紀頃）
　シル新（金憲章　きんけんしょう）

金原升　きんげんしょう
7世紀頃、朝鮮、新羅から来日した使節。
⇒シル（金原升　きんげんしょう　7世紀頃）
　シル新（金原升　きんげんしょう）

金彦昇　きんげんしょう
9世紀、朝鮮、新羅の遣唐使。
⇒シル（金彦昇　きんげんしょう　?-826）
　シル新（金彦昇　きんげんしょう　?-826）

金元静　きんげんせい
8世紀頃、朝鮮、新羅から来日した使節。
⇒シル（金元静　きんげんせい　8世紀頃）
　シル新（金元静　きんげんせい）

金献忠　きんけんちゅう
9世紀頃、朝鮮、新羅の遣唐使。
⇒シル（金献忠　きんけんちゅう　9世紀頃）
　シル新（金献忠　きんけんちゅう）

金元珍　きんげんちん
15世紀、朝鮮の外交・貿易家。平戸を根拠地として、主に琉球と朝鮮との交易に活躍。
⇒対外（金元珍　きんげんちん　15世紀）

金元鳳　きんげんほう
⇨金元鳳（キムウォンボン）

金元容　きんげんよう
20世紀、朝鮮の政治家。京城の生れ。アメリカのウースタ大学卒業。八・一五解放後南朝鮮に帰って新進党副委員長、民主独立党中央委員、民族自主連盟委員として中間派陣営で活躍。
⇒外国（金元容　きんげんよう　1892-）

金光俠　きんこうきょう
20世紀、北朝鮮の政治家、軍人。1958年2月国旗勲章。60年副首相兼任。66年10月党中央委書記局秘書。
⇒国小（金光俠　きんこうきょう　1915-）
　世東（金光俠　きんこうきょう　1915-）

金高訓　きんこうくん
7世紀頃、朝鮮、新羅から来日した使節。
⇒シル（金高訓　きんこうくん　7世紀頃）
　シル新（金高訓　きんこうくん）

金孝元　きんこうげん
8世紀頃、朝鮮、新羅から来日した使節。
⇒シル（金孝元　きんこうげん　8世紀頃）
　シル新（金孝元　きんこうげん）

金孝元　きんこうげん
16世紀、朝鮮、李朝の政治家で東人の領袖。著書『省庵集』。
⇒角世（金孝元　きんこうげん　1532-1590）
　国小（金孝元　きんこうげん　1532（中宗27）-1590（宣祖23））
　世百（金孝元　きんこうげん　1532-1590）
　百科（金孝元　きんこうげん　1532-1590）

金好懦　きんこうじゅ
7世紀頃、朝鮮、新羅から来日した使節。
⇒シル（金好懦　きんこうじゅ　7世紀頃）
　シル新（金好懦　きんこうじゅ）

金弘集（金宏集）　きんこうしゅう
19世紀、朝鮮、李朝末期の政治家。幼名宏集。東学党の乱以後日本勢力を利用して領議政（首相）となり、急進的な改革を行った。
⇒外国（金宏集　きんこうしゅう　1838-1895）
　角世（金弘集　きんこうしゅう　1842-1896）
　国史（金弘集　きんこうしゅう　1842-1896）
　国小（金弘集　きんこうしゅう　1835（憲宗1）-1896（建陽1））
　コン2（金弘集（金宏集）　きんこうしゅう　1842-1896）
　コン3（金弘集（金宏集）　きんこうしゅう　1842-1896）
　世東（金宏集　きんこうしゅう　1835-1896）
　世百（金宏集　きんこうしゅう　?-1896）
　全書（金弘集　きんこうしゅう　1842-1896）
　朝人（金弘集　きんこうしゅう　1842-1896）
　朝鮮（金弘集　きんこうしゅう　1842-1896）
　伝記（金弘集　きんこうしゅう〈キムホンジプ〉

政治・外交・軍事篇　　　　　　　　　　*111*　　　　　　　　　　きんし

　　　1842–1896.2）
　　日人（金弘集　キムホンジプ　1842–1896）
　　百科（金弘集　きんこうしゅう　1842–1896）
　　評世（金弘集　きんこうしゅう　1835–1896）

金紅世　きんこうせい
　7世紀頃, 朝鮮, 新羅から来日した使節。
　　⇒シル（金紅世　きんこうせい　7世紀頃）
　　　シル新（金紅世　きんこうせい）

金項那　きんこうな
　7世紀頃, 朝鮮, 新羅から来日した使節。
　　⇒シル（金項那　きんこうな　7世紀頃）
　　　シル新（金項那　きんこうな）

金江南　きんこうなん
　7世紀頃, 朝鮮, 新羅から来日した使節。
　　⇒シル（金江南　きんこうなん　7世紀頃）
　　　シル新（金江南　きんこうなん）

金孝福　きんこうふく
　7世紀頃, 朝鮮, 新羅から来日した使節。
　　⇒シル（金孝福　きんこうふく　7世紀頃）
　　　シル新（金孝福　きんこうふく）

金鴻陸　きんこうりく
　19世紀, 朝鮮, 李朝末期のロシア語通訳官。
　　⇒国史（金鴻陸　きんこうりく　?–1898）

ギンゴナ, テオフィスト　Guingona, Teofisto
　20世紀, フィリピンの政治家。フィリピン副大統領, ラカス代表。
　　⇒世政（ギンゴナ, テオフィスト　1928.7.4–）

金載圭　きんさいけい
　20世紀, 韓国の官僚。朴正熙大統領を射殺した韓国中央情報部（KCIA）の第8代部長。
　　⇒朝鮮（金載圭　きんさいけい　1926–1980）

金才伯　きんさいはく
　8世紀頃, 朝鮮, 新羅から来日した使節。
　　⇒シル（金才伯　きんさいはく　8世紀頃）
　　　シル新（金才伯　きんさいはく）

金在鳳　きんざいほう
　19・20世紀, 朝鮮の社会主義者。
　　⇒コン3（金在鳳　きんざいほう　1890–1944）
　　　朝人（金在鳳　きんざいほう　1890–1944）

金策　きんさく
　⇨金策（キムチェク）

金佐鎮　きんさちん
　19・20世紀, 朝鮮の独立運動家。1926年韓族自治連合会を結成して主席になる。
　　⇒コン3（金佐鎮　きんさちん　1889–1930）
　　　朝人（金佐鎮　きんさちん　1889–1930）

金薩儒　きんさつじゅ
　7世紀頃, 朝鮮, 新羅から来日した使節。
　　⇒シル（金薩儒　きんさつじゅ　7世紀頃）
　　　シル新（金薩儒　きんさつじゅ）

金薩慕　きんさつぼ
　7世紀頃, 朝鮮, 新羅から来日した使節。
　　⇒シル（金薩慕　きんさつぼ　7世紀頃）
　　　シル新（金薩慕　きんさつぼ）

金三玄　きんさんげん
　8世紀頃, 朝鮮, 新羅から来日した使節。
　　⇒シル（金三玄　きんさんげん　8世紀頃）
　　　シル新（金三玄　きんさんげん）

金芝河　きんしが
　⇨金芝河（キムジハ）

金思国　きんしこく
　20世紀, 朝鮮の社会主義者。
　　⇒コン3（金思国　きんしこく　1892–1926）
　　　朝人（金思国　きんしこく　1892–1926）

金士信　きんししん
　9世紀頃, 朝鮮, 新羅の王子。唐の質子。
　　⇒シル（金士信　きんししん　9世紀頃）
　　　シル新（金士信　きんししん）

金嗣宗　きんしそう
　8世紀頃, 朝鮮, 新羅の遣唐使。
　　⇒シル（金嗣宗　きんしそう　8世紀頃）
　　　シル新（金嗣宗　きんしそう）

金日成　きんじつせい
　⇨金日成（キムイルソン）

金日磾　きんじってい, きんじつてい
　前2・1世紀, 中国, 前漢の政治家。匈奴の休屠王の太子。武帝の信愛を得た。
　　⇒コン2（金日磾　きんじってい　前134–86）
　　　コン3（金日磾　きんじってい　前134–前86）
　　　三国（金日磾　きんじってい）
　　　シル（金日磾　きんじってい　前134–前86）
　　　シル新（金日磾　きんじってい　前134–86）
　　　中史（金日磾　きんじってい　前134–86）

金志満　きんしまん
　8世紀頃, 朝鮮, 新羅の遣唐使。
　　⇒シル（金志満　きんしまん　8世紀頃）
　　　シル新（金志満　きんしまん）

金釈起　きんしゃくき
　7世紀頃, 朝鮮, 新羅の官人。
　　⇒シル（金釈起　きんしゃくき　7世紀頃）
　　　シル新（金釈起　きんしゃくき）

金若水　きんじゃくすい
　20世紀, 朝鮮の社会主義者。

き

きんし

金若水　きんじゃくすい
⇒コン3（金若水　きんじゃくすい　1893–1964）
朝人（金若水　きんじゃくすい　1893–?）

金若弼　きんじゃくひつ
7世紀頃, 朝鮮, 新羅から来日した使節。
⇒シル（金若弼　きんじゃくひつ　7世紀頃）
シル新（金若弼　きんじゃくひつ）

金受　きんじゅ
7世紀頃, 朝鮮, 百済使。662年進調使として来日。
⇒シル（金受　きんじゅ　7世紀頃）
シル新（金受　きんじゅ）

金周漢　きんしゅうかん
7世紀頃, 朝鮮, 新羅から来日した使節。
⇒シル（金周漢　きんしゅうかん　7世紀頃）
シル新（金周漢　きんしゅうかん）

金守温　きんしゅおん
15世紀, 朝鮮, 世宗時の文臣, 学者。
⇒東仏（金守温　きんしゅおん　1409–1481）

金儒吉　きんじゅきつ
8世紀頃, 朝鮮, 新羅から来日した使節。
⇒シル（金儒吉　きんじゅきつ　8世紀頃）
シル新（金儒吉　きんじゅきつ）

金主山　きんしゅざん
7世紀頃, 朝鮮, 新羅から来日した使節。
⇒シル（金主山　きんしゅざん　7世紀頃）
シル新（金主山　きんしゅざん）

金樹仁　きんじゅじん
19・20世紀, 中国, 民国時代の政治家。甘粛省導河県出身の清朝挙人。新疆省主席として3年間専制統治を行った。
⇒角世（金樹仁　きんじゅじん　1879–1941）
国小（金樹仁　きんじゅじん　1883（光緒9）–?）
世百（金樹仁　きんじゅじん　生没年不詳）
中ユ（金樹仁　きんじゅじん　1879–1941）
山世（金樹仁　きんじゅじん　1879–1941）

金朱烈　きんしゅれつ
20世紀, 韓国の4月革命の口火となった馬山蜂起（3月15日）の犠牲者。
⇒朝人（金朱烈　きんしゅれつ　1944–1960）

金俊　きんしゅん
13世紀, 朝鮮, 高麗の武臣。崔沆に仕え, のち崔氏政権を倒す。
⇒コン2（金俊　きんしゅん　?–1268）
コン3（金俊　きんしゅん　?–1268）
世東（金俊　きんしゅん　?–1268）

金俊淵　きんしゅんえん
20世紀, 韓国の政治家。朝鮮共産党第5代責任秘書。検挙・服役後は右派に転じ, 法務部長官, 国会議員を歴任。
⇒コン3（金俊淵　きんしゅんえん　1895–1971）
朝人（金俊淵　きんしゅんえん　1895–1971）

金順慶　きんじゅんけい
8世紀頃, 朝鮮, 新羅から来日した使節。
⇒シル（金順慶　きんじゅんけい　8世紀頃）
シル新（金順慶　きんじゅんけい）

金春秋　きんしゅんじゅう
⇨武烈王（ぶれつおう）

金俊邕　きんしゅんよう
8世紀頃, 朝鮮, 新羅の遣唐使。
⇒シル（金俊邕　きんしゅんよう　?–800）
シル新（金俊邕　きんしゅんよう　?–800）

金浄　きんじょう
15・16世紀, 朝鮮, 李朝の政治家。中宗に用いられて官に仕えた。
⇒世東（金浄　きんじょう　1486–1520）

金承元　きんしょうげん
7世紀頃, 朝鮮, 新羅から来日した使節。
⇒シル（金承元　きんしょうげん　7世紀頃）
シル新（金承元　きんしょうげん）

金城公主　きんじょうこうしゅ
7・8世紀, 中国, 唐の中宗の娘。710年, 吐蕃王チデックツェン（704～754）に嫁す。実は雍王守礼の娘。
⇒シル（金城公主　きんじょうこうしゅ　?–739）
シル新（金城公主　きんじょうこうしゅ　?–739）
中皇（金城公主　?–739）
デス（金城公主　きんじょうこうしゅ　?–739）
歴史（金城公主　きんじょうこうしゅ　688–739）

近肖古王（金肖古王）　きんしょうこおう
4世紀, 朝鮮, 百済の第13代王（在位346～375）。名は余句。371年には高句麗と戦って領土を拡張し漢山（現ソウル）に遷都した。
⇒角世（近肖古王　きんしょうこおう　?–375）
国小（近肖古王　きんしょうこおう　?–375（近仇首王1））
コン2（金肖古王　きんしょうこおう　?–375）
コン3（近肖古王　きんしょうこおう　?–375）
人物（近肖古王　きんしょうこおう　?–375）
世百（近肖古王　きんしょうこおう　?–375）
全書（近肖古王　きんしょうこおう　?–375）
朝人（近肖古王　きんしょうこおう　?–375）
朝鮮（近肖古王　きんしょうこおう　?–375）
日人（近肖古王　きんしょうこおう　?–375）
百科（近肖古王　きんしょうこおう　?–375）

金昌淑　きんしょうしゅく
19・20世紀, 朝鮮の学者, 独立運動家。
⇒コン3（金昌淑　きんしょうしゅく　1879–1962）

金鍾泰　きんしょうたい
20世紀, 朝鮮の革命家。慶尚北道永川郡で生れる。1964年統一革命党を創立し, 機関紙『革命戦線』, 機関雑誌『青脈』を創刊。69年反共法により死刑。
⇒コン3（金鍾泰　きんしょうたい　1926-1969）

金昌南　きんしょうなん
9世紀頃, 朝鮮, 新羅の遣唐告哀使。
⇒シル（金昌南　きんしょうなん　9世紀頃）
　シル新（金昌南　きんしょうなん）

金正日　きんしょうにち
⇨金正日（キムジョンイル）

金鍾泌　きんしょうひつ
⇨金鍾泌（キムジョンピル）

金消勿　きんしょうぶつ
7世紀頃, 朝鮮, 新羅から来日した使節。
⇒シル（金消勿　きんしょうぶつ　7世紀頃）
　シル新（金消勿　きんしょうぶつ）

金紹游　きんしょうゆう
9世紀頃, 朝鮮, 新羅の遣唐留学生。
⇒シル（金紹游　きんしょうゆう　9世紀頃）
　シル新（金紹游　きんしょうゆう）

金初正　きんしょせい
8世紀頃, 朝鮮, 新羅から来日した使節。
⇒シル（金初正　きんしょせい　8世紀頃）
　シル新（金初正　きんしょせい）

金序貞　きんじょてい
8世紀頃, 朝鮮, 新羅から来日した使節。
⇒シル（金序貞　きんじょてい　8世紀頃）
　シル新（金序貞　きんじょてい）

金所毛　きんしょもう
7・8世紀, 朝鮮, 新羅から来日した使節。
⇒シル（金所毛　きんしょもう　?-701）
　シル新（金所毛　きんしょもう　?-701）

金思蘭　きんしらん
8世紀頃, 朝鮮, 新羅の遣唐使。
⇒シル（金思蘭　きんしらん　8世紀頃）
　シル新（金思蘭　きんしらん）

金志良　きんしりょう
8世紀頃, 朝鮮, 新羅の遣唐使。
⇒シル（金志良　きんしりょう　8世紀頃）
　シル新（金志良　きんしりょう）

金志廉　きんしれん
8世紀頃, 朝鮮, 新羅の遣唐使。国王金興光の姪。
⇒シル（金志廉　きんしれん　8世紀頃）
　シル新（金志廉　きんしれん）

金仁壹　きんじんいつ
8世紀頃, 朝鮮, 新羅の使節。722（開元10）年10月, 賀正使として入唐, 方物を献じた。
⇒シル（金仁壹　きんじんいつ　8世紀頃）
　シル新（金仁壹　きんじんいつ）

金深薩　きんしんさつ
7世紀頃, 朝鮮, 新羅から来日した使節。
⇒シル（金深薩　きんしんさつ　7世紀頃）
　シル新（金深薩　きんしんさつ）

金仁述　きんじんじゅつ
7世紀頃, 朝鮮, 新羅から来日した使節。
⇒シル（金仁述　きんじんじゅつ　7世紀頃）
　シル新（金仁述　きんじんじゅつ）

金任想　きんじんそう
7世紀頃, 朝鮮, 新羅から来日した使節。
⇒シル（金任想　きんじんそう　7世紀頃）
　シル新（金任想　きんじんそう）

金信福　きんしんぷく
8世紀頃, 朝鮮, 新羅から来日した使節。
⇒シル（金信福　きんしんぷく　8世紀頃）
　シル新（金信福　きんしんぷく）

金仁問　きんじんもん
7世紀, 朝鮮, 新羅の王族。新羅第29代太宗武烈王の第2子。
⇒コン2（金仁問　きんじんもん　629-694）
　コン3（金仁問　きんじんもん　629-694）
　シル（金仁問　きんじんもん　629-694）
　シル新（金仁問　きんじんもん　629-694）
　世東（金仁問　きんじんもん　629-694）
　対外（金仁問　きんじんもん　629-694）
　朝人（金仁問　きんじんもん　629-694）
　百科（金仁問　きんじんもん　629-694）

金誠一　きんせいいつ
16世紀, 朝鮮, 李朝中期の学者。壬辰・丁酉の乱時, 募兵使として活躍。
⇒国史（金誠一　きんせいいつ　1538-1593）
　集文（金誠一　キムソンイル　1538-1593）
　対外（金誠一　きんせいいつ　1538-1593）
　朝人（金誠一　きんせいいつ　1537-1593）
　日人（金誠一　きんせいいつ　1538-1593）

金性洙　きんせいしゅ
⇨金性洙（キムソンス）

金世世　きんせいせい
7世紀頃, 朝鮮, 新羅から来日した使節。
⇒シル（金世世　きんせいせい　7世紀頃）
　シル新（金世世　きんせいせい）

金正日　きんせいにち
⇨金正日（キムジョンイル）

金清平　きんせいへい
　7世紀頃、朝鮮、新羅から来日した使節。
　⇒シル（金清平　きんせいへい　7世紀頃）
　　シル新（金清平　きんせいへい）

金旋　きんせん
　3世紀、中国、三国時代、武陵郡の太守。
　⇒三国（金旋　きんせん）
　　三全（金旋　きんせん　?-208）

金千鎰　きんせんいつ
　16世紀、朝鮮の武人。文禄の役の朝鮮義兵将。
　⇒国史（金千鎰　きんせんいつ　1537-1593）
　　対外（金千鎰　きんせんいつ　1537-1593）

欽宗　きんそう
　12世紀、中国、北宋最後の第9代皇帝（在位1125～27）。姓名は趙桓、父は第8代徽宗皇帝。2度の金軍攻撃で開封が陥落（靖康の難）、北宋が滅亡した。
　⇒旺世（欽宗　きんそう　1100-1161）
　　角世（欽宗　きんそう　1100-1161）
　　皇帝（欽宗　きんそう　1100-1161）
　　コン2（欽宗　きんそう　1100-1161）
　　コン3（欽宗　きんそう　1100-1161）
　　人物（欽宗　きんそう　1100-1161）
　　世人（欽宗　きんそう　1100-1161）
　　全書（欽宗　きんそう　1100-1161）
　　大百（欽宗　きんそう　1100-1161）
　　中皇（欽宗　1100-1161）
　　中史（欽宗　きんそう　1100-1161）
　　統治（欽宗　Ch'in Tsung　（在位）1126-1127）
　　百科（欽宗　きんそう　1100-1161）
　　評世（欽宗　きんそう　1100-1161）
　　山世（欽宗　きんそう　1100-1161）
　　歴史（欽宗(宋)　きんそう　1100（元符3）-1161（紹興31））

金相　きんそう
　8世紀、朝鮮、新羅の遣唐使。
　⇒シル（金相　きんそう　?-735）
　　シル新（金相　きんそう　?-735）

金相玉　きんそうぎょく
　19・20世紀、朝鮮の独立運動家。
　⇒コン3（金相玉　きんそうぎょく　1890-1923）

金造近　きんぞうこん
　8世紀頃、朝鮮、新羅から来日した使節。
　⇒シル（金造近　きんぞうこん　8世紀頃）
　　シル新（金造近　きんぞうこん）

金想純　きんそうじゅん
　8世紀頃、朝鮮、新羅から来日した使節。
　⇒シル（金想純　きんそうじゅん　8世紀頃）
　　シル新（金想純　きんそうじゅん）

金宗瑞　きんそうずい
　14・15世紀、朝鮮、李朝の政治家。1453年首陽大君（のちの世祖）によって殺された。
　⇒コン2（金宗瑞　きんそうずい　1390-1453）
　　コン3（金宗瑞　きんそうずい　1390-1453）
　　百科（金宗瑞　きんそうずい　1390-1453）

金相貞　きんそうてい
　8世紀頃、朝鮮、新羅から来日した使節。
　⇒シル（金相貞　きんそうてい　8世紀頃）
　　シル新（金相貞　きんそうてい）

金霜林　きんそうりん
　7世紀頃、朝鮮、新羅の王子。
　⇒シル（金霜林　きんそうりん　7世紀頃）
　　シル新（金霜林　きんそうりん）

金祖淳　きんそじゅん
　18・19世紀、朝鮮、李朝後期、正祖（在位1777～1800）、純祖（在位1801～34）王代の官僚政治家。
　⇒朝人（金祖淳　きんそじゅん　1765-1831）

金蘇城　きんそじょう
　20世紀、中国の対日関係専門の外交官。吉林省の出身。1963年10月中日友好協会理事。74年12月、駐日大使館一等書記官として赴任。
　⇒現人（金蘇城　きんそじょう〈チンスーチョン〉1925-）
　　中人（金蘇城　きんそじょう　1925-）

金蘇忠　きんそちゅう
　8世紀頃、朝鮮、新羅から来日した使節。
　⇒シル（金蘇忠　きんそちゅう　8世紀頃）
　　シル新（金蘇忠　きんそちゅう）

金大鉉　きんたいげん
　19世紀、朝鮮の貢使。漢城の出身。
　⇒東仏（金大鉉　きんたいげん　?-1870）

金大城　きんだいじょう
　8世紀、朝鮮、新羅、景徳王代の宰相。
　⇒朝人（金大城　きんだいじょう　?-774）

金体信　きんたいしん
　8世紀頃、朝鮮、新羅から来日した使節。
　⇒シル（金体信　きんたいしん　8世紀頃）
　　シル新（金体信　きんたいしん）

金大成　きんたいせい
　8世紀、朝鮮、新羅の大臣。仏国寺石窟庵の創建者。
　⇒東仏（金大成　きんたいせい　700-774）

金大中　きんだいちゅう
　⇨金大中（キムデジュン）

金泰廉　きんたいれん
　8世紀頃、朝鮮、新羅の王子。

政治・外交・軍事篇　　　　　　　　　　　　　115　　　　　　　　　　　　　きんと

⇒シル（金泰廉　きんたいれん　8世紀頃）
シル新（金泰廉　きんたいれん）
対外（金泰廉　きんたいれん　生没年不詳）

金達鉉　きんたつけん
19・20世紀，朝鮮の政治家。咸鏡南道高原の生れ。1948年9月最高人民会議副議長となり，のち最高人民会議代議士となる。
⇒外国（金達鉉　きんたつけん　1884–）

金端竭丹　きんたんけつたん
8世紀頃，朝鮮，新羅の遣唐使。
⇒シル（金端竭丹　きんたんけつたん　8世紀頃）
シル新（金端竭丹　きんたんけつたん）

金池山　きんちざん
7世紀頃，朝鮮，新羅から来日した使節。
⇒シル（金池山　きんちざん　7世紀頃）
シル新（金池山　きんちざん）

金智祥　きんちしょう
7世紀頃，朝鮮，新羅から来日した使節。
⇒シル（金智祥　きんちしょう　7世紀頃）
シル新（金智祥　きんちしょう）

金仲華　きんちゅうか
20世紀，中国のジャーナリスト。浙江省出身。1949年以後，上海『新聞日報』編集長・人民代表大会上海市代表・新聞工作者協会副主席など歴任。
⇒コン3（金仲華　きんちゅうか　1907–1968）
中人（金仲華　きんちゅうか　1907–1968）

金忠信　きんちゅうしん
9世紀頃，朝鮮，新羅の遣唐使。
⇒シル（金忠信　きんちゅうしん　9世紀頃）
シル新（金忠信　きんちゅうしん）

金忠臣　きんちゅうしん
8世紀頃，朝鮮，新羅の遣唐使。
⇒シル（金忠臣　きんちゅうしん　8世紀頃）
シル新（金忠臣　きんちゅうしん）

金忠仙　きんちゅうせん
7世紀頃，朝鮮，新羅から来日した使節。
⇒シル（金忠仙　きんちゅうせん　7世紀頃）
シル新（金忠仙　きんちゅうせん）

金忠善　きんちゅうぜん
17世紀，朝鮮の武人。豊臣秀吉の朝鮮出兵に従軍し，投降した日本将。
⇒国史（金忠善　きんちゅうぜん　?–1643）
対外（金忠善　きんちゅうぜん　?–1643）

金柱弼　きんちゅうひつ
9世紀頃，朝鮮，新羅の遣唐使。
⇒シル（金柱弼　きんちゅうひつ　9世紀頃）
シル新（金柱弼　きんちゅうひつ）

金忠平　きんちゅうへい
7世紀頃，朝鮮，新羅から来日した使節。
⇒シル（金忠平　きんちゅうへい　7世紀頃）
シル新（金忠平　きんちゅうへい）

金長言　きんちょうげん
8世紀頃，朝鮮，新羅から来日した使節。
⇒シル（金長言　きんちょうげん　8世紀頃）
シル新（金長言　きんちょうげん）

金長志　きんちょうし
7世紀頃，朝鮮，新羅から来日した使節。
⇒シル（金長志　きんちょうし　7世紀頃）
シル新（金長志　きんちょうし）

金長孫　きんちょうそん
8世紀頃，朝鮮，新羅から来日した使節。
⇒シル（金長孫　きんちょうそん　8世紀頃）
シル新（金長孫　きんちょうそん）

金貞巻　きんていかん
8世紀頃，朝鮮，新羅から来日した使節。
⇒シル（金貞巻　きんていかん　8世紀頃）
シル新（金貞巻　きんていかん）

金貞宿　きんていしゅく
8世紀頃，朝鮮，新羅から来日した使節。
⇒シル（金貞宿　きんていしゅく　8世紀頃）
シル新（金貞宿　きんていしゅく）

金貞楽　きんていらく
8世紀頃，朝鮮，新羅から来日した使節。
⇒シル（金貞楽　きんていらく　8世紀頃）
シル新（金貞楽　きんていらく）

金綴洙　きんてつしゅ
20世紀，朝鮮の社会主義者。
⇒コン3（金綴洙　きんてつしゅ　1893–1986）
朝人（金綴洙　きんてつしゅ　1893–?）

金天海　きんてんかい
⇨金天海（キムチョンヘ）

金天沖　きんてんちゅう
7世紀頃，朝鮮，新羅から来日した使節。
⇒シル（金天沖　きんてんちゅう　7世紀頃）
シル新（金天沖　きんてんちゅう）

忻都　きんと
13世紀，中国，元朝のモンゴル人武将。日本進撃（弘安の役）の指導者。
⇒広辞4（忻都　きんと）
広辞6（忻都　きんと）
国史（忻都　きんと　生没年不詳）
コン2（忻都　きんと　生没年不詳）
コン3（忻都　きんと　生没年不詳）
対外（忻都　きんと　生没年不詳）
大辞（忻都　きんと　生没年不詳）

大辞3（忻都　きんと　生没年不詳）
日人（忻都　きんと　生没年不詳）
百科（忻都　きんと　生没年不詳）

金東厳　きんとうげん
7世紀頃、朝鮮、新羅から来日した使節。
⇒シル（金東厳　きんとうげん　7世紀頃）
　シル新（金東厳　きんとうげん）

金道那　きんどうな
7世紀頃、朝鮮、新羅から来日した使節。
⇒シル（金道那　きんどうな　7世紀頃）
　シル新（金道那　きんどうな）

金科奉　きんとうほう
⇨金科奉（キムドゥボン）

金科奉　きんとほう
⇨金科奉（キムドゥボン）

金駧孫　きんにちそん
15世紀、朝鮮、15世紀後半の官僚、政治家。
⇒朝人（金駧孫　きんにちそん　1464–1498）

金日成　きんにっせい
⇨金日成（キムイルソン）

キンニュン　Khin Nyunt
20世紀、ミャンマーの政治家、軍人。ミャンマー首相。
⇒世政（キン・ニュン　1939.10.11–）
　東ア（キンニュン　1939–）

金能儒　きんのうじゅ
9世紀頃、朝鮮、新羅の王子、遣唐使。
⇒シル（金能儒　きんのうじゅ　9世紀頃）
　シル新（金能儒　きんのうじゅ）

金万重　きんばんじゅう
⇨金万重（キムマンジュン）

金晩植　きんばんしょく
19・20世紀、朝鮮、李朝末期の政治家。号は翠堂。
⇒朝人（金晩植　きんばんしょく　1834–1901）

金万物　きんばんぶつ
7世紀頃、朝鮮、新羅から来日した使節。
⇒シル（金万物　きんばんぶつ　7世紀頃）
　シル新（金万物　きんばんぶつ）

金美賀　きんびが
7世紀頃、朝鮮、新羅から来日した使節。
⇒シル（金美賀　きんびが　7世紀頃）
　シル新（金美賀　きんびが）

金比蘇　きんひそ
7世紀頃、朝鮮、新羅から来日した使節。
⇒シル（金比蘇　きんひそ　7世紀頃）
　シル新（金比蘇　きんひそ）

金弼　きんひつ
8世紀頃、朝鮮、新羅から来日した使節。
⇒シル（金弼　きんひつ　8世紀頃）
　シル新（金弼　きんひつ）

金弼言　きんひつげん
8世紀頃、朝鮮、新羅から来日した使節。
⇒シル（金弼言　きんひつげん　8世紀頃）
　シル新（金弼言　きんひつげん）

金弼徳　きんひつとく
7世紀頃、朝鮮、新羅から来日した使節。
⇒シル（金弼徳　きんひつとく　7世紀頃）
　シル新（金弼徳　きんひつとく）

金標石　きんひょうせき
8世紀頃、朝鮮、新羅の遣唐使。
⇒シル（金標石　きんひょうせき　8世紀頃）
　シル新（金標石　きんひょうせき）

金楓厚　きんふうこう
8世紀頃、朝鮮、新羅の遣唐使。
⇒シル（金楓厚　きんふうこう　8世紀頃）
　シル新（金楓厚　きんふうこう）

金風那　きんふうな
7世紀頃、朝鮮、新羅から来日した使節。
⇒シル（金風那　きんふうな　7世紀頃）
　シル新（金風那　きんふうな）

金福護　きんふくご
8世紀頃、朝鮮、新羅から来日した使節。
⇒シル（金福護　きんふくご　8世紀頃）
　シル新（金福護　きんふくご）

金武勲　きんぶくん
8世紀頃、朝鮮、新羅の遣唐使。
⇒シル（金武勲　きんぶくん　8世紀頃）
　シル新（金武勲　きんぶくん）

金富軾　きんふしょく，きんぷしょく
11・12世紀、朝鮮、高麗の政治家、学者。慶州出身。現存する最古の体系的史書『三国史記』を著したことで知られる。
⇒角世（金富軾　きんふしょく　1075–1151）
　国小（金富軾　きんふしょく　1075（文宗29）–1151（毅宗5））
　コン2（金富軾　きんふしょく　1075–1151）
　コン3（金富軾　きんふしょく　1075–1151）
　集世（金富軾　キムプシク　1075–1151）
　集文（金富軾　キムプシク　1075–1151）
　人物（金富軾　きんふしょく　1075–1151）
　世東（金富軾　きんふしょく　1075–1151）
　世百（金富軾　きんふしょく　1075–1151）
　世文（金富軾　きんふしょく　1075–1151）
　全書（金富軾　きんふしょく　1075–1151）

朝人（金富軾　きんふしょく　1075–1151）
朝鮮（金富軾　きんふしょく　1075–1151）
デス（金富軾　きんふしょく　1075–1151）
伝記（金富軾　きんふしょく〈キムブシク〉1075–1151）
百科（金富軾　きんふしょく　1075–1151）
評世（金富軾　きんふしょく　1075–1151）
名著（金富軾　きんふしょく　1074–1151）
歴学（金富軾　きんふしょく　1075–1151）

金物儒　きんぶつじゅ
7世紀頃, 朝鮮, 新羅から来日した使節。
⇒シル（金物儒　きんぶつじゅ　7世紀頃）
シル新（金物儒　きんぶつじゅ）

金武亭　きんぶてい
20世紀, 朝鮮の軍人。咸鏡北道の生れ。1946年2月に北朝鮮臨時人民委員会の中央委員。朝鮮戦争で第2軍団長として大邱戦線に従軍したが, 人民軍総司令官の撤退命令に違反し, 処断された。
⇒外国（金武亭　きんぶてい　1904–）

金文蔚　きんぶんうつ
10世紀頃, 朝鮮, 新羅の遣唐留学生。
⇒シル（金文蔚　きんぶんうつ　10世紀頃）
シル新（金文蔚　きんぶんうつ）

金文王　きんぶんおう
7世紀頃, 朝鮮, 新羅の遣唐使。国王金春秋の子。
⇒シル（金文王　きんぶんおう　7世紀頃）
シル新（金文王　きんぶんおう）

金炳始　きんへいし
19世紀, 朝鮮, 李朝末期の政治家。
⇒国史（金炳始　きんへいし　1832–1898）

金炳魯　きんへいろ
19・20世紀, 韓国の政治家, 法律家。
⇒コン3（金炳魯　きんへいろ　1887–1964）
朝人（金炳魯　きんへいろ　1887–1964）

靳輔　きんほ, きんぽ
17世紀, 中国, 清初期の官僚。字は紫垣, 諡は文襄。遼陽出身。治水事業に尽力。
⇒外国（靳輔　きんぽ　1633–1692）
コン2（靳輔　きんほ　1633–1693）
コン3（靳輔　きんほ　1633–1693）

金方慶　きんほうけい
13世紀, 朝鮮, 高麗の武臣。元軍とともに日本遠征。
⇒国史（金方慶　きんほうけい　1212–1300）
コン2（金方慶　きんほうけい　1212–1300）
コン3（金方慶　きんほうけい　1212–1300）
世百（金方慶　きんほうけい　1212–1300）
対外（金方慶　きんほうけい　1212–1300）
日人（金方慶　きんほうけい　1212–1300）

百科（金方慶　きんほうけい　1212–1300）
歴史（金方慶　きんほうけい　1212–1300）

金抱質　きんほうしつ
8世紀頃, 朝鮮, 新羅の入唐朝賀使。
⇒シル（金抱質　きんほうしつ　8世紀頃）
シル新（金抱質　きんほうしつ）

金法敏　きんほうびん
7世紀, 朝鮮, 新羅の遣唐使。
⇒シル（金法敏　きんほうびん　626–681）
シル新（金法敏　きんほうびん　626–681）

金法麟　きんほうりん
20世紀, 朝鮮の政治家, 仏教学者。号は梵山, 筆名は鉄啞。
⇒東仏（金法麟　きんほうりん　1899–1964）

金マリア　きんまりあ
⇨金熙洙（キムヒス）

金万重　きんまんじゅう
⇨金万重（キムマンジュン）

金茂先　きんもせん
9世紀頃, 朝鮮, 新羅の遣唐留学生。
⇒シル（金茂先　きんもせん　9世紀頃）
シル新（金茂先　きんもせん）

金有成　きんゆうせい
14世紀, 朝鮮, 高麗の使者。
⇒日人（金有成　きんゆうせい　?–1307）

金庾信（金庚信）　きんゆしん
6・7世紀, 朝鮮, 新羅の武人, 政治家。太宗武烈王の義弟。660年に百済, 668年に高句麗を滅ぼし最高の爵位, 太大角干を贈られる。
⇒外国（金庾信　きんゆしん　595–673）
角世（金庾信　きんゆしん　595–673）
広辞6（金庾信　きんゆしん　595–673）
国小（金庾信　きんゆしん　595（真平17）–673（文武王13））
コン2（金庾信　きんゆしん　595–673）
コン3（金庾信　きんゆしん　595–673）
世人（金庾信　きんゆしん　595–673）
世百（金庾信　きんゆしん　595–673）
全書（金庾信　きんゆしん　595–673）
朝人（金庾信　きんゆしん　595–673）
朝鮮（金庾信　きんゆしん　595–673）
デス（金庾信　きんゆしん　595–673）
伝記（金庾信　きんゆしん〈キムユシン〉　595–673.7.1）
日人（金庾信　こんゆしん　595–673）
百科（金庾信　きんゆしん　595–673）

金楊原　きんようげん
7世紀頃, 朝鮮, 新羅の官人。
⇒シル（金楊原　きんようげん　7世紀頃）
シル新（金楊原　きんようげん）

金陽元　きんようげん
　7世紀頃，朝鮮，新羅から来日した使節。
　⇒シル（金陽元　きんようげん　7世紀頃）
　　シル新（金陽元　きんようげん）

金容淳　きんようじゅん
　⇨金容淳（キムヨンスン）

金溶植　きんようしょく
　⇨金溶植（キムヨンシク）

金洛水　きんらくすい
　7世紀頃，朝鮮，新羅から来日した使節。
　⇒シル（金洛水　きんらくすい　7世紀頃）
　　シル新（金洛水　きんらくすい）

金蘭蓀　きんらんそん
　8世紀頃，朝鮮，新羅から来日した使節。
　⇒シル（金蘭蓀　きんらんそん　8世紀頃）
　　シル新（金蘭蓀　きんらんそん）

金利益　きんりえき
　7世紀頃，朝鮮，新羅から来日した使節。
　⇒シル（金利益　きんりえき　7世紀頃）
　　シル新（金利益　きんりえき）

金陸珍　きんりくちん
　9世紀頃，朝鮮，新羅の遣唐使。
　⇒シル（金陸珍　きんりくちん　9世紀頃）
　　シル新（金陸珍　きんりくちん）

金力奇　きんりっき
　9世紀頃，朝鮮，新羅の遣唐使。
　⇒シル（金力奇　きんりっき　9世紀頃）
　　シル新（金力奇　きんりっき）

金良琳　きんりょうりん
　7世紀頃，朝鮮，新羅の王子。
　⇒シル（金良琳　きんりょうりん　7世紀頃）
　　シル新（金良琳　きんりょうりん）

金麟厚　きんりんこう
　16世紀，朝鮮，李朝の政治家，学者。号は河西。著書『河西集』（16巻）。
　⇒コン2（金麟厚　きんりんこう　1510–1560）
　　コン3（金麟厚　きんりんこう　1510–1560）
　　集文（金麟厚　キミンフ　1510–1560）

【く】

クァック・ディン・バオ（郭廷宝）
　ベトナム，黎朝代の高官。
　⇒ベト（Quach-Đinh-Bao　クァック・ディン・バオ〔郭廷宝〕）

ク・アパイ　Kou Abhay
　20世紀，ラオスの政治家。1960年ブーマ・ノサバンのクーデター後，選挙管理内閣を組閣。
　⇒世東（ク・アパイ　1892.12.7–1964.4.6）

クァン・タイン（管誠）
　ベトナムの英雄。南部ベトナムにおいて，フランスの植民地侵略が行われた初期，抵抗運動に決起した民衆の指導者。実名陳文誠。
　⇒ベト（Quan-Thanh　クァン・タイン〔管誠〕）

クァン・チュン（光中）　Quang-Trung
　19世紀，ベトナムの民族英雄。太祖武皇帝と称される。元の名は阮恵，別名は阮光平。19世紀後半，祖国の地位を興隆させた。
　⇒ベト（Quang-Trung　クァン・チュン　19世紀）

クァン・ホン（管興）
　ベトナムの民族闘士。フランス植民地政策に抵抗し，1884年フランス軍と闘った。
　⇒ベト（Quan-Hon　クァン・ホン〔管興〕）

クァン・リック（管歴）
　ベトナムの民族闘士。反フランス闘争を指揮し，壮烈な足跡を残した。本名は阮忠直。
　⇒ベト（Quan-Lich　クァン・リック〔管歴〕）

グイ・トゥック（魏軾）
　ベトナムの武将，胡朝代（1400～1407）に活躍。
　⇒ベト（Nguy-Thuc　グイ・トゥック〔魏軾〕）

クイリチ（鬼力赤）
　14・15世紀，モンゴルの可汗。
　⇒国小（クイリチ〔鬼力赤〕　生没年不詳）
　　コン2（クイリチ〔鬼力赤〕　?–1408）
　　コン3（クイリチ〔鬼力赤〕　?–1408）

虞允文　ぐいんぶん
　12世紀，中国，南宋の政治家，武将。字は彬甫，諡は忠粛。隆州・仁寿〔四川省〕出身。
　⇒コン2（虞允文　ぐいんぶん　?–1174）
　　コン3（虞允文　ぐいんぶん　?–1174）
　　人物（虞允文　ぐいんぶん　?–1174）
　　世東（虞允文　ぐいんぶん　?–1174.2）

クウォン　Khuang Aphaiwong
　20世紀，タイの政治家。
　⇒世百新（クウォン　1902–1968）
　　二十（クウォン, A.　1902–1968.3.15）
　　百科（クウォン　1902–1968）

グェン・アン（阮案）
　18・19世紀，ベトナムの官吏。黎・莫朝代より阮朝初期（18世紀末～19世紀初）の廷臣。字は敬甫，号は愚乎。
　⇒ベト（Nguyen-An　グェン・アン〔阮案〕　1770–1815）

グェン・アン・カン（阮安康）
20世紀，ベトナムの革命運動家。作家。南部ベトナムで活動。
⇒ベト（Nguyen-An-Khang　グェン・アン・カン〔阮安康〕）

グェン・ヴァン・ギア（阮文義）
ベトナム，阮朝初期の武人。
⇒ベト（Nguyen-Van-Nghia　グェン・ヴァン・ギア〔阮文義〕）

グェン・ヴァン・クン（阮文供）
20世紀，ベトナムの民族運動闘士。1941年のド・ルオンにおける反フランス闘争の指導者。
⇒ベト（Nguyen-Van-Cung　グェン・ヴァン・クン〔阮文供〕）

グェン・ヴァン・サム（阮文参）
20世紀，ベトナムの政治家で言論人。
⇒ベト（Nguyen-Van-Sam　グェン・ヴァン・サム〔阮文参〕）

グェン・ヴァン・タィン（阮文誠）
ベトナム，阮朝代の功臣。
⇒ベト（Nguyen-Van-Thanh　グェン・ヴァン・タィン〔阮文誠〕）

グェン・ヴァン・タム　Nguyen-Van-Tam
20世紀，ベトナムの政治家。1948年ベトナム臨時中央政府の成立後，対フランス軍連絡官。ベトナム警保局長官。51年第2次トラン・ヴァン・フー内閣の内相。同内閣が倒れると後継首班に。
⇒外国（グェン・ヴァン・タム　1895–）
　外国（ニェン・ヴァンタム）

グェン・ヴァン・タン（阮文進）
ベトナム，嗣徳帝代の武将。本名は阮文本。
⇒ベト（Nguyen-Van-Tan　グェン・ヴァン・タン〔阮文進〕）

グェン・ヴァン・チイ　Nguyen-Van-Tri
20世紀，ベトナムの政治家。第2次世界大戦に出動，クロワ・ド・ゲール勲章，レジスタン・メダルを受章。1948年ベトナム国成立後，ベトナム航空会社理事長，52年グェン・バン・タム内閣の国防相となる。
⇒外国（グェン・ヴァン・チイ　1907–）

グェン・ヴァン・チュエット（阮文雪）
ベトナム，西山朝の将軍で都督。光中帝の甥。
⇒ベト（Nguyen-Van-Tuyet　グェン・ヴァン・チュエット〔阮文雪〕）

グェン・ヴァン・チュオン（阮文張）
18・19世紀，ベトナム，阮朝代の名将。
⇒ベト（Nguyen-Van-Truong　グェン・ヴァン・チュオン〔阮文張〕　1740–1810）

グェン・ヴァン・ティエウ　Nguyen Van Thieu
20世紀，ベトナム共和国の政治家。1967年9月大統領に当選。政府に批判的な議員や新聞などを弾圧し独裁的傾向を強化。71年10月単独の候補で大統領選を強行し再選された。
⇒角世　（グェン・ヴァン・ティエウ　1923–）
　現人　（グェン・バン・チュー　1923.4.5–）
　国小　（グェン・バン・チュー　1923.4.5–）
　コン3　（グェン・ヴァン・ティュウ　1923–）
　世政　（グェン・バン・ティエウ　1923.4.5–2001.9.29）
　世東　（グェン・バン・チュー　1923–）
　世百新（グェン・バン・ティエウ　1923–2001）
　全書　（グェン・バン・チュー　1923–）
　大百　（グェン・バン・チュー　1923–）
　二十　（グェン・ヴァン・チュー　1923.4.5–）
　東ア　（グェン・ヴァン・ティエウ　1923–2001）
　百科　（グェン・バン・ティエウ　1923–）

グェン・ヴァン・ディエン（阮文田）
ベトナムの民族闘士。反フランス抵抗運動で活躍。
⇒ベト（Nguyen-Van-Đien　グェン・ヴァン・ディエン〔阮文田〕）

グェン・ヴァン・トアイ（話玉侯，阮文話）
18・19世紀，ベトナム，阮朝治世の名将。
⇒ベト（Nguyen-Van-Thoai　グェン・ヴァン・トアイ〔阮文話〕　1762–1829）
　ベト（Thoai-Ngoc-Hau　トアイ・ゴック・ハウ〔話玉侯〕）

グェン・ヴァン・トン（阮文存）
ベトナム，阮朝嘉隆帝代の名将。
⇒ベト（Nguyen-Van-Ton　グェン・ヴァン・トン〔阮文存〕）

グェン・ヴァン・ニャン（阮文仁）
18・19世紀，ベトナム，阮朝草創期の功臣。
⇒ベト（Nguyen-Van-Nhan　グェン・ヴァン・ニャン〔阮文仁〕　1753–1822）

グェン・ヴァン・ビン　Nguyen Van Binh
20世紀，北ベトナムの軍人，政治家。ベトミンに参加。インドシナ戦争中は南部で活動。1966年ベトナム人民軍副参謀長。
⇒世東（グェン・バン・ビン　1917–）
　二十（グェン・ヴァン・ビン　1917–）

グェン・ヴァン・ラン（阮文郎）
ベトナム，黎朝代の将軍。
⇒ベト（Nguyen-Van-Lang　グェン・ヴァン・ラン〔阮文郎〕）

グェン・ヴァン・リン　Nguyen Van Linh
20世紀，ベトナムの政治家。ベトナム労働党書記長。
⇒岩ケ（グェン・ヴァン・リン　1914–）
　角世（グェン・ヴァン・リン　1915–1998）

世人（グエン＝ヴァン＝リン　1914–1998）
世政（グエン・バン・リン　1915–1998.4.27）
世東（グエン・ヴァン・リン　1915–）
二十（グエン・ヴァン・リン　1915–）

グエン・ヴィエット・チェウ（阮日趙）
ベトナム、黎・莫時代の忠臣。
⇒ベト（Nguyen-Viet-Trieu　グエン・ヴィエット・チェウ〔阮日趙〕）

グエン・ヴィエン（阮円）
19世紀、ベトナム、阮朝初期（19世紀初頭）の文臣。
⇒ベト（Nguyen-Vien　グエン・ヴィエン〔阮円〕19世紀）

グエン・ヴィン・ティック（阮永錫）
15世紀、ベトナム、15世紀の官吏、詩人。
⇒ベト（Nguyen-Vinh-Tich　グエン・ヴィン・ティック〔阮永錫〕15世紀）

グエン・ウォン（阮汪）
ベトナム、黎朝中興の功臣。
⇒ベト（Nguyen-Uong　グエン・ウォン〔阮汪〕）

グエン・カオ（阮高）　Nguyen-Cao
ベトナムの愛国者。フランス軍に抵抗した勤王の闘士。
⇒ベト（Nguyen-Cao　グエン・カオ）

グエン・カオ・キ　Nguyen Cao Ky
20世紀、ベトナム共和国の軍人、政治家。1967年9月副大統領に当選。
⇒現人（グエン・カオ・キ　1930.9–）
国小（グエン・カオ・キ　1930.9.8–）
コン3（グエン・カオ・キイ　1930–）
人物（グエン・カオ・キ　1930–）
世人（グエン＝カオ＝キ　1930–）
世政（グエン・カオ・キ　1930.9–）
世東（グエン・カオ・キ　1930–）
全書（グエン・カオ・キ　1930–）
大百（グエン・カオ・キ　1930–）
二十（グエン・カオ・キ　1930.9–）

グエン・カック・カン（阮克勤）
20世紀、ベトナムの革命家。フランス植民統治に抵抗した。
⇒ベト（Nguyen-Khac-Cam　グエン・カック・カン〔阮克勤〕）

グエン・カック・ニュ（阮克柔）
20世紀、ベトナムの越南国民党副主席。
⇒ベト（Nguyen-Khac-Nhu　グエン・カック・ニュ〔阮克柔〕）

グエン・カ・ラップ（阮可拉）
ベトナム、陳朝代の武将。
⇒ベト（Nguyen-Kha-Lap　グエン・カ・ラップ〔阮可拉〕）

グエン・カーン　Nguyen Khang
20世紀、ベトナム共和国の軍人、政治家。1964年8月大統領になったが、10日目に辞職、首相に戻る。65年2月19日クーデターで失脚した。
⇒現人（グエン・カーン　1927.11–）
国小（グエン・カーン　1927–）
コン3（グエン・カイン（グエン・カーン）1928–）
世政（グエン・カーン　1927.11–）
世東（グエン・カーン　1928–）
二十（グエン・カーン　1927.11–）

グエン・カン・トアン　Nguyen Khanh Toan
20世紀、北ベトナムの教育者、政治家。インドシナ共産党の結成に参加。ベトミン支配地域で大衆教育と文盲一掃を指導、高く評価される。
⇒世東（グエン・カン・トアン　1903–）

グエン・ギエム（阮儼）
ベトナム、後黎時代の名臣。号は毅軒、別名に洪御居士と称した。
⇒ベト（Nguyen-Nghiem　グエン・ギエム〔阮儼〕）

グエン・キム（阮淦）
16世紀、ベトナム、黎朝時代の貴族、武将。広南朝の初代君主阮潢の父。タンホア（清化）の出身。
⇒外国（阮淦　げんきん　?–1545）
　ベト（Nguyen-Kim　グエン・キム〔阮淦〕）

グエン・キム・アン（阮金安）
ベトナムの官吏。黎聖宗帝に仕えた。
⇒ベト（Nguyen-Kim-An　グエン・キム・アン〔阮金安〕）

グエン・クァン・トゥイ（阮光垂）
ベトナムの王族。光中皇帝の第2王子。
⇒ベト（Nguyen-Quang-Thuy　グエン・クァン・トゥイ〔阮光垂〕）

グエン・クイン（貢瓊、阮瓊）
ベトナムの官吏、詩人。黎朝鄭王の時代に活躍。通称貢瓊あるいは状瓊。
⇒Cong-Quynh（コン・クイン〔貢瓊〕）
　ベト（Nguyen-Quynh　グエン・クイン〔阮瓊〕）

グエン・クウ・ダム（阮久談）
ベトナム、阮福淳王の部将。
⇒ベト（Nguyen-Cuu-Dam　グエン・クウ・ダム〔阮久談〕）

グエン・ク・チン（阮居貞）
ベトナム、阮朝初期の功臣。
⇒ベト（Nguyen-Cu-Trinh　グエン・ク・チン〔阮居貞〕）

グエン・コアイ（阮快）
ベトナム、陳朝代の勇将。

⇒ベト（Nguyen-Khoai　グェン・コアイ〔阮快〕）

グェン・コア・ダン(阮科登)
ベトナム，阮朝初期の名臣。
⇒ベト（Nguyen-Khoa-Đang　グェン・コア・ダン〔阮科登〕）

グェン・コ・タク　Nguyen Co Thach
20世紀，ベトナムの政治家，外交官。ベトナム副首相・外相，ベトナム共産党政治局員。
⇒世政　（グェン・コ・タク　1923.5.15–1998.4.10）
　世東　（グェン・コー・タック　1924–）
　二十　（グェン・コ・タク　1920–）

グェン・ゴック・トー　Nguyen Ngoc Tho
20世紀，南ベトナムの政治家。1963年反ジェム・クーデター後，首相兼経済・財政相に就任。
⇒世東　（グェン・ゴック・トー　1908–）

グェン・ゴック・ロアン　Nguyen Ngoc Loan
20世紀，南ベトナムの軍人。1965～67年軍治安局長，66年国家警察長官を兼任。
⇒世東　（グェン・ゴック・ロアン　?–）

グェン・コン・タン(阮公進)
18世紀，ベトナム，黎朝末期(18世紀末)の忠臣。
⇒ベト（Nguyen-Cong-Tan　グェン・コン・タン〔阮公進〕　18世紀）

グェン・コン・ハン(阮公沆)
17・18世紀，ベトナム，黎朝代の名臣。
⇒ベト（Nguyen-Cong-Hang　グェン・コン・ハン〔阮公沆〕　1680–1732）

グェン・ザ・ファン(阮嘉藩)
ベトナムの官吏。景盛年代に吏部尚書に昇進。
⇒ベト（Nguyen-Gia-Phan　グェン・ザ・ファン〔阮嘉藩〕）

グェン・シ(阮熾)
ベトナム，後黎朝代の勇将。
⇒ベト（Nguyen-Xi　グェン・シ〔阮熾〕）

グェン・シエン　Nguyen Xien
20世紀，ベトナムの科学者，社会運動家。1946年ベトナム民主共和国第1期国会議員に選出され，56年ベトナム社会党書記長。
⇒コン3　（グェン・シエン　1907–）
　世東　（グェン・シエン　1907–）

グェン・スァン・オン(阮春温)
19世紀，ベトナムの民族闘士。反フランス抵抗運動の指導者。
⇒ベト（Nguyen-Xuan-On　グェン・スァン・オン〔阮春温〕　?–1887）

グェン・ズイ(阮惟)
ベトナム，嗣徳帝代の武将。
⇒ベト（Nguyen-Duy　グェン・ズイ〔阮惟〕）

グェン・ズイ・チン　Nguyen Duy Trinh
20世紀，ベトナム社会主義共和国の政治家。1960年北ベトナム副首相，64年外相兼任。30年インドシナ共産党入党。67年発表した「和平宣言」は，68年の北爆全面停止への糸口となったことで知られる。76年ベトナム統一で副首相兼外相，82年引退。
⇒現人　（グェン・ズイ・チン　1910–）
　国小　（グェン・ズイ・チン　1910–）
　コン3　（グェン・ズイ・チン　1910–1985）
　世人　（グェン=ズイ=チン　1910–）
　世政　（グェン・ズイ・チン　1910–1985.4.20）
　世東　（グェン・ズイ・チン　1910–）
　全書　（グェン・ズイ・チン　1910–1985）
　二十　（グェン・ズイ・チン　1910–1985.4.20）

グェン・スン・サック(阮仲確)
ベトナム，黎朝代の高臣。
⇒ベト（Nguyen-Xung-Xac　グェン・スン・サック〔阮仲確〕）

グェン・タイ・バット(阮泰抜)
ベトナム，黎朝の義臣。
⇒ベト（Nguyen-Thai-Bat　グェン・タイ・バット〔阮泰抜〕）

グェン・タイ・ホク(阮太学, 阮大学)
Nguyen Thai Hoc
20世紀，ベトナムの民族運動家。漢字名阮大学。1927年ベトナム国民党VNQDDを組織し，軍隊内に独立運動を浸透させようとした。
⇒外国　（グェン・ダイ・ホック　?–1930）
　国小　（グェン・ダイ・ホク〔阮大学〕　?–1931.6）
　世百　（グェンダイホク〔阮大学〕　?–1931）
　世百新　（グェン・タイ・ホク〔阮大学〕　1902–1930）
　二十　（グェン・タイ・ホク　1902–1930）
　百科　（グェン・タイ・ホク　1902–1930）
　ベト（Nguyen-Thai-Hoc　グェン・タイ・ホック〔阮太学〕　1892–1930）

グェン・タイン(阮誠)
ベトナムの民族闘士。クァン・ナム地方において勤王運動に挺身し，フランス軍と戦った。別名を咸，通称は庵槐，字を哲夫，号は小羅。
⇒ベト（Nguyen-Thanh　グェン・タイン〔阮誠〕）

グェン・タイン・イ(阮誠意)
ベトナム，嗣徳帝代の愛国熱血の外交官。
⇒ベト（Nguyen-Thanh-Y　グェン・タイン・イ〔阮誠意〕）

グェン・タイン・ウット(阮誠尾)
20世紀，ベトナムの革命家。南部ベトナムで活動。

⇒ベト（Nguyen-Thanh-Ut　グエン・タィン・ウット〔阮誠尾〕）

グエン・ダ・フオン（阮多方）
ベトナム、陳朝代の将軍。陳朝の廃帝（1377～1388）代から順宗帝代（1388～1398）の間、廷臣として仕えた。
⇒ベト（Nguyen-Đa-Phuong　グエン・ダ・フオン〔阮多方〕）

グエン・タン・ズン　Nguyen Tan Dung
20世紀、ベトナム共産党最高指導者の一人、ベトナム首相（2006～）。
⇒東ア（グエン・タン・ズン　1949–）

グエン・ダン・チャン（阮登長）
ベトナム、睿宗帝の文官。
⇒ベト（Nguyen-Đang-Trang　グエン・ダン・チャン〔阮登長〕）

グエン・ダン・トゥアン（阮登遵）
19世紀、ベトナム、阮朝代の名臣。
⇒ベト（Nguyen-Đang-Tuan　グエン・ダン・トゥアン〔阮登遵〕　?–1843）

グエン・タン・フエン（阮晋諠）
ベトナム、阮朝代の忠臣。
⇒ベト（Nguyen-Tan-Huyen　グエン・タン・フエン〔阮晋諠〕）

グエン・チ・タン　Nguyen Chi Thanh
20世紀、北ベトナムの軍人、政治家。インドシナ戦争中は1950年人民軍総政治局長。63年ベトナム祖国戦線中央委員会幹部会員。
⇒世東（グエン・チ・タン　1914–1967.7.6）

グエン・チ・ディン　Nguyen Thi Dinh
20世紀、南ベトナムの政治家。共産主義者の夫とともに反仏活動に参加。1965年南ベトナム人民解放軍副司令官。
⇒スパ（グエン・チ・ディン　1920–）
　世女日（グエン・ティ・ディン　1920–1992）
　世政（グエン・チ・ディン　1920–1992.8.26）
　世東（グエン・ティ・ディン　1920–）
　二十（グエン・チ・ジン　1920–1992.8.26）

グエン・チ・ビン　Nguyen Thi Binh
20世紀、ベトナムの政治家。ベトナム国家副主席（副大統領）。
⇒現人（グエン・チ・ビン　1927–）
　国小（グエン・チ・ビン　1927–）
　コン3（グエン・ティ・ビン　1927–）
　スパ（グエン・チ・ビン　1927–）
　世女（グエン・ティ・ビン　1927–）
　世政（グエン・チ・ビン　1927–）
　世東（グエン・ティ・ビン　1927–）
　全書（グエン・チ・ビン　1927–）
　二十（グエン・チ・ビン　1927–）

グエン・チ・フォン（阮知方）
18・19世紀、ベトナム、阮朝代の名将。
⇒ベト（Nguyen-Tri-Phong　グエン・チ・フォン〔阮知方〕　1800–1873）

グエン・チ・ミン・カイ　Nguyen Thi Minh Khai
20世紀、ベトナムの独立運動家。
⇒二十（グエン・チ・ミン・カイ　1910–1941）

グエン・チャイ（阮鷹、阮薦）　Nguyen Trai
14・15世紀、ベトナムの軍事戦略家、儒学者。
⇒角世（グエン・チャイ　1380–1442）
　コン2（グエン・チャイ〔阮薦〕　1380–1442）
　コン3（グエン・チャイ〔阮薦〕　1380–1442）
　集世（グエン・チャイ〔阮薦〕　1380–1442）
　集文（グエン・チャイ〔阮薦〕　1380–1442）
　世東（げんせん〔阮鷹〕　1378–1442）
　世文（グエン・チャイ〔阮薦〕　1380–1442）
　全書（グエン・チャイ〔阮薦〕　1380–1442）
　伝世（グエン・チャイ〔阮薦〕　1380–1442）
　東ア（グエン・チャイ　1380–1442）
　百科（グエン・チャイ〔阮薦〕　1380–1442）
　ベト（Nguyen-Trai　グエン・チャイ　1380–1442）

グエン・チャック（阮沢）
ベトナム、潘延逢部隊の将軍。
⇒ベト（Nguyen-Trach　グエン・チャック〔阮沢〕）

グエン・チャン・チ　Nguyen Chanh Thi
20世紀、南ベトナムの軍人。1960年クーデターを指揮したが失敗。63年ジエム政権崩壊後、第1軍団司令官となる。
⇒世東（グエン・チャン・ティ　1925–）
　二十（グエン・チャン・チ　1925–）

グエン・チュック（阮直）
15世紀、ベトナム、黎朝の名臣。字は公頂、号は樗寮。
⇒ベト（Nguyen-Truc　グエン・チュック〔阮直〕　1417–1473）

グエン・チュン・グァン（阮忠彦）
13・14世紀、ベトナム、陳朝代の名臣。
⇒ベト（Nguyen-Trung-Ngan　グエン・チュン・グァン〔阮忠彦〕　1289–1370）

グエン・チュン・チュック（阮忠直）
19世紀、ベトナムの民族闘士。19世紀後半、南部ベトナムのキエン・ザン地方における反フランス運動の指導者。
⇒ベト（Nguyen-Trung-Truc　グエン・チュン・チュック〔阮忠直〕　19世紀）

グエン・ツ・ニュウ（阮宇如）
ベトナム、反フランス闘争の愛国者。
⇒ベト（Nguyen-Tu-Nhu　グエン・ツ・ニュウ〔阮宇如〕）

グエン・ティェウ・チ (阮紹智)
ベトナム，黎朝代の義臣。
⇒ベト (Nguyen-Thieu-Tri　グエン・ティェウ・チ〔阮紹智〕)

グエン・ティエン・ケ (阮善継)
ベトナムの民族闘士。フランスに抵抗した戦士。
⇒ベト (Nguyen-Thien-Ke　グエン・ティエン・ケ〔阮善継〕)

グエン・ティエン・トゥアット (阮善述)
ベトナム，19世紀反フランス闘争「勤王運動」の指導者。贅述と通称される。
⇒ベト (Nguyen-Thien-Thuat　グエン・ティエン・トゥアット〔阮善述〕)

グエン・ティ・タップ　Nguyen Thi Thap
20世紀，北ベトナムの政治家。婦人解放運動を推進。国会常任委員会副委員長。
⇒世東 (グエン・ティ・タップ　?–)

グエン・ディン・キエン (阮廷堅)
20世紀，ベトナムの革命家。中部ベトナムで活動。
⇒ベト (Nguyen-Đinh-Kien　グエン・ディン・キエン〔阮廷堅〕)

グエン・ディン・チュウ (阮延炤)　Nguyen-Đinh-Chieu
19世紀，ベトナムの軍人。字は孟沢，号は仲甫，後に悔斎，炤先生と称された。張公定将軍の下の参謀。
⇒ベト (Nguyen-Đinh-Chieu　グエン・ディン・チュウ　1822–1888)

グエン・トゥイ (阮瑞)
19・20世紀，ベトナムの英雄。フランスへの抵抗活動で知られる。
⇒ベト (Nguyen-Thuy　グエン・トゥイ〔阮瑞〕1878–1916)

グエン・トゥオン・ヒエン (阮尚賢)　Nguyen-Thuong-Hien
19・20世紀，ベトナムの民族運動家，作家。字は鼎南，号は梅山。代表作は漢詩集『南枝集』など。
⇒集文 (グエン・トゥオン・ヒエン〔阮尚賢〕1868–1925.12.28)
ベト (Nguyen-Thuong-Hien　グエン・トゥオン・ヒエン)

グエン・ドゥック・スエン (阮徳川)
18・19世紀，ベトナム，嘉隆帝代の名将。
⇒ベト (Nguyen-Duc-Xuyen　グエン・ドゥック・スエン〔阮徳川〕1758–1824)

グエン・ドゥック・ダット (阮徳達)
19世紀，ベトナムの官吏。1853年フン・イェン県の巡撫に任ぜられた。
⇒ベト (Nguyen-Đuc-Đat　グエン・ドゥック・ダット〔阮徳達〕1825–1887)

グエン・ドゥック・タン　Nguyen Duc Thang
20世紀，南ベトナムの軍人。1964年反ズオン・バン・ミンクーデターに参加，66～67年革命開発相，再建相，68年第4軍団司令官を歴任。
⇒世東 (グエン・ドゥック・タン　1903–)

グエン・トゥック・ドゥオン (阮識堂)
20世紀，ベトナムの革命家。
⇒ベト (Nguyen-Thuc-Đuong　グエン・トゥック・ドゥオン〔阮識堂〕)

グエン・トン (阮巽)
ベトナムの官吏。1831年挙人の試験に合格。
⇒ベト (Nguyen-Ton　グエン・トン〔阮巽〕)

グエン・ニャック (阮岳)　Nguyen Nhac
18世紀，ベトナム，黎朝末期のタイソン（西山）党の乱の首謀者。阮氏3兄弟の長兄。弟は文呂，文恵。
⇒外国 (阮文岳　げんぶんがく　?–1793)
角世 (グエン・ニャック　?–1793)
国小 (阮文岳　げんぶんがく　?–1793)
コン2 (グエン・ニャック　阮文岳(漢字名)　?–1793)
コン3 (グエン・ニャック　阮文岳(漢字名)　?–1793)
人物 (阮文岳　げんぶんがく　?–1793)
世東 (阮文岳　げんぶんがく　?–1793)
世百 (阮文岳　げんぶんがく　?–1793)
全書 (阮文岳　げんぶんがく〈グエン・バンニャク〉　?–1793)
評世 (阮文岳　げんぶんがく　?–1793)
ベト (Nguyen-Nhac　グエン・ニャック　?–1793)

グエン・ニュオック・ティ (阮若氏)
19・20世紀，ベトナムの官吏。1868年嗣徳21年，『婕余』に進んだ。本名は阮氏壁，字は琅環。
⇒ベト (Nguyen-Nhuoc-Thi　グエン・ニュオック・ティ〔阮若氏〕1830–1909)

グエン・ハイ・タン (阮海臣)　Nguyen-Hai-Than
20世紀，ベトナムの政治家。1945年ベトナム共和国が樹立されるやその副大統領となるが，左翼勢力に追われて中国に亡命。47年2月ベトナム国民連合戦線を結成した。
⇒外国 (グエン・ハイ・タン　?–)
ベト (Nguyen-Hai-Than　グエン・ハイ・タン)

グエン・バック (阮匐)
ベトナム，丁朝代の名将。
⇒ベト (Nguyen-Bac　グエン・バック〔阮匐〕)

グエン・ハム・チェック(阮咸直)
ベトナムの民族闘士。別名阮咸議。段志旬の下で反フランス運動に奔走。
⇒ベト（Nguyen-Ham-Truc　グエン・ハム・チェック〔阮咸直〕）

グエン・バ・ラン(阮伯麟)
18世紀、ベトナムの官吏。1731年、進士に合格して宦途につき、尚書を勤めた。
⇒ベト（Nguyen-Ba-Lan　グエン・バ・ラン〔阮伯麟〕　1701-1785）

グエン・バ・ロアン(阮伯鑾)
20世紀、ベトナムの活動家。フランス植民統治に対する反税闘争運動の指導者。
⇒ベト（Nguyen-Ba-Loan　グエン・バ・ロアン〔阮伯鑾〕）

グエン・バン・キエト　Nguyen Van Kiet
20世紀、ベトナム社会主義共和国の政治家。1968年4月、「南ベトナム民族民主平和勢力連合」の結成に参加。69年6月、南ベトナム共和臨時革命政府の樹立とともに、副首相兼教育青年相に就任。
⇒現人（グエン・バン・キエト　1909-）

グエン・バン・スアン　Nguyen Van Xuan
20世紀、ベトナムの軍人、政治家。1949年ベトナム国副首相兼国防相。
⇒外国（グエン・ヴァン・ホワン　1892-）
　コン3（グエン・ヴァン・スアン　1892-）
　世政（グエン・バン・スアン　1892.4.3-1989.1.14）

グエン・バン・チャン　Nguyen Van Tran
20世紀、北ベトナムの政治家。インドシナ戦争中は紅河デルタ地帯で抵抗。1960〜67年重工業相。
⇒世東（グエン・バン・チャン　1916-）

グエン・バンニャク
⇨グエン・ニャック

グエン・バン・ヒュー　Nguyen Van Hieu
20世紀、南ベトナムの政治家。1954年ジュネーブ協定後、サイゴンで反政府活動に参加。60年の南ベトナム解放民族戦線の結成に参加。
⇒現人（グエン・バン・ヒュー　1922-）
　世政（グエン・バン・ヒュー　1922.11.24-1991.3.6）
　世東（グエン・バン・ヒュー　1922.11.24-）
　二十（グエン・ヴァン・ヒュー　1922.11.24-1991.3.6）

グエン・バン・フエン　Nguyen Van Huyen
20世紀、北ベトナムの歴史文学者、政治家。1945年8月革命後、高等教育局総局長、60年国家科学委員会委員。
⇒世東（グエン・バン・フエン　1908-）

グエン・バン・フオン　Nguyen Van Huong
20世紀、北ベトナムの医学者、政治家。1945年8月革命に参加。61年ベトナム祖国戦線中央委員会幹部会員、東方医学研究所長を兼任。
⇒世東（グエン・バン・フオン　1906-）

グエン・バン・ロク　Nguyen Van Loc
20世紀、ベトナム共和国の政治家。1967年10月第2共和制の初代首相に就任、68年冬のテト攻撃、北爆部分停止による動揺の中で5月退陣した。
⇒国小（グエン・バン・ロク　1922-）
　世政（グエン・バン・ロク　1922-1991.5.31）
　世東（グエン・バン・ロック　1922-）
　二十（グエン・ヴァン・ロク　1922-1991.5.31）

グエン・ヒ・チュ(阮希周)
15世紀、ベトナム、胡朝代のバック・ザン地方の安撫使。
⇒ベト（Nguyen-Hy-Chu　グエン・ヒ・チュ〔阮希周〕　?-1407）

グエン・ヒュウ(阮校)
19世紀、ベトナムの民族闘士。フランス軍に抵抗した勤王運動の指導者。
⇒ベト（Nguyen-Hieu　グエン・ヒュウ〔阮校〕　?-1887）

グエン・フ(阮府)
18世紀、ベトナム、後黎朝末期の忠臣。
⇒ベト（Nguyen-Phu　グエン・フ〔阮府〕　?-1787）

グエン・ファム・トゥアン(阮范遵)
19世紀、ベトナム、『勤王党』の指導者。
⇒ベト（Nguyen-Pham-Tuan　グエン・ファム・トゥアン〔阮范遵〕　?-1887）

グエン・フイ・ツ(阮輝似)
18世紀、ベトナムの官吏。別名は阮輝晏。字は有志、号は蘊斎。
⇒ベト（Nguyen-Huy-Tu　グエン・フイ・ツ〔阮輝似〕　1743-1790）

グエン・フィン・ドゥック(阮黄徳)
18・19世紀、ベトナム、阮朝代の名将。
⇒ベト（Nguyen-Huynh-Đuc　グエン・フィン・ドゥック〔阮黄徳〕　1748-1819）

グエン・フウ・カウ(阮有求)
18世紀、ベトナムの農民一揆指導者。
⇒コン2（グエン・フウ・カウ〔阮有求〕　?-1751）
　コン3（グエン・フウ・カウ〔阮有求〕　?-1751）

グエン・フウ・キン(阮有鏡)
ベトナム、阮福凋王の時代の将軍。
⇒ベト（Nguyen-Huu-Kinh　グエン・フウ・キン〔阮有鏡〕）

グエン・フウ・クイン〔阮有瓊〕
ベトナムの軍人。1800年衛尉に任ぜられた。
⇒ベト（Nguyen-Huu-Quynh　グエン・フウ・クイン〔阮有瓊〕）

グエン・フウ・ザット〔阮有溢〕
ベトナム、阮朝書記の功臣。
⇒ベト（Nguyen-Huu-Dat　グエン・フウ・ザット〔阮有溢〕）

グエン・フウ・トオ
⇨グレン・フー・ト

グエン・フウ・バイ〔阮有排〕
19・20世紀、ベトナム、阮朝、同慶帝から保大帝に至る時代の政治家。
⇒ベト（Nguyen-Huu-Bai　グエン・フウ・バイ〔阮有排〕　1863–1935）

グエン・フウ・ファン〔首科勲, 阮有勲〕
ベトナムの民族闘士。反フランス抵抗運動の指導者。
⇒ベト（Nguyen-Huu-Huan　グエン・フウ・ファン〔阮有勲〕）
　ベト（Thu-Khoa-Huan　トゥ・コア・ファン〔首科勲〕）

グエン・フエ〔阮恵, 阮文恵〕
18世紀、ベトナムの西山運動の指導者。南部ヴェトナムのグエン（阮）氏、北部のチン（鄭）氏を滅ぼし、全国を再統一。2人の兄と全国を三分して自らは北部をおさめ、89年クアン・チュン（光中）王を称した。
⇒角世（グエン・フエ〔阮文恵〕　1753–1792）
　コン2（グエン・フエ　?–1792）
　コン3（阮文恵　グエン・フエ　?–1792）
　人物（阮文恵　げんぶんけい　?–1792）
　世東（阮文恵　げんぶんけい　?–1792）
　伝世（阮文恵　グエン・フエ〔阮恵〕　1752–1792.9.29）
　東ア（グエン・フエ〔阮文恵〕　1752–1792）
　百科（グエン・フエ　1752–1792）
　評世（阮文恵　げんぶんけい　?–1792）
　ベト（Nguyen-Hue　グエン・フエ〔阮恵〕　1752–1792）
　ベト（Quang-Trung　クァン・チュン〔光中〕　19世紀）

グエン・フォック・アイン
⇨グエン・フック・アイン

グエン・フォック・グエン〔阮福源〕
16・17世紀、ベトナム、阮氏の第2世主。
⇒ベト（Nguyen-Phuoc-Nguyen　グエン・フォック・グエン〔阮福源〕　1562–1635）

グエン・フォック・コアット〔阮福濶〕
ベトナム、阮氏の第8世主。1738年戊午、阮氏の主となり、治業を継いで武王と号した。
⇒ベト（Nguyen-Phuoc-Khoat　グエン・フォック・コアット〔阮福濶〕）

グエン・フォック・タン〔阮福瀕〕
17世紀、ベトナム、阮氏の第4世主。
⇒ベト（Nguyen-Phuoc-Tan　グエン・フォック・タン〔阮福瀕〕　1619–1687）

グエン・フォック・チャン〔阮福溱〕
17世紀、ベトナム、阮氏の第5世主。
⇒ベト（Nguyen-Phuoc-Tran　グエン・フォック・チャン〔阮福溱〕　1648–1691）

グエン・フォック・ラン〔阮福瀾〕
16・17世紀、ベトナム、阮氏の第3世主。
⇒ベト（Nguyen-Phuoc-Lan　グエン・フォック・ラン〔阮福瀾〕　1600–1648）

グエン・フー・コ　Nguyen Huu Co
20世紀、南ベトナムの軍人、政治家、南部出身。1964年反ズオン・バン・ミン・クーデターに参加。グエン・カオ・キ政権下で戦争相、副首相、革命開発相を歴任。
⇒世政（グエン・フー・コ　1930–)
　世東（グエン・フー・コ　1930–)

グエン・フック・アイン〔嘉隆帝, 阮福映, 阮暎〕
18・19世紀、ベトナム、阮朝の初代皇帝（在位1802～20）。阮福映、世祖、年号により嘉隆帝。タイソン勢力の打倒に成功、1802年、全ベトナムを統一支配する阮朝を開いた
⇒旺世（阮福映　げんふくえい　1762–1820）
　外国（阮福映　げんふくえい　1762–1820）
　角世（グエン・フック・アイン〔阮福映〕　1762–1820）
　広ศ6（ザロン〔嘉隆, 阮福映〕　Gia Long　1762–1820）
　皇帝（阮福映　げんふくえい　1762–1820）
　国小（阮福映　げんふくえい　1762–1820）
　国百（阮福映　げんふくえい〈グエン・フク・アイン〉　1762–1820）
　コン2（グエン・アイン〔阮福映〕　1762–1820）
　コン3（グエン・アイン〔阮福映〕　1762–1820）
　人物（阮福映　?–1820.8）
　世人（阮福映　げんふくえい　1762–1820）
　世東（ジャロン〔嘉隆帝〕　1762–1820）
　世東（阮福映　?–1820）
　世百（世祖〔阮朝〕　せいそ　1762–1820）
　全書（阮福映　げんふくえい〈グエン・フクアイン〉　1762–1820）
　大辞（阮福映　げんふくえい　1762–1820）
　大辞3（阮福映　げんふくえい　1762–1820）
　大百（阮福映　げんふくえい〈グエン・フクアイン〉　1762–1820）
　中国（阮福映　げんふくえい　1762–1820）
　デス（阮福映　げんふくえい　1762–1820）
　伝世（グエン・フック・アイン〔阮福映〕　1762–1820）
　統治（ザー・ロン, 嘉興帝〔グエン・アン, 阮福映〕　(在位)1802–1820）
　東ア（ザーロン帝　1762–1820）
　評世（阮福映　げんふくえい　1762–1819）
　ベト（Gia-Long　ザ・ロン〔嘉隆帝〕）
　ベト（Nguyen-Phuoc-Anh　グエン・フォック・

アイン〔阮福映〕(在位)1802–1819)
山世（阮福暎　グエン・フック・アイン　1762–1820）
歴史（阮福映　ゲンフクエイ）

グエン・フック・カイン（皇子景）
ベトナム，嘉隆帝の第一王子。本名は阮福景。
⇒ベト（Hoang-Tu.canh　ホアン・ツ・カィン〔皇子・景〕）

グエン・フック・ドム（阮福膽）
18・19世紀，ベトナム，阮朝の第2代皇帝。世祖阮福映（グエン・フック・アイン）の第4子，阮福晈。1820年即位し，明命と改元，明命帝と呼ばれる。
⇒外国（セイソ〔聖祖〕　1791–1840）
角世（ミンマン帝　1791–1841）
皇帝（阮福晈　げんふくこう　1791–1840）
国小（ミンマン帝　1791–1841）
世東（阮福晈　げんふくこう　1791–1840）
世百（せいそ〔聖祖（阮朝）〕　1791–1841）
中国（阮福晈　げんぷくこう　1791–1842）
伝世（ミン・マン帝〔明命帝〕　1790–1841）
統治（ミン・マン，明命帝　(在位)1820–1841）
東ア（ミンマン〔明命〕帝　1790–1841）
百科（ミンマン〔明命〕　1791–1841）
ベト（Minh-Mang　ミン・マン　1791–1840）
ベト（Nguyen-Phuoc-Đom　グエン・フォック・ドム　(在位)1820–1840）

グエン・フー・ト
⇨グレン・フー・ト

グエン・ホアン（阮潢）
16・17世紀，ベトナムの王。主仙と尊称した。廟号は太祖嘉裕皇帝。
⇒ベト（Chua-Tien　チュア・ティエン〔主仙〕）
ベト（Nguyen-Hoang　グエン・ホアン〔阮潢〕　1524–1613）

グエン・マウ（阮戊）
ベトナム，反フランス抵抗運動の部隊長。
⇒ベト（Nguyen-Mau　グエン・マウ〔阮戊〕）

グエン・ミン・チエット　Nguyen Minh Triet
20世紀，ベトナム共産党最高指導者の一人，ベトナム国家主席（2006〜）。
⇒東ア（グエン・ミン・チエット　1942–）

グエン・ラム（阮林）　Nguyen-Lam
19世紀，ベトナムの軍人。ハノイ城東南門の守備隊長。
⇒ベト（Nguyen-Lam　グエン・ラム　?–1873.11.20）

グエン・ラム　Nguyen Lam
20世紀，北ベトナムの政治家。1960年ベトナム労働党中央委員，祖国戦線最高幹部会員に就任。
⇒世東（グエン・ラム　?–）

グエン・ルオン・バン　Nguyen Luong Van
20世紀，北ベトナムの政治家。労働党中央委員。1969年9月ホー大統領死後，副大統領に就任。
⇒国小（グエン・ルオン・バン　1904–）
世東（グエン・ルオン・バン　1904–）
二十（グエン・ルオン・バン　1904–1979.7.20）

グエン・ルー・ビエン　Nguyen Luu Vien
20世紀，南ベトナムの政治家，医学者。1960年反ゴ・ディン・ジエム，クーデターに関係，69年副首相兼文相に就任。
⇒世東（グエン・ルー・ビエン　1919–）

グォ・ヴァン・ソ（呉文楚）
ベトナム，西山朝の名将。
⇒ベト（Ngo-Van-So　グォ・ヴァン・ソ〔呉文楚〕）

グォ・カィン・ホアン（呉景環）
18世紀，ベトナムの軍人。黄憑基司令官麾下の将軍。
⇒ベト（Ngo-Canh-Hoan　グォ・カィン・ホアン〔呉景環〕　?–1786）

グォ・クエン（呉権）
9・10世紀，ベトナム，呉朝（最初の独立王朝）の始祖(在位939〜44)。前呉王。矯公漢を討ち，南漢の軍隊を破り，古螺を首都として王位につく。
⇒外国（呉権　ごけん　898–944）
角世（ゴ・クエン〔呉権〕　898–944）
皇帝（呉権　ごけん　898–944）
国小（呉権　ごけん　898–944）
コン2（ゴー・クエン〔呉権〕　898–944）
コン3（ゴー・クエン〔呉権〕　898–944）
世東（呉権　ごけん　898–944）
世百（呉権　ごけん　898–944）
中国（呉権　ごけん　898–944）
東ア（ゴー・クエン〔呉権〕　898–944）
評世（呉権　ごけん　898–950）
ベト（Ngo-Quyen　グォ・クエン〔呉権〕　896–944）

グォ・シ・リエン（呉士連）
15世紀，ベトナム，黎朝の官吏，学者。ハ・ドン（河東）省チュオン・ミー〔彰美〕県の出身。著『大越史記全書』(15巻)を聖宗に献上。
⇒外国（呉士連　ごしれん）
ベト（Ngo-Si-Lien　グォ・シ・リエン〔呉士連〕）

グォ・スオン・ヴァン（呉昌文）
10世紀，ベトナム，呉朝の第3代王(在位954〜965)。その死後，呉朝は衰え，十二使君時代の戦国時代が始まった。
⇒皇帝（呉昌文　ごしょうぶん　?–965）
世東（呉昌文　ごしょうぶん　?–965）
ベト（Ngo-Xuong-Van　グォ・スオン・ヴァン〔呉昌文〕）

郭松齢　クオソンリン
⇨郭松齢（かくしょうれい）

グォ・ツ・アン（呉子安）
ベトナム，前黎朝代（980～1009年）の名臣。
⇒ベト（Ngo-Tu-An　グォ・ツ・アン〔呉子安〕）

クォック・チュア（国主）
ベトナムの皇帝。グェン・フォック・チュ帝の通称。1691年から1725年にかけて，南部ベトナムにおける"国主"の地位にあった。
⇒ベト（Quoc-Chua　クォック・チュア〔国主〕）

グォック・ハン コン・チュア（玉欣公主）
18・19世紀，ベトナム，世に仙主と呼ばれ，黎顕宗帝（1740～1786）の末の王女。
⇒ベト（Le-Thi Ngoc-Han　レ・ティ グォック・ハン〔黎氏玉欣〕）
　　ベト（Ngoc-Han Cong-Chua　グォック・ハン コン・チュア〔玉欣公主〕　1770–1803）

グォ・ディン・カ（呉延可）
20世紀，ベトナム，阮朝時代の廷臣。ベトナム共和国大統領グォ・ディン・ジェムの父親。
⇒ベト（Ngo Đinh Kha　グォ・ディン・カ〔呉延可〕）

グォ・トイ・ニエム（呉時任）
ベトナムの外交官。字は喜允。光中皇帝時代に活躍。
⇒ベト（Ngo-Thoi-Nhiem　グォ・トイ・ニエム〔呉時任〕）

グォ・トゥン・チャウ（呉従周）
ベトナムの官吏。阮朝における忠良の臣。
⇒ベト（Ngo-Tung-Chau　グォ・トゥン・チャウ〔呉従周〕）

グォ・ニャン・ティン（呉仁静）
ベトナム，嘉隆帝代の高官。
⇒ベト（Ngo-Nhan-Tinh　グォ・ニャン・ティン〔呉仁静〕）

郭沫若　クオモウルオ
⇨郭沫若（かくまつじゃく）

郭沫若　クオモールオ
⇨郭沫若（かくまつじゃく）

クォン・デ（彊柢）
19・20世紀，ベトナムの阮王朝の王族。ズイタンホイ（維新会）会長となり，1906年日本に亡命。
⇒外国（クォン・デ　1895–1950）
　コン3（クォン・デ　1881–1951）
　世東（コンデー　1884–1951）
　日人（クォン＝デ　1882–1951）
　ベト（Cuong-De　クォン・デ〔彊柢〕　1881–1951）

虞玩之　ぐがんし
5世紀，中国，南朝斉の政治家。会稽・余姚（浙江省）出身。斉の高帝蕭道成に従い，土断法の施行に貢献。
⇒コン2（虞玩之　ぐがんし　420–485）
　コン3（虞玩之　ぐがんし　420–485）

区頰賛　くきょうさん
8世紀頃，チベット，吐蕃王朝の遣唐和平使。
⇒シル（区頰賛　くきょうさん　8世紀頃）
　シル新（区頰賛　くきょうさん）

虞詡　ぐく
中国，後漢の武将。羌族と陳倉で戦った際，逃げながら竈を増やした人物。
⇒三国（虞詡　ぐく）

ククリット・プラモート　Kukrit Pramot
20世紀，タイの政治家，首相（在職1975～76），小説家。
⇒角世（ククリット　1911–1995）
　現人（ククリット・プラモート　1911.4.20-）
　国小（ククリット・プラモート　1911–）
　コン3（プラモート　1911–1995）
　集世（クックリット・プラーモート　1911.4.20–1995.10.9）
　集文（クックリット・プラーモート　1911.4.20–1995.10.9）
　世政（ククリット・プラモート　1911.4.20–1995.10.8）
　世東（ククリット・プラモート　?–）
　世俳（プラモジ，ククリット　1911.4.20–1995.10.9）
　世百新（ククリット　1911–1995）
　世文（クックリット・プラーモート　1911–）
　全書（ククリット・プラモート　1911–）
　二十（ククリット・プラモート　1911.4.20–）
　東ア（ククリット　1911–1995）
　百科（ククリット　1911–）

虞慶則　ぐけいそく
6世紀頃，中国，隋の遣突厥使。
⇒シル（虞慶則　ぐけいそく　6世紀頃）
　シル新（虞慶則　ぐけいそく）

瞿鴻禨　くこうき
19・20世紀，中国，清末期の政治家。日清戦争・変法運動・義和団事件を通じて，反李鴻章の立場から改革をとく。
⇒コン2（瞿鴻禨　くこうき　1850–1918）
　コン3（瞿鴻禨　くこうき　1850–1918）
　中人（瞿鴻禨　くこうき　1850–1918）

瞿式耜　くしきし
16・17世紀，中国，明末期の官僚。字は起田，号は耕石斎，諡は忠宣。明滅亡後，福王，唐王につき，桂王をたてた。
⇒外国（瞿式耜　1590–1650）
　コン2（瞿式耜　くしきし　1590–1650）
　コン3（瞿式耜　くしきし　1590–1650）
　中史（瞿式耜　くしきし　1590–1650）

グシ・ハン（顧実汗）

17世紀，オイラート四部の一つ，ホショト部の長。チンギス・ハンの弟ハサル（哈薩爾）の子孫。清朝に入貢。

⇒角世　（グシ・ハン〔顧実汗〕1582–1655）
国小　（グシ・ハン〔顧実汗〕?–1656）
コン2　（グシ・ハン〔顧実汗〕?–1656）
コン3　（グシ・ハン〔顧実汗〕?–1656）
伝世　（グシハン　?–1655）

クシャラ

⇨明宗（元）（めいそう）

瞿秋白　くしゅうはく

20世紀，中国の革命家，文学者。本名，霜。秋白は筆名。画期的な魯迅論『魯迅雑感選集序言』，『新中国ラテン化字母』，『瞿秋白文集』（4巻，53～54）がある。

⇒外国　（瞿秋白　くしゅうはく　1896–1935）
角世　（瞿秋白　くしゅうはく　1899–1935）
近中　（瞿秋白　くしゅうはく　1899.1.29–1935.6.18）
広辞5　（瞿秋白　くしゅうはく　1899–1935）
広辞6　（瞿秋白　くしゅうはく　1899–1935）
国小　（瞿秋白　くしゅうはく　1899（光緒25.1.29）–1935.6.18）
コン3　（瞿秋白　くしゅうはく　1899–1935）
集世　（瞿秋白　くしゅうはく　1899.1.29–1935.6.18）
集文　（瞿秋白　くしゅうはく　1899.1.29–1935.6.18）
人物　（瞿秋白　くしゅうはく　1899–1935）
世人　（瞿秋白　くしゅうはく　1899–1935）
世東　（瞿秋白　くしゅうはく　1896–1935）
世百　（瞿秋白　くしゅうはく　1899–1935）
世百新　（瞿秋白　くしゅうはく　1899–1935）
世文　（瞿秋白　くしゅうはく　1899–1935）
全書　（瞿秋白　くしゅうはく　1899–1935）
大辞2　（瞿秋白　くしゅうはく　1899–1935）
大辞3　（瞿秋白　くしゅうはく　1899–1935）
大百　（瞿秋白　くしゅうはく〈チュイチュイパイ〉1899–1935）
中芸　（瞿秋白　くしゅうはく　1899–1935）
中人　（瞿秋白　くしゅうはく　1899（光緒25.1.29）–1935.6.18）
百科　（瞿秋白　くしゅうはく　1899–1935）
評世　（瞿秋白　くしゅうはく　1899–1935）
名著　（瞿秋白　くしゅうはく　1899–1935）
山世　（瞿秋白　くしゅうはく　1899–1935）

虞舜　ぐしゅん

⇨舜（しゅん）

グスマン，シャナナ　Gusmão, Xanana

20世紀，東ティモールの独立運動家。東ティモール大統領。

⇒最世　（グスマン　1946–）
世政　（グスマン，シャナナ　1946.6.20–）
東ア　（グスマン，シャナナ　1946–）

虞世南　ぐせいなん

6・7世紀，中国，唐初の書家，詩人，政治家。余姚（浙江省）出身。字，伯施。『北堂書鈔』『帝王略論』などの著がある。

⇒外国　（虞世南　ぐせいなん　550–638）
角世　（虞世南　ぐせいなん　558–638）
広辞4　（虞世南　ぐせいなん　558–638）
広辞6　（虞世南　ぐせいなん　558–638）
国小　（虞世南　ぐせいなん　558（永定2）–638（貞観12））
コン2　（虞世南　ぐせいなん　558–638）
コン3　（虞世南　ぐせいなん　558–638）
集文　（虞世南　ぐせいなん　558（永定2）–638（貞観12））
新美　（虞世南　ぐせいなん　558（陳・永定2）–638（唐・貞観12））
人物　（虞世南　ぐせいなん　558–638.5）
世東　（虞世南　ぐせいなん　558–638）
世百　（虞世南　ぐせいなん　558–638）
全書　（虞世南　ぐせいなん　558–638）
大辞　（虞世南　ぐせいなん　558–638）
大辞3　（虞世南　ぐせいなん　558–638）
大百　（虞世南　ぐせいなん　558–638）
中芸　（虞世南　ぐせいなん　558–638）
中国　（虞世南　ぐせいなん　558–638）
中史　（虞世南　ぐせいなん　558–638）
中書　（虞世南　ぐせいなん　558–638）
伝記　（虞世南　ぐせいなん　558–638.5）
百科　（虞世南　ぐせいなん　558–638）
評世　（虞世南　ぐせいなん　558–638）
山世　（虞世南　ぐせいなん　558–638）

クダラット　Kudrat

17世紀，フィリピン，南部ミンダナオ島を中心とするマギンダナオ王国の最初のスルタン。

⇒東ア　（クダラット　?–1671）

百済王善光　くだらのこきしぜんこう

⇨百済王善光（くだらのこきしぜんこう）

百済王昌成　くだらのこにきししょうせい

7世紀，朝鮮，百済の王族。

⇒シル　（百済王昌成　くだらのこにきししょうせい　?–674）
シル新　（百済王昌成　くだらのこにきししょうせい　?–674）
日人　（百済昌成　くだらのしょうせい　?–674）

百済王善光　くだらのこにきしぜんこう

7世紀，朝鮮，百済の王子。義慈王の子。

⇒国史　（百済王善光　くだらのこきしぜんこう　生没年不詳）
シル　（百済王善光　くだらのこにきしぜんこう　?–693）
シル新　（百済王善光　くだらのこにきしぜんこう　?–693）
対外　（百済王善光　くだらのこきしぜんこう　生没年不詳）
日人　（百済善光　くだらのぜんこう　生没年不詳）

百済昌成　くだらのしょうせい

⇨百済王昌成（くだらのこにきししょうせい）

百済善光　くだらのぜんこう

⇨百済王善光（くだらのこきしぜんこう）

政治・外交・軍事篇　　　　　　　　　　129　　　　　　　　　　くとる

辜振甫　クーチェンフー
　⇨辜振甫（こしんぽ）

クチュ
　13世紀頃、中央アジア、モンゴル人の部将。チンギス・ハンに拾われ、のち皇弟オッチギンの部将。
　⇒国小（クチュ　生没年不詳）

クチュルク〔屈出律〕
　13世紀、モンゴル、ナイマン部長タヤン・ハンの子。
　⇒旺世　（クチュルク〔屈出律〕　　?–1218）
　　角世　（クチュルク〔屈出律〕　　?–1218）
　　国小　（クチュルク〔屈出律〕　　?–1218）
　　全書　（クチュルク　?–1218）
　　大百　（クチュルク　?–1218）
　　評世　（クチュルク〔屈出律〕　　?–1218）
　　山世　（クチュルク〔屈出律〕　　?–1218）
　　歴史　（クチュルク＝ハン　　?–1218）

クチュルク・ハン
　⇨クチュルク

谷正綱　クーチョンカン
　⇨谷正綱（こくせいこう）

窟含真　くつがんしん
　6世紀頃、突厥の遣隋使。
　⇒シル（窟含真　くつがんしん　6世紀頃）
　　シル新（窟含真　くつがんしん）

クック・トゥア・ズ〔曲承裕〕
　10世紀、ベトナムの官吏。906年『静海節度使』となる。
　⇒ベト（Khuc-Thua-Du　クック・トゥア・ズ〔曲承裕〕　?–907）

クック・ハオ〔曲顥〕
　10世紀、ベトナムの官吏。曲承裕の嫡子。
　⇒ベト（Khuc-Hao　クック・ハオ〔曲顥〕　?–917）

ククリット・プラモート
　⇨ククリット・プラモート

屈原　くつげん
　前4・3世紀、中国、戦国時代楚の詩人、政治家。本名、平。原は字。三閭大夫として楚の内政外交に活躍。
　⇒逸話　（屈原　くつげん　前343–277）
　　旺世　（屈原　くつげん　前340–278頃）
　　外国　（屈原　くつげん　前339–280頃）
　　角世　（屈原　くつげん　前343?–277?）
　　教育　（屈原　くつげん　前343–285）
　　広辞4（屈原　くつげん　前343頃–前277頃）
　　広辞6（屈原　くつげん　前343頃–277頃）
　　国小　（屈原　くつげん　前343（顕王26）頃–277（頃王38）頃）
　　コン2（屈原　くつげん　前343頃–277頃）

　　コン3（屈原　くつげん　前340頃–278頃）
　　三国　（屈原　くつげん）
　　詩歌　（屈原　くつげん　前343（楚・宣王27）頃–277（襄王22））
　　集世　（屈原　くつげん　前339（楚・咸王1）?–278（頃襄王21）?）
　　集文　（屈原　くつげん　前339（楚・咸王1）?–前278（頃襄王21）?）
　　人物　（屈原　くつげん　前343–277）
　　世人　（屈原　くつげん　前343頃–277頃）
　　世東　（屈原　くつげん　前343頃–277頃）
　　世百　（屈原　くつげん　前343?–277?）
　　世文　（屈原　くつげん）
　　全書　（屈原　くつげん　前340?–278?）
　　大辞　（屈原　くつげん　前343頃–前277頃）
　　大辞3（屈原　くつげん　前343頃–277頃）
　　大百　（屈原　くつげん　前340?–278?）
　　中芸　（屈原　くつげん　前343?–前283?）
　　中国　（屈原　くつげん　前343?–277?）
　　中史　（屈原　くつげん　前340頃–278頃）
　　デス　（屈原　くつげん　前340頃–278頃）
　　伝記　（屈原　くつげん）
　　百科　（屈原　くつげん）
　　評世　（屈原　くつげん　前340–278頃）
　　山世　（屈原　くつげん　前340–278）
　　歴史　（屈原　くつげん　前343?–前277?）

屈突通　くっとつつう
　6・7世紀、中国、隋末・唐初期の武将。諡は忠。雍州・長安（陝西省）出身。隋に仕え、楊玄感の乱の鎮圧等に活躍。
　⇒コン2（屈突通　くっとつつう　557–628）
　　コン3（屈突通　くっとつつう　557–628）

屈武　くつぶ
　20世紀、中国の政治家。国民党革命委員会名誉主席、人民政治協商会議全国委員会副主席。
　⇒近中（屈武　くつぶ　1898.7.12–1992.6.13）
　　中人（屈武　くつぶ　1898.7–1992.6.13）

掘羅勿　くつらもつ
　9世紀、ウイグル国末期の政治家。11代目のカガンの反対勢力の指導者。
　⇒世東（掘羅勿　くつらもつ　?–839頃）

辜振甫　クーツンフー
　⇨辜振甫（こしんぽ）

クトルク・ボイラ〔骨力裴羅〕
　8世紀、ウイグルの初代カガン。護輸の子。姓はヤグラカル（薬羅葛）。745年突厥最後のカガン白眉を破り、ウイグル国の基礎を固めた。
　⇒外国　（カイジン・カガン〔懐仁可汗〕　?–747）
　　角世　（懐仁可汗　かいじんカガン　?–747）
　　国小　（クトルク・ボイラ〔骨力裴羅〕　?–747）
　　コン2（クトルク・ボイラ〔骨力裴羅〕　?–747）
　　コン3（クトルク・ボイラ〔骨力裴羅〕　?–747）
　　人物　（フトルク・ボイラ〔骨力裴羅〕　?–747）
　　世東　（フトルク・ボイラ〔骨力裴羅〕　?–747）
　　世東　（懐仁可汗　かいじんかかん　?–747）
　　評世　（クトルク＝ボイラ〔骨力裴羅〕　?–747）
　　歴史　（クトルク＝ボイラ〔骨力裴羅〕　こつりきはいら　?–747）

くとん

瞿曇恵感　くどんえかん
　8世紀頃、インドの外交使節。714(開元2)年2月に入唐した朝貢使。
　⇒シル（瞿曇恵感　くどんえかん　8世紀頃）
　　シル新（瞿曇恵感　くどんえかん）

クビライ
　⇨フビライ

倶文珍　ぐぶんちん
　8世紀頃、中国、唐の遺南詔宣慰使。
　⇒シル（倶文珍　ぐぶんちん　8世紀頃）
　　シル新（倶文珍　ぐぶんちん）

久麻伎　くまき
　7世紀頃、朝鮮、耽羅(済州島)の王子。
　⇒シル（久麻伎　くまき　7世紀頃）
　　シル新（久麻伎　くまき）

倶摩羅　ぐまら
　8世紀頃、中央アジア、尸利仏誓(シュリーヴィジャヤ)から唐への朝貢使。
　⇒シル（倶摩羅　ぐまら　8世紀頃）
　　シル新（倶摩羅　ぐまら）

呉明　ぐめい
　⇨呉明(オミョン)

グユク・カン
　⇨グユク・ハン

グユク・ハン　Güyük Khan
　13世紀、モンゴル帝国、第3代のハン。チンギス・ハンの孫、オゴタイの子。
　⇒旺世（グユク＝ハン　1206–1248）
　　外国（グユク　1206–1248）
　　角世（グユク　1206–1248）
　　皇帝（グユク・ハン　1206–1248）
　　コン2（ていそう〔定宗〕　1206–1248）
　　コン3（ていそう〔定宗〕　1206–1248）
　　世人（グユク＝ハン　1206–1248）
　　世東（クユック〔貴由〕　1206–1248）
　　世百（グユク　1206–1248）
　　全書（グユク・ハン　1206–1248）
　　大百（グユク・カン　1206–1248）
　　中皇（グユク・ハーン　1206–1248）
　　中国（グユク・カン〔定宗(元)〕　1204–1248）
　　デス（グユク　1206–1248）
　　統治（定宗〈グユク〉　Ting Tsung[Güyük] (在位)1246–1248）
　　百科（グユク　1206–1248）
　　評世（グユク汗　1206–1248）
　　山世（グユク　1206–1248）
　　歴史（グユク＝ハン　1206–1248）

クリアンサク・チャマナン　Kriangsak Chamanand
　20世紀、タイの政治家、軍人。タイ国家民主党(NDP)党首、タイ首相、タイ国軍最高司令官・陸軍大将。

　⇒世政（クリアンサク・チャマナン　1917–2003.12.23）
　　二十（クリアンサク・チャナマン　1918–）

クリダコーン, J.　Kritakara, Jitjanok
　20世紀、タイの武官。タイ駐日大使。
　⇒二十（クリダコーン, J.　1904–）

クリタナガラ
　⇨クルタナガラ

クリット・シバラ　Kris Sivara
　20世紀、タイの軍人。1971年のタノムによる軍政移行のクーデターで国防次官。サンヤ政権下で陸軍司令官、ククリット政権誕生とともに陸海空3軍最高司令官代行を兼務。
　⇒現人（クリット・シバラ　1913.3.25–1976.4.23）

クルタナガラ　Kertanagara
　13世紀、ジャワ、シンガサリ王朝第6代(最後)の王(在位1268〜92)。
　⇒外国（クルタナガラ　?–1292）
　　国小（クルタナガラ　?–1292）
　　コン2（クルタナガラ　?–1292）
　　コン3（クルタナガラ　?–1292）
　　新美（クルタナガラ王　?–1292）
　　世百（クルタナガラ　?–1292）
　　東ア（クルタナガラ　?–1292）
　　百科（クルタナガラ　?–1292）
　　評世（クルタナガラ　?–1292）
　　歴史（クルタナガラ　1268–1292）

クルパ　Qulpa
　14世紀、キプチャク・ハン国のハン。在位1359–1360。
　⇒統治（クルパ　(在位)1359–1360）

久礼叱　くれし
　6世紀頃、朝鮮、新羅使。561年朝貢使として派遣された。
　⇒シル（久礼叱　くれし　6世紀頃）
　　シル新（久礼叱　くれし）

グレン・フー・ト　Nguyen Huu Tho
　20世紀、ベトナム社会主義共和国の政治家。1962年以来南ベトナム民族解放戦線中央委員会幹部会議長、69年南ベトナム共和国臨時革命政府諮問協議会議長。76年ベトナム統一で副大統領、81年7月国会議長。
　⇒角世（グレン・フー・ト　1910–1996）
　　現人（グレン・フー・ト　1910.7.10–）
　　国小（グレン・フー・ト　1910–）
　　コン3（グレン・フウ・トオ　1910–1998）
　　世人（グレン＝フー＝ト　1910–1996）
　　世政（グレン・フー・ト　1910.7.10–1996.12.24）
　　世東（グエン・フー・ト　1910.8.10–）
　　全書（グエン・フー・ト　1910–）
　　大百（グエン・フー・ト　1910–）
　　二十（グエン・フー・ト　1910.7.10–）

クロム・ナラティップ・ポンプラバン
⇨ワン・ワイタヤコン

広開土王　クヮンゲトワン
⇨広開土王（こうかいどおう）

グンガードルジ, シャラビン　Gungaadorj, Sharavyn
20世紀, モンゴルの政治家。モンゴル首相。
⇒世政（グンガードルジ, シャラビン　1935-）

クンジュク　Könchek
14世紀, チャガタイ・ハン国のハン。在位1307–1308。
⇒統治（クンジュク　（在位）1307–1308）

軍臣単于　ぐんしんぜんう
前2世紀, 中央アジア, 匈奴第4代単于（在位前160〜126）。武帝の征討を受け, 治世の後半から次第に衰えた。
⇒角世（軍臣単于　ぐんしんぜんう　?–前126）
　国小（軍臣単于　ぐんしんぜんう　?–前126）
　評世（軍臣単于　ぐんしんぜんう　?–前126）

軍善　ぐんぜん
7世紀頃, 朝鮮, 百済から来日した使節。
⇒シル（軍善　ぐんぜん　7世紀頃）
　シル新（軍善　ぐんぜん）
　日人（軍善　ぐんぜん　生没年不詳）

黄台吉　くんたいち
⇨セチェン・ホンタイジ

【け】

啓　けい
中国, 夏王朝の創始者とされる伝説上の人物。
⇒中史（啓　けい）

恵　けい
6世紀頃, 朝鮮, 百済の王子。聖明王の子。
⇒シル（恵　けい　6世紀頃）
　シル新（恵　けい）
　日人（恵　けい　?–599）

恵懿帝　けいいてい*
5世紀, 中国, 五胡十六国・後燕の皇帝（在位407〜409）。
⇒中皇（恵懿帝　?–409）

桂永清　けいえいせい
20世紀, 中国, 国民党政府の軍人。江西出身。1948年海軍総司令。
⇒世東（桂永清　けいえいせい　1900–1954.8.12）

中人（桂永清　けいえいせい　1900–1954.8.12）

倪映典　げいえいてん
19・20世紀, 中国の革命家。字は炳章。合肥（安徽省）出身。中国革命同盟会に正式加入し, 新軍の革命化工作を担当。
⇒近中（倪映典　げいえいてん　1885.9.20–1910.2.12）
　コン2（倪映典　げいえいてん　1880–1910）
　コン3（倪映典　げいえいてん　1880頃–1910）
　中人（倪映典　げいえいてん　1885–1910）

恵王（周）　けいおう*
前7世紀, 中国, 東周の王（第17代, 在位前677〜652）。
⇒統治（恵（恵王閬）　Hui　（在位）前677–652）

恵王（戦国・魏）（恵王）　けいおう
前4世紀, 中国, 戦国時代, 魏の第3代の王, 在位前370〜335。
⇒コン2（恵王　けいおう　?–前335/19）
　コン3（恵王　けいおう　?–前335/19）

敬王　けいおう*
前6・5世紀, 中国, 東周の王（第26代, 在位前520〜476）。
⇒統治（敬（敬王丐）　Ching　（在位）前520–476）

景王（周）　けいおう*
前6世紀, 中国, 東周の王（第24代, 在位前545〜520）。
⇒統治（景（景王貴）　Ching　（在位）前545–520）

景王（五胡十六国・南涼）　けいおう*
5世紀, 中国, 五胡十六国・南涼の皇帝（在位402〜414）。
⇒中皇（景王　?–414）

桂王　けいおう
⇨永明王（えいめいおう）

頃王　けいおう*
前7世紀, 中国, 東周の王（第19代, 在位前619〜613）。
⇒統治（頃（頃王壬臣）　Ch'ing　（在位）前619–613）

景王朱載圳　けいおうしゅさいしゅう*
16世紀, 中国, 明, 嘉靖帝の子。
⇒中皇（景王朱載圳　?–1565）

恵王朱由樻　けいおうしゅゆうぜん*
中国, 明, 泰昌帝の諸子。
⇒中皇（恵王朱由樻）

荊軻　けいか
前3世紀, 中国, 戦国末期・燕の刺客。太子丹に秦王政（始皇帝）の殺害をたのまれ, 果さず失敗

けいか

⇒外国（荊軻　けいか）
角世（荊軻　けいか　?-前227）
広辞4（荊軻　けいか　?-前227）
広辞6（荊軻　けいか　?-前227）
国小（荊軻　けいか　?-前227）
コン2（荊軻　けいか　?-前227）
コン3（荊軻　けいか　?-前227）
人物（荊軻　けいか　?-前227）
世東（荊軻　けいか　?-前227）
世百（荊軻　けいか　?-前227）
全書（荊軻　けいか　?-前227）
大辞（荊軻　けいか　?-前227）
大辞3（荊軻　けいか　?-前227）
大百（荊軻　けいか　?-前227）
中国（荊軻　けいか　?-前227）
中史（荊軻　けいか　?-前227）
百科（荊軻　けいか　?-前227）
評世（荊軻　けいか　?-前227）

桂萼　けいがく
16世紀, 中国, 明中期の政治家。字は子実, 諡は文襄。安仁（江西省）出身。1529年宰相。著書は『柱文襄奏議』『経世民事録』。
⇒コン2（桂萼　けいがく　?-1531）
コン3（桂萼　けいがく　?-1531）

桂涵　けいかん
19世紀, 中国, 清後期の郷勇出身の典型的武将。諡は壮勇。東郷（四川省）出身。白蓮教徒の乱の全期間官軍に従い功をたてる。
⇒コン2（桂涵　けいかん　?-1833）
コン3（桂涵　けいかん　?-1833）

恵恭王　けいきょうおう
8世紀, 朝鮮, 新羅の第36代王（在位765〜780）。名は乾運。景徳王の嫡子。反乱の中で后妃とともに虐殺された。
⇒皇帝（恵恭王　けいきょうおう　?-780）
朝人（恵恭王　けいきょうおう　?-780）

眭元進　けいげんしん
2世紀, 中国, 三国時代, 袁紹の部将。
⇒三国（眭元進　けいげんしん）
三全（眭元進　けいげんしん　?-200）

倪元璐　げいげんろ
16・17世紀, 中国, 明末の政治家, 画家。浙江省上虞出身。字は玉汝, 号は鴻宝。晩年に戸部尚書となる。
⇒国小（倪元璐　げいげんろ　1593（万暦21）-1644（崇禎17））
コン2（倪元璐　げいげんろ　1593-1644）
コン3（倪元璐　げいげんろ　1594-1644）
集文（倪元璐　げいげんろ　1593（万暦21）-1644（崇禎17）.3.17）
新美（倪元璐　げいげんろ　1593（明・万暦21）.11.16-1644（崇禎17）.3.17）
世百（倪元璐　げいげんろ　1593-1644）
中芸（倪元璐　げいげんろ　1593-1644）
中書（倪元璐　げいげんろ　1593-1644）
百科（倪元璐　げいげんろ　1593-1644）

景公　けいこう
前6世紀, 中国, 晋の第28代君主（在位前600〜581）。成公の子。名は拠。
⇒皇帝（景公　けいこう　?-前581）

経亨頤　けいこうい
19・20世紀, 中国の国民党指導者, 教育行政家。
⇒近中（経亨頤　けいこうい　1877-1938.9.15）

荊国大長公主　けいこくだいちょうこうしゅ*
10・11世紀, 中国, 北宋, 太宗の娘。
⇒中皇（荊国大長公主　988-1051）

継忽婆　けいこつば
8世紀頃, ペルシア王子。730（開元18）年正月の朝賀に来唐。
⇒シル（継忽婆　けいこつば　8世紀頃）
シル新（継忽婆　けいこつば　8世紀頃）

蔡京　けいさい
⇨蔡京（さいけい）

倪嗣沖　げいしちゅう
19・20世紀, 中国, 民国初期の軍人, 政治家。安徽省阜陽県出身。辛亥革命にさいし, 安徽都督となり, 民政長もかねた。
⇒世東（倪嗣沖　げいしちゅう　1868-1924）

倪嗣沖　げいしちゅう
19・20世紀, 中国の袁世凱の部下, 安徽派の軍人。
⇒近中（倪嗣沖　げいしちゅう　1868-1924.7.12）

倪志福　げいしふく
20世紀, 中国の政治家, 中国全国人民代表大会（全人代）常務委員会副委員長。上海出身。文化大革命で活躍。1969年党中央委員。73年首都労働者民兵総指揮に就任, 76年の天安門事件で大衆鎮圧に当った。77年北京市党委員会第2書記, 党政治局員。
⇒現人（倪志福　げいしふく〈ニーチーフー〉　?-）
コン3（倪志福　げいしふく　1933-）
世政（倪志福　げいしふく　1933.5-）
世東（倪志福　げいしふく　1933-）
中人（倪志福　げいしふく　1933.5-）

敬順王　けいじゅんおう
10世紀, 朝鮮, 新羅最後の王（在位927〜935）。別名は金傳。935年高麗に降伏。
⇒コン2（敬順王　けいじゅんおう　?-978）
コン3（敬順王　けいじゅんおう　?-978）
世東（敬順王　けいじゅんおう　?-979）
朝人（敬順王　けいじゅんおう　?-978）
百科（敬順王　けいじゅんおう　?-978）

嵆紹　けいしょう
3・4世紀, 中国, 西晋（セイシン）の政治家。侍中となる。304年恵帝に従って戦い, 帝の身を

守り戦死。
⇒広辞4（酅紹　けいしょう　?-304）
　広辞6（酅紹　けいしょう　?-304）
　コン3（酅紹　けいしょう　?-304）
　大辞（酅紹　けいしょう　?-304）
　大辞3（酅紹　けいしょう　?-304）

景昭帝　けいしょうてい
⇨慕容儁（ぼようしゅん）

掠葉礼　けいしょうれい
6世紀頃, 朝鮮, 百済使。546（欽明7）年来日。
⇒シル（掠葉礼　けいしょうれい　6世紀頃）
　シル新（掠葉礼　けいしょうれい）

慶親王　けいしんおう
19・20世紀, 中国, 清末の皇族。名は奕劻, 乾隆帝の曾孫。1911年初代の内閣総理大臣となった。収賄と蓄財で有名。
⇒角世（慶親王奕劻　けいしんおうえききょう　1836-1916）
　広辞4（慶親王奕劻　けいしんのうえききょう　1836-1916）
　広辞5（慶親王奕劻　けいしんのうえききょう　1836-1916）
　広辞6（慶親王奕劻　けいしんのうえききょう　1836-1916）
　国小（慶親王　けいしんおう　?-1917）
　コン2（慶親王奕劻　けいしんのうえききょう　1836-1916）
　コン3（慶親王奕劻　けいしんのうえききょう　1836-1916）
　人物（慶親王　けいしんおう　1836-1916）
　世人（慶親王奕劻　けいしんのうえききょう　1836-1916）
　世東（慶親王奕劻　けいしんおうえききょう　1836-1916）
　世百（慶親王　けいしんのう　?-1917）
　全書（慶親王奕劻　けいしんのうえききょう　1836-1916）
　大辞（慶親王奕劻　けいしんのうえききょう　1836-1916）
　大辞2（慶親王奕劻　けいしんのうえききょう　1836-1916）
　大辞3（慶親王奕劻　けいしんのうえききょう　1836-1916）
　中皇（奕劻　?-1918）
　中人（慶親王　けいしんおう　1836-1918）
　評世（慶親王奕劻　けいしんおうえききょう　1836-1916）
　歴史（慶親王　けいしんのう　1836-1918）

慶親王奕劻　けいしんおうえききょう
⇨慶親王（けいしんおう）

羿真子　げいしんし
7世紀頃, 朝鮮, 百済から来日した使節。
⇒シル（羿真子　げいしんし　7世紀頃）
　シル新（羿真子　げいしんし）

慶親王　けいしんのう
⇨慶親王（けいしんおう）

慶親王永璘　けいしんのうえいりん*
19世紀, 中国, 清, 乾隆帝の子。
⇒中皇（慶親王永璘　?-1820）

慶親王奕劻　けいしんのうえききょう
⇨慶親王（けいしんおう）

恵親王綿愉　けいしんのうめんゆ*
19世紀, 中国, 清, 嘉慶帝の子。
⇒中皇（恵親王綿愉　?-1864）

刑西萍　けいせいひょう
20世紀, 中国の政治家, 党理論家。湖南省出身。戦時中, 周恩来を助けて国民党との連絡にあたる。1965年3月中共統一戦線部部長。その後三反分子とされ失脚。
⇒世東（刑西萍　けいせいひょう　1902-）
　中人（刑西萍　けいせいひょう　1902-）

恵宗（高麗）　けいそう*
10世紀, 朝鮮, 高麗王国の王。在位943〜945。
⇒統治（恵宗　Hyejong　（在位）943-945）

恵宗（西夏）　けいそう*
11世紀, 中国, 西夏の皇帝。在位1068〜1086。
⇒統治（恵宗　Hui Tsung　（在位）1068-1086）

敬宗　けいそう
9世紀, 中国, 唐第13代皇帝（在位824〜826）。姓名は李湛。穆宗の子。
⇒皇帝（敬宗　けいそう　809-826）
　コン2（敬宗　けいそう　809-826）
　コン3（敬宗　けいそう　809-826）
　中皇（敬宗　809-826）
　統治（敬宗　Ching Tsung　（在位）824-827）

景宗（遼）　けいそう*
10世紀, 中国, 遼第5代皇帝（在位969〜982）。姓は耶律, 字は賢寧。世宗の第2子。
⇒コン2（景宗　けいそう　948-982）
　コン3（景宗　けいそう　948-982）
　世東（景宗　けいそう　948-982）
　中皇（景宗　948-982）
　統治（景宗　Ching Tsung　（在位）969-982）

景宗（閩）　けいそう*
10世紀, 中国, 五代十国・閩の皇帝（在位939〜944）。
⇒中皇（景宗　?-944）

景宗（高麗）　けいそう*
10世紀, 朝鮮, 高麗王国の王。在位975〜981。
⇒統治（景宗　Kyŏngjong　（在位）975-981）

景宗（李朝）　けいそう*
18世紀, 朝鮮, 李朝の王。在位1720〜1724。
⇒統治（景宗　Kyŏngjong　（在位）1720-1724）

慶大升 けいだいしょう
　12世紀, 朝鮮, 高麗の武臣。身辺護衛の都房の制と, 国政を集中した軍政機関である重房の制を建てた。
　⇒国小（慶大升　けいだいしょう　1154（毅宗8）-1183（明宗13））

景泰帝 けいたいてい
　15世紀, 中国, 明第7代皇帝（在位1449～57）。姓名は朱祁鈺, 諡は景皇帝, 廟号は代宗・景帝。宣徳帝の次子。
　⇒角世（景泰帝　けいたいてい　1428-1457）
　　コン2（景泰帝　けいたいてい　1428-1457）
　　コン3（景泰帝　けいたいてい　1428-1457）
　　中皇（代宗（景泰帝）　1428-1457）
　　統治（景泰帝, 代宗）　Ching T'ai [Ching Ti]　（在位）1449-1457）

継仲 けいちゅう*
　10世紀, 中国, 五代十国・南平（荊南）の皇帝（在位962～963）。
　⇒中皇（継仲　943-973）

恵帝（前漢） けいてい
　前3・2世紀, 中国, 前漢の第2代皇帝（在位前195～188）。姓名は劉盈。父は高祖, 母は呂皇后。
　⇒皇帝（恵帝　けいてい　前210-188）
　　国小（恵帝（前漢）　けいてい　前210（始皇帝37）-188（恵帝7））
　　中皇（恵帝　前216-188）
　　中国（恵帝　けいてい　前210-188）
　　統治（恵帝　Hui Ti　（在位）前195-188）
　　評世（恵帝　けいてい　前210-188）

恵帝（晋） けいてい
　3・4世紀, 中国, 西晋の第2代皇帝。290年即位。『八王の乱』に際して策がなく間もなく没した。
　⇒皇帝（恵帝　けいてい　259-306）
　　人物（恵帝　けいてい　259-306）
　　世東（恵帝　けいてい　259-306）
　　全書（恵帝　けいてい　259-306）
　　中皇（恵帝　259-306）
　　統治（恵帝　Hui Ti　（在位）290-307）

敬帝 けいてい*
　6世紀, 中国, 梁の皇帝（在位555～557）。
　⇒中皇（敬帝　542-557）
　　統治（敬帝　Ching Ti　（在位）555-557）

景帝（前漢） けいてい
　前2世紀, 中国, 前漢の第6代皇帝（在位前157～141）。姓名は劉啓, 父は文帝, 母は竇皇后。中央集権体制の強化に努め, 次の武帝時代の基礎を築いた。
　⇒旺世（景帝　けいてい　前189頃-141）
　　外国（景帝（漢）　けいてい　前189-141）
　　広辞6（景帝　けいてい　前188-141）
　　国小（景帝（前漢）　けいてい　前189（恵帝6）-141（後元3））
　　コン2（景帝（前漢）　けいてい　前189-144）

　　コン3（景帝（前漢）　けいてい　前189-141）
　　三国（景帝　けいてい）
　　人物（景帝　けいてい　前189-144）
　　世人（景帝　けいてい　前189-141）
　　世東（景帝　けいてい　前189-141）
　　世百（景帝　けいてい　前189-141）
　　全書（景帝　けいてい　前189-141）
　　大百（景帝　けいてい　前188-141）
　　中皇（景帝　前189-141）
　　中国（景帝　けいてい　前187-141）
　　中史（景帝（漢）　けいてい　前188-141）
　　統治（景帝　Ching Ti　（在位）前157-141）
　　百科（景帝　けいてい　前187-前141）
　　評世（景帝　けいてい　前187-141）

景帝（呉） けいてい
　3世紀, 中国, 呉の皇帝（在位258～264）。
　⇒中皇（景帝　?-264）
　　統治（景帝　Ching Ti　（在位）258-264）

奚泥 けいでい
　3世紀, 中国, 三国時代, 烏戈国の大将。
　⇒三国（奚泥　けいでい）
　　三全（奚泥　けいでい　?-225）

景廷賓 けいていひん
　19・20世紀, 中国の武挙人の出身, 義和団運動後期の指導者。
　⇒近中（景廷賓　けいていひん　1861-1902.7.25）

邢璹 けいとう
　8世紀頃, 中国, 唐の遣新羅使。
　⇒シル（邢璹　けいとう　8世紀頃）
　　シル新（邢璹　けいとう）

刑道栄 けいどうえい
　3世紀, 中国, 三国時代, 劉度の部将。
　⇒三全（刑道栄　けいどうえい　?-208）

荊道栄 けいどうえい
　3世紀頃, 中国, 三国時代, 零陵の大将。
　⇒三国（荊道栄　けいどうえい）

ケイドゥプ・ギャムツォ
　⇨ダライ・ラマ11世（ダライ・ラマ11セイ）

景徳王（恵徳王） けいとくおう
　8世紀, 朝鮮, 新羅の第35代王（在位742～765）。統一新羅の最盛期をなし, 唐へ盛んに使者を出し中国文化導入に努力。
　⇒外国（景徳王　けいとく王　?-764）
　　角世（恵徳王　けいとくおう　?-765）
　　皇帝（景徳王　けいとくおう　?-765頃）
　　国小（景徳王　けいとくおう　?-765（恵恭王1））
　　コン2（景徳王　けいとくおう　?-765）
　　コン3（景徳王　けいとくおう　?-765）
　　世東（景徳王　けいとくおう　?-765/6）
　　世百（景徳王　けいとくおう　?-765）
　　全書（景徳王　けいとくおう　?-765）
　　朝人（景徳王　けいとくおう　?-765）

百科（景徳王　けいとくおう　?–765?）
評世（景徳王　けいとくおう　生没年不詳）
歴史（景徳王　けいとくおう　?–765?）

黥布　けいふ
⇨英布（えいふ）

経普椿　けいふちん＊
20世紀, 中国の政治家。
⇨世女日（経普椿　1917–1997）

倪文俊　げいぶんしゅん
14世紀, 中国, 元末期の反乱指導者。湖北省黄州の漁夫。徐寿輝の反乱に参加。
⇨コン2（倪文俊　げいぶんしゅん　?–1357）
　コン3（倪文俊　げいぶんしゅん　?–1357）

啓民　けいみん
⇨ケイミン・カガン

ケイミン・カガン　h'i-min k'o-han
6・7世紀, 東突厥の可汗（在位?～609）。初め突利可汗と称した。ゴビ砂漠の南方に居住しモンゴル高原の諸族を支配。
⇨国小（啓民可汗　けいみんかがん　?–609）
　コン2（啓民可汗　けいみんかがん　?–609）
　コン3（啓民可汗　けいみんかがん　?–609）
　人物（啓民可汗　けいみんかがん　?–609）
　世東（啓民可汗　けいみんかがん　?–609）
　デス（啓民可汗　けいみんカガン　?–609）
　評世（啓民可汗　けいみんかがん　?–609）
　歴史（啓民可汗　けいみんかがん　?–609）

啓民可汗　けいみんかかん
⇨ケイミン・カガン

慶陽公主　けいようこうしゅ＊
中国, 明, 洪武帝の姪。
⇨中皇（慶陽公主）

桂良　けいりょう
18・19世紀, 中国, 清末の政治家。満州正紅旗人。姓は瓜尔佳（グワルギャ）, 字は燕山, 諡は文端。直隷総督, 東閣大学士, 軍機大臣を歴任。
⇨外国（桂良　けいりょう　?–1862）
　国小（桂良　けいりょう　1785（乾隆50）–1872（同治11））
　世東（桂良　けいりょう　?–1862）
　評世（桂良　けいりょう　?–1862）

郤正　げきせい
3世紀, 中国, 三国時代, 蜀の臣。
⇨三国（郤正　げきせい）
　三全（郤正　げきせい　?–278）

ケサン・ギャムツォ
⇨ダライ・ラマ7世

ケソン, マヌエル・ルイス　Quezon, Manuel Luis
19・20世紀, フィリピン独立運動指導者。1935年フィリピン連邦初代大統領。42年太平洋戦争委員会委員。自伝 "The Good Fight"（42～44）。
⇨岩ケ（ケソン, マヌエル（・ルイス）　1878–1944）
　旺世（ケソン　1878–1944）
　外国（ケソン　1878–1944）
　角世（ケソン　1878–1944）
　国小（ケソン・イ・モリナ　1878.8.19–1944.8.1）
　コン2（ケソン　1878–1944）
　コン3（ケソン　1878–1944）
　人物（ケソン　1878.4.19–1944.8.1）
　世東（ケソン　1878–1944）
　世百（ケソン　1878–1944）
　全書（ケソン　1878–1944）
　大辞（ケソン　1878–1944）
　大辞2（ケソン　1878–1944）
　大辞3（ケソン　1878–1944）
　デス（ケソン　1878–1944）
　伝世（ケソン　1878.8.19–1944.8.1）
　ナビ（ケソン　1878–1944）
　二十（ケソン, マヌエル　1878–1944）
　東ア（ケソン　1878–1944）
　百科（ケソン　1878–1944）
　評世（ケソン　1878–1944）
　山世（ケソン　1878–1944）

桀　けつ
⇨桀王（けつおう）

桀王　けつおう
中国古代, 夏王朝の末王。姓名は姒履癸。
⇨逸話（桀　けつおう　生没年不詳）
　角世（桀王　けつおう）
　広辞4（桀　けつ）
　広辞6（桀　けつ）
　国小（桀王　けつおう）
　コン2（桀　けつ）
　コン3（桀　けつ　生没年不詳）
　三国（桀　けつ）
　人物（桀　けつ）
　世東（桀　けつ）
　世百（桀　けつ）
　大辞（桀　けつ）
　大辞3（桀　けつ）
　中国（桀王　けつおう）
　デス（桀　けつ）
　百科（桀　けつ）
　評世（桀王　けつおう）
　歴史（桀王　けつおう）

ケツリ・カガン（頡利可汗）　Jié-lì Kè-hán
7世紀, 東突厥の第11代可汗（在位620～30）。名は「国を保有した可汗」の意。初期には突厥の強盛を導き, 唐を圧迫。
⇨国小（頡利可汗　けつりかがん　?–634）
　コン2（頡利可汗　けつり・かがん　?–634）
　コン3（頡利可汗　けつり・かがん　?–634）
　中国（頡利可汗　ケツリ・カガン　?–634）

ケベク（怯別）　Kebek
14世紀, チャガタイ・ハン国14代のハン（在位

1320～26)。
⇒国小（ケベク〔袪別〕　?-1326)
　統治（ケベク　　（在位)1318-1326)

ゲレ・サンジャ（格埒森礼）
16世紀,中国,明代の韃靼王。達延汗の子。
⇒世東（ゲレ・サンジャ〔格埒森礼〕　16世紀)

け

賢　けん
1世紀,中央アジア,莎車（ヤールカンド）王。漢に朝貢した。
⇒シル（賢　けん　?-61)
　シル新（賢　けん　?-61)

ケン・アロ　Ken Arok
13世紀,インドネシア,ジャワ中部,シンガサリ王朝の創始者（在位1222～27)。
⇒外国（アンロック　?-1227)
　国小（ケン・アンロク　?-1227)
　コン2（アンロック　?-1227頃)
　コン3（アンロック　?-1227頃)
　百科（ケン・アンロック　?-1227)
　評世（ケン=アロ　?-1227)

厳延年　げんえんねん
前2・1世紀頃,中国,前漢の政治家。東海・下邳（江蘇省）出身。涿郡・河南郡太守を歴任。
⇒コン2（厳延年　げんえんねん　生没年不詳)
　コン3（厳延年　げんえんねん　生没年不詳)

顕王　けんおう*
前4世紀,中国,東周の王（第35代,在位前369～321)。
⇒統治（顕（顕王扁）　Hsien　（在位)前369-321)

元王　げんおう*
前5世紀,中国,東周の王（第27代,在位前476～469)。
⇒統治（元（元王仁）　Yüan　（在位)前476-469)

厳家淦　げんかかん
20世紀,中国,中華民国の政治家。1966年3月副総統兼任。69年4月国民党中央常務委員。
⇒現人（厳家淦　げんかかん〈イエンチヤカン〉1905.10.23-)
　国小（厳家淦　げんかかん　1905.10.23-)
　コン3（厳家淦　げんかかん　1905-1993)
　世政（厳家淦　げんかかん　1905.10.23-1993.12.24)
　世東（厳家淦　げんかかん　1905-)
　中人（厳家淦　げんかかん　1905.10.23-)

厳顔　げんがん
3世紀頃,中国,三国時代,巴西の太守をつとめる蜀の名将。
⇒三国（厳顔　げんがん)
　三全（厳顔　げんがん　生没年不詳)

元季方　げんきほう
9世紀頃,中国,唐の遣新羅冊立使。
⇒シル（元季方　げんきほう　9世紀頃)
　シル新（元季方　げんきほう)

権近　けんきん
⇨権近（ごんきん)

阮淦　げんきん
⇨グェン・キム

原傑　げんけつ
15世紀,中国,明代の官僚。字は子英。山西省陽城出身。1476年命を受けて流民の定着に努力。
⇒外国（原傑　げんけつ　1416-1476)

甄萱　けんけん
⇨甄萱（しんけん)

牽弘　けんこう
3世紀頃,中国,三国時代,魏の隴西の太守。
⇒三国（牽弘　けんこう)
　三全（牽弘　けんこう　生没年不詳)

厳綱　げんこう
2世紀,中国,三国時代,北平の太守公孫瓚の大将。
⇒三国（厳綱　げんこう)
　三全（厳綱　げんこう　?-191)

鄷国大長公主　けんこくだいちょうこうしゅ*
中国,元,元代公主。
⇒中皇（鄷国大長公主)

元叉　げんさ
6世紀,中国,北朝,北魏の宗室。
⇒中皇（元叉　?-525)

厳実　げんじつ
12・13世紀,中央アジア,モンゴル帝国の武将。字は武叔。諡は武恵。戦闘に功をたて1234年東平路行軍万戸を授与された。河北の四大世侯の一人といわれる勢力を築きあげた。
⇒国小（厳実　げんじつ　1182（大定22)-1240（太宗12)。
　コン2（厳実　げんじつ　1182-1240)
　コン3（厳実　げんじつ　1182-1240)
　中国（厳実　げんじつ　1182-1240)
　百科（厳実　げんじつ　1182-1240)

厳修　げんしゅう
19・20世紀,中国の教育者。字は範孫。河北省出身。辛亥革命後,天津方面で治安維持にあたり,1914年熊希齢内閣教育長・参政院参政を歴任。
⇒教育（厳修　げんしゅー　1860-?)
　コン2（厳修　げんしゅう　1860-1929)
　コン3（厳修　げんしゅう　1860-1929)

中人（厳修　げんしゅう　1860–1929）

厳象　げんしょう
中国，後漢の尚書郎。
⇒三国（厳象　げんしょう）

阮嘯仙　げんしょうせん
20世紀，中国共産党初期の活動家。広東省出身。中国共産党江西省委員会書記として長征後も残留，国民党軍との交戦中に死亡。
⇒コン3（阮嘯仙　げんしょうせん　1897–1935）
　中人（阮嘯仙　げんしょうせん　1897–1935）

元稹（元稹）　げんしん，げんじん
8・9世紀，中国，中唐の文学者，政治家。河南洛陽出身。字，微之。822年宰相となった。伝奇小説『会真記』，詩文集『元氏長慶集』60巻がある。
⇒旺世（元稹　げんしん　779–831）
　外国（元稹　げんじん　779–831）
　角世（元稹　げんしん　779–831）
　広辞4（元稹　げんしん　779–831）
　広辞6（元稹　げんしん　779–831）
　国小（元稹　げんしん　779（大暦14）–831（太和5））
　コン2（元稹　げんしん　779–831）
　コン3（元稹　げんしん　779–831）
　三国（元稹　げんしん）
　詩歌（元稹　げんしん　779（唐・大暦14）–831（太和5））
　集世（元稹　げんしん　779（大暦14）–831（太和5））
　集文（元稹　げんじん　779（大暦14）–831（太和5））
　人物（元稹　げんしん　779–831.7.23）
　世東（元稹　げんしん　779–831.7.23）
　世百（元稹　げんしん　779–831）
　世文（元稹　げんしん　779（大暦14）–831（大和5））
　全書（元稹　げんしん　779–831）
　大辞（元稹　げんしん　779–831）
　大辞3（元稹　げんしん　779–831）
　大百（元稹　げんしん　779–831）
　中芸（元稹　げんしん　779–831）
　中国（元稹　げんしん　779–831）
　中史（元稹　げんしん　779–831）
　デス（元稹　げんしん　779–831）
　百科（元稹　げんしん　779–831）
　評世（元稹　げんしん　779–831）
　名著（元稹　げんしん　779–831）

厳嵩　げんすう
15・16世紀，中国，明の政治家。字は惟中。武宗（正徳帝），世宗（嘉靖帝）の2朝に仕え，内閣大学士となり，1549年以後は首輔として政務を専断。
⇒外国（厳嵩　げんすう　?–1568）
　角世（厳嵩　げんすう　1480–1567）
　国小（厳嵩　げんすう　1480（成化16）–1567（隆慶1））
　コン2（厳嵩　げんすう　1480–1567）
　コン3（厳嵩　げんすう　1480–1567）
　新美（厳嵩　げんすう　1481（明・成化17）–1568

（隆慶2））
　世東（厳嵩　げんすう　1480–1567）
　中国（厳嵩　げんすう　1480–1567）
　中史（厳嵩　げんすう　1480–1567）
　百科（厳嵩　げんすう　1481–1568）

厳政　げんせい
3世紀頃，中国，三国時代，黄巾の賊張宝配下の将。
⇒三国（厳政　げんせい）
　三全（厳政　げんせい　生没年不詳）

元聖王　げんせいおう
8世紀，朝鮮，新羅の第38代王（在位785〜798）。別名は金敬信。官吏登用制度（科挙制度）を朝鮮ではじめて実施。
⇒コン2（元聖王　げんせいおう　?–798）
　コン3（元聖王　げんせいおう　?–798）
　朝人（元聖王　げんせいおう　?–798）
　朝鮮（元聖王　げんせいおう　?–798）
　百科（元聖王　げんせいおう　?–798）

源寂　げんせき
9世紀頃，中国，唐の遣新羅使。
⇒シル（源寂　げんせき　9世紀頃）
　シル新（源寂　げんせき）

蹇碩　けんせき
2世紀，中国，後漢末期の宦官。「十常侍」の一人。
⇒三国（蹇碩　けんせき）
　三全（蹇碩　けんせき　?–189）

原川　げんせん
7世紀頃，朝鮮，新羅の遣唐使。
⇒シル（原川　げんせん　7世紀頃）
　シル新（原川　げんせん）

憲宗（唐）　けんそう
8・9世紀，中国，唐の第11代皇帝（在位805〜820）。姓名は李純，諡は昭文章武大聖至神孝皇帝，廟号が憲宗。順宗の長子。
⇒旺世（憲宗　けんそう　778–820）
　角世（憲宗　けんそう　778–820）
　広辞6（憲宗　けんそう　778–820）
　皇帝（憲宗　けんそう　778–820）
　コン2（憲宗（唐）　けんそう　778–820）
　コン3（憲宗（唐）　けんそう　778–820）
　人物（憲宗（唐）　けんそう　778–820）
　世百（憲宗（唐）　けんそう　778–820）
　全書（憲宗　けんそう　778–820）
　大百（憲宗（唐）　けんそう　778–820）
　中皇（憲宗　778–820）
　中国（憲宗（唐）　けんそう　778–820）
　統治（憲宗　Hsien Tsung（在位）805–820）
　百科（憲宗（唐）　けんそう　778–820）
　評世（憲宗　けんそう　778–820）

憲宗（モンゴル）　ケンソウ
⇨モンケ

憲宗(明)　けんそう
　⇨成化帝(せいかてい)

憲宗(李朝)　けんそう*
　19世紀、朝鮮、李朝の王。
　⇒統治（憲宗　Hŏnjong　(在位)1834–1849)

献宗(高麗)　けんそう*
　11世紀、朝鮮、高麗王国の王。在位1094～1095。
　⇒統治（献宗　Hŏnjong　(在位)1094–1095)

献宗(西夏)　けんそう*
　13世紀、中国、西夏の皇帝。在位1223～1226。
　⇒統治（献宗　Hsien Tsung　(在位)1223–1226)

顕宗(高麗)　けんそう*
　10・11世紀、朝鮮、高麗の第8代王(在位1010～31)。契丹の第2次侵入を撃退。
　⇒角世　(顕宗　けんそう　992–1031)
　　コン2　(顕宗　けんそう　992–1031)
　　コン3　(顕宗　けんそう　992–1031)
　　世東　(顕宗　けんそう　992–1031)
　　統治　(顕宗　Hyŏnjong　(在位)1009–1031)

顕宗(李朝)　けんそう*
　17世紀、朝鮮、李朝の王。在位1659～1674。
　⇒統治（顕宗　Hyŏnjong　(在位)1659–1674)

元宗(高麗)　げんそう
　13世紀、朝鮮、高麗の第24代王(在位1259–74)。本名は王倎、字は日新、諡は順孝大王。高宗の長子。倭寇の侵入と三別抄の叛乱に苦しんだ。
　⇒外国　(元宗　げんそう　1219–1274)
　　国小　(元宗(高麗)　げんそう　1219(高宗6.3)–1274(元宗15.6))
　　コン2　(元宗　げんそう　1219–1274)
　　コン3　(元宗　げんそう　1219–1274)
　　世東　(元宗　げんそう　1219–1274)
　　統治　(元宗　Wŏnjong　(在位)1259–1274)

玄宗(唐)　げんそう
　7・8世紀、中国、唐の第6代皇帝(在位712～756)。姓、季。名、隆基。廟号、玄宗。諡、至道大聖大明孝皇帝。睿宗の第3子。政治革新を断行、治世は「開元の治」と呼ばれた。
　⇒逸話　(玄宗　げんそう　685–762)
　　岩ケ　(玄宗　げんそう　685–761)
　　旺世　(玄宗　げんそう　685–762)
　　外国　(玄宗　げんそう　685–762)
　　角世　(玄宗　げんそう　685–762)
　　広辞4　(玄宗　げんそう　685–762)
　　広辞6　(玄宗　げんそう　685–762)
　　皇帝　(玄宗　げんそう　685–762)
　　国小　(玄宗(唐)　げんそう　685(垂拱1.8.5)–762(宝応1.4.5))
　　国百　(玄宗　げんそう　685(垂拱1.8.5)–762(宝応1.4.5))
　　コン2　(玄宗　げんそう　685–762)

　　コン3　(玄宗　げんそう　685–762)
　　詩歌　(玄宗皇帝　げんそうこうてい　685(唐・垂拱元)–762(宝応元))
　　新美　(玄宗　げんそう　685(唐・垂拱1)–762(上元3))
　　人物　(玄宗　げんそう　685.8.11–762.4)
　　世人　(玄宗　げんそう　685–762)
　　世東　(玄宗　げんそう　685–762)
　　世百　(玄宗　げんそう　685–762)
　　全書　(玄宗　げんそう　685–762)
　　大辞　(玄宗　げんそう　685–762)
　　大辞3　(玄宗　げんそう　685–762)
　　大百　(玄宗　げんそう　685–762)
　　中皇　(玄宗　685–762)
　　中芸　(玄宗　げんそう　685–762)
　　中芸　(唐玄宗　とうのげんそう　685–762)
　　中国　(玄宗　げんそう　685–762)
　　中史　(玄宗　げんそう　685–762)
　　中書　(玄宗　げんそう　685–762)
　　デス　(玄宗　げんそう　685–762)
　　伝記　(玄宗　げんそう　685–762.4)
　　統治　(玄宗　Hsüan Tsung　(在位)712–756)
　　東仏　(玄宗　げんそう　685–762)
　　百科　(玄宗　げんそう　685–762)
　　評世　(玄宗　げんそう　685–762)
　　山世　(玄宗　げんそう　685–762)
　　歴史　(玄宗　げんそう　685(垂拱1)–762(宝応1))

顕宗甘麻剌　けんそうカンマラ
　14世紀、中国、元、裕宗(チンキム)の長子。
　⇒中皇　(顕宗甘麻剌　?–1302)

阮大鋮　げんだいせい、げんたいせい
　16・17世紀、中国、明末の政治家、劇作家。字、集之。号、円海、石巣、百子山樵。戯曲に『燕子箋』『春燈謎』などの作がある。
　⇒外国　(阮大鋮　げんたいせい　?–1646)
　　角世　(阮大鋮　げんだいせい　1587–1646)
　　国小　(阮大鋮　げんだいせい　1587(万暦15)–1646(紹武1))
　　コン2　(阮大鋮　げんだいせい　?–1646)
　　コン3　(阮大鋮　げんだいせい　?–1646)
　　集世　(阮大鋮　げんだいせい　?–1646(順治3))
　　集文　(阮大鋮　げんだいせい　?–1646(順治3))
　　人物　(阮大鋮　げんだいせい　?–1646)
　　世東　(阮大鋮　げんだいせい　?–1646)
　　世文　(阮大鋮　げんだいせい　?–1646(順治3))
　　全書　(阮大鋮　げんだいせい　1587頃–1646)
　　大百　(阮大鋮　げんだいせい　1587–1646)
　　中芸　(阮大鋮　げんだいせい　?–1646)
　　中史　(阮大鋮　げんだいせい　1587頃–1646)
　　評世　(阮大鋮　げんだいせい　1587–1646)
　　名著　(阮大鋮　げんだいせい　1587–1646)

献帝(後漢)　けんてい
　2・3世紀、中国、後漢最後の皇帝(在位189–220)。姓名は劉協。父は霊帝、母は王美人。少帝を廃して献帝をたて、都を長安に移す。
　⇒国小　(献帝(後漢)　けんてい　180(光和3)–234(建興12))
　　コン2　(献帝　けんてい　180–234)
　　コン3　(献帝　けんてい　180–234)
　　三国　(献帝　けんてい)

政治・外交・軍事篇

三全（献帝　けんてい　181-234）
人物（献帝　けんてい　180-234）
世東（献帝　けんてい　180-234）
世百（献帝（漢）　けんてい　180-234）
全書（献帝　けんてい　181-234）
大百（献帝　けんてい　181-234）
中皇（献帝　183-234）
統治（献帝　Hsien Ti　（在位）189-220）
百科（献帝（漢）　けんてい　?-220）
評世（献帝　けんてい　180頃-234）
歴史（献帝（後漢）　けんてい　181（光和4）-234（青龍2））

元帝（前漢）　げんてい
前1世紀，中国，前漢の第10代皇帝（在位前49～34）。姓名は劉奭。父は宣帝。母は共哀許皇后。
⇒広辞4（元帝　げんてい　前75-前33）
広辞6（元帝　げんてい　前75-33）
国小（元帝（前漢）　げんてい　前75（元鳳6）-前33（竟寧1））
コン2（元帝（前漢）　げんてい　前75-33）
コン3（元帝（前漢）　げんてい　前75-33）
人物（元帝　げんてい　前75-33）
中皇（元帝　前75-33）
統治（元帝　Yüan Ti　（在位）前48-33）
評世（元帝　げんてい　前75-33）

元帝（晋）　げんてい
⇨司馬睿（しばえい）

元帝（魏）　げんてい*
3・4世紀，中国，三国時代魏の五代皇帝。曹奐（ソウカン）（在位260-265）。
⇒広辞4（元帝　げんてい　245-302）
広辞6（元帝　げんてい　245-302）
中皇（元帝　244-302）
統治（元帝　Yüan Ti　（在位）260-266）

元帝（梁）　げんてい*
6世紀，中国，南朝梁の第3代皇帝（在位552～554）。武帝の子，簡文帝の弟。
⇒広辞4（元帝　げんてい　508-554）
広辞6（元帝　げんてい　508-554）
詩歌（蕭繹　しょうえき　508（天監7）-554（承聖3））
集世（蕭繹　しょうえき　508（天監7）-554（承聖3））
集文（蕭繹　しょうえき　508（天監7）-554（承聖3））
世東（元帝　げんてい　?-554）
中皇（元帝　508-554）
中芸（蕭繹　しょうえき　508-554）
中史（蕭繹　しょうえき　508-554）
統治（元帝　Yüan Ti　（在位）552-555）

ゲンドゥン
20世紀，モンゴルの政治家。人民共和国首相。
⇒外国（ゲンドゥン　?-1937）

元徳太子楊昭　げんとくたいしようしょう*
7世紀，中国，隋，煬帝（ようだい）の子。
⇒中皇（元徳太子楊昭　?-606）

権徳輿　けんとくよ
8・9世紀，中国，中唐の政治家，詩人。天水・略陽出身。字，載之。中唐宮廷文人の代表。
⇒国小（権徳輿　けんとくよ　759（乾元2)-818（元和13））
コン2（権徳輿　けんとくよ　759-818）
コン3（権徳輿　けんとくよ　759-818）
中芸（権徳輿　けんとくよ　759-818）

元妃　げんひ
13世紀，中国，金，章宗 の皇妃。
⇒中皇（元妃　?-1209）

阮福映　げんふくえい
⇨グエン・フック・アイン

阮福晈　げんふくこう
⇨グエン・フック・ドム

阮文岳　げんぶんがく
⇨グエン・フォック・コアット

阮文岳　げんぶんがく
⇨グエン・ニャック

阮文恵　げんぶんけい
⇨グエン・フエ

元文政　げんぶんせい
9世紀頃，中国，唐の遣渤海使。
⇒シル（元文政　げんぶんせい　9世紀頃）
シル新（元文政　げんぶんせい）

建文帝（明）　けんぶんてい
14・15世紀，中国，明朝第2代皇帝。姓名は朱允炆。黄子澄らと帝権の発揚をはかる一方，諸王の地を削り，その勢力を圧迫。
⇒旺世（建文帝　けんぶんてい　1383-1402頃）
角世（建文帝　けんぶんてい　1383-1402）
広辞6（建文帝　けんぶんてい　1383/1377-1402?）
皇世（建文帝　けんぶんてい　1383-1402頃）
国小（建文帝（明）　けんぶんてい　1383（洪武16)-1402（建文4））
コン2（建文帝　けんぶんてい　1383-1402）
コン3（建文帝　けんぶんてい　1383-1402）
人物（建文帝　けんぶんてい　1383-?）
世人（建文帝　けんぶんてい　1383-1402頃）
世東（建文帝　けんぶんてい　1383-1402）
全書（建文帝　けんぶんてい　1383-1402）
大辞3（建文帝　けんぶんてい　1377-1402）
大百（建文帝　けんぶんてい　1383-1402）
中皇（恵帝（建文帝）　1383-1402）
中国（建文帝　けんぶんてい　1383-1402）
中史（建文帝　けんぶんてい　1377-?）
デス（建文帝　けんぶんてい　1383-1402頃）
統治（建文（恵帝）　Chien Wên[Hui Ti]　（在位）1398-1402）
百科（建文帝　けんぶんてい　1383-1402）
評世（建文帝　けんぶんてい　1383-1402）
山世（建文帝　けんぶんてい　1383-1402）
歴史（建文帝　けんぶんてい　1383（洪武31)-

け

1402（建文4））

献文帝 けんぶんてい*
5世紀, 中国, 南北朝・北魏の皇帝（在位465〜471）。
⇒中皇（献文帝　454-476）
　統治（献文帝　Hsien Wên Ti　（在位）465-471）

賢穆明懿大長公主 けんぼくめいいだいちょうこうしゅ*
中国, 北宋, 仁宗の娘。
⇒中皇（秦・魯国賢穆明懿大長公主）

乾隆帝 けんりゅうてい
18世紀, 中国, 清朝の第6代皇帝（在位1735〜96）。名は弘暦, 謚は純皇帝, 廟号は高宗。雍正帝の第4子。
⇒逸話（乾隆帝　けんりゅうてい　1711-1799）
　岩ケ（乾隆帝　けんりゅうてい　1711-1799）
　旺世（乾隆帝　けんりゅうてい　1711-1799）
　外国（乾隆帝　けんりゅうてい　1711-1799）
　角世（乾隆帝　けんりゅうてい　1711-1799）
　広辞4（乾隆帝　けんりゅうてい　1711-1799）
　広辞6（乾隆帝　けんりゅうてい　1711-1799）
　皇帝（乾隆帝　けんりゅうてい　1711-1799）
　国小（乾隆帝　けんりゅうてい　1711（康熙50）-1799（嘉慶4））
　国百（乾隆帝　けんりゅうてい　1711-1799）
　コン2（乾隆帝　けんりゅうてい　1711-1799）
　コン3（乾隆帝　けんりゅうてい　1711-1799）
　詩歌（乾隆帝　けんりゅうてい　1711（康熙50）-1799（嘉慶4））
　新美（乾隆帝　けんりゅうてい　1711（清・康熙50）.8.13-1799（嘉慶4）.1.3）
　人物（乾隆帝　けんりゅうてい　1711-1799.1)
　世人（乾隆帝　けんりゅうてい　1711-1799）
　世東（乾隆帝　けんりゅうてい　1711-1799）
　世百（乾隆帝　けんりゅうてい　1711-1799）
　全書（乾隆帝　けんりゅうてい　1711-1799）
　大辞（乾隆帝　けんりゅうてい　1711-1799）
　大辞3（乾隆帝　けんりゅうてい　1711-1799）
　大百（乾隆帝　けんりゅうてい　1711-1799）
　中皇（高宗（乾隆帝）　1711-1799）
　中芸（乾隆帝　けんりゅうてい　1711-1799）
　中国（乾隆帝　けんりゅうてい　1711-1799）
　中史（乾隆帝　けんりゅうてい　1711-1799）
　中書（乾隆帝　けんりゅうてい　1711-1799）
　中ユ（乾隆帝　けんりゅうてい　1711-1799）
　デス（乾隆帝　けんりゅうてい　1711-1799）
　伝記（乾隆帝　けんりゅうてい　1711-1799）
　統治（乾隆（高宗）　Ch'ien Lung [Kao Tsung]（在位）1735-1796）
　百科（乾隆帝　けんりゅうてい　1711-1799）
　評世（乾隆帝　けんりゅうてい　1711-1799）
　名著（乾隆帝　けんりゅうてい　1711-1799）
　山世（乾隆帝　けんりゅうてい　1711-1799）
　歴史（乾隆帝　けんりゅうてい　1711-1799）

【こ】

コー, トミー Koh, Tommy
20世紀, シンガポールの外交官。
⇒華人（コー, トミー　1937-）

己闕棄蒙 こあつきもう
8世紀頃, 渤海から来日した使節。
⇒シル（己闕棄蒙　こあつきもう　8世紀頃）
　シル新（己闕棄蒙　こあつきもう）

固安公主 こあんこうしゅ
8世紀頃, 中国, 唐の和蕃公主。奚（東蒙古にいたモンゴル系遊牧民）に降嫁。
⇒シル（固安公主　こあんこうしゅ　8世紀頃）
　シル新（固安公主　こあんこうしゅ）
　中皇（固安公主　?-1491）

コアンチヨプホア
中国, 元, 世祖の孫。
⇒中皇（寛徹晋化）

顧維鈞 こいきん
19・20世紀, 中国の国民党政府の外交官出身の政治家。1957年1月国際司法裁判所判事, 総統府資政。著書に『中国における外国人の地位』（12）などがある。
⇒外国（顧維鈞　こいきん　1887-）
　華人（顧維鈞　こいきん　1888-1985）
　近中（顧維鈞　こいきん　1888.1.29-1985.11.14）
　広辞5（顧維鈞　こいきん　1888-1985）
　広辞6（顧維鈞　こいきん　1888-1985）
　国小（顧維鈞　こいきん　1888-）
　コン3（顧維鈞　こいきん　1888-1995）
　人物（顧維鈞　こいきん　1888-）
　世政（顧維鈞　こいきん　1885-1985.11.15）
　世東（顧維鈞　こいきん　1888-?)
　世百（顧維鈞　こいきん　1888-）
　世百新（顧維鈞　こいきん　1888-1985）
　中人（顧維鈞　こいきん　1885-1985.11.15）
　百科（顧維鈞　こいきん　1888-）

胡惟徳 こいとく
19・20世紀, 中国の外交官, 政治家。
⇒近中（胡惟徳　こいとく　1863-1933.11.24）

胡惟庸 こいよう
14世紀, 中国, 明初の政治家。左丞相にまでのぼったのちは, ほとんど政務の一切を独断専行。
⇒外国（胡惟庸　こいよう　?-1380）
　角世（胡惟庸　こいよう　?-1380）
　国史（胡惟庸　こいよう　?-1380）
　国小（胡惟庸　こいよう　?-1380（洪武13））
　コン2（胡惟庸　こいよう　?-1380）

コン3（胡惟庸　こいよう　?–1380）
世東（胡惟庸　こいよう　?–1380）
世百（胡惟庸　こいよう　?–1380）
全書（胡惟庸　こいよう　?–1380）
対外（胡惟庸　こいよう　?–1380）
中国（胡惟庸　こいよう　?–1380）
中史（胡惟庸　こいよう　?–1380）
百科（胡惟庸　こいよう　?–1380）
評世（胡惟庸　こいよう　?–1380）

コイララ, ギリジャ・プラサド　Koirala, Girija Prasad

20世紀, ネパールの政治家。ネパール首相。
⇒世政（コイララ, ギリジャ・プラサド　1925.3–）
　南ア（コイララ　1925–）

コイララ, ビシュエシュワル・プラサド　Koirala, Bisweswar Prasad

20世紀, ネパールの政治家。ネパール初の総選挙で首相に就任（1959）。農地改革, 中立外交など革新的な内外政策を打ち出した。
⇒現人（コイララ　1914–）
　国小（コイララ　1915–）
　コン3（コイララ　1915–1982）
　世政（コイララ, ビシュエシュワル・プラサド　1914–1982.7.21）
　二十（コイララ, B.P.　1914–1982.7.21）

胡寅　こいん

11・12世紀, 中国, 宋の官僚, 儒者。字は明中, 号は致堂, 諡は文忠。著書に『斐然集』がある。
⇒コン2（胡寅　こいん　1098–1156）
　コン3（胡寅　こいん　1098–1156）
　中芸（胡寅　こいん　1098–1156）

顧愔　こいん

8世紀頃, 中国, 唐の遣新羅弔祭兼冊立副使。
⇒シル（顧愔　こいん　8世紀頃）
　シル新（顧愔　こいん）

呉允謙　ごいんけん

16・17世紀, 朝鮮, 李朝の官僚。
⇒日人（呉允謙　ごいんけん　1559–1636）

句安　こうあん

3世紀頃, 中国, 三国時代, 蜀の大将。
⇒三国（句安　こうあん）
　三全（句安　こうあん　生没年不詳）

苟安　こうあん

3世紀頃, 中国, 三国時代, 蜀の都尉。
⇒三国（苟安　こうあん）
　三全（苟安　こうあん　生没年不詳）

黄維　こうい

20世紀, 中国国民党高級将校。
⇒近中（黄維　こうい　1904.2.28–1989.3.20）

高維嵩　こういすう

20世紀, 中国の軍人。陝西省延安出身。1947～48年の解放戦争で陝北の大戦役に参加。55年少将。58年青海軍区政委。69年4月9期中央委。
⇒世東（高維嵩　こういすう　?–）
　中人（高維嵩　こういすう　1917–1985）

江渭清　こういせい

20世紀, 中国共産党の指導者。
⇒近中（江渭清　こういせい　1910–）

高允　こういん

4・5世紀, 中国, 北朝北魏の名臣, 学者。字は伯恭。文13編, 詩4首が現存。
⇒集文（高允　こういん　390（登国5）–487（太和11））
　中芸（高允　こういん　390–487）

黄允吉　こういんきつ

16世紀, 朝鮮, 李朝の官僚。
⇒国史（黄允吉　こういんきつ　1536–?）
　対外（黄允吉　こういんきつ　1536–?）
　日人（黄允吉　こういんきつ　1536–?）

項羽　こうう

前3世紀, 中国, 秦末の武将。名は籍, 字は羽。叔父項梁と挙兵, 劉邦とともに秦を滅ぼし, 楚王となる。
⇒逸話（項羽　こうう　前232–202）
　旺世（項羽　こうう　前232–202）
　外国（項羽　こうう　前232–202）
　角世（項羽　こうう　前232–202）
　広辞4（項羽　こうう　前232–前202）
　広辞6（項羽　こうう　前232–202）
　皇帝（項羽　こうう　前232–202）
　国小（項羽　こうう　前232（始皇帝15）–202（高祖5））
　コン2（項羽　こうう　前232–202）
　コン3（項羽　こうう　前232–202）
　三国（項羽　こうう）
　詩歌（項羽　こうう　前232–202）
　人物（項羽　こうう　前232–202.12）
　世人（項羽　こうう　前232–202）
　世東（項羽　こうう　前232–202）
　世百（項羽　こうう　前232–202）
　全書（項羽　こうう　前232–202）
　大辞（項羽　こうう　前232–前202）
　大辞3（項羽　こうう　前232–202）
　大百（項羽　こうう　前232–203）
　中皇（項羽　前232–202）
　中芸（項羽　こうう　前232–前202）
　中国（項羽　こうう　前233–202）
　中史（項羽　こうう　前232–202）
　デス（項羽　こうう　前232–202）
　伝記（項羽　こうう　前232–202）
　百科（項羽　こうう　前232–前202）
　評世（項羽　こうう　前232–202）
　山世（項羽　こうう　前232–202）
　歴史（項羽　こうう　前232（始皇帝15）–前202（高祖5））

高欝琳　こううつりん
8世紀頃，渤海から来日した使節。
⇒シル（高欝琳　こううつりん　8世紀頃）
シル新（高欝琳　こううつりん）

項英（頂英）　こうえい
20世紀，中国共産党の軍事指導者。1937年8月副軍長。41年1月皖南事件で殺害された。
⇒近人（項英　こうえい　1898–1941.3.14）
国小（項英　こうえい　1894–1941.1）
コン3（項英　こうえい　1894–1941）
世東（項英　こうえい　1897–1941）
世百（項英　こうえい　1894–1941）
世百新（項英　こうえい　1898–1941）
全書（項英　こうえい　1898/99–1941）
中人（項英　こうえい　1894–1941.1）
百科（項英　こうえい　1898–）

黄永勝　こうえいしょう
20世紀，中国の軍人，政治家。1968年人民解放軍総参謀長。69年中央政治局委員。
⇒現人（黄永勝　こうえいしょう〈ホワンヨンション〉　1907–）
国小（黄永勝　こうえいしょう　1907–）
世政（黄永勝　こうえいしょう　1910–）
世東（黄永勝　こうえいしょう　1906–）
全書（黄永勝　こうえいしょう　1910–）
中人（黄永勝　こうえいしょう　1910–）

洪英植　こうえいしょく
19世紀，朝鮮の政治家。開化派の中心人物の一人。1884年金玉均らと甲申政変を起こし，死刑に処せられた。
⇒外国（洪英植　こうえいしょく　1855–1884）
国史（洪英植　こうえいしょく　1855–1884）
コン2（洪英植　こうえいしょく　1855–1884）
コン3（洪英植　こうえいしょく　1855–1884）
朝人（洪英植　こうえいしょく　1855–1884）
日人（洪英植　ホンヨンシク　1855–1884）

高英善　こうえいぜん
9世紀頃，渤海から来日した使節。
⇒シル（高英善　こうえいぜん　9世紀頃）
シル新（高英善　こうえいぜん）

黄琬　こうえん
2世紀，中国，後漢の太尉。
⇒三国（黄琬　こうえん）
三全（黄琬　こうえん　141–192）

耿弇　こうえん
1世紀，中国，後漢の光武帝の部将。扶風・茂陵（陝西省）出身。
⇒コン2（耿弇　こうえん　3–58）
コン3（耿弇　こうえん　3–58）
三国（耿弇　こうえん）

黄炎培　こうえんばい
19・20世紀，中国の教育家，政治家。1949年政務院副総理兼軽工業部長，中ソ友好協会副会長。59年9月に論文『建国10年来の強固と発表』を著した。
⇒外国（黄炎培　こうえんばい　1879–）
国小（黄炎培　こうえんばい　1878.10.1–1965.12.21）
コン2（黄炎培　こうえんばい　1878–1965）
コン3（黄炎培　こうえんばい　1878–1965）
人物（黄炎培　こうえんばい　1879–）
世東（黄炎培　こうえんばい　1879–1965.12.21）
世百（黄炎培　こうえんばい　1879–）
全書（黄炎培　こうえんばい　1878–1965）
中人（黄炎培　こうえんばい　1878.10.1–1965.12.21）
百科（黄炎培　こうえんばい　1878–1965）

皇甫惟明　こうおいめい
8世紀，中国，唐の遣吐蕃使。
⇒シル（皇甫惟明　こうおいめい　?–748）
シル新（皇甫惟明　こうおいめい　?–748）

孝王（周）　こうおう*
前9世紀，中国，西周の王（第8代，在位前873～866）。
⇒統治（孝（孝王辟方）　Hsiao　（在位）前873–866）

孝王（梁）　こうおう
⇨劉武（りゅうぶ）

康王　こうおう
前11・10世紀，中国，周の第3代王（在位前1015～989）。成王の子。
⇒コン2（康王　こうおう　?–前989）
コン3（康王　こうおう　?–前989）
統治（康（康王釗）　K'ang　（在位）前1006–978）

康王　こうおう*
5世紀，中国，五胡十六国・南涼の皇帝（在位399～402）。
⇒中皇（康王　?–402）

考王　こうおう*
前5世紀，中国，東周の王（第31代，在位前441～426）。
⇒統治（考（考王嵬）　K'ao　（在位）前441–426）

高王　こうおう
⇨大祚栄（だいそえい）

高応順　こうおうじゅん
9世紀頃，渤海から来日した使節。
⇒シル（高応順　こうおうじゅん　9世紀頃）
シル新（高応順　こうおうじゅん）

黄華　こうか
20世紀，中国の外交官。1971年中国の国連安保理事会常任主席代表。米中接触の立役者といわれている。76年外相，80年副首相，83年全人代常務副委員長。

⇒現人（黄華　こうか〈ホワンホワ〉　1915–）
　国小（黄華　こうか　1912/5–）
　世政（黄華　こうか　1913–）
　全書（黄華　こうか　1913–）
　中人（黄華　こうか　1913–）

昂加　こうか
7世紀頃、朝鮮、高句麗から来日した使節。
⇒シル（昂加　こうか　7世紀頃）
　シル新（昂加　こうか）

黄蓋　こうがい
3世紀頃、中国、三国時代、呉の孫堅配下の大将。零陵出身。字は公覆（こうふ）。
⇒三全（黄蓋　こうがい）
　三全（黄蓋　こうがい　生没年不詳）
　中史（黄蓋　こうがい　生没年不詳）

光海君　こうかいくん
16・17世紀、朝鮮、李朝の第15代王（在位1608～23）。宣祖の第2子。諱は琿。
⇒角世（光海君　こうかいくん　1575–1641）
　国小（光海君　こうかいくん　1575(宣祖8)–1641(仁祖19)）
　コン2（光海君　こうかいくん　1575–1641）
　コン3（光海君　こうかいくん　1575–1641）
　世百（光海君　こうかいくん　1556–1641）
　全書（光海君　こうかいくん　1575–1641）
　大百（光海君　こうかいくん　1575–1641）
　朝人（光海君　こうかいくん　1571–1641）
　朝鮮（光海君　こうかいくん　1571–1641）
　統治（光海君　Kwanghae-gun　(在位)1608–1623）
　百科（光海君　こうかいくん　1571–1641）
　評世（光海君　こうかいくん　1556–1623）

高魁元　こうかいげん
20世紀、中国の軍人、政治家。山東省出身。1965～67年陸軍総司令官。のち国防部総参謀長（陸軍大将）、中国国民党中央常務委員。
⇒現人（高魁元　こうかいげん〈カオコエユアン〉　1906.3.26–）
　世東（高魁元　こうかいげん　1907.3.26–）
　中人（高魁元　こうかいげん　1907.3.26–）

孝懐帝　こうかいてい
⇨懐帝（かいてい）

高開道　こうかいどう
7世紀、中国、隋末期の反乱指導者の一人。滄州・陽信（山東省）出身。618年漁陽（河北省）を都に、燕王を号した。
⇒コン2（高開道　こうかいどう　?–624）
　コン3（高開道　こうかいどう　?–624）

広開土王　こうかいどおう
4・5世紀、朝鮮、高句麗の第19代王（在位391～413）。正しくは国岡上広開土境平安好太王。諱は談徳、号は永楽大王。父の故国壌王のあとを継ぎ高句麗王国発展の基礎をつくった。
⇒旺世（広開土王　こうかいどおう　374–412）
　外国（広開土王　こうかいど王　?–412）
　角世（好太王　こうたいおう　374–412）
　広辞4（広開土王　こうかいどおう　374–412）
　広辞6（広開土王　こうかいどおう　374–412）
　皇帝（好太王　こうたいおう　374–412）
　国史（好太王　こうたいおう　374–412）
　国小（広開土王　こうかいどおう　374(小獣林王4)–412(広開土王21)）
　国百（広開土王　こうかいどおう　374–412）
　コン2（広開土王　こうかいどおう　375–413）
　コン3（広開土王　こうかいどおう　375–413）
　人物（好太王　こうたいおう　374–413）
　世人（広開土王　こうかいどおう　374–412）
　世東（広開土王　こうかいどおう　374–412）
　世百（広開土王　こうかいどおう　?–412）
　対外（広開土王　こうかいどおう　374–412）
　大辞（広開土王　こうかいどおう　374–412）
　大辞3（広開土王　こうかいどおう　374–412）
　大百（好太王　こうたいおう　374–412）
　朝人（広開土王　こうかいどおう　374–412）
　朝鮮（広開土王　こうかいどおう　374–412）
　デス（広開土王　こうかいどおう　374–412）
　伝記（広開土王　こうかいどおう〈クヮンゲトワン〉　374–412）
　日人（広開土王　こうかいどおう　374–412）
　百科（広開土王　こうかいどおう　374–413）
　評世（広開土王　こうかいどおう　374–412）
　山世（広開土王　こうかいどおう　374–412）
　歴史（広開土王　こうかいどおう　374–412）

江夏王李道宗　こうかおうりどうそう*
7世紀、中国、唐、高祖の甥。
⇒中皇（江夏王李道宗　?–653）

洪学智　こうがくち
20世紀、中国の軍人、政治家。中国人民政治協商会議全国委員会（全国政協）副主席（1990～）。
⇒近中（洪学智　こうがくち　1913–）
　中人（洪学智　こうがくち　1913.2–）

高鶴林　こうかくりん
8世紀頃、中国、唐から来日した使節。
⇒シル（高鶴林　こうかくりん　8世紀頃）
　シル新（高鶴林　こうかくりん）

弘化公主　こうかこうしゅ
7世紀頃、中国、唐の和番公主。吐谷渾へ降嫁した。
⇒シル（弘化公主　こうかこうしゅ　7世紀頃）
　シル新（弘化公主　こうかこうしゅ）
　中皇（弘化公主）

洪适　こうかつ
12世紀、中国、南宋の政治家。字は景伯。平章事（宰相）にすすみ、『盤洲集』80巻などの著書がある。
⇒外国（洪适　こうかつ　1117–1184）
　角世（洪适　こうかつ　1117–1184）
　国小（洪适　こうかつ　1117(政和7)–1184(淳熙11)）
　中史（洪适　こうかつ　1117–1184）

高幹　こうかん
3世紀,中国,三国時代,幷州の太守。
⇒三国（高幹　こうかん）
　三全（高幹　こうかん　?-205）

高歡　こうかん
5・6世紀,中国,東魏の実権者,北斉王朝の事実上の創建者。神武皇帝（北斉）と諡された。孝武帝を擁して北魏の実権を握り,534年孝静帝をたてて東魏の実権者となった。
⇒外国（高歡　こうかん　495-546）
　角世（高歡　こうかん　496-547）
　国小（高歡　こうかん　496（太和20）-547（武定5））
　コン2（高歡　こうかん　496-547）
　コン3（高歡　こうかん　496-547）
　人物（高歡　こうかん　496-547）
　世東（高歡　こうかん　495-547）
　世百（高歡　こうかん　496-547）
　全書（高歡　こうかん　496-547）
　大百（高歡　こうかん　496-547）
　中皇（高歡　496-547）
　中史（高歡　こうかん　496-547）
　百科（高歡　こうかん　496-547）
　評世（高歡　こうかん　496-547）
　歴史（高歡　こうかん　496（北魏,太和20）-547（東魏,武帝5））

高観　こうかん
9世紀頃,渤海から来日した使節。
⇒シル（高観　こうかん　9世紀頃）
　シル新（高観　こうかん）

高桓権　こうかんけん
7世紀頃,朝鮮,高句麗の遣唐使。
⇒シル（高桓権　こうかんけん　7世紀頃）
　シル新（高桓権　こうかんけん）

剛毅　ごうき
19世紀,中国,清末の政治家。満州鑲藍旗人。字は子良。協弁大学士などを歴任,清朝の中で代表的な守旧排外論者。
⇒国小（剛毅　ごうき　1834（道光14）頃-1900）
　コン2（剛毅　ごうき　1837-1900）
　コン3（剛毅　ごうき　1837-1900）
　評世（剛毅　ごうき　?-1900）

黄菊　こうきく,こうぎく
20世紀,中国の政治家。中国副首相,中国共産党政治局常務委員。
⇒時政（黄菊　こうきく　1938.9-）
　中人（黄菊　こうきく　1938.9-）
　中二（黄菊　こうぎく　1938.9-）

高季興　こうきこう
9・10世紀,中国,五代十国・荊南の始祖（在位907～28）。字は貽孫,諡は武信王。907年荊南節度使に任ぜられ,湖北地方に自立。
⇒角世（高季興　こうきこう　858-928）
　皇帝（高季興　こうきこう　858-928）

　国小（高季興　こうきこう　858（大中12）-928（天成3.12.15））
　コン2（高季興　こうきこう　858-928）
　コン3（高季興　こうきこう　858-928）
　中皇（武信王　858-926）
　中国（高季興　こうきこう　858-928）
　中史（高季興　こうきこう　858-928）
　歴史（高季興　こうきこう　858-928）

黄琪翔　こうきしょう
20世紀,中国国民党から後に第三党に移った軍人。
⇒近中（黄琪翔　こうきしょう　1898.9.2-1970.12.10）

洪喜男　こうきだん
16世紀,朝鮮,李朝の官吏。
⇒日人（洪喜男　こうきだん　1595-?）

洪基疇　こうきちゅう
20世紀,朝鮮の政治家,祖国統一戦線議長団の一人。1948年9月に朝鮮民主主義人民共和国最高人民会議常任委員会副委員長になった。
⇒外国（洪基疇　こうきちゅう　1890頃-）

康熙帝（康熙帝）　こうきてい
17・18世紀,中国,清の第4代皇帝（在位1661～1722）。姓,アイシンギョロ（愛新覚羅）。名,玄燁。廟号,聖祖。康熙は治世の年号。順治帝の第3子。清の全盛期の基礎を築き,『康熙辞典』『古今図書集成』などを編纂させた。
⇒逸話（康熙帝　こうきてい　1654-1722）
　岩ケ（康熙帝　こうきてい　1654-1722）
　旺世（康熙帝　こうきてい　1654-1722）
　外国（康熙帝　こうきてい　1654-1722）
　科史（康熙帝　こうきてい　1654-1722）
　角世（康熙帝　こうきてい　1654-1722）
　広辞4（康熙帝　こうきてい　1654-1722）
　広辞6（康熙帝　こうきてい　1654-1722）
　皇帝（康熙帝　こうきてい　1654-1722）
　国小（康熙帝　こうきてい　1654（順治11.3.18）-1722（康熙61.11.13））
　国百（康熙帝　こうきてい　1654-1722）
　コン2（康熙帝　こうきてい　1654-1722）
　コン3（康熙帝　こうきてい　1654-1722）
　新美（康熙帝　こうきてい　1654（清・順治11）-1722（康熙61））
　人物（康熙帝　こうきてい　1654.11-1722）
　世人（康熙帝　こうきてい　1654-1722）
　世東（康熙帝　こうきてい　1655-1722）
　世百（康熙帝　こうきてい　1654-1722）
　全書（康熙帝　こうきてい　1654-1722）
　大辞（康熙帝　こうきてい　1654-1722）
　大辞3（康熙帝　こうきてい　1654-1722）
　大百（康熙帝　こうきてい　1654-1722）
　中皇（聖祖（康熙帝）　1654-1722）
　中芸（康熙帝　こうきてい　1654-1722）
　中国（康熙帝　こうきてい　1654-1722）
　中史（康熙帝　こうきてい　1654-1722）
　中書（康熙帝　こうきてい　1654-1722）
　伝記（康熙帝　こうきてい　1654-1722）
　統治（康熙（聖祖）　K'ang Hsi [Shêng Tsu]（在位）1661-1722）

政治・外交・軍事篇　　　　　　　　こうけ

百科　（康熙帝　こうきてい　1654–1722）
評世　（康熙帝　こうきてい　1655–1722）
名著　（康熙帝　こうきてい　1654–1722）
山世　（康熙帝　こうきてい　1654–1722）
歴史　（康熙帝　こうきてい　1654–1722）

洪熙帝　こうきてい
⇨仁宗（明）（じんそう）

康基徳　こうきとく
19・20世紀，朝鮮の独立運動家。
⇒コン3（康基徳　こうきとく　1889–?）
　朝人（康基徳　こうきとく　1889–?）

高俅　こうきゅう
12世紀，中国，北宋末の大臣。
⇒中史（高俅　こうきゅう　?–1126）

高拱　こうきょう
16世紀，中国，明末期の政治家。字は粛卿，諡は文襄。新鄭（河南省）出身。万暦帝の時，宦官排撃して張居正と対立して失脚。
⇒外国（高拱　こうきょう　1512–1578）
　コン2（高拱　こうきょう　16世紀）
　コン3（高拱　こうきょう　生没年不詳）
　人物（高拱　こうきょう　1512–1578）
　世東（高拱　こうきょう　1512–1578）

耿恭　こうきょう
1世紀，中国，後漢の西域都護下の戊己校尉。明帝代に活躍。
⇒三国（耿恭　こうきょう）
　シル（耿恭　こうきょう　?–78）
　シル新（耿恭　こうきょう　?–78）

高玉樹　こうぎょくじゅ
20世紀，台湾の政治家。台北市の生れ。1950年台北商業会議所理事長に任命され，54年台北市長。72年台北市長を辞任，蔣経国新首相の下で行政院交通相に転出。
⇒現人（高玉樹　こうぎょくじゅ〈カオユーシュー〉1913.9.3–）
　中人（高玉樹　こうぎょくじゅ　1913.9.3–）

孔僅　こうきん
前2世紀，中国，前漢の官僚。南陽（河南省）出身。専門官を置いて塩・鉄の製造販売を国家の手に収め，財政難を救う。
⇒コン2（孔僅　こうきん　生没年不詳）
　コン3（孔僅　こうきん　生没年不詳）

洪鈞　こうきん
19世紀，中国，清末の政治家，学者。字は文卿。16年兵部左侍郎，総理各国事務衙門大臣。著書に『元史訳文証補』など。
⇒外国（洪鈞　こうきん　1839–1893）
　国小（洪鈞　こうきん　1840（道光20）–1893（光緒19））

高煦　こうく
⇨漢王朱高煦（かんおうしゅこうく）

高君宇　こうくんう
20世紀，中国共産党初期指導者，山西省の党組織創始者。
⇒近中（高君宇　こうくんう　1896.10.22–1925.3.5）

侯君集　こうくんしゅう
7世紀，中国，唐の武将。三水（陝西省）出身。太宗に仕える。
⇒コン2（侯君集　こうくんしゅう　?–643）
　コン3（侯君集　こうくんしゅう　?–643）
　人物（侯君集　こうくんしゅう　?–643）
　世東（侯君集　こうくんしゅう　?–643）

黄敬　こうけい
20世紀，中国の政治家。本名は兪啓威。浙江省出身。解放後，第1機械工業部長，国家技術委員会主任。
⇒コン3（黄敬　こうけい　1912–1958）
　人物（黄敬　こうけい　1911–1958）
　世東（黄敬　こうけい　1912–1958.2.10）
　中人（黄敬　こうけい　1912–1958）

侯景（候景）　こうけい
6世紀，中国，南北朝時代の武将。朔方または雁門出身。548年首都建康を陥落。551年帝位につき国号を漢とし，年号を太始とした。
⇒角世（侯景　こうけい　503–552）
　国小（侯景　こうけい　503（景明4）–552（承聖1））
　コン2（侯景　こうけい　503–552）
　コン3（侯景　こうけい　503–552）
　中国（侯景　こうけい　503–552）
　評世（侯景　こうけい　503–552）
　山世（侯景　こうけい　503–552）

高熲　こうけい
6・7世紀，中国，隋の宰相。楊堅の代に尚書左僕射兼納言。
⇒百科（高熲　こうけい　?–607）

洪啓薫　こうけいくん
19世紀，中国，高宗のときの武官で，甲午農民戦争のときの政府軍指揮官。
⇒朝人（洪啓薫　こうけいくん　?–1895）

曠継勲　こうけいくん
20世紀，中国共産党の指導者，軍人。
⇒近中（曠継勲　こうけいくん　1895.6.16–1933.6）

江景玄　こうけいげん
5世紀頃，中国，南斉の遣西域使。
⇒シル（江景玄　こうけいげん　5世紀頃）
　シル新（江景玄　こうけいげん）

高桂滋　こうけいじ
20世紀, 中国の政治家。陝西省出身。国民党の軍人。抗日戦線に際して, 中国民主同盟陝西省委員会委員などを歴任。
⇒世東（高桂滋　こうけいじ　1892-1959）
　中人（高桂滋　こうけいじ　1891-1959）

高景秀　こうけいしゅう
9世紀頃, 渤海から来日した使節。
⇒シル（高景秀　こうけいしゅう　9世紀頃）
　シル新（高景秀　こうけいしゅう）

高迎祥　こうげいしょう, ごうげいしょう
17世紀, 中国, 明末農民叛乱の指導者。嘉胤らの叛乱に加わり, 中心的指導者となり, 李自成, 張献忠らを部下として闖王と称した。
⇒角世（高迎祥　こうげいしょう　?-1636）
　国小（高迎祥　こうげいしょう　?-1636（崇禎9））
　コン2（高迎祥　こうげいしょう　?-1636）
　コン3（高迎祥　こうげいしょう　?-1636）
　世東（高迎祥　こうげいしょう　?-1636）
　中国（高迎祥　ごうげいしょう　?-1636）

高珪宣　こうけいせん
8世紀頃, 渤海から来日した使節。
⇒シル（高珪宣　こうけいせん　8世紀頃）
　シル新（高珪宣　こうけいせん）

高敬亭　こうけいてい
20世紀, 中国共産党の鄂予皖革命根拠地の指導者。
⇒近中（高敬亭　こうけいてい　1901.8-1939.6.24）

耿継茂　こうけいも
17世紀, 中国, 清初の武将。漢軍正黄旗出身。諡は忠敏。遼寧省蓋平出身の武将耿仲明の長子。広州を攻略して尚可喜と藩府を開く。
⇒旺世（耿継茂　こうけいも　?-1671）
　国小（耿継茂　こうけいも　?-1671（康熙10.5））
　コン2（耿継茂　こうけいも　?-1671）
　コン3（耿継茂　こうけいも　?-1671）
　人物（耿継茂　こうけいも　?-1671）
　世東（耿継茂　こうけいも　?-1671）
　全書（耿継茂　こうけいも　?-1671）
　大百（耿継茂　こうけいも　?-1671）
　中国（耿継茂　こうけいも　?-1671）
　評世（耿継茂　こうけいも　?-1671）

向警予　こうけいよ
20世紀, 中国の婦人革命家。湖南省の生れ。1927年武漢の労働組合工作に従事。国民党に逮捕, 処刑された。
⇒近中（向警予　こうけいよ　1895.9.4-1928.5.1）
　コン3（向警予　こうけいよ　1895-1928）
　世女（向警予　こうけいよ　1895-1928）
　世女日（向警予　1895-1928）
　世東（向警予　こうけいよ　1895-1928.5.1）
　世百新（向警予　こうけいよ　1895-1928）
　中人（向警予　こうけいよ　1895-1928）
　百科（向警予　こうけいよ　1895-1928）

洪景来　こうけいらい
18・19世紀, 朝鮮, 李朝時代の平安道農民戦争の指導者。南陽洪氏の末裔。1811年12月, 関西地方の大饑饉を背景に挙兵。
⇒外国（洪景来　こうけいらい　1780頃-1812）
　国小（洪景来　こうけいらい　1780(正祖4)-1812(純祖12)）
　コン2（洪景来　こうけいらい　1784-1812）
　コン3（洪景来　こうけいらい　1784-1812）
　世人（洪景来　こうけいらい　1784-1812）
　朝人（洪景来　こうけいらい　1780?-1812）
　伝記（洪景来　こうけいらい〈ホンギョンネ〉1780-1812.4.19）
　評世（洪景来　こうけいらい　1779-1812）

黄杰　こうけつ
20世紀, 中国, 中華民国の軍人, 政治家。1962年台湾省政府主席。69年国防相。
⇒国小（黄杰　こうけつ　1899-）
　世東（黄杰　こうけつ　1902.11.2-）

合闕達干　ごうけつつたつかん
8世紀頃, ウイグルの遣唐朝貢使。
⇒シル（合闕達干　ごうけつつたつかん　8世紀頃）
　シル新（合闕達干　ごうけつつたつかん）

侯顕　こうけん
15世紀, 中国, 明の宦官。永楽帝に仕えた。ネパール, ベンガルにおもむき, 朝貢させることに成功。
⇒国小（侯顕　こうけん　生没年不詳）
　コン2（侯顕　こうけん　生没年不詳）
　コン3（侯顕　こうけん　生没年不詳）
　評世（侯顕　こうけん　生没年不詳）

孝元皇太后　こうげんこうたいごう
中国, 前漢の元帝の皇后。
⇒三国（孝元皇太后　こうげんこうたいごう）

高元度　こうげんど
朝鮮, 高句麗の王族。日本に渡来し, 奈良時代の官僚となった。
⇒国史（高元度　こうげんど　生没年不詳）

黄興　こうこう
19・20世紀, 中国の革命家。字は克強（こっきょう）。1912年1月1日成立した中華民国臨時政府で, 臨時大総統孫文のもとで陸軍総長（陸相）に就任, 事実上の首相といわれた。
⇒旺世（黄興　こうこう　1874-1916）
　外国（黄興　こうこう　1873-1916）
　角世（黄興　こうこう　1874-1916）
　広辞4（黄興　こうこう　1874-1916）
　広辞5（黄興　こうこう　1874-1916）
　広辞6（黄興　こうこう　1874-1916）
　国小（黄興　こうこう　1874(同治13)-1916）
　コン2（黄興　こうこう　1874-1916）

政治・外交・軍事篇　　　こうこ

コン3（黄興　こうこう　1874–1916）
人物（黄興　こうこう　1873–1916）
世人（黄興　こうこう　1874–1916）
世東（黄興　こうこう　1873–1916）
世百（黄興　こうこう　1873–1916）
全書（黄興　こうこう　1874–1916）
大辞（黄興　こうこう　1874–1916）
大辞2（黄興　こうこう　1874–1916）
大辞3（黄興　こうこう　1874–1916）
大百（黄興　こうこう〈ホワンシン〉　1874–1916）
中国（黄興　こうこう　1873–1916）
中史（黄興　こうこう　1874–1916）
中人（黄興　こうこう　1874（同治13）–1916）
デス（黄興　こうこう　1874–1916）
伝記（黄興　こうこう　1874.10.25–1916.10.31）
ナビ（黄興　こうこう　1874–1916）
日人（黄興　こうこう　1874–1916）
百科（黄興　こうこう　1874–1916）
評世（黄興　こうこう　1872–1916）
山世（黄興　こうこう　1874–1916）
歴史（黄興　こうこう　1874–1916）

黄晧（黄皓）　こうこう
3世紀, 中国, 三国時代, 蜀, 姜維時代の宦官。
⇒三国（黄皓　こうこう）
　　三全（黄皓　こうこう　?–263）

孝公（秦）　こうこう
前4世紀, 中国, 秦の君主（在位前361～338）。父は献公。新政策を推進させ, 政治, 社会体制の改革を徹底し, のちの天下統一の基礎をつくった。
⇒旺世（孝公　こうこう　前381–338）
　　角世（孝公　こうこう　前381–338）
　　皇帝（孝公　こうこう　前381–338）
　　国小（孝公（秦）　こうこう　前381–338）
　　コン2（孝公　こうこう　前381–338）
　　コン3（孝公　こうこう　前381–338）
　　人物（孝公　こうこう　前381–338）
　　世人（孝公　こうこう　前381–338）
　　世百（孝公　こうこう　前381–338）
　　中国（孝公（秦）　こうこう　前381–338）
　　中史（孝公　こうこう　前381–338）
　　百科（孝公　こうこう　前381–前338）
　　評世（孝公　こうこう　前381–338）
　　山世（孝公　こうこう　前381–338）
　　歴史（孝公（秦）　こうこう　前381（献公4）–前338（孝公24））

洪晧　こうこう
11・12世紀, 中国, 宋の政治家。番易出身。字は光弼。高宗に用いられた『金国文昊録』等の著書がある。
⇒世東（洪晧　こうこう　1089–1155）

高崗　こうこう
20世紀, 中国共産党の指導者。中央人民政府副主席, 東北人民政府主席, 国家計画委員会主席をつとめ, 「満州のスターリン」とも呼ばれた。中華人民共和国成立後に失脚。
⇒岩ケ（高崗　こうこう　1902頃–1955）
　　外国（高崗　こうこう　?–）

角世（高崗　こうこう　1905–1954）
近中（高崗　こうこう　1902–1954.8）
現人（高崗　こうこう〈カオカン〉　1905–?）
広辞5（高崗　こうこう　1893–1954）
広辞6（高崗　こうこう　1893–1954）
国小（高崗　こうこう　1902–1954?）
コン3（高崗　こうこう　1905–1954）
世東（高崗　こうこう　1905–1954）
世百（高崗　こうこう　1905–1955?）
世百新（高崗　こうこう　1893/1905–1954?）
全書（高崗　こうこう　1905–1954）
大辞2（高崗　こうこう　1905–1955）
大辞3（高崗　こうこう　1905–1955）
大百（高崗　こうこう〈カオカン〉　1905?–1954）
中人（高崗　こうこう　1905–1955）
百科（高崗　こうこう　1893/1905–1954?）
評世（高崗　こうこう　1893–1954）
山世（高崗　こうこう　1902–1954）
歴史（高崗　こうこう　1905–1955）

皇后阿魯特氏　こうごうアルート*
19世紀, 中国, 清, 同治（どうち）帝の皇妃。
⇒中皇（皇后阿魯特氏　1854–1875）

皇后葉赫那拉氏　こうごうイエヘナラし*
16・17世紀, 中国, 清, ヌルハチ（太祖）の皇妃。
⇒中皇（皇后葉赫那拉氏　1575–1603）

皇后葉赫那拉氏　こうごうイエヘナラし*
19・20世紀, 中国, 清, 光緒（こうしょ）帝の皇妃。
⇒中皇（皇后葉赫那拉氏　1868–1913）

高孝英　こうこうえい
9世紀頃, 渤海から来日した使節。
⇒シル（高孝英　こうこうえい　9世紀頃）
　　シル新（高孝英　こうこうえい）

皇后奇氏　こうごうきし*
中国, 元, 順帝の皇妃。
⇒中皇（皇后奇氏）

江亢虎　こうこうこ
19・20世紀, 中国の政治家。名は紹銓, 号は洪水。江西省出身。1925年中国社会党を改組し, 中国新社会民主党を結成。39年汪兆銘政権に加担。考試院長などをつとめる。
⇒近中（江亢虎　こうこうこ　1883.7.18–1954.12.7）
　　コン3（江亢虎　こうこうこ　1883–1954）
　　世東（江亢虎　こうこうこ　1883.7.18–?）
　　世百新（江亢虎　こうこうこ　1883–1954）
　　中人（江亢虎　こうこうこ　1883–1954）
　　百科（江亢虎　こうこうこ　1883–1954）

皇后弘吉刺氏　こうごうこうきつらつし*
12世紀, 中国, 元, 太祖（チンギス・ハーン）の皇妃。
⇒中皇（皇后弘吉刺氏）

皇后弘吉刺氏 こうごうこうきつらつし*
13世紀, 中国, 元, 世祖（フビライ）の皇妃。
⇒中皇（皇后弘吉刺氏 ?-1281）

皇后弘吉刺氏 こうごうこうきつらつし*
14世紀, 中国, 元, 文宗の皇妃。
⇒中皇（皇后弘吉刺氏）

皇后蕭氏 こうごうしょうし*
11世紀, 中国, 遼, 景宗の皇妃。
⇒中皇（皇后蕭氏 ?-1009）

皇后蕭氏 こうごうしょうし*
11世紀, 中国, 遼, 道宗の皇妃。
⇒中皇（皇后蕭氏 1038-?）

康広仁 こうこうじん
19世紀, 中国, 清末期の政治家。戊戌六君子の一人。広東省の生れ。康有為の弟。
⇒コン2（康広仁 こうこうじん 1867-1898）
　コン3（康広仁 こうこうじん 1867-1898）

高興善 こうこうぜん
9世紀頃, 朝鮮, 新羅から来日した使節。
⇒シル（高興善 こうこうぜん 9世紀頃）
　シル新（高興善 こうこうぜん）

皇后董鄂氏 こうごうとうがくし*
17世紀, 中国, 清, 順治帝の皇后。
⇒中皇（皇后董鄂氏 1639-1659）

高興福 こうこうふく
8世紀頃, 渤海から来日した使節。
⇒シル（高興福 こうこうふく 8世紀頃）
　シル新（高興福 こうこうふく）

皇后富察氏 こうごうふさつし*
18世紀, 中国, 清, 乾隆（けんりゅう）帝の皇妃。
⇒中皇（皇后富察氏 1711-1748）

皇后博爾済吉特氏 こうごうボルチキツトし*
16・17世紀, 中国, 清, ホンタイジ（太宗）の皇后。
⇒中皇（皇后博爾済吉特氏 1599-1649）

皇后博爾済吉特氏（姪） こうごうボルチキツトし*
17世紀, 中国, 清, ホンタイジの皇妃。
⇒中皇（皇后博爾済吉特氏（姪） 1613-1678）

黄公略 こうこうりゃく
20世紀, 中国の軍人。湖南省出身。国共分裂後, 1928年彭徳懐らと平江に蜂起。30年第3軍軍長。
⇒近中（黄公略 こうこうりゃく 1898.1.24-1931.9.15）
　コン3（黄公略 こうこうりゃく 1898-1931）

　中人（黄公略 こうこうりゃく 1898-1931）

高語罕 こうごかん
19・20世紀, 中国共産党の指導者, 宣伝工作の専門家, 教育者。
⇒近中（高語罕 こうごかん 1888-1948）

郜国公主 こうこくこうしゅ*
中国, 金, 金代公主。
⇒中皇（郜国公主）

黄国書 こうこくしょ
20世紀, 中国の軍人, 政治家。台湾新竹に生まる。戦時中, 独立砲兵連隊長, 師団長歴任。1961年立法院院長。中国国民党中央評議委員会議主席団。
⇒世東（黄国書 こうこくしょ 1906-）
　中人（黄国書 こうこくしょ 1907-）

黄克誠 こうこくせい
20世紀, 中国の政治家。湖南省出身。1958年解放軍総参謀長。59年4月国防委, 9月彭徳懐事件に連座し失脚, 77年復活。
⇒近中（黄克誠 こうこくせい 1902-1986.12.28）
　現人（黄克誠 こうこくせい〈ホワンコーチョン〉 1902-）
　コン3（黄克誠 こうこくせい 1902-1986）
　世政（黄克誠 こうこくせい 1899-1986.12.28）
　世東（黄克誠 こうこくせい 1899-）
　全書（黄克誠 こうこくせい 1903-）
　中人（黄克誠 こうこくせい 1899-1986.12.28）

康克清 こうこくせい
20世紀, 中国の婦人運動・児童問題の指導者・朱徳夫人。江西省出身。16歳で紅軍の朱徳の部隊に入る。解放後は婦人運動に活躍。1957年より婦女連合会副主席。
⇒近中（康克清 こうこくせい 1912.9.7-1992.4.22）
　コン3（康克清 こうこくせい 1912-1986）
　人物（康克清 こうこくせい 1912-）
　世女（康克清 こうこくせい 1911-1992）
　世東（康克清 こうこくせい 1912-）
　世甘（康克清 こうこくせい 1912-）
　全書（康克清 こうこくせい 1912-）
　中人（康克清 こうこくせい 1910-1992.4.22）

黄佐 こうさ
15・16世紀, 中国, 明中期の官僚, 学者。字は才伯, 号は泰泉, 諡は文裕。広州・香山（広東省）出身。その著『泰泉郷礼』は儒教の民衆教化策の一典型。
⇒コン2（黄佐 こうさ 1490-1560）
　コン3（黄佐 こうさ 1490-1560）

洪茶丘 こうさきゅう
⇨洪茶丘（こうちゃきゅう）

高而謙 こうしけん
19・20世紀, 中国の外交官。福建省長楽出身。

政治・外交・軍事篇　　　　　　　　こうし

高夢旦の弟。1910年英清両国間雲南緬甸境界の問題に対処し、11年雲南布政使に任ぜられる。
⇒世東（高而謙　こうしけん　?-1919)
　中人（高而謙　こうしけん　1860-1918)

高似孫　こうじそん
12・13世紀、中国、南宋末期の官僚、文人。字は続古、号は疎寮。余姚（浙江省）出身。浙江省嵊県の県志『剡録』は、宋代地方志の傑作。
⇒外国（高似孫　こうじそん　12-13世紀)
　コン2（高似孫　こうじそん　生没年不詳)
　コン3（高似孫　こうじそん　生没年不詳)
　中芸（高似孫　こうじそん　生没年不詳)

黄子澄　こうしちょう
14・15世紀、中国、明初期の政治家。名は湜、子澄は字。分宜県（江西省）出身。靖難の役で、燕王（永楽帝）の軍に捕えられ、処刑された。
⇒コン2（黄子澄　こうしちょう　1359-1402)
　コン3（黄子澄　こうしちょう　1350-1402)
　人物（黄子澄　こうしちょう　1359-1402)
　世東（黄子澄　こうしちょう　?-1402)

更始帝　こうしてい
1世紀、中国、王莽時代末期の皇帝（在位23～25)。姓は劉、名は玄。光武帝劉秀と同じ春陵侯の子孫。
⇒コン2（更始帝　こうしてい　?-25)
　コン3（更始帝　こうしてい　?-25)
　三国（更始帝　こうしてい)
　世東（劉玄　りゅうげん)
　中皇（更始帝　?-25)
　統治（淮陽王〈劉玄〉　Huai-yang Wang〔Liu Hsüan〕（在位）23-25)
　百科（劉玄　りゅうげん　?-25)

黄爵滋　こうしゃくじ
18・19世紀、中国、清末の政治家。字は徳成、号は樹斎。鴻臚寺卿に抜擢され、アヘンの中国流入とその吸飲に対する厳禁策を上奏し中央政府を動かす。
⇒角世（黄爵滋　こうしゃくじ　1793-1853)
　国小（黄爵滋　こうしゃくじ　1793（乾隆58)-1853（咸豊3))
　コン2（黄爵滋　こうしゃくじ　1793-1853)
　コン3（黄爵滋　こうしゃくじ　1793-1853)
　世東（黄爵滋　こうしゃくじ　1793-1853)
　中史（黄爵滋　こうしゃくじ　1793-1853)

後主　こうしゅ
⇨陳後主（ちんこうしゅ)

黄志勇　こうしゆう
20世紀、中国の政治家。湖南省出身。解放後工程兵政委、装甲兵政委を歴任。1969年4月9期中央委候補。70年2月総政治部副主任。
⇒世東（黄志勇　こうしゆう　1910-)
　中人（黄志勇　こうしゆう　1914-)

孔秀　こうしゅう
2世紀、中国、三国時代、東嶺関をあずかってい

た魏の大将。
⇒三国（孔秀　こうしゅう)
　三全（孔秀　こうしゅう　?-200)

洪秀全　こうしゅうぜん
19世紀、中国、太平天国の最高指導者。自分をヤハウェ（天父）の子と称して上帝会を創立。1851年「太平天国」樹立を宣言、みずから天王と称した。
⇒岩ケ（洪秀全　こうしゅうぜん　1814-1864)
　旺世（洪秀全　こうしゅうぜん　1813-1864)
　外国（洪秀全　こうしゅうぜん　1813-1864)
　角世（洪秀全　こうしゅうぜん　1814-1864)
　キリ（洪秀全　ホンシューチュエン　1813.1-1864.6)
　広辞4（洪秀全　こうしゅうぜん　1814-1864)
　広辞6（洪秀全　こうしゅうぜん　1814-1864)
　皇帝（洪秀全　こうしゅうぜん　1814-1864)
　国小（洪秀全　こうしゅうぜん　1813（嘉慶18)-1864（同治3.6.1))
　コン2（洪秀全　こうしゅうぜん　1814-1864)
　コン3（洪秀全　こうしゅうぜん　1814-1864)
　人物（洪秀全　こうしゅうぜん　1813.1.11-1864.6.1)
　世人（洪秀全　こうしゅうぜん　1814-1864)
　世東（洪秀全　こうしゅうぜん　1813.1.11-1864.6.1)
　世百（洪秀全　こうしゅうぜん　1814-1864)
　全書（洪秀全　こうしゅうぜん　1814-1864)
　大辞（洪秀全　こうしゅうぜん　1814-1864)
　大辞3（洪秀全　こうしゅうぜん　1814-1864)
　大百（洪秀全　こうしゅうぜん　1814-1864)
　中皇（洪秀全　1813-1864)
　中国（洪秀全　こうしゅうぜん　1813-1864)
　デス（洪秀全　こうしゅうぜん　1814-1864)
　伝記（洪秀全　こうしゅうぜん　1814.1.1-1864.6.1)
　百科（洪秀全　こうしゅうぜん　1814-1864)
　評世（洪秀全　こうしゅうぜん　1813-1864)
　名著（洪秀全　こうしゅうぜん　1814-1864)
　山世（洪秀全　こうしゅうぜん　1814-1864)
　歴史（洪秀全　こうしゅうぜん　1814-1864)

高周封　こうしゅうほう
9世紀頃、渤海から来日した使節。
⇒シル（高周封　こうしゅうほう　9世紀頃)
　シル新（高周封　こうしゅうほう)

康叔姫封　こうしゅくきふう
中国、周の文王の子。
⇒中皇（康叔姫封)

高淑源　こうしゅくげん
8世紀頃、渤海から来日した使節。
⇒シル（高淑源　こうしゅくげん　8世紀頃)
　シル新（高淑源　こうしゅくげん)

高宿満　こうしゅくまん
9世紀頃、朝鮮、渤海の遣唐使。
⇒シル（高宿満　こうしゅくまん　9世紀頃)
　シル新（高宿満　こうしゅくまん)

洪遵　こうじゅん
12世紀, 中国, 南宋の政治家。洪适の弟。吏部尚書, 翰林学士, 資政殿学士となる。古銭の研究書『泉志』15巻の著者。
⇒外国（洪遵　こうじゅん　1120-1174）
　国小（洪遵　こうじゅん　1120（宣和2）-1174（淳熙1.11））

高順　こうじゅん
2世紀, 中国, 三国時代, 呂布の部将。
⇒三国（高順　こうじゅん）
　三全（高順　こうじゅん　?-192）

寇準　こうじゅん
10・11世紀, 中国, 北宋初の政治家, 詩人。字は平仲。1004年宰相。寇萊公とも呼ばれる。詩集『寇忠愍公詩集』。
⇒外国（寇準　こうじゅん）
　角世（寇準　こうじゅん　961-1023）
　国小（寇準　こうじゅん　961（建隆2）-1023（天聖1））
　コン2（寇準　こうじゅん　961-1023）
　コン3（寇準　こうじゅん　961-1023）
　詩歌（寇準　こうじゅん　961（宋・建隆2）-1023（天聖元））
　世人（寇準　こうじゅん　961-1023）
　中国（寇準　こうじゅん　961-1023）
　中史（寇準　こうじゅん　961-1023）
　百科（寇準　こうじゅん　961-1023）

寇恂　こうじゅん
1世紀, 中国, 後漢の政治家。字は子翼。上谷・昌平（河北省）の名族の出身。
⇒コン2（寇恂　こうじゅん　?-36）
　コン3（寇恂　こうじゅん　?-36）

黄遵憲　こうじゅんけん
19・20世紀, 中国, 清末の外交官, 詩人。広東省嘉応県（梅県）出身。字は公度, 号は東海公ほか。サンフランシスコ総領事となり, 中国人排斥問題の解決に奔走した。『日本国志』を中国に紹介した。
⇒岩ケ（黄遵憲　こうじゅんけん　1848-1905）
　外国（黄遵憲　こうじゅんけん　1848-1905）
　角世（黄遵憲　こうじゅんけん　1848-1905）
　広辞4（黄遵憲　こうじゅんけん　1848-1905）
　広辞5（黄遵憲　こうじゅんけん　1848-1905）
　広辞6（黄遵憲　こうじゅんけん　1848-1905）
　国小（黄遵憲　こうじゅんけん　1848（道光28）-1905（光緒31））
　コン2（黄遵憲　こうじゅんけん　1848-1905）
　コン3（黄遵憲　こうじゅんけん　1848-1905）
　詩歌（黄遵憲　こうじゅんけん　1848（清・道光28）-1905（光緒31））
　集世（黄遵憲　こうじゅんけん　1848（道光28）-1905（光緒31））
　集文（黄遵憲　こうじゅんけん　1848（道光28）-1905（光緒31））
　人物（黄遵憲　こうじゅんけん　1848-1905）
　世人（黄遵憲　こうじゅんけん　1848-1905）
　世東（黄遵憲　こうじゅんけん　1848-1905）
　世百（黄遵憲　こうじゅんけん　1848-1905）
　世文（黄遵憲　こうじゅんけん　1848（道光28）-1905（光緒31））
　全書（黄遵憲　こうじゅんけん　1848-1905）
　大辞（黄遵憲　こうじゅんけん　1848-1905）
　大辞2（黄遵憲　こうじゅんけん　1848-1905）
　大辞3（黄遵憲　こうじゅんけん　1848-1905）
　大百（黄遵憲　こうじゅんけん　1848-1905）
　中芸（黄遵憲　こうじゅんけん　1848-1905）
　中史（黄遵憲　こうじゅんけん　1848-1905）
　中人（黄遵憲　こうじゅんけん　1848（道光28）-1905（光緒31））
　朝人（黄遵憲　こうじゅんけん　1848-1905）
　朝鮮（黄遵憲　こうじゅんけん　1848-1905）
　ナビ（黄遵憲　こうじゅんけん　1848-1905）
　日人（黄遵憲　こうじゅんけん　1848-1905）
　百科（黄遵憲　こうじゅんけん　1848-1905）
　名著（黄遵憲　こうじゅんけん　1848-1905）
　歴史（黄遵憲　こうじゅんけん　1849-1905）

黄邵　こうしょう
2世紀, 中国, 三国時代, 黄巾の残党。
⇒三国（黄邵　こうしょう）
　三全（黄邵　こうしょう　?-194）

候捷　こうしょう
20世紀, 中国の建設相, 中国共産党中央委員（1992~）。
⇒中人（候捷　こうしょう　1931-）

洪鍾（洪鐘）　こうしょう
15・16世紀, 中国, 明の政治家。字は宣之。1498年順天巡撫となり, 1,000余里の長城を修理増築して北辺防衛に尽力。
⇒国小（洪鍾　こうしょう　?-1524（嘉靖3））
　中国（洪鐘　こうしょう　?-1525）

高昇　こうしょう
2世紀, 中国, 三国時代, 黄巾の賊張宝の副将。
⇒三国（高昇　こうしょう）
　三全（高昇　こうしょう　?-184）

高翔　こうしょう
3世紀頃, 中国, 三国時代, 蜀の将。
⇒三国（高翔　こうしょう）
　三全（高翔　こうしょう　生没年不詳）

孔紹安　こうしょうあん
6・7世紀, 中国, 唐の政治家, 文人。浙江出身。隋の煬帝, のち唐の高祖に仕えた。
⇒世東（孔紹安　こうしょうあん　6世紀末-7世紀）

洪鍾宇　こうしょうう
19・20世紀, 朝鮮の政治家。大韓帝国期に独立協会攻撃の先頭に立った。
⇒朝人（洪鍾宇　こうしょうう　1854-?）

高賞英　こうしょうえい
9世紀頃, 朝鮮, 渤海の遣唐使。
⇒シル（高賞英　こうしょうえい　9世紀頃）
　シル新（高賞英　こうしょうえい）

孔祥熙（孔祥熙）　こうしょうき
　19・20世紀，中国の財政家，資本家。中国四大家族の一人。1931年行政院副院長兼財政部長，中央銀行総裁，38年行政院長。夫人宋靄齢は，宋家三姉妹といわれる一人。
　⇒旺世　（孔祥熙　こうしょうき　1880-1967)
　　外国　（孔祥熙　こうしょうき　1887-)
　　角世　（孔祥熙　こうしょうき　1880-1967)
　　近中　（孔祥熙　こうしょうき　1880.9.11-1967.8.16)
　　広辞5　（孔祥熙　こうしょうき　1881-1967)
　　広辞6　（孔祥熙　こうしょうき　1881-1967)
　　国史　（孔祥熙　こうしょうき　1881-1967)
　　国小　（孔祥熙　こうしょうき　1881（光緒7）-1967.8.16)
　　コン3　（孔祥熙　こうしょうき　1880-1967)
　　人物　（孔祥熙　こうしょうき　1887-)
　　世東　（孔祥熙　こうしょうき　1881-1967.8.15)
　　世百　（孔祥熙　こうしょうき　1881-)
　　全書　（孔祥熙　こうしょうき　1881-1967)
　　大辞2　（孔祥熙　こうしょうき　1881-1967)
　　大辞3　（孔祥熙　こうしょうき　1881-1967)
　　大百　（孔祥熙　こうしょうき　1881-1967)
　　中国　（孔祥熙　こうしょうき　1881-1967)
　　中人　（孔祥熙　こうしょうき　1880（光緒7）-1967.8.16)
　　ナビ　（孔祥熙　こうしょうき　1881-1967)
　　百科　（孔祥熙　こうしょうき　1880-1967)
　　評世　（孔祥熙　こうしょうき　1881-)
　　山世　（孔祥熙　こうしょうき　1880-1967)

黄紹竑　こうしょうこう
　20世紀，中国の広西派軍人，政治家。
　⇒近中　（黄紹竑　こうしょうこう　1895-1966.9.14)

黄少谷　こうしょうこく
　20世紀，中国，中華民国の政治家。1967年国家安全会議秘書長。69年国民党中央委中央常務委員。
　⇒国小　（黄少谷　こうしょうこく　1901.1.9-)

高承祖　こうしょうそ
　9世紀頃，渤海から来日した使節。
　⇒シル　（高承祖　こうしょうそ　9世紀頃）
　　シル新　（高承祖　こうしょうそ）

洪承疇　こうしょうちゅう
　16・17世紀，中国，明末清初の政治家。字は彦演。大学士となり江南の経略や残明勢力の討伐に大功をたて，清朝の中国平定に協力。
　⇒外国　（洪承疇　こうしょうちゅう　?-1665)
　　角世　（洪承疇　こうしょうちゅう　1593-1665)
　　国小　（洪承疇　こうしょうちゅう　1593（万暦21）-1665（康熙4））
　　コン2　（洪承疇　こうしょうちゅう　1593-1665)
　　コン3　（洪承疇　こうしょうちゅう　1593-1665)
　　世百　（洪承疇　こうしょうちゅう　1593-1665)
　　全書　（洪承疇　こうしょうちゅう　1593-1665)
　　中史　（洪承疇　こうしょうちゅう　1593-1665)
　　百科　（洪承疇　こうしょうちゅう　1593-1665)

孔祥楨　こうしょうてい
　20世紀，中国の政治家。労働相。
　⇒中人　（孔祥楨　こうしょうてい　?-1986.10.26)

孝昭帝　こうしょうてい*
　6世紀，中国，南北朝・北斉の皇帝（在位560～561）。
　⇒中皇　（孝昭帝　535-561)
　　統治　（孝昭帝　Hsiao Chao Ti　（在位)560-561)

黄紹雄　こうしょうゆう
　19・20世紀，中国，民国の政治家。広西省容県人。1927年広東軍と協力して共産軍を潮州に伐ち，国民革命軍討逆第八路軍総指揮。49年南京和平会談国府成員，56年2月国民党革委中央常務委員。
　⇒世東　（黄紹雄　こうしょうゆう　1882-?)

康稍利　こうしょうり
　7世紀頃，中央アジア，突厥（チュルク）の遣唐使。
　⇒シル　（康稍利　こうしょうり　7世紀頃）
　　シル新　（康稍利　こうしょうり）

高如岳　こうじょがく
　9世紀頃，渤海から来日した使節。
　⇒シル　（高如岳　こうじょがく　9世紀頃）
　　シル新　（高如岳　こうじょがく）

后稷　こうしょく
　中国の伝説上の人物。周王朝の始祖とされる。姓は姫，名は棄。舜に仕えて人々に農業を教え，功により后稷（農官の長）に叙せられた。
　⇒角世　（后稷　こうしょく）
　　三国　（后稷　こうしょく）
　　世東　（后稷　こうしょく）
　　全書　（后稷　こうしょく）
　　大辞　（后稷　こうしょく）
　　大辞3　（后稷　こうしょく）
　　中芸　（后稷　こうしょく）
　　中国　（后稷　こうしょく）
　　評世　（后稷　こうしょく）
　　歴史　（后稷　こうしょく）

光緒帝　こうしょてい
　19・20世紀，中国，清朝の第11代皇帝，徳宗。父は恭親王の弟の醇親王，母は西太后の妹。1875年即位，実権は西太后が掌握していた。
　⇒岩ケ　（光緒帝　こうしょてい　1871-1908)
　　旺世　（光緒帝　こうしょてい　1871-1908)
　　外国　（光緒帝　こうしょてい　1871-1908)
　　角世　（光緒帝　こうちょてい　1871-1908)
　　近中　（光緒帝　こうしょてい　1871.6.28-1908.10.21)
　　広辞4　（徳宗　とくそう　1871-1908)
　　広辞5　（徳宗　とくそう　1871-1908)
　　広辞6　（徳宗　とくそう　1871-1908)
　　皇帝　（光緒帝　こうしょてい　1871-1908)
　　国小　（光緒帝　こうちょてい　1871（同治10）-

1908（光緒34））
コン2 （光緒帝　こうしょてい　1871-1908）
コン3 （光緒帝　こうしょてい　1871-1908）
人物 （光緒帝　こうしょてい　1871-1908.10）
世人 （光緒帝　こうしょてい，こうちょてい　1871-1908）
世東 （光緒帝　こうちょてい　1871-1908）
世百 （光緒帝　こうちょてい　1871-1908）
全書 （光緒帝　こうちょてい　1871-1908）
大辞 （光緒帝　こうちょてい　1871-1908）
大辞2（光緒帝　こうちょてい　1871-1908）
大辞3（光緒帝　こうちょてい　1871-1908）
大百 （光緒帝　こうちょてい　1871-1908）
中皇 （徳宗（光緒帝）　1872-1908）
中国 （光緒帝　こうちょてい　1871-1908）
中人 （光緒帝　こうちょてい　1871（同治10）-1908（光緒34））
デス （光緒帝　こうちょてい　1871-1908）
伝記 （光緒帝　こうちょてい　1871-1908.11）
統治 （光緒（徳宗）　（在位）1875-1908）
ナビ （光緒帝　こうちょてい　1871-1908）
百科 （光緒帝　こうちょてい　1871-1908）
評世 （光緒帝　こうちょてい　1871-1908）
山世 （光緒帝　こうちょてい　1871-1908）
歴史 （光緒帝　こうちょてい　1871-1908）

高信　こうしん
20世紀，中国・台湾の学者，政治家。広東省生れ。1950～58年教育部次長。中国国民党中央委員，国代表大会代表。
⇒華人 （高信　こうしん　1905-1993）
　世東 （高信　こうしん　1905.7.17-）
　中人 （高信　こうしん　1905.7.17-）

高辛　こうしん
中国の五帝の一人。
⇒広辞6（高辛　こうしん）

黄信介　こうしんかい
20世紀，台湾の政治家。台湾総統府顧問，台湾民主進歩党（民進党）主席。
⇒世政 （黄信介　こうしんかい　1928-1999.11.30）
　中人 （黄信介　こうしんかい　1928-）

洪仁玕　こうじんかん
19世紀，中国，太平天国後期の指導者。広東省花県出身。洪秀全の族弟。著書『資政新編』。
⇒角世 （洪仁玕　こうじんかん　1822-1864）
　キリ （洪仁玕　ホンレンガン　1822-1864）
　コン2 （洪仁玕　こうじんかん　1822-1864）
　コン3 （洪仁玕　こうじんかん　1822-1864）
　世東 （洪仁玕　こうじんかん　1822-1864）
　百科 （洪仁玕　こうじんかん　1822-1864）
　名著 （洪仁玕　こうじんかん　1822-1864）

高仁義　こうじんぎ
8世紀，渤海から来日した使節。
⇒シル （高仁義　こうじんぎ　?-727）
　シル新 （高仁義　こうじんぎ　?-727）

鄺任農　こうじんのう
20世紀，中国の軍人，政治家。1955年9月空軍中将になり，以来中ソ民航技術合作協定等に調印。67年「武漢事件」後空軍副司令員。9期中央委。
⇒世東 （鄺任農　こうじんのう　?-）
　世東 （鄺任農　こうにんのう　1915頃-）
　中人 （鄺任農　こうじんのう　1915頃-）

高任武　こうじんぶ
7世紀頃，朝鮮，高句麗の遣唐使。
⇒シル （高任武　こうじんぶ　7世紀頃）
　シル新 （高任武　こうじんぶ）

幸振甫　こうしんほ
⇨幸振甫（こしんぼ）

黄崇　こうすう
3世紀，中国，三国時代，蜀の将。
⇒三国 （黄崇　こうすう）
　三全 （黄崇　こうすう　?-263）

高崇民　こうすうみん
20世紀，中国共産党員，東北抗日指導者。
⇒近中 （高崇民　こうすうみん　1891.11.14-1971.7.29）

侯成　こうせい
3世紀頃，中国，三国時代，呂布の部将。
⇒三国 （侯成　こうせい）
　三全 （侯成　こうせい　生没年不詳）

康成　こうせい
8世紀頃，中国，唐の遣吐蕃使。
⇒シル （康成　こうせい　8世紀頃）
　シル新 （康成　こうせい）

康生　こうせい
20世紀，中国の政治家。1965年1月全国人民代表大会常務委員会副委員長に抜擢。66年文化大革命において中央文革小組顧問として積極的役割を果し，同年9月政治局常務委員。
⇒近中 （康生　こうせい　1898-1975.12.16）
　現人 （康生　こうせい〈カンション〉　1903-1975.12.16）
　国小 （康生　こうせい　1903-1976.1.16）
　コン3 （康生　こうせい　1903-1975）
　世東 （康生　こうせい　1903-）
　全書 （康生　こうせい　1903-1975）
　大百 （康生　こうせい　1898-1975）
　中人 （康生　こうせい　1898-1975.12.16）

江青（江清）　こうせい
20世紀，中国の政治家。毛沢東夫人。本名李雲鶴あるいは李青雲。1939年毛沢東と結婚。文化芸術戦線から文化大革命の指導的地位に進んだ。66年8月中央文革小組第1副組長，69年4月党政治局員。76年10月「四人組」の一人として失脚。81年裁判で執行延期付き死刑判決，83年無期懲役に減刑。
⇒岩ケ （江青　こうせい　1914-1991）

政治・外交・軍事篇　　　こうせ

旺世　（江青　こうせい　1913頃–1991）
外国　（江清　こうせい　1913–）
角世　（江青　こうせい　1914–1991）
近中　（江青　こうせい　1914.3–1991.5.14）
現人　（江青　こうせい〈チヤンチン〉　1913–）
広辞5　（江青　こうせい　1914–1991）
広辞6　（江青　こうせい　1914–1991）
国小　（江青　こうせい　1914–）
コン3　（江青　こうせい　1914–1991）
人物　（江青　こうせい　1913–）
スパ　（江青　チャンチン　1914–）
世女　（江青　こうせい　1914–1991）
世女日（江青　1914–1991）
世人　（江青　こうせい　1914–1991）
世政　（江青　こうせい　1914.3–1991.5.14）
世東　（江清　こうせい　1913–）
全書　（江青　こうせい　1913–）
大辞2　（江青　こうせい　1914–1991）
大百　（江青　こうせい　1913–）
中人　（江青　こうせい　1914.3–1991.5.14）
ナビ　（江青　こうせい　1913–1991）
山世　（江青　こうせい　1913?–1991）

孝成王　こうせいおう
8世紀，朝鮮，新羅の第34代王（在位737～742）。名は承慶。聖徳王（第33代王）の第2子。740年永宗の乱が起こった。
⇒皇帝　（孝成王　こうせいおう　?–742）

洪成酋　こうせいしゅう
9世紀頃，中国西南部，南詔の遣唐使。
⇒シル　（洪成酋　こうせいしゅう　9世紀頃）
　シル新（洪成酋　こうせいしゅう）

高成仲　こうせいちゅう
9世紀頃，渤海から来日した使節。
⇒シル　（高成仲　こうせいちゅう　9世紀頃）
　シル新（高成仲　こうせいちゅう）

耿精忠　こうせいちゅう
17世紀，中国，清初の武将，漢軍正黄旗出身。耿継茂の長子。祖父は耿仲明。1671年靖南王の爵を継ぎ福建に鎮する。
⇒旺世　（耿精忠　こうせいちゅう　?–1682）
　外国　（耿精忠　こうせいちゅう　?–1680）
　国小　（耿精忠　こうせいちゅう　?–1682（康熙21））
　コン2　（耿精忠　こうせいちゅう　?–1682）
　コン3　（耿精忠　こうせいちゅう　?–1682）
　人物　（耿精忠　こうせいちゅう　?–1682）
　世東　（耿精忠　こうせいちゅう　?–1682）
　世百　（耿精忠　こうせいちゅう　?–1682）
　全書　（耿精忠　こうせいちゅう　?–1682）
　大百　（耿精忠　こうせいちゅう　?–1682）
　中国　（耿精忠　こうせいちゅう　?–1682）
　百科　（耿精忠　こうせいちゅう　?–1682）
　評世　（耿精忠　こうせいちゅう　?–1682）

孝静帝　こうせいてい*
6世紀，中国，南北朝・東魏の皇帝（在位534～550）。
⇒中皇　（孝静帝　524–551）

統治　（孝静帝（拓跋善見）　Hsiao Ching Ti［T'o-pa Shan-chien］　（在位）534–550）

高斉徳　こうせいとく
8世紀頃，渤海から来日した使節。
⇒シル　（高斉徳　こうせいとく　8世紀頃）
　シル新（高斉徳　こうせいとく）

孔石泉　こうせきせん
20世紀，中国の軍人，政治家。1958年大躍進の頃，毛沢東路線を支持し，北京軍人政治学院副院長。69年9期中央委。
⇒世東　（孔石泉　こうせきせん　?–）
　中人　（孔石泉　こうせきせん　1909–）

高説昌　こうせつしょう
8世紀頃，渤海から来日した使節。
⇒シル　（高説昌　こうせつしょう　8世紀頃）
　シル新（高説昌　こうせつしょう）

侯選　こうせん
3世紀頃，中国，三国時代，西涼の太守韓遂配下の大将。
⇒三国　（侯選　こうせん）
　三全　（侯選　こうせん　生没年不詳）

勾践　（句践）　こうせん
前5世紀，中国，春秋時代・越の王（在位前496～465）。父は越王允常。諸侯を徐州に会盟，覇者となる。
⇒逸話　（勾践　こうせん　?–前465）
　旺世　（勾践　こうせん　?–前465）
　角世　（勾践　こうせん　?–前465）
　広辞4　（勾践　こうせん　?–前465）
　広辞6　（勾践，句践　こうせん　?–前465）
　皇帝　（勾践　こうせん　?–前465）
　国小　（勾践　こうせん　?–前465（貞定王5））
　コン2　（勾践　こうせん　?–前465）
　コン3　（勾践　こうせん　?–前465）
　三国　（句践　こうせん）
　人物　（勾践　こうせん　?–前465）
　世人　（勾践　こうせん　?–前465）
　世東　（勾践　こうせん　前5世紀）
　世百　（勾践　こうせん　?–前465）
　全書　（勾践　こうせん　?–前465）
　大辞　（勾践　こうせん　?–前465）
　大辞3　（勾践　こうせん　?–前465）
　大百　（勾践　こうせん　?–前465）
　中国　（勾践　こうせん　?–前465）
　中史　（勾践　こうせん　?–前465）
　デス　（勾践　こうせん　?–前465）
　百科　（勾践　こうせん　?–前465）
　評世　（勾践　こうせん　?–前465）
　山世　（勾践　こうせん　?–前465）
　歴史　（勾践　こうせん　?–前465）

洪宣　こうせん
6世紀頃，柔然の遣北魏使。
⇒シル　（洪宣　こうせん　6世紀頃）
　シル新（洪宣　こうせん）

こうせ

高仙芝（高仙之）　こうせんし
8世紀，中国，唐の武将。高句麗出身。ギルギットを討伐し，国王を捕虜としたので，西域72ヵ国が唐に帰属した。
⇒外国（高仙芝　こうせんし　?-755）
　角世（高仙芝　こうせんし　?-756）
　広辞6（高仙芝　こうせんし　?-755）
　国小（高仙芝　こうせんし　?-755（天宝14））
　コン2（高仙芝　こうせんし　?-755）
　コン3（高仙芝　こうせんし　?-756）
　シル（高仙芝　こうせんし　?-755）
　シル新（高仙芝　こうせんし　?-755）
　人物（高仙芝　こうせんし　?-755）
　世東（高仙芝　こうせんし　?-755）
　世百（高仙芝　こうせんし　?-755）
　全書（高仙芝　こうせんし　?-755）
　大百（高仙芝　こうせんし　?-755）
　中国（高仙芝　こうせんし　?-755）
　百科（高仙芝　こうせんし　?-755）
　評世（高仙芝　こうせんし　?-755）
　山世（高仙芝　こうせんし　?-755）
　歴史（高仙芝　こうせんし　?-755）

黄潜善　こうせんぜん
12世紀，中国，南宋初期の政治家。字は茂和。邵武（福建省）出身。1126年高宗の勤王軍に投じて金軍と戦う。
⇒コン2（黄潜善　こうせんぜん　生没年不詳）
　コン3（黄潜善　こうせんぜん　?-1129）

康染顚　こうせんてん
8世紀頃，サマルカンドの大首領。唐へ石国（シャーシュ）朝貢使として遣わされた。
⇒シル（康染顚　こうせんてん　8世紀頃）
　シル新（康染顚　こうせんてん）

黄祖　こうそ
3世紀，中国，三国時代，荊州の刺史劉表の部将。
⇒三国（黄祖　こうそ）
　三全（黄祖　こうそ　?-208）

高祖（前漢）　こうそ
⇨劉邦（りゅうほう）

高祖（西秦）　こうそ*
5世紀，中国，五胡十六国・西秦の皇帝（在位388～412）。
⇒中皇（高祖　?-412）

高祖（唐）　こうそ
6・7世紀，中国，唐朝の創立者。本名李淵。武将李虎の孫とされている。618年煬帝が殺されると帝位にのぼり，唐朝を始めた。
⇒岩ケ（李淵　りえん　566-635）
　旺世（李淵　りえん　566-635）
　外国（李淵　りえん　566-635）
　角世（李淵　りえん　566-635）
　広辞4（李淵　りえん　565-635）
　広辞6（李淵　りえん　565-635）
　皇帝（高祖　565-635）
　国小（高祖（唐）　こうそ　566（天和1）-635（貞観9.5.6））
　コン2（高祖（唐）　こうそ　566-635）
　コン3（高祖（唐）　こうそ　566-635）
　人物（高祖（唐）　こうそ　565-635）
　世人（高祖（唐）　こうそ　565-635）
　世東（李淵　りえん　566-635）
　世百（李淵　りえん　566-635）
　全書（李淵　りえん　565-635）
　大辞（李淵　りえん　566-635）
　大辞3（李淵　りえん　566-635）
　大百（高祖　こうそ　565-635）
　中皇（高祖　565-635）
　中国（高祖（唐）　こうそ　565-635）
　デス（高祖（唐）　こうそ　565-635）
　統治（高祖（李淵）　Kao Tsu[Li Yüan]　（在位）618-626）
　百科（高祖（唐）　こうそ　566-635）
　評世（李淵　りえん　565-635）
　山世（李淵　りえん　565-635）
　歴史（李淵　りえん　565-635）

高祖（後晋）　こうそ
⇨石敬瑭（せききいとう）

高祖（後漢）　こうそ
⇨劉知遠（りゅうちえん）

高祖（五代十国・呉）　こうそ*
9・10世紀，中国，五代十国・呉の皇帝（在位908～920）。
⇒中皇（高祖　897-920）

高祖（南漢）　こうそ*
9・10世紀，中国，五代十国・南漢の皇帝（在位917～942）。
⇒中皇（高祖　889-942）

黄巣　こうそう
9世紀，中国，唐末期の農民反乱指導者。荷沢県（山東省）出身。この黄巣の乱は唐末の諸反乱中最大規模のもので唐に決定的な打撃を与えた。
⇒外国（黄巣　こうそう　?-884）
　広辞4（黄巣　こうそう　?-884）
　広辞6（黄巣　こうそう　?-884）
　皇帝（黄巣　こうそう　?-884）
　コン2（黄巣　こうそう　?-884）
　コン3（黄巣　こうそう　?-884）
　人物（黄巣　こうそう　?-884.7）
　世人（黄巣　こうそう　?-884）
　世東（黄巣　こうそう　?-884）
　大辞3（黄巣　こうそう　?-884）
　大百（黄巣　こうそう　?-884）
　中皇（黄巣　?-884）
　中国（黄巣　こうそう　?-884）
　伝記（黄巣　こうそう　?-884.6）

興宗（遼）　こうそう
11世紀，中国，遼第7代皇帝（在位1031～55）。姓は耶律，諱は宗真，字は夷不菫。聖宗の長子。巧みな外交政策を行う。
⇒コン2（興宗（遼）　こうそう　1016-1055）
　コン3（興宗（遼）　こうそう　1016-1055）

政治・外交・軍事篇

世東（興宗　こうそう　1016-1055）
中皇（興宗　1016-1055）
統治（興宗　Hsing Tsung　（在位）1031-1055）

興宗（金）　こうそう
11・12世紀，中国，生女真の族長。姓名は完顔烏雅束，字は毛路完。金の太祖の兄。
⇒コン2（興宗（金）　こうそう　1061-1113）
　コン3（興宗（金）　こうそう　1061-1113）

光宗（高麗）　こうそう
10世紀，朝鮮，高麗第4代の王（在位949〜975）。
⇒朝人（光宗　こうそう　925-975）
　統治（光宗　Kwangjong　（在位）949-975）

光宗（南宋）　こうそう
12世紀，中国，南宋の第3代皇帝（在位1189〜94）。姓名は趙惇，謚は憲仁聖哲慈孝皇帝。父，第2代皇帝孝宗の盛世期を受け継ぐ。
⇒皇帝（光宗　こうそう　1147-1200）
　コン2（光宗（南宋）　こうそう　1147-1200）
　コン3（光宗（南宋）　こうそう　1147-1200）
　中皇（光宗　1147-1200）
　統治（光宗　Kuang Tsung　（在位）1189-1194）

孝宗（宋）　こうそう
12世紀，中国，南宋の第2代皇帝（在位1162〜89）。父は秀王趙子偁，母は張氏。南宋第1の名君で治世27年間は南宋の極盛時代を現出。
⇒外国（孝宗　こうそう　1127-1194）
　角世（孝宗　こうそう　1127-1194）
　皇帝（孝宗　こうそう　1127-1194）
　国小（孝宗（宋）　こうそう　1127（建炎1.10.22）-1194（紹熙5.6.9））
　コン2（孝宗（南宋）　こうそう　1127-1194）
　コン3（孝宗（南宋）　こうそう　1127-1194）
　世東（孝宗　こうそう　1127-1194）
　世百（孝宗　こうそう　1127-1194）
　中皇（孝宗　1127-1194）
　中国（孝宗（宋）　こうそう　1127-1194）
　統治（孝宗　Hsiao Tsung　（在位）1162-1189）
　百科（孝宗　こうそう　1127-1194）

孝宗（明）　こうそう
⇨弘治帝（こうちてい）

孝宗（李朝）　こうそう
17世紀，朝鮮，李朝の王。在位1649〜1659。
⇒統治（孝宗　Hyojong　（在位）1649-1659）

康宗（女真）　こうそう
11・12世紀，中国，生女真の族長。
⇒コン2（康宗　こうそう）
　コン3（康宗　こうそう　生没年不詳）

康宗（高麗）　こうそう
13世紀，朝鮮，高麗王国の王。
⇒統治（康宗　Kangjong　（在位）1211-1213）

高宗（唐）　こうそう
7世紀，中国，唐の第3代皇帝（在位649〜683）。本名，李治。2代太宗の9子。
⇒旺世（高宗（唐）　こうそう　628-683）
　外国（高宗　こうそう　628-683）
　角世（高宗　こうそう　628-683）
　皇帝（高宗　こうそう　628-683）
　国小（高宗（唐）　こうそう　628（貞観2.6.13）-683（弘道1.12.4））
　コン2（高宗（唐）　こうそう　628-683）
　コン3（高宗（唐）　こうそう　628-683）
　新美（高宗（唐）　こうそう　628（唐・貞観2）-683（弘道1））
　人物（高宗（唐）　こうそう　628.6-683.12）
　世人（高宗（唐）　こうそう　628-683）
　世東（高宗　こうそう　628-683）
　世百（高宗　こうそう　628-683）
　全書（高宗　こうそう　628-683）
　大百（高宗　こうそう　628-683）
　中皇（高宗　628-683）
　中国（高宗　こうそう　628-683）
　中書（高宗　こうそう　628-683）
　デス（高宗　こうそう　628-683）
　統治（高宗　Kao Tsung　（在位）649-683）
　百科（高宗（唐）　こうそう　628-683）
　評世（高宗　こうそう　628-684）
　山世（高宗　こうそう　628-683）
　歴史（高宗（唐）　こうそう　628（貞観2）-683（弘道1））

高宗（宋）　こうそう
12世紀，中国，南宋の初代皇帝（在位1127〜62）。父は徽宗でその第9子。母は韋氏。金と講和し，江南の開発に力を入れて南宋の基礎を開いた。
⇒旺世（高宗（南宋）　こうそう　1107-1187）
　外国（高宗　こうそう　1107-1187）
　角世（高宗　こうそう　1107-1187）
　皇帝（高宗　こうそう　1107-1187）
　国小（高宗（宋）　こうそう　1107（大観1.5.21）-1187（淳熙14.10.8））
　コン2（高宗（南宋）　こうそう　1107-1187）
　コン3（高宗（南宋）　こうそう　1107-1187）
　新美（高宗（宋）　こうそう　1107（北宋・大観1）.5.21-1187（南宋・淳熙14）.10.8）
　人物（高宗（南宋）　こうそう　1107.5.21-1187.10.8）
　世人（高宗（宋）　こうそう　1107-1187）
　世東（高宗（宋）　こうそう　1107.5.21-1187.10.8）
　世百（高宗（宋）　こうそう　1107-1187）
　全書（高宗　こうそう　1107-1187）
　大百（高宗　こうそう　1107-1187）
　中皇（高宗　1107-1187）
　中国（高宗　こうそう　1107-1187）
　中史（高宗（南宋）　こうそう　1107-1187）
　中書（高宗　こうそう　1107-1187）
　デス（高宗　こうそう　1107-1187）
　統治（太宗　Kao Tsung　（在位）1127-1162）
　百科（高宗（宋）　こうそう　1107-1187）
　評世（高宗　こうそう　1107-1187）
　山世（高宗（南宋）　こうそう　1107-1187）
　歴史（高宗（宋）　こうそう　1107-1187）

高宗（高麗）　こうそう
12・13世紀，朝鮮，高麗の第23代王（在位1213

～59)。モンゴルの侵略をうけ、降服。
⇒皇帝　(高宗　こうそう　1192–1259)
　コン2　(高宗(高麗)　こうそう　1192–1259)
　コン3　(高宗(高麗)　こうそう　1192–1259)
　世東　(高宗　こうそう　1192–1259)
　統治　(高宗　Kojong　(在位)1213–1259)
　百科　(高宗　こうそう　1192–1259)

高宗(李朝)　こうそう
⇨李太王(りたいおう)

黄宗仰　こうそうぎょう
19・20世紀、中国、清末・民国の革命家、僧侶。名は中央、号は烏目山僧。
⇒近中　(黄宗仰　こうそうぎょう　1865.11.27–1921.7.22)
　コン2　(黄宗仰　こうそうぎょう　1865–1921)
　コン3　(黄宗仰　こうそうぎょう　1865–1921)

孝荘帝　こうそうてい
6世紀、中国、北朝・北魏の第9代皇帝(在位528～530)。本名は元(拓跋)子攸。第5代献文帝の孫。
⇒皇帝　(孝荘帝　こうそうてい　507–530)
　中皇　(孝荘帝　507–530)
　統治　(孝荘帝　Hsiao Chuang Ti　(在位)528–530)

高宗武　こうそうぶ
20世紀、中国の政治家。浙江省出身。日中戦争では国民政府の和平派として策動。1939年汪兆銘と来日、南京政府樹立を画策したが、のち交渉内容を暴露、和平運動に打撃をあたえた。
⇒近中　(高宗武　こうそうぶ　1905–)
　コン3　(高宗武　こうそうぶ　1906–)
　中人　(高宗武　こうそうぶ　1906–)
　日人　(高宗武　こうそうぶ　1906–?)

康蘇密　こうそみつ
7世紀頃、中国、唐の答礼使。骨利幹(クリカン)に派遣された。
⇒シル　(康蘇密　こうそみつ　7世紀頃)
　シル新　(康蘇密　こうそみつ)

公孫淵　こうそんえん
3世紀、中国、三国時代の燕王。魏に通じ遼東太守に任ぜられた。やがて魏の命令にそむき、自立して燕王と称した。
⇒外国　(公孫淵　こうそんえん　?–238)
　国小　(公孫淵　こうそんえん　?–238(景初2))
　コン2　(公孫淵　こうそんえん　?–238)
　コン3　(公孫淵　こうそんえん　?–238)
　三国　(公孫淵　こうそんえん　?–238)
　三全　(公孫淵　こうそんえん　?–238)
　人物　(公孫淵　こうそんえん　?–238)
　世東　(公孫淵　こうそんえん　?–238)
　世百　(公孫淵　こうそんえん　?–238)
　朝鮮　(公孫淵　こうそんえん　?–238)
　百科　(公孫淵　こうそんえん　?–238)

公孫康　こうそんこう
3世紀頃、中国、三国時代、武威将軍公孫度の子。襄平出身。
⇒三国　(公孫康　こうそんこう)
　三全　(公孫康　こうそんこう　生没年不詳)

公孫弘　こうそんこう
前2世紀、中国、前漢の宰相。菑川、薛(山東省滕県南東)出身。前124年に丞相となり、平津侯に封ぜられた。丞相封侯の初めである。
⇒外国　(公孫弘　こうそんこう　前200–121)
　角世　(公孫弘　こうそんこう　前200–121)
　国小　(公孫弘　こうそんこう　前200(高祖7)–121(元狩2))
　コン2　(公孫弘　こうそんこう　前200–121)
　コン3　(公孫弘　こうそんこう　前200–121)
　集世　(公孫弘　こうそんこう　前200(漢・高祖7)–120(元狩3))
　集文　(公孫弘　こうそんこう　前200(漢・高祖7)–前120(元狩3))
　人物　(公孫弘　こうそんこう　前200–121)
　世東　(公孫弘　こうそんこう　前199–121)
　中芸　(公孫弘　こうそんこう　前199–前120)
　百科　(公孫弘　こうそんこう　前200–前121)

公孫瓚　こうそんさん
2世紀、中国、後漢末の群雄の一人。遼西出身。中平(184～189)年間に、烏桓を討って功をたて、また、劉虞を破って幽州を得、易を根拠地とした。
⇒外国　(公孫瓚　こうそんさん　?–199)
　国小　(公孫瓚　こうそんさん　?–199(建安4))
　コン2　(公孫瓚　こうそんさん　?–199)
　コン3　(公孫瓚　こうそんさん　?–199)
　三国　(公孫瓚　こうそんさん)
　三全　(公孫瓚　こうそんさん　?–199)
　世東　(公孫瓚　こうそんさん　?–199)
　百科　(公孫瓚　こうそんさん　?–199)

公孫述　こうそんじゅつ
1世紀、中国、後漢時代の群雄の一人。扶風、茂陵(陝西省興平県)出身。字は子陽。25年、成家国を建てた(在位25～36)。
⇒国小　(公孫述　こうそんじゅつ　?–36(建武12))
　コン2　(公孫述　こうそんじゅつ　?–36)
　コン3　(公孫述　こうそんじゅつ　?–36)
　人物　(公孫述　こうそんじゅつ　?–36)
　世東　(公孫述　こうそんじゅつ　?–36)
　世百　(公孫述　こうそんじゅつ　?–36)
　全書　(公孫述　こうそんじゅつ　?–36)
　中皇　(公孫述　?–36)
　百科　(公孫述　こうそんじゅつ　?–36)

公孫度　こうそんたく
⇨公孫度(こうそんど)

公孫度　こうそんど
2・3世紀、中国、後漢末の武将。遼東襄平(遼寧省遼中付近)出身。字は升済。190年兵を上げ、諸県をあわせ、自立して遼東侯平州の牧と称した。
⇒外国　(公孫度　こうそんたく　?–204)

政治・外交・軍事篇　　　　　　　　　　　　こうち

康泰　こうたい
2・3世紀頃、中国、三国、呉の臣。孫権に仕え、朱応と共に南方扶南地方に使し、その見聞及びインドの伝聞に基き『扶南土俗』を書いた。
⇒外国（康泰　こうたい）
　シル（康泰　こうたい　3世紀頃）
　シル新（康泰　こうたい）
　人物（康泰　こうたい　生没年不詳）
　世東（康泰　こうたい　2-3世紀初）

好太王　こうたいおう
⇨広開土王（こうかいどおう）

高太后　こうたいこう
⇨宣仁太后（せんじんたいこう）

黄乃裳　こうだいしょう
19・20世紀、シンガポールの政治活動家。辛亥革命を支援したシンガポール華僑。
⇒華人（黄乃裳　こうだいしょう　1849-1924）
　近中（黄乃裳　こうだいしょう　1849.7-1924.9.22）

江沢民　こうたくみん
20世紀、中国の政治家。1987年党政治局員。92年共産党総書記、国家中央軍事主席。93年国家主席。
⇒岩ケ（江沢民　こうたくみん　1926-）
　旺世（江沢民　こうたくみん　1926-）
　角世（江沢民　こうたくみん　1926-）
　広辞5（江沢民　こうたくみん　1926-）
　広辞6（江沢民　こうたくみん　1926-）
　コン3（江沢民　こうたくみん　1926-）
　最世（江沢民　こうたくみん　1926-）
　世人（江沢民　こうたくみん　1926-）
　世政（江沢民　こうたくみん　1926.8.17-）
　世東（江沢民　こうたくみん　1926.7-）
　大辞2（江沢民　こうたくみん　1926-）
　中人（江沢民　こうたくみん　1926.7-）
　中二（江沢民　こうたくみん　1926.8-）
　ナビ（江沢民　こうたくみん　1926-）
　評世（江沢民　こうたくみん　1926-）
　山世（江沢民　こうたくみん　1926-）

高多仏　こうたぶつ
9世紀頃、渤海から来日した使節。
⇒シル（高多仏　こうたぶつ　9世紀頃）
　シル新（高多仏　こうたぶつ）

弘治帝　こうちてい
15・16世紀、中国、明第10代皇帝（在位1487～1505）。諡は敬皇帝、廟号は孝宗。成化帝の第3子。『大明会典』『問刑条例』等の法典を編纂し、明中興の英主とされる。
⇒外国（弘治帝　こうちてい　1470-1505）
　角世（弘治帝　こうちてい　1470-1505）
　皇帝（弘治帝　こうちてい　1470-1505）
　コン2（弘治帝　こうちてい　1470-1505）
　コン3（弘治帝　こうちてい　1470-1505）

　世東（孝宗　こうそう　1470-1505）
　全書（弘治帝　こうちてい　1470-1505）
　大百（弘治帝　こうちてい　1470-1505）
　中皇（孝宗（弘治帝）　1470-1505）
　中国（孝宗　こうそう　1470-1505）
　統治（弘治（孝宗）　Hung Chih［Hsiao Tsung］（在位）1487-1505）

洪茶丘　こうちゃきゅう
13世紀、中国、元の武将。名は俊奇、茶丘は小字。高麗出身。先祖は中国人。1269年属国高麗の林衍の乱を平定した。
⇒国史（洪茶丘　こうさきゅう　1244-1291）
　国小（洪茶丘　こうちゃきゅう　1244（脱列哥那3）-1291（至元28））
　コン2（洪茶丘　こうちゃきゅう　1244-1291）
　コン3（洪茶丘　こうちゃきゅう　1244-1291）
　全書（洪茶丘　こうちゃきゅう　1244-1291）
　朝人（洪茶丘　こうちゃきゅう　1244-1291）
　朝鮮（洪茶丘　こうちゃきゅう　1244-1291）
　日人（洪茶丘　こうさきゅう　1244-1291）
　百科（洪茶丘　こうちゃきゅう　1244-1291）
　歴史（洪茶丘　こうちゃきゅう　1244-1291）

康忠義　こうちゅうぎ
8世紀頃、中央アジア、康国（サマルカンド）の長史。758（乾元1）年入唐。
⇒シル（康忠義　こうちゅうぎ　8世紀頃）
　シル新（康忠義　こうちゅうぎ）

江忠源　こうちゅうげん
19世紀、中国、清末の武将。反革命の民間自警団を編成し、太平天国の最高幹部、馮雲山を敗死させた（1852）。
⇒外国（江忠源　こうちゅうげん　1812-1854）
　国小（江忠源　こうちゅうげん　1812（嘉慶17）-1854（咸豊4））
　コン2（江忠源　こうちゅうげん　1812-1854）
　コン3（江忠源　こうちゅうげん　1812-1854）
　評世（江忠源　こうちゅうげん　1812-1853）

向忠発　こうちゅうはつ
19・20世紀、中国の政治家。造船職工出身。1928年中国共産党総書記。
⇒近中（向忠発　こうちゅうはつ　1880-1931.6.23）
　国小（向忠発　こうちゅうはつ　1888-1931）
　コン3（向忠発　こうちゅうはつ　1888-1931）
　世東（向忠発　こうちゅうはつ　1880-1931.6.24）
　世旧（向忠発　こうちゅうはつ　1888-1931）
　中人（向忠発　こうちゅうはつ　1880-1931）

耿仲明　こうちゅうめい
17世紀、中国、明末清初の武将。遼寧省蓋平出身。字は雲台。正黄旗に所属。功により靖南王に封ぜられた。
⇒国小（耿仲明　こうちゅうめい　?-1649（順治6.11））
　コン2（耿仲明　こうちゅうめい　?-1649）
　コン3（耿仲明　こうちゅうめい　?-1649）
　人物（耿仲明　こうちゅうめい　?-1649）

こうち

世東　（耿仲明　こうちゅうめい　?-1649）
世百　（耿仲明　こうちゅうめい　?-1649）
全書　（耿仲明　こうちゅうめい　?-1649）
百科　（耿仲明　こうちゅうめい　?-1649）

康兆　こうちょう
10・11世紀, 朝鮮, 高麗の政治家。穆宗を殺し, 顕宗を王にたてる。契丹との戦いに敗れ, 捕られ, 殺された。
⇒コン2　（康兆　こうちょう　?-1010）
　コン3　（康兆　こうちょう　?-1010）
　百科　（康兆　こうちょう　?-1010）

光緒帝　こうちょてい
⇨光緒帝（こうしょてい）

黄鎮　こうちん
20世紀, 中国の外交官。安徽省桐城出身。解放後, ハンガリー駐在大使, インドネシア駐在大使を経て, アジア・アフリカ会議中国代表団団長。1969年4月9期中央委。
⇒現人　（黄鎮　こうちん〈ホワンチェン〉　1909–）
　世政　（黄鎮　こうちん　1909.12–1989.12.10）
　世東　（黄鎮　こうちん　1910–）
　中人　（黄鎮　こうちん　1909.12–1989.12.10）

黄帝　こうてい
中国の伝説上の帝王。三皇または五帝の一人。名は軒轅。
⇒旺世　（黄帝　こうてい）
　角世　（黄帝　こうてい）
　看護　（黄帝　こうてい）
　広辞6　（黄帝　こうてい）
　国小　（黄帝　こうてい）
　コン2　（黄帝　こうてい）
　コン3　（黄帝　こうてい）
　人物　（黄帝　こうてい）
　世東　（黄帝　こうてい）
　世百　（黄帝　こうてい）
　全書　（黄帝　こうてい）
　大辞　（黄帝　こうてい）
　大辞3　（黄帝　こうてい）
　大百　（黄帝　こうてい）
　中芸　（黄帝　こうてい）
　中国　（黄帝　こうてい）
　中史　（黄帝　こうてい）
　デス　（黄帝　こうてい）
　百科　（黄帝　こうてい）
　山世　（黄帝　こうてい）
　歴史　（黄帝　こうてい）

康帝　こうてい
4世紀, 中国, 東晋の第4代皇帝。政治は専ら庾氷, 何充にまかせた。
⇒世東　（康帝　こうてい　322–344）
　中皇　（康帝　322–344）
　統治　（康帝　K'ang Ti　(在位)342–344）

高定　こうてい
3世紀頃, 中国, 三国時代, 越嶲郡の太守。
⇒三国　（高定　こうてい）
　三全　（高定　こうてい　生没年不詳）

高帝（前秦）　こうてい*
4世紀, 中国, 五胡十六国・前秦の皇帝（在位386～394）。
⇒中皇　（高帝　342–394）

高帝（斉）　こうてい
⇨太祖（斉）（たいそ）

高貞泰　こうていたい
9世紀頃, 渤海から来日した大使。
⇒シル　（高貞泰　こうていたい　9世紀頃）
　シル新　（高貞泰　こうていたい）

江統（黄滔）　こうとう
3・4世紀, 中国, 西晋の政治家。陳留・圉（河南省）出身。『徙戎論』を著した。
⇒コン2　（江統　こうとう　?-310）
　コン3　（江統　こうとう　?-310）
　中芸　（黄滔　こうとう　生没年不詳）

黄道周　こうどうしゅう
16・17世紀, 中国, 明末の忠臣。字は幼平。礼部尚書として新帝を助けた。天文暦数に精通, 著書も多い。
⇒国小　（黄道周　こうどうしゅう　1585（万暦13）– 1646（順治3））
　コン2　（黄道周　こうどうしゅう　1585–1646）
　コン3　（黄道周　こうどうしゅう　1585–1646）
　新美　（黄道周　こうどうしゅう　1585（明・万暦13）–1646（清・順治3））
　人物　（黄道周　こうどうしゅう　1589–1646）
　世東　（黄道周　こうどうしゅう　1585–1646）
　世百　（黄道周　こうどうしゅう　1585–1646）
　中史　（黄道周　こうどうしゅう　1585–1646）
　中書　（黄道周　こうどうしゅう　1585–1646）
　百科　（黄道周　こうどうしゅう　1585–1646）

黄登保　こうとうほ
20世紀, 中国の軍人。
⇒華人　（黄登保　こうとうほ　1918–1988）

江都王劉建　こうとおうりゅうけん*
前2世紀, 中国, 前漢, 景帝の孫。
⇒中皇　（江都王劉建　?-前121）

興徳王　こうとくおう
9世紀, 朝鮮, 混乱の時代の新羅第42代の国王（在位826～836）。
⇒朝人　（興徳王　こうとくおう　?-836）

広徳公主　こうとくこうしゅ*
中国, 明, 英宗の娘。
⇒中皇　（広徳公主）

江都公主　こうとこうしゅ*
中国, 漢, 江都王劉建（りゅうけん）の娘。
⇒中皇　（江都公主）

こうひ

コウドーフマイン
⇨タキン・コードーフマィン

考那 こうな
7世紀頃、朝鮮、新羅の官人。
⇒シル（考那　こうな　7世紀頃）
　シル新（考那　こうな）

高南申 こうなんしん
8世紀頃、渤海から来日した使節。
⇒シル（高南申　こうなんしん　8世紀頃）
　シル新（高南申　こうなんしん）

高南容 こうなんよう
9世紀頃、渤海から来日した使節。
⇒シル（高南容　こうなんよう　9世紀頃）
　シル新（高南容　こうなんよう）

鄺任農 こうにんのう
⇨鄺任農（こうじんのう）

高沛 こうはい
3世紀、中国、三国時代、蜀の劉璋配下の将。
⇒三国（高沛　こうはい）
　三全（高沛　こうはい　?–212）

項伯 こうはく
前3世紀頃、中国、秦末期、楚の武将。下相（江蘇省）出身。項羽の叔父。
⇒コン2（項伯　こうはく　生没年不詳）
　コン3（項伯　こうはく　生没年不詳）
　三国（項伯　こうはく）

公伯計 こうはくけい
8世紀頃、朝鮮、渤海の遣唐使。
⇒シル（公伯計　こうはくけい　8世紀頃）
　シル新（公伯計　こうはくけい）

高覇黎文 こうはれいぶん
7世紀頃、チベット地方、東女（西チベット）の遣唐女性使者。
⇒シル（高覇黎文　こうはれいぶん　7世紀頃）
　シル新（高覇黎文　こうはれいぶん）

洪範図 こうはんと
19・20世紀、朝鮮の独立運動家、義兵闘争の指導者。平安北道慈城に生れる。大韓独立軍団を組織し、副総裁になる。
⇒角世（洪範図　こうはんと　1868–1943）
　コン2（洪範図　こうはんと　1868–1943）
　コン3（洪範図　こうはんと　1868–1943）
　朝人（洪範図　こうはんと　1868–1943）
　朝人（洪範図　こうはんと　1868–1943）
　百科（洪範図　こうはんと　1868–1943）

高攀龍（高樊龍）　こうはんりゅう
16・17世紀、中国、明末期の学者、政治家。字は存之、諡は忠憲。無錫（江蘇省）出身。実学主義を提唱、宦官政治と対決した。著書『高子遺書』(1631)。
⇒教育（高攀龍　こうはんりゅう　1562–1626）
　コン2（高攀龍　こうはんりゅう　1562–1626）
　コン3（高攀龍　こうはんりゅう　1562–1626）
　中芸（高攀龍　こうはんりゅう　1562–1626）
　百科（高樊龍　こうはんりゅう　1562–1626）

耿飈（耿颷）　こうひょう
20世紀、中国の政治家。湖南省出身。1949年人民共和国成立後、解放軍から外交部に入る。スウェーデン駐在大使、パキスタン駐在大使などを歴任。69年4月9期中央委。81〜82年国防相。
⇒近中（耿飈　こうひょう　1909.8.26–）
　現人（耿飈　こうひょう〈コンピヤオ〉　1903–）
　世東（耿飈　こうひょう　1903–）
　中人（耿飈　こうひょう　1909.8.26–）

高表仁 こうひょうじん
7世紀頃、中国、唐から来日した使節。
⇒国史（高表仁　こうひょうじん　生没年不詳）
　シル（高表仁　こうひょうじん　7世紀頃）
　シル新（高表仁　こうひょうじん）
　対外（高表仁　こうひょうじん　生没年不詳）
　日人（高表仁　こうひょうじん　生没年不詳）

江彬 こうひん
16世紀、中国、明中期の官僚。宣府（河北省）出身。正徳帝の側近。
⇒コン2（江彬　こうひん　?–1521）
　コン3（江彬　こうひん　?–1521）

絳賓 こうひん
前1世紀頃、中央アジア、亀茲国王。漢に入朝した。
⇒シル（絳賓　こうひん　前1世紀頃）
　シル新（絳賓　こうひん）

向敏中 こうびんちゅう
10・11世紀、中国、北宋の政治家。字は常之、諡は文簡。開封（河南省）出身。太宗に重用され、栄進。
⇒コン2（向敏中　こうびんちゅう　948–1019/20）
　コン3（向敏中　こうびんちゅう　948–1019/20）
　世東（向敏中　きょうびんちゅう　949–1020）

孝閔帝 こうびんてい
6世紀、中国、北周の初代皇帝。姓名は宇文覚。宇文泰の3子。557年正月天王の位につき北周朝をたてた。
⇒皇帝（孝閔帝　こうびんてい　542–557）
　国小（孝閔帝　こうびんてい　542（大統8）–557（孝閔帝1））
　世東（宇文覚　うぶんかく　542–557）
　中皇（孝閔帝　542–557）
　中国（宇文覚　うぶんかく　542–557）
　統治（孝閔帝〈宇文覚〉　Hsiao Min Ti［Yü-wên Chüeh］（在位）557）
　歴史（宇文覚　うぶんかく　542（西魏、大統8）–577（北周、孝閔帝1））

黄郛　こうふ
19・20世紀，中国の政治家。字は膺白。浙江省出身。1924年馮玉祥クーデターに際し組閣。33年行政院駐平政務整理委員会の委員長となり，対日折衝の中で病死。
⇒近中（黄郛　こうふ　1880.3.8-1936.12.6)
　コン3（黄郛　こうふ　1880-1936）
　人物（黄郛　こうふ　1883-1936.12.3）
　世東（黄郛　こうふ　1880-1936.12.2）
　中人（黄郛　こうふ　1880-1936）
　百科（黄郛　こうふ　1880-1936）

好福　こうふく
7世紀頃，朝鮮，新羅から来日した使節。
⇒シル（好福　こうふく　7世紀頃）
　シル新（好福　こうふく）

洪福　こうふく
19世紀，中国，太平天国の后王。洪福瑱。天王洪秀全の長子。1864年父天王の自殺後幹部に擁立されて天王となった。
⇒世東（洪福　こうふく　1849-1864）

高福成　こうふくせい
9世紀頃，渤海から来日した使節。
⇒シル（高福成　こうふくせい　9世紀頃）
　シル新（高福成　こうふくせい）

光武帝（後漢）　こうぶてい
前1・後1世紀，中国，後漢の初代皇帝（在位25～57)。姓名は劉秀。廟号は世祖。前漢の高祖劉邦の9世の孫。劉欽の3子。
⇒旺世（光武帝　こうぶてい　前6-後57）
　外国（劉秀　りゅうしゅう　前5-後57）
　角世（劉秀　りゅうしゅう　前6-後57）
　広辞4（劉秀　りゅうしゅう　前6-後57）
　広辞6（劉秀　りゅうしゅう　前6-後57）
　皇帝（光武帝　こうぶてい　前6-後57）
　国小（光武帝（後漢）　こうぶてい　前6（建平1)-後57（中元2)）
　国百（光武帝　こうぶてい　前6-後57）
　コン2（光武帝　こうぶてい　前6-後57）
　コン3（光武帝　こうぶてい　前6-後57）
　三国（光武帝　こうぶてい）
　人物（光武帝　こうぶてい　前5-後57.2）
　世人（光武帝　こうぶてい　前6-後57）
　世東（光武帝　こうぶてい　前6-後57）
　世百（光武帝　こうぶてい　前6-後57）
　全書（光武帝　こうぶてい　前6-後57）
　大辞（光武帝　こうぶてい　前6-後57）
　大辞3（劉秀　りゅうしゅう　前6-後57）
　大百（光武帝　こうぶてい　前5-後57）
　中皇（光武帝　前6-57）
　中国（光武帝　こうぶてい　前6-後57）
　中史（劉秀　りゅうしゅう　前6-後57）
　デス（光武帝　こうぶてい　前6-後57）
　伝記（光武帝　こうぶてい　前6-後57）
　統治（光武帝（劉秀）　Kuang Wu Ti[Liu Hsiu]　(在位) 25-57)
　百科（光武帝　こうぶてい　前6-後57）
　評世（劉秀　りゅうしゅう　前6-後57）
　山世（劉秀　りゅうしゅう　前6-後57）
　歴史（劉秀　りゅうしゅう　前6-後57）

孝武帝　こうぶてい
⇨武帝（前漢）（ぶてい）

孝武帝（東晋）　こうぶてい*
4世紀，中国，東晋の皇帝（在位372～396）。
⇒中皇（孝武帝　362-396）
　統治（孝武帝　Hsiao Wu Ti　(在位) 372-396）

孝武帝（六朝・宋）　こうぶてい*
5世紀，中国，宋の皇帝（在位453～464）。
⇒中皇（孝武帝　430-464）
　統治（孝武帝　Hsiao Wu Ti　(在位) 453-464）

孝武帝（北魏）　こうぶてい
6世紀，中国，北魏最後の皇帝（在位532～534)。姓は元（拓跋)，名は修。宇文氏に毒殺された。
⇒コン2（孝武帝　こうぶてい　510-534）
　コン3（孝武帝　こうぶてい　510-534）
　中皇（孝武帝　510-534）
　統治（孝武帝　Hsiao Wu Ti　(在位) 532-535）

洪武帝（明）　こうぶてい
14世紀，中国，明の初代皇帝。姓名は朱元璋，廟号は太祖。1368年明朝を建て，中国を統一。
⇒逸話（朱元璋　しゅげんしょう　1328-1398）
　岩ケ（朱元璋　しゅげんしょう　1328-1398）
　旺世（朱元璋　しゅげんしょう　1328-1398）
　外国（朱元璋　しゅげんしょう　1328-1398）
　角世（朱元璋　しゅげんしょう　1328-1398）
　広辞4（朱元璋　しゅげんしょう　1328-1398）
　広辞6（朱元璋　しゅげんしょう　1328-1398）
　皇帝（洪武帝　こうぶてい　1328-1398）
　国史（洪武帝　こうぶてい　1328-1398）
　国小（洪武帝　こうぶてい　1328（天暦1)-1398（洪武31)）
　国百（洪武帝　こうぶてい　1328-1398）
　コン2（洪武帝　こうぶてい　1328-1398）
　コン3（洪武帝　こうぶてい　1328-1398）
　人物（朱元璋　しゅげんしょう　1328-1398.閏5）
　世人（洪武帝　こうぶてい　1328-1398）
　世東（洪武帝　こうぶてい　1328-1398）
　世百（洪武帝　こうぶてい　1328-1398）
　全書（洪武帝　こうぶてい　1328-1398）
　対外（洪武帝　こうぶてい　1328-1398）
　大辞（洪武帝　こうぶてい）
　大辞3（朱元璋　しゅげんしょう　1328-1398）
　大百（朱元璋　しゅげんしょう　1328-1398）
　中皇（太祖（洪武帝）　1328-1398）
　中国（太祖（明）　たいそ　1328-1398）
　中史（洪武帝　こうぶてい　1328-1398）
　デス（洪武帝　こうぶてい　1328-1398）
　伝記（洪武帝　こうぶてい　1328-1398）
　統治（洪武（太祖）　Hung Wu[T'ai Tsu], [Chu Yüan-chang]　(在位) 1368-1398）
　百科（洪武帝　こうぶてい　1328-1398）
　評世（洪武帝　こうぶてい　1328-1398）
　山世（朱元璋　しゅげんしょう　1328-1398）
　歴史（朱元璋　しゅげんしょう　1328（致和・天順1)-1398（洪武31)）

高文暄　こうぶんけん
9世紀頃, 渤海から来日した使節。
⇒シル（高文暄　こうぶんけん　9世紀頃）
シル新（高文暄　こうぶんけん）

高文信　こうぶんしん
⇨高文宣（こうぶんせい）

高文宣　こうぶんせい
9世紀頃, 渤海から来日した使節。
⇒シル（高文信　こうぶんしん　9世紀頃）
シル（高文宣　こうぶんせい　9世紀頃）
シル新（高文信　こうぶんしん）
シル新（高文宣　こうぶんせい）

光文帝　こうぶんてい
⇨劉淵（りゅうえん）

孝文帝（北魏）　こうぶんてい
5世紀, 中国, 北魏の第6代皇帝（在位471～499）。姓名は元（拓跋）宏。諡は孝文皇帝。廟号は高祖。父は北魏5代の献文帝。
⇒旺世（孝文帝　こうぶんてい　467–499）
外国（孝文帝　こうぶんてい　467–499）
角世（孝文帝　こうぶんてい　467–499）
広辞4（孝文帝　こうぶんてい　467–499）
広辞6（孝文帝　こうぶんてい　467–499）
皇帝（孝文帝　こうぶんてい　467–499）
国小（孝文帝　こうぶんてい　467（皇興1)–499（太和23））
国百（孝文帝　こうぶんてい　467–499）
コン2（孝文帝　こうぶんてい　467–499）
コン3（孝文帝　こうぶんてい　467–499）
人物（孝文帝　こうぶんてい　469–499.4）
世人（孝文帝　こうぶんてい　467–499）
世東（孝文帝　こうぶんてい　469–499）
世百（孝文帝　こうぶんてい　467–499）
全書（孝文帝　こうぶんてい　467–499）
大辞（孝文帝　こうぶんてい　467–499）
大辞3（孝文帝　こうぶんてい　467–499）
大百（孝文帝　こうぶんてい　467–499）
中皇（孝文帝　467–499）
中国（孝文帝　こうぶんてい　467–499）
中史（孝文帝(北魏)　こうぶんてい　467–499）
デス（孝文帝　こうぶんてい　467–499）
伝記（孝文帝　こうぶんてい　467–499）
統治（孝文帝　Hsiao Wên Ti　(在位)471–499）
百科（孝文帝　こうぶんてい　467–499）
評世（孝文帝　こうぶんてい　467–499）
山世（孝文帝　こうぶんてい　467–499）
歴史（孝文帝　こうぶんてい　467（北魏, 皇興1)–499（太和23））

黄平　こうへい
20世紀, 中国共産党の初期の指導者, 後に転向した。
⇒近中（黄平　こうへい　1901–1981.7）

耿秉　こうへい
1世紀, 中国, 後漢の武将。陝西出身。字は伯初。明帝, 章帝に仕え, 88年北匈奴を平定。
⇒世東（耿秉　こうへい　?–91）

興平公主　こうへいこうしゅ*
中国, 遼, 宗室の娘。
⇒中皇（興平公主）

高平信　こうへいしん
9世紀頃, 渤海から来日した使節。
⇒シル（高平信　こうへいしん　9世紀頃）
シル新（高平信　こうへいしん）

高駢　こうへん, こうべん
9世紀, 中国, 唐末期の節度使。字は千里。幽州（北京）出身。
⇒コン2（高駢　こうへん　?–887）
コン3（高駢　こうへん　?–887）
世東（高駢　こうへん　?–887.9.31）
中芸（高駢　こうへん　?–887）
百科（高駢　こうへん　?–887）

黄彭年　こうほうねん
19世紀, 中国, 清末期の政治家。字は子寿, 号は陶楼。貴州省出身。太平天国の鎮圧にあたる。
⇒コン2（黄彭年　こうほうねん　1823–1891）
コン3（黄彭年　こうほうねん　1823–1891）

皇甫闓　こうほがい
3世紀頃, 中国, 三国時代, 魏の将。
⇒三国（皇甫闓　こうほがい）
三全（皇甫闓　こうほがい　生没年不詳）

皇甫規　こうほき
2世紀, 中国, 後漢の武将。安定・朝（甘粛省）出身。羌族の討伐など, 異民族の統御に功績をあげた。
⇒コン2（皇甫規　こうほき　104–174）
コン3（皇甫規　こうほき　104–174）

合浦公主　ごうほこうしゅ*
7世紀, 中国, 唐, 太宗の娘。
⇒中皇（合浦公主　650–655（永徽年間）頃）

皇甫嵩　こうほすう
2世紀, 中国, 後漢末期の武将。安定・朝那（甘粛省）出身。黄巾の反乱の鎮圧に活躍。
⇒コン2（皇甫嵩　こうほすう　?–195）
コン3（皇甫嵩　こうほすう　?–195）
三国（皇甫嵩　こうほすう　?–195）
三全（皇甫嵩　こうほすう　?–195）

皇甫誕　こうほたん
6・7世紀, 中国, 隋の政治家。字は文慮, 諡は明。安定・烏氏（甘粛省）出身。北周, のち隋に仕官。治書侍御史, 河南道大使など歴任。
⇒コン2（皇甫誕　こうほたん　?–604）
コン3（皇甫誕　こうほたん　?–604）

洪邁　こうまい
12・13世紀, 中国, 南宋の名臣, 学者。饒州鄱

陽(江西省)出身。字,景盧。号,容斎。諡は文敏。主著『容斎随筆』『夷堅志』『四朝国史』などがある。
 ⇒角世（洪邁　こうまい　1123-1202)
  国小（洪邁　こうまい　1123(宣和5)-1202(嘉泰2))
  コン2（洪邁　こうまい　1123-1202)
  コン3（洪邁　こうまい　1123-1202)
  詩歌（洪邁　こうまい　1123(宋・宣和5)-1202(嘉泰2))
  集世（洪邁　こうまい　1123(宣和5)-1202(嘉泰2))
  集文（洪邁　こうまい　1123(宣和5)-1202(嘉泰2))
  世東（洪邁　こうまい　1123-1202)
  中芸（洪邁　こうまい　1123-1202)
  中国（洪邁　こうまい　1123-1202)
  中史（洪邁　こうまい　1123-1202)
  名著（洪邁　こうまい　1123-1202)

高明　こうめい
5世紀頃,中国,北魏の遣西域諸国答礼使。
 ⇒シル（高明　こうめい　5世紀頃)
  シル新（高明　こうめい)

洪命熹　こうめいき
 ⇒洪命熹（ホンミョンヒ)

孝明帝　こうめいてい*
6世紀,中国,南北朝・北魏の皇帝(在位515～528)。
 ⇒中皇（孝明帝　510-528)
  統治（孝明帝　Hsiao Ming Ti　(在位)515-528)

黄明堂　こうめいどう
19・20世紀,中国の壮族,孫文支配下の蜂起軍の指導者。
 ⇒近中（黄明堂　こうめいどう　1868-1939)

高猛　こうもう
5世紀頃,中国,北涼の遣北魏使。
 ⇒シル（高猛　こうもう　5世紀頃)
  シル新（高猛　こうもう)

康茂才　こうもさい
14世紀,中国,元末・明初期の武将。字は寿卿,諱は茂才,諡は武義公。蘄州(湖北省)出身。
 ⇒コン2（康茂才　こうもさい　1314-1370)
  コン3（康茂才　こうもさい　1314-1370)

康有為　こうゆうい
19・20世紀,中国,清末の思想家,政治家。広東省南海県出身。字,広厦。号,長素。1898年勅命が下り,戊戌変法を断行した。主著『大同書』など。
 ⇒逸話（康有為　こうゆうい　1858-1927)
  岩ケ（康有為　こうゆうい　1858-1927)
  岩哲（康有為　こうゆうい　1858-1927)
  旺世（康有為　こうゆうい　1858-1927)
  外国（康有為　こうゆうい　1858-1927)
  角世（康有為　こうゆうい　1858-1927)
  教育（康有為　こうゆうい　1858-1927)
  広辞4（康有為　こうゆうい　1858-1927)
  広辞5（康有為　こうゆうい　1858-1927)
  広辞6（康有為　こうゆうい　1858-1927)
  国史（康有為　こうゆうい　1858-1927)
  国小（康有為　こうゆうい　1858(咸豊8)-1927)
  国百（康有為　こうゆうい　1858-1927.3)
  コン2（康有為　こうゆうい　1858-1927)
  コン3（康有為　こうゆうい　1858-1927)
  詩歌（康有為　こうゆうい　1858(咸豊8)-1927(中華民国16))
  集世（康有為　こうゆうい　1858-1927)
  集文（康有為　こうゆうい　1858-1927)
  新美（康有為　こうゆうい　1858(清・咸豊8)-1927(民国16))
  人物（康有為　こうゆうい　1858-1927.3)
  世人（康有為　こうゆうい　1858-1927)
  世東（康有為　こうゆうい　1858-1927.3)
  世百（康有為　こうゆうい　1858-1927)
  世文（康有為　こうゆうい　1858-1927)
  全書（康有為　こうゆうい　1858-1927)
  大辞（康有為　こうゆうい　1858-1927)
  大辞2（康有為　こうゆうい　1858-1927)
  大辞3（康有為　こうゆうい　1858-1927)
  大百（康有為　こうゆうい　1858-1927)
  中芸（康有為　こうゆうい　1858-1927)
  中国（康有為　こうゆうい　1858-1927)
  中史（康有為　こうゆうい　1858-1927)
  中書（康有為　こうゆうい　1858-1927)
  中人（康有為　こうゆうい　1858(咸豊8)-1927)
  デス（康有為　こうゆうい　1858-1927)
  伝記（康有為　こうゆうい　1858.3.19-1927)
  東仏（康有為　こうゆうい　1858-1927)
  ナビ（康有為　こうゆうい　1858-1927)
  日人（康有為　こうゆうい　1858-1927)
  百科（康有為　こうゆうい　1858-1927)
  評世（康有為　こうゆうい　1858-1927)
  名著（康有為　こうゆうい　1858-1927)
  山世（康有為　こうゆうい　1858-1927)
  歴学（康有為　こうゆうい　1858-1927)
  歴史（康有為　こうゆうい　1858-1927)

孔有徳　こうゆうとく
17世紀,中国,明末・清初期の武将。諡は武壮。遼東出身。明にそむき,1633年清軍に投降,恭順王となる。
 ⇒外国（孔有徳　こうゆうとく　?-1652)
  コン2（孔有徳　こうゆうとく　?-1652)
  コン3（孔有徳　こうゆうとく　?-1652)

高洋　こうよう
 ⇒文宣帝(北斉)(ぶんせんてい)

衡陽王　こうようおう*
10世紀,中国,五代十国・楚の皇帝(在位930～932)。
 ⇒中皇（衡陽王　?-932)

江擁輝　こうようき
20世紀,中国の軍人,政治家。江西省出身。八路軍大隊長。1968年5月瀋陽軍区の毛・林派を支持,遼寧省革委会を成立させる。69年4月9期中央委。

⇒世東（江擁輝　こうようき　?-）
　中人（江擁輝　こうようき　1917-）

高洋粥　こうようしゅく
　8世紀頃，渤海から来日した使節。
　⇒シル（高洋粥　こうようしゅく　8世紀頃）
　　シル新（高洋粥　こうようしゅく）

侯幼平　こうようへい
　9世紀頃，中国，唐の遣吐蕃冊立使。
　⇒シル（侯幼平　こうようへい　9世紀頃）
　　シル新（侯幼平　こうようへい）

高翼　こうよく
　5世紀頃，朝鮮，高句麗の入晋朝貢使。
　⇒シル（高翼　こうよく　5世紀頃）
　　シル新（高翼　こうよく）

侯覧　こうらん
　2世紀，中国，後漢末期の宦官。山陽・防東（山東省）出身。李膺らを大弾圧。
　⇒コン2（侯覧　こうらん　生没年不詳）
　　コン3（侯覧　こうらん　?-172）
　　三国（侯覧　こうらん）
　　三全（侯覧　こうらん　?-189）

高覧　こうらん
　2世紀，中国，三国時代，袁紹の部将。
　⇒三国（高覧　こうらん）
　　三全（高覧　こうらん　?-201）

高蘭墅　こうらんしょ
　中国，清代の官人。名は高鶚。蘭墅は字。紅楼外史と号した。満州鑲黄旗漢軍出身。『紅楼夢』を続補。
　⇒名著（高蘭墅　こうらんしょ）

高力士　こうりきし
　7・8世紀，中国，唐の宦官。本姓は馮。親王時代の玄宗に接近して韋氏打倒に活躍し，玄宗の寵をうしろだてに権勢をふるった。
　⇒旺世（高力士　こうりきし　684-762）
　　角世（高力士　こうりきし　684-762）
　　広辞4（高力士　こうりきし　684-762）
　　広辞6（高力士　こうりきし　684-762）
　　国小（高力士　こうりきし　684（嗣聖1）-762（宝応1））
　　コン2（高力士　こうりきし　684-762）
　　コン3（高力士　こうりきし　684-762）
　　人物（高力士　こうりきし　684-762）
　　世東（高力士　こうりきし　684-762）
　　世百（高力士　こうりきし　684-762）
　　全書（高力士　こうりきし　684-762）
　　大辞（高力士　こうりきし　684-762）
　　大辞3（高力士　こうりきし　684-762）
　　大百（高力士　こうりきし　684-762）
　　中国（高力士　こうりきし　684-762）
　　中史（高力士　こうりきし　684-762）
　　百科（高力士　こうりきし　684-762）
　　評世（高力士　こうりきし　684-762）
　　歴史（高力士　こうりきし　684-762）

高凌霨　こうりしょうい
　19・20世紀，中国の直隷派官僚，日中戦争時の親日政治家。
　⇒近中（高凌霨　こうりしょうい　1870.9.12-1940.3.5）

広略貝勒褚英　こうりゃくベイレチュエン*
　17世紀，中国，清，ヌルハチの子。
　⇒中皇（広略貝勒褚英　?-1615）

公劉　こうりゅう
　中国，周王朝の祖先と伝えられる伝説的な人物。
　⇒中史（公劉　こうりゅう）

闔閭　こうりょ
　前6・5世紀，中国，春秋末期の五覇の一人。呉王（在位前515～496）。父は諸樊，その弟の余昧の子ともいう。夫差の父。
　⇒旺世（闔閭　こうりょ　?-前496）
　　広辞4（闔閭・闔廬　こうりょ　?-前496）
　　広辞6（闔閭，闔廬　こうりょ　?-前496）
　　国小（闔閭　こうりょ　?-前496）
　　コン3（闔閭　こうりょ　?-前496）
　　人物（闔閭　こうりょ　?-前496）
　　世人（闔閭　こうりょ　?-前496）
　　世東（闔閭　こうりょ　?-前492）
　　全書（闔閭　こうりょ　?-前496）
　　大辞（闔閭　こうりょ　?-前496）
　　大辞3（闔閭　こうりょ　?-前496）
　　中史（闔閭　こうりょ　?-前496）

項梁　こうりょう
　前3世紀，中国，秦末期，楚の名族。下相（江蘇省）出身。項羽の叔父。秦を討つ戦線をしき，武信君と号した。
　⇒コン2（項梁　こうりょう　?-前208）
　　コン3（項梁　こうりょう　?-前208）

康良煜　こうりょういく
　⇨康良煜（カンヤンウク）

高礼進　こうれいしん
　9世紀頃，朝鮮，渤海の遣唐使。
　⇒シル（高礼進　こうれいしん　9世紀頃）
　　シル新（高礼進　こうれいしん）

高禄思　こうろくし
　8世紀頃，渤海から来日した使節。
　⇒シル（高禄思　こうろくし　8世紀頃）
　　シル新（高禄思　こうろくし）

高崙　こうろん
　19・20世紀，中国の画家，革命運動家。字は鵠庭。号は剣父。広東の生れ。孫文と交って革命運動に投じ，辛亥革命には東路軍総司令となった。のち欧米を視察して帰り，民国の美術工芸を指導した。
　⇒外国（高崙　こうろん　1885-?）
　　中人（高崙　こうろん　1885-?）

黄綰　こうわん
16世紀，中国，明中期の学者，官僚。字は宗賢，号は久庵。黄巌（浙江省）出身。嘉靖帝の大礼問題のとき，桂萼らに同調し，帝に優遇される。著書『石龍集』。
⇒コン2（黄綰　こうわん　16世紀）
　コン3（黄綰　こうわん　生没年不詳）

呉量　ごうん
9世紀頃，中国，唐の遣吐蕃使。
⇒シル（呉量　ごうん　9世紀頃）
　シル新（呉量　ごうん）

胡瑛　こえい
19・20世紀，中国の革命家。中国革命同盟会に加入，1906年萍醴蜂起で逮捕。辛亥革命で釈放され，漢口軍政府で外交を担当。
⇒近中（胡瑛　こえい　1886-1933）
　コン3（胡瑛　こえい　1884-1933）
　世東（胡瑛　こえい　1884-1933）
　中人（胡瑛　こえい　1884-1933）

呉栄光　ごえいこう
18・19世紀，中国，清の学者，政治家。湖南巡撫，湖広総督となる。著書に『歴代名人年譜』『筠清館金石録』など。
⇒外国（呉栄光　ごえいこう　1773-1843）
　国小（呉栄光　ごえいこう　1773（乾隆38）-1843（道光23））
　新美（呉栄光　ごえいこう　1773（清・乾隆38）-1843（道光23））
　中芸（呉栄光　ごえいこう　1773-1843）
　中書（呉栄光　ごえいこう　1773-1843）

呉樾　ごえつ
19・20世紀，中国の革命家。字は孟俠。安徽省出身。陳天華・楊篤生・趙声らと交わり，革命に共鳴。万福華や王漢のテロリズムの影響をうけた。
⇒近中（呉樾　ごえつ　1878-1905.9.24）
　コン2（呉樾　ごえつ　1878-1905）
　コン3（呉樾　ごえつ　1878-1905）
　中史（呉樾　ごえつ　1878-1905）
　中人（呉樾　ごえつ　1878-1905）

胡淵　こえん
3世紀頃，中国，三国時代，魏の将。胡烈の子。
⇒三国（胡淵　こえん）
　三全（胡淵　こえん　生没年不詳）

伍延　ごえん
3世紀，中国，三国時代，呉の将。
⇒三国（伍延　ごえん）
　三全（伍延　ごえん　?-280）

呉王濞　ごおうび
⇨呉王劉濞（ごおうりゅうび）

古応芬　こおうふん
19・20世紀，中国の革命家，政治家。
⇒近中（古応芬　こおうふん　1873-1931.10.28）

呉王劉濞　ごおうりゅうび
前3・2世紀，中国，漢の呉楚七国の乱の指導者。高祖の兄劉仲の子。前154年広陵（江蘇省）に挙兵，呉楚七国の乱の発端となる。
⇒外国（呉王濞　ごおうび　前215-154）
　コン2（呉王劉濞　ごおうりゅうび　前215-154）
　コン3（呉王劉濞　ごおうりゅうび　前215-154）
　中皇（呉王濞　ごおうび　前215-154）
　中史（劉濞　りゅうひ　前215-154）

胡亥　こがい
⇨秦二世皇帝（しんにせいこうてい）

呉学謙　ごがくけん
20世紀，中国の政治家。中国人民政治協商会議全国委員会（全国政協）副主席，中国副首相。
⇒世政（呉学謙　ごがくけん　1921.12-）
　世東（呉学謙　ごがくけん　1921.12-）
　中人（呉学謙　ごがくけん　1921.12-）

呉可読　ごかどく
19世紀，中国，清の官僚。甘粛省蘭州出身。光緒帝即位に際し，清朝の古式を乱した西太后に抗議して自殺。
⇒コン2（呉可読　ごかどく　1812-1879）
　コン3（呉可読　ごかどく　1812-1879）

呉晗　ごがん
20世紀，中国の歴史学者。浙江省出身。1952年より北京市副市長。文化大革命で批判され，役職を解かれた。著書『朱元璋伝』(49)。
⇒近中（呉晗　ごがん　1909.8.11-1969.10.11）
　現人（呉晗　ごがん〈ウーハン〉　1909-）
　広辞5（呉晗　ごがん　1909-1969）
　広辞6（呉晗　ごがん　1909-1969）
　コン3（呉晗　ごがん　1909-1969）
　世東（呉晗　ごがん　1909-）
　世百（呉晗　ごがん　1909-）
　世百新（呉晗　ごがん　1909-1969）
　全書（呉晗　ごがん　1909-1969）
　中人（呉晗　ごがん　1909.9.24-1969.10.11）
　百科（呉晗　ごがん　1909-1969）
　山世（呉晗　ごがん　1909-1969）
　歴学（呉晗　ごがん　1909-1969）

呉漢　ごかん
1世紀，中国，後漢初期の武将。字は子顔，諡は忠侯。南陽・宛（河南省）出身。劉秀（光武帝）が反王莽の兵をおこすと，従軍して各地を転戦。
⇒コン2（呉漢　ごかん　?-44）
　コン3（呉漢　ごかん　?-44）

呉官正　ごかんせい
20世紀，中国の政治家。中国共産党政治局常務委員・中央規律検査委員会書記。
⇒世政（呉官正　ごかんせい　1938.8-）

政治・外交・軍事篇

胡漢民　こかんみん

19・20世紀, 中国の政治家。1905年中国革命同盟会結成に参加, 機関誌「民報」の論客。32年国民党中央執行委員会西南執行部常務委員となった。

⇒外国（胡漢民　こかんみん　1886–1936）
　華人（胡漢民　こかんみん　1879–1936）
　角世（胡漢民　こかんみん　1879–1936）
　近中（胡漢民　こかんみん　1879.12.9–1936.5.12）
　広辞4（胡漢民　こかんみん　1879–1936）
　広辞5（胡漢民　こかんみん　1879–1936）
　広辞6（胡漢民　こかんみん　1879–1936）
　国小（胡漢民　こかんみん　1886–1936）
　コン3（胡漢民　こかんみん　1879–1936）
　人物（胡漢民　こかんみん　1886–1936）
　世東（胡漢民　こかんみん　1879–1936.5.12）
　世百（胡漢民　こかんみん　1886–1936）
　全書（胡漢民　こかんみん　1879–1936）
　大辞（胡漢民　こかんみん　1879–1936）
　大辞2（胡漢民　こかんみん　1879–1936）
　大辞3（胡漢民　こかんみん　1879–1936）
　大百（胡漢民　こかんみん　1886–1936）
　中国（胡漢民　こかんみん　1886–1936）
　中史（胡漢民　こかんみん　1879–1936）
　中人（胡漢民　こかんみん　1879–1936）
　百科（胡漢民　こかんみん　1879–1936）
　評世（胡漢民　こかんみん　1886–1936）
　歴史（胡漢民　こかんみん　1886–1936）

呼韓邪単于　こかんやぜんう

前1世紀頃, 中央アジア, 東匈奴の単于（在位前58～31）。兄の郅支単于と戦って敗れた。

⇒旺世（呼韓邪単于　こかんやぜんう　生没年不詳）
　外国（呼韓邪単于　こかんや・ぜん）　?–前31）
　角世（呼韓邪単于　こかんやぜんう　?–前31）
　広辞4（呼韓邪単于　こかんやぜんう）
　広辞6（呼韓邪単于　こかんやぜんう　（在位）前58–前31）
　国小（呼韓邪単于　こかんやぜんう　?–前31）
　コン2（呼韓邪単于　こかんやぜんう　?–前31）
　コン3（呼韓邪単于　こかんやぜんう　?–前31）
　シル（呼韓邪単于(1世)　こかんやぜんう　（在位）前58–前31）
　シル新（呼韓邪単于(1世)　こかんやぜんう　(1世い)　（在位）前58–前31）
　人物（呼韓邪単于　こかんやぜんう　生没年不詳）
　世人（呼韓邪単于　こかんやぜんう　?–前31）
　世東（呼韓邪単于　こかんやぜんう　前1世紀頃）
　世百（呼韓邪単于　こかんやぜんう　?–前31）
　全書（呼韓邪単于　こかんやぜんう　?–前31）
　大辞（呼韓邪単于　こかんやぜんう　?–前31）
　大辞3（呼韓邪単于　こかんやぜんう　?–前31）
　大百（呼韓邪単于　こかんやぜんう　?–前31）
　評世（呼韓邪単于　こかんやぜんう　?–前31）
　評世（呼韓邪単于　こかんやぜんう　?–56）
　山世（呼韓邪単于　こかんやぜんう　?–前31）
　歴史（呼韓邪単于　こかんやぜんう　生没年不詳）

こきよ

　中人（呉官正　ごかんせい　1938–)
　中二（呉官正　ごかんせい　1938.8–)

呉起　ごき

前5・4世紀, 中国, 戦国時代の政治家, 兵法家。法治主義的改革をはかり, 秦の商鞅の改革に影響を与えた。孫子と併称される兵法家で, 『呉子』はその著。

⇒旺世（呉子　ごし　前440?–381）
　外国（呉起　ごき　?–前381）
　角世（呉起　ごき　?–前381）
　広辞4（呉子　ごし　前440頃–前381頃）
　広辞6（呉子　ごし　前440頃–385）
　国小（呉起　ごき　前440頃–381）
　コン2（呉起　ごき　前440–381）
　コン3（呉起　ごき　前440–381）
　三国（呉起　ごき）
　人物（呉起　ごき　前440頃–391頃）
　世人（呉起　ごき　前440–381頃）
　世東（呉子　ごき　?–前381）
　世百（呉子　ごし　?–前381）
　全書（呉子　ごし　前440?–381）
　大辞（呉起　ごき　?–前381）
　大辞3（呉起　ごき　?–前381）
　大百（呉起　ごき　前440–381）
　中芸（呉起　ごき　生没年不詳）
　中国（呉起　ごき　前440–381）
　中史（呉起　ごき　?–前381）
　伝記（呉子　ごし　?–前381）
　評世（呉子　ごし　前440頃–381頃）
　山世（呉子　ごし　前440頃–381頃）
　歴史（呉起　ごき）

呉儀　ごぎ

20世紀, 中国の政治家。中国副首相, 中国共産党政治局員。

⇒世政（呉儀　ごぎ　1938.11.17–)
　中人（呉儀　ごぎ　1938–)
　中二（呉儀　ごぎ　1938.11–)

呉曦　ごぎ

12・13世紀, 中国, 南宋の武将。四川軍閥の呉玠の孫。私兵10万を擁したが金の懐柔にあい南宋に離反。

⇒コン2（呉曦　ごぎ　1162–1207）
　コン3（呉曦　ごぎ　1162–1207）

呉其濬　ごきしゅん

中国, 清朝の官吏, 植物学者。河南省固始出身。江西学政など重職を歴任。著に『植物名実図考』

⇒外国（呉其濬　ごきしゅん）

胡橘棻　こきつふん

19・20世紀, 中国, 清末期の政治家。安徽省出身。京津鉄道の建設に尽くした。

⇒コン2（胡橘棻　こきつふん　?–1906）
　コン3（胡橘棻　こきつふん　?–1906）
　中人（胡橘棻　こきつふん　?–1906）

呉匡　ごきょう

3世紀頃, 中国, 三国時代, 大将軍何進の部将。

⇒三国（呉匡　ごきょう）
　三全（呉匡　ごきょう　生没年不詳）

胡喬木　こきょうぼく
20世紀,中国のジャーナリスト,政治家。1938年通信社「新華社」を創立し,52〜54年同社社長。78年中国社会科学院長,82年党政治局員。著書『中国共産党の30年』(51)。
- ⇒外国（胡喬木　こきょうぼく　1905-）
- 現人（胡喬木　こきょうぼく〈フーチヤオムー〉1905-）
- 広辞6（胡喬木　こきょうぼく　1912-1992）
- 国小（胡喬木　こきょうぼく　1905-）
- コン3（胡喬木　こきょうぼく　1912-1992）
- 世政（胡喬木　こきょうぼく　1912-1992.9.28）
- 世東（胡喬木　こきょうぼく　1905-）
- 世百（胡喬木　こきょうぼく　1905-）
- 中人（胡喬木　こきょうぼく　1912-1992.9.28）
- 歴学（胡喬木　こきょうぼく　1912-1992）

呉玉章　ごぎょくしょう
19・20世紀,中国の教育家,政治家。中国語ラテン化新文字を創案。1964年,第3期全国人民代表大会の四川代表に選出。著書に『簡化漢字問題』などがある。
- ⇒外国（呉玉章　ごぎょくしょう　1878-）
- 近中（呉玉章　ごぎょくしょう　1878.12.30-1966.12.12）
- 広辞4（呉玉章　ごぎょくしょう　1878-1966）
- 広辞5（呉玉章　ごぎょくしょう　1878-1966）
- 広辞6（呉玉章　ごぎょくしょう　1878-1966）
- 国小（呉玉章　ごぎょくしょう　1878.12.30-1966.12.12）
- コン2（呉玉章　ごぎょくしょう　1878-1966）
- コン3（呉玉章　ごぎょくしょう　1878-1966）
- 人物（呉玉章　ごぎょくしょう　1878-）
- 世東（呉玉章　ごぎょくしょう　1878-1966.12.12）
- 世百（呉玉章　ごぎょくしょう　1877-）
- 中芸（呉玉章　ごぎょくしょう　1878-1966）
- 中国（呉玉章　ごぎょくしょう　1878-1966）
- 中人（呉玉章　ごぎょくしょう　1878.12.30-1966.12.12）
- 百科（呉玉章　ごぎょくしょう　1878-1966）
- 評世（呉玉章　ごぎょくしょう　1878-1966）

胡季犛　こきり
⇨ホー・クイ・リ

胡錦濤　こきんとう
20世紀,中国の政治家。中国国家主席・国家中央軍事委主席,中国共産党総書記。
- ⇒広辞6（胡錦濤　こきんとう　1942-）
- 世人（胡錦濤　こきんとう　1942-）
- 世政（胡錦濤　こきんとう　1942.12.25-）
- 中重（胡錦濤　こきんとう　1942.12-）
- 中人（胡錦濤　こきんとう　1942-）
- 中二（胡錦濤　こきんとう　1942.12-）

嚳　こく
中国古代の黄帝の曾孫とされる伝説上の人物。
- ⇒中史（嚳　こく）

谷永　こくえい
前1世紀,中国,前漢成帝時代の政治家。字は子雲。長安出身。
- ⇒中人（谷永　こくえい　?-前9）
- 百科（谷永　こくえい　?-前8）

谷王朱橞　こくおうしゅけい*
中国,明,洪武帝の子。
- ⇒中皇（谷王朱橞）

国骨富　こくこつふ
7世紀頃,朝鮮,百済の官人。
- ⇒シル（国骨富　こくこつふ　7世紀頃）
- シル新（国骨富　こくこつふ）

黒歯常之　こくしじょうし
7世紀,朝鮮,百済の降将。唐に仕えた。
- ⇒シル（黒歯常之　こくしじょうし　?-689）
- シル新（黒歯常之　こくしじょうし　?-689）

谷鐘秀　こくしょうしゅう
19・20世紀,中国の政治家。字は九峰。直隸出身。辛亥革命後は,国民党所属の衆議院議員として袁世凱の独裁化に抵抗し,第3革命後,段祺瑞内閣の農商総長となる。
- ⇒コン2（谷鐘秀　こくしょうしゅう　1874-?）
- コン3（谷鐘秀　こくしょうしゅう　1874-?）
- 中人（谷鐘秀　こくしょうしゅう　1874-?）

唃厮囉（厮唃囉）　こくしら
10・11世紀,中国青海地方の青唐王国の初代王。在位1015～65。
- ⇒角世（唃厮囉　こくしら　997-1065）
- 百科（唃厮囉　こくしら　997-1065）

谷正綱　こくせいこう
20世紀,中国,中華民国の政治家。1969年国民党中央委員,常務委員。71年7月日華協力委員会代表団長として来日。
- ⇒近中（谷正綱　こくせいこう　1902.3.23-）
- 現人（谷正綱　こくせいこう〈クーチョンカン〉1901-）
- 国小（谷正綱　こくせいこう　1901-）
- 世政（谷正綱　こくせいこう　1901.3.23-1993.12.11）
- 世東（谷正綱　こくせいこう　1901-）

谷正鼎　こくせいてい
20世紀,中国国民党員でいわゆる右派に属し,CC俱楽部のメンバーの1人,組織工作の専門家。
- ⇒近中（谷正鼎　こくせいてい　1903.10.24-1974.11.1）

谷正倫　こくせいりん
19・20世紀,中国国民党の軍事専門家。
- ⇒近中（谷正倫　こくせいりん　1890.9.23-1953.11.3）

国智牟　こくちほう
7世紀頃,朝鮮,百済の遣隋使。

谷利　こくり
3世紀頃、中国、三国時代、呉の部将。
⇒三国（谷利　こくり）
三全（谷利　こくり　生没年不詳）

斛律金　こくりつきん
5・6世紀、中国、北斉の武将。字は阿六敦。
⇒集世（斛律金　こくりつきん　488（太和12）-567（天統3））
集文（斛律金　こくりつきん　488（太和12）-567（天統3））
中芸（斛律金　こくりつきん　488-567）

斛律孝卿　こくりつこうけい
6世紀、中国、隋の遣突厥使。
⇒シル（斛律孝卿　こくりつこうけい　?-600?）
シル新（斛律孝卿　こくりつこうけい　?-600?）

五瓊（伍瓊）　ごけい
2世紀、中国、後漢の城門校尉。
⇒三国（伍瓊　ごけい）
三全（五瓊　ごけい　?-191）

呉桂賢　ごけいけん
20世紀、中国の政治家。河南省出身。文革によって登上した人物。1963年頃より工場内で毛沢東著作の学習を指導。69年4月九全大会で9期中央委に選出。
⇒現人（呉桂賢　ごけいけん〈ウーコエシエン〉1938-）
スパ（呉桂賢　ごけいけん　1938-）
世東（呉桂賢　ごけいけん　?-）
中人（呉桂賢　ごけいけん　?-）

呉敬恒　ごけいこう
19・20世紀、中国の政治家、思想家。『新信仰の宇宙観と人生観』（1924）などを著し国共合作に反対、48年総統府諮詢委員となり、国民政府とともに台湾に移る。
⇒外国（呉稚暉　ごちき　1865-1953）
近中（呉稚暉　ごちき　1865.3.25-1953.10.30）
国小（呉敬恒　ごけいこう　1865.3.25-1953.10.30）
コン2（呉敬恒　ごけいこう　1865-1953）
コン3（呉敬恒　ごけいこう　1865-1953）
世東（呉敬恒　ごけいこう　1865-1953）
世百（呉敬恒　ごけいこう　1864-1953）
中芸（呉稚暉　ごちき　1864-?）
中人（呉敬恒　ごけいこう　1865.3.25-1953.10.30）
百科（呉稚暉　ごちき　1865-1953）
名著（呉稚暉　ごちき　1865-1953）

呉慶錫　ごけいしゃく
19世紀、朝鮮の開化派思想家、政治家。金玉均ら門下生を育成。
⇒コン2（呉慶錫　ごけいしゃく　1831-1879）
コン3（呉慶錫　ごけいしゃく　1831-1879）
朝人（呉慶錫　ごけいしゃく　1831-1879）

胡景翼　こけいよく
20世紀、中国の革命家、軍人。
⇒近中（胡景翼　こけいよく　1892-1925.4.10）

胡啓立　こけいりつ
20世紀、中国の政治家。中国人民政治協商会議全国委員会（全国政協）副主席。中国宋慶齢基金会主席、中国福利会主席。
⇒コン3（胡啓立　こけいりつ　1929-）
世政（胡啓立　こけいりつ　1929-）
世東（胡啓立　こけいりつ　1929-）
中重（胡啓立　こけいりつ　1929.10-）
中人（胡啓立　こけいりつ　1929-）

呉景濂　ごけいれん
19・20世紀、中国の政治家。字は蓮伯。奉天省出身。辛亥革命後、国民党所属で衆議院議長。軍閥混戦の北京政界で強い影響力をもった。
⇒近中（呉景濂　ごけいれん　1873.3.18-1944.1.24）
コン2（呉景濂　ごけいれん　1875-?）
コン3（呉景濂　ごけいれん　1875-1944）
中人（呉景濂　ごけいれん　1875-1944）

胡厥文　こけつぶん
20世紀、中国の政治家。全国人民代表大会常務委員会副委員長、中国民主建国会名誉主席（1988〜）。
⇒近中（胡厥文　こけつぶん　1895-1989.4.16）
中人（胡厥文　こけつぶん　1894-1989.4.16）

呉権　ごけん
⇨ゴォ・クエン

吾彦　ごげん
3世紀頃、中国、三国時代、呉の建平の太守。
⇒三国（吾彦　ごげん）
三全（吾彦　ごげん　生没年不詳）

辜顕栄　こけんえい
19・20世紀、中国の実業家、政治家。
⇒近中（辜顕栄　こけんえい　1866.2.2-1937.12.9）

呉健彰　ごけんしょう
19世紀、中国、清の買辦官僚。
⇒中史（呉健彰　ごけんしょう　1815頃-1870）

ゴー・ケンスイ　Goh Keng Swee
20世紀、シンガポールの政治家。中国名は呉慶瑞。マラッカ生れ。1959年5月、立法議会議員に当選、蔵相に就任、工業化計画を作った。65年国防相、67年蔵相、70年国防相、73年には副首相を兼任。
⇒華人（ゴー・ケンスイ　1918-）
現人（ゴー・ケン・スイ　1918.10.6-）

顧憲成　こけんせい，ごけんせい

16・17世紀，中国，明末東林党の指導者。字は叔時，号は涇陽。東林書院を設立し，講学活動に専心し，政治問題を論じて朝野に大きな影響を与えた。

⇒岩哲　（顧憲成　こけんせい　1550–1612）
　外国　（顧憲成　こけんせい　1550–1621）
　角世　（顧憲成　こけんせい　1550–1612）
　教育　（顧憲成　こけんせい　1550–1621）
　広辞6（顧憲成　こけんせい　1550–1612）
　国小　（顧憲成　こけんせい　1550（嘉靖29）–1612（万暦40））
　コン2（顧憲成　こけんせい　1550–1612）
　コン3（顧憲成　こけんせい　1550–1612）
　人物　（顧憲成　こけんせい　1550–1612）
　世人　（顧憲成　こけんせい　1550–1612）
　世東　（顧憲成　こけんせい　?–1612）
　全書　（顧憲成　こけんせい　1550–1612）
　大辞3（顧憲成　こけんせい　1550–1612）
　中国　（顧憲成　こけんせい　1550–1612）
　中史　（顧憲成　こけんせい　1550–1612）
　百科　（顧憲成　こけんせい　1550–1612）
　評世　（顧憲成　こけんせい　1550–1612）
　山世　（顧憲成　こけんせい　1550–1612）

呉元済　ごげんせい

8・9世紀，中国，唐に反抗した節度使。淮西節度使呉少陽の子。

⇒コン2（呉元済　ごげんせい　783–817）
　コン3（呉元済　ごげんせい　783–817）

胡健中　こけんちゅう

20世紀，中国の政治家。南京市に生まる。1950年以後国民党中央改造委員会委員を経て，党中央党務委員。

⇒世東　（胡健中　こけんちゅう　1902–）
　中人　（胡健中　こけんちゅう　1902–）

胡広　ここう

14・15世紀，中国，明初期の官僚，学者。字は光大，諡は文穆。吉水県（江西省）出身。永楽年間，命をうけて，『四書五経性理大全』を編纂。

⇒外国　（胡広　ここう　1370–1418）
　コン2（胡広　ここう　1370–1418）
　コン3（胡広　ここう　1370–1418）
　中芸　（胡広　ここう　1370–1418）
　名著　（胡広　ここう　1370–1418）

呉広　ごこう，ごごう

前3世紀，中国，秦末期の農民反乱指導者。字は叔。陽夏（河南省）出身。秦末の農民反乱の口火を切る。

⇒外国　（呉広　ごごう　?–前208）
　広辞6（呉広　ごごう　?–前208）
　コン2（呉広　ごごう　?–前208）
　コン3（呉広　ごごう　?–前208）
　人物　（呉広　ごごう　?–前208）
　世人　（呉広　ごごう　?–前208）
　大辞　（呉広　ごごう　?–前208）
　大辞3（呉広　ごごう　?–前208）
　中国　（呉広　ごごう　?–前208）
　百科　（呉広　ごごう　?–前208）

呉光浩　ごこうこう

20世紀，中国の黄麻起義の指導者，鄂予辺紅軍と革命根拠地創設者の1人。

⇒近中　（呉光浩　ごこうこう　1906–1929.5）

呉皇后　ごこうごう*

12世紀，中国，南宋，高宗の皇妃。

⇒中皇　（呉皇后　1115–1197）

古公亶父　ここうたんぽ

前12世紀頃，中国，周の文王の祖父。始祖后稷の業をついで善政をしく。殷を滅ぼす基をつくった。

⇒広辞4（古公亶父　ここうたんぽ）
　広辞6（古公亶父　ここうたんぽ）
　コン2（古公亶父　ここうたんぽ）
　コン3（古公亶父　ここうたんぽ　生没年不詳）
　人物　（古公亶父　ここうたんぽ　生没年不詳）
　大辞　（古公亶父　ここうたんぽ）
　大辞3（古公亶父　ここうたんぽ）
　中芸　（古公亶父　ここうたんぽ）

故国原王　ここくげんおう

4世紀，朝鮮，高句麗の第16代王（在位331～371）。

⇒コン2（故国原王　ここくげんおう　?–371）
　コン3（故国原王　ここくげんおう　?–371）
　世東　（故国原王　ここくげんおう　?–371）
　朝人　（故国原王　ここくげんおう　?–371）
　百科　（故国原王　ここくげんおう　?–371）

呉国楨　ごこくてい

20世紀，中国，国民党政府の政治家。湖南出身。1950年陳誠のあとをうけて台湾政府首席。国民党中央評議委員。

⇒外国　（呉国楨　ごこくてい　1903–）
　世東　（呉国楨　ごこくてい　1903–）
　中人　（呉国楨　ごこくてい　1903–1984）

ココ・テムル（拡廓帖木児）

14世紀，中国，元の軍閥。河南のウイグル人。漢字名は王保保。

⇒角世　（クク・テムル〔王保〕　?–1375）
　国小　（王保保　おうほうほう　?–1375（洪武8））
　コン2（ココ・テムル〔拡廓帖木児〕　?–1375）
　コン3（ココ・テムル〔拡廓帖木児〕　?–1375）

高建　ココン

20世紀，韓国の政治家。交通部長官，農林水産部長官，韓国首相，ソウル市長。

⇒韓国　（高建　ココン　1938.1.2–）
　世政　（高建　ココン　1938.1.2–）

胡済　こさい

3世紀頃，中国，三国時代，蜀の将。

⇒三国　（胡済　こさい）
　三全　（胡済　こさい　生没年不詳）

呉三桂　ごさんけい
17世紀, 中国, 明末清初の武将。父は呉襄。平西大将軍に任ぜられ, 1662年平西親王。三藩の乱を起す。
- ⇒逸話　(呉三桂　ごさんけい　1612–1678)
- 旺世　(呉三桂　ごさんけい　1612–1678)
- 外国　(呉三桂　ごさんけい　1612–1678)
- 角世　(呉三桂　ごさんけい　1612–1678)
- 広辞4　(呉三桂　ごさんけい　1612–1678)
- 広辞6　(呉三桂　ごさんけい　1612–1678)
- 皇帝　(呉三桂　ごさんけい　1612–1678)
- 国小　(呉三桂　ごさんけい　1612（万暦40）–1678（康熙17））
- コン2　(呉三桂　ごさんけい　1612–1678)
- コン3　(呉三桂　ごさんけい　1612–1678)
- 人物　(呉三桂　ごさんけい　1612–1678.8)
- 世人　(呉三桂　ごさんけい　1612–1678)
- 世東　(呉三桂　ごさんけい　1612–1678)
- 世百　(呉三桂　ごさんけい　1612–1678)
- 全書　(呉三桂　ごさんけい　1612–1678)
- 大辞　(呉三桂　ごさんけい　1612–1678)
- 大辞3　(呉三桂　ごさんけい　1612–1678)
- 大百　(呉三桂　ごさんけい　1612–1678)
- 中皇　(呉三桂　1612–1678)
- 中国　(呉三桂　ごさんけい　1612–1678)
- 中史　(呉三桂　ごさんけい　1612–1678)
- デス　(呉三桂　ごさんけい　1612–1678)
- 百科　(呉三桂　ごさんけい　1612–1678)
- 評伝　(呉三桂　ごさんけい　1612–1678)
- 山世　(呉三桂　ごさんけい　1612–1678)
- 歴史　(呉三桂　ごさんけい　1612–1678)

呉三連　ごさんれん
20世紀, 台湾の実業家。台湾台南県の生れ。1948年台湾化学薬品社長。国民大会代表となり, 50年には初代民選台北市長に選出。また, 台南紡織, 環球セメントなど多くの企業を経営。
- ⇒現人　(呉三連　ごさんれん〈ウーサンリエン〉　1899.10.3–)
- 中人　(呉三連　ごさんれん　1899.10.3–1988.12.29)

呉子　ごし
⇨呉起（ごき）

胡祇遹　こしいつ
13世紀, 中国, 元の政治家。字は紹開, 諡は文靖。磁州・武安（河北省）出身。文集は, 文学史・社会史の貴重な史料。
- ⇒コン2　(胡祇遹　こしいつ　1225–1293)
- コン3　(胡祇遹　こしいつ　1225–1293)

胡子嬰　こしえい
20世紀, 中国の民族・民主運動の女性指導者。
- ⇒近中　(胡子嬰　こしえい　1907–1982.11.30)

胡志強　こしきょう
20世紀, 台湾の政治家。台湾外交部長（外相）。
- ⇒世政　(胡志強　こしきょう　1948.5.15–)
- 中人　(胡志強　こしきょう　?–)

胡思敬　こしけい
19・20世紀, 中国, 清末・民国初期の政治家。字は退庐。江西省新昌の人戊戌変法の批判的概説書『戊戌履霜録』等を残す。
- ⇒コン2　(胡思敬　こしけい　1869–1922)
- コン3　(胡思敬　こしけい　1869–1922)
- 世東　(胡思敬　こしけい　1870–1922.5.26)
- 中人　(胡思敬　こしけい　1869–1922)

呉思鎌　ごしけん
8世紀頃, 唐の遣渤海弔祭使。
- ⇒シル　(呉思鎌　ごしけん　8世紀頃)
- シル新　(呉思鎌　ごしけん)

賈士毅　こしこく
⇨賈士毅（かしき）

胡子春　こししゅん
19・20世紀, 中国の南洋華僑の富豪で, 変法維新派を支持した指導者。
- ⇒近中　(胡子春　こししゅん　1860–1921)

伍子胥　ごししょ
前5世紀, 中国, 春秋, 楚, 呉の臣。名は員。父の奢, 兄の尚が平王に殺されたため, 敵国の呉に赴き, 宰相となり, 楚を破った。
- ⇒広辞4　(伍子胥　ごししょ　?–前485)
- 広辞6　(伍子胥　ごししょ　?–前485)
- コン3　(伍子胥　ごししょ　?–前485)
- 三国　(伍子胥　ごししょ)
- 人物　(伍子胥　ごししょ　?–前485)
- 世東　(伍子胥　ごししょ　?–前484)
- 大辞　(伍子胥　ごししょ　?–前485)
- 大辞3　(伍子胥　ごししょ　?–前485)
- 中史　(伍子胥　ごししょ　?–前484)
- 百科　(伍子胥　ごししょ　生没年不詳)
- 歴史　(伍子胥　ごししょ　?–前485（夫差11・恵王4））

胡質　こしつ
3世紀, 中国, 三国時代, 魏の東莞の太守。
- ⇒三国　(胡質　こしつ)
- 三全　(胡質　こしつ　?–250)

後主（蜀）　ごしゅ*
3世紀, 中国, 蜀の皇帝（在位223～263）。
- ⇒中皇　(後主　207–271)
- 統治　(後主　Hou Chu　（在位）223–263)

後主（前蜀）　ごしゅ*
10世紀, 中国, 五代十国・前蜀の皇帝（在位918～925）。
- ⇒中皇　(後主　?–926)

後主（南漢）　ごしゅ*
10世紀, 中国, 五代十国・南漢の皇帝（在位958～971）。
- ⇒中皇　(後主　942–980)

後主緯 ごしゅい*
6世紀, 中国, 南北朝・北斉の皇帝 (在位565～576)。
⇒中皇 (後主緯 556-577)
統治 (後主 Hou Chu (在位)565-577)

伍習 ごしゅう
3世紀頃, 中国, 三国時代の人。曹操に殄虜将軍に任ぜられた。
⇒三国 (伍習 ごしゅう)
三全 (伍習 ごしゅう 生没年不詳)

呉充 ごじゅう
11世紀, 中国, 北宋の政治家。字は仲卿, 諡は正憲。建州・浦城 (山西省) 出身。王安石に代わり宰相となる。
⇒コン2 (呉充 ごじゅう 1021-1080)
コン3 (呉充 ごじゅう 1021-1080)

伍修権 ごしゅうけん
20世紀, 中国の軍人, 政治家。中ソ友好協会会長, 中国人民解放軍副参謀長, 外務次官, 中国共産党中央顧問委員会常務委員。1967年文化大革命で一時失脚したが, 75年の第4期人民代表大会で復活。
⇒近中 (伍修権 ごしゅうけん 1908.3-)
現人 (伍修権 ごしゅうけん〈ウーシュウチュアン〉 1909-)
コン3 (伍修権 ごしゅうけん 1908-)
世政 (伍修権 ごしゅうけん 1908.3.6-1997.11.9)
全書 (伍修権 ごしゅうけん 1909-)
中人 (伍修権 ごしゅうけん 1908.3.6-)

顧秀蓮 こしゅうれん
20世紀, 中国の化学工業相, 中国共産党中央委員。
⇒中人 (顧秀蓮 こしゅうれん 1936-)

顧祝同 こしゅくどう
20世紀, 中国の軍人。字は墨三。江蘇省出身。1930年馮・閻反蔣軍を討伐, 蔣介石の腹心となる。
⇒外国 (顧祝同 こしゅくどう)
近中 (顧祝同 こしゅくどう 1893.1.9-1987.1.17)
コン3 (顧祝同 こしゅくどう 1893-)
世東 (顧祝同 こしゅくどう 1893-)
中人 (顧祝同 こしゅくどう 1893-1987.1.17)

胡遵 こじゅん
3世紀頃, 中国, 三国時代, 魏の将。
⇒三国 (胡遵 こじゅん)
三全 (胡遵 こじゅん 生没年不詳)

賈春旺 こしゅんおう
⇨賈春旺 (かしゅんおう)

顧順章 こじゅんしょう
20世紀, 中国共産党の指導者, 特務工作の専門家。
⇒近中 (顧順章 こじゅんしょう 1904-1935)

呉俊陞 ごしゅんしょう
19・20世紀, 中国, 民国, 奉天派の軍人。山東省歴城県人。1920年黒龍江督軍兼総長となり, 以来張作霖の盟友として黒龍江を掌握。列車爆発のため, 張と共に爆死した。
⇒近中 (呉俊陞 ごしゅんしょう 1863.10.14-1928.6.4)
世東 (呉俊陞 ごしゅんしょう 1861-1928)

姑如 こじょ
7世紀頃, 朝鮮, 耽羅 (済州島) の王子。
⇒シル (姑如 こじょ 7世紀頃)
シル新 (姑如 こじょ)

高宗 (李朝) コジョ
⇨李太王 (りたいおう)

胡縄 こじょう
20世紀, 中国の歴史学者, 哲学者。1985年社会科学院院長, 88年人民政治協商会議全国委員主席, 89年中国共産党党史学会会長。
⇒現人 (胡縄 こじょう〈フーション〉 1908-)
広辞6 (胡縄 こじょう 1918-2000)
国小 (胡縄 こじょう 1908-)
コン3 (胡縄 こじょう 1908-)
世百 (胡縄 こじょう ?-)
全書 (胡縄 こじょう 1918?-)
中人 (胡縄 こじょう 1918.1-)
中人 (胡縄 こじょう 1918-)

胡承珙 こしょうきょう
18・19世紀, 中国, 清代の政治家, 文学者。
⇒中芸 (胡承珙 こしょうきょう 1776-1832)

呉昌文 ごしょうぶん
⇨ゴォ・スオン・ヴァン

高宗 (李朝) コジョン
⇨李太王 (りたいおう)

呉子蘭 ごしらん
2世紀, 中国, 三国時代, 曹操を誅滅しようとする企てに参加した将軍の一人。
⇒三国 (呉子蘭 ごしらん)
三全 (呉子蘭 ごしらん ?-200)

呉士連 ごしれん
⇨ゴォ・シ・リエン

小次郎冠者 こじろうかじゃ
朝鮮, 高句麗の伝説上の王子。
⇒日人 (小次郎冠者 こじろうかじゃ)

胡軫 こしん
2世紀, 中国, 三国時代, 董卓の部将。
⇒三国 (胡軫 こしん)

三全（胡軫　こしん　?-190）

呉臣　ごしん
3世紀，中国，三国時代，蒼梧の太守。
⇒三国（呉臣　ごしん）
　三全（呉臣　ごしん　?-210）

呉振宇　ごしんう
⇨呉振宇（オジンウ）

ゴ・ジン・ジェム
⇨ゴ・ディン・ジェム

護真檀　ごしんだん
8世紀頃，中央アジア，護密（ワッハーン）国王。3度唐に来朝。
⇒シル（護真檀　ごしんだん　8世紀頃）
　シル新（護真檀　ごしんだん）

辜振甫　こしんぽ，こしんほ
20世紀，台湾の実業家，政治家。1965年台湾セメント公司専務。65年以来，対日経済関係でたびたび来日。69年中国国民党中央委員。
⇒華人（辜振甫　こしんぽ　1917-）
　現人（辜振甫　こしんほ〈クーチェンフー〉1917-）
　世東（辜振甫　こうしんほ　1917-）
　中人（辜振甫　こしんほ　1917.1.6-）

呉瑞林　ごずいりん
20世紀，中国の軍人，政治家。1955年海軍中将。67年海軍副司令員，69年4月9期中央委。
⇒世東（呉瑞林　ごずいりん　?-）
　中人（呉瑞林　ごずいりん　1915-）

呉醒漢　ごせいかん
19・20世紀，中国同盟会員，中国国民党員，軍人。
⇒近中（呉醒漢　ごせいかん　1883-1938.8.18）

呉世昌　ごせいしょう
19・20世紀，朝鮮の独立運動家。1919年三・一運動の33人の民族代表の一人として独立宣書に署名。
⇒コン2（呉世昌　ごせいしょう　1864-1953）
　コン3（呉世昌　ごせいしょう　1864-1953）
　新美（呉世昌　ごせいしょう　1865〈李朝・高宗2.7.15〉-1953.4.16）
　中人（呉世昌　ごせいしょう　?-1986.8.31）
　朝人（呉世昌　ごせいしょう　1864-1953）

胡世沢　こせいたく
20世紀，中国の外交官。Victor Chitsai Hooとして知られる。パリ大学卒業。スイス公使（1931〜42）などをつとめ，国際連合安全保障理事会の国民政府代表として，48年国連朝鮮委員会の委員長に任ぜられた。
⇒外国（胡世沢　こせいたく　1894-）
　中人（胡世沢　こせいたく　1894-）

呉世璠　ごせいはん
17世紀，中国，清初期の帝。呉三桂の孫。三藩の乱の末期，呉三桂の死で擁立される。清軍の攻撃で自殺。
⇒コン2（呉世璠　ごせいはん　?-1681）
　コン3（呉世璠　ごせいはん　?-1681）

胡適　こせき
⇨胡適（こてき）

許勢奇麻　こせのがま
6世紀頃，朝鮮，百済使。544（欽明5）年来日。
⇒シル（許勢奇麻　こせのがま　6世紀頃）
　シル新（許勢奇麻　こせのがま）
　日人（許勢奇麻　こせのがま　生没年不詳）

胡銓　こせん
12世紀，中国，南宋の官僚。字は邦衡。工部侍郎，資政殿大学士となる。対金主戦論者。文集に『澹菴集』。
⇒国小（胡銓　こせん　1102〈崇寧1〉頃-1180〈淳熙7〉）
　コン2（胡銓　こせん　?-1180）
　コン3（胡銓　こせん　1102-1180）
　中史（胡銓　こせん　1102-1180）

呉曾　ごそう
中国，宋代の政治家。字は虎臣。
⇒中芸（呉曾　ごそう　生没年不詳）

胡宗憲　こそうけん
16世紀，中国，明の武将。績渓出身。字は汝貞。倭寇平定に功があった。編修した『籌海図編』13巻は倭寇研究の重要史料。
⇒外国（胡宗憲　こそうけん）
　角世（胡宗憲　こそうけん　16世紀）
　国史（胡宗憲　こそうけん　?-1562）
　国小（胡宗憲　こそうけん　生没年不詳）
　コン2（胡宗憲　こそうけん　16世紀）
　コン3（胡宗憲　こそうけん　生没年不詳）
　世東（胡宗憲　こそうけん　生没年不詳）
　世百（胡宗憲　こそうけん　生没年不詳）
　全書（胡宗憲　こそうけん　?-1565）
　対外（胡宗憲　こそうけん　?-1562）
　中国（胡宗憲　こそうけん　16世紀）
　日人（胡宗憲　こそうけん　?-1562）
　百科（胡宗憲　こそうけん　生没年不詳）
　歴史（胡宗憲　こそうけん　生没年不詳）

胡宗鐸　こそうたく
20世紀，中国，民国，広西派の軍人。湖北省黄梅県人。1929年広西派失脚後は馮・閻・汪らの反蔣運動に参加。国民政府成立後は軍事委員会委員となり，北方代表として天津に滞留。
⇒世東（胡宗鐸　こそうたく　1892-?）

胡宗南　こそうなん
20世紀，中国の軍人。字は寿山。浙江省出身。日中戦争中，第8戦区副総司令として共産党軍を監視。渡台後，1952年から東南沿海部隊総

司令。
⇒外国（胡宗南　こそうなん　1895–）
　角世（胡宗南　こそうなん　1902–1962）
　近中（胡宗南　こそうなん　1896.5.16–1962.2.14）
　コン3（胡宗南　こそうなん　1896–1962）
　世東（胡宗南　こそうなん　1899–1962）
　世百新（胡宗南　こそうなん　1902?–1962）
　百科（胡宗南　こそうなん　1902?–1962）

呉損　ごそん
8世紀, 中国, 唐の遣吐蕃使。
⇒シル（呉損　ごそん　?–773?）
　シル新（呉損　ごそん　?–773?）

胡太后　こたいこう
5世紀, 中国の后妃。北魏第4代文成帝の皇后。第5代献文帝の全期および第6代孝文帝の前半, 朝政を独裁。
⇒百科（胡太后　こたいこう　442–490）

胡太后　こたいこう*
5・6世紀, 中国の后妃。北魏第7代宣武帝の后, 孝明帝の母。幼い孝明帝に代わり摂政となり, のち孝明帝を殺害して専制政治を行った。
⇒中皇（胡太后　?–528）

胡太后　こたいごう*
6世紀, 中国, 魏晋南北朝, 北斉の後主緯の母。
⇒中皇（胡太后　581–600（開皇年間）頃）

呉稚暉（呉椎暉）　ごちき
⇨呉敬恒（ごけいこう）

胡忠　こちゅう
3世紀頃, 中国, 三国時代, 蜀の裨将。
⇒三国（胡忠　こちゅう）
　三全（胡忠　こちゅう　生没年不詳）

呉中　ごちゅう
14・15世紀, 中国, 明代初期の官僚, 土木建築家。
⇒新美（呉中　ごちゅう）

呼厨泉（呼廚泉）　こちゅうせん
2・3世紀, 中央アジア, 南匈奴の単于（在位195～?）。前趙を建てた劉淵の祖先。
⇒国小（呼厨泉　こちゅうせん　生没年不詳）
　シル（呼厨泉　こちゅうせん　2世紀頃）
　シル新（呼厨泉　こちゅうせん）

呉長慶　ごちょうけい
19世紀, 中国, 清末期の武将。字は筱軒。安徽省廬江県出身。太平天国・捻軍の鎮圧にあたり, 功により広東水師提督となる。
⇒コン2（呉長慶　ごちょうけい　1834–1884）
　コン3（呉長慶　ごちょうけい　1834–1884）
　世東（呉長慶　ごちょうけい　19世紀）

朝人（呉長慶　ごちょうけい　1833–1884）

伍朝枢　ごちょうすう
19・20世紀, 中国の外交官。字は梯雲。広東省出身。伍廷芳の子。1924年広東国民政府の外交部長となり, 三角同盟を画策。
⇒コン3（伍朝枢　ごちょうすう　1886–1934）
　中人（伍朝枢　ごちょうすう　1886–1934）

呉朝枢　ごちょうすう
19・20世紀, 中国国民党の外交家。
⇒近中（呉朝枢　ごちょうすう　1887.5.23–1934.1.2）

呉兆麟　ごちょうりん
19・20世紀, 中国の軍人, 辛亥武昌革命の指揮官。
⇒近中（呉兆麟　ごちょうりん　1882.2.28–1942.10.17）

ゴー・チョク・トン（呉作棟）　Goh Chok Tong
20世紀, シンガポール共和国第2代首相（1990～2004）。
⇒華人（ゴー・チョクトン　1941–）
　広辞6（ゴー・チョクトン　1941–）
　世政（ゴー・チョクトン　1941.5.20–）
　世東（ゴー・チョク・トン　1941–）
　東ア（ゴー チョクトン〔呉作棟〕〔呉作棟〕1941–）

柯慶施　コーチンシー
⇨柯慶施（かけいし）

己珎蒙　こちんもう
8世紀頃, 渤海から来日した使節。
⇒シル（己珎蒙　こちんもう　8世紀頃）
　シル新（己珎蒙　こちんもう）

鶻汗達干　こつかんたつかん
8世紀頃, 中央アジア, 骨咄（フッタル）の入唐使節。
⇒シル（鶻汗達干　こつかんたつかん　8世紀頃）
　シル新（鶻汗達干　こつかんたつかん）

紇奚勿六跋　こつけいぶつりくばつ
6世紀頃, 柔然の遣北魏使。
⇒シル（紇奚勿六跋　こつけいぶつりくばつ　6世紀頃）
　シル新（紇奚勿六跋　こつけいぶつりくばつ）

己州己婁　こつこる
6世紀頃, 朝鮮, 百済使。543（欽明4）年来日。
⇒シル（己州己婁　こつこる　6世紀頃）
　シル新（己州己婁　こつこる）

紇設伊倶鼻施　こつせついぐびし
8世紀頃, 中央アジア, 護密（ワッハーン）王。唐に来朝した。

政治・外交・軍事篇　　　　　　　　　　　　*173*　　　　　　　　　　　　こてき

⇒シル（紇設伊倶鼻施　こつせついぐびし　8世紀頃）
シル新（紇設伊倶鼻施　こつせついぐびし）

骨都施　こつとし
8世紀頃、中央アジア、骨咄（フッタル）の入唐使節。国王俟斤の子。
⇒シル（骨都施　こつとし　8世紀頃）
シル新（骨都施　こつとし）

兀突骨　ごつとつこつ
3世紀、中国、三国時代、烏戈国の国王。
⇒三国（兀突骨　ごつとつこつ）
三全（兀突骨　ごつとつこつ　?-225）

骨咄禄特勒　こっとつろくとくろく
7世紀頃、突厥の遣唐使。
⇒シル（骨咄禄特勒　こっとつろくとくろく　7世紀頃）
シル新（骨咄禄特勒　こっとつろくとくろく）
評世（クトルク〔骨咄禄特勒〕　生没年不詳）

呉鼎昌　ごていしょう
19・20世紀、中国の政治家。字は達詮。四川省出身。1935年国民政府の実業部長となり、経済建設を推進。貴州省政府主席、総統府秘書長等を歴任。
⇒コン3（呉鼎昌　ごていしょう　1884-1950）
全書（呉鼎昌　ごていしょう　1884-1950）
中人（呉鼎昌　ごていしょう　1886-1949）
日人（呉鼎昌　ごていしょう　1884-1950）

伍廷芳　ごていほう
19・20世紀、中国の政治家。字は文爵、号は秩庸。広東軍政府外交部長。
⇒外国（伍廷芳　ごていほう　1883-1922）
近中（伍廷芳　ごていほう　1842.7.9-1922.6.23）
コン2（伍廷芳　ごていほう　1842-1922）
コン3（伍廷芳　ごていほう　1842-1922）
人物（伍廷芳　ごていほう　1843-1922）
世東（伍廷芳　ごていほう　1842-1922.6.23）
中人（伍廷芳　ごていほう　1842-1922）
百科（伍廷芳　ごていほう　1842-1922）

ゴ・ディン・ジェム（呉延琰）
20世紀、ベトナム共和国の政治家。1955年5月のクーデターにより独裁権力を握り、10月初代大統領となった。
⇒旺世（ゴ=ディン=ディエム　1901-1963）
角世（ゴ・ディン・ジェム　1901-1963）
現人（ゴ・ジン・ジェム　1901.1.3-1963.11.1）
広辞6（ゴーディン-ジェム　1901-1963）
国小（ゴ・ジン・ジェム　1901.1.2-1963.11.2）
国百（ゴ・ジン・ジェム　1901.1.2-1963.11.2）
コン3（ゴ・ディン・ジェム　1901-1963）
人物（ゴ・ジン・ジェム　1901-1963）
世人（ゴ=ディン=ディエム　1901-1963）
世政（ゴ・ジン・ジェム　1901.1.2-1963.11.2）
世東（ゴ・ディン・ジェム　1901.11.1）
世百（ゴディンディエム　1901-1963）
世百新（ゴ・ディン・ジェム　1901-1963）

全書（ゴ・ジン・ジェム　1901-1963）
大百（ゴ・ジン・ジェム　1901-1963）
伝世（ゴ・ディン・ジェム〔呉延琰〕　1901-1963）
ナビ（ゴ＝ディン＝ジェム　1901-1963）
二十（ゴ・ジン・ジェム　1901-1963）
東ア（ゴ・ディン・ジェム　1901-1963）
百科（ゴ・ディン・ジェム　1901-1963）
評世（ゴ・ジンジェム　1901.1-1963.11）
山世（ゴ・ディン・ジェム　1901-1963）
歴史（ゴ＝ジン＝ジェム　1901-1963）

ゴ・ディン・ディエム
⇨ゴ・ディン・ジェム

ゴー・ディン・ニュー　Ngo Dinh Nhu
20世紀、ベトナムの政治家。兄のゴ・ジン・ジェムの独裁を助けた。
⇒コン3（ゴー・ディン・ニュー　1910-1963）
世東（ゴー・ディン・ニュー　1910-1963）

胡適　こてき
20世紀、中国の学者、教育家。字は適之。1946年北京大学学長となったが、アメリカに亡命、その後台湾政府の外交顧問となった。著作集『胡適文存』。
⇒逸話（胡適　こてき　1891-1962）
岩ケ（胡適　こせき　1891-1962）
岩哲（胡適　こせき　1891-1962）
旺世（胡適　こてき　1891-1962）
外国（胡適　1891-）
角世（胡適　こてき　1891-）
教育（胡適　こてき　1891-）
近中（胡適　こてき　1891.12.17-1962.2.24）
現人（胡適　こてき〈フーシー〉　1891-）
広辞5（胡適　こてき　1891-1962）
広辞6（胡適　こてき　1891-1962）
国小（胡適　こてき　1892（光緒18.12.17）-1962.2.24）
コン3（胡適　こてき　1891-1961）
集世（胡適　こてき　1891.12.17-1962.2.24）
集文（胡適　こてき　1891.12.17-1962.2.24）
人物（胡適　こてき　1891.12.17-1962.2.24）
世人（胡適　こせき（こてき）　1891-1961）
世東（胡適　こてき　1891.12.17-1962.2.24）
世百（胡適　こてき　1891-1962）
世百新（胡適　こてき　1891-1962）
世文（胡適　こてき　1891-1962）
全書（胡適　こてき　1891-1962）
大辞2（胡適　こてき　1891-1962）
大辞3（胡適　こてき　1891-1962）
大百（胡適　こてき〈フウシー〉　1891-1962）
中芸（胡適　こてき　1891-1962）
中国（胡適　こてき　1891-1962）
中人（胡適　こてき　1891（光緒18.12.17）-1962.2.24）
伝記（胡適　こてき　1891.12.17-1962.2.22）
東仏（胡適　こてき、こせき　1891-1962）
ナビ（胡適　こてき　1891-1962）
百科（胡適　こてき　1891-1962）
評世（胡適　こてき　1891-1962）
名著（胡適　こてき　1891-1962）
山世（胡適　こせき　1891-1962）

呉鉄城　ごてつじょう
19・20世紀, 中国の政治家。広東省出身。1932年上海事件で上海市長として日本と交渉。日中戦争中, 海外部部長などを歴任。行政院副院長・総統府資政などを歴任。
- ⇒外国　(呉鉄城　ごてつじょう　1885-1953)
- 近中　(呉鉄城　ごてつじょう　1888.3.9-1953.11.9)
- コン3　(呉鉄城　ごてつじょう　1888-1953)
- 人物　(呉鉄城　ごてつじょう　1888-1953)
- 世東　(呉鉄城　ごてつじょう　1885-1953.11.19)
- 中人　(呉鉄城　ごてつじょう　1888-1953)

既殿奚　こでんけい
朝鮮, 伴跋国の使者。
- ⇒日人　(既殿奚　こでんけい　生没年不詳)

呉濤　ごとう
20世紀, 中国の政治家。1966年蒙古軍区政委。69年4月9期中央委。
- ⇒世東　(呉濤　ごとう　?-)
- 中人　(呉濤　ごとう　1912-1983)

呉徳　ごとく
20世紀, 中国の政治家。河北省唐山出身。1954年1期全人大会天津市代表, 69年4月党9期中央委員, 72年北京市委第1書記, 75年全人代常務副委員長, 80年解任ののち党中央委員, 82年党中央顧問委員会委員。
- ⇒現人　(呉徳　ごとく〈ウートー〉　1909-)
- 世政　(呉徳　ごとく　1913-1995.12)
- 世東　(呉徳　ごとく　1910頃-)
- 中人　(呉徳　ごとく　1913-)

コナエフ　Qonaev, Dinmŭkhamed
20世紀, 中央アジア, ソ連期カザフスタンの政治家。
- ⇒中ユ　(コナエフ　1912-1993)
- ロシ　(コナエフ　1912-1993)

軍君　こにきし
5世紀, 朝鮮, 百済の王子。
- ⇒日人　(軍君　こにきし　?-477)

呉佩孚　ごはいふ
19・20世紀, 中国, 湖南, 湖北を地盤とする直隷派軍閥の総帥。1922年奉直戦後, 直隷派の全盛時代を築く。
- ⇒岩ケ　(呉佩孚　ごはいふ　1874-1939)
- 旺世　(呉佩孚　ごはいふ　1874-1939)
- 外国　(呉佩孚　ごはいふ　1872-1939)
- 角世　(呉佩孚　ごはいふ　1874-1939)
- 近中　(呉佩孚　ごはいふ　1874.4.22-1939.12.4)
- 広辞4　(呉佩孚　ごはいふ　1872-1939)
- 広辞5　(呉佩孚　ごはいふ　1873-1939)
- 広辞6　(呉佩孚　ごはいふ　1873-1939)
- 国小　(呉佩孚　ごはいふ　1874(同治13.4.22)-1939.12.4)
- コン2　(呉佩孚　ごはいふ　1873-1939)
- コン3　(呉佩孚　ごはいふ　1872-1939)
- 人物　(呉佩孚　ごはいふ　1872-1939)
- 世人　(呉佩孚　ごはいふ　1872-1939)
- 世東　(呉佩孚　ごはいふ　1872-1939)
- 世百　(呉佩孚　ごはいふ　1872-1939)
- 全書　(呉佩孚　ごはいふ　1872-1939)
- 大辞　(呉佩孚　ごはいふ　1872?-1939)
- 大辞2　(呉佩孚　ごはいふ　1872?-1939)
- 大辞3　(呉佩孚　ごはいふ　1872?-1939)
- 大百　(呉佩孚　ごはいふ　1872-1939)
- 中国　(呉佩孚　ごはいふ　1872-1939)
- デス　(呉佩孚　ごはいふ〈ウーペイフー〉　1872-1939)
- 伝記　(呉佩孚　ごはいふ　1874-1939)
- 日人　(呉佩孚　ごはいふ　1874-1939)
- 百科　(呉佩孚　ごはいふ　1874-1939)
- 評世　(呉佩孚　ごはいふ　1872-1939)
- 歴史　(呉佩孚　ごはいふ　1872-1939)

古柏　こはく
20世紀, 中国, 江西ソヴィエト区の中国共産党指導者。
- ⇒近中　(古柏　こはく　1906-1935)

呉伯雄　ごはくゆう
20世紀, 台湾の政治家。台湾内政相。
- ⇒中人　(呉伯雄　ごはくゆう　1939.6.19-)

ゴ・バ・タン　Ngo Ba Thanh
20世紀, ベトナムの婦人運動家, 平和運動家。サイゴン生れ。父親は考古学者ファン・バン・フエン。南ベトナムで米軍介入の停止, 戦争中止を求め, しばしば捕された。「生活権のための婦人運動」議長。
- ⇒現人　(ゴ・バ・タン　1931-)
- スパ　(ゴ・バ・タン　1931-)

古弼　こひつ
5世紀, 中国, 北魏の遣北涼使。
- ⇒シル　(古弼　こひつ　?-452?)
- シル新　(古弼　こひつ　?-452?)

伍孚　ごふ
2世紀, 中国, 三国時代の越騎校尉。字は徳瑜(とくゆ)。
- ⇒三国　(伍孚　ごふ)
- 三全　(伍孚　ごふ　?-190)

胡風　こふう
20世紀, 中国の文芸評論家。本名, 張光人。また張谷非とも称する。毛沢東に対抗して「自我拡張論」ともいうべき説を主張。人民大会代表, 『人民文学』編集委員などの職にありながら, 共産党の文芸路線と対立。
- ⇒外国　(胡風　こふう　1904-)
- 角世　(胡風　こふう　1902-1985)
- 近中　(胡風　こふう　1902.11.1-1985.6.8)
- 現人　(胡風　こふう〈フーフォン〉　1904-)
- 広辞5　(胡風　こふう　1902-1985)
- 広辞6　(胡風　こふう　1902-1985)
- 国小　(胡風　こふう　1904(光緒30)-)
- コン3　(胡風　こふう　1904-1985)

集世（胡風　こふう　1902.11.2–1985.6.8）
集文（胡風　こふう　1902.11.2–1985.6.8）
人物（胡風　こふう　1904-）
世東（胡風　こふう　1904–?）
世百（胡風　こふう　1904–）
世百新（胡風　こふう　1903–1985）
世文（胡風　こふう　1902–1985）
大辞2（胡風　こふう　1904?–1985）
大辞3（胡風　こふう　1904?–1985）
大百（胡風　こふう〈フーフォン〉　1904–）
中芸（胡風　こふう　1904–1959）
中人（胡風　こふう　1902.11.1–1985.6.8）
日人（胡風　こふう　1902–1985）
百科（胡風　こふう　1903–）
山世（胡風　こふう　1902–1985）

胡奮　こふん
3世紀頃，中国，三国時代，司馬昭配下の将。
⇒三国（胡奮　こふん）
　三全（胡奮　こふん　生没年不詳）

呉文英　ごぶんえい
20世紀，中国の政治家。中国紡織工業相，中国共産党中央委員（1992〜）。
⇒世女（呉文英　ごぶんえい　1932–）
　中人（呉文英　ごぶんえい　1932–）

胡平　こへい
20世紀，中国の商業相，中国共産党中央委員。
⇒中人（胡平　こへい　1930–）

呉法憲　ごほうけん
20世紀，中国の軍人，政治家。本名呉文玉。江西省出身。1955年9月空軍中将，58年2期全人大会解放軍代表。67年3月副総参謀長。69年4月9期中委，中政委。林彪失脚とともに消息をたつ。
⇒現人（呉法憲　ごほうけん〈ウーファーシエン〉　1914–）
　世政（呉法憲　ごほうけん　1915–）
　世東（呉法憲　ごほうけん　?–）
　中人（呉法憲　ごほうけん　1915–）

呉邦国　ごほうこく
20世紀，中国共産党中央政治局委員（1992〜），中国共産党上海市委員会書記（91〜）。
⇒世人（呉邦国　ごほうこく　1941–）
　世政（呉邦国　ごほうこく　1941.7.22–）
　中重（呉邦国　ごほうこく　1941.7–）
　中人（呉邦国　ごほうこく　1941–）
　中二（呉邦国　ごほうこく　1941.7–）

コーマン, T.　Khoman, Thanat
20世紀，タイの政治家，外交官。タイ外相。
⇒二十（コーマン, T.　1914–）

呉満有　ごまんゆう
20世紀，中国の労働英雄。抗日戦争のさい，日本占領地区から中国共産党の根拠地，陝甘寧辺区にのがれた貧農のひとり。荒地を開墾し，合理的な経営で，貧農から富農への可能性を示した等の理由で，1943年，第一回の労働英雄に選ばれた。
⇒外国（呉満有　ごまんゆう　?–）
　大百（呉満有　ごまんゆう　生没年不詳）
　評世（呉満有　ごまんゆう）

顧孟余　こもうよ
19・20世紀，中国国民党改組派。
⇒近中（顧孟余　こもうよ　1889.10.18–1972.6.25）

呉熊光　ごゆうこう
18・19世紀，中国，清中期の地方官。字は望麗，号は槐江。江蘇省出身。白蓮教徒の乱を平定。
⇒コン2（呉熊光　ごゆうこう　1750–1833）
　コン3（呉熊光　ごゆうこう　1750–1833）

呉耀宗　ごようそう
20世紀，中国のキリスト教指導者。1952年以降，世界平和評議会などに中国代表として出席，65年全国人民代表大会常務委員会委員。主著『没有人看見過上帝』。
⇒キリ（呉耀宗　ウーヤオゾン　1893–1979.9）
　国小（呉耀宗　ごようそう　1893–）
　コン3（呉耀宗　ごようそう　1893–1979）
　世宗（呉耀宗　ごようそう　1893–1979）
　世東（呉耀宗　ごようそう　1893–）
　世百（呉耀宗　ごようそう　1893–）
　世百新（呉耀宗　ごようそう　1893–1979）
　中人（呉耀宗　ごようそう　1893–1979）
　百科（呉耀宗　ごようそう　1893–1979）

胡耀邦　こようほう
20世紀，中国の政治家。湖南省出身。1965年陝西省第一書記，のち文革で失脚，72年復活。78年鄧小平の片腕として『実事求是』論争を推進，81年党主席，82年党総書記。
⇒岩ケ（胡耀邦　こようほう　1915–1989）
　旺世（胡耀邦　こようほう　1915–1989）
　角世（胡耀邦　こようほう　1915–1989）
　広辞5（胡耀邦　こようほう　1915–1989）
　広辞6（胡耀邦　こようほう　1915–1989）
　コン3（胡耀邦　こようほう　1915–1989）
　最世（胡耀邦　こようほう　1913–1989）
　世人（胡耀邦　こようほう　1913–1989）
　世政（胡耀邦　こようほう　1915.11.20–1989.4.15）
　世東（胡耀邦　こようほう　1913–）
　全書（胡耀邦　こようほう　1915–）
　大辞2（胡耀邦　こようほう　1915–1989）
　中人（胡耀邦　こようほう　1915.11.20–1989.4.15）
　ナビ（胡耀邦　こようほう　1913–1989）
　評世（胡耀邦　こようほう　1913–1989）
　山世（胡耀邦　こようほう　1915–1989）

呉蘭　ごらん
3世紀，中国，三国時代，蜀の将。
⇒三国（呉蘭　ごらん）
　三全（呉蘭　ごらん　?–218）

其悛　ごりょう
6世紀頃，朝鮮，百済使。545（欽明6）年来日。
⇒シル（其悛　ごりょう　6世紀頃）
　シル新（其悛　ごりょう）

呉亮平　ごりょうへい
20世紀，中国の政治家。浙江省出身。党華東局企業委員会書記補・化学工業部副部長・国家経済委員会委員などを歴任，経済建設に活躍。『反デューリング論』『史的唯物論』等を翻訳。
⇒外国（呉亮平　ごりょうへい　1910–）
　コン3（呉亮平　ごりょうへい　1908–1986）
　世東（呉亮平　ごりょうへい　1910–）
　中人（呉亮平　ごりょうへい　1908–1986）

呉璘　ごりん
12世紀，中国，南宋の武将。字は唐卿。徳順軍隴干（甘粛省）出身。兄と四川に呉氏の一大軍閥勢力を築いた。
⇒コン2（呉璘　ごりん　1102–1167）
　コン3（呉璘　ごりん　1102–1167）

固倫栄憲公主　こりんえいけんこうしゅ*
17・18世紀，中国，清，康熙（こうき）帝の娘。
⇒中皇（固倫栄憲公主　1673–1728）

固倫純禧公主　コリンじゅんきこうしゅ*
17・18世紀，中国，清，恭親王常寧（じょうねい）の娘。
⇒中皇（固倫純禧公主　1671–1741）

胡林翼　こりんよく
19世紀，中国，清末の官僚，武将。湖南省益陽県出身。字は貺生，号は潤之，諡は文忠。
⇒外国（胡林翼　こりんよく　1812–1861）
　国小（胡林翼　こりんよく　1812（嘉慶17）–1861（咸豊11.8）
　コン2（胡林翼　こりんよく　1812–1861）
　コン3（胡林翼　こりんよく　1812–1861）
　世東（胡林翼　こりんよく　1812–1861）
　世百（胡林翼　こりんよく　1812–1861）
　中史（胡林翼　こりんよく　1812–1861）
　百科（胡林翼　こりんよく　1812–1861）

固倫和敬公主　コリンわけいこうしゅ*
18世紀，中国，清，乾隆（けんりゅう）帝の娘。
⇒中皇（固倫和敬公主　1731–1792）

固倫和孝公主　コリンわこうこうしゅ*
18・19世紀，中国，清，乾隆帝の娘。
⇒中皇（固倫和孝公主　1776–1823）

胡烈　これつ
3世紀頃，中国，三国時代，魏の将。
⇒三国（胡烈　これつ）
　三全（胡烈　これつ　生没年不詳）

己連　これん
6世紀頃，朝鮮，百済使。542（欽明3）年来日。
⇒シル（己連　これん　6世紀頃）
　シル新（己連　これん）

胡禄達干　ころくたつかん
8世紀頃，中央アジア，突騎施（トゥルギシュ）の入唐使節。
⇒シル（胡禄達干　ころくたつかん　8世紀頃）
　シル新（胡禄達干　ころくたつかん）

呉禄貞　ごろくてい
19・20世紀，中国，清末期の革命派軍人。字は綬卿。湖北省雲夢県出身。東三省総督徐世昌の軍事参議となり，間島問題にあたり，その功で協統兼吉林辺務大臣。辛亥革命で山西民軍と結んで清朝転覆をねらったが，失敗，石家荘で暗殺された。
⇒近中（呉禄貞　ごろくてい　1880.3.6–1911.11.7）
　コン2（呉禄貞　ごろくてい　1880–1911）
　コン3（呉禄貞　ごろくてい　1880–1911）
　世東（呉禄貞　ごろくてい　1880–1911）
　中人（呉禄貞　ごろくてい　1880–1911）

渾瑊　こんかん
8世紀，中国，唐の入蕃会盟使。
⇒シル（渾瑊　こんかん　736–799）
　シル新（渾瑊　こんかん　736–799）

権近　ごんきん
14・15世紀，朝鮮，高麗末から李朝初期の儒臣。号は陽村。李朝になると鄭道伝ら改革派の立場を擁護，儒教統治実現の中心人物の一人となる。
⇒コン2（権近　ごんきん　1352–1409）
　コン3（権近　ごんきん　1352–1409）
　世東（権近　けんきん　1352–1409）
　朝人（権近　ごんきん　1352–1409）
　朝鮮（権近　ごんきん　1352–1409）
　百科（権近　ごんきん　1352–1409）

コン・クイン
⇨グエン・クィン

袞国大長公主　こんこくだいちょうこうしゅ*
11世紀，中国，北宋，仁宗の娘。
⇒中皇（袞国大長公主　1059–1083）

権五卨　ごんごせつ
20世紀，朝鮮の社会主義者。
⇒コン3（権五卨　ごんごせつ　1897–1930）
　朝人（権五卨　ごんごせつ　1897–1931）

ゴン・サナニコン　Ngone Sananikone
20世紀，ラオスの政治家。プイ・サナニコンの実弟。1962年3派連合政府に公共事業・運輸相として入閣。
⇒世東（ゴン・サナニコン　1914.12.29–）

孔祥熙　コンシアンシー
　⇨孔祥熙（こうしょうき）

渾十升　こんじゅうしょう
　6世紀頃，柔然の遣東魏使。
　⇒シル（渾十升　こんじゅうしょう　6世紀頃）
　　シル新（渾十升　こんじゅうしょう）

金春秋　こんしゅんじゅう
　⇨武烈王（ぶれつおう）

コンデー
　⇨クォン・デ

権東鎮　ごんとうちん
　19・20世紀，朝鮮の独立運動家。
　⇒コン3（権東鎮　ごんとうちん　1861–1947）
　　朝人（権東鎮　ごんとうちん　1861–1947）

孔魯明　コンノミョン
　20世紀，韓国の政治家，外交官。韓国外相。
　⇒韓国（孔魯明　コンノミョン　1932.2.25–）
　　世政（孔魯明　コンノミョン　1932.2.25–）

耿飇　コンピヤオ
　⇨耿飇（こうひょう）

権文海　ごんぶんかい
　16世紀，朝鮮，李朝の学者，文臣。朝鮮における最初の辞書である『大東韻府群玉』20巻を編纂。
　⇒コン2（権文海　ごんぶんかい　1534–1591）
　　コン3（権文海　ごんぶんかい　1534–1591）

恭愍王　コンミンワン
　⇨恭愍王（きょうびんおう）

金庾信　こんゆしん
　⇨金庾信（きんゆしん）

コーン・レ　Kong Le
　20世紀，ラオスの軍人。1960年8月クーデターを起し，プーマ中立政権を樹立。66年タイに亡命。
　⇒現人（コン・レ　1933–）
　　国小（コン・レ　1933–）
　　コン3（コーン・レ　1926–）
　　世東（コン・レー　1934–）
　　二十（コン，レ　1933–）

コン・レー
　⇨コーン・レ

【さ】

載漪　さいい
　19・20世紀，中国の道光帝の孫，咸豊帝の甥，政治家。
　⇒近中（載漪　さいい　1856–1922）

崔怡　さいい
　⇨崔瑀（さいう）

サイイッド・アジェル
　⇨サイイド・アジャッル

サイイド・アジャッル（賽典赤）　Sayyid Ajall
　13世紀，中央アジア，ウイグル人の元初期の武将。ボハーラ出身。クビライ・カーンに重用され，南宋攻略等に活躍。
　⇒角世（サイイド・アジャッル　1211–1279）
　　国小（サイイド・エジェル・シャムス・ウッディーン　1211–1279）
　　コン2（サイイド・エジェル〔賽典赤〕　1211–1279）
　　コン3（サイイド・エジェル〔賽典赤〕　1211–1279）
　　西洋（サイイッド・アジェル　1211頃–1279）
　　世東（サイイド・エジェル〔賽典赤〕　1211–1279）
　　全書（サイイド・エジェル〔賽典赤〕　?–1279）
　　中ユ（サイイド・アジャッル　1211–1279）

崔胤　さいいん
　9・10世紀，中国，唐末期の宰相。字は昌遐。朱全忠と結び，4度宰相をつとめ，宦官勢力を一掃。
　⇒コン2（崔胤　さいいん　854–904）
　　コン3（崔胤　さいいん　854–904）

蔡愔　さいいん
　1世紀頃，中国，後漢の使者。明帝により60年（永平3）西域へ派遣されたとされる。
　⇒シル（蔡愔　さいいん　1世紀頃）
　　シル新（蔡愔　さいいん）

崔瑀　さいう
　13世紀，朝鮮，高麗の政治家。崔氏武人政権第2代（執政1219～49）。瑀は初名で，本名は怡。
　⇒角世（崔怡　さいう　?–1249）
　　国小（崔瑀　さいう　?–1249（高宗36））
　　コン2（崔瑀　さいう　?–1249）
　　コン3（崔瑀　さいう　?–1249）

崔禹　さいう
　3世紀，中国，三国時代，呉の大将朱然の部将。
　⇒三国（崔禹　さいう）
　　三全（崔禹　さいう　?–221）

柴栄　さいえい
10世紀, 中国, 五代後周の第2代皇帝(在位954～959)。世宗。五代随一の英主といわれる。
⇒旺世（世宗（後周）　せいそう　921-959）
　外国（柴栄　さいえい　921-959）
　角世（柴栄　さいえい　921-959）
　広辞4（世宗　せいそう　921-959）
　広辞6（世宗　せいそう　921-959）
　皇帝（世宗　せいそう　921-959）
　国小（柴栄　さいえい　921（龍徳1.9.24）-959（顕徳6.6.19））
　コン2（世宗（後周）　せいそう　921-959）
　コン3（世宗（後周）　せいそう　921-959）
　人物（世宗（後周）　せいそう　921-959）
　世人（世宗（後周）　せいそう　921-959）
　世東（世宗　せいそう　921-959）
　世百（世宗（後周）　せいそう　921-959）
　全書（柴栄　さいえい　921-959）
　大百（柴栄　さいえい　921-959）
　中皇（世宗　921-959）
　中国（柴栄　さいえい　921-959）
　中史（世宗（後周）　せいそう　921-959）
　デス（世宗（後周）　せいそう　921-959）
　統治（世宗　Shih Tsung　(在位)954-959）
　東仏（世宗　せいそう　921-959）
　百科（世宗（後周）　せいそう　921-959）
　評世（柴栄　さいえい　921-959）
　評世（世宗　せいそう　921-959）
　山世（世宗（後周）　せいそう　921-959）

崔瑩　さいえい
14世紀, 朝鮮, 高麗末期の武人, 政治家。名臣崔惟清5世の孫, 司憲糾正崔元直の子。1476年の鴻山の戦いなどを平定し, 百戦の勇将とされた。
⇒外国（崔瑩　さいえい　1315-1388）
　角世（崔瑩　さいえい　1316-1388）
　国小（崔瑩　さいえい　1316-1388）
　コン2（崔瑩　さいえい　1316-1388）
　コン3（崔瑩　さいえい　1316-1388）
　朝人（崔瑩　さいえい　1316-1388）
　朝鮮（崔瑩　さいえい　1316-1388）
　百科（崔瑩　さいえい　1316-1388）

崔益鉉　さいえきげん
⇨崔益鉉（チェイッキョン）

崔衍　さいえん
8世紀頃, 中国, 唐中期の官僚。字は著, 諡は懿。深州・安平（河北省）出身。宣歙池観察使となり, 勧農で流民を定着させ治績をあげた。
⇒コン2（崔衍　さいえん　生没年不詳）
　コン3（崔衍　さいえん　生没年不詳）

蔡応彦　さいおうげん
19・20世紀, 朝鮮の義兵将。
⇒コン3（蔡応彦　さいおうげん　1879-1915）

サイ・オン・フエ　Sai Ong Hue
18世紀, ラオス, ビエンチアン王国の創始者（在位1712/0～67/35）。1698年ビエンチアンを攻略。

⇒コン2（サイ・オン・フエ　?-1767/35）
　コン3（サイ・オン・フエ　?-1767/35）

蔡確　さいかく
11世紀, 中国, 北宋の政治家。字は持正, 諡は忠懐。1082年尚書右僕射兼中書侍郎となる。
⇒コン2（蔡確　さいかく　?-1090/3）
　コン3（蔡確　さいかく　?-1090/3）

蔡鍔　さいがく
19・20世紀, 中国, 清末新軍の将軍で, 雲南護法運動の立役者。字は松坡。
⇒外国（蔡鍔　さいがく　1880-1916）
　角世（蔡鍔　さいがく　1882-1916）
　近中（蔡鍔　さいがく　1882.12.18-1916.11.8）
　国小（蔡鍔　さいがく　1882（光緒8）-1916）
　コン3（蔡鍔　さいがく　1882-1916）
　人物（蔡鍔　さいがく　1882-1916.11）
　世東（蔡鍔　さいがく　1880-1916）
　世百（蔡鍔　さいがく　1882-1916）
　世百新（蔡鍔　さいがく　1882-1916）
　全書（蔡鍔　さいがく　1882-1916）
　中人（蔡鍔　さいがく　1882（光緒8）-1916）
　日人（蔡鍔　さいがく　1882-1916）
　百科（蔡鍔　さいがく　1882-1916）

崔瀚　さいかん
8世紀, 中国, 唐の遣吐蕃使。
⇒シル（崔瀚　さいかん　744-799）
　シル新（崔瀚　さいかん　744-799）

崔漢衡　さいかんこう
8世紀, 中国, 唐の遣吐蕃使。
⇒シル（崔漢衡　さいかんこう　?-795）
　シル新（崔漢衡　さいかんこう　?-795）

崔君粛　さいくんしゅく
7世紀頃, 中国, 隋の遣西突厥使。
⇒シル（崔君粛　さいくんしゅく　7世紀頃）
　シル新（崔君粛　さいくんしゅく）

蔡京　さいけい
11・12世紀, 中国, 北宋末の政治家。字は元長。前後4回（1102～06, 07～09, 12～20, 24～26）政権を握った。旧法党を圧迫。
⇒旺世（蔡京　さいけい　1047-1126）
　外国（蔡京　さいけい　1047-1126）
　角世（蔡京　さいけい　1047-1126）
　広辞6（蔡京　さいけい　1047-1126）
　国小（蔡京　さいけい　1047（慶暦7）-1126（靖康1.7.21））
　コン2（蔡京　さいけい　1047-1126）
　コン3（蔡京　さいけい　1047-1126）
　新美（蔡京　けいさい　1047（北宋・慶暦7）-1126（靖康1））
　世人（蔡京　さいけい　1047-1126）
　世東（蔡京　さいけい　1046-1125）
　世百（蔡京　さいけい　1047-1126）
　全書（蔡京　さいけい　1047-1126）
　大百（蔡京　さいけい　1047-1126）
　中国（蔡京　さいけい　1046-1125）

政治・外交・軍事篇　　　　　　　　　　179　　　　　　　　　　さいし

中史（蔡京　さいけい　1047–1126）
中書（蔡京　さいけい　1047–1126）
百科（蔡京　さいけい　1047–1126）
評世（蔡京　さいけい　1047–1126）
歴史（蔡京　さいけい　1047–1126）

崔圭夏　さいけいか
⇨崔圭夏（チェギュハ）

崔賢　さいけん
⇨崔賢（チェヒョン）

崔鉉　さいげん
9世紀，中国，唐末期の宰相。字は台碩。龐勛の乱の鎮定に働く。諫臣であった。
⇒コン2（崔鉉　さいげん　?–868）
　コン3（崔鉉　さいげん　?–868）

蔡牽　さいけん
18・19世紀，中国，清中期の海賊の指導者。海港を支配し，軍船隊を編成。商船から出入港税をとり，1806年，台湾で鎮海王と称した。
⇒コン2（蔡牽　さいけん　?–1809）
　コン3（蔡牽　さいけん　?–1809）

崔浩　さいこう
4・5世紀，中国，北魏の宰相。清河（河南省）の名家出身。魏の国史編纂を漢族中心の立場で推進，鮮卑族の反感を買い，太武帝に誅された。
⇒旺世（崔浩　さいこう　381?–450）
　角世（崔浩　さいこう　381–450）
　国小（崔浩　さいこう　381–450（太平真君11））
　コン2（崔浩　さいこう　381–450）
　コン3（崔浩　さいこう　381–450）
　人物（崔浩　さいこう　381–450）
　世東（崔浩　さいこう　381–450）
　世百（崔浩　さいこう　381–450）
　全書（崔浩　さいこう　381–450）
　中国（崔浩　さいこう　381–450）
　中史（崔浩　さいこう　?–450）
　百科（崔浩　さいこう　?–450）
　評世（崔浩　さいこう　381–450）
　歴史（崔浩　さいこう　381–450）

崔光遠　さいこうえん
8世紀，中国，唐の遣吐蕃弔祭使。
⇒シル（崔光遠　さいこうえん　?–761）
　シル新（崔光遠　さいこうえん　?–761）

蔡孝乾　さいこうけん
20世紀，中国の政治活動家。台湾共産党創立メンバー。戦後，中国共産党台湾地下工作の指導者。
⇒近中（蔡孝乾　さいこうけん　1908–1982）

蔡済恭　さいさいきょう
⇨蔡済恭（さいせいきょう）

崔佐時　さいさじ
中国，唐の遣南詔冊立判官。

⇒シル（崔佐時　さいさじ）
　シル新（崔佐時　さいさじ）

柴山　さいざん
中国，明の外交使節。
⇒国史（柴山　さいざん　生没年不詳）
　対外（柴山　さいざん　生没年不詳）
　日人（柴山　さいざん　生没年不詳）

サイシサムート　Saisisamout
18世紀，ラオス，チャムパーサック王国の創始者。サイ・オン・フエの弟。
⇒コン2（サイシサムート　?–1737）
　コン3（サイシサムート　?–1737）

崔日用　さいじつよう
7・8世紀，中国，唐の官僚。諡は昭。滑州・霊昌（河南省）の出身。韋后・太平公主らの平定に参画。一時宰相にもなる。
⇒コン2（崔日用　さいじつよう　673–722）
　コン3（崔日用　さいじつよう　673–722）

賽尚阿　さいしゃんあ
19世紀，中国，清の政治家，武将。蒙古の正藍旗出身。太平天国を永安で討つが，平定に至らなかった。
⇒世東（賽尚阿　さいしゃんあ　?–1875）

蔡樹藩　さいじゅはん
20世紀，中国の政治家。湖北省出身。第12軍政治委員・西北ソヴェトの内務委員などを歴任。
⇒コン3（蔡樹藩　さいじゅはん　1905–1958）
　中人（蔡樹藩　さいじゅはん　1905–1958）

載洵　さいじゅん
19・20世紀，中国，満州の王族。光緒帝，醇親王載灃の弟。
⇒近中（載洵　さいじゅん　1885.5.20–1949.3）

柴紹　さいしょう
7世紀，中国，唐初期の功臣。字は嗣昌，諡は襄。晋州・臨汾（山西省）出身。妻は李淵の三女平陽公主。薛挙らを討ち，国内統一を進め，内戦や対外戦争にも活躍。
⇒コン2（柴紹　さいしょう　?–638）
　コン3（柴紹　さいしょう　?–638）

崔縦　さいしょう
8世紀，中国，唐中期の官僚。諡は忠。宰相崔渙の子。京兆尹などを歴任。
⇒コン2（崔縦　さいしょう　730–791）
　コン3（崔縦　さいしょう　730–791）

蔡襄　さいじょう
11世紀，中国，北宋の政治家，学者，書家。字は君謨，諡は忠恵。書家として蘇軾，黄庭堅，宋の四大家の一人。著作に『茶録』『蔡忠恵公集』。
⇒外国（蔡襄　さいじょう　1012–1067）

角世（蔡襄　さいじょう　1012-1067）
　　国小（蔡襄　さいじょう　1012（大中祥符5）-
　　　1067（治平4））
　　集世（蔡襄　さいじょう　1012（大中祥符5）-
　　　1067（治平4））
　　集文（蔡襄　さいじょう　1012（大中祥符5）-
　　　1067（治平4））
　　新美（蔡襄　さいじょう　1012（北宋・大中祥符
　　　5）-1067（治平4））
　　世百（蔡襄　さいじょう　1012-1067）
　　全書（蔡襄　さいじょう　1012-1067）
　　大百（蔡襄　さいじょう　1012-1067）
　　中芸（蔡襄　さいじょう　1012-1067）
　　中史（蔡襄　さいじょう　1012-1067）
　　中書（蔡襄　さいじょう　1012-1067）
　　百科（蔡襄　さいじょう　1012-1067）

崔昌益　さいしょうえき
　⇨崔昌益（チェチャンイク）

崔承祐　さいしょうゆう
　9世紀頃、朝鮮、新羅の遣唐留学生。
　⇒シル（崔承祐　さいしょうゆう　9世紀頃）
　　シル新（崔承祐　さいしょうゆう）

崔承老　さいしょうろう
　10世紀頃、朝鮮、高麗の政治家。地方豪族の特権剥奪、地方行政に対する中央集権の強化をはかる。
　⇒コン2（崔承老　さいしょうろう　927-989）
　　コン3（崔承老　さいしょうろう　927-989）
　　世東（崔承老　さいしょうろう　926-988）
　　朝人（崔承老　さいしょうろう　927-989）
　　朝鮮（崔承老　さいしょうろう　927-989）

崔寔　さいしょく
　2世紀、中国、後漢の官僚。字は子真。崔駰の孫。大将軍梁冀に仕え、五原太守となるが失脚。のち尚書。農書『四民月令』を著す。
　⇒外国（崔寔　さいしょく）
　　国小（崔寔　さいしょく　生没年不詳）
　　コン2（崔寔　さいしょく　2世紀中頃）
　　コン3（崔寔　さいしょく　?-170（建寧3））
　　集世（崔寔　さいしょく　?-170（建寧3）?）
　　集文（崔寔　さいしょく　?-170（建寧3）?）
　　世百（崔寔　さいしょく　107/-24-168/-71）
　　百科（崔寔　さいしょく　126/-144-168/-172）

崔仁渷　さいじんえん
　10世紀頃、朝鮮、新羅の遣唐留学生。
　⇒シル（崔仁渷　さいじんえん　10世紀頃）
　　シル新（崔仁渷　さいじんえん）

崔仁圭　さいじんけい
　20世紀、韓国の政治家。李承晩政権の内務部長官。
　⇒朝人（崔仁圭　さいじんけい　1916-1961）

崔慎之　さいしんし
　10世紀頃、朝鮮、新羅の遣唐留学生。
　⇒シル（崔慎之　さいしんし　10世紀頃）

　　シル新（崔慎之　さいしんし）

柴世栄　さいせいえい
　20世紀、中国共産党系の軍人。
　⇒近中（柴世栄　さいせいえい　1894-1943）

蔡済恭　さいせいきょう
　18世紀、朝鮮、李朝の政治家。字は伯規、平康出身。英祖、正祖に重用された。
　⇒世東（蔡済恭　さいさいきょう　1720-1799）
　　朝人（蔡済恭　さいせいきょう　1720-1799）

柴成文　さいせいぶん
　⇨柴成文（しせいぶん）

蔡済民　さいせいみん
　19・20世紀、中国の革命家。1911年武昌蜂起で、督署を攻撃。戦時総司令部の経理部副部長に就任。第2革命に敗れ、日本に亡命。
　⇒近中（蔡済民　さいせいみん　1887.1.21-1919.1.26）
　　コン3（蔡済民　さいせいみん　1887-1919）
　　人物（蔡済民　さいせいみん　1887-1919）
　　世東（蔡済民　さいせいみん　1887-1919）
　　中人（蔡済民　さいせいみん　1887-1919）

崔善為　さいぜんい
　7世紀頃、中国、隋末・唐初期の官僚。清河・武城（河北省）出身。隋に仕え、宮殿などを造営。
　⇒コン2（崔善為　さいぜんい　生没年不詳）
　　コン3（崔善為　さいぜんい　生没年不詳）

崔造　さいぞう
　8世紀、中国、唐中期の宰相。字は玄宰。博陵・安平（河北省）の出身。朱泚の乱に兵をあげ、同中書門下平章事となる。
　⇒コン2（崔造　さいぞう　737-787）
　　コン3（崔造　さいぞう　737-787）

崔宗佐　さいそうさ
　9世紀頃、朝鮮、渤海の遣唐使。
　⇒シル（崔宗佐　さいそうさ　9世紀頃）
　　シル新（崔宗佐　さいそうさ）

載沢　さいたく
　19・20世紀、中国、清の皇族、義和団事件後の清朝新政の推進者の一人。官制改革・憲法制定の準備に努めた。
　⇒コン2（載沢　さいたく　1874-1920）
　　コン3（載沢　さいたく　1874-1920）
　　世東（載沢　さいたく　1874-1920）
　　中人（載沢　さいたく　1874-1920）

蔡沢　さいたく
　前4・3世紀、中国、秦の政治家。戦国時代燕出身。昭王に用いられ、宰相となった。
　⇒世東（蔡沢　さいたく　前4-3世紀）

崔坦　さいたん
13世紀, 朝鮮, 高麗末期の官僚。1269年西京総督となる。西京ほか60余城を元の世祖に献じ投降。
⇒世東（崔坦　さいたん　生没年不詳）

崔沖　さいちゅう
10・11世紀, 朝鮮, 高麗の儒学者, 政治家。私塾・九斎学堂を開設。政界の元老, 儒学界の最高権威となった。
⇒角世（崔沖　さいちゅう　984–1068）
　コン2（崔沖　さいちゅう　984–1068）
　コン3（崔沖　さいちゅう　984–1068）
　世東（崔沖　さいちゅう　984–1068）
　朝人（崔沖　さいちゅう　984–1068）
　朝鮮（崔沖　さいちゅう　984–1068）
　百科（崔沖　さいちゅう　984–1068）

崔忠献　さいちゅうけん
12・13世紀, 朝鮮, 高麗の代表的武人政治家。明宗を幽閉し, 神宗に譲位させ, 高麗の最大実力者となった。
⇒外国（崔忠献　さいちゅうけん　?–1219）
　角世（崔忠献　さいちゅうけん　1149/50–1219）
　国小（崔忠献　さいちゅうけん　1149（毅宗）–1219（高宗6））
　コン2（崔忠献　さいちゅうけん　1149–1219）
　コン3（崔忠献　さいちゅうけん　1149–1219）
　人物（崔忠献　さいちゅうけん　1149–1219）
　世東（崔忠献　さいちゅうけん　1149–1219）
　世百（崔忠献　さいちゅうけん　?–1219）
　全書（崔忠献　さいちゅうけん　1149–1219）
　朝人（崔忠献　さいちゅうけん　1149–1219）
　朝鮮（崔忠献　さいちゅうけん　1149–1219）
　デス（崔忠献　さいちゅうけん　1149–1219）
　伝記（崔忠献　さいちゅうけん〈チェチュンホン〉1149–1219）
　百科（崔忠献　さいちゅうけん　1149–1219）
　評世（崔忠献　さいちゅうけん　1149–1219）
　山世（崔忠献　さいちゅうけん　1149–1219）

サイチュンガ（賽沖阿）
19世紀, 中国, 清中期の将軍。諡は襄勤。満州正黄旗出身。欽差大臣としてチベット・グルカ間の紛争を調停。盛京将軍などを歴任。
⇒コン2（サイチュンガ〔賽沖阿〕?–1828）
　コン3（サイチュンガ〔賽沖阿〕?–1828）

蔡暢　さいちょう
20世紀, 中国の婦人運動指導者。1945年中国共産党中央委員, 49年中華全国民主婦女連合会主席。
⇒近中（蔡暢　さいちょう　1900.5.14–1990.9.1）
　現人（蔡暢　さいちょう〈ツァイチャン〉1900–）
　国小（蔡暢　さいちょう　1900–）
　コン3（蔡暢　さいちょう　1900–1990）
　世女日（蔡暢　1900–1990）
　世東（蔡暢　さいちょう　1900–）
　世百（蔡暢　さいちょう　1900–）
　全書（蔡暢　さいちょう　1901–）
　中人（蔡暢　さいちょう　1900–1990.9.11）

崔廷　さいてい
9世紀頃, 中国, 唐の遣新羅使。
⇒シル（崔廷　さいてい　9世紀頃）
　シル新（崔廷　さいてい）

蔡廷鍇（蔡廷楷）　さいていかい
20世紀, 中国の軍人。上海事変で十九路軍を指揮し日本軍を相手に善戦。戦後, 1947年反国府軍を編成し, 48年解放区に入った。58年12月国民党革命委員会副主席。
⇒外国（蔡廷楷　さいていかい　1886–）
　角世（蔡廷鍇　さいていかい　1892–1968）
　近中（蔡廷鍇　さいていかい　1892.4.15–1968.4.25）
　広辞5（蔡廷鍇　さいていかい　1892–1968）
　広辞6（蔡廷鍇　さいていかい　1892–1968）
　国小（蔡廷鍇　さいていかい　1896–1968.4.25）
　コン3（蔡廷鍇　さいていかい　1892–1968）
　人物（蔡廷鍇　さいていかい　1896–）
　世東（蔡廷鍇　さいていかい　1890–1968）
　世百（蔡廷鍇　さいていかい　1896–）
　世百新（蔡廷鍇　さいていかい　1892–1968）
　全書（蔡廷鍇　さいていかい　1896–1968）
　中人（蔡廷鍇　さいていかい　1892–1968.4.25）
　百科（蔡廷鍇　さいていかい　1892–1968）

蔡廷幹　さいていかん
19・20世紀, 中国の軍人, 政治家。
⇒近中（蔡廷幹　さいていかん　1861.5.15–1935.9.24）

サイディマン, S.　Sayidiman, Suryohadiprojo
20世紀, インドネシアの軍人, 外交官。インドネシア防衛大学学長, 駐日インドネシア大使。
⇒二十（サイディマン, S.　1929–）

蔡道憲　さいどうけん
17世紀, 中国, 明の政治家。福建出身。字は元日。張献忠の乱で兵を率いて活躍。
⇒世東（蔡道憲　さいどうけん　1615–1643）

崔斗善　さいとぜん
⇨崔斗善（チェドゥソン）

崔敦礼　さいとんれい
6・7世紀, 中国, 唐の回紇部冊立使。
⇒シル（崔敦礼　さいとんれい　596–656）
　シル新（崔敦礼　さいとんれい　596–656）

蔡培火　さいばいか
19・20世紀, 中国の民族運動家。号は峰山。台湾省出身。1927年台湾民衆党, 30年台湾地方自治連盟を結成。行政院政務委員などを歴任。漢字改良運動家でもある。著書『東亜の子かく思う』(37)。
⇒近中（蔡培火　さいばいか　1889.6.20–1983.1.4）
　コン3（蔡培火　さいばいか　1889–）
　中人（蔡培火　さいばいか　1885–1983）
　日人（蔡培火　さいばいか　1889–1983）

細封歩頼　さいふうほらい
7世紀頃、チベット地方、党項（タングート）の部族長。唐に帰順した。
⇒シル（細封歩頼　さいふうほらい　7世紀頃）
　シル新（細封歩頼　さいふうほらい）

賽福鼎　さいふくてい
⇨サイフジン

サイフジン（賽福鼎）
20世紀、中国の政治家。新疆塔城出身。1954年8月1期全人大会新疆省代表。59年1月新疆ウイグル自治区主席、3月2期全人大会新疆ウイグル自治区代表、65年1月3期全人大会常務委員会副委員長、国防委。68年9月新疆ウイグル自治区革委会副主任、69年4月9期中央委。
⇒近中（賽福鼎　さいふくてい　1915.3-）
　現人（賽福鼎　サイフジン　1912-）
　コン3（賽福鼎　サイフジン　1915-）
　世東（賽福鼎　さいふくてい　1912-）
　全書（サイフジン　賽福鼎　1912-）
　中人（サイフディン　1915.3-）
　中ユ（サイプディン・エズィズィ　1915-2003）

サイプディン・エズィズィ
⇨サイフジン

蔡卞　さいべん
11・12世紀、中国、北宋の政治家。字は元度、諡は文正。蔡京の弟。1102年知枢密院事となった。
⇒コン2（蔡卞　さいべん　1058-1117）
　コン3（蔡卞　さいべん　1058-1117）
　新美（蔡卞　さいべん　?-1117（北宋・政和7））
　中書（蔡卞　さいべん　1058?-1117）

済北王　さいほくおう*
4世紀、中国、五胡十六国・西燕の皇帝（在位384）。
⇒中皇（済北王　?-384）

崔鳴吉　さいめいきつ
16・17世紀、朝鮮、李朝の政治家。1636年の清の侵略に対し、主和保国論を主張し、朝鮮を清に臣属させた。
⇒コン2（崔鳴吉　さいめいきつ　1586-1647）
　コン3（崔鳴吉　さいめいきつ　1587-1647）
　世東（崔鳴吉　さいめいきつ　1587-1647）
　朝人（崔鳴吉　さいめいきつ　1586-1647）
　朝鮮（崔鳴吉　さいめいきつ　1568-1647）
　伝記（崔鳴吉　さいめいきつ〈チェミョンギル〉1586-1647.5）
　百科（崔鳴吉　さいめいきつ　1568-1647）

崔茂宣　さいもせん
14世紀、朝鮮、高麗末から李朝初期の武臣。倭寇船に対し、火器装備の艦船でうち破った。
⇒科史（崔茂宣　さいもせん　?-1395）
　角世（崔茂宣　さいもせん　?-1395）
　コン2（崔茂宣　さいもせん　?-1395）
　コン3（崔茂宣　さいもせん　?-1395）
　朝人（崔茂宣　さいもせん　?-1395）
　朝鮮（崔茂宣　さいもせん　?-1395）
　百科（崔茂宣　さいもせん　?-1395）

崔勇　さいゆう
2世紀、中国、三国時代、董卓の残党郭氾の部将。
⇒三国（崔勇　さいゆう）
　三全（崔勇　さいゆう　?-195）

蔡陽　さいよう
2世紀、中国、三国時代、曹操の部将。
⇒三国（蔡陽　さいよう）
　三全（蔡陽　さいよう　?-201）

崔鏞健（崔庸健）　さいようけん
⇨崔庸健（チェヨンゴン）

載瀾　さいらん
20世紀、中国の政治家。
⇒近中（載瀾　さいらん　生没年不詳）

崔利貞　さいりてい
9世紀頃、朝鮮、新羅の遣唐留学生。
⇒シル（崔利貞　さいりてい　9世紀頃）
　シル新（崔利貞　さいりてい）

崔稜　さいりょう
9世紀頃、中国、唐の遣新羅使。
⇒シル（崔稜　さいりょう　9世紀頃）
　シル新（崔稜　さいりょう）

崔諒　さいりょう
3世紀、中国、三国時代、魏の安定の太守。
⇒三国（崔諒　さいりょう）
　三全（崔諒　さいりょう　?-227）

崔琳　さいりん
8世紀頃、中国、唐の遣吐蕃使。
⇒シル（崔琳　さいりん　8世紀頃）
　シル新（崔琳　さいりん）

崔麟　さいりん
19・20世紀、朝鮮の独立運動家。1919年の三・一運動で民族代表33人の一人として独立宣言に署名、逮捕、投獄される。のち変節して朝鮮総督府中枢院参議。
⇒コン2（崔麟　さいりん　1878-?）
　コン3（崔麟　さいりん　1878-?）
　朝人（崔麟　さいりん　1878-?）
　朝鮮（崔麟　さいりん　1878-?）
　日人（崔麟　チェイン　1878-?）
　百科（崔麟　さいりん　1878-?）

載灃　さいれい
⇨醇親王載灃（じゅんしんおうさいほう）

柴玲　さいれい
20世紀, 中国の民主化運動家。1989年の民主化要求運動では北京市大学学生自治連合会ハンスト団総指揮, 天安門防衛総指揮として活躍。
⇒世東（柴玲　さいれい　1966.4.15-）
　中人（柴玲　さいれい　1966.4.15-）

蔡和森　さいわしん
19・20世紀, 中国共産党初期の理論家。湖南省湘郷出身。1922年党中央委員, 党機関誌「嚮導」の編集長となり, 党の戦略戦術に多大の理論的寄与をなす。
⇒近中（蔡和森　さいわしん　1895.3.30-1931.冬）
　コン3（蔡和森　さいわしん　1890-1931）
　世東（蔡和森　さいわしん　1890-1931）
　世百新（蔡和森　さいわしん　1895-1931）
　中人（蔡和森　さいわしん　1895-1931）
　百科（蔡和森　さいわしん　1895-1931）

サヴァンヴァッサナ　Savangvatthana
20世紀, ラオス国王。
⇒統治（サヴァンヴァッサナ　(在位)1959-1975）

サオ・シュエ・タイク　Sao Shwe Thaik
20世紀, ビルマの政治家。1948年1月独立に伴い, ビルマ連邦共和国初代大統領。
⇒国小（サオ・シュエ・タイク　1898-）
　世東（タイク　1898-）
　二十（サオ・シュエ・タイク　1898-?）

サキルマン　Sakirman
20世紀, インドネシアの革命運動家。共産党指導者。1953年政局員。65年の9・30事件後『政治局の自己批判』を発表。
⇒コン3（サキルマン　1911-1966）

左権　さけん
20世紀, 中国の軍人, 紅軍戦略家。湖南省出身。1933年第1軍団参謀長。日中戦争では八路軍副参謀長。
⇒近中（左権　さけん　1905.3.15-1942.5.25）
　コン3（左権　さけん　1905-1942）
　中人（左権　さけん　1905-1942）

左賢王　さけんおう
3世紀頃, 中国, 三国時代, 匈奴（北方の異民族）の単于（大王）に次ぐ地位。曹操の威をおそれて, 蔡琰を送り返した。
⇒三国（左賢王　さけんおう）
　三全（左賢王　さけんおう　生没年不詳）

左光斗　さこうと
16・17世紀, 中国, 明末期の官僚。字は遺直, 号は浮丘, 諡は忠毅。桐城（安徽省）出身。東林派官僚。
⇒コン2（左光斗　さこうと　1575-1625）
　コン3（左光斗　さこうと　1575-1625）
　中史（左光斗　さこうと　1575-1625）

査嗣庭　さしてい
18世紀, 中国, 清代の官吏。浙江省出身。文字の獄の犠牲者の一人。
⇒外国（査嗣庭　さしてい　?-1727）

左舜生　さしゅんせい
20世紀, 中国の政治家。湖南省出身。1924年「醒獅社」をたて, 国家社会主義を鼓吹, 反共を唱える。台湾で総統府国策顧問などを歴任。著書『中国近百年史資料』（正, 26）,（続, 33）。
⇒近中（左舜生　さしゅんせい　1893.10.13-1969.10.16）
　コン3（左舜生　さしゅんせい　1893-1969）
　人物（左舜生　さしゅんせい　1893-）
　世東（左舜生　さしゅんせい　1892-）
　中人（左舜生　さしゅんせい　1893-1969）

サストロアミジョヨ　Sastroamidjojo, Ali
20世紀, インドネシアの政治家, 左翼民族主義者。中部ジャワ生れ。1953年首相となり, 55年アジア・アフリカ会議を開催, 中国との2重国籍条約など中立外交を推進した。
⇒コン3（サストロアミジョヨ　1902-1975）
　全書（サストロアミジョヨ　1903-1975）
　二十（サストロアミジョヨ, アリ　1903.5.21-1975）

沙千里　させんり
20世紀, 中国の政治家。江蘇省出身。抗日七君子の一人。貿易部副部長・軽工業部部長・糧食部部長など政府の要職を歴任。
⇒コン3（沙千里　させんり　1903-1982）
　世政（沙千里　させんり　1901-1982.4.26）
　中人（沙千里　させんり　1901-1982.4.26）

左宗棠（佐宗棠）　さそうとう
19世紀, 中国, 清末の軍人, 政治家。曾国藩, 李鴻章と並ぶ清朝の重臣。洋務運動の中心人物の一人。
⇒旺世（左宗棠　さそうとう　1812-1885）
　外国（左宗棠　さそうとう　1812-1885）
　角世（左宗棠　さそうとう　1812-1885）
　広辞6（左宗棠　さそうとう　1812-1885）
　国小（左宗棠　さそうとう　1812(嘉慶17)-1885（光緒11）
　コン2（左宗棠　さそうとう　1812-1885）
　コン3（左宗棠　さそうとう　1812-1885）
　人物（左宗棠　さそうとう　1812-1885.7）
　世人（左宗棠　さそうとう　1812-1885）
　世東（左宗棠　さそうとう　1812-1885）
　世百（左宗棠　さそうとう　1812-1885）
　全書（左宗棠　さそうとう　1812-1885）
　大辞（左宗棠　さそうとう　1812-1885）
　大辞3（左宗棠　さそうとう　1812-1885）
　大百（左宗棠　さそうとう　1812-1885）
　中芸（左宗棠　さそうとう　1812-1885）
　中国（左宗棠　さそうとう　1812-1885）
　中史（左宗棠　さそうとう　1812-1885）
　中ユ（佐宗棠　さそうとう　1812-1885）
　デス（左宗棠　さそうとう　1812-1885）
　伝記（左宗棠　さそうとう　1812-1885.9.5）
　百科（左宗棠　さそうとう　1812-1885）

評世（左宗棠　さそうとう　1812-1885）
山世（左宗棠　さそうとう　1812-1885）
歴史（左宗棠　さそうとう　1812-1885）

サソーリット　Sasorith, Katay Don
20世紀、ラオスの右派政治家。親仏派から1954年以後親米派に転じ、首相・閣僚を歴任。
⇒コン3（サソーリット　1904-1959）
世東（カターイ・ドーン・サソーリット　1904.7.12-1959.12.29）

沙宅孫登　さたくそんとう
7世紀頃、中国、唐から来日した使節。
⇒シル（沙宅孫登　さたくそんとう　7世紀頃）
シル新（沙宅孫登　さたくそんとう）

サッカリン　Sakkarin
19・20世紀、ラオスのルアンパバーン国王。
⇒統治（サッカリン　（在位）1891-1904）

察卓那斯摩没勝　さたくなしまぼつしょう
8世紀頃、中央アジア、小勃律（ギルギット）の入唐使節。
⇒シル（察卓那斯摩没勝　さたくなしまぼつしょう　8世紀頃）
シル新（察卓那斯摩没勝　さたくなしまぼつしょう）

薩仲業　さっちゅうぎょう
8世紀頃、朝鮮、新羅から来日した使節。
⇒シル（薩仲業　さっちゅうぎょう　8世紀頃）
シル新（薩仲業　さっちゅうぎょう）

薩鎮冰　さっちんひょう、さつちんひょう
19・20世紀、中国の海軍軍人。字は鼎名。福建省閩侯県出身。靳雲鵬内閣の海軍総長。
⇒コン2（薩鎮冰　さっちんひょう　1859-1952）
コン3（薩鎮冰　さっちんひょう　1859-1952）
世東（薩鎮冰　さつちんひょう　1856-1952.4.12）
中人（薩鎮冰　さっちんひょう　1859-1952）

察度　さっと
14世紀、琉球の王。小王国の一つ中山の王。在位1350〜95。
⇒角世（察度　さつと　1321-1396?）

薩婆達幹　さつばたつかん
8世紀頃、中央アジア、カーピシーからの入唐使節。
⇒シル（薩婆達幹　さつばたつかん　8世紀頃）
シル新（薩婆達幹　さつばたつかん）

ザップ・ハイ（甲海）
ベトナムの官吏。号は節斎。莫登営の大正9年戊戌（1538年）に状元を得た。
⇒ベト（Giap-Hai　ザップ・ハイ〔甲海〕）

薩藁生　さつるいせい
7世紀頃、朝鮮、新羅から来日した使節。
⇒シル（薩藁生　さつるいせい　7世紀頃）
シル新（薩藁生　さつるいせい）

ザ・トゥオン（野象）
ベトナム、陳興道将軍麾下の属将。
⇒ベト（Da-Tuong　ザ・トゥオン〔野象〕）

サドリ　Sadli, Mohammad
20世紀、インドネシアのテクノクラート。1971年労働力相、73年鉱業相。
⇒現人（サドリ　1922-）

サナニコーン, P.　Sananikone, Phoui
20世紀、ラオスの政治家。1961年にはラオス人民連合党総裁となる。
⇒現人（サナニコン　1903-）
国小（サナニコーン　1903-）
コン3（サナニコーン　1903-）
世政（サナニコーン, P.　1903-）
世東（ブイ・サナニコン　1903.9.6-）
二十（サナニコーン, P.　1903-）

サネ　Sanei
17・18世紀、ビルマ王国の王。
⇒統治（サネ　（在位）1698-1714）

サバン, バッタナ
⇨シー・サウァン・ウァッタナー

莎比　さひ
8世紀頃、西アジア、黒衣大食（アッバース朝）の使臣。798（貞元14）年唐へ朝貢。
⇒シル（莎比　さひ　8世紀頃）
シル新（莎比　さひ）

沙風　さふう
⇨沙風（しゃふう）

サブス（薩布素）　Sabsu
17世紀、中国、清初期の武将。姓はフチヤ（富察）。
⇒コン2（サブス〔薩布素〕　17世紀後半）
コン3（サブス　生没年不詳）
中史（薩布素　サブス　?-1701）

左豊　さほう
中国、後漢の宦官。
⇒三国（左豊　さほう）
三全（左豊　さほう　生没年不詳）

沙摩柯　さまか
3世紀、中国、三国時代、蛮族の王。
⇒三国（沙摩柯　しゃまか）
三全（沙摩柯　さまか　?-222）

サマドフ, アブドゥジャリル　Samadov,

Abduzhalil Akhadovich
20世紀,タジキスタンの政治家。タジキスタン首相。
⇒世政(サマドフ,アブドゥジャリル　1949.11.4–)

サム・ランシー　Sam Rainsy
20世紀,カンボジアの政治家。カンボジア財政経済相。
⇒世政(サム・レンシー　1949.3.10–)
東ア(サム・ランシー　1949–)

査良鑑　さらかん
20世紀,中国の法学者,裁判官。浙江省に生れる。中央大学・光華大学等の教授を歴任。1966年より67年最高裁判所長。68年司法行政部長・中国国民党中央委員。
⇒世東(査良鑑　さらかん　1905–)
中人(査良鑑　さりょうかん　1905–)

サラス　Salas, Rafael M.
20世紀,フィリピンのテクノクラート。「緑の革命」によるコメ増産で業績をあげた。1969年国連の人口活動基金事務局長に就任。
⇒現人(サラス　1928.8.7–)

サリット　Sarit Thanarat
20世紀,タイの軍人,政治家。1957年9月クーデターを起してピブン首相を追放,58年さらに無血クーデターを行って革命委員会議長となり,59年2月内閣を組織。
⇒角世(サリット　1908–1963)
現人(サリット　1908.6.16–1963.12.8)
広辞5(サリット　1908–1963)
広辞6(サリット　1908–1963)
国小(サリット・ターナラット　1908?–1963.12.8)
コン3(タナラット　1909–1963)
世(サリット・ターナラット　1908.6.16–1963.12.8)
世東(サリット・タナラット　1908.6–1963.12)
世百(サリット　1909–1963)
世百新(サリット　1908–1963)
全書(サリット　1909–1963)
伝世(サリット・タナラット　1908.6.16–1963.12.8)
ナビ(サリット　1908–1963)
二十(サリット・T.　1908.6.16–1963.12.8)
東ア(サリット　1908.6.16–1963.12.8)
百科(サリット　1908–1963)
山世(サリット　1908–1963)

サリム　Salim, Hadji Agus
19・20世紀,インドネシアのイスラム系民族運動家。1920年中央労連を創立,22年国民議会議員。イスラム同盟の指導者。
⇒コン3(サリム　1884–1954)
世東(サリム・ハジ・アグス　1883–)
伝世(サリム　1884.10.8–1954.11.4)

査良鑑　さりょうかん
⇨査良鑑(さらかん)

左良玉　さりょうぎょく
17世紀,中国,明末の武将。字は崑山。李自成,張献忠を破って平賊将軍に任じられた。
⇒国小(左良玉　さりょうぎょく　?–1645(順治2.4))
コン2(左良玉　さりょうぎょく　?–1645)
コン3(左良玉　さりょうぎょく　1599–1645)
中史(左良玉　さりょうぎょく　1599–1645)

サリン・チャーク　Sarin Chaak
20世紀,カンボジアの政治家。父は中国人。シハヌークの亡命政権に参加,同政権外相,統一戦線政治局員。
⇒世東(サリン・チャーク　1922–)

サルジョノ　Sardjono
20世紀,インドネシアの共産党指導者。1926年党議長として蜂起を指導。48年政治局員。
⇒コン3(サルジョノ　?–1948)

サルタク　Sartaq
13世紀,キプチャク・ハン国のハン。在位1255–1256。
⇒統治(サルタク　(在位)1255–1256)

サルトノ　Sartono
20世紀,インドネシアの政治家。1937年人民行動党を結成。45年国務相・国民党議員団長,50年国会議長。
⇒コン3(サルトノ　1900–1968)
世百新(サルトノ　1900–1968)
二十(サルトノ　1900–1968)
東ア(サルトノ　1900–1968)
百科(サルトノ　1900–1968)

サレー　Saleh, Chairul
20世紀,インドネシアの左翼民族主義者。1959年建設相,63年基幹工鉱業相,第2副首相。暫定国民評議会(MPRS)議長としてスカルノの側近にあった。
⇒コン3(サレー　1914–1967)
二十(ハエルル・サレー　1914–)

左霊　されい
3世紀頃,中国,三国時代,董卓の残党李傕の幕僚。
⇒三国(左霊　されい)
三全(左霊　されい　生没年不詳)

サン　Sann, Sonn
20世紀,カンボジアの政治家。「カンボジア人民解放民族戦線」(FNLPK)議長。カンボジア国立銀行の育成に尽力し,首相も務めたが,1979年10月に反ベトナムの旗揚げをした。
⇒国小(サン　1911–)

山陰公主　さんいんこうしゅ*
中国,南北朝,宋の孝武帝の娘。

⇒中皇（山陰公主）

サンガ（桑哥）
13世紀，中国，元代初期の財政家。ウイグル人。世祖の信任を得，尚書省の長官として赤字を解消したが，その手法が反感を買い，失脚，処刑された。
⇒外国（桑哥　サンガ　?-1291）
　コン2（サンガ〔桑哥〕　?-1291）
　コン3（サンガー〔桑哥〕　1883-1966）
　世東（サンガ〔桑哥〕　?-1291）
　世百（サンガ〔桑哥〕　?-1291）
　中国（桑哥　サンガ　?-1291）
　百科（サンガ〔桑哥〕　?-1291）
　評世（サンガ〔桑哥〕　?-1291）

三貴　さんき
6世紀頃，朝鮮，百済から来日した使節。554（欽明15）年来日。
⇒シル（三貴　さんき　6世紀頃）
　シル新（三貴　さんき）

サンギエ・ギャムツォ（錯桑結嘉穆）　Saṅs-rgyas rgya-mtsho
17・18世紀，チベットの第5代ダライ・ラマの摂政。
⇒コン2（サンギエ・ギャムツォ　1624頃-1705）
　コン3（サンギエ・ギャムツォ　1624頃-1705）
　世東（サンギエ・ギャムツォ〔錯桑結嘉穆〕　1624?-1705）
　名著（サンゲーギャムツォ　1624/53-1705）
　歴史（サンギエ=ギャツォー〔桑結嘉再錯〕　1624?-1705）

サンゲーギャムツォ
⇨サンギエ・ギャムツォ

サンジャヤ　Sandjaja
8世紀，インドネシア，古代中部ジャワ，ヒンドゥー，マタラム王朝の王（在位732～760頃）。記録に残るジャワ最古の王。
⇒コン2（サンジャヤ　生没年不詳）
　コン3（サンジャヤ　生没年不詳）

爨習　さんしゅう
3世紀頃，中国，三国時代，蜀の偏将軍。
⇒三国（爨習　さんしゅう）
　三全（爨習　さんしゅう　生没年不詳）

ザン・ディン・デ（簡定帝）
15世紀，ベトナム，後陳朝の初代皇帝（在位1408〜09）。陳朝14代皇帝とする説もある。簡定帝。
⇒皇帝（陳頠　ちんき　生没年不詳）
　世東（陳簡定　ちんかんてい　生没年不詳）
　ベト（Gian-Ðinh-Ðe　ザン・ディン・デ〔簡定帝〕）

サンド（三多）
19・20世紀，中国，清末民国の政治家。モンゴル正白旗出身。漢姓は張，字は六橋。軍閥張作霖，学良父子のもとに盛京副都統，東北辺防司令官となる。
⇒角世（サンド〔三多〕　1875-?）
　国小（さんど〔三多〔Sando〕〕　1876（光緒2)-?）
　コン2（サンド　1876-?）
　コン3（サンド〔三多〕　1876-?）
　中人（三多　サンド　1875（光緒2)-?）
　評世（サンド〔三多〕　1875-?）

山濤　さんとう
3世紀，中国，西晋の思想家，政治家。竹林の七賢の一人。吏部尚書となり，人事行政に才能を発揮。
⇒角世（山濤　さんとう　205-283）
　広辞4（山濤　さんとう　205-283）
　広辞6（山濤　さんとう　205-283）
　コン2（山濤　さんとう　205-283）
　コン3（山濤　さんとう　205-283）
　三国（山濤　さんとう）
　三全（山濤　さんとう　205-283）
　集世（山濤　さんとう　205（建安10)-283（太康4））
　集文（山濤　さんとう　205（建安10)-283（太康4））
　人物（山濤　さんとう　205-283）
　世東（山濤　さんとう　205-283）
　大辞（山濤　さんとう　205-283）
　大辞3（山濤　さんとう　205-283）
　中芸（山濤　さんとう　205-283）
　中史（山濤　さんとう　205-283）
　評世（山濤　さんとう　205-283）

山那　さんな
8世紀頃，中央アジア，吐火羅葉護（トハラ=ヤブグ）の使臣，仏僧。758（乾元1）年5月に唐に朝貢。
⇒シル（山那　さんな　8世紀頃）
　シル新（山那　さんな）

サンヤ・タマサク　Sanya Thammasak
20世紀，タイの政治家，法律家。タイ首相，タイ枢密院議長，タイ最高裁長官。
⇒現人（サンヤ　1907.4.5-）
　コン3（タマサク　1907-）
　世政（サンヤ・タマサク　1907.4.5-2002.1.6）
　二十（サンヤ・タマサク　1907.4.5-）

サン・ユ　San Yu
20世紀，ビルマの軍人，政治家。1962年からネ・ウィン内閣の革命評議会委員，蔵相，国防相などを歴任。81年11月大統領に就任。
⇒現人（サン・ユ　1918-）
　国小（サン・ユ　1917-）
　コン3（サン・ユ　1919-1996）
　世政（サン・ユ　1919.4.6-1996.1.28）
　世東（サン・ユ　1919.4.6-）
　二十（サン・ユ　1919.4.6-）

三廬　さんろ
7世紀頃，チベット地方，東女（西チベット）王

子。唐に来朝した。
⇒シル（三廬　さんろ　7世紀頃）
　　シル新（三廬　さんろ）

【し】

祇　し*
4世紀，中国，五胡十六国・後趙の皇帝（在位350〜351）。
⇒中皇（祇　?–351）

シアズ，ベンジャミン　Sheares, Benjamin Henry
20世紀，シンガポールの政治家。1971年シンガポール第2代大統領に就任，3期連続で大統領職を務め，温厚な学者肌の元首として国民の信望を集めていた。
⇒現人（シアズ　1907.8.12–）
　　世政（シアズ，ベンジャミン　1907.8.12–1981.5.12）
　　二十（シアズ，ベンジャミン・ヘンリー　1907.8.12–1981.5.12）

シアゾン，ドミンゴ　Siazon, Domingo L.
20世紀，フィリピンの外交官，政治家。フィリピン外相，国連工業開発機関（UNIDO）事務局長。
⇒世政（シアゾン，ドミンゴ　1939.7.9–）

シアヌーク
⇨シハヌーク

シアヌーク，ノロドム
⇨シハヌーク

向警予　シアンジンユイ
⇨向警予（こうけいよ）

子嬰　しえい
前3世紀，中国，秦の王（在位前207〜206）。姓は嬴。始皇帝の孫。
⇒コン2（子嬰　しえい　?–前206）
　　コン3（子嬰　しえい　?–前206）
　　三国（子嬰　しえい）
　　世東（子嬰　しえい　?–前206）
　　世東（孺子嬰　じゅしえい　?–前205）
　　中皇（子嬰　?–前206）
　　統治（秦王〔子嬰〕　Ch'in Wang　（在位）前207）

志鋭　しえい
19・20世紀，中国，清代の官吏。字は伯愚，号は公頴，廓軒，迂安。満州鑲紅旗人。光緒帝の2人の愛妃の従兄。杭州将軍などに任ぜられる。
⇒外国（志鋭　しえい　1852–1912）
　　中人（志鋭　しえい　1852–1912）

謝雪紅　シエシュエホン
⇨謝雪紅（しゃせつこう）

ジェータ
⇨祇陀太子（ぎだたいし）

謝東閔　シエトンミン
⇨謝東閔（しゃとうびん）

シェフ，サイド　Sheh, Syed bin Syed Abdullah Sahabuddinn
20世紀，東南アジア，マラヤの外交官。マラヤ駐日大使。
⇒二十（シェフ，サイド　1910–）

謝富治　シエフーチー
⇨謝富治（しゃふじ）

ジェブツン・ダンバ・フトゥクトゥ
⇨ジュプツェンダンバ・ホトクト8世

ジェブツンダンバ・フトクト，ガクワン
⇨ジュプツェンダンバ・ホトクト8世

ジェベ（哲別）　Jebe
13世紀，モンゴルの武将。
⇒国小（ジェベ　?–1224）
　　人物（ジェベ　?–1225頃）
　　全書（ジェベ　?–1225）
　　大百（ジェベ　?–1225）
　　百科（ジェベ　?–1225）
　　評世（ジェベ　生没年不詳）
　　山世（ジェベ　?–1225）

ジェベ（哲別）
モンゴル帝国，初期の将軍。チンギス・ハンに仕えた。
⇒評世（ジェベ　生没年不詳）

沈括　シェンクゥア
⇨沈括（しんかつ）

沈括　シェンクォ
⇨沈括（しんかつ）

沈家本　シェンジアベン
⇨沈家本（しんかほん）

沈昌煥　シェンチャンホアン
⇨沈昌煥（しんしょうかん）

沈鈞儒　シェンチュンルー
⇨沈鈞儒（しんきんじゅ）

嗣王　しおう*
10世紀，中国，五代十国・閩の皇帝（在位925〜926）。
⇒中皇（嗣王　?–926）

自会羅　じかいら
8世紀頃、中央アジア、陀抜斯単（タバリスターン）の王子。唐に入朝した。
⇒シル（自会羅　じかいら　8世紀頃）
　シル新（自会羅　じかいら）

史可法　しかほう
17世紀、中国、明末の忠臣。字は憲之。清軍の進攻にあたって凄惨な守城戦を展開したが捕われて殺された。
⇒外国（史可法　しかほう　?-1645）
　広辞6（史可法　しかほう　1602-1645）
　国小（史可法　しかほう　?-1645（順治2.4.28））
　コン2（史可法　しかほう　?-1645）
　コン3（史可法　しかほう　1602-1645）
　人物（史可法　しかほう　?-1645.4.20）
　世東（史可法　しかほう　?-1645.4.20）
　世百（史可法　しかほう　?-1645）
　全書（史可法　しかほう　?-1645）
　大百（史可法　しかほう　?-1645）
　中国（史可法　しかほう　?-1645）
　中史（史可法　しかほう　1602-1645）
　中書（史可法　しかほう　1602-1645）
　伝記（史可法　しかほう　1602-1645）
　百科（史可法　しかほう　?-1645）

史渙　しかん
2世紀、中国、三国時代、曹操の部将。
⇒三国（史渙　しかん）
　三全（史渙　しかん　?-201）

次干徳　じかんとく
6世紀頃、朝鮮、百済から来日した使節。
⇒シル（次干徳　じかんとく　6世紀頃）
　シル新（次干徳　じかんとく）

史魚　しぎょ
中国、春秋時代の衛の国の臣。
⇒三国（史魚　しぎょ）

竺阿弥　じくあび
5世紀頃、インドの外交使節。迦毘黎から中国、南朝の宋へ遣わされた。
⇒シル（竺阿弥　じくあび　5世紀頃）
　シル新（竺阿弥　じくあび）

竺可楨　じくかてい
19・20世紀、中国の気象学者。別名は竺藕航。浙江省出身。1962年中国共産党に入党。67年中国科学院革命委員会委員を経て科学院副院長に至る。
⇒外国（竺可楨　じくかてい　1890-）
　コン3（竺可楨　じくかてい　1890-1974）
　世百（竺可楨　じくかてい　1890-）
　世百新（竺可楨　じくかてい　1890-1974）
　全書（竺可楨　じくかてい　1890-1974）
　中人（竺可楨　じくかてい　1890-1974.2.7）
　天文（竺可楨　じくかてい　1890-1974）
　百科（竺可楨　じくかてい　1890-1974）

竺須羅達　じくしゅらたつ
5世紀頃、マレーシア、盤皇（マレーシアのパハン州）の朝貢使。
⇒シル（竺須羅達　じくしゅらたつ　5世紀頃）
　シル新（竺須羅達　じくしゅらたつ）

竺当抱老　じくとうほうろう
6世紀頃、カンボジア、扶南の朝貢使。
⇒シル（竺当抱老　じくとうほうろう　6世紀頃）
　シル新（竺当抱老　じくとうほうろう）

竺那婆智　じくなばち
5世紀頃、マレーシア、盤皇（マレーシアのパハン州）の朝貢使。
⇒シル（竺那婆智　じくなばち　5世紀頃）
　シル新（竺那婆智　じくなばち）

竺扶大　じくふだい
5世紀頃、インドの外交使節。迦毘黎から中国、南朝の宋へ遣わされた。
⇒シル（竺扶大　じくふだい　5世紀頃）
　シル新（竺扶大　じくふだい）

ジクメ・センゲ　Jigme Singye
20世紀、ブータン国王。
⇒統治（ジクメ・センゲ　（在位）1972-）

ジクメ・ドルジ　Jigme Dorji
20世紀、ブータン国王。
⇒統治（ジクメ・ドルジ　（在位）1952-1972）

竺羅達　じくらたつ
6世紀頃、インドの外交使節。北インドの王グプタが503年に中国、梁の武帝に遣わした朝貢使。
⇒シル（竺羅達　じくらたつ　6世紀頃）
　シル新（竺羅達　じくらたつ）

竺留陀及多　じくるだきゅうた
5世紀頃、中央アジア、竺留陀斤陀利国の朝貢使。
⇒シル（竺留陀及多　じくるだきゅうた　5世紀頃）
　シル新（竺留陀及多　じくるだきゅうた）

持健　じけん
8世紀頃、中央アジア、吐火羅葉護（トハラ＝ヤブグ）の使臣。726（開元14）年に唐に朝貢した。
⇒シル（持健　じけん　8世紀頃）
　シル新（持健　じけん）

史堅如　しけんじょ
19世紀、中国の革命家。名は久緯。広東省番禺県出身。1900年恵州蜂起に呼応しようとして果たさず、広東巡撫の暗殺に失敗。
⇒コン2（史堅如　しけんじょ　1879-1900）
　コン3（史堅如　しけんじょ　1879-1900）

政治・外交・軍事篇

史浩　しこう
12世紀, 中国, 南宋初の宰相, 文学者。字は直翁, 号は真隠居士。主著『尚書講義』20巻など。
⇒集文（史浩　しこう　1106（崇寧5）-1194（紹熙5））

尸佼　しこう
前4世紀, 中国, 戦国時代の政治家。魯の人（一説に楚の人）。秦の相, 商鞅の師。
⇒中芸（尸佼　しこう）

始興王陳叔陵　しこうおうちんしゅくりょう*
6世紀, 中国, 南朝, 陳の宣帝の子。
⇒中皇（始興王陳叔陵　?-582）

始皇帝　しこうてい
前3世紀, 中国, 秦（最初の古代統一帝国）の創設者。名は政。荘襄王の子。官制の整備, 郡県制の実施, 度量衡・文字の統一, 焚書坑儒による思想統一などを行う一方, 匈奴を攻撃し万里の長城を築き, 南方に領土を拡大。
⇒逸話（始皇帝　しこうてい　前259-210）
　岩ケ（始皇帝　しこうてい　前259-前210）
　旺世（始皇帝　しこうてい　前259-210）
　外国（始皇帝　しこうてい　前259-210）
　科史（始皇帝　しこうてい　前259-210）
　角世（始皇帝　しこうてい　前259-210）
　広辞4（始皇帝　しこうてい　前259-前210）
　広辞6（始皇帝　しこうてい　前259-210）
　皇帝（始皇帝　しこうてい　前259-210）
　国小（始皇帝　しこうてい　前259-210（始皇帝37.7））
　国百（始皇帝　しこうてい　前259-210（始皇37.7））
　コン2（始皇帝　しこうてい　前259-210）
　コン3（始皇帝　しこうてい　前259-210）
　三国（始皇帝　しこうてい）
　人物（始皇帝　しこうてい　前259-220）
　世人（始皇帝　しこうてい　前259-210）
　世東（始皇帝　しこうてい　前259-210）
　世百（始皇帝　しこうてい　前259-210）
　全書（始皇帝　しこうてい　前259-210）
　大辞（始皇帝　しこうてい　前259-前210）
　大辞3（始皇帝　しこうてい　前259-210）
　大百（始皇帝　しこうてい　前258-210）
　中皇（始皇帝　　前259-210）
　中国（始皇帝　しこうてい　前259-210）
　中史（始皇帝　しこうてい　前259-210）
　デス（始皇帝　しこうてい　前259-210）
　伝記（始皇帝　しこうてい　前259-210）
　統治（始皇帝（趙政）　Shih Huang Ti［Chao Chêng］　（在位）前221-210）
　百科（始皇帝　しこうてい　前259-210）
　評世（始皇帝　しこうてい　前259-210）
　山世（始皇帝　しこうてい　前259-210）
　歴史（始皇帝　しこうてい　前259-210）

始皇帝の母　しこうていのはは*
前3世紀, 中国, 戦国時代の皇妃。
⇒中皇（始皇帝の母　?-228）

シー・サヴァン・ウァッタナー　Sri Savang Vatthana
20世紀, ラオス国王。1951年のサンフランシスコ対日平和会議にはラオス代表団首席代表として出席。59年10月29日父の死で国王に即位した。
⇒現人（サバン・バッタナ　1907.11.13-）
　国小（サバン・バッタナ　1907-）
　国小（バッタナ　1907.11.13-）
　コン3（シー・サヴァン・ウァッタナー　1907-）
　世東（スリ・サバン・バッタナ（シサワンワッタナ）　1907.11.13-）
　二十（サバン・バッタナ　1907.11.13-）
　二十（バッタナ, S.S.　1907-）

シサヴァン・ボン　Sisavang Vong
19・20世紀, ラオスのルアンプラバン王国第12代の国王（在位1904〜45, 46〜53）。1945年4月ラオス国王としてラオス独立を宣言, 53年完全独立を達成し, 統一ラオス王国初代国王となる。
⇒皇帝（シサバン・ボン　1885-1959）
　世東（シサバンボン（シーサワーンウォン）　1885.7.14-1959.10.29）
　二十（シサヴァン・ボン　1885-?）

施朔　しさく
3世紀頃, 中国, 三国時代, 呉の近衛の武士。
⇒三国（施朔　しさく）
　三全（施朔　しさく　生没年不詳）

シサバンボン
⇨シサヴァン・ボン

シサワット・ケオブンパン　Sisavat Keobounphan
20世紀, ラオスの政治家, 軍人。ラオス首相。
⇒世政（シサワット・ケオブンパン　1928.5.1-）
　統治（スィサヴァンヴォン（シー・サワン・ウォン）　（在位）1904-1959（統一ラオス王1946））

シーサワーンウォン
⇨シサヴァン・ボン

シサワンワッタナ
⇨シー・サヴァン・ウァッタナー

子産　しさん
前6世紀, 中国, 春秋時代・鄭の賢人政治家。穆公の孫。姓は国, 名は僑。子産は字。
⇒外国（子産　しさん　?-前552/-496）
　角世（子産　しさん　前585?-522?）
　広辞6（子産　しさん　?-前522）
　国小（子産　しさん　前585頃-522頃）
　コン2（子産　しさん　前585頃-522頃）
　コン3（子産　しさん　前585頃-522）
　人物（子産　しさん　?-前522）
　世東（子産　しさん　?-前522）
　世百（子産　しさん　?-前522）
　全書（子産　しさん　?-前522）
　大辞（子産　しさん　前585?-前522?）
　大辞3（子産　しさん　前585?-前522?）
　大百（子産　しさん　?-前522）

しさん

中芸（子産　しさん　生没年不詳）
中国（子産　しさん　?-前522）
中史（子産　しさん　前574頃-522）
デス（子産　しさん　?-前522）
百科（子産　しさん　?-前522）
歴史（子産　しさん　?-前522（定公8））

師纂　しさん

3世紀頃、中国、三国時代の人。魏将鄧艾に従う張前校尉。
⇒三国（師纂　しさん）
　三全（師纂　しさん　生没年不詳）

自斯　じし

7世紀頃、朝鮮、百済から来日した使節。
⇒シル（自斯　じし　7世紀頃）
　シル新（自斯　じし）

史思明　ししめい

8世紀、中国、中唐期に起った安史の乱の指導者の一人。
⇒旺世（史思明　ししめい　?-761）
　外国（史思明　ししめい　?-761）
　角世（史思明　ししめい　?-761）
　広辞4（史思明　ししめい　?-761）
　広辞6（史思明　ししめい　?-761）
　国小（史思明　ししめい　?-761（上元2））
　コン2（史思明　ししめい　704頃-761）
　コン3（史思明　ししめい　703-761）
　人物（史思明　ししめい　?-761.3.3）
　世人（史思明　ししめい　?-761）
　世東（史思明　ししめい　?-761.3.3）
　全書（史思明　ししめい　?-761）
　大辞（史思明　ししめい　?-761）
　大辞3（史思明　ししめい　?-761）
　大百（史思明　ししめい　704頃-761）
　中皇（史思明　?-761）
　中国（史思明　ししめい　?-761）
　中史（史思明　ししめい　? 761）
　評世（史思明　ししめい　?-761）

史適仙　ししゅうせん

8世紀頃、渤海から来日した使節。
⇒シル（史適仙　ししゅうせん　8世紀頃）
　シル新（史適仙　ししゅうせん）

爾朱栄　じしゅえい

5・6世紀、中国、北魏末の権臣。字は天宝。匈奴羯種出身。
⇒国小（爾朱栄　じしゅえい　493（太和17）-530（永安3））
　コン2（爾朱栄　じしゅえい　493-530）
　コン3（爾朱栄　じしゅえい　493-530）
　人物（爾朱栄　じしゅえい　493-530.9）
　世東（爾朱栄　じしゅえい　493-530）
　世百（爾朱栄　じしゅえい　493-530）
　全書（爾朱栄　じしゅえい　493-530）
　中国（爾朱栄　じしゅえい　493-530）
　中史（爾朱栄　じしゅえい　493-530）
　百科（爾朱栄　じしゅえい　493-530）

施閏章　しじゅんしょう

17世紀、中国、清初の詩人、政治家。安徽省宣城出身。字、尚白。号、愚山、蠖斎。主著『学余堂詩文集』『蠖斎詩話』。
⇒国小（施閏章　しじゅんしょう　1618（万暦46）-1683（康熙22））
　コン2（施閏章　しじゅんしょう　1618-1683）
　コン3（施閏章　しじゅんしょう　1618-1683）
　詩歌（施閏章　しじゅんしょう　1618（万暦46）-1683（康熙22））
　中芸（施閏章　しじゅんしょう　1618-1683）
　中史（施閏章　しじゅんしょう　1618-1683）

士燮　ししょう

2・3世紀、中国、三国の政治家。広西省蒼梧出身。字は彦威。40数年に亙って、交趾の統治を続け、その中国化につとめた。
⇒人物（士燮　ししょう　137頃-226）
　世東（士燮　ししょう　?-226）

思任発　しじんはつ

15世紀、中国、明代の反徒。西南異民族の部族長。1437年明に反乱、附近の諸士司を侵した。
⇒外国（思任発　しじんはつ　?-1445）

史嵩之　しすうし

13世紀、中国、南宋の政治家。字は子由。慶元府・鄞（浙江省）出身。史弥遠の甥。1244年右丞相兼枢密使となり、13年間宰相の職につく。
⇒コン2（史嵩之　しすうし　?-1256）
　コン3（史嵩之　しすうし　?-1257）

シスーク・ナ・チャンパサク　Sisouk Na Champassak

20世紀、ラオスの政治家。ブンウムの甥。1958年以来閣僚を歴任、65年3派連合政府第3次改造で財政相、70年国防担当首相代理。
⇒現人（シスーク・ナ・チャンパサク　1928-）
　世政（シスーク・ナ・チャンパサク　1928-）
　世東（シースック・ナ・チャムパサック　1928.3.29-）
　二十（シスーク・ナ・チャンパサク　1928-）

師需婁　しずる

7世紀頃、朝鮮、高句麗から来日した使節。
⇒シル（師需婁　しずる　7世紀頃）
　シル新（師需婁　しずる）

柴成文　しせいぶん

20世紀、中国の外交官。1951年朝鮮停戦会談の連絡官。69年中ソ国境交渉中国政府代表団団員。
⇒世東（柴成文　しせいぶん　?-）
　中人（柴成文　さいせいぶん　?-）

施世綸　しせいりん

18世紀、中国、清の名臣。字は文賢、漢軍鑲黄旗人。1709年左副都御史。
⇒世東（施世綸　しせいりん　?-1722）

史蹟　しせき
3世紀, 中国, 三国時代, 呉の大将潘璋の部将。
⇒三国（史蹟　しせき）
　三全（史蹟　しせき　?-221）

シソワット　Sisowath
19・20世紀, カンボジア国王。在位1904〜1927。
⇒統治（シソワット　（在位）1904-1927）

シソワット・シリク・マタク　Sisowath Sirik Matak
20世紀, カンボジア, クメール共和国の政治家。1970年3月シアヌーク打倒の主役。71年首相代行。
⇒現人（シリク・マタク　1914.1-）
　国小（シリク・マタク　1914-）
　コン3（シソワット・シリク・マタク　1914-1975）
　二十（シリク, マタク　1914.1-）

シソン, ホセ・マリア　Sison, Jose Maria
20世紀, フィリピンの革命家。党名はアマド・ゲレロ（Amado Guerrero）。1967年フィリピン社会党創立とともに副委員長。68年に「毛思想を導きとする」共産党（CPP・ML）を再建。
⇒現人（シソン　1939-）
　集世（シソン・マリア　1939.2.8-）
　集文（シソン, ホセ・マリア　1939.2.8-）
　世政（シソン, ホセ・マリア　1939-）
　二十（シソン, J.M.　1939-）

施存統　しそんとう, しぞんとう
20世紀, 中国の社会科学者。別名は復亮・伏量。浙江省金華出身。民主建国会を結成し, 1949年以後は全国人民代表大会常務委員などをつとめる。著書『中国革命底理論問題』(28)。
⇒外国（施復亮　しふくりょう　?-）
　近中（施存統　しぞんとう　1899-1970.11.29）
　コン3（施存統　しぞんとう　1890-1970）
　中人（施存統　しぞんとう　1890-1970.11.29）

西太后　シータイホウ
⇨西太后（せいたいこう）

斯多含　したがん
6世紀, 朝鮮, 真興王代の武人。
⇒朝人（斯多含　したがん　生没年不詳）

子濯孺子　したくじゅし
中国, 春秋時代の鄭の国の将。
⇒三国（子濯孺子　したくじゅし）

シチ・サウェッツィラ　Siddhi Savetsila
20世紀, タイの政治家, 空軍大将。タイ外相。
⇒世政（シチ・サウェッツィラ　1919.1.7-）

史朝義（史朝儀）　**しちょうぎ**
8世紀, 中国, 中唐の安史の乱末期の指導者。史思明の妾腹の子。
⇒国小（史朝義　しちょうぎ　?-763（広徳1））
　コン2（史朝義　しちょうぎ　?-763）
　コン3（史朝義　しちょうぎ　?-763）
　中皇（史朝儀　?-763）

施肇基　しちょうき
19・20世紀, 中国の外交官。号は植之（しょくじ）。浙江省杭州出身。民国成立後駐英公使・駐米大使をつとめ, パリ平和会議, ジュネーブ国際アヘン会議の各全権となる。
⇒外国（施肇基　しちょうき　1877-）
　近中（施肇基　しちょうき　1877.4.10-1958.1.4）
　コン2（施肇基　しちょうき　1877-1958）
　コン3（施肇基　しちょうき　1877-1958）
　世東（施肇基　しちょうき　1877.4.10-1958.1.4）
　中人（施肇基　しちょうき　1877-1958）

失阿利　しつあり
8世紀頃, 朝鮮, 渤海靺鞨の大臣。遣唐賀正使。
⇒シル（失阿利　しつあり　8世紀頃）
　シル新（失阿利　しつあり）

悉薫熱　しつくんねつ
8世紀頃, チベット, 吐蕃王朝の遣唐使。
⇒シル（悉薫熱　しつくんねつ　8世紀頃）
　シル新（悉薫熱　しつくんねつ）

郅支単于　しっしぜんう
前1世紀, 中央アジア, 西匈奴の単于（王）（在位前56〜36）。第12代虚閭権渠単于の子。
⇒国小（郅支単于　しっしぜんう　?-前36）
　コン2（郅支単于　しっし・ぜんう　?-前36）
　コン3（郅支単于　しっし・ぜんう　?-前36）
　人物（郅支単于　しっしぜんう　?-前36）
　世東（郅支単于　しっしぜんう　?-前36）
　世百（郅支単于　しっしぜんう　?-前36）
　山世（郅支単于　しっしぜんう　?-前36）

執失思力　しつしつしりき
7世紀頃, 中央アジア, 突厥（チュルク）の遣唐使。
⇒シル（執失思力　しつしつしりき　7世紀頃）
　シル新（執失思力　しつしつしりき）

質帝　しつてい
2世紀, 中国, 後漢の第九代皇帝。
⇒三国（質帝　しつてい）
　中皇（質帝　138-146）
　統治（質帝　Chih Ti　（在位）145-146）

シデバラ
⇨英宗（元）（えいそう）

史天沢　してんたく
13世紀, モンゴル帝国・元初にかけての政治家。功臣。永清（河北省）出身。字は潤甫, 諡は忠武。フビライ・ハンの諮問に応じ, 漢人では最も重んじられた。
⇒角世（史天沢　してんたく　1202-1275）

しとか

国小　(史天沢　してんたく　1202(嘉泰2)-1275
　　(至元12))
コン2　(史天沢　してんたく　1202-1275)
コン3　(史天沢　してんたく　1202-1275)
人物　(史天沢　してんたく　1202-1275.2)
世東　(史天沢　してんたく　1202-1275)
全書　(史天沢　してんたく　1202-1275)
百科　(史天沢　してんたく　1202-1275)
山世　(史天沢　してんたく　1202-1275)

司徒華　しとか
20世紀, 香港の民主化運動指導者。香港市民支援愛国民主運動連合会(港支連)主席。
⇒世東　(司徒華　しとか　1931-)
　中人　(司徒華　しとか　?-)

俟匿伐　しとくばつ
6世紀頃, 柔然の部族長。北魏に亡命した。
⇒シル　(俟匿伐　しとくばつ　6世紀頃)
　シル新　(俟匿伐　しとくばつ)

司徒美堂　しとびどう
19・20世紀, 中国の政治家。政治結社「中国政公党」を組織。1954年第1期全国人民代表大会常務委員。
⇒華人　(司徒美堂　しとびどう　1868-1955)
　近中　(司徒美堂　しとびどう　1868.4.3-1955.5.8)
　国小　(司徒美堂　しとびどう　1866-1955.5.8)
　コン2　(司徒美堂　しとびどう　1868-1955)
　コン3　(司徒美堂　しとびどう　1868-1955)
　世百　(司徒美堂　しとびどう　1868-1955)
　中人　(司徒美堂　しとびどう　1868-1955.5.8)
　百科　(司徒美堂　しとびどう　1868-1955)

史都蒙　しともう
8世紀頃, 渤海から来日した使節。
⇒シル　(史都蒙　しともう　8世紀頃)
　シル新　(史都蒙　しともう)

斯那奴阿比多　しなののあひた
6世紀頃, 朝鮮, 百済使。516(継体10)年来日。
⇒シル　(斯那奴阿比多　しなののあひた　6世紀頃)
　シル新　(斯那奴阿比多　しなののあひた)

斯那奴次酒　しなののししゅ
6世紀頃, 朝鮮, 百済使。日系百済人。545(欽明6)年来日。
⇒シル　(斯那奴次酒　しなののししゅ　6世紀頃)
　シル新　(斯那奴次酒　しなののししゅ)

科野新羅　しなののしらぎ
6世紀頃, 朝鮮, 百済使。553(欽明14)年来日。
⇒シル　(科野新羅　しなののしらぎ　6世紀頃)
　シル新　(科野新羅　しなののしらぎ)

シー・ニエプ　Si Nhiep
2・3世紀, ベトナムの地方支配者。交趾郡(ベトナム北部)を支配した中国人太守。
⇒百科　(シーニエプ　187-226)

申維翰　シニュハン
⇨申維翰(しんいかん)

司馬懿　しばい
2・3世紀, 中国, 西晋王朝の基盤を築いた武将。河内郡温県(河南省)出身。字は仲達, 諡は宣帝。廟号高祖。司馬氏受禅への道を固めた。
⇒旺世　(司馬懿　しばい　179-251)
　外国　(司馬懿　しばい　179-251)
　角世　(司馬懿　しばい　179-251)
　広辞4　(司馬懿　しばい　179-251)
　広辞6　(司馬懿　しばい　179-251)
　国小　(司馬懿　しばい　179(光和2)-251(嘉平3))
　コン2　(司馬懿　しばい　179-251)
　コン3　(司馬懿　しばい　179-251)
　三国　(司馬懿　しばい)
　三全　(司馬懿　しばい　179-251)
　人物　(司馬懿　しばい　179-251.8)
　世東　(司馬懿　しばい　179-251)
　世百　(司馬懿　しばい　179-251)
　全書　(司馬懿　しばい　179-251)
　大辞　(司馬懿　しばい　179-251)
　大辞3　(司馬懿　しばい　179-251)
　大百　(司馬懿　しばい　179-251)
　中国　(司馬懿　しばい　179-251)
　中史　(司馬懿　しばい　179-251)
　デス　(司馬懿　しばい　179-251)
　百科　(司馬懿　しばい　179-251)
　評世　(司馬懿　しばい　179-251)
　山世　(司馬懿　しばい　179-251)
　歴史　(司馬懿　しばい　179(光和2)-251(嘉平3))

司馬睿　しばえい
3・4世紀, 中国, 東晋の初代皇帝(在位317～322)。字は景文, 諡は元帝。琅邪王司馬覲の子。
⇒旺世　(司馬睿　しばえい　276-322)
　外国　(司馬睿　しばえい　276-322)
　角世　(司馬睿　しばえい　276-322)
　広辞4　(元帝　げんてい　276-322)
　広辞6　(元帝　げんてい　276-322)
　皇帝　(元帝　げんてい　276-322)
　国小　(司馬睿　しばえい　276(咸寧2)-322(永昌1))
　コン2　(元帝(東晋)　げんてい　276-322)
　コン3　(元帝(東晋)　げんてい　276-322)
　人物　(元帝　げんてい　276-322)
　世人　(元帝　げんてい　276-322)
　世東　(司馬睿　しばえい　276-322)
　世百　(元帝(晋)　げんてい　276-322)
　全書　(元帝　げんてい　276-322)
　大辞　(元帝　げんてい　276-322)
　大辞3　(司馬睿　しばえい　276-322)
　大百　(元帝　げんてい　276-322)
　中皇　(元帝　276-322)
　中国　(元帝　げんてい　276-322)
　統治　(元帝(司馬睿)　Yüan Ti[Ssŭ-ma Jui](在位)317-323)
　百科　(元帝(晋)　げんてい　276-322)
　評世　(司馬睿　しばえい　276-322)
　山世　(司馬睿　しばえい　276-322)
　歴史　(司馬睿　しばえい　276(咸寧2)-322(永昌

司馬炎　しばえん
　⇨武帝（西晋）（ぶてい）

司馬鈞　しばきん
　3世紀頃, 中国, 三国時代, 漢の征西将軍。
　⇒三国　（司馬鈞　しばきん）
　　三全　（司馬鈞　しばきん　生没年不詳）

司馬冏　しばけい*
　4世紀, 中国, 西晋, 宗室。
　⇒中皇　（斉王司馬冏　?-302）

司馬元顕　しばげんけん
　5世紀, 中国, 東晋, 簡文帝の孫。
　⇒中皇　（司馬元顕　?-402）

司馬光　しばこう
　11世紀, 中国, 北宋の学者, 政治家。字は君実, 号は迂夫, 迂叟, 諡は太師温国公文正, また温公, 速水先生と称される。『資治通鑑』の編者。
　⇒逸話　（司馬光　しばこう　1019-1086）
　　岩ケ　（司馬光　しばこう　1019-1086）
　　旺世　（司馬光　しばこう　1019-1086）
　　外国　（司馬光　しばこう　1019-1086）
　　角世　（司馬光　しばこう　1019-1086）
　　教育　（司馬光　しばこう　1018-1086）
　　広辞4（司馬光　しばこう　1019-1086）
　　広辞6（司馬光　しばこう　1019-1086）
　　国小　（司馬光　しばこう　1019（天禧3）-1086（天祐1.9））
　　国百　（司馬光　しばこう　1019-1086）
　　コン2（司馬光　しばこう　1019-1086）
　　コン3（司馬光　しばこう　1019-1086）
　　詩歌　（司馬光　しばこう　1019（宋・天禧3）-1086（元祐元））
　　集世　（司馬光　しばこう　1019（天禧3）-1086（元祐1））
　　集文　（司馬光　しばこう　1019（天禧3）-1086（元祐1））
　　人物　（司馬光　しばこう　1018-1086.9）
　　世人　（司馬光　しばこう　1019-1086）
　　世東　（司馬光　しばこう　1018-1086）
　　世百　（司馬光　しばこう　1019-1086）
　　世文　（司馬光　しばこう　1019-1086（天祐元））
　　全書　（司馬光　しばこう　1019-1086）
　　大辞　（司馬光　しばこう　1019-1086）
　　大辞3（司馬光　しばこう　1019-1086）
　　大百　（司馬光　しばこう　1019-1086）
　　中芸　（司馬光　しばこう　1019-1086）
　　中国　（司馬光　しばこう　1019-1086）
　　中史　（司馬光　しばこう　1019-1086）
　　デス　（司馬光　しばこう　1019-1086）
　　伝記　（司馬光　しばこう　1019-1086.9）
　　百科　（司馬光　しばこう　1019-1086）
　　評世　（司馬光　しばこう　1019-1086）
　　名著　（司馬光　しばこう　1019-1086）
　　山世　（司馬光　しばこう　1019-1086）
　　歴学　（司馬光　しばこう　1019-1086）
　　歴史　（司馬光　しばこう　1019（天禧3）-1086（元祐1））

司馬雋　しばしゅん
　3世紀頃, 中国, 三国時代, 司馬懿の祖父で, 潁川の太守。
　⇒三国　（司馬雋　しばしゅん）
　　三全　（司馬雋　しばしゅん　生没年不詳）

司馬昭　しばしょう
　3世紀, 中国, 三国魏の政治家。蜀漢を滅ぼして, 魏朝の全権を掌握。晋の文帝と追号された。
　⇒コン2（司馬昭　しばしょう　211-265）
　　コン3（司馬昭　しばしょう　211-265）
　　三国　（司馬昭　しばしょう　211-265）
　　三全　（司馬昭　しばしょう　211-265）
　　人物　（司馬昭　しばしょう　211-265.8）
　　世東　（司馬昭　しばしょう　211-265）
　　中史　（司馬昭　しばしょう　211-265）

司馬穣苴　しばじょうしょ
　中国, 春秋時代の斉国の将軍。
　⇒中芸　（司馬穣苴　しばじょうしょ　生没年不詳）
　　中史　（司馬穣苴　しばじょうしょ　生没年不詳）

司馬達　しばたつ
　2世紀頃, 中国, 後漢の敦煌太守。
　⇒シル　（司馬達　しばたつ　2世紀頃）
　　シル新（司馬達　しばたつ）

司馬談　しばだん
　前2世紀, 中国, 前漢の官吏。蜀郡の守。司馬錯の8世孫で司馬遷の父。修史の志を抱き子に託した。
　⇒中芸　（司馬談　しばだん　生没年不詳）

司馬伷　しばちゅう
　3世紀, 中国, 東晋の鎮東大将軍・瑯琊王。
　⇒三国　（司馬伷　しばちゅう）
　　三全　（司馬伷　しばちゅう　227-283）

司馬道子　しばどうし
　⇨会稽王道子（かいけいおうどうし）

シハヌーク　Sihanouk, Norodom
　20世紀, カンボジアの政治家, 国王（在位1941～1955, 1993~2004）。三派連合政府大統領, 国家元首。1970年訪ソ中にクーデターで元首を解任される。1993年立憲君主制の新憲法にともない再即位。
　⇒岩ケ　（シハヌーク, ノロドム　1922-）
　　旺世　（シアヌーク　1922-）
　　外国　（ノロドム・シアヌーク・ヴァルマン　1922-）
　　角世　（シアヌーク　1922-）
　　現人　（シアヌーク　1922.10.31-）
　　広辞5（シハヌーク　1922-）
　　広辞6（シハヌーク　1922-）
　　皇帝　（シアヌーク　1922-）
　　国小　（シアヌーク　1922.10.31-）
　　国百　（シアヌーク　1922.10.31-）
　　コン3（シアヌーク　1922-）
　　最世　（シアヌーク, ノロドム　1922-）

しはひ

```
世人  （シハヌーク（シアヌーク）  1922–）
世政  （シアヌーク，ノロドム  1922.10.31–）
世西  （シアヌーク（シハヌーク）  1922.10.31–）
世東  （シハヌーク  1922.10.31–）
世百  （シアヌーク  1922–）
世百新 （シアヌーク  1922–）
全書  （シアヌーク  1922–）
大辞2 （シアヌーク  1922–）
大百  （シアヌーク  1922–）
伝世  （シハヌーク  1922–）
統治  （ノロドム・シアヌーク  （在位）1960–1970
        （国家元首のみ），1993–（最高国民評議会議長
        1991，国王に復位1993））
ナビ  （シアヌーク  1922–）
二十  （シアヌーク，ノロドーム  1922.10.31–）
東ア  （シハヌーク  1922–）
百科  （シアヌーク  1922–）
評世  （シアヌーク  1922–）
山世  （シハヌーク  1922–）
歴史  （シアヌーク  1922–）
```

司馬彪　しばひゅう
⇨司馬彪（しばひょう）

司馬彪　しばひょう
3・4世紀，中国，西晋の王族，学者。高陽王睦の長子。字は紹統。著書『注荘子』『続漢書』。
⇒世東（司馬彪　しばひょう　?–306）
　中芸（司馬彪　しばひゅう　?–306）

シハブ，アルウィ　Shihab, Alwi
20世紀，インドネシアの政治家。インドネシア外相。
⇒世政（シハブ，アルウィ　1946–）

司馬望　しばぼう
3世紀，中国，三国時代，魏の将軍。司馬昭の族兄。字は子初（ししょ）。
⇒三国（司馬望　しばぼう）
　三全（司馬望　しばぼう　205–271）

司馬法聰　しばほうそう
7世紀頃，中国，唐の百済派遣軍の使。
⇒シル（司馬法聰　しばほうそう　7世紀頃）
　シル新（司馬法聰　しばほうそう）

シハモニ　Sihamoni, Norodom
20世紀，カンボジアの国王。
⇒東ア（シハモニ　1953–）

司馬量　しばりょう
3世紀頃，中国，三国時代，漢の征西将軍司馬鈞の子。
⇒三国（司馬量　しばりょう）
　三全（司馬量　しばりょう　生没年不詳）

シバン〔昔班〕　Schiban
13世紀頃，中国，元の武将。蒙古人。抜都の弟，朮赤の第5子。1235年，抜都と共に西征，モスクワを陥れ，ハンガリーを蹂躙した。

⇒世東（シバン〔昔班〕　13世紀）

司蕃　しばん，しはん
3世紀頃，中国，三国時代，洛陽の平昌門を守る将。もと大司農の桓範の部下。
⇒三国（司蕃　しはん）
　三全（司蕃　しばん　生没年不詳）

ジハーンギール（張格爾）
19世紀，中国，清代の反乱者。1826年カシュガル，ヤルカンド，ホータンなどの諸城を陥れた（ジハーンギールの乱）。
⇒外国（ジハーンギール〔張格爾〕　?–1828）
　角世（ジハーンギール〔張格爾〕　?–1828）
　中ユ（ジハーンギール〔張格爾〕　1790–1828）

史弥遠　しびえん
12・13世紀，中国，南宋の寧宗，理宗両朝の宰相。字は同叔。孝宗朝の宰相史浩の第3子。
⇒外国（史弥遠　しびえん　?–1233）
　国小（史弥遠　しびえん　?–1233（紹定6.10.4））
　コン2（史弥遠　しびえん　1164–1233）
　コン3（史弥遠　しびえん　1164–1233）
　人物（史弥遠　しびえん　?–1233）
　世東（史弥遠　しびえん　?–1233）
　百科（史弥遠　しびえん　1164–1233）

史弼　しひつ
13・14世紀，中国，後漢の政治家。河南省出身。字は公謙。桓帝の世，渤海王劉悝（帝の弟）の逆謀を予言して認められ，平原の相となった。
⇒人物（史弼　しひつ　1233頃–1318頃）
　世東（史弼　しひつ）

シヒツ・カガン　Shih-pi-k'o-han
6・7世紀，中国，東突厥の王。啓民可汗の子。609年可汗となる。李淵を助けて唐朝創建に協力。
⇒人物（始畢可汗　しひつかがん　?–619）
　世東（始畢可汗　しひつかがん　?–619）

始畢可汗　しひつかがん
⇨シヒツ・カガン

施復亮　しふくりょう
⇨施存統（しそんとう）

シム・バル　Sim Var
20世紀，カンボジアの政治家。カンボジア首相，カンボジア駐日大使。
⇒世政（シム・バル　1904–1989.10.12）
　二十（シム・バル　1901–1989.10.12）

謝安　しゃあん
4世紀，中国，東晋の名臣。字は安石。前秦の苻堅の大軍を破った。
⇒旺世（謝安　しゃあん　320–385）
　角世（謝安　しゃあん　320–385）
　広辞4（謝安　しゃあん　320–385）
　広辞6（謝安　しゃあん　320–385）

政治・外交・軍事篇　　　しやけ

```
国小（謝安　しゃあん　320（太興3）-385（太元
    10））
コン2（謝安　しゃあん　320-385）
コン3（謝安　しゃあん　320-385）
新美（謝安　しゃあん　320（東普・太興3）-385
    （太元10））
人物（謝安　しゃあん　320-385.8）
世東（謝安　しゃあん　320-385）
世百（謝安　しゃあん　320-385）
全書（謝安　しゃあん　320-385）
大辞（謝安　しゃあん　320-385）
大辞3（謝安　しゃあん　320-385）
大百（謝安　しゃあん　320-385）
中国（謝安　しゃあん　320-385）
中史（謝安　しゃあん　320-385）
中書（謝安　しゃあん　320-385）
百科（謝安　しゃあん　320-385）
評世（謝安　しゃあん　320-385）
歴史（謝安　しゃあん　320（太興3）-385（太元
    10））
```

シャイミエフ　Shäymiev, Mintimer
20世紀，タタールスタンの政治家，大統領（1991〜）。
⇒中ユ（シャイミエフ　1937-）
　ロシ（シャイミエフ　1937-）

車胤　しゃいん
4世紀，中国，東晋の官吏，学者。字は武子。南平（湖南省）出身。「蛍雪の功」の故事で知られる。
⇒角世（車胤　しゃいん　?-400?）
　広辞4（車胤　しゃいん　?-397頃）
　広辞6（車胤　しゃいん　?-397頃）
　国小（車胤　しゃいん　?-400（隆安4）頃）
　コン2（車胤　しゃいん　?-397頃）
　コン3（車胤　しゃいん　?-397頃）
　人物（車胤　しゃいん　?-397頃）
　世東（車胤　しゃいん　4世紀中頃）
　世百（車胤　しゃいん　?-401頃）
　全書（車胤　しゃいん　?-400）
　大辞（車胤　しゃいん　?-397頃）
　大辞3（車胤　しゃいん　?-397頃）
　大百（車胤　しゃいん　330-400）

肖向前　シヤオシヤンチエン
⇨肖向前（しょうこうぜん）

蕭華　シヤオホワ
⇨蕭華（しょうか）

謝覚哉　しゃかくさい
20世紀，中国の司法指導者。1959年4月最高人民法院長。文化大革命まで党中央委員。
⇒外国（謝覚哉　しゃかくさい　1881-）
　近中（謝覚哉　しゃかくさい　1884.4.27-1971.6.15）
　国小（謝覚哉　しゃかくさい　1893-1971.6）
　コン3（謝覚哉　しゃかくさい　1884-1971）
　人物（謝覚哉　しゃかくさい　1881-）
　世東（謝覚哉　しゃかくさい　1893-）
　世百（謝覚哉　しゃかくさい　1884-）
　中人（謝覚哉　しゃかくさい　1894-1971.6.15）

謝冠生　しゃかんせい
20世紀，中国の法学者。浙江省に生れる。1927年中央大学法律学科主任教授，60年司法院院長就任，中国国民党中央評議委員会議主席団。
⇒世東（謝冠生　しゃかんせい　1897-）
　中人（謝冠生　しゃかんせい　1897-1971）

謝強　しゃきょう
7世紀頃，中央アジア，南謝国の部族長。629年，東謝国の謝元深と共に入唐。
⇒シル（謝強　しゃきょう　7世紀頃）
　シル新（謝強　しゃきょう）

灼干那　しゃくかんな
6世紀頃，朝鮮，百済使。550（欽明11）年来日。
⇒シル（灼干那　しゃくかんな　6世紀頃）
　シル新（灼干那　しゃくかんな）

若光　じゃくこう
7世紀頃，朝鮮，高句麗から来日した使節。
⇒シル（若光　じゃくこう　7世紀頃）
　シル新（若光　じゃくこう）

釈仁貞　しゃくじんてい
9世紀頃，渤海から来日した使節。
⇒シル（釈仁貞　しゃくじんてい　9世紀頃）
　シル新（釈仁貞　しゃくじんてい）

若徳　じゃくとく
7世紀頃，朝鮮，高句麗から来日した使節。
⇒シル（若徳　じゃくとく　7世紀頃）
　シル新（若徳　じゃくとく）

錫良　しゃくりょう
19・20世紀，中国の地方大官。
⇒近中（錫良　しゃくりょう　1852-1917）

謝玄　しゃげん
4世紀，中国，東晋の貴族で武将。字は幻度。謝安の甥。叔父の謝石と共に前秦の苻堅を撃破した。
⇒角世（謝玄　しゃげん　343-388）
　広辞4（謝玄　しゃげん　343-388）
　広辞6（謝玄　しゃげん　343-388）
　国小（謝玄　しゃげん　343（建元1）-388（太元13））
　コン3（謝玄　しゃげん　343-388）
　世東（謝玄　しゃげん　343-388）
　大辞（謝玄　しゃげん　343-388）
　大辞3（謝玄　しゃげん　343-388）
　中国（謝玄　しゃげん　343-388）
　中史（謝玄　しゃげん　343-388）

謝元深　しゃげんしん
7世紀頃，中央アジア，東謝国の部族長。629年閏12月，南謝国の謝強と共に入唐。
⇒シル（謝元深　しゃげんしん　7世紀頃）
　シル新（謝元深　しゃげんしん）

舎航 しゃこう
8世紀, 渤海から来日した使節。
⇒シル（舎航　しゃこう　?-727）
　シル新（舎航　しゃこう　?-727）

謝皇后 しゃこうごう*
13世紀, 中国, 南宋, 孝宗の皇妃。
⇒中皇（謝皇后　?-1203）

謝皇后 しゃこうごう*
13世紀, 中国, 南宋, 理宗の皇妃。
⇒中皇（謝皇后　1210-1283）

謝鯤 しゃこん
3・4世紀, 中国, 東晋の政治家。謝安の伯父。召されて東海王越の幕僚となる。
⇒コン2（謝鯤　しゃこん　282-324）
　コン3（謝鯤　しゃこん　282-324）

車今奉 しゃこんほう
20世紀, 朝鮮の社会主義者, 労働運動の指導者。
⇒コン3（車今奉　しゃこんほう　1899-1929）
　朝人（車今奉　しゃこんほう　1899-1929）

謝持 しゃじ
19・20世紀, 中国の政治家。字は慧生（けいせい）。四川省出身。1917年以後, 広東軍政府にあり, 西山会議をひらく。31年南京・広東両政府合体後, 政府委員・中央監察委。
⇒コン2（謝持　しゃじ　1876-1939）
　コン3（謝持　しゃじ　1875-1939）
　中人（謝持　しゃじ　1876-1939）

謝子長 しゃしちょう
20世紀, 中国の西北紅軍と陝甘, 陝北革命根拠地創設者。
⇒近中（謝子長　しゃしちょう　1897.1.19-1935.2.21）

謝春木 しゃしゅんぼく
20世紀, 中国のジャーナリスト, 抗日運動家, 戦後中国の対日工作者。
⇒近中（謝春木　しゃしゅんぼく　1902.11.18-1969.7.26）

察吉児公主 ジャジールこうしゅ*
中国, 元, 雅忽禿楚（ヤフドチユ）王の娘。
⇒中皇（察吉児公主）

謝振華 しゃしんか
20世紀, 中国の政治家。1971年山西省党委第一書記。
⇒世東（謝振華　しゃしんか　?-）
　中人（謝振華　しゃしんか　1916-）

奢崇明 しゃすうめい
17世紀, 中国, 明末の苗族の反乱指導者。1621年明軍に宣戦を布告。大梁王として勢力を強めた。
⇒コン2（奢崇明　しゃすうめい　?-1629）
　コン3（奢崇明　しゃすうめい　?-1629）

ジャスライ, プンツァグイン Jasrai, Puntsagiin
20世紀, モンゴルの政治家。モンゴル首相。
⇒世政（ジャスライ, プンツァグイン　1933.11.26-）

謝旌 しゃせい
3世紀, 中国, 三国時代, 呉の大将孫桓の部将。
⇒三国（謝旌　しゃせい）
　三全（謝旌　しゃせい　?-221）

謝石 しゃせき
4世紀, 中国, 東晋の政治家。字は石奴。謝安の弟。征討大都督として苻堅の大軍を甥の謝玄と共に撃破（383）。
⇒広辞4（謝石　しゃせき　327-388）
　広辞6（謝石　しゃせき　327-388）

謝雪紅 しゃせつこう, しゃせっこう
20世紀, 中国の女性革命家。台湾省出身。婦女連合会執行委員・華東軍政委員会委員・台湾民主自治同盟主席などとして活躍。
⇒外国（謝雪紅　しゃせつこう　1900-）
　近中（謝雪紅　しゃせつこう　1901.10.17-1970.11.5）
　現人（謝雪紅　しゃせつこう〈シエシュエホン〉1900-）
　広辞6（謝雪紅　しゃせつこう　1901-1970）
　コン3（謝雪紅　しゃせつこう　1901-1970）
　中人（謝雪紅　しゃせつこう　1901-1970）

車冑 しゃちゅう
2世紀, 中国, 三国時代, 献帝の時の車騎将軍。
⇒三国（車冑　しゃちゅう）
　三全（車冑　しゃちゅう　?-199）

謝長廷 しゃちょうてい
20世紀, 台湾の政治家。台湾立法委員（1990〜）。民主進歩党創立委員の一人。
⇒世政（謝長廷　しゃちょうてい　1946.5.18-）
　中人（謝長廷　しゃちょうてい　1946-）

シャーディー・ベグ Shādī Beg
14・15世紀, キプチャク・ハン国のハン。在位1401-1407。
⇒統治（シャーディー・ベグ　（在位）1401-1407）

謝東閔 しゃとうびん
20世紀, 台湾の政治家。台湾彰化県に生れる。1954年台湾省政府委員兼秘書長, 65年省議会議長。72年, 蔣経国新内閣で台湾人として初の台湾省主席に任命された。
⇒現人（謝東閔　しゃとうびん〈シエトンミン〉1907-）

世政（謝東閔　しゃとうびん　1907.1.25–2001.4.8）
　　中人（謝東閔　しゃとうびん　1908–）

謝南光　しゃなんこう
20世紀，中国の政治家。
⇒日人（謝南光　しゃなんこう　1902–1969）

ジャニ・ベク　Janï Beg
14世紀，キプチャク・ハン国の第10代ハン（在位1342～57）。
⇒国小（ジャニ・ベク　?–1357）
　人物（ジャニ・ベク　?–1357）
　世東（ジャニベク〔札尼別〕　?–1357）
　統治（ジャニ・ベク　（在位）1342–1357）

沙鉢羅泥敦策斤　しゃはつらでいとんさくきん
7世紀頃，中央アジア，薛延陀の入唐朝貢使。
⇒シル（沙鉢羅泥敦策斤　しゃはつらでいとんさくきん　7世紀頃）
　シル新（沙鉢羅泥敦策斤　しゃはつらでいとんさくきん）

沙鉢羅特勒　しゃはつらとくろく
7世紀頃，中央アジア，突厥（チュルク）の遣唐使。
⇒シル（沙鉢羅特勒　しゃはつらとくろく　7世紀頃）
　シル新（沙鉢羅特勒　しゃはつらとくろく）

謝非　しゃひ
20世紀，中国の政治家。中国共産党中央政治局委員（1992～），中国共産党広東省委員会書記（1991～）。
⇒中人（謝非　しゃひ　1932–）

車鼻施達干　しゃびしたつかん
8世紀頃，中央アジア，解蘇（中央アジア）の入唐朝貢使。
⇒シル（車鼻施達干　しゃびしたつかん　8世紀頃）
　シル新（車鼻施達干　しゃびしたつかん）

沙風　しゃふう
20世紀，中国の軍人，政治家。戦車隊の勇将で，解放戦争を東北野戦軍で戦い，長辛店戦車学校長などを歴任して，農林相となる。
⇒世東（沙風　しゃふう　1914頃–）
　中人（沙風　さふう　1914頃–）

謝富治　しゃふじ
20世紀，中国の軍人，政治家。八路軍に入り，指揮官，政治委員を勤めた。文化大革命後，彭真の失脚に伴って北京市の責任者となり，1971年3月北京市党委員会第一書記，のち副総理に就任。
⇒近中（謝富治　しゃふじ　1909–1972.3.26）
　現人（謝富治　しゃふじ〈シエフーチー〉　1907–1972.3.26）
　国小（謝富治　しゃふじ　1898–1972.3.26）
　世東（謝富治　しゃふじ　1910–1972.3.29）
　中人（謝富治　しゃふじ　1909–1972.3.26）

シャフリル　Sjahrir, Sutan
20世紀，インドネシアの政治家，民族運動指導者。1945～47年共和国初代首相。47年スカルノ大統領顧問。
⇒外国（シャリル　1909–）
　角使（シャフリル　1909–1966）
　現人（シャフリル　1909–1966）
　国小（シャフリル　1919–）
　コン3（シャフリル　1909–1966）
　世政（シャフリル，スータン　1906–1966）
　世東（シャフリル　1909–1966）
　世東（シャリル・スータン　1909–）
　世百（シャリル　1909–）
　世百新（シャフリル　1909–1966）
　全書（シャリル　1909–1966）
　二十（シャフリル，スタン　1909–1966）
　二十（シャリル，スタン　1909–1966）
　東ア（シャフリル　1909–1966）
　百科（シャフリル　1909–1966）

謝方叔　しゃほうしゅく
13世紀，中国，南宋の政治家。字は德方。左丞相兼枢密使に上がり，皇帝の信任を得た。
⇒コン2（謝方叔　しゃほうしゅく　?–1272）
　コン3（謝方叔　しゃほうしゅく　?–1272）

謝枋得　しゃほうとく，しゃほうとく
13世紀，中国，南宋末の政治家。『文章軌範』の撰者。字は君直。号は畳山。文節先生ともいう。
⇒角世（謝枋得　しゃほうとく　1226–1289）
　広辞4（謝枋得　しゃほうとく　1226–1289）
　広辞6（謝枋得　しゃほうとく　1226–1289）
　国小（謝枋得　しゃほうとく　1226（宝慶2）–1289（至元26））
　コン2（謝枋得　しゃほうとく　1226–1289）
　コン3（謝枋得　しゃほうとく　1226–1289）
　詩歌（謝枋得　しゃほうとく　1226（宝慶2）–1289（至元26））
　人物（謝枋得　しゃほうとく　1226–1289）
　世東（謝枋得　しゃほうとく　1226–1289）
　世百（謝枋得　しゃほうとく　1226–1289）
　世文（謝枋得　しゃほうとく　1226（宝慶2）–1289（至元26））
　全書（謝枋得　しゃほうとく　1226–1289）
　大辞（謝枋得　しゃほうとく　1226–1289）
　大辞3（謝枋得　しゃほうとく　1226–1289）
　大百（謝枋得　しゃほうとく　1226–1289）
　中芸（謝枋得　しゃほうとく　1226–1289）
　中史（謝枋得　しゃほうとく　1226–1289）
　百科（謝枋得　しゃほうとく　1226–1289）
　評世（謝枋得　しゃほうとく　1226–1289）
　名著（謝枋得　しゃほうとく　1226–1289）

沙摩柯　しゃまか
⇨沙摩柯（さまか）

謝万　しゃまん
4・5世紀，中国，東晋の政治家，書家。
⇒新美（謝万　しゃまん）

ジャミヤン
19・20世紀, モンゴルの政治家, 学者。モンゴル人民共和国の学術研究の基礎を築く。
⇒コン2（ジャミヤン　1864–1930）
　コン3（ジャミヤン　1864–1930）

シャミーリ
⇨シャミール

シャーミル
⇨シャミール

シャミール　Shamil', Shamwīl
18・19世紀, ダゲスタンとチェチェンのコーカサス山岳民の解放運動の指導者。ロシア軍に追いつめられ降伏。
⇒角世　（シャーミル　?–1871）
　国小　（シャミール　1798頃–1871.3）
　中ユ　（シャミール　1797?–1871）
　百科　（シャミール　1797–1871）
　山世　（シャミーリ　1799–1871）
　ロシ　（シャミーリ　1797–1871）

ジャムカ（札木合）
12・13世紀, モンゴルのジャダラン氏族の族長。反チンギス連合軍を指揮するが, 部下の手でチンギスに引渡され殺された。
⇒角世　（ジャムカ〔札木合〕　?–1205）
　国小　（ジャムハ　?–1204）
　コン2　（ジャムカ〔札木合〕　?–1205）
　コン3　（ジャムカ〔札木合〕　?–1205）
　人物　（ジャムカ　生没年不詳）
　世東　（ジャムカ〔札木合〕　12世紀末頃–13世紀初頃）

ジャムツァラーノ　Jamtsarano, Tsyben Jamtsaranovich
19・20世紀, モンゴルの学者, 政治家。モンゴル人民革命党の綱領を起草, 主著『17世紀モンゴルの年代記』(1936)。
⇒コン2　（ジャムツァラーノ　1880–1940）
　コン3　（ジャムツァラーノ　1880–1940）
　世東　（ジャムツァラーノ　1880–1937）

ジャムハ
⇨ジャムカ

シャームラード　Murād, Shāh
18世紀, ブハラのマンギト朝第3代君主（在位1785–1800）。
⇒中ユ（シャームラード　1741頃–1800）

ジャヤヴァルマン1世　Jayavarman I
7世紀, カンボジア, クメール王国の王。在位650–690。
⇒統治（ジャヤヴァルマン1世　（在位）650–690）

ジャヤヴァルマン2世　Jayavarman II
9世紀, カンボジア, アンコール王朝を開いた王（在位802～850）。
⇒外国　（ジャヤヴァルマン2世　?–850）
　角世　（ジャヤヴァルマン2世　生没年不詳）
　国小　（ジャヤバルマン2世　?–850）
　コン2　（ジャヤヴァルマン2世　?–850）
　コン3　（ジャヤヴァルマン2世　?–850）
　全書　（ジャヤヴァルマン2世　生没年不詳）
　大百　（ジャヤバルマン2世　生没年不詳）
　伝世　（ジャヤヴァルマン2世　?–850）
　統治　（ジャヤヴァルマン2世　（在位）802–834）
　東ア　（ジャヤヴァルマン（2世）　?–830以降）
　百科　（ジャヤバルマン2世　?–850）
　評世　（ジャヤバルマン2世　?–850）

ジャヤヴァルマン3世　Jayavarman III
9世紀, カンボジア, クメール王国の王。在位834–877。
⇒統治（ジャヤヴァルマン3世　（在位）834–877）

ジャヤヴァルマン4世　Jayavarman IV
10世紀, カンボジア, クメール王国の王。在位928–941。
⇒統治（ジャヤヴァルマン4世　（在位）928–941）

ジャヤヴァルマン5世　Jayavarman V
10世紀, カンボジア, クメール王国の王。在位968–1001。
⇒統治（ジャヤヴァルマン5世　（在位）968–1001）

ジャヤヴァルマン6世　Jayavarman VI
11・12世紀, カンボジア, クメール王国の王。在位1080–1107。
⇒統治（ジャヤヴァルマン6世　（在位）1080–1107）

ジャヤヴァルマン7世　Jayavarman VII
12・13世紀, カンボジア, アンコール王朝最盛時代を形成した王（在位1181～1220頃）。熱心な大乗仏教徒。
⇒外国　（ジャヤヴァルマン7世　1125–1220頃）
　角世　（ジャヤヴァルマン7世　生没年不詳）
　皇帝　（ジャヤヴァルマン7世　1125頃–1218頃）
　国小　（ジャヤバルマン7世　1125頃–1220頃）
　コン2　（ジャヤヴァルマン7世　1125–1225/18）
　コン3　（ジャヤヴァルマン7世　1125–1225/18）
　新美　（ジャヤヴァルマン7世）
　世東　（ジャヤヴァルマン7世　1125頃–1220頃）
　全書　（ジャヤバルマン7世　生没年不詳）
　大百　（ジャヤバルマン7世　1125頃–1218頃）
　統治　（ジャヤヴァルマン7世　（在位）1181–1218）
　東ア　（ジャヤヴァルマン（7世）　1125頃–1218頃）
　百科　（ジャヤバルマン7世　1125頃–1218頃）

ジャヤヴァルマン8世　Jayavarman VIII
13世紀, カンボジア, クメール王国の王。在位1243–1295。
⇒統治（ジャヤヴァルマン8世　（在位）1243–1295）

ジャヤヴァルマン9世　Jayavarman IX
14・15世紀, カンボジア, クメール王国の王。刻銘で確認される最後の王。1445年頃にアンコールを放棄。

⇒統治（ジャヤヴァルマン9世　（在位）1327–1353）

ジャヤヴィーラヴァルマン　Jayavīravarman
11世紀，カンボジア，クメール王国の王。在位1002–1006。
⇒統治（ジャヤヴィーラヴァルマン　（在位）1002–1006）

ジャヤカトアン　Jayakatwang
13世紀頃，インドネシア，ジャワ中部，クディリ地方の代官。シンガサリ王朝最後の王クルタナガラを暗殺したが，元の遠征軍に敗れた。
⇒国小（ジャヤカトワン）
　評世（ジャヤカトアン　生没年不詳）

ジャヤカトワン
⇨ジャヤカトアン

闍邪仙婆羅訶　じゃやせんばらか
5世紀頃，マレー地方，呵羅単の朝貢使。433（元嘉10）年劉宋に来朝。
⇒シル（闍邪仙婆羅訶　じゃやせんばらか　5世紀頃）
　シル新（闍邪仙婆羅訶　じゃやせんばらか）

ジャヤデヴィー　Jayadevī
7・8世紀，カンボジア，クメール王国の王。在位690–713。
⇒統治（ジャヤデヴィー　（在位）690–713）

ジャヤバヤ　Djajabaja, Djojobojo
12世紀，ジャワ，クディリの王（在位1135～57）。
⇒コン2（ジャヤバヤ　生没年不詳）
　コン3（ジャヤバヤ　生没年不詳）

ジャヤバルマン2世
⇨ジャヤヴァルマン2世

ジャヤバルマン7世
⇨ジャヤヴァルマン7世

謝雄　しゃゆう
3世紀，中国，三国時代，蜀の部将。
⇒三国（謝雄　しゃゆう）
　三全（謝雄　しゃゆう　?–228）

ジャラール・アッディーン・ミングブルヌ
⇨ジャラールッディーン

ジャラール・アッドゥンヤー・スルターンシャー　Jalāl al-Dunyā Sulṭānshāh
12世紀，ホラズム朝の王（在位1172～1193）。
⇒統治（ジャラール・アッドゥンヤー・スルターンシャー　（在位）1172–1193）

ジャラール・ウッディーン
⇨ジャラールッディーン

ジャラールッディーン　Jalāl al-Dīn Mangūburnī
13世紀，ホラズム王朝最後の王(在位1220～31)。モンゴル軍に敗れて山中で土民に殺害された。
⇒角世（ジャラールッディーン　?–1231）
　国小（ジャラールッディーン・マングバルティー　?–1231.8.15）
　コン2（ジャラールッ・ディーン・マンクバルティー　?–1231）
　コン3（ジャラールッ・ディーン・マンクバルティー　?–1231）
　西洋（ジャラールッ・ディーン・マングバルティー　?–1231.8.15）
　世東（ジャラール・ウッディーン　?–1231）
　中ユ（ジャラールッディーン　?–1231）
　伝世（ジャラールッ・ディーン・マングビルティー　?–1231）
　統治（ジャラール・アッディーン・ミングブルヌ（マングバルティー）　（在位）1220–1231）
　百科（ジャラール・アッディーン　?–1231）
　評世（ジェラール=ウッディーン　?–1231）
　歴史（ジャラール=ウッディーン）

ジャランガ（査郎阿）
18世紀，中国，清中期の武人。字は松荘。1727年チベット反乱を平定。40年太子太保となった。
⇒コン2（ジャランガ〔査郎阿〕　?–1747）
　コン3（ジャランガ〔査郎阿〕　?–1747）

舎利越摩　しゃりえつま
8世紀頃，中央アジア，カービシーからの遣唐使，三蔵。
⇒シル（舎利越摩　しゃりえつま　8世紀頃）
　シル新（舎利越摩　しゃりえつま）

シャリフディン　Sjarifuddin, Amir
20世紀，インドネシアの政治家。1947年7月から翌年1月まで首相。
⇒外国（シャリフディン　1901–?）
　国小（シャリフディン　1901–1948）
　コン3（シャリフディン　1907–1948）
　人物（シャリフディン　1907–）
　世東（シャリフディン　1905–1948）
　世百（シャリフディン　1907–1948）
　世百新（シャリフディン　1907–1948）
　二十（シャリフディン, A.　1907–1948）
　百科（シャリフディン　1907–1948）

謝良震　しゃりょうしん
9世紀頃，中央アジア，渤幬の入唐使。
⇒シル（謝良震　しゃりょうしん　9世紀頃）
　シル新（謝良震　しゃりょうしん）

シャリル・スータン
⇨シャフリル

シャー・ルク
⇨シャー・ルフ

シャー・ルフ（沙哈魯）　Shāh Rukh, Mīrzā
14・15世紀，ティムール帝国，第3代の王（在位1404～47）。
　⇒旺世（シャー＝ルフ　1377-1447）
　　角世（シャー・ルフ　1377-1447）
　　皇帝（シャー・ルフ　1377-1447）
　　国小（シャー・ルフ　1377.8.20-1447.3.12）
　　コン2（シャー・ルフ　1377-1447）
　　コン3（シャー・ルフ　1377-1447）
　　人物（シャー・ルク　1377.8.20-1447.3.12）
　　西洋（シャー・ルフ　1377.8.20-1447.3.12）
　　世人（シャー・ルフ　1377-1447）
　　世東（シャー・ルフ〔沙哈魯〕　1377-1447）
　　世百（シャールフ　1378-1447）
　　全書（シャー・ルフ　1377-1447）
　　大百（シャー・ルフ　1377-1447）
　　中ユ（シャー・ルフ　1377-1447）
　　伝世（シャー・ルフ　1377-1447）
　　統治（シャー・ルフ　（在位）1405-1447）
　　百科（シャー・ルフ　1378-1447）
　　評世（シャー＝ルク　1377-1447）
　　山世（シャー・ルフ　1377-1447）

社崙　しゃろん
4・5世紀，柔然の初代可汗（在位402～410）。
　⇒角世（社崙　しゃろん　?-410）
　　国小（社崙　しゃろん　410.5）
　　世人（社崙　しゃろん　?-410）
　　評世（社崙　しゃろん　?-410）

ジャンガババハドゥル・ラナ　Jaṅga-bahādur Rāṇā
19世紀，ネパール王国の政治家。首相（在任1846-56, 58-77）。
　⇒角世（ジャンガババハドゥル・ラナ　1817-1877）

祥哥拉吉公主　シャンガラージこうしゅ*
中国，元，順帝の娘。
　⇒中皇（祥哥拉吉公主）

張都暎　ジャンドヨン
20世紀，韓国の軍人。1961年5月16日の軍事クーデターで国家再建最高会議議長に就任し，首相，国防相，3軍総司令官を兼任したが，朴正煕少将暗殺と反革命の陰謀計画が問われ，死刑判決を受けた。62年渡米。
　⇒現人（張都暎　チャンドヨン　1923.1.23-）
　　世政（張都暎　ジャンドヨン　1923.1.23-）

章炳麟　ジャンピンリン
　⇨章炳麟（しょうへいりん）

ジャンペル・ギャムツォ
　⇨ダライ・ラマ8世

張勉　ジャンミョン
　⇨張勉（チャンミョン）

ジュアンダ・カルタウイジャヤ　Djuanda Kartawidaja
20世紀，インドネシアの政治家。インドネシア首相，インドネシア首席官僚。
　⇒二十（ジュアンダ・カルタウイジャヤ　1911-1963）

朱異　しゅい
3世紀，中国，三国時代，呉の将。
　⇒三国（朱異　しゅい）
　　三全（朱異　しゅい　?-257）

許広平　シュイコワンピン
　⇨許広平（きょこうへい）

徐世昌　シュイシーチヤン
　⇨徐世昌（じょせいしょう）

朱一貴　しゅいっき
18世紀，中国，清代台湾叛乱の指導者。福建省長泰出身。
　⇒外国（朱一貴　しゅいっき　?-1721）
　　国小（朱一貴　しゅいっき　生没年不詳）
　　コン2（朱一貴　しゅいっき　?-1721）
　　コン3（朱一貴　しゅいっき　?-1721）
　　世百（朱一貴　しゅいっき　?-1721）
　　全書（朱一貴　しゅいっき　?-1721）
　　百科（朱一貴　しゅいっき）

朱聿鍵　しゅいっけん
　⇨唐王朱聿鍵（とうおうしゅいっけん）

史游　しゆう
前1世紀，中国，漢代の元帝（前48～33）のときの黄門令（宦官）。『急就章（篇）』を作った。
　⇒外国（史游　しゆう）
　　中芸（史游　しゆう　生没年不詳）
　　中史（史游　しゆう　生没年不詳）

戎　じゅう
1世紀頃，ホータン王子。強勢となった莎車王賢のため漢に亡命。
　⇒シル（戎　じゅう　1世紀頃）
　　シル新（戎　じゅう）

周亜夫　しゅうあふ
前2世紀，中国，前漢の武将。沛（江蘇省）出身。周勃の子。前154年呉楚七国の乱を鎮圧，丞相となる。
　⇒広辞4（周亜夫　しゅうあふ　?-前143）
　　広辞6（周亜夫　しゅうあふ　?-前143）
　　コン2（周亜夫　しゅうあふ　?-前143）
　　コン3（周亜夫　しゅうあふ　?-前143）
　　三国（周亜夫　しゅうあふ　?-前143）
　　人物（周亜夫　しゅうあふ　?-前143）
　　世東（周亜夫　しゅうあふ　?-前148）
　　大辞（周亜夫　しゅうあふ　?-前143）
　　大辞3（周亜夫　しゅうあふ　?-前143）
　　中史（周亜夫　しゅうあふ　?-前143）

周逸群 しゅういつぐん
20世紀, 中国, 紅軍の高級将校, 湘鄂西革命根拠地の創建者。
⇒近中 (周逸群 しゅういつぐん 1896.6.25-1931.5)

周永康 しゅうえいこう
20世紀, 中国共産党中央政治局常務委員, 中央政法委員会書記, 中央社会治安総合治理 (管理) 委員会主任。
⇒中重 (周永康 しゅうえいこう 1942.12-)
　中二 (周永康 しゅうえいこう 1942.12-)

秀王朱見澍 しゅうおうしゅけんしゅ*
中国, 明, 英宗の子。
⇒中皇 (秀王朱見澍)

周王朱橚 しゅうおうしゅしょう*
15世紀, 中国, 明, 洪武帝の子。
⇒中皇 (周王朱橚 ?-1425)

周王趙元儼 しゅうおうちょうげんげん*
11世紀, 中国, 宋 (北宋), 太宗の子。
⇒中皇 (周王趙元儼 ?-1044)

周恩来 しゅうおんらい
20世紀, 中国の政治家。1949年共和国成立とともに首相。54年のジュネーブ会議, 55年のバンドン会議と平和五原則外交を推進。72年2月にはニクソン・アメリカ大統領を招いて米中首脳会談, 同年9月には田中首相を招いて日中国交回復を実現した。
⇒岩ケ (周恩来 しゅうおんらい 1898-1975)
　旺世 (周恩来 しゅうおんらい 1896-1976)
　外国 (周恩来 しゅうおんらい 1898-)
　華人 (周恩来 しゅうおんらい 1898-1976)
　角世 (周恩来 しゅうおんらい 1898-1976)
　近中 (周恩来 しゅうおんらい 1898.3.5-1976.1.8)
　現人 (周恩来 しゅうおんらい〈チョウエンライ〉1898-1976.1.8)
　広辞5 (周恩来 しゅうおんらい 1898-1976)
　広辞6 (周恩来 しゅうおんらい 1898-1976)
　国小 (周恩来 しゅうおんらい 1898-1976.1.8)
　国百 (周恩来 しゅうおんらい 1898-1976)
　コン3 (周恩来 しゅうおんらい 1898-1976)
　最世 (周恩来 しゅうおんらい 1898-1975)
　人物 (周恩来 1896-)
　世人 (周恩来 しゅうおんらい 1898-1976)
　世政 (周恩来 しゅうおんらい 1898.3.5-1976.1.8)
　世東 (周恩来 しゅうおんらい 1896-)
　世百 (周恩来 しゅうおんらい 1898-)
　世百新 (周恩来 しゅうおんらい 1898-1976)
　全書 (周恩来 しゅうおんらい 1898-1976)
　大辞2 (周恩来 しゅうおんらい 1898-1976)
　大辞3 (周恩来 しゅうおんらい 1898-1976)
　大百 (周恩来 しゅうおんらい〈チョウエンライ〉1898-1976)
　中国 (周恩来 しゅうおんらい 1896-1976)
　中人 (周恩来 しゅうおんらい 1898-1976.1.8)

　伝記 (周恩来 しゅうおんらい 1898-1976)
　ナビ (周恩来 しゅうおんらい 1898-1976)
　日人 (周恩来 しゅうおんらい 1898-1976)
　百科 (周恩来 しゅうおんらい 1898-1976)
　評世 (周恩来 しゅうおんらい 1896-1976)
　山世 (周恩来 しゅうおんらい 1898-1976)
　歴史 (周恩来 しゅうおんらい 1898-1976)

周鶴芝 しゅうかくし
中国, 明の武将。
⇒国史 (周鶴芝 しゅうかくし 生没年不詳)
　対外 (周鶴芝 しゅうかくし 生没年不詳)
　日人 (周鶴芝 しゅうかくし 生没年不詳)

周・漢国公主 しゅうかんこくこうしゅ*
13世紀, 中国, 南宋, 理宗の娘。
⇒中皇 (周・漢国公主 1240-1263)

周顒 しゅうぎょう
5世紀, 中国, 南北朝宋・斉の官吏。汝南 (河南省) 出身。「空仮名不空仮名」の義をたてて『三宗論』を著した。
⇒外国 (周顒 しゅうぎょう)
　集世 (周顒 しゅうぎょう 438 (元嘉15)?-490 (永明8)?)
　集文 (周顒 しゅうぎょう 438 (元嘉15)?-490 (永明8)?)
　東仏 (周顒 しゅうぎょう 生没年不詳)

周昕 しゅうきん
2世紀, 中国, 三国時代, 会稽の太守王朗の部将。
⇒三国 (周昕 しゅうきん)
　三全 (周昕 しゅうきん ?-196)

秋瑾 しゅうきん
19・20世紀, 中国の婦人革命家。鑑湖女俠と号した。浙江省紹興出身。日本に留学し, 中国革命同盟会に入り, 帰国後, 革命運動に従事。安徽巡撫暗殺事件で捕えられ, 処刑された。
⇒外国 (秋瑾 しゅうきん 1877-1907)
　角世 (秋瑾 しゅうきん 1875-1907)
　近中 (秋瑾 しゅうきん 1875.11.15-1907.7.15)
　広辞5 (秋瑾 しゅうきん 1875-1907)
　広辞6 (秋瑾 しゅうきん 1875-1907)
　国小 (秋瑾 しゅうきん 1875 (光緒1)-1907 (光緒33))
　コン2 (秋瑾 しゅうきん 1875-1907)
　コン3 (秋瑾 しゅうきん 1877-1907)
　人物 (秋瑾 しゅうきん 1875-1907)
　スパ (秋瑾 チューリン 1875-1907)
　世女 (秋瑾 しゅうきん 1879-1907)
　世女日 (秋瑾 1875-1907)
　世人 (秋瑾 しゅうきん 1875-1907)
　世東 (秋瑾 しゅうきん 1877-1907)
　世百 (秋瑾 しゅうきん 1875-1907)
　全書 (秋瑾 しゅうきん 1875-1907)
　大辞 (秋瑾 しゅうきん 1875-1907)
　大辞2 (秋瑾 しゅうきん 1875-1907)
　大辞3 (秋瑾 しゅうきん 1875-1907)
　中芸 (秋瑾 しゅうきん 1877-1907)

中史（秋瑾　しゅうきん　1875–1907）
中人（秋瑾　しゅうきん　1875–1907.7）
デス（秋瑾　しゅうきん〈チウチン〉　1875–1907）
日人（秋瑾　しゅうきん　1875–1907）
百科（秋瑾　しゅうきん　1875–1907）
評世（秋瑾　しゅうきん　1877–1907）
山世（秋瑾　しゅうきん　1875–1907）
歴史（秋瑾　しゅうきん　1875–1907）

習近平　しゅうきんぺい，しゅうきんへい
20世紀，中国の政治家。父は国務院副総理を務めた習仲勲。2012年中国共産党総書記・中央軍事委員会主席。2013年国家主席・国家中央軍事委員会主席に就任。
⇒中重（習近平　しゅうきんぺい　1953.6–）
　中人（習近平　しゅうきんへい　?–）
　中二（習近平　しゅうきんへい　1953.6–）

周元伯　しゅうげんはく
9世紀頃，渤海から来日した使節。
⇒シル（周元伯　しゅうげんはく　9世紀頃）
　シル新（周元伯　しゅうげんはく）

周興　しゅうこう
7世紀，中国，唐の則天武后時代の有名な官吏。
⇒中史（周興　しゅうこう　?–691）

周興　しゅうこう
20世紀，中国の政治家。江西省出身。対国民党軍ゲリラ活動に従事した。九全大会で中央委員となり，雲南省党委第一書記。
⇒世東（周興　しゅうこう　1908–）
　中人（周興　しゅうこう　1905–1975）

周公　しゅうこう
前12〜10世紀頃，中国，周初の摂政。名は旦。周の文王の第4子，武王の弟。後世儒家理想の聖人。
⇒旺世（周公　しゅうこう　生没年不詳）
　外国（周公　しゅうこう　?–前1105頃）
　科人（周公　チャウクン　前1200?）
　角世（周公旦　しゅうこうたん　前11世紀頃）
　教育（周公　しゅうこう　?–前1105?）
　広辞4（周公　しゅうこう）
　広辞6（周公　しゅうこう）
　国小（周公　しゅうこう　生没年不詳）
　コン2（周公　しゅうこう　生没年不詳）
　コン3（周公　しゅうこう　生没年不詳）
　三国（周公　しゅうこう）
　人物（周公旦　しゅうこうたん　生没年不詳）
　世人（周公　しゅうこうたん　生没年不詳）
　世東（周公旦　しゅうこうたん　前12世紀）
　世百（周公　しゅうこう）
　全書（周公　しゅうこう　生没年不詳）
　大辞（周公　しゅうこう）
　大辞3（周公　しゅうこう）
　大百（周公　しゅうこう　前11世紀頃–10世紀頃）
　中皇（周公姫旦）
　中芸（周公　しゅうこう　生没年不詳）
　中国（周公　しゅうこう　前1000頃）
　中史（周公　しゅうこう　生没年不詳）

伝記（周公　しゅうこう）
百科（周公　しゅうこう）
評世（周公　しゅうこう　前1000頃）
山世（周公旦　しゅうこうたん）
歴史（周公亶　しゅうこうたん　生没年不詳）

周公姫旦　しゅうこうきたん
⇨周公（しゅうこう）

周皇后　しゅうこうごう*
16世紀，中国，明，英宗の皇妃。
⇒中皇（周皇后　?–1504）

周公旦　しゅうこうたん
⇨周公（しゅうこう）

周行逢　しゅうこうほう
10世紀，中国，五代十国・湖南の皇帝（在位不詳）。
⇒中皇（周行逢　?–962）

周国長公主　しゅうこくちょうこうしゅ*
中国，北宋，神宗の娘。
⇒中皇（周国長公主）

周旨　しゅうし
中国，東晋の牙将。
⇒三国（周旨　しゅうし）
　三全（周旨　しゅうし　生没年不詳）

周子昆　しゅうしこん
20世紀，中国の軍人，工農紅軍・新四軍の幹部。
⇒近中（周子昆　しゅうしこん　1901–1941.3.13）

周至柔　しゅうしじゅう
20世紀，中国の軍人，政治家。浙江省に生れる。空軍総司令官，国防部参謀総長を歴任。1957〜62年台湾省主席。69年引続き中国国民党中央常務委員。
⇒世東（周至柔　しゅうしじゅう　1899.10.28–）
　中人（周至柔　しゅうしじゅう　1899.10.28–1986）

周自斉　しゅうじせい
19・20世紀，中国の官僚。字は子虞。広東省出身。袁世凱に抜擢され，民国後，交通総長，財政総長などを歴任，ワシントン会議にも代表顧問として出席。1922年国務総理代理もつとめた。
⇒近中（周自斉　しゅうじせい　1871–1923.10.20）
　コン2（周自斉　しゅうじせい　1871–1932）
　コン3（周自斉　しゅうじせい　1871–1932）
　世東（周自斉　しゅうじゅさい　1871–1923.10.20）
　中人（周自斉　しゅうじせい　1871–1923）

周士第　しゅうしだい
20世紀，中国工農紅軍，中国人民解放軍の軍事指導者。

政治・外交・軍事篇　　　しゅう

⇒近中（周士第　しゅうしだい　1900.9–1979.6.30）

周自斉　しゅうじゅさい
⇨周自斉（しゅうじせい）

周春　しゅうしゅん
20世紀, 中国の広東三合会の首領。
⇒近中（周春　しゅうしゅん　生没年不詳）

周順昌　しゅうじゅんしょう
16・17世紀, 中国, 明末の官吏。
⇒中史（周順昌　しゅうじゅんしょう　1584–1626）

周駿鳴　しゅうしゅんめい
20世紀, 中国共産党の指導者, 軍人。
⇒近中（周駿鳴　しゅうしゅんめい　1902–）

周尚　しゅうしょう
3世紀頃, 中国, 三国時代, 呉の孫策の義弟周瑜の叔父で, 丹陽の太守。
⇒三国（周尚　しゅうしょう）
　三全（周尚　しゅうしょう　生没年不詳）

周書楷　しゅうしょかい
20世紀, 台湾の外交官。湖北省に生れる。1961～64年国連総会中華民国代表。65年スペイン駐在大使。66年駐米大使。
⇒現人（周書楷　しゅうしょかい〈チョウシューカイ〉　1913–）
　世政（周書楷　しゅうしょかい　1913.3.21–1992.7.31）
　世東（周書楷　しゅうしょかい　1913.3.21–）
　中人（周書楷　しゅうしょかい　1913.3.21–1992.7.31）

戎子和　じゅうしわ
20世紀, 中国の政治家。別名は戎伍勝。1949年以後, 財政部副部長・中国共産党西北局財政部長を歴任。
⇒コン3（戎子和　じゅうしわ　1905–）
　中人（戎子和　じゅうしわ　?–）

周忱　しゅうしん
14・15世紀, 中国, 明の政治家。字は恂如。財政官僚として功があった。
⇒国小（周忱　しゅうしん　1381（洪武14）–1453（景泰4.10））
　コン2（周忱　しゅうしん　1381–1453）
　コン3（周忱　しゅうしん　1381–1453）
　世百（周忱　しゅうしん　1381–1453）
　全書（周忱　しゅうしん　1381–1453）
　百科（周忱　しゅうしん　1381–1453）

周震麟　しゅうしんりん
19・20世紀, 中国, 国民党政府の政治家。湖南省寧郷生れ。南京国民政府委員（1927）ののち私立北京国学院院長。
⇒世東（周震麟　しゅうしんりん　1875–1964.3.28）
　中人（周震麟　しゅうしんりん　1875–1964.3.28）

周赤萍　しゅうせきひょう
20世紀, 中国の軍人, 政治家。長征中は第3軍団政治工作員。1955年中将。64年冶金工業部副部長。69年4月9期中央委。
⇒世東（周赤萍　しゅうせきひょう　1916–）
　中人（周赤萍　しゅうせきひょう　1914–）

周善　しゅうぜん
3世紀, 中国, 三国時代, 呉の孫権の部将。
⇒三国（周善　しゅうぜん）
　三全（周善　しゅうぜん　?–212）

柔然氏　じゅうぜんし
5世紀頃, 中央アジア, 柔然, 可汗呉提の妹。
⇒シル（柔然氏　じゅうぜんし　5世紀頃）
　シル新（柔然氏　じゅうぜんし）

周善培　しゅうぜんばい
19・20世紀, 中国, 近代の官吏, 学者。清末の生れ。駐日公使参賛を務めた。
⇒中芸（周善培　しゅうぜんばい　1875–?）

周泰　しゅうたい
3世紀, 中国, 三国時代, 呉の車前校尉。九江郡下蔡出身。字は幼平（ようへい）。
⇒三国（周泰　しゅうたい）
　三全（周泰　しゅうたい　?–225）

周達観　しゅうたつかん, しゅうたっかん
13・14世紀, 中国, 元の使臣。1295年成宗のカンボジア使節に随行。帰国後『真臘風土記』を著す。
⇒外国（周達観　しゅうたつかん）
　世東（周達観　しゅうたつかん　13世紀）
　名著（周達観　しゅうたつかん　生没年不詳）

習仲勲　しゅうちゅうくん
20世紀, 中国の政治家。国務院秘書長・同副総理などを歴任。中国全国人民代表大会（全人代）常務委副委員長, 中国共産党中央委員・中央宣伝部副部長の要職にあった。1982年党政治局員兼書記。
⇒近中（習仲勲　しゅうちゅうくん　1913.10–）
　コン3（習仲勲　しゅうちゅうくん　1913–）
　世東（習仲勲　しゅうちゅうくん　1913.10.16–2002.5.24）
　世東（習仲勲　しゅうちゅうくん　1912–）
　中人（習仲勲　しゅうちゅうくん　1913.10.16–）

周長齢　しゅうちょうれい
19・20世紀, 中国の官僚, 香港財界人。
⇒近中（周長齢　しゅうちょうれい　1861.3.13–1959.2.24）

周・陳国大長公主　しゅうちんこくだいこうし

しゆう

ゅ*
11世紀, 中国, 北宋, 仁宗の娘。
⇒中皇（周・陳国大長公主　1038-1070）

柔等　じゅうとう
7世紀頃, 朝鮮, 百済から来日した使節。
⇒シル（柔等　じゅうとう　7世紀頃）
　シル新（柔等　じゅうとう）

周南　しゅうなん
20世紀, 中国の外交官。中国共産党中央委員, 新華社香港分社社長。
⇒世政（周南　しゅうなん　1927-）
　世東（周南　しゅうなん　1927-）
　中人（周南　しゅうなん　1927-）

周悠　しゅうひ
2世紀, 中国, 三国時代の尚書侍中。
⇒三国（周悠　しゅうひ）
　三全（周悠　しゅうひ　?-191）

周必大　しゅうひつだい, しゅうひつだい
12・13世紀, 中国, 南宋の政治家, 文学者。孝宗, 光宗, 寧宗に仕えた。著作は『周益国文忠公集』(200巻)に収められた。
⇒外国（周必大　しゅうひつだい　1126-1206）
　角世（周必大　しゅうひつだい　1126-1204）
　国小（周必大　しゅうひつだい　1126(靖康1)-1204(嘉泰4)）
　コン2（周必大　しゅうひつだい　1126-1204）
　コン3（周必大　しゅうひつだい　1126-1204）
　集世（周必大　しゅうひつだい　1126(靖康1)-1204(嘉泰4)）
　集文（周必大　しゅうひつだい　1126(靖康1)-1204(嘉泰4)）
　人物（周必大　しゅうひつだい　1126-1204）
　中芸（周必大　しゅうひつだい　1126-1204）

周馥　しゅうふく
19・20世紀, 中国, 清末期の洋務派官僚。字は玉山。安徽省建徳県出身。李鴻章の幕下。北洋洋務閥の主要人物として活躍, 両江総督などを歴任。
⇒近中（周馥　しゅうふく　1837.12.20-1921.9.21）
　コン2（周馥　しゅうふく　1852-1921）
　コン3（周馥　しゅうふく　1852-1921）
　世東（周馥　しゅうふく　1852-1921）
　中人（周馥　しゅうふく　1852-1921）

柔福帝姫　じゅうふくていいひ*
中国, 北宋, 徽宗の娘。
⇒中皇（柔福帝姫）

周仏海　しゅうふつかい, しゅうふっかい
20世紀, 中国の政治家。1938年国民党中央宣伝部長となった。のち蔣介石の重慶政府と袂を分ち, 汪精衛とともに南京政府樹立に尽力。
⇒外国（周仏海　しゅうふつかい　1897-1948）

角世（周仏海　しゅうふつかい　1897-1948）
近中（周仏海　しゅうふつかい　1897-1948.2.28）
広辞5（周仏海　しゅうふつかい　1897-1948）
広辞6（周仏海　しゅうふつかい　1897-1948）
国小（周仏海　しゅうふつかい　1897-1948.2）
コン3（周仏海　しゅうふつかい　1897-1948）
人物（周仏海　しゅうふつかい　1897-1948.2.28）
世政（周仏海　しゅうふつかい　1897.5.29-1948.2.28）
世東（周仏海　しゅうふつかい　1897-1948.2.28）
世百（周仏海　しゅうふつかい　1897-1948）
世百新（周仏海　しゅうふつかい　1897-1948）
大辞2（周仏海　しゅうふつかい　1897-1948）
大辞3（周仏海　しゅうふつかい　1897-1948）
中国（周仏海　しゅうふつかい　1897-1948）
中人（周仏海　しゅうふつかい　1897.5.29-1948.2.28）
日人（周仏海　しゅうふつかい　1897-1948）
百科（周仏海　しゅうふつかい　1897-1948）
山世（周仏海　しゅうふつかい　1897-1948）

周魴　しゅうほう
3世紀頃, 中国, 三国時代, 呉の鄱陽の太守。
⇒三国（周魴　しゅうほう）
　三全（周魴　しゅうほう　生没年不詳）

周保権　しゅうほけん*
10世紀, 中国, 五代十国・湖南の皇帝(在位不詳)。
⇒中皇（周保権　951/952-985）

周保中　しゅうほちゅう
20世紀, 中国の軍人。本名は奚紹黄。雲南省大理県出身。政治協商会議全国委員会常務委員・国防委員会委員などを歴任。
⇒近中（周保中　しゅうほちゅう　1902.2.7-1964.2.22）
　コン3（周保中　しゅうほちゅう　1902-1964）
　中人（周保中　しゅうほちゅう　1902-1964）

周勃　しゅうぼつ
前2世紀, 中国, 前漢の武将, 政治家。江蘇沛出身。漢の建国に尽力。文帝を擁立し, 丞相となった。
⇒広辞4（周勃　しゅうぼつ　?-前169）
　広辞6（周勃　しゅうぼつ　?-前169）
　コン2（周勃　しゅうぼつ　?-前169）
　コン3（周勃　しゅうぼつ　?-前169）
　三国（周勃　しゅうぼつ）
　人物（周勃　しゅうぼつ　?-前169）
　世東（周勃　しゅうぼつ　?-前169）
　大辞（周勃　しゅうぼつ　?-前169）
　大辞3（周勃　しゅうぼつ　?-前169）
　中史（周勃　しゅうぼつ　?-前169）
　百科（周勃　しゅうぼつ　?-前169）

嵬名睍　しゅうめいけん*
13世紀, 中国, 西夏の皇帝。在位1226～1227。
⇒統治（嵬名睍(南平王)　Wei-ming Hsien　(在位)1226-1227）

周瑜　しゅうゆ
2・3世紀, 中国, 三国, 呉の武将。字は公瑾。安徽舒城出身。赤壁の戦に曹操の大軍を破った (208)。
⇒広辞4　(周瑜　しゅうゆ　175–210)
　広辞6　(周瑜　しゅうゆ　175–210)
　国小　(周瑜　しゅうゆ　175(嘉平4)–210(建安15))
　コン2　(周瑜　しゅうゆ　175–210)
　コン3　(周瑜　しゅうゆ　175–210)
　三国　(周瑜　しゅうゆ)
　三全　(周瑜　しゅうゆ　175–210)
　人物　(周瑜　しゅうゆ　175–210.12)
　世東　(周瑜　しゅうゆ　175–210)
　全書　(周瑜　しゅうゆ　175–210)
　大辞　(周瑜　しゅうゆ　175–210)
　大辞3　(周瑜　しゅうゆ　175–210)
　大百　(周瑜　しゅうゆ　175–210)
　中国　(周瑜　しゅうゆ　175–210)
　中史　(周瑜　しゅうゆ　175–210)

周揚(周楊)　しゅうよう
20世紀, 中国の評論家, 政治家。湖南省出身。字は起応。魯迅らとの間に「国防文学論争」を展開。1949年以後, 文化部副部長, 宣伝部副部長として中国の文学芸術界の指導者となった。
⇒外国　(周楊　しゅうよう　?–)
　角世　(周揚　しゅうよう　1908–1989)
　現人　(周揚　しゅうよう〈チョウヤン〉　1908–)
　広辞5　(周揚　しゅうよう　1908–1989)
　広辞6　(周揚　しゅうよう　1908–1989)
　国小　(周揚　しゅうよう　1908(光緒34)–)
　コン3　(周揚　しゅうよう　1908–1989)
　集文　(周揚　しゅうよう　1908.2.7–1989.7.31)
　世東　(周揚　しゅうよう　1908–)
　世文　(周揚　しゅうよう　1908(–1989))
　全書　(周揚　しゅうよう　1908–)
　大辞2　(周揚　しゅうよう　1908–1989)
　大辞3　(周揚　しゅうよう　1908–1989)
　大百　(周揚　しゅうよう〈チョウヤン〉　1908–)
　中芸　(周揚　しゅうよう　1908–)
　中人　(周揚　しゅうよう　1908–1989.7.31)

酋龍　しゅうりゅう
9世紀, 中国, 南詔の君主, 大礼国皇帝(在位858～874)。南唐との戦争を繰り返した。
⇒外国　(酋龍　しゅうりゅう　?–874)

朱雲卿　しゅうんけい
20世紀, 中国共産党の指導者, 軍人。
⇒近中　(朱雲卿　しゅうんけい　1907–1931.5.21)

朱琰　しゅえん
18世紀, 中国, 清朝の官吏, 文人。字は桐川, 笠亭と号した。著作に『陶説』(1774)。
⇒外国　(朱琰　しゅえん)

朱応　しゅおう
3世紀, 中国, 三国時代呉の遣扶南(カンボジア)使。226～230年頃, 宣化従事として康泰とともに扶南に派遣された。

⇒外国　(朱応　しゅおう)
　シル　(朱応　しゅおう　3世紀頃)
　シル新　(朱応　しゅおう)

朱恩　しゅおん
3世紀, 中国, 三国時代, 呉の諸葛恪の腹心の将。
⇒三国　(朱恩　しゅおん)
　三全　(朱恩　しゅおん　?–253)

朱温　しゅおん
⇨朱全忠(しゅぜんちゅう)

朱家驊　しゅかか
20世紀, 中国の政治家。国民政府の教育部門の要職, 国連中国同志会理事長・総統府資政などを歴任。
⇒外国　(朱家驊　しゅかか　1892–)
　近中　(朱家驊　しゅかか　1893.5.30–1963.1.3)
　コン3　(朱家驊　しゅかか　1893–1963)
　世東　(朱家驊　しゅかか　1893.5.30–1963.1.3)
　中人　(朱家驊　しゅかか　1893–1963)

朱学範　しゅがくはん
20世紀, 中国の労働運動指導者。1939年国府系の中華労働協会理事長を勤め, 国共分裂ののち, 中国共産党に協力。平和運動, 対外友好運動に幅広い活動をした。
⇒外国　(朱学範　しゅがくはん　1906–)
　国小　(朱学範　しゅがくはん　1906–)
　コン3　(朱学範　しゅがくはん　1905–1996)
　人物　(朱学範　しゅがくはん　1906–)
　世東　(朱学範　しゅがくはん　1906–)
　世百　(朱学範　しゅがくはん　1906–)
　全書　(朱学範　しゅがくはん　1906–)
　中人　(朱学範　しゅがくはん　1905.6–)

朱家宝　しゅかほう
19・20世紀, 中国の官吏。
⇒近中　(朱家宝　しゅかほう　1860.12.25–1923.9.5)

朱紈　しゅがん
15・16世紀, 中国, 明中期の官吏。字は子純。1547年浙江巡撫を命ぜられ, 倭寇の討伐に活躍。
⇒角世　(朱紈　しゅがん　1492–1549)
　国史　(朱紈　しゅがん　1492–1549)
　国小　(朱紈　しゅがん　1492(弘治5)–1549(嘉靖28.3))
　コン2　(朱紈　しゅがん　1492–1549)
　コン3　(朱紈　しゅがん　1494–1550)
　対外　(朱紈　しゅがん　1492–1549)
　百科　(朱紈　しゅがん　1492–1549)

朱寛　しゅかん
7世紀頃, 中国, 隋の遣琉球使。
⇒シル　(朱寛　しゅかん　7世紀頃)
　シル新　(朱寛　しゅかん)

朱熹 しゅき
 ⇨朱子（しゅし）

粛順 しゅくじゅん
 19世紀，中国，清の皇族（宗室）。太祖ヌルハチの甥である鄭親王ジルガランの七世の子孫。理藩院尚書・礼部尚書・戸部尚書・協弁大学士を歴任。
 ⇒世東（粛順　しゅくじゅん　1816-1861）
 　中史（粛順　しゅくじゅん　1816-1861）

粛親王 しゅくしんおう
 ⇨粛親王善耆（しゅくしんのうぜんき）

粛親王善耆 しゅくしんのうぜんき
 19・20世紀，中国，清末の貴族，政治家。2代皇帝太宗の長子粛親王ホーゲ（豪格）10代の子孫。辛亥革命による清帝の退位には強硬に反対し，川島浪速らと満蒙の独立を図ったが失敗。
 ⇒広辞4（粛親王善耆　しゅくしんのうぜんき 1866-1922）
 　広辞5（粛親王善耆　しゅくしんのうぜんき 1866-1922）
 　広辞6（粛親王善耆　しゅくしんのうぜんき 1866-1922）
 　国史（粛親王善耆　しゅくしんのうぜんき 1866-1922）
 　国小（粛親王善耆　しゅくしんおうぜんき　1866（同治5）-1922）
 　コン2（粛親王善耆　しゅくしんのうぜんき 1866-1922）
 　コン3（粛親王善耆　しゅくしんのうぜんき 1866-1922）
 　新美（粛親王　しゅくしんのう　1866（清・同治5）-1922（民国11））
 　人物（粛親王　しゅくしんのうぜんき　1866-1922.3.29）
 　世東（粛親王善耆　しゅくしんおうぜんき 1866-1922）
 　世百（粛親王　しゅくしんのう　1866-1922）
 　全書（粛親王善耆　しゅくしんのうぜんき 1866-1922）
 　大辞（粛親王善耆　しゅくしんのうぜんき 1866-1922）
 　大辞2（粛親王善耆　しゅくしんのうぜんき 1866-1922）
 　大辞3（粛親王善耆　しゅくしんのうぜんき 1866-1922）
 　中人（粛親王善耆　しゅくしんおうぜんき　1866（同治5）-1922）
 　日人（粛親王善耆　しゅくしんのうぜんき 1866-1922）
 　百科（粛親王　しゅくしんのう　1866-1922）
 　評世（粛親王善耆　しゅくしんのうぜんき 1866-1922）

粛宗（唐）（粛宗）　しゅくそう
 8世紀，中国，唐の第7代皇帝（在位756～762）。玄宗の第3子。姓は李。諱は亨。
 ⇒国小（粛宗　しゅくそう　711（景雲2）-762（上元3））
 　コン2（粛宗　しゅくそう　711-762）
 　コン3（粛宗　しゅくそう　711-762）
 　人物（粛宗　しゅくそう　711-762.4）

 　世東（粛宗　しゅくそう　711-762.4）
 　中皇（粛宗　711-762）
 　中国（粛宗（唐）　しゅくそう　711-762）
 　統治（粛宗　Su Tsung　（在位）756-762）
 　歴史（粛宗（唐）　しゅくそう　711-762）

粛宗（高麗） しゅくそう*
 11・12世紀，朝鮮，高麗王国の王。在位1095～1105。
 ⇒統治（粛宗　Sukchong　（在位）1095-1105）

粛宗（李朝） しゅくそう*
 17・18世紀，朝鮮，李朝の王。在位1674～1720。
 ⇒統治（粛宗　Sukchong　（在位）1674-1720）

祝融 しゅくゆう
 中国の古伝説上の帝王。三皇の一人。火の神・夏の神・南方の神としてまつられる。祝融氏。祝融神。
 ⇒大辞（祝融　しゅくゆう）
 　大辞3（祝融　しゅくゆう）
 　中史（祝融　しゅくゆう）

ジュク・ユエントン
 20世紀，シンガポールの人民行動党指導者。
 ⇒華人（ジュク・ユエントン　1930-）

徐光啓 シューグワンチー
 ⇨徐光啓（じょこうけい）

朱訓 しゅくん
 20世紀，中国の政治家。中国地質鉱産相，中国共産党中央委員（1992～）。
 ⇒中人（朱訓　しゅくん　1930-）

朱珪 しゅけい
 18・19世紀，中国，清代の政治家，学者。朱筠の弟。『高宗実録』の編集を総裁。
 ⇒外国（朱珪　しゅけい　1731-1806）
 　中芸（朱珪　しゅけい　1731-1806）

朱啓鈐 しゅけいきん
 19・20世紀，中国の政治家。字は桂華。貴州省紫江県出身。民国に入って，交通総長・内務総長などを歴任。帝制八図の一人とされた。1919年には南北和平会議の北方総代表となる。
 ⇒近中（朱啓鈐　しゅけいけん　1872.11.12-1962.2.26）
 　コン2（朱啓鈐　しゅけいきん　1871-1964）
 　コン3（朱啓鈐　しゅけいきん　1871-1964）
 　世東（朱啓鈐　しゅけいきん　1871-1964.2.26）
 　中人（朱啓鈐　しゅけいきん　1871-1964）

朱啓鈐 しゅけいけん
 ⇨朱啓鈐（しゅけいきん）

朱慶瀾 しゅけいらん
 19・20世紀，中国の政治家。字は子橋。浙江省紹興県出身。1912年以後，黒龍江省で都督府参

政治・外交・軍事篇　　　　　　　　207　　　　　　　　しゆし

謀長・民政長代理, 16年広東省長。17年孫文ら
と西南6省を結ぶ北伐軍を起こそうとしたが,
失脚。
⇨近中（朱慶瀾　しゅけいらん　1874–1941.1.13）
　コン2（朱慶瀾　しゅけいらん　1874–1941）
　コン3（朱慶瀾　しゅけいらん　1874–1941）
　世東（朱慶瀾　しゅけいらん　1874–1941）
　中人（朱慶瀾　しゅけいらん　1874–1941）

朱権　しゅけん
　⇨寧王朱権（ねいおうしゅけん）

朱元璋　しゅげんしょう
　⇨洪武帝（明）（こうぶてい）

朱見済　しゅけんせい
　15世紀, 中国, 明, 景泰帝の子。
　⇒中皇（朱見済　?–1453）

許広平　シューコアンピン
　⇨許広平（きょこうへい）

朱光　しゅこう
　3世紀, 中国, 三国時代, 廬江の太守。
　⇒三国（朱光　しゅこう）
　　三全（朱光　しゅこう　?–215）

朱高煦　しゅこうく
　⇨漢王朱高煦（かんおうしゅこうく）

朱光卿　しゅこうけい
　14世紀, 中国, 元末期の反乱指導者。増城県
　（広東省）出身。1337年石昆山（せきこんざん）
　らと蜂起。国号を大金国とし, 赤符と改元。
　⇒コン2（朱光卿　しゅこうけい　?–1338）
　　コン3（朱光卿　しゅこうけい　?–1337）

朱紅燈　しゅこうとう
　19世紀, 中国の義和団運動指導者。「明の後裔」
　と称し, 仇教運動を展開。
　⇒世東（朱紅燈　しゅこうとう　?–1899）

朱国禎　しゅこくてい
　17世紀, 中国, 明末期の宰相。字は文寧, 諡は
　文肅。烏程県（浙江省）出身。著作に『皇明史
　概』, 随筆集『湧幢小品』。
　⇒外国（朱国禎（楨）　しゅこくてい　?–1632）
　　コン2（朱国禎　しゅこくてい　?–1632）
　　コン3（朱国禎　しゅこくてい　?–1632）

朱讃　しゅさん
　3世紀, 中国, 三国時代, 魏の盪寇将軍。
　⇒三国（朱讃　しゅさん）
　　三全（朱讃　しゅさん　?–227）

朱泚　しゅし
　8世紀, 中国, 唐の軍人。弟の朱滔が反乱を起こ
　し, 推されて783年即位。自ら大秦皇帝と号
　した。

　⇒コン2（朱泚　しゅし　742–784）
　　コン3（朱泚　しゅし　742–784）
　　中皇（朱泚　742–784）

朱子　しゅし
　12世紀, 中国, 南宋の学者, 官僚, 思想家。名
　は熹, 字は元晦, 仲晦, 諡は文, 号は晦庵, 晦翁
　など。朱子学の集大成者。朱松の子。著に『朱
　子文集』など。
　⇒逸話（朱熹　しゅき　1130–1200）
　　岩ケ（朱熹　しゅき　1130–1200）
　　岩哲（朱熹　しゅき　1130–1200）
　　旺世（朱熹　しゅき　1130–1200）
　　外国（朱熹　しゅき　1130–1200）
　　科史（朱子　しゅし　1130–1200）
　　角世（朱熹　しゅき　1130–1200）
　　教育（朱子　しゅし　1130–1200）
　　広辞4（朱熹　しゅき　1130–1200）
　　広辞6（朱熹　しゅき　1130–1200）
　　国史（朱子　しゅし　1130–1200）
　　国小（朱子　しゅし　1130（建炎4.9.15）–1200
　　　（慶元6.3.9））
　　国百（朱子　しゅし　1130（建炎4.9.15）–1200
　　　（慶元6.3.9））
　　コン2（朱熹　しゅき　1130–1200）
　　コン3（朱熹　しゅき　1130–1200）
　　三国（朱熹　しゅき　1130–1200）
　　詩歌（朱熹　しゅき　1130（建炎4）–1200（慶元
　　　6））
　　集世（朱熹　しゅき　1130（建炎4）–1200（慶元
　　　6））
　　集文（朱熹　しゅき　1130（建炎4）–1200（慶元
　　　6））
　　新美（朱熹　しゅき　1130（南宋・建炎4）–1200
　　　（慶元6））
　　人物（朱子　しゅし　1130–1200.3）
　　世人（朱熹　しゅき　1130–1200）
　　世東（朱子　しゅし　1130（建炎4）–1200（慶元
　　　6））
　　世百（朱子　しゅし　1130–1200）
　　世文（朱熹　しゅき　1130（建炎4）–1200（慶元
　　　6））
　　全書（朱熹　しゅき　1130–1200）
　　大辞（朱熹　しゅき　1130–1200）
　　大辞3（朱熹　しゅき　1130–1200）
　　大百（朱子　しゅし　1130–1200）
　　中芸（朱熹　しゅき　1130–1200）
　　中国（朱熹　しゅき　1130–1200）
　　中史（朱熹　しゅき　1130–1200）
　　中書（朱熹　しゅき　1130–1200）
　　デス（朱子　しゅし　1130–1200）
　　伝記（朱熹　しゅき　1130.9.15–1200.3.9）
　　百科（朱熹　しゅき　1130–1200）
　　評世（朱熹　しゅき　1130–1200）
　　名著（朱子　しゅし　1130–1200）
　　山世（朱熹　しゅき　1130–1200）
　　歴学（朱熹　しゅき　1130–1200）
　　歴史（朱熹　しゅき　1130–1200）

孺子嬰　じゅしえい
　⇨子嬰（しえい）

孺子嬰　じゅしえい
　1世紀, 中国, 前漢末期の皇太子。姓名は劉嬰。
　宣帝の玄孫。王莽に擁立され2歳で皇太子, 王

しゆし

莽が摂政となる。
⇒コン2（孺子嬰 じゅしえい 4-25）
コン3（孺子嬰 じゅしえい 4-25）
中皇（孺子嬰 4-25）
統治（孺子嬰 Ju-tzŭ Ying （在位）6-9）

朱慈炯 しゅじけい
中国，明，崇禎帝の子。
⇒中皇（朱慈炯）

朱執信 しゅしっしん，しゅしつしん
19・20世紀，中国の革命家。原名は大符。広東省番禺県出身。民国後，広東都督府総参議・広陽綏靖処督弁などに就任。第2革命が失敗して来日し，中華革命党を結成。雑誌「建設」を発行。
⇒近中（朱執信 しゅしつしん 1885.10.12-1920.9.21）
コン3（朱執信 しゅしっしん 1885-1920）
世東（朱執信 しゅしつしん 1885.10.12-1920.9.2）
世百新（朱執信 しゅしっしん 1885-1920）
中人（朱執信 しゅしっしん 1885-1920）
百科（朱執信 しゅしっしん 1885-1920）

徐向前 シューシャンチエン
⇨徐向前（じょこうぜん）

樹什伐 じゅじゅうばつ
6世紀頃，柔然の遣北魏使。
⇒シル（樹什伐 じゅじゅうばつ 6世紀頃）
シル新（樹什伐 じゅじゅうばつ）

朱儁 しゅしゅん
2世紀，中国，三国時代，車騎将軍，河南の尹。
⇒三国（朱儁 しゅしゅん）
三全（朱儁 しゅしゅん ?-195）

寿春公主 じゅしゅんこうしゅ*
14世紀，中国，明，洪武帝の娘。
⇒中皇（寿春公主 ?-1388）

許世友 シューシーヨウ
⇨許世友（きょせいゆう）

朱常洵（福王） しゅじょうじゅん
16・17世紀，中国，明末期の皇族。万暦帝の第3子。立太子問題で争い，明末党争の端緒となった。
⇒コン3（福王朱常洵 ふくおうしゅじょうじゅん 1586-1641）
中皇（福王朱常洵 ?-1641）

朱常淓 しゅじょうほう
17世紀，中国，明の王族。潞王朱翊鏐（ろおうしゅよくりゅう）の子。
⇒中皇（朱常淓 ?-1646）

朱軾 しゅしょく
17・18世紀，中国，清初期の政治家，学者。字は若瞻，号は可亭，諡は文端。江西省出身。康熙，雍正，乾隆の3代にわたって信任をうけた。著書『易春秋詳解』。
⇒コン2（朱軾 しゅしょく 1664-1736）
コン3（朱軾 しゅしょく 1664-1736）

朱慈烺 しゅじろう
中国，明，崇禎帝の子。
⇒中皇（朱慈烺）

朱深 しゅしん
19・20世紀，中国の政治家。字は博淵。河北省永清県出身。1937年華北臨時政府，40年汪兆銘政権で要職についた。
⇒近中（朱深 しゅしん 1879-1943.7.2）
コン2（朱深 しゅしん 1879-1943）
コン3（朱深 しゅしん 1879-1943）
中人（朱深 しゅしん 1879-1943）

首信 しゅしん
6世紀頃，朝鮮，百済から来日した使節。
⇒シル（首信 しゅしん 6世紀頃）
シル新（首信 しゅしん）

寿神 じゅしん
9世紀，朝鮮，新羅の農民暴動指導者。825年高達山（驪州）で暴動を起こした。
⇒コン2（寿神 じゅしん ?-825）
コン3（寿神 じゅしん ?-825）

朱宸濠 しゅしんごう
⇨宸濠（寧王）（しんごう）

朱泚 しゅせい
⇨朱泚（しゅし）

朱清 しゅせい
13・14世紀，中国，元初期の武将。字は澄叔。管軍千戸となり，日本遠征・占城（チャンパ）遠征に活躍。
⇒コン2（朱清 しゅせい 1243-1303）
コン3（朱清 しゅせい 1237-1303）

朱霽青 しゅせいせい
19・20世紀，中国の政治家。原名は国陞，字は紀卿，号は再造子。
⇒コン3（朱霽青 しゅせいせい 1882-1955）

朱世明 しゅせいめい
20世紀，中国，国民党政府の軍人。湖南出身。1943年国民政府主席副官，46年初の駐日中国代表団長。
⇒世東（朱世明 しゅせいめい 1902-1965.10.26）
中人（朱世明 しゅせいめい 1902-1971.10.26）

朱積塁　しゅせきるい
20世紀,中国共産党の農民運動指導者。
⇒近中（朱積塁　しゅせきるい　1906.4–1929.4）

朱琦　しゅせん
18・19世紀,中国,清中期の官僚,学者。字は蘭坡。安徽省出身。国史館総纂など歴任。著書『詁経文鈔』。
⇒コン2（朱琦　しゅせん　1768–1850）
　コン3（朱琦　しゅせん　1768–1850）

朱然　しゅぜん
2・3世紀,中国,三国時代,呉の大将。
⇒三国（朱然　しゅぜん）
　三全（朱然　しゅぜん　182–222）

朱全忠　しゅぜんちゅう
9・10世紀,中国,五代後梁の初代皇帝（在位907～912）。姓名は朱温,廟号は太祖。
⇒旺世（朱全忠　しゅぜんちゅう　852–912）
　外国（朱全忠　しゅぜんちゅう　852–912）
　角世（朱全忠　しゅぜんちゅう　852–912）
　広辞4（朱全忠　しゅぜんちゅう　852–912）
　広辞6（朱全忠　しゅぜんちゅう　852–912）
　皇帝（太祖　たいそ　852–912）
　国小（朱全忠　しゅぜんちゅう　852（大中6.10.21）–912（乾化2.6.2））
　コン2（太祖（後梁）　たいそ　852–912）
　コン3（太祖（後梁）　たいそ　852–912）
　人物（朱全忠　しゅぜんちゅう　852–912.6）
　世人（太祖（後梁）　たいそ　852–912）
　世東（朱全忠　しゅぜんちゅう　852–912）
　世百（朱全忠　しゅぜんちゅう　852–912）
　全書（朱全忠　しゅぜんちゅう　851–912）
　大辞（朱全忠　しゅぜんちゅう　852–912）
　大辞3（朱全忠　しゅぜんちゅう　852–912）
　大百（朱全忠　しゅぜんちゅう　851–912）
　中皇（太祖　852–912）
　中国（朱全忠　しゅぜんちゅう　851–912）
　中史（朱温　しゅおん　852–912）
　デス（朱全忠　しゅぜんちゅう　852–912）
　伝記（朱全忠　しゅぜんちゅう　852–912）
　統治（太祖（朱温）　T'ai Tsu[Chu Wên]（在位）907–912）
　百科（朱全忠　しゅぜんちゅう　852–912）
　評世（朱全忠　しゅぜんちゅう　852–912）
　山世（朱温　しゅおん　852–912）
　歴史（朱全忠　しゅぜんちゅう　852–912）

朱嶟　しゅそん
19世紀,中国,清代の官吏。字は致堂。雲南省通海の生れ。諡は文端。
⇒外国（朱嶟　しゅそん　?–1862）

朱太后　しゅたいこう
3世紀,中国,三国時代,呉主の孫休の妻。
⇒三国（朱太后　しゅたいこう）
　三全（朱太后　しゅたいこう　?–265）

ジュチ（朮赤）　Juchi
12・13世紀,モンゴルの武将。チンギス・ハンの長子。
⇒旺世（ジュチ　1172–1224/25）
　外国（ジュチ　1177–1224）
　国小（ジュチ　?–1225）
　コン2（ジュチ　1172–1224(25)）
　コン3（ジュチ　1172–1224）
　人物（ジュチ　1177–1224）
　世人（ジュチ　1172–1224/25）
　世東（ジュチ〔朮赤〕　1177–1224）
　世百（ジュチ　1172–1224）
　全書（ジュチ　?–1224?）
　大辞（ジュチ　1172–1224）
　大辞3（ジュチ　1172–1224）
　大百（ジュチ　1177?–1227）
　中国（ジュチ〔朮赤〕　1172–1224）
　デス（ジュチ　1172–1224/5）
　百科（ジュチ　1184–1227）

首智買　しゅちばい
7世紀頃,朝鮮,任那から来日した使節。
⇒シル（首智買　しゅちばい　7世紀頃）
　シル新（首智買　しゅちばい）

取珍　しゅちん
8世紀頃,朝鮮,渤海の遣唐使。
⇒シル（取珍　しゅちん　8世紀頃）
　シル新（取珍　しゅちん）

徐慶鐘　シューチンチョン
⇨徐慶鐘（じょけいしょう）

出帝　しゅってい
⇨少帝（後晋）（しょうてい）

述律皇后　じゅつりつこうごう
⇨応天皇后（おうてんこうごう）

朱徳　しゅとく
19・20世紀,中国の軍事指導者。1927年南昌暴動を指導,28年井岡山で毛沢東軍と合流し紅軍を創設。46年には解放軍総司令となり,中国革命を成功に導いた。54年国家副主席。
⇒岩ケ（朱徳　しゅとく　1886–1976）
　旺世（朱徳　しゅとく　1886–1976）
　外国（朱徳　しゅとく　1886–）
　角世（朱徳　しゅとく　1886–1976）
　近中（朱徳　しゅとく　1886.12.1–1976.7.6）
　現人（朱徳　しゅとく〈チュートー〉　1886–1976.7.6）
　広辞5（朱徳　しゅとく　1886–1976）
　広辞6（朱徳　しゅとく　1886–1976）
　国小（朱徳　しゅとく　1886–1976.7.6）
　コン3（朱徳　しゅとく　1886–1976）
　最世（朱徳　しゅとく　1886–1976）
　人物（朱徳　しゅとく　1886–）
　世人（朱徳　しゅとく　1886–1976）
　世政（朱徳　しゅとく　1886.12.1–1976.7.6）
　世東（朱徳　しゅとく　1886–）
　世百（朱徳　しゅとく　1886–1976）
　世百新（朱徳　しゅとく　1886–1976）
　全書（朱徳　しゅとく　1886–1976）
　大辞2（朱徳　しゅとく　1886–1976）
　大辞3（朱徳　しゅとく　1886–1976）

大百　（朱徳　しゅとく〈チュートー〉　1886-1976)
中国　（朱徳　しゅとく　1886-1976)
中人　（朱徳　しゅとく　1886-1976.7.6)
伝記　（朱徳　しゅとく　1886.12.12-1976.7.6)
ナビ　（朱徳　しゅとく　1886-1976)
百科　（朱徳　しゅとく　1886-1976)
評世　（朱徳　しゅとく　1886-1976)
山世　（朱徳　しゅとく　1886-1976)
歴史　（朱徳　しゅとく　1886-1976)

寿寧公主　じゅねいこうしゅ*
中国, 明, 万暦帝の娘。
⇒中皇　（寿寧公主）

寿寧大長公主　じゅねいだいちょうこうしゅ*
14世紀, 中国, 元, 顕宗の娘。
⇒中皇　（寿寧大長公主　?-1330)

朱買臣　しゅばいしん
前2世紀, 中国, 前漢武帝期の官僚。蘇州出身。会稽太守として東越の乱を鎮圧。平定の後九卿にのぼった。
⇒広辞4　（朱買臣　しゅばいしん　?-前115)
広辞6　（朱買臣　しゅばいしん　?-前115)
国小　（朱買臣　しゅばいしん　?-前115(元鼎2))
コン2　（朱買臣　しゅばいしん　?-前115)
コン3　（朱買臣　しゅばいしん　?-前115)
人物　（朱買臣　しゅばいしん　?-前109)
世東　（朱買臣　しゅばいしん　?-前109)
世百　（朱買臣　しゅばいしん　?-前109)
大辞　（朱買臣　しゅばいしん　?-前109)
大辞3　（朱買臣　しゅばいしん　?-前109)
中史　（朱買臣　しゅばいしん　?-前115)

珠貝智　しゅばいち
6世紀頃, インドネシア, 婆利（バリ島）の使者。南朝梁に来朝。
⇒シル　（珠貝智　しゅばいち　6世紀頃)
シル新　（珠貝智　しゅばいち)

朱培徳　しゅばいとく
19・20世紀, 中国の軍人。雲南省出身。1928年北伐を続行。のち参謀総長などとなる。
⇒近中　（朱培徳　しゅばいとく　1889.10.29-1937.2.17)
コン3　（朱培徳　しゅばいとく　1889-1937)
中人　（朱培徳　しゅばいとく　1889-1937)

朱榑　しゅふ*
15世紀, 中国, 明, 洪武帝の子。
⇒中皇　（斉王朱榑　?-1406)

朱撫松　しゅぶしょう
20世紀, 台湾の政治家。外相（1979〜87）。
⇒世政　（朱撫松　しゅぶしょう　1915.1.5-)
中人　（朱撫松　しゅぶしょう　1915.1.5-)

ジュプツェンダンバ・ホトクト8世
Jübzhendamba=qutuctu
19・20世紀, 中央アジア, 外モンゴルの宗教的首長。1911年清朝から独立。ボクド・ゲゲーン・ハンとよばれた。
⇒外国　（ジェブツンダンバ・フトクト, ガクワン　1870-1924)
国小　（ジェブツン・ダンバ・フトウクトウ　1870-1924)
東仏　（ジュブツェンダンバ・ホトクト8世　1870-1924)

朱文圭　しゅぶんけい
14・15世紀, 中国, 明, 建文帝の第2子。永楽帝の南京攻略時に中都に幽閉され, 英宗即位後に解放された。
⇒中皇　（朱文圭　1400-1456)

朱文奎　しゅぶんけい
14・15世紀, 中国, 明, 建文帝の長子。1399年に立太子。永楽帝の南京攻略後の消息は不明。
⇒中皇　（朱文奎　1395)

シュヘデ（舒赫徳）　Suhede
18世紀, 中国, 清中期の武将。字は伯容, 号は明亭, 諡は文襄。
⇒コン2　（シュヘデ〔舒赫徳〕　1711-1777)
コン3　（シュヘデ〔舒赫徳〕　1711-1777)

朱芳　しゅほう
3世紀頃, 中国, 三国時代, 魏の将。
⇒三国　（朱芳　しゅほう)
三全　（朱芳　しゅほう　生没年不詳)

朱褒　しゅほう
3世紀, 中国, 三国時代, 益州（蜀）の牂牁郡の太守。
⇒三国　（朱褒　しゅほう)
三全　（朱褒　しゅほう　?-225)

主父偃　しゅほえん
前2世紀, 中国, 前漢初期の政治家。斉国出身。諸侯の嗣法を改め（推恩の令）, 諸侯の勢力の弱体化をはかった。
⇒コン2　（主父偃　しゅほえん　?-前126)
コン3　（主父偃　しゅほえん　?-前126)
集文　（主父偃　しゅほえん　?-前127(元朔2))

朱勔　しゅめん
12世紀, 中国, 北宋末の佞臣。蘇州（江蘇省）出身。宰相の蔡京に取入り, 徽宗に珍花奇石を献上。
⇒国小　（朱勔　しゅめん　?-1126(靖康1.9.8))

朱蒙　しゅもう
⇒東明王（とうめいおう）

朱邪赤心　しゅやせきしん
9世紀, 中国, 唐の節度使。龐勛の乱平定に功を立て, 李国昌の姓名を賜わる。3男は後唐の太

政治・外交・軍事篇　　しゅん

祖李克用。
⇒国小（朱邪赤心　しゅやせきしん　?-887（光啓3））
　世東（李国昌　りこくしょう　?-887）
　世百（朱邪赤心　しゅやせきしん　?-883）
　百科（朱邪赤心　しゅやせきしん　?-887）

朱友珪　しゅゆうけい
9・10世紀、中国、五代後梁の太祖の庶子。亳州（安徽省）の生れ。912年父の朱全忠を殺し帝位についた。
⇒コン2（朱友珪　しゅゆうけい　888-913）
　コン3（朱友珪　しゅゆうけい　888-913）
　中皇（郢王友珪　888-913）
　統治（郢王　Ying Wang　（在位）912-913）

朱由検　しゅゆうけん
中国、明、泰昌帝の諸子。
⇒中皇（朱由検）

朱由校　しゅゆうこう
中国、明、泰昌帝の諸子。
⇒中皇（朱由校）

朱由楫　しゅゆうしゅう*
中国、明、泰昌帝の諸子。
⇒中皇（斉王朱由楫）

朱由崧　しゅゆうすう
⇒安宗（あんそう）

朱由榔　しゅゆうろう
⇒永明王（えいめいおう）

朱鎔基　しゅようき
20世紀、中国の政治家。中国首相、中国共産党政治局常務委員・中央財政経済指導小組組長。
⇒広辞6（朱鎔基　しゅようき　1928-）
　最世（朱鎔基　しゅようき　1928-）
　世人（朱鎔基　しゅようき　1928-）
　世政（朱鎔基　しゅようき　1928.10.20-）
　世東（朱鎔基　しゅようき　1928-）
　中人（朱鎔基　しゅようき　1928.10-）
　評世（朱鎔基　しゅようき　1928-）

鉄婁渠堂　しゅるきょどう
前1世紀頃、匈奴の呼韓邪単于の息子。漢に人質に出された。
⇒シル（鉄婁渠堂　しゅるきょどう　前1世紀頃）
　シル新（鉄婁渠堂　しゅるきょどう）

朱霊　しゅれい
3世紀頃、中国、三国時代、曹操の部将。
⇒三国（朱霊　しゅれい）
　三全（朱霊　しゅれい　生没年不詳）

シュレスタ，マリチ・マン・シン　Shurestha, Marich Man Singh
20世紀、ネパールの政治家。ネパール首相・国防相。
⇒世政（シュレスタ，マリチ・マン・シン　1942-）

首露王　しゅろおう
朝鮮、金官加耶国の始祖。
⇒朝人（首露王　しゅろおう）

舜　しゅん
中国、古代の五帝の一人。姓は姚、氏は有虞、名は重華。堯と並ぶ伝説上の聖天子。
⇒逸話（舜　しゅん　生没年不詳）
　旺世（舜　しゅん）
　外国（舜　しゅん）
　角世（舜　しゅん）
　広辞4（舜　しゅん）
　広辞6（舜　しゅん）
　国小（舜　しゅん）
　コン2（舜　しゅん）
　コン3（舜　しゅん）
　三国（舜　しゅん）
　人物（舜　しゅん）
　世東（舜　しゅん）
　世百（舜　しゅん）
　大辞（舜　しゅん）
　大辞3（舜　しゅん）
　中芸（虞舜　ぐしゅん）
　中芸（舜　しゅん）
　中国（舜　しゅん）
　中史（舜　しゅん）
　デス（舜　しゅん）
　伝記（舜　しゅん）
　百科（舜　しゅん）
　評世（舜　しゅん）
　歴史（舜　しゅん）

遵　じゅん*
4世紀、中国、五胡十六国・後趙の皇帝（在位349）。
⇒中皇（遵　?-349）

恂　じゅん*
5世紀、中国、五胡十六国・西涼の皇帝（在位420～421）。
⇒中皇（恂　?-421）

淳安公主　じゅんあんこうしゅ*
中国、明、英宗の娘。
⇒中皇（淳安公主）

淳于瓊　じゅんうけい
2世紀、中国、三国時代、少帝の時の左軍校尉。
⇒三国（淳于瓊　じゅんうけい）
　三全（淳于瓊　じゅんうけい　?-200）

淳于丹　じゅんうたん
3世紀頃、中国、三国時代、呉の末将。
⇒三国（淳于丹　じゅんうたん）
　三全（淳于丹　じゅんうたん　生没年不詳）

淳于導　じゅんうどう
3世紀, 中国, 三国時代, 曹操の従弟曹仁の部将。
⇒三国（淳于導　じゅんうどう）
　三全（淳于導　じゅんうどう　?–208）

準王　じゅんおう
前2世紀頃, 朝鮮, 古代箕子朝鮮（韓氏朝鮮）の最後の国王。姓は韓氏。
⇒国小（準王　じゅんおう　生没年不詳）

荀顗　じゅんぎ
3世紀, 中国, 三国時代, 魏の尚書。
⇒三国（荀顗　じゅんぎ）
　三全（荀顗　じゅんぎ　?–274）

恂勤郡王胤禵　しゅんきんぐんおういんだい*
18世紀, 中国, 清, 康熙帝の子。
⇒中皇（恂勤郡王胤禵　?–1755）

荀諶　じゅんしん
3世紀頃, 中国, 三国時代, 冀州の太守韓馥の幕僚。
⇒三国（荀諶　じゅんしん）
　三全（荀諶　じゅんしん　生没年不詳）

醇親王奕譞　じゅんしんおうえきかん
⇨醇親王奕譞（じゅんしんのうえきけん）

醇親王載灃　じゅんしんおうさいほう
19・20世紀, 中国, 清, 道光帝の孫。醇親王奕譞の第5子。光緒帝の異母弟。西太后の信任を得, 宣統帝の即位により監国摂政王。
⇒旺世（醇親王載灃　じゅんしんのうさいほう　1883–1951）
　角世（醇親王載灃　じゅんしんのうさいほう　1883–1951）
　近中（載灃　さいれい　1883.2.12–1951.2.3）
　広辞5（醇親王載灃　じゅんしんのうさいほう　1883–1951）
　広辞6（醇親王載灃　じゅんしんのうさいほう　1883–1951）
　国小（醇親王載灃　じゅんしんのうさいほう　1883（光緒9）–1951）
　コン2（醇親王載灃　じゅんしんのうさいれい　1883–1951）
　人物（醇親王載灃　じゅんしんのうさいほう　1883–1951）
　世人（醇親王載灃　じゅんしんのうさいほう　1883–1951）
　世東（醇親王　じゅんしんのう　1877–1951.3.30）
　世百（醇親王載灃　じゅんしんのうさいほう　1883–1951）
　大辞2（醇親王載灃　じゅんしんのうさいほう　1883–1951）
　大辞3（醇親王載灃　じゅんしんのうさいほう　1883–1951）
　中皇（摂政王載灃　?–1952）
　中国（醇親王　じゅんしんのう　1883–1951）
　中人（醇親王載灃　じゅんしんのうさいほう　1883（光緒9）–1951）
　評世（醇親王載灃　じゅんしんのうさいれい　1877–1951）
　歴史（醇親王載灃　じゅんしんおうさいほう　1883（光緒9）–1951（民国40））

春申君　しゅんしんくん
前3世紀, 中国, 戦国末期・楚の政治家。戦国四君の一人。姓は黄, 名は歇。
⇒逸話（春申君　しゅんしんくん　?–前238）
　外国（春申君　しゅんしんくん　?–前238）
　角世（春申君　しゅんしんくん　?–前238）
　広辞4（春申君　しゅんしんくん　?–前238）
　広辞6（春申君　しゅんしんくん　?–前238）
　国小（春申君　しゅんしんくん　?–前238（考烈王25））
　コン2（春申君　しゅんしんくん　?–前238）
　コン3（春申君　しゅんしんくん　?–前238）
　人物（春申君　しゅんしんくん　?–前238）
　世東（春申君　しゅんしんくん　?–前238）
　世百（春申君　しゅんしんくん　?–前238）
　全書（春申君　しゅんしんくん　?–前238）
　大辞（春申君　しゅんしんくん　?–前238）
　大辞3（春申君　しゅんしんくん　?–前238）
　大百（春申君　しゅんしんくん　?–前238）
　中国（春申君　しゅんしんくん　?–前238）
　中史（春申君　しゅんしんくん　?–前238）
　百科（春申君　しゅんしんくん　?–前238）

醇親王奕譞　じゅんしんのうえきかん
⇨醇親王奕譞（じゅんしんのうえきけん）

醇親王奕譞　じゅんしんのうえきけん
19世紀, 中国, 清末の宗室。諡は賢, 別称は老七爺, 七爺父。道光帝の第7子, 光緒帝の父。妃は西太后の妹。
⇒旺世（醇親王奕譞　じゅんしんのうえきかん　1840–1891）
　広辞4（醇親王奕譞　じゅんしんのうえきけん　1840–1891）
　広辞6（醇親王奕譞　じゅんしんのうえきけん　1840–1891）
　国小（醇親王奕譞　じゅんしんおうえきけん　1840（道光20）–1891（光緒17.11））
　コン2（醇親王奕譞　じゅんしんのうえきけん　1840–1891）
　コン3（醇親王奕譞　じゅんしんのうえきけん　1840–1891）
　世人（醇親王奕譞　じゅんしんのうえきけん　1840–1891）
　世百（醇親王奕譞　じゅんしんのうえきかん　1840–1891）
　中皇（醇親王奕譞　?–1890）
　評世（醇親王奕譞　じゅんしんのうえきけん　1840–1891）
　歴史（醇親王奕譞　じゅんしんおうえきかん　1840（道光20）–1891（光緒17））

醇親王載灃（醇親王載灃）　じゅんしんのうさいほう
⇨醇親王載灃（じゅんしんおうさいほう）

醇親王載灃　じゅんしんのうさいれい
⇨醇親王載灃（じゅんしんおうさいほう）

荀正　じゅんせい
2世紀, 中国, 三国時代, 袁術の副将。
⇒三国（荀正　じゅんせい）
　三全（荀正　じゅんせい　?-196）

純祖　じゅんそ
18・19世紀, 朝鮮, 李朝, 第23代王。在位1800～34。
⇒角世（純祖　じゅんそ　1790-1834）
　統治（純祖　Sunjo　（在位）1800-1834）

純宗　じゅんそう
19・20世紀, 朝鮮, 李朝の最後の王（第27代）（在位1907～10）。李太王（高宗）の子, 母は明成皇后（閔妃）。
⇒コン2（純宗　じゅんそう　1874-1926）
　コン3（純宗　じゅんそう　1874-1926）
　世東（李王　りおう　1874-1925）
　朝鮮（純宗　じゅんそう　1874-1926）
　デス（李王（朝鮮）りおう　1874-1925）
　統治（純宗　（在位）1907-1910）
　日人（純宗　スンジョン　1874-1926）
　百科（純宗　じゅんそう　1874-1926）

順宗（唐）　じゅんそう
8・9世紀, 中国, 唐第10代皇帝（在位805）。姓名は李誦。徳宗の長子。
⇒皇帝（順宗　じゅんそう　761-806）
　コン2（順宗　じゅんそう　761-806）
　コン3（順宗　じゅんそう　761-806）
　中皇（順宗　761-806）
　統治（順宗　Shun Tsung　（在位）805）

順（高麗）　じゅんそう*
11世紀, 朝鮮, 高麗王国の王。在位1083。
⇒統治（順宗　Sunjong　（在位）1083）

順宗耶律濬　じゅんそうやりつしゅん*
中国, 遼, 道宗（耶律洪基）の子。
⇒中皇（順宗耶律濬）

順治帝（清）　じゅんちてい
17世紀, 中国, 清朝の第3代皇帝（在位1643～61）。廟号は世祖。2代太宗の第9子。
⇒旺世（順治帝　じゅんちてい　1638-1661）
　外国（順治帝　じゅんちてい　1638-1661）
　角世（順治帝　じゅんちてい　1638-1661）
　広辞4（順治帝　じゅんちてい　1638-1661）
　広辞6（順治帝　じゅんちてい　1638-1661）
　皇帝（順治帝　じゅんちてい　1638-1661）
　国小（順治帝　じゅんちてい　1638（崇徳3）-1661（順治18.1））
　コン2（順治帝　じゅんちてい　1638-1661）
　コン3（順治帝　じゅんちてい　1638-1661）
　人物（順治帝　じゅんちてい　1638-1661.1）
　世人（順治帝　じゅんちてい　1638-1661）
　世東（世祖　せいそ　1638-1661）
　世百（順治帝　じゅんちてい　1638-1661）
　全書（順治帝　じゅんちてい　1638-1661）
　大辞（順治帝　じゅんちてい　1638-1661）

　大辞3（順治帝　じゅんちてい　1638-1661）
　大百（順治帝　じゅんちてい　1638-1661）
　中皇（世祖　1638-1661）
　中国（順治帝　じゅんちてい　1638-1661）
　統治（順治（世祖）　Shun Chih［Shih Tsu］, ［Aisin-gioro Fu-lin］　（在位）1643-1661）
　百科（順治帝　じゅんちてい　1638-1661）
　評世（順治帝　じゅんちてい　1638-1661）
　山世（順治帝　じゅんちてい　1638-1661）
　歴史（順治帝　じゅんちてい　1638-1661）

順帝（後漢）　じゅんてい
2世紀, 中国, 後漢の第8代皇帝。安帝の子, 母は季子。
⇒世東（順帝　じゅんてい　115-144）
　中皇（順帝　115-144）
　統治（順帝　Shun Ti　（在位）125-144）

順帝（六朝・宋）　じゅんてい*
5世紀, 中国, 宋の皇帝（在位477～479）。
⇒中皇（順帝　469-479）
　統治（順帝　Shun Ti　（在位）477-479）

順帝（元）　じゅんてい
14世紀, 中国, 元末の皇帝（在位1333～70）。順帝は明の諡号。北元の諡号は恵宗。第8代明宗の長子。
⇒旺世（順帝　じゅんてい　1320-1370）
　外国（順帝　じゅんてい　1320-1370）
　角世（順帝　じゅんてい　1320-1370）
　広辞6（順帝　じゅんてい　1320-1370）
　皇帝（順帝　じゅんてい　1320-1370）
　国小（順帝（元）　じゅんてい　1320（延祐7）-1370（洪武3））
　コン2（順帝　じゅんてい　1320-1370）
　コン3（順帝　じゅんてい　1320-1370）
　人物（順帝　じゅんてい　1320.4-1370）
　世東（順帝　じゅんてい　1320-1350）
　世百（順帝　じゅんてい　1320-1370）
　全書（順帝　ジュンテイ　1320-1370）
　中皇（順帝（恵宗）　1320-1370）
　中国（順帝（元）　じゅんてい　1320-1370）
　統治（順帝（トゴン・ティムール）　Shun Ti［Toghon Temür］　（在位）1333-1368）
　百科（順帝　じゅんてい　1320-1370）
　山世（順帝　じゅんてい　1320-1370）

俊徳　しゅんとく
7世紀頃, 朝鮮, 高句麗から来日した使節。
⇒シル（俊徳　しゅんとく　7世紀頃）
　シル新（俊徳　しゅんとく）

徐以新　じょいしん
20世紀, 中国の政治家。江蘇省出身。1958年4月ノルウェー大使。62年シリア大使, 65年1月外交部副部長などを歴任。
⇒世東（徐以新　じょいしん　1901-）
　中人（徐以新　じょいしん　1901-）

除一　じょいち
19・20世紀, 朝鮮の独立運動家。1919年北路軍

政署を設立。大韓独立軍団を結成、その総裁となる。
⇒コン3（除一　じょいち　1881-1921）

昌　しょう*
5世紀、中国、五胡十六国・夏の皇帝（在位425～428）。
⇒中皇（昌　?-434）

邵毓麟　しょういくりん
20世紀、中国、国民党政府の政治家。浙江出身。1949年9月駐韓国大使。
⇒世東（邵毓麟　しょういくりん　1907-）
　中人（邵毓麟　しょういくりん　1907-）

蔣緯国　しょういこく
20世紀、台湾の軍人。上海生れ。蔣介石の二男・蔣経国の弟で中国国民党の軍事専門家。1945年ビルマ遠征軍大隊長及び連隊長代理。54年陸軍少将。58年陸軍装甲師団長。62年三軍参謀大学校長。
⇒近中（蔣緯国　しょういこく　1916.10.6-）
　コン3（蔣緯国　しょういこく　1916-1997）
　世東（蔣緯国　しょういこく　1916.10.6-）
　中人（蔣緯国　しょういこく　1916.10.6-）

邵懿辰　しょういしん
19世紀、中国、清後期の官僚、学者。字は位西。太平軍の侵入に際して団練の指揮にあたった。著書『礼経通論』。
⇒コン2（邵懿辰　しょういしん　1809-1861）
　コン3（邵懿辰　しょういしん　1810-1861）

蔣渭水　しょういすい
19・20世紀、台湾の民族運動家。日本統治下の1921年に台湾文化協会、27年台湾民衆党を結成。国民党に近い民族主義者として活動。
⇒近中（蔣渭水　しょういすい　1891.2.8-1931.8.5）
　コン3（蔣渭水　しょういすい　1890-1931）
　中人（蔣渭水　しょういすい　1890-1931）

升允　しょういん
19・20世紀、中国の官僚、政治家。
⇒近中（升允　しょういん　1858-1931）

松筠　しょういん
18・19世紀、中国、清代中期の政治家。モンゴル正藍旗人。乾隆、嘉慶、道光の3代に仕え、直隷総督などとして活躍。
⇒国小（松筠　しょういん　1752(乾隆17)-1835(道光15)）
　コン2（松筠　しょういん　1752-1835）
　コン3（松筠　しょういん　1752-1835）

掌禹錫　しょううしゃく
11世紀頃、中国、北宋の官吏。字は唐卿。尚書工部侍郎など歴任。
⇒コン2（掌禹錫　しょううしゃく　生没年不詳）

　コン3（掌禹錫　しょううしゃく　生没年不詳）

聶栄臻　じょうえいしん，しょうえいしん
20世紀、中国の軍人、政治家、科学者。1955年元帥。文化大革命で紅衛兵の一部から批判されたが、69年4月第9期中国共産党中央委員。75～80年全人代副委員長、77年党政治局員。
⇒外国（聶栄臻　しょうえいしん　1899-）
　近中（聶栄臻　じょうえいしん　1899.12.29-1992.5.14）
　現人（聶栄臻　じょうえいしん〈ニエロンチェン〉　1899-）
　国小（聶栄臻　じょうえいしん　1899-）
　コン3（聶栄臻　じょうえいしん　1899-1992）
　世政（聶栄臻　じょうえいしん　1899.12-1992.5.14）
　世東（聶栄臻　じょうえいしん　1899-）
　世百（聶栄臻　じょうえいしん　1899-）
　全書（聶栄臻　じょうえいしん　1898-）
　中人（聶栄臻　じょうえいしん　1899.12-1992.5.14）

蕭繹　しょうえき
⇨元帝（梁）（げんてい*）

蔣延　しょうえん
3世紀頃、中国、三国時代、呉の臣。
⇒三国（蔣延　しょうえん）
　三全（蔣延　しょうえん　生没年不詳）

蕭衍　しょうえん
5・6世紀、中国、南朝梁の初代皇帝（在位502～549）。字、叔達。諡、武皇帝。廟号、高祖。508年いわゆる天監の改革を断行。
⇒旺世（武帝（梁）　ぶてい　464-549）
　角世（蕭衍　しょうえん　464-549）
　広辞4（武帝　ぶてい　464-549）
　広辞6（武帝　ぶてい　464-549）
　皇帝（武帝　ぶてい　464-549）
　国小（蕭衍　しょうえん　464（大明8）-549（太清3））
　国百（蕭衍　しょうえん　464-549）
　コン2（武帝（南朝梁）　ぶてい　464-549）
　コン3（武帝（南朝梁）　ぶてい　464-549）
　詩歌（蕭衍　しょうえん　464（大明8）-549（太清3））
　集山（蕭衍　しょうえん　464（大明8）-549（太清3））
　集文（蕭衍　しょうえん　464（大明8）-549（太清3））
　人物（武帝（南朝梁）　ぶてい　464-549）
　世人（武帝（梁）　ぶてい　464-549）
　世東（武帝　ぶてい　464-549）
　世百（武帝（梁）　ぶてい　464-549）
　全書（蕭衍　しょうえん　464-549）
　大辞（武帝　ぶてい　464-549）
　大辞3（蕭衍　しょうえん　464-549）
　大辞3（武帝　ぶてい　464-549）
　大百（蕭衍　しょうえん　464-549）
　中皇（武帝　464-549）
　中芸（蕭衍　しょうえん　464-549）
　中国（武帝　ぶてい　464-549）
　中史（武帝（南朝梁）　ぶてい　464-549）

政治・外交・軍事篇　　　215　　　しよう

中書　（武帝（梁）　ぶてい　464-549）
伝記　（武帝（梁）　ぶてい（りょう）　464-549）
統治　（武帝（蕭衍）　Wu Ti[Hsiao Yen]　（在位）502-549）
東仏　（武帝（梁）　ぶてい　464-549）
百科　（武帝（梁）　ぶてい　464-549）
評世　（蕭衍　しょうえん　464-549）
山世　（蕭衍　しょうえん　464-549）

焦延寿　しょうえんじゅ
前1世紀、中国、前漢の官吏、学者。字は贛。
⇒中芸（焦延寿　しょうえんじゅ　生没年不詳）

商鞅　しょうおう
前4世紀、中国、戦国時代の政治家、法家。衛の出身。秦の孝公に仕え、秦の発展の基礎をつくった。
⇒旺世　（商鞅　しょうおう　?-前338）
　外国　（商鞅　しょうおう　?-前338）
　角世　（商鞅　しょうおう　?-前338）
　広辞4　（商鞅　しょうおう　?-前338）
　広辞6　（商鞅　しょうおう　?-前338）
　国小　（商鞅　しょうおう　?-前338（孝公24））
　コン2　（商鞅　しょうおう　?-前338）
　コン3　（商鞅　しょうおう　?-前338）
　人物　（商鞅　しょうおう　?-前338）
　世人　（商鞅　しょうおう　?-前338）
　世東　（商鞅　しょうおう　?-前338）
　世百　（商鞅　しょうおう　?-前338）
　全書　（商鞅　しょうおう　?-前338）
　大辞　（商鞅　しょうおう　?-前338）
　大辞3　（商鞅　しょうおう　?-前338）
　大百　（商鞅　しょうおう　?-前338）
　中芸　（商鞅　しょうおう　生没年不詳）
　中国　（商鞅　しょうおう　?-前338）
　デス　（商鞅　しょうおう　?-前338）
　伝記　（商鞅　しょうおう　?-前338）
　百科　（商鞅　しょうおう　?-前338）
　評世　（商鞅　しょうおう　?-前338）
　山世　（商鞅　しょうおう　?-前338）
　歴史　（商鞅　しょうおう　前?-前338（孝公24））

少翁　しょうおう
前2・1世紀、中国、漢代の方士。山東出身。武帝に幻術で取入り、文成将軍と号された。
⇒外国（少翁　しょうおう）

昌王（高麗）　しょうおう*
14世紀、朝鮮、高麗王国の王（第33代、在位1388～1389）。
⇒統治（昌王（辛昌）　Ch'ang Wang　（在位）1388-1389）

昭王（西周）　しょうおう
前10世紀頃、中国、西周の第4代王。康王の子。名は瑕。在位前978～957。
⇒国小　（昭王　しょうおう　生没年不詳）
　統治　（昭（昭王瑕）　Chao　（在位）前978-957）

昭王（燕）　しょうおう
前4・3世紀、中国、戦国燕の王（在位前311～279）。名は平。王噲の子。

⇒人物　（昭王　しょうおう　前4-3世紀）
　世東　（昭王　しょうおう　前4-3世紀）

襄王（戦国・楚）（襄王）　じょうおう
中国、戦国時代の楚の王。
⇒三国（襄王　じょうおう）

襄王（周）　じょうおう
前7世紀、中国、春秋時代の周の王（第18代、在位前652～619）。
⇒三国　（襄王　じょうおう）
　統治　（襄（襄王鄭）　Hsiang　（在位）前652-619）

襄王朱瞻墡　じょうおうしゅせんぜい*
15世紀、中国、明、洪熙（こうき）帝（朱高熾）の子。
⇒中皇（襄王朱瞻墡　?-1478）

湘王朱由栩　しょうおうしゅゆうく*
中国、明、泰昌帝の諸子。
⇒中皇（湘王朱由栩）

蕭何　しょうか
前3・2世紀、中国、漢の開国の功臣。高祖三傑の一人。沛豊邑（江蘇省沛県）出身。諡は文終。
⇒旺世　（蕭何　しょうか　?-前193）
　角世　（蕭何　しょうか　?-前193）
　広辞4　（蕭何　しょうか　?-前193）
　広辞6　（蕭何　しょうか　?-前193）
　国小　（蕭何　しょうか　?-前193（恵帝2.7.5））
　コン2　（蕭何　しょうか　?-前193）
　コン3　（蕭何　しょうか　?-前193）
　三国　（蕭何　しょうか）
　人物　（蕭何　しょうか　?-前193）
　世東　（蕭何　しょうか　?-前193）
　世百　（蕭何　しょうか　?-前193）
　全書　（蕭何　しょうか　?-前193）
　大辞　（蕭何　しょうか　?-前193）
　大辞3　（蕭何　しょうか　?-前193）
　大百　（蕭何　しょうか　?-前193）
　中国　（蕭何　しょうか　?-前193）
　中史　（蕭何　しょうか　?-前193）
　デス　（蕭何　しょうか　?-前193）
　百科　（蕭何　しょうか　?-前193）
　評世　（蕭何　しょうか　?-前193）
　山世　（蕭何　しょうか　?-前193）
　歴史　（蕭何　しょうか　?-前193）

蕭華　しょうか
20世紀、中国の軍人。1964年人民解放軍総政治部主任から65年国防委員会委員。67年解放軍文革小組副組長。武漢事件後批判され、総政治部主任を解任された。
⇒近中　（蕭華　しょうか　1916.1-1985.8.13）
　現人　（蕭華　しょうか〈シヤオホワ〉　1911-）
　国小　（蕭華　しょうか　1911-）
　中人　（蕭華　しょうか　1916-1985）

鍾会　しょうかい
3世紀、中国、三国魏の政治家。河南省出身。262年に鎮西将軍に任ぜられ、蜀漢を滅ぼした。

しょう

⇒世東（鐘会　しょうかい　225-264）

蒋介石　しょうかいせき
19・20世紀, 中国, 中華民国の軍人, 政治家。国民政府の代表者。名は中正。第2次世界大戦後アメリカの仲介で中共と停戦, 政治協商会議を開いたが, まもなく再び内戦となり, 中共軍に追われて台湾に逃れた。

⇒逸話（蒋介石　しょうかいせき　1887-1975）
　岩ケ（蒋介石　しょうかいせき　1887-1975）
　旺世（蒋介石　しょうかいせき　1887-1975）
　外国（蒋介石　しょうかいせき　1887-）
　角世（蒋介石　しょうかいせき　1887-1975）
　近中（蒋介石　しょうかいせき　1887.10.31-1975.4.5）
　現人（蒋介石　しょうかいせき〈チヤンチエシー〉1887.10.31-1975.4.5）
　広辞5（蒋介石　しょうかいせき　1887-1975）
　広辞6（蒋介石　しょうかいせき　1887-1975）
　国小（蒋介石　しょうかいせき　1887.10.31-1975.4.5）
　国百（蒋介石　しょうかいせき　1887.10.31-1975.4.5）
　コン3（蒋介石　しょうかいせき　1887-1975）
　人物（蒋介石　しょうかいせき　1887.10.31-）
　世人（蒋介石　しょうかいせき　1887-1975）
　世政（蒋介石　しょうかいせき　1887-1975.4.5）
　世東（蒋介石　しょうかいせき　1887-）
　世百（蒋介石　しょうかいせき　1887-）
　世界新（蒋介石　しょうかいせき　1887-1975）
　全書（蒋介石　しょうかいせき　1887-1975）
　大辞2（蒋介石　しょうかいせき　1887-1975）
　大辞3（蒋介石　しょうかいせき　1887-1975）
　大百（蒋介石　しょうかいせき〈チャンチェシー〉1887-1975）
　中国（蒋介石　しょうかいせき　1886-1975）
　中人（蒋介石　しょうかいせき　1887.10.31-1975.4.5）
　伝記（蒋介石　しょうかいせき　1887.10.30-1975.4.5）
　ナビ（蒋介石　しょうかいせき　1887-1975）
　日人（蒋介石　しょうかいせき　1887-1975）
　百科（蒋介石　しょうかいせき　1887-1975）
　評世（蒋介石　しょうかいせき　1887-1975）
　山世（蒋介石　しょうかいせき　1887-1975）
　歴史（蒋介石　しょうかいせき　1887-1975）

章懐太子　しょうかいたいし
7世紀, 中国, 唐の王族。姓名は李賢, 字は明允。高宗の第6子。676年『後漢書』の注釈をつくる。

⇒外国（李賢　りけん　651-684）
　広辞4（章懐太子　しょうかいたいし　651-684）
　広辞6（章懐太子　しょうかいたいし　651-684）
　コン2（章懐太子　しょうかいたいし　651-684）
　コン3（章懐太子　しょうかいたいし　651-684）
　中皇（章懐太子李賢　?-684）

尚可喜　しょうかき
17世紀, 中国, 明末清初の武将。清では漢軍鑲藍旗人。遼東の海州出身。清の中国内地進出に転戦し, 広東を平定。広州に駐して三藩の一つとなる。

⇒旺世（尚可喜　しょうかき　1604-1676）
　外国（尚可喜　しょうかき　?-1677）
　角世（尚可喜　しょうかき　1604-1676）
　国小（尚可喜　しょうかき　1604（万暦32）-1676（康熙15.10））
　コン2（尚可喜　しょうかき　1604-1676）
　コン3（尚可喜　しょうかき　1604-1676）
　人物（尚可喜　しょうかき　1604-1676）
　世東（尚可喜　しょうかき　?-1677）
　世百（尚可喜　しょうかき　1604-1676）
　全書（尚可喜　しょうかき　1604-1676）
　大百（尚可喜　しょうかき　1604-1676）
　中国（尚可喜　しょうかき　1604-1676）
　百科（尚可喜　しょうかき　1604-1676）
　評世（尚可喜　しょうかき　1604-1676）

聶鶴亭　じょうかくてい
20世紀, 中国の軍人。安徽省出身。朝鮮戦争で装甲兵部隊の基礎を築き, 装甲兵学院院長・装甲兵団副司令を兼任。

⇒コン3（聶鶴亭　じょうかくてい　1908-）
　中人（聶鶴亭　じょうかくてい　1905-1971）

蒋幹　しょうかん
3世紀頃, 中国, 三国時代, 曹操の幕僚。九江出身。字は子翼（しよく）。

⇒三国（蒋幹　しょうかん）
　三全（蒋幹　しょうかん　生没年不詳）

章邯　しょうかん
前3世紀, 中国, 秦の武将。将軍として各地の反乱を討ち, 項羽と対立。

⇒コン2（章邯　しょうかん　?-前205）
　コン3（章邯　しょうかん　?-前205）
　中史（章邯　しょうかん　?-前205）

上官儀　じょうかんぎ
7世紀, 中国, 初唐の政治家, 詩人。陝州陝県（河南省）出身。字は遊韶。則天武后の廃位をはかって失敗。

⇒国小（上官儀　じょうかんぎ　608（大業4）-664（麟徳1））
　コン2（上官儀　じょうかんぎ　608-664）
　コン3（上官儀　じょうかんぎ　608-664）
　詩歌（上官儀　じょうかんぎ　608（大業4）-664（麟徳元））
　集世（上官儀　じょうかんぎ　608（大業4）?-664（麟徳1））
　集文（上官儀　じょうかんぎ　608（大業4）?-664（麟徳1））
　世文（上官儀　じょうかんぎ　608?（大業4）-664（麟徳元））
　中芸（上官儀　じょうかんぎ　?-664）
　中史（上官儀　じょうかんぎ　608-664）

蒋奇　しょうき
2世紀, 中国, 三国時代, 袁紹の部将。

⇒三国（蒋奇　しょうき）
　三全（蒋奇　しょうき　?-200）

昌奇　しょうき
3世紀, 中国, 三国時代, 漢中の張魯配下の楊任

しょう

の部将。
⇒三国（昌奇　しょうき）
三全（昌奇　しょうき　?-215）

蔣義渠　しょうぎきょ
3世紀頃、中国、三国時代、袁紹の部将。
⇒三国（蔣義渠　しょうぎきょ）
三全（蔣義渠　しょうぎきょ　生没年不詳）

尚恐熱　しょうきょうねつ
9世紀、チベット、吐蕃王朝の宰相。唐に帰順した。
⇒シル（尚恐熱　しょうきょうねつ　?-866）
シル新（尚恐熱　しょうきょうねつ　?-866）

ショウ・ギョクチャン　Siauw Giok Tjhan
20世紀、インドネシア、華人の政治家、ジャーナリスト。
⇒華人（ショウ・ギョクチャン　1914-1981）

尚綺力陀思　しょうきりきだし
9世紀頃、チベット、吐蕃王朝の遣唐使。
⇒シル（尚綺力陀思　しょうきりきだし　9世紀頃）
シル新（尚綺力陀思　しょうきりきだし）

尚欽蔵　しょうきんぞう
8世紀頃、チベット、吐蕃王朝の入唐会盟使。
⇒シル（尚欽蔵　しょうきんぞう　8世紀頃）
シル新（尚欽蔵　しょうきんぞう）

常遇春　じょうぐうしゅん
14世紀、中国、明朝開国の功臣。字は伯仁。1355年太祖の部下となり、陳友諒、張士誠らの平定に功を立てた。
⇒外国（常遇春　じょうぐうしゅん　1330-1369）
国小（常遇春　じょうぐうしゅん　1330（至順1）-1369（洪武2.7））
コン2（常遇春　じょうぐうしゅん　1330-1369）
コン3（常遇春　じょうぐうしゅん　1330-1369）
百科（常遇春　じょうぐうしゅん　1330-1369）

常恵　じょうけい
前1世紀、中国、前漢の遣匈奴使。
⇒シル（常恵　じょうけい　?-前47）
シル新（常恵　じょうけい　?-前47）

蕭勁光　しょうけいこう
20世紀、中国の軍人。1965年から国防委員会委員、人民解放軍司令官。69年から共産党第9期中央委員。
⇒近中（蕭勁光　しょうけいこう　1903.1.4-1989.3.29）
国小（蕭勁光　しょうけいこう　1903-）
コン3（蕭勁光　しょうけいこう　1903-1989）
世東（蕭勁光　しょうけいこう　1903-）
中人（蕭勁光　しょうけいこう　1903-1989.3.29）

蔣経国　しょうけいこく
20世紀、台湾の軍人、政治家。蔣介石総統の長男で、国民党政府の実力者。1965～69年国防相。72年行政院長（首相）、78年5月総統に就任。
⇒岩ケ（蔣経国　しょうけいこく　1910-1988）
旺世（蔣経国　しょうけいこく　1910-1988）
外国（蔣経国　しょうけいこく　1906-）
角世（蔣経国　しょうけいこく　1910-1988）
近中（蔣経国　しょうけいこく　1910.3.18-1988.1.13）
現人（蔣経国　しょうけいこく〈ニエユアンクオ〉1910.3.18-）
広辞5（蔣経国　しょうけいこく　1909-1988）
広辞6（蔣経国　しょうけいこく　1909-1988）
国小（蔣経国　しょうけいこく　1909-）
コン3（蔣経国　しょうけいこく　1906-1988）
人物（蔣経国　しょうけいこく　1906-）
世人（蔣経国　しょうけいこく　1910-1988）
世政（蔣経国　しょうけいこく　1910.3.18-1988.1.13）
世東（蔣経国　しょうけいこく　1909-）
世百（蔣経国　しょうけいこく　1906-）
全書（蔣経国　しょうけいこく　1910-）
大辞2（蔣経国　しょうけいこく　1906?-1988）
大百（蔣経国　しょうけいこく〈チャンチンクオ〉1910-）
中人（蔣経国　しょうけいこく　1910.3.18-1988.1.13）
ナビ（蔣経国　しょうけいこく　1910-1988）
山世（蔣経国　しょうけいこく　1910-1988）

尚結賛　しょうけつさん
8世紀、チベット、吐蕃王朝の大臣。唐吐蕃国境問題に関する吐蕃側使節。
⇒シル（尚結賛　しょうけつさん　?-796）
シル新（尚結賛　しょうけつさん　?-796）

葉剣英　しょうけんえい
⇨葉剣英（ようけんえい）

聶元梓　じょうげんし
20世紀、中国、文革の女性の紅衛兵指導者。1966年5月北京大学長陸平関係の罪名を壁新聞に掲出、毛沢東に「初のマルクス・レーニン主義の新聞」と称賛され、一躍有名になる。69年4月9日中央委候補。
⇒現人（聶元梓　じょうげんし〈ニエユアンツー〉）
スパ（聶元梓　じょうげんし　?-）
世東（聶元梓　じょうげんし　1924-）
中人（聶元梓　じょうげんし　1924-）

荘献世子　しょうけんせいし
18世紀、朝鮮、李朝、第21代国王英祖の子。
⇒コン3（荘献世子　しょうけんせいし　1735-1762）

邵元冲（邵元沖）　しょうげんちゅう
19・20世紀、中国の政治家。字は翼如。浙江省紹興出身。辛亥革命に参加。のち広東軍政府に加わり、国民党の要職につく。南京政府下で立法院委員などを歴任。
⇒近中（邵元沖　しょうげんちゅう　1890-1936。

しょう

　　　12.14)
　　コン3（邵元冲　しょうげんちゅう　1890-1936）
　　世東（邵元冲　しょうげんちゅう　1890-1936.
　　　12.14)
　　中人（邵元冲　しょうげんちゅう　1890-1936）

召公　しょうこう
⇨召公奭（しょうこうせき）

少昊　しょうこう
中国の伝説上の帝王。黄帝の子。秋をつかさどる神。金天氏。
⇒大辞（少昊　しょうこう）
　大辞3（少昊　しょうこう）
　中史（少昊　しょうこう）

尚弘　しょうこう
中国、後漢の行軍校尉。
⇒三国（尚弘　しょうこう）
　三全（尚弘　しょうこう　生没年不詳）

昭公（魯）　しょうこう
前6世紀，中国，春秋，魯の王。襄公の子。19才で即位した。
⇒三国（昭公　しょうこう）
　世東（昭公　しょうこう　前541-510）

昭公（前涼）　しょうこう*
3・4世紀，中国，五胡十六国・前涼の皇帝（在位314～320）。
⇒中皇（昭公　271-320）

蕭綱　しょうこう
⇨簡文帝（梁）（かんぶんてい）

襄公（秦）　じょうこう
前8世紀，中国，戦国時代，秦の初代国主。周朝によって諸侯に封ぜられた。
⇒中史（襄公（秦）　じょうこう　?-前766）

襄公（春秋・宋）　じょうこう
前7世紀，中国，春秋時代・宋の君主（在位前650～637）。名は茲父。前638年，楚と泓（おう，河南省）に戦い，敗れ負傷して翌年死去。
⇒逸話（襄公　じょうこう　?-前637）
　旺世（襄公　じょうこう　?-前637）
　外国（襄公　じょうこう　?-前637）
　広辞4（襄公　じょうこう　?-前637）
　広辞6（襄公　じょうこう　前651-637）
　皇帝（襄公　じょうこう　?-前637）
　国小（襄公（宋）　じょうこう　?-前637（襄公14））
　コン2（襄公　じょうこう　?-前637）
　コン3（襄公　じょうこう　?-前637）
　人物（襄公　じょうこう　?-前637.5）
　世人（襄公　じょうこう　?-前637）
　世東（襄公　じょうこう　?-前637）
　大辞（宋襄　そうじょう）
　大辞（襄公　じょうこう　?-前637）
　大辞3（宋襄　そうじょう）
　大辞3（襄公　じょうこう　?-前637）
　中国（襄公　じょうこう　?-前637）
　中史（襄公（宋）　じょうこう　?-前637）
　評世（襄公　じょうこう　?-前637）
　山世（襄公　じょうこう　?-前637）
　歴史（襄公　じょうこう）

召公姫奭　しょうこうきせき
⇨召公奭（しょうこうせき）

向皇后　しょうこうごう*
12世紀，中国，北宋，神宗の皇妃。
⇒中皇（向皇后　1146-1111）

蕭皇后　しょうこうごう
7世紀頃，中国，隋の煬帝の皇后。隋滅亡により突厥（チュルク）に亡命。
⇒シル（蕭皇后　しょうこうごう　7世紀頃）
　シル新（蕭皇后　しょうこうごう）
　中皇（蕭皇后　?-647）

召公奭　しょうこうせき
前11世紀頃，中国，周代・燕の始祖。文王の子。武王・周公旦の弟。殷滅亡後，燕に封ぜられ，成王の即位後，太保となり陝以西を治めた。
⇒角世（召公奭　しょうこうせき　前11世紀）
　広辞4（召公奭　しょうこうせき）
　広辞6（召公奭　しょうこうせき）
　国小（召公奭　しょうこうせき　生没年不詳）
　コン3（召公奭　しょうこうせき　生没年不詳）
　三国（召公　しょうこう）
　人物（召公　しょうこう　生没年不詳）
　世東（召公　しょうこう　前11世紀）
　世百（召公　しょうこう　生没年不詳）
　大辞（召公奭　しょうこうせき）
　大辞3（召公奭　しょうこうせき）
　中皇（召公姫奭）
　百科（召公　しょうこう　生没年不詳）

肖向前　しょうこうぜん
20世紀，中国の外交官。1959年，人民外交学会副秘書長。63年10月以来，中日友好協会常務理事。72年7月中日備忘録貿易弁事処東京連絡処首席代表，81～82年第一アジア局長。
⇒現人（肖向前　しょうこうぜん〈シヤオシヤンチエン〉　1914-）
　世政（肖向前　しょうこうぜん　1914-）
　世東（肖向前　しょうこうぜん　1912-）
　中人（肖向前　しょうこうぜん　1914-）

蔣光鼐　しょうこうだい，しょうこうたい
19・20世紀，中国の軍人，政治家。字は憬然。広東省東莞県出身。国民革命で十九路軍を指揮。中国人民政治協商会議常務委員・国民党革命委員会中央常務委員など兼ねる。
⇒外国（蔣光鼐　しょうこうだい　1887-）
　コン3（蔣光鼐　しょうこうだい　1887-1967）
　人物（蔣光鼐　しょうこうだい　1889-）
　世東（蔣光鼐　しょうこうだい　1887-1967.6.8）
　中人（蔣光鼐　しょうこうだい　1887-1967）

政治・外交・軍事篇　　　　　　　219　　　　　　　　　　しよう

肖古王　しょうこおう
　朝鮮, 百済の王。『日本書紀』神功皇后摂政紀にみえる百済王。
　⇒国史　（肖古王　しょうこおう）
　　対外　（肖古王　しょうこおう）

蕭克　しょうこく
　20世紀, 中国の軍人。湖南省出身。1949年以後, 国防委員会委員・国防部副部長・農墾部副部長などに就任。
　⇒外国　（蕭克　しょうこく　1909–）
　　近中　（蕭克　しょうこく　1907–）
　　コン3　（蕭克　しょうこく　1908–）
　　人物　（蕭克　しょうこく　1909–）
　　世東　（蕭克　しょうこく　1909–）
　　中人　（蕭克　しょうこく　1908–）

尚紇立熱　しょうこつりつねつ
　9世紀頃, チベット, 吐蕃王朝の遣唐使。
　⇒シル　（尚紇立熱　しょうこつりつねつ　9世紀頃）
　　シル新　（尚紇立熱　しょうこつりつねつ）

蔣作賓　しょうさくひん
　19・20世紀, 中国の政治家。湖北省出身。1927年北伐にあたり, 36年以降は国民政府内政部長などを歴任。
　⇒近中　（蔣作賓　しょうさくひん　1884.3.4–1942.12.24）
　　コン3　（蔣作賓　しょうさくひん　1882–1942）
　　中人　（蔣作賓　しょうさくひん　1884–1942）

尚贊吐　しょうさんと
　8世紀頃, チベット, 吐蕃王朝の遣唐使。
　⇒シル　（尚贊吐　しょうさんと　8世紀頃）
　　シル新　（尚贊吐　しょうさんと）

向氏　しょうし
　7世紀頃, 中央アジア, 西突厥泥利可汗の妃。漢人。
　⇒シル　（向氏　しょうし　7世紀頃）
　　シル新　（向氏　しょうし）

勝之　しょうし
　前1世紀頃, 匈奴の和親使。漢に派遣された。
　⇒シル　（勝之　しょうし　前1世紀頃）
　　シル新　（勝之　しょうし）

葉支阿布思　しょうしあふし
　8世紀頃, 中央アジア, 突騎施（トゥルギシュ）の遣唐使。
　⇒シル　（葉支阿布思　しょうしあふし　8世紀頃）
　　シル新　（葉支阿布思　しょうしあふし）

蕭嗣業　しょうしぎょう
　7世紀, 中国, 唐の遣回紇使。
　⇒シル　（蕭嗣業　しょうしぎょう　?–679）
　　シル新　（蕭嗣業　しょうしぎょう　?–679）

鐘士元　しょうしげん
　20世紀, 香港の政治家。
　⇒世東　（鐘士元　しょうしげん　1917–）

章士釗　しょうししょう
　19・20世紀, 中国の学者, 政治家。字は行厳, 筆名は孤桐など。湖南省長沙出身。「独立週報」を創刊, 雑誌「甲寅」を発行。1949年以後は政治協商会議委員などをつとめる。
　⇒外国　（章士釗　しょうししょう　1881–）
　　近中　（章士釗　しょうししょう　1881.3.20–1973.7.1）
　　コン3　（章士釗　しょうししょう　1881–1973）
　　集文　（章士釗　しょうししょう　1881.3.20–1973.7.1）
　　世政　（章士釗　しょうししょう　1881–1973.7.1）
　　世東　（章士釗　しょうししょう　1882–1973.7.1）
　　世百新（章士釗　しょうししょう　1882–1973）
　　中芸　（章士釗　しょうししょう　1881–）
　　中人　（章士釗　しょうししょう　1882–1973）
　　日人　（章士釗　しょうししょう　1881–1973）
　　百科　（章士釗　しょうししょう　1882–1973）

蔣師仁　しょうしじん
　7世紀頃, 中国の遣天竺使節副使。647（貞観21）年に唐の太宗が派遣。
　⇒シル　（蔣師仁　しょうしじん　7世紀頃）
　　シル新　（蔣師仁　しょうしじん）

尚之信　しょうししん
　17世紀, 中国, 清初期の武人。父は清初三藩の平南王尚可喜。父との不和から, 三藩の乱となる。
　⇒コン2　（尚之信　しょうししん　?–1680）
　　コン3　（尚之信　しょうししん　?–1680）
　　全書　（尚之信　しょうししん　1636–1680）

聶士成　じょうしせい
　20世紀, 中国の将軍。日清戦争, 義和団戦争に際して日本軍と戦った。淮軍出身。
　⇒近中　（聶士成　じょうしせい　?–1900.7.9）
　　コン2　（聶士成　じょうしせい　?–1900）
　　コン3　（聶士成　じょうしせい　?–1900）
　　世東　（聶士成　じょうしせい　?–1900）

蕭綽　しょうしゃく
　10・11世紀, 中国, 遼の景宗の皇后。
　⇒中史　（蕭綽　しょうしゃく　953–1009）

松寿　しょうじゅ
　20世紀, 中国の高級官僚。満州族。
　⇒近中　（松寿　しょうじゅ　?–1911）

蔣洲　しょうしゅう
　16世紀, 中国, 明の官吏。
　⇒国史　（蔣洲　しょうしゅう　?–1572）
　　対外　（蔣洲　しょうしゅう　?–1572）
　　日人　（蔣洲　しょうしゅう　?–1572）

しよう

聶緝槼　じょうしゅうき
19・20世紀、中国・清末の湘系洋務派の官僚、上海華新紡織新局の創業者。
⇒近中（聶緝槼　じょうしゅうき　1855-1911.4）

小獣林王　しょうじゅうりんおう
4世紀、朝鮮、高句麗の第17代王（在位371～384）。仏教を国家の庇護のもとに公的に普及させた。
⇒コン2（小獣林王　しょうじゅうりんおう　?-384）
　コン3（小獣林王　しょうじゅうりんおう　?-384）

章粛皇帝耶律洪古　しょうしゅくこうていやつこうこ*
10世紀、中国、遼、太祖の子。
⇒中皇（章粛皇帝耶律洪古　?-951）

常駿　じょうしゅん
7世紀、中国、隋の使臣。煬帝の大業3（607）年に南方赤土国招撫に派遣され、通商関係を開いた。帰国後『赤土国記』（2巻）を著した。
⇒シル（常駿　じょうしゅん　7世紀頃）
　シル新（常駿　じょうしゅん）
　世東（常駿　じょうしゅん　7世紀）

蒋舒　しょうじょ
3世紀頃、中国、三国時代、蜀の大将。
⇒三国（蒋舒　しょうじょ）
　三全（蒋舒　しょうじょ　生没年不詳）

昭襄王　しょうじょうおう
前3世紀、中国、戦国時代末期の秦の王。
⇒コン2（昭襄王　しょうじょうおう　?-前251）
　コン3（昭襄王　しょうじょうおう　?-前251）

襄城公主　じょうじょうこうしゅ*
7世紀、中国、唐、太宗の娘。
⇒中皇（襄城公主　?-651）

焦触　しょうしょく
3世紀、中国、三国時代、袁紹の次男袁熙の部将。
⇒三国（焦触　しょうしょく）
　三全（焦触　しょうしょく　?-208）

蕭子良　しょうしりょう
5世紀、中国、六朝時代斉の王侯。字、雲英。武帝の第2子。竟陵王に封じられた。
⇒角世（蕭子良　しょうしりょう　460-494）
　国世（蕭子良　しょうしりょう　460（大明44）-494（建武1））
　コン2（竟陵王蕭子良　きょうりょうおうしょうしりょう　460-494）
　コン3（竟陵王蕭子良　きょうりょうおうしょうしりょう　460-494）
　集世（蕭子良　しょうしりょう　460（大明4）-494（隆昌1））
　集文（蕭子良　しょうしりょう　460（大明4）-494（隆昌1））
　中皇（竟陵王蕭子良　?-494）
　東仏（蕭子良　しょうしりょう　460-494）
　百科（蕭子良　しょうしりょう　460-494）
　評世（竟陵王蕭子良　きょうりょうおうしょうしりょう　459-493）

商震　しょうしん
19・20世紀、中国の政治家。字は啓字。河北省保定出身。日中戦争中は、第20集団軍司令などを歴任。1947年駐日代表団長として来日、日本にとどまる。
⇒外国（商震　しょうしん　1882-）
　近中（商震　しょうしん　1888.9.21-1978.5.15）
　コン3（商震　しょうしん　1884-）
　人物（商震　しょうしん　1884-）
　世東（商震　しょうしん　1885-）
　中人（商震　しょうしん　1891-1978）

鍾紳　しょうしん
3世紀、中国、三国時代、曹操配下の大将夏侯惇の部将。
⇒三国（鍾紳　しょうしん）
　三全（鍾紳　しょうしん　?-208）

鍾縉　しょうしん
3世紀、中国、三国時代、魏の大将夏侯惇の部将。
⇒三国（鍾縉　しょうしん）
　三全（鍾縉　しょうしん　?-208）

葉青　しょうせい
⇨葉青（ようせい）

昭成帝（北燕）　しょうせいてい*
5世紀、中国、五胡十六国・北燕の皇帝（在位430～436）。
⇒中皇（昭成帝　?-438）

璋璘　しょうせん
9世紀頃、渤海から来日した使節。
⇒シル（璋璘　しょうせん　9世紀頃）
　シル新（璋璘　しょうせん）

蕭銑　しょうせん
6・7世紀、中国、隋末期の反乱指導者の一人。南朝の梁の子孫。618年皇帝を称し、梁の制度を復活させ、勢力をふるう。
⇒コン2（蕭銑　しょうせん　583-621）
　コン3（蕭銑　しょうせん　583-621）

蒋先雲　しょうせんうん
20世紀、中国共産党軍事指導者。
⇒近中（蒋先雲　しょうせんうん　1902.7.14-1927.5.28）

昭宗（唐）　しょうそう
9・10世紀、中国、唐の第19代皇帝（在位888～904）。懿宗の第7子、母は恵安太后王氏。諱は

政治・外交・軍事篇　　　　　　　221　　　　　　　しよう

曄（か）。
⇒皇帝（昭宗　しょうそう　867-904）
　国小（昭宗(唐)　しょうそう　867(咸通8)-904（天祐1)）
　コン2（昭宗　しょうそう　867-904）
　コン3（昭宗　しょうそう　867-904）
　中皇（昭宗　867-904）
　統治（昭宗　Chao Tsung　（在位）888-904）

昭宗（北元）　しょうそう
14世紀, 中国, 北元の初代皇帝（在位1371～78）。アユルシリダラともいう。父は元朝最後の皇帝順宗。
⇒角世（アユルシリダラ〔昭宗〕　?-1378）
　皇帝（昭宗　しょうそう　?-1378）
　国小（アーユシュリーダラ〔愛猷識理達臘〕　?-1378）
　国小（昭宗(北元)　しょうそう　?-1378(洪武11)）
　世東（アユルシリダラ〔愛猷識理達臘〕　?-1378）
　世東（昭宗　しょうそう　?-1378）
　中国（昭宗(元)　しょうそう　?-1378）
　評世（アイユシリダラ〔昭宗〕　?-1378）

章宗（金）　しょうそう
12・13世紀, 中国, 金の第6代皇帝（在位1189～1208）。第5代世宗の皇太子顕宗の子。諱は璟（えい）。諡は憲天光運仁文義武神聖英孝皇帝。文化人を多く翰林に招き, 書籍, 書画を収集。
⇒国小（章宗(金)　しょうそう　1168(大定8)-1208(泰和8)）
　コン2（章宗　しょうそう　1168-1208）
　コン3（章宗　しょうそう　1168-1208）
　新美（章宗　しょうそう　1168(金・大定8)-1208(泰和8)）
　人物（章宗　しょうそう　1168-1208.11）
　世東（章宗　しょうそう　1168-1208）
　中皇（章宗　1168-1208）
　中国（章宗(金)　しょうそう　1168-1208）
　中書（章宗　しょうそう　1168-1208）
　統治（章宗　Chang Tsung　（在位）1189-1208）
　百科（章宗　しょうそう　1168-1208）

襄宗　じょうそう*
13世紀, 中国, 西夏の皇帝。在位1206～1211。
⇒統治（襄宗　Hsiang Tsung　（在位）1206-1211）

章宗祥　しょうそうしょう
19・20世紀, 中国の政治家。字は仲和。浙江省呉興県出身。民国後, 各内閣の要職につく。駐日公使となり, 寺内正毅内閣の援段政策を促進。五・四運動で学生に殴打され, 辞職。
⇒角世（章宗祥　しょうそうしょう　1879-1962）
　コン2（章宗祥　しょうそうしょう　1879-1962）
　コン3（章宗祥　しょうそうしょう　1879-1962）
　世東（章宗祥　しょうそうしょう　1879-1963頃）
　中人（章宗祥　しょうそうしょう　1879-1962）
　日人（章宗祥　しょうそうしょう　1879-1962）

饒漱石　じょうそうせき
20世紀, 中国の政治家。抗日戦中, 劉少奇の下

で華中局の副書記, 宣伝部長。1949年上海占領後, 上海副市長。53年中国共産党中央組織部長。
⇒近中（饒漱石　じょうそうせき　1903-1975.3.2）
　現人（饒漱石　じょうそうせき〈ラオシューシー〉1901-）
　コン3（饒漱石　じょうそうせき　1901-1975）
　世政（饒漱石　じょうそうせき　1903-1975）
　世東（饒漱石　ぎょうそうせき　1901-）
　全書（饒漱石　じょうそうせき　1905-?）
　中人（饒漱石　じょうそうせき　1903-1975）

蕭楚女　しょうそじょ
20世紀, 中国, 中国共産党初期の幹部。湖北省出身。五・三〇事件後, 国民党中央宣伝部に入り, また黄埔軍官学校などで教鞭をとる。1927年国民党の反共クーデターで殺害された。
⇒近中（蕭楚女　しょうそじょ　1893.4-1927.6.22）
　コン3（蕭楚女　しょうそじょ　1896-1927）
　中人（蕭楚女　しょうそじょ　1893-1927）

章太炎　しょうたいえん
⇨章炳麟（しょうへいりん）

章乃器　しょうだいき
20世紀, 中国の金融理論家。浙江省青田県出身。抗日民族統一戦線の結成に「七君子」の一人として活躍。1945年民主建国会を設立。
⇒外国（章乃器　しょうだいき　1898-）
　角世（章乃器　しょうだいき　1897-1977）
　近中（章乃器　しょうだいき　1897.3.4-1977.5.13）
　現人（章乃器　しょうだいき〈チャンナイチー〉1894-）
　コン3（章乃器　しょうだいき　1897-1977）
　人物（章乃器　しょうだいき　1894-）
　世東（章乃器　しょうだいき　1897-）
　世百（章乃器　しょうだいき　1894-）
　世百新（章乃器　しょうだいき　1894-1977）
　全書（章乃器　しょうだいき　1894-1977）
　中人（章乃器　しょうだいき　1897-1977）
　百科（章乃器　しょうだいき　1894-1977）

向太后　しょうたいこう
11・12世紀, 中国, 北宋第6代皇帝神宗の皇后。宰相向敏中の曾孫。
⇒国小（向太后　しょうたいこう　1046(慶暦6)-1101(建中靖国1.1.13)）

焦達峰（焦達峯）　しょうたつほう
19・20世紀, 中国の革命家。字は大鵬。湖南省瀏陽県出身。四正社を組織し, 1911年湖南革命を指導, 都督となる。
⇒近中（焦達峰　しょうたつほう　1886-1911.10.31）
　コン3（焦達峰　しょうたつほう　1886-1911）
　世東（焦達峯　しょうたつほう　1886-1911）
　中人（焦達峰　しょうたつほう　1886-1911）

焦仲卿　しょうちゅうけい
2・3世紀, 中国, 後漢の官吏。妻の死に殉じ, 「焦仲卿妻」の詩に悼まれた。

しよう

⇒中芸（焦仲卿　しょうちゅうけい）

向寵　しょうちょう
3世紀，中国，三国時代，蜀の将。
⇒三国（向寵　しょうちょう）
　三全（向寵　しょうちょう　?-240）

常雕　じょうちょう
3世紀，中国，三国時代，魏の曹仁の部将。
⇒三国（常雕　じょうちょう）
　三全（常雕　じょうちょう　?-222）

蕭朝貴　しょうちょうき
19世紀，中国，太平天国の指導者の一人。
⇒外国（蕭朝貴　しょうちょうき　?-1852）
　世東（蕭朝貴　しょうちょうき　19世紀）

正珍　しょうちん
7世紀頃，朝鮮，百済から来日した使節。
⇒シル（正珍　しょうちん　7世紀頃）
　シル新（正珍　しょうちん）

少帝　しょうてい
⇨廃帝（後漢）（はいてい）

少帝（後晋）　しょうてい
10世紀，中国，五代後晋第2代皇帝（在位942~946）。姓名は石重貴。出帝ともいう。高祖の甥。
⇒コン2（少帝　しょうてい　914-964）
　コン3（少帝　しょうてい　914-964）
　世東（出帝　しゅってい　914-964）
　中皇（出帝（少帝）　914-?）
　統治（出帝　Ch'u Ti　（在位）942-947）

昭帝（前漢）　しょうてい
前1世紀，中国，前漢の第8代皇帝（在位前87-74）。姓名劉弗陵。武帝の第6子。
⇒皇帝（昭帝　しょうてい　前94-74）
　国小（昭帝（前漢）　しょうてい　前94（太始3）-74（元平1））
　コン2（昭帝　しょうてい　前94-74）
　コン3（昭帝　しょうてい　前94-74）
　人物（昭帝　しょうてい　前94-74）
　世東（昭帝　しょうてい　前94-74.4）
　世百（昭帝　しょうてい　前94-74）
　中皇（昭帝　前94-74）
　中国（昭帝（前漢）　しょうてい　前94-74）
　統治（昭帝　Chao Ti　（在位）前87-前74）
　百科（昭帝　しょうてい　前94-前74）

章帝（後漢）　しょうてい
1世紀，中国，後漢の第3代皇帝（在位75-88）。廟号は粛宗。明帝の第5子。
⇒国小（章帝（後漢）　しょうてい　58（永平1）-88（章和2））
　コン2（章帝　しょうてい　58-88）
　コン3（章帝　しょうてい　58-88）
　人物（章帝　しょうてい　58-88）
　世東（章帝　しょうてい　56頃-88）

　中皇（章帝　58-88）
　統治（章帝　Chang Ti　（在位）75-88）
　百科（章帝　しょうてい　58-88）

上帝　じょうてい
中国古代，神様たちの元首。
⇒三国（上帝　じょうてい）

葉挺　しょうてい
⇨葉挺（ようてい）

殤帝（南漢）　しょうてい*
10世紀，中国，五代十国・南漢の皇帝（在位942~943）。
⇒中皇（殤帝　920-943）

少帝懿　しょうていい*
2世紀，中国，後漢の皇帝（在位125）。
⇒中皇（少帝懿　?-125）

少帝義符　しょうていぎふ*
5世紀，中国，宋の皇帝（在位422~424）。
⇒中皇（少帝義符　406-424）
　統治（少帝　Shao Ti　（在位）422-424）

少帝恭　しょうていきょう*
前2世紀，中国，前漢の皇帝（在位前187~前184）。
⇒中皇（少帝恭　?-前184）

少帝弘　しょうていこう*
前2世紀，中国，前漢の皇帝（在位前183~前180）。
⇒中皇（少帝弘　?-前180）

蔣廷黻（蔣延黻）　しょうていふつ
20世紀，中国の外交家。字は綬章。湖南省出身。おもに国連を舞台に外交面で活躍。1960~62年駐米大使兼国連常任代表。主著は『最近中国史』など。
⇒外国（蔣廷黻　しょうていふつ　1895-）
　コン3（蔣廷黻　しょうていふつ　1895-1965）
　人物（蔣廷黻　しょうていふつ　1895-1965）
　世東（蔣廷黻　しょうていふつ　1895-1965.10.9）
　中人（蔣廷黻　しょうていふつ　1895-1965）

葉適　しょうてき
⇨葉適（ようてき）

承天皇太后　しょうてんこうたいごう
10・11世紀，中国，遼の第5代景宗の皇后。6代聖宗の母。
⇒世東（承天皇太后　しょうてんこうたいごう　953-1009）

相土　しょうど
中国古代の伝説的な人物。契（せつ）の孫で，商

（殷）の祖先とされる。
⇒中史（相土　しょうど）

蕭統　しょうとう
⇨昭明太子（しょうめいたいし）

邵同　しょうどう
9世紀頃、中国、唐の遣吐蕃和親使。
⇒シル（邵同　しょうどう　9世紀頃）
　シル新（邵同　しょうどう）

蕭道成　しょうどうせい
⇨太祖（斉）（たいそ）

正統帝　しょうとうてい
⇨正統帝（明）（せいとうてい）

丞徳　じょうとく
前1世紀頃、亀茲（クチャ）国王。
⇒シル（丞徳　じょうとく　前1世紀頃）
　シル新（丞徳　じょうとく）

正徳帝　しょうとくてい
⇨正徳帝（明）（せいとくてい）

蕭徳妃　しょうとくひ*
12世紀、中国の皇妃。
⇒世女日（蕭徳妃　XIAO Defei　?-1123）

章惇　しょうどん、しょうとん
11・12世紀、中国、北宋の政治家。字は子厚。1094年哲宗親政で宰相になり、新法を推進。
⇒コン2（章惇　しょうどん　1035-1105）
　コン3（章惇　しょうとん　1035-1105）
　新美（章惇　しょうとん）
　百科（章惇　しょうとん　1035-1105）

蔣南翔　しょうなんしょう
20世紀、中国の政治家。1952〜65年9月当時清華大学校長。60年1月教育部副部長。64年9月3期全人大会北京市代表。67年1月反革命修正主義者として逮捕される。
⇒コン3（蔣南翔　しょうなんしょう　1910-1988）
　世東（蔣南翔　しょうなんしょう　?-）
　中人（蔣南翔　しょうなんしょう　1913-1988）

昭寧公主　しょうねいこうしゅ*
中国、金、宋王宗望（そうぼう）の娘。
⇒中皇（昭寧公主）

小寧国公主　しょうねいこくこうしゅ
8世紀、中国、唐の遣回紇和蕃公主。
⇒シル（小寧国公主　しょうねいこくこうしゅ　?-791?）
　シル新（小寧国公主　しょうねいこくこうしゅ　?-791?）

邵伯温　しょうはくおん
11・12世紀、中国、宋代の儒者、官吏。
⇒中芸（邵伯温　しょうはくおん　1057-1134）

章伯鈞　しょうはくきん
20世紀、中国の政治家。国共分裂後、第三党に属し、反蒋介石運動を行う。1949年以後、交通部長に就任。
⇒外国（章伯鈞　しょうはくきん　1896-）
　近中（章伯鈞　しょうはくきん　1895.11.17-1969.5.17）
　コン3（章伯鈞　しょうはくきん　1896-1969）
　中人（章伯鈞　しょうはくきん　1895-1969）

蕭万長　しょうばんちょう
⇨蕭万長（しょうまんちょう）

蔣百里　しょうひゃくり
19・20世紀、中国の軍人。
⇒世百新（蔣百里　しょうひゃくり　1882-1938）
　百科（蔣百里　しょうひゃくり　1882-1938）

蔣斌　しょうひん
3世紀、中国、三国時代、蜀の将。
⇒三国（蔣斌　しょうひん）
　三全（蔣斌　しょうひん　?-264）

蕭仏成　しょうふつせい
19・20世紀、タイの政治家。華僑の領袖。福建省出身。1931年広東派の反蒋運動に協力し、その後、国民党中央執行委員会西南執行部海外党務主任などを歴任。
⇒近中（蕭仏成　しょうふつせい　1862-1939.5.31）
　世東（蕭仏成　しょうふつせい　1862-1939）

昭文帝（成漢）　しょうぶんてい*
3・4世紀、中国、五胡十六国・成漢（前蜀）の皇帝（在位338〜343）。
⇒中皇（昭文帝　300-343）

昭文帝（後燕）　しょうぶんてい*
4・5世紀、中国、五胡十六国・後燕の皇帝（在位401〜407）。
⇒中皇（昭文帝　385-407）

焦炳　しょうへい
3世紀、中国、三国時代、魏の将。
⇒三国（焦炳　しょうへい）
　三全（焦炳　しょうへい　?-219）

章炳麟（章炳鱗）　しょうへいりん
19・20世紀、中国、清末民国初の学者、革命家。浙江省余杭（臨安県）出身。字、枚叔。号、太炎。『国故論衡』、『検論』などの政治、学術論で梁啓超らの今文派、公羊学説に反対し、『新方言』、『文始』など音韻、訓詁の著において古文派の立場を主張した。

しょう

```
⇒岩哲  （章炳麟  しょうへいりん  1869-1936）
 旺世  （章炳麟  しょうへいりん  1869-1936）
 外国  （章炳麟  しょうへいりん  1868-1936）
 角世  （章炳麟  しょうへいりん  1869-1936）
 広辞4 （章炳麟  しょうへいりん  1869-1936）
 広辞5 （章炳麟  しょうへいりん  1869-1936）
 広辞6 （章炳麟  しょうへいりん  1869-1936）
 国小  （章炳麟  しょうへいりん  1869（同治8）-1936）
 コン2 （章炳麟  しょうへいりん  1869-1936）
 コン3 （章炳麟  しょうへいりん  1869-1936）
 詩歌  （章炳麟  しょうへいりん  1868（同治7）-1936（民国25））
 集世  （章炳麟  しょうへいりん  1869.1.12-1936.6.14）
 集文  （章炳麟  しょうへいりん  1869.1.12-1936.6.14）
 人物  （章炳麟  しょうへいりん  1869-1936）
 世人  （章炳麟  しょうへいりん  1869-1936）
 世東  （章炳麟  しょうへいりん  1869-1936）
 世百  （章炳麟  しょうへいりん  1868-1936）
 全書  （章炳麟  しょうへいりん  1869-1936）
 大辞  （章炳麟  しょうへいりん  1868-1936）
 大辞2 （章炳麟  しょうへいりん  1868-1936）
 大辞3 （章炳麟  しょうへいりん  1868-1936）
 大百  （章炳麟  しょうへいりん  1867?-1936）
 中芸  （章炳麟  しょうへいりん  1868-1936）
 中国  （章炳麟  しょうへいりん  1869-1936）
 中史  （章炳麟  しょうへいりん  1869-1936）
 中書  （章炳麟  しょうへいりん  1869-1936）
 中人  （章炳麟  しょうへいりん  1869-1936）
 デス  （章炳麟  しょうへいりん〈チャンビンリン〉1869-1936）
 伝記  （章炳麟  しょうへいりん  1869-1936）
 東仏  （章太炎  しょうたいえん  1868-1936）
 ナビ  （章炳麟  しょうへいりん  1869-1936）
 日人  （章炳麟  しょうへいりん  1869-1936）
 百科  （章炳麟  しょうへいりん  1868-1936）
 評世  （章炳麟  しょうへいりん  1868-1936）
 名著  （章炳麟  しょうへいりん  1869-1936）
 山世  （章炳麟  しょうへいりん  1869-1936）
 歴学  （章炳麟  しょうへいりん  1869-1936）
 歴史  （章炳麟  しょうへいりん  1869-1936）
```

蔣防　しょうぼう
中国, 唐代の官吏。字は子徴。『全唐文』に文1篇が見える。
⇒外国 （蔣防　しょうぼう）
　中芸 （蔣防　しょうぼう　生没年不詳）

蕭望之　しょうぼうし
前2・1世紀, 中国, 前漢の学者, 政治家。宣帝のとき, 霍氏一族の専権を除くことを上奏, 太子太傅などを歴任。
⇒コン2 （蕭望之　しょうぼうし　前106頃-47）
　コン3 （蕭望之　しょうぼうし　前106頃-前47）

蔣方震　しょうほうしん
19・20世紀, 中国の軍人。字は百里。浙江省杭州出身。1916年梁啓超らと第3革命を起こす。
⇒近中 （蔣方震　しょうほうしん　1882.10.13-1938.11.4）
　コン3 （蔣方震　しょうほうしん　1880-1938）
　全書 （蔣方震　しょうほうしん　1880-1938）

　　中人 （蔣方震　しょうほうしん　1882-1938）

葉夢得　しょうほうとく
⇨葉夢得（ようぼうとく）

勝鬘　しょうまん
中央アジア, コーサラ国王ハシノクの娘。阿踰闍国の友称王の妃。勝鬘経の主人公。勝鬘夫人。
⇒広辞4 （勝鬘　しょうまん）
　広辞6 （勝鬘　しょうまん）
　大辞 （勝鬘　しょうまん）
　大辞3 （勝鬘　しょうまん）

蕭万長　しょうまんちょう
20世紀, 台湾の政治家。経済相, 台湾行政院院長（首相）。
⇒世政 （蕭万長　しょうまんちょう　1939.1.3-）
　中人 （蕭万長　しょうばんちょう　1939-）

昭明太子　しょうみょうたいし
⇨昭明太子（しょうめいたいし）

葉夢得　しょうむとく
⇨葉夢得（ようぼうとく）

蔣夢麟　しょうむりん
19・20世紀, 中国の教育家, 政治家。字は兆賢。浙江省余姚県出身。1928年南京政府の教育部長, 30年北京大学総長などを歴任。
⇒近中 （蔣夢麟　しょうむりん　1886.1.20-1964.6.19）
　コン3 （蔣夢麟　しょうむりん　1886-1964）
　中人 （蔣夢麟　しょうむりん　1886-1964）

昭明太子　しょうめいたいし
6世紀, 中国, 南朝梁の文人。武帝の長子。著書に『昭明太子集』など。
⇒逸話 （蕭統　しょうとう　501-531）
　旺世 （蕭統　しょうとう　501-531）
　外国 （蕭統　しょうとう　501-531）
　角世 （昭明太子　しょうめいたいし　501-531）
　広辞4 （昭明太子　しょうめいたいし　501-531）
　広辞6 （昭明太子　しょうめいたいし　501-531）
　コン2 （昭明太子　しょうめいたいし　501-531）
　コン3 （昭明太子　しょうめいたいし　501-531）
　詩歌 （蕭統　しょうとう　501（中興元）-531（中大通3））
　集世 （蕭統　しょうとう　501（中興1）-531（中大通3））
　人物 （昭明太子　しょうめいたいし　501-531.4）
　世人 （昭明太子　しょうめいたいし　501-531）
　世東 （昭明太子　しょうめいたいし　501-531）
　大辞 （昭明太子　しょうめいたいし　501-531）
　大辞3 （昭明太子　しょうめいたいし　501-531）
　大百 （昭明太子　しょうめいたいし　501-531）
　中皇 （昭明太子蕭統　?-531）
　中国 （昭明太子　しょうめいたいし　501-531）
　中史 （蕭統　しょうとう　501-531）
　伝記 （昭明太子　しょうめいたいし　501.9-531.4）
　評世 （昭明太子　しょうめいたいし　501-531）

名著（蕭統　しょうとう　501-531）
山世（昭明太子　しょうめいたいし　501-531）
歴史（昭明太子　しょうみょうたいし　501（斉・中興1）-531（梁・中大通3））

昌邑王　しょうゆうおう
前1世紀，中国，前漢の廃帝劉賀。
⇒三国（昌邑王　しょうゆうおう）
中皇（昌邑王劉賀　?-前59）

昌邑王劉賀　しょうゆうおうりゅうが
⇨昌邑王（しょうゆうおう）

章裕昆　しょうゆうこん
19・20世紀，中国の革命家。字は徳藩。湖南省寧郷県出身。文学社の一員として辛亥革命に参加。著書『文学社武昌首義紀実』。
⇒コン3（章裕昆　しょうゆうこん　1887-）
中人（章裕昆　しょうゆうこん　1887-）

邵友濂　しょうゆうれん
20世紀，中国の官僚，外交官。
⇒近中（邵友濂　しょうゆうれん　?-1901）

鍾繇（鐘繇）　しょうよう
2・3世紀，中国，後漢末魏代の政治家，書家。字は元常。文帝に仕え，書をよくした。
⇒外国（鍾繇　しょうよう　151-230）
広辞4（鍾繇　しょうよう　151-230）
広辞6（鍾繇　しょうよう　151-230）
国小（鍾繇　しょうよう　151（元嘉1）-230（太和4））
コン3（鍾繇　しょうよう　151-230）
三国（鍾繇　しょうよう）
三全（鍾繇　しょうよう　151-230）
新美（鍾繇　しょうよう　151（後漢・元嘉1）-230（魏・太和4））
世百（鍾繇　しょうよう　151-230）
全書（鍾繇　しょうよう　151-230）
大辞3（鍾繇　しょうよう　151-230）
大百（鍾繇　しょうよう　151-230）
中芸（鍾繇　しょうよう　生没年不詳）
中史（鍾繇　しょうよう　151-230）
中書（鍾繇　しょうよう　151-230）
伝記（鍾繇　しょうよう　151-230）
百科（鍾繇　しょうよう　151-230）

摂耀　しょうよう
8世紀頃，中央アジア，疏勒（カシュガル）の入唐使節。753（天宝12）年正月に来朝。
⇒シル（摂耀　しょうよう　8/世紀頃）
シル新（摂耀　しょうよう）

蕭耀南　しょうようなん
19・20世紀，中国の北洋派軍人。
⇒近中（蕭耀南　しょうようなん　1875-1926.2.14）

蔣翊武　しょうよくぶ
19・20世紀，中国の革命家。革命派の秘密組織振武学社（のち文学社）の責任者となる。1911年武昌蜂起に，湖北革命軍の総指揮をつとめ，総司令となる。
⇒近中（蔣翊武　しょうよくぶ　1885-1913.9.9）
コン3（蔣翊武　しょうよくぶ　1885-1913）
中人（蔣翊武　しょうよくぶ　1885-1913）

常楽公主　じょうらくこうしゅ*
中国，唐，高祖の娘。
⇒中皇（常楽公主）

常楽公主　じょうらくこうしゅ
7世紀頃，中国，隋の公主。高昌（トルファン）国に降嫁。
⇒シル（常楽公主　じょうらくこうしゅ　7世紀頃）
シル新（常楽公主　じょうらくこうしゅ）

蕭力　しょうりき
20世紀，中国の革命家。江青の娘。
⇒世東（蕭力　しょうりき　1939-）

邵力子　しょうりきし
19・20世紀，中国の政治家。1954年12月政治協商会議全国委員。
⇒外国（邵力子　しょうりきし　1881-）
近中（邵力子　しょうりきし　1882.12.7-1967.12.25）
国小（邵力子　しょうりきし　1881（光緒7）-1967.12.25）
コン3（邵力子　しょうりきし　1882-1967）
世東（邵力子　しょうりきし　1881-1967.12.25）
世百（邵力子　しょうりきし　1881/2-）
全書（邵力子　しょうりきし　1881-1967）
中人（邵力子　しょうりきし　1882（光緒7）-1967.12.25）

蔣良驥　しょうりょうき
18世紀，中国，清代の官吏。北京宮城東華門内の国史館館纂修官。
⇒名著（蔣良驥　しょうりょうき　生没年不詳）

昭烈帝　しょうれつてい
⇨劉備（りゅうび）

商輅　しょうろ
15世紀，中国，明の政治家。字は弘載，謚は文毅公。土木の変後，兵部尚書・吏部尚書など歴任。
⇒コン2（商輅　しょうろ　1414-1486）
コン3（商輅　しょうろ　1414-1486）

常魯　じょうろ
8世紀頃，中国，唐の遺吐蕃使判官。
⇒シル（常魯　じょうろ　8世紀頃）
シル新（常魯　じょうろ）

向朗（向郎）　しょうろう
3世紀頃，中国，三国時代，劉備の幕僚。
⇒三国（向朗　しょうろう）
三全（向郎　しょうろう　生没年不詳）

徐栄　じょえい
2世紀, 中国, 三国時代, 榮陽の太守。
⇒三国（徐栄　じょえい）
　三全（徐栄　じょえい　?-191）

徐永昌　じょえいしょう
19・20世紀, 中国, 民国の軍人。山西出身。ミズリー号上の日本降伏調印式で中国主席代表, 孫科, 何応欽両内閣の国防部長。
⇒世東（徐永昌　じょえいしょう　1889-1959.7.13）

徐円朗　じょえんろう
7世紀, 中国, 隋末期の反乱指導者の一人。劉黒闥と結んで挙兵し魯王を称した。
⇒コン2（徐円朗　じょえんろう　?-623）
　コン3（徐円朗　じょえんろう　?-623）

女媧　じょか
中国の古伝説上の女帝。天地創造の女神とされ, 三皇の一。人首蛇身。
⇒広辞6（女媧　じょか）
　コン2（女媧　じょか）
　コン3（女媧　じょか）
　大辞（女媧　じょか）
　大辞3（女媧　じょか）
　中芸（女媧　じょか）
　中史（女媧　じょか）

徐階　じょかい
15・16世紀, 中国, 明の政治家。華亭（上海）出身。字は子升。号は存斎。嘉靖, 隆慶2帝に仕えた。
⇒外国（徐階　じょかい　1494-1574）
　国小（徐階　じょかい　1494（弘治7）-1574（万暦2））
　コン2（徐階　じょかい　1494-1574）
　コン3（徐階　じょかい　1503-1583）

徐海東　じょかいとう
20世紀, 中国の軍人。1963年12月大将となり, 65年国防委員会委員, 69年4月中国共産党9期中央委員。
⇒近中（徐海東　じょかいとう　1900.6.17-1970.3.25）
　国小（徐海東　じょかいとう　1900-）
　コン3（徐海東　じょかいとう　1900-1970）
　世百（徐海東　じょかいとう　1900-）
　中人（徐海東　じょかいとう　1900-1970）

諸葛虔　しょかつけん
3世紀頃, 中国, 三国時代, 魏の部将。
⇒三国（諸葛虔　しょかつけん）
　三全（諸葛虔　しょかつけん　生没年不詳）

諸葛孔明　しょかつこうめい
⇨諸葛亮（しょかつりょう）

諸葛尚　しょかつしょう
3世紀, 中国, 三国時代, 蜀の臣。諸葛（孔明）の孫。
⇒三国（諸葛尚　しょかつしょう）
　三全（諸葛尚　しょかつしょう　245-263）

諸葛靚　しょかつせい
3世紀頃, 中国, 三国時代, 魏の鎮東将軍諸葛誕の子。
⇒三国（諸葛靚　しょかつせい）
　三全（諸葛靚　しょかつせい　生没年不詳）

諸葛瞻（諸葛瞻）　しょかつせん
3世紀, 中国, 三国, 蜀の将軍。諸葛孔明の子。字は思遠。蜀の後主に仕えた。
⇒三国（諸葛瞻　しょかつせん）
　三全（諸葛瞻　しょかつせん　227-263）
　世東（諸葛瞻　しょかつせん　227-263）

諸葛豊　しょかつほう
中国, 前漢の司隷校尉。字は少季（しようき）。
⇒三国（諸葛豊　しょかつほう）

諸葛亮　しょかつりょう
2・3世紀, 中国, 三国時代蜀漢の政治家, 戦略家。字は孔明。諡は忠武。劉備に仕え, 蜀の経営に努力した。
⇒逸話（諸葛孔明　しょかつこうめい　181-234）
　岩ケ（諸葛亮　しょかつりょう　181-234）
　旺世（諸葛亮　しょかつりょう　181-234）
　外国（諸葛亮　しょかつりょう　181-234）
　角世（諸葛亮　しょかつりょう　181-234）
　教育（諸葛亮　しょかつりょう　181-234）
　広辞4（諸葛亮　しょかつりょう　181-234）
　広辞6（諸葛亮　しょかつりょう　181-234）
　国小（諸葛亮　しょかつりょう　181（光和4）-234（建興12））
　コン2（諸葛亮　しょかつりょう　181-234）
　コン3（諸葛亮　しょかつりょう　181-234）
　三国（諸葛亮　しょかつりょう）
　三全（諸葛亮　しょかつりょう　181（光和4）-234（建興12））
　詩歌（諸葛亮　しょかつりょう　181（光和4）-234（建興12））
　集世（諸葛亮　しょかつりょう　181（光和4）-234（青龍2））
　集文（諸葛亮　しょかつりょう　181（光和4）-234（青龍2））
　人物（諸葛亮　しょかつりょう　181-234.8）
　世人（諸葛亮　しょかつりょう　181-234）
　世東（諸葛孔明　しょかつこうめい　181-234.8）
　世百（諸葛孔明　しょかつこうめい　181-234）
　世文（諸葛亮　しょかつりょう　181（光和4）-234（建興12））
　全書（諸葛亮　しょかつりょう　181-234）
　大辞（孔明　こうめい）
　大辞3（諸葛亮　しょかつりょう　181-234）
　大百（諸葛孔明　しょかつこうめい　181-234）
　中芸（諸葛亮　しょかつりょう　181-234）
　中国（諸葛亮　しょかつりょう　181-234）
　中史（諸葛亮　しょかつりょう　181-234）
　デス（諸葛孔明　しょかつこうめい　181-234）
　伝記（諸葛亮　しょかつりょう　181-234.2）
　百科（諸葛孔明　しょかつこうめい　181-234）
　評世（諸葛亮　しょかつりょう　181-234）

山世（諸葛亮　しょかつりょう　181-234）
歴史（諸葛亮　しょかつりょう　181-234）

徐熙　じょき
10世紀, 朝鮮, 高麗の武臣。993年高麗侵略を開始した契丹軍を撃破した。
⇒コン2（徐熙　じょき　942-998）
　コン3（徐熙　じょき　942-998）

徐企文　じょきぶん
20世紀, 中国の初期労働運動の指導者。上海市出身。中華民国工党を創立し, 領袖に就任。1913年5月江南製造局を攻め, 捕えられて刑死。
⇒近中（徐企文　じょきぶん　?-1913）
　コン2（徐企文　じょきぶん　?-1913）
　コン3（徐企文　じょきぶん　?-1913）
　中人（徐企文　じょきぶん　?-1913）

徐璆　じょきゅう
3世紀頃, 中国, 三国時代, 高陵の太守。
⇒三国（徐璆　じょきゅう）
　三全（徐璆　じょきゅう　生没年不詳）

徐兢　じょきょう
11・12世紀, 中国, 宋代の官吏, 学者。字は明叔。号は自信居士。国信使として高麗に派遣された(1123)。
⇒外国（徐兢　じょきょう　1091-1153）

徐居正　じょきょせい
⇨徐居正（ソゴジョン）

沮渠蒙遜　しょきょもうそん
⇨沮渠蒙遜（そきょもうそん）

蜀王朱椿　しょくおうしゅちん*
15世紀, 中国, 明, 洪武帝の子。
⇒中皇（蜀王朱椿　?-1423）

蜀王楊秀　しょくおうようしゅう*
7世紀, 中国, 隋, 文帝の子。
⇒中皇（蜀王楊秀　?-618）

褥但特勒　じょくたんとくろく
6世紀頃, 突厥の遣隋使。
⇒シル（褥但特勒　じょくたんとくろく　6世紀頃）
　シル新（褥但特勒　じょくたんとくろく）

殤帝（後漢）　しょくてい*
2世紀, 中国, 後漢の皇帝（在位105～106）。
⇒中皇（殤帝　105-106）
　統治（殤帝　Shang Ti　(在位)106）

燭番莽耳　しょくばんもうじ
8世紀頃, チベット, 吐蕃王朝の遣唐使。
⇒シル（燭番莽耳　しょくばんもうじ　8世紀頃）
　シル新（燭番莽耳　しょくばんもうじ）

徐慶鐘　じょけいしょう
20世紀, 台湾の農政責任者。1947～54年台湾省政府農林庁長, 61～66年国民党中央委員会副秘書長。
⇒現人（徐慶鐘　じょけいしょう〈シューチンチョン〉　1906-）
　世東（徐慶鐘　じょけいしょう　1906-）
　中人（徐慶鐘　じょけいしょう　1906-）

徐継畬　じょけいよ
18・19世紀, 中国, 清の官吏, 地理学者。字は健男, 号は松龕。『瀛環志略』を書いた。
⇒国小（徐継畬　じょけいよ　1795（乾隆60）-1873（同治12））
　コン2（徐継畬　じょけいよ　1795-1873）
　コン3（徐継畬　じょけいよ　1795-1873）

徐謙　じょけん
19・20世紀, 中国の政治家。清朝時代から司法関係職を歴任し, 1917年広東政府で孫文の秘書長となる。27年国民政府の武漢移転とともに, 排英運動を指導した。
⇒国小（徐謙　じょけん　1871（同治10.7.26）-1940.9.26）
　コン2（徐謙　じょけん　1871-1940）
　コン3（徐謙　じょけん　1871-1940）
　世百（徐謙　じょけん　1871-1940）
　中人（徐謙　じょけん　1871（同治10.7.26）-1940.9.26）
　百科（徐謙　じょけん　1871-1940）

舒元輿　じょげんよ
9世紀, 中国, 唐の官僚。江州（江西省）出身。同平章事など歴任。甘露の変に失敗して, 刑死。
⇒コン2（舒元輿　じょげんよ　?-835）
　コン3（舒元輿　じょげんよ　?-835）

徐昂　じょこう
8・9世紀, 中国, 唐末の司天官。「宣明暦」を撰した。
⇒外国（徐昂　じょこう　8-9世紀）
　天文（徐昂　じょこう　生没年不詳）

徐浩　じょこう
8世紀, 中国, 唐の官僚。字は季海, 諡は定始。草書, 隷書に巧みであった。
⇒国小（徐浩　じょこう　703（長安3）-782（建中3））
　新美（徐浩　じょこう　703（唐・長安3）-782（建中3））
　中史（徐浩　じょこう　703-782）
　中書（徐浩　じょこう　703-782）
　百科（徐浩　じょこう　703-782）

徐光啓　じょこうけい
16・17世紀, 中国, 明末の政治家, 学者。天主教（キリスト教）徒。字は子先。号は玄扈。
⇒岩ケ（徐光啓　じょこうけい　1562-1633）
　旺世（徐光啓　じょこうけい　1562-1633）
　外国（徐光啓　じょこうけい　1562-1633）

科史　(徐光啓　じょこうけい　1562-1633)
角世　(徐光啓　じょこうけい　1562-1633)
教育　(徐光啓　じょこうけい　1562-1633)
キリ　(徐光啓　シューグワンチー　1562-1633)
広辞4　(徐光啓　じょこうけい　1562-1633)
広辞6　(徐光啓　じょこうけい　1562-1633)
国小　(徐光啓　じょこうけい　1562(嘉靖41.3.20)-1633(崇禎6.10.7))
国百　(徐光啓　じょこうけい　1562(嘉靖41.3.20)-1633(崇禎6.10.7))
コン2　(徐光啓　じょこうけい　1562-1633)
コン3　(徐光啓　じょこうけい　1562-1633)
人物　(徐光啓　じょこうけい　1562-1633.10)
世人　(徐光啓　じょこうけい　1562-1633)
世東　(徐光啓　じょこうけい　1562-1633.1)
世百　(徐光啓　じょこうけい　1562-1633)
全書　(徐光啓　じょこうけい　1562-1633)
大辞　(徐光啓　じょこうけい　1562-1633)
大辞3　(徐光啓　じょこうけい　1562-1633)
大百　(徐光啓　じょこうけい　1562-1633)
中国　(徐光啓　じょこうけい　1562-1633)
デス　(徐光啓　じょこうけい　1562-1633)
伝記　(徐光啓　じょこうけい　1562-1633.11.10)
天文　(徐光啓　じょこうけい　1562-1633)
百科　(徐光啓　じょこうけい　1562-1633)
評世　(徐光啓　じょこうけい　1562-1633)
名著　(徐光啓　じょこうけい　1562-1633)
山世　(徐光啓　じょこうけい　1562-1633)
歴史　(徐光啓　じょこうけい　1562(嘉靖41)-1633(崇禎6))

徐皇后　じょこうごう
14・15世紀, 中国, 明第3代永楽帝の皇后。徐達の長女。『内訓』『高皇后聖訓』等の女訓書を撰した。
⇒コン2　(徐皇后　じょこうごう　1362-1407)
　コン3　(徐皇后　じょこうごう　1362-1407)
　世女日　(徐皇后　XU huanghou　1362-1407)
　中皇　(徐皇后　?-1407)

徐鴻儒　じょこうじゅ
17世紀, 中国, 明末期の白蓮教の乱の指導者。鉅野(山東省)出身。聞香教を組織した王森の配下。山東各地を攻略。
⇒外国　(徐鴻儒　じょこうじゅ　?-1622)
　コン2　(徐鴻儒　じょこうじゅ　?-1622)
　コン3　(徐鴻儒　じょこうじゅ　?-1622)
　百科　(徐鴻儒　じょこうじゅ　?-1622)

徐広縉　じょこうしん
19世紀, 清の官僚。河南省鹿邑県出身。欽差大臣署理湖広総督。太平軍を各地に破り, 52年太子太保の称号を得た。
⇒外国　(徐広縉　じょこうしん)
　世東　(徐広縉　じょこうしん　1810-1862)

徐向前　じょこうぜん
20世紀, 中国の軍人, 政治家。1954年人民革命軍事委員会副主席, 国防委員会副主席, 元帥。67年解放軍文革小組組長。69年第9期共産党中央委員, 77年党政治局常務委員。78〜82年副首相, 78〜81年国防相兼務。
⇒近中　(徐向前　じょこうぜん　1901.11.8-1990.9.21)
　現人　(徐向前　じょこうぜん〈シューシヤンチエン〉　1902-)
　国小　(徐向前　じょこうぜん　1902-)
　コン3　(徐向前　じょこうぜん　1901-1990)
　人物　(徐向前　じょこうぜん　1902-)
　世政　(徐向前　じょこうぜん　1901.11-1990.9.21)
　世東　(徐向前　じょこうぜん　1902-)
　世百　(徐向前　じょこうぜん　1902-)
　全書　(徐向前　じょこうぜん　1900-)
　中人　(徐向前　じょこうぜん　1901.11-1990.9.21)

徐光範　じょこうはん
19・20世紀, 朝鮮の開化派政治家。1894年第2次金弘集内閣の法部大臣となる。
⇒コン2　(徐光範　じょこうはん　1859-?)
　コン3　(徐光範　じょこうはん　1859-?)
　朝人　(徐光範　じょこうはん　1859-1897)

徐国長公主　じょこくちょうこうしゅ*
11・12世紀, 中国, 北宋, 神宗の娘。
⇒中皇　(徐国長公主　1085-1115)

徐鼐　じょさい
19世紀, 中国, 清の官僚, 学者。字は彝舟。太平天国の乱で, 六合団練を組織し, 鎮圧に努力。
⇒コン2　(徐鼐　じょさい　1810-1862)
　コン3　(徐鼐　じょさい　1810-1862)

徐才厚　じょさいこう
20世紀, 中国共産党中央政治局委員, 党中央軍事委員会副主席, 国家中央軍事委員会副主席。
⇒中重　(徐才厚　じょさいこう　1943.6-)
　中二　(徐才厚　じょさいこう　1943.6-)

徐載弼　じょさいひつ
⇨徐載弼(ソジェピル)

徐師曾　じょしそう
16世紀, 中国, 明代の官吏, 文人。字は伯魯。
⇒中芸　(徐師曾　じょしそう)

徐質　じょしつ
3世紀, 中国, 三国時代, 魏の輔国将軍。
⇒三国　(徐質　じょしつ)
　三全　(徐質　じょしつ　?-255)

徐錫麟　じょしゃくりん
19・20世紀, 中国, 清末期の革命家。1904年光復会に加入, 陶成章らと紹興に大通学校をたて, 会員の結集をはかる。07年安徽・浙江両省での蜂起を謀り失敗。
⇒コン2　(徐錫麟　じょしゃくりん　1873-1907)
　コン3　(徐錫麟　じょしゃくりん　1873-1907)
　世東　(徐錫麟　じょしゃくりん　1873-1907)
　中史　(徐錫麟　じょしゃくりん　1873-1907)
　中人　(徐錫麟　じょしゃくりん　1873-1907)

徐寿輝　じょじゅき
14世紀,中国,元末の群雄の一人。別名貞一。元末叛乱を起し紅巾をもって号とした。
⇒外国　(徐寿輝　じょじゅき　?–1360)
　角世　(徐寿輝　じょじゅき　?–1360)
　国小　(徐寿輝　じょじゅき　?–1360(至正20))
　コン2　(徐寿輝　じょじゅき　?–1360)
　コン3　(徐寿輝　じょじゅき　?–1360)
　中皇　(徐寿輝　?–1360)
　百科　(徐寿輝　じょじゅき　?–1360)

徐樹錚　じょじゅそう
19・20世紀,中国の軍人,政治家。字は又錚(ゆうそう)。江蘇省蕭県出身。1916年段祺瑞(だんきずい)内閣の国務院秘書長となり,安福クラブの黒幕の存在となる。
⇒国史　(徐樹錚　じょじゅそう　1880–1925)
　コン2　(徐樹錚　じょじゅそう　1880–1925)
　コン3　(徐樹錚　じょじゅそう　1880–1925)
　世東　(徐樹錚　じょじゅそう　1880–1925)
　中人　(徐樹錚　じょじゅそう　1880–1925)
　日人　(徐樹錚　じょじゅそう　1880–1925)
　百科　(徐樹錚　じょじゅそう　1880–1925)

徐商　じょしょう
3世紀頃,中国,三国時代,魏の徐晃の部将。
⇒三国　(徐商　じょしょう)
　三全　(徐商　じょしょう　生没年不詳)

徐鍾喆　じょしょうくつ
20世紀,韓国の軍人。1969年陸軍参謀総長。
⇒国小　(徐鍾喆　じょしょうくつ　1923.5.26–)

徐紹楨　じょしょうてい
19・20世紀,中国の軍人,政治家。字は国卿。孫文の下で広東軍政府の内政部長をつとめた。
⇒近中　(徐紹楨　じょしょうてい　1861.6.30–1936.9.13)
　コン2　(徐紹楨　じょしょうてい　1861–1936)
　コン3　(徐紹楨　じょしょうてい　1861–1936)
　中人　(徐紹楨　じょしょうてい　1861–1936)

徐世昌　じょせいしょう
19・20世紀,中国,清末,民国初期の政治家。字は菊人,号は東海。天津出身。袁世凱の下で国務卿(首相)を勤め,1918年北京政府の大総統に就任。軍閥内部の融和,南方との妥協をはかったが失敗。
⇒外国　(徐世昌　じょせいしょう　1857–1936)
　角世　(徐世昌　じょせいしょう　1855–1939)
　近中　(徐世昌　じょせいしょう　1855.10.20–1939.6.5)
　広辞4　(徐世昌　じょせいしょう　1855–1939)
　広辞5　(徐世昌　じょせいしょう　1855–1939)
　広辞6　(徐世昌　じょせいしょう　1855–1939)
　国史　(徐世昌　じょせいしょう　1855–1939)
　国小　(徐世昌　じょせいしょう　1858(咸豊8)–1936)
　コン2　(徐世昌　じょせいしょう　1855–1939)
　コン3　(徐世昌　じょせいしょう　1855–1939)
　人物　(徐世昌　じょせいしょう　1858–1939)
　世政　(徐世昌　じょせいしょう　1858.10.20(咸豊8)–1939.6.5)
　世東　(徐世昌　じょせいしょう　1858–1936)
　世百　(徐世昌　じょせいしょう　1857–1936)
　全書　(徐世昌　じょせいしょう　1858–1936)
　大辞　(徐世昌　じょせいしょう　1855–1939)
　大辞2　(徐世昌　じょせいしょう　1855–1939)
　大辞3　(徐世昌　じょせいしょう　1855–1939)
　大百　(徐世昌　じょせいしょう　1857–1936)
　中芸　(徐世昌　じょせいしょう　1858–1939)
　中人　(徐世昌　じょせいしょう　1855(咸豊8)–1939)
　デス　(徐世昌　じょせいしょう〈シユイシーチヤン〉1858–1939)
　百科　(徐世昌　じょせいしょう　1855–1939)
　評世　(徐世昌　じょせいしょう　1858–1936)
　歴史　(徐世昌　じょせいしょう　1855/1858(咸豊5/8)–1939(民国28))

趙世雄　ジョセウン
20世紀,北朝鮮の政治家。北朝鮮副首相。中央委員,政治局員候補,中央人民委員。
⇒韓国　(趙世雄　ジョセウン　1927–)
　世政　(趙世雄　ジョセウン　1927–1998.12.15)

徐善行　じょぜんこう
9世紀頃,朝鮮,新羅から来日した使節。
⇒シル　(徐善行　じょぜんこう　9世紀頃)
　シル新　(徐善行　じょぜんこう)

徐達　じょたつ
14世紀,中国,明初の武将。字は天徳。明朝開国の第一の功臣。
⇒外国　(徐達　じょたつ　1332–1385)
　角世　(徐達　じょたつ　1332–1385)
　国小　(徐達　じょたつ　1332(至順3)–1385(洪武18))
　コン2　(徐達　じょたつ　1332–1385)
　コン3　(徐達　じょたつ　1332–1385)
　全書　(徐達　じょたつ　1332–1385)
　中史　(徐達　じょたつ　1332–1385)
　百科　(徐達　じょたつ　1332–1385)

如達干　じょたつかん
8世紀頃,中央アジア,骨咄(フッタル)の入唐使節。
⇒シル　(如達干　じょたつかん　8世紀頃)
　シル新　(如達干　じょたつかん)

徐知誥　じょちこう
⇨李昇(りべん)

徐哲　じょてつ
⇨徐哲(ソチョル)

徐桐　じょとう
19世紀,中国,清末期の保守排外派の重臣。字は蔭軒。漢軍正藍旗人。
⇒コン2　(徐桐　じょとう　1819–1900)
　コン3　(徐桐　じょとう　1819–1900)

舒同　じょどう
20世紀, 中国の政治家。1949〜53年7月当時中共山東華東局宣伝部部長。中共山東省委会第1書記, 8期中央委を歴任。67年1月「三反分子」として批判される。
⇒コン3（舒同　じょどう　1905-）
　世東（舒同　じょどう　?-）
　中人（舒同　じょどう　1909-）

汝南王司馬亮　じょなんおうしばりょう*
3世紀, 中国, 西晋, 宗室。
⇒中皇（汝南王司馬亮　?-291）

舒難陀　じょなんだ
9世紀頃, ビルマ, 驃国（プローム）の王子。801（貞元17）年入唐した。
⇒シル（舒難陀　じょなんだ　9世紀頃）
　シル新（舒難陀　じょなんだ）

徐普　じょふ
1世紀頃, 中国, 前漢の戊己校尉。
⇒シル（徐普　じょふ　1世紀頃）
　シル新（徐普　じょふ）

茹富仇　じょふきゅう
8世紀頃, 朝鮮, 渤海の遣唐使。
⇒シル（茹富仇　じょふきゅう　8世紀頃）
　シル新（茹富仇　じょふきゅう）

徐復　じょふく
9世紀頃, 中国, 唐の遣吐蕃使。
⇒シル（徐復　じょふく　9世紀頃）
　シル新（徐復　じょふく）

徐福　じょふく
前3世紀頃, 中国, 秦代の方士。徐巿ともいう。始皇帝の命で仙人を捜しに出かけたという神仙家。
⇒外国（徐巿　じょふつ）
　角世（徐福　じょふく　生没年不詳）
　国小（徐福　じょふく　生没年不詳）
　コン2（徐福　じょふく　生没年不詳）
　コン3（徐福　じょふく　生没年不詳）
　人物（徐福　じょふつ　生没年不詳）
　世東（徐巿　じょふつ　前3世紀）
　大辞3（徐福　じょふく　生没年不詳）
　大百（徐福　じょふく）
　中芸（徐福　じょふく）
　中史（徐福　じょふく　生没年不詳）
　日人（徐福　じょふく　生没年不詳）
　百科（徐福　じょふく）

徐巿　じょふつ
⇨徐福（じょふく）

徐平和　じょへいわ
6世紀頃, 中国, 隋の遣突厥使。
⇒シル（徐平和　じょへいわ　6世紀頃）
　シル新（徐平和　じょへいわ）

ジョーホイ（兆恵）　Joohūi
18世紀, 中国, 清中期の武将。姓は呉雅, 字は和甫, 諡は文襄。
⇒外国（チョウケイ〔兆恵〕　?-1764）
　コン2（ジョーホイ〔兆恵〕　1708-1764）
　コン3（ジョーホイ〔兆恵〕　1708-1764）

徐宝山　じょほうさん
19・20世紀, 中国の軍人。鎮江新勝党の統領として, 揚州軍政府を弾圧, 自ら揚州軍政分府を組織。
⇒コン2（徐宝山　じょほうさん　?-1913）
　コン3（徐宝山　じょほうさん　?-1913）
　中人（徐宝山　じょほうさん　1862-1913）

処木昆莫賀咄侯斤　しょぼくこんばくがとつしきん
7世紀頃, 突厥の部族長。唐に帰順した。
⇒シル（処木昆莫賀咄侯斤　しょぼくこんばくがとつしきん　7世紀頃）
　シル新（処木昆莫賀咄侯斤　しょぼくこんばくがとつしきん）

徐葆光　じょほこう
18世紀, 中国, 清の官僚。
⇒日人（徐葆光　じょほこう　?-1723）

曹晩植　ジョマンシク
⇨曹晩植（チョマンシク）

徐珉濠　じょみんごう
⇨徐珉濠（ソミノ）

徐夢秋　じょむしゅう
20世紀, 中国共産党幹部。安徽省出身。第一次国共合作により何応欽の第一軍第一師宣伝部主任, 1934年紅軍軍官学校政治委員。
⇒世東（徐夢秋　じょむしゅう　1901-?）
　中人（徐夢秋　じょむしゅう　1901-?）

徐有貞　じょゆうてい
15世紀, 中国, 明前期の政治家。字は元玉。正統帝（天順帝）の復位に成功し, 兵部尚書に昇進。
⇒コン2（徐有貞　じょゆうてい　1407-1472）
　コン3（徐有貞　じょゆうてい　1407-1472）
　新美（徐有貞　じょゆうてい　1407（明・永楽5）-1472（成化8））
　中書（徐有貞　じょゆうてい　1407-1472）

徐用儀　じょようぎ
19世紀, 中国, 清の官僚。海塩（浙江省海寧県東）出身。軍機大臣（1894）。日清戦争後の時局収拾策に関して主和論を主張。
⇒世東（徐用儀　じょようぎ　1821-1900）

汝陽公主　じょようこうしゅ*
中国, 明, 洪武帝の娘。
⇒中皇（汝陽公主）

胥要德　しょようとく
8世紀,渤海から来日した使節。
⇒シル（胥要徳　しょようとく　?-738）
　シル新（胥要徳　しょようとく　?-738）

徐陵　じょりょう
6世紀,中国,六朝時代梁,陳の文学者,政治家。字は孝穆（こうぼく）。諡は章。梁の東宮に仕え,「宮体詩」の流行を生んだ。『玉台新詠』(10巻)を編集。
⇒外国（徐陵　じょりょう　507-583）
　国小（徐陵　じょりょう　507（天監6)-583（至徳1))
　詩歌（徐陵　じょりょう　507（天監7)-583（至徳元))
　集世（徐陵　じょりょう　507（天監6)-583（至徳1))
　集文（徐陵　じょりょう　507（天監6)-583（至徳1))
　人物（徐陵　じょりょう　507-583）
　世東（徐陵　じょりょう　507-583）
　世百（徐陵　じょりょう　507-583）
　中芸（徐陵　じょりょう　507-583）
　中史（徐陵　じょりょう　507-583）
　百科（徐陵　じょりょう　507-583）
　名著（徐陵　じょりょう　507-583）

丁一権　ジョンイルグォン
20世紀,韓国の軍人,政治家。1957年,陸軍大将,その後,外相,首相(64.5〜70.12)。
⇒韓国（丁一権　ジョンイルグォン　1917.11.21-）
　現人（丁一権　チョンイルグォン　1917.11.21-）
　国小（丁一権　ていいっけん　1917.11.21-）
　世政（丁一権　ジョンイルグォン　1917.11.21-1994.1.17)
　世東（丁一権　ていいっけん　1917-）
　大百（丁一権　ていいっけん〈チョンイルクォン〉　1917-）

鄭元植　ジョンウォンシク
20世紀,韓国の政治家,教育学者。韓国首相。
⇒韓国（鄭元植　ジョンウォンシク　1928.8.5-）
　世政（鄭元植　ジョンウォンシク　1928.8.5-）

全斗煥　ジョンドゥファン
⇨全斗煥（チョンドゥファン）

シララヒ, ハリー・チャン　Shilalahi, Harry Tjan
20世紀,インドネシア,華人の政治学者,政治家。
⇒華人（シララヒ, ハリー・チャン　1934-）

シリギ
13世紀,モンゴルの武将。1267年河平王に封ぜられる。世祖に不満をいだき,ハイドゥ派に参加したが,捕えられ,海島に流された。
⇒国小（シリギ　生没年不詳）

俟利莫何莫縁　しりばくかばくえん
6世紀頃,柔然の遣東魏使。
⇒シル（俟利莫何莫縁　しりばくかばくえん　6世紀頃）
　シル新（俟利莫何莫縁　しりばくかばくえん）

史良　しりょう
20世紀,中国の婦人政治家。1958年12月中国民主同盟の副主席,第1〜第3期全国人民代表大会江蘇省代表,全国婦女連合会の副主席などを勤めた。
⇒外国（史良　しりょう　?-）
　近中（史良　しりょう　1900.3.27-1985.9.6)
　国小（史良　しりょう　1908-）
　コン3（史良　しりょう　1900-1985）
　世女日（史良　1902-1998）
　世政（史良　しりょう　1900-1985.9.6)
　世百（史良　しりょう　1910-）
　世百新（史良　しりょう　1900-1985）
　全書（史良　しりょう　1900-1985）
　中人（史良　しりょう　1900-1985.9.6)
　百科（史良　しりょう　1908-）

思倫発　しりんはつ
14世紀,中国,明初期の百夷の長。1382年明の雲南遠征で降伏し,平緬宣慰使。
⇒コン2（思倫発　しりんはつ　?-1399）
　コン3（思倫発　しりんはつ　?-1399）

ジルガラン（済爾哈朗）　Jirgalang
16・17世紀,中国,清の武将。諡は献。
⇒コン2（ジルガラン〔済爾哈朗〕　1599-1655）
　コン3（ジルガラン〔済爾哈朗〕　1599-1655）

シルジブールハン
6世紀,中央アジア,西突厥（オンオク）の始祖（在位?〜576）。
⇒世百（シルジブールハン　?-576)

施琅　しろう
17世紀,中国,清の武将。福建出身。澎湖,台湾を陥れ,その功によって靖海将軍。
⇒外国（施琅　しろう　1621-1696）
　世東（施琅　しろう　1621-1693）

シン, K.I.　Singh, Kunwar Indrajit
20世紀,ネパールの政治家。統一社会党を結成して,総裁に就任。1957年首相に任命された。
⇒現人（シン　1906-）
　世政（シン, K.I.　1906-）
　二十（シン, K.I.J.　1906-）

岑威　しんい
3世紀,中国,三国時代,魏の大将。
⇒三国（岑威　しんい）
　三全（岑威　しんい　?-234)

陳懿鍾　ジンイェジョン
⇨陳懿鍾（ジンウィジョン）

沈惟岳　しんいがく
　8世紀頃, 中国, 唐の大使。761 (天平宝字5) 年8月来日。
　⇒国史 (沈惟岳　しんいがく　生没年不詳)
　　シル (沈惟岳　しんいがく　8世紀頃)
　　シル新 (沈惟岳　しんいがく)
　　対外 (沈惟岳　しんいがく　生没年不詳)
　　日人 (沈惟岳　しんいがく　生没年不詳)

申維翰　しんいかん
　17世紀, 朝鮮, 李朝中期の官吏, 学者。朝鮮通信使に随行して来日。
　⇒コン3 (申維翰　しんいかん　1681-?)
　　集文 (申維翰　シニュハン　1681-?)
　　朝人 (申維翰　しんいかん　1681-?)
　　日人 (申維翰　しんいかん　1681-?)

岑毓英　しんいくえい
　19世紀, 中国, 清末期の官僚, 武人。字は彦卿。1882年雲貴総督となり, 清仏戦争に出兵, 軍功をたてた。
　⇒コン2 (岑毓英　しんいくえい　1829-1889)
　　コン3 (岑毓英　しんいくえい　1829-1889)

申翼熙　シンイクヒ
　20世紀, 朝鮮の政治家。1948年以来李承晩の後をついで国会議長となる。民主国民党の指導者。
　⇒外国 (申翼熙　しんよくき　1898-)
　　現人 (申翼熙　シンイクヒ　1894-1956.5.5)
　　コン3 (申翼熙　しんよくき　1892-1956)
　　世東 (申翼熙　しんよくき　1893-)
　　朝人 (申翼熙　しんよくき　1892-1956)

秦毓鎏　しんいくりゅう
　19・20世紀, 中国, 清末・民国初期の革命家。字は効魯。江蘇省出身。辛亥革命で, 無錫・金匱軍政府司令に就任, 南京臨時政府の成立で総統府秘書に任命される。
　⇒コン2 (秦毓鎏　しんいくりゅう　1880-1937)
　　コン3 (秦毓鎏　しんいくりゅう　1880-1937)
　　中人 (秦毓鎏　しんいくりゅう　1879-1937)

沈惟敬　しんいけい
　16世紀, 中国, 明の文禄の役の時の使節。1596年9月1日正使楊邦亨の副使として秀吉に会見。
　⇒外国 (沈惟敬　ちんけい)
　　広辞4 (沈惟敬　しんいけい　?-1597)
　　広辞6 (沈惟敬　しんいけい　?-1597)
　　国史 (沈惟敬　しんいけい　生没年不詳)
　　国小 (沈惟敬　しんいけい　?-1597 (宣祖30.7.27))
　　コン2 (沈惟敬　ちんいけい　16世紀末)
　　コン3 (沈惟敬　しんいけい　?-1597)
　　人世 (沈惟敬　しんいけい　生没年不詳)
　　世東 (沈惟敬　しんいけい　?-16世紀末頃)
　　全書 (沈惟敬　しんいけい　?-1599)
　　対外 (沈惟敬　しんいけい　生没年不詳)
　　大辞 (沈惟敬　しんいけい　?-1597)
　　大辞3 (沈惟敬　しんいけい　?-1597)
　　大百 (沈惟敬　しんいけい　?-1597)

デス (沈惟敬　しんいけい　?-1597)
日人 (沈惟敬　しんいけい　?-1597)
百科 (沈惟敬　しんいけい　?-1597)

沈一貫　しんいっかん
　16・17世紀, 中国, 明末期の政治家。字は肩吾, 諡は文恭。
　⇒コン2 (沈一貫　ちんいっかん　?-1616頃)
　　コン3 (沈一貫　しんいっかん　1531-1615)

陳懿鍾　ジンウィジョン
　20世紀, 韓国の政治家。韓国首相。
　⇒韓国 (陳懿鍾　ジンイェジョン　1921.12.13-)
　　世政 (陳懿鍾　ジンウィジョン　1921.12.13-1995.5.12)

沈瑩 (沈塋)　しんえい
　3世紀, 中国, 三国時代, 呉の左将軍, 丹陽の太守。
　⇒三国 (沈瑩　しんえい)
　　三全 (沈瑩　しんえい　?-280)

任栄　じんえい
　⇨任栄 (にんえい)

晋王朱棡　しんおうしゅこう*
　15世紀, 中国, 明, 洪武帝の子。
　⇒中皇 (晋王朱棡　?-1439)

秦王朱樉　しんおうしゅそう*
　14世紀, 中国, 明, 洪武帝 (朱元璋) の子。
　⇒中皇 (秦王朱樉　?-1393.3)

秦王趙徳芳　しんおうちょうとくほう*
　10世紀, 中国, 宋 (北宋), 太祖の子。
　⇒中皇 (秦王趙徳芳　?-981)

秦嘉　しんか
　2世紀頃, 中国, 漢代の官吏, 詩人。字は子会。作品に『留郡贈婦詩』など。
　⇒外国 (秦嘉　しんか)
　　詩歌 (秦嘉　しんか　生没年不詳)
　　集文 (秦嘉　しんか)

秦開　しんかい
　前3世紀頃, 中国, 戦国時代・燕の将軍。昭王に仕えた。東胡を撃退し, 広大な地域を獲取した (前280頃)。
　⇒外国 (秦開　しんかい)

秦檜 (秦桧)　しんかい
　11・12世紀, 中国, 南宋の政治家。字は会之。高宗の寵を受け, 主戦論を押えた。金との間に和議を結び, 以後19年間宰相に在任。
　⇒旺世 (秦檜　しんかい　1090-1155)
　　外国 (秦檜　しんかい　1090-1155)
　　角世 (秦檜　しんかい　1090-1155)
　　広辞4 (秦檜　しんかい　1090-1155)

広辞6（秦檜　しんかい　1090–1155）
国小（秦檜　しんかい　1090（元祐5）–1155（紹興25.10.22））
コン2（秦檜　しんかい　1090–1155）
コン3（秦檜　しんかい　1090–1155）
人物（秦檜　しんかい　1090–1155.10）
世人（秦檜　しんかい　1090–1155）
世東（秦檜　しんかい　1090–1155）
世百（秦檜　しんかい　1090–1155）
全書（秦檜　しんかい　1090–1155）
大辞（秦檜　しんかい　1090–1155）
大辞3（秦檜　しんかい　1090–1155）
大百（秦檜　しんかい　1090–1155）
中国（秦檜　しんかい　1090–1155）
中史（秦檜　しんかい　1090–1155）
デス（秦檜　しんかい　1090–1155）
伝記（秦檜　しんかい　1090–1155）
百科（秦檜　しんかい　1090–1155）
評世（秦檜　しんかい　1090–1155）
山世（秦檜　しんかい　1090–1155）
歴史（秦檜　しんかい　1090（元祐5）–1155（紹興25））

沈括　しんかつ

11世紀、中国、北宋の政治家、学者。字は存中。『夢渓筆談』など論著も多い。

⇒岩ケ（沈括　ちんかつ　1031–1095）
外国（沈括　ちんかつ　1030–1094）
科仅（沈括　ちんかつ　1031–1095）
科人（沈括　シェンクゥア　1030?–1094?）
角世（沈括　ちんかつ　1031–1095?）
国小（沈括　しんかつ　1031（天聖9）–1092（紹聖2））
コン2（沈括　ちんかつ　1031–1095）
コン3（沈括　ちんかつ　1031–1095）
集文（沈括　しんかつ　1030（天聖8）–1094（紹聖1））
人物（沈括　ちんかつ　1031–1095）
数学（沈括　ちんかつ　11世紀）
数学増（沈括　ちんかつ）
世東（沈括　ちんかつ　1030–1094）
世百（沈括　ちんかつ　1031–1095）
全書（沈括　ちんかつ　1030–1094）
中芸（沈括　ちんかつ　1030–1094）
中国（沈括　ちんかつ　1031–1095）
中史（沈括　ちんかつ　1031–1095）
伝記（沈括　ちんかつ　1031–1095）
天文（沈括　ちんかつ　1031–1095）
百科（沈括　ちんかつ　1031–1095）
歴学（沈括　しんかつ　1031–1095）

沈家本　しんかほん

19・20世紀、中国、清末の法律学者。字は子惇、号は寄籍。浙江省呉興県出身。袁世凱に推薦されて修訂法律大臣となり、鋭意法制改革、近代的法典草案の起草に努めた。全集『沈寄籍先生遺書』は、中国法制史の研究上欠かすことのできない参考文献。

⇒近中（沈家本　しんかほん　1840.3.25–1913.6.9）
国小（沈家本　しんかほん　1837（道光17）–1910（宣統2））
コン2（沈家本　ちんかほん　1837–1911）
コン3（沈家本　しんかほん　1837–1913）
世百（沈家本　ちんかほん　1837–1910）
全書（沈家本　ちんかほん　1840–1913）
中人（沈家本　しんかほん　1840（道光17）–1913（宣統2））
百科（沈家本　しんかほん　1840–1913）
歴学（沈家本　しんかほん　1840–1913）

秦琪　しんき

2世紀、中国、三国時代、魏の夏侯惇の部将。

⇒三国（秦琪　しんき）
三全（秦琪　しんき　?–200）

任蘷　じんき

3世紀、中国、三国時代、蜀将呉蘭の部将。

⇒三国（任蘷　じんき）
三全（任蘷　じんき　?–218）

秦基偉　しんきい

20世紀、中国の政治家、軍人。中国全国人民代表大会（全人代）常務委員会副委員長、中国国防相。

⇒世政（秦基偉　しんきい　1914.11–1997.2.2）
世東（秦基偉　しんきい　1914.11–）
中人（秦基偉　しんきい　1914.11–）

沈義謙　しんぎけん

16世紀、朝鮮、李朝の政治家。慶尚道青松出身。字は方叔、号は巽庵。明宗の妃仁順王后の弟。

⇒国小（沈義謙　しんぎけん　1535（中宗30）–1587（宣祖20））
国小（沈議謙　ちんぎけん　1535（中宗30）–1587（宣祖20））
世百（沈義謙　ちんぎけん　1535–1587）
百科（沈義謙　しんぎけん　1535–1587）

信儀公主　しんぎこうしゅ

7世紀頃、中国、隋の和蕃公主。

⇒シル（信儀公主　しんぎこうしゅ　7世紀頃）
シル新（信儀公主　しんぎこうしゅ）

辛棄疾　しんきしつ

12・13世紀、中国、南宋の詞人、政治家。済南歴城（山東省）出身。字は幼安。号は稼軒。詞集に『稼軒詞甲乙丙丁集』。「四大詞人」の一人。

⇒外国（辛棄疾　しんきしつ　1140–1207）
角世（辛棄疾　しんきしつ　1140–1207）
広辞6（辛棄疾　しんきしつ　1140–1207）
国小（辛棄疾　しんきしつ　1140（紹興10）–1207（開禧3））
国百（辛棄疾　しんきしつ　1140–1207）
コン3（辛棄疾　しんきしつ　1140–1207）
詩歌（辛棄疾　しんきしつ　1140（紹興10）–1207（開禧3））
集世（辛棄疾　しんきしつ　1140（紹興10）–1207（開禧3）.9）
集文（辛棄疾　しんきしつ　1140（紹興10）–1207（開禧3）.9）
人物（辛棄疾　しんきしつ　1140–1207）
世東（辛棄疾　しんきしつ　1140–1204）
世百（辛棄疾　しんきしつ　1140–1207）
世文（辛棄疾　しんきしつ　1140（紹興10）–1207（開禧3））
大辞3（辛棄疾　しんきしつ　1140–1207）
中芸（辛棄疾　しんきしつ　1140–1207）

中史（辛棄疾　しんきしつ　1140-1207）
デス（辛棄疾　しんきしつ　1140-1207）
百科（辛棄疾　しんきしつ　1140-1207）
名著（辛棄疾　しんきしつ　1140-1207）

ジンギス・カン
⇨チンギス・ハン

沈鈞儒（沈鈞儒）　しんきんじゅ
19・20世紀，中国の政治家。字は衡山。浙江省出身。1935年頃から救国七君子の一人として抗日運動に従事。48年人民共和国側となり，のち民主同盟主席などとして活躍。
⇨外国（沈鈞儒　ちんきんじゅ　1873-）
　角世（沈鈞儒　しんきんじゅ　1875-1963）
　近中（沈鈞儒　しんきんじゅ　1875.1.2-1963.6.11）
　現人（沈鈞儒　しんきんじゅ〈シェンチュンルー〉1873-1963.6）
　広辞6（沈鈞儒　しんきんじゅ　1875-1963）
　コン2（沈鈞儒　ちんきんじゅ　1875-1963）
　コン3（沈鈞儒　しんきんじゅ　1875-1963）
　人物（沈鈞儒　ちんきんじゅ　1873-1963）
　世東（沈鈞儒　しんきんじゅ　1873-1963.6.11）
　世百（沈鈞儒　ちんきんじゅ　1873-1963）
　全書（沈鈞儒　ちんきんじゅ　1873-1963）
　中人（沈鈞儒　しんきんじゅ　1875-1963）
　百科（沈鈞儒　しんきんじゅ　1875-1963）

沈觀鼎　しんきんてい
20世紀，中国，国民党政府の外交官。北京政府倒壊後南京政府に入り，1934年駐パナマ公使，46年対日理事会中国代表部首席顧問として来日。
⇨世東（沈觀鼎　しんきんてい　1893-）
　中人（沈觀鼎　しんきんてい　1893-）

シンガー　Singu
18世紀，ビルマ王国の王。在位1776-1782。
⇨統治（シンガー　（在位）1776-1782）

辛禑王　しんぐおう
14世紀，朝鮮の高麗末期，第32代王。
⇨国史（辛禑王　しんぐおう　1365-1389）
　対外（辛禑王　しんぐおう　1365-1389）
　統治（禑王（辛禑）　U Wang　（在位）1374-1388）

秦景　しんけい
1世紀頃，後漢の官僚。中国仏法初伝の感夢伝説に登場。
⇨シル（秦景　しんけい　1世紀頃）
　シル新（秦景　しんけい）

秦瓊　しんけい
7世紀，中国，隋末・唐初期の武人。斉州・歴城（山東省）出身。字は叔宝。竇建徳らの討伐軍で戦功をたてた。
⇨コン2（秦瓊　しんけい　?-638）
　コン3（秦瓊　しんけい　?-638）
　中史（秦瓊　しんけい　?-638）

申圭植　しんけいしょく
19・20世紀，朝鮮の独立運動家。中国国民党幹部と新亜同済社を設立。1919年上海臨時政府の議政院副議長，21年国務総理代理。
⇨コン2（申圭植　しんけいしょく　1880-1922）
　コン3（申圭植　しんけいしょく　1880-1922）
　朝人（申圭植　しんけいしょく　1879-1922）

申橞　しんけん
19世紀，朝鮮の武臣。国防強化に尽力。日朝および朝米条約調印時の朝鮮側全権。
⇨コン3（申橞　しんけん　1810-1888）
　朝人（申橞　しんけん　1811-1884）

甄萱　しんけん
9・10世紀，朝鮮，統一新羅末期の豪族の一人。尚州の出身。姓は李，のちに甄姓に改めた。900年独立して「後百済」と称し，927年新羅を襲い，族弟，金傅をたてて国王とした。
⇨角世（甄萱　しんけん　?-936）
　国小（甄萱　けんけん　?-936（天授19））
　コン2（甄萱　けんけん　?-936）
　コン3（甄萱　けんけん　?-936）
　人物（甄萱　けんけん　?-936）
　世東（甄萱　けんけん　?-936）
　世東（甄萱　しんけん　9世紀末頃-10世紀）
　世百（甄萱　けんけん　?-936）
　朝人（甄萱　しんけん　?-936）
　朝鮮（甄萱　しんけん　?-936）
　百科（甄萱　しんけん　?-936）

慎靚　しんけんおう*
前4世紀，中国，東周の王（第36代，在位前321～315）。
⇨統治（慎靚（慎靚王定）　Shên-ching　（在位）前321-315）

任建新　じんけんしん
⇨任建新（にんけんしん）

沈遘　しんこう
11世紀，中国，宋代の官吏，学者。沈括の従弟。弟の遼とあわせて三沈と称せられた。
⇨中芸（沈遘　しんこう　1025-1067）

宸濠（寧王）　しんごう
16世紀，中国，明代の王族。太祖の第17子寧献王権の玄孫。1519年挙兵するが，王守仁に平定された。
⇨外国（宸濠（寧王）　しんごう　?-1520）
　人物（寧王朱宸濠　ねいおうしゅしんごう　?-1520）

真興王　しんこうおう
6世紀，朝鮮，新羅の第24代王（在位540～576）。姓は金氏，名は彡麦宗または深麦夫。法号は法雲。前王・法興王の弟立宗（葛文王）の子。前王の国策を伸展し，三国統一の基礎を築いた。
⇨角世（真興王　しんこうおう　534-576）
　広辞4（真興王　しんこうおう　534-576）

広辞6 (真興王　しんこうおう　534-576)
皇帝 (真興王　しんこうおう　534-576)
国小 (真興王　しんこうおう　534(法興王21)-576(真興王37))
コン2 (真興王　しんこうおう　534-576)
コン3 (真興王　しんこうおう　534-576)
人物 (真興王　しんこうおう　534-576)
世東 (真興王　しんこうおう　534-576)
世百 (真興王　しんこうおう　534-576)
全書 (真興王　しんこうおう　534-576)
大辞 (真興王　しんこうおう　534-576)
大辞3 (真興王　しんこうおう　534-576)
大百 (真興王　しんこうおう　534-576)
朝人 (真興王　しんこうおう　534-576)
朝鮮 (真興王　しんこうおう　534-576)
デス (真興王　しんこうおう　534-576)
伝記 (真興王　しんこうおう〈チンフンワン〉534-576)
百科 (真興王　しんこうおう　534-576)
評世 (真興王　しんこうおう　534-576)
歴史 (真興王　しんこうおう　534-576)

沈鴻烈　しんこうれつ
19・20世紀, 中国の軍人。字は成章。湖北省天門出身。満州事変後青島市長となる。
⇒外国 (沈鴻烈　ちんこうれつ　1881-)
中人 (沈鴻烈　しんこうれつ　1882-1969)

泰国康懿長公主　しんこくこういちょうこうしゅ*
12世紀, 中国, 北宋, 哲宗の娘。
⇒中皇 (泰国康懿長公主　?-1164)

岑昏　しんこん
3世紀, 中国, 三国時代, 呉の宦官。
⇒三国 (岑昏　しんこん)
三全 (岑昏　しんこん　?-280)

任座　じんざ
中国, 戦国時代の魏の文侯の臣。
⇒三国 (任座　じんざ)

沈慈九　しんじきゅう
20世紀, 中国の女流社会運動家。『婦女生活』主筆。全国婦女連合会主席団委員など歴任。胡愈之夫人。
⇒外国 (沈慈九　ちんじきゅう　?-)
世東 (沈慈九　しんじきゅう　?-)

申稙秀　シンシクス
20世紀, 韓国の法曹家, 政治家。忠清南道生れ。1961年の軍事クーデターの後, 最高会議議長法律顧問に起用され, 新法律体系づくりに参加。63年から71年まで検察総長を務め, 73年法相。同年12月第7代の中央情報部長に就任。
⇒現人 (申稙秀　シンシクス　1927.3.21-)

任思忠　じんしちゅう
20世紀, 中国の軍人, 政治家。朝鮮戦争後, 第54軍政委。1967年広州軍区政治部主任。68年2月広東省革委会常委。69年4月9期中央委。
⇒世東 (任思忠　じんしちゅう　1920-)
中人 (任思忠　じんしちゅう　1918-)

沈叔安　しんしゅくあん
7世紀頃, 中国, 唐の遣高句麗使。
⇒シル (沈叔安　しんしゅくあん　7世紀頃)
シル新 (沈叔安　しんしゅくあん)

申叔舟　しんしゅくしゅう
15世紀, 朝鮮, 李朝の学者, 政治家。字は泛翁, 号は保閑斎, 希賢堂。世宗朝から成宗朝まで仕えた。
⇒角世 (申叔舟　しんしゅくしゅう　1417-1475)
国史 (申叔舟　しんしゅくしゅう　1417-1475)
国小 (申叔舟　しんしゅくしゅう　1417(太宗17)-1475(成宗6))
コン2 (申叔舟　しんしゅくしゅう　1417-1475)
コン3 (申叔舟　しんしゅくしゅう　1417-1475)
集文 (申叔舟　シンスクチュ　1417-1475)
世百 (申叔舟　しんしゅくしゅう　1417-1475)
全書 (申叔舟　しんしゅくしゅう　1417-1475)
対外 (申叔舟　しんしゅくしゅう　1417-1475)
朝人 (申叔舟　しんしゅくしゅう　1417-1475)
朝鮮 (申叔舟　しんしゅくしゅう　1417-1475)
伝記 (申叔舟　しんしゅくしゅう〈シンスクチュ〉1417.6.13-1475.6.21)
日人 (申叔舟　しんしゅくしゅう　1417-1475)
百科 (申叔舟　しんしゅくしゅう　1417-1475)
名著 (申叔舟　しんしゅくしゅう　1417-1475)

任峻　じんしゅん
3世紀頃, 中国, 三国時代, 曹操の部将。
⇒三国 (任峻　じんしゅん)
三全 (任峻　じんしゅん　生没年不詳)

岑春煊　しんしゅんけん
19・20世紀, 中国の政治家。字は雲階。広西省出身。袁世凱の帝制運動に反対。1918年孫文下の広東軍政府を改組, 自ら主席総裁に就任したが, 20年陳炯明に追われた。
⇒外国 (岑春煊　しんしゅんけん　1859-)
角世 (岑春煊　しんしゅんけん　1861-1932)
近中 (岑春煊　しんしゅんけん　1861.3.2-1932.4.27)
コン2 (岑春煊　しんしゅんけん　1859-1933)
コン3 (岑春煊　しんしゅんけん　1861-1933)
世東 (岑春煊　しんしゅんけん　1859-1933)
中人 (岑春煊　しんしゅんけん　1861-1933)
百科 (岑春煊　しんしゅんけん　1861-1933)

辛敞(辛敝)　しんしょう
3世紀頃, 中国, 三国時代, 魏の参軍。
⇒三国 (辛敞　しんしょう)
三全 (辛敞　しんしょう　生没年不詳)

任敞　じんしょう
前2世紀頃, 中国, 前漢の遣匈奴使。
⇒シル (任敞　じんしょう　前2世紀頃)
シル新 (任敞　じんしょう)

しんし

沈昌煥　しんしょうかん
20世紀, 台湾の外交官, 外相, 台湾総統府最高顧問。中国江蘇省の生れ。1960年外相。66年駐バチカン大使に転出し, 69年駐タイ大使, アジア・太平洋会議（ASPAC）首席代表を歴任し, 72年外相に再任。
⇒現人（沈昌煥　しんしょうかん〈シェンチャンホアン〉　1913.10.16-）
　世政（沈昌煥　しんしょうかん　1913.10.16-1998.7.2）
　中人（沈昌煥　しんしょうかん　1913.10.16-）

晋昇堂　しんしょうどう
9世紀頃, 渤海から来日した使節。
⇒シル（晋昇堂　しんしょうどう　9世紀頃）
　シル新（晋昇堂　しんしょうどう）

秦晋国大長公主　しんしんこくだいちょうこうしゅ*
中国, 遼, 聖宗の娘。
⇒中皇（秦晋国大長公主）

秦晋国長公主　しんしんこくちょうこうしゅ*
中国, 遼, 章懐太子の娘。
⇒中皇（秦晋国長公主）

沈粹縝　しんすいしん*
20世紀, 中国の政治家。
⇒世女日（沈粹縝　1900-1997）

申叔舟　シンスクチュ
⇨申叔舟（しんしゅくしゅう）

真聖王　しんせいおう
⇨真聖女王（しんせいじょおう）

真西山　しんせいざん
⇨真徳秀（しんとくしゅう）

真聖女王　しんせいじょおう
9世紀, 朝鮮, 新羅の第51代王（在位887～897）。財政危機打開のため, 地方からの租税徴収を強行しようとした。
⇒コン2（真聖女王　しんせいじょおう　?-897）
　コン3（真聖女王　しんせいじょおう　?-897）
　世女日（真聖王　JINSONG wang）
　世東（真聖王　しんせいおう　生没年不詳）
　百科（真聖王　しんせいおう　生没年不詳）

申性模　しんせいぼ
20世紀, 朝鮮の政治家。1950年国務総理代理, 51年大韓民国駐日代表団長。
⇒外国（申性模　しんせいも　1891-）
　世東（申性模　しんせいぼ）

申性模　しんせいも
⇨申性模（しんせいぼ）

仁祖　じんそ
16・17世紀, 朝鮮, 李朝の第16代王（在位1623～49）。諱は倧。字は和伯, 号は松窓。在位中に, 女真族が侵入し, 国力は衰退した。
⇒角世（仁祖　じんそ　1595-1649）
　国小（仁祖　じんそ　1595（宣祖28）-1649（仁祖27））
　コン2（仁祖　じんそ　1595-1649）
　コン3（仁祖　じんそ　1595-1649）
　人物（仁祖　じんそ　1595.11.7-1649.5.8）
　世東（仁祖　じんそ　1595.11.7-1649.5.8）
　世百（仁祖　じんそ　1595-1649）
　全書（仁祖　じんそ　1595-1649）
　朝人（仁祖　じんそ　1595-1649）
　朝鮮（仁祖　じんそ　1595-1649）
　統治（仁祖　Injo　（在位）1623-1649）
　百科（仁祖　じんそ　1595-1649）

真宗（宋）　しんそう
10・11世紀, 中国, 北宋の第3代皇帝（在位997～1022）。姓名は趙恒。諡号は文明武定章聖元孝皇帝。太祖, 太宗を継ぎ即位, 国力・財政の充実を実現した。
⇒旺世（真宗　しんそう　968-1022）
　外国（真宗　しんそう　968-1022）
　角世（真宗　しんそう　968-1022）
　皇帝（真宗　しんそう　968-1022）
　国小（真宗（宋）　しんそう　968（開宝1.12.2）-1022（乾興1.2.19））
　コン2（真宗　しんそう　968-1022）
　コン3（真宗　しんそう　968-1022）
　人物（真宗　しんそう　968-1022）
　世人（真宗　しんそう　968-1022）
　世東（真宗　しんそう　968-1022）
　世百（真宗　しんそう　968-1022）
　全書（真宗　しんそう　968-1022）
　大百（真宗　しんそう　968-1022）
　中皇（真宗　968-1022）
　中国（真宗（宋）　しんそう　968-1022）
　統治（真宗　Chên Tsung　（在位）997-1022）
　百科（真宗　しんそう　968-1022）
　評世（真宗　しんそう　968-1022）

神宗（宋）　しんそう
11世紀, 中国, 北宋の第6代皇帝（在位1067～85）。英宗の長子。姓名は趙頊, 諡は紹天子。王安石を登用して新法を実施。
⇒旺世（神宗（北宋）　しんそう　1048-1085）
　外国（神宗　しんそう　1048-1085）
　角世（神宗　しんそう　1048-1085）
　広辞4（神宗　しんそう　1048-1085）
　広辞6（神宗　しんそう　1048-1085）
　皇帝（神宗　しんそう　1048-1085）
　国小（神宗（宋）　しんそう　1048（慶暦8.4.10）-1085（元豊8.3.5））
　コン2（神宗　しんそう　1048-1085）
　コン3（神宗　しんそう　1048-1085）
　人物（神宗　しんそう　1048-1085.3）
　世人（神宗（宋）　しんそう　1048-1085）
　世東（神宗　しんそう　1048-1085）
　世百（神宗（宋）　しんそう　1048-1085）
　全書（神宗　しんそう　1048-1085）
　大辞（神宗　しんそう　1048-1085）
　大辞3（神宗　しんそう　1048-1085）

大百　（神宗　　しんそう　1048–1085）
中皇　（神宗　　1048–1085）
中国　（神宗（宋）　しんそう　1048–1085）
中史　（神宗（宋）　しんそう　1048–1085）
デス　（神宗　　しんそう　1048–1085）
統治　（神宗　Shên Tsung　（在位）1067–1085）
百科　（神宗（宋）　しんそう　1048–1085）
評世　（神宗　　しんそう　1048–1085）
山世　（神宗　　しんそう　1048–1085）
歴史　（神宗（北宋）　しんそう　1048（慶暦8）–1085（元豊8））

神宗（高麗）　しんそう*
12・13世紀、朝鮮、高麗国の王。在位1197～1204。
⇒統治　（神宗　Sinjong　（在位）1197–1204）

神宗（西夏）　しんそう*
13世紀、中国、西夏の皇帝。在位1211～1223。
⇒統治　（神宗　Shên Tsung　（在位）1211–1223）

神宗（明）　しんそう
⇨万暦帝（ばんれきてい）

仁宗（宋）　じんそう
11世紀、中国、北宋の第4代皇帝（在位1022～63）。姓名は趙禎。「慶暦の治」を現出。
⇒旺世　（仁宗（北宋）　じんそう　1010–1063）
外国　（仁宗　　じんそう　1010–1063）
角世　（仁宗　　じんそう　1010–1063）
皇帝　（仁宗　　じんそう　1010–1063）
国小　（仁宗（宋）　じんそう　1010（大中祥符3.4.14）–1063（嘉祐8.3.30））
コン2　（仁宗（北宋）　じんそう　1010–1063）
コン3　（仁宗（北宋）　じんそう　1010–1063）
人物　（仁宗　　じんそう　1010–1063）
世人　（仁宗（北宋）　じんそう　1010–1063）
世東　（仁宗　　じんそう　1010–1063）
世百　（仁宗（宋）　じんそう　1010–1063）
全書　（仁宗　　じんそう　1010–1063）
大百　（仁宗　　じんそう　1010–1063）
中皇　（仁宗　1010–1063）
中国　（仁宗（宋）　じんそう　1010–1063）
統治　（仁宗　Jên Tsung　（在位）1022–1063）
百科　（仁宗（宋）　じんそう　1010–1063）
評世　（仁宗　じんそう　1010–1063）

仁宗（西夏）　じんそう
12世紀、中国、西夏の皇帝。在位1139～1193。
⇒統治　（仁宗　Jên Tsung　（在位）1139–1193）

仁宗（高句麗）　じんそう
12世紀、朝鮮、高句麗の第17代王。諱は楷、字は仁表。『三国志記』は帝の23年の撰進。
⇒人物　（仁宗　　1109–1146）
世東　（仁宗　じんそう　1109–1146）
統治　（仁宗　Injong　（在位）1122–1146）

仁宗（元）　じんそう
13・14世紀、中国、元の第4代皇帝（在位1311～20）。諱はアユルバリバトラ（愛育黎抜力八達）。諡は聖文欽皇帝。
⇒角世　（仁宗　　じんそう　1285–1320）
皇帝　（仁宗　じんそう　1285–1320）
国小　（仁宗（元）　じんそう　1285（至元22）–1320（延祐7））
コン2　（仁宗（元）　じんそう　1285–1320）
コン3　（仁宗（元）　じんそう　1285–1320）
人物　（仁宗　じんそう　1285–1320.1）
世東　（仁宗　じんそう　1285–1320.1）
中皇　（仁宗　1285–1320）
中国　（仁宗（元）　じんそう　1285–1320）
統治　（仁宗〈アユルバリバタラ〉　Jên Tsung [Ayurbawada]　（在位）1311–1320）

仁宗（明）　じんそう
14・15世紀、中国、明の第4代皇帝。成祖の長子。1424年、即位。翌年、在位1年足らずにして病没。
⇒コン2　（洪熙帝　こうきてい　1378–1425）
コン3　（洪熙帝　こうきてい　1378–1425）
人物　（仁宗　じんそう　1378–1425.5）
世東　（仁宗　じんそう　1378–1425）
全書　（洪熙帝　こうきてい　1378–1425）
大百　（洪熙帝　こうきてい　1378–1425）
中皇　（仁宗（洪熙帝）　1378–1425）
統治　（洪熙（仁宗）　Hung Hsi [Jên Tsung]　（在位）1424–1425）

仁宗（李朝）　じんそう
16世紀、朝鮮、李朝の王。在位1544～1545。
⇒統治　（仁宗　Injong　（在位）1544–1545）

沈曾植　しんそうしょく
19・20世紀、中国、清末民国初の官僚、文人。名は一説に増植。字は子培。
⇒新美　（沈曾植　しんそうしょく　1850（清・道光30）–1922（民国11））
中書　（沈曾植　しんそうしょく　1850–1922）

沈曾桐　しんそうとう
19・20世紀、中国の官僚。
⇒近中　（沈曾桐　しんそうとう　1853–1921）

沈沢民　しんたくみん
20世紀、中国の革命家。浙江省出身。茅盾の弟。1921年創立直後の中国共産党に入党。文学研究の主要メンバーとして翻訳・編集に従事。
⇒外国　（沈沢民　ちんたくみん　1898–1934）
近中　（沈沢民　しんたくみん　1902.6.23–1933.11.20）
コン3　（沈沢民　しんたくみん　1900–1933）
中芸　（沈沢民　しんたくみん　1898–1934）
中人　（沈沢民　しんたくみん　1902–1933）

真達　しんたつ
5世紀頃、中央アジア、ミーラーン国王。
⇒シル　（真達　しんたつ　5世紀頃）
シル新　（真達　しんたつ）

申耽　しんたん
3世紀頃、中国、三国時代、申儀の兄。魏の上庸

の太守。
⇒三国（申耽　しんたん）
三全（申耽　しんたん　生没年不詳）

真檀　しんだん
8世紀頃，護密（ワッハーン）の入唐朝貢使。
⇒シル（真檀　しんだん　8世紀頃）
シル新（真檀　しんだん）

真智王　しんちおう
6世紀，朝鮮，新羅の25代王。
⇒世東（真智王　しんちおう　?-579.7.17）

親智周智　しんちしゅうち
7世紀頃，朝鮮，任那から来日した使節。
⇒シル（親智周智　しんちしゅうち　7世紀頃）
シル新（親智周智　しんちしゅうち）

秦仲達　しんちゅうたつ
20世紀，中国の政治家。化学工業相，共産党中央委員。
⇒中人（秦仲達　しんちゅうたつ　1923-）

秦鼎彝　しんていい
19・20世紀，中国の変法派から革命派へ転換した代表的人物。
⇒近中（秦鼎彝　しんていい　1877-1906.11.24）

仁徳皇后　じんとくこうごう*
11世紀，中国，遼の聖宗の皇后。
⇒世女日（仁徳皇后　RENGDE huanghou　?-1032）

真徳秀　しんとくしゅう
12・13世紀，中国，南宋の政治家，儒者。字，景元，のち改めて景希。性理の学の復興に努めた。
⇒外国（真西山　しんせいざん　1178-1235）
角世（真徳秀　しんとくしゅう　1178-1235）
教育（真西山　しんとくしゅう　1178-1235）
広辞6（真徳秀　しんとくしゅう　1178-1235）
国小（真徳秀　しんとくしゅう　1178（淳熙5）-1235（端平2））
コン2（真徳秀　しんとくしゅう　1178-1235）
コン3（真徳秀　しんとくしゅう　1178-1235）
集世（真徳秀　しんとくしゅう　1178（淳熙5）-1235（端平2））
集文（真徳秀　しんとくしゅう　1178（淳熙5）-1235（端平2））
世東（真徳秀　しんとくしゅう　1178-1235）
世百（真西山　しんせいざん　1178-1235）
中芸（真徳秀　しんとくしゅう　1178-1235）
中国（真徳秀　しんとくしゅう　1178-1235）
百科（真徳秀　しんとくしゅう　1178-1235）

秦徳純　しんとくじゅん
20世紀，中国の軍人。字は紹文。河南省出身。1927年馮玉祥指揮下に入る。のち北伐に参加。46年国防部次長などを歴任。
⇒近中（秦徳純　しんとくじゅん　1893.12.11-1963.9.7）
コン3（秦徳純　しんとくじゅん　1892-1963）
人物（秦徳純　しんとくじゅん　1893-）
中人（秦徳純　しんとくじゅん　1893-1963）
日人（秦徳純　しんとくじゅん　1893-1963）

真徳女王　しんとくじょおう
7世紀，朝鮮，新羅，第28代の王（在位647～654）。
⇒朝人（真徳女王　しんとくじょおう　?-654）

沈徳符　しんとくふ
14・15世紀，朝鮮，高麗末，李朝初の政治家。寧海出身。字は得之。李成桂の信任厚く成桂の即位後青城伯に封ぜられた。
⇒世東（沈徳符　しんとくふ　1328-1401）

申乭石　シンドルセキ，シントルセキ
20世紀，朝鮮の平民出身の義兵運動指導者。1906年義兵闘争を始め，約1000名の部隊を率いて活躍。
⇒コン2（申乭石　しんどるせき　生没年不詳）
コン3（申乭石　しんどるせき　生没年不詳）
朝人（申乭石　しんとるせき　1879-1908）

辛旽　しんとん
14世紀，朝鮮，高麗の僧，政治家。恭愍王の信任をうけた。世臣大族を王室から追放し，田民弁正都監を設置，大農荘主が収奪した土地を返還させた。
⇒コン2（辛旽　しんとん　?-1371）
コン3（辛旽　しんとん　?-1371）
朝人（辛旽　しんとん　?-1371）
朝鮮（辛旽　しんとん　?-1371）
百科（辛旽　しんとん　?-1371）

秦二世皇帝（秦2世皇帝）　しんにせいこうてい
前3世紀，中国，秦の皇帝（在位前210～207）。始皇帝の子。名は胡亥。
⇒皇帝（二世皇帝　にせいこうてい　前229-207）
国小（秦2世皇帝　しんにせいこうてい　前229（始皇帝18）-207（子嬰3））
コン2（胡亥　こがい　前229-207）
コン3（胡亥　前229-207）
中皇（胡亥　前229-270）
中国（秦二世　しんにせい　（在位）前210-前207）
中史（秦二世　しんにせい　前230-207）
統治（二世皇帝〔胡亥〕　Êrh Shih Huang Ti　（在位）前210-207）

神農　しんのう
中国の古伝説上の帝王。三皇の一。炎帝。
⇒角世（神農　しんのう）
広辞6（神農　しんのう）
コン2（神農　しんのう）
コン2（炎帝　えんてい）
コン3（神農　しんのう）
コン3（炎帝　えんてい）
世東（神農　しんのう）
大辞（炎帝　えんてい）

大辞　（神農　　しんのう）
　　大辞3　（神農　　しんのう）
　　中国　（神農　　しんのう）
　　中史　（炎帝　　えんてい）
　　歴史　（神農　　しんのう）

審配　しんはい，しんぱい
　3世紀，中国，三国時代，袁紹の幕僚。
　⇒三国　（審配　しんぱい）
　　三全　（審配　しんはい　?-204）

秦宓　しんびつ
　3世紀，中国，三国時代，蜀の劉璋の臣。
　⇒三国　（秦宓　しんふく）
　　三全　（秦宓　しんびつ　?-226）

任弼時　じんひつじ
　⇨任弼時（にんひつじ）

シンビューシン　Hsinbyushin
　18世紀，ビルマ王国の王。在位1763-1776。
　⇒統治　（シンビューシン　（在位）1763-1776）

辛評　しんひょう，しんぴょう
　3世紀，中国，三国時代，冀州の太守韓馥の幕僚。
　⇒三国　（辛評　しんぴょう）
　　三全　（辛評　しんひょう　?-205）

申鉉碻　シンヒョンハク
　20世紀，韓国の政治家，実業家。三星物産会長，韓国首相。
　⇒韓国　（申鉉碻　シンヒョンハク　1920.10.29-）
　　世政　（申鉉碻　シンヒョンハク　1920.10.29-）

申不害　しんふがい
　前4世紀，中国，戦国時代の思想家，政治家，法家。韓の昭侯に仕え，富国強兵策を実施。著書に『申子（しんし）』があったが今日に伝わらない。
　⇒逸話　（申不害　しんふがい　生没年不詳）
　　外国　（申不害　しんふがい　?-前337）
　　角世　（申不害　しんふがい　?-前337）
　　教育　（申不害　しんふがい　?-前337）
　　広辞4　（申不害　しんふがい　?-前337）
　　広辞6　（申不害　しんふがい　?-前337）
　　国小　（申不害　しんふがい　?-前337（昭侯22））
　　コン2　（申不害　しんふがい　?-前337）
　　コン3　（申不害　しんふがい　前385頃-337）
　　人物　（申不害　しんふがい　?-前337）
　　世百　（申不害　しんふがい　?-前337）
　　全書　（申不害　しんふがい　?-前337）
　　大辞　（申不害　しんふがい　?-前337）
　　大辞3　（申不害　しんふがい　?-前337）
　　大百　（申不害　しんふがい　?-前337頃）
　　中芸　（申不害　しんふがい　生没年不詳）
　　中史　（申不害　しんふがい　?-前337）
　　デス　（申不害　しんふがい　?-前337）
　　百科　（申不害　しんふがい　?-前337）
　　評世　（申不害　しんふがい　?-前337）

秦怹期　しんふき
　8世紀頃，中国，唐の使。778年来日。
　⇒シル　（秦怹期　しんふき　8世紀頃）
　　シル新　（秦怹期　しんふき）

秦宓　しんふく
　⇨秦宓（しんびつ）

辛文徳　しんぶんとく
　9世紀頃，朝鮮，渤海の王子。813（元和8）年12月入唐。
　⇒シル　（辛文徳　しんぶんとく　9世紀頃）
　　シル新　（辛文徳　しんぶんとく）

辛文房　しんぶんぼう
　13・14世紀，中国，元代の官吏，学者。西域出身。姓は辛。諱は文房。字は良史。
　⇒中芸　（辛文房　しんぶんぼう　生没年不詳）

真平王　しんぺいおう
　7世紀，朝鮮，新羅の第26代王（在位579～632）。父は真興王（第24代王）の太子・銅輪。名は白浄。
　⇒皇帝　（真平王　しんぺいおう　?-632）

沈秉垄　しんへいこん
　19・20世紀，中国の官僚，政党の幹事，監生出身。
　⇒近中　（沈秉垄　しんへいこん　1857-1913）

岑璧　しんへき
　3世紀，中国，三国時代，袁紹の長子袁譚配下の大将。
　⇒三国　（岑璧　しんへき）
　　三全　（岑璧　しんへき　?-202）

岑彭　しんほう，しんぽう
　1世紀，中国，後漢の武将。河南出身。光武帝の統一に功があった。
　⇒三国　（岑彭　しんぽう）
　　世東　（岑彭　しんほう　?-35）

秦邦憲　しんほうけん
　20世紀，中国の政治家。別名は博古。江蘇省常熟県出身。1931～35年中国共産党中央の責任者。新華社通信と解放日報社の社長を兼任。
　⇒角世　（秦邦憲　しんほうけん　1907-1946）
　　近中　（秦邦憲　しんほうけん　1907-1946.4.8）
　　コン3　（秦邦憲　しんほうけん　1907-1946）
　　世東　（秦邦憲　しんほうけん　1905頃-1946）
　　世百新（秦邦憲　しんほうけん　1907-1945）
　　全書　（秦邦憲　しんほうけん　1905/07-1946）
　　中人　（秦邦憲　しんほうけん　1907-1946）
　　百科　（秦邦憲　しんほうけん　1907-1945）
　　山世　（秦邦憲　しんほうけん　1907-1946）

沈法興　しんほうこう
　7世紀，中国，隋末の反乱指導者の一人。湖州・武康（浙江省）出身。煬帝が宇文化及に殺され

ると挙兵し、揚子江の南岸諸郡を占領。
⇒コン2（沈法興　ちんほうこう　?-620）
　コン3（沈法興　しんほうこう　?-620）

真慕宣文　しんぼせんぶん
6世紀頃、朝鮮、百済使。547（欽明8）年来日。
⇒シル（真慕宣文　しんぼせんぶん　6世紀頃）
　シル新（真慕宣文　しんぼせんぶん）

陳葆楨　しんほてい
19世紀、中国、清の官僚。字は翰宇・幼丹、諡は文粛。福建省出身。太平天国軍鎮圧に功をあげた。
⇒外国（沈葆楨　ちんほてい　1820-1879）
　コン2（陳葆楨　ちんほてい　1820-1879）
　コン3（陳葆楨　しんほてい　1820-1878）
　中史（沈葆楨　しんほてい　1820-1879）

沈漫雲　しんまんうん
19・20世紀、中国の実業家。名は懋昭。江蘇省無錫県出身。1911年上海独立に際して、上海ブルジョアジーの革命化に尽力。のち江南都督府通阜長などに就任したが、第2革命に失敗して亡命。
⇒コン2（沈漫雲　ちんまんうん　1868-1915）
　コン3（沈漫雲　しんまんうん　1869-1915）
　中人（沈漫雲　しんまんうん　1869-1915）

真牟貴文　しんむきぶん
6世紀頃、朝鮮、百済使。543（欽明4）年来日。
⇒シル（真牟貴文　しんむきぶん　6世紀頃）
　シル新（真牟貴文　しんむきぶん）

辛明　しんめい
3世紀頃、中国、三国時代、袁紹配下の将。
⇒三国（辛明　しんめい）
　三全（辛明　しんめい　生没年不詳）

真毛　しんもう
7世紀頃、朝鮮、新羅から来日した使節。
⇒シル（真毛　しんもう　7世紀頃）
　シル新（真毛　しんもう）

沈約　しんやく
5・6世紀、中国、南北朝時代の文学者、政治家。宋・斉・梁に歴仕。音韻学の泰斗で四声研究の開祖。著『宋書』など。
⇒旺世（沈約　しんやく　441-513）
　外国（沈約　ちんやく　441-513）
　角世（沈約　しんやく　441-513）
　広辞4（沈約　しんやく　441-513）
　広辞6（沈約　しんやく　441-513）
　国小（沈約　しんやく　441（元嘉18）-513（天監12））
　国百（沈約　しんやく　441-513）
　コン2（沈約　しんやく　441-513）
　コン3（沈約　しんやく　441-513）
　詩歌（沈約　しんやく　441（元嘉18）-513（天監12））
　集世（沈約　しんやく　441（元嘉18）-513（天監12））
　集文（沈約　しんやく　441（元嘉18）-513（天監12））
　人物（沈約　ちんやく　441-513）
　世東（沈約　しんやく　441-513）
　世百（沈約　ちんやく　441-513）
　世文（沈約　しんやく　441（元嘉18）-513（天監12））
　全書（沈約　しんやく　441-513）
　大辞（沈約　しんやく　441-513）
　大辞3（沈約　しんやく　441-513）
　中芸（沈約　しんやく　441-513）
　中国（沈約　ちんやく　441-513）
　中史（沈約　しんやく　441-513）
　デス（沈約　しんやく　441-513）
　百科（沈約　しんやく　441-513）
　歴史（沈約　しんやく　441（宋元嘉18）-513（梁天監12）

新野公主　しんやこうしゅ*
中国、漢、光武帝の姉。
⇒中皇（新野公主　生没年不詳）

晋陽公主　しんようこうしゅ*
中国、唐、太宗の娘。
⇒中皇（晋陽公主）

申翼熙　しんよくき
⇨申翼熙（シンイクヒ）

秦力山　しんりきさん
19・20世紀、中国、清末期の革命家。名は鼎彝。湖南省出身。『国民報』の発刊・支那亡国記念会の組織等に活躍。
⇒コン2（秦力山　しんりきさん　1877-1906）
　コン3（秦力山　しんりきさん　1877-1906）
　世東（秦力山　しんりきさん　1877-1906）
　中人（秦力山　しんりきさん　1877-1906）

秦良　しんりょう
3世紀、中国、三国時代、魏の曹真配下の副将。
⇒三国（秦良　しんりょう）
　三全（秦良　しんりょう　?-230）

秦良玉　しんりょうぎょく
17世紀、中国、明末期の女性。忠州（四川省）出身。少数民族を指導し、満州軍、張献忠らの乱に対抗。
⇒コン2（秦良玉　しんりょうぎょく　17世紀前半）
　コン3（秦良玉　しんりょうぎょく　1574（84）-1648）
　世女日（秦良玉　QIN Liangyu）

信陵君　しんりょうくん
前3世紀、中国、戦国末期・魏の公子。戦国四君の一人。昭王の子で名は無忌。
⇒逸話（信陵君　しんりょうくん　?-前244）
　角世（信陵君　しんりょうくん　?-前244）
　広辞4（信陵君　しんりょうくん　?-前244）
　広辞6（信陵君　しんりょうくん　?-前244）
　国小（信陵君　しんりょうくん　?-前244（安釐王

政治・外交・軍事篇　　　　　　　　　　　241　　　　　　　　　　　　　　　すうせ

33)）
コン2（信陵君　しんりょうくん　?-前244）
コン3（信陵君　しんりょうくん　?-前24)
世東（信陵君　しんりょうくん　?-前244）
世百（信陵君　しんりょうくん　?-前244）
全書（信陵君　しんりょうくん　?-前243）
大辞（信陵君　しんりょうくん　?-前244）
大辞3（信陵君　しんりょうくん　?-前244）
大百（信陵君　しんりょうくん　?-前244）
中皇（信陵君魏無忌　?-前243）
中史（信陵君　しんりょうくん　?-前243）
百科（信陵君　しんりょうくん　?-前243）
歴史（信陵君　しんりょうくん　?-前244（安釐王33)）

信陵君魏無忌　しんりょうくんぎむき
⇨信陵君（しんりょうくん）

秦朗（秦朗）　しんろう
3世紀, 中国, 三国時代, 魏の将。
⇒三国（秦朗　しんろう）
　三全（秦朗　しんろう　?-234）

【す】

スアン・トイ　Xuan Thuy
20世紀, 北ベトナムの政治家。1960年ベトナム労働党中央委員。以後,（1963〜65）, 68年4月無任所相, 同年5月からパリ会談首席代表。
⇒現人（スアン・トイ　1912-）
　国小（スアン・トイ　1912.9.2-）
　コン3（スアン・トゥイ　1912-1985）
　世政（スアン・トイ　1912.9.2-1985.6.18）
　世東（スアン・トゥイ　1912-）
　全書（スアン・トイ　1912-1985）
　二十（スアン・トイ　1912-1985）

ズアン・レ　Duan Le
20世紀, ベトナムの政治家。ベトナム共産党書記長。
⇒二十（ズアン・レ　1908.4.7-1986.7.10）

瑞王朱常浩　ずいおうしゅじょうこう*
17世紀, 中国, 明, 万暦帝の子。
⇒中皇（瑞王朱常浩　?-1644）

燧人　すいじん
中国の古伝説上の帝王。一説では三皇の一。木をすり合わせて火を起こし, 調理することを人に教えたと伝える。燧人氏。
⇒コン2（燧人　すいじん）
　コン3（燧人　すいじん）
　大辞（燧人　すいじん）
　大辞3（燧人　すいじん）
　中史（燧人氏　すいじんし）
　百科（燧人　すいじん）

燧人氏　すいじんし
⇨燧人（すいじん）

ズイ・タン
20世紀, ベトナム, 阮朝10代目の帝。
⇒統治（ドゥイ・ターン, 維新帝　(在位)1907-1916）
　ベト（Duy-Tan(vua)　ズイ・タン〔維新帝〕?-1945）

瑞澂（瑞徵）　ずいちょう
19・20世紀, 中国, 清末期の高官。字は華儒。満州正黄旗出身。1909年湖広総監に就任し, 翌年の長沙末騒動を鎮圧。
⇒コン2（瑞澂　ずいちょう　1864-1912）
　コン3（瑞澂　ずいちょう　1864-1912）
　世東（瑞徵　ずいちょう　?-1915）
　中人（瑞澂　ずいちょう　1864-1912）

崇　すう*
4世紀, 中国, 五胡十六国・前秦の皇帝（在位394）。
⇒中皇（崇　?-394）

鄒家華　すうかか
20世紀, 中国の政治家。中国副首相・国家計画委員会主任, 中国共産党中央政治局委員。原名嘉驊。
⇒世政（鄒家華　すうかか　1926.10-）
　世東（鄒家華　すうかか　1926.10-）
　中人（鄒家華　すうかか　1926.10-）

崇綺　すうき
19世紀, 中国, 清末期のモンゴル人官僚。姓は阿魯特, 字は文山。モンゴル正藍旗人。戸部尚書など歴任。
⇒コン2（崇綺　すうき　1829-1900）
　コン3（崇綺　すうき　1829-1900）

鄒元標　すうげんひょう
16・17世紀, 中国, 明後期の官僚。字は爾胆, 号は南皐, 諡は忠介。吉水（江西省）の出身。東林派の一人。
⇒コン2（鄒元標　すうげんひょう　1551-1624）
　コン3（鄒元標　すうげんひょう　1551-1624）

崇厚　すうこう
19世紀, 中国, 清末期の満人官僚。姓は完顔, 字は地山。1878年全権大使としてロシアに赴き, イリ返還交渉に従事。
⇒コン2（崇厚　すうこう　1826-1893）
　コン3（崇厚　すうこう　1826-1893）
　世東（崇厚　すうこう　1817-1893）

鄒靖　すうせい
3世紀頃, 中国, 三国時代, 幽州の校尉。
⇒三国（鄒靖　すうせい）
　三全（鄒靖　すうせい　生没年不詳）

崇宗 すうそう*
11・12世紀、中国、西夏の皇帝。在位1086～1139。
⇒統治（崇宗　Ch'ung Tsung　（在位）1086–1139）

崇禎帝 すうていてい
17世紀、中国、明の第16代（最後の）皇帝。名は由検。廟号は毅宗、泰昌帝の第5子、天啓帝の弟。
⇒旺世（崇禎帝　すうていてい　1610–1644）
外国（崇禎帝　すうていてい　?–1644）
角世（崇禎帝　すうていてい　1610–1644）
広辞6（崇禎帝　すうていてい　1610–1644）
皇帝（崇禎帝　すうていてい　1610–1644）
国小（崇禎帝　すうていてい　1610（万暦38）–1644（崇禎17））
コン2（崇禎帝　すうていてい　1610–1644）
コン3（崇禎帝　すうていてい　1610–1644）
人物（崇禎帝　すうていてい　1610–1644）
世東（崇禎帝　すうていてい　1610–1644）
世百（崇禎帝　すうていてい　1610–1644）
全書（崇禎帝　すうていてい　1610–1644）
大辞（崇禎帝　すうていてい　1610–1644）
大辞3（崇禎帝　すうていてい　1610–1644）
大百（崇禎帝　すうていてい　1610–1644）
中皇（毅宗〈崇禎帝〉　1610–1644）
中国（毅宗　きそう　1610–1644）
デス（毅宗　きそう　1610–1644）
統治（崇禎〈荘烈帝〉　Ch'ung Chên [Chuang-lieh Ti]（在位）1627–1644）
百科（崇禎帝　すうていてい　1610–1644）
評世（崇禎帝　すうていてい　1610–1644）
山世（崇禎帝　すうていてい　1610–1644）
歴史（崇禎帝　すうていてい　1610–1644）

鄒瑜 すうゆ
20世紀、中国司法相、全国人民代表大会常務委員会委員兼同内務司法委員会副主任委員。
⇒中人（鄒瑜　すうゆ　1920–）

鄒容 すうよう
19・20世紀、中国、清末の革命家。四川省重慶出身。革命宣伝の書『革命軍』を出版、章炳麟とともに逮捕され獄死した。
⇒角世（鄒容　すうよう　1885–1905）
近中（鄒容　すうよう　1885–1905.4.3）
国小（鄒容　すうよう　1885（光緒11）–1905（光緒31））
コン3（鄒容　すうよう　1885–1905）
集世（鄒容　すうよう　1885（光緒11）–1905（光緒31））
集文（鄒容　すうよう　1885（光緒11）–1905（光緒31））
世東（鄒容　すうよう　1885–1905）
世百（鄒容　すうよう　1885–1904）
世百新（鄒容　すうよう　1885–1905）
中国（鄒容　すうよう　1885–1915）
中人（鄒容　すうよう　1885（光緒11）–1905（光緒31））
百科（鄒容　すうよう　1885–1905）
名著（鄒容　すうよう　1885–1905）
山世（鄒容　すうよう　1885–1905）

鄒魯 すうろ
19・20世紀、中国の政治家。字は海浜。広東省大埔県出身。国民党右派に属し、反蒋介石派として活動。1931年より国民党第4次中央執行委員・政府委員として要職を歴任。著書『中国国民党史稿』。
⇒近中（鄒魯　すうろ　1885.2.20–1954.2.13）
コン3（鄒魯　すうろ　1885–1954）
世東（鄒魯　すうろ　1885–1954）
中人（鄒魯　すうろ　1885–1954）

ズオン・アイン・ニ (楊英弐)
ベトナム、李朝の名臣。李神宗帝(1128～1138)に仕え治政に貢献。
⇒ベト（Duong-Anh-Nhi　ズオン・アイン・ニ〔楊英弐〕）

ズオン・ヴァン・ミン　Duong, Van Minh
20世紀、ベトナムの政治家、軍人。南ベトナム大統領。
⇒角世（ズオン・ヴァン・ミン　1916–）
現人（ズオン・バン・ミン　1916–）
国小（ズオン・バン・ミン　1916.2.19–）
コン3（ズオン・ヴァン・ミン　1916–）
世人（ズオン＝ヴァン＝ミン　1916/26–）
世政（ズオン・バン・ミン　1916–2001.8.6）
世東（ズオン・バン・ミン　1916.1.2–）
全書（ドン・バン・ミン　1916–）
大百（ドン・バン・ミン　1923–）
二十（ドン・バン・ミン　1916–）

ズオン・コン・チュン (楊公懲)
ベトナム、阮福暎（後の嘉隆帝）王子麾下の忠勇なる武将。
⇒ベト（Duong-Cong-Trung　ズオン・コン・チュン〔楊公懲〕）

ズオン・ジェン・ゲ (楊延芸)
ベトナム、曲浩交州節度使の属将。
⇒ベト（Duong-Dien-Nghe　ズオン・ジェン・ゲ〔楊延芸〕）

ズオン・ドゥック・ニャン (楊徳顔)
ベトナムの官吏。1463年、黎聖宗帝の光順4年、進士に合格し、刑部左侍郎を勤めた。
⇒ベト（Duong-Đuc-Nhan　ズオン・ドゥック・ニャン〔楊徳顔〕）

スカルニ　Sukarni Kartodiwirjo
20世紀、インドネシアの民族運動家。1943年青年塾を設立。67年ムルバ党の総裁に就任。
⇒コン3（スカルニ　1916–1971）
全書（スカルニ　1916–1971）
二十（スカルニ, K.　1916–1971）

スカルノ　Sukarno
20世紀、インドネシアの政治家。初代大統領(1945～67)。45年独立をかちとり、植民地闘争の先頭に立ったが、65年の九・三〇事件後、

台頭した軍部右派勢力により、67年3月大統領全権限を奪われた。
⇒岩ケ（スカルノ, アフマド　1902-1970）
　旺世（スカルノ　1901-1970）
　外国（スカルノ　1901-）
　角世（スカルノ　1901-1970）
　現人（スカルノ　1901.6.6-1970.6.21）
　広辞5（スカルノ　1901-1970）
　広辞6（スカルノ　1901-1970）
　国小（スカルノ　1901.6.6-1970.6.21）
　国百（スカルノ　1901.6.6-1970.6.21）
　コン3（スカルノ　1901-1970）
　最世（スカルノ, アフマド　1902-1970）
　人物（スカルノ　1901-）
　世人（スカルノ　1901-1970）
　世政（スカルノ　1901.6.6-1970.6.21）
　世東（スカルノ　1901.6.1-1970.6.21）
　世百（スカルノ　1901-）
　世百新（スカルノ　1901-1970）
　全書（スカルノ　1901-1970）
　大辞2（スカルノ　1901-1970）
　大辞3（スカルノ　1901-1970）
　大百（スカルノ　1901-1970）
　中国（スカルノ　1901-1970）
　伝世（スカルノ　1901-1970.6.21）
　ナビ（スカルノ　1901-1970）
　二十（スカルノ, A.　1901.6.6-1970.6.21）
　日人（スカルノ　1901-1970）
　東ア（スカルノ　1901-1970）
　百科（スカルノ　1901-1970）
　評世（スカルノ　1901-1970）
　山世（スカルノ　1901-1970）
　歴史（スカルノ　1901-1970）

スキマン　Sukiman Wirjosandjojo
20世紀、インドネシアの政治家。1926年イスラム同盟党（PSII）を指導。独立後、マシュミ党議長、51年共和国首相。
⇒外国（スキマン　1893-）
　看護（スキマン　1893-）
　コン3（スキマン　1896-1974）
　世東（スキマン　1893-）
　二十（スキマン・W.　1896-?）

スクソエム　Suksoem
19世紀、ラオス王国の王。在位1837-1850。
⇒統治（スクソエム（在位）1837-1850）

スゲン, B.　Sugeng, Bambang
20世紀、インドネシアの外交官、政治家。駐日インドネシア大使。
⇒二十（スゲン, B.　1913-）

ス・サン（処珊）
ベトナムの官吏。潘佩珠の敬称。郷土のゲ・アン県で科挙の試験に首席で合格した。
⇒ベト（Xu-San　ス・サン〔処珊〕）

蘇頌　スーサン
⇨蘇頌（そしょう）

スジャトモコ　Soedjatmoko
20世紀、インドネシアの政治家、社会学者、ジャーナリスト。
⇒コン3（スジャトモコ　1922-1989）
　世東（スジャトモコ　1922-1989）
　二十（スジャトモコ　1922.2.10-1989.12.21）

スジョノ　Sujono, Ruden
20世紀、インドネシアの外交官。1945年独立後外務省政治局長。51年駐日インドネシア全権大使。
⇒世東（スジョノ　1905-）

スジョノ・フマルダニ　Sudjono Humardani
20世紀、インドネシアの軍人、政治家。1967年、スハルト大統領個人補佐官（ASPRI）に任命され、経済援助問題を担当。
⇒現人（スジョノ・フマルダニ　1919-）

スタルジョ　Sutardjo Kartohadikusumo
20世紀、インドネシアの政治家。穏健派民族主義者。1945年独立準備委員、独立後西ジャワ知事・国会議員等を歴任。
⇒コン3（スタルジョ　1892-?）

ス・ダン（処鄧）
ベトナムの官吏。鄧太伸の通称。故郷ゲ・アン県で、試験に首位で合格した。
⇒ベト（Xu-Đang　ス・ダン〔処鄧〕）

スー・チー
⇨アウンサンスーチー

蘇振華　スーチェンホワ
⇨蘇振華（そしんか）

ス・チャック（師沢）
20世紀、ベトナム、越南国民党主席の側近。
⇒ベト（Su-Trach　ス・チャック〔師沢〕）

スチンダ・クラプラユーン　Suchinda Kraprayun
20世紀、タイの軍人、政治家。タイ首相・国防相、タイ国軍最高司令官。
⇒華人（スチンダー・クラープラユーン　1933-）
　世政（スチンダ・クラプラユーン　1933.8.6-）

スチンダー・クラープラユーン
⇨スチンダ・クラプラユーン

スディスマン　Sudisman
20世紀、インドネシアの共産党指導者。1945年社会主義青年団を創立。48年共産党に合同、58年書記長就任。
⇒コン3（スディスマン　1920-1968）

スティティ・マツラ Sthiti Malla
14世紀, ネパールの中世前期マッラ朝第11代王。在位1382–95。
⇒角世 (スティティ・マツラ (在位)1382–1395)

スディルマン Sudirman
20世紀, インドネシアの将軍。1944年義勇軍の大団長。45年共和国軍最高司令官となり独立戦争を指導。
⇒角世 (スディルマン 1916–1950)
　コン3 (スディルマン 1912–1950)
　世百新 (スディルマン 1915–1950)
　二十 (スディルマン 1915–1950)
　東ア (スディルマン 1916/1912?–1950)
　百科 (スディルマン 1915–1950)

ストモ Sutomo, Raden
19・20世紀, インドネシアの民族運動家, 医師。1908年ブディ・ウトモ (美しい努力) を創立, 初代委員長。30年インドネシア人統一協会 (PBI) を結成, 農協運動を推進。
⇒角世 (ストモ 1888–1938)
　コン3 (ストモ 1888–1938)
　世百新 (ストモ 1888–1938)
　伝世 (ストモ 1888–1938.5.30)
　二十 (ストモ, R. 1888–1938)
　百科 (ストモ 1888–1938)

ストモ Bung Tomo, Sutomo
20世紀, インドネシア, 独立戦争の闘士。1945年軍事組織を結成, 独立戦争の端をひらいた。47年中将, 55年復員軍人相。
⇒コン3 (ストモ 1920–)

スバナ・プーマ Souvanna Phouma
20世紀, ラオスの政治家。ラオス首相。
⇒二十 (スバナ・プーマ 1901.10.7–1984.1.10)

スバナボン, O. Souvannavong, Outhoug
20世紀, ラオスの政治家。ラオス保健相。
⇒二十 (スバナボン, O. 1907–)

スパーヌウォン Souphanouvong
20世紀, ラオスの政治家。王族出身でプーマ・ラオス首相の異母弟。1975年王制を廃止し人民民主共和国を樹立, 大統領兼最高人民評議会議長に就任。
⇒岩ケ (スファヌヴォン 1909–1995)
　角世 (スパヌオン 1909–1995)
　現人 (スファヌボン 1907.7.13–)
　国小 (スファヌボン 1912.7.12–)
　国百 (スファヌボン 1912.7.12–)
　コン3 (スファヌヴォン (スパーヌウォン) 1907–1995)
　世人 (スファヌヴォン 1909–1995)
　世政 (スファヌボン 1907.7.13–1995.1.9)
　世東 (スファヌボン (スパーヌウォン) 1907.7.13–)
　世百新 (スパヌウォン 1912–1995)
　全書 (スファヌボン 1909–)
　二十 (スファヌボン 1909 (1907, 1912) –)
　東ア (スパーヌウォン 1909–1995)
　百科 (スパヌウォン 1912–)

スパヌウォン
⇒スパーヌウォン

スパヌオン
⇒スパーヌウォン

スバルジョ Subardjo, Achmad
20世紀, インドネシアの政治家。1945年独立宣言に際しスカルノと青年グループの提携を推進, 初代外相。
⇒コン3 (スバルジョ 1897–1978)
　世東 (スバルジョ 1897–)
　世百新 (スバルジョ 1897–1978)
　全書 (スバルジョ 1897–1978)
　二十 (スバルジョ, A. 1897–1978)
　百科 (スバルジョ 1897–1978)

スハルト Soeharto
20世紀, インドネシアの政治家, 軍人。インドネシア大統領。
⇒岩ケ (スハルト 1921–)
　旺世 (スハルト 1921–)
　角世 (スハルト 1921–)
　現人 (スハルト 1921.6.8–)
　広辞5 (スハルト 1921–)
　広辞6 (スハルト 1921–2008)
　国小 (スハルト 1921.6.8–)
　国百 (スハルト 1921.6.8–)
　コン3 (スハルト 1921–)
　最世 (スハルト 1921–)
　人物 (スハルト 1921–)
　世人 (スハルト 1921–)
　世政 (スハルト 1921.6.8–)
　世東 (スハルト 1921–)
　世百新 (スハルト 1921–)
　全書 (スハルト 1921–)
　大辞2 (スハルト 1921–)
　大百 (スハルト 1921–)
　伝世 (スハルト 1921.6.8–)
　ナビ (スハルト 1921–)
　二十 (スハルト 1921.6.8–)
　東ア (スハルト 1921–2008)
　百科 (スハルト 1921–)
　評世 (スハルト 1921–)
　山世 (スハルト 1921–)
　歴史 (スハルト 1921–)

スハルト, イブ・ティエン Suharto, Ibu Tien
20世紀, インドネシアの政治家。
⇒世女日 (スハルト, イブ・ティエン 1923–1996)

スバンドリオ Subandrio
20世紀, インドネシアの政治家, 外交官。1957年外相。63年第1副首相・中央情報局長官。
⇒現人 (スバンドリオ 1914–)
　コン3 (スバンドリオ 1915–)
　世政 (スバンドリオ 1914–2004.7.3)

世東（スバンドリオ　1914–）
世百新（スバンドリオ　1914–2004）
全書（スバンドリオ　1915–）
二十（スバンドリオ　1914–）
百科（スバンドリオ　1914–）

スビン・ピンカヤン　Subin Pinkhayan
20世紀，タイの政治家。タイ外相。
⇒世政（スビン・ピンカヤン　1934.6–）

スファヌヴォン
⇨スパーヌウォン

スファヌボン
⇨スパーヌウォン

スブタイ（速不台）
12・13世紀，モンゴル帝国，チンギス・ハンに仕えた開国の功臣。
⇒スベエテイ〔速不台〕　1176–1248）
国小（スブテイ　1176–1248）
人物（スブタイ　1176–1248）
世東（スブタイ〔速不台〕　1176–1248）
世百（スブタイ　1176–1248）
全書（スブタイ　1176–1248）
大百（スブタイ　1176–1248）
評世（スブタイ〔速不台〕　1176–1248）

スブテイ
⇨スブタイ

スプラヨギ　Suprajogi
20世紀，インドネシアのインドネシア公共事業・動力相，副首席閣僚，西ジャワ軍管区副司令官，経済安定相，生産相。
⇒二十（スプラヨギ　1914–）

スプリアディ　Supriadi
20世紀，インドネシアの軍人。1944年義勇軍ブリタル大団の中団長として反日蜂起を指導，鎮圧を逃れる。
⇒コン3（スプリアディ　1923–1945）

スベエデイ　Sübe'edei
12・13世紀，中央アジア，チンギス・カン指揮下の武将。
⇒山世（スベエデイ　1176–1248）

スヘバートル　Sükebaghatur, Damdiny
20世紀，モンゴルの革命家。
⇒角世（スヘバートル　1893/94–1923）
世人（スヘバートル　1894–1923）
世百新（スヘバートル　1893–1923）
二十（スヘバートル, D.　1893–1923）
百科（スヘバートル　1893–1923）

スポモ　Supomo
20世紀，インドネシアの法学者。慣習法を研究。1945年初代法相，ガジャマダ大教授。

⇒コン3（スポモ　1903–1958）

スマウン　Semaun
20世紀，インドネシア，共産党の指導者。1919年労働運動統一機構（PPKB）を組織。20年共産党初代議長。
⇒コン3（セマウン　1899–1971）
世東（セマウン　1899–1971）
世百新（セマウン　1899–1971）
二十（セマウン　1899（90）–1971）
東ア（スマウン　1899–1971）
百科（セマウン　1899–1971）

司馬光　スーマー・クアン
⇨司馬光（しばこう）

スミトロ・ジョヨハディクスモ　Sumitro Djojohadikusmo
20世紀，インドネシアの政治家。1968年商務相。
⇒現人（スミトロ・ジョヨハディクスモ　1918–）
国小（スミトロ　1917.5.29–）
世東（スミトロ　1917.5.29–）
二十（スミトロ・ジョヨハディクスモ　1917–）

スーラパティ　Surapati
17・18世紀，ジャワの武将。バリ島生れ。
⇒コン2（スーラパティ　?–1706）
コン3（スーラパティ　?–1706）
世東（スーラパティ　?–1706）
百科（スラパティ　?–1706）

スラパティ
⇨スーラパティ

スラマリット　Surammarit Norodom
20世紀，カンボジア国王。
⇒二十（スラマリット　1896–1960）

スリ・サバン・バッタナ
⇨シー・サウァン・ウァッタナー

スリニャウォンサー　Soulinyavongsa
17世紀，ラオスのラーンサーン王国の王。在位1638–95年（または1637–94年）。
⇒東ア（スリニャウォンサー　1613–1695）

スリプノ　Suripno
20世紀，インドネシアの外交官，共産党員。1947年共和国東欧駐在代表，48年ソ連と領事条約に仮調印したが，ハッタ内閣が拒否し，いわゆるスリプノ事件となる。
⇒コン3（スリプノ　?–1948）

スーリヤヴァルマン1世　Sūryavarman I
11世紀，カンボジア，アンコール時代の君主（在位1002～50）。国内各地に大建築を行った。
⇒外国（スールヤヴァルマン1世　?–1050）
統治（スーリヤヴァルマン1世　在位1002–

1050（対立王））

スーリヤヴァルマン2世　Suryavarman II
12世紀, カンボジア, アンコール時代の王 (在位1113~45)。
⇒旺世 （スールヤヴァルマン (2世)　?-1152頃）
　外国 （スールヤヴァルマン2世　?-1152頃）
　角世 （スールヤヴァルマン2世　生没年不詳）
　皇帝 （スールヤヴァルマン2世　?-1150頃）
　国小 （スーリヤバルマン2世　生没年不詳）
　コン2 （スーリヤヴァルマン2世　?-1152頃）
　コン3 （スーリヤヴァルマン2世　?-1152頃）
　新美 （スーリヤヴァルマン2世　?-1152頃）
　世人 （スーリヤヴァルマン2世　?-1152頃）
　大辞3 （スールヤバルマン2世　12世紀）
　伝世 （スーリヤヴァルマン2世　?-1150?）
　統治 （スーリヤヴァルマン2世　(在位) 1113-1150）
　東ア （スールヤヴァルマン (2世)　生没年不詳）
　百科 （スールヤバルマン2世　生没年不詳）
　評世 （スールヤバルマン2世　?-1152）

スリヤヴォン　Suriyavong
18世紀, ラオス王国の王。在位1771-1791。
⇒統治 （スリヤヴォン　(在位) 1771-1791）

スリヤダルマ　Suryadarma, Utami
20世紀, インドネシアの婦人運動家。空軍参謀長夫人。インドネシア婦人運動など共産党系婦人・平和運動を指導。
⇒コン3 （スリヤダルマ　1921-）

スリヤニングラット
⇒スワルディ・スルヤニングラット

スリヤノン
⇒パオ・シーヤーノン

スーリヤバルマン2世
⇒スーリヤヴァルマン2世

スリン・ピッスワン　Surin Pitsuwan
20世紀, タイの政治家。タイ外相。
⇒世政 （スリン・ピッスワン　1949.10.28-）

スールヤヴァルマン1世
⇒スーリヤヴァルマン1世

スールヤヴァルマン2世
⇒スーリヤヴァルマン2世

スールヤバルマン2世
⇒スーリヤヴァルマン2世

スレンドラ　Surendra
19世紀, ネパール王国の王。在位1847-1881。
⇒統治 （スレンドラ　(在位) 1847-1881）

スロン・ツァン・ガン・ポ
⇒ソンツェン・ガンポ

スワルディ・スルヤニングラット　Suwardi Suryaningrat
19・20世紀, インドネシアの民族運動家。1922年から各地にタマン・シスワ (学園) 運動を起こし, 民族意識を広めた。独立後, 45, 46年教育相。
⇒角世 （スワルディ・スルヤニングラット　1889-1959）
　コン3 （スリヤニングラット　1889-1959）
　世百新 （スワルディ・スルヤニングラット　1889-1959）
　伝世 （デワントロ　1889.5.8-1959.4.26）
　ナビ （スワルディ＝スルヤニングラット　1889-1959）
　二十 （スワルディ, スルヤニングラット　1889-1959）
　東ア （スワルディ・スルヤニングラット　1889-1959）
　百科 （スワルディ・スルヤニングラッド　1889-1959）

スワンナ・プーマー
⇒プーマ

孫文　スンウェン
⇒孫文 (そんぶん)

孫科　スンコー
⇒孫科 (そんか)

純宗　スンジョン
⇒純宗 (じゅんそう)

孫平化　スンピンホワ
⇒孫平化 (そんへいか)

宋美齢　スンメイリン
⇒宋美齢 (そうびれい)

【せ】

成安公主　せいあんこうしゅ*
12世紀, 中国, 遼, 宗室の娘。
⇒中皇 （成安公主　?-1125）

盛昱　せいいく
19世紀, 中国, 清末の満人官僚。字は伯熙。清流派の領袖として活躍。
⇒コン2 （盛昱　せいいく　1850-1899）
　コン3 （盛昱　せいいく　1850-1899）

成王 (周)　せいおう
前12・11世紀頃, 中国, 周朝の第2代王 (在位前1116~1082/前1020~990?)。叔父周公旦が摂政となる。
⇒広辞4 （成王　せいおう）
　広辞6 （成王　せいおう）

政治・外交・軍事篇

成王（周）　せいおう
　国小（成王（周）　せいおう　生没年不詳）
　コン2（成王　せいおう　前11世紀）
　コン3（成王　せいおう　生没年不詳）
　三国（成王　せいおう）
　世東（成王　せいおう　前1115-1079）
　全書（成王　せいおう　生没年不詳）
　大辞（成王　せいおう　生没年不詳）
　大辞3（成王　せいおう　生没年不詳）
　大百（成王　せいおう　生没年不詳）
　統治（成（成王誦）　Ch'êng　（在位）前1043-1006）

成王（楚）　せいおう
　前7世紀，中国，春秋時代・楚の王（在位前671～626）。
　⇒世百（成王　せいおう　?-前626）
　百科（成王　せいおう　?-前626）

聖王　せいおう
　6世紀，朝鮮，百済の第26代国王（在位523～554）。武寧王の子。聖明王。日本に仏教を伝えた。
　⇒角世（聖明王　せいめいおう　?-554）
　広辞4（聖明王　せいめいおう　?-554）
　広辞6（聖明王　せいめいおう　?-554）
　皇帝（聖明王　せいめいおう　?-554）
　国史（聖明王　せいめいおう　?-554）
　国小（聖王　せいおう　?-554（聖王32））
　コン2（聖王　せいおう　?-554）
　コン3（聖王　せいおう　?-554）
　人物（聖明王　せいめいおう　?-552）
　世東（聖明王　せいめいおう　?-554）
　全書（聖明王　せいめいおう　?-554）
　対外（聖明王　せいめいおう　?-554）
　大辞（聖明王　せいめいおう　?-554）
　大辞3（聖明王　せいめいおう　?-554）
　大百（聖明王　せいめいおう　?-554）
　朝人（聖王　せいおう　?-554）
　朝鮮（聖王　せいおう　?-554）
　デス（聖明王　せいめいおう　?-554）
　日人（聖明王　せいめいおう　?-554）
　百科（聖王　せいおう　?-554）

成可（成何）　せいか
　3世紀，中央アジア，龐徳の部将。
　⇒三国（成何　せいか）
　三全（成可　せいか　?-219）

西海公主　せいかいこうしゅ
　5世紀頃，中国，北魏の和蕃公主。
　⇒シル（西海公主　せいかいこうしゅ　5世紀頃）
　シル新（西海公主　せいかいこうしゅ）

清河王高岳　せいがおうこうがく*
　6世紀，中国，北朝，北斉の文宣帝の叔父。
　⇒中皇（清河王高岳　?-555）

清河王劉慶　せいがおうりゅうけい*
　2世紀，中国，後漢，章帝の子。
　⇒中皇（清河王劉慶　?-106）

成化帝　せいかてい
　15世紀，中国，明第9代皇帝（在位1464～87）。姓名は朱見深。正統帝の長子。
　⇒角世（成化帝　せいかてい　1447-1487）
　コン2（成化帝　せいかてい　1447-1487）
　コン3（成化帝　せいかてい　1447-1487）
　人物（成化帝　せいかてい　1447-1487）
　世東（憲宗　けんそう　1447-1487）
　中皇（憲宗（成化帝）　1447-1487）
　統治（成化（憲宗）　Ch'êng Hua[Hsien Tsung]（在位）1464-1487）
　評世（成化帝　せいかてい　1447-1487）

成宜　せいぎ
　3世紀，中国，三国時代，西涼の太守韓遂配下の将。
　⇒三国（成宜　せいぎ）
　三全（成宜　せいぎ　?-211）

成公　せいこう*
　3・4世紀，中国，五胡十六国・前涼の皇帝（在位320～324）。
　⇒中皇（成公　276-324）

成杭　せいこう
　9世紀頃，中国，唐の遺吐蕃使。
　⇒シル（成杭　せいこう　9世紀頃）
　シル新（成杭　せいこう）

斉国昭懿公主　せいこくしょういこうしゅ*
　9世紀，中国，唐，代宗の娘。
　⇒中皇（斉国昭懿公主　806-820（元和年間）頃）

成済　せいさい
　3世紀，中国，三国時代，魏の将。
　⇒三国（成済　せいさい）
　三全（成済　せいさい　?-260）

成倅　せいさい
　3世紀，中国，三国時代，魏の将。
　⇒三国（成倅　せいさい）
　三全（成倅　せいさい　?-260）

盛世才　せいさいさい
　⇨盛世才（せいせいさい）

斉燮元　せいしょうげん
　19・20世紀，中国の軍人。字は撫万。河北省出身。日中戦争で華北傀儡政権に参加，解放後戦犯として銃殺された。
　⇒近中（斉燮元　せいしょうげん　1885.4.28-1946.12.18）
　コン2（斉燮元　せいしょうげん　1879-1946）
　コン3（斉燮元　せいしょうげん　1879-1946）
　中人（斉燮元　せいしょうげん　1879-1946）

成親王　せいしんのう
　18・19世紀，中国，清朝中・後期の皇族，書家。乾隆帝の第11子。

⇒新美（成親王　せいしんのう　1752（清・乾隆17）-1824（道光4））
　中皇（成親王永瑆　?-1823）
　中書（成親王　せいしんのう　1752-1823）

盛世才　せいせいさい
20世紀, 中国の軍人, 政治家。遼寧省出身。1933年以降, 新疆の実権を握り, 親ソ的な革新政策を採用。のち反共に転じた。
⇒外国（盛世才　せいせいさい　1894-）
　角世（盛世才　せいせいさい　1895-1970）
　近中（盛世才　せいせいさい　1897.1.8-1970.7.13）
　コン3（盛世才　せいせいさい　1895-1970）
　世東（盛世才　せいせいさい　1895-）
　世百（盛世才　せいせいさい　1895-）
　世百新（盛世才　せいせいさい　1895-1970）
　中国（盛世才　せいせいさい　1895-）
　中人（盛世才　せいせいさい　1896-1970）
　中ユ（盛世才　せいせいさい　1897-1970）
　百科（盛世才　せいせいさい　1895-1970）
　山世（盛世才　せいせいさい　1897-1970）

盛宣懐　せいせんかい
19・20世紀, 中国の官僚資本家。1911年郵伝部大臣として外国借款導入のための鉄道国有を実施して辛亥革命を誘発し, 失脚した。
⇒旺世（盛宣懐　せいせんかい　1844-1916）
　外国（盛宣懐　せいせんかい　1849-1916）
　角世（盛宣懐　せいせんかい　1844-1916）
　近中（盛宣懐　せいせんかい　1844.11.4-1916.4.27）
　広辞5（盛宣懐　せいせんかい　1844-1916）
　広辞6（盛宣懐　せいせんかい　1844-1916）
　国小（盛宣懐　せいせんかい　1844（道光24）-1916）
　コン2（盛宣懐　せいせんかい　1844-1916）
　コン3（盛宣懐　せいせんかい　1844-1916）
　人物（盛宣懐　せいせんかい　1849-1916）
　世人（盛宣懐　せいせんかい　1844-1916）
　世東（盛宣懐　せいせんかい　1884-1916）
　世百（盛宣懐　せいせんかい　1844-1916）
　全書（盛宣懐　せいせんかい　1844-1916）
　大百（盛宣懐　せいせんかい　1844-1916）
　中国（盛宣懐　せいせんかい　1844-1916）
　中史（盛宣懐　せいせんかい　1844-1916）
　中人（盛宣懐　せいせんかい　1844（道光24）-1916）
　デス（盛宣懐　せいせんかい　1844-1916）
　伝記（盛宣懐　せいせんかい　1844.11.4-1916.4.27）
　日人（盛宣懐　せいせんかい　1844-1916）
　百科（盛宣懐　せいせんかい　1844-1916）
　評世（盛宣懐　せいせんかい　1849-1916）
　山世（盛宣懐　せいせんかい　1844-1916）
　歴史（盛宣懐　せいせんかい　1844-1916）

世祖（遼）　せいそ
11世紀, 中国, 遼末の生女真完顔部の族長。名は劾里鉢。金の太祖の父。
⇒コン2（世祖（遼）　せいそ　?-1092）
　コン3（世祖（遼）　せいそ　?-1092）

世祖（元）　せいそ
⇒フビライ

世祖（李朝）（成祖（李朝））　せいそ
15世紀, 朝鮮, 李朝の第7代王（在位1455〜68）。字は粋之。世宗の第2子。
⇒角世（世祖　せいそ　1417-1468）
　国史（世祖　せいそ　1417-1468）
　国小（世祖（李朝）　せいそ　1417（太宗17）-1468（世祖13））
　コン2（世祖　せいそ　1417-1468）
　コン3（世祖　せいそ　1417-1468）
　世東（世祖　せいそ　1417-1468）
　世百（世祖（李朝）　せいそ　1417-1468）
　全書（世祖　せいそ　1417-1468）
　対外（世祖　せいそ　1417-1468）
　大百（世祖　せいそ　1417-1468）
　朝人（世祖　せいそ　1417-1468）
　朝鮮（世祖　せいそ　1417-1468）
　伝記（世祖（李朝）　せいそ〈セジョ〉　1417.9-1468）
　統治（世祖　Sejo　（在位）1455-1468）
　百科（世祖（李朝）　せいそ　1417-1468）
　歴史（成祖（李朝）　せいそ　1417-1468）

世祖（清）　せいそ
⇒順治帝（清）（じゅんちてい）

世祖（阮朝）　せいそ
⇒グエン・フック・アイン

正祖（李朝）　せいそ
18世紀, 朝鮮, 李朝の第22代王（在位1777〜1800）。英祖の孫。『大典通編』『日省録』などの編纂, 出版に力を入れる。
⇒角世（正祖　せいそ　1752-1800）
　コン2（正祖　せいそ　1752-1800）
　コン3（正祖　せいそ　1752-1800）
　世東（正宗　せいそう　1752-1800）
　世東（正祖　せいそ　1752-1800）
　朝人（正祖　せいそ　1752-1800）
　朝鮮（正祖　せいそ　1752-1800）
　伝記（正祖（李朝）　せいそ（りちょう）〈チョンジョ〉　1752-1800）
　統治（正祖　Chŏngjo　（在位）1776-1800）
　百科（正祖　せいそ　1752-1800）

世宗（後周）　せいそう
⇒柴栄（さいえい）

世宗（遼）　せいそう
10世紀, 中国, 遼第3代皇帝（在位947〜951）。姓名は耶律阮, 字は兀欲。遼朝の基礎を確立。
⇒コン2（世宗（遼）　せいそう　918-951）
　コン3（世宗（遼）　せいそう　918-951）
　中皇（世宗　918-951）
　統治（世宗　Shih Tsung　（在位）947-951）

世宗（金）　せいそう
12世紀, 中国, 金の第5代皇帝（在位1161〜89）。女真名は烏禄。62年契丹人叛乱を鎮定, 南宋と講和。金朝の最盛期を築いた。

⇒旺世（世宗（金）　せいそう　1123-1189）
　外国（世宗　せいそう　1123-1189）
　角世（世宗　せいそう　1123-1189）
　広辞4（世宗　せいそう　1123-1189）
　広辞6（世宗　せいそう　1123-1189）
　国小（世宗（金）　せいそう　1123（天会1)-1189
　　（大定29)）
　コン2（世宗（金）　せいそう　1123-1189）
　コン3（世宗（金）　せいそう　1123-1189）
　人物（世宗（金）　せいそう　1123-1189）
　世東（世宗　せいそう　1123-1189）
　世百（世宗（金）　せいそう　1123-1189）
　全書（世宗　せいそう　1123-1189）
　大辞（世宗　せいそう　1123-1189）
　大辞3（世宗　せいそう　1123-1189）
　中皇（世宗　1123-1189）
　中国（世宗　せいそう　1123-1189）
　中史（世宗（金）　せいそう　1123-1189）
　デス（世宗（金）　せいそう　1123-1189）
　伝記（世宗（金）　せいそう（きん）　1123-1189）
　統治（世宗　Shih Tsung　（在位）1161-1189）
　百科（世宗（金）　せいそう　1123-1189）
　評世（世宗　せいそう　1123-1189）

世宗（李朝）　せいそう
14・15世紀, 朝鮮, 李朝の第4代王（在位1418～50）。字は元正。ハングルの創製をはじめ, 内治・外交・文化に大きな業績を残した名君といわれる。
⇒旺世（世宗（李氏朝鮮）　せいそう　1397-1450）
　外国（世宗　せいそう　1397-1450）
　角世（世宗　せいそう　1397-1450）
　広辞4（世宗　せいそう　1397-1450）
　広辞6（世宗　せいそう　1397-1450）
　国史（世宗　せいそう　1397-1450）
　国小（世宗（李）　せいそう　1397（太祖6)-1450（世宗32)）
　国百（世宗（李朝）　せいそう　1397-1450）
　コン2（世宗（李朝）　せいそう　1397-1450）
　コン3（世宗（李朝）　せいそう　1397-1450）
　人物（世宗（李）　せいそう　1397-1450）
　世人（世宗（李朝）　せいそう　1397-1450）
　世東（世宗　せいそう　1397-1450）
　世百（世宗（李朝）　せいそう　1397-1450）
　世文（世宗　せいそう〈セジョン〉　1397-1450）
　全書（世宗　せいそう　1397-1450）
　対外（世宗　せいそう　1397-1450）
　大辞（世宗　せいそう　1397-1450）
　大辞3（世宗　せいそう　1397-1450）
　大百（世宗　せいそう　1397-1450）
　朝人（世宗　せいそう　1397-1450）
　朝鮮（世宗　せいそう　1397-1450）
　デス（世宗（李氏朝鮮）　せいそう　1397-1450）
　伝記（世宗（李朝）　せいそう（りちょう）〈セジョン〉　1397-1450）
　統治（世宗　Sejong　（在位）1418-1450）
　日人（世宗　せいそう　1397-1450）
　百科（世宗（李朝）　せいそう　1397-1450）
　評世（世宗　せいそう　1397-1450）
　山世（世宗（朝鮮）　せいそう　1397-1450）

世宗（明）　せいそう
16世紀, 中国, 明の第11代皇帝（在位1521～66）。諡は肅皇帝。嘉靖帝とも呼ばれる。
⇒角世（嘉靖帝　かせいてい　1507-1566）
　広辞6（世宗　せいそう　1507-1566）
　皇帝（嘉靖帝　かせいてい　1507-1566）
　国小（世宗（明）　せいそう　1507（正徳2)-1566（嘉靖45)）
　コン2（嘉靖帝　かせいてい　1507-1566）
　コン3（嘉靖帝　かせいてい　1507-1566）
　人物（嘉靖帝　かせいてい　1507-1566）
　世東（世宗, 嘉靖帝　せいそう　1507-1566）
　世百（嘉靖帝　かせいてい　1507-1566）
　全書（嘉靖帝　かせいてい　1507-1566）
　大辞（嘉靖帝　かせいてい　1507-1566）
　大辞3（嘉靖帝　かせいてい　1507-1566）
　大百（嘉靖帝　かせいてい　1507-1566）
　中皇（嘉靖帝　せいそう　1507-1566）
　中国（世宗　せいそう　1507-1566）
　統治（嘉靖（世宗）　Chia Ching［Shih Tsung］（在位）1521-1567）
　百科（嘉靖帝　かせいてい　1507-1566）
　評世（嘉靖帝　かせいてい　1507-1566）
　山世（嘉靖帝　かせいてい　1507-1566）
　歴史（嘉靖帝　かせいてい　1507-1566）

成宗（高麗）　せいそう
10世紀, 朝鮮, 高麗の第6代王（在位981～997）。名は治, 字は溫古, 諡号は文懿。儒教教理に基づいた新政を断行。
⇒外国（成宗　せいそう　960-997）
　角世（成宗　せいそう　960-997）
　皇帝（成宗　せいそう　960-997）
　国小（成宗（高麗）　せいそう　960（光宗11)-997（成宗16)）
　コン2（成宗（高麗）　せいそう　960-997）
　コン3（成宗（高麗）　せいそう　960-997）
　朝人（成宗　せいそう　960-997）
　統治（成宗　Sŏngjong　（在位）981-997）
　百科（成宗　せいそう　960-997）

成宗（元）　せいそう
13・14世紀, 中国, 元の第2代皇帝（在位1294～1307）。名はテルム（鉄木耳）。フビライ・ハンの孫。
⇒角世（成宗　せいそう　1265-1307）
　皇帝（成宗　せいそう　1266-1307）
　国小（成宗（元）　せいそう　1265（至元2)-1307（大徳11)）
　コン2（成宗　せいそう　1265-1307）
　コン3（成宗　せいそう　1265-1307）
　人物（成宗　せいそう　1265-1307.2）
　世東（成宗　せいそう　1265-1307）
　中皇（成宗　1265-1307）
　中国（ティムール　1265-1307）
　統治（成宗〈ティムール〉　Ch'êng Tsung［Temür］　（在位）1294-1307）

成宗（李朝）　せいそう
15世紀, 朝鮮, 李朝の第9代王（在位1469～94）。諱は娎。世宗, 世祖に続く李朝初期文化の黄金時代をなした。
⇒角世（成宗　せいそう　1457-1494）
　国史（成宗　せいそう　1457-1494）
　国小（成宗（李朝）　せいそう　1457（世祖2)-1494（成宗25)）
　コン2（成宗（李朝）　せいそう　1457-1494）
　コン3（成宗（李朝）　せいそう　1457-1494）

人物（成宗　せいそう　1457-1494）
世東（成宗　せいそう　1457-1494）
世百（成宗（李朝）　せいそう　1457-1494）
対外（成宗　せいそう　1457-1494）
朝人（成宗　せいそう　1457-1494）
統治（成宗　Sŏngjong　（在位）1469-1494）
日人（成宗　せいそう　1457-1495）
百科（成宗（李朝）　せいそう　1457-1494）

正宗　せいそう
⇨正祖（李朝）（せいそ）

聖宗（遼）　せいそう
10・11世紀、中国、遼の第6代皇帝（在位982～1031）。諱は隆緒。諡は文武大孝宣皇帝。名君といわれ遼の最盛期を築いた。
⇨旺世（聖宗（遼）　せいそう　971-1031）
　外国（聖宗　せいそう　971-1031）
　角世（聖宗　せいそう　971-1031）
　皇帝（聖宗　せいそう　971-1031）
　国小（聖宗（遼）　せいそう　971（保寧3）-1031（景福1））
　コン2（聖宗（遼）　せいそう　971-1031）
　コン3（聖宗（遼）　せいそう　971-1031）
　人物（聖宗（遼）　せいそう　971-1031.6）
　世人（聖宗（遼）　せいそう　971-1031）
　世東（聖宗（遼）　せいそう　971-1031）
　世百（聖宗（遼）　せいそう　971-1031）
　全書（聖宗（遼）　せいそう　971-1031）
　中皇（聖宗　971-1031）
　中国（聖宗（遼）　せいそう　971-1031）
　統治（聖宗　Shêng Tsung　（在位）982-1031）
　百科（聖宗（遼）　せいそう　971-1031）
　評世（聖宗（遼）　せいそう　971-1031）

聖宗（後黎朝）　せいそう
⇨レー・タイントン

靖宗　せいそう*
11世紀、朝鮮、高麗王国の王。在位1034～1046。
⇨統治（靖宗　Chŏngjong　（在位）1034-1046）

斉泰　せいたい
14・15世紀、中国、明の政治家。諡は節愍。靖難の役を起こし捕えられて殺された。
⇨コン2（斉泰　せいたい　?-1402）
　コン3（斉泰　せいたい　?-1402）

西太后　せいたいこう、せいたいごう
19・20世紀、中国、清朝、咸豊帝の側室で、同治帝の生母である慈禧（じき）皇太后のこと。1875年同治帝が死ぬと、自分の妹婿の子を立てて光緒帝とし、みずから摂政となった。
⇨逸話（西太后　せいたいこう　1835-1908）
　岩ケ（西太后　せいたいこう　1835-1908）
　旺世（西太后　せいたいこう　1835-1908）
　外国（西太后　せいたいこう　1835-1908）
　角世（西太后　せいたいこう　1835-1908）
　近中（西太后　せいたいこう　1835-1908.10.22）
　広辞4（西太后　せいたいこう　1835-1908）
　広辞5（西太后　せいたいこう　1835-1908）
　広辞6（西太后　せいたいこう　1835-1908）
　国史（西太后　せいたいごう　1835-1908）
　国小（西太后　せいたいこう　1835（道光15）-1908（光緒34））
　コン2（西太后　せいたいこう　1835-1908）
　コン3（西太后　せいたいこう　1835-1908）
　人物（西太后　せいたいこう　1835-1908.10）
　世女（西太后　せいたいこう　1835-1908）
　世女日（西太后　1835-1908）
　世人（西太后　せいたいこう　1835-1908）
　世東（西太后　せいたいこう　1835-1908.10）
　世百（西太后　せいたいこう　1835-1908）
　全書（西太后　せいたいこう　1835-1908）
　大辞（西太后　せいたいこう　1835-1908）
　大辞2（西太后　せいたいこう　1835-1908）
　大辞3（西太后　せいたいこう　1835-1908）
　大百（西太后　せいたいこう　1835-1908）
　中国（西太后　せいたいこう　1835-1908）
　中史（西太后　せいたいこう　1835-1908）
　中人（西太后　せいたいこう　1835（道光15）-1908（光緒34））
　デス（西太后　せいたいこう　1835-1908）
　伝記（西太后　せいたいこう　1835.11.29-1908.11.15）
　統治（慈禧（西太后）　（在位）1861-1873, 1875-1889, 1898-1908）
　ナビ（西太后　せいたいこう　1835-1908）
　日人（西太后　せいたいこう　1835-1908）
　百科（西太后　せいたいこう　1835-1908）
　評世（西太后　せいたいこう　1835-1908）
　山世（西太后　せいたいこう　1835-1908）
　歴史（西太后　せいたいごう　1835（道光15）-1908（光緒34））

成帝（前漢）　せいてい
前1世紀頃、中国、前漢の第12代皇帝（在位前33～7）。姓は劉、字は太孫。
⇨国小（成帝（前漢）　せいてい　前52（甘露2）-7（居摂2））
　コン2（成帝　せいてい　前52-後7）
　コン3（成帝　せいてい　前52-前7）
　全書（成帝　せいてい　前52-前7）
　大百（成帝　せいてい　前52-7）
　中皇（成帝　前52-7）
　統治（成帝　Ch'êng Ti　（在位）前33-前7）

成帝（東晋）　せいてい
4世紀、中国、東晋第3代皇帝（在位325～42）。姓名は司馬衍。
⇨全書（成帝　せいてい　321-342）
　中皇（成帝　321-342）
　統治（成帝　Ch'êng Ti　（在位）325-342）

静帝（北周）　せいてい
6世紀、中国、南北朝・北周の第5代皇帝。宣帝の長子。579年外戚楊堅の後見によって即位。
⇨世東（静帝　せいてい　573-581）
　中皇（静帝　573-581）
　統治（静帝　Ching Ti　（在位）579-581）

正統帝（明）　せいとうてい
15世紀、中国、明の第6代（正統帝）、8代（天順帝）皇帝（在位1435～49, 57～64）。名は祁鎮。

廟号は英宗。
⇒旺世（正統帝（英宗） せいとうてい 1427-1464）
　広辞4（英宗　えいそう　1427-1464）
　広辞6（英宗　えいそう　1427-1464）
　皇帝（正統帝　せいとうてい　1427-1464）
　国小（正統帝（明）　せいとうてい　1427（宣徳2）-1464（天順8））
　コン2（正統帝　せいとうてい　1427-1464）
　コン3（正統帝　せいとうてい　1427-1464）
　人物（英宗（明）　えいそう　1427-1464）
　世人（正統帝　せいとうてい　1427-1464）
　世東（英宗　えいそう　1427-1464.1）
　全書（正統帝　せいとうてい　1427-1464）
　大辞3（英宗　えいそう　1427-1464）
　大百（正統帝　せいとうてい　1427-1464）
　中皇（英宗（正統帝・天順帝）　1427-1464）
　中史（正統帝　せいとうてい　1427-1464）
　統治（正統（英宗）　Chêng T'ung[Ying Tsung]（在位）1435-1449）
　統治（天順（英宗）　T'ien Shun[Ying Tsung]（在位）1457-1464）
　評世（正統帝　しょうとうてい　1427-1464）
　山世（正統帝　せいとうてい　1427-1464）
　歴史（英宗（明）　えいそう（みん）　1427-1464）

成都王司馬穎　せいとおうしばえい*
4世紀、中国、西晋、武帝の子。
⇒中皇（成都王司馬穎　?-306）

聖徳王　せいとくおう
8世紀、朝鮮、新羅の第33代王。神文王の第2子。唐に遣使して朝貢。玄宗から楽浪郡公を授けられた。
⇒世東（聖徳王　せいとくおう　?-737）
　朝人（聖徳王　せいとくおう　?-737）

成得臣　せいとくしん
中国、春秋時代の楚の将。
⇒三国（成得臣　せいとくしん）

正徳帝（明）　せいとくてい
15・16世紀、中国、明の第11代皇帝（在位1506～21）。名は厚照。廟号は武宗。弘治帝の長子。
⇒角世（正徳帝　しょうとくてい　1491-1521）
　皇帝（正徳帝　せいとくてい　1491-1521）
　国小（正徳帝（明）　せいとくてい　1491（弘治4）-1521（正徳16））
　コン2（正徳帝　せいとくてい　1491-1521）
　コン3（正徳帝　せいとくてい　1491-1521）
　人物（武宗　ぶそう　1491-1521）
　世東（武宗　せいとくてい　1491-1521）
　全書（正徳帝　しょうとくてい　1491-1521）
　大百（正徳帝　せいとくてい　1491-1521）
　中皇（武宗（正徳帝）　1491-1521）
　中国（武宗（明）　ぶそう　1491-1521）
　統治（正徳（武宗）　Chêng Tê[Wu Tsung]（在位）1505-1521）
　百科（正徳帝　せいとくてい　1491-1521）
　評世（正徳帝　しょうとくてい　1491-1521）
　歴史（正徳帝　せいとくてい　1491（弘治4）-1521（正徳16））

済南王劉康　せいなんおうりゅうこう*
1世紀、中国、後漢、光武帝の子。
⇒中皇（済南王劉康　?-97）

盛丕華　せいひか
20世紀、中国の経済人。上海企業公司経理。上海市副市長もかねた。1953年華東行政委員会副主席。
⇒外国（盛丕華　せいひか　?-）
　中人（盛丕華　せいひか　1882-1961）

盛勃　せいぼう
3世紀頃、中国、三国時代、蜀の綏戎都尉。
⇒三国（盛勃　せいぼう）
　三全（盛勃　せいぼう　生没年不詳）

盛勃　せいぼつ
⇨盛勃（せいぼう）

聖明王　せいめいおう
⇨聖王（せいおう）

西門豹　せいもんひょう
前5・4世紀頃、中国、戦国時代初期の魏の政治家。
⇒国小（西門豹　せいもんひょう　生没年不詳）
　コン2（西門豹　せいもんひょう　生没年不詳）
　コン3（西門豹　せいもんひょう　生没年不詳）
　世百（西門豹　せいもんひょう　生没年不詳）
　全書（西門豹　せいもんひょう　生没年不詳）
　中史（西門豹　せいもんひょう　生没年不詳）
　百科（西門豹　せいもんひょう　生没年不詳）

静楽公主　せいらくこうしゅ
8世紀、中国、唐の和蕃公主。
⇒シル（静楽公主　せいらくこうしゅ　?-745）
　シル新（静楽公主　せいらくこうしゅ　?-745）

成廉　せいれん
2世紀、中国、三国時代、呂布配下の勇将。
⇒三国（成廉　せいれん）
　三全（成廉　せいれん　?-195）

セイン・ウィン　Sein Win
20世紀、ミャンマーの軍人、政治家。ビルマ首相。
⇒世政（セイン・ウィン　1919.3.19-）
　世東（セイン・ウィン　1919.3.19-）
　二十（セイン・ウィン　1919-）

セイン・ルイン　Sein Lwin
20世紀、ミャンマーの政治家、軍人。
⇒世東（セイン・ルイン　1924-）

碩干　せきかん
7世紀頃、朝鮮、高句麗から来日した使節。
⇒シル（碩干　せきかん　7世紀頃）
　シル新（碩干　せきかん）

戚継光　せきけいこう
16世紀，中国，明の武将。字は元敬。後期倭寇の大侵入に際して大功を立て，兪大猷とともに勇名をはせた。
⇒外国　（戚継光　せきけいこう　1528-1587）
　角世　（戚継光　せきけいこう　1528-1587）
　広辞6（戚継光　せきけいこう　1528-1587）
　国史　（戚継光　せきけいこう　?-1587）
　国小　（戚継光　せきけいこう　?-1587（万暦15））
　コン2　（戚継光　せきけいこう　?-1587）
　コン3　（戚継光　せきけいこう　1528-1587）
　人物　（戚継光　せきけいこう　1528?-1587）
　世東　（戚継光　せきけいこう）
　世百　（戚継光　せきけいこう　?-1587）
　対外　（戚継光　せきけいこう　?-1587）
　中国　（戚継光　せきけいこう　?-1587）
　中史　（戚継光　せきけいこう　1528-1587）
　日人　（戚継光　せきけいこう　?-1587）
　百科　（戚継光　せきけいこう　?-1587）
　山世　（戚継光　せきけいこう　?-1587）

石敬瑭（石敬塘）　せきけいとう
9・10世紀，中国，五代後晋の初代皇帝（在位936～942）。高祖。沙陀突厥出身。契丹の援助をうけて後唐を滅ぼした。
⇒旺世　（石敬塘　せきけいとう　892-942）
　外国　（石敬塘　せきけいとう　892-942）
　角世　（石敬塘　せきけいとう　892-942）
　広辞4（石敬塘　せきけいとう　892-942）
　広辞6（石敬塘　せきけいとう　892-942）
　皇帝　（高祖　こうそ　892-942）
　国小　（石敬塘　せきけいとう　892（景福1.2.28）-942（天福7.6.13））
　コン2　（高祖（後晋）　こうそ　892-942）
　コン3　（高祖（後晋）　こうそ　892-942）
　人物　（石敬塘　せきけいとう　892-942）
　世東　（石敬塘　せきけいとう　892-942）
　世百　（高祖（後晋）　こうそ　892-942）
　全書　（石敬塘　せきけいとう　892-942）
　大辞　（石敬塘　せきけいとう　892-942）
　大辞3（石敬塘　せきけいとう　892-942）
　大百　（石敬塘　せきけいとう　892-942）
　中皇　（高祖　892-942）
　中国　（石敬塘　せきけいとう　892-942）
　中史　（石敬塘　せきけいとう　892-942）
　デス　（石敬塘　せきけいとう　892-942）
　統治　（高祖（石敬塘）　Kao Tsu［Shih Ching-t'ang］　（在位）937-942）
　百科　（高祖（後晋）　こうそ　892-942）
　評世　（石敬塘　せきけいとう　892-942）
　山世　（石敬塘　せきけいとう　892-942）

戚元靖　せきげんせい
20世紀，中国冶金工業相，高級技師，中国共産党中央委員。
⇒中人　（戚元靖　せきげんせい　1929-）

石虎　せきこ
3・4世紀，中国，五胡十六国・後趙の第3代皇帝（在位334～349）。石勒の従子。字は李龍，諡は武帝。
⇒角世　（石虎　せきこ　?-349）
　皇帝　（石虎　せきこ　?-349）
　国小　（石虎　せきこ　?-349（太寧1））
　コン2　（石虎　せきこ　295-349）
　コン3　（石虎　せきこ　295-349）
　世百　（石虎　せきこ　?-349）
　中皇　（太祖　?-349）
　中国　（石虎　せきこ　?-349）
　百科　（石虎　せきこ　?-349）

石亨　せきこう
15世紀，中国，明の武将。土木の変（1449）に際してエセン（也先）侵入の北京防衛戦に功を立てた。
⇒国小　（石亨　せきこう　?-1460（天順4））
　コン2　（石亨　せきこう　?-1460）
　コン3　（石亨　せきこう　?-1460）

石守信　せきしゅしん
10世紀，中国，宋初の武将。宋の太祖のとき，侍衛親軍馬歩軍都指揮使，鄆州節度使となる。
⇒国小　（石守信　せきしゅしん　928（天成3）-984（雍熙1））
　中史　（石守信　せきしゅしん　928-984）

石星　せきせい
16世紀，中国，明の政治家。工，戸，兵三部の尚書を歴任。秀吉の朝鮮出兵時，日本との講和をはかった。
⇒国小　（石星　せきせい　?-1597（万暦25））

石達開　せきたつかい，せきたっかい
19世紀，中国，太平天国の指導者。広西省貴県の客家出身。
⇒外国　（石達開　せきたつかい　1821/-31-1863）
　国小　（石達開　せきたつかい　1830（道光10）頃-1863（同治2））
　コン2　（石達開　せきたつかい　1831-1863）
　コン3　（石達開　せきたつかい　1831-1863）
　人物　（石達開　せきたつかい　1831-1863）
　世人　（石達開　せきたつかい　1831-1863）
　世東　（石達開　せきたつかい　1829-1863）
　世百　（石達開　せきたつかい　?-1863）
　全書　（石達開　せきたつかい　1831-1863）
　中国　（石達開　せきたつかい　?-1863）
　デス　（石達開　せきたつかい　1831-1863）
　百科　（石達開　せきたつかい　1831-1863）
　評世　（石達開　せきたつかい　?-1863）
　歴史　（石達開　せきたつかい　1831-1863）

石苞　せきほう
3世紀，中国，三国時代，魏の監軍。
⇒三国　（石苞　せきほう）
　三全　（石苞　せきほう　?-272）

セキマツヤセン（石抹也先）
12・13世紀，モンゴル帝国の武将。契丹人。遼河以西，灤河以東を統治。
⇒国小　（セキマツヤセン〔石抹也先〕　1177-1217）

石友三　せきゆうさん
20世紀，中国の軍閥。吉林省農安県出身。1929年末の馮玉祥ら反蒋挙兵に呼応，反蒋運動をつ

政治・外交・軍事篇

づける。
⇒近中（石友三　せきゆうさん　1891–1940.12.1）
コン3（石友三　せきゆうさん　1892–1940）
世東（石友三　せきゆうさん　1892–1940）
中人（石友三　せきゆうさん　1892–1940）

昔楊節　せきようせつ
8世紀頃、朝鮮、新羅から来日した使節。
⇒シル（昔楊節　せきようせつ　8世紀頃）
シル新（昔楊節　せきようせつ）

席律　せきりつ
7世紀頃、中国、隋の遣百済使。
⇒シル（席律　せきりつ　7世紀頃）
シル新（席律　せきりつ）

石勒　せきろく
3・4世紀、中国、後趙の初代皇帝（在位319～333）。字は世龍、謚は明帝。山西の匈奴系統の羯族出身。
⇒旺世（石勒　せきろく　274–333）
外国（石勒　せきろく　273–332）
角世（石勒　せきろく　274–333）
広辞4（石勒　せきろく　274–333）
広辞6（石勒　せきろく　274–333）
皇帝（石勒　せきろく　274–333）
国小（石勒　せきろく　274（泰始10）–333（建平4））
コン2（石勒　せきろく　274–333）
コン3（石勒　せきろく　274–333）
人物（石勒　せきろく　273–332）
世東（石勒　せきろく　273–332）
世百（石勒　せきろく　274–333）
全書（石勒　せきろく　274–333）
大辞（石勒　せきろく　274–333）
大辞3（石勒　せきろく　274–333）
大百（石勒　せきろく　274–333）
中皇（高祖　274–333）
中国（石勒　せきろく　274–333）
中史（石勒　せきろく　274–333）
デス（石勒　せきろく　274–333）
伝記（石勒　せきろく　274–333）
百科（石勒　せきろく　274–333）
評世（石勒　せきろく　274–333）
山世（石勒　せきろく　274–333）
歴史（石勒　せきろく　274（西晋・泰始10）–333（後趙・建平4））

世祖（李朝）　セジョ
⇨世祖（李朝）（せいそ）

世宗（李朝）　セジョン
⇨世宗（李朝）（せいそう）

世祖　せそ*
9・10世紀、中国、五代十国・北漢の皇帝（在位951～954）。
⇒中皇（世祖　896–955）

世宗（南燕）　せそう*
4・5世紀、中国、五胡十六国・南燕の皇帝（在位398～405）。

⇒中皇（世宗　336–405）

世宗（呉越）　せそう*
9・10世紀、中国、五代十国・呉越の皇帝（在位932～941）。
⇒中皇（世宗　887–941）

セーターティラート　Sethathirat
16世紀、ラオス国王（在位1550～72）。ラオ族2大国家を統治、最大の版図を築き、黄金の仏舎利タート・ルアンを後世に残した。
⇒伝世（セーターティラート　1534–1572）
百科（セーターティラート　1534–1571）

セチェン・ホンタイジ（切尽黄台吉）
16世紀、中国、韃靼の王。原名はSengge Dügüreng Temur Khung Taidchi。漢名は僧格黄台吉などに作る。
⇒角世（セチェン・ホンタイジ〔黄台吉〕　1545–1587）
世東（黄台吉　くんたいち　?–1585）
中国（切尽黄台吉　セチェン・ホンタイジ　1545–1587）

契　せつ
中国の伝説上の人物。殷の祖。帝舜の時に禹を助けて治水に功があり、商に封ぜられ、殷の祖となった。
⇒広辞4（契　せつ）
広辞6（契　せつ）
大辞（契　せつ）
大辞3（契　せつ）
中史（契　せつ）
百科（契　せつ）

薛懐義　せつかいぎ
7世紀、中国、唐の僧、武周革命の理論的指導者。姓は馮、名は小宝。則天武后の寵愛をうけ、『大雲経』を偽撰。
⇒コン2（薛懐義　せつかいぎ　?–695）
コン3（薛懐義　せつかいぎ　?–695）
百科（薛懐義　せつかいぎ　?–695）

薛岳（薛岳）　せつがく
20世紀、中国、国民党政府の軍人。広東出身。1946年第9戦区司令官、48年総統府参軍処参謀長を歴任。
⇒近中（薛岳　せつがく　1896.12.17–）
世東（薛岳　せつがく　1896–）
中人（薛岳　せつがく　1896–）

薛挙　せっきょ
7世紀、中国、隋末期の反乱指導者の一人。河東・汾陰（山西省）出身。
⇒コン2（薛挙　せっきょ　?–618）
コン3（薛挙　せっきょ　?–618）

薛喬　せっきょう
3世紀頃、中国、三国時代、魏の将。

せつき

せつき

薛喬　せつきょう
⇒三国（薛喬　せつきょう）
三全（薛喬　せつきょう　生没年不詳）

薛居正　せつきょせい
10世紀頃, 中国, 北宋初期の政治家。字は子平, 諡は文恵公。開封・浚儀（河南省）出身。
⇒外国（薛居正　せつきょせい　912-981）
コン2（薛居正　せつきょせい　912-981）
コン3（薛居正　せつきょせい　912-981）
中芸（薛居正　せつきょせい　912-981）

薛珝　せつく
3世紀頃, 中国, 三国時代, 呉の孫休の使者。
⇒三国（薛珝　せつく）

薛翊　せつく
3世紀頃, 中国, 三国時代, 呉, 孫休時代の文官。
⇒三全（薛翊　せつく　生没年不詳）

薛徑　せつけい
9世紀頃, 中国, 唐の吐蕃和親使。
⇒シル（薛徑　せつけい　9世紀頃）
シル新（薛徑　せつけい）

薛景仙　せつけいせん
8世紀頃, 中国, 唐の遣吐蕃使。
⇒シル（薛景仙　せつけいせん　8世紀頃）
シル新（薛景仙　せつけいせん）

薛尚悉曩　せつしょうしつのう
8世紀頃, 中央アジア, 南水国王の姪。793年7月, 女国王湯立悉らと共に入唐。
⇒シル（薛尚悉曩　せつしょうしつのう　8世紀頃）
シル新（薛尚悉曩　せつしょうしつのう）

薛仁貴　せつじんき
7世紀頃, 中国, 唐の武将。小字は驢哥。太宗・高宗に仕えた。
⇒コン2（薛仁貴　せつじんき　614-683）
コン3（薛仁貴　せつじんき　614-683）
中史（薛仁貴　せつじんき　614-683）

薛仁杲　せつじんこう
6・7世紀, 中国, 隋末期の反乱指導者の一人。河東・汾陰（山西省）出身。薛挙の子。
⇒コン2（薛仁杲　せつじんこう　?-618）
コン3（薛仁杲　せつじんこう　?-618）

薛宣　せつせん
前1世紀頃, 中国, 前漢時代の政治家。御史大夫, 丞相に就任。地方官として名声を高めた。
⇒コン2（薛宣　せつせん　生没年不詳）
コン3（薛宣　せつせん　生没年不詳）

薛則　せつそく
3世紀, 中国, 三国時代, 魏の夏侯楙配下の将。
⇒三国（薛則　せつそく）
三全（薛則　せつそく　?-227）

薛直　せつちょく
5世紀頃, 中央アジア, 車師（トルファン地方）の使者。国王車夷落が北魏の太武帝に遣わした。
⇒シル（薛直　せつちょく　5世紀頃）
シル新（薛直　せつちょく）

薛篤弼　せつとくひつ
20世紀, 中国の法律家, 官僚。
⇒近中（薛篤弼　せつとくひつ　1892-1973.7.9）

薛怀　せつひ
8・9世紀, 中国, 唐の遣吐蕃使。
⇒シル（薛怀　せつひ　?-813）
シル新（薛怀　せつひ　?-813）

節愍太子李重俊　せつびんたいしりちょうしゅん*
8世紀, 中国, 唐, 中宗の子。
⇒中皇（節愍太子李重俊　?-707）

節閔帝（前廃帝）　せつびんてい*
5・6世紀, 中国, 南北朝・北魏の皇帝（在位531～532）。
⇒中皇（節閔帝（前廃帝）　498-532）
統治（節閔帝　Chieh Min Ti　（在位）531-532）

薛福成　せつふくせい, せっぷくせい
19世紀, 中国, 清末の外交官。無錫（江蘇省）出身。字は叔耘, 号は庸庵。洋務運動を推進。
⇒外国（薛福成　せつぷくせい　1838-1894）
国小（薛福成　せつふくせい　1838（道光18）-1894（光緒20））
コン2（薛福成　せつふくせい　1838-1894）
コン3（薛福成　せつふくせい　1838-1894）
中史（薛福成　せつふくせい　1838-1894）

薛用弱　せつようじゃく
9世紀, 中国, 唐代の官吏。字は中勝。
⇒中芸（薛用弱　せつようじゃく　生没年不詳）

薛蘭　せつらん
2世紀頃, 中国, 三国時代, 呂布の副将。
⇒三国（薛蘭　せつらん）
三全（薛蘭　せつらん　?-195）

薛礼　せつれい
2世紀頃, 中国, 三国時代, 揚州の刺史劉繇の部将。
⇒三国（薛礼　せつれい）
三全（薛礼　せつれい　?-195）

セーナパティ　Senapati Ingalaga
16・17世紀, ジャワ, マタラム王朝の建設者（在位1582～1601）。東・中部ジャワ全域を平定。
⇒コン2（セーナパティ　?-1601）
コン3（セーナパティ　?-1601）
世東（セーナパティ　?-1601）

政治・外交・軍事篇　255　せんか

百科（セナパティ　?-1601）

セナパティ
⇨セーナパティ

セーニー　Seni Pramot
20世紀, タイの政治家。第2次大戦中, 米国にて自由タイ運動を指導。1974, 75年首相。
⇨外国（フェニ・プラモト　?-）
　角世（セーニー　1905-1997）
　現人（セニ・プラモート　1905.5.26-）
　世政（セーニー・プラモート　1905.5.26-1997.7.28）
　世百新（セーニー　1905-1997）
　二十（セーニー, M.P.　1905.5.26-）
　東ア（セーニー　1905-1997）
　百科（セーニー　1905-）

セニ・プラモート
⇨セーニー

セノパティ　Senopati
16世紀, ジャワの新マタラム王国の創建者。在位1584?-1601。
⇨角世（セノパティ　?-1601）

セマウン
⇨スマウン

セラノ, F.M.　Serrano, Felixberto M.
20世紀, フィリピンの弁護士, 外交官。フィリピン外相。
⇨二十（セラノ, F.M.　1906-）

全禕　ぜんい
3世紀頃, 中国, 三国時代, 呉の将。全端の子。
⇨三国（全禕　ぜんい）
　三全（全禕　ぜんい　生没年不詳）

銭惟演　せんいえん
11世紀, 中国, 北宋初期の政治家。字は希聖, 諡は文僖。杭州・臨安（浙江省）出身。
⇨コン2（銭惟演　せんいえん　?-1033頃）
　コン3（銭惟演　せんいえん　977-1034）
　集世（銭惟演　せんいえん　?-1034（景祐1）?）
　集文（銭惟演　せんいえん　?-1034（景祐1）?）
　中芸（銭惟演　せんいえん　生没年不詳）
　中史（銭惟演　せんいえん　962-1034）

宣懿皇后　せんいこうごう*
10世紀, 中国の皇妃。
⇨世女日（宣懿皇后　XUANGYI huanghou）

銭維城　せんいじょう
18世紀, 中国, 清中期の官僚。字は幼安, 諡は文敏。江蘇省出身。貴州の財政査察, 苗族の反乱鎮圧, 雲南の逃兵対策などに努めた。
⇨コン2（銭維城　せんいじょう　1720-1772）
　コン3（銭維城　せんいじょう　1720-1772）

新美（銭維城　せんいじょう　1720（清・康熙59）-1772（乾隆37）.10）
世百（銭維城　せんいじょう　1720-1772）

鮮于臣済　せんうしんさい
7世紀頃, 中国, 唐の吐蕃弔祭使。
⇨シル（鮮于臣済　せんうしんさい　7世紀頃）
　シル新（鮮于臣済　せんうしんさい）

銭永昌　せんえいしょう
20世紀, 中国の政治家。交通相, 共産党中央委員。
⇨中人（銭永昌　せんえいしょう　1933-）

全懌　ぜんえき
3世紀頃, 中国, 三国時代, 呉の大将。全琮の子。
⇨三国（全懌　ぜんえき）
　三全（全懌　ぜんえき　生没年不詳）

宣王（周）　せんおう
前9・8世紀, 中国, 西周の第11代王（在位827～781）。第10代厲王の子。中興の祖といわれる。
⇨皇帝（宣王（周）　せんおう　?-前782）
　国小（宣王（周）　せんおう　?-前781（宣王47））
　コン2（宣王（周）　せんおう　?-前782）
　コン3（宣王（周）　せんおう　?-前782）
　人物（宣王　せんおう　?-前782）
　世東（宣王　せんおう　前827-782）
　世百（宣王（周）　せんおう　?-前782）
　中国（宣王（周）　せんおう　（在位）前827-782）
　統治（宣（宣王静）　Hsüan　（在位）前828-782）
　百科（宣王（周）　せんおう）

宣王（斉）　せんおう
前4世紀, 中国, 戦国時代・斉の第4代王（在位前319～301）。威王の子。名は辟彊。
⇨皇帝（宣王　せんおう　?-前301）
　国小（宣王（斉）　せんおう　?-前301（宣王19））
　コン2（宣王（斉）　せんおう　?-前301）
　コン3（宣王（斉）　せんおう　?-前301）
　人物（宣王　せんおう　?-前301）
　世東（宣王　せんおう　前?-前324）
　世百（宣王, 田斉　せんおう　?-前301）
　中国（宣王（斉）　せんおう　（在位）前319-前301）
　百科（宣王, 田斉　せんおう　?-前301）
　歴史（宣王（斉）　せんおう）

宣王（楚）　せんおう
前3世紀, 中国, 戦国楚の第34代王（在位前269～240）。名は熊良夫。南方の雄として, 北方を威圧していた。
⇨世東（宣王　せんおう）

泉蓋蘇文　せんがいそぶん
7世紀, 朝鮮, 高句麗末期の将軍, 宰相。淵蓋蘇文。642年長城を築造, 唐の5度の侵入を防いだ。

せんき

⇒角世 （泉蓋蘇文　せんがいそぶん　?-665）
　国小 （泉蓋蘇文　せんがいそぶん　?-665（宝蔵王24））
　コン2 （淵蓋蘇文　えんがいそぶん　?-665）
　コン3 （淵蓋蘇文　えんがいそぶん　?-665）
　世百 （淵蓋蘇文　せんがいそぶん　?-665）
　全書 （淵蓋蘇文　えんがいそぶん　?-665）
　朝人 （淵蓋蘇文　せんがいそぶん　?-665）
　朝鮮 （淵蓋蘇文　せんがいそぶん　?-665）
　日人 （淵蓋蘇文　せんがいそぶん　?-665/666）
　百科 （泉蓋蘇文　せんがいそぶん　?-665）

善耆　ぜんき
19・20世紀，中国の皇族，官僚，政治家。第10代粛親王。
⇒近中 （善耆　ぜんき　1866-1922.3.24）

銭基琛（銭其琛）　せんきしん
20世紀，中国の政治家。
⇒世東 （銭其琛　せんきしん　1928.1-）
　中人 （銭其琛　せんきしん　1928.1-）
　ナビ （銭其琛　せんきしん　1928-）

顓頊　せんぎょく
中国の伝説五帝の1人。高唐氏，黄帝の孫。暦を作った神と伝えられている。
⇒広辞6 （顓頊　せんぎょく）
　人物 （顓頊　せんぎょく）
　世百 （顓頊　せんぎょく）
　大辞 （顓頊　せんぎょく）
　大辞3 （顓頊　せんぎょく）
　中史 （顓頊　せんぎょく）
　百科 （顓頊　せんぎょく）

千金公主　せんきんこうしゅ
6世紀，中国，北周の女性。宇文泰の孫。突厥（チュルク）他鉢可汗に嫁した。
⇒シル （千金公主　せんきんこうしゅ　?-593）
　シル新 （千金公主　せんきんこうしゅ　?-593）
　世女日 （千金公主　QIANJIN gongzhu　?-593）
　中皇 （千金公主）

センゲ・ホンタイジ（辛愛黄台吉）
16世紀，中国，明末のモンゴルの部族長。1583年順義王となる。
⇒角世 （センゲ・ホンタイジ〔辛愛黄台吉〕　?-1585）

センゲ・リンチン（僧格林沁）　Senggelingin
19世紀，中国，清の武将。サンゴリンチンとも呼ばれる。
⇒外国 （センゲリンチン〔僧格林沁〕　?-1865）
　角世 （センゲ・リンチン　?-1865）
　国小 （センゲリンチン〔僧格林沁〕　?-1865（同治4））
　コン2 （センゲリンチン〔僧格林沁〕　?-1865）
　コン3 （センゲリンチン〔僧格林沁〕　?-1865）
　世東 （センゲリンチン　?-1865）
　世百 （センゲリンチン〔僧格林沁〕　?-1865）
　全書 （センゲリンチン　?-1865）
　中国 （センゲリンチン〔僧格林沁〕　?-1865）

中史 （僧格林沁　サンゴリンチン　?-1865）

洗恒漢　せんこうかん
20世紀，中国の軍人。湖南省出身。1949年2月第1野戦軍（彭徳懐）第1軍政委。9月青海軍区政委。55年9月中将。56年3期全人大会軍代表。68年1月甘粛省革委会主任に就任。69年4月9期中央委。
⇒世東 （洗恒漢　せんこうかん　1913頃-）
　中人 （洗恒漢　せんこうかん　1911-）

銭皇后　せんこうごう*
15世紀，中国，明，英宗（正統・天順帝）の皇妃。
⇒中皇 （銭皇后　?-1468）

全皇后（南宋）　ぜんこうごう*
中国，南宋，度宗の皇妃。
⇒中皇 （全皇后）

銭之光　せんしこう
20世紀，中国の政治家。1959年3月2期全人大会山東省代表。9月紡織工業部副部長。69年4月9期中央委。
⇒世東 （銭之光　せんしこう　?-）
　中人 （銭之光　せんしこう　1900-）

単子春　ぜんししゅん
3世紀頃，中国，三国時代，琅邪郡の太守。
⇒三国 （単子春　ぜんししゅん）
　三全 （単子春　ぜんししゅん　生没年不詳）

銭俊瑞　せんしゅんずい
20世紀，中国の学者，政治家。江蘇省無錫県出身。雑誌「中国農村」を編集し，農村問題を分析。
⇒コン3 （銭俊瑞　せんしゅんずい　1903-1985）
　人物 （銭俊瑞　せんしゅんずい　1903-）
　世東 （銭俊瑞　せんしゅんずい　1903-）
　中人 （銭俊瑞　せんしゅんずい　1908-1985.5.25）

宣仁太后　せんじんたいこう
11世紀，中国，北宋第5代英宗の皇后。高太后。姓は高氏。哲宗の摂政となり，司馬光はじめ旧法党の人物を用い，新法を廃止。
⇒国小 （宣仁太后　せんにんたいこう　1032（明道1）-1093（元祐8.9））
　コン2 （高太后　こうたいこう　1032-1093）
　コン2 （宣仁太后　せんじんたいこう　1032-1093）
　コン3 （高太后　こうたいこう　1032-1093）
　コン3 （宣仁太后　せんじんたいこう　1032-1093）
　世女日 （高太后　GAO taihuang）
　世女日 （宣仁太后　XUANREN taihou　1032-1093）
　中皇 （高皇后　1032-1093）
　百科 （宣仁太后　せんじんたいこう　1032-1093）

政治・外交・軍事篇　　　　　　　257　　　　　　　　　　　　せんて

銭正英　せんせいえい
20世紀, 中国の政治家, 水利専門家。中国人民政治協商会議全国委員会副主席, 中国共産党中央委員。
⇒世女（銭正英　せんせいえい　1923-）
　中人（銭正英　せんせいえい　1923-）

蠕々公主　ぜんぜんこうしゅ
6世紀頃, 中国, 北斉神武皇帝（高歓）の妃。柔然王の娘。
⇒シル（蠕々公主　ぜんぜんこうしゅ　6世紀頃）
　シル新（蠕々公主　ぜんぜんこうしゅ）

宣祖（李朝）　せんそ
16・17世紀, 朝鮮, 李朝の第14代王（在位1567～1608）。諱は鈞。昤徳興大院君の第3子。
⇒角世（宣祖　せんそ　1552-1608）
　皇帝（宣祖　せんそ　1552-1608）
　国小（宣祖　せんそ　1552（明宗7）-1608（宣祖41））
　コン2（宣祖　せんそ　1552-1608）
　コン3（宣祖　せんそ　1552-1608）
　人物（宣祖　せんそ　1552-1608）
　世東（宣祖　せんそ　1552-1608）
　世東（李鈞　りきん　1552-1608）
　世百（宣祖（李朝）　せんそ　1552-1608）
　朝人（宣祖　せんそ　1552-1608）
　朝鮮（宣祖　せんそ　1552-1608）
　伝記（宣祖（李朝）　せんそ　1552.11.11-1608）
　統治（宣祖　Sŏnjo　（在位）1567-1608）
　百科（宣祖（李朝）　せんそ　1552-1608）

宣宗（唐）　せんそう
9世紀, 中国, 唐の第16代皇帝（在位846～859）。憲宗の第13子。穆宗の弟。
⇒皇帝（宣宗　せんそう　810-859）
　コン2（宣宗（唐）　せんそう　810-859）
　コン3（宣宗（唐）　せんそう　810-859）
　中皇（宣宗　820-859）
　統治（宣宗　Hsüan Tsung　（在位）846-859）

宣宗（高麗）　せんそう*
11世紀, 朝鮮, 高麗王国の王。在位1083～1094。
⇒統治（宣宗　Sŏnjong　（在位）1083-1094）

宣宗（金）　せんそう
12・13世紀, 中国, 金第8代皇帝（在位1213～23）。世宗の皇太子の長子。章宗の異母兄。
⇒コン2（宣宗（金）　せんそう　1163-1223）
　コン3（宣宗（金）　せんそう　1163-1223）
　人物（宣宗　せんそう　1163-1223）
　世東（宣宗　せんそう　1163-1223）
　中皇（宣宗　1163-1223）
　統治（宣宗　Hsüan Tsung　（在位）1213-1224）

宣宗（明）　せんそう
⇨宣徳帝（明）（せんとくてい）

宣宗（清）　せんそう
⇨道光帝（どうこうてい）

全琮　ぜんそう
3世紀, 中国, 三国時代, 呉の綏南将軍。字は子璜（しこう）。
⇒三国（全琮　ぜんそう）
　三全（全琮　ぜんそう　?-249）

宣太后　せんたいごう*
前3世紀, 中国, 秦, 昭王の母。
⇒中皇（宣太后　?-前264）

詹大悲　せんたいひ, せんだいひ
19・20世紀, 中国の革命家。字は質存。湖北省出身。革命政権に参加。国民政府参事など歴任。北伐過程に武漢府政下で湖北財政庁長となる。
⇒近中（詹大悲　せんだいひ　1887.8.3-1927.12.17）
　コン3（詹大悲　せんたいひ　1887-1927）
　世東（詹大悲　1888-1927.12.19）
　中人（詹大悲　せんたいひ　1887-1927）

全端　ぜんたん
3世紀頃, 中国, 三国時代, 呉の大将。
⇒三国（全端　ぜんたん）
　三全（全端　ぜんたん　生没年不詳）

単超　ぜんちょう, せんちょう
2世紀, 中国, 後漢の宦官。河南出身。159年桓帝とはかり, 外戚梁冀一族の数百名を殺害。
⇒コン2（単超　ぜんちょう　?-160）
　コン3（単超　ぜんちょう　?-160）
　世東（単超　せんちょう　?-160）

宣帝（前漢）　せんてい
前1世紀, 中国, 前漢の第10代皇帝（在位前87～49）。姓名劉詢。武帝の曾孫。
⇒旺世（宣帝　せんてい　前91-49）
　角世（宣帝　せんてい　前91-49）
　皇帝（宣帝　せんてい　前91-49）
　国小（宣帝（前漢）　せんてい　前91（征和2）-49（黄龍1））
　コン2（宣帝（前漢）　せんてい　前91-49）
　コン3（宣帝（前漢）　せんてい　前91-49）
　人物（宣帝　せんてい　前91-49）
　世東（宣帝　せんてい　前91-49）
　世百（宣帝　せんてい　前91-49）
　全書（宣帝　せんてい　前91-49）
　大百（宣帝　せんてい　前91-49）
　中皇（宣帝　前91-49）
　統治（宣帝　Hsüan Ti　（在位）前74-前48）
　百科（宣帝　せんてい　前91-前49）
　評世（宣帝　せんてい　前91-49）

宣帝（北周）　せんてい*
6世紀, 中国, 南北朝・北周の皇帝（在位578～579）。
⇒中皇（宣帝　559-580）
　統治（宣帝　Hsüan Ti　（在位）578-579）

宣帝（陳）　せんてい*
6世紀, 中国, 陳の皇帝 (在位569～582)。
⇒中皇　（宣帝　528-582）
　統治　（宣帝　Hsüan Ti　(在位) 569-582）

銭鼎銘　せんていめい
19世紀, 中国, 清の官僚。江蘇省出身。太平天国の進出で上海が孤立したとき, 戸部主事として李鴻章の出馬を要請。
⇒コン2　（銭鼎銘　せんていめい　1824-1875）
　コン3　（銭鼎銘　せんていめい　1824-1875）

宣統帝　せんとうてい
⇨溥儀（ふぎ）

全斗煥　ぜんとかん
⇨全斗煥（チョンドゥファン）

宣徳王　せんとくおう
8世紀, 朝鮮, 新羅の第37代王 (在位780～785)。在世中から王権は弱体化, 新羅王朝は動揺・衰退期にはいる。
⇒コン2　（宣徳王　せんとくおう　?-785）
　コン3　（宣徳王　せんとくおう　?-785）
　朝人　（宣徳王　せんとくおう　?-785）

善徳女王　ぜんとくじょおう
7世紀, 朝鮮, 新羅の第27代王 (在位632～647)。仏教を三国統一の宗教的象徴とした。
⇒コン2　（善徳女王　ぜんとくじょおう　?-647）
　コン3　（善徳女王　ぜんとくじょおう　?-647）

宣徳帝（明）　せんとくてい
14・15世紀, 中国, 明の第5代皇帝 (在位1425～35)。名は瞻基。廟号は宣宗。楊士奇ら名臣の補佐を得て内治に努め, 仁宣の治を現出。
⇒外国　（宣徳帝　せんとくてい　1398-1435）
　角世　（宣徳帝　せんとくてい　1399-1435）
　広辞6　（宣徳帝　せんとくてい　1399-1435）
　皇帝　（宣徳帝　せんとくてい　1399-1435）
　国小　（宣徳帝（明）　せんとくてい　1398(洪武31)-1435(宣徳10)）
　コン2　（宣徳帝　せんとくてい　1399-1435）
　コン3　（宣徳帝　せんとくてい　1398-1435）
　人物　（宣宗　せんそう　1399-1435）
　世東　（宣宗　せんそう　1398-1435）
　世百　（宣徳帝　せんとくてい　1398-1435）
　全書　（宣宗　せんとくてい　1399-1435）
　大百　（宣宗　せんとくてい　1398-1435）
　中皇　（宣宗(宣徳帝)　1399-1435）
　中国　（宣宗（明）　せんそう　1399-1435）
　統治　（宣宗　Hsüan Tê [Hsüan Tsung]（在位）1425-1435）
　百科　（宣徳帝　せんとくてい　1398-1435）

セントト　Sentot
19世紀, ジャワの武将。反乱を指導。
⇒コン2　（セントト　19世紀）
　コン3　（セントト　生没年不詳）

宣仁太后　せんにんたいこう
⇨宣仁太后（せんじんたいこう）

銭能訓　せんのうくん
19・20世紀, 中国, 清末・民国初期の政治家。1918年総統徐世昌の下で国務総理に就任, 南北和議にあたる。
⇒コン2　（銭能訓　せんのうくん　1869-1924）
　コン3　（銭能訓　せんのうくん　1869-1924）
　中人　（銭能訓　せんのうくん　1870-1924）

冉閔　ぜんびん
4世紀, 中国, 五胡後趙の武将。字は永曾。魏郡出身の漢人。大魏国を建て, 自ら帝位に即いた。
⇒コン2　（冉閔　ぜんびん　?-352）
　コン3　（冉閔　ぜんびん　?-352）
　中皇　（冉閔　?-352）

銭復　せんふく
20世紀, 台湾の政治家。外相, 台湾監察院長, 台湾国民党中央常務委員。
⇒世政　（銭復　せんふく　1935.2.17-）
　世東　（銭復　せんふく　1935-）
　中人　（銭復　せんふく　1935.2.17-）

洗夫人　せんふじん
6世紀, 中国, 南北朝時代・隋の嶺南地方の首領。
⇒中史　（洗夫人　せんふじん　?-601）

宣武帝　せんぶてい*
5・6世紀, 中国, 南北朝・北魏の皇帝 (在位499～515)。
⇒中皇　（宣武帝　483-515）
　統治　（宣武帝　Hsüan Wu Ti　(在位) 499-515）

全琫準　ぜんほうじゅん, ぜんぽうじゅん
19世紀, 朝鮮, 李朝末期の東学党の乱 (甲午農民戦争) の指導者。別名彖豆将軍。
⇒旺世　（全琫準　ぜんほうじゅん　1854-1895）
　外国　（全琫準　ぜんほうじゅん　1854-1895）
　角世　（全琫準　ぜんほうじゅん　1855-1895）
　広辞6　（全琫準　チョンボンジュン　1855-1895）
　国史　（全琫準　ぜんほうじゅん　1855-1895）
　国小　（全琫準　ぜんほうじゅん　1854(哲宗5)-1895(高宗32)）
　コン2　（全琫準　ぜんほうじゅん　1854-1895）
　コン3　（全琫準　ぜんほうじゅん　1854-1895）
　人物　（全琫準　ぜんほうじゅん　1854-1895）
　世人　（全琫準　ぜんほうじゅん　1854-1895）
　世東　（全琫準　ぜんほうじゅん　1854-1895）
　世百　（全琫準　ぜんほうじゅん　1854-1895）
　全書　（全琫準　ぜんほうじゅん　1854-1895）
　大辞3　（全琫準　チョンボンジュン　1854-1895）
　大百　（全琫準　ぜんほうじゅん　1853-1895）
　朝人　（全琫準　ぜんほうじゅん　1855-1895）
　朝鮮　（全琫準　ぜんほうじゅん　1856-1895）
　伝記　（全琫準　ぜんほうじゅん〈チョンボンジュン〉　1854-1895.3）
　日人　（全琫準　チョンボンジュン　1856-1895）
　百科　（全琫準　ぜんほうじゅん　1856-1895）

政治・外交・軍事篇

評世（全琫準　ぜんほうじゅん　1854–1895）
山世（全琫準　ぜんほうじゅん　1856–1895）

銭鏐　せんりゅう
9・10世紀、中国、五代十国・呉越国の初代国王（在位907～932）。字は具美、諡は武粛王。
⇒外国（銭鏐　せんりゅう　852–932）
　角世（銭鏐　せんりゅう　852–932）
　皇帝（銭鏐　せんりゅう　852–932）
　国小（銭鏐　せんりゅう　852（大中6）–932（長興3.3.28））
　コン2（銭鏐　せんりゅう　852–932）
　コン3（銭鏐　せんりゅう　852–932）
　人物（銭鏐　せんりゅう　852–932）
　世東（銭鏐　せんりゅう　852–932）
　中皇（太祖　852–932）
　中国（銭鏐　せんりゅう　852–932）
　中史（銭鏐　せんりゅう　852–932）
　評世（銭鏐　せんりゅう　852–932）

【そ】

蘇威　そい
6・7世紀頃、中国、隋の遣突厥使。
⇒シル（蘇威　そい　6–7世紀頃）
　シル新（蘇威　そい）
　中芸（蘇威　そい　生没年不詳）

蘇易簡　そいかん
10世紀、中国、宋代の官吏、文人。著書に『文房四譜』など。
⇒中芸（蘇易簡　そいかん　958–996）

曹亜伯　そうあはく
20世紀、中国の革命家。湖北省出身。第2革命後、中華革命党に加入。以後、孫文と行をともにした。
⇒コン3（曹亜伯　そうあはく　1878–1937）
　世東（曹亜伯　そうあはく　?–1937.10）
　中人（曹亜伯　そうあはく　1878–1937）

曾燠　そういく
18・19世紀、中国、清代中期の政治家、文人。字は庶蕃、号は賓谷。『賞雨茅屋集』など。
⇒集文（曾燠　そういく　1759（乾隆24）–1830（道光10））
　中芸（曾燠　そういく　1760–1831）

宋育仁　そういくじん
19・20世紀、中国の官僚、学者。
⇒近中（宋育仁　そういくじん　1857–1931.5.18）

ソーウィン　Soe Win
20世紀、ミャンマーの政治家、軍人。ミャンマー首相。
⇒世政（ソー・ウィン　1945.8.7–）

東ア（ソーウィン　1948–2007）

曾蔭権　そういんけん
20世紀、中国の政治家。香港特別行政区2代目行政長官（2005～）。
⇒世人（曾蔭権　そういんけん　1944–）

曹宇　そうう
3世紀頃、中国、三国時代、魏の文帝曹丕の子で燕王。
⇒三国（曹宇　そうう）
　三全（曹宇　そうう　生没年不詳）

宋璟（宗璟）　そうえい
7・8世紀、中国、唐の名相。邢州（河北省）出身。玄宗の開元の治の基礎を築いた。
⇒旺世（宋璟　そうえい　663–737）
　外国（宋璟　そうえい　663–737）
　角世（宋璟　そうえい　663–737）
　国小（宗璟　そうえい　663（龍朔3）–737（開元25））
　コン2（宋璟　そうえい　663–737）
　コン3（宋璟　そうえい　663–737）
　人物（宋璟　そうえい　663–737）
　全書（宋璟　そうえい　663–737）
　大百（宋璟　そうえい　663–737）
　中史（宋璟　そうえい　663–737）
　百科（宋璟　そうえい　663–737）
　評世（宋璟　そうえい　663–737）

曹叡　そうえい
⇨明帝（魏）（めいてい）

曹永　そうえい
3世紀、中国、三国時代、魏の曹仁配下の部将。
⇒三国（曹永　そうえい）
　三全（曹永　そうえい　?–211）

曹鋭　そうえい
19・20世紀、中国の監生、直隷派官僚。
⇒近中（曹鋭　そうえい　1866–1924.11.30）

荘王（周）　そうおう*
前7世紀、中国、東周の王（第15代、在位前697～682）。
⇒統治（荘（荘王佗）　Chuang　（在位）前697–682）

荘王（楚）　そうおう
前7・6世紀、中国、春秋時代・楚の君主（在位前613～591）。五覇の一人。穆王の子で名は侶。
⇒逸話（荘王　そうおう　?–前591）
　旺世（荘王　そうおう　?–前591）
　角世（荘王　そうおう　?–前591）
　広辞4（荘王　そうおう　?–前591）
　広辞6（荘王　そうおう　（在位）前613–前591）
　皇帝（荘王　そうおう　?–前591）
　国小（荘王（楚）　そうおう　?–前591（定王16））
　コン2（荘王　そうおう　?–前591）
　コン3（荘王　そうおう　?–前591）

そうお

三国（荘王　そうおう）
人物（荘王　そうおう　?-前591）
世人（荘王　そうおう　?-前591）
世東（荘王　そうおう　前613-591）
全書（荘王　そうおう　?-前591）
大辞（荘王　そうおう　?-前591）
大辞3（荘王　そうおう　?-前591）
大百（荘王　そうおう　?-前591）
中国（荘王（楚）　そうおう　（在位）前613-591）
中史（荘王（楚）　そうおう　?-前591）
評世（荘王　そうおう　生没年不詳）
山世（荘王　そうおう　?-前591）
歴史（荘王（楚）　そうおう）

巣王李元吉　そうおうりげんきつ*
7世紀、中国、唐、高祖の子。
⇒中皇（巣王李元吉　?-626）

宗果　そうか
3世紀頃、中国、三国時代、董卓の残党李傕の部将。
⇒三国（宗果　そうか）

宗俄　そうが
8世紀頃、チベット、吐蕃王朝の遺唐和平使。
⇒シル（宗俄　そうが　8世紀頃）
シル新（宗俄　そうが）

宋果　そうか
2世紀、中国、三国時代、李傕の部将。
⇒三全（宋果　そうか　?-195）

曹学佺　そうがくせん
16・17世紀、中国、明末の政治家、学者。字は能始。号は石倉、沢雁。諡は忠節。著書『野史紀略』。
⇒外国（曹学佺　そうがくせん　1574-1647）
国小（曹学佺　そうがくせん　1574（万暦2）-1646（紹武1））
中芸（曹学佺　そうがくせん　1576-1649）
中書（曹学佺　そうがくせん　1574-1647）

荘恪太子李永　そうかくたいしりえい*
9世紀、中国、唐、文宗の子。
⇒中皇（荘恪太子李永　?-838）

宗幹　そうかん
⇨完顔宗翰（ワンヤンソウカン）

宗翰　そうかん
11・12世紀、中国、金の将軍。女真名はネメガ（粘没喝）。太祖・阿骨打の伯父劾者の孫。
⇒国小（宗翰　そうかん　1079（元豊2）-1136（天会14））
コン2（宗翰　そうかん　1079-1136）
コン3（宗翰　そうかん　1079-1136）
人物（宗翰　そうかん　1079-1136）
世東（宗翰　そうかん　1079-1136）
中国（宗翰　そうかん　1079-1136）

曾琦　そうき
20世紀、中国の政治家。字は慕韓。四川省出身。国家主義を唱え、1924年「醒獅社」を組織。のち国民参政会員。日中戦争後、反共国際組織の実現をはかった。
⇒近中（曾琦　そうき　1892.9.25-1951.5.7）
コン3（曾琦　そうき　1892-1951）
中人（曾琦　そうき　1892-1951）

宋義　そうぎ
前3世紀、中国、楚・漢の武将。楚の懐王に用いられて上将軍となった。項羽に斬殺された。
⇒世東（宋義　そうぎ　前3世紀末頃）

増祺　ぞうき
19・20世紀、中国、清末期の軍人。1899年盛京将軍となり、アレクセーエフとの密約でロシアの南満州支配を容認。
⇒コン2（増祺　ぞうき　?-1919）
コン3（増祺　ぞうき　?-1919）
中人（増祺　ぞうき　1851-1919）

宋希璟　そうきけい
14・15世紀、朝鮮、李朝の官僚。
⇒国史（宋希璟　そうきけい　1376-1446）
対外（宋希璟　そうきけい　1376-1446）
日人（宋希璟　そうきけい　1376-1446）

曾希聖　そうきせい
20世紀、中国の政治家。湖南省出身。1952年8月安徽省人民政府主席。67年8月「資本主義の道を歩む実権派」として批判される。
⇒近中（曾希聖　そうきせい　1904-1968.7.15）
世representative（曾希聖　そうきせい　1904-）
中人（曾希聖　そうきせい　1904-1968）

曾紀沢　そうきたく
19世紀、中国、清末期の政治家、外交官。駐英・仏公使。曾国藩の長子。
⇒外国（曾紀沢　そうきたく　1839-1890）
角世（曾紀沢　そうきたく　1839-1890）
コン2（曾紀沢　そうきたく　1839-1890）
コン3（曾紀沢　そうきたく　1839-1890）
人物（曾紀沢　そうきたく　1839-1890）
世東（曾紀沢　そうきたく　1839-1890）
中史（曾紀沢　そうきたく　1839-1890）
山世（曾紀沢　そうきたく　1839-1890）

曹吉祥　そうきっしょう, そうきつしょう
15世紀、中国、明の宦官。石亨と結んで1457年英宗を復位させた。
⇒外国（曹吉祥　そうきっしょう　?-1461）
国小（曹吉祥　そうきっしょう　?-1461（天順5.7））
コン2（曹吉祥　そうきっしょう　?-1461）
コン3（曹吉祥　そうきっしょう　?-1461）

宋季文　そうきぶん
20世紀、中国の政治家。軽工業相、人民政治協商会議全国委員会常務委員。

⇒中人（宋季文　そうきぶん　1916-）

曹休　そうきゅう
3世紀，中国，三国時代，魏の曹一族の若い大将。字は文烈（ぶんれつ）。
⇒三国（曹休　そうきゅう）
　三全（曹休　そうきゅう　?-228）

荘蹻　そうきょう
前4世紀頃，中国，戦国時代の武将。荘豪ともいう。
⇒国小（荘蹻　そうきょう　生没年不詳）
　世百（荘蹻　そうきょう）

宋教仁　そうきょうじん
19・20世紀，中国の革命家。中国革命同盟会結成に参加，同盟会を国民党に改組，理事長代理として事実上の党首となり，大総統袁世凱を牽制しようとしたが，袁の刺客に上海で暗殺された。
⇒旺世（宋教仁　そうきょうじん　1882-1913）
　外国（宋教仁　そうきょうじん　1882-1913）
　角世（宋教仁　そうきょうじん　1882-1913）
　近中（宋教仁　そうきょうじん　1882.4.5-1913.3.22）
　広辞6（宋教仁　そうきょうじん　1882（光緒8）-1913.3.22）
　国小（宋教仁　そうきょうじん　1882（光緒8）-1913.3.22）
　コン3（宋教仁　そうきょうじん　1882-1913）
　人物（宋教仁　そうきょうじん　1882-1913）
　世人（宋教仁　そうきょうじん　1882-1913）
　世東（宋教仁　そうきょうじん　1882-1913）
　世百（宋教仁　そうきょうじん　1882-1913）
　世百新（宋教仁　そうきょうじん　1882-1913）
　全書（宋教仁　そうきょうじん　1882-1913）
　大百（宋教仁　そうきょうじん　1822-1913）
　中人（宋教仁　そうきょうじん　1882（光緒8）-1913.3.22）
　ナビ（宋教仁　そうきょうじん　1882-1913）
　日人（宋教仁　そうきょうじん　1882-1913）
　百科（宋教仁　そうきょうじん　1882-1913）
　評世（宋教仁　そうきょうじん　1882-1913）
　山世（宋教仁　そうきょうじん　1882-1913）
　歴史（宋教仁　そうきょうじん　1883（光緒9）-1913（民国2））

桑弘羊　そうくよう
⇨桑弘羊（そうこうよう）

曹訓　そうくん
⇨曹慶沢（そうけいたく）

宋慶　そうけい
19・20世紀，中国，清末期の武将。字は祝三。山東省出身。1853年来，袁甲三の下で太平軍の鎮圧にあたる。日清戦争では海城で善戦。
⇒コン2（宋慶　そうけい　1820-1902）
　コン3（宋慶　そうけい　1820-1902）
　中人（宋慶　そうけい　1820-1902）

荘和碩公主　そうけいカセキこうしゅ*
18・19世紀，中国，清，嘉慶（かけい）帝の娘。

⇒中皇（荘慶和碩公主　1781-1811）

曾慶紅　そうけいこう
20世紀，中国の政治家。中国国家副主席，中国共産党政治局常務委員・中央書記局書記。
⇒世政（曾慶紅　そうけいこう　1939.7-）
　中人（曾慶紅　そうけいこう　1939.7-）
　中二（曾慶紅　そけいこう　1939.7-）

宋景詩（宗景詩）　そうけいし
19世紀，中国，清末の農民叛乱の指導者。山東省堂邑県出身。白蓮教徒叛乱に参加し，黒旗軍を率いた。
⇒国小（宗景詩　そうけいし　1824（道光4）頃-?）
　コン2（宋景詩　そうけいし　1824-1871?）
　コン3（宋景詩　そうけいし　1824-1871）
　世東（宋景詩　そうけいし　生没年不詳）
　全書（宋景詩　そうけいし　1824-1871?）
　中国（宋景詩　そうけいし　生没年不詳）
　評世（宋景詩　そうけいし　1824-?）

荘敬太子朱載壑　そうけいたいししゅさいえい*
16世紀，中国，明，嘉靖（かせい）帝の子。
⇒中皇（荘敬太子朱載壑　?-1549）

曹慶沢　そうけいたく
20世紀，中国共産党四川省規律検査委員会書記。
⇒三国（曹訓　そうくん）
　三全（曹訓　そうくん　?-249）
　中人（曹慶沢　そうけいたく　1932-）

宋慶齢　そうけいれい
19・20世紀，中国の政治家。孫文未亡人。姉宋靄齢は孔祥熙夫人，妹宋美齢は蒋介石夫人で宋子文は弟。1959年以来国家副主席。著書に『宋慶齢選集』（53）がある。
⇒旺世（宋慶齢　そうけいれい　1893-1981）
　外国（宋慶齢　そうけいれい　1890-）
　角世（宋慶齢　そうけいれい　1893-1981）
　近中（宋慶齢　そうけいれい　1893.1.27-1981.5.29）
　現人（宋慶齢　そうけいれい〈ソンチンリン〉1890-）
　広辞5（宋慶齢　そうけいれい　1893-1981）
　広辞6（宋慶齢　そうけいれい　1893-1981）
　国小（宋慶齢　そうけいれい　1890（光緒16）-）
　コン3（宋慶齢　そうけいれい　1893-1981）
　人物（宋慶齢　そうけいれい　1890-）
　スバ（宋慶齢　そうけいれい　1890-）
　世女（宋慶齢　そうけいれい　1893-1981）
　世女日（宋慶齢　1892-1981）
　世人（宋慶齢　そうけいれい　1890-）
　世政（宋慶齢　そうけいれい　1893.1.27-1981.5.29）
　世東（宋慶齢　そうけいれい　1890-）
　世百（宋慶齢　そうけいれい　1890-）
　世百新（宋慶齢　そうけいれい　1893-1981）
　全書（宋慶齢　そうけいれい　1892-1981）
　大辞2（宋慶齢　そうけいれい　1890-1981）
　大辞3（宋慶齢　そうけいれい　1890-1981）
　大百（宋慶齢　そうけいれい　1890-）

```
中国  （宋慶齢  そうけいれい  1893-1981）
中人  （宋慶齢  そうけいれい  1893-1981.5.29）
ナビ  （宋慶齢  そうけいれい  1893-1981）
日人  （宋慶齢  そうけいれい  1893*-1981）
百科  （宋慶齢  そうけいれい  1893-1981）
評世  （宋慶齢  そうけいれい  1890-1981）
山世  （宋慶齢  そうけいれい  1893-1981）
```

宋憲　そうけん
2世紀，中国，三国時代，呂布配下の勇将。
```
⇒三国  （宋憲  そうけん）
  三全  （宋憲  そうけん  ?-200）
```

宋謙　そうけん
3世紀，中国，三国時代，孫権配下の将。
```
⇒三国  （宋謙  そうけん）
  三全  （宋謙  そうけん  ?-209）
```

曹彦　そうげん
3世紀，中国，三国時代，魏の大将軍曹爽の弟。
```
⇒三国  （曹彦  そうげん）
  三全  （曹彦  そうげん  ?-249）
```

曾憲林　そうけんりん
20世紀，中国軽工業相，高級技師，中国共産党中央委員候補。
```
⇒中人  （曾憲林  そうけんりん  1929-）
```

宋江　そうこう
12世紀頃，中国，北宋末の宋江の乱の指導者。小説『水滸伝』の主人公。1120年頃，河南省の黄河流域で蜂起。
```
⇒コン2  （宋江  そうこう  生没年不詳）
  コン3  （宋江  そうこう  生没年不詳）
  世東  （宋江  そうこう  12世紀）
  大辞  （宋江  そうこう）
  大辞3  （宋江  そうこう）
  中国  （宋江  そうこう  生没年不詳）
```

荘公　そうこう
前8世紀，中国，春秋初・斉の王。名は購。
```
⇒人物  （荘公  そうこう  ?-前731）
  世東  （荘公  そうこう  前794-731）
```

宋皇后　そうこうごう*
10世紀，中国，北宋，太祖の皇妃。
```
⇒中皇  （宋皇后  951-995）
```

曹皇后　そうこうごう*
11世紀，中国，北宋，仁宗の皇妃。
```
⇒中皇  （曹皇后  1015-1079）
```

曹剛川　そうごうせん
20世紀，中国の軍人。中国国防相，中国共産党政治局員・中央軍事委員会副主席。
```
⇒世政  （曹剛川  そうごうせん  1935.12-）
  中二  （曹剛川  そうごうせん  1935.12-）
```

桑弘羊　そうこうよう
前2・1世紀，中国，前漢の武帝，昭帝時代の官僚。財政難打開の任にあたり，塩鉄の専売，均輸・平準の事を司り，のち御史大夫となった。
```
⇒旺世  （桑弘羊  そうこうよう  ?-前80）
  角世  （桑弘羊  そうこうよう  ?-前80）
  広辞6 （桑弘羊  そうこうよう  前152-80）
  国小  （桑弘羊  そうこうよう  ?-前80（元鳳1））
  コン2  （桑弘羊  そうこうよう  前152-80）
  コン3  （桑弘羊  そうこうよう  前152-80）
  三国  （桑弘羊  そうこうよう）
  人物  （桑弘羊  そうこうよう  ?-前80）
  世東  （桑弘羊  そうこうよう  ?-前80）
  世百  （桑弘羊  そうこうよう  前152-80）
  大百  （桑弘羊  そうくよう  前152頃-80）
  中国  （桑弘羊  そうこうよう  ?-前80）
  中史  （桑弘羊  そうこうよう  前152-80）
  百科  （桑弘羊  そうこうよう  ?-前80）
  評世  （桑弘羊  そうこうよう  ?-前80）
  歴史  （桑弘羊  そうこうよう  ?-前80）
```

曾公亮　そうこうりょう
10・11世紀，中国，北宋の政治家。字は明仲，諡は宣靖。泉州・晋江（福建省）出身。
```
⇒コン2  （曾公亮  そうこうりょう  999-1078）
  コン3  （曾公亮  そうこうりょう  999-1078）
```

曾国華　そうこくか
20世紀，中国の軍人。広西省出身。抗日戦初期は8路軍の大隊長。1968年3月空軍副司令員。69年4月9期中央委。
```
⇒世東  （曾国華  そうこくか  1915-）
  中人  （曾国華  そうこくか  1910-1978）
```

曾国荃　そうこくせ
```
⇨曾国荃（そうこくせん）
```

曾国荃（曾国筌）　そうこくせん
19世紀，中国，清末の武将。曾国藩の弟。太平天国軍の征討に活躍。
```
⇒外国  （曾国荃  そうこくせん  1824-1890）
  国小  （曾国荃  そうこくせん  1824（道光4）-1890（光緒16））
  コン2  （曾国荃  そうこくせん  1824-1890）
  コン3  （曾国荃  そうこくせん  1824-1890）
  人物  （曾国荃  そうこくせん  1829-1890）
  世東  （曾国荃  そうこくせん  1824-1890.10）
  中国  （曾国荃  そうこくせん  1824-1890）
```

曹国長公主　そうこくちょうこうしゅ*
中国，明，洪武帝（朱元璋）の姉。
```
⇒中皇  （曹国長公主）
```

曾国藩　そうこくはん
19世紀，中国，清末の政治家。洋務運動の指導者。太平天国の乱平定に湘軍を率いて活躍。
```
⇒岩ケ  （曾国藩  そうこくはん  1811-1872）
  旺世  （曾国藩  そうこくはん  1811-1872）
  外国  （曾国藩  そうこくはん  1811-1872）
  角世  （曾国藩  そうこくはん  1811-1872）
  教育  （曾国藩  そうこくはん  1811-1872）
```

広辞4（曾国藩　そうこくはん　1811–1872）
広辞6（曾国藩　そうこくはん　1811–1872）
国小（曾国藩　そうこくはん　1811（嘉慶16）–1872（同治11））
国百（曾国藩　そうこくはん　1811–1872）
コン2（曾国藩　そうこくはん　1811–1872）
コン3（曾国藩　そうこくはん　1811–1872）
詩歌（曾国藩　そうこくはん　1811（嘉慶16）–1872（同治11））
集世（曾国藩　そうこくはん　1811（嘉慶16）.10.16–1872（同治11）.2.4）
集文（曾国藩　そうこくはん　1811（嘉慶16）.10.16–1872（同治11）.2.4）
人物（曾国藩　そうこくはん　1811–1872）
世人（曾国藩　そうこくはん　1811–1872）
世東（曾国藩　そうこくはん　1811–1872.2）
世百（曾国藩　そうこくはん　1811–1872）
世文（曾国藩　そうこくはん　1811（嘉慶16）–1872（同治11））
全書（曾国藩　そうこくはん　1811–1872）
大辞（曾国藩　そうこくはん　1811–1872）
大辞3（曾国藩　そうこくはん　1811–1872）
大百（曾国藩　そうこくはん　1811–1872）
中芸（曾国藩　そうこくはん　1811–1872）
中国（曾国藩　そうこくはん　1811–1872）
中史（曾国藩　そうこくはん　1811–1872）
中書（曾国藩　そうこくはん　1811–1872）
デス（曾国藩　そうこくはん　1811–1872）
伝記（曾国藩　そうこくはん　1811.11.21–1872.3.12）
百科（曾国藩　そうこくはん　1811–1872）
評世（曾国藩　そうこくはん　1811–1872）
名著（曾国藩　そうこくはん　1811–1872）
山世（曾国藩　そうこくはん　1811–1872）
歴史（曾国藩　そうこくはん　1811（嘉慶16）–1872（同治11））

曹錕　そうこん
19・20世紀，中国の軍人。軍閥混戦期を経て，1923年大総統に当選，直隷派の全盛期を迎えたが，24年第2次奉直戦争の敗北で失脚。
⇒旺世（曹錕　そうこん　1862–1938）
　外国（曹錕　そうこん　1862–1938）
　角世（曹錕　そうこん　1862–1938）
　国小（曹錕　そうこん　1862（同治1）–1938）
　コン2（曹錕　そうこん　1862–1938）
　コン3（曹錕　そうこん　1862–1938）
　人物（曹錕　そうこん　1861–1953）
　世人（曹錕　そうこん　1862–1938）
　世東（曹錕　そうこん　1862–1938）
　世百（曹錕　そうこん　1862–1938）
　全書（曹錕　そうこん　1862–1938）
　中国（曹錕　そうこん　1862–1938）
　中人（曹錕　そうこん　1862（同治1）–1938）
　デス（曹錕　そうこん〈ツアオクン〉　1862–1938）
　百科（曹錕　そうこん　1862–1938）
　評世（曹錕　そうこん　1862–1938）
　山世（曹錕　そうこん　1862–1938）

宋金剛　そうこんごう
7世紀，中国，隋末期の反乱指導者の一人。上谷（河北省）出身。郷里の上谷で蜂起。
⇒コン2（宋金剛　そうこんごう　?–620）
　コン3（宋金剛　そうこんごう　?–620）

曾山　そうざん，そうさん
20世紀，中国の政治家。1969年9期共産党中央委員。
⇒外国（曾山　そうざん　1904–）
　近中（曾山　そうざん　1899–1972.4.16）
　国小（曾山　そうざん　1904–1972.4.16）
　コン3（曾山　そうさん　1899–1972）
　人物（曾山　そうさん　1904–）
　世東（曾山　そうさん　1904頃–1972.4）

曹参（曾参）　そうさん
前3・2世紀，中国，漢の高祖の功臣。もと沛（江蘇省沛県）の獄吏。漢の統一に貢献。
⇒角世（曹参　そうしん　?–前190）
　国小（曹参　そうさん　?–前190（恵帝5））
　コン2（曾参　そうさん　?–前190）
　コン3（曹参　そうさん　?–前190）
　三国（曹参　そうさん）
　人物（曹参　そうさん　?–前190）
　世東（曹参　そうさん　?–前190）
　大百（曹参　そうさん　?–前190）
　中国（曹参　そうしん　?–前190）
　百科（曹参　そうさん　?–前190）
　評社（曹参　そうしん　?–前190）
　歴史（曹参　そうしん　?–前190）

曾志　そうし
20世紀，中国の政治家。
⇒世女日（曾志　1911–1998）

宋慈　そうじ
12・13世紀，中国，南宋の学者，官僚。福建の建陽の人で字は恵父。法医学書『洗冤集録』（1247）を撰し，刊行。
⇒科史（宋慈　そうじ　1186–1249）

荘子　そうし
⇨荘周（そうしゅう）

蔵式毅　ぞうしきき
⇨蔵式毅（ぞうしょくき）

臧式毅　ぞうしきき
19・20世紀，中国の軍人。政治家。満州国の大臣。
⇒近中（臧式毅　ぞうしきき　1884.10–?）

臧思言　ぞうしげん
7・8世紀，中国，唐の遣突厥使。
⇒シル（臧思言　ぞうしげん　?–707）
　シル新（臧思言　ぞうしげん　?–707）

宋之清　そうしせい
18世紀，中国，清代の白蓮教の首領。王発生という少年を明の後裔と偽って革命を煽動した。1793年捕えられて死刑となった。
⇒外国（宋之清　そうしせい　?–1793）

宋子文　そうしぶん
　20世紀, 中国の政治家, 浙江財閥。宋慶齢を姉に, 宋美齢を妹にもつ。1947～49年広東省政府主席。49年フランスに渡り, その後アメリカに居住。
　⇒岩ケ　（宋子文　そうしぶん　1894-1971）
　　旺世　（宋子文　そうしぶん　1894-1971）
　　外国　（宋子文　そうしぶん　1890-）
　　角世　（宋子文　そうしぶん　1894-1971）
　　近中　（宋子文　そうしぶん　1894.12.4-1971.4.25）
　　広辞5　（宋子文　そうしぶん　1894-1971）
　　広辞6　（宋子文　そうしぶん　1894-1971）
　　国小　（宋子文　そうしぶん　1891-1971.4.25）
　　コン3　（宋子文　そうしぶん　1894-1971）
　　人物　（宋子文　そうしぶん　1893-）
　　世人　（宋子文　そうしぶん　1894-1971）
　　世政　（宋子文　そうしぶん　1894-1971.4.25）
　　世東　（宋子文　そうしぶん　1891-）
　　世百　（宋子文　そうしぶん　1891-）
　　世百新（宋子文　そうしぶん　1894-1971）
　　全書　（宋子文　そうしぶん　1894-1971）
　　大辞2　（宋子文　そうしぶん　1894-1971）
　　大辞3　（宋子文　そうしぶん　1894-1971）
　　大百　（宋子文　そうしぶん〈ソンツーウェン〉1891-1971）
　　中人　（宋子文　そうしぶん　1894-1971.4.25）
　　ナビ　（宋子文　そうしぶん　1891-1971）
　　百科　（宋子文　そうしぶん　1894-1971）
　　評世　（宋子文　そうしぶん　1893-1971）
　　山世　（宋子文　そうしぶん　1894-1971）
　　歴史　（宋子文　そうしぶん　1891（光緒17）-1971（民国60））

荘周　そうしゅう
　前4・3世紀, 中国, 戦国時代の思想家, 下級官吏。道家に属する。『荘子』はその著とされる。
　⇒逸話　（荘子　そうし　前369?-286?）
　　岩ケ　（荘子　そうし　前369-前286）
　　旺世　（荘子　そうし　生没年不詳）
　　外国　（荘子　そうし）
　　角世　（荘子　そうし　生没年不詳）
　　教育　（荘子　そうし　前365-290）
　　広辞4　（荘周　そうしゅう）
　　広辞6　（荘周　そうしゅう）
　　国史　（荘子　そうじ　生没年不詳）
　　国小　（荘周　そうしゅう　前365（顕王4）?-270（赧王45）?）
　　国百　（荘子　そうし　前370頃-310頃）
　　コン2　（荘子　そうし　前369-286）
　　コン3　（荘子　そうし　生没年不詳）
　　詩歌　（荘周　そうしゅう）
　　人物　（荘子　そうし　生没年不詳）
　　世人　（荘子　そうじ, そうじ　生没年不詳）
　　世東　（荘子　そうじ　前365-290）
　　世百　（荘子　そうし　生没年不詳）
　　全書　（荘子　そうし　生没年不詳）
　　大辞　（荘子　そうし　生没年不詳）
　　大辞3　（荘子　そうし　生没年不詳）
　　大百　（荘子　そうし　生没年不詳）
　　中芸　（荘周　そうしゅう　生没年不詳）
　　中国　（荘子　そうし）
　　中史　（荘子　そうし　生没年不詳）
　　デス　（荘子　そうし　前370?-300?）
　　伝記　（荘子　そうし　前370?-300?）

　　百科　（荘子　そうし　生没年不詳）
　　評世　（荘子　そうし　生没年不詳）
　　名著　（荘周　そうしゅう　生没年不詳）
　　山世　（荘子　そうし　生没年不詳）
　　歴史　（荘子　そうし）

宋浚吉　そうしゅんきつ
　17世紀, 朝鮮, 李朝の政治家, 学者。西人派専権の基礎を築いた。
　⇒コン2　（宋浚吉　そうしゅんきつ　1606-1672）
　　コン3　（宋浚吉　そうしゅんきつ　1606-1672）

宗舒　そうじょ
　5世紀頃, 中国, 北涼の遣北魏使。
　⇒シル　（宗舒　そうじょ　5世紀頃）
　　シル新（宗舒　そうじょ）

宋恕　そうじょ
　19・20世紀, 中国の改革主義者。
　⇒近中　（宋恕　そうじょ　1861-1910）

宋庠　そうしょう
　11世紀, 中国, 宋代の官吏, 文人。弟の祁と共に文学に通じ, 二宋の称がある。
　⇒中芸　（宋庠　そうしょう　996-1066）

宋襄　そうじょう
　⇨襄公（春秋・宋）（じょうこう）

曾紹山　そうしょうざん
　20世紀, 中国の軍人。紅軍第4方面軍出身。1967年「武漢事件」後瀋陽軍区政委。69年4月9期中央委。
　⇒世東　（曾紹山　そうしょうざん　?-）
　　中人　（曾紹山　そうしょうざん　1914-）

曹植　そうしょく
　2・3世紀, 中国, 三国時代, 魏の皇族, 文学者。曹操の第3子。字は子建。謚は思。陳思王に封じられた。
　⇒逸話　（曹植　そうち　192-232）
　　外国　（曹植　そうしょく, そうち　192-232）
　　角世　（曹植　そうしょく　192-232）
　　広辞4　（曹植　そうち　192-232）
　　広辞6　（曹植　そうしょく　192-232）
　　国小　（曹植　そうしょく　192（初平3）-232（太和6.11.28））
　　国百　（曹植　そうしょく　192-232（太和6.11.28））
　　コン2　（曹植　そうしょく　192-232）
　　コン3　（曹植　そうしょく　192-232）
　　三国　（曹植　そうしょく）
　　三全　（曹植　そうしょく　192-232）
　　詩歌　（曹植　そうしょく　192（初平3）-232（太和6）.11.28）
　　集世　（曹植　そうしょく　192（初平3）-232（太和6）.11.28）
　　集文　（曹植　そうしょく　192（初平3）-232（太和6）.11.28）
　　人物　（曹植　そうしょく　192-232）
　　世東　（曹植　そうしょく　192-231）

世百（曹植　そうしょく　192–232）
世文（曹植　そうしょく　192（初平3）–232（太和6））
全書（曹植　そうしょく　192–232）
大辞（曹植　そうしょく　192–232）
大辞3（曹植　そうしょく　192–232）
大百（曹植　そうしょく　192–232）
中芸（曹植　そうち　192–232）
中国（曹植　そうしょく　192–231）
中史（曹植　そうしょく　192–232）
デス（曹植　そうしょく　192–232）
伝記（曹植　そうしょく　192–232.11.28）
百科（曹植　そうしょく　192–232）
名著（曹植　そうしょく　192–232）

蔵式毅　ぞうしょくき
19・20世紀，中国の軍閥。遼寧省出身。張作霖の死後，奉天派の中心となる。
⇒外国（蔵式毅　ぞうしょきき　1884–）
　コン3（蔵式毅　ぞうしょくき　1884–?）
　中人（蔵式毅　ぞうしょくき　1885–1956）

宋汝霖　そうじょりん
19・20世紀，中国の政治家，財政家。
⇒百科（宋汝霖　そうじょりん　1877–1966）

曹汝霖　そうじょりん
19・20世紀，中国の政治家。1916年以来，各内閣で交通，外交，財政各部長を歴任。19年五・四運動のデモで，親日売国奴として攻撃され，罷免された。
⇒外国（曹汝霖　そうじょりん　1875–）
　角世（曹汝霖　そうじょりん　1877–1966）
　国史（曹汝霖　そうじょりん　1877–1966）
　国小（曹汝霖　そうじょりん　1875（光緒1）–1967.8.4）
　コン2（曹汝霖　そうじょりん　1877–1966）
　コン3（曹汝霖　そうじょりん　1877–1966）
　世東（曹汝霖　そうじょりん　1877–1966）
　世百（曹汝霖　そうじょりん　1875–）
　全書（曹汝霖　そうじょりん　1875–1966）
　中人（曹汝霖　そうじょりん　1877（光緒1）–1966.8.4）
　デス（曹汝霖　そうじょりん〈ツアオルーリン〉　1875–1966）
　日人（曹汝霖　そうじょりん　1877–1966）
　百科（曹汝霖　そうじょりん　1877–1966）
　評世（曹汝霖　そうじょりん　1875–1967）
　山世（曹汝霖　そうじょりん　1877–1966）

宋時輪　そうじりん
20世紀，中国人民解放軍の軍人。
⇒近中（宋時輪　そうじりん　1907–1991.9.17）

宋時烈　そうじれつ
17世紀，朝鮮，李朝の学者，政治家。小字は聖賚，字は英甫，号は尤菴，諡は文正。畿湖学派の主流をなす朱子学者。門下生から多数の名相が出た。
⇒近世（宋時烈　そうじれつ　1607–1689）
　角世（宋時烈　そうじれつ　1607–1689）
　国小（宋時烈　そうじれつ　1607（宣祖40）–1689（粛宗15））
　コン2（宋時烈　そうじれつ　1607–1689）
　コン3（宋時烈　そうじれつ　1607–1689）
　人物（宋時烈　そうじれつ　1607–1689）
　世東（宋時烈　そうじれつ　1607–1689）
　世百（宋時烈　そうじれつ　1607–1689）
　全書（宋時烈　そうじれつ　1607–1689）
　朝人（宋時烈　そうじれつ　1607–1689）
　朝鮮（宋時烈　そうじれつ　1607–1689）
　伝記（宋時烈　そうじれつ〈ソンシヨル〉　1607–1689.6.8）
　百科（宋時烈　そうじれつ　1607–1689）

曹参　そうしん
⇒曹参（そうさん）

曹真　そうしん
3世紀，中国，三国時代，曹操と同族の大将。字は子丹（したん）。
⇒三国（曹真　そうしん）
　三全（曹真　そうしん　?–231）

宋任窮　そうじんきゅう
⇒宋任窮（そうにんきゅう）

荘親王舒爾哈斉　そうしんのうシユルガチ*
17世紀，中国，清，太祖（ヌルハチ）の弟。
⇒中皇（荘親王舒爾哈斉　?–1611）

宋振明　そうしんめい
20世紀，中国石油工業相。
⇒中人（宋振明　そうしんめい　?–1990.6.13）

曾生　そうせい
20世紀，中国の政治家。広東省出身。1949年以後，広州市長・全国人民代表大会代表など兼任。
⇒近中（曾生　そうせい　1910.12.19–）
　コン3（曾生　そうせい　1909–）
　中人（曾生　そうせい　1910–）

曹性　そうせい
2世紀，中国，三国時代，呂布配下の将。
⇒三国（曹性　そうせい）
　三全（曹性　そうせい　?–198）

曹節　そうせつ
2世紀，中国，後漢の宦官。「十常侍」の一人。
⇒三国（曹節　そうせつ）
　三全（曹節　そうせつ　?–189）

霜雪　そうせつ
7世紀頃，朝鮮，新羅から来日した使節。
⇒シル（霜雪　そうせつ　7世紀頃）
　シル新（霜雪　そうせつ）

曾宣　そうせん
3世紀頃，中国，三国時代，魏，司馬昭時代の淮南の刺史・諸葛誕の大将。
⇒三国（曾宣　そうせん）

三全（曾宣 そうせん 生没年不詳）

曾銑 そうせん
16世紀，中国，明の政治家，武将。字は子重。アルタン・ハンの侵入を防ぎ，オルドス地方回復に尽力。
⇒国小（曾銑 そうせん ?-1548（嘉靖27））

曹爽 そうそう
3世紀，中国，三国時代・魏の政治家。字は昭伯。明帝の死後，斉王芳を補佐して独裁権を掌握。
⇒コン2（曹爽 そうそう ?-249）
　コン3（曹爽 そうそう ?-249）
　三国（曹爽 そうそう）
　三全（曹爽 そうそう ?-249）
　中皇（曹爽 ?-249）

曹操 そうそう
2・3世紀，中国，三国・魏王朝の始祖。黄巾の乱を平定。後漢の献帝を擁して華北を統一。
⇒逸話（曹操 そうそう 155-220）
　旺世（曹操 そうそう 155-220）
　外国（曹操 そうそう 155-220）
　角世（曹操 そうそう 155-220）
　広辞4（曹操 そうそう 155-220）
　広辞6（曹操 そうそう 155-220）
　皇帝（曹操 そうそう 155-220）
　国小（曹操 そうそう 155（永寿1）-220（延康1））
　国百（曹操 そうそう 155-220）
　コン2（曹操 そうそう 155-220）
　コン3（曹操 そうそう 155-220）
　三国（曹操 そうそう）
　三全（曹操 そうそう 155-220）
　詩歌（曹操 そうそう 155（永寿元）-220（建安25））
　集世（曹操 そうそう 155（永寿1）-220（建安25））
　集文（曹操 そうそう 155（永寿1）-220（建安25））
　人物（曹操 そうそう 155-220）
　世人（曹操 そうそう 155-220）
　世東（曹操 そうそう 154-220）
　世百（曹操 そうそう 155-220）
　世文（曹操 そうそう 155（永寿元）-220（建安25））
　全書（曹操 そうそう 155-220）
　大辞（曹操 そうそう 155-220）
　大辞3（曹操 そうそう 155-220）
　大百（曹操 そうそう 155-220）
　中芸（曹操 そうそう 155-220）
　中国（曹操 そうそう 155-220）
　中史（曹操 そうそう 155-220）
　中書（魏武帝 ぎのぶてい 155-220）
　デス（曹操 そうそう 155-220）
　伝記（曹操 そうそう 155-220.1）
　百科（曹操 そうそう 155-220）
　評世（曹操 そうそう 155-220）
　山世（曹操 そうそう 155-220）
　歴史（曹操 そうそう 155（永寿1）-220（建安25））

荘宗 そうそう
⇨李存勗（りそんきょく）

臧倉 ぞうそう
3世紀頃，中国，三国時代，魯の平公に寵愛された近侍の臣。
⇒三国（臧倉 ぞうそう）

宋楚瑜 そうそゆ
20世紀，台湾の政治家。台湾国民党中央委員会秘書長。
⇒世政（宋楚瑜 そうそゆ 1942.3.16-）
　世東（宋楚瑜 そうそゆ 1942-）
　中人（宋楚瑜 そうそゆ 1942.3.16-）

宗沢 そうたく
11・12世紀，中国，北宋末南宋初期の政治家。字は汝霖，諡は忠簡。使者として金に向う康王（のちの高宗）を止め宋室の滅亡を救った。
⇒角世（宗沢 そうたく 1059-1128）
　国小（宗沢 そうたく 1059（嘉祐4）-1128（建炎2.7.1））
　コン2（宗沢 そうたく 1059-1128）
　コン3（宗沢 そうたく 1059-1128）
　中国（宗沢 そうたく 1059-1128）
　中史（宗沢 そうたく 1060-1128）

曹植 そうち
⇨曹植（そうしょく）

曾鑄 そうちゅう
19・20世紀，中国の資本家，社会事業家，民族運動の指導者。
⇒近中（曾鑄 そうちゅう 1849-1908.4）

宋忠 そうちゅう
3世紀頃，中国，三国時代の人。曹操に荊州を献ずる使者。
⇒三国（宋忠 そうちゅう）
　三全（宋忠 そうちゅう 生没年不詳）

曾中生 そうちゅうせい
20世紀，中国工農紅軍の高級将校。
⇒近中（曾中生 そうちゅうせい 1900.6.10-1935.8）

曾仲鳴 そうちゅうめい
20世紀，中国のフランス文学者，政治家。福建省出身。日中戦争で，対日和平を主張。
⇒近中（曾仲鳴 そうちゅうめい 1896-1939.3.21）
　コン3（曾仲鳴 そうちゅうめい 1901-1939）
　世東（曾仲鳴 そうちゅうめい 1901-1939.3.21）
　中芸（曾仲鳴 そうちゅうめい 1901-1939）

宗長志 そうちょうし
20世紀，台湾の国防相。
⇒中人（宗長志 そうちょうし 1916-）

宋鎮禹 そうちんう
⇨宋鎮禹（ソンジヌ）

曹軼欧 そうてつおう
20世紀，中国の政治家。康生夫人。1964年10月3期全人大会河北省代表。69年4月9期中央委。
⇒世東（曹軼欧　そうてつおう）
　中人（曹軼欧　そうてつおう　?–）

宋哲元 そうてつげん
19・20世紀，中国の軍人。1935年冀察政務委員会委員長。37年蘆溝橋事件が起ると抗日戦を展開した。
⇒角世（宋哲元　そうてつげん　1885–1940）
　近中（宋哲元　そうてつげん　1885.10.30–1940.4.5）
　国小（宋哲元　そうてつげん　1885.10.3–1940.4.4）
　コン3（宋哲元　そうてつげん　1885–1940）
　人物（宋哲元　そうてつげん　1885–1940）
　世東（宋哲元　そうてつげん　1885–1940.4.5）
　世百（宋哲元　そうてつげん　1885–1940）
　世百新（宋哲元　そうてつげん　1885–1940）
　全書（宋哲元　そうてつげん　1885–1940）
　大百（宋哲元　そうてつげん　1895–1940）
　中人（宋哲元　そうてつげん　1885.10.3–1940.4.4）
　ナビ（宋哲元　そうてつげん　1885–1940）
　日人（宋哲元　そうてつげん　1885–1940）
　百科（宋哲元　そうてつげん　1885–1940）

曹騰 そうとう
中国の宦官。曹操の祖父。
⇒三国（曹騰　そうとう）
　三全（曹騰　そうとう　生没年不詳）

宋徳福 そうとくふく
20世紀，中国共産主義青年団中央書記処第一書記，中国共産党中央委員。
⇒世東（宋徳福　そうとくふく　1946–）
　中人（宋徳福　そうとくふく　1946–）
　中二（宋徳福　そうとくふく　1946.2–）

宋任窮 そうにんきゅう
20世紀，中国の軍人，政治家。湖南省出身。中共軍に入り，1942年山西で遊撃戦を指導。49年後は西南地方の党軍政の各面に活躍。68年失脚したが，74年復活。80年党中央書記局書記，82年党政治局員。中央顧問委副主任，上将。
⇒コン3（宋任窮　そうにんきゅう　1903–）
　世政（宋任窮　そうじんきゅう　1909.7.11–2005.1.8）
　世東（宋任窮　そうにんきゅう　1909–）
　中人（宋任窮　そうじんきゅう　1909.7.11–）

臧覇 ぞうは
3世紀頃，中国，三国時代，呂布の大将。泰山郡華陰出身。字は宣高（せんこう）。
⇒三国（臧覇　ぞうは）
　三全（臧覇　ぞうは　生没年不詳）

曾培炎 そうばいえん
20世紀，中国の政治家，高級技師。中国副首相，中国共産党政治局員。
⇒世政（曾培炎　そうばいえん　1938.12–）
　中二（曾培炎　そばいえん　1938.12–）

曹晩植（曹晩植）　そうばんしょく
⇨曹晩植（チョマンシク）

曹丕（曹否）　そうひ
2・3世紀，中国，三国時代魏の初代皇帝（在位220〜226），文学者。字は子桓。諡は文帝。曹操の長子。著に『典論』『列異伝』。
⇒旺世（文帝(魏)　ぶんてい　187–226）
　外国（曹丕　そうひ　187–226）
　角世（曹丕　そうひ　187–226）
　広辞4（曹丕　そうひ　187–226）
　広辞6（曹丕　そうひ　187–226）
　皇帝（文帝　ぶんてい　187–226）
　国小（曹丕　そうひ　187(中平4)–226(黄初7)）
　国百（曹丕　そうひ　187(中平4)–226(黄初7.5.17)）
　コン2（文帝(三国魏)　ぶんてい　187–226）
　コン3（文帝(三国魏)　ぶんてい　187–226）
　三国（曹丕　そうひ）
　三全（曹丕　そうひ　187–226）
　詩歌（曹否　そうひ　187(中和4)–226(黄初7)）
　集世（曹丕　そうひ　187(中平4)–226(黄初7)）
　集文（曹丕　そうひ　187(中平4)–226(黄初7)）
　人物（曹丕　そうひ　187–226.5）
　世人（文帝(魏)　ぶんてい　187–226）
　世東（曹丕　そうひ　186–226）
　世百（文帝(魏)　ぶんてい　187–226）
　世文（曹丕　そうひ　187(中平4)–226(黄初7)）
　全書（曹丕　そうひ　187–226）
　大辞（曹丕　そうひ　187–226）
　大辞3（曹丕　そうひ　187–226）
　大百（曹丕　そうひ　187–226）
　中皇（文帝　187–226）
　中芸（曹丕　そうひ　187–226）
　中国（曹丕　そうひ　187–226）
　中史（曹丕　そうひ　187–226）
　デス（曹丕　そうひ　187–226）
　統治（文帝(曹丕)　Wên Ti[Ts'ao P'ei]（在位）220–226）
　百科（文帝(魏)　ぶんてい　187–226）
　評世（曹丕　そうひ　187–226）
　名著（曹丕　そうひ　187–226）

宗弼 そうひつ
12世紀，中国，金の将軍。女真名はウジュ（兀朮）。太祖・阿骨打の第4子。
⇒国小（宗弼　そうひつ　?–1148(皇統8)）
　人物（宗弼　そうひつ　?–1148）
　世東（宗弼　そうひつ　?–1148）
　中国（宗弼　そうひつ　?–1148）

曹豹 そうひょう
2世紀，中国，三国時代，徐州の太守陶謙の臣。
⇒三国（曹豹　そうひょう）
　三全（曹豹　そうひょう　?–196）

宋美齢　そうびれい
20世紀,中国,国民党政府,蔣介石国府総統夫人。中国国家副主席宋慶齢の妹。第2次世界大戦後訪米してアメリカの対国府援助引出しのために活躍。
⇒旺世　(宋美齢　そうびれい　1901-)
　外国　(宋美齢　そうびれい　1901-)
　華人　(宋美齢　そうびれい　1901-)
　角世　(宋美齢　そうびれい　1897-)
　キリ　(宋美齢　ソンメイリン　1901-)
　近中　(宋美齢　そうびれい　1901.3.14-)
　現人　(宋美齢　そうびれい〈ソンメイリン〉1901-)
　広辞5　(宋美齢　そうびれい　1901-)
　広辞6　(宋美齢　そうびれい　1901-2003)
　国小　(宋美齢　そうびれい　1901.4.1-)
　コン3　(宋美齢　そうびれい　1901-)
　人物　(宋美齢　そうびれい　1896-)
　世女　(宋美齢　そうびれい　1897-2003)
　世女日　(宋美齢　1899-2003)
　世人　(宋美齢　そうびれい　1899-)
　世東　(宋美齢　そうびれい　1901-)
　世百　(宋美齢　そうびれい　1901-)
　全書　(宋美齢　そうびれい　1901-)
　大辞2　(宋美齢　そうびれい　1901-)
　大辞3　(宋美齢　そうびれい　1901-2003)
　大百　(宋美齢　そうびれい　1901-)
　中人　(宋美齢　そうびれい　1901.3.27-)
　ナビ　(宋美齢　そうびれい　1901-1989)
　評世　(宋美齢　そうびれい　1901-)
　山世　(宋美齢　そうびれい　1901?-2003)
　歴史　(宋美齢　そうびれい　1901(光緒27)-)

曹彬　そうひん
10世紀,中国,北宋初の武将。字は華。太宗朝には北漢を討滅,契丹征討に功をあげた。
⇒国小　(曹彬　そうひん　931(長興2)-999(咸平2.6.7))
　コン2　(曹彬　そうひん　932-1000)
　コン3　(曹彬　そうひん　931-999)
　人物　(曹彬　そうひん　932-1000)
　世東　(曹彬　そうひん　931-999)
　評世　(曹彬　そうひん　931-999)

臧旻　ぞうびん
3世紀頃,中国,三国時代,揚州の刺史。丹陽の太守。
⇒三国　(臧旻　ぞうびん)
　三全　(臧旻　ぞうびん　生没年不詳)

曹敏修　そうびんしゅう
14世紀,朝鮮,高麗末期の武臣。1388年左軍都統使として明を攻撃。のち,辛昌を王とした。
⇒コン2　(曹敏修　そうびんしゅう　?-1390)
　コン3　(曹敏修　そうびんしゅう　?-1390)

曹布　そうふ
11・12世紀,中国,北宋の政治家。曾鞏の弟。王安石の推薦をうけ,神宗の下で新法を推進。
⇒コン2　(曹布　そうふ　1036-1107)
　コン3　(曹布　そうふ　1036-1107)

曹福田　そうふくでん
20世紀,中国,義和団の著名な指導者。
⇒近中　(曹福田　そうふくでん　?-1901)

宋平　そうへい
20世紀,中国の政治家。中国共産党政治局常務委員。
⇒世政　(宋平　そうへい　1917.4.24-)
　世東　(宋平　そうへい　1917-)
　中人　(宋平　そうへい　1917.4-)

宋秉畯　そうへいしゅん
⇨宋秉畯(ソンビョンジュン)

宗宝　そうほう
2世紀,中国,三国時代,北海の太守孔融の部将。
⇒三国　(宗宝　そうほう)
　三全　(宗宝　そうほう　?-194)

宗望　そうぼう
12世紀,中国,金の将軍。女真名はオリブ(斡魯補)。太祖・阿骨打の第2子。宋征討に活躍。
⇒国小　(宗望　そうぼう　?-1127(天会5))
　コン2　(宗望　そうぼう　?-1127)
　コン3　(宗望　そうぼう　?-1127)
　中国　(宗望　そうぼう　?-1127)

曹芳　そうほう
3世紀,中国,三国時代,曹叡の皇太子。
⇒三国　(曹芳　そうほう)
　三全　(曹芳　そうほう　231-274)

曹髦　そうほう
3世紀,中国,三国魏の第4代皇帝(在位254～260)。東海王曹霖の子。高貴郷公。
⇒国小　(曹髦　そうほう　241(正始2)-260(景元1))
　三国　(曹髦　そうほう)
　三全　(曹髦　そうほう　241-260)
　中皇　(廃帝髦　240-260)
　統治　(少帝(高貴郷公)　Shao Ti　(在位)254-260)

曺奉岩　そうほうがん
⇨曺奉岩(チョボンアム)

ソウ・マウン　Saw Maung
20世紀,ミャンマーの軍人,政治家。
⇒角世　(ソー・マウン　1928-1997)
　世政　(ソー・マウン　1928.12.5-1997.7.24)
　世東　(ソー・マウン　1928-)

荘明理　そうめいり
20世紀,東南アジア,華僑の民主主義運動家。抗日戦中は華僑援護事業に努力。1945年マレーに帰り民主同盟に参加。
⇒外国　(荘明理　そうめいり　1913-)

宗預　そうよ
3世紀頃，中国，三国時代，蜀の臣。南陽郡安衆出身。字は徳豔(とくえん)。
⇒三国（宗預　そうよ）
　三全（宗預　そうよ　生没年不詳）

宋繇　そうよう
5世紀頃，中国，北涼の遣北魏使。
⇒シル（宋繇　そうよう　5世紀頃）
　シル新（宋繇　そうよう）

曹里懐　そうりかい
20世紀，中国の軍人。1934年紅軍第1軍団(林彪)で長征に参加。52年空軍中将。56年空軍副司令員。69年4月9期中央委。
⇒世東（曹里懐　そうりかい　1907-）
　中人（曹里懐　そうりかい　1909-）

相里玄奘　そうりげんじょう
7世紀頃，中国，唐の遣高句麗使。
⇒シル（相里玄奘　そうりげんじょう　7世紀頃）
　シル新（相里玄奘　そうりげんじょう）

宗懍　そうりん
6世紀，中国，南朝梁の官吏，学者。字は元懍。著作に『荊楚記』。
⇒外国（宗懍　そうりん　498/-502-561/-4）
　集世（宗懍　そうりん　500（永元2）頃-563（保定3）頃）
　集文（宗懍　そうりん　500（永元2）頃-563（保定3）頃）
　名著（宗懍　そうりん　生没年不詳）

曹霖　そうりん
3世紀，中国，三国時代，魏の東海の定王。
⇒三国（曹霖　そうりん）
　三全（曹霖　そうりん　?-249）

宋令文　そうれいぶん
7世紀頃，中国，唐の遣吐蕃弔祭使。
⇒シル（宋令文　そうれいぶん　7世紀頃）
　シル新（宋令文　そうれいぶん）

宋濂　そうれん
14世紀，中国，元末明初の文学者，政治家。潜渓（浙江省金華県）出身。字は景濂。1369年『元史』編纂の総裁。
⇒旺世（宋濂　そうれん　1310-1381）
　外国（宋濂　そうれん　1310-1381）
　角世（宋濂　そうれん　1310-1381）
　広辞4（宋濂　そうれん　1310-1381）
　広辞6（宋濂　そうれん　1310-1381）
　国小（宋濂　そうれん　1310（至大3）-1381（洪武14））
　コン2（宋濂　そうれん　1310-1381）
　コン3（宋濂　そうれん　1310-1381）
　詩歌（宋濂　そうれん　1310（至大3）-1381（洪武14））
　集世（宋濂　そうれん　1310（至大3）-1381（洪武14））
　集文（宋濂　そうれん　1310（至大3）-1381（洪武14））
　新美（宋濂　そうれん　1310（元・至大3）-1381（明・洪武14））
　人物（宋濂　そうれん　1310-1381）
　世東（宋濂　そうれん　1310-1381）
　世百（宋濂　そうれん　1310-1381）
　世文（宋濂　そうれん　1310（至大3）-1381（洪武14））
　全書（宋濂　そうれん　1310-1381）
　大辞（宋濂　そうれん　1310-1381）
　大辞3（宋濂　そうれん　1310-1381）
　大百（宋濂　そうれん　1310-1380）
　中芸（宋濂　そうれん　1310-1381）
　中国（宋濂　そうれん　1310-1381）
　中史（宋濂　そうれん　1310-1381）
　中書（宋濂　そうれん　1310-1381）
　百科（宋濂　そうれん　1310-1381）
　評世（宋濂　そうれん　1310-1381）
　名著（宋濂　そうれん　1310-1381）

ソェナム・ギャムツォ
⇒ダライ・ラマ3世

素延彘　そえんてつ
5世紀頃，中央アジア，ミーラーン国王の弟。438（太延4）年，北魏に入朝。
⇒シル（素延彘　そえんてつ　5世紀頃）
　シル新（素延彘　そえんてつ）

楚王司馬瑋　そおうしばい*
3世紀，中国，西晋，武帝（司馬炎）の子。
⇒中皇（楚王司馬瑋　?-291）

楚王朱楨　そおうしゅてい*
14・15世紀，中国，明，洪武帝の子。
⇒中皇（楚王朱楨　1364-1424）

楚王劉交　そおうりゅうこう*
中国，前漢，高祖の異母弟。
⇒中皇（楚王劉交）

ソー・カム・コイ　Sau Kham Khoy
20世紀，カンボジアの政治家。大統領代行。
⇒二十（ソー・カム・コイ　1915-）

沮渠氏　そきょし
5世紀，中国，北涼の王族の女性。王沮渠蒙遜の娘。北魏太武帝に嫁いだ。
⇒シル（沮渠氏　そきょし　?-439）
　シル新（沮渠氏　そきょし　?-439）

沮渠旁周　そきょぼうしゅう
5世紀頃，中国，北涼の鎮南将軍。北涼王沮渠牧犍に遣わされ，437（太延3）年北魏太武帝の下に入朝。
⇒シル（沮渠旁周　そきょぼうしゅう　5世紀頃）
　シル新（沮渠旁周　そきょぼうしゅう）

沮渠牧犍　そきょぼくけん
5世紀, 中国, 五胡北涼の第2代王(在位433～39)。匈奴の出身。蒙遜の子。
⇒コン2　(沮渠牧犍　そきょぼくけん　?-447)
　コン3　(沮渠牧犍　そきょぼくけん　?-447)
　中皇　(哀王　?-444)

沮渠蒙遜　そきょもうそん
4・5世紀, 中国, 五胡十六国・北涼の始祖(在位401～433)。匈奴人。諡は武宣王。
⇒角世　(沮渠蒙遜　そきょもうそん　363-433)
　国小　(沮渠蒙遜　そきょもうそん　368(太和3)-433(義和3))
　コン2　(沮渠蒙遜　そきょもうそん　368-433)
　コン3　(沮渠蒙遜　そきょもうそん　368-433)
　シル　(沮渠蒙遜　そきょもうそん　368-433)
　シル新　(沮渠蒙遜　そきょもうそん　368-433)
　中皇　(武宣王　367-433)
　東仏　(沮渠蒙遜　そきょもうそん　368-433)
　百科　(沮渠蒙遜　しょきもうそん　368-433)
　評世　(沮渠蒙遜　そきょもうそん　368-433)

則天武后　そくてんぶこう
7・8世紀, 中国, 唐朝の第3代高宗の皇后。のちみずから国号を周と改め女帝となる(在位690～705)。
⇒逸話　(則天武后　そくてんぶこう　624-705)
　岩ケ　(則天武后　そくてんぶこう　625?-705)
　旺世　(則天武后　そくてんぶこう　624-705)
　外国　(則天武后　そくてんぶこう　623-705)
　角世　(則天武后　そくてんぶこう　624?-705)
　広辞4　(則天武后　そくてんぶこう　624頃-705)
　広辞6　(則天武后　そくてんぶこう　624頃-705)
　皇帝　(武則天　ぶそくてん　624頃-705)
　国小　(則天武后　そくてんぶこう　624(武徳7)-705(神龍1.12.26))
　国百　(則天武后　そくてんぶこう　624/8頃-705(神龍1.11.26))
　コン2　(則天武后　そくてんぶこう　624-705)
　コン3　(則天武后　そくてんぶこう　624-705)
　新美　(則天武后　そくてんぶこう　624(唐・武徳7)-705(神龍1))
　人物　(則天武后　そくてんぶこう　623-705)
　世女　(則天武后(武則天)　そくてん・ぶこう　624頃-705)
　世女日　(則天武后　ZETIAN wuhou　624頃-705)
　世人　(則天武后　そくてんぶこう　624-705)
　世東　(則天武后　そくてんぶこう　623-705)
　世百　(則天武后　そくてんぶごう　623-705)
　全書　(則天武后　そくてんぶこう　624頃-705)
　大辞　(則天武后　そくてんぶこう　624-705)
　大辞3　(則天武后　そくてんぶこう　624-705)
　大百　(則天武后　そくてんぶこう　624頃-705)
　中皇　(則天武后　624-705)
　中皇　(武皇后　624-705)
　中国　(則天武后　そくてんぶこう　624-705)
　中史　(則天武后　そくてんぶこう　624-705)
　中書　(則天武后　そくてんぶこう　623-705)
　デス　(則天武后　そくてんぶこう　624-705)
　伝記　(則天武后　そくてんぶこう　624-705.11)
　統治　(武后(則天武后)　Wu Hou　(在位)690-705)
　東仏　(則天武后　そくてんぶこう　624-705)
　百科　(則天武后　そくてんぶごう　624-705)
　評世　(則天武后　そくてんぶこう　624-705)
　山世　(則天武后　そくてんぶこう　624/628-705)
　歴史　(則天武后　そくてんぶこう　624-705)

粟裕　ぞくゆう
20世紀, 中国の軍人。湖南省出身。日中戦争, 人民解放戦争に活躍。1954年人民解放軍総参謀長, 56年中国共産党中央委員。
⇒近中　(粟裕　ぞくゆう　1907.8.10-1984.2.5)
　コン3　(粟裕　ぞくゆう　1907-1984)
　世東　(粟裕　ぞくゆう　1909-)
　中人　(粟裕　ぞくゆう　1909-1984.2.5)

曾慶紅　そけいこう
⇨曾慶紅(そうけいこう)

ゾゲトゥ(唆都)　Sögetü
13世紀, 中国, 元の武将, ジャライル(札刺児)部出身。フビライ・ハンに仕え, 1268年以来南宋征討に活躍。
⇒国小　(ゾゲトゥ[唆都]　?-1285(至元22))

徐居正　ソゴジョン
15世紀, 朝鮮, 李朝初期の学者, 官僚。
⇒集文　(徐居正　ソゴジョン　1420-1488)
　朝人　(徐居正　じょきょせい　1420-1488)

素子　そし
7世紀頃, 朝鮮, 百済から来日した使節。
⇒シル　(素子　そし　7世紀頃)
　シル新　(素子　そし)

徐載弼　ソジェピル
19・20世紀, 朝鮮の独立運動家。全羅道宝城郡で生れる。アメリカ名Philip Jaisohn。1896年「独立新聞」を創刊し, 独立協会を組織。1947年南朝鮮過渡政府の軍政顧問となる。
⇒外国　(徐載弼　じょさいひつ　1864-1949)
　角世　(徐載弼　じょさいひつ　1864-1951)
　キリ　(徐載弼　ソジェピル　1866.10.28-1951.1.5)
　コン2　(徐載弼　じょさいひつ　1863-1951)
　コン3　(徐載弼　じょさいひつ　1863-1951)
　世東　(徐載弼　じょさいひつ　1863-1951)
　全書　(徐載弼　じょさいひつ　1866-1951)
　朝人　(徐載弼　じょさいひつ　1866-1951)
　朝鮮　(徐載弼　じょさいひつ　1864-1951)
　百科　(徐載弼　じょさいひつ　1864-1951)

蘇四十三　そしじゅうさん
18世紀, 中国, 清中期のイスラム教徒反乱の指導者。
⇒コン2　(蘇四十三　そしじゅうさん　?-1781)
　コン3　(蘇四十三　そしじゅうさん　?-1781)

蘇失利之　そしつりし
8世紀頃, チベット地方, 勃律(ボロル)国王。748年唐に敗北し捕らえられ, 長安に送られた。

蘇綽　そしゃく

⇒シル（蘇失利之　そしつりし　8世紀頃）
　シル新（蘇失利之　そしつりし）

蘇綽　そしゃく
5・6世紀，中国，北周の政治家。字は令綽。武功（陝西省）出身。宇文泰に仕え，度支尚書，司農卿を歴任。
⇒コン2（蘇綽　そしゃく　498-546）
　コン3（蘇綽　そしゃく　498-546）
　中芸（蘇綽　そしゃく　498-546）
　中史（蘇綽　そしゃく　498-546）
　百科（蘇綽　そしゃく　498-546）

沮授　そじゅ
2世紀，中国，三国時代，袁紹の幕僚。
⇒三国（沮授　そじゅ）
　三全（沮授　そじゅ　?-200）

徐俊植　ソジュンシク
20世紀，韓国の政治活動家。在日韓国人政治犯。1971年の大統領選のさ中スパイ容疑で逮捕された。ともに逮捕された徐勝の弟。
⇒現人（徐勝, 徐俊植　ソスン, ソジュンシク　1948.5.25-）

蘇頌　そしょう
11・12世紀，中国，宋代の官史，天文学者。字は子容，泉州南安出身。発明の才に富み『新儀象法要』3巻の著がある。太子少師となり没し司空を贈られた。
⇒外国（蘇頌　そしょう　1020-1101）
　科史（蘇頌　そしょう　1020-1101）
　科人（蘇頌　スーソン　1020-1101）
　天文（蘇頌　そしょう　1020-1101）

祖承訓　そしょうくん
16・17世紀頃，中国，明末の武将。寧遠出身。秀吉の朝鮮侵入の際，明の救援軍先鋒をつとめた。
⇒国小（祖承訓　そしょうくん　生没年不詳）
　コン2（祖承訓　そしょうくん　16世紀末）
　コン3（祖承訓　そしょうくん　生没年不詳）
　世東（祖承訓　そしょうくん）

蘇軾　そしょく
11・12世紀，中国，北宋の文学者，政治家。眉州眉山出身。字は子瞻。号は東坡。父の洵，弟の轍とともに「三蘇」と称せられる。宋代の文豪。
⇒逸話（蘇軾　そしょく　1036-1101）
　岩ケ（蘇軾　そしょく　1036-1101）
　旺世（蘇軾　そしょく　1036-1101）
　外国（蘇軾　そしょく　1036-1101）
　角世（蘇軾　そしょく　1036-1101）
　教育（蘇軾　そしょく　1036-1101）
　芸術（蘇軾　そしょく　1036（北宋・景祐3年）-1101（建中靖国1年））
　広辞4（蘇軾　そしょく　1036-1101）
　広辞6（蘇軾　そしょく　1036-1101）
　国小（蘇軾　そしょく　1036（景祐3）-1101（建中靖国1））
　国百（蘇軾　そしょく　1037.1.8（景祐3.12.19）-1101（建中正国1.7.28））
　コン2（蘇軾　そしょく　1036-1101）
　コン3（蘇軾　そしょく　1037-1101）
　詩歌（蘇軾　そしょく　1036（景祐3）-1101（建中靖国元））
　集世（蘇軾　そしょく　1036（景祐3）-1101（建中靖国1））
　集文（蘇軾　そしょく　1036（景祐3）-1101（建中靖国1））
　新美（蘇軾　そしょく　1036（北宋・景祐3）.12.19-1101（建中靖国1）.7.28）
　人物（蘇軾　そしょく　1036.12.19-1101.7.28）
　世人（蘇軾　そしょく　1036-1101）
　世東（蘇軾　そしょく　1036-1101）
　世百（蘇軾　そしょく　1036-1101）
　世文（蘇軾　そしょく　1036（景祐3）-1101（建中靖国元））
　全書（蘇軾　そしょく　1036-1101）
　大辞（蘇軾　そしょく　1036-1101）
　大辞（東坡　とうば）
　大辞3（蘇軾　そしょく　1036-1101）
　大百（蘇東坡　そとうば　1036-1101）
　中芸（蘇軾　そしょく　1036-1101）
　中国（蘇軾　そしょく　1036-1101）
　中史（蘇軾　そしょく　1037-1101）
　中書（蘇軾　そしょく　1036-1101）
　デス（蘇軾　そしょく　1036-1101）
　伝記（蘇軾　そしょく　1036-1101）
　百科（蘇軾　そしょく　1036-1101）
　評世（蘇軾　そしょく　1036-1101）
　名著（蘇軾　そしょく　1036-1101）
　山世（蘇軾　そしょく　1036-1101）
　歴史（蘇軾　そしょく　1036（景祐3）-1101（建中靖国1））

祖真　そしん
6世紀頃，契丹の遣北魏使。
⇒国史（独湛性瑩　どくたんしょうけい　1628-1706）
　シル（祖真　そしん　6世紀頃）
　シル新（祖真　そしん）
　対外（独湛性瑩　どくたんしょうけい　1628-1706）
　日人（独湛性瑩　どくたんしょうけい　1628-1706）

蘇秦　そしん
前5・4世紀，中国，戦国時代の政治家，縦横家。洛陽出身。合従策を唱え，秦に対する六国同盟に成功。
⇒逸話（蘇秦　そしん　?-前317）
　旺世（蘇秦　そしん　?-前317）
　外国（蘇秦　そしん　?-前317）
　角世（蘇秦　そしん　生没年不詳）
　広辞4（蘇秦　そしん　?-前317）
　広辞6（蘇秦　そしん　?-前317）
　国小（蘇秦　そしん　生没年不詳）
　コン2（蘇秦　そしん　?-前317）
　コン3（蘇秦　そしん　?-前317）
　三国（蘇秦　そしん）
　人物（蘇秦　そしん　?-前317）
　世人（蘇秦　そしん　?-前317）
　世東（蘇秦　そしん　前4世紀）
　世百（蘇秦　そしん　?-前317）
　全書（蘇秦　そしん　?-前31）

大辞　（蘇秦　そしん　?-前317）
大辞3　（蘇秦　そしん　?-前317）
大百　（蘇秦　そしん　生没年不詳）
中国　（蘇秦　そしん　?-前317）
中史　（蘇秦　そしん　?-前284?）
デス　（蘇秦　そしん　生没年不詳）
伝記　（蘇秦　そしん）
百科　（蘇秦　そしん）
評世　（蘇秦　そしん　?-前317）
山世　（蘇秦　そしん　?-前317）
歴史　（蘇秦　そしん　生没年不詳）

蘇振華　そしんか
20世紀、中国の軍人。湖南省生れ。建国後、海軍の建設に貢献。1967年批判を受けたが、72年海軍副司令員として復活、73年海軍第1政治委員。76年10月上海市党委員会第1書記兼同市革命委員会主任に就いた。
⇒現人　（蘇振華　そしんか〈スーチェンホワ〉1909-）
　中人　（蘇振華　そしんか　1912-1979）

徐勝　ソスン
20世紀、韓国の政治活動家。在日韓国人政治犯。1971年の大統領選のさ中、スパイ容疑で逮捕された。ともに逮捕された徐俊植の兄。
⇒現人　（徐勝、徐俊植　ソスン、ソジュンシク　1945.4.3-）

蘇兆徴　そちょうちょう
19・20世紀、中国の政治家。1927年末の広東コンミューンに際し、広東ソビエト政府主席、28年コミュンテルン執行委員。
⇒外国　（蘇兆徴　そちょうちょう　1883-1929）
　近中　（蘇兆徴　そちょうちょう　1885.11.11-1929.2.29）
　国小　（蘇兆徴　そちょうちょう　1885-1929.2）
　コン3　（蘇兆徴　そちょうちょう　1885-1929）
　世東　（蘇兆徴　そちょうちょう　1885-1929）
　世百　（蘇兆徴　そちょうちょう　1883-1929）
　世百新　（蘇兆徴　そちょうちょう　1885-1929）
　全書　（蘇兆徴　そちょうちょう　1885-1929）
　中人　（蘇兆徴　そちょうちょう　1885-1929.2）
　百科　（蘇兆徴　そちょうちょう　1885-1929）

徐哲　ソチョル
20世紀、北朝鮮の政治家。1958年朝中親善協会副委員長、67年には最高人民会議外交委員会委員長。この間61年朝鮮労働党中央委員。72年最高人民会議常設会議の首席議員、73年以来党検閲委員会委員長。
⇒韓国　（徐哲　ソチョル　1907-）
　現人　（徐哲　ソチョル　1907-）
　世東　（徐哲　じょてつ　1900-）

ソット・ペトラシ　Soth Pethrasy
20世紀、ラオスの政治家。ラオス愛国戦線（パテト・ラオ）の士官。
⇒現人　（ソット・ペトラシ　?-）

祖珽　そてい
6世紀、中国、北斉の官僚。范陽郡の名族。高歓や文宣帝に重用された。
⇒百科　（祖珽　そてい　?-574頃）

蘇頲　そてい
7・8世紀、中国、初唐～盛唐の政治家、文学者。雍州武功出身。字は廷碩。諡は文憲。玄宗のときの宰相。文章家としては燕説と並んで「燕許大手筆」と称せられる。
⇒国小　（蘇頲　そてい　670（咸亨1）-727（開元15））
　集世　（蘇頲　そてい　670（咸亨1）-727（開元15））
　集文　（蘇頲　そてい　670（咸亨1）-727（開元15））
　中芸　（蘇頲　そてい　670-727）

ソティカクマン　Sotikakuman
18世紀、ラオス王国の王。在位1750-1771。
⇒統治　（ソティカクマン　（在位）1750-1771）

蘇定方　そていほう
6・7世紀、中国、唐の武将。河北出身。名は烈、定方は字。657年西突厥を伐ち平定し、中亜諸国をすべて安西都護府に隷属させた。
⇒人物　（蘇定方　そていほう　592-667）
　世東　（蘇定方　そていほう　592-667）
　百科　（蘇定方　そていほう　592-667）

祖逖　そてき
3・4世紀、中国、西晋末、東晋初めの武将。字は士稚。范陽出身。元帝に仕え、北伐を行い黄河以南を晋の領土に回復した。
⇒広辞4　（祖逖　そてき　266-321）
　広辞6　（祖逖　そてき　266-321）
　国小　（祖逖　そてき　266（泰始2）-321（太興4））
　コン3　（祖逖　そてき　266-321）
　大辞　（祖逖　そてき　266-321）
　大辞3　（祖逖　そてき　266-321）
　中国　（祖逖　そてき　266-321）
　中史　（祖逖　そてき　266-321）

蘇東坡　そとうば
⇨蘇軾（そしょく）

ソドノム，ドマーギン　Sodnom, Dumaagiyn
20世紀、モンゴルの政治家。モンゴル首相、モンゴル人民革命党政治局員。
⇒世政　（ソドノム，ドマーギン　1933-）

ソナム・ギャムツオ
⇨ダライ・ラマ3世

ソニン　索尼　Sonin
17世紀、中国、清初期の政治家。姓はヘシェリ（赫舎里）。康熙帝輔政四大臣の一人。
⇒コン2　（ソニン〔索尼〕　?-1667）
　コン3　（ソニン〔索尼〕　?-1667）

ソノミン, オドヴァル　Sonomiin, Odval
20世紀, モンゴルの作家, 政治家。モンゴル婦人委員会議長, 作家同盟議長。
⇒二十　(ソノミン, オドヴァル　1921–)

曾培炎　そばいえん
⇨曾培炎 (そうばいえん)

蘇飛　そひ
3世紀頃, 中国, 三国時代, 荊州の刺史劉表の配下黄祖の部将。
⇒三国 (蘇飛　そひ)
　三全 (蘇飛　そひ　生没年不詳)

祖弼　そひつ
3世紀, 中国, 三国時代, 節(出征する将軍などの任命のしるし)と帝の印璽を扱う符宝郎(漢代での呼称は符節令)。
⇒三国 (祖弼)
　三全 (祖弼　そひつ　?–220)

蘇武　そぶ
前2・1世紀, 中国, 前漢の名臣。武帝の時, 中郎将で匈奴に使して捕われたが節を曲げず, 19年の抑留生活を送る。
⇒逸話 (蘇武　そぶ　?–前60)
　外国 (蘇武　そぶ　?–前60)
　角世 (蘇武　そぶ　?–前60)
　広辞4 (蘇武　そぶ　前140頃–前60)
　広辞6 (蘇武　そぶ　?–前60)
　国小 (蘇武　そぶ　前140(建元1)頃–60(神爵2))
　コン2 (蘇武　そぶ　?–前60)
　コン3 (蘇武　そぶ　?–前60)
　詩歌 (蘇武　そぶ　前142(漢・後元2)–60(神爵2))
　集世 (蘇武　そぶ　前143(後元1)?–60(神爵2))
　集文 (蘇武　そぶ　前143(後元1)?–前60(神爵2))
　シル (蘇武　そぶ　?–前60)
　シル新 (蘇武　そぶ　?–前60)
　人物 (蘇武　そぶ　前140?–60)
　世東 (蘇武　そぶ　前139頃–30)
　全書 (蘇武　そぶ　前140–60)
　大辞 (蘇武　そぶ　?–前60)
　大辞3 (蘇武　そぶ　?–前60)
　大百 (蘇武　そぶ　前140–80)
　中芸 (蘇武　そぶ　前143?–前60)
　中史 (蘇武　そぶ　?–前60)
　デス (蘇武　そぶ　前140頃–60)

素福　そふく
7世紀頃, 中国南西方面, 附国(後の吐蕃)からの朝貢使。
⇒シル (素福　そふく　7世紀頃)
　シル新 (素福　そふく)

蘇物　そぶつ
3世紀頃, カンボジア, 扶南の入竺使節。
⇒シル (蘇物　そぶつ　3世紀頃)
　シル新 (蘇物　そぶつ)

ソベル・デ・アヤラ　Zobel de Ayala, Jaime
20世紀, フィリピンの実業家。マニラの生れ。1971～74年駐英大使をつとめ, その後アヤラ会社社長。
⇒現人 (ソベル・デ・アヤラ　1934.7.18–)

ソーマ
⇨ラッバン・サウマー

蘇磨羅　そまら
8世紀頃, チベット地方, 勃律(ボロル)の遣唐使。
⇒シル (蘇磨羅　そまら　8世紀頃)
　シル新 (蘇磨羅　そまら)

徐珉濠　ソミノ
20世紀, 韓国の政治家。1967年大衆党を結成, その代表最高委員。同年国会議員に4選された。
⇒現人 (徐珉濠　ソミノ　1903.4.28–1974.1.24)
　国小 (徐珉濠　じょみんごう　1903.4.27–)

ソムサニット　Somsanith
20世紀, ラオスの政治家。1960年右派軍部勢力の支持の下に首相に就任。
⇒世東 (ソムサニット　1913.4.19–)

祖無沢　そむたく
11世紀, 中国, 北宋の文人, 政治家。字は択之。上蔡(河南省)出身。晩年に判西京留守司など歴任。王安石に憎まれて, 一時降職させられた。
⇒コン2 (祖無沢　そむたく　1003–1082)
　コン3 (祖無沢　そむたく　1003–1082)

ソムマイ・フンタクーン　Huntrakul, Sommai
20世紀, タイの政治家。蔵相。
⇒華人 (ソムマイ・フンタクーン　1918–)

蘇鳴崗　そめいこう
17世紀, インドネシア, バタヴィア, 華僑の首長。福建省同安県出身。
⇒コン2 (蘇鳴崗　そめいこう　?–1644)
　コン3 (蘇鳴崗　そめいこう　?–1644)
　世東 (蘇鳴崗　そめいこう　?–1644)

祖茂　そも
2世紀, 中国, 三国時代, 呉の孫堅配下の大将の一人。呉郡富春出身。字は大栄(だいえい)。
⇒三国 (祖茂　そも)
　三全 (祖茂　そも　?–191)

素目伽　そもくか
5世紀頃, ホータンの請願使。
⇒シル (素目伽　そもくか　5世紀頃)
　シル新 (素目伽　そもくか)

蘇由　そゆう
3世紀頃, 中国, 三国時代, 袁紹の三男袁尚の部将。

そよう

⇒三国（蘇由　そゆう）
三全（蘇由　そゆう　生没年不詳）

蘇陽信　そようしん
7世紀頃, 朝鮮, 新羅の請政・貢調使。687（持統1）年来日。
⇒シル（蘇陽信　そようしん　7世紀頃）
シル新（蘇陽信　そようしん）

ゾリグ, サンジャースレンギン　Zorig, Sanjaasurengiin
20世紀, モンゴルの政治家。モンゴル社会基盤開発相代行, モンゴル民主連盟議長。
⇒世政（ゾリグ, サンジャースレンギン　1962.4.20–1998.12.2）

蘇凉　そりょう
9世紀頃, 中国, 唐の左神策軍の散兵馬使（近衛軍団の騎長）。ササン朝ペルシアの王族の血を引く。
⇒シル（蘇凉　そりょう　9世紀頃）
シル新（蘇凉　そりょう）

蘇黎満　それいまん
8世紀頃, 中央アジア, 白衣大食（ウマイヤ朝）の朝貢使。
⇒シル（蘇黎満　それいまん　8世紀頃）
シル新（蘇黎満　それいまん）

蘇和素薫悉曩　そわそとうしつのう
8世紀頃, チベット, 吐蕃王朝の遺唐使。
⇒シル（蘇和素薫悉曩　そわそとうしつのう　8世紀頃）
シル新（蘇和素薫悉曩　そわそとうしつのう）

孫異　そんい
3世紀頃, 中国, 三国時代, 呉の将。
⇒三国（孫異　そんい）
三全（孫異　そんい　生没年不詳）

孫毓汶　そんいくぶん
19世紀, 中国, 清末期の政治家。
⇒コン3（孫毓汶　そんいくぶん　?–1899）

孫運璿　そんうんせん
20世紀, 台湾の電気技術者。台湾電力公司電気技術部技師長を歴任, 1969年経済部長, 中国国民党中央常務委員。
⇒世東（孫運璿　そんうんせん　1913.11.11–）
中人（孫運璿　そんうんせん　1913–）

孫恩　そんおん
3世紀, 中国, 三国時代, 呉の孫綝時代の武衛将軍。
⇒三国（孫恩　そんおん）
三全（孫恩　そんおん　?–258）

孫科　そんか
20世紀, 中国, 中華民国の政治家。国民党右派の重鎮。孫文の息子。
⇒外国（孫科　そんか　1887–）
角世（孫科　そんか　1891–1973）
近中（孫科　そんか　1891.10.21–1973.9.13）
現人（孫科　そんか〈スンコー〉1891.10.21–1973.9.13）
広辞5（孫科　そんか　1895–1973）
広辞6（孫科　そんか　1895–1973）
国小（孫科　そんか　1895–）
コン3（孫科　そんか　1891–1973）
人物（孫科　そんか　1895–）
世東（孫科　そんか　1895–1973.9.13）
全書（孫科　そんか　1891–1973）

孫果　そんか
9世紀頃, 中国, 唐の遣回紇冊立使。
⇒シル（孫果　そんか　9世紀頃）
シル新（孫果　そんか）

孫化中　そんかいちゅう
19世紀, 朝鮮, 甲午農民戦争の指導者。
⇒朝人（孫化中　そんかいちゅう　1861–1895）

孫覚　そんかく
11世紀, 中国, 北宋の官僚。王安石に反対。哲宗の前半, 旧法党に属し御史中丞にまで累進。
⇒コン2（孫覚　そんかく　1028–1090）
コン3（孫覚　そんかく　1028–1090）

孫岳　そんがく
19・20世紀, 中国の北洋軍, のち国民軍軍人。
⇒近中（孫岳　そんがく　1878–1928.5.27）

孫家鼐　そんかだい
19・20世紀, 中国, 清末期の政治家。字は燮臣。安徽省出身。義和団事件後, 清朝の新政運動の中心人物。
⇒外国（孫家鼐　そんかだい　1827–1909）
近中（孫家鼐　そんかだい　1827–1909）
コン2（孫家鼐　そんかだい　1827–1909）
コン3（孫家鼐　そんかだい　1827–1909）
世東（孫家鼐　そんかだい　1827–1909）
中人（孫家鼐　そんかだい　1827–1909）

孫可望　そんかぼう
17世紀, 中国, 明末・清初期の武将。諡は恪順。陝西省出身。張献忠の養子。明の滅亡後, 清軍と戦う。
⇒コン2（孫可望　そんかぼう　1600–1658）
コン3（孫可望　そんかぼう　?–1660）

孫幹　そんかん
3世紀, 中国, 三国時代の人。呉の偏将軍。孫綝の弟。
⇒三国（孫幹　そんかん）
三全（孫幹　そんかん　?–258）

孫冀 そんき
3世紀頃, 中国, 三国時代, 呉の左将軍。
⇒三国 (孫冀 そんき)
　三全 (孫冀 そんき 生没年不詳)

孫拠 そんきょ
3世紀, 中国, 三国時代の, 呉の威遠将軍。孫綝の弟。
⇒三国 (孫拠 そんきょ)
　三全 (孫拠 そんきょ ?-258)

孫歆 そんきん
3世紀, 中国, 三国時代, 呉の驃騎将軍。
⇒三国 (孫歆 そんきん)
　三全 (孫歆 そんきん ?-280)

ソンターム Songt'am
17世紀, タイ, シャムの王 (在位1610～28)。ビルマと領土の争奪戦を展開。
⇒外国 (ソンターム ?-1628)

孫堅 そんけん
2世紀, 中国, 後漢末の将軍。呉の孫権の父。呉郡富春 (浙江省富陽県) の出身。字は文台。黄巾の乱に功を立てた。
⇒外国 (孫堅 そんけん ?-192)
　広辞4 (孫堅 そんけん 156-192)
　広辞6 (孫堅 そんけん 156-192)
　国小 (孫堅 そんけん 156 (永寿2)-192 (初平3))
　コン3 (孫堅 そんけん 156-192)
　三国 (孫堅 そんけん)
　三全 (孫堅 そんけん 156-192)
　世百 (孫堅 そんけん 157-193)
　全書 (孫堅 そんけん 156-192)
　大辞 (孫堅 そんけん 156-192)
　大辞3 (孫堅 そんけん 156-192)
　大百 (孫堅 そんけん 156-192)
　百科 (孫堅 そんけん 156-192)

孫権 そんけん
2・3世紀, 中国, 三国呉の初代皇帝 (在位222～252)。孫堅の子。江南支配を達成。
⇒逸話 (孫権 そんけん 182-252)
　旺世 (孫権 そんけん 182-252)
　外国 (孫権 そんけん 182-252)
　角世 (孫権 そんけん 182-252)
　広辞4 (孫権 そんけん 182-252)
　広辞6 (孫権 そんけん 182-252)
　皇帝 (大帝 たいてい 182-252)
　国小 (孫権 そんけん 182 (光和5)-252 (神鳳1))
　コン2 (孫権 そんけん 182-252)
　コン3 (孫権 そんけん 182-252)
　三国 (孫権 そんけん)
　三全 (孫権 そんけん 182-252)
　人物 (孫権 そんけん 182-252)
　世人 (孫権 そんけん 182-252)
　世東 (孫権 そんけん 182-252)
　世百 (孫権 そんけん 182-252)
　全書 (孫権 そんけん 182-252)
　大辞 (孫権 そんけん 182-252)
　大辞3 (孫権 そんけん 182-252)
　大百 (孫権 そんけん 182-252)
　中皇 (大帝 182-252)
　中国 (孫権 そんけん 182-252)
　中史 (孫権 そんけん 182-252)
　デス (孫権 そんけん 182-252)
　伝記 (孫権 そんけん 182-252)
　統治 (大帝 (孫権) Ta Ti [Sun Ch'üan] (在位) 222-252)
　百科 (孫権 そんけん 182-252)
　評世 (孫権 そんけん 182-252)
　山世 (孫権 そんけん 182-252)
　歴史 (孫権 そんけん 182 (光和5)-252 (太元2))

孫謙 そんけん
3世紀頃, 中国, 三国時代, 魏の潘挙配下の将。
⇒三国 (孫謙 そんけん)
　三全 (孫謙 そんけん 生没年不詳)

孫康 そんこう
3・4世紀, 中国, 晋の政治家。陝西省出身。家貧しく, 燈油を買うことができず, 冬の夜, 雪明りで勉強した話は有名。
⇒広辞4 (孫康 そんこう)
　広辞6 (孫康 そんこう)
　コン2 (孫康 そんこう 3世紀末-4世紀初期)
　コン3 (孫康 そんこう 生没年不詳)
　世東 (孫康 そんこう 3-4世紀)
　大辞 (孫康 そんこう 生没年不詳)
　大辞3 (孫康 そんこう 生没年不詳)

孫高 そんこう
3世紀頃, 中国, 三国時代, 孫権の弟孫翊の腹心の部将。
⇒三国 (孫高 そんこう)
　三全 (孫高 そんこう 生没年不詳)

孫皓 (孫晧) そんこう
3世紀, 中国, 三国呉の第4代皇帝 (在位264～280)。字は皓宗, またの名を彭祖。孫権の孫で廃太子孫和の子。
⇒皇帝 (孫皓 そんこう 242-284)
　国小 (孫皓 そんこう 242 (赤烏5)-283 (太康4))
　コン2 (孫皓 そんこう 242-284)
　コン3 (孫皓 そんこう 242-284)
　三国 (孫皓 そんこう)
　三全 (孫皓 そんこう 242-284)
　人物 (孫皓 そんこう 242-284)
　全書 (孫皓 そんこう 242-283/284)
　大百 (孫皓 そんこう 242-284)
　中皇 (孫皓 ?-283/4)
　中国 (孫皓 そんこう 242-284)
　統治 (末帝 (烏程公) Mo Ti (在位) 264-280)

孫洪伊 そんこうい
19・20世紀, 中国の政治家。字は伯蘭。天津出身。民国以後, 進歩党議員として袁世凱を助けたが, その帝制には反対。
⇒近中 (孫洪伊 そんこうい 1870-1936.3.26)
　コン2 (孫洪伊 そんこうい 1869-1936)

コン3　(孫洪伊　そんこうい　1869–1936)
世東　(孫洪伊　そんこうい　1869–1936.3.26)
中人　(孫洪伊　そんこうい　1870–1936)

孫皇后　そんこうごう*
15世紀, 中国, 明, 宣徳帝の皇妃。
⇒中皇　(孫皇后　?–1462)

孫興進　そんこうしん
8世紀頃, 中国, 唐から来日した使節。
⇒シル　(孫興進　そんこうしん　8世紀頃)
シル新　(孫興進　そんこうしん)

ソン・ゴク・タン　Son Ngoc Thanh
20世紀, カンボジアの反共右派政治家。ノロドム・シハヌーク政権に対抗。1972年3〜10月首相。
⇒現人　(ソン・ゴク・タン　1908.12–)
コン3　(ソン・ゴック・タイン　1902–1982)
世政　(ソン・ゴク・タン　1902–1982)
世東　(ソン・ゴク・タン　1902–1982)
世百新　(ソン・ゴク・タン　?–1982)
二十　(ソン・ゴク・タン　?–1982)
東ア　(ソン・ゴク・タン　?–1982)
百科　(ソン・ゴク・タン　?–1982)

ソン・ゴック・ミン　Song Ngoc Minh
20世紀, カンボジアの民族解放運動指導者。1945年自由カンボジアの独立を宣言, のち抗仏ゲリラ戦を開始。50年自由カンボジア臨時抗戦政府を組織し, その首相。
⇒コン3　(ソン・ゴク・ミン　?–1972)
世東　(ソン・ゴク・ミン　?–1972)

ソンゴトゥ　(索額図)　Songgotu
17・18世紀, 中国, 清前期の官僚。ソニンの第3子。1689年ロシアとのネルチンスク条約のとき, 清の全権大使。
⇒外国　(ソエト〔索額図〕　17–18世紀)
コン2　(ソンゴトゥ〔索額図〕　?–1703)
コン3　(そンごと〔索額図〕　?–1703)
人物　(そえと〔索額図〕　?–1703)
世東　(そえと〔索額図〕　17–18世紀)

孫策　そんさく
2世紀, 中国, 後漢末の武将。孫権の兄。父孫堅の死後, 袁術の配下にあって, 江南を鎮定。
⇒三国　(孫策　そんさく)
三全　(孫策　そんさく　175–200)
全書　(孫策　そんさく　175–200)
大百　(孫策　そんさく　175–200)

ソン・サン　Son Sann
20世紀, カンボジアの政治家。カンボジア首相, 仏教自由民主党 (BLDP) 党首。
⇒世政　(ソン・サン　1911.10.5–2000.12.19)
世東　(ソン・サン　1911–)
二十　(ソン・サン　1911.10.5–)

孫資　そんし
3世紀, 中国, 三国時代, 魏の尚書。
⇒三国　(孫資　そんし)
三全　(孫資　そんし　?–251)

孫士毅　そんしき
18世紀, 中国, 清中期の官僚。字は智治, 号は補山, 謚して文靖。浙江省出身。台湾の林爽文の乱の平定 (1787) などに尽力。
⇒コン2　(孫士毅　そんしき　1720–1796)
コン3　(孫士毅　そんしき　1720–1796)
世東　(孫士毅　そんしき　1720–1796)

宋鎮禹　ソンジヌ
19・20世紀, 朝鮮の政治家。解放後韓国民主党を創立して主席になり, 民族運動を再開したが暗殺された。
⇒現人　(宋鎮禹　ソンジヌ　1889.5.8–1945.12.30)
コン3　(宋鎮禹　そうちんう　1889–1945)
世百新　(宋鎮禹　そうちんう　1890–1945)
朝人　(宋鎮禹　そうちんう　1890–1945)
朝鮮　(宋鎮禹　そうちんう　1890–1945)
日人　(宋鎮禹　ソンジヌ　1890–1945)
百科　(宋鎮禹　そうちんう　1890–1945)

孫綽　そんしゃく
4世紀, 中国, 晋代の詩人, 官吏。字は興公。中都 (山西省) 出身。
⇒孫録　(孫綽　そんしゃく　301頃–380頃)
集世　(孫綽　そんしゃく　300 (永康1) 頃–385 (太元10) 頃)
集文　(孫綽　そんしゃく　300 (永康1) 頃–385 (太元10) 頃)
中芸　(孫綽　そんしゃく　生没年不詳)
中史　(孫綽　そんしゃく　314–371)

孫秀　そんしゅう
3世紀頃, 中国, 三国時代, 呉の驃騎将軍。
⇒三国　(孫秀　そんしゅう)
三全　(孫秀　そんしゅう　生没年不詳)

孫叔敖　そんしゅくごう
前7・6世紀頃, 中国, 戦国時代楚の政治家。荘王の宰相として, 王の覇業に貢献。
⇒コン2　(孫叔敖　そんしゅくごう　生没年不詳)
コン3　(孫叔敖　そんしゅくごう　生没年不詳)
中史　(孫叔敖　そんしゅくごう　生没年不詳)

宣祖 (李朝)　ソンジョ
⇨宣祖 (李朝) (せんそ)

孫承宗　そんしょうそう
16・17世紀, 中国, 明末期の官僚。字は雅縄, 号は愷陽, 謚は文忠・忠定。高陽県 (河北省) 出身。兵部尚書としてヌルハチの清軍を国境で防ぐ。
⇒外国　(孫承宗　そんしょうそう　1563–1638)
コン2　(孫承宗　そんしょうそう　1563–1638)
コン3　(孫承宗　そんしょうそう　1563–1638)
世東　(孫承宗　そんしょうそう　1563–1638.11.

9)

宋時烈　ソンシヨル
⇨宋時烈（そうじれつ）

ソン・セン　Son Sen
20世紀, カンボジアの政治家, 軍人。民主カンボジア軍（ポル・ポト軍）最高司令官, ポル・ポト派副代表。
⇒世政　（ソン・セン　1930.6–1997.6.10）
　世東　（ソン・セン　1930–）
　二十　（ソン・サン　1930.6–）

孫多森　そんたしん
19・20世紀, 中国の官僚, 政治家, 実業家。
⇒近中　（孫多森　そんたしん　1867.1.23–1919）

孫仲　そんちゅう
2世紀, 中国, 三国時代, 黄巾の残党。
⇒三国　（孫仲　そんちゅう）
　三全　（孫仲　そんちゅう　?–184）

宋慶齢　ソンチンリン
⇨宋慶齢（そうけいれい）

宋子文　ソンツーウェン
⇨宋子文（そうしぶん）

ソンツェンガムポ
⇨ソンツェン・ガンポ

ソンツェンガムポ王
⇨ソンツェン・ガンポ

ソンツェン・ガンポ（松贊干布）　Sroṅ-btsan-sgam-po
6・7世紀, チベットの初代の王。仏教に帰依し, チベット文字を制定した。
⇒旺世　（ソンツェン＝ガンポ　?–649）
　外国　（スロン・ツァン・ガン・ポ　569–650）
　角世　（ソンツェンガムポ　581?–649）
　広辞4　（ソンツェン・ガンポ　581?–649）
　広辞6　（ソンツェン・ガンポ　581?–649）
　コン2　（ソンツェン・ガンポ　581–649）
　コン3　（ソンツェン・ガンポ　581–649）
　人物　（ソンツェン・ガンポ　?–649）
　世人　（ソンツェン＝ガンポ　?–649）
　世百　（ソンツェンガンポ　569–650）
　全書　（ソンツェン・ガンポ　581?–649）
　大辞　（ソンツェン・ガンポ　581?–649）
　大辞3　（ソンツェン・ガンポ　581?–649）
　中région　（松贊干布　ソンツェン・ガンポ　581–649）
　デス　（ソンツェン・ガンポ　581–649）
　伝世　（ソンツェン・ガンポ　?–649）
　東仏　（ソンツェン・ガンポ　581–649）
　百科　（ソンツェン・ガンポ　569–649）
　評世　（ソンツェンガンポ　?–649）
　山世　（ソンツェンガムポ王　?–649）

孫点　そんてん
19世紀, 中国, 清代の官吏, 文人。1887年に清国公使随員として来日。帰国途中に病気のため船上から投身。
⇒中芸　（孫点　そんてん　1855–1891）

孫殿英　そんでんえい
20世紀, 中国の軍人。名は魁元。河北省出身。1928年反蔣蜂起して敗北。日中戦争中, 日本と妥協し, 43年晋冀予地区で日本軍に降伏。
⇒コン3　（孫殿英　そんでんえい　1889–1947）
　中人　（孫殿英　そんでんえい　1889–1947）

孫伝芳　そんでんぽう, そんでんほう
19・20世紀, 中国の軍人。山東省出身。1921年呉佩孚に従う。25年東南5省連合軍を組織。26年北伐軍に敗北。
⇒外国　（孫伝芳　そんでんぽう　1885–1935）
　近中　（孫伝芳　そんでんぽう　1885.4.17–1935.11.13）
　コン3　（孫伝芳　そんでんほう　1885–1935）
　世東　（孫伝芳　そんでんぽう　1885.4.17–1935.11.13）
　世百　（孫伝芳　そんでんぽう　1885–1935）
　世百新　（孫伝芳　そんでんぽう　1885–1935）
　中人　（孫伝芳　そんでんぽう　1885–1935）
　日人　（孫伝芳　そんでんぽう　1885–1935）
　百科　（孫伝芳　そんでんぽう　1885–1935）
　評世　（孫伝芳　そんでんぽう　1885–1935）

孫徳清　そんとくせい
20世紀, 中国工農紅軍の軍事指導者, 高級将校。
⇒近中　（孫徳清　そんとくせい　1900–1932）

孫万栄　そんばんえい
7世紀, 中国, 唐初期の契丹族の首領の一人。契丹族独立の闘争を唐朝にいどんだ。
⇒コン2　（孫万栄　そんばんえい　?–697）
　コン3　（孫万栄　そんばんえい　?–697）

孫眉　そんび
19・20世紀, 中国の孫文の長兄, 興中会会員, 孫文の革命運動を援助した。
⇒華人　（孫眉　そんび　1854–1915）
　近中　（孫眉　そんび　1854–1915.2.11）

宋秉畯　ソンビョンジュン
19・20世紀, 朝鮮, 李朝末期から「日韓合邦」期にかけて親日派として画策, 行動した政治家。李完用内閣(1907)では農商工部, 内部大臣を歴任, 「合邦」後, 中枢院顧問。
⇒外国　（宋秉畯　そうへいしゅん　1858–1925）
　角世　（宋秉畯　そうへいしゅん　1858–1925）
　国史　（宋秉畯　そうへいしゅん　1858–1925）
　国小　（宋秉畯　そうへいしゅん　1858(哲宗9)–1925）
　コン2　（宋秉畯　そうへいしゅん　1858–1925）
　コン3　（宋秉畯　そうへいしゅん　1858–1925）
　人物　（宋秉畯　そうへいしゅん　1858–1929）
　世百　（宋秉畯　そうへいしゅん　1858–1925）
　全書　（宋秉畯　そうへいしゅん　1858–1925）
　大百　（宋秉畯　そうへいしゅん〈ソンビョンジュ

ン〉 1858-1925)
朝人 (宋秉畯 そうへいしゅん 1858-1925)
朝鮮 (宋秉畯 そうへいしゅん 1858-1925)
日人 (宋秉畯 ソンビョンジュン 1858-1925)
百科 (宋秉畯 そうへいしゅん 1858-1925)
評世 (宋秉畯 そうへいしゅん 1858-1925)

孫武　そんぶ
19・20世紀,中国の革命家。原名は葆仁,字は堯卿。湖北省出身。辛亥革命後,湖北軍政府で軍務部長に就任。
⇒近中 (孫武　そんぶ　1879.11.8-1939.11.1)
コン2 (孫武　そんぶ　1879-1939)
コン3 (孫武　そんぶ　1880-1939)
世東 (孫武　そんぶ　1877-1940)
中人 (孫武　そんぶ　1880-1939)

孫文　そんぶん
19・20世紀,中国の革命家。号は逸仙中山。中国革命同盟会を結成,三民主義をその綱領とした。辛亥革命により,1912年中華民国臨時大総統に就任。24年軍閥・帝国主義打倒を目指し国共合作。
⇒逸話 (孫文　そんぶん　1866-1925)
岩ケ (孫文　そんぶん　1866-1925)
岩哲 (孫文　そんぶん　1866-1925)
旺世 (孫文　そんぶん　1866-1925)
外国 (孫文　そんぶん　1866-1925)
華人 (孫文　そんぶん　1866-1925)
角世 (孫文　そんぶん　1866-1925)
教育 (孫文　そんぶん　1866-1925)
近中 (孫文　そんぶん　1866.11.12-1925.3.12)
経済 (孫文　1866-1925)
広辞4 (孫文　そんぶん　1866-1925)
広辞5 (孫文　そんぶん　1866-1925)
広辞6 (孫文　そんぶん　1866-1925)
国史 (孫文　そんぶん　1866-1925)
国小 (孫文　そんぶん　1866(同治5.10.6)-1925.3.12)
国百 (孫文　そんぶん　1866.11.12(同治5.10.6)-1925.3.12)
コン2 (孫文　そんぶん　1866-1925)
コン3 (孫文　そんぶん　1866-1925)
詩歌 (孫文　そんぶん　1866(同治5)-1925(民国14))
集世 (孫文　そんぶん　1866.11.12-1925.3.12)
集名 (孫文　そんぶん　1866.11.12-1925.3.12)
人物 (孫文　そんぶん　1866.11.12-1925.3.12)
世人 (孫文　そんぶん　1866-1925)
世政 (孫文　そんぶん〈スンウェン〉　1866.11.12-1925.3.12)
世東 (孫文　そんぶん　1866-1925.3.12)
世百 (孫文　そんぶん　1886-1925)
世文 (孫文　そんぶん　1866-1925)
全書 (孫文　そんぶん　1866-1925)
大辞 (孫文　そんぶん　1866-1925)
大辞2 (孫文　そんぶん　1866-1925)
大辞3 (孫文　そんぶん　1866-1925)
大百 (孫文　そんぶん　1866-1925)
中芸 (孫文　そんぶん　1866-1925)
中国 (孫文　そんぶん　1866-1925)
中史 (孫文　そんぶん　1866-1925)
中人 (孫文　そんぶん　1866.11.12-1925.3.12)
デス (孫文　そんぶん〈スンウェン〉　1866-1925)

伝記 (孫文　そんぶん　1866.11.12-1925.3.12)
ナビ (孫文　そんぶん　1866-1925)
日人 (孫文　そんぶん　1866-)
百科 (孫文　そんぶん　1866-1925)
評世 (孫文　そんぶん　1866-1925)
名著 (孫文　そんぶん　1866-1925)
山世 (孫文　そんぶん　1866-1925)
歴史 (孫文　そんぶん　1866-1925)

孫平化　そんへいか,そんぺいか
20世紀,中国の政治家。1968年4月中国駐日覚書貿易事務所首席代表,79年中日友好協会副会長。
⇒現人 (孫平化　そんへいか〈スンピンホワ〉 1917-)
国小 (孫平化　そんぺいか　1917-)
世政 (孫平化　そんぺいか　1917.8.20-1997.8.15)
世東 (孫平化　そんぺいか　1917-)
中人 (孫平化　そんぺいか　1917.8.20-)

孫沔　そんべん
11世紀頃,中国,北宋の官僚。字は元規。越州・会稽(浙江省)出身。儂智高の反乱を鎮圧。
⇒コン2 (孫沔　そんべん　生没年不詳)
コン3 (孫沔　そんべん　生没年不詳)

孫甫　そんほ
11世紀頃,中国,北宋の官僚。字は之翰。許州陽翟(河南省)出身。刑部郎中天章閣待制河北転運使,侍読に累進。
⇒コン2 (孫甫　そんほ　生没年不詳)
コン3 (孫甫　そんほ　生没年不詳)

孫宝琦　そんほうき
19・20世紀,中国,清末・中華民国の外交家,政治家。民国以後,外交総長,財政総長など歴任。1924年自ら内閣を組織。
⇒近中 (孫宝琦　そんほうき　1867.4.26-1931.2.3)
コン2 (孫宝琦　そんほうき　1867-1931)
コン3 (孫宝琦　そんほうき　1867-1931)
世東 (孫宝琦　そんほうき　1867-1931)
中人 (孫宝琦　そんほうき　1867-1931)

宋美齢　ソンメイリン
⇨宋美齢(そうびれい)

宋堯讚　ソンヨチャン
20世紀,韓国の軍人,政治家。韓国首相。
⇒現人 (宋堯讚　ソンヨチャン　1918.2.13-)
世政 (宋堯讚　ソンヨチャン　1918.2.13-1980.10.19)

孫立人　そんりつじん
20世紀,中国,国民党政府の軍人。安徽出身。国府が台湾移転後は訓練総司令,1950年3月国府軍総司令,陸軍中将。
⇒人物 (孫立人　そんりつじん　1900-)
世東 (孫立人　そんりつじん　1900-)
中人 (孫立人　そんりつじん　1899-1990.11.19)

孫良誠 そんりょうせい
20世紀, 中国の国民党系軍人。
⇒近中（孫良誠　そんりょうせい　1893–1951）

孫礼 そんれい
3世紀, 中国, 三国時代, 魏の臣。
⇒三国（孫礼　そんれい）
　三全（孫礼　そんれい　?–250）

孫連仲 そんれんちゅう
20世紀, 中国の軍人。河北省出身。1928年以後反蔣派となるが, 30年には中央政府に帰順。49年以後, 台湾総統府戦略顧問など歴任。
⇒コン3（孫連仲　そんれんちゅう　1893–?）
　中人（孫連仲　そんれんちゅう　1893–?）

【 た 】

多安寿 たあんじゅ
9世紀頃, 渤海から来日した使節。
⇒シル（多安寿　たあんじゅ　9世紀頃）
　シル新（多安寿　たあんじゅ）

戴員 たいん
3世紀, 中国, 三国時代, 丹陽の郡丞。
⇒三国（戴員　たいうん）
　三全（戴員　たいいん　?–204）

大院君 たいいんくん, だいいんくん
19世紀, 朝鮮, 李朝末期の執政者。宗親南延君球の第4子。自分の第2子高宗の摂政として政治の実権を握る。
⇒旺世（大院君　たいいんくん　1820–1898）
　外国（李昰応　りしおう　1820–1898）
　角世（大院君　たいいんくん　1820–1898）
　芸術（李昰応　1820（李朝・純祖20年）–1898（高宗光武2年））
　広辞4（大院君　たいいんくん　1820–1898）
　広辞6（大院君　たいいんくん　1820–1898）
　国史（大院君　たいいんくん　1820–1898）
　国小（大院君　たいいんくん　1820（純祖20.12.21）–1898（光武2））
　国百（大院君　たいいんくん　1820（純祖20.12.21）–1898）
　コン2（大院君　だいいんくん　1820–1898）
　コン3（大院君　たいいんくん　1820–1898）
　新美（李昰応　りかおう　1820（李朝・純祖20）–1898（高宗光武2）.2.2）
　人物（大院君　たいいんくん　1820–1898.2.2）
　世人（大院君　だいいんくん　1820–1898）
　世東（李昰応　りしおう　1820–1898.2.2）
　世百（大院君　だいいんくん　1820–1898）
　全書（大院君　たいいんくん　1820–1898）
　大辞（大院君　たいいんくん　1820–1898）
　大辞3（大院君　テーウォングン　1820–1898）
　大百（大院君　だいいんくん　1820–1898）
　中国（大院君　たいいんくん　1820–1898）

　朝人（李昰応（大院君）　りかおう　1820–1898）
　朝鮮（大院君　だいいんくん　1820–1898）
　デス（大院君　だいいんくん　1820–1898）
　伝記（大院君　だいいんくん〈テウォングン〉1820–1898）
　日人（李昰応　イハウン　1821–1898）
　百科（大院君　だいいんくん　1820–1898）
　評世（大院君　だいいんくん　1820–1889）
　山世（大院君　だいいんくん　1820–1898）
　歴史（大院君　だいいんくん　1820–1898）

大諲譔 だいいんせん
10世紀, 渤海の最後の王（在位906?～926）。
⇒朝人（大諲譔　だいいんせん　生没年不詳）

戴員 たいうん
⇨戴員（たいん）

大延廣 だいえんこう
9世紀頃, 朝鮮, 渤海の王子。725（開元13）年入唐。
⇒シル（大延廣　だいえんこう　9世紀頃）
　シル新（大延廣　だいえんこう）

大延真 だいえんしん
9世紀頃, 朝鮮, 渤海の遣唐使。
⇒シル（大延真　だいえんしん　9世紀頃）
　シル新（大延真　だいえんしん）

戴戡 たいかん
19・20世紀, 中国の政治家。
⇒近中（戴戡　たいかん　1879–1917.7.18）

戴熙 たいき
19世紀, 中国, 清末の武将, 文人画家。字は醇士。号は鹿牀。太平天国の乱の討伐にあたる。60年李秀成の太平軍の杭州包囲戦で敗れ投身自殺。
⇒国小（戴熙　たいき　1801（嘉慶6）–1860（咸豊10））
　新美（戴熙　たいき　1801（清・嘉慶6）–1860（咸豊10）.3.3）
　世東（戴熙　たいき　?–1860）
　世百（戴熙　たいき　1801–1860）
　中芸（戴熙　たいき　生没年不詳）
　百科（戴熙　たいき　1801–1860）

大義信 だいぎしん
8世紀頃, 朝鮮, 渤海靺鞨の遣唐使。
⇒シル（大義信　だいぎしん　8世紀頃）
　シル新（大義信　だいぎしん）

戴季陶 たいきとう
⇨戴伝賢（たいでんけん）

大勗進 だいきょくしん
8世紀頃, 朝鮮, 渤海の遣唐使。
⇒シル（大勗進　だいきょくしん　8世紀頃）
　シル新（大勗進　だいきょくしん）

大欽茂 だいきんも
8世紀, 朝鮮, 渤海国の第3代王 (在位737～793)。諡, 文王。大武芸の子。渤海国の最盛期をつくった。
⇒外国 (大欽茂　だいきんも　?-794)
　皇帝 (文王　ぶんおう　?-794)
　国小 (大欽茂　だいきんも　?-793 (大興57.3.4))
　世東 (大欽茂　だいきんも　?-794)
　対外 (大欽茂　だいきんも　?-793)
　朝人 (大欽茂　だいきんも　?-794)

台久用善 だいくようぜん
7世紀頃, 朝鮮, 百済から来日した使節。
⇒シル (台久用善　だいくようぜん　7世紀頃)
　シル新 (台久用善　だいくようぜん)

太甲 たいこう
3世紀頃, 中国, 三国時代, 殷の王。
⇒三国 (太甲　たいこう)

太昊 たいこう
中国の伝説上の人物。東夷族の有名な族長とされる。
⇒中史 (太昊　たいこう)

大孝真 だいこうしん
9世紀頃, 朝鮮, 渤海の遣唐使。
⇒シル (大孝真　だいこうしん　9世紀頃)
　シル新 (大孝真　だいこうしん)

太公望 たいこうほう
前11世紀頃, 中国, 周王朝の建国伝説の名将。姓は呂, 名は尚。文王に召され, 武王のとき殷周革命に際しての武功により斉侯に封ぜられた。
⇒外国 (太公望　たいこうほう)
　角世 (太公望　たいこうほう　前11世紀)
　広辞4 (太公望　たいこうほう)
　広辞6 (太公望　たいこうほう)
　国小 (太公望　たいこうほう　生没年不詳)
　コン2 (呂尚　りょしょう　生没年不詳)
　コン3 (呂尚　りょしょう　生没年不詳)
　新美 (太公望　たいこうほう)
　人物 (太公望　たいこうほう　生没年不詳)
　世東 (太公望　たいこうほう)
　世百 (太公望　たいこうほう　生没年不詳)
　全書 (呂尚　りょしょう　生没年不詳)
　大辞 (太公望　たいこうほう　生没年不詳)
　大辞3 (呂尚　りょしょう　生没年不詳)
　大百 (太公望　たいこうほう)
　中国 (太公望　たいこうほう)
　中史 (呂尚　りょしょう　生没年不詳)
　中書 (呂尚　りょしょう　生没年不詳)
　デス (太公望　たいこうほう)
　百科 (太公望　たいこうほう　生没年不詳)
　評世 (呂尚　りょしょう)
　歴史 (呂尚　りょしょう　生没年不詳)

大胡雅 だいこが
8世紀頃, 朝鮮, 渤海の遣唐使。

⇒シル (大胡雅　だいこが　8世紀頃)
　シル新 (大胡雅　だいこが)

第五琦 だいごき, だいごぎ
8世紀, 中国, 唐中期の官僚。長安の出身。財務官僚として安史の乱中に軍費調達や塩専売を実施し, 財政を掌握。
⇒角世 (第五琦　だいごき　生没年不詳)
　国小 (第五琦　だいごき　生没年不詳)
　コン2 (第五琦　だいごき　729-799)
　コン3 (第五琦　だいごき　729-799)
　世東 (第五琦　だいごき)
　全書 (第五琦　だいごき　生没年不詳)
　大百 (第五琦　だいごき　710頃-780頃)
　中国 (第五琦　だいごき　8世紀)

第五倫 だいごりん
1世紀, 中国, 後漢初期の官僚。字は伯魚。長陵 (陝西省) 出身。王莽末, 銅馬・赤眉の農民反乱軍が長安に攻めこんだとき, 長安を死守した。
⇒コン2 (第五倫　だいごりん　生没年不詳)
　コン3 (第五倫　だいごりん　生没年不詳)

馮異 たいじゅしょうぐん
中国, 後漢の将軍。「後漢書馮異伝」では, 諸将が功を誇る中で馮異ふういの一人が大樹の下に退いて誇らなかった故事を伝える。転じて, 将軍または征夷大将軍の異称。
⇒広辞6 (大樹将軍　たいじゅしょうぐん)

大術芸 だいじゅつげい
8世紀頃, 朝鮮, 渤海国の王子。大祚栄の子。入唐使節。
⇒シル (大術芸　だいじゅつげい　8世紀頃)
　シル新 (大術芸　だいじゅつげい)

大常靖 だいじょうせい
8世紀頃, 朝鮮, 渤海の遣唐賀正使。
⇒シル (大常靖　だいじょうせい　8世紀頃)
　シル新 (大常靖　だいじょうせい)

大昌泰 だいしょうたい
8世紀頃, 朝鮮, 渤海使。798 (延暦17) 年来日。
⇒シル (大昌泰　だいしょうたい　8世紀頃)
　シル新 (大昌泰　だいしょうたい)

泰昌帝 たいしょうてい
16・17世紀, 中国, 明の第15代皇帝 (在位1620)。万暦帝の長子。在位1か月で急死。
⇒コン2 (泰昌帝　たいしょうてい　1582-1620)
　コン3 (泰昌帝　たいしょうてい　1588-1620)
　中皇 (光宗 (泰昌帝)　1582-1620)
　統治 (泰昌 (光宗)　T'ai Ch'ang [Kuang Tsung]　(在位) 1620)

大昌勃價 たいしょうぼっか
8世紀頃, 朝鮮, 渤海の遣唐使。
⇒シル (大昌勃價　たいしょうぼっか　8世紀頃)
　シル新 (大昌勃價　たいしょうぼっか)

大仁秀 だいじんしゅう
9世紀, 渤海, 第10代の王 (在位818～830)。
⇒朝人 (大仁秀 だいじんしゅう ?-830)

戴晴 たいせい
20世紀, 中国の反体制ジャーナリスト, 作家。『光明日報』記者。
⇒集世 (戴晴 たいせい 1941.8.29-)
 集文 (戴晴 たいせい 1941.8.29-)
 中人 (戴晴 たいせい 1941.8-)

大清允 だいせいいん
8世紀頃, 朝鮮, 渤海の遣唐使。
⇒シル (大清允 だいせいいん 8世紀頃)
 シル新 (大清允 だいせいいん)

大誠慎 だいせいしん
9世紀頃, 朝鮮, 渤海の遣唐使。
⇒シル (大誠慎 だいせいしん 9世紀頃)
 シル新 (大誠慎 だいせいしん)

大先晟 だいせんせい
9世紀頃, 朝鮮, 渤海の遣唐使。
⇒シル (大先晟 だいせんせい 9世紀頃)
 シル新 (大先晟 だいせんせい)

太祖(北燕) たいそ*
5世紀, 中国, 五胡十六国・北燕の皇帝 (在位409～430)。
⇒中皇 (太祖 ?-430)

太祖(西秦) たいそ*
5世紀, 中国, 五胡十六国・西秦の皇帝 (在位412～428)。
⇒中皇 (太祖 ?-428)

太祖(斉) たいそ
5世紀, 中国, 南朝斉の初代皇帝 (在位479～482)。姓名蕭道成, 廟号は高帝。
⇒角世 (蕭道成 しょうどうせい 427-482)
 広辞4 (蕭道成 しょうどうせい 427-482)
 広辞6 (蕭道成 しょうどうせい 427-482)
 皇帝 (高帝 こうてい 427-482)
 国小 (太祖(斉) たいそ 427(元嘉4)-482(建元4))
 コン3 (蕭道成 しょうどうせい 427-482)
 世東 (蕭道成 しょうどうせい 427-482)
 世百 (高帝 こうてい 427-482)
 大辞 (蕭道成 しょうどうせい 427-482)
 大辞3 (蕭道成 しょうどうせい 427-482)
 中皇 (高帝 427-482)
 中国 (蕭道成 しょうどうせい 427-482)
 中史 (高帝 427-482)
 統治 (高帝(蕭道成) Kao Ti[Hsiao Tao-ch'eng] (在位)479-482)
 百科 (高帝 こうてい 427-482)
 評世 (蕭道成 しょうどうせい 427-482)

太祖(後梁) たいそ
⇒朱全忠 (しゅぜんちゅう)

太祖(遼) たいそ
⇒耶律阿保機 (やりつあぼき)

太祖(後唐) たいそ
⇒李克用 (りこくよう)

太祖(高麗) たいそ
9・10世紀, 朝鮮, 高麗王朝の始祖 (在位918～943)。姓は王。名は建。字は若天。935年新羅が高麗に下り, のち百済を討ち朝鮮を統一。
⇒旺世 (王建 おうけん 877-943)
 外国 (王建 おうけん 877-943)
 角世 (王建 おうけん 877-943)
 広辞4 (王建 おうけん 877-943)
 広辞6 (王建 おうけん 877-943)
 皇帝 (太祖 たいそ 877-943)
 国小 (太祖(高麗) たいそ 877(新羅, 憲康王3.1)-943(太祖26.5))
 コン2 (太祖(高麗) たいそ 877-943)
 コン3 (太祖(高麗) たいそ 877-943)
 人物 (王建 おうけん 877-943)
 世人 (太祖(高麗) たいそ 877-943)
 世東 (太祖 たいそ 877-943)
 世百 (太祖(高麗) たいそ 877-943)
 全書 (王建 おうけん 877-943)
 大辞 (王建 おうけん 877-943)
 大辞3 (王建 おうけん 877-943)
 大百 (王建 おうけん 877-943)
 中国 (王建 おうけん 877-943)
 朝人 (王建 おうけん 877-943)
 朝鮮 (王建 おうけん 877-943)
 伝記 (王建 おうけん〈ワンゴン〉 877-943)
 統治 (太祖(王建) T'aejo[Wang Kŏn] (在位)918-943)
 百科 (王建 おうけん 877-943)
 評世 (王建 おうけん 877-943)
 山世 (王建 おうけん 877-943)
 歴史 (王建 おうけん 877-943)

太祖(後周) たいそ
⇒郭威 (かくい)

太祖(宋) たいそ
10世紀, 中国, 北宋の初代皇帝 (在位960～976)。姓名は趙匡胤。諡は英武睿文神徳聖功至明大孝皇帝。後周の世宗に仕えて武功をたてる。世宗没後, 恭帝の譲りを受けて即位。
⇒岩ケ (趙匡胤 ちょうきょういん 928-976)
 旺世 (趙匡胤 ちょうきょういん 927-976)
 外国 (趙匡胤 ちょうきょういん 927-976)
 角世 (趙匡胤 ちょうきょういん 927-976)
 広辞4 (趙匡胤 ちょうきょういん 927-976)
 広辞6 (趙匡胤 ちょうきょういん 927-976)
 皇帝 (太祖 たいそ 927-976)
 国小 (太祖(宋) たいそ 927(後唐, 天成2)-976(開宝9.10.20))
 国百 (太祖(宋) たいそ 927-976(開宝9.10.20))
 コン2 (太祖(宋) たいそ 927-976)
 コン3 (太祖(宋) たいそ 927-976)

人物（趙匡胤　ちょうきょういん　927-976）
世人（太祖（宋）　たいそ　927-976）
世東（趙匡胤　ちょうきょういん　927-976）
世百（太祖（宋）　たいそ　927-976）
全書（趙匡胤　ちょうきょういん　927-976）
大辞（趙匡胤　ちょうきょういん　927-976）
大辞3（趙匡胤　ちょうきょういん　927-976）
大百（趙匡胤　ちょうきょういん　927-976）
中皇（太祖　927-976）
中国（太祖（宋）　たいそ　926-976）
中史（太祖（宋）　たいそ　927-976）
デス（太祖（宋）　たいそ　927-976）
伝記（趙匡胤　ちょうきょういん　927-976）
統治（太祖（趙匡胤）　T'ai Tsu[Chao K'uang-yin]　(在位)960-976）
百科（太祖（宋）　たいそ　927-976）
評世（趙匡胤　ちょうきょういん　927-976）
山世（趙匡胤　ちょうきょういん　927-976）
歴史（趙匡胤　ちょうきょういん　927-976）

太祖（ベトナム李朝）　たいそ
⇨リ・コン・ウアン

太祖（金）　たいそ
⇨完顔阿骨打（ワンヤンアクダ）

太祖（明）　たいそ
⇨洪武帝（明）（こうぶてい）

太祖（李朝）（太祖）　たいそ
⇨李成桂（りせいけい）

太祖（後黎朝）　たいそ
⇨レー・ロイ

太祖（清）　たいそ
⇨ヌルハチ

太宗（新羅）　たいそう
⇨武烈王（ぶれつおう）

太宗（唐）　たいそう
7世紀、中国、唐朝の第2代皇帝（在位626～49）。本名李世民。北朝以来の武将の名門出身。文治に努め、外は東突厥以下を制圧、「貞観の治」とうたわれた。
⇒岩ケ（太宗　たいそう　600-649）
旺世（李世民　りせいみん　598-649）
外国（李世民　りせいみん　598-649）
角世（太宗　たいそう　598-649）
広辞（李世民　りせいみん　598-649）
広辞6（李世民　りせいみん　598-649）
皇帝（太宗　たいそう　598-649）
国小（太宗（唐）　たいそう　598（開皇18.12.22）-649（貞観23.5.26））
国百（太宗（唐）　たいそう　598（開皇18.12.22）-649（貞観23.5.26））
コン2（太宗（唐）　たいそう　598-649）
コン3（太宗（唐）　たいそう　599-649）
新美（太宗（唐）　たいそう　598（隋・開皇18）-649（貞観23））
人物（李世民　りせいみん　598-649.5）
世人（太宗（唐）　たいそう　598-649）
世東（李世民　りせいみん　598-649）
世百（太宗（唐）　たいそう　598-649）
全書（李世民　りせいみん　598/600-649）
大辞（李世民　りせいみん　598-649）
大辞3（李世民　りせいみん　598-649）
大百（太宗（唐）　たいそう　598-649）
中皇（太宗　598-649）
中芸（唐太宗　とうのたいそう　598-649）
中国（太宗（唐）　たいそう　598-649）
中史（太宗（唐）　たいそう　599-649）
中書（太宗　たいそう　598-649）
デス（太宗（唐）　たいそう　598-649）
伝記（李世民　りせいみん　598-649）
統治（太宗　T'ai Tsung　(在位)626-649）
百科（太宗（唐）　たいそう　598-649）
評世（李世民　りせいみん　598-649）
歴史（李世民　りせいみん　589-649）

太宗（宋）　たいそう
10世紀、中国、北宋朝の第2代皇帝（在位976～997）。太祖の弟。呉越、北漢を討って天下を統一。
⇒旺世（太宗（北宋）　たいそう　939-997）
外国（太宗（宋）　たいそう　939-997）
角世（太宗（宋）　たいそう　939-997）
皇帝（太宗（宋）　たいそう　939-997）
国小（太宗（宋）　たいそう　939（後晋、天福4.10.17）-997（至道3.3.29））
コン2（太宗（宋）　たいそう　939-997）
コン3（太宗（宋）　たいそう　939-997）
新美（太宗（宋）　たいそう　939（後晋・天福4）-997（北宋・至道3））
人物（太宗（宋）　たいそう　939-997）
世人（太宗（宋）　たいそう　939-997）
世東（太宗（宋）　たいそう　939-997.3.29）
世百（太宗（宋）　たいそう　939-997）
全書（太宗（宋）　たいそう　939-997）
大百（太宗（宋）　たいそう　939-997）
中皇（太宗　939-997）
中国（太宗（宋）　たいそう　939-997）
中史（太宗（宋）　たいそう　939-997）
統治（太宗　T'ai Tsung　(在位)976-997）
百科（太宗（宋）　たいそう　939-997）

太宗（閩）　たいそう*
10世紀、中国、五代十国・閩の皇帝（在位926～935）。
⇒中皇（太宗　?-935）

太宗（遼）　たいそう
10世紀、中国、遼の第2代皇帝（在位926～947）。太祖阿保機の第2子。姓名は耶律徳光、字は堯骨、諡は孝武恵皇帝。
⇒角世（太宗　たいそう　902-947）
国小（太宗（遼）　たいそう　902（唐、天復2）-947（遼、大同1））
コン2（太宗（遼）　たいそう　902-947）
コン3（太宗（遼）　たいそう　902-947）
人物（太宗（遼）　たいそう　902-947）
世人（太宗（遼）　たいそう　902-947）
世東（太宗　たいそう　902-947.4）
中皇（太宗　902-947）
統治（太宗　T'ai Tsung　(在位)927-947）

太宗(西夏)　たいそう*
11世紀, 中国, 西夏の皇帝。在位1004〜1032(王位のみ)。
⇒統治（太宗　T'ai Tsung　(在位)1004-1032）

太宗(金)　たいそう
11・12世紀, 中国, 金の第2代皇帝(在位1123〜35)。諱は完顏晟, 諡は文烈皇帝。淮河以北を領有。
⇒外国（太宗　たいそう　1075-1135）
　角世（太宗　たいそう　1075-1135）
　皇帝（太宗　たいそう　1075-1135）
　国小（太宗(金)　たいそう　1075(遼, 大康1)-1135(金, 天会13)）
　コン2（太宗(金)　たいそう　1075-1135）
　コン3（太宗(金)　たいそう　1075-1135）
　世人（太宗(金)　たいそう　1075-1135）
　中皇（太宗　1075-1135）
　中国（太宗(金)　たいそう　1075-1135）
　統治（太宗　T'ai Tsung　(在位)1123-1135）

太宗(陳朝)　たいそう
13世紀, ベトナム, 陳朝の創始者(在位1225〜58)。中国にならい科挙の制を実施。治世中に『大越史記』を編纂。
⇒世東（太宗　たいそう　1218-1277）
　世百（太宗(ヴェトナム陳朝)　たいそう　1218-1277）
　中国（陳煚　ちんけい　1218-1277）

太宗(李朝)　たいそう
14・15世紀, 朝鮮, 李朝の第3代王(在位1400〜18)。太祖の第5子。李朝体制の確立に努めた。
⇒外国（太宗　たいそう　1367-1423）
　角世（太宗　たいそう　1367-1422）
　コン2（太宗　たいそう　1367-1422）
　コン3（太宗　たいそう　1367-1422）
　世人（太宗(李朝)　たいそう　1367-1422）
　世東（太宗　たいそう　1367-1422）
　朝人（太宗　たいそう　1367-1422）
　朝鮮（太宗　たいそう　1367-1422）
　統治（太宗　T'aejong　(在位)1400-1418）

太宗(清)　たいそう
16・17世紀, 中国, 清朝の第2代皇帝(在位1626〜43)。名はホンタイジ。諡は文皇帝。太祖(ヌルハチ)の第8子。
⇒旺世（ホンタイジ〔太宗〕　1592-1643）
　外国（太宗(清)　たいそう　1592-1643）
　角世（太宗　たいそう　1592-1643）
　広辞4（ホンタイジ〔皇太極〕　1592-1643）
　広辞6（皇太極　ホンタイジ　1592-1643）
　皇帝（太宗　たいそう　1592-1643）
　国小（太宗(清)　たいそう　1592(万暦20)-1643(崇徳8)）
　コン2（太宗(清)　たいそう　1592-1643）
　コン3（太宗(清)　たいそう　1592-1643）
　人物（皇太極　ホンタイジ　1592-1643）
　世人（太宗(清)〈ホンタイジ〉　たいそう　1592-1643）
　世東（太宗　たいそう　1592-1643.8.8）
　世百（太宗(清)　たいそう　1592-1643）
　全書（ホンタイジ　1592-1643）
　大辞（ホン・タイジ　1592-1643）
　大辞3（ホン・タイジ〔太宗〕　1592-1643）
　大百（太宗　たいそう　1592-1643）
　中皇（太宗　1529-1643）
　中国（太宗(清)　たいそう　1592-1643）
　中史（皇太極　ホンタイジ　1592-1643）
　朝人（ホンタイジ　1592-1643）
　デス（太宗(清)　たいそう　1592-1643）
　統治（崇徳(太宗)　Ch'ung〔T'ai Tsung〕　(在位)1626-1643）
　百科（ホンタイジ　1592-1643）
　評世（ホンタイジ〔太宗〕　1592-1643）
　山世（ホンタイジ〔太宗〕　1592-1643）
　歴史（皇太極　ホンタイジ　1592-1643）

代宗(唐)　だいそう
8世紀, 中国, 唐朝の第8代皇帝(在位762〜779)。本名李豫。玄宗の嫡孫, 粛宗の長子。安史の大乱を平定。
⇒皇帝（代宗　だいそう　726-779）
　国小（代宗　だいそう　726(開元14.12.13)-779(大暦14.5.20)）
　コン2（代宗　だいそう　726-779）
　コン3（代宗　だいそう　727-779）
　人物（代宗　だいそう　726-779）
　世東（代宗　だいそう　726-779）
　中皇（代宗　726-779）
　中国（代宗(唐)　だいそう　726-779）
　統治（代宗　Tai Tsung　(在位)762-779）

大聰叡　だいそうえい
9世紀頃, 朝鮮, 渤海の遣唐使。
⇒シル（大聰叡　だいそうえい　9世紀頃）
　シル新（大聰叡　だいそうえい）

太宗武烈王　たいそうぶれつおう
⇨武烈王(ぶれつおう)

大祚栄(太祚栄)　だいそえい, たいそえい
7・8世紀, 朝鮮, 渤海国の始祖(在位699〜719)。諡, 高王。高句麗の故土をほぼ収め, 新羅とも通交。
⇒旺世（大祚栄　だいそえい　?-719）
　外国（大祚栄　だいそえい　?-719）
　角世（大祚栄　だいそえい　?-719）
　広辞4（大祚栄　だいそえい　?-719）
　広辞6（大祚栄　だいそえい　?-719）
　皇帝（高王　こうおう　?-719）
　国小（大祚栄　だいそえい　?-719）
　コン2（大祚栄　だいそえい　?-719）
　コン3（大祚栄　だいそえい　?-719）
　人物（大祚栄　だいそえい　?-719）
　世人（大祚栄　だいそえい　?-719）
　世東（大祚栄　だいそえい　?-719）
　世百（大祚栄　だいそえい　?-719）
　全書（大祚栄　だいそえい　?-719）
　大辞（大祚栄　だいそえい　?-719）
　大百（大祚栄　だいそえい　?-719）
　中国（大祚栄　だいそえい　?-719）
　朝人（大祚栄　だいそえい　?-719）
　デス（大祚栄　だいそえい　?-719）
　百科（大祚栄　だいそえい　?-719）
　評世（大祚栄　だいそんえい　?-719）

山世 (大祚栄　だいそえい　?-719)
歴史 (大祚栄　だいそえい　?-719)

大祚栄　だいそんえい
⇨大祚栄 (だいそえい)

大檀　だいだん
5世紀, 中央アジア, 柔然国のカガン (在位414～429)。牟汗紇升蓋カガンと称せられた。東トルキスタンを押え, 北魏と争い, 柔然国の最盛期を招いた。
⇒国小 (大檀　だいだん　?-429)

戴季陶　タイ・チータオ
⇨戴伝賢 (たいでんけん)

大陳潤　だいちんじゅん
9世紀頃, 朝鮮, 渤海の遣唐使。
⇒シル (大陳潤　だいちんじゅん　9世紀頃)
シル新 (大陳潤　だいちんじゅん)

大帝　たいてい
⇨孫権 (そんけん)

大貞翰　だいていかん
8世紀頃, 朝鮮, 渤海の遣唐使。
⇒シル (大貞翰　だいていかん　8世紀頃)
シル新 (大貞翰　だいていかん)

大庭俊　だいていしゅん
9世紀頃, 朝鮮, 渤海の王子。815 (元和10) 年入唐。
⇒シル (大庭俊　だいていしゅん　9世紀頃)
シル新 (大庭俊　だいていしゅん)

泰定帝 (元)　たいていてい
13・14世紀, 中国, 元の第6代皇帝 (在位1323～28)。諱はイェスン・テムル (也孫鉄木児)。北方領主とモンゴル宮廷官僚との抗争の後, 権臣テクシ一党に擁立された。
⇒角世 (泰定帝　たいていてい　1293-1328)
皇帝 (泰定帝　たいていてい　1293-1328)
国小 (泰定帝 (元)　たいていてい　1293 (至元30) -1328 (致和1))
コン2 (泰定帝　たいていてい　1293-1328)
コン3 (泰定帝　たいていてい　1276-1328)
人物 (泰定帝　たいていてい　1276-1327)
世東 (泰定帝　たいていてい　1276-1328)
中皇 (泰定帝　1293-1328)
中国 (泰定帝　たいていてい　1293-1328)
統治 (泰定帝〈イェスン・ティムール〉　T'ai-ting Ti [Yesün Temür]　(在位) 1323-1328)

戴伝賢　たいでんけん
19・20世紀, 中国, 国民党右派の政治家, 理論家。字は選堂, 季陶。筆名は天仇。蒋介石ら国民党右派の理論的指導者。1928年『日本論』を公刊。
⇒旺世 (戴季陶　たいきとう　1891-1949)
角世 (戴季陶　たいきとう　1891-1949)

近中 (戴季陶　たいきとう　1891.1.6-1949.2.12)
広辞5 (戴季陶　たいきとう　1890-1949)
広辞6 (戴季陶　たいきとう　1890-1949)
国小 (戴伝賢　たいでんけん　1890 (光緒16.11.26) -1949.2.12)
コン3 (戴季陶　たいきとう　1891-1949)
世東 (戴季陶　たいきとう　1891.1.6-1949.2.12)
世百 (戴伝賢　たいでんけん　1882-1949)
世百新 (戴季陶　たいきとう　1890-1949)
全書 (戴季陶　たいきとう　1891-1949)
大辞2 (戴季陶　たいきとう　1890-1949)
大辞3 (戴季陶　たいきとう　1890-1949)
中国 (戴伝賢　たいでんけん　1890-1949)
中人 (戴伝賢　たいでんけん　1890 (光緒16.11.26) -1949.2.12)
日人 (戴季陶　たいきとう　1891-1949)
百科 (戴季陶　たいきとう　1890-1949)
山世 (戴季陶　たいきとう　1891-1949)

大撓　たいどう
中国の伝説上の人物。黄帝の史官。
⇒中史 (大撓　たいどう)

大都利　だいとり
8世紀頃, 朝鮮, 渤海の遣唐使。
⇒シル (大都利　だいとり　8世紀頃)
シル新 (大都利　だいとり)

大奈　だいな
7世紀頃, 突厥の特勒 (テギン)。随・唐に仕えた。
⇒シル (大奈　だいな　7世紀頃)
シル新 (大奈　だいな)

大能信　だいのうしん
8世紀頃, 朝鮮, 渤海の遣唐使。
⇒シル (大能信　だいのうしん　8世紀頃)
シル新 (大能信　だいのうしん)

太伯　たいはく
前12世紀, 中国, 春秋時代の呉国の始祖とされる伝説上の人物。
⇒コン2 (太伯　たいはく)
コン3 (太伯　たいはく)
人物 (太伯　たいはく)
世東 (太伯　たいはく　前12世紀)
百科 (太伯　たいはく)

提卑多　だいひた
8世紀頃, 西アジア, 大食 (イスラム帝国ウマイヤ朝) の入唐使節。
⇒シル (提卑多　だいひた　8世紀頃)
シル新 (提卑多　だいひた)

タイ・フィエン (泰翻)　Thai-Phien
20世紀, ベトナムの革命家。
⇒ベト (Thai-Phien　タイ・フィエン)

大武芸　だいぶげい
8世紀, 中国, 渤海国の第2代王 (在位719～

737)。大祚栄の長男。中国風の国家体制を整備し、領土を拡大。
⇒皇帝　（武王　ぶおう　?–737）
　国小　（大武芸　だいぶげい　?–737（大興1））
　人物　（武王　ぶおう　?–737）
　対外　（大武芸　だいぶげい　?–737）
　朝人　（大武芸　だいぶげい　?–737）
　日人　（武芸王　ぶげいおう　?–737）

太武帝　たいぶてい
5世紀、中国、北魏の第3代皇帝（在位423～452）。姓名は拓跋燾。明元帝の長子。
⇒旺世　（太武帝　たいぶてい　408–452）
　外国　（太武帝　たいぶてい　408–452）
　角世　（太武帝　たいぶてい　408–452）
　広辞6（太武帝　たいぶてい　408–452）
　皇帝　（太武帝　たいぶてい　408–452）
　国小　（太武帝　たいぶてい　408（天賜5）–452（永平1））
　コン2（太武帝　たいぶてい　408–452）
　コン3（太武帝　たいぶてい　408–452）
　人物　（太武帝　たいぶてい　408–452.3）
　世人　（太武帝　たいぶてい　408–452）
　世東　（太武帝　たいぶてい　408–452）
　全書　（太武帝　たいぶてい　408–452）
　大辞3（太武帝　たいぶてい　408–452）
　大百　（太武帝　たいぶてい　408–452）
　中皇　（太武帝　　　　　　408–452）
　中国　（太武帝　たいぶてい　408–452）
　統治　（太武帝　T'ai Wu Ti　（在位）423–452）
　東仏　（太武帝　たいぶてい　408–452）
　百科　（太武帝　たいぶてい　408–452）
　歴史　（太武帝　たいぶてい　408（天賜5）–452（承平1・興安1））

太平公主　たいへいこうしゅ
7・8世紀、中国、唐第3代皇帝高宗の娘。母は則天武后。武后の末年、中宗の即位に尽力。
⇒コン2（太平公主　たいへいこうしゅ　?–713）
　コン3（太平公主　たいへいこうしゅ　663頃–713）
　世女日（太平公主　TAIPING gongzhu　?–713）
　全書　（太平公主　たいへいこうしゅ　?–713）
　大百　（太平公主　たいへいこうしゅ　663頃–713）
　中皇　（太平公主　?–713）

大宝方　だいほうほう
8世紀頃、朝鮮、渤海国王の弟。遣唐使として727（開元15）年に入朝。
⇒シル（大宝方　だいほうほう　8世紀頃）
　シル新（大宝方　だいほうほう）

大名公主　だいめいこうしゅ*
15世紀、中国、明、洪武帝の娘。
⇒中皇（大名公主　?–1426）

大明俊　だいめいしゅん
9世紀頃、朝鮮、渤海の王子。832（太和6）年入唐。
⇒シル（大明俊　だいめいしゅん　9世紀頃）
　シル新（大明俊　だいめいしゅん）

大門芸　だいもんげい
8世紀頃、朝鮮、渤海国の第2代王。兄大武芸と対抗してしばしば戦った。
⇒シル（大門芸　だいもんげい　8世紀頃）
　シル新（大門芸　だいもんげい）
　世東（大門芸　だいもんげい　8世紀前半頃）

大利行　だいりこう
8世紀、朝鮮、渤海の遣唐使。
⇒シル（大利行　だいりこう　?–728）
　シル新（大利行　だいりこう　?–728）

戴笠　たいりゅう
20世紀、中国の政治家。字は雨農。
⇒近中（戴笠　たいりゅう　1897.4.27–1946.3.17）
　コン3（戴笠　たいりゅう　1897–1946）

戴陵　たいりょう
3世紀頃、中国、三国時代、魏の将。
⇒三国（戴陵　たいりょう）
　三全（戴陵　たいりょう　生没年不詳）

大呂慶　だいりょけい
9世紀頃、朝鮮、渤海の遣唐使。
⇒シル（大呂慶　だいりょけい　9世紀頃）
　シル新（大呂慶　だいりょけい）

大琳　だいりん
8世紀頃、朝鮮、渤海の遣唐使。
⇒シル（大琳　だいりん　8世紀頃）
　シル新（大琳　だいりん）

大廉　だいれん
9世紀頃、朝鮮、新羅の遣唐使。
⇒シル（大廉　だいれん　9世紀頃）
　シル新（大廉　だいれん）

太和公主　たいわこうしゅ
9世紀頃、中国、唐の和番公主。ウイグルへ嫁いだ。
⇒シル（太和公主　たいわこうしゅ　9世紀頃）
　シル新（太和公主　たいわこうしゅ）
　世女日（太和公主　TAIHE gongzhu）

タウィー・ブンヤケート　Thawee Bunyaketu
20世紀、タイの政治家。第2次大戦中プリディーの下で抗日自由タイ運動を指導、終戦直後臨時政府を組織、1947年海外亡命。
⇒世東（タウィー・ブンヤケート　1904.11–）

ダウエス・デッケル　E.F.E.Douwes Dekker
19・20世紀、インドネシアの独立運動家。
⇒角世　（ダウエス・デッケル　1879–1950）
　コン2（デッケル　1879–1950）
　コン3（デッケル　1879–1950）
　二十　（ダウエス・デッケル、E.F.E.　1879–1950）
　百科　（ダウエス・デッケル　1879–1950）

タウケ・ハン　Täuke Khan
17・18世紀, カザフ・ハン国の最後の統一的なハン (在位1680?–1718?)。
⇒中ユ　(タウケ・ハン　1652–1718)

タウン・ダン　Thaung Dan
20世紀, ビルマの軍人。政治家。反英独立闘争に参加。1971年情報・文化・救済再定住・民族団結・社会福祉相に就任。
⇒世東　(タウン・ダン　?–)
　二十　(タウン・ダン)

タウン・チイ　Thaung kyi
20世紀, ビルマの軍人, 政治家。第2次大戦中反日運動に参加, 1964年農相・土地国有化相に就任。
⇒世東　(タウン・チイ　1928.6.15–)

ダオ・カム・モック (陶甘木)
ベトナム, 李朝の功臣。1010年, 李公蘊を帝位に即かせた。
⇒ベト　(Đao-Cam-Moc　ダオ・カム・モック〔陶甘木〕)

陶希聖　タオシーション
⇨陶希聖 (とうきせい)

ダオ・ズイ・ツ (陶維慈)
ベトナム, 阮朝初期, 建国第一の功臣。
⇒ベト　(Đao-Duy-Tu　ダオ・ズイ・ツ〔陶維慈〕)

ダオ・ゾアン・ディック (陶尹廸)
ベトナムの民族闘士。ビン・ディン地区における反フランス勤王運動の指導者。
⇒ベト　(Đao-Doan-Đich　ダオ・ゾアン・ディック〔陶尹廸〕)

陶鋳　タオチュー
⇨陶鋳 (とうちゅう)

タオラシャ (倒剌沙, 倒剌沙)　Taolasha
14世紀, 中国, 元末の権臣。西域出身。第6代皇帝泰定帝の寵を得て左丞相まで進み, 漢人を圧迫。
⇒国小　(タオラシャ〔倒剌沙〕　?–1328)
　コン2　(タオラシャ〔倒剌沙〕　?–1328)
　コン3　(タオラシャ〔倒剌沙〕　?–1328)

多亥阿波　たがいあは
8世紀頃, ウイグルの遣唐使。
⇒シル　(多亥阿波　たがいあは　8世紀頃)
　シル新　(多亥阿波　たがいあは)

タカシュ
12世紀, 中央アジア, ホラズム・シャー朝第6代の王 (在位1172–99)。
⇒国小　(タカシュ　?–1200)

タキン・コウドォ・フマイン
⇨タキン・コードーフマイン

タキン・コードーフマイン　Thakhin Kô Daw Hmaing
19・20世紀, ビルマの小説家, 詩人, 平和運動家。本名U Lun。主著『勅令物語』(1916～21),『くじゃくの注釈』(19)。
⇒国小　(タキン・コウドー・フマイン　1876.3.23–1964.7.23)
　コン2　(タキン・コウドーマイン　1875–1964)
　コン3　(タキン・コウドーマイン　1875–1964)
　集世　(タキン・コードーフマイン　1876.3.23–1964.7.27)
　集文　(タキン・コードーフマイン　1876.3.23–1964.7.27)
　世東　(コウドーフマイン (タキン・コウドーフマイン)　1875–1964)
　世文　(タキン・コウドォ・フマイン　1876–1964)
　全書　(タキン・コウドー・フマイン　1876–1964)
　ナビ　(タキン=コウドォ=フマイン　1876–1964)
　二十　(タキン・コウドー・フマイン　1876–1964)

タキン・スー
⇨タキン・ソウ

タキン・ソウ　Thakin Soe
20世紀, ビルマ赤旗共産党首。
⇒角世　(タキン・ソウ　1905–1989)
　現人　(タキン・ソー　1905–)
　人物　(タキン・スー　1901–)
　世東　(タキン・スー)
　二十　(タキン・スー　1901–)
　評世　(タキン=スー　1901–1970)

タキン・タン・トゥン
⇨タキンタントン

タキンタントン　Thakin Than Tun
20世紀, ビルマの政治家。白旗共産党書記長。
⇒現人　(タキン・タン・トン　1911–1968.9)
　国小　(タキン・タン・トゥン　1909–1964.9.24)
　世東　(タキン・タントン　1909–1968)
　全書　(タキン・タン・トン　1911–1968)
　二十　(タキン・タン・トン　1911–1968.9)
　日人　(タキンタントン　1911–1968)

タキン・ヌー
⇨ウー・ヌ

タ・クアン・ク (謝光巨)
ベトナム, 阮朝の名臣。
⇒ベト　(Ta-Quang-Cu　タ・クアン・ク〔謝光巨〕)

諾曷鉢　だくかつはつ
6世紀頃, 中央アジア, 吐谷渾の烏也抜勤豆可汗。594年隋に入朝。
⇒シル　(諾曷鉢　だくかつはつ　6世紀頃)
　シル新　(諾曷鉢　だくかつはつ)

拓俊京　たくしゅんきょう
　⇨拓俊京（たくしゅんけい）

拓俊京　たくしゅんけい
　12世紀, 朝鮮, 高麗の武臣。1126年王命を奉じて李資謙を倒し, その功により高位高官を得た。
　⇒コン2（拓俊京　たくしゅんけい　?-1144）
　　コン3（拓俊京　たくしゅんけい　?-1144）
　　朝人（拓俊京　たくしゅんきょう　?-1144）

タークシン　Taksin
　18世紀, タイ, トンブリ朝の王（在位1767～82）。華僑の子で中国名を鄭昭という。
　⇒岩ケ（テイショウ〔鄭昭〕　1734-1782）
　　旺世（ピヤ＝タークシン　1734-1782）
　　外国（タークシン　1734-1782）
　　角世（タークシン　1734-1782）
　　皇帝（タークシン　1734-1782）
　　国小（タークシン　?-1782）
　　コン2（ターク・シン〔鄭昭〕　1734-1782）
　　コン3（ターク・シン〔鄭昭〕　1734-1782）
　　人物（タークシン　1734-1782）
　　世人（タークシン　1734-1782）
　　世東（タークシン　1734-1782）
　　世東（ファヤ・タク・シン　1734頃-?）
　　世百（プラヤタクシン　1733?-1782）
　　大百（ピャ・タークシン　1734-1782）
　　デス（タークシン　1734-1782）
　　東ア（タークシン　1734-1782）
　　百科（タークシン　1734-1782）
　　評世（ピヤ＝タークシン　1734-1782）
　　山世（タークシン　1734-1782）

タクシン
　⇨タークシン

タクシン　Thaksin Shinawatra
　20世紀, タイの首相, 愛国党党首, シナワット・グループ総帥。
　⇒華人（タクシン・シナワット　1949-）
　　最世（タクシン, シナワット　1949-）
　　世政（タクシン・シナワット　1949.7.26-）
　　東ア（タクシン　1949-）

琢進　たくしん
　5世紀頃, 中央アジア, 車師（ボグド山北部）の遣北魏使。
　⇒シル（琢進　たくしん　5世紀頃）
　　シル新（琢進　たくしん）

度宗　たくそう
　13世紀, 中国, 南宋の第6代皇帝（在位1264-74）。諡は端文明武景孝皇帝。モンゴル軍が各地で国境を侵し, 悲運のうちに病没。数年後に南宋も滅んだ。
　⇒皇帝（度宗　たくそう　1240-1274）
　　コン2（度宗　たくそう　1240-1274）
　　コン3（度宗　たくそう　1240-1274）
　　中皇（度宗　1240-1274）
　　統治（度宗　Tu Tsung　（在位）1264-1274）

拓跋猗㐌　たくばついい
　3・4世紀, 中国, 五胡鮮卑の拓跋部首長。拓跋力微の孫。西晋より大単于の称号を贈られた。
　⇒コン2（拓跋猗㐌　たくばついい　267-305）
　　コン3（拓跋猗㐌　たくばついい　267-305）

拓跋猗盧　たくばついろ
　3・4世紀, 中国, 五胡鮮卑の拓跋部首長。叔父の拓跋禄官, 兄の死後, 拓跋部を統一。
　⇒コン2（拓跋猗盧　たくばついろ　?-316）
　　コン3（拓跋猗盧　たくばついろ　?-316）

拓跋鬱律　たくばつうつりつ
　4世紀, 中国, 五胡代国の王。拓跋猗盧の死後, 混乱した代国を統合。
　⇒コン2（拓跋鬱律　たくばつうつりつ　?-321）
　　コン3（拓跋鬱律　たくばつうつりつ　?-321）

拓跋翳槐　たくばつえいかい
　4世紀, 中国, 五胡鮮卑の拓跋部首長・代国の王（在位329～335, 337～338）。拓跋鬱律の子。拓跋什翼犍の兄。弟と王位を争い, これを宇文部に追った。
　⇒コン2（拓跋翳槐　たくばつえいかい　?-338）
　　コン3（拓跋翳槐　たくばつえいかい　?-338）

拓跋珪　たくばつけい
　⇨道武帝（どうぶてい）

拓跋思恭　たくばつしきょう
　9世紀, 中国, 唐末のタングート平夏部の族長, 西夏の始祖。黄巣の乱鎮圧に功があった。883年李克用とともに長安を回復し, 夏国公に昇る。
　⇒コン2（拓跋思恭　たくばつしきょう　?-895）
　　コン3（拓跋思恭　たくばつしきょう　?-895）
　　世東（拓跋思恭　たくばつしきょう　?-895）

拓跋什翼　たくばつじゅうよく
　⇨拓跋什翼犍（たくばつじゅうよくけん）

拓跋什翼犍　たくばつじゅうよくけん
　4世紀, 中国, 五胡代国の王（在位338～376）。拓跋鬱律の子。376年前秦に大敗。
　⇒コン2（拓跋什翼犍　たくばつじゅうよくけん　320-376）
　　コン3（拓跋什翼犍　たくばつじゅうよくけん　320-376）
　　中皇（拓跋什翼　320-376）

拓跋力微　たくばつりきび
　2・3世紀, 中国, 五胡鮮卑の拓跋部首長。神元皇帝と称され, 拓跋部の祖といわれる。
　⇒コン2（拓跋力微　たくばつりきび　174-277）
　　コン3（拓跋力微　たくばつりきび　174-277）

諸勃蔵　だくほつぞう
　8世紀頃, チベット, 吐蕃王朝の遣唐使。
　⇒シル（諸勃蔵　だくほつぞう　8世紀頃）
　　シル新（諸勃蔵　だくほつぞう）

卓膺　たくよう
3世紀頃，中国，三国時代，蜀の劉璋の部将。
　⇒三国（卓膺　たくよう）
　　三全（卓膺　たくよう　生没年不詳）

ダゴホイ　Dagohoy, Francisco
18・19世紀，フィリピンの反スペイン闘争指導者。18世紀ボホール島での反乱指導者。
　⇒コン2（ダゴホイ　1744-1829）
　　コン3（ダゴホイ　1744-1829）

タージ・アッドゥンヤー・イル・アルスラーン　Tāj al-Dunyā Il Arslan
12世紀，ホラズム朝の王。
　⇒統治（タージ・アッドゥンヤー・イル・アルスラーン　（在位）1156-1172（スルタンの称号1166））

夘思大王　だしだいおう
3世紀，中国，三国時代，南蛮の禿龍洞の主。
　⇒三国（夘思大王　だしだいおう）
　　三全（夘思大王　だしだいおう　?-225）

タシ・テムル（塔失帖木児）　Tashi Temür
14世紀頃，中国，元末の武将。康里（カングリ）国出身。字は九成。成宗朝に仕えた中書右丞相トクト（脱脱）の子。
　⇒国小（タシ・テムル〔塔失帖木児〕　生没年不詳）

妲己（妲己，妲妃）　だっき
前11世紀頃，中国，殷の紂王の寵妃。有蘇氏の女という。酒池肉林にふけり，紂王とともに周の武王に殺された。中国古代伝説中の亡国の悪女。
　⇒広辞4（妲己　だっき）
　　広辞6（妲己　だっき）
　　国小（妲己　だっき）
　　コン2（妲己　だっき　生没年不詳）
　　コン3（妲己　だっき　生没年不詳）
　　人物（妲己　だっき）
　　世百（妲己　だっき）
　　全書（妲妃　だっき　生没年不詳）
　　大辞（妲己　だっき）
　　大辞3（妲己　だっき）
　　大百（妲妃　だっき　生没年不詳）
　　中皇（妲己）
　　中史（妲己　だっき）
　　デス（妲己　だっき）
　　百科（妲己　だっき）
　　歴史（妲己　だっき）

達沙　たつさ
7世紀頃，朝鮮，高句麗から来日した使節。
　⇒シル（達沙　たつさ　7世紀頃）
　　シル新（達沙　たつさ）

タツトウカガン（達頭可汗）　Ta-t'ou K'o-han
6・7世紀，中央アジア，突厥帝国西部にいた小カガン（在位573～603?）。
　⇒国小（タットウ・カガン〔達頭可汗〕　生没年不詳）
　　世東（タットウカカン〔達頭可汗〕　6-7世紀）
　　世百（たっとうカガン〔達頭可汗〕　生没年不詳）

達能信　たつのうしん
8世紀頃，渤海から来日した使節。
　⇒シル（達能信　たつのうしん　8世紀頃）
　　シル新（達能信　たつのうしん）

達比特勒　たつひとくろく
8世紀頃，ウイグルの特勒（テギン），入唐告哀使。
　⇒シル（達比特勒　たつひとくろく　8世紀頃）
　　シル新（達比特勒　たつひとくろく）

撻懶　だつらん
　⇨ダラン

ダト・オン・ビン・ジャファール　Dato Onn bin Jafaar
20世紀，東南アジア，マレーの民族運動家。マライ，ジョホール王国の貴族出身。太平洋戦争末期汎マライ会議を開いて，連合マライ国民組織をつくり，その主席に就任。
　⇒外国（ダト・オン・ビン・ジャファール　1895-）

タドミンビャ　Thadominbya
14世紀，ビルマ，アヴァ王朝の創始者（在位1364～68）。
　⇒世東（タドミンビャ　1343頃-1368）

タナット・コーマン　Thanat Khoman
20世紀，タイの政治家。1959～71年外相，特にASEANの成立に尽力した。76年クーデター後，国家改革団の外交担当顧問。80年副首相。
　⇒現人（タナット・コーマン　1914.5.9-）
　　国小（タナット・コーマン　1914.5.9-）
　　世政（タナット・コーマン　1914.5.9-）
　　世東（タナット・コーマン　1914.5.9-）
　　二十（タナット，コーマン　1914.5.9-）

タナラット
　⇨サリット

ダーニシュメンジ　Dānishmendji
14世紀，チャガタイ・ハン国のハン。在位1346-1348。
　⇒統治（ダーニシュメンジ　（在位）1346-1348）

タニン・K.　Thanin Kraivichien
20世紀，タイの政治家。タイ首相。
　⇒二十（タニン・K.　1927-）

タニンガヌウェ　Taninganwei
18世紀，ビルマ王国の王。在位1714-1733。
　⇒統治（タニンガヌウェ　（在位）1714-1733）

タノーム　Thanom Kittikachon
20世紀，タイの軍人，政治家。1963年首相兼国防相，64年元帥。71年11月無血クーデターで軍政を復活させたが，73年退陣。
⇒角世　(タノーム　1911–)
現人　(タノム・キッチカチョン　1911.8.11–)
国小　(タノム・キッチカチョン　1911.8.11–)
コン3　(キッティチャチョーン　1911–)
世人　(タノム　1911–2004)
世政　(タノム・キッチカチョーン　1911.8.11–2004.6.16)
世東　(タノム・キティカチョン　1911.8.11–)
世百新　(タノム　1911–2004)
全書　(タノム・キッチカチョーン　1911–)
ナビ　(タノム　1911–)
二十　(タノム・キッチカチョーン　1911.8.11–)
東ア　(タノーム　1911–2004)
百科　(タノム　1911–)

タノム
⇨タノーム

タノム・キッチカチョーン
⇨タノーム

タノム・キッティカチョーン
⇨タノーム

タノム・キティカチョン
⇨タノーム

タパ，スーリヤ・バハドール　Thapa, Surya Bahadur
20世紀，ネパールの政治家。1965～69年首相兼宮内相。
⇒国小　(タパ　1928.3.20–)
世政　(タパ，スーリヤ・バハドール　1928.3.20–)
二十　(タパ，S.B.　1928.3.20–)

多博勒達干刺勿　たはくろくたつかんしぼつ
8世紀頃，中央アジア，骨咄(フッタル)の入唐使節。
⇒シル　(多博勒達干刺勿　たはくろくたつかんしぼつ　8世紀頃)
シル新　(多博勒達干刺勿　たはくろくたつかんしぼつ)

タハツ・カガン(佗鉢可汗)　Tuó-zhēn Kè-hán
6世紀，中央アジア，突厥帝国第4代の大カガン(在位572～581)。イリ・カガン(伊利可汗)の子。
⇒国小　(タハツ・カガン〔佗鉢可汗〕　?–581)
コン2　(たはつ・かがん〔佗鉢可汗〕　生没年不詳)
コン3　(佗鉢可汗　たはつ・かがん　生没年不詳)

タビンシュウェティ
⇨ダビンシュエティー

ダビンシュエーディー
⇨ダビンシュエティー

ダビンシュエティー　Tabinshwehti
16世紀，ビルマ，トゥングー朝の第2代王(在位1531～50)。ペグーを都として中部ビルマを統合。
⇒角世　(ダビンシュエーディー　1516–1550)
皇帝　(タビンシュウェティ　1517–1550)
国小　(タビンシュウェティ　?–1550)
世東　(タビンシュウェティ　1517–1550)
世百　(タビンシュウェティ　?–1550)
伝世　(タビンシュエティ　1516–1550)
統治　(タビンシュウェティ　(在位)1531–1550)
東ア　(ダビンシュエティー　1516–1550)
百科　(タビンシュウェティ　1516–1550)
評世　(タビンシュウェティ)

多武　たぶ
7世紀頃，朝鮮，高句麗から来日した使節。
⇒シル　(多武　たぶ　7世紀頃)
シル新　(多武　たぶ)

タベラ　Tavera, Trinidad H.Pardo de
19・20世紀，フィリピンの政治家，学者。独立運動に投じ，アギナルド革命政府に加わって外務を担当した。親米保守派のフェデラリスタ党の初代党首。
⇒世東　(タベラ　1857–1925)

ダマン，シャムシェル・J.B.R.　Daman, Shamsher Jung Bahadur Rana
20世紀，ネパールの外交官。ネパール駐日大使。
⇒二十　(ダマン，シャムシェル・J.B.R.　1898–?)

ダム・ヴァン・レ(潭文礼)
ベトナムの官吏。聖宗代(1460～1497)から憲宗代(1497～1504)の代に仕えた。字は弘敬，真斎と号す。
⇒ベト　(Đam-Van-Le　ダム・ヴァン・レ〔潭文礼〕)

タム・チャウ　Tam Chau
20世紀，ベトナム(南ベトナム)の仏僧。仏教防衛委員長。
⇒二十　(タム・チャウ　1921–)

ダムバドルジ，ツェレンオチリーン　Дамбадорж，Цэрэночирын Dambadorji, Čeringwčir-un
20世紀，モンゴルの革命家，作家。
⇒集世　(ダムバドルジ，ツェレンオチリーン　1899–1934)
集文　(ダムバドルジ，ツェレンオチリーン　1899–1934)

タムマラジャ　T'ammaraja
16世紀，タイ，アユティヤ朝の王(在位1569～90)。父はスコータイ王の後裔，母はアユティア王家の血統。1569年アユティア陥落後即位したが，ビルマの傀儡だった。

⇒外国（タムマラジャ　1515頃–1590）

タムリン　Thamrin, Muhamad Husni
20世紀，インドネシアの民族運動家。1927年国民参事会議員に任命され民族派を組織。39年国民参事会副議長。
⇒角世（タムリン　1894–1941）
　コン3（タムリン　1894–1941）
　世百新（タムリン　1894–1941）
　二十（タムリン，ムハマド・H.　1894–1941）
　百科（タムリン　1894–1941）

ダムロン, R.
⇨ダムロン親王（ダムロンシンノウ）

ダムロン親王　ダムロンシンノウ　Damrong Rachanuphap
19・20世紀，タイの王族，歴史・考古・民俗学者。『史料集』(100巻)は，タイ史研究上の重要資料。
⇒角世（ダムロン　1862–1943）
　集文（ダムロン親王　1862.6.21–1943.12.1）
　世東（ダムロン　1862–1943）
　二十（ダムロン, R.　1862–1943）
　百科（ダムロン　1862–1943）
　山世（ダムロン親王　1862–1943）
　歴学（ダムロン親王　1862–1943）

ダムロン・ナワサワット　Navasavat, Thamrong
20世紀，タイの政治家，軍人。第2次大戦中は自由タイ運動の有力指導者。法相，外相を務めた。
⇒外国（ダムロン・ナワサワット　?–）
　華人（ダムロン・ナワサワット　1901–1984）
　世東（タムロン・ナーワサワット　1901.11–）

タメルラン
⇨ティムール

多蒙固　たもうこ
8世紀頃，朝鮮，渤海靺鞨の大首領。入唐した。
⇒シル（多蒙固　たもうこ　8世紀頃）
　シル新（多蒙固　たもうこ）

タヤンカン
⇨タヤン・ハン

ダヤン・かん（達延汗）　Dayan Khan
15・16世紀，モンゴルのハン。1487年頃即位。内モンゴルの大部分を統一。
⇒旺世（ダヤン＝ハン　1464頃–1517頃）
　外国（ダヤン・ハン　?–1522）
　角世（ダヤン・カン　1464–?）
　広辞6（ダヤン・かん〔達延汗〕　1464–1524）
　皇帝（ダヤン・ハン　1464–?）
　国小（ダヤン・ハン〔達延汗〕　1464–1524?）
　コン2（ダヤン・ハン〔達延汗〕　?–1533頃）
　コン3（ダヤン・ハン〔達延汗〕　1464–1524）
　人物（ダヤン　?–1522）
　世人（ダヤン＝ハン　1464/68頃–1524/33頃）
　世東（ダヤンカン〔達延汗〕　15世紀末–16世紀初）
　全書（ダヤン・ハン　1464–1524）
　大辞（ダヤン・ハン　生没年不詳）
　大辞3（ダヤン・ハン　15–16世紀）
　大百（ダヤン・カン　1464–1524）
　中国（ダヤン・カン〔達延汗〕　?–1533頃）
　デス（ダヤン・ハン　1464頃–1532頃）
　百科（ダヤン・カン　1464–1524?）
　評世（ダヤン（達延）汗　1464頃–1533頃）
　山世（ダヤン・ハーン　1474–1517）

タヤン・ハン（太陽汗）
12・13世紀，モンゴル，ナイマン部族の長。チンギス・ハン討伐に失敗。
⇒外国（タヤン・カン〔太陽汗〕　?–1204）
　国小（タヤン・ハン〔太陽汗〕　?–1204）
　コン2（タヤン・ハン〔太陽汗〕　?–1204）
　コン3（タヤン・ハン〔太陽汗〕　?–1204）
　世百（タヤンカン　?–1204）
　山世（タヤン・カン〔太陽汗〕　?–1204）

ダヤン・ハン
⇨ダヤン・かん

ダライ・ラマ1世　Dalai Lama Ⅰ
15世紀，チベット，ラマ教の法王。
⇒世百（ダライラマ1世　?–1476）
　百科（ダライラマ1世　?–1476）

ダライ・ラマ3世　Dalai Lama Ⅲ
16世紀，チベット，ラマ教の法王。黄帽派ラマ教（チベット仏教）弘通の基礎を築く。
⇒外国（ダライ・ラマ3世　1543–1588）
　国小（ダライラマ3世，ソナム・ギャムツォ　1543–1588）
　コン2（ダラーイ・ラマ3世　1543–1588）
　コン3（ダライ・ラマ3世　1543–1588）
　世百（ダライラマ3世，ソナム・ギャムツォ　?–1588）
　伝世（ダライラマ3世，ソェナムギャムツォ　1543–1588）
　百科（ダライラマ3世，ソナム・ギャムツォ　?–1588）

ダライ・ラマ4世　Dalai Lama Ⅳ
16・17世紀，チベット，ラマ教の法王。
⇒世百（ダライラマ4世，ユンテン・ギャムツォ　?–1616）
　伝世（ダライラマ4世，ユンテンギャムツォ　1589–1616）
　百科（ダライラマ4世，ユンテン・ギャムツォ　?–1616）

ダライ・ラマ5世　Dalai Lama Ⅴ
17世紀，チベット，ラマ教の法王。全チベットを統一，ラサにポータラ宮殿を建立。
⇒外国（ダライ・ラマ5世　1615–1680）
　国小（ダライラマ5世，ロサン・ギャムツォ　1617–1682）
　コン2（ダラーイ・ラマ5世　1617–1682）
　コン3（ダライ・ラマ5世　1617–1682）

集文（ダライラマ5世　1617–1682）
世人（ダライ＝ラマ5世　1617–1682）
世百（ロサンギャムツォ　1617–1682）
伝世（ダライラマ5世, ガクワンロブサンギャムツォ　1617–1682）

ダライ・ラマ6世　Dalai Lama Ⅵ
17・18世紀, チベット, ラマ教の法王。戒律を守らずラサを追放され, 清の内政干渉を招く。
⇒国小（ダライラマ6世, ツァンヤン・ギャムツォ　1683–1706）
　コン2（ダライーラマ6世　1683–1707）
　コン3（ダライ・ラマ6世　1683–1707）
　集世（ダライラマ6世　1683–1707）
　集文（ダライラマ6世　1683–1707）
　世百（ダライラマ6世, ツァンヤン・ギャムツォ　1683–1707）
　伝世（ダライラマ6世, ツァンヤンギャムツォ　1683–1706）
　東仏（ツァンヤン・ギャムツォ　1683–1706）
　百科（ダライラマ6世, ツァンヤン・ギャムツォ　1683–1707）

ダライ・ラマ7世　Dalai Lama Ⅶ
18世紀, チベット, ラマ教の法王。ナルタン版『大蔵経』など著述も多い。
⇒国小（ダライラマ7世, ケサン・ギャムツォ　1708–1757）
　世百（ダライラマ7世, ケサン・ギャムツォ　1708–1757）
　伝世（ダライラマ7世, カルサンギャムツォ　1708–1757）
　百科（ダライラマ7世, ケサン・ギャムツォ　1708–1757）

ダライ・ラマ8世　Dalai Lama Ⅷ
18・19世紀, チベット, ラマ教の法王。
⇒世百（ダライラマ8世, ジャンベル・ギャ　1758–1803）
　東仏（ジャンベル・ギャムツォ　1758–1804）
　百科（ダライラマ8世, ジャンベル・ギャ　1758–1803）

ダライ・ラマ9世　Dalai Lama Ⅸ
19世紀, チベット, ラマ教の法王。
⇒世百（ダライラマ9世, ルントク・ギャムツォ　1805–1815）
　百科（ダライラマ9世, ルントク・ギャムツォ　1805–1815）

ダライ・ラマ10世　ダライ・ラマ10セイ　Dalai Lama Ⅹ
19世紀, チベット, ラマ教の法王。
⇒世百（ダライラマ10世, ツルティム・ギャムツォ　1817–1838）
　百科（ダライラマ10世, ツルティム・ギャムツォ　1817–1838）

ダライ・ラマ11世　ダライ・ラマ11セイ　Dalai Lama Ⅺ
19世紀, チベット, ラマ教の法王。
⇒世百（ダライラマ11世, ケイドゥブ・ギャムツォ　1838–1855）
　百科（ダライラマ11世, ケイドゥブ・ギャムツォ　1838–1855）

ダライ・ラマ12世　ダライ・ラマ12セイ　Dalai Lama Ⅻ
19世紀, チベット, ラマ教の法王。
⇒世百（ダライラマ12世, ティンレイ・ギャムツォ　1856–1875）
　百科（ダライラマ12世, ティンレイ・ギャムツォ　1856–1875）

ダライ・ラマ13世　ダライ・ラマ13セイ　Dalai Lama ⅩⅢ
19・20世紀, チベット, ラマ教の法王。中華民国成立後はチベット王国の主権回復のため活動。
⇒外国（ダライ・ラマ13世　1876–1933）
　コン2（ダライ・ラマ13世　1876–1933）
　コン3（ダライ・ラマ13世　1876–1933）
　人物（ダライ・ラマ13世　1876–1933）
　世政（ダライ・ラマ(13世)　1876–1933）
　世百（ダライラマ13世, トゥプテン・ギャムツォ　1875–1933）
　伝世（ダライラマ13世, トゥプテンギャムツォ　1876–1933）
　二十（ダライ・ラマ13世　1876–1933）
　百科（ダライラマ13世, トゥプテン・ギャムツォ　1875–1933）
　山世（ダライラマ13世　1876–1933）

ダライ・ラマ14世　ダライ・ラマ14セイ　Dalai Lama ⅩⅣ
20世紀, チベット, ラマ教の法王。1959年3月には反中国のラマ教の僧侶, 貴族や数万の民衆が, ラサ市で反乱をおこし, インドへ亡命。
⇒岩ケ（ダライ・ラマ　1935–)
　外国（ダライ・ラマ ⅩⅣ　1935–)
　現人（ダライ・ラマ ⅩⅣ　1935.6.6–）
　コン3（ダライ・ラマ ⅩⅣ　1935–)
　最世（ダライ・ラマ14世　1935–)
　人物（ダライ・ラマ ⅩⅣ　1935–)
　世人（ダライ＝ラマ14世　1935–)
　世政（ダライ・ラマ(14世)　1935.7.6–)
　世百（ダライラマ ⅩⅣ, テンジン・ギャムツォ　生没年不詳）
　大辞2（ダライラマ14世　1935–)
　大辞3（ダライラマ14世　1935–)
　中人（ダライ・ラマ(14世)　1935.7.6–)
　伝世（ダライラマ14代　テンジンギャムツォ　1935–)
　東仏（テンジン・ギャムツォ　1935–)
　南ア（ダライ・ラマ(14世)　1934–)
　二十（ダライ・ラマ14世　1935.6.6–)
　ノベ（ダライ・ラマ14世　1935.6.6–)
　評世（テンジンギヤムツォ　1935–)
　山世（ダライラマ14世　1935–)

ダラニーンドラヴァルマン1世
Dharaṇīndravarman Ⅰ
12世紀, カンボジア, クメール王国の王。在位1107–1113。
⇒統治（ダラニーンドラヴァルマン1世　（在

位）1107–1113）

ダラニーンドラヴァルマン2世
Dharanīndravarman Ⅱ
12世紀, カンボジア, クメール王国の王。在位 1150–1160。
⇒統治（ダラニーンドラヴァルマン2世　（在位）1150–1160）

タラワディ　Tharrawaddy
19世紀, ビルマ王国の王。在位1837–1846。
⇒統治（タラワディ（ターヤーワディ）　（在位）1837–1846）

ダラン（撻懶）
12世紀, 中国, 金の将軍。撻攬とも書く。姓名は宗顔昌, 撻懶は女真名。太祖, 太宗の叔父盈歌の子。
⇒角世（ダラン〔撻懶〕　?–1139）
　国小（撻懶　だつらん　?–1139（天眷2））

多攬　たらん
8世紀頃, ウイグルの首領。懐仁可汗（骨咄禄毘伽闕可汗）の大将軍。入唐した。
⇒シル（多攬　たらん　8世紀頃）
　シル新（多攬　たらん）

多攬達干弥羯搓　たらんたつかんびかつさ
8世紀頃, 中央アジア, 骨咄（フッタル）の入唐使節。
⇒シル（多攬達干弥羯搓　たらんたつかんびかつさ　8世紀頃）
　シル新（多攬達干弥羯搓　たらんたつかんびかつさ）

タリグ　Taliqu
14世紀, チャガタイ・ハン国のハン。在位 1308–1309。
⇒統治（タリグ　（在位）1308–1309）

タルク　Taruc, Luis
20世紀, フィリピンの革命指導者。1938年共産党政治局員。第2次大戦後, フクバラハップ（人民解放軍）を率いて反政府武装闘争を行ったが, 54年降服。
⇒外国（タルク　1913–）
　角世（タルク　1913–）
　現人（タルク　1913.6.21–）
　コン3（タルク　1913–）
　人物（タルク　1913–）
　世政（タルク, ルイス　1913.6.21–2005.5.4）
　世東（タルク　1913–）
　世百（タルク　1913–）
　全書（タルク　1913–）
　伝世（タルク　1913.6.21–）
　東ア（タルク　1913–2005）
　百科（タルク　1913–）
　評世（タルク　1913–）

ダルソノ　Darsono
20世紀, インドネシアの共産党指導者。1923年共産党議長。27年コミンテルン書記局員候補。第2次大戦後, 左翼社会主義者となる。
⇒コン3（ダルソノ　生没年不詳）

達摩　だるま
8世紀頃, 中央アジア, 吐火羅（トハラ）の入唐使節。
⇒シル（達摩　だるま　8世紀頃）
　シル新（達摩　だるま）

タルマシリン　Tarmashirin
14世紀, チャガタイ・ハン国のハン。在位 1326–1334。
⇒統治（タルマシリン　（在位）1326–1334）

タールン　Thalun
17世紀, ビルマ王国の王。在位1629–1648。
⇒統治（タールン　（在位）1629–1648）

タン, トニー　Tan Keng Yam, Tony
20世紀, シンガポールの企業家, 政治家。
⇒華人（タン, トニー　1940–）

唐聞生　タンウェンション
⇨唐聞生（とうぶんせい）

譚延闓　たんえんがい, たんえんかい
19・20世紀, 中国, 清末・民国初期の政治家。字は租庵。湖南省茶陵出身。辛亥革命に際し, 革命派の湖南都督焦達峰を殺害させ, その地位を奪う。のち広東政府に入り, 軍事部長兼第2軍長。
⇒コン2（譚延闓　たんえんがい　1876–1930）
　コン3（譚延闓　たんえんがい　1880–1930）
　世東（譚延闓　たんえんがい　1876–1930）
　中書（譚延闓　たんえんがい　1880–1930）
　中人（譚延闓　たんえんがい　1880–1930）
　百科（譚延闓　たんえんがい　1876–1930）

譚延美　たんえんび
10・11世紀, 中国, 五代・宋初期の武将。朝城出身。
⇒コン2（譚延美　たんえんび　921–1003）
　コン3（譚延美　たんえんび　921–1003）

赧王　たんおう
前4・3世紀, 中国, 東周の王（第37代, 在位前315～256）。
⇒中史（赧王（周）　たんおう　?–前256）
　統治（赧（赧王延）　Nan　（在位）前315–256）

段会宗　だんかいそう
前1世紀, 中国, 漢の烏孫大昆弥冊立使。
⇒シル（段会宗　だんかいそう　前84–前10）
　シル新（段会宗　だんかいそう　前84–10）

タンカ・プラサド, アチャリャ Tanka Prasad, Acharya
20世紀, ネパールの政治家。ネパール首相。
⇒二十（タンカ・プラサド, アチャリャ　1912–）

譚冠三 たんかんさん
⇨譚冠三（たんかんぞう）

譚冠三 たんかんぞう
20世紀, 中国の政治家。井崗山出身。1965年9月共産党チベット自治区委会書記。67年最高人民法院責任者。
⇒世政（譚冠三　たんかんさん　1908–1985.12.11）
　世東（譚冠三　たんかんぞう　1908–）
　中人（譚冠三　たんかんぞう　1908–1985.12.11）

タンキス〔唐基勢〕 Tangkishi
14世紀, 中国, 元末の権臣。キプチャク人, 権臣エル・テムルチ（燕鉄木児）の子。バヤン（伯顔）の専権を怒り, 順帝の廃立を図ったが発覚。
⇒国小（タンキス〔唐基勢〕　?–1335）

段祺瑞 だんきずい
19・20世紀, 中国の北洋軍閥の巨頭。親日的な安徽派の領袖。安徽合肥出身。国務総理に就任。
⇒旺世　（段祺瑞　だんきずい　1865–1936）
　外国　（段祺瑞　だんきずい　1864–1936）
　角世　（段祺瑞　だんきずい　1865–1936）
　近中　（段祺瑞　だんきずい　1865.3.6–1936.11.2）
　広辞4（段祺瑞　だんきずい　1865–1936）
　広辞5（段祺瑞　だんきずい　1865–1936）
　広辞6（段祺瑞　だんきずい　1865–1936）
　国小　（段祺瑞　だんきずい　1864?–1936）
　コン2（段祺瑞　だんきずい　1865–1936）
　コン3（段祺瑞　だんきずい　1865–1936）
　人物　（段祺瑞　だんきずい　1864–1936）
　世人　（段祺瑞　だんきずい　1865–1936）
　世東　（段祺瑞　だんきずい　1864–1936.11.2）
　世百　（段祺瑞　だんきずい　1864–1936）
　全書　（段祺瑞　だんきずい　1865–1936）
　大辞2（段祺瑞　だんきずい　1865–1936）
　大辞3（段祺瑞　だんきずい　1865–1936）
　大百　（段祺瑞　だんきずい　1865–1936）
　中国　（段祺瑞　だんきずい　1865–1936）
　中人　（段祺瑞　だんきずい　1865–1936）
　伝記　（段祺瑞　だんきずい　1865.3.6–1936.11.2）
　ナビ　（段祺瑞　だんきずい　1865–1936）
　日人　（段祺瑞　だんきずい　1865–1936）
　百科　（段祺瑞　だんきずい　1865–1936）
　評世　（段祺瑞　だんきずい　1864–1936）
　山世　（段祺瑞　だんきずい　1865–1936）
　歴史　（段祺瑞　だんきずい　1865（同治4）–1936（民国25））

段義宗 だんぎそう
9世紀頃, 中国西南部, 南詔の遣唐使。
⇒シル（段義宗　だんぎそう　9世紀頃）
　シル新（段義宗　だんぎそう）

段業 だんぎょう
4・5世紀, 中国, 秦の武将。前秦王苻堅に仕えた。
⇒シル（段業　だんぎょう　?–401）
　シル新（段業　だんぎょう　?–401）
　中皇（段業　?–401）

段鈞 だんきん
9世紀頃, 中国, 唐の遣吐蕃弔問副使。
⇒シル（段鈞　だんきん　9世紀頃）
　シル新（段鈞　だんきん）

檀君 だんくん
朝鮮の伝説上の始祖。平壌に降臨して開国し, 1500年間国を治めたのち, 箕氏朝鮮に国を譲ったという。
⇒コン2　（檀君　だんくん）
　コン3　（檀君　だんくん）
　大辞　　（檀君　だんくん）
　大辞3　（檀君　だんくん）
　朝人　　（檀君王倹　だんくんおうけん）
　朝人　　（檀君　だんくん）
　百科　　（檀君　だんくん）
　歴史　　（檀君　だんくん）

檀君王倹 だんくんおうけん
⇨檀君（だんくん）

端郡王載漪 たんぐんおうさいい
19・20世紀, 中国, 清末期の皇族。排外派の中心人物の一人。
⇒コン2（端郡王載漪　たんぐんおうさいい　生没年不詳）
　コン3（端郡王載漪　たんぐんおうさいい　1856–1922）
　世東（端郡王載漪　たんぐんおうさいい　生没年不詳）

タン・クンスワン Tan Koon Swan
20世紀, マレーシアの実業家, 政治家。
⇒華人（タン・クンスワン　1940–）

段熲 だんけい
2世紀, 中国, 後漢末の武将, 并州の刺史。
⇒三全（段熲　だんけい　?–179）

段珪 だんけい
2世紀, 中国, 後漢末期の宦官。「十常侍」の一人。
⇒三国（段珪　だんけい）
　三全（段珪　だんけい　?–189）

堪遅 たんじ
7世紀頃, 朝鮮, 任那の貢調使。
⇒シル（堪遅　たんじ　7世紀頃）
　シル新（堪遅　たんじ）

段芝貴 だんしき
19・20世紀, 中国の安徽系軍人。安徽省合肥出

身。袁世凱の帝制運動を助けた。1918年王士珍内閣の陸軍総長などを歴任。
⇒近中（段芝貴　だんしき　1869–1925.3.22）
　世東（段芝貴　だんしき　1869頃–1925.3.12）
　中人（段芝貴　だんしき　1869–1925.3.12）

段思平　だんしへい
9・10世紀，中国，大理国の始祖（在位937～944）。南詔の末期，大義寧国を号した権臣楊氏から王位を奪い，大理国を開いた。
⇒国小（段思平　だんしへい　生没年不詳）
　コン2（段思平　だんしへい　生没年不詳）
　コン3（段思平　だんしへい　893–944）
　世東（段思平　だんしへい　893–944）
　全書（段思平　だんしへい　生没年不詳）
　百科（段思平　だんしへい）

タン・シュウシン（陳修信）　Tan Siew Sin
20世紀，東南アジア，マラヤの政治家。漢字名陳修信。1961年以来マラヤ中国人協会総裁に就任，57年独立マラヤ連邦初代内閣商工相。
⇒華人（タン・シュウシン　1916–1988）
　現人（タン・シューシン　1916.5.21–）
　世東（タン・シュウ・シン〔陳修信〕1916.5.21–）

タンシュエ　Than Shwe
20世紀，ミャンマー（ビルマ）の軍人，政治家。
⇒世政（タン・シュエ　1933.2–）
　東ア（タンシュエ　1933–）

段守簡　だんしゅかん
8世紀頃，中国，唐の遣渤海冊立使。
⇒シル（段守簡　だんしゅかん　8世紀頃）
　シル新（段守簡　だんしゅかん）

タンジュン，アクバル　Tanjung, Akbar
20世紀，インドネシアの政治家。インドネシア国会議長，ゴルカル総裁。
⇒世政（タンジュン，アクバル　1946–）

郯緒　たんしょ
中国，唐の遣南海使節。
⇒シル（郯緒　たんしょ）
　シル新（郯緒　たんしょ）

譚紹文　たんしょうぶん
20世紀，中国の政治家。中国共産党中央政治局委員，中国共産党天津市委員会書記を務める。1955年共産党入党。
⇒中人（譚紹文　たんしょうぶん　1929–）

覃振　たんしん
19・20世紀，中国国民党西山会議派の政治家。
⇒近中（覃振　たんしん　1885–1947.4.18）

譚人鳳　たんじんほう，たんじんぽう
19・20世紀，中国の革命家。号，石屏。湖南省

新化出身。中国革命同盟会に参加，1911年10月10日の武漢蜂起を促進した。
⇒国小（譚人鳳　たんじんぽう　1860（咸豊10）–1920）
　コン2（譚人鳳　たんじんほう　1860–1920）
　コン3（譚人鳳　たんじんほう　1860–1920）
　世東（譚人鳳　たんじんほう　?–1920.4.10）
　中国（譚人鳳　たんじんほう　1860–1920）
　中人（譚人鳳　たんじんぽう　1860（咸豊10）–1920）
　評世（譚人鳳　たんじんほう　1860–1920）

譚震林　たんしんりん
20世紀，中国の政治家。湖南省攸出身。1926年共産党入党。56年8期中央委員，中央書記。58年中央政治局委員候補に補選され，59年国務院副総理に就任（65年再任）。
⇒近中（譚震林　たんしんりん　1902–1983.9.30）
　現人（譚震林　たんしんりん〈タンチェンリン〉1905–）
　コン3（譚震林　たんしんりん　1902–1983）
　世東（譚震林　たんしんりん　1902–）
　全書（譚震林　たんしんりん　1902–）
　中人（譚震林　たんしんりん　1902–1983.9.30）

ダン・スワン・クー
⇒チュオン・チン

ダン・ズン（鄧容）
ベトナム，陳朝末期の勇将。
⇒ベト（Đang-Dung　ダン・ズン〔鄧容〕）

譚政　たんせい
20世紀，中国の軍人，政治家。1期全人大会軍代表，国防委，国防部副部長。8期中央委，1962年9月彭徳懐事件に連座したといわれる。
⇒近中（譚政　たんせい　1906.6.14–1988.11.6）
　世東（譚政　たんせい　1907–1988.11.6）
　世東（譚政　たんせい　1900–）
　中人（譚政　たんせい　1907–1988.11.6）

檀石槐　だんせきかい
2世紀，中央アジア，鮮卑族を初めて統一した君長。連年後漢に侵入略奪し，177年の後漢派遣軍を大破。
⇒外国（檀石槐　だんせきかい）
　角世（檀石槐　だんせきかい　2世紀）
　皇帝（檀石槐　だんせきかい　生没年不詳）
　国小（檀石槐　だんせきかい　生没年不詳）
　コン2（檀石槐　だんせきかい　?–181頃）
　コン3（檀石槐　だんせきかい　?–181頃）
　世百（檀石槐　だんせきかい　?–181頃）
　全書（檀石槐　だんせきかい　137頃–181頃）
　中国（檀石槐　だんせきかい　2世紀中頃）
　評世（檀石槐　だんせきかい　?–183頃）

端宗（南宋）　たんそう
13世紀，中国，南宋第8代皇帝（在位1276～78）。第6代皇帝度宗の長子。元軍の攻撃で恭帝が降伏すると，福州（福建省）に逃れて即位。
⇒皇帝（端宗　たんそう　1269–1278）

コン2〔端宗　たんそう　1269–1278〕
コン3〔端宗　たんそう　1269–1278〕
中皇〔端宗　1269–1278〕
統治〔端宗　Tuan Tsung　(在位)1276–1278〕

端宗(李朝)　たんそう
15世紀, 朝鮮, 李朝の第6代国王(在位1452～55)。
⇒コン3〔端宗　たんそう　1441–1457〕
朝人〔端宗　たんそう　1441–1457〕
朝鮮〔端宗　たんそう　1441–1457〕
統治〔端宗　Tanjong　(在位) 1452–1455〕
百科〔端宗　たんそう　1441–1457〕

タン・タイ(成泰)　Thành Thái
19・20世紀, ベトナムの皇帝。在位1889～1907。
⇒統治〔タン・タイ(タイン・ターイ)〔成泰帝〕(在位)1889–1907〕
ベト〔Thanh-Thai　タイン・タイ　1889–1907〕

ダン・タイ・フオン(鄧太芳)
ベトナム, 後黎朝代の名臣。
⇒ベト〔Đang-Thai-Phuong　ダン・タイ・フオン〔鄧太芳〕〕

ダン・タット(鄧悉)　Đang-Tat
ベトナム, 後陳朝時代の名将。
⇒ベト〔Đang-Tat　ダン・タット〕

ダン・チェム(鄧占)
ベトナムの官吏。黎聖宗帝時代(1460～1497)に, ホア・チャウ県の参識司丞政使を勤めた。
⇒ベト〔Đang-Chiem　ダン・チェム〔鄧占〕〕

譚震林　タンチェンリン
⇨譚震林(たんしんりん)

タン・チェンロク(陳禎禄)　Tan Cheng Lock
19・20世紀, 東南アジア, マラヤの政治家。華僑で漢字名は陳禎禄。1949年反共と華僑の地位向上を唱え, マラヤ中国人協会(MCA)を創立。
⇒華人〔タン・チェンロク　1883–1960〕
コン3〔タン・チェン・ロク〔陳禎禄〕　1883–1960〕
世東〔タン・チェン・ロク〔陳禎禄〕　1883–〕

ダン・チャン・トゥオン(鄧陳常)
ベトナム, 阮朝代の功臣。
⇒ベト〔Đang-Tran-Thuong　ダン・チャン・トゥオン〔鄧陳常〕〕

ダン・ティ・ニュ(鄧氏柔)
ベトナムの女性。中部ベトナム地区における反フランス運動の闘士デ・タムの第三夫人。
⇒ベト〔Đang-Thi-Nhu　ダン・ティ・ニュ〔鄧氏柔〕〕

ダン・トゥイ(鄧瑞)
ベトナムの官吏。黎嘉宗帝の景治8年(1670)に22歳で進士に合格, 後に大司馬となる。字は延相, 竹翁または竹斎仙翁と号す。
⇒ベト〔Đang-Thuy　ダン・トゥイ〕

檀道済　だんどうさい
5世紀, 中国, 南朝宋の名将。
⇒中史〔檀道済　だんどうさい　?–436〕

ダン・ドゥック・シエウ(鄧徳超)
18・19世紀, ベトナム, 嘉隆帝の礼部尚書。
⇒ベト〔Đang-Đuc-Sieu　ダン・ドゥック・シエウ〔鄧徳超〕　1750–1810〕

段徳昌　だんとくしょう
20世紀, 中国共産党の指導者, 軍人。
⇒近中〔段徳昌　だんとくしょう　1904.8.19–1933.5.1〕

タン・ニャン・チュン(申仁忠)
ベトナム, 黎聖宗帝代の文臣。
⇒ベト〔Than-Nhan-Trung　タン・ニャン・チュン〔申仁忠〕〕

ダン・ニュ・マイ(鄧如梅)
19世紀, ベトナムの民族闘士。19世紀後半, フランス植民地主義者の侵略に抵抗する運動に挺身。
⇒ベト〔Đang-Nhu-Mai　ダン・ニュ・マイ〔鄧如梅〕　19世紀〕

タン・バット・ホ(曾抜虎)
ベトナムの民族闘士。ビン・ディン地方における反フランス勤王救国運動を指導した幹部の一人。
⇒ベト〔Tang-Bat-Ho　タン・バット・ホ〔曾抜虎〕〕

ダンバドルジ・ザヤーエフ　Dambadorji jayayed
18世紀, モンゴルの全ブリヤートの法王。勢力を拡大した。
⇒東仏〔ダンバドルジ・ザヤーエフ　1711–1777〕

譚平山(譚平三)　たんぺいざん, たんへいざん
19・20世紀, 中国の政治家。第1次国共合作時代, 武漢政府で活躍した。国民党革命委員会副主席のとき病死。
⇒外国〔譚平山　たんぺいざん　1886–〕
角世〔譚平山　たんぺいざん　1886–1956〕
近中〔譚平山　たんぺいざん　1886.9.28–1956.4.2〕
国小〔譚平山　たんぺいざん　1886–1956.4.2〕
コン3〔譚平山　たんぺいざん　1886–1956〕
人物〔譚平三　たんぺいざん　1887–1956〕
世東〔譚平山　たんぺいざん　1886–1956.4.2〕
世百〔譚平山　たんぺいざん　1886–1956〕

全書（譚平山　たんへいざん　1887–1956）
中人（譚平山　たんぺいざん　1886–1956.4.2)
評世（譚平山　たんへいざん　1886–1956）
歴史（譚平山　たんへいざん　1886–1956）

端方　たんほう，たんぽう
19・20世紀，中国，清末期の官僚。満州正白旗人。立憲運動の指導的人物。
⇒外国（端方　たんぽう　1861–1911）
　角世（端方　たんぽう　1861–1911）
　コン2（端方　たんぽう　1861–1911）
　コン3（端方　たんぽう　1861–1911）
　新美（端方　たんぽう　1861（清・咸豊11)–1911（宣統3.10.7)）
　世東（端方　たんぽう　1861–1911）
　中国（端方　たんぽう　1861–1911）
　中書（端方　たんぽう　1861–1911）
　中人（端方　たんぽう　1861–1911）
　百科（端方　たんぽう　1861–1911）
　評世（端方　たんぽう　1861–1911）

譚甫仁　たんほじん
20世紀，中国の軍人。湖南省出身。1965年1月工程兵政委。8月雲南省革命委員会主任。69年4月9期中央委。
⇒世東（譚甫仁　たんほじん　?–)
　中人（譚甫仁　たんほじん　1910–1970.12.18）

ダンマゼーディー　Dhammazedi
15世紀，ビルマ，南部，ペグー朝の第16代国王（在位1459～92）。
⇒百科（ダンマゼーディー　?–1492)

譚雄　たんゆう
3世紀，中国，三国時代，呉の部将。
⇒三国（譚雄　たんゆう）
　三全（譚雄　たんゆう　?–221)

丹陽公主　たんようこうしゅ*
中国，唐，高祖の娘。
⇒中皇（丹陽公主）

タン・リンジェ　Tan Ling Djie
20世紀，インドネシアの独立運動家，社会主義運動家。中国系。漢字名は陳憐如。
⇒華人（タン・リンジェ　1904–1969)
　コン3（タン・リン・ジェ　1904–?)

段煨　だんわい
3世紀，中国，後漢の将軍。
⇒三国（段煨　だんわい）
　三全（段煨　だんわい　?–209)

檀和之　だんわし
5世紀，中国，南朝宋の武将。金郷（山東省）出身。宋の文帝の意を受けて，宋に従順でなかった林邑王を攻めた。
⇒外国（檀和之　だんわし　?–456）
　国小（檀和之　だんわし　?–456（孝建3))
　中国（檀和之　だんわし　?–456)

【ち】

蔣介石　チアンチエシー
⇒蔣介石（しょうかいせき）

江青　チアンチン
⇒江青（こうせい）

郗愔　ちいん
4世紀，中国，東晋の政治家，書家。
⇒新美（郗愔　ちいん　313（西暦・建興1)–384（東晋・太元9))
　中書（郗愔　ちいん　313–384)

秋瑾　チウチン
⇒秋瑾（しゅうきん）

崔益鉉　チェイッキョン
19・20世紀，朝鮮の義兵運動指導者，学者。号は勉庵。大院君の施政を弾劾，政権の倒壊に大きな影響を与える。著書『勉庵集』。
⇒外国（崔益鉉　さいえきげん　1833–1906）
　角世（崔益鉉　さいえきげん　1833–1906）
　国史（崔益鉉　さいえきげん　1833–1906）
　コン2（崔益鉉　さいえきげん　1833–1906）
　コン3（崔益鉉　さいえきげん　1833–1906）
　世東（崔益鉉　さいえきげん　1833–1906）
　全書（崔益鉉　さいえきげん　1833–1906）
　朝人（崔益鉉　さいえきげん　1833–1906）
　朝鮮（崔益鉉　さいえきげん　1833–1906）
　伝記（崔益鉉　さいえきげん〈チェイッキョン〉　1833–1906)
　日人（崔益鉉　チェイッキョン　1834–1907)
　百科（崔益鉉　さいえきげん　1833–1906）

チェイン
⇒崔麟（さいりん）

チエウ・アウ（趙嫗）　Trieu Au
3世紀，ベトナムの女性の民族英雄。本名Trieu Kieu（趙嬌）。
⇒コン2（チエウ・アウ（趙嫗）　225–248）
　コン3（チエウ・アウ〔趙嫗〕　225–248）

チエウ・チ（紹治）　Thiêu Tri
19世紀，ベトナムの皇帝。在位1841–1847。
⇒統治（チエウ・チ，紹治帝　（在位)1841–1847）
　ベト（Thieu-Tri　ティエウ・チ　1841–1847）

チエウ・チン・ヌオン（趙貞娘）
ベトナムの民族闘士。3世紀前半，ベトナムで中国呉朝の支配に抵抗して戦った英雄。
⇒ベト（Trieu-Trinh-Nuong　チエウ・チン・ヌオン〔趙貞娘〕）

崔圭夏　チェキュハ，チェギュハ
　20世紀，韓国の政治家。1971年大統領外交担当特別補佐官，75年首相。79年朴大統領暗殺で大統領代行，同年12月第10代大統領。
　⇒角世　（崔圭夏　チェギュハ　1919-）
　　韓国　（崔圭夏　チェギュハ　1919.7.16-）
　　現人　（崔圭夏　チェギュハ　1919.7.16-）
　　国小　（崔圭夏　さいけいか　1919.7.16-）
　　最世　（崔圭夏　チェギュハ　1919-）
　　世人　（崔圭夏　さいけいか　1919-2006）
　　世政　（崔圭夏　チェギュハ　1919.7.16-）
　　全書　（崔圭夏　さいけいか　1919-）

崔侊洙　チェクァンス
　20世紀，韓国の外交官，政治家。韓国外相。現代経済社会研究院会長。国防部次官，大統領秘書室長，郵政長官，駐サウディ・アラビア大使，駐国連大使，外務部長官などを歴任。
　⇒韓国　（崔侊洙　チェクァンス　1935.2.24-）
　　世政　（崔侊洙　チェクァンス　1935.2.24-）

チェサダーボディン
　⇨ラーマ3世

崔滋　チェジャ
　12・13世紀，朝鮮，高麗中期の文臣。号は東山叟。主著『三都賦』など。
　⇒集文　（崔滋　チェジャ　1188-1260）

崔昌益　チェチャンイク
　20世紀，朝鮮の政治家。1948年北朝鮮の第1期最高人民会議代議員・財政相，52年副首相。
　⇒外国　（崔昌益　さいしょうえき　1901-）
　　現人　（崔昌益　チェチャンイク　1896-）
　　コン3　（崔昌益　さいしょうえき　1896-1957?）
　　世政　（崔昌益　チェチャンイク　1896-）
　　世東　（崔昌益　さいしょうえき　1896-）
　　世百新　（崔昌益　さいしょうえき　1896-）
　　朝人　（崔昌益　さいしょうえき　1896-1957?）
　　朝鮮　（崔昌益　さいしょうえき　1896-?）
　　百科　（崔昌益　さいしょうえき　1896-）

崔忠献　チェチュンホン
　⇨崔忠献（さいちゅうけん）

チェッタ・ボディン
　⇨ラーマ3世

崔斗善　チェドゥソン
　20世紀，韓国の政治家。1947～63年7月東亜日報社長。61年国連総会韓国代表。63～64年首相。
　⇒現人　（崔斗善　チェドゥソン　1894.11.1-1974.9.9）
　　国小　（崔斗善　さいとぜん　1894.11.1-1974.9.9）

崔賢　チェヒョン
　20世紀，北朝鮮の政治家。1967年第4期代議員・民族保衛相。70年労働党政治委員となる。著書『白頭の山なみを越えて』。

　⇒現人　（崔賢　チェヒョン　1907.6.8-）
　　コン3　（崔賢　さいけん　1907-1982）
　　世政　（崔賢　チェヒョン　1907.6.8-1982.4.9）
　　世百新　（崔賢　さいけん　1907-1982）
　　全書　（崔賢　さいけん　1907-1982）
　　朝鮮　（崔賢　さいけん　1907-1982）
　　百科　（崔賢　さいけん　1907-1982）

崔浩中　チェホジュン
　20世紀，韓国の外交官，政治家。韓国副首相・国土統一院長官，韓国外相。駐マレーシア大使，駐ベルギー大使，EC代表部，商工部次官などを歴任。
　⇒韓国　（崔浩中　チェホジュン　1930.9.22-）
　　世政　（崔浩中　チェホジュン　1930.9.22-）

崔鳴吉　チェミョンギル
　⇨崔鳴吉（さいめいきつ）

崔庸健　チェヨンゴン
　20世紀，北朝鮮の政治家。国家創建後，初の民族保衛相（国防相）となった。1957～72年最高人民会議常任委員長（国家元首）。72年副主席。
　⇒外国　（崔鏞健　さいようけん　1903-）
　　現人　（崔庸健　チェヨンゴン　1900-1976.9.19）
　　国小　（崔鏞健　さいようけん　1900.6.22-1976.9.19）
　　コン3　（崔庸健　さいようけん　1900-1976）
　　人物　（崔庸健　さいようけん　1900-）
　　世政　（崔庸健　チェヨンゴン　1900.6.22-1976.9.19）
　　世東　（崔庸健　さいようけん　1900-）
　　世百　（崔鏞健　さいようけん　1900-）
　　世百新　（崔庸健　さいようけん　1900-1976）
　　全書　（崔庸健　さいようけん　1900-1976）
　　朝人　（崔庸健　さいようけん　1900-1976）
　　朝鮮　（崔庸健　さいようけん　1900-1976）
　　百科　（崔庸健　さいようけん　1900-1976）

崔永林　チェヨンリム
　20世紀，北朝鮮の中央委員，副総理兼国家計画委員長，政治局員候補をつとめる。
　⇒韓国　（崔永林　チェヨンリム　1926-）
　　世政　（崔永林　チェヨンリム　1926-）

陳毅　チェンイー
　⇨陳毅（ちんき）

陳紹禹　チェンシャオユー
　⇨陳紹禹（ちんしょうう）

陳紹禹　チェンシャオユイ
　⇨陳紹禹（ちんしょうう）

陳錫聯　チェンシーリエン
　⇨陳錫聯（ちんしゃくれん）

陳楚　チェンチュー
　⇨陳楚（ちんそ）

陳誠　チェンチョン
　⇨陳誠（ちんせい）

銭正英　チェンチョンイン
　⇨銭正英（せんせいえい）

陳再道　チェンツァイタオ
　⇨陳再道（ちんさいどう）

チェン・ティアン　Chen Tian
　20世紀，マレーシアの政治家。マラヤ共産党の指導者。
　⇒華人（チェン・ティアン　1923-1990）

陳鉄軍　チェンティエチュン
　⇨陳鉄軍（ちんてつぐん）

陳独秀　チエントゥーシウ
　⇨陳独秀（ちんどくしゅう）

チェン・ヘン　Cheng Heng
　20世紀，カンボジア，クメール共和国の政治家。1970年3月，シアヌーク国家元首解任決議によって国家元首，72年3月辞任。
　⇒現人（チェン・ヘン　1916-）
　　国小（チェン・ヘン　1916-）
　　コン3（チェン・ヘン　1916-）
　　世政（チェン・ヘン　1916-）
　　世東（チェン・ヘン　1915-）
　　二十（チェン・ヘン　1916-）

陳伯達　チェンポーター
　⇨陳伯達（ちんはくたつ）

陳慕華　チェンムーホア
　⇨陳慕華（ちんぼか）

陳雲　チェンユン
　⇨陳雲（ちんうん）

陳永貴　チェンヨンコエ
　⇨陳永貴（ちんえいき）

陳立夫　チェンリーフー
　⇨陳立夫（ちんりっぷ）

郗鑒　ちかん
　3・4世紀，中国，東晋の名臣。
　⇒新美（郗鑒　ちかん　269（西暦・泰始5）-339（東晋・咸康5））

竹世士　ちくせいし
　7世紀頃，朝鮮，新羅から来日した使節。
　⇒シル（竹世士　ちくせいし　7世紀頃）
　　シル新（竹世士　ちくせいし）

地皇　ちこう
　中国の伝説上の帝王。三皇の一。
　⇒大辞（地皇　ちこう）
　　大辞3（地皇　ちこう）

智積　ちしゃく
　7世紀頃，朝鮮，百済から来日した使節。
　⇒シル（智積　ちしゃく　7世紀頃）
　　シル新（智積　ちしゃく）

池錫永　ちしゃくえい
　19・20世紀，朝鮮，李朝末期の開化思想家，医学者，朝鮮語学者，政治家。
　⇒コン（池錫永　ちしゃくえい　1855-1935）
　　朝人（池錫永　ちしゃくえい　1855-1935）

智証王　ちしょうおう
　5・6世紀，朝鮮，新羅の第22代王（在位500～514）。
　⇒コン2（智証王　ちしょうおう　437-514）
　　コン3（智証王　ちしょうおう　437-514）
　　世東（智証王　ちしょうおう　生没年不詳）

チ・スロン・デ・ツァン
　⇨ティソンデツェン

智洗爾　ちせんに
　7世紀頃，朝鮮，新羅から来日した使節。
　⇒シル（智洗爾　ちせんに　7世紀頃）
　　シル新（智洗爾　ちせんに）

チソンデツエン
　⇨ティソンデツェン

チックデツエン　Khri gtsug lde brtsan
　9世紀，チベットの王。
　⇒東仏（ティック・デツェン　806-841）
　　評世（チックデツェン　9世紀）
　　歴史（チックデツェン　?-841）

チッチヤノック, クリダコン　Titjanok, Kritakara
　20世紀，タイの軍人。タイ駐日大使。
　⇒二十（チッチヤノック，クリダコン　1904-）

チット・フライン　Chit Hlaing
　20世紀，ビルマ外相。
　⇒世政（チット・フライン　1924-）

紀登奎　チートンコエ
　⇨紀登奎（きとうけい）

姫鵬飛　チーポンフェイ
　⇨姫鵬飛（きほうひ）

知万　ちま
　7世紀頃，朝鮮，新羅から来日した使節。
　⇒シル（知万　ちま　7世紀頃）
　　シル新（知万　ちま）

チミド, チョイジリーン　Чимид,

Чойжилын Čimid, Čoyijal-ün
20世紀, モンゴルの作家, 政治家。モンゴル平和委員会委員長。
⇒集世（チミド, チョイジリーン　1927.12.28–1980.2.14）
集文（チミド, チョイジリーン　1927.12.28–1980.2.14）
二十（チミド, チョイジルイーン　1927–）

チムール
⇨ティムール

智蒙　ちもう
8世紀頃, 朝鮮, 渤海の遣唐使。
⇒シル（智蒙　ちもう　8世紀頃）
シル新（智蒙　ちもう）

チャウ・ヴァン・ティエップ（朱文接）
18世紀, ベトナムの英雄。「嘉定三雄」の一人。
⇒ベト（Chau-Van-Tiep　チャウ・ヴァン・ティエップ〔朱文接〕　1738–1784）

周公　チャウクン
⇨周公（しゅうこう）

チャウ・セン　Chau Seng
20世紀, カンボジアの政治家。シハヌーク内閣文部担当相などを歴任, 1970年クーデター後はシハヌーク亡命政権特別使命相で在パリ。
⇒現人（チャウ・セン　1929–）
世東（チャウ・セン　1929.3.15–）

チャウ・トゥオン・ヴァン（朱尚文）
20世紀, ベトナムの反植民地闘争, 志士。
⇒ベト（Chau-Thuong-Van　チャウ・トゥオン・ヴァン〔朱尚文〕　?–1908）

喬冠華　チャオコアンホワ
⇨喬冠華（きょうかんか）

チャオ・スーク・ボンサク　Tchao Souk Vongsak
20世紀, ラオスの政治家。王族の出身。スファヌボン殿下らと反フランス闘争に参加。1957年, ラオス愛国戦線（パテト・ラオ）の結成に参画, 同戦線中央委員。70年, 和平交渉のパテト・ラオ特使として活躍した。
⇒現人（チャオ・スーク・ボンサク　1915–）

趙正洪　チャオチョンホン
⇨趙正洪（ちょうせいこう）

チャオ・ピア・チャクリ
⇨ラーマ1世

チャオ・ピア・チャクリ　Chao P'ya Chakri
18・19世紀, タイ, シャムの王。漢名は鄭華。初め鄭昭に仕え, 鄭昭の退位後, 1782年4月王位につきラマ王朝を建てた。

⇒世東（チャオ・ピャ・チャクリ　1735–1806）

チャオプラヤー・チャクリー
⇨ラーマ1世

チャガタイ（察合台, 察合汗）　**Chaghatai**
13世紀, チャガタイ・ハン国初代のハン（在位1227～42）。チンギス・ハンの第2子。
⇒旺世（チャガタイ　?–1242）
外国（チャガタイ・ハーン　?–1242）
角世（チャガタイ　?–1242）
広辞4（チャガタイ〔察合台〕　?–1242）
広辞6（チャガタイ　?–1242）
国小（チャガタイ・ハン〔察合台汗〕　?–1242）
コン2（チャガタイ・ハン〔察合台汗〕　?–1242）
コン3（チャガタイ・ハン〔察合台汗〕　?–1242）
人物（チャガタイ　?–1242）
西洋（チャガタイ・カーン　?–1242）
世人（チャガタイ＝ハン　?–1242）
世東（チャガタイ〔察合台〕　?–1241頃）
全書（チャガタイ・ハン　?–1242）
大辞（チャガタイ　?–1242）
大辞3（チャガタイ　?–1242）
中国（チャガタイ・カン〔察合台汗〕　?–1242）
統治（チャガタイ（察合台）（在位）1227–1242）
百科（チャガタイ・ハーン　?–1242）
評世（チャガタイ汗　?–1242）
山世（チャガタイ　?–1242）

チャガタイ・ハン
⇨チャガタイ

チャガン（察罕）
13世紀, 中央アジア, モンゴル帝国の武将。タングート人。
⇒国小（チャガン〔察罕〕　?–1255）

チャガン・テムル（察罕帖木児）　**Chaghan Temür**
14世紀, 中国, 元末の武将。字は延瑞, 諡は献武。ボロテムルと並ぶ軍閥に成長し元軍を支えた。
⇒国小（チャガン・テムル〔察罕帖木児〕　?–1362（至正22））
コン2（チャガン・テムル〔察罕帖木児〕　?–1362）
コン3（チャガン・テムル〔察罕帖木児〕　?–1362）

チャクリ
⇨ラーマ1世

チャチャイ・チュンハワン　Chatichai Choonhavan
20世紀, タイの政治家。タイ首相・国防相, タイ国家発展党党首。
⇒華人（チャーチャーイ・チュンハワン　1922–1998）
現人（チャチャイ・チュンハバン　1922.4.5–）
世政（チャチャイ・チュンハワン　1922.4.5–1998.5.6）

チャバル（察八児）
14世紀、オゴデイ・ハン国最後の君主（在位1302～09）。1309年元朝に降服。
⇒国小（チャバル〔察八児〕　生没年不詳）

チャムロン・スリムアン　Chamlong Srimuang
20世紀、タイの政治家。タイ副首相、道義党党首、バンコク知事。
⇒世政（チャムロン・スリムアン　1935.7.5-）

チャロンポール，スワラジ　Charoenpol, Swarag
20世紀、タイの行政官。農業協同組合省水産局長。
⇒二十（チャロンポール，スワラジ　1923-）

チャワリット・ヨンチャイユート　Chaovalit Yongchaiyudh
20世紀、タイの政治家、軍人。タイ副首相、タイ新希望党党首。
⇒世政（チャワリット・ヨンチャイユート　1932.5.25-）

チャン　Chan
18・19世紀、カンボジア王国の王。在位1797-1835。
⇒統治（チャン（アンチャン）　（在位）1797-1835）

チャン，アンソン　Chan, Anson
20世紀、香港の政治家。特別行政区政務長官。
⇒華人（チャン，アンソン〔陳方安生、方安生〕　1940-）

チャン・アィン・トン（陳英宗）
13・14世紀、ベトナム、陳朝代4代目の帝。
⇒ベト（Tran-Ann-Ton　チャン・アィン・トン〔陳英宗〕　1293-1314）

チャン・ヴァン・ザウ　Tran Van Giau
20世紀、北ベトナムの政治家。インドシナ共産党に参加、1945年民族戦線を結成。
⇒世政（チャン・バン・ザウ　1911-）
　世東（チャン・バン・ザウ　1911-）
　世百新（チャン・バン・ザオ　1910-1969?）
　二十（チャン・ヴァン・ザオ　1910-1969?）
　東ア（チャン・ヴァン・ザウ　1911-）
　百科（チャン・バン・ザオ　1910-1969?）

チャン・ヴァン・ズ（陳文璵）
ベトナムの民族闘士。クァン・ナム地方で反フランス闘争を指導した。
⇒ベト（Tran-Van-Du　チャン・ヴァン・ズ〔陳文璵〕）

チャン・ヴァン・タイン（陳文誠）
ベトナム、嗣徳帝代の武将。世上では管誠と呼ばれ、また徳故管と尊称された。
⇒ベト（Tran-Van-Thanh　チャン・ヴァン・タイン〔陳文誠〕）

チャン・ヴァン・タック（陳文石）
20世紀、ベトナムの独立運動家。
⇒ベト（Tran-Van-Thach　チャン・ヴァン・タック〔陳文石〕）

チャン・ヴァン・チ（陳文智）
18・19世紀、ベトナムの官吏。阮福映王子（後の嘉隆帝）麾下の忠臣。
⇒ベト（Tran-Van-Tri　チャン・ヴァン・チ〔陳文智〕）

チャン・ヴァン・チ（陳文治）
19世紀、ベトナムの軍人。明命帝代における武将。
⇒ベト（Tran-Van-Tri　チャン・ヴァン・チ〔陳文治〕）

チャン・ヴァン・チャイ（陳文灼）
19世紀、ベトナムの民族闘士。19世紀後半、バイ・トゥアの森林地帯に拠ってフランス軍に対する抵抗運動を指導した陳文誠の嫡男。
⇒ベト（Tran-Van-Chai　チャン・ヴァン・チャイ〔陳文灼〕　19世紀）

チャン・ヴァン・ド　Tran Van Do
20世紀、南ベトナムの政治家、医師。1960年自由進歩党を結成。65～68年外相。
⇒世東（チャン・バン・ド　1903-）
　二十（チャン・ヴァン・ド　1903-）

チャン・ウン・ロン（陳応隆）
ベトナム、丁先皇時代（968～980）の名将。
⇒ベト（Tran-Ung-Long　チャン・ウン・ロン〔陳応隆〕）

チャン・カイン（陳㬎（太宗））　Tran Canh
13世紀、ベトナム、陳朝初代の皇帝。太宗（在位1225～58）。諡号はチャン・タイ・トン（陳太宗）。
⇒集世（チャン・カイン〔陳㬎（太宗）〕　1218-1277）
　集文（チャン・カイン〔陳㬎（太宗）〕　1218-1277）
　百科（チャン・カイン　1218-1277）

チャン・カィン・ズ（陳慶余）
ベトナム、陳朝代の名将。
⇒ベト（Tran-Khanh-Du　チャン・カィン・ズ〔陳慶余〕）

チャン・カオ・ヴァン（陳高雲）
20世紀、ベトナム、越南光復会の革命家。
⇒ベト（Tran-Cao-Van　チャン・カオ・ヴァン〔陳高雲〕）

チャン・カット・チャン(陳葛真)
ベトナム, 陳朝代末期の武将。
⇒ベト(Tran-Khat-Chan　チャン・カット・チャ〔陳葛真〕)

チャン・カム(陳昑)　Tran Kham
13・14世紀, ベトナム, 陳朝, 第3代皇帝(在位1278〜93), 仏教学者, 詩人。諡号はチャン・ニャン・トン(陳仁宗)。号は竹林大士。
⇒集世(チャン・カム〔陳昑〕　1258.12.7–1308.11.16)
　集文(チャン・カム〔陳昑〕　1258.12.7–1308.11.16)

張基栄　チャンギヨン
20世紀, 韓国の政治家。1964年5月〜67年10月副首相兼経済企画院長官。
⇒現人(張基栄　チャンギヨン　1916.5.2–)
　国小(張基栄　ちょうきえい　1916–1977.4.11)
　世東(張基栄　ちょうきえい　1916.5.2–)

チャン・クァン・カイ(陳光啓)　Tran-Quang-Khai
13世紀, ベトナム, 陳朝の皇族, 政治家, 文学者。字は昭明。チャン・カインの第3子。主著『楽道集』など。
⇒集文(チャン・クアン・カーイ〔陳光啓〕　1241–1294.7.26)
　ベト(Tran-Quang-Khai　チャン・クァン・カイ　1241–1294)

チャン・クァン・ジェウ(陳光耀)
ベトナム, 西山時代の虎将。
⇒ベト(Tran-Quang-Dieu　チャン・クァン・ジェウ〔陳光耀〕)

チャン・クイ・コアック(陳季拡)
15世紀, ベトナム, 後陳朝の第2代皇帝(在位1409〜13)。
⇒皇帝(陳季拡　ちんきこう　?–1414)
　世東(陳季拡　ちんきこう　?–1414)
　ベト(Tran-Qui-Khoach　チャン・クイ・コアック〔陳季拡〕)

チャン・グエン・ハン(陳元汗)
ベトナム, 黎朝代の功臣。
⇒ベト(Tran-Nguyen-Han　チャン・グエン・ハン〔陳元汗〕)

張国燾　チャンクオタオ
⇨張国燾(ちょうこくとう)

チャン・クォック・タン(陳国瓊)
13・14世紀, ベトナムの王族。興道王陳国峻の第2王子。
⇒ベト(Tran-Quoc-Tang　チャン・クォック・タン〔陳国瓊〕　1252–1313)

チャン・クォック・チャン(陳国真)
ベトナム, 陳朝の功臣。
⇒ベト(Tran-Quoc-Chan　チャン・クォック・チャン〔陳国真〕)

チャン・クォック・トアン(陳国瓚)
ベトナム, 陳朝代の勇将。
⇒ベト(Tran-Quoc-Toan　チャン・クォック・トアン〔陳国瓚〕)

チャン・クォック・ホアン　Tran Quoc Hoan
20世紀, ベトナム社会主義共和国の公安警察担当の政治家。中部のクアンガイ省生れ。1951年労働党中央委員, 53年以後一貫して公安相の地位に就き, 72年9月党政治局員に昇進。
⇒現人(チャン・クォック・ホアン　1910–)

チャンクシ　Changshi
14世紀, チャガタイ・ハン国のハン。在位1334–1337。
⇒統治(シンクシ(チャンクシ)　(在位)1334–1337)

チャンサラット　Chantharat
19世紀, ラオス王国の王。在位1850–1870。
⇒統治(チャンサラット　(在位)1850–1870)

チャン・シ　Chan Si
20世紀, カンボジアの政治家。カンボジア人民共和国首相, カンボジア人民革命党政治局員。
⇒世政(チャン・シ　1932–1984.12.26)
　二十(チャン・シ　1932–1984.12.26)

張香山　チャンシヤンシャン
⇨張香山(ちょうこうざん)

張学良　チャンシュエリアン
⇨張学良(ちょうがくりょう)

張学良　チャンシュエリヤン
⇨張学良(ちょうがくりょう)

張俊河　チャンジュナ
20世紀, 韓国の政治家, 言論人。平安北道生れ。1953年月刊誌「思想界」創刊。62年韓国人で初のマグサイサイ賞(言論部門)受賞。維新体制を批判, 74年1月の大統領緊急措置第1号により逮捕。
⇒キリ(張俊河　チャンジュナ　1918.8.27–1975.8.17)
　現人(張俊河　チャンジュナ　1915.8.27–1975.8.17)
　朝人(張俊河　ちょうしゅんか　1925–1975)
　朝鮮(張俊河　ちょうしゅんか　1918–1975)

張勲　チャンシュン
⇨張勲(ちょうくん)

チャン・スアン・ソアン（陳春撰）
　ベトナム，嗣徳帝代の武官。
　⇒ベト（Tran-Xuan-Soan　チャン・スアン・ソアン〔陳春撰〕）

チャン・スアン・ホア（陳春和）
　ベトナムの官吏。嗣徳朝に仕えて，侍読学士を勤めた。
　⇒ベト（Tran-Xuan-Hoa　チャン・スアン・ホア〔陳春和〕）

チャン・ゾアン・カィン（陳允卿）
　ベトナムの外交官。阮朝嗣徳帝代のサイゴンの駐在副領事。
　⇒ベト（Tran-Doan-Khanh　チャン・ゾアン・カィン〔陳允卿〕）

チャン・タィン・トン（陳聖宗）
　13世紀，ベトナム，陳朝第2代の帝。
　⇒ベト（Tran-Thanh-Ton　チャン・タィン・トン〔陳聖宗〕　1258-1278）

チャン・ダン・コア　Tran Dan Khoa
　20世紀，北ベトナムの土木技師，政治家。1960年国会常任委員会副委員長に就任，その後ベトナム祖国戦線中央委員会幹部会員などを兼任。
　⇒世東（チャン・ダン・コア　1907-）

蒋介石　チャンチェシー
　⇨蒋介石（しょうかいせき）

チャン・チエン・キエム　Tran Thien Khiem
　20世紀，ベトナム共和国の軍人，政治家。1963年のゴ・ジン・ジェム政権打倒のクーデターに加わり，69年9月首相。
　現人（チャン・チエン・キエム　1925-）
　国小（チャン・チエン・キエム　1925-）
　コン3（チャン・ティエン・キエム　1926-）
　世政（チャン・チエン・キエム　1925-）
　世東（チャン・ティエン・キエム　1925-）
　二十（チャン・ティエン・キエム　1925-）

張治中　チャンチーチョン
　⇨張治中（ちょうじちゅう）

チャン・チャイン・チェウ（陳正照）
　19・20世紀，ベトナムの独立運動家。南部ベトナムにおいて，ミン・タン（Minh-Tan：明新）公司を設立。通称＝ギルベール・チェウ（Gilbert Chieu），フ・チェウ（Phu-Chieu：府照）。
　⇒ベト（Tran-Chanh-Chieu　チャン・チャイン・チェウ〔陳正照〕）

チャンチュブギェンツェン
　14世紀，チベットの王（在位1354～1364）。
　⇒伝世（チャンチュブギェンツェン　1302-1364）

張群　チャンチュン
　⇨張群（ちょうぐん）

張春橋　チャンチュンチャオ
　⇨張春橋（ちょうしゅんきょう）

チャン・チュン・ラップ（陳中立）
　20世紀，ベトナム，越南復国同盟会の革命家。
　⇒ベト（Tran-Trung-Lap　チャン・チュン・ラップ〔陳中立〕）

江青　チャンチン
　⇨江青（こうせい）

蒋経国　チャンチンクオ
　⇨蒋経国（しょうけいこく）

張作霖　チャンツオリン
　⇨張作霖（ちょうさくりん）

張宗遜　チャンツォンシュン
　⇨張宗遜（ちょうそうそん）

張鼎丞　チャンティンチョン
　⇨張鼎丞（ちょうていじょう）

チャン・ディン・トゥック（陳廷粛）
　ベトナム，阮伯宜の幕下の賛将。
　⇒ベト（Tran-Đinh-Tuc　チャン・ディン・トゥック〔陳廷粛〕）

チャンド，ロケンドラ・バハドル　Chand, Lokendra Bahadur
　20世紀，ネパールの政治家。ネパール首相。
　⇒世政（チャンド，ロケンドラ・バハドル　1940.2.15-）

チャン・トゥック・ニャン（陳叔訒）
　ベトナム，阮朝嗣徳帝代の文臣。
　⇒ベト（Tran-Thuc-Nhan　チャン・トゥック・ニャン〔陳叔訒〕）

チャン・トゥ・ド（陳守度）
　12・13世紀，ベトナム，陳朝の実質的な建国者。
　⇒外国（陳守度　ちんしゅど　?-1265）
　世東（陳守度　ちんしゅど　1193-1264）
　ベト（Tran-Thu-Đo　チャン・トゥ・ド〔陳守度〕）

チャン・ドク・ルオン　Tran Duc Luong
　20世紀，ベトナムの政治家。ベトナム大統領（国家主席），ベトナム共産党政治局員。
　⇒世政（チャン・ドク・ルオン　1937.5.5-）

張都暎　チャンドヨン
　⇨張都暎（ジャンドヨン）

章乃器　チャンナイチー
　⇨章乃器（しょうだいき）

チャン・ナム・チュン　Tran Nam Trung
　20世紀, ベトナムの軍人, 政治家。1960年南ベトナム解放民族戦線結成に参加, 69年成立の臨時革命政府国防相。サイゴン解放後, ベトナム労働党中央委員。
　⇒現人　（チャン・ナム・チュン　1913-）
　　世政　（チャン・ナム・チュン　1913-）
　　世東　（チャン・ナム・チュン　1913-）
　　二十　（チャン・ナム・チュン　1913-）

チャン・ニャット・ズアット（陳日燏）
　13・14世紀, ベトナム, 陳朝代の文武に秀でた将。
　⇒ベト　（Tran-Nhat-Duat　チャン・ニャット・ズアット〔陳日燏〕　1255-1330）

チャン・ニャン・トン（陳仁宗）
　13世紀, ベトナム, 陳朝第3代目の帝。
　⇒ベト　（Tran-Nhan-Ton　チャン・ニャン・トン〔陳仁宗〕　1279-1293）

張宝樹　チャンパオシュー
　⇨張宝樹（ちょうほうじゅ）

チャン・バン・チャ　Tran Van Tra
　20世紀, ベトナム戦争でサイゴン解放作戦を指揮した軍事指導者。中部のクアンガイ省生れ。
　⇒現人　（チャン・バン・チャ　1918-）

チャン・バン・ドン　Tran Van Don
　20世紀, ベトナム共和国の軍人。ゴ・ジン・ジェム政権を倒した1963年軍事クーデターの立役者の一人で, 67年上院議員に選ばれ, 救国戦線議長として活躍。
　⇒国小　（チャン・バン・ドン　1917-）
　　世東　（チャン・バン・ドン　1917-）

チャン・バン・フォン　Tran Van Huong
　20世紀, ベトナム共和国の政治家。1971年の大統領選にチュー大統領と組んで副大統領に立候補, 当選。
　⇒現人　（チャン・バン・フォン　1903-）
　　国小　（チャン・バン・フォン　1903-）
　　コン3　（チャン・ヴァン・フォン　1903-）
　　世政　（チャン・バン・フォン　1903.12.1-）
　　世東　（チャン・バン・フォン　1903-）
　　二十　（チャン・ヴァン・フォン　1903-）

チャン・ビック・サン（陳壁珊）　Tran-Bich-San
　19世紀, ベトナムの政治家, 詩人。号は梅巌, 別名は陳希曾。
　⇒ベト　（Tran-Bich-San　チャン・ビック・サン　19世紀）

チャン・ビン・チュオン（陳平仲）
　ベトナム, 陳朝代の名将。
　⇒ベト　（Tran-Binn-Trong　チャン・ビン・チュオン〔陳平仲〕）

章炳麟　チャンビンリン
　⇨章炳麟（しょうへいりん）

チャン・フー　Tran Phu
　20世紀, ベトナムの革命家。インドシナ共産党初代書記長。フランス官憲により殺害された。
　⇒コン3　（チャン・フー　1904-1931）
　　世百新　（チャン・フー　1904-1931）
　　二十　（チャン・フー　1904-1931.9）
　　百科　（チャン・フー　1904-1931）

チャン・ブー・キエム　Tran Buu Kiem
　20世紀, ベトナムの政治家。南ベトナム共和国臨時革命政府内閣官房長官。
　⇒現人　（チャン・ブー・キエム　1921-）
　　国小　（チャン・ブー・キエム　1921-）
　　コン3　（チャン・ブウ・キエム　1921-）
　　世政　（チャン・ブー・キエム　1921-）
　　世東　（チャン・ブー・キエム　1920.3.2-）
　　全書　（チャン・ブー・キエム　1921-）
　　二十　（チャン・ブー・キエム　1921-）

チャン・フンダオ（陳興道, 陳国峻）　Tran Hung Dao
　13世紀, ベトナムの民族英雄。本名Tran Quoc Tuan（陳国峻）。
　⇒旺世　（チャン＝フン＝ダオ　1232頃-1300）
　　角世　（チャン・フンダオ　?-1300）
　　コン2　（チャン・フウン・ダオ〔陳興道〕　1232-1300）
　　コン3　（チャン・フウン・ダオ〔陳興道〕　1232-1300）
　　世人　（チャン＝フンダオ　1232頃-1300）
　　世東　（ちんこくしゅん〔陳国峻〔Trân Quôc-Tuân〕〕　?-1300）
　　全書　（チャン・フンダオ　1232-1300）
　　伝世　（チャン・フン・ダオ〔陳興道〕　?-1300.8.20）
　　東ア　（チャン・フンダオ　1226-1300）
　　百科　（チャン・フンダオ　?-1300?）
　　ベト　（Tran-Hung-Đao　チャン・フン・ダオ　13世紀）
　　ベト　（Tran-Quoc-Tuan　チャン・クォック・トゥアン）
　　山世　（陳興道　チャン・フンダオ　1226-1300）

張宝高　チャンボゴ
　⇨弓福（きゅうふく）

張勉　チャンミョン
　20世紀, 朝鮮の政治家。京畿道仁川生れ。1962年大統領選挙のとき李承晩に対立して立候補したが失敗。
　⇒外国　（張勉　ちょうべん　1899-）
　　角世　（張勉　ちょうべん　1899-1966）
　　キリ　（張勉　チャンミョン　1899-1966）
　　現人　（張勉　チャンミョン　1899.8.28-1966.6.4）
　　広辞6　（張勉　チャンミョン　1899-1966）
　　コン3　（張勉　チャンミョン　1899-1966）
　　世人　（張勉　ちょうべん　1899-1966）
　　世政　（張勉　ジャンミョン　1899.8.28-1966.6.4）
　　世百新　（張勉　ちょうべん　1899-1966）
　　全書　（張勉　ちょうべん　1899-1966）

大辞2（張勉　チャンミョン　1899–1966）
大辞3（張勉　チャンミョン　1899–1966）
朝人（張勉　ちょうべん　1899–1966）
朝鮮（張勉　ちょうべん　1899–1966）
百科（張勉　ちょうべん　1899–1966）
評世（張勉　ちょうべん　1899–1966）

張瑞芳　チャンルイファン
⇨張瑞芳（ちょうずいほう）

チュア・ギア（主義）
ベトナムの名士。南部ベトナム地方の君主（1687～91）。本名グェン・フォック・チャン。別称NGHIA-VUONG（ギア・ヴォン：義王）。
⇒ベト（Chua-Nghia　チュア・ギア〔主義〕）

チュア・サイ（主㑅）
ベトナムの名士。南部ベトナム地方の君主（1613～35）。本名グェン・フォック・グェン。
⇒ベト（Chua-Sai　チュア・サイ〔主㑅〕）

チュア・シェンチン
20世紀，シンガポールの人民行動党指導者。
⇒華人（チュア・シェンチン　1933–）

チュア・トゥオン（主尚）
ベトナムの名士。南部ベトナム地方の君主（1635～48）。別称トゥオン・ヴォン（尚王）。本名グェン・フォック・ラン。
⇒ベト（Chua-Thuong　チュア・トゥオン〔主尚〕）

チュア・ヒエン（主賢）
ベトナムの名士。南部ベトナム地方の君主（1648～87）。本名グェン・フォック・タン。
⇒ベト（Chua-Hien　チュア・ヒエン〔主賢〕）

チュアン・リークパイ　Chuan Leekpai
20世紀，タイの政治家。タイ首相。
⇒華人（チュワン・リークパイ　1938–）
　世政（チュアン・リークパイ　1938.7.28–）

瞿秋白　チュイチュイバイ
⇨瞿秋白（くしゅうはく）

忠　ちゅう*
4世紀，中国，五胡十六国・西燕の皇帝（在位388）。
⇒中皇（忠　?–388）

紂　ちゅう
⇨紂王（ちゅうおう）

忠懿王　ちゅういおう*
10世紀，中国，五代十国・呉越の皇帝（在位948～978）。
⇒中皇（忠懿王　929–988）

鈕永建　ちゅうえいけん
19・20世紀，中国の革命派軍人，後に中国国民党の政治家。袁世凱の帝制運動に反対し，雲南起義に呼応。1927年以後，南京政府の要職を歴任。
⇒近中（鈕永建　ちゅうえいけん）
　コン2（鈕永建　ちゅうえいけん　1870–1965）
　コン3（鈕永建　ちゅうえいけん　1870–1965）
　世東（鈕永建　ちゅうえいけん　1873–1965.12.23）
　中人（鈕永建　ちゅうえいけん　1870–1965）

紂王　ちゅうおう
前11世紀頃，中国，殷代の最後（第30代）の王。名は辛，受。帝辛と呼ばれる。紂は諡号。妲己を寵愛して酒池肉林ふけり，周武王に滅ぼされた。暴君の代表。
⇒逸話（紂　ちゅう　?–前1027）
　旺世（紂王　ちゅうおう　?–前1027頃）
　外国（紂王　ちゅうおう）
　角世（紂王　ちゅうおう　前11世紀頃）
　広辞4（紂　ちゅう）
　広辞6（紂　ちゅう　?–前1023）
　皇帝（紂王　ちゅうおう　生没年不詳）
　国小（紂王　ちゅうおう　生没年不詳）
　コン2（紂王　ちゅうおう　前11世紀）
　コン3（紂王　ちゅおう　生没年不詳）
　三国（紂王　ちゅうおう　?–前1027頃）
　人物（紂　ちゅう　?–前1027頃）
　世東（紂王　ちゅうおう　生没年不詳）
　世百（紂　ちゅう）
　大辞（紂　ちゅう　生没年不詳）
　大辞3（紂　ちゅう　生没年不詳）
　大百（紂　ちゅう　生没年不詳）
　中国（紂　ちゅう　?–前1027）
　中史（紂　ちゅう）
　デス（紂　ちゅう　?–前1050頃）
　百科（紂　ちゅう）
　評世（紂王　ちゅうおう　?–前1027頃）
　山世（紂王　ちゅうおう　?–前1027頃）
　歴史（紂王　ちゅうおう）

沖虚　ちゅうきょ
9世紀頃，朝鮮，新羅の遣唐使随伴僧。
⇒シル（沖虚　ちゅうきょ　9世紀頃）
　シル新（沖虚　ちゅうきょ）

チュウ・クアン・フック（趙光復）
6世紀，ベトナムの民族闘士。6世紀中期における中国梁軍の侵略を防いだ英雄。
⇒ベト（Da-Trach-Vuong　ザ・チャック・ヴォン〔夜沢王〕）
　ベト（Trieu-Quang-Phuc　チュウ・クアン・フック〔趙光復〕　6世紀）

忠恵王　ちゅうけいおう*
14世紀，朝鮮，高麗王国の王。在位1330～1332，1339～1344（復位）。
⇒統治（忠恵王　Ch'unghye Wang　（在位）1330–1332, 1339–1344（復位））

忠元　ちゅうげん
7世紀頃, 朝鮮, 新羅の王子。
⇒シル（忠元　ちゅうげん　7世紀頃）
　シル新（忠元　ちゅうげん）

忠献王　ちゅうけんおう*
10世紀, 中国, 五代十国・呉越の皇帝（在位941～947）。
⇒中皇（忠献王　928–947）

沖公　ちゅうこう*
4世紀, 中国, 五胡十六国・前涼の皇帝（在位355～363）。
⇒中皇（沖公　350–363）

中行説　ちゅうこうえつ
前2世紀頃, 中国, 前漢の宦官。前174年冒頓単于の子の老上単于に嫁ぐ漢の公主に従い, 匈奴に赴いた。
⇒コン2（中行説　ちゅうこうせつ　生没年不詳）
　コン3（中行説　ちゅうこうえつ　生没年不詳）
　評世（中行説　ちゅうこうえつ　生没年不詳）

中行説　ちゅうこうせつ
⇨中行説（ちゅうこうえつ）

种輯　ちゅうしゅう
⇨种輯（ちゅうしょう）

忠粛王　ちゅうしゅくおう*
14世紀, 朝鮮, 高麗王国の王。在位1313～1330, 1332～1339（復位）。
⇒統治（忠粛王　Ch'ungsuk Wang　（在位）1313–1330, 1332–1339（復位））

种輯　ちゅうしょう
2世紀, 中国, 後漢の長水校尉。
⇒三国（种輯　ちゅうしゅう）
　三全（种輯　ちゅうしょう　?–200）

忠勝　ちゅうしょう
7世紀頃, 朝鮮, 百済の王子。武王の子で義慈王の弟。
⇒シル（忠勝　ちゅうしょう　7世紀頃）
　シル新（忠勝　ちゅうしょう）

忠宣王　ちゅうせんおう*
14世紀, 朝鮮, 高麗王国の王。在位1308～1313。
⇒統治（忠宣王　Ch'ungsŏn Wang　（在位）1308–1313）

中宗（後燕）　ちゅうそう*
4世紀, 中国, 五胡十六国・後燕の皇帝（在位398～401）。
⇒中皇（中宗　373/374–401）

中宗（唐）　ちゅうそう
7・8世紀, 中国, 唐の第4代皇帝（在位683～684, 705～710）。高宗と則天武后の間の子。680年, 実権を握った則天武后により太子とされ, 高宗没後即位。
⇒旺世（中宗　ちゅうそう　656–710）
　角世（中宗　ちゅうそう　656–710）
　皇帝（中宗　ちゅうそう　656–710）
　国小（中宗　ちゅうそう　656（顕慶1）–710（景龍4））
　コン2（中宗　ちゅうそう　656–710）
　コン3（中宗　ちゅうそう　656–710）
　人物（中宗　ちゅうそう　656–710）
　世人（中宗　ちゅうそう　656–710）
　世東（中宗　ちゅうそう　656–710）
　全書（中宗　ちゅうそう　656–710）
　大百（中宗　ちゅうそう　656–710）
　中皇（中宗　656–710）
　統治（中宗　Chung Tsung　（在位）684, 705–710（復位））
　山世（中宗　ちゅうそう　656–710）

中宗（南漢）　ちゅうそう*
10世紀, 中国, 五代十国・南漢の皇帝（在位943～958）。
⇒中皇（中宗　920–958）

中宗（李朝）　ちゅうそう
15・16世紀, 朝鮮, 李朝の第11代国王（在位1506～44）。
⇒朝人（中宗　ちゅうそう　1488–1544）
　統治（中宗　Chungjong　（在位）1506–1544）

忠遜王　ちゅうそんおう*
10世紀, 中国, 五代十国・呉越の皇帝（在位947）。
⇒中皇（忠遜王　928–971）

沖帝　ちゅうてい
2世紀, 中国, 後漢の皇帝（在位144～145）。
⇒三国（沖帝　ちゅうてい）
　中皇（沖帝　143–145）
　統治（沖帝　Ch'ung Ti　（在位）144–145）

忠定王　ちゅうていおう*
14世紀, 朝鮮, 高麗王国の王。在位1348～1351。
⇒統治（忠定王　Ch'ungjŏng Wang　（在位）1348–1351）

邱会作　チュウホエツオ
⇨邱会作（きゅうかいさく）

忠穆王　ちゅうもくおう*
14世紀, 朝鮮, 高麗王国の王。在位1344～1348。
⇒統治（忠穆王　Ch'ungmok Wang　（在位）1344–1348）

忠烈王　ちゅうれつおう
13・14世紀, 朝鮮, 高麗の第25代王(在位1274～1308)。元宗の長子。元軍の日本遠征を助けて失敗(文永の役, 弘安の役)。
⇒角世　(忠烈王　ちゅうれつおう　1236-1308)
　国史　(忠烈王　ちゅうれつおう　1236-1308)
　国小　(忠烈王　ちゅうれつおう　1236(高宗23.2)-1308(忠烈王34.7))
　コン2　(忠烈王　ちゅうれつおう　1236-1308)
　コン3　(忠烈王　ちゅうれつおう　1236-1308)
　人物　(忠烈王　ちゅうれつおう　1236-1308)
　世東　(忠烈王　ちゅうれつおう　1236-1308)
　世百　(忠烈王　ちゅうれつおう　1236-1308)
　全書　(忠烈王　ちゅうれつおう　1236-1308)
　対外　(忠烈王　ちゅうれつおう　1236-1308)
　大百　(忠烈王　ちゅうれつおう　1236-1308)
　朝人　(忠烈王　ちゅうれつおう　1236-1308)
　朝鮮　(忠烈王　ちゅうれつおう　1236-1308)
　統治　(忠烈王　Ch'ungyŏl Wang　(在位)1274-1308)
　百科　(忠烈王　ちゅうれつおう　1236-1308)

紂王　ちゅおう
⇨紂王(ちゅうおう)

チュオン・クォック・ズン(張国用)
18・19世紀, ベトナム, 阮朝代の高官。字は以行。
⇒ベト　(Truong-Quoc-Dung　チュオン・クォック・ズン〔張国用〕1797-1864)

チュオン・コン・ディン(張功定, 張定)
Truong-Cong-Đinh
19世紀, ベトナムのグエン王朝の官吏, 抗仏ゲリラ戦指導者。
⇒コン2　(チュオン・ディン〔張定〕1820-1867)
　コン3　(チュオン・ディン〔張定〕1820-1867)
　百科　(チュオン・ディン　1820-1864)
　ベト　(Truong-Cong-Đinh　チュオン・コン・ディン)

チュオン・ダン・クエ(張登桂)
ベトナムの官吏。号は広渓。阮朝代の明命, 紹治, 嗣徳3帝に仕えた。
⇒ベト　(Truong-Đang-Que　チュオン・ダン・クエ〔張登桂〕)

チュオン・タン・ブウ(張晋保)
ベトナム, 阮朝の功臣。
⇒ベト　(Truong-Tan-Buu　チュオン・タン・ブウ〔張晋保〕)

チュオン・チン(長征)　Truong Chinh
20世紀, 北ベトナムの政治家。1958年副首相, 60年国会常任委員会議長, 81年国家評議会議長。
⇒外国　(ダン・スワン・クー　1910-)
　角世　(チュオン・チン　1907-1988)
　現人　(チュオン・チン　1908-)
　国小　(チュオン・チン　1910-)
　コン3　(チュオン・チン　1908-1988)
　集世　(チュオン・チン　1907-1988)
　集文　(チュオン・チン　1907-1988)
　世政　(チュオン・チン　1907.2-1988.9.30)
　世東　(チュオン・チン　1907-)
　世東　(チョン・チン　1907-)
　世百　(チュオンチン〔長征〕1910-)
　世百新　(チュオン・チン　1907-1988)
　全書　(チュオン・チン　1908-)
　二十　(チュオン・チン　1907.2-1988.9.30)
　二十　(チョン・チン　1907(10)-)
　東ア　(チュオン・チン　1907-1988)
　百科　(チュオン・チン　1907-)

チュオン・ディン・ズー　Truong Din Dzu
20世紀, ベトナムの政治家。
⇒二十　(チュオン・ディン・ズー　1917-)

チュオン・バ・グォック(張伯玉)
ベトナム, 李朝の名臣。
⇒ベト　(Truong-Ba-Ngoc　チュオン・バ・グォック〔張伯玉〕)

チュオン・ハット(張喝)
ベトナム, 趙越王(549～571)の属将。
⇒ベト　(Truong-Hat　チュオン・ハット〔張喝〕)

チュオン・フック・ファン(張福濬)
ベトナム, 尚王阮福瀾(1635～1648)時代の勇将。
⇒ベト　(Truong-Phuc-Phan　チュオン・フック・ファン〔張福濬〕)

チュオン・ホン(張閧)
ベトナム, 趙越王麾下の武将。
⇒ベト　(Truong-Hong　チュオン・ホン〔張閧〕)

チュオン・ミン・ザン(張明講)
ベトナム, 阮朝代の名将。
⇒ベト　(Truong-Minh-Giang　チュオン・ミン・ザン〔張明講〕)

チュ・サ(周車)
ベトナムの官吏。1433年, 宮廷に出仕。字は気甫。
⇒ベト　(Chu-Xa　チュ・サ〔周車〕)

朱熹　チュシー
⇨朱子(しゅし)

チュー・ティエン　Chu Thien
20世紀, ベトナムの小説家。本名のホアン・ミン・ザムHoang Minh Giamで, 1945年独立以後のベトナム民主共和国政府における少数の非共産党員閣僚(外相・文化相)として知られた。
⇒集世　(チュー・ティエン　1913-1990)
　集文　(チュー・ティエン　1913-1990)

朱徳　チュートー
⇨朱徳(しゅとく)

チュー・バン・タン　Chu Van Tan
20世紀, 北ベトナムの軍人。政治家。1934年インドシナ共産党に入党, 40年山岳部隊の反日反仏運動を指導。60年国会常任委員会副委員長。
⇒世東（チュー・バン・タン　1909–）

チュームマリー・サイニャソーン
Choummaly Sayasone
20世紀, ラオスの政治家, 軍人。
⇒東ア（チュームマリー・サイニャソーン　1936–）

チュラロンコーン, プラ・バラミンドル・マハ
⇨ラーマ5世

朱寧河　チュリョンハ
20世紀, 北朝鮮の政治家。国内共産派として活躍し, 1946年北朝鮮労働党設に際し副委員長に選出された。
⇒現人（朱寧河　チュリョンハ　?–）

秋瑾　チューリン
⇨秋瑾（しゅうきん）

チュワン・リークパイ
20世紀, タイの政治家。タイ首相。
⇒華人（チュワン・リークパイ　1938–）
　世政（チュアン・リークパイ　1938.7.28–）

徴側　チュンチャク
⇨張黎（ちょうり）

チュン・チャック（徴側）　Trung Trac
1世紀, 中国, 後漢初期の叛乱指導者。中国支配下にあった交趾地方で叛乱を起こす。独立闘争の英雄。
⇒旺世（チュンチャク・チュンニ〔徴側, 徴弐〕　生没年不詳）
　コン3（チュン・チャック〔徴側〕　?–43）
　世人（チュン=チャック　?–43）

チュン・ニ（徴弐）　Trung Nhi
1世紀, ベトナムの女性の民族英雄。姉のチュン・チャックとともに40年漢王朝の支配に対して挙兵。
⇒コン2（チュン・ニ〔徴弐〕　?–43）
　コン3（チュン・ニ〔徴弐〕　?–43）
　全書（チュン・ニー〔徴弐〕）
　百科（チュンニー〔徴弐〕　1世紀）

チュンワン　Chunhwan, Pir
20世紀, タイの軍人。1947年ピブンの指示によりクーデターを起しタムロン内閣を倒す。48年アパイウォン内閣を倒し, ピブン内閣の副総理, 陸軍総司令となる。
⇒外国（チュンワン　?–）

チョイバルサン（喬巴山）　Choibalsan
20世紀, モンゴルの政治家。1938年首相兼陸相, 内相, 軍司令官。「モンゴルのスターリン」として独裁的権力をふるった。
⇒旺世（チョイバルサン　1895–1952）
　外国（チョイバルサン　1895–1952）
　角世（チョイバルサン　1895–1952）
　現人（チョイバルサン　1895.2.8–1952.1.26）
　広辞5（チョイバルサン　1895–1952）
　広辞6（チョイバルサン　1895–1952）
　国小（チョイバルサン　1895–1952）
　コン3（チョイバルサン　1895–1952）
　人物（チョイバルサン　1895–）
　世人（チョイバルサン　1895–1952）
　世政（チョイバルサン　1895.2.8–1952.1.26）
　世百（チョイバルサン　1895–1952）
　世百新（チョイバルサン　1895–1952）
　全書（チョイバルサン　1895–1952）
　ナビ（チョイバルサン　1895–1952）
　二十（チョイバルサン, K.　1895.2.8–1952.1.26）
　百科（チョイバルサン　1895–1952）
　評世（チョイ=バルサン　1895–1952）
　山世（チョイバルサン　1895–1952）

張愛萍　ちょうあいひょう
⇨張愛萍（ちょうあいへい）

張愛萍　ちょうあいへい
20世紀, 中国の軍人, 政治家。共産党中央顧問委員会常務委員, 国防相。別名凱豊。
⇒近中（張愛萍　ちょうあいへい　1910–）
　コン3（張愛萍　ちょうあいへい　1910–）
　世政（張愛萍　ちょうあいへい　1910.7–2003.7.5）
　中人（張愛萍　ちょうあいひょう　1910.7–）

張安世　ちょうあんせい
中国, 前漢の功臣。
⇒三国（張安世　ちょうあんせい）

趙安博　ちょうあんはく, ちょうあんぱく
20世紀, 中国の政治家。1963年10月成立した中日友好協会の秘書長に就任。
⇒国小（趙安博　ちょうあんぱく　1915–）
　世政（趙安博　ちょうあんはく　1915–1999.12.23）
　中人（趙安博　ちょうあんはく　1915–）

張威　ちょうい
5世紀頃, 朝鮮, 百済の朝貢使。
⇒シル（張威　ちょうい　5世紀頃）
　シル新（張威　ちょうい）

趙韙　ちょうい
3世紀頃, 中国, 三国時代, 益州の有力政治家。
⇒三国（趙韙　ちょうい）
　三全（趙韙　ちょうい　生没年不詳）

張一麐　ちょういちじん
19・20世紀, 中国, 国の政治家。江蘇省呉県人。

ちょう

徐世昌内閣、陸徴祥内閣を通じて、教育総長、総統府秘書長などを歴任。
⇒世人（張一麔　ちょういちじん　1867-1943）

趙位寵　ちょういちょう
12世紀、朝鮮、高麗時代の武将。庚寅の乱による鄭仲夫らの専横に反対して1174年9月挙兵。
⇒角世（趙位寵　ちょういちょう　?-1176）
　国小（趙位寵　ちょういちょう　?-1176（明宗6））
　コン2（趙位寵　ちょういちょう　?-1176）
　コン3（趙位寵　ちょういちょう　?-1176）
　世百（趙位寵　ちょういちょう　?-1176）
　朝鮮（趙位寵　ちょういちょう　?-1176）
　百科（趙位寵　ちょういちょう　?-1176）

趙逖　ちょういつ
11・12世紀、中国、北宋末期の官僚。1115年晏州の異民族卜漏の反乱を平定。
⇒コン2（趙逖　ちょういつ　生没年不詳）
　コン3（趙逖　ちょういつ　生没年不詳）

趙聿　ちょういつ
8世紀頃、中国、唐の遣吐蕃使。
⇒シル（趙聿　ちょういつ　8世紀頃）
　シル新（趙聿　ちょういつ）

趙一曼　ちょういつまん
20世紀、中国の婦人革命家。旧名は李坤泰。四川省出身。1936年東北抗日連軍第三軍第2団政治委員。日本軍により殺害された。
⇒コン3（趙一曼　ちょういつまん　1905-1936）
　中人（趙一曼　ちょういつまん　1905-1936）

趙寅永　ちょういんえい
18・19世紀、朝鮮、李朝末期、憲宗王代（在位1835～49）の政治家。
⇒朝人（趙寅永　ちょういんえい　1782-1850）

張蔭桓　ちょういんかん
19世紀、中国、清末の外交官。字は樵野。広東省南海県出身。1882年アメリカ・スペイン・ペルー3国大使（兼任公使）としてアメリカに赴任。
⇒外国（張蔭桓　ちょういんかん　1837-1900）
　コン2（張蔭桓　ちょういんかん　1837-1900）
　コン3（張蔭桓　ちょういんかん　1837-1900）

張羽　ちょうう
14世紀、中国、元末明初の政治家、画家、詩人。
⇒新美（張羽　ちょうう　1333（元・元統1）-1385（明・洪武18).6)
　中芸（張羽　ちょうう　1333-1385）

張禹　ちょうう
前1世紀、中国、漢代の学者、政治家。字は子文、陝西省渭南出身。成帝に敬重され、丞相（前25～20）となり安昌侯に封ぜられた。
⇒外国（張禹　ちょうう　?-前5）

張雲逸　ちょううんいつ
20世紀、中国の軍人。広東省出身。日中戦争下に新四軍で活動。1941年再建新四軍の副軍長兼参謀長。55年大将。中国共産党8、10期中央委員。
⇒近中（張雲逸　ちょううんいつ　1892.8.12-1974.11.19）
　コン3（張雲逸　ちょううんいつ　1892-1974）
　世東（張雲逸　ちょううんいつ　1892-）
　中人（張雲逸　ちょううんいつ　1892-1974.11.19）

鍱雲具仁　ちょううんぐじん
6世紀頃、中国、北魏の遣柔然使。
⇒シル（鍱雲具仁　ちょううんぐじん　6世紀頃）
　シル新（鍱雲具仁　ちょううんぐじん）

張英　ちょうえい
2世紀、中国、三国時代、劉繇の部将。
⇒三国（張英　ちょうえい）
　三全（張英　ちょうえい　?-196）

張裔　ちょうえい
3世紀、中国、三国時代、蜀の偏将軍。
⇒三国（張裔　ちょうえい）
　三全（張裔　ちょうえい　?-230）

趙叡　ちょうえい
2世紀、中国、三国時代、袁紹の部将。
⇒三国（趙叡　ちょうえい）
　三全（趙叡　ちょうえい　?-200）

張易之　ちょうえきし
7・8世紀、中国、唐の則天武后の寵臣。反武后の挙兵で殺された。
⇒国小（張易之　ちょうえきし　675（上元2）頃-705（神龍1））
　コン2（張易之　ちょうえきし　?-705）
　コン3（張易之　ちょうえきし　675-705）

張説　ちょうえつ
7・8世紀、中国、唐の政治家、文学者。洛陽出身。字は道済、説之。睿宗、玄宗に信任されて中書令にまで進み、燕国公に封ぜられた。
⇒外国（張説　ちょうえつ　667-730）
　国小（張説　ちょうえつ　667（乾封2)-730（開元27））
　コン2（張説　ちょうせつ　667-730）
　コン3（張説　ちょうせつ　667-730）
　詩歌（張説　ちょうえつ　667（乾封2)-730（開元18））
　集世（張説　ちょうえつ　667（乾封2)-730（開元18））
　集文（張説　ちょうえつ　667（乾封2)-730（開元18））
　人物（張説　ちょうせつ　667-730）
　世東（張説　ちょうせつ　667-730）
　世百（張説　ちょうせつ　667-730）
　中芸（張説　ちょうせつ　667-730）
　中史（張説　ちょうせつ　667-730）
　百科（張説　ちょうえつ　667-730）

張燕　ちょうえん
3世紀頃, 中国, 三国時代の人。曹操に降り, 平北将軍に封ぜられた。
⇒三国（張燕　ちょうえん）
　三全（張燕　ちょうえん　生没年不詳）

張燕卿　ちょうえんけい
20世紀, 中国, 満州国高官。
⇒近中（張燕卿　ちょうえんけい　1898-?）

趙延寿　ちょうえんじゅ
10世紀, 中国, 五代の官僚。本姓は劉。常山出身。
⇒コン2（趙延寿　ちょうえんじゅ　?-948）
　コン3（趙延寿　ちょうえんじゅ　?-948）

周恩来　チョウエンライ
⇨周恩来（しゅうおんらい）

張横（張黄）　ちょうおう
3世紀, 中国, 三国時代, 西涼の太守韓遂配下の大将。
⇒三国（張横　ちょうおう）
　三全（張黄　ちょうおう　?-211）

趙王司馬倫　ちょうおうしばりん*
3世紀, 中国, 西晋, 宗室。
⇒中皇（趙王司馬倫　?-301）

趙王朱高燧　ちょうおうしゅこうすい*
15世紀, 中国, 明, 永楽帝の子。
⇒中皇（趙王朱高燧　?-1431）

趙王劉友　ちょうおうりゅうゆう*
中国, 前漢, 高祖の子。
⇒中皇（趙王劉友）

張温　ちょうおん
中国, 後漢の司空。字は恵恕。呉の官僚。
⇒三国（張温　ちょうおん）
　三全（張温　ちょうおん　生没年不詳）

張華　ちょうか
3世紀, 中国, 六朝時代西晋の文学者, 政治家。字, 茂先。作品に『鷦鷯賦』など。
⇒旺世（張華　ちょうか　232-300）
　外国（張華　ちょうか　232-300）
　角世（張華　ちょうか　232-300）
　国小（張華　ちょうか　232（太和6）-300（永康1））
　コン2（張華　ちょうか　232-300）
　コン3（張華　ちょうか　232-300）
　三国（張華　ちょうか）
　三全（張華　ちょうか　232-300）
　詩歌（張華　ちょうか　232（建興10）-300（永康元））
　集世（張華　ちょうか　232（太和6）-300（永康1））
　集文（張華　ちょうか　232（太和6）-300（永康1））
　人物（張華　ちょうか　232-300）
　世東（張華　ちょうか　232-300）
　世百（張華　ちょうか　232-300）
　世文（張華　ちょうか　232（太和6）-300（永康元））
　全書（張華　ちょうか　232-300）
　中芸（張華　ちょうか　232-300）
　中国（張華　ちょうか　232-300）
　中史（張華　ちょうか　232-300）
　中書（張華　ちょうか　232-300）
　百科（張華　ちょうか　232-300）
　評世（張華　ちょうか　232-300）

張賈　ちょうか
9世紀頃, 中国, 唐の遣吐蕃使。
⇒シル（張賈　ちょうか　9世紀頃）
　シル新（張賈　ちょうか）

趙過　ちょうか
前2・1世紀頃, 中国, 漢代武帝頃の官吏。「代田法」と称する農法によって三輔（陝西省中部）の農業生産を増した。
⇒外国（趙過　ちょうか）
　中史（趙過　ちょうか　生没年不詳）

張闓　ちょうがい
3世紀頃, 中国, 三国時代, 徐州の太守陶謙の都尉。
⇒三国（張闓　ちょうがい）
　三全（張闓　ちょうがい　生没年不詳）

張顗　ちょうがい
⇨張顗（ちょうぎ）

張角　ちょうかく
2世紀, 中国, 後漢末の黄巾の乱の指導者。鉅鹿（きょろく, 河北省藁城県）出身。
⇒岩ケ（張角　ちょうかく　?-184）
　旺世（張角　ちょうかく　?-184）
　外国（張角　ちょうかく　?-184）
　広辞4（張角　ちょうかく　?-184）
　広辞6（張角　ちょうかく　?-184）
　国小（張角　ちょうかく　?-184（中平1））
　コン2（張角　ちょうかく　?-184）
　コン3（張角　ちょうかく　?-184）
　三国（張角　ちょうかく）
　三全（張角　ちょうかく　?-184）
　人物（張角　ちょうかく　?-184）
　世人（張角　ちょうかく　?-184）
　世東（張角　ちょうかく　?-184）
　世百（張角　ちょうかく　?-184）
　全書（張角　ちょうかく　?-184）
　大辞（張角　ちょうかく　?-184）
　大辞3（張角　ちょうかく　?-184）
　大百（張角　ちょうかく　?-184）
　中国（張角　ちょうかく　?-184）
　デス（張角　ちょうかく　?-184）
　伝記（張角　ちょうかく　?-184）
　百科（張角　ちょうかく　?-184）
　評世（張角　ちょうかく　?-184）
　山世（張角　ちょうかく　?-184）
　歴史（張角　ちょうかく　?-184（中平1））

張学思　ちょうがくし
　20世紀, 中国共産党系軍人。
　⇒近中（張学思　ちょうがくし　1916.1.6-1970.5.29）

張学良　ちょうがくりょう
　20世紀, 中国東北地方の軍閥。父は張作霖。蔣介石のもとで, 東北軍を指揮して共産党軍討伐戦に従事したが, 1936年12月督戦に来た蔣介石を西安に監禁し, 内戦停止, 一致抗日を懇請した。
　⇒旺世（張学良　ちょうがくりょう　1901-）
　　外国（張学良　ちょうがくりょう　1898-）
　　角世（張学良　ちょうがくりょう　1901-）
　　近中（張学良　ちょうがくりょう　1901.6.3-）
　　現人（張学良　ちょうがくりょう〈チャンシュエリヤン〉　1898-）
　　広辞5（張学良　ちょうがくりょう　1898-）
　　国小（張学良　ちょうがくりょう　1898-）
　　コン3（張学良　ちょうがくりょう　1901-?）
　　最世（張学良　ちょうがくりょう　1901-2001）
　　人物（張学良　ちょうがくりょう　1898-）
　　世人（張学良　ちょうがくりょう　1901-2001）
　　世政（張学良　ちょうがくりょう　1901.6.3-2001.10.14）
　　世東（張学良　ちょうがくりょう　1898-）
　　世百（張学良　ちょうがくりょう　1898-）
　　世百新（張学良　ちょうがくりょう　1898-2001）
　　全書（張学良　ちょうがくりょう　1898-?）
　　大辞2（張学良　ちょうがくりょう　1898-）
　　大辞3（張学良　ちょうがくりょう　1901-2001）
　　大百（張学良　ちょうがくりょう〈チャンシュエリヤン〉　1898-）
　　中国（張学良　ちょうがくりょう　1898-）
　　中人（張学良　ちょうがくりょう　1901.6.3-）
　　伝記（張学良　ちょうがくりょう　1898-）
　　ナビ（張学良　ちょうがくりょう　1898-）
　　日人（張学良　ちょうがくりょう　1901-2001）
　　百科（張学良　ちょうがくりょう　1898-）
　　評世（張学良　ちょうがくりょう　1898-?）
　　山世（張学良　ちょうがくりょう　1901-2001）

趙括　ちょうかつ
　前3世紀, 中国, 戦国後期の趙国の将軍。
　⇒中史（趙括　ちょうかつ　?-前260）

刁衎　ちょうかん
　10・11世紀, 中国, 宋代の官吏, 学者。
　⇒中芸（刁衎　ちょうかん　945-1013）

張柬之　ちょうかんし
　7・8世紀, 唐の政治家。字は孟将, 諡は文貞。襄州・襄陽（湖北省）出身。705年クーデターを起こし, 中宗を復位。
　⇒コン2（張柬之　ちょうかんし　625-706）
　　コン3（張柬之　ちょうかんし　625-706）
　　世東（張柬之　ちょうかんし　625-706）
　　中史（張柬之　ちょうかんし　625-706）

張顗　ちょうぎ
　3世紀, 中国, 三国時代, 袁紹の末子袁尚配下の将。
　⇒三国（張顗　ちょうがい）
　　三全（張顗　ちょうぎ　?-208）

張軌　ちょうき
　3・4世紀, 中国, 五胡十六国・前涼の事実上の始祖。西晋朝に仕え, みずから請うて涼州刺史に任ぜられた。
　⇒角世（張軌　ちょうき　255-314）
　　国小（張軌　ちょうき　255（正元2）-314（建興2））
　　コン2（張軌　ちょうき　255-314）
　　コン3（張軌　ちょうき　255-314）
　　中国（張軌　ちょうき　255-314）
　　百科（張軌　ちょうき　255-314）
　　評世（張軌　ちょうき　255-314）

趙義　ちょうぎ
　6世紀頃, 中国, 北魏の遣高昌使。
　⇒シル（趙義　ちょうぎ　6世紀頃）
　　シル新（趙義　ちょうぎ）

張基昀　ちょうきいん
　20世紀, 中国の学者, 政治家。
　⇒コン3（張基昀　ちょうきいん　1900-1985）

張基栄　ちょうきえい
　⇨張基栄（チャンギヨン）

張徽纂　ちょうきさん
　6世紀頃, 中国, 東魏の遣柔然使。
　⇒シル（張徽纂　ちょうきさん　6世紀頃）
　　シル新（張徽纂　ちょうきさん）

張議潮（張義朝, 張義潮）　ちょうぎちょう
　9世紀, 中国, 唐末の節度使。敦煌壁画に張議潮出行図がある。
　⇒外国（張義潮　ちょうぎちょう　?-872）
　　角世（張議潮　ちょうぎちょう　799-872）
　　国小（張議潮　ちょうぎちょう　?-872（咸通13））
　　コン2（張議潮　ちょうぎちょう　?-872）
　　コン3（張議潮　ちょうぎちょう　799-872）
　　世東（張議潮　ちょうぎちょう　?-872）
　　中国（張議潮　ちょうぎちょう　?-872）
　　百科（張議潮　ちょうぎちょう　?-872）
　　評世（張義朝　ちょうぎちょう　?-872）

張吉山　ちょうきつさん
　17・18世紀, 朝鮮, 李朝後期, 粛宗年間（在位1675～1720）の義賊。
　⇒朝人（張吉山　ちょうきつさん　生没年不詳）

趙吉士　ちょうきっし
　17・18世紀, 中国, 清代の官吏, 文人。詩文にすぐれた。
　⇒中芸（趙吉士　ちょうきっし　1628-1706）

張球　ちょうきゅう
　3世紀頃, 中国, 三国時代, 魏の将。

ちょう

⇒三国（張球　ちょうきゅう）
　三全（張球　ちょうきゅう　生没年不詳）

張弓福　ちょうきゅうふく
　⇨弓福（きゅうふく）

張九齢　ちょうきゅうれい
　7・8世紀，中国，初・盛唐の政治家，詩人。李林甫と対立，安禄山を斥けようとして成らず失脚。曲江公。
⇒角世（張九齢　ちょうきゅうれい　673-740）
　広辞4（張九齢　ちょうきゅうれい　673-740）
　広辞6（張九齢　ちょうきゅうれい　673-740）
　国小（張九齢　ちょうきゅうれい　678（儀鳳3）-740（開元28））
　コン2（張九齢　ちょうきゅうれい　673-740）
　コン3（張九齢　ちょうきゅうれい　673/678-740）
　詩歌（張九齢　ちょうきゅうれい　673（咸亨4）-740（開元28））
　集世（張九齢　ちょうきゅうれい　673（咸亨4）-740（開元28））
　集文（張九齢　ちょうきゅうれい　673（咸亨4）-740（開元28））
　人物（張九齢　ちょうきゅうれい　673-740）
　世東（張九齢　ちょうきゅうれい　673-740）
　世百（張九齢　ちょうきゅうれい　673-740）
　世文（張九齢　ちょうきゅうれい　678（儀鳳3）-740（開元28））
　全書（張九齢　ちょうきゅうれい　678-740）
　大辞（張九齢　ちょうきゅうれい　673-740）
　大辞3（張九齢　ちょうきゅうれい　673-740）
　中芸（張九齢　ちょうきゅうれい　673-740）
　中国（張九齢　ちょうきゅうれい　673-740）
　中史（張九齢　ちょうきゅうれい　678-740）
　百科（張九齢　ちょうきゅうれい　673-740）
　評世（張九齢　ちょうきゅうれい　673-740）

張去逸　ちょうきょいつ
　8世紀頃，中国，唐の遣突厥弔問使。
⇒シル（張去逸　ちょうきょいつ　8世紀頃）
　シル新（張去逸　ちょうきょいつ）

刁協　ちょうきょう
　4世紀頃，中国，東晋の政治家。字は玄亮。渤海・饒安（河北省）出身。元帝に仕えて尚書令などを歴任。
⇒コン2（刁協　ちょうきょう　生没年不詳）
　コン3（刁協　ちょうきょう　生没年不詳）

趙匡胤　ちょうきょういん
　⇨太祖（宋）（たいそ）

張玉書　ちょうぎょくしょ
　17・18世紀，中国，清代の官吏。字は素存。江蘇省鎮江の生れ。黄河の治水に活躍。文貞と謚された。
⇒外国（張玉書　ちょうぎょくしょ　1642-1711）
　中書（張玉書　ちょうぎょくしょ　1642-1711）
　名著（張玉書　ちょうぎょくしょ　1642-1711）

張居正　ちょうきょせい
　16世紀，中国，明の政治家。内閣の首輔として10年間幼帝を助けた。主著『書経直解』『帝鑑図説』。
⇒旺世（張居正　ちょうきょせい　1525-1582）
　外国（張居正　ちょうきょせい　1525-1582）
　角世（張居正　ちょうきょせい　1525-1582）
　広辞6（張居正　ちょうきょせい　1525-1582）
　国小（張居正　ちょうきょせい　1525（嘉靖4.5.3）-1582（万暦10.6.20））
　国百（張居正　ちょうきょせい　1525-1582（万暦10.6.20））
　コン2（張居正　ちょうきょせい　1525-1582）
　コン3（張居正　ちょうきょせい　1525-1582）
　人物（張居正　ちょうきょせい　1525-1582）
　世人（張居正　ちょうきょせい　1525-1582）
　世東（張居正　ちょうきょせい　1525-1582）
　世百（張居正　ちょうきょせい　1525-1582）
　全書（張居正　ちょうきょせい　1525-1582）
　大辞3（張居正　ちょうきょせい　1525-1582）
　大百（張居正　ちょうきょせい　1525-1582）
　中国（張居正　ちょうきょせい　1525-1582）
　中史（張居正　ちょうきょせい　1525-1582）
　デス（張居正　ちょうきょせい　1525-1582）
　伝記（張居正　ちょうきょせい　1525-1582）
　百科（張居正　ちょうきょせい　1525-1582）
　評世（張居正　ちょうきょせい　1525-1582）
　山世（張居正　ちょうきょせい　1525-1582）
　歴史（張居正　ちょうきょせい　1525-1582）

張琴秋　ちょうきんしゅう
　20世紀，中国共産党女性指導者。
⇒近中（張琴秋　ちょうきんしゅう　1904-1968.4.22）

張金称　ちょうきんしょう
　6・7世紀，中国，隋末の農民反乱指導者。
⇒世東（張金称　ちょうきんしょう　?-616）
　中国（張金称　ちょうきんしょう　?-616）
　評世（張金称　ちょうきんしょう　?-616）

趙欣伯　ちょうきんぱく
　19・20世紀，中国，満州国の政治家。河北省宛平出身。満州事変に日本と協力，満州国が成立すると司法部大臣となり，その後失脚して北京に閑居。
⇒外国（趙欣伯　ちょうきんぱく　1887-）

趙金龍　ちょうきんりゅう
　19世紀，中国，清代の猺族の部族長。湖南省江華県錦田の生れ。
⇒外国（趙金龍　ちょうきんりゅう　?-1832）

張勲　ちょうくん
　19・20世紀，中国の軍人・北洋軍閥の巨頭。字は少軒。江西省奉新県出身。1917年国会を解散させて，宣統帝の復辟を宣言したが失敗。
⇒旺世（張勲　ちょうくん　1854-1923）
　外国（張勲　ちょうくん　1854-1923）
　角世（張勲　ちょうくん　1854-1923）
　広辞4（張勲　ちょうくん　1854-1923）

広辞5（張勲　ちょうくん　1854-1923）
広辞6（張勲　ちょうくん　1854-1923）
国史（張勲　ちょうくん　1854-1923）
コン2（張勲　ちょうくん　1854-1923）
コン3（張勲　ちょうくん　1854-1923）
三国（張勲　ちょうくん）
三全（張勲　ちょうくん　生没年不詳）
人物（張勲　ちょうくん　1854-1923）
世東（張勲　ちょうくん　1854-1923）
世百（張勲　ちょうくん　1854-1923）
全書（張勲　ちょうくん　1854-1923）
大辞（張勲　ちょうくん　1854-1923）
大辞2（張勲　ちょうくん　1854-1923）
大辞3（張勲　ちょうくん　1854-1923）
大百（張勲　ちょうくん　1854-1923）
中国（張勲　ちょうくん　1854-1923）
中人（張勲　ちょうくん　1854-1923）
デス（張勲　ちょうくん〈チヤンシユン〉　1854-1923）
ナビ（張勲　ちょうくん　1854-1923）
百科（張勲　ちょうくん　1854-1923）
評世（張勲　ちょうくん　1854-1923）
山世（張勲　ちょうくん　1854-1923）

張群（張羣）　ちょうぐん
19・20世紀、中国の政治家。1950～72年台湾の総統府秘書長、日華協力のため63年以降4度来日した。
⇒外国（張群　ちょうぐん　1888-）
　角世（張群　ちょうぐん　1889-1991）
　近中（張羣　ちょうぐん　1889.5.9-1990.12.14）
　現人（張群　ちょうぐん〈チヤンチユン〉　1889-）
　広辞5（張群　ちょうぐん　1889-1990）
　広辞6（張群　ちょうぐん　1889-1990）
　国小（張群　ちょうぐん　1889-）
　コン3（張群　ちょうぐん　1889-1990）
　人物（張群　ちょうぐん　1889-）
　世政（張群　ちょうぐん　1889.5.9-1990.12.14）
　世東（張群　ちょうぐん　1889-）
　世百（張群　ちょうぐん　1889-）
　全書（張群　ちょうぐん　1889-?）
　中人（張群　ちょうぐん　1889.5-1990.12.14）
　日人（張群　ちょうぐん　1889-1990）
　評世（張群　ちょうぐん　1889-1990）
　歴史（張群　ちょうぐん　1889（光緒15）-）

趙君道　ちょうくんどう
8世紀頃、中国南西方面、牂牁の部族長。737年に入唐。
⇒シル（趙君道　ちょうくんどう　8世紀頃）
　シル新（趙君道　ちょうくんどう）

張君勱　ちょうくんばい
19・20世紀、中国の思想、憲法学者、政治家。本名は嘉森、欧米ではカーソン・チャンの名で知られる。ベルグソン哲学の紹介者として知られた。主著、"Third Force in China" (1952)。
⇒外国（張君勱　ちょうくんまい　1886-）
　近中（張君勱　ちょうくんばい　1887.1.18-1969.2.23）
　国小（張君勱　ちょうくんばい　1886-1969）
　コン3（張君勱　ちょうくんばい　1887-1969）
　世百（張君勱　ちょうくんばい　1886-）
　世百新（張君勱　ちょうくんばい　1887-1969）
　全書（張君勱　ちょうくんばい　1886-?）
　中人（張君勱　ちょうくんばい　1887-1969）
　百科（張君勱　ちょうくんばい　1887-1969）

張君勱　ちょうくんまい
⇨張君勱（ちょうくんばい）

晁迥（鼂迥）　ちょうけい
10・11世紀、中国、北宋の政治家。字は明遠。釈、老の書に精通し、著書に『道院集』『法蔵砕金録』など。
⇒世東（晁迥　ちょうけい　10-11世紀）
　中芸（晁迥　ちょうけい　948-1031）

張継　ちょうけい
19・20世紀、中国、清末・民国の政治家。字は溥泉。河北省滄県出身。1927年国共分裂後に南京政府に加わり、中央監察委員・国民政府委員などを歴任。
⇒角世（張継　ちょうけい　1882-1947）
　近中（張継　ちょうけい　1882.8.31-1947.12.15）
　コン3（張継　ちょうけい　1882-1947）
　人物（張継　ちょうけい　1881-）
　世東（張継　ちょうけい　1882.8.31-1947.12.15）
　世百新（張継　ちょうけい　1882-1947）
　中人（張継　ちょうけい　1882-1947）
　百科（張継　ちょうけい　1882-1947）

晁迥　ちょうけい
11世紀頃、中国、北宋初期の官僚。字は明遠、諡は文元。儒・仏・道に通じ、経伝では一家言をなし、朝廷の礼文にも詳しかった。
⇒コン2（晁迥　ちょうけい　生没年不詳）
　コン3（晁迥　ちょうけい　951-1034）

張敬堯　ちょうけいぎょう
19・20世紀、中国、民国の軍閥。安徽出身。民国初年に白狼の乱を鎮圧した功により、北京政府より剿匪督弁に任ぜられ民衆運動の弾圧に専心。
⇒近中（張敬堯　ちょうけいぎょう　1880.8.9-1933.5.7）
　世東（張敬堯　ちょうけいぎょう　1880-1933.5.7）

張景恵　ちょうけいけい
19・20世紀、中国の政治家。字は叙五。遼寧省台安県出身。1928年張作霖爆死後、張作相とならび東北政界を支配。
⇒外国（張景恵　ちょうけいけい　1871-）
　国史（張景恵　ちょうけいけい　1872-1962）
　コン2（張景恵　ちょうけいけい　1871-）
　コン3（張景恵　ちょうけいけい　1872-1962頃）
　人物（張景恵　ちょうけいけい　1871-）
　世東（張景恵　ちょうけいけい　1872-1962頃）
　全書（張景恵　ちょうけいけい　1871-?）
　中人（張景恵　ちょうけいけい　1872-1962頃）

重慶公主　ちょうけいこうしゅ*
15世紀,中国,明,英宗(正統帝・天順帝)の娘。
⇒中皇（重慶公主　1446–1499）

張奚若　ちょうけいじゃく
19・20世紀,中国の学者。1959年日中関係打開に関する浅沼(社会党使節団長)・張奚若共同声明を発表。69年以降,政協会議全国委常務委員。
⇒近中（張奚若　ちょうけいじゃく　1889–1973.7.18）
　国小（張奚若　ちょうけいじゃく　1889–）
　コン3（張奚若　ちょうけいじゃく　1889–1973）
　人物（張奚若　ちょうけいじゃく　1889–）
　世東（張奚若　ちょうけいじゃく　1889–）
　中人（張奚若　ちょうけいじゃく　1889–1973）

張継生　ちょうけいせい
20世紀,中国,国民党政府の政治家。上海市生れ。1966〜69年行政院経済部次長。69年国際経済合作委員会秘書長。
⇒世東（張継生　ちょうけいせい　1918.12.7–）
　中人（張継生　ちょうけいせい　1918.12.7–）

張勁夫　ちょうけいふ
20世紀,中国の政治家。共産党中央顧問委員会常務委員,財政相。
⇒中人（張勁夫　ちょうけいふ　1914–）

張景良　ちょうけいりょう
20世紀,中国の軍人。
⇒近中（張景良　ちょうけいりょう　?–1911）

張謇　ちょうけん
19・20世紀,中国の実業家,政治家。字は季直。江蘇省南通出身。日清戦争後,南通に大生紡績を創立するなど実業界の大立物になる。
⇒外国（張謇　ちょうけん　1853–1926）
　角世（張謇　ちょうけん　1853–1926）
　教育（張謇　ちょうけん　1853–1926）
　広辞5（張謇　ちょうけん　1853–1926）
　広辞6（張謇　ちょうけん　1853–1926）
　コン2（張謇　ちょうけん　1853–1926）
　コン3（張謇　ちょうけん　1853–1926）
　世人（張謇　ちょうけん　1853–1926）
　世東（張謇　ちょうけん　1853.7.1–1926.8.24）
　世百（張謇　ちょうけん　1853–1926）
　中国（張謇　ちょうけん　1853–1926）
　中史（張謇　ちょうけん　1853–1926）
　中人（張謇　ちょうけん　1853–1926）
　伝記（張謇　ちょうけん　1853.5–1926.8.24）
　百科（張謇　ちょうけん　1853–1926）

張騫　ちょうけん
前2世紀,中国,前漢の旅行家,外交家。武帝の建元年間,大月氏に使した。後年イリ地方の烏孫と結ぶため再び西域に使した。
⇒逸話（張騫　ちょうけん　?–前114）
　岩ケ（張騫　ちょうけん　前2世紀）
　外国（張騫　ちょうけん　?–前114）
　科史（張騫　ちょうけん　?–前114）

角世（張騫　ちょうけん　?–前114）
広辞4（張騫　ちょうけん　?–前114）
広辞6（張騫　ちょうけん　?–前114）
国小（張騫　ちょうけん　?–前114(元鼎3)）
国百（張騫　ちょうけん　?–前114）
コン2（張騫　ちょうけん　?–前114）
コン3（張騫　ちょうけん　?–前114）
シル（張騫　ちょうけん　?–前114）
シル新（張騫　ちょうけん　?–前114）
人物（張騫　ちょうけん　?–前114）
世人（張騫　ちょうけん　?–前114）
世東（張騫　ちょうけん　?–前113）
世百（張騫　ちょうけん　?–前114）
全書（張騫　ちょうけん　?–前114）
大辞（張騫　ちょうけん　?–前114）
大辞3（張騫　ちょうけん　?–前114）
大百（張騫　ちょうけん　?–前114）
探検1（張騫　ちょうさい　前160?–107）
中国（張騫　ちょうけん　?–前114）
中史（張騫　ちょうけん　?–前114）
中ユ（張騫　ちょうけん　?–前114）
デス（張騫　ちょうけん　?–前114）
伝記（張騫　ちょうけん　?–前114）
東仏（張騫　ちょうけん　?–前114）
百科（張騫　ちょうけん　?–前114）
評世（張騫　ちょうけん　?–前114）
山世（張騫　ちょうけん　?–前114）
歴史（張騫　ちょうけん　?–前114）

張献忠　ちょうけんちゅう
17世紀,中国,明末の農民叛乱の指導者。1630年王嘉胤の農民一揆が起ると,これに加わって八大王と称した。
⇒外国（張献忠　ちょうけんちゅう　1606–1646）
　角世（張献忠　ちょうけんちゅう　1606–1646）
　広辞6（張献忠　ちょうけんちゅう　1606–1646）
　国小（張献忠　ちょうけんちゅう　1606(万暦34)–1646(順治3.12)）
　コン2（張献忠　ちょうけんちゅう　1606–1646）
　コン3（張献忠　ちょうけんちゅう　1606–1646）
　世東（張献忠　ちょうけんちゅう　1606–1646）
　世百（張献忠　ちょうけんちゅう　1606–1646）
　全書（張献忠　ちょうけんちゅう　1606–1646）
　中皇（張献忠　1606–1646）
　中国（張献忠　ちょうけんちゅう　1606–1646）
　百科（張献忠　ちょうけんちゅう　1606–1646）
　山世（張献忠　ちょうけんちゅう　1606–1646）

張元方　ちょうげんほう
8世紀頃,中国,唐の遣吐蕃使。
⇒シル（張元方　ちょうげんほう　8世紀頃）
　シル新（張元方　ちょうげんほう）

張虎　ちょうこ
2世紀,中国,三国時代,劉表配下の黄祖に従った江夏の大将。
⇒三国（張虎　ちょうこ）
　三全（張虎　ちょうこ　?–191）

張虎　ちょうこ
3世紀頃,中国,三国時代,魏の武将。張遼の子。
⇒三国（張虎　ちょうこ）

三全（張虎　ちょうこ　生没年不詳）

張郃　ちょうこう
3世紀，中国，三国時代，はじめ袁紹配下の将。字は儁乂（しゅんがい）。
⇒三国（張郃　ちょうこう）
　三全（張郃　ちょうこう　?-231）

張紘　ちょうこう
3世紀，中国，三国時代，呉の重臣。孫策，孫権に仕える。
⇒三国（張紘　ちょうこう）
　三全（張紘　ちょうこう　?-212）

趙弘　ちょうこう
2世紀，中国，三国時代，黄巾の残党。
⇒三国（趙弘　ちょうこう）
　三全（趙弘　ちょうこう　?-184）

趙昂　ちょうこう
3世紀頃，中国，三国時代，歴城の撫夷将軍姜叙の部下。
⇒三国（趙昂　ちょうこう）
　三全（趙昂　ちょうこう　生没年不詳）

趙高　ちょうこう
前3世紀，中国，秦の始皇帝に仕えた悪臣。帝の死後，丞相の李斯とともに太子扶蘇と名将豪恬を謀殺して，胡亥を2世皇帝に擁立し権力を握った。
⇒旺世（趙高　ちょうこう　?-前207）
　角世（趙高　ちょうこう　?-前207）
　広辞4（趙高　ちょうこう　?-前207）
　広辞6（趙高　ちょうこう　?-前207）
　国小（趙高　ちょうこう　?-前207（子嬰3））
　コン2（趙高　ちょうこう　?-前207）
　コン3（趙高　ちょうこう　?-前207）
　三国（趙高　ちょうこう）
　人物（趙高　ちょうこう　?-前207）
　世百（趙高　ちょうこう　?-前207）
　全書（趙高　ちょうこう　?-前207）
　大辞（趙高　ちょうこう　?-前207）
　大辞3（趙高　ちょうこう　?-前207）
　大百（趙高　ちょうこう　?-前207）
　中史（趙高　ちょうこう　?-前207）
　中書（趙高　ちょうこう　?-前207）
　百科（趙高　ちょうこう　?-前207）
　評世（趙高　ちょうこう　?-前207）

趙広漢　ちょうこうかん
前1世紀，中国，前漢の政治家。字は子都。蠡吾（河北省）出身。京兆尹太守となる。
⇒コン2（趙広漢　ちょうこうかん　?-前65）
　コン3（趙広漢　ちょうこうかん　?-前65）

張公謹　ちょうこうきん
6・7世紀，中国，唐の政治家。字は弘慎，諡は襄。太宗に仕え，玄武門の変や突厥経略に功績をあげた。
⇒コン2（張公謹　ちょうこうきん　584/94-632）

コン3（張公謹　ちょうこうきん　584/94-632）

張煌言　ちょうこうげん
17世紀，中国，明末の志士。字は元箸。号は蒼水，諡は忠烈。明の滅亡後，魯王（朱以海）を擁立して明の回復をはかった。
⇒外国（張煌言　ちょうこうげん　1620-1664）
　国小（張煌言　ちょうこうげん　1620（万暦48）-1664（康熙3））
　コン2（張煌言　ちょうこうげん　1620-1664）
　コン3（張煌言　ちょうこうげん　1620-1664）
　世東（張煌言　ちょうこうげん　1620-1664）
　中芸（張煌言　ちょうこうげん　1620-1664）
　中国（張煌言　ちょうこうげん　1620-1664）
　中史（張煌言　ちょうこうげん　1620-1664）
　百科（張煌言　ちょうこうげん　1620-1664）

張皇后　ちょうこうごう
3世紀，中国，魏の第三代皇帝・曹芳の妻。
⇒三国（張皇后　ちょうこうごう）
　三全（張皇后　ちょうこうごう　?-254）

張皇后　ちょうこうごう*
8世紀，中国，唐，粛宗の皇妃。
⇒中皇（張皇后　?-726）

張皇后　ちょうこうごう*
15世紀，中国，明，洪煕（こうき）帝の皇妃。
⇒中皇（張皇后　?-1442）

張皇后　ちょうこうごう*
16世紀，中国，明，弘治帝の皇妃。
⇒中皇（張皇后）

張皇后　ちょうこうごう*
17世紀，中国，明，天啓帝の皇妃。
⇒中皇（張皇后　1608-1644）

張香山　ちょうこうざん
20世紀，中国の対日関係の責任者。浙江省出身。『紅旗』に『日本人民の闘争と日本共産党』を発表。1963年中日友好協会常務理事。
⇒現人（張香山　ちょうこうざん〈チャンシヤンシャン〉　1914-）
　世東（張香山　ちょうこうざん　1914-）
　中人（張香山　ちょうこうざん　1914-）

趙光祖　ちょうこうそ
15・16世紀，朝鮮，李朝の学者，文臣。号は静庵。中国古代の「理想政治」を標榜し，「愛民」「王道政治」を説く。
⇒外国（趙光祖　ちょうこうそ　1482-1519）
　角世（趙光祖　ちょうこうそ　1482-1519）
　コン2（趙光祖　ちょうこうそ　1482-1519）
　コン3（趙光祖　ちょうこうそ　1482-1519）
　朝人（趙光祖　ちょうこうそ　1482-1519）
　朝鮮（趙光祖　ちょうこうそ　1482-1519）
　伝記（趙光祖　ちょうこうそ〈チョグヮンジョ〉　1482-1519.12.20）

趙恒惕　ちょうこうてき
19・20世紀, 中国の挙人, 軍人。
⇒近中（趙恒惕　ちょうこうてき　1880.12.15-1971)

張弘範　ちょうこうはん
13世紀, 中国, 元初の武将。崖山の戦いでは最高司令官のモンゴル漢軍都元帥。翌年南宋を滅ぼした。
⇒角世（張弘範　ちょうこうはん　1237-1279)
　国小（張弘範　ちょうこうはん　1237（太宗6)-1279（至元16)）
　中国（張弘範　ちょうこうはん　1237-1279)

張高麗　ちょうこうれい
20世紀, 中国共産党中央政治局委員, 党天津市委員会書記。
⇒中重（張高麗　ちょうこうれい　1946.11-)
　中人（張高麗　ちょうこうれい　1946-)
　中二（張高麗　ちょうこうれい　1946.1-)

張国華　ちょうこくか
20世紀, 中国の軍人, 政治家。江西省出身。1954年1期全人大チベット代表。60年中印国境紛争にあたり前線司令部でインド軍撃退。68年5月四川省革委会主任。69年4月9中央委。
⇒世東（張国華　ちょうこくか　1915-)
　中人（張国華　ちょうこくか　1914-1972.2.21)

張国淦　ちょうこくかん
19・20世紀, 中国の安徽派政治家, 地方志学者。湖北省蒲圻県出身。字は乾若。1922年顔恵慶内閣の農商総長兼内務総長。国民党北伐による北洋軍閥の没落とともに官界を退く。58年『辛亥革命史料』を出版。
⇒世東（張国淦　ちょうこくかん　1873-1959.1.25)
　中人（張国淦　ちょうこくかん　1876-1959.1.25)

趙国公主　ちょうこくこうしゅ*
中国, 遼, 道宗の娘。
⇒中皇（趙国公主）

張国燾　ちょうこくとう
20世紀, 中国の政治家。江西省吉永県出身。字は特立。1921年中国共産党創立に参加, 毛沢東と合わず, 38年一時国民党に迎合し, 共産党から除名された。
⇒岩ケ（張国燾　ちょうこくとう　1897-1979)
　角世（張国燾　ちょうこくとう　1897-1979)
　近中（張国燾　ちょうこくとう　1897.12.19-1979.12.3)
　現人（張国燾　ちょうこくとう〈チャンクオタオ〉1898-)
　広辞5（張国燾　ちょうこくとう　1897-1979)
　広辞6（張国燾　ちょうこくとう　1897-1979)
　国小（張国燾　ちょうこくとう　1898（光緒24)-)
　コン3（張国燾　ちょうこくとう　1897-1979)

世東（張国燾　ちょうこくとう　1898-)
世百（張国燾　ちょうこくとう　1898-)
世百新（張国燾　ちょうこくとう　1898-1979)
全書（張国燾　ちょうこくとう　1898-1979)
大辞2（張国燾　ちょうこくとう　1898-1979)
大辞3（張国燾　ちょうこくとう　1898-1979)
中人（張国燾　ちょうこくとう　1897（光緒24)-1979)
百科（張国燾　ちょうこくとう　1898-1979)
評世（張国燾　ちょうこくとう　1898-1979)

張済　ちょうさい
2世紀, 中国, 三国時代, 董卓配下の将。
⇒三国（張済　ちょうさい）
　三全（張済　ちょうさい　?-196)

張騫　ちょうさい
⇨張騫（ちょうけん）

長沙王司馬乂　ちょうさおうしばがい*
4世紀, 中国, 西晋, 武帝の子。
⇒中皇（長沙王司馬乂　?-303)

張作相　ちょうさくそう
19・20世紀, 中国の奉天派指導者。
⇒近中（張作相　ちょうさくそう　1881-1949.5.7)

張作霖　ちょうさくりん
19・20世紀, 中国の軍閥。東北地方（満州）の馬賊から身をおこし, 北京の中央政界に進出したが, 蔣介石の率いる国民革命軍の北伐に撃破されて退却の途上, 日本軍の陰謀により爆殺された。
⇒逸話（張作霖　ちょうさくりん　1875-1928)
　旺世（張作霖　ちょうさくりん　1875-1928)
　外国（張作霖　ちょうさくりん　1875-1928)
　角世（張作霖　ちょうさくりん　1875-1928)
　広辞4（張作霖　ちょうさくりん　1875-1928)
　広辞5（張作霖　ちょうさくりん　1875-1928)
　広辞6（張作霖　ちょうさくりん　1875-1928)
　国史（張作霖　ちょうさくりん　1875-1928)
　国小（張作霖　ちょうさくりん　1873-1928.6.3)
　コン2（張作霖　ちょうさくりん　1875-1928)
　コン3（張作霖　ちょうさくりん　1875-1928)
　人物（張作霖　ちょうさくりん　1873-1928.6.4)
　世人（張作霖　ちょうさくりん　1875-1928)
　世東（張作霖　ちょうさくりん　1873-1928.6.4)
　世百（張作霖　ちょうさくりん　1873-1928)
　全書（張作霖　ちょうさくりん　1875-1928)
　大辞（張作霖　ちょうさくりん　1875-1928)
　大辞2（張作霖　ちょうさくりん　1875-1928)
　大辞3（張作霖　ちょうさくりん　1875-1928)
　大百（張作霖　ちょうさくりん　1875-1928)
　中国（張作霖　ちょうさくりん　1875-1928)
　中人（張作霖　ちょうさくりん　1873-1928.6.4)
　デス（張作霖　ちょうさくりん〈チャンツオリン〉1875-1928)
　伝記（張作霖　ちょうさくりん　1875-1928)
　ナビ（張作霖　ちょうさくりん　1875-1928)
　日人（張作霖　ちょうさくりん　1875-1928)
　百科（張作霖　ちょうさくりん　1875-1928)
　評世（張作霖　ちょうさくりん　1873-1928)
　山世（張作霖　ちょうさくりん　1875-1928)

歴史（張作霖　ちょうさくりん　1873–1928）

趙三多　ちょうさんた
19・20紀，中国の義和団の首領。
⇒近中（趙三多　ちょうさんた　1841–1902）

張耳　ちょうじ
前3世紀，中国，前漢初期の功臣。項羽のもとで常山王となる。のち劉邦に帰属，陳余を破って趙王となる。
⇒コン2（張耳　ちょうじ　?–前202）
　コン3（張耳　ちょうじ　?–前202）

張時雨　ちょうじう
20世紀，朝鮮の政治家。平安南道龍岡生れ。1929年，間島農民暴動を指導。48年9月朝鮮民主主義人民共和国樹立と同時に商業相。
⇒外国（張時雨　ちょうじう　1896–）

趙士語　ちょうしご
12世紀，中国，宋（北宋），濮王趙允譲（ちょういんじょう）の曾孫。
⇒中皇（趙士語　?–1135）

張之江　ちょうしこう
19・20世紀，中国の軍人，国民政府委員。
⇒近中（張之江　ちょうしこう　1882–1966.5.12）

張士誠　ちょうしせい
14世紀，中国，元末の群雄の一人。江南に進出し平江府（蘇州）に拠ったが，朱元璋（明の太祖）と対立。以後10年にわたる争覇戦をに大敗。
⇒旺世（張士誠　ちょうしせい　1321–1367）
　外国（張士誠　ちょうしせい　1321–1367）
　角世（張士誠　ちょうしせい　1321–1367）
　国小（張士誠　ちょうしせい　1321（至治1）–1367（至正27））
　コン2（張士誠　ちょうしせい　1321–1367）
　コン3（張士誠　ちょうしせい　1321–1367）
　人物（張士誠　ちょうしせい　1321–1367）
　世東（張士誠　ちょうしせい　1321–1367）
　世百（張士誠　ちょうしせい　1321–1367）
　全書（張士誠　ちょうしせい　1321–1367）
　大百（張士誠　ちょうしせい　1321–1367）
　中皇（張士誠　1321–1367）
　中国（張士誠　ちょうしせい　1321–1367）
　百科（張士誠　ちょうしせい　1321–1367）
　評世（張士誠　ちょうしせい　1321–1367）

趙爾巽　ちょうじそん
19・20世紀，中国の政治家。清末期の高官で，1911年東三省総督。民国以後も清史館総裁・参政議長等を歴任。
⇒コン2（趙爾巽　ちょうじそん　1844–1927）
　コン3（趙爾巽　ちょうじそん　1844–1927）
　世東（趙爾巽　ちょうじそん　1844.7.7–1927.9.3）
　中人（趙爾巽　ちょうじそん　1844–1927）

張志潭　ちょうしたん
20世紀，中国の直隷派政治家。河北省豊潤出身。1920年内務総長，また呉佩孚総司令部外交処長。
⇒世東（張志潭　ちょうしたん　?–1935.9.16）
　中人（張志潭　ちょうしたん　1898–1935.9.16）

張治中　ちょうじちゅう
19・20世紀，中国の軍人。字は文白。安徽省巣県出身。国共和平交渉で国府代表をつとめ，人民共和国側に残留。1965年国防委員会副主席。
⇒外国（張治中　ちょうじちゅう　1891–）
　近中（張治中　ちょうじちゅう　1890.10.27–1969.4.6）
　現人（張治中　ちょうじちゅう〈チャンチーチョン〉　1890–1969.4.9）
　コン3（張治中　ちょうちちゅう　1890–1969）
　中人（張治中　ちょうちちゅう　1890–1969.4.9）

張自忠　ちょうじちゅう
19・20世紀，中国の軍人。字は藎忱。山東省出身。蘆溝橋事変後，宋哲元に代わって冀察軍政をとる。
⇒近中（張自忠　ちょうじちゅう　1891.8.11–1940.5.16）
　コン3（張自忠　ちょうじちゅう　1891–1940）
　中人（張自忠　ちょうじちゅう　1891–1940）

張之洞　ちょうしどう
19・20世紀，中国，清末の政治家。直隷（河北省）南皮出身。号，香濤。洋務運動を推進，また義和団事件後，李鴻章とともに清朝の重臣となった。
⇒逸話（張之洞　ちょうしどう　1837–1909）
　旺世（張之洞　ちょうしどう　1837–1909）
　外国（張之洞　ちょうしどう　1837–1909）
　角世（張之洞　ちょうしどう　1837–1909）
　教育（張之洞　ちょうしどう　1837–1909）
　広辞4（張之洞　ちょうしどう　1837–1909）
　広辞5（張之洞　ちょうしどう　1837–1909）
　広辞6（張之洞　ちょうしどう　1837–1909）
　国小（張之洞　ちょうしどう　1837（道光17）–1909（宣統1））
　コン2（張之洞　ちょうしどう　1837–1909）
　コン3（張之洞　ちょうしどう　1837–1909）
　詩歌（張之洞　ちょうしどう　1837（道光元）–1909（宣統元））
　人物（張之洞　ちょうしどう　1837–1909）
　世人（張之洞　ちょうしどう　1837–1909）
　世東（張之洞　ちょうしどう　1837–1909）
　世百（張之洞　ちょうしどう　1837–1909）
　全書（張之洞　ちょうしどう　1837–1909）
　大辞（張之洞　ちょうしどう　1837–1909）
　大辞2（張之洞　ちょうしどう　1837–1909）
　大辞3（張之洞　ちょうしどう　1837–1909）
　大百（張之洞　ちょうしどう　1837–1909）
　中芸（張之洞　ちょうしどう　1837–1909）
　中国（張之洞　ちょうしどう　1837–1909）
　中史（張之洞　ちょうしどう　1837–1909）
　中書（張之洞　ちょうしどう　1837–1909）
　中人（張之洞　ちょうしどう　1837（道光17）–1909（宣統1））
　デス（張之洞　ちょうしどう　1837–1909）

伝記（張之洞　ちょうしどう　1837-1909）
ナビ（張之洞　ちょうしどう　1837-1909）
百科（張之洞　ちょうしどう　1837-1909）
評世（張之洞　ちょうしどう　1837-1909）
名著（張之洞　ちょうしどう　1837-1909）
山世（張之洞　ちょうしどう　1837-1909）
歴史（張之洞　ちょうしどう　1837-1909）

張思徳　ちょうしとく
20世紀, 中国の解放軍模範兵士。人民に奉仕した模範として, 毛沢東の「人民に奉仕する」にあげられている。
⇒世同（張思徳　ちょうしとく　1915-1944.9.5）
　中人（張思徳　ちょうしとく　1915-1944.9.5）

張之万　ちょうしばん
19世紀, 中国, 清末期の政治家。字は子青。河北省出身。兵部尚書・軍機大臣などをつとめた。
⇒コン2（張之万　ちょうしばん　1811-1897）
　コン3（張之万　ちょうしばん　1811-1897）

趙爾豊　ちょうじほう
19・20世紀, 中国, 清末期の官僚。字は季和。1911年四川代理総督として, 鉄道国有化反対運動を弾圧。
⇒外国（趙爾豊　ちょうじほう　?-1911）
　コン2（趙爾豊　ちょうじほう　?-1911）
　コン3（趙爾豊　ちょうじほう　1846-1911）
　世東（趙爾豊　ちょうじほう　?-1911）
　中人（趙爾豊　ちょうじほう　1845-1911）

趙奢　ちょうしゃ
中国, 戦国時代の趙国の名将。
⇒中史（趙奢　ちょうしゃ　生没年不詳）

張釈之　ちょうしゃくし
前2世紀, 中国, 前漢創期の司法官僚。南陽・堵陽（河南省）出身。文帝の下で, 秦亡漢興の理を説き謁者僕射となる。
⇒コン2（張釈之　ちょうしゃくし　生没年不詳）
　コン3（張釈之　ちょうしゃくし　生没年不詳）
　世百（張釈之　ちょうしゃくし　生没年不詳）
　百科（張釈之　ちょうしゃくし　生没年不詳）

張錫鑾　ちょうしゃくらん
19・20世紀, 中国の官僚, 軍人。
⇒近中（張錫鑾　ちょうしゃくらん　1843-1922）

趙守一　ちょうしゅいち
20世紀, 中国の政治家。中央宣伝部副部長, 労働人事相, 党組書記, 党中央顧問委員を歴任。
⇒中人（趙守一　ちょうしゅいち　?-1988.6.13）

張繍　ちょうしゅう
3世紀, 中国, 後漢の破羌将軍。
⇒三国（張繍　ちょうしゅう）
　三全（張繍　ちょうしゅう　?-207）

張柔　ちょうじゅう
12・13世紀, 中国, 金および元の武将。1218年モンゴル軍に敗れ太祖に降服。以来金討伐に功を立てた。
⇒国小（張柔　ちょうじゅう　1190（金, 明昌1）-1268（至元5））
　百科（張柔　ちょうじゅう　1190-1268）

張重華　ちょうじゅうか
4世紀, 中国, 五胡時代前涼の王（在位346～353）。字は泰臨, 諡は昭公。張軌の曾孫。
⇒コン2（張重華　ちょうじゅうか　327-353）
　コン3（張重華　ちょうじゅうか　327-353）
　中皇（桓公　330-353）

趙充国　ちょうじゅうこく
前2・1世紀, 中国, 前漢の武将。西域経営に尽力。
⇒シル（趙充国　ちょうじゅうこく　前137-前52）
　シル新（趙充国　ちょうじゅうこく　前137-52）
　中国（趙充国　ちょうじゅうこく　前137-52）
　中史（趙充国　ちょうじゅうこく　前137-52）

張秋人　ちょうしゅうじん
20世紀, 中国社会主義青年団及び中国共産党の指導者。
⇒近中（張秋人　ちょうしゅうじん　1898.3.19-1928.2.8）

長寿王　ちょうじゅおう
4・5世紀, 朝鮮, 高句麗の第20代王（在位413～491）。広開土王の元子。高句麗最盛期の王。
⇒角世（長寿王　ちょうじゅおう　394-491）
　国世（長寿王　ちょうじゅおう　394（広開土王3）-491（長寿王79））
　コン2（長寿王　ちょうじゅおう　394-491）
　コン3（長寿王　ちょうじゅおう　394-491）
　人物（長寿王　ちょうじゅおう　394-490）
　世人（長寿王　ちょうじゅおう　394-491）
　世東（長寿王　ちょうじゅおう　394-490）
　世百（長寿王　ちょうじゅおう　394-490）
　全書（長寿王　ちょうじゅおう　394-491）
　大百（長寿王　ちょうじゅおう　394-491）
　朝人（長寿王　ちょうじゅおう　394-491）
　朝鮮（長寿王　ちょうじゅおう　394-491）
　百科（長寿王　ちょうじゅおう　394-491）

周書楷　チョウシューカイ
⇨周書楷（しゅうしょかい）

張粛　ちょうしゅく
3世紀頃, 中国, 三国時代, 広漢の太守で, 蜀の劉璋の臣下。
⇒三国（張粛　ちょうしゅく）
　三全（張粛　ちょうしゅく　生没年不詳）

張叔夜　ちょうしゅくや
11・12世紀, 中国, 北宋末の官僚。
⇒中史（張叔夜　ちょうしゅくや　1065-1127）

張樹声 ちょうじゅせい
19世紀, 中国, 清末期の軍人, 官僚。字は佩綸, 諡は靖達。安徽省出身。李鴻章の指揮する淮軍の一司令官。
⇒コン2（張樹声　ちょうじゅせい　1824-1884）
　コン3（張樹声　ちょうじゅせい　1824-1884）

張俊 ちょうしゅん
11・12世紀, 中国, 南宋初の武将。字は伯英。1126年南下する金軍と戦い, また宋の南渡後も群賊を討った。
⇒国小（張俊　ちょうしゅん　1086（元祐1）-1154（紹興24.7.2））
　コン2（張俊　ちょうしゅん　1085-1154）
　コン3（張俊　ちょうしゅん　1086-1154）
　中国（張俊　ちょうしゅん　1085-1154）

張駿 ちょうしゅん
4世紀, 中国, 五胡十六国・前涼の事実上の第4代王（在位324-346）。張軌の孫, 張寔の子。
⇒国小（張駿　ちょうしゅん　307（永嘉1）-346（永和2））
　コン2（張駿　ちょうしゅん　307-346）
　コン3（張駿　ちょうしゅん　307-346）
　中皇（文公　306-346）
　中国（張駿　ちょうしゅん　307-346）

張純 ちょうじゅん
2世紀, 中国, 三国時代の人。漁陽で張挙と謀反し「将軍」と称した人物。
⇒三国（張純　ちょうじゅん）
　三全（張純　ちょうじゅん　?-189）

張巡 ちょうじゅん
8世紀, 中国, 唐の忠臣。安史の乱のとき, 江淮を叛乱軍の侵攻から守った。
⇒国小（張巡　ちょうじゅん　709（景龍3）-757（至徳2））
　コン2（張巡　ちょうじゅん　709-757）
　コン3（張巡　ちょうじゅん　709-757）
　人物（張巡　ちょうじゅん　709-757）
　世東（張巡　ちょうじゅん　709-757）
　中国（張巡　ちょうじゅん　709-757）

張遵 ちょうじゅん
3世紀, 中国, 三国時代, 蜀の尚書。
⇒三国（張遵　ちょうじゅん）
　三全（張遵　ちょうじゅん　?-263）

張浚 ちょうしゅん
11・12世紀, 中国, 南宋初めの政治家。字は徳遠。金に対して中原回復の主戦論者であった。
⇒外国（張浚　ちょうしゅん　?-1164）
　角世（張浚　ちょうしゅん　1097-1164）
　国小（張浚　ちょうしゅん　1097（紹聖4）-1164（隆興2.8.28））
　コン2（張浚　ちょうしゅん　1097-1164）
　コン3（張浚　ちょうしゅん　1097-1164）
　世百（張浚　ちょうしゅん　?-1164）
　中国（張浚　ちょうしゅん　1096-1164）
　百科（張浚　ちょうしゅん　1097-1164）

趙浚 ちょうしゅん
14・15世紀, 朝鮮, 高麗末から李朝初期の政治家。李成桂に重用された。
⇒コン2（趙浚　ちょうしゅん　1346-1405）
　コン3（趙浚　ちょうしゅん　1346-1405）
　世東（趙浚　ちょうしゅん　1346-1405）
　朝人（趙浚　ちょうしゅん　1346-1405）
　百科（趙浚　ちょうしゅん　1346-1405）

張俊河 ちょうしゅんか
⇨張俊河（チャンジュナ）

張春橋 ちょうしゅんきょう
20世紀, 中国の政治家。文化大革命の際, 毛沢東の指示で京劇『海瑞罷官』批判の姚文元論文の発表を指導した。1966年中央文革小組副組長, 75年副首相。76年「四人組」の一人として失脚。81年裁判で執行延期付き死刑判決, 83年無期懲役に減刑。
⇒現人（張春橋　ちょうしゅんきょう〈チャンチュンチャオ〉1918-）
　国小（張春橋　ちょうしゅんきょう　1918-）
　コン3（張春橋　ちょうしゅんきょう　1917-）
　世政（張春橋　ちょうしゅんきょう　1917-2005.4.21）
　世東（張春橋　ちょうしゅんきょう　1918-）
　全書（張春橋　ちょうしゅんきょう　1918-）
　中人（張春橋　ちょうしゅんきょう　1917-）

張俊雄 ちょうしゅんゆう
20世紀, 台湾の政治家, 弁護士。台湾行政院長（首相）。
⇒世政（張俊雄　ちょうしゅんゆう　1938.3.23-）

張所 ちょうしょ
11・12世紀, 中国, 南宋初期の政治家。青州（山東省）出身。北宋滅亡で, 宗室復興の勤王家として活躍。
⇒コン2（張所　ちょうしょ　生没年不詳）
　コン3（張所　ちょうしょ　?-1127）

張尚 ちょうしょう
中国, 東晋の将。
⇒三国（張尚　ちょうしょう）
　三全（張尚　ちょうしょう　生没年不詳）

張承 ちょうしょう
2・3世紀, 中国, 三国時代, 呉の将。
⇒三国（張承　ちょうしょう）
　三全（張承　ちょうしょう　178-244）

張照 ちょうしょう
17・18世紀, 中国, 清代の政治家, 書家。字は得天, 号は涇南, 諡は文敏。苗族の叛乱に際し撫定苗疆大臣として貴州に向かったが, 鎮圧に失敗。
⇒国小（張照　ちょうしょう　1691（康熙30）-1745（乾隆10））
　コン2（張照　ちょうしょう　1691-1745）
　コン3（張照　ちょうしょう　1691-1745）

新美（張照　ちょうしょう　1691（清・康熙30）-1745（乾隆10）））
世百（張照　ちょうしょう　1691-1745）
中書（張照　ちょうしょう　1691-1745）
百科（張照　ちょうしょう　1691-1745）

張象　ちょうしょう
3世紀頃、中国、三国時代、呉末期の前将軍。
⇒三国（張象　ちょうしょう）
　三全（張象　ちょうしょう　生没年不詳）

張譲　ちょうじょう
2世紀、中国、後漢末期の宦官。「十常侍」の一人。
⇒三国（張譲　ちょうじょう）
　三全（張譲　ちょうじょう　?-189）

趙紫陽　ちょうしよう
20世紀、中国の政治家。1965年広東省党委員会第1書記。文化大革命初期全職務を解任されたが71年復活。80年政治局常務委員、首相となり、81年党副主席も兼務。87年党総書記となるが、89年天安門事件への対応が反革命暴動を支持したとされ解任。
⇒岩ケ（趙紫陽　ちょうしよう　1918-）
　旺世（趙紫陽　ちょうしよう　1919-）
　角世（趙紫陽　ちょうしよう　1919-）
　広辞5（趙紫陽　ちょうしよう　1919-）
　広辞6（趙紫陽　ちょうしよう　1919-2005）
　コン3（趙紫陽　ちょうしよう　1919-）
　最世（趙紫陽　ちょうしよう　1919-）
　世人（趙紫陽　ちょうしよう　1919-2005）
　世政（趙紫陽　ちょうしよう　1919.10.17-2005.1.17）
　世東（趙紫陽　ちょうしよう　1919.10.17-）
　全書（趙紫陽　ちょうしよう　1919-）
　中人（趙紫陽　ちょうしよう　1919.10.17-）
　ナビ（趙紫陽　ちょうしよう　1919-）
　評世（趙紫陽　ちょうしよう　1919-）
　山世（趙紫陽　ちょうしよう　1919-）

張商英　ちょうしょうえい
11・12世紀、中国、北宋の政治家。字は天覚、諡は文忠。新法党に属し、宰相。
⇒国小（張商英　ちょうしょうえい　1043（慶暦3）-1121（宣和3））
　コン2（張商英　ちょうしょうえい　1043-1121）
　コン3（張商英　ちょうしょうえい　1043-1121）

趙尚志　ちょうしょうし
20世紀、中国の軍人、東北抗日連軍の幹部。北京市出身。反日運動を指導。1936年以後、抗日連軍第三路軍総指揮（北満）をつとめた。
⇒近人（趙尚志　ちょうしょうし　1908.10.26-1942.2.12）
　コン3（趙尚志　ちょうしょうし　1908-1942頃）
　中人（趙尚志　ちょうしょうし　1908-1942）

張紹曾　ちょうしょうそう
19・20世紀、中国の軍人、政治家。字は敬輿。民国以後、直隷派に属す。1922年唐紹儀内閣の

陸軍総長、翌年国務総理。
⇒コン2（張紹曾　ちょうしょうそう　1876-1928）
　コン3（張紹曾　ちょうしょうそう　1879-1928）
　世東（張紹曾　ちょうしょうそう　1869-1928.3.21）
　中人（張紹曾　ちょうしょうそう　1879-1928）

趙汝适　ちょうじょかつ
12・13世紀、中国、北宋の学者、政治家。宋の太宗8世の孫。泉州提挙市舶司などつとめる。
⇒外国（趙汝适　ちょうじょかつ　12世紀末-13世紀初）
　コン2（趙汝适　ちょうじょかつ　生没年不詳）
　コン3（趙汝适　ちょうじょかつ　生没年不詳）
　世東（趙汝适　ちょうじょかつ　12世紀末-13世紀初）
　中国（趙汝适　ちょうじょかつ　13世紀）
　名著（趙汝适　ちょうじょかつ　生没年不詳）

張寔　ちょうしょく
3・4世紀、中国、五胡時代前涼の主。張軌の子、張駿の父。永嘉の乱で西晋が壊滅すると、半ば独立国の形をとった。
⇒コン2（張寔　ちょうしょく　271-320）
　コン3（張寔　ちょうしょく　271-320）

趙汝愚　ちょうじょぐ
12世紀、中国、南宋の政治家。字は子直、諡は忠定。饒州・余于（江西省）出身。宗室の一人。
⇒コン2（趙汝愚　ちょうじょぐ　1140-1196）
　コン3（趙汝愚　ちょうじょぐ　1140-1196）

趙汝談　ちょうじょだん
13世紀、中国、南宋の官僚、学者。字は履常、号は南塘、諡は文懿。余杭（浙江省）出身。宋の太宗8世の孫。
⇒コン2（趙汝談　ちょうじょだん　?-1237）
　コン3（趙汝談　ちょうじょだん　?-1237）

趙岑　ちょうしん
3世紀頃、中国、三国時代、董卓配下の将。
⇒三国（趙岑　ちょうしん）
　三全（趙岑　ちょうしん　生没年不詳）

張人傑　ちょうじんけつ
19・20世紀、中国の政治家。字は静江。浙江省呉興県出身。1924年国民党改組で中央執行委員となり、北伐の過程で南京政府の樹立を画策。
⇒外国（張人傑　ちょうじんけつ　1873-）
　コン2（張人傑　ちょうじんけつ　1873-1950）
　コン3（張人傑　ちょうじんけつ　1873-1950）
　世東（張人傑　ちょうじんけつ　1877.9.19-1950.9.3）
　中人（張人傑　ちょうじんけつ　1873-1950）
　百科（張人傑　ちょうじんけつ　1877-1950）

調信仁　ちょうしんじん
7世紀頃、朝鮮、百済から来日した使節。
⇒シル（調信仁　ちょうしんじん　7世紀頃）
　シル新（調信仁　ちょうしんじん）

張瑞芳　ちょうずいほう
20世紀，中国の映画女優，新劇俳優。中国人民政治協商会議上海市委員会副主席。
⇒外女（張瑞芳　チャンルイファン　1918-）
　世女（張瑞芳　ちょうずいほう　1918-）
　中人（張瑞芳　ちょうずいほう　1918-）

趙声　ちょうせい
19・20世紀，中国，清末期の革命家。字は伯先，号は雄愁子。江蘇省出身。広東新軍の革命化を工作。黄花崗事件で指導的役割を果たす。
⇒近中（趙声　ちょうせい　1881.3.16-1911.5.18）
　コン3（趙声　ちょうせい　1881-1911）
　中人（趙声　ちょうせい　1881-1911）

趙世炎　ちょうせいえん
20世紀，中国共産党の初期指導者。
⇒近中（趙世炎　ちょうせいえん　1901.4.13-1927.7.19）

張世傑　ちょうせいけつ
13世紀，中国，南宋末の武人。1275年元軍包囲の臨安を解放し，浙西の諸郡を回復。
⇒外国（張世傑　ちょうせいけつ　?-1279）
　角世（張世傑　ちょうせいけつ　?-1279）
　国小（張世傑　ちょうせいけつ　?-1279（祥興2.2））
　コン2（張世傑　ちょうせいけつ　?-1279）
　コン3（張世傑　ちょうせいけつ　?-1279）
　人物（張世傑　ちょうせいけつ　?-1279）
　世東（張世傑　ちょうせいけつ　?-1279）
　世百（張世傑　ちょうせいけつ　?-1279）
　全書（張世傑　ちょうせいけつ　?-1279）
　中国（張世傑　ちょうせいけつ　?-1279）
　中史（張世傑　ちょうせいけつ　?-1279）
　百科（張世傑　ちょうせいけつ　?-1279）
　評世（張世傑　ちょうせいけつ　?-1279）

張斉賢　ちょうせいけん
10・11世紀，中国，北宋の政治家。字は師亮，諡は文定。曹州・冤句（山東省）出身。西夏の李継遷の辺境侵入に「以夷制夷」策を主張。
⇒コン2（張斉賢　ちょうせいけん　943-1014）
　コン3（張斉賢　ちょうせいけん　943-1014）

趙正洪　ちょうせいこう
20世紀，中国のスポーツ界の責任者。湖北省出身。1964年中国人民航空運動協会主席，70年国家体育活動委員会責任者。71年3月世界卓球選手権大会参加中国代表団長として来日。75年5月中華全国体育総会主席に選出。
⇒現人（趙正洪　ちょうせいこう〈チャオチョンホン〉　1914-）
　中人（趙正洪　ちょうせいこう　1914-）

張赤男　ちょうせきなん
20世紀，中国の初期紅軍の指揮官。
⇒近中（張赤男　ちょうせきなん　1906.6-1932.2.15）

張説　ちょうせつ
⇨張説（ちょうえつ）

張先　ちょうせん
2世紀，中国，三国時代，董卓配下の張済の甥張繍の部将。
⇒三国（張先　ちょうせん）
　三全（張先　ちょうせん　?-198）

張薦　ちょうせん
8・9世紀，中国，唐の遣回紇使。
⇒シル（張薦　ちょうせん　745-805）
　シル新（張薦　ちょうせん　745-805）

張仙寿　ちょうせんじゅ
8世紀頃，渤海から来日した使節。
⇒シル（張仙寿　ちょうせんじゅ　8世紀頃）
　シル新（張仙寿　ちょうせんじゅ）

鼂錯　ちょうそ
前2世紀，中国，前漢初期の政治家。頴川（河南省禹県）出身。景帝の即位後，御史大夫に任ぜられ，権力をふるった。
⇒外国（鼂錯　ちょうそ　?-前154）
　角世（鼂錯　ちょうそ　前200?-154）
　広辞4（鼂錯　ちょうそ　?-前154）
　広辞6（鼂錯　ちょうそ　?-前154）
　国小（鼂錯　ちょうそ　?-前154（景帝3））
　コン2（鼂錯　ちょうそ　?-前154）
　コン3（鼂錯　ちょうそ　?-前154）
　集世（鼂錯　ちょうそ　前200（高祖7）-154（景帝3））
　集文（鼂錯　ちょうそ　前200（高祖7）-前154（景帝3））
　人物（鼂錯　ちょうそ　?-前154）
　世東（鼂錯　ちょうそ　?-154）
　世百（鼂錯　ちょうそ　?-前154）
　全書（鼂錯　ちょうそ　?-前154）
　大辞（鼂錯　ちょうそ　?-前154）
　大辞3（鼂錯　ちょうそ　?-前154）
　大百（鼂錯　ちょうそ　?-前154）
　中芸（鼂錯　ちょうそ　?-前154）
　中国（鼂錯　ちょうそ　?-前154）
　百科（鼂錯　ちょうそ　?-前154）
　評世（鼂錯　ちょうそ　?-前154）

晁錯　ちょうそ
前2世紀，中国，前漢の学者，政治家。
⇒中史（晁錯　ちょうそ　前200-154）

張璁　ちょうそう
15・16世紀，中国，明の政治家，学者。字は蘿用，号は蘿峰，秉山。嘉靖帝が即位して翰林学士に起用され，政界に力をふるった。
⇒国小（張璁　ちょうそう　1475（成化11）-1539（嘉靖18））

張蒼　ちょうそう
前2世紀，中国，前漢の政治家。陽武（河南省）出身。初め秦に仕え，のち漢の高祖に従った。

⇒国小（張蒼　ちょうそう　?-前152（前元5））
コン2（張蒼　ちょうそう　?-前152）
コン3（張蒼　ちょうそう　?-前152）
人物（張蒼　ちょうそう　?-前152）
数学（張蒼　ちょうそう　?-前152）
数学増（張蒼　ちょうそう　?-前152）
世東（張蒼　ちょうそう　?-前161）
中国（張蒼　ちょうそう　?-前152）

張宗昌（張宗昌）　ちょうそうしょう
19・20世紀, 中国の軍閥。字は効坤。山東省掖県出身。1921年奉天派張作霖に帰属し, 奉直戦で活躍。
⇒外国（張宗昌　ちょうそうしょう　1882-1932）
近中（張宗昌　ちょうそうしょう　1881.2.13-1932.9.3）
コン3（張宗昌　ちょうそうしょう　1881-1932）
世東（張宋昌　ちょうそうしょう　1882-1932）
中国（張宗昌　ちょうそうしょう　1882-1932）
中人（張宗昌　ちょうそうしょう　1881-1932）
評世（張宗昌　ちょうそうしょう　1882-1932）

趙宗政　ちょうそうせい
9世紀頃, 中国西南部, 南詔の清平官。878（乾符5）年入唐。
⇒シル（趙宗政　ちょうそうせい　9世紀頃）
シル新（趙宗政　ちょうそうせい）

張宗遜　ちょうそうそん
20世紀, 中国の軍人。陝西省生れ。1954年解放軍副総参謀長, 国防委員, 56年党中央委員。文化大革命で賀龍が失脚するとともに解任されたが, 72年済南軍区副司令に復活。75年解放軍総後勤部長に就任。
⇒近中（張宗遜　ちょうそうそん　1908.2.7-）
現人（張宗遜　ちょうそうそん〈チャンツォンシュン〉　1899-）
中人（張宗遜　ちょうそうそん　1908-）

徵側　ちょうそく
⇨張黎（ちょうり）

趙素昂　ちょうそこう
19・20世紀, 朝鮮の独立運動家。
⇒コン3（趙素昂　ちょうそこう　1887-?）
朝人（趙素昂　ちょうそこう　1887-1958）

長孫皇后　ちょうそんこうごう
7世紀, 中国, 唐, 太宗（李世民）の皇妃。
⇒世女日（文徳皇后　WENDE huanghou　601-636）
中皇（長孫皇后　601-636）

長孫嵩　ちょうそんすう
4・5世紀, 中国, 北朝後魏初期の武将。代（山西省）出身。道武帝・明元帝・太武帝に仕えた。
⇒コン2（長孫嵩　ちょうそんすう　生没年不詳）
コン3（長孫嵩　ちょうそんすう　358-437）

長孫晟　ちょうそんせい
6・7世紀, 中国, 隋の将軍。唐の建国の功臣, 長孫無忌の父。
⇒国小（長孫晟　ちょうそんせい　552（西魏, 廃帝1）-609（大業5））
コン2（長孫晟　ちょうそんせい　552-609）
コン3（長孫晟　ちょうそんせい　552-609）
シル（長孫晟　ちょうそんせい　552-609）
シル新（長孫晟　ちょうそんせい　552-609）

長孫無忌　ちょうそんむき
6・7世紀, 中国, 唐初の重臣。鮮卑系貴族の名門出身, 妹は唐太宗の文徳皇后。
⇒角世（長孫無忌　ちょうそんむき　?-659）
国小（長孫無忌　ちょうそんむき　595（開皇15）頃-659（顕慶4.7））
コン2（長孫無忌　ちょうそんむき　?-659）
コン3（長孫無忌　ちょうそんむき　595?-659）
人物（長孫無忌　ちょうそんむき　?-659）
世東（長孫無忌　ちょうそんむき　?-659）
中国（長孫無忌　ちょうそんむき　?-695）
中史（長孫無忌　ちょうそんむき　?-659）
百科（長孫無忌　ちょうそんむき　?-659）
評世（長孫無忌　ちょうそんむき　?-659）

趙佗　ちょうだ, ちょうた
前2世紀, 中国, 前漢時代・南越国の初代王（在位前206〜137?）。武帝と号す。真定（河北省）出身。
⇒外国（趙佗　ちょうだ　?-前137）
広辞4（趙佗　ちょうだ　?-前137）
広辞6（趙佗　ちょうだ　?-前137）
国小（趙佗　ちょうだ　?-前137（建元4））
人物（趙佗　ちょうだ　?-前137）
世東（趙佗　ちょうだ　?-前137）
世百（趙佗　ちょうだ　?-前137）
全書（趙佗　ちょうだ　?-前137）
大百（趙佗　ちょうだ　?-前137）
中国（趙佗　ちょうだ　?-前137）
百科（趙佗　ちょうだ　?-前137）
評世（趙佗　ちょうだ　?-前137）
ベト（Trieu-Đa　チェウ・ダ〔趙佗〕）

趙泰億　ちょうたいおく
17・18世紀, 朝鮮, 李朝の官僚。
⇒日人（趙泰億　ちょうたいおく　1675-1728）

張体学　ちょうたいがく
20世紀, 中国の軍人, 政治家。湖北省黄岡出身。1938年鄂東ゲリラ大隊長。54年8月1日全人大会湖北省代表。68年2月湖北省革委会副主任。69年4月9期中央委。
⇒世東（張体学　ちょうたいがく　1915-1973.9.3）
中人（張体学　ちょうたいがく　1915-1973.9.3）

張大師　ちょうだいし
7世紀頃, 中国, 唐の遣突厥使。
⇒シル（張大師　ちょうだいし　7世紀頃）
シル新（張大師　ちょうだいし）
中書（張大千　ちょうたいせん　1899-1983）

張大千　ちょうたいせん
⇨張大師（ちょうだいし）

張太雷　ちょうたいらい
20世紀, 中国共産党幹部。本名は張泰来, 別名は春木。江蘇省出身。1927年広東コミューンの最高指導者として蜂起。
⇒近中（張太雷　ちょうたいらい　1898.6.17-1927.12.12）
　コン3（張太雷　ちょうたいらい　1899-1927）
　世東（張太雷　ちょうたいらい　1899-1927）
　中人（張太雷　ちょうたいらい　1899-1927）

趙綽　ちょうたく
7世紀頃, 中国, 唐の突厥護送使。
⇒シル（趙綽　ちょうたく　7世紀頃）
　シル新（趙綽　ちょうたく）

張達　ちょうたつ
3世紀, 中国, 三国時代, 張飛に仕える末将。
⇒三国（張達　ちょうたつ）
　三全（張達　ちょうたつ　?-221）

張達志　ちょうたつし
20世紀, 中国の軍人, 政治家。陝西省鳳翔出身。蘭州攻略作戦に参加。1954年9月国防委, 67年文革時, 蘭州軍区司令員として留まる。69年4月9期中央委。
⇒世東（張達志　ちょうたつし　1911-）
　中人（張達志　ちょうたつし　1911-）

張治中　ちょうちちゅう
⇨張治中（ちょうじちゅう）

張池明　ちょうちめい
20世紀, 中国の軍人, 政治家。1947年東北民主連合軍第6縦隊政治部主任。55年9月中将。65年総後勤部副部長。69年4月9期中央委。
⇒世東（張池明　ちょうちめい　1913-）
　中人（張池明　ちょうちめい　1917-）

趙忠　ちょうちゅう
2世紀, 中国, 後漢末期の宦官。「十常侍」の一人。
⇒三国（趙忠　ちょうちゅう）
　三全（趙忠　ちょうちゅう　?-189）

張著　ちょうちょ
3世紀頃, 中国, 三国時代, 蜀の部将。
⇒三国（張著　ちょうちょ）
　三全（張著　ちょうちょ　生没年不詳）

張超　ちょうちょう
2世紀, 中国, 三国時代, 広陵の太守。
⇒三国（張超　ちょうちょう）
　三全（張超　ちょうちょう　?-195）

張悌（張梯）　ちょうてい
3世紀, 中国, 三国時代, 呉末期の丞相。
⇒三国（張悌　ちょうてい）
　三全（張梯　ちょうてい　?-280）

趙鼎　ちょうてい
11・12世紀, 中国, 南宋初期の政治家。字は元鎮, 諡は忠簡。1134～36, 37～38年に宰相。中興の賢相といわれた。
⇒コン2（趙鼎　ちょうてい　1084-1147）
　コン3（趙鼎　ちょうてい　1085-1147）

張廷玉　ちょうていぎょく
17・18世紀, 中国, 清中期の政治家。字は衡臣, 諡は文和。安徽省桐城県出身。雍正帝の没後, オルタイとともに乾隆帝をもりたてた。
⇒外国（張廷玉　ちょうていぎょく　1672-1755）
　コン2（張廷玉　ちょうていぎょく　1672-1755）
　コン3（張廷玉　ちょうていぎょく　1672-1755）
　人物（張廷玉　ちょうていぎょく　1672-1755）
　中芸（張廷玉　ちょうていぎょく　1672-1755）

張鼎丞　ちょうていじょう
20世紀, 中国の政治家。字は鼎信。福建省永定県出身。1952年福建省人民政府主席, 54年最高人民検察院長。69年党9期中央委員に選出。
⇒近中（張鼎丞　ちょうていじょう　1898.12-1981.12.16）
　現人（張鼎丞　ちょうていじょう〈チャンティンチョン〉　1899-）
　コン3（張鼎丞　ちょうていじょう　1897-1981）
　世東（張鼎丞　ちょうていじょう　1899-）
　中人（張鼎丞　ちょうていじょう　1898-1981）

張廷発　ちょうていはつ
20世紀, 中国の軍人。
⇒コン3（張廷発　ちょうていはつ　1918-）
　中人（張廷発　ちょうていはつ　1918-）

張天倫　ちょうてんりん
18・19世紀, 中国, 清代の白蓮教徒の首領。陝西の生れ。鎮安山陽など終南山中で活動した。
⇒外国（張天倫　ちょうてんりん　18-19世紀）

張彤　ちょうとう
20世紀, 中国の外交官。1964年9月外交部第1アジア司司長。69年6月パキスタン駐在大使。
⇒世東（張彤　ちょうとう　?-）
　中人（張彤　ちょうとう　?-）

張当　ちょうとう
3世紀, 中国古代の宦官。
⇒三国（張当　ちょうとう）
　三全（張当　ちょうとう　?-249）

張韜　ちょうとう
3世紀頃, 中国, 三国時代, 魏の曹丕の郭貴妃お気に入りの臣。
⇒三国（張韜　ちょうとう）
　三全（張韜　ちょうとう　生没年不詳）

趙東宛　ちょうとうえん
20世紀, 中国の政治家。人事相, 共産党中央委員。

ちょう

⇒中人（趙東宛　ちょうとうえん　1926–）

張韜光　ちょうとうこう
8世紀頃, 中国, 唐の遣西域使。751年玄宗により派遣された。
⇒シル（張韜光　ちょうとうこう　8世紀頃）
シル新（張韜光　ちょうとうこう）

趙東祐　ちょうとうゆう
20世紀, 朝鮮の社会主義者。
⇒コン3（趙東祐　ちょうとうゆう　1892–1954）
朝人（趙東祐　ちょうとうゆう　1889?–?）

張特　ちょうとく
3世紀頃, 中国, 三国時代, 魏の合肥新城を守る牙門将軍。
⇒三国（張特　ちょうとく）
三全（張特　ちょうとく　生没年不詳）

趙德　ちょうとく
前2・1世紀頃, 中国, 前漢の軍侯。武帝の時, ガンダーラに派遣された。
⇒シル（趙德　ちょうとく　前2–前1世紀頃）
シル新（趙德　ちょうとく）

趙德言　ちょうとくげん
7世紀頃, 中央アジア, 突厥（チュルク）の頡利可汗に仕えた中国人。
⇒シル（趙德言　ちょうとくげん　7世紀頃）
シル新（趙德言　ちょうとくげん）

張德江　ちょうとくこう
20世紀, 中国共産党中央政治局委員, 国務院副総理・党組成員。
⇒中重（張德江　ちょうとくこう　1946.11–）
中人（張德江　ちょうとくこう　1946–）
中二（張德江　ちょうとくこう　1946.11–）

張德秀　ちょうとくしゅう
20世紀, 朝鮮の政治家, 独立運動家。
⇒コン3（張德秀　ちょうとくしゅう　1895–1947）
朝人（張德秀　ちょうとくしゅう　1895–1947）

張德成　ちょうとくせい
20世紀, 中国の義和団指導者。
⇒近中（張德成　ちょうとくせい　?–1900）

趙德麟　ちょうとくりん
12世紀, 中国, 宋代の官吏, 文人。德昭の玄孫。著書に『候鯖録』。
⇒中芸（趙德麟　ちょうとくりん　生没年不詳）

張南　ちょうなん
3世紀, 中国, 三国時代, 袁紹の次子袁熙配下の将。
⇒三国（張南　ちょうなん）
三全（張南　ちょうなん　?–208）
三全（張南　ちょうなん　?–221）

趙南星　ちょうなんせい
16・17世紀, 中国, 明末期の官僚。字は夢白, 号は儕鶴, 諡は忠毅。高攀龍らを登用し, 東林派の全盛期を現出。
⇒外国（趙南星　ちょうなんせい　1550–1627）
コン2（趙南星　ちょうなんせい　1550–1627）
コン3（趙南星　ちょうなんせい　1550–1627）
中史（趙南星　ちょうなんせい　1550–1627）

長寧公主　ちょうねい*
中国, 唐, 中宗の娘。
⇒中皇（長寧公主）

趙寧夏　ちょうねいか
19世紀, 朝鮮, 李朝末期の文臣。
⇒コン3（趙寧夏　ちょうねいか　1845–1884）
朝人（趙寧夏　ちょうねいか　1845–1884）

張廢后　ちょうはいごう*
16世紀, 中国, 明, 嘉靖帝の皇妃。
⇒中皇（張廢后　?–1536）

張培爵　ちょうばいしゃく
19・20世紀, 中国の革命家, 中国同盟会員。
⇒近中（張培爵　ちょうばいしゃく　1876.10–1915.3.4）

張佩綸　ちょうはいりん
19・20世紀, 中国, 清末期の官僚。字は幼樵。河北省豊潤県出身。清流党の領袖。1880年代の朝鮮問題・ベトナム問題で強硬論を展開。
⇒外国（張佩綸　ちょうはいりん　1848–1903）
コン2（張佩綸　ちょうはいりん　1848–1903）
コン3（張佩綸　ちょうはいりん　1848–1903）
中人（張佩綸　ちょうはいりん　1848–1903）

張邈　ちょうばく
2世紀, 中国, 三国時代, 陳留の太守。
⇒三国（張邈　ちょうばく）
三全（張邈　ちょうばく　?–195）

張伯行　ちょうはくこう
17・18世紀, 中国, 清前期の官僚。字は孝先, 号は敬菴, 諡は清恪。河南省出身。宋・明・清の儒家の文集・著書を節録した『正誼堂全書』を編纂。
⇒外国（張伯行　ちょうはくこう　1651–1725）
コン2（張伯行　ちょうはくこう　1651–1725）
コン3（張伯行　ちょうはくこう　1651–1725）
中芸（張伯行　ちょうはくこう　1651–1725）

張発奎　ちょうはっけい, ちょうはつけい
20世紀, 中国の軍人。字は向華。広東省出身。日中戦争で第4戦区司令長官。戦後, 陸軍総司令などを歴任。
⇒近中（張発奎　ちょうはつけい　1896.9.2–1980.3.10）
コン3（張発奎　ちょうはっけい　1896–1980）

ちょう 324 東洋人物レファレンス事典

　　世東（張発奎　ちょうはっけい　1896–）
　　中人（張発奎　ちょうはっけい　1896–1980.3.
　　　10）

趙破奴　ちょうはど
　前2・1世紀，中国，前漢の将軍。西域経営に活躍。
　⇒シル（趙破奴　ちょうはど　?–前91）
　　シル新（趙破奴　ちょうはど　?–前91）

張氾　ちょうはん
　6世紀頃，中国，梁の遣扶南使。
　⇒シル（張氾　ちょうはん　6世紀頃）
　　シル新（張氾　ちょうはん）

趙範　ちょうはん
　3世紀頃，中国，三国時代，桂陽の太守。
　⇒三国（趙範　ちょうはん）
　　三全（趙範　ちょうはん　生没年不詳）

張飛　ちょうひ
　2・3世紀，中国，三国時代蜀の勇将。関羽とともに劉備に仕えた。車騎将軍，司隷校尉となるが，部下に殺された。
　⇒旺世（張飛　ちょうひ　166–221）
　　角世（張飛　ちょうひ　?–221）
　　広辞4（張飛　ちょうひ　?–221）
　　広辞6（張飛　ちょうひ　?–221）
　　国小（張飛　ちょうひ　166（延熹9）–221（章武1））
　　コン2（張飛　ちょうひ　?–221）
　　コン3（張飛　ちょうひ　?–221）
　　三国（張飛　ちょうひ）
　　三全（張飛　ちょうひ　168–221）
　　人物（張飛　ちょうひ　166–221）
　　世東（張飛　ちょうひ　166–221）
　　世百（張飛　ちょうひ　166–221）
　　全書（張飛　ちょうひ　?–221）
　　大辞（張飛　ちょうひ　?–221）
　　大辞3（張飛　ちょうひ　?–221）
　　大百（張飛　ちょうひ　?–221）
　　中国（張飛　ちょうひ　?–221）
　　中史（張飛　ちょうひ　?–221）
　　デス（張飛　ちょうひ　?–221）
　　百科（張飛　ちょうひ　?–221）
　　評世（張飛　ちょうひ　166–221）
　　歴史（張飛　ちょうひ　?–221）

張弥　ちょうび
　3世紀，中国，三国時代，呉の孫権の使者。
　⇒三国（張弥　ちょうび）
　　三全（張弥　ちょうび　?–237）

趙飛燕　ちょうひえん
　前1世紀，中国，前漢成帝（在位前33～7）の皇后。庶人の出身。妹昭儀も召され，姉妹で成帝の寵を争ったという。
　⇒国小（趙飛燕　ちょうひえん　生没年不詳）
　　世女日（趙飛燕　ZHAO Feiyan）
　　世百（趙飛燕　ちょうひえん　前34?–後1?）
　　全書（趙飛燕　ちょうひえん　?–前1）

　　中皇（趙皇后　?–前1）
　　中芸（趙飛燕　ちょうひえん　生没年不詳）
　　中史（趙飛燕　ちょうひえん　?–前1）
　　百科（趙飛燕　ちょうひえん　?–前1）

張百熙　ちょうひゃくき
　19・20世紀，中国，清末期の官僚。字は埜秋。湖南省長沙出身。義和団事件後に管学大臣・戸部尚書などを歴任。
　⇒教育（張百熙　ちょうひゃくき　生没年不詳）
　　コン2（張百熙　ちょうひゃくき　1847–1907）
　　コン3（張百熙　ちょうひゃくき　1847–1907）
　　中人（張百熙　ちょうひゃくき　1847–1907）

張彪　ちょうひょう
　20世紀，中国，清の政治家。山西省太原出身。義父張之洞のもとで，雲貴総督。辛亥革命が起きると，日本へのがれる。
　⇒世東（張彪　ちょうひょう　?–1927.9.13）

張布　ちょうふ
　3世紀，中国，三国時代，呉の左将軍。
　⇒三国（張布　ちょうふ）
　　三全（張布　ちょうふ　?–264）

張普　ちょうふ
　3世紀，中国，三国時代，魏の曹休配下の将。
　⇒三国（張普　ちょうふ）
　　三全（張普　ちょうふ　?–228）

趙普　ちょうふ
　10世紀，中国，北宋建国の功臣。964年から973年まで宰相を務めて宋朝の基礎を固めた。
　⇒外世（趙普　ちょうふ　922–992）
　　角世（趙普　ちょうふ　922–992）
　　国小（趙普　ちょうふ　922（後梁，龍徳2）–992（北宋，淳化3.7.18））
　　コン2（趙普　ちょうふ　922–992）
　　コン3（趙普　ちょうふ　922–992）
　　人物（趙普　ちょうふ　922–992）
　　世東（趙普　ちょうふ　922–992）
　　世百（趙普　ちょうふ　922–992）
　　全書（趙普　ちょうふ　922–992）
　　中国（趙普　ちょうふ　922–992）
　　中史（趙普　ちょうふ　922–992）
　　百科（趙普　ちょうふ　922–992）

周仏海　チョウ・フォーハイ
　⇨周仏海（しゅうふつかい）

趙不恴　ちょうふかん*
　中国，宋（北宋），宗室。
　⇒中皇（趙不恴）

長福　ちょうふく
　7世紀頃，朝鮮，百済から来日した使節。
　⇒シル（長福　ちょうふく　7世紀頃）
　　シル新（長福　ちょうふく）

張文収　ちょうぶんしゅう
7世紀, 中国, 唐の遣新羅使。
⇒シル（張文収　ちょうぶんしゅう　?-670）
　シル新（張文収　ちょうぶんしゅう　?-670）

張聞天　ちょうぶんてん
20世紀, 中国の政治家, 文学者。筆名は洛甫。1951年第2代駐ソ大使, 56年第8回全国人民代表大会で中央委員, 中央政治局候補委員に選ばれたが, 66年解任。長篇小説『長途』など。
⇒外国（張聞天　ちょうぶんてん　1900-）
　角世（張聞天　ちょうぶんてん　1900-1976）
　近中（張聞天　ちょうぶんてん　1900.8.30-1976.7.1)
　国小（張聞天　ちょうぶんてん　1898（光緒24)-）
　コン3（張聞天　ちょうぶんてん　1900-1976）
　集文（張聞天　ちょうもんてん　1900.8.30-1976.7.1)
　世東（張聞天　ちょうぶんてん　1900-）
　世百（張聞天　ちょうぶんてん　1900-）
　世百新（張聞天　ちょうぶんてん　1900-1976）
　全書（張聞天　ちょうぶんてん　1900-1976）
　中芸（張聞天　ちょうぶんてん　1900-）
　中人（張聞天　ちょうぶんてん　1900（光緒24)-1976)
　百科（張聞天　ちょうぶんてん　1900-1976）
　山世（張聞天　ちょうぶんてん　1900-1976）
　歴史（張聞天　ちょうぶんてん　1900（光緒26)-76（民国65))

趙炳玉　ちょうへいぎょく
⇨趙炳玉（チョビョンオク）

趙秉鈞（趙秉鈞）　ちょうへいきん
19・20世紀, 中国, 清末・民国初期の政治家。唐紹儀・陸徴祥両内閣の内務総長を経て, 国務総理となる。
⇒外国（趙秉鈞　ちょうへいきん　1865-1914）
　コン2（趙秉鈞　ちょうへいきん　1864-1914）
　コン3（趙秉鈞　ちょうへいきん　1865-1914）
　世東（趙秉鈞　ちょうへいきん　1865-1914）
　中人（趙秉鈞　ちょうへいきん　1865-1914）

長平公主　ちょうへいこうしゅ*
17世紀, 中国, 明, 崇禎帝の娘。
⇒中皇（長平公主　1628-1646）

趙秉式　ちょうへいしき
19世紀, 朝鮮, 大韓帝国期の政治家。守旧派の中心人物。
⇒コン3（趙秉式　ちょうへいしき　1832-1907）
　朝人（趙秉式　ちょうへいしき　1832-?）

趙秉世　ちょうへいせい
19・20世紀, 朝鮮, 李朝末期の重臣。1894年東学党乱時農民の窮状を指摘し, 政治の根本的改善を訴えた。忠正と諡された。
⇒外国（趙秉世　ちょうへいせい　?-1905）
　コン3（趙秉世　ちょうへいせい　1827-1905）
　朝人（趙秉世　ちょうへいせい　1827-1905）
　日人（趙秉世　チョビョンセ　1827?-1905）

趙秉文　ちょうへいぶん
12・13世紀, 中国, 金の政治家, 文人。字は周臣, 号は閑閑老人。世宗から哀宗までの5朝に仕えた。
⇒コン2（趙秉文　ちょうへいぶん　1159-1232）
　コン3（趙秉文　ちょうへいぶん　1159-1232）
　詩歌（趙秉文　ちょうへいぶん　1159（正隆4)-1232（天興元)）
　新美（趙秉文　ちょうへいぶん　1159（金・正隆4)-1232（天興1))
　人物（趙秉文　ちょうへいぶん　1159-1232）
　世東（趙秉文　ちょうへいぶん　1159-1232）
　中芸（趙秉文　ちょうへいぶん　1159-1232）

張勉　ちょうべん
⇨張勉（チャンミョン）

張輔　ちょうほ
14・15世紀, 中国, 明の武将。字は文弼。靖難の変に永楽帝に従って戦功をたてた。
⇒外国（張輔　ちょうほ　1375-1449）
　角世（張輔　ちょうほ　1375-1449）
　国小（張輔　ちょうほ　1375（洪武8)-1449（正統14))
　コン2（張輔　ちょうほ　1375-1449）
　コン3（張輔　ちょうほ　1375-1449）

張宝　ちょうほう
2世紀, 中国, 三国時代, 黄巾軍の「地公将軍」。張角の弟。
⇒三国（張宝　ちょうほう）
　三全（張宝　ちょうほう　?-184）

張苞　ちょうほう
3世紀, 中国, 三国時代, 蜀の将。張飛の長子。
⇒三国（張苞　ちょうほう）
　三全（張苞　ちょうほう　?-229）

趙萌　ちょうほう
3世紀頃, 中国, 三国時代, 少帝の時の右軍校尉。
⇒三国（趙萌　ちょうほう）
　三全（趙萌　ちょうほう　生没年不詳）

趙宝英　ちょうほうえい
8世紀, 中国, 唐から来日した使節。
⇒シル（趙宝英　ちょうほうえい　?-778）
　シル新（趙宝英　ちょうほうえい　?-778）

張鳳翽　ちょうほうかい
19・20世紀, 中国の軍人, 中国同盟会員。
⇒近中（張鳳翽　ちょうほうかい　1881.2.5-1958.7.29）

張鵬翮　ちょうほうかく
17・18世紀, 中国, 清前期の官僚。字は運青, 号は寛宇, 諡は文端。四川省遂寧県出身。河道総督として黄河・淮水の治水に努力。

⇒外国（張鵬翩　ちょうほうかく　1649–1725）
コン2（張鵬翩　ちょうほうかく　1649–1725）
コン3（張鵬翩　ちょうほうかく　1649–1725）

張宝高　ちょうほうこう
⇨弓福（きゅうふく）

張宝樹　ちょうほうじゅ
20世紀, 台湾の政治家。河北省に生れる。河北省立水産大学教授を経て, 国民党中央委員会第5組主任, 国民党中央委員会中央政策委員会秘書長を歴任。
⇒現人（張宝樹　ちょうほうじゅ〈チャンパオシュー〉1909–）
世東（張宝樹　ちょうほうじゅ　1911.12.30–）
中人（張宝樹　ちょうほうじゅ　1911.12.30–）

張邦昌　ちょうほうしょう
12世紀, 中国, 金が北宋を滅ぼして河南に建てた傀儡国家楚の皇帝。字は子能。
⇒外国（張邦昌　ちょうほうしょう　?–1127）
角世（張邦昌　ちょうほうしょう　1081–1127）
国小（張邦昌　ちょうほうしょう　?–1127（建炎1））
コン2（張邦昌　ちょうほうしょう　?–1127）
コン3（張邦昌　ちょうほうしょう　1081–1127）
中史（張邦昌　ちょうほうしょう　1081–1127）

趙卯発　ちょうぼうはつ
13世紀, 中国, 南宋の官僚。字は漢卿, 諡は文節。元軍の攻撃をうけ敗れる。
⇒コン2（趙卯発　ちょうぼうはつ　?–1275）
コン3（趙卯発　ちょうぼうはつ　?–1275）

張方平　ちょうほうへい
11世紀, 中国, 北宋の官僚。字は安道, 号は楽全, 諡は文定。南京（河南省）出身。神宗のとき参知政事となり, 王安石の新法に反対。
⇒コン2（張方平　ちょうほうへい　1007–1091）
コン3（張方平　ちょうほうへい　1007–1091）

張保皐（張保皋）　ちょうほこう
⇨弓福（きゅうふく）

張名振　ちょうめいしん
17世紀, 中国, 清代の武将。字は侯服。南京の生れ。終始, 魯王の臣と称した。
⇒外国（張名振　ちょうめいしん　?–1655）

張猛　ちょうもう
前1世紀, 中国, 前漢の匈奴使。張騫の孫。
⇒シル（張猛　ちょうもう　?–前40）
シル新（張猛　ちょうもう　?–前40）

張聞天　ちょうもんてん
⇨張聞天（ちょうぶんてん）

張約　ちょうやく
3世紀, 中国, 三国時代, 呉の諸葛恪の腹心の大将。

⇒三国（張約　ちょうやく）
三全（張約　ちょうやく　?–253）

周揚　チョウヤン
⇨周揚（しゅうよう）

張楊　ちょうよう
2世紀, 中国, 三国時代, 上党の太守。
⇒三国（張楊　ちょうよう）
三全（張楊　ちょうよう　?–199）

張養浩　ちょうようこう
13・14世紀, 中国, 元の政治家。礼部侍郎, 参議中書省事など歴任。著に『三事忠告』。
⇒外国（張養浩　ちょうようこう　1269–1329）
コン2（張養浩　ちょうようこう　1269–1329）
コン3（張養浩　ちょうようこう　1270–1329）
中史（張養浩　ちょうようこう　1270–1329）

趙耀東　ちょうようとう
20世紀, 台湾の経済相。
⇒中人（趙耀東　ちょうようとう　?–）

張翼　ちょうよく
3世紀, 中国, 三国時代, 益州の牧劉璋の部将。
⇒三国（張翼　ちょうよく）
三全（張翼　ちょうよく　?–264）

趙翼　ちょうよく
16・17世紀, 朝鮮, 李朝の文臣。
⇒コン2（趙翼　ちょうよく　1579–1655）
コン3（趙翼　ちょうよく　1579–1655）

張洛行　ちょうらくこう
19世紀, 中国, 清末期の捻軍反乱の指導者の一人。1859年太平天国より封号をうけ, のち沃王に封ぜられた。
⇒コン2（張洛行　ちょうらくこう　1810–1863）
コン3（張洛行　ちょうらくこう　1810–1863）

長楽公主　ちょうらくこうしゅ
6世紀頃, 中国, 西魏の和蕃公主。突厥（チュルク）に嫁いだ。
⇒シル（長楽公主　ちょうらくこうしゅ　6世紀頃）
シル新（長楽公主　ちょうらくこうしゅ）
中皇（長楽公主）

張瀾　ちょうらん
19・20世紀, 中国の政治家。字は表方。四川省南充県の出身。1949年人民共和国成立に参加, 中央人民政府副主席・人民代表大会常務委員会副委員長などを歴任。
⇒外国（張瀾　ちょうらん　1872–）
角世（張瀾　ちょうらん　1872–1955）
広辞4（張瀾　ちょうらん　1872–1955）
広辞5（張瀾　ちょうらん　1872–1955）
広辞6（張瀾　ちょうらん　1872–1955）
コン2（張瀾　ちょうらん　1872–1955）
コン3（張瀾　ちょうらん　1872–1955）

人物（張瀾　ちょうらん　1872–1955）
世東（張瀾　ちょうらん　1872–1955.2.9）
大辞（張瀾　ちょうらん　1872–1955）
大辞2（張瀾　ちょうらん　1872–1955）
大辞3（張瀾　ちょうらん　1872–1955）
中人（張瀾　ちょうらん　1872–1955）
評世（張瀾　ちょうらん　1872–1955）

張黎　ちょうり
20世紀，中国共産党第16期中央委員候補，人民解放軍副総参謀長（中将）。
⇒国小（徴側　ちょうそく　?–43）
コン2（チュン・チャック〔徴側〕　?–43）
世百（徴側　ちょうそく　?–43）
全書（徴側　チュン・チャク）
中二（張黎　ちょうり）
百科（徴側　ちょうそく　?–43）
百科（徴側　チュンチャク　1世紀）

趙龍眥　ちょうりゅうしゃ
9世紀頃，中国西南部，南詔の遣唐使。
⇒シル（趙龍眥　ちょうりゅうしゃ　9世紀頃）
シル新（趙龍眥　ちょうりゅうしゃ）

趙隆眉　ちょうりゅうび
9世紀，中国西南部，南詔の遣唐使。
⇒シル（趙隆眉　ちょうりゅうび　?–880?）
シル新（趙隆眉　ちょうりゅうび　?–880?）

張梁　ちょうりょう
2世紀，中国，三国時代，黄巾軍の「人公将軍」。
⇒三国（張梁　ちょうりょう）
三全（張梁　ちょうりょう　?–184）

張良　ちょうりょう
前2世紀，中国，漢の高祖の功臣。韓出身。漢の高祖を助けて秦を滅ぼし，漢の建国に尽くし留侯に封ぜられた。
⇒旺世（張良　ちょうりょう　?–前168）
外国（張良　ちょうりょう　?–前189）
角世（張良　ちょうりょう　?–前168）
広辞4（張良　ちょうりょう　?–前168）
広辞6（張良　ちょうりょう　?–前168）
国小（張良　ちょうりょう　?–前189（恵帝6））
コン3（張良　ちょうりょう　?–前168）
三国（張良　ちょうりょう）
人物（張良　ちょうりょう　?–前168）
世東（張良　ちょうりょう　?–前168）
世百（張良　ちょうりょう　?–前168）
全書（張良　ちょうりょう　?–前168）
大辞（張良　ちょうりょう　?–前168）
大辞3（張良　ちょうりょう　?–前168）
大百（張良　ちょうりょう　?–前168）
中国（張良　ちょうりょう　?–前168）
中史（張良　ちょうりょう　?–前189）
デス（張良　ちょうりょう　?–前168）
百科（張良　ちょうりょう　?–前168）
評世（張良　ちょうりょう　?–前168）

張遼　ちょうりょう
2・3世紀，中国，三国時代，呂布配下の第一の大将。雁門の馬邑出身。字は文遠（ぶんえん）。

⇒三国（張遼　ちょうりょう）
三全（張遼　ちょうりょう　169–224）

趙良棟　ちょうりょうとう
17世紀，中国，清代の軍人。字は擎宇。寧夏の生れ。三藩の乱が起ると寧夏提督となって兵変を鎮定。
⇒外国（趙良棟　ちょうりょうとう　1621–1697）
中史（趙良棟　ちょうりょうとう　1621–1697）

趙良弼　ちょうりょうひつ
13世紀，中国，元の政治家。字は輔之，謚は文正。女真族出身の進士。世祖に仕え，南征に功をあげた。
⇒コン2（趙良弼　ちょうりょうひつ　1217–1286）
コン3（趙良弼　ちょうりょうひつ　1217–1286）
日人（趙良弼　ちょうりょうひつ　1217–1286）
百科（趙良弼　ちょうりょうひつ　1217–1286）

趙累　ちょうるい
3世紀，中国，三国時代，蜀の軍前都督糧料官。
⇒三国（趙累　ちょうるい）
三全（趙累　ちょうるい　?–219）

長齢　ちょうれい
18・19世紀，中国，清後期の官僚。蒙古正白旗出身。字は修圃，号は懋亭，謚は文襄1825年イリ将軍。
⇒コン2（長齢　ちょうれい　1758–1838）
コン3（長齢　ちょうれい　1758–1838）

張厲生　ちょうれいせい
20世紀，中国国民党員。
⇒近中（張厲生　ちょうれいせい　1901.5.29–1971.4.20）

褚淵　ちょえん
5世紀，中国，南斉の政治家。字は彦回。河南省出身。
⇒コン2（褚淵　ちょえん　437–484）
コン3（褚淵　ちょえん　437–484）

チョクロアミノト　Cokroaminoto, Umar Said
19・20世紀，インドネシアの民族運動家，イスラム同盟（SI）創立者。SIを最大の民族運動団体とした。
⇒角世（チョクロアミノト　1882–1934）
コン3（チョクロアミノト　1883–1934）
世百新（チョクロアミノト　1882–1934）
伝世（チョクロアミノト　1882/3–1934）
東ア（チョクロアミノト　1882–1934）
百科（チョクロアミノト　1882–1934）
歴史（チョクロアミノト　1882–1934）

趙光祖　チョグヮンジョ
⇨趙光祖（ちょうこうそ）

チョー・ソー　Kyaw Soe
20世紀，ビルマの軍人，政治家。反英運動およ

び反日運動に参加。1962年革命評議会委員, 内相となり特高を掌握。
⇒世人 (チョウ・ソー 1918.3.18-)
　二十 (チョー・ソー 1918-)

趙炳玉 チョビョンオク
20世紀, 朝鮮の政治家。忠清南道天安の生れ。反李承晩の野党, 民主国民党の事務局長。
⇒外国 (趙炳玉 ちょうへいぎょく 1894-)
　現人 (趙炳玉 チョビョンオク 1894-1960.2.15)

チョビョンセ
⇨趙秉世 (ちょうへいせい)

褚輔成 ちょほせい
19・20世紀, 中国の政治家。字は慧僧。浙江省出身。辛亥革命では浙江蜂起を推進。広東軍政府の非常国会議長などをつとめた。
⇒コン2 (褚輔成 ちょほせい 1871-1948)
　コン3 (褚輔成 ちょほせい 1873-1948)
　中人 (褚輔成 ちょほせい 1873-1948)

曺奉岩 チョボンアム
20世紀, 韓国の政治家。京畿道仁川出身。号は竹山。1952, 56年大統領選に出馬, 落選。56年進歩党を組織したが, 58年国家保安法違反として李政権に逮捕され翌年処刑された。
⇒現人 (曺奉岩 チョボンアム 1898-1959.7.31)
　コン3 (曺奉岩 そうほうがん 1898-1959)
　世百新 (曺奉岩 そうほうがん 1898-1959)
　全書 (曺奉岩 そうほうがん 1898-1959)
　大百 (曺奉岩 そうほうがん〈チョボンアム〉 1898-1959)
　朝人 (曺奉岩 そうほうがん 1888-1959)
　朝鮮 (曺奉岩 そうほうがん 1898-1959)
　百科 (曺奉岩 そうほうがん 1898-1959)

曺晩植 チョマンシク
19・20世紀, 朝鮮の政治家。1945年朝鮮民主党を結成し反共の立場から信託統治反対運動を起こした。
⇒外国 (曺晩植 そうばんしょく 1883-)
　キリ (曺晩植 チョーマンシク 1882.12.4-?)
　現人 (曺晩植 チョマンシク 1882-)
　コン3 (曹(曺)晩植 そうばんしょく 1882-?)
　世政 (曺晩植 ジョマンシク 1882-?)
　世百新 (曺晩植 そうばんしょく 1883-?)
　全書 (曺晩植 そうばんしょく 1882-?)
　朝人 (曺晩植 そうばんしょく 1882-1950?)
　朝鮮 (曺晩植 そうばんしょく 1882-?)
　日人 (曺晩植 チョマンシク 1882-?)
　百科 (曺晩植 そうばんしょく 1882-?)

褚民誼 ちょみんぎ
19・20世紀, 中国の政治家。字は重行。浙江省呉興県出身。1937年以後, 対日和平を画策。40年汪兆銘政権の行政院副院長などを歴任。
⇒近中 (褚民誼 ちょみんぎ 1884-1946.8.23)
　コン3 (褚民誼 ちょみんぎ 1884-1946)
　世百新 (褚民誼 ちょみんぎ 1884-1946)

　中人 (褚民誼 ちょみんぎ 1884-1946)
　百科 (褚民誼 ちょみんぎ 1884-1946)

チョルマグン (緒児馬罕)
13世紀, モンゴル帝国の武将。1231年ジャラール・ウッディーンを征討, 以後ペルシア平定に従事。
⇒国小 (チョルマグン〔緒児馬罕〕 ?-1242)

丁一権 チョンイルクォン
⇨丁一権 (ジョンイルグォン)

鄭一亨 チョンイルヒョン
20世紀, 韓国の政治家。1961年張勉内閣の外相に就任。67年から73年にかけ新民党副総裁。
⇒キリ (鄭一亨 チョンイルヒョン 1904.2.23-1982.5)
　現人 (鄭一亨 チョンイルヒョン 1904.2.23-)

鄭琴星 チョングンサン
20世紀, 韓国の詩人・金芝河の母。金芝河の創作と抵抗の活動を支え, 自らも反独裁闘争に加わる。
⇒スパ (鄭琴星 チョングンサン 1923?-)

鄭準基 チョンジュンギ
20世紀, 北朝鮮の政治家。咸鏡南道に生れる。1962年労働党宣伝扇動部副部長, 63年『労働新聞』責任主筆, 64年朝鮮記者同盟中央委員長などを歴任。70年党中央委員, 73年政務院副首相。
⇒現人 (鄭準基 チョンジュンギ 1924.9.15-)

正祖 (李朝) チョンジョ
⇨正祖 (李朝) (せいそ)

鄭澈 チョンチョル
⇨鄭澈 (ていてつ)

鄭斗源 チョンドゥウォン
⇨鄭斗源 (ていとげん)

全斗煥 チョンドゥファン
20世紀, 韓国の政治家。慶尚南道陜川郡生れ。陸軍士官学校が4年制の正規陸士に改編された第1期生。朴大統領射殺事件の合同捜査本部長として, 初めて政局の表舞台に登場した。1980年8月大将で退役, 第11代大統領 (1980―1988) に就任。
⇒岩ケ (全斗煥 チョンドゥファン 1931-)
　旺世 (全斗煥 チョンドゥホワン 1931-)
　角世 (全斗煥 チョンドゥファン 1931-)
　韓国 (全斗煥 ジョンドゥファン 1931.1.18-)
　広辞5 (全斗煥 チョンドゥファン 1931-)
　広辞6 (全斗煥 チョンドゥファン 1931-)
　コン3 (全斗煥 ぜんとかん 1931-)
　最世 (全斗煥 1931-)
　世人 (全斗煥 ぜんとかん 1931-)
　世政 (全斗煥 ジョンドゥファン 1931.1.18-)
　世東 (全斗煥 ぜんとかん 1931-)
　全書 (全斗煥 ぜんとかん 1931-)

大辞2（全斗煥　チョンドファン　1931-）
　朝人（全斗煥　ぜんとかん　1931-）
　朝鮮（全斗煥　ぜんとかん　1931-）
　ナビ（全斗煥　チョンドファン　1931-）
　評世（全斗煥　チョンドファン　1931-）
　山世（全斗煥　チョンドゥホァン　1931-）

全斗煥　チョンドゥホァン
　⇨全斗煥（チョンドゥファン）

鄭道伝　チョンドジョン
　⇨鄭道伝（ていどうでん）

全斗煥　チョンドファン
　⇨全斗煥（チョンドゥファン）

全琫準　チョンボンジュン
　⇨全琫準（ぜんほうじゅん）

鄭夢周　チョンモンジュ
　⇨鄭夢周（ていむしゅう）

チラウン〔赤老温〕
　モンゴル帝国の政治家。建国の功臣。4傑の一人と称された。
　⇒国小（チラウン〔赤老温〕　生没年不詳）

チルク〔直魯古〕　Chiluku
　12・13世紀、中央アジア、西遼の第5代（最後の）王（在位1117〜1211）。ナイマン部のクチュルクに王位を奪われた。
　⇒国小（チルク〔直魯古〕　?-1212?）
　　世東（チルク〔直魯古〕　?-1212頃）

チルハンガ〔吉爾杭阿〕　Chirhanga
　19世紀、中国、清末期の武将。姓は奇特拉、字は雨山。満州貴人。太平天国軍と戦い、包囲されて自殺。
　⇒コン2（チルハンガ〔吉爾杭阿〕　?-1856）
　　コン3（チルハンガ〔吉爾杭阿〕　?-1856）

陳郁　ちんいく
　20世紀、中国の革命家。広東省海豊県出身。1949年以後、全国総工会主席団員。文革中は広東省革命委副主任として活動。69年党9期中央委員。
　⇒近中（陳郁　ちんいく　1901.11.11-1974.3.21）
　　コン3（陳郁　ちんいく　1901-1974）
　　世東（陳郁　ちんいく　1902-）
　　中人（陳郁　ちんいく　1901-1974）

沈惟敬　ちんいけい
　⇨沈惟敬（しんいけい）

沈一貫　ちんいっかん
　⇨沈一貫（しんいっかん）

チン・ヴァン・カン〔鄭文艮〕
　20世紀、ベトナムの革命運動家。
　⇒ベト（Trinh-Van-Can　チン・ヴァン・カン〔鄭文艮〕）

陳雲　ちんうん
　20世紀、中国の政治家。1958年以降、国務院副総理兼国家基本建設委員会主任。71年失脚したが、翌年副首相で復活。78〜82年党副首席。
　⇒外国（陳雲　ちんうん　1904-）
　　角世（陳雲　ちんうん　1905-1995）
　　近中（陳雲　ちんうん　1905-）
　　現人（陳雲　ちんうん〈チェンユン〉　1905-）
　　広辞5（陳雲　ちんうん　1905-1995）
　　広辞6（陳雲　ちんうん　1905-1995）
　　国小（陳雲　ちんうん　1904-）
　　コン3（陳雲　ちんうん　1905-1995）
　　人物（陳雲　ちんうん　1904-）
　　世政（陳雲　ちんうん　1905.6.13-1995.4.10）
　　世東（陳雲　ちんうん　1905-）
　　世百（陳雲　ちんうん　1904-）
　　全書（陳雲　ちんうん　1904-）
　　中人（陳雲　ちんうん　1905-）
　　山世（陳雲　ちんうん　1905-1995）

陳永貴　ちんえいき
　20世紀、中国の政治家。1973〜82年党政治局委員、75〜80年副首相。82年失脚。
　⇒現人（陳永貴　ちんえいき〈チェンヨンコエ〉　1915-）
　　世東（陳永貴　ちんえいき　1915-1986.3.26）
　　世東（陳永貴　ちんえいき　1915-）
　　中人（陳永貴　ちんえいき　1915-1986.3.26）

陳衍　ちんえん
　中国、近代の文人官吏。字は叔伊、石遺。福建省候官出身。『石遺室詩話』（13巻）がある。
　⇒外国（陳衍　ちんえん）
　　中芸（陳衍　ちんえん　生没年不詳）
　　中人（陳衍　ちんえん　1856-1937）

陳延年　ちんえんねん
　20世紀、中国の革命家。安徽省出身。陳独秀の子。1927年共産党江浙区委書記として、国民党に逮捕され、殺害された。
　⇒近中（陳延年　ちんえんねん　1898-1927.7.4）
　　コン3（陳延年　ちんえんねん　1898-1927）

陳応　ちんおう
　3世紀頃、中国、三国時代、荊州の南方、桂陽郡の管軍校尉。
　⇒三国（陳応　ちんおう）
　　三全（陳応　ちんおう　?-208）

陳横　ちんおう
　2世紀、中国、三国時代、揚州の刺史劉繇の部将。
　⇒三国（陳横　ちんおう）
　　三全（陳横　ちんおう　?-195）

陳王曹植　ちんおうそうしょく*
　3世紀、中国、魏（三国）、文帝の弟。
　⇒中皇（陳王曹植　?-232）

チンカイ（鎮海）　Činqai
　12・13世紀，モンゴル帝国の武将。
　　⇒外国（チンカイ　1164頃-1247頃）
　　　角世（チンカイ〔鎮海〕　?-1251?）

沈括　ちんかつ
　⇨沈括（しんかつ）

陳果夫　ちんかふ
　20世紀，中国の財閥・政治家。名は祖燾，果夫は字。浙江省出身。上海クーデター後，弟の陳立夫とCC団を創設，膨大な私財を蓄積。
　　⇒外国（陳果夫　ちんかふ　1892-1951）
　　　近中（陳果夫　ちんかふ　1892.9.7-1951.8.25）
　　　コン3（陳果夫　ちんかふ　1892-1951）
　　　人物（陳果夫　ちんかふ　1892-1951）
　　　世政（陳果夫　ちんかふ　1892-1951）
　　　世東（陳果夫　ちんかふ　1892.10.27-1951.8.25）
　　　全書（陳果夫　ちんかふ　1892-1951）
　　　中国（陳果夫　ちんかふ　1892-1951）
　　　中人（陳果夫　ちんかふ　1892-1951）
　　　山世（陳果夫　ちんかふ　1892-1951）

沈家本　ちんかほん
　⇨沈家本（しんかほん）

陳瓘　ちんかん
　11・12世紀，中国，北宋末期の政治家。字は瑩中，諡は忠粛。南剣州・沙県（福建省）出身。徽宗朝で右司諫となる。
　　⇒コン2（陳瓘　ちんかん　1060-1124）
　　　コン3（陳瓘　ちんかん　1060-1124）

陳宧　ちんかん
　19・20世紀，中国の軍人。
　　⇒近中（陳宧　ちんかん　1870-1943）

陳翰章　ちんかんしょう
　20世紀，中国の軍人。満州族。中国共産党系軍人。
　　⇒近中（陳翰章　ちんかんしょう　1913.6.14-1940.12.8）

陳簡定　ちんかんてい
　⇨ザン・ディン・デ

陳顗　ちんき
　⇨ザン・ディン・デ

陳騤　ちんき
　12世紀，中国，宋代の官吏，学者。著書に『南宋館閣録』など。
　　⇒中芸（陳騤　ちんき　1128-1203）

陳毅　ちんき
　20世紀，中国の政治家。1954年中央軍事委員会副主席，国務院副総理，58年外交部長。66年紅衛兵の攻撃を受けた。

　　⇒岩ケ（陳毅　ちんき　1901-1972）
　　　角世（陳毅　ちんき　1901-1972）
　　　近中（陳毅　ちんき　1901.8.26-1972.1.6）
　　　現人（陳毅　ちんき〈チェンイー〉　1901-1972.1.6）
　　　広辞5（陳毅　ちんき　1901-1972）
　　　広辞6（陳毅　ちんき　1901-1972）
　　　国小（陳毅　ちんき　1901-1972.1.6）
　　　コン3（陳毅　ちんき　1901-1972）
　　　人物（陳毅　ちんき　1905-）
　　　世人（陳毅　ちんき　1901-1972）
　　　世東（陳毅　ちんき　1901-1972）
　　　世百（陳毅　ちんき　1901-）
　　　世百新（陳毅　ちんき　1901-1972）
　　　全書（陳毅　ちんき　1901-1972）
　　　大辞2（陳毅　ちんき　1901-1972）
　　　大辞3（陳毅　ちんき　1901-1972）
　　　大百（陳毅　ちんき〈チェンイー〉　1901-1972）
　　　中国（陳毅　ちんき　1901-1972）
　　　中人（陳毅　ちんき　1901-1972.1.6）
　　　百科（陳毅　ちんき　1901-1972）
　　　評世（陳毅　ちんき　1906-1972）
　　　山世（陳毅　ちんき　1901-1972）

陳紀　ちんき
　2世紀，中国，三国時代，袁術の部将。
　　⇒三国（陳紀　ちんき）
　　　三全（陳紀　ちんき　?-197）

陳儀　ちんぎ
　20世紀，中国，国民党政府の軍人。浙江出身。政学系の中心人物の1人，陸軍大将。1934～41年浙江省政府主席。
　　⇒近中（陳儀　ちんぎ　1883.5.3-1950.6.18）
　　　人物（陳儀　ちんぎ　1882-1950）
　　　世政（陳儀　ちんぎ　1893-1950）
　　　世東（陳儀　ちんぎ　1893-1950）
　　　中人（陳儀　ちんぎ　1893-1950）

陳其瑗　ちんきえん
　19・20世紀，中国の教育家，政治家。広州市出身。1949年人民政協会議第1期全国委員。その後華僑問題で活躍。
　　⇒近中（陳其瑗　ちんきえん　1888-1968.5.30）
　　　コン3（陳其瑗　ちんきえん　1887-1968）
　　　中人（陳其瑗　ちんきえん　1887-1968）

陳奇涵　ちんきかん
　20世紀，中国の軍人。江西省興国県出身。抗日戦中は中央軍委，参謀長，綏徳軍区司令員を歴任。1954年人大会江西省代表，国防委，以後全軍軍法関係の職務を兼任。69年4月9期中央委。
　　⇒世東（陳奇涵　ちんきかん　1905-）

沈義謙（沈議謙）　ちんぎけん
　⇨沈義謙（しんぎけん）

陳季拡　ちんきこう
　⇨チャン・クイ・コアック

チンギズカン
⇨チンギス・ハン

チンギス・ハン（成吉思汗）
12・13世紀，モンゴル帝国の建設者。初代ハン（在位1206〜27）。
⇒逸話　（ちんぎすはん〔成吉思汗〕　1167?–1227）
　岩ケ　（チンギス・ハーン　1162–1227）
　旺世　（チンギス＝ハン　1167頃–1227）
　外国　（チンギス・ハーン　1167頃–1227）
　角世　（チンギス・ハン　1167–1227）
　広辞4　（ジンギス・かん〔成吉思汗〕　1162/67–1227）
　広辞6　（ジンギス・かん〔成吉思汗〕　1162/1167–1227）
　皇帝　（チンギス・ハン　1167–1227）
　国小　（チンギス・ハン〔成吉思汗〕　1162?–1227.8）
　国百　（チンギス・ハン　1162?–1227.8）
　コン2　（チンギス・ハン〔成吉思汗〕　1167頃–1227）
　コン3　（チンギス・ハン　1167–1227）
　人物　（チンギス・ハン　1167–1227）
　西洋　（チンギス・カーン　1167–1227）
　世人　（チンギス＝ハン　1167頃–1227）
　世東　（たいそ〔太祖〕　1167–1227）
　世百　（チンギズカン　1167?–1227）
　全書　（チンギス・ハン　1162?–1227）
　大辞　（チンギス・ハン　1167–1227）
　大辞3　（チンギス・ハン　1167–1227）
　大百　（ジンギス・カン　1162?–1227）
　中皇　（チンギス・ハーン　1162–1227）
　中国　（たいそ〔太祖（元）〕　1167–1227）
　中史　（チンギス・ハン〔成吉思汗〕　1162–1227）
　中ユ　（チンギス・カン　1162?–1227）
　デス　（チンギス・ハン　1162頃–1227）
　統治　（太祖（テムジン）（チンギス）　T'ai Tsu〔Chin-giz〕（在位）1206–1227）
　百世　（チンギス・ハーン　1167–1227）
　評世　（チンギス（成吉思）汗　1167?–1227）
　山世　（チンギス・カン　1155/61/62/67–1227）
　歴史　（チンギス＝ハン〔成吉思汗〕　1167頃–1227）

陳希同　ちんきどう
20世紀，中国の政治家。北京市長兼党委書記，中国共産党政治局委員，中国国務委員。
⇒中人　（陳希同　ちんきどう　1930.6–）

陳其美　ちんきび
19・20世紀，中国の革命家。字は英士。妹は蔣介石の先夫人。蔣介石と早くから親交があり，蔣を孫文に近づけた。討袁運動を画策，上海で暗殺された。
⇒外国　（陳其美　ちんきび　1877–1916）
　角世　（陳其美　ちんきび　1878–1916）
　国小　（陳其美　ちんきび（光緒3）–1916.5）
　コン2　（陳其美　ちんきび　1877–1916）
　コン3　（陳其美　ちんきび　1877–1916）
　世東　（陳其美　ちんきび　1877–1916）
　世百　（陳其美　ちんきび　1877–1916）
　全書　（陳其美　ちんきび　1878–1916）
　中史　（陳其美　ちんきび　1877–1916）
　中人　（陳其美　ちんきび　1877–1916.5）
　百科　（陳其美　ちんきび　1877–1916）

チンキム（真金）
13世紀，中国，元の世祖フビライの次子。母はオンギラト氏チャブイ皇后。
⇒百科　（真金　チンキム　1243–1285）

陳其尤　ちんきゆう
20世紀，中国の政治家。広東省海豊県出身。第2次大戦後，香港で中国致公党の結成につくし，主席に就任。
⇒近中　（陳其尤　ちんきゆう　1892–1970.12.10）
　中人　（陳其尤　ちんきゆう　1892–1970）

陳矯　ちんきょう
3世紀頃，中国，三国時代，魏の曹仁の参謀。
⇒三国　（陳矯　ちんきょう）
　三全　（陳矯　ちんきょう　生没年不詳）

陳堯佐　ちんぎょうさ
10・11世紀，中国，北宋の政治家。『真宗実録』を編纂。1037年宰相。
⇒コン2　（陳堯佐　ちんぎょうさ　963–1044）
　コン3　（陳堯佐　ちんぎょうさ　963–1044）

陳玉成　ちんぎょくせい
19世紀，中国，清末期の太平天国軍の武将。広西省藤県出身。安慶・廬州の戦いに敗れ，清軍に捕えられて処刑された。
⇒外国　（陳玉成　ちんぎょくせい　1837–1862）
　コン2　（陳玉成　ちんぎょくせい　1837–1862）
　コン3　（陳玉成　ちんぎょくせい　1837–1862）
　世東　（陳玉成　ちんぎょくせい　1837–1862）
　百科　（陳玉成　ちんぎょくせい　1837–1862）

陳去病　ちんきょびょう
⇨陳去病（ちんきょへい）

陳去病　ちんきょへい
19・20世紀，中国，民国の政治家，詩人。江蘇省呉江人。内政部参事等を歴任。大元帥大本営秘書長。
⇒近中　（陳去病　ちんきょびょう　1874.8.12–1933.10.4）
　集文　（陳去病　ちんきょへい　1874.8.12–1933.10.4）
　世東　（陳去病　ちんきょへい　1874–1933）

沈鈞儒　ちんきんじゅ
⇨沈鈞儒（しんきんじゅ）

陳錦濤　ちんきんとう
19・20世紀，インドネシアの政治家。在住華僑の指導者。字は瀾生。広東省出身。1925年段祺瑞執政府に入閣。
⇒コン2　（陳錦濤　ちんきんとう　1870–）
　コン3　（陳錦濤　ちんきんとう　1870–1940）
　世東　（陳錦濤　ちんきんとう　1870–1940.3.24）

陳群(陳羣)　ちんぐん
　3世紀, 中国, 三国魏の政治家。許昌(河南省)出身。九品官人法を立案。
　⇒コン2　(陳群　ちんぐん　?-236)
　　コン3　(陳羣　ちんぐん　?-237)
　　三国　(陳羣　ちんぐん)
　　三全　(陳羣　ちんぐん　?-236)

陳羣　ちんぐん
　19・20世紀, 中国の国民党の政治家, 後に南京汪精衛政権の一員。
　⇒近中　(陳羣　ちんぐん　1890-1945.8.17)

陳㷛　ちんけい
　⇨太宗(陳朝)(たいそう)

陳炯明(陳烱明)　ちんけいめい
　19・20世紀, 中国の軍閥。広東省海豊県出身。1920年孫文を擁して広東軍政府を組織。22年クーデターで孫文を追い, 北伐を挫折させた。
　⇒外国　(陳炯明　ちんけいめい　1875-)
　　角世　(陳炯明　ちんけいめい　1878-1933)
　　コン2　(陳炯明　ちんけいめい　1875-1933)
　　コン3　(陳炯明　ちんけいめい　1875-1933)
　　人物　(陳炯明　ちんけいめい　1878-1933.9.22)
　　世東　(陳炯明　ちんけいめい　1878-1933.9.22)
　　世百　(陳炯明　ちんけいめい　1878-1933)
　　全書　(陳炯明　ちんけいめい　1878-1933)
　　中人　(陳炯明　ちんけいめい　1878-1933)
　　百科　(陳炯明　ちんけいめい　1878-1933)
　　評世　(陳炯明　ちんけいめい　1875-1933)
　　山世　(陳炯明　ちんけいめい　1878-1933)

陳元　ちんげん
　中国, 東晋の部将。
　⇒三国　(陳元　ちんげん)
　　三全　(陳元　ちんげん　生没年不詳)

陳騫　ちんけん
　3世紀, 中国, 三国時代, 魏の安東将軍。
　⇒三国　(陳騫　ちんけん)
　　三全　(陳騫　ちんけん　212-292)

陳烱明　ちんけんめい
　⇨陳炯明(ちんけいめい)

陳賡　ちんこう
　20世紀, 中国の軍人, 戦略家。湖南省湘潭県出身。日中戦争中は八路軍129師の旅長・太岳軍区司令。1955年解放軍副参謀総長, 大将となる。56年第8期中央委員。
　⇒近中　(陳賡　ちんこう　1903.2.27-1961.3.16)
　　コン3　(陳賡　ちんこう　1904-1961)
　　中人　(陳賡　ちんこう　1903-1961)

陳光　ちんこう
　20世紀, 中国共産党の指導者, 教育者。
　⇒近中　(陳光　ちんこう　1918.2.8-1949.11.11)

陳康　ちんこう
　20世紀, 中国の軍人。長征中紅軍第31軍第93師第274団第2大隊隊長。1968年8月雲南省革委会副主任。69年4月9期中央委。
　⇒世東　(陳康　ちんこう　1915-)
　　中人　(陳康　ちんこう　1911-)

陳行焉　ちんこうえん
　7世紀, 中国, 唐の遣吐蕃使。
　⇒シル　(陳行焉　ちんこうえん　?-680?)
　　シル新　(陳行焉　ちんこうえん　?-680?)

沈皇后　ちんこうごう*
　中国, 唐, 代宗の皇妃。
　⇒中皇　(沈皇后)

陳後主　ちんこうしゅ
　6・7世紀, 中国, 六朝時代・陳の最後の王族。天子, 文学者。詩酒にふけり, 北方の隋に滅ぼされた。
　⇒国小　(陳後主　ちんこうしゅ　553(承聖2)-604(仁寿4))
　　集世　(陳叔宝　ちんしゅくほう　553(承聖2)-604(仁寿4))
　　集文　(陳叔宝　ちんしゅくほう　553(承聖2)-604(仁寿4))
　　中皇　(後主　553-604)
　　中芸　(陳後主　ちんのこうしゅ　553-604)
　　中史　(陳叔宝　ちんしゅくほう　553-604)
　　統治　(後主(叔宝)　Hou Chu　(在位)582-589)
　　百科　(後主　こうしゅ　553-604)

陳洪濤　ちんこうとう
　20世紀, 中国の革命家・中国共産党員。壮族。東蘭農民運動の指導者。
　⇒近中　(陳洪濤　ちんこうとう　1905.7.19-1932.12.22)

陳荒煤　ちんこうばい
　20世紀, 中国の作家。中国作家協会副主席, 中国人民政治協商会議全国委員会常務委員。
　⇒集世　(陳荒煤　ちんこうばい　1913.12.23-1996.10.25)
　　集文　(陳荒煤　ちんこうばい　1913.12.23-1996.10.25)
　　中人　(陳荒煤　ちんこうばい　1913-)

陳公博　ちんこうはく
　20世紀, 中国の国民党政治家。孫文の下で三民主義の宣伝に努力。日中戦争中, 南京政府に入り, 上海市長に就任。戦後捕えられ処刑される。
　⇒外国　(陳公博　ちんこうはく　1890-1946)
　　角世　(陳公博　ちんこうはく　1892-1946)
　　近中　(陳公博　ちんこうはく　1892.10.19-1946.6.3)
　　広辞6　(陳公博　ちんこうはく　1892-1946)
　　人物　(陳公博　ちんこうはく　1890-1946)
　　世東　(陳公博　ちんこうはく　1892-1946)
　　世百新　(陳公博　ちんこうはく　1892-1946)
　　全書　(陳公博　ちんこうはく　1890-1946)
　　中人　(陳公博　ちんこうはく　1892-1946)

百科（陳公博　ちんこうはく　1890–1946）

陳宏謀　ちんこうぼう
17・18世紀, 中国, 清代の官吏。字は汝咨, 号は榕門。広西省出身。教訓書『五種遺規』の編者として知られる。
⇒外国（陳宏謀　ちんこうぼう　1696–1771）

沈鴻烈　ちんこうれつ
⇨沈鴻烈（しんこうれつ）

陳再道　ちんさいどう
20世紀, 中国の軍人で武漢事件の責任者。湖北省生れ。1954年国防委員会委員, 55年武漢軍区司令。武漢事件で免職されたが, 林彪事件後, 72年建軍節に出席し, 復活が確認され, 73年福州軍区副司令に就任。
⇒近中（陳再道　ちんさいどう　1909.1.24–）
　現人（陳再道　ちんさいどう〈チェンツァイタオ〉1908–）
　中人（陳再道　ちんさいどう　1909–）

陳済棠　ちんさいとう
⇨陳済棠（ちんせいとう）

陳作新　ちんさくしん
19・20世紀, 中国同盟会系の軍人・辛亥革命時の湖南軍政府副都督。
⇒近中（陳作新　ちんさくしん　1870–1911.10.31）

陳賛賢　ちんさんけん
20世紀, 中国共産党の指導者, 労働運動の組織者, 教育者。
⇒近中（陳賛賢　ちんさんけん　1895.9.2–1927.3.6）

陳熾　ちんし
19世紀, 中国, 清末の官僚。変法論の先駆者。1896年『庸書内外篇』を著し, 洋務論を批判。
⇒コン2（陳熾　ちんし　?–1899）
　コン3（陳熾　ちんし　?–1899）

陳式　ちんしき
3世紀, 中国, 三国時代, 蜀の将軍。
⇒三国（陳式　ちんしょく）
　三全（陳式　ちんしき　?–230）

沈茲九　ちんじきゅう
⇨沈慈九（しんじきゅう）

陳士榘　ちんしく
20世紀, 中国の軍人。湖北省荊門出身。抗日解放戦争で戦闘に従事。1954年8月1日全人大会河南省代表。9月国防委, 59年3月2日全人大会軍代表となり, 毛・林派を支持し彭徳懐を攻撃。69年4月9期中央委。
⇒世東（陳士榘　ちんしく　1910–）
　中人（陳士榘　ちんしく　1909–）

陳錫聯　ちんしゃくれん
20世紀, 中国の軍事指導者。文化大革命で1968年5月遼寧省革命委員会主任, 69年4月9全大会で党中央委員に選出された。
⇒現人（陳錫聯　ちんしゃくれん〈チェンシーリエン〉1913–）
　国人（陳錫聯　ちんしゃくれん　1913–）
　世政（陳錫聯　ちんしゃくれん　1915.1.4–1999.6.10）
　世東（陳錫聯　ちんしゃくれん　1913–）
　全書（陳錫聯　ちんしゃくれん　1912–）
　中人（陳錫聯　ちんしゃくれん　1915.1.4–）

陳就　ちんしゅう
3世紀, 中国, 三国時代, 江夏の太守黄祖の部将。
⇒三国（陳就　ちんしゅう）
　三全（陳就　ちんしゅう　?–208）

陳叔宝　ちんしゅくほう
⇨陳後主（ちんこうしゅ）

陳守度　ちんしゅど
⇨チャン・トゥ・ド

陳樹藩　ちんじゅはん
19・20世紀, 中国の北洋系軍人。
⇒近中（陳樹藩　ちんじゅはん　1885–1949.11.2）

陳俊（陳峻）　ちんしゅん
3世紀頃, 中国, 三国時代, 魏の将。
⇒三国（陳俊　ちんしゅん）
　三全（陳峻　ちんしゅん　生没年不詳）

陳勝　ちんしょう
前3世紀, 中国, 秦末の農民反乱（陳勝・呉広の乱）の指導者。字は渉。陽城（河南省）出身。前209年呉広とともに挙兵。陳で陳王を自ら号した。
⇒逸話（陳勝　ちんしょう　?–前208）
　旺世（陳勝　ちんしょう　?–前208）
　外国（陳勝　ちんしょう　?–前208）
　広辞4（陳勝　ちんしょう　?–前209）
　広辞6（陳勝　ちんしょう　?–前209）
　コン2（陳勝　ちんしょう　?–前208）
　コン3（陳勝　ちんしょう　?–前208）
　人物（陳勝　ちんしょう　?–前208）
　世人（陳勝〈陳渉〉　ちんしょう　?–前208）
　世東（陳勝　ちんしょう　?–前208）
　世百（陳勝　ちんしょう　?–前208）
　大辞（陳勝　ちんしょう　?–前208）
　大辞3（陳勝　ちんしょう　?–前208）
　中皇（陳勝　?–前209）
　中国（陳勝　ちんしょう　?–前208）
　伝記（陳勝　ちんしょう　?–前208）
　百科（陳勝　ちんしょう　?–前208）
　評世（陳勝　ちんしょう　?–前208）

陳襄　ちんじょう
11世紀, 中国, 北宋の儒者, 政治家。神宗に仕えた。著書に『易義』『中庸義』『古霊集』など。

⇒世東（陳襄　ちんじょう　11世紀）

陳紹禹　ちんしょうう
20世紀、中国の政治家。抗日民族統一戦線を指導しようとしたが、毛沢東により排除された。
⇒外国　（陳紹禹　ちんしょうう　1907頃-）
　角世　（陳紹禹　ちんしょうう　1904-1974）
　現人　（陳紹禹　ちんしょうう〈チェンシャオユー〉 1907-1974.3.27）
　広辞5　（陳紹禹　ちんしょうう　1907-1974）
　広辞6　（陳紹禹　ちんしょうう　1907-1974）
　国小　（陳紹禹　ちんしょうう　1907-1974.3.27）
　コン3　（陳紹禹　ちんしょうう　1904-1974）
　人物　（陳紹禹　ちんしょうう　1907-）
　世東　（陳紹禹　ちんしょうう　1907-1974.3.27）
　世百　（陳紹禹　ちんしょうう　1907-）
　世百新　（陳紹禹　ちんしょうう　1907-1974）
　全書　（陳紹禹　ちんしょうう　1907-1974）
　大辞2　（陳紹禹　ちんしょうう　1907-1974）
　大辞3　（陳紹禹　ちんしょうう　1907-1974）
　大百　（陳紹禹　ちんしょうう〈チェンシャオユイ〉 1907-1974）
　中国　（陳紹禹　ちんしょうう　1907-1974）
　中人　（陳紹禹　ちんしょうう　1904-1974.3.27）
　百科　（陳紹禹　ちんしょうう　1907-1974）
　山世　（陳紹禹　ちんしょうう　1904-1974）
　歴史　（陳紹禹　ちんしょうう　1907-1974）

陳昌浩　ちんしょうこう
20世紀、中国工農紅軍の指導者。
⇒近中　（陳昌浩　ちんしょうこう　1906-1967.7.30）

陳升之　ちんしょうし
11世紀、中国、北宋の政治家。字は暘叔、諡は成肅。建州・建陽（福建省）出身。1069年宰相となる。
⇒コン2　（陳升之　ちんしょうし　1011-1079）
　コン3　（陳升之　ちんしょうし　1011-1079）

陳少白　ちんしょうはく
19・20世紀、中国、清末期の革命家。字は葵石。広東省新会県出身。1895年孫文と広州で第1回蜂起を企てて失敗。
⇒コン2　（陳少白　ちんしょうはく　1869-1934）
　コン3　（陳少白　ちんしょうはく　1869-1934）
　世東　（陳少白　ちんしょうはく　1869-1934）
　中人　（陳少白　ちんしょうはく　1869-1934）

陳式　ちんしょく
⇨陳式（ちんしき）

陳寔　ちんしょく
2世紀、中国、漢の地方官。字は仲弓。河南潁川（エイセン）の許出身。太丘県長に叙せられた。
⇒広辞4　（陳寔　ちんしょく　104-187）
　広辞6　（陳寔　ちんしょく　104-187）
　コン3　（陳寔　ちんしょく　104-187）
　大辞　（陳寔　ちんしょく　104-187）
　大辞3　（陳寔　ちんしょく　104-187）

陳子龍　ちんしりゅう
17世紀、中国、明末期の官僚、文人。松江（江蘇省）出身。『皇明経世文編』編集の中心。
⇒コン2　（陳子龍　ちんしりゅう　1608-1647）
　コン3　（陳子龍　ちんしりゅう　1608-1647）
　詩歌　（陳子龍　ちんしりゅう　1608（万暦36）-1647（順治4））
　集文　（陳子龍　ちんしりゅう　1608（万暦36）-1647（順治4））
　人物　（陳子龍　ちんしりゅう　1608-1647）
　世東　（陳子龍　ちんしりゅう　1608-1647）
　世文　（陳子龍　ちんしりゅう　1608（万暦36）-1647（順治4））
　中芸　（陳子龍　ちんしりゅう　1608-1647）
　中史　（陳子龍　ちんしりょう　1608-1647）

陳子龍　ちんしりょう
⇨陳子龍（ちんしりゅう）

チン・ジン・タオ　Trin Din Thao
20世紀、ベトナム（南ベトナム）の政治家。南ベトナム臨時革命政府諮問委副議長。
⇒現人　（チン・ジン・タオ　1901-）
　世東　（チン・ディン・タオ　1901-）
　二十　（チン・ジン・タオ　1901(04)-）

陳水扁　ちんすいへん
20世紀、台湾の政治家。台湾総統。
⇒広辞6　（陳水扁　ちんすいへん　1951-）
　最世　（陳水扁　ちんすいへん　1951-）
　世人　（陳水扁　ちんすいへん　1951-）
　世政　（陳水扁　ちんすいへん　1951.2.18-）
　山世　（陳水扁　ちんすいへん　1951-）

陳崇彦　ちんすうげん
9世紀頃、渤海から来日した使節。
⇒シル　（陳崇彦　ちんすうげん　9世紀頃）
　シル新　（陳崇彦　ちんすうげん）

金蘇城　チンスーチョン
⇨金蘇城（きんそじょう）

陳生　ちんせい
2世紀、中国、三国時代、劉表配下の黄祖に従った襄陽の大将。
⇒三国　（陳生　ちんせい）
　三全　（陳生　ちんせい　?-191）

陳誠　ちんせい
14・15世紀、中国、明初期の政治家。字は子魯。吉水県（江西省）出身。3回にわたりティムール帝国治下のヘラートやサマルカンドに赴く。
⇒コン2　（陳誠　ちんせい　生没年不詳）
　コン3　（陳誠　ちんせい　生没年不詳）
　人物　（陳誠　ちんせい　14世紀末-15世紀初）
　世東　（陳誠　ちんせい　14世紀末頃-15世紀初）
　中芸　（陳誠　ちんせい　生没年不詳）

陳誠　ちんせい
20世紀、中国の軍人、政治家。1937年以後抗日

戦で活躍し、蒋介石のもとで46年参謀総長、共産党軍と戦って敗れ、台湾に脱出した。57年国民党副総裁。
⇒外国（陳誠　ちんせい　1896–）
　角世（陳誠　ちんせい　1896–1965）
　近中（陳誠　ちんせい　1898.1.4–1965.3.5）
　現人（陳誠　ちんせい〈チェンチョン〉　1899–1965.3.5）
　広辞5（陳誠　ちんせい　1896–1965）
　広辞6（陳誠　ちんせい　1896–1965）
　国小（陳誠　ちんせい　1897–1965.3）
　コン3（陳誠　ちんせい　1898–1965）
　人物（陳誠　ちんせい　1897–1965.3.5）
　世東（陳誠　ちんせい　1898–1965.3.5）
　世百（陳誠　ちんせい　1898–1965）
　世百新（陳誠　ちんせい　1898–1965）
　全書（陳誠　ちんせい　1897–1965）
　大辞2（陳誠　ちんせい　1898–1965）
　大百（陳誠　ちんせい〈チェンチョン〉　1897–1965）
　中人（陳誠　ちんせい　1898–1965.3）
　百科（陳誠　ちんせい　1898–1965）
　山世（陳誠　ちんせい　1898–1965）

陳済棠　ちんせいとう
19・20世紀、中国の軍人。字は伯南。広東省出身。1931年汪兆銘らの反蒋運動に加担し、広東を独裁的に支配。
⇒近中（陳済棠　ちんさいとう　1890.2.12–1954.11.3）
　コン3（陳済棠　ちんせいとう　1890–1954）
　世東（陳済棠　ちんさいとう　1890–1954）
　世百（陳済棠　ちんさいとう　1890–1954）
　世百新（陳済棠　ちんせいとう　1890–1954）
　全書（陳済棠　ちんせいとう　1890–1954）
　中人（陳済棠　ちんせいとう　1890–1954）
　百科（陳済棠　ちんせいとう　1890–1954）

陳瑄　ちんせん
14・15世紀、中国、明初の武官。字は彦純。水師の経験を基に漕運制度の確立に尽力。
⇒国小（陳瑄　ちんせん　1365（至正25）–1433（宣徳8））
　コン2（陳瑄　ちんせん　1365–1433）
　コン3（陳瑄　ちんせん　1365–1433）
　中国（陳瑄　ちんせん　1365–1433）

陳先瑞　ちんせんずい
20世紀、中国の軍人。1955年9月鉄道兵中将。65年1月政協4期常委。67年10月北京軍区「毛沢東思想学習班指導小組」責任者。69年4月9期中央委。
⇒世東（陳先瑞　ちんせんずい　?–）
　中人（陳先瑞　ちんせんずい　1913–）

陳楚　ちんそ
20世紀、中国の外交官。山東省出身。1955年外務省ソ連東欧局長、71年国連代表部次席常駐代表、73年より初代駐日大使となる。80年国務院副秘書長。
⇒現人（陳楚　ちんそ〈チェンチュー〉　1916–）
　世政（陳楚　ちんそ　1917–1996.1.27）
　世東（陳楚　ちんそ　1916–）
　中人（陳楚　ちんそ　1916–）

陳祖義　ちんそぎ
14・15世紀、中国人の海上勢力の首領。スマトラ・レンバン（旧港）に拠った。1406年鄭和の南海遠征で捕虜となり、明廷に送られ処刑された。
⇒角世（陳祖義　ちんそぎ　?–1407）
　国小（陳祖義　ちんそぎ　生没年不詳）
　世東（陳祖義　ちんそぎ　生没年不詳）
　中国（陳祖義　ちんそぎ）

陳祖徳　ちんそとく
20世紀、中国の棋士（囲碁）。中国囲棋協会主席、中国棋院院長。
⇒世東（陳祖徳　ちんそとく　1944–）
　中人（陳祖徳　ちんそとく　1944–）

陳孫　ちんそん
3世紀、中国、三国時代、荊州の劉表に降った将。
⇒三国（陳孫　ちんそん）
　三全（陳孫　ちんそん　?–207）

陳泰　ちんたい
3世紀、中国、三国時代、魏の尚書令。
⇒三国（陳泰　ちんたい）
　三全（陳泰　ちんたい　?–260）

陳第　ちんだい
16・17世紀、中国、明代の武将、学者。『毛詩古音考』『屈宋古音義』などを著す。清代古韻学の先駆。
⇒外国（陳第　ちんだい　1541–1617）
　中芸（陳第　ちんだい　1541–1617）

陳大慶　ちんたいけい
20世紀、中国の軍事指導者。1969年国民政府主席。
⇒国小（陳大慶　ちんたいけい　1905.10.8–）
　世東（陳大慶　ちんたいけい　1905.10.8–）
　中人（陳大慶　ちんたいけい　1905.10.8–1973）

陳大徳　ちんだいとく
7世紀頃、中国、唐の遣高句麗使。
⇒シル（陳大徳　ちんだいとく　7世紀頃）
　シル新（陳大徳　ちんだいとく）

チン・タイン（程清）
15世紀、ベトナムの官吏。1431年から太祖、太宗、仁宗、聖宗と4代の帝に歴任。元の名は黄、字は直卿、竹渓と号した。
⇒ベト（Trinh-Thanh　チン・タイン〔程清〕　1413–1463）

沈沢民　ちんたくみん
⇨沈沢民（しんたくみん）

陳潭秋　ちんたんしゅう
20世紀，中国共産党の指導者，組織工作の専門家。
⇒近中（陳潭秋　ちんたんしゅう　1896.1.4–1943.9.27）

陳鉄軍　ちんてつぐん
20世紀，中国の革命家，女性運動家。
⇒世女（陳鉄軍　ちんてつぐん　1904–1928）

陳天華　ちんてんか
19・20世紀，中国，清末の革命家。字，星台，過庭，号，思黄。湖南省新化出身。『猛回頭』，『警世鐘』などの小冊子で反満共和の革命論を鼓吹した。
⇒角世（陳天華　ちんてんか　1875–1905）
　広辞6（陳天華　ちんてんか　1875–1905）
　国史（陳天華　ちんてんか　1875–1905）
　国小（陳天華　ちんてんか　1875（光緒1）–1905.12.8）
　コン2（陳天華　ちんてんか　1875–1905）
　コン3（陳天華　ちんてんか　1875–1905）
　集世（陳天華　ちんてんか　1875（光緒31）–1905（光緒31））
　集文（陳天華　ちんてんか　1875（光緒31）–1905（光緒31））
　世東（陳天華　ちんてんか　1875–1905）
　全書（陳天華　ちんてんか　1875–1905）
　中国（陳天華　ちんてんか　1875–1905）
　中史（陳天華　ちんてんか　1875–1905）
　中人（陳天華　ちんてんか　1875（光緒1）–1905.12.8）
　デス（陳天華　ちんてんか　1875–1905）
　日人（陳天華　ちんてんか　1875–1905）
　百科（陳天華　ちんてんか　1875–1905）
　山世（陳天華　ちんてんか　1875–1905）
　歴史（陳天華　ちんてんか　1875–1905）

陳東　ちんとう
11・12世紀，中国，北宋末の忠臣。字は少陽。
⇒国小（陳東　ちんとう　1086（元祐1）–1127（建炎1.8.25））
　中史（陳東　ちんとう　1086–1127）

陳湯　ちんとう
前1世紀，中国，前漢末の武将。字は子公，諡は破胡壮侯。山陽，瑕丘（山東省曲阜県）出身。前36年西域都護府に赴任し郅支単于を破り，のち関内侯に封ぜられた。
⇒国小（陳湯　ちんとう　?–前6（建平1）頃）
　人物（陳湯　ちんとう　?–前6頃）
　世東（陳湯　ちんとう　前1世紀）

陳独秀　ちんどくしゅう
19・20世紀，中国，近代の思想家，政治家。安徽省懐寧出身。字，仲甫。号，実庵。辛亥革命後，1915年上海で雑誌『新青年』を発刊。21年中国共産党初代委員長となったが，29年に除名。主著『独秀文存』（33，2巻）。
⇒岩ケ（陳独秀　ちんどくしゅう　1879–1942）
　岩哲（陳独秀　ちんどくしゅう　1879–1942）
　旺世（陳独秀　ちんどくしゅう　1879–1942）
　外国（陳独秀　ちんどくしゅう　1879–1942）
　角世（陳独秀　ちんどくしゅう　1879–1942）
　広辞4（陳独秀　ちんどくしゅう　1880–1942）
　広辞5（陳独秀　ちんどくしゅう　1880–1942）
　広辞6（陳独秀　ちんどくしゅう　1879–1942）
　国史（陳独秀　ちんどくしゅう　1879–1942）
　国小（陳独秀　ちんどくしゅう　1879（光緒5）–1942）
　コン2（陳独秀　ちんどくしゅう　1879–1942）
　コン3（陳独秀　ちんどくしゅう　1879–1942）
　集世（陳独秀　ちんどくしゅう　1879.10.8–1942.5.27）
　集文（陳独秀　ちんどくしゅう　1879.10.8–1942.5.27）
　人物（陳独秀　ちんどくしゅう　1879–1940）
　人世（陳独秀　ちんどくしゅう　1879–1942）
　世東（陳独秀　ちんどくしゅう　1879–1942.5.27）
　世百（陳独秀　ちんどくしゅう　1880–1942）
　世文（陳独秀　ちんどくしゅう　1879–1942）
　全書（陳独秀　ちんどくしゅう　1880–1942）
　大辞（陳独秀　ちんどくしゅう　1879–1942）
　大辞2（陳独秀　ちんどくしゅう　1879–1942）
　大辞3（陳独秀　ちんどくしゅう　1879–1942）
　大百（陳独秀　ちんどくしゅう　1880–1942）
　中芸（陳独秀　ちんどくしゅう　1879–1942）
　中国（陳独秀　ちんどくしゅう　1879–1942）
　中人（陳独秀　ちんどくしゅう　1879.10.8–1942.5.27）
　デス（陳独秀　ちんどくしゅう〈チエントゥーシウ〉　1880–1942）
　伝記（陳独秀　ちんどくしゅう　1879.10.8–1942.5.27）
　ナビ（陳独秀　ちんどくしゅう　1879–1942）
　百科（陳独秀　ちんどくしゅう　1879–1942）
　評世（陳独秀　ちんどくしゅう　1880–1942）
　名著（陳独秀　ちんどくしゅう　1879–1942）
　山世（陳独秀　ちんどくしゅう　1879–1942）
　歴史（陳独秀　ちんどくしゅう　1879（光緒5）–1942（民国31））

陳丕顕　ちんはいけん
⇒陳丕顕（ちんひけん）

陳伯達　ちんはくたち
⇒陳伯達（ちんはくたつ）

陳伯達　ちんはくたつ
20世紀，中国の政治家，社会科学者。1966年文化大革命に際し，中央文化大革命小組組長として指導。著書『中国四大家族』（46）『論毛沢東思想』（51）。
⇒外国（陳伯達　ちんはくたつ　?–）
　角世（陳伯達　ちんはくたつ　1904–1989）
　近中（陳伯達　ちんはくたつ　1904–1989.9.20）
　現人（陳伯達　ちんはくたつ〈チェンポーター〉　1904–）
　国小（陳伯達　ちんはくたつ　1904–）
　コン3（陳伯達　ちんはくたつ　1904–1989）
　集文（陳伯達　ちんはくたつ　1904–1989.9.20）
　人物（陳伯達　ちんはくたつ　1904–）
　世政（陳伯達　ちんはくたつ　1904–1989.9.20）
　世東（陳伯達　ちんはくたち　1904–）
　世百（陳伯達　ちんはくたつ　1904–）
　全書（陳伯達　ちんはくたつ　1904–）

政治・外交・軍事篇　　　ちんほ

　　大百（陳伯達　ちんはくたつ〈チェンポーター〉
　　　　1904-）
　　中芸（陳伯達　ちんはくたつ　1904-）
　　中人（陳伯達　ちんはくたつ　1904-1989.9.20）
　　山世（陳伯達　ちんはくたつ　1904-1989）

陳覇先　ちんはせん
　⇨武帝（南朝陳）（ぶてい）

陳蕃　ちんばん
　2世紀，中国，後漢末の政治家。汝南（河南省）出身。字は仲挙。宦官を誅滅しようとしたが失敗して殺された。
　⇒角世（陳蕃　ちんばん　?-168）
　　国小（陳蕃　ちんばん　?-168（建寧1.9））
　　コン2（陳蕃　ちんばん　?-168）
　　コン3（陳蕃　ちんばん　?-168）
　　三国（陳蕃　ちんばん）
　　三全（陳蕃　ちんばん　?-168）
　　中史（陳蕃　ちんばん　?-168）
　　評世（陳蕃　ちんばん　?-168）

珍妃　ちんひ
　19世紀，中国，清，光緒帝の皇妃。
　⇒中皇（珍妃　1876-1900）

陳丕顕　ちんひけん
　20世紀，中国共産党の指導者，革命家，政治家。共産党中央顧問委員会常務委員。
　⇒近中（陳丕顕　ちんひけん　1916.3.20-）
　　中人（陳丕顕　ちんひいけん　1916-）

陳丕士　ちんひし
　20世紀，中国・武漢国民政府外交部長，孫文の法律関係のブレインであった陳友仁の息子。
　⇒世東（陳丕士　ちんひし　1901-1989）

陳夫人　ちんふじん*
　6世紀，中国の皇妃。
　⇒世女日（陳夫人　CHEN furen）

陳布雷　ちんふらい
　19・20世紀，中国の政治家。浙江省出身。蒋介石の側近秘書として活躍し，国民党中央執行委員を兼ねた。
　⇒近中（陳布雷　ちんふらい　1890.12.26-1948.11.13）
　　コン3（陳布雷　ちんふらい　1890-1948）
　　世東（陳布雷　ちんふらい　1890.12.16-1948.11.13）
　　中人（陳布雷　ちんふらい　1890-1948）

真興王　チンフンワン
　⇨真興王（しんこうおう）

陳平　ちんぺい
　前2世紀，中国，漢代の政治家。劉邦に仕えて漢の統一に功を立てた。
　⇒広辞4（陳平　ちんぺい　?-前178）
　　広辞6（陳平　ちんぺい　?-前178）

　　国小（陳平　ちんぺい　?-前178（文帝2））
　　コン2（陳平　ちんぺい　?-前178）
　　コン3（陳平　ちんぺい　?-前178）
　　三国（陳平　ちんぺい）
　　世百（陳平　ちんぺい　?-前178）
　　大辞（陳平　ちんぺい　?-前178）
　　大辞3（陳平　ちんぺい　?-前178）
　　中史（陳平　ちんぺい　?-前178）
　　百科（陳平　ちんぺい　?-前178）

陳璧君　ちんへきくん
　20世紀，中国の国民党政治家。広東省生れ。汪精衛夫人。1927年南京・武漢両政府合体後中央党部婦女委員。35年国民党第5期中央監察委員。
　⇒華人（陳璧君　ちんへきくん　1891-1959）
　　近中（陳璧君　ちんへきくん　1891.11.5-1959.6.17）
　　世女日（陳璧君　1890-1959）
　　世東（陳璧君　ちんへきくん　1891.11.5-1959.6.17）
　　中人（陳璧君　ちんへきくん　1891.11.5-1959.6.17）

チン・ペン（陳平）　Chin Peng
　20世紀，東南アジア，マラヤの革命家。ペラク州出身。本名王少革，漢字名陳平。1948年以来共産党書記長。タイ・マレーシア国境に解放区を設立してゲリラ闘争を指導。
　⇒華人（チン・ペン　1924-）
　　現人（チン・ペン）
　　世政（チン・ペン　1922-）
　　世東（チン・ペン〔陳平〕　1922-）
　　全書（チン・ペン　1922-）
　　伝世（ちんぺい〔陳平〕　1922-）

沈法興　ちんほうこう
　⇨沈法興（しんほうこう）

陳宝箴　ちんほうしん
　19世紀，中国，清末期，変法派の政治家。
　⇒コン2（陳宝箴　ちんほうしん　1831-1900）
　　コン3（陳宝箴　ちんほうしん　1831-1900）
　　中史（陳宝箴　ちんほうしん　1831-1900）

陳望道　ちんほうどう
　19・20世紀，中国の文学者，社会科学者。筆名は陳仏突，陳雪帆。浙江省金華県出身。1919年中国で『共産党宣言』を初訳。
　⇒外国（陳望道　ちんほうどう　1890-）
　　近中（陳望道　ちんほうどう　1890.12.9-1977.10.29）
　　コン3（陳望道　ちんほうどう　1890-1977）
　　集文（陳望道　ちんほうどう　1890-1977.10.29）
　　世百新（陳望道　ちんほうどう　1890-1977）
　　中芸（陳望道　ちんほうどう　1890-）
　　中人（陳望道　ちんほうどう　1890-1977）
　　百科（陳望道　ちんほうどう　1890-1977）

陳鵬年　ちんほうねん，ちんぽうねん
　17・18世紀，中国，清前期の官僚。字は北溟，謚は恪勤。湘潭（湖南省）出身。地方官を歴任，清廉で知られ陳青天と称された。

⇒コン2　(陳鵬年　ちんほうねん　1663-1723)
　コン3　(陳鵬年　ちんほうねん　1663-1723)
　中芸　(陳鵬年　ちんぽうねん　1663-1723)

陳慕華　ちんぽか
20世紀、中国の女性政治家。中国全国人民代表大会(全人代)常務副委員長、中国共産党中央委員。
⇒広辞5　(陳慕華　ちんぽか　1921-)
　広辞6　(陳慕華　ちんぽか　1921-)
　コン3　(陳慕華　ちんぽか　1921-)
　世女　(陳慕華　ちんぽか　1921-)
　世政　(陳慕華　ちんぽか　1921.6-)
　世東　(陳慕華　ちんぽか　1921-)
　中人　(陳慕華　ちんぽか　1921.6-)

陳牧　ちんぼく
1世紀、中国、王莽末期の群雄の一人。平林(湖北省)出身。22年新市に挙兵の王匡らに呼応し、平林に兵を起こした。
⇒コン2　(陳牧　ちんぼく　?-23)
　コン3　(陳牧　ちんぼく　?-25)

沈葆楨(陳葆楨)　ちんほてい
⇨陳葆楨(しんほてい)

沈漫雲　ちんまんうん
⇨沈漫雲(しんまんうん)

陳銘枢　ちんめいすう
20世紀、中国の軍人。字は真如。広東省出身。広東軍閥下に北伐に参加。1933年福建人民革命に参加。挫折後、香港で三民主義同志連合会を組織。
⇒外国　(陳銘枢　ちんめいすう　1891-)
　近中　(陳銘枢　ちんめいすう　1890-1965.5.15)
　コン3　(陳銘枢　ちんめいすう　1889-1965)
　人物　(陳銘枢　ちんめいすう　1891-1965)
　世東　(陳銘枢　ちんめいすう　1891-1965.5.15)
　世百　(陳銘枢　ちんめいすう　1892-)
　世百新　(陳銘枢　ちんめいすう　1889-1965)
　全書　(陳銘枢　ちんめいすう　1892-1965)
　中人　(陳銘枢　ちんめいすう　1889-1965)
　百科　(陳銘枢　ちんめいすう　1889-1965)

沈約　ちんやく
⇨沈約(しんやく)

陳友仁　ちんゆうじん
19・20世紀、中国の政治家。別名Eugene Chen。孫文の広東軍政府に参加し、外交面で活躍。のち蒋運動に加わり、1934年福建人民政府にも参加。
⇒外国　(陳友仁　ちんゆうじん　1878-?)
　コン2　(陳友仁　ちんゆうじん　1878-1944)
　コン3　(陳友仁　ちんゆうじん　1879-1944)
　世東　(陳友仁　ちんゆうじん　1878-1944.5.20)
　全書　(陳友仁　ちんゆうじん　1878-1944)
　中人　(陳友仁　ちんゆうじん　1879-1944)
　百科　(陳友仁　ちんゆうじん　1878-1944)

陳友諒　ちんゆうりょう
14世紀、中国、元末の群雄の一人。朱元璋(洪武)と鄱陽湖上で戦って敗死。
⇒旺世　(陳友諒　ちんゆうりょう　1316-1363)
　外国　(陳友諒　ちんゆうりょう　1316-1363)
　角世　(陳友諒　ちんゆうりょう　1316-1363)
　国小　(陳友諒　ちんゆうりょう　1316(延祐3)-1363(至正23))
　コン2　(陳友諒　ちんゆうりょう　1316-1363)
　コン3　(陳友諒　ちんゆうりょう　1320-1363)
　人物　(陳友諒　ちんゆうりょう　1316-1363)
　世東　(陳友諒　ちんゆうりょう　1316-1363)
　世百　(陳友諒　ちんゆうりょう　1316-1363)
　全書　(陳友諒　ちんゆうりょう　1316-1363)
　大百　(陳友諒　ちんゆうりょう　1316-1363)
　中皇　(陳友諒　ちんゆうりょう　1320-1363)
　中国　(陳友諒　ちんゆうりょう　1316-1363)
　百科　(陳友諒　ちんゆうりょう　1321頃-1363)

陳蘭　ちんらん
3世紀頃、中国、三国時代、袁術の上将。
⇒三国　(陳蘭　ちんらん)
　三全　(陳蘭　ちんらん　生没年不詳)

陳履安　ちんりあん
20世紀、中国、中華民国の政治家。台湾国防相。
⇒中人　(陳履安　ちんりあん　1937.6.22-)

陳立夫　ちんりっぷ、ちんりつふ、ちんりつぷ
20世紀、中国の政治家。四大家族の一人。抗日戦中兄の陳果夫とともに、国民党の特務諜報機関CC団をつくって蔣介石の権力強化に努めた。
⇒外国　(陳立夫　ちんりっぷ　1899-)
　近中　(陳立夫　ちんりっぷ　1900-)
　現人　(陳立夫　ちんりつふ〈チェンリーフー〉　1900-)
　広辞5　(陳立夫　ちんりっぷ　1900-)
　広辞6　(陳立夫　ちんりっぷ　1900-2001)
　国小　(陳立夫　ちんりっぷ　1899-)
　コン3　(陳立夫　ちんりっぷ　1900-)
　人物　(陳立夫　ちんりっぷ　1900-)
　世政　(陳立夫　ちんりっぷ　1900.7.27-2001.2.8)
　世東　(陳立夫　ちんりっぷ　1900-)
　世百　(陳立夫　ちんりつふ　1899-)
　全書　(陳立夫　ちんりっぷ　1900-)
　大辞2　(陳立夫　ちんりっぷ　1899-)
　中国　(陳立夫　ちんりっぷ　1899-)
　中人　(陳立夫　ちんりっぷ　1900-)
　ナビ　(陳立夫　ちんりっぷ　1900-)
　評世　(陳立夫　ちんりっぷ　1900-)
　山世　(陳立夫　ちんりっぷ　1900-2001)

陳稜　ちんりょう
6・7世紀、中国、隋の軍人。字は長威。盧江・襄安(安徽省)出身。隋末、杜伏威の農民反乱軍と戦い、敗死。
⇒コン2　(陳稜　ちんりょう　生没年不詳)
　コン3　(陳稜　ちんりょう　生没年不詳)
　人物　(陳稜　ちんりょう　6世紀末-7世紀初)
　世東　(陳稜　ちんりょう　6世紀末頃-7世紀初)

陳廉伯　ちんれんぱく，ちんれんはく
　19・20世紀，中国，清末期・民国の実業家。字は撲庵。広東省南海県出身。1924年武装商団を指揮し，広東の革命政府に挑戦。孫文を一時危地に陥れた。
　⇒近中（陳廉伯　ちんれんはく　1884–1944.12.24）
　　コン3（陳廉伯　ちんれんぱく　1884–1944）
　　中人（陳廉伯　ちんれんぱく　1884–1944）

【つ】

蔡暢　ツァイチャン
　⇨蔡暢（さいちょう）

曹錕　ツアオクン
　⇨曹錕（そうこん）

曹汝霖　ツアオルーリン
　⇨曹汝霖（そうじょりん）

ツァンヤン・ギャムツォ
　⇨ダライ・ラマ6世

ツェデンバル，ユムジャギン　Tsedenbal, Yumzhagiyn
　20世紀，モンゴルの政治家，軍人。モンゴル人民大会幹部会議長（元首），モンゴル首相，モンゴル人民革命党書記長。
　⇒外国（ツェデンバル　1916–）
　　現人（ツェデンバル　1916.9.17–）
　　国小（ツェデンバル　1916.7–）
　　コン3（ツェデンバル　1916–1991）
　　世政（ツェデンバル，ユムジャギン　1916.9.17–1991.4.21）
　　全書（ツェデンバル　1916–）
　　二十（ツェデンバル，Y.　1916.9.17–1991.4.21）

ツェリン（策棱，策凌）　Tseren
　18世紀，中央アジア，蒙古部族の王。賽音諾顔（さいんのやん）部の祖。喀爾喀部（ハルハ）出身。1692年清朝に来帰し，内附を誓った。
　⇒国小（ツェリン〔策棱〕　?–1750）
　　世東（ツェリン〔策凌〕　?–1750.2）

ツェワン・アラブタン（策妄阿拉布坦）　Cewangrabdan
　17・18世紀，ジュンガル・ハン国の第5代ハン（在位1697～1727）。姓，チョロス。
　⇒外国（ツェワン・アラブタン　?–1727）
　　角世（ツェワン・アラブタン　1663–1727）
　　国小（ツェワン・アラブタン〔策妄阿拉布坦〕1665?–1727）
　　世東（ツェワン・アラブタン〔策妄阿拉布坦〕1697–1727）
　　世百（ツェワンアラブタン〔策妄阿拉布担〕　?–1727）
　　歴史（ツェワン=アラブタン〔策妄阿拉布坦〕

1697–1727）

調伊企儺　つきのいきな
　6世紀，朝鮮，任那の部将。新羅が任那を滅ぼした時，敗れて捕虜となった。
　⇒国史（調伊企儺　つきのいきな　6世紀）
　　対外（調伊企儺　つきのいきな　6世紀）

ツ・ズ（慈愈夫人）
　19世紀，ベトナムの皇妃。憲祖章皇帝すなわち紹治帝の后。
　⇒ベト（Tu-Du（Ba）　ツ・ズ〔慈愈夫人〕　1810.5.19–1901.4.5）

ツ・ムック（徐穆）
　ベトナム，前黎朝代の名臣。
　⇒ベト（Tu-Muc　ツ・ムック〔徐穆〕）

都羅　つら
　7世紀頃，朝鮮，済州島の耽羅から来日した使節。
　⇒シル（都羅　つら　7世紀頃）
　　シル新（都羅　つら）

ツルイ
　⇨トゥルイ

ツルティム・ギャムツォ
　⇨ダライ・ラマ10世（ダライ・ラマ10セイ）

【て】

定　てい*
　5世紀，中国，五胡十六国・夏の皇帝（在位428〜432）。
　⇒中皇（定　?–432）

定安公主　ていあんこうしゅ*
　中国，唐，憲宗の娘。
　⇒中皇（定安公主）

丁謂　ていい
　10・11世紀，中国，北宋の政治家。字は謂之，のち公言。長州（江蘇省）出身。寇準と対立しつつ，彼を退けて宰相となる。
　⇒コン2（丁謂　ていい　962–1033）
　　コン3（丁謂　ていい　966–1037）
　　中芸（丁謂　ていい　962–1033）
　　百科（丁謂　ていい　966–1037）

貞懿王　ていいおう*
　10世紀，中国，五代十国・南平（荊南）の皇帝（在位948〜960）。
　⇒中皇（貞懿王　920–960）

てい

鄭為元　ていいげん
20世紀，台湾の軍人。国防相。
⇒中人（鄭為元　ていいげん　1913–）

程維高　ていいこう
20世紀，中国の政治家。河北省省長，中国共産党中央委員。
⇒世政（程維高　ていいこう　1933.9–）
　中人（程維高　ていいこう　1933–）

丁一権　ていいっけん
⇨丁一権（ジョンイルグォン）

丁惟汾　ていいふん
19・20世紀，中国の政治家。字は鼎丞。山東省出身。辛亥革命に参加。国会議員となり，孫文の下で護法運動に活躍。
⇒近中（丁惟汾　ていいふん　1874.11.5–1954.5.12）
　コン2（丁惟汾　ていいふん　1875–1954）
　コン3（丁惟汾　ていいふん　1875–1954）
　中人（丁惟汾　ていいふん　1874–1954）

ティエット・リェウ（節柳）
ベトナム，第12代目雄王の王子。通称は郎羅。
⇒ベト（Tiet-Lieu　ティエット・リェウ〔節柳〕）

程遠志　ていえんし
2世紀，中国，三国時代，黄巾の賊将。
⇒三国（程遠志　ていえんし）
　三全（程遠志　ていえんし　?–184）

ティエン・タィン（天聖公主）
ベトナム，徴女王麾下の女武将。
⇒ベト（Thien-Thanh（Cong-Chua）　ティエン・タィン〔天聖公主〕）

定王　ていおう*
前7・6世紀，中国，東周の王（第21代，在位前607〜586）。
⇒統治（定（定王瑜）　Ting　（在位）前607–586）

丁魁楚　ていかいそ
17世紀，中国，明末・清初期の政治家。永城（河南省）出身。明の復興に尽力，清軍に捕殺された。
⇒コン2（丁魁楚　ていかいそ　17世紀）
　コン3（丁魁楚　ていかいそ　?–1647）

程学啓　ていがくけい
19世紀，中国，清後期の武将。字は方中，諡は忠烈。安徽省桐城県出身。太平天国の乱に際し，1862年淮軍の最強部隊を指揮して上海を救援。
⇒コン2（程学啓　ていがくけい　1830–1864）
　コン3（程学啓　ていがくけい　1830–1864）

程可則　ていかそく
17・18世紀，中国，清代の官吏，文人。字は周量，また湟溱。
⇒中芸（程可則　ていかそく　生没年不詳）

丁管　ていかん
2世紀，中国，後漢の尚書。
⇒三国（丁管　ていかん）
　三全（丁管　ていかん　?–189）

丁咸　ていかん
3世紀頃，中国，三国時代，蜀の篤信中郎将。
⇒三国（丁咸　ていかん）
　三全（丁咸　ていかん　生没年不詳）

丁鑑修　ていかんしゅう
19・20世紀，中国の官僚・満州国の大臣。
⇒近中（丁鑑修　ていかんしゅう　1886.5–1942）

鄭恒範　ていかんはん
20世紀，韓国の政治家。忠清北道清州出身。戦後新韓公社の初代総裁，1948年初代駐華使節，49年3月駐日代表などを歴任。
⇒世東（鄭恒範　ていかんはん　1901–）

程畿　ていき
3世紀，中国，三国時代，劉備の参謀。
⇒三国（程畿　ていき）
　三全（程畿　ていき　?–221）

鄭吉　ていきつ
前1世紀頃，中国，前漢の武将。都護西域騎都尉。烏塁城（新疆省庫車地方）に幕府をおき諸国を鎮護。
⇒角世（鄭吉　ていきつ　?–前49）
　国小（鄭吉　ていきつ　?–前49（黄龍1））
　コン2（鄭吉　ていきつ　?–前49）
　コン3（鄭吉　ていきつ　?–前49）
　シル（鄭吉　ていきつ　前1世紀頃）
　シル新（鄭吉　ていきつ）
　人物（鄭吉　ていきつ　?–前49）
　世東（鄭吉　ていきつ　前1世紀頃）
　世百（鄭吉　ていきつ　?–前48）
　中国（鄭吉　ていきつ　?–前49）
　百科（鄭吉　ていきつ　?–前49）
　評世（鄭吉　ていきつ　生没年不詳）

丁貴妃　ていきひ*
5・6世紀，中国，魏晋南北朝，梁の武帝の皇妃。
⇒中皇（丁貴妃　485–526）

鄭貴妃　ていきひ*
17世紀，中国，明，万暦帝の皇妃。
⇒中皇（鄭貴妃　?–1630）

鄭俠　ていきょう
11・12世紀，中国，北宋の政治家。字は介夫，号は一払居士。福州・福清（福建省）出身。新法反対を主張。
⇒コン2（鄭俠　ていきょう　1041–1119）

コン3（鄭俠　ていきょう　1041-1119）

鄭暁　ていぎょう
15・16世紀，中国，明代の官僚，学者。字は窒甫，号は淡泉。浙江省海塩出身。著書に『吾学編』69巻。洪武から正徳までの期間の，政治上の大事を記した『大政記』以下14篇から成る。
⇒外国（鄭暁　ていぎょう　1499-1566）

程嶷金　ていぎょうきん
7世紀，中国，唐初の勇将。
⇒中史（程嶷金　ていぎょうきん　?-665）

程鉅夫　ていきょふ
13・14世紀，中国，元の政治家。名は文海，字は鉅夫，謐は文憲。京山（湖北省）出身。『成宗実録』『武宗実録』の編纂に従事。
⇒コン2（程鉅夫　ていきょふ　1250-1319）
　コン3（程鉅夫　ていきょふ　1249-1318）

程銀　ていぎん
3世紀，中国，三国時代，西涼の太守韓遂配下の大将。
⇒三国（程銀　ていぎん）
　三全（程銀　ていぎん　?-213）

ティク・ナット・ハン　Thich Nhat Hanh
20世紀，ベトナムの禅僧，仏教学者，詩人，平和運動家。
⇒海作4（ティク・ナット・ハン　1926-）

鄭経　ていけい
17世紀，中国，明末，清初期の武人。朱経，鄭錦ともいう。鄭成功の長子。
⇒国史（鄭経　ていけい　1642-1681）
　国小（鄭経　ていけい　1642（崇禎15）-1681（康熙20.1.28））
　コン2（鄭経　ていけい　1642-1681）
　コン3（鄭経　ていけい　1642-1681）
　人物（鄭経　ていけい　1642-1681.1）
　世人（鄭経　ていけい　1642-1681）
　世東（鄭経　ていけい　1642-1681）
　対外（鄭経　ていけい　1642-1681）
　中国（鄭経　ていけい　1642-1681）

鄭検　ていけん
16世紀，ベトナム，安南黎朝の権臣。阮淦の信愛を得て女婿となり，のちに大将軍となった。阮氏をしのぐ権勢を得，鄭・阮両氏の対立抗争に発展した。
⇒外国（鄭検　ていけん　?-1569）

程建人　ていけんじん
20世紀，台湾の政治家。台湾外交部長（外相）。
⇒世政（程建人　ていけんじん　1939.8.11-）

鄭元璹　ていげんとう
7世紀頃，中国，唐の遣突厥使。

⇒シル（鄭元璹　ていげんとう　7世紀頃）
　シル新（鄭元璹　ていげんとう）

程曠　ていこう
2世紀，中国，後漢の宦官。「十常侍」の一人。
⇒三国（程曠　ていこう）
　三全（程曠　ていこう　?-189）

鄭皇后　ていこうごう*
11・12世紀，中国，北宋，徽宗の皇妃。
⇒中皇（鄭皇后　1080-1132）

鄭孝胥（鄭考胥）　ていこうしょ
19・20世紀，中国，近代の政治家，学者，文人。辛亥革命後，退位した宣統帝の教育に従事し，1932年「満州国」が成立するとその国務総理となった。詩集に『海蔵楼詩集』。
⇒角世（鄭孝胥　ていこうしょ　1860-1938）
　広辞4（鄭孝胥　ていこうしょ　1860-1938）
　広辞5（鄭孝胥　ていこうしょ　1860-1938）
　広辞6（鄭孝胥　ていこうしょ　1860-1938）
　国史（鄭孝胥　ていこうしょ　1859-1938）
　国小（鄭孝胥　ていこうしょ　1860（咸豊10）-1938）
　コン2（鄭孝胥　ていこうしょ　1860-1938）
　コン3（鄭孝胥　ていこうしょ　1860-1938）
　詩歌（鄭孝胥　ていこうしょ　1860（咸豊10）-1938（満州国・康徳5））
　集文（鄭孝胥　ていこうしょ　1860-1938）
　新美（鄭孝胥　ていこうしょ　1860（清・咸豊10）-1938（民国27））
　人物（鄭孝胥　ていこうしょ　1860-1938）
　世人（鄭孝胥　ていこうしょ　1860-1938）
　世百（鄭孝胥　ていこうしょ　1860-1938）
　全書（鄭孝胥　ていこうしょ　1859/60-1938）
　大辞（鄭孝胥　ていこうしょ　1860-1938）
　大辞2（鄭孝胥　ていこうしょ　1860-1938）
　大辞3（鄭孝胥　ていこうしょ　1860-1938）
　大百（鄭孝胥　ていこうしょ　1860-1938）
　中芸（鄭孝胥　ていこうしょ　1860-1938）
　中国（鄭孝胥　ていこうしょ　1860-1938）
　中書（鄭孝胥　ていこうしょ　1860-1938）
　中人（鄭孝胥　ていこうしょ　1860（咸豊10）-1938）
　日人（鄭孝胥　ていこうしょ　1860-1938）
　百科（鄭孝胥　ていこうしょ　1860-1938）

鄭剛中　ていごうちゅう
11・12世紀，中国，北宋末・南宋初期の官僚。字は亭仲。金との国境交渉にあたった。
⇒コン2（鄭剛中　ていごうちゅう　1088-1154）
　コン3（鄭剛中　ていごうちゅう　1088-1154）

程克　ていこく
19・20世紀，中国の西北系政治家。河南省開封出身。民国成立後，司法総長，修訂法律館総裁などを歴任。
⇒世東（程克　ていこく　?-1936.3.28）
　中人（程克　ていこく　1878-1936.3.28）

鄭克塽　ていこくそう
17・18世紀，中国，明末・清初期の武人。鄭経

てし

の次子。1681年長兄に代わり延平王をつぐ。のち清に降伏。
⇒コン2 （鄭克塽　ていこくそう　1670–1707）
　コン3 （鄭克塽　ていこくそう　1670–1707）

程咨　ていし
3世紀頃, 中国, 三国時代, 呉の将軍程普の息子。
⇒三国 （程咨　ていし）
　三全 （程咨　ていし　生没年不詳）

程子華　ていしか
20世紀, 中国の軍人, 政治家。1931年以降北西ソヴェート区に至り紅軍団長, 師長, 政委を歴任。49年山西省人民政府主席, 中央委を歴任。61年国家計画委会副主任。
⇒近中 （程子華　ていしか　1905.6.20–1991.3.30）
　世政 （程子華　ていしか　1905–1991.3.30）
　世東 （程子華　ていしか　1907–）
　中人 （程子華　ていしか　1905–1991.3.30）

丁日昌　ていじつしょう
19世紀, 中国, 清代の地方官。字は持静, 雨生。広東省豊順県出身。中国最初の官営近代的軍事工場江南機器製造局を設立。
⇒外国 （丁日昌　ていじつしょう　1823–1882）
　コン2 （丁日昌　ていじつしょう　1823–1882）
　コン3 （丁日昌　ていじつしょう　1823–1882）

鄭衆　ていしゅう
1・2世紀, 中国, 後漢の宦官。字は季産。南陽・犨（河南省）出身。竇氏一族を誅殺, 後漢末の宦官の台頭をもたらした。
⇒コン2 （鄭衆　ていしゅう　?–114）
　コン3 （鄭衆　ていしゅう　?–114）

鄭叔矩　ていしゅくく
8・9世紀, 中国, 唐の遣吐蕃使判官。
⇒シル （鄭叔矩　ていしゅくく　?–810?）
　シル新 （鄭叔矩　ていしゅくく　?–810?）

鄭準沢　ていじゅんたく
20世紀, 北朝鮮の政治家。1956年6月副首相。
⇒国小 （鄭準沢　ていじゅんたく　1902–）

鄭招　ていしょう
15世紀, 朝鮮, 李朝の文臣。農書『農事直説』などを編纂。
⇒コン2 （鄭招　ていしょう　?–1434）
　コン3 （鄭招　ていしょう　?–1434）
　世東 （鄭招　ていしょう　?–1436）

鄭松　ていしょう
17世紀, ベトナム, 安南黎朝の政治家。権臣鄭検の子。父の没後, 黎朝の実権を掌握し, 専横をつくした。
⇒世東 （鄭松　ていしょう　?–1623）

丁汝昌　ていじょしょう
19世紀, 中国, 清末の海軍軍人。初代海軍提督。日清戦争で黄海の海戦に敗れ, 日本に降伏し, 服毒自殺。
⇒外国 （丁汝昌　ていじょしょう　?–1895）
　角世 （丁汝昌　ていじょしょう　1836–1895）
　広辞4 （丁汝昌　ていじょしょう　?–1895）
　広辞6 （丁汝昌　ていじょしょう　1836–1895）
　国史 （丁汝昌　ていじょしょう　?–1895）
　国小 （丁汝昌　ていじょしょう　?–1895（光緒21.2.12））
　コン2 （丁汝昌　ていじょしょう　1836–1895）
　コン3 （丁汝昌　ていじょしょう　1836–1895）
　人物 （丁汝昌　ていじょしょう　?–1895）
　世東 （丁汝昌　ていじょしょう　?–1895）
　全書 （丁汝昌　ていじょしょう　1836–1895）
　大辞 （丁汝昌　ていじょしょう　?–1895）
　大辞3 （丁汝昌　ていじょしょう　?–1895）
　大百 （丁汝昌　ていじょしょう　?–1895）
　中国 （丁汝昌　ていじょしょう　?–1895）
　日人 （丁汝昌　ていじょしょう　1836–1895）
　評世 （丁汝昌　ていじょしょう　?–1895）
　歴史 （丁汝昌　ていじょしょう　1836–1895）

鄭汝昌　ていじょしょう
15・16世紀, 朝鮮, 李朝の文臣, 学者。
⇒コン2 （鄭汝昌　ていじょしょう　1450–1504）
　コン3 （鄭汝昌　ていじょしょう　1450–1504）

鄭芝龍　ていしりゅう
17世紀, 中国, 明末清初の貿易商。通称, 一官・老一官。明朝に招かれ, 海防遊撃総兵官, のち総督。
⇒旺世 （鄭芝龍　ていしりゅう　1604–1661）
　外国 （鄭芝龍　ていしりゅう　1604–1661）
　角世 （鄭芝龍　ていしりゅう　1604–1661）
　広辞4 （鄭芝龍　ていしりゅう　1604–1661）
　広辞6 （鄭芝龍　ていしりゅう　1604–1661）
　国史 （鄭芝龍　ていしりゅう　1604–1661）
　国小 （鄭芝龍　ていしりゅう　1604（万暦32）–1661（永暦15.4））
　コン2 （鄭芝龍　ていしりゅう　1604–1661）
　コン3 （鄭芝龍　ていしりゅう　1604–1661）
　人物 （鄭芝龍　ていしりゅう　1604–1661）
　世人 （鄭芝龍　ていしりゅう　1604–1661）
　世百 （鄭芝龍　ていしりゅう　1604–1661）
　全書 （鄭芝龍　ていしりゅう　1604–1661）
　対外 （鄭芝龍　ていしりゅう　1604–1661）
　大辞 （鄭芝龍　ていしりゅう　1604–1661）
　大辞3 （鄭芝龍　ていしりゅう　1604–1661）
　大百 （鄭芝龍　ていしりゅう　1604–1661）
　デス （鄭芝龍　ていしりゅう　1604–1661）
　日人 （鄭芝龍　ていしりゅう　1604–1661）
　百科 （鄭芝龍　ていしりゅう　1604–1661）
　山世 （鄭芝龍　ていしりゅう　1604–1661）
　歴史 （鄭芝龍　ていしりゅう　1604–1661）

鄭士良　ていしりょう
19・20世紀, 中国, 清末期の革命家。字は弼臣。広東省出身。孫文の第1次・第2次蜂起に参加。
⇒コン2 （鄭士良　ていしりょう　1863–1901）
　コン3 （鄭士良　ていしりょう　1863–1901）
　世東 （鄭士良　ていしりょう　?–1901）

中人　(鄭士良　ていしりょう　1863-1901)

鄭森　ていしん
18世紀，ベトナム，安南黎朝の政治家。政権を一切掌握して専横の限りをつくした。
⇒世東　(鄭森　ていしん　?-1782)

丁振鐸　ていしんたく
19・20世紀，中国の官僚。
⇒近中　(丁振鐸　ていしんたく　1842-1914.10.15)

鄭親王済爾哈朗　ていしんのうジルガラン*
16世紀，中国，清，シュルガチの子。
⇒中皇　(鄭親王済爾哈朗　1599)

丁盛　ていせい
20世紀，中国の軍人。江西省興国県出身。抗日戦争初期，晋察冀軍区黄永勝の下でゲリラ活動に参加。1968年広州軍区副司令員。69年9期中央委。
⇒現人　(丁盛　ていせい〈ティンション〉　1912-)
　世東　(丁盛　ていせい　1912-)
　中人　(丁盛　ていせい　1913-)

程世清　ていせいしん
20世紀，中国の政治家。福建省出身。1966年文革がはじまると積極的に毛・林派を支持。68年1月江西省革委会主任。69年4月9期中央委。
⇒世東　(程世清　ていせいしん　1918-)
　中人　(程世清　ていせいしん　1918-)

程潜　ていせん
19・20世紀，中国の軍人。1949年に国家国防委員会副主席。
⇒近中　(程潜　ていせん　1881-1968.4.9)
　国小　(程潜　ていせん　1881(光緒7)-1968)
　コン3　(程潜　ていせん　1882-1968)
　世百　(程潜　ていせん　1881-)
　全書　(程潜　ていせん　1881-?)
　中人　(程潜　ていせん　1881(光緒7)-1968)
　日人　(程潜　ていせん　1881-1968)

定宗(高麗)　ていそう*
10世紀，朝鮮，高麗王国の王。在位945〜949。
⇒統治　(定宗　Chŏngjong　(在位)945-949)

定宗(元)　ていそう
⇨グユク・ハン

定宗(李朝)　ていそう*
14世紀，朝鮮，李朝の王。在位1398〜1400。
⇒統治　(定宗　Chŏngjong　(在位)1398-1400)

ティソンデツェン　Khri srong lde btsan
8世紀，チベット，吐蕃王朝の王(在位754〜797)。
⇒外国　(チ・スロン・デ・ツァン　728-786)
　角世　(ティソンデツェン　754-815)

人物　(チソンデツェン　742-797)
世百　(チソンデツェン　742-797)
全書　(チソンデツェン　742-797)
デス　(チソンデツェン　742-797)
東仏　(ティソン・デツェン　742-797)
歴史　(チソンデツェン〔乞黎籠獵贊〕　742-797)

鄭泰　ていたい
3世紀頃，中国，三国時代，大将軍何進の従者。
⇒三国　(鄭泰　ていたい)
　三全　(鄭泰　ていたい　生没年不詳)

程大昌　ていだいしょう
12世紀，中国，南宋の政治家，学者。字は泰之。諡は文簡。地理学に詳しく『演繁露』『北辺備対』などの著作がある。
⇒国小　(程大昌　ていだいしょう　1123(宣和5)-1195(慶元1))
　コン2　(程大昌　ていだいしょう　1123-1195)
　コン3　(程大昌　ていだいしょう　1123-1195)
　全書　(程大昌　ていだいしょう　1123-1195)
　中芸　(程大昌　ていだいしょう　1123-1195)
　中国　(程大昌　ていだいしょう　1123-1195)

鄭拓彬　ていたくひん
20世紀，中国対外経済貿易相。
⇒中人　(鄭拓彬　ていたくひん　1924.2-)

程知節　ていちせつ
7世紀，中国，唐の軍人。済州・東阿(山東省)出身。李世民(唐の太宗)に投じ，唐の全国統一に尽力。
⇒コン2　(程知節　ていちせつ　?-665)
　コン3　(程知節　ていちせつ　?-665)

鄭注　ていちゅう
9世紀，中国，唐の政治家。絳州・翼城(山西省)出身。文宗とはかり，李訓と宦官を除こうとしたが失敗(甘露の変)。
⇒コン2　(鄭注　ていちゅう　?-835)
　コン3　(鄭注　ていちゅう　?-835)

鄭仲夫　ていちゅうふ
12世紀，朝鮮，高麗中期の武臣。黄海道海州出身。1173年の癸巳の乱で，多数の文臣を殺害し，武臣政権を確立。
⇒外国　(鄭仲夫　ていちゅうふ　?-1179)
　角世　(鄭仲夫　ていちゅうふ　1106-1179)
　国小　(鄭仲夫　ていちゅうふ　1106(睿宗1)-1179(明宗9))
　コン2　(鄭仲夫　ていちゅうふ　1106-1179)
　コン3　(鄭仲夫　ていちゅうふ　1106-1179)
　世百　(鄭仲夫　ていちゅうふ　?-1179)
　朝人　(鄭仲夫　ていちゅうふ　1106-1179)
　朝鮮　(鄭仲夫　ていちゅうふ　1106-1179)
　百科　(鄭仲夫　ていちゅうふ　1106-1179)

鄭陟　ていちょく
14・15世紀，朝鮮，李朝初期の文臣，地図学者。1436年ごろ朝鮮全図である「八道図」を完成。

⇒科史（鄭陟　ていちょく　1390–1475）

ティツク・デツェン
⇨チックデツェン

貞定王　ていていおう＊
前5世紀，中国，東周の王（第28代，在位前469～441）。
⇒統治（貞定（貞定王介）Chên-ting　（在位）前469–441）

鄭澈　ていてつ
16世紀，朝鮮，李朝の政治家，詩人。字は季涵，号は松江。『松江歌辞』のほか『松江集』『松江遺稿』がある。
⇒国小（鄭澈　ていてつ　1536–1594）
　集世（鄭澈　チョンチョル　1536–1593.11）
　集文（鄭澈　チョンチョル　1536–1593.11）
　世文（鄭澈　ていてつ　1536–1593）
　全書（鄭澈　ていてつ　1537–1593）
　大百（鄭澈　ていてつ　1537–1594）
　朝鮮（鄭澈　ていてつ　1536–1593）
　伝記（鄭澈　ていてつ〈チョンチョル〉　1536–1593）
　百科（鄭澈　ていてつ　1536–1593）

ティデ・ツクツェン　Khri lde gtsug brtsan
8世紀，チベットの王。金成公主を唐から迎え，タクマル・ディンサン寺など五寺を建立。インドや中国へ使者を派遣して仏教を受容。
⇒東仏（ティデ・ツクツェン　704–754）

泥涅師　でいでつし
7・8世紀，ペルシアの王子。サーサーン朝の滅亡にともない父の卑路斯（ペーローズ）と共に唐に亡命。
⇒シル（泥涅師　でいでつし　?–708?）
　シル新（泥涅師　でいでつし　?–708?）

程天放　ていてんほう
19・20世紀，中国，国民党政府の政治家。1929年以来各地大学総長国民党中央要職を歴任。その後パリのユネスコ本部駐在中国代表。
⇒世東（程天放　ていてんほう　1889–1967.11.30）
　中人（程天放　ていてんほう　1899–1967.11.30）

鄭道伝　ていどうでん
14世紀，朝鮮，高麗末李朝初期の政治家，儒学者。字は宗之。号は三峯。諡は文憲。1392年朝鮮王朝太祖李成桂を王位に推戴。
⇒角世（鄭道伝　ていどうでん　?–1398）
　国小（鄭道伝　ていどうでん　?–1398（太祖7））
　コン2（鄭道伝　ていどうでん　?–1398）
　コン3（鄭道伝　ていどうでん　?–1398）
　集文（鄭道伝　チョンジョン　?–1398.8.26）
　世百（鄭道伝　ていどうでん　?–1398）
　全書（鄭道伝　ていどうでん　?–1398）
　朝人（鄭道伝　ていどうでん　?–1398）
　朝鮮（鄭道伝　ていどうでん　?–1398）
　伝記（鄭道伝　ていどうでん〈チョンジョン〉?–1398）

百科（鄭道伝　ていどうでん　?–1398）

諦徳伊斯難珠　ていとくいすなんしゅ
9世紀頃，キルギスの遣唐使。
⇒シル（諦徳伊斯難珠　ていとくいすなんしゅ　9世紀頃）
　シル新（諦徳伊斯難珠　ていとくいすなんしゅ）

程徳全　ていとくぜん
19・20世紀，中国の政治家。字は雪楼。四川省雲陽県出身。民国成立後，章炳麟らと統一党（のち共和党）を結成。1911年辛亥革命で立憲派におされ，江蘇独立にふみきる。
⇒コン2（程徳全　ていとくぜん　1860–1930）
　コン3（程徳全　ていとくぜん　1860–1930）
　世東（程徳全　ていとくぜん　1860–1930）
　中人（程徳全　ていとくぜん　1860–1930）

鄭特挺　ていとくてい
7世紀頃，中国，唐の遣突厥使。
⇒シル（鄭特挺　ていとくてい　7世紀頃）
　シル新（鄭特挺　ていとくてい）

鄭斗源　ていとげん
16・17世紀，朝鮮，李朝の文臣。1631年使臣として北京に行き，新式大砲・火薬・望遠鏡などをもち帰る。
⇒コン2（鄭斗源　ていとげん　1581–?）
　コン3（鄭斗源　ていとげん　1581–?）
　朝鮮（鄭斗源　ていとげん　1581–?）
　伝記（鄭斗源　ていとげん〈チョンドゥウォン〉16世紀末期–17世紀）
　百科（鄭斗源　ていとげん　1581–?）

ティニ・ベク　Tīnī Beg
14世紀，キプチャク・ハン国のハン。在位1341–1342。
⇒統治（ティニ・ベク　（在位）1341–1342）

鄭年　ていねん
9世紀頃，朝鮮，新羅の将軍。唐に仕えた。
⇒シル（鄭年　ていねん　9世紀頃）
　シル新（鄭年　ていねん）

程普　ていふ
3世紀頃，中国，三国時代，孫堅配下の大将。右北平郡土垠県出身。字は徳謀（とくぼう）。
⇒三国（程普　ていふ）
　三全（程普　ていふ　生没年不詳）

丁部領　ていぶりょう
⇨ディン・ボ・リン

鄭文　ていぶん
3世紀，中国，三国時代，魏の偏将軍。
⇒三国（鄭文　ていぶん）
　三全（鄭文　ていぶん　?–234）

帝昺　ていへい
13世紀, 中国, 南宋最後の皇帝 (第9代) (在位1278〜79)。第6代度宗の第3子。姓名は趙昺。元軍の攻撃をうけて敗れ, 陸秀夫に背負われて入水。
⇒皇帝 (衛王　えいおう　1271–1279)
　コン2 (帝昺　ていへい　1272–1279)
　コン3 (帝昺　ていへい　1272–1279)
　人物 (帝昺　ていへい　1272–1279.2)
　世東 (帝昺　ていへい　1272–1279)
　中皇 (衛王 (帝昺)　1272–1279)
　統治 (帝昺　Ti Ping　(在位) 1278–1279)

程璧光　ていへきこう
19・20世紀, 中国の海軍軍人。
⇒近中 (程璧光　ていへきこう　1859–1918.2.26)

ティボー
⇨ティボウ

ティボウ　Thibaw
19・20世紀, ビルマのアラウンパヤー朝第11代の王 (在位1778—85)。
⇒皇帝 (ティボー　1858–1917)
　世東 (ティボー　1858–1917)
　統治 (ティボウ (ティーボー)　(在位) 1878–1885)

丁封　ていほう
3世紀頃, 中国, 三国時代, 呉の将。
⇒三国 (丁封　ていほう)
　三全 (丁封　ていほう　生没年不詳)

鄭宝　ていほう
3世紀頃, 中国, 三国時代, 巣湖の太守。
⇒三国 (鄭宝　ていほう)
　三全 (鄭宝　ていほう　生没年不詳)

鄭鳳寿　ていほうじゅ
16・17世紀, 朝鮮, 李朝の武臣。1627年後金軍の侵略に対して戦い, 大きな打撃を与えた。
⇒コン2 (鄭鳳寿　ていほうじゅ　1572–1645)
　コン3 (鄭鳳寿　ていほうじゅ　1572–1645)

鄭夢周　ていほうしゅう
⇨鄭夢周 (ていむしゅう)

丁宝楨　ていほうてい
19世紀, 中国, 清後期の官僚。字は稚璜, 諡は文誠。貴州省出身。四川総督として塩政改革に尽力。
⇒コン2 (丁宝楨　ていほうてい　1820–1886)
　コン3 (丁宝楨　ていほうてい　1820–1886)

ディポヌゴロ　Diponegoro
18・19世紀, インドネシア, ジャワ戦争の指導者。
⇒外国 (ディポ・ネゴロ　1785–1855)
　角世 (ディポネゴロ　1785?–1855)
　国小 (ディポ・ネゴロ　1785–1855)
　コン2 (ディポ・ネゴロ　1785–1855)
　コン3 (ディポ・ネゴロ　1785–1855)
　世百 (ディポネゴロ　1785–1855)
　全書 (ディポネゴロ　1785–1855)
　伝世 (ディポ・ネゴロ　1785–1855)
　東ア (ディポヌゴロ　1785–1855)
　百科 (ディポネゴロ　1785–1855)

ディポ・ネゴロ
⇨ディポヌゴロ

鄭夢周　ていむしゅう
14世紀, 朝鮮, 高麗末期の政治家, 儒学者。東方理学の祖といわれる。武将李成桂の除去を謀ったが, 逆に殺された。
⇒外国 (鄭夢周　ていほうしゅう　1338–1392)
　角世 (鄭夢周　ていむしゅう　1337–1392)
　国史 (鄭夢周　ていむしゅう　1337–1392)
　国小 (鄭夢周　ていむしゅう　1337 (忠粛王復位6) –1392 (大祖1))
　コン2 (鄭夢周　ていむしゅう　1337–1392)
　コン3 (鄭夢周　ていむしゅう　1337–1392)
　集世 (鄭夢周　チョンモンジュ　1337–1392)
　集文 (鄭夢周　チョンモンジュ　1337–1392)
　世百 (鄭夢周　ていむしゅう　1338–1392)
　全書 (鄭夢周　ていむしゅう　1337–1392)
　対外 (鄭夢周　ていむしゅう　1337–1392)
　朝人 (鄭夢周　ていむしゅう　1337–1392)
　朝鮮 (鄭夢周　ていむしゅう　1337–1392)
　伝記 (鄭夢周　ていむしゅう〈チョンモンジュ〉1337–1392)
　日人 (鄭夢周　ていむしゅう　1337–1392)
　百科 (鄭夢周　ていむしゅう　1337–1392)

ティームール
⇨ティムール

ティムール
⇨成宗 (元) (せいそう)

ティムール (帖木児)　Tīmūr, Temür
14・15世紀, ティムール帝国の創建者。1370年に王となり, 大遠征ののち, 中央アジアのほぼ全域に及ぶ大国を建設。
⇒岩ケ (ティムール　1336–1405)
　旺世 (ティムール　1336–1405)
　外国 (ティムール　1336–1405)
　角世 (ティムール　1336–1405)
　広辞4 (ティムール〔帖木児〕　1336–1405)
　広辞6 (ティムール　1336–1405)
　皇帝 (ティムール　1336–1405)
　国小 (ティムール〔帖木児〕　1336.4.8–1405.2.18)
　コン2 (ティームール〔帖木児〕　1336–1405)
　コン3 (チムール　1336–1405)
　新美 (ティムール　1336–1405)
　人物 (チムール　1336.4.11–1405.2.17)
　西洋 (ティームール　1336.4.8–1405.2.18)
　世人 (ティムール　1336–1405)
　世西 (ティムール　1336–1405.4.1)
　世東 (ティームール〔帖木児〕　1336.4.11–1405.2.17)
　世百 (ティムール　1336–1405)
　全書 (ティームール　1336–1405)

大辞（チムール　1336–1405）
大辞3（チムール　1336–1405）
大百（チムール　1336–1405）
中ユ（ティムール　1336–1405）
デス（ティムール　1336–1405）
伝世（ティムール　1336.4–1405.2.18）
統治（ティームール足悪帝（タメルラン帖木児）
　（在位）1370–1405）
南ア（ティムール　1336–1405）
百科（ティムール　1336–1405）
評世（ティムール　1336–1405）
山世（ティムール　1336–1405）
歴史（ティムール　1336–1405）

ティームール足悪帝　ティームールあしわるてぃ*
⇨ティムール

ティムール・クトルフ　Temür Qutlugh
14世紀，キプチャク・ハン国のハン。在位1395–1401。
⇒統治（ティムール・クトルフ　（在位）1395–1401）

ティムール・コジャ　Temür Qoja
14世紀，キプチャク・ハン国のハン。在位1361。
⇒統治（ティムール・コジャ　（在位）1361）

ティムール・メリク　Temür Melik
14世紀，キプチャク・ハン国のハン。在位1375–1377。
⇒統治（ティムール・メリク　（在位）1375–1377）

丁黙邨　ていもくそん
20世紀，中国，南京汪精衛政権の特務工作の指導者。
⇒近中（丁黙邨　ていもくそん　1903–1947.7.5）

丁立　ていりつ
3世紀，中国，三国時代，蜀の将。
⇒三国（丁立　ていりゅう）
三全（丁立　ていりつ　?–228）

丁立　ていりゅう
⇨丁立（ていりつ）

鄭倫　ていりん
3世紀，中国，三国時代，蜀攻撃の時，魏の先鋒をつとめる副将。
⇒三国（鄭倫　ていりん）
三全（鄭倫　ていりん　?–258）

ディレーク・チャイヤナム　Direck Jayanama
20世紀，タイの外交官，政治家。バンコク生れ。第2次大戦中自由タイ運動を指導，1945年以降法相，蔵相を歴任，46年副首相兼外相，47年駐英大使。
⇒世東（ディレーク・チャイヤナム　1904.1.18–）

ディロック・マハーダムロンクーン　Mahaadamrongkuul, Dilok
20世紀，タイの実業家，政治家。上院議員。
⇒華人（ディロック・マハーダムロンクーン　1931–）

鄭和　ていわ
14・15世紀，中国，明の宦官，武将。南海遠征の総指揮官。イスラム教徒。通商貿易に貢献。三保太監，三宝太監。
⇒岩ケ（鄭和　ていわ　1371–1433）
旺世（鄭和　ていわ　1371–1434頃）
外国（鄭和　ていわ　14–15世紀）
科史（鄭和　ていわ　生没年不詳）
角世（鄭和　ていわ　1371–1434?）
広辞4（鄭和　ていわ　1371–1434頃）
広辞6（鄭和　ていわ　1371–1434頃）
国小（鄭和　ていわ　1371（洪武4）–1435（宣徳10））
国百（鄭和　ていわ　1371–1435）
コン2（鄭和　ていわ　1371–1434頃）
コン3（鄭和　ていわ　1371頃–1434頃）
人物（鄭和　ていわ　生没年不詳）
世人（鄭和　ていわ　1371–1434頃）
世東（鄭和　ていわ　14–15世紀）
世百（鄭和　ていわ　生没年不詳）
全書（鄭和　ていわ　1371?–1434?）
大辞（鄭和　ていわ　1371–1434頃）
大辞3（鄭和　ていわ　1371–1434頃）
大百（鄭和　ていわ　1371–1435）
探検1（鄭和　ていわ　1371–1434?）
中国（鄭和　ていわ　1371–1435）
中史（鄭和　ていわ　1371–1435）
デス（鄭和　ていわ　1371–1434頃）
伝記（鄭和　ていわ　1371?–1435?）
南ア（鄭和　ていわ　1371頃–1434頃）
百科（鄭和　ていわ　1371–1434頃）
山世（鄭和　ていわ　1371–1434頃）
歴史（鄭和　ていわ　1371–1434）

ティン・ウ　Tin U
20世紀，ミャンマーの政治家，軍人。ミャンマー国民民主連盟（NLD）副議長。
⇒世政（ティン・ウ　1928–）

ディン・ヴァン・タ（丁文左）
ベトナム，鄭朝の将軍。
⇒ベト（Đinh-Van-Ta　ディン・ヴァン・タ〔丁文左〕）

ディン・クン・ヴィエン（丁拱園）
ベトナムの文官。陳朝字時代に活躍。
⇒ベト（Đinh-Cung-Vien　ディン・クン・ヴィエン〔丁拱園〕）

ディン・コン・チャン（丁公社）
ベトナムの民族英雄。1885年から1887年にかけて，反フランス闘争を行った。
⇒ベト（Đinh-Cong-Trang　ディン・コン・チャン〔丁公社〕）

丁盛　ティンション
　⇨丁盛（ていせい）

ディン・ディエン（丁填）
　ベトナム、丁朝代の功臣。
　⇒ベト　（Ðinh-Ðien　ディン・ディエン〔丁填〕）

ディン・ティック・ニュオン（丁積壤）
　ベトナム、鄭朝の水軍提督。
　⇒ベト　（Ðinh-Tich-Nhuong　ディン・ティック・ニュオン〔丁積壤〕）

ティン・ペ　Tin Pe
　20世紀、ビルマの政治家。救済再定住・国民団結・社会福祉相。
　⇒二十　（ティン・ペ　1917–）

テインペーミン
　⇨テェインペーミン

ディン・ボ・リン（丁部領）　Dinh Bo Linh
　10世紀、ベトナムの皇帝。最初の独立王朝ディン（丁）朝（968–80）の建設者。ディン・ティエン・ホアンとしても知られる。
　⇒角世　（ディン・ボ・リン　?–979）
　　皇帝　（ていぶりょう〔丁部領〕〔Ðinh Bô-Linh〕　925頃–979）
　　国小　（ていぶりょう〔丁部領〕〔Ðinh Bô-linh〕　924–979）
　　コン2　（ディン・ボー・リン　924–979）
　　コン3　（ディン・ボー・リン〔丁部領〕　924–979）
　　世百　（ていぶりょう〔丁部領〕　924–979）
　　全書　（でぃんぼーりん〔丁部領〕　925?–979）
　　伝出　（ディン・ボ・リン　925頃–979）
　　東ア　（ディン・ボ・リン　?–979）
　　百科　（ディン・ボ・リン　?–979）
　　評世　（丁部領　ていぶりょう　924–979）
　　ベト　（Ðinh-Bo-Linh　ディン・ボ・リン（在位）968–979）

ディン・レ（丁礼）
　ベトナムの武将。平定王、黎利帝の属将。
　⇒ベト　（Ðinh-Le　ディン・レ〔丁礼〕）

ティンレイ・ギャムツォ
　⇨ダライ・ラマ12世（ダライ・ラマ12セイ）

大院君　テウォングン
　⇨大院君（たいんくん）

テウク・ウマル　Teuku Umar, Teungku Uma
　19世紀、インドネシア、アチェ王国の貴族。アチェ戦争（1873～1915）の指導者となり、オランダと戦う。
　⇒コン2　（テウク・ウマル　?–1889）
　　コン3　（テウク・ウマル　?–1889）

デウバ、シェール・バハドル　Deuba, Sher Bahadur
　20世紀、ネパールの政治家。ネパール首相。

⇒世政　（デウバ、シェール・バハドル　1946.6.13–）

テェインペーミン　Thein Pê Myint
　20世紀、ビルマの小説家、政治家。仏教界の内幕を描いた作品『進歩的な和尚』（1937）で名声を博した。ビルマ字日刊紙「前衛」主筆。
　⇒国小　（テインペーミン　1914.7.10–）
　　集世　（テェインペーミン　1914.7.14–1978.1.15）
　　集文　（テェインペーミン　1914.7.14–1978.1.15）

翟元　てきげん
　3世紀頃、中国、三国時代、魏の部将。
　⇒三国　（翟元　てきげん）

擢元　てきげん
　3世紀、中国、三国時代、曹仁の部将。
　⇒三全　（擢元　てきげん　?–219）

翟譲　てきじょう
　6・7世紀、中国、隋末動乱時の群雄の一人。韋城（河南省滑県）出身。
　⇒角世　（翟譲　てきじょう　?–617）
　　国小　（翟譲　てきじょう　?–617（義寧1.11.11））
　　評世　（翟譲　てきじょう　?–617）

狄仁傑　てきじんけつ
　7世紀、中国、則天武后朝の名臣。并州太原出身。字は懐英。国老として武后に重んぜられた。
　⇒角世　（狄仁傑　てきじんけつ　630–700）
　　広辞4　（狄仁傑　てきじんけつ　630–700）
　　広辞6　（狄仁傑　てきじんけつ　630–700）
　　国小　（狄仁傑　てきじんけつ　630（貞観4）–700（久視1.9.26））
　　コン2　（狄仁傑　てきじんけつ　630–700）
　　コン3　（狄仁傑　てきじんけつ　630–700）
　　大辞　（狄仁傑　てきじんけつ　630–700）
　　大辞3　（狄仁傑　てきじんけつ　630–700）
　　中史　（狄仁傑　てきじんけつ　607–700）
　　百科　（狄仁傑　てきじんけつ　630–700）

狄青　てきせい
　11世紀、中国、北宋の将軍。字は漢臣、諡は武襄公。汾州・西河（山西省）出身。西夏の李元昊との戦いで功をたてる。
　⇒コン2　（狄青　てきせい　1008–1057）
　　コン3　（狄青　てきせい　1008–1057）
　　中史　（狄青　てきせい　1008–1057）

狄葆賢　てきほけん
　19・20世紀、中国のジャーナリスト。字は楚青、号は平子。江蘇省出身。1904年より上海で「時報」を発刊。立憲派に属し、江蘇省諮議局議員にも選ばれた。著書『平等閣筆記』。
　⇒コン2　（狄葆賢　てきほけん　1873–1921）
　　コン3　（狄葆賢　てきほけん　1875–1921）
　　中人　（狄葆賢　てきほけん　1875–1921）

テクシ（児鉄失, 鉄失, 鉄矢） Tegši
14世紀, 中国, 元末の権臣。モンゴル人。
- ⇒テクシ ?–1323）
- 国小 （テクシ〔鉄失〕 ?–1323（至治3））
- コン2 （テクチ〔鉄失〕 ?–1323）
- コン3 （テクシ〔鉄失〕 ?–1323）
- 人物 （テクシ〔鉄失〕 ?–1323.10）
- 世東 （テクシ〔児鉄失〕 ?–1323）

デ・タム（黄花探, 提探） De Tham
19・20世紀, ベトナムの民族英雄。北部ベトナムでフランス軍の侵略に抗した。本名ホアン・ホア・タム。
- ⇒外国 （ホァン・ホア・タム ?–）
- 角世 （ホアン・ホア・タム ?–1913）
- コン2 （ホアン・ホア・タム〔黄花探〕 ?–1913）
- コン3 （ホアン・ホア・タム〔黄花探〕 ?–1913）
- 世人 （ホアン＝ホア＝タム 1846–1913）
- 世百新 （デ・タム ?–1913）
- ナビ （ホアン＝ホア＝タム ?–1913）
- 二十 （デ・タム ?–1913）
- 百科 （デ・タム ?–1913）
- ベト （Đe Tham デ・タム）
- ベト （Hoang Hoa Tham ホアン・ホア・タム）

哲宗（北宋） てっそう, てつそう
11世紀, 中国, 北宋第7代皇帝（在位1085～1100）。姓名は趙煦, 初名傭。
- ⇒角世 （哲宗 てっそう 1076–1100）
- 皇帝 （哲宗 てっそう 1076–1100）
- 国小 （哲宗 てっそう 1076（熙寧9.12.7）–1100（元符3.1.12））
- コン2 （哲宗 てっそう 1076–1100）
- コン3 （哲宗 てっそう 1077–1100）
- 人物 （哲宗 てっそう 1076–1100.1）
- 世人 （哲宗 てっそう 1076–1100）
- 世東 （哲宗 てっそう 1076–1100）
- 全書 （哲宗 てっそう 1076–1100）
- 中皇 （哲宗 1076–1100）
- 中国 （哲（宋） てっそう 1076–1100）
- 統治 （哲宗 Chê Tsung （在位）1085–1100）
- 百科 （哲宗 てっそう 1076–1100）
- 評世 （哲宗 てっそう 1076–1100）

哲宗（李朝） てっそう, てつそう
19世紀, 朝鮮, 李朝の第25代王（在位1849～63）。49年即位したが, 金汶根が政権を握った。
- ⇒コン2 （哲宗 てっそう 1831–1863）
- コン3 （哲宗 てっそう 1831–1863）
- 人物 （哲宗 てっそう 1831–1863）
- 世東 （哲宗 てっそう 1831–1863）
- 朝鮮 （哲宗 てっそう 1831–1863）
- 統治 （哲宗 Ch'ŏlchong （在位）1849–1864）
- 百科 （哲宗 てっそう 1831–1863）

鉄保 てつほ, てっぽ
18・19世紀, 中国, 清朝中期の官僚, 書家。満州八旗の正黄旗に属する。
- ⇒新美 （鉄保 てっぽ 1752（清・乾隆17）–1824（道光4））
- 中書 （鉄保 てつほ 1752–1824）

徹里吉 てつりきつ
3世紀頃, 中国, 三国時代, 西羌の王。
- ⇒三国 （徹里吉 てつりきつ）
- 三全 （徹里吉 てつりきつ 生没年不詳）

鉄良 てつりょう
19・20世紀, 中国の満州族官僚。
- ⇒近中 （鉄良 てつりょう 1863–1938）

デバン・ナイア, C.V. Devan Nair, Chengara Veetil
20世紀, シンガポールの労働運動家, 政治家。シンガポール大統領。
- ⇒世政 （デバン・ナイア, C.V. 1923.8.5–）
- 二十 （デバン・ナイア 1923.8.5–）

テムジン
⇨チンギス・ハン

テムデル（鉄木迭児） Temüder
14世紀, 中国, 元中期の権臣。モンゴル人。
- ⇒国小 （テムデル〔鉄木迭児〕 ?–1322（至治2））
- コン2 （テムデル〔鉄木迭児〕 ?–1322）
- コン3 （テムデル〔鉄木迭児〕 ?–1322）

テレシチェンコ, セルゲイ Tereshchenko, Sergei Aleksandrovich
20世紀, カザフスタンの政治家。カザフスタン首相。
- ⇒世政 （テレシチェンコ, セルゲイ 1951.3.30–）

デレンタイ（徳楞泰） Delentai
18・19世紀, 中国, 清中期の満州人将軍。字は惇堂, 諡は壮果。四川の白蓮教徒の乱平定などに尽力。
- ⇒外国 （トクリョウタイ〔徳楞泰〕 ?–1809）
- コン2 （デレンタイ〔徳楞泰〕 1745–1809）
- コン3 （デレンタイ〔徳楞泰〕 1745–1809）

デワントロ
⇨スワルディ・スルヤニングラット

田維新 でんいしん
20世紀, 中国の軍人。1955年少将。66年瀋陽軍区政治部副主任。69年12月項総政治部副主任。
- ⇒世東 （田維新 でんいしん ?–）
- 中人 （田維新 でんいしん ?–）

田悦 でんえつ
8世紀, 中国, 唐の軍人。田承嗣の甥。781年成徳節度使の李惟岳の反乱に乗じて, 乱を起こしたが失敗。
- ⇒コン2 （田悦 でんえつ 751–784）
- コン3 （田悦 でんえつ 751–784）

田横 でんおう
中国古代, 秦末から前漢にかけての斉王。

⇒三国（田横　でんおう）

田楷　でんかい
3世紀頃, 中国, 三国時代, 青州の太守.
　⇒三国（田楷　でんかい）
　　三全（田楷　でんかい　生没年不詳）

田洎　でんき
9世紀頃, 中国, 唐の遣吐蕃告哀使.
　⇒シル（田洎　でんき　9世紀頃）
　　シル新（田洎　でんき）

田紀雲　でんきうん
20世紀, 中国の政治家. 中国全国人民代表大会（全人代）常務副委員長, 中国共産党政治局員, 中国副首相.
　⇒世政（田紀雲　でんきうん　1929.6-）
　　世東（田紀雲　でんきうん　1929.6-）
　　中人（田紀雲　でんきうん　1929.6-）

田況　でんきょう
11世紀, 中国, 北宋の官僚. 字は元均, 諡は宣簡. 冀州・信都（河北省）出身. 成都府の知事となり, 宋初の均産一揆後の四川地方の治政に功績をあげる.
　⇒コン2（田況　でんきょう　生没年不詳）
　　コン3（田況　でんきょう　1005-1063）

天啓帝　てんけいてい
17世紀, 中国, 明第16代皇帝（在位1620〜27）. 姓名は朱由校, 諡は愍皇帝, 廟号は熹宗. 側近の宦官魏忠賢に政務をゆだね, 東林党がこれに抵抗.
　⇒コン2（天啓帝　てんけいてい　1605-1627）
　　コン3（天啓帝　てんけいてい　1605-1627）
　　全書（天啓帝　てんけいてい　1605-1627）
　　大百（天啓帝　てんけいてい　1605-1627）
　　統治（天啓（熹宗）　T'ien Ch'i [Hsi Tsung]（在位）1620-1627）

田景度　でんけいど
9世紀頃, 中国, 唐の入蕃告哀使.
　⇒シル（田景度　でんけいど　9世紀頃）
　　シル新（田景度　でんけいど）

田五　でんご
18世紀, 中国, 清中期のイスラム新教徒の反乱指導者. 1783年に蜂起.
　⇒コン2（田五　でんご　?-1783）
　　コン3（田五　でんご　?-1784）

天皇　てんこう
中国古代の伝説上の帝王. 三皇の一人.
　⇒大辞（天皇　てんこう）
　　大辞3（天皇　てんこう）

田弘茂　でんこうも
20世紀, 台湾の政治学者. 台湾外交部長（外相）, 台湾国策研究院院長, ウィスコンシン大学政治学部教授.
　⇒世政（田弘茂　でんこうも　1938.11.7-）

田錫　でんしゃく
10世紀, 中国, 北宋の政治家. 字は表聖. 嘉州・洪雅（四川省）出身. 真宗即位後, 右諫議大夫.
　⇒コン2（田錫　でんしゃく　940-1003）
　　コン3（田錫　でんしゃく　940-1004）

天順帝　てんじゅんてい
14世紀, 中国, 元の第7代皇帝（在位1328）. 名はアスギバ（阿速吉八）. 泰定帝の皇太子. 諡は天順帝.
　⇒コン2（天順帝　てんじゅんてい　1319-1328）
　　コン3（天順帝　てんじゅんてい　1319-1328）
　　中皇（天順帝　1319-1328）

田章　でんしょう
3世紀頃, 中国, 三国時代, 魏の将.
　⇒三国（田章　でんしょう）
　　三全（田章　でんしょう　生没年不詳）

田承嗣　でんしょうし
8世紀, 中国, 唐の軍人. 平州（河北省）出身. 魏博節度使に任ぜられた.
　⇒コン2（田承嗣　でんしょうし　705-779）
　　コン3（田承嗣　でんしょうし　705-779）
　　世東（田承嗣　でんしょうし　705-779）

テンシン・カガン（天親可汗）　T'ien-ch'in Qaghan
8世紀, ウイグル第4代カガン（在位780〜789）. 頓莫賀といわれた. 正しくは長寿天親可汗.
　⇒国小（天親可汗　てんしんかがん　?-789）

テンジン・ギャムツォ
⇨ダライ・ラマ14世（ダライ・ラマ14セイ）

田早　でんそう
9世紀頃, 中国, 唐の遣吐蕃返礼使.
　⇒シル（田早　でんそう　9世紀頃）
　　シル新（田早　でんそう）

田続　でんぞく
3世紀頃, 中国, 三国時代, 魏の将.
　⇒三国（田続　でんぞく）
　　三全（田続　でんぞく　生没年不詳）

天祚帝　てんそてい
11・12世紀, 中国, 遼の第9代（最後）皇帝（在位1101〜25）. 姓名は耶律延禧. 道宗の孫.
　⇒コン2（天祚帝　てんそてい　1075-1125）
　　コン3（天祚帝　てんそてい　1075-1128）
　　中皇（天祚帝　1075-1125）
　　統治（天祚帝　T'ien-tso Ti（在位）1101-1125）
　　百科（天祚帝　てんそてい　1075-1125）

田儋　でんたん
前3世紀, 中国, 秦末期の豪族。斉の王族田氏の一族。秦末に自立して斉王となり, 東斉の地を略定。
⇒コン2　(田儋　でんたん　?-前208)
　コン3　(田儋　でんたん　?-前208)
　世東　(田儋　でんたん　前3世紀末)

田単　でんたん
前4・3世紀, 中国, 戦国時代後期・斉の将軍。燕の将軍楽毅を反間の計で失脚させ, 火牛の計を用いて燕軍を破る。襄王を迎え斉国を復興させた。
⇒広辞4　(田単　でんたん)
　広辞6　(田単　でんたん)
　国小　(田単　でんたん　生没年不詳)
　コン2　(田単　でんたん　生没年不詳)
　コン3　(田単　でんたん　生没年不詳)
　世東　(田単　でんたん　前4-3世紀)
　大辞　(田単　でんたん　生没年不詳)
　大辞3　(田単　でんたん　生没年不詳)

田疇　でんちゅう
2・3世紀, 中国, 三国時代, もと袁紹配下の将。
⇒三国　(田疇　でんちゅう)
　三全　(田疇　でんちゅう　169-214)

田中玉　でんちゅうぎょく
19・20世紀, 中国の軍人にして政治家。
⇒近中　(田中玉　でんちゅうぎょく　1864-1935.9)

田文鏡　でんぶんきょう
17・18世紀, 中国, 清初の政治家。謚は端粛。1723年山西の天災の救済に活躍。河南, 山東総督に任命された。
⇒外国　(田文鏡　でんぶんきょう　?-1732)
　国小　(田文鏡　でんぶんきょう　1664 (康熙3)-1732 (雍正10))
　コン2　(田文鏡　でんぶんきょう　1664-1732)
　コン3　(田文鏡　でんぶんきょう　1662-1733)
　中国　(田文鏡　でんぶんきょう　1664-1732)
　評世　(田文鏡　でんぶんきょう　?-1732)

田文烈　でんぶんれつ
19・20世紀, 中国の軍人, 政治家。
⇒近中　(田文烈　でんぶんれつ　1858.11.24-1924.11.12)

天宝　てんぽう
20世紀, 中国の政治家。別名桑吉悦希。四川省出身。チベット族の甘孜蔵族自治州政府樹立に参加。四川省チベット族自治区人民政府主席, 1期全人大会四川省代表。1969年4月9期中央委。
⇒外国　(テン・ポウ　1917-)
　世東　(天宝　てんぽう　1917-)
　中人　(天宝　てんぽう　1917-)

田豊　でんほう, でんぽう
2世紀, 中国, 三国時代, 袁紹の参謀。別駕。
⇒三国　(田豊　でんぽう)
　三全　(田豊　でんほう　?-200)

田豊　でんぽう
14世紀, 中国, 元末期の反乱指導者の一人。山東省出身。1357年済寧に蜂起。
⇒コン2　(田豊　でんぽう　?-1362)
　コン3　(田豊　でんぽう　?-1362)

椽磨　てんま
7世紀頃, 朝鮮, 済州島の耽羅から来日した使節。
⇒シル　(椽磨　てんま　7世紀頃)
　シル新　(椽磨　てんま)

田務豊　でんむほう
9世紀頃, 中国, 唐の遣回紇使。
⇒シル　(田務豊　でんむほう　9世紀頃)
　シル新　(田務豊　でんむほう)

田予　でんよ
3世紀頃, 中国, 三国時代, 魏の将。
⇒三国　(田予　でんよ)
　三全　(田予　でんよ　生没年不詳)

田令孜　でんれいし
9世紀, 中国, 唐末の宦官。
⇒中史　(田令孜　でんれいし　?-893)

【と】

土安　どあん
3世紀, 中国, 三国時代, 烏戈国の将。
⇒三国　(土安　どあん)
　三全　(土安　どあん　?-225)

ドァン・ヴァン・ク (段文巨)
19・20世紀, ベトナムの反フランス運動の指導者。
⇒ベト　(Ðoan-Van-Cu　ドァン・ヴァン・ク〔段文巨〕　1835-1905)

ドァン・コン・ブウ (段公保)
ベトナムの民族闘士。1874年, 反フランス闘争を指導。
⇒ベト　(Ðoan-Cong-Buu　ドァン・コン・ブウ〔段公保〕)

ドァン・トー (段寿)
ベトナム, 嗣徳帝時代の武将。
⇒ベト　(Ðoan-Tho　ドァン・トー〔段寿〕)

ドァン・トゥオン (段尚)　Ðoan-Thuong
ベトナム, 李朝の将軍。

政治・外交・軍事篇

⇒ベト（Đoan-Thuong　ドァン・トゥオン〔段尚〕）

ドイ・カン（隊艮）
　20世紀，ベトナムの民族闘士。本名はチン・ヴァン・カン（鄭文艮）。1917年8月31日，反フランス武装蜂起を指揮した。
　⇒ベト（Doi-Can　ドイ・カン〔隊艮〕）

杜聿明　といつめい
　20世紀，中国の軍人。号は光亭。
　⇒近中（杜聿明　といつめい　1905-1981.5.7）
　　コン3（杜聿明　といつめい　1904（05）-1981）
　　中人（杜聿明　といつめい　1905-1981.5.7）

杜宇　とう
　中国の伝説中の人物。蜀の皇帝。
　⇒中史（杜宇　とう）

湯　とう
　⇨湯王（とうおう）

ドゥアン
　⇨アン・ドゥオン

ドゥイ・ターン
　⇨ズイ・タン

トゥイ・リ・ヴォン（綏理王）
　19世紀，ベトナムの詩人。嗣德帝時代，フエの都で才華を謳われた。本名は眠禎，号は偉夜。聖祖仁皇帝すなわち明命帝の第11子。
　⇒ベト（Tuy-Le-Vuong　トゥイ・リ・ヴォン　1820-1897）

鄧禹　とうう
　1世紀，中国，後漢初期の政治家。字は仲華，諡は元侯。光武帝（劉秀）の全国統一に功をなし，のち梁侯・高密侯に封ぜられた。
　⇒コン2（鄧禹　とうう　2-58）
　　コン3（鄧禹　とうう　2-58）
　　三国（鄧禹　とうう）
　　世東（鄧禹　とうう　2-58.5）
　　中史（鄧禹　とうう　2-58）

鄧穎超（鄧穎超）　とうえいちょう
　20世紀，中国の政治家。周恩来夫人。1949年全国民主婦女連合会副主席。78年党政治局員，83年全国人民政治協商会議主席。
　⇒外国（鄧穎超　とうえいちょう　?-）
　　近中（鄧穎超　とうえいちょう　1904.2.4-1992.7.11）
　　現人（鄧穎超　とうえいちょう〈トンインチャオ〉1902-）
　　広辞5（鄧穎超　とうえいちょう　1904-1992）
　　広辞6（鄧穎超　とうえいちょう　1904-1992）
　　国小（鄧穎超　とうえいちょう　1902-）
　　コン3（鄧穎超　とうえいちょう　1904-1992）
　　スパ（鄧穎超　とうえいちょう　1902-）
　　世女（鄧穎超　とうえいちょう　1904-1992）
　　世政（鄧穎超　とうえいちょう　1904.2-1992.7.11）
　　世東（鄧穎超　とうえいちょう　1902-）
　　世百（鄧穎超　とうえいちょう　1902-）
　　全書（鄧穎超　とうえいちょう　1902-）
　　中人（鄧穎超　とうえいちょう　1904.2-1992.7.11）

唐英年　とうえいねん
　20世紀，香港の政治家。香港特別行政区財務長官。
　⇒世政（唐英年　とうえいねん　1952.9-）

薫琬　とうえん
　5世紀頃，中国，北魏の遺西域使。
　⇒シル（薫琬　とうえん　5世紀頃）
　　シル新（薫琬　とうえん）

道衍　どうえん
　⇨姚広孝（ようこうこう）

鄧演達　とうえんたつ
　20世紀，中国の軍人，政治家。字は択生。1927年軍事委員会委員，国共合作の崩壊後，国民党から除名された。
　⇒近中（鄧演達　とうえんたつ　1895.3.11-1931.11.29）
　　国小（鄧演達　とうえんたつ　1895（光緒21）-1931.11.29）
　　コン3（鄧演達　とうえんたつ　1895-1931）
　　世東（鄧演達　とうえんたつ　1895-1931.11.29）
　　世百（鄧演達　とうえんたつ　1891-1932）
　　世百新（鄧演達　とうえんたつ　1895-1931）
　　全書（鄧演達　とうえんたつ　1895-1931）
　　中人（鄧演達　とうえんたつ　1895（光緒21）-1931.11.29）
　　百科（鄧演達　とうえんたつ　1895-1931）

悼王　とうおう*
　前6世紀，中国，東周の王（第25代，在位前520）。
　⇒統治（悼（悼王猛）　Tao　（在位）前520）

湯王　とうおう
　前18世紀頃，中国，殷王朝の初代王。亳におり，夏王朝を倒して殷王朝を開いたとされる。
　⇒旺世（湯王　とうおう　生没年不詳）
　　外国（湯王　とうおう）
　　角世（湯王　とうおう　生没年不詳）
　　広辞4（湯王　とうおう）
　　広辞6（湯王　とうおう）
　　国小（湯王　とうおう　生没年不詳）
　　コン2（湯王　とうおう　生没年不詳）
　　コン3（湯王　とうおう　生没年不詳）
　　三国（湯王　とうおう）
　　人物（湯王　とうおう　生没年不詳）
　　世東（湯王　とうおう　生没年不詳）
　　世百（湯王　とうおう）
　　全書（湯王　とうおう　生没年不詳）
　　大辞（湯王　とうおう）
　　大辞3（湯王　とうおう）
　　大百（湯王　とうおう　生没年不詳）
　　中国（湯王　とうおう）

中史（湯　とう）
百科（湯王　とうおう）
評世（湯王　とうおう　生没年不詳）
歴史（湯王　とうおう）

唐王朱聿鍵　とうおうしゅいっけん
17世紀，中国，明滅亡後の亡命王の一人（在位1645~46）。諡は思文皇帝，廟号は紹宗。洪武帝9世の孫。
⇒コン2（唐王朱聿鍵　とうおうしゅいっけん　1602-1646）
　コン3（唐王朱聿鍵　とうおうしゅいっけん　1602-1646）
　世東（唐王　とうおう　1602-1646）
　中皇（紹宗（隆武帝）　1602-1646）
　中皇（紹武帝　?-1646）
　評世（唐王　とうおう　1602-1646）

湯恩伯　とうおんはく，とうおんぱく
20世紀，中国，国民党政府の軍人。浙江出身。1949年上海，南京，杭州地区総司令，ついで福建省主席総統府戦略顧問上将などを歴任。
⇒外国（湯恩伯　とうおんぱく　1899-1954）
　近中（湯恩伯　とうおんぱく　1899.9.20-1954.6.29）
　コン3（湯恩伯　とうおんぱく　1899-1954）
　世東（湯恩伯　とうおんぱく　1899-1954.6.29）
　中人（湯恩伯　とうおんぱく　1899-1954.6.29）

鄧恩銘　とうおんめい
20世紀，中国共産党の指導者。水族出身。
⇒近中（鄧恩銘　とうおんめい　1901.1.5-1931.4.5）

鄧華　とうか
20世紀，中国の人民解放軍軍人，上将。
⇒近中（鄧華　とうか　1901-1980.7.3）

董和　とうか
3世紀頃，中国，三国時代，蜀の劉璋の臣。字は幼宰（ようさい）。
⇒三国（董和　とうわ）
　三全（董和　とうか　生没年不詳）

鄧艾　とうがい
3世紀，中国，三国魏の政治家。字は士載。義陽・棘陽（河南省）出身。征西将軍に任ぜられ，対蜀征討軍の総指揮にあたった。
⇒コン2（鄧艾　とうがい　?-264）
　コン3（鄧艾　とうがい　197-264）
　三国（鄧艾　とうがい）
　三全（鄧艾　とうがい　197-264）

唐介　とうかい
11世紀，中国，北宋の政治家。湖北出身。字は子方。
⇒世東（唐介　とうかい　1010-1069）

東海王司馬越　とうかいおうしばえつ*
4世紀，中国，西晋，宗室。

⇒中皇（東海王司馬越　?-311）

東海王劉強　とうかいおうりゅうきょう*
1世紀，中国，後漢，光武帝の子。
⇒中皇（東海王劉強　25-58）

湯覚頓　とうかくとん
20世紀，中国，清朝末期，変法維新派に属する政治家。
⇒華人（湯覚頓　とうかくとん）

鄧家彦　とうかげん
19・20世紀，中国国民党中央執行委員。
⇒近中（鄧家彦　とうかげん　1883.8.30-1966.3.18）

東華公主　とうかこうしゅ
8世紀頃，中国，唐の遣契丹和蕃公主。
⇒シル（東華公主　とうかこうしゅ　8世紀頃）
　シル新（東華公主　とうかこうしゅ）

薫臥庭　とうがてい
8世紀頃，中国，チベット地方，哥隣国の王。793年，女国王湯立悉らと共に入唐。
⇒シル（薫臥庭　とうがてい　8世紀頃）
　シル新（薫臥庭　とうがてい）

湯化龍　とうかりゅう
19・20世紀，中国，清末・民国初期の政治家。字は済水。湖北省出身。進歩党の理事となり，衆議院議長に就任し，袁世凱にくみした。
⇒コン2（湯化龍　とうかりゅう　1874-1918）
　コン3（湯化龍　とうかりゅう　1873-1918）
　中人（湯化龍　とうかりゅう　1874-1918）

陶侃（陶佩）　とうかん，とうがん
3・4世紀，中国，東晋初期の名将。鄱陽（江西省）出身。東晋最大の州鎮の統帥として大勢力をもち長沙郡公に封じられた。
⇒角世（陶侃　とうかん　259-334）
　国小（陶侃　とうかん　259（甘露4）-334（咸和9））
　人物（陶侃　とうがん　259-334）
　世東（陶佩　とうかん　257-332）
　中国（陶侃　とうかん　259-334）
　中史（陶侃　とうかん　259-334）
　評世（陶侃　とうかん　259-334）

童貫　どうかん
11・12世紀，中国，北宋の徽宗朝の宦官。燕雲地方の回復を意図したが，1122年遼に大軍を出して大敗。金軍の南下を招いた。
⇒角世（童貫　どうかん　1054-1126）
　国小（童貫　どうかん　?-1126（靖康1.7.27））
　コン2（童貫　どうかん　1054-1126）
　コン3（童貫　どうかん　1054-1126）
　人物（童貫　どうかん　?-1126.7）
　世東（童貫　どうかん　?-1126）
　中国（童貫　どうかん　?-1126）

百科（童貫　どうかん　?-1126）
評世（童貫　どうかん　?-1126）

董禧　とうき
3世紀，中国，三国時代，魏の夏侯楙配下の将。
⇒三国（董禧　とうき）
三全（董禧　とうき　?-227）

竇毅　とうき
6世紀，中国，北周の遣突厥使。
⇒シル（竇毅　とうき　519-582）
シル新（竇毅　とうき　519-582）

陶希聖　とうきせい
20世紀，中国の政治家，経済史家。名は彙曾。湖北省出身。国民党文化政策の中心人物となり，渡台後，党中央評議委員。著書に『中国社会の史的分析』(1922)，『中国の命運』(42年蒋介石の名で発表）など。
⇒外国（陶希聖　とうきせい　1899-）
近中（陶希聖　とうきせい　1899.10.30-1988.6.27）
現人（陶希聖　とうきせい〈タオシーション〉1893-）
コン3（陶希聖　とうきせい　1899-1988）
人物（陶希聖　とうきせい　1893-）
世政（陶希聖　とうきせい　1899.10.30-1988.6.27）
世東（陶希聖　とうきせい　1899-）
世百（陶希聖　とうきせい　1899-）
世百新（陶希聖　とうきせい　1899-1988）
全書（陶希聖　とうきせい　1899-）
中芸（陶希聖　とうきせい　1893-）
中人（陶希聖　とうきせい　1899.10.30-1988.6.27）
日人（陶希聖　とうきせい　1899-1988）
百科（陶希聖　とうきせい　1899-）
評世（陶希聖　とうきせい　1899-1988）
名著（陶希聖　とうきせい　1893-）
歴学（陶希聖　とうきせい　1899-1988）
歴史（陶希聖　とうきせい　1899-）

鄧吉知　とうきつち
8世紀頃，東南アジア，逋租国王の弟。793（貞元9）年入唐。
⇒シル（鄧吉知　とうきつち　8世紀頃）
シル新（鄧吉知　とうきつち　8世紀頃）

董貴妃　とうきひ
2世紀，中国，三国時代，車騎将軍董承の娘。
⇒三国（董貴妃　とうきひ）
三全（董貴妃　とうきひ　?-200）

湯薌銘　とうきょうめい
19・20世紀，中国の軍人。
⇒近中（湯薌銘　とうきょうめい　1885-1975）

湯玉麟　とうぎょくりん
19・20世紀，中国の奉天派の軍人。
⇒近中（湯玉麟　とうぎょくりん　1871.3-1937.5）

党均　とうきん
3世紀頃，中国，三国時代，魏の鄧艾の幕僚の一人。襄陽出身。
⇒三国（党均　とうきん）
三全（党均　とうきん　生没年不詳）

湯金釗　とうきんしょう
18・19世紀，中国，清後期の官僚。字は敦甫。浙江省出身。
⇒コン2（湯金釗　とうきんしょう　1772-1856）
コン3（湯金釗　とうきんしょう　1772-1856）

トゥク・ティムール
⇨文宗（元）（ぶんそう）

ドゥク・ドゥク　Duc Dúc
19世紀，ベトナムの皇帝。在位1883。
⇒統治（ドゥク・ドゥク，育徳帝　（在位）1883）

トゥグルク・ティムール　Tughluq Tīmūr
14世紀，チャガタイ・ハン国末期の王（在位1348〜63）。
⇒旺世（トゥグルク＝ティムール　?-1363）
角世（トゥグルク・テルム　?-1363）
国小（トゥグルク・チムール　?-1363）
世界（トゥグルク・ティームール　?-1363）
全書（トゥグルク・ティムール　1329/30-1362/63）
統治（トゥグル・ティムール　（在位）1359-1364）
評世（トゥグルク＝チムール　?-1363）
山世（トゥグルク・ティムール　?-1363）

唐継堯　とうけいぎょう
19・20世紀，中国の軍人，政治家。1917年孫文の広東軍政府に参加。大雲南主義を唱えて，西南軍閥の雄となる。
⇒外国（唐継堯　とうけいぎょう　1882-1927）
角世（唐継堯　とうけいぎょう　1883-1927）
近中（唐継堯　とうけいぎょう　1883.8.14-1927.5.23）
コン3（唐継堯　とうけいぎょう　1882-1927）
人物（唐継堯　とうけいぎょう　1882-1927）
世東（唐継堯　とうけいぎょう　1883-1927.5.23）
世百新（唐継堯　とうけいぎょう　1882-1927）
中国（唐継堯　とうけいぎょう　1882-1927）
中人（唐継堯　とうけいぎょう　1882-1927）
日人（唐継堯　とうけいぎょう　1883-1927）
百科（唐継堯　とうけいぎょう　1882-1927）
山世（唐継堯　とうけいぎょう　1883-1927）

唐景崧　とうけいすう
19・20世紀，中国，清末期の政治家。字は維卿。広西省出身。1895年台湾割譲で，台湾民主国の総統におされた。
⇒コン2（唐景崧　とうけいすう　1841-1902）
コン3（唐景崧　とうけいすう　1841-1903）
中人（唐景崧　とうけいすう　1841-1903）

唐景崇　とうけいすう
20世紀, 中国の高級官僚。
⇒近中（唐景崇　とうけいすう　?-1914）

董厥　とうけつ
3世紀頃, 中国, 三国時代, 蜀の文官。
⇒三国（董厥　とうけつ）
　三全（董厥　とうけつ　生没年不詳）

唐俭　とうけん
6・7世紀, 中国, 唐の遣突厥使。
⇒シル（唐俭　とうけん　576-656）
　シル新（唐俭　とうけん　576-656）

董建華　とうけんか
20世紀, 中国の第11期全国政協副主席。
⇒岩ケ（董建華　とうけんか　1937-）
　華人（董建華　とうけんか　1937-）
　最世（董建華　1937-）
　世人（董建華　とうけんか　1937-）
　世政（董建華　とうけんか　1937.5.29-）
　中重（董建華　とうけんか　1937.5-）

湯剣左　とうけんさ
7世紀頃, チベット地方, 東女（西チベット）の入唐使節。
⇒シル（湯剣左　とうけんさ　7世紀頃）
　シル新（湯剣左　とうけんさ）

竇建徳　とうけんとく
6・7世紀, 中国, 隋末の群雄の一人。河北, 山東を中心に夏国を建て天子を称したが, 唐の李世民（のちの太宗）と戦い敗北。長安で斬殺された。
⇒角世（竇建徳　とうけんとく　573-621）
　国小（竇建徳　とうけんとく　573（建徳2）-621（武徳4））
　コン2（竇建徳　とうけんとく　573-621）
　コン3（竇建徳　とうけんとく　573-621）
　世東（竇建徳　とうけんとく　573-621）
　中皇（竇建徳　573-621）
　中国（竇建徳　とうけんとく　573-621）
　百科（竇建徳　とうけんとく　573-621）

竇元礼　とうげんれい
8世紀頃, 中国, 唐の遣吐蕃使。
⇒シル（竇元礼　とうげんれい　8世紀頃）
　シル新（竇元礼　とうげんれい）

董狐　とうこ
前7世紀頃, 中国, 春秋時代の晋の史官。その振る舞いから, 歴史家が権勢を恐れず真実を書く意の故事成語「董狐の筆」が生れた。
⇒広辞4（董狐　とうこ）
　広辞6（董狐　とうこ）
　コン3（董狐　とうこ　生没年不詳）
　大辞（董狐　とうこ　生没年不詳）
　大辞3（董狐　とうこ　生没年不詳）
　中史（董狐　とうこ　生没年不詳）

竇固　とうこ
1世紀, 中国, 後漢の将軍。字は孟孫, 諡は文侯。章帝即位（76）ののち, 九卿を歴任。
⇒旺世（竇固　とうこ　?-88）
　外国（竇固　とうこ　?-88）
　角世（竇固　とうこ　?-88）
　国小（竇固　とうこ　?-88（章和2））
　コン2（竇固　とうこ　?-88）
　コン3（竇固　とうこ　?-88）
　人物（竇固　とうこ　?-88）
　世東（竇固　とうこ　?-88）
　中国（竇固　とうこ　?-88）
　評世（竇固　とうこ　?-88）

悼公　とうこう*
4・5世紀, 中国, 五胡十六国・前涼の皇帝（在位363～376）。
⇒中皇（悼公　346-406）

董康　とうこう
19・20世紀, 中国の法律家, 政治家。字は綬経。江蘇省武進出身。日本占領時代臨時政府の司法を主宰した。
⇒外国（董康　とうこう　1867-）
　中人（董康　とうこう　1867-1942）
　日人（董康　とうこう　1867-1947）
　百科（董康　とうこう　1867-?）

陶弘景　とうこうけい
5・6世紀, 中国, 南北朝時代の政治家, 学者。字は通明。著『真誥』『本草経集注』など。
⇒岩哲（陶弘景　とうこうけい　456-536）
　外国（陶弘景　とうこうけい　456-536）
　科史（陶弘景　とうこうけい　456-536）
　角世（陶弘景　とうこうけい　456-536）
　看護（陶弘景　とうこうけい　452-536）
　広辞4（陶弘景　とうこうけい　456-536）
　広辞6（陶弘景　とうこうけい　456-536）
　国小（陶弘景　とうこうけい　456（孝建3）-536（大同2））
　コン2（陶弘景　とうこうけい　456-536）
　コン3（陶弘景　とうこうけい　456-536）
　集世（陶弘景　とうこうけい　456（孝建3）-536（大同2））
　集東（陶弘景　とうこうけい　456（孝建3）-536（大同2））
　新美（陶弘景　とうこうけい　451（劉宋・元嘉28）-536（梁・大同2））
　人物（陶弘景　とうこうけい　452-536.3）
　世東（陶弘景　とうこうけい　452-536.3）
　世百（陶弘景　とうこうけい　452-536）
　全書（陶弘景　とうこうけい　456-536）
　大辞（陶弘景　とうこうけい　456-536）
　大辞3（陶弘景　とうこうけい　456-536）
　大百（陶弘景　とうこうけい　456-536）
　中芸（陶弘景　とうこうけい　452-536）
　中国（陶弘景　とうこうけい　456-536）
　中史（陶弘景　とうこうけい　456-536）
　中書（陶弘景　とうこうけい　456-536）
　デス（陶弘景　とうこうけい　456-536）
　伝記（陶弘景　とうこうけい　456-536）
　百科（陶弘景　とうこうけい　456-536）
　評世（陶弘景　とうこうけい　456-536）

歴史（陶弘景　とうこうけい　456-536）

鄧皇后　とうこうごう*
1・2世紀, 中国, 後漢, 和帝の皇妃。
⇒中皇（鄧皇后　81-121）

悼皇后　とうこうごう
6世紀, 中央アジア, 柔然, 可汗阿那瓌（勅連頭兵豆伐可汗）の長女。西魏文帝に嫁ぎ, 皇后となった。
⇒シル（悼皇后　とうこうごう　525-540）
　シル新（悼皇后　とうこうごう　525-540）

竇皇后（前漢）　とうこうごう
前2世紀, 中国, 前漢, 文帝の皇妃。
⇒世女日（竇皇后　DOU huanghou　?-前135）
　中皇（竇皇后　?-前135/129）

竇皇后（後漢）　とうこうごう*
1世紀, 中国, 後漢, 章帝の皇妃。
⇒中皇（竇皇后　?-97）

竇皇后（唐）　とうこうごう
7世紀, 中国, 唐, 高祖（李淵）の皇妃。
⇒世女日（竇皇后　DOU huanghou）
　中皇（竇皇后　605-617（大業年間）頃）

東光公主　とうこうこうしゅ
8世紀頃, 中国, 唐中宗の孫。奚国（鮮卑族）の首領魯蘇に降嫁。
⇒シル（東光公主　とうこうこうしゅ　8世紀頃）
　シル新（東光公主　とうこうこうしゅ）

唐弘実　とうこうじつ
9世紀頃, 中国, 唐の遣回紇冊立使。
⇒シル（唐弘実　とうこうじつ　9世紀頃）
　シル新（唐弘実　とうこうじつ）

道光帝　どうこうてい
18・19世紀, 中国, 清朝の第8代皇帝（在位1820～50）。廟号は宣宗。7代嘉慶帝の第2子。
⇒旺世（道光帝　どうこうてい　1782-1850）
　角世（道光帝　どうこうてい　1782-1850）
　広辞4（道光帝　どうこうてい　1782-1850）
　広辞6（道光帝　どうこうてい　1782-1850）
　皇帝（道光帝　どうこうてい　1782-1850）
　国小（道光帝　どうこうてい　1782（乾隆47）-1850（道元30））
　コン2（道光帝　どうこうてい　1782-1850）
　コン3（道光帝　どうこうてい　1782-1850）
　人物（宣宗　せんそう　1782-1850）
　世人（道光帝　どうこうてい　1782-1850）
　世東（宣宗　せんそう　1782-1850.1.14）
　世百（道光帝　どうこうてい　1782-1850）
　全書（道光帝　どうこうてい　1782-1850）
　大辞（道光帝　どうこうてい　1782-1850）
　大辞3（道光帝　どうこうてい　1782-1850）
　大百（道光帝　どうこうてい　1782-1850）
　中皇（宣宗（道光帝）　1782-1850）
　中国（道光帝　どうこうてい　1782-1850）
　統治（道光（宣宗）　Tao Kuang [Hsüan Tsung]（在位）1820-1850）
　百科（道光帝　どうこうてい　1782-1850）
　評世（道光帝　どうこうてい　1782-1750）
　山世（道光帝　どうこうてい　1782-1850）

唐国長公主　とうこくちょうこうしゅ*
12世紀, 中国, 北宋, 神宗の娘。
⇒中皇（唐国長公主　?-1111）

唐賽児　とうさいじ
15世紀, 中国, 明初の山東農民反乱（1420）の女性指導者。
⇒百科（唐賽児　とうさいじ　生没年不詳）

唐才常　とうさいじょう
19世紀, 中国, 清末の革命家。湖南省瀏陽出身。義和団運動に乗じ「自立軍」の武装蜂起を計画。
⇒広辞6（唐才常　とうさいじょう　1867-1900）
　国小（唐才常　とうさいじょう　1867（同治6）-1900（光緒26））
　コン2（唐才常　とうさいじょう　1867-1900）
　コン3（唐才常　とうさいじょう　1867-1900）
　世東（唐才常　とうさいじょう　1867-1900）
　世百（唐才常　とうさいじょう　1867-1900）
　全書（唐才常　とうサイジョウ　1867-1900）
　中国（唐才常　とうさいじょう　1867-1900）
　中史（唐才常　とうさいじょう　1867-1900）
　百科（唐才常　とうさいじょう　1867-1900）
　評世（唐才常　とうさいじょう　1867-1900）
　山世（唐才常　とうさいじょう　1867-1900）

童山　どうざん
15世紀, 中国, 建州左衛の長。建州女直の部族長モングチムールの2男。童倉, 董山とも。
⇒国小（童山　どうざん　1419（永楽17）-1467（成化3））

唐氏　とうし
2世紀, 中国, 少帝の皇后。
⇒三国（唐妃　とうひ）
　三全（唐氏　とうし　?-189）

唐咨　とうし
3世紀頃, 中国, 三国時代, 呉の将軍。
⇒三国（唐咨　とうし）
　三全（唐咨　とうし　生没年不詳）

鄧子恢　とうしかい
20世紀, 中国の政治家, 革命家。1949年中原臨時人民政府主席を経て, 中華人民共和国成立後は農政部門の指導者。党中央委員, 副首相もつとめた。
⇒近中（鄧子恢　とうしかい　1896.8.17-1972.12.10）
　国小（鄧子恢　とうしかい　1893（光緒19）-）
　コン3（鄧子恢　とうしかい　1896-1972）
　世東（鄧子恢　とうしかい　1896-）
　世百（鄧子恢　とうしかい　1893-）
　全書（鄧子恢　とうしかい　1896-1972）
　中人（鄧子恢　とうしかい　1896（光緒19）-

とうし

1972.12.10)

陶馳駒 とうしく
20世紀, 中国公安相, 中国共産党中央委員。
⇒中人（陶馳駒　とうしく　1935-）

董士錫 とうししゃく
19世紀, 中国, 清代の官吏, 文人。字は晋卿, また損甫。仁宗の嘉慶16年(1811)前後ごろ在世した。
⇒中芸（董士錫　とうししゃく　生没年不詳）

鄧隲 とうしつ
2世紀, 中国, 後漢の陝西人。鄧禹の孫。字は昭伯。和帝, 殤帝, 安帝に仕えて大将軍に進んだ。
⇒世東（鄧隲　とうしつ　?-121）

同治帝 どうじてい
⇨同治帝（どうちてい）

唐澍 とうじゅ
20世紀, 中国の紅軍指導者。
⇒近中（唐澍　とうじゅ　1903-1928.7.1）

陶澍 とうじゅ
18・19世紀, 中国, 清後期の政治家。字は雲汀, 諡は文毅。湖南省出身。1826年江蘇巡撫, 30年両江総督。陶潜の作品の集大成『靖節先生集』を編纂。
⇒コン2（陶澍　とうじゅ　1778-1839）
　コン3（陶澍　とうじゅ　1778-1839）
　中芸（陶澍　とうじゅ　?-1839）
　中史（陶澍　とうじゅ　1778-1839）

唐周 とうしゅう
3世紀頃, 中国, 三国時代, 黄巾賊の頭首張角の弟子。
⇒三国（唐周　とうしゅう）
　三全（唐周　とうしゅう　生没年不詳）

唐縦 とうじゅう
20世紀, 台湾の政治家。湖南省に生れる。国民党中央委員会秘書長, 韓国駐在大使, 第9期国民党中央委員会中央常務委員に選出。
⇒世東（唐縦　とうじゅう　1906.10-）
　中人（唐縦　とうじゅう　1905.10-1981）

滕脩(滕脩) とうしゅう
3世紀頃, 中国, 三国時代, 呉の末期の司空。
⇒三国（滕脩　とうしゅう）
　三全（滕脩　とうしゅう　生没年不詳）

唐叔姫虞 とうしゅくきぐ
中国, 周の武王の子。
⇒中皇（唐叔姫虞）

唐叔虞 とうしゅくぐ
前12世紀, 中国, 周の王。武王の子。成王の弟。

字は子干。春秋時代晋国の始祖といわれる。
⇒世東（唐叔虞　とうしゅくぐ　前12世紀）

唐守治 とうしゅじ
20世紀, 台湾の軍人。湖南省に生れる。国防部総政治部作戦部主任を経て, 国家安全会議国家総動員委員会副主任となる。
⇒世東（唐守治　とうしゅじ　1908-）
　中人（唐守治　とうしゅじ　1907-1975）

湯寿潜 とうじゅせん
19・20世紀, 中国の政治家。名は震。寿潜は字。浙江省出身。南京臨時政府の交通総長となり, 章炳麟らと統一党を組織。
⇒コン2（湯寿潜　とうじゅせん　1857-1917）
　コン3（湯寿潜　とうじゅせん　1857-1917）
　中人（湯寿潜　とうじゅせん　1857-1917）

陶濬 とうしゅん
3世紀頃, 中国, 三国時代, 呉末期の将。
⇒三国（陶濬　とうしゅん）
　三全（陶濬　とうしゅん　生没年不詳）

道俊 どうしゅん
5世紀頃, 中国, 南朝宋の遣ジャワ使僧。求那跋摩を迎えた。
⇒シル（道俊　どうしゅん　5世紀頃）
　シル新（道俊　どうしゅん）

董承 とうしょう
2世紀, 中国, 後漢の車騎将軍。
⇒三国（董承　とうしょう）
　三全（董承　とうしょう　?-200）

唐紹儀 とうしょうぎ
19・20世紀, 中国, 清末・民国初期の外交官, 政治家。辛亥革命で, 北方代表として革命派と講和。民国最初の国務総理。
⇒外国（唐紹儀　とうしょうぎ　1860-1938）
　角世（唐紹儀　とうしょうぎ　1860-1938）
　近中（唐紹儀　とうしょうぎ　1862.1.2-1938.9.30）
　コン2（唐紹儀　とうしょうぎ　1860-1938）
　コン3（唐紹儀　とうしょうぎ　1860-1938）
　人物（唐紹儀　とうしょうぎ　1860-1938）
　世東（唐紹儀　とうしょうぎ　1860-1938.9.30）
　中国（唐紹儀　とうしょうぎ　1860-1938）
　中人（唐紹儀　とうしょうぎ　1860-1938）
　百科（唐紹儀　とうしょうぎ　1860-1938）
　評世（唐紹儀　とうしょうぎ　1860-1938）

東城子言 とうじょうしげん
6世紀頃, 朝鮮, 百済使。547（欽明8）年来日。
⇒シル（東城子言　とうじょうしげん　6世紀頃）
　シル新（東城子言　とうじょうしげん）

東城子莫古 とうじょうしまくこ
6世紀頃, 朝鮮, 百済使。554（欽明15）年来日。
⇒シル（東城子莫古　とうじょうしまくこ　6世紀

頃）
シル新（東城子莫古　とうじょうしまくこ）

鄧小平　とうしょうへい
20世紀, 中国の政治家。四人組追放後の1977年党副主席, 83年党中央軍事委主席, 中央顧問委主任。事実上の最高実力者として改革を推進した。
⇒岩ケ（鄧小平　とうしょうへい　1902–1997）
　旺世（鄧小平　とうしょうへい　1904–1997）
　角世（鄧小平　とうしょうへい　1904–1997）
　近中（鄧小平　とうしょうへい　1904.8.22–）
　現人（鄧小平　とうしょうへい〈トンシヤオピン〉1902–）
　広辞5（鄧小平　とうしょうへい　1904–1997）
　広辞6（鄧小平　とうしょうへい　1904–1997）
　国小（鄧小平　とうしょうへい　1902–）
　コン3（鄧小平　とうしょうへい　1904–1997）
　最世（鄧小平　とうしょうへい　1904–1997）
　人物（鄧小平　とうしょうへい　1902–）
　世人（鄧小平　とうしょうへい　1904–1997）
　世政（鄧小平　とうしょうへい　1904.8.22–1997.2.19）
　世東（鄧小平　とうしょうへい　1903–）
　世百（鄧小平　とうしょうへい　1896–）
　全書（鄧小平　とうしょうへい　1904–）
　大辞2（鄧小平　とうしょうへい　1904–）
　大辞3（鄧小平　とうしょうへい　1904–1997）
　大百（鄧小平　とうしょうへい〈トンシャオピン〉1903?–）
　中人（鄧小平　とうしょうへい　1904.8.22–）
　ナビ（鄧小平　とうしょうへい　1904–1997）
　評世（鄧小平　とうしょうへい　1904–1997）
　山世（鄧小平　とうしょうへい　1904–1997）

鄧初民　とうしょみん
19・20世紀, 中国の学者, 政治家。湖北省出身。1958年民主同盟副主席。65年政協会議全国委員会常務委員。
⇒外国（鄧初民　とうしょみん　1898–）
　近中（鄧初民　とうしょみん　1889.10.20–1981.2.4）
　コン3（鄧初民　とうしょみん　1889–1981）
　中人（鄧初民　とうしょみん　1889–1981）

湯爾和　とうじわ
19・20世紀, 中国の政治家。浙江省出身。辛亥革命で南京臨時政府の組織に参画。1938年以後, 傀儡政権の要職についた。
⇒コン2（湯爾和　とうじわ　1877–1940）
　コン3（湯爾和　とうじわ　1877–1940）
　中人（湯爾和　とうじわ　1878–1940）

湯震　とうしん
19・20世紀, 中国の立憲派の指導者。
⇒近中（湯震　とうしん　1856.7.3–1917.6.6）

道深　どうしん, どうじん
6世紀頃, 朝鮮, 百済の僧。日本に派遣された。
⇒シル（道深　どうしん　6世紀頃）
　シル新（道深　どうしん）
　日人（道深　どうじん　生没年不詳）

陶成章　とうせいしょう
19・20世紀, 中国の革命家。革命団体「光復会」会員。
⇒コン2（陶成章　とうせいしょう　1878–1912）
　コン3（陶成章　とうせいしょう　1878–1912）
　世東（陶成章　とうせいしょう　1878–1911）
　中人（陶成章　とうせいしょう　1878–1912）

唐生智　とうせいち
19・20世紀, 中国の軍人。1931年広東政府に加わり, 広東政府と南京政府合体後は軍の幹部, 49年中共軍へ寝返り, 全国人民代表大会代表となった。
⇒外国（唐生智　とうせいち　1885–）
　角世（唐生智　とうせいち　1889–1970）
　近中（唐生智　とうせいち　1889.10.12–1970.4.6）
　国小（唐生智　とうせいち　1885（光緒11）–）
　コン3（唐生智　とうせいち　1889–1970）
　人物（唐生智　とうせいち　1885–）
　世東（唐生智　とうせいち　1885–）
　世百（唐生智　とうせいち　1885–）
　中人（唐生智　とうせいち　1889（光緒11）–1970）

塔斉布　とうせいふ
19世紀, 中国, 清後期の武将。満州鑲黄旗出身。曾国藩の副将として太平軍と戦い, 功をたてる。
⇒コン2（塔斉布　とうせいふ　1817–1855）
　コン3（塔斉布　とうせいふ　1817–1855）

竇薛裕　とうせつゆう
8世紀頃, 中央アジア, 寧遠（フェルガーナ）の入唐使節。
⇒シル（竇薛裕　とうせつゆう　8世紀頃）
　シル新（竇薛裕　とうせつゆう）

竇千乗　とうせんじょう
9世紀頃, 中国, 唐の遣吐蕃使。
⇒シル（竇千乗　とうせんじょう　9世紀頃）
　シル新（竇千乗　とうせんじょう）

道宗　どうそう
11・12世紀, 中国, 遼の第8代皇帝（在位1055～1101）。姓名は耶律洪基。興宗の子。
⇒外国（道宗　どうそう　1032–1101）
　コン2（道宗　どうそう　1032–1101）
　コン3（道宗　どうそう　1032–1101）
　人物（道宗　どうそう　1032–1101）
　世東（道宗　どうそう　1032–1101）
　中皇（道宗　1032–1101）
　統治（道宗　Tao Tsung　（在位）1055–1101）

滕代遠　とうたいえん
20世紀, 中国工農紅軍, 中国人民解放軍の指導者。
⇒近中（滕代遠　とうたいえん　1904.11.2–1974.12.1）

東太后　とうたいこう，とうたいごう
19世紀，中国，清朝第9代咸豊帝の皇后。慈安皇太后。帝の死により同治帝を奉じ，西太后らと政治の実権を握った。
⇒国小（東太后　とうたいこう　1837（道光17）-1881（光緒7））
　人物（東太后　とうたいこう　1837-1881）
　世東（東太后　とうたいごう　1837-1881）
　中皇（皇后鈕祜氏　1837-1881.3）
　中国（東太后　とうたいこう　1837-1881）

竇太后　とうたいこう
1世紀，中国，後漢章帝の皇后。扶風（陝西省）出身。竇融の曾孫。和帝即位後は皇太后となり専横をきわめた。
⇒国小（竇太后　とうたいこう　?-97（永元9.閏8.14））
　人物（竇太后　とうたいこう　?-97.8）
　世東（竇太后　とうたいこう　?-97.閏8）

鄧拓　とうたく
20世紀，中国のジャーナリスト。山東省出身。新華日報主筆。1954年人民日報総編集。63年共産党北京市委会書記処書記。66年5月北京市委会の「三家村グループの黒い番頭」反党反社会主義分子として批判をうけた。
⇒近中（鄧拓　とうたく　1912.2.26-1966.5.18）
　現人（鄧拓　とうたく〈トントゥオ〉　1911-）
　コン3（鄧拓　とうたく　1912-1966）
　世東（鄧拓　とうたく　?-）
　全書（鄧拓　とうたく　1912-1966）
　大百（鄧拓　とうたく〈トンシー〉　1911?-）
　中人（鄧拓　とうたく　1912-1966）
　山世（鄧拓　とうたく　1912-1966）

董卓　とうたく
2世紀，中国，後漢末の群雄の一人。隴西（甘粛省）出身。黄巾の乱討伐に参加し，次いで辺章らの乱を平定。強力な軍事力を背景に半独立の勢いを示した。
⇒外国（董卓　とうたく　?-192）
　角世（董卓　とうたく　?-192）
　国小（董卓　とうたく　?-192（初平3.4.23））
　コン2（董卓　とうたく　?-192）
　コン3（董卓　とうたく　?-192）
　三国（董卓　とうたく）
　三全（董卓　とうたく　?-192）
　人物（董卓　とうたく　?-192）
　世東（董卓　とうたく　?-192）
　世百（董卓　とうたく　?-192）
　全書（董卓　とうたく　?-192）
　大辞（董卓　とうたく　?-192）
　大辞3（董卓　とうたく　?-192）
　中国（董卓　とうたく　?-192）
　中史（董卓　とうたく　?-192）
　百科（董卓　とうたく　?-192）
　評世（董卓　とうたく　?-192）

鄧沢如　とうたくじょ
19・20世紀，中国の政治家。広東省出身。1924年国民党中央監察委員。31年蔣介石に反旗し，広東政府に参加。

⇒コン2（鄧沢如　とうたくじょ　1869-1934）
　コン3（鄧沢如　とうたくじょ　1869-1934）
　中人（鄧沢如　とうたくじょ　1869-1934）

トゥダ・マング　Töde Möngke
13世紀，キプチャク・ハン国のハン。在位1280-1287。
⇒統治（トゥダ・マング　（在位）1280-1287）

東丹王　とうたんおう
9・10世紀，中央アジア，東丹国の王（在位926～928）。中国，遼（契丹）の太祖耶律阿保機に立てられた。太祖の長子。
⇒皇帝（東丹王　とうたんおう　899-936）
　国小（東丹王　とうたんおう　897（乾寧4）-934（天顕9））
　中国（東丹王　とうたんおう　899-936）

董竹君　とうちくくん*
20世紀，中国の政治家。
⇒世女日（董竹君　1900-1997）

同治帝　どうちてい
19世紀，中国，清朝の第10代皇帝（在位1861～74）咸豊帝のただ一人の男子。生母は西太后。諱は載淳，諡は毅皇帝，廟号は穆宗。実権は西太后が握り，政治に関与できず病没。
⇒旺世（同治帝　どうちてい　1856-1875）
　皇帝（同治帝　どうちてい　1856-1875）
　国小（同治帝　どうちてい　1856（咸豊6）-1874（同治13））
　コン2（同治帝　どうちてい　1856-1875）
　コン3（同治帝　どうちてい　1856-1874）
　人物（同治帝　どうちてい　1856-1875）
　世人（同治帝　どうちてい　1856-1875）
　世東（同治帝　どうちてい　1856-1875）
　世百（同治帝　どうじてい　1856-1875）
　全書（同治帝　どうちてい　1856-1875）
　大辞3（同治帝　どうちてい　1856-1875）
　大百（同治帝　どうちてい　1856-1874）
　中皇（穆宗（同治帝）　1856-1875）
　中国（同治帝　どうちてい　1856-1875）
　統治（同治（穆宗）　T'ung Chih [Mu Tsung]（在位）1861-1875）
　百科（同治帝　どうちてい　1856-1875）
　山世（同治帝　どうちてい　1856-1875）
　歴史（同治帝　どうちてい　1856-1875）

鄧忠　とうちゅう
3世紀，中国，三国時代，魏の将。
⇒三国（鄧忠　とうちゅう）
　三全（鄧忠　とうちゅう　?-264）

陶鋳　とうちゅう
20世紀，中国，共産党幹部。湖南省出身。文化大革命初期，その推進者として1966年党宣伝部長，11中全会で政治局常務委員となるが，67年「中南地区のフルシチョフ」と攻撃され，失脚。
⇒近中（陶鋳　とうちゅう　1908.1-1969.11.30）
　現人（陶鋳　とうちゅう〈タオチュー〉　1906-）
　コン3（陶鋳　とうちゅう　1908-1969）

政治・外交・軍事篇　　　　　　　　　　　359　　　　　　　　　　　とうひ

　　世東（陶鋳　とうちゅう　1907–）
　　中人（陶鋳　とうちゅう　1908–1969）

道冲　どうちゅう
　5世紀頃，中国，南朝宋の遣ジャワ使僧。南朝宋の文帝の命で424年（元嘉1）に派遣され，求那跋摩を迎えた。
　⇒シル（道冲　どうちゅう　5世紀頃）
　　シル新（道冲　どうちゅう）

董重　とうちょう
　2世紀，中国，後漢の将軍。霊帝の従兄弟，外戚。驃騎将軍。
　⇒三国（董重　とうちょう）
　　三全（董重　とうちょう　?–189）

董超　とうちょう
　3世紀，中国，三国時代，魏の将。
　⇒三国（董超　とうちょう）
　　三全（董超　とうちょう　?–219）

鄧通　とうつう
　中国，前漢の文帝の寵臣。
　⇒中史（鄧通　とうつう　生没年不詳）

鄧廷楨　とうていてい
　18・19世紀，中国，清の官僚。字は維周，号は嬾筠。江蘇省江寧県の出身。1839年欽差大臣林則徐のアヘン厳禁に協力。
　⇒外国（鄧廷楨　とうていてい　?–1846）
　　コン2（鄧廷楨　とうていてい　1776–1846）
　　コン3（鄧廷楨　とうていてい　1776–1846）

鄧銅　とうどう
　3世紀，中国，三国時代，蜀の将。
　⇒三国（鄧銅　とうどう）
　　三全（鄧銅　とうどう　?–227）

薫騰　とうとう
　5世紀頃，朝鮮，高句麗の弔問使。
　⇒シル（薫騰　とうとう　5世紀頃）
　　シル新（薫騰　とうとう）

トゥドゥック帝　Tu Duc
　19世紀，ベトナム，阮朝第4代皇帝（在位1845～83）。姓名は阮福暎。
　⇒角世（トゥドゥック帝　1830–1883）
　　世東（トゥドゥック［嗣徳］　1830–1883）
　　統治（トゥ・ドゥック［嗣徳帝］　（在位）1847–1883）
　　東ア（トゥドゥック帝　1830–1883）
　　百科（トゥドゥック　1830–1883）
　　ベト（Hong-Nham　ホン・ニャム）
　　ベト（Tu-Ðuc　ツ・ドゥック　1847–1883）

董道寧　とうどうねい
　20世紀，中国の官僚。
　⇒日人（董道寧　とうどうねい　1902–?）

統特勒　とうとくろく
　7世紀頃，中央アジア，鉄勒（トルコ系遊牧部族）の入唐使節。
　⇒シル（統特勒　とうとくろく　7世紀頃）
　　シル新（統特勒　とうとくろく）

董荼那　とうとな
　3世紀，中国，三国時代，蛮王孟獲配下の第二洞の王。
　⇒三国（董荼那　とうとな）
　　三全（董荼那　とうとな　?–225）

鄧敦　とうとん
　3世紀，中国，三国時代，魏の前将軍。
　⇒三国（鄧敦　とうとん）
　　三全（鄧敦　とうとん　?–263）

トゥヌシュバエフ　Tïnïshbaev, Mŭkhamedjan
　19・20世紀，中央アジア，カザフ人の政治家，技師，歴史家。
　⇒中ユ（トゥヌシュバエフ　1879–1937）

東坡　とうば
　⇨蘇軾（そしょく）

鄧発　とうはつ
　20世紀，中国の革命家。広東省出身。長征に参加。日中戦争中，党中央堂校校長・中央職工委書記など歴任。
　⇒近中（鄧発　とうはつ　1906.3.7–1946.4.8）
　　コン3（鄧発　とうはつ　1906–1946）
　　中人（鄧発　とうはつ　1906–1946）

唐妃　とうひ
　⇨唐氏（とうし）

唐飛　とうひ
　20世紀，台湾の政治家，軍人。台湾行政院院長（首相）。
　⇒世政（唐飛　とうひ　1932–）

董必武　とうひつぶ
　19・20世紀，中国の政治家。1920年湖北共産主義グループを創立。日中戦争の間は重慶で統一戦工作に従事。59年国家副主席，69年国家主席代理。
　⇒外国（董必武　とうひつぶ　1886–）
　　角世（董必武　とうひつぶ　1886–1975）
　　近中（董必武　とうひつぶ　1886.3.5–1975.4.2）
　　現人（董必武　とうひつぶ〈トンピーウー〉　1886–1975.4.2）
　　国小（董必武　とうひつぶ　1886–1975.4.2）
　　コン3（董必武　とうひつぶ　1886–1975）
　　人物（董必武　とうひつぶ　1886–）
　　世東（董必武　とうひつぶ　1886–）
　　世百（董必武　とうひつぶ　1886–）
　　世百新（董必武　とうひつぶ　1886–1975）
　　全書（董必武　とうひつぶ　1886–1975）
　　中人（董必武　とうひつぶ　1886–1975.4.2）
　　百科（董必武　とうひつぶ　1886–1975）

薫避和　とうひわ
8世紀頃、中央アジア、弱水国王。793年(貞元9)7月、女国王湯立悉らと共に入唐。
⇒シル（薫避和　とうひわ　8世紀頃）
　シル新（薫避和　とうひわ）

唐彬　とうひん
3世紀、中国、東晋の広武将軍。
⇒三国（唐彬　とうひん）
　三全（唐彬　とうひん　235–294）

竇武　とうぶ
2世紀、中国、後漢の政治家。字は游平。扶風・平陵(陝西省)出身。長女が桓帝の皇后になり、勢力を得る。
⇒コン2（竇武　とうぶ　?–168）
　コン3（竇武　とうぶ　?–168）
　三国（竇武　とうぶ）
　三全（竇武　とうぶ　?–168）
　世東（竇武　とうぶ　?–168）

董福祥　とうふくしょう
19・20世紀、中国、清末の武将。字は星五。新疆地方でのイスラム教徒の叛乱平定に活躍。義和団事変では積極的排外主義に立ち、日本の杉山書記生を殺害、事変後、禁固となった。
⇒国小（董福祥　とうふくしょう　?–1908(光緒34)）
　コン2（董福祥　とうふくしょう　1840–1908）
　コン3（董福祥　とうふくしょう　1840–1908）
　世東（董福祥　とうふくしょう　?–1908）
　中国（董福祥　とうふくしょう　?–1908）
　中人（董福祥　とうふくしょう　1840–1908(光緒34)）

踏匐特勒　とうふくとくろく
8世紀頃、中央アジア、乾陀羅(ガンダーラ)の入唐使節。
⇒シル（踏匐特勒　とうふくとくろく　8世紀頃）
　シル新（踏匐特勒　とうふくとくろく）

道武帝　どうぶてい
4・5世紀、中国、北魏の初代皇帝(在位386～409)。姓名拓跋珪。中国の伝統的礼教による統治策を部分的に採用。
⇒旺世（道武帝　どうぶてい　371–409）
　外国（拓抜珪　たくばつけい　371–409）
　角世（道武帝　どうぶてい　371–409）
　広辞4（拓跋珪　たくばつけい）
　広辞4（道武帝　どうぶてい　371–409）
　広辞6（道武帝　どうぶてい　371–409）
　皇帝（道武帝　どうぶてい　371–409）
　国小（道武帝　どうぶてい　371(建国元)–409(天賜6)）
　コン2（道武帝　どうぶてい　371–409）
　コン3（道武帝　どうぶてい　371–409）
　人物（拓跋珪　たくばつけい　371–409）
　世人（道武帝　どうぶてい　371–409）
　世東（拓跋珪　たくばつけい　371–409）
　世百（拓跋珪　たくばつけい　371–409）
　全書（拓跋珪　たくばつけい　371–409）
　大辞（拓跋珪　たくばつけい　371–409）
　大辞3（拓跋珪　たくばつけい　371–409）
　大百（道武帝　どうぶてい　371–409）
　中皇（太祖（道武帝）　371–409）
　中国（道武帝　どうぶてい　371–409）
　中史（拓跋珪　たくばつけい　371–409）
　デス（拓跋珪　たくばつけい　371–409）
　統治（道武帝（拓跋珪）　Tao Wu Ti [T'o-pa Kuei]　(在位)386–409）
　百科（拓跋珪　たくばつけい　371–409）
　評世（道武帝　どうぶてい　371–409）
　山世（拓跋珪　たくばつけい　371–409）
　歴史（道武帝（北魏）　どうぶてい　371(建国34)–409(永興10)）

トゥプテン・ギャムツォ
⇒ダライ・ラマ13世（ダライ・ラマ13セイ）

鄧文儀　とうぶんぎ
20世紀、中国国民党の軍人。
⇒近中（鄧文儀　とうぶんぎ　1903–）

唐聞生　とうぶんせい
20世紀、中国の婦人外交官。ニューヨーク市生れ。1973年8月党中央委員候補、74年11月外務省アメリカ・オセアニア局次長に就任。対米外交の責任者の1人。
⇒現人（唐聞生　とうぶんせい〈タンウェンション〉　1938–）
　スパ（唐聞生　とうぶんせい　1938–）
　中人（唐聞生　とうぶんせい　1938–）

唐文治　とうぶんち
19世紀、中国の政治家。字は蔚芝。民国成立後、章炳麟らと統一党・共和党を組織。
⇒コン2（唐文治　とうぶんち　1865–?）
　コン3（唐文治　とうぶんち　1865–1954）
　中人（唐文治　とうぶんち　1865–1954）

董文炳　とうぶんへい
13世紀、中国、元の武将。字は彦明、諡は忠献。世祖に仕え、李璮の反乱の鎮圧等に活躍。
⇒コン2（董文炳　とうぶんへい　?–1278）
　コン3（董文炳　とうぶんへい　1217–1278）

東平王劉蒼　とうへいおうりゅうそう*
1世紀、中国、後漢、光武帝の子。
⇒中皇（東平王劉蒼　?–83）

鄧宝珊　とうほうさん
20世紀、中国の軍人、中国国民党員、中国国民党革命委員会副主席。
⇒近中（鄧宝珊　とうほうさん　1894.11.10–1968.11.27）

鄧傍伝　とうほうでん
9世紀頃、中国西南部、南詔の遣唐使。
⇒シル（鄧傍伝　とうほうでん　9世紀頃）
　シル新（鄧傍伝　とうほうでん）

頭曼　とうまん
⇨頭曼単于（とうまんぜんう）

頭曼単于　とうまんぜんう
前3・2世紀頃, モンゴル, 匈奴の単于（匈奴の君主号）。単于を号した最初の人物。内モンゴルを本拠としていたが, 秦末の混乱に乗じ, 南下してオルドスを回復。
⇒角世　（頭曼単于　とうまんぜんう　?-前209）
　国小　（頭曼単于　とうまんぜんう　?-前109）
　コン2　（頭曼　とうまん　?-前109）
　コン3　（頭曼　とうまん　?-前109）
　人物　（頭曼単于　とうまんぜんう　?-前109）
　世東　（頭曼単于　とうまんぜんう　?-前109）
　世東　（頭曼単于　とうまんぜんう　?-前3世紀末）
　中国　（頭曼単于　とうまんぜんう　?-前209）

東明王　とうめいおう
前1世紀, 朝鮮, 高句麗の始祖とされる伝説上の人物。東明聖王ともいう。諱, 朱蒙, 鄒牟, 象解, 都慕。
⇒旺世　（朱蒙　しゅもう　生没年不詳）
　広辞4　（朱蒙　しゅもう　前58-19）
　広辞6　（朱蒙　しゅもう　前58-19）
　国小　（東明王　とうめいおう）
　コン2　（朱蒙　しゅもう）
　コン3　（朱蒙　しゅもう）
　人物　（朱蒙　しゅもう　?-前19）
　世東　（東明聖王　とうめいせいおう）
　世百　（朱蒙　しゅもう）
　全書　（朱蒙　しゅもう）
　大辞　（朱蒙　しゅもう）
　大辞3　（朱蒙　しゅもう）
　大百　（朱蒙　しゅもう）
　朝人　（朱蒙　しゅもう）
　朝鮮　（朱蒙　しゅもう　前58-19）
　百科　（朱蒙　しゅもう　前58-前19）

東明聖王　とうめいせいおう
⇨東明王（とうめいおう）

トゥメン・ジャサクトゥ・ハン（図們札薩克図汗）
16世紀, モンゴルのハン。1558年即位。
⇒国小　（トゥメン・ジャサクトゥ・ハン〔図們札薩克図汗〕　1539-1592）

鄧茂　とうも
2世紀, 中国, 三国時代, 黄巾の賊将程遠志の副将。
⇒三国　（鄧茂　とうも）
　三全　（鄧茂　とうも　?-184）

鄧茂七　とうもしち
15世紀, 中国, 明の農民叛乱の首領。1448年福建で叛乱を起し, 減税を要求して数十万の農民を指揮。地主, 政府軍と戦った。
⇒旺世　（鄧茂七　とうもしち　?-1449）
　外国　（鄧茂七　とうもしち　?-1449）
　広辞6　（鄧茂七　とうもしち　?-1449）
　国小　（鄧茂七　とうもしち　?-1449（正統14））

　コン2　（鄧茂七　とうもしち　?-1449）
　コン3　（鄧茂七　とうもしち　?-1449）
　人物　（鄧茂七　とうもしち　?-1449）
　世東　（鄧茂七　とうもしち　?-1449）
　世東　（鄧茂七　とうもしち　?-1449）
　中国　（鄧茂七　とうもひち　?-1449）
　評世　（鄧茂七　とうもしち　?-1449）

トウヤブグ・カガン（統葉護可汗）　T'ung-yeh-hu-k'o-han
7世紀, 西突厥のカガン（在位617/8？-628/30）。東の鉄勒諸部を合せ, 西ペルシア, クシャンを制圧。西突厥の黄金時代を築いた。
⇒国小　（トウヨウゴ・カガン〔統葉護可汗〕　?-628/30）
　世東　（統葉護可汗　とうようごかかん　生没年不詳）
　世百　（統葉護可汗　とうようごカガン）
　中国　（統葉護可汗　トウヤブグ・カガン（在位）617?-628）
　評世　（トゥヤブグ＝カカン〔統葉護可汗〕　617?-630）

トウヤブグ・カガン
⇨トウヤブグ・カガン

竇融　とうゆう
前1・後1世紀, 中国, 後漢開国の功臣。扶風（陝西省）出身。字は周公。竇氏は地方豪族から後漢に下り, 外戚中で最も大きな勢力を築いた。
⇒角世　（竇融　とうゆう　前16-後62）
　国小　（竇融　とうゆう　生没年不詳）
　コン2　（竇融　とうゆう　前16-後62）
　コン3　（竇融　とうゆう　前16-後62）
　人物　（竇融　とうゆう　前15?-後66?）
　世東　（竇融　とうゆう　前15-後66）
　中国　（竇融　とうゆう）
　中史　（竇融　とうゆう　前16-後62）

唐有壬　とうゆうじん
20世紀, 中国の政治家。字は寿田。湖南省出身。1931年国民党中央に進出, 対日妥協のための外交折衝にあたる。
⇒近中　（唐有壬　とうゆうじん　1893-1935.12.25）
　コン3　（唐有壬　とうゆうじん　1893-1935）
　中人　（唐有壬　とうゆうじん　1893-1935）

杜佑　ドゥ・ヨウ
⇨杜佑（とゆう）

東陽王拓跋丕　とうようおうたくばつひ*
6世紀, 中国, 北朝, 北魏の宗室。
⇒中皇　（東陽王拓跋丕　?-503）

統葉護可汗　とうようごかかん
⇨トウヤブグ・カガン

トゥラキナ（脱列哥那）　Tulakina
13世紀, モンゴル帝国の第2代皇帝オゴデイ・ハンの皇后。ハンの死後グユクを強引に擁立。
⇒国小　（トゥラキナ〔脱列哥那〕　?-1246）

世女日　（トゥラキナ　?–1246）
世東　（トゥラキナ〔脱列哥那〕　?–1246）

トゥラ・ブカ　Töle Buqa
13世紀, キプチャク・ハン国のハン。在位 1287–1291。
⇒統治　（トゥラ・ブカ　（在位）1287–1291）

登利可汗　とうりかかん
⇨ トリ・カガン

鄧力群　とうりきぐん
20世紀, 中国の政治家。共産党中央顧問委員会委員・中央宣伝部長。
⇒世政　（鄧力群　とうりきぐん　1915.11–）
世東　（鄧力群　とうりきぐん　1915–）
中人　（鄧力群　とうりきぐん　1915–）

湯立悉　とうりつしつ
8世紀頃, チベット地方, 女国（西チベット）の王。入唐した。
⇒シル　（湯立悉　とうりつしつ　8世紀頃）
シル新　（湯立悉　とうりつしつ）

トゥリブヴァナーディトゥヤヴァルマン
Tribhuvanādityavarman
12世紀, カンボジア, クメール王国の王。在位 1165–1177。
⇒統治　（トゥリブヴァナーディトゥヤヴァルマン（在位）1165–1177）

鄧龍　とうりゅう
3世紀, 中国, 三国時代, 江夏の太守黄祖の部将。
⇒三国　（鄧龍　とうりょう）
三全　（鄧龍　とうりゅう　?–208）

鄧龍　とうりょう
⇨ 鄧龍（とうりゅう）

鄧良　とうりょう
3世紀頃, 中国, 三国時代, 蜀の駙馬都尉。
⇒三国　（鄧良　とうりょう）
三全　（鄧良　とうりょう　生没年不詳）

薫利囉　とうりら
8世紀頃, チベット地方, 哥隣国（女国近辺）の王子。父の薫臥庭に従い入唐。
⇒シル　（薫利囉　とうりら　8世紀頃）
シル新　（薫利囉　とうりら）

唐臨　とうりん
7世紀, 中国, 初唐の官吏, 文人。字は本徳。
⇒中芸　（唐臨　とうりん　生没年不詳）

トゥルイ（拖雷）　Tului
12・13世紀, モンゴル帝国の武将。チンギス・ハンの末子。1230年の全国征討に貢献。

⇒旺世　（トゥルイ　1192–1232）
外国　（ツルイ　1193–1232）
国小　（トゥルイ〔拖雷〕　1192–1232）
コン2　（トゥルイ　1193–1232）
コン3　（トゥルイ　1193–1232）
世人　（トゥルイ　1193–1232）
世東　（トゥルイ〔拖雷〕　1192–1232）
世百　（トゥルイ　1192–1232）
全書　（トゥルイ　1192?–1232）
大辞　（トゥルイ　1192?–1232）
大辞3　（トゥルイ　1192?–1232）
大百　（トゥルイ　?–1232）
中国　（ツルイ　1192–1232）
デス　（トゥルイ　1192–1232）
評世　（ツルイ　1193–1232）
歴史　（トゥルイ　1192–1232）

鄧蓮如　とうれんじょ
20世紀, 香港の政治家。香港貿易発展局主席, 香港行政局議員, 香港中文大学名誉法学博士。
⇒世東　（鄧蓮如　とうれんじょ　1940–）
中人　（鄧蓮如　とうれんじょ　1949–）

湯和　とうわ
14世紀, 中国, 明朝創業の功臣。1352年郭子興の挙兵に従う。のち御史大夫。
⇒外国　（湯和　とうわ　1326–1395）
国小　（湯和　とうわ　1326（泰定3)–1395（洪武28)）
コン2　（湯和　とうわ　1326–1395）
コン3　（湯和　とうわ　1326–1395）
人物　（湯和　とうわ　1326–1395.8）
世東　（湯和　とうわ　1326–1395）
中国　（湯和　とうわ　1326–1395）
百科　（湯和　とうわ　1326–1395）

董和　とうわ
⇨ 董和（とうか）

トゥン・イスマイル　Tun Ismail Bin Dato Abdul Rahman
20世紀, マレーシアの政治家。1967年副首相・商工相・内相。
⇒現人　（イスマイル　1915.11.5–1973.8.2）
コン3　（トゥン・イスマイル　1915–1973）
二十　（イスマイル　1915.11.5–1973.8.2）

杜叡　とえい
3世紀, 中国, 三国時代, 蜀の裨将。
⇒三国　（杜叡　とえい）
三全　（杜叡　とえい　?–250）

杜衍　とえん
10・11世紀, 中国, 北宋の政治家。字は世昌, 諡は正献。越州・山陰（浙江省）出身。富弼・韓琦・范仲淹らと政治改革をはかった。
⇒コン2　（杜衍　とえん　978–1057）
コン3　（杜衍　とえん　978–1057）

トカエフ, カスイムジョマルト　Tokaev,

Kassimjomart Kemel-uly
20世紀, カザフスタンの政治家。カザフスタン首相。
⇒世政（トカエフ, カスイムジョマルト　1953.5.17-）

ド・カオ・チ　Do Cao Tri
20世紀, 南ベトナムの軍人。ゴ・ディン・ジェム, ズオン・バン・ミン両政権下で第1, 第2軍団司令官。
⇒世東（ド・カオ・チ　?-1971.2)

ドカル・ツェリン・ワンギェル　mDo mkhar Tshe ring dbang rgyal
17・18世紀, チベットの政治家, 文人。ポラネー政権の大臣(1729～62)。著『王者の偉業』『比類なき若者の伝説』など。
⇒集世（ドカル・ツェリン・ワンギェル　1697-1763）
　集文（ドカル・ツェリン・ワンギェル　1697-1763）

ド・カン（杜近）
15世紀, ベトナムの外交使節。洪徳14年癸卯(1483年), 国使の一員として中国明に派遣された。字は有路, 号は普山。元の名は杜円, 後に杜近。
⇒ベト（Đo-Can　ド・カン〔杜近〕)

杜環　とかん
8世紀, 中国, 中唐の人で『経行記』の著者。宰相杜佑の族子。751年タラス河畔の戦いに敗れ捕虜となる。
⇒旺世（杜環　とかん　生没年不詳）
　角世（杜環　とかん　生没年不詳）
　国小（杜環　とかん　生没年不詳）
　シル（杜環　とかん　8世紀頃）
　シル新（杜環　とかん）
　世百（杜環　とかん　生没年不詳）
　中国（杜環　とかん）
　百科（杜環　とかん　生没年不詳）
　評世（杜環　とかん）

杜義　とぎ
3世紀頃, 中国, 三国時代, 蜀の行参軍裨将軍。
⇒三国（杜義　とぎ）
　三全（杜義　とぎ　生没年不詳）

杜祺　とき
3世紀頃, 中国, 三国時代, 蜀の武略中郎将。
⇒三国（杜祺　とき）
　三全（杜祺　とき　生没年不詳）

徳安公主　とくあんこうしゅ*
中国, 明, 洪熙（こうき）帝の娘。
⇒中皇（徳安公主）

徳王　とくおう
20世紀, 中央アジア, 内モンゴルの王。独立運動家。シリンゴル盟の世襲親王。本名デムチュクドンロブ。1939年察南, 晋北両政府と蒙古連合自治政府をつくりその主席。
⇒外国（徳王　とくおう　1902-）
　角世（徳王　とくおう　1902-1966）
　広辞6（徳王　とくおう　1902-1966）
　国小（徳王　とくおう　1902-）
　コン3（徳王　とくおう　1902-1966）
　人物（徳王　とくおう　1902-）
　世政（徳王　とくおう　1902-1966）
　世東（徳王　とくおう　1902-?）
　世百（徳王　とくおう　1902-）
　世百新（徳王　とくおう　1902-1966）
　大辞2（徳王　とくおう　1902-?）
　大辞3（徳王　とくおう　1902-?）
　大百（徳王　とくおう〈トーワン〉　1902-）
　中国（徳王　とくおう）
　日人（徳王　とくおう　1902-1966）
　評世（徳王　とくおう　1902-1966）
　歴史（徳王　とくおう　1902-1966）

徳王朱見潾　とくおうしゅけんりん*
16世紀, 中国, 明, 英宗（正統・天順帝）の子。
⇒中皇（徳王朱見潾　?-1515）

徳興阿　とくこうあ
19世紀, 中国, 清の武人。姓は喬佳, 諡は忠恪。満州正黄旗出身。
⇒コン2（徳興阿　とくこうあ　?-1867）
　コン3（徳興阿　とくこうあ　?-1867）

独孤及　どくこきゅう
8世紀, 中国, 唐代の官吏, 文人。古文復興に努めた。
⇒中芸（独孤及　どくこきゅう　744-796）

督儒　とくじゅ
7世紀頃, 朝鮮, 新羅から来日した使節。
⇒シル（督儒　とくじゅ　7世紀頃）
　シル新（督儒　とくじゅ）

徳周　とくしゅう
8世紀, 渤海から来日した使節。
⇒シル（徳周　とくしゅう　?-727）
　シル新（徳周　とくしゅう　?-727）

トグス・ティムール
⇨トグス・テムル

トグス・テムル（脱古思帖木児）　Tögüs Temür
14世紀, モンゴル, 北元第2代の皇帝(在位1378～88)。ウスハル・ハンと号し, 長く明の政敵となる。
⇒角世（トグス・テムル　1342?-1388）
　国小（トグス・チムール〔脱古思帖木児〕　1342(至正2)-1388(洪武21)）
　中皇（トグスティムール　1342-1388）
　中国（トグス・テムル　1342-1388）

とくせ

徳清公主　とくせいこうしゅ*
中国，明，成化帝の娘。
⇒中皇（徳清公主）

徳宗(唐)　とくそう
8・9世紀，中国，唐の第9代皇帝（在位779～805）。8代皇帝代宗の長子。従来の租庸調制を廃止し両税法を施行。
⇒旺世　（徳宗　とくそう　742-805）
　角世　（徳宗　とくそう　742-805）
　広辞4（徳宗　とくそう　742-805）
　広辞6（徳宗　とくそう　742-805）
　皇帝　（徳宗　とくそう　742-805）
　国小　（徳宗(唐)　とくそう　742（天宝1）-805（貞元21））
　コン2　（徳宗　とくそう　742-805）
　コン3　（徳宗　とくそう　742-805）
　人物　（徳宗　とくそう　742-805）
　世人　（徳宗(唐)　とくそう　742-805）
　世百　（徳宗　とくそう　742-805）
　全書　（徳宗　とくそう　742-805）
　大辞　（徳宗　とくそう　742-805）
　大辞3（徳宗　とくそう　742-805）
　大百　（徳宗　とくそう　742-805）
　中皇　（徳宗　742-805）
　中国　（徳宗(唐)　とくそう　742-805）
　統治　（徳宗　Tê Tsung　（在位）779-805）
　百科　（徳宗　とくそう　742-805）
　評世　（徳宗　とくそう　742-805）
　歴史　（徳宗(唐)　とくそう　742（天宝1）-805（永貞1））

徳宗(高麗)　とくそう*
11世紀，朝鮮，高麗王国の王。在位1031～1034。
⇒統治　（徳宗　Tŏkchong　（在位）1031-1034）

徳宗(西遼)　とくそう
11・12世紀，中央アジア，西遼国（カラ・キタイ）の建設者（在位1132～43）。姓名は耶律大石。遼の太祖の8世の孫。
⇒旺世　（耶律大石　やりつたいせき　1087-1143）
　外国　（耶律大石　やりつ・たいせき　1095頃-1143頃）
　角世　（耶律大石　やりつたいせき　1087-1143）
　広辞4（耶律大石　やりつたいせき　1087-1143）
　広辞6（耶律大石　やりつたいせき　1087-1143）
　皇帝　（徳宗　とくそう　?-1143）
　国小　（徳宗(西遼)　とくそう　?-1143（皇統3））
　コン2　（耶律大石　やりつだいせき　1087-1143）
　コン3　（耶律大石　やりつだいせき　1087-1143）
　人物　（耶律大石　やりつだいせき　?-1143）
　世人　（徳宗(西遼)　とくそう　1087-1143）
　世東　（徳宗　とくそう　1087-1143）
　世百　（耶律大石　やりつたいせき　1087-1143）
　全書　（ヤリツタイセキ（耶律大石）　?-1143）
　大辞　（耶律大石　やりつたいせき　1087-1143）
　大辞3（耶律大石　やりつたいせき　1087-1143）
　大百　（耶律大石　ヤリツタイセキ　?-1143）
　中皇　（耶律大石　?-1143）
　中国　（耶律大石　やりつたいせき　1087-1143）
　デス　（耶律大石　やりつたいせき　1057頃-1143）

評世　（耶律大石　やりつだいせき　?-1143）
山世　（耶律大石　やりつたいせき　1086?-1143）
歴史　（耶律大石　やりつたいせき　1087-1143）

徳宗(清)　とくそう
⇒光緒帝（こうしょてい）

トクタ　Toqta
13・14世紀，キプチャク・ハン国のハン。在位1291-1312。
⇒統治　（トクタ　（在位）1291-1312）

トクタ(脱脱)　Toqt'a
14世紀，中国，元朝末期の宰相。メルキト族の出身。
⇒外国　（ダッダツ〔脱脱〕　1314-1355）
　角世　（トクタ　1314-1355）
　国小　（トクト〔脱脱〕　1314（延祐1）-1355（至正15））
　コン2　（トクト〔脱脱〕　1314-1355）
　コン3　（トクト〔脱脱〕　1314-1355）
　人物　（トクト〔脱脱〕　?-1313）
　世東　（トクト〔脱々〕　?-1313）

トクタキヤ　Toqtaqiya
14世紀，キプチャク・ハン国のハン。在位1375。
⇒統治　（トクタキヤ　（在位）1375）

トクタミシュ　Tūkhtamīsh
14・15世紀，キプチャク・ハン国の王（在位1380-95）。ティムール帝国の援助で同国を再統一。
⇒角世　（トクタミシュ　?-1406）
　国小　（トクタミシュ　?-1406）
　世東　（トクタミシュ　?-1406）
　世百　（トクタミシュ　?-1406）
　中ユ　（トクタミシュ　?-1406）
　統治　（トクタミシュ　（在位）1377-1395）
　山世　（トクタミシュ　?-1406）

独湛性瑩　どくたんしょうけい
⇒祖真（そしん）

トクト・ブハ(脱脱不花)
15世紀，モンゴルのハン。タイスン・ハンと号す。オイラートの保護下にあった。
⇒国小　（トクト・ブハ〔脱脱不花〕　?-1451）
　世東　（トクト・ブハ〔脱脱不花〕　?-1451）
　中国　（脱脱不花　トトブハ　?-1451）

徳爾　とくに
6世紀頃，朝鮮，百済から来日した使節。
⇒シル　（徳爾　とくに　6世紀頃）
　シル新（徳爾　とくに）

禿髮烏孤　とくはつうこ
4世紀，中国・五胡十六国，南涼の初代の王（在位397～399）。武王。鮮卑禿髮部出身。もと河西の地の首長。397年，大都督大将軍大単于西平王と称して，西平（甘粛省西寧県）に都した。

政治・外交・軍事篇　　　　　　　　　365　　　　　　　　　　　　としよ

⇒広辞4（禿髪烏孤　とくはつうこ　?-399）

徳富　とくふ
7世紀頃, 朝鮮, 高句麗から来日した使節。
⇒シル（徳富　とくふ　7世紀頃）
　シル新（徳富　とくふ）

徳福　とくふく
7世紀頃, 朝鮮, 新羅の遣唐使。
⇒シル（徳福　とくふく　7世紀頃）
　シル新（徳福　とくふく）

トグルク・チムール
⇨トゥグルク・ティムール

禿鹿傀　とくろくかい
5世紀頃, 中央アジア, 柔然の使節。北魏に入朝した。
⇒シル（禿鹿傀　とくろくかい　5世紀頃）
　シル新（禿鹿傀　とくろくかい）

杜月笙　とげつしょう, とげっしょう
19・20世紀, 中国, チンパンの首領, 実業家。蔣介石の後援者。アヘン大王とも呼ばれた。
⇒外国（杜月笙　とげつしょう　1887-）
　角世（杜月笙　とげつしょう　1888-1951）
　近中（杜月笙　とげつしょう　1888.8.22-1951.8.16）
　国小（杜月笙　とげつしょう　1888（光緒14）-1951）
　コン3（杜月笙　とげつしょう　1888-1951）
　人物（杜月笙　とげつしょう　1887-1951）
　世東（杜月笙　とげつしょう　1888.8.12-1951.8.16）
　世百（杜月笙　とげつしょう　1887-1951）
　世百新（杜月笙　とげつしょう　1888-1951）
　大辞3（杜月笙　とげつしょう　1888-1951）
　中人（杜月笙　とげつしょう　1888（光緒14）-1951）
　百科（杜月笙　とげつしょう　1888-1951）
　評世（杜月笙　とげつしょう　1887-1951）
　山世（杜月笙　とげつしょう　1888-1951）

ドゲルスレン, マンガリン　Dugersuren, Mangalyn
20世紀, モンゴルの政治家。モンゴル外相。
⇒世政（ドゲルスレン, マンガリン　1922.2.15-）

杜行満　とこうまん
7世紀頃, 中国, 隋の入西域使節。
⇒シル（杜行満　とこうまん　7世紀頃）
　シル新（杜行満　とこうまん）

トゴン（脱歓）
13・14世紀, 中国, 元の皇族。世祖の第9子。1284年鎮南王。
⇒コン2（トゴン〔脱歓〕　?-1301）
　コン3（トゴン〔脱歓〕　?-1301）
　世東（トゴン〔脱歓〕　?-1301）

トゴン・ティムール
⇨順帝（元）（じゅんてい）

杜載　とさい
9世紀頃, 中国, 唐の入蕃会盟使。
⇒シル（杜載　とさい　9世紀頃）
　シル新（杜載　とさい）

杜詩　とし
1世紀頃, 中国, 後漢初期の政治家, 技術者。字は公君, 河内・汲出身。31年, 南陽太守になり「水排」を考案して農器具を鋳造したという。
⇒科史（杜詩　とし　生没年不詳）

杜錫珪　としゃくけい
19・20世紀, 中国の直隷派軍人, 北京政府国務総理代行。
⇒近中（杜錫珪　としゃくけい　1874-1933.12.27）

杜襲　としゅう
3世紀頃, 中国, 三国時代, 夏侯淵の部将。
⇒三国（杜襲　としゅう）
　三全（杜襲　としゅう　生没年不詳）

杜受田　とじゅでん
18・19世紀, 中国, 清後期の官僚。字は芝農, 謚は正。山東省出身。咸豊帝の即位後, その諮問をうけた。
⇒コン2（杜受田　とじゅでん　1787-1852）
　コン3（杜受田　とじゅでん　1787-1852）

居仁守　とじゅんしゅ
19・20世紀, 中国, 清末期の政治家。字は梅君。湖北省出身。1876年国防の強化と, 頤和園修築の停止を上奏。
⇒コン2（居仁守　とじんしゅ　?-1910）
　コン3（居仁守　とじんしゅ　?-1900）

杜恕　とじょ
3世紀, 中国, 三国魏の政治家。字は務伯。考課制度の改革を唱えた。
⇒コン2（杜恕　とじょ　?-252）
　コン3（杜恕　とじょ　197-252）

杜如晦（杜汝晦）　とじょかい
6・7世紀, 中国, 初唐の名相。京兆杜陵（陝西省長安県）の人, 字は克明。房玄齢に才能を認められ, 太宗即位後は蔡国公に封ぜられた。
⇒旺世（杜如晦　とじょかい　585-630）
　外国（杜汝晦　とじょかい　585-630）
　角世（杜如晦　とじょかい　585-630）
　広辞4（杜如晦　とじょかい　585-630）
　広辞6（杜如晦　とじょかい　585-630）
　国小（杜如晦　とじょかい　585（開皇5）-630（貞観4.3.19））
　コン2（杜如晦　とじょかい　585-630）
　コン3（杜如晦　とじょかい　585-630）
　人物（杜如晦　とじょうかい　585-630）
　世東（杜如晦　とじょかい　585-630）

とし

```
世百 (杜如晦    とじょかい   585-630)
全書 (杜如晦    とじょかい   585-630)
大辞 (杜如晦    とじょかい   585-630)
大辞3(杜如晦    とじょかい   585-630)
大百 (杜如晦    とじょかい   585-630)
中芸 (杜如晦    とじょかい   585-630)
中国 (杜如晦    とじょかい   585-630)
デス (杜如晦    とじょかい   585-630)
百科 (杜如晦    とじょかい   585-630)
評世 (杜如晦    とじょかい   585-630)
```

屠仁守 とじんしゅ
　⇨屠仁守（とじゅんしゅ）

ド・ズオン（都陽）
　ベトナム、徴女王時代の名将。
　⇒ベト（Đo-Duong　ド・ズオン〔都陽〕）

杜世忠 とせいちゅう
　13世紀、中国、元の日本派遣の使者。正使として鎌倉幕府に派遣され、龍の口で斬首された。
```
⇨広辞4 (杜世忠    とせいちゅう  1242-1275)
  広辞6 (杜世忠    とせいちゅう  1242-1275)
  国史  (杜世忠    とせいちゅう  1242-1275)
  コン2 (杜世忠    とせいちゅう  1242-1275)
  コン3 (杜世忠    とせいちゅう  1242-1275)
  対外  (杜世忠    とせいちゅう  1242-1275)
  大辞  (杜世忠    とせいちゅう  1242-1275)
  大辞3 (杜世忠    とせいちゅう  1242-1275)
  日人  (杜世忠    とせいちゅう  1242-1275)
```

徒単氏 とぜんし*
　12世紀、中国、金、海陵王の母。
　⇒中皇（徒単氏　?-1161）

杜太后 とたいごう*
　10世紀、中国、北宋、太祖（趙匡胤）の母。
　⇒中皇（杜太后　902頃-961）

ド・タイン・ニャン（杜青仁）
　18世紀、ベトナム、南部デルタ地方の英雄的武将。
　⇒ベト（Đo-Thanh-Nhan　ド・タイン・ニャン〔杜青仁〕　?-1781）

ド・チャン・ティエト（杜真鉄）
　19・20世紀、ベトナムの愛国者。『東京義塾』運動の財政面を担当。
　⇒ベト（Đo-Chan-Thiet　ド・チャン・ティエト〔杜真鉄〕　?-1913）

トー・チン・チョイ　Toh Chin Choy
　20世紀、シンガポールの医学者、政治家。1959年副首相、68年科学・技術相。
　⇒東東（トー・チン・チョイ　1921.12.10-）

訥祇王 とつぎおう
　5世紀、朝鮮、新羅、第19代の王（在位417~458）。高句麗の支援で即位した。

　⇒朝人（訥祇王　とつぎおう　?-458）

独孤皇后 どっここうごう*
　6・7世紀、中国、隋、文帝の皇妃。
　⇒中皇（独孤皇后　544-602）

トツリ・カガン（突利可汗）
　7世紀、中央アジア、突厥（チュルク）可汗。唐に来降した。
```
⇒シル (突利可汗  とつりかがん  603-631)
  シル新(突利可汗  とつりかがん  603-631)
```

ド・ティ・タム（杜氏心）
　20世紀、ベトナムの活動家。通称コ・タム（Co-Tam）。革命家ド・チャン・ティエト（Đo-Chan-Thiet）の娘で、越南国民党に加盟。
　⇒ベト（Đo-Thi-Tam　ド・ティ・タム〔杜氏心〕）

ドド（多鐸）
　17世紀、中国、清初期の皇族。太祖ヌルハチの第15子。朝鮮・中国侵入の戦争に参加。
```
⇒コン2 (ドド〔多鐸〕    1614-1649)
  コン3 (ドド〔多鐸〕    1614-1649)
  中皇  (予通親王多鐸    1614-1649)
  中史  (多鐸　ドド      1614-1649)
```

杜弢 ととう
　4世紀、中国、東晋初期の流民反乱の首領。字は景文。蜀郡・成都（四川省）出身。
```
⇒コン2 (杜弢    ととう    生没年不詳)
  コン3 (杜弢    ととう    生没年不詳)
```

ド・トゥック・ティン（杜叔静）　Đo-Thuc-Tinh
　ベトナムの民族闘士。反植民地抵抗運動を指導。
　⇒ベト（Đo-Thuc-Tinh　ド・トゥック・ティン）

トトハ（土土哈）　Tutukha
　13世紀、中国、元初期の武将。キプチャク（欽察）の王族出身。1277年以来、キプチャクの兵を率いハイドゥ（海都）の乱の討伐に従った。
　⇒国小（トトハ〔土土哈〕　1237（太宗9）-1297（大徳1））

ド・ハイン（杜行）
　ベトナム、陳朝代の勇将。
　⇒ベト（Đo-Hanh　ド・ハイン〔杜行〕）

杜微 とび
　3世紀頃、中国、三国時代、蜀の臣。
　⇒三国（杜微　とび）

杜徹 とび
　3世紀頃、中国、三国時代、蜀の尚書。
　⇒三全（杜徹　とび　生没年不詳）

ト・ヒエン・タィン〔蘇憲誠〕
ベトナムの官吏。李朝代における勲功第一等の賢臣。
⇒ベト (To-Hien-Thanh ト・ヒエン・タィン〔蘇憲誠〕)

度頗多　どひんた
8世紀頃、中国、唐の直仲書。西方出身。入唐時及び出身地不明。
⇒シル（度頗多　どひんた　8世紀頃）
　シル新（度頗多　どひんた）

杜伏威　とふくい
7世紀、中国、隋末期の農民反乱指導者の一人。斉州・章丘（山東省）出身。617年陳稜の率いる隋軍を撃破、呉王と称し、のち唐に帰服。
⇒角世（杜伏威　とふくい　?-623）
　コン2（杜伏威　とふくい　?-624）
　コン3（杜伏威　とふくい　?-624）
　中国（杜伏威　とふくい　?-623）

杜文秀　とぶんしゅう
19世紀、中国、清末期の雲南イスラム教徒の反乱（回民起義）指導者。
⇒コン2（杜文秀　とぶんしゅう　1828-1872）
　コン3（杜文秀　とぶんしゅう　1828-1872）

杜文瀾　とぶんらん
19世紀、中国、清代の官吏。
⇒中芸（杜文瀾　とぶんらん　1818-1881）

ド・ムオイ　Do Muoi
20世紀、ベトナムの政治家。ベトナム首相、ベトナム共産党書記長。
⇒世政（ド・ムオイ　1917.2.2-）
　世東（ドー・ムオイ　1917-）

トム・メー・テニエム　Thom Me The Nhem
20世紀、ベトナム（南ベトナム）の政治家。南ベトナム民族解放戦線中央委幹部会副議長。
⇒二十（トム・メー・テニエム　1925-）

吐毛檐没師　ともうえんぼつし
8世紀頃、チベット地方、勃律（ボロル）の入唐使節。
⇒シル（吐毛檐没師　ともうえんぼつし　8世紀頃）
　シル新（吐毛檐没師　ともうえんぼつし）

杜佑　とゆう
8・9世紀、中国、唐中期の政治家、学者。節度使を経て宰相。憲宗に信任された。著書『通典』200巻。
⇒外国（杜佑　とゆう　735-812）
　角世（杜佑　とゆう　735-812）
　国小（杜佑　とゆう　735（開元23）-812（元和7））
　コン2（杜佑　とゆう　753-812）
　コン3（杜佑　とゆう　753-812）
　人物（杜佑　とゆう　735-812.11）
　世東（杜佑　とゆう　735-812）
　世百（杜佑　とゆう　735-812）
　全書（杜佑　とゆう　735-812）
　大辞（杜佑　とゆう　735-812）
　大辞3（杜佑　とゆう　735-812）
　大百（杜佑　とゆう　735-812）
　中芸（杜佑　とゆう　733-812）
　中国（杜佑　とゆう　753-812）
　伝記（杜佑　とゆう　735-812）
　百科（杜佑　とゆう　735-812）
　評伝（杜佑　とゆう　735-812）
　名著（杜佑　とゆう　735-812）
　歴学（杜佑　とゆう　735-812）
　歴史（杜佑　とゆう　735（開元23）-812（元和7））

杜預　とよ、どよ
3世紀、中国、六朝時代西晋の政治家、学者。武将として呉を討った。また『春秋左氏伝』の注釈を完成。
⇒外国（杜預　とよ　222-284）
　角世（杜預　どよ　222-284）
　広辞4（杜預　どよ　222-284）
　広辞6（杜預　どよ　222-284）
　国小（杜預　とよ　222（黄初3）-284（太康5））
　コン2（杜預　とよ　222-284）
　コン3（杜預　とよ　222-284）
　三国（杜預　どよ）
　三全（杜預　とよ　222-284）
　集世（杜預　とよ　222（黄初3）-284（太康5））
　集文（杜預　とよ　222（黄初3）-284（太康5））
　人物（杜預　とよ　223-284）
　世東（杜預　とよ　222-284）
　世百（杜預　とよ　222-284）
　全書（杜預　どよ　222-284）
　大辞（杜預　とよ　222-284）
　大辞3（杜預　どよ　222-284）
　大百（杜預　とよ　222-284）
　中芸（杜預　とよ　222-284）
　中国（杜預　とよ　222-284）
　天文（杜預　とよ　222-284）
　百科（杜預　どよ　222-284）

トライローカナート　Trailokanat
15世紀、タイ、アユタヤ朝のスワンプナーム王家第6代の王（在位1448〜88）。
⇒東ア（トライローカナート　?-1488）
　百科（トライローカナート　?-1488）

トラン・ヴァン・フー　Tran Van Hu
20世紀、ベトナムの政治家。1948年ベトナム臨時中央政府が樹立されると入閣。総辞職のあとをうけて首相に就任。
⇒外国（トラン・ヴァン・フー　?-）

トラン・カガン〔都藍可汗〕
6世紀、東突厥のカガン（在位588〜600）。イシュバル・カガン（沙鉢略可汗）の子。名は雍虞閭。西突厥のタットウ（達頭）、トツリ（突利）カガンらと戦うが、部下に殺された。
⇒国小（トラン・カガン〔都藍可汗〕　?-600）

とりか

トリ・カガン（登利可汗）　Têng-li-k'o-han
8世紀,突厥のカガン。ビルゲ・カガンの子。740年西のシャドを襲い兵馬を従えたが,東のシャドに殺された。
⇒国小（トリ・カガン〔登利可汗〕　?–741)
　世東（登利可汗　とうりかがん　?–741)

都犁胡次　とりこじ
前1世紀頃,匈奴の遣漢和親使。
⇒シル（都犁胡次　とりこじ　前1世紀頃)
　シル新（都犁胡次　とりこじ)

図理琛　とりちん
17・18世紀,中国,清の官吏。満州正黄旗人。紀行に『異域録』。
⇒外国（図理琛　とりちん　1667–1740)

トリブフヴァン　Tribhuvan
19・20世紀,ネパール国王。在位1911～1950,1951–1955（復位）。
⇒統治（トリブフヴァン　（在位）1911–1950,1951–1955（復位))

トルイ　Tolui
12・13世紀,モンゴル帝国の武将。
⇒角世（トルイ　1192–1232)
　山世（トルイ　1192–1232)

ドルゴン（多爾袞,睿親王）
17世紀,中国,清初の皇族,政治家。名は多爾袞（ドルゴン）。太祖ヌルハチの第14子で,生母は大妃ウラ・ナラ氏。
⇒旺世（ドルゴン〔睿親王〕　1612–1650)
　外国（多爾袞　どるごん　1612–1650)
　角世（ドルゴン〔睿親王〕　1612–1650)
　国小（睿親王　えいしんのう　1612（万暦40)–1650（順治7))
　コン2（ドルゴン〔多爾袞〕　1612–1650)
　コン3（ドルゴン〔多爾袞〕　1612–1650)
　世東（ドルゴン〔多爾袞〕　1612–1650)
　世百（睿親王　えいしんのう　1612–1650)
　全書（ドルゴン　1612–1650)
　大百（ドルゴン　1612–1650)
　中皇（叡親王多爾袞　1612–1651)
　中史（多爾袞　ドルゴン　1612–1650)
　百科（多爾袞　ドルゴン　1612–1650)
　評世（睿親王　えいしんのう　1612–1650)
　山世（ドルゴン〔睿親王〕　1612–1650)

トルノジョヨ　Trunojoyo
17世紀,インドネシアのマタラム・イスラム王国に対する反乱指導者。マドゥラ島の王子。
⇒百科（トルノジョヨ　1649?–1680)

トレンティノ, アルツロ　Tolentino, Arturo M.
20世紀,フィリピンの政治家。フィリピン外相。
⇒世政（トレンティノ, アルツロ　1910.9.19–2004.8.3)
　世東（トレンティノ　1910.9.19–)

杜路　とろ
3世紀頃,中国,三国時代,洞渓に住む漢の将。
⇒三国（杜路　とろ)
　三全（杜路　とろ　生没年不詳)

豆廬寬　とろうかん
6・7世紀,中国,唐の遣突厥使。
⇒シル（豆廬寬　とろうかん　581–650)
　シル新（豆廬寬　とろうかん　581–650)

ドワ　Do'a
14世紀,チャガタイ・ウルス第11代ハン。在位1274–1307。
⇒角世（ドワ　?–1307)
　統治（ドワ　（在位）1282–1307)

ドワ・カン　Dua Khan
13・14世紀,チャガタイ・ハン国第11代の王（在位1291頃～1306）。
⇒国小（ドゥワ〔篤哇〕　1274–1306)
　世東（ドゥワ〔篤哇〕　1274–1306)

ドワ・ティムール　Du'a Temür
14世紀,チャガタイ・ハン国のハン。在位1326。
⇒統治（ドワ・ティムール　（在位）1326)

徳王　トーワン
⇨徳王（とくおう)

遁　とん
7世紀頃,朝鮮,高句麗から来日した使節。
⇒シル（遁　とん　7世紀頃)
　シル新（遁　とん)

鄧穎超　トンインチャオ
⇨鄧穎超（とうえいちょう)

トン・ヴェット・フック（宋日福）
ベトナム,阮朝の勇将。
⇒ベト（Tong-Viet-Phuc　トン・ヴェット・フック〔宋日福〕)

ドン・カン　Dōng Khánh
19世紀,ベトナムの皇帝。在位1885～1889。
⇒統治（ドン・カン（カイン）〔同慶帝〕　（在位）1885–1889)

鄧拓　トンシー
⇨鄧拓（とうたく)

鄧小平　トンシャオピン
⇨鄧小平（とうしょうへい)

惇親王綿愷　とんしんのうめんがい
18・19世紀,中国,清後期の皇族。嘉慶帝の第3子。道光帝の異母弟。

⇒コン2（惇親王綿愷　とんしんのうめんがい　1795–1839）
　コン3（惇親王綿愷　とんしんのうめんがい　1795–1839）
　中皇（惇親王綿愷　?–1838）

トン・ズイ・タン（宋維新）
　19世紀，ベトナム，タイン・ホア地方において反フランス闘争を行った "勤王" 運動の指導者。
　⇒ベト（Tong-Duy-Tan　トン・ズイ・タン〔宋維新〕　?–1829.9.3）

トン・タット・ヴェ（尊室衛）
　ベトナム，阮氏草創時代の勇将。
　⇒ベト（Ton-That-Ve　トン・タット・ヴェ〔尊室衛〕）

トン・タット・ダム（尊室潭）
　ベトナム，阮朝代の武将。
　⇒ベト（Ton-That-Đam　トン・タット・ダム〔尊室潭〕）

トン・タット・チャン（尊室壮）
　ベトナム，阮氏初期の武将。
　⇒ベト（Ton-That-Trang　トン・タット・チャン〔尊室壮〕）

トン・タット・ディエン（尊室典）
　ベトナム，阮福映公主（後の嘉隆帝）麾下の忠臣。
　⇒ベト（Ton-That-Đien　トン・タット・ディエン〔尊室典〕）

トン・タット・トゥ（尊室四）
　17世紀，ベトナムの王族。17世紀末の阮氏7世の国主グェン・フォック・チュ帝の第4王子。通称は通称旦。
　⇒ベト（Ton-That-Tu　トン・タット・トゥ〔尊室四〕　17世紀）

トン・タット・トゥエット（尊室説）　Ton-That-Thuyet
　19・20世紀，ベトナムの反仏抵抗派の政治家（19世紀後半）。
　⇒百科（トン・タット・トゥエット　生没年不詳）
　　ベト（Ton-That-Thuyet　トン・タット・トゥエット　1835–1912）

トン・タット・ヒエップ（尊室協）
　ベトナム，阮朝代初期の名将。
　⇒ベト（Ton-That-Hiep　トン・タット・ヒエップ〔尊室協〕）

トン・タット・ホイ（尊室会）
　ベトナム，阮朝初期の功臣。
　⇒ベト（Ton-That-Hoi　トン・タット・ホイ〔尊室会〕）

トン・タット・マン（尊室敏）
　ベトナム，阮福映王子側近の将。
　⇒ベト（Ton-That-Man　トン・タット・マン〔尊室敏〕）

トン・ダン（尊亶）
　ベトナム，李朝時代の名将。
　⇒ベト（Ton-Đan　トン・ダン〔尊亶〕）

鄧拓　トントゥオ
　⇨鄧拓（とうたく）

トン・ドゥク・タン　Ton Duc Thang
　19・20世紀，北ベトナムの政治家。ホー・チ・ミンとともにベトナム民族解放闘争をすすめてきた。ホー大統領の死去により，1969年9月大統領に就任。
　⇒外国（トン・デュク・タン　1884–）
　　現人（トン・ドク・タン　1888–）
　　国小（トン・ドク・タン　1888–）
　　コン3（トン・ドゥック・タン　1888–1980）
　　世政（トン・ドク・タン　1888.8.19–1980.3.30）
　　世東（トン・ドゥック・タン　1888–）
　　世百新（トン・ドゥック・タン　1888–1980）
　　全書（トン・ドク・タン　1888–1980）
　　二十（トン・ドク・タン　1888.8.19–1980.3.30）
　　百科（トン・ドゥック・タン　1888–1980）

ドン・バン・ミン
　⇨ズオン・ヴァン・ミン

董必武　トンピーウー
　⇨董必武（とうひつぶ）

トン・フォック・クオン（宋福匡）
　ベトナム，阮朝初期の高臣。
　⇒ベト（Tong-Phuoc-Khuong　トン・フォック・クオン〔宋福匡〕）

トン・フォック・ダム（宋福澹）
　ベトナム，阮朝草創期の功臣。
　⇒ベト（Tong-Phuoc-Đam　トン・フォック・ダム〔宋福澹〕）

トン・フォック・ヒエップ（宋福協）
　ベトナム，阮氏前期の名将。
　⇒ベト（Tong-Phuoc-Hiep　トン・フォック・ヒエップ〔宋福協〕）

トン・フォック・ホア（宋福和）
　ベトナム，阮氏初期の名臣。
　⇒ベト（Tong-Phuoc-Hoa　トン・フォック・ホア〔宋福和〕）

曇摩抑　どんまよく
　5世紀頃，スリランカ，師子からの遣東晋使，沙門。
　⇒シル（曇摩抑　どんまよく　5世紀頃）
　　シル新（曇摩抑　どんまよく）

トン・ヤブグ・ハガン Ton Yabghu Qaghan
7世紀, 西突厥の君主。
⇒外国 (トン・ヤブグ・カガン ?–628)
　百科 (トン・ヤブグ・ハガン ?–628)

トンユクク Tonyuquq Tunyuquq
8世紀頃, 突厥の重臣 (8世紀初め頃活躍)。カパガン (黙啜), ビルゲ (毗伽) 両可汗に仕え, 重用された。
⇒角世 (トンユクク 7世紀半ば–8世紀前半)
　国小 (トンユクック〔暾欲谷〕 生没年不詳)
　世東 (トンユクク〔暾欲谷〕 生没年不詳)

トン・ヨー・ホン Thong, Yaw Hong
20世紀, マレーシアの行政官。経済企画庁長官。
⇒二十 (トン・ヨー・ホン 1932–)

【な】

ナヴァーイー Mīr 'Alī Shīr Navā'ī
15世紀, ティムール帝国の政治家, 学者, 芸術家。ウズベク文学の創始者。
⇒角世 (ナヴァーイー 1440/41–1501)
　広辞4 (ナヴァーイー 1440頃–1501)
　広辞6 (ナヴァーイー 1440頃–1501)
　国小 (ナバーイー 1441–1501)
　国小 (ネバーイー 1441–1501)
　コン2 (アリー・シール・ナワーイー 1440–1500)
　コン2 (ナヴォイー 1441–1501)
　コン3 (アリー・シール・ナワーイー 1440–1500)
　コン3 (ナヴォイ 1441–1501)
　集世 (ナヴァーイー, アリー・シール 1441–1501)
　集文 (ナヴァーイー, アリー・シール 1441–1501)
　西洋 (ナヴァーイー 1440頃–1501.1.3)
　世文 (アリーシール・ナヴァーイー 1441–1501)
　世文 (ナヴォイ, アリシェル 1441–1501)
　全書 (ネバーイー 1441–1501)
　中ユ (ナヴァーイー 1441–1501)
　伝世 (アリー・シール・ナワーイー 1441–1501)
　百科 (アリー・シール・ナバーイー 1441–1501)
　山世 (アリー・シール・ナヴァーイー 1441–1501)

ナヴォイ, アリシェル
⇨ナヴァーイー

ナウルーズ Nevrūz
14世紀, キプチャク・ハン国のハン。在位1360。
⇒統治 (ナウルーズ (在位) 1360)

ナウンドージー Naungdawgyi
18世紀, ビルマ王国の王。在位1760–1763。
⇒統治 (ナウンドウジー (ナウンドージー) (在位) 1760–1763)

ナガチュ (納哈出) NaΓaču
14世紀, 中国, 元末・明初期の軍人。元のムハリの子孫。元朝滅亡後, 北元を支持し, 明軍と戦う。
⇒角世 (ナガチュ ?–1388)
　コン2 (ナガチュ〔納哈出〕 ?–1388)
　コン3 (ナガチュ〔納哈出〕 ?–1388)
　世東 (ナハチ〔納哈出〕 ?–1381)
　中国 (ナガチュ ?–1388)

那倶車鼻施 なくしゃびし
中央アジア, 石国 (シャーシュ) の王。750年 (天宝9) 長安に送られて殺された。
⇒シル新 (那倶車鼻施 なくしゃびし)

那彦成 なげんせい
18・19世紀, 中国, 清中期の官僚。アグイの孫。字は韶九, 号は繹堂, 諡は文毅。1830年新彊反乱を招いた酷政を問われ, 官職を剥奪された。
⇒コン2 (那彦成 なげんせい 1764–1833)
　コン3 (那彦成 なげんせい 1764–1833)

ナザルバーイェフ, ヌルスルタン
⇨ナザルバエフ

ナザルバエフ Nazarbaev, Nursultan A.
20世紀, カザフスタンの政治家。カザフスタン大統領。
⇒広辞6 (ナザルバエフ 1940–)
　世政 (ナザルバエフ, ヌルスルタン 1940.7.6–)
　世西 (ナザルバエフ 1940.7.6–)
　中ユ (ナザルバエフ 1940–)
　二十 (ナザルバーイェフ, ヌルスルタン 1940–)
　ロシ (ナザルバエフ 1940–)

ナーザン, S.R. Nathan, S.R.
20世紀, シンガポールの政治家。シンガポール大統領。
⇒最世 (ナーザン, S.R. 1924–)
　世政 (ナーザン, S.R. 1924.7.3–)

ナシール, モハマド Natsir, Mohammad
20世紀, インドネシアの政治家, イスラム運動家。1950～51年首相。58年スマトラの反乱政府に参加。
⇒コン3 (ナシール 1908–1993)
　世政 (ナシール, モハマド 1908.7.17–1993.2.7)
　世東 (ナシール 1908–)

ナシルジン, I. Nasirudin, Ismail
20世紀, マレーシアの政治家。マレーシア元首。
⇒二十 (ナシルジン, I. 1906–)

ナスチオン
⇨ナスティオン

ナスティオン　Nasution, Abdul Haris
20世紀、インドネシアの軍人、政治家。1959～66年国防相。65年の九・三〇事件以後、スハルト新体制を推進。
⇒現人（ナスチオン　1918.12.3–）
　国小（ナスチオン　1918.12.3–）
　コン3（ナスティオン　1918–）
　人物（ナスチオン　1918–）
　世政（ナスティオン、アブドル・ハリス　1918.12.3–2000.9.6）
　世東（ナスチオン　1918.12.3–）
　世百新（ナスティオン　1918–2000）
　全書（ナスチオン　1918–）
　二十（ナスティオン・A.H.　1918.12.3–）
　東ア（ナスティオン　1918–2000）
　百科（ナスティオン　1918–）

ナッシィンナアウン　Natt Shin Naung
16・17世紀、ビルマの王、詩人。分裂王朝時代のタァウングー王（在位1609～13）。代表作『九つの宝』『王座』など。
⇒集文（ナッシィンナウン　1578–1613）

那桐　なとう
19・20世紀、中国の官僚、政治家。
⇒近中（那桐　なとう　1856–1925.6）

ナバーイー
⇨ナヴァーイー

ナビエフ, ラフマン　Nabiev, Rakhman
20世紀、タジキスタンの政治家。タジキスタン大統領。
⇒世政（ナビエフ, ラフマン　1930.10.5–1993.4.11）

奈麻諸父　なましょほ
7世紀頃、朝鮮、新羅の遣隋使。
⇒シル（奈麻諸父　なましょほ　7世紀頃）
　シル新（奈麻諸父　なましょほ）

奈末智　なまち
7世紀頃、朝鮮、任那から来日した使節。
⇒シル（奈末智　なまち　7世紀頃）
　シル新（奈末智　なまち）

南日　ナムイル
20世紀、北朝鮮の軍人、政治家。朝鮮休戦会談では朝鮮・中国側首席代表、1954年4月のジュネーブ会議の首席代表として活躍。53年大将。70年から労働党中央委員、のち副首相。
⇒外国（南日　なんにち　1914–）
　現人（南日　ナムイル　1914–1976.3.7）
　国小（南日　なんにち　1914–）
　コン3（南日　なんにち　1914–1976）
　人物（南日　なんにち　1914–）
　世東（南日　なんじつ　1913–）
　世百（南日　なんじつ　1914–）
　世百新（南日　なんにち　1914–1976）
　全書（南日　なんにち　1914–1976）

　朝人（南日　なんにち　1914–1976）
　朝鮮（南日　なんにち　1914–1976）
　百科（南日　なんにち　1914–1976）

南悳祐　ナムドクウ
20世紀、韓国の経済学者、政治家。号は智岩。韓国首相、貿易協会名誉会長、韓国太平洋協力委員会会長。西江大学教授、財務部長官、副総理兼経済企画院長官、大統領経済担当特別補佐官などを歴任。著書に『価格論』『通貨量の決定要因と金融政策』などがある。
⇒韓国（南悳祐　ナムドクウ　1924.10.10–）
　世政（南悳祐　ナムドクウ　1924.10.10–）

奈勿王　なもつおう
4・5世紀、朝鮮、新羅、第17代王（在位356?～402?）。新羅史上実在が確認される最初の王。
⇒朝人（奈勿王　なもつおう　?–402?）
　朝鮮（奈勿王　なもつおう　?–401?）
　百科（奈勿王　なもつおう　?–401?）

那邪迦　なやか
7世紀頃、マレー半島、赤土（半島南端）の王子。隋への答礼使。
⇒シル（那邪迦　なやか　7世紀頃）
　シル新（那邪迦　なやか）

ナヤン（乃顔）
13世紀、中国、元初の叛王。テムゲ・オッチギンの玄孫。西のハイドゥ（海都）と呼応し挙兵するが、世祖に破れた。
⇒角世（ナヤン〔乃顔〕　?–1287）
　国小（ナヤン〔乃顔〕　?–1287（至元24））
　コン2（ナヤン〔乃顔〕　?–1287）
　コン3（ナヤン〔乃顔〕　?–1287）
　人物（乃顔　ナヤン　?–1287）
　世東（ナーヤン〔乃顔〕　?–1287）
　中国（ナヤン　乃顔　?–1287）
　デス（ナヤン〔乃顔〕　?–1287）
　評世（ナヤン〔乃顔〕　?–1287）

ナーラーイ
⇨ナライ

ナライ　Narai
17世紀、タイ、アユタヤ朝の第29代王（在位1656～88）。
⇒外国（ナライ王　?–1688）
　角世（ナーラーイ　1632–1688）
　皇帝（ナライ　?–1688）
　国小（プラ・ナライ　?–1688）
　集文（ナーラーイ王　1632–1688.7.11）
　世東（ナライ　?–1688）
　東ア（ナライ　?–1688）
　百科（ナライ　?–1688）

ナラワラ　Nayawaya
17世紀、ビルマ王国の王。在位1672–1673。
⇒統治（ナラワラ　（在位）1672–1673）

ナランツァツラルト, ジャンラブ

Narantsatsralt, Janlav
20世紀，モンゴルの政治家。モンゴル首相。
⇒世政（ナランツァツラルト，ジャンラブ　1957.6.10–）

ナレースエン　Naresuen
16・17世紀，タイ，アユタヤ朝の第20代王（在位1590～1605）。
⇒外国（ナレースエン王　1555–1605）
　角世（ナレースワン　1555–1605）
　皇帝（ナレースワン　1555–1605）
　国小（ナレースエン・マハラート　?–1605）
　世東（ナレースワン　?–1605）
　世百（ナレースエン　?–1605）
　東ア（ナレースエン　?–1605）
　百科（ナレースエン　?–1605）
　評世（ナレースエン　1554–1605）

ナレースエン王
⇨ナレースエン

ナレースワン
⇨ナレースエン

南安王　なんあんおう*
5世紀，中国，北魏（鮮卑）の皇帝。在位452。
⇒統治（南安王　Nan-an Wang　（在位）452）

南漢宸　なんかんしん，なんかんじん
20世紀，中国の政治家。山西省出身。1952年以来，国際貿易促進会主席，日中貿易で活躍。66年文化大革命で批判され自殺したと伝えられる。
⇒外国（南漢宸　なんかんしん　1892–）
　現人（南漢宸　なんかんしん〈ナンハンチェン〉　1895–1967.2.4）
　コン3（南漢宸　なんかんしん　1895–1967）
　人物（南漢宸　なんかんしん　1894–）
　世東（南漢宸　なんかんじん　1894–1967）
　世百（南漢宸　なんかんしん　1895–）
　全書（南漢宸　なんかんしん　1895–1967）
　中人（南漢宸　なんかんしん　1895–1967.2.4）

南郡王劉義宣　なんぐんおうりゅうぎせん*
5世紀，中国，南朝，宋の武帝の子。
⇒中皇（南郡王劉義宣　?–454）

南康公主　なんこうこうしゅ*
15世紀，中国，明，洪武帝の娘。
⇒中皇（南康公主　?–1438）

南日　なんじつ
⇨南日（ナムイル）

南霽雲　なんせいうん
8世紀，中国，唐の烈士。魏州出身。安禄山の乱に官軍として張巡と共に抗戦。
⇒人物（南霽雲　なんせいうん　?–757.10）
　世東（南霽雲　なんせいうん　?–757.10）

難陀　なんだ
8世紀頃，中央アジア，吐火羅（トハラ）の使僧。729（開元17）年使節として入唐。
⇒シル（難陀　なんだ　8世紀頃）
　シル新（難陀　なんだ　8世紀頃）

ナンダバイン　Nandabayin
16世紀，ビルマ王国の王。在位1581–1599。
⇒統治（ナンダバイン　（在位）1581–1599）

南唐後主　なんとうこうしゅ
⇨李煜（りいく）

南日　なんにち
⇨南日（ナムイル）

南漢宸　ナンハンチェン
⇨南漢宸（なんかんしん）

南萍　なんひょう
20世紀，中国の軍人。1967年7月「武漢事件」後第6409部隊とともに杭州に赴き，反毛派を制圧。68年3月浙江省革委会主任，9期中央委。
⇒世東（南萍　なんひょう　1927頃–）
　中人（南萍　なんひょう　1927頃–）

南陽公主　なんようこうしゅ
6世紀，中国の皇女。
⇒世女日（南陽公主　NANGYANG gongzhu）
　中皇（南陽公主）

【 に 】

ニウイ・アパイ　Nhouy Abhay
20世紀，ラオスの文学者，政治家（数回文部大臣を経験）。
⇒集世（ニウイ・アパイ　1906–1963.10.1）
　集文（ニウイ・アパイ　1906–1963.10.1）

聶元梓　ニエユアンツー
⇨聶元梓（じょうげんし）

聶栄臻　ニエロンチェン
⇨聶栄臻（じょうえいしん）

ニェン・ヴァンタム
⇨グェン・ヴァン・タム

ニクベイ　Negübei
13世紀，チャガタイ・ハン国のハン。在位1271–1272。
⇒統治（ニクベイ　（在位）1271–1272）

弐師将軍　にししょうぐん
⇨李広利（りこうり）

二世皇帝　にせいこうてい
　⇨秦二世皇帝（しんにせいこうてい）

倪志福　ニーチーフー
　⇨倪志福（げいしふく）

日羅　にちら
　6世紀，朝鮮，百済の宮廷の官人。父は九州の地方豪族。583年来日。
　⇒国史（日羅　にちら　6世紀）
　　シル（日羅　にちら　?-583）
　　シル新（日羅　にちら　?-583）
　　対外（日羅　にちら　6世紀）
　　日人（日羅　にちら　?-584）
　　百科（日羅　にちら　?-583（敏達12））

日逐王比　にっちくおうひ
　1世紀，中央アジア，南匈奴の単于（在位48～55）。後漢に下り，自立して呼韓邪単于と号した。以後，匈奴は南北に分裂。
　⇒国小（日逐王比　にっちくおうひ　?-55）
　　人物（日逐王比　にっちくおうひ　?-55）
　　世東（日逐王比　にっちくおうひ　?-55）

ニャウンジャン　Nyaungyan
　16・17世紀，ビルマ王国の王。
　⇒統治（ニャウンジャン　（在位）1597-1606（対立王））

ニヤゾフ，サパルムラド　Niyazov, Saparmurad A.
　20世紀，トルクメニスタンの政治家。トルクメニスタン大統領。
　⇒世政（ニヤゾフ，サパルムラド　1940.2.19-）
　　中ユ（ニヤゾフ　1940-）
　　ロシ（ニヤゾフ　1940-）

ニュイ・キェウ（蕊翹）
　ベトナムの女将軍。趙貞娘と自称。
　⇒ベト（Nhuy-Kieu　ニュイ・キェウ〔蕊翹〕）

ニョト　Njoto
　20世紀，インドネシアの政治家，共産党指導者。東ジャワ生れ。1959年第1回農民大会を指導，64年国務相。9・30事件後殺害された。
　⇒コン3（ニョト　1925-1966）

任栄　にんえい
　20世紀，中国の軍人，政治家。1960年少将。朝鮮停戦委員会中国側代表。71年8月よりチベット自治区党委第1書記。
　⇒世東（任栄　にんえい　1922-）
　　中人（任栄　じんえい　1917-）

任可澄　にんかちょう
　19・20世紀，中国の官僚。
　⇒近中（任可澄　にんかちょう　1877-1945）

任建新　にんけんしん
　20世紀，中国の法学者。中国最高人民法院院長，中国共産党中央委員・中央書記処書記。
　⇒世東（任建新　にんけんしん　1925-）
　　中人（任建新　じんけんしん　1925-）

任城王曹彰　にんじょうおうそうしょう*
　3世紀，中国，魏（三国），文帝（曹丕）の弟。
　⇒中皇（任城王曹彰　?-223）

任弼時　にんひつじ
　20世紀，中国の政治家。中国共産党の指導者。政治局委員，中央書記処書記となり，毛沢東とともに陝西で全党の指導にあたった。
　⇒近中（任弼時　にんひつじ　1904.4.30-1950.10.27）
　　国小（任弼時　にんひつじ　1904（光緒30.4.30）-1950.10.27）
　　コン3（任弼時　にんひつじ　1904-1950）
　　世東（任弼時　にんひつじ　1904.4.30-1950.10.27）
　　世百（任弼時　にんひつじ　1904-1950）
　　中人（任弼時　じんひつじ　1904（光緒30.4.30）-1950.10.27）

【ぬ】

ヌェン・フートリ　Nguyen Huutri
　20世紀，ベトナムの政治家。トンキン省最大の政党ダイ・ヴェト党々首。1951年ベトナム国国防相となる。
　⇒世東（ヌェン・フートリ）

ヌオン・チェア　Nuon Chea
　20世紀，カンボジアの政治家。カンボジア人民代表議会議長。
　⇒二十（ヌオン・チェア　?-）

奴氏　ぬて
　6世紀頃，朝鮮，新羅使。561年貢調使として来日。
　⇒シル（奴氏　ぬて　6世紀頃）
　　シル新（奴氏　ぬて）

ヌハク・プームサワン　Nouhak Phoumsavanh
　20世紀，ラオスの政治家。サバナケット州出身。1955年ラオス人民革命党の創立に参加。68年，党中央委員会議長に就任し，75年12月人民民主共和国政府樹立とともに，副首相兼蔵相に就任。
　⇒現人（ヌーハク・プームサバン　1914/10-）
　　世政（ヌハク・プームサワン　1914.4.9-）
　　世東（ヌーハク・ポムサヴァン　1914-）
　　二十（ヌーハク・プームサバン　1910-）

ヌーハク・ポムサヴァン
⇨ヌハク・プームサワン

ヌルハチ（太祖，努爾哈赤，奴児哈赤，奴爾哈斉，奴兒哈赤，弩爾哈斉）　Nurhachi
16・17世紀，中国，清朝の建国者（在位1616～26）。
⇨旺世（ヌルハチ　1559–1626）
　外国（ヌルハチ〔奴児哈赤〕　1539–1626）
　角世（ヌルハチ　1559–1626）
　広辞4（ヌルハチ〔奴爾哈赤・弩爾哈斉〕　1559–1626）
　広辞6（奴児哈赤，弩爾哈斉　ヌルハチ　1559–1626）
　皇帝（たいそ〔太祖〕　1559–1626）
　国小（ヌルハチ〔奴児哈赤，弩爾哈斉〕　1559（嘉靖38）–1626（天命11））
　国百（ヌルハチ　1559–1626）
　コン2（たいそ〔太祖（清）〕　1559–1626）
　コン3（太祖（清）　たいそ　1559–1626）
　人物（ヌルハチ〔奴児哈赤〕　1539–1626.8.11）
　世人（太祖（清）　たいそ　1559–1626）
　世東（ぬるはち〔奴児哈赤〕　1539–1626.8.11）
　世百（ヌルハチ〔奴児哈赤〕　1559–1626）
　全書（ヌルハチ　1559–1626）
　大辞（ヌルハチ　1559–1626）
　大辞3（ヌルハチ　1559–1626）
　大百（ヌルハチ　1559–1626）
　中皇（太祖　1559–1626）
　中国（ヌルハチ〔弩爾哈斉〕）
　中史（努爾哈赤　ヌルハチ　1559–1626）
　デス（ヌルハチ〔弩爾哈斉〕　1559–1626）
　伝記（ヌルハチ〔弩爾哈斉〕　1559–1626）
　統治（天命（太祖），T'ien Ming〔T'ai Tsu〕，〔Aisin-gioro Nurhachi〕（在位）1616–1626）
　百科（ヌルハチ〔奴児哈赤〕　1559–1626）
　評世（ヌルハチ　1559–1626）
　山世（ヌルハチ　1559–1626）
　歴史（ヌルハチ〔太祖〕　1559–1626）

【ね】

ネイウィン　Ne Win
20世紀，ビルマの軍人，政治家，首相（1958～60），大統領（1974～81）。
⇨岩ケ（ネ・ウィン，ウー　1911–）
　旺世（ネ＝ウィン　1911–）
　角世（ネ・ウィン　1911–）
　現人（ネー・ウィン　1911–）
　広辞5（ネ・ウィン　1911–）
　広辞6（ネ・ウィン　1911–2002）
　国小（ネ・ウィン　1911.5.14–）
　国百（ネ・ウィン　1911.5.14–）
　コン3（ネウィン　1911–）
　最世（ネ・ウィン　1911–）
　世人（ネ＝ウィン　1911–2002）
　世政（ネ・ウィン　1911.5.24–2002.12.5）
　世東（ネ・ウィン　1911.5.24–）
　世百（ネウィン　1911–）
　世百新（ネーウィン　1911–2002）
　全書（ネ・ウィン　1911–）
　大辞2（ネ・ウィン　1911–）
　大百（ネ・ウィン　1911–）
　伝世（ネーウィン　1911.5.14–）
　二十（ネー・ウィン　1911.6.24–）
　東ア（ネイウィン　1911–2002）
　百科（ネーウィン　1911–）
　山世（ネ・ウィン　1911–）

寧王朱権　ねいおうしゅけん
14・15世紀，中国，明の演劇研究家。洪武帝の第16子。諡は献王。著書に『太和正音譜』。
⇨コン2（寧王朱権　ねいおうしゅけん　?–1448）
　コン3（寧王朱権　ねいおうしゅけん　1378–1448）
　集世（寧献王　ねいけんおう　1378（洪武11）–1448（正統13））
　集文（寧献王　ねいけんおう　1378（洪武11）–1448（正統13））
　中皇（寧王朱権）
　中芸（寧献王　ねいけんおう　?–1448）
　中史（朱権　しゅけん　1378–1448）

寧完我　ねいかんが
17世紀，中国，清代の官吏。字は公甫。遼陽（遼寧省）の生れ。もと奴隷。
⇨外国（寧完我　ねいかんが　?–1665）

寧献王　ねいけんおう
⇨寧王朱権（ねいおうしゅけん）

寧国公主　ねいこくこうしゅ
8世紀頃，中国，唐の和蕃公主。
⇨シル（寧国公主　ねいこくこうしゅ　8世紀頃）
　シル新（寧国公主　ねいこくこうしゅ）
　中皇（寧国公主）

寧国公主　ねいこくこうしゅ*
14・15世紀，中国，明，洪武帝の娘。
⇨中皇（寧国公主　1364–1434）

寗随　ねいずい
3世紀頃，中国，三国時代，蜀の副将。
⇨三国（寗随　ねいずい）
　三全（寗随　ねいずい　生没年不詳）

寧宗（南宋）　ねいそう
12・13世紀，中国，南宋の第4代皇帝（在位1194～1224）。光宗の第2子。1206年金討伐で大敗。
⇨皇帝（寧宗　ねいそう　1168–1224）
　コン2（寧宗（南宋）　ねいそう　1168–1224）
　コン3（寧宗（南宋）　ねいそう　1168–1224）
　世東（寧宗　ねいそう　1168–1224）
　中皇（寧宗　1168–1224）
　統治（寧宗　Ning Tsung　（在位）1194–1224）

寧宗（元）　ねいそう
14世紀，中国，元第10代皇帝（在位1332）。諱はイリンジバル（Irinjibal，懿璘質班）。明宗の次子。

⇒コン2（寧宗〈元〉　ねいそう　1326–1332）
　　コン3（寧宗〈元〉　ねいそう　1326–1332）
　　世東（寧宗　ねいそう　1326–1332）
　　中皇（寧宗　1326–1332）
　　統治（寧宗〈イリンジバル〉　Ning Tsung
　　［Irinjibal］　（在位）1332）

ネ・ウィン
⇨ネイウィン

ネバーイー
⇨ナヴァーイー

ネリ, フェリノ　Neri, Felino
20世紀, フィリピンの外交官。駐日フィリピン大使。
　⇒二十（ネリ, フェリノ　1908–）

年羹堯（年羹堯）　ねんこうぎょう
18世紀, 中国, 清前期の武将。字は亮工, 号は双峰。漢軍鑲黄旗出身。1723年ロプサン・テンジンの乱で撫遠大将軍として功をたてる。
　⇒外国（年羹堯　ねんこうぎょう　?–1725）
　　コン2（年羹堯　ねんこうぎょう　?–1726）
　　コン3（年羹堯　ねんこうぎょう　1679–1726）
　　中史（年羹堯　ねんこうぎょう　?–1726）

【の】

嚢加真公主　のうかしんこうしゅ*
13世紀, 中国, 元, 世祖（フビライ）の娘。
　⇒中皇（嚢加真公主）

能婁　のうる
7世紀頃, 朝鮮, 高句麗から来日した使節。
　⇒シル（能婁　のうる　7世紀頃）
　　シル新（能婁　のうる）

ノケオ　Nokeo
16世紀, ラオス, ラーンサーン王国の王（在位1591〜96）, ビルマの支配から国を解放。
　⇒コン2（ノケオ　1571–1596）
　　コン3（ノケオ　1571–1596）

ノーサウァン
⇨ノサバン, プーミ

ノサバン, プーミ　Nosavan, Phoumi
20世紀, ラオスの軍人, 政治家。1962〜65年ブーマ内閣副首相兼蔵相など要職を歴任したが, 65年1月, クーデターに失敗して, 2月タイに亡命。
　⇒現人（ノサバン　1920–）
　　国小（ノサバン　1920.1.27–）
　　コン3（ノーサウァン　1920–）
　　世政（ノサバン, プーミ　1920.1.27–1985.11.3）

　　世東（プーミ・ノサバン（プーミー・ノーサワン）
　　　1920.1.27–）

盧在鳳　ノジェボン
20世紀, 韓国の国会議員。1967年ソウル大学講師, のち助教授, 副教授を経て81年まで教授。大統領秘書室長, 国務総理などを歴任。著書に『市民民主主義』『思想と実践』などがある。
　⇒韓国（盧在鳳　ノジェボン　1936.2.8–）
　　世政（盧在鳳　ノジェボン　1936.2.8–）

盧重礼　ノジュンネ
⇨盧重礼（ろじゅうれい）

盧信永　ノシンヨン
20世紀, 韓国の外交官, 政治家。韓国首相。駐ロサンジェルス総領事, 駐ニュー・デリー総領事, 駐インド大使, 外務部次官, 外務部長官, 国家安全企画部長, 国務総理などを歴任。
　⇒韓国（盧信永　ノシンヨン　1930.2.28–）
　　世政（盧信永　ノシンヨン　1930.2.28–）

盧泰愚　ノテウ
20世紀, 韓国の軍人, 政治家, 大統領（在任1988〜93）。
　⇒岩ケ（盧泰愚　ノテウ　1932–）
　　旺世（盧泰愚　ノテウ　1932–）
　　角世（盧泰愚　ノテウ　1932–）
　　韓国（盧泰愚　ノテウ　1932.12.4–）
　　広辞5（盧泰愚　ノテウ　1932–）
　　広辞6（盧泰愚　ノテウ　1932–）
　　コン3（盧泰愚　ろたいぐ　1932–）
　　世人（盧泰愚　ろたいぐ　1932–）
　　世政（盧泰愚　ノテウ　1932.12.4–）
　　世東（盧泰愚　ろたいぐ　1932–）
　　全書（盧泰愚　ろたいぐ　1932–）
　　大辞2（盧泰愚　ノテウ　1932–）
　　朝人（盧泰愚　ろたいぐ　1932–）
　　朝鮮（盧泰愚　ろたいぐ　1932–）
　　ナビ（盧泰愚　ノテウ　1932–）
　　評世（盧泰愚　ノテウ　1932–）
　　山世（盧泰愚　ノテウ　1932–）

盧武鉉　ノムヒョン
20世紀, 韓国の政治家。韓国大統領。
　⇒広辞6（盧武鉉　ノムヒョン　1946–）
　　最世（盧武鉉　ノムヒョン　1946–）
　　世人（盧武鉉　ろぶげん　1946–）
　　世政（盧武鉉　ノムヒョン　1946.8.6–）
　　朝鮮（盧武鉉　ろぶげん　1946–）

ノヤンパイジュ　Noyan Paiju
13世紀, モンゴルの武将。1242年ザ・カフカス地方の軍司令官。
　⇒世東（ノヤンパイジュ　生没年不詳）

ノロドム1世　Norodom Ⅰ
19・20世紀, カンボジア国王（在位1860〜1904）。
　⇒角世（ノロドム　?–1904）
　　統治（ノロドム　（在位）1860–1904）

東ア（ノロドム（1世）　1836–1904）
百科（ノロドム　1836–1904）

ノロドム・シアヌーク
⇨シハヌーク

ノロドム・スラマリット　Norodom Suramarit
20世紀, カンボジア国王。
⇒統治（ノロドム・スラマリット　（在位）1955–1960）

ノン・スオン　Non Suon
20世紀, カンボジアの政治家。別名シェイ・スオン。カンポット生れ。1955年7月人民党を創立, 党首となったが, 人民党がシアヌーク政権破壊をはかったとして, 62年逮捕された。
⇒現人（ノン・スオン　1927–）

ノン・ドゥック・マイン　Nong Duc Manh
20世紀, ベトナム共産党最高指導者の一人, 党書記長（2001〜）。
⇒世政（ノン・ドク・マイン　1940.9.11–）
東ア（ノン・ドゥック・マイン　1940–）

【は】

裴延齢　はいえんれい
8世紀, 中国, 唐の政治家。諡は繆。徳宗にとり入り, 姦吏と結託。代表的姦臣とされる。
⇒コン2（裴延齢　はいえんれい　728–796）
コン3（裴延齢　はいえんれい　728–796）

廃王希広　はいおうきこう*
10世紀, 中国, 五代十国・楚の皇帝（在位947〜950）。
⇒中皇（廃王希広　?–950）

廃王希崇　はいおうきすう*
10世紀, 中国, 五代十国・楚の皇帝（在位951）。
⇒中皇（廃王希崇　（在位）951）

裴頠　はいがい
⇨裴頠（はいぎ）

裴頠　はいぎ, はいき
3世紀, 中国, 西晋の政治家。字は逸民, 諡は成。右軍将軍・侍中など歴任。著書に『崇有論』。
⇒外国（裴頠　はいがい　267–300）
コン2（裴頠　はいぎ　267–300）
コン3（裴頠　はいぎ　267–300）
世東（裴頠　はいき　267–300）
中芸（裴頠　はいぎ　267–300）
中史（裴頠　はいぎ　267–300）
百科（裴頠　はいぎ　267–300）
名著（裴頠　はいき　267–300）

裴璆　はいきゅう
渤海からの来日大使。裴頲（はいてい）の子。平安時代に来朝。
⇒国史（裴璆　はいきゅう　生没年不詳）

裴休　はいきゅう
8・9世紀, 中国, 唐の政治家。字は公美。監察御史, 兵部侍郎, 御史大夫などを歴任。
⇒国小（裴休　はいきゅう　787（貞元3）頃–860（咸通1）頃）
全書（裴休　はいきゅう　797–870?）
大百（裴休　はいきゅう　797–870）
中書（裴休　はいきゅう　787?–860?）

裴矩　はいく
6・7世紀, 中国, 隋・唐初の名臣。字, 弘大。文帝の側近として全国統一に活躍。
⇒角世（裴矩　はいく　548–627）
国小（裴矩　はいく　547（西魏・大統13）頃–627（貞観1.8.19））
コン2（裴矩　はいく　557–627）
コン3（裴矩　はいく　557–627）
シル（裴矩　はいく　557–627）
シル新（裴矩　はいく　557–627）
人物（裴矩　はいく　557–627）
世東（裴矩　はいく　557–627）
世百（裴矩　はいく　生没年不詳）
全書（裴矩　はいく　557–627）
大百（裴矩　はいく　557–627）
中国（裴矩　はいく　557–627）
百科（裴矩　はいく　548?–627）

裴景　はいけい
3世紀頃, 中国, 三国時代, 司馬懿の軍の左都督。
⇒三国（裴景　はいけい）
三全（裴景　はいけい　生没年不詳）

裴元紹　はいげんしょう
2世紀, 中国, 三国時代, 黄巾賊の残党。
⇒三国（裴元紹　はいげんしょう）
三全（裴元紹　はいげんしょう　?–200）

裴行倹（裴行検）　はいこうけん
7世紀, 中国, 初唐の名将。長安令, 安西大都護, 吏部尚書, 礼部尚書など内外の要官を歴任。
⇒国小（裴行倹　はいこうけん　619（武徳2）–682（永淳1.4.28））
コン2（裴行倹　はいこうけん　619–682）
コン3（裴行倹　はいこうけん　619–682）
シル（裴行倹　はいこうけん　619–682）
シル新（裴行倹　はいこうけん　619–682）
世東（裴行倹　はいこうけん　619–682）
世百（裴行倹　はいこうけん　619–682）
全書（裴行倹　はいこうけん　619–682）
中国（裴行倹　はいこうけん　619–682）
百科（裴行倹　はいこうけん　619–682）

倍侯利　ばいこうり
　5世紀頃，中央アジア，高車（トルコ系）斛律部の首長。
　⇒シル（倍侯利　ばいこうり　5世紀頃）
　　シル新（倍侯利　ばいこうり）

裴国良　はいこくりょう
　8世紀頃，中央アジア，疏勒（カシュガル）の首領。753（天宝12）年唐に朝貢。折衝都尉の位を授けられた。
　⇒シル（裴国良　はいこくりょう　8世紀頃）
　　シル新（裴国良　はいこくりょう）

バイジュ（拝住）　Baidju
　14世紀，モンゴルの将軍。1243年ルーム・セルジューク朝をモンゴルに臣従させた。
　⇒国小（バイジュ〔拝住〕　?-1323（至治3））
　　コン2（バイジュ〔拝住〕　?-1323）
　　コン3（バイジュ〔拝住〕　?-1323）
　　世東（バイジュ〔拝住〕　生没年不詳）

裴緒　はいしょ
　3世紀頃，中国，三国時代，諸葛亮（孔明）が仕立てた偽の魏の将軍。
　⇒三国（裴緒　はいしょ）
　　三全（裴緒　はいしょ　生没年不詳）

裴松之（裴松子）　はいしょうし
　4・5世紀，中国，南朝宋の文人官僚。字は世期。劉裕（武帝）の北伐などに，参軍として活躍。著書に『三国志注』がある。
　⇒コン2（裴松之　はいしょうし　372-451）
　　コン3（裴松之　はいしょうし　372-451）
　　中芸（裴松子　はいしょうし　372-451）
　　東仏（裴松之　はいしょうし　372-451）

バーイスングル　Bāysunqur
　15世紀，ティムール帝国のスルタン。在位1495-1497。
　⇒統治（バーイスングル　（在位）1495-1497）

裴世清　はいせいせい
　6・7世紀，中国，隋の使者。608年6月第1回遣隋使小野妹子の帰国に伴われて来朝。
　⇒外国（裴世清　はいせいせい　6-7世紀）
　　広辞4（裴世清　はいせいせい）
　　広辞6（裴世清　はいせいせい　生没年不詳）
　　国史（裴世清　はいせいせい　生没年不詳）
　　国小（裴世清　はいせいせい　生没年不詳）
　　コン2（裴世清　はいせいせい　生没年不詳）
　　コン3（裴世清　はいせいせい　生没年不詳）
　　シル（裴世清　はいせいせい　7世紀頃）
　　シル新（裴世清　はいせいせい）
　　人物（裴世清　はいせいせい　生没年不詳）
　　世東（裴世清　はいせいせい　生没年不詳）
　　世百（裴世清　はいせいせい）
　　全書（裴世清　はいせいせい　生没年不詳）
　　対外（裴世清　はいせいせい　生没年不詳）
　　大辞（裴世清　はいせいせい）
　　大辞3（裴世清　はいせいせい）

　　大百（裴世清　はいせいせい　生没年不詳）
　　中国（裴世清　はいせいせい　6-7世紀）
　　デス（裴世清　はいせいせい　生没年不詳）
　　日人（裴世清　はいせいせい　生没年不詳）
　　百科（裴世清　はいせいせい）
　　歴史（裴世清　はいせいせい）

バイダル（拝達児）　Baidar
　13世紀，モンゴル帝国の武将。1236年ポーランドに侵入，要衝クラクフを陥落。
　⇒国小（バイダル〔拝達児〕　生没年不詳）
　　世東（バイダル〔拝達児〕　生没年不詳）

裴仲孫　はいちゅうそん
　13世紀，朝鮮，高麗の武臣，三別抄蜂起軍の指導者。
　⇒コン2（裴仲孫　はいちゅうそん　?-1271）
　　コン3（裴仲孫　はいちゅうそん　?-1271）

白崇禧　パイ・チュンシ
　⇨白崇禧（はくすうき）

廃帝（後漢）　はいてい
　2世紀，中国，後漢の第13代皇帝（在位189）。姓名は劉弁。董卓により廃され翌年殺された。
　⇒コン2（廃帝（後漢）　はいてい　173-190）
　　コン3（廃帝（後漢）　はいてい　173-190）
　　三国（少帝　しょうてい）
　　三全（少帝　しょうてい　170-189）
　　中皇（廃帝　173-190）
　　統治（少帝　Shao Ti　（在位）189）

廃帝（後唐）　はいてい
　9・10世紀，中国，五代後唐第4代皇帝（在位934～936）。後唐の明宗の養子。末帝とも呼ばれる。
　⇒コン2（廃帝（後唐）　はいてい　885-936）
　　コン3（廃帝（後唐）　はいてい　885-936）
　　中皇（末帝（廃帝）　885-935）
　　統治（廃帝　Fei Ti　（在位）934-937）

廃帝（少主）　はいてい*
　10世紀，中国，五代十国・北漢の皇帝（在位968）。
　⇒中皇（廃帝（少主）　935-968）

廃帝（金）　はいてい
　⇨衛紹王（えいしょうおう）

裴頲　はいてい
　9世紀頃，渤海の官吏。平安時代前期に大使として2度来日。
　⇒国史（裴頲　はいてい　生没年不詳）
　　シル（裴頲　はいてい　9世紀頃）
　　シル新（裴頲　はいてい）
　　対外（裴頲　はいてい　生没年不詳）
　　日人（裴頲　はいてい　生没年不詳）

廃帝昱（後廃帝）　はいていいく*
　5世紀，中国，宋の皇帝（在位472～477）。

⇒中皇　（廃帝昱（後廃帝）　463-477）
　　統治　（後廃帝　Hou Fei Ti　（在位）472-477）

廃帝殷　はいていいん*
6世紀、中国、南北朝・北斉の皇帝（在位559～560）。
⇒中皇　（廃帝殷　545-561）
　　統治　（廃帝　Fei Ti　（在位）559-560）

廃帝奕　はいていえき*
4世紀、中国、東晋の皇帝（在位365～371）。
⇒中皇　（廃帝奕　342-386）
　　統治　（海西公（廃帝）　Hai-hsi Kung　（在位）365-372）

廃帝欽　はいていきん*
6世紀、中国、南北朝・西魏の皇帝（在位551～554）。
⇒中皇　（廃帝欽　?-554）
　　統治　（廃帝　Fei Ti　（在位）551-554）

廃帝弘　はいていこう*
4世紀、中国、五胡十六国・後趙の皇帝（在位333～334）。
⇒中皇　（廃帝弘　312-334）

廃帝子業（前廃帝）　はいていしぎょう*
5世紀、中国、宋の皇帝（在位464～465）。
⇒中皇　（廃帝子業（前廃帝）　449-465）
　　統治　（前廃帝　Ch'ien Fei Ti　（在位）464-466）

廃帝昭業　はいていしょうぎょう*
5世紀、中国、斉の皇帝（在位493～494）。
⇒中皇　（廃帝昭業　473/474-494）
　　中皇　（廃帝昭文　480-494）
　　統治　（鬱林王　Yü-lin Wang　（在位）493-494）

廃帝世　はいていせい*
4世紀、中国、五胡十六国・後趙の皇帝（在位349）。
⇒中皇　（廃帝世　339-349）

廃帝生　はいていせい*
4世紀、中国、五胡十六国・前秦の皇帝（在位355～357）。
⇒中皇　（廃帝生　（在位）355-357）

廃帝伯宗　はいていはくそう*
6世紀、中国、陳の皇帝（在位566～568）。
⇒中皇　（廃帝伯宗　554-570）
　　統治　（臨海王　Lin-hai Wang　（在位）566-568）

廃帝芳　はいていほう*
3世紀、中国、魏の皇帝（在位239～254）。
⇒中皇　（廃帝芳　231-274）
　　統治　（廃帝（斉王）　Fei Ti　（在位）239-254）

廃帝宝巻　はいていほうかん*
5世紀、中国、斉の皇帝（在位498～501）。
⇒中皇　（廃帝宝巻　483-501）
　　統治　（東昏侯　Tung-hun Hou　（在位）498-501）

廃帝曄　はいていよう*
6世紀、中国、南北朝・北魏の皇帝（在位530～531）。
⇒中皇　（廃帝曄　?-532）
　　統治　（東海王　Tung-hai Wang　（在位）530-531）

廃帝亮　はいていりょう
3世紀、中国、三国呉の第2代皇帝（在位252～258）。孫権の子。姓名は孫亮。257年親政を宣言し、外戚全氏と謀って実権回復を図るが逆に廃され、会稽王の地位におとされた。
⇒全書　（廃帝亮　はいていりょう　243-260）
　　大百　（廃帝亮　はいていりょう　243-260）
　　中皇　（廃帝亮　242/3-260）
　　統治　（廃帝（会稽王）　Fei Ti　（在位）252-258）

廃帝朗（後廃帝）　はいていろう*
6世紀、中国、南北朝・北魏の皇帝（在位531～532）。
⇒中皇　（廃帝朗（後廃帝）　512?-532）

裴度　はいど
8・9世紀、中国、唐代の大官。字は中立、諡は文忠。中書侍郎・同中書門下平章事（宰相）となり、憲宗・穆宗・敬宗・文宗の四朝にわたって活躍。
⇒全書　（裴度　はいど　765-839）
　　大百　（裴度　はいど　765-839）
　　中史　（裴度　はいど　765-839）

ハイドゥ（海都）
13・14世紀、オゴタイ・ハン国の長。大ハン継承争いから、フビライと対立。みずから大ハンを唱えた。
⇒旺世　（ハイドゥ〔海都〕　?-1301）
　　外国　（ハイドゥ　?-1301）
　　角世　（カイドゥ　?-1301）
　　広辞4　（海都　ハイドゥ　?-1301）
　　広辞6　（海都　ハイドゥ　?-1301）
　　国小　（ハイドゥ〔海都〕　?-1301）
　　コン2　（ハイドゥ〔海都〕　?-1301）
　　コン3　（ハイドゥ〔海都〕　?-1301）
　　世人　（ハイドゥ〔海都〕　?-1301）
　　世東　（ハイドゥ〔海都〕　?-1301）
　　全書　（ハイドゥ　1235/36-1303）
　　大辞　（ハイドゥ　?-1301）
　　大辞3　（ハイドゥ〔海都〕　?-1301）
　　大百　（カイドゥ　?-1301）
　　中国　（海都　カイドゥ　?-1301）
　　中ユ　（カイドゥ　?-1301）
　　デス　（ハイドゥ　?-1301）
　　百科　（海都　ハイドゥ　?-1301）
　　山世　（カイドゥ〔海都〕　?-1301）
　　歴史　（海都　ハイドゥ　?-1301）

バイドゥ（貝杜）　Baidu
13世紀、イル・ハン国第6代のハン（在位1295）。治世6ヵ月。
⇒国小（バイドゥ〔貝杜〕　?–1295）
　世東（バイドゥー〔貝杜〕　?–1295）
　統治（バイドゥ　（在位）1295）

バイトゥルスノフ　Baytürsïnov, Akhmet
19・20世紀、中央アジア、カザフ人の知識人、政治家、言語学者。
⇒中ユ（バイトゥルスノフ　1873–1937）

梅特勒　ばいとくろく
6世紀頃、中国西方、蛮（現在地不明）の主。545年、西魏に朝貢。
⇒シル（梅特勒　ばいとくろく　6世紀頃）
　シル新（梅特勒　ばいとくろく）

梅落　ばいらく
9世紀頃、中央アジア、奚国王。入唐した。
⇒シル（梅落　ばいらく　9世紀頃）
　シル新（梅落　ばいらく）

ハイランチャ（海蘭察）　Hairanca
18世紀、中国、清中期の武将。姓はドラル（多拉爾）。
⇒コン2（ハイランチャ〔海蘭察〕　?–1793）
　コン3（ハイランチャ〔海蘭察〕　?–1793）

馬殷　ばいん
9・10世紀、中国、五代十国・楚の建国者（在位896〜930）。諡は武穆。
⇒角世（馬殷　ばいん　852–930）
　皇帝（馬殷　ばいん　852–930）
　国小（馬殷　ばいん　852（大中6）–930（長興1.11.10））
　コン2（馬殷　ばいん　852–930）
　コン3（馬殷　ばいん　852–930）
　中皇（武穆王　852–930）
　中国（馬殷　ばいん　852–930）

バインナウン　Bayinnaung
16世紀、ビルマ、トゥングー王朝の第3代王（在位1551〜81）。
⇒角世（バインナウン　1516–1581）
　皇帝（バインナウン　1516–1581）
　国小（バインナウン　1516–1581）
　コン2（バインナウン　1515–1581）
　コン3（バインナウン　1515–1581）
　世東（バインナウン　1516–1581）
　伝世（バインナウン　1516–1581）
　統治（バインナウン　（在位）1550–1581）
　東ア（バインナウン　1516–1581）
　百科（バインナウン　1516–1581）

バー・ウ　Ba U
19・20世紀、ビルマの大統領。ビルマ独立後、1948年から52年までビルマ最高法院首席判事であったが、52年リオ・ジュエ・タイク初代大統領のあとをついで大統領に。

⇒外国（バー・ウ　1887–）

バヴァヴァルマン1世　Bhavavarman I
6世紀、カンボジア、クメール王国の王。
⇒統治（バヴァヴァルマン1世　（在位）550–600（メコン川流域地方の統治者、550頃もしくは以降））

バヴァヴァルマン2世　Bhavavarman II
7世紀、カンボジア、クメール王国の王。在位635–650。
⇒統治（バヴァヴァルマン2世　（在位）635–650）

馬英九　ばえいきゅう
20世紀、台湾の政治家。台北市長、台湾国民党主席。
⇒世政（馬英九　ばえいきゅう　1950.7.13–）
　中人（馬英九　ばえいきゅう　1950–）

馬延　ばえん
3世紀、中国、三国時代、袁紹の末子袁尚配下の将。
⇒三国（馬延　ばえん）
　三全（馬延　ばえん　?–208）

馬援　ばえん
前1・後1世紀、中国、後漢初期の将軍。扶風、茂陵（陝西省興平県北東）出身。字は子淵。王莽のときの新城大尹（天水郡守）となったが、のち光武帝に従った。
⇒角世（馬援　ばえん　前14–後49）
　国小（馬援　ばえん　前14（永始3）–後49（建武25））
　コン2（馬援　ばえん　前14–後49）
　コン3（馬援　ばえん　前14–後49）
　三国（馬援　ばえん）
　三全（馬援　ばえん　生没年不詳）
　人物（馬援　ばえん　前11–後49）
　世東（馬援　ばえん　前14–後49）
　世百（馬援　ばえん　前11–後49）
　全書（馬援　ばえん　前14–後49）
　大百（馬援　ばえん　前14–後49）
　中国（馬援　ばえん　前14–後49）
　中史（馬援　ばえん　前14–後49）
　百科（馬援　ばえん　前14–後49）

婆延達干　ばえんたつかん
8世紀頃、中央アジア、可汗那（コーカンド）の入唐使節。
⇒シル（婆延達干　ばえんたつかん　8世紀頃）
　シル新（婆延達干　ばえんたつかん）

パオ・シーヤーノン　Phao Sriyanon, Phao P. Boribhand Yuddhakich
20世紀、タイの軍人、政治家。バンコク生れ。ピブン側近で1942年同首相書記官を経て、48年以後10年に渡り警察長官として権威をふるう。
⇒外国（スリヤノン　?–）
　世東（パオ・シーヤーノン　1910.3.1–）

バオダイ帝　Bao Dai
20世紀、ベトナムの皇帝。阮朝第13代皇帝（在位1925〜45）。漢字名は保大帝。49年6月にはベトナム民主共和国に対抗する親仏政権ベトナム国の国家主席になるが、55年10月の国民投票においてゴ・ジン・ジェムに敗れた。
- ⇒岩ケ　（バオ・ダイ　1913-1997）
- 旺世　（バオ＝ダイ　1914-1997）
- 外国　（バオ・ダイ　1913-）
- 角世　（バオダイ帝　1914-1998）
- 現人　（バオ・ダイ　1913.10.22-）
- 広辞5　（バオ・ダイ〔保大〕　1914-1997）
- 広辞6　（バオ・ダイ〔保大〕　1914-1997）
- 国小　（バオダイ〔保大〕　1913.10.22-）
- コン3　（バオ・ダイ〔保大〕　1914-1997）
- 最世　（バオ・ダイ　1913-1997）
- 人物　（バオ・ダイ　1914-）
- 世人　（バオ＝ダイ　1914-1997）
- 世政　（バオ・ダイ　1913.10.22-1997.7.30）
- 世東　（バオ・ダイ　1914-）
- 世百　（バオダイ〔保大〕　1914-）
- 世百新（バオダイ〔保大〕　1914-1997）
- 全書　（バオ・ダイ　1914-）
- 大辞2　（バオ・ダイ　1914-）
- 大辞3　（バオ・ダイ　1914-1997）
- 大百　（バオ・ダイ　1913-）
- 中国　（バオダイ　1913-）
- 伝世　（バオ・ダイ帝〔保大〕　1913.10.22-）
- 統治　（バオ・ダイ、保大帝（在位）1926-1945（ヴェトナム国家主席1949-55））
- ナビ　（バオ＝ダイ　1914-）
- 二十　（バオ・ダイ　1914 (11, 13)-）
- 東ア　（バオダイ〔保大〕帝　1914-1997）
- 百科　（バオ・ダイ　1914-）
- 評世　（バオ＝ダイ　1913-）
- 山世　（バオ・ダイ　1914-1997）
- 歴史　（バオダイ　1914-?）

バガバンディ, ナツァギーン　Bagabandi, Natsagiin
20世紀、モンゴルの政治家。モンゴル大統領、モンゴル人民革命党党首。
- ⇒世政　（バガバンディ, ナツァギーン　1950.4.22-）

バガン　Pagan
19世紀、ビルマ王国の王。在位1846-1853。
- ⇒統治　（パガン　（在位）1846-1853）

馬漢　ばかん
3世紀、中国、三国時代、蜀の劉璋の武将。
- ⇒三国　（馬漢　ばかん）
- 三全　（馬漢　ばかん　?-214）

馬玩　ばがん
3世紀、中国、三国時代、西涼の太守韓遂配下の大将。
- ⇒三国　（馬玩　ばがん）
- 三全　（馬玩　ばがん　?-211）

バキエフ, クルマンベク　Bakiyev, Kurmanbek Saliyevich
20世紀、キルギスの政治家。キルギス大統領。
- ⇒世政　（バキエフ, クルマンベク　1949.8.1-）

馬玉　ばぎょく
3世紀、中国、三国時代、蜀の将。
- ⇒三国　（馬玉　ばぎょく）
- 三全　（馬玉　ばぎょく　?-227）

朴仁老　バギルロ
16・17世紀、朝鮮、李朝中期の武人、歌人。号は蘆渓。戦争歌辞『船上嘆』などが作品にある。
- ⇒集世　（朴仁老　バギルロ　1561.6.21（陰暦）-1642.12.6（陰暦））
- 集文　（朴仁老　バギルロ　1561.6.21（陰暦）-1642.12.6（陰暦））

朴寅亮　バギンニャン
11世紀、朝鮮、高麗前期の文臣。号は小華。代表作『金山寺』など。
- ⇒集文　（朴寅亮　バギンニャン　?-1096）

薄一波　はくいっぱ
20世紀、中国の政治家。1949年10月1日中華人民共和国成立とともに中央委員、66年8月政治局委員。文化大革命で失脚。79年副首相、82年党中央顧問委副主任。
- ⇒近中　（薄一波　はくいっぱ　1908.2.17-）
- 現人　（薄一波　はくいっぱ〈ポーイーポー〉1907-）
- 国小　（薄一波　はくいっぱ　1907-）
- コン3　（薄一波　はくいっぱ　1908-）
- 世政　（薄一波　はくいっぱ　1908.2.17-）
- 世東　（薄一波　はくいっぱ　1907-）
- 世百　（薄一波　はくいっぱ　1907-）
- 全書　（薄一波　はくいっぱ　1907-）
- 中人　（薄一波　はくいっぱ　1908.2.17-）

朴殷植　パクウンシク
19・20世紀、朝鮮の独立運動家、文筆家。上海の大韓民国臨時政府に参加、1925年第3代大統領。著書に『韓国痛史』がある。
- ⇒コン2　（朴殷植　ぼくいんしょく　1859-1925）
- コン3　（朴殷植　ぼくいんしょく　1859-1925）
- 朝人　（朴殷植　ぼくいんしょく　1859-1925）
- 朝鮮　（朴殷植　ぼくいんしょく　1859-1925）
- 百科　（朴殷植　ぼくいんしょく　1859-1925）
- 歴学　（朴殷植　ぼくいんしょく　1859-1925）

白雲梯　はくうんてい
20世紀、中国国民党指導者。蒙古族。
- ⇒近中　（白雲梯　はくうんてい　1894.2.17-1980.8.2）

莫栄新　ばくえいしん
19・20世紀、中国の広西系軍人の指導者。
- ⇒近中　（莫栄新　ばくえいしん　1853-1930.3.30）

莫賀達干　ばくがたつかん
8世紀頃，中央アジア，突厥（チュルク）の遣唐使。
⇒シル（莫賀達干　ばくがたつかん　8世紀頃）
シル新（莫賀達干　ばくがたつかん）

白寬洙　はくかんしゅ
19・20世紀，朝鮮の独立運動家。
⇒コン3（白寬洙　はくかんしゅ　1889-?）
朝人（白寬洙　はくかんしゅ　1889-?）

白起　はくき
前3世紀，中国，戦国時代の秦に仕えた武将。漢中（陝西省南部）出身。戦功により武安君に封ぜられたが，宰相范雎と対立し自決。
⇒角世（白起　はくき　?-前257）
広辞4（白起　はくき　?-前257）
広辞6（白起　はくき　?-前257）
国小（白起　はくき　?-前257（昭王50））
コン2（白起　はくき　?-前257）
コン3（白起　はくき　?-前257）
三国（白起　はくき）
世東（白起　はくき　?-前256）
世百（白起　はくき　?-前257）
大辞（白起　はくき　?-前257）
大辞3（白起　はくき　?-前257）
中国（白起　はくき　?-前257）
百科（白起　はくき　?-前257）

莫紀彭　ばくきほう
19・20世紀，中国の革命家。
⇒近中（莫紀彭　ばくきほう　1886-1972.7.27）

薄熙来（薄熙来）　はくきらい
20世紀，中国の政治家。中国共産党中央政治局委員，重慶市委員会書記（2007～2012年）。2012年9月に党を除名され失脚。
⇒中重（薄熙来　はくきらい　1949.7-）
中二（薄熙来　はくきらい　1949.7-）

朴金喆　パクムチョル
20世紀，北朝鮮の政治家。咸鏡南道生れ。1953年朝鮮労働党中央委員会常務委員，政治委員。56年第3回党大会で副委員長，常務委員。67年4月に李孝淳らとともに粛清された。
⇒現人（朴金喆　パクムチョル　1912-）
世百新（朴金喆　ぼくきんてつ　1911-）
朝鮮（朴金喆　ぼくきんてつ　1911-）
百科（朴金喆　ぼくきんてつ　1911-）

白彦虎　はくげんこ
19世紀，中国の反乱指導者。清朝，同治年間の回民反乱の指導者の一人。
⇒中ユ（白彦虎　はくげんこ　1841-1882）

白寿　はくじゅ
3世紀，中国，三国時代，蜀の将。
⇒三国（白寿　はくじゅ）
三全（白寿　はくじゅ　?-227）

朴正愛　パクジョンエ
20世紀，北朝鮮の女性政治家。1950年に第1回スターリン国際平和賞を受けた。62年最高人民会議常任委員会副委員長。
⇒外国（朴正愛　ぼくせいあい　?-）
現人（朴正愛　パクチョンエ　1907-）
国小（朴正愛　パクチョンエ　1907(隆熙1)-）
コン3（朴正愛　ぼくせいあい　1907-）
人物（朴正愛　ぼくせいあい　1907-）
世東（朴正愛　パクチョンエ　1907-）
世東（朴正愛　ぼくせいあい　1907-）
世百（朴正愛　ぼくせいあい　1907-）

朴正熙　パクジョンヒ
⇨朴正熙（パクチョンヒ）

白崇禧　はくすうき
20世紀，中国の軍人，広西軍閥の領袖。字は健生。広西省出身。日中戦争後，華中戦区司令長官などとして，共産党軍に連敗。1950年以後，国民政府戦略顧問委員会副主任。
⇒外国（白崇禧　はくすうき　1893-）
近中（白崇禧　はくすうき　1893-1966.12.2）
広辞5（白崇禧　はくすうき　1893-1966）
広辞6（白崇禧　はくすうき　1893-1966）
コン3（白崇禧　はくすうき　1893-1966）
人物（白崇禧　はくすうき　1893-）
世東（白崇禧　はくすうき　1893-1966.12.2）
世百（白崇禧　はくすうき　1893-1966）
全書（白崇禧　はくすうき　1893-1966）
大辞2（白崇禧　はくすうき　1893-1966）
中人（白崇禧　はくすうき　1893-1966）
評世（白崇禧　はくすうき　1893-1966）

朴順天　パクスンチョン
⇨朴順典（ぼくじゅんてん）

朴世直　パクセジク
20世紀，韓国の国会議員。総務処長官，国家安全企画部長，ソウル市長などを歴任。著書に『指揮の理論と実際』『ソウルオリンピック我らの話』などがある。
⇒韓国（朴世直　パクセジク　1933.9.18-）
世東（朴世直　ぼくせいちょく　1933-）

白相国　はくそうこく
20世紀，中国の政治家。対外貿易相就任来，ソ連，フランス，イタリア，アルジェリアなどを歴訪。
⇒世東（白相国　はくそうこく　1916頃）
中人（白相国　はくそうこく　1916頃）

朴成哲　パクソンチョル
20世紀，北朝鮮の政治家。1972年7月の南北共同声明をまとめた。同年12月，中央人民委員会委員，副首相。76年首相，77年国家副主席。
⇒韓国（朴成哲　パクソンチョル　1913-）
現人（朴成哲　パクソンチョル　1912-）
国小（朴成哲　ぼくせいてつ　1912-）
コン3（朴成哲　ぼくせいてつ　1912-）
世政（朴成哲　パクソンチョル　1913.9-）

世東　(朴成哲　ぼくせいてつ　1912-)
全書　(朴成哲　ぼくせいてつ　1912-)
朝人　(朴成哲　ぼくせいてつ　1912-)
朝鮮　(朴成哲　ぼくせいてつ　1912-)

朴春琴　パクチュングム
20世紀,朝鮮の政治家。
⇒世百新　(朴春琴　ぼくしゅんきん　1891-1973)
　朝人　(朴春琴　ぼくしゅんきん　1891-1973)
　朝鮮　(朴春琴　ぼくしゅんきん　1891-1973)
　日人　(朴春琴　パクチュングム　1891-1973)
　百科　(朴春琴　ぼくしゅんきん　1891-1973)

朴忠勲　パクチュンフン
20世紀,韓国の政治家。商工部長官,副総理兼経済企画院長などを経て,1980年大統領権限代行。
⇒現人　(朴忠勲　パクチュンフン　1919.1.19-)
　世東　(朴忠勲　ぼくちゅうくん　1917-)

朴哲彦　パクチョルオン
20世紀,韓国の国会議員。国民党最高委員。著書に『言論と国家安保』『変化を恐れるものに創造はできない』などがある。
⇒韓国　(朴哲彦　パクチョルオン　1942.8.5-)
　世東　(朴哲彦　ぼくてつえん　1942.8.15-)

朴正愛　パクチョンエ
⇨朴正愛 (パクジョンエ)

朴鍾圭　パクチョンギュ
20世紀,韓国の政治家。慶尚南道生れ。1963年大統領警護室次長,64年同室長に就任。以来,朴正熙大統領の護身役。74年8月15日の大統領狙撃事件直後,責任を負い辞職。
⇒現人　(朴鍾圭　パクチョンギュ　1930.5.28-)

朴正熙 (朴正煕)　パクチョンヒ
20世紀,韓国の軍人,政治家。1961年5月軍事クーデターを指導。63年10月民政復帰の際,第5代大統領に。72年「10月維新」として体制固めをはかる。79年金載圭中央情報部長により射殺。
⇒旺世　(朴正熙　パクチョンヒ　1917-1979)
　角世　(朴正熙　パクチョンヒ　1917-1979)
　現人　(朴正熙　パクチョンヒ　1917.9.30-)
　広辞5　(朴正煕　パクチョンヒ　1917-1979)
　広辞6　(朴正煕　パクチョンヒ　1917-1979)
　国小　(朴正煕　ぼくせいき　1917.9.30-)
　国百　(朴正煕　ぼくせいき　1917.9.30-)
　コン3　(朴正煕　ぼくせいき　1917-1979)
　最世　(朴正煕　ぼくせいき　1917-1979)
　人物　(朴正煕　ぼくせいき　1917-)
　世人　(朴正煕　パクチョンヒ　1917-1979)
　世政　(朴正熙　パクジョンヒ　1917.9.30-1979.10.26)
　世東　(朴正煕　ぼくせいき　1917.9.30-)
　世百　(朴正煕　ぼくせいき　1917-)
　世百新　(朴正煕　ぼくせいき　1917-1979)
　全書　(朴正煕　ぼくせいき　1917-1979)
　大辞2　(朴正煕　パクチョンヒ　1917-1979)
　大辞3　(朴正煕　パクチョンヒ　1917-1979)

大百　(朴正煕　ぼくせいき〈パクチョンヒ〉　1917-1979)
朝人　(朴正煕　ぼくせいき　1917-1979)
朝鮮　(朴正煕　ぼくせいき　1917-1979)
伝記　(朴正煕　ぼくせいき〈パクチョンヒ〉　1917-)
ナビ　(朴正煕　パクチョンヒ　1917-1979)
日人　(朴正煕　パクチョンヒ　1917-1979)
百科　(朴正煕　ぼくせいき　1917-1979)
評世　(朴正煕　ぼくせいき〈パクチョンヒ〉　1917-1979)
山世　(朴正煕　パクチョンヒ　1917-1979)
歴史　(朴正煕　ぼくせいき　1917-1979)

朴泰俊　パクテジュン
20世紀,韓国の政治家,実業家。韓国首相,韓国自由民主連合(自民連)総裁,韓日議員連盟会長。
⇒現人　(朴泰俊　パクテジュン　1927.9.29-)
　世政　(朴泰俊　パクテジュン　1927.9.29-)
　世東　(朴泰俊　ぼくたいしゅん　1927-)
　朝人　(朴泰俊　ぼくたいしゅん　1927-)

莫登庸　ばくとうよう
⇨マク・ダン・ズン

莫徳恵　ばくとくけい
19・20世紀,中国の満洲旗人・東北及び国民政府の官僚。
⇒近中　(莫徳恵　ばくとくけい　1883.4.16-1968.4.17)

白斗鎮　はくとちん
⇨白斗鎮 (ペクドゥジン)

白南雲　はくなんうん
⇨白南雲 (ペクナムン)

パクパ
⇨パスパ

ハクビ・カガン (白眉可汗)　Pai-mei-k'o-han
8世紀,中央アジア,東突厥最後のカガン(在位744～745)。ウイグルの可汗に殺された。突厥内部の混乱で,のち突厥は完全に滅びた。
⇒国小　(ハクビ・カガン〔白眉可汗〕　?-745)
　世東　(はくびかかん〔白眉可汗〕　生没年不詳)

朴炯圭　パクヒョンギュー
20世紀,韓国の人権運動家。基督教長老教会総会議長。
⇒キリ　(朴炯圭　パクヒョンギュー　1923.12.7-)

柏文蔚　はくぶんうつ
19・20世紀,中国の軍人,政治家。字は烈武。安徽省出身。1911年辛亥革命で,南京攻略に活躍。袁世凱の帝制に反対する第3革命に奔走し,その死後に大総統府軍事顧問となる。
⇒近中　(柏文蔚　はくぶんうつ　1876.6.8-1947.4.26)
　コン2　(柏文蔚　はくぶんうつ　1876-1947)

政治・外交・軍事篇　　　　　　　　　　　　　はけん

　　コン3（柏文蔚　はくぶんうつ　1876–1947）
　　世東（柏文蔚　はくぶんうつ　1876–1947.4.26）
　　中人（柏文蔚　はくぶんうつ　1876–1947）

莫文祥　ばくぶんしょう
　20世紀, 中国の政治家。航空工業相, 全国人民代表大会常務委員会委員。
　⇒中人（莫文祥　ばくぶんしょう　1923–）

朴憲永　パクホニョン
　20世紀, 朝鮮の共産主義運動家, 政治家。1925年朝鮮共産党結成の中心人物として活躍した。48年朝鮮民主主義人民共和国建国とともに副首相兼外相。
　⇒外国（朴憲永　ぼくけんえい　1901–）
　　角世（朴憲永　ぼくけんえい　1900–1955）
　　現人（朴憲永　パクホニョン　1900–）
　　広辞6（朴憲永　ぼくけんえい　1900–1955）
　　国小（朴憲永　ぼくけんえい　1900（光武4）–1955）
　　コン3（朴憲永　ぼくけんえい　1900–1955）
　　世政（朴憲永　パクホニョン　1900–1955）
　　世東（朴憲永　ぼくけんえい　1900–1955.12.1）
　　世百新（朴憲永　ぼくけんえい　1900–1955）
　　全書（朴憲永　ぼくけんえい　1900–1955）
　　大辞2（朴憲永　パクホニョン　1900–1955）
　　大辞3（朴憲永　パクホニョン　1900–1955）
　　朝人（朴憲永　ぼくけんえい　1900–1955）
　　朝鮮（朴憲永　ぼくけんえい　1900–1955）
　　百科（朴憲永　ぼくけんえい　1900.1）
　　歴史（朴憲永　ぼくけんえい　1900–1955）

朴憲永　パクホンヨン
　⇨朴憲永（パクホニョン）

麦孟華　ばくもうか
　19・20世紀, 中国, 清末期の変法論者。字は孺博。広東省出身。戊戌政変後, 日本に亡命し, 康有為のために奔走。
　⇒近中（麦孟華　ばくもうか　1875–1915.2.25）
　　コン2（麦孟華　ばくもうか　1875–1915）
　　コン3（麦孟華　ばくもうか　1874–1915）
　　中人（麦孟華　ばくもうか　1875–1915）

朴烈　パクヨル
　20世紀, 朝鮮の政治家。1923年天皇暗殺計画を理由に死刑判決をうける（朴烈事件）。45年釈放され, 49年帰国。
　⇒外国（朴烈　ぼくれつ　1896–）
　　角世（朴烈　ぼくれつ　1902–1974）
　　現人（朴烈　パクヨル　1902–1974）
　　コン3（朴烈　ぼくれつ　1896–1974）
　　世政（朴烈　パクヨル　1902.3.12–1974.1.17）
　　世百新（朴烈　パクヨル　1902–1974）
　　朝人（朴烈　ぼくれつ　1902–1974）
　　朝鮮（朴烈　ぼくれつ　1902–1974）
　　日人（朴烈　パクヨル　1902–1974）
　　百科（朴烈　ぼくれつ　1902–1974）

朴泳孝　パクヨンヒョ, バクヨンヒョ
　19・20世紀, 朝鮮, 李朝末期の政治家。字は子純。金玉均らとクーデターを起したが失敗（甲申の変）, 日本に亡命。李完用内閣の宮相。
　⇒旺世（朴泳孝　ぼくえいこう　1861–1939）
　　外国（朴泳孝　ぼくえいこう　1861–1939）
　　角世（朴泳孝　ぼくえいこう　1861–1939）
　　広辞4（朴泳孝　ぼくえいこう　1861–1939）
　　広辞5（朴泳孝　パクヨンヒョ　1861–1939）
　　広辞6（朴泳孝　パクヨンヒョ　1861–1939）
　　国史（朴泳孝　ぼくえいこう　1861–1939）
　　国小（朴泳孝　ぼくえいこう　1861（哲宗12）–1939）
　　コン2（朴泳孝　ぼくえいこう　1861–1939）
　　コン3（朴泳孝　ぼくえいこう　1861–1939）
　　人物（朴泳孝　ぼくえいこう　1861–1939）
　　世人（朴泳孝　ぼくえいこう　1861–1939）
　　世政（朴泳孝　パクヨンヒョ　1861（哲宗12）–1939）
　　世東（朴泳孝　ぼくえいこう　1861–1939）
　　世百（朴泳孝　ぼくえいこう　1861–1939）
　　全書（朴泳孝　ぼくえいこう　1861–1939）
　　大辞（朴泳孝　ぼくえいこう　1861–1939）
　　大辞2（朴泳孝　ぼくえいこう　1861–1939）
　　大辞3（朴泳孝　パクヨンヒョ　1861–1939）
　　朝人（朴泳孝　ぼくえいこう　1861–1939）
　　朝鮮（朴泳孝　ぼくえいこう　1861–1939）
　　デス（朴泳孝　ぼくえいこう〈パクヨンヒョ〉1861–1939）
　　伝記（朴泳孝　ぼくえいこう〈パクヨンヒョ〉1861–1939）
　　ナビ（朴泳孝　ぼくえいこう　1861–1939）
　　日人（朴泳孝　パクヨンヒョ　1861–1939）
　　百科（朴泳孝　ぼくえいこう　1861–1939）
　　評世（朴泳孝　ぼくえいこう　1861–1939）
　　歴史（朴泳孝　ぼくえいこう　1861–1939）

白朗　はくろう
　19・20世紀, 中国, 民国初期の農民起義の指導者。河南省出身。1912～14年反袁・反帝制を掲げて封建勢力や教会・宣教師などを攻撃し, 帝国主義と対決。
　⇒コン2（白朗　はくろう　1873–1914）
　　コン3（白朗　はくろう　1873–1914）
　　中人（白朗　はくろう　1873–1914）

馬君武　ばくんぶ
　19・20世紀, 中国, 民国の政治家, 教育家, 翻訳家。原名は道凝, 字は厚山。のち名は和, 字は君武に改める。広西省出身。1924年孫文に従って北上, 25年司法総長, 38年国民参政会員。
　⇒近中（馬君武　ばくんぶ　1881.7.17–1940.8.1）
　　コン3（馬君武　ばくんぶ　1881–1940）
　　世東（馬君武　ばくんぶ　1881.7.26–1940.8.1）
　　中人（馬君武　ばくんぶ　1881–1940）

馬元義　ばげんぎ
　2世紀, 中国, 三国時代, 黄巾賊の頭目張角の配下の一人。
　⇒三国（馬元義　ばげんぎ）
　　三全（馬元義　ばげんぎ　?–184）

馬建忠（馬建中）　ばけんちゅう
　19世紀, 中国, 清末期の洋務派官僚。字は眉叔。江蘇省出身。1877年李鴻章の幕僚となり, 外交

は

に従事。米鮮条約の締結や、壬午の変の処理などにあたった。
⇒外国（馬建忠　ばけんちゅう　?-1899)
角世（馬建忠　ばけんちゅう　1845-1900)
広辞4（馬建忠　ばけんちゅう　1845-1900)
広辞6（馬建忠　ばけんちゅう　1845-1900)
コン2（馬建忠　ばけんちゅう　1844-1900)
コン3（馬建忠　ばけんちゅう　1845-1900)
世東（馬建忠　ばけんちゅう　1845-1899)
大辞（馬建忠　ばけんちゅう　1844-1900)
大辞3（馬建忠　ばけんちゅう　1844-1900)
中芸（馬建忠　ばけんちゅう　1844-1900)
中史（馬建忠　ばけんちゅう　1845-1900)
朝人（馬建忠　ばけんちゅう　1844-1900)
名著（馬建忠　ばけんちゅう　1844-1899)

馬宏　ばこう
前1世紀頃、中国、前漢の遣西域使。
⇒シル（馬宏　ばこう　前1世紀頃)
シル新（馬宏　ばこう)

馬鴻逵　ばこうき
20世紀、中国、イスラム教徒の軍閥。いわゆる「五馬連盟」の筆頭的存在。甘粛省出身。
⇒外国（馬鴻逵　1893-)
角世（馬鴻逵　ばこうき　1892-1970)
コン3（馬鴻逵　ばこうき　1892-1970)
世百（馬鴻逵　ばこうき　1892-)
世百新（馬鴻逵　ばこうき　1892-1970)
全書（馬鴻逵　ばこうき　1892-1970)
中人（馬鴻逵　ばこうき　1892-1970)
百科（馬鴻逵　ばこうき　1892-1970)

馬皇后　ばこうごう*
1世紀、中国、後漢、明帝の皇妃。
⇒中皇（馬皇后　?-79.6)

馬皇后　ばこうごう
14世紀、中国、明の初代皇帝洪武帝の皇后。諡は孝慈高皇后。
⇒コン2（馬皇后　ばこうごう　1332-1382)
コン3（馬皇后　ばこうごう　1332-1382)
世女日（馬皇后　MA huanghou　1332-1382)
中皇（馬皇后　1330-1382)
中史（馬皇后　ばこうごう　1333-1382)

パサン〔巴桑〕　Basang
20世紀、中国のチベット族の婦人指導者。漢字名巴桑。チベット・コンカ県の農奴の子として生れる。1971年共産党チベット自治区第1回大代表大会で党チベット自治区委員会書記に選出され、73年党中央委員。74年婦人代表団団長として来日。
⇒現人（パサン〔巴桑〕　1939-)

馬士英　ばしえい
17世紀、中国、明末の奸臣。貴陽（貴州省貴陽市）出身。字、瑤章。明滅亡後淮安の福王を南京に迎え、実権を握った。
⇒国小（馬士英　ばしえい　?-1645（順治2))
コン2（馬士英　ばしえい　?-1645)

コン3（馬士英　ばしえい　1591-1645)
中史（馬士英　ばしえい　1591頃-1646)

馬思聡　ばしそう
20世紀、中国の音楽家。広東省出身。1937年中華交響楽団、38年華南音楽院を創立。中央音楽院長・中国音楽協会副主席など歴任。作品に交響詩『山林の歌』など。
⇒音大（馬思聡　マースーツオン　1913-)
外国（馬思聡　ばしそう　1905頃-)
コン3（馬思聡　ばしそう　1912-1987)
中人（馬思聡　ばしそう　1912-1987.5.20)

バジードー　Bagyidaw
18・19世紀、ビルマ、コンバウン朝の王（在位1819〜37)。ボウドーパヤーの孫。
⇒コン2（バジードー　1784-1848)
コン3（バジードー　1784-1848)
世東（バジドー　1785-1845)
統治（バジードウ（バジードー)　（在位)1819-1837)
百科（バジードー　1784-1846)
名著（バジード王　1785-1848)

バジドー
⇨バジードー

バジード王
⇨バジードー

馬次文　ばしぶん
6世紀頃、朝鮮、百済から来日した使節。
⇒シル（馬次文　ばしぶん　6世紀頃)
シル新（馬次文　ばしぶん)

馬守応　ばしゅおう
17世紀、中国、明末期の農民反乱指導者の一人。俗称は老回回。李自成の乱の遊撃部隊として活躍。
⇒コン2（馬守応　ばしゅおう　17世紀)
コン3（馬守応　ばしゅおう　生没年不詳)

馬樹礼　ばじゅれい
20世紀、台湾の海外華僑工作の指導者。江蘇省に生まる。ジャカルタ中華商報社長。1960年台北に移住、中国国民党中央第三組主任（華僑工作)。63年党中央委員。
⇒現人（馬樹礼　ばじゅれい〈マーシューリー〉1909-)
世東（馬樹礼　ばじゅれい　1905-)
中人（馬樹礼　ばじゅれい　1909-)

馬遵　ばじゅん
3世紀頃、中国、三国時代、魏の天水の太守。
⇒三国（馬遵　ばじゅん)
三全（馬遵　ばじゅん　生没年不詳)

馬謖　ばしょく
2・3世紀、中国、三国時代・蜀漢の武将。諸葛亮に仕えた。街亭の戦で亮の指揮に従わず敗

れ、その責めを問われて刑死。
⇒広辞4（馬謖　ばしょく　190-228）
　広辞6（馬謖　ばしょく　190-228）
　国小（馬謖　ばしょく　190（初平1）-228（建興6））
　コン2（馬謖　ばしょく　190-228）
　コン3（馬謖　ばしょく　190-228）
　三国（馬謖　ばしょく）
　三全（馬謖　ばしょく　190-228）
　世東（馬謖　ばしょく　190-228）
　全書（馬謖　ばしょく　190-228）
　大辞（馬謖　ばしょく　190-228）
　大辞3（馬謖　ばしょく　190-228）
　大百（馬謖　ばしょく　190-228）
　中国（馬謖　ばしょく　190-228）
　中史（馬謖　ばしょく　190-228）

馬叙倫　ばじょりん
19・20世紀、中国の社会科学者、政治家。字は夷初。浙江省出身。1953年以来、民主促進会主席、65年人民政協全国委員会副主席。主著『読両漢書記』(30)、『読呂氏春秋記』(31)。
⇒外国（馬叙倫　ばじょりん　1884-）
　角世（馬叙倫　ばじょりん　1884-1970）
　近中（馬叙倫　ばじょりん　1884.4.27-1970.5.4）
　コン3（馬叙倫　ばじょりん　1884-1970）
　人物（馬叙倫　ばじょりん　1884-）
　世東（馬叙倫　ばじょりん　1884-）
　世百（馬叙倫　ばじょりん　1884-）
　世百新（馬叙倫　ばじょりん　1884-1970）
　中芸（馬叙倫　ばじょりん　1884-）
　中人（馬叙倫　ばじょりん　1884-1970）
　百科（馬叙倫　ばじょりん　1884-1970）

パスパ（八思巴）　Hphags-pa
13世紀、チベットのサキヤ派の法王。フビライ・ハンより国師の称号を授けられた。パスパ文字を考案。
⇒旺世（パスパ　1239-1280）
　角世（パスパ　1235-1280）
　広辞6（八思巴　パスパ　1235-1280）
　国小（パスパ〔八思巴〕　1235/9-1280）
　コン2（パスパ〔八思巴〕　1235/39-1280）
　コン3（パスパ〔八思巴〕　1235/39-1280）
　世人（パスパ　1235/39-1280）
　世東（ぱすぱ〔八思巴〕　1239頃-1280頃）
　世百（パスパ　1235/9-1280）
　全書（パスパ　1235-1280）
　中国（パスパ　1235-1280）
　中史（八思巴　パスパ（パクパ）　1235-1280）
　デス（パスパ　1235-1280）
　伝世（パクパ　1235-1280）
　東仏（パクパ　1235-1280）
　百科（パスパ　1235-1280）
　評世（パスパ〔八思巴〕　1235/39-1280）
　山世（パクパ　1235-1280）
　歴史（パスパ〔八思巴〕　1235-1280）

ハスバートル
19・20世紀、モンゴルの軍人、革命家。西部モンゴル辺境人民政府を樹立、国防大臣になる。
⇒コン3（ハスバートル　1884-1921）

馬成　ばせい
1世紀、中国、後漢初期の武将。字は君遷。南陽・棘陽（河南省）出身。光武帝の河北討伐に従い揚武将軍となり、江淮の鎮定に尽力。
⇒コン2（馬成　ばせい　?-81）
　コン3（馬成　ばせい　?-81）
　世東（馬成　ばせい　?-82頃）

馬占山　ばせんざん
19・20世紀、中国の軍閥の頭領。満州時変の起った1931年、南京政府から黒龍江省主席代理に任命され、日本軍と戦った。
⇒外国（馬占山　ばせんざん　1884-1950）
　角世（馬占山　ばせんざん　1885-1950）
　近中（馬占山　ばせんざん　1885.11.30-1950.11.29）
　広辞5（馬占山　ばせんざん　1885-1950）
　広辞6（馬占山　ばせんざん　1885-1950）
　国小（馬占山　ばせんざん　1884-1950.11.29）
　コン3（馬占山　ばせんざん　1885-1950）
　人物（馬占山　ばせんざん　1884-1950.11.29）
　世東（馬占山　ばせんざん　1884-1950.11.29）
　世百（馬占山　ばせんざん　1885-1950）
　世百新（馬占山　ばせんざん　1885-1950）
　全書（馬占山　ばせんざん　1885-1950）
　大辞2（馬占山　ばせんざん　1885-1950）
　大辞3（馬占山　ばせんざん　1885-1950）
　大百（馬占山　ばせんざん　1884-1950）
　中人（馬占山　ばせんざん　1885-1950.11.29）
　日人（馬占山　ばせんざん　1885-1950）
　百科（馬占山　ばせんざん　1885-1950）

馬祖常　ばそうじょう
⇨馬祖常（ばそじょう）

馬祖常　ばそじょう
13・14世紀頃、中国、元中期の官僚、文人。オングット部出身。字、伯庸。諡、文貞。礼部尚書、陝西行台中丞などを歴任。
⇒角世（馬祖常　ばそうじょう　1279-1338）
　国小（馬祖常　ばそじょう　1278（至元15）-1338（至元4））
　コン2（馬祖常　ばそじょう　1278-1338）
　コン3（馬祖常　ばそじょう　1279-1338）
　世東（馬祖常　ばそじょう　13世紀頃-14世紀頃）
　中芸（馬祖常　ばそじょう　1279-1338）

婆嬭　ばだい
8世紀頃、ラオス、文単（ヴィエンチャン）国王。
⇒シル（婆嬭　ばだい　8世紀頃）
　シル新（婆嬭　ばだい）

バタライ, クリシュナ・プラサド　Bhattarai, Krishna Prasad
20世紀、ネパールの政治家。ネパール首相、ネパール会議派（NCP）総裁。
⇒世政（バタライ, クリシュナ・プラサド　1924.12.24-）

馬忠　ばちゅう
3世紀、中国、三国時代、蜀の奮威将軍。

はちゆ

⇒三国（馬忠　ばちゅう）
　三全（馬忠　ばちゅう　?-249）
　三全（馬忠　ばちゅう　?-221）

馬仲英　ばちゅうえい
20世紀、中国の軍人。回族軍閥の一人でトゥンガンの反乱を主導。甘粛省、新疆省方面に勢力をもっていたイスラム教徒の軍閥の長として知られる。

⇒外国（馬仲英　ばちゅうえい　1909頃-）
　角世（馬仲英　ばちゅうえい　1909-1939）
　国小（馬仲英　ばちゅうえい　1909-?）
　コン3（馬仲英　ばちゅうえい　1911-1939頃）
　人物（馬仲英　ばちゅうえい　1909-）
　世百（馬仲英　ばちゅうえい　1909-?）
　全書（馬仲英　ばちゅうえい　1909-?）
　中人（馬仲英　ばちゅうえい　1911-1939頃）
　中ユ（馬仲英　ばちゅうえい　生没年不詳）
　山世（馬仲英　ばちゅうえい　1909?-?）

馬超　ばちょう
2・3世紀、中国、三国蜀の武将。字は孟起、諡は威侯。右扶風・茂陵（陝西省）出身。劉備に臣従し、左将軍・驃騎将軍を歴任。

⇒外国（馬超　ばちょう　176-222）
　コン2（馬超　ばちょう　176-222）
　コン3（馬超　ばちょう　176-222）
　三国（馬超　ばちょう　176-222）
　三全（馬超　ばちょう　176-222）
　世東（馬超　ばちょう　176-222）

馬超俊　ばちょうしゅん
19・20世紀、中国同盟会会員、中国国民党右派の労働運動指揮者、国民党政府の労働官僚・政治家。

⇒近中（馬超俊　ばちょうしゅん　1886.10.17-1977.9.19）

バツ
⇒バトゥ

抜含伽　ばつがんか
8世紀頃、チベット地方、勃律（ボロル）の入唐使節。

⇒シル（抜含伽　ばつがんか　8世紀頃）
　シル新（抜含伽　ばつがんか）

妺喜　ばっき
中国、夏の桀（けつ）王。

⇒中皇（妺喜）

ハッタ　Hatta, Mohammad
20世紀、インドネシアの政治家、経済学者。プートラ運動の指導者として独立運動を展開。1945年8月17日の独立宣言にはスカルノとともに署名、副大統領に就任。

⇒外国（ハッタ　1902-）
　角世（ハッタ　1902-1980）
　現人（ハッタ　1902.8.12-）
　広辞5（ハッタ　1902-1980）
　広辞6（ハッタ　1902-1980）
　国小（ハッタ　1902.8.12-）
　コン3（ハッタ　1902-1980）
　世政（ハッタ、モハマド　1902.8.12-1980.3.14）
　世東（ハッタ　1902.8.12-）
　世百（ハッタ　1902-）
　世百新（ハッタ　1902-1980）
　全書（ハッタ　1902-1980）
　大辞2（ハッタ　1902-1980）
　大辞3（ハッタ　1902-1980）
　大百（ハッタ　1902-）
　伝世（ハッタ　1902.8.12-1980）
　二十（ハッタ、モハマド　1902.8.12-1980.3.14）
　東ア（ハッタ　1902-1980）
　百科（ハッタ　1902-1980）
　評世（ハッタ　1902-1980）
　名著（ハッタ　1902-）
　山世（ハッタ　1902-1980）

バッタナ，S.S.
⇒シー・サウァン・ウァッタナー

バット・ナン コン・チュア（撥難公主）
ベトナム、徴王朝の王女。

⇒ベト（Bat-Nan Cong-Chua　バット・ナン コン・チュア〔撥難公主〕）

バディー・アッザーマン　Badī' al-Zamān
16世紀、ティムール帝国のスルタン。在位1506-1597。

⇒統治（バディー・アッザーマン　（在位）1506-1597）

パテルノ　Paterno, Pedro A.
19・20世紀、フィリピンの政治家。ビアクナバト共和国樹立のとき、外交的手腕を高く評価された。1907年フィリピン第1回議会議員に選出。

⇒コン2（パテルノ　1857-1911）
　コン3（パテルノ　1857-1911）

バトウ（抜都）　Batu
13世紀、キプチャク・ハン国の1代ハン（在位1227～55）。

⇒旺世（バトゥ　1207-1255）
　外国（バツ　1207-1255）
　角世（バトゥ　1207-1255）
　広辞4（バトゥ〔抜都〕　1207-1255）
　広辞6（バトゥ　1207-1255）
　国小（バトゥ〔抜都〕　1207-1255）
　コン2（バツ〔抜都〕　1207-1255）
　コン3（バツ〔抜都〕　1207-1255）
　人物（バツ　1209-1256）
　西世（バートゥー・カーン　1207頃-1256）
　世人（バトゥ　1207-1255）
　世東（バトゥ〔抜都〕　1207-1255）
　世百（バトゥ　1207-1255）
　全書（バトゥ　1207-1256）
　大辞（バトゥ　1207-1255）
　大辞3（バトゥ　1207-1255）
　大百（バトゥ　1207-1255）
　中国（バツ〔抜都〕　1207-1255）
　中世（抜都　バトゥ　1209-1256）
　中ユ（バトゥ　?-1256）
　デス（バトゥ　1207-1255）

統治（バドゥ（在位）1227-1255（ホラズムとキプチャクを支配1227））
百科（バトゥ　1207-1255）
評世（バツ　1207-1255）
山世（バトゥ　1207-1255）
歴史（バトゥ〔抜都〕　1207-1255）

馬騰　ばとう
3世紀，中国，三国時代，西涼の太守。
⇒三国（馬騰　ばとう）
三全（馬騰　ばとう　?-211）

バートゥー・カーン
⇨バトゥ

バトムンフ，ジャムビン　Batmunkh, Jambyn
20世紀，モンゴルの政治家。モンゴル首相，モンゴル人民大会幹部会議長，モンゴル人民革命党書記長。
⇒現人（バトムンフ　1926-）
世政（バトムンフ，ジャムビン　1926.3.10-1997.5.14）
世東（バトムンフ　1926-）
二十（バトムンフ，J.　1926.3.10-）

ハ・トン・クエン（何尊権）
18・19世紀，ベトナムの官吏。1822年，明命3年に進士の試験に合格し，吏部の官職についた。字は遜甫，号は方沢，通称は海翁。
⇒ベト（Ha-Ton-Quyen　ハ・トン・クエン　1789-1839）

パノムヨン
⇨プリーディー

馬邈　ばばく
3世紀頃，中国，三国時代，蜀の将。
⇒三国（馬邈　ばばく）
三全（馬邈　ばばく　生没年不詳）

ハビビ　Habibie, Bacharuddin Jusuf
20世紀，インドネシアの政治家，実業家。インドネシア大統領。
⇒世人（ハビビ　1936-）
世政（ハビビ，バハルディン・ユスフ　1936.6.25-）

馬福益　ばふくえき
19・20世紀，中国，清末期の湖南哥老会の指導者。字は乾。湖南省出身。1903年同仇会を組織し，会党の革命参加を呼びかけた。
⇒コン2（馬福益　ばふくえき　?-1905）
コン3（馬福益　ばふくえき　1865頃-1905）
中人（馬福益　ばふくえき　1865?-1905）

馬福山　ばふくざん
9世紀頃，渤海から来日した使節。
⇒シル（馬福山　ばふくざん　9世紀頃）
シル新（馬福山　ばふくざん）

バーブル　Bābur
15世紀，ティムール帝国のスルタン。在位1449-1457。
⇒統治（バーブル　(在位)1449-1457）

馬文升　ばぶんしょう
15・16世紀，中国，明代中期の政治家。釣州出身。字は負図。号は釣陽。三峯居士。諡は端粛。兵部尚書，吏部尚書を歴任。
⇒外国（馬文升　ばぶんしょう　1426-1510）
国小（馬文升　ばぶんしょう　1426（宣徳1)-1510（正徳5））
コン2（馬文升　ばぶんしょう　1426-1510）
コン3（馬文升　ばぶんしょう　1426-1510）
人物（馬文升　ばぶんしょう　1426-1510）
世東（馬文升　ばぶんしょう　1426-1510）
全書（馬文升　ばぶんしょう　1426-1510）
大百（馬文升　ばぶんしょう　1426-1510）
評世（馬文升　ばぶんしょう　1426-1510）

バボージャブ（巴布扎布）
19・20世紀，モンゴルの独立運動家。
⇒国史（巴布扎布　バボージャブ　1875-1916）
日人（巴布扎布　バボージャブ　1875-1916）

馬歩芳　ばほほう
20世紀，中国漢回軍閥「五馬」の一人。旧五馬の一人馬麟の子。1942年新疆省主席就任を承諾したが，赴任しなかった。49年西北軍総指揮に就任。
⇒外国（馬歩芳　ばほほう　1902-）
中人（馬歩芳　ばほほう　1903-1975）

パホン　Phahon Phonphayuhasena, Phraya
19・20世紀，タイの軍人政治家。本名はポット・パホンヨーティン。
⇒世百新（パホン　1888-1947）
二十（パホン　1888-1947）
東ア（パホン　1888-1947）
百科（パホン　1888-1947）

馬本斎　ばほんさい
20世紀，中国の軍人。回族。中国共産党員。
⇒近中（馬本斎　ばほんさい　1902.2.10-1944.2.7）

パホン・ポンパユハセーナー　Bahol Pholphayuhasena
19・20世紀，タイの軍人，政治家。タイの立憲君主制確立に尽力したことで知られる。
⇒外国（プラヤ・パホン　1886-1951）
国小（プラヤー・パホン・ポンプユハセーナー　1886-1951）
世東（パホン・ポンパユハセーナー　1887.3-?）
世百（プラヤパホン　1886-1951）
全書（プラヤ・パホン　1887-1951）

ハマ（哈麻）
14世紀，中国，元末の姦臣。カングリ（康里）族の出身。字は士廉。順帝に取り入り，大権を掌握。

⇒国小　（ハマ〔哈麻〕　?-1356（至正16））
　コン2　（ハマ〔哈麻〕　?-1356）
　コン3　（ハマ〔哈麻〕　?-1356）

ハムギー帝（咸宜帝）　Ham Nghi
19・20世紀、ベトナム、阮朝の第8代皇帝（在位1884～88）。
⇒角世　（ハムギー帝　1872-1947）
　人物　（ハムギー　1872-?）
　世東　（かんぎおう〔咸宜王〕　?-1888）
　世東　（ハムギー〔咸宜帝〕　1872-?）
　統治　（ハーム・ギー、咸宜帝　（在位）1884-1885）
　百科　（ハムギ〔咸宜〕　1872-1947）
　ベト　（Ham-Nghi　ハム・ギ〔咸宜帝〕）

ハムザ・ラザレー　Hamza Razaleigh, Tengku
20世紀、マレーシアの実業家。王族出身。1970年ブミプトラ銀行総裁となり、その後マラヤ商業会議所会頭と国営貿易公社（PERNAS）の総裁。対中国民間外交で活躍。
⇒現人　（ハムザ・ラザレー　1938頃-）

咸台永　ハムテヨン
20世紀、朝鮮の政治家。判事、検事を歴任。八・一五解放後は韓国の審計院長などを経て、1952年副大統領。
⇒外国　（咸台永　かんたいえい　1890頃-）
　キリ　（咸台永　ハムテヨン　1873-1964）
　朝人　（咸台永　かんだいえい　1873-1964）

馬明心　ばめいしん
18世紀、中国、清代乾隆年間のイスラム教徒の指導者。馬明新とも。
⇒百科　（馬明心　ばめいしん　?-1781）

馬明方　ばめいほう
20世紀、中国の政治家。文化大革命前は中央委員、東北局第3書記。1968年5月「党内の資本主義の道を歩む実権派」などとして批判される。
⇒世東　（馬明方　ばめいほう　1904-）
　中人　（馬明方　ばめいほう　1905-1974）

ハメンクブウォノ9世
⇨ハメンク・ブオノ

ハメンク・ブオノ　Hamengku Buwono, Sultan
20世紀、インドネシアの政治家。ジョクジャカルタ王朝家に生れる。1946～49年歴代政権国務相、50年副首相、52年国防相。
⇒現人　（ハメンク・ブオノ　1912.4-）
　世東　（ハメンク・ブオノ9世　1912.4.12-）
　伝世　（ハメンクブウォノ9世　1912.4.12-）
　二十　（ハメンク・ブオノ　1911(12)-）

バー・モ
⇨バモー

バモー　Ba Maw
20世紀、ビルマの政治家。1937年ビルマがインドから分離したのち、初代首相に就任。43年日本軍政下にも首相。
⇒外国　（バー・モ　1893-）
　角世　（バ・モー　1893-1977）
　現人　（バ・モー　1893-）
　広辞5　（バー・モー　1893-1977）
　広辞6　（バー-モー　1893-1977）
　国小　（バー・モー　1893.2.8-1977.5.28）
　コン3　（バー・モー　1893-1977）
　世政　（バー・モー　1893.2.8-1977.5.29）
　世東　（バ・モー　1893-）
　世百　（バモー　1893-）
　世百新　（バモー　1893-1977）
　全書　（バー・モー　1893-1977）
　大辞2　（バー・モー　1893-1977）
　大辞3　（バモー　1893-1977）
　伝世　（バモオ　1893.2.8-1977）
　二十　（バー・モー　1893.2.8-1977.5.29）
　日人　（バモー　1893-1977）
　東ア　（バモー　1893-1977）
　百科　（バモー　1893-1977）
　評世　（バーモー　1893-1977）

バ・モオ
⇨バモー

ハヤム・ウルク　Hajam Wuruk
14世紀、インドネシア、マジャパイト大国の第3代王（在位1350～89）。本名ラージャサナガラ。
⇒外国　（ハヤム・ヴル　1334-1389）
　角世　（ハヤム・ウルク　1334-1389）
　皇帝　（ハヤム・ウルク　?-1389）
　国小　（ハヤム・ウルク　1334-1389）
　コン2　（ハヤム・ウルク　1334-1389）
　コン3　（ハヤム・ウルク　1334-1389）
　世人　（ハヤム＝ウルク　1334-1389）
　世東　（ハヤム・ウルク　?-1389）
　世百　（ハヤムウルク　1334-）
　全書　（ハヤム・ウルク　1334頃-1389）
　百科　（ハヤム・ウルク　1334-1389）

バヤン（伯顔）　Bayan
13世紀、中国、元初の功臣。モンゴルのバリン（八隣）部出身。
⇒外国　（バヤン〔伯顔〕　1234-1294）
　角世　（バヤン　1236-1294）
　国小　（バヤン〔伯顔〕（元初の）　1236-1294）
　コン2　（バヤン〔伯顔〕　1236-1294）
　コン3　（バヤン〔伯顔〕　1236-1294）
　世東　（バヤン〔伯顔〕　生没年不詳）
　世百　（バヤン〔伯顔〕　1246-1294）
　中国　（バヤン　1246-1294）
　百科　（バヤン〔伯顔〕　1246-1294）
　評世　（バヤン　1246-1294）
　歴史　（バヤン〔伯顔〕　1236-1294）

バヤン（伯顔）　Bayan
14世紀、中国、元末の権臣。メルキト族氏出身。順帝のもとで中書右丞相となる。
⇒角世　（バヤン　?-1340）
　国小　（バヤン〔伯顔〕（元末の）　生没年不詳）

コン2　（バヤン〔伯顔〕　?–1340）
コン3　（バヤン〔伯顔〕　?–1340）
世百　（バヤン〔伯顔〕　?–1340）
中国　（バヤン〔伯顔〕　?–1340）
百科　（バヤン〔伯顔〕）

バラク（八剌）　Baraq
13世紀，チャガタイ・ハン国第7代のハン（在位1266〜71）。
⇒国小　（バラク〔八剌〕　?–1271）
　統治　（バラク　（在位）1266–1271）

ハラハスン（哈剌哈孫）　Kharakhasun
13・14世紀，中国，元の宰相。オラナル（斡剌納兒）氏出身。諡は忠献。曾祖シリ（昔礼）は太祖チンギス・ハン創業の功臣。
⇒国小　（ハラハスン〔哈剌哈孫〕　1257（憲宗7）–1308（至大1））

バーラプトラ　Bālaputra
9世紀，インドネシア（スマトラ），スリウィジャヤ王国の王。
⇒外国　（バーラプトラ）
　コン2　（バーラプトラ　9世紀後半）
　コン3　（バーラプトラ　9世紀後半）

ハリド
⇨イダム・ハリド

ハリム・シャー　Halim Shah, Abdul
20世紀，マレーシアの国王（第5代）。ラーマン首相の甥。1971年2月20日即位。
⇒国小　（ハリム・シャー　1927.11.28–）

馬良　ばりょう
19・20世紀，中国の教育家，政治家。江蘇省鎮江出身。本名は馬建常。字は相伯。馬建忠の兄。震旦学院（のちの震旦大学），復旦公学（のちの復旦大学）を創設した。
⇒国小　（馬良　ばりょう　1849（道光29）–1939.11.4）
　コン2　（馬良　ばりょう　1839–1939）
　コン3　（馬良　ばりょう　1840–1939）
　世百　（馬良　ばりょう　1849–1939）
　全書　（馬良　ばりょう　1840–1939）
　中人　（馬良　ばりょう　1840（道光29）–1939.11.4）
　日人　（馬良　ばりょう　1840–1939）

ハーリール　Khalīl
14世紀，チャガタイ・ハン国のハン。在位1341 1343。
⇒統治　（ハーリール　（在位）1341–1343）

ハリール　Khalīl
15世紀，ティムール帝国の王。
⇒統治　（ハリール　（在位）1405–1409）

馬璘　ばりん
8世紀，中国，唐の遺西域使。
⇒シル　（馬璘　ばりん　722–777）
　シル新　（馬璘　ばりん　722–777）

バルガス　Vargas, Porras José
20世紀，フィリピンの政治家，批評家。日本軍のフィリピン占領当時マニラ市長・駐日大使。
⇒人物　（バルガス　1894–）

ハルシャヴァルマン1世　Harshavarman Ⅰ
10世紀，カンボジア，クメール王国の王。在位910–922。
⇒統治　（ハルシャヴァルマン1世　（在位）910–922）

ハルシャヴァルマン2世　Harshavarman Ⅱ
10世紀，カンボジア，クメール王国の王。在位941–944。
⇒統治　（ハルシャヴァルマン2世　（在位）941–944）

ハルシャヴァルマン3世　Harshavarman Ⅲ
11世紀，カンボジア，クメール王国の王。
⇒統治　（ハルシャヴァルマン3世　（在位）1066–1080）

バルジュク（巴児朮）　Barjuk
13世紀，ウイグルの君主。チンギス・ハンの支配下に入る（1211）。第5子に列せられ，国家の安全をえた。
⇒世東　（バルジュク〔巴児朮〕　生没年不詳）

バールス　Baars, Adolf
20世紀，インドネシアの政治家。共産党初期に活動したオランダ人指導者。1914年社会民主同盟（ISDV）を創立，機関紙「自由の声」を編集。18年『人民の声』発刊。
⇒コン2　（バールス　生没年不詳）
　コン3　（バールス　生没年不詳）

馬婁　ばろう
5世紀頃，朝鮮，高句麗の朝貢使。
⇒シル　（馬婁　ばろう　5世紀頃）
　シル新　（馬婁　ばろう）

盤和沙弥　ばわしゃみ
5世紀頃，マレー地方，呵羅単の朝貢使。
⇒シル　（盤和沙弥　ばわしゃみ　5世紀頃）
　シル新　（盤和沙弥　ばわしゃみ）

韓益洙（韓益銖）　ハンイクス
20世紀，北朝鮮の軍人。東満州生れ。1948年頃から朝鮮労働党中央部職員。61年人民軍中将として民族保衛省次官に躍進し，同年の第4回党大会で中央委員。65年上将。72年には最高人民会議常設会議議員。
⇒韓国　（韓益銖　ハンイクス）
　現人　（韓益洙　ハンイクス　1918–）

樊噲(樊噌)　はんかい
前3・2世紀，中国，漢の高祖の功臣。沛(江蘇省沛県南東)出身。鴻門の会で劉邦の危機を救った話は名高い。
⇒広辞4　(樊噲　はんかい　?-前189)
　広辞6　(樊噲　はんかい　?-前189)
　国コン　(樊噲　はんかい　?-前189(恵帝6))
　コン2　(樊噲　はんかい　?-前189)
　コン3　(樊噲　はんかい　?-前189)
　三国　(樊噲　はんかい)
　人物　(樊噲　はんかい　?-前189)
　世東　(樊噲　はんかい　?-前189)
　世百　(樊噲　はんかい　?-前189)
　全書　(樊噌　はんかい　?-前189)
　大辞　(樊噲　はんかい　?-前189)
　大辞3　(樊噲　はんかい　?-前189)
　大百　(樊噌　はんかい　?-前189)
　中国　(樊噲　はんかい　?-前189)
　中史　(樊噲　はんかい　?-前189)
　百科　(樊噲　はんかい　?-前189)
　評世　(樊噲　はんかい　?-前189)

潘漢年　はんかんねん
20世紀，中国の作家，革命家。上海副市長。
⇒集世　(潘漢年　はんかんねん　1905.12.29-1977.4.14)
　集文　(潘漢年　はんかんねん　1905.12.29-1977.4.14)
　世政　(潘漢年　はんかんねん　1906-1977)
　中芸　(潘漢年　はんかんねん　1901-)

樊岐　はんき
3世紀頃，中国，三国時代，蜀の武略中郎将。
⇒三国　(樊岐　はんき)
　三全　(樊岐　はんき　生没年不詳)

潘季馴　はんきしゅん，はんきじゅん
16世紀，中国，明後期の官僚。黄河治水家。字は時良。著書『河防一覧』『両河管見』『留余堂集』。
⇒外国　(潘季馴　はんきじゅん　1521-1595)
　コン2　(潘季馴　はんきしゅん　1521-1595)
　コン3　(潘季馴　はんきしゅん　1521-1595)

万貴妃　ばんきひ*
15世紀，中国，明，成化帝の皇妃。
⇒中皇　(万貴妃　?-1487)

潘基文　パンギムン，バンギムン
20世紀，韓国の外交官。韓国外交通商相(外相)。
⇒広辞6　(潘基文　パンギムン　1944-)
　世政　(潘基文　パンギムン　1944.6.13-)

藩挙(潘挙)　はんきょ
3世紀頃，中国，三国時代，魏の大将軍・曹爽の館を守る大将。
⇒三国　(潘挙　はんきょ)
　三全　(藩挙　はんきょ　生没年不詳)

范疆(范彊)　はんきょう
3世紀，中国，三国時代，張飛配下の将。
⇒三国　(范疆　はんきょう)
　三全　(范彊　はんきょう　?-221)

樊建　はんけん
3世紀頃，中国，三国時代，蜀の文官。
⇒三国　(樊建　はんけん)
　三全　(樊建　はんけん　生没年不詳)

范源濂　はんげんれん
19・20世紀，中国の教育家，政治家。字は静生。湖南省出身。殖辺学堂・尚志学会の設立など，教育事業に尽くす。北京政界で教育総長などとして活躍。
⇒教育　(范源濂　はんげんれん　1876-1928)
　近中　(范源濂　はんげんれん　1876-1927.12.23)
　コン2　(范源濂　はんげんれん　1876-1927)
　コン3　(范源濂　はんげんれん　1876-1927)
　世東　(范源濂　はんげんれん　1876-1927.12.23)
　中人　(范源濂　はんげんれん　1876-1927)

盤古　ばんこ
中国の伝説上の人物。天地を開闢した最初の人とされ，渾敦氏(渾沌氏)ともいわれる。
⇒中史　(盤古　ばんこ)

盤庚　ばんこう
前13世紀頃，中国，殷王朝の第19代王。『尚書』その他の文献から，このとき黄河の南から北に遷都したとされる。
⇒角世　(盤庚　ばんこう)
　国小　(盤庚　ばんこう　生没年不詳)
　コン2　(盤庚　ばんこう　生没年不詳)
　コン3　(盤庚　ばんこう　生没年不詳)
　人物　(盤庚　ばんこう　生没年不詳)
　世東　(盤庚　ばんこう　生没年不詳)
　中国　(盤庚　ばんこう　前14世紀頃)
　中史　(盤庚　ばんこう)
　百科　(盤庚　ばんこう)

樊宏　はんこう
1世紀，中国，後漢初期の政治家。字は靡卿，諡は恭侯。光武帝の舅。
⇒コン2　(樊宏　はんこう　?-51)
　コン3　(樊宏　はんこう　?-51)

韓先楚　ハンシエンチュー
⇨韓先楚(かんせんそ)

范子俠　はんしきょう
20世紀，中国，華北抗日義勇軍の組織者。湖北省出身。1940年百団大戦で八路軍の旅長として活躍。のち八路軍太行区独立第10旅長。
⇒コン3　(范子俠　はんしきょう　1908-1942)
　中人　(范子俠　はんしきょう　1908-1942)

范質　はんしつ
10世紀，中国，宋代の政治家，文人。著書に

『文集三十巻』など。
⇒中芸（范質　はんしつ　911-964）

万樹　ばんじゅ
17世紀, 中国, 清代の政治家, 文人。字は花農, また紅友。詞・曲にすぐれた。
⇒中芸（万樹　ばんじゅ　生没年不詳）

氾蒨　はんしゅん
中央アジア, 高昌北涼の王である沮渠無諱が派遣した使節。宋に遣わされた。
⇒シル（氾蒨　はんしゅん）
　シル新（氾蒨　はんしゅん）

藩濬（潘濬）　はんしゅん
3世紀, 中国, 三国時代, 関羽の幕僚・侍中。
⇒三国（潘濬　はんしゅん）
　三全（潘濬　はんしゅん　?-239）

范純仁　はんじゅんじん
11・12世紀, 中国, 北宋の政治家。字は堯夫, 諡は忠宣。范仲淹の次子。知諫院, 尚書右僕射兼中書侍郎・観文殿大学士となる。
⇒コン2（范純仁　はんじゅんじん　1027-1101）
　コン3（范純仁　はんじゅんじん　1027-1101）
　中芸（范純仁　はんじゅんじん　1027-1101）

万潤南　ばんじゅんなん
20世紀, 中国の反体制活動家。民主中国陣線主席, 四通集団公司理事長。
⇒世東（万潤南　ばんじゅんなん　1941-）
　中人（万潤南　ばんじゅんなん　1946-）

范承謨　はんしょうぼ
17世紀, 中国, 清代の官吏, 文人。
⇒中芸（范承謨　はんしょうぼ　1624-1676）

范諸農　はんしょのう
5世紀, インドシナ地方, 林邑（チャンパー）国王。
⇒シル（范諸農　はんしょのう　?-498）
　シル新（范諸農　はんしょのう　?-498）

范縝　はんしん
5・6世紀, 中国, 南朝梁の学者。范雲の従兄。梁朝の晋安太守・尚書左丞を歴任。無仏を唱え『神滅論』を著した。
⇒外国（范縝　はんしん　5-6世紀）
　コン2（范縝　はんしん　450頃-515）
　コン3（范縝　はんしん　450頃-515）
　集世（范縝　はんしん　450（元嘉27）?-510（天監9）?）
　集文（范縝　はんしん　450（元嘉27）?-510（天監9）?）
　中史（范縝　はんしん　450頃-515）
　百科（范縝　はんしん　5世紀-6世紀）

藩遂（潘遂）　はんすい
3世紀頃, 中国, 三国時代, 魏の大都督・夏侯楙の大将。
⇒三国（潘遂　はんすい）
　三全（藩遂　はんすい　生没年不詳）

樊錐　はんすい
19・20世紀, 中国の変法派の指導者。
⇒近中（樊錐　はんすい　1872.4.3-1906）

樊崇　はんすう
1世紀, 中国, 前・後漢交替期の赤眉の乱の指導者。25年長安に侵入, 劉玄（更始帝）を滅ぼした。
⇒外国（樊崇　はんすう　?-27）
　コン2（樊崇　はんすう　?-27）
　コン3（樊崇　はんすう　?-27）

韓昇洲　ハンスンジュ
20世紀, 韓国の国際政治学者, 政治家。駐米韓国大使, 韓国外相, 高麗大学教授。コロンビア大学客員教授, スタンフォード大学交換教授などを歴任。1993年外務長官に就任。著書に『第2共和国と韓国の民主主義』などがある。
⇒韓国（韓昇洲　ハンスンジュ　1940.9.13-）
　世政（韓昇洲　ハンスンジュ　1940.9.13-）

万政　ばんせい
3世紀頃, 中国, 三国時代, 魏の郭淮の部将。
⇒三国（万政　ばんせい）
　三全（万政　ばんせい　生没年不詳）

潘世恩　はんせいおん
18・19世紀, 中国, 清の政治家。江蘇省出身。大学士, 軍機大臣など要職を歴任。
⇒世東（潘世恩　はんせいおん　1770-1854）

范成大　はんせいだい
12世紀, 中国, 南宋の政治家, 文学者。字, 致能。号, 石湖居士。『攬轡録』『驂鸞録』などの紀行文を著した。
⇒外国（范成大　はんせいだい　1126-1193）
　角世（范成大　はんせいだい　1126-1193）
　広辞4（范成大　はんせいだい　1126-1193）
　広辞6（范成大　はんせいだい　1126-1193）
　国小（范成大　はんせいだい　1126（靖康1）-1193（紹熙4））
　国百（范成大　はんせいだい　1126-1193）
　コン2（范成大　はんせいだい　1126-1193）
　コン3（范成大　はんせいだい　1126-1193）
　詩歌（范成大　はんせいだい　1126（靖康元）-1193（紹熙4））
　集世（范成大　はんせいだい　1126（靖康1）-1193（紹熙4））
　集文（范成大　はんせいだい　1126（靖康1）-1193（紹熙4））
　新美（范成大　はんせいだい　1126（北宋・靖康1）-1192（南宋・紹熙3））
　人物（范成大　はんせいだい　1126-1193）
　世百（范成大　はんせいだい　1126-1193）
　世文（范成大　はんせいだい　1126（靖康元）-1193（紹熙4））
　大辞（范成大　はんせいだい　1126-1193）

はんせ

大辞3　(范成大　はんせいだい　1126–1193)
中芸　(范成大　はんせいだい　1126–1193)
中国　(范成大　はんせいだい　1126–1193)
中史　(范成大　はんせいだい　1126–1193)
中書　(范成大　はんせいだい　1126–1193)
デス　(范成大　はんせいだい　1126–1193)
百科　(范成大　はんせいだい　1126–1193)
名著　(范成大　はんせいだい　1126–1193)

范旃　はんぜん
3世紀、カンボジア、扶南の王。
⇒世東　(范旃　はんぜん　3世紀)

潘祖蔭　はんそいん
19世紀、中国、清末期の政治家、金石学者。字は伯寅、諡は文勤。江蘇省出身。財力を駆使し、古銅器を収集、金石学の発展に貢献。
⇒外国　(潘祖蔭　はんそいん　1830–1890)
　コン2　(潘祖蔭　はんそいん　1830–1890)
　コン3　(潘祖蔭　はんそいん　1830–1890)
　世東　(潘祖蔭　はんそいん　1830–1890)
　中書　(潘祖蔭　はんそいん　1830–1890)

范増　はんぞう
前3世紀、中国、戦国時代・西楚の将軍。居巣(安徽省巣県北東)出身。計略をよくし項羽に重用された。
⇒広辞4　(范増　はんぞう　?–前204)
　広辞6　(范増　はんぞう　?–前204)
　国小　(范増　はんぞう　?–前204(高祖3.4))
　コン3　(范増　はんぞう　?–前204)
　大辞　(范増　はんぞう　?–前204)
　大辞3　(范増　はんぞう　?–前204)
　中国　(范増　はんぞう　?–前204)

樊沢　はんたく
8世紀、中国、唐の入蕃会盟使。
⇒シル　(樊沢　はんたく　746–796)
　シル新　(樊沢　はんたく　746–796)

パンチェン・オルドニ　Panchen Ordeni
20世紀、チベット、ラマ教の高僧。1959～64年チベット自治区準備委員会主任委員代理。
⇒現人　(パンチェン・ラマⅩ　1936–)
　人物　(パンチェン・ラマ Ⅹ　1937–)
　世東　(パンチェン・ラマ　1938–1989)
　中人　(パンチェン・ラマ(10世)　1938–1989.1.28)
　二十　(パンチェン・オルドニ　1938(37)–)

パンチェン・ラマ1世
16・17世紀、チベット、ラマ教の政・教両権の長。ダライ・ラマにつぐ副法王の地位。
⇒コン2　(パンチェン・ラマ(初代)　1569–1662)
　コン3　(パンチェン・ラマ(初代)　1569–1662)

パンチェン・ラマ9世
19・20世紀、チベットの支配者。ダライ・ラマと並ぶチベット・ラマ教の二大法王のひとり。
⇒人物　(パンチェン・ラマ Ⅸ　1882–1937)

范築先　はんちくせん
19・20世紀、中国の軍人。
⇒近中　(范築先　はんちくせん　1881.12.12–1938.11.15)

范仲淹　はんちゅうえん
10・11世紀、中国、北宋の政治家、文学者。蘇州呉県(江蘇省)出身。字、希文。『岳陽楼記』が代表作。
⇒旺世　(范仲淹　はんちゅうえん　989–1052)
　外国　(范仲淹　はんちゅうえん　990–1053)
　角世　(范仲淹　はんちゅうえん　989–1052)
　広辞4　(范仲淹　はんちゅうえん　989–1052)
　広辞6　(范仲淹　はんちゅうえん　989–1052)
　国中　(范仲淹　はんちゅうえん　989(端拱2)–1052(皇祐4))
　コン2　(范仲淹　はんちゅうえん　989–1052)
　コン3　(范仲淹　はんちゅうえん　989–1052)
　詩歌　(范仲淹　はんちゅうえん　989(端拱2)–1052(皇祐4))
　集世　(范仲淹　はんちゅうえん　989(端拱2)–1052(皇祐4))
　集文　(范仲淹　はんちゅうえん　989(端拱2)–1052(皇祐4))
　新美　(范仲淹　はんちゅうえん　989(北宋・端拱2)–1052(皇祐4))
　人物　(范仲淹　はんちゅうえん　989.8.2–1052.5.20)
　世人　(范仲淹　はんちゅうえん　989–1052)
　世東　(范仲淹　はんちゅうえん　989–1052)
　世百　(范仲淹　はんちゅうえん　990–1053)
　世文　(范仲淹　はんちゅうえん　989(端拱2)–1052(皇祐4))
　全書　(范仲淹　はんちゅうえん　989–1052)
　大辞　(范仲淹　はんちゅうえん　989–1052)
　大辞3　(范仲淹　はんちゅうえん　989–1052)
　大百　(范仲淹　はんちゅうえん　989–1052)
　大百　(范文正　はんぶんせい　989–1052)
　中芸　(范仲淹　はんちゅうえん　989–1052)
　中国　(范仲淹　はんちゅうえん　990–1053)
　中史　(范仲淹　はんちゅうえん　989–1052)
　中書　(范仲淹　はんちゅうえん　989–1052)
　デス　(范仲淹　はんちゅうえん　989–1052)
　伝記　(范仲淹　はんちゅうえん　989–1052)
　百科　(范仲淹　はんちゅうえん　989–1052)
　評世　(范仲淹　はんちゅうえん　989–1052)
　山世　(范仲淹　はんちゅうえん　989–1052)
　歴史　(范仲淹　はんちゅうえん　989(端拱2)–1052(皇祐4))

班超　はんちょう
1・2世紀、中国、後漢の武将。父は班彪、兄は班固。西域50国余を統轄、定遠侯に封ぜられた。
⇒逸話　(班超　はんちょう　32–102)
　岩ケ　(班超　はんちょう　32–102)
　旺世　(班超　はんちょう　32–102)
　外国　(班超　はんちょう　32–102)
　角世　(班超　はんちょう　32–102)
　広辞4　(班超　はんちょう　32–102)
　広辞6　(班超　はんちょう　32–102)
　国小　(班超　はんちょう　32(建武8)–102(永元14.9))
　国百　(班超　はんちょう)
　コン2　(班超　はんちょう　32–102)
　コン3　(班超　はんちょう　32頃–102頃)

```
シル    （班超    はんちょう  32-102）
シル新   （班超    はんちょう  32-102）
人物    （班超    はんちょう  32-102）
世人    （班超    はんちょう  32-102）
世東    （班超    はんちょう  32-102）
世百    （班超    はんちょう  32-102）
全書    （班超    はんちょう  32-102）
大辞    （班超    はんちょう  32?-102?）
大辞3   （班超    はんちょう  32?-102?）
大百    （班超    はんちょう  33-102）
中国    （班超    はんちょう  32-102）
中史    （班超    はんちょう  32-102）
デス    （班超    はんちょう  32-102）
伝記    （班超    はんちょう  32-102.9）
百科    （班超    はんちょう  31/32-101/102）
評世    （班超    はんちょう  32-102）
山世    （班超    はんちょう  32-102）
歴史    （班超    はんちょう）
```

范鎮　はんちん

11世紀，中国，北宋の政治家。字は景仁，諡は忠文。仁宗，神宗時代，知諫院，翰林学士。哲宗即位後に蜀郡公に封ぜられた。
⇒コン2　（范鎮　はんちん　1008-1088）
　コン3　（范鎮　はんちん　1008-1089）

バンディ（班第）　Bandi

18世紀，中国，清中期の満州人将軍。1949年チベット郡王の乱の平定に尽力。55年定北将軍となる。
⇒コン2　（バンディ〔班第〕　?-1755）
　コン3　（バンディ〔班第〕　?-1755）
　世東　（はんだい〔班第〕　?-1755）

バン・ティエン・ズン　Van Tien Dung

20世紀，ベトナム社会主義共和国の軍人，政治家。1951年ベトナム労働党中央委員，53年人民軍参謀総長に就任。74年大将，75年南ベトナム全土解放の現地総指揮者，80年2月国防相。
⇒現人　（バン・チエン・ズン　1917-）
　コン3　（ヴァン・ティエン・ズン　1917-）
　世政　（バン・ティエン・ズン　1917-2002.3.17）
　世東　（バン・ティエン・ズン　1917-）
　全書　（バン・チエン・ズン　1917-）
　二十　（ヴァン・チエン・ズン　1917-）

ハン・テュエン（韓詮）

13世紀，ベトナム，陳朝の官吏，文人。初め阮詮と称し，のち韓詮と改む。著書に『披砂集』1巻がある。
⇒外国　（韓詮　かんせん　生没年不詳）
　集世　（ハン・テュエン〔韓詮〕　生没年不詳）
　集文　（ハン・テュエン〔韓詮〕　生没年不詳）
　ベト　（Han-Thuyen　ハン・チュエン〔韓詮〕）
　ベト　（Nguyen-Thuyen　グェン・チュエン〔阮詮〕）

韓徳銖　ハンドクス
⇨韓徳銖（かんとくしゅ）

潘那蜜　はんなみつ

8世紀頃，ペルシアの入唐使節。

⇒シル　（潘那蜜　はんなみつ　8世紀頃）
　シル新　（潘那蜜　はんなみつ）

韓念龍　ハンニエンロン
⇨韓念龍（かんねんりゅう）

般若　はんにゃ

8世紀，中国，唐の訳経僧。北インド出身。遣迦湿蜜（カシミール）使。
⇒広辞4　（般若　はんにゃ　734-?）
　広辞6　（般若　はんにゃ　734-?）
　シル　（般若　はんにゃ　716?-?）
　シル新　（般若　はんにゃ　716?-?）

韓龍雲　ハンニョグン

19・20世紀，朝鮮の独立運動家。忠清南道の洪城に生れる。1937年仏教団体を対象とした卍党事件で逮捕された。
⇒角世　（韓龍雲　かんりゅううん　1879-1944）
　コン2　（韓龍雲　かんりゅううん　1879-1944）
　コン3　（韓龍雲　かんりゅううん　1879-1944）
　集世　（韓龍雲　ハンニョグン　1879.7.12-1944.5.9）
　集文　（韓龍雲　ハンニョグン　1879.7.12-1944.5.9）
　世文　（韓龍雲　かんりゅううん　1879-1944）
　全書　（韓龍雲　かんりゅううん　1879-1944）
　朝人　（韓龍雲　かんりゅううん　1879-1944）
　朝鮮　（韓龍雲　かんりゅううん　1879-1944）
　東仏　（韓龍雲　かんりゅううん　1879-1944）
　百科　（韓龍雲　かんりゅううん　1879-1944）

樊能　はんのう

2世紀，中国，三国時代，揚州の刺史劉繇の部将。
⇒三国　（樊能　はんのう）
　三全　（樊能　はんのう　?-195）

バンハーン・シンラパアーチャ　Banharn Silpaarcha

20世紀，タイの政治家。首相。
⇒華人　（バンハーン・シルパーアーチャー　1932-）
　世政　（バンハーン・シンラパアーチャ　1932.8.19-）

潘美　はんび

10世紀，中国，宋の武将。河北出身。建国当初の宋の太祖をよく援け，検校太師，同平章式等に昇進。
⇒世東　（潘美　はんび　921-987）
　中史　（潘美　はんび　925-991）

潘復　はんぷく

19・20世紀，中国の政治家。
⇒近中　（潘復　はんぷく　1883.11.22-1936.9.12）

潘復生　はんふくせい

20世紀，中国の政治家。1967年3月黒龍江省革委会主任。9期中央委に選出され，文革により失脚。

はんふ

⇒世東（潘復生　はんふくせい　?–）
　中人（潘復生　はんふくせい　?–）

万福麟　ばんふくりん
19・20世紀、中国の軍人。吉林省出身。1929年黒龍江省政府主席。31年以後、軍事委員会北平分会委員など歴任。
⇒コン3（万福麟　ばんふくりん　1880–1951）
　中人（万福麟　ばんふくりん　1880–1951）

范文　はんぶん
4世紀、インドシナ、林邑の王（在位336～349）。林邑強勢時代の最初の王。中国に対し347年以後南辺を侵略、中国の征討軍を撃破した。
⇒外国（范文　はんぶん）

范文虎　はんぶんこ
13世紀、中国、南宋末・元初期の軍人。1281年第2次日本遠征（弘安の役）の際、江南軍の司令官となる。
⇒国史（范文虎　はんぶんこ　生没年不詳）
　コン2（范文虎　はんぶんこ　生没年不詳）
　コン3（范文虎　はんぶんこ　?–1301）
　対外（范文虎　はんぶんこ　生没年不詳）
　日人（范文虎　はんぶんこ　生没年不詳）

范文正　はんぶんせい
⇨范仲淹（はんちゅうえん）

范文程　はんぶんてい
16・17世紀、中国、清前期の官僚。字は憲斗、号は輝嶽。太宗に重用され、1652年議政大臣、54年太傅兼太子大師。
⇒外国（范文程　はんぶんてい　1597–1666）
　コン2（范文程　はんぶんてい　1597–1666）
　コン3（范文程　はんぶんてい　1597–1666）
　中史（范文程　はんぶんてい　1597–1666）

潘鳳　はんほう、はんぼう
2世紀、中国、三国時代、冀州の刺史韓馥配下の将。
⇒三国（潘鳳　はんぼう）
　三全（潘鳳　はんほう　?–191）

范蔓　はんまん
カンボジア、扶南の王。范師蔓とも。兵を起して隣国を征服し、みずから扶南大王と号した。
⇒外国（范蔓　はんまん）

班勇　はんゆう
1・2世紀、中国、後漢の武将。班超の末子。西域長史となり、北匈奴を撃ち西域を征定した。
⇒外国（班勇　はんゆう）
　シル（班勇　はんゆう　2世紀頃）
　シル新（班勇　はんゆう）
　世東（班勇　はんゆう　?–92）

范曄　はんよう
4・5世紀、中国、南朝宋の政治家、学者。字は蔚宗。『後漢書』を集大成し、『後漢書』を著した。
⇒外国（范曄　はんよう　398–445）
　コン2（范曄　はんよう　398–445）
　コン3（范曄　はんよう　398–445）
　集世（范曄　はんよう　398（隆安2）–445（元嘉22））
　集文（范曄　はんよう　398（隆安2）–445（元嘉22））
　人物（范曄　はんよう　398–445）
　世東（范曄　はんよう　398–445）
　世文（范曄　はんよう　398（隆安2）–445（元嘉22））
　大辞（范曄　はんよう　398–445）
　大辞3（范曄　はんよう　398–445）
　中芸（范曄　はんよう　398–445）
　中国（范曄　はんよう　398–445）
　名著（范曄　はんよう　398–445）
　歴学（范曄　はんよう　398–445）

范雍　はんよう
11世紀、中国、北宋の官僚。字は伯純、諡は忠献。祖父は五代後蜀の宰相。
⇒コン2（范雍　はんよう　生没年不詳）
　コン3（范雍　はんよう　生没年不詳）

万里　ばんり
20世紀、中国の政治家。中国全国人民代表大会（全人代）常務委員長、中国共産党政治局員。
⇒コン3（万里　ばんり　1916–）
　世政（万里　ばんり　1916.12–）
　世東（万里　ばんり　1916–）
　中人（万里　ばんり　1916.12–）
　ナビ（万里　ばんり　1916–1993）

范流　はんりゅう
5世紀頃、インドシナ地方、林邑（チャンパー）の朝貢使。
⇒シル（范流　はんりゅう　5世紀頃）
　シル新（范流　はんりゅう）

范蠡　はんれい
前5世紀、中国、春秋時代末期の政治家、財政家。越王勾践に仕えた。前473年に呉を破り「会稽の恥」をそそぎ、勾践を五覇の一人にさせた。
⇒外国（范蠡　はんれい）
　角世（范蠡　はんれい　生没年不詳）
　広辞4（范蠡　はんれい）
　広辞6（范蠡　はんれい）
　国小（范蠡　はんれい　生没年不詳）
　コン2（范蠡　はんれい　生没年不詳）
　コン3（范蠡　はんれい　生没年不詳）
　三国（范蠡　はんれい）
　人物（范蠡　はんれい　生没年不詳）
　世東（范蠡　はんれい　前5世紀）
　世百（范蠡　はんれい　生没年不詳）
　全書（范蠡　はんれい　生没年不詳）
　大辞（范蠡　はんれい　生没年不詳）
　大辞3（范蠡　はんれい　生没年不詳）
　大百（范蠡　はんれい　生没年不詳）
　中国（范蠡　はんれい）
　中史（范蠡　はんれい　生没年不詳）
　デス（范蠡　はんれい　生没年不詳）

百科（范蠡　はんれい　生没年不詳）
評世（范蠡　はんれい）
歴史（范蠡　はんれい）

万暦帝　ばんれきてい
16・17世紀,中国,明朝第14代皇帝（在位1527～48)。姓名,朱翊鈞,諡,顕皇帝。廟号,神宗。隆慶帝の第3子。
⇒旺世（万暦帝　ばんれきてい　1563–1620）
角世（万暦帝　ばんれきてい　1563–1620）
広辞4（神宗　しんそう　1563–1620）
広辞6（神宗　しんそう　1563–1620）
皇帝（万暦帝　ばんれきてい　1563–1620）
国小（万暦帝　ばんれきてい　1563（嘉靖42）–1620（万暦48））
国百（万暦帝　ばんれきてい　1563–1620（万暦48.7））
コン2（万暦帝　ばんれきてい　1563–1620）
コン3（万暦帝　ばんれきてい　1563–1620）
人物（万暦帝　ばんれきてい　1563–1620）
世人（万暦帝　ばんれきてい　1563–1620）
世東（神宗　しんそう　1563–1620）
世百（万暦帝　ばんれきてい　1563–1620）
全書（万暦帝　ばんれきてい　1563–1620）
大辞（万暦帝　ばんれきてい　1563–1620）
大辞3（万暦帝　ばんれきてい　1563–1620）
大百（万暦帝　ばんれきてい　1563–1620）
中皇（神宗（万暦帝）　1563–1620）
中国（神宗（明）　しんそう　1563–1620）
デス（万暦帝　ばんれきてい　1563–1620）
統治（万暦（神宗）　Wan Li〔Shên Tsung〕（在位）1572–1620）
百科（万暦帝　ばんれきてい　1563–1620）
評世（万暦帝　ばんれきてい　1563–1620）
山世（万暦帝　ばんれきてい　1563–1620）
歴史（万暦帝　ばんれきてい　1563（嘉靖42）–1620（万暦48））

韓完相　ハンワンサン
20世紀,韓国の副総理,ソウル大学教授,社会学会会長。韓国基督学生総連理事長,放送委員などを歴任。1993年,統一担当副総理に就任。著書に『人間と社会構造』『民衆社会学』『知識人と虚偽意識』などがある。
⇒韓国（韓完相　ハンワンサン　1936.3.5–）
キリ（韓完相　ハンワンサン　1936.3.18–）

【ひ】

費禕（費禕）　ひい
3世紀,中国,三国時代,蜀の重臣,後に丞相になる。
⇒三国（費禕　ひい）
三全（費禕　ひい　?–253）

ピイエ　Pye
17世紀,ビルマ王国の王。在位1661–1672。
⇒統治（ピイエ　（在位）1661–1672）

毘員跋摩　びいんばつま
6世紀頃,マレー半島,干陀利（斤陀利とも）の朝貢使。
⇒シル（毘員跋摩　びいんばつま　6世紀頃）
シル新（毘員跋摩　びいんばつま）

ヒエップ・ホアー　Hiệp Hoà
19世紀,ベトナムの皇帝。在位1883。
⇒統治（ヒエップ・ホアー,協和帝　（在位）1883）

卑衍　ひえん
3世紀,中国,三国時代,反乱した遼東の公孫淵配下の大将軍。
⇒三国（卑衍　ひえん）
三全（卑衍　ひえん　?–238）

費華　ひか
20世紀,台湾の政治家。江蘇省に生まれる。1965年交通部常務次長。69年国際経済合作発展委員会に入る。日華協力委員会委員。
⇒世東（費華　ひか　1912–）
中人（費華　ひか　1912–）

毘伽公主　びかこうしゅ
8世紀頃,ウイグルの遺唐公主。
⇒シル（毘伽公主　びかこうしゅ　8世紀頃）
シル新（毘伽公主　びかこうしゅ）

比干　ひかん
中国,殷の紂王の父の兄弟。紂王の虐政を諌めて怒りに触れた。
⇒広辞6（比干　ひかん）
コン3（比干　ひかん　生没年不詳）
大辞3（比干　ひかん）
中皇（比干）
中史（比干　ひかん）

皮久斤　ひきゅうきん
6世紀頃,朝鮮,百済使。550（欽明11）年来日。
⇒シル（皮久斤　ひきゅうきん　6世紀頃）
シル新（皮久斤　ひきゅうきん）

ヒサムジン, アラム・シャー　Hisamudin, Alam Sha
20世紀,マレーシアの政治家。マラヤ第2代元首,セランゴール州藩王。
⇒二十（ヒサムジン, アラム・シャー　1897–1960）

微子　びし
前12世紀,中国,殷の王族。名は啓。殷の祀を奉じ,宋に封ぜられ,のちの宋国の祖となった。箕子,比干と共に殷の「三仁」と呼ばれる。
⇒三国（微子　びし）
世東（微子　びし　前12世紀）
中皇（微子）

ビジャヤ　Vijaya
13・14世紀,ジャワ,マジャパイト王国の第1代

ひしん　　　　　　　　　　　　　396　　　　　　　　　　東洋人物レファレンス事典

王（在位1293～1309）。シンガサリ王朝最後の王クルタナガラの女婿。
⇒外国　（ラーデン・ヴィジャヤ　?-1309）
　国小　（ラーデン・ビジャヤ　?-1309）
　百科　（ビジャヤ　?-1309）

毘紉　びじん
5世紀頃，中国西方，訶羅陀の朝遣使。
⇒シル　（毘紉　びじん　5世紀頃）
　シル新　（毘紉　びじん）

ビスタ，キルチ・ニディ　Bista, Kirti Nidhi
20世紀，ネパールの政治家。1964～73年の間に3度首相に就任。
⇒現人　（ビスタ　1927-）
　国小　（キルチ・ニディ・ビスタ　1926-）
　世政　（ビスタ，キルチ・ニディ　1927-）
　二十　（ビスタ，K.N.　1927-）

美川王　びせんおう
4世紀，朝鮮，高句麗の第15代王（在位300～331）。中国の朝鮮侵略の拠点を攻め，多くの奴隷を獲得。
⇒コン2　（美川王　びせんおう　?-331）
　コン3　（美川王　びせんおう　?-331）
　世東　（美川王　びせんおう　?-331）
　百科　（美川王　びせんおう　?-331）

ピチャイ・ラッタクーン　Rattakul, Bhichai
20世紀，タイの政治家。タイ副首相。
⇒華人　（ピチャイ・ラッタクーン　1926-）
　二十　（ピチャイ・R.　1926.9.16-）

被珍那　ひちんな
7世紀頃，朝鮮，新羅から来日した使節。
⇒シル　（被珍那　ひちんな　7世紀頃）
　シル新　（被珍那　ひちんな）

畢永年　ひつえいねん
19世紀，中国，清末期の革命家。号は松甫。哥老会に投じ，興中会に加入。1900年自立軍の蜂起をはかる。
⇒コン2　（畢永年　ひつえいねん　1809-1901）
　コン3　（畢永年　ひつえいねん　1868-1902）
　中人　（畢永年　ひつえいねん　1868-1902）

畢軌　ひつき
3世紀，中国，三国時代，魏の大将軍曹爽の腹心の一人。字は昭先（しょうせん）。
⇒三国　（畢軌　ひつき）
　三全　（畢軌　ひつき　?-249）

畢士安　ひつしあん
10・11世紀，中国，北宋の政治家。字は仁叟，諡は文簡。代州・雲中（山西省）出身。河南省に移る。『三国志』『晋書』『唐書』の校勘・刊行に尽くす。
⇒コン2　（畢士安　ひつしあん　938-1005）
　コン3　（畢士安　ひつしあん　938-1005）
　世東　（畢士安　ひつしあん　938-1005）

畢仲衍　ひつちゅうえん
11世紀頃，中国，北宋の学者，政治家。字は夷仲。鄭（河南省）出身。畢士安の孫，畢仲游の兄。『中書備対』を著述。
⇒コン2　（畢仲衍　ひつちゅうえん　生没年不詳）
　コン3　（畢仲衍　ひつちゅうえん　1040-1082）

畢仲游　ひつちゅうゆう，ひっちゅうゆう
11・12世紀，中国，北宋の学者，政治家。字は公叔。鄭（河南省）出身。畢士安の孫，畢仲衍の弟。著書『西台集』。
⇒コン2　（畢仲游　ひつちゅうゆう　生没年不詳）
　コン3　（畢仲游　ひつちゅうゆう　1047-1121）
　中芸　（畢仲游　ひっちゅうゆう　生没年不詳）

皮定均　ひていきん
20世紀，中国の軍人。河南省出身。「百団大戦」に参加。1955年中将。1級「独立自由」「解放」勲章をうける。68年8月福建省革委会副主任。69年4月9期中央委。
⇒世東　（皮定均　ひていきん　1916-）
　中人　（皮定均　ひていきん　1916-）

弥寊　びてん
4世紀頃，中央アジア，車師前部（トルファン）王。前秦に朝貢した。
⇒シル　（弥寊　びてん　4世紀頃）
　シル新　（弥寊　びてん）

邳彤　ひとう
1世紀，中国，後漢初期の功臣。信都（河北省）出身。光武帝の下，25年霊寿侯に封ぜられた。
⇒コン2　（邳彤　ひとう　?-30）
　コン3　（邳彤　ひとう　?-30）

費斗斤　ひときん
5世紀頃，中央アジア，吐谷渾王拾寅の子。北魏に来朝。
⇒シル　（費斗斤　ひときん　5世紀頃）
　シル新　（費斗斤　ひときん）

比拔　ひばつ
5世紀頃，柔然の遣北魏使。
⇒シル　（比拔　ひばつ　5世紀頃）
　シル新　（比拔　ひばつ）

ピブーン　Phibun Songkhram, Luang
20世紀，タイの軍人，政治家。1938年陸軍を背景に首相となった。強力な独裁政治を行い，国名をシャムからタイに改め，ラタ・ニョム（国家信条）運動を起し，新生活運動を提唱。57年9月クーデターによって追放。
⇒旺世　（ピブン　1897-1964）
　外国　（ピブン　1895-）
　角世　（ピブン　1897-1964）
　現人　（ピブン・ソングラム　1897.7.14-）
　広辞5　（ピブン　1897-1964）

広辞6（ピブン　1897–1964）
国小（ピブン・ソングラム　1897.7.14–1964.6.12）
コン3（ピブーンソンクラーム　1897–1964）
人物（ピブン　1897–1964）
世人（ピブン　1897–1964）
世政（ピブン・ソングラム　1897.7.14–1964.6.12）
世東（プレーク・ピブンソンクラーム　1897.7.14–1964.7.14）
世百（ピブン　1897–1964）
全書（ピブン　1897–1964）
大辞2（ピブン　1897–1964）
大辞3（ピブン　1897–1964）
大百（ピブン　1897–1964）
伝世（ピブーン・ソングラム　1897.7.14–1964.6.11）
ナビ（ピブン　1897–1964）
二十（ピブン，ソンクラム　1897.7.14–1964.6.11）
日人（ピブン　1897–1964）
東ア（ピブーン　1897–1964）
百科（ピブン　1897–1964）
評世（ピブン　1897–1964）
山世（ピブーン　1897–1964）
歴史（ピブン　1897–1964）

ピブン・ソングラム
⇨ピブーン

百里渓（百里奚）　ひゃくりけい
前7世紀，中国，春秋秦の政治家。字は井伯。もと虞国出身。秦の相として治績をあげ，仁徳を慕われた。
⇒広辞4（百里奚　ひゃくりけい）
　広辞6（百里奚　ひゃくりけい）
　コン3（百里奚　ひゃくりけい　生没年不詳）
　世東（百里渓　ひゃくりけい　生没年不詳）
　大辞2（百里奚　ひゃくりけい）
　大辞3（百里奚　ひゃくりけい）

ピヤ・タークシン
⇨タークシン

ピヤ・タクシン
⇨タークシン

ピヤ・チャクリ・ラマ
⇨ラーマ1世

ビャムバスレン，ダシン　Byambasuren, Dashiin
20世紀，モンゴルの政治家。モンゴル首相。
⇒世政（ビャムバスレン，ダシン　1942–）

未野門　びやもん
8世紀頃，中央アジア，康国（サマルカンド）の入唐使節。
⇒シル（未野門　びやもん　8世紀頃）
　シル新（未野門　びやもん）

繆斌　びゅうひん
19・20世紀，中国国民党の政治家，日中和平運動の指導者の1人。江蘇省出身。1937年北京傀儡政権下の新民会で活動。40年南京の汪兆銘政権考試院長。
⇒近中（繆斌　ぼくひん　1902–1946.5.21）
　コン3（繆斌　びゅうひん　1889–1946）
　世政（繆斌　びゅうひん　1889–1946.5.22）
　世東（繆斌　びょうふ　1889–1946.5.22）
　中人（繆斌　びゅうひん　1899–1946.5.22）

費耀　ひよう
3世紀，中国，三国時代，魏の大将。
⇒三国（費耀　ひよう）
　三全（費耀　ひよう　?–228）

馮雲山　ひょううんざん
⇨馮雲山（ふううんざん）

馮応京　ひょうおうきょう
⇨馮応京（ふうおうけい）

馮玉祥　ひょうぎょくしょう
⇨馮玉祥（ふうぎょくしょう）

馮京　ひょうけい
11世紀，中国，北宋の官僚。字は当世，諡は文簡。神宗の下で，御史中丞，枢密使などを歴任。
⇒コン2（馮京　ひょうけい　1021–1094）
　コン3（馮京　ひょうけい　1021–1094）

馮啓聡　ひょうけいそう
20世紀，台湾の軍人。広東省に生まる。1965年海軍副総司令官。67年海軍総司令官，中国国民党中央委員。
⇒世東（馮啓聡　ひょうけいそう　1913.12.24–）
　中人（馮啓聡　ふうけいそう　1913.12.24–）

憑皇后　ひょうこうごう*
中国，五代十国，後晋の出（しゅつ）帝の皇妃。
⇒中皇（憑皇后）

馮国璋　ひょうこくしょう
⇨馮国璋（ふうこくしょう）

馮子材　ひょうしざい
⇨馮子材（ふうしざい）

馮自由　ひょうじゆう
⇨馮自由（ふうじゆう）

馮勝　ひょうしょう
14世紀，中国，明建国の功臣。定遠（安徽省定遠県）出身。初名，国勝，のち宗異，最後に勝と改めた。
⇒国小（馮勝　ふうしょう　?–1395（洪武28））
　コン2（馮勝　ひょうしょう　?–1395）
　コン3（馮勝　ひょうしょう　?–1395）

馮銓　ひょうせん
⇨馮銓（ふうせん）

馮道　ひょうどう
⇨馮道（ふうどう）

繆斌　びょうふ
⇨繆斌（びゅうひん）

馮文彬　ひょうぶんひん
⇨馮文彬（ふうぶんひん）

憑方礼　ひょうほうれい
8世紀頃、渤海から来日した使節。
⇒シル（憑方礼　ひょうほうれい　8世紀頃）
　シル新（憑方礼　ひょうほうれい）

卞季良　ビョンゲーリャン
14・15世紀、朝鮮、高麗末から李朝初期の文臣。号は春亭。主著『春亭集』など。
⇒集文（卞季良　ビョンゲーリャン　1369-1430）

玄勝鍾　ヒョンスンジョン
20世紀、韓国の法学者。韓国首相、翰林大学総長。韓国教総会長。ユネスコ韓国委員会成均館大学総長なども歴任。著書に『法思想史』『西洋法制史』ほか多数がある。
⇒韓国（玄勝鍾　ヒョンスンジョン　1919.1.26-）
　世政（玄勝鍾　ヒョンスンジョン　1919.1.26-）

玄武光　ヒョンムグァン, ヒョンムグアン
20世紀、北朝鮮の政治家。1953年朝鮮労働党中央委員会副部長、61年の第4回党大会で中央委員、政治委員候補。67年第一機械工業相。中央人民委員会委員に選出され、政務院交通通信委員会委員長にも就任。
⇒韓国（玄武光　ヒョンムグァン　1913-）
　現人（玄武光　ヒョンムグァン　1913-）

卞栄泰　ビョンヨンテ
20世紀、韓国の学者、政治家。ソウル生れ。1945年高麗大学英文学教授。51年外相に就任し、52年李承晩ラインを宣言。54年7月首相。
⇒外国（卞栄泰　べんえいたい　1892-）
　現人（卞栄泰　ビョンヨンテ　1892.12.15-1969. 3.10）

皮羅閣（皮邏閣）　ひらかく
8世紀、中国、南詔の第4代王（在位728〜748）。姓は蒙。738年唐朝より雲南王に封ぜられる。五詔を併合、六詔を統一、大理盆地に支配権を確立。
⇒外国（皮邏閣　ひらかく　?-748）
　コン2（皮羅閣　ひらかく　?-748）
　コン3（皮羅閣　ひらかく　?-748）
　世東（皮羅閣　ひらかく　?-748）

ビラタ, セサル　Virata, Cesar E.
20世紀、フィリピンの政治家。フィリピン首相。

⇒世政（ビラタ, セサル　1930.12.12-）
　二十（ビラタ, C.　1930.12.12-）

比龍　ひりゅう
5世紀頃、中央アジア、ミーラーン国王。422（玄始11）年、北涼の沮渠蒙遜に朝した。
⇒シル（比龍　ひりゅう　5世紀頃）
　シル新（比龍　ひりゅう）

ビルグ可汗（毗伽可汗）　ビルグ・カガン
⇨ビルゲ・カガン

ビルゲ・カガン（毗伽可汗, 毘伽可汗）　Bilgä Khaghan
7・8世紀、東突厥のカガン（在位716〜734）。フトルク（骨咄禄）の子。
⇒旺世（ビルゲ＝カガン）
　外国（ビルゲ・カガン〔毗伽可汗〕　684-734）
　角世（ビルゲ・カガン　684-734）
　広辞4（ビルゲ・かかん〔毘伽可汗〕　684-734）
　広辞6（毗伽可汗　ビルゲ・かがん　684-734）
　国小（ビルゲ・カガン〔毗伽可汗〕　?-734）
　コン2（ビルゲ・カガン〔毗伽可汗〕　?-734）
　コン3（ビルゲ・カガン〔毗伽可汗〕　?-734）
　全書（ビルゲ・カガン　684-734）
　大辞（ビルゲ可汗　ビルゲかがん　684-734）
　大辞3（ビルゲ可汗　684-734）
　大百（ビルゲ・カガン　684-734）
　デス（ビルゲ・カガン　684-734）
　百科（ビルゲ・ハガン　684-734）
　評世（ビルグ（毗伽）可汗　684-734）
　山世（ビルゲ・カガン　684-734）

ピール・ムハンマド　Pīr Muḥammad
15世紀、ティムール帝国のスルタン。
⇒統治（ピール・ムハンマド　（在位）1405-1407（支配地カンダハール））

ビレンドラ・ビル・ビクラム・シャー　Birendra Bir Bikram Shah
20世紀、ネパールの国王（第10代）。ハーバード大学、東京大学に留学。1972年父マヘンドラ国王の死去により即位。
⇒岩ケ（ビレンドラ, ビル・ビクラム・シャー・デヴ　1945-）
　現人（ビレンドラ　1945.12.28-）
　国小（ビレンドラ　1945.12.28-）
　世政（ビレンドラ・ビル・ビクラム・シャー　1945.12.28-2001.6.1）
　全書（ビレンドラ　1945-）
　統治（ビレンドラ　（在位）1972-2001）
　二十（ビレンドラ, B.B.S.D.　1945.12.28-）

卑路斯　ひろす
7世紀、ペルシアの王子。ササン朝最後の王ヤズダギルド3世の子。ササン朝の滅亡にともない唐に亡命した。
⇒シル（卑路斯　ひろす　?-674?）
　シル新（卑路斯　ひろす　?-674?）

政治・外交・軍事篇

閔泳翊　びんえいいく
　⇨閔泳翊（びんえいよく）

閔泳煥　びんえいかん
　⇨閔泳煥（ミンヨンファン）

閔泳駿　びんえいしゅん
　19世紀,朝鮮,李朝の第26代王。極東問題の保守派の代表。東学党の乱を鎮定せんとしたが,非難された。
　⇒世東（閔泳駿　びんえいしゅん）

閔泳翊　びんえいよく
　19・20世紀,朝鮮,李朝末期の政治家,画家。字は子湘,号は芸楣,竹楣,園丁,千尋竹斎主人など。
　⇒コン3（閔泳翊　びんえいよく　1860-1914）
　　新美（閔泳翊　びんえいいく　1860(李朝・哲宗11)-1914）
　　朝人（閔泳翊　びんえいよく　1860-1914）

岷王朱楩　びんおうしゅへん＊
　15世紀,中国,明,洪武帝の子。
　⇒中皇（岷王朱楩　?-1450）

閔肯鎬　びんこうこう
　19・20世紀,朝鮮の義兵将。
　⇒コン3（閔肯鎬　びんこうこう　?-1908）

閔升鎬　びんしょうこう
　19世紀,朝鮮,李朝末期の文臣。
　⇒朝人（閔升鎬　びんしょうこう　1830-1874）

閔宗植　びんそうしょく
　19・20世紀,朝鮮の義兵闘争指導者。1905年乙巳条約が結ばれると,忠清道の洪州で義兵闘争を始める。
　⇒外国（閔宗植　びんそうしょく）
　　コン2（閔宗植　びんそうしょく　1861-?）
　　コン3（閔宗植　びんそうしょく　1861-?）
　　世東（閔宗植　びんそうしょく）
　　朝人（閔宗植　びんそうしょく　1861-?）
　　日人（閔宗植　ミンジョンシク　1861-1917）

ピンダレ　Pindale
　17世紀,ビルマ王国の王。在位1648-1661。
　⇒統治（ピンダレ　（在位)1648-1661）

ピン・チュンハワン　Phin Chunhawon
　20世紀,タイの軍人,政治家。サムットソンクラーム生れ。1951年ピブン政権下で副首相,国防副相,農相を兼任。
　⇒時政（ピン・チュンハワン　1891.10.14-）
　　世東（ピン・チュンハーウォン　1891.10.14-）

愍帝　びんてい
　4世紀,中国,西晋の第4代皇帝。武帝の孫。
　⇒中皇（愍帝　300-317）

　　中国（愍帝　びんてい　300-317）
　　統治（愍帝　Min Ti　(在位)313-316）

愍帝　びんてい
　18世紀,ベトナム,黎氏安南の王。阮氏兄弟に破られ,黎朝は亡んだ。
　⇒世東（愍帝　びんてい　?-1793）

閔帝　びんてい
　10世紀,中国,五代後唐の第3代皇帝(在位933～934)。姓名は李従厚,小名は菩薩奴,諡は閔。明宗の第3子。
　⇒コン2（閔帝　びんてい　914-934）
　　コン3（閔帝　びんてい　914-934）
　　世東（閔帝　びんてい　914-934）
　　中皇（閔帝　914-934）
　　統治（閔帝　Min Ti　(在位)933-934）

閔龍鎬　びんりゅうこう
　19・20世紀,朝鮮,李朝末期の義兵将。号は復斎。
　⇒朝人（閔龍鎬　びんりゅうこう　1865-1922）

【ふ】

ファイズッラ・ホジャエフ　Fayzulla Xo'jaev
　20世紀,ウズベク人革命家,政治家。
　⇒角世（ファイズッラ・ホジャエフ　1896-1938）
　　中ユ（ファイズッラ・ホジャエフ　1896-1938）

ファ・グム
　⇨ファーグム

ファーグム　Fa Ngum
　14世紀,ラーンサーン王国の王(在位1353～73/93)。ラオス最初の統一民族国家の創始者。
　⇒角世（ファーグム　1316-74?）
　　コン2（ファ・グム　1316-1373/93）
　　コン3（ファ・グム　1316-1373/93）
　　伝世（ファー・グム　1316-1373）
　　百科（ファーグム　1316-1375頃）

ファム・ヴァン・サオ（范文巧）
　ベトナム,黎朝代の功臣。
　⇒ベト（Pham-Van-Xao　ファム・ヴァン・サオ〔范文巧〕）

ファム・ヴァン・ディエン（范文典）
　ベトナム,阮朝の勇将。
　⇒ベト（Pham-Van-Điền　ファム・ヴァン・ディエン〔范文典〕）

ファム・ヴァン・ドン　Pham Van Dong
　20世紀,ベトナム社会主義共和国の政治家。8月革命後,1955年9月北ベトナム首相兼外相と

なり, 行政面での中心的指導者となった。76年ベトナム統一で首相, 共産党政治局員。
⇒外国（ファン・ヴァン・トン　1906-)
　角世（ファム・ヴァン・ドン　1906-2000)
　現人（ファン・バン・ドン　1906.5.1-)
　国小（ファム・バン・ドン　1906.5.1-)
　コン3（ファム・ヴァン・ドン　1906-)
　世人（ファン=ヴァン=ドン　1906-)
　世政（ファム・バン・ドン　1906.5.1-2000.4.29)
　世東（ファム・バン・ドン　1906-)
　世百（ファンヴァンドン　1906-)
　世百新（ファム・バン・ドン　1906-2000)
　全書（ファム・バン・ドン　1906-)
　大百（ファム・バン・ドン　1906-)
　二十（ファム・ヴァン・ドン　1906-)
　東ア（ファム・ヴァン・ドン　1906-2000)
　百科（ファム・バン・ドン　1906-)

ファム・ヴァン・ニャン（范文仁）
ベトナム, 阮朝初期の名将。
⇒ベト（Pham-Van-Nhan　ファム・ヴァン・ニャン〔范文仁〕)

ファム・グォ・カウ（范呉求）
18世紀, ベトナム, 鄭氏の将軍。
⇒ベト（Pham-Ngo-Cau　ファム・グォ・カウ〔范呉求〕　?-1786)

ファム・グ・ラオ（范五老）
13・14世紀, ベトナム, 陳朝代の名将。
⇒ベト（Pham-Ngu-Lao　ファム・グ・ラオ〔范五老〕　1255-1320)

ファム・ク・ルオン（范巨量）
ベトナム, 前黎朝代（980～1009）の名将。
⇒ベト（Pham-Cu-Luong　ファム・ク・ルオン〔范巨量〕)

ファム・ダン・フン（范登興）
18・19世紀, ベトナム, 阮朝の功臣。
⇒ベト（Pham-Đang-Hung　ファム・ダン・フン〔范登興〕　1765-1825)

ファム・ツ（范修）
ベトナムの武将。前李朝時代（544～602年）に活躍。
⇒ベト（Pham-Tu　ファム・ツ〔范修〕)

ファム・ニュ・タン（范如曾）
ベトナムの軍人。黎聖宗帝の軍隊にあって, 中軍都統を勤めた。
⇒ベト（Pham-Nhu-Tang　ファム・ニュ・タン〔范如曾〕)

ファム・バイン（范彭）
ベトナムの民族闘士。フランス植民地当局に抵抗した勤王運動の闘士。
⇒ベト（Pham-Banh　ファム・バイン〔范彭〕)

ファム・バック・ホ（范白虎）
ベトナム, 丁武領の麾下, 豪勇衆に擢んでた将軍。
⇒ベト（Pham-Bach-Ho　ファム・バック・ホ〔范白虎〕)

ファム・バン・バック　Pham Van Bach
20世紀, 北ベトナムの政治家, 弁護士。南部出身。1957年首相府付次官, 58年国家科学調査委員, 59年人民最高裁判所長官に就任。さらに弁護士協会副会長を兼任。
⇒世東（ファム・バン・バック　1910-)

ファム・フイ・トン　Pham Huy Thong
20世紀, 北ベトナムの歴史学者, 政治家。北部出身。サイゴン・シュロン平和擁護運動書記長。ハノイ教育大学長, ベトナム祖国戦線中央委員に就任。
⇒世東（ファム・フイ・トン　1916-)

ファム・ホン・タイ（范鴻泰）　Pham-Hong-Thai
20世紀, ベトナムの独立運動家。インド・シナ総督メルランの暗殺をはかって爆弾を投じたベトナム国民党員。
⇒外国（ファン・ホン・タイ　?-1924)
　ベト（Pham-Hong-Thai　ファム・ホン・タイ　1896-1924)

ファヤ・タク・シン
⇨タークシン

ファラテハン　Falatehan
16世紀, インドネシア, ジャワ北西部, バンテン王国の始祖（在位1526～52）。別名スーナン・ダヌン・ジャティ。
⇒国小（ファラテハン　?-1552)

傅安　ふあん
15世紀, 中国, 明の西域使節。字は志道。太康（河南省）の生れ。
⇒コン2（傅安　ふあん　?-1429)
　コン3（傅安　ふあん　?-1429)

ファン・アン　Phan Anh
20世紀, 北ベトナムの政治家。ゲアン省出身。1949年最高国防評議会員。57年商業相, 58年外国貿易相に就任。
⇒世東（ファン・アン　1910-)

方毅　ファンイー
⇨方毅（ほうき）

范曄　ファン・イエ
⇨范曄（はんよう）

黄寅性　ファンインソン
20世紀, 韓国の政治家, アシアナ航空会長。交通部長官, 国際観光公社長, 国会議員, 農林水

産長官, 首相などを歴任。1988年アシアナ航空社長を経て現在, 社長兼会長。
　⇒韓国（黄寅性　ファンインソン　1926.1.9-）
　　世政（黄寅性　ファンインソン　1926.1.9-）

ファン・ヴァン・ダット（潘文達）
ベトナムの民族闘士。フランスがベトナム全土を殖民統治する初期において, フランスに対する抵抗運動を指導した人物。
　⇒ベト（Phan-Van-Đat　ファン・ヴァン・ダット〔潘文達〕）

ファン・ヴァン・ドン
　⇨ファム・ヴァン・ドン

ファン・ヴァン・フム（潘文卿）
20世紀, ベトナムの独立運動家, 『LA LUTTE（闘争）』紙主筆。
　⇒ベト（Phan-Van-Hum　ファン・ヴァン・フム〔潘文卿〕）

ファン・ヴァン・ラン（潘文璘）
ベトナム, 光中皇帝側近の将軍。
　⇒ベト（Phan-Van-Lan　ファン・ヴァン・ラン〔潘文璘〕）

ファン・カク・スー　Phan Khac Suu
20世紀, 南ベトナムの政治家。カント省出身。1964年国家元首に就任する。66年制憲議会議長, 立法議会議長を歴任。
　⇒世東（ファム・カック・スー　1905-）
　　二十（ファン・カク・スー　1905-1970）

ファン・ケ・トアイ　Phan Ke Toai
19・20世紀, 北ベトナムの政治家。1948年最高国防会議委員を経て, 55年副首相に就任。ベトナム祖国戦線中央委員を兼任。
　⇒世東（ファン・ケ・トアイ　1889-）

ファン・コイ（潘魁）
19・20世紀, ベトナムの革命家, 文筆家。
　⇒ベト（Phan-Khoi　ファン・コイ〔潘魁〕1887-1959）

武安国　ぶあんこく
3世紀頃, 中国, 三国時代, 北海の太守孔融配下の将。
　⇒三国（武安国　ぶあんこく）
　　三全（武安国　ぶあんこく　生没年不詳）

黄長燁　ファンジャンヨプ
20世紀, 北朝鮮の政治家。金日成の甥。咸鏡南道出身。1959年朝鮮労働党宣伝煽動部部長, 65年金日成総合大学総長。70年第5回党大会で党中央委員に選出され, 72年最高人民会議議長, 同常設会議委員長に就任。
　⇒韓国（黄長燁　ファンジャンヨプ　1925-）
　　現人（黄長燁　ファンジャンヨプ　?-）

世政（黄長燁　ファンジャンヨプ　1923.2.17-）

ファン・タイン・ザン（藩清簡, 潘清簡）
Phan Thanh Gian
18・19世紀, ベトナム, 阮朝の政治家。第4代の嗣徳（トウドウク）帝の重臣, 勤王家。
　⇒外国（ハンセイカン〔潘清簡〕1796-1867）
　　集世（ファン・タイン・ザン〔潘清簡〕1796-1867）
　　集文（ファン・タイン・ザン〔潘清簡〕1796-1867）
　　世東（ファン・タン・ザン〔潘清簡〕?-1867）
　　伝世（ファン・タイン・ザン〔潘清簡〕1796.11.11-1867.7.16）
　　百科（ファン・タイン・ザン　1796-1867）
　　ベト（Phan-Thanh-Gian　ファン・タイン・ザン　1796-1897）

ファン・タイン・タイ（潘成才）
ベトナムの民族闘士。号は達徳。1916年, 中部ベトナム, フエにおいて反フランス武装蜂起の企てを指導した人物。
　⇒ベト（Phan-Thanh-Tai　ファン・タイン・タイ〔潘成才〕）

ファン・タイン・トン（潘清宗）
ベトナムの民族闘士。兄の潘清廉と力を合わせてフランス軍に対する抵抗運動を呼びかけ, 多くの人々の共鳴を得た。
　⇒ベト（Phan-Thanh-Ton　ファン・タイン・トン〔潘清宗〕）

ファン・タイン・リエム（潘清廉）
ベトナムの民族闘士。1867年から70年までの間, 反フランス闘争を指導した。
　⇒ベト（Phan-Thanh-Liem　ファン・タイン・リエム〔潘清廉〕）

ファン・ダン・ラム　Pham Dang Lam
20世紀, ベトナムの外交官。南ベトナム外相, 駐比大使, パリ和平会談南ベトナム首席代表。
　⇒二十（ファン・ダン・ラム　1918-1975）

ファン・チュー・チン（藩周禎, 潘周楨）
Phan Chu Trinh
19・20世紀, ベトナムの民族主義運動の指導者, 儒学者。
　⇒旺世（ファン＝チュー＝チン　1872-1926）
　　角世（ファン・チュー・チン　1872-1926）
　　コン2（ファン・チュ・チン〔潘周楨〕?-1926）
　　コン3（ファン・チュ・チン〔潘周楨〕?-1926）
　　集世（ファン・チャウ・チン〔潘周楨〕1872-1926）
　　集文（ファン・チャウ・チン〔潘周楨〕1872-1926）
　　世人（ファン＝チュー＝チン　1872頃-1926）
　　世東（ファン・チュー・チン　1872-1926）
　　伝世（ファン・チュー・チン〔藩周禎〕1872-1926.3）
　　二十（ファン・チュー・チン〔潘周楨〕?-1926.3）

東ア（ファン・チュー・チン　1872-1926）
百科（ファン・チュ・チン　1872-1926）
ベト（Phan-Chu-Trinh　ファン・チャウ・チン〔潘周槙〕1872-1926）

ファン・ディン・トン（潘延通）
ベトナムの民族闘士。志士潘延逢の実兄で、勤王救国運動に呼応して勇敢に闘った戦士。
⇒ベト（Phan-Đinh-Thong　ファン・ディン・トン〔潘延通〕）

ファン・ディン・フン（潘延逢, 潘廷逢）
19世紀、ベトナムの反仏勤王運動の指導者。1884年ハティン省で決起、12年間抗仏闘争を行った。
⇒コン2（ファン・ディン・フン〔潘廷逢〕　?-1896）
　コン3（ファン・ディン・フン〔潘廷逢〕　?-1896）
　百科（ファン・ディン・フン〔潘廷逢〕　1847-1896）
　ベト（Phan-Đinh-Phung　ファン・ディン・フン〔潘廷逢〕1847-1895）

ファン・バン・カイ　Phan Van Khai
20世紀、ベトナムの政治家。ベトナム首相、ベトナム共産党政治局員。
⇒最世（ファン・バン・カイ　1933-）
　世政（ファン・バン・カイ　1933.12.25-）

ファン・フイ・ヴィン（潘輝泳）
ベトナム、阮朝代の名士。嗣徳帝の時代の外交使節。使節団長として中国（清朝）へ赴いた。別名を活と称し、字は咸甫、号は柴風。
⇒ベト（Phan-Huy-Vinh　ファン・フイ・ヴィン〔潘輝泳〕）

ファン・フイ・オン（潘輝温）
ファンの官吏。1780年進士を得て官途につく。幼名は輝汪、字は重陽、号は雅軒、後にその名を輝温、字を和甫、号を指摩に改めた。
⇒ベト（Phan-Huy-On　ファン・フイ・オン〔潘輝温〕）

ファン・フイ・クアット　Phan Huy Quat
20世紀、南ベトナムの政治家。北部出身。1961年反共のための国家統一委員会を結成。64年外相、65年首相に就任した。
⇒世東（ファン・フイ・クアット　1907-）

ファン・フウ・カイン（潘有慶）
20世紀、ベトナム、越南光復会に参加した革命家。
⇒ベト（Phan-Huu-Khanh　ファン・フウ・カイン〔潘有慶〕）

ファン・フン　Pham Hung
20世紀、ベトナムの政治家。ビンロン省出身。1956年労働党政治局員、58年北ベトナム副首相に就任。67年南に潜入し、党南部委書記として解放闘争を現地で指導。ベトナム統一で副首相、80年2月内相兼務。
⇒現人（ファン・フン　1917-）
　世政（ファン・フン　1912.6.11-1988.3.10）
　世東（ファム・フン　1912-）
　二十（ファン・フン　1912-1988.3.10）

ファン・ボイ・チャウ（潘佩珠, 潘佩珠）
Phan Boi Chau
19・20世紀、ベトナムの民族主義運動の指導者、儒学者。東遊運動を起こし、1912年ヴェトナム光復会を創設。24年ベトナム国民党宣言を発表。25年逮捕、軟禁された。
⇒旺世（ファン＝ボイ＝チャウ〔潘佩珠〕1867-1940）
　外国（ファン・ボイ・チョウ　1867-1940）
　角世（ファン・ボイ・チャウ〔潘佩珠〕1867-1940）
　広辞4（ファン・ボイ・チャウ〔潘佩珠〕1867-1940）
　広辞6（潘佩珠　ファン・ボイ・チャウ　1867-1940）
　国史（ファン＝ボイチャウ〔潘佩珠〕1867-1940）
　コン2（ファン・ボイ・チャウ〔潘佩珠〕1867-1940）
　コン3（ファン・ボイ・チャウ〔潘佩珠〕1867-1940）
　集世（ファン・ボイ・チャウ〔潘佩珠〕1867-1940）
　集文（ファン・ボイ・チャウ〔潘佩珠〕1867-1940）
　世人（ファン＝ボイ＝チャウ〔潘佩珠〕1867-1940）
　世東（ファン・ボイ・チャウ〔潘佩珠〕1867-1940.10.29）
　全書（ファン・ボイチャウ　1867-1940）
　大辞3（ファン・ボイチャウ　1867-1940）
　デス（ファン・ボイ・チャウ〔潘佩珠〕1867-1940）
　伝世（ファン・ボイ・チャウ〔藩佩珠〕1867-1940.10.29）
　二十（ファン・ボイチャウ〔潘佩珠〕1867-1940）
　日人（ファン＝ボイ＝チャウ〔潘佩珠〕1867-1940）
　東ア（ファン・ボイ・チャウ〔潘佩珠〕1867-1940）
　百科（ファン・ボイ・チャウ〔潘佩珠〕1867-1940）
　ベト（Phan-Boi-Chau　ファン・ボイ・チャウ〔潘佩珠〕1867-1940）
　名著（ファン・ボイ・チャウ　1867-1940）
　山世（ファン・ボイ・チャウ〔潘佩珠〕1867-1940）
　歴史（ファン＝ボイチャウ　1867-1940）

溥儀　プーイー
⇒溥儀（ふぎ）

ブイ・ヴィエン（裴瑗）
ベトナム、嗣徳帝時代の志士。
⇒ベト（Bui-Vien　ブイ・ヴィエン〔裴瑗〕）

ブイ・クォック・カイ（裴国概）
12・13世紀，ベトナム，李朝末期の名臣。
⇒ベト（Bui-Quoc-Khai　ブイ・クォック・カイ〔裴国概〕　1117–1210）

ブイ・サナニコン
⇨サナニコーン,P.

ブイ・スオン・チャック（裴霜沢）
ベトナム，憲宗の兵部尚書，兼，都御史。
⇒ベト（Bui-Suong-Trach　ブイ・スオン・チャック〔裴霜沢〕）

ブイ・ティ・スアン（裴氏春）
ベトナムの女性軍人。西山朝の名相陳光耀将軍の夫人。自身も戦功があり，また慈悲の将軍として知られた。
⇒ベト（Bui-Thi-Xuan　ブイ・ティ・スアン〔裴氏春〕）

ブイ・ティ・フアン（裴氏春）　Bui Thi Xuan
18世紀，ベトナムの蜂起指導者。西山朝の陳光耀将軍夫人。
⇒世女日（ブイ・ティ・フアン　?–1771）
　ベト（Bui-Thi-Xuan　ブイ・ティ・スアン）

フィトラト　Fitrat, Abdurauf
19・20世紀，中央アジアの改革思想家，革命家，文学者。
⇒角世（フィトラト　1886–1938）
　中ユ（フィトラト　1886–1938）

ブイ・ファン・ティン　Bui Van Think
20世紀，ベトナムの政治家。駐日ベトナム大使。
⇒二十（ブイ・ファン・ティン　1915–）

フィヤン（費揚古）　Fiyanggū
17・18世紀，中国，清初の武将。満州正白旗出身。三藩の乱に際して呉三桂の平定に活躍。
⇒外国（フィヤン〔費揚古〕　1645–1697頃）
　国小（フィヤン〔費揚古〕　1645（順治2）–1701（康熙40））

フィン・タン・ファット　Huynh Tan Phat
20世紀，ベトナム社会主義共和国の政治家。1958年から解放区で活躍，69年6月の臨時革命政府結成と同時に首相に就任。76年ベトナム統一で副首相，79年国家基本建設委主任，82年6月副首相辞任。
⇒現人（フィン・タン・ファト　1913–）
　国小（フィン・タン・ファト　1913–）
　コン3（フィン・タン・ファット　1913–1989）
　世政（フィン・タン・ファト　1913–1989.9.30）
　世東（フィン・タン・ファット　1913–）
　全書（フィン・タン・ファト　1913–）
　二十（フィン・タン・ファト　1913–1989.9.30）

フイン・トゥック・カーン（黄式庚，黄叔沆）
19・20世紀，ベトナムの文人。抗仏民族運動を指導した人物。著『時代と詩文』など。
⇒集世（フイン・トゥック・カーン〔黄式庚〕　1876–1947）
　ベト（Huynh Thuc Khang　フイン・トゥック・カン〔黄叔沆〕　1876–1947）

フイン・バット・ダット（黄弼達）
ベトナム，勤王党の闘士。
⇒ベト（Huynh-Bat-Đat　フイン・バット・ダット〔黄弼達〕）

馮雲山　ふううんざん
19世紀，中国，太平天国の最高指導者の一人。広東省花県の出身。客家の出身で洪秀全の親友。
⇒外国（馮雲山　ふううんざん　1822–1852）
　国小（馮雲山　ふううんざん　?–1852（咸豊2））
　コン1（馮雲山　ひょううんざん　1815頃–1852）
　コン3（馮雲山　ひょううんざん　1815頃–1852）
　世東（馮雲山　ふううんざん）
　全書（馮雲山　ふううんざん　1815?–1852）
　大百（馮雲山　ふううんざん　?–1852）
　デス（馮雲山　ひょううんざん　?–1852）
　評世（馮雲山　ふううんざん　?–1852）

馮延己　ふうえんき
⇨馮延巳（ふうえんし）

馮延巳　ふうえんし
10世紀，中国，五代南唐の詞人，宰相。広陵（江蘇省江都県）の出身。字，正中。詞集『陽春録』がある。
⇒外国（馮延己　ふうえんき　903–960頃）
　国小（馮延んし　ふうえんし　903/4（天復3/天祐1）–960（建隆1））
　集世（馮延巳　ふうえんし　903（天復3）–960（建隆1））
　集文（馮延巳　ふうえんし　903（天復3）–960（建隆1））
　人物（馮延巳　ふうえんし　903–960）
　世文（馮延んし　ふうえんし　903（天復3）?–960（顕徳7））
　全書（馮延己　ふうえんし　903–960）
　中芸（馮延己　ふうえんき　903–960）
　中史（馮延巳　ふうえんし　903–960）

馮応京　ふうおうけい
16・17世紀，中国，明末の政治家，学者。字，可大。号は慕岡。諡，恭節。著書に『皇明経世実用編』など。
⇒国小（馮応京　ふうおうけい　?–1606（万暦34））
　評世（馮応京　ふうおうけい　?–1606）
　名著（馮応京　ひょうおうきょう　?–1607）

馮涵清　ふうかんせい
20世紀，中国の法律家，官僚，満州国の司法部大臣。
⇒近中（馮涵清　ふうかんせい　1892–?）

馮玉祥　ふうぎょくしょう
19・20世紀, 中国の軍人。1924年の第2次奉直戦争では国民軍第1軍司令兼全軍総司令となり勢力をふるった。
- ⇒旺世（馮玉祥　ふうぎょくしょう　1882–1948)
- 外国（馮玉祥　ふうぎょくしょう　1880–1948)
- 角世（馮玉祥　ふうぎょくしょう　1882–1948)
- キリ（馮玉祥　フンユシァン　1880–1949)
- 近中（馮玉祥　ふうぎょくしょう　1882.11.6–1948.9.1)
- 広辞4（馮玉祥　ひょうぎょくしょう　1880–1948)
- 広辞5（馮玉祥　ふうぎょくしょう　1880–1948)
- 広辞6（馮玉祥　ふうぎょくしょう　1880–1948)
- 国小（馮玉祥　ひょうぎょくしょう　1882.9.26–1948.9.4)
- コン2（馮玉祥　ひょうぎょくしょう　1882–1948)
- コン3（馮玉祥　ひょうぎょくしょう　1880–1948)
- 人物（馮玉祥　ふうぎょくしょう　1880–1948.9.1)
- 世人（馮玉祥　ひょうぎょくしょう（ふうぎょくしょう）1882–1948)
- 世東（馮玉祥　ふうぎょくしょう　1880–1948.9.1)
- 世百（馮玉祥　ひょうぎょくしょう　1880–1948)
- 世百新（馮玉祥　ふうぎょくしょう　1882–1948)
- 全書（馮玉祥　ふうぎょくしょう　1882–1948)
- 大辞（馮玉祥　ふうぎょくしょう　1880–1948)
- 大辞2（馮玉祥　ふうぎょくしょう　1880–1948)
- 大辞3（馮玉祥　ふうぎょくしょう　1880–1948)
- 大百（馮玉祥　ふうぎょくしょう　1880–1949)
- 中国（馮玉祥　ふうぎょくしょう　1880–1949)
- 中人（馮玉祥　ふうぎょくしょう　1882.9.26–1948.9.4)
- デス（馮玉祥　ひょうぎょくしょう〈フォンユイシァン〉1880–1948)
- 伝記（馮玉祥　ふうぎょくしょう　1882–1948.9.1)
- 日人（馮玉祥　ふうぎょくしょう　1882–1948)
- 百科（馮玉祥　ふうぎょくしょう　1882–1948)
- 評世（馮玉祥　ふうぎょくしょう　1880–1948)
- 山世（馮玉祥　ふうぎょくしょう　1882–1948)
- 歴史（馮玉祥　ひょうぎょくしょう　1880–1949)

馮啓聡　ふうけいそう
⇨馮啓聡（ひょうけいそう）

馮国璋　ふうこくしょう
19・20世紀, 中国の軍人・直隷軍閥の首領。字は華甫。河北省河間県出身。辛亥革命, 第2革命で, 革命派の鎮圧に活躍。1917年大総統を代行。直隷派を形成し, 安徽派と抗争。
- ⇒旺世（馮国璋　ふうこくしょう　1859–1919)
- 角世（馮国璋　ふうこくしょう　1859–1919)
- 国史（馮国璋　ふうこくしょう　1859–1919)
- コン2（馮国璋　ひょうこくしょう　1857–1919)
- コン3（馮国璋　ひょうこくしょう　1857–1919)
- 人物（馮国璋　ふうこくしょう　1857–1919)
- 世人（馮国璋　ひょうこくしょう, ふうこくしょう　1857–1919)
- 世東（馮国璋　ふうこくしょう　1859–1919.12.28)
- 世百（馮国璋　ひょうこくしょう　1857–1919)
- 全書（馮国璋　ふうこくしょう　1859–1919)
- 大辞（馮国璋　ふうこくしょう　1857–1919)
- 大辞2（馮国璋　ふうこくしょう　1857–1919)
- 大辞3（馮国璋　ふうこくしょう　1857–1919)
- 大百（馮国璋　ふうこくしょう　1857–1919)
- 中国（馮国璋　ふうこくしょう　1857–1919)
- 中人（馮国璋　ふうこくしょう　1857–1919)
- デス（馮国璋　ふうこくしょう〈フォンクオチヤン〉1857–1919)
- 日人（馮国璋　ふうこくしょう　1859–1919)
- 百科（馮国璋　ふうこくしょう　1859–1919)
- 評世（馮国璋　ふうこくしょう　1857–1919)
- 山世（馮国璋　ふうこくしょう　1859–1919)

胡適　フウシー
⇨胡適（こてき）

馮子材　ふうしざい
19・20世紀, 中国, 清末期の武将。字は翠亭。広東省出身。太平軍の弾圧に活躍。広西・貴州・雲南などの提督を歴任。
- ⇒外国（馮子材　ふうしざい　1818–1903)
- コン2（馮子材　ひょうしざい　1818–1903)
- コン3（馮子材　ひょうしざい　1818–1903)
- 世東（馮子材　ふうしざい　?–1903.7)
- 中史（馮子材　ふうしざい　1818–1903)
- 中人（馮子材　ふうしざい　1818–1903)

馮自由　ふうじゆう
19・20世紀, 中国国民党の長老。原名は懋龍, 字は建章, 筆名は建華。ジャーナリストとしての活躍が目立つ。国民党の要職につき, 右派を構成。著書『華僑革命開国史』。
- ⇒華人（馮自由　ふうじゆう　1882–1958)
- 近中（馮自由　ふうじゆう　1882.11.13–1958.4.6)
- コン3（馮自由　ひょうじゆう　1882–1958)
- 世東（馮自由　ひょうじゆう　1882–1958)
- 中人（馮自由　ふうじゆう　1882–1958)

馮習　ふうしゅう
3世紀, 中国, 三国時代, 蜀の将。
- ⇒三国（馮習　ふうしゅう）
- 三全（馮習　ふうしゅう　?–221)

馮儁　ふうしゅん
6世紀頃, 中国, 北魏の遣柔然使。
- ⇒シル（馮儁　ふうしゅん　6世紀頃)
- シル新（馮儁　ふうしゅん）

馮勝　ふうしょう
⇨馮勝（ひょうしょう）

馮汝騤　ふうじょき
20世紀, 中国の官僚。
- ⇒近中（馮汝騤　ふうじょき　?–1911.10.31)

馮銓　ふうせん
16・17世紀,中国,明末・清初期の官僚。字は振鷺,諡は文敏。明の旧制による制度を整えた。
⇒コン2　(馮銓　ひょうせん　1595-1672)
　コン3　(馮銓　ひょうせん　1595-1672)
　新美　(馮銓　ふうせん　1595(明・万暦23)-1672(清・康熙11))
　中書　(馮銓　ふうせん)

馮太后　ふうたいこう
5世紀,中国,北魏第4代皇帝文成帝の皇后。第5代献文帝の時代および第6代孝文帝の前半に権力を握った。
⇒中皇　(馮皇后　442-490)
　中史　(馮太后　ふうたいこう　442-490)

馮紞　ふうたん
3世紀,中国,東晋の臣。
⇒三国　(馮紞　ふうたん)
　三全　(馮紞　ふうたん　?-286)

馮仲雲　ふうちゅううん
20世紀,中国共産党指導者(中国東北部)。
⇒近中　(馮仲雲　ふうちゅううん　1908.2.27-1968.3.17)

馮道　ふうどう
9・10世紀,中国の政治家。五代後唐,後晋,後漢,後周および遼の宰相。字は可道。五代の各朝に仕えたため,無節操を批判されたが,仁義を説き,民政に尽力した。
⇒外国　(馮道　ふうどう　882-954)
　角世　(馮道　ふうどう　882-954)
　広辞6　(馮道　ひょうどう　882-954)
　国小　(馮道　ふうどう　882(中和2)-954(顕徳1.4.17))
　コン2　(馮道　ひょうどう　882-954)
　コン3　(馮道　ひょうどう　882-954)
　人物　(馮道　ふうどう　882-954)
　世東　(馮道　ふうどう　882-954)
　世百　(馮道　ふうどう　882-954)
　全書　(馮道　ふうどう　882-954)
　大百　(馮道　ふうどう　882-954)
　中芸　(馮道　ふうどう　882-954)
　中国　(馮道　ふうどう　882-954)
　中史　(馮道　ふうどう　882-954)
　デス　(馮道　ひょうどう　882-954)
　伝記　(馮道　ふうどう　882-954)
　百科　(馮道　ふうどう　882-954)
　評世　(馮道　ふうどう　882-954)
　歴史　(馮道　ひょうどう　882(中和2)-954(顕徳1))

馮徳遐　ふうとくか
7世紀頃,中国,唐の遣吐蕃使。
⇒シル　(馮徳遐　ふうとくか　7世紀頃)
　シル新　(馮徳遐　ふうとくか)

馮文彬　ふうぶんひん
20世紀,中国の革命家。1949年中央人民政府最高人民法院委員となり,中華全国総工会常務委員,執行委員を兼ねる。
⇒外国　(馮文彬　ふうぶんひん　1911-)
　コン3　(馮文彬　ひょうぶんひん　1911-)
　中人　(馮文彬　ふうぶんひん　1911-)

馮奉世　ふうほうせい
前1世紀,中国,前漢の遣西域答礼使。
⇒シル　(馮奉世　ふうほうせい　?-前39?)
　シル新　(馮奉世　ふうほうせい　?-前39?)

ブウ・ラン(宝麟)
ベトナム,成泰帝の諡号。阮朝の第九代の帝。
⇒ベト　(Buu-Lan　ブウ・ラン〔宝麟〕)

馮礼　ふうれい
3世紀,中国,三国時代,冀州城の東門の守将。
⇒三国　(馮礼　ふうれい)
　三全　(馮礼　ふうれい　?-204)

傅嬰　ふえい
3世紀頃,中国,三国時代,呉の孫権の弟孫翊の腹心の将。
⇒三国　(傅嬰　ふえい)
　三全　(傅嬰　ふえい　生没年不詳)

傅説　ふえつ
中国,殷の武丁(高宗)の賢相。土木工事の人夫(刑徒)から宰相に登り,殷の中興を完成させた。
⇒広辞4　(傅説　ふえつ)
　広辞6　(傅説　ふえつ)
　コン3　(傅説　ふえつ　生没年不詳)
　大辞　(傅説　ふえつ)
　大辞3　(傅説　ふえつ)

フェニ・プラモト
⇒セーニー

フエン・チャン コン・チュア(玄珍公主)
ベトナム,陳仁宗帝の王女。
⇒ベト　(Huyen-Tran Cong-Chua　フエン・チャン コン・チュア〔玄珍公主〕)

武王(周)　ぶおう
前11世紀頃,中国,周王朝の初代王。名,発。文王の長子。殷を牧野(河南省朝歌)の戦いで破って,周王朝を開いた。
⇒旺世　(武王　ぶおう　生没年不詳)
　外国　(武王　ぶおう)
　角世　(武王　ぶおう　前11世紀頃)
　広辞4　(武王　ぶおう)
　広辞6　(武王　ぶおう)
　皇帝　(武王　ぶおう　生没年不詳)
　国小　(武王(周)　ぶおう　生没年不詳)
　コン2　(武王　ぶおう　前11世紀頃)
　コン3　(武王　ぶおう)
　三国　(武王　ぶおう)
　人物　(武王　ぶおう　生没年不詳)
　世人　(武王　ぶおう　生没年不詳)
　世東　(武王　ぶおう　前12世紀頃)

世百　(武王〔周〕　ぶおう　生没年不詳)
全書　(武王　ぶおう　生没年不詳)
大辞　(武王　ぶおう　生没年不詳)
大辞3　(武王　ぶおう)
大百　(武王　ぶおう　生没年不詳)
中国　(武王　ぶおう　前11世紀頃)
中史　(武王〔周〕　ぶおう　生没年不詳)
伝記　(武王〔周〕　ぶおう〔しゅう〕)
統治　(武〔姫発〕　Wu［Chi Fa］　(在位) 前1045-1043)
百科　(武王〔周〕　ぶおう　生没年不詳)
評世　(武王　ぶおう　前1050頃)
山世　(武王　ぶおう　生没年不詳)

武王(楚)　ぶおう
前8・7世紀, 中国, 楚の初代王。名は熊通。周室の許可なくして楚王を称した。
⇒広辞4　(武王　ぶおう)
広辞6　(武王　ぶおう　(在位)前740-前690)
人物　(武王　ぶおう　前740-690)
世東　(武王　ぶおう　?-前690)
大辞　(武王　ぶおう　生没年不詳)
大辞3　(武王　ぶおう)

武王(戦国秦)　ぶおう
前4世紀, 中国, 戦国時代秦の第27代王(在位前311~前307)。名は蕩。恵文王の子。
⇒広辞4　(武王　ぶおう)
広辞6　(武王　ぶおう　(在位)前311-前307)
大辞　(武王　ぶおう　生没年不詳)
大辞3　(武王　ぶおう)
歴史　(武王　ぶおう)

武王(前涼)　ぶおう*
3・4世紀, 中国, 五胡十六国・前涼の皇帝(在位301~314)。
⇒中皇　(武王　254-314)

武王　ぶおう
⇨大武芸(だいぶげい)

フォト・サムバト　Huot Sambath
20世紀, カンボジアの外交官, 政治家。亡命政権公共事業・郵政・建設相・統一戦線政治局員。
⇒世東　(フォト・サムバト　1928-)

ブオン・ヴァン・バク　Vuong Van Bac
20世紀, ベトナムの政治家。南ベトナム外相。
⇒二十　(ブオン・ヴァン・バク　1927-)

馮国璋　フオンクオチヤン
⇨馮国璋(ふうこくしょう)

馮玉祥　フオンユイシヤン
⇨馮玉祥(ふうぎょくしょう)

傅嘏　ふか
3世紀, 中国, 三国時代, 魏の尚書。
⇒三国　(傅嘏　ふか)
三全　(傅嘏　ふか　209-255)

傅介子　ふかいし
前1世紀頃, 中国, 前漢の遣西域使, 武将。
⇒シル　(傅介子　ふかいし　前1世紀頃)
シル新　(傅介子　ふかいし)

ブカ・ティムール　Buqa Temür
13世紀, チャガタイ・ハン国のハン。在位1272-1282。
⇒統治　(ブカ・ティムール　(在位)1272-1282)

富加抃　ふかべん
7世紀頃, 朝鮮, 高句麗から来日した使節。
⇒シル　(富加抃　ふかべん　7世紀頃)
シル新　(富加抃　ふかべん)

富干　ふかん
7世紀頃, 朝鮮, 高句麗から来日した使節。
⇒シル　(富干　ふかん　7世紀頃)
シル新　(富干　ふかん)

傅幹　ふかん
3世紀頃, 中国, 三国時代, 曹操の参軍。字は彦材(げんざい)。
⇒三国　(傅幹　ふかん)
三全　(傅幹　ふかん　生没年不詳)

フカンガ(福康安)　Fukangga
18世紀, 中国, 清中期の満州人武将。姓はフチャ(富察), 字は瑤林, 諡は文襄。
⇒外国　(フクコウアン〔福康安〕　?-1796)
コン2　(フカンガ〔福康安〕　?-1796)
コン3　(フカンガ〔福康安〕　?-1796)
世東　(ふくこうあん〔福康安〕　?-1796)

溥儀　ふぎ
20世紀, 中国, 清朝最後の皇帝宣統帝(在位1908~12)。姓・愛親覚羅。辛亥革命で退位。満州事変が起ると日本軍特務機関に誘い出されて34年満州国皇帝に即位。
⇒逸話　(宣統帝　せんとうてい　1906-1967)
岩ケ　(宣統帝　せんとうてい　1906-1967)
旺世　(溥儀　ふぎ　1906-1967)
外国　(溥儀　ふぎ　1906-)
角世　(溥儀　ふぎ　1906-1967)
近中　(溥儀　ふぎ　1906.2.7-1967.10.17)
現人　(溥儀　ふぎ〈プーイー〉　1906-1967.10.17)
広辞5　(宣統帝　せんとうてい　1906-1967)
広辞6　(宣統帝　せんとうてい　1906-1967)
皇帝　(宣統帝　せんとうてい　1906-1967)
国小　(溥儀　ふぎ　1906.2.7-1967.10.17)
コン3　(溥儀　ふぎ　1906-1967)
人物　(溥儀　ふぎ　1906-)
世人　(宣統帝(溥儀)　せんとうてい(ふぎ)　1906-1967)
世東　(溥儀　ふぎ　1906-1967.10.17)
世百　(溥儀　ふぎ　1906-)
世百新　(溥儀　ふぎ　1906-1967)
全書　(溥儀　ふぎ　1906-1967)
大辞2　(溥儀　ふぎ　1906-1967)

大辞3（溥儀　ふぎ　1906–1967）
　　大百（溥儀　ふぎ〈プーイー〉　1906–1967）
　　中国（溥儀　ふぎ　1906–1967）
　　中人（溥儀　ふぎ　1906.2.7–1967.10.17）
　　伝記（溥儀　ふぎ　1906–1967）
　　統治（宣統　　（在位）1908–1912〔溥儀〕（満洲国皇帝1934–45））
　　ナビ（溥儀　ふぎ　1906–1967）
　　日人（愛新覚羅溥儀　あいしんかくらふぎ　1906–1967）
　　百科（溥儀　ふぎ　1906–1967）
　　評世（溥儀　ふぎ　1906–1967）
　　山世（溥儀　ふぎ　1906–1967）
　　歴史（宣統帝　せんとうてい　1906–1967）

福王　ふくおう
　⇨安宗（あんそう）

福王朱常洵　ふくおうしゅじょうじゅん
　16・17世紀, 中国, 明末期の皇族。万暦帝の第3子。立太子問題で争い, 明末党争の端緒となった。
　⇒コン2（福王朱常洵　ふくおうしゅじょうじゅん　1586–1641）

福王朱由崧　ふくおうしゅゆうしょう
　⇨安宗（あんそう）

伏犧（伏義, 伏犠, 伏羲）　ふくぎ
　中国, 古伝説上の帝王。三皇の一。女媧の兄あるいは夫。
　⇒角世（伏義　ふくぎ）
　　広辞6（伏犧, 伏義, 伏羲　ふっき）
　　コン2（伏犧, 伏義　ふくぎ）
　　コン3（伏犧　ふくぎ）
　　世東（伏義　ふくぎ）
　　大辞（伏義・伏犧　ふっき）
　　大辞3（伏義（伏犧）　ふっき）
　　中芸（伏義　ふくぎ）
　　評世（伏義　ふくぎ）
　　歴史（伏犧　ふくぎ）

服虔　ふくけん
　2世紀, 中国, 後漢の儒学者。河南出身。字は子慎, 官は尚書侍郎。『春秋漢議駁』（2巻）を著す。
　⇒世東（服虔　ふくけん　?–188頃）
　　中芸（服虔　ふくけん　生没年不詳）
　　百科（服虔　ふくけん　生没年不詳）

伏謝多　ふくしゃた
　8世紀頃, 西アジア, 黒衣跋陀（アッバース朝）の入唐使節。
　⇒シル（伏謝多　ふくしゃた　8世紀頃）
　　シル新（伏謝多　ふくしゃた）

復株絫若鞮単于　ふくしゅるじゃくていぜんう
　前1世紀, 中央アジア, 匈奴の単于。漢に入朝した。
　⇒シル（復株絫若鞮単于　ふくしゅるじゃくていぜんう　（在位）前31–前20）
　　シル新（復株絫若鞮単于　ふくしゅるじゃくていぜんう　（在位）前31–前20）

福富味身　ふくふみしん
　6世紀頃, 朝鮮, 百済から来日した使節。
　⇒シル（福富味身　ふくふみしん　6世紀頃）
　　シル新（福富味身　ふくふみしん）

武芸王　ぶげいおう
　⇨大武芸（だいぶげい）

溥傑　ふけつ
　20世紀, 中国, 清朝最後の皇帝, 溥儀の弟。学習院・陸軍士官学校・陸軍大学校卒。満洲国の軍人となる。第二次大戦後ソ連に抑留, 1960年特赦。のち全国人民代表大会代表。書家としても有名。
　⇒広辞5（溥傑　ふけつ　1907–1994）
　　広辞6（溥傑　ふけつ　1907–1994）
　　中人（愛新覚羅溥傑　あいしんかくらふけつ　1907.4.16–）
　　日人（愛新覚羅溥傑　あいしんかくらふけつ　1907–1994）

苻健　ふけん
　4世紀, 中国, 五胡前秦の初代皇帝（在位351～355）。字は建業, 諡は明皇帝・景明皇帝。氏族の出身。
　⇒コン2（苻健　ふけん　317–355）
　　コン3（苻健　ふけん　317–355）
　　世百（苻健　ふけん　317?–355）
　　全書（苻健　ふけん　317–355）
　　中皇（高祖　317–355）
　　百科（苻健　ふけん　317–355）

苻堅　ふけん
　4世紀, 中国, 五胡十六国・前秦の第3代王（在位357～385）。字, 永固, 文玉。諡, 宣昭皇帝。廟号, 世祖。氏族出身。
　⇒旺世（苻堅　ふけん　338–385）
　　外国（苻堅　ふけん　338–385）
　　角世（苻堅　ふけん　338–385）
　　広辞4（苻堅　ふけん　338–385）
　　広辞6（苻堅　ふけん　338–385）
　　皇帝（苻堅　ふけん　338–385）
　　国小（苻堅　ふけん　338（東晋, 咸康4）–385（太安1））
　　コン2（苻堅　ふけん　338–385）
　　コン3（苻堅　ふけん　338–385）
　　人物（苻堅　ふけん　338–385）
　　世人（苻堅　ふけん　338–385）
　　世東（苻堅　ふけん　338–385）
　　世百（苻堅　ふけん　338–385）
　　全書（苻堅　ふけん　338–385）
　　大辞（苻堅　ふけん　338–385）
　　大辞3（苻堅　ふけん　338–385）
　　大百（苻堅　ふけん　338–385）
　　中皇（世祖　338–385）
　　中国（苻堅（秦）　ふけん　338–385）
　　中史（苻堅　ふけん　338–385）
　　デス（苻堅　ふけん　338–385）
　　東仏（苻堅　ふけん　338–385）
　　百科（苻堅　ふけん　338–385）
　　評世（苻堅　ふけん　338–385）
　　山世（苻堅　ふけん　338–385）
　　歴史（苻堅　　338–385）

傅恒　ふこう
18世紀, 中国, 清中期の満州人武将。姓はフチャ(富察), 字は春和, 諡は文忠。『皇輿西域図志』を刊行。
- ⇒外国（傅恒　ふこう　?-1770）
- コン2（傅恒　ふこう　?-1770）
- コン3（傅恒　ふこう　?-1770）

武鴻卿　ぶこうけい
20世紀, ベトナムの政治家。右翼政党越南国民党を率いてベトミンと抗争したが, のちにこれと手を握り, 1946年1月, 国民連合臨時政府を樹立した。
- ⇒外国（武鴻卿　ぶこうけい　?-）

符皇后　ふこうごう*
中国, 五代十国, 後周の世宗の皇妃。
- ⇒中皇（符皇后　生没年不詳）

夫差　ふさ
前5世紀, 中国, 春秋時代の呉王(在位前496～473)。父は五覇の一人の闔閭。
- ⇒逸話（夫差　ふさ　?-前473）
- 旺世（夫差　ふさ　?-前473）
- 外国（夫差　ふさ　?-前473）
- 角世（夫差　ふさ　?-前473）
- 広辞4（夫差　ふさ　?-前473）
- 広辞6（夫差　ふさ　?-前473）
- 皇帝（夫差　ふさ　?-前473）
- 国小（夫差　ふさ　?-前473（夫差23））
- コン2（夫差　ふさ　?-前473）
- コン3（夫差　ふさ　?-前473）
- 人物（夫差　ふさ　?-前473）
- 世人（夫差　ふさ　?-前473）
- 世東（夫差　ふさ　?-前473.11）
- 世百（夫差　ふさ　?-前473）
- 全書（夫差　ふさ　?-前473）
- 大辞（夫差　ふさ　?-前473）
- 大辞3（夫差　ふさ　?-前473）
- 大百（夫差　ふさ　?-前473）
- 中国（夫差(呉)　ふさ　?-前473）
- 中史（夫差　ふさ　?-前473）
- デス（夫差　ふさ　?-前473）
- 百科（夫差　ふさ　?-前473）
- 評世（夫差　ふさ）
- 山世（夫差　ふさ　?-前473）

フサイン・バイカラ　Sulṭān Ḥusayn Mīrzā b. Manṣūr b.Bāyqarā
15・16世紀, 中央アジア, ティムール帝国, 最後のイランの支配者(在位1466～1506)。
- ⇒角世（フサイン・バイカラ　1438-1506）
- 国小（フサイン・バイカラ　1438-1506）
- コン2（フサイン・バーイカラー　1436頃-1506）
- コン3（フサイン・バーイカラー　1436頃-1506）
- 西洋（フサイン・バーイカラー　1436頃-1506.5.5）
- 世東（ホサイン・バーイカラー　1438-1506）
- 中ユ（フサイン・バイカラ　1438-1506）
- 統治（フサイン・バーイカラー　(在位)1469-1506）

傅作義　ふさくぎ
20世紀, 中国の軍人。字は宜生。山西省孝義県出身。1935年国民党中央執行委員。日中戦争中は第12軍区総司令など歴任。49年北京を平和裏に中共軍に渡した。のちに副主席となる。
- ⇒外国（傅作義　ふさくぎ　1893-）
- 角世（傅作義　ふさくぎ　1895-1974）
- 近中（傅作義　ふさくぎ　1895.6.27-1974.4.19）
- コン3（傅作義　ふさくぎ　1894-1974）
- 人物（傅作義　ふさくぎ　1893-）
- 世東（傅作義　ふさくぎ　1895-1974.4.19）
- 全書（傅作義　ふさくぎ　1893-1974）
- 大辞2（傅作義　ふさくぎ　1893-1974）
- 中人（傅作義　ふさくぎ　1895-1974.4.19）

ブザン　Buzan
14世紀, チャガタイ・ハン国のハン。在位1334。
- ⇒統治（ブザン　(在位)1334）

武三思　ぶさんし
7・8世紀, 中国, 唐代の権臣。則天武后の異母兄武元慶の子。武后が周朝をたてると梁王に封じられた。697年宰相。
- ⇒国小（武三思　ぶさんし　?-707（神龍3.7.6））
- コン2（武三思　ぶさんし　?-707）
- コン3（武三思　ぶさんし　?-707）

胡適　フーシー
⇨胡適（こてき）

傅士仁　ふしじん
3世紀, 中国, 三国時代, 荊州の将。
- ⇒三国（傅士仁　ふしじん）
- 三全（傅士仁　ふしじん　?-223）

傅秋濤　ふしゅうとう
20世紀, 中国人民解放軍高級将校で, 民兵建設の指導者, 上将。
- ⇒近中（傅秋濤　ふしゅうとう　1907.8.3-1981.8.25）

武少儀　ぶしょうぎ
9世紀頃, 中国, 唐の遣南詔弔祭使。
- ⇒シル（武少儀　ぶしょうぎ　9世紀頃）
- シル新（武少儀　ぶしょうぎ）

武承嗣　ぶしょうし
7世紀, 中国, 唐の政治家。則天武后の一族。武后の寵愛をうけ, 権勢をふるう。
- ⇒コン2（武承嗣　ぶしょうし　?-698）
- コン3（武承嗣　ぶしょうし　?-698）

胡縄　フーション
⇨胡縄（こじょう）

傅清　ふしん
18世紀, 中国, 清中期の将軍。姓はフチャ(富察), 諡は襄烈。傅恒の兄。1744年西蔵辦事副都統としてラサに赴く。

政治・外交・軍事篇

⇒コン2（傅清　ふしん　?-1750）
コン3（傅清　ふしん　?-1750）

武成皇后　ぶせいこうごう
6世紀，中央アジア，突厥（チュルク）の木杆可汗の娘。北周武帝の皇后。
⇒シル（武成皇后　ぶせいこうごう　551-582）
シル新（武成皇后　ぶせいこうごう　551-582）

武成帝　ぶせいてい*
6世紀，中国，南北朝・北斉の皇帝（在位561〜565）。
⇒中皇（武成帝　537-568）
統治（武成帝　Wu Ch'êng Ti　（在位）561-565）

フセイン・オン　Hussein B.Onn, Datuk
20世紀，マレーシアの政治家。マレーシア首相。
⇒世政（フセイン・オン　1922-1990.5.28）

フセイン・オン, D.　Hussein Onn, Datuk
20世紀，マレーシアの政治家。教育相，副首相をへて，1976年ラザク首相死去で首相に就任。81年7月辞任。
⇒現人（フセイン・オン　1922–）
二十（フセイン・オン, D.　1922–）

傅僉　ふせん
3世紀，中国，三国時代，蜀の大将。
⇒三国（傅僉　ふせん）
三全（傅僉　ふせん　?-263）

扶蘇　ふそ
前3世紀，中国，秦の始皇帝の長子で，始皇帝の死後誅殺された。
⇒中皇（嬴扶蘇　?-前210）
中史（扶蘇　ふそ　?-前210）

武宗(唐)　ぶそう
9世紀，中国，唐の第15代皇帝（在位840〜846）。第12代穆宗の5子。道教を信仰し「会昌の廃仏」を起した。
⇒旺世（武宗(唐)　ぶそう　814頃-846）
広辞4（武宗　ぶそう　814-846）
広辞6（武宗　ぶそう　814-846）
皇帝（武宗　ぶそう　814-846）
国小（武宗(唐)　ぶそう　814(元和9)-846(会昌6)）
コン2（武宗(唐)　ぶそう　814-846）
コン3（武宗(唐)　ぶそう　814-846）
人物（武宗　ぶそう　?-846）
世人（武宗(唐)　ぶそう　814-846）
大辞（武宗　ぶそう　814-846）
大辞3（武宗　ぶそう　814-846）
大百（武宗　ぶそう　814-846）
中皇（武宗　814-846）
中国（武宗(唐)　ぶそう　814-846）
統治（武宗　Wu Tsung　（在位）840-846）
東仏（武宗　ぶそう　814-846）
百科（武宗　ぶそう　814-846）
評世（武宗　ぶそう　814-846）

歴史（武宗(唐)　ぶそう　814-846）

武宗(元)　ぶそう
13・14世紀，中国，元の第3代皇帝（在位1307〜11）。世祖の孫順宗タルマバラ（答剌麻八剌）の第2子。諱は海山，諡は仁恵宣孝皇帝。ハイトーの乱の討伐に殊勲をたて，モンゴル宮廷官僚派を押えて即位。
⇒角世（武宗　ぶそう　1281-1311）
皇帝（武宗　ぶそう　1281-1311）
国小（武宗(元)　ぶそう　1281(至元18)-1311(大大4)）
コン2（武宗(元)　ぶそう　1281-1311）
コン3（武宗(元)　ぶそう　1281-1311）
人物（武宗　ぶそう　1281-1311）
中皇（武宗　1281-1311）
中国（武宗(元)　ぶそう　1281-1311）
統治（武宗〈カイシャン〉　Wu Tsung [Qaishan]　（在位）1307-1311）
評世（武宗(元)　ぶそう　1281-1311）
歴史（武宗(元)　ぶそう　1281-1311）

武宗(明)　ぶそう
⇨正徳帝(明)（せいとくてい）

武則天　ぶそくてん
⇨則天武后（そくてんぶこう）

傅鼐　ふだい
18・19世紀，中国，清中期の官僚。字は重庵。浙江省出身。1795年から13年間，紅苗の乱平定に従事。
⇒コン2（傅鼐　ふだい　1758-1811）
コン3（傅鼐　ふだい　1758-1811）

フダーヤール・ハン　Khudāyār Khān
19世紀，コーカンド・ハン国の実質上最後のハン（君主）。在位1845-58，62-63，65-75年。
⇒中ユ（フダーヤール・ハン　1830頃-1879）

胡喬木　フーチアオムー
⇨胡喬木（こきょうぼく）

胡喬木　フーチヤオムー
⇨胡喬木（こきょうぼく）

伏犧(伏義)　ふっき
⇨伏犧（ふくぎ）

勿部珣　ぶつぶじゅん
7世紀頃，朝鮮，百済出身の将軍。663（龍朔3）年百済滅亡後，唐に仕えた。
⇒シル（勿部珣　ぶつぶじゅん　7世紀頃）
シル新（勿部珣　ぶつぶじゅん）

物理多　ぶつりた
8世紀頃，カシミールの入唐朝遣使。
⇒シル（物理多　ぶつりた　8世紀頃）
シル新（物理多　ぶつりた）

武丁　ぶてい
中国, 商(殷)朝第23代の王。商朝中興の祖といわれる。
⇒中史（武丁　ぶてい）

武亭　ぶてい
20世紀, 中国在留の朝鮮の革命家, 軍人。本名金武亭。
⇒コン3（武亭　ぶてい　1905–1951）
　朝人（武亭　ぶてい　1905–1952?）

武帝(前漢)　ぶてい
前2・1世紀, 中国, 前漢の第7代皇帝(在位前141～87)。姓名, 劉徹。廟号, 世宗。景帝の中子。
⇒岩ケ（武帝　ぶてい　前141–前86）
　旺世（武帝(前漢)　ぶてい　前159–87）
　外国（武帝(漢)　ぶてい　前159–87）
　角世（武帝　ぶてい　前156–87）
　広辞4（武帝　ぶてい　前156–前87）
　広辞6（武帝　ぶてい　前156–87）
　皇帝（武帝　ぶてい　前159–87）
　国小（武帝(前漢)　ぶてい　前159(文帝, 後元5)–87(武帝, 後元2.2)）
　百国（武帝(漢)　ぶてい　前159–87）
　コン2（武帝(漢)　ぶてい　前159–87）
　コン3（武帝(漢)　ぶてい　前160–87）
　三国（孝武帝　こうぶてい）
　三国（武帝　ぶてい）
　詩歌（漢・武帝　かんのぶてい　前156–87）
　人物（武帝(前漢)　ぶてい　前159–87）
　世人（武帝(漢)　ぶてい　前159–87）
　世東（武帝　ぶてい　前159–87）
　世百（武帝(漢)　ぶてい　前159–87）
　全書（武帝　ぶてい　前156–前87）
　大辞（武帝　ぶてい　前156–前87）
　大辞3（武帝　ぶてい　前156–87）
　大百（武帝　ぶてい　前156–87）
　中皇（武帝　前159–87）
　中芸（漢武帝　かんのぶてい　前159–前87）
　中国（武帝(前漢)　ぶてい　前159–87）
　中史（武帝(漢)　ぶてい　前156–87）
　デス（武帝(漢)　ぶてい　前156–87）
　伝記（武帝(漢)　ぶてい(かん)　前157/6–87）
　統治（武帝　Wu Ti　(在位)前141–87）
　百科（武帝(漢)　ぶてい　前156–87）
　評世（武帝　ぶてい　前159–87）
　山世（武帝(前漢)　ぶてい　前156–87）
　歴史（武帝　ぶてい）

武帝(魏)　ぶてい
⇨曹操(そうそう)

武帝(西晋)　ぶてい
3世紀, 中国, 西晋の初代皇帝(在位265～289)。姓名, 司馬炎。司馬昭の子。
⇒旺世（司馬炎　しばえん　236–290）
　外国（司馬炎　しばえん　236–290）
　角世（司馬炎　しばえん　236–290）
　広辞4（司馬炎　しばえん　236–290）
　広辞6（司馬炎　しばえん　236–290）
　皇帝（武帝　ぶてい　236–290）
　国小（武帝(西晋)　ぶてい　236(青龍4)–290(太熙1)）
　国百（武帝(西晋)　ぶてい　236–290）
　コン2（武帝(西晋)　ぶてい　236–290）
　コン3（武帝(西晋)　ぶてい　236–290）
　三国（司馬炎　しばえん）
　三全（司馬炎　しばえん　236–290）
　人物（司馬炎　しばえん　236–290.4）
　世人（武帝(西晋)　ぶてい　236–290）
　世東（武帝　ぶてい　?–290）
　世百（武帝(晋)　ぶてい　236–290）
　全書（司馬炎　しばえん　236–290）
　大辞（司馬炎　しばえん　236–290）
　大辞3（司馬炎　しばえん　236–290）
　大百（司馬炎　しばえん　236–290）
　中皇（武帝　236–290）
　中国（司馬炎　しばえん　236–290）
　デス（司馬炎　しばえん　236–290）
　統治（武帝(司馬炎)　Wu Ti[Ssŭ-ma Yen]　(在位)266–290）
　百科（武帝(晋)　ぶてい　236–290）
　評世（司馬炎　しばえん　236–290）
　山世（司馬炎　しばえん　236–290）
　歴史（司馬炎　しばえん　236(青龍4)–290(太熙1)）

武帝(南朝宋)　ぶてい
4・5世紀, 中国, 南朝宋の初代皇帝(在位420～422)。姓名, 劉裕。もと東晋の軍人。
⇒旺世（劉裕　りゅうゆう　356–422）
　外国（劉裕　りゅうゆう　356–422）
　角世（劉裕　りゅうゆう　356–422）
　広辞4（劉裕　りゅうゆう　363–422）
　広辞6（劉裕　りゅうゆう　363–422）
　皇帝（武帝　ぶてい　356–422）
　国小（武帝(南朝宋)　ぶてい　356(永和12)–422(永初3)）
　コン2（武帝(南朝宋)　ぶてい　356–422）
　コン3（武帝(南朝宋)　ぶてい　353–422）
　人物（劉裕　りゅうゆう　363–422）
　世人（武帝(南朝宋)　ぶてい　356–422）
　世東（武帝(劉裕)　ぶてい　356–422）
　世百（武帝(宋)　ぶてい　356–422）
　全書（劉裕　りゅうゆう　363–422）
　大辞（劉裕　りゅうゆう　356–422）
　大辞3（劉裕　りゅうゆう　356–422）
　大百（武帝　ぶてい　356–422）
　中皇（武帝　363–422）
　中国（劉裕　りゅうゆう　356–422）
　中史（劉裕　りゅうゆう　363–422）
　デス（劉裕　りゅうゆう　356–422）
　統治（武帝(劉裕)　Wu Ti[Liu Yü]　(在位)420–422）
　東仏（武帝　ぶてい　356–422）
　百科（武帝(宋)　ぶてい　363–422）
　評世（劉裕　りゅうゆう　356–422）
　山世（劉裕　りゅうゆう　356–422）
　歴史（劉裕　りゅうゆう　363(永和12)–422(永初3)）

武帝(南斉)　ぶてい
5世紀, 中国, 南朝・斉の第2代皇帝(在位482～493)。高帝蕭道成の長子。廟号は世祖。
⇒広辞4（武帝　ぶてい　440–493）
　広辞6（武帝　ぶてい　440–493）
　世百（武帝(南斉)　ぶてい　440–493）
　全書（武帝　ぶてい　440–493）

中皇　（武帝　440-493）
統治　（武帝　Wu Ti（在位）482-493）
百科　（武帝（南斉）　ぶてい　440-493）
山世　（武帝（南朝斉）　ぶてい　440-493）

武帝（南朝梁）　ぶてい
　⇨蕭衍（しょうえん）

武帝（北周）　ぶてい
6世紀，中国，北周の第3代皇帝。名は宇文邕。太祖の第4子。
　⇒広辞4　（武帝　ぶてい　543-578）
　　広辞6　（武帝　ぶてい　543-578）
　　人物　（武帝（北周）　ぶてい　543-578）
　　世東　（武帝　ぶてい　543-578.6）
　　世百　（武帝（北周）　ぶてい　543-578）
　　全書　（武帝（北周）　ぶてい　543-578）
　　中皇　（武帝（高祖）　543-578）
　　統治　（武帝　Wu Ti（在位）560-578）
　　東仏　（武帝　ぶてい　?-578）
　　百科　（武帝（北周）　543-578）
　　山世　（武帝（北周）　ぶてい　543-578）

武帝（南朝陳）　ぶてい
6世紀，中国，南朝陳の初代皇帝（在位557～559）。姓名，陳覇先。字，興国。廟号，高祖。
　⇒角世　（陳覇先　ちんはせん　503-559）
　　広辞4　（武帝　ぶてい　503-559）
　　広辞6　（武帝　ぶてい　503-559）
　　皇帝　（武帝　ぶてい　503-559）
　　国小　（武帝（南朝陳）　ぶてい　503（天監2）-559（永定3））
　　コン2　（武帝（南朝陳）　ぶてい　503-559）
　　コン3　（武帝（南朝陳）　ぶてい　503-559）
　　人物　（武帝（南朝陳）　ぶてい　503-559）
　　世東　（陳覇先　ちんぱせん　503-559）
　　世東　（武帝　ぶてい　530-559.6）
　　世百　（武帝（陳）　ぶてい　503-559）
　　全書　（陳覇先　ちんはせん　503-559）
　　中皇　（武帝　503-559）
　　中国　（陳覇先　ちんぱせん　503-559）
　　中史　（武帝（陳覇先）　Wu Ti [Ch'ên Pa-hsien]（在位）557-559）
　　東仏　（武帝　ぶてい　503-559）
　　百科　（武帝（陳）　ぶてい　503-559）
　　評世　（陳覇先　ちんはせん　503-559）
　　山世　（陳覇先　ちんはせん　503-559）

傅肜　ふとう
3世紀，中国，三国時代，蜀の将。
　⇒三国　（傅肜　ふとう）
　　三全　（傅肜　ふとう　?-222）

武徳　ぶとく
7世紀頃，朝鮮，百済から来日した使節。
　⇒シル　（武徳　ぶとく　7世紀頃）
　　シル新　（武徳　ぶとく）

プートラ, S.　Putra, Syed
20世紀，マレーシアの王族。マレーシア初代国王。

　⇒二十　（プートラ, S.　1920-）

フ・ドン ティエン・ヴオン（扶董天王）
ベトナム，第6代雄王（前1822～1691）時代における救国の英雄。
　⇒ベト　（Phu-Đong Thien-Vuong　フ・ドン ティエン・ヴオン〔扶董天王〕）

フ・ニム
　⇨フー・ニム

フー・ニム　Hou Nim
20世紀，カンボジアの政治家。コンポンチャム生れ。1958年首相付副国務相。70年クーデター後にシハヌーク側につき，在北京亡命政権情報・宣伝相，統一戦線政治局員。
　⇒現人　（フー・ニム　1932-）
　　世東　（フー・ニム　1932-）
　　二十　（フ・ニム　1932-）

武寧王　ぶねいおう
5・6世紀，朝鮮，百済の第25代王（在位501～523）。次の聖王の時代の政治・文化両面の発展の基礎をきずいた。
　⇒角世　（武寧王　ぶねいおう　462-523）
　　国史　（武寧王　ぶねいおう　462-523）
　　対外　（武寧王　ぶねいおう　462-523）
　　朝人　（武寧王　ぶねいおう　462-523）
　　朝鮮　（武寧王　ぶねいおう　462-523）
　　伝記　（武寧王　ぶねいおう〈ムリョンワン〉462-523）
　　日人　（武寧王　ぶねいおう　462-523）

ブ・バン・マウ　Vu Van Mau
20世紀，南ベトナムの政治家。1955～63年外相。駐英，駐ルクセンブルク大使を歴任。
　⇒世東　（ブ・バン・マウ　?-）

富弼　ふひつ
11世紀，中国，北宋の政治家。河南（河南省洛陽）出身。字，彦国。諡，文忠。英宗のとき枢密使となった。
　⇒外国　（富弼　ふひつ　1004-1083）
　　角世　（富弼　ふひつ　1004-1083）
　　国小　（富弼　ふひつ　1004（景徳1）-1083（元豊6.6.22））
　　コン2　（富弼　ふひつ　1004-1083）
　　コン3　（富弼　ふひつ　1004-1083）
　　人物　（富弼　ふひつ　1004-1083）
　　世東　（富弼　ふひつ　1004-1083）
　　世百　（富弼　ふひつ　1004-1083）
　　全書　（富弼　ふひつ　1004-1083）
　　中芸　（富弼　ふひつ　1004-1083）
　　中国　（富弼　ふひつ　1004-1083）
　　百科　（富弼　ふひつ　1004-1083）
　　評世　（富弼　ふひつ　1004-1083）

フビライ（忽比烈，忽必烈，忽必烈汗）Khubilai
13世紀，中国，元朝の初代皇帝（在位1260～94）。廟号，世祖。南宋を討滅し中国を統一，

高麗を属国化し，ジャワなど南方諸国や日本に遠征。
⇒岩ケ　（フビライ・ハーン　1215-1294）
　旺世　（フビライ=ハン　1215-1294）
　外国　（フビライ〔忽必烈〕　1215-1294）
　角世　（クビライ　1215-1294）
　広辞4　（フビライ〔忽必烈，忽比烈〕　1215-1294）
　広辞6　（フビライ〔忽必烈，忽比烈〕　1215-1294）
　皇帝　（せいそ〔世祖〕　1215-1294）
　国史　（忽必烈　1215-1294）
　国小　（フビライ・ハン　1215（太祖10）-1294（至元31））
　国百　（フビライ・ハン〔忽必烈汗〕　1215-1294）
　コン2　（せいそ〔世祖（元）〕　1215-1294）
　コン3　（せいそ〔世祖（元）〕　1215-1294）
　人物　（フビライ〔忽必烈〕　1215-1294.1）
　世人　（フビライ=ハン　1215-1294）
　世東　（せいそ〔世祖〕　1215-1294.1）
　世百　（せいそ〔世祖（元）〕　1215-1294）
　全書　（フビライ・カン　1215-1294）
　対外　（忽必烈　1215-1294）
　大辞　（フビライ　1215-1294）
　大辞3　（フビライ　1215-1294）
　大百　（フビライ・カン　1214-1294）
　中皇　（世祖　1215-1294）
　中国　（クビライ・カン〔忽必烈汗〕　1417-1468）
　中史　（フビライ〔忽必烈〕　1215-1294）
　中ユ　（クビライ　1215-1294）
　デス　（フビライ〔忽必烈〕　1215-1294）
　伝記　（フビライ・ハーン〔忽必烈汗〕　1215-1294）
　統治　（世祖〈クビライ〉　Shih Tsu[Qubilai]（在位）1260-1294）
　日人　（フビライ　1215-1294）
　百科　（せいそ〔世祖（元）〕　1215-1294）
　評世　（クビライ汗　1215-1294）
　山世　（クビライ　1215-1294）
　歴史　（フビライ=ハン〔忽必烈汗〕　1215-1294）

フビライ・ハン
⇨フビライ

胡風　フーフォン
⇨胡風（こふう）

ブフム（不忽木）　Buhumu
13・14世紀，中国，元初の賢相。カンクリ（康里）部の貴族の出身。一名は時用。字は用臣。諡は文貞。世祖，成宗に厚く信任された。
⇒国小　（ブフム〔不忽木〕　1254（憲宗4）-1300（大徳4））

伝秉常　ふへいじょう
20世紀，台湾の財政・外交専門家。1927年南京国民政府財政部関務署長，外交顧問。28年立法委員として中華民国憲法草案の起草に任ずる。中ソ大使などをつとめた後，57年国策顧問。
⇒世東　（伝秉常　ふへいじょう　1896-1965）

プーマ　Phouma
20世紀，ラオスの政治家。1945年8月ベトナム八月革命に呼応し，ラオ・イサラ（ラオス解放戦線）を結成。51年首相となり，54年国防相兼任。73年2月ラオス和平協定に調印。
⇒角世　（プーマ　1901-1984）
　現人　（プーマ　1901.10.7-）
　国小　（プーマ　1901.10.7-）
　国百　（プーマ　1901.10.7-）
　コン3　（スヴァナ・プーマ　1901-1984）
　世政　（プーマ　1901.10.7-1984.1.10）
　世東　（スワンナ・プーマー　1901.10.7-）
　世百　（プーマ　1901-）
　世百新　（プーマ　1901-1984）
　全書　（プーマ　1901-1984）
　大百　（プーマ　1901-）
　伝世　（スワンナ・プーマ　1901.10.7-）
　ナビ　（プーマ　1901-1984）
　東ア　（プーマ　1901-1984）
　百科　（プーマ　1901-）

プーミ・ウォンウィチット
⇨ウォンウィチット

プミポン・アドゥンヤデート
⇨ラーマ9世

プミボン・アドンヤデート
⇨ラーマ9世

プーミ・ボンビチット　Phoumi Vongvichit
20世紀，ラオスの政治家，民族解放運動指導者。ラオス大統領代行・副首相。
⇒世政　（プーミ・ボンビチット　1910-1994.1.7）

プヤット　Puyat, Gil J.
20世紀，フィリピンの政治家。マニラ生れ。ラウレル・ラングレー協定や日比賠償協定に関与，1965年以来与党ナショナリスタ党総裁，上院議長。
⇒世東　（プヤット　1907.9.1-）

ブヤン・クリ　Buyan Quli
14世紀，チャガタイ・ハン国のハン。在位1348-1359。
⇒統治　（ブヤン・クリ　（在位）1348-1359）

傅友徳　ふゆうとく
14世紀，中国，明初の武将。安徽省宿州出身。常遇春のもとで戦功があった。
⇒外国　（傅友徳　ふゆうとく　?-1397）

フー・ユン　Hou Yuon
20世紀，カンボジアの政治家。コンポンチャム州出身。1958年サンクムに加盟し，商工業および予算担当副国務相，保健担当国務相を歴任。
⇒世東　（フー・ユン　1930-）

舞陽君　ぶようくん
2世紀，中国，三国時代，大将軍何進・何苗兄弟の母。
⇒三国　（舞陽君　ぶようくん）

三全（舞陽君　ぶようくん　?–189）

扶餘隆　ふよりゅう
7世紀頃，朝鮮，百済の太子，遣唐使。王扶余璋の子。
⇒シル（扶餘隆　ふよりゅう　7世紀頃）
　シル新（扶餘隆　ふよりゅう）

プラウィラネガラ　Prawiranegara Sjafruddin
20世紀，インドネシアの政治家。1948〜49年共和国首脳がオランダ側に捕われたためスマトラに非常時内閣を組織。
⇒コン3（プラウィラネガラ　1911–）

フラーグ
⇨フラグ

フラグ（旭烈兀）　Hulagu
13世紀，イル・ハン国の創設者（在位1256–65）。
⇒旺世（フラグ　1218–1265）
　外国（フラーグ　1218–1265）
　角世（フレグ　1218–1265）
　広辞4（フラグ〔旭烈兀〕　1218–1265）
　広辞6（フラグ〔旭烈兀〕　1218–1265）
　皇帝（フラグ　1217/8–1265）
　国小（フラグ〔旭烈兀〕　1218–1265）
　コン2（フラグ〔旭烈兀〕　1218–1265）
　コン3（フラグ〔旭烈兀〕　1218–1265）
　人物（フラグ　1218頃–1265）
　西洋（フーラーグー・カーン　1218頃–1265.2.8）
　世人（フラグ　1218–1265）
　世東（フラグ〔旭烈兀〕　1218–1265）
　世百（フラグ　1218–1265）
　全書（フラグ　1218–1265）
　大辞（フラグ　1218–1265）
　大辞3（フラグ　1218–1265）
　大百（フラグ・カン　1218–1265）
　中国（フラグ〔旭烈兀〕　1217?–1265）
　中ユ（フレグ　1217?–1265）
　デス（フラグ　1218–1265）
　統治（フラグ　（在位）1256–1265）
　百科（フラグ　1218–1265）
　評世（フラグ＝カン　1218–1265）
　山世（フレグ　?–1265）

フーラーグー・カーン
⇨フラグ

プラ・クラン　Phra Khlang
18・19世紀，タイの詩人，武将。チャオピア・プラ・クランともよばれる。『三国志演義』のタイ語訳『サーム・コック』を編述。
⇒名著（プラ・クラン　1750–1805）

プラサット・トーング王
⇨プラーサートーン

プラーサートーン　Prasatthong
17世紀，タイ，アユティヤ朝の王（在位?〜1656）。国内居住のポルトガル人を投獄。日本人も駆逐しようした。また多数の立法を行った。
⇒外国（プラサト・トーング王　?–1656）
　百科（プラーサートーン　1600–1655）

プラシット・カーンチャナワット　Kaancanavath, Prasit
20世紀，タイの政治家。国会議長，バンコク銀行会長。
⇒華人（プラシット・カーンチャナワット　1915–1999）

プラソン・スンシリ　Prasong Soonsiri
20世紀，タイの政治家。タイ外相。
⇒世政（プラソン・スンシリ　1927.8–）

プラタプ・シンハ　Pratap Singh
18世紀，ネパール王国の王。在位1775–1777。
⇒統治（プラタプ・シンハ　（在位）1775–1777）

プラチャーティポック
⇨ラーマ7世

プラチュアップ・チャイヤサン　Prachuab Chaiyasan
20世紀，タイの政治家。タイ外相，タイ国立大学相。
⇒世政（プラチュアップ・チャイヤサン　1944.8.20–）

プーラード　Pūlād
15世紀，キプチャク・ハン国のハン。在位1407–1413。
⇒統治（プーラード　（在位）1407–1413）

プラ・ナライ
⇨ナライ

プラパート・C.　Prapat Charusathien
20世紀，タイの軍人，政治家。ウドン出身。1958年と63年以来副首相兼内相，同年国軍副最高司令官。71年11月のクーデターを指導，治安部門を統轄。
⇒世東（プラパート・チャールサティエン　1912.11.25–）
　二十（プラパート・C.　1912–）

プラボウォ・スビアント　Prabowo Subianto
20世紀，インドネシアの軍人。
⇒東ア（プラボウォ・スビアント　1951–）

プラマーン・アディレクサーン　Pramarn Adireksarn
20世紀，タイの軍人，政治家。タイ副首相，国民党党首。
⇒華人（プラマーン・アディレクサーン　1931–）
　二十（プラマーン，アディレクサン　1914–）

プラヤタクシン
⇨タークシン

プラヤパホン
⇨パホン・ポンパユハセーナー

プラユーン・ユタサートコーソン　Prayun Yutthasart Kosol
20世紀,タイの軍人,政治家。1951年農相,52年協同組合相,57年副首相を歴任。
⇒世東（プラユーン・ユタサートコーソン　1895.10-）

ブリ（不里）　Buri
13世紀,モンゴル帝国の武将。1236〜42年バトゥのヨーロッパ遠征に参加。
⇒国小（ブリ〔不里〕　?-1252）
　世東（ブリ〔不里〕　?-1252）

プリーディー　Pridi Phanomyong
20世紀,タイの政治家。第2次世界大戦中,抗日工作を組織,自由タイ運動を指導。1946年1月首相。
⇒外国（プリディ・ファノミオン　1902-）
　角世（プリーディー　1900-1983）
　現人（プリディ・パノムヨン　1901.5.5-）
　国小（プリディ・パノムヨン　1900-）
　コン3（パノムヨン　1900-1983）
　世政（プリディ・パノムヨン　1901.5.5-1983.5.2）
　世東（プリディー・パノムヨン　1900.5.11-）
　世百（プリディパノム　1902-）
　世百新（プリディ　1900-1983）
　全書（プリディ　1900-1983）
　伝世（プリディ・パノムヨン　1901-）
　二十（プリディ・ファノミョン　1900.5.5-1983.5.2）
　東ア（プリーディー　1900-1983）
　百科（プリディ　1900-1983）
　山世（プリーディー　1900-1983）

プリディ
⇨プリーディー

プリティ・ナーラーヤン・シャー
⇨プリトビナラヤン・シャハ

プリーディ・パノムヨン
⇨プリーディー

プリディ・ファノミオン
⇨プリーディー

プリディ・ファノミョン
⇨プリーディー

プリトヴィ　Prithvi
19・20世紀,ネパール国王。
⇒統治（プリトヴィ　（在位）1881-1911）

プリトビナラヤン・シャハ　Pṛthvīnārāyaṇ Śāha
18世紀,ネパール王国の王。
⇒角世（プリトビナラヤン・シャハ　1723-1775）
　統治（プリトヴィ・ナラヤン・シャー（プリティ・ナーラーヤン・シャー）　（在位）1769-1775（グルカ州王1743））

傅良佐　ふりょうさ
20世紀,中国,清末・民国初期の軍人。
⇒近中（傅良佐　ふりょうさ　?-1926）

フリン
⇨順治帝（清）（じゅんちてい）

フルダン（傅爾丹）　Furdan
17・18世紀,中国,清中期の武将。姓はグワルキヤ（瓜爾佳）。満州鑲黄旗出身。
⇒外国（フルダン〔傅爾丹〕　?-1752）
　コン2（フルダン〔傅爾丹〕　1683-1753）
　コン3（フルダン〔傅爾丹〕　1683-1753）

ブルハヌディン・ハラハップ　Burhanuddin Harahap
20世紀,インドネシアの政治家。メダン生れ。1946〜49年中央国民委員会常任委員,52年党議員団長。55年首相。
⇒コン3（ハラハップ　1917-）
　世政（ブルハヌディン・ハラハップ　1917-1987.6.14）
　二十（ブルハヌディン・ハラハップ　1917-1987.6.14）

ブルハン（不児罕）
13・14世紀,中国,元の成宗の皇后。卜魯罕とも書く。パヤウト（伯岳吾）氏出身。成宗が多病のため政務を専断。
⇒国小（ブルハン〔不児罕〕　?-1309（至大2））
　世女日（不児罕皇后　BURKHAN huanghou　?-1309）
　中皇（皇后伯岳吾氏）

ブルハン（包爾漢）
20世紀,中国の政治家。
⇒角世（ブルハン〔包爾漢〕　1894-1989）
　中ユ（ブルハン　1894-1989）
　山世（包爾漢　ブルハン　1894-1989）

武霊王（趙）　ぶれいおう
前4世紀,中国,戦国時代・趙国の王（在位前325〜299）。北族の風習である胡服騎射を採用。
⇒国小（武霊王（趙）　ぶれいおう　生没年不詳）
　コン2（武霊王　ぶれいおう　?-前295）
　コン3（武霊王　ぶれいおう　?-前295）
　世百（武霊王　ぶれいおう　生没年不詳）
　中史（武霊王（趙）　ぶれいおう　?-前295）
　百科（武霊王　ぶれいおう　生没年不詳）

フレグ
⇨フラグ

政治・外交・軍事篇　　　ふんけ

ブレーク・ピブンソンクラーム
⇨ピブーン

武烈王　ぶれつおう
7世紀, 朝鮮, 新羅の第29代王（在位654～661）。姓名は金春秋。諡は太守。父は第25代真智王の子金龍春（龍樹）。
⇒角世（武烈王　ぶれつおう　603–661）
　広辞6（金春秋　きんしゅんじゅう　603–661）
　皇帝（武烈王　ぶれつおう　?–661）
　国史（金春秋　こんしゅんじゅう　603–661）
　国小（武烈王　ぶれつおう　603（真平王25）–661（武烈王8））
　コン2（太宗武烈王　たいそうぶれつおう　604–661）
　コン3（太宗武烈王　たいそうぶれつおう　604–661）
　シル（金春秋　きんしゅんじゅう　7世紀頃）
　シル新（金春秋　きんしゅんじゅう）
　人物（武烈王　ぶれつおう　603–661）
　世人（太宗（新羅）　たいそう　604–661）
　世東（武烈王　ぶれつおう　603–661）
　世百（金春秋　きんしゅんじゅう　?–661）
　対外（金春秋　きんしゅんじゅう　603–661）
　朝人（金春秋（武烈王）　きんしゅんじゅう（ぶれつおう）　603–661）
　朝鮮（武烈王　ぶれつおう　603–661）
　日人（金春秋　こんしゅんじゅう　603–661）
　百科（武烈王　ぶれつおう　603–661）
　歴史（武烈王（金春秋）　ぶれつおう　603–661）

武烈帝　ぶれつてい
⇨赫連勃勃（かくれんぼつぼつ）

プレム・ティンスラノン　Prem Tinsulanonda
20世紀, タイの政治家, 軍人。タイ首相・国防相。
⇒コン3（プレム　1920–）
　世東（プレム・ティンスラノン　1920.8.26–）
　二十（プレム・T.　1920.8.26–）

黄慎　フワンシン
16・17世紀, 朝鮮, 李朝中期の文臣。号は秋浦。主著『秋浦集』など。
⇒集文（黄慎　フワンシン　1560–1617）

フン・ヴァン・クン　Phung Van Cung
20世紀, ベトナム共和国臨時革命政府の政治家, 医学博士。解放戦線中央幹部会副議長などを経て, 1969年6月臨時革命政府の副首相兼内相。
⇒国小（フン・バン・クン　1909–）
　世東（フン・バン・クン　1909–）
　二十（フン・ヴァン・クン　1909–）

ブン・ウム・ナ・チャンパサク　Boun Oum Na Champassak
20世紀, ラオスの政治家。旧チャムパサック王家第11代当主。1949年首相, 60年内乱当時の右派指導者, その後首相, 国防相, 外相を歴任。
⇒現人（ブン・ウム・ナ・チャンパサク　1911.12.11–）
　世政（ブン・ウム・ナ・チャンパサク　1911.12.11–1980.3.17）
　世東（ブンウム・ナ・チャムパサック　1912.12.12–）
　二十（ブン・ウム・ナ・チャンパサク　1911.12.11–1980.3.17）

文益煥　ぶんえきかん
⇨文益煥（ムンイクファン）

文益漸　ぶんえきぜん
⇨文益漸（ムンイクチョム）

文王（戦国楚）　ぶんおう
中国, 戦国時代の楚の王。
⇒三国（文王　ぶんおう）

文王（周）　ぶんおう
前11世紀頃, 中国, 周王朝の基礎をつくった君主。周王朝初代王武王の父。姓は姫。名は昌。
⇒旺世（文王　ぶんおう　生没年不詳）
　外国（文王　ぶんのう）
　角世（文王　ぶんおう）
　広辞4（文王　ぶんおう）
　広辞6（文王　ぶんおう　生没年不詳）
　皇帝（文王　ぶんおう　生没年不詳）
　国小（文王　ぶんおう　生没年不詳）
　コン2（文王　ぶんおう　生没年不詳）
　コン3（文王　ぶんおう　生没年不詳）
　三国（文王　ぶんおう）
　人物（文王　ぶんおう　生没年不詳）
　世東（文王　ぶんおう）
　世百（文王　ぶんおう　生没年不詳）
　全書（文王　ぶんおう）
　大辞（文王　ぶんおう　生没年不詳）
　大辞3（文王　ぶんおう　生没年不詳）
　大百（文王　ぶんおう）
　中国（文王　ぶんおう）
　中史（文王（周）　ぶんおう　生没年不詳）
　デス（文王　ぶんおう　生没年不詳）
　伝記（文王（周）　ぶんおう（しゅう））
　百科（文王　ぶんおう　生没年不詳）
　評世（文王　ぶんおう　生没年不詳）
　山世（文王　ぶんおう　生没年不詳）
　歴史（文王　ぶんおう）

文王（渤海）　ぶんおう
⇨大欽茂（だいきんも）

フン・カック・コアン（逢克寛）
16・17世紀, ベトナムの外交使節。1596年と97年の2度にわたって, 黎朝の中国明朝に対する進貢および求封の使節として燕京へ派遣された。字は弘夫, 号は毅斎。
⇒ベト（Phung-Khac-Khoan　フン・カック・コアン　1528–1613）

文桓帝　ぶんかんてい
⇨姚興（ようこう）

文慶　ぶんけい
18・19世紀, 中国, 清の官僚。姓は費莫, 字は

篤生, 号は孔修, 諡は文端。満州鑲紅旗出身。清末の危機を回避するため, 有能な漢人官僚の曾国藩・胡林翼らを登用。
⇒コン2（文慶　ぶんけい　1796-1856）
⇒コン3（文慶　ぶんけい　1796-1856）

文献王　ぶんけんおう*
9・10世紀, 中国, 五代十国・南平（荊南）の皇帝（在位928～948）。
⇒中皇（文献王　891-948）

文彦博　ぶんげんはく
11世紀, 中国, 北宋の宰相。字, 寛夫。諡, 忠烈。1047年枢密副使参知政事, 翌年に宰相となる。
⇒角世（文彦博　ぶんげんはく　1006-1097）
　国小（文彦博　ぶんげんはく　1006（景徳3）-1097（紹聖4））
　コン2（文彦博　ぶんげんはく　1006-1097）
　コン3（文彦博　ぶんげんはく　1006-1097）
　詩歌（文彦博　ぶんげんはく　1006（景徳3）-1097（紹聖4））
　人物（文彦博　ぶんげんはく　1006-1097）
　世東（文彦博　ぶんげんはく　1005-1096）
　全書（文彦博　ぶんげんはく　1006-1097）
　大百（文彦博　ぶんげんはく　1006-1097）
　中芸（文彦博　ぶんげんはく　1006-1097）
　中国（文彦博　ぶんげんはく　1006-1097）
　中書（文彦博　ぶんげんはく　1006-1097）
　百科（文彦博　ぶんげんはく　1006-1097）

文侯（戦国魏）　ぶんこう
前5・4世紀, 中国, 戦国時代・魏の君主（在位前445～396）。李悝や呉起などのすぐれた家臣を用い新政策を実施した名君。
⇒角世（文侯　ぶんこう　?-前396）
　皇帝（文侯　ぶんこう　?-前396）
　国小（文侯（戦国魏）　ぶんこう　?-前396（文侯50））
　コン2（文侯　ぶんこう　?-前396）
　コン3（文侯　ぶんこう　?-前396）
　人物（文侯　ぶんこう　?-前396）
　世百（文侯　ぶんこう　?-前396）
　全書（文侯　ぶんこう　?-前396/386）
　中国（文侯　ぶんこう　?-前396）
　中史（文侯（魏）　ぶんこう　?-前396）
　百科（文侯　ぶんこう　?-前396）

文公（春秋秦）　ぶんこう
前8世紀, 中国, 春秋時代・秦の王（在位前776～727）。雍（陝西）に都を建て, 三族の罪を制定。
⇒外国（文公　ぶんこう）
　世東（文公　ぶんこう　前7世紀）

文公（晋）　ぶんこう
前7世紀, 中国, 春秋時代・晋の君主（在位前636～628）。五覇の一人。名, 重耳。献公の子。
⇒旺世（文公　ぶんこう　前697-628）
　角世（文公　ぶんこう　前697-628）
　広辞6（文公　ぶんこう　前697-628）
　皇帝（文公　ぶんこう　前697頃-628）
　国小（文公（晋）　ぶんこう　前697（滑10）頃-628（文公9））
　コン2（文公　ぶんこう　?-前628）
　コン3（文公　ぶんこう　前697頃-前628）
　三国（文公　ぶんこう　前697-628）
　人物（文公　ぶんこう　前697-628）
　世人（文公　ぶんこう　前697頃-628）
　世東（文公　ぶんこう　前697-628）
　世百（文公　ぶんこう　前697-628）
　全書（文公　ぶんこう　前697/672-628）
　大辞（文公　ぶんこう　前697?-前628）
　大辞3（文公　ぶんこう　前697?-628）
　大百（文公　ぶんこう　前697?-628）
　中国（文公　ぶんこう　前697-628）
　中史（文公（晋）　ぶんこう　前697-628）
　百世（文公　ぶんこう　前697-628）
　評世（文公　ぶんこう　前697-628）
　山世（文公　ぶんこう　前697-628）

文公（燕）　ぶんこう
前4世紀, 中国, 戦国時代・燕の王。蘇秦を趙に送り盟約を結ばせ, 合従策の端緒を開いた。
⇒世東（文公　ぶんこう　前4世紀）

文醜　ぶんしゅう
2世紀, 中国, 三国時代, 袁紹配下の将。
⇒三国（文醜　ぶんしゅう）
　三全（文醜　ぶんしゅう　?-200）

文周王　ぶんしゅうおう
5世紀, 朝鮮, 百済, 第22代の王（在位475～477）。高句麗に敗れたのちの百済の再建をはかった。
⇒朝人（文周王　ぶんしゅうおう　?-477）

文祥　ぶんしょう
19世紀, 中国, 清の官僚。姓はグワルギア（瓜爾佳）, 字は博川, 諡は文忠。盛京正紅旗出身。清国の対外政策・外交処理の中心人物として活躍。
⇒コン2（文祥　ぶんしょう　1818-1876）
　コン3（文祥　ぶんしょう　1818-1876）

文昭王　ぶんしょうおう*
9・10世紀, 中国, 五代十国・楚の皇帝（在位932～947）。
⇒中皇（文昭王　899-947）

文世光　ぶんせいこう
20世紀, 韓国のテロリスト。大阪生れの在日韓国人二世。1974年朴正煕大統領を狙撃。
⇒朝鮮（文世光　ぶんせいこう　1951-1974）

文成公主　ぶんせいこうしゅ
7世紀, 中国, 唐の王女。吐蕃（チベット）王に嫁した。
⇒角世（文成公主　ぶんせいこうしゅ　?-680）
　広辞6（文成公主　ぶんせいこうしゅ　625頃-680）
　国小（文成公主　ぶんせいこうしゅ　625（武徳8）頃-680（永隆1））

コン2　（文成公主　ぶんせいこうしゅ　?–689)
　　コン3　（文成公主　ぶんせいこうしゅ　?–689)
　　シル　（文成公主　ぶんせいこうしゅ　?–680)
　　シル新　（文成公主　ぶんせいこうしゅ　?–680)
　　世女日　（文成公主　WENCHENG gongzhu　625頃–680)
　　世人　（文成公主　ぶんせいこうしゅ　?–689)
　　世東　（文成公主　ぶんせいこうしゅ　625–689)
　　全書　（文成公主　ぶんせいこうしゅ　?–680)
　　中皇　（文成公主）
　　中国　（文成公主　　　　　　　　625–689)
　　百科　（文成公主　ぶんせいこうしゅ　625?–680)

文成帝（北魏）　　ぶんせいてい
　5世紀，中国，北魏の第4代皇帝（在位452～465)。仏教を復興し，雲崗石窟を造営。治世では民力の休養と安定に努めた。
　⇒皇帝　（文成帝　ぶんせいてい　440–465)
　　国小　（文成帝（北魏）　ぶんせいてい　440（太平真君1)–465（和平6)）
　　中皇　（文成帝　440–465)
　　中国　（文成帝（北魏）　ぶんせいてい　440–465)
　　統治　（文成帝　Wên Ch'êng Ti　（在位）452–465)

フン・セン　Hun Sen
　20世紀，カンボジアの政治家。カンボジア首相，カンボジア人民党副議長。
　⇒広辞6　（フン-セン　1951–)
　　最世　（フン-セン　1950/51/52?–)
　　世人　（フンセン　1951–)
　　世政　（フン・セン　1951.4.4–)
　　世東　（フン・セン　1950–)
　　東ア　（フン・セン　1952–)
　　評世　（フン=セン　1950–)

文宣帝（北斉）　　ぶんせんてい
　6世紀，中国，南北朝の北斉初代皇帝（在位550～559)。高歓の第2子。姓名，高洋。
　⇒角世　（高洋　こうよう　529–559)
　　皇帝　（文宣帝　ぶんせんてい　529–559)
　　国小　（文宣帝（北斉）　ぶんせんてい　529–559(永安2)–559(天保10)）
　　コン2　（文宣帝　ぶんせんてい　529–559)
　　コン3　（文宣帝　ぶんせんてい　529–559)
　　人物　（文宣帝　ぶんせんてい　529–559)
　　世東　（文宣帝　ぶんせんてい　529–559)
　　中皇　（文宣帝（顕祖）　529–559)
　　中国　（高洋　こうよう　529–559)
　　統治　（文宣帝（高洋）　Wên Hsüan Ti[Kao Yang]　（在位）550–559)
　　百科　（文宣帝　ぶんせんてい　529–559)

文宗（唐）　　ぶんそう
　9世紀，中国，唐の第14代皇帝（在位826～840)。姓名は李昂。第12代皇帝穆宗の第2子。
　⇒皇帝　（文宗　ぶんそう　809–840)
　　国小　（文宗（唐）　ぶんそう　809（元和4)–840（開成5)）
　　コン2　（文宗（唐）　ぶんそう　809–840)
　　コン3　（文宗（唐）　ぶんそう　809–840)
　　中皇　（文宗　809–840)
　　中国　（文宗（唐）　ぶんそう　809–840)

　　統治　（文宗　Wên Tsung　（在位）827–840)

文宗（李朝）　　ぶんそう
　11世紀，朝鮮，李朝の王。在位1450～1452。
　⇒統治　（文宗　Munjong　（在位）1450–1452)

文宗（高麗）　　ぶんそう
　11世紀，朝鮮，高麗の第11代王（在位1046～83)。姓名は王徽，諡は仁孝。顕宗の第3子。
　⇒外国　（文宗　ぶんそう　?–1083)
　　コン2　（文宗　ぶんそう　1019–1083)
　　コン3　（文宗　ぶんそう　1019–1083)
　　世東　（文宗　ぶんそう　1019–1083)
　　朝人　（文宗　ぶんそう　1019–1083)
　　朝鮮　（文宗　ぶんそう　1019–1083)
　　統治　（文宗　Munjong　（在位）1046–1083)
　　百科　（文宗　ぶんそう　1019–1083)

文宗（元）　　ぶんそう
　14世紀，中国，元第9代皇帝（在位1329～32)。名，トワク・テムル（図帖睦爾）。諡，聖明元孝皇帝。武宗の第2子。
　⇒角世　（文宗　ぶんそう　1304–1332)
　　国小　（文宗（元）　ぶんそう　1304（大徳8)–1332（至順3)）
　　コン2　（文宗（元）　ぶんそう　1304–1332)
　　コン3　（文宗（元）　ぶんそう　1304–1332)
　　人物　（文宗　ぶんそう　1304–1332)
　　世東　（文宗　ぶんそう　1304–1332)
　　中皇　（文宗　1304–1332)
　　統治　（文宗〈トゥク・ティムール〉　Wên Tsung [Tugh Temür]　（在位）1328–1329, 1329–1332（再位)）

文宗（清）　　ぶんそう
　⇨咸豊帝（かんぽうてい）

フン・ダオ・ヴォン（興道王）
　13世紀，ベトナムの武将。陳国峻封爵名。13世紀末，元（モンゴル）侵略軍を駆逐。
　⇒ベト　（Hung-Đao-Vuong　フン・ダオ・ヴォン〔興道王〕　13世紀)

ブンチャナ・アタコーン　Bunchana Atthakor
　20世紀，タイの政治家。マハサラカム県生れ。技術協力庁長官，駐米大使，国家開発省次官などを歴任。民政移行後，タノム内閣の経済相に就任。
　⇒現人　（ブンチャナ・アタコーン　1910.7.15–)

文忠　　ぶんちゅう
　前2・1世紀頃，中国，前漢の使節。武帝によりガンダーラに派遣。
　⇒シル　（文忠　ぶんちゅう　前2–前1世紀頃)
　　シル新　（文忠　ぶんちゅう）

ブンチュー・ロジャナサチェン　Boonchu Rojanasathien
　20世紀，タイの財界人，政治家。金融界から1971年上院，ククリット政権の蔵相，経済担当

ふんて

副首相。農村問題に目を向け政府部内に「地域開発」の礎石を置いた。
⇒現人（ブンチュー・ロジャナサチェン　1922.1.20–）

文帝（前漢）　ぶんてい

前3・2世紀, 中国, 前漢の第5代皇帝（在位前180～157）。高祖劉邦の第2子。姓名, 劉恒。廟号, 太宗。

⇒岩ケ　（文帝　ぶんてい　（在位）前179–前157）
　外国　（文帝（漢）　ぶんてい　前202–157）
　角世　（文帝　ぶんてい　前207–157）
　皇帝　（文帝　ぶんてい　前202–157）
　国小　（文帝（前漢）　ぶんてい　前202（高祖5）–157（後元7.6））
　コン2　（文帝（前漢）　ぶんてい　前202–157）
　コン3　（文帝（前漢）　ぶんてい　前202–157）
　三国　（文帝（前漢））
　人物　（文帝（前漢）　ぶんてい　前202–157）
　世東　（文帝（前漢）　ぶんてい　前202–157）
　世百　（文帝（前漢）　ぶんてい　前202–157）
　全書　（文帝　ぶんてい　前202–157）
　大百　（文帝　ぶんてい　前202–157）
　中皇　（文帝　前202–157）
　中国　（文帝（前漢）　ぶんてい　前202–157）
　中史　（文帝（漢）　ぶんてい　前202–157）
　統治　（文帝　Wên Ti　（在位）前180–157）
　百科　（文帝（前漢）　ぶんてい　前207–前157）
　評世　（文帝　ぶんてい　前202–157）

文帝（三国魏）　ぶんてい
⇨曹丕（そうひ）

文帝（南朝宋）　ぶんてい

5世紀, 中国, 南朝宋の第3代皇帝（在位424～453）。武帝の第3子。文治を主とした「元嘉の治」を現出。

⇒角世　（文帝　ぶんてい　407–453）
　国小　（文帝（南朝宋）　ぶんてい　407（義熙3）–453（元嘉30））
　人物　（文帝（南朝宋）　ぶんてい　407–453）
　世東　（文帝　ぶんてい　?–435）
　中皇　（文帝　408–453）
　中国　（文帝（宋）　ぶんてい　407–453）
　中書　（宋文帝　そうのぶんてい　407–453）
　統治　（文帝　Wên Ti　（在位）424–453）
　百科　（文帝　ぶんてい　407–453）

文帝（陳）　ぶんてい*

6世紀, 中国, 陳の皇帝（在位559～566）。
⇒中皇　（文帝　?–566）
　統治　（文帝　Wên Ti　（在位）559–566）

文帝（西魏）　ぶんてい

6世紀, 中国, 北朝・西魏の初代皇帝（在位535～551）。姓名は元宝炬。孝武帝が殺害されたのち, 宇文泰に擁立されて即位。

⇒コン2　（文帝（西魏）　ぶんてい　507–551）
　コン3　（文帝（西魏）　ぶんてい　507–551）
　中皇　（文帝　507–551）
　統治　（文帝〔拓跋宝炬〕　Wên Ti〔T'o-pa Pao-chü〕　（在位）535–551）

文帝（隋）　ぶんてい

6・7世紀, 中国, 隋朝の初代皇帝（在位581～604）。姓名, 楊堅。廟号, 高祖。均田, 租, 調役, 府兵, 郷里制により人民支配体制を確立。

⇒岩ケ　（楊堅　ようけん　541–604）
　旺世　（楊堅　ようけん　541–604）
　外国　（楊堅　ようけん　?–604）
　角世　（楊堅　ようけん　541–604）
　広辞4　（楊堅　ようけん　541–604）
　広辞6　（楊堅　ようけん　541–604）
　皇帝　（文帝（隋）　ぶんてい　541–604）
　国小　（文帝（隋）　ぶんてい　541（大統7.6.13）–604（仁寿4.7.13））
　コン2　（文帝（隋）　ぶんてい　541–604）
　コン3　（文帝（隋）　ぶんてい　541–604）
　人物　（楊堅　ようけん　541–604）
　世人　（文帝（隋）　ぶんてい　541–604）
　世東　（文帝　ぶんてい　541–604）
　世百　（文帝（隋）　ぶんてい　541–604）
　全書　（楊堅　ようけん　541–604）
　大辞　（文帝　ぶんてい　541–604）
　大辞3　（楊堅　ようけん　541–604）
　大百　（文帝　ぶんてい　541–604）
　中皇　（文帝　541–604）
　中国　（文帝（隋）　ぶんてい　541–604）
　中史　（文帝（隋）　ぶんてい　541–604）
　デス　（文帝（隋）　ぶんてい　541–604）
　伝記　（文帝（隋）　ぶんてい（ずい）　541–604）
　統治　（文帝（楊堅）　Wên Ti〔Yang Chien〕　（在位）581–604）
　百科　（文帝（隋）　ぶんてい　541–604）
　評世　（楊堅　ようけん　541–604）
　山世　（楊堅　ようけん　541–604）

文廷式　ぶんていしき

19・20世紀, 中国, 清末期の帝党の官僚。字は芸閣, 号は道希。江西省出身。光緒帝に重用され, 帝党（光緒帝派）の中心人物として活躍。

⇒外国　（文廷式　ぶんていしき　1856–1904）
　コン2　（文廷式　ぶんていしき　1856–1904）
　コン3　（文廷式　ぶんていしき　1856–1904）
　中芸　（文廷式　ぶんていしき　1856–1904）
　中人　（文廷式　ぶんていしき　1856–1904）
　百科　（文廷式　ぶんていしき　1856–1904）

文天祥　ぶんてんしょう

13世紀, 中国, 南宋末の宰相。吉水（江西省）出身。字, 宋瑞, 履善。号, 文山。獄中での詩作『正気の歌』がある。

⇒逸話　（文天祥　ぶんてんしょう　1236–1282）
　旺世　（文天祥　ぶんてんしょう　1236–1282）
　外国　（文天祥　ぶんてんしょう　1236–1282）
　角世　（文天祥　ぶんてんしょう　1236–1283）
　広辞4　（文天祥　ぶんてんしょう　1236–1282）
　広辞6　（文天祥　ぶんてんしょう　1236–1282）
　国小　（文天祥　ぶんてんしょう　1236（端平3）–1282（至元2））
　コン2　（文天祥　ぶんてんしょう　1236–1282）
　コン3　（文天祥　ぶんてんしょう　1236–1282）
　詩歌　（文天祥　ぶんてんしょう　1236（端平3）–1282（至元19））
　集世　（文天祥　ぶんてんしょう　1236（端平3）–1282（至元19））
　集文　（文天祥　ぶんてんしょう　1236（瑞平3）–

1282（至元19））
人物（文天祥　ぶんてんしょう　1236.5.2–1282.12.9）
世人（文天祥　ぶんてんしょう　1236–1282）
世東（文天祥　ぶんてんしょう　1236–1282）
世百（文天祥　ぶんてんしょう　1236–1282）
世文（文天祥　ぶんてんしょう　1236（端平3）–1282（至元19））
全書（文天祥　ぶんてんしょう　1236–1282）
大辞（文天祥　ぶんてんしょう　1236–1282）
大辞3（文天祥　ぶんてんしょう　1236–1282）
大百（文天祥　ぶんてんしょう　1236–1282）
中芸（文天祥　ぶんてんしょう　1236–1282）
中国（文天祥　ぶんてんしょう　1236–1282）
中史（文天祥　ぶんてんしょう　1236–1283）
デス（文天祥　ぶんてんしょう　1236–1282）
伝記（文天祥　ぶんてんしょう　1236–1282.12）
百科（文天祥　ぶんてんしょう　1230–1282）
評世（文天祥　ぶんてんしょう　1236–1282）
歴史（文天祥　ぶんてんしょう　1236（端平3）–1282（至元19））

ブンニャン・ウォラチット　Bounnyang Vorachit
20世紀、ラオスの政治家。ラオス首相。
⇒世政（ブンニャン・ウォラチット　1937–）

文王　ぶんのう
⇨文王（周）（ぶんおう）

文武王　ぶんぶおう
7世紀、朝鮮、新羅の第30代王（在位661〜681）。姓名は金法敏。父は第29代太宗武烈王。母は金庾信の妹文明王后。
⇒外国（文武王　ぶんぶおう　?–681）
角世（文武王　ぶんぶおう　?–681）
国史（文武王　ぶんぶおう　?–681）
国小（文武王　ぶんぶおう　626（真平王48）–681（神文王1））
コン2（文武王　ぶんぶおう　?–681）
コン3（文武王　ぶんぶおう　?–681）
人物（文武王　ぶんぶおう　626–681）
世東（文武王　ぶんぶおう　626–681）
世百（文武王　ぶんぶおう　626?–681）
対外（文武王　ぶんぶおう　?–681）
朝人（文武王　ぶんぶおう　?–681）
朝鮮（文武王　ぶんぶおう　?–681）
伝記（文武王　ぶんぶおう〈ムンムワン〉　626–681.7.1）
百科（文武王　ぶんぶおう　?–681）

フン・フン（逢興）
8世紀、ベトナム、反唐武力蜂起の指導者。中国（唐）の都護軍と戦って、祖国の自主独立をかち取った。
⇒ベト（Bo-Cai Ðai-Vuong　ボ・カイ ダイ・ヴォン〔父母大王〕　1世紀）
ベト（Phung-Hung　フン・フン〔逢興〕）

文聘　ぶんぺい
3世紀頃、中国、三国時代、荊州の将。
⇒三国（文聘　ぶんぺい）
三全（文聘　ぶんぺい　生没年不詳）

ブンヤシリ（本雅失里）
14・15世紀、中国、北元のハン。明の永楽帝の遠征に敗れた。
⇒角世（ブンヤシリ〔本雅失里〕　?–1413?）
国小（ブニヤシュリー〔本雅失里〕　?–1410）

馮玉祥　フンユシァン
⇨馮玉祥（ふうぎょくしょう）

フーン・リッタカニー　Fuen Ritthakani
20世紀、タイの軍人、政治家。バンコック生れ。ピブン内閣で1951年交通相、57年副首相を歴任。
⇒世東（フーン・リッタカニー　1900–）

【へ】

ベイ，A．　Bey, Arfin
20世紀、インドネシアの日本研究者。在日インドネシア大使館参事官、筑波大学客員教授、ブン・ハッタ大学副学長。
⇒二十（ベイ，A．　1925–）

平王　へいおう
前8世紀、中国、周の第13代王（在位前771〜720）。名は宜臼。幽王の子。都を東方の洛邑に移した。
⇒外国（平王　へいおう）
広辞4（平王　へいおう）
広辞6（平王　へいおう　（在位）前771–前720）
皇帝（平王　へいおう　?–前720）
国小（平王　へいおう　?–前720（平王51））
人物（平王　へいおう　?–前720）
世東（平王　へいおう　前8世紀）
中国（平王　へいおう　（在位）前771–前720）
中史（平王（周）　へいおう　?–前720）
統治（平（平王宜臼）　P'ing　（在位）前771–720）
歴史（平王（周）　へいおう）

丼王完顔允中　へいおうワンヤンいんちゅう*
12世紀、中国、金、世宗の子。
⇒中皇（丼王完顔允中　?–1194）

丙吉　へいきつ
前1世紀、中国、前漢の政治家。山東魯出身。字は少卿。太子太傅、御史大夫を務め、前67年丞相に叙せられる。
⇒広辞4（丙吉　へいきつ　?–前55）
広辞6（丙吉　へいきつ　?–前55）
三国（丙吉　へいきつ）
世東（丙吉　へいきつ　?–前55）
世百（丙吉　へいきつ　?–前55）
百科（丙吉　へいきつ　?–前55）

平原君　へいげんくん
前3世紀、中国、戦国末期・趙の公子。姓名は趙勝、平原君は号。恵文王、孝成王の丞相となった。
- ⇒逸話　(平原君　へいげんくん　?-前251)
- 外国　(平原君　へいげんくん　?-前251)
- 角世　(平原君　へいげんくん　?-前251)
- 広辞4　(平原君　へいげんくん　?-前251)
- 広辞6　(平原君　へいげんくん　?-前251)
- 国小　(平原君　へいげんくん　?-前251)
- コン2　(平原君　へいげんくん　?-前251)
- コン3　(平原君　へいげんくん　?-前251)
- 人物　(平原君　へいげんくん　?-前251)
- 世東　(平原君　へいげんくん　?-前251)
- 世百　(平原君　へいげんくん　?-前251)
- 全書　(平原君　へいげんくん　?-前251)
- 大辞　(平原君　へいげんくん　?-前251)
- 大辞3　(平原君　へいげんくん　?-前251)
- 大百　(平原君　へいげんくん　?-前251頃)
- 中皇　(平原君趙勝　?-前251)
- 中芸　(平原君　へいげんくん　生没年不詳)
- 中国　(平原君　へいげんくん　?-前251)
- 中史　(平原君　へいげんくん　?-前251)
- 百科　(平原君　へいげんくん　?-前251)

平原君趙勝　へいげんくんちょうしょう
⇨平原君　(へいげんくん)

平原公主　へいげんこうしゅ*
中国、五胡十六国・南北朝、南燕の世宗の娘。
- ⇒中皇　(平原公主)

米国鈞　べいこくきん
20世紀、中国の外交官。貿易、経済関係の専門家。遼寧省の生れ。1963年中日友好協会理事となる。73年1月には代理大使として赴任し、2月駐日大使館参事官に就任。
- ⇒現人　(米国鈞　べいこくきん〈ミークオチュン〉　1916-)
- 中人　(米国鈞　べいこくきん　1916-)

平帝　へいてい
前1世紀、中国、前漢の第十二代皇帝。
- ⇒三国　(平帝　へいてい)
- 中皇　(平帝　前9-5)
- 統治　(平帝　P'ing Ti　(在位)前1-後6)

平陽公主（漢）　へいようこうしゅ*
中国、漢、景帝の娘。
- ⇒中皇　(平陽公主)

平陽公主（唐）　へいようこうしゅ*
7世紀、中国、唐、高祖の娘。
- ⇒中皇　(平陽公主　?-623)

平陽長公主　へいようちょうこうしゅ*
中国、金、遼王宗幹（そうかん）の娘。
- ⇒中皇　(平陽長公主)

白斗鎮　ペクドゥジン
20世紀、韓国の官僚、政治家。朴正熙政権のもとで、第10代国務総理（1970～71）、第8代国会議長（71）を歴任。
- ⇒韓国　(白斗鎮　ペクドゥジン　1908.10.31-)
- 現人　(白斗鎮　ペクドゥジン　1908.10.7-)
- 国小　(白斗鎮　はくとちん　1908.10.7-)
- 世政　(白斗鎮　ペクドゥジン　1908.10.31-1993.9.5)

白南淳　ペクナムスン
20世紀、北朝鮮の政治家、外交官。北朝鮮外相。
- ⇒世政　(白南淳　ペクナムスン　1929.3-)

白南雲　ペクナムン
20世紀、北朝鮮の政治家。1958年6月ソ連アカデミー会員に選ばれ、67～72年最高人民会議議長。
- ⇒外国　(白南雲　はくなんうん　1894-)
- 現人　(白南雲　ペクナムン　1895-)
- 国小　(白南雲　はくなんうん　1895-)
- コン3　(白南雲　はくなんうん　1895-1979)
- 世百新　(白南雲　はくなんうん　1895-)
- 全書　(白南雲　はくなんうん　1895-?)
- 大百　(白南雲　はくなんうん〈ペクナムン〉　1895-)
- 朝人　(白南雲　はくなんうん　1894-1979)
- 朝鮮　(白南雲　はくなんうん　1895-1979)
- 百科　(白南雲　はくなんうん　1895-)
- 歴学　(白南雲　はくなんうん　1894-1979)

ベッサラート　Petsarath
19・20世紀、ラオスの王族。1945年10月自由ラオス臨時抗戦政府首相としてラオスの独立を宣言。
- ⇒コン3　(ベッサラート　1890-1959)
- 世政　(ベッサラート　1890-1959.10.14)
- 世東　(ベッサラート　1890-1959.10.14)

ペートラジャ王
⇨ペートラーチャー

ペートラーチャー　Phetracha
17・18世紀、タイ、アユティヤ朝に属するタイ国王（在位1688～1703）。即位後ラメスエンの称号を用いた。反フランス、反キリスト教政策を推進。ビルマ、カンボジアとの戦に名を馳せた。
- ⇒外国　(ペートラジャ王　1632-1703)
- 皇帝　(ペートラーチャー　?-1703)
- 世東　(ペートラーチャー　(在位)1688-1703)

ペラエス　Pelaez, Emmanuel
20世紀、フィリピンの政治家。1962～65年副大統領。
- ⇒コン3　(ペラエス　1915-)
- 二十　(ペラエス、エマニュエル　1919-)

ベルグティ（別里古台）
13世紀、モンゴル帝国の王族。チンギス・ハン

政治・外交・軍事篇　　　ほあん

の異母弟。
⇒国小（ベルグティ〔別里古台〕　生没年不詳）

ベルケ　Berke
13世紀, キプチャク・ハン国のハン。在位
1257–1267。
⇒統治（ベルケ　（在位）1257–1267）

ベルディ・ベク　Berdi Beg
14世紀, キプチャク・ハン国のハン。在位
1357–1359。
⇒統治（ベルディ・ベク　（在位）1357–1359）

ベロ, C.F.X.　Belo, Carlos Filipe Ximenes
20世紀, 東チモールのカトリック司教。東ティモールの独立に尽力。1996年ラモス・ホルタとともにノーベル平和賞を受賞。
⇒最世（ベロ, カルロス　1948–）
　ノベ（ベロ, C.F.X.　1948.2.3–）

卞栄泰　べんえいたい
　⇨卞栄泰（ビョンヨンテ）

遍光高　へんこうこう
7世紀頃, 中国, 隋の官人。
⇒シル（遍光高　へんこうこう　7世紀頃）
　シル新（遍光高　へんこうこう）

ヘン・サムリン　Heng Samrin
20世紀, カンボジアの政治家。カンボジア人民革命評議会議長。1959年革命に参加し, ベトナムに亡命。78年救国戦線中央委議長となり, 79年プノンペンに新政府を樹立。
⇒角世（ヘン・サムリン　1934–）
　コン3（ヘン・サムリン　1934–）
　世人（ヘン・サムリン　1934–）
　世政（ヘン・サムリン　1934.5.25–）
　世東（ヘン・サムリン　1934–）
　全書（ヘン・サムリン　1934–）
　大辞2（ヘン・サムリン　1934–）
　ナビ（ヘン＝サムリン　1934–）
　二十（ヘン・サムリン　1934–）
　評世（ヘン＝サムリン　1934–）

辺譲　へんじょう
2世紀, 中国, 三国時代, 九江の太守。
⇒三国（辺譲　へんじょう）
　三全（辺譲　へんじょう　?–193）
　中芸（辺譲　へんじょう　生没年不詳）

辺韶　へんしょう
2世紀, 中国, 後漢の政治家, 学者。字は孝先。
⇒中芸（辺韶　へんしょう　生没年不詳）

ペン・ソバン　Pen Sovan
20世紀, カンボジアの軍人, 政治家。
⇒世東（ペン・ソヴァン　1930–）
　二十（ペン・ソバン　1936–）

ペン・ヌート　Penn Nouth
20世紀, カンボジアの政治家。カンボジア首相。
⇒現人（ペン・ヌート　1906–）
　国小（ペン・ヌート　1906–）
　コン3（ペン・ヌート　1906–1985）
　世政（ペン・ヌート　1906–1985.5.18）
　世東（ペン・ヌート　1903.4.15–）
　二十（ペン・ヌート　1906（05）–）

ペン・ポンサワン　Pheng Phongsavan
20世紀, ラオスの政治家。ルアンプラバン生れ。1961年ブーマの国外亡命に同行, 中立党を結成し副党首, 62年以来3派連合政府内務相兼公共福祉相。
⇒世東（ペン・ポンサワン　1910.7.9–）

【ほ】

ホアン・ヴァン・タイ　Hoang Van Thai
20世紀, 北ベトナムの軍事戦略家。1950年人民軍副参謀長, ベトナム中国友好協会創立発起人。
⇒現人（ホアン・バン・タイ　1906–）
　国小（ホアン・バン・タイ　1906–）
　世東（ホアン・バン・タイ　1906–）
　二十（ホアン・ヴァン・タイ　1906–）

ホアン・ギア・ホ（黄義胡）
ベトナム, 鄭朝の将軍。
⇒ベト（Hoang-Nghia-Ho　ホアン・ギア・ホ〔黄義胡〕）

ホアン・クオク・ビエト　Hoang Quoc Viet
20世紀, ベトナムの革命家。1930年インドシナ共産党創立に参加。51年ベトナム労働党中央委員, 政治局員。55年以後ベトナム祖国戦線中央委員会主席団員。
⇒外国（ホァング・クォク・ヴェト　?–）
　現人（ホアン・クオック・ベト　1905–）
　コン3（ホアン・クオック・ヴィエト　1905–1992）
　世政（ホアン・クオク・ビエト　1905–1992.12.25）
　世東（ホアン・クオック・ビエット　1905–）

ホアン・グ・フック（黄伍福）
ベトナム, 黎朝代の名将。
⇒ベト（Hoang-Ngu-Phuc　ホアン・グ・フック〔黄伍福〕）

ホアン・ジュー（黄耀）
19世紀, ベトナムの民族闘士。1882年, ハノイ市で, フランス軍に抗して節に殉じた烈士。号は静斎。
⇒ベト（Hoang-Dieu　ホアン・ジュー〔黄耀〕1828–1882）

ホアン・タ・ヴィエン(黄佐炎)
ベトナム, 阮朝代の名将。
⇒ベト (Hoang-Ta-Vien　ホアン・タ・ヴィエン〔黄佐炎〕)

ホアン・ツ・カイン
⇨グエン・フック・カイン

ホアン・ティウ・ホア(黄少花)
ベトナム, 徴女王麾下の女将軍。
⇒ベト (Hoang-Thieu-Hoa　ホアン・ティウ・ホア〔黄少花〕)

ホアン・ディン・テ(黄廷体)
ベトナム, 鄭朝代の将軍。
⇒ベト (Hoang-Đinh-The　ホアン・ディン・テ〔黄廷体〕)

ホアン・バン・ホアン　Hoang Van Hoan
20世紀, 北ベトナムの政治家。1940年ホー・チ・ミンとともに中国国境で活躍。54年のジュネーブ会議の代表団員。
⇒現人 (ホアン・バン・ホアン　1905–)
　国小 (ホアン・バン・ホアン　1905–)
　世政 (ホアン・バン・ホアン　1905–1991.5.18)
　世東 (ホアン・バン・ホアン　1905–)

ホアン・ホア・タム
⇨デ・タム

ホアン・ミン・ザム　Hoang Minh Giam
20世紀, 北ベトナムの政治家。グアン省出身。1955年文化部長。その後, ベトナム社会党書記長代理, 祖国戦線中央委員会幹部会員を兼任。
⇒外国 (ホァン・ミン・ザム　1894–)
　世東 (ホアン・ミン・ザム　1904–)

薄一波　ボーイーポー
⇨薄一波(はくいっぱ)

何応欽　ホーインチン
⇨何応欽(かおうきん)

法安　ほうあん
7世紀頃, 中国, 唐の遣新羅使僧。
⇒シル (法安　ほうあん　7世紀頃)
　シル新 (法安　ほうあん)

彭安　ほうあん
3世紀, 中国, 三国時代, 袁紹の長子袁譚配下の将。
⇒三国 (彭安　ほうあん)
　三全 (彭安　ほうあん　?–204)

ホ・ヴァン・ヴイ(胡文愉)
ベトナム, 阮朝代の名将。
⇒ベト (Ho-Van-Vui (Boi)　ホ・ヴァン・ヴイあるいはボイ〔胡文愉または杯〕)

ホ・ヴァン・グァ(胡文牙)
20世紀, ベトナムの活動家。ベトナム国家主義運動の志士。
⇒ベト (Ho-Van-Nga　ホ・ヴァン・グァ〔胡文牙〕)

ホ・ヴァン・ミック(胡文覓)
20世紀, ベトナムの反フランス運動の革命家。
⇒ベト (Ho-Van-Mich　ホ・ヴァン・ミック〔胡文覓〕)

方維　ほうい
20世紀, 中国の軍人, 文学社員, 武昌起義参加者の1人。
⇒近中 (方維　ほうい　?–1912.8.15)

亡伊　ほうい
12世紀, 朝鮮, 高麗の農民蜂起指導者。京畿道南部および忠清北道の大部分を占領。
⇒コン2 (亡伊　ほうい　生没年不詳)
　コン3 (亡伊　ほうい　生没年不詳)
　朝人 (亡伊　ほうい　生没年不詳)

方維夏　ほういか
19・20世紀, 中国の革命家。湖南省出身。1927年南昌暴動・広東コミューンに参加。
⇒コン2 (方維夏　ほういか　1879–1935)
　コン3 (方維夏　ほういか　1879–1935)
　中人 (方維夏　ほういか　1879–1934)

ボウウ・カガン(牟羽可汗)　Móu-yǔ Kè-hán, Bügü Khaghan
8世紀, ウイグル国の第3代カガン(在位759～779)。磨延啜英武威遠可汗の子。前名, 伊地健。安史の乱末期の762年史潮義を平州に討ち, 唐から英議建功可汗に封ぜられた。
⇒国小 (ぼううかがん〔牟羽可汗〕　?–779)
　コン2 (ぼうう・かがん〔牟羽可汗〕　?–779)
　コン3 (牟羽可汗　ぼうう・かがん　?–779)
　人物 (ぼううかがん〔牟羽可汗〕　?–779)
　評世 (牟羽可汗　ぼううかがん　?–779)

牟羽可汗　ぼううかがん
⇨ボウウ・カガン

法雲　ほううん
6世紀, 朝鮮, 元, 新羅の真興王。新羅仏教を発展させた。
⇒東仏 (法雲　ほううん　534–576)

彭蘊章　ほううんしょう
18・19世紀, 中国, 清末期の官僚, 学者。字は琮達, 号は詠莪, 諡は文敬。軍機大臣となり, 太平天国の乱や, 第2次アヘン戦争などの動乱に対処。
⇒コン2 (彭蘊章　ほううんしょう　1792–1862)
　コン3 (彭蘊章　ほううんしょう　1792–1862)

ほうけ

彭瑩玉　ほうえいぎょく
14世紀, 中国, 元末期の反乱を指導した革命的宗教家。袁州 (江西省) の農家の出身。1351年湖広の蘄州で蜂起, 徐寿輝を皇帝とし, 国号を天完と称した。
⇒コン2（彭瑩玉　ほうえいぎょく　?-1352）
　コン3（彭瑩玉　ほうえいぎょく　?-1353）

方悦　ほうえつ
2世紀, 中国, 三国時代, 河内の太守王匡に従う名将。
⇒三国（方悦　ほうえつ）
　三全（方悦　ほうえつ　?-191）

彭越　ほうえつ
前3・2世紀, 中国, 前漢の高祖に仕えた功臣。字は仲。昌邑 (山東省) 出身。項羽を垓下に破り, 梁王に封ぜられ定陶 (山東省) に都した。
⇒国小（彭越　ほうえつ　?-前196 (高祖11)）
　コン2（彭越　ほうえつ　?-前196）
　コン3（彭越　ほうえつ　?-前196）
　三国（彭越　ほうえつ）
　人物（彭越　ほうえつ　?-前106?）
　世東（彭越　ほうえつ　?-前196）
　中国（彭越　ほうえつ）

彭和　ほうか
3世紀頃, 中国, 三国時代, 蜀の臣。
⇒三国（彭和　ほうか）
　三全（彭和　ほうか　生没年不詳）

鳳迦異　ほうかい
8世紀, 中国西南部, 南詔の遣唐使。
⇒シル（鳳迦異　ほうかい　?-777）
　シル新（鳳迦異　ほうかい　?-777）

忙牙長　ほうがちょう
3世紀頃, 中国, 三国時代, 蛮王孟獲の副将。
⇒三国（忙牙長　ほうがちょう）
　三全（忙牙長　ほうがちょう　?-225）

方観承　ほうかんしょう
18世紀, 中国, 清朝の官吏。字は遐穀, 諡は恪敏, 号は問亭。宜田ともいう。安徽桐城出身。
⇒外国（方観承　ほうかんしょう　?-1768）
　中芸（方観承　ほうかんしょう　1698-1768）

龐頎　ほうき
8世紀頃, 中国, 唐の遣南詔冊立副使。
⇒シル（龐頎　ほうき　8世紀頃）
　シル新（龐頎　ほうき）

逢紀　ほうき
3世紀頃, 中国, 三国時代, 袁紹の幕僚。
⇒三国（逢紀　ほうき）

方毅　ほうき
20世紀, 中国の政治家, 経済専門家。福建省出身。1964年対外経済連絡委員主任, 70年対外経済連絡相, 73年8月党中央委員, 78年副首相。
⇒現人（方毅　ほうき〈ファンイー〉　1910-）
　コン3（方毅　ほうき　1916-）
　世政（方毅　ほうき　1916.2-1997.10.18）
　世東（方毅　ほうき　1910-）
　中人（方毅　ほうき　1916.2-）

彭亀年　ほうきねん
12・13世紀, 中国, 南宋の官僚。字は子寿, 号は止堂, 諡は忠粛。光宗朝で起居舎人を務めた。
⇒コン2（彭亀年　ほうきねん　1142-1206）
　コン3（彭亀年　ほうきねん　1142-1206）
　中芸（彭亀年　ほうきねん　1142-1206）

彭玉麟　ほうぎょくりん
19世紀, 中国, 清末期の武人。字は雪琴, 諡は剛直。石達開などの太平軍と戦い, 九江・安徽などを回復。
⇒外国（彭玉麟　ほうぎょくりん　1816-1890）
　コン2（彭玉麟　ほうぎょくりん　1816-1890）
　コン3（彭玉麟　ほうぎょくりん　1816-1890）

龐勛　ほうくん
9世紀, 中国, 唐末の農民兵士の叛乱の指導者。江蘇徐州 (江蘇省銅山県) の出身。
⇒角世（龐勛　ほうくん　?-869）
　国小（龐勛　ほうくん　?-869 (咸通10)）
　コン2（龐勛　ほうくん　?-869）
　コン3（龐勛　ほうくん　?-869）
　世東（龐勛　ほうくん　?-869）
　中国（龐勛　ほうくん　?-869）
　評世（龐勛　ほうくん　?-869）

宝慶公主　ほうけいこうしゅ*
14・15世紀, 中国, 明, 洪武帝の娘。
⇒中皇（宝慶公主　1396-1433）

包恵僧　ほうけいそう
20世紀, 中国の政治家, 革命家。別名は包悔生, 鮑懐珠, 包一宇, 筆名は栖梧老人, 亦愚。
⇒近中（包恵僧　ほうけいそう　1894-1979.7.2）
　コン3（包恵僧　ほうけいそう　1894-1979）

彭元瑞　ほうげんずい
18・19世紀, 中国, 清代の官吏, 学者。紀昀とともに才人とよばれた。
⇒中芸（彭元瑞　ほうげんずい　1731-1803）

房玄齢　ほうげんれい
6・7世紀, 中国, 初唐の宰相。字は喬松。太宗の貞観の治を助けた。
⇒旺世（房玄齢　ほうげんれい　578-648）
　外国（房玄齢　ほうげんれい　578-648）
　角世（房玄齢　ほうげんれい　578-648）
　広辞4（房玄齢　ほうげんれい　578-648）
　広辞6（房玄齢　ほうげんれい　578-648）
　国小（房玄齢　ほうげんれい　578 (宣政1)-648 (貞観22.7.24)）
　コン2（房玄齢　ほうげんれい　578-648）

```
     コン3  （房玄齢   ほうげんれい   579-648）
     人物  （房玄齢   ほうげんれい   578-648.7）
     世東  （房玄齢   ほうげんれい   578-648）
     世百  （房玄齢   ほうげんれい   578-648）
     全書  （房玄齢   ほうげんれい   578/579-648）
     大辞  （房玄齢   ほうげんれい   578-648）
     大辞3 （房玄齢   ほうげんれい   578-648）
     大百  （房玄齢   ほうげんれい   578?-648）
     中芸  （房玄齢   ほうげんれい   578-648）
     中国  （房玄齢   ほうげんれい   578-648）
     中史  （房玄齢   ほうげんれい   579-648）
     デス  （房玄齢   ほうげんれい   578-648）
     百科  （房玄齢   ほうげんれい   578-648）
     評世  （房玄齢   ほうげんれい   578-648）
     歴史  （房玄齢   ほうげんれい   578-648）
```

法興王　ほうこうおう
6世紀, 朝鮮, 新羅の第23代王（在位514〜540）。前代の智証王の子。独自の年号「建元」を制定。
```
   ⇒角世  （法興王   ほうこうおう   ?-540）
     広辞6 （法興王   ほうこうおう   ?-540）
     皇帝  （法興王   ほうこうおう   ?-540）
     国小  （法興王   ほうこうおう   ?-540（法興王27））
     コン2 （法興王   ほうこうおう   ?-540）
     コン3 （法興王   ほうこうおう   ?-540）
     世東  （法興王   ほうこうおう   ?-540）
     朝人  （法興王   ほうこうおう   ?-540）
     伝記  （法興王   ほうこうおう〈ポップンワン〉   ?-540）
     百科  （法興王   ほうこうおう   ?-540）
```

方皇后　ほうこうごう*
16世紀, 中国, 明, 嘉靖帝の皇妃。
```
   ⇒中皇  （方皇后   ?-1547）
```

褒姒　ほうじ
前8世紀, 中国, 西周末の幽王の寵姫。怪異な出生伝説をもち, 笑うことのない婦人であったという。
```
   ⇒逸話  （褒姒   ほうじ   生没年不詳）
     広辞4 （褒姒   ほうじ）
     広辞6 （褒姒   ほうじ）
     国小  （褒姒   ほうじ   生没年不詳）
     コン2 （褒姒   ほうじ   生没年不詳）
     コン3 （褒姒   ほうじ   生没年不詳）
     世女日（褒姒   Baosi）
     世百  （褒姒   ほうじ   生没年不詳）
     全書  （褒姒   ほうじ）
     大辞  （褒姒   ほうじ   生没年不詳）
     大辞3 （褒姒   ほうじ   生没年不詳）
     中皇  （褒姒   ?-前771）
```

鮑爾漢　ほうじかん
20世紀, 中国の政治家。東トルキスタンのウイグル族出身。新疆省阿克蘇に生れた。人民共和国成立後, 中央人民政府委員, 新疆省人民政府主席。
```
   ⇒外国  （鮑爾漢   ほうじかん   1894-）
     中人  （鮑爾漢   ほうじかん   1894-）
```

方志敏　ほうしびん
20世紀, 中国の革命家。江西省出身。1934年北上抗日先遣隊を組織し, 国民党の包囲網を突破。35年包囲され, 南昌で処刑された。
```
   ⇒外国  （方志敏   ほうしびん   1905頃-1935）
     近中  （方志敏   ほうしびん   1900.8.21-1935.8.6）
     コン3 （方志敏   ほうしびん   1900-1935）
     世東  （方志敏   ほうしびん   1900-1935）
     世百新（方志敏   ほうしびん   1900-1935）
     全書  （方志敏   ほうしびん   1900-1935）
     中人  （方志敏   ほうしびん   1900-1935）
     百科  （方志敏   ほうしびん   1900-1935）
```

方叔　ほうしゅく
前9世紀, 中国, 周の武将。北方の玁狁を討ち, 南方荊蛮を帰服させた。
```
   ⇒世東  （方叔   ほうしゅく   前9世紀）
```

鮑叔牙　ほうしゅくが
前7世紀, 中国, 春秋時代・斉の政治家。管仲と親しく, 交友は「管鮑の交わり」といわれた。
```
   ⇒広辞4 （鮑叔牙   ほうしゅくが）
     広辞6 （鮑叔牙   ほうしゅくが）
     コン3 （鮑叔牙   ほうしゅくが   生没年不詳）
     世東  （鮑叔牙   ほうしゅくが   前7世紀）
     大辞  （鮑叔牙   ほうしゅくが   生没年不詳）
     大辞3 （鮑叔牙   ほうしゅくが   生没年不詳）
```

彭述之　ほうじゅっし, ほうじゅつし
20世紀, 中国共産党草創期の幹部。中国トロツキズム運動の創始者。湖南省宝慶県出身。コミンテルン第5回大会に中国共産党代表として出席。のち党内指導権をめぐる闘争に敗れ, 1929年党を除名される。著作選『失われた中国革命』が日本で刊行。
```
   ⇒近中  （彭述之   ほうじゅっし   1895.11.26-1983.11.28）
     中人  （彭述之   ほうじゅつし   1896-1983.11.28）
```

彭春　ほうしゅん
17世紀, 中国, 世紀後半, 清の武将。アルバジン城を攻略して降した。ネルチンスク条約締結の全権一行に随行。
```
   ⇒外国  （彭春   ほうしゅん   ?-1699）
     世東  （彭春   ほうしゅん   17世紀後半）
```

封諝　ほうしょ
2世紀, 中国, 後漢末期の宦官。「十常侍」の一人。
```
   ⇒三国  （封諝   ほうしょ）
     三全  （封諝   ほうしょ   ?-189）
```

包拯　ほうじょう, ほうしょう
11世紀, 中国, 北宋の名臣。字は希仁。諡は孝粛。龍図閣直学士, 知開封府を歴任。著書に『包孝粛公奏議』(10巻)
```
   ⇒角世  （包拯   ほうじょう   999-1062）
     国小  （包拯   ほうじょう   1000（咸平3）-1062（嘉祐7））
     コン2 （包拯   ほうしょう   1000-1063）
     コン3 （包拯   ほうじょう   999-1062）
     世東  （包拯   ほうじょう   999-1062）
```

中国（包拯　ほうじょう　999–1062）
中史（包拯　ほうじょう　999–1062）
百科（包拯　ほうじょう　999–1062）

豊璋　ほうしょう
⇨豊璋王（ほうしょうおう）

豊璋王　ほうしょうおう
7世紀、朝鮮、百済最後の王。7世紀中頃に在位。白村江で唐、新羅の連合軍に敗れ高句麗へ逃げた。
⇒角世（豊璋　ほうしょう　生没年不詳）
　国史（豊璋　ほうしょう　7世紀）
　国小（豊璋王　ほうしょうおう　生没年不詳）
　シル（豊璋　ほうしょう　?–663）
　シル新（豊璋　ほうしょう　?–663）
　対外（豊璋　ほうしょう　7世紀）
　朝人（余豊璋　よほうしょう　生没年不詳）
　朝鮮（豊璋　ほうしょう　生没年不詳）
　日人（余豊璋　よほうしょう　生没年不詳）
　百科（豊璋　ほうしょう　生没年不詳）

彭紹輝　ほうしょうき
20世紀、中国の軍人。湖南省出身。国防委、解放軍副総参謀長を歴任。1966年の文革では毛・林派を支持。69年4月9期中央委。
⇒世東（彭紹輝　ほうしょうき　1910–）
　中人（彭紹輝　ほうしょうき　1906–1978）

龐尚鵬　ほうしょうほう
16世紀、中国、明の政治家。南海県（広東省）出身。字は少南。諡は恵敏。浙江巡按御史として一条鞭法を実施。
⇒国小（龐尚鵬　ほうしょうほう　生没年不詳）
　コン2（龐尚鵬　ほうしょうほう　16世紀）
　コン3（龐尚鵬　ほうしょうほう　生没年不詳）

彭真　ほうしん
20世紀、中国の政治家。1951年北京市市長。66年毛沢東の指示に抗して「2月提綱」を作成、「反革命修正主義者」として逮捕された。79年名誉回復、党政治局員。83年全人代常務委員長。
⇒角世（彭真　ほうしん　1902–1997）
　近中（彭真　ほうしん　1902.10.12–）
　現人（彭真　ほうしん〈ポンチェン〉　1902–）
　国小（彭真　ほうしん　1902–）
　コン3（彭真　ほうしん　1902–1997）
　人物（彭真　ほうしん　1902–）
　世政（彭真　ほうしん　1902.10.12–1997.4.26）
　世東（彭真　ほうしん　1902–）
　世百（彭真　ほうしん　1899–）
　全書（彭真　ほうしん　1902–）
　大百（彭真　ほうしん〈ポンチェン〉　1899?–）
　中人（彭真　ほうしん　1902–）
　ナビ（彭真　ほうしん　1902–1997）
　山世（彭真　ほうしん　1902–1997）

鮑信　ほうしん
2世紀、中国、後漢の少帝の時の校尉。
⇒三国（鮑信　ほうしん）
　三全（鮑信　ほうしん　152–192）

龐人銓　ほうじんせん
20世紀、中国・湖南の初期労働運動指導者。湖南省出身。1922年湖南第1紗廠（紡績工場）ストライキ指導中、軍隊に殺害された。
⇒近中（龐人銓　ほうじんせん　1897.10.16–1922.1.17）
　コン3（龐人銓　ほうじんせん　1897–1922）
　中人（龐人銓　ほうじんせん　1897–1922）

方振武　ほうしんぶ
19・20世紀、中国、民国の軍人。安徽省寿県出身。1933年5月馮玉祥の察綏（チャハル・綏遠）抗日同盟軍に参加、抗日反蔣戦争（抗日容共）を行った。
⇒外国（方振武　ほうしんぶ　1885–1933）
　近中（方振武　ほうしんぶ　1885–1941.12）
　国小（方振武　ほうしんぶ　1882–1941.12）
　コン3（方振武　ほうしんぶ　1882–1941）
　世百（方振武　ほうしんぶ　1882–1941）
　世百新（方振武　ほうしんぶ　1885–1941）
　百科（方振武　ほうしんぶ　1885–1941）

龐籍　ほうせき
10・11世紀、中国、北宋の官僚。字は醇之、諡は荘敏。単州・武城（山東省）出身。仁宗朝の名臣。
⇒コン2（龐籍　ほうせき　988–1063）
　コン3（龐籍　ほうせき　988–1063）

彭雪楓　ほうせっぷう、ほうせつふう
20世紀、中国の軍人。河南省出身。日中戦争で、遊撃戦を展開し淮北根拠地をひらく。
⇒近中（彭雪楓　ほうせつふう　1907.9.9–1944.9.11）
　コン3（彭雪楓　ほうせっぷう　1907–1944）
　中人（彭雪楓　ほうせっぷう　1907–1944）

鮑宣　ほうせん
1世紀、中国、前漢の哀帝の頃の諫臣。
⇒中史（鮑宣　ほうせん　?–後3）

鮑素　ほうそ
3世紀、中国、三国時代、蜀の将。
⇒三国（鮑素　ほうそ）
　三全（鮑素　ほうそ　?–255）

宝蔵王（宝臧王）　ほうぞうおう
7世紀、朝鮮、高句麗の最後の王（在位642～668）。諱は蔵・宝蔵。668年唐に降服した。
⇒コン2（宝蔵王　ほうぞうおう　?–682）
　コン3（宝蔵王　ほうぞうおう　?–682）
　朝人（宝臧王　ほうぞうおう　?–681）
　百科（宝蔵王　ほうぞうおう　?–682）

茅祖権　ほうそけん
19・20世紀、中国国民党員・西山会議派。
⇒近中（茅祖権　ほうそけん　1883.11.2–1952.2.20）

彭楚藩　ほうそはん
19・20世紀, 中国の軍人, 革命家。
⇒近中（彭楚藩　ほうそはん　1884-1911.10.10）

彭大翼　ほうたいよく
中国, 明代の学者, 官吏。字は雲挙, または一鶴。主著『山堂肆考』。
⇒名著（彭大翼　ほうたいよく　生没年不詳）

彭沢民　ほうたくみん
19・20世紀, 中国の政治家。反蒋・反内戦の急先鋒となり, 人民政府に参加。
⇒外国（彭沢民　ほうたくみん　1884-）
コン2（彭沢民　ほうたくみん　1877-1956）
コン3（彭沢民　ほうたくみん　1877-1956）
世東（彭沢民　ほうたくみん　?-1956.10.18）
中人（彭沢民　ほうたくみん　1877-1956）

法長　ほうちょう
5世紀頃, 中国, 南朝宋の使僧。求那跋摩を迎えるために派遣された。
⇒シル（法長　ほうちょう　5世紀頃）
シル新（法長　ほうちょう）

鮑超　ほうちょう
19世紀, 中国, 清の武人。字は春霆, 諡は忠壮。四川省の出身。太平天国の乱で湘軍を率い戦う。
⇒コン2（鮑超　ほうちょう　1828-1886）
コン3（鮑超　ほうちょう　1828-1888）

龐天寿　ほうてんじゅ
17世紀, 中国, 明末の宦官, キリスト教徒。教名アキレウス。桂王を擁立し, 南明朝廷で権勢をふるった。
⇒外国（龐天寿　ほうてんじゅ　?-1657頃）

龐統　ほうとう
2・3世紀, 中国, 三国蜀の武将, 政治家。襄陽出身。兵略統治の才を司馬懿, 劉備に任された。
⇒三国（龐統　ほうとう）
三全（龐統　ほうとう　179-213）
世東（龐統　ほうとう　179-214）

龐徳　ほうとく
3世紀, 中国, 三国時代, 西涼の太守馬超の腹心の校尉。字は令明。
⇒三国（龐徳　ほうとく）
三全（龐徳　ほうとく　?-219）

彭徳懐　ほうとくかい
20世紀, 中国共産党の指導者, 軍人。湖南省の湘潭県出身。1954年国務院副総理, 国防部部長となり, 軍の「近代化」を推進した。
⇒外国（彭徳懐　ほうとくかい　1900-）
角世（彭徳懐　ほうとくかい　1898-1974）
近中（彭徳懐　ほうとくかい　1898.10.24-1974.11.29）
現人（彭徳懐　ほうとくかい〈ポントーホワイ〉　1900-）
広辞5（彭徳懐　ほうとくかい　1900-1974）
広辞6（彭徳懐　ほうとくかい　1898-1974）
国小（彭徳懐　ほうとくかい　1900-）
コン3（彭徳懐　ほうとくかい　1898-1974）
人物（彭徳懐　ほうとくかい　1900-）
人（彭徳懐　ほうとくかい　1898-1974）
世東（彭徳懐　ほうとくかい　1900-）
世百（彭徳懐　ほうとくかい　1900-）
世百新（彭徳懐　ほうとくかい　1898-1974）
全書（彭徳懐　ほうとくかい　1898-1974）
大辞2（彭徳懐　ほうとくかい　1898-1974）
大辞3（彭徳懐　ほうとくかい　1898-1974）
大百（彭徳懐　ほうとくかい〈ポントーホワイ〉　1900-1974）
百科（彭徳懐　ほうとくかい　1898-1974）
歴史（彭徳懐　ほうとくかい　1898-1974）

ボウドーパヤー
⇒ボードーパヤー

彭湃　ほうはい
20世紀, 中国の革命家, 農民運動指導者, 中国最初のソビエト創設者。国共分裂後の1927年暴動を起し, 海豊県城を占領, 陸豊県ソビエト, 海豊県ソビエトを樹立した。
⇒外国（彭湃　ほうはい　1895-1929）
近中（彭湃　ほうはい　1896.10.22-1929.8.30）
国小（彭湃　ほうはい　1896.10.22-1929.8.30）
コン3（彭湃　ほうはい　1896-1929）
人物（彭湃　ほうはい　1896-1929）
世東（彭湃　ほうはい　1896-1929.8.30）
世百（彭湃　ほうはい　1896-1929）
世百新（彭湃　ほうはい　1896-1929）
全書（彭湃　ほうはい　1896-1929）
中人（彭湃　ほうはい　1896.10.22-1929.8.30）
百科（彭湃　ほうはい　1896-1929）
山世（彭湃　ほうはい　1896-1929）

方方　ほうほう
20世紀, 中国共産党党員, 華南の遊撃戦指導者, 海外華僑の組織者。
⇒近中（方方　ほうほう　1904.4.18-1971.9.21）

彭明敏　ほうめいびん
20世紀, 台湾の独立運動家, 国際法学者。航空法学界の世界的権威。台湾総統府資政, 台湾建国会会長。1964年「台湾独立宣言書」を配布しようとして逮捕された。70年台湾を脱出し, 台湾独立連盟アメリカ本部の指導幹部として活動。
⇒現人（彭明敏　ほうめいびん〈ポンミンミン〉　1923-）
世政（彭明敏　ほうめいびん　1923-）
中人（彭明敏　ほうめいびん　1923-）

彭孟緝　ほうもうしゅう, ぼうもうしゅう
20世紀, 中国の軍人, 政治家。1959年6月陸軍1級上将, 参謀総長, 65年総統府参軍長。
⇒国小（彭孟緝　ぼうもうしゅう　1907-）
世東（彭孟緝　ほうもうしゅう　1907-）
中人（彭孟緝　ほうもうしゅう　1907-）

政治・外交・軍事篇　　　　　　　　427　　　　　　　　ほくい

卯問　ぼうもん
7世紀頃、朝鮮、高句麗から来日した使節。
⇒シル（卯問　ぼうもん　7世紀頃）
　シル新（卯問　ぼうもん）

彭羕　ほうよう
3世紀頃、中国、三国時代、劉備の幕僚。字は永年（永言）。
⇒三国（彭羕　ほうよう）

彭漾　ほうよう
3世紀、中国、三国時代、益州の名士。後に劉備に仕える。
⇒三全（彭漾　ほうよう　?-220）

法力　ほうりき
6世紀頃、中国、北魏の遣西域求法僧。
⇒シル（法力　ほうりき　6世紀頃）
　シル新（法力　ほうりき）

鮑隆　ほうりゅう
3世紀、中国、三国時代、荊州の南部、桂陽郡の管軍校尉。
⇒三国（鮑隆　ほうりゅう）
　三全（鮑隆　ほうりゅう　?-208）

方励之　ほうれいし
20世紀、中国の天体物理学者、反体制活動家。1989年6月の天安門事件では首謀者とされ指名手配。現在はアメリカに在住、アリゾナ大教授を務めている。
⇒世東（方励之　ほうれいし　1936.2-）
　中人（方励之　ほうれいし　1936.2.12-）
　ナビ（方励之　ほうれいし　1936-）

方臘　ほうろう
12世紀、中国、北宋末の農民一揆「方臘の乱」の首謀者。睦州青渓（安徽省炳輝県）出身。
⇒国小（方臘　ほうろう　?-1121（宣和3.8.24））
　コン2（方臘　ほうろう　?-1121）
　コン3（方臘　ほうろう　?-1121）
　世人（方臘　ほうろう　?-1121）
　世東（方臘　ほうろう　?-1121）
　中国（方臘　ほうろう　?-1121）
　評世（方臘　ほうろう　?-1121）

ボオルチュ（孛斡児出）
12・13世紀、モンゴル帝国の政治家。建国の功臣。4傑の一人。チンギス・ハンの創業に貢献。
⇒国小（ボオルチュ〔孛斡児出〕　生没年不詳）
　世東（ボオルチュ〔博爾朮〕　生没年不詳）

許嘉誼　ホガイ
20世紀、北朝鮮の政治家。許哥義、許可雨とも書く。咸鏡北道生れ。ソ連公民となりソ連共産党の指導者として活躍。1946年北朝鮮に派遣され、北朝鮮労働党中央常任委員兼政治委員、組織部長となり、党の最高指導を行った。

⇒現人（許嘉誼　ホガイ　1905-）

ボ・カイ ダイ・ヴォン（父母大王）　Bo-Cai Đai-Vuong
1世紀、ベトナムの民族闘士。諱名は逢興。西暦1世紀後半、中国の都護軍と戦って、独立を勝ち取った英雄。
⇒ベト（Bo-Cai Đai-Vuong　ボ・カイ ダイ・ヴォン　1世紀）

蒲訶粟　ほかぞく
10世紀頃、東南アジア、三仏斉（シュリーヴィジャヤ）の遣唐使。
⇒シル（蒲訶粟　ほかぞく　10世紀頃）
　シル新（蒲訶粟　ほかぞく）

慕感徳　ほかんとく
9世紀頃、渤海から来日した使節。
⇒シル（慕感徳　ほかんとく　9世紀頃）
　シル新（慕感徳　ほかんとく）

ホギ・カガン（保義可汗）　Pao-i K'o-han
9世紀、ウイグル国の第8代カガン（在位808～821）。第7代カイシン・カガン（懐信可汗）の宰相を経てカガンとなる。
⇒国小（ホギ・カガン〔保義可汗〕　?-821）
　世東（保義可汗　ほぎかかん　?-821）

保義可汗　ほぎかかん
⇨ホギ・カガン

許筠　ホキユン
⇨許筠（きょきん）

保勗　ほきょく*
10世紀、中国、五代十国・南平（荊南）の皇帝（在位960～962）。
⇒中皇（保勗　923-962）

朴一禹　ぼくいちう
20世紀、朝鮮の政治家。平安道出身。八・一五解放後、北朝鮮で臨時人民委員会（1946年2月）および北朝鮮人民委員会（47年2月）の内務局長として活躍、48年9月朝鮮民主主義人民共和国政府の内務相に。
⇒外国（朴一禹　ぼくいちう　1903-）

ホー・クイ・リ（胡季犛，黎季犛）
14・15世紀、ベトナム、陳朝の政治家。1400年、陳朝の第12代少帝を廃して帝位につき国を大虞と称し、姓を先祖の胡に復した。
⇒旺世（胡季犛　こきり　1336-1407）
　外国（胡季犛　こきり　?-1407頃）
　角世（ホー・クイ・リー　1336-1407）
　国小（胡季犛　こきり　1336-1407）
　コン2（胡季犛，黎季犛（旧名）　ホー・クイ・リ　1336-1407）
　コン3（ホー・クイ・リイ〔胡季犛〕　1336-1407）
　集文（ホー・クイ・リイ〔胡季犛〕　1336-1407）

ほくい

世東（胡季犛　こきり　1336-1407）
世百（胡季犛　こきり　?-1407）
東ア（ホー・クイ・リー　1336-1407）
百科（ホー・クイ・リ〔胡季犛〕　1336-1407）
評世（胡季犛　こきり　1336-1407）
ベト（Ho-Qui-Ly　ホ・クイ・リ　15世紀）

朴殷植　ぼくいんしょく
⇨朴殷植（パクウンシク）

朴泳孝　ぼくえいこう
⇨朴泳孝（パクヨンヒョ）

ボー・グエン・ザップ
⇨ヴォー・グエン・ザップ

穆王　ぼくおう
前11世紀頃, 中国, 周の第5代王。姓名, 姫満。昭王の子。
⇒皇帝（穆王　ぼくおう　生没年不詳）
国小（穆王　ぼくおう　生没年不詳）
人物（穆王　ぼくおう　生没年不詳）
世東（穆王　ぼくおう　前11世紀頃）
大辞（穆王　ぼくおう）
大辞3（穆王　ぼくおう）
中国（穆王　ぼくおう）
中史（穆王（周）　ぼくおう　生没年不詳）
統治（穆王満　Mu　（在位）前957-918）
評世（穆王　ぼくおう　生没年不詳）

濮王趙允譲　ぼくおうちょういんじょう*
11世紀, 中国, 宋（北宋）, 文帝の孫。
⇒中皇（濮王趙允譲　?-1059）

濮王李泰　ぼくおうりたい*
7世紀, 中国, 唐, 太宗（李世民）の子。
⇒中皇（濮王李泰　?-652）

朴億徳　ぼくおくとく
7世紀頃, 朝鮮, 新羅から来日した使節。
⇒シル（朴億徳　ぼくおくとく　7世紀頃）
シル新（朴億徳　ぼくおくとく）

朴赫居世　ぼくかくきょせい
前1・後1世紀, 朝鮮, 新羅の伝説上の始祖（在位前69～後4）。紀元前1世紀半ば, 辰韓の六氏族の王に推され居世干と称した。
⇒角世（赫居世　かくきょせい）
国小（朴赫居世　ぼくかくきょせい）
世東（朴赫居世　ぼくかくきょせい　前57-後4）
世百（朴赫居世　ぼくかくきょせい　前1世紀中頃）
大辞（赫居世　かくきょせい　前1世紀頃）
大辞3（赫居世　かくきょせい　前1世紀）
朝人（赫居世　かくきょせい）
朝鮮（赫居世　かくきょせい）
百科（朴赫居世　ぼくかくきょせい）

木杆可汗　ぼくかんかかん
⇨モクカン・カガン

朴強国　ぼくきょうこく
7世紀頃, 朝鮮, 新羅から来日した使節。
⇒シル（朴強国　ぼくきょうこく　7世紀頃）
シル新（朴強国　ぼくきょうこく）

朴勤修　ぼくきんしゅう
7世紀頃, 朝鮮, 新羅から来日した使節。
⇒シル（朴勤修　ぼくきんしゅう　7世紀頃）
シル新（朴勤修　ぼくきんしゅう）

朴金喆　ぼくきんてつ
⇨朴金喆（パククムチョル）

朴珪寿　ぼくけいじゅ
19世紀, 朝鮮の思想家, 政治家。朴趾源の孫。金玉均・金允植らの指導者。
⇒角世（朴珪寿　ぼくけいじゅ　1807-1877）
コン2（朴珪寿　ぼくけいじゅ　1807-1876）
コン3（朴珪寿　ぼくけいじゅ　1807-1876）
世東（朴珪寿　ぼくけいじゅ）
全書（朴珪寿　ぼくけいじゅ　1807-1877）
朝人（朴珪寿　ぼくけいじゅ　1807-1877）
朝鮮（朴珪寿　ぼくけいじゅ　1807-1877）
百科（朴珪寿　ぼくけいじゅ　1807-1877）

朴憲永　ぼくけんえい
⇨朴憲永（パクホニョン）

穆公　ぼくこう
前7世紀, 中国, 春秋時代・秦の君主（在位前659～621）。繆公とも書く。名, 任好。父は徳公。春秋時代秦の五覇の一人。
⇒旺世（穆公　ぼくこう　?-前621）
角世（穆公　ぼくこう　?-前621）
広辞4（穆公・繆公　ぼくこう）
広辞6（穆公, 繆公　ぼくこう　（在位）前660-前621）
皇帝（穆公　ぼくこう　?-前621）
国小（穆公　ぼくこう　?-前621（穆公39））
コン2（穆公　ぼくこう　?-前621）
コン3（穆公　ぼくこう　?-前621）
人物（穆公　ぼくこう　?-前621）
世人（穆公　ぼくこう　?-前621）
世東（穆公　ぼくこう　?-前621）
大辞（穆公　ぼくこう　?-前621）
大辞3（穆公　ぼくこう　?-前621）
中国（穆公　ぼくこう　（在位）前659-621）
中史（穆公（秦）　ぼくこう　?-前621）
評世（穆公　ぼくこう　?-前621）
山世（穆公　ぼくこう　?-前621）

僕固懐恩　ぼくこかいおん
8世紀, 中国, 唐に仕えたトルコ系武将。霊武（寧夏ウイグル自治区）の鉄勒（チュルク）僕骨部の首領。
⇒国小（僕固懐恩　ぼくこかいおん　?-765（永泰1.9.8））
コン2（僕固懐恩　ぼくこかいおん　?-765）
コン3（僕固懐恩　ぼくこかいおん　?-765）
人物（僕固懐恩　ぼくこかいおん　?-765）
世東（僕固懐恩　ぼくこかいおん　?-765）
中国（僕固懐恩　ぼくこかいおん　?-765）

朴斉純　ぼくさいじゅん
　⇨朴斉純（ぼくせいじゅん）

北叱智　ほくしち
　7世紀頃, 朝鮮, 新羅から来日した使節。
　⇒シル（北叱智　ほくしち　7世紀頃）
　　シル新（北叱智　ほくしち）

朴次貞　ほくじてい
　20世紀, 朝鮮の独立運動家。
　⇒コン3（朴次貞　ほくじてい　1908-1944）
　　朝人（朴次貞　ほくじてい　1907?-1944）

穆沙諾　ぼくしゃだく
　8世紀頃, ペルシアの入唐使節。725（開元13）年7月に来朝。
　⇒シル（穆沙諾　ぼくしゃだく　8世紀頃）
　　シル新（穆沙諾　ぼくしゃだく）

穆順　ぼくじゅん
　2世紀, 中国, 三国時代, 上党の太守張楊配下の将。
　⇒三国（穆順　ぼくじゅん）
　　三全（穆順　ぼくじゅん　?-191）

穆順　ぼくじゅん
　3世紀, 中国の宦官。伏皇后からの密書を伏皇后の父伏完に届けた。
　⇒三国（穆順　ぼくじゅん）
　　三全（穆順　ぼくじゅん　?-214）

朴春琴　ぼくしゅんきん
　⇨朴春琴（パクチュングム）

朴順典　ぼくじゅんてん
　20世紀, 韓国の女流政治家, 教育家。女子教育に献身。1961年民主党の中央委員会議長。65年民政党と合併し民衆党を結成して代表最高委員, 66年同党の総裁。
　⇒現人（朴順天　パクスンチョン　1898.9.10-）
　　世東（朴順典　ぼくじゅんてん　1898-）

朴昌玉　ぼくしょうぎょく
　20世紀, 北朝鮮の政治家。1948年第1期最高人民会議代議員。54年副首相兼国家計画委員会委員。
　⇒国小（朴昌玉　ぼくしょうぎょく　1910（隆熙4）?-）
　　世東（朴昌玉　ぼくしょうぎょく　?-）
　　世百（朴昌玉　ぼくしょうぎょく）

朴瑞生　ぼくずいせい
　朝鮮, 李朝の官僚。
　⇒国史（朴瑞生　ぼくずいせい　生没年不詳）
　　日人（朴瑞生　ぼくずいせい　生没年不詳）

朴正愛　ぼくせいあい
　⇨朴正愛（パクジョンエ）

朴星煥　ぼくせいかん
　19・20世紀, 朝鮮の軍人。軍隊解散に抗議して自決した愛国軍人。
　⇒朝人（朴星煥　ぼくせいかん　?-1907）

朴正熙　ぼくせいき
　⇨朴正熙（パクチョンヒ）

朴斉純　ぼくせいじゅん
　19・20世紀, 朝鮮の政治家。1909年李完用内閣の内部大臣。併合条約の調印に加わったため売国五賊に数えられる。
　⇒外国（朴斉純　ぼくせいじゅん　1858-1916）
　　コン3（朴斉純　ぼくさいじゅん　1859-1916）
　　朝人（朴斉純　ぼくせいじゅん　1858-1916）

朴世直　ぼくせいちょく
　⇨朴世直（パクセジク）

朴成哲　ぼくせいてつ
　⇨朴成哲（パクソンチョル）

穆宗（唐）　ぼくそう
　8・9世紀, 中国, 唐の第12代皇帝（在位820～824）。本名は李恒。初めは李宥。憲宗（第11代皇帝）の第3子。
　⇒皇帝（穆宗　ぼくそう　795-824）
　　中皇（穆宗　794-824）
　　統治（穆宗　Mu Tsung　（在位）820-824）

穆宗（遼）　ぼくそう
　10世紀, 中国, 遼第4代皇帝（在位951～969）。諱は璟, 小字は述律, 諡は孝安敬正皇帝。2代皇帝太宗の長子。
　⇒コン2（穆宗（遼）　ぼくそう　931-969）
　　コン3（穆宗（遼）　ぼくそう　931-969）
　　中皇（穆宗　931-969）
　　統治（穆宗　Mu Tsung　（在位）951-969）

穆宗（高麗）　ぼくそう
　10・11世紀, 朝鮮, 高麗の第7代王（在位997～1009）。
　⇒世東（穆宗　ぼくそう　980-1009）
　　統治（穆宗　Mokchong　（在位）997-1009）

穆宗（金）　ぼくそう
　11・12世紀, 中国, 遼の女真族完顔部の部族長。諱は盈歌, 字は烏魯完, 諡は章順孝平皇帝, 廟号が穆宗。
　⇒コン2（穆宗（金）　ぼくそう　1053-1104）
　　コン3（穆宗（金）　ぼくそう　1053-1104）

穆宗（明）　ぼくそう
　⇨隆慶帝（りゅうけいてい）

朴泰俊　ぼくたいしゅん
　⇨朴泰俊（パクテジュン）

朴達　ぼくたつ
20世紀, 朝鮮の独立運動家。金日成とともにパルチザン闘争を指導。著書『祖国は生命よりも貴重だ』。
⇒コン3　（朴達　ぼくたつ　1910–1960）
　世百新（朴達　ぼくたつ　1910–1960）
　朝人　（朴達　ぼくたつ　1910–1960）
　朝鮮　（朴達　ぼくたつ　1910–1960）
　百科　（朴達　ぼくたつ　1910–1960）

朴忠勲　ぼくちゅうくん
⇨朴忠勲（パクチュンフン）

穆帝　ぼくてい*
4世紀, 中国, 東晋の皇帝（在位344〜361）。
⇒中皇（穆帝　343-361）
　統治（穆帝　Mu Ti　（在位）344-361）

朴堤上　ぼくていじょう
5世紀, 朝鮮, 5世紀初頭の新羅の将軍。
⇒全書（朴堤上　ぼくていじょう　生没年不詳）
　朝人（朴堤上　ぼくていじょう　生没年不詳）

朴定陽　ぼくていよう
19・20世紀, 朝鮮の改革派政治家。午改革, 光武改革を行った。
⇒コン3（朴定陽　ぼくていよう　1841–1904）
　朝人（朴定陽　ぼくていよう　1841–1905）

朴哲彦　ぼくてつえん
⇨朴哲彦（パクチョロン）

墨啜達干　ぼくてつたつかん
8世紀頃, ウイグルの入唐朝貢使。
⇒シル（墨啜達干　ぼくてつたつかん　8世紀頃）
　シル新（墨啜達干　ぼくてつたつかん）

冒頓単于　ぼくとつぜんう
前2世紀, 匈奴の第2代単于（在位?–前174）。東胡族, 月氏族, 丁令族などを討ち, 漢の高祖を破り（前200）, 匈奴帝国を強大化した。
⇒旺世（冒頓単于　ぼくとつぜんう　?–前174）
　外国（冒頓単于　ぼくとつ・ぜんう　?–前174）
　角世（冒頓単于　ぼくとつぜんう　?–前174）
　広辞4（冒頓単于　ぼくとつぜんう）
　広辞6（冒頓単于　ぼくとつぜんう　（在位）前209–前174）
　皇帝（冒頓単于　ぼくとつぜんう　?–前174）
　国小（冒頓単于　ぼくとつぜんう　?–前174）
　コン2（冒頓単于　ぼくとつ・ぜんう　?–前174）
　コン3（冒頓単于　ぼくとつ・ぜんう　?–前174）
　人物（冒頓単于　ぼくとつぜんう　?–前174）
　世人（冒頓単于　ぼくとつぜんう　?–前174）
　世東（冒頓単于　ぼくとつぜんう　?–前174）
　世百（冒頓単于　ぼくとつぜんう　?–前174）
　全書（冒頓単于　ぼくとつぜんう　?–前174）
　大辞（冒頓単于　ぼくとつぜんう　?–前174）
　大辞3（冒頓単于　ぼくとつぜん　?–前174）
　大百（冒頓単于　ぼくとつぜんう　?–前174）
　中国（冒頓単于　ボクトツゼンウ　?–前174）
　デス（冒頓単于　ぼくとつぜんう　?–前174）
　伝記（冒頓単于　ぼくとつぜんう　?–前174）
　百科（ボクトツゼンウ（冒頓単于）　?–前174）
　評世（冒頓単于　ぼくとつぜんう　?–前174）
　山世（冒頓単于　ぼくとつぜんう　?–前174）
　歴史（冒頓単于　ぼくとつぜんう　?–前174）

朴惇之　ぼくとんし
朝鮮, 高麗・朝鮮王朝の官僚。
⇒国史（朴惇之　ぼくとんし　生没年不詳）
　日人（朴惇之　ぼくとんし　生没年不詳）

繆伯英　ぼくはくえい
20世紀, 中国共産党の最初の女性党員・何孟雄夫人。
⇒近中（繆伯英　ぼくはくえい　1899.10–1929.10）

繆斌　ぼくひん
⇨繆斌（びゅうひん）

朴武摩　ぼくぶま
7世紀頃, 朝鮮, 新羅から来日した使節。
⇒シル（朴武摩　ぼくぶま　7世紀頃）
　シル新（朴武摩　ぼくぶま）

朴文奎　ぼくぶんけい
20世紀, 朝鮮の政治家。1948年南朝鮮から第1期最高人民会議代議員に当選。61年労働党中央委員。
⇒コン3（朴文奎　ぼくぶんけい　1906–）

朴裕　ぼくゆう
8世紀頃, 朝鮮, 新羅の級湌。入唐した。
⇒シル（朴裕　ぼくゆう　8世紀頃）
　シル新（朴裕　ぼくゆう）

濮陽興　ぼくようこう
3世紀, 中国, 三国時代, 呉の末期の丞相。
⇒三国（濮陽興　ぼくようこう）
　三全（濮陽興　ぼくようこう　?–265）

朴容万　ぼくようまん
19・20世紀, 朝鮮の独立運動家。
⇒コン3（朴容万　ぼくようまん　1881–1928）

僕羅　ぼくら
8世紀頃, 中央アジア, 吐火羅（トハラ）の入唐使節。
⇒シル（僕羅　ぼくら　8世紀頃）
　シル新（僕羅　ぼくら）

朴烈　ぼくれつ
⇨朴烈（パクヨル）

木鹿大王　ぼくろくだいおう
3世紀, 中国, 三国時代, 南蛮の八納洞の主。
⇒三国（木鹿大王　ぼくろくだいおう）
　三全（木鹿大王　ぼくろくだいおう　?–225）

ホーゲ（豪格）
17世紀,中国,清初期の皇族。太宗ホンタイジの長子。
⇒コン2（ホーゲ〔豪格〕　1609–1648）
　コン3（ホーゲ〔豪格〕　1609–1648）
　中皇（粛武親王豪格　1609–1648）

ボケイハン　Bökeykhan, Älikhan
19・20世紀,中央アジア,カザフ人の知識人,政治家でアラシュ・オルダ自治政府の議長。
⇒中ユ（ボケイハン　1866?–1937）

輔公祏　ほこうせき
7世紀,中国,隋末期の反乱指導者の一人。斉州・臨済（山東省）出身。623年唐に反旗を翻して自立。国号を宋とし,天明と建元。
⇒コン2（輔公祏　ほこうせき　?–624）
　コン3（輔公祏　ほこうせき　?–624）

ホサイン・バーイカラー
⇨フサイン・バイカラ

菩薩　ぼさつ
7世紀,ウイグルの第2代首長。627年東突厥の大軍を破り,ウイグル部の発展の基礎をつくった。
⇒世東（菩薩　ぼさつ　生没年不詳）

何香凝　ホーシアンニン
⇨何香凝（かこうぎょう）

歩騭　ほしつ
3世紀頃,中国,三国時代,呉の幕僚。
⇒三国（歩騭　ほしつ）
　三全（歩騭　ほしつ　?–247）

ホ・シ・ドン（胡士棟）
18世紀,ベトナム,黎顕宗帝の景興33年（1772）,34歳で進士に合格して尚書の官に昇った。
⇒ベト（Ho-Si-Đong　ホ・シ・ドン〔胡士棟〕）

慕施蒙　ぼしもう
8世紀頃,渤海から来日した使節。
⇒シル（慕施蒙　ぼしもう　8世紀頃）
　シル新（慕施蒙　ぼしもう）

ホジャ・ニヤズ（和加尼牙子）　Khoja Niaz
20世紀,中国新疆省のウイグル族（纏回）の指導者。漢字名和加尼牙子。1933年の末,カシュガルに成立した東トルキスタン共和国の大統領に就任。
⇒外国（ホジャ・ニヤズ〔和加尼牙子〕）

蒲寿宬（蒲寿宬）　ほじゅせい
13世紀,中国,南宋末・元初期の官僚。字は心泉。泉州（福建省）出身。蒲寿庚の次兄。
⇒コン2（蒲寿宬　ほじゅせい　生没年不詳）

　コン3（蒲寿宬　ほじゅせい　生没年不詳）
　人物（蒲寿宬　ほじゅせい　生没年不詳）
　世東（蒲寿宬　ほじゅせい）

慕昌禄　ぼしょうろく
8世紀,渤海から来日した使節。
⇒シル（慕昌禄　ぼしょうろく　?–773）
　シル新（慕昌禄　ぼしょうろく　?–773）

許政　ホジョン
20世紀,韓国の政治家。1960年外相,李承晩辞任ののち大統領代理,同年8月まで過渡的内閣首相。
⇒現人（許政　ホジョン　1896.4.8–）
　国小（許政　きょせい　1896.4.3–）
　世政（許政　ホジョン　1896.4.8–1988.9.18）
　全書（許政　きょせい　1896–）
　大百（許政　きょせい〈ホジョン〉　1896–）
　朝人（許政　きょせい　1896–1988）
　朝鮮（許政　きょせい　1896–1988）

許貞淑　ホジョンスク
20世紀,朝鮮の政治家。許憲の娘。1948年北朝鮮の文化宣伝相,57年司法相,59年最高裁判所所長。
⇒現人（許貞淑　ホジョンスク　1902–）
　コン3（許貞淑　きょていしゅく　1908–1991）
　世政（許貞淑　ホジョンスク　1908–1991.6.5）
　世東（許貞淑　きょていしゅく　1908–1991.6.5）
　朝人（許貞淑　きょていしゅく　1908–1991）

蒲鮮万奴　ほせんばんど
13世紀,中国,遼東地方に興った大真国の建設者（在位1216～33）。女真人。33年モンゴル軍に捕えられ,大真国も滅んだ。
⇒外国（蒲鮮万奴　ほせんぱんぬ　?–1233）
　国小（蒲鮮万奴　ほせんばんど　生没年不詳）
　コン2（蒲鮮万奴　ほせんばんど　13世紀）
　コン3（蒲鮮万奴　ほせんばんど　13世紀）
　世百（蒲鮮万奴　ほせんまんぬ　?–1233）
　全書（蒲鮮万奴　ほせんばんど　生没年不詳）
　中国（蒲鮮万奴　ほせんまんぬ　?–1233）
　歴史（蒲鮮万奴　ほせんばんど）

蒲鮮万奴　ほせんばんぬ
⇨蒲鮮万奴（ほせんばんど）

蒲鮮万奴　ほせんまんど
⇨蒲鮮万奴（ほせんばんど）

蒲鮮万奴　ほせんまんぬ
⇨蒲鮮万奴（ほせんばんど）

許錟　ホダム
20世紀,北朝鮮の政治家。1970年7月外相就任。73年副首相兼務,83年11月党政治局員。同年12月副首相兼外相辞任。
⇒現人（許錟　ホダム　?–）
　国小（許淡　きょたん　生没年不詳）
　世政（許錟　ホダム　1929.3.6–1991.5.11）
　世東（許錟　きょたん　1929.3.6–1991.5.11）

ボー・チ・コン　Vo Chi Cong
　20世紀,ベトナムの政治家。南ベトナム民族解放戦線中央委員会幹部会副議長として戦争指導に参画。1976年統一ベトナム政府の副首相兼海洋資源相。
　⇒現人　(ボー・チ・コン　1912-)
　　世政　(ボー・チ・コン　1913.8.7-)
　　世東　(ヴォー・チ・コン　1913-)
　　二十　(ボー・チ・コン　1912-)

ホー・チ・ミン(胡志明)　Ho Chi Minh
　19・20世紀,北ベトナムの政治家。1945年9月2日ベトナム民主共和国独立を宣言,初代主席に。フランスとの抵抗戦争(1946〜54)に勝ち,抗米救国の戦争を指導。
　⇒岩ケ　(ホー・チミン　1892-1969)
　　旺世　(ホー=チ=ミン　1890-1969)
　　外国　(ホー・チ・ミン　1892-)
　　角世　(ホー・チ・ミン　1890?-1969)
　　現人　(ホー・チ・ミン　1890.5.19-1969.9.3)
　　広辞5　(ホー・チミン[胡志明]　1890-1969)
　　広辞6　(ホー=チ=ミン　1890-1969)
　　国小　(ホー・チ・ミン　1890.5.19-1969.9.3)
　　国百　(ホー・チ・ミン　1890.5.19-1969.9.3)
　　コン3　(ホー・チ・ミン　1890-1969)
　　最世　(ホー・チ・ミン　1890-1969)
　　集世　(ホー・チ・ミン　1890-1969)
　　集文　(ホー・チ・ミン　1890-1969)
　　人物　(ホー・チミン　1890-)
　　世人　(ホー=チ=ミン　1890-1969)
　　世政　(ホー・チ・ミン　1890.5.19-1969.9.3)
　　世東　(ホー・チ・ミン　1890.5.19-1969.9.3)
　　世百　(ホーチミン　1890-)
　　世百新　(ホー・チ・ミン[胡志明]　1890-1969)
　　全書　(ホー・チ・ミン　1890-1969)
　　大辞2　(ホー・チミン　1890-1969)
　　大辞3　(ホー・チミン　1890-1969)
　　大百　(ホー・チ・ミン　1890-1969)
　　中国　(ホーチミン[胡志明]　1890-1969)
　　伝世　(ホー・チ・ミン[胡志明]　1890-1969.9.3)
　　ナビ　(ホー=チ=ミン　1890-1969)
　　東ア　(ホー・チ・ミン　1890-1969)
　　百科　(ホー・チ・ミン　1890-1969)
　　評世　(ホー=チミン　1890-1969)
　　山世　(ホー・チ・ミン　1890?-1969)
　　歴史　(ホー=チミン　1890-1969)

渤海王劉悝　ぼっかいおうりゅうかい*
　2世紀,中国,後漢,桓帝(かんてい)の弟。
　⇒中皇　(渤海王劉悝　?-172)

北海王劉睦　ほっかいおうりゅうぼく*
　1世紀,中国,後漢,斉王劉縯の孫。
　⇒中皇　(北海王劉睦　?-74)

没似半　ぼつじはん
　7世紀頃,ペルシアの朝貢使。638(貞観)年唐に珍獣をもたらした。
　⇒シル　(没似半　ぼつじはん　7世紀頃)
　　シル新　(没似半　ぼつじはん)

勃帝米施　ほつていめいせ
　8世紀頃,中央アジア,史国(ケッシュ)の入唐使節。
　⇒シル　(勃帝米施　ほつていめいせ　8世紀頃)
　　シル新　(勃帝米施　ほつていめいせ)

ポット・サーラシン　Saarasin, Phoch
　20世紀,タイの第9代首相(1957年9月〜58年1月)。
　⇒華人　(ポット・サーラシン　1906-2000)

ポット・サラシン　Pote Sarasin
　20世紀,タイの政治家。1969年3月副首相兼国家開発相,71年11月クーデターで国政諮議会議長補佐,経済財政工業部長となった。
　⇒現人　(ポット・サラシン　1906.3.25-)
　　国小　(ポット・サラシン　1907.3.25-)
　　世政　(ポット・サラシン　1907.3.25-2000.9.28)
　　世東　(ポット・サラシン　1906.3.25-)
　　二十　(ポート・サラシン　1905-)
　　二十　(ポット・S.　1906-)

法興王　ポップンワン
　⇨法興王(ほうこうおう)

蒲殿俊　ほでんしゅん
　19・20世紀,中国,清末民初の政治家。四川省出身。清末立憲運動の四川の指導者で四川諮議局議長。
　⇒世東　(蒲殿俊　ほでんしゅん　1876-1934.10.28)
　　中史　(蒲殿俊　ほでんしゅん　1875-1935)

ボドウパヤ
　⇨ボードーパヤー

ボードーパヤー　Bodawpaya
　18・19世紀,ビルマ,コンバウン朝の第5代王(在位1782〜1819)。
　⇒国小　(ボドゥパヤー[孟隕]　1745-1819)
　　コン2　(ボウドーパヤー　?-1819)
　　コン3　(ボウドーパヤー　?-1819)
　　世東　(ボードーパヤー[孟隕]　1745-1819)
　　世百　(ボドウパヤー　?-1819)
　　統治　(ボドウパヤ　(在位)1782-1819)
　　東ア　(ボードーパヤー　1744-1819)
　　百科　(ボードーパヤー　1744-1819)

ホ・トン・トック(胡宗鷟)
　ベトナム,後陳朝代の高官。
　⇒ベト　(Ho-Ton-Thoc　ホ・トン・トック[胡宗鷟])

ホナサン, グレゴリオ　Honasan, Gregorio
　20世紀,フィリピンの政治家,軍人。フィリピン上院議員。
　⇒世政　(ホナサン, グレゴリオ　1948-)

ボニファシオ　Andres Bonifacio
　19世紀,フィリピンの民族運動家。秘密結社カ

ティプナンを結成し(1892)，フィリピンの独立と統一を画策．
⇒旺世　（ボニファシオ　1863–1897）
　角世　（ボニファシオ　1863–1897）
　コン2　（ボニファシオ　1863–1897）
　コン3　（ボニファシオ　1863–1897）
　世人　（ボニファシオ　1863–1897）
　世東　（ボニファシオ　1863–1897.5）
　全書　（ボニファシオ　1863–1897）
　伝世　（ボニファシオ　1863.11.30–1897.5.10）
　東ア　（ボニファシオ　1863–1897）
　百科　（ボニファシオ　1863–1897）

ボー・バン・キエト　Vo Van Kiet
20世紀，ベトナムの政治家．ベトナム共産党政治局員，ベトナム首相．
⇒世政　（ボー・バン・キエト　1922.11.23–）
　世東　（ヴォー・ヴァン・キエト　1922–）

許憲　ホホン
19・20世紀，北朝鮮の政治家．1948年以後，北朝鮮最高人民会議議長，朝鮮労働党政治委員などを歴任．
⇒外国　（許憲　きょけん　1885–1951）
　角世　（許憲　きょけん　1885–1951）
　現人　（許憲　ホホン　1885–1951.8）
　国帝　（許憲　きょけん　1885–1951）
　コン3　（許憲　きょけん　1885–1951）
　人物　（許憲　きょけん　1885–1951）
　世東　（許憲　きょけん　1885–1951）
　世百　（許憲　きょけん　1885–1951）
　世百新　（許憲　きょけん　1885–1951）
　全書　（許憲　きょけん　1885–1951）
　朝人　（許憲　きょけん　1885–1951）
　朝鮮　（許憲　きょけん　1885–1951）
　日人　（許憲　ホホン　1885–1951）
　百科　（許憲　きょけん　1885–1951）
　評世　（許憲　きょけん　1885–1951）

慕末　ぼまつ*
5世紀，中国，五胡十六国・西秦の皇帝（在位428～431）．
⇒中皇　（慕末　?–431）

ポムヴィハン，カイソン
⇨カイソーン・ポムウィハーン

ボヤンネメフ，ソノムバルジリーン
Буяншэмэх, Сономбалжирын
20世紀，モンゴルの作家，革命家．
⇒集世　（ボヤンネメフ，ソノムバルジリーン　1902.9.15–1937.10.25）
　集文　（ボヤンネメフ，ソノムバルジリーン　1902.9.15–1937.10.25）

慕容廆　ぼようかい
3・4世紀，中国，五胡十六国・前燕の始祖．鮮卑の慕容部を率い，鮮卑大単于と称した．燕国発展の基礎を築いた．
⇒国小　（慕容廆　ぼようかい　269（晋，泰始5）–333（東晋，咸和8））
　コン2　（慕容廆　ぼようかい　269–333）
　コン3　（慕容廆　ぼようかい　269–333）
　人物　（慕容廆　ぼようかい　269–333）
　世東　（慕容廆　ぼようかい　269–333）
　世百　（慕容廆　ぼようかい　269–333）
　全書　（慕容廆　ぼようかい　269–333）
　中皇　（慕容廆　269–333）
　中国　（慕容廆　ぼようかい　269–333）
　百科　（慕容廆　ぼようかい　269–333）
　評世　（慕容廆　ぼようかい　269–333）

慕容皝　ぼようこう
3・4世紀，中国，五胡十六国・前燕の初代王（在位333～348）．337年燕王と称した．
⇒国小　（慕容皝　ぼようこう　297（晋，元康7）–348（東晋，永和4））
　コン2　（慕容皝　ぼようこう　297–348）
　コン3　（慕容皝　ぼようこう　297–348）
　人物　（慕容皝　ぼようこう　297–348）
　世東　（慕容皝　ぼようこう　297–348）
　世百　（慕容皝　ぼようこう　297–348）
　中皇　（慕容皝　297–348）
　中国　（慕容皝　ぼようこう　297–348）
　百科　（慕容皝　ぼようこう　297–348）

慕容順　ぼようじゅん
7世紀頃，中央アジア，吐谷渾の可汗伏允の子．隋の煬帝の下へ質子として入朝．
⇒シル　（慕容順　ぼようじゅん　7世紀頃）
　シル新　（慕容順　ぼようじゅん）

慕容儁　ぼようしゅん
4世紀，中国，五胡十六国・前燕の第2代王（在位348～360）．慕容皝の子で，その後を継ぎ燕王となった．
⇒外国　（慕容儁　ぼようしゅん　319–360）
　皇帝　（景昭帝　けいしょうてい　319–360）
　国小　（慕容儁　ぼようしゅん　319（東晋，太興2）–360（建熙1））
　人物　（慕容儁　ぼようしゅん　319–360）
　世東　（慕容儁　ぼようしゅん　319–360.1）
　中国　（慕容儁　ぼようしゅん　319–360）
　百科　（慕容儁　ぼようしゅん　319–360）

慕容垂　ぼようすい
4世紀，中国，五胡十六国・後燕の初代王（在位383/4～396）．慕容皝の第5子で，慕容儁の弟．
⇒国小　（慕容垂　ぼようすい　326（東晋，咸和1）–396（永康1））
　コン2　（慕容垂　ぼようすい　326–396）
　コン3　（慕容垂　ぼようすい　326–396）
　人物　（慕容垂　ぼようすい　326–396）
　世東　（慕容垂　ぼようすい　326–396.4）
　世百　（慕容垂　ぼようすい　326–396）
　中皇　（世祖　326–396）
　百科　（慕容垂　ぼようすい　316–396）

慕容徳　ぼようとく
4・5世紀，中国，五胡十六国・南燕の初代王．後燕王慕容垂の弟．400年南燕国を創建．
⇒世東　（慕容徳　ぼようとく　?–405）

慕容烈　ぼようれつ
3世紀, 中国, 三国時代, 魏の大将文聘の部将。
⇒三国（慕容烈　ぼようれつ）
　三全（慕容烈　ぼようれつ　?-219）

ボライ〔孛来〕
15世紀, モンゴルのハラチン部長。マルコルギスをハンに擁立。太師淮王と号し権勢をふるった。
⇒国小（ボライ〔孛来〕　?-1464/5）
　中国（孛来　ボライ　?-1466）

ポラネ〔頗羅鼐〕　Pho-lha-nas
17・18世紀, チベットの宰相。
⇒コン2（ポラネ　1689-1747）
　コン3（ポラネ　1689-1747）
　世東（ポラネ〔頗羅鼐〕　1689-1747）

ボルキア　Bolkiah, Hassanal
20世紀, ブルネイのスルタン。
⇒岩ケ（ボルキア, ハサナル　1946-）
　世政（ボルキア, ハサナル　1946.7.15-）
　世東（ボルキア　1946-）
　二十（ボルキア, M.H.　1946.7.15-）
　東ア（ボルキア　1946-）

ボルキア, モハメッド　Bolkiah, Muda Mohammed
20世紀, ブルネイの政治家。ブルネイ外相。
⇒世政（ボルキア, モハメッド　1947.8.27-）

ポルセナ, キニム　Pholsena, Quinim
20世紀, ラオスの政治家。1960年ブーマ首相のプノンペン亡命後, 首相代理。親米派（右派）の攻撃をうけ暗殺された。
⇒コン3（ポルセナ（ポンセーナー）　1914-1963）
　世東（キニム・ポンセーナー　1915.12.18-1963.4.1）
　二十（ポルセナ, キニム　1915-1963.4.2）

ポル・ポト　Pol Pot
20世紀, カンボジアの政治家。民主カンボジア軍最高会議議長, 総司令官。反仏反日闘争を経て1960年カンボジア共産党中央委常任委員, 76年民主カンボジア政府成立で首相。79年プノンペン陥落でゲリラ活動。
⇒岩ケ（ポル・ポト　1926-）
　旺世（ポル=ポト　1925/28-1998）
　広辞6（ポル・ポト　1925?-1998）
　コン3（ポル・ポト　1928（25）-1998）
　最世（ポル・ポト　1925-1998）
　世人（ポル=ポト　1925-1998）
　世政（ポル・ポト　1925.5.19-1998.4.15）
　世東（ポル・ポト　1925?-）
　全書（ポル・ポト　1928-）
　ナビ（ポル・ポト　1928-）
　二十（ポル・ポト　1928（25）.5.19-）
　東ア（ポル・ポト　1928-1998）
　評世（ポル=ポト　1925-1998）

ボロト・テムル〔孛羅帖木児〕　Bolod Temür
14世紀, 中国, 元末の軍人。反乱軍討伐に活躍したタシ・バトル（答失八都魯）の子。
⇒国小（ボロト・テムル〔孛羅帖木児〕　?-1365（至正25））
　コン2（ボロト・テムル〔孛羅帖木児〕　?-1365）
　コン3（ボロト・テムル〔孛羅帖木児〕　?-1365）

ボロフル〔博爾忽, 孛羅忽勒〕
12・13世紀, モンゴル帝国の勇将。4傑の一人。千戸長に任ぜられ, ダルハンの資格を与えられた。
⇒国小（ボロフル〔孛羅忽勒〕　?-1217）
　世東（ボロフル〔博爾忽〕　?-1217）

ボロムトライロカナート　Boromtrailokanat
15世紀, タイ, アユタヤ朝の第9代王（在位1448～88）。近隣を征服して領土を拡大。内政・軍制の整備を完成させた。
⇒皇帝（ボロムトライロカナート　1431-1488）
　世東（ボロムトライロカナート）

ボロムラーチャー2世　Baromracha II
15世紀, タイ, アユタヤ朝の第8代王（在位1424～48）。王国約400年の基礎を固めた。
⇒皇帝（ボロムラーチャー2世　?-1448）
　世東（ボロムラーチャー2世）

ボロモラジャ　Boromaraja
14世紀, タイ, アユティヤ朝の第3代王（在位1370～88）。ラーマ・ティボディ1世の義弟。78年, スコータイ朝を倒した。
⇒外国（ボロモラジャ　?-1388）

賀龍　ホーロン
⇨賀龍（がりゅう）

華国鋒　ホワクオフォン
⇨華国鋒（かこくほう）

黄克誠　ホワンコーチョン
⇨黄克誠（こうこくせい）

黄興　ホワンシン
⇨黄興（こうこう）

黄鎮　ホワンチェン
⇨黄鎮（こうちん）

黄華　ホワンホワ
⇨黄華（こうか）

黄永勝　ホワンヨンション
⇨黄永勝（こうえいしょう）

洪景来　ホンギョンネ
⇨洪景来（こうけいらい）

洪景来　ホンキョンレ
　⇨洪景来（こうけいらい）

洪時学　ホンシハク
　20世紀，北朝鮮の副総理，中央委員，政治局員候補，中央人民委員。
　⇒韓国（洪時学　ホンシハク　1922–）
　　世政（洪時学　ホンシハク　1922–）

洪秀全　ホンシューチュエン
　⇨洪秀全（こうしゅうぜん）

ボンジョル　Bondjor, Imam
　18・19世紀，スマトラのイスラム教師，パドリ戦争の指導者。
　⇒コン2（ボンジョル　1796–1864）
　　コン3（ボンジョル　1796–1864）

ホン・スイセン　Hon Sui Sen
　20世紀，シンガポールの公務員出身の著名な政治家。
　⇒華人（ホン・スイセン　1916–1984）

ボン・スワンナウォン　Bong Souvannavong
　20世紀，ラオスの政治家。ビエンチャン生れ。1948年経済相，59年電信・文化相を歴任。47年国会成立以来の国民連合党総裁。
　⇒世東（ボン・スワンナウォン　1906.6.8–）

ポンセ　Mariano Ponce
　19・20世紀，フィリピンの民族運動家。1889年愛国者の機関誌「相互扶助」の編集者となり，スペイン植民政策を批判。96年の革命戦争で，革命期成会を結成。著書『書簡集』（97〜1900）など。
　⇒世東（ポンセ　1863–1917）
　　二十（ポンセ, M.　1863–1918）
　　日人（ポンセ　1863–1918）
　　東ア（ポンセ　1863–1918）
　　百科（ポンセ　1863–1918）

洪成南　ホンソンナム
　20世紀，北朝鮮の政治家。北朝鮮首相，朝鮮労働党政治局員候補。
　⇒韓国（洪成南　ホンソンナム　1924–）
　　世政（洪成南　ホンソンナム　1929.10–）

ホン・タイジ
　⇨太宗（清）（たいそう）

彭真　ポンチェン
　⇨彭真（ほうしん）

彭徳懐　ポントーホアイ
　⇨彭徳懐（ほうとくかい）

彭徳懐　ポントーホワイ
　⇨彭徳懐（ほうとくかい）

ホン・ニャム（洪任）
　ベトナム，阮朝の翼宗英皇帝の幼名。後の嗣徳帝（在位1847〜1883）。
　⇒ベト（Hong-Nham　ホン・ニャム〔洪任〕）

ボンビチト, P.
　⇨ウォンウィチット

梵摩　ぼんま
　7世紀頃，インドの外交使節。北インド王の使者，入唐婆羅門僧。
　⇒シル（梵摩　ぼんま　7世紀頃）
　　シル新（梵摩　ぼんま）

洪万植　ホンマンシク
　19・20世紀，朝鮮，李朝の文臣。
　⇒日人（洪万植　ホンマンシク　1842–1905）

洪命憙　ホンミョンヒ
　19・20世紀，朝鮮の独立運動家，政治家。1948年南北連席会議に参加しそのまま北朝鮮に留まる。第1期最高人民会議代議員・副首相。
　⇒外国（洪命憙　こうめいき　1887–）
　　現人（洪命憙　ホンミョンヒ　1888–1968.3.5）
　　コン3（洪命憙　こうめいき　1888–1968）
　　集世（洪命憙　ホンミョンヒ　1888.5.23–1968.3.5）
　　集文（洪命憙　ホンミョンヒ　1888.5.23–1968.3.5）
　　世東（洪命憙　こうめいき　1887–?）
　　世百新（洪命憙　こうめいき　1888–1968）
　　朝人（洪命憙　こうめいき　1888–1968）
　　朝鮮（洪命憙　こうめいき　1888–1968）
　　百科（洪命憙　こうめいき　1888–1968）

彭明敏　ポンミンミン
　⇨彭明敏（ほうめいびん）

ホンヨンシク
　⇨洪英植（こうえいしょく）

洪仁玕　ホンレンガン
　⇨洪仁玕（こうじんかん）

【ま】

マイ・ヴァン・ボ　Mai Van Bo
　20世紀，ベトナムの外交官。
　⇒二十（マイ・ヴァン・ボ　1918–）

マイ・スアン・トゥオン（梅春賞）
　19世紀，ベトナムの民族闘士。1885年から1887年にかけて，ビン・ディン地区で反フランス救国闘争に挺身した勤王運動の指導者。
　⇒ベト（Mai-Xuan-Thuong　マイ・スアン・トゥオン〔梅春賞〕　1860–1887）

マイ・テ・ファップ（梅世法）
18世紀, ベトナムの軍人。鄭王の軍司令官黄逢基麾下の将軍。
⇒ベト（Mai-The-Phap　マイ・テ・ファップ〔梅世法〕　?–1780）

マイ・トゥック・ロアン（梅黒帝, 梅叔鸞）
8世紀, ベトナムの民族闘士。722年, 中国, 唐に対し決起した義軍の指導者。
⇒ベト（Mai-Hac-De　マイ・ハック・デ〔梅黒帝〕）
　ベト（Mai-Thuc-Loan　マイ・トゥック・ロアン〔梅叔鸞〕）

マイ・ラオ・バン（梅老蚌）
20世紀, ベトナムの天主教修道士。ベトナム独立運動に挺身。
⇒ベト（Mai-Lao-Bang　マイ・ラオ・バン〔梅老蚌〕）

マウン・エイ　Maung Aye
20世紀, ミャンマーの軍人。ミャンマー国家平和発展評議会（SPDC）副議長, ミャンマー陸軍司令官。
⇒世政（マウン・エイ　1937.12.25–）

マウン・マウン　Maung Maung
18世紀, ビルマ, アラウンパヤー朝（コンバング朝）の王。在位1782。
⇒統治（マウン・マウン　（在位）1782）

マウン・マウン　Maung Maung
20世紀, ミャンマーの政治家。ミャンマー大統領・社会主義計画党議長。
⇒世政（マウン・マウン　1925.1.11–1994.7.2）
　世東（マウン・マウン　1924–）

マウン・マウン・カ　Maung Maung Kha
20世紀, ミャンマーの政治家。ミャンマー首相。
⇒世政（マウン・マウン・カ　1920.6.7–1995.4.30）
　二十（マウン・マウン・カ　1920–）

毛沢東　マオツォートン
⇨毛沢東（もうたくとう）

マカパガル　Macapagal, Diosdado
20世紀, フィリピンの政治家。1957年に副大統領, 61年大統領。65年の大統領選でマルコス大統領に敗れ, 71年6月から制憲会議議長。
⇒角世（マカパガル　1910–1997）
　現人（マカパガル　1910.9.28–）
　国小（マカパガル　1910.9.28–）
　コン3（マカパガル　1910–）
　世政（マカパガル, ディオスダド　1910.9.28–1997.4.21）
　世東（マカパガル　1910.9.28–）
　世百（マカパガル　1910–）
　世百新（マカパガル　1910–1997）
　全書（マカパガル　1910–）
　大百（マカパガル　1910–）
　伝世（マカパガル　1910.9.28–）
　二十（マカパガル, D.　1910.9.28–）
　東ア（マカパガル　1910–1997）
　百科（マカパガル　1910–）

マグサイサイ　Magsaysay, Ramon
20世紀, フィリピンの政治家。1953年国民党の大統領候補に指名され, キリノを破り当選。
⇒旺世（マグサイサイ　1907–1957）
　外国（マグサイサイ　?–）
　角世（マグサイサイ　1907–1957）
　現人（マグサイサイ　1907.8.31–1957.3.17）
　広辞5（マグサイサイ　1907–1957）
　広辞6（マグサイサイ　1907–1957）
　国小（マグサイサイ　1907.8.31–1957.3.17）
　国百（マグサイサイ　1907.8.31–1957.3.17）
　コン3（マグサイサイ　1907–1957）
　人物（マグサイサイ　1907–1957）
　世政（マグサイサイ, ラモーン　1907.8.31–1957.3.17）
　世東（マグサイサイ　1907–1957）
　世百（マグサイサイ　1907–1957）
　世百新（マグサイサイ　1907–1957）
　全書（マグサイサイ　1907–1957）
　大辞2（マグサイサイ　1907–1957）
　大辞3（マグサイサイ　1907–1957）
　大百（マグサイサイ　1907–1957）
　伝世（マグサイサイ　1907.8.31–1957.3.17）
　二十（マグサイサイ, ラモン　1907.8.31–1957.3.17）
　東ア（マグサイサイ　1907–1957）
　百科（マグサイサイ　1907–1957）
　評世（マグサイサイ　1907–1957）
　山世（マグサイサイ　1907–1957）

マクサルジャプ
19・20世紀, モンゴルの軍人, 政治家。ウリアスタイの白衛軍を掃滅, 西部においても人民革命の勝利を導く。
⇒コン2（マクサルジャプ　1879–1927）
　コン3（マクサルジャプ　1879–1927）

マク・ダン・ズン（莫登庸）
15・16世紀, ベトナムの皇帝。後黎朝を簒奪し, 莫朝の太祖（在位1527〜41）となる。ハイ・ズオン（海陽）の宣陽古斎の出身。
⇒外国（莫登庸　ばくとうよう　?–1541）
　角世（マク・ダン・ズン〔莫登庸〕　1483–1541）
　皇帝（莫登庸　ばくとうよう　?–1541）
　国小（莫登庸　ばくとうよう　?–1541）
　世東（莫登庸　ばくとうよう　?–1541）
　世百（莫登庸　ばくとうよう　1470?–1541）

マグバウナ　Magbauna, Teresa
19・20世紀, フィリピンの婦人解放運動指導者。
⇒コン2（マグバウナ　生没年不詳）
　コン3（マグバウナ　生没年不詳）

マーシャル, デービッド　Marshall, David Saul
20世紀, シンガポールの弁護士, 政治家。シンガポール生れ。1947年労働戦線党を結成, 党首

に就任。55年首席大臣に就任したが、56年6月党首を辞任。
⇒現人（マーシャル　1908.3.12-）
　世政（マーシャル, デービッド　1908.3.12-1995.12.12）
　二十（マーシャル, D.S.　1908.3.12-）

マジャルタイ（馬札児台）　Majartai
13・14世紀、中国、元の宰相。メルキト族出身。武宗の信任が厚く、仁宗朝にも重用された。
⇒国小（マジャルタイ〔馬札児台〕　1284（至元21)-1347（至正7））

馬樹礼　マーシューリー
⇨馬樹礼（ばじゅれい）

摩思覧達干　ましらんたつかん
8世紀頃、西アジア、大食（ウマイヤ朝）の入唐使節。
⇒シル（摩思覧達干　ましらんたつかん　8世紀頃）
　シル新（摩思覧達干　ましらんたつかん）

マスウード・ベイ
⇨マスード・ベイ

マスウード・ベク
⇨マスード・ベイ

馬思聡　マースーツオン
⇨馬思聡（ばしそう）

マスード・ベイ（馬思忽惕別乞、馬思忽惕別乞占）　Mas'oud-Bey
13世紀、モンゴル帝国の行政、財務官。チャガタイ・ハン国の財務長官。行政・財務を統轄し善政を施し、民生を安定させた。
⇒国小（マスウード・ベイ〔馬思忽惕別乞〕　生没年不詳）
　人物（マスード・ベイ　?-1289）
　西洋（マスード・ベク　?-1289）
　世東（マスード・ベイ〔馬思忽惕別乞占〕　13世紀前半頃）
　世百（マスウードベイ　?-1289）

末多王　またおう
5世紀、朝鮮、百済の第24代国王。
⇒日人（末多王　またおう　?-501）

馬占山　マーチャンシャン
⇨馬占山（ばせんざん）

マック・ディン・チ（莫挺之）
ベトナム、陳朝代の名臣。字は節夫。
⇒ベト（Mac-Đinh-Chi　マック・ディン・チ〔莫挺之〕）

末都師父　まつしふ
7世紀頃、朝鮮、百済から来日した使節。
⇒シル（末都師父　まつしふ　7世紀頃）
　シル新（末都師父　まつしふ）

末帝（後梁）　まってい
9・10世紀、中国、五代後梁の第2代皇帝（在位913～923）。姓名は朱友珪、のち朱鍠、朱瑱と改名。太祖の第4子。
⇒コン2（末帝　まってい　888-923）
　コン3（末帝　まってい　888-923）
　中皇（末帝友貞　888-923）
　統治（末帝　Mo Ti　(在位)913-923）

末帝（金）　まってい*
13世紀、中国、金の皇帝（在位1234）。
⇒中皇（末帝　?-1234）
　統治（末帝　Mo Ti　(在位)1234）

末野門　まつやもん
8世紀頃、中央アジア、サマルカンド地方、米国（マイムルグ）の大首領。730年、唐に来朝。
⇒シル（末野門　まつやもん　8世紀頃）
　シル新（末野門　まつやもん）

マノーパコーン・ニティタダー　Manopakorn Nithithada
20世紀、タイの政治家。タイ国初代内閣首相兼蔵相に就任。
⇒外国（マノパコーン　1885-1948）
　世東（マノーパコーン・ニティタダー　?-）

マハーダムマヤーザディパティ　Mahadamayazadipati
18世紀、ビルマ王国の王。在位1733-1752。
⇒統治（マハーダムマヤーザディパティ　(在位)1733-1752）

マハティール　Mahathir bin Mohamad
20世紀、マレーシアの政治家。マレーシア首相、統一マレー国民組織（UMNO）総裁。
⇒岩ケ（マハティール・ブン・モハマッド　1925-）
　旺世（マハティール　1925-）
　角世（マハティール　1925-）
　広辞6（マハティール　1925-）
　コン3（マハティール　1925-）
　最世（マハティール・ブン・モハマッド　1925-）
　世人（マハティール　1925-）
　世政（マハティール・モハマド　1925.12.20-）
　世東（マハティール　1925-）
　大辞2（マハティール　1925-）
　二十（マハティール・M.　1925.12.20-）
　東ア（マハティール　1925-）
　山世（マハティール　1925-）

マハーバンドゥーラ
⇨マハーバンドゥラ

マハーバンドゥラ　Mahabandula
18・19世紀、ビルマ、コンバウン朝の軍人。ボウドーパヤー王・ハジードー王に仕え、勇名をはせた。
⇒コン2（マハーバンドゥラ　1783-1825）

コン3（マハーバンドゥラ　1783-1825）
百科（マハーバンドゥーラ　1782-1825）

摩婆羅　まばら
8世紀頃，中央アジア，吐火羅（トハラ）の入唐朝貢使。
⇒シル（摩婆羅　まばら　8世紀頃）
　シル新（摩婆羅　まばら）

マビーニ
⇨マビニ

マビニ　Apolinario Mabini
19・20世紀，フィリピンの弁護士，政治家。アギナルドの片腕として活躍。
⇒角世（マビニ　1864-1903）
　コン2（マビニ　1864-1903）
　コン3（マビニ　1864-1903）
　伝世（マビニー　1864.7.22-1903.5.13）
　ナビ（マビニ　1864-1903）
　二十（マビニ，A.　1864-1903）
　百科（マビニ　1864-1903）

ガザン，マフムード
⇨ガーザーン

マフムード（馬哈木）　Maḥmūd
14・15世紀，モンゴル，オイラート部の首長。
⇒世東（マフムード〔馬哈木〕　?-1416）

マフムード　Maḥmūd
15世紀，ティムール帝国のスルタン。在位1457-1459。
⇒統治（マフムード　（在位）1457-1459）

マフムード　Maḥmūd
15世紀，ティムール帝国のスルタン。在位1494-1495。
⇒統治（マフムード　（在位）1494-1495）

マフムード・イェルワジ
⇨ヤラワチ

マヘーンドラ
⇨マヘンドラ

マヘンドラ　Mahendra Vir Vikram Śāh Deva
20世紀，ネパールの国王（在位1955～72）。62年新憲法を公布し，部落代表制を採用。
⇒現人（マヘンドラ　1920.6.30-1972.1.31）
　広辞5（マヘンドラ王　1920-1972）
　広辞6（マヘンドラ　1920-1972）
　国小（マヘンドラ　1920.7.11-1972.1.31）
　コン3（マヘーンドラ　1920-1972）
　世百新（マヘンドラ王　1920-1972）
　統治（マヘンドラ　（在位）1955-1972）
　南ア（マヘンドラ　1920-1972）
　百科（マヘンドラおう　1920-1972）

マヘンドラヴァルマン　Mahendravarman
6・7世紀，カンボジア，古代王国チェンラ（真臘）の王（在位?～615頃）。近隣諸国に侵攻して版図を拡大。
⇒外国（マヘンドラヴァルマン　6-7世紀）
　コン2（マヘンドラヴァルマン　?-615頃）
　コン3（マヘンドラヴァルマン　?-615頃）
　統治（マヘンドラヴァルマン　（在位）600-611）

マヘンドラ・ビル・ビクラム　Machendra Bir Bikram
20世紀，ネパールの王族，政治家。ネパール国王。
⇒二十（マヘンドラ・ビル・ビクラム　1920（02）.6.30-1972.1.31）

マーラヴィジャヨットゥンガヴァルマン　Māravijayottuṅgavalman
10・11世紀頃，スマトラのシュリヴィジャヤ王（在位11世紀初め頃）。シャイレンドラ王朝の仏教保護政策を継承。国内仏教の発展に努めた。
⇒外国（マーラヴィジャヨットゥンガヴァルマン　10-11世紀頃）

マラミス，J.B.P.　Maramis, J.B.P.
20世紀，インドネシアの外交官。ESCAP事務局長。
⇒二十（マラミス，J.B.P.　1922-）

マルコ　Marco Kartodikromo
20世紀，インドネシアの民族主義運動指導者，ジャーナリスト，小説家，詩人。スラカルタ・イスラム同盟委員，共産党スラカルタ支部議長。
⇒世百新（マルコ　1890頃-1932）
　二十（マルコ　1890頃-1932）
　百科（マルコ　1890頃-1932）

マルコス　Marcos, Ferdinand Edralin
20世紀，フィリピンの政治家。1965年の大統領選挙に国民党から立候補して当選し，66年1月就任，69年再選，81年6月三選。
⇒岩ケ（マルコス，フェルディナンド（・エドラリン）　1917-1989）
　旺世（マルコス　1917-1989）
　角世（マルコス　1917-1989）
　現人（マルコス　1917.9.11-）
　広辞5（マルコス　1917-1989）
　広辞6（マルコス　1917-1989）
　国小（マルコス　1917.9.11-）
　コン3（マルコス　1917-1989）
　最世（マルコス，フェルディナンド　1917-1989）
　世人（マルコス　1917-1989）
　世政（マルコス，フェルディナンド　1917.9.11-1989.9.28）
　世東（マルコス　1917.9.11-）
　世百新（マルコス　1917-1989）
　全書（マルコス　1917-）
　大辞2（マルコス　1917-1989）
　大百（マルコス　1917-）
　伝世（マルコス　1917.9.11-）

ナビ（マルコス　1917-1989）
二十（マルコス，フェルディナンド・E.　1917.9.11-1989）
東ア（マルコス　1917-1989）
百科（マルコス　1917-）
評世（マルコス　1917-1989）
山世（マルコス　1917-1989）

マングサトゥラット　Mangthaturat
19世紀，ラオス王国の王。在位1816-1837。
⇒統治（マングサトゥラット　（在位）1816-1837）

マング・ティムール（忙哥帖木児）　Möngke Temür
13世紀，キプチャク・ハン国，第5代のハン（在位1266～80）。バトゥの孫，トクトカンの子。
⇒国小（マング・チムール〔忙哥帖木児〕　?-1280）
　世東（マング・ティムール〔忙哥帖木児〕　?-1280）
　統治（マング・ティムール　（在位）1267-1280）

マングラプス，ラウル　Manglapus, Raul S.
20世紀，フィリピンの政治家。フィリピン外相，フィリピン上院議員。
⇒世政（マングラプス，ラウル　1918.10.20-1999.7.25）

マングルタイ（莽古爾泰）
16・17世紀，中国，清初期の皇族。太祖ヌルハチの第5子。国家創業に尽力。
⇒コン2（マングルタイ〔莽古爾泰〕　1587-1632）
　コン3（マングルタイ〔莽古爾泰〕　1587-1632）

万寿公主　まんじゅこうしゅ*
中国，唐，宣宗の娘。
⇒中皇（万寿公主）

マンスール（満速児）　Manṣūr
16世紀，モグリスタン・ハン国のハン（在位1503～45）。弟サイード・ハンとともに東トルキスタンを支配。
⇒国小（マンスール〔満速児〕　?-1545）
　世東（マンスール〔満速児〕　?-1545）

万智　まんち
7世紀頃，朝鮮，百済使。662年進調使として来日。
⇒シル（万智　まんち　7世紀頃）
　シル新（万智　まんち）

マン・ティエン（曼善）
ベトナムの王族。ハイ・バ・チュン（徴姉妹女王）の母。実名は陳氏端。
⇒ベト（Man-Thien　マン・ティエン〔曼善〕）

万年　まんねん
前1世紀，中央アジア，莎車王。烏孫大昆弥翁貴靡と烏孫公主解憂の次子。
⇒シル（万年　まんねん　?-前65）
　シル新（万年　まんねん　?-前65）

マンラーイ　Mangrai
13・14世紀，タイのラーンナー王国の初代国王。
⇒東ア（マンラーイ　1238-1317/18）
　百科（マンライ　1239-1311）

マンライ
⇨マンラーイ

【み】

ミエン・トン（綿宗）
ベトナムの王。阮朝の憲祖章皇帝すなわち紹治王の諱名。在位1841～1847。
⇒ベト（Mien-Tong　ミエン・トン〔綿宗〕）

美海　みかい
朝鮮，新羅の奈勿王の第3王子。
⇒日人（美海　みかい　生没年不詳）

米国鈞　ミークオチュン
⇨米国鈞（べいこくきん）

弥至己知　みしこち
6世紀頃，朝鮮，新羅使。560（欽明21）年来日。
⇒シル（弥至己知　みしこち　6世紀頃）
　シル新（弥至己知　みしこち）
　日人（弥至己知　みしこち　生没年不詳）

未叱子失消　みししっしょう
6世紀頃，朝鮮，新羅から来日した使節。
⇒シル（未叱子失消　みししっしょう　6世紀頃）
　シル新（未叱子失消　みししっしょう）

ミスバ　Misbach, Hadji
20世紀，インドネシア，共産党の指導者。「友愛と連帯」のスローガンを生み，1926～27年の蜂起の先駆者の一人。
⇒コン2（ミスバ　?-1926）
　コン3（ミスバ　?-1926）

弥騰利　みどり
朝鮮，百済の官吏。
⇒日人（弥騰利　みどり　生没年不詳）

ミヒラクラ　Mihirakula
6世紀，中央アジア，白フン（エフタル）の王（在位515～6世紀中頃）。仏教徒を迫害。
⇒角世（ミヒラクラ　生没年不詳）
　国小（ミヒラクラ　生没年不詳）
　南ア（ミヒラクラ　生没年不詳）
　評世（ミヒラクラ　515頃-544頃）

味勃計　みぼっけい
　8世紀頃, 朝鮮, 渤海の大臣。入唐した。
　⇒シル　(味勃計　みぼっけい　8世紀頃)
　　シル新　(味勃計　みぼっけい)

ミャワディ・ミンヂー・ウー・サ　Myawadi min Kyî U Sa
　18・19世紀, ビルマ, コンバウン朝の政治家, 文人。
　⇒コン2　(ミャワディ・ウンジー・ウー・サ　1766-1852)
　　コン3　(ミャワディ・ウンジー・ウー・サ　1766-1852)
　　集世　(ミャワディ・ミンヂー・ウー・サ　1766.10.28-1853.8.5)
　　集文　(ミャワディ・ミンヂー・ウー・サ　1766.10.28-1853.8.5)

ミーラーン・シャー　Mīrānshāh
　15世紀, ティムール帝国の王。
　⇒統治　(ミーラーン・シャー　(在位)1405-1408)

明元帝　みんげんてい*
　4・5世紀, 中国, 南北朝・北魏の皇帝(在位409～423)。
　⇒中皇　(明元帝　392-423)
　　統治　明元帝　Ming Yüan Ti　(在位)409-423)

ミンジュ(明珠)
　17・18世紀, 中国, 清前期の政治家。姓は納喇, 字は端範。満州正黄旗出身。徐乾学らと結んで自派を重用, 収賄等の弊を招いた。
　⇒コン2　(ミンジュ〔明珠〕　1635-1708)
　　コン3　(ミンジュ〔明珠〕　1635-1708)

閔宗植　ミンジョンシク
　⇨閔宗植(びんそうしょく)

ミンチニョ　Minkyinyo
　15・16世紀, ビルマ王国の王。
　⇒統治　(ミンチニョ　(在位)1486-1531(ビルマ南部のトゥングーの領主1486))

明帝(東晋)　みんてい*
　4世紀, 中国, 東晋の皇帝(在位322～325)。
　⇒中皇　(明帝　301-325)
　　統治　(明帝　Ming Ti　(在位)323-325)

明帝(六朝・宋)　みんてい*
　5世紀, 中国, 宋の皇帝(在位465～472)。
　⇒中皇　(明帝　439-472)
　　統治　(明帝　Ming Ti　(在位)466-472)

明帝(斉)　みんてい*
　5世紀, 中国, 斉の皇帝(在位494～498)。
　⇒中皇　(明帝　452-498)
　　統治　(明帝　Ming Ti　(在位)494-498)

明帝(北周)　みんてい*
　6世紀, 中国, 南北朝・北周の皇帝(在位557～560)。
　⇒中皇　(明帝　536-560)
　　統治　(明帝　Ming Ti　(在位)557-560)

ミンドン　Mindon
　19世紀, ビルマ, コンバウン朝の王(在位1853～78)。
　⇒コン2　(ミンドン　?-1878)
　　コン3　(ミンドン　?-1878)
　　伝世　(ミンドン王　?-1878.10)
　　統治　(ミンドン　(在位)1853-1878)
　　百科　(ミンドン　1814-1878)

ミンマン帝
　⇨グェン・フック・ドム

閔泳煥　ミンヨンファン
　19・20世紀, 朝鮮の政治家。大公使として開明的思想にたって諸制度の改革を建議, 軍制改革を実行。
　⇒コン2　(閔泳煥　びんえいかん　1861-1905)
　　コン3　(閔泳煥　びんえいかん　1861-1905)
　　朝人　(閔泳煥　びんえいかん　1861-1905)
　　伝記　(閔泳煥　びんえいかん〈ミンヨンファン〉　1861-1905.11.30)
　　日人　(閔泳煥　ミンヨンファン　1861-1905)

ミンリャン(明亮)
　18・19世紀, 中国, 清中期の将軍。姓はフチャ(富察), 諡は文襄。1796年苗族を平定。
　⇒コン2　(ミンリャン〔明亮〕　1736-1822)
　　コン3　(ミンリャン〔明亮〕　1736-1822)

ミンレーチョウディン　Minyekyawdin
　17世紀, ビルマ王国の王。在位1673-1698。
　⇒統治　(ミンレーチョウディン　(在位)1673-1698)

ミンレディッパ　Minyedeikba
　17世紀, ビルマ王国の王。在位1628-1629。
　⇒統治　(ミンレディッパ　(在位)1628-1629)

【 む 】

ムカリ(木華黎)　Muqali
　12・13世紀, モンゴル帝国の武将。4傑の一人。1217年大師国王の称号を与えられ, 都行省承制行事となる。
　⇒外国　(ムハリ　1170-1223)
　　角世　(ムカリ　1170-1223)
　　国小　(ムハリ〔木華黎〕　1170-1223)
　　コン2　(ムカリ〔木華黎〕　1170-1223)
　　コン3　(ムカリ〔木華黎〕　1170-1223)
　　世東　(もくかれい〔木華黎〕　1170-1223)

政治・外交・軍事篇　　　めいこ

百科　（ムハリ〔木華黎〕　?–1223)
評世　（ムカリ　1170–1223)

ムサ　Musa Hitam, Datuk
20世紀, マレーシアの政治家。
⇒二十（ムサ　1934.4.18–)

ムジャンガ（穆彰阿）
18・19世紀, 中国, 清後期の政治家。字は子樸, 号は鶴舫。1837年以後, 首席軍機大臣。アヘン戦争を南京条約調印に導いた。
⇒コン2（ムジャンガ〔穆彰阿〕　1782頃–1856)
　コン3（ムジャンガ〔穆彰阿〕　1782頃–1856)

ムスタファ　Mustapha bin Datu Harun, Tun Datu
20世紀, マレーシアの政治家。マレーシア・サバ首席大臣, 統一サバ州国民党議長。
⇒現人（ムスタファ　1918–)
　世政（ムスタファ　1918.8.31–1995.1.2)

ムソ　Musso
20世紀, インドネシア, 共産党の指導者。党の対オランダ妥協を批判し, 新共産党を確立, 議長となる。
⇒現人（ムソ　1903?–1948.10)
　コン3（ムソ　1897–1948)
　世東（ムソ　1897–1948)
　世百新（ムソ　1897–1948)
　二十（ムソ　1897–1948.9)
　百科（ムソ　1897–1948)

無素　むそ
6世紀頃, 中央アジア, 吐谷渾王呂夸の孫。入隋した。
⇒シル（無素　むそ　6世紀頃)
　シル新（無素　むそ)

ムバラク・シャー　Mubārak Shāh
13世紀, チャガタイ・ハン国のハン。在位1266。
⇒統治（ムバラク・シャー　（在位)1266)

ムハリ
⇨ムカリ

ムハンマド　Muḥammad
14世紀, チャガタイ・ハン国のハン。在位1340–1341。
⇒統治（ムハンマド　（在位)1340–1341)

武寧王　ムリョンワン
⇨武寧王（ぶねいおう)

文益漸　ムンイクチョム
14世紀, 朝鮮, 高麗の学者, 政治家。使臣として元(中国)に赴き, 朝鮮に綿花をもたらす。
⇒角世（文益漸　ぶんえきぜん　1329–1398)
　コン2（文益漸　ぶんえきぜん　1329–1398)
　コン3（文益漸　ぶんえきぜん　1329–1398)

朝人（文益漸　ぶんえきぜん　1329–1398)
朝鮮（文益漸　ぶんえきぜん　1329–1398)
伝記（文益漸　ぶんえきぜん〈ムンイクチョム〉　1329–1398.6.13)
百科（文益漸　ぶんえきぜん　1329–1398)

文益煥　ムンイクファン
20世紀, 韓国の牧師。韓神大学教授, 民主主義国民連合中央常任委員長, 民族統一国民連合会議長などを歴任。著書に『夢が叶える夜明け』『獄中書信』『統一はいかにして実現できるだろう』ほか多数がある。
⇒韓国（文益煥　ムンイクファン　1918.6.1–)
　キリ（文益煥　ムンイクファン　1918.6.1–)
　世東（文益煥　ぶんえきかん　1918–)
　朝鮮（文益煥　ぶんえきかん　1918–1994)

文喜相　ムンヒサン
20世紀, 韓国の政治家。ウリ党議長, 韓国国会議員, 韓日議員連盟会長。
⇒世政（文喜相　ムンヒサン　1945.3.3–)

文武王　ムンムワン
⇨文武王（ぶんぶおう)

ムンリク（蒙力克）
12・13世紀, モンゴル帝国のチンギス・ハンの功臣。
⇒国小（ムンリク〔蒙力克〕　生没年不詳)

【め】

明玉珍　めいぎょくちん
14世紀, 中国, 元末の群雄の一人。随州(湖北省)出身。隴蜀王となり, 重慶を都にし国を大夏, 年号を天統とした。
⇒外国（明玉珍　めいぎょくちん　1331–1366)
　角世（明玉珍　めいぎょくちん　1331–1366)
　国小（明玉珍　めいぎょくちん　1331(至順2)–1366(至正26))
　コン2（明玉珍　めいぎょくちん　1331–1366)
　コン3（明玉珍　めいぎょくちん　1331–1366)
　人物（明玉珍　めいぎょくちん　1331–1366.3)
　世東（明玉珍　めいぎょくちん　1331–1366)
　世百（明玉珍　めいぎょくちん　1331–1366)
　全書（明玉珍　めいぎょくちん　1331–1366)
　大百（明玉珍　めいぎょくちん　1331–1366)
　中皇（明玉珍　1331–1366)
　百科（明玉珍　めいぎょくちん　1331–1366)
　評世（明玉珍　めいぎょくちん　1331–1366)

米忽汗　めいこつかん
8世紀頃, 中央アジア, サマルカンド地方, 米国(マイムルグ)からの入唐朝貢使。
⇒シル（米忽汗　めいこつかん　8世紀頃)
　シル新（米忽汗　めいこつかん)

名悉獵　めいしつりょう
8世紀頃、チベット、吐蕃王朝の入唐会盟使。
⇒シル　（名悉獵　めいしつりょう　8世紀頃）
シル新　（名悉獵　めいしつりょう）

米准那　めいじゅんな
8世紀頃、インドの外交使節。南インドから中国、唐に来朝した将軍。
⇒シル　（米准那　めいじゅんな　8世紀頃）
シル新　（米准那　めいじゅんな）

明瑞　めいずい
18世紀、中国、清の武将。満洲八旗の出身。回教酋長ホジジャンの征討、伊犁地方の経営に従い、ビルマの反乱に雲貴総督として出陣。
⇒外国　（明瑞　めいずい　?–1768）
世東　（明瑞　めいずい　?–1768）

明宗（後唐）　めいそう
9・10世紀、中国、五代後唐の第2代皇帝（在位926～933）。姓名、李嗣源。本名は邈佶烈。諡、聖徳和武欽孝皇帝。
⇒角世　（明宗　めいそう　867–933）
　国小　（明宗（後唐）　めいそう　867（咸通8.9.9)–933（長興4.11.26)）
　コン2　（明宗（後唐）　めいそう　867–933）
　コン3　（明宗（後唐）　めいそう　867–933）
　世百　（明宗　めいそう　867–933）
　中皇　（明宗　867–933）
　中国　（明宗（五代後唐）　めいそう　899–933）
　統治　（明宗　Ming Tsung　（在位）926–933）
　百科　（明宗　めいそう　867–933）
　評世　（明宗　めいそう　899–933）
　歴史　（明宗　めいそう　867–933）

明宗（高麗）　めいそう*
12世紀、朝鮮、高麗王国の王。在位1170～1197。
⇒統治　（明宗　Myŏngjong　（在位）1170–1197）

明宗（元）　めいそう
14世紀、中国、元の第8代皇帝（在位1328～29）。諱、ホシラ。諡は翼献景孝皇帝。武宗の長子。
⇒角世　（明宗　めいそう　1300–1329）
　国小　（明宗（元）　めいそう　1300（大徳4)–1329（天暦2)）
　コン2　（明宗（元）　めいそう　1300–1329）
　コン3　（明宗（元）　めいそう　1300–1329）
　人物　（明宗　めいそう　1300.11–1329.8.6）
　世東　（明宗　めいそう　1300.11–1329.8.6）
　中皇　（明宗　1300–1329）
　統治　（明宗〈クシャラ〉　Ming Tsung [Qoshila]　（在位）1329）

明宗（李朝）　めいそう*
16世紀、朝鮮、李朝の王。在位1545～1567。
⇒統治　（明宗　Myŏngjong　（在位）1545–1567）

明緒　めいちょ
19世紀、中国、清の武将。満洲八旗の出身。1858年陝西按察使となった。
⇒世東　（明緒　めいちょ　?–1866.5）

明帝（後漢）　めいてい
1世紀、中国、後漢の第2代皇帝（在位57～75）。光武帝の第4子。姓名、劉荘。
⇒旺世　（明帝　めいてい　28–75）
　角世　（明帝　めいてい　28–75）
　広辞4　（明帝　めいてい　28–75）
　広辞6　（明帝　めいてい　28–75）
　皇帝　（明帝　めいてい　28–75）
　国小　（明帝（後漢）　めいてい　28（建武4.5)–75（永平18.8)）
　コン3　（明帝　めいてい　28–75）
　三国　（明帝　めいてい）
　人物　（明帝　めいてい　28–75.8）
　世人　（明帝（漢）　めいてい　28–75）
　世東　（明帝　めいてい　27–75）
　世百　（明帝　めいてい　28–75）
　全書　（明帝　めいてい　28–75）
　大辞　（明帝　めいてい　28–75）
　大辞3　（明帝　めいてい　28–75）
　中皇　（明帝　28–75）
　中国　（明帝（後漢）　めいてい　28–75）
　統治　（明帝　Ming Ti　（在位）57–75）
　百科　（明帝　めいてい　28–75）
　評世　（明帝　めいてい　28–75）
　山世　（明帝（後漢）　めいてい　28–75）

明帝（魏）　めいてい
3世紀、中国、三国時代魏の第2代皇帝（在位226～239）。姓名、曹叡。字は元仲。文帝の太子。
⇒広辞6　（明帝　めいてい　205?–239）
　国小　（明帝（魏）　めいてい　205（建安10）?–239（景初3.1.1)）
　三国　（曹叡　そうえい）
　三全　（曹叡　そうえい　205–239）
　集世　（曹叡　そうえい　205（建安10)–239（景初3)）
　集文　（曹叡　そうえい　205（建安10)–239（景初3)）
　世人　（明帝（魏）　めいてい　205頃–239）
　世東　（明帝　めいてい　205–239）
　全書　（明帝　めいてい　205–239）
　大百　（明帝　めいてい　205?–239）
　中皇　（明帝　205/6–239）
　中国　（明帝（三国魏）　めいてい　205–239）
　統治　（明帝　Ming Ti　（在位）226–239）

迷当　めいとう
中国西部、羌族の王。
⇒三国　（迷当大王　めいとうだいおう）
　三全　（迷当　めいとう　生没年不詳）

迷当大王　めいとうだいおう
⇨迷当（めいとう）

メガワティ　Megawati Sukarnoputri
20世紀、インドネシアの政治家、大統領（2001～）。
⇒広辞6　（メガワティ　1947–）
　最世　（メガワティ・スカルノプトリ　1947–）

政治・外交・軍事篇　　　　　　　　　　　　　　443　　　　　　　　　　　　　　もうた

世人（メガワティ　1947–）
世政（メガワティ・スカルノプトリ　1947.1.23–）

馬武　めむ
朝鮮，百済の官吏。
⇒日人（馬武　めむ　生没年不詳）

メンゲ・ハーン
⇨モンケ

孟思誠　メンサソン
⇨孟思誠（もうせい）

メンデス, M.　Mendez, Mauro
20世紀，フィリピンの政治家。
⇒二十（メンデス, M.　1896–?）

メンラーイ　Mengrai
13・14世紀，タイ，ラーン・ナー・タイの王。強固なチェン・マイ王国存続の基礎をつくった。
⇒世東（メンラーイ　1238頃–1317頃）

【　も　】

孟威　もうい
6世紀，中国，北魏の官僚。西域諸国の対外折衝にあたった。
⇒シル（孟威　もうい　?–536）
　シル新（孟威　もうい　?–536）

孟獲　もうかく
3世紀頃，中国，三国時代，南蛮の王。
⇒三国（孟獲　もうかく）
　三全（孟獲　もうかく　生没年不詳）

毛岸英　もうがんえい
20世紀，中国の軍人。毛沢東の子。中国志願軍師長となったが，朝鮮戦争で戦死。
⇒世東（毛岸英　もうがんえい　1922–1951）

孟珙（孟洪）　もうきょう
12・13世紀，中国，南宋の武将。字は璞玉，号は無庵居士，諡は忠襄。襄陽・棗陽（湖北省）出身。
⇒外国（孟珙　もうきょう　1195–1246）
　コン2（孟珙　もうきょう　?–1246）
　コン3（孟珙　もうきょう　?–1246）
　世東（孟洪　もうきょう　?–1246）

孟慶樹　もうけいじゅ
20世紀，中国共産党女性指導者。
⇒近中（孟慶樹　もうけいじゅ　1911.12.2–1983.9.5）

孟皇后　もうこうごう*
11・12世紀，中国，北宋，哲宗の皇妃。
⇒中皇（孟皇后　1072–1131）

毛皇后　もうこうごう
3世紀頃，中国，三国時代，魏主曹叡の皇后。
⇒三国（毛皇后　もうこうごう）
　三全（毛皇后　もうこうごう　生没年不詳）

孟思誠　もうしせい
14・15世紀，朝鮮，李朝の政治家。1434年北方女真地方開拓に際し，北辺豆満江を境界とするよう建言。
⇒集文（孟思誠　メンサソン　1360–1438）
　世東（孟思誠　もうしせい　1360–1438）

芒悉曩　もうしつのう
8世紀頃，チベット，吐蕃王朝の入唐使。
⇒シル（芒悉曩　もうしつのう　8世紀頃）
　シル新（芒悉曩　もうしつのう）

孟嘗君田文　もうしょうくんでんぶん
中国，春秋戦国，斉の宗室。
⇒中皇（孟嘗君田文）

孟森　もうしん
19・20世紀，中国の政治家，学者。筆名は心史。民国後，共和党員として衆議院議員に選出。
⇒コン2（孟森　もうしん　1869–1937）
　コン3（孟森　もうしん　1868–1938）
　中人（孟森　もうしん　1868–1938）

毛人鳳　もうじんほう
20世紀，中国国民党員・情報工作の専門家。
⇒近中（毛人鳳　もうじんほう　1898.1.5–1956.10.14）

毛切　もうせつ
7世紀頃，朝鮮，高句麗から来日した使節。
⇒シル（毛切　もうせつ　7世紀頃）
　シル新（毛切　もうせつ）

蒙湊羅棟　もうそうらとう
8世紀頃，中国西南部，南詔の入唐使節。
⇒シル（蒙湊羅棟　もうそうらとう　8世紀頃）
　シル新（蒙湊羅棟　もうそうらとう）

毛沢覃　もうたくたん
20世紀，中国共産党員，毛沢東の弟。
⇒近中（毛沢覃　もうたくたん　1905.8.27–1935.4.25）

毛沢東　もうたくとう
20世紀，中国の政治家，思想家。中国共産党の指導権を握り，抗日民族統一戦線の結成を強力に推進。1949年中華人民共和国成立とともに政府主席に就任，54年憲法公布直後に国家主席。

66年文化大革命を指導し，独自の社会主義建設を推し進めた。
⇒逸話　(毛沢東　もうたくとう　1893–1976)
　岩ケ　(毛沢東　もうたくとう　1893–1976)
　岩哲　(毛沢東　もうたくとう　1893–1976)
　旺世　(毛沢東　もうたくとう　1893–1976)
　外国　(毛沢東　もうたくとう　1893–)
　角世　(毛沢東　もうたくとう　1893–1976)
　教育　(毛沢東　もうたくとう　1893–)
　近中　(毛沢東　もうたくとう　1893.12.26–1976.9.9)
　経済　(毛沢東　1893–1976)
　現人　(毛沢東　もうたくとう〈マオツォートン〉1893.12.26–1976.9.9)
　広辞5　(毛沢東　もうたくとう　1893–1976)
　広辞6　(毛沢東　もうたくとう　1893–1976)
　国小　(毛沢東　もうたくとう　1893.12.26–1976.9.9)
　国百　(毛沢東　もうたくとう　1893.12.26（光緒19.11.19）–1976.9.9)
　コン3　(毛沢東　もうたくとう　1893–1976)
　最world　(毛沢東　もうたくとう　1893（清・徳宗・光緒皇帝18）–)
　詩歌　(毛沢東　もうたくとう　1893（清・徳宗・光緒皇帝18）–)
　思想　(毛沢東　もうたくとう　1893.12.26–1976.9.9)
　集世　(毛沢東　もうたくとう　1893.12.26–1976.9.9)
　集文　(毛沢東　もうたくとう　1893.12.26–1976.9.9)
　人物　(毛沢東　もうたくとう　1893.12.26–)
　世人　(毛沢東　もうたくとう　1893–1976)
　世政　(毛沢東　もうたくとう　1893.12.26–1976.9.9)
　世東　(毛沢東　もうたくとう　1893–)
　世百　(毛沢東　もうたくとう　1893–)
　世百新　(毛沢東　もうたくとう　1893–1976)
　世文　(毛沢東　もうたくとう　1893–1976)
　全書　(毛沢東　もうたくとう　1893–1976)
　大辞2　(毛沢東　もうたくとう　1893–1976)
　大辞3　(毛沢東　もうたくとう　1893–1976)
　大百　(毛沢東　もうたくとう〈マオツォートン〉1893–1976)
　中芸　(毛沢東　もうたくとう　1893–1976)
　中国　(毛沢東　もうたくとう　1893–1976)
　中人　(毛沢東　もうたくとう　1893.12.26–1976.9.9)
　伝記　(毛沢東　もうたくとう　1893–1976.9.9)
　ナビ　(毛沢東　もうたくとう　1893–1976)
　日人　(毛沢東　もうたくとう　1893–1976)
　百科　(毛沢東　もうたくとう　1893–1976)
　評世　(毛沢東　もうたくとう　1893–1976)
　名著　(毛沢東　もうたくとう　1893–)
　山世　(毛沢東　もうたくとう　1893–1976)
　歴史　(毛沢東　もうたくとう　1893–1976)

毛沢民　もうたくみん
20世紀，中国の革命家。別名は周彬。毛沢東の弟。湖南省出身。1922年中国共産党入党，安源炭鉱の労働運動を指導。
⇒近中　(毛沢民　もうたくみん　1896–1943.9.27)
　コン3　(毛沢民　もうたくみん　1897–1943)
　世東　(毛沢民　もうたくみん　1897–1943)
　中人　(毛沢民　もうたくみん　1896–1943)

孟達　もうたつ
3世紀，中国，三国時代，蜀の将。字は子慶。
⇒三国　(孟達　もうたつ)
　三全　(孟達　もうたつ　?–228)

孟坦　もうたん
2世紀，中国，三国時代，洛陽の太守韓福の部将。
⇒三国　(孟坦　もうたん)
　三全　(孟坦　もうたん　?–200)

孟知祥（孟智祥）　もうちしょう
9・10世紀，中国，五代十国・後蜀の建国者（在位930～934）。字，保胤。諡，文武聖徳英烈明皇帝。廟号，高祖。
⇒外国　(孟知祥　もうちしょう　874–934)
　角世　(孟知祥　もうちしょう　874–934)
　皇帝　(孟知祥　もうちしょう　874–934)
　国小　(孟知祥　もうちしょう　874（乾符1）–934（明徳1.7))
　コン2　(孟知祥　もうちしょう　874–934)
　コン3　(孟知祥　もうちしょう　874–934)
　中皇　(高祖　874–934)
　中国　(孟智祥　もうちしょう　874–934)
　中史　(孟知祥　もうちしょう　874–934)

孟昶　もうちょう
10世紀，中国，五代十国の後蜀第2代皇帝（在位934～965）。字は保元。孟知祥の第3子。965年宋に敗北。
⇒コン2　(孟昶　もうちょう　919–965)
　コン3　(孟昶　もうちょう　919–965)
　中皇　(後主　919–965)
　中芸　(孟昶　もうちょう　919–965)

毛澄　もうちょう
15・16世紀，中国，明代の儒者。礼部尚書をつとめた。
⇒中芸　(毛澄　もうちょう　1460–1523)

蒙恬　もうてん
前3世紀，中国，秦の始皇帝に仕えた将軍。北方の匈奴の討伐や万里の長城の構築に尽力。
⇒旺世　(蒙恬　もうてん　?–前210)
　外国　(蒙恬　もうてん　?–210)
　角世　(蒙恬　もうてん　?–前210)
　広辞6　(蒙恬　もうてん　?–前210)
　国小　(蒙恬　もうてん　?–前210（始皇帝37))
　コン2　(蒙恬　もうてん　?–前210)
　コン3　(蒙恬　もうてん　?–前210)
　三国　(蒙恬　もうてん)
　人物　(蒙恬　もうてん　?–前210)
　世人　(蒙恬　もうてん　?–前210)
　世東　(蒙恬　もうてん　前210)
　世百　(蒙恬　もうてん　?–前210)
　全書　(蒙恬　もうてん)
　大辞3　(蒙恬　もうてん　?–前210)
　大百　(蒙恬　もうてん　?–前210)
　中国　(蒙恬　もうてん　?–前210)
　中史　(蒙恬　もうてん　?–前210)
　百科　(蒙恬　もうてん　?–前210)

評世（蒙恬　もうてん　?－前210）
山世（蒙恬　もうてん　?－前210）
歴史（蒙恬　もうてん　?－前210）

毛文龍　もうぶんりゅう
16・17世紀, 中国, 明末の武将。号, 振南。朝鮮と巧みに結び, 清を脅かす体制をとり左都督に任ぜられた。
⇒外国（毛文龍　もうぶんりゅう　1576–1629）
　国小（毛文龍　もうぶんりゅう　1576（万暦4）–1629（崇禎2））
　コン2（毛文龍　もうぶんりゅう　1579–1629）
　コン3（毛文龍　もうぶんりゅう　1576–1629）
　人物（毛文龍　もうぶんりゅう　1579–1629）
　世東（毛文龍　もうぶんりゅう　1576–1629）
　百科（毛文龍　もうぶんりゅう　1576–1629）

沐英　もくえい
14世紀, 中国, 明初の武将。字, 文英。諡, 昭靖。洪武帝の養子となり, 雲南討伐に功をたてた。
⇒国小（沐英　もくえい　1345（至正5）–1392（洪武25））
　人物（沐英　もくえい　1345–1392.6）
　世東（沐英　もくえい　1345–1392）
　中史（沐英　もくえい　1345–1392）

モクカン・カガン（木杆可汗）　Mu-kan-k'o-han
6世紀, 中央アジア, 突厥, 第3代のカガン（在位553～72）。イリ・カガン（土門）の子。
⇒広辞4（ぼくかんかかん〔木杆可汗〕）
　広辞6（木杆可汗　ぼくかんかかん　（在位）553–572）
　皇帝（もくかんかがん〔木杆可汗〕　?–572）
　国小（モクカン・カガン〔木杆可汗〕　?–572）
　人物（もくかんかがん〔木杆可汗〕　?–572）
　世東（もくかんかがん〔木杆可汗〕　553–572）
　中国（もくかんかがん〔木杆可汗〕　?–572）

木骨閭　もくこつりょ
5世紀頃, 中央アジア, 柔然の始祖。北魏の奴隷から解放されて騎卒となり, セレンガ川地方の高車族に逃亡。のち子の車鹿会が部民を集めて柔然と号した。
⇒国小（木骨閭　もくこつりょ　生没年不詳）

黙啜可汗　もくてつカガン
⇨カプガン・カガン

木刕今敦　もくらこんとん
6世紀頃, 朝鮮, 百済使。552（欽明13）年来日。
⇒シル（木刕今敦　もくらこんとん　6世紀頃）
　シル新（木刕今敦　もくらこんとん）

木刕文次　もくらぶんし
6世紀頃, 朝鮮, 百済使。554（欽明15）年来日。
⇒シル（木刕文次　もくらぶんし　6世紀頃）
　シル新（木刕文次　もくらぶんし）

木刕麻那　もくらまな
6世紀, 朝鮮, 百済の官吏。聖明王より任那に派遣され, 日本の天皇の詔に対し任那復興を約した。
⇒日人（木刕麻那　もくらまな　生没年不詳）

木刕満致　もくらまんち
朝鮮, 百済の臣。
⇒朝人（木刕満致　もくらまんち　生没年不詳）

モニヴォン　Monivong
19・20世紀, カンボジア国王。在位1927～1941。
⇒統治（モニヴォン　（在位）1927–1941）

物部奇非　もののべのがひ
6世紀頃, 朝鮮, 百済使。544（欽明5）年来日。
⇒シル（物部奇非　もののべのがひ　6世紀頃）
　シル新（物部奇非　もののべのがひ）

物部烏　もののべのからす
6世紀頃, 朝鮮, 百済使。554（欽明15）年来日。
⇒シル（物部烏　もののべのからす　6世紀頃）
　シル新（物部烏　もののべのからす）

物部麻奇牟　もののべのまかむ
6世紀頃, 朝鮮, 百済使。543（欽明4）年来日。
⇒シル（物部麻奇牟　もののべのまかむ　6世紀頃）
　シル新（物部麻奇牟　もののべのまかむ）

物部用奇多　もののべのようがた
6世紀頃, 朝鮮, 百済使。542（欽明3）年来日。
⇒シル（物部用奇多　もののべのようがた　6世紀頃）
　シル新（物部用奇多　もののべのようがた）

モハール, R.T.　Mohar, Raja Tan
20世紀, マレーシアの行政官。連邦産業開発庁長官。
⇒二十（モハール, R.T.　1922–）

モフタル・クスマアトマジャ　Mochtar Kusumaatmadja
20世紀, インドネシアの海洋法学者, 政治家。インドネシア外相。
⇒世政（モフタル・クスマアトマジャ　1929.2.17–）

毛麻利叱智　もまりしち
朝鮮, 新羅の使者。
⇒日人（毛麻利叱智　もまりしち　生没年不詳）

モーリハイ（毛里孩）
15世紀, モンゴルのオンニュート部長。1465年トクト・ブハの遺子モーランを帝位につけ, 自ら太師となった。
⇒国小（モーリハイ〔毛里孩〕　?–1469頃）
　世東（モーリハイ　?–1469頃）

汶休帯山　もんくたいせん
　6世紀頃, 朝鮮, 百済使。553（欽明14）年来日。
　⇒シル（汶休帯山　もんくたいせん　6世紀頃）
　　シル新（汶休帯山　もんくたいせん）

モンクット
　⇨ラーマ4世

汶休麻那　もんくまな
　6世紀頃, 朝鮮, 百済使。547（欽明8）年来日。
　⇒シル（汶休麻那　もんくまな　6世紀頃）
　　シル新（汶休麻那　もんくまな）

モンケ（蒙哥）　Möngke
　13世紀, モンゴル帝国, 第4代のハン（在位1251～59）。
　⇒旺世　（モンケ=ハン　1208–1259）
　　外国　（モンケ　1208–1259）
　　角世　（モンケ　1208–1259）
　　広辞6　（モンケ　1208–1259）
　　国小　（ケンソウ〔憲宗（モンゴルの）〕　1208–1259）
　　コン2　（メンゲ・ハン　1208–1259）
　　コン3　（モンケ・ハン　1208–1259）
　　人物　（モンケ　1208–1259）
　　世人　（モンケ=ハン　1208–1259）
　　世東　（けんそう〔憲宗〕　1208–1259）
　　世百　（モンケ　1208–1259）
　　全書　（モンケ・ハン　1208–1259）
　　大辞　（モンケ・ハン　1208–1259）
　　大辞3　（モンケ・ハン　1208–1259）
　　大百　（モンケ・カン　1208–1259）
　　中皇　（メンゲ・ハーン　1209–1259）
　　中国　（けんそう〔憲宗（元）〕　1208–1259）
　　中史　（蒙哥　モンゲ　1209–1259）
　　中ユ　（モンケ　1208–1259）
　　デス　（モンケ　1208–1259）
　　統治　（憲宗〈モンケ〉　Hsien Tsung〔Möngke〕（在位）1251–1259）
　　百科　（モンケ　1208–1259）
　　評世　（マング汗　1208–1259）
　　山世　（モンケ　1208–1259）
　　歴史　（メンゲ=ハン　1208–1259）

モンケ・ハン
　⇨モンケ

汶斯干奴　もんしかんぬ
　6世紀頃, 朝鮮, 百済使。554（欽明15）年来日。
　⇒シル（汶斯干奴　もんしかんぬ　6世紀頃）
　　シル新（汶斯干奴　もんしかんぬ）

汶洲王　もんしゅうおう
　5世紀, 朝鮮, 百済の第22代国王。
　⇒日人（汶洲王　もんしゅうおう　?–477）

門孫宰　もんそんさい
　9世紀頃, 朝鮮, 渤海の遣唐使。
　⇒シル（門孫宰　もんそんさい　9世紀頃）
　　シル新（門孫宰　もんそんさい）

【 や 】

姚文元　ヤオウェンユアン
　⇨姚文元（ようぶんげん）

姚登山　ヤオトンシャン
　⇨姚登山（ようとうさん）

ヤークーブ・ベグ
　⇨ヤクブ・ベク

ヤクブ・ベク（阿古柏伯克）
　19世紀, 中央アジア, 東トルキスタンの支配者。1865年に東トルキスタンのカシュガルに侵入し, 支配者となった。
　⇒旺世　（ヤクブ=ベク〔阿古柏伯克〕　1820頃–1877）
　　角世　（ヤークーブ・ベグ〔阿古柏伯克〕　1820?–1877）
　　広辞6　（ヤークーブ・ベク〔阿古柏伯克〕　1820頃–1877）
　　世人　（ヤクブ=ベク〔阿古柏伯克〕　1820頃–1877）
　　中ユ　（ヤークーブ・ベグ〔阿古柏伯克〕　?–1877）
　　評世　（ヤクブ=ベク〔阿古柏伯克〕　1820–1877）
　　山世　（ヤークーブ・ベグ〔阿古柏伯克〕　1820頃–1877）

薬羅葛霊　やくらかつれい
　8世紀頃, ウイグルの遣唐使。
　⇒シル（薬羅葛霊　やくらかつれい　8世紀頃）
　　シル新（薬羅葛霊　やくらかつれい）

ヤショヴァルマン
　⇨ヤショヴァルマン1世

ヤショヴァルマン1世　Yaśovarman I
　9世紀, カンボジア, 古代クメール王国（アンコール時代）の第4代国王（在位889～900）。
　⇒外国　（ヤソヴァルマン）
　　角世　（ヤショヴァルマン1世　生没年不詳）
　　皇帝　（ヤショヴァルマン1世　生没年不詳）
　　国小　（ヤショバルマン1世　生没年不詳）
　　コン2　（ヤショヴァルマン　?–900）
　　コン3　（ヤショヴァルマン　?–900）
　　新美　（ヤショーヴァルマン1世）
　　世東　（ヤショーヴァルマン1世　生没年不詳）
　　伝出　（ヤショヴァルマン1世　?–900）
　　統治　（ヤショヴァルマン1世　（在位）889–910）
　　評世　（ヤショバルマン1世　?–900）

ヤショヴァルマン2世　Yaśovarman II
　12世紀, カンボジア, クメール王国の王。在位1160–1165。
　⇒世東　（ヤショーヴァルマン2世　生没年不詳）
　　統治　（ヤショヴァルマン2世　（在位）1160–1165）

ヤショバルマン1世
⇨ヤショヴァルマン1世

ヤソヴァルマン
⇨ヤショヴァルマン1世

ヤニ　Yani, Achmad
20世紀，インドネシアの軍人。日本占領期の義勇軍出身。1962年陸相・陸軍参謀長。
⇒コン3（ヤニ　1922-1965）

ヤミン　Yamin, Mohammad
20世紀，インドネシアの政治家，歴史家。1951年法相，59～62年国家計画会議議長。
⇒コン3（ヤミン　1903-1962）
集文（ムハマッド・ヤミン　1903.8.23-1962.10.17）
二十（モハメット，ヤミン　1903-1962）

ヤラワチ（牙老瓦赤）　Mahmūd Yalavach
13世紀，モンゴルの政治家。財政官として著名。オゴダイ・ハンの治世帝国東部の行政を担当。
⇒角世（ヤラワチ　?-1255?）
国小（イェルワジ［牙老瓦赤］　?-1255頃）
世東（マフムード・イェルワジ　?-1255頃）
百科（ヤラワチ　?-1255?）

耶律阿保機　やりつあぼき，やりつあほき
9・10世紀，中国，遼（大契丹国）の太祖（在位916～926）。廟号，太祖。諡，大聖大明神烈天皇帝。契丹諸部を統一，916年皇帝を称し神冊と建元。
⇒旺世（耶律阿保機　やりつあぼき　872-926）
外国（阿保機　あぼき　872-926）
角世（耶律阿保機　やりつあぼき　872-926）
広辞4（耶律阿保機　やりつあぼき　872-926）
広辞6（耶律阿保機　やりつあぼき　872-926）
皇帝（太祖　872-926）
国小（耶律阿保機　やりつあぼき　872（咸通13）-926（天顕1））
国百（耶律阿保機　やりつあぼき　872-926）
コン2（太祖（遼）　たいそ　872-926）
コン3（太祖（遼）　たいそ　872-926）
人物（耶律阿保機　やりつあぼき　872-926）
世人（太祖（遼）　たいそ　872-926）
世東（耶律阿保機　やりつあぼき　872-926）
全書（耶律阿保機　やりつあぼき　872-926）
大辞（耶律阿保機　やりつあぼき　872-926）
大辞3（耶律阿保機　やりつあぼき　872-926）
大百（耶律阿保機　やりつあぼき　872-926）
中皇（太祖　872-926）
中国（太祖（遼）　たいそ　872-926）
中史（耶律阿保機　やりつあぼき　872-926）
デス（耶律阿保機　やりつあぼき　872-926）
伝記（耶律阿保機　やりつあぼき　872-926）
統治（太祖［耶律・阿保機］　T'ai Tsu［Yeh-lü A-pao-chi］（在位）907-926）
百科（耶律阿保機　やりつあぼき　872-926）
評世（耶律阿保機　やりつあぼき　872-926）
山世（耶律阿保機　やりつあぼき　872-926）

耶律乙辛　やりついっしん
11世紀，中国，遼の姦臣。字は胡覩袞。知北院枢密使。
⇒世東（耶律乙辛　やりついっしん　?-1083）

耶律休哥　やりつきゅうか
10世紀，中国，遼の名将。字は遜寧。穆宗，景宗，聖宗の3朝に仕えた。
⇒外国（耶律休哥　やりつ・きゅうか　?-998）
国小（耶律休哥　やりつきゅうか　?-998（統和16））
コン2（耶律休哥　やりつきゅうか　?-998）
コン3（耶律休哥　やりつきゅうか　?-998）
人物（耶律休哥　やりつきゅうか　?-998）
世東（耶律休哥　やりつきゅうか　?-998）
中国（耶律休哥　やりつきゅうか　?-998）
評世（耶律休哥　やりつきゅうか　?-998）

耶律楚材　やりつそざい
12・13世紀，モンゴル帝国の政治家。初期の功臣，文学者。字は晋卿。詩文集『湛然居士集』を著す。
⇒逸話（耶律楚材　やりつそざい　1190-1244）
旺世（耶律楚材　やりつそざい　1190-1244）
外国（やりつ・そざい　1190-1244）
科史（耶律楚材　ヤリツソザイ　1190-1244）
角世（耶律楚材　やりつそざい　1190-1244）
広辞6（耶律楚材　やりつそざい　1190-1244）
国小（耶律楚材　やりつそざい　1190（金，明昌1）-1244（脱列哥那3））
コン2（耶律楚材　やりつそざい　1190-1244）
コン3（耶律楚材　やりつそざい　1190-1244）
詩歌（耶律楚材　やりつそざい　1190（金・明昌元）-1243（脱列哥那2））
集世（耶律楚材　やりつそざい　1189（淳熙16）-1243（淳祐3））
集文（耶律楚材　やりつそざい　1189（淳熙16）-1243（淳祐3））
人物（耶律楚材　やりつそざい　1190-1244.4）
世人（耶律楚材　やりつそざい　1190-1244）
世東（耶律楚材　やりつそざい　1190-1244）
世百（耶律楚材　やりつそざい　1190-1244）
世文（耶律楚材　やりつそざい　1190（明昌元）-1244（脱列哥那3））
全書（ヤリツソザイ（耶律楚材）　1190-1224）
大辞（耶律楚材　やりつそざい　1190-1244）
大辞3（耶律楚材　やりつそざい　1190-1244）
大百（耶律楚材　ヤリツソザイ　1190-1224）
中芸（耶律楚材　やりつそざい　1190-1244）
中国（耶律楚材　やりつそざい　1190-1244）
中史（耶律楚材　やりつそざい　1190-1244）
中書（耶律楚材　やりつそざい　1190-1243）
デス（耶律楚材　やりつそざい　1190-1244）
伝記（耶律楚材　やりつそざい　1190-1244）
天文（耶律楚材　やりつそざい　1190-1244）
百科（耶律楚材　やりつそざい　1190-1244）
評世（耶律楚材　やりつそざい　1190-1244）
山世（耶律楚材　やりつそざい　1190-1244）
歴史（耶律楚材　やりつそざい　1190（宋暦・紹熙1）-1244（脱列哥3））

耶律大石　やりつたいせき
⇨徳宗（西遼）（とくそう）

耶律鋳 やりつちゅう
13世紀、中国、元の政治家。字は成仲、諡は文忠。耶律楚材の子。アリクブカの乱の際に世祖に帰し、アリクブカを破る。
⇒コン2（耶律鋳　やりつちゅう　1221-1285）
　コン3（耶律鋳　やりつちゅう　1221-1285）

耶律倍 やりつばい*
10世紀、中国、遼(契丹)の太祖(耶律阿保機)の長子。諡は文献欽義皇帝。廟号は義宗。東丹国の王(在位926～928)。
⇒中皇（義宗耶律倍　?-936）

耶律隆運 やりつりゅううん
10・11世紀、中国、遼の功臣。漢人で姓名は韓徳譲。徳昌ともいう。諡、文忠。宋を屈服させて澶淵の和議を結んだ。
⇒国小（耶律隆運　やりつりゅううん　941(会同4)-1011(統和29)）
　コン2（耶律隆運　やりつりゅううん　941-1011）
　コン3（耶律隆運　やりつりゅううん　941-1011）
　人物（耶律隆運　やりつりゅううん　941-1011）
　世東（韓徳譲　かんとくじょう　941-1011）

耶律留哥（耶律留可） やりつりゅうか
12・13世紀、中国、金末の叛将。契丹人。1213年自立して王と称し国号を遼(偽遼国)とした。
⇒国小（耶律留哥　やりつりゅうか　?-1220(興定4)）
　コン2（耶律留哥　やりつりゅうか　?-1220）
　コン3（耶律留哥　やりつりゅうか　?-1220）
　人物（耶律留哥　やりつりゅうか　1175?-1220）
　世東（耶律留哥　やりつりゅうか　1163-1218頃）
　世百（耶律留可　やりつりゅうか　1175-1220）

ヤロスラフ2世
⇨ヤロスラフ・フセヴォロトヴィチ

ヤロスラフ・フセヴォロトヴィチ Yaroslav Vsevolodovich
12・13世紀、モンゴルの支配者。ロシア侵入時代のウラジーミル大公。
⇒角世（ヤロスラフ・フセヴォロトヴィチ　1191-1246）
　統治（ヤロスラフ2世　(在位)1238-1246）

梁一東 ヤンイルドン
20世紀、韓国の政治家。1973年、第一野党新民党の中道路線に飽き足らず、同党を脱党、民主統一党を創建して党首に就任。
⇒現人（梁一東　ヤンイルドン　1912.12.30-）
　世政（梁一東　ヤンイルドン　1912.12.30-1980.4.1）

楊西崑 ヤンシークン
⇨楊西崑（ようせいこん）

楊尚昆 ヤンシャンクン
⇨楊尚昆（ようしょうこん）

楊成武 ヤンチョンウー
⇨楊成武（ようせいぶ）

楊虎城 ヤン・フーチョン
⇨楊虎城（ようこじょう）

楊勇 ヤンヨン
⇨楊勇（ようゆう）

【 ゆ 】

于右任 ユイユーレン
⇨于右任（うゆうじん）

熊越山 ゆうえつざん
19・20世紀、中国の革命家。
⇒近中（熊越山　ゆうえつざん　1882-1913.9.25）

幽王 ゆうおう
前8世紀、中国、周の第12代王(在位前781～771)。西周の末王。宣王の子。褒姒を寵愛した。愚王の典型とされる。
⇒広辞4（幽王　ゆうおう　?-前771）
　広辞6（幽王　ゆうおう　?-前771）
　皇帝（幽王　ゆうおう　?-前771）
　国小（幽王　ゆうおう　生没年不詳）
　コン2（幽王　ゆうおう　?-前771）
　コン3（幽王　ゆうおう　?-前771）
　人物（幽王　ゆうおう　?-前771）
　世百（幽王　ゆうおう　?-前771）
　全書（幽王　ゆうおう　?-前771）
　大辞（幽王　ゆうおう　?-前771）
　大辞3（幽王　ゆうおう　?-前771）
　大百（幽王　ゆうおう　?-前771頃）
　中国（幽王　ゆうおう　前782-781）
　中史（幽王(周)　ゆうおう　?-前771）
　統治（幽(幽王宮涅)　Yu　(在位)前782-771）
　百科（幽王　ゆうおう）
　評伝（幽王　ゆうおう　?-前771）

熊希齢 ゆうきれい
19・20世紀、中国の政治家。字は秉三（へいさん）。湖南省出身。民国以後、唐紹儀・陸徴祥両内閣の財政総長などを歴任。1913年「名流内閣」を組織。翌年、袁世凱顧問。
⇒角世（熊希齢　ゆうきれい　1869-1937）
　コン2（熊希齢　ゆうきれい　1870-1937）
　コン3（熊希齢　ゆうきれい　1870-1937）
　世東（熊希齢　ゆうきれい　1870-1937.12.25）
　中人（熊希齢　ゆうきれい　1870-1937）

裕謙 ゆうけん
18・19世紀、中国、清後期の政治家。字は衣谷、号は魯山、諡は靖節。モンゴル鑲横旗出身。ア

ヘン戦争で両江総督を兼任。
⇒外国（裕謙　ゆうけん　1793–1841）
コン2（裕謙　ゆうけん　1793–1841）
コン3（裕謙　ゆうけん　1795?–1841）
中史（裕謙　ゆうけん　1795頃–1841）

裕憲親王福全　ゆうけんしんのうふくぜん*
18世紀, 中国, 清, 順治帝（じゅんじてい）の子。
⇒中皇（裕憲親王福全　?–1703）

熊克武　ゆうこくぶ, ゆうこくふ
19・20世紀, 中国の軍人, 政治家。1949年中国共産党の呼びかけに応じて革命側に参加, 50年西南軍政委員会副主席, 58年から中国国民党革命委員会副主席。のち, 全人大会常務委員。
⇒近中（熊克武　ゆうこくぶ　1884–1970.9.2）
国小（熊克武　ゆうこくふ　1881–1970.9.2）
世百（熊克武　ゆうこくふ　1882–）
中人（熊克武　ゆうこくぶ　1884–1970.9.2）

熊執易　ゆうしつえき
9世紀頃, 中国, 唐の遣吐蕃副使。
⇒シル（熊執易　ゆうしつえき　9世紀頃）
シル新（熊執易　ゆうしつえき）

游錫堃　ゆうしゃくこん
20世紀, 台湾の政治家。台湾行政院院長（首相）。
⇒世政（游錫堃　ゆうしゃくこん　1948.4.25–）

熊成基　ゆうせいき
19・20世紀, 中国, 清末期の革命家。字は味根。江蘇省出身。新軍砲兵隊長として, 革命運動を推進。
⇒コン3（熊成基　ゆうせいき　1887–1910）
世百（熊成基　ゆうせいき　1887–1910）
中人（熊成基　ゆうせいき　1887–1910）

裕宗真金　ゆうそうチンキム
中国, 元, 世祖（フビライ）の子。
⇒中皇（裕宗真金）

尤太忠　ゆうたいちゅう
20世紀, 中国の軍人。四川省出身。1948年当時, 劉少奇, 鄧小平の中原野戦軍の旅団長。九全大会で中央委員候補。71年10月, 内モンゴル自治区党委第1書記兼同軍区司令。
⇒世東（尤太忠　ゆうたいちゅう　1922頃–）
中人（尤太忠　ゆうたいちゅう　1918–）

游大力　ゆうたいりき
6世紀頃, 柔然の遣東魏使。
⇒シル（游大力　ゆうたいりき　6世紀頃）
シル新（游大力　ゆうたいりき）

幽帝（成漢）　ゆうてい*
4世紀, 中国, 五胡十六国・成漢（前蜀）の皇帝（在位334〜337）。

⇒中皇（幽帝　312–337）

幽帝（前燕）　ゆうてい*
4世紀, 中国, 五胡十六国・前燕の皇帝（在位360〜370）。
⇒中皇（幽帝　350–384）

熊廷弼　ゆうていひつ
16・17世紀, 中国, 明末の武将。江夏（湖北省）出身。字, 飛白。号, 芝崗。
⇒国小（熊廷弼　ゆうていひつ　1569（隆慶3）–1625（天啓5））
コン2（熊廷弼　ゆうていひつ　1569–1625）
コン3（熊廷弼　ゆうていひつ　1569–1625）
中史（熊廷弼　ゆうていひつ　1569–1625）

熊曇朗　ゆうどんろう
6世紀, 中国, 南朝陳の武将。予章・南昌（江西省）出身。侯景の乱のさなかに, 無頼の徒を集めて反乱を起こす。
⇒コン2（熊曇朗　ゆうどんろう　?–560）
コン3（熊曇朗　ゆうどんろう　?–560）

優福子　ゆうふくし
8世紀頃, 朝鮮, 渤海の遣唐使。
⇒シル（優福子　ゆうふくし　8世紀頃）
シル新（優福子　ゆうふくし）

熊秉坤　ゆうへいこん
19・20世紀, 中国の革命派軍人, 共進会会員。
⇒近中（熊秉坤　ゆうへいこん　1885.9.30–1969.5.31）

尤袤　ゆうぼう
12世紀, 中国, 南宋の詩人, 政治家。常州無錫（江蘇省）出身。字, 延之。諡, 文簡。南宋四大家の一人。作品『梁渓遺稿』が残る。
⇒国小（尤袤　ゆうぼう　1127（建炎1）–1194（紹熙5））
詩歌（尤袤　ゆうぼう　1127（宋・靖康2）–1194（紹熙5））
集世（尤袤　ゆうぼう　1127（建炎1）–1194（紹熙5））
集文（尤袤　ゆうぼう　1127（建炎1）–1194（紹熙5））
中芸（尤袤　ゆうぼう　1125–1194）

勇龍桂　ゆうりゅうけい
20世紀, 中国の経済専門家。1959年国家計画委員会世界経済局局長。63年中日友好協会理事。64年国際貿易促進委員会副主席となり, 貿易実務に参画。67年1月文化大革命で批判され, 失脚。
⇒現人（勇龍桂　ゆうりゅうけい〈ヨンロンコエ〉1916–）
中人（勇龍桂　ゆうりゅうけい　1916–）

優留単于　ゆうりゅうぜんう
1世紀, 中央アジア, 北匈奴の王。南匈奴等に侵略を受け, 鮮卑の攻撃に大敗して, 斬殺された。

⇒世東（優留単于　ゆうりゅうぜんう　?-87）

尤烈（尤列）　ゆうれつ
19・20世紀, 中国の革命家。孫文らと交わり, 興中会に加入。1900年以後, 日本や南洋各地で労働者を結集して中和堂を組織。
⇒近中（尤列　ゆうれつ　1866-1936.11.12）
　コン2（尤烈　ゆうれつ　1865-1936）
　コン3（尤烈　ゆうれつ　1865-1936）
　中人（尤烈　ゆうれつ　1865-1936）

裕禄　ゆうろく
19世紀, 中国, 清末期の守旧派官僚。満州正白旗出身。軍機大臣を経て, 直隷総督となった。
⇒コン2（裕禄　ゆうろく　1844頃-1900）
　コン3（裕禄　ゆうろく　1844頃-1900）

兪吉濬　ゆきっしゅん
⇨兪吉濬（ユギルチュン）

兪鏡午　ゆきょうご
20世紀, 韓国の政治家。1967年新民党の代表委員, 68年5月総裁。
⇒国小（兪鏡午　ゆきょうご　1906.5.13-）

兪吉濬　ユギルチュン
19・20世紀, 朝鮮の政治家。1894年甲午改革のとき, 外務参議, 95年金宏集内閣の内閣総書などを歴任。
⇒角世（兪吉濬　ゆきっしゅん　1856-1914）
　コン2（兪吉濬　ゆきっしゅん　1856-1914）
　コン3（兪吉濬　ゆきっしゅん　1856-1914）
　朝人（兪吉濬　ゆきっしゅん　1856-1914）
　朝鮮（兪吉濬　ゆきっしゅん　1856-1914）
　ナビ（兪吉濬　ゆきっしゅん　1856-1914）
　日人（兪吉濬　ユギルチュン　1856-1914）
　百科（兪吉濬　ゆきっしゅん　1856-1914）

兪鴻鈞（兪鴻鈞）　ゆこうきん
20世紀, 中国の政治家。本籍は広東で上海生れ。蔣介石の信任をうけ活躍。1953年台湾省主席, 54年行政院長。
⇒コン3（兪鴻鈞　ゆこうきん　1898-1960）
　世東（兪鴻鈞　ゆこうきん　1897-1960.6.1）
　中人（兪鴻鈞　ゆこうきん　1898-1960）

庾公之斯　ゆこうしし
中国, 春秋時代の衛の将。
⇒三国（庾公之斯　ゆこうしし）

兪国華　ゆこくか
20世紀, 台湾の政治家。台湾行政院院長（首相）, 台湾国民党副主席。
⇒世政（兪国華　ゆこくか　1914.1.10-2000.10.4）
　世東（兪国華　ゆこっか　1914-）
　中人（兪国華　ゆこくか　1914.1.10-）

兪国華　ゆこっか
⇨兪国華（ゆこくか）

兪作伯　ゆさくはく
19・20世紀, 中国の国民党系軍人。
⇒近中（兪作伯　ゆさくはく　1887-1959）

兪佐廷　ゆさてい
19・20世紀, 中国, 金融界の巨頭。寧波市財政局長・上海市商会主席などを歴任。
⇒コン3（兪佐廷　ゆさてい　1889-1951）
　中人（兪佐廷　ゆさてい　1889-1951）

兪渉（愈渉）　ゆしょう
2世紀, 中国, 三国時代, 袁術の部将。華雄を討とうと名乗りをあげて出た。
⇒三国（兪渉　ゆしょう）
　三全（愈渉　ゆしょう　?-191）

柳宗夏　ユジョンハ
20世紀, 韓国の外交官。韓国外相。駐国連代表部大使, 駐英大使, 駐ベルギー大使, 駐EC大使, 外務部次官などを歴任。
⇒韓国（柳宗夏　ユジョンハ　1936.7.28-）
　世政（柳宗夏　ユジョンハ　1936.7.28-）

柳珍山　ユジンサン
20世紀, 韓国の政治家。新民党の幹事長, 副総裁を経て, 1971年1月から総裁。
⇒現人（柳珍山　ユジンサン　1905.10.18-1974.4.28）
　国小（柳珍山　りゅうちんざん　1905.10.18-1974.4.28）

ユスフ　Jusuf, Mohammad
20世紀, インドネシアの革命家。
⇒コン3（ユスフ　生没年不詳）

ユスフ・カラ　Yusuf Kalla
20世紀, インドネシア共和国副大統領（2004～）。
⇒東ア（ユスフ・カラ　1942-）

兪正声　ゆせいせい
20世紀, 中国共産党中央政治局委員, 党上海市委員会書記。
⇒中重（兪正声　ゆせいせい　1945.4-）
　中人（兪正声　ゆせいせい　?-）
　中二（兪正声　ゆせいせい　1945.4-）

柳成龍　ユソンニョン
⇨柳成龍（りゅうせいりゅう）

兪大猷　ゆだいゆう, ゆたいゆう
16世紀, 中国, 明の武将。晋江（福建省）出身。字, 志輔。号, 虚江。諡, 武襄。倭寇を討伐して功があった。
⇒外国（兪大猷　ゆたいゆう　?-1580）
　国小（兪大猷　ゆたいゆう　生没年不詳）
　コン2（兪大猷　ゆだいゆう　?-1573頃）
　コン3（兪大猷　ゆだいゆう　?-1573頃）

人物（俞大猷　ゆだいゆう　?−1573頃）
世東（俞大猷　ゆだいゆう　16世紀）
中国（俞大猷　ゆだいゆう　?−1573頃）
評世（俞大猷　ゆたいゆう　?−1573?）

ユーチェンコ，アルフォンソ・T.
Yuchengco, Alfonso T.
20世紀，フィリピン，華人の実業家，外交官。
⇒華人（ユーチェンコ，アルフォンソ・T.　1923−）

ユチチャル（月赤察児）
13・14世紀，中国，元の功臣。諡は忠武。フシン（許慎）族出身。世祖に厚く信任された。
⇒国小（ユチチャル　1249（海迷失1）−1311（至大4））
コン2（ユチチャル〔月赤察児〕　1249−1311）
コン3（ユチチャル〔月赤察児〕　1249−1311）

劉彰順　ユチャンスン
20世紀，韓国の実業家。韓国首相。湖南石油化学会長，全経連会長，大信経済研究所会長などを務める。
⇒韓国（劉彰順　ユチャンスン　1918.8.6−）
世政（劉彰順　ユチャンスン　1918.8.6−）

余秋里　ユーチュウリー
⇨余秋里（よしゅうり）

ユドヨノ　Yudhoyono, Susilo Bambang
20世紀，インドネシアの政治家，軍人。インドネシア大統領。
⇒広辞6（ユドヨノ　1949−）
世人（ユドヨノ　1949−）
世政（ユドヨノ，スシロ・バンバン　1949.9−）
東ア（ユドヨノ　1949−）

ユーヌス・ハン
15世紀，モグリスタン・ハン国第9代のハン（在位1462〜87）。1472年モグリスタン全土の支配者となった。
⇒国小（ユーヌス・ハン　1415/7−1487）

廋文素　ゆぶんそ
7世紀頃，中国，唐の新羅使。
⇒シル（廋文素　ゆぶんそ　7世紀頃）
シル新（廋文素　ゆぶんそ）

柳夢寅　ユモンイン
16・17世紀，朝鮮，李朝中期の文臣。号は於于堂。主著『於于野談』など。
⇒集文（柳夢寅　ユモンイン　1559−1623）

庾翼　ゆよく
4世紀，中国，東晋の政治家。
⇒新美（庾翼　ゆよく　305（西晋・永興2）−345（東晋・永和1））

庾亮　ゆりょう
3・4世紀，中国，東晋の政治家。潁川（河南省）出身。字は元規。明帝の皇后穆氏の兄。幼い成帝を助け，王導と交代で政権を担当。
⇒国小（庾亮　ゆりょう　289（太康10）−340（咸康6.1.1））
集文（庾亮　ゆりょう　289（太康10）−340（咸康6））
新美（庾亮　ゆりょう　289（西晋・太康10）−340（東晋・咸康6））
人物（庾亮　ゆりょう　289−340）
世東（庾亮　ゆりょう　289−340）
中国（庾亮　ゆりょう　289−340）

ユロ　Yulo, Jose
20世紀，フィリピンの政治家，弁護士。1940〜57年各大統領の有力な政治顧問として活躍。
⇒コン3（ユロ　1894−）

袁世凱　ユワンシーカイ
⇨袁世凱（えんせいがい）

尹始炳　ユンシビョン
19・20世紀，朝鮮の政治家。1904年日露戦争が起こり，維新会を設立して国政改革運動を推進し一進会と改名して会長となり，日本軍を援助した。
⇒世東（尹始炳　いんしへい　1859−1931）
日人（尹始炳　ユンシビョン　1859−1931）

尹致昊　ユンチホ
19・20世紀，朝鮮の開化派の政治家。1910年大韓キリスト教青年会を創立。11年「105名事件」で逮捕される。
⇒外国（尹致昊　いんちこう　?−1945）
角世（尹到昊　いんちこう　1865−1945）
キリ（尹致昊　ユンチホ　1865.11.20−1945.12.6）
コン2（尹致昊　いんちこう　1865−1946）
コン3（尹致昊　いんちこう　1865−1946）
世東（尹致昊　いんちこう　1864−1946）
朝人（尹致昊　いんちこう　1865−1945）
朝鮮（尹致昊　いんちこう　1865−1945）
日人（尹致昊　ユンチホ　1865−1945）
百科（尹致昊　いんちこう　1865−1945）

ユンテン・ギャムツォ
⇨ダライ・ラマ4世

尹必鏞　ユンピリョン
20世紀，韓国の軍人。慶尚北道生れ。1961年5月の軍事クーデターでは中心勢力の一員。69年猛虎師団長としてベトナム戦争に参戦。70年1月首都警備司令官に就任，朴正熙大統領の側近となったが，73年3月突如として不正摘発という形で司令官を解任，逮捕された。
⇒現人（尹必鏞　ユンピリョン　1927.2−）

尹潽善　ユンボソン
20世紀，朝鮮の政治家。1960年李承晩失脚後の大統領に当選したが，63, 67年の選挙で朴正熙

に敗れた。71年国民党総裁, 76年3月民主救国宣言署名。
⇒キリ（尹潽善　ユンボソン　1897–）
　現人（尹潽善　ユンボソン　1897.8.26–）
　コン3（尹潽善　いんふぜん　1897–1990）
　世政（尹潽善　ユンボソン　1897.8.26–1990.7.18）
　世東（伊潽善　いふぜん　1877–?）
　全書（尹潽善　いんふぜん　1897–）
　大百（尹潽善　いんふぜん〈ユンボソン〉　1897–）
　朝人（尹潽善　いんふぜん　1897–1990）
　朝鮮（尹潽善　いんふぜん　1897–1990）

尹奉吉　ユンボンギル
20世紀, 朝鮮の独立運動家。
⇒角世（尹奉吉　いんほうきつ　1909–1932）
　コン3（尹奉吉　いんほうきつ　1908–1932）
　世百新（尹奉吉　いんほうきつ　1909–1932）
　朝人（尹奉吉　いんほうきつ　1908–1932）
　朝鮮（尹奉吉　いんほうきつ　1909–1932）
　日人（尹奉吉　ユンボンギル　1909–1932）
　百科（尹奉吉　いんほうきつ　1909–1932）

尹永寛　ユンヨンガァン
20世紀, 韓国の国際政治学者。韓国外交通商相, ソウル大学教授。
⇒世政（尹永寛　ユンヨンガァン　1951.1.12–）

【よ】

ヨー, ジョージ　Yeo, George
20世紀, シンガポールの政治家。シンガポール通産相。
⇒世政（ヨー, ジョージ　1954–）

楊闇公　ようあんこう
20世紀, 中国共産党の指導者。
⇒近中（楊闇公　ようあんこう　1898.3.10–1927.4.6）

楊以増　よういぞう
18・19世紀, 清後期の官僚, 蔵書家。字は益之, 諡は端勤。山東省出身。1848年河南河道総督。清末四大蔵書家の一人。
⇒コン2（楊以増　よういぞう　1787–1855）
　コン3（楊以増　よういぞう　1787–1855）
　中芸（楊以増　よういぞう　1787–1856）

楊一清　よういっせい
15・16世紀, 中国, 明中期の政治家。安寧（雲南省）出身。字, 応寧。号, 邃庵。諡, 文襄。
⇒国小（楊一清　よういっせい　1454（景泰5）–1530（嘉靖9））
　コン2（楊一清　よういっせい　1454–1530）
　コン3（楊一清　よういっせい　1454–1530）

姚依林　よういりん
20世紀, 中国の政治家。中国副首相, 中国共産党政治局常務委員。
⇒世政（姚依林　よういりん　1917.9–1994.12.11）
　世東（姚依林　よういりん　1917.9–）
　中人（姚依林　よういりん　1917.9–）

楊宇霆（楊宇廷）　よううてい
19・20世紀, 中国, 奉天派軍閥。遼寧省出身。1916年張作霖指揮下の師団参謀長。27年国民党軍との妥協に失敗, 張学良に殺された。
⇒近中（楊宇霆　よううてい　1885.8.29–1929.1.10）
　コン3（楊宇霆　よううてい　1885–1929）
　世東（楊宇廷　よううてい　1886–1929.1.11）
　中人（楊宇霆　よううてい　1886–1929）

楊惲　よううん
前1世紀, 中国, 前漢の大臣。司馬遷の娘の子。
⇒中史（楊惲　よううん　?–前54）

楊栄　ようえい
14・15世紀, 中国, 明の政治家。建安（福建省）出身。字, 勉仁。諡, 文敏。永楽, 洪熙, 宣徳, 正統の4朝に仕えた。
⇒外国（楊栄　ようえい　1371–1440）
　国小（楊栄　ようえい　1371（洪武4）–1440（正統5））
　中芸（楊栄　ようえい　1371–1440）
　中史（楊栄　ようえい　1371–1440）

楊鋭　ようえい
19世紀, 中国, 清末期の改良派政治家。字は叔嶠。戊戌六君子の一人。
⇒コン2（楊鋭　ようえい　1857–1898）
　コン3（楊鋭　ようえい　1857–1898）

楊永泰　ようえいたい
19・20世紀, 中国の政治家。広東省出身。1913年参議院議員, 17年広東軍政府に入り, 31年頃から国民党中央に進出。
⇒コン2（楊永泰　ようえいたい　1880–1936）
　コン3（楊永泰　ようえいたい　1880–1936）
　中人（楊永泰　ようえいたい　1880–1936）

楊炎　ようえん
8世紀, 中国, 唐中期の宰相。字は公南。鳳翔（陝西省）出身。両税法を確立。
⇒旺世（楊炎　ようえん　727–781）
　外国（楊炎　ようえん　727–781）
　角世（楊炎　ようえん　727–781）
　広辞6（楊炎　ようえん　727–781）
　国小（楊炎　ようえん　727（開元15）–781（建中2））
　コン2（楊炎　ようえん　727–781）
　コン3（楊炎　ようえん　727–781）
　人物（楊炎　ようえん　727–781）
　世人（楊炎　ようえん　727–781）
　世東（楊炎　ようえん　727–781）
　世百（楊炎　ようえん　727–781）
　全書（楊炎　ようえん　727–781）

政治・外交・軍事篇　　　　　　　　　　　　　　　ようき

大辞3（楊炎　ようえん　727–781）
大百（楊炎　ようえん　727–781）
中国（楊炎　ようえん　727–781）
中史（楊炎　ようえん　727–781）
デス（楊炎　ようえん　727–781）
百科（楊炎　ようえん　727–781）
評世（楊炎　ようえん　727–781）
山世（楊炎　ようえん　727–781）
歴史（楊炎　ようえん　727–781）

楊延昭　ようえんしょう
10・11世紀、中国、北宋の名将。楊業の子。
⇒中史（楊延昭　ようえんしょう　958–1014）

楊応龍　ようおうりゅう
16世紀、中国、明代の四川の土司首領。遵義（貴州省）出身。朝鮮出兵の虚に乗じて明王朝に対し叛乱を起し、1600年平定された。
⇒外国（楊応龍　ようおうりゅう　?–1600）
　国小（楊応龍　ようおうりゅう　?–1600（万暦28））
　人物（楊応龍　ようおうりゅう　?–1600）
　世東（楊応龍　ようおうりゅう　?–1600）
　評世（楊応龍　ようおうりゅう　?–1600）

陽貨　ようか
中国、春秋時代の魯の季孫子の家臣。
⇒三国（陽貨　ようか）

楊懐　ようかい
3世紀、中国、三国時代、蜀の劉璋の部将。
⇒三国（楊懐　ようかい）
　三全（楊懐　ようかい　?–212）

雍闓　ようがい
3世紀、中国、三国時代、建寧の太守。
⇒三国（雍闓　ようがい）
　三全（雍闓　ようがい　?–225）

楊懐珍　ようかいちん
8世紀頃、渤海から来日した使節。
⇒シル（楊懐珍　ようかいちん　8世紀頃）
　シル新（楊懐珍　ようかいちん）

楊我支特勒　ようがしとくろく
7・8世紀、中央アジア、突厥（チュルク）の遣唐使。
⇒シル（楊我支特勒　ようがしとくろく　?–714）
　シル新（楊我支特勒　ようがしとくろく　?–714）

楊儀　ようぎ
3世紀、中国、三国時代、蜀の将軍。
⇒三国（楊儀　ようぎ）
　三全（楊儀　ようぎ　?–235）

楊暨　ようき
3世紀頃、中国、三国時代、魏の臣。
⇒三国（楊暨　ようき）
　三全（楊暨　ようき　生没年不詳）

楊奇肱　ようきこう
9世紀頃、中国西南部、南詔の遣唐使。
⇒シル（楊奇肱　ようきこう　9世紀頃）
　シル新（楊奇肱　ようきこう）

楊奇混　ようきこん
9世紀頃、中国西南部、南詔の遣唐使。
⇒シル（楊奇混　ようきこん　9世紀頃）
　シル新（楊奇混　ようきこん）

葉季壮　ようきそう
20世紀、中国の政治家。広東省出身。1952年以来、対外貿易部長の職にあった。
⇒近中（葉季壮　ようきそう　1893–1967.6.27）
　コン3（葉季壮　ようきそう　1893–1967）
　世東（葉季壮　ようきそう　1893–1967.6.27）
　中人（葉季壮　ようきそう　1893–1967）

楊貴妃　ようきひ
8世紀、中国、唐の皇妃。永楽の出身。幼名、玉環。玄宗の寵愛を受けた。白居易の『長恨歌』など、多くの文学作品に登場する。
⇒逸話（楊貴妃　ようきひ　719–756）
　旺世（楊貴妃　ようきひ　719–756）
　外国（楊貴妃　ようきひ　719–756）
　角世（楊貴妃　ようきひ　719–756）
　広辞4（楊貴妃　ようきひ　719–756）
　広辞6（楊貴妃　ようきひ　719–756）
　国小（楊貴妃　ようきひ　719（開元7）–756（至徳1））
　コン2（楊貴妃　ようきひ　719–756）
　コン3（楊貴妃　ようきひ　719–756）
　詩歌（楊貴妃　ようきひ　719（唐・玄宗皇帝・開元7）–756（天宝15））
　人物（楊貴妃　ようきひ　719–756.6.16）
　世女日（楊貴妃　YANG guifei　719–756）
　世人（楊貴妃　ようきひ　719–756）
　世東（楊貴妃　ようきひ　719–756.6.16）
　世百（楊貴妃　ようきひ　719–756）
　全書（楊貴妃　ようきひ　719–756）
　大辞3（楊貴妃　ようきひ　719–756）
　大百（楊貴妃　ようきひ　719–756）
　中皇（楊貴妃　719–756）
　中芸（楊貴妃　ようきひ　719–756）
　中国（楊貴妃　ようきひ　719–756）
　中史（楊貴妃　ようきひ　719–756）
　デス（楊貴妃　ようきひ　719–756）
　伝記（楊貴妃　ようきひ　719–756）
　百科（楊貴妃　ようきひ　719–756）
　評世（楊貴妃　ようきひ　719–756）
　山世（楊貴妃　ようきひ　719–756）
　歴史（楊貴妃　ようきひ　719–756）

葉挙　ようきょ
19・20世紀、中国の軍人にして政治家。
⇒近中（葉挙　ようきょ　1881–?）

楊季鷹　ようきよう
8世紀頃、中国、唐の遣新羅使。
⇒シル（楊季鷹　ようきよう　8世紀頃）

よ　うき

シル新（楊季鷹　ようきよう）

楊業　ようぎょう
10世紀, 中国, 北宋の名将。契丹に対抗した。
⇒中史（陽葉　ようぎょう　?-986）

葉恭綽　ようきょうしゃく
19・20世紀, 中国の政治家, 交通官僚, 交通系派閥の梁士詒の腹心, 著述家, 文化人。号は誉虎。広東省出身。1931年国民政府の鉄道部長, 49年以後政協会議全国委員などを歴任。文集『遐庵彙稿』は鉄道関係の資料として貴重。
⇒近中（葉恭綽　ようきょうしゃく　1881.11.24-1968.8.6）
　コン2（葉恭綽　ようきょうしゃく　1880-1965）
　コン3（葉恭綽　ようきょうしゃく　1880-1968）
　世東（葉恭綽　ようきょうしゃく　1881-?）
　中人（葉恭綽　ようきょうしゃく　1880-1968）

楊杏仏　ようきょうふつ
20世紀, 中国の革命運動家。
⇒近中（楊杏仏　ようきょうふつ　1893.5.4-1933.6.18）

楊欣　ようきん
3世紀頃, 中国, 三国時代, 魏の金城の太守。
⇒三国（楊欣　ようきん）
　三全（楊欣　ようきん　生没年不詳）

煬矩　ようく
8世紀, 中国, 唐の遣吐蕃使。
⇒シル（煬矩　ようく　?-714）
　シル新（煬矩　ようく　?-714）

楊遇春　ようぐうしゅん
18・19世紀, 中国, 清後期の武将。字は時斉, 諡は忠武。四川省出身。1788年台湾林爽文の乱などを鎮定。
⇒外国（楊遇春　ようぐうしゅん）
　コン2（楊遇春　ようぐうしゅん　1760-1837）
　コン3（楊遇春　ようぐうしゅん　1760-1837）

楊衢雲　ようくうん
19・20世紀, 中国, 清末期の革命家。福建省出身。孫文らと革命団体「興中会」を創設し, 初代会長。
⇒コン2（楊衢雲　ようくうん　1861-1901）
　コン3（楊衢雲　ようくうん　1861-1901）
　中人（楊衢雲　ようくうん　1861-1901）

葉群　ようぐん
20世紀, 中国の政治家, 共産党政治局員。林彪夫人。林彪らとともにクーデターを計画したが発覚, ソ連へ逃亡の途中, 墜落死したと伝えられている。
⇒国小（葉群　ようぐん　1924-1971.9.12）
　世東（葉群　ようぐん　?-1971.9.12）
　中人（葉群　ようぐん　1917-1971.9.12）

陽羣　ようぐん
3世紀, 中国, 三国時代, 諸葛亮（孔明）の「後出師の表」に記された物故将軍。
⇒三国（陽羣　ようぐん）
　三全（陽羣　ようぐん　?-227）

楊顥　ようけい
3世紀頃, 中国, 晋の大宛（フェルガナ）王冊立使。
⇒シル（楊顥　ようけい　3世紀頃）
　シル新（楊顥　ようけい）

楊継盛　ようけいせい
16世紀, 中国, 明の諫臣。徐水（河北省）出身。字, 仲芳。号, 椒山。諡, 忠愍。
⇒国小（楊継盛　ようけいせい　1516（正徳11）-1555（嘉靖34））
　コン2（楊継盛　ようけいせい　1516-1555）
　コン3（楊継盛　ようけいせい　1516-1555）
　中芸（楊継盛　ようけいせい　1516-1555）

楊堅　ようけん
⇨文帝（隋）（ぶんてい）

葉剣英　ようけんえい
20世紀, 中国の政治家, 軍人。抗日戦中は林彪の率いる八路軍参謀長, 解放後は, 北京や広州などの党, 軍, 政の要職を歴任。林彪失脚後の軍の第一人者とされる。1973年党中央政治局常務委員, 75～78年国防相兼務, 78～83年6月全人代常務委員長。
⇒外国（葉剣英　ようけんえい　1902-）
　角世（葉剣英　ようけんえい　1897-1986）
　近中（葉剣英　ようけんえい　1897.4.28-1986.10.22）
　現人（葉剣英　ようけんえい〈イエチエンイン〉1898-）
　広辞5（葉剣英　ようけんえい　1897-1986）
　広辞6（葉剣英　ようけんえい　1897-1986）
　国小（葉剣英　ようけんえい　1903（光緒29）-）
　コン3（葉剣英　ようけんえい　1897-1986）
　人物（葉剣英　ようけんえい　1903-）
　世政（葉剣英　ようけんえい　1897.4.28-1986.10.22）
　世東（葉剣英　ようけんえい　1903-）
　世百（葉剣英　ようけんえい　1903-）
　全書（葉剣英　ようけんえい　1897-1986）
　大百（葉剣英　ようけんえい〈イエチエンイン〉1903-）
　中人（葉剣英　ようけんえい　1897-1986.10.22）
　ナビ（葉剣英　ようけんえい　1898-1986）
　評世（葉剣英　しょうけんえい　1897-1986）
　山世（葉剣英　ようけんえい　1897-1986）
　歴史（葉剣英　ようけんえい　1897-）

楊玄感　ようげんかん
6・7世紀, 中国, 隋の叛臣。弘農華陰（陝西省渭南県）出身。権臣楊素の子。
⇒角世（楊玄感　ようげんかん　?-613）
　国小（楊玄感　ようげんかん　?-613（大業9.8））
　コン2（楊玄感　ようげんかん　?-613）
　コン3（楊玄感　ようげんかん　?-613）

世百　（楊玄感　ようげんかん　?-613)
全書　（楊玄感　ようげんかん　?-613)
大百　（楊玄感　ようげんかん　?-613)
中国　（楊玄感　ようげんかん　?-613)
百科　（楊玄感　ようげんかん　?-613)
評世　（楊玄感　ようげんかん　?-613)

楊献珍　ようけんちん
20世紀, 中国の哲学者。湖北省出身。1953年当時中共中央マルクス・レーニン学院副院長, 58年4月当時高級党校校長, 5月8期中央委員。67年3月劉少奇の代弁者として批判される。
⇒コン3　（楊献珍　ようけんちん　1895-1992)
　世東　（楊献珍　ようけんちん　1899-)
　中人　（楊献珍　ようけんちん　1895-1992.8.25)

容閎　ようこう
19・20世紀, 中国, 清末の改革家。字, 純甫。中国人初の留学生として渡米, 帰国後洋務派の曾国藩の知遇を得た。1900年の自立軍の叛乱の失敗後はアメリカに亡命した。
⇒岩ケ　（容閎　ようこう　1828-1912)
　外国　（容閎　ようこう　1828-1912)
　角世　（容閎　ようこう　1828-1912)
　近代　（容閎　ようこう　1828.11.17-1912.4.21)
　広辞6　（容閎　ようこう　1828-1912)
　国小　（容閎　ようこう　1828（道光8）-1912)
　コン2　（容閎　ようこう　1828-1912)
　コン3　（容閎　ようこう　1828-1912)
　世東　（容閎　ようこう　1828-1912)
　全書　（容閎　ようこう　1828-1912)
　中史　（容閎　ようこう　1828-1912)
　中人　（容閎　ようこう　1828（道光8）-1912)
　百科　（容閎　ようこう　1828-1912)
　山世　（容閎　ようこう　1828-1912)

楊広　ようこう
3世紀頃, 中国, 三国時代, 袁術の部将。楊大将と呼ばれる。
⇒三全　（楊広　ようこう　生没年不詳)

楊広　ようこう
⇨煬帝（ようだい）

楊昂　ようこう
3世紀, 中国, 三国時代, 漢中の張魯配下の将。
⇒三国　（楊昂　ようこう）
　三全　（楊昂　ようこう　?-215)

楊洪　ようこう
3世紀, 中国, 三国時代, 蜀の劉璋の臣。
⇒三国　（楊洪　ようこう）
　三全　（楊洪　ようこう　?-228)

楊鎬　ようこう
17世紀, 中国, 明末の武将。商邱（河南省）の出身。1619年清軍の南下を迎撃したが大敗。
⇒角世　（楊鎬　ようこう　?-1629)
　国小　（楊鎬　ようこう　?-1629（崇禎2））
　コン2　（楊鎬　ようこう　?-1629)

　コン3　（楊鎬　ようこう　?-1629)
　中国　（楊鎬　ようこう　?-1629)

姚興　ようこう
4・5世紀, 中国, 五胡十六国・後秦の第2代皇帝（在位394～416)。廟号は高祖。後涼を下し, 鳩摩羅什を長安に迎え, 訳経, 造寺の業を起し, 仏教を興隆した。
⇒角世　（姚興　ようこう　366-416)
　皇帝　（文桓帝　ぶんかんてい　366-416)
　国小　（姚興　ようこう　366（東晋, 太和1)-416（永和1））
　コン2　（姚興　ようこう　366-416)
　コン3　（姚興　ようこう　366-416)
　人物　（姚興　ようこう　366-416)
　世東　（姚興　ようこう　366-416)
　中皇　（高祖　366-416)
　中国　（姚興　ようこう　366-416)
　東仏　（姚興　ようこう　366-416)
　百科　（姚興　ようこう　366?-416)
　評世　（姚興　ようこう　366-416)

姚泓　ようこう
4・5世紀, 中国, 五胡後秦の第3代皇帝（在位416～417)。姚興の子。劉裕（宋の武帝）の北伐軍に敗れ, 斬殺された。
⇒コン2　（姚泓　ようこう　388-417)
　コン3　（姚泓　ようこう　388-417)
　中皇　（泓　388-417)

楊皇后　ようこうごう*
3世紀, 中国, 魏晋南北朝, 西晋の武帝の皇妃。
⇒中皇　（楊皇后　238-274)

楊皇后　ようこうごう*
7世紀, 中国, 北周の宣帝の皇妃。
⇒中皇　（楊皇后　?-609)

楊皇后　ようこうごう*
12・13世紀, 中国, 南宋, 寧宗の皇妃。
⇒中皇　（楊皇后　1162-1233)

葉向高　ようこうこう
16・17世紀, 中国, 明後期の政治家。字は進卿, 号は台山, 諡は文忠。福清（福建省）の出身。
⇒コン2　（葉向高　ようこうこう　1559-1627)
　コン3　（葉向高　ようこうこう　1559-1627)

姚広孝　ようこうこう
14・15世紀, 中国, 明初の政治家, 僧侶。字, 斯道。僧名, 道衍。諡, 恭靖。1399年, 燕王（永楽帝）に靖難の役を起こさせ王を帝位につけた。
⇒外国　（道衍　どうえん　1335-1418)
　角世　（姚広孝　ようこうこう　1335-1418)
　国小　（姚広孝　ようこうこう　1335（至元1)-1418（永楽16))
　コン2　（姚広孝　ようこうこう　1335-1418)
　コン3　（姚広孝　ようこうこう　1335-1418)
　大百　（道衍　どうえん　1335-1418)
　中国　（姚広孝　ようこうこう　1335-1418)

百科（姚広孝　ようこうこう　1335-1418）
評世（姚広孝　ようこうこう　1335-1418）

楊宏勝　ようこうしょう
19・20世紀，中国の新軍兵士，文学社社員。
⇒近中（楊宏勝　ようこうしょう　1886-1911.10.10）

葉公超　ようこうちょう
20世紀，中国，国民党政府の外交官。広東出身。1948年ビルマ特派大使。閻錫山行政院長の時，外交部長。台湾に移ってから，行政院政務委員。
⇒現人（葉公超　ようこうちょう〈イエコンチャオ〉1904-）
世東（葉公超　ようこうちょう　1904-）
中人（葉公超　ようこうちょう　1904-1981.11.20）

楊行密　ようこうみつ
9・10世紀，中国，五代十国・呉の始祖（在位892～905）。唐末に群盗から身を起して戦功をたて，902年呉王に封ぜられた。
⇒角世（楊行密　ようこうみつ　852-905）
皇帝（楊行密　ようこうみつ　852-905）
国小（楊行密　ようこうみつ　852（大中6）-905（天祐2.11））
コン2（楊行密　ようこうみつ　852-905）
コン3（楊行密　ようこうみつ　852-905）
中皇（太祖　852-905）
中国（楊行密　ようこうみつ　852-905）
中史（楊行密　ようこうみつ　852-905）
評世（楊行密　ようこうみつ　852-905）

揚国大長公主　ようこくだいちょうこうしゅ*
11世紀，中国，北宋，太宗（趙光義）の娘。
⇒中皇（揚国大長公主　?-1033）

楊国忠　ようこくちゅう
8世紀，中国，唐中期の権勢家。蒲州永楽の出身。本名は釗。楊貴妃の親戚として登用され，752年宰相に叙された。
⇒旺世（楊国忠　ようこくちゅう　?-756）
角世（楊国忠　ようこくちゅう　?-756）
広辞6（楊国忠　ようこくちゅう　?-756）
国小（楊国忠　ようこくちゅう　?-756（天宝15））
コン2（楊国忠　ようこくちゅう　?-756）
コン3（楊国忠　ようこくちゅう　?-756）
人物（楊国忠　ようこくちゅう　?-756.6）
世人（楊国忠　ようこくちゅう　?-756）
世東（楊国忠　ようこくちゅう　?-756）
全書（楊国忠　ようこくちゅう　?-756）
大百（楊国忠　ようこくちゅう　?-756）
中国（楊国忠　ようこくちゅう　?-756）
中史（楊国忠　ようこくちゅう　?-756）
デス（楊国忠　ようこくちゅう　?-756）
百科（楊国忠　ようこくちゅう　?-756）
評世（楊国忠　ようこくちゅう　?-756）
山世（楊国忠　ようこくちゅう　?-756）
歴史（楊国忠　ようこくちゅう　?-756（天宝15））

楊虎城　ようこじょう
19・20世紀，中国の軍人。陝西省出身。土匪出身。張学良とともに西北反日同盟を作り，蒋介石を幽閉，西安事件を起こした。
⇒旺世（楊虎城　ようこじょう　1883-1949）
外国（楊虎城　ようこじょう　1883-1945）
角世（楊虎城　ようこじょう　1893-1949）
近中（楊虎城　ようこじょう　1893.11.26-1949.9.17）
コン3（楊虎城　ようこじょう　1893-1949）
世人（楊虎城　ようこじょう　1883/92-1949）
世東（楊虎城　ようこじょう　1883-1949）
世百新（楊虎城　ようこじょう　1893-1949）
大辞2（楊虎城　ようこじょう　1883-1949）
大辞3（楊虎城　ようこじょう　1883-1949）
中人（楊虎城　ようこじょう　1893-1949）
百科（楊虎城　ようこじょう　1893-1949）

楊済　ようさい
⇒楊済（ようせい）

楊済　ようさい
8世紀頃，中国，唐の遣吐蕃修好使。
⇒シル（楊済　ようさい　8世紀頃）
シル新（楊済　ようさい）

楊梓　ようし
13・14世紀，中国，元の政治家，文人。成宗の大徳（1297-1307）前後に在世。音律・雑劇に通じた。
⇒中芸（楊梓　ようし　生没年不詳）

楊之華　ようしか
20世紀，中国共産党の指導者，婦女工作の専門家。
⇒近中（楊之華　ようしか　1900-1973.10.20）

楊士奇　ようしき
14・15世紀，中国，明の政治家。泰和（江西省）出身。名，寓。字，士奇，僑仲。号，東里先生。謚，文貞。三楊の一人。
⇒外国（楊士奇　ようしき　1365-1444）
角世（楊士奇　ようしき　1365-1444）
国小（楊士奇　ようしき　1365（至正25）-1444（正統9））
コン2（楊士奇　ようしき　1365-1444）
コン3（楊士奇　ようしき　1365-1444）
詩歌（楊士奇　ようしき　1365（至正25）-1444（正統9））
集文（楊士奇　ようしき　1365（至正25）-1444（正統9））
新美（楊士奇　ようしき　1365（元・至正25）-1444（明・正統9））
世東（楊士奇　ようしき　1365-1444）
中国（楊士奇　ようしき　1365-1444）
中史（楊士奇　ようしき　1365-1444）
百科（楊士奇　ようしき　1365-1444）

楊嗣昌　ようししょう
16・17世紀，中国，明末の大臣。
⇒中史（楊嗣昌　ようししょう　1588-1641）

政治・外交・軍事篇

ようし

楊志驤　ようしじょう
19・20世紀, 中国の官僚。
⇒近中（楊志驤　ようしじょう　1860–1909.6.27）

楊秋　ようしゅう
3世紀頃, 中国, 三国時代, 西涼の太守韓遂配下の大将。
⇒三国（楊秋　ようしゅう）
　三全（楊秋　ようしゅう　生没年不詳）

楊醜　ようしゅう
2世紀, 中国, 三国時代, 張楊の部将。
⇒三国（楊醜　ようしゅう）
　三全（楊醜　ようしゅう　?–199）

楊秀清　ようしゅうせい
19世紀, 中国, 清末の太平天国の指導者の一人。広西省桂平県の客家の出身。1851年の太平天国建国の際, 東王に封ぜられ, 天王洪秀全に次ぐ地位を得た。
⇒外国（楊秀清　ようしゅうせい　1805/-22–1856）
　国小（楊秀清　ようしゅうせい　?–1856（咸豊6））
　コン2（楊秀清　ようしゅうせい　1820–1854）
　コン3（楊秀清　ようしゅうせい　1820–1856）
　人物（楊秀清　ようしゅうせい　?–1856）
　世東（楊秀清　ようしゅうせい　1810–1856.8）
　百科（楊秀清　ようしゅうせい　1820頃–1856）
　評世（楊秀清　ようしゅうせい　?–1856）

幼主恒　ようしゅこう*
6世紀, 中国, 南北朝・北斉の皇帝（在位577）。
⇒中皇（幼主恒　570–577）
　統治（幼主　Yu Chu　（在位）577）

楊樹荘　ようじゅそう
19・20世紀, 中国の国民党指導者, 海軍軍人。
⇒近中（楊樹荘　ようじゅそう　1882.5.11–1934.1.10）

楊春甫　ようしゅんぽ
20世紀, 中国の政治家。中共遼寧省委会書記処書記を経て, 1968年遼寧省革委会成立で副主任。69年4月9期中央委。
⇒世東（楊春甫　ようしゅんぽ　?–）
　中人（楊春甫　ようしゅんぽ　?–）

楊松　ようしょう
2・3世紀, 中国, 三国時代, 漢中の張魯の幕僚。
⇒三国（楊松　ようしょう）
　三全（楊松　ようしょう　?–214）

楊鐘　ようしょう
20世紀, 中国林業相, 中国国務院農村発展研究センター組長。
⇒中人（楊鐘　ようしょう　1932–）

楊尚奎　ようしょうけい
20世紀, 中国共産党の指導者。
⇒近中（楊尚奎　ようしょうけい　1905.10.24–1986.7.7）

楊承慶　ようしょうけい
8世紀頃, 渤海から来日した使節。
⇒シル（楊承慶　ようしょうけい　8世紀頃）
　シル新（楊承慶　ようしょうけい）
　日人（楊承慶　ようしょうけい　生没年不詳）

楊尚昆　ようしょうこん
20世紀, 中国の政治家。四川省出身。1955年来党中央弁公庁主任・中央秘書長などを歴任。党中枢で活躍したが文化大革命で失脚。80年全人代常務委秘書長, 83年党政治局員。のち中華人民共和国国家主席。
⇒岩ケ（楊尚昆　ようしょうこん　1907–）
　近中（楊尚昆　ようしょうこん　1907–）
　現人（楊尚昆　ようしょうこん〈ヤンシャンクン〉1907–）
　広辞5（楊尚昆　ようしょうこん　1907–）
　広辞6（楊尚昆　ようしょうこん　1907–1998）
　コン3（楊尚昆　ようしょうこん　1907–1998）
　世人（楊尚昆　ようしょうこん　1907–1998）
　世政（楊尚昆　ようしょうこん　1907.5–1998.9.14）
　世東（楊尚昆　ようしょうこん　1907–）
　大辞2（楊尚昆　ようしょうこん　1907–）
　大辞3（楊尚昆　ようしょうこん　1907–1998）
　中人（楊尚昆　ようしょうこん　1907.5–）
　ナビ（楊尚昆　ようしょうこん　1907–）

葉翔之　ようしょうし
20世紀, 中国の政治家。上海に生れる。1965年国防部情報局局長就任。中央国民党第二組主任（大陸工作）, 中国国民党中央委員。
⇒世東（葉翔之　ようしょうし　1912–）
　中人（葉翔之　ようしょうし　1912–）

楊庶堪　ようしょかん
⇨楊庶堪（ようしょたん）

楊汝岱（楊汝袋）　ようじょたい
20世紀, 中国の政治家。中国人民政治協商会議全国委員会（全国政協）副主席, 中国共産党四川省委書記。
⇒世政（楊汝岱　ようじょたい　1926.12–）
　世東（楊汝袋　ようじょたい　1926.12–）
　中人（楊汝岱　ようじょたい　1926.12–）

楊庶堪　ようしょたん
19・20世紀, 中国の政治家。四川省出身。四川省の中国革命同盟会の中心メンバーとして辛亥革命の組織活動に従事。1913年四川民政総庁長。31年国民政府委員。
⇒近中（楊庶堪　ようしょかん　1881.12.9–1942.8.6）
　コン3（楊庶堪　ようしょたん　1881–1942）
　中人（楊庶堪　ようしょたん　1881–1942）

ようし

姚思廉　ようしれん
6・7世紀, 中国, 唐の政治家。名は簡, 諡は康, 思廉は字。梁・陳の2史を編纂, 完成。
⇒コン2　(姚思廉　ようしれん　557-637)
　コン3　(姚思廉　ようしれん　557-637)
　世東　(姚思廉　ようしれん　?-637)
　中芸　(姚思廉　ようしれん　?-637)

楊信　ようしん
前2世紀頃, 中国, 前漢の遣匈奴使。
⇒シル　(楊信　ようしん　前2世紀頃)
　シル新　(楊信　ようしん)

楊森　ようしん
19・20世紀, 中国の軍閥。字は子恵。四川省万県出身。初め呉佩孚の指揮下で, のち革命軍に投じた。1948年重慶市長。
⇒外国　(楊森　ようしん　1889-)
　近中　(楊森　ようしん　1884.2.20-1977.5.15)
　中人　(楊森　ようしん　1884-1977)

楊震　ようしん
2世紀, 中国, 後漢の儒者, 政治家。関西孔子ともいわれた。
⇒世東　(楊震　ようしん　?-124)

楊任　ようじん
3世紀, 中国, 三国時代, 漢中の張魯配下の将。
⇒三国　(楊任　ようじん)
　三全　(楊任　ようじん　?-215)

楊振懐　ようしんかい
20世紀, 中国水利相, 高級技師, 中国共産党中央委員候補。
⇒中人　(楊振懐　ようしんかい　1928-)

楊深秀　ようしんしゅう
19世紀, 中国, 清末期の変法派の政治家。本名は毓秀。戊戌六君子の一人。山西省出身。
⇒コン2　(楊深秀　ようしんしゅう　1849-1898)
　コン3　(楊深秀　ようしんしゅう　1849-1898)

葉水心　ようすいしん
⇨葉適(ようてき)

姚崇　ようすう
7・8世紀, 中国, 唐の名相。本名は元崇。字は元之。「開元の治」をもたらした功臣とされる。
⇒外国　(姚崇　ようすう　650-721)
　角世　(姚崇　ようすう　650-721)
　国小　(姚崇　ようすう　650(永徽1)-721(開元9.3))
　コン2　(姚崇　ようすう　650-721)
　コン3　(姚崇　ようすう　650-721)
　人物　(姚崇　ようすう　650-721)
　世東　(姚崇　ようすう　650-721)
　世百　(姚崇　ようすう　650-721)
　全書　(姚崇　ようすう　650-721)
　大百　(姚崇　ようすう　650-721)
　中史　(姚崇　ようすう　650-721)
　百科　(姚崇　ようすう　650-721)
　評世　(姚崇　ようすう　650-721)

姚枢　ようすう
13世紀, 中国, 元の学者, 政治家。字は公茂, 諡は文献公。太宗・世祖に仕え, 燕京行台郎中・中書左丞などを歴任。
⇒外国　(姚枢　ようすう　1213-1280)
　コン2　(姚枢　ようすう　1203-1280)
　コン3　(姚枢　ようすう　1201-1280)
　中芸　(姚枢　ようすう　生没年不詳)

楊崇伊　ようすうい
20世紀, 中国の官僚。
⇒近中　(楊崇伊　ようすうい　生没年不詳)

楊済　ようせい
3世紀, 中国, 東晋の冠軍将軍。
⇒三国　(楊済　ようさい)
　三全　(楊済　ようせい　?-291)

葉青　ようせい
20世紀, 中国の思想家。本名は任卓宣。中国共産党の初期の指導者だったが, 後に国民党に転向。反共理論家として活躍, 台湾に渡る。
⇒外国　(葉青　ようせい　1899-)
　近中　(葉青　ようせい　1896.4.4-1990.1.29)
　国小　(葉青　ようせい　1896(光緒22)-)
　世百　(葉青　ようせい　1896-)
　中芸　(葉青　しょうせい　1899-)
　中人　(葉青　ようせい　1896.4.4-)

楊靖宇　ようせいう
20世紀, 中国, 東北抗日連軍指導者。本名は馬尚徳, 別名は馬順清。河南省出身。吉林省で紅軍第32軍を創設, 抗日連軍成立に伴い第1軍軍長となる。
⇒近中　(楊靖宇　ようせいう　1905.2.13-1940.2.23)
　コン3　(楊靖宇　ようせいう　1905-1940)
　大辞3　(楊靖宇　ようせいう　1905-1940)
　中人　(楊靖宇　ようせいう　1905-1940)

楊成規　ようせいき
9世紀頃, 渤海から来日した使節。
⇒シル　(楊成規　ようせいき　9世紀頃)
　シル新　(楊成規　ようせいき)

楊西崑　ようせいこん
20世紀, 台湾の外交官。中国江蘇省の生れ。1959～63年外務省西アジア局長をつとめ, 外務次官に就任。東西アフリカ諸国と台湾との関係強化に努めた。
⇒現人　(楊西崑　ようせいこん〈ヤンシークン〉　1912.12.18-)
　中人　(楊西崑　ようせいこん　1912.12.18-)

雍正帝　ようせいてい, ようぜいてい
17・18世紀, 中国, 清朝の第5代皇帝(在位1723

～35)。姓, 愛新覚羅。名, 胤禛。諡, 憲皇帝。廟号, 世宗。康熙帝の第4子。
⇒旺世 （雍正帝　ようせいてい　1678-1735)
　外国 （雍正帝　ようせいてい　1678-1735)
　角世 （雍正帝　ようせいてい　1678-1735)
　広辞4 （雍正帝　ようせいてい　1678-1735)
　広辞6 （雍正帝　ようせいてい　1678-1735)
　皇帝 （雍正帝　ようせいてい　1678-1735)
　国小 （雍正帝　ようせいてい　1678(康熙13) - 1735(雍正13))
　コン2 （雍正帝　ようせいてい　1678-1735)
　コン3 （雍正帝　ようせいてい　1678-1735)
　人物 （雍正帝　ようせいてい　1678-1735)
　世人 （雍正帝　ようせいてい　1678-1735)
　世東 （雍正帝　ようせいてい　1678-1735)
　世百 （雍正帝　ようせいてい　1678-1735)
　全書 （雍正帝　ようせいてい　1678-1735)
　大辞 （雍正帝　ようせいてい　1678-1735)
　大辞3 （雍正帝　ようせいてい　1678-1735)
　大百 （雍正帝　ようせいてい　1678-1735)
　中皇 （世宗(雍正帝)　1678-1735)
　中国 （雍正帝　ようせいてい　1678-1735)
　中史 （雍正帝　ようせいてい　1678-1735)
　デス （雍正帝　ようせいてい　1678-1735)
　伝治 （雍正帝　ようせいてい　1678-1735)
　統治 （雍正帝(世宗)　Yung Chêng [Shih Tsung] (在位)1722-1735)
　百科 （雍正帝　ようせいてい　1678-1735)
　評世 （雍正帝　ようせいてい　1678-1735)
　名著 （雍正帝　ようせいてい　1678-1735)
　山世 （雍正帝　ようせいてい　1678-1735)

葉聖陶　ようせいとう
20世紀, 中国の作家。中国人民政治協商会議全国委員会(全国政協)副主席。
⇒児文 （葉聖陶　イエションタオ　1894-1988)
　中人 （葉聖陶　ようせいとう　1893-1988.2.16)

楊成武　ようせいぶ
20世紀, 中国の軍人。文化大革命の過程で毛・林体制の軍事面の中心人物として活動。
⇒近中 （楊成武　ようせいぶ　1914.10.8-)
　現人 （楊成武　ようせいぶ〈ヤンチョンウー〉1912-)
　国小 （楊成武　ようせいぶ　1912-)
　中人 （楊成武　ようせいぶ　1914.10.8-)

楊荐　ようせん
6世紀頃, 中国, 西魏の遣柔然使。
⇒シル （楊荐　ようせん　6世紀頃)
　シル新 （楊荐　ようせん)

楊銓　ようせん
20世紀, 中国の政治家。号は杏仏。江西省出身。対日政策で政府批判に転じ, 民権保障同盟を発起, 同総幹事。容共分子として暗殺された。
⇒コン3 （楊銓　ようせん　1892-1933)
　中人 （楊銓　ようせん　1893-1933)

楊仙逸　ようせんいつ
20世紀, 中国空軍の父。
⇒華人 （楊仙逸　ようせんいつ　1891-1923)

葉選平　ようせんぺい
20世紀, 中国の政治家。中国人民政治協商会議全国委員会(全国政協)副主席, 中国共産党中央委員, 広東省長。
⇒世政 （葉選平　ようせんぺい　1924.11-)
　世東 （葉選平　ようせんぺい　1924.11-)
　中人 （葉選平　ようせんぺい　1924.11-)

楊素　ようそ
6・7世紀, 中国, 隋の権臣。弘農華陰(陝西省渭南県)出身。字は処道。
⇒角世 （楊素　ようそ　?-606)
　国小 （楊素　ようそ　?-606(大業2.7.23))
　コン2 （楊素　ようそ　?-606)
　コン3 （楊素　ようそ　?-606)
　集世 （楊素　ようそ　?-606(大業2))
　集文 （楊素　ようそ　?-606(大業2))
　全書 （楊素　ようそ　?-606)
　大百 （楊素　ようそ　?-606)
　中国 （楊素　ようそ　?-606)
　中史 （楊素　ようそ　?-606)

楊増新　ようぞうしん
19・20世紀, 中国, 清末～中華民国初期の政治家。1912年新疆政権を継承し, 同年5月中華民国政府から新疆省長兼督軍として追認された。
⇒外国 （楊増新　ようぞうしん　?-1928)
　角世 （楊増新　ようぞうしん　1867-1928)
　国小 （楊増新　ようぞうしん　1859-1928.7.7)
　世百 （楊増新　ようぞうしん　1859-1928)
　中人 （楊増新　ようぞうしん　1867-1928.7.7)
　中ユ （楊増新　ようぞうしん　1864-1928)
　山世 （楊増新　ようぞうしん　1867-1928)

葉宗留　ようそうりゅう
15世紀, 中国, 明代の反乱指導者。浙江省慶元出身。1447(正統12)年福建の建寧府を襲い, 浙江省の処州府など各地に転戦。
⇒外国 （葉宗留　ようそうりゅう　?-1448)

葉楚傖　ようそそう
19・20世紀, 中国のジャーナリスト, 政治家。江蘇省出身。1926年以後蒋介石派として活躍。35年立法院副院長, 36年国民党中央執行委員会秘書長等を歴任。
⇒近中 （葉楚傖　ようそそう　1887.10.12-1946.2.15)
　コン3 （葉楚傖　ようそそう　1883-1946)
　中人 （葉楚傖　ようそそう　1886-1946)

煬帝　ようだい
6・7世紀, 中国, 隋朝の第2代皇帝(在位604～618)。本名, 楊広。高祖楊堅の第2子。亡国の君主, 悪帝として著名。
⇒逸話 （煬帝　ようだい　569-618)
　岩ケ （煬帝　ようだい　569-618)
　旺世 （煬帝　ようだい　569-618)
　外国 （煬帝　ようだい　580-618)
　角世 （煬帝　ようだい　569-618)
　広辞4 （煬帝　ようだい　569-618)
　広辞6 （煬帝　ようだい　569-618)

ようた

皇帝（煬帝　ようだい　569-618）
国史（煬帝　ようだい　569-618）
国小（煬帝　ようだい　569（天和4）-618（義寧2.3.11））
国百（煬帝　ようだい　569-618.3）
コン2（煬帝　ようだい　569-618）
コン3（煬帝　ようだい　569-618）
詩歌（煬帝　ようだい　580（大政大象2）-618（義寧2））
集文（楊広　ようこう　569（天和4）-618（大業14））
人物（煬帝　ようだい）
世人（煬帝　ようだい，ようてい　569-618）
世東（煬帝　ようだい　580-618）
世百（煬帝　ようだい　569-618）
全書（煬帝　ようだい　569-618）
対外（煬帝　ようだい　569-618）
大辞（煬帝　ようだい　569-618）
大辞3（煬帝　ようだい　569-618）
大百（煬帝　ようだい　569-618）
中皇（煬帝　569-618）
中芸（随煬帝　ずいのようだい　569-618）
中国（煬帝　ようだい　569-618）
中史（煬帝　ようだい　569-618）
デス（煬帝　ようだい　569-618）
伝記（煬帝　ようだい　569-618）
統治（煬帝　Yang Ti　（在位）604-617）
日人（煬帝　ようだい　569-618）
百科（煬帝　ようだい　569-618）
評世（煬帝　ようだい　569-618）
山世（煬帝　ようだい　569-618）
歴史（煬帝　ようだい）

楊泰師　ようたいし
8世紀頃，渤海から来日した使節。
⇒シル（楊泰師　ようたいし　8世紀頃）
シル新（楊泰師　ようたいし）
日人（楊泰師　ようたいし　生没年不詳）

楊大将　ようたいしょう
3世紀頃，中国，三国時代，袁術の幕僚。長史。
⇒三国（楊大将　ようたいしょう）

楊泰芳　ようたいほう
20世紀，中国の高級技師。中国郵電相，共産党中央委員。
⇒中人（楊泰芳　ようたいほう　1927-）

楊度　ようたく
19・20世紀，中国の政治家。字は皙子。湖南省出身。袁世凱内閣に列し，清帝の退位，袁世凱の大総統就任などを画策。『君憲救国論』を発表し，袁の帝制促進をはかった。
⇒コン2（楊度　ようたく　1874-1931）
コン3（楊度　ようたく　1874-1931）
世東（楊度　ようど　1875-1932）
中人（楊度　ようたく　1874-1931）

葉昼　ようちゅう
中国，南宋の政治家，文学者。温州永嘉（浙江省）出身。字，正則。号，水心。主著『習学記言』（50巻）。

⇒中史（葉昼　ようちゅう　生没年不詳）

楊中遠　ようちゅうえん
9世紀頃，渤海から来日した使節。
⇒シル（楊中遠　ようちゅうえん　9世紀頃）
シル新（楊中遠　ようちゅうえん）

姚萇　ようちょう
4世紀，中国，五胡十六国・後秦の初代皇帝（在位384～393）。字は景茂。廟号は太祖。大単于万年秦王と称し，国を大秦と号した。
⇒外国（姚萇　ようちょう　?-393）
角世（姚萇　ようちょう　330-393）
国小（姚萇　ようちょう　330（東晋，咸和5）-393（建初8））
コン2（姚萇　ようちょう　330-393）
コン3（姚萇　ようちょう　330-393）
人物（姚萇　ようちょう　330-393）
世東（姚萇　ようちょう　?-393）
中皇（太祖　330-393）
中国（姚萇　ようちょう　330-393）
中史（姚萇　ようちょう　330-393）
評世（姚萇　ようちょう　330-393）

楊潮観　ようちょうかん
18世紀，中国，清代の政治家，雑劇作家。字は宏度。
⇒中芸（楊潮観　ようちょうかん　生没年不詳）

葉挺　ようてい
20世紀，中国共産党の軍人。蔣介石の反共クーデターに対抗して，1927年8月1日賀龍らと南昌暴動を起し中国紅軍を誕生させた。41年皖南事件の際捕えられ，5年間抑留された。
⇒外国（葉挺　ようてい　?-1946）
近中（葉挺　ようてい　1896.9.10-1946.4.8）
広辞5（葉挺　ようてい　1896-1946）
広辞6（葉挺　ようてい　1896-1946）
国小（葉挺　ようてい　1896-1946.4.8）
コン3（葉挺　ようてい　1896-1946）
人物（葉挺　ようてい　1896-1946）
世東（葉挺　ようてい　1896-1946.4.8）
世百（葉挺　ようてい　1896-1946）
世百新（葉挺　ようてい　1896-1946）
全書（葉挺　ようてい　1896-1946）
中人（葉挺　ようてい　1896-1946.4.8）
百科（葉挺　ようてい　1896-1946）
評世（葉挺　しょうてい　1896-1946）
山世（葉挺　ようてい　1896-1946）
歴史（葉挺　しょうてい　1896?-1946）

楊定奇　ようてき
9世紀頃，中国西南部，南詔の遣唐使。
⇒シル（楊定奇　ようてき　9世紀頃）
シル新（楊定奇　ようてき）

楊廷奇　ようてき
9世紀頃，中国西南部，南詔の遣唐使。
⇒シル（楊廷奇　ようてき　9世紀頃）
シル新（楊廷奇　ようてき）

楊廷和　ようていわ
15・16世紀, 中国, 明中期の政治家。字は介夫, 諡は文忠。新都県(四川省)出身。
⇒コン2　(楊廷和　ようていわ　1459–1529)
　コン3　(楊廷和　ようていわ　1459–1529)

葉適　ようてき
12・13世紀, 中国, 南宋の政治家, 文学者。温州永嘉(浙江省)出身。字, 正則。号, 水心。主著『習学記言』(50巻)。
⇒外国　(葉水心　ようすいしん　1150–1223)
　角世　(葉適　ようてき　1150–1223)
　教育　(葉水心　ようすいしん　1150–1223)
　国小　(葉適　ようてき　1150(紹興20)–1223(嘉定16))
　コン2　(葉適　ようてき　1150–1223)
　コン3　(葉適　ようてき　1150–1223)
　人物　(葉適　ようてき　1150–1223)
　世東　(葉適　ようてき　1150–1223)
　世百　(葉適　ようてき　1150–1223)
　全書　(葉適　しょうてき　1150–1223)
　大百　(葉適　しょうてき　1150–1223)
　中芸　(葉適　しょうてき　1150–1223)
　中国　(葉適　しょうてき　1150–1223)
　中史　(葉適　しょうてき　1150–1223)
　デス　(葉適　ようてき　1150–1223)
　百科　(葉適　しょうてき　1150–1223)

楊度　ようど
⇨楊度(ようたく)

姚登山　ようとうさん
20世紀, 中国の外交官。外務省革命造反派の指導者となり, 1967年8月の北京駐在イギリス代理大使事務所焼き打ち事件を指揮したといわれる。71年極左派として追放される。
⇒現人　(姚登山　ようとうさん〈ヤオトンシャン〉?–)
　中人　(姚登山　ようとうさん　?–)

楊得志　ようとくし
20世紀, 中国の軍人。湖南省西豊陵県出身。1927年9月毛沢東と湖南の「秋収暴動」に参加。朝鮮戦争「志願軍」第2副司令員。69年4月9期中央委, 80年中国軍総参謀長, 書記。
⇒近中　(楊得志　ようとくし　1911.1.3–1994.10.25)
　コン3　(楊得志　ようとくし　1911–1994)
　世東　(楊得志　ようとくし　1910–)
　中人　(楊得志　ようとくし　1911.1.3–)

楊篤生　ようとくせい
19・20世紀, 中国の革命家。
⇒近中　(楊篤生　ようとくせい　1872–1911.8.6)

呂運亨　ヨウニョン
19・20世紀, 朝鮮の独立運動家, 政治家。上海で在中国朝鮮人の革新的民族運動を行う。1945年9月, 朝鮮人民共和国(左翼の政治組織)をつくり, 副首席になる。
⇒外国　(呂運亨　りょうんこう　1886–1947)
　角世　(呂運亨　ろうんきょう　1886–1947)
　キリ　(呂運亨　ヨウンヒョン　1885–1947.7.19)
　現人　(呂運亨　ヨウニョン　1885–1947.7.19)
　コン3　(呂運亨　りょうんこう　1885–1947)
　人物　(呂運亨　ヨウンヒョン　1886–1947)
　世政　(呂運亨　ヨウニョン　1885–1947.7.19)
　世東　(呂運亨　りょうんこう　1886–1947.7)
　世百　(呂運亨　りょうんこう　1886–1947)
　世百新　(呂運亨　りょうんこう　1886–1947)
　全書　(呂運亨　りょうんこう　1886–1947)
　朝人　(呂運亨　ろうんきょう　1885–1947)
　朝鮮　(呂運亨　りょうんこう　1886–1947)
　日人　(呂運亨　ヨウンヒョン　1886–1947)
　百科　(呂運亨　りょうんこう　1885–1947)
　評世　(呂運亨　りょうんこう　1886–1947)

楊波　ようは
20世紀, 中国の政治家。較工業相, 全国人民代表大会常務委員会委員。
⇒中人　(楊波　ようは　1920–)

楊柏(楊伯)　ようはく
3世紀, 中国, 三国時代, 漢中の張魯配下の大将。
⇒三国　(楊柏　ようはく)
　三全　(楊伯　ようはく　?–214)

楊白冰　ようはくひょう
20世紀, 中国の政治家, 軍人。人民解放軍総政治部主任, 共産党中央政治局委員, 中国中央軍事委秘書長。
⇒世政　(楊白冰　ようはくひょう　1920.9–)
　世東　(楊白冰　ようはくひょう　1920.9–)
　中人　(楊白冰　ようはくひょう　1920.9–)

楊鎮龍武　ようばくりゅうぶ
9世紀頃, 中国西南部, 南詔の遣唐使。
⇒シル　(楊鎮龍武　ようばくりゅうぶ　9世紀頃)
　シル新　(楊鎮龍武　ようばくりゅうぶ)

葉飛　ようひ
20世紀, 中国の軍人, 政治家。全国人民代表大会常務委員会副委員長, 中華全国帰国華僑連合会名誉主席。
⇒近中　(葉飛　ようひ　1914.5–)
　世政　(葉飛　ようひ　1914.5.7–1999.4.18)
　世東　(葉飛　ようひ　1914.5–)
　中人　(葉飛　ようひ　1914–)

楊阜　ようふ
3世紀頃, 中国, 三国時代, 涼州の参軍。字は義山。
⇒三国　(楊阜　ようふ)
　三全　(楊阜　ようふ　生没年不詳)

楊溥　ようふ
14・15世紀, 中国, 明の政治家。湖北省石首県出身。字, 弘済。楊士奇, 楊栄と並んで三楊と称された。
⇒外国　(楊溥　ようふ　1372–1446)

ようふ

　　国小（楊溥　ようふ　1372（洪武5）-1446（正統11））
　　コン2（楊溥　ようふ　1372-1446）
　　コン3（楊溥　ようふ　1372-1446）
　　中芸（楊溥　ようふ　1372-1446）
　　中史（楊溥　ようふ　1372-1446）

楊富珍　ようふちん
　20世紀、中国の政治家。1959年3月2期全人大会上海市代表。65年6月中国人民保衛世界和平委会委、67年上海活学活用毛主席著作積極分子、69年4月9期中央委。
　⇒世東（楊富珍　ようふちん　?-）
　　中人（楊富珍　ようふちん　?-）

姚文元　ようぶんげん
　20世紀、中国の文芸評論家、文革の理論的指導者。1965年文化大革命の口火を切った論文「新編歴史劇『海瑞罷官』を評す」を発表して一躍有名になった。69年党政治局員。76年「四人組」の一人として失脚、81年裁判で懲役20年判決。
　⇒現人（姚文元　ようぶんげん〈ヤオウェンユアン〉1931-）
　　国小（姚文元　ようぶんげん　1931-）
　　コン3（姚文元　ようぶんげん　1931-）
　　集世（姚文元　ようぶんげん　1931-）
　　集文（姚文元　ようぶんげん　1931-）
　　世界（姚文元　ようぶんげん　1931-2005.12.23）
　　世東（姚文元　ようぶんげん　1926-）
　　全書（姚文元　ようぶんげん　1931-）
　　中人（姚文元　ようぶんげん　1931-）
　　歴史（姚文元　ようぶんげん　1931-）

楊文広　ようぶんこう
　11世紀、中国、北宋の名将。
　⇒中史（楊文広　ようぶんこう　?-1074）

葉文福　ようぶんふく
　20世紀、中国の軍人、詩人。
　⇒集文（葉文福　ようぶんふく　1944.4.24-）

楊炳南　ようへいなん
　19世紀、中国の挙人（1839）。字は秋衡。主著『海録』。
　⇒名著（楊炳南　ようへいなん　生没年不詳）

楊奉　ようほう
　2世紀、中国、後漢の騎都尉。
　⇒三国（楊奉　ようほう）
　　三全（楊奉　ようほう　?-197）

楊芳　ようほう
　18・19世紀、中国、清後期の武将。字は誠村、諡は勇殼。貴州省出身。
　⇒コン2（楊芳　ようほう　1770-1846）
　　コン3（楊芳　ようほう　1770-1846）

楊鋒　ようほう
　3世紀頃、中国、三国時代、南蛮の銀冶洞二十一洞の主。
　⇒三国（楊鋒　ようほう）
　　三全（楊鋒　ようほう　生没年不詳）

楊鮑安　ようほうあん
　20世紀、中国共産党の指導者。
　⇒近中（楊鮑安　ようほうあん　1896.11.6-1931.8）

葉夢得　ようほうとく
　11・12世紀、中国、北宋末南宋初の政治家、文学者。蘇州呉県（江蘇省）出身。字、少蘊。号、石林。主著『石林詩話』『石林燕語』など。
　⇒外国（葉夢得　ようほうとく　1077-1148）
　　国小（葉夢得　しょうほうとく　1077（熙寧10）-1148（紹興18））
　　コン2（葉夢得　ようむとく　1077-1148）
　　コン3（葉夢得　ようむとく　1077-1148）
　　集世（葉夢得　ようほうとく　1077（熙寧10）-1148（紹興18））
　　集文（葉夢得　ようほうとく　1077（熙寧10）-1148（紹興18））
　　中芸（葉夢得　しょうむとく　1077-1148）
　　中史（葉夢得　ようむとく　1077-1148）
　　百科（葉夢得　しょうほうとく　1077-1148）

楊僕　ようぼく
　前2世紀、中国、前漢の武将。河南出身。渤海へ渡り、のち朝鮮王右渠を撃ったが敗れた。
　⇒世東（楊僕　ようぼく　前2世紀後半頃）

楊密　ようみつ
　中国、後漢の中郎将。
　⇒三国（楊密　ようみつ）
　　三全（楊密　ようみつ　生没年不詳）

葉夢得　ようむとく
　⇨葉夢得（ようほうとく）

楊明軒　ようめいけん
　20世紀、中国の政治家。陝西省出身。1963年民主同盟中央委員会主席、65年人民代表大会常務委員会副委員。
　⇒コン3（楊明軒　ようめいけん　1891-1967）
　　中人（楊明軒　ようめいけん　1891-1967）

楊明斎　ようめいさい
　19・20世紀、中国共産党の指導者、ロシア語通訳。
　⇒華人（楊明斎　ようめいさい　1882-1931）
　　近中（楊明斎　ようめいさい　1882-1931）

葉名琛　ようめいしん
　19世紀、中国、清末期の官僚。字は昆臣。湖北省出身。両広総督となり、広東の民衆運動を弾圧。
　⇒外国（葉名琛　ようめいちん　1807-1859）
　　角世（葉名琛　ようめいしん　1807-1859）
　　コン2（葉名琛　ようめいしん　1807-1859）
　　コン3（葉名琛　ようめいしん　1807-1859）

政治・外交・軍事篇　　　　　　　　　　463　　　　　　　　　　よしよ

人物（葉名琛　ようめいしん　1807–1859）
世東（葉名琛　ようめいしん　?–1859）
世百（葉名琛　ようめいしん　1807–1859）

葉名琛　ようめいちん
⇨葉名琛（ようめいしん）

葉茂才　ようもさい
16・17世紀, 中国, 明末期の官僚。字は参之, 号は園適。東林八君子の一人。江蘇省出身。南京工部右侍郎などを歴任。
⇨コン2（葉茂才　ようもさい　1559–1631）
　コン3（葉茂才　ようもさい　1558–1629）

楊勇　ようゆう
6・7世紀, 中国, 隋の皇族。字は睍地伐。高祖（文帝）の長子。弟楊広（煬帝）により皇太子を廃され, 殺された。
⇨コン2（楊勇　ようゆう　?–604）
　コン3（楊勇　ようゆう　?–604）
　中皇（房陵王楊勇　?–604）

楊勇　ようゆう
20世紀, 中国の軍人。湖南省生れ。日中戦争では八路軍115師連隊政治委員, 旅団長などを歴任。文化大革命中批判を受けたが, 1972年復活。73年8月党中央委員, 党中央書記局書記, 軍副総参謀長。
⇨近中（楊勇　ようゆう　1912–1983.1.6）
　現人（楊勇　ようゆう〈ヤンヨン〉　1908–）
　中人（楊勇　ようゆう　1912–1983.1.6）

要離　ようり
中国, 春秋時代の刺客。
⇨三国（要離　ようり）

楊立功　ようりつこう
20世紀, 中国の農業機械相, 全国人民代表大会常務委員会委員。
⇨中人（楊立功　ようりつこう　1919–）

楊齢　ようれい
3世紀, 中国, 三国時代, 韓玄の部将。
⇨三国（楊齢　ようれい）
　三全（楊齢　ようれい　?–208）

楊漣　ようれん
16・17世紀, 中国, 明末の政治家。応山（湖北省）出身。字, 文孺。号は大洪。諡を忠烈。東林党の中心的人物。
⇨国小（楊漣　ようれん　1572（隆慶6）–1625（天啓5））
　コン2（楊漣　ようれん　1572–1625）
　コン3（楊漣　ようれん　1572–1625）
　中史（楊漣　ようれん　1572–1625）

呂運亨　ヨウンヒョン
⇨呂運亨（ヨウニョン）

余漢謀　よかんぼう
20世紀, 中国の軍人。字は握奇。広東省高要出身。陳済棠のもとで累進して1936年国府第4路軍総司令, 内戦末期陸軍総司令。
⇨外国（余漢謀　よかんぼう　1896–）
　コン3（余漢謀　よかんぼう　1895–1981）
　中人（余漢謀　よかんぼう　1897–1981）

ヨー・ギムセン　Yeoh Ghim Seng
20世紀, シンガポールの政治家, 医師。
⇨華人（ヨー・ギムセン　1918–）

余宜受　よぎず
7世紀頃, 朝鮮, 百済から来日した使節。
⇨シル（余宜受　よぎず　7世紀頃）
　シル新（余宜受　よぎず）

余闕　よけつ
14世紀, 中国, 元の政治家。字は廷心・天心, 諡は忠宣。廬州・合肥（安徽省）出身。翰林文字・監察御史・淮南行省右丞などを歴任。
⇨コン2（余闕　よけつ　1303–1358）
　コン3（余闕　よけつ　1303–1358）

余子俊　よししゅん
15世紀, 中国, 明の政治家。青神（四川省）出身。字, 士英。諡, 粛敏。
⇨国小（余子俊　よししゅん　1429（宣徳4）–1489（弘治2））

余秋里　よしゅうり
20世紀, 中国の経済専門家, 政治家。山西省の生れ。1958年石油工業相に就任し, 大慶油田の建設を成功させ, 高く評価される。69年党中央委員, 75年副首相兼国家計画委員会主任。中国人民解放軍総政治部主任。
⇨近中（余秋里　よしゅうり　1914.10–）
　現人（余秋里　よしゅうり〈ユーチュウリー〉　1914–）
　世政（余秋里　よしゅうり　1914.10–1999.2.3）
　世東（余秋里　よしゅうり　1914–）
　中人（余秋里　よしゅうり　1914.10–）

予譲　よじょう
前5世紀, 中国, 戦国時代・晋の刺客。智伯に仕えた。智伯が趙襄子に滅ぼされ, 復讐しようとしたが失敗, 自刃。
⇨国小（予譲　よじょう　生没年不詳）
　コン2（予譲　よじょう　生没年不詳）
　コン3（予譲　よじょう　生没年不詳）
　三国（予譲　よじょう）
　人物（予譲　よじょう　生没年不詳）
　世東（予譲　よじょう）
　世百（予譲　よじょう　生没年不詳）
　全書（予譲　よじょう　生没年不詳）
　大百（予譲　よじょう　生没年不詳）
　百科（予譲　よじょう　?–前453）

予章王　よしょうおう*
6世紀, 中国, 梁の皇帝。在位551。姓名は蕭棟。
⇒統治（予章王　Yü-chang Wang　（在位）551）

予章王蕭嶷　よしょうおうしょうぎ*
5世紀, 中国, 南朝, 斉の高帝（蕭道成）の子。
⇒中皇（予章王蕭嶷　?-492）

余心清　よしんせい
20世紀, 中国の政治家。安徽省出身。1956年国民党革命委員会中央委員。全国人民代表大会第1・2・3期の代表。
⇒コン3（余心清　よしんせい　1899-1967）
　中人（余心清　よしんせい　1898-1965）

予成　よせい
5世紀, 中央アジア, 柔然国のカガン（在位450/64〜485）。受羅部真可汗と号した。吐賀真の子。
⇒国小（予成　よせい　?-485）

余清芳　よせいほう
19・20世紀, 台湾の抗日運動家。号は清風。台湾省出身。西来庵事件（第1次蜂起）・タパニー事件（第2次蜂起）の首謀者。
⇒近中（余清芳　よせいほう　1879.11.16-1915.9.23）
　コン2（余清芳　よせいほう　1879-1916）
　コン3（余清芳　よせいほう　1879-1916）
　中人（余清芳　よせいほう　1879-1915）

余奴　よど
5世紀頃, 朝鮮, 高句麗の遣南斉使。
⇒シル（余奴　よど　5世紀頃）
　シル新（余奴　よど）

余怒　よぬ
6世紀頃, 朝鮮, 百済から来日した使節。
⇒シル（余怒　よぬ　6世紀頃）
　シル新（余怒　よぬ）

余豊璋　よほうしょう
⇨豊璋王（ほうしょうおう）

余保純　よほじゅん
20世紀, 中国の官僚。
⇒近中（余保純　よほじゅん　生没年不詳）

呂燕九　ヨヨング
20世紀, 北朝鮮の最高人民会議常設会議副議長, 祖国統一民主主義戦線中央委員長, 共和国議会グループ委員副議長。父は呂運亨。1991年11月アジアの平和と女性の役割・ソウル大会に参加。
⇒韓国（呂燕九　ヨヨング　1927-）
　世女日（呂燕九　1927-1996）

余立金　よりつきん
20世紀, 中国の軍人。抗日戦争後新4軍軍部教導団政治処主任。1958年空軍中将。66年文革中は空軍内部の反毛派の一掃に努める。67年1月「全軍文革小組」組員。68年3月江青派に攻撃され, 逮捕される。
⇒世東（余立金　よりつきん　?-）
　中人（余立金　よりつきん　1913-1978）

英祖（李朝）　ヨンジョ
⇨英祖（李朝）（えいそ）

延亨黙　ヨンヒョンムク
20世紀, 北朝鮮の政治家。北朝鮮首相, 北朝鮮国防委員会副委員長, 朝鮮労働党政治局員候補。
⇒韓国（延亨黙　ヨンヒョンムク　1925-）
　世政（延亨黙　ヨンヒョンムク　1931.11.3-2005.10.22）
　世東（延亨黙　えんきょうもく　1922-）

勇龍桂　ヨンロンコエ
⇨勇龍桂（ゆうりゅうけい）

【ら】

雷経天　らいけいてん
20世紀, 中国共産党の指導者, 司法制度の育成者。
⇒近中（雷経天　らいけいてん　1904.5.24-1959.8.11）

頼際発　らいさいはつ
20世紀, 中国の政治家。1954年国務院重工業部副部長。59年3月2期全人大会四川省代表。69年4月9期中央委。
⇒世東（頼際発　らいさいはつ　?-）
　中人（頼際発　らいさいはつ　1910-1982）

頼若愚　らいじゃくぐ
20世紀, 中国共産党幹部。山西省出身。1951年山西省人民政府主席。以後, 総工会工作を担当。56年8全大会で中央委員に選ばれた。
⇒コン3（頼若愚　らいじゃくぐ　1910-1958）
　中人（頼若愚　らいじゃくぐ　1910-1958）

来俊臣　らいしゅんしん
7世紀, 中国, 唐の官吏。陝西出身。唐則天武后の時の典獄の酷吏。多くの人を処刑した。
⇒世東（来俊臣　らいしゅんしん　650頃-696）

雷叙　らいじょ
3世紀頃, 中国, 三国時代, 張繍の部将。
⇒三国（雷叙　らいじょ）
　三全（雷叙　らいじょ　生没年不詳）

雷震　らいしん
20世紀, 台湾の言論人。中国浙江省生れ。1956

年『自由中国』誌で国民党の一党独裁や大陸反攻の無謀さを批判。60年中国共産党スパイ庇護などの罪で国民政府から逮捕され，禁錮10年の刑を受けた。
⇒現人（雷震　らいしん〈レイチェン〉　1897-）
　中人（雷震　らいしん　1897-1979）

雷銅　らいどう
3世紀，中国，三国時代，蜀の劉璋の臣。
⇒三国（雷銅　らいどう）
　三全（雷銅　らいどう　?-218）

雷薄　らいはく
3世紀頃，中国，三国時代，袁術の部下で上将。
⇒三国（雷薄　らいはく）
　三全（雷薄　らいはく　生没年不詳）

来敏　らいびん
3世紀頃，中国，三国時代，蜀の臣。
⇒三国（来敏　らいびん）
　三全（来敏　らいびん　生没年不詳）

頼文光　らいぶんこう
19世紀，中国，太平天国の武将。
⇒コン2（頼文光　らいぶんこう　1827-1868）
　コン3（頼文光　らいぶんこう　1827-1868）

頼名湯　らいめいとう
20世紀，台湾の軍人。江西省に生まる。空軍副参謀長国防部副参謀総長等を歴任し，1967年空軍総司令官となる。中国国民党中央委員。
⇒世東（頼名湯　らいめいとう　1911.5.5-）
　中人（頼名湯　らいめいとう　1911.5.5-1984）

ラウレル，J.(Jr.)　Laurel, J.(Jr.)
Laurel, Jose (Jr.)
20世紀，フィリピンの政治家。フィリピン下院議長。
⇒二十（ラウレル，J.(Jr.)　1912-）

ラウレル，S.　Laurel, Salvador
20世紀，フィリピンの政治家。
⇒二十（ラウレル，S.　1930-）

ラウレル，ホセ・P.　Laurel, Jose Paciano
20世紀，フィリピンの政治家。日本軍占領下でフィリピン大統領を勤めた（1943～45）。マグサイサイ大統領擁立に努力し，同大統領就任後，54年の対日賠償交渉団首席全権。
⇒外国（ラウレル　1891-）
　角世（ラウレル　1891-1959）
　現人（ラウレル　1891.3.9-1959.11.6）
　国小（ラウレル　1891.3.9-1959.11.6）
　コン3（ラウレル　1891-1961）
　人物（ラウレル　1891-1959.11.16）
　世東（ラウレル，ホセ　1891.3.9-1959.11.6）
　世百（ラウレル　1891-1959.11.16）
　世百新（ラウレル　1891-1959）
　全書（ラウレル　1891-1959）
　大辞2（ラウレル　1891-1959）
　大辞3（ラウレル　1891-1959）
　ナビ（ラウレル　1891-1959）
　二十（ラウレル，J.P.　1891.3.9-1959.11.6）
　日人（ラウレル　1891-1959）
　東ア（ラウレル　1891-1959）
　百科（ラウレル　1891-1959）
　山世（ラウレル　1891-1959）
　歴史（ラウレル　1891-1959）

羅栄桓　らえいかん
20世紀，中国共産党の政治家，軍人。紅軍建軍当初からの古参軍人。中国共産党中央委員，同政治局委員などの要職を歴任。
⇒外国（羅栄桓　らえいかん　1895-）
　近中（羅栄桓　らえいかん　1902.11.26-1963.12.16）
　国小（羅栄桓　らえいかん　1902(光緒28)-1963.12.16）
　コン3（羅栄桓　らえいかん　1902-1963）
　世百（羅栄桓　らえいかん　1902-1963）
　中人（羅栄桓　らえいかん　1902(光緒28)-1963.12.16）

羅亦農　らえきのう
20世紀，中国，共産党の初期の指導者。
⇒近中（羅亦農　らえきのう　1902.5.18-1928.4.21）

饒漱石　ラオシューシー
⇨饒漱石（じょうそうせき）

羅火援　らかえん
8世紀頃，中国西方，ザーブリスターン国王からの遣唐使。724年来朝。
⇒シル（羅火援　らかえん　8世紀頃）
　シル新（羅火援　らかえん）

羅学瓚　らがくさん
20世紀，中国共産党の指導者，組織工作の専門家，教師。
⇒近中（羅学瓚　らがくさん　1893.12.2-1930.8.27）

羅家倫　らかりん
20世紀，中国の学者，政治家。北京清華大学，南京中央大学総長を歴任。1942～45年に国府監察院特派新疆監察使，48年インド大使。その後中華民国政府の元老として活動。
⇒集文（羅家倫　らかりん　1897.12.21-1969.12.25）
　世東（羅家倫　らかりん　1896-1969.12.25）
　中芸（羅家倫　らかりん　1897-1969）
　中人（羅家倫　らかりん　1897-1969.12.25）

羅幹　らかん
20世紀，中国の政治家。共産党中央委員，政治局常務委員，党中央政法委書記。
⇒中人（羅幹　らかん　1935.7-）

中ニ （羅幹　らかん　1935.7-）

羅綺園　らきえん
20世紀, 中国の農民運動指導者。広東省出身。彭湃とともに広東農民運動を指導。5全大会で陳独秀批判の先頭にたつ。
⇒コン3　（羅綺園　らきえん　1893-1930/31）
　中人　（羅綺園　らきえん　1893-1930/31）

羅貴波　らきは
20世紀, 中国の政治家。広東省出身。1949年10月中央人民政府人民革命軍委員会弁公庁主任。65年9月当時外交部副部長。66年10月中央委に昇任。
⇒世東　（羅貴波　らきは　1915-）
　中人　（羅貴波　らきは　1915-）

羅欽順　らきんじゅん
15・16世紀, 中国, 明の政治家, 学者。字, 允升。号, 整菴。主著『困知紀』『整菴存稿』。
⇒岩哲　（羅整菴　らせいあん　1465-1547）
　外国　（羅整菴　らせいあん　1465-1547）
　広辞4　（羅欽順　らきんじゅん　1465-1547）
　広辞6　（羅欽順　らきんじゅん　1465-1547）
　国小　（羅欽順　らきんじゅん　1465（成化1)-1547（嘉靖26））
　コン2　（羅欽順　らきんじゅん　1465-1547）
　コン3　（羅欽順　らきんじゅん　1465-1547）
　世百　（羅整菴　らせいあん　1465-1547）
　全書　（羅欽順　らきんじゅん　1465-1547）
　大辞　（羅整菴　らせいあん　1465-1547）
　大辞3　（羅欽順　らきんじゅん　1465-1547）
　大百　（羅整菴　らせいあん　1465-1547）
　中芸　（羅欽順　らきんじゅん　1465-1547）
　百科　（羅欽順　らきんじゅん　1465-1547）

駱秉章　らくへいしょう
18・19世紀, 中国, 清末期の官僚。号は文石・儒斎, 諡は文忠。広東省出身。
⇒コン2　（駱秉章　らくへいしょう　1793-1868）
　コン3　（駱秉章　らくへいしょう　1793-1867）

羅元発　らげんはつ
20世紀, 中国の軍人。華北空軍司令員兼空軍第1軍長北京軍区空軍司令員を歴任。1967年空軍司令員呉法憲を支持し, 空軍内の反毛派の粛清にあたる。
⇒世東　（羅元発　らげんはつ　?-）
　中人　（羅元発　らげんはつ　1910-）

羅好心　らこうしん
8世紀頃, 中国, 唐の軍人。迦畢試（カーピシー）出身。
⇒シル　（羅好心　らこうしん　8世紀頃）
　シル新　（羅好心　らこうしん）

ラザク　Razak bin Hussein, Tun Abdul
20世紀, マレーシアの政治家。1955年マラヤ連邦立法会議員。独立後の57年副首相兼国防相, 70年9月からラーマン首相の後継者として首相兼国防相を勤めた。
⇒現人　（アブドル・ラザク　1922.3.11-1976.1.14）
　国小　（ラザク　1922.3.11-1976.1.14）
　コン3　（ラザク　1922-1976）
　世政　（ラザク　1922.3.11-1976.1.14）
　世東　（ラザク　1922.3.11-）
　全書　（ラザク　1922-1976）
　伝世　（ラザク　1922.3.11-1976.1.14）
　二十　（ラザク　1922-1976.1.14）

ラサン・ハン（拉蔵汗）
17・18世紀, 中国, 青海ホショト部の長。グシ・ハンの孫。清の康熙帝と結び, ダライを選出, チベット人の激しい抵抗をうけた。
⇒コン2　（ラサン・ハン〔拉蔵汗〕　?-1717）
　コン3　（ラサン・ハン〔拉蔵汗〕　?-1717）
　歴史　（ラツァン=ハン　生没年不詳）

ラジェンドラ　Rajendra
19世紀, ネパール王国の王。在位1816-1847。
⇒統治　（ラジェンドラ　（在位)1816-1847）

ラージェンドラヴァルマン2世　Rājendravarman
10世紀, カンボジア, アンコール王朝の王（在位944～968）。ヤショヴァルマンの甥。
⇒外国　（ラージェーンドラヴァルマン）
　コン2　（ラージェンドラヴァルマン2世　?-968）
　コン3　（ラージェンドラヴァルマン2世　?-968）
　統治　（ラージェンドラヴァルマン2世　（在位）944-968）

羅思挙　らしきょ
18・19世紀, 中国, 清中期の郷勇。字は天鵬, 諡は壮勇。四川省出身。貴州総督, 湖北総督を務める。
⇒コン2　（羅思挙　らしきょ　1764-1840）
　コン3　（羅思挙　らしきょ　1764-1840）

ラシドフ, シャラフ　Rashidov, Sharaf Rashidovich
20世紀, ウズベキスタンの政治家。
⇒世政　（ラシドフ, シャラフ　1917.11.6-1983.10.31）
　中ユ　（ラシドフ　1917-1983）
　ロシ　（ラシドフ　1917-1983）

羅舜初　らしゅんしょ
⇨羅舜初（らしゅんはつ）

羅舜初　らしゅんはつ
20世紀, 中国の軍人, 政治家。湖南省出身。1955年9月海軍中将, 1級「独立自由」1級「解放」勲章を授与。66年文革当初総参謀部装備部部長兼国防科学委主任に昇任。
⇒世東　（羅舜初　らしゅんはつ　1914-）
　中人　（羅舜初　らしゅんしょ　1914-1981）

羅章龍　らしょうりゅう
20世紀, 中国共産党の指導者, 労働運動の組織

者，宣伝工作の専門家，経済学者。
⇒近中（羅章龍　らしょうりゅう　1896–）

羅汝才　らじょさい
17世紀，中国，明末期の農民反乱指導者の一人。俗称は曹操。王嘉胤のもとで将となる。
⇒コン2（羅汝才　らじょさい　17世紀中頃）
　コン3（羅汝才　らじょさい　?–1643）

羅瑞卿　らずいきょう
20世紀，中国の軍人，政治家。1949年中華人民共和国成立後58年まで公安部長，59年国務院副総理，人民解放軍総参謀長となった。
⇒近中（羅瑞卿　らずいけい　1906.5.31–1978.8.3）
　現人（羅瑞卿　らずいきょう〈ルオロエチン〉1906–）
　国小（羅瑞卿　らずいきょう　1904–1978.8.3）
　世東（羅瑞卿　らずいきょう　1904–）
　全書（羅瑞卿　らずいきょう　1906–1978）
　中人（羅瑞卿　らずいきょう　1906–1978.8.3）

羅瑞卿　らずいけい
⇨羅瑞卿（らずいきょう）

羅整庵（羅整菴）　らせいあん
⇨羅欽順（らきんじゅん）

邏盛炎　らせいしん
7世紀頃，中国西南部，南詔の王。細奴邏の子。則天武后のとき入唐。
⇒シル（邏盛炎　らせいしん　7世紀頃）
　シル新（邏盛炎　らせいしん）

羅大綱　らだいこう
19世紀，中国の太平天国の指導者の一人。
⇒コン2（羅大綱　らだいこう　1804/11–1855頃）
　コン3（羅大綱　らだいこう　1804/11–1855頃）

羅沢南　らたくなん
19世紀，中国，清末の武将。湖南省湘郷県出身。字，仲岳。諡，忠節。1852年太平天国軍の進出に対抗して郷勇を編成。
⇒国小（羅沢南　らたくなん　1807（嘉慶12）–1856（咸豊6））
　コン2（羅沢南　らたくなん　1808–1856）
　コン3（羅沢南　らたくなん　1808–1856）
　世東（羅沢南　らたくなん　1807–1865）
　中国（羅沢南　らたくなん　1807–1856）

ラツァン・ハン
⇨ラサン・ハン

ラック・ロン・クァン（貉龍君）
ベトナムの王。『赤鬼国』二代目。元の名は崇纜。
⇒ベト（Lac-Long-Quan　ラック・ロン・クァン〔貉龍君〕）

ラッバン・サウマー　Rabban Saumā
13世紀，中国，元初期の景教僧。イル・ハンの命をうけて，ローマ教皇や，英・仏両国王の下に赴いた。
⇒岩ケ（ラッバン，ソーマ　1225頃–1300頃）
　角世（ラッバン・サウマー　1225?–1294）
　キリ（ソウマ（バルソウマ）〔掃馬〕　1225–1294.1.10）
　国小（ラバン・ソーマ　1220/30頃–1294）
　コン2（ソーマ　1225–1294）
　コン3（ソーマ　1225–1294）
　西洋（ラッバン・ソーマ　1220頃–1294.1.10）
　世百（ラッバンソーマ　?–1294）

ラッバン・ソーマ
⇨ラッバン・サウマー

羅喆　らてつ
19・20世紀，朝鮮の宗教家，独立運動家。
⇒コン3（羅喆　らてつ　1863–1916）

ラーデン・ヴィジャヤ
⇨ビジャヤ

羅登賢　らとうけん
20世紀，中国の革命家。別名は達平。広東省出身。1925年中国共産党入党。上海で党中央・全国総工会で活動。33年上海の反日ストライキを指導中に逮捕，銃殺された。
⇒近中（羅登賢　らとうけん　1905–1933.8.29）
　コン3（羅登賢　らとうけん　1905–1933）
　中人（羅登賢　らとうけん　1905–1933）

ラトゥランギー　Ratulangie, G.S.S.J.
20世紀，インドネシアの民族主義者。ミナハサ同盟を組織，1927〜37年フォルクスラート議員。45年独立準備委員・共和国初代スラウェシ省知事。
⇒コン3（ラトゥランギー　1891–1949）

ラナ・バハドゥル　Rana Bahadur
18世紀，ネパール王国の王。在位1777–1799。
⇒統治（ラナ・バハドゥル（ラナ・バハヅール）（在位）1777–1799）

ラナリット　Ranariddh, Norodom
20世紀，カンボジアの政治家。カンボジア第1首相。
⇒世政（ラナリット，ノロドム　1944.1.2–）
　東ア（ラナリット　1941–）
　評世（ラナリット　1944–）

ラバン・ソーマ
⇨ラッバン・サウマー

羅福星　らふくせい
19・20世紀，台湾の抗日運動家。号は東亜。広東省出身。広東都督襲撃事件や，辛亥革命に関係。1912年末に渡台し，苗栗を中心に抗日秘

密結社を組織中、逮捕され刑死。
⇒近中（羅福星　らふくせい　1886.2.24–1914.3.3）
　コン3（羅福星　らふくせい　?–1914）
　中人（羅福星　らふくせい　1886–1914）

ラフモノフ, エモマリ　Rakhmonov, Emomali
20世紀、中央アジア、タジキスタン共和国の政治家。1994年大統領。
⇒世政（ラフモノフ, エモマリ　1952.10.5–）
　中ユ（ラフモノフ　1952–）
　ロシ（ラフモノフ　1952–）

ラプ・ラプ　Lapu-Lapu
16世紀、フィリピンのマクタン族の王。
⇒コン2（ラプ・ラプ　生没年不詳）
　コン3（ラプ・ラプ　生没年不詳）
　百科（ラプ・ラプ　生没年不詳）

羅炳輝　らへいき
20世紀、中国の軍人。雲南省出身。唐継尭・朱培徳軍で活躍。1930年吉安暴動を指導し、彭徳懐軍に参加。
⇒近中（羅炳輝　らへいき　1897.12.22–1946.6.21）
　コン3（羅炳輝　らへいき　1897–1946）
　中人（羅炳輝　らへいき　1897–1946）

羅芳伯　らほうはく
18世紀、ボルネオの華僑指導者。太平天国の残党。一党とともにポンティアナへ移民、同島の経済を支配。
⇒岩ケ（羅芳伯　らほうはく　1738–1795）
　外国（羅芳伯　らほうはく　1736–1793）
　コン2（ラ・ホウハク〔羅芳伯〕　1736–1793）
　コン3（ラ・ホウハク〔羅芳伯〕　1736–1793）
　世東（羅芳伯　らほうはく　?–1795）

ラーマ1世　Rama I
18・19世紀、タイ、チャクリ朝創始者（在位1782～1809）。本名ピヤチャクリ・ラーマ。
⇒旺世（ラーマ（1世）　1735–1809）
　外国（ラーマ1世　1734–1806）
　角世（ラーマ1世　1735–1809）
　皇帝（ラーマ1世　1735–1809）
　国小（ラーマ1世　1737–1809.9.7）
　コン2（ラーマ1世　1735–1809）
　コン3（ラーマ1世　1735–1809）
　人物（ラーマ1世　1735–1809）
　世人（ラーマ1世（チャクリ）　1735–1809）
　世東（ラーマ1世　1735–1809）
　世百（ラーマ1世　1735–1809）
　全書（ラーマ1世　1736–1809）
　伝世（チャクリ　1736/7–1809）
　統治（ラーマ1世（チャオプラヤー・チャクリー）（チャオ・ピア・チャクリ）（在位）1782–1809）
　東ア（ラーマ（1世）　1737–1809）
　百科（ラーマ1世　1737–1809）
　評世（ピヤ=チャクリ=ラマ　1735–1806）
　評世（ラーマ1世　1735–1809）
　歴史（ラーマ1世）

ラーマ2世　Rama II
18・19世紀、タイのバンコク王朝第2代王（在位1809～24）。『イナオ物語』を著す。
⇒集世（ラーマ2世　1767.2.24–1824.7.21）
　集文（ラーマ2世　1767.2.24–1824.7.21）
　統治（ラーマ2世（イッサラヌソン）〔イサラ・スントーン〕　（在位）1809–1824）

ラーマ3世　Rama III
19世紀、タイ王国の王。在位1824–1851。
⇒統治（ラーマ3世（チェサダーボディン）（チェッサ・ボディン）（在位）1824–1851）

ラーマ4世　Rama IV
19世紀、タイ、チャクリ朝の第4代王（在位1851～68）。モンクット王とも呼ぶ。
⇒旺世（ラーマ（4世）　1804–1868）
　角世（ラーマ4世　1804–1868）
　皇帝（ラーマ4世　?–1868）
　国小（ラーマ4世　1804–1868）
　コン2（ラーマ4世　1804–1868）
　コン3（ラーマ4世　1804–1868）
　世人（ラーマ4世　1804–1868）
　世東（モンクット　?–1868）
　全書（ラーマ4世　1804–1868）
　伝世（モンクット　1804.10.18–1868.10.1）
　統治（ラーマ4世（モンクット）（在位）1851–1868）
　東ア（ラーマ（4世）　1804–1868）
　百科（モンクット　1804–1868）

ラーマ5世　Rama V
19・20世紀、タイ、チャクリ王朝の第5代王（在位1868～1910）。チュラーロンコーン王ともいう。
⇒岩ケ（チュラロンコーン, プラ・パラミンドル・マハ　1853–1910）
　旺世（ラーマ（5世）　1853–1910）
　外国（ラーマ5世　1853–1910）
　角世（ラーマ5世　1853–1910）
　広辞4（チュラロンコン　1853–1910）
　広辞5（チュラロンコン　1853–1910）
　広辞6（チュラロンコン　1853–1910）
　皇帝（ラーマ5世　1853–1910）
　国小（ラーマ5世　1853.9.20–1910.10.23）
　コン2（ラーマ5世　1853–1910）
　コン3（ラーマ5世　1853–1910）
　集文（ラーマ5世　1853.9.20–1910.10.23）
　人物（ラーマ5世　1853–1910）
　世人（ラーマ5世（チュラロンコーン大王）　1853–1910）
　世東（チュラロンコーン　1853–1910）
　世百（ラーマ5世　1853–1910）
　全書（ラーマ（5世）　1853–1910）
　大辞（チュラロンコーン　1853–1910）
　大辞2（ラーマ5世　1853–1910）
　大辞3（ラーマ5世　1853–1910）
　デス（ラーマ5世　1853–1910）
　伝世（チュラロンコン　1853.9.20–1910.10.23）
　統治（ラーマ5世（チュラーロンコーン）（チェラロンコーン）（在位）1868–1910）
　ナビ（チュラロンコン　1853–1910）
　二十（チュラロンコン　1853–1910）
　二十（ラーマ5世　1853–1910）

東ア　（ラーマ（5世）　1853–1910）
百科　（チュラロンコン　1853–1910）
評世　（ラーマ5世　1853–1910）
山世　（チュラーロンコーン　1853–1910）
歴史　（ラーマ5世　1853–1910）

ラーマ6世　Rama Ⅵ
19・20世紀, タイのチャクリ朝第6代の王(在位1910～25)。ワチラウット王とも呼ぶ。第1次世界大戦に際し連合国側に参加して戦勝国となった。
⇒外国　（ラーマ6世　1881–1925）
　国小　（ラーマ6世　1881.1.1–1925）
　集文　（ラーマ6世　1880.1.1–1925.11.26）
　世東　（ワチラウット　1881–1925）
　世百新　（ラーマ6世　1881–1925）
　統治　（ラーマ6世　(在位)1910–1925）
　二十　（ラーマ6世　1881–1925）
　東ア　（ラーマ（6世）　1881–1925）
　百科　（ワチラウット　1881–1925）

ラーマ7世　Rama Ⅶ
20世紀, タイ, チャクリ王朝第7代の王(在位1925～35)。プラチャーティポック王とも呼ばれた。立憲君主制による新体制に不満を抱き, 34年ヨーロッパ旅行中に退位。
⇒皇帝　（ラーマ7世　1893–1941）
　国小　（ラーマ7世　1893–1941）
　コン3　（ラーマ7世　1893–1941）
　人物　（ラーマ7世　1893–1941）
　世東　（プラチャーティポック　1893–1941）
　世百　（ラーマ7世　1893–1941）
　世百新　（プラチャーティポック　1893–1941）
　全書　（ラーマ(7世)　1893–1941）
　統治　（ラーマ7世　(在位)1925–1935）
　二十　（ラーマ7世　1893–1941）
　百科　（プラチャーティポック　1893–1941）

ラーマ8世　Rama Ⅷ
19・20世紀, タイ王国の王。在位1935–1946。
⇒統治　（ラーマ8世(アーナンダ・マヒドン)(アーナンタ・マヒドーン)　(在位)1935–1946）

ラーマ9世　Rama Ⅸ
20世紀, タイの国王(在位1946～)。
⇒岩ケ　（プミポン・アドゥンヤデート　1927–）
　外国　（アドンデット　1927–）
　現人　（プミポン・アドゥンヤデート　1927.12.5–）
　国小　（プーミポン・アドゥンヤデート　1927.12.5–）
　世政　（プミポン・アドゥンヤデート　1927.12.5–）
　世東　（プミポンアドゥンヤデート　1927.12.5–）
　全書　（プミポン　1927–）
　統治　（ラーマ9世　(在位)1946–）
　二十　（プミポン・アドゥンヤデート　1927.12.5–）
　東ア　（ラーマ（9世）　1927–）

ラーマ・カムヘン　Rama Khamheng
13・14世紀, タイ, スコタイ王朝の第3代王(在位1275～1317頃)。
⇒外国　（ラムカームヘン　?–1317頃）
　角世　（ラームカムヘーン　?–1298?）

　皇帝　（ラーマ・カムヘン　?–1317）
　国小　（ラーマ・カムヘーン　?–1317頃）
　コン2　（ラームカムヘーン　?–1317頃）
　コン3　（ラームカムヘーン　?–1317頃）
　集文　（ラームカムヘーン大王　1239頃–?）
　世人　（ラーマ＝カムヘン(大王)　?–1317）
　世東　（ラーマ・カムヘン　?–1317）
　世百　（ラムカムヘン　?–1317）
　全書　（ラーマカムヘン　生没年不詳）
　デス　（ラーマ・カムヘン　?–1317）
　伝世　（ラーマ・カムヘン　1239頃–1299頃）
　百科　（ラーマカムヘン　1239頃–?）
　評世　（ラーマ・カムヘン　?–1317頃）
　山世　（ラームカムヘーン　?–1298?）

ラーマ・ティボディー1世　Ramathibodi Ⅰ
14世紀, タイ, アユタヤ王朝の第1代王(在位1350～69)。
⇒旺世　（ラーマ＝ティボディ(1世)　?–1369）
　外国　（ラーマ・ティボディ1世　1312–1369）
　角世　（ラーマティボディー1世　?–1369）
　皇帝　（ラーマ・ティボディ1世　?–1369）
　国小　（ラーマ・ティボディ1世　?–1369）
　コン2　（ラーマ・ティボディ1世　1312–1369）
　コン3　（ラーマ・ティボディ1世　1312–1369）
　人物　（ラーマ・チボディ1世　?–1369）
　世東　（ラーマ・ティボディー1世　?–1369）
　世百　（ラーマ・ティボディ1世　?–1369）
　全書　（ラーマ・ティボディ1世　1312–1369）
　伝世　（ラーマーティボディ1世　?–1369）
　百科　（ラーマティボディ1世　1312–1369）
　評世　（ラーマ＝ティボディ1世　1312–1369）

ラーマーティボディ1世
⇨ラーマ・ティボディー1世

ラマティボディ1世
⇨ラーマ・ティボディー1世

ラーマ・ティボディ2世　Rama Thibodi Ⅱ
15・16世紀, タイ, アユタヤ王朝の第11代王(在位1491～1529)。
⇒外国　（ラーマ・ティボディ2世　1471–1529）
　コン2　（ラーマ・ティボディ2世　1472–1529）
　コン3　（ラーマ・ティボディ2世　1472–1529）
　全書　（ラーマティボディ2世　1472–1529）
　百科　（ラーマティボディ2世　1472–1529）

ラーマン　Tengku Abdul Rahman
20世紀, マレーシアの政治家。1963年マレーシア連邦の結成に成功し初代首相。
⇒全書　（ラーマン　1903–）
　大辞2　（ラーマン　1903–1990）
　ナビ　（ラーマン　1903–1990）
　二十　（ラーマン, T.A.　1903(1895)–）

ラーマン, アブドゥル
⇨アブドゥル・ラーマン

ラームカムヘーン
⇨ラーマ・カムヘン

ラム・クァン・キ(林光畿)
ベトナム, 阮忠直麾下の将。
⇒ベト (Lam-Quang-Ky　ラム・クァン・キ〔林光畿〕)

ラム・ズイ・ヒェップ(林維俠)
ベトナム, 阮朝の名臣。
⇒ベト (Lam-Duy-Hiep　ラム・ズイ・ヒェップ〔林維俠〕)

ラム・バン・テット　Lam Van Tet
20世紀, 南ベトナムの政治家。1968年ベトナム民族民主平和勢力連盟結成に参加。69年臨時革命政府顧問評議員を兼任。
⇒世東 (ラム・バン・テット　1897–)

ラム・ホアン(林弘)
ベトナム, 阮朝の武将。
⇒ベト (Lam-Hoang　ラム・ホアン〔林弘〕)

羅明　らめい
20世紀, 中国共産党の指導者。
⇒近中 (羅明　らめい　1901.9.24–1987.4.28)

ラメスエン
⇨ラーメースワン

ラーメースワン　Ramesuan
14世紀, タイ, アユタヤ王朝の第2代, 5代王(在位1369～70, 88～95)。
⇒角世 (ラーメースワン　?–1395)
　皇帝 (ラメスワン　?–1395)
　国小 (ラメスワン　?–1395)
　世東 (ラメスワン　?–1395)
　評世 (ラメスエン　1334–1395)

ラメスワン
⇨ラーメースワン

ラモス　Ramos, Fidel
20世紀, フィリピンの軍人, 政治家。1992年大統領就任。
⇒旺世 (ラモス　1928–)
　世人 (ラモス　1928–)
　世政 (ラモス, フィデル　1928.3.18–)
　大辞2 (ラモス　1928–)
　東ア (ラモス　1928–)

ラモス, N.　Ramos, Narciso
20世紀, フィリピンの政治家。1966年マルコス政権の発足とともに外相に就任。
⇒国小 (ラモス　1900.11.11–)
　二十 (ラモス, N.　1900–1986.2.3)

ラモス・ホルタ　Ramos-Horta, José
20世紀, 東ティモールの政治家。1996年ノーベル平和賞受賞。2007年大統領に就任。
⇒最世 (ラモス・ホルタ, ジョゼ　1949–)

　世政 (ラモス・ホルタ, ジョゼ　1949.12.26–)
　ノベ (ラモス・ホルタ, J.　1949.12.26–)
　東ア (ラモス・ホルタ　1949–)

羅友文　らゆうぶん
8世紀頃, 護密(ワッハーン)の入唐使節。
⇒シル (羅友文　らゆうぶん　8世紀頃)
　シル新 (羅友文　らゆうぶん)

羅隆基　らりゅうき
20世紀, 中国の教育家, ジャーナリスト, 政治学者, 中国民主同盟の指導者。天津『益世報』編集者。1954年第1期人民代表大会江西省代表。
⇒近中 (羅隆基　らりゅうき　1898–1965.12.7)
　国小 (羅隆基　らりゅうき　1896(光緒22)–1965)
　コン3 (羅隆基　らりゅうき　1889–1965)
　世東 (羅隆基　らりゅうき　1896.12.7–)
　世百 (羅隆基　らりゅうき　1896–1965)
　全書 (羅隆基　らりゅうき　1896–1965)
　中人 (羅隆基　らりゅうき　1889(光緒22)–1965)

藍亦農　らんいのう
20世紀, 中国の政治家。文革中, 重慶市の三結合に軍代表として活躍。1971年5月貴州省党委第一書記。
⇒世東 (藍亦農　らんいのう　?–)
　中人 (藍亦農　らんいのう　?–)

藍玉　らんぎょく
14世紀, 中国, 明初の武将。定遠(安徽省)出身。常遇春の妻の弟。涼国公に封ぜられたが, 謀叛の罪で逮捕処刑された(「藍玉の獄」)。
⇒国小 (藍玉　らんぎょく　?–1393(洪武26))
　コン2 (藍玉　らんぎょく　?–1393)
　コン3 (藍玉　らんぎょく　?–1393)
　中史 (藍玉　らんぎょく　?–1393)

藍公武　らんこうぶ
19・20世紀, 中国の政治家。字は志先。江蘇省出身。五・四運動期に『解放と改造』を発行。1948年華北人民政府第2副主席等をつとめる。
⇒外国 (藍公武　らんこうぶ　1886–)
　コン3 (藍公武　らんこうぶ　1887–1957)
　中人 (藍公武　らんこうぶ　1887–1957)

藺相如　らんしょうじょ
⇨藺相如 (りんしょうじょ)

ランダルマ　Glang dar ma
9世紀, チベット, 吐蕃王朝の王(在位836～841)。護教王として有名なチック・デツェンの弟。
⇒角世 (ランダルマ　?–846?)
　世百 (ランダルマ　?–841)
　全書 (ランダルマ　809–842)
　デス (ランダルマ　809–846)

政治・外交・軍事篇

藍鼎元　らんていげん
17・18世紀, 中国, 清の官吏。福建出身。号は鹿州。台湾征服について『平台紀略』を著した。
⇒世東（藍鼎元　らんていげん　17世紀末-18世紀）
　中芸（藍鼎元　らんていげん　1680-1733）

藍天蔚　らんてんうつ
19・20世紀, 中国の軍人, 革命家。字は秀豪。湖北省出身。孫文の広東軍政府を支持し, 鄂西連軍総司令となる。1921年孫伝芳軍に敗北。
⇒コン2（藍天蔚　らんてんうつ　1878-1922）
　コン3（藍天蔚　らんてんうつ　1878-1921）
　世東（藍天蔚　らんてんうつ　1877頃-1921.4.1）
　中人（藍天蔚　らんてんうつ　1878-1921）

蘭陵公主　らんりょうこうしゅ*
6世紀, 中国, 南北朝, 北魏の孝文帝の娘。
⇒中皇（蘭陵公主　?-520）

蘭陵公主　らんりょうこうしゅ
6世紀頃, 中国, 東魏の和蕃公主。柔然に嫁いだ。
⇒シル（蘭陵公主　らんりょうこうしゅ　6世紀頃）
　シル新（蘭陵公主　らんりょうこうしゅ）

蘭陵公主　らんりょうこうしゅ*
6世紀頃, 中国, 隋の文帝の娘。
⇒中皇（蘭陵公主）

【り】

リー, ジョン　Lie, John
20世紀, インドネシアの軍人。独立戦争から1960年代にかけて活躍した華人系の海軍提督。
⇒華人（リー, ジョン　1911-1988）

リ・アィン・トン（李英宗）
12世紀, ベトナム, 李朝六代目の帝王。
⇒ベト（Ly-Anh-Ton　リ・アィン・トン〔李英宗〕　1138-1175）

廖承志　リアオチョンチー
⇨廖承志（りょうしょうし）

李安　りあん
15世紀, 中国, 明の武将。甘粛方面の平定につくし, 松藩（四川省西北部, 交通の要地）を守った。
⇒人物（李安　りあん　?-1446）

李安世　りあんせい
5世紀, 中国, 北魏の政治家。諡は郢。趙（河北省）出身。均田制の実施を提唱。
⇒コン2（李安世　りあんせい　443-493）

コン3（李安世　りあんせい　443-493）

李異　りい
3世紀, 中国, 三国時代, 呉の大将孫桓の部将。
⇒三国（李異　りい）
　三全（李異　りい　?-221）

李維漢　りいかん
20世紀, 中国の政治家。別名, 羅邁。毛沢東とともに新民学会の創立者の一人。人民共和国の成立後に, 党中央委員などを勤めた。
⇒外国（李維漢　りいかん　1897-）
　近中（李維漢　りいかん　1896.6.2-1984.8.11）
　国小（李維漢　りいかん　1897（光緒23）-）
　世東（李維漢　りいかん　1897-1984.8.11）
　世東（李維漢　りいかん　1897-）
　世百（李維漢　りいかん　1903-）
　中人（李維漢　りいかん　1897-1984.8.11）

李昱　りいく
7世紀頃, 中国, 隋の遣波斯使。
⇒シル（李昱　りいく　7世紀頃）
　シル新（李昱　りいく）

李煜　りいく
10世紀, 中国, 五代十国南唐の第3代王（在位961〜975）。初名, 従嘉。字, 重光。中主李璟の第6子。
⇒外国（李煜　りいく　937-978）
　角世（李煜　りいく　937-978）
　広辞4（李煜　りいく　937-978）
　広辞6（李煜　りいく　937-978）
　国小（李煜　りいく　937（天福2）-978（太平興国3.7.9））
　国百（李煜　りいく　937-978（太平興国3.7.7））
　コン2（李煜　りいく　937-978）
　コン3（李煜　りいく　937-978）
　詩歌（李煜　りいく　937（後晋・天福2.7.7）-978（宋・太平興国3））
　集世（李煜　りいく　937（天福2）-978（太平興国3））
　集文（李煜　りいく　937（天福2）-978（太平興国3））
　新美（南唐後主　なんとうこうしゅ　937（南唐・昇元1）-978（北宋・太平興国3））
　人物（李煜　りいく　937-978）
　世東（李煜　りいく　937-978）
　世百（李煜　りいく　937-978）
　世文（李煜　りいく　937（天福2）-978（太平興国3））
　全書（李煜　りいく　937-978）
　大辞（李煜　りいく　937-978）
　大辞3（李煜　りいく　937-978）
　大百（李煜　りいく　937-978）
　中皇（後主煌　（在位）961-975）
　中芸（李煜　りいく　937-978）
　中史（李煜　りいく　937-978）
　デス（李煜　りいく　937-978）
　百科（李煜　りいく　937-978）
　名著（李煜　りいく　937-978）

李煜堂　りいくどう
19・20世紀, 中国, 清末・民国初期の革命的実

りいし

業家。1911年成立した広東革命政府で財政司長をつとめ、以来、孫文の革命運動を支援。
⇒コン2（李煜堂　りいくどう　1850頃-1936)
　コン3（李煜堂　りいくどう　1850頃-1936)
　中人（李煜堂　りいくどう　1850頃-1936)

李瑋鐘　りいしょう
20世紀、朝鮮の外交官。
⇒コン3（李瑋鐘　りいしょう　生没年不詳)

李瑀　りう
8世紀頃、中国、唐の遣回紇冊命使。
⇒シル（李瑀　りう　8世紀頃)
　シル新（李瑀　りう)

劉少奇　リウシャオチー
⇨劉少奇（りゅうしょうき)

劉伯承　リウポーチョン
⇨劉伯承（りゅうはくしょう)

李運昌　りうんしょう
20世紀、中国の軍人。河北省出身。1946年冀熱察遼軍区司令。49年以来交通副部長の職にあった。
⇒コン3（李運昌　りうんしょう　1908-?)
　中人（李運昌　りうんしょう　1908-)

李璟　りえい
9世紀頃、中国、唐の遣吐蕃使。
⇒シル（李璟　りえい　9世紀頃)
　シル新（李璟　りえい)

李璟　りえい
10世紀、中国、五代十国南唐の第2代王（在位943～961)。初名、景通。字、伯玉。廟号、元宗。
⇒皇帝（李璟　りけい　916-961)
　国小（李璟　りえい　916（貞明2)-961（建隆2))
　詩歌（李璟　りえい　?-961（後周・建隆元))
　集世（李璟　りけい　916（後梁・貞明2)-961（宋・建隆2))
　集文（李璟　りけい　916（後梁・貞明2)-961（宋・建隆2))
　全書（李璟　りえい　916-961)
　中皇（李璟　（元宗）（在位)945-961)
　中芸（李璟　りえい　916-961)
　中史（李璟　りえい　916-961)
　名著（李璟　りえい　916-961)

李英　りえい
19・20世紀、朝鮮の政治家。咸鏡南道北青の生れ。1925年の朝鮮共産党創立に活躍。北朝鮮最高人民会議議長、祖国統一民主主義戦線議長団。
⇒外国（李英　りえい　1889-)

李衛　りえい
17・18世紀、中国、清初の政治家。銅山（江蘇省)出身。字、又玠。諡、敏達。

⇒外国（李衛　りえい　?-1738)
　国小（李衛　りえい　1686（康熙25)-1738（乾隆3))
　コン2（李衛　りえい　1686-1738)
　コン3（李衛　りえい　1686-1738)

李鋭　りえい
9世紀頃、中国、唐の遣吐蕃使。
⇒シル（李鋭　りえい　9世紀頃)
　シル新（李鋭　りえい)

李英真　りえいしん
9世紀頃、渤海から来日した使節。
⇒シル（李英真　りえいしん　9世紀頃)
　シル新（李英真　りえいしん)

李永芳　りえいほう
17世紀、中国、明末・清初期の武将。鉄嶺（遼寧省)出身。清の太祖ヌルハチに投降した中国最初の武将。
⇒コン2（李永芳　りえいほう　?-1634)
　コン3（李永芳　りえいほう　?-1634)

李淵　りえん
⇨高祖（唐)（こうそ)

李延年　りえんねん
前2・1世紀頃、中国、前漢の武帝の寵臣。中山（河北省)出身。王室の楽人。
⇒コン2（李延年　りえんねん　生没年不詳)
　コン3（李延年　りえんねん　?-前87?)
　集世（李延年　りえんねん　?-前87/前90（後元2/征和3))
　集文（李延年　りえんねん　?-前87/前90（後元2/征和3))
　中芸（李延年　りえんねん　生没年不詳)
　中史（李延年　りえんねん　?-前87頃)

李延禄　りえんろく
20世紀、中国共産党系軍人。
⇒近中（李延禄　りえんろく　1895.4.1-1985.6)

李王(朝鮮)（李王）　りおう
⇨純宗（じゅんそう)

李悝　りかい
前5・4世紀頃、中国、戦国時代の政治家、法家。魏の文侯に仕えた。丞相として業績をあげた。
⇒外国（李悝　りかい)
　角世（李悝　りかい　生没年不詳)
　国小（李悝　りかい　生没年不詳)
　コン2（李悝　りかい　生没年不詳)
　コン3（李悝　りかい　455頃-395頃)
　人物（李悝　りかい　前455頃-395頃)
　世東（李悝　りかい　前4世紀頃)
　世百（李悝　りかい　生没年不詳)
　全書（李悝　りかい　生没年不詳)
　中芸（李悝　りかい　生没年不詳)
　中史（李悝　りかい　前455頃-395)
　百科（李悝　りかい　生没年不詳)
　評世（李悝　りかい　生没年不詳)

李恢　りかい
3世紀, 中国, 三国時代, 蜀の劉璋の臣。建寧郡俞元出身。字は徳昂。
⇒三国（李恢　りかい）
　三全（李恢　りかい　?-231）

李乂　りがい
7・8世紀, 中国, 唐代の学者。刑部尚書をつとめた。
⇒中芸（李乂　りがい　647-714）

李会栄　りかいえい
19・20世紀, 朝鮮の独立運動家。
⇒コン3（李会栄　りかいえい　1867-1932）

李懐光　りかいこう
8世紀, 中国, 唐の軍人。本姓は茹。渤海・靺鞨出身。
⇒コン2（李懐光　りかいこう　729-785）
　コン3（李懐光　りかいこう　729-785）
　世東（李懐光　りかいこう　729-785）

李会昌　りかいしょう
⇨李会昌（イフェチャン）

李懐仙　りかいせん
8世紀, 中国, 唐の軍人。柳城（遼寧省）人。自立体制を確立, 河北・チャハルの諸州に勢力をふるった。
⇒コン2（李懐仙　りかいせん　?-768）
　コン3（李懐仙　りかいせん　?-768）
　世東（李懐仙　りかいせん　?-768）

李昰応　りかおう
⇨大院君（たいいんくん）

李家煥　りかかん
18・19世紀, 朝鮮, 李朝後期の天主教徒の学者, 政治家。南人党派に属した。
⇒朝人（李家煥　りかかん　1742-1801）

李催　りかく
2世紀, 中国, 三国時代, 董卓配下の将。
⇒三国（李催　りかく）
　三全（李催　りかく　?-198）

李楽　りがく
2世紀, 中国, 三国時代, 黄巾賊の残党といわれる, 白波賊の頭目の一人。
⇒三国（李楽　りがく）
　三全（李楽　りがく　?-196）

李适　りかつ
16・17世紀, 朝鮮, 李朝の武臣。光海君を廃王し, 仁祖を擁立した。
⇒コン2（李适　りかつ　1587-1624）
　コン3（李适　りかつ　1587-1624）
　朝人（李适　りかつ　1587-1624）

朝鮮（李适　りかつ　1587-1624）
百科（李适　りかつ　1587-1624）

李銛　りかつ
9世紀頃, 中国, 唐の遣吐蕃使。
⇒シル（李銛　りかつ　9世紀頃）
　シル新（李銛　りかつ）

李訶内　りかない
9世紀頃, インドネシア, 訶陵（ジャワのカリンガ）の入唐朝貢使。
⇒シル（李訶内　りかない　9世紀頃）
　シル新（李訶内　りかない）

李化龍　りかりゅう
16・17世紀, 中国, 明後期の官僚。字は于田, 諡は襄毅。長垣（河南省）出身。苗族楊応龍の乱を鎮圧。著書『平播全書』『治河奏疏』『場居集』。
⇒コン2（李化龍　りかりゅう　1554-1611）
　コン3（李化龍　りかりゅう　1554-1611）

リカルテ　Ricarte, Artemio
19・20世紀, フィリピンの民族運動家, 軍人。1896年8月のマラボンの戦で功をたて将軍となる。
⇒角世（リカルテ　1866-1945）
　世東（リカルテ　1866-?）
　二十（リカルテ, A.　1863-1945）
　日人（リカルテ　1866-1945）
　百科（リカルテ　1863-1945）
　来日（リカルテ　1866-1945）

李堪　りかん
3世紀, 中国, 三国時代, 西涼の太守韓遂配下の大将。
⇒三国（李堪　りかん）
　三全（李堪　りかん　?-211）

李巌　りがん
17世紀, 中国, 明末の農民反乱の指導者である李自成の協力者。
⇒百科（李巌　りがん　?-1644?）

李煥　りかん
20世紀, 台湾の政治家。台湾行政院長（首相）。中国湖北省の生れ。1963～68年国民党中央委員会第1組主任, 68～72年同党台湾省委員会主任をつとめ, 73年党中央組織工作委員会主任に就任。
⇒現人（李煥　りかん〈リーホアン〉　1916.9.24-）
　世政（李煥　りかん　1916.9.24-）
　世東（李煥　りかん　1916-）
　中人（李煥　りかん　1916.9.24-）

李漢俊　りかんしゅん
19・20世紀, 中国共産党創立者の一人。字は人傑。湖北省出身。国民党左派の要人として, 武漢政府湖北教育庁長などを歴任。

りかん

⇒近中（李漢俊　りかんしゅん　1890–1927.12.17）
コン3（李漢俊　りかんしゅん　1890–1927）
中人（李漢俊　りかんしゅん　1890–1927）

李瀚章　りかんしょう
19世紀，中国，清末期の官僚。字は筱泉，諡は勤格。李鴻章の兄。曾国藩の湘軍の幕僚。各省の総督などを歴任。
⇒コン2（李瀚章　りかんしょう　?–1888頃）
コン3（李瀚章　りかんしょう　?–1888頃）

リー・カンユー
⇨リー・クワン・ユー

李完用　りかんよう
⇨李完用（イワンヨン）

李軌　りき
6・7世紀，中国，隋末期の反乱指導者の一人。字は処則。張掖・敦煌などを領有。618年国号を大涼と号し，安楽と建元。
⇒コン2（李軌　りき　?–619）
コン3（李軌　りき　?–619）

李揆　りき
8世紀，中国，唐の入蕃会盟使。
⇒シル（李揆　りき　711–784）
シル新（李揆　りき　711–784）

李基沢　りきたく
⇨李基沢（イキテク）

李吉甫　りきっぽ
8・9世紀，中国，唐の政治家。字は弘憲，諡は忠懿。趙郡（河北省）出身。憲宗のとき宰相となる。現存最古の地誌『元和郡県図志』を編纂。
⇒外国（李吉甫　りきっぽ　758–814）
コン2（李吉甫　りきっぽ　758–814）
コン3（李吉甫　りきっぽ　758–814）

李亀年　りきねん
9世紀，中国，唐の遣雲南使。
⇒シル（李亀年　りきねん　9世紀頃）
シル新（李亀年　りきねん）

李義表　りぎひょう
7世紀頃，中国，唐の入竺答礼使。
⇒シル（李義表　りぎひょう　7世紀頃）
シル新（李義表　りぎひょう）

李義旼　りぎびん
12世紀，朝鮮，高麗の武臣。鄭仲夫にくみして将軍となる。
⇒コン2（李義旼　りぎびん　?–1196）
コン3（李義旼　りぎびん　?–1196）
朝人（李義旼　りぎびん　?–1196）

李義府　りぎふ
7世紀，中国，初唐の官僚。瀛州饒陽（河北省饒陽県）出身。則天武后の擡頭を擁護して宰相となった。
⇒国小（李義府　りぎふ　614（大業10）–666（乾封1））
コン2（李義府　りぎふ　614–666）
コン3（李義府　りぎふ　614–666）
中史（李義府　りぎふ　614–666）

李起鵬　りきほう
⇨李起鵬（イギブン）

李義方　りぎほう
12世紀，朝鮮，高麗の武臣。庚寅の乱を起こし，武臣政権の実力者の一人となる。
⇒コン2（李義方　りぎほう　?–1174）
コン3（李義方　りぎほう　?–1174）
世東（李義方　りぎほう　?–1174）

李球　りきゅう
3世紀，中国，三国時代，蜀の武将。
⇒三国（李球　りきゅう）
三全（李球　りきゅう　?–263）

李求実　りきゅうじつ
20世紀，中国共産党及び社会主義青年団（共産主義青年団）の指導者，宣伝工作の専門家。
⇒近中（李求実　りきゅうじつ　1903–1931.2.7）

李玉琴　りぎょくきん*
20世紀，中国の皇妃。清朝最後の皇帝で満洲国皇帝溥儀の側室。福貴人とも呼ばれた。
⇒世女日（李玉琴　1929–2001）

李居正　りきょせい
9世紀頃，渤海から来日した使節。
⇒シル（李居正　りきょせい　9世紀頃）
シル新（李居正　りきょせい）

李希烈（李希列）　りきれつ
8世紀，中国，唐中期の節度使。遼西（北京順義区）出身。781年，魏博・成徳・平盧の3藩鎮が叛乱を起すと，叛乱側に通じ，建興王・天下都元帥と自称。
⇒国小（李希烈　りきれつ　?–786（貞元2））
コン2（李希烈　りきれつ　?–786）
コン3（李希烈　りきれつ　?–786）
中皇（李希列　?–786）
中国（李希烈　りきれつ　?–786）

李歆　りきん
3世紀頃，中国，三国時代，蜀の大将。
⇒三国（李歆　りきん）
三全（李歆　りきん　生没年不詳）

李歆　りきん*
5世紀，中国，五胡十六国・西涼の皇帝（在位417〜420）。
⇒中皇（李歆　?–420）

政治・外交・軍事篇　　　　　　　　　475　　　　　　　　　　りくし

李鈞　りきん
　⇨宣祖（李朝）（せんそ）

李光耀　リー・クアン・ユー
　⇨リー・クワン・ユー

陸紆　りくう
　中国, 後漢の城門校尉。字は叔盤（しゅくばん）。
　⇒三国（陸紆　りくう）

陸栄廷　りくえいてい
　19・20世紀, 中国の軍人。字は幹郷。広西省出身。辛亥革命で広西独立を策し, 広西都督となる。1915年広東をも掌握。
　⇒コン2（陸栄廷　りくえいてい　1859–1928）
　　コン3（陸栄廷　りくえいてい　1858–1928）
　　世東（陸栄廷　りくえいてい　1856頃–1927）
　　中人（陸栄廷　りくえいてい　1859–1928）

李国鼎　リークオティン
　⇨李国鼎（りこくてい）

陸賈　りくか
　前3・2世紀, 中国, 前漢開国の功臣。楚出身。口弁に長じ高祖の使者となって諸侯の間を往来。
　⇒外国（陸賈　りくか　?–前179頃）
　　角世（陸賈　りくか　生没年不詳）
　　教育（陸賈　りくか　前3世紀末–2世紀中頃）
　　広辞4（陸賈　りくか）
　　広辞6（陸賈　りくか）
　　国小（陸賈　りくか　生没年不詳）
　　コン2（陸賈　りくか　生没年不詳）
　　コン3（陸賈　りくか　?–前179頃）
　　三国（陸賈　りくか）
　　集世（陸賈　りくか）
　　集文（陸賈　りくか　前3, 2世紀）
　　人物（陸賈　りくか　前3世紀末–2世紀中頃）
　　世東（陸賈　りくか　前3世紀末–2世紀）
　　世百（陸賈　りくか　生没年不詳）
　　全書（陸賈　りくか　生没年不詳）
　　大辞（陸賈　りくか　生没年不詳）
　　大辞3（陸賈　りくか　生没年不詳）
　　大百（陸賈　りくか）
　　中芸（陸賈　りくか）
　　中国（陸賈　りくか）
　　中史（陸賈　りくか　生没年不詳）
　　百科（陸賈　りくか）
　　評世（陸賈　りくか）
　　名著（陸賈　りくか　生没年不詳）

陸凱　りくがい
　2・3世紀, 中国, 三国時代, 呉の左丞相。
　⇒三国（陸凱　りくがい）
　　三全（陸凱　りくがい　198–269）

陸機　りくき
　3・4世紀, 中国, 六朝時代西晋の文学者。字, 士衡。祖父遜は呉の宰相, 父抗は大司馬を務めた。文学批評の方法を述べた『文賦』を著す。

⇒外国（陸機　りくき　261–303）
　角世（陸機　りくき　261–303）
　広辞4（陸機　りくき　261–303）
　広辞6（陸機　りくき　261–303）
　国小（陸機　りくき　261（永安4）–303（太安2））
　コン2（陸機　りくき　261–303）
　コン3（陸機　りくき　261–303）
　詩歌（陸機　りくき　261（永安4）–303（太安2））
　集世（陸機　りくき　261（景元2）–303（太安2））
　集文（陸機　りくき　261（景元2）–303（太安2））
　新美（陸機　りくき　261（呉・永安4）–303（西晋・太安2））
　人物（陸機　りくき　261–303）
　世東（陸機　りくき　261–303）
　世百（陸機　りくき　261–303）
　世文（陸機　りくき　261（永西4）–303（太安2））
　全書（陸機　りくき　260–303）
　大辞（陸機　りくき　261–303）
　大辞3（陸機　りくき　261–303）
　大百（陸機　りくき　260–303）
　中芸（陸機　りくき　261–303）
　中国（陸機　りくき　261–303）
　中史（陸機　りくき　261–303）
　中書（陸機　りくき　261–303）
　デス（陸機　りくき　261–303）
　伝記（陸機　りくき　261–303）
　百科（陸機　りくき　261–303）
　評世（陸機　りくき　261–303）
　名著（陸機　りくき　261–303）

陸景　りくけい
　3世紀, 中国, 三国時代, 呉の将。
　⇒三国（陸景　りくけい）
　　三全（陸景　りくけい　250–280）

陸康　りくこう
　2世紀, 中国, 三国時代, 廬江の太守。
　⇒三国（陸康　りくこう）
　　三全（陸康　りくこう　125–196）

陸抗　りくこう
　3世紀, 中国, 三国時代, 呉の将。陸遜の子。
　⇒三国（陸抗　りくこう）
　　三全（陸抗　りくこう　226–274）

陸皓東　りくこうとう
　19世紀, 中国, 清末期の革命家。字は献香。1894年孫文の興中会結成に参加。
　⇒コン2（陸皓東　りくこうとう　1867–1895）
　　コン3（陸皓東　りくこうとう　1868–1895）
　　世東（陸皓東　りくこうとう　1867–1895）

陸贄　りくし
　8・9世紀, 中国, 唐中期の官僚。字, 敬輿。徳宗の側近。上奏文などをまとめた『陸宣公全集』（24巻）がある。
　⇒外国（陸贄　りくし　754–805）
　　角世（陸贄　りくし　754–805）
　　国小（陸贄　りくし　754（天宝13）–805（永貞1））
　　コン2（陸贄　りくし　754–805）
　　コン3（陸贄　りくし　754–805）

集世（陸贄　りくし　754（天宝13）-805（永貞1））
集文（陸贄　りくし　754（天宝13）-805（永貞1））
世東（陸贄　りくし　754-805）
世百（陸贄　りくし　754-805）
中芸（陸贄　りくし　754-805）
中国（陸贄　りくし　754-805）
中史（陸贄　りくし　754-805）
百科（陸贄　りくし　754-805）
名著（陸贄　りくし　754-805）
歴史（陸贄　りくし　754-805）

陸秀夫　りくしゅうふ
13世紀、中国、南宋末の宰相。楚州塩城（江蘇省）の出身。字、君実。
⇒外国（陸秀夫　りくしゅうふ　1236-1279）
広辞4（陸秀夫　りくしゅうふ　1236-1279）
広辞6（陸秀夫　りくしゅうふ　1236-1279）
国小（陸秀夫　りくしゅうふ　1236（端平3）-1279（祥興2.2.6））
コン2（陸秀夫　りくしゅうふ　1236-1279）
コン3（陸秀夫　りくしゅうふ　1238-1279）
人物（陸秀夫　りくしゅうふ　1236-1279）
世東（陸秀夫　りくしゅうふ　1236-1279）
大辞（陸秀夫　りくしゅうふ　1236-1279）
大辞3（陸秀夫　りくしゅうふ　1236-1279）
中国（陸秀夫　りくしゅうふ　1238-1279）
中史（陸秀夫　りくしゅうふ　1236-1279）
評世（陸秀夫　りくしゅうふ　1238-1279）

陸駿　りくしゅん
3世紀頃、中国、三国時代、九江郡の都尉。字は季才。
⇒三国（陸駿　りくしゅん）
三全（陸駿　りくしゅん　生没年不詳）

陸潤庠　りくじゅんしょう
19・20世紀、中国、清末期の官僚。字は鳳石。江蘇省出身。新政に強く反対。『清朝徳宗実録』の編集総裁。
⇒コン2（陸潤庠　りくじゅんしょう　1841-1915）
コン3（陸潤庠　りくじゅんしょう　1841-1915）
中人（陸潤庠　りくじゅんしょう　1841-1915）

陸鐘琦　りくしょうき
19・20世紀、中国の清朝政府の高官。
⇒近中（陸鐘琦　りくしょうき　1848-1911.10.28）

陸生枏　りくせいなん
18世紀、中国、清代の官吏。広西の生れ。江蘇省呉県の知県であったが、1729年『通鑑論』中で雍正帝を非難したと告発され、死刑。
⇒外国（陸生枏　りくせいなん　?-1729）

陸宗輿　りくそうよ
19・20世紀、中国の政治家。浙江省出身。1913年初代駐日公使となる。「21か条問題」に関与し、西原借款の受け入れに奔走。1940年南京国民政府行政顧問となる。
⇒角世（陸宗輿　りくそうよ　1876-1974）

国史（陸宗輿　りくそうよ　1876-1941）
コン2（陸宗輿　りくそうよ　1876-1958）
コン3（陸宗輿　りくそうよ　1876-1941）
世東（陸宗輿　りくそうよ　1876.7.1-1941.6.1）
中人（陸宗輿　りくそうよ　1876-1941）

陸遜　りくそん
2・3世紀、中国、三国・呉の名臣。江蘇出身。蜀の劉備の大軍を敗り輔国大将軍となった。
⇒外国（陸遜　りくそん　183-245）
三国（陸遜　りくそん）
三全（陸遜　りくそん　183-245）
世東（陸遜　りくそん　183-245）

陸張什　りくちょうじゅう
8世紀頃、中国、唐から来日した使節。
⇒シル（陸張什　りくちょうじゅう　8世紀頃）
シル新（陸張什　りくちょうじゅう）

陸徴祥　りくちょうしょう
19・20世紀、中国の政治家、外交官。字は子興。上海出身。民国初期、歴代内閣の外交総長。1919年パリ平和会議首席全権。
⇒国史（陸徴祥　りくちょうしょう　1871-1949）
コン2（陸徴祥　りくちょうしょう　1871-1949）
コン3（陸徴祥　りくちょうしょう　1871-1949）
世東（陸徴祥　りくちょうしょう　1871-1949）
中人（陸徴祥　りくちょうしょう　1871-1949）

陸挺　りくてい
8世紀頃、中国、唐の遣新羅使。
⇒シル（陸挺　りくてい　8世紀頃）
シル新（陸挺　りくてい）

陸定一　りくていいち
⇨陸定一（りくていいつ）

陸定一　りくていいつ
20世紀、中国の政治家。1949年以降党中央宣伝部長として教育、文化面の指導的地位にあり、56年5月の「百花斉放、百家争鳴」の講演は有名。
⇒角世（陸定一　りくていいつ　1906-1996）
近中（陸定一　りくていいつ　1906-）
現人（陸定一　りくていいつ〈ルーティンイー〉1901-）
国小（陸定一　りくていいち　1907-）
コン3（陸定一　りくていいつ　1906-1996）
人物（陸定一　りくていいつ　1907-）
世政（陸定一　りくていいつ　1906-1996.5.9）
世東（陸定一　りくていいつ　1907-）
世百（陸定一　りくていいつ　1907-）
全書（陸定一　りくていいつ　1907-）
大百（陸定一　りくていいち〈ルーティンイー〉1907-）
中人（陸定一　りくていいつ　1906-）

陸佃　りくでん
11・12世紀、中国、北宋の官僚。字は農師。徽宗即位後、礼部侍郎・尚書右丞（執政）となる。
⇒外国（陸佃　りくでん　1042-1102）

政治・外交・軍事篇　　　477　　　りけい

コン2（陸佃　りくでん　生没年不詳）
コン3（陸佃　りくでん　1042–1102）
中芸（陸佃　りくでん　1042–1102）

リグデン・ハーン（林丹汗）　Lingden Khaan
16・17世紀, 中央アジア, 内モンゴル, チャハル部のハン（在位1604～34）。
⇒外国（リンダン・ハーン　1592–1634）
　角世（リグデン・カン　1592–1634）
　国小（リンダン・ハン〔林丹汗〕　1592–1634）
　コン2（リンダン・ハン　1592–1634）
　コン3（リンダン・ハン　1592–1634）
　世東（リンダン・ハン〔林丹汗〕　1592–1634）
　世百（リンダンカン　1592–1634）
　全書（リンダン・ハン　1592–1634）
　デス（リンダン・ハン　1592–1634）
　百科（リンダン・ハーン　1592–1634）
　評世（リンダン汗　1592–1634）
　山世（リグデン・ハーン　1592–1634）

リー・クワン・ユー（李光耀）　Lee Kuan Yew
20世紀, シンガポールの政治家。1965年8月シンガポールがマレーシアから分離独立し, 首相に就任。
⇒岩ケ（リー・クアン・ユー　1923–）
　旺世（リー=クワンユー　1923–）
　華人（リー・クアンユー　1923–）
　角世（リー・クアン・ユー　1923–）
　現人（リー・クアンユー　1923.9.16–）
　広辞5（リー・クワン・ユー〔李光耀〕　1922–）
　広辞6（リー-クワン-ユー　1923–）
　国小（リー・クアンユー　1923.9.16–）
　国百（リー・カンユー〔李光耀〕　1923.9.16–）
　世人（リー＝クアンユー　1923–）
　世政（リー・クアンユー　1923.9.16–）
　世西（リー・クアン・ユー（李光耀）　1923.9.16–）
　世東（リ・クワン・ユー〔李光耀〕　1923.9.16–）
　世百新（リー・クワン・ユー〔李光耀〕　1923–）
　全書（リー・クアン・ユー　1923–）
　大辞2（リー・クアン・ユー〔李光耀〕　1923–）
　伝世（リー・クアンユー〔李光耀〕　1923–）
　ナビ（リー=クアン=ユー　1923–）
　二十（リー＝クアンユー　1923–）
　東ア（リー クアンユー〔李光耀〕〔李光耀〕　1923–）
　百科（リー・クアンユー〔李光耀〕〔李光耀〕　1923–）
　評世（リー・クアンユー〔李光耀〕〔李光耀〕　1923–）
　山世（リー・クアンユー〔李光耀〕　1923–）

李訓　りくん
9世紀, 中国, 唐の政治家。初名は仲言, 字は子垂。835年礼部侍郎同平章事となる。文宗とはかり, 宦官勢力の排除に尽力。
⇒コン2（李訓　りくん　?–835）
　コン3（李訓　りくん　?–835）

リー・クンチョイ　Lee Khoon Choy
20世紀, シンガポールの政治家, 外交官, 著作家。
⇒華人（リー・クンチョイ　1924–）

李根模　リグンモ
⇨李根模（イクンモ）

李璟　りけい
⇨李璟（りえい）

李珪　りけい
3世紀, 中国, 三国時代, 荊州の劉表の幕僚。
⇒三国（李珪　りけい）
　三全（李珪　りけい　?–208）

李芸　りげい
14・15世紀, 朝鮮, 李朝の官僚。
⇒日人（李芸　りげい　1373–1445）

李経義　りけいぎ
19・20世紀, 中国の政治家。安徽省会肥出身。民国成立後, 1913年政治会議議長, 17年国務総理兼財政総長。
⇒世東（李経義　りけいぎ　1860–1925）
　中人（李経義　りけいぎ　1860–1925）

李敬業　りけいぎょう
7世紀, 中国, 唐の則天武后朝の反乱指導者。曹州・離狐（河南省）出身。匡復府上将・揚州大都督と称し, 朝廷の討伐軍と奮戦。
⇒コン2（李敬業　りけいぎょう　?–684）
　コン3（李敬業　りけいぎょう　?–684）
　世東（李敬業　りけいぎょう　?–684）

李景儒　りけいじゅ
9世紀頃, 中国, 唐の遣吐蕃使。
⇒シル（李景儒　りけいじゅ　9世紀頃）
　シル新（李景儒　りけいじゅ　9世紀頃）

李継嘗　りけいしょう
9世紀頃, 朝鮮, 渤海の遣唐使。
⇒シル（李継嘗　りけいしょう　9世紀頃）
　シル新（李継嘗　りけいしょう）

李啓新　りけいしん
20世紀, 東南アジアの革命運動家。戦前のマラヤ共産党, 戦中・終戦直後のタイ共産党の最高幹部。
⇒華人（李啓新　りけいしん）

李継遷　りけいせん
10・11世紀, 中国, 西夏国王室の祖。諡, 神武皇帝。廟号, 太祖。定難軍節度使李継捧の族弟。
⇒外国（李継遷　りけいせん　963–1004）
　角世（李継遷　りけいせん　963–1004）
　国小（李継遷　りけいせん　963（乾徳1）–1004（景徳1））
　コン2（李継遷　りけいせん　963–1004）
　コン3（李継遷　りけいせん　963–1004）
　人物（李継遷　りけいせん　963–1004.1.2）
　世東（李継遷　りけいせん　963–1004.1.2）
　中国（李継遷　りけいせん　963–1004）
　中史（李継遷　りけいせん　963–1004）

りけい

統治（太祖〈李継遷〉 T'ai Tsu[Li Chi-ch'ien]
　（在位）990-1004）
評世（李継遷　りけいせん　963-1004）

李経方　りけいほう
19・20世紀, 中国の外交官。
⇒近中（李経方　りけいほう　1855-1934.9.28）

李継捧　りけいほう
10・11世紀, タングート族の長。宋に入朝し, 臣事した(982)。
⇒国小（李継捧　りけいほう　?-1004（景徳1））
　コン2（李継捧　りけいほう　?-1004）
　コン3（李継捧　りけいほう　?-1004）
　中国（李継捧　りけいほう　?-1004）

李奎報　りけいほう
12・13世紀, 朝鮮, 高麗中期の政治家, 学者。京畿道黄驪県出身。号は白雲山, 白雲居士。主著『東国李相国集』『白雲小説』。
⇒角世（李奎報　りけいほう　1168-1241）
　国小（李奎報　りけいほう　1168（毅宗22）-1241（高宗28））
　コン2（李奎報　りけいほう　1168-1241）
　コン3（李奎報　りけいほう　1168-1241）
　集世（李奎報　イーギュポ　1168.12.16-1241.9.2）
　集文（李奎報　イーギュポ　1168.12.16-1241.9.2）
　世東（李奎報　りけいほう　1168-1241）
　世文（李奎報　りけいほう　1168-1241）
　全書（李奎報　りけいほう　1168-1241）
　大百（李奎報　りけいほう　1168-1241）
　朝人（李奎報　りけいほう　1168-1241）
　朝鮮（李奎報　りけいほう　1168-1241）
　百科（李奎報　りけいほう　1168-1241）

李景林　りけいりん
19・20世紀, 中国の奉天派の軍人。
⇒近中（李景林　りけいりん　1885-1931.12.5）

李厳　りげん
3世紀, 中国, 三国時代, 劉璋の臣。劉備に降り, 尚書令となり白帝城を守る。
⇒三全（李厳　りげん　?-234）

李憲　りけん
8・9世紀, 中国, 唐の政治家。江西観察使・嶺南節度使などを歴任。著に『入蕃道里記』。
⇒コン2（李憲　りけん　774-829）
　コン3（李憲　りけん　774-829）
　シル（李憲　りけん　774-829）
　シル新（李憲　りけん　774-829）

李賢　りけん
⇨章懐太子（しょうかいたいし）

李賢　りけん
15世紀, 中国, 明の政治家。字は原徳, 諡は文達。鄧州（河南省）出身。

⇒コン2（李賢　りけん　1408-1466）
　コン3（李賢　りけん　1408-1466）

李原　りげん
15世紀, 中国, 明中期の「荊襄の乱」の指導者。新鄭県（河南省）出身。李鬍子とあだ名された。1470年自ら太平王と称し, 反乱軍を組織, 各県治を襲撃。
⇒コン2（李原　りげん　?-1471）
　コン3（李原　りげん　?-1471）

李元吉　りげんきつ
7世紀, 中国, 唐の初代皇帝高祖の第4子。諡は剌。李世民（太宗）の弟。李世民の功績をねたみ, 高祖に讒言。
⇒コン2（李元吉　りげんきつ　603-626）
　コン3（李元吉　りげんきつ　603-626）

李元昊　りげんこう
11世紀, 中国, 西夏国の初代皇帝（在位1032～48）。別名, 襄霄。諡, 武烈。廟号, 景宗。李徳明の子。
⇒旺世（李元昊　りげんこう　1003-1048）
　外国（李元昊　りげんこう　1003-1048）
　角世（李元昊　りげんこう　1003-1048）
　広辞6（李元昊　りげんこう　1003-1048）
　皇帝（李元昊　りげんこう　1003-1048）
　国小（李元昊　りげんこう　1003-1048）
　コン2（李元昊　りげんこう　1003-1048）
　コン3（李元昊　りげんこう　1003-1048）
　人物（李元昊　りげんこう　1003-1048.1）
　世人（李元昊　りげんこう　1003-1048）
　世東（李元昊　りげんこう　1003-1048）
　全書（李元昊　りげんこう　1003-1048）
　大辞（李元昊　りげんこう　1003-1048）
　大辞3（李元昊　りげんこう　1003-1048）
　大百（李元昊　りげんこう　1003-1048）
　中国（李元昊　りげんこう　1003-1048）
　中史（李元昊　りげんこう　1003-1048）
　デス（李元昊　りげんこう　1003-1048）
　統治（景宗　Ching Tsung　（在位）1032-1048）
　評世（李元昊　りげんこう　1003-1048）
　山世（李元昊　りげんこう　1003-1048）
　歴史（李元昊　りげんこう　1003-1048）

李憲寿　りけんじゅ
9世紀頃, 渤海から来日した使節。
⇒シル（李憲寿　りけんじゅ　9世紀頃）
　シル新（李憲寿　りけんじゅ）

李建昌　りけんしょう
19世紀, 朝鮮, 李朝の文臣, 文章家。斥洋主義者。
⇒コン3（李建昌　りけんしょう　1852-1898）
　朝人（李建昌　りけんしょう　1852-1898）

李建成　りけんせい
6・7世紀, 中国, 唐の初代皇帝高祖の長子。諡は隠。弟李世民（太宗）の名声をねたみ, 排斥を企てる。
⇒コン2（李建成　りけんせい　589-626）

政治・外交・軍事篇

りこう

コン3（李建成　りけんせい　589-626）
中皇（隠太子李建成　?-626）

李元泰　りげんたい
8世紀頃，渤海から来日した使節。
⇒シル（李元泰　りげんたい　8世紀頃）
シル新（李元泰　りげんたい）

李元度　りげんたく
19世紀，中国，清末期の政治家。字は次青。湖南省出身。浙江・雲南などの按察使を歴任。
⇒コン2（李元度　りげんたく　1821-1887）
コン3（李元度　りげんたく　1821-1887）
中芸（李元度　りげんど　1821-1887）

李建中　りけんちゅう
10・11世紀，中国，北宋の政治家，書家。
⇒新美（李建中　りけんちゅう　945（後晋・開運2）-1013（北宋・大中祥符6））
中書（李建中　りけんちゅう　945-1013）

李源潮　りげんちょう
20世紀，中国共産党中央政治局委員，中央書記処書記，中央組織部部長。
⇒中重（李源潮　りげんちょう　1950.11-）
中人（李源潮　りげんちょう　1950-）
中二（李源潮　りげんちょう　1950.11-）

李彦迪　りげんてき
15・16世紀，朝鮮，李朝の政治家，学者。号は晦斎。「王道政治」論を展開。著書『晦斎集』。
⇒コン2（李彦迪　りげんてき　1491-1553）
コン3（李彦迪　りげんてき　1491-1553）

李元度　りげんど
⇒李元度（りげんたく）

李乾徳　りけんとく
⇒リ・ニャン・トン

李元翼　りげんよく
16・17世紀，朝鮮，李朝の文臣。領議政（首相）となり，大同法を実施。
⇒コン2（李元翼　りげんよく　1547-1634）
コン3（李元翼　りげんよく　1547-1634）

李虎　りこ
3世紀頃，中国，三国時代，蜀の尚書令。
⇒三国（李虎　りこ）
三全（李虎　りこ　生没年不詳）

李暠　りこう
4・5世紀，中国，五胡十六国・西涼の初代王（在位400～417）。字，玄盛。諡，昭武王。廟号，太祖。
⇒国小（李暠　りこう　351（前涼，永楽6）-417（嘉興1））
コン2（李暠　りこう　357-417）
コン3（李暠　りこう　351-417）

人物（李暠　りこう　357/5-417）
世東（李暠　りこう　355頃-417）
中皇（太祖　350-417）
中国（李暠　りこう　351-417）
評世（李暠　りこう　351-417）

李邕　りこう
7・8世紀，中国，唐の遺吐蕃使。
⇒シル（李邕　りこう　680?-740）
シル新（李邕　りこう　680?-740）

李沆　りこう
10・11世紀，中国，北宋の政治家。字は太初，諡は文靖。河北省出身。真宗朝に門下侍郎尚書右僕射となった。
⇒コン2（李沆　りこう　947-1004）
コン3（李沆　りこう　947-1004）

李広　りこう
前2世紀，中国，前漢の将軍。隴西・成紀（甘粛省）出身。匈奴討伐に功があり飛将軍と称された。
⇒コン2（李広　りこう　?-前119）
コン3（李広　りこう　?-前119）
中史（李広　りこう　?-前119）

李広　りこう
15世紀，中国，明の宦官。万歳山の建亭問題で，不祥事が続発。
⇒コン2（李広　りこう　?-1498）
コン3（李広　りこう　?-1498）

李康　りこう
3世紀，中国，三国魏朝末期の文人。字は蕭遠。主著『遊山九吟』など。
⇒集世（李康　りこう）
集文（李康　りこう　3世紀）

李甲　りこう
19・20世紀，朝鮮，大韓帝国期から植民地期にかけての啓蒙活動家，独立運動家。
⇒朝人（李甲　りこう　1877-1917）

李綱　りこう
11・12世紀，中国，北宋末～南宋初めの政治家。字，伯紀。号，梁谿。徽宗，欽宗，高宗に歴任し，金に対して主戦論を唱えた。主著『靖康伝信録』。
⇒角世（李綱　りこう　1083-1140）
国小（李綱　りこう　1083（元豊6）-1140（紹興10.1.15））
世東（李綱　りこう　1085-1140）
中芸（李綱　りこう　1083-1140）
中国（李綱　りこう）
中史（李綱　りこう　1083-1140）
百科（李綱　りこう　1083-1140）

李公蘊　りこううん
⇒リ・コン・ウアン

李厚基　りこうき
19・20世紀, 中国の安徽派の軍人。
⇒近中（李厚基　りこうき　1869–1942.9）

李孝恭　りこうきょう
6・7世紀, 中国, 唐の遣突厥使。
⇒シル（李孝恭　りこうきょう　590–640）
　シル新（李孝恭　りこうきょう　590–640）

李皇后（北斉）　りこうごう*
中国, 魏晋南北朝, 北斉の文宣帝の皇妃。
⇒中皇（李皇后）

李皇后（五代十国・後漢）　りこうごう*
10世紀, 中国, 五代十国, 後漢の高祖の皇后。
⇒中皇（李皇后　?–954）

李皇后（南宋）　りこうごう*
12世紀, 中国, 南宋, 光宗の皇后。
⇒中皇（李皇后　1144–1200）

李紅光　りこうこう
20世紀, 朝鮮の独立運動家。
⇒近中（李紅光　りこうこう　1910–1935.5）
　コン3（李紅光　りこうこう　1910–1935）
　朝人（李紅光　りこうこう　1910–1935）

李康国　りこうこく
20世紀, 朝鮮の政治家。忠清南道礼山の生れ。八・一五解放ののち, 建国準備委員会で活躍し, 初代の民主主義民族戦線事務局長となる。
⇒外国（李康国　りこうこく　1905–）
　コン3（李康国　りこうこく　1906–1955頃）
　朝人（李康国　りこうこく　1906–1955?）

李鴻章　りこうしょう
19・20世紀, 中国, 清末の政治家。清末外交を一手に引受け, 下関条約では全権大使として調印した。洋務運動を推進する漢人官僚の第一人者として活躍。
⇒逸話（李鴻章　りこうしょう　1823–1901）
　岩ケ（李鴻章　りこうしょう　1823–1901）
　旺世（李鴻章　りこうしょう　1823–1901）
　外国（李鴻章　りこうしょう　1823–1901）
　科史（李鴻章　りこうしょう　1823–1901）
　角世（李鴻章　りこうしょう　1823–1901）
　広辞4（李鴻章　りこうしょう　1823–1901）
　広辞5（李鴻章　りこうしょう　1823–1901）
　広辞6（李鴻章　りこうしょう　1823–1901）
　国史（李鴻章　りこうしょう　1823–1901）
　国小（李鴻章　りこうしょう　1823（道光3）–1901（光緒27））
　国百（李鴻章　りこうしょう　1823.2.15（道光3.1.5）–1901.11.7（光緒27.9.27））
　コン2（李鴻章　りこうしょう　1823–1901）
　コン3（李鴻章　りこうしょう　1823–1901）
　詩歌（李鴻章　りこうしょう　1823–1901）
　人物（李鴻章　りこうしょう　1823–1901.11）
　世人（李鴻章　りこうしょう　1823–1901）
　世東（李鴻章　りこうしょう　1823–1901）
　世百（李鴻章　りこうしょう　1823–1901）
　全書（李鴻章　りこうしょう　1823–1901）
　大辞（李鴻章　りこうしょう　1823–1901）
　大辞2（李鴻章　りこうしょう　1823–1901）
　大辞3（李鴻章　りこうしょう　1823–1901）
　大百（李鴻章　りこうしょう　1823–1901）
　中国（李鴻章　りこうしょう　1823–1901）
　中史（李鴻章　りこうしょう　1823–1901）
　中人（李鴻章　りこうしょう　1823（道光3）–1901（光緒27））
　朝人（李鴻章　りこうしょう　1823–1901）
　デス（李鴻章　りこうしょう　1823–1901）
　伝記（李鴻章　りこうしょう　1823–1901.11）
　ナビ（李鴻章　りこうしょう　1823–1901）
　日人（李鴻章　りこうしょう　1823–1901）
　百科（李鴻章　りこうしょう　1823–1901）
　評世（李鴻章　りこうしょう　1823–1901）
　山世（李鴻章　りこうしょう　1823–1901）
　歴史（李鴻章　りこうしょう　1823–1901）

李孝信　りこうしん
9世紀頃, 渤海から来日した使節。
⇒シル（李孝信　りこうしん　9世紀頃）
　シル新（李孝信　りこうしん）

李興晟　りこうせい
9世紀頃, 渤海から来日した使節。
⇒シル（李興晟　りこうせい　9世紀頃）
　シル新（李興晟　りこうせい）

李孝誠　りこうせい
9世紀頃, 中国, 唐の遣回紇使。
⇒シル（李孝誠　りこうせい　9世紀頃）
　シル新（李孝誠　りこうせい）

李鴻藻　りこうそう
19世紀, 中国, 清末期の政治家。字は蘭孫, 諡は文正。河北省出身。光緒帝を補佐し, 帝党の中心人物として活躍。
⇒コン2（李鴻藻　りこうそう　1820–1897）
　コン3（李鴻藻　りこうそう　1820–1897）

李康年　りこうねん
19・20世紀, 朝鮮の義兵運動指導者。1894年甲午農民戦争で農民軍を指揮。95年乙未事件が起こると挙兵。著書『雲崗文集』。
⇒コン2（李康年　りこうねん　1861–1908）
　コン3（李康年　りこうねん　1861–1908）
　朝人（李康年　りこうねん　1859–1908）

李光弼　りこうひつ
8世紀, 中国, 唐中期の武将。営州柳城（遼寧省朝陽県）出身。諡, 武穆。契丹の後裔。安史の乱で戦功があった。
⇒外国（李光弼　りこうひつ　708–764）
　国小（李光弼　りこうひつ　708（景龍2）–764（広徳2.7.5））
　コン2（李光弼　りこうひつ　708–764）
　コン3（李光弼　りこうひつ　708–764）
　世東（李光弼　りこうひつ　708–764）
　中国（李光弼　りこうひつ　708–764）

百科（李光弼　りこうひつ　708–764）

李公樸　りこうぼく
20世紀, 中国の政治家。江蘇省出身。抗日七君子の一人。『全民抗戦』を発刊。1941年民主同盟結成に参画, 機関紙『民主周刊』の編集にあたる。
⇒近中（李公樸　りこうぼく　1902.11.26–1946.7.12）
コン3（李公樸　りこうぼく　1900–1946）
世東（李公樸　りこうぼく　1901–1946.7.12）
世百（李公樸　りこうぼく　1901–1946）
世百新（李公樸　りこうぼく　1902–1946）
中人（李公樸　りこうぼく　1900–1946）
百科（李公樸　りこうぼく　1902–1946）

李厚洛　りこうらく
⇨李厚洛（イフラク）

李広利　りこうり
前2・1世紀, 中国, 前漢の武将。中山（河北省定県）出身。妹は武帝の李夫人。西域の大宛国を討ち, 海西侯に封ぜられた。
⇒旺世（李広利　りこうり　?–前88）
外国（李広利　りこうり　?–前89）
角世（李広利　りこうり　?–前88?）
広辞6（李広利　りこうり　?–前90）
国小（李広利　りこうり　?–前90（征和3））
コン2（李広利　りこうり　?–前90）
コン3（李広利　りこうり　?–前88）
シル（李広利　りこうり　?–前89?）
シル新（李広利　りこうり　?–前89?）
人物（李広利　りこうり　?–前90）
世人（李広利　りこうり　?–前90）
世東（弐師将軍　にししょうぐん　前2–1世紀）
世百（李広利　りこうり　?–前90）
全書（李広利　りこうり　?–前90）
大百（李広利　りこうり　?–前90）
中国（李広利　りこうり　?–前90）
百科（李広利　りこうり　?–前90）
評世（李広利　りこうり　?–前90）
山世（李広利　りこうり　?–前89）

李興礼　りこうれい
9世紀頃, 中国西南部, 南詔から入唐した南詔使。
⇒シル（李興礼　りこうれい　9世紀頃）
シル新（李興礼　りこうれい）

李克強　りこくきょう
20世紀, 中国の政治家。共産党中央政治局常務委員。2013年国務院総理（首相）に就任。
⇒中重（李克強　りこくきょう　1955.7–）
中人（李克強　りこくきょう　1955–）
中二（李克強　りこくきょう　1955.7–）

李国昌　りこくしょう
⇨朱邪赤心（しゅやせきしん）

李国鼎　りこくてい
20世紀, 台湾の政治家。南京市に生れる。国立武漢大学教授。1964年〜69年経済部長, 69年財政部長及び党中央常務委員。
⇒現人（李国鼎　りこくてい〈リークオティン〉1910–）
世政（李国鼎　りこくてい　1910.1.28–2001.5.31）
世東（李国鼎　りこくてい　1910.1.28–）
中人（李国鼎　りこくてい　1911.1.28–）

李克農　りこくのう
20世紀, 中国の軍人。中国共産党員・情報・特務担当者。安徽省出身。1949年以来, 外交部副部長, 54年ジュネーヴ会議に参加。
⇒近中（李克農　りこくのう　1898–1962.2.9）
コン3（李克農　りこくのう　1899–1962）

李克用　りこくよう
9・10世紀, 中国, 五代後唐の始祖。諡, 武皇帝。廟号, 太祖。後唐初代の皇帝荘宗の父。
⇒旺世（李克用　りこくよう　856–908）
外国（李克用　りこくよう　856–908）
角世（李克用　りこくよう　856–908）
広辞4（李克用　りこくよう　856–908）
広辞6（李克用　りこくよう　856–908）
皇帝（太祖　たいそ　856–908）
国小（李克用　りこくよう　856（大中10.9.22）–908（天祐5.1.4））
コン2（太祖（後唐）　たいそ　856–908）
コン3（太祖（後唐）　たいそ　856–908）
人物（李克用　りこくよう　856–908）
世東（李克用　りこくよう　856–908）
世百（李克用　りこくよう　856–908）
全書（李克用　りこくよう　856–908）
大辞（李克用　りこくよう　856–908）
大辞3（李克用　りこくよう　856–908）
大百（李克用　りこくよう　856–906）
中皇（李克用　856–908）
中国（李克用　りこくよう　856–908）
中史（李克用　りこくよう　856–908）
デス（李克用　りこくよう　856–908）
百科（李克用　りこくよう　856–908）
評世（李克用　りこくよう　856–908）

リ・コン・ウアン（李公蘊, 李公蘊, 李太祖）
10・11世紀, ベトナムの皇帝。李朝の創始者（在位1009〜28）。廟号は太祖。バクニン出身。
⇒外国（李公蘊　りこううん　974–1028）
角世（リ・コン・ウアン〔李公蘊〕974–1028）
皇帝（リ・コン・ウアン　974–1028）
国小（李公蘊　りこううん　974–1028）
コン2（リイ・コン・ウアン〔李公蘊〕974–1028）
コン3（リイ・コン・ウアン〔李公蘊〕974–1028）
人物（李公蘊　りこううん　974–1028）
世東（李公蘊　りこううん　974–1028）
世百（太祖（ヴェトナム李朝）　たいそ　974–1028）
百科（リ・コン・ウアン〔李公蘊〕974–1028）
評世（李公蘊　りこううん　974–1028）
ベト（Ly-Cong-Uan　リ・コン・ウアン〔李公蘊〕）
ベト（Ly-Thai-To　リ・タイ・ト〔李太祖〕1010–1028）

李根源　りこんげん
19・20世紀, 中国の政治家。字は印泉。雲南省出身。1922〜23年北京政府の農商総長, 一時国務総理代理となる。政府委員を歴任。
⇒近中（李根源　りこんげん　1879.6.6–1965.7.6）
　コン2（李根源　りこんげん　1879–1965）
　コン3（李根源　りこんげん　1879–1965）
　世東（李根源　りこんげん　1879–1965）
　中人（李根源　りこんげん　1879–1965）

李根模　りこんぽ
⇨李根模（イクンモ）

李最応　りさいおう
19世紀, 朝鮮の政治家。大院君李昰応の兄。1880年統理大臣, 親日開化方針を進めた。
⇒外国（李最応　りさいおう　?–1882）

李斉賢　りさいけん
⇨李斉賢（りせいけん）

李睟光　りさいこう
16・17世紀, 朝鮮, 李朝の文臣, 学者。号は芝峰。著書に『芝峰類説』がある。
⇒角世（李睟光　りさいこう　1563–1628）
　コン2（李睟光　りすいこう　1563–1628）
　コン3（李睟光　りすいこう　1563–1628）
　世東（李睟光　りすいこう　1536–1628）
　朝人（李睟光　りさいこう　1563–1628）
　朝鮮（李睟光　りさいこう　1563–1628）
　百科（李睟光　りさいこう　1563–1628）

李済深（李済琛）　りさいしん
19・20世紀, 中国の軍人, 政治家。1954年まで中央人民政府副主席。
⇒外国（李済深　りさいしん　1886–）
　角世（李済深　りさいしん　1886–1959）
　近中（李済深　りさいしん　1885.11.6–1959.10.9）
　国小（李済深　りさいしん　1886–1959.10.9）
　コン3（李済深　りせいしん　1885–1959）
　人物（李済深　りせいしん　1886–1959）
　世東（李済深　りさいしん　1886–1959.10.9）
　世百（李済深　りさいしん　1886–1959）
　世百新（李済深　りさいしん　1886–1959）
　全書（李済深　りさいしん　1886–1959）
　中人（李済深　りさいしん　1885–1959.10.9）
　百科（李済深　りさいしん　1886–1959）

李載先　りさいせん
19世紀, 朝鮮, 李朝, 高宗の異母兄。政府の開化政策に反対しクーデタ未遂事件を起こす。
⇒朝人（李載先　りさいせん　?–1881）

李在明　りざいめい
19・20世紀, 朝鮮の独立運動家。
⇒コン3（李在明　りざいめい　1890–1910）
　朝人（李在明　りざいめい　1890–1910）

李載裕　りさいゆう
20世紀, 朝鮮の社会主義者。
⇒コン3（李載裕　りさいゆう　1903–1944）
　朝人（李載裕　りさいゆう　1903–1944）

李作鵬　りさくほう
20世紀, 中国の軍人。1967年海軍文化大革命小組常務副組長となり海軍の指揮権を掌握。抗日戦争以来, 林彪と密接な関係にあった。
⇒現人（李作鵬　りさくほう〈リーツオポン〉1910–）
　国人（李作鵬　りさくほう　1910–）
　世東（李作鵬　りさくほう　?–）
　中人（李作鵬　りさくほう　1914–）

李三才　りさんさい
17世紀, 中国, 明末期の政治家。字は道甫, 号は道夫。順天・通州（北京市）出身。巡撫在位の13年間, 税監攻撃の急先鋒となる。
⇒コン2（李三才　りさんさい　?–1623）
　コン3（李三才　りさんさい　?–1623）

リー・サンチュン　Lee San Choon
20世紀, マレーシアの政治家, 実業家。
⇒華人（リー・サンチュン　1935–）

李斯　りし
前3世紀, 中国, 秦の政治家。秦の始皇帝に仕え, 丞相となり法治主義をとった。
⇒旺世（李斯　りし　?–前208）
　外国（李斯　りし　?–前208）
　角世（李斯　りし　?–前210）
　教育（李斯　りし　?–前208）
　広辞4（李斯　りし　?–前210）
　広辞6（李斯　りし　?–前210）
　国小（李斯　りし　?–前208（胡亥2））
　コン2（李斯　りし　?–前210）
　コン3（李斯　りし　?–前208）
　三国（李斯　りし）
　詩歌（李斯　りし　?–前208（秦二世皇帝2））
　集世（李斯　りし　?–前208）
　集文（李斯　りし　?–前208）
　新美（李斯　りし　?–前208（秦二世皇帝2））
　人物（李斯　りし　?–前210）
　世人（李斯　りし　?–前210）
　世東（李斯　りし　?–前210）
　世百（李斯　りし　?–前208）
　世文（李斯　りし　?–前208（秦胡亥2））
　全書（李斯　りし　?–前208）
　大辞（李斯　りし　?–前210）
　大辞3（李斯　りし　?–前210）
　大百（李斯　りし　?–前208）
　中芸（李斯　りし　?–前208）
　中国（李斯　りし　?–前208）
　中史（李斯　りし　?–前208）
　中書（李斯　りし　?–前208）
　デス（李斯　りし　?–前208）
　伝記（李斯　りし　?–前208）
　百科（李斯　りし　?–前208）
　評世（李斯　りし　前280頃–208）
　山世（李斯　りし　?–前210）
　歴史（李斯　りし　?–前210）

政治・外交・軍事篇　　　　　　　　りしせ

李珥　りじ
16世紀, 朝鮮, 李朝中期の学者, 政治家。字は叔献。号, 栗谷, 石潭。李滉と併称される人物。主著『栗谷全書』『聖学輯要』『中庸吐釈』。
⇒岩哲（李栗谷　りりつこく　1536–1584）
　外国（李珥　りじ　1536–1584）
　角世（李珥　りじ　1536–1584）
　国小（李栗谷　りりつこく　1536（中宗31）–1584（宣祖17））
　国小（李珥　りじ　1536（中宗31）–1584（宣祖17））
　コン2（李珥　りじ　1536–1584）
　コン3（李珥　りじ　1536–1584）
　集世（李珥　イーイ　1536–1584）
　集文（李珥　イーイ　1536–1584）
　世東（李珥　りじ　1536–1584）
　世百（李栗谷　りりつこく　1536–1584）
　全書（李珥　りじ　1536–1584）
　朝人（李珥　りじ　1536–1584）
　朝鮮（李栗谷　りりつこく　1536–1584）
　伝記（李珥　りじ〈イイ〉　1536–1584）
　百科（李栗谷　りりつこく　1536–1584）

李施愛　りしあい
15世紀, 朝鮮, 李朝初期の農民闘争指導者。世祖による咸鏡道の量田, 号牌法の実施に反対し, 1467年蜂起。
⇒コン2（李施愛　りしあい　?–1467）
　コン3（李施愛　りしあい　?–1467）
　朝人（李施愛　りしあい　?–1467）
　朝鮮（李施愛　りしあい　?–1467）
　百科（李施愛　りしあい　?–1467）

李始栄　りしえい
19・20世紀, 韓国の政治家。日韓併合に反対, 以来独立運動に心を傾ける。1919年万歳事件で上海に亡命, 韓国臨時政府法務総長。戦後帰国し, 48年副大統領。
⇒外国（李始栄　りしえい　1869–1953）
　コン3（李始栄　りしえい　1868–1953）
　世東（李始末　りしまつ　1869–）
　朝人（李始栄　りしえい　1868–1953）

李子淵　りしえん
11世紀, 朝鮮, 高麗の武臣。3人の娘を文宗の王妃とし, 外戚となって勢力を拡大, 広大な農荘を所有した。
⇒角世（李子淵　りしえん　1003–1061）
　コン2（李子淵　りしえん　?–1086）
　コン3（李子淵　りしえん　?–1086）
　朝人（李子淵　りしえん　1003–1061）
　朝鮮（李子淵　りしえん　1003–1061）
　百科（李子淵　りしえん　1003–1061）
　評世（李子淵　りしえん　933–1061）

李止淵　りしえん
18・19世紀, 朝鮮, 李朝の政治家。字, 景進。号は璵谷。世宗の第5子広平大君李璵の子孫。
⇒国小（李止淵　りしえん　1777（正祖1）–1841（憲宗7））
　世東（李止淵　りしえん　1777–1841）

李先念　リーシェンニエン
⇨李先念（りせんねん）

リー・シェンロン（李顕龍）
20世紀, シンガポール共和国第3代首相（2004～）。
⇒世政（リー・シェンロン　1952.2.10–）
　東ア（李顕龍　リーシェンロン　1952–）

李是応　りしおう
⇨大院君（たいいんくん）

李資謙　りしけん
12世紀, 朝鮮, 高麗の政治家。16代睿宗, 17代文宗の外戚として, 知事国事と称し, 軍事, 国政を壟断。
⇒国小（李資謙　りしけん　?–1126（仁宗4.12））
　コン2（李資謙　りしけん　?–1126）
　コン3（李資謙　りしけん　?–1126）
　世東（李資謙　りしけん　生没年不詳）
　朝人（李資謙　りしけん　?–1126）
　百科（李資謙　りしけん　?–1126）

李四光　りしこう
19・20世紀, 中国の地質学者。字は仲揆。湖北省黄岡県出身。1954年人民政治協商会議副主席。著書『南京龍潭地質指南』（1932）,『地球的年齢』。
⇒外国（李四光　りしこう　1889–）
　現人（李四光　りしこう〈リースーコアン〉　1889–）
　コン3（李四光　りしこう　1889–1971）
　世東（李四光　りしこう　1889–）
　世百新（李四光　りしこう　1889–1971）
　全書（李四光　りしこう　1889–1971）
　中人（李四光　りしこう　1889–1971.4.29）
　百科（李四光　りしこう　1889–1971）

李自成　りじせい
17世紀, 中国, 明末期の大農民反乱の指導者。米脂県（陝西省）出身。1643年西安を占領し, 西京と改称, 国を大順と号した。44年北京に入り, 明を滅ぼす。
⇒旺世（李自成　りじせい　1606–1645）
　外国（李自成　りじせい　1606–1645）
　角世（李自成　りじせい　1606–1645）
　広辞4（李自成　りじせい　1606–1645）
　広辞6（李自成　りじせい　1606–1645）
　皇帝（李自成　りじせい　?–1645）
　コン2（李自成　りじせい　1606頃–1645）
　コン3（李自成　りじせい　1606頃–1645）
　人物（李自成　りじせい　1606–1645）
　世人（李自成　りじせい　1606頃–1645）
　世東（李自成　りじせい　1606–1645）
　世百（李自成　りじせい　1606–1645）
　全書（李自成　りじせい　1606–1645）
　大辞（李自成　りじせい　1606頃–1645）
　大辞3（李自成　りじせい　1606頃–1645）
　大百（李自成　りじせい　1606?–1645）
　中皇（李自成　1606–1645）
　中国（李自成　りじせい　1606–1645）
　デス（李自成　りじせい　1606–1645）

りしつ　　　　　　　　　　　484　　　　　　　東洋人物レファレンス事典

伝記（李自成　りせい　1606–1645）
百科（李自成　りせい　1606–1645）
評世（李自成　りせい　1606–1645）
山世（李自成　りせい　1606–1645）

李質　りしつ
8世紀頃, 中国, 唐の遺突厥冊立使。
⇒シル（李質　りしつ　8世紀頃）
　シル新（李質　りしつ）

李子通　りしつう
7世紀, 中国, 隋末期の反乱指導者。東海・丞（山東省）出身。海陵に自立。619年江都をおとし, 帝を自称, 呉と号した。
⇒コン2（李子通　りしつう　?–622）
　コン3（李子通　りしつう　?–622）

李失活　りしつかつ
8世紀, 中央アジア, 契丹の首領。唐に仕えた。
⇒シル（李失活　りしつかつ　?–718）
　シル新（李失活　りしつかつ　?–718）

李始末　りしまつ
⇨李始栄（りしえい）

李若水　りじゃくすい
11・12世紀, 中国, 北宋の官僚。初名は若氷, 字は清卿, 諡は忠愍。金の攻撃で, 対金交渉にあたる。
⇒コン2（李若水　りじゃくすい　1093–1127）
　コン3（李若水　りじゃくすい　1093–1127）

李錫銘　りしゃくめい
20世紀, 中国の政治家。中国全国人民代表大会（全人代）常務副委員長, 北京市党委書記。
⇒世政（李錫銘　りしゃくめい　1926–）
　世東（李錫銘　りしゃくめい　1926–）
　中人（李錫銘　りしゃくめい　1926–）

李儒　りじゅ
2世紀, 中国, 三国時代, 董卓の女婿。幕僚。
⇒三国（李儒　りじゅ）
　三全（李儒　りじゅ　?–192）

李従易　りじゅうえき
9世紀, 中国, 唐の遺吐蕃使。
⇒シル（李従易　りじゅうえき　?–836）
　シル新（李従易　りじゅうえき　?–836）

李周淵　りしゅうえん
⇨李周淵（リジュヨン）

李舟河　りしゅうか
20世紀, 朝鮮の政治家。咸鏡南道元山の生れ。八・一五解放ののちは朝鮮共産党元山党部責任秘書をつとめ, そののち共産党中央委員として活躍。
⇒外国（李舟河　りしゅうか　1905–1950）
　朝人（李舟河　りしゅうか　1905–1950）

李従簡　りじゅうかん
9世紀頃, 中国, 唐の遺吐蕃返礼使。
⇒シル（李従簡　りじゅうかん　9世紀頃）
　シル新（李従簡　りじゅうかん）

李周慶　りしゅうけい
9世紀頃, 渤海から来日した使節。
⇒シル（李周慶　りしゅうけい　9世紀頃）
　シル新（李周慶　りしゅうけい）

李秀成　りしゅうせい
19世紀, 中国, 太平天国の指導者。広西省藤県の貧農の子。
⇒旺世（李秀成　りしゅうせい　1823–1864）
　外国（李秀成　りしゅうせい　1825–1864）
　角世（李秀成　りしゅうせい　1823–1864）
　国小（李秀成　りしゅうせい　1823（道光3）–1864（同治3））
　コン2（李秀成　りしゅうせい　1823–1864）
　コン3（李秀成　りしゅうせい　1823–1864）
　人物（李秀成　りしゅうせい　1825頃–1864）
　世人（李秀成　りしゅうせい　1823–1864）
　世東（李秀成　りしゅうせい　1823–1864）
　世百（李秀成　りしゅうせい　1825?–1864）
　全書（李秀成　りしゅうせい　1823–1864）
　大百（李秀成　りしゅうせい　1823–1864）
　中国（李秀成　りしゅうせい　1823–1864）
　デス（李秀成　りしゅうせい　1823–1864）
　百科（李秀成　りしゅうせい　1823–1864）
　評世（李秀成　りしゅうせい　1823–1864）
　山世（李秀成　りしゅうせい　1823–1864）

李重旻　りじゅうびん
9世紀頃, 中国, 唐の遺渤海使。
⇒シル（李重旻　りじゅうびん　9世紀頃）
　シル新（李重旻　りじゅうびん）

李従茂　りじゅうほ
⇨李従茂（りじゅうも）

李従茂　りじゅうも
14・15世紀, 朝鮮, 李朝の武臣。1419年倭寇の根拠地対島を攻め, 倭寇を根絶。
⇒コン2（李従茂　りじゅうも　1360–1425）
　コン3（李従茂　りじゅうも　1360–1425）
　世東（李従茂　りじゅうほ　1369–1425）

李雪峰　リーシュエフォン
⇨李雪峰（りせっぽう）

李粛　りしゅく
2世紀, 中国, 三国時代の虎賁中郎将。董卓の配下。
⇒三国（李粛　りしゅく）
　三全（李粛　りしゅく　?–192）

李守真　りしゅしん
7世紀頃, 中国, 唐の百済派遣軍の使。
⇒シル（李守真　りしゅしん　7世紀頃）
　シル新（李守真　りしゅしん）

李周淵　リジュヨン
20世紀, 北朝鮮の政治家。解放後, 1946年臨時人民委員会総務部長, 52年商業相, 54年財政相, 58年副首相。
⇒現人（李周淵　リジュヨン　1903-）
　世東（李周淵　りしゅうえん　1903-）

李準　りじゅん
19・20世紀, 中国の軍人。字は直縄。清末, 広州水師提督で, 革命蜂起を弾圧。
⇒近中（李準　りじゅん　1871.3.26-1936.12.22）
　コン2（李準　りじゅん　1871-1920）
　コン3（李準　りじゅん　1871-1920）
　中人（李準　りじゅん　1871-1920）

李純　りじゅん
19・20世紀, 中国の軍人。字は秀珊。1913年第2革命で, 袁世凱の命令をうけ, 革命派の江西都督李烈鈞軍を攻撃。
⇒近中（李純　りじゅん　1867.9.12-1920.10.12）
　コン2（李純　りじゅん　1874-1920）
　コン3（李純　りじゅん　1874-1920）
　中人（李純　りじゅん　1874-1920）

李順　りじゅん
5世紀, 中国, 北魏の政治家。趙郡平棘（河北省寧晋県）出身。字, 徳正。
⇒国小（李順　りじゅん　?-442（太平真君3））
　シル（李順　りじゅん　?-442）
　シル新（李順　りじゅん　?-442）
　中国（李順　りじゅん）

李順　りじゅん
10世紀, 中国, 宋代に四川に起きた均産一揆の指導者。
⇒外国（李順　りじゅん　?-994）
　国小（李順　りじゅん　生没年不詳）
　コン2（李順　りじゅん　?-994）
　コン3（李順　りじゅん　?-994）
　世東（李順　りじゅん　生没年不詳）
　中国（李順　りじゅん）
　評世（李順　りじゅん）

李儁　りしゅん
19・20世紀, 朝鮮の独立運動家。1904年大韓保安会を組織し, 日本の植民地政策に反対した。
⇒コン2（李儁　りじゅん　1859-1907）
　コン3（李儁　りじゅん　1859-1907）
　朝人（李儁　りじゅん　1859-1907）

李舜臣　りしゅんしん
⇨李舜臣（イスンシン）

李俊雄　りしゅんゆう
9世紀頃, 渤海から来日した使節。
⇒シル（李俊雄　りしゅんゆう　9世紀頃）
　シル新（李俊雄　りしゅんゆう）

李勝　りしょう
3世紀, 中国, 三国時代, 魏の大将軍曹爽の腹心の一人。字は公昭。
⇒三国（李勝　りしょう）
　三全（李勝　りしょう　?-249）

李常　りじょう
11世紀, 中国, 北宋の政治家。字は公択。南康・建昌（江西省）出身。三司条例司検詳官, 右正言知諫院を務めた。
⇒コン2（李常　りじょう　1027-1090）
　コン3（李常　りじょう　1027-1090）
　中芸（李常　りじょう　1027-1090）

李鍾一　りしょういつ
19・20世紀, 朝鮮の言論人。3・1独立宣言書署名者の一人。
⇒コン3（李鍾一　りしょういつ　1858-1925）
　朝人（李鍾一　りしょういつ　1858-1925）

李承英　りしょうえい
9世紀頃, 渤海から来日した使節。
⇒シル（李承英　りしょうえい　9世紀頃）
　シル新（李承英　りしょうえい）

李承恩　りしょうおん
8世紀頃, インドの王族。北インドの王子。741（開元29）年3月に唐へ来朝。
⇒シル（李承恩　りしょうおん　8世紀頃）
　シル新（李承恩　りしょうおん）

李承燁　りしょうか
20世紀, 朝鮮の政治活動家。南朝鮮労働党系の共産主義者。
⇒朝人（李承燁　りしょうか　1905-1953）

李鐘玉　りしょうぎょく
⇨李鐘玉（イジョンオク）

李昇薫　りしょうくん
⇨李昇薫（イスンフン）

李商在　りしょうざい
⇨李商在（イサンジェ）

李鐘賛　りしょうさん
20世紀, 韓国の政治家。
⇒世東（李鐘賛　りしょうさん　1936-）

李承寀　りしょうしん
8世紀, 中国, 唐の遣回紇使。
⇒シル（李承寀　りしょうしん　?-758）
　シル新（李承寀　りしょうしん　?-758）

李承宗　りしょうそう
9世紀頃, 渤海から来日した使節。
⇒シル（李承宗　りしょうそう　9世紀頃）
　シル新（李承宗　りしょうそう）

李承晩　りしょうばん
　⇨李承晩（イスンマン）

李相龍　りしょうりゅう
　⇨李相龍（りそうりゅう）

李燮和　りしょうわ
　19・20世紀，中国，清末期の革命家。名は柱中。燮和は字。籌安会の発起人の一人。
　⇒近中　（李燮和　りしょうわ　生没年不詳）
　　コン2　（李燮和　りしょうわ　生没年不詳）
　　コン3　（李燮和　りしょうわ　1874-1927）
　　中人　（李燮和　りしょうわ　1874-1927）

李穡　りしょく
　14世紀，朝鮮，高麗末・李朝初期の儒学者，政治家。号は牧隠。著書に『牧隠集』。
　⇒コン2　（李穡　りしょく　1328-1396）
　　コン3　（李穡　りしょく　1328-1396）
　　集文　（李穡　イーセク　1328-1396）
　　世東　（李穡　りしょく　1328-1396）
　　朝人　（李穡　りしょく　1328-1396）
　　朝鮮　（李穡　りしょく　1328-1396）
　　百科　（李穡　りしょく　1328-1396）

李燭塵　りしょくじん
　19・20世紀，中国・天津の民族資本家・民主建国会の指導者。
　⇒近中　（李燭塵　りしょくじん　1882.9.15-1968.10.7）

李書城　りしょじょう
　19・20世紀，中国の政治家。字は小垣。湖北省出身。1917年孫文の広東政府に加わる。26年北伐で湖北攻略に貢献した。
　⇒コン2　（李書城　りしょじょう　1881-1965）
　　コン3　（李書城　りしょじょう　1881-1965）
　　世東　（李書城　りしょじょう　1877-1965）
　　中人　（李書城　りしょじょう　1881-1965）

李如松　りじょしょう
　16世紀，中国，明の武将。遼東鉄嶺衛出身。字，子茂。号，仰城。豊臣秀吉の朝鮮侵略に際し，朝鮮に出兵。
　⇒外国　（李如松　りじょしょう　?-1598）
　　角世　（李如松　りじょしょう　?-1598）
　　国史　（李如松　りじょしょう　?-1598）
　　国小　（李如松　りじょしょう　?-1598（神宗26））
　　コン2　（李如松　りじょしょう　?-1598）
　　コン3　（李如松　りじょしょう　?-1598）
　　人物　（李如松　りじょしょう　?-1598）
　　世東　（李如松　りじょしょう　?-1598.4）
　　全書　（李如松　りじょしょう　?-1598）
　　対外　（李如松　りじょしょう　?-1598）
　　大辞　（李如松　りじょしょう　?-1598）
　　大辞3　（李如松　りじょしょう　?-1598）
　　中国　（李如松　りじょしょう　?-1598）
　　日人　（李如松　りじょしょう　?-1598）
　　百科　（李如松　りじょしょう　?-1598）
　　評世　（李如松　りじょしょう　?-1598）

李之龍　りしりゅう
　20世紀，中国の国民革命軍，中国共産党の指導者。
　⇒近中　（李之龍　りしりゅう　1897-1928.2.8）

李紳　りしん
　8・9世紀，中国，中唐の政治家，詩人。無錫（江蘇省）出身。字，公垂。李徳裕と結び，842年宰相。
　⇒国小　（李紳　りしん　780（建中1）?-846（会昌6））
　　詩歌　（李紳　りしん　?-846（唐・武宗・会昌6））
　　集世　（李紳　りしん　772（大暦7）-846（会昌6））
　　集文　（李紳　りしん　772（大暦7）-846（会昌6））
　　人物　（李紳　りしん　?-846）
　　世文　（李紳　りしん　772（大暦7）-846（会昌6））
　　中芸　（李紳　りしん　?-846）
　　中史　（李紳　りしん　772-846）

李震　りしん
　20世紀，中国の軍人，政治家。河南省生れ。紅軍第4方面軍出身。1955年少将，58年瀋陽軍区政治部副主任。69年4月9期中央委，72年10月公安相に就任。
　⇒世東　（李震　りしん　1905-）
　　中人　（李震　りしん　1905-）

李仁　りじん
　20世紀，韓国の法律家，政治家。
　⇒コン3　（李仁　りじん　1896-1979）
　　朝人　（李仁　りじん　1896-1979）

李仁済　りじんさい
　⇨李仁済（イインジェ）

李仁任　りじんにん
　14世紀，朝鮮，高麗末期の政治家。恭愍王が殺害されると辛禑を擁立して政権を掌握。
　⇒角世　（李仁任　りじんにん　?-1388）
　　国小　（李仁任　りじんにん　?-1388）
　　コン2　（李仁任　りじんにん　?-1388）
　　コン3　（李仁任　りじんにん　?-1388）
　　世東　（李仁任　りじんにん　生没年不詳）
　　百科　（李仁任　りじんにん　生没年不詳）

李宸妃　りしんひ
　10・11世紀，中国，北宋，真宗の皇妃。
　⇒中皇　（李宸妃　986-1032）

李森茂　りしんも
　20世紀，中国の鉄道相。
　⇒中人　（李森茂　りしんも　1929.12-）

李瑞環　りずいかん
　20世紀，中国の政治家。共産党政治局常務委員，天津市長。
　⇒世政　（李瑞環　りずいかん　1934.9-）
　　世東　（李瑞環　りずいかん　1934-）
　　中人　（李瑞環　りずいかん　1934.9-）

李晬光　りすいこう
　⇨李晬光（りさいこう）

李瑞山　りずいざん
　20世紀, 中国の政治家。河北省出身。1956年湖南省党委会書記, 64年3期全人大会河北省代表, 68年5月陝西省革委会主任に就任。69年4月9期中央委。
　⇒世東（李瑞山　りずいざん　?-）
　　中人（李瑞山　りずいざん　1920-）

李水清　りすいせい
　20世紀, 中国の政治家。江西省吉安県生れ。朝鮮戦争後, 青島駐屯軍責任者。文革で, 毛・林派の王効禹を支持し青島の奪権のため活躍。済南軍区副参謀長に就任。1969年4月9期中央委。
　⇒世東（李水清　りすいせい　1919-）
　　中人（李水清　りすいせい　1918-）

李崇　りすう
　3世紀頃, 中国, 三国時代, 呉の孫綝時代の中書郎。
　⇒三国（李崇　りすう）
　　三全（李崇　りすう　生没年不詳）

李素文　リースーウェン
　⇨李素文（りそぶん）

李崇仁　りすうじん
　⇨李崇仁（イースンイン）

李四光　リースーコアン
　⇨李四光（りしこう）

李泋　りぜい
　9世紀頃, 中国, 唐の遣新羅副使。
　⇒シル（李泋　りぜい　9世紀頃）
　　シル新（李泋　りぜい）

李勢　りせい
　4世紀, 中国, 五胡成漢の第5代皇帝（在位343～347）。字は子仁。財色を好み, 殺人と荒淫を重ね, 国政を乱した。
　⇒コン2（李勢　りせい　?-361）
　　コン3（李勢　りせい　?-361）
　　中皇（勢　?-361）

李靖　りせい
　6・7世紀, 中国, 唐初の名将。京兆三原（陝西省三原県）出身。字, 薬師。諡, 景武。李世民（太宗）の部将となった。
　⇒旺世（李靖　りせい　571-649）
　　外国（李靖　りせい　571-649）
　　角世（李靖　りせい　571-649）
　　国小（李靖　りせい　571（天和6）-649（貞観23.5.18）
　　コン2（李靖　りせい　571-649）
　　コン3（李靖　りせい　571-649）
　　人物（李靖　りせい　571-649）
　　世東（李靖　りせい　571-649）

世百（李靖　りせい　571-649）
全書（李靖　りせい　571-649）
大百（李靖　りせい　571-649）
デス（李靖　りせい　571-649）
百科（李靖　りせい　571-649）
評世（李靖　りせい　571-649）

李晟　りせい
　8世紀, 中国, 唐の軍人。字は良器, 諡は忠武。甘粛省の生れ。西平郡王に封ぜられた。
　⇒コン2（李晟　りせい　727-793）
　　コン3（李晟　りせい　727-793）
　　世東（李晟　りせい　727-793）

李成桂　りせいけい
　14・15世紀, 朝鮮, 李朝の初代王（在位1392～98）。字, 仲潔, のち君晋。号, 松軒。諱, 旦。廟号, 太祖。
　⇒旺世（李成桂　りせいけい　1335-1408）
　　外国（李成桂　りせいけい　1335-1408）
　　角世（李成桂　りせいけい　1335-1408）
　　広辞4（李成桂　りせいけい　1335-1408）
　　広辞6（李成桂　りせいけい　1335-1408）
　　皇帝（太祖　たいそ　1335-1408）
　　国史（李成桂　りせいけい　1335-1408）
　　国小（李成桂　りせいけい　1335（忠粛王4）-1408（太宗8））
　　国百（李成桂　りせいけい　1335-1408）
　　コン2（太祖（李朝）　たいそ　1335-1408）
　　コン3（太祖（李朝）　たいそ　1335-1408）
　　人物（李成桂　りせいけい　1335.10-1408.5）
　　世人（太祖（李朝）　たいそ　1335-1408）
　　世東（李成桂　りせいけい　1335.10-1408）
　　世百（李成桂　りせいけい　1335-1408）
　　全書（李成桂　りせいけい　1335-1408）
　　対外（李成桂　りせいけい　1335-1408）
　　大辞（李成桂　りせいけい　1335-1408）
　　大辞3（李成桂　りせいけい　1335-1408）
　　大百（李成桂　りせいけい　1335-1408）
　　中国（太祖（李朝）　たいそ　1335-1408）
　　朝人（李成桂　りせいけい　1335-1408）
　　朝鮮（李成桂　りせいけい　1335-1408）
　　デス（李成桂　りせいけい　1335-1408）
　　伝記（李成桂　りせいけい〈イソンゲ〉　1335-1408）
　　統治（太祖（李成桂）　T'aejo〔Yi Sŏnggye〕（在位）1392-1398）
　　日人（李成桂　りせいけい　1335-1408）
　　百科（太祖（李朝）　たいそ　1335-1408）
　　評世（李成桂　りせいけい　1335-1408）
　　山世（李成桂　りせいけい　1335-1408）
　　歴史（李成桂　りせいけい　1335-1408）

李星沅　りせいげん
　18・19世紀, 中国, 清末期の官僚。字は子湘, 号は石梧, 諡は文恭。1847年両江総督, 50年太平天国の乱で欽差大臣となる。
　⇒外国（李星沅　りせいげん　1797-1851）
　　コン2（李星沅　りせいげん　1797-1851）
　　コン3（李星沅　りせいげん　1797-1851）

李斉賢　りせいけん
　13・14世紀, 朝鮮, 高麗末期の朱子学者, 政治家。号は益斉。土地制度・税制を改革。著作に

りせい

『益斉乱蒿』『櫟翁稗説』がある。
- ⇒角世（李斉賢　りさいけん　1287–1367）
- コン2（李斉賢　りせいけん　1287–1367）
- コン3（李斉賢　りせいけん　1287–1367）
- 集世（李斉賢　イージェヒョン　1287–1367）
- 集文（李斉賢　イージェヒョン　1287–1367）
- 世東（李斉賢　りせいけん　1287–1367）
- 朝鮮（李斉賢　りせいけん　1287–1367）
- 伝記（李斉賢　りさいけん〈イジェヒョン〉1287–1367）
- 百科（李斉賢　りせいけん　1287–1367）

李済琛（李済深）　りせいしん
⇨李済深（りさいしん）

李井泉　りせいせん
20世紀, 中国の政治家。江西省生れ。1956年8全大会党中央委員, 58年党中央政治局委員。文化大革命で失脚したが, 73年復活。75年第4期人民代表大会常務委員会副委員長。
- ⇒近中（李井泉　りせいせん　1908–1989.4.24）
- 現人（李井泉　りせいせん〈リーチンチュアン〉1905–）
- 世東（李井泉　りせいせん　1909.9.9–1989.4.24）
- 中人（李井泉　りせいせん　1909–1989.4.24）

李盛鐸　りせいたく
19・20世紀, 中国の政治家。字は椒微, 号は木斎。袁世凱大総統顧問, 李経義内閣の農商総長などを歴任。
- ⇒近中（李盛鐸　りせいたく　1858–1937.2）
- コン2（李盛鐸　りせいたく　1861–1937）
- コン3（李盛鐸　りせいたく　1859–1935）
- 世東（李盛鐸　りせいたく　1861–1937.2）
- 中人（李盛鐸　りせいたく　1859–1935）

李青天　りせいてん
19・20世紀, 朝鮮の軍人。本名は池大亨。1919年万歳事件以後独立運動に参加。戦後, 48年12月大韓青年団最高顧問, 51年6月韓国軍総司令官となり, 北朝鮮軍に当たる。
- ⇒外国（李青天　りせいてん　1887–）
- コン3（李青天　りせいてん　1888–1959）
- 世東（李青天　りせいてん　1887–）
- 朝人（李青天　りせいてん　1888–1959）

李世民　りせいみん
⇨太宗（唐）（たいそう）

李成梁　りせいりょう
16・17世紀, 中国, 明末の武将。遼東鉄嶺衛（遼寧省）の出身。字, 汝契。明の満州防衛に大功をたてた。
- ⇒外国（李成梁　りせいりょう　1526–1615）
- 角世（李成梁　りせいりょう　1526–1615）
- 国小（李成梁　りせいりょう　1526（嘉靖5）–1615（万暦43））
- コン2（李成梁　りせいりょう　1526–1615）
- コン3（李成梁　りせいりょう　1526–1615）
- 人物（李成梁　りせいりょう　1526–1615）
- 世東（李成梁　りせいりょう　1526–1615）
- 百科（李成梁　りせいりょう　1526–1615）

李勣　りせき
6・7世紀, 中国, 唐初の名将。曹州離狐（山東省単県付近）の出身。本名, 徐世勣。字, 懋功。諡, 貞武。
- ⇒旺世（李勣　りせき　?–669）
- 外国（李勣　りせき　594–669）
- 角世（李勣　りせき　?–669）
- 国史（李勣　りせき　594–669）
- 国小（李勣　りせき　594（開皇14）–669（総章2.12.3））
- コン2（李勣　りせき　?–669）
- コン3（李勣　りせき　594–669）
- 人物（李勣　りせき　?–669.12）
- 世東（李勣　りせき　?–669）
- 全書（李勣　りせき　?–669）
- 大百（李勣　りせき　?–669）
- 中国（李勣　りせき　?–669）
- 百科（李勣　りせき　?–669）
- 評世（李勣　りせき　?–669）

李石曾（李石会）　りせきそう
19・20世紀, 中国の政治家。北伐完了後, 反蒋運動を阻止。東北政務委員会委員・国立北平研究院院長などを歴任。総統資政となる。
- ⇒近中（李石曾　りせきそう　1881.5.29–1973.9.30）
- コン3（李石曾　りせきそう　1881–1973）
- 世百（李石曾　りせきそう　1882–）
- 世百新（李石曾　りせきそう　1881–1973）
- 全書（李石曾　りせきそう　1882–1973）
- 中人（李石曾　りせきそう　1881–1973）
- 百科（李石会　りせきそう　1881–1973）

李雪峰　りせっぽう, りせつほう
20世紀, 中国の政治家。山西省永済出身。1954年8月1回全人大会河南省代表, 66月5月中共北京市委会第1書記, 7月中共中央書記処書記, 68年2月河北省革委会主任, 69年4月9期中央委, 中政委候補。
- ⇒現人（李雪峰　りせきほう〈リーシュエフォン〉1907–）
- 世東（李雪峰　りせっぽう　1908–）
- 中人（李雪峰　りせっぽう　1907–）

李佺　りせん
8世紀頃, 中国, 唐の遣突厥弔祭使。
- ⇒シル（李佺　りせん　8世紀頃）
- シル新（李佺　りせん）

李全　りぜん
13世紀, 中国, 金末の反乱集団の首領。山東省の農民出身。
- ⇒百科（李全　りぜん　?–1231）

李善長　りぜんちょう
14世紀, 中国, 明朝創始の功臣。安徽省定遠県出身。字, 百室。洪武帝のもとに重用された。
- ⇒角世（李善長　りぜんちょう　1314–1390）
- 国小（李善長　りぜんちょう　?–1390（洪武23））
- コン2（李善長　りぜんちょう　1314–1390）
- コン3（李善長　りぜんちょう　1314–1390）

世百　(李善長　りぜんちょう　1314-1390)
全書　(李善長　りぜんちょう　1314-1390)
中史　(李善長　りぜんちょう　1314-1390)
百科　(李善長　りぜんちょう　1314-1390)

李先念　りせんねん
20世紀, 中国の政治家。1959年国務院総理, 69年以後党中央委員, 中央政治局委員。77年党副主席, 83年国家主席, 党政局常務委員。
⇒岩ケ　(李先念　りせんねん　1909-1992)
　旺世　(李先念　りせんねん　1908頃-1992)
　角世　(李先念　りせんねん　1909-1992)
　近中　(李先念　りせんねん　1909.6.23-1992.6.21)
　現人　(李先念　りせんねん〈リーシェンニエン〉1905-)
　広辞5　(李先念　りせんねん　1909-1992)
　広辞6　(李先念　りせんねん　1909-1992)
　国小　(李先念　りせんねん　1905-)
　コン3　(李先念　りせんねん　1909-1992)
　人物　(李先念　りせんねん　1908-)
　世人　(李先念　りせんねん　1909-1992)
　世政　(李先念　りせんねん　1909.6.23-1992.6.21)
　世東　(李先念　りせんねん　1908-)
　世百　(李先念　りせんねん　1908-)
　全書　(李先念　りせんねん　1908-)
　大辞2　(李先念　りせんねん　1909-1992)
　大辞3　(李先念　りせんねん　1909-1992)
　中人　(李先念　りせんねん　1909.6.23-1992.6.21)
　ナビ　(李先念　りせんねん　1909-1992)

李愬　りそ
8・9世紀, 中国, 唐の名将。徳宗時代の名将李晟の子。
⇒中史　(李愬　りそ　773-821)

理宗(南宋)　りそう
13世紀, 中国, 南宋の第5代皇帝(在位1224～64)。姓名は趙昀。母は金氏。
⇒皇帝　(理宗　りそう　1205-1264)
　コン2　(理宗　りそう　1205-1264)
　コン3　(理宗　りそう　1205-1264)
　世東　(理宗　りそう　1205-1264)
　中皇　(理宗　1205-1264)
　統治　(理宗　Li Tsung　(在位)1224-1264)
　百科　(理宗　りそう　1205-1264)

李宗瀚　りそうかん
18・19世紀, 中国, 清代後期の政治家, 書家, 鑑蔵家。
⇒新美　(李宗瀚　りそうかん　1769(清・乾隆34)-1831(道光11))
　中書　(李宗瀚　りそうかん　1769?-1831?)

李宗仁　りそうじん
20世紀, 中国, 中華民国の軍人。1948年副総統に当選。49年1月総統代理となり, 国共和平交渉に失敗し, 亡命。
⇒外国　(李宗仁　りそうじん　1890-)
　角世　(李宗仁　りそうじん　1890-1969)

近中　(李宗仁　りそうじん　1891.8.13-1969.1.30)
現人　(李宗仁　りそうじん〈リーツォンレン〉1890-1969.1.30)
広辞5　(李宗仁　りそうじん　1890-1969)
広辞6　(李宗仁　りそうじん　1890-1969)
国小　(李宗仁　りそうじん　1891-1969.1.30)
コン3　(李宗仁　りそうじん　1890-1969)
人物　(李宗仁　りそうじん　1890-)
世東　(李宗仁　りそうじん　1890-)
世百　(李宗仁　りそうじん　1890-)
世百新　(李宗仁　りそうじん　1890-1969)
全書　(李宗仁　りそうじん　1890-1969)
大辞2　(李宗仁　りそうじん　1890-1969)
大辞3　(李宗仁　りそうじん　1890-1969)
中国　(李宗仁　りそうじん　1890-)
百科　(李宗仁　りそうじん　1890-1969)
歴史　(李宗仁　りそうじん　1890-1969)

李相卨　りそうせつ
19・20世紀, 朝鮮の独立運動家。
⇒コン3　(李相卨　りそうせつ　1871-1917)

李宗閔　りそうびん
9世紀, 中国, 唐の政治家。字は損之。829年宰相となった。
⇒コン2　(李宗閔　りそうびん　?-846)
　コン3　(李宗閔　りそうびん　?-846)

李相龍　りそうりゅう
19・20世紀, 朝鮮の独立運動家。号は石州。1912年扶民会をつくり, 教育と独立運動に専心した。著書『石州集』。
⇒コン2　(李相龍　りしょうりゅう　生没年不詳)
　コン3　(李相龍　りそうりゅう　1858-1932)
　朝人　(李相龍　りそうりゅう　1858-1932)

李素文　りそぶん
20世紀, 中国の政治家。1961年3月上海市婦女連合会副主任。66年全国財貿系統毛主席著書標兵, 68年5月遼寧省革委会副主任。69年4月9全大会で9期中央委。
⇒現人　(李素文　りそぶん〈リースーウェン〉1932-)
　世東　(李素文　りそぶん　?-)
　中人　(李素文　りそぶん　1932-)

李巽　りそん
8世紀頃, 中国, 唐の回紇冊命副使。
⇒シル　(李巽　りそん　8世紀頃)
　シル新　(李巽　りそん)

李存勗(李存勖)　りそんきょく, りぞんきょく
9・10世紀, 中国, 五代後唐の初代皇帝(在位923～926)。諡, 光聖神閔孝皇帝。廟号, 荘宗。李克用の長子。
⇒外国　(李存勗　りそんきょく　892-926)
　角世　(李存勗　りぞんきょく　885-926)
　皇帝　(荘宗　そうそう　885-926)
　国小　(李存勗　りそんきょく　885(光啓1.12.22)-926(同光4.4.1))

コン2　(荘宗　そうそう　885–926)
コン3　(荘宗　そうそう　885–926)
世百　(荘宗　そうそう　885–926)
全書　(李存勗　りそんきょく　885–926)
中皇　(荘宗　885–926)
中国　(李存勗　りそんきょく　885–926)
中史　(李存勗　りそんきょく　885–926)
デス　(李存勗　りそんきょく　885–926)
統治　(荘宗(李存勗)　Chuang Tsung [Li Ts'unhsü]　(在位) 923–926)
百科　(荘宗　そうそう　885–926)
評世　(李存勗　りそんきょく　885–926)
山世　(李存勗　りそんきょく　885–926)

リタイ　Lithai
14世紀、タイのスコータイ朝第5代の王(在位1347〜74?)。仏教に傾倒、タイ史上マハータンマラーチャー(大仏法王)1世とも呼ばれる。
⇒百科　(リタイ　?–1374?)

李太王　りたいおう
19・20世紀、朝鮮、李朝第26代の王(在位1863〜1907)。姓名、李載晃。号、珠淵。廟号、高宗。大院君の第2子。日韓併合後は徳寿宮李太王といわれ、日本の皇族待遇を受けた。
⇒旺世　(李太王　りたいおう　1852–1919)
外国　(李太王　りたいおう　1852–1919)
角世　(高宗　こうそう　1852–1919)
皇帝　(高宗　こうそう　1852–1919)
国史　(高宗　こうそう　1852–1919)
国小　(李太王　1852 (哲宗3) –1919)
コン2　(高宗(李朝)　こうそう　1852–1919)
コン3　(高宗(李朝)　こうそう　1852–1919)
人物　(李太王　りたいおう　1852–1919.1.21)
世人　(高宗(李朝)　こうそう(コジョン)　1852–1919)
世東　(李太王　りたいおう　1852–1919.1.21)
世百　(李太王　りたいおう　1852–1919)
全書　(高宗　こうそう　1852–1919)
大辞　(李太王　りたいおう　1852–1919)
大辞2　(李太王　りたいおう　1852–1919)
大辞3　(李太王　りたいおう　1852–1919)
大百　(李太王　りたいおう　1852–1919)
中国　(李太王　りたいおう　1865–1919)
朝人　(高宗　こうそう　1852–1919)
朝鮮　(高宗　こうそう　1852–1919)
デス　(高宗(李朝)　こうそう　1852–1919)
伝記　(高宗(李朝)　こうそう　1852–1919)
統治　(高宗　(在位) 1864–1907 (皇帝1897))
ナビ　(李太王　りたいおう　1852–1919)
日人　(高宗　コジョン　1852–1919)
百科　(高宗　こうそう　1852–1919)
評世　(李太王　りたいおう　1852–1919)
山世　(李太王　りたいおう　1852–1919)

李大釗　りたいしょう、りだいしょう
19・20世紀、中国、民国の思想家。河北省楽亭県出身。字、守常。1921年中国共産党結成の際の創設者の一人で、初期中国共産党の中心人物。張作霖によって逮捕、処刑された。論文に『現在』、『庶民の勝利』、『ボルシェビズムの勝利』(18)など。
⇒岩ケ　(李大釗　りたいしょう　1889–1927)
岩哲　(李大釗　りたいしょう　1889–1927)
旺世　(李大釗　りたいしょう　1889–1927)
外国　(李大釗　りたいしょう　1888–1927)
角世　(李大釗　りたいしょう　1889–1927)
近中　(李大釗　りたいしょう　1889.10.29–1927.4.28)
広辞5　(李大釗　りたいしょう　1889–1927)
広辞6　(李大釗　りたいしょう　1889–1927)
国小　(李大釗　りたいしょう　1888 (光緒14.10.6) –1927.4.28)
コン3　(李大釗　りだいしょう　1889–1927)
人物　(李大釗　りだいしょう　1889–1927.4.28)
世人　(李大釗　りたいしょう　1889–1927)
世東　(李大釗　りたいしょう　1889–1927.4.28)
世百　(李大釗　りたいしょう　1889–1927)
世百新　(李大釗　りたいしょう　1889–1927)
世文　(李大釗　りたいしょう　1889–1927)
全書　(李大釗　りたいしょう　1889–1927)
大辞2　(李大釗　りたいしょう　1889–1927)
大辞3　(李大釗　りたいしょう　1889–1927)
大百　(李大釗　りたいしょう〈リーターチャオ〉　1889–1927)
中芸　(李大釗　りたいしょう　1888–1927)
中国　(李大釗　りたいしょう　1888–1927)
中人　(李大釗　りだいしょう　1889 (光緒14.10.6) –1927.4.28)
伝記　(李大釗　りたいしょう　1889.10.6–1927.4.28)
ナビ　(李大釗　りたいしょう　1889–1927)
百科　(李大釗　りたいしょう　1889–1927)
評世　(李大釗　りたいしょう　1888–1927)
名著　(李大釗　りたいしょう　1888–1927)
山世　(李大釗　りたいしょう　1889–1927)
歴史　(李大釗　りたいしょう　1889 (光緒15) –1927 (民国16))

李大章　りだいしょう
20世紀、中国の政治家。四川省出身。戦後中共中央東北局宣伝部副部長。1965年9月当時中共中央西南局書記処書記、68年5月四川省革委会副主任、69年4月9期中央委。
⇒世東　(李大章　りだいしょう　1910　)
中人　(李大章　りだいしょう　1900–1976)

リ・タイ・トン(李太宗)
11世紀、ベトナム、李朝第二代の帝。
⇒ベト　(Ly-Thai-Ton　リ・タイ・トン〔李太宗〕　1028–1054)

李大輔　りたいほ
8世紀、中央アジア、奚(東蒙古にいたモンゴル系遊牧民)の首領。唐に来朝。
⇒シル　(李大輔　りたいほ　?–720)
シル新　(李大輔　りたいほ　?–720)

リ・ティン・トン(李聖宗)
11世紀、ベトナム、李朝第三代の帝。
⇒ベト　(Ly-Thanh-Ton　リ・ティン・トン〔李聖宗〕　1054–1072)

リ・ダオ・タイン(李道成)
ベトナム、李朝時代の名臣。
⇒ベト　(Ly-Đao-Thanh　リ・ダオ・タイン〔李道成〕)

政治・外交・軍事篇

李多祚　りたそ
7・8世紀, 中国, 唐の軍人。中宗の復位を成功させ, 遼陽郡王に封ぜられる。
⇒コン2（李多祚　りたそ　?–707）
　コン3（李多祚　りたそ　?–707）
　世東（李多祚　りたそ　?–707）

李大釗　リーターチャオ
⇨李大釗（りたいしょう）

李達　りたつ
14・15世紀, 中国, 明初の宦官。字, 鶴明。『西域行程記』を残した。
⇒国小（李達　りたつ　生没年不詳）
　コン2（李達　りたつ　生没年不詳）
　コン3（李達　りたつ　生没年不詳）
　全書（李達　りたつ　生没年不詳）

李璮　りたん, りだん
13世紀, 中国, 元初の叛乱世侯。山東省出身。字, 松寿。山東の世侯李全の子, あるいは養子。
⇒角世（李璮　りたん　?–1262）
　国小（李璮　りたん　?–1262（中統3））
　コン2（李璮　りだん　?–1262）
　コン3（李璮　りだん　?–1262）
　評世（李璮　りたん　?–1262）

リ・タン・トン（李神宗）
12世紀, ベトナムの李朝第五代帝。
⇒ベト（Ly-Than-Ton　リ・タン・トン〔李神宗〕1128–1138）

李端棻　りたんふん
19・20世紀, 中国・清末の改革派教育官僚。
⇒近中（李端棻　りたんふん　1833.10.25–1907.11.27）

リー・チャン・ケン　Lee Tiang Keng
20世紀, 東南アジア, マラヤの外交官, 政治家。初代駐日大使。
⇒二十（リー・チャン・ケン　1900–）

李沖　りちゅう
5世紀, 中国, 北朝後魏の政治家。字は思順, 諡は文穆。隴西（甘粛省）出身。三長制の施行などを提唱。
⇒コン2（李沖　りちゅう　449–497）
　コン3（李沖　りちゅう　450–498）
　中史（李沖　りちゅう　450–498）

李柱銘　りちゅうめい
20世紀, 香港の政治家, 弁護士。香港立法評議会議員, 香港民主同盟主席。英語名リー, マーティン（Lee, Martin）。
⇒世政（李柱銘　りちゅうめい　1938–）
　世東（李柱銘　りちゅうめい　1938–）
　中人（李柱銘　りちゅうめい　1938–）

李長庚　りちょうこう
18・19世紀, 中国, 清中期の水軍指導者。字は超人, 号は西巌。福建省出身。艇盗（海賊）の乱の鎮圧に活躍。
⇒コン2（李長庚　りちょうこう　1751–1807）
　コン3（李長庚　りちょうこう　1751–1807）

李長春　りちょうしゅん
20世紀, 中国の政治家。共産党中央政治局常務委員・中央精神文明建設指導委員会主任。
⇒世政（李長春　りちょうしゅん　1944.2–）
　中重（李長春　りちょうしゅん　1944.2–）
　中人（李長春　りちょうしゅん　1944–）
　中二（李長春　りちょうしゅん　1944.2–）

李朝清　りちょうせい
9世紀頃, 渤海から来日した使節。
⇒シル（李朝清　りちょうせい　9世紀頃）
　シル新（李朝清　りちょうせい）

李肇星　りちょうせい
20世紀, 中国の政治家, 外交官。中国外相, 共産党中央委員。
⇒世政（李肇星　りちょうせい　1940.10–）
　中人（李肇星　りちょうせい　?–）
　中二（李肇星　りちょうせい　1940.10–）

李兆麟　りちょうりん
20世紀, 中国, 東北抗日運動の指導者。1936年東北抗日連軍第3軍政治部主任。45年松江省政府副主席。
⇒近中（李兆麟　りちょうりん　1910.11.2–1946.3.9）
　コン3（李兆麟　りちょうりん　1910–1946）
　世東（李兆麟　りちょうりん　1908–1946）
　中人（李兆麟　りちょうりん　1910–1946）

李井泉　リーチンチュアン
⇨李井泉（りせいせん）

李通　りつう
1世紀, 中国, 後漢初期の政治家。字は次元, 諡は恭。南陽・宛（河南省）出身。漢中の賊の討伐, 河南省での屯田の功により大司空となった。
⇒コン2（李通　りつう　?–42）
　コン3（李通　りつう　?–42）

李通　りつう
2・3世紀, 中国, 三国時代, 曹操の部将。
⇒三国（李通　りつう）
　三全（李通　りつう　168–211）

李作鵬　リーツオポン
⇨李作鵬（りさくほう）

李宗仁　リーツォンレン
⇨李宗仁（りそうじん）

リ・ティエン（李進）
ベトナムの地方官。中国南漢王霊帝の時，交州刺史に任ぜられた。
⇒ベト（Ly-Tien リ・ティエン〔李進〕）

李定国　りていこく
17世紀，中国，明末の武将。延安（陝西省）出身。初名，如靖。字，一人，寧宇。号，鴻遠。張献忠の養子でその4部将の一人。
⇒角世（李定国　りていこく　?-1662）
国小（李定国　りていこく　?-1662〔康熙1〕）
コン2（李定国　りていこく　1621-1662）
コン3（李定国　りていこく　1621-1662）
世東（李定国　りていこく　?-1662）
中国（李定国　りていこく　?-1662）
百科（李定国　りていこく　?-1662?）

李鼎銘　りていめい
19・20世紀，中国の政治家。1944年西北地区の陝甘寧辺区副主席となる。
⇒世東（李鼎銘　りていめい　1881-1947）
中人（李鼎銘　りていめい　1881-1947）

李鉄映　りてつえい
20世紀，中国の政治家。中国社会科学院院長。
⇒世政（李鉄映　りてつえい　1936.9-）
世東（李鉄映　りてつえい　1936.9-）
中人（李鉄映　りてつえい　1936.9-）

李哲承　りてっしょう
⇨李哲承（イチョルスン）

李蔵　りてん
14・15世紀，朝鮮，李朝の武臣，学者。天文観測・時間測定器具を製作。優れた時計である自撃漏を創案した。
⇒科史（李蔵　りてん　1376-1451）
コン2（李蔵　りてん　1376-1451）
コン3（李蔵　りてん　1376-1451）

李天佑　りてんゆう
20世紀，中国の軍人。広西省楽平県出身。平型関戦役で林彪の指揮下で板垣師団を破る。1951年広西軍区司令員，59年国防委，66年副総参謀長。69年4月9期中央委。
⇒世東（李天佑　りてんゆう　1901-）
中人（李天佑　りてんゆう　1914-1970.10.27）

李頭　りとう
8世紀頃，ラオス，文単（ヴィエンチャン）の入唐朝貢使。
⇒シル（李頭　りとう　8世紀頃）
シル新（李頭　りとう）

リ・トゥオン・キエット（李常傑）　Ly-Thuong-Kiet
11・12世紀，ベトナム，リイ（李）王朝時代の武将。
⇒コン2（リイ・トゥオン・キエット〔李常傑〕

1036-1105）
コン3（リイ・トゥオン・キエット〔李常傑〕1036-1105）
世東（りじょうけつ〔李常傑〕1020-1105）
ベト（Ly-Thuong-Kiet　リ・トゥオン・キエット　1019-1105）

李登輝　りとうき
20世紀，台湾の政治家。台湾総統，台湾国民党主席。
⇒岩ケ（李登輝　りとうき　1923-）
旺世（李登輝　りとうき　1923-）
角世（李登輝　りとうき　1923-）
広辞5（李登輝　りとうき　1923-）
広辞6（李登輝　りとうき　1923-）
コン3（李登輝　りとうき　1923-）
最世（李登輝　りとうき　1923-）
世人（李登輝　りとうき　1923-）
世政（李登輝　りとうき　1923.1.15-）
世東（李登輝　りとうき　1923-）
全書（李登輝　りとうき　1923-）
中人（李登輝　りとうき　1923.1.15-）
ナビ（李登輝　りとうき　1923-）
評世（李登輝　りとうき　1923-）
山世（李登輝　りとうき　1923-）

李東輝　りとうき
⇨李東輝（イトンヒ）

李東元　りとうげん
⇨李東元（イドンウォン）

李道宗　りどうそう
6・7世紀，中国，唐の遣吐蕃婚聘使。
⇒シル（李道宗　りどうそう　599-653）
シル新（李道宗　りどうそう　599-653）

李徳全　リードゥーチュエン
⇨李徳全（りとくぜん）

李東寧　りとうねい
19・20世紀，韓国の独立運動家。臨時政府の内務総長・国務総理などを務めた。
⇒コン3（李東寧　りとうねい　1869-1940）
朝人（李東寧　りとうねい　1869-1940）

李道立　りどうりつ
7世紀頃，中国，唐の遣突厥使。
⇒シル（李道立　りどうりつ　7世紀頃）
シル新（李道立　りどうりつ）

李特　りとく*
4世紀，中国，五胡十六国・成漢（前蜀）の皇帝（在位302～303）。
⇒中皇（李特　?-303）

李徳生　りとくせい
20世紀，中国の政治家，軍人。湖北省出身。長征時は紅軍第4方面軍中隊長。1967年文革で安徽省軍区司令員。68年4月安徽省革委会主任に就任。69年4月9期中央委，中政委候補。73～75

年党副主席兼政治局常務委員。
⇒現人（李徳生　りとーション　1916-）
　世政（李徳生　りとくせい　1916-）
　世東（李徳生　りとくせい　?-）
　全書（李徳生　りとくせい　1916-）
　中人（李徳生　りとくせい　1916-）

李徳全　りとくぜん
20世紀，中国の婦人政治家。北京出身。馮玉祥夫人。1965年人民政治協商会議全国委員会副主席，全国婦女連合会副主席であった。
⇒外国（李徳全　りとくぜん　?-）
　キリ（李徳全　リードゥーチュエン　1896-1972）
　近中（李徳全　りとくぜん　1896.8.9-1972.4.23）
　現人（李徳全　りとくぜん〈リートーチュアン〉1896-1972.4.23）
　広辞5（李徳全　りとくぜん　1896-1972）
　広辞6（李徳全　りとくぜん　1896-1972）
　コン3（李徳全　りとくぜん　1897-1972）
　人物（李徳全　りとくぜん　1898-）
　世東（李徳全　りとくぜん　?-）
　世百（李徳全　りとくぜん　1896-）
　世百新（李徳全　りとくぜん　1896-1972）
　全書（李徳全　りとくぜん　1896-1972）
　大辞2（李徳全　りとくぜん　1896-1972）
　大辞3（李徳全　りとくぜん　1896-1972）
　中国（李徳全　りとくぜん　1896-1972）
　中人（李徳全　りとくぜん　1897-1972.4.23）
　日人（李徳全　りとくぜん　1896-1972）
　百科（李徳全　りとくぜん　1896-1972）
　評世（李徳全　りとくぜん　1890-1972）

李徳明　りとくめい
10・11世紀，タングート族の王（在位1004〜31）。諡，光聖皇帝。廟号，太宗。李継遷の子。
⇒国小（李徳明　りとくめい　982（太平興国7）-1031（天聖9））
　人物（李徳明　りとくめい　982-1032.11）
　世東（李徳明　りとくめい　982-1032）
　中国（李徳明　りとくめい　982-1032）

李徳裕　りとくゆう
8・9世紀，中国，唐の政治家。字は文饒。趙郡（河北省）出身。李吉甫の子。牛僧孺らと対立し「牛・李の党争」を展開。
⇒角世（李徳裕　りとくゆう　787-849）
　広辞6（李徳裕　りとくゆう　787-849）
　コン2（李徳裕　りとくゆう　787-849）
　コン3（李徳裕　りとくゆう　787-849）
　集世（李徳裕　りとくゆう　787（貞元3）-849（大中3））
　集文（李徳裕　りとくゆう　787（貞元3）-849（大中3））
　世東（李徳裕　りとくゆう　787-849）
　世百（李徳裕　りとくゆう　787-849）
　全書（李徳裕　りとくゆう　787-849）
　大百（李徳裕　りとくゆう　787-849）
　中芸（李徳裕　りとくゆう　787-849）
　中国（李徳裕　りとくゆう　787-849）
　百科（李徳裕　りとくゆう　787-849）
　評世（李徳裕　りとくゆう　787-849）

李徳林　りとくりん
6世紀，中国，隋の文臣。字は公輔。主著『李懐州集』1巻など。
⇒集世（李徳林　りとくりん　531（中興1）-591（開皇11））
　集文（李徳林　りとくりん　531（中興1）-591（開皇11））
　百科（李徳林　りとくりん　531-591）

李徳生　リートーション
⇨李徳生（りとくせい）

李徳全　リートーチュアン
⇨李徳全（りとくぜん）

李南呼禄　りなんころく
9世紀頃，ジャワの入唐朝貢使。
⇒シル（李南呼禄　りなんころく　9世紀頃）
　シル新（李南呼禄　りなんころく）

リ・ニャン・トン（李仁宗）
11・12世紀，ベトナム，李朝の第4代王。仁宗。科学の制を施行。
⇒皇帝（李乾徳　りけんとく　1066-1127）
　世東（李乾徳　りけんとく　1066-1127）
　ベト（Ly-Nhan-Ton　リ・ニャン・トン〔李仁宗〕　1072-1127）

李能本　りのうほん
8世紀頃，渤海から来日した使節。
⇒シル（李能本　りのうほん　8世紀頃）
　シル新（李能本　りのうほん）

リー・ハウシク　Lee Hau Sik
20世紀，マレーシアの実業家，政治家。
⇒華人（リー・ハウシク　1901-1988）

李波達僕　りはたつぼく
8世紀頃，ペルシアの朝貢使。746（天宝5）年7月に唐に来朝。
⇒シル（李波達僕　りはたつぼく　8世紀頃）
　シル新（李波達僕　りはたつぼく）

李範允　りはんいん
19世紀，朝鮮の独立運動家。
⇒コン3（李範允　りはんいん　1863-?）

李範奭　りはんせき
⇨李範奭（イボムソク）

李万超　りばんちょう
10世紀，中国，五代宋初期の武人。并州・太原（山西省）の出身。契丹戦にしばしば功をたてた。
⇒コン2（李万超　りばんちょう　904-975）
　コン3（李万超　りばんちょう　904-975）

李泌　りひつ
8世紀, 中国, 唐の政治家。陝西出身。字は長源。張九齢に愛され, 玄宗, 粛宗, 代宗に歴事。
⇒世東（李泌　りひつ　721-789.3）
　百科（李泌　りひつ　722-789）

李弼　りひつ
5・6世紀, 中国, 北周の武将。字は景和。遼東・襄平（遼寧省）出身。宇文泰に属し, 北周建国後, 太師となる。
⇒コン2（李弼　りひつ　494-557）
　コン3（李弼　りひつ　494-557）

李冰　りひょう
前3世紀, 中国, 戦国時代秦の政治家。前250年前後に蜀の太守に任ぜられ, 息子の李二郎とともに, 都江堰水利工事を完成させた。
⇒科史（李冰　りひょう　生没年不詳）
　百科（李冰　りひょう　生没年不詳）

李富栄　りふえい
⇨李富栄（イブヨン）

李伏　りふく
3世紀頃, 中国, 三国時代, 魏の中郎将。
⇒三国（李伏　りふく）
　三全（李伏　りふく　生没年不詳）

李服　りふく
3世紀頃, 中国, 三国時代, 魏の将。
⇒三国（李服　りふく）
　三全（李服　りふく　生没年不詳）

李福　りふく
3世紀頃, 中国, 三国時代, 蜀の尚書。
⇒三国（李福　りふく）
　三全（李福　りふく　生没年不詳）

李福林　りふくりん
19・20世紀, 中国の軍人。広東省出身。広東・南京両政府の合体後, 西南軍事委員会委員などを歴任。
⇒近中（李福林　りふくりん　1874-1952.2.11）
　コン2（李福林　りふくりん　1877-1952）
　コン3（李福林　りふくりん　1874-1952）
　中人（李福林　りふくりん　1874-1952）

李富春　りふしゅん
20世紀, 中国の政治家。1954年以来, 国務院副総理兼国家計画委員会主任, 56年の8全大会で党中央委員, 中央政治局委員。
⇒近中（李富春　りふしゅん　1900-1975.1.9）
　現人（李富春　りふしゅん〈リーフーチュン〉　1900-1975.1.9）
　国小（李富春　りふしゅん　1900-1975）
　コン3（李富春　りふしゅん　1900-1975）
　人物（李富春　りふしゅん　1901-）
　世東（李富春　りふしゅん　1901-）
　世百（李富春　りふしゅん　1901-）
　全書（李富春　りふしゅん　1900-1975）
　中人（李富春　りふしゅん　1900-1975.1.15）

李富春　リーフーチュン
⇨李富春（りふしゅん）

李賁　りふん
⇨李賁（りほん）

李文成　りぶんせい
18・19世紀, 中国, 清中期の天理教の乱の指導者。河南省滑県出身。白蓮教系の秘密結社天理教の教首。
⇒外国（李文成　りぶんせい　?-1813）
　コン2（李文成　りぶんせい　?-1813）
　コン3（李文成　りぶんせい　?-1813）

李文忠　りぶんちゅう
14世紀, 中国, 明の武将。字は思本, 謚は武靖。洪武帝の姉の子。張士誠の討伐・北伐等に活躍。
⇒コン2（李文忠　りぶんちゅう　1339-1384）
　コン3（李文忠　りぶんちゅう　1339-1384）

李文田　りぶんでん
19世紀, 中国, 清末期の官僚。西北地理学の学者。字は芍農, 号は仲約。広東省出身。1890年礼部侍郎に昇任した。
⇒コン2（李文田　りぶんでん　1834-1895）
　コン3（李文田　りぶんでん　1834-1895）
　新美（李文田　りぶんでん　1834（清・道光14）-1895（光緒21））
　中書（李文田　りぶんでん　1834-1895）

李秉衡　りへいこう
19世紀, 中国, 清末期の官僚。字は鑑堂, 謚は忠節。遼寧省海城県出身。1897年四川総督, 98年長江水師提督に就く。
⇒コン2（李秉衡　りへいこう　1830-1900）
　コン3（李秉衡　りへいこう　1830-1900）
　世東（李秉衡　りへいこう　1830-1900）

李昇　りべん
9・10世紀, 中国, 五代十国南唐の始祖（在位937～943）。字, 正倫。謚, 光文廣武孝高皇帝。廟号, 烈祖。
⇒外国（徐知誥　じょちこう　?-943）
　角世（李昇　りべん　888-943）
　皇帝（李昇　りべん　888-943）
　国小（李昇　888（文徳1）-943（昇元7））
　コン2（李昇　りべん　888-943）
　コン3（李昇　りべん　888-943）
　全書（李昇　りべん　888-943）
　大百（李昇　りべん　888-943）
　中皇（烈祖　888-943）
　中国（李昇　りべん　888-943）
　中史（李昇　りべん　888-943）
　評世（李昇　りべん　888-943）

李輔　りほ
3世紀頃, 中国, 三国時代, もと蜀の将孟達の腹心の将。

⇒三国（李輔　　りほ）
　　三全（李輔　　りほ　生没年不詳）

李煥　　リーホアン
　⇨李煥（りかん）

李昉　　りほう，りぼう
　10世紀，中国，五代宋初の学者，政治家。字は明遠。『太平御覧』『文苑英華』『太平広記』の編集を総裁。
　⇒外国（李昉　　りほう　　925-995）
　　集文（李昉　　りほう　　925（同光3）-996（至道2））
　　中芸（李昉　　りほう　　925-996）
　　名著（李昉　　りぼう　　925-995）

李封　　りほう
　2世紀，中国，三国時代，呂布の副将。
　⇒三国（李封　　りほう）
　　三全（李封　　りほう　　?-195）

李豊　　りほう
　2世紀，中国，三国時代，袁術の部将。
　⇒三国（李豊　　りほう）
　　三全（李豊　　りほう　　?-197）

李豊　　りほう
　3世紀頃，中国，三国時代，李厳の子。蜀の官僚，後に長史。
　⇒三国（李豊　　りほう）
　　三全（李豊　　りほう　　生没年不詳）

李鵬　　りほう
　3世紀，中国，三国時代，長城の魏将司馬望配下の将。
　⇒三国（李鵬　　りほう）
　　三全（李鵬　　りほう　　?-257）

李鵬　　りほう
　20世紀，中国の政治家。1983年副首相，85年政治局員，88年首相。89年天安門事件では強硬派路線にたち民主化要求の学生・市民を武力鎮圧。93年首相再任，98年全人代常務委員長。
　⇒岩ケ（李鵬　　りほう　　1928-）
　　旺世（李鵬　　りほう　　1928-）
　　角世（李鵬　　りほう　　1928-）
　　広辞5（李鵬　　りほう　　1928-）
　　広辞6（李鵬　　りほう　　1928-）
　　コン3（李鵬　　りほう　　1928-）
　　最世（李鵬　　りほう　　1928-）
　　世人（李鵬　　りほう　　1928-）
　　世政（李鵬　　りほう　　1928.10.20-）
　　世東（李鵬　　りほう　　1928-）
　　全書（李鵬　　りほう　　1928-）
　　大辞2（李鵬　　りほう　　1928-）
　　中人（李鵬　　りほう　　1928-）
　　ナビ（李鵬　　りほう　　1928-）
　　山世（李鵬　　りほう　　1928-）

李葆華　　りほうか
　20世紀，中国の政治家。中国人民銀行総裁，国際通貨基金（IMF）理事，中国金融学会名誉会長。
　⇒コン3（李葆華　　りほうか　　1909-）
　　世政（李葆華　　りほうか　　1909-2005.2.19）
　　世東（李葆華　　りほうか　　1904-）
　　中人（李葆華　　りほうか　　1909-）

李奉昌　　りほうしょう
　⇨李奉昌（イポンチャン）

李葆華　　りほか
　⇨李葆華（りほうか）

李賁　　りほん
　6世紀，中国，南朝・梁時代の交州（インドシナ）で起った叛乱の指導者。交趾の豪族であった。
　⇒外国（李賁　　りほん　　?-548）
　　国小（李賁　　りほん　　?-547（太清1））
　　コン2（リイ・ボン〔李賁〕　　?-547）
　　コン3（リイ・ボン〔李賁〕　　?-547）
　　世東（李賁　　りふん　　?-548）

利摩日夜　　りまじつや
　8世紀頃，ペルシアの進物使。759年8月に唐に朝貢。
　⇒シル（利摩日夜　　りまじつや　　8世紀頃）
　　シル新（利摩日夜　　りまじつや）

李摩那　　りまな
　9世紀頃，カンボジア，真臘の入唐使節。
　⇒シル（李摩那　　りまな　　9世紀頃）
　　シル新（李摩那　　りまな）

李満住　　りまんじゅう
　15世紀，中国，明代満州の建州女直の部族長。明と朝鮮の攻撃を受けて朝鮮軍に殺害された。
　⇒国小（李満住　　りまんじゅう　　?-1467（成化3））
　　コン2（李満住　　りまんじゅう　　?-1467）
　　コン3（李満住　　りまんじゅう　　1407?-1467）
　　世東（李満住　　りまんじゅう　　?-1467）
　　中国（李満住　　りまんじゅう　　?-1467）
　　評世（李満住　　りまんじゅう　　?-1467）

李密　　りみつ
　6・7世紀，中国，隋末の群雄の一人。遼東襄平（遼寧省朝陽県）出身。字，玄邃。西魏の八柱国の一人李弼の曾孫。
　⇒角世（李密　　りみつ　　582-618）
　　国小（李密　　りみつ　　582（開皇2）-618（武徳1.12.30））
　　コン2（李密　　りみつ　　582-618）
　　コン3（李密　　りみつ　　582-618）
　　全書（李密　　りみつ　　582-618）
　　大百（李密　　りみつ　　582-618）
　　中国（李密　　りみつ　　582-618）
　　百科（李密　　りみつ　　582-618）

理密親王胤礽　　りみつしんのういんじょう*
　18世紀，中国，清，康熙帝の子。
　⇒中皇（理密親王胤礽　　?-1723）

林春秋 リムチュンチュ
20世紀, 北朝鮮の政治家。抗日パルチザン出身。
⇒現人 (林春秋　リムチュンチュ　?–)
　朝人 (林春秋　りんしゅんじゅう　1912–1988)
　朝鮮 (林春秋　りんしゅんじゅう　1916–1988)

リム・ボーセン
20世紀, シンガポールの抗日運動指導者。
⇒華人 (リム・ボーセン　1909–1944)

リム・ユーホック　Lim Yew Hock
20世紀, シンガポール第2代主席大臣(在任1956～59年)。
⇒華人 (リム・ユーホック　1914–1984)
　二十 (リム・ユー・ホク　1914–)

李明瑞　りめいずい
20世紀, 中国共産党の指導者, 軍人。
⇒近中 (李明瑞　りめいずい　1896.11.9–1931.10)

李蒙　りもう
2世紀, 中国, 三国時代, 董卓の残党。
⇒三国 (李蒙　りもう)
　三全 (李蒙　りもう　?–192)

廖文毅　リャオウェンイー
⇨廖文毅(りょうぶんき)

廖仲愷　リヤオチョンカイ
⇨廖仲愷(りょうちゅうがい)

廖承志　リヤオチョンチー
⇨廖承志(りょうしょうし)

梁啓超　リャンチーチャオ
⇨梁啓超(りょうけいちょう)

梁慶桂　リャンチングェイ
⇨梁慶桂(りょうけいけい)

リー・ヤンリアン
20世紀, マレーシアの実業家。
⇒華人 (リー・ヤンリアン　1906–1983)

李雄　りゆう
3・4世紀, 中国, 五胡十六国・漢(成漢)の第3代皇帝(在位303～334)。字, 仲儁。廟号, 太宗。氏族の強豪李特の子。
⇒角世 (李雄　りゆう　274–334)
　国小 (李雄　りゆう　274(泰始10)–334(玉衡24))
　コン2 (李雄　りゆう　274–334)
　コン3 (李雄　りゆう　274–334)
　人物 (李雄　りゆう　274–334)
　世東 (李雄　りゆう　273–334)
　中皇 (武帝　273–334)
　中国 (李雄　りゆう　274–334)
　百科 (李雄　りゆう　274–334)
　評世 (李雄　りゆう　274–334)

劉亜楼　りゅうあろう
20世紀, 中国の軍人。福建省出身。1954年以来, 国防委員会委員・党空軍委書記・空軍学校校長をつとめ, 59年以来, 国防部副部長。
⇒近中 (劉亜楼　りゅうあろう　1911–1965.5.7)
　コン3 (劉亜楼　りゅうあろう　1911–1965)
　中人 (劉亜楼　りゅうあろう　1911–1965)

劉安　りゅうあん
前2世紀, 中国, 前漢高祖の孫で, 淮南王。『淮南子』の撰者。
⇒逸話 (劉安　りゅうあん　前179–122)
　外国 (劉安　りゅうあん　?–前122)
　角世 (淮南子　えなんじ　?–前122)
　教育 (淮南子　えなんじ　?–前122)
　広辞4 (淮南子　えなんじ　?–前122)
　広辞6 (劉安　りゅうあん　?–前122)
　国小 (劉安　りゅうあん　?–前122(元狩1))
　コン2 (劉安　りゅうあん　?–前122)
　コン3 (劉安　りゅうあん　前178頃–前122)
　詩歌 (劉安　りゅうあん　前178(漢・文帝初)頃–122(武帝元狩元))
　世百 (劉安　りゅうあん　前179?–122)
　大辞 (劉安　りゅうあん　前178頃–前122)
　大辞3 (劉安　りゅうあん　前178頃–122)
　大百 (劉安　りゅうあん　?–前122)
　中皇 (淮南王劉安　前179–122)
　中芸 (劉安　りゅうあん　前178?–前122)
　中国 (劉安　りゅうあん　?–前122)
　百科 (劉安　りゅうあん　?–前122)
　評世 (劉安　りゅうあん　前179–122)
　名著 (劉安　りゅうあん　前179?–122)

劉晏　りゅうあん
8世紀, 中国, 唐中期の官僚。曹州南華(河北省東南県)の出身。夏県令から諸官を歴任し, 財務官僚として活躍。
⇒角世 (劉晏　りゅうあん　715–780)
　広辞4 (劉晏　りゅうあん　715頃–780)
　広辞6 (劉晏　りゅうあん　715頃–780)
　国小 (劉晏　りゅうあん　?–780(建中1))
　コン2 (劉晏　りゅうあん　715–780)
　コン3 (劉晏　りゅうあん　715–780)
　人物 (劉晏　りゅうあん　715?–780)
　世東 (劉晏　りゅうあん　715–780)
　全書 (劉晏　りゅうあん　715/716–780)
　大辞 (劉晏　りゅうあん　715–780)
　大辞3 (劉晏　りゅうあん　715–780)
　大百 (劉晏　りゅうあん　?–780)
　中国 (劉晏　りゅうあん　715–780)
　百科 (劉晏　りゅうあん　718–780)
　評世 (劉晏　りゅうあん　715?–780)
　歴史 (劉晏　りゅうあん　715(開元3)–780(建中1))

劉安世　りゅうあんせい
11・12世紀, 中国, 北宋の官僚。字は器之, 諡は忠定。元城先生とも称された。大名(河北省)出身。
⇒コン2 (劉安世　りゅうあんせい　1048–1125)
　コン3 (劉安世　りゅうあんせい　1048–1125)

劉安節　りゅうあんせつ
11・12世紀, 中国, 宋代の学者, 政治家。字は元承。浙江省永嘉出身。程伊川に学ぶ。著述は『劉左史集』に収められている。
⇒外国（劉安節　りゅうあんせつ　?–1116）

留異　りゅうい
6世紀, 中国, 南朝陳の武将。東陽・長山（浙江省）の生れ。縉州刺史に進み, 独立をはかって王琳と通謀。
⇒コン2（留異　りゅうい　?–564）
　コン3（留異　りゅうい　?–564）

劉筠　りゅういん
10・11世紀, 中国, 北宋の官僚, 学者。字は子儀。『冊府元亀』(1013)の編集に参加。翰林学士・御史中丞等になる。
⇒コン2（劉筠　りゅういん　生没年不詳）
　コン3（劉筠　りゅういん　971–1031）
　詩歌（劉筠　りゅういん　生没年不詳）
　人物（劉筠　りゅういん　?–1024）
　世東（劉筠　りゅうきん　?–1024）
　中芸（劉筠　りゅういん　生没年不詳）
　中史（劉筠　りゅういん　971–1031）

劉隠　りゅういん
9・10世紀, 中国, 五代十国・南漢の事実上の建国者。諡, 襄, 襄皇帝。廟号, 烈宗。
⇒角世（劉隠　りゅういん　874–911）
　皇帝（劉隠　りゅういん　874–911）
　国小（劉隠　りゅういん　874（乾符1)–911（後梁, 乾化1.5.10)）
　コン2（劉隠　りゅういん　874–911）
　コン3（劉隠　りゅういん　874–911）
　中皇（烈祖　874–911）
　中国（劉隠　りゅういん　874–911）
　評世（劉隠　りゅういん　874–911）

柳惲　りゅううん
5・6世紀, 中国, 梁の政治家, 学者。
⇒中芸（柳惲　りゅううん　465–517）

龍雲　りゅううん
19・20世紀, 中国の軍閥。雲南省出身。1927年唐継堯の雲南独裁を打倒。雲南省主席となり, 雲南の支配を確立。
⇒外国（龍雲　りゅううん　1887–）
　角世（龍雲　りゅううん　1887–1962）
　近中（龍雲　りゅううん　1884.11.27–1962.6.27）
　コン3（龍雲　りゅううん　1884–1962）
　世東（龍雲　りゅううん　1888–1962）
　世百（龍雲　りゅううん　1887–1962）
　全書（龍雲　りゅううん　1887–1962）
　中人（龍雲　りゅううん　1884–1962）

劉雲山　りゅううんざん
20世紀, 中国共産党中央政治局委員・党中央書記処書記・党中央宣伝部部長・中央精神文明建設指導委員会弁公室主任。
⇒中重（劉雲山　りゅううんざん　1947.6–）
　中二（劉雲山　りゅううんざん　1947.7–）

劉英　りゅうえい
19・20世紀, 中国の革命家。孫文に従った。
⇒近中（劉英　りゅうえい　1886–1921.8.4）

劉英　りゅうえい
20世紀, 中国工農紅軍の将校。
⇒近中（劉英　りゅうえい　1903–1942.5.18）

劉衛辰　りゅうえいしん
4世紀頃, 中国, 五胡時代の武将。匈奴族の出身。大単于・河西王に任ぜられた。
⇒コン2（劉衛辰　りゅうえいしん　生没年不詳）
　コン3（劉衛辰　りゅうえいしん　?–391）

劉永福　りゅうえいふく
19・20世紀, 中国の軍人。貧農出身。1865年農民を主体とする黒旗軍を編成, 67年トンキンに入り, 抗仏戦を十余年展開した。
⇒旺世（劉永福　りゅうえいふく　1837–1917）
　外国（劉永福　りゅうえいふく　1837–1917）
　角世（劉永福　りゅうえいふく　1837–1917）
　国小（劉永福　りゅうえいふく　1837（道光17)–1917）
　コン2（劉永福　りゅうえいふく　1837–1917）
　コン3（劉永福　りゅうえいふく　1837–1917）
　人物（劉永福　りゅうえいふく　1837–1917）
　世人（劉永福　りゅうえいふく　1837–1917）
　世東（劉永福　りゅうえいふく　1837–1917）
　世百（劉永福　りゅうえいふく　1837–1917）
　全書（劉永福　りゅうえいふく　1837–1917）
　大辞2（劉永福　りゅうえいふく　1837–1917）
　大辞3（劉永福　りゅうえいふく　1837–1917）
　大百（劉永福　りゅうえいふく　1837–1917）
　中人（劉永福　りゅうえいふく　1837（道光17)–1917）
　デス（劉永福　りゅうえいふく　1837–1917）
　ナビ（劉永福　りゅうえいふく　1837–1917）
　百科（劉永福　りゅうえいふく　1837–1917）
　評世（劉永福　りゅうえいふく　1837–1917）
　山世（劉永福　りゅうえいふく　1837–1917）
　歴史（劉永福　りゅうえいふく　1837（道光17)–1917（民国6)）

劉琬　りゅうえん
3世紀頃, 中国, 三国時代, 漢朝廷の使者。
⇒三国（劉琬　りゅうえん）
　三全（劉琬　りゅうえん　生没年不詳）

劉琰　りゅうえん
3世紀, 中国, 三国時代, 蜀の将。
⇒三国（劉琰　りゅうえん）
　三全（劉琰　りゅうえん　?–262）

劉縯　りゅうえん
1世紀, 中国, 後漢光武帝の兄。字は伯升。南陽・蔡陽（湖北省）出身。更始帝下で大司徒となる。
⇒コン2（劉縯　りゅうえん　?–23）

コン3　(劉縯　りゅうえん　?-23)
中皇　(斉王劉縯　?-23)

劉延　りゅうえん
3世紀頃, 中国, 三国時代, 東郡の太守。
⇒三国　(劉延　りゅうえん)
　三全　(劉延　りゅうえん　生没年不詳)

劉淵　りゅうえん
3・4世紀, 中国, 五胡十六国・漢(前趙)の初代皇帝(在位304〜310)。字, 元海。諡, 光文帝。廟号, 高祖。南匈奴単于の正系の子孫。
⇒旺世　(劉淵　りゅうえん　?-310)
　角世　(劉淵　りゅうえん　?-310)
　広辞4　(劉淵　りゅうえん　?-310)
　広辞6　(劉淵　りゅうえん　?-310)
　皇帝　(光文帝　こうぶんてい　?-310)
　国小　(劉淵　りゅうえん　?-310(光興1))
　コン2　(劉淵　りゅうえん　?-310)
　コン3　(劉淵　りゅうえん　?-310)
　人物　(劉淵　りゅうえん　?-310)
　世東　(劉淵　りゅうえん　?-310)
　世百　(劉淵　りゅうえん　?-310)
　全書　(劉淵　りゅうえん　?-310)
　大辞　(劉淵　りゅうえん　?-310)
　大辞3　(劉淵　りゅうえん　?-310)
　大百　(劉淵　りゅうえん　?-310)
　中皇　(光文帝(高祖)　?-310)
　中国　(劉淵　りゅうえん　?-310)
　中史　(劉淵　りゅうえん　?-310)
　デス　(劉淵　りゅうえん　?-310)
　百科　(劉淵　りゅうえん　?-310)
　評世　(劉淵　りゅうえん　?-310)
　山世　(劉淵　りゅうえん　?-310)

劉焉　りゅうえん
2世紀, 中国, 三国時代, 漢の魯の恭王の子孫。江夏郡竟陵県出身。幽州の太守。
⇒三国　(劉焉　りゅうえん)
　三全　(劉焉　りゅうえん　?-194)

劉延東　りゅうえんとう
20世紀, 中国の政治家。共産党中央政治局委員, 国務院国務院委員・党組成員, 北京オリンピック組織委員会副主席・党組副書記。
⇒中重　(劉延東　りゅうえんとう　1945.11-)
　中人　(劉延東　りゅうえんとう　1945-)
　中二　(劉延東　りゅうえんとう　1945.11-)

劉王章　りゅうおうしょう
20世紀, 台湾の軍人。山西省に生れる。1967年台湾警備総司令官(陸軍大将), 中国国民党中央委員。
⇒世東　(劉王章　りゅうおうしょう　1902.11.11-)
　中人　(劉王章　りゅうおうしょう　1902.11.11-)

劉夏　りゅうか
中国, 魏の官吏。
⇒日人　(劉夏　りゅうか　生没年不詳)

劉燨(劉鍇)　りゅうかい
20世紀, 中国の外交官。広東省中山県に生れる。1947〜62年カナダ駐在大使, 国際連合国際法委員会委員等を歴任。67年国連駐在大使。
⇒世東　(劉燨　りゅうかい　1906.4.16-)
　中人　(劉鍇　りゅうかい　1906.4.16-)

劉繪　りゅうかい
5・6世紀, 中国, 斉の軍人, 文人。
⇒中芸　(劉繪　りゅうかい　458-502)

劉格平　りゅうかくへい
20世紀, 中国の政治家。河北省出身。中央民族学院副院長。中共中央統一戦線工作部副部長。1967年3月山西省中共核心小組組長, 山西省革委会主任。8月北京軍区第二政委。69年4月9期中央委。
⇒世東　(劉格平　りゅうかくへい　1905-)
　中人　(劉格平　りゅうかくへい　1905-)

劉華清　りゅうかせい
20世紀, 中国の政治家, 軍人。中国共産党中央軍事委第1副主席・政治局常務委員, 中国国家中央軍事委副主席。
⇒中人　(劉華清　りゅうかせい　1916.10-)

劉冠雄　りゅうかんゆう
19・20世紀, 中国の海軍軍人。
⇒近中　(劉冠雄　りゅうかんゆう　1858-1927)

劉基　りゅうき
14世紀, 中国, 元末明初の文学者, 政治家。字, 伯温。著書『郁離子』『春秋明経』など。
⇒外国　(劉基　りゅうき　1311-1376)
　国小　(劉基　りゅうき　1311(至大4)-1375(洪武8))
　コン2　(劉基　りゅうき　1311-1375)
　コン3　(劉基　りゅうき　1311-1375)
　詩歌　(劉基　りゅうき　1311(至大4)-1375(洪武8))
　世百　(劉基　りゅうき　1311-1375)
　世文　(劉基　りゅうき　1311(至大4)-1375(洪武8))
　全書　(劉基　りゅうき　1311-1375)
　大百　(劉基　りゅうき　1311-1375)
　中芸　(劉基　りゅうき　1311-1375)
　中史　(劉基　りゅうき　1311-1375)
　百科　(劉基　りゅうき　1311-1375)

劉毅　りゅうき
3世紀頃, 中国, 西晋の政治家。東莱(山東省)出身。尚書左僕射, 大中正官を務めた。
⇒コン2　(劉毅　りゅうき　生没年不詳)
　コン3　(劉毅　りゅうき　?-285)

劉毅　りゅうき
4・5世紀, 中国, 東晋の武将。劉裕と争い滅びた。
⇒コン2　(劉毅　りゅうき　?-412)

政治・外交・軍事篇　　　　　　　　　　499　　　　　　　　　りゅう

　　コン3　(劉毅　りゅうき　?-412)

劉淇　りゅうき
20世紀,中国の政治家。共産党中央政治局委員,党北京市委員会書記,北京市オリンピック組織委員会主席・党組書記。
⇒中重　(劉淇　りゅうき　1942.11-)
　中二　(劉淇　りゅうき　1942.11-)

劉熙　りゅうき
4世紀,中国,五胡十六国・前趙(漢)の皇帝(在位328〜329)。
⇒中皇　(劉熙　?-329)

劉揆一　りゅうきいつ
19・20世紀,中国,清末・民国初期の革命家。字は霖生。湖南省出身。1906年中国革命同盟会庶務長となる。南京臨時政府の法制局長,工商総長を歴任。
⇒コン2　(劉揆一　りゅうきいつ　1878-1950)
　コン3　(劉揆一　りゅうきいつ　1878-1950)
　世東　(劉揆一　りゅうきいつ　1877-1953)
　中人　(劉揆一　りゅうきいつ　1878-1950)

劉希文　りゅうきぶん
20世紀,中国の政治家。1965年「廖承志・高碕達之助備忘録66年度貿易協議事項」に調印,以後対外貿易実務の面で活動。
⇒現人　(劉希文　りゅうきぶん〈リュウシーウェン〉1917-)
　国小　(劉希文　りゅうきぶん　1918-)
　世信　(劉希文　りゅうきぶん　1916-)
　世東　(劉希文　りゅうきぶん　1917-)
　中人　(劉希文　りゅうきぶん　1916-)

劉暁波　りゅうぎょうは*
20世紀,中国の学者。政治民主化を求める零八憲章を起草。2010年ノーベル平和賞を受賞。
⇒世東　(劉暁波　りゅうしょうは　1955-)

劉筠　りゅうきん
⇨劉筠(りゅういん)

劉瑾　りゅうきん
15・16世紀,中国,明中期の宦官。興平(陝西省)出身。本姓,談。正徳帝(武宗)の側近。
⇒外国　(劉瑾　りゅうきん　?-1510)
　角世　(劉瑾　りゅうきん　?-1510)
　国小　(劉瑾　りゅうきん　?-1510(正徳5))
　コン2　(劉瑾　りゅうきん　?-1510)
　コン3　(劉瑾　りゅうきん　1451-1510)
　中芸　(劉瑾　りゅうきん　生没年不詳)
　中国　(劉瑾　りゅうきん　?-1510)
　中史　(劉瑾　りゅうきん　?-1510)
　百科　(劉瑾　りゅうきん　?-1510)
　評世　(劉瑾　りゅうきん　?-1510)

劉錦棠　りゅうきんとう
19世紀,中国,清の武将。湖南湘郷出身。武将劉松山のいとこ。

⇒世東　(劉錦棠　りゅうきんとう)

劉昫　りゅうく
9・10世紀,中国,五代の政治家。字は耀遠。司空平章司監修国史の時,『旧唐書』200巻が勅撰され,彼の名で上呈された。
⇒外国　(劉昫　りゅうく　887-946)

劉勲　りゅうくん
3世紀頃,中国,三国時代,廬江の太守。
⇒三国　(劉勲　りゅうくん)
　三全　(劉勲　りゅうくん　生没年不詳)

隆慶帝(劉慶帝)　りゅうけいてい
16世紀,中国,明の第13代皇帝(在位1567〜72)。廟号は穆宗。嘉靖帝(世宗)の第3子。
⇒旺世　(隆慶帝　りゅうけいてい　1537-1572)
　角世　(劉慶帝　りゅうけいてい　1537-1572)
　国小　(隆慶帝　りゅうけいてい　1537(嘉靖16)-1572(隆慶6))
　コン2　(隆慶帝　りゅうけいてい　1537-1572)
　コン3　(隆慶帝　りゅうけいてい　1537-1572)
　人物　(隆慶帝　りゅうけいてい　1537-1572)
　世東　(穆宗　ぼくそう　1537-1572.5)
　中皇　(穆(隆慶帝)　1537-1572)
　統治　(隆慶(穆宗)　Lung Ch'ing[Mu Tsung](在位)1567-1572)
　評世　(隆慶帝　りゅうけいてい　1527-1572)

李裕元　りゅうげん
19世紀,朝鮮,李朝末期の文臣。
⇒コン3　(李裕元　りゅうげん　1814-1888)
　集文　(李裕元　イーユウォン　1814-1888)
　朝人　(李裕元　りゅうげん　1814-1888)
　朝鮮　(李裕元　りゅうげん　1814-1888)

劉玄　りゅうげん
⇨更始帝(こうしてい)

劉健羣　りゅうけんぐん
20世紀,中国国民党員,蒋介石の側近。
⇒近中　(劉健羣　りゅうけんぐん　1902.3-1972.3.17)

劉建勲　りゅうけんくん
20世紀,中国の政治家。山西省陽城県出身。1938年紅軍決死隊第3縦隊政治部主任,政委を歴任。67年7月北京市革委会常委,68年1月河南省革委会主任,69年4月9期中央委員。
⇒世東　(劉建勲　りゅうけんくん　1908-)
　中人　(劉建勲　りゅうけんくん　1913-1983)

劉賢権　りゅうけんけん
20世紀,中国の軍人。福建省長汀出身。抗日戦時は八路軍第115師(林彪)大隊教導員。1963年青海軍区司令員。66年3月反毛派を制圧,8月青海省革委会主任。68年空軍政委に就任。69年4月9期中央委。
⇒世東　(劉賢権　りゅうけんけん　1915-)
　中人　(劉賢権　りゅうけんけん　1914-)

劉元鼎　りゅうげんてい
　9世紀頃, 中国, 唐の入蕃会盟使。
　⇒シル（劉元鼎　りゅうげんてい　9世紀頃）
　　シル新（劉元鼎　りゅうげんてい）

劉郃　りゅうこう
　3世紀, 中国, 三国時代, 蜀の将。諸葛亮（孔明）の「後出師の表」に記される物故将軍。
　⇒三国（劉郃　りゅうこう）
　　三全（劉郃　りゅうこう　?-228）

劉公　りゅうこう
　19・20世紀, 中国, 清末期から中華民国初期の革命派の人物。
　⇒近中（劉公　りゅうこう　1881-1920.12）

劉衡　りゅうこう
　18・19世紀, 中国, 清末期の官僚。字は廉舫。江西省出身。
　⇒コン2（劉衡　りゅうこう　1775-1841）
　　コン3（劉衡　りゅうこう　1775-1841）

劉興元　りゅうこうげん
　20世紀, 中国の軍人。湖南省出身。1947年東北民主連合軍第1縦隊第1師政治部主任, 65年国防委。文革中黄永勝を支持した。69年4月9期中央委, 68年3月広東省革委会主任。
　⇒世東（劉興元　りゅうこうげん　1914-）
　　中人（劉興元　りゅうこうげん　1908-）

劉皇后　りゅうこうごう*
　5世紀, 中国, 魏晋南北朝, 斉の高帝の皇妃。
　⇒中皇（劉皇后　?-427）

劉皇后　りゅうこうごう*
　10世紀, 中国, 五代十国, 後唐の荘宗の皇妃。
　⇒中皇（劉皇后　?-926）

劉皇后　りゅうこうごう*
　10・11世紀, 中国, 北宋, 真宗の皇妃。
　⇒中皇（劉皇后　969-1031）

劉皇后　りゅうこうごう*
　11・12世紀, 中国, 北宋, 哲宗の皇妃。
　⇒中皇（劉皇后）

劉光第　りゅうこうだい
　19世紀, 中国, 清末期の政治家。字は裴村。戊戌六君子の一人。四川省出身。軍機四卿の一人として新政に参画。
　⇒コン2（劉光第　りゅうこうだい　1859-1898）
　　コン3（劉光第　りゅうこうだい　1859-1898）

劉亨賻　りゅうこうふ
　19・20世紀, 中国, フィリピンの軍人。フィリピン革命軍将軍。
　⇒華人（劉亨賻　りゅうこうふ　1872-1922）

劉光裕　りゅうこうゆう
　9世紀頃, 中国, 唐の遣雲南内使。
　⇒シル（劉光裕　りゅうこうゆう　9世紀頃）
　　シル新（劉光裕　りゅうこうゆう）

劉黒闥　りゅうこくたつ
　7世紀, 中国, 唐初の群雄の一人。山東省平原県の生れ。漢東王を称し, 天造と建元した(622)。
　⇒角世（劉黒闥　りゅうこくたつ　?-623）
　　国小（劉黒闥　りゅうこくたつ　?-623（武徳6.1））
　　コン2（劉黒闥　りゅうこくたつ　?-623）
　　コン3（劉黒闥　りゅうこくたつ　?-623）

劉庫仁　りゅうこじん
　4世紀, 中国, 五胡前秦の武将。別名は洛垂, 字は没根。苻堅に仕えて, その振威将軍となり, 劉衛辰と匈奴族を分有。
　⇒コン2（劉庫仁　りゅうこじん　?-384）
　　コン3（劉庫仁　りゅうこじん　?-384）

劉琨　りゅうこん
　3・4世紀, 中国, 六朝時代西晋末の武将, 文学者。字, 越石。西晋末の動乱期に, 北方の防衛にあたった。
　⇒外国（劉琨　りゅうこん　271/3-318）
　　国小（劉琨　りゅうこん　271（泰始7）-318（大興1））
　　詩歌（劉琨　りゅうこん　270（泰祐6）-317（建武元））
　　集世（劉琨　りゅうこん　271（泰始7）-318（太興1））
　　集文（劉琨　りゅうこん　271（泰始7）-318（太興1））
　　人物（劉琨　りゅうこん　271/3-318）
　　世文（劉琨　りゅうこん　270（泰始6）-317（建武元））
　　中芸（劉琨　りゅうこん　270-317）
　　中史（劉琨　りゅうこん　271-318）

劉坤一　りゅうこんいつ
　19・20世紀, 中国, 清末の政治家。洋務派の大官。著書『劉忠誠公遺集』(68巻)がある。
　⇒外国（劉坤一　りゅうこんいつ　1830-1902）
　　角世（劉坤一　りゅうこんいつ　1830-1902）
　　国小（劉坤一　りゅうこんいつ　1830（道光10）-1902（光緒28））
　　コン2（劉坤一　りゅうこんいつ　1830-1902）
　　コン3（劉坤一　りゅうこんいつ　1830-1902）
　　世東（劉坤一　りゅうこんいつ　1830-1902）
　　世百（劉坤一　りゅうこんいつ　1830-1902）
　　全書（劉坤一　りゅうこんいつ　1830-1902）
　　中国（劉坤一　りゅうこんいつ　1830-1902）
　　中人（劉坤一　りゅうこんいつ　1830（道光10）-1902（光緒28））
　　デス（劉坤一　りゅうこんいつ　1830-1902）
　　百科（劉坤一　りゅうこんいつ　1830-1902）
　　評世（劉坤一　りゅうこんいつ　1830-1902）
　　山世（劉坤一　りゅうこんいつ　1830-1902）
　　歴史（劉坤一　りゅうこんいつ　1830（直光10）-1902（光緒28））

龍済光 りゅうさいこう
19・20世紀, 中国の彝族・袁世凱系軍人。
⇒近中（龍済光　りゅうさいこう　1867-1925.3.12）
　世東（龍済光　りゅうせいこう　1860-1921）
　中人（龍済光　りゅうせいこう　1860-1921）

留賛 りゅうさん
2・3世紀, 中国, 三国時代, 呉の将。
⇒三国（留賛　りゅうさん）
　三全（留賛　りゅうさん　183-255）

劉思 りゅうし
6世紀頃, 中国, 南朝陳の遣新羅使。
⇒シル（劉思　りゅうし　6世紀頃）
　シル新（劉思　りゅうし）

劉氏 りゅうし
3世紀, 中国, 三国時代, 魏の大将軍・曹爽の妻。
⇒三国（劉氏　りゅうし）
　三全（劉氏　りゅうし　?-249）

劉峙 りゅうじ
20世紀, 中国の軍人。江西省吉安県出身。国民革命第2師長となり北伐に参加。
⇒近中（劉峙　りゅうじ　1892.6.30-1971.1.15）
　世東（劉峙　りゅうじ　1892-）
　中人（劉峙　りゅうじ　1891-1971）

劉挚 りゅうし
11世紀, 中国, 北宋の政治家。字は莘老, 諡は忠粛。永静・東光（河北省）出身。1091年, 哲宗朝に宰相となる。
⇒コン2（劉挚　りゅうし　1030-1097）
　コン3（劉挚　りゅうし　1030-1097）

劉希文 リュウシーウェン
⇨劉希文（りゅうきぶん）

劉之協 りゅうしきょう
18世紀, 中国, 清の白蓮教徒の指導者。安徽省太和県出身。
⇒外国（劉之協　りゅうしきょう　?-1800）
　国小（劉之協　りゅうしきょう　?-1800/1（嘉慶5/6））
　コン2（劉之協　りゅうしきょう　?-1800頃）
　コン3（劉之協　りゅうしきょう　1740-1800）
　評世（劉之協　りゅうしきょう）

劉志堅 りゅうしけん
20世紀, 中国の軍人。解放軍総政治部宣伝部長などをへて, 全人大会軍代表。
⇒世東（劉志堅　りゅうしけん　?-）
　中人（劉志堅　りゅうしけん　1912-）

劉子厚 りゅうしこう
20世紀, 中国の政治家。河北省出身。1966年8月河北党委第一書記兼同省軍区第一政治委員。67年1月文革で批判されたが, 68年2月同省革命第一副主任で復活, 9期中央委員。
⇒世東（劉子厚　りゅうしこう　1911-）
　中人（劉子厚　りゅうしこう　1909-）

劉士端 りゅうしたん
20世紀, 中国の義和団運動の先駆的指導者。
⇒近中（劉士端　りゅうしたん　?-1896.7）

劉志丹 りゅうしたん
20世紀, 中国の革命家。本名は劉景桂。陝西省出身。1932年陝北ソヴェト区建設に尽力。36年山西への抗日東征で, 国民党軍と交戦中に戦死。
⇒近中（劉志丹　りゅうしたん　1903.10.4-1936.4.14）
　コン3（劉志丹　りゅうしたん　1903-1936）
　世百新（劉志丹　りゅうしたん　1903-1936）
　中人（劉志丹　りゅうしたん　1903-1936）
　百科（劉志丹　りゅうしたん　1903-1936）

劉七 りゅうしち
16世紀, 中国, 明中期の農民反乱指導者。1510年兄弟の劉六とともに覇県で武装蜂起。
⇒コン2（劉七　りゅうしち　16世紀初期）
　コン3（劉七　りゅうしち　?-1512）

劉思復 りゅうしふく
19・20世紀, 中国の革命家, アナーキスト。のち師復と改名。広東省出身。民国以後, 広州に心社を結成し, 晦鳴学社を設立し, 『臨鳴録』（のち民声）を発行, アナーキズムを宣言。
⇒コン3（劉思復　りゅうしふく　1884-1915）
　中人（劉思復　りゅうしふく　1884-1915）

劉少奇 リュウシャオチー
⇨劉少奇（りゅうしょうき）

劉秀 りゅうしゅう
⇨光武帝（後漢）（こうぶてい）

劉十九 りゅうじゅうきゅう
19・20世紀, 中国の天津地区で活躍した著名な義和団指導者。
⇒近中（劉十九　りゅうじゅうきゅう　1882-?）

劉守光 りゅうしゅこう
9・10世紀, 中国, 五代・燕の王。深州楽寿（河北省献県）出身。
⇒国小（劉守光　りゅうしゅこう　?-914（乾化4））

劉守中 りゅうしゅちゅう
19・20世紀, 中国の国民党の軍人。
⇒近中（劉守中　りゅうしゅちゅう　1882.1.26-1941.10.23）

劉晙 りゅうしゅん
3世紀頃, 中国, 三国時代, 益州（蜀）の牧劉璋の部将。
⇒三国（劉晙　りゅうしゅん）

三全（劉峻　りゅうしゅん　?-214)

劉勝　りゅうしょう
3世紀頃, 中国, 三国時代の劉備の遠い祖先。中山靖王。劉貞の父。
⇒三国（劉勝　りゅうしょう）

劉松　りゅうしょう
18世紀, 中国, 清中期の混元教の指導者。河南省出身。1788年混元教を三陽教と改め, 白蓮教の色彩を強めた。
⇒外国（劉松　りゅうしょう）
　コン2（劉松　りゅうしょう　18世紀後半）
　コン3（劉松　りゅうしょう）

劉湘　りゅうしょう
19・20世紀, 中国の軍人, 政治家。
⇒近中（劉湘　りゅうしょう　1890-1938.1.22）

劉丞　りゅうじょう
3世紀, 中国, 三国時代, 呉の将軍。
⇒三国（劉丞　りゅうじょう）
　三全（劉丞　りゅうじょう　?-258）

劉劭　りゅうしょう
3世紀, 中国, 三国魏の政治家, 法律家。儒教的政治秩序の確立に努め, 皇覧, 新律, 都官考課などをつくる。
⇒コン2（劉劭　りゅうしょう　生没年不詳）
　コン3（劉劭　りゅうしょう　生没年不詳）
　三国（劉劭　りゅうしょう）
　三全（劉劭　りゅうしょう　生没年不詳）
　集世（劉劭　りゅうしょう）
　集文（劉劭　りゅうしょう　2, 3世紀）
　中芸（劉劭　りゅうしょう　生没年不詳）
　名著（劉劭　りゅうしょう）

劉劭　りゅうしょう
5世紀, 中国, 南朝宋の第3代文帝の皇太子。文帝から寵愛されるが, のち弟の劉濬とともに挙兵, 文帝を殺す。近衛軍を掌握し, 帝位を簒称。
⇒コン2（劉劭　りゅうしょう　426-453）
　コン3（劉劭　りゅうしょう　426-453）

劉敞　りゅうしょう
11世紀, 中国, 北宋の学者, 政治家。字は原父。集賢院学士・判南京御史台で没す。弟の劉攽や子の劉奉世とともに三劉と称された。
⇒外国（劉敞　りゅうしょう　1019-1068）
　コン2（劉敞　りゅうしょう　1019-1068）
　コン3（劉敞　りゅうしょう　1019-1068）
　世東（劉敞　りゅうしょう　1019-1068）
　中芸（劉敞　りゅうしょう　1019-1068）

龍驤　りゅうじょう
3世紀頃, 中国, 三国時代, 蜀の帳前左護衛使。
⇒三全（龍驤　りゅうじょう　生没年不詳）

劉少奇　りゅうしょうき
20世紀, 中国の政治家。1921年中国共産党に入党。35年北京で抗日, 統一戦線を工作。43年延安に赴き人民革命軍事委副主席, 59年毛沢東に代って国家主席。文革で徹底的な批判を受け, すべての公職を剥奪された。80年名誉回復。
⇒岩ケ（劉少奇　りゅうしょうき　1898-1969）
　旺世（劉少奇　りゅうしょうき　1898-1969）
　外国（劉少奇　りゅうしょうき　1905-）
　角世（劉少奇　りゅうしょうき　1898-1969）
　近中（劉少奇　りゅうしょうき　1898.11.24-1969.11.12）
　現人（劉少奇　りゅうしょうき〈リュウシャオチー〉　1898-）
　広辞5（劉少奇　りゅうしょうき　1898-1969）
　広辞6（劉少奇　りゅうしょうき　1898-1969）
　国小（劉少奇　りゅうしょうき　1898（光緒24)-）
　国百（劉少奇　りゅうしょうき　1898-）
　コン3（劉少奇　りゅうしょうき　1898-1969）
　最世（劉少奇　りゅうしょうき　1898-1969）
　人物（劉少奇　りゅうしょうき　1898-）
　世人（劉少奇　りゅうしょうき　1898-1969）
　世政（劉少奇　りゅうしょうき　1898.11.24-1969.11.12）
　世東（劉少奇　りゅうしょうき　1900-）
　世百（劉少奇　りゅうしょうき　1898-）
　世百新（劉少奇　りゅうしょうき　1898-1969）
　全書（劉少奇　りゅうしょうき　1896-1969）
　大辞2（劉少奇　りゅうしょうき　1898-1969）
　大辞3（劉少奇　りゅうしょうき　1898-1969）
　大百（劉少奇　りゅうしょうき〈リウシャオチー〉　1898-1969）
　中国（劉少奇　りゅうしょうき　1898-1971）
　中人（劉少奇　りゅうしょうき　1898-1969.11.12）
　伝記（劉少奇　りゅうしょうき　1898-）
　ナビ（劉少奇　りゅうしょうき　1898-1969）
　百科（劉少奇　りゅうしょうき　1898-1969）
　評世（劉少奇　りゅうしょうき　1905-1969）
　名著（劉少奇　りゅうしょうき　1898-）
　山世（劉少奇　りゅうしょうき　1898-1969）
　歴史（劉少奇　りゅうしょうき　1898-1969）

劉松山　りゅうしょうざん
19世紀, 中国, 清代の武将。字は寿卿。湖南省湘郷出身。
⇒外国（劉松山　りゅうしょうざん　1833-1870）

劉尚清　りゅうしょうせい
19・20世紀, 中国の官僚, 政治家。
⇒近中（劉尚清　りゅうしょうせい　1868-1947.2.）

龍書金　りゅうしょきん
20世紀, 中国の軍人, 政治家。林彪の紅軍第1軍団出身。1968年湖南省新疆軍区司令員, 9月革委会成立で主任に就任。69年4月9期中央委, 71年林彪事件に連座し失脚。
⇒世東（龍書金　りゅうしょきん　1917-）
　中人（龍書金　りゅうしょきん　1917-）

劉寔　りゅうしょく
3世紀, 中国, 三国時代, 魏の相国参軍。
⇒三国（劉寔　りゅうしょく）
　三全（劉寔　りゅうしょく　204–294）

劉震寰　りゅうしんかん
19・20世紀, 中国の軍閥。
⇒近中（劉震寰　りゅうしんかん　1890–1972）

劉仁願　りゅうじんがん
7世紀頃, 中国, 唐代の武官。字は士元。
⇒国史（劉仁願　りゅうじんがん　生没年不詳）
　対外（劉仁願　りゅうじんがん　生没年不詳）
　日人（劉仁願　りゅうじんがん　生没年不詳）
　百科（劉仁願　りゅうじんがん　生没年不詳）

劉仁軌　りゅうじんき
7世紀, 中国, 唐の武将。字は正則, 諡は文献。668年高句麗平定, 674年新羅攻撃等に軍功をたて, 唐の朝鮮半島平定に尽力。
⇒国史（劉仁軌　りゅうじんき　602–685）
　コン2（劉仁軌　りゅうじんき　600頃–685）
　コン3（劉仁軌　りゅうじんき　600頃–685）
　世東（劉仁軌　りゅうじんき）
　対外（劉仁軌　りゅうじんき　602–685）
　日人（劉仁軌　りゅうじんき　602–685）

留正　りゅうせい
12・13世紀, 中国, 南宋の政治家。字は仲至, 諡は忠宣。1187年参知政事, 89年右丞相, 90～94年左丞相などを歴任。
⇒コン2（留正　りゅうせい　1129–1206）
　コン3（留正　りゅうせい　1129–1206）

龍済光　りゅうせいこう
⇨龍済光（りゅうさいこう）

柳成龍　りゅうせいりゅう
16・17世紀, 朝鮮, 李朝の政治家, 学者。慶尚北道豊山出身。字, 而見。号, 西厓。主著『懲毖録』など。
⇒角世（柳成龍　りゅうせいりゅう　1542–1607）
　国史（柳成龍　りゅうせいりゅう　1542–1607）
　国小（柳成龍　りゅうせいりゅう　1542（中宗37）–1607（宣祖40））
　コン2（柳成龍　りゅうせいりゅう　1542–1607）
　コン3（柳成龍　りゅうせいりゅう　1542–1607）
　集世（柳成龍　ユソンニョン　1542.10.1–1607.5.6）
　集文（柳成龍　ユソンニョン　1542.10.1–1607.5.6）
　世百（柳成龍　りゅうせいりゅう　1542–1607）
　全書（柳成龍　りゅうせいりゅう　1542–1607）
　対外（柳成龍　りゅうせいりゅう　1542–1607）
　朝人（柳成龍　りゅうせいりゅう　1542–1607）
　朝鮮（柳成龍　りゅうせいりゅう　1542–1607）
　デス（柳成龍　りゅうせいりゅう　1542–1607）
　伝記（柳成龍　りゅうせいりゅう〈ユソンニョン〉1542.10–1607.5.6）
　日人（柳成龍　りゅうせいりゅう　1542–1607）
　百科（柳成龍　りゅうせいりゅう　1542–1607）

劉善因　りゅうぜんいん
7世紀頃, 中国, 唐の遺突厥冊立使。
⇒シル（劉善因　りゅうぜんいん　7世紀頃）
　シル新（劉善因　りゅうぜんいん）

劉千斤　りゅうせんきん
⇨劉通（りゅうつう）

劉聡　りゅうそう
4世紀, 中国, 五胡十六国・漢（前趙）の第3代皇帝（在位310～318）。字, 玄明。諡, 昭武帝。廟号, 烈宗。
⇒角世（劉聡　りゅうそう　?–318）
　国小（劉聡　りゅうそう　?–318（光初1））
　コン2（劉聡　りゅうそう　?–318）
　コン3（劉聡　りゅうそう　?–318）
　人物（劉聡　りゅうそう　?–318）
　世東（劉聡　りゅうそう　?–318）
　世百（劉聡　りゅうそう　?–318）
　全書（劉聡　りゅうそう　?–318）
　中皇（烈宗　?–318）
　百科（劉聡　りゅうそう　?–318）
　山世（劉聡　りゅうそう　?–318）

劉颯　りゅうそう
1世紀頃, 中国, 後漢の遣匈奴使。
⇒シル（劉颯　りゅうそう　1世紀頃）
　シル新（劉颯　りゅうそう）

劉大夏　りゅうだいか
15・16世紀, 中国, 明代の政治家。字は時雍。黄河の治水を行う。
⇒外国（劉大夏　りゅうだいか　1436–1516）

劉大致　りゅうたいち, りゅうだいち
19世紀, 朝鮮の開化派思想家, 政治家。別名は鴻基。1860年代に朝鮮開化思想の創始者の一人となる。
⇒コン2（劉大致　りゅうたいち　?–1884）
　コン3（劉大致　りゅうたいち　?–1884）
　朝人（劉大致　りゅうだいち　1831–?）
　東仏（劉大致　りゅうだいち　19世紀）

劉達　りゅうたつ
3世紀頃, 中国, 三国時代, 魏, 司馬昭時代の雍州の刺史・王経の部将。
⇒三国（劉達　りゅうたつ）
　三全（劉達　りゅうたつ　生没年不詳）

劉知遠　りゅうちえん
9・10世紀, 中国, 五代後漢の建国者（在位947～948）。諡, 睿文聖武昭粛孝皇帝。廟号, 高祖。沙陀突厥の出身。
⇒外国（劉知遠　りゅうちえん　895–948）
　角世（劉知遠　りゅうちえん　895–948）
　国小（劉知遠　りゅうちえん　895（乾寧2.2.4）–948（後漢, 乾祐1.1.27））
　コン2（高祖（後漢）　こうそ　895–948）
　コン3（高祖（後漢）　こうそ　895–948）
　人物（劉知遠　りゅうちえん　895.2.4–948.1）

世東　(劉知遠　りゅうちえん　895.2.4-948)
世百　(劉知遠　りゅうちえん　895-948)
全書　(劉知遠　りゅうちえん　895-948)
大百　(劉知遠　りゅうちえん　895-948)
中皇　(高祖　895-948)
中国　(劉知遠　りゅうちえん　895-948)
中史　(劉知遠　りゅうちえん　895-948)
デス　(劉知遠　りゅうちえん　895-948)
統治　(高祖〔劉知遠〕　Kao Tsu〔Liu Chih-yüan〕　(在位) 947-948)
百科　(劉知遠　りゅうちえん　895-948)
評世　(劉知遠　りゅうちえん　895-948)

劉中一　りゅうちゅういつ
20世紀, 中国農業相, 高級経済師, 中国共産党中央委員。
⇒中人　(劉中一　りゅうちゅういつ　1930-)

劉仲藜　りゅうちゅうれい
20世紀, 中国の政治家。中国財政相, 中国共産党中央委員。
⇒中人　(劉仲藜　りゅうちゅうれい　1934-)

劉鋹　りゅうちょう
10世紀, 中国, 五代十国南漢の最後(第4代)の王。第3代の王劉晟の長子。970年宋の太祖に攻められて捕えられ, 南漢は滅亡。
⇒国小　(劉鋹　りゅうちょう　942-980)

劉寵　りゅうちょう
3世紀頃, 中国, 三国時代, 漢皇室一門である揚州の刺史劉繇の叔父で, 太尉。
⇒三国　(劉寵　りゅうちょう)
　三全　(劉寵　りゅうちょう　生没年不詳)

劉暢　りゅうちょう*
1世紀, 中国, 後漢の王族。明帝の子。
⇒中皇　(梁王劉暢　?-98)

劉昶　りゅうちょう
5世紀, 中国, 南朝宋の王族。字, 休道。文帝の第9子。
⇒国小　(劉昶　りゅうちょう　436(元嘉13)-497(建武4))
　詩歌　(劉昶　りゅうちょう　436(元嘉13)-497(魏・太和21))

龍長安　りゅうちょうあん
8世紀頃, 中央アジア, 焉耆(カラシャフル)の入唐使節。
⇒シル　(龍長安　りゅうちょうあん　8世紀頃)
　シル新　(龍長安　りゅうちょうあん)

劉長勝　りゅうちょうしょう
20世紀, 中国の労働運動指導者。山東省出身。1946年党山東局書記。48～55年全国総工会華東局主任, 8期中央委員に選ばれた。
⇒コン3　(劉長勝　りゅうちょうしょう　1903-1967)

中人　(劉長勝　りゅうちょうしょう　1903-1967)

劉珍　りゅうちん
1・2世紀, 中国, 後漢の学者, 官吏。字は秋孫。
⇒中芸　(劉珍　りゅうちん　生没年不詳)

柳珍山　りゅうちんざん
⇒柳珍山　(ユジンサン)

劉通　りゅうつう
15世紀, 中国, 明中期の荊襄の乱の指導者。劉千斤とも呼ばれる。1464年房県西北で乱を起こし, 自ら漢王と称し, 徳勝と建元。
⇒外国　(劉千斤　りゅうせんきん)
　コン2　(劉通　りゅうつう　?-1466)
　コン3　(劉通　りゅうつう　?-1466)

劉綎　りゅうてい
16・17世紀, 中国, 明末の武将。南昌(江西省)出身。字, 省吾。遼東に清軍の南下を防いだが, サルフの戦いで戦死。
⇒国小　(劉綎　りゅうてい　?-1619(万暦47))
　コン2　(劉綎　りゅうてい　?-1619)
　コン3　(劉綎　りゅうてい　?-1619)

劉度　りゅうど
3世紀頃, 中国, 三国時代, 零陵の太守。
⇒三国　(劉度　りゅうど)
　三全　(劉度　りゅうど　生没年不詳)

劉道一　りゅうどういつ
19・20世紀, 中国の革命家。
⇒近中　(劉道一　りゅうどういつ　1884-1906.12.31)

劉徳高　りゅうとくこう
7世紀頃, 中国, 唐の官人。
⇒国史　(劉徳高　りゅうとくこう　7世紀)
　シル　(劉徳高　りゅうとくこう　7世紀頃)
　シル新　(劉徳高　りゅうとくこう)
　対外　(劉徳高　りゅうとくこう　7世紀)
　日人　(劉徳高　りゅうとくこう　生没年不詳)

劉寧一　リュウニンイー
⇒劉寧一　(りゅうねいいつ)

劉寧　りゅうねい
3世紀頃, 中国, 三国時代, 南方をおさめる漢民族の将軍。
⇒三国　(劉寧　りゅうねい)
　三全　(劉寧　りゅうねい　生没年不詳)

劉寧一　りゅうねいいち
⇒劉寧一　(りゅうねいいつ)

劉寧一　りゅうねいいつ
20世紀, 中国の政治家, 労働運動指導者。中華全国総工会主席, 中国アジア・アフリカ団結委

員会副主席などを歴任。文化大革命で失脚。
⇒現人（劉寧一　りゅうねいいつ〈リュウニンイー〉1905-）
　国小（劉寧一　りゅうねいいち　1905（光緒31）-）
　人物（劉寧一　りゅうねいいつ　1905-）
　世政（劉寧一　りゅうねいいつ　1905-1994.2.5）
　全書（劉寧一　りゅうねいいつ　1905-）
　中人（劉寧一　りゅうねいいつ　1905-）

劉伯堅　りゅうはくけん
20世紀,中国共産党の指導者,政治工作面の責任者。
⇒近中（劉伯堅　りゅうはくけん　1895.1.9-1935.3.21）

劉伯承　りゅうはくしょう
20世紀,中国の軍人。1954年国防委員会副主席,69年党中央委員,中央政治局委員。軍の長老の一人。
⇒外国（劉伯承　りゅうはくしょう　1900-）
　近中（劉伯承　りゅうはくしょう　1892.12.4-1986.10.7）
　現人（劉伯承　りゅうはくしょう〈リュウボーチョン〉1892-）
　広辞5（劉伯承　りゅうはくしょう　1892-1986）
　広辞6（劉伯承　りゅうはくしょう　1892-1986）
　国小（劉伯承　りゅうはくしょう　1892（光緒18）-）
　コン3（劉伯承　りゅうはくしょう　1892-1986）
　人物（劉伯承　りゅうはくしょう　1892-）
　世東（劉伯承　りゅうはくしょう　1900-）
　全書（劉伯承　りゅうはくしょう　1892-1986）
　大辞2（劉伯承　りゅうはくしょう　1892-1986）
　大辞3（劉伯承　りゅうはくしょう　1892-1986）
　中人（劉伯承　りゅうはくしょう　1892-1986.10.7）

劉範　りゅうはん
2世紀,中国,三国時代の左中郎将。
⇒三国（劉範　りゅうはん）
　三全（劉範　りゅうはん　?-194）

劉濞　りゅうび
⇨呉王劉濞（ごおうりゅうび）

劉肥　りゅうひ*
前2世紀,中国,前漢,高祖（劉邦）の子。
⇒中皇（斉王劉肥　?-前189）

劉備　りゅうび
2・3世紀,中国,三国・漢（蜀漢）の先主（在位221-223）。字,玄徳。諡,昭烈帝。前漢景帝の子,中山靖王勝の子孫と称した。
⇒逸話（劉備　りゅうび　162-223）
　旺世（劉備　りゅうび　161-223）
　外国（劉備　りゅうび　161-222）
　角世（劉備　りゅうび　161-223）
　広辞4（劉備　りゅうび　161-223）
　広辞6（劉備　りゅうび　161-223）
　皇帝（昭烈帝　しょうれつてい　161-223）
　国小（劉備　りゅうび　161（延熹4）-223（章武3.4））
　コン2（劉備　りゅうび　161-223）
　コン3（劉備　りゅうび　161-223）
　三国（劉備　りゅうび　161-223）
　三全（劉備　りゅうび　161-223）
　人物（劉備　りゅうび　161-223）
　世人（昭烈帝　しょうれつてい　161-223）
　世東（劉備　りゅうび　161-223）
　世百（劉備　りゅうび　161-223）
　全書（劉備　りゅうび　161-223）
　大辞（劉備　りゅうび　161-223）
　大辞3（劉備　りゅうび　161-223）
　大百（劉備　りゅうび　161-223）
　中皇（昭烈帝　161-223）
　中国（劉備　りゅうび　161-223）
　中史（劉備　りゅうび　161-223）
　デス（劉備　りゅうび　161-223）
　伝記（劉備　りゅうび　161-223.4）
　統治（昭烈帝（劉備）　Chao Lieh Ti [Liu Pei]（在位）221-223）
　百科（劉備　りゅうび　161-223）
　評世（劉備　りゅうび　161-223）
　山世（劉備　りゅうび　161-223）
　歴史（劉備　りゅうび　161-223）

劉表　りゅうひょう
2・3世紀,中国,後漢末期の群雄の一人。前漢景帝の子。鎮南将軍・荊州牧となり,領土を拡大。
⇒コン2（劉表　りゅうひょう　?-208）
　コン3（劉表　りゅうひょう　?-208）
　三国（劉表　りゅうひょう）
　三全（劉表　りゅうひょう　142-208）
　中史（劉表　りゅうひょう　142-208）
　百科（劉表　りゅうひょう　?-208）

劉邠　りゅうひん
3世紀頃,中国,三国時代,平原の太守。
⇒三国（劉邠　りゅうひん）
　三全（劉邠　りゅうひん　生没年不詳）

劉敏　りゅうびん
3世紀頃,中国,三国時代,蜀の偏将軍。
⇒三国（劉敏　りゅうびん）
　三全（劉敏　りゅうびん　生没年不詳）

劉旻　りゅうびん
9・10世紀,中国,五代十国・北漢の始祖（在位951〜955）。後漢の高祖の叔父。初めは劉崇と呼んでいた。
⇒皇帝（劉旻　りゅうびん　895-955）

劉賓雁　りゅうひんがん
20世紀,中国の作家,ジャーナリスト,民主化運動家。中国作家協会副主席。
⇒海作4（劉賓雁　りゅうひんがん　1925.2.7-2005.12.5）
　集世（劉賓雁　りゅうひんがん　1925.2.7-）
　集文（劉賓雁　りゅうひんがん　1925.2.7-）
　世東（劉賓雁　りゅうひんがん　1925-）
　世文（劉賓雁　りゅうひんがん　1925-）
　中人（劉賓雁　りゅうひんがん　1925.2.7-）

劉武　りゅうぶ
前2世紀，中国，前漢，文帝の子。
⇒三国　(梁の孝王　りょうのこうおう)
集世　(梁孝王　りょうのこうおう)
中皇　(梁王劉武　?-前144)

劉復基　りゅうふくき
19・20世紀，中国・湖南西部の哥老会の首領，中国同盟会，振武学社，文学社の会員・武昌3烈士の1人。
⇒近中　(劉復基　りゅうふくき　1884-1911.10.10)

劉福通　りゅうふくつう
14世紀，中国，元末群雄の一人。紅巾軍を起し，1355年韓林児を迎えて皇帝とし，宋国を建て，丞相として活躍。
⇒外国　(劉福通　りゅうふくつう　?-1363)
国小　(劉福通　りゅうふくつう　?-1363(至正23))
コン2　(劉福通　りゅうふくつう　?-1363)
コン3　(劉福通　りゅうふくつう　?-1363)
百科　(劉福通　りゅうふくつう　?-1363)

劉武周　りゅうぶしゅう
7世紀，中国，隋末期の反乱指導者の一人。突厥と連合して，山西地方に勢力をふるい，自ら皇帝を称した。
⇒コン2　(劉武周　りゅうぶしゅう　?-620)
コン3　(劉武周　りゅうぶしゅう　?-622)

劉文輝　りゅうぶんき
20世紀，中国の軍人。四川省出身。1954年来国防委員，55年来国務院林業部部長，64年国民党革命委員会中央常務委員をつとめる。
⇒近中　(劉文輝　りゅうぶんき　1895.1.10-1976.6.24)
コン3　(劉文輝　りゅうぶんき　1895-1976)
世東　(劉文輝　りゅうぶんき　1895-)
中人　(劉文輝　りゅうぶんき　1895-1976)

留平　りゅうへい
3世紀，中国，三国時代，呉の将。呉主孫皓の無道を諫めて殺された。
⇒三国　(留平　りゅうへい)
三全　(留平　りゅうへい　?-272)

劉秉忠　りゅうへいちゅう
13世紀，中国，元初の政治家。初名，侃。字，仲晦。諡，文貞公。フビライ・ハン(世宗)に重用された。
⇒外国　(劉秉忠　りゅうへいちゅう　1216-1274)
国小　(劉秉忠　りゅうへいちゅう　1216(太祖11)-1274(至元11))
コン2　(劉秉忠　りゅうへいちゅう　1216-1274)
コン3　(劉秉忠　りゅうへいちゅう　1216-1274)
詩歌　(劉秉忠　りゅうへいちゅう　1216(金・貞祐4)-1274(元・至元11))
新美　(劉秉忠　りゅうへいちゅう)
人物　(劉秉忠　りゅうへいちゅう　1216-1274.8)
世東　(劉秉忠　りゅうへいちゅう　1216-1274)
中国　(劉秉忠　りゅうへいちゅう　1216-1274)

劉辟　りゅうへき
2世紀，中国，三国時代，黄巾賊の残党。
⇒三国　(劉辟　りゅうへき)
三全　(劉辟　りゅうへき　?-201)

劉方　りゅうほう
6・7世紀，中国，隋の将軍。長安出身。突厥遠征，林邑(チャンパ)遠征などを指揮。
⇒外国　(劉方　りゅうほう　?-605)
国小　(劉方　りゅうほう　?-605(大業1))
コン2　(劉方　りゅうほう　?-605)
コン3　(劉方　りゅうほう　?-605)
世東　(劉方　りゅうほう　6世紀中頃-7世紀初)

劉豊　りゅうほう
20世紀，中国の軍人。抗日戦時は八路軍大隊長。1967年7月「武漢事件」で長江大橋を制圧。68年2月湖北省革委会副主任，69年4月9期中央委。72年林彪事件に連座し失脚。
⇒世東　(劉豊　りゅうほう　1913-)
中人　(劉豊　りゅうほう　1915-)

劉邦　りゅうほう
前3・2世紀，中国，前漢の創始者。姓名は劉邦。項羽を滅し帝位につき，国号を漢とし，長安に都を定めた。
⇒逸話　(劉邦　りゅうほう　前247/256-195)
岩ケ　(劉邦　りゅうほう　前247-前195)
旺世　(劉邦　りゅうほう　前247-195)
外国　(劉邦　りゅうほう　前247-195)
角世　(劉邦　りゅうほう　前247-195)
広辞4　(劉邦　りゅうほう　前247-前195)
広辞6　(劉邦　りゅうほう　前247-前195)
皇帝　(高祖　こうそ　前247/56-195)
国小　(高祖(前漢)　こうそ　前256/247(椒王59/荘襄王3)-195(高祖12))
国百　(高祖(漢)　こうそ　前247/56-195)
コン2　(高祖(前漢)　こうそ　前247-195)
コン3　(高祖(前漢)　こうそ　前247-195)
三国　(劉邦　りゅうほう　前247-195)
詩歌　(漢・高祖　かんのこうそ　前247-195)
詩歌　(劉邦　りゅうほう　前258(周・椒王57)/47(秦・荘襄王2)-195(漢・高祖12))
人物　(劉邦　りゅうほう　前247-195.4)
世人　(高祖(漢)　こうそ　前247-195)
世東　(高祖(漢)　こうそ　前247-195)
世百　(高祖(漢)　こうそ　前256/47?-195)
全書　(劉邦　りゅうほう　前256/247-195)
大辞　(劉邦　りゅうほう　前247-前195)
大辞3　(劉邦　りゅうほう　前247-195)
大百　(高祖(漢)　こうそ　前247?-195)
中皇　(高祖　前247-195)
中芸　(高祖　前245-前195)
中国　(高祖(漢)　こうそ　前247/56-195)
中史　(劉邦　りゅうほう　前256-195)
デス　(高祖)
伝記　(劉邦　りゅうほう　前256/47-195)
統治　(高帝(高祖)(劉季，劉邦)　Kao Ti[Liu Chi]　(在位)前207-195)
百科　(高祖(漢)　こうそ　前256/47-前195)
評世　(劉邦　りゅうほう　前256/247-195)

劉邦 りゅうほう　前247–195
山世　（劉邦　りゅうほう　前247–195）
歴史　（高祖(前漢)　こうそ　前256/47?–前195
　　　（高祖12))

劉方仁　りゅうほうじん
20世紀、中国共産党江西省委員会副書記、中国共産党中央委員候補。
⇒世政　（劉方仁　りゅうほうじん　1936–)
　中人　（劉方仁　りゅうほうじん　1936–)

劉伯承　リュウポーチョン
⇨劉伯承（りゅうはくしょう）

劉盆子　りゅうぼんし
1世紀、中国、後漢初期の反乱指導者の一人。城陽景王劉章の子孫。劉玄(更始帝)を破る。赤眉の乱で25年樊崇らに擁立されて帝位につき、建世と改元。
⇒コン2　（劉盆子　りゅうぼんし　10–?)
　コン3　（劉盆子　りゅうぼんし　10–?)

龍無駒　りゅうむく
6世紀頃、柔然の遣東魏使。
⇒シル　（龍無駒　りゅうむく　6世紀頃)
　シル新　（龍無駒　りゅうむく)

劉銘伝　りゅうめいでん
19世紀、中国、清末の軍人、洋務派官僚。字、省三。号、大潜山人。李鴻章の淮軍の部将であった。
⇒外国　（劉銘伝　りゅうめいでん　1836–1896)
　国小　（劉銘伝　りゅうめいでん　1836(道光16)–1895(光緒21))
　コン2　（劉銘伝　りゅうめいでん　1836–1895)
　コン3　（劉銘伝　りゅうめいでん　1836–1895)
　世東　（劉銘伝　りゅうめいでん　1836–1895)
　世百　（劉銘伝　りゅうめいでん　1836–1896)
　全書　（劉銘伝　りゅうめいでん　1836–1895)
　中史　（劉銘伝　りゅうめいでん　1836–1895)

劉裕　りゅうゆう
⇨武帝(南朝宋)（ぶてい）

劉幽巖　りゅうゆうげん
8世紀頃、中国、唐の遣南詔宣尉使判官。
⇒シル　（劉幽巖　りゅうゆうげん　8世紀頃)
　シル新　（劉幽巖　りゅうゆうげん)

劉予　りゅうよ
11・12世紀、中国、金初、華北にあった斉国の皇帝(在位1130〜37)。字、彦游。景州阜城出身。
⇒外国　（劉予　りゅうよ　?–1143)
　角世　（劉予　りゅうよ　1073–1146)
　国小　（劉予　りゅうよ　1078(元豊1)–1143(皇統3))
　コン2　（劉予　りゅうよ　1078–1143)
　コン3　（劉予　りゅうよ　1078–1143)
　世東　（劉予　りゅうよ　?–1143)
　世百　（劉予　りゅうよ　1078?–1143)
　中国　（劉予　りゅうよ　1078–1143)
　百科　（劉予　りゅうよ　1073–1146)

劉曜　りゅうよう
4世紀、中国、五胡十六国・漢(前趙)の第5代皇帝(在位318〜328)。字、永明。劉淵の族子。劉淵、劉聡に重用された。
⇒外国　（劉曜　りゅうよう　?–328)
　角世　（劉曜　りゅうよう　?–333)
　国小　（劉曜　りゅうよう　?–328(光初11))
　コン2　（劉曜　りゅうよう　?–333)
　コン3　（劉曜　りゅうよう　?–329)
　世東　（劉曜　りゅうよう　?–328)
　世百　（劉曜　りゅうよう　?–328)
　中皇　（劉曜　　　　　　 ?–328)
　中国　（劉曜　りゅうよう　?–333)
　中史　（劉曜　りゅうよう　?–329)
　百科　（劉曜　りゅうよう　?–329)
　評世　（劉曜　りゅうよう　?–328)

劉幼復　りゅうようふく
9世紀頃、中国、唐の遣吐蕃副使。
⇒シル　（劉幼復　りゅうようふく　9世紀頃)
　シル新　（劉幼復　りゅうようふく)

劉瀾濤　りゅうらんとう
20世紀、中国の政治家。陝西省出身。1期全人大会河北省代表、中共中央副秘書長を歴任。1965年1月政協副主席。文革で失脚。
⇒世東　（劉瀾濤　りゅうらんとう　1904–)
　中人　（劉瀾濤　りゅうらんとう　1910–)

劉瀾波　りゅうらんは、りゅうらんば
20世紀、中国共産党中央規律検査委常務委員、国務院顧問。遼寧省鳳城県出身。1979年電力工業相、第11期党中央委員。
⇒近中　（劉瀾波　りゅうらんは　1904–1982.3.5)
　中人　（劉瀾波　りゅうらんば　1904–1982.3.5)

留略　りゅうりゃく
3世紀頃、中国、三国時代、呉の将。
⇒三国　（留略　りゅうりゃく)
　三全　（留略　りゅうりゃく　生没年不詳)

柳麟錫　りゅうりんしゃく
19・20世紀、朝鮮の義兵将、衛正斥邪論者。字は汝聖、号は毅菴。著書『毅菴集』『昭義新編』『華東統綱目』。
⇒コン2　（柳麟錫　りゅうりんしゃく　1842–1915)
　コン3　（柳麟錫　りゅうりんしゃく　1845–1915)
　朝人　（柳麟錫　りゅうりんしゃく　1842–1915)
　朝鮮　（柳麟錫　りゅうりんしゃく　1842–1915)
　百科　（柳麟錫　りゅうりんしゃく　1842–1915)

劉麗川　りゅうれいせん
19世紀、中国、清末期の上海小刀会蜂起の首領。広東省出身。一時、県城と周辺6県を勢力下に収める。
⇒コン2　（劉麗川　りゅうれいせん　1820–1855)
　コン3　（劉麗川　りゅうれいせん　1820–1855)

劉六　りゅうろく
16世紀、中国、明中期の農民反乱指導者。大安

県(河北省)出身。1510年武装蜂起。
⇒コン2（劉六　りゅうろく　16世紀初期）
　コン3（劉六　りゅうろく　?-1512）

柳章植　リュジャンシク
20世紀、北朝鮮の外交官、政治家。南満州生れ。1958年朝鮮労働党中央委員会国際部副部長。70年の第5回党大会で中央委員に選出され、72年党組織指導部副部長兼対外事業部長。同年、南北調整委員会副委員長として脚光を浴び、中央人民委員。
⇒現人（柳章植　リュジャンシク　?-）

呂夷簡　りょいかん
10・11世紀、中国、北宋の政治家。字は坦父、諡は文靖。寿州(安徽省)の出身。
⇒外国（呂夷簡　りょいかん　?-1044）
　コン2（呂夷簡　りょいかん　978-1043）
　コン3（呂夷簡　りょいかん　979-1043）
　百科（呂夷簡　りょいかん　979-1044）

呂威璜　りょいこう
2世紀、中国、三国時代、袁紹の部将。
⇒三国（呂威璜　りょいこう）
　三全（呂威璜　りょいこう　?-200）

呂頤浩　りょいこう
11・12世紀、中国、南宋初期の政治家。字は元直、諡は忠穆。中書門下同平章事(宰相)。
⇒コン2（呂頤浩　りょいこう　1071-1139）
　コン3（呂頤浩　りょいこう　1071-1139）

李邕　りよう
7・8世紀、中国、唐の文人、書家。字は泰和。李北海とも称した。『雲麾将軍李思訓碑』『麓山寺碑』などの遺作がある。
⇒外国（李邕　りよう　675頃-747）
　国小（李邕　りよう　675/8(上元2/儀鳳3)-747(天宝6)）
　コン2（李邕　りよう　678頃-747）
　コン3（李邕　りよう　678頃-747）
　新美（李邕　りよう　675(唐・上元2)-747(天宝6)）
　中芸（李邕　りよう　678-747）
　中国（李邕　りよう　678?-747）
　中史（李邕　りよう　678-747）
　中書（李邕　りよう　678-747）

李膺　りよう
2世紀、中国、後漢末期の官僚。字は元礼。宦官勢力と対立、166年投獄され終身禁錮。168年再び宦官の排除をはかるが殺された（党錮の獄）。
⇒角世（李膺　りよう　110-169）
　コン2（李膺　りよう　110頃-169）
　コン3（李膺　りよう　110-169）
　三国（李膺　りよう）
　人物（李膺　りよう）
　世東（李膺　りよう　?-169）
　中国（李膺　りよう　110-160）
　中史（李膺　りよう　110-169）
　評世（李膺　りよう　110-169）

凌雲　りょううん
20世紀、中国の国家安全相。
⇒中人（凌雲　りょううん　1912-）

凌鉞　りょうえつ
19・20世紀、中国の政治家。字は子黄。河南省出身。華北中心の革命工作を担当。国共分裂後、国民党史の編纂に従事。
⇒コン3（凌鉞　りょうえつ　1882-1946）
　中人（凌鉞　りょうえつ　1882-1946）

廖化　りょうか
3世紀、中国、三国時代、黄巾賊の残党。字は元倹。
⇒三国（廖化　りょうか）
　三国（廖淳　りょうじゅん）
　三全（廖化　りょうか　?-264）

梁懷璥　りょうかいけい
7世紀頃、中国、唐の遣天竺答礼使。
⇒シル（梁懷璥　りょうかいけい　7世紀頃）
　シル新（梁懷璥　りょうかいけい）

廖漢生　りょうかんせい
20世紀、中国の軍人、政治家。中国全国人民代表大会(全人代)常務委員会副委員長。湖北省出身。1960年9月国防部副部長。64年9月3期全人大会軍代表。65年1月国防委、当時党中央華北局書記。67年1月「三反分子」として逮捕。
⇒世政（廖漢生　りょうかんせい　1911-）
　世東（廖漢生　りょうかんせい　1910-）
　中人（廖漢生　りょうかんせい　1911-）

梁畿　りょうき
3世紀頃、中国、三国時代、魏の参軍。
⇒三国（梁畿　りょうき）
　三全（梁畿　りょうき　生没年不詳）

梁冀　りょうき
2世紀、中国、後漢の外戚。跋扈将軍と呼ばれた。字、伯丹。妹が順帝の皇后となる(132)と、政権を独占。
⇒角世（梁冀　りょうき　?-159）
　国小（梁冀　りょうき　?-159(延熹2.8.10)）
　コン2（梁冀　りょうき　?-159）
　コン3（梁冀　りょうき　?-159）
　世百（梁冀　りょうき　?-159）
　全書（梁冀　りょうき　?-159）
　中史（梁冀　りょうき　?-159）
　百科（梁冀　りょうき　?-159）
　評世（梁冀　りょうき　生没年不詳）

梁起鐸　りょうきたく
19・20世紀、朝鮮の独立運動家。1925年呉東振らと正義府を組織、26年高麗革命党を創立、委員長になる。
⇒コン2（梁起鐸　りょうきたく　1871-1938）
　コン3（梁起鐸　りょうきたく　1871-1938）
　朝人（梁起鐸　りょうきたく　1871-1938）

政治・外交・軍事篇　　　　りょう

朝鮮（梁起鐸　りょうきたく　1871-1938）

梁吉　りょうきつ
9世紀、朝鮮、新羅の反乱者。北原（江原道原州）で反乱を起こし、891年鉄円（江原道鉄原）を占領。
⇒コン2（梁吉　りょうきつ　生没年不詳）
　コン3（梁吉　りょうきつ　生没年不詳）
　世東（梁吉　りょうきつ　?-899）

梁慬　りょうきん
2世紀頃、中国、後漢時代、西域の安定に活躍した校尉。
⇒シル（梁慬　りょうきん　2世紀頃）
　シル新（梁慬　りょうきん）

梁錦松　りょうきんしょう
20世紀、中国、香港特別行政区財政長官。
⇒政（梁錦松　りょうきんしょう　1952.1-）

梁慶桂　りょうけいけい
20世紀、中国、清代末期の官僚。
⇒華人（梁慶桂　りょうけいけい　生没年不詳）

梁啓超　りょうけいちょう
19・20世紀、中国、清末～民国初期の啓蒙思想家、ジャーナリスト、政治家。字、卓如。号、任公。中国内地の立憲運動を指導。
⇒逸話（梁啓超　りょうけいちょう　1873-1929）
　岩ケ（梁啓超　りょうけいちょう　1873-1929）
　岩哲（梁啓超　りょうけいちょう　1873-1929）
　旺世（梁啓超　りょうけいちょう　1873-1929）
　外国（梁啓超　りょうけいちょう　1873-1929）
　角世（梁啓超　りょうけいちょう　1873-1929）
　教育（梁啓超　りょうけいちょう　1873-1929）
　広辞4（梁啓超　りょうけいちょう　1873-1929）
　広辞5（梁啓超　りょうけいちょう　1873-1929）
　広辞6（梁啓超　りょうけいちょう　1873-1929）
　国史（梁啓超　りょうけいちょう　1873-1929）
　国小（梁啓超　りょうけいちょう　1873（同治12）-1929）
　コン2（梁啓超　りょうけいちょう　1873-1929）
　コン3（梁啓超　りょうけいちょう　1873-1929）
　詩歌（梁啓超　りょうけいちょう　1873（清・同治12）-1929（民国18））
　集世（梁啓超　りょうけいちょう　1873.2.23-1929.1.19）
　集文（梁啓超　りょうけいちょう　1873.2.23-1929.1.19）
　人物（梁啓超　りょうけいちょう　1873-1929）
　世人（梁啓超　りょうけいちょう　1873-1929）
　世東（梁啓超　りょうけいちょう　1873-1929）
　世百（梁啓超　りょうけいちょう　1873-1929）
　世文（梁啓超　りょうけいちょう　1873-1929）
　全書（梁啓超　りょうけいちょう　1873-1929）
　大辞（梁啓超　りょうけいちょう　1873-1929）
　大辞2（梁啓超　りょうけいちょう　1873-1929）
　大辞3（梁啓超　りょうけいちょう　1873-1929）
　大百（梁啓超　りょうけいちょう　1873-1929）
　中芸（梁啓超　りょうけいちょう　1873-1929）
　中国（梁啓超　りょうけいちょう　1873-1929）
　中史（梁啓超　りょうけいちょう　1873-1929）
　中書（梁啓超　りょうけいちょう　1873-1929）
　中人（梁啓超　りょうけいちょう　1873（同治12）-1929）
　デス（梁啓超　りょうけいちょう〈リヤンチーヤオ〉　1873-1929）
　伝記（梁啓超　りょうけいちょう　1873-1929）
　ナビ（梁啓超　りょうけいちょう　1873-1929）
　日人（梁啓超　りょうけいちょう　1873-1929）
　百科（梁啓超　りょうけいちょう　1873-1929）
　評世（梁啓超　りょうけいちょう　1873-1929）
　名ളー（梁啓超　りょうけいちょう　1873-1929）
　山世（梁啓超　りょうけいちょう　1873-1929）
　歴学（梁啓超　りょうけいちょう　1873-1929）
　歴史（梁啓超　りょうけいちょう　1873-1929）

梁興　りょうこう
3世紀、中国、三国時代、西涼の太守韓遂配下の大将。
⇒三国（梁興　りょうこう）
　三全（梁興　りょうこう　?-211）

梁剛　りょうごう
2世紀、中国、三国時代、袁術の部将。
⇒三国（梁剛　りょうごう）
　三全（梁剛　りょうごう　?-197）

梁皇后　りょうこうごう*
2世紀、中国、後漢、順帝の皇妃。
⇒中皇（梁皇后　106-150）

廖鴻志（梁鴻志）　りょうこうし
19・20世紀、中国、中華民国時代の政治家。安福派の巨頭。福建出身。1938年日本の手になる南京政府が成立すると行政院長となり、汪兆銘の国民政府に統合されて監察院長となった。
⇒角世（梁鴻志　りょうこうし　1882-1946）
　近中（梁鴻志　りょうこうし　1882-1947.11.9）
　コン3（梁鴻志　りょうこうし　1882-1946）
　人物（廖鴻志　りょうこうし　1882-1946）
　世東（梁鴻志　りょうこうし　1882-1946）
　中人（梁鴻志　りょうこうし　1882-1946）

梁士詒　りょうしい
19・20世紀、中国の政治家、実業家。字は翼夫、号は燕孫。広東省出身。民国以後、財務の要職や内閣総理（奉天派）に就任。
⇒外国（梁士詒　りょうしい　1869-1933）
　コン2（梁士詒　りょうしい　1869-1933）
　コン3（梁士詒　りょうしい　1869-1933）
　世東（梁士詒　りょうしい　1869-1933）
　世百（梁士詒　りょうしい　1869-1933）
　中人（梁士詒　りょうしい　1869-1933）
　百科（梁士詒　りょうしい　1869-1933）

梁粛　りょうしゅく
8世紀、中国、唐代の官吏、文人。翰林学士。
⇒中芸（梁粛　りょうしゅく　753-793）

廖淳　りょうじゅん
⇨廖化（りょうか）

梁章鉅　りょうしょうきょ
18・19世紀, 中国, 清末期の官僚。字は芷鄰, 号は退菴。1841年江蘇巡撫・両江総督を代行。『枢垣記略』, 農書『農候雑占』を著した。
⇒コン2（梁章鉅　りょうしょうきょ　1775–1849）
　コン3（梁章鉅　りょうしょうきょ　1775–1849）
　中芸（梁章鉅　りょうしょうきょ　1775–1849）
　中史（梁章鉅　りょうしょうきょ　1775–1849）

廖承志　りょうしょうし
20世紀, 中国の政治家。父は廖仲愷, 母は何香凝。アジア・アフリカ団結委員会主席, 中日友好協会会長など対外関係, 特に対日工作にあたる。
⇒外国（廖承志　りょうしょうし　1908–）
　華人（廖承志　りょうしょうし　1908–1983）
　角世（廖承志　りょうしょうし　1908–1983）
　近中（廖承志　りょうしょうし　1907–1983.6.10）
　現人（廖承志　りょうしょうし〈リヤオチョンチー〉　1908–）
　広ský5（廖承志　りょうしょうし　1908–1983）
　広歴6（廖承志　りょうしょうし　1908–1983）
　国小（廖承志　りょうしょうし　1906（光緒34.9.25）–）
　コン3（廖承志　りょうしょうし　1908–1983）
　世政（廖承志　りょうしょうし　1908.9.25–1983.6.10）
　世東（廖承志　りょうしょうし　1908–）
　世百（廖承志　りょうしょうし　1908–）
　世百新（廖承志　りょうしょうし　1908–1983）
　全書（廖承志　りょうしょうし　1908–1983）
　大辞2（廖承志　りょうしょうし　1908–1983）
　大辞3（廖承志　りょうしょうし　1908–1983）
　大百（廖承志　りょうしょうし〈リヤオチョンチー〉　1908–）
　中人（廖承志　りょうしょうし　1908.8.8–1983.6.10）
　ナビ（廖承志　りょうしょうし　1908–1983）
　日人（廖承志　りょうしょうし　1908–1983）
　百科（廖承志　りょうしょうし　1908–1983）
　歴史（廖承志　りょうしょうし　1908–1983）

梁誠之　りょうせいし
15世紀, 朝鮮, 李朝の学者, 政治家。号は訥斎。1455年『八道地理志』を編集。
⇒コン2（梁誠之　りょうせいし　1415–1482）
　コン3（梁誠之　りょうせいし　1415–1482）

梁宋国大長公主　りょうそうこくだいちょうこうしゅ＊
中国, 遼, 道宗の娘。
⇒中皇（梁宋国大長公主）

廖仲愷　りょうちゅうがい
19・20世紀, 中国の革命家。廖承志の父。妻は何香凝。孫文の革命運動を積極的に助けた。財務部長, 軍需総監などの要職を歴任。国民党左派の中心として活動したが, 右派分子に暗殺された。
⇒外国（廖仲愷　りょうちゅうがい　1876–1925）
　角世（廖仲愷　りょうちゅうがい　1877–1925）
　国小（廖仲愷　りょうちゅうがい　1877（光緒3）–1925.8.20）
　コン2（廖仲愷　りょうちゅうがい　1877–1925）
　コン3（廖仲愷　りょうちゅうがい　1877–1925）
　世東（廖仲愷　りょうちゅうがい　1877–1925）
　世百（廖仲愷　りょうちゅうがい　1876–1925）
　全書（廖仲愷　りょうちゅうがい　1877–1925）
　大辞（廖仲愷　りょうちゅうがい　1877–1925）
　大辞2（廖仲愷　りょうちゅうがい　1877–1925）
　中国（廖仲愷　りょうちゅうがい　1877–1925）
　中人（廖仲愷　りょうちゅうがい　1877（光緒3）–1925.8.20）
　デス（廖仲愷　りょうちゅうがい〈リヤオチョンカイ〉　1877–1925）
　日人（廖仲愷　りょうちゅうがい　1877–1925）
　百科（廖仲愷　りょうちゅうがい　1877–1925）
　評世（廖仲愷　りょうちゅうがい　1876–1925）
　山世（廖仲愷　りょうちゅうがい　1877–1925）
　歴史（廖仲愷　りょうちゅうがい　1877（光緒2）–1925（民国14））

梁鼎芬　りょうていふん
19・20世紀, 中国の清流派官僚, 教育家, 張之洞の幕客, 民国初期の宣統帝溥儀の師傅, 張勲復辟の支持者。
⇒近中（梁鼎芬　りょうていふん　1859.7.5–1920.1.4）

凌統　りょうとう
2・3世紀, 中国, 三国時代, 呉の将。凌操の子。
⇒三国（凌統　りょうとう）
　三全（凌統　りょうとう　187–237）

梁敦彦　りょうとんげん
20世紀, 中国の外交官。広東省出身。1914年徐世昌内閣の交通総長。
⇒コン2（梁敦彦　りょうとんげん　?–1923）
　コン3（梁敦彦　りょうとんげん　1857–1923）
　世東（梁敦彦　りょうとんげん　?–1923.5.10）
　中人（梁敦彦　りょうとんげん　1857–1924）

梁武帝　りょうのぶてい
5・6世紀, 中国, 六朝・梁の初代皇帝（在位502～49）。
⇒新美（梁武帝　りょうのぶてい　464（劉宋・大明8）–549（梁・太清3））

梁柏台　りょうはくたい
20世紀, 中国共産党員・中華ソヴィエト共和国期におけるソヴィエト法体系の創出者。
⇒近中（梁柏台　りょうはくたい　1899.9.14–1935.3）

良弼　りょうひつ
20世紀, 中国の軍官。1911年辛亥革命となり, 清朝再興をめざす「宗社党」を組織。
⇒近中（良弼　りょうひつ　?–1912.2.1）
　コン2（良弼　りょうひつ　1877–1912）
　コン3（良弼　りょうひつ　1877–1912）
　中人（良弼　りょうひつ　1877–1912）

梁弥博　りょうびはく
6世紀頃, 中国, 五胡十六国時代の宕昌王。梁に来朝。
⇒シル（梁弥博　りょうびはく　6世紀頃）
シル新（梁弥博　りょうびはく）

梁布　りょうふ
19・20世紀, 中国の政治家, 森林学者。1949年中央人民政府林墾部長となり, のち財政経済委員会委員, 九三学社中央理事会副主席を兼任。
⇒外国（梁布　りょうふ　1884-）
　中人（梁布　りょうふ　1883-1958）

廖文毅　りょうぶんき
20世紀, 台湾の独立運動家。1950年日本に渡り, 台湾民主独立党を結成。56年東京で同志2000人を集めて台湾共和国臨時政府を樹立し大統領に就任したが, 65年には台湾当局に帰順。
⇒現人（廖文毅　りょうぶんき〈リャオ・ウェンイー〉　1910-）
　中人（廖文毅　りょうぶんき　1910-）

廖沫沙　りょうまつさ
20世紀, 中国の政治家。1962年2月当時中共北京市統一戦線工作部長。63年6月当時政協北京市委会副主席。66年5月文革が始まると, 北京市委会の「三家村グループ」反党反社会主義分子として批判をうける。
⇒世東（廖沫沙　りょうまつさ　1907-）
　中人（廖沫沙　りょうまつさ　1907-1990.12.27）

李容翊　りょうよく
19・20世紀, 朝鮮, 政治家。光武改革の中心。
⇒角世（李容翊　りょうよく　1864-1907）
　コン3（李容翊　りょうよく　1854-1907）
　朝人（李容翊　りょうよく　1854-1907）
　朝鮮（李容翊　りょうよく　1854-1907）
　百科（李容翊　りょうよく　1854-1907）

廖立　りょうりつ
3世紀頃, 中国, 三国時代, 蜀の長水校尉。
⇒三国（廖立　りょうりつ）
　三全（廖立　りょうりつ　生没年不詳）

呂運亨　りょううんこう
⇒呂運亨（ヨウニョン）

呂誨　りょかい
11世紀頃, 中国, 北宋代の政治家。字は献可。神宗朝に侍御史, 御史中丞となった。
⇒外国（呂誨　りょかい）

呂嘉問　りょかもん
11世紀頃, 中国, 北宋中期の政治家。字は望之。寿州（安徽省）の生れ。
⇒コン2（呂嘉問　りょかもん　生没年不詳）
　コン3（呂嘉問　りょかもん　生没年不詳）

呂義　りょぎ
3世紀頃, 中国, 三国時代, 益州（蜀）の牧劉璋の臣。
⇒三国（呂義　りょぎ）
　三全（呂義　りょぎ　生没年不詳）

呂希哲　りょきてつ
11・12世紀, 中国, 北宋の官僚。字は原明。河南（河南省）の生れ。司空呂公著の長子。哲宗のとき, 右司諫となった。
⇒コン2（呂希哲　りょきてつ　生没年不詳）
　コン3（呂希哲　りょきてつ　生没年不詳）

呂拠　りょきょ
3世紀, 中国, 三国時代, 呉の将軍。
⇒三国（呂拠　りょきょ）
　三全（呂拠　りょきょ　?-256）

呂向　りょきょう
8世紀頃, 中国, 唐の弔問使。突厥（チュルク）に派遣された。
⇒シル（呂向　りょきょう　8世紀頃）
　シル新（呂向　りょきょう）

呂恵卿　りょけいけい
11・12世紀, 中国, 北宋の姦臣。泉州晋江（福建省晋江県）の出身。字, 吉甫。
⇒外国（呂恵卿　りょけいけい　11-12世紀）
　角世（呂恵卿　りょけいけい　1032-1111）
　国小（呂恵卿　りょけいけい　生没年不詳）
　コン2（呂恵卿　りょけいけい　1032-1111）
　コン3（呂恵卿　りょけいけい　1032-1111）
　人物（呂恵卿　りょけいけい　生没年不詳）
　世東（呂恵卿　りょけいけい　11世紀中頃-12世紀初）
　百科（呂恵卿　りょけいけい　1032-1111）

呂建　りょけん
3世紀頃, 中国, 三国時代, 魏の将。
⇒三国（呂建　りょけん）
　三全（呂建　りょけん　生没年不詳）

呂光　りょこう
4世紀, 中国, 五胡十六国・後涼の第1代王（在位386/9～399）。字, 世明。謚, 武皇帝。廟号, 太祖。
⇒角世（呂光　りょこう　337-399）
　国小（呂光　りょこう　337（東晋, 咸康3）-399（咸寧1））
　コン2（呂光　りょこう　337-399）
　コン3（呂光　りょこう　337-399）
　シル（呂光　りょこう　337-399）
　シル新（呂光　りょこう　337-399）
　人物（呂光　りょこう　337-399）
　世東（呂光　りょこう　337-399）
　中皇（太祖　337-399）
　中国（呂光　りょこう　337-399）
　評世（呂光　りょこう　339-399）

呂公　りょこう
2世紀, 中国, 三国時代, 荊州の刺史劉表の部将。
⇒三国（呂公　りょこう）
　三全（呂公　りょこう　?-192）

呂后　りょこう
前2世紀, 中国, 前漢高祖の皇后。恵帝の生母。恵帝の時代, 太后となって政権を握り, 恵帝没後少帝恭を即位させて摂政となった。
⇒岩ケ（呂后　りょこう　?-前180）
　角世（呂后　りょこう　?-前180）
　広辞4（呂后　りょこう　?-前180）
　広辞6（呂后　りょこう　?-前180）
　皇帝（呂皇后　りょこうごう　?-前180）
　国小（呂后　りょこう　?-前180（文帝4.8））
　コン2（呂皇后　りょこうごう　?-前180）
　コン3（呂后　りょこう　?-前180）
　三国（呂后　りょこう）
　人物（呂后　りょこう　?-前180.7）
　世東（呂后　りょこう　?-前180.7）
　全書（呂后　りょこう　?-前180）
　大辞（呂后　りょこう　?-前180）
　大辞3（呂后　りょこう　?-前180）
　大百（呂后　りょこう　?-前180）
　中皇（呂皇后　前241-180）
　中国（呂氏　りょし　?-前180）
　中史（呂后　りょこう　前241-180）
　デス（呂后　りょこう　?-前180）
　統治（呂后　Lü Hou　（在位）前188-180）
　百科（呂后　りょこう　?-前180）
　山世（呂后　りょこう　?-前180）
　歴史（呂后　りょこう　?-前180）

呂曠　りょこう
3世紀, 中国, 三国時代, 袁紹の末子袁尚配下の将。
⇒三国（呂曠　りょこう）
　三全（呂曠　りょこう　?-207）

呂皇后　りょこうごう
⇨呂后（りょこう）

呂公著　りょこうちょ
11世紀, 中国, 北宋の官僚。字は晦叔, 諡は正献。宰相呂夷簡の子。哲宗即位後, 尚書右僕射兼中書侍郎。
⇒コン2（呂公著　りょこうちょ　1018-1089）
　コン3（呂公著　りょこうちょ　1018-1089）

呂好問　りょこうもん
11・12世紀, 中国, 宋の官僚。字は舜徒。父は呂希哲。南宗初め, 尚書右丞・資政殿学士知宣州などを歴任。東萊郡侯に封ぜられた。
⇒コン2（呂好問　りょこうもん　生没年不詳）
　コン3（呂好問　りょこうもん　1061-1131）

呂才　りょさい
7世紀, 中国, 唐太宗・高宗の官僚。清平出身。
⇒百科（呂才　りょさい　?-665）

呂産　りょさん
中国, 前漢の権臣。
⇒三国（呂産　りょさん）

呂氏　りょし
⇨呂后（りょこう）

呂秀蓮　りょしゅうれん
20世紀, 台湾の政治家, 女性運動家。台湾副総統。
⇒世政（呂秀蓮　りょしゅうれん　1944.6.7-）

呂尚　りょしょう
⇨太公望（たいこうぼう）

呂常　りょじょう
3世紀頃, 中国, 三国時代, 曹仁の部将。
⇒三国（呂常　りょじょう）
　三全（呂常　りょじょう　生没年不詳）

呂翔　りょしょう
3世紀, 中国, 三国時代, 袁紹の末子袁尚配下の将。
⇒三国（呂翔　りょしょう）
　三全（呂翔　りょしょう　?-207）

呂正操　りょせいそう
20世紀, 中国共産党の軍人, 政治家。1938年中国共産党軍に走り, 以後野戦軍司令官として歴戦。国務院鉄道部長, 中国共産党中央委員となった。
⇒国小（呂正操　りょせいそう　1905-）
　コン3（呂正操　りょせいそう　1905-）
　世東（呂正操　ろせいそう　1905-）
　世百（呂正操　りょせいそう　1905-）
　中人（呂正操　りょせいそう　1905-）

呂岱　りょたい
2・3世紀頃, 中国, 三国・呉の武将。士徽を討って交趾を平らげ, 九真を従えた。
⇒外国（呂岱　りょたい　161-256）
　三国（呂岱　りょたい）
　三全（呂岱　りょたい　161-256）
　世東（呂岱　りょたい　3世紀頃）

呂大忠　りょたいちゅう
11・12世紀, 中国, 宋代の学者, 政治家。字は進伯。主著『呂氏郷約』。
⇒名著（呂大忠　りょたいちゅう　生没年不詳）

呂大防　りょだいぼう, りょたいぼう
11世紀, 中国, 北宋の政治家。字は微仲, 諡は正愍。呂大鈞の兄。哲宗即位後, 尚書左僕射兼門下侍郎。
⇒外国（呂大防　りょだいぼう　1027-1097）
　コン2（呂大防　りょだいぼう　1027-1097）
　コン3（呂大防　りょだいぼう　1027-1097）
　世東（呂大防　りょたいぼう　1027-1098）

呂端　りょたん
10世紀, 中国, 北宋の政治家。字は易直, 諡は正恵。五代後晋の兵部郎中呂琦の子。宰相を務め, 西夏と修好。真宗を擁立して成功。
⇒コン2（呂端　りょたん　935-1000）
　コン3（呂端　りょたん　935-1000）

呂通　りょつう
3世紀頃, 中国, 三国時代, 魏の将。
⇒三国（呂通　りょつう）
　三全（呂通　りょつう　生没年不詳）

呂覇　りょは
3世紀頃, 中国, 三国時代, 呉王・孫権の南都の太守・潺陵侯。
⇒三全（呂覇　りょは　生没年不詳）

呂範　りょはん
3世紀, 中国, 三国時代, 袁術の幕僚。汝南郡細陽出身。字は子衡。
⇒三国（呂範　りょはん）
　三全（呂範　りょはん　?-228）

呂布　りょふ
2世紀, 中国, 後漢末の武将。字は奉先。九原の出身。『三国(志)演義』の登場人物の一人。
⇒三国（呂布　りょふ）
　三全（呂布　りょふ　?-198）
　世百（呂布　りょふ　?-198）
　大辞3（呂布　りょふ　?-198）
　中史（呂布　りょふ　?-198）
　百科（呂布　りょふ　?-198）

呂不韋　りょふい
前3世紀, 中国, 戦国時代末・秦の政治家。子楚の丞相, 始皇帝の相国仲父。前240年, 百科全書『呂氏春秋』を編集させた。
⇒逸話（呂不韋　りょふい　?-前235）
　旺世（呂不韋　りょふい　?-前235）
　外国（呂不韋　りょふい　?-前235）
　科史（呂不韋　りょふい　?-前235）
　角世（呂不韋　りょふい　?-前235）
　教育（呂不韋　りょふい　?-前235）
　広辞4（呂不韋　りょふい　?-前235）
　広辞6（呂不韋　りょふい　?-前235）
　国小（呂不韋　りょふい　?-前235（始皇帝12））
　コン2（呂不韋　りょふい　?-前235）
　コン3（呂不韋　りょふい　?-前235）
　人物（呂不韋　りょふい　?-前235）
　世人（呂不韋　りょふい　?-前235）
　世東（呂不韋　りょふい　?-前235）
　世百（呂不韋　りょふい　?-前235）
　全書（呂不韋　りょふい　?-前235）
　大辞（呂不韋　りょふい　?-前235）
　大辞3（呂不韋　りょふい　?-前235）
　大百（呂不韋　りょふい　?-前235）
　中芸（呂不韋　りょふい　生没年不詳）
　中国（呂不韋　りょふい　?-前235）
　中史（呂不韋　りょふい　?-前235）
　デス（呂不韋　りょふい　?-前235）
　天文（呂不韋　ろふい　生没年不詳）

　百科（呂不韋　りょふい　?-前235）
　評世（呂不韋　りょふい　?-前235）
　名著（呂不韋　りょふい　?-前235）
　歴史（呂不韋　りょふい　生没年不詳）

呂文煥　りょぶんかん
13世紀, 中国, 宋末・元初期の武将。呂文徳の弟。1267年和襄陽府兼京西安撫副使に任ぜられた。
⇒コン2（呂文煥　りょぶんかん　生没年不詳）
　コン3（呂文煥　りょぶんかん　生没年不詳）

呂文徳　りょぶんとく
13世紀, 中国, 南宋末期の武将。諡は武忠。呂文煥の兄。1261年京湖安撫制置使知鄂州, 67年少傅を授けられた。
⇒コン2（呂文徳　りょぶんとく　?-1269）
　コン3（呂文徳　りょぶんとく　?-1269）

呂蒙　りょもう
2・3世紀, 中国, 三国・呉の名将。汝南富陂出身。呉の勢力を湖南, 湖北に及ぼすのに功があった。
⇒三国（呂蒙　りょもう）
　三全（呂蒙　りょもう　178-219）
　世東（呂蒙　りょもう　117-219）
　中史（呂蒙　りょもう　178-219）

呂蒙正　りょもうせい
10・11世紀, 中国, 北宋の政治家。字は聖功, 諡は文穆。988, 93, 1001年宰相。
⇒コン2（呂蒙正　りょもうせい　944-1011）
　コン3（呂蒙正　りょもうせい　946-1011）

呂隆　りょりゅう
4・5世紀, 中国, 五胡後涼の第4代皇帝（在位401～403）。字は永基。呂光の甥。姚興, 沮渠蒙遜らの攻撃をうけ, 長安に亡命。
⇒コン2（呂隆　りょりゅう　?-416）
　コン3（呂隆　りょりゅう　?-416）
　中皇（隆　?-416?）

呂禄　りょろく
中国, 前漢の権臣。
⇒三国（呂禄　りょろく）

リョン・キーセオン, ポール
20世紀, マレーシアの政治家。
⇒華人（リョン・キーセオン, ポール　1939-）

李楽天　りらくてん
20世紀, 中国の革命指導者。
⇒近中（李楽天　りらくてん　1905-1937.3）

李嵐清　りらんせい
20世紀, 中国対外経済貿易相, 中国国務院経済貿易弁公室副主任, 中国共産党中央政治局委員。
⇒中人（李嵐清　りらんせい　1932-）

李陸史　りりくし
⇨李陸史（イーユクサ）

李六如　りりくじょ
19・20世紀，中国の革命家。字は抱良。湖南省出身。辛亥革命で活躍。人民共和国政府の要職に就く。著書『六十年的変遷』(1巻, 1957)，(2巻, 62)。
⇒コン3　（李六如　りりくじょ　1887–1973）
中人　（李六如　りりくじょ　1887–1973）

李立三　リーリーサン
⇨李立三（りりつさん）

李栗谷　りりっこく
⇨李珥（りじ）

李立三　りりつさん，りりっさん
20世紀，中国の革命家，政治家。中国共産党の一時期の指導者。1925年の五・三〇運動の最高指導者として活躍。28年の6全大会以後，党中央の実権を握った。
⇒岩ケ　（李立三　りりつさん　1899–1967）
外国　（李立三　りりっさん　1896–）
角世　（李立三　りりっさん　1896–1967）
近中　（李立三　りりつさん　1899.11.18–1967.6.22）
現人　（李立三　りりつさん〈リーリーサン〉1896–）
広辞5　（李立三　りりっさん　1896–1967）
広辞6　（李立三　りりっさん　1896–1967）
国小　（李立三　りりっさん　1896–）
コン3　（李立三　りりっさん　1899–1967）
人物　（李立三　りりっさん　1896–）
世政　（李立三　りりっさん　1896–1967）
世東　（李立三　りりっさん　1896–1967）
世百　（李立三　りりっさん　1896–）
世百新（李立三　りりつさん　1899–1967）
全書　（李立三　りりつさん　1899–1967）
大辞2　（李立三　りりっさん　1896–1967）
大百　（李立三　りりつさん〈リーリーサン〉1896–1967）
中人　（李立三　りりつさん　1899–1967）
百科　（李立三　りりっさん　1899–1967）
山世　（李立三　りりっさん　1899–1967）
歴史　（李立三　りりつさん　1899（光緒25）–1967（民国56））

李隆郎　りりゅうろう
9世紀頃，渤海から来日した使節。
⇒シル　（李隆郎　りりゅうろう　9世紀頃）
シル新（李隆郎　りりゅうろう）

李寮　りりょう
9世紀頃，中国，唐の遣党項宣撫使。
⇒シル　（李寮　りりょう　9世紀頃）
シル新（李寮　りりょう）

李陵　りりょう
前2・1世紀，中国，前漢の将軍。李広の子。隴西（甘粛省）出身。字，少卿。武帝のとき騎都尉となった。
⇒外国　（李陵　りりょう　?–前74）
角世　（李陵　りりょう　?–前74）
広辞4　（李陵　りりょう　?–前74）
広辞6　（李陵　りりょう　?–前74）
国小　（李陵　りりょう　?–前72（本始2））
コン2　（李陵　りりょう　?–前74）
コン3　（李陵　りりょう　?–前74）
詩歌　（李陵　りりょう　?–前74（元平元））
集世　（李陵　りりょう　?–前74（元平1））
集文　（李陵　りりょう　?–前74（元平1））
シル　（李陵　りりょう　?–前74）
シル新（李陵　りりょう　?–前74）
人物　（李陵　りりょう　?–前72）
世東　（李陵　りりょう　?–前74）
世百　（李陵　りりょう　前130頃–74）
世文　（李陵　りりょう　?–前74（元平元））
全書　（李陵　りりょう　?–前72）
大辞　（李陵　りりょう　?–前74）
大辞3　（李陵　りりょう　?–前74）
大百　（李陵　りりょう　?–前74）
中芸　（李陵　りりょう　?–前74）
中国　（李陵　りりょう　?–前74）
中史　（李陵　りりょう　?–前74）
デス　（李陵　りりょう　?–前74）
百科　（李陵　りりょう　?–前74）
評世　（李陵　りりょう　?–前74）

李麟栄　りりんえい
19・20世紀，朝鮮の義兵指導者。1905年義兵を起こし，関東倡儀大将として活躍。
⇒コン2　（李麟栄　りりんえい　1867–1909）
コン3　（李麟栄　りりんえい　1867–1909）
朝人　（李麟栄　りりんえい　1867–1909）

李麟佐　りりんさ
18世紀，朝鮮，李朝の反乱者。忠清道清州出身。1728年反乱を起こし，清州を占領。
⇒コン2　（李麟佐　りりんさ　?–1728）
コン3　（李麟佐　りりんさ　?–1728）

李林甫　りりんば
⇨李林甫（りりんぽ）

李林甫　りりんぽ，りりんほ
8世紀，中国，唐中期の宰相。玄宗のもとで権勢をふるった。
⇒角世　（李林甫　りりんぽ　?–752）
国小　（李林甫　りりんぽ　?–752（天宝11））
コン2　（李林甫　りりんぽ　?–752）
コン3　（李林甫　りりんぽ　?–752）
人物　（李林甫　りりんぽ　?–752.11）
世東　（李林甫　りりんぽ　?–752）
世百　（李林甫　りりんぽ　?–752）
大辞　（李林甫　りりんぽ　?–752）
大辞3　（李林甫　りりんぽ　?–752）
中皇　（李林甫　?–752）
中芸　（李林甫　りりんぽ　?–752）
中国　（李林甫　りりんば　?–752）
中史　（李林甫　りりんぽ　?–752）
百科　（李林甫　りりんぽ　?–752）
評世　（李林甫　りりんぽ　?–752）

政治・外交・軍事篇　　　　　　　　　　515　　　　　　　　　　りんし

李烈鈞　りれつきん，りれっきん
19・20世紀，中国の軍人。字は協和。江西省出身。1913年反袁蜂起したが失敗。のち広東軍政府に参加。孫文死後，馮玉祥に接近，反蔣派となる。
⇒外国　（李烈鈞　りれっきん　1882-）
　角世　（李烈鈞　りれつきん　1882-1946）
　近中　（李烈鈞　りれつきん　1882.2.23-1946.2.20）
　コン3　（李烈鈞　りれつきん　1882-1946）
　人物　（李烈鈞　りれつきん　1882-1946）
　世東　（李烈鈞　りれつきん　1882-1946.2.20）
　世百新（李烈鈞　りれつきん　1882-1946）
　中人　（李烈鈞　りれつきん　1882-1946）
　ナビ　（李烈鈞　りれつきん　1882-1946）
　日人　（李烈鈞　りれつきん　1882-1946）
　百科　（李烈鈞　りれつきん　1882-1946）
　山世　（李烈鈞　りれつきん　1882-1946）

李蓮英　りれんえい
19・20世紀，中国，清末期の宦官。河北省出身。無頼漢の子。西太后に認められて総管太監に昇任。政治上でも絶大な勢力をふるった。
⇒近中　（李蓮英　りれんえい　1848.11.2-1911.3.4）
　コン2　（李蓮英　りれんえい　?-1911）
　コン3　（李蓮英　りれんえい　1848-1911）
　中人　（李蓮英　りれんえい　1848-1911）

臨安公主　りんあんのうしゅ*
15世紀，中国，明，洪武（こうぶ）帝の娘。
⇒中皇　（臨安公主　?-1429）

林偉民　りんいみん
19・20世紀，中国共産党員，初期労働運動の指導者。
⇒近中　（林偉民　りんいみん　1887.9-1927.9.1）

林衍　りんえん
13世紀，朝鮮，高麗の武臣。第2の金俊的存在として勢威をふるった。
⇒世東　（林衍　りんえん　?-1270）

彬王朱友裕　りんおうしゅゆうゆう
中国，五代十国，後梁の太祖（朱全忠）の子。
⇒中皇　（彬王朱友裕）

林覚民　りんかくみん
19・20世紀，中国，清末期の革命家。字は意洞。福建省出身。1911年3月の広州蜂起に参加。
⇒近中　（林覚民　りんかくみん　1887-1911）
　コン3　（林覚民　りんかくみん　1887-1911）
　中人　（林覚民　りんかくみん　1887-1911）

林旭　りんきょく
19・20世紀，中国，清末期の政治家。字は暾谷。戊戌六君子の一人。1898年軍機四卿の一人として新政の枢機に参画。
⇒コン2　（林旭　りんきょく　1875-1898）
　コン3　（林旭　りんきょく　1875-1898）

林巨正　りんきょせい
16世紀，朝鮮，李朝中期の義賊・民衆反乱の指導者。
⇒角世　（林巨正　りんきょせい　?-1562）
　コン3　（林巨正　りんきょせい　?-1562）
　朝人　（林巨正　りんきょせい　?-1562）
　朝鮮　（林巨正　りんきょせい　?-1562）
　百科　（林巨正　りんきょせい　?-1562）

林金生　りんきんせい
20世紀，台湾の政治家。1972年蔣経国内閣の「国台合作」路線で内相に登用された。
⇒現人　（林金生　りんきんせい〈リンチンション〉1916-）
　中人　（林金生　りんきんせい　1916-）

林慶業　りんけいぎょう
16・17世紀，朝鮮，李朝の武将。明・清交替期に親明の立場を貫いた。
⇒角世　（林慶業　りんけいぎょう　1594-1646）
　朝人　（林慶業　りんけいぎょう　1593-1646）
　朝鮮　（林慶業　りんけいぎょう　1594-1646）
　百科　（林慶業　りんけいぎょう　1594-1646）

林献堂　りんけんどう
19・20世紀，中国の抗日運動家。字は灌園。台湾省出身。台湾議会設置請願運動等に活躍。右派民族主義者として抗日団体結成に参加。
⇒近中　（林献堂　りんけんどう　1881.10.22-1956.9.8）
　コン3　（林献堂　りんけんどう　1881-1956）
　大辞3　（林献堂　りんけんどう　1883-1956）
　中人　（林献堂　りんけんどう　1881-1956）
　日人　（林献堂　りんけんどう　1881-1956）

林堅味　りんけんみ
14世紀，朝鮮，高麗末期の政治家。世臣大族・大農荘主として権力をたのんで土地を横奪兼併。1371年辛旽らを王室から追放し，政権を掌握。
⇒コン2　（林堅味　りんけんみ　?-1388）
　コン3　（林堅味　りんけんみ　?-1388）
　世東　（林堅味　りんけんみ　?-1388）

林黒児　りんこくじ
20世紀，中国の政治活動家。義和団の指導者。
⇒近中　（林黒児　りんこくじ　?-1901）

林献堂　リン・シエンタン
⇨林献堂（りんけんどう）

林士弘　りんしこう
7世紀，中国，隋末期の反乱指導者の一人。江西省出身。616年操師乞らと蜂起。農民軍を合わせて楚国を立てる。
⇒コン2　（林士弘　りんしこう　?-622）
　コン3　（林士弘　りんしこう　?-622）

林述慶　りんじゅっけい
19・20世紀，中国の革命派の軍人。

りんし

⇒近中（林述慶　りんじゅっけい　1881.4.8-1913.4.16)

林春秋　りんしゅんじゅう
⇨林春秋（リムチュンチュ）

琳聖　りんしょう
⇨琳聖（りんせい）

林祥謙　りんしょうけん
19・20世紀，中国，「二・七」ストライキの指導者。1923年2月，京漢鉄道総工会江岸分会委員長として京漢鉄道ストライキを指導。
⇒コン3（林祥謙　りんしょうけん　1892-1923)
　世東（林祥謙　りんしょうけん　?-1923.2.7)
　中人（林祥謙　りんしょうけん　1892-1923)

藺相如　りんしょうじょ
前4・3世紀，中国，戦国時代・趙の政治家。将軍廉頗と共に趙国を保全した名臣。
⇒広辞4（藺相如　りんしょうじょ）
　広辞6（藺相如　りんしょうじょ）
　国小（藺相如　りんしょうじょ　生没年不詳）
　コン2（藺相如　りんしょうじょ　生没年不詳）
　コン3（藺相如　りんしょうじょ　生没年不詳）
　三国（藺相如　らんしょうじょ）
　人物（藺相如　りんしょうじょ　生没年不詳）
　世東（藺相如　りんしょうじょ）
　大辞（藺相如　りんしょうじょ）
　大辞3（藺相如　りんしょうじょ　生没年不詳）
　中国（藺相如　りんしょうじょ）
　中史（藺相如　りんしょうじょ　生没年不詳）
　評世（藺相如　りんしょうじょ）

林森　りんしん
19・20世紀，中国の政治家。字は子超。蒋介石の四・一二クーデター後南京政府内重鎮として活躍。広東南京合体後政府主席等を歴任。
⇒角世（林森　りんしん　1867-1943)
　近中（林森　りんしん　1868.3.4-1943.8.1)
　広辞4（林森　りんしん　1862-1943)
　広辞5（林森　りんしん　1862-1943)
　広辞6（林森　りんしん　1862-1943)
　コン2（林森　りんしん　1867-1943)
　コン3（林森　りんしん　1868-1943)
　人物（林森　りんしん　1862-1943)
　世東（林森　りんしん　1868.3.4-1943.8.1)
　全書（林森　りんしん　1868-1943)
　大辞（林森　りんしん　1867-1943)
　大辞2（林森　りんしん　1862-1943)
　中国（林森　りんしん　1862-1943)
　中人（林森　りんしん　1868-1943)
　評世（林森　りんしん　1862-1943)

林清　りんせい
18・19世紀，中国，清中期の天理教徒の乱の指導者。別名は劉金刀・劉安国・劉林など。天理教の教首。
⇒外国（林清　りんせい　?-1813)
　コン2（林清　りんせい　1770-1813)
　コン3（林清　りんせい　1770-1813)
　世東（林清　りんせい　?-1813)

琳聖　りんせい
朝鮮，百済の王族。
⇒国史（琳聖　りんせい　生没年不詳）
　対外（琳聖　りんしょう　生没年不詳）
　日人（琳聖　りんせい　生没年不詳）

林宗素　りんそうそ
19・20世紀，中国の女性ジャーナリスト，革命党員の1人。
⇒近中（林宗素　りんそうそ　1878-1944)

林爽文　りんそうぶん
18世紀，中国，清中期の台湾での大反乱の指導者。福建省の出身。1786年官の弾圧に抗して蜂起。
⇒外国（林爽文　りんそうぶん　?-1788)
　コン2（林爽文　りんそうぶん　?-1788)
　コン3（林爽文　りんそうぶん　?-1788)
　世東（林爽文　りんそうぶん　?-1788)
　世百（林爽文　りんそうぶん　?-1788)
　中国（林爽文　りんそうぶん　?-1778)
　百科（林爽文　りんそうぶん　?-1788)
　評世（林爽文　りんそうぶん　?-1788)

林祖涵　りんそかん
⇨林伯渠（りんはくきょ）

林則徐　りんそくじょ
18・19世紀，中国，清後期の官僚。字は少穆，号は竢村老人，諡は文忠。林青天と呼ばれる。湖広総督，欽差大臣を歴任。
⇒逸話（林則徐　りんそくじょ　1785-1850)
　岩ケ（林則徐　りんそくじょ　1785-1850)
　旺世（林則徐　りんそくじょ　1785-1850)
　外国（林則徐　りんそくじょ　1785-1850)
　角世（林則徐　りんそくじょ　1785-1850)
　広辞4（林則徐　りんそくじょ　1785-1850)
　広辞6（林則徐　りんそくじょ　1785-1850)
　コン2（林則徐　りんそくじょ　1785-1850)
　コン3（林則徐　りんそくじょ　1785-1850)
　新美（林則徐　りんそくじょ　1785（清・乾隆50）-1850（道光30））
　人物（林則徐　りんそくじょ　1785-1850.11)
　世人（林則徐　りんそくじょ　1785-1850)
　世東（林則徐　りんそくじょ　1785-1850)
　世百（林則徐　りんそくじょ　1785-1850)
　世文（林則徐　りんそくじょ　1785（乾隆50）-1850（道光30））
　全書（林則徐　りんそくじょ　1785-1850)
　大辞（林則徐　りんそくじょ　1785-1850)
　大辞3（林則徐　りんそくじょ　1785-1850)
　大百（林則徐　りんそくじょ　1785-1850)
　中国（林則徐　りんそくじょ　1785-1850)
　中史（林則徐　りんそくじょ　1785-1850)
　中書（林則徐　りんそくじょ　1785-1850)
　デス（林則徐　りんそくじょ　1785-1850)
　伝記（林則徐　りんそくじょ　1785-1850.11)
　百科（林則徐　りんそくじょ　1785-1850)
　評世（林則徐　りんそくじょ　1785-1850)
　山世（林則徐　りんそくじょ　1785-1850)
　歴史（林則徐　りんそくじょ　1785-1850)

政治・外交・軍事篇

リンダンカン
⇨リグデン・ハーン

リンダン・ハン
⇨リグデン・ハーン

林兆珂　りんちょうか
16世紀,中国,明代の官吏,学者。字は孟鳴。
⇒中芸（林兆珂　りんちょうか　生没年不詳）

林長民　りんちょうみん
19・20世紀,中国の政治家。字は宗孟。福建省出身。1917年段祺瑞内閣の司法総長,25年国憲起草委員会委員長などをつとめる。
⇒近中（林長民　りんちょうみん　1876.9.3-1925.12.24）
　コン2（林長民　りんちょうみん　1876-1925）
　コン3（林長民　りんちょうみん　1876-1925）
　世東（林長民　りんちょうみん　1876.7.16-1925.12.24）
　中人（林長民　りんちょうみん　1876-1925）

林直勉　りんちょくべん
19・20世紀,中国国民党指導者。
⇒近中（林直勉　りんちょくべん　1887-1934）

林金生　リンチンション
⇨林金生（りんきんせい）

林呈禄　りんていろく
19・20世紀,台湾の民族運動家。抗日民族運動右派のリーダー,台湾議会設置運動の理論家,近代台湾の言論人,新聞人の草分けの1人。
⇒近中（林呈禄　りんていろく　1887-1968.6.16）

林鉄　りんてつ
20世紀,中国の政治家。四川省出身。1955年2月中国河北省省長。62年6月中共河北省委第1書記。
⇒世東（林鉄　りんてつ　1906-）
　中人（林鉄　りんてつ　1904-）

臨洮王　りんとうおう*
6世紀,中国,北魏（鮮卑）の皇帝。在位528。
⇒統治（臨洮王　Lin-t'ao Wang　（在位）528）

林伯渠　りんはくきょ
19・20世紀,中国の政治家。号は祖涵。1921年中国共産党創立に参加。
⇒外国（林伯渠　りんはくきょ　1882-）
　角世（林伯渠　りんはくきょ　1885-1960）
　近中（林伯渠　りんはくきょ　1885-1960.5.29）
　コン3（林伯渠　りんはくきょ　1886-1960）
　人物（林祖涵　りんそかん　1882-1960）
　世東（林伯渠　りんはくきょ　1885-1960.5.29）
　世百（林伯渠　りんはくきょ　1885-1960）
　世百新（林伯渠　りんはくきょ　1885-1960）
　全書（林伯渠　りんはくきょ　1882-1960）
　中人（林伯渠　りんはくきょ　1886-1960）
　百科（林伯渠　りんはくきょ　1885-1960）
　評世（林伯渠　りんはくきょ　1882-1960）

林伯生　りんはくせい
20世紀,中国の政治家。字は石泉。広東省出身。日中戦争で,汪兆銘の和平運動に参加し,傀儡政権の行政院宣伝部長などとなる。
⇒コン3（林伯生　りんはくせい　1901-1946）
　中人（林伯生　りんはくせい　1901-1946）

林柏生　りんはくせい
20世紀,中国国民党員・汪精衛政権行政院宣伝部部長。
⇒近中（林柏生　りんはくせい　1902-1946.10.8）

林彪　リンピヤオ
⇨林彪（りんぴょう）

林彪　りんぴょう,りんひょう
20世紀,中国の軍人,政治家。1928年井崗山で毛沢東,朱徳に従って紅軍を創設。クーデターを計画したが,墜落死したと伝えられている。
⇒岩ケ（林彪　りんぴょう　1908-1971）
　旺世（林彪　りんぴょう　1908-1971）
　外国（林彪　りんぴょう　1908-）
　角世（林彪　りんぴょう　1907-1971）
　近中（林彪　りんぴょう　1906-1971.9.13）
　現人（林彪　りんひょう〈リンピヤオ〉　1908-1971.9）
　広辞5（林彪　りんぴょう　1908-1971）
　広辞6（林彪　りんぴょう　1907-1971）
　国小（林彪　りんぴょう　1907.12.5-1971.9.13）
　国百（林彪　りんぴょう　1908-1971.9.13）
　コン3（林彪　りんぴょう　1906-1971）
　最世（林彪　りんぴょう　1908-1971）
　人物（林彪　りんぴょう　1908-）
　世人（林彪　りんぴょう　1907/08-1971）
　世政（林彪　りんぴょう　1906.12.5-1971.9.13）
　世東（林彪　りんぴょう　1908-1971.9.12）
　世百（林彪　りんぴょう　1908-1971）
　世百新（林彪　りんぴょう　1908-1971）
　全書（林彪　りんぴょう　1909-1971）
　大辞2（林彪　りんぴょう　1908-1971）
　大辞3（林彪　りんぴょう　1908-1971）
　大百（林彪　りんぴょう〈リーピヤオ〉　1908-1971）
　中人（林彪　りんぴょう　1906.12.5-1971.9.13）
　伝記（林彪　りんぴょう　1908-1971.9.13）
　ナビ（林彪　りんぴょう　1908-1971）
　百科（林彪　りんぴょう　1908-1971）
　評世（林彪　りんぴょう　1908-1971）
　山世（林彪　りんぴょう　1906-1971）
　歴史（林彪　りんぴょう　1907-1971）

林楓　りんふう
20世紀,中国の政治家。1946～50年東北人民政府委会副主席文革で,「反党分子」として批判をうけ,失脚。
⇒世東（林楓　りんふう　1906-）
　中人（林楓　りんふう　1906-1979）

林鳳祥　りんほうしょう
19世紀,中国,太平天国の武将。広東省出身。北伐軍の首領。
⇒外国（林鳳祥　りんほうしょう　?-1855）

りんほ

コン2（林鳳祥　りんほうしょう　?-1855）
コン3（林鳳祥　りんほうしょう　1825-1855）

林葆懌　りんほえき
20世紀，中国，民国初期の海軍軍人。
⇒近中（林葆懌　りんほえき　生没年不詳）

林洋港　りんようこう
20世紀，台湾の政治家。台湾司法院院長。台湾総統府資政（補佐）。
⇒世政（林洋港　りんようこう　1927.6.10-）
中人（林洋港　りんようこう　1927.6.10-）

林麗韞　リンリーユン
⇨林麗韞（りんれいうん）

リン・リョンシク　Ling Liong Sik
20世紀，マレーシアの政治家。
⇒華人（リン・リョンシク　1940-）

林麗韞　りんれいうん
20世紀，中国の政治家。1957年から64年まで訪日代表団通訳として度々来日し，63年以来，中日友好協会理事をつとめる。
⇒華人（林麗韞　りんれいおん　1933-）
現人（林麗韞　りんれいうん〈リンリーユン〉1933-）
世政（林麗韞　りんれいうん　1933-）
中人（林麗韞　りんれいうん　1933-）

林麗韞　りんれいおん
⇨林麗韞（りんれいうん）

林霊素　りんれいそ
11・12世紀，中国，北宋末期の道士。徽宗に取り入り側近となったが，宮廷で横暴に振る舞い追放。
⇒外国（林霊素　りんれいそ　11-12世紀）
コン2（林霊素　りんれいそ　?-1119）
コン3（林霊素　りんれいそ　?-1119）
百科（林霊素　りんれいそ　?-1119）

隣和公主　りんわこうしゅ
6世紀頃，中央アジア，柔然，可汗阿那瓌の孫娘。東魏の高歓の第9子湛のもとに嫁いだ。
⇒シル（隣和公主　りんわこうしゅ　6世紀頃）
シル新（隣和公主　りんわこうしゅ）

【る】

ルアム・インシシェンマイ　Leuan Insisiengmay
20世紀，ラオスの政治家。1951年以来国会議員に連続6期当選。南部右派の指導者。
⇒世東（ルアム・インシシェンマイ　1917.7.8-）

ルイコシン　Lykoshin, Nil Sergeevich
19・20世紀，トルキスタン総督府におけるロシア人軍政官。
⇒中ユ（ルイコシン　1860-1922）

嫘祖　るいそ
中国の伝説上の人物。黄帝の正夫人とされる。
⇒中史（嫘祖　るいそ）

ルウ・カィン・ダム（劉慶覃）
ベトナム，李朝時代の高官。
⇒ベト（Luu-Khanh-Đam　ルウ・カィン・ダム〔劉慶覃〕）

ルウ・ニャン・チュ（劉仁注）
15世紀，ベトナムの武将。15世紀，黎利帝麾下の名将。
⇒ベト（Luu-Nhan-Chu　ルウ・ニャン・チュ〔劉仁注〕15世紀）

羅瑞卿　ルオロエチン
⇨羅瑞卿（らずいきょう）

ルオン・ヴァン・カン（梁文干）
19・20世紀，ベトナムの民族闘士。東京義塾運動の創始者で革命志士。
⇒ベト（Luong-Van-Can　ルオン・ヴァン・カン〔梁文干〕1854-1927）

ルオン・グォック・クエン（梁玉眷）
20世紀，ベトナムの，反フランス闘争の民族的英雄。
⇒ベト（Luong-Ngoc-Quyen　ルオン・グォック・クエン〔梁玉眷〕）

ルオン・ダック・バン（梁得朋）
ベトナム，黎朝代の名臣。
⇒ベト（Luong-Đac-Bang　ルオン・ダック・バン〔梁得朋〕）

ルオン・チュック・ダム（梁竹譚）
20世紀，ベトナムの革命家。東京義塾派に属する。
⇒ベト（Luong-Truc-Đam　ルオン・チュック・ダム〔梁竹譚〕）

ルオン・テ・ヴィン（梁世栄）
ベトナムの外交使節。洪徳年代（1470～1497），中国へ使節として赴いた。字は景議，号は瑞軒。
⇒ベト（Luong-The-Vinh　ルオン・テ・ヴィン〔梁世栄〕）

ルオン・ニュ・ホック（梁如斛）
ベトナムの外交使節。1443年と1459年の両度，使節として中国へ赴いた。字は祥府ベトナム最初の印刷師。
⇒ベト（Luong-Nhu-Hoc　ルオン・ニュ・ホック〔梁如斛〕）

ルオン・フウ・カィン（梁有慶）
　ベトナム，黎中宗帝代の功臣。
　⇒ベト（Luong-Huu-Khanh　ルオン・フウ・カィン〔梁有慶〕）

ルクマン　Lukman 'ulhakim, Mohammad
　20世紀，インドネシアの共産党指導者。1950年党第1副書記長，63年国会副議長。
　⇒コン3（ルクマン　1920–1966）

ル・ザ（呂嘉）
　ベトナム，趙王朝代の忠臣。西紀前113年，哀王の時，宰相を勤めた。
　⇒ベト（Lu-Gia　ル・ザ〔呂嘉〕）

ルスラン・アブドルガニ　Roeslan Abdulgani
　20世紀，インドネシアの政治家，外交官。インドネシア外相，国連主席代表。
　⇒二十（ルスラン・アブドルガニ　1914–）

陸定一　ルーティンイー
　⇨陸定一（りくていいつ）

ルドラヴァルマン　Rudravarman
　6世紀，カンボジア，扶南の王（在位514〜550頃）。憍陳如闍邪跋摩の庶子。中国・梁に朝貢使を派遣。今日名前の知られる最後の扶南王。
　⇒外国（ルドラヴァルマン）

ルム　Roem, Mohammad
　20世紀，インドネシアの政治家。ケドゥ生れ。1968年インドネシア・ムスリム党（PMI）を結成，議長。
　⇒コン3（ルム　1908–）

ルントク・ギャムツォ
　⇨ダライ・ラマ9世

【れ】

厲王（周）　れいおう
　前9世紀，中国，周の第10代王（在位前878?〜828）。名，胡。第9代夷王の子。
　⇒国小（厲王　れいおう）
　　コン2（厲王　れいおう　?–前828）
　　コン3（厲王　れいおう　?–前828）
　　中史（周）（厲王　れいおう　?–前828）
　　統治（厲〔厲王胡〕Li　（在位）前858–841）
　　評世（厲王　れいおう　生没年不詳）

霊王（春秋・楚）　れいおう
　中国，春秋時代の楚の王。
　⇒三国（霊王　れいおう）

霊王（周）　れいおう*
　前6世紀，中国，周の王（第23代，在位前571〜554）。簡王の子。
　⇒世東（霊王　れいおう）
　　統治（霊〔霊王泄心〕Ling　（在位）前572–545）

黎桓　れいかん
　⇨レー・ホアン

黎玉璽　れいぎょくじ
　20世紀，台湾の軍人。四川省に生れる。1969年国民党中央常務委員。
　⇒世東（黎玉璽　れいぎょくじ　1914.5.28–）
　　中人（黎玉璽　れいぎょくじ　1914.5.28–）

伶玄　れいげん
　前1・後1世紀，中国，前漢の政治家。字は子于。『飛燕外伝』の作者とされる。
　⇒中芸（伶玄　れいげん　生没年不詳）

黎元洪　れいげんこう
　19・20世紀，中国，民国前期の軍人，政治家。字は宋卿。1913年袁世凱のもとで副総統となり，袁の死後大総統となった。
　⇒旺世（黎元洪　れいげんこう　1868–1928）
　　外国（黎元洪　れいげんこう　1868–1928）
　　角世（黎元洪　れいげんこう　1864–1928）
　　広辞4（黎元洪　れいげんこう　1866–1928）
　　広辞5（黎元洪　れいげんこう　1866–1928）
　　広辞6（黎元洪　れいげんこう　1866–1928）
　　国史（黎元洪　れいげんこう　1864–1928）
　　国小（黎元洪　れいげんこう　1866（同治5)–1928）
　　コン2（黎元洪　れいげんこう　1864–1928）
　　コン3（黎元洪　れいげんこう　1864–1928）
　　人物（黎元洪　れいげんこう　1868–1928）
　　世人（黎元洪　れいげんこう　1864/66–1928）
　　世東（黎元洪　れいげんこう　1864–1928.6.3）
　　世百（黎元洪　れいげんこう　1866–1928）
　　全書（黎元洪　れいげんこう　1866–1928）
　　大辞（黎元洪　れいげんこう　1866–1928）
　　大辞2（黎元洪　れいげんこう　1866–1928）
　　大百（黎元洪　れいげんこう　1866–1928）
　　中国（黎元洪　れいげんこう　1866–1928）
　　中人（黎元洪　れいげんこう　1864（同治5)–1928）
　　デス（黎元洪　れいげんこう　1864–1928）
　　伝記（黎元洪　れいげんこう　1866–1928）
　　百科（黎元洪　れいげんこう　1864–1928）
　　評世（黎元洪　れいげんこう　1866–1928）
　　山世（黎元洪　れいげんこう　1864–1928）
　　歴史（黎元洪　れいげんこう　1864/66（同治3/5)–1928（民国17））

霊公　れいこう
　前7世紀，中国，春秋・晋の王。襄公の太子。前620年即位。
　⇒世東（霊公　れいこう　?–前607）

令孤通　れいこつう
　9世紀頃，中国，唐の入蕃会盟使。

⇒シル（令狐通　れいこつう　9世紀頃）
　シル新（令狐通　れいこつう）

黎庶昌　れいしょしょう
　19世紀, 中国, 清末の外交官, 文学者。1881年からは駐日公使として活躍。著書に『拙尊園叢稿』など。
　⇒外国（黎庶昌　れいしょしょう　1837–1897）
　　国小（黎庶昌　れいしょしょう　1837（道光17）–1897（光緒23））
　　コン2（黎庶昌　れいしょしょう　1837–1897）
　　コン3（黎庶昌　れいしょしょう　1837–1897）
　　集文（黎庶昌　れいしょしょう　1837（道光17）–1897（光緒23））
　　中芸（黎庶昌　れいしょしょう　1837–1897）
　　中史（黎庶昌　れいしょしょう　1837–1897）
　　百科（黎庶昌　れいしょしょう　1837–1897）

礼親王代善　れいしんのうダイシャン*
　17世紀, 中国, 清, ヌルハチの子。
　⇒中皇（礼親王代善　?–1648）

礼塞敦　れいそくとん
　6世紀頃, 朝鮮, 百済使。553（欽明14）年来日。
　⇒シル（礼塞敦　れいそくとん　6世紀頃）
　　シル新（礼塞敦　れいそくとん）

戻太子　れいたいし
　前2・1世紀, 中国, 前漢の武帝の皇太子。劉拠。巫蠱の乱をおこし自殺。
　⇒広辞4（戻太子　れいたいし　前128–前91）
　　広辞6（戻太子　れいたいし　前128–91）
　　中皇（衛太子劉拠　前128）

黎崱　れいたく
　13・14世紀, 中国, 南陳朝時代の官吏。著書『安南志略』20巻は, 安南の史書としては現存する最古のもの。
　⇒外国（黎崱　れいたく　13–14世紀）

雷震　レイチェン
　⇨雷震（らいしん）

霊帝（後漢）　れいてい
　2世紀, 中国, 後漢の第12代皇帝（在位168～189）。姓名, 劉宏。諡, 孝霊皇帝。章帝の玄孫。
　⇒皇帝（霊帝　れいてい　156–189）
　　国小（霊帝（後漢）　れいてい　156（永寿2）–189（中平6.4.11））
　　コン2（霊帝　れいてい　156–189）
　　コン3（霊帝　れいてい　156–189）
　　三国（霊帝　れいてい）
　　三全（霊帝　れいてい　156–189）
　　中皇（霊帝　156–189）
　　中国（霊帝　れいてい　156–189）
　　統治（霊帝　Ling Ti　（在位）168–189）
　　評世（霊帝　れいてい　156–189）
　　歴史（霊帝（後漢）　れいてい　156–189）

霊帝（後涼）　れいてい
　4世紀, 中国, 五胡十六国・後涼の皇帝（在位399–401）。
　⇒中皇（霊帝　?–401）

レイメナ, J.　Leimena, Johannes
　20世紀, インドネシアの政治家。インドネシア第一副首相。
　⇒二十（レイメナ, J.　1905–）

黎利　れいり
　⇨レー・ロイ

伶倫　れいりん
　中国古伝説上の人物。黄帝の臣。音楽をつかさどったという。
　⇒大辞（伶倫　れいりん）
　　大辞3（伶倫　れいりん）
　　中芸（伶倫　れいりん）

レ・ヴァン・カウ〔黎文勾〕
　18世紀, ベトナムの武将。阮福映王子（後の嘉隆帝）麾下の武人。
　⇒ベト（Le-Van-Cau　レ・ヴァン・カウ〔黎文勾〕?–1790）

レ・ヴァン・ディエム〔黎文恬〕
　ベトナム, 嗣徳朝代の武将。
　⇒ベト（Le-Van-Điem　レ・ヴァン・ディエム〔黎文恬〕）

レ・ヴァン・ドゥック〔黎文徳〕
　ベトナム, 阮朝代の高官。
　⇒ベト（Le-Van-Đuc　レ・ヴァン・ドゥック〔黎文徳〕）

レ・カオ・ゾン〔黎高勇〕
　ベトナム, 反フランス運動の志士。
　⇒ベト（Le-Cao-Dong　レ・カオ・ゾン〔黎高勇〕）

レ・カ・フュー　Le Kha Phieu
　20世紀, ベトナムの政治家, 軍人。ベトナム共産党書記長, ベトナム人民軍政治総局長・上将。
　⇒世政（レ・カ・フュー　1931.12.27–）

レ・キエット〔黎潔〕
　20世紀, ベトナムの民族運動家。フランス植民地当局に対するベトナムの反税闘争指導者の一人。
　⇒ベト（Le-Khiet　レ・キエット〔黎潔〕）

レ・クアン・ダオ　Le Quang Dao
　20世紀, ベトナムの政治家, 軍人。ベトナム祖国戦線議長, ベトナム国会議長。
　⇒世政（レ・クアン・ダオ　1921.8.8–1999.7.24）
　　世東（レ・クアン・ダオ　1921–）

レ・クァン・ディン（黎光定）
18・19世紀，ベトナムの官吏。1802年，兵部尚書に昇官。俗称知之，進斎と号す。
⇒ベト（Le-Quang-Đinh　レ・クァン・ディン〔黎光定〕　1760–1813）

レー・クイ・ドン（黎貴惇）　Le Quy Don
18世紀，ベトナム，黎朝末期の文学者，政治家。
⇒外国（レイキジュン〔黎貴惇〔Lê Qui-don〕〕　1726–1783）
集世（レ・クイ・ドン〔黎貴惇〕　1726.8.2–1784.6.2）
集文（レ・クイ・ドン〔黎貴惇〕　1726.8.2–1784.6.2）
世東（れいきじゅん〔黎貴惇〔Lê Qui-Dôn〕〕　1726–1783）
東ア（レー・クイ・ドン　1726–1784）
百科（レ・クイ・ドン〔黎貴惇〕　1726–1783）
ベト（Le-Quy-Đon　レ・クイ・ドン　1726–1786）

レ・クイン（黎烱）
ベトナム，黎・莫時代の忠臣。
⇒ベト（Le-Quynh　レ・クイン〔黎烱〕）

レ・グォ・カット（黎呉吉）
19世紀，ベトナムの官吏。翰林院編修を勤めた。俗名は把亨，号は中邁。
⇒ベト（Le-Ngo-Cat　レ・グォ・カット〔黎呉吉〕　1827–1876）

レクト　Recto, Claro Mayo
19・20世紀，フィリピンの政治家。民主党を創立。1957年国民党から大統領選に立候補したが，敗れた。
⇒現人（レクト　1890.2.8–1960.10.2）
コン3（レクト　1890–1960）
世百新（レクト　1890–1960）
二十（レクト，クラロ・M.　1890.2.8–1960.10.2）
百科（レクト　1890–1960）

レ・コイ（黎魁）
ベトナムの政治家，経済人。黎利帝の甥。
⇒ベト（Le-Khoi　レ・コイ〔黎魁〕）

レ・シ（黎仕）
ベトナム，阮朝嗣徳帝代の武将。
⇒ベト（Le-Si　レ・シ〔黎仕〕）

レ・ジュアン
⇨レー・ズアン

レー・ズアン　Le Duan
20世紀，ベトナム社会主義共和国の政治家。
⇒角世（レ・ズアン　1907–1986）
現人（レ・ズアン　1908.4–）
国小（レ・ジュアン　1908–）
コン3（レ・ズアン　1908–1986）
世政（レ・ズアン　1908.4.7–1986.7.10）
世東（レ・ズアン　1907–）
全書（レ・ズアン　1908–1986）
大百（レ・ジュアン　1908–）
二十（レ・ジュアン　1908.4.7–1986.7.10）
東ア（レー・ズアン　1907–1986）

レ・ズイ・マト　Le Duy Mat
18世紀，ベトナムの反乱指導者。レ（黎）朝宗室の生れ。
⇒百科（レ・ズイ・マト　?–1770）

レ・ゾアン・ニャ（黎允雅）
ベトナムの地方行政官。のち勤王党の闘士。
⇒ベト（Le-Doan-Nha　レ・ゾアン・ニャ〔黎允雅〕）

レ・タイ・ト（黎太祖）
15世紀，ベトナムの王。後黎朝の創始建業の帝王。
⇒ベト（Le-Thai-To　レ・タイ・ト〔黎太祖〕　1428–1433）

レー・タイントン（黎聖宗）　Le Thanh Tong
15世紀，ベトナム，黎朝の第4代皇帝（在位1460～97）。
⇒外国（聖宗　せいそう　1442–1497）
角世（聖宗　せいそう　1442–1497）
国小（聖宗（黎朝）　せいそう　1442–1497）
コン2（レ・タイン・トン〔黎聖宗〕　1442–1497）
コン3（レ・タイン・トン〔黎聖宗〕　1442–1497）
集世（レ・トゥ・タイン　1442–1497）
集文（レ・トゥ・タイン〔黎思誠〕　1442–1497）
世東（聖宗　せいそう　1442–1497）
世百（聖宗（後黎朝）　せいそう　1442–1497）
中国（聖宗（黎）　せいそう　1442–1497）
東ア（レー・タイントン　1442–1497）
百科（レ・タイントン〔黎聖宗〕　1442–1497）
ベト（Le-Thanh-Ton　レ・ティン・トン　1442–1497）

レ・タック（黎石）
15世紀，ベトナムの武将。平定王黎利帝代の勇将。
⇒ベト（Le-Thach　レ・タック〔黎石〕　?–1421）

レ・タン・ギ　Le Thanh Nghi
20世紀，北ベトナム社会主義共和国の政治家。1960年北ベトナム副首相。
⇒現人（レ・タン・ギ　1911–）
国小（レ・タン・ギ　?–）
コン3（レ・タイン・ギ　1911–1989）
世政（レ・タン・ギ　1911–1989.8.16）
世東（レ・タン・ギ　1911–）
二十（レ・タン・ギ　1911–1989.8.16）

レ・チャット（黎質）
ベトナム，阮朝の延臣。
⇒ベト（Le-Chat　レ・チャット〔黎質〕）

レ・チャン（黎眞女史）
　ベトナム，徴女王麾下の女将軍。
　⇒ベト（Le-Chan（Ba）　レ・チャン〔黎眞女史〕）

レ・チュアン（黎準）
　ベトナム，阮朝代の将軍。
　⇒ベト（Le-Chuan　レ・チュアン〔黎準〕）

レ・チュック（黎直）
　ベトナムの民族闘士。1885年フランス軍に抵抗した独立運動の指導者。
　⇒ベト（Le-Truc　レ・チュック〔黎直〕）

レ・チュン・ディン（黎忠廷）
　19世紀，ベトナムの民族闘士。フランス殖民主義者に抵抗した救国運動の指導者。
　⇒ベト（Le-Trung-Đinh　レ・チュン・ディン〔黎忠廷〕　1863–1885）

レ・ツ（黎慈）
　19世紀，ベトナムの地方官。嗣徳帝代の嘉定地区の按察使。
　⇒ベト（Le-Tu　レ・ツ〔黎慈〕　?–1859）

烈王　れつおう*
　前4世紀，中国，東周の王（第34代，在位前376～369）。
　⇒統治（烈（烈王喜）　Lieh　（在位）前376–369）

烈祖（西秦）　れっそ*
　4世紀，中国，五胡十六国・西秦の皇帝（在位385～388）。
　⇒中皇（烈祖　?–388）

烈祖（前燕）　れっそ*
　4世紀，中国，五胡十六国・前燕の皇帝（在位348～360）。
　⇒中皇（烈祖　319–360）

烈祖（南涼）　れっそ*
　4世紀，中国，五胡十六国・南涼の皇帝（在位397～399）。
　⇒中皇（烈祖　?–399）

烈祖（呉）　れっそ*
　9・10世紀，中国，五代十国・呉の皇帝（在位905～908）。
　⇒中皇（烈祖　886–911）

烈崇　れっそう*
　4世紀，中国，五胡十六国・後燕の皇帝（在位396～398）。
　⇒中皇（烈崇　355–398）

レ・ディン・タム　Le Dinh Tham
　20世紀，北ベトナムの医師，政治家。1961年ベトナム祖国戦線最高幹部会員に就任。
　⇒世東（レ・ディン・タム　1897–1969.4.23）

レ・トゥアン（黎峻）
　ベトナム，嗣徳帝代の外交官。
　⇒ベト（Le-Tuan　レ・トゥアン〔黎峻〕）

レ・トゥアン・キエット（黎俊傑）
　ベトナム，後黎朝代の名臣。
　⇒ベト（Le-Tuan-Kiet　レ・トゥアン・キエット〔黎俊傑〕）

レ・トゥアン・マウ（黎俊茂）
　ベトナムの官吏。洪徳年間，進士に合格。
　⇒ベト（Le-Tuan-Mau　レ・トゥアン・マウ〔黎俊茂〕）

レ・トゥ・タイン
　⇨レ-・タイントン

レ・トゥン（黎嵩）
　ベトナムの官吏。聖宗帝から襄翼帝までの5代の帝に歴仕。本名は楊邦本。黎聖宗帝に寵愛されて国姓の黎を与えられ，嵩と改名した。
　⇒ベト（Le-Tung　レ・トゥン〔黎嵩〕）

レ・ドク・アイン　Le Duc Anh
　20世紀，ベトナムの政治家，軍人。ベトナム大統領（国家主席），ベトナム国防相，ベトナム共産党政治局員。
　⇒世政（レ・ドク・アイン　1920.12.1–）

レ・ドク・ト　Le Duc Tho
　20世紀，ベトナム社会主義共和国の政治家。
　⇒岩ケ（レ・ドゥック・ト　1911–1990）
　　現人（レ・ドク・ト　1910–）
　　国小（レ・ドク・ト　1912頃–）
　　コン3（レ・ドゥック・ト　1912–1990）
　　最世（レ・ドク・ト　1911–1990）
　　世政（レ・ドック・ト　1911.10.10–1990.10.13）
　　世東（レ・ドゥック・ト　1912–）
　　全書（レ・ドク・ト　1912–）
　　ナビ（レ＝ドク＝ト　1911–1990）
　　二十（レ・ドク・ト　1912（10）–）
　　ノベ（レ・ドク・ト　1911.10.10–1990.10.13）

レ・ニェム（黎念）
　ベトナム，黎聖宗帝代の名将。
　⇒ベト（Le-Niem　レ・ニェム〔黎念〕）

レ・ニャン・トン（黎仁宗）
　15世紀，ベトナム，後黎朝第3代の帝。
　⇒ベト（Le-Nhan-Ton　レ・ニャン・トン〔黎仁宗〕　1443–1459）

レ・ニン（黎寧）
　ベトナムの民族闘士。勤王党としてフランスに抵抗する義軍を指揮した志士。通称は蔭寧。

⇒ベト（Le-Ninh　レ・ニン〔黎寧〕）

レ・バン・ヒエン　Le Van Hien
20世紀、北ベトナムの政治家。中部出身。1945年ベトミンに参加、ホー・チ・ミン臨時政府労働相。
⇒世東（レ・バン・ヒエン　1904–）

レ・フ・チャン（黎輔陳）
ベトナム、陳朝代の勇将。
⇒ベト（Le-Phu-Tran　レ・フ・チャン〔黎輔陳〕）

レ・フン・ヒェウ（黎奉暁）
ベトナム、李朝時代の豪将。
⇒ベト（Le-Phung-Hieu　レ・フン・ヒェウ〔黎奉暁〕）

レボー（勒保）　Leboo
18・19世紀、中国、清中期の満州人武将。姓は費莫、字は宜軒、諡は文襄。
⇒コン2（レボー〔勒保〕　1740–1819）
　コン3（レボー〔勒保〕　1740–1819）

レ・ホアン（黎垣、黎桓）　Le Hoan
10・11世紀、ベトナム、前レ朝（980–1009）の創始者。在位980–1005。
⇒角世（レ・ホアン　951–1005）
　皇帝（黎桓　れいかん　950–1005）
　国小（黎桓　れいかん　941–1005）
　コン2（レ・ホアン〔黎垣〕　941–1005）
　コン3（レ・ホアン〔黎垣〕　941–1005）
　人物（黎桓　れいかん　950–1005）
　世東（黎桓　れいかん　950–1005）
　世百（黎桓　れいかん　941–1005）
　東ア（レ・ホアン　950–1005）
　百科（黎桓　レ・ホアン　950–1005）
　評世（黎桓　れいかん　950–1005）
　ベト（Le-Hoan　レ・ホアン　?–1005）

レ・ホン・フォン　Le Hong Phong
20世紀、インドシナの政治家。インドシナ共産党指導委員会委員長。
⇒世百新（レ・ホン・フォン　1902–1942）
　二十（レ・ホン・フォン　1902–1942）
　百科（レ・ホン・フォン　1902–1942）

レ・ライ（黎来）
15世紀、ベトナムの民族闘士。中国明軍に対する祖国の独立回復の烈士。本名は阮親。
⇒ベト（Le-Lai　レ・ライ〔黎来〕　?–1419）

レ・ラム（黎林）
ベトナム、後黎朝代の武将。
⇒ベト（Le-Lam　レ・ラム〔黎林〕）

レルパチェン　Ral pa can
9世紀、チベット、吐蕃王朝の第9世（在位815～41）。
⇒全書（レルパチェン　806–841）

レー・ロイ（黎利）　Le Loi
14・15世紀、ベトナム、後黎朝の創始者（在位1428～33）。諡は高皇帝。廟号は太祖。清化の出身。
⇒旺世（黎利　れいり　1385–1433）
　外国（黎利　れいり　1385–1434）
　角世（レ・ロイ　1385–1433）
　皇帝（黎利　れいり　1385–1433）
　国小（黎利　れいり　1385–1433）
　コン2（レ・ロイ〔黎利〕　1385–1433）
　コン3（レ・ロイ　1385–1433）
　人物（黎利　れいり　1385–1433.閏8）
　世人（黎利　れいり　1384/85–1433）
　世東（黎利　レイリ　1385–1433）
　世百（太祖（後黎朝）　たいそ　1385–1433）
　全書（黎利　れいり　1385–1433）
　大百（黎利　れいり　1385–1433）
　中国（黎利　れいり　1385–1433）
　伝世（レ・ロイ〔黎利〕　1385–1433）
　東ア（レ・ロイ　1385–1433）
　百科（レ・ロイ〔黎利〕　1385–1433）
　評世（黎利　れいり　1385–1433）
　ベト（Le-Loi　レ・ロイ　15世紀）
　歴史（黎利　れいり　1385–1433）

連温卿　れんおんけい
20世紀、台湾の民族運動家。抗日運動左派リーダーの1人、労農派の山川均の影響を受けた社会民主主義者、エスペランチスト。
⇒近中（連温卿　れんおんけい　1895.4–1957.11）

廉希憲　れんきけん
13世紀、モンゴル帝国・元初の政治家、宰相。ウイグル族出身。字は善甫。諡、文正。フルハイヤの子。フビライ・ハン（世祖）に仕えた。
⇒角世（廉希憲　れんきけん　1231–1280）
　国小（廉希憲　れんきけん　1231（太宗3）–1280（至元17））
　コン2（廉希憲　れんきけん　1231–1280）
　コン3（廉希憲　れんきけん　1231–1280）
　百科（廉希憲　れんきけん　1231–1280）

廉興邦　れんこうほう
14世紀、朝鮮、高麗末期の政治家。林堅味とならぶ世臣大族・大農荘主。
⇒コン2（廉興邦　れんこうほう　?–1388）
　コン3（廉興邦　れんこうほう　?–1388）

連戦　れんせん
20世紀、台湾の政治家、政治学者。台湾副総統、台湾行政院長（首相）。
⇒世政（連戦　れんせん　1936.8.27–）
　世東（連戦　れんせん　1936–）
　中人（連戦　れんせん　1936.8.27–）

廉頗　れんぱ
前3世紀、中国、戦国時代・趙の将軍。前283年斉を攻めて大勝、のち斉、秦と交戦して趙の防衛に貢献。
⇒広辞4（廉頗　れんぱ）
　広辞6（廉頗　れんぱ）

国小　(廉頗　れんぱ　生没年不詳)
コン2　(廉頗　れんぱ　生没年不詳)
コン3　(廉頗　れんぱ　生没年不詳)
三国　(廉頗　れんぱ)
人物　(廉頗　れんぱ　生没年不詳)
世東　(廉頗　れんぱ　生没年不詳)
大辞　(廉頗　れんぱ　生没年不詳)
大辞3　(廉頗　れんぱ　生没年不詳)
中国　(廉頗　れんぱ)
中史　(廉頗　れんぱ　生没年不詳)

【ろ】

婁機　ろうき
12・13世紀，中国，宋代の学者，政治家。字は彦発。嘉興(浙江省)出身。著書に『漢隷字源』『班馬字類』がある。
　⇒外国　(婁機　ろうき　1133-1211)
　　中芸　(婁機　ろうき　生没年不詳)

浪些紇夜悉猟　ろうしこつやしつりょう
8世紀頃，チベット，吐蕃王朝の入唐和平使。
　⇒シル　(浪些紇夜悉猟　ろうしこつやしつりょう　8世紀頃)
　　シル新　(浪些紇夜悉猟　ろうしこつやしつりょう)

老上単于　ろうじょうぜんう
前2世紀，匈奴の第3代単于(在位前174〜161)。冒頓単于の子。名は稽粥。
　⇒角世　(老上単于　ろうじょうぜんう　?-前161)
　　国小　(老上単于　ろうじょうぜんう　?-前161)
　　コン2　(老上単于　ろうじょう・ぜんう　?-前161)
　　コン3　(老上単于　ろうじょう・ぜんう　?-前161)
　　人物　(老上単于　ろうじょうぜんう　?-前161)
　　世東　(老上単于　ろうじょうぜんう　前174-166)
　　世百　(老上単于　ろうじょうぜんう　?-前161)
　　中国　(老上単于　ろうじょうぜんう　(在位)前174-161)
　　評世　(老上単于　ろうじょうぜんう　?-前160)
　　歴史　(老上単于　ろうじょうぜんう　?-161)

婁太后　ろうたいごう*
6世紀，中国，魏晋南北朝，北斉の文宣帝の母。
　⇒中皇　(婁太后　501-562)

労乃宣　ろうだいせん
19・20世紀，中国，清朝〜民国初期の学者，政治家。『共和正解』『続共和正解』を刊行して共和制を否定，復辟論を唱えた。
　⇒外国　(労乃宣　ろうだいせん　1843-1921)
　　近中　(労乃宣　ろうだいせん　1843.11.14-1921.7.21)
　　国小　(労乃宣　ろうだいせん　1843(道光23)-1921)
　　コン2　(労乃宣　ろうないせん　1843-1921)

　　コン3　(労乃宣　ろうだいせん　1843-1921)
　　中芸　(労乃宣　ろうないせん　1843-1921)
　　中国　(労乃宣　ろうないせん　1843-1921)
　　中史　(労乃宣　ろうないせん　1843-1921)
　　中人　(労乃宣　ろうないせん　1843(道光23)-1921)

労乃宣　ろうないせん
　⇨労乃宣(ろうだいせん)

呂運亨　ろうんきょう
　⇨呂運亨(ヨウニョン)

盧永祥　ろえいしょう
19世紀，中国の軍人。字は子嘉。山東省の出身。1923年反曹錕の三角同盟を形成。
　⇒コン2　(盧永祥　ろえいしょう　1867-?)
　　コン3　(盧永祥　ろえいしょう　1867-1933)
　　世東　(盧永祥　ろえいしょう　1867-?)
　　中人　(盧永祥　ろえいしょう　1867-1933)

魯王朱以海　ろおうしゅいかい
17世紀，中国，明末期の遺王。洪武帝10世の孫。1644年魯王となる。45年紹興で擁立され，監国となる。
　⇒コン2　(魯王朱以海　ろおうしゅいかい　?-1662)
　　コン3　(魯王朱以海　ろおうしゅいかい　1618-1662)
　　中皇　(魯王以海　1618-1662)

潞王朱翊鏐　ろおうしゅよくりゅう*
17世紀，中国，明，隆慶帝の子。
　⇒中皇　(潞王朱翊鏐　?-1614)

呂海寰　ろかいかん
19・20世紀，中国，清末の政治家。山東出身。督弁商務大臣他をつとめたのち中国紅十字会長となる。
　⇒世東　(呂海寰　ろかいかん　1840-1927.1.7)

盧伽逸多　ろかいつた
7世紀頃，中国，唐の懐化大将軍，僧。東インドの烏荼(ウドゥラ)出身。
　⇒シル　(盧伽逸多　ろかいつた　7世紀頃)
　　シル新　(盧伽逸多　ろかいつた)

盧漢　ろかん
20世紀，中国の軍人。字は永衡。雲南省出身。
　⇒コン3　(盧漢　ろかん　1895-1974)
　　人物　(盧漢　ろかん　1891-)
　　世東　(盧漢　ろかん　1896-)
　　中人　(盧漢　ろかん　1896-1974)

鹿鐘麟　ろくしょうりん
19・20世紀，中国の軍人。字は瑞伯。河北省出身。1935年国民党中央執行委員となり，日中戦争に活躍。
　⇒近中　(鹿鐘麟　ろくしょうりん　1884.3.12-1966.1.5)
　　コン3　(鹿鐘麟　ろくしょうりん　1884-1966)

中人（鹿鐘麟　ろくしょうりん　1884–1966）

禄東賛　ろくとうさん
7世紀、チベット、吐蕃王朝の遣唐使。
⇒シル（禄東賛　ろくとうさん　?–667）
　シル新（禄東賛　ろくとうさん　?–667）

魯元公主　ろげんこうしゅ*
前3・2世紀、中国、漢、高祖（劉邦）の娘。
⇒中皇（魯元公主　前217–187）

魯国大長公主　ろこくだいちょうこうしゅ*
中国、金、世宗の娘。
⇒中皇（魯国大長公主）

ロサン・ギャムツォ
⇨ダライ・ラマ5世

魯芝　ろし
3世紀頃、中国、三国時代、魏の大将軍曹爽配下の司馬。
⇒三国（魯芝　ろし）
　三全（魯芝　ろし　生没年不詳）

盧摯　ろし
13世紀、中国、元の政治家、作家。河北省生れ。号は疏斎。湖南、江東の司政長官を歴任。
⇒外国（盧摯　ろし　1235–1300）

路充国　ろじゅうこく
前2世紀頃、中国、前漢の遣匈奴串問使。
⇒シル（路充国　ろじゅうこく　前2世紀頃）
　シル新（路充国　ろじゅうこく）

盧重礼　ろじゅうれい
14・15世紀、朝鮮、李朝の医学者。世宗朝に医療官庁の要職や長官を務めた。『郷薬集成方』『医方類聚』などの医書の編纂に参加。
⇒伝記（盧重礼　ろじゅうれい〈ノジュンネ〉　14世紀末–1452）

路昭　ろしょう
3世紀頃、中国、三国時代、曹操の部将。
⇒三国（路昭　ろしょう）
　三全（路昭　ろしょう　生没年不詳）

魯滌平　ろじょうへい
19・20世紀、中国、国民党の政治家。湖南出身。
⇒近中（魯滌平　ろじょうへい　1887.10.25 1935.1.31）
　世東（魯滌平　ろじょうへい　1887–1935.1.31）
　中人（魯滌平　ろじょうへい　1887–1935.1.31）

盧植　ろしょく
2世紀、中国、後漢末の学者、武人、政治家。字は子幹。陝西出身。
⇒三国（盧植　ろしょく）
　三全（盧植　ろしょく　?–192）

世東（盧植　ろしょく　?–192）
中芸（盧植　ろしょく　?–192）
中史（盧植　ろしょく　?–192）

魯瑞林　ろずいりん
20世紀、中国の軍人、政治家。山西省武郷出身。1931年「寧都蜂起」に参加。
⇒世東（魯瑞林　ろずいりん　1908–）
　中人（魯瑞林　ろずいりん　1908–）

盧世栄（魯世栄、蘆世栄）　ろせいえい
13世紀、中国、元初の財政家。大名（河北省）出身。
⇒外国（盧世栄　ろせいえい　?–1285）
　角世（蘆世栄　ろせいえい　?–1285）
　国小（盧世栄　ろせいえい　?–1285（至元22））
　コン2（盧世栄　ろせいえい　?–1285）
　コン3（盧世栄　ろせいえい　?–1285）
　人物（盧世栄　ろせいえい　?–1285.11）
　世東（盧世栄　ろせいえい　?–1285）
　中国（魯世栄　ろせいえい　?–1285）
　評世（盧世栄　ろせいえい　?–1285）

呂正操　ろせいそう
⇨呂正操（りょせいそう）

盧遜　ろそん
3世紀、中国、三国時代、蜀の将。
⇒三国（盧遜　ろそん）
　三全（盧遜　ろそん　?–263）

盧泰愚　ろたいぐ
⇨盧泰愚（ノテウ）

路太后　ろたいごう*
中国、魏晋南北朝、宋の孝武帝の母。
⇒中皇（路太后）

呂定琳　ろていりん
8世紀頃、渤海から来日した使節。
⇒シル（呂定琳　ろていりん　8世紀頃）
　シル新（呂定琳　ろていりん）

魯滌平　ろてきへい
⇨魯滌平（ろじょうへい）

ロドリゲス, E.　Rodrigues, Eulogio
19・20世紀、フィリピンの政治家。マニラ市長、フィリピン上院議長。
⇒二十（ロドリゲス, E.　1883–?）

盧伯麟　ろはくりん
19・20世紀、朝鮮の独立運動家。
⇒コン3（盧伯麟　ろはくりん　1874–1925）

ロハス　Roxas, Manuel
20世紀、フィリピンの政治家、初代大統領（1946～48）。
⇒角世（ロハス（マヌエル）　1892–1948）

現人（ロハス　1892.1.1–1948.4.15）
国小（ロハス　1892.1.1–1948.4.15）
コン3（ロハス　1892–1948）
人物（ロハス　1892–1948）
世東（ロハス　1892–1948）
世百新（ロハス　1892–1948）
大辞2（ロハス　1892–1948）
大辞3（ロハス　1892–1948）
伝世（ロハス　1892.1.1–1948.4.14）
二十（ロハス, M.　1892.1.1–1948.4.15）
東ア（ロハス　1892–1948）
百科（ロハス　1892–1948）
評世（ロハス　1892–1948）
山biệt（ロハス　1892–1948）

ロハス，ヘラルド　Roxas, Geraldo M.
20世紀，フィリピンの政治家。1963年上院議員に当選。68年以来リベラル党総裁。
⇒世政（ロハス，ヘラルド　1924–1982.4.20）
　世東（ロハス　1924–）

呂不韋　ろふい
⇨呂不韋（りょふい）

盧武鉉　ろぶげん
⇨盧武鉉（ノムヒョン）

ロプサン・テンジン（羅卜蔵丹津）
18世紀，中国，清初期のホショト部の長。清朝に反乱，1723年清の西寧を侵攻。
⇒コン2（ロプサン・テンジン〔羅卜蔵丹津〕　18世紀前半）
　コン3（ロプサン・テンジン〔羅卜蔵丹津〕）

ロペス，サルバドール・P.　Lopez, Salvador P.
20世紀，フィリピンの外交官。イロコス出身。
⇒集文（ロペス，サルバドール・P.　1911.5.27–）
　世東（ロペス　1911.5.27–）
　二十（ロペス, S.P.　1911.5.27–1993.10.19）

ロペス，フェルナンド　Lopez, Fernando
20世紀，フィリピンの政治家。イロイロ州出身。1949年副大統領。53年民主党を結成。65年以来マルコスの下で副大統領。
⇒外国（ロペス　1904–）
　世政（ロペス，フェルナンド　1904.4.13–1993.5.26）
　世東（ロペス　1904.4.13–）

盧芳　ろほう
1世紀，中国，後漢初期の群雄。字は君期。武帝の曾孫劉文伯と自称した。
⇒コン2（盧芳　ろほう　生没年不詳）
　コン3（盧芳　ろほう　生没年不詳）

ロムロ，カルロス　Romulo, Carlos Pena
20世紀，フィリピンの政治家。
⇒外国（ロムロ　1899–）
　現人（ロムロ　1899–）
　国小（ロムロ　1901.1.14–）
　コン3（ロムロ　1899–1985）
　世政（ロムロ，カルロス　1899.1.14–1985.12.15）
　世東（ロムロ　1901.1.14–）
　世百（ロムロ　1901–）
　全書（ロムロ　1899–1985）
　二十（ロムロ，キャロル・P.　1899.1.14–1985.12.15）

ロムロ，ロベルト　Romulo, Roberto R.
20世紀，フィリピンの実業家。フィリピン外相，IBMフィリピン社長。
⇒世政（ロムロ，ロベルト　1938.12.9–）

魯明善　ろめいぜん
14世紀，中国，元代の官吏，農学者。ウイグル人。名は鉄柱。1330年『農桑衣食撮要』(2巻)を著した。
⇒外国（魯明善　ろめいぜん）

呂祐吉　ろゆうきつ
16・17世紀，朝鮮，李朝中期の文官。
⇒朝人（呂祐吉　ろゆうきつ　1567–1619）

盧陵王劉義真　ろりょうおうりゅうぎしん*
3世紀，中国，南朝，宋の武帝（劉裕）の子。
⇒中皇（盧陵王劉義真　?–242）

盧綰　ろわん
前3・2世紀，中国，漢初期の武将。沛・豊邑（江蘇省）出身。劉邦（高祖）の友。
⇒コン2（盧綰　ろわん　前247/56–193）
　コン3（盧綰　ろわん　前247/56–193）

論介　ろんかい
16世紀，朝鮮の女性。壬辰・丁酉倭乱（文禄・慶長の役）の時の愛国的義妓として知られる。
⇒朝人（論介　ろんかい　?–1593）
　朝鮮（論介　ろんかい　?–1593）
　百科（論介　ろんかい　?–1593）

論寒調傍　ろんかんちょうぼう
7世紀頃，チベット，吐蕃王朝の遣唐告哀使。
⇒シル（論寒調傍　ろんかんちょうぼう　7世紀頃）
　シル新（論寒調傍　ろんかんちょうぼう）

論泣賛　ろんきゅうさん
8世紀頃，チベット，吐蕃王朝の入唐会盟使。
⇒シル（論泣賛　ろんきゅうさん　8世紀頃）
　シル新（論泣賛　ろんきゅうさん）

論泣蔵　ろんきゅうぞう
8世紀頃，チベット，吐蕃王朝の遣唐使。
⇒シル（論泣蔵　ろんきゅうぞう　8世紀頃）
　シル新（論泣蔵　ろんきゅうぞう）

論泣稜　ろんきゅうりょう
8世紀頃，チベット，吐蕃王朝の遣唐修好使。

⇒シル（論泣稜　ろんきゅうりょう　8世紀頃）
　シル新（論泣稜　ろんきゅうりょう）

論頬熱　　ろんきょうねつ
8・9世紀頃、チベット、吐蕃王朝の将軍、遣唐使。
⇒シル（論頬熱　ろんきょうねつ　8-9世紀頃）
　シル新（論頬熱　ろんきょうねつ）

論頬没蔵　　ろんきょうぼつぞう
8世紀頃、チベット、吐蕃王朝の遣唐使。返礼使として入唐。
⇒シル（論頬没蔵　ろんきょうぼつぞう　8世紀頃）
　シル新（論頬没蔵　ろんきょうぼつぞう）

論欽明思　　ろんきんめいし
8世紀頃、チベット、吐蕃王朝の遣唐使。
⇒シル（論欽明思　ろんきんめいし　8世紀頃）
　シル新（論欽明思　ろんきんめいし）

論矩立蔵　　ろんくりつぞう
9世紀頃、チベット、吐蕃王朝の遣唐使。818（元和13）年唐に派遣された。
⇒シル（論矩立蔵　ろんくりつぞう　9世紀頃）
　シル新（論矩立蔵　ろんくりつぞう）

論乞冉　　ろんこつぜん
9世紀頃、チベット、吐蕃王朝の遣唐使。
⇒シル（論乞冉　ろんこつぜん　9世紀頃）
　シル新（論乞冉　ろんこつぜん）

論乞縷勃蔵　　ろんこつろうぼつぞう
9世紀頃、チベット、吐蕃王朝の遣唐使。
⇒シル（論乞縷勃蔵　ろんこつろうぼつぞう　9世紀頃）
　シル新（論乞縷勃蔵　ろんこつろうぼつぞう）

論賛熱　　ろんさんねつ
9世紀頃、チベット、吐蕃王朝の将軍、入唐使。
⇒シル（論賛熱　ろんさんねつ　9世紀頃）
　シル新（論賛熱　ろんさんねつ）

論思邪熱　　ろんしじゃねつ
9世紀頃、チベット、吐蕃王朝の遣唐使。810（元和5）年唐に派遣された。
⇒シル（論思邪熱　ろんしじゃねつ　9世紀頃）
　シル新（論思邪熱　ろんしじゃねつ）

論悉諾　　ろんしつだく
9世紀頃、チベット、吐蕃王朝の遣唐使。
⇒シル（論悉諾　ろんしつだく　9世紀頃）
　シル新（論悉諾　ろんしつだく）

論悉諾息　　ろんしつだくそく
9世紀頃、チベット、吐蕃王朝の遣唐使。唐蕃会盟に参加した吐蕃側代表の一人。
⇒シル（論悉諾息　ろんしつだくそく　9世紀頃）
　シル新（論悉諾息　ろんしつだくそく）

論悉諾羅　　ろんしつだくら
8世紀頃、チベット、吐蕃王朝の遣唐使。唐吐蕃間の盟約改定に努めた。
⇒シル（論悉諾羅　ろんしつだくら　8世紀頃）
　シル新（論悉諾羅　ろんしつだくら）

論襲熱　　ろんしゅうねつ
9世紀頃、チベット、吐蕃王朝の遣唐使。
⇒シル（論襲熱　ろんしゅうねつ　9世紀頃）
　シル新（論襲熱　ろんしゅうねつ）

論尚他硨　　ろんしょうたりつ
8世紀頃、チベット、吐蕃王朝の大臣、遣唐使。
⇒シル（論尚他硨　ろんしょうたりつ　8世紀頃）
　シル新（論尚他硨　ろんしょうたりつ）

論壮大熱　　ろんそうだいねつ
9世紀頃、チベット、吐蕃王朝の遣唐使。
⇒シル（論壮大熱　ろんそうだいねつ　9世紀頃）
　シル新（論壮大熱　ろんそうだいねつ）

論仲琮　　ろんちゅうそう
7世紀頃、チベット、吐蕃王朝の入唐和親使。
⇒シル（論仲琮　ろんちゅうそう　7世紀頃）
　シル新（論仲琮　ろんちゅうそう）

論答熱　　ろんとうねつ
9世紀頃、チベット、吐蕃王朝の宰相、遣唐使。
⇒シル（論答熱　ろんとうねつ　9世紀頃）
　シル新（論答熱　ろんとうねつ）

論訥羅　　ろんとつら
9世紀頃、チベット、吐蕃王朝の入唐会盟使。
⇒シル（論訥羅　ろんとつら　9世紀頃）
　シル新（論訥羅　ろんとつら）

論吐谷渾弥　　ろんとよくこんび
7世紀頃、チベット、吐蕃王朝の入唐和平使。
⇒シル（論吐谷渾弥　ろんとよくこんび　7世紀頃）
　シル新（論吐谷渾弥　ろんとよくこんび）

ロン・ノル　Lon Nol
20世紀、カンボジアの軍人、大統領。軍を背景に右派の重鎮となった。1970年3月クーデターを起し、同10月共和制移行を宣言。72年3月大統領の地位についた。
⇒旺世　（ロン＝ノル　1913–1985）
　角世　（ロン・ノル　1912–1987）
　現人　（ロン・ノル　1913.11–）
　国小　（ロン・ノル　1913.11.13–）
　コン3　（ロン・ノル　1913–1985）
　世人　（ロン＝ノル　1913–1985）
　世政　（ロン・ノル　1913.11.13–1985.11.17）
　世東　（ロン・ノル　1913.11.13–）
　二十　（ロン・ノル　1913.11.13–1985.11.17）

論弥薩　　ろんびさつ
8世紀頃、チベット、吐蕃王朝の遣唐和平使。

⇒シル（論弥薩　ろんびさつ　8世紀頃）
シル新（論弥薩　ろんびさつ）

論勃蔵　ろんぼつぞう
9世紀頃、チベット、吐蕃王朝の入唐朝貢使。
⇒シル（論勃蔵　ろんぼつぞう　9世紀頃）
シル新（論勃蔵　ろんぼつぞう）

ロン・ボレ　Long Boret
20世紀、カンボジアの政治家。
⇒現人（ロン・ボレ　1933–）
二十（ロン・ボレ　1933–1975）

【わ】

和　わ*
4世紀、中国、五胡十六国・前趙（漢）の皇帝（在位310）。
⇒中皇（和　?–310）

淮南王劉長　わいなんおうりゅうちょう*
前2世紀、中国、前漢、高祖の子。
⇒中皇（淮南王劉長　前198–174）

和義公主　わぎこうしゅ
8世紀頃、中国、唐の遣抜汗那和蕃公主。
⇒シル（和義公主　わぎこうしゅ　8世紀頃）
シル新（和義公主　わぎこうしゅ）

和薩　わさつ
8世紀頃、西アジア、大食（アラブ・ウマイヤ朝）からの入唐使節。741年に来朝。
⇒シル（和薩　わさつ　8世紀頃）
シル新（和薩　わさつ）

和珅　わしん
18世紀、中国、清の乾隆帝時代の権臣。満州正紅旗の出身。字は致斎。乾隆帝の寵愛を受けて高位高官にのぼり専横をきわめた。
⇒旺世　（和珅　わしん　?–1799）
外国　（和珅　わしん　?–1799）
広辞6（和珅　わしん　?–1799）
国小　（和珅　わしん　?–1799（嘉慶4））
コン2　（和珅　わしん　1750頃–1799）
コン3　（和珅　わしん　1750頃–1799）
人物　（和珅　わしん　?–1799）
世人　（和珅　わしん　1750頃–1799）
世東　（和珅　わしん　?–1799）
世百　（和珅　わしん　1750–1799）
全書　（和珅　わしん　1750–1799）
大百　（和珅　わしん　?–1799）
中国　（和珅　わしん　?–1799）
中史　（和珅　わしん　1750–1799）
デス　（和珅　わしん　?–1799）
百科　（和珅　わしん　?–1799）
評世　（和珅　わしん　?–1799）

山世　（和珅　わしん　?–1799）

和親王弘昼　わしんおうこうちゅう*
18世紀、中国、清、雍正（ようせい）帝の子。
⇒中皇（和親王弘昼　?–1761）

和政公主　わせいこうしゅ*
8世紀、中国、唐、粛宗の娘。
⇒中皇（和政公主　763–764（広徳年間）頃）

ワチラウット
⇨ラーマ6世

ワッタナー・アッサワヘム　Assavahem, Vatanaa
20世紀、タイの華人政治家。
⇒華人（ワッタナー・アッサワヘム　1935–）

和帝（後漢）　わてい
1・2世紀、中国、後漢の第4代皇帝（在位88～105）。姓名、劉肇、諡、孝和皇帝。廟号、穆宗。父は章帝、母は梁貴人。
⇒国小　（和帝（後漢）　わてい　79（建初4）–105（元興1.12.22））
コン2　（和帝　わてい　79–105）
コン3　（和帝　わてい　79–105）
三国　（和帝　わてい）
人物　（和帝　わてい　79–105.12）
世東　（和帝　わてい　79–105）
世百　（和帝　わてい　79–105）
中皇　（和帝　79–105）
中国　（和帝（後漢）　わてい　79–105）
統治　（和帝　Ho Ti　（在位）88–106）
百科　（和帝　わてい　79–105）

和帝（斉）　わてい*
5・6世紀、中国、斉の皇帝（在位501～502）。
⇒中皇　（和帝　488–502）
統治　（和帝　Ho Ti　（在位）501–502）

ワナンディ, ユスフ　Wanandi, Jusuf
20世紀、インドネシア、華人の政治学者、政治家。
⇒華人（ワナンディ, ユスフ　1937–）

ワヒド　Wahid, Abdurrahman
20世紀、インドネシア大統領（1999～2001）、国民覚せい党の創設者。
⇒最世（ワヒド, アブドゥルラフマン　1940–）
世東（ワヒド　1940–）
世政（ワヒド, アブドゥルラフマン　1940.8.4–）

ワルダナ, A.　Wardhana, Ali
20世紀、インドネシアの経済学者。1967年スハルト内閣幹部会議長経済顧問として活躍。68年6月蔵相に任命された。
⇒国小（ワルダナ　1928.5.6–）
世東（ワルダナ　1928.5.6–）
二十（ワルダナ, A.　1928–）

ワーレルー　Wareru
　13世紀, ビルマ, ペグー朝の第1代王(在位1281～96)。
　　⇒角世　(ワレル　1252-1296)
　　　国小　(ワレル　?-1296)
　　　世東　(ワレル　?-1296)
　　　東ア　(ワーレルー　?-1296)
　　　百科　(ワレル　?-1296)

ワレル
　⇨ワーレルー

王冶秋　ワンイエチュウ
　⇨王冶秋(おうやしゅう)

ワン・カン(王罕)　Wang qan
　12・13世紀, モンゴル, ケレイト部の部族長。ワン・ハンは通称。
　　⇒角世　(ワン・カン　?-1203)
　　　国小　(ワン・ハン〔王罕〕　?-1203)
　　　世東　(ワン・ハン〔王罕〕　?-1203)
　　　評世　(ワンカン　?-1203)

王国権　ワンクオチュアン
　⇨王国権(おうこくけん)

王光美　ワンクワンメイ
　⇨王光美(おうこうび)

王建　ワンゴン
　⇨太祖(高麗)(たいそ)

王暁雲　ワンシヤオユン
　⇨王暁雲(おうぎょううん)

王杰　ワンチー
　⇨王杰(おうけつ)

王稼祥　ワンチァシャン
　⇨王稼祥(おうかしょう)

王震　ワンチェン
　⇨王震(おうしん)

汪兆銘　ワンチャオミン
　⇨汪兆銘(おうちょうめい)

ワンチューク, ジグム・S.
　⇨ワンチュク, ジグメ・シンゲ

ワンチュク, ジグメ・シンゲ　Wangchuck, Jigme Singye
　20世紀, ブータン国王。
　　⇒現人　(ワンチューク　1954-)
　　　国小　(ワンチュク　1954-)
　　　世政　(ワンチュク, ジグメ・シンゲ　1955.11.11-)
　　　世東　(ワンチューク　1955-)
　　　二十　(ワンチューク, ジグメ・S.　1954(55, 57).11.11-)

王寵恵　ワンチョンホイ
　⇨王寵恵(おうちょうけい)

王進喜　ワンチンシー
　⇨王進喜(おうしんき)

汪東興　ワントンシン
　⇨汪東興(おうとうこう)

王海容　ワンハイロン
　⇨王海容(おうかいよう)

王孝廉　ワンヒョーリョム
　⇨王孝廉(おうこうれん)

王洪文　ワンホンウェン
　⇨王洪文(おうこうぶん)

完顔阿骨打　ワンヤンアクダ
　11・12世紀, 中国, 金の初代皇帝(在位1115～23)。廟号, 太祖。諡, 武元皇帝。完顔劾里鉢(世祖)の第2子。1121年宋と協力して遼を攻撃, 事実上討滅。
　　⇒旺世　(アグダ〔完顔阿骨打〕　1068-1123)
　　　外国　(阿骨打　あくだ　1068-1123)
　　　角世　(ワンヤンアクダ〔完顔阿骨打〕　1068-1123)
　　　広辞4　(阿骨打　アクダ　1068-1123)
　　　広辞6　(阿骨打　アクダ　1068-1123)
　　　皇帝　(太祖　たいそ　1068-1123)
　　　国小　(ワンヤンアクダ〔完顔阿骨打〕　1068(遼, 咸雍4)-1123(天輔7))
　　　国百　(完顔阿骨打　ワンヤンアクダ　1068-1123)
　　　コン2　(太祖(金)　たいそ　1068-1123)
　　　コン3　(太祖(金)　たいそ　1068-1123)
　　　人物　(阿骨打　アクダ　1068-1123.7.1)
　　　世人　(太祖(金)　たいそ　1068-1123)
　　　世東　(阿骨打　あくだ　1067-1123.7)
　　　世百　(太祖(金)　たいそ　1068-1123)
　　　全書　(阿骨打　アクダ　1068-1123)
　　　大辞　(阿骨打　アクダ　1068-1123)
　　　大辞3　(阿骨打　アクダ　1068-1123)
　　　大百　(阿骨打　アクダ　1068-1123)
　　　中皇　(太祖　1068-1123)
　　　中国　(太祖(金)　たいそ　1068-1123)
　　　中史　(完顔阿骨打　ワンヤンアクダ　1068-1123)
　　　デス　(アグダ〔阿骨打〕　1068-1123)
　　　統治　(太祖(完顔・阿骨打)　T'ai Tsu〔Wan-yen A-ku-ta〕(在位)1115-1123)
　　　百科　(阿骨打　アクダ　1068-1123)
　　　評世　(アクダ〔阿骨打〕　1068-1123)
　　　山世　(阿骨打　アグダ　1068-1123)
　　　歴史　(阿骨打　アクダ　1068-1123)

完顔可喜　ワンヤンカキ
　中国, 金, 太祖の孫。
　　⇒中皇　(完顔可喜)

完顔希尹　ワンヤンキイン
　12世紀, 中国, 金の重臣。女真名は谷神, 諡は貞憲。1119年命により女真文字を作成。

⇒国小（完顔希尹　かんがんきいん　?-1140（天眷3））
　コン2（完顔希尹　かんがんきいん　?-1140）
　コン3（完顔希尹　かんがんきいん　?-1140）
　世東（完顔希尹　わんやんきいん　?-1140）
　大辞（完顔希尹　かんがんきいん　生没年不詳）
　大辞3（完顔希尹　かんがんきいん）
　評世（完顔希伊　かんがんきいん　?-1140）
　歴史（完顔希尹　かんがんきいん　?-1140（天眷3））

完顔宗幹　ワンヤンソウカン
11・12世紀, 中国, 金の大将。女真族出身。
⇒コン2（宗幹　そうかん　?-1141）
　コン3（宗幹　そうかん　?-1141）
　中皇（完顔宗幹　?-1141）
　中史（完顔宗翰　ワンヤンそうかん　1080-1137）

完顔宗弼　ワンヤンソウヒツ
12世紀, 中国, 金, 太祖の子。
⇒中皇（完顔宗弼　?-1148）
　中史（完顔宗弼　ワンヤンそうひつ　?-1148）

完顔宗本　ワンヤンソウホン
中国, 金, 太宗（呉乞買（ウキマイ））の子。
⇒中皇（完顔宗本）

王力　ワンリー
⇨王力（おうりき）

ワン・ワイタヤコン　Wan waithayakorn
20世紀, タイの政治家。タイ王族。プミポン国王のおじ。1956年11月国連総会議長。58年1月副首相兼外相。「プラチャ・チャート」紙の創刊者としても有名。
⇒国小（クロム・ナラティップ・ポンプラパン　1891.8.25-1976.9.5）
　世東（ワン・ワンタヤコーン　1891.8.25-）
　世百（ワンワイタヤコン　1891-）
　全書（ワン・ワイタヤコン　1891-1976）
　二十（ワン・ワイタヤコン　1891-1976）

欧文索引

【 A 】

Abaāqā(13世紀) →アバカ　8
Abaqa(13世紀) →アバカ　8
Ābāqā Khān(13世紀) →アバカ　8
Abatai(16世紀) →阿巴岱　あばたい　9
'Abd Allāh(15世紀) →アブド・アッラー　9
'Abd al-Laṭīf(15世紀)
　→アブド・アッラティーフ　9
'Abd al-Rahman(13世紀)
　→アブドゥル・ラフマーン　9
'Abd al-Rahmān Khān(13世紀)
　→アブドゥル・ラフマーン　9
Abdulgani, Ruslan(20世紀)
　→アブドゥルガニ, ルスラン　9
Abdullah Badawi(20世紀)
　→アブドゥラ・バダウィ　9
Abdullah bin Badawi(20世紀)
　→アブドゥラ・バダウィ　9
Abdul Raḥman(20世紀)
　→アブドゥル・ラーマン　9
Abdul Rahman(20世紀)
　→アブドゥル・ラーマン　9
Abdul Rahman, Tengku(20世紀)
　→アブドゥル・ラーマン　9
Abdul Rahman, Tunku(20世紀)
　→アブドゥル・ラーマン　9
Abdul Rahman Putra, Tunku(20世紀)
　→アブドゥル・ラーマン　9
Abdul Rahman(Putra Alhaj), Tunku(20世紀)
　→アブドゥル・ラーマン　9
Abdul Razak bin Hussein, Tun Haji(20世紀)
　→ラザク　466
Abikusuno Tjokrosujoso(20世紀)
　→アビクスノ　9
Abïlay Khan(18世紀) →アブライ・ハン　10
Ablai Khān(18世紀) →アブライ・ハン　10
Abū al-Khayr(17・18世紀)
　→アブルハイル・ハン　10
Abū al-Khayr Khān(15世紀)
　→アブー・アルハイル・ハーン　9
Abū al-Khayr Khān(17・18世紀)
　→アブルハイル・ハン　10
Abū Sa'īd(14世紀) →アブー・サイード　9
Abū Sa'īd(15世紀) →アブー・サイード　9
Adam Malik(20世紀) →アダム・マリク　7
Adeva, Manuel A.(20世紀)
　→アデバ, マヌエル　8

Adhikari, Man Mohan(20世紀)
　→アディカリ, マン・モハン　7
'Ādil Sulṭān(14世紀)
　→アーディル・スルターン　8
Adju(13世紀) →アジュ　6
Adun Adundetcharat, Luang(20世紀)
　→アドゥン・アドゥンデーチャラット　8
Adundet, Phumiphon(20世紀)
　→ラーマ9世　469
Agūda(11・12世紀)
　→完顔阿骨打　ワンヤンアクダ　529
Aguda(11・12世紀)
　→完顔阿骨打　ワンヤンアクダ　529
Agūi(18世紀) →阿桂　あけい　5
Aguinaldo, Emilio(19・20世紀)
　→アギナルド　5
Agung(17世紀) →アグン　5
Agus Salim(19・20世紀) →アグス・サリム　5
Agus Salim, Hadji(19・20世紀)
　→アグス・サリム　5
Aḥmad(13世紀) →アフマド　10
Ahmad(13世紀) →アフマド　10
Aḥmad(15世紀) →アフマド　10
Ahmad Fanākatī(13世紀) →アフマド　10
Ahmad Fenāketī(13世紀) →アフマド　10
Aḥmad khān(15世紀) →アフマド・ハン　10
Ahmed(15・16世紀) →アーメッド　10
A-hwa-wang(4・5世紀) →阿莘王　あしんおう　7
Āi-dì(前1世紀) →哀帝(前漢)　あいてい　3
Āi-dì(9・10世紀) →哀帝(唐)　あいてい　3
Aidit, Depa Nusantara(20世紀)
　→アイディット　3
Aidit, Dipa Nusantara(20世紀)
　→アイディット　3
Āi-gōng(前6・5世紀) →哀公(魯)　あいこう　3
Ai Hsüeh(13・14世紀) →愛薛　あいせ　3
Ai-kung(前6世紀) →哀公(秦)　あいこう　3
Ai-Kung(前6・5世紀) →哀公(魯)　あいこう　3
Ai-lu(13世紀) →愛魯　あいろ　4
Ai-Na-Ko(16・17世紀) →愛納噶　あいなが　4
Airlangga(10・11世紀) →アイルランガ　4
Aisin-gioro Fu-lin(17世紀)
　→順治帝(清)　じゅんちてい　213
Aisin-gioro Nurhachi(16・17世紀)
　→ヌルハチ　374
Ai-ti(前1世紀) →哀帝(前漢)　あいてい　3
Ai-ti(4世紀) →哀帝(東晋)　あいてい　3
Ai-ti(9・10世紀) →哀帝(唐)　あいてい　3
Ai-tsung(12・13世紀) →哀宗　あいそう　3
Ài-xuē(13・14世紀) →愛薛　あいせ　3
Āi-zōng(12・13世紀) →哀宗　あいそう　3

AJI

Ajige(17世紀) →アジゲ 6
Ajul(13世紀) →アジュ 6
Akaev, Askar(20世紀) →アカエフ, アスカル 4
Akayev, Askar A.(20世紀)
　→アカエフ, アスカル 4
Akhutai(14世紀) →アフタイ 9
Ak Nazar Khān(16世紀)
　→アク・ナザル・ハーン 5
A-kuei(18世紀) →阿桂 あけい 5
A-kui(18世紀) →阿桂 あけい 5
A-ku-ta(11・12世紀)
　→完顔阿骨打 ワンヤンアクダ 529
A-la Chih-yüan(15世紀) →アラチイン 11
Àlā' al-Dīn Atsïz(12世紀)
　→アラー・アッディーン・アトスィズ 10
'Alā al-Dīn Muḥammad(12・13世紀)
　→アラー・アッディーン・ムハンマド2世 10
Alā al-Dīn Muḥammad(12・13世紀)
　→アラー・アッディーン・ムハンマド2世 10
Àlā' al-Dīn Muḥammad II(12・13世紀)
　→アラー・アッディーン・ムハンマド2世 10
Àlā' al-Dīn Tekish(12世紀)
　→アラー・アッディーン・テキシュ 10
Alagh(15世紀) →アラチイン 11
Ala Kush Tegin(12・13世紀)
　→アラクシュ・テギン 11
Alatas, Ali(20世紀) →アラタス, アリ 11
Alaunghpaya(18世紀) →アラウンパヤー 11
Alaunghprā(18世紀) →アラウンパヤー 11
Alaungpaya(18世紀) →アラウンパヤー 11
Aleo Ybih(20世紀) →イ・ビアン・アレオ 22
Àlī(15世紀) →アリー 11
Ali, Murtopo(20世紀) →アリ・ムルトポ 12
Aliarcham(20世紀) →アリアルハム 11
Alimin(20世紀) →アリミン 12
Alimin, Prawirodirdjo(20世紀) →アリミン 12
Alimin Prawirodirdjo(20世紀) →アリミン 12
Alim Khān(18・19世紀)
　→アーリム・ハーン 12
'Ālim khān(19・20世紀) →アーリム・ハン 12
'Ālim Khān, Sayyid(19・20世紀)
　→アーリム・ハーン 12
Ali Murtopo(20世紀) →アリ・ムルトポ 12
Ali Sastroamidjojo(20世紀)
　→アリ・サストロアミジョヨ 11
Alisher Navoiy(15世紀) →ナヴァーイー 370
'Alī Shīr Navā'ī(15世紀) →ナヴァーイー 370
Ališir Nevâî(15世紀) →ナヴァーイー 370
Alkatiri, Mari(20世紀)
　→アルカティリ, マリ 12

Alkatiri, Mari bin Amude(20世紀)
　→アルカティリ, マリ 12
Altangerel, Shukheriin(20世紀)
　→アルタンゲレル, シュフーリン 12
Altan Khaan(16世紀) →アルタン・ハン 12
Altan Khān(16世紀) →アルタン・ハン 12
Altan Khan(16世紀) →アルタン・ハン 12
Altan qacan(16世紀) →アルタン・ハン 12
Altan qaγan(16世紀) →アルタン・ハン 12
Alughu(13世紀) →アルグ 12
Amarjargal, Rinchinnyamiyn(20世紀)
　→アマルジャルガル, リンチンニャム 10
Amir Temur(14・15世紀) →ティムール 345
Aṃśuvarmā(7世紀)
　→アンシュ・ヴァルマー 14
Amursanā(18世紀) →アムルサナ 10
Amursana(18世紀) →アムルサナ 10
An(前5・4世紀) →安王 あんおう* 13
A-na-huai(6世紀) →阿那壊 あなかい 8
Ananda Mahidol(19・20世紀)
　→ラーマ8世 469
Anand Panyarachun(20世紀) →アナン 8
Anaukpetlun(17世紀) →アナウッペッルン 8
Anawrahta(11世紀) →アノーヤター 8
Anawyahta(11世紀) →アノーヤター 8
An Chae-hong(20世紀)
　→安在鴻 アンジェホン 14
An Chai-hong(20世紀)
　→安在鴻 アンジェホン 14
An Ch'ang-ho(19・20世紀)
　→安昌浩 アンチャンホ 15
An Chang-ho(19・20世紀)
　→安昌浩 アンチャンホ 15
An Ch'ing-hsü(8世紀)
　→安慶緒 あんけいちょ 14
An Chung-gŭn(19・20世紀)
　→安重根 アンジュングン 14
An Chung-gun(19・20世紀)
　→安重根 アンジュングン 14
Ān-dì(1・2世紀) →安帝(後漢) あんてい 15
Andres Bonifacio(19世紀)
　→ボニファシオ 432
An-Duong-Vuong(前3世紀)
　→アン・ズオン・ヴォン 15
Ang Chan I(16世紀) →アン・チャン1世 15
Ang Duang(18・19世紀) →アン・ドゥオン 15
Ang Duon(18・19世紀) →アン・ドゥオン 15
Angrok(13世紀) →ケン・アロ 136
Angrok, Keng(13世紀) →ケン・アロ 136
Ān-huà-wáng Zhū Zhì-fān(15・16世紀)
　→安化王朱眞鐇 あんかおうしゅしはん 13

An Hyang(13・14世紀) →安珦　あんきょう　13
An Jaehong(20世紀) →安在鴻　アンジェホン　14
An Jehong(20世紀) →安在鴻　アンジェホン　14
An Joong-koon(19・20世紀)
　→安重根　アンジュングン　14
An Jung-kŭn(19・20世紀)
　→安重根　アンジュングン　14
Ān-lè-gōng-zhu(7・8世紀)
　→安楽公主　あんらくこうしゅ　16
Anle gongzhu(7・8世紀)
　→安楽公主　あんらくこうしゅ　16
An-lê Kung-chu(7・8世紀)
　→安楽公主　あんらくこうしゅ　16
An Lù-shān(8世紀) →安禄山　あんろくざん　16
An Lu-shan(8世紀) →安禄山　あんろくざん　16
An Lushan(8世紀) →安禄山　あんろくざん　16
An Myung-koon(19・20世紀)
　→安明根　あんめいこん　16
Anoarahtā(11世紀) →アノーヤター　8
Anou(18・19世紀) →アヌ　8
Anowratha(11世紀) →アノーヤター　8
Ān Qìng-xù(8世紀) →安慶緒　あんけいちょ　14
An Shih-kao(2世紀) →安世高　あんせいこう　15
An Ti(1・2世紀) →安帝(後漢)　あんてい　15
An Ti(4・5世紀) →安帝(東晋)　あんてい*　15
An-ting Wang(6世紀)
　→安定王　あんていおう*　15
An-t'ung(13世紀) →アントン　16
Anu(18・19世紀) →アヌ　8
Anuruttha(18・19世紀) →アヌルッサ　8
Anwar Ibrahim(20世紀)
　→アンワル・イブラヒム　16
An Wéi-jùn(19・20世紀)
　→安維峻　あんいしゅん　13
Anyi gongzhu(6世紀頃)
　→安義公主　あんぎこうしゅ　13
An Yu(13・14世紀) →安珦　あんきょう　13
Apa-Kaghan(6世紀) →アパ・カガン　9
A-pao-chi(9・10世紀)
　→耶律阿保機　やりつあほき　447
Aphaiwong, Khuang(20世紀)
　→アパイウォン　8
Apolinario Mabini(19・20世紀) →マビニ　438
Aquino, Benigno(20世紀)
　→アキノ, ベニグノ　5
Aquino, Benigno, Jr.(20世紀)
　→アキノ, ベニグノ　5
Aquino, Benigno Jr.(20世紀)
　→アキノ, ベニグノ　5
Aquino, Benigno S., Jr.(20世紀)
　→アキノ, ベニグノ　5

Aquino, Benigno S.(Jr.)(20世紀)
　→アキノ, ベニグノ　5
Aquino, Corazón(20世紀)
　→アキノ, コラソン　5
Aquino, Corazon(20世紀)
　→アキノ, コラソン　5
Aquino, Corazon C.(20世紀)
　→アキノ, コラソン　5
Aquino, Cory(20世紀) →アキノ, コラソン　5
Aquino,(Maria)Corazon(20世紀)
　→アキノ, コラソン　5
Aquino Benigno S., Jr.(20世紀)
　→アキノ, ベニグノ　5
Arakhan(13世紀) →アラハン　11
Arghun(13世紀) →アルグン・ハン　12
Arghūn Khān(13世紀) →アルグン・ハン　12
Arghūn Khān(13世紀) →アルグン・ハン　12
Arghun Khan(13世紀) →アルグン・ハン　12
Arifin, K.(20世紀) →アリフィン, K.　12
Arigh-Böke(13世紀) →アリクブカ　11
Arikbüge(13世紀) →アリクブカ　11
Arikbuge(13世紀) →アリクブカ　11
Arikbugha(13世紀) →アリクブカ　11
Arikh-khaya(13世紀) →アリハイヤ　12
Arir Böke(13世紀) →アリクブカ　11
Arroyo, Gloria Macapagal(20世紀)
　→アロヨ　13
Arsa Sarasin(20世紀) →アーサ・サラシン　6
Artemio Ricarte(19・20世紀) →リカルテ　473
Arthit, kamlangek(20世紀)
　→アーティット, カムランエク　7
Arthit Ourairat(20世紀)
　→アチット・ウライラット　7
Aruktai(15世紀) →アルクタイ　12
Arγun khan(13世紀) →アルグン・ハン　12
Ashabukha(13・14世紀) →アシャブカ　6
A-shih-na Chong-chie(7・8世紀)
　→阿史那忠節　あしなちゅうせつ　6
A-shih-na Ho-lo(7世紀) →アシナガロ　6
A-shih-na Ku-chuolu(7世紀)
　→アシナ・コットツロク　6
A-shih-na Shê-êrh(7世紀)
　→阿史那社爾　あしなしゃじ　6
A-shih-na Shêêrh(7世紀)
　→阿史那社爾　あしなしゃじ　6
À-shī-nà Shè-ĕr(7世紀)
　→阿史那社爾　あしなしゃじ　6
A-shin-na Mi-shê(7世紀)
　→阿史那弥射　あしなびしゃ　6
A-sin-wang(4・5世紀) →阿莘王　あしんおう　7

Assavahem, Vatanaa (20世紀)
　→ワッタナー・アッサワヘム　528
Atai (16世紀)　→アタイ　7
Atakhai (13世紀)　→アタハイ　7
Attila (5世紀)　→アッティラ　7
Au-Co　→アウ・コ　4
Aung Gyi (20世紀)　→アウン・ジー　4
Aung San (20世紀)　→アウンサン　4
Aung San Su Kyi (20世紀)
　→アウンサンスーチー　4
Aung San Suu Kyi (20世紀)
　→アウンサンスーチー　4
Aung San Suu Kyi, Daw (20世紀)
　→アウンサンスーチー　4
Aun San (20世紀)　→アウンサン　4
Ayurbawada (13・14世紀)
　→仁宗(元)　じんそう　237
Ayur Shiri-dara (14世紀)
　→昭宗(北元)　しょうそう　221
Ayur Shiridara (14世紀)
　→昭宗(北元)　しょうそう　221
Ayurširidara, Biligtü khaghan (14世紀)
　→昭宗(北元)　しょうそう　221
Azlam Shah (20世紀)　→アズラン・シャー　7

【 B 】

Baars, Adolf (20世紀)　→バールス　389
Bābur (15世紀)　→バーブル　387
Badiʿ al-Zamān (16世紀)
　→バディー・アッザーマン　386
Baek Nam-Un (20世紀)
　→白南雲　ペクナムン　420
Bagabandi, Natsagiin (20世紀)
　→バガバンディ, ナツァギーン　380
Bagyidaw (18・19世紀)　→バジードー　384
Bah Kuei-shou (19世紀)
　→朴珪寿　ぼくけいじゅ　428
Bahol Pholphayuhasena (19・20世紀)
　→バホン・ポンプユハセーナー　387
Bai Chongxi (20世紀)　→白崇禧　はくすうき　381
Baidar (13世紀)　→バイダル　377
Baidju (14世紀)　→バイジュ　377
Baidū (13世紀)　→バイドゥ　379
Baidu (13世紀)　→バイドゥ　379
Baiju (14世紀)　→バイジュ　377
Bái-lǎng (19・20世紀)　→白朗　はくろう　383
Bái Qǐ (前3世紀)　→白起　はくき　381

Bái Wén-wèi (19・20世紀)
　→柏文蔚　はくぶんうん　382
Bái Yánhǔ (19世紀)　→白彦虎　はくげんこ　381
Bak Chang-ok (20世紀)
　→朴昌玉　ぼくしょうぎょく　429
Bak Chong-ai (20世紀)
　→朴正愛　パクジョンエ　381
Bak Chong-hi (20世紀)
　→朴正熙　パクチョンヒ　382
Bak Chung-hun (20世紀)
　→朴忠勲　パクチュンフン　382
Bak Hon-yong (20世紀)
　→朴憲永　パクホニョン　383
Bak Hyŏk-kŏ-se (前1・後1世紀)
　→朴赫居世　ぼくかくきょせい　428
Bakiyev, Kurmanbek Saliyevich (20世紀)
　→バキエフ, クルマンベク　380
Bak Jong-e (20世紀)
　→朴正愛　パクジョンエ　381
Bak Jong-hui (20世紀)
　→朴正熙　パクチョンヒ　382
Bak Song-chol (20世紀)
　→朴成哲　パクソンチョル　381
Bak Sun-chon (20世紀)
　→朴順典　ぼくじゅんてん　429
Bak Yŏng-hyo (19・20世紀)
　→朴泳孝　パクヨンヒョ　383
Bālaputra (9世紀)　→バーラプトラ　389
Ba Mau (20世紀)　→バモー　388
Ba Maw (20世紀)　→バモー　388
Ba Mo (20世紀)　→バモー　388
Bān Chāo (1・2世紀)　→班超　はんちょう　392
Bandi (18世紀)　→バンディ　393
Banharn Silpaarcha (20世紀)
　→バンハーン・シンラパアーチャ　393
Ban Ki-moon (20世紀)
　→潘基文　パンギムン　390
Ban Zhao (1・2世紀)　→班超　はんちょう　392
Bào Chāo (19世紀)　→鮑超　ほうちょう　426
Bao Dai (20世紀)　→バオダイ帝　380
Bào Shū-yá (前7世紀)
　→鮑叔牙　ほうしゅくが　424
Bāo-sì (前8世紀)　→褒姒　ほうじ　424
Baosi (前8世紀)　→褒姒　ほうじ　424
Bāo Zhěng (11世紀)　→包拯　ほうじょう　424
Baraq (13世紀)　→バラク　389
Barjuk (13世紀)　→バルジュク　389
Baromracha II (15世紀)
　→ボロムラーチャ2世　434
Barsauma (13世紀)　→ラッバン・サウマー　467
Bar Sawma (13世紀)
　→ラッバン・サウマー　467

Basang(20世紀) →バサン *384*
Batmunkh, Jambyn(20世紀)
　→バトムンフ, ジャムビン *387*
Bat-Nan Cong-Chua
　→バット・ナン コン・チュア *386*
Bātū(13世紀) →バトゥ *386*
Batu(13世紀) →バトゥ *386*
Ba U(19・20世紀) →バー・ウ *379*
Bayan(13世紀) →バヤン *388*
Bayan(14世紀) →バヤン *388*
Bayinnaung(16世紀) →バインナウン *379*
Bayinnaung(16世紀) →バインナウン *379*
Bāysunqur(15世紀) →バーイスングル *377*
Baytŭrsïnov, Akhmet(19・20世紀)
　→バイトゥルスノフ *379*
Belo, Carlos(20世紀) →ベロ, C.F.X. *421*
Belo, Carlos Filipe Ximenes(20世紀)
　→ベロ, C.F.X. *421*
Benigno Aquino Jr.(20世紀)
　→アキノ, ベニグノ *5*
Berdi Beg(14世紀) →ベルディ・ベク *421*
Berke(13世紀) →ベルケ *421*
Bey, Arfin(20世紀) →ベイ, A. *419*
Bhattarai, Krishna Prasad(20世紀)
　→バタライ, クリシュナ・プラサド *385*
Bhavavarman Ⅰ(6世紀)
　→バヴァヴァルマン1世 *379*
Bhavavarman Ⅱ(7世紀)
　→バヴァヴァルマン2世 *379*
Bhichai Rattakul(20世紀)
　→ピチャイ・ラッタクーン *396*
Bhumibol Aduldej(20世紀) →ラーマ9世 *469*
Bhumibol Adulyadej(20世紀)
　→ラーマ9世 *469*
Bĭ-gān →比干 ひかん *395*
Bilgä Khaghan(7・8世紀)
　→ビルゲ・カガン *398*
Bilgä Khaghan(7・8世紀)
　→ビルゲ・カガン *398*
Bilga Khaghan(7・8世紀)
　→ビルゲ・カガン *398*
Bilgä Qaghan(7・8世紀)
　→ビルゲ・カガン *398*
Bilgä Qaγan(7・8世紀) →ビルゲ・カガン *398*
Bilge Khaghan(7・8世紀)
　→ビルゲ・カガン *398*
Birendra(20世紀)
　→ビレンドラ・ビル・ビクラム・シャー *398*
Birendra, Bir Bikram Shah Dev(20世紀)
　→ビレンドラ・ビル・ビクラム・シャー *398*

Birendra, Bir Bikram Shalh Deva(20世紀)
　→ビレンドラ・ビル・ビクラム・シャー *398*
Birendra Bir Bikram Shah(20世紀)
　→ビレンドラ・ビル・ビクラム・シャー *398*
Birendra Bir Bikram Shah Dava(20世紀)
　→ビレンドラ・ビル・ビクラム・シャー *398*
Bì Shì-ān(10・11世紀)
　→畢士安 ひつしあん *396*
Bista, Kirti Nidhi(20世紀)
　→ビスタ, キルチ・ニディ *396*
Bì Yŏng-nián(19世紀)
　→畢永年 ひつえいねん *396*
Bì Zhòng-yăn(11世紀頃)
　→畢仲衍 ひつちゅうえん *396*
Bì Zhòng-yóu(11・12世紀)
　→畢仲游 ひつちゅうゆう *396*
Blagb-a(13世紀) →パスパ *385*
Blo-bzain-bstan-hdzin(18世紀)
　→ロプサン・テンジン *526*
Bŏb-hŭng-wang(6世紀)
　→法興王 ほうこうおう *424*
Bŏb-kŏng-wang(6世紀)
　→法興王 ほうこうおう *424*
Bo-Cai Đai-Vuong(1世紀)
　→ボ・カイ ダイ・ヴォン *427*
Bo-Cai Đai-Vuong(8世紀) →フン・フン *419*
Bodawpaya(18・19世紀)
　→ボードーパヤー *432*
Boghorchu(12・13世紀) →ボオルチュ *427*
Bökeykhan, Älikhan(19・20世紀)
　→ボケイハン *431*
Bolkiah, Hassanal(20世紀) →ボルキア *434*
Bolkiah, Muda Hassanal(20世紀)
　→ボルキア *434*
Bolkiah, Muda Mohammed(20世紀)
　→ボルキア, モハメッド *434*
Bolod Temür(14世紀) →ボロト・テムル *434*
Bondjor, Imam(18・19世紀)
　→ボンジョル *435*
Bong Souvannavong(20世紀)
　→ボン・スワンナウォン *435*
Bonifacio, Andres(19世紀)
　→ボニファシオ *432*
Boonchu Rojanasathien(20世紀)
　→ブンチュー・ロジャナサチェン *417*
Borohul(12・13世紀) →ボロフル *434*
Boromaraja(14世紀) →ボロモラジャ *434*
Boromracha Ⅱ(15世紀)
　→ボロムラーチャー2世 *434*
Boromtrailokanat(15世紀)
　→ボロムトライロカノート *434*

Bounnyang Vorachit（20世紀）
　→ブンニャン・ウォラチット　419
Boun Onm na Champassak（20世紀）
　→ブン・ウム・ナ・チャンパサク　415
Boun Oum Na Champassak（20世紀）
　→ブン・ウム・ナ・チャンパサク　415
Bo Yi-bo（20世紀）→薄一波　はくいっぱ　380
Bo Yibo（20世紀）→薄一波　はくいっぱ　380
Bramoj Kukrit（20世紀）
　→ククリット・プラモート　127
bsTan 'dzin rgya mtsho（20世紀）
　→ダライ・ラマ14世　ダライ・ラマ14セイ　291
Bstan hdsin rgyamtsho（20世紀）
　→ダライ・ラマ14世　ダライ・ラマ14セイ　291
Bugh Khaghan（8世紀）→ボウウ・カガン　422
Bügü Khaghan（8世紀）→ボウウ・カガン　422
Buhumu（13・14世紀）→ブフム　412
Bui-Quoc-Khai（12・13世紀）
　→ブイ・クォック・カイ　403
Bui-Suong-Trach
　→ブイ・スオン・チャック　403
Bui-Thi-Xuan →ブイ・ティ・スアン　403
Bui Thi Xuan（18世紀）
　→ブイ・ティ・フアン　403
Bui Van Think（20世紀）
　→ブイ・ファン・ティン　403
Bui-Vien →ブイ・ヴィエン　402
Bunchana Atthakor（20世紀）
　→ブンチャナ・アタコーン　417
Bung Tomo（20世紀）→ストモ　244
Bunyaširi（14・15世紀）→ブンヤシリ　419
Buqa Temür（13世紀）→ブカ・ティムール　406
Burhaanuddin Harahap（20世紀）
　→ブルハヌディン・ハラハップ　414
Burhān（20世紀）→ブルハン　414
Burhan Shahidi（20世紀）→ブルハン　414
Burhanuddin Harahap（20世紀）
　→ブルハヌディン・ハラハップ　414
Buri（13世紀）→ブリ　414
Burkhan（13・14世紀）→ブルハン　414
Burkhan huanghou（13・14世紀）
　→ブルハン　414
Buu-Lan →ブウ・ラン　405
Buyannemekü, Sonambaljir-un（20世紀）
　→ボヤンネメフ, ソノムバルジリーン　433
Buyan Quli（14世紀）→ブヤン・クリ　412
Buzan（14世紀）→ブザン　408
Byambasuren, Dashiin（20世紀）
　→ビャムバスレン, ダシン　397

【C】

Cài Biàn（11・12世紀）→蔡卞　さいべん　182
Cai Chang（20世紀）→蔡暢　さいちょう　181
Cài È（19・20世紀）→蔡鍔　さいがく　178
Cai E（19・20世紀）→蔡鍔　さいがく　178
Cài Hé sēn（19・20世紀）
　→蔡和森　さいわしん　183
Cài Jīng（11・12世紀）→蔡京　さいけい　178
Cài Qiān（18・19世紀）→蔡牽　さいけん　179
Cài Què（11世紀）→蔡確　さいかく　178
Cài Tíng kăi（20世紀）
　→蔡廷鍇　さいていかい　181
Cai Tingkai（20世紀）
　→蔡廷鍇　さいていかい　181
Cam-Ba-Thuoc →カム・バ・トゥオック　79
Cáo Bīn（10世紀）→曹彬　そうひん　268
Cáo Cāo（2・3世紀）→曹操　そうそう　266
Cao Cao（2・3世紀）→曹操　そうそう　266
Cao-Đat →カオ・ダット　66
Cao Gang-chuan（20世紀）
　→曹剛川　そうごうせん　262
Cáo Jí-xiáng（15世紀）
　→曹吉祥　そうきっしょう　260
Cáo Kūn（19・20世紀）→曹錕　そうこん　263
Cao Kun（19・20世紀）→曹錕　そうこん　263
Cáo Rŭ-lín（19・20世紀）
　→曹汝霖　そうじょりん　265
Cao Rulin（19・20世紀）
　→曹汝霖　そうじょりん　265
Cáo Shēn（前3・2世紀）→曹参　そうさん　263
Cáo Shuăng（3世紀）→曹爽　そうそう　266
Cao-Thang →カオ・タン　66
Cao Van Vien（20世紀）
　→カオ・バン・ビエン　66
Cao-Xuan-Duc（19・20世紀）
　→カオ・スアン・ズック　66
Cáo Zhí（2・3世紀）→曹植　そうしょく　264
Cardoso, Elizeth（20世紀）
　→カルトスウィリョ　80
Čaᴦatai（13世紀）→チャガタイ　299
Cén Chūn-xuān（19・20世紀）
　→岑春煊　しんしゅんけん　235
Cen Chunxuan（19・20世紀）
　→岑春煊　しんしゅんけん　235
C'ên Ta-ching（20世紀）
　→陳大慶　ちんたいけい　335

Cén Yù-yīng（19世紀）
　→岑毓英　しんいくえい　232
Čewangrabdan（17・18世紀）
　→ツェワン・アラプタン　339
Chaerul Saleh（20世紀）　→サレー　185
Chaghadai（13世紀）　→チャガタイ　299
Chaghan Temür（14世紀）
　→チャガン・テムル　299
Chaghatai（13世紀）　→チャガタイ　299
Chaghatai-han（13世紀）　→チャガタイ　299
Chaghatai Khān（13世紀）　→チャガタイ　299
Chaghatay（13世紀）　→チャガタイ　299
Chai Jang（6・7世紀）　→翟讓　てきじょう　347
Ch'ai Jung（10世紀）　→柴栄　さいえい　178
Chái Shào（7世紀）　→柴紹　さいしょう　179
Chakri（18・19世紀）　→ラーマ1世　468
Cha Liang-chien（20世紀）
　→査良鑑　さらかん　185
Chalid, Kiyahi Hadji Idham（20世紀）
　→イダム・ハリド　21
Chamlong Srimuang（20世紀）
　→チャムロン・スリムアン　300
Chan（18・19世紀）　→チャン　300
Chan, Anson（20世紀）　→チャン, アンソン　300
Chand, Lokendra Bahadur（20世紀）
　→チャンド, ロケンドラ・バハドル　302
Chang Chao（17・18世紀）
　→張照　ちょうしょう　318
Chang Chi（19・20世紀）
　→張継　ちょうけい　312
Chang Chiao（2世紀）　→張角　ちょうかく　309
Chang Chi-chêng（20世紀）
　→張継生　ちょうけいせい　313
Chang Ch'ien（前2世紀）　→張騫　ちょうけん　313
Chang Chien（19・20世紀）
　→張謇　ちょうけん　313
Chang Chien（19・20世紀）
　→張謇　ちょうけん　313
Chang Chien-chih（7・8世紀）
　→張柬之　ちょうかんし　310
Chang Chih-chung（19・20世紀）
　→張治中　ちょうじちゅう　316
Chang Chih-ming（20世紀）
　→張池明　ちょうちめい　322
Chang Chih-t'an（20世紀）
　→張志潭　ちょうしたん　316
Chang Chih-tung（19・20世紀）
　→張之洞　ちょうしどう　316
Chang Chin-cheng（6・7世紀）
　→張金称　ちょうきんしょう　311
Chang Ching-hui（19・20世紀）
　→張景恵　ちょうけいけい　312

Chang Ching-yao（19・20世紀）
　→張敬堯　ちょうけいぎょう　312
Chang Chiu-ling（7・8世紀）
　→張九齢　ちょうきゅうれい　311
Chang Chü-chêng（16世紀）
　→張居正　ちょうきょせい　311
Chang Chün（4世紀）　→張駿　ちょうしゅん　318
Ch'ang Chün（7世紀）　→常駿　じょうしゅん　220
Chang Chün（11・12世紀）
　→張俊　ちょうしゅん　318
　→張浚　ちょうしゅん　318
Chang Ch'ün（19・20世紀）
　→張群　ちょうぐん　312
Chang Chun（19・20世紀）
　→張群　ちょうぐん　312
Chang Ch'un-chiao（20世紀）
　→張春橋　ちょうしゅんきょう　318
Chang Chun-chiao（20世紀）
　→張春橋　ちょうしゅんきょう　318
Chang Chun-ha（20世紀）
　→張俊河　チャンジュナ　301
Chang Chun-hsiung（20世紀）
　→張俊雄　ちょうしゅんゆう　318
Chang Chün-mai（19・20世紀）
　→張君勱　ちょうくんばい　312
Chang Do-yeong（20世紀）
　→張都暎　ジャンドヨン　200
Chang Doyeong（20世紀）
　→張都暎　ジャンドヨン　200
Chang Fa-k'uei（20世紀）
　→張発奎　ちょうはっけい　323
Chang Fei（2・3世紀）　→張飛　ちょうひ　324
Chang Fu（14・15世紀）　→張輔　ちょうほ　325
Chang Giyeong（20世紀）
　→張基栄　チャンギヨン　301
Chang Gi-yong（20世紀）
　→張基栄　チャンギヨン　301
Chang-hŏn-se-ja（18世紀）
　→荘献世子　しょうけんせいし　217
Chang Hsiang-shan（20世紀）
　→張香山　ちょうこうざん　314
Chang Hsien-chung（17世紀）
　→張献忠　ちょうけんちゅう　313
Chang Hsi-jo（19・20世紀）
　→張奚若　ちょうけいじゃく　313
Chang Hsüeh-liang（20世紀）
　→張学良　ちょうがくりょう　310
Chang Hsueh-liang（20世紀）
　→張学良　ちょうがくりょう　310
Chang Hsün（8世紀）　→張巡　ちょうじゅん　318
Chang Hsün（19・20世紀）
　→張勲　ちょうくん　311
Chang Hua（3世紀）　→張華　ちょうか　309

Chang Huang-yen (17世紀)
→張煌言　ちょうこうげん　314
Chang Hüeh-liang (20世紀)
→張学良　ちょうがくりょう　310
Chang Hung-fan (13世紀)
→張弘範　ちょうこうはん　315
Chang I-ch'ao (9世紀)
→張議潮　ちょうぎちょう　310
Chang I-chi (7・8世紀)
→張易之　ちょうえきし　308
Chang I-lin (19・20世紀)
→張一䯢　ちょういちじん　307
Chang Jên-chieh (19・20世紀)
→張人傑　ちょうじんけつ　319
Chang Jou (12・13世紀)
→張柔　ちょうじゅう　317
Chang Junha (20世紀)
→張俊河　チャンジュナ　301
Chang Kuei (3・4世紀) →張軌　ちょうき　310
Chang Kuo-hua (20世紀)
→張国華　ちょうこくか　315
Chang Kuo-kan (19・20世紀)
→張国淦　ちょうこくかん　315
Chang Kuo-tao (20世紀)
→張国燾　ちょうこくとう　315
Chang Lan (19・20世紀)
→張瀾　ちょうらん　326
Chang Liang (前2世紀)
→張良　ちょうりょう　327
Chang Ming-chen (17世紀)
→張名振　ちょうめいしん　326
Chang Myeon (20世紀)
→張勉　チャンミョン　303
Chang Myŏn (20世紀) →張勉　チャンミョン　303
Chang Myon (20世紀) →張勉　チャンミョン　303
Chang Nai-ch'i (20世紀)
→章乃器　しょうだいき　221
Chang Pang-ch'ang (12世紀)
→張邦昌　ちょうほうしょう　326
Chang Pao-shu (20世紀)
→張宝樹　ちょうほうじゅ　326
Chang P'ei-lun (19・20世紀)
→張佩綸　ちょうはいりん　323
Chang P'eng-ko (17・18世紀)
→張鵬翮　ちょうほうかく　325
Chang Piao (20世紀) →張彪　ちょうひょう　324
Chang Ping-lin (19・20世紀)
→章炳麟　しょうへいりん　223
Chang Po-chün (20世紀)
→章伯鈞　しょうはくきん　223
Chang Po-go (9世紀頃) →弓福　きゅうふく　100
Chang Po-hsing (17・18世紀)
→張伯行　ちょうはくこう　323

Chang Shang-ying (11・12世紀)
→張商英　ちょうしょうえい　319
Chang Shao-tsêng (19・20世紀)
→張紹曾　ちょうしょうそう　319
Changshi (14世紀) →チャンクシ　301
Chang Shih-Chao (19・20世紀)
→章士釗　しょうししょう　219
Chang Shih-ch'êng (14世紀)
→張士誠　ちょうしせい　316
Chang Shih-chich (13世紀)
→張世傑　ちょうせいけつ　320
Chang Shih-chieh (13世紀)
→張世傑　ちょうせいけつ　320
Chang Shuo (7・8世紀) →張説　ちょうえつ　308
Chang Si-u (20世紀) →張時雨　ちょうじう　316
Chang-sun Shêng (6・7世紀)
→長孫晟　ちょうそんせい　321
Chang-sun Wu-chi (6・7世紀)
→長孫無忌　ちょうそんむき　321
Chang Su-tê (20世紀)
→張思德　ちょうしとく　317
Ch'ang-su-wang (4・5世紀)
→長寿王　ちょうじゅおう　317
Chang Ta-chih (20世紀)
→張達志　ちょうたつし　322
Chang Tai-lei (20世紀)
→張太雷　ちょうたいらい　322
Chang-ti (1世紀)
→章帝(後漢)　しょうてい　222
Chang T'ien-lun (18・19世紀)
→張天倫　ちょうてんりん　322
Chang Ti-hsüeh (20世紀)
→張体学　ちょうたいがく　321
Chang Ting-chêng (20世紀)
→張鼎丞　ちょうていじょう　322
Chang T'ing-yü (17・18世紀)
→張廷玉　ちょうていぎょく　322
Chang Ts'ang (前2世紀)
→張蒼　ちょうそう　320
Chang Tso-lin (19・20世紀)
→張作霖　ちょうさくりん　315
Chang-tsung (12・13世紀)
→章宗(金)　しょうそう　221
Chang Ts'ung (15・16世紀)
→張璁　ちょうそう　320
Chang Tsung-ch'ang (19・20世紀)
→張宗昌　ちょうそうしょう　321
Chang Tsung-hsiang (19・20世紀)
→章宗祥　しょうそうしょう　221
Chang Tung (20世紀) →張彤　ちょうとう　322
Ch'ang Wang (14世紀)
→昌王(高麗)　しょうおう*　215

政治・外交・軍事篇　　541　　CHE

Chang Wên-t'ien(20世紀)
　→張聞天　ちょうぶんてん　325
Chang Yang-hao(13・14世紀)
　→張養浩　ちょうようこう　326
Chang Yin-huan(19世紀)
　→張蔭桓　ちょういんかん　308
Chang Yü(前1世紀)　→張禹　ちょうう　308
Ch'ang Yü-ch'un(14世紀)
　→常遇春　じょうぐうしゅん　217
Chang Yue(7・8世紀)　→張説　ちょうえつ　308
Chang Yüeh(7・8世紀)　→張説　ちょうえつ　308
Chang Yün-i(20世紀)
　→張雲逸　ちょううんいつ　308
Chang Yü-shu(17・18世紀)
　→張玉書　ちょうぎょくしょ　311
Chan Si(20世紀)　→チャン・シ　301
Chan-su-wang(4・5世紀)
　→長寿王　ちょうじゅおう　317
Chan Ta-pei(19・20世紀)
　→詹大悲　せんたいひ　257
Chantharat(19世紀)　→チャンサラット　301
Chao(前10世紀頃)
　→昭王(西周)　しょうおう　215
Chao Anou(18・19世紀)　→アヌ　8
Chao An-po(20世紀)
　→趙安博　ちょうあんはく　307
Chao Chêng(前3世紀)
　→始皇帝　しこうてい　189
Chao Chin-lung(19世紀)
　→趙金龍　ちょうきんりゅう　311
Ch'ao Chiung(10・11世紀)
　→晁迥　ちょうけい　312
Cháo Cuò(前2世紀)　→鼂錯　ちょうそ　320
Chao Êrh-fêng(19・20世紀)
　→趙爾豊　ちょうじほう　317
Chao Êrh-sun(19・20世紀)
　→趙爾巽　ちょうじそん　316
Chao Fei-yen(前1世紀)
　→趙飛燕　ちょうひえん　324
Chao Hsin-po(19・20世紀)
　→趙欣伯　ちょうきんぱく　311
Chao-hui(18世紀)　→ジョーホイ　230
Cháo Jiǒng(11世紀頃)　→晁迥　ちょうけい　312
Chao Ju-kua(12・13世紀)
　→趙汝适　ちょうじょかつ　319
Chao Kao(前3世紀)　→趙高　ちょうこう　314
Chao K'uang-yin(10世紀)
　→太祖(宋)　たいそ　281
Chao-kung(前11世紀頃)
　→召公奭　しょうこうせき　218
Chao-kung(前6世紀)
　→昭公(魯)　しょうこう　218

Chao Kuo(前2・1世紀頃)　→趙過　ちょうか　309
Chao Liang-tung(17世紀)
　→趙良棟　ちょうりょうとう　327
Chao Lieh Ti(2・3世紀)　→劉備　りゅうび　505
Chao-ming-t'ai-tzŭ(6世紀)
　→昭明太子　しょうめいたいし　224
Chao Nan-hsing(16・17世紀)
　→趙南星　ちょうなんせい　323
Chaophraya Chakri(18・19世紀)
　→ラーマ1世　468
Chao Ping-chün(19・20世紀)
　→趙秉鈞　ちょうへいきん　325
Chao Ping-wên(12・13世紀)
　→趙秉文　ちょうへいぶん　325
Chao P'u(10世紀)　→趙普　ちょうふ　324
Chao P'ya Chakri(18・19世紀)
　→チャオ・ピヤ・チャクリ　299
Chao-ti(前1世紀)
　→昭帝(前漢)　しょうてい　222
Chao T'o(前2世紀)　→趙佗　ちょうだ　321
Ch'ao Ts'o(前2世紀)　→鼂錯　ちょうそ　320
Chao-tsung(9・10世紀)
　→昭宗(唐)　しょうそう　220
Chao-tsung(14世紀)
　→昭宗(北元)　しょうそう　221
Chaovalit Yongchaiyudh(20世紀)
　→チャワリット・ヨンチャイユート　300
Chao-wang(前10世紀頃)
　→昭王(西周)　しょうおう　215
Chao-wang(前4・3世紀)
　→昭王(燕)　しょうおう　215
Charoenpol, Swarag(20世紀)
　→チャロンポール，スワラジ　300
Ch'a Ssŭ-t'ing(18世紀)　→査嗣庭　さしてい　183
Chatichai Choonhavan(20世紀)
　→チャチャイ・チュンハワン　299
Ch'a Ts'o(前2世紀)　→鼂錯　ちょうそ　320
Chaung-tzŭ(前4・3世紀)
　→荘周　そうしゅう　264
Chau Seng(20世紀)　→チャウ・セン　299
Chau-Thuong-Van(20世紀)
　→チャウ・トゥオン・ヴァン　299
Chau-Van-Tiep(18世紀)
　→チャウ・ヴァン・ティエップ　299
Chen Baxian(6世紀)
　→武帝(南朝陳)　ぶてい　411
Chen Bijun(20世紀)
　→陳璧君　ちんへきくん　337
Chen Bo-da(20世紀)
　→陳伯達　ちんはくたつ　336
Chen Boda(20世紀)
　→陳伯達　ちんはくたつ　336

CHE

Ch'ên Ch'êng (14・15世紀)
→陳誠　ちんせい　334
Chén Chéng (14・15世紀) →陳誠　ちんせい　334
Ch'ên Ch'êng (20世紀) →陳誠　ちんせい　334
Chén Chéng (20世紀) →陳誠　ちんせい　334
Chen Cheng (20世紀) →陳誠　ちんせい　334
Chén Chì (19世紀) →陳熾　ちんし　333
Chên Chi-han (20世紀)
→陳奇涵　ちんきかん　330
Chên-chih-wang (6世紀)
→真智王　しんちおう　238
Ch'ên Ch'i-mei (19・20世紀)
→陳其美　ちんきび　331
Ch'ên Chin-tao (19・20世紀)
→陳錦濤　ちんきんとう　331
Ch'ên Chi-t'ang (19・20世紀)
→陳済棠　ちんせいとう　335
Ch'ên Ch'iung-ming (19・20世紀)
→陳炯明　ちんけいめい　332
Ch'ên Chiung-ming (19・20世紀)
→陳炯明　ちんけいめい　332
Ch'ên Ch'u (20世紀) →陳楚　ちんそ　335
Chen Chu (20世紀) →陳楚　ちんそ　335
Ch'ên Chu-ping (19・20世紀)
→陳去病　ちんきょへい　331
Chén Dú-xiú (19・20世紀)
→陳独秀　ちんどくしゅう　336
Chén Dúxiù (19・20世紀)
→陳独秀　ちんどくしゅう　336
Chen Duxiu (19・20世紀)
→陳独秀　ちんどくしゅう　336
Ch'ên Fan (2世紀) →陳蕃　ちんばん　337
Chen furen (6世紀) →陳夫人　ちんふじん*　337
Ch'êng (前12・11世紀頃)
→成王 (周)　せいおう　246
Chêng Chi (前1世紀頃) →鄭吉　ていきつ　340
Ch'êng Ch'ien (19・20世紀)
→程潜　ていせん　343
Cheng Chien-jen (20世紀)
→程建人　ていけんじん　341
Chêng Chih-lung (17世紀)
→鄭芝龍　ていしりゅう　342
Chêng Ching (17世紀) →鄭経　ていけい　341
Chéng Dà-chāng (12世紀)
→程大昌　てぃだいしょう　343
Chéng Dé-quán (19・20世紀)
→程徳全　ていとくぜん　344
Chéng-dì (前1世紀頃)
→成帝 (前漢)　せいてい　250
Cheng Heng (20世紀) →チェン・ヘン　298
Chêng Ho (14・15世紀) →鄭和　ていわ　346
Cheng Ho (14・15世紀) →鄭和　ていわ　346

Chêng Hsiao (15・16世紀)
→鄭暁　ていぎょう　341
Chêng Hsiao-hsü (19・20世紀)
→鄭孝胥　ていこうしょ　341
Ch'êng Hua (15世紀) →成化帝　せいかてい　247
Chéng-huà-dì (15世紀)
→成化帝　せいかてい　247
Chéng Jù-fū (13・14世紀)
→程鉅夫　ていきょふ　341
Chêng K'o (19・20世紀) →程克　ていこく　341
Chén Gōng bó (20世紀)
→陳公博　ちんこうはく　332
Chen Gongbo (20世紀)
→陳公博　ちんこうはく　332
Chêng Sên (18世紀) →鄭森　ていしん　343
Ch'êng Shih-ching (20世紀)
→程世清　ていせいしん　343
Chêng Shih-liang (19・20世紀)
→鄭士良　ていしりょう　342
Ch'êng Shih-ts'ai (20世紀)
→盛世才　せいせいさい　248
Chêng Sung (17世紀) →鄭松　ていしょう　342
Ch'êng Ta-ch'ang (12世紀)
→程大昌　ていだいしょう　343
Ch'êng Tê (15・16世紀)
→正徳帝 (明)　せいとくてい　251
Ch'êng Tê-ch'üan (19・20世紀)
→程徳全　ていとくぜん　344
Chêng-tê-ti (15・16世紀)
→正徳帝 (明)　せいとくてい　251
Ch'êng-ti (前1世紀頃)
→成帝 (前漢)　せいてい　250
Ch'êng Ti (4世紀) →成帝 (東晋)　せいてい　250
Ch'êng T'ien-fang (19・20世紀)
→程天放　ていてんほう　344
Ch'êng-t'ien-huang-t'ai-hou (10・11世紀)
→承天皇太后　しょうてんこうたいごう　222
Ch'êng Tsu (14・15世紀)
→永楽帝　えいらくてい　38
Ch'êng-tsung (13・14世紀)
→成宗 (元)　せいそう　249
Chêng T'ung (15世紀)
→正統帝 (明)　せいとうてい　250
Chêng-t'ung-ti (15世紀)
→正統帝 (明)　せいとうてい　250
Chêng Tzu-hua (20世紀)
→程子華　ていしか　342
Cheng Tzu-hua (20世紀)
→程子華　ていしか　342
Chén Guàn (11・12世紀) →陳瓘　ちんかん　330
Chen Guo-fu (20世紀) →陳果夫　ちんかふ　330
Chen Guofu (20世紀) →陳果夫　ちんかふ　330

Chéng-wáng（前12・11世紀頃）
　→成王（周）　せいおう　246
Ch'eng-wang（前12・11世紀頃）
　→成王（周）　せいおう　246
Cheng Wei-gao（20世紀）
　→程維高　ていこう　340
Chéng Xué-qǐ（19世紀）
　→程学啓　ていがくけい　340
Chéng Zhī-jié（7世紀）　→程知節　ていちせつ　343
Chéng-zōng（13・14世紀）
　→成宗（元）　せいそう　249
Ch'ên-hao（16世紀）
　→宸濠（寧王）　しんごう　234
Ch'ên Hou-chu（6・7世紀）
　→陳後主　ちんこうしゅ　332
Ch'ên Hsi-lien（20世紀）
　→陳錫聯　ちんしゃくれん　333
Ch'ên Hsing（11世紀）　→陳襄　ちんじょう　333
Ch'ên Hsin-jui（20世紀）
　→陳先瑞　ちんせんずい　335
Ch'ên Hsi-shan（12・13世紀）
　→真徳秀　しんとくしゅう　238
Ch'ên Hsüan（14・15世紀）
　→陳瑄　ちんせん　335
Ch'ên Hung-mou（17・18世紀）
　→陳宏謀　ちんこうぼう　333
Ch'ên I（20世紀）
　→陳毅　ちんき　330
　→陳儀　ちんぎ　330
Chén Jǐn-tāo（19・20世紀）
　→陳錦濤　ちんきんとう　331
Chén Jiǒng-míng（19・20世紀）
　→陳烱明　ちんけいめい　332
Chen Jiongming（19・20世紀）
　→陳烱明　ちんけいめい　332
Chén Jì táng（19・20世紀）
　→陳済棠　ちんせいとう　335
Ch'ên Kang（20世紀）　→陳康　ちんこう　332
Ch'ên Kua（11世紀）　→沈括　しんかつ　233
Ch'ên Kung-po（20世紀）
　→陳公博　ちんこうはく　332
Ch'ên Kuo-fu（20世紀）　→陳果夫　ちんかふ　330
Ch'eñ Lêng（6・7世紀）　→陳稜　ちんりょう　338
Chén Léng（6・7世紀）　→陳稜　ちんりょう　338
Ch'ên Li-fu（20世紀）　→陳立夫　ちんりっぷ　338
Chen Li-fu（20世紀）　→陳立夫　ちんりっぷ　338
Chen Lifu（20世紀）　→陳立夫　ちんりっぷ　338
Chén Màn-yún（19・20世紀）
　→沈漫雲　しんまんうん　240
Chén Míng shū（20世紀）
　→陳銘枢　ちんめいすう　338

Ch'ên Ming-shu（20世紀）
　→陳銘枢　ちんめいすう　338
Chén Mù（1世紀）　→陳牧　ちんぼく　338
Chen Mu-hua（20世紀）　→陳慕華　ちんぼか　338
Chen Muhua（20世紀）　→陳慕華　ちんぼか　338
Ch'ên Pa-hsien（6世紀）
　→武帝（南朝陳）　ぶてい　411
Chén Péng-nián（17・18世紀）
　→陳鵬年　ちんほうねん　337
Ch'ên Pi-chün（20世紀）
　→陳璧君　ちんへきくん　337
Ch'ên P'ing（前2世紀）　→陳平　ちんぺい　337
Chén Píng（前2世紀）　→陳平　ちんぺい　337
Ch'ên Pó-hsien（6世紀）
　→武帝（南朝陳）　ぶてい　411
Ch'ên Po-ta（20世紀）
　→陳伯達　ちんはくたつ　336
Ch'ên Pu-lei（19・20世紀）
　→陳布雷　ちんふらい　337
Chén Qí-měi（19・20世紀）
　→陳其美　ちんきび　331
Chen Qimei（19・20世紀）
　→陳其美　ちんきび　331
Chén Qún（3世紀）　→陳群　ちんぐん　332
Chén Shào-bái（19・20世紀）
　→陳少白　ちんしょうはく　334
Ch'ên Shao-pai（19・20世紀）
　→陳少白　ちんしょうはく　334
Ch'ên Shao-yü（20世紀）
　→陳紹禹　ちんしょうう　334
Chen Shaoyu（20世紀）
　→陳紹禹　ちんしょうう　334
Ch'ên Shêng（前3世紀）　→陳勝　ちんしょう　333
Chén Shèng（前3世紀）　→陳勝　ちんしょう　333
Chén Shēng-zhī（11世紀）
　→陳升之　ちんしょうし　334
Chén Shí（2世紀）　→陳寔　ちんしょく　334
Ch'ên Shih-chü（20世紀）
　→陳士榘　ちんしく　333
Chen Shui-bian（20世紀）
　→陳水扁　ちんすいへん　334
Chen Shuibian（20世紀）
　→陳水扁　ちんすいへん　334
Chen Shuibian Chen Shui-pian（20世紀）
　→陳水扁　ちんすいへん　334
Ch'ên Shui-pien（20世紀）
　→陳水扁　ちんすいへん　334
Chên Ta-ch'ing（20世紀）
　→陳大慶　ちんたいけい　335
Ch'ên T'ang（前1世紀）　→陳湯　ちんとう　336
Chên Tê-hsiu（12・13世紀）
　→真徳秀　しんとくしゅう　238

Ch'ên Ti (16・17世紀) →陳第　ちんだい　335	Ch'ên Yu-jên (19・20世紀) →陳友仁　ちんゆうじん　338
Chen Tian (20世紀) →チェン・ティアン　298	Ch'ên Yu-liang (14世紀) →陳友諒　ちんゆうりょう　338
Chén Tiān-huá (19・20世紀) →陳天華　ちんてんか　336	Ch'ên Yün (20世紀) →陳雲　ちんうん　329
Chen Tianhua (19・20世紀) →陳天華　ちんてんか　336	Chen Yun (20世紀) →陳雲　ちんうん　329
Chen Tiejun (20世紀) →陳鉄軍　ちんてつぐん　336	Ch'ên Yung-kui (20世紀) →陳永貴　ちんえいき　329
Ch'ên T'ien-hua (19・20世紀) →陳天華　ちんてんか　336	Chen Zaidao (20世紀) →陳再道　ちんさいどう　333
Ch'ên Tien-hua (19・20世紀) →陳天華　ちんてんか　336	Chén Zǐ-lóng (17世紀) →陳子龍　ちんしりゅう　334
Chên-ting (前5世紀) →貞定王　ていていおう*　344	Ch'en Zu-i (14・15世紀) →陳祖義　ちんそぎ　335
Ch'ên Tsu-i (14・15世紀) →陳祖義　ちんそぎ　335	Cheong Ilgweon (20世紀) →丁一権　ジョンイルグォン　231
Chên-tsung (10・11世紀) →真宗 (宋)　しんそう　236	Cheong Ilhyeong (20世紀) →鄭一亨　チョンイルヒョン　328
Ch'ên Tu-hsiu (19・20世紀) →陳独秀　ちんどくしゅう　336	Cheong Jungi (20世紀) →鄭準基　チョンジュンギ　328
Ch'ên Tung (11・12世紀) →陳東　ちんとう　336	Chetsadabodin (19世紀) →ラーマ3世　468
Ch'ên Tzǔ-lung (17世紀) →陳子龍　ちんしりゅう　334	Chê-tsung (11世紀) →哲宗 (北宋)　てっそう　348
Chén Wàng dào (19・20世紀) →陳望道　ちんぼうどう　337	Ch'ê Yin (4世紀) →車胤　しゃいん　195
Ch'ên Wang-tao (19・20世紀) →陳望道　ちんぼうどう　337	Chia Ching (16世紀) →世宗 (明)　せいそう　249
Chen Xi-lian (20世紀) →陳錫聯　ちんしゃくれん　333	Chia Ch'ing (18・19世紀) →嘉慶帝　かけいてい　72
Chen Xilian (20世紀) →陳錫聯　ちんしゃくれん　333	Chia-ch'ing-ti (18・19世紀) →嘉慶帝　かけいてい　72
Chén Xuān (14・15世紀) →陳瑄　ちんせん　335	Chia huanghou (3世紀) →賈皇后　かこうごう　73
Chén Yáo-zuǒ (10・11世紀) →陳堯佐　ちんぎょうさ　331	Chia Huang Ti (前1・後1世紀) →王莽　おうもう　59
Ch'ên Yen →陳衍　ちんえん　329	Chia K'uei (2・3世紀) →賈逵　かき　66
Chén Yì (20世紀) →陳毅　ちんき　330	Chi An (前2・1世紀) →汲黯　きゅうあん　99
Chen Yi (20世紀) →陳毅　ちんき　330 →陳儀　ちんぎ　330	Chiang, Mayling Soong (20世紀) →宋美齢　そうびれい　268
Chen Yong-gui (20世紀) →陳永貴　ちんえいき　329	Chiang Chieh-shih (19・20世紀) →蔣介石　しょうかいせき　216
Chen Yonggui (20世紀) →陳永貴　ちんえいき　329	Chiang Chieh-shih (K'ai-shek) (19・20世紀) →蔣介石　しょうかいせき　216
Chén Yǒu-liàng (14世紀) →陳友諒　ちんゆうりょう　338	Chiang Ch'ing (20世紀) →江青　こうせい　152
Chén Yǒu-rén (19・20世紀) →陳友仁　ちんゆうじん　338	Chiang Ching (20世紀) →江青　こうせい　152
Ch'ên Yü (20世紀) →陳郁　ちんいく　329	Chiang Ching-kuo (20世紀) →蔣経国　しょうけいこく　217
Ch'ên Yü-ch'êng (19世紀) →陳玉成　ちんぎょくせい　331	Chiang Chung-yüan (19世紀) →江忠源　こうちゅうげん　157
Chén Yù-chéng (19世紀) →陳玉成　ちんぎょくせい　331	Chiang Fang →蔣防　しょうぼう　224
	Chiang Kai-shek (19・20世紀) →蔣介石　しょうかいせき　216
	Chiang-K'ang-hu (19・20世紀) →江亢虎　こうこうこ　147

政治・外交・軍事篇　　　　　　　　　　545　　　　　　　　　　　　　　CHI

Chiang Kuang-nai（19・20世紀）
　→蔣光鼐　しょうこうだい　218
Chiang Kuei-tí（20世紀）
　→姜桂題　きょうけいだい　102
Chiang Nan-hsing（20世紀）
　→蔣南翔　しょうなんしょう　223
Chiang T'ing-fu（20世紀）
　→蔣廷黻　しょうていふつ　222
Chiang Wei-kuo（20世紀）
　→蔣緯国　しょういこく　214
Chiang Yung-hui（20世紀）
　→江擁輝　こうようき　162
Ch'iao-ch'ên-ju（5・6世紀）
　→キョウチンニョ・ジャバツマ　103
Ch'iao-ch'ên-ju Shê-hsieh-po-mo（5・6世紀）
　→キョウチンニョ・ジャバツマ　103
Ch'iao Kuan-hua（20世紀）
　→喬冠華　きょうかんか　102
Chiao Kuan-hua（20世紀）
　→喬冠華　きょうかんか　102
Chiao Ta-fêng（19・20世紀）
　→焦達峰　しょうたつほう　221
Chia Shih-i（19・20世紀）→賈士毅　かしき　74
Chia Shǔ-hsieh（6世紀頃）
　→賈思勰　かしきょう　74
Chia Ssǔ-hsieh（6世紀頃）
　→賈思勰　かしきょう　74
Chia Ssǔ-tao（13世紀）→賈似道　かじどう　74
Chia Tan（8・9世紀）→賈耽　かたん　77
Chi Chao-ting（20世紀）
　→冀朝鼎　きちょうてい　93
Ch'i Chi-kuang（16世紀）
　→戚継光　せきけいこう　252
Chieh →桀王　けつおう　135
Chieh-li k'o-han（7世紀）　→ケツリ・カガン　135
Chieh Min Ti（5・6世紀）
　→節閔帝（前廃帝）　せつびんてい　254
Chieh-wang →桀王　けつおう　135
Chien（前6世紀）→簡王　かんおう*　81
Ch'ien Chih-kuang（20世紀）
　→銭之光　せんしこう　256
Ch'ien Chün-jui（20世紀）
　→銭俊瑞　せんしゅんずい　256
Ch'ien Fei Ti（5世紀）
　→廃帝子業（前廃帝）　はいていしぎょう*　378
Chien Fu（20世紀）→銭復　せんふく　258
Ch'ien Liu（9・10世紀）→銭鏐　せんりゅう　259
Ch'ien Lung（18世紀）
　→乾隆帝　けんりゅうてい　140
Ch'ien-lung-ti（18世紀）
　→乾隆帝　けんりゅうてい　140

Chien Wên（14・15世紀）
　→建文帝（明）　けんぶんてい　139
Chien Wên Ti（4世紀）
　→簡文帝（東晋）　かんぶんてい*　87
Chien-wên-ti（6世紀）
　→簡文帝（梁）　かんぶんてい　87
Chien-wên-ti（14・15世紀）
　→建文帝（明）　けんぶんてい　139
Chien Yu-hsin（20世紀）
　→簡又新　かんゆうしん　88
Chi Fa（前11世紀頃）→武王（周）　ぶおう　405
Chi Fang（20世紀）→季方　きほう　94
Chi Fêng-fei（20世紀）→姫鵬飛　きほうひ　94
Chih-chih ch'an-yü（前1世紀）
　→郅支単于　しっしぜんう　191
Chih-jui（19・20世紀）→志鋭　しえい　187
Chih Ti（2世紀）→質帝　しつてい　191
Chi Hung-ch'ang（20世紀）
　→吉鴻昌　きつこうしょう　93
Chi-lieh（8世紀頃）→及烈　きゅうれつ　101
Chiluku（12・13世紀）→チルク　329
Chimid, Choizhilyn（20世紀）
　→チミド、チョイジリーン　298
Ch'i-min k'o-han（6・7世紀）
　→ケイミン・カガン　135
Ch'in Chia（2世紀頃）→秦嘉　しんか　232
Ch'in-erh-shih huang-ti（前3世紀）
　→秦二世皇帝　しんにせいこうてい　238
Chin-fan（15・16世紀）
　→安化王朱寘鐇　あんかおうしゅしはん　13
Chin Fu（17世紀）→靳輔　きんほ　117
Ch'ing（前7世紀）→頃王　けいおう*　131
Ching（前6世紀）→景王（周）　けいおう*　131
Ching（前6・5世紀）→敬王　けいおう*　131
Ch'ing-ch'in-wang（19・20世紀）
　→慶親王　けいしんおう　133
Ch'ing-ch'in-wang I-K'uang（19・20世紀）
　→慶親王　けいしんおう　133
Chinggis Khan（12・13世紀）
　→チンギス・ハン　331
Chinggis qan（12・13世紀）
　→チンギス・ハン　331
Chingis Khan（12・13世紀）
　→チンギス・ハン　331
Chin-giz（12・13世紀）→チンギス・ハン　331
Chingīz Khān（12・13世紀）
　→チンギス・ハン　331
Chingiz Khan（12・13世紀）
　→チンギス・ハン　331
Ching K'o（前3世紀）→荊軻　けいか　131
Ching T'ai（15世紀）→景泰帝　けいたいてい　134

CHI

Ching-ti（前2世紀）
 →景帝（前漢） けいてい
Ching Ti（3世紀）→景帝（呉） けいてい 134
Ching Ti（6世紀）
 →敬帝 けいてい* 134
 →静帝（北周） せいてい 250
Ching Ti（15世紀）→景泰帝 けいたいてい 134
Ching Tsung（9世紀）→敬宗 けいそう 133
Ching-tsung（10世紀）
 →景宗（遼） けいそう* 133
Ching Tsung（11世紀）
 →李元昊 りげんこう 478
Chin-hŭng-wang（6世紀）
 →真興王 しんこうおう 234
Ch'in K'ai（前3世紀頃）→秦開 しんかい 232
Ch'in K'uai（11・12世紀）→秦檜 しんかい 232
Ch'in Kuei（11・12世紀）→秦檜 しんかい 232
Chin（Kyŏn）Hwŏn（9・10世紀）
 →甄萱 しんけん 234
Chin Li-shan（19・20世紀）
 →秦力山 しんりきさん 240
Ch'in Pang-hsien（20世紀）
 →秦邦憲 しんほうけん 239
Chin Peng（20世紀）→チン・ペン 337
Chin Shu-jên（19・20世紀）
 →金樹仁 きんじゅじん 112
Ch'in Tsung（12世紀）→欽宗 きんそう 114
Chin Ui-jong（20世紀）
 →陳懿鍾 ジンウィジョン 232
Ch'in Wang（前3世紀）→子嬰 しえい 187
Chin Yün-pêng（19・20世紀）
 →靳雲鵬 きんうんほう 108
Chi Pêng-fei（20世紀）→姫鵬飛 きほうひ 94
Chirhanga（19世紀）→チルハンガ 329
Ch'i-shan（18・19世紀）→琦善 きぜん 91
Chit Hlaing（20世紀）→チット・フライン 298
Chi-tzŭ（前11世紀頃）→箕子 きし 90
Ch'iu Chin（19・20世紀）
 →秋瑾 しゅうきん 201
Chiu Ch'iung（15世紀）→邱濬 きゅうしゅん 99
Chiu Chuang-chéng（20世紀）
 →邱創成 きゅうそうせい 100
Ch'iu Chün（15世紀）→邱濬 きゅうしゅん 99
Ch'iu Fêng-chia（19・20世紀）
 →邱逢甲 きゅうほうこう 101
Ch'iu Fu（9世紀）→裘甫 きゅうほ 100
Ch'iu Fu（14・15世紀）→丘福 きゅうふく 100
Chiu Hui-tso（20世紀）
 →邱会作 きゅうかいさく 99
Chiu Lung（9世紀）→酋龍 しゅうりゅう 205
Chi Yen（前2・1世紀）→汲黯 きゅうあん 99

Ch'i-ying（18・19世紀）→耆英 きえい 89
Cho Bongam（20世紀）
 →曹奉岩 チョボンアム 328
Cho Byeongok（20世紀）
 →趙炳玉 チョビョンオク 328
Cho Byong-ok（20世紀）
 →趙炳玉 チョビョンオク 328
Cho Byong-Se（19・20世紀）
 →趙秉世 ちょうへいせい 325
Chŏ Chang-yik（20世紀）
 →崔昌益 チェチャンイク 297
Chŏ Chung（10・11世紀）
 →崔冲 さいちゅう 181
Chŏ Chung-hŏn（12・13世紀）
 →崔忠献 さいちゅうけん 181
Chŏ Doo-sun（20世紀）
 →崔斗善 チェドゥソン 297
Ch'oe Ch'ang-ik（20世紀）
 →崔昌益 チェチャンイク 297
Choe Chang-ik（20世紀）
 →崔昌益 チェチャンイク 297
Choe Changik（20世紀）
 →崔昌益 チェチャンイク 297
Choe Choong（10・11世紀）
 →崔冲 さいちゅう 181
Choe Choong-hun（12・13世紀）
 →崔忠献 さいちゅうけん 181
Ch'oe Ch'ung（10・11世紀）
 →崔冲 さいちゅう 181
Ch'oe Ch'ung-hŏn（12・13世紀）
 →崔忠献 さいちゅうけん 181
Choe Chung-hon（12・13世紀）
 →崔忠献 さいちゅうけん 181
Choe Duseon（20世紀）
 →崔斗善 チェドゥソン 297
Choe Gyu-ha（20世紀）
 →崔圭夏 チェキュハ 297
Choe Gyuha（20世紀）→崔圭夏 チェキュハ 297
Choe Hyeon（20世紀）→崔賢 チェヒョン 297
Ch'oe Hyŏn（20世紀）→崔賢 チェヒョン 297
Choe Hyon（20世紀）→崔賢 チェヒョン 297
Ch'oe Ik-hyŏn（19・20世紀）
 →崔益鉉 チェイッキョン 296
Choe Ik-hyon（19・20世紀）
 →崔益鉉 チェイッキョン 296
Choe Ik-hyun（19・20世紀）
 →崔益鉉 チェイッキョン 296
Ch'oe Kyn-ha（20世紀）
 →崔圭夏 チェキュハ 297
Choe Moo-sun（14世紀）
 →崔茂宣 さいもせん 182

Ch'oe Mu-sŏn (14世紀)
　→崔茂宣　さいもせん　*182*
Choe Mu-sŏn (14世紀)
　→崔茂宣　さいもせん　*182*
Ch'oe Myŏng-gil (16・17世紀)
　→崔鳴吉　さいめいきつ　*182*
Choe Myung-kil (16・17世紀)
　→崔鳴吉　さいめいきつ　*182*
Choe Oo (13世紀)　→崔瑀　さいう　*177*
Ch'oe Rin (19・20世紀)　→崔麟　さいりん　*182*
Choe Rin (19・20世紀)　→崔麟　さいりん　*182*
Choe Seung-ro (10世紀)
　→崔承老　さいしょうろう　*180*
Ch'oe Sŭng-no (10世紀)
　→崔承老　さいしょうろう　*180*
Ch'oe Yŏng (14世紀)　→崔瑩　さいえい　*178*
Choe Yong (14世紀)　→崔瑩　さいえい　*178*
Choe Yonggeon (20世紀)
　→崔庸健　チェヨンゴン　*297*
Ch'oe Yong-gŏn (20世紀)
　→崔庸健　チェヨンゴン　*297*
Choe Yong-gon (20世紀)
　→崔庸健　チェヨンゴン　*297*
Choe Yong-keon (20世紀)
　→崔庸健　チェヨンゴン　*297*
Choe Yung (14世紀)　→崔瑩　さいえい　*178*
Cho Gwang-cho (15・16世紀)
　→趙光祖　ちょうこうそ　*314*
Choibalsan (20世紀)　→チョイバルサン　*307*
Choibalsan, Khorlogiin (20世紀)
　→チョイバルサン　*307*
Choibalsan, Khorloogiin (20世紀)
　→チョイバルサン　*307*
Choi Gwang-soo (20世紀)
　→崔侊洙　チェクァンス　*297*
Choi Ho-joong (20世紀)
　→崔浩中　チェホジュン　*297*
Chojbalsan, Khorlogijn (20世紀)
　→チョイバルサン　*307*
Cho Kwang-jo (15・16世紀)
　→趙光祖　ちょうこうそ　*314*
Chö Kyn-hah (20世紀)
　→崔圭夏　チェキュハ　*297*
Ch'ŏlchong (19世紀)
　→哲宗(李朝)　てっそう　*348*
Ch'ŏl-jong (19世紀)
　→哲宗(李朝)　てっそう　*348*
Chŏl-jong (19世紀)
　→哲宗(李朝)　てっそう　*348*
Cho Man-sik (19・20世紀)
　→曺晩植　チョマンシク　*328*

Cho Mansik (19・20世紀)
　→曺晩植　チョマンシク　*328*
Chö Myŏng-kil (16・17世紀)
　→崔鳴吉　さいめいきつ　*182*
Chŏn Du-hwan (20世紀)
　→全斗煥　チョンドゥファン　*328*
Chon Du-hwan (20世紀)
　→全斗煥　チョンドゥファン　*328*
Chŏng Chŏk (14・15世紀)
　→鄭陟　ていちょく　*343*
Chŏng Ch'ŏl (16世紀)　→鄭澈　ていてつ　*344*
Chŏng Chung-bu (12世紀)
　→鄭仲夫　ていちゅうふ　*343*
Chong Chung-bu (12世紀)
　→鄭仲夫　ていちゅうふ　*343*
Chóng-hòu (19世紀)　→崇厚　すうこう　*241*
Chong Il-kwon (20世紀)
　→丁一権　ジョンイルグォン　*231*
Chŏng-jo (18世紀)　→正祖(李朝)　せいそ　*248*
Chŏngjo (18世紀)　→正祖(李朝)　せいそ　*248*
Chŏngjong (10世紀)
　→定宗(高麗)　ていそう*　*343*
Chŏngjong (11世紀)　→靖宗　せいそう*　*250*
Chŏngjong (14世紀)
　→定宗(李朝)　ていそう*　*343*
Chong Jun-tek (20世紀)
　→鄭準沢　ていじゅんたく　*342*
Chong Mong-chu (14世紀)
　→鄭夢周　ていむしゅう　*345*
Chong Mong-ju (14世紀)
　→鄭夢周　ていむしゅう　*345*
Chóng-qī (19世紀)　→崇綺　すうき　*241*
Chŏng To-jŏn (14世紀)
　→鄭道伝　ていどうでん　*344*
Chŏng Tu-wŏn (16・17世紀)
　→鄭斗源　ていとげん　*344*
Chóng-zhēn-dì (17世紀)
　→崇禎帝　すうていてい　*242*
Chongzhendi (17世紀)
　→崇禎帝　すうていてい　*242*
Ch'ŏn Kae-so-mun (7世紀)
　→泉蓋蘇文　せんがいそぶん　*255*
Chŏn Kae-so-mun (7世紀)
　→泉蓋蘇文　せんがいそぶん　*255*
Chŏn Pong-jun (19世紀)
　→全琫準　ぜんほうじゅん　*258*
Chŏn T'u-hwan (20世紀)
　→全斗煥　チョンドゥファン　*328*
Chŏn Tu-hwan (20世紀)
　→全斗煥　チョンドゥファン　*328*
Chŏn Yu-hwan (20世紀)
　→全斗煥　チョンドゥファン　*328*

CHO 548

Choong-ryul-wang（13・14世紀）
　→忠烈王　ちゅうれつおう　306
Cho Pong-am（20世紀）
　→曺奉岩　チョボンアム　328
Cho Pyŏng-se（19・20世紀）
　→趙秉世　ちょうへいせい　325
Cho Se-ung（20世紀）→趙世雄　ジョセウン　229
Chö Sŭng-ro（10世紀）
　→崔承老　さいしょうろう　180
Chö Tan（13世紀）→崔坦　さいたん　181
Chö-u（13世紀）→崔瑀　さいう　177
Chou Ch'ên（14・15世紀）
　→周忱　しゅうしん　203
Chou Chen-lin（19・20世紀）
　→周震麟　しゅうしんりん　203
Chou Chih-jou（20世紀）
　→周至柔　しゅうしじゅう　202
Chou Chih-ping（20世紀）
　→周赤萍　しゅうせきひょう　203
Chou Ên-lai（20世紀）
　→周恩来　しゅうおんらい　201
Chou Fo-hai（20世紀）
　→周仏海　しゅうふつかい　204
Chou Fu（19・20世紀）→周馥　しゅうふく　204
Chou Fu-hai（20世紀）
　→周仏海　しゅうふつかい　204
Chou Hsing（20世紀）→周興　しゅうこう　202
Chou-kung（前12～10世紀頃）
　→周公　しゅうこう　202
Chou Kung Tan（前12～10世紀頃）
　→周公　しゅうこう　202
Choummaly Sayasone（20世紀）
　→チュームマリー・サイニャソーン　307
Chou Pi-ta（12・13世紀）
　→周必大　しゅうひつだい　204
Chou Po（前2世紀）→周勃　しゅうぼつ　204
Chou Shu-kai（20世紀）
　→周書楷　しゅうしょかい　203
Chou Ta-kuan（13・14世紀）
　→周達観　しゅうたつかん　203
Chou Tzu-chi（19・20世紀）
　→周自斉　しゅうじせい　202
Chou-wang（前11世紀頃）
　→紂王　ちゅうおう　304
Chou Ya-fu（前2世紀）→周亜夫　しゅうあふ　200
Chou Yang（20世紀）→周揚　しゅうよう　205
Chou Yü（2・3世紀）→周瑜　しゅうゆ　205
Chou Yung（5世紀）→周顒　しゅうぎょう　201
Cho Wi-ch'ong（12世紀）
　→趙位寵　ちょういちょう　308
Chŏ Yŏng（14世紀）→崔瑩　さいえい　178

Cho Yŏng-ha（19世紀）
　→趙寧夏　ちょうねいか　323
Chua-Hien →チュア・ヒエン　304
Chuang（前7世紀）→荘王（周）そうおう*　259
Chuang Ch'iao（前4世紀頃）
　→荘蹻　そうきょう　261
Chuang Chou（前4・3世紀）
　→荘周　そうしゅう　264
Chua-Nghia →チュア・ギア　304
Chuang-kung（前8世紀）→荘公　そうこう　262
Chuang-lieh Ti（17世紀）
　→崇禎帝　すうていてい　242
Chuang Ming-li（20世紀）
　→荘明理　そうめいり　268
Chuang Tsung（9・10世紀）
　→李存勗　りそんきょく　489
Chuang-tzŭ（前4・3世紀）
　→荘周　そうしゅう　264
Chuang-tzu（前4・3世紀）
　→荘周　そうしゅう　264
Chuang-wang（前7・6世紀）
　→荘王（楚）そうおう　259
Chuan Hsü →顓頊　せんぎょく　256
Chuan Leekpai（20世紀）
　→チュアン・リークパイ　304
　→チュワン・リークパイ　307
Ch'üan Tê-yü（8・9世紀）
　→権徳輿　けんとくよ　139
Chua-Sai →チュア・サイ　304
Chua Sian Chin（20世紀）
　→チュア・シェンチン　304
Chua-Thuong →チュア・トゥオン　304
Chua-Tien（16・17世紀）→グェン・ホアン　126
Chü Chêng（19・20世紀）→居正　きょせい　106
Ch'ü chia（5・6世紀）→麴嘉　きくか　89
Chu Chia-hua（20世紀）→朱家驊　しゅかか　205
Chu Chia-kua（20世紀）→朱家驊　しゅかか　205
Chu Ch'i-ch'ien（19・20世紀）
　→朱啓鈐　しゅけいきん　206
Chu Chih-hsin（19・20世紀）
　→朱執信　しゅしっしん　208
Chu Ch'ing-lan（19・20世紀）
　→朱慶瀾　しゅけいらん　206
Ch'ü Ch'iu-po（20世紀）
　→瞿秋白　くしゅうはく　128
Chü Ch'iu-po（20世紀）
　→瞿秋白　くしゅうはく　128
Chu Ch'üan-chung（9・10世紀）
　→朱全忠　しゅぜんちゅう　209
Chu Chüan-chung（9・10世紀）
　→朱全忠　しゅぜんちゅう　209

Chü-ch'ü Mêng-hsün(4・5世紀)
　→沮渠蒙遜　そきょもうそん　270
Chüeh-lo-wu(9世紀)　→掘羅勿　くつらもつ　129
Chū Fǔ-chéng(19・20世紀)
　→褚輔成　ちょほせい　328
Chu Fu-sung(20世紀)
　→朱撫松　しゅぶしょう　210
Chu Hong-tēng(19世紀)
　→朱紅燈　しゅこうとう　207
Chu Hsi(12世紀)　→朱子　しゅし　207
Chu Hsüeh-fan(20世紀)
　→朱学範　しゅがくはん　205
Chu I-kuei(18世紀)　→朱一貴　しゅいっき　200
Chu-ko Chan(3世紀)
　→諸葛瞻　しょかつせん　226
Chu K'o-chên(19・20世紀)
　→竺可楨　じくかてい　188
Chu Ko-chên(19・20世紀)
　→竺可楨　じくかてい　188
Chu-ko K'ung-ming(2・3世紀)
　→諸葛亮　しょかつりょう　226
Chu-ko Liang(2・3世紀)
　→諸葛亮　しょかつりょう　226
Chuk Soon-gyung(12世紀)
　→拓俊京　たくしゅんけい　287
Chu Kuei(18・19世紀)　→朱珪　しゅけい　206
Chu Kuo-chên(17世紀)
　→朱国禎　しゅこくてい　207
Chulalongkon(19・20世紀)　→ラーマ5世　468
Chulalongkorn(19・20世紀)　→ラーマ5世　468
Chulalongkorn, Phra Paramindr Maha(19・20世紀)　→ラーマ5世　468
Chul-jong(19世紀)
　→哲宗(李朝)　てっそう　348
Chu Mai-ch'ên(前2世紀)
　→朱買臣　しゅばいしん　210
Chu Mien(12世紀)　→朱勔　しゅめん　210
Chū Mín yì(19・20世紀)
　→褚民誼　ちょみんぎ　328
Chu-mong(前1世紀)
　→東明王　とうめいおう　361
Chün-ch'ên ch'an-yü(前2世紀)
　→軍臣単于　ぐんしんぜんう　131
Ch'un-chin-wang(19・20世紀)
　→醇親王載灃　じゅんしんおうさいほう　212
Ch'un-ch'in-wang I-huan(19世紀)
　→醇親王奕譞　じゅんしんのうえきけん　212
Ch'un-ch'in-wang Tsai-fêng(19・20世紀)
　→醇親王載灃　じゅんしんおうさいほう　212
Chun Doo-hwan(20世紀)
　→全斗煥　チョンドゥファン　328
Ch'ung(16・17世紀)　→太宗(清)　たいそう　283

Ch'ung Chên(17世紀)
　→崇禎帝　すうていてい　242
Ch'ung-chên-ti(17世紀)
　→崇禎帝　すうていてい　242
Ch'ung Hou(19世紀)　→崇厚　すうこう　241
Chung Hui(3世紀)　→鐘会　しょうかい　215
Chung Hwan Bum(20世紀)
　→鄭恒範　ていかんはん　340
Ch'unghye Wang(14世紀)
　→忠惠王　ちゅうけいおう*　304
Chungjong(15・16世紀)
　→中宗(李朝)　ちゅうそう　305
Ch'ungjŏng Wang(14世紀)
　→忠定王　ちゅうていおう*　305
Ch'ungmok Wang(14世紀)
　→忠穆王　ちゅうもくおう*　305
Ch'ung-nyŏl-wang(13・14世紀)
　→忠烈王　ちゅうれつおう　306
Ch'ungnyŏl Wang(13・14世紀)
　→忠烈王　ちゅうれつおう　306
Chung-ryŏl-wang(13・14世紀)
　→忠烈王　ちゅうれつおう　306
Ch'ungsŏn Wang(14世紀)
　→忠宣王　ちゅうせんおう*　305
Ch'ungsuk Wang(14世紀)
　→忠粛王　ちゅうしゅくおう*　305
Ch'ung Ti(2世紀)　→沖帝　ちゅうてい　305
Chung-tsung(7・8世紀)
　→中宗(唐)　ちゅうそう　305
Ch'ung Tsung(11・12世紀)
　→崇宗　すうそう*　242
Chung Won-shik(20世紀)
　→鄭元植　ジョンウォンシク　231
Chung Yao(2・3世紀)　→鍾繇　しょうよう　225
Chunhavan, Chartchai(20世紀)
　→チャチャイ・チュンハワン　299
Chunhwan, Pir(20世紀)　→チュンワン　307
Chún-qīn-wáng Yì-xuān(19世紀)
　→醇親王奕譞　じゅんしんのうえきけん　212
Chun qinwang Zaifeng(19・20世紀)
　→醇親王載灃　じゅんしんおうさいほう　212
Ch'un-shên-chün(前3世紀)
　→春申君　しゅんしんくん　212
Chūn-shēn-jūn(前3世紀)
　→春申君　しゅんしんくん　212
Chu Ryeongha(20世紀)
　→朱寧河　チュリョンハ　307
Chu Shih-ming(20世紀)
　→朱世明　しゅせいめい　208
Ch'ü Shih-ssŭ(16・17世紀)
　→瞿式耜　くしきし　127
Chu Si-chi(前3世紀)　→宮之寄　きゅうのき　99

CHU　　　　　　　　　　　　　　550　　　　　　東洋人物レファレンス事典

Chu Tê (19・20世紀) →朱徳　しゅとく　209
Chu Thien (20世紀) →チュー・ティエン　306
Ch'u-ti (10世紀) →少帝 (後晋)　しょうてい　222
Chu Tsun (19世紀) →朱噂　しゅそん　209
Chu-tzǔ (12世紀) →朱子　しゅし　207
Chu-tzu (12世紀) →朱子　しゅし　207
Chu Van Tan (20世紀)
　→チュー・バン・タン　307
Chu Wan (15・16世紀) →朱紈　しゅがん　205
Chu Wên (9・10世紀)
　→朱全忠　しゅぜんちゅう　209
Chu-Xa →チュ・サ　306
Chu-yeh Ch'ih-hsin (9世紀)
　→朱邪赤心　しゅやせきしん　210
Chu Yen (18世紀) →朱琰　しゅえん　205
Chu Ying (3世紀) →朱応　しゅおう　205
Ch'ü Yüan (前4・3世紀) →屈原　くつげん　129
Ch'u Yüan (前4・3世紀) →屈原　くつげん　129
Chǔ Yuān (5世紀) →褚淵　ちょえん　327
Chu Yüan-chang (14世紀)
　→洪武帝 (明)　こうぶてい　160
Chu Yüan-hang (14世紀)
　→洪武帝 (明)　こうぶてい　160
Činggis qan (12・13世紀)
　→チンギス・ハン　331
Činqai (12・13世紀) →チンカイ　330
Cojuangco Aquino, Corazon (20世紀)
　→アキノ, コラソン　5
Cokroaminoto, Umar Said (19・20世紀)
　→チョクロアミノト　327
Cong-Quynh →グェン・クィン　120
Coung De (19・20世紀) →クォン・デ　127
Čoyibalsang (20世紀) →チョイバルサン　307
Cuī Hào (4・5世紀) →崔浩　さいこう　179
Cuī Rì-yong (7・8世紀)
　→崔日用　さいじつよう　179
Cuī Shàn-wéi (7世紀頃)
　→崔善為　さいぜんい　180
Cuī Shí (2世紀) →崔寔　さいしょく　180
Cuī Xuàn (9世紀) →崔鉉　さいげん　179
Cuī Yǎn (8世紀頃) →崔衍　さいえん　178
Cuī Yìn (9・10世紀) →崔胤　さいいん　177
Cuī Zào (8世紀) →崔造　さいぞう　180
Cuī Zōng (8世紀) →崔縱　さいしょう　179
Cuong Đe (19・20世紀) →クォン・デ　127
Cuong-De (19・20世紀) →クォン・デ　127

【 D 】

Dagohoy, Francisco (18・19世紀)
　→ダゴホイ　288
Dài Jì-táo (19・20世紀)
　→戴伝賢　たいでんけん　284
Dai Jitao (19・20世紀)
　→戴伝賢　たいでんけん　284
Dài-zōng (8世紀) →代宗 (唐)　だいそう　283
Dá-jī (前11世紀頃) →妲己　だっき　288
Dalai bla ma Ⅴ (17世紀)
　→ダライ・ラマ5世　290
Dalai bla ma Ⅵ (17・18世紀)
　→ダライ・ラマ6世　291
Dalai Lama (20世紀)
　→ダライ・ラマ14世　ダライ・ラマ14セイ　291
Dalai Lama Ⅰ, Dge-gdun grub (15世紀)
　→ダライ・ラマ1世　290
Dalai Lama Ⅲ, Bsod-nams rgya-mtsho (16世紀)
　→ダライ・ラマ3世　290
Dalai Lama Ⅳ, Yon-tan rgya-mtsho (16・17世紀) →ダライ・ラマ4世　290
Dalai Lama Ⅴ (17世紀)
　→ダライ・ラマ5世　290
Dalai Lama Ⅵ, Tshaṅ-dbyaṅs rgya-mtsho (17・18世紀) →ダライ・ラマ6世　291
Dalai Lama Ⅶ, Skal-bzaṅ rgya-mtsho (18世紀)
　→ダライ・ラマ7世　291
Dalai Lama Ⅷ, Hjam-dpal rgya-mtsho (18・19世紀) →ダライ・ラマ8世　291
Dalai Lama Ⅸ, Luṅ-rtogs rgya-mtsho (19世紀)
　→ダライ・ラマ9世　291
Dalai Lama Ⅹ, Tshul-khrims rgya-mtsho (19世紀)
　→ダライ・ラマ10世　ダライ・ラマ10セイ　291
Dalai Lama ⅩⅠ, Mkhas-grub rgya-mtsho (19世紀)
　→ダライ・ラマ11世　ダライ・ラマ11セイ　291
Dalai Lama ⅩⅡ, Hphrin-las rgya-mtsho (19世紀)
　→ダライ・ラマ12世　ダライ・ラマ12セイ　291
Dalai Lama (ⅩⅢ) (19・20世紀)
　→ダライ・ラマ13世　ダライ・ラマ13セイ　291
Dalai Lama ⅩⅢ (19・20世紀)
　→ダライ・ラマ13世　ダライ・ラマ13セイ　291
Dalai Lama ⅩⅢ, Thubs-bstan rgya-mtsho (19・20世紀)
　→ダライ・ラマ13世　ダライ・ラマ13セイ　291
Dalai Lama (ⅩⅣ) (20世紀)
　→ダライ・ラマ14世　ダライ・ラマ14セイ　291

Dalai Lama XIV（20世紀）
　→ダライ・ラマ14世　ダライ・ラマ14セイ　291
Daman, Shamsher Jung Bahadur Rana（20世紀）　→ダマン，シャムシェル・J.B.R.　289
Dambadorji jayayed（18世紀）
　→ダンバドルジ・ザヤーエフ　295
Damrong, Rajanubhab（19・20世紀）
　→ダムロン親王　ダムロンシンノウ　290
Damrong, Ranjanubhab（19・20世紀）
　→ダムロン親王　ダムロンシンノウ　290
Damrong Raatchaanuphaap（19・20世紀）
　→ダムロン親王　ダムロンシンノウ　290
Damrong Rachanuphap（19・20世紀）
　→ダムロン親王　ダムロンシンノウ　290
Damrong Rajanubhab（19・20世紀）
　→ダムロン親王　ダムロンシンノウ　290
Ðam-Van-Le　→ダム・ヴァン・レ　289
Ðang-Chiem　→ダン・チェム　295
Ðang-Ðuc-Sieu（18・19世紀）
　→ダン・ドゥック・シエウ　295
Ðang-Dung　→ダン・ズン　294
Ðang-Nhu-Mai（19世紀）
　→ダン・ニュ・マイ　295
Ðang-Tat　→ダン・タット　295
Ðang-Thai-Phuong　→ダン・タイ・フオン　295
Ðang-Thi-Nhu　→ダン・ティ・ニュ　295
Ðang-Thuy　→ダン・トゥイ　295
Ðang-Tran-Thuong
　→ダン・チャン・トゥオン　295
Dang-xuan-khu（20世紀）
　→チュオン・チン　306
Dānishmendji（14世紀）
　→ダーニシュメンジ　288
Ðao-Cam-Moc　→ダオ・カム・モック　286
Ðao-Doan－Ðich
　→ダオ・ゾアン・ディック　286
Ðao-Duy-Tu　→ダオ・ズイ・ツ　286
Dào-guāng-dì（18・19世紀）
　→道光帝　どうこうてい　355
Daoguangdi（18・19世紀）
　→道光帝　どうこうてい　355
Dào-wŭ-dì（4・5世紀）　→道武帝　どうぶてい　360
Dào-zōng（11・12世紀）　→道宗　どうそう　357
Darsono（20世紀）　→ダルソノ　292
Dato Onn bin Jafaar（20世紀）
　→ダト・オン・ビン・ジャファール　288
Da-Trach-Vuong（6世紀）
　→チュウ・クアン・フック　304
Da-Tuong　→ザ・トゥオン　184
Dayang Khan（15・16世紀）
　→ダヤン・かん　290

Dayan Khag-han（15・16世紀）
　→ダヤン・かん　290
Dayan Khan（15・16世紀）→ダヤン・かん　290
Dayan qan（15・16世紀）→ダヤン・かん　290
Dazuorong（7・8世紀）→大祚栄　だいそえい　283
Dekker, Ernst F.E.Douwes（19・20世紀）
　→ダウエス・デッケル　285
Delentai（18・19世紀）→デレンタイ　348
Demchukdongrob（20世紀）
　→徳王　とくおう　363
Dèng Ài（3世紀）→鄧艾　とうがい　352
Deng Li-qun（20世紀）
　→鄧力群　とうりきぐん　362
Dèng Mào-qī（15世紀）
　→鄧茂七　とうもしち　361
Dèng Tíng-zhēn（18・19世紀）
　→鄧廷楨　とうていてい　359
Deng Tuo（20世紀）→鄧拓　とうたく　358
Dèng Xiāo-píng（20世紀）
　→鄧小平　とうしょうへい　357
Deng Xiao-ping（20世紀）
　→鄧小平　とうしょうへい　357
Deng Xiaoping（20世紀）
　→鄧小平　とうしょうへい　357
Dèng Yǎn dá（20世紀）
　→鄧演達　とうえんたつ　351
Deng Ying-chao（20世紀）
　→鄧穎超　とうえいちょう　351
Deng Yingchao（20世紀）
　→鄧穎超　とうえいちょう　351
Dèng Yǔ（1世紀）→鄧禹　とうう　351
Dèng Zé-rú（19・20世紀）
　→鄧沢如　とうたくじょ　358
Ðe-Tham（19・20世紀）→デ・タム　348
De Tham（19・20世紀）→デ・タム　348
Deuba, Sher Bahadur（20世紀）
　→デウバ，シェール・バハドル　347
Devan Nair（20世紀）
　→デバン・ナイア，C.V.　348
Devan Nair, Chengara Veetil（20世紀）
　→デバン・ナイア，C.V.　348
Dé wáng（20世紀）→徳王　とくおう　363
De Wang（20世紀）→徳王　とくおう　363
Dewantoro, Ki Hajar（19・20世紀）
　→スワルディ・スルヤニングラット　246
Dé-xīng－ā（19世紀）→徳興阿　とくこうあ　363
Dé-zōng（8・9世紀）→徳宗（唐）　とくそう　364
Dhammazedi（15世紀）
　→ダンマゼーディー　296
Dhanarajata（Thanarat）, Srisdi（Sarit）（20世紀）→サリット　185

Dharaṇīndravarman Ⅰ（12世紀）
　→ダラニーンドラヴァルマン1世　291
Dharaṇīndravarman Ⅱ（12世紀）
　→ダラニーンドラヴァルマン2世　292
Dharmasakti, Sanva（20世紀）
　→サンヤ・タマサク　186
Diāo Xié（4世紀頃）→刁協　ちょうきょう　311
Dí Bǎo-xián（19・20世紀）
　→狄葆賢　てきほけん　347
Dì-bīng（13世紀）→帝昺　ていへい　345
Dīng Bǎo-zhēn（19世紀）
　→丁宝楨　ていほうてい　345
Dīng Kuí-chǔ（17世紀）
　→丁魁楚　ていかいそ　340
Dīng Rǔ-chāng（19世紀）
　→丁汝昌　ていじょしょう　342
Ding Ruchang（19世紀）
　→丁汝昌　ていじょしょう　342
Ding Sheng（20世紀）→丁盛　ていせい　343
Dīng Wèi（10・11世紀）→丁謂　ていい　339
Dīng Wéi-fēn（19・20世紀）
　→丁惟汾　ていいふん　340
Dinh Bô-Linh（10世紀）
　→ディン・ボ・リン　347
Dinh Bo Linh（10世紀）
　→ディン・ボ・リン　347
Đinh-Cong-Trang →ディン・コン・チャン　346
Đinh-Cung-Vien
　→ディン・クン・ヴィエン　346
Đinh-Điện →ディン・ディエン　347
Đinh-Le →ディン・レ　347
Đinh-Tich-Nhuong
　→ディン・ティック・ニュオン　347
Đinh-Van-Ta →ディン・ヴァン・タ　346
Diosdado Macapagal（20世紀）
　→マカパガル　436
Dipo Negoro（18・19世紀）→ディポヌゴロ　345
Diponegoro（18・19世紀）→ディポヌゴロ　345
Dí Qīng（11世紀）→狄青　てきせい　347
Direck Jayanama（20世紀）
　→ディレーク・チャイヤナム　346
Dí Rén-jié（7世紀）→狄仁傑　てきじんけつ　347
Dì-wǔ Lùn（1世紀）→第五倫　だいごりん　280
Dí-wǔ Qí（8世紀）→第五琦　だいごき　280
Djajabaja（12世紀）→ジャヤバヤ　199
Djajakatwang（13世紀頃）
　→ジャヤカトアン　199
Djamkha（12・13世紀）→ジャムカ　198
Djojobojo（12世紀）→ジャヤバヤ　199
Djuanda Kartawidaja（20世紀）
　→ジュアンダ・カルタウイジャヤ　200

Do'a（14世紀）→ドワ　368
Đoan-Cong-Buu →ドァン・コン・ブウ　350
Đoan-Tho →ドァン・トー　350
Đoan-Thuong →ドァン・トゥオン　350
Đoan-Van-Cu（19・20世紀）
　→ドァン・ヴァン・ク　350
Đo-Can（15世紀）→ド・カン　363
Do Cao Tri（20世紀）→ド・カオ・チ　363
Đo-Chan-Thiet（19・20世紀）
　→ド・チャン・ティエト　366
Dodo（17世紀）→ドド　366
Đo-Duong →ド・ズオン　366
Đo-Hanh →ド・ハイン　366
Đoi-Can（20世紀）→ドイ・カン　351
Do Muoi（20世紀）→ド・ムオイ　367
Dǒng Bì wǔ（19・20世紀）
　→董必武　とうひつぶ　359
Dong Biwu（19・20世紀）
　→董必武　とうひつぶ　359
Dǒng Fú-xiáng（19・20世紀）
　→董福祥　とうふくしょう　360
Dǒng Hú（前7世紀頃）→董狐　とうこ　354
Dong Jian-hua（20世紀）
　→董建華　とうけんか　354
Dong Jianhua（20世紀）
　→董建華　とうけんか　354
Dǒng Khánh（19世紀）→ドン・カン　368
Dǒng Wén-bǐng（13世紀）
　→董文炳　とうぶんへい　360
Dong Zhujun（20世紀）
　→董竹君　とうちくくん*　358
Dǒng Zhuó（2世紀）→董卓　とうたく　358
Dorgon（17世紀）→ドルゴン　368
Dorgon（17世紀）→ドルゴン　368
Đo-Thanh-Nhan（18世紀）
　→ド・タイン・ニャン　366
Đo-Thi-Tam（20世紀）→ド・ティ・タム　366
Đo-Thuc-Tinh →ド・トゥック・ティン　366
Dòu Gù（1世紀）→竇固　とうこ　354
Dou huanghou（前2世紀）
　→竇皇后（前漢）　とうこうごう　355
Dou huanghou（7世紀）
　→竇皇后（唐）　とうこうごう　355
Dòu Jiàn-dé（6・7世紀）
　→竇建徳　とうけんとく　354
Doung Van Minh（20世紀）
　→ズオン・ヴァン・ミン　242
Dòu Róng（前1・後1世紀）→竇融　とうゆう　361
Douwes Dekker, E.F.E.（19・20世紀）
　→ダウエス・デッケル　285
Dòu Wǔ（2世紀）→竇武　とうぶ　360

Du'a（14世紀）→ドワ　368
Duān-fāng（19・20世紀）→端方　たんほう　296
Duan Fang（19・20世紀）→端方　たんほう　296
Duang（18・19世紀）→アン・ドゥオン　15
Duān-jùn-wáng Zài-yī（19・20世紀）
　→端郡王載漪　たんぐんおうさいい　293
Duan Le（20世紀）→ズアン・レ　241
Duàn Qí-ruì（19・20世紀）
　→段祺瑞　だんきずい　293
Duàn Qíruì（19・20世紀）
　→段祺瑞　だんきずい　293
Duan Qirui（19・20世紀）
　→段祺瑞　だんきずい　293
Duàn Sī-píng（9・10世紀）
　→段思平　だんしへい　294
Duān-zōng（13世紀）
　→端宗（南宋）　たんそう　294
Du'a Temür（14世紀）→ドワ・ティムール　368
Duc Dúc（19世紀）→ドゥク・ドゥク　353
Dù Fú-wēi（7世紀）→杜伏威　とふくい　367
Dugersuren, Mangalyn（20世紀）
　→ドゲルスレン，マンガリン　365
Dūn-qīn-wáng Mián-kǎi（18・19世紀）
　→惇親王綿愷　とんしんのうめんがい　368
Duong, Van Minh（20世紀）
　→ズオン・ヴァン・ミン　242
Duong-Anh-Nhi →ズオン・アイン・ニ　242
Duong-Cong-Trung
　→ズオン・コン・チュン　242
Duong-Dien-Nghe →ズオン・ジェン・ゲ　242
Duong-Đuc-Nhan
　→ズオン・ドゥック・ニャン　242
Duong Van Minh（20世紀）
　→ズオン・ヴァン・ミン　242
Dù Rú-huì（6・7世紀）→杜如晦　とじょかい　365
Dù Shì-zhōng（13世紀）
　→杜世忠　とせいちゅう　366
Dù Shòu-tián（18・19世紀）
　→杜受田　とじゅでん　365
Dù Shù（3世紀）→杜恕　とじょ　365
Dù Tāo（4世紀）→杜弢　ととう　366
Duwa（13・14世紀）→ドワ・カン　368
Dù Wén-xiù（19世紀）
　→杜文秀　とぶんしゅう　367
Dù Yǎn（10・11世紀）→杜衍　とえん　362
Dù Yòu（8・9世紀）→杜佑　とゆう　367
Du You（8・9世紀）→杜佑　とゆう　367
Duy Tān（20世紀）→ズイ・タン　241
Duy-Tan（Vua）（20世紀）→ズイ・タン　241
Dù Yù（3世紀）→杜預　とよ　367
Dù Yuè shēng（19・20世紀）

→杜月笙　とげつしょう　365
Du Yuesheng（19・20世紀）
　→杜月笙　とげつしょう　365
Dù-zōng（13世紀）→度宗　たくそう　287

【 E 】

E.F.E.Douwes Dekker（19・20世紀）
　→ダウエス・デッケル　285
Ekat'otsarot（16・17世紀）
　→エカトーツァロト　38
Elbegdorj, Tsahiagiin（20世紀）
　→エルベグドルジ，T.　40
Eldemboo（18・19世紀）→エルデンボー　40
Elipoo（18・19世紀）→伊里布　いりふ　24
Elizalde, Joaguin M.（20世紀）
　→エリサルデ　40
Elizalde, Joaquin M.（20世紀）
　→エリサルデ　40
Elizalde, Josquin M.（20世紀）→エリサルデ　40
Eljigedei（14世紀）→イルジギデイ　24
Elpidio Quirino（19・20世紀）→キリノ　107
El-temür（14世紀）→エル・テムル　40
Eltemür（14世紀）→エル・テムル　40
Emilio Aguinaldo（19・20世紀）
　→アギナルド　5
Eng（18世紀）→アンエイン　13
Enkhbayar, Nambaryn（20世紀）
　→エンフバヤル，ナンバリン　43
Enkhsaikhan, Mendsaikhani（20世紀）
　→エンフサイハン，メンドサイハニ　43
Enrile, Juan Ponce（20世紀）
　→エンリレ，フアン・ポンセ　43
Entemür（14世紀）→エル・テムル　40
Ê-Pi-Lung（17世紀）→遏必隆　あつひつりゅう　7
Êrh-chu Jung（5・6世紀）
　→爾朱栄　じしゅえい　190
Erh Chu-jung（5・6世紀）
　→爾朱栄　じしゅえい　190
Êrh Shih Huang Ti（前3世紀）
　→秦二世皇帝　しんにせいこうてい　238
Erlanga（10・11世紀）→アイルランガ　4
Erlangga（10・11世紀）→アイルランガ　4
Êrl-shih-chiang-chün（前2・1世紀）
　→李広利　りこうり　481
Eros Djarot（20世紀）→エロス・ジャロット　40
Êr-zhū Róng（5・6世紀）
　→爾朱栄　じしゅえい　190

Esen (15世紀) →エセン　39
Esen Bukha (13・14世紀) →エセンブカ　39
Esen Buqa (14世紀) →エセン・ブカ　39
Esen Khan (15世紀) →エセン　39
Esen qaγan (15世紀) →エセン　39
Essen (15世紀) →エセン　39
Essen Bukha (13・14世紀) →エセンブカ　39
Essenbukha (13・14世紀) →エセンブカ　39
Estrada, Joseph (20世紀)
　→エストラーダ, ジョセフ　39
Eui-ja-wang (7世紀) →義慈王　ぎじおう　90
Eui-jong (12世紀) →毅宗 (高麗)　きそう　91
Eul-ji Moon-tuk (7世紀)
　→乙支文徳　おつしぶんとく　62

【F】

Falatehan (16世紀) →ファラテハン　400
Fan Chan (3世紀) →范旃　はんぜん　392
Fàn Chéng-dà (12世紀)
　→范成大　はんせいだい　391
Fan Ch'êng-ta (12世紀)
　→范成大　はんせいだい　391
Fán Chóng (1世紀) →樊崇　はんすう　391
Fan Ch'ung (1世紀) →樊崇　はんすう　391
Fan Chung-yen (10・11世紀)
　→范仲淹　はんちゅうえん　392
Fàn Chún-rén (11・12世紀)
　→范純仁　はんじゅんじん　391
Fang Chên-wu (19・20世紀)
　→方振武　ほうしんぶ　425
Fang Chih-min (20世紀)
　→方志敏　ほうしびん　424
Fang Hsüan-ling (6・7世紀)
　→房玄齢　ほうげんれい　423
Fang I (20世紀) →方毅　ほうき　423
Fang Kuan-ch'êng (18世紀)
　→方観承　ほうかんしょう　423
Fāng Là (12世紀) →方臘　ほうろう　427
Fang La (12世紀) →方臘　ほうろう　427
Fa Ngoum (14世紀) →ファーグム　399
Fang Shu (前9世紀) →方叔　ほうしゅく　424
Fán Gù (1世紀) →樊宏　はんこう　390
Fa Ngum (14世紀) →ファーグム　399
Fāng Wéi-xià (19・20世紀)
　→方維夏　ほういか　422
Fáng Xuán-líng (6・7世紀)
　→房玄齢　ほうげんれい　423

Fang Yi (20世紀) →方毅　ほうき　423
Fāng Zhèn wǔ (19・20世紀)
　→方振武　ほうしんぶ　425
Fāng Zhì mǐn (20世紀)
　→方志敏　ほうしびん　424
Fán Kuài (前3・2世紀) →樊噲　はんかい　390
Fan K'uai (前3・2世紀) →樊噲　はんかい　390
Fàn Lǐ (前5世紀) →范蠡　はんれい　394
Fan Li (前5世紀) →范蠡　はんれい　394
Fan Man →范蔓　はんまん　394
Fan Shên (5・6世紀) →范縝　はんしん　391
Fan Tsêng (前3世紀) →范増　はんぞう　392
Fan Wên (4世紀) →范文　はんぶん　394
Fan Wên-ch'êng (16・17世紀)
　→范文程　はんぶんてい　394
Fàn Wén-hǔ (13世紀) →范文虎　はんぶんこ　394
Fàn Yè (4・5世紀) →范曄　はんよう　394
Fan Ye (4・5世紀) →范曄　はんよう　394
Fan Yeh (4・5世紀) →范曄　はんよう　394
Fàn Yōng (11世紀) →范雍　はんよう　394
Fàn Yuán-lián (19・20世紀)
　→范源濂　はんげんれん　390
Fan Yüan-lien (19・20世紀)
　→范源濂　はんげんれん　390
Fàn Zēng (前3世紀) →范増　はんぞう　392
Fàn Zhěn (5・6世紀) →范縝　はんしん　391
Fàn Zhèn (11世紀) →范鎮　はんちん　393
Fàn Zhòng-yān (10・11世紀)
　→范仲淹　はんちゅうえん　392
Fàn Zhūn-yān (10・11世紀)
　→范仲淹　はんちゅうえん　392
Fan Zhongyan (10・11世紀)
　→范仲淹　はんちゅうえん　392
Fäyzullä Khojäev (20世紀)
　→ファイズッラ・ホジャエフ　399
Fayzulla Xo'jaev (20世紀)
　→ファイズッラ・ホジャエフ　399
Fèi-dì (2世紀) →廃帝 (後漢)　はいてい　377
Fèi-dì (9・10世紀) →廃帝 (後唐)　はいてい　377
Fèi-dì (13世紀) →衛紹王　えいしょうおう　36
Fei Hua (20世紀) →費華　ひか　395
Fei Ti (3世紀)
　→廃帝芳　はいていほう*　378
　→廃帝亮　はいていりょう　378
Fei Ti (6世紀)
　→廃帝殷　はいていいん*　378
　→廃帝欽　はいていきん*　378
Fei Ti (9・10世紀) →廃帝 (後唐)　はいてい　377
Fêng Chi-tsung (20世紀)
　→馮啓聡　ひょうけいそう　397
Féng Dào (9・10世紀) →馮道　ふうどう　405

政治・外交・軍事篇　　　555　　　GAN

Féng Guó-zhāng（19・20世紀）
　→馮国璋　ふうこくしょう　404
Feng Guozhang（19・20世紀）
　→馮国璋　ふうこくしょう　404
Feng Guozheng（19・20世紀）
　→馮国璋　ふうこくしょう　404
Féng Jīng（11世紀）　→馮京　ひょうけい　397
Fêng Kuo-chang（19・20世紀）
　→馮国璋　ふうこくしょう　404
Féng Quán（16・17世紀）　→馮銓　ふうせん　405
Fêng Shêng（14世紀）　→馮勝　ひょうしょう　397
Fêng Tao（9・10世紀）　→馮道　ふうどう　405
Fêng Tzu-ts'ai（19・20世紀）
　→馮子材　ふうしざい　404
Fêng Wên-pin（20世紀）
　→馮文彬　ふうぶんひん　405
Fêng Yen-chi（10世紀）
　→馮延巳　ふうえんし　403
Fêng Yen-ssŭ（10世紀）
　→馮延巳　ふうえんし　403
Fêng Ying-ching（16・17世紀）
　→馮応京　ふうおうけい　403
Fêng Yü-hsiang（19・20世紀）
　→馮玉祥　ふうぎょくしょう　404
Fêng Yün-shan（19世紀）
　→馮雲山　ふううんざん　403
Fêng Yun-shan（19世紀）
　→馮雲山　ふううんざん　403
Féng Yù-xiáng（19・20世紀）
　→馮玉祥　ふうぎょくしょう　404
Féng Yùxiáng（19・20世紀）
　→馮玉祥　ふうぎょくしょう　404
Feng Yuxiang（19・20世紀）
　→馮玉祥　ふうぎょくしょう　404
Féng Zǐ-cái（19・20世紀）
　→馮子材　ふうしざい　404
Feni Pramot, Mom Rachawong（20世紀）
　→セーニー　255
Ferdinand Edralin Marcos（20世紀）
　→マルコス　438
Ferdinand E.Marcos（20世紀）　→マルコス　438
Ferdinand Marcos（20世紀）　→マルコス　438
Fidel Valdez Ramos（20世紀）　→ラモス　470
Fiträt（19・20世紀）　→フィトラト　403
Fitrat, Abdurauf（19・20世紀）
　→フィトラト　403
Fiyanggū（17・18世紀）　→フィヤング　403
Fiyanggu（17・18世紀）　→フィヤング　403
Fù Ān（15世紀）　→傅安　ふあん　400
Fù Bì（11世紀）　→富弼　ふひつ　411
Fú-chā（前5世紀）　→夫差　ふさ　408

Fu-ch'a（前5世紀）　→夫差　ふさ　408
Fu-ch'ai（前5世紀）　→夫差　ふさ　408
Fu Ch'ien（2世紀）　→服虔　ふくけん　407
Fu Chien（4世紀）　→苻堅　ふけん　407
Fuen Ritthakani（20世紀）
　→フーン・リッタカニー　419
Fŭ Gōng-shí（7世紀）　→輔公祏　ほこうせき　431
Fù-héng（18世紀）　→傅恒　ふこう　408
Fu-hêng（18世紀）　→傅恒　ふこう　408
Fu Hsi　→伏羲　ふくぎ　407
Fú Jiàn（4世紀）
　→苻健　ふけん　407
　→苻堅　ふけん　407
Fu Jian（4世紀）　→苻堅　ふけん　407
Fu K'ang-an（18世紀）　→フカンガ　406
Fukangga（18世紀）　→フカンガ　406
Fuldan（17・18世紀）　→フルダン　414
Fù Nài（18・19世紀）　→傅鼐　ふだい　409
Fu Pi（11世紀）　→富弼　ふひつ　411
Fù-qīng（18世紀）　→傅清　ふしん　408
Furdan（17・18世紀）　→フルダン　414
Fù Shuō　→傅説　ふえつ　405
Fu Tso-i（20世紀）　→傅作義　ふさくぎ　408
Fú-wáng Zhū Cháng-xún（16・17世紀）
　→朱常洵（福王）　しゅじょうじゅん　208
　→福王朱常洵　ふくおうしゅじょうじゅん　407
Fú-wáng Zhū Yóu-sōng（17世紀）
　→安宗　あんそう　15
Fu Yu-tê（14世紀）　→傅友徳　ふゆうとく　412
Fu Zuoyi（20世紀）　→傅作義　ふさくぎ　408

【 G 】

Gadjah Mada（14世紀）　→ガジャ・マダ　75
Gadjah Madah（14世紀）　→ガジャ・マダ　75
Gaikhatu（13世紀）　→ガイハトゥ　64
Gajah Mada（14世紀）　→ガジャ・マダ　75
Galdan（17世紀）　→ガルダン　80
Galdan Tsering（18世紀）
　→ガルダンツェリン　80
Galdantsering（18世紀）
　→ガルダンツェリン　80
Gali（17・18世紀）　→ガリ　79
Gamala（13・14世紀）　→ガマラ　78
Gāng-yì（19世紀）　→剛毅　ごうき　144
Gani, Adnan K.（20世紀）　→ガニ　78
Gān Yīng（1世紀）　→甘英　かんえい　81

Gan Ying（1世紀）→甘英　かんえい　81
Gāo Gǎng（20世紀）→高崗　こうこう　147
Gao Gang（20世紀）→高崗　こうこう　147
Gāo Gǒng（16世紀）→高拱　こうきょう　145
Gāo Huān（5・6世紀）→高歓　こうかん　144
Gāo Jì-xīng（9・10世紀）
　→高季興　こうきこう　144
Gāo Kāi-dào（7世紀）
　→高開道　こうかいどう　143
Gao Kuiyuan（20世紀）
　→高魁元　こうかいげん　143
Gāo Lì-shì（7・8世紀）→高力士　こうりきし　163
Gāo Pān-lóng（16・17世紀）
　→高攀龍　こうはんりゅう　159
Gāo Pián（9世紀）→高駢　こうへん　161
Gāo Sì-sūn（12・13世紀）
　→高似孫　こうじそん　149
Gāo-tài-hòu（11世紀）
　→宣仁太后　せんじんたいこう　256
Gao taihuang（11世紀）
　→宣仁太后　せんじんたいこう　256
Gāo Xiān-zhī（8世紀）→高仙芝　こうせんし　154
Gao Xianzhi（8世紀）→高仙芝　こうせんし　154
Gāo Yíng-xiáng（17世紀）
　→高迎祥　こうげいしょう　146
Gao Yushu（20世紀）
　→高玉樹　こうぎょくじゅ　145
Gāo-zōng（7世紀）→高宗（唐）　こうそう　155
Gaozong（7世紀）→高宗（唐）　こうそう　155
Gāo-zōng（12世紀）→高宗（宋）　こうそう　155
Gaozong（12世紀）→高宗（宋）　こうそう　155
Gāo-zǔ（前3・2世紀）→劉邦　りゅうほう　506
Gāo-zǔ（6・7世紀）→高祖（唐）　こうそ　154
Garbi（18世紀）→ガルビ　80
García, Carlos P.（20世紀）→ガルシア　80
Garcia, Carlos P.（20世紀）→ガルシア　80
Garcia, Carlos Polertico（20世紀）
　→ガルシア　80
Garcia, Carlos Polestico（20世紀）
　→ガルシア　80
Gauhar Shād（14・15世紀）
　→ガウハル・シャード　65
Gauhar Shad（14・15世紀）
　→ガウハル・シャード　65
Gé-luó-fèng（8世紀）→閣羅鳳　かくらほう　71
Geng Biao（20世紀）→耿颷　こうひょう　159
Gěng Jì-mào（17世紀）
　→耿継茂　こうけいも　146
Gěng Jīng-zhōng（17世紀）
　→耿精忠　こうせいちゅう　153
Gēng-shǐ-dì（1世紀）→更始帝　こうしてい　149

Gěng Yǎn（1世紀）→耿弇　こうえん　142
Gěng Zhòng-míng（17世紀）
　→耿仲明　こうちゅうめい　157
Gere Sansa（16世紀）→ゲレ・サンジャ　136
Ge-shū Hàn（8世紀）→哥舒翰　かじょかん　75
Ghafurov, Bobojon（20世紀）→ガフロフ　78
Ghazali bin Shafie, Tan Sri Muhammad（20世紀）→ガザリ・シャフィ　74
Ghāzān（13・14世紀）→ガーザーン　74
Ghazan（13・14世紀）→ガーザーン　74
Ghāzān Khān（13・14世紀）→ガーザーン　74
Ghāzān Khān（13・14世紀）→ガーザーン　74
Ghāzān Khan（13・14世紀）→ガーザーン　74
Ghazan Khan（13・14世紀）→ガーザーン　74
Ghiyāth al-Dīn Muḥammad Ūzbīk（13・14世紀）
　→ウズベク・ハン　30
Gia Long（18・19世紀）
　→グエン・フック・アイン　125
Gian-Đinh-Đe（15世紀）
　→ザン・ディン・デ　186
Giap, Vo Nguyen（20世紀）
　→ヴォー・グエン・ザップ　28
Giap-Hai →ザップ・ハイ　184
Girvan Juddha（18・19世紀）
　→ギルヴァン・ジュッダハ　107
Glang dar ma（9世紀）→ランダルマ　470
Goh Chok Tong（20世紀）
　→ゴー・チョク・トン　172
Goh Keng Swee（20世紀）
　→ゴー・ケンスイ　167
Gōng-dì（7世紀）
　→恭帝（隋第4代）　きょうてい　104
　→恭帝（隋第3代）　きょうてい　104
Gōng-dì（13世紀）→恭帝（宋）　きょうてい　104
Gōng Jīng-hàn（18・19世紀）
　→龔景瀚　きょうけいかん　102
Gōng-qīn-wáng Yì-xīn（19世紀）
　→恭親王　きょうしんおう　103
Gong qinwang Yixin（19世紀）
　→恭親王　きょうしんおう　103
Gong Ro-myung（20世紀）
　→孔魯明　コンノミョン　177
Gōng-sūn Hóng（前2世紀）
　→公孫弘　こうそんこう　156
Gōng-sūn Shù（1世紀）
　→公孫述　こうそんじゅつ　156
Gōng-sūn Yuān（3世紀）
　→公孫淵　こうそんえん　156
Gōng-sūn Zàn（2世紀）
　→公孫瓚　こうそんさん　156

Gōng Xīn-zhàn（19・20世紀）
　→龔心湛　きょうしんたん　103
Gōu-jiàn（前5世紀）　→勾践　こうせん　153
Guāng-wǔ-dì（前1・後1世紀）
　→光武帝（後漢）　こうぶてい　160
Guāngwǔdì（前1・後1世紀）
　→光武帝（後漢）　こうぶてい　160
Guāng-xù-dì（19・20世紀）
　→光緒帝　こうしょてい　151
Guāngxùdì（19・20世紀）
　→光緒帝　こうしょてい　151
Guangxu di（19・20世紀）
　→光緒帝　こうしょてい　151
Guangxudi（19・20世紀）
　→光緒帝　こうしょてい　151
Guāng-zōng（12世紀）
　→光宗（南宋）　こうそう　155
Guàn-qiū Jiǎn（3世紀）
　→毌丘倹　かんきゅうけん　82
Guān Tiān-péi（18・19世紀）
　→関天培　かんてんぱい　86
Guān-wén（18・19世紀）→官文　かんぶん　87
Guan Wen-Sen（19・20世紀）
　→官文森　かんぶんしん　87
Guān Yǔ（3世紀）　→関羽　かんう　81
Guan Yu（3世紀）　→関羽　かんう　81
Guān Zhòng（前7世紀）→管仲　かんちゅう　85
Guan Zhong（前7世紀）→管仲　かんちゅう　85
Gǔ-gōng-dǎn-fū（前12世紀頃）
　→古公亶父　ここうたんぽ　168
Guī Dēng（8・9世紀）→帰登　きとう　93
Guì È（16世紀）　→桂萼　けいがく　132
Guì Hán（19世紀）　→桂涵　けいかん　132
Guingona, Teofisto（20世紀）
　→ギンゴナ, テオフィスト　111
Gungaadorj, Sharavyn（20世紀）
　→グンガードルジ, シャラビン　131
Guo fei（9世紀）
　→郭皇后（唐）　かくこうごう＊　68
Guo huanghou（11世紀）
　→郭皇后（北宋）　かくこうごう＊　68
Guō Mò-ruò（20世紀）
　→郭沫若　かくまつじゃく　70
Guō Mòruò（20世紀）
　→郭沫若　かくまつじゃく　70
Guo Mo-ruo（20世紀）
　→郭沫若　かくまつじゃく　70
Guo Moruo（20世紀）
　→郭沫若　かくまつじゃく　70
Guō Qīn（3・4世紀頃）→郭欽　かくきん　68
Guō Sōng-dào（19世紀）
　→郭崇燾　かくすうとう　69

Guō Sōng líng（19・20世紀）
　→郭松齢　かくしょうれい　69
Guo Songling（19・20世紀）
　→郭松齢　かくしょうれい　69
Guo Songtao（19世紀）
　→郭崇燾　かくすうとう　69
Guō Wěi（前4・3世紀）→郭隗　かくかい　67
Guō Xiù（17・18世紀）→郭琇　かくしゅう　69
Guō Zǐ-xīng（14世紀）→郭子興　かくしこう　69
Guō Zǐ-yí（7・8世紀）→郭子儀　かくしぎ　68
Gushi-khan（17世紀）→グシ・ハン　128
Gu shri rgyal po（17世紀）→グシ・ハン　128
Gusmão, Xanana（20世紀）
　→グスマン, シャナナ　128
Gusmao, Xanana（20世紀）
　→グスマン, シャナナ　128
Gù Wéi jūn（19・20世紀）
　→顧維鈞　こいきん　140
Gu Wei-jun（19・20世紀）
　→顧維鈞　こいきん　140
Gu Weijun（19・20世紀）
　→顧維鈞　こいきん　140
Gù Xiàn-chéng（16・17世紀）
　→顧憲成　こけんせい　168
Gu Xiancheng（16・17世紀）
　→顧憲成　こけんせい　168
Güyüg（13世紀）　→グユク・ハン　130
Güyük（13世紀）　→グユク・ハン　130
Güyük Khan（13世紀）　→グユク・ハン　130
Gu Zhenfu（20世紀）　→辜振甫　こしんぽ　171
Gu Zhenggang（20世紀）
　→谷正綱　こくせいこう　166
Gǔ Zhōng-xiù（19・20世紀）
　→谷鐘秀　こくしょうしゅう　166
Gyanendra（20世紀）　→ギャネンドラ・ビル・ビクラム・シャー・デブ　99
Gyanendra Bir Bikram Shah Dev（20世紀）
　→ギャネンドラ・ビル・ビクラム・シャー・デブ　99
Gyase Jigme（19・20世紀）　→ガセ・ジクメ　76

【 H 】

Habibie, Bacharuddin Jusuf（20世紀）
　→ハビビ　387
Habibie, Bachruddin Jusuf（20世紀）
　→ハビビ　387
Hadji Muhammad, Yamin（20世紀）
　→ヤミン　447

Hafta, Mohammad（20世紀）→ハッタ　386
Hai-hsi Kung（4世紀）
　→廃帝奕　はいていえき*　378
Hai Jui（16世紀）→海瑞　かいずい　64
Hai-ling Wang（5世紀）
　→海陵王（南斉）　かいりょうおう*　65
Hăi-líng-wáng（12世紀）
　→海陵王（金）　かいりょうおう　65
Hai-ling-wang（12世紀）
　→海陵王（金）　かいりょうおう　65
Hairanca（18世紀）→ハイランチャ　379
Hăi Ruì（16世紀）→海瑞　かいずい　64
Hai Rui（16世紀）→海瑞　かいずい　64
Hajam Wuruk（14世紀）→ハヤム・ウルク　388
Haji Mohammad Hatta（20世紀）→ハッタ　386
Haji Umar Said Cokroaminoto（19・20世紀）
　→チョクロアミノト　327
Halim Shah, Abdul（20世紀）
　→ハリム・シャー　389
Hama（14世紀）→ハマ　387
Hamengku Buwono, Sultan（20世紀）
　→ハメンク・ブオノ　388
Hamengku Buwono IX, Sri Sultan（20世紀）
　→ハメンク・ブオノ　388
Hamengkubuwono IX, Sri Sultan（20世紀）
　→ハメンク・ブオノ　388
Hăm Nghi（19・20世紀）→ハムギー帝　388
Ham Nghi（19・20世紀）→ハムギー帝　388
Ham Tae-yong（20世紀）
　→咸台永　ハムテヨン　388
Hamza Razaleigh, Tengku（20世紀）
　→ハムザ・ラザレー　388
Han Baek-gyum（16・17世紀）
　→韓百謙　かんひゃくけん　87
Han Bin（20世紀）→韓斌　かんぴん　87
Han Ch'i（11世紀）→韓琦　かんき　82
Han Fu-chü（19・20世紀）
　→韓復榘　かんふくく　87
Han Fuju（19・20世紀）→韓復榘　かんふくく　87
Han Hsien-chu（20世紀）
　→韓先楚　かんせんそ　85
Han Hsin（前3・2世紀）→韓信　かんしん　84
Han Hsi-tung（14世紀）
　→韓山童　かんざんどう　84
Hán Huăng（8世紀）→韓滉　かんこう　83
Han Huang（8世紀）→韓滉　かんこう　83
Han Iksu（20世紀）→韓益洙　ハンイクス　389
Hán Jiàng（11世紀）→韓絳　かんこう　84
Han Kyu-sŏl（19・20世紀）
　→韓圭卨　かんけいせつ　83

Han Kyu-sol（19・20世紀）
　→韓圭卨　かんけいせつ　83
Hán Lín－ér（14世紀）→韓林児　かんりんじ　88
Hán Lín－êrh（14世紀）→韓林児　かんりんじ　88
Han Nian-long（20世紀）
　→韓念龍　かんねんりゅう　86
Han Nianlong（20世紀）
　→韓念龍　かんねんりゅう　86
Han Nien-lung（20世紀）
　→韓念龍　かんねんりゅう　86
Hán Qí（11世紀）→韓琦　かんき　82
Hán Qín-hŭ（6・7世紀）→韓擒虎　かんきんこ　83
Han Ryong-oon（19・20世紀）
　→韓龍雲　ハンニョグン　393
Hán Shān-tóng（14世紀）
　→韓山童　かんざんどう　84
Han Shan-t'ung（14世紀）
　→韓山童　かんざんどう　84
Han Shih-chung（11・12世紀）
　→韓世忠　かんせいちゅう　85
Hán Shì-zhōng（11・12世紀）
　→韓世忠　かんせいちゅう　85
Han Sung-joo（20世紀）
　→韓昇洲　ハンスンジュ　391
Han Tê-jang（10・11世紀）
　→耶律隆運　やりつりゅううん　448
Han Thuyên（13世紀）→ハン・テュエン　393
Han Thuyen（13世紀）→ハン・テュエン　393
Han T'o-chou（12・13世紀）
　→韓侂冑　かんたくちゅう　85
Han Tŏk-su（20世紀）→韓徳銖　かんとくしゅ　86
Hán Tuō-zhòu（12・13世紀）
　→韓侂冑　かんたくちゅう　85
Hàn-wáng Zhū Gāo-xū（15世紀頃）
　→漢王朱高煦　かんおうしゅこうく　81
Hán Wéi（11世紀）→韓維　かんい　81
Han Wei（11世紀）→韓維　かんい　81
Han Xianchu（20世紀）→韓先楚　かんせんそ　85
Hán Xìn（前3・2世紀）→韓信　かんしん　84
Hán Xiū（7・8世紀）→韓休　かんきゅう　82
Han Yong-un（19・20世紀）
　→韓龍雲　ハンニョグン　393
Hán Yù（8・9世紀）→韓愈　かんゆ　88
Han Yü（8・9世紀）→韓愈　かんゆ　88
Han Yu（8・9世紀）→韓愈　かんゆ　88
Han Yung（15世紀）→韓雍　かんよう　88
Han Zhu-bin（20世紀）
　→韓杼浜　かんじょひん　84
Hao Ching（13世紀）→郝経　かくけい　68
Hăo Jīng（13世紀）→郝経　かくけい　68
Hao Po-tsun（20世紀）
　→郝柏村　かくはくそん　70

Hao Tianxiu（20世紀）
→郝建秀　かくけんしゅう　68
Harahap, Burhanuddin（20世紀）
→ブルハヌディン・ハラハップ　414
Harshavarman Ⅰ（10世紀）
→ハルシャヴァルマン1世　389
Harshavarman Ⅱ（10世紀）
→ハルシャヴァルマン2世　389
Harshavarman Ⅲ（11世紀）
→ハルシャヴァルマン3世　389
Ha-Ton-Quyen（18・19世紀）
→ハ・トン・クエン　387
Hatta, Hadji Mohammad（20世紀）
→ハッタ　386
Hatta, Haji Mohammad（20世紀）
→ハッタ　386
Hatta, Haji Mohammed（20世紀）
→ハッタ　386
Hatta, Mohammad（20世紀）　→ハッタ　386
Hatta, Mohammed（20世紀）　→ハッタ　386
Hayam Wurk（14世紀）　→ハヤム・ウルク　388
Hayam Wuruk（14世紀）　→ハヤム・ウルク　388
Hè-bá Yuè（6世紀）　→賀抜岳　がばつがく　78
Hê Cháng-líng（18・19世紀）
→賀長齢　がちょうれい　77
Hê Cheng-han（20世紀）
→賀衷寒　がちゅうかん　77
Hê Ch'êng-t'ian（4・5世紀）
→何承天　かしょうてん　75
Hê Chéng-tiān（4・5世紀）
→何承天　かしょうてん　75
Hé-dì（1・2世紀）　→和帝（後漢）　わてい　528
Hé-huáng-hòu（2世紀）　→何皇后　かこうごう　73
He huanghou（2世紀）　→何皇后　かこうごう　73
Hé Jìn（2世紀）　→何進　かしん　76
Hé Jì-yún（10世紀）　→何繼筠　かけいいん　71
Hé Kǎi（17世紀）　→何楷　かかい　66
Hè-lián Bó-bó（4・5世紀）
→赫連勃勃　かくれんぼつぼつ　71
Hè Lóng（20世紀）　→賀龍　がりゅう　79
He Long（20世紀）　→賀龍　がりゅう　79
Hé-lu（前6・5世紀）　→闔閭　こうりょ　163
Heng Samrin（20世紀）　→ヘン・サムリン　421
Heng Samurin（20世紀）　→ヘン・サムリン　421
Hen Samrin（20世紀）　→ヘン・サムリン　421
Heo Dam（20世紀）　→許淡　ホダム　431
Heo Gaeui（20世紀）　→許嘉誼　ホガイ　427
Heo Heon（19・20世紀）　→許憲　ホホン　433
Heo Jeong（20世紀）　→許政　ホジョン　431
Heo Jeongsuk（20世紀）
→許貞淑　ホジョンスク　431

Hé Qī（19・20世紀）　→何啓　かけい　71
He Qi（19・20世紀）　→何啓　かけい　71
Hè-ruò Bì（6・7世紀）　→賀若弼　かじゃくひつ　75
Hé Rú-zhāng（19世紀）
→何如璋　かじょしょう　76
Hé-shēn（18世紀）　→和珅　わしん　528
Heshen Hošen（18世紀）　→和珅　わしん　528
Hé-shí-liè Liáng-bì（12世紀）
→紇石烈良弼　きっせきれつりょうひつ　93
Hé Shū-héng（19・20世紀）
→何叔衡　かしゅくこう　75
Hé Téng-Jiāo（17世紀）　→何騰蛟　かとうこう　78
Hé Xiāng-níng（19・20世紀）
→何香凝　かこうぎょう　73
He Xiangning（19・20世紀）
→何香凝　かこうぎょう　73
He Xiangyi（19・20世紀）
→何香凝　かこうぎょう　73
Hè Yī-lóng（17世紀）　→賀一龍　がいちりゅう　64
Hê Yìng-chin（19・20世紀）
→何応欽　かおうきん　65
Hé Yīng-qīn（19・20世紀）
→何応欽　かおうきん　65
He Yingqin（19・20世紀）
→何応欽　かおうきん　65
Hé Zhí-zhōng（11・12世紀）
→何執中　かしつちゅう　74
ḥGyurmed rnam-rgyal（18世紀）
→ギュルメ・ナムギェル　101
Hiệp Hoà（19世紀）　→ヒエップ・ホアー　395
Hisamudin, Alam Sha（20世紀）
→ヒサムジン、アラム・シャー　395
Hoang-Dieu（19世紀）　→ホアン・ジュー　421
Hoang-Đinh-The　→ホアン・ディン・テ　422
Hoang-Hoa-Tham（19・20世紀）
→デ・タム　348
Hoang-Minh-Giam（20世紀）
→ホアン・ミン・ザム　422
Hoang-Nghia-Ho　→ホアン・ギア・ホ　421
Hoang-Ngu-Phuc　→ホアン・グ・フック　421
Hoang-Quoc-Viet（20世紀）
→ホアン・クオク・ビエト　421
Hoang-Ta-Vien　→ホアン・タ・ヴィエン　422
Hoang-Thieu-Hoa　→ホアン・ティウ・ホア　422
Hoang-Tu.canh　→グエン・フック・カイン　126
Hoang Van Hoan（20世紀）
→ホアン・バン・ホアン　422
Hoang Van Hoang（20世紀）
→ホアン・バン・ホアン　422
Hoang Van Thai（20世紀）
→ホアン・ヴァン・タイ　421

Ho Ch'ang-ling (18・19世紀)
　→賀長齢　がちょうれい　77
Ho Ch'êng-t'ien (4・5世紀)
　→何承天　かしょうてん　75
Ho Chien (19・20世紀) →何鍵　かけん　72
Ho Chi Min (19・20世紀)
　→ホー・チ・ミン　432
Ho Chi-Ming (19・20世紀)
　→ホー・チ・ミン　432
Hô Chi-Minh (19・20世紀)
　→ホー・チ・ミン　432
Ho Chi-Minh (19・20世紀)
　→ホー・チ・ミン　432
Hŏ Chŏng (20世紀) →許政　ホジョン　431
Ho Ch'ü-ping (前2世紀)
　→霍去病　かくきょへい　67
Ho Dam (20世紀) →許淡　ホダム　431
Hŏ Gyun (16・17世紀) →許筠　きょきん　105
Hŏ Hŏn (19・20世紀) →許憲　ホホン　433
Ho Hon (19・20世紀) →許憲　ホホン　433
Ho Hsiang-ning (19・20世紀)
　→何香凝　かこうぎょう　73
Ho Jong-suk (20世紀)
　→許貞淑　ホジョンスク　431
Ho Kuo-kuang (19・20世紀)
　→賀国光　がこくこう　73
Hŏ Kyun (16・17世紀) →許筠　きょきん　105
Ho-lien Po-po (4・5世紀)
　→赫連勃勃　かくれんぼつぼつ　71
Ho-lü (前6・5世紀) →闔閭　こうりょ　163
Ho Lung (20世紀) →賀龍　がりゅう　79
Honasan, Gregorio (20世紀)
　→ホナサン,グレゴリオ　432
Hong Bŏm-do (19・20世紀)
　→洪範図　こうはんと　159
Hóng Chá-qīu (13世紀)
　→洪茶丘　こうちゃきゅう　157
Hóng Chéng-chóu (16・17世紀)
　→洪承疇　こうしょうちゅう　151
Hong Gi-ju (20世紀)
　→洪基疇　こうきちゅう　144
Hong Kyŏng-rae (18・19世紀)
　→洪景来　こうけいらい　146
Hong Kyong-rae (18・19世紀)
　→洪景来　こうけいらい　146
Hong Kyung-rae (18・19世紀)
　→洪景来　こうけいらい　146
Hóng Mài (12・13世紀) →洪邁　こうまい　161
Hong Myeongheui (19・20世紀)
　→洪命熹　ホンミョンヒ　435

Hong Myong-hi (19・20世紀)
　→洪命熹　ホンミョンヒ　435
Hong Myŏng-hŭi (19・20世紀)
　→洪命熹　ホンミョンヒ　435
Hong Myong-Hui (19・20世紀)
　→洪命熹　ホンミョンヒ　435
Hong-Nham →ホン・ニャム　435
Hong-Nham (19世紀) →トゥドゥック帝　359
Hong Pŏm-do (19・20世紀)
　→洪範図　こうはんと　159
Hong Pum-do (19・20世紀)
　→洪範図　こうはんと　159
Hóng Rén-gān (19世紀)
　→洪仁玕　こうじんかん　152
Hong Rengan (19世紀)
　→洪仁玕　こうじんかん　152
Hong Song-nam (20世紀)
　→洪成南　ホンソンナム　435
Hong Ta-gu (13世紀)
　→洪茶丘　こうちゃきゅう　157
Hong Taiji (16・17世紀)
　→太宗(清)　たいそう　283
Hongtaiji (16・17世紀)
　→太宗(清)　たいそう　283
Hóng-wŭ-dì (14世紀)
　→洪武帝(明)　こうぶてい　160
Hóngwŭdì (14世紀)
　→洪武帝(明)　こうぶてい　160
Hóng-xī-dì (14・15世紀)
　→仁宗(明)　じんそう　237
Hóng Xiù-quán (19世紀)
　→洪秀全　こうしゅうぜん　149
Hóng Xiùquán (19世紀)
　→洪秀全　こうしゅうぜん　149
Hong Xiuquan (19世紀)
　→洪秀全　こうしゅうぜん　149
Hong Yong-sik (19世紀)
　→洪英植　こうえいしょく　142
Hong Yung-sik (19世紀)
　→洪英植　こうえいしょく　142
Hóng-zhì-dì (15・16世紀)
　→弘治帝　こうちてい　157
Hŏnjong (11世紀)
　→献宗(高麗)　けんそう*　138
Hŏnjong (19世紀)
　→憲宗(李朝)　けんそう*　138
Hon Sui Sen (20世紀) →ホン・スイセン　435
Hontaiji (16・17世紀)
　→太宗(清)　たいそう　283
Hooge (17世紀) →ホーゲ　431
Hô Oui-Ly (14・15世紀) →ホー・クイ・リ　427
Ho Qui-li (14・15世紀) →ホー・クイ・リ　427

Hô Qui-Ly（14・15世紀）→ホー・クイ・リ　427
Ho-Qui-Ly（14・15世紀）→ホー・クイ・リ　427
Ho Quy Ly（14・15世紀）→ホー・クイ・リ　427
Ho-Shên（18世紀）→和珅　わしん　528
Ho Shih-li（20世紀）→何世礼　かせいれい　76
Ho Shu-heng（19・20世紀）
　→何叔衡　かしゅくこう　75
Ho-Si-Đong（18世紀）→ホ・シ・ドン　431
Ho-thae-wang（4・5世紀）
　→広開土王　こうかいどおう　143
Ho-ti（1・2世紀）→和帝（後漢）　わてい　528
Ho Ti（5・6世紀）→和帝（斉）　わてい＊　528
Ho-Ton-Thoc →ホ・トン・トック　432
Hou-chi →后稷　こうしょく　151
Hou Ching（6世紀）→侯景　こうけい　145
Hou Chn-chi（7世紀）
　→侯君集　こうくんしゅう　145
Hou Chu（3世紀）→後主（蜀）　ごしゅ＊　169
Hou Chu（6世紀）→後主緯　ごしゅい＊　170
Hou Chu（6・7世紀）→陳後主　ちんこうしゅ　332
Hou Fei Ti（5世紀）
　→廃帝昱（後廃帝）　はいていいく＊　377
Hou Hsien（15世紀）→侯顕　こうけん　146
Hòu Jǐng（6世紀）→侯景　こうけい　145
Hou Jing（6世紀）→侯景　こうけい　145
Hóu Jūn-jí（7世紀）
　→侯君集　こうくんしゅう　145
Hóu Lǎn（2世紀）→侯覧　こうらん　163
Hou Nim（20世紀）→フー・ニム　411
Hóu Xiǎn（15世紀）→侯顕　こうけん　146
Hou Yuon（20世紀）→フー・ユン　412
Ho-Van-Mich（20世紀）
　→ホ・ヴァン・ミック　422
Ho-Van-Nga（20世紀）→ホ・ヴァン・ガ　422
Ho-Van-Vui（Boi）→ホ・ヴァン・ヴイ　422
Ho Wu（前1世紀頃）→何武　かぶ　78
Ho Yao-tsu（19・20世紀）→賀耀組　がようそ　79
Ho Ying-ch'in（19・20世紀）
　→何応欽　かおうきん　65
hPhags-pa（13世紀）→パスパ　385
Hphags-pa（13世紀）→パスパ　385
Hsi（前7世紀）→僖王　きおう＊　89
Hsiang（前7世紀）→襄王（周）　じょうおう　215
Hsiang Ching-yü（20世紀）
　→向警予　こうけいよ　146
Hsiang Chung-fa（19・20世紀）
　→向忠発　こうちゅうはつ　157
Hsiang-kung（前7世紀）
　→襄公（春秋・宋）　じょうこう　218
Hsiang Min-chung（10・11世紀）

→向敏中　こうびんちゅう　159
Hsiang-t'ai-hou（11・12世紀）
　→向太后　しょうたいこう　221
Hsiang Tsung（13世紀）
　→襄宗　じょうそう＊　221
Hsiang Ying（20世紀）→項英　こうえい　142
Hsiang Yü（前3世紀）→項羽　こうう　141
Hsiao（前9世紀）→孝王（周）　こうおう＊　142
Hsiao Ch'ao-kuei（19世紀）
　→蕭朝貴　しょうちょうき　222
Hsiao Chao Ti（6世紀）
　→孝昭帝　こうしょうてい＊　151
Hsiao Ching-kuang（20世紀）
　→蕭勁光　しょうけいこう　217
Hsiao Ching Ti（6世紀）
　→孝静帝　こうせいてい＊　153
Hsiao Chuang Ti（6世紀）
　→孝荘帝　こうそうてい　156
Hsiao Fo-Cheng（19・20世紀）
　→蕭仏成　しょうふつせい　223
Hsiao Ho（前3・2世紀）→蕭何　しょうか　215
Hsiao Hsiang-ch'ien（20世紀）
　→肖向前　しょうこうぜん　218
Hsiao Hua（20世紀）→蕭華　しょうか　215
Hsiao Kang（6世紀）
　→簡文帝（梁）　かんぶんてい　87
Hsiao K'o（20世紀）→蕭克　しょうこく　219
Hsiao-kung（前4世紀）
　→孝公（秦）　こうこう　147
Hsiao Li（20世紀）→蕭力　しょうりき　225
Hsiao Ming Ti（6世紀）
　→孝明帝　こうめいてい＊　162
Hsiao-min-ti（6世紀）
　→孝閔帝　こうびんてい　159
Hsiao Tao-ch'êng（5世紀）
　→太祖（斉）　たいそ　281
Hsiao Tao-ch'eng（5世紀）
　→太祖（斉）　たいそ　281
Hsiao-tsung（12世紀）
　→孝宗（宋）　こうそう　155
Hsiao-tsung（15・16世紀）
　→弘治帝　こうちてい　157
Hsiao T'ung（6世紀）
　→昭明太子　しょうめいたいし　224
Hsiao Tzŭ-liang（5世紀）
　→蕭子良　しょうしりょう　220
Hsiao Wan-chang（20世紀）
　→蕭万長　しょうまんちょう　224
Hsiao-wên-ti（5世紀）
　→孝文帝（北魏）　こうぶんてい　161
Hsiao Wu Ti（4世紀）
　→孝武帝（東晋）　こうぶてい＊　160

Hsiao Wu Ti (5世紀)
　→孝武帝 (六朝・宋)　こうぶてい*　160
Hsiao Wu Ti (6世紀)
　→孝武帝 (北魏)　こうぶてい　160
Hsiao Yen (5・6世紀)　→蕭衍　しょうえん　214
Hsia Yen (15・16世紀)　→夏言　かげん　72
Hsi Chung-hsün (20世紀)
　→習仲勲　しゅうちゅうくん　203
Hsieh An (4世紀)　→謝安　しゃあん　194
Hsieh Chang-ting (20世紀)
　→謝長廷　しゃちょうてい　196
Hsieh Chen-hua (20世紀)
　→謝振華　しゃしんか　196
Hsieh Ch'üeh-tsai (20世紀)
　→謝覚哉　しゃかくさい　195
Hsieh Chüeh-tsai (20世紀)
　→謝覚哉　しゃかくさい　195
Hsieh Fang-tê (13世紀)
　→謝枋得　しゃほうとく　197
Hsieh Fu-chih (20世紀)　→謝富治　しゃふじ　197
Hsieh Hsüan (4世紀)　→謝玄　しゃげん　195
Hsieh Hsüeh-hung (20世紀)
　→謝雪紅　しゃせつこう　196
Hsieh Hsüeh-kung (20世紀)
　→解学恭　かいがくきょう　63
Hsieh Kuan-shêng (20世紀)
　→謝冠生　しゃかんせい　195
Hsieh Tung-min (20世紀)
　→謝東閔　しゃとうびん　196
Hsien (前4世紀)　→顕王　けんおう*　136
Hsien Fêng (19世紀)　→咸豊帝　かんぽうてい　87
Hsien-fêng-ti (19世紀)
　→咸豊帝　かんぽうてい　87
Hsien-i-wang (19・20世紀)　→ハムギー帝　388
Hsien-ti (2・3世紀)
　→献帝 (後漢)　けんてい　138
Hsien Tsung (8・9世紀)
　→憲宗 (唐)　けんそう　137
Hsien Tsung (13世紀)
　→献宗 (西夏)　けんそう*　138
　→モンケ　446
Hsien-tsung (15世紀)　→成化帝　せいかてい　247
Hsien Wên Ti (5世紀)
　→献文帝　けんぶんてい*　140
Hsih Heng-han (20世紀)
　→洗恒漢　せんこうかん　256
Hsi-mên Pao (前5・4世紀頃)
　→西門豹　せいもんひょう　251
Hsinbyushin (18世紀)　→シンビューシン　239
Hsin Ch'i-chi (12・13世紀)
　→辛棄疾　しんきしつ　233

Hsin Chi-chi (12・13世紀)
　→辛棄疾　しんきしつ　233
Hsing Hsi-ping (20世紀)
　→刑西萍　けいせいひょう　133
Hsing-tsung (11世紀)
　→興宗 (遼)　こうそう　154
Hsin-ling-chün (前3世紀)
　→信陵君　しんりょうくん　240
Hsi-t'ai-hou (19・20世紀)
　→西太后　せいたいこう　250
Hsi Tai-hou (19・20世紀)
　→西太后　せいたいこう　250
Hsi-tsung (9世紀)　→僖宗　きそう　92
Hsi-tsung (12世紀)　→熙宗 (金)　きそう　92
Hsi Tsung (17世紀)　→天啓帝　てんけいてい　349
Hsiung Ch'êng-chi (19・20世紀)
　→熊成基　ゆうせいき　449
Hsiung Hsi-ling (19・20世紀)
　→熊希齢　ゆうきれい　448
Hsiung K'o-wu (19・20世紀)
　→熊克武　ゆうこくぶ　449
Hsiung T'ing-pi (16・17世紀)
　→熊廷弼　ゆうていひつ　449
Hsü, George (19・20世紀)　→徐謙　じょけん　227
Hsüan (前9・8世紀)　→宣王 (周)　せんおう　255
Hsü Ang (8・9世紀)　→徐昂　じょこう　227
Hsüan-jen t'ai-hou (11世紀)
　→宣仁太后　せんじんたいこう　256
Hsüan Tê (14・15世紀)
　→宣徳帝 (明)　せんとくてい　258
Hsüan-tê-ti (14・15世紀)
　→宣徳帝 (明)　せんとくてい　258
Hsüan-ti (前1世紀)
　→宣帝 (前漢)　せんてい　257
Hsuan-ti (前1世紀)
　→宣帝 (前漢)　せんてい　257
Hsüan Ti (6世紀)
　→宣帝 (北周)　せんてい*　257
　→宣帝 (陳)　せんてい*　258
Hsüan-tsung (7・8世紀)
　→玄宗 (唐)　げんそう　138
Hsuan-tsung (7・8世紀)
　→玄宗 (唐)　げんそう　138
Hsüan Tsung (9世紀)
　→宣宗 (唐)　せんそう　257
Hsüan-tsung (12・13世紀)
　→宣宗 (金)　せんそう　257
Hsüan-tsung (14・15世紀)
　→宣徳帝 (明)　せんとくてい　258
Hsüan-tsung (18・19世紀)
　→道光帝　どうこうてい　355
Hsüan T'ung (20世紀)　→溥儀　ふぎ　406

Hsüan-wang（前9・8世紀）
→宣王（周）　せんおう　255
Hsüan-wang（前4世紀）
→宣王（斉）　せんおう　255
Hsüan-wang（前3世紀）
→宣王（楚）　せんおう　255
Hsüan Wu Ti（5・6世紀）
→宣武帝　せんぶてい*　258
Hsü Chieh（15・16世紀）→徐階　じょかい　226
Hsü Ch'ien（19・20世紀）→徐謙　じょけん　227
Hsü Chih-kao（9・10世紀）→李昇　りべん　494
Hsü Ching（11・12世紀）→徐兢　じょきょう　227
Hsü Ching-ch'êng（19世紀）
→許景澄　きょけいちょう　105
Hsü Ching-ch'iêng（19世紀）
→許景澄　きょけいちょう　105
Hsü Ching-chung（20世紀）
→徐慶鐘　じょけいしょう　227
Hsü Ching-tsung（6・7世紀）
→許敬宗　きょけいそう　105
Hsü Chi-yü（18・19世紀）
→徐継畬　じょけいよ　227
Hsü Ch'ung-chih（19・20世紀）
→許崇智　きょすうち　106
Hsüeh Chü-chêng（10世紀）
→薛居正　せつきょせい　254
Hsüeh Fu-ch'êng（19世紀）
→薛福成　せつふくせい　254
Hsüeh Fu-eh'êng（19世紀）
→薛福成　せつふくせい　254
Hsüeh Yüeh（20世紀）→薛岳　せつがく　253
Hsü Fu（前3世紀頃）→徐福　じょふく　230
Hsü Hai-tung（20世紀）
→徐海東　じょかいとう　226
Hsü Hao（8世紀）→徐浩　じょこう　227
Hsü Hsiang-ch'ien（20世紀）
→徐向前　じょこうぜん　228
Hsü Hsi-lin（19・20世紀）
→徐錫麟　じょしゃくりん　228
Hsü Hsing-ch'ien（20世紀）
→徐向前　じょこうぜん　228
Hsü Hung-ju（17世紀）
→徐鴻儒　じょこうじゅ　228
Hsü I-Hsin（20世紀）→徐以新　じょいしん　213
Hsü Ké-hsiang（19・20世紀）
→許克祥　きょこくしょう　106
Hsü Kuang-ch'i（16・17世紀）
→徐光啓　じょこうけい　227
Hsü Kuang-chin（19世紀）
→徐広縉　じょこうしん　228
Hsü Kuang-p'ing（20世紀）
→許広平　きょこうへい　105

Hsü Kuang-ta（20世紀）
→許光達　きょこうたつ　105
Hsü Kwang-ch'i（16・17世紀）
→徐光啓　じょこうけい　227
Hsü Ling（6世紀）→徐陵　じょりょう　231
Hsü Mang-ch'iu（20世紀）
→徐夢秋　じょむしゅう　230
Hsü Shih-ch'ang（19・20世紀）
→徐世昌　じょせいしょう　229
Hsü Shih-ying（19・20世紀）
→許世英　きょせいえい　106
Hsü Shih-yu（20世紀）
→許世友　きょせいゆう　106
Hsü Shou-hui（14世紀）
→徐寿輝　じょじゅき　229
Hsü Shu-chêng（19・20世紀）
→徐樹錚　じょじゅそう　229
Hsü Ta（14世紀）→徐達　じょたつ　229
Hsü Tê-hêng（20世紀）
→許徳珩　きょとくこう　107
Hsü Yao-tso→許堯佐　きょぎょうさ　105
Hsü Yüan（8世紀）→許遠　きょえん　105
Hsü Yung-ch'ang（19・20世紀）
→徐永昌　じょえいしょう　226
Hsü Yung-i（19世紀）→徐用儀　じょようぎ　230
Huá Guó-fēng（20世紀）
→華国鋒　かこくほう　74
Hua Guo-feng（20世紀）
→華国鋒　かこくほう　74
Hua Guofeng（20世紀）→華国鋒　かこくほう　74
Huai-hsin K'ohan（8・9世紀）
→カイシン・カガン　64
Huai-ti（3・4世紀）→懐帝　かいてい　64
Huai-yang Wang（1世紀）
→更始帝　こうしてい　149
Hua Kang（20世紀）→華崗　かこう　72
Hua Kuo-fêng（20世紀）
→華国鋒　かこくほう　74
Huan（前8・7世紀）→桓王　かんおう*　81
Huán-dì（2世紀）→桓帝　かんてい　86
Huáng Cháo（9世紀）→黄巣　こうそう　154
Huang Ch'ao（9世紀）→黄巣　こうそう　154
Huang Cheň（20世紀）→黄鎮　こうちん　158
Huang Chieh（20世紀）→黄杰　こうけつ　146
Huang Chih-yung（20世紀）
→黄志勇　こうしゆう　149
Huang Ching（20世紀）→黄敬　こうけい　145
Huang Chüeh-tzŭ（18・19世紀）
→黄爵滋　こうしゃくじ　149
Huáng Dào-zhōu（16・17世紀）
→黄道周　こうどうしゅう　158

HUA

Huáng-dì →黄帝 こうてい 158
Huangdi →黄帝 こうてい 158
Huang Fu（19・20世紀）→黄郛 こうふ 160
Huáng-fǔ Dàn（6・7世紀）
　→皇甫誕 こうほたん 161
Huáng-fǔ Guī（2世紀）→皇甫規 こうほき 161
Huáng-fǔ Sōng（2世紀）
　→皇甫嵩 こうほすう 161
Huang Hsin-chieh（20世紀）
　→黄信介 こうしんかい 152
Huang Hsing（19・20世紀）
　→黄興 こうこう 146
Huang Hua（20世紀）→黄華 こうか 142
Huang Ju（20世紀）→黄菊 こうきく 144
Huáng Jué-zī（18・19世紀）
　→黄爵滋 こうしゃくじ 149
Huang Kê-cheng（20世紀）
　→黄克誠 こうこくせい 148
Huang Ke-cheng（20世紀）
　→黄克誠 こうこくせい 148
Huang Kecheng（20世紀）
　→黄克誠 こうこくせい 148
Huang Kuo-shu（20世紀）
　→黄国書 こうこくしょ 148
Huán-gōng（前7世紀）→桓公（斉） かんこう 83
Huangong（前7世紀）→桓公（斉） かんこう 83
Huáng Péng-nián（19世紀）
　→黄彭年 こうほうねん 161
Huáng Qián-shàn（12世紀）
　→黄潜善 こうせんぜん 154
Huang Shao-hsiung（19・20世紀）
　→黄紹雄 こうしょうゆう 151
Huang Shao-ku（20世紀）
　→黄少谷 こうしょうこく 151
Huang Tao-chou（16・17世紀）
　→黄道周 こうどうしゅう 158
Huang-ti →黄帝 こうてい 158
Huang Tsun-hsien（19・20世紀）
　→黄遵憲 こうじゅんけん 150
Huang Tzǔ-ch'êng（14・15世紀）
　→黄子澄 こうしちょう 149
Huáng Wǎn（16世紀）→黄綰 こうわん 164
Huáng Xīng（19・20世紀）→黄興 こうこう 146
Huang Xing（19・20世紀）→黄興 こうこう 146
Huáng Yán-péi（19・20世紀）
　→黄炎培 こうえんばい 142
Huang Yen-p'ei（19・20世紀）
　→黄炎培 こうえんばい 142
Huang Yen-pei（19・20世紀）
　→黄炎培 こうえんばい 142

Huang Yong-sheng（20世紀）
　→黄永勝 こうえいしょう 142
Huang Yongsheng（20世紀）
　→黄永勝 こうえいしょう 142
Huang Yung-shêng（20世紀）
　→黄永勝 こうえいしょう 142
Huang Yung-sheng（20世紀）
　→黄永勝 こうえいしょう 142
Huang Zhen（20世紀）→黄鎮 こうちん 158
Huáng Zǐ-chéng（14・15世紀）
　→黄子澄 こうしちょう 149
Huáng Zūn-xiàn（19・20世紀）
　→黄遵憲 こうじゅんけん 150
Huang Zunxian（19・20世紀）
　→黄遵憲 こうじゅんけん 150
Huáng Zuǒ（15・16世紀）→黄佐 こうさ 148
Huan I（3・4世紀）→桓彝 かんい 81
Huan K'uan（前1世紀）→桓寛 かんかん 82
Huan-kung（前7世紀）→桓公（斉） かんこう 83
Huan-ti（2世紀）→桓帝 かんてい 86
Huan Tsung（12・13世紀）→桓宗 かんそう* 85
Huan Tsun-hsien（19・20世紀）
　→黄遵憲 こうじゅんけん 150
Huán Wēn（4世紀）→桓温 かんおん 82
Huan Wên（4世紀）→桓温 かんおん 82
Huán Yàn-fàn（7・8世紀）
　→桓彦範 かんげんはん 83
Hubilai（13世紀）→フビライ 411
Hu Ch'iao-mu（20世紀）
　→胡喬木 こきょうぼく 166
Hu Chiao-mu（20世紀）
　→胡喬木 こきょうぼく 166
Hu Chien-chung（20世紀）
　→胡健中 こけんちゅう 168
Hu Chih-chiag（20世紀）
　→胡志強 こしきょう 169
Hu-ch'üan（12世紀）→胡銓 こせん 171
Hu-ch'u-ch'üan（2・3世紀）
　→呼厨泉 こちゅうせん 172
Hú Fēng（20世紀）→胡風 こふう 174
Hu Fêng（20世紀）→胡風 こふう 174
Hu Feng（20世紀）→胡風 こふう 174
Hufeng（20世紀）→胡風 こふう 174
Hú Guǎng（14・15世紀）→胡広 ここう 168
Hú-hài（前3世紀）
　→秦二世皇帝 しんにせいこうてい 238
Hu-han-hsieh Shan-yü（前1世紀頃）
　→呼韓邪単于 こかんやぜんう 165
Hu Han-min（19・20世紀）
　→胡漢民 こかんみん 165
Hu Hanmin（19・20世紀）
　→胡漢民 こかんみん 165

Hū-hán-xíe Chán-yú（前1世紀頃）
　→呼韓邪単于　こかんやぜんう　165
Huhanye Chanyu（前1世紀頃）
　→呼韓邪単于　こかんやぜんう　165
Hu-han-yeh ch'an-yü（前1世紀頃）
　→呼韓邪単于　こかんやぜんう　165
Hu Hun（19・20世紀）　→許憲　ホホン　433
Hui（前7世紀）　→恵王（周）　けいおう*　131
Hŭijong（13世紀）　→熙宗（高麗）　きそう*　92
Hui Lian-gyu（20世紀）
　→回良玉　かいりょうぎょく　65
Hui-ti（前3・2世紀）
　→恵帝（前漢）　けいてい　134
Hui-ti（3・4世紀）　→恵帝（晋）　けいてい　134
Hui Ti（14・15世紀）
　→建文帝（明）　けんぶんてい　139
Hui Tsung（11世紀）
　→恵宗（西夏）　けいそう*　133
Hui-tsung（11・12世紀）　→徽宗　きそう　91
Huī-zōng（11・12世紀）　→徽宗　きそう　91
Huizong（11・12世紀）　→徽宗　きそう　91
Hu Jin-tao（20世紀）　→胡錦濤　こきんとう　166
Hu Jintao（20世紀）　→胡錦濤　こきんとう　166
Hú Jú-fēn（19・20世紀）
　→胡橘棻　こきつふん　165
Hu Kuang（14・15世紀）　→胡広　ここう　168
Hu Kyoon（16・17世紀）　→許筠　きょきん　105
Hūlāgū（13世紀）　→フラグ　413
Hulagu（13世紀）　→フラグ　413
Hūlāgū Khān（13世紀）　→フラグ　413
Hülegü（13世紀）　→フラグ　413
Hu Lin-i（19世紀）　→胡林翼　こりんよく　176
Hú Lín-yì（19世紀）　→胡林翼　こりんよく　176
Hung Ch'a-ch'iu（13世紀）
　→洪茶丘　こうちゃきゅう　157
Hung Ch'êng-ch'ou（16・17世紀）
　→洪承疇　こうしょうちゅう　151
Hung Chih（15・16世紀）
　→弘治帝　こうちてい　157
Hung-chih-ti（15・16世紀）
　→弘治帝　こうちてい　157
Hung Chün（19世紀）　→洪鈞　こうきん　145
Hung Chung（15・16世紀）
　→洪鍾　こうしょう　150
Hung-Đạo-Vuong（13世紀）
　→フン・ダオ・ヴォン　417
Hung Fu（19世紀）　→洪福　こうふく　160
Hung Hao（11・12世紀）　→洪皓　こうこう　147
Hung Hsi（14・15世紀）
　→仁宗（明）　じんそう　237

Hung Hsiu-ch'üan（19世紀）
　→洪秀全　こうしゅうぜん　149
Hung Jên-kan（19世紀）
　→洪仁玕　こうじんかん　152
Hung Kua（12世紀）　→洪适　こうかつ　143
Hung Mai（12・13世紀）　→洪邁　こうまい　161
Hung Tsun（12世紀）　→洪遵　こうじゅん　150
Hung Wu（14世紀）
　→洪武帝（明）　こうぶてい　160
Hung-wu-ti（14世紀）
　→洪武帝（明）　こうぶてい　160
Hu Nim（20世紀）　→フー・ニム　411
Hun Sen（20世紀）　→フン・セン　417
Hunsen（20世紀）　→フン・セン　417
Hun Sen, Samdech（20世紀）　→フン・セン　417
Huntrakul, Sommai（20世紀）
　→ソムマイ・フンタクーン　273
Huo Ch'ü-ping（前2世紀）
　→霍去病　かくきょへい　67
Huò Guāng（前1世紀）　→霍光　かくこう　68
Huo Kuang（前1世紀）　→霍光　かくこう　68
Huò Qù-bing（前2世紀）
　→霍去病　かくきょへい　67
Huò Tāo（15・16世紀）　→霍韜　かくとう　70
Huot Sambath（20世紀）
　→フォト・サムバト　406
Huo Yen-wei（9・10世紀）
　→霍彦威　かくげんい　68
Hu Qiao-mu（20世紀）
　→胡喬木　こきょうぼく　166
Hu Qiaomu（20世紀）
　→胡喬木　こきょうぼく　166
Hu Qi-li（20世紀）　→胡啓立　こけいりつ　167
Hú Quán（12世紀）　→胡銓　こせん　171
Ḥusain Bāiqarā（15・16世紀）
　→フサイン・バイカラ　408
Ḥusayn Bāyqarā（15・16世紀）
　→フサイン・バイカラ　408
Hu Shêng（20世紀）　→胡縄　こじょう　170
Hu Sheng（20世紀）　→胡縄　こじょう　170
Hú Shì（20世紀）　→胡適　こてき　173
Hu Shi（20世紀）　→胡適　こてき　173
Hu Shih（20世紀）　→胡適　こてき　173
Hu Shih-tsê（20世紀）　→胡世沢　こせいたく　171
Hú Sī-jìng（19・20世紀）　→胡思敬　こしけい　169
Hussein B.Onn, Datuk（20世紀）
　→フセイン・オン　409
Hussein Onn, Datuk（20世紀）
　→フセイン・オン, D.　409
Hu Tsung-hsien（16世紀）
　→胡宗憲　こそうけん　171

Hu Tsung-nan（20世紀）
　→胡宗南　こそうなん　171
Hu Tsung-tuo（20世紀）
　→胡宗鐸　こそうたく　171
Hú Wéi-yōng（14世紀）→胡惟庸　こいよう　140
Hu Wei-yung（14世紀）→胡惟庸　こいよう　140
Hú Yào-bāng（20世紀）
　→胡耀邦　こようほう　175
Hu Yao-bang（20世紀）
　→胡耀邦　こようほう　175
Hu Yaobang（20世紀）→胡耀邦　こようほう　175
Hu Yao-pang（20世紀）
　→胡耀邦　こようほう　175
Huyen-Tran Cong-Chua
　→フエン・チャン コン・チュア　405
Hú Yín（11・12世紀）→胡寅　こいん　141
Hu Ying（19・20世紀）→胡瑛　こえい　164
Huynh-Bat-Đat
　→フイン・バット・ダット　403
Huynh Tan Phat（20世紀）
　→フイン・タン・ファト　403
Huynh Thuc Khang（19・20世紀）
　→フイン・トゥック・カーン　403
Hú Zhī-yù（13世紀）→胡祗遹　こしいつ　169
Hú Zōng nán（20世紀）
　→胡宗南　こそうなん　171
Hu Zongnan（20世紀）→胡宗南　こそうなん　171
Hú Zōng-xiàn（16世紀）
　→胡宗憲　こそうけん　171
Hwang In-sung（20世紀）
　→黄寅性　ファンインソン　400
Hwang Jang-yop（20世紀）
　→黄長燁　ファンジャンヨプ　401
Hyejong（10世紀）
　→恵宗（高麗）　けいそう*　133
Hyeon Mugwang（20世紀）
　→玄武光　ヒョンムグァン　398
Hyojong（17世紀）→孝宗（李朝）　こうそう　155
Hyŏ-kŏ-se（前1・後1世紀）
　→朴赫居世　ぼくかくきょせい　428
Hyŏn-iong（10・11世紀）
　→顕宗（高麗）　けんそう*　138
Hyŏnjong（10・11世紀）
　→顕宗（高麗）　けんそう*　138
Hyŏnjong（17世紀）
　→顕宗（李朝）　けんそう　138
Hyun-jong（10・11世紀）
　→顕宗（高麗）　けんそう*　138
Hyun Soong-jong（20世紀）
　→玄勝鍾　ヒョンスンジョン　398

【 I 】

I（前9世紀）→懿王　いおう*　17
Ibragimov, Galimdzhan（19・20世紀）
　→イブラギモフ　23
Ibrahimov, Galimjan（19・20世紀）
　→イブラギモフ　23
Ibunu, Sutowo（20世紀）→イブヌ，ストオ　23
Ibunu Sutowo（20世紀）→イブヌ，ストオ　23
Içânavarman（7世紀）
　→イーシャーナヴァルマン1世　19
Icānavarman（7世紀）
　→イーシャーナヴァルマン1世　19
Īçānavarman Ⅰ（7世紀）
　→イーシャーナヴァルマン1世　19
I-chih-hsieh Shanyü（前2世紀）
　→伊稚斜単于　イチシャゼンウ　21
I-ch'in-wang Tsai-yüan（19世紀）
　→怡親王載垣　いしんおうさいえん　20
I-chong（12世紀）→毅宗（高麗）　きそう　91
Idham, Chalid（20世紀）→イダム・ハリド　21
Idham Chalid（20世紀）→イダム・ハリド　21
Ieng Sary（20世紀）→イエン・サリ　17
I I（16世紀）→李珥　りじ　483
I Kŏn-ch'ang（19世紀）
　→李建昌　りけんしょう　478
Ilig Khaghan（6世紀）→イリ・カガン　24
Ilig Qaghan（6世紀）→イリ・カガン　24
Ili Khaghan（6世紀）→イリ・カガン　24
I-li K'o-han（6世紀）→イリ・カガン　24
I-li-pu（18・19世紀）→伊里布　いりふ　24
Im Kŏk-chŏng（16世紀）
　→林巨正　りんきょせい　515
I-mou-hsin（8・9世紀）→異牟尋　いむじん　23
Imou-Hsün（8・9世紀）→異牟尋　いむじん　23
Indrajayavarman（14世紀）
　→インドラジャヤヴァルマン　26
Indravarman（9世紀）
　→インドラヴァルマン1世　26
Indravarman Ⅰ（9世紀）
　→インドラヴァルマン1世　26
Indravarman Ⅱ（9世紀）
　→インドラヴァルマン2世　26
Indravarman Ⅲ（13・14世紀）
　→インドラヴァルマン3世　26
In-jo（16・17世紀）→仁祖　じんそ　236
Injo（16・17世紀）→仁祖　じんそ　236
Injong（12世紀）→仁宗（高句麗）　じんそう　237

Injong（16世紀）→仁宗（李朝）　じんそう　237
In Tam（20世紀）→イン・タム　26
Inthaphon（18世紀）→インサフォン　25
Inthasom（18世紀）→インサソム　25
In-tsung（12世紀）
　→仁宗（高句麗）　じんそう　237
I Pei-chi（19・20世紀）→易培基　えきばいき　39
I Pŏm-yun（19世紀）→李範允　りはんいん　493
Irinjibal（14世紀）→寧宗（元）　ねいそう　374
I-Sa-bu（5・6世紀）→異斬夫　いしふ　19
Īśānavarman Ⅰ（7世紀）
　→イーシャーナヴァルマン1世　19
Īśānavarman Ⅱ（10世紀）
　→イーシャーナヴァルマン2世　19
Isbar Tölis Khaghan（7世紀）
　→イシバル・テレス・カガン　19
Ishak, Yusof Bin（20世紀）
　→イシャク，ユソフ・ビン　19
I-shan（18・19世紀）→奕山　えきさん　39
I-shih-kha（15世紀）→イシハ　19
Isikha（15世紀）→イシハ　19
Iskandar, Shah（20世紀）
　→イスカンダル，シャー　20
Ismail bin Dato Abdul Rahman, Tun（20世紀）
　→トゥン・イスマイル　362
Ismail Nashiruddin Shah, Tuanku Al Sultan（20世紀）→イスマイル・ナシルジン，T.　20
Istämi Khaghan（6世紀）
　→イステミ・カガン　20
Istämi Qaghan（6世紀）→イステミ・カガン　20
Istämi Qaγan（6世紀）→イステミ・カガン　20
Istemi Qaghan（6世紀）→イステミ・カガン　20
I Sŭng-man（19・20世紀）
　→李承晩　イスンマン　20
I Sung-man（19・20世紀）
　→李承晩　イスンマン　20
I Sun-sin（16世紀）→李舜臣　イスンシン　20
I Tong-hŭi（20世紀）→李東輝　イトンヒ　22
Itsarasunthon（18・19世紀）→ラーマ2世　468
I Tsung（9世紀）→懿宗　いそう　21
I Tsung（11世紀）→毅宗（西夏）　きそう*　91
Iwa Kusuma Sumantri（20世紀）
　→イワ・クスマ・スマントリ　24
I Wan-yong（19・20世紀）
　→李完用　イワンヨン　24
I Yin（前16世紀頃）→伊尹　いいん　16
I Yong-ik（19・20世紀）
　→李容翊　りようよく　511
I Yu-wŏn（19世紀）→李裕元　りゆうげん　499
Ì-zōng（9世紀）→懿宗　いそう　21

【 J 】

Jae Jo-yŏng（7・8世紀）
　→大祚栄　だいそえい　283
Jalāl al-Dīn Mankubirnī（13世紀）
　→ジャラールッディーン　199
Jalāl al-Dīn（13世紀）
　→ジャラールッディーン　199
Jalāl al-Dīn, Mankubinrī（13世紀）
　→ジャラールッディーン　199
Jalāl al-Dīn Mangūbūrnī（13世紀）
　→ジャラールッディーン　199
Jalāl al-Dīn Mingburnu（13世紀）
　→ジャラールッディーン　199
Jalāl al-Dunyā Sulṭānshāh（12世紀）→ジャラール・アッドゥンヤー・スルターンシャー　199
Jalangga（18世紀）→ジャランガ　199
'Jam dpal rgya mtsho（18・19世紀）
　→ダライ・ラマ8世　291
J̌amqa（12・13世紀）→ジャムカ　198
Jamtsarano, Tsyben Jamtsaranovich（19・20世紀）→ジャムツァラーノ　198
Jaṅga-bahādur Rāṇā（19世紀）
　→ジャンガバハドゥル・ラナ　200
Jang Po-ko（9世紀頃）→弓福　きゅうふく　100
Jang-soo-wang（4・5世紀）
　→長寿王　ちょうじゅおう　317
Jang-su-wang（4・5世紀）
　→長寿王　ちょうじゅおう　317
Janï Beg（14世紀）→ジャニ・ベク　197
Janibeg（14世紀）→ジャニ・ベク　197
Jao Sou-shih（20世紀）
　→饒漱石　じょうそうせき　221
Jasrai, Puntsagiin（20世紀）
　→ジャスライ，プンツァグイン　196
Jayadevī（7・8世紀）→ジャヤデヴィー　199
Jayakatwan（13世紀頃）→ジャヤカトアン　199
Jayakatwang（13世紀頃）
　→ジャヤカトアン　199
Jayavarman Ⅰ（7世紀）
　→ジャヤヴァルマン1世　198
Jayavarman Ⅱ（9世紀）
　→ジャヤヴァルマン2世　198
Jayavarman Ⅲ（9世紀）
　→ジャヤヴァルマン3世　198
Jayavarman Ⅳ（10世紀）
　→ジャヤヴァルマン4世　198
Jayavarman Ⅴ（10世紀）
　→ジャヤヴァルマン5世　198

JAY

Jayavarman Ⅵ（11・12世紀）
　→ジャヤヴァルマン6世　198
Jayavarman Ⅶ（12・13世紀）
　→ジャヤヴァルマン7世　198
Jayavarman Ⅷ（13世紀）
　→ジャヤヴァルマン8世　198
Jayavarman Ⅸ（14・15世紀）
　→ジャヤヴァルマン9世　198
Jayavīravarman（11世紀）
　→ジャヤヴィーラヴァルマン　199
J.Batmönkh（20世紀）
　→バトムンフ，ジャムビン　387
Jebe　→ジェベ　187
Jebe（13世紀）　→ジェベ　187
Jebe（13世紀）　→ジェベ　187
Jek Yuen Thong（20世紀）
　→ジュク・ユエントン　206
Jelal ud-Dīn Manguberti（13世紀）
　→ジャラールッディーン　199
Jêni Pī-shih（20世紀）→任弼時　にんひつじ　373
Jên Jung（20世紀）→任栄　にんえい　373
Jên Pi-shih（20世紀）→任弼時　にんひつじ　373
Jen Szu-chung（20世紀）
　→任思忠　じんしちゅう　235
Jên-tsung（11世紀）→仁宗（宋）　じんそう　237
Jên Tsung（12世紀）
　→仁宗（西夏）　じんそう　237
Jên-tsung（13・14世紀）
　→仁宗（元）　じんそう　237
Jên-tsung（14・15世紀）
　→仁宗（明）　じんそう　237
Jên Tsung（18・19世紀）
　→嘉慶帝　かけいてい　72
Jeta　→祇陀太子　ぎだたいし　92
Jeun Bong-zun（19世紀）
　→全琫準　ぜんほうじゅん　258
Jiǎ Chōng（3世紀）→賈充　かじゅう　75
Jia Chun-wang（20世紀）
　→賈春旺　かしゅんおう　75
Jiǎ Dān（8・9世紀）→賈耽　かたん　77
Jiǎ Fù（1世紀）→賈復　かふく　78
Jiā-huáng-hòu（3世紀）→賈皇后　かこうごう　73
Jiā-jìng-dì（16世紀）→世宗（明）　せいそう　249
Jiajingdi（16世紀）→世宗（明）　せいそう　249
Jiǎ Kuí（2・3世紀）→賈逵　かき　66
Jiǎ Lǔ（13・14世紀）→賈魯　かろ　80
Jí An（前2・1世紀）→汲黯　きゅうあん　99
Jiāng Bǎi lǐ（19・20世紀）
　→蒋百里　しょうひゃくり　223
Jiāng Bīn（16世紀）→江彬　こうひん　159

Jiāng Jiè-Shí（19・20世紀）
　→蒋介石　しょうかいせき　216
Jiang Jieshi（19・20世紀）
　→蒋介石　しょうかいせき　216
Jiang Jieshi Chiang Kaishek（19・20世紀）
　→蒋介石　しょうかいせき　216
Jiǎng Jīng-gúo（20世紀）
　→蒋経国　しょうけいこく　217
Jiang Jingguo（20世紀）
　→蒋経国　しょうけいこく　217
Jiāng Kàng hǔ（19・20世紀）
　→江亢虎　こうこうこ　147
Jiāng Qīng（20世紀）→江青　こうせい　152
Jiang Qing（20世紀）→江青　こうせい　152
Jiāng Què（7世紀）→姜確　きょうかく　102
Jiāng Tǒng（3・4世紀）→江統　こうとう　158
Jiāng Zé-min（20世紀）
　→江沢民　こうたくみん　157
Jiang Ze-min（20世紀）
　→江沢民　こうたくみん　157
Jiang Zemin（20世紀）
　→江沢民　こうたくみん　157
Jiāng Zhōng-yuán（19世紀）
　→江忠源　こうちゅうげん　157
Jiàn-wén-dì（14・15世紀）
　→建文帝（明）　けんぶんてい　139
Jianwendi（14・15世紀）
　→建文帝（明）　けんぶんてい　139
Jiā-qìng-dì（18・19世紀）
　→嘉慶帝　かけいてい　72
Jia Qing-lin（20世紀）→賈慶林　かけいりん　72
Jiǎ Sì-dào（13世紀）→賈似道　かじどう　74
Jiǎ Sìdào（13世紀）→賈似道　かじどう　74
Jia Sidao（13世紀）→賈似道　かじどう　74
Jiǎ Sī-xié（6世紀頃）→賈思勰　かしきょう　74
Jiǎ Sīxié（6世紀頃）→賈思勰　かしきょう　74
Ji Deng-kui（20世紀）→紀登奎　きとうけい　93
Ji Dengkui（20世紀）→紀登奎　きとうけい　93
Jié　→桀王　けつおう　135
Jié-lì Kè-hán（7世紀）→ケツリ・カガン　135
Jigme Dorji（20世紀）→ジクメ・ドルジ　188
Jigme Singye（20世紀）→ジクメ・センゲ　188
Jihāngīr（19世紀）→ジハーンギール　194
Jihāngīr, Khōja（19世紀）
　→ジハーンギール　194
Jih-chu-wang Pi（1世紀）
　→日逐王比　にっちくおうひ　373
Jí Hóng chāng（20世紀）
　→吉鴻昌　きつこうしょう　93
Ji-jeung-wang（5・6世紀）
　→智証王　ちしょうおう　298

政治・外交・軍事篇　　569　　JUN

Jìn Fǔ（17世紀）→靳輔　きんほ　117
Jǐng-dī（前2世紀）→景帝（前漢）　けいてい　134
Jīng Kē（前3世紀）→荊軻　けいか　131
Jìng-líng-wáng Liú Dàn（5世紀）
　→竟陵王劉誕　きょうりょうおうりゅうたん　104
Jìng-líng-wáng Xiāo Zǐ-liáng（5世紀）
　→蕭子良　しょうしりょう　220
Jing Puchun（20世紀）
　→経普椿　けいふちん＊　135
Jīng-tài-dī（15世紀）→景泰帝　けいたいてい　134
Jìng-zōng（9世紀）→敬宗　けいそう　133
Jìng-zōng（10世紀）→景宗（遼）　けいそう＊　133
Jin-heung-wang（6世紀）
　→真興王　しんこうおう　234
Jin-hŭng-wang（6世紀）
　→真興王　しんこうおう　234
Jin Hyŏn（9・10世紀）→甄萱　しんけん　234
Jin（Kyŏn） Hyŏn（9・10世紀）
　→甄萱　しんけん　234
Jīn Mì-dī（前2・1世紀）
　→金日磾　きんじつてい　111
Jīn Shùrén（19・20世紀）
　→金樹仁　きんじゅじん　112
Jīn Shuren（19・20世紀）
　→金樹仁　きんじゅじん　112
Jin-sŏng-wang（9世紀）
　→真聖女王　しんせいじょおう　236
Jinsong wang（9世紀）
　→真聖女王　しんせいじょおう　236
Jin Sucheng（20世紀）
　→金蘇城　きんそじょう　114
Jin-sung-yu-wang（9世紀）
　→真聖女王　しんせいじょおう　236
Jīn Yún-péng（19・20世紀）
　→靳雲鵬　きんうんほう　108
Ji Peng-fei（20世紀）→姫鵬飛　きほうひ　94
Ji Pengfei（20世紀）→姫鵬飛　きほうひ　94
Jirgalang（16・17世紀）→ジルガラン　231
Jǐ Sēng-zhēn（5世紀）→紀僧真　きそうしん　92
Jī Shào（3・4世紀）→嵆紹　けいしょう　132
Jì Xìn（前3世紀）→紀信　きしん　91
Jjǎ Mì（3世紀）→賈謐　かひつ　78
Jŏ Bong-jun（19世紀）
　→全琫準　ぜんほうじゅん　258
Jo Ik（16・17世紀）→趙翼　ちょうよく　326
Jo Joon（14・15世紀）→趙浚　ちょうしゅん　318
Jo Jun（14・15世紀）→趙浚　ちょうしゅん　318
Jo Kwang-jo（15・16世紀）
　→趙光祖　ちょうこうそ　314
Jo Min-soo（14世紀）
　→曹敏修　そうびんしゅう　268

Jŏn Bong-jun（19世紀）
　→全琫準　ぜんほうじゅん　258
Jŏng Cŏl（16世紀）→鄭澈　ていてつ　344
Jŏng Do-jŏn（14世紀）
　→鄭道伝　ていどうでん　344
Jong Gumsong（20世紀）
　→鄭琴星　チョングンサン　328
Jŏng Il-kwon（20世紀）
　→丁一権　ジョンイルグォン　231
Jŏng-jo（18世紀）→正祖（李朝）　せいそ　248
Jŏng-jong（18世紀）→正祖（李朝）　せいそ　248
Jong Jung-bu（12世紀）
　→鄭仲夫　ていちゅうふ　343
Jŏng Mong-ju（14世紀）
　→鄭夢周　ていむしゅう　345
Joohūi（18世紀）→ジョーホイ　230
Joo-mong（前1世紀）→東明王　とうめいおう　361
Jose Paciano Laurel（20世紀）
　→ラウレル, ホセ・P.　465
Jo Wi-chong（12世紀）
　→趙位寵　ちょういちょう　308
Juan Ta-ch'eng（16・17世紀）
　→阮大鋮　げんだいせい　138
Jübzhendamba=qutuctu（19・20世紀）
　→ジュブツェンダンバ・ホトクト8世　210
Juchi（12・13世紀）→ジュチ　209
Jui Ch'eng（19・20世紀）
　→瑞澂　ずいちょう　241
Jui-ch'in-wang（17世紀）→ドルゴン　368
Jui-tsung（7・8世紀）→睿宗（唐）　えいそう　36
Jung Bong-soo（16・17世紀）
　→鄭鳳寿　ていほうじゅ　345
Jung Cho（15世紀）→鄭招　ていしょう　342
Jung Do-jun（14世紀）
　→鄭道伝　ていどうでん　344
Jung Hung（19・20世紀）→容閎　ようこう　455
Jung Hung（19・20世紀）→容閎　ようこう　455
Jung-jo（18世紀）→正祖（李朝）　せいそ　248
Jung Joong-boo（12世紀）
　→鄭仲夫　ていちゅうふ　343
Jung-lu（19・20世紀）→栄禄　えいろく　38
Jung Mong-joo（14世紀）
　→鄭夢周　ていむしゅう　345
Jüng So（15世紀）→鄭招　ていしょう　342
Jung Too-wun（16・17世紀）
　→鄭斗源　ていとげん　344
Jung Yu-chang（15・16世紀）
　→鄭汝昌　ていじょしょう　342
Jun Pong-joon（19世紀）
　→全琫準　ぜんほうじゅん　258
Jun-wang（前2世紀頃）→準王　じゅんおう　212

Jū-qú Méng-xùn(4・5世紀)
　→沮渠蒙遜　そきょもうそん　270
Jū-qú Mù-jiàn(5世紀)
　→沮渠牧犍　そきょぼくけん　270
Jusuf, Mohammad(20世紀)　→ユスフ　450
Ju-tzu Ying(前3世紀)　→子嬰　しえい　187
Ju-tzǔ Ying(1世紀)　→孺子嬰　じゅしえい　207
Jū Zhèng(19・20世紀)　→居正　きょせい　106

【K】

Kaancanavath, Prasit(20世紀)
　→プラシット・カーンチャナワット　413
Kamilov, Abdulaziz Khufizovich(20世紀)
　→カミロフ, アブドゥラジズ　79
K'ang(前11・10世紀)　→康王　こうおう　142
Kang Ban Sok(20世紀)
　→康盤石　カンバンソク　87
Kāng Guǎng-rén(19世紀)
　→康広仁　こうこうじん　148
K'ang Hsi(17・18世紀)
　→康熙帝　こうきてい　144
K'ang-hsi-ti(17・18世紀)
　→康熙帝　こうきてい　144
Kang Hui-won(20世紀)
　→姜希源　カンヒウォン　87
Kang-i(19世紀)　→剛毅　ごうき　144
Kang Jo(10・11世紀)　→康兆　こうちょう　158
Kangjong(13世紀)
　→康宗(高麗)　こうそう　155
Kang Kam-ch'an(10・11世紀)
　→姜邯賛　きょうかんさん　102
Kang Kam-chan(10・11世紀)
　→姜邯賛　きょうかんさん　102
Kang Kê-ch'ing(20世紀)
　→康克清　こうこくせい　148
Kang Keqing(20世紀)
　→康克清　こうこくせい　148
K'ang K'o-ch'ing(20世紀)
　→康克清　こうこくせい　148
Kāng Mào-cái(14世紀)
　→康茂才　こうもさい　162
Kan Gon(20世紀)　→姜健　きょうけん　102
Kang Ryanguk(20世紀)
　→康良煜　カンヤンウク　88
Kang Shēng(20世紀)　→康生　こうせい　152
Kang Sheng(20世紀)　→康生　こうせい　152
Kang Song-san(20世紀)
　→姜成山　カンソンサン　85

K'ang T'ai(2・3世紀頃)　→康泰　こうたい　157
K'ang-ti(4世紀)　→康帝　こうてい　158
Kang U-gyu(19・20世紀)
　→姜宇奎　きょううけい　102
Kāng-wáng(前11・10世紀)
　→康王　こうおう　142
Kāng-xī-dì(17・18世紀)
　→康熙帝　こうきてい　144
Kāngxīdì(17・18世紀)
　→康熙帝　こうきてい　144
Kangxidi(17・18世紀)
　→康熙帝　こうきてい　144
Kang Yang-uk(20世紀)
　→康良煜　カンヤンウク　88
Kang Young-hoon(20世紀)
　→姜英勳　カンヨンフン　88
Kāng Yǒu-wéi(19・20世紀)
　→康有為　こうゆうい　162
Kāng Yǒuwéi(19・20世紀)
　→康有為　こうゆうい　162
Kang Youwei(19・20世紀)
　→康有為　こうゆうい　162
K'ang Yu-wêi(19・20世紀)
　→康有為　こうゆうい　162
K'ang Yu-wei(19・20世紀)
　→康有為　こうゆうい　162
Kan Kam-chan(10・11世紀)
　→姜邯賛　きょうかんさん　102
Kan Mao(前4・3世紀)　→甘茂　かんも　88
Kan Nai-kuang(20世紀)
　→甘乃光　かんだいこう　85
Kan Oo-kyoo(19・20世紀)
　→姜宇奎　きょううけい　102
K'an Po-chou(5世紀)
　→闞伯周　かんはくしゅう　86
Kan Yen-shou(前1世紀頃)
　→甘延寿　かんえんじゅ　81
Kan Ying(1世紀)　→甘英　かんえい　81
K'ao(前5世紀)　→考王　こうおう*　142
Kao chi-hsing(9・10世紀)
　→高季興　こうきこう　144
Kao Êrh-ch'ien(19・20世紀)
　→高而謙　こうしけん　148
Kao Hsien-chih(8世紀)
　→高仙芝　こうせんし　154
Kao Hsin(20世紀)　→高信　こうしん　152
Kao-hsü(15世紀頃)
　→漢王朱高煦　かんおうしゅこうく　81
Kao Huan(5・6世紀)　→高歓　こうかん　144
Kao Kang(20世紀)　→高崗　こうこう　147
Kao Kuan(5・6世紀)　→高歓　こうかん　144

Kao Kuei-tsu（20世紀）
→高桂滋　こうけいじ　*146*
Kao Kui-yüan（20世紀）
→高魁元　こうかいげん　*143*
Kao Kung（16世紀）→高拱　こうきょう　*145*
Kao Li-shih（7・8世紀）
→高力士　こうりきし　*163*
Kao Lun（19・20世紀）→高崙　こうろん　*163*
Kao P'ien（9世紀）→高駢　こうへん　*161*
Kao Ssŭ-sun（12・13世紀）
→高似孫　こうじそん　*149*
Kao Ti（前3・2世紀）→劉邦　りゅうほう　*506*
Kao Ti（5世紀）→太祖（斉）　たいそ　*281*
Kao-tsu（前3・2世紀）→劉邦　りゅうほう　*506*
Kao-tsu（6・7世紀）→高祖（唐）　こうそ　*154*
Kao Tsu（9・10世紀）
→石敬塘　せきけいとう　*252*
→劉知遠　りゅうちえん　*503*
Kao-tsung（7世紀）→高宗（唐）　こうそう　*155*
Kao-tsung（12世紀）→高宗（宋）　こうそう　*155*
Kao Tsung（18世紀）
→乾隆帝　けんりゅうてい　*140*
Kao Wei-sung（20世紀）
→高維嵩　こういすう　*141*
Kao Yang（6世紀）
→文宣帝（北斉）　ぶんせんてい　*417*
Kao Ying-hsiang（17世紀）
→高迎祥　こうげいしょう　*146*
Karim, Abdul（20世紀）
→カリム，アブドゥル　*79*
Karimov, Islam A.（20世紀）
→カリモフ，イスラム　*79*
Karimov, Islam Abduganievich（20世紀）
→カリモフ，イスラム　*79*
Karimov, Islom Abdug'aniyevich（20世紀）
→カリモフ，イスラム　*79*
Kartosuwirjo, Sukarmadji（20世紀）
→カルトスウィルョ　*80*
Kasman Singadimedja（20世紀）→カスマン　*76*
Katay Don Sasorith（20世紀）
→サソーリット　*184*
Kaundinya（1世紀頃）→カウンディンヤ　*65*
Kaundinya（5・6世紀）
→キョウチンニョ・ジャバツマ　*103*
Kaundinya Jayavarman（5・6世紀）
→キョウチンニョ・ジャバツマ　*103*
Kaysone Phomvibon（20世紀）
→カイソーン・ポムウィハーン　*64*
Kaysone Phomvihane（20世紀）
→カイソーン・ポムウィハーン　*64*
Kayson Phomvihan（20世紀）
→カイソーン・ポムウィハーン　*64*

Kāzān（14世紀）→カーザーン　*74*
Kebek（14世紀）→ケベク　*135*
Ken Angrok（13世紀）→ケン・アロ　*136*
Ken Arok（13世紀）→ケン・アロ　*136*
Keng Angrok（13世紀）→ケン・アロ　*136*
Kêng Chi-mao（17世紀）
→耿継茂　こうけいも　*146*
Kêng Ching-chūng（17世紀）
→耿精忠　こうせいちゅう　*153*
Kêng Ching-chung（17世紀）
→耿精忠　こうせいちゅう　*153*
Kêng Chung-ming（17世紀）
→耿仲明　こうちゅうめい　*157*
Keng Chung-ming（17世紀）
→耿仲明　こうちゅうめい　*157*
Kêng Piao（20世紀）→耿飈　こうひょう　*159*
Kêng Ping（1世紀）→耿秉　こうへい　*161*
Ke Qingshi（20世紀）→柯慶施　かけいし　*71*
Kertanagara（13世紀）→クルタナガラ　*130*
Kertenagara（13世紀）→クルタナガラ　*130*
Keu-cho-ko-wang（4世紀）
→近肖古王　きんしょうこおう　*112*
Khadan（13世紀）→カダン　*76*
Khai Dinh（19・20世紀）→カイ・ディン　*64*
Khaidu（13・14世紀）→ハイドゥ　*378*
Khalīl（14世紀）→ハーリール　*389*
Khalīl（15世紀）→ハリール　*389*
Khamsouk Keola（20世紀）
→カムスック・ケオラ　*79*
Khamtay, Siphandone（20世紀）
→カムタイ・シーパンドーン　*79*
Khamtay Siphandone（20世紀）
→カムタイ・シーパンドーン　*79*
Kharakhasun（13・14世紀）→ハラハスン　*389*
Khatri, Padma Bahadur（20世紀）
→カトリ，パドマ　*78*
Khidr（14世紀）→キドル　*93*
Khieu-Huu-Thanh→キェウ・フウ・ティン　*89*
Khieu Samphan（20世紀）
→キュー・サムファン　*101*
Khim Tit（20世紀）→キム・チット　*96*
Khin Nyunt（20世紀）→キンニュン　*116*
Khoja Niaz（20世紀）→ホジャ・ニヤズ　*431*
Khoman, Thanat（20世紀）→コーマン, T.　*175*
Khri-gtsug-1de-brtsan（9世紀）
→チックデツェン　*298*
Khri gtsug lde brtsan（9世紀）
→チックデツェン　*298*
Khri gtsug lde btsan（9世紀）
→チックデツェン　*298*

Khri lde gtsug brtsan (8世紀)
　→ティデ・ツクツェン　344
Khri-srong-1de-brtsan (8世紀)
　→ティソンデツェン　343
Khri srong lde btsan (8世紀)
　→ティソンデツェン　343
Khuang, Aphaiwong (20世紀)　→クウォン　118
Khuang Abhaiwong, Kovit Abhaiwong (20世紀)
　→アパイウォン　8
Khuang Aphaiwong (20世紀)
　→アパイウォン　8
　→クウォン　118
Khubilai (13世紀)　→フビライ　411
Khubilai Khān (13世紀)　→フビライ　411
Khubilai Khan (13世紀)　→フビライ　411
Khuc-Hao (10世紀)　→クック・ハオ　129
Khuc-Thua-Du (10世紀)
　→クック・トゥア・ズ　129
Khudāyār Khān (19世紀)
　→フダーヤール・ハン　409
Khukrit Pramot (20世紀)
　→ククリット・プラモート　127
Khung Tai-chi (16世紀)
　→セチェン・ホンタイジ　253
Khuraaprayuur, Suchindaa (20世紀)
　→スチンダ・クラプラユーン　243
Khutluk Boila (8世紀)　→クトルク・ボイラ　129
Ki Chŏl (14世紀)　→奇轍　きてつ　93
Kidāra (5世紀頃)　→キダーラ　92
Kiên Phúc (19世紀)　→キエン・フック　89
Kieu-Phu　→キェウ・フ　89
Ki Hadjar Dewantoro (19・20世紀)
　→スワルディ・スルヤニングラット　246
Ki-Ja (前11世紀頃)　→箕子　きし　90
Kim, Dae Jung (20世紀)
　→金大中　キムデジュン　97
Kim Bang-gyung (13世紀)
　→金方慶　きんほうけい　117
Kim Bok-sin (20世紀)
　→金福信　キムボクシン　97
Kim Boo-sik (11・12世紀)
　→金富軾　きんふしょく　116
Kim Bu-sik (11・12世紀)
　→金富軾　きんふしょく　116
Kim Chae-gyu (20世紀)
　→金載圭　きんさいけい　111
Kim Chaek (20世紀)　→金策　キムチェク　96
Kim Chanbong (20世紀)
　→金昌鳳　キムチャンボン　96
Kim Chang-man (20世紀)
　→金昌満　キムチャンマン　97

Kim Changman (20世紀)
　→金昌満　キムチャンマン　97
Kim Chŏng-il (20世紀)
　→金正日　キムジョンイル　95
Kim Chŏng-p'il (20世紀)
　→金鍾泌　キムジョンピル　96
Kim Chong-yol (20世紀)
　→金貞烈　キムジョンヨル　96
Kim Ch'ŏn-hae (20世紀)
　→金天海　キムチョンヘ　97
Kim Chon-hae (20世紀)
　→金天海　キムチョンヘ　97
Kim Chung-yum (20世紀)
　→金正濂　キムジョンヨム　96
Kim Dae-chun (20世紀)
　→金大中　キムデジュン　97
Kim Dae-jung (20世紀)
　→金大中　キムデジュン　97
Kim Daejung (20世紀)
　→金大中　キムデジュン　97
Kim Dal-hyon (19・20世紀)
　→金達鉉　きんたつけん　115
Kim Dal-hyon (20世紀)
　→金達鉉　キムダルヒョン　96
Kim Donggyu (20世紀)
　→金東奎　キムドンギュ　97
Kim Dong-jo (20世紀)
　→金東祚　キムドンジョ　97
Kim Doyeon (20世紀)　→金度演　キムドヨン　97
Kim Du-bong (19・20世紀)
　→金枓奉　キムドゥボン　97
Kim Dubong (19・20世紀)
　→金枓奉　キムドゥボン　97
Kim Du-pong (19・20世紀)
　→金枓奉　キムドゥボン　97
Kim Eun-boo (10・11世紀)
　→金殷傅　きんいんふ　108
Kim Fu-shik (11・12世紀)
　→金富軾　きんふしょく　116
Kim Gu (19・20世紀)　→金九　キムグ　95
Kim Gyu-sik (19・20世紀)
　→金奎植　キムギュシク　95
Kim Hongil (20世紀)　→金弘壱　キムホンイル　97
Kim Hong-jib (19世紀)
　→金弘集　きんこうしゅう　110
Kim Hong-jip (19世紀)
　→金弘集　きんこうしゅう　110
Kim Hun-chang (9世紀)
　→金憲昌　きんけんしょう　110
Kim Hyŏng-ok (20世紀)
　→金炯旭　きんけいきょく　109
Kim Hyo-wŏn (16世紀)
　→金孝元　きんこうげん　110

Kim Il（20世紀）→金一　キムイル　94
Kim Ilseong（20世紀）→金日成　キムイルソン　94
Kim Il-sŏng（20世紀）→金日成　キムイルソン　94
Kim Il-song（20世紀）→金日成　キムイルソン　94
Kim In-moon（7世紀）
　　→金仁問　きんじんもん　113
Kim In-mun（7世紀）
　　→金仁問　きんじんもん　113
Kim Jeongil（20世紀）
　　→金正一　キムジョンイル　95
Kim Jeongryeom（20世紀）
　　→金正濂　キムジョンヨム　96
Kim Ji-ha（20世紀）→金芝河　キムジハ　95
Kim Jiha（20世紀）→金芝河　キムジハ　95
Kim Jŏng-il（20世紀）
　　→金正日　キムジョンイル　95
Kim Jong-il（20世紀）
　　→金正日　キムジョンイル　95
Kim Jong-pil（20世紀）
　　→金鍾泌　キムジョンピル　96
Kim Jongpil（20世紀）
　　→金鍾泌　キムジョンピル　96
Kim Jong-su（14・15世紀）
　　→金宗瑞　きんそうずい　114
kim Jong Suk（20世紀）
　　→金貞淑　キムジョンスク　96
Kim Jon-pil（20世紀）
　　→金鍾泌　キムジョンピル　96
Kim Jun（13世紀）→金俊　きんしゅん　112
Kim Jun（15・16世紀）→金浄　きんじょう　112
Kim Jungrin（20世紀）
　　→金仲麟　キムジュンリン　95
Kim Kae-nam（19世紀）
　　→金開南　きんかいなん　108
Kim Ki-su（19世紀）→金綺秀　きんきしゅう　109
Kim Köng-jib（19世紀）
　　→金弘集　きんこうしゅう　110
Kim Koo（19・20世紀）→金九　キムグ　95
Kim Koo-hae（6世紀）
　　→金仇亥　きんきゅうがい　109
Kim Ku（19・20世紀）→金九　キムグ　95
Kim Kwang-kyo（20世紀）
　　→金光俠　きんこうきょう　110
Kim Kyoo-sik（19・20世紀）
　　→金奎植　キムギュシク　95
Kim Kyu-shik（19・20世紀）
　　→金奎植　キムギュシク　95
Kim Kyu-sik（19・20世紀）
　　→金奎植　キムギュシク　95
Kim Mangeum（20世紀）
　　→金万金　キムマングм　98
Kim Man-joong（17世紀）
　　→金万重　キムマンジュン　98

Kim Man-jung（17世紀）
　　→金万重　キムマンジュン　98
Kim Mu-jong（20世紀）
　　→金武亭　きんぶてい　117
Kim Ok-kyoon（19世紀）
　　→金玉均　きんぎょくきん　109
Kim Ok-kyun（19世紀）
　　→金玉均　きんぎょくきん　109
Kim Pu-sik（11・12世紀）
　　→金富軾　きんふしょく　116
Kim Rin-hoo（16世紀）
　　→金麟厚　きんりんこう　118
Kim Sang-hyup（20世紀）
　　→金相浹　キムサンヒョプ　95
Kim Seonggon（20世紀）
　　→金成坤　キムソンゴン　96
Kim Seongsu（20世紀）→金性洙　キムソンス　96
Kim Sŏng-su（20世紀）→金性洙　キムソンス　96
Kim Seong-su（20世紀）→金性洙　キムソンス　96
Kim Soon（13世紀）→金俊　きんしゅん　112
Kim Suk-soo（20世紀）→金碩洙　キムソクス　96
Kim Tae-jung（20世紀）
　　→金大中　キムデジュン　97
Kim Tu-bong（19・20世紀）
　　→金枓奉　キムドゥボン　97
Kim Wŏn-bong（20世紀）
　　→金元鳳　キムウォンボン　94
Kim Won-bong（20世紀）
　　→金元鳳　キムウォンボン　94
Kim Won-yong（20世紀）
　　→金元容　きんげんよう　110
Kim Yeongiu（20世紀）
　　→金英柱　キムヨンジュ　98
Kim Yeongsam（20世紀）
　　→金泳三　キムヨンサム　98
Kim Yeonnam（20世紀）
　　→金英男　キムヨンナム　98
Kim Yong-ju（20世紀）
　　→金英柱　キムヨンジュ　98
Kim Yŏng-nam（20世紀）
　　→金永南　キムヨンナム　98
Kim Yong-nam（20世紀）
　　→金永南　キムヨンナム　98
Kim Yong-sam（20世紀）
　　→金泳三　キムヨンサム　98
Kim Yong-sam（20世紀）
　　→金泳三　キムヨンサム　98
Kim Yong-sik（20世紀）
　　→金溶植　キムヨンシク　98
Kim Yongsik（20世紀）
　　→金溶植　キムヨンシク　98
Kim Yong-sun（20世紀）
　　→金容淳　キムヨンスン　98

KIM

Kim Yook (16・17世紀) →金堉 きんいく 108
Kim Yoon-sik (19・20世紀)
　→金允植 キムユンシク 98
Kim Yoo-sin (6・7世紀)
　→金庾信 きんゆしん 117
Kim Yuk (16・17世紀) →金堉 きんいく 108
Kim Yun-sik (19・20世紀)
　→金允植 キムユンシク 98
Kim Yu-sin (6・7世紀)
　→金庾信 きんゆしん 117
Kingkitsarat (18世紀)
　→キングキツァラット 109
King Kitsarath (18世紀)
　→キングキツァラット 109
Kin Il (20世紀) →金一 キムイル 94
Kinwun Mingyi (19・20世紀)
　→キンウン・ミンヂー 108
Kin Yun-shik (19・20世紀)
　→金允植 キムユンシク 98
Kittikachorn, Thanom (20世紀)
　→タノーム 289
Kiying (18・19世紀) →耆英 きえい 89
K'o Ch'ing-shih (20世紀)
　→柯慶施 かけいし 71
Kodaw Hmaing, Thakin (19・20世紀)
　→タキン・コードフマイン 286
Ko-gook-wun-wang (4世紀)
　→故国原王 ここくげんおう 168
Koh, Tommy (20世紀) →コー, トミー 140
Koh Kun (20世紀) →高建 ココン 168
Koirala, Bisweswar Prasad (20世紀)
　→コイララ, ビシュエシュワル・プラサド 141
Koirala, Girija Prasad (20世紀)
　→コイララ, ギリジャ・プラサド 141
Ko-jong (12・13世紀)
　→高宗（高麗） こうそう 155
Kojong (12・13世紀)
　→高宗（高麗） こうそう 155
Ko-jong (19・20世紀) →李太王 りたいおう 490
Kojong (19・20世紀) →李太王 りたいおう 490
Köke Temür (14世紀) →ココ・テムル 168
Kökö Temür (14世紀) →ココ・テムル 168
Ko-kuk-wŏn-wang (4世紀)
　→故国原王 ここくげんおう 168
Ko-lê K'ê-han (8世紀) →カツロク・カガン 77
Ko Li-fang →葛立方 かつりっぽう 77
Ko Lo-fêng (8世紀) →閣羅鳳 かくらほう 71
Köl tegin (7・8世紀) →キョル・テギン 107
Könchek (14世紀) →クンジュク 131
Kong, Le (20世紀) →コーン・レ 177
Kŏng Jīn (前2世紀) →孔僅 こうきん 145

Kong Le (20世紀) →コーン・レ 177
Kong-min-wang (14世紀)
　→恭愍王 きょうびんおう 104
Kongmin Wang (14世紀)
　→恭愍王 きょうびんおう 104
Kong Xiangxi (19・20世紀)
　→孔祥熙 こうしょうき 151
Kong-yang-wang (14世紀)
　→恭譲王 きょうじょうおう 103
Kongyang-wang (14世紀)
　→恭譲王 きょうじょうおう 103
Kǒng Yǒu-dé (17世紀)
　→孔有徳 こうゆうとく 162
Kŏn Kŭn (14・15世紀) →権近 ごんきん 176
Koo, V.K.Wellington (19・20世紀)
　→顧維鈞 こいきん 140
Koo Chen-Fu (20世紀) →辜振甫 こしんぽ 171
Koong Ye (9・10世紀) →弓裔 きゅうえい 99
Ko Pao-ch'üan (20世紀)
　→戈宝権 かほうけん 78
K'o-pi-nêng (3世紀) →軻比能 かひのう 78
Ko-shu Han (8世紀) →哥舒翰 かじょかん 75
Ko-tong (12・13世紀)
　→高宗（高麗） こうそう 155
Kou Abhay (20世紀) →ク・アパイ 118
Kou-chien (前5世紀) →勾践 こうせん 153
K'ou Chun (10・11世紀)
　→寇準 こうじゅん 150
Kòu Zhǔn (10・11世紀) →寇準 こうじゅん 150
Kò Xún (1世紀) →寇恂 こうじゅん 150
Kriangsak Chamanand (20世紀)
　→クリアンサク・チャマナン 130
Kris Sivara (20世紀) →クリット・シバラ 130
Kritakara, Jitjanok (20世紀)
　→クリダコーン, J. 130
Kritanagara (13世紀) →クルタナガラ 130
Krommun Naradhip Bongsprabandh (20世紀)
　→ワン・ワイタヤコン 530
Kṛtanagara (13世紀) →クルタナガラ 130
Krtanagara (13世紀) →クルタナガラ 130
K'uai-chi-wang Tao-tzŭ (4・5世紀)
　→会稽王道子 かいけいおうどうし 63
Kuan-ch'iu Chien (3世紀)
　→毌丘倹 かんきゅうけん 82
Kuan Chung (前7世紀) →管仲 かんちゅう 85
K'uang (前7世紀) →匡王 きょうおう* 102
Kuang Hsü (19・20世紀)
　→光緒帝 こうしょてい 151
Kuang-hsü-ti (19・20世紀)
　→光緒帝 こうしょてい 151

KUT

Kuang Jên-nung（20世紀）
　→鄺任農　こうじんのう　152
Kuang Tsung（12世紀）
　→光宗（南宋）　こうそう　155
Kuang Tsung（16・17世紀）
　→泰昌帝　たいしょうてい　280
Kuang-wu-ti（前1・後1世紀）
　→光武帝（後漢）　こうぶてい　160
Kuàng Zhōng（15世紀）
　→況鍾　きょうしょう　103
Kuan T'ien-p'ei（18・19世紀）
　→関天培　かんてんぱい　86
Kuan Yü（3世紀）　→関羽　かんう　81
Ku Chên-fu（20世紀）　→辜振甫　こしんぽ　171
Ku Chêng-kang（20世紀）
　→谷正綱　こくせいこう　166
Ku Cheng-kang（20世紀）
　→谷正綱　こくせいこう　166
Kuchluk（13世紀）　→クチュルク　129
Kuchluk Khan（13世紀）　→クチュルク　129
Küchülüg（13世紀）　→クチュルク　129
Ku Chu-t'ung（20世紀）
　→顧祝同　こしゅくどう　170
Küčlüg（13世紀）　→クチュルク　129
Kudrat（17世紀）　→クダラット　128
Kuei-liang（18・19世紀）　→桂良　けいりょう　135
Kuei Yu（13世紀）　→グユク・ハン　130
Ku Hsien-ch'êng（16・17世紀）
　→顧憲成　こけんせい　168
Kui-tsung（11・12世紀）　→徽宗　きそう　91
Kŭ-jo-ko-wang（4世紀）
　→近肖古王　きんしょうこおう　112
Kukrit Pramoj（20世紀）
　→ククリット・プラモート　127
Kukrit Pramot（20世紀）
　→ククリット・プラモート　127
Kukurit Praamoot（20世紀）
　→ククリット・プラモート　127
Kukurit Pramoj（20世紀）
　→ククリット・プラモート　127
Kukurit Pramot（20世紀）
　→ククリット・プラモート　127
Kül Tägin（7・8世紀）　→キョル・テギン　107
Kül-tigin（7・8世紀）　→キョル・テギン　107
Kŭn-cho-go-wang（4世紀）
　→近肖古王　きんしょうこおう　112
Kung（前10・9世紀）　→共王　きょうおう*　105
Kung Bok（9世紀頃）　→弓福　きゅうふく　100
Kung-ch'in-wang（19世紀）
　→恭親王　きょうしんおう　103
Kung-ch'in-wang I-su（19世紀）
　→恭親王　きょうしんおう　103

K'ung Hsiang-hsi（19・20世紀）
　→孔祥熙　こうしょうき　151
K'ung Shao-an（6・7世紀）
　→孔紹安　こうしょうあん　150
Kung Shih-chüan（20世紀）
　→孔石泉　こうせきせん　153
Kung-sun Hung（前2世紀）
　→公孫弘　こうそんこう　156
Kung-sun Shu（1世紀）
　→公孫述　こうそんじゅつ　156
Kung-sun Tsan（2世紀）
　→公孫瓚　こうそんさん　156
Kung-sun Tu（2・3世紀）
　→公孫度　こうそんど　156
Kung-sun Yüan（3世紀）
　→公孫淵　こうそんえん　156
Kung Ti（4・5世紀）
　→恭帝（東晋）　きょうてい*　103
Kung Ti（6世紀）
　→恭帝（廃帝廟）　きょうてい*　103
Kung Ti（7世紀）
　→恭帝（隋第3代）　きょうてい　104
Kung Ti（10世紀）
　→恭帝（後周）　きょうてい*　104
Kung Ti（13世紀）　→恭帝（宋）　きょうてい　104
Kung Ye（9・10世紀）　→弓裔　きゅうえい　99
K'ung Yu-tê（17世紀）
　→孔有徳　こうゆうとく　162
Kuo Chi（20世紀）　→郭驥　かくき　67
Kuo Chi-chiao（19・20世紀）
　→郭寄嶠　かくききょう　67
Kuo C'hung-tao（19世紀）
　→郭崇燾　かくすうとう　69
Kuo Kuan-chieh（20世紀）
　→郭冠杰　かくかんけつ　67
Kuo Mo-jo（20世紀）
　→郭沫若　かくまつじゃく　70
Kuo Mojo（20世紀）　→郭沫若　かくまつじゃく　70
Kuo Sung-ling（19・20世紀）
　→郭松齢　かくしょうれい　69
Kuo Sung-tao（19世紀）
　→郭崇燾　かくすうとう　69
Kuo T'ai-ch'i（19・20世紀）
　→郭泰祺　かくたいき　70
Kuo Tzŭ-hsing（14世紀）
　→郭子興　かくしこう　69
Kuo Tzŭ-i（7・8世紀）　→郭子儀　かくしぎ　68
Kuo Wan-jung（20世紀）
　→郭婉容　かくえんよう　67
Kuo Wei（10世紀）　→郭威　かくい　66
Kutchluk（13世紀）　→クチュルク　129

Ku Wêi-chün(19・20世紀)
　→顧維鈞　こいきん　140
Ku Wei-chün(19・20世紀)
　→顧維鈞　こいきん　140
Kwak Jae-oo(16・17世紀)
　→郭再佑　かくさいゆう　68
Kwang-gae-t'o-wang(4・5世紀)
　→広開土王　こうかいどおう　143
Kwang-gae-to-wang(4・5世紀)
　→広開土王　こうかいどおう　143
Kwang-hae-gun(16・17世紀)
　→光海君　こうかいくん　143
Kwanghae-gun(16・17世紀)
　→光海君　こうかいくん　143
Kwang-hae-koon(16・17世紀)
　→光海君　こうかいくん　143
Kwang-hae-kun(16・17世紀)
　→光海君　こうかいくん　143
Kwangjong(10世紀)
　→光宗(高麗)　こうそう　155
Kwang-kae-to-wang(4・5世紀)
　→広開土王　こうかいどおう　143
Kwei Yung-ch'ing(20世紀)
　→桂永清　けいえいせい　131
Kwi-sil Bok-sin(7世紀)
　→鬼室福信　きしつふくしん　90
Kwi-sil Pok-sin(7世紀)
　→鬼室福信　きしつふくしん　90
Kwŏn Kŭn(14・15世紀)　→権近　ごんきん　176
Kwun Keun(14・15世紀)　→権近　ごんきん　176
Kwun Moon-hae(16世紀)
　→権文海　ごんぶんかい　177
Kyang Kil(9世紀)　→梁吉　りょうきつ　509
Kyang-soon-wang(10世紀)
　→敬順王　けいじゅんおう　132
Kyaw Soe(20世紀)　→チョー・ソー　327
Ky-Đong(19世紀)　→キ・ドン　93
Kyŏng dae-sŭng(12世紀)
　→慶大升　けいだいしょう　134
Kyŏng-dŏk-wang(8世紀)
　→景徳王　けいとくおう　134
Kyong-duk-wang(8世紀)
　→景徳王　けいとくおう　134
Kyŏngjong(10世紀)
　→景宗(高麗)　けいそう*　133
Kyŏngjong(18世紀)
　→景宗(李朝)　けいそう*　133
Kyŏng-sun-wang(10世紀)
　→敬順王　けいじゅんおう　132
Kyong-tŏk-wang(8世紀)
　→景徳王　けいとくおう　134
Kyŏn Hyŏn(9・10世紀)　→甄萱　しんけん　234

Kyung-tuk-wang(8世紀)
　→景徳王　けいとくおう　134
Kyun Hwun(9・10世紀)　→甄萱　しんけん　234

【 L 】

Lac-Long-Quan　→ラック・ロン・クァン　467
Lai Chi-fa(20世紀)　→頼際発　らいさいはつ　464
Lai Chün-ch'ên(7世紀)
　→来俊臣　らいしゅんしん　464
Lai Ming-tang(20世紀)
　→頼名湯　らいめいとう　465
Lam-Duy-Hiep　→ラム・ズイ・ヒェップ　470
Lam-Hoang　→ラム・ホアン　470
Lam-Quang-Ky　→ラム・クァン・キ　470
Lam Van Tet(20世紀)
　→ラム・バン・テット　470
Lan Kung-wu(19・20世紀)
　→藍公武　らんこうぶ　470
Lán Tiān-wèi(19・20世紀)
　→藍天蔚　らんてんうつ　471
Lan Tíen-wei(19・20世紀)
　→藍天蔚　らんてんうつ　471
Lan Ting-yüan(17・18世紀)
　→藍鼎元　らんていげん　471
Lan Yi-nong(20世紀)　→藍亦農　らんいのう　470
Lán Yù(14世紀)　→藍玉　らんぎょく　470
Lan Yü(14世紀)　→藍玉　らんぎょく　470
Lao Nai-hsüan(19・20世紀)
　→労乃宣　ろうだいせん　524
Láo Nǎi-xuān(19・20世紀)
　→労乃宣　ろうだいせん　524
Lǎo-shàng Chán-yú(前2世紀)
　→老上単于　ろうじょうぜんう　524
Lao-shang ch'an-yü(前2世紀)
　→老上単于　ろうじょうぜんう　524
Lapu-Lapu(16世紀)　→ラプ・ラプ　468
Laurel, Jose(20世紀)
　→ラウレル, ホセ・P.　465
Laurel, Jose(Jr.)(20世紀)
　→ラウレル, J.(Jr.)　ラウレル, J.(Jr.)　465
Laurel, Jose P.(20世紀)
　→ラウレル, ホセ・P.　465
Laurel, José Paciano(20世紀)
　→ラウレル, ホセ・P.　465
Laurel, Jose Paciano(20世紀)
　→ラウレル, ホセ・P.　465
Laurel, Salvador(20世紀)　→ラウレル, S.　465
Leboo(18・19世紀)　→レボー　523

Le-Cao-Dong →レ・カオ・ゾン　520
Le-Chan（Ba）→レ・チャン　522
Le-Chat →レ・チャット　521
Le-Chuan →レ・チュアン　522
Le Dinh Tham（20世紀）
　→レ・ディン・タム　522
Le-Doan-Nha →レ・ゾアン・ニャ　521
Le Duan（20世紀）→レー・ズアン　521
Le Duc Anh（20世紀）→レ・ドク・アイン　522
Le Duc Tho（20世紀）→レ・ドク・ト　522
Le Due Tho（20世紀）→レ・ドク・ト　522
Le Duy Mat（18世紀）→レ・ズイ・マト　521
Lee, J.S.（19・20世紀）→李四光　りしこう　483
Lee Bom-suk（20世紀）→李範奭　イボムソク　23
Lee Bum-suk（20世紀）→李範錫　イボムソク　23
Lee Che-ung（19世紀）→李最応　りさいおう　482
Lee Chong-chon（19・20世紀）
　→李青天　りせいてん　488
Lee Chu-ha（20世紀）→李舟河　りしゅうか　484
Lee Chu-ming（20世紀）
　→李柱銘　りちゅうめい　491
Lee Dong-hui（20世紀）→李東輝　イトンヒ　22
Lee Dong-woon（20世紀）
　→李東元　イドンウォン　22
Lee Geun-mo（20世紀）→李根模　イクンモ　18
Lee Han-dong（20世紀）
　→李漢東　イハンドン　22
Lee Hau Sik（20世紀）→リー・ハウシク　493
Lee Hea-chan（20世紀）→李海瓚　イヘチャン　23
Lee Hoi-chang（20世紀）
　→李会昌　イフェチャン　23
Lee Hong-koo（20世紀）→李洪九　イホング　23
Lee Hsien Loong（20世紀）
　→リー・シェンロン　483
Lee Hyun-jae（20世紀）
　→李賢宰　イヒョンジェ　23
Lee I（16世紀）→李珥　りじ　483
Lee Jhong-ok（20世紀）
　→李鐘玉　イジョンオク　19
Lee Kang-kuk（20世紀）
　→李康国　りこうこく　480
Lee Khoon Choy（20世紀）
　→リー・クンチョイ　477
Leekpai, Chuan（20世紀）
　→チュアン・リークパイ　304
　→チュワン・リークパイ　307
Lee Kuan Yeu（20世紀）
　→リー・クワン・ユー　477
Lee Kuan Yew（20世紀）
　→リー・クワン・ユー　477
Lee Kuanyew（20世紀）
　→リー・クワン・ユー　477
Lee Kuan Yuu（20世紀）
　→リー・クワン・ユー　477
Lee Man-sup（20世紀）→李万燮　イマンソプ　23
Lee San Choon（20世紀）
　→リー・サンチュン　482
Lee Sang-ok（20世紀）→李相玉　イサンオク　18
Lee Si-yong（19・20世紀）
　→李始栄　りしえい　483
Lee Soo-song（20世紀）→李寿成　イスソン　20
Lee Soug-kye（14・15世紀）
　→李成桂　りせいけい　487
Lee Sung-man（19・20世紀）
　→李承晩　イスンマン　20
Lee Tae-wang（19・20世紀）
　→李太王　りたいおう　490
Lee Tiang Keng（20世紀）
　→リー・チャン・ケン　491
Lee Wan-yong（19・20世紀）
　→李完用　イワンヨン　24
Lee Wong-gyon（20世紀）
　→李源京　イウォンギョン　17
Lee Yan Lian（20世紀）
　→リー・ヤンリアン　496
Lee Yong（19・20世紀）→李英　りえい　472
Lee Yung-duk（20世紀）
　→李栄徳　イヨンドク　24
Lê Hoan（10・11世紀）→レー・ホアン　523
Le Hoan（10・11世紀）→レー・ホアン　523
Le Hong Phong（20世紀）
　→レ・ホン・フォン　523
Leimena, Johannes（20世紀）
　→レイメナ, J.　520
Lei Zhen（20世紀）→雷震　らいしん　464
Le Kha Phieu（20世紀）→レ・カ・フュー　520
Le-Khiet（20世紀）→レ・キエット　520
Le-Khoi →レ・コイ　521
Le-Lai（15世紀）→レ・ライ　523
Le-Lam →レ・ラム　523
Lê Lo'i（14・15世紀）→レー・ロイ　523
Lê Loi（14・15世紀）→レー・ロイ　523
Le Loi（14・15世紀）→レー・ロイ　523
Le-Ngo-Cat（19世紀）→レ・グォ・カット　521
Ieng Sary（20世紀）→イエン・サリ　17
Le-Nhan-Ton（15世紀）→レ・ニャン・トン　522
Le-Niem →レ・ニェム　522
Le-Ninh →レ・ニン　522
Leong Khee Seong, Paul（20世紀）
　→リョン・キーセオン, ポール　513
Le-Phung-Hieu →レ・フン・ヒェウ　523
Le-Phu-Tran →レ・フ・チャン　523

Le Quang Dao (20世紀)
　→レ・クアン・ダオ　520
Le-Quang-Đinh (18・19世紀)
　→レ・クァン・ディン　521
Lê Qui-Dôn (18世紀)　→レー・クイ・ドン　521
Lê Qui-don (18世紀)　→レー・クイ・ドン　521
Le-Quy-Đon (18世紀)
　→レー・クイ・ドン　521
Le Quy Don (18世紀)　→レー・クイ・ドン　521
Le Quy Ly (14・15世紀)　→ホー・クイ・リ　427
Le-Quynh　→レ・クイン　521
Le-Si　→レ・シ　521
Lê Tac (13・14世紀)　→黎崱　れいたく　520
Le-Thach (15世紀)　→レ・タック　521
Le-Thai-To (15世紀)　→レ・タイ・ト　521
Le Thanh Nghi (20世紀)　→レ・タン・ギ　521
Le Thanh Ton (15世紀)
　→レー・タイントン　521
Le Thanh Tong (15世紀)
　→レー・タイントン　521
Le-Thi Ngoc-Han (18・19世紀)
　→グォック・ハン コン・チュア　127
Le-Truc　→レ・チュック　522
Le-Trung-Đinh (19世紀)
　→レ・チュン・ディン　522
Le-Tu (19世紀)　→レ・ツ　522
Le-Tuan　→レ・トゥアン　522
Le-Tuan-Kiet　→レ・トゥアン・キエット　522
Le-Tuan-Mau　→レ・トゥアン・マウ　522
Le-Tung　→レ・トゥン　522
Le Tu Thanh (15世紀)
　→レー・タイントン　521
Leuan Insisiengmay (20世紀)
　→ルアム・インシシェンマイ　518
Le-Van-Cau (18世紀)　→レ・ヴァン・カウ　520
Le-Van-Điem　→レ・ヴァン・ディエム　520
Le-Van-Đuc　→レ・ヴァン・ドゥック　520
Le Van Hien (20世紀)　→レ・バン・ヒエン　523
Lha-bzang-Khan (17・18世紀)
　→ラサン・ハン　466
Lha-bzan Khan (17・18世紀)
　→ラサン・ハン　466
Li (前9世紀)　→厲王 (周)　れいおう　519
Liáng Bì (20世紀)　→良弼　りょうひつ　510
Liang Chi (2世紀)　→梁冀　りょうき　508
Liang Ch'i-ch'ao (19・20世紀)
　→梁啓超　りょうけいちょう　509
Liáng Dūn-yàn (20世紀)
　→梁敦彦　りょうとんげん　510
Liang Hongzhi (19・20世紀)
　→廖鴻志　りょうこうし　509

Liang Hung-chih (19・20世紀)
　→廖鴻志　りょうこうし　509
Liáng Jì (2世紀)　→梁冀　りょうき　508
Liang Jin-song (20世紀)
　→梁錦松　りょうきんしょう　509
Liang Pu (19・20世紀)　→梁布　りょうふ　511
Liáng Qǐ-chāo (19・20世紀)
　→梁啓超　りょうけいちょう　509
Liang Qichao (19・20世紀)
　→梁啓超　りょうけいちょう　509
Liang Qinggui (20世紀)
　→梁慶桂　りょうけいけい　509
Liang Shih-i (19・20世紀)
　→梁士詒　りょうしい　509
Liáng Shì-yí (19・20世紀)
　→梁士詒　りょうしい　509
Liang Tun-yen (20世紀)
　→梁敦彦　りょうとんげん　510
Liáng Zhāng-jù (18・19世紀)
　→梁章鉅　りょうしょうきょ　510
Lián Pō (前3世紀)　→廉頗　れんぱ　523
Lǐ Ān-shì (5世紀)　→李安世　りあんせい　471
Lián Xī-xiàn (13世紀)　→廉希憲　れんきけん　523
Liao Ch'en-chih (20世紀)
　→廖承志　りょうしょうし　510
Liao Ch'êng-chih (20世紀)
　→廖承志　りょうしょうし　510
Liao Ch'eng-chih (20世紀)
　→廖承志　りょうしょうし　510
Liào Chéng zhì (20世紀)
　→廖承志　りょうしょうし　510
Liao Cheng-zhi (20世紀)
　→廖承志　りょうしょうし　510
Liao Chengzhi (20世紀)
　→廖承志　りょうしょうし　510
Liao Chung-k'ai (19・20世紀)
　→廖仲愷　りょうちゅうがい　510
Liao Han-sheng (20世紀)
　→廖漢生　りょうかんせい　508
Liao Mo-sha (20世紀)
　→廖沫沙　りょうまつさ　511
Liao Wenyi (20世紀)
　→廖文毅　りょうぶんき　511
Liào Zhòng-kǎi (19・20世紀)
　→廖仲愷　りょうちゅうがい　510
Liao Zhongkai (19・20世紀)
　→廖仲愷　りょうちゅうがい　510
Li Bao-hua (20世紀)　→李葆華　りほうか　495
Lǐ Bì (5・6世紀)　→李弼　りひつ　494
Lǐ Biàn (9・10世紀)　→李昇　りべん　494
Lǐ Bǐng-héng (19世紀)
　→李秉衡　りへいこう　494

Lí Bó qú（19・20世紀）
→林伯渠　りんはくきょ　517
Lǐ Cháng（11世紀）→李常　りじょう　485
Li Chang-chun（20世紀）
→李長春　りちょうしゅん　491
Lǐ Cháng-gēng（18・19世紀）
→李長庚　りちょうこう　491
Li Chao-lin（20世紀）
→李兆麟　りちょうりん　491
Li Chen（20世紀）→李震　りしん　486
Lǐ Chéng（8世紀）→李晟　りせい　487
Lǐ Chéng-liáng（16・17世紀）
→李成梁　りせいりょう　488
Lǐ Ch'êng-liang（16・17世紀）
→李成梁　りせいりょう　488
Li Chi（6・7世紀）→李勣　りせき　488
Li Chi-ch'ien（10・11世紀）
→李継遷　りけいせん　477
Li Ch'ien-tê（11・12世紀）
→リ・ニャン・トン　493
Lich'ien-tê（11・12世紀）
→リ・ニャン・トン　493
Li Chi-fu（8・9世紀）→李吉甫　りきっぽ　474
Li Ching（6・7世紀）→李靖　りせい　487
Li Ching（10世紀）→李璟　りえい　472
Li Ching-i（19・20世紀）→李経羲　りけいぎ　477
Li Ching-yeh（7世紀）
→李敬業　りけいぎょう　477
Li Chi-p'êng（10・11世紀）
→李継捧　りけいほう　478
Li Chi-shên（19・20世紀）
→李済深　りさいしん　482
Li Chi-shen（19・20世紀）
→李済深　りさいしん　482
Li Chi Sin（20世紀）→李啓新　けいしん　477
Lǐ Chōng（5世紀）→李沖　りちゅう　491
Lǐ Chün（16・17世紀）
→宣祖（李朝）　せんそ　257
Lǐ Chún（19・20世紀）→李純　りじゅん　485
Li Cunxu（9・10世紀）
→李存勗　りそんきょく　489
Lǐ Dá（14・15世紀）→李達　りたつ　491
Lǐ Dà-zhāo（19・20世紀）
→李大釗　りたいしょう　490
Li Dazhao（19・20世紀）
→李大釗　りたいしょう　490
Lǐ Dēng-huī（20世紀）→李登輝　りとうき　492
Li Deng-hui（20世紀）→李登輝　りとうき　492
Li Denghui（20世紀）→李登輝　りとうき　492
Li Denghui Lee Teng-hui（20世紀）
→李登輝　りとうき　492

Lǐ Dé quán（20世紀）→李德全　りとくぜん　493
Li Dequan（20世紀）→李德全　りとくぜん　493
Li De-sheng（20世紀）→李德生　りとくせい　492
Li Desheng（20世紀）→李德生　りとくせい　492
Lǐ Dé-yù（8・9世紀）→李德裕　りとくゆう　493
Lǐ Dìng-guó（17世紀）→李定国　りていこく　492
Lǐ Duō-zuò（7・8世紀）→李多祚　りたそ　491
Lie, John（20世紀）→リー，ジョン　471
Lieh（前4世紀）→烈王　れつおう*　522
Lien Chan（20世紀）→連戦　れんせん　523
Lien Hsi-hsien（13世紀）
→廉希憲　れんきけん　523
Lien P'o（前3世紀）→廉頗　れんぱ　523
Li Fang（10世紀）→李昉　りほう　495
Li Fên（6世紀）→李賁　りほん　495
Li Fu-ch'un（20世紀）→李富春　りふしゅん　494
Li Fu-chun（20世紀）→李富春　りふしゅん　494
Li Fuchun（20世紀）→李富春　りふしゅん　494
Lǐ Fú-lín（19・20世紀）
→李福林　りふくりん　494
Lǐ Gǎo（4・5世紀）→李暠　りこう　479
Ligden qan（16・17世紀）
→リグデン・ハーン　477
Lǐ Gēn-yuán（19・20世紀）
→李根源　りこんげん　482
Lǐ Gōng pú（20世紀）→李公樸　りこうぼく　481
Lǐ Guǎng（前2世紀）→李広　りこう　479
Lǐ Guǎng（15世紀）→李広　りこう　479
Lǐ Guāng-bì（8世紀）→李光弼　りこうひつ　480
Lǐ Guǎng-lì（前2・1世紀）
→李広利　りこうり　481
Li Guangli（前2・1世紀）
→李広利　りこうり　481
Li Guangyao（20世紀）
→リー・クワン・ユー　477
Lǐ Guǐ（6・7世紀）→李軌　りき　474
Li Guoding（20世紀）→李国鼎　りこくてい　481
Lǐ Hàng（10・11世紀）→李沆　りこう　479
Lǐ Hàn-zhāng（19世紀）
→李瀚章　りかんしょう　474
Lǐ Hóng-zǎo（19世紀）→李鴻藻　りこうそう　480
Lǐ Hóng-zhāng（19・20世紀）
→李鴻章　りこうしょう　480
Li Hongzhang（19・20世紀）
→李鴻章　りこうしょう　480
Li-hsi（19・20世紀）→李太王　りたいおう　490
Li Hsien（7世紀）
→章懷太子　しょうかいたいし　216
Li Hsien-nein（20世紀）
→李先念　りせんねん　489

Li Hsien-nien（20世紀）
　→李先念　りせんねん　489
Li Hsi-lieh（8世紀）→李希烈　りきれつ　474
Li Hsing-yüan（18・19世紀）
　→李星沅　りせいげん　487
Li Hsiu-ch'êng（19世紀）
　→李秀成　りしゅうせい　484
Li Hsiung（3・4世紀）→李雄　りゆう　496
Li Hsüeh-fêng（20世紀）
　→李雪峰　りせっぽう　488
Lǐ Huái-guāng（8世紀）
　→李懐光　りかいこう　473
Li Huai-hsien（8世紀）→李懐仙　りかいせん　473
Li Huai-kuang（8世紀）
　→李懐光　りかいこう　473
Lǐ Huái-xiān（8世紀）→李懐仙　りかいせん　473
Lǐ Huà-lóng（16・17世紀）
　→李化龍　りかりゅう　473
Li Huan（20世紀）→李煥　りかん　473
Li Hung-chang（19・20世紀）
　→李鴻章　りこうしょう　480
Li I-fu（7世紀）→李義府　りぎふ　474
Lǐ Jī（6・7世紀）→李勣　りせき　488
Lǐ Jiàn-chéng（6・7世紀）
　→李建成　りけんせい　478
Lǐ Jí-fǔ（8・9世紀）→李吉甫　りきっぽ　474
Lǐ Jìng（6・7世紀）→李靖　りせい　487
Li Jing-quan（20世紀）→李井泉　りせいせん　488
Li Jingquan（20世紀）→李井泉　りせいせん　488
Lǐ Jìng-yè（7世紀）→李敬業　りけいぎょう　477
Lǐ Jì-pěng（10・11世紀）
　→李継捧　りけいほう　478
Lǐ Jì-qiān（10・11世紀）
　→李継遷　りけいせん　477
Lǐ Jì shēn（19・20世紀）
　→李済深　りさいしん　482
Li Jishen（19・20世紀）
　→李済深　りさいしん　482
Li Jui-shan（20世紀）→李瑞山　りずいざん　487
Li Ju-sung（16世紀）→李如松　りじょしょう　486
Li Kang（11・12世紀）→李綱　りこう　479
Li Kao（4・5世紀）→李暠　りこう　479
Li Ken-yuan（19・20世紀）
　→李根源　りこんげん　482
Li K'o-yung（9・10世紀）
　→李克用　りこくよう　481
Li Kuang-li（前2・1世紀）
　→李広利　りこうり　481
Li Kuang-pi（8世紀）→李光弼　りこうひつ　480
Li K'uei（前5・4世紀頃）→李悝　りかい　472

Lǐ Kuī（前5・4世紀頃）→李悝　りかい　472
Li Kung-p'u（20世紀）→李公樸　りこうぼく　481
Li Kuo-ch'ang（9世紀）
　→朱邪赤心　しゅやせきしん　210
Li Kuo-ting（20世紀）→李国鼎　りこくてい　481
Lǐ Lián-yīng（19・20世紀）
　→李蓮英　りれんえい　515
Li Lieh-chün（19・20世紀）
　→李烈鈞　りれつきん　515
Li Lieh-chun（19・20世紀）
　→李烈鈞　りれつきん　515
Lǐ Liè jūn（19・20世紀）
　→李烈鈞　りれつきん　515
Li Liejun（19・20世紀）
　→李烈鈞　りれつきん　515
Lǐ Lín-fǔ（8世紀）→李林甫　りりんぽ　514
Li Lin-fu（8世紀）→李林甫　りりんぽ　514
Lǐ Líng（前2・1世紀）→李陵　りりょう　514
Li Ling（前2・1世紀）→李陵　りりょう　514
Lǐ Lì sān（20世紀）→李立三　りりつさん　514
Li Li-san（20世紀）→李立三　りりつさん　514
Li Lisan（20世紀）→李立三　りりつさん　514
Li Man-chu（15世紀）
　→李満住　りまんじゅう　495
Lǐ Mǎn-zhù（15世紀）
　→李満住　りまんじゅう　495
Lim Bo Seng（20世紀）→リム・ボーセン　496
Lǐ Mì（6・7世紀）→李密　りみつ　495
Li Mi（6・7世紀）→李密　りみつ　495
Lim Kyun-mi（14世紀）
　→林堅味　りんけんみ　515
Lim Yew Hock（20世紀）
　→リム・ユーホック　496
Lín Biāo（20世紀）→林彪　りんぴょう　517
Lin Biao（20世紀）→林彪　りんぴょう　517
Lin Boqu（19・20世紀）
　→林伯渠　りんはくきょ　517
Lín Cháng-mín（19・20世紀）
　→林長民　りんちょうみん　517
Lin Ch'ang-min（19・20世紀）
　→林長民　りんちょうみん　517
Lin Chieh（20世紀）→劉楫　りゅうかい　498
Lin Ch'ing（18・19世紀）→林清　りんせい　516
Lin Ch'ing（18・19世紀）→林清　りんせい　516
Lin Chin-táng（19世紀）
　→劉錦棠　りゅうきんとう　499
Line P'o（前3世紀）→廉頗　れんぱ　523
Lin Feng（20世紀）→林楓　りんふう　517
Lin Fêng-hsiang（19世紀）
　→林鳳祥　りんほうしょう　517

Lín Fèng-xiáng（19世紀）
　→林鳳祥　りんほうしょう　517
Ling（前6世紀）　→霊王（周）　れいおう*　519
Lingdan Khan（16・17世紀）
　→リグデン・ハーン　477
Lingdan Qaγan（16・17世紀）
　→リグデン・ハーン　477
Lingden Khaan（16・17世紀）
　→リグデン・ハーン　477
Líng-dì（2世紀）　→霊帝（後漢）　れいてい　520
Ling-kung（前7世紀）　→霊公　れいこう　519
Ling Liong Sik（20世紀）
　→リン・リョンシク　518
Ling-ti（2世紀）　→霊帝（後漢）　れいてい　520
Ling-wang（前6世紀）
　→霊王（周）　れいおう*　519
Lin-hai Wang（6世紀）
　→廃帝伯宗　はいていはくそう*　378
Lin Hsiang-ch'ien（19・20世紀）
　→林祥謙　りんしょうけん　516
Lin Hsiang-ju（前4・3世紀）
　→藺相如　りんしょうじょ　516
Lin Jinsheng（20世紀）
　→林金生　りんきんせい　515
Lín Líng-sù（11・12世紀）
　→林霊素　りんれいそ　518
Lin Ling-su（11・12世紀）
　→林霊素　りんれいそ　518
Lin Li-yun（20世紀）　→林麗韞　りんれいうん　518
Lin Liyun（20世紀）　→林麗韞　りんれいうん　518
Lin Piao（20世紀）　→林彪　りんぴょう　517
Lin Po-ch'ü（19・20世紀）
　→林伯渠　りんはくきょ　517
Lin Po-chü（19・20世紀）
　→林伯渠　りんはくきょ　517
Lin Po-chu（19・20世紀）
　→林伯渠　りんはくきょ　517
Lín Qīng（18・19世紀）　→林清　りんせい　516
Lín Sēn（19・20世紀）　→林森　りんしん　516
Lín Sên（19・20世紀）　→林森　りんしん　516
Lin Sen（19・20世紀）　→林森　りんしん　516
Lín Shì-hóng（7世紀）　→林士弘　りんしこう　515
Lín Shuǎng-wén（18世紀）
　→林爽文　りんそうぶん　516
Lin Shuang-wên（18世紀）
　→林爽文　りんそうぶん　516
Lin-t'ao Wang（6世紀）
　→臨洮王　りんとうおう*　517
Lin Tieh（20世紀）　→林鉄　りんてつ　517
Lin Ting-ming（19・20世紀）
　→李鼎銘　りていめい　492

Lin Tsê-hsü（18・19世紀）
　→林則徐　りんそくじょ　516
Lìn Xiāng-rú（前4・3世紀）
　→藺相如　りんしょうじょ　516
Lín Xù（19世紀）　→林旭　りんきょく　515
Lin Yang-kang（20世紀）
　→林洋港　りんようこう　518
Lín Zé-xú（18・19世紀）
　→林則徐　りんそくじょ　516
Lín Zéxú（18・19世紀）
　→林則徐　りんそくじょ　516
Lin Zexu（18・19世紀）
　→林則徐　りんそくじょ　516
Li Pao-hua（20世紀）　→李葆華　りほうか　495
Lǐ Péng（20世紀）　→李鵬　りほう　495
Li Peng（20世紀）　→李鵬　りほう　495
Li Pi（8世紀）　→李泌　りひつ　494
Li Pien（9・10世紀）　→李昪　りべん　494
Li Ping（前3世紀）　→李冰　りひょう　494
Li Ping-hêng（19世紀）
　→李秉衡　りへいこう　494
Li Rui-huan（20世紀）　→李瑞環　りずいかん　486
Lǐ Ruò-shuǐ（11・12世紀）
　→李若水　りじゃくすい　484
Lǐ Rú-sōng（16世紀）　→李如松　りじょしょう　486
Lǐ Sān-cái（17世紀）　→李三才　りさんさい　482
Lǐ Shàn-cháng（14世紀）
　→李善長　りぜんちょう　488
Li Shan-ch'ang（14世紀）
　→李善長　りぜんちょう　488
Li Shên（8・9世紀）　→李紳　りしん　486
Li Shêng（8世紀）　→李晟　りせい　487
Lǐ Shèng-duó（19・20世紀）
　→李盛鐸　りせいたく　488
Li Shéng-to（19・20世紀）
　→李盛鐸　りせいたく　488
Lǐ Shì（4世紀）　→李勢　りせい　487
Li Shih-min（7世紀）　→太宗（唐）　たいそう　282
Li Shih-tsêng（19・20世紀）
　→李石曾　りせきそう　488
Lǐ Shìmín（7世紀）　→太宗（唐）　たいそう　282
Lǐ Shí zēng（19・20世紀）
　→李石曾　りせきそう　488
Lí Shù-chāng（19世紀）
　→黎庶昌　れいしょしょう　520
Li Shu-ch'ang（19世紀）
　→黎庶昌　れいしょしょう　520
Lǐ Shū-chéng（19・20世紀）
　→李書城　りしょじょう　486
Li Shu-c'hêng（19・20世紀）
　→李書城　りしょじょう　486

Li Shui-ching（20世紀）
　→李水清　りすいせい　487
Lǐ Shun（5世紀）　→李順　りじゅん　485
Lǐ Shùn（10世紀）　→李順　りじゅん　485
Li Shun（10世紀）　→李順　りじゅん　485
Lǐ Sī（前3世紀）　→李斯　りし　482
Li Si（前3世紀）　→李斯　りし　482
Lǐ Sì guāng（19・20世紀）
　→李四光　りしこう　483
Li Siguang（19・20世紀）
　→李四光　りしこう　483
Li Ssǔ（前3世紀）　→李斯　りし　482
Li Ssu-kuang（19・20世紀）
　→李四光　りしこう　483
Li Su-wen（20世紀）　→李素文　りそぶん　489
Li Suwen（20世紀）　→李素文　りそぶん　489
Li Ta（14・15世紀）　→李達　りたつ　491
Li Ta-chang（20世紀）
　→李大章　りだいしょう　490
Li Ta-chao（19・20世紀）
　→李大釗　りたいしょう　490
Lǐ Tán（13世紀）　→李璮　りたん　491
Li T'an（13世紀）　→李璮　りたん　491
Li Tê-ch'üan（20世紀）
　→李徳全　りとくぜん　493
Li Tê-chüan（20世紀）　→李徳全　りとくぜん　493
Li Tê-ming（10・11世紀）
　→李徳明　りとくめい　493
Li Têng-hui（20世紀）　→李登輝　りとうき　492
Li Tê-sheng（20世紀）　→李徳生　りとくせい　492
Li Tê-yü（8・9世紀）　→李徳裕　りとくゆう　493
Lithai（14世紀）　→リタイ　490
Li Tien-yu（20世紀）　→李天佑　りてんゆう　492
Li Tie-ying（20世紀）　→李鉄映　りてつえい　492
Li Ting-kuo（17世紀）　→李定国　りていこく　492
Li Tin-kuo（17世紀）　→李定国　りていこく　492
Lǐ Tōng（1世紀）　→李通　りつう　491
Li To-tsu（7・8世紀）　→李多祚　りたそ　491
Li Tso-pêng（20世紀）　→李作鵬　りさくほう　482
Li-tsung（13世紀）　→理宗（南宋）　りそう　489
Li Tsung-jên（20世紀）
　→李宗仁　りそうじん　489
Li Tsung-jen（20世紀）
　→李宗仁　りそうじん　489
Li Ts'ung-mao（14・15世紀）
　→李従茂　りじゅうも　484
Li Ts'un-hsü（9・10世紀）
　→李存勗　りそんきょく　489
Li Ts'unhsü（9・10世紀）
　→李存勗　りそんきょく　489

Li Tsuo-pêng（20世紀）
　→李作鵬　りさくほう　482
Li Tzǔ-ch'êng（17世紀）　→李自成　りじせい　483
Liú Ān（前2世紀）　→劉安　りゅうあん　496
Liu An（前2世紀）　→劉安　りゅうあん　496
Liu An-chieh（11・12世紀）
　→劉安節　りゅうあんせつ　497
Liú Ān-shi（11・12世紀）
　→劉安世　りゅうあんせい　496
Liú Bāng（前3・2世紀）　→劉邦　りゅうほう　506
Liu Bang（前3・2世紀）　→劉邦　りゅうほう　506
Liú Bèi（2・3世紀）　→劉備　りゅうび　505
Liu Bei（2・3世紀）　→劉備　りゅうび　505
Liú Biǎo（2・3世紀）　→劉表　りゅうひょう　505
Liú Bǐng-zhōng（13世紀）
　→劉秉忠　りゅうへいちゅう　506
Liu Bocheng（20世紀）
　→劉伯承　りゅうはくしょう　505
Liu Ch'ang（5世紀）　→劉昶　りゅうちょう　504
Liu Ch'ang（10世紀）　→劉鋹　りゅうちょう　504
Liú Chǎng（11世紀）　→劉敞　りゅうしょう　502
Liu Ch'ang（11世紀）　→劉敞　りゅうしょう　502
Liu Chi（前3・2世紀）　→劉邦　りゅうほう　506
Liu Chi（14世紀）　→劉基　りゅうき　498
Liu Ch'ien-chin（15世紀）
　→劉通　りゅうつう　504
Liu Chien-hsün（20世紀）
　→劉建勲　りゅうけんくん　499
Liu Chih（20世紀）　→劉峙　りゅうじ　501
Liu Chih-chien（20世紀）
　→劉志堅　りゅうしけん　501
Liu Chih-hsieh（18世紀）
　→劉之協　りゅうしきょう　501
Liu Chih-yüan（9・10世紀）
　→劉知遠　りゅうちえん　503
Liu Chin（15・16世紀）　→劉瑾　りゅうきん　499
Liu Chun（10・11世紀）　→劉筠　りゅういん　497
Liú Cōng（4世紀）　→劉聡　りゅうそう　503
Liu Cong（4世紀）　→劉聡　りゅうそう　503
Liú Fāng（6・7世紀）　→劉方　りゅうほう　506
Liu Fang（6・7世紀）　→劉方　りゅうほう　506
Liu Feng（20世紀）　→劉豊　りゅうほう　506
Liú Fú-tōng（14世紀）
　→劉福通　りゅうふくつう　506
Liu Fu-t'ung（14世紀）
　→劉福通　りゅうふくつう　506
Liú Guāng-dì（19世紀）
　→劉光第　りゅうこうだい　500
Liú Hēi-tà（7世紀）　→劉黒闥　りゅうこくたつ　500
Liu Hei-t'a（7世紀）
　→劉黒闥　りゅうこくたつ　500

Liú Héng (18・19世紀) →劉衡　りゅうこう　500
Liu Hsien-chüan (20世紀)
　→劉賢権　りゅうけんけん　499
Liu Hsing-yüan (20世紀)
　→劉興元　りゅうこうげん　500
Liu Hsiu (前1・後1世紀)
　→光武帝 (後漢)　こうぶてい　160
Liu Hsi-wen (20世紀)
　→劉希文　りゅうきぶん　499
Liu Hsü (9・10世紀)　→劉昫　りゅうく　499
Liu Hsüan (1世紀)　→更始帝　こうしてい　149
Liú Huī (3世紀頃)　→劉毅　りゅうき　498
Liu Jên-kuei (7世紀)
　→劉仁軌　りゅうじんき　503
Liú Jī (14世紀)　→劉基　りゅうき　498
Liú Jǐn (15・16世紀)　→劉瑾　りゅうきん　499
Liu Ke-ping (20世紀)
　→劉格平　りゅうかくへい　498
Liu K'uei-i (19・20世紀)
　→劉揆一　りゅうきいつ　499
Liú Kuí-yī (19・20世紀)
　→劉揆一　りゅうきいつ　499
Liu K'un (3・4世紀)　→劉琨　りゅうこん　500
Liu K'un-i (19・20世紀)
　→劉坤一　りゅうこんいつ　500
Liú Kūn-yī (19・20世紀)
　→劉坤一　りゅうこんいつ　500
Liu Kunyi (19・20世紀)
　→劉坤一　りゅうこんいつ　500
Liú Kù-rén (4世紀)　→劉庫仁　りゅうこじん　500
Liu Lan-tao (20世紀)
　→劉瀾濤　りゅうらんとう　507
Liú Lì-chuān (19世紀)
　→劉麗川　りゅうれいせん　507
Liú Liù (16世紀)　→劉六　りゅうろく　507
Liu Ming-ch'uan (19世紀)
　→劉銘伝　りゅうめいでん　507
Liu Ming-chuan (19世紀)
　→劉銘伝　りゅうめいでん　507
Liú Míng-zhuàn (19世紀)
　→劉銘伝　りゅうめいでん　507
Liu Ning-i (20世紀)
　→劉寧一　りゅうねいいつ　504
Liu Ning-yi (20世紀)
　→劉寧一　りゅうねいいつ　504
Liu Ningyi (20世紀)
　→劉寧一　りゅうねいいつ　504
Liu Pang (前3・2世紀)　→劉邦　りゅうほう　506
Liu Pei (2・3世紀)　→劉備　りゅうび　505
Liú Pén-zī (1世紀)　→劉盆子　りゅうぼんし　507

Liu Ping-chung (13世紀)
　→劉秉忠　りゅうへいちゅう　506
Liu Po-ch'êng (20世紀)
　→劉伯承　りゅうはくしょう　505
Liu Po-chêng (20世紀)
　→劉伯承　りゅうはくしょう　505
Liú Qī (16世紀)　→劉七　りゅうしち　501
Liú Rén-guī (7世紀)　→劉仁軌　りゅうじんき　503
Liú Shào (3世紀)　→劉劭　りゅうしょう　502
Liú Shào (5世紀)　→劉劭　りゅうしょう　502
Liu Shao-ch'i (20世紀)
　→劉少奇　りゅうしょうき　502
Liú Shào-qí (20世紀)
　→劉少奇　りゅうしょうき　502
Liu Shao-qi (20世紀)
　→劉少奇　りゅうしょうき　502
Liu Shaoqi (20世紀)
　→劉少奇　りゅうしょうき　502
Liu Shou-Kuang (9・10世紀)
　→劉守光　りゅうしゅこう　501
Liú Sōng (18世紀)　→劉松　りゅうしょう　502
Liu Sung (18世紀)　→劉松　りゅうしょう　502
Liu Sung-shan (19世紀)
　→劉松山　りゅうしょうざん　502
Liu Ta-hsia (15・16世紀)
　→劉大夏　りゅうだいか　503
Liú Tíng (16・17世紀)　→劉綎　りゅうてい　504
Liu T'ing (16・17世紀)　→劉綎　りゅうてい　504
Liú Tōng (15世紀)　→劉通　りゅうつう　504
Liu Ts'ung (4世紀)　→劉聡　りゅうそう　503
Liu Tzu-hou (20世紀)
　→劉子厚　りゅうしこう　501
Liu Wang-chang (20世紀)
　→劉王章　りゅうおうしょう　498
Liú Wèi-chén (4世紀頃)
　→劉衛辰　りゅうえいしん　497
Liu Wen-hui (20世紀)
　→劉文輝　りゅうぶんき　506
Liú Wǔ-zhōu (7世紀)
　→劉武周　りゅうぶしゅう　506
Liu Xiu (前1・後1世紀)
　→光武帝 (後漢)　こうぶてい　160
Liu Xi-wen (20世紀)
　→劉希文　りゅうきぶん　499
Liu Xiwen (20世紀)　→劉希文　りゅうきぶん　499
Liú Yǎn (1世紀)　→劉縯　りゅうえん　497
Liú Yàn (8世紀)　→劉晏　りゅうあん　496
Liú Yào (4世紀)　→劉曜　りゅうよう　507
Liu Yao (4世紀)　→劉曜　りゅうよう　507
Liu Yen (8世紀)　→劉晏　りゅうあん　496
Liú Yì (3世紀頃)　→劉毅　りゅうき　498

Liú Yì(4・5世紀) →劉毅 りゅうき 498	Lǐ Xiù-chéng(19世紀)
Liú Yì(6世紀) →留異 りゅうい 497	→李秀成 りしゅうせい 484
Liú Yǐn(9・10世紀) →劉隠 りゅういん 497	Li Xiucheng(19世紀)
Liu Yin(9・10世紀) →劉隠 りゅういん 497	→李秀成 りしゅうせい 484
Liú Yǒng-fú(19・20世紀)	Li Xuefeng(20世紀) →李雪峰 りせっぽう 488
→劉永福 りゅうえいふく 497	Lǐ Xùn(9世紀) →李訓 りくん 477
Liu Yongfu(19・20世紀)	Lǐ Yán-nián(前2・1世紀頃)
→劉永福 りゅうえいふく 497	→李延年 りえんねん 472
Liu Yü(4・5世紀) →武帝(南朝宋) ぶてい 410	Lǐ Yì-fǔ(7世紀) →李義府 りぎふ 474
Liu Yu(4・5世紀) →武帝(南朝宋) ぶてい 410	Lǐ Yīng(2世紀) →李膺 りよう 508
Liú Yǔ(11・12世紀) →劉予 りゅうよ 507	Li Ying(2世紀) →李膺 りよう 508
Liu Yü(11・12世紀) →劉予 りゅうよ 507	Lǐ Yōng(7・8世紀) →李邕 りよう 508
Liu Yu(11・12世紀) →劉予 りゅうよ 507	Lǐ Yǒng-fāng(17世紀)
Liú Yuān(3・4世紀) →劉淵 りゅうえん 498	→李永芳 りえいほう 472
Liu Yüan(3・4世紀) →劉淵 りゅうえん 498	Lǐ Yù(10世紀) →李煜 りいく 471
Liu Yuan(3・4世紀) →劉淵 りゅうえん 498	Lǐ Yü(10世紀) →李煜 りいく 471
Liú Yún(10・11世紀) →劉筠 りゅういん 497	Li Yüan(6・7世紀) →高祖(唐) こうそ 154
Liu Yung-fu(19・20世紀)	Li Yuan(6・7世紀) →高祖(唐) こうそ 154
→劉永福 りゅうえいふく 497	Lǐ Yuán(15世紀) →李原 りげん 478
Liú Zhèng(12・13世紀) →留正 りゅうせい 503	Lǐ Yuán-dù(19世紀) →李元度 りげんたく 479
Liú Zhì(11世紀) →劉摯 りゅうし 501	Lǐ Yüán-hào(11世紀) →李元昊 りげんこう 478
Liú Zhì dān(20世紀)	Lǐ Yüan-hao(11世紀) →李元昊 りげんこう 478
→劉志丹 りゅうしたん 501	Li Yuanhao(11世紀) →李元昊 りげんこう 478
Liú Zhī-xié(18世紀)	Lí Yuán-hóng(19・20世紀)
→劉之協 りゅうしきょう 501	→黎元洪 れいげんこう 519
Lǐ Wàn-chāo(10世紀)	Lí Yuánhóng(19・20世紀)
→李万超 りばんちょう 493	→黎元洪 れいげんこう 519
Lì-wáng(前9世紀) →厲王(周) れいおう 519	Li Yuanhong(19・20世紀)
Li-wang(前9世紀) →厲王(周) れいおう 519	→黎元洪 れいげんこう 519
Lǐ Wèi(17・18世紀) →李衛 りえい 472	Li Yüan-hung(19・20世紀)
Li Wei(17・18世紀) →李衛 りえい 472	→黎元洪 れいげんこう 519
Li Wei-han(20世紀) →李維漢 りいかん 471	Lǐ Yuán-jí(7世紀) →李元吉 りげんきつ 478
Li Wên-ch'êng(18・19世紀)	Lǐ Yü-hsi(20世紀) →黎玉璽 れいぎょくじ 519
→李文成 りぶんせい 494	Li Yujin(20世紀) →李玉琴 りぎょくきん* 474
Lǐ Wén-tián(19世紀) →李文田 りぶんでん 494	Li Yung(7・8世紀) →李邕 りよう 508
Lǐ Wén-zhōng(14世紀)	Lǐ Yù-táng(19・20世紀)
→李文忠 りぶんちゅう 494	→李煜堂 りいくどう 471
Lǐ Xiàn(8・9世紀) →李憲 りけん 478	Li Zhao-xing(20世紀)
Lǐ Xián(15世紀) →李賢 りけん 478	→李肇星 りちょうせい 491
Lǐ Xiān-niàn(20世紀) →李先念 りせんねん 489	Lǐ Zhǔn(19・20世紀) →李準 りじゅん 485
Li Xian-nian(20世紀) →李先念 りせんねん 489	Lǐ Zì-chéng(17世紀) →李自成 りじせい 483
Li Xiannian(20世紀) →李先念 りせんねん 489	Li Zicheng(17世紀) →李自成 りじせい 483
Lǐ Xiè-hé(19・20世紀)	Lǐ Zǐ-tōng(7世紀) →李子通 りしつう 484
→李燮和 りしょうわ 486	Lǐ-zōng(13世紀) →理宗(南宋) りそう 489
Lǐ Xī-liè(8世紀) →李希烈 りきれつ 474	Lǐ Zōng-mǐn(9世紀) →李宗閔 りそうびん 489
Lǐ Xi-ming(20世紀) →李錫銘 りしゃくめい 484	Lǐ Zōng rén(20世紀) →李宗仁 りそうじん 489
Lǐ Xīng-yuán(18・19世紀)	Li Zongren(20世紀) →李宗仁 りそうじん 489
→李星沅 りせいげん 487	Li Zuopeng(20世紀) →李作鵬 りさくほう 482
Lǐ Xióng(3・4世紀) →李雄 りゆう 496	Lo Chêng-an(15・16世紀)
	→羅欽順 らきんじゅん 466

Lo Chia-lun（20世紀）→羅家倫　らかりん　465
Lo Ch'in-shun（15・16世紀）
　→羅欽順　らきんじゅん　466
Lo Fang Phak（18世紀）
　→羅芳伯　らほうはく　468
Lo Fang-po（18世紀）→羅芳伯　らほうはく　468
Lo Fang-po（18世紀）→羅芳伯　らほうはく　468
Lo Jung-huan（20世紀）
　→羅栄桓　らえいかん　465
Lo Kui-po（20世紀）→羅貴波　らきは　466
Lo Lung-chi（20世紀）→羅隆基　らりゅうき　470
Long Boret（20世紀）→ロン・ボレ　528
Lóng-qìng-dì（16世紀）
　→隆慶帝　りゅうけいてい　499
Long Yun（19・20世紀）→龍雲　りゅううん　497
Lon Nol（20世紀）→ロン・ノル　527
Lopez, Fernando（20世紀）
　→ロペス，フェルナンド　526
Lopez, Fernondo（20世紀）
　→ロペス，フェルナンド　526
Lopez, Salvador P.（20世紀）
　→ロペス，サルバドール・P.　526
Lopez, Sarvador P.（20世紀）
　→ロペス，サルバドール・P.　526
Lo Shun-chu（20世紀）
　→羅舜初　らしゅんはつ　466
Lo Tsê-nan（19世紀）→羅沢南　らたくなん　467
Lo Tui-ching（20世紀）
　→羅瑞卿　らずいきょう　467
Lou Chi（12・13世紀）→婁機　ろうき　524
Lo Yüan-fa（20世紀）→羅元発　らげんはつ　466
Luang Phibun Songkhram（20世紀）
　→ピブーン　396
Luang Phibunsongkhram（20世紀）
　→ピブーン　396
Luang Pibul Songgram（20世紀）
　→ピブーン　396
Lü Bù-wéi（前3世紀）→呂不韋　りょふい　513
Lu Chêng-hsiang（19・20世紀）
　→陸徴祥　りくちょうしょう　476
Lü Chêng-ts'ao（20世紀）
　→呂正操　りょせいそう　512
Lü Cheng-ts'ao（20世紀）
　→呂正操　りょせいそう　512
Lü Cheng-tsao（20世紀）
　→呂正操　りょせいそう　512
Lu Chi（3・4世紀）→陸機　りくき　475
Lu Chia（前3・2世紀）→陸賈　りくか　475
Lu Chih（2世紀）→盧植　ろしょく　525
Lu Chih（8・9世紀）→陸贄　りくし　475
Lu Chih（13世紀）→盧摯　ろし　525

Lü Dà-fáng（11世紀）
　→呂大防　りょだいぼう　512
Lù Diàn（11・12世紀）→陸佃　りくでん　476
Lu Ding-yi（20世紀）→陸定一　りくていいつ　476
Lu Dingyi（20世紀）→陸定一　りくていいつ　476
Lü Duān（10世紀）→呂端　りょたん　513
Lú Fāng（1世紀）→盧芳　ろほう　526
Lu-Gia　→ル・ザ　519
Lü Gōng-zhù（11世紀）
　→呂公著　りょこうちょ　512
Lü Guāng（4世紀）→呂光　りょこう　511
Lü Hai-huan（19・20世紀）
　→呂海寰　ろかいかん　524
Lu Han（20世紀）→盧漢　ろかん　524
Lù Hào-dōng（19世紀）
　→陸皓東　りくこうとう　475
Lu Hao-tung（19世紀）
　→陸皓東　りくこうとう　475
Lü Hǎo-wèn（11・12世紀）
　→呂好問　りょこうもん　512
Lǚ Hòu（前2世紀）→呂后　りょこう　512
Lü-hou（前2世紀）→呂后　りょこう　512
Lühou（前2世紀）→呂后　りょこう　512
Lu Hsiu-fu（13世紀）→陸秀夫　りくしゅうふ　476
Lu Hsiu-lien（20世紀）
　→呂秀蓮　りょしゅうれん　512
Lu Hsün（2・3世紀）→陸遜　りくそん　476
Lü-huáng-hòu（前2世紀）→呂后　りょこう　512
Lü Hui（11世紀頃）→呂誨　りょかい　511
Lü Hui-ch'ing（11・12世紀）
　→呂恵卿　りょけいけい　511
Lü Huì-qīng（11・12世紀）
　→呂恵卿　りょけいけい　511
Lü I-chien（10・11世紀）
　→呂夷簡　りょいかん　508
Lù Jī（3・4世紀）→陸機　りくき　475
Lù Jiǎ（前3・2世紀）→陸賈　りくか　475
Lü Jiā-wèn（11世紀頃）
　→呂嘉問　りょかもん　511
Lu Jui-lin（20世紀）→魯瑞林　ろずいりん　525
Lu Jung-t'ing（19・20世紀）
　→陸栄廷　りくえいてい　475
Lukman 'ulhakim, Mohammad（20世紀）
　→ルクマン　519
Lü Kuang（4世紀）→呂光　りょこう　511
Lü Lóng（4・5世紀）→呂隆　りょりゅう　513
Lü Mêng（2・3世紀）→呂蒙　りょもう　513
Lü Méng-zhèng（10・11世紀）
　→呂蒙正　りょもうせい　513
Lu-ming-shan（14世紀）
　→魯明善　ろめいぜん　526

Lung Chi-kuang（19・20世紀）
　→龍済光　りゅうさいこう　501
Lung Ch'ing（16世紀）
　→隆慶帝　りゅうけいてい　499
Lung-ch'ing-ti（16世紀）
　→隆慶帝　りゅうけいてい　499
Lung Shu-chin（20世紀）
　→龍書金　りゅうしょきん　502
Lung Yün（19・20世紀）　→龍雲　りゅううん　497
Luò Bǐng-zhāng（18・19世紀）
　→駱秉章　らくへいしょう　466
Luo Jui-ch'ing（20世紀）
　→羅瑞卿　らずいきょう　467
Luong-Đac-Bang　→ルオン・ダック・バン　518
Luong-Huu-Khanh
　→ルオン・フウ・カイン　519
Luong-Ngoc-Quyen（20世紀）
　→ルオン・ゴォック・クエン　518
Luong-Nhu-Hoc　→ルオン・ニュ・ホック　518
Luong-The-Vinh　→ルオン・テ・ヴィン　518
Luong-Truc–Đam（20世紀）
　→ルオン・チュック・ダム　518
Luong-Van-Can（19・20世紀）
　→ルオン・ヴァン・カン　518
Luó Qīn-shùn（15・16世紀）
　→羅欽順　らきんじゅん　466
Luó Rǔ-cái（17世紀）　→羅汝才　らじょさい　467
Luo Ruiqing（20世紀）
　→羅瑞卿　らずいきょう　467
Luó Sī-jǔ（18・19世紀）　→羅思挙　らしきょ　466
Luó Zé-nán（19世紀）　→羅沢南　らたくなん　467
Luó Zhěng–ān（15・16世紀）
　→羅欽順　らきんじゅん　466
Lü Pu-wêi（前3世紀）　→呂不韋　りょふい　513
Lü Pu-wei（前3世紀）　→呂不韋　りょふい　513
Lù Róng-tíng（19・20世紀）
　→陸栄廷　りくえいてい　475
Lù Rùn-xiáng（19・20世紀）
　→陸潤庠　りくじゅんしょう　476
Lü Shàng（前11世紀頃）
　→太公望　たいこうぼう　280
Lu Shêng-nan（18世紀）
　→陸生枏　りくせいなん　476
Lu Shih-jung（13世紀）
　→盧世栄　ろせいえい　525
Lú Shì-róng（13世紀）　→盧世栄　ろせいえい　525
Lu Sun（2・3世紀）　→陸遜　りくそん　476
Lü Ta-fang（11世紀）
　→呂大防　りょだいぼう　512
Lü Tai（2・3世紀頃）　→呂岱　りょたい　512
Lu Tai（2・3世紀頃）　→呂岱　りょたい　512
Lu Tien（11・12世紀）　→陸佃　りくでん　476

Lu Ting-i（20世紀）　→陸定一　りくていいつ　476
Lu Ti-ping（19・20世紀）
　→魯滌平　ろじょうへい　525
Lu Tsung-yü（19・20世紀）
　→陸宗輿　りくそうよ　476
Luu-Khanh–Đam　→ルウ・カイン・ダム　518
Luu-Nhan-Chu（15世紀）
　→ルウ・ニャン・チュ　518
Lú Wǎn（前3・2世紀）　→盧綰　ろわん　526
Lǔ-wáng Zhū Yī-hǎi（17世紀）
　→魯王朱以海　ろおうしゅいかい　524
Lü Wén-dé（13世紀）
　→呂文徳　りょぶんとく　513
Lü Wén-huàn（13世紀）
　→呂文煥　りょぶんかん　513
Lü Xī-zhé（11・12世紀）
　→呂希哲　りょきてつ　511
Lü Yí-hào（11・12世紀）
　→呂頤浩　りょいこう　508
Lü Yí-jiǎn（10・11世紀）
　→呂夷簡　りょいかん　508
Lù Yiù-fū（13世紀）　→陸秀夫　りくしゅうふ　476
Lú Yǒng-xiáng（19世紀）
　→盧永祥　ろえいしょう　524
Lu Yung-hsiang（19世紀）
　→盧永祥　ろえいしょう　524
Lù Zhēng-xiáng（19・20世紀）
　→陸徴祥　りくちょうしょう　476
Lù Zhì（8・9世紀）　→陸贄　りくし　475
Lù Zōng-yú（19・20世紀）
　→陸宗輿　りくそうよ　476
Lu Zongyu（19・20世紀）
　→陸宗輿　りくそうよ　476
Ly-Anh-Ton（12世紀）　→リ・アイン・トン　471
Lý Bon（6世紀）　→李賁　りほん　495
Ly Bon（6世紀）　→李賁　りほん　495
Lý Công-uân（10・11世紀）
　→リ・コン・ウアン　481
Ly Công-Uân（10・11世紀）
　→リ・コン・ウアン　481
Ly Cong Uan（10・11世紀）
　→リ・コン・ウアン　481
Ly-Đao-Thanh　→リ・ダオ・タィン　490
Lykoshin, Nil Sergeevich（19・20世紀）
　→ルイコシン　518
Ly-Nhan-Ton（11・12世紀）
　→リ・ニャン・トン　493
Ly-Thai-To（10・11世紀）
　→リ・コン・ウアン　481
Ly-Thai-Ton（11世紀）　→リ・タイ・トン　490
Ly-Thanh-Ton（11世紀）
　→リ・タィン・トン　490

政治・外交・軍事篇　　　　　587　　　　　　　　　　　　　**MAI**

Ly-Than-Ton（12世紀）→リ・タン・トン　*491*
Ly Thu'o'ng-kiêt（11・12世紀）
　→リ・トゥオン・キェット　*492*
Ly Thuong Kiet（11・12世紀）
　→リ・トゥオン・キェット　*492*
Ly-Tien →リ・ティエン　*492*
Lyu Unhyong（19・20世紀）
　→呂運亨　ヨウニョン　*461*

【 M 】

Mabini, Apolinario（19・20世紀）→マビニ　*438*
Macapagal, Diosdado（20世紀）
　→マカパガル　*436*
Macapagal-Arroyo, Gloria（20世紀）
　→アロヨ　*13*
Mac Đăng-dong（15・16世紀）
　→マク・ダン・ズン　*436*
Mac Đăng-Dung（15・16世紀）
　→マク・ダン・ズン　*436*
Mac Dang Dung（15・16世紀）
　→マク・ダン・ズン　*436*
Mac-Đinh-Chi →マック・ディン・チ　*437*
Ma Chan-shan（19・20世紀）
　→馬占山　ばせんざん　*385*
Mǎ Chāo（2・3世紀）→馬超　ばちょう　*386*
Ma Ch'ao（2・3世紀）→馬超　ばちょう　*386*
Machendra Bir Bikram（20世紀）
　→マヘンドラ・ビル・ビクラム　*438*
Mǎ Chéng（1世紀）→馬成　ばせい　*385*
Ma Chien-chung（19世紀）
　→馬建忠　ばけんちゅう　*383*
Ma Chung-ying（20世紀）
　→馬仲英　ばちゅうえい　*386*
Ma Chün-wu（19・20世紀）
　→馬君武　ばくんぶ　*383*
Mǎ Fú-yì（19・20世紀）
　→馬福益　ばふくえき　*387*
Magbauna, Teresa（19・20世紀）
　→マグバウナ　*436*
Maghulikhai（15世紀）→モーリハイ　*445*
Magsaysay, Ramón（20世紀）
　→マグサイサイ　*436*
Magsaysay, Ramon（20世紀）
　→マグサイサイ　*436*
Magsaysay, Romon（20世紀）
　→マグサイサイ　*436*
Mahaadamrongkuul, Dilok（20世紀）
　→ディロック・マハーダムロンクーン　*346*

Maha Bandoola（18・19世紀）
　→マハーバンドゥラ　*437*
Mahabandula（18・19世紀）
　→マハーバンドゥラ　*437*
Mahadamayazadipati（18世紀）
　→マハーダムマヤーザディパティ　*437*
Mahathir bin Mohamad（20世紀）
　→マハティール　*437*
Mahathir Mohamad（20世紀）
　→マハティール　*437*
Mahatir bin Mohamad（20世紀）
　→マハティール　*437*
Mahendra（20世紀）→マヘンドラ　*438*
Mahendravarman（6・7世紀）
　→マヘンドラヴァルマン　*438*
Mahendra Vir Vikram Śāh Deva（20世紀）
　→マヘンドラ　*438*
Mahendra Vir Vikram Sah Deva（20世紀）
　→マヘンドラ　*438*
Maḥmūd（13・14世紀）→ガーザーン　*74*
Maḥmūd（14・15世紀）→マフムード　*438*
Maḥmūd（15世紀）
　→マフムード　*438*
　→マフムード　*438*
Maḥmūd Ghāzān Khān（13・14世紀）
　→ガーザーン　*74*
Maḥmūd Yalavach（13世紀）→ヤラワチ　*447*
Maḥmūd Yeluwadji（13世紀）→ヤラワチ　*447*
Mǎ Hóng kuí（20世紀）→馬鴻逵　ばこうき　*384*
Ma Hongkui（20世紀）→馬鴻逵　ばこうき　*384*
Ma Hsü-lun（19・20世紀）
　→馬叙倫　ばじょりん　*385*
Mǎ-huáng-hòu（14世紀）
　→馬皇后　ばこうごう　*384*
Ma huanghou（14世紀）
　→馬皇后　ばこうごう　*384*
Ma Hung-k'uei（19・20世紀）
　→馬鴻逵　ばこうき　*384*
Mai-Hac-Đe（8世紀）
　→マイ・トゥック・ロアン　*436*
Mai-Lao-Bang（20世紀）
　→マイ・ラオ・バン　*436*
Mài Mèng-huá（19・20世紀）
　→麦孟華　ばくもうか　*383*
Mai-The-Phap（18世紀）
　→マイ・テ・ファップ　*436*
Mai-Thuc-Loan（8世紀）
　→マイ・トゥック・ロアン　*436*
Mai Van Bo（20世紀）→マイ・ヴァン・ボ　*435*
Mai-Xuan-Thuong（19世紀）
　→マイ・スアン・トゥオン　*435*

MAJ 588 東洋人物レファレンス事典

Majartai(13・14世紀) →マジャルタイ 437
Mǎ Jiàn-zhōng(19世紀)
 →馬建忠 ばけんちゅう 383
Ma Jianzhong(19世紀)
 →馬建忠 ばけんちゅう 383
Mǎ Liáng(19・20世紀) →馬良 ばりょう 389
Ma Liang(19・20世紀) →馬良 ばりょう 389
Malik, Adam(20世紀) →アダム・マリク 7
Ma Ming-fang(20世紀)
 →馬明方 ばめいほう 388
Manggūltai(16・17世紀) →マングルタイ 439
Mang I(12世紀) →亡伊 ぼうい 422
Manglapus, Raul S.(20世紀)
 →マングラプス、ラウル 439
Mangrai(13・14世紀) →マンラーイ 439
Mangthaturat(19世紀)
 →マングサトゥラット 439
Mangu-Timur(13世紀)
 →マング・ティムール 439
Manopakorn Nithithada(20世紀)
 →マノーパコーン・ニティタダー 437
Manopakorn Nitithada, Phya(20世紀)
 →マノーパコーン・ニティタダー 437
Manṣūr(16世紀) →マンスール 439
Man-Thien →マン・ティエン 439
Manuel Luis Quezon(19・20世紀)
 →ケソン、マヌエル・ルイス 135
Manuel Luis Quezon y Molina(19・20世紀)
 →ケソン、マヌエル・ルイス 135
Manuel Quezon(19・20世紀)
 →ケソン、マヌエル・ルイス 135
Manuel Roxas(20世紀) →ロハス 525
Mao Tsê-min(20世紀)
 →毛沢民 もうたくみん 444
Mao Tsê-tung(20世紀)
 →毛沢東 もうたくとう 443
Mao Tse-tung(Mao Zedong)(20世紀)
 →毛沢東 もうたくとう 443
Mao-tun-shan-yü(前2世紀)
 →冒頓単于 ぼくとつぜんう 430
Máo Wén-lóng(16・17世紀)
 →毛文龍 もうぶんりゅう 445
Mao Wên-lung(16・17世紀)
 →毛文龍 もうぶんりゅう 445
Mao Yen-ying(20世紀)
 →毛岸英 もうがんえい 443
Máo Zé-dōng(20世紀)
 →毛沢東 もうたくとう 443
Máo Zédōng(20世紀)
 →毛沢東 もうたくとう 443

Mao Ze-dong(20世紀)
 →毛沢東 もうたくとう 443
Mao Zedong(20世紀)
 →毛沢東 もうたくとう 443
Ma Pu-fang(20世紀) →馬歩芳 ばほほう 387
Maramis, J.B.P.(20世紀)
 →マラミス、J.B.P. 438
Māravijayottuṅgavalman(10・11世紀頃) →マーラヴィジャヨットゥンガヴァルマン 438
Marco Kartodikromo(20世紀) →マルコ 438
Marcos, Ferdinand(20世紀) →マルコス 438
Marcos, Ferdinand E.(20世紀)
 →マルコス 438
Marcos, Ferdinand(Edralin)(20世紀)
 →マルコス 438
Marcos, Ferdinand Edralin(20世紀)
 →マルコス 438
Marcos, Ferdinando(20世紀) →マルコス 438
Mariano Ponce(19・20世紀) →ポンセ 435
Marshall, David Saul(20世紀)
 →マーシャル、デービッド 436
Ma Shih-ying(17世紀) →馬士英 ばしえい 384
Mǎ Shì-yīng(17世紀) →馬士英 ばしえい 384
Mǎ Shǒu-yīng(17世紀)
 →馬守応 ばしゅおう 384
Ma Shu-li(20世紀) →馬樹礼 ばじゅれい 384
Ma Shuli(20世紀) →馬樹礼 ばじゅれい 384
Ma Shu-lun(19・20世紀)
 →馬叙倫 ばじょりん 385
Mas'oud-Bey(13世紀) →マスード・ベイ 437
Mǎ Sù(2・3世紀) →馬謖 ばしょく 384
Ma Su(2・3世紀) →馬謖 ばしょく 384
Ma Tsu-ch'ang(13・14世紀頃)
 →馬祖常 ばそじょう 385
Maung Aye(20世紀) →マウン・エイ 436
Maung Maung(18世紀) →マウン・マウン 436
Maung Maung(20世紀) →マウン・マウン 436
Maung Maung Kha(20世紀)
 →マウン・マウン・カ 436
Mǎ Wén-shēng(15・16世紀)
 →馬文升 ばぶんしょう 387
Ma Wên-shêng(15・16世紀)
 →馬文升 ばぶんしょう 387
Mǎ Xù lún(19・20世紀)
 →馬叙倫 ばじょりん 385
Ma Xulun(19・20世紀)
 →馬叙倫 ばじょりん 385
Mǎ Yīn(9・10世紀) →馬殷 ばいん 379
Ma Yin(9・10世紀) →馬殷 ばいん 379
Ma Ying-jeou(20世紀)
 →馬英九 ばえいきゅう 379

Mǎ Yuán（前1・後1世紀）→馬援　ばえん　379
Ma Yüan（前1・後1世紀）→馬援　ばえん　379
Mǎ Zhàn shān（19・20世紀）
　→馬占山　ばせんざん　385
Ma Zhanshan（19・20世紀）
　→馬占山　ばせんざん　385
Mǎ Zhòngyīng（20世紀）
　→馬仲英　ばちゅうえい　386
Ma Zhongying（20世紀）
　→馬仲英　ばちゅうえい　386
Mǎ Zǔ-cháng（13・14世紀頃）
　→馬祖常　ばそじょう　385
mDo mkhar Tshe ring dbang rgyal（17・18世紀）　→ドカル・ツェリン・ワンギェル　363
Megawati, Sukarnoputri（20世紀）
　→メガワティ　442
Megawati Soekarnoputri（20世紀）
　→メガワティ　442
Megawati Sukarnoputri（20世紀）
　→メガワティ　442
Mendez, Mauro（20世紀）→メンデス, M.　443
Mèng Chǎng（10世紀）→孟昶　もうちょう　444
Mèng Chih-hsiang（9・10世紀）
　→孟知祥　もうちしょう　444
Mèng Gǒng（12・13世紀）
　→孟珙　もうきょう　443
Mèng Kung（12・13世紀）
　→孟珙　もうきょう　443
Mengrai（13・14世紀）→メンラーイ　443
Mèng Sēn（19・20世紀）→孟森　もうしん　443
Mèng Ssǔ-ch'êng（14・15世紀）
　→孟思誠　もうせい　443
Méng Tián（前3世紀）→蒙恬　もうてん　444
Meng Tian（前3世紀）→蒙恬　もうてん　444
Mêng T'ien（前3世紀）→蒙恬　もうてん　444
Mèng Zhī-xiáng（9・10世紀）
　→孟知祥　もうちしょう　444
Miao Bin（19・20世紀）→繆斌　びゅうひん　397
Miao Pin（19・20世紀）→繆斌　びゅうひん　397
Mi-chŏn-wang（4世紀）
　→美川王　びせんおう　396
Mi-chun-wang（4世紀）
　→美川王　びせんおう　396
Mien-Tong →ミエン・トン　439
Mi Guojun（20世紀）
　→米国鈞　べいこくきん　420
Mihirakula（6世紀）→ミヒラクラ　439
Min Chong-Shik（19・20世紀）
　→閔宗植　びんそうしょく　399
Min-dì（10世紀）→閔帝　びんてい　399
Mindon（19世紀）→ミンドン　440

Mindon Min（19世紀）→ミンドン　440
Mingdi（1世紀）→明帝（後漢）　めいてい　442
Ming Hsu（19世紀）→明緒　めいちょ　442
Mingju（17・18世紀）→ミンジュ　440
Ming-jui（18世紀）→明瑞　めいずい　442
Mingliyang（18・19世紀）→ミンリャン　440
Ming-ti（1世紀）→明帝（後漢）　めいてい　442
Ming-ti（3世紀）→明帝（魏）　めいてい　442
Ming Ti（4世紀）→明帝（東晋）　みんてい*　440
Ming Ti（5世紀）
　→明帝（六朝・宋）　みんてい*　440
　→明帝（斉）　みんてい*　440
Ming Ti（6世紀）→明帝（北周）　みんてい*　440
Ming-tsung（9・10世紀）
　→明宗（後唐）　めいそう　442
Ming-tsung（14世紀）→明宗（元）　めいそう　442
Ming Yüan Ti（4・5世紀）
　→明元帝　みんげんてい*　440
Ming Yü-chên（14世紀）
　→明玉珍　めいぎょくちん　441
Míng Yù-zhēn（14世紀）
　→明玉珍　めいぎょくちん　441
Míng-zōng（9・10世紀）
　→明宗（後唐）　めいそう　442
Míng-zōng（14世紀）→明宗（元）　めいそう　442
Minh Mang（18・19世紀）
　→グエン・フック・ドム　126
Min Jing-sik（19・20世紀）
　→閔宗植　びんそうしょく　399
Min Jong-sik（19・20世紀）
　→閔宗植　びんそうしょく　399
Minkyinyo（15・16世紀）→ミンチニョ　440
Min Ti（4世紀）→愍帝　びんてい　399
Min-ti（10世紀）→閔帝　びんてい　399
Min-ti（18世紀）→愍帝　びんてい　399
Minyedeikba（17世紀）→ミンレデイッパ　440
Minyekyawdin（17世紀）
　→ミンレーチョウディン　440
Min Yung-chün（19世紀）
　→閔泳駿　びんえいしゅん　399
Min Yung-hwan（19・20世紀）
　→閔泳煥　ミンヨンファン　440
Mīr 'Alī Shīr Navā'ī（15世紀）
　→ナヴァーイー　370
Mīr 'Alī Shīr Nawā'ī（15世紀）
　→ナヴァーイー　370
Mīrānshāh（15世紀）→ミーラーン・シャー　440
Mīrzā Ḥusayn Bayqara（15・16世紀）
　→フサイン・バイカラ　408
Misbach, Hadji（20世紀）→ミスバハ　439

Mochtar Kusumaatmadja(20世紀)
→モフタル・クスマアトマジャ 445
Mò-dì(9・10世紀) →末帝(後梁) まってい 437
Mò-dú Chán-yú(前2世紀)
→冒頓単于 ぼくとつぜんう 430
Mòdú Chányú(前2世紀)
→冒頓単于 ぼくとつぜんう 430
Modu Chanyu(前2世紀)
→冒頓単于 ぼくとつぜんう 430
Mohammad Hatta(20世紀) →ハッタ 386
Mohar, Raja Tan(20世紀)
→モハール, R.T. 445
Moh-jong(10・11世紀)
→穆宗(高麗) ぼくそう 429
Mokchong(10・11世紀)
→穆宗(高麗) ぼくそう 429
Mönghe Khan(13世紀) →モンケ 446
Möngke(13世紀) →モンケ 446
Möngke Khan(13世紀) →モンケ 446
Mongke Khan(13世紀) →モンケ 446
Möngke Temür(13世紀)
→マング・ティムール 439
Mongkut(19世紀) →ラーマ4世 468
Monivong(19・20世紀) →モニヴォン 445
Moon Hee-sang(20世紀)
→文喜相 ムンヒサン 441
Moon Ik-jum(14世紀)
→文益漸 ムンイクチョム 441
Moon-jong(11世紀)
→文宗(高麗) ぶんそう 417
Moon-moo-wang(7世紀)
→文武王 ぶんぶおう 419
Mo Ti(3世紀) →孫皓 そんこう 275
Mo Ti(9・10世紀) →末帝(後梁) まってい 437
Mo Ti(13世紀) →末帝(金) まってい* 437
Mo-tu ch'an-yü(前2世紀)
→冒頓単于 ぼくとつぜんう 430
Mo-tu Shan-yü(前2世紀)
→冒頓単于 ぼくとつぜんう 430
Móu-yŭ Kè-hán(8世紀) →ボウウ・カガン 422
Mou-yü k'ohan(8世紀) →ボウウ・カガン 422
Mu(前11世紀頃) →穆王 ぼくおう 428
Mubārak Shāh(13世紀)
→ムバラク・シャー 441
Mu-ch'o k'o-han(7・8世紀)
→カプガン・カガン 78
Mù-gōng(前7世紀) →穆公 ぼくこう 428
Muḥammad(14世紀) →ムハンマド 441
Muhammad Husni Thamrin(20世紀)
→タムリン 290

Muḥammad Taraghay b.Shāhrukh Ulugh Bik
(14・15世紀) →ウルグ・ベク 34
Muhammad Yamin(20世紀) →ヤミン 447
Muḥammad Ya'qūb Beg(19世紀)
→ヤクブ・ベク 446
Mu-hua-li(12・13世紀) →ムカリ 440
Mujangga(18・19世紀) →ムジャンガ 441
Mu-jung Ch'ui(4世紀)
→慕容垂 ぼようすい 433
Mu-jung Chün(4世紀)
→慕容儁 ぼようしゅん 433
Mu-jung Huang(3・4世紀)
→慕容皝 ぼようこう 433
Mu-jung Kuei(3・4世紀)
→慕容廆 ぼようかい 433
Mu-jung(yung) Ch'ui(4世紀)
→慕容垂 ぼようすい 433
Mu-jung(yung) Chün(4世紀)
→慕容儁 ぼようしゅん 433
Mu-jung(yung) Huang(3・4世紀)
→慕容皝 ぼようこう 433
Mu-jung(yung) Kuei(3・4世紀)
→慕容廆 ぼようかい 433
Mu-jung(yung) Tê(4・5世紀)
→慕容徳 ぼようとく 433
Mu-kan k'o-han(6世紀)
→モクカン・カガン 445
Mukhali(12・13世紀) →ムカリ 440
Mu-ku-lü(5世紀頃) →木骨閭 もこつりょ 445
Mu-kung(前7世紀) →穆公 ぼくこう 428
Mun-bu-wang(7世紀)
→文武王 ぶんぶおう 419
Mungge Khan(13世紀) →モンケ 446
Mung-jing(11世紀)
→文宗(高麗) ぶんそう 417
Mun Ik-chŏm(14世紀)
→文益漸 ムンイクチョム 441
Mun Ik-hwan(20世紀)
→文益煥 ムンイクファン 441
Mun-jong(11世紀)
→文宗(高麗) ぶんそう 417
Munjong(11世紀)
→文宗(李朝) ぶんそう 417
→文宗(高麗) ぶんそう 417
Mun-mu-wang(7世紀)
→文武王 ぶんぶおう 419
Mun Se-gwang(20世紀)
→文世光 ぶんせいこう 416
Muqali(12・13世紀) →ムカリ 440
Murād, Shāh(18世紀) →シャームラード 198

政治・外交・軍事篇　591　NAZ

Mù-róng Chuí（4世紀）
　→慕容垂　ぼようすい　433
Mù-róng Huǎng（3・4世紀）
　→慕容皝　ぼようこう　433
Mù-róng Wěi（3・4世紀）
　→慕容廆　ぼようかい　433
Mu-(r)yŏl-wang（7世紀）
　→武烈王　ぶれつおう　415
Mu-ryŏng-wang（5・6世紀）
　→武寧王　ぶねいおう　411
Musa Hitam, Datuk（20世紀）→ムサ　441
Muso（20世紀）→ムソ　441
Musso（20世紀）→ムソ　441
Mustapha bin Datu Harun, Tun（20世紀）
　→ムスタファ　441
Mustapha bin Datu Harun, Tun Datu（20世紀）
　→ムスタファ　441
Mu Ti（4世紀）→穆帝　ぼくてい*　430
Mu Tsung（8・9世紀）
　→穆宗（唐）　ぼくそう　429
Mu Tsung（10世紀）→穆宗（遼）　ぼくそう　429
Mu-tsung（16世紀）
　→隆慶帝　りゅうけいてい　499
Mu Tsung（19世紀）→同治帝　どうちてい　358
Mu-wang（前11世紀頃）→穆王　ぼくおう　428
Mu Ying（14世紀）→沐英　もくえい　445
Mu-yŏl-wang（7世紀）→武烈王　ぶれつおう　415
Mù-zōng（10世紀）→穆宗（遼）　ぼくそう　429
Mù-zōng（11・12世紀）
　→穆宗（金）　ぼくそう　429
Myawaddy Wungyi U Sa（18・19世紀）
　→ミャワディ・ミンヂー・ウー・サ　440
Myawadi min Kyî U Sa（18・19世紀）
　→ミャワディ・ミンヂー・ウー・サ　440
Myŏngjong（12世紀）
　→明宗（高麗）　めいそう*　442
Myŏngjong（16世紀）
　→明宗（李朝）　めいそう*　442

【N】

Nabiev, Rakhman（20世紀）
　→ナビエフ, ラフマン　371
Nae-mul-wang（4・5世紀）
　→奈勿王　なもつおう　371
Naghachu（14世紀）→ナガチュ　370
Na-ha-ch'u（14世紀）→ナガチュ　370
Nam Duck-woo（20世紀）
　→南悳祐　ナムドクウ　371
Nam Il（20世紀）→南日　ナムイル　371
Nan（前4・3世紀）→赧王　たんおう　292
Nan-an Wang（5世紀）
　→南安王　なんあんおう*　372
Nan Chi-yün（8世紀）
　→南霽雲　なんせいうん　372
Nandabayin（16世紀）→ナンダバイン　372
Nangyang gongzhu（6世紀）
　→南陽公主　なんようこうしゅ　372
Nan Han-ch'ên（20世紀）
　→南漢宸　なんかんしん　372
Nan Han-chen（20世紀）
　→南漢宸　なんかんしん　372
Nan Hanchen（20世紀）
　→南漢宸　なんかんしん　372
Nan Ping（20世紀）→南萍　なんひょう　372
Narai（17世紀）→ナライ　371
Narantsatsralt, Janlav（20世紀）
　→ナランツァツラルト, ジャンラブ　371
Naresuan（16・17世紀）→ナレースエン　372
Naresuan Maharat（16・17世紀）
　→ナレースエン　372
Naresuen（16・17世紀）→ナレースエン　372
Nasirudin, Ismail（20世紀）
　→ナシルジン, I.　370
Nastion, Haris（20世紀）→ナスティオン　371
Nasution, Abdul Haris（20世紀）
　→ナスティオン　371
Nasution Abdul Haris（20世紀）
　→ナスティオン　371
Nathan, S.R.（20世紀）→ナーザン, S.R.　370
Natsir, Mohammad（20世紀）
　→ナシール, モハマド　370
Natt Shin Naung（16・17世紀）
　→ナッシィンナァウン　371
Naungdawgyi（18世紀）→ナウンドージー　370
Navâ'î, Alî Shîr（15世紀）→ナヴァーイー　370
Navā'ī, Mīr 'Alī Shīr（15世紀）
　→ナヴァーイー　370
Navasavat, Thamrong（20世紀）
　→ダムロン・ナワサワット　290
Nayan（13世紀）→ナヤン　371
Nà-yàn-chéng（18・19世紀）
　→那彦成　なげんせい　370
Nayawaya（17世紀）→ナラワラ　371
Nazarbaev, Nurcultan Abishevich（20世紀）
　→ナザルバエフ　370
Nazarbaev, Nursltan Abishevich（20世紀）
　→ナザルバエフ　370
Nazarbaev, Nūrsūltan（20世紀）
　→ナザルバエフ　370

NAZ

Nazarbaev, Nursultan (20世紀)
　→ナザルバエフ　*370*
Nazarbaev, Nursultan A. (20世紀)
　→ナザルバエフ　*370*
Nazarbaev, Nursultan Abishevich (20世紀)
　→ナザルバエフ　*370*
NaΓaču (14世紀)　→ナガチュ　*370*
Negübei (13世紀)　→ニクベイ　*372*
Neri, Felino (20世紀)　→ネリ, フェリノ　*375*
Nevāī 'Alīshīr (15世紀)　→ナヴァーイー　*370*
Nevrūz (14世紀)　→ナウルーズ　*370*
Ne Win (20世紀)　→ネイウィン　*374*
Ne Win, U (20世紀)　→ネイウィン　*374*
Nghiem Xuan Yem (20世紀)
　→ギエム・スアン・イエム　*89*
Ngo Ba Thanh (20世紀)　→ゴ・バ・タン　*174*
Ngo-Canh-Hoan (18世紀)
　→ゴ・カイン・ホアン　*126*
Ngoc-Han Cong-Chua (18・19世紀)
　→ゴック・ハン コン チュア　*127*
Ngô Dinh Diem (20世紀)
　→ゴ・ディン・ジェム　*173*
Ngô Dinh-Diem (20世紀)
　→ゴ・ディン・ジェム　*173*
Ngo Dinh Diem (20世紀)
　→ゴ・ディン・ジェム　*173*
Ngo-Đinh-Kha (20世紀)
　→ゴ・ディン・カ　*127*
Ngo Dinh Nhu (20世紀)
　→ゴー・ディン・ニュー　*173*
Ngone Sananikone (20世紀)
　→ゴン・サナニコン　*176*
Ngo-Nhan-Tinh　→ゴ・ニャン・ティン　*127*
Ngô Quyên (9・10世紀)　→ゴ・クエン　*126*
Ngo Quyen (9・10世紀)　→ゴ・クエン　*126*
Ngô Sī-liên (15世紀)　→ゴ・シ・リエン　*126*
Ngo-Si-Lien (15世紀)　→ゴ・シ・リエン　*126*
Ngo-Thoi-Nhiem　→ゴ・トイ・ニエム　*127*
Ngo-Tu-An　→ゴ・ツ・アン　*127*
Ngo-Tung-Chau　→ゴ・トゥン・チャウ　*127*
Ngo-Van-So　→ゴ・ヴァン・ソ　*126*
Ngô Xúóng Van (10世紀)
　→ゴ・スオン・ヴァン　*126*
Ngo-Xuong-Van (10世紀)
　→ゴ・スオン・ヴァン　*126*
Nguyên, Trai (14・15世紀)
　→グエン・チャイ　*122*
Nguyen Ai Quoc (19・20世紀)
　→ホー・チ・ミン　*432*
Nguyen-An (18・19世紀)　→グエン・アン　*118*

Nguyen Anh (18・19世紀)
　→グエン・フック・アイン　*125*
Nguyen-An-Khang (20世紀)
　→グエン・アン・カン　*119*
Nguyen-Bac　→グエン・バック　*123*
Nguyen-Ba-Lan (18世紀)
　→グエン・バ・ラン　*124*
Nguyen-Ba-Loan (20世紀)
　→グエン・バ・ロアン　*124*
Nguyen-Cao　→グエン・カオ　*120*
Nguyen Cao Ky (20世紀)
　→グエン・カオ・キ　*120*
Nguyen Chanh Thi (20世紀)
　→グエン・チャン・チ　*122*
Nguyen Chi Thanh (20世紀)
　→グエン・チ・タン　*122*
Nguyen-Cong-Hang (17・18世紀)
　→グエン・コン・ハン　*121*
Nguyen-Cong-Tan (18世紀)
　→グエン・コン・タン　*121*
Nguyen Co Thach (20世紀)
　→グエン・コ・タク　*121*
Nguyen-Cu-Trinh　→グエン・ク・チン　*120*
Nguyen-Cuu-Đam　→グエン・クウ・ダム　*120*
Nguyen-Dai-Hoc (20世紀)
　→グエン・タイ・ホク　*121*
Nguyen-Đang-Trang
　→グエン・ダン・チャン　*122*
Nguyen-Đang-Tuan (19世紀)
　→グエン・ダン・トゥアン　*122*
Nguyen-Đa-Phuong　→グエン・ダ・フオン　*122*
Nguyen-Đinh-Chieu (19世紀)
　→グエン・ディン・チュウ　*123*
Nguyen-Đinh-Kien (20世紀)
　→グエン・ディン・キエン　*123*
Nguyen-Đuc-Đat (19世紀)
　→グエン・ドゥック・ダット　*123*
Nguyen Duc Thang (20世紀)
　→グエン・ドゥック・タン　*123*
Nguyen-Đuc-Xuyen (18・19世紀)
　→グエン・ドゥック・スエン　*123*
Nguyen-Duy　→グエン・ズイ　*121*
Nguyen Duy Trin (20世紀)
　→グエン・ズイ・チン　*121*
Nguyen Duy Trinh (20世紀)
　→グエン・ズイ・チン　*121*
Nguyen-Gia-Phan　→グエン・ザ・ファン　*121*
Nguyen-Hai-Tan (20世紀)
　→グエン・ハイ・タン　*123*
Nguyen-Hai-Than (20世紀)
　→グエン・ハイ・タン　*123*
Nguyen-Ham-Truc
　→グエン・ハム・チェック　*124*

Nguyen-Hieu（19世紀） →ゲン・ヒュウ　124
Nguyen-Hoang（16・17世紀）
　→ゲン・ホアン　126
Nguyen Hue（18世紀）　→ゲン・フエ　125
Nguyen-Huu-Bai（19・20世紀）
　→ゲン・フウ・バイ　125
Nguyen Huu Cau（18世紀）
　→ゲン・フウ・カウ　124
Nguyen Huu Co（20世紀）
　→ゲン・フー・コ　125
Nguyen-Huu-Dat　→ゲン・フウ・ザット　125
Nguyen-Huu-Huan
　→ゲン・フウ・ファン　125
Nguyen-Huu-Kinh　→ゲン・フウ・キン　124
Nguyen-Huu-Quynh
　→ゲン・フウ・クイン　125
Nguyen Huu Tho（20世紀）
　→グレン・フー・ト　130
Nguyen Huutri（20世紀）
　→ヌエン・フートリ　373
Nguyen-Huy-Tu（18世紀）
　→ゲン・フイ・ツ　124
Nguyen-Hy-Chu（15世紀）
　→ゲン・ヒ・チュ　124
Nguyen-Khac-Cam（20世紀）
　→ゲン・カック・カン　120
Nguyen-Khac-Nhu（20世紀）
　→ゲン・カック・ニュ　120
Nguyen-Kha-Lap　→ゲン・カ・ラップ　120
Nguyen Khang（20世紀）　→ゲン・カーン　120
Nguyen Khanh（20世紀）　→ゲン・カーン　120
Nguyen Khanh Toan（20世紀）
　→ゲン・カン・トアン　120
Nguyen-Khoa-Đang
　→ゲン・コア・ダン　121
Nguyen-Khoai　→ゲン・コアイ　120
Nguyên Kim（16世紀）　→ゲン・キム　120
Nguyen-Kim（16世紀）　→ゲン・キム　120
Nguyen-Kim-An　→ゲン・キム・アン　120
Nguyen-Lam（19世紀）　→ゲン・ラム　126
Nguyen Lam（20世紀）　→ゲン・ラム　126
Nguyen Luong Bang（20世紀）
　→ゲン・ルオン・バン　126
Nguyen Luong Van（20世紀）
　→ゲン・ルオン・バン　126
Nguyen Luu Vien（20世紀）
　→ゲン・ルー・ビエン　126
Nguyen-Mau　→ゲン・マウ　126
Nguyen Minh Triet（20世紀）
　→ゲン・ミン・チエット　126
Nguyen-Nghiem　→ゲン・ギエム　120

Nguyen Ngoc Loan（20世紀）
　→ゲン・ゴック・ロアン　121
Nguyen Ngoc Tho（20世紀）
　→ゲン・ゴック・トー　121
Nguyen Nhac（18世紀）
　→ゲン・ニャック　123
Nguyen-Nhuoc-Thi（19・20世紀）
　→ゲン・ニュオック・ティ　123
Nguyen-Pham-Tuan（19世紀）
　→ゲン・ファム・トゥアン　124
Nguyen-Phu（18世紀）　→ゲン・フ　124
Nguyēn Phúc-Anh（18・19世紀）
　→ゲン・フック・アイン　125
Nguyễn Phuc-anh（18・19世紀）
　→ゲン・フック・アイン　125
Nguyen Phuc Anh（18・19世紀）
　→ゲン・フック・アイン　125
Nguyen-Phuoc-Anh（18・19世紀）
　→ゲン・フック・アイン　125
Nguyen-Phuoc－Đom（18・19世紀）
　→ゲン・フック・ドム　126
Nguyen-Phuoc-Khoat
　→ゲン・フォック・コアット　125
Nguyen-Phuoc-Lan（16・17世紀）
　→ゲン・フォック・ラン　125
Nguyen-Phuoc-Nguyen（16・17世紀）
　→ゲン・フォック・ゲン　125
Nguyen-Phuoc-Tan（17世紀）
　→ゲン・フォック・タン　125
Nguyen-Phuoc-Tran（17世紀）
　→ゲン・フォック・チャン　125
Nguyen-Quang-Thuy
　→ゲン・クァン・トゥイ　120
Nguyen-Quynh　→ゲン・クイン　120
Nguyen Tan Dung（20世紀）
　→ゲン・タン・ズン　122
Nguyen-Tan-Huyen
　→ゲン・タン・フエン　122
Nguyen Tat Thanh（19・20世紀）
　→ホー・チ・ミン　432
Nguyen-Thai-Bat　→ゲン・タイ・バット　121
Nguyen Thai Hoc（20世紀）
　→ゲン・タイ・ホク　121
Nguyen-Thanh　→ゲン・タイン　121
Nguyen-Thanh-Ut（20世紀）
　→ゲン・タイン・ウット　121
Nguyen-Thanh-Y　→ゲン・タイン・イ　121
Nguyen Thi Binh（20世紀）
　→ゲン・チ・ビン　122
Nguyen Thi Dinh（20世紀）
　→ゲン・チ・ディン　122
Nguyen-Thien-Ke　→ゲン・ティエン・ケ　123

Nguyen-Thien-Thuat
　→グエン・ティエン・トゥアット　123
Nguyen-Thieu-Tri →グエン・ティエウ・チ　123
Nguyen Thi Minh Khai（20世紀）
　→グエン・チ・ミン・カイ　122
Nguyen Thi Thap（20世紀）
　→グエン・ティ・タップ　123
Nguyen-Thuc-Đuong（20世紀）
　→グエン・トゥック・ドゥオン　123
Nguyen Thuong Hien（19・20世紀）
　→グエン・トゥオン・ヒエン　123
Nguyen-Thuy（19・20世紀）
　→グエン・トゥイ　123
Nguyen-Thuyen（13世紀）
　→ハン・テュエン　393
Nguyen-Ton →グエン・トン　123
Nguyen-Trach →グエン・チャック　122
Nguyên Trai（14・15世紀）
　→グエン・チャイ　122
Nguyen Trai（14・15世紀）
　→グエン・チャイ　122
Nguyen-Tri-Phong（18・19世紀）
　→グエン・チ・フォン　122
Nguyen-Truc（15世紀）　→グエン・チュック　122
Nguyen-Trung-Ngan（13・14世紀）
　→グエン・チュン・ガン　122
Nguyen-Trung-Truc（19世紀）
　→グエン・チュン・チュック　122
Nguyen-Tu-Nhu →グエン・ツ・ニュウ　122
Nguyen-Uong →グエン・ウォン　120
Nguyen Van Binh（20世紀）
　→グエン・ヴァン・ビン　119
Nguyen-Van-Cung（20世紀）
　→グエン・ヴァン・クン　119
Nguyen-Van-Đien
　→グエン・ヴァン・ディエン　119
Nguyen Van Hieu（20世紀）
　→グエン・バン・ヒュー　124
Nguyen Van Huong（20世紀）
　→グエン・バン・フォン　124
Nguyen Van Huyen（20世紀）
　→グエン・バン・フエン　124
Nguyen Van Kiet（20世紀）
　→グエン・バン・キエト　124
Nguyen-Van-Lang →グエン・ヴァン・ラン　119
Nguyen Van Linh（20世紀）
　→グエン・ヴァン・リン　119
Nguyen Van Loc（20世紀）
　→グエン・バン・ロク　124
Nguyen-Van-Nghia
　→グエン・ヴァン・ギア　119
Nguyên Van-nhac（18世紀）
　→グエン・ニャック　123

Nguyen-Van-Nhan（18・19世紀）
　→グエン・ヴァン・ニャン　119
Nguyen-Van-Sam（20世紀）
　→グエン・ヴァン・サム　119
Nguyen-Van-Tam（20世紀）
　→グエン・ヴァン・タム　119
Nguyen-Van-Tan →グエン・ヴァン・タン　119
Nguyen-Van-Thanh
　→グエン・ヴァン・タイン　119
Nguyen Van Thieu（20世紀）
　→グエン・ヴァン・ティエウ　119
Nguyen-Van-Thoai（18・19世紀）
　→グエン・ヴァン・トアイ　119
Nguyen-Van-Ton →グエン・ヴァン・トン　119
Nguyen Van Tran（20世紀）
　→グエン・バン・チャン　124
Nguyen-Van-Tri（20世紀）
　→グエン・ヴァン・チイ　119
Nguyen-Van-Truong（18・19世紀）
　→グエン・ヴァン・チュオン　119
Nguyen-Van-Tuyet
　→グエン・ヴァン・チュエット　119
Nguyen-Van-Xuan（20世紀）
　→グエン・バン・スアン　124
Nguyen-Vien（19世紀）　→グエン・ヴィエン　120
Nguyen-Viet-Trieu
　→グエン・ヴィエット・チェウ　120
Nguyen-Vinh-Tich（15世紀）
　→グエン・ヴィン・ティック　120
Nguyen-Xi →グエン・シ　121
Nguyen Xien（20世紀）　→グエン・シエン　121
Nguyen-Xuan-On（19世紀）・
　→グエン・スァン・オン　121
Nguyen Xuan Thuy（20世紀）
　→スアン・トイ　241
Nguyen-Xung-Xac →グエン・スン・サック　121
Nguy-Thuc →グイ・トゥック　118
Nhouy Abhay（20世紀）　→ニウイ・アパイ　372
Nhuy-Kieu →ニュイ・キェウ　373
Nián Gēng-yáo（18世紀）
　→年羹堯　ねんこうぎょう　375
Nieh Jung-chên（20世紀）
　→聶栄臻　じょうえいしん　214
Nieh Shih-ch'êng（20世紀）
　→聶士成　じょうしせい　219
Níeh Yüan-tzu（20世紀）
　→聶元梓　じょうげんし　217
Nien Kêng-yao（18世紀）
　→年羹堯　ねんこうぎょう　375
Nie Rong-zhen（20世紀）
　→聶栄臻　じょうえいしん　214

Nie Rongzhen（20世紀）
　→聶栄臻　じょうえいしん　*214*
Niè Shì-chéng（20世紀）
　→聶士成　じょうせい　*219*
Nie Yuanzi（20世紀）　→聶元梓　じょうげんし　*217*
Ning-tsung（12・13世紀）
　→寧宗（南宋）　ねいそう　*374*
Ning-tsung（14世紀）　→寧宗（元）　ねいそう　*374*
Ning Wan-ê（17世紀）
　→寧完我　ねいかんが　*374*
Nìng-wáng Zhū Quán（14・15世紀）
　→寧王朱権　ねいおうしゅけん　*374*
Nìng-zōng（12・13世紀）
　→寧宗（南宋）　ねいそう　*374*
Nìng-zōng（14世紀）　→寧宗（元）　ねいそう　*374*
Niú Gāo（11・12世紀）　→牛皋　ぎゅうこう　*99*
Niú Hóng（6・7世紀）　→牛弘　ぎゅうこう　*99*
Niu sêng-ju（8・9世紀）
　→牛僧孺　ぎゅうそうじゅ　*100*
Niú Sēng-rú（8・9世紀）
　→牛僧孺　ぎゅうそうじゅ　*100*
Niú Xiān-kè（7・8世紀）
　→牛仙客　ぎゅうせんかく　*100*
Niū Yǒng-jiàn（19・20世紀）
　→鈕永建　ちゅうえいけん　*304*
Niu Yung-chien（19・20世紀）
　→鈕永建　ちゅうえいけん　*304*
Ní Wén-jùn（14世紀）
　→倪文俊　げいぶんしゅん　*135*
Niyazov, Saparmurad（20世紀）
　→ニヤゾフ, サパルムラド　*373*
Niyazov, Saparmurad A.（20世紀）
　→ニヤゾフ, サパルムラド　*373*
Ní Yìng-diǎn（19・20世紀）
　→倪映典　げいえいてん　*131*
Ní Yuán-lù（16・17世紀）
　→倪元璐　げいげんろ　*132*
Ni Yüan-lu（16・17世紀）
　→倪元璐　げいげんろ　*132*
Ni Zhi-fu（20世紀）　→倪志福　げいしふく　*132*
Ni Zhifu（20世紀）　→倪志福　げいしふく　*132*
Njoto（20世紀）　→ニョト　*373*
Nokeo（16世紀）　→ノケオ　*375*
No Mu-hyŏn（20世紀）　→盧武鉉　ノムヒョン　*375*
Nong Duc Manh（20世紀）
　→ノン・ドゥック・マイン　*376*
Non Suon（20世紀）　→ノン・スオン　*376*
Norodom（19・20世紀）　→ノロドム1世　*375*
Norodom Ⅰ（19・20世紀）　→ノロドム1世　*375*
Norodom Sihanouk（20世紀）
　→シハヌーク　*193*

Norodom-Sihanouk Varuman（20世紀）
　→シハヌーク　*193*
Norodom Sihanuk（20世紀）　→シハヌーク　*193*
Norodom Suramarit（20世紀）
　→ノロドム・スラマリット　*376*
Nosavan, Phaumi（20世紀）
　→ノサバン, プーミ　*375*
Nosavan, Phoumi（20世紀）
　→ノサバン, プーミ　*375*
No T'ae-u（20世紀）　→盧泰愚　ノテウ　*375*
Nouhak Phoumsavan（20世紀）
　→ヌハク・プームサワン　*373*
Nouhak Phoumsavanh（20世紀）
　→ヌハク・プームサワン　*373*
Noyan Paiju（13世紀）　→ノヤンパイジュ　*375*
Nu-erh-ha-ch'ih（16・17世紀）　→ヌルハチ　*374*
Nugyen-Huynh-Đuc（18・19世紀）
　→グェン・フィン・ドゥック　*124*
Nuon Chea（20世紀）　→ヌオン・チェア　*373*
Nurhachi（16・17世紀）　→ヌルハチ　*374*
Nurhači（16・17世紀）　→ヌルハチ　*374*
Nurhaci（16・17世紀）　→ヌルハチ　*374*
Nyaungyan（16・17世紀）
　→ニャウンジャン　*373*
Nyýazow, Saparmyrat（20世紀）
　→ニヤゾフ, サパルムラド　*373*

【 O 】

Ochirbat, Punsalmaagiyn（20世紀）
　→オチルバト, ポンサルマーギン　*62*
Ögödäi（12・13世紀）　→オゴタイ　*61*
Ögödei（12・13世紀）　→オゴタイ　*61*
Ogodei（12・13世紀）　→オゴタイ　*61*
Ögödei Khan（12・13世紀）　→オゴタイ　*61*
Ögötäi（12・13世紀）　→オゴタイ　*61*
Ögötäi Khan（12・13世紀）　→オゴタイ　*61*
Ogotai Khan（12・13世紀）　→オゴタイ　*61*
Ohn Gyaw（20世紀）　→オン・ジョー　*63*
O Jinu（20世紀）　→呉振宇　オジヌ　*61*
O Kyung-suk（19世紀）
　→呉慶錫　ごけいしゃく　*167*
Öljeitü Muhammad（13・14世紀）
　→ウルジェイトゥ　*34*
Ong, Omar Yoke Lin（20世紀）
　→オン, オマール・ヨクリン　*62*
Ong-Ich-Khiem　→オン・イック・キエム　*62*
Ong Nok（18世紀）　→オング・ノック　*62*

ONG　596　東洋人物レファレンス事典

Ongpin, Robert（20世紀）
　→オンピン, ロバート　63
Ong Teng-cheong（20世紀）
　→オン・テンチョン　63
Ong Yen Chee（20世紀）　→オン・エンチー　62
On-jo-wang（4世紀頃）　→温祚王　おんそおう　63
Ople, Blas F.（20世紀）　→オプレ, ブラス　62
Orda（13世紀）　→オルダ　62
Orghana（13世紀）　→オルガナ　62
Orghina（13世紀）　→オルガナ　62
Ortai（17・18世紀）　→オルタイ　62
O Se-chang（19・20世紀）
　→呉世昌　ごせいしょう　171
Osias, Camilo（19・20世紀）　→オシアス　61
Osmeña, Sergio（19・20世紀）
　→オスメニア, セルジオ　62
Ouane Rathikone（20世紀）
　→ウァン・ラーティクン　27
Outhong Souvannavong（20世紀）
　→ウートン・スワンナウォン　32
Ou Yang-chin（20世紀）
　→欧陽欽　おうようきん　59
Ou Yang-hai（20世紀）
　→欧陽海　おうようかい　59
Ou-yang Hsiu（11世紀）
　→欧陽修　おうようしゅう　59
Ōu-yáng Xiū（11世紀）
　→欧陽修　おうようしゅう　59
Ōuyáng Xiū（11世紀）
　→欧陽修　おうようしゅう　59
Ouyang Xiu（11世紀）
　→欧陽修　おうようしゅう　59
Owyang Chi（20世紀）　→欧陽奇　おうようき　59
O Yun-jung（19世紀）
　→魚允中　ぎょいんちゅう　101
Özbeg（13・14世紀）　→ウズベク・ハン　30
Özbeg Khan（13・14世紀）
　→ウズベク・ハン　30
Özmish Qaghan（8世紀）
　→ウソマイシ・カガン　30
Oγul Γaymïs（13世紀）
　→オグル・ガイミシュ　61

【 P 】

Pae Joong-song（13世紀）
　→裴仲孫　はいちゅうそん　377
Paek Du-jin（20世紀）
　→白斗鎮　ベクドゥジン　420

Paek Dujin（20世紀）
　→白斗鎮　ベクドゥジン　420
Paek Nam-sun（20世紀）
　→白南淳　ベクナムスン　420
Paek Nam-un（20世紀）
　→白南雲　ベクナムン　420
Paek Namun（20世紀）
　→白南雲　ベクナムン　420
Pagan（19世紀）　→パガン　380
Pai Ch'i（前3世紀）　→白起　はくき　381
Pai Ch'ung-hsi（20世紀）
　→白崇禧　はくすうき　381
Pai Hsian-kuo（20世紀）
　→白相国　はくそうこく　381
Paik Too-Jin（20世紀）
　→白斗鎮　ベクドゥジン　420
Pai-mei-k'o-han（8世紀）　→ハクビ・カガン　382
Pak Chang-ok（20世紀）
　→朴昌玉　ぼくしょうぎょく　429
Pak Chong-ai（20世紀）
　→朴正愛　パクジョンエ　381
Pak Chŏng-hŭi（20世紀）
　→朴正煕　パクチョンヒ　382
Pak Chong-hui（20世紀）
　→朴正煕　パクチョンヒ　382
Pak Chu'n-gŭm（20世紀）
　→朴春琴　パクチュングム　382
Pak Eun-sik（19・20世紀）
　→朴殷植　パクウンシク　380
Pak Heonyeong（20世紀）
　→朴憲永　パクホニョン　383
Pak Hŏn-yŏng（20世紀）
　→朴憲永　パクホニョン　383
Pak Hon-yong（20世紀）
　→朴憲永　パクホニョン　383
Pak Hyŏk-ko-se（前1・後1世紀）
　→朴赫居世　ぼくかくきょせい　428
Pak Il-u（20世紀）　→朴一禹　ぼくいちう　427
Pak Jeongae（20世紀）
　→朴正愛　パクジョンエ　381
Pak Jeong-heui（20世紀）
　→朴正煕　パクチョンヒ　382
Pak Jeongheui（20世紀）
　→朴正煕　パクチョンヒ　382
Pak Je-sun（19・20世紀）
　→朴斉純　ぼくせいじゅん　429
Pak Jong-ae（20世紀）
　→朴正愛　パクジョンエ　381
Pak Jonggyu（20世紀）
　→朴鍾圭　パクチョンギュ　382
Pak Kŭm-ch'ŏl（20世紀）
　→朴金喆　パクムチョル　381

Pak Kyoo-soo（19世紀）
　→朴珪寿　ぼくけいじゅ　428
Pak Kyu-su（19世紀）
　→朴珪寿　ぼくけいじゅ　428
Pak Seongcheol（20世紀）
　→朴成哲　パクソンチョル　381
Pak Sŏng-ch'ŏl（20世紀）
　→朴成哲　パクソンチョル　381
Pak Suncheon（20世紀）
　→朴順典　ぼくじゅんてん　429
Pak Tal（20世紀）　→朴達　ぼくたつ　430
Pak Ŭn-sik（19・20世紀）
　→朴殷植　パクウンシク　380
Pak Unsik（19・20世紀）
　→朴殷植　パクウンシク　380
Pak Yeol（20世紀）　→朴烈　パクヨル　383
Pak Yŏi（20世紀）　→朴烈　パクヨル　383
Pak Yŏl（20世紀）　→朴烈　パクヨル　383
Pak Yol（20世紀）　→朴烈　パクヨル　383
Pak Yong-ho（19・20世紀）
　→朴泳孝　パクヨンヒョ　383
Pak Yŏng-hyo（19・20世紀）
　→朴泳孝　パクヨンヒョ　383
Pak Yung-hyo（19・20世紀）
　→朴泳孝　パクヨンヒョ　383
Pan ch'an ērh tĕni（20世紀）
　→パンチェン・オルドニ　392
Pan Ch'ao（1・2世紀）→班超　はんちょう　392
Panchen Ordeni（20世紀）
　→パンチェン・オルドニ　392
P'an Chi-hsün（16世紀）
　→潘季馴　はんきしゅん　390
Pan Fu-sheng（20世紀）
　→潘復生　はんふくせい　393
P'ang Hsün（9世紀）　→龐勛　ほうくん　423
Pan Gi-mun（20世紀）　→潘基文　パンギムン　390
Páng Jí（10・11世紀）→龐籍　ほうせき　425
P'ang Shang-p'êng（16世紀）
　→龐尚鵬　ほうしょうほう　425
P'ang Tien-shou（17世紀）
　→龐天寿　ほうてんじゅ　426
P'ang T'ung（2・3世紀）→龐統　ほうとう　426
Páng Xūn（9世紀）　→龐勛　ほうくん　423
Pān Jì-xùn（16世紀）
　→潘季馴　はんきしゅん　390
P'an Kêng（前13世紀頃）→盤庚　ばんこう　390
P'an Mei（10世紀）　→潘美　はんび　393
Pán Shih-ên（18・19世紀）
　→潘世恩　はんせいおん　391
Pan Ti（18世紀）　→バンディ　393
P'an Tsu-yin（19世紀）
　→潘祖蔭　はんそいん　392

Pan Yung（1・2世紀）→班勇　はんゆう　394
Pān Zū-yìn（19世紀）→潘祖蔭　はんそいん　392
Pao Chêng（11世紀）→包拯　ほうじょう　424
Pao-êrh-han（20世紀）→鮑爾漢　ほうじかん　424
Pao-i K'o-han（9世紀）→ホギ・カガン　427
Pao Shu-ya（前7世紀）
　→鮑叔牙　ほうしゅくが　424
Paŏ-ssu（前8世紀）　→褒姒　ほうじ　424
Park Chung Hee（20世紀）
　→朴正熙　パクチョンヒ　382
Park Song-chol（20世紀）
　→朴成哲　パクソンチョル　381
Park Tae-joon（20世紀）
　→朴泰俊　パクテジュン　382
Paterno, Pedro A.（19・20世紀）
　→パテルノ　386
P'ei Chü（6・7世紀）→裴矩　はいく　376
P'ei Hsing-chien（7世紀）
　→裴行倹　はいこうけん　376
P'ei Hsiu（8・9世紀）→裴休　はいきゅう　376
Péi Jŭ（6・7世紀）→裴矩　はいく　376
Pei Shi-chin（6・7世紀）
　→裴世清　はいせいせい　377
P'ei Shih-ch'ing（6・7世紀）
　→裴世清　はいせいせい　377
Péi Shì-qīng（6・7世紀）
　→裴世清　はいせいせい　377
Péi Sōng-zhī（4・5世紀）
　→裴松之　はいしょうし　377
Péi Tóng（1世紀）→邳彤　ひとう　396
Péi Wěi（3世紀）→裴頠　はいぎ　376
P'ei Wei（3世紀）→裴頠　はいぎ　376
Péi Xíng-jiān（7世紀）
　→裴行倹　はいこうけん　376
Péi Yán-líng（8世紀）
　→裴延齢　はいえんれい　376
Pelaez, Emmanuel（20世紀）→ペラエス　420
P'êng Chên（20世紀）→彭真　ほうしん　425
Pêng Chên（20世紀）→彭真　ほうしん　425
P'êng-ch'un（17世紀）→彭春　ほうしゅん　424
Péng Dé huái（20世紀）
　→彭徳懐　ほうとくかい　426
Peng Dehuai（20世紀）
　→彭徳懐　ほうとくかい　426
Péng Guī-nián（12・13世紀）
　→彭亀年　ほうきねん　423
P'êng Mêng-chi（20世紀）
　→彭孟緝　ほうもうしゅう　426
Peng Meng-chi（20世紀）
　→彭孟緝　ほうもうしゅう　426

Peng Ming-min (20世紀)
 →彭明敏 ほうめいびん 426
Peng Mingmin (20世紀)
 →彭明敏 ほうめいびん 426
P'êng P'ai (20世紀) →彭湃 ほうはい 426
P'eng P'ai (20世紀) →彭湃 ほうはい 426
Peng Pai (20世紀) →彭湃 ほうはい 426
P'êng Shao-hui (20世紀)
 →彭紹輝 ほうしょうき 425
P'êng Tê-huai (20世紀)
 →彭徳懐 ほうとくかい 426
Pêng Tê-huai (20世紀)
 →彭徳懐 ほうとくかい 426
P'êng Tsê-min (19・20世紀)
 →彭沢民 ほうたくみん 426
Péng Yíng-yù (14世紀)
 →彭瑩玉 ほうえいぎょく 423
Péng Yuè (前3・2世紀) →彭越 ほうえつ 423
P'êng Yüeh (前3・2世紀) →彭越 ほうえつ 423
P'eng Yüeh (前3・2世紀) →彭越 ほうえつ 423
P'êng Yü-lin (19世紀)
 →彭玉麟 ほうぎょくりん 423
Péng Yùn-zhāng (18・19世紀)
 →彭蘊章 ほううんしょう 422
Péng Zé-mín (19・20世紀)
 →彭沢民 ほうたくみん 426
Peng Zhen (20世紀) →彭真 ほうしん 425
Penn Nouth (20世紀) →ペン・ヌート 421
Penn Sovann (20世紀) →ペン・ソバン 421
Pen Sovan (20世紀) →ペン・ソバン 421
P'etraja (17・18世紀) →ペートラーチャー 420
Petsarat (19・20世紀) →ペッサラート 420
Petsarath (19・20世紀) →ペッサラート 420
'Phags-pa (13世紀) →パスパ 385
Phahon Phonphayuhasena, Phraya (19・20世紀) →パホン 387
Pham-Bach-Ho →ファム・バック・ホ 400
Pham-Banh →ファム・バイン 400
Pham-Boi-Chau (19・20世紀)
 →ファン・ボイ・チャウ 402
Pham-Cu-Luong →ファム・ク・ルオン 400
Pham-Đang-Hung (18・19世紀)
 →ファム・ダン・フン 400
Pham Dang Lam (20世紀)
 →ファン・ダン・ラム 401
Pham-Hong-Thai (20世紀)
 →ファム・ホン・タイ 400
Pham Hung (20世紀) →ファン・フン 402
Pham Huy Thong (20世紀)
 →ファム・フイ・トン 400

Pham Khac Suu (20世紀)
 →ファン・カク・スー 401
Pham-Ngo-Cau (18世紀)
 →ファム・グォ・カウ 400
Pham-Ngu-Lao (13・14世紀)
 →ファム・グ・ラオ 400
Pham-Nhu-Tang →ファム・ニュ・タン 400
Pham-Tu →ファム・ツ 400
Pham Van Bach (20世紀)
 →ファム・バン・バック 400
Pham-Van-Đien
 →ファム・ヴァン・ディエン 399
Pham Van Don (20世紀)
 →ファム・ヴァン・ドン 399
Pham Van Dong (20世紀)
 →ファム・ヴァン・ドン 399
Pham-Van-Nhan
 →ファム・ヴァン・ニャン 400
Pham-Van-Xao →ファム・ヴァン・サオ 399
Phan Anh (20世紀) →ファン・アン 400
Phan B^oi Châu (19・20世紀)
 →ファン・ボイ・チャウ 402
Phan Bôi Châu (19・20世紀)
 →ファン・ボイ・チャウ 402
Phan Boi Chau (19・20世紀)
 →ファン・ボイ・チャウ 402
Phan BoiChau (19・20世紀)
 →ファン・ボイ・チャウ 402
Phan Chau Trinh (19・20世紀)
 →ファン・チュー・チン 401
Phan Chu Trinh (19・20世紀)
 →ファン・チュー・チン 401
Phan-Đinh-Phung (19世紀)
 →ファン・ディン・フン 402
Phan Dinh Phung (19世紀)
 →ファン・ディン・フン 402
Phan-Đinh-Thong →ファン・ディン・トン 402
Phan-Huu-Khanh (20世紀)
 →ファン・フウ・カイン 402
Phan-Huy-On →ファン・フイ・オン 402
Phan Huy Quat (20世紀)
 →ファン・フイ・クアット 402
Phan-Huy-Vinh →ファン・フイ・ヴィン 402
Phan Ke Toai (19・20世紀)
 →ファン・ケ・トアイ 401
Phan Khac Suu (20世紀)
 →ファン・カク・スー 401
Phan-Khoi (19・20世紀) →ファン・コイ 401
Phanomyong, Pridi (20世紀)
 →プリーディー 414
Phan Tan-Gian (18・19世紀)
 →ファン・タイン・ザン 401

Phan Thanh-giǎn (18・19世紀)
　→ファン・タイン・ザン　401
Phan Thanh Gian (18・19世紀)
　→ファン・タイン・ザン　401
Phan-Thanh-Liem
　→ファン・タイン・リエム　401
Phan-Thanh-Tai →ファン・タイン・タイ　401
Phan-Thanh-Ton →ファン・タイン・トン　401
Phan-Van-Đat →ファン・ヴァン・ダット　401
Phan-Van-Don (20世紀)
　→ファム・ヴァン・ドン　399
Phan Van Dong (20世紀)
　→ファム・ヴァン・ドン　399
Phan-Van-Hum (20世紀)
　→ファン・ヴァン・フム　401
Phan Van Khai (20世紀)
　→ファン・バン・カイ　402
Phan-Van-Lan →ファン・ヴァン・ラン　401
Phao Sriyanon, Phao P.Boribhand Yuddhakich
　(20世紀) →パオ・シーヤーノン　379
Pheng Phongsavan (20世紀)
　→ペン・ポンサワン　421
Phetracha (17・18世紀)
　→ペートラーチャー　420
Pḥhags-pa (13世紀) →パスパ　385
Phibun, Songkhram (20世紀) →ピブーン　396
Phibun Songkhram (20世紀) →ピブーン　396
Phibun Songkhram, Luang (20世紀)
　→ピブーン　396
Phibunsongkhram, Plaek (20世紀)
　→ピブーン　396
Phin Chunhawon (20世紀)
　→ピン・チュンハワン　399
Phokhun Ramkhamhaeng (13・14世紀)
　→ラーマ・カムヘン　469
Pho-lha-nas (17・18世紀) →ポラネ　434
Pholsena, Quinim (20世紀)
　→ポルセナ, キニム　434
Phomvihane, Kaysone (20世紀)
　→カイソーン・ポムウィハーン　64
Phoui Sananikone (20世紀)
　→サナニコーン, P.　184
Phouma (20世紀) →プーマ　412
Phouma, Souvana (20世紀) →プーマ　412
Phouma, Souvanna (20世紀) →プーマ　412
Phouma, Souvanna, Prince (20世紀)
　→プーマ　412
Phoumi Nosavan (20世紀)
　→ノサバン, プーミ　375
Phoumi Vongvichit (20世紀)
　→ウォンウィチット　28
　→プーミ・ボンビチット　412

Phrabaatsomdetphracunlacoomklaaocaoyuuhua
　(19・20世紀) →ラーマ5世　468
Phrabaatsomdetphramongkutklaucauyuuhua
　(19・20世紀) →ラーマ6世　469
Phrabaatsomdetphraphutthaloetlaanaphaalai
　(18・19世紀) →ラーマ2世　468
Phra Khlang (18・19世紀) →プラ・クラン　413
Phraya Phahon Phonphaya Sena (19・20世紀)
　→パホン・ポンパユハセーナー　387
Phraya Phahon Phonphayuhasena (19・20世紀)
　→パホン　387
Phu-Đong Thien-Vuong
　→フ・ドン ティエン・ヴオン　411
Phung-Hung (8世紀) →フン・フン　419
Phung-Khac-Khoan (16・17世紀)
　→フン・カック・コアン　415
Phung Van Cung (20世紀)
　→フン・ヴァン・クン　415
Phya Bahol Balabayuba Sena (19・20世紀)
　→パホン・ポンパユハセーナー　387
Phya Chakri Rama (18・19世紀)
　→ラーマ1世　468
Phya Phahol Pholphayuhasena (19・20世紀)
　→パホン・ポンパユハセーナー　387
Phya Phahon Phonphayahasena (19・20世紀)
　→パホン・ポンパユハセーナー　387
Phya Taksin (18世紀) →タークシン　287
Pibul Songgram (20世紀) →ピブーン　396
Pibul Songgram, Luang (20世紀)
　→ピブーン　396
Pibun (20世紀) →ピブーン　396
Pibun, Luang Songgram (20世紀)
　→ピブーン　396
Pibun Luang Songgram (20世紀)
　→ピブーン　396
Pibun Songgram, Luang (20世紀)
　→ピブーン　396
Pibun Songgran, Luang (20世紀)
　→ピブーン　396
P'i-lo-ko (8世紀) →皮羅閣　ひらかく　398
Pí-luó-gé (8世紀) →皮羅閣　ひらかく　398
Pindale (17世紀) →ピンダレ　399
P'ing (前8世紀) →平王　へいおう　419
Ping Chi (前1世紀) →丙吉　へいきつ　419
P'ing Ti (前1世紀) →平帝　へいてい　420
P'ing-wang (前8世紀) →平王　へいおう　419
P'ing-yüan-chün (前3世紀)
　→平原君　へいげんくん　420
Píng-yúan-jūn (前3世紀)
　→平原君　へいげんくん　420
Pīr Muḥammad (15世紀)
　→ピール・ムハンマド　398

Pi Shih-an（10・11世紀）	Prawiranegara Sjafruddin（20世紀）
→畢士安　ひつしあん　396	→プラウィラネガラ　413
Pi Ting-chün（20世紀）	Prayun Yutthasart Kosol（20世紀）
→皮定均　ひていきん　396	→プラユーン・ユタサートコーソン　414
Plaek Phibunsongkhram（20世紀）	Prem Tinsulanonda（20世紀）
→ピブーン　396	→プレム・ティンスラノン　415
Pleak Pibulsongram（20世紀）→ピブーン　396	Pridi Panomyong, Luang Pradit Manudham（20世紀）→プリーディー　414
Pob-heung-wang（6世紀）	Pridi Phanomyon（20世紀）
→法興王　ほうこうおう　424	→プリーディー　414
Po Ch'i（前3世紀）→白起　はくき　381	Pridi Phanomyong（20世紀）
Po Ch'ung-hsi（20世紀）	→プリーディー　414
→白崇禧　はくすうき　381	Prince Damrong Rajanubhab（19・20世紀）
Po Chung-hsi（20世紀）	→ダムロン親王　ダムロンシンノウ　290
→白崇禧　はくすうき　381	Prithvi（19・20世紀）→プリトヴィ　414
Po I-po（20世紀）→薄一波　はくいっぱ　380	Prithvi Narayan Shah（18世紀）
Po-jang-wang（7世紀）	→プリトビナラヤン・シャハ　414
→宝蔵王　ほうぞうおう　425	Pṛthvīnārāyaṇ Śāha（18世紀）
Pol, Pot（20世紀）→ポル・ポト　434	→プリトビナラヤン・シャハ　414
Po-li Hsi（前7世紀）→百里渓　ひゃくりけい　397	Pú-gù Huái-ēn（8世紀）
Pol Pot（20世紀）→ポル・ポト　434	→僕固懐恩　ぼくこかいおん　428
Ponce, Mariano（19・20世紀）→ポンセ　435	P'u-hsien Wan-nu（13世紀）
Pote Sarashin（20世紀）	→蒲鮮万奴　ほせんばんど　431
→ポット・サラシン　432	P'u-I（20世紀）→溥儀　ふぎ　406
Pote Sarasin（20世紀）→ポット・サラシン　432	Pu-i（20世紀）→溥儀　ふぎ　406
Po Wên-wei（19・20世紀）	Pujie（20世紀）→溥傑　ふけつ　407
→柏文蔚　はくぶんうつ　382	P'u-ku Huai-ên（8世紀）
Prabowo Subianto（20世紀）	→僕固懐恩　ぼくこかいおん　428
→プラボウォ・スビアント　413	Pūlād（15世紀）→プーラード　413
Prachathipok（20世紀）→ラーマ7世　469	Pùng-jang（7世紀）→豊璋王　ほうしょうおう　425
Prachuab Chaiyasan（20世紀）	Punsalmaagiyn Ochirbat（20世紀）
→プラチュアップ・チャイヤサン　413	→オチルバト，ポンサルマーギン　62
Prajadhipok（20世紀）→ラーマ7世　469	Pú Shòu-chéng（13世紀）
Prajadhipok, Rama VII（20世紀）	→蒲寿庚　ほじゅせい　431
→ラーマ7世　469	P'u Tien-chün（19・20世紀）
Pramarn, Adireksarn（20世紀）	→蒲殿俊　ほでんしゅん　432
→プラマーン・アディレクサーン　413	Putra, Syed（20世紀）→プートラ, S.　411
Pramarn Adireksarn（20世紀）	Pú-xiān Wàn-nú（13世紀）
→プラマーン・アディレクサーン　413	→蒲鮮万奴　ほせんばんど　431
Pramoj, Kukrit（20世紀）	Puyat, Gil J.（20世紀）→プヤット　412
→ククリット・プラモート　127	Pǔ yí（20世紀）→溥儀　ふぎ　406
Pra Narai（17世紀）→ナライ　371	Puyi（20世紀）→溥儀　ふぎ　406
Prapass Charusathiara（20世紀）	Pw'-sa（7世紀）→菩薩　ぼさつ　431
→プラパート・C.　413	P'ya Taksin（18世紀）→タークシン　287
Prapat Charusathien（20世紀）	Pye（17世紀）→ピイエ　395
→プラパート・C.　413	Pyeon Yeongtae（20世紀）
Prasatthong（17世紀）→プラーサートーン　413	→卞栄泰　ビョンヨンテ　398
Prasat Tong（17世紀）→プラーサートーン　413	Pyun Yong-tae（20世紀）
Prasong Soonsiri（20世紀）	→卞栄泰　ビョンヨンテ　398
→プラソン・スンシリ　413	
Pratap Singh（18世紀）	
→プラタプ・シンハ　413	

政治・外交・軍事篇　　　　　　　　601　　　　　　　　QON

【Q】

Qaidu（13・14世紀）→ハイドゥ　378
Qaishan（13・14世紀）→武宗（元）　ぶそう　409
Qapaghan Khaghan（7・8世紀）
　→カプガン・カガン　78
Qapγan Qaγan（7・8世紀）
　→カプガン・カガン　78
Qapγan quaγan（7・8世紀）
　→カプガン・カガン　78
Qara Hülegü（13世紀）→カラ・フラグ　79
Qazan（14世紀）→カザーン　74
Qián Dīng-míng（19世紀）
　→銭鼎銘　せんていめい　258
Qianjin gongzhu（6世紀）
　→千金公主　せんきんこうしゅ　256
Qián Liú（9・10世紀）→銭鏐　せんりゅう　259
Qiánlóng（18世紀）→乾隆帝　けんりゅうてい　140
Qián-lóng-dì（18世紀）
　→乾隆帝　けんりゅうてい　140
Qiánlóngdì（18世紀）
　→乾隆帝　けんりゅうてい　140
Qianlongdi（18世紀）
　→乾隆帝　けんりゅうてい　140
Qián Néng-xùn（19・20世紀）
　→銭能訓　せんのうくん　258
Qián Wéi-chéng（18世紀）
　→銭維城　せんいじょう　255
Qián Wéi-yǎn（11世紀）
　→銭惟演　せんいえん　255
Qian Zhengying（20世紀）
　→銭正英　せんせいえい　257
Qiao Guan-hua（20世紀）
　→喬冠華　きょうかんか　102
Qiao Guanhua（20世紀）
　→喬冠華　きょうかんか　102
Qiao Shi（20世紀）→喬石　きょうせき　103
Qi huanghou（14世紀）
　→奇皇后　きこうごう*　90
Qī Jì-guāng（16世紀）
　→戚継光　せきけいこう　252
Qi Jiguang（16世紀）→戚継光　せきけいこう　252
Qí Jùn-zǎo（18・19世紀）
　→祁寯藻　きしゅんそう　90
Qǐ-mín Ké-hán（6・7世紀）
　→ケイミン・カガン　135
Qinai huanghou（11世紀）
　→欽愛皇后　きんあいこうごう*　107

Qín Bāng xiàn（20世紀）
　→秦邦憲　しんほうけん　239
Qin Bangxian（20世紀）
　→秦邦憲　しんほうけん　239
Qíng-bù（前3・2世紀）→英布　えいふ　37
Qing-gīn-wāng Yi-kuāng（19・20世紀）
　→慶親王　けいしんおう　133
Qing Hui（11・12世紀）→秦檜　しんかい　232
Qing qinwang Yikuang（19・20世紀）
　→慶親王　けいしんおう　133
Qín Guì（11・12世紀）→秦檜　しんかい　232
Qin Ji-wei（20世紀）→秦基偉　しんきい　233
Qīn Liáng-yù（17世紀）
　→秦良玉　しんりょうぎょく　240
Qin Liangyu（17世紀）
　→秦良玉　しんりょうぎょく　240
Qín Lì-shān（19・20世紀）
　→秦力山　しんりきさん　240
Qín Qióng（7世紀）→秦瓊　しんけい　234
Qín Yù-liú（19・20世紀）
　→秦毓鎏　しんいくりゅう　232
Qīn-zōng（12世紀）→欽宗　きんそう　114
Qinzong（12世紀）→欽宗　きんそう　114
Qí-shàn（18・19世紀）→琦善　きぜん　91
Qishan（18・19世紀）→琦善　きぜん　91
Qí Tài（14・15世紀）→斉泰　せいたい　250
Qiū Féng-jiǎ（19・20世紀）
　→邱逢甲　きゅうほうこう　101
Qiú Fū（9世紀）→裴甫　きゅうほ　100
Qiū Fú（14・15世紀）→丘福　きゅうふく　100
Qiu Hui-zuo（20世紀）
　→邱会作　きゅうかいさく　99
Qiu Huizuo（20世紀）
　→邱会作　きゅうかいさく　99
Qiū Jǐn（19・20世紀）→秋瑾　しゅうきん　201
Qiu Jin（19・20世紀）→秋瑾　しゅうきん　201
Qiū Jùn（15世紀）→邱濬　きゅうしゅん　99
Qiú Luán（16世紀）→仇鸞　きゅうらん　101
Qiū Shén-jī（7世紀）
　→丘神勣　きゅうしんせき　100
Qiú Shì-liáng（8・9世紀）
　→仇士良　きゅうしりょう　100
Qiū Xíng-gōng（6・7世紀）
　→丘行恭　きゅうこうきょう　99
Qí Xiè-yuán（19・20世紀）
　→斉燮元　せいしょうげん　247
Qí-yīng（18・19世紀）→耆英　きえい　89
Qonaev, Dínmūkhamed（20世紀）
　→コナエフ　174
Qonaev, Dinmūkhamed（20世紀）
　→コナエフ　174

Qoshila（14世紀）→明宗（元） めいそう　*442*
Quach-Đinh-Bao
　→クァック・ディン・バオ　*118*
Quán Dé-yú（8・9世紀）
　→権徳輿　けんとくよ　*139*
Quang-Trung（18世紀）→グエン・フエ　*125*
Quang-Trung（19世紀）→クァン・チュン　*118*
Quan-Hon →クァン・ホン　*118*
Quan-Lich →クァン・リック　*118*
Quan-Thanh →クァン・タイン　*118*
Qubilai（13世紀）→フビライ　*411*
Quezon, Manuel（19・20世紀）
　→ケソン, マヌエル・ルイス　*135*
Quezon, Manuel Louis（19・20世紀）
　→ケソン, マヌエル・ルイス　*135*
Quezon, Manuel（Luis）（19・20世紀）
　→ケソン, マヌエル・ルイス　*135*
Quezon, Manuel Luis（19・20世紀）
　→ケソン, マヌエル・ルイス　*135*
Quezon Molina, Manuel Luis（19・20世紀）
　→ケソン, マヌエル・ルイス　*135*
Quezon y Molina, Manuel Luis（19・20世紀）
　→ケソン, マヌエル・ルイス　*135*
Qū Hóng-jī（19・20世紀）
　→瞿鴻禨　くこうき　*127*
Quilino, Elpidio（19・20世紀）→キリノ　*107*
Quinim Pholsena（20世紀）
　→ポルセナ, キニム　*434*
Quirino, Elpidio（19・20世紀）→キリノ　*107*
Qulpa（14世紀）→クルパ　*130*
Quoc-Chua →クォック・チュア　*127*
Qú Qīu bái（20世紀）
　→瞿秋白　くしゅうはく　*128*
Qu Qiubai（20世紀）→瞿秋白　くしゅうはく　*128*
Qū Shì-sì（16・17世紀）→瞿式耜　くしきし　*127*
Qutlugh Boyla（8世紀）
　→クトルク・ボイラ　*129*
Qū-tū Tōng（6・7世紀）
　→屈突通　くっとつう　*129*
Qū Yuán（前4・3世紀）→屈原　くつげん　*129*
Qu Yuan（前4・3世紀）→屈原　くつげん　*129*

【 R 】

Raamkhamhaeng Mahaaraat（13・14世紀）
　→ラーマ・カムヘン　*469*
Rabban Saumā（13世紀）
　→ラッバン・サウマー　*467*
Rabban Sauma（13世紀）
　→ラッバン・サウマー　*467*
Raden Suebroto（19・20世紀）→ストモ　*244*
Raden Sutomo（19・20世紀）→ストモ　*244*
Raden Vijaya（13・14世紀）→ビジャヤ　*395*
Radjasanagara（14世紀）→ハヤム・ウルク　*388*
Rahman, Abdul（20世紀）
　→アブドゥル・ラーマン　*9*
Rahman, Tengku Abdul（20世紀）
　→アブドゥル・ラーマン　*9*
Rahman, Tungku Abdul（20世紀）
　→アブドゥル・ラーマン　*9*
　→ラーマン　*469*
Rahman, Tunk Abdul（20世紀）
　→アブドゥル・ラーマン　*9*
Rahman, Tunku Abdul（20世紀）
　→アブドゥル・ラーマン　*9*
Rahman Putra Al-Haj, Tungku Abdul（20世紀）
　→アブドゥル・ラーマン　*9*
Rajendra（19世紀）→ラジェンドラ　*466*
Rājendravarman（10世紀）
　→ラージェンドラヴァルマン2世　*466*
Rajendravarman（10世紀）
　→ラージェンドラヴァルマン2世　*466*
Rājendravarman Ⅱ（10世紀）
　→ラージェンドラヴァルマン2世　*466*
Rakhmonov, Emomali（20世紀）
　→ラフモノフ, エモマリ　*468*
Rakhmonov, Emomali Sharifovich（20世紀）
　→ラフモノフ, エモマリ　*468*
Ral pa can（9世紀）→レルパチェン　*523*
Rama（19・20世紀）→ラーマ5世　*468*
Râma Ⅰ（18・19世紀）→ラーマ1世　*468*
Rama Ⅰ（18・19世紀）→ラーマ1世　*468*
Rama Ⅱ（18・19世紀）→ラーマ2世　*468*
Rama Ⅲ（19世紀）→ラーマ3世　*468*
Rama Ⅳ（19世紀）→ラーマ4世　*468*
Râma Ⅴ（19・20世紀）→ラーマ5世　*468*
Rama Ⅴ（19・20世紀）→ラーマ5世　*468*
Râma Ⅵ（19・20世紀）→ラーマ6世　*469*
Rama Ⅵ（19・20世紀）→ラーマ6世　*469*
Râma Ⅶ（20世紀）→ラーマ7世　*469*
Rama Ⅶ（20世紀）→ラーマ7世　*469*
Râma Ⅷ（19・20世紀）→ラーマ8世　*469*
Rama Ⅸ（20世紀）→ラーマ9世　*469*
Rama Khamhaeng（13・14世紀）
　→ラーマ・カムヘン　*469*
Ramakhamhaeng（13・14世紀）
　→ラーマ・カムヘン　*469*
Rama Khamheng（13・14世紀）

→ラーマ・カムヘン　469
Rama Khamheng（13・14世紀）
　→ラーマ・カムヘン　469
Ramakhamheng（13・14世紀）
　→ラーマ・カムヘン　469
Rama Khamheng（Râmâ Gamhen）（13・14世紀）　→ラーマ・カムヘン　469
Rama Thibodi Ⅰ（14世紀）
　→ラーマ・ティボディー1世　469
Ramathibodi Ⅰ（14世紀）
　→ラーマ・ティボディー1世　469
Rama Thibodi Ⅱ（15・16世紀）
　→ラーマ・ティボディ2世　469
Ramathibodi Ⅱ（15・16世紀）
　→ラーマ・ティボディ2世　469
Râma T'ibodi Ⅰ（14世紀）
　→ラーマ・ティボディー1世　469
Râma Tibodi Ⅰ（14世紀）
　→ラーマ・ティボディー1世　469
Râma T'ibodi Ⅱ（15・16世紀）
　→ラーマ・ティボディ2世　469
Ramesuan（14世紀）　→ラーメースワン　470
Ramesuen（14世紀）　→ラーメースワン　470
Ramk'amheng（13・14世紀）
　→ラーマ・カムヘン　469
Ramkhamhaeng（13・14世紀）
　→ラーマ・カムヘン　469
Ramkhamheng（13・14世紀）
　→ラーマ・カムヘン　469
Ramón Magsaysay（20世紀）
　→マグサイサイ　436
Ramon Magsaysay（20世紀）
　→マグサイサイ　436
Ramos, Fidel（20世紀）　→ラモス　470
Ramos, Fidel V.（20世紀）　→ラモス　470
Ramos, Fidel Valdes（20世紀）　→ラモス　470
Ramos, Narciso（20世紀）　→ラモス, N.　470
Ramos-Horta, José（20世紀）
　→ラモス・ホルタ　470
Ramos Horta, Jose（20世紀）
　→ラモス・ホルタ　470
Rana Bahadur（18世紀）
　→ラナ・バハデゥル　467
Ranariddh, Norodom（20世紀）
　→ラナリット　467
Rǎn Min（4世紀）　→冉閔　ぜんびん　258
Rao Shu-shi（20世紀）
　→饒漱石　じょうそうせき　221
Rao Shushi（20世紀）
　→饒漱石　じょうそうせき　221

Rashidov, Sharaf（20世紀）
　→ラシドフ, シャラフ　466
Rashidov, Sharaf Rashidovich（20世紀）
　→ラシドフ, シャラフ　466
Rashidov, Sharof Rashidovich（20世紀）
　→ラシドフ, シャラフ　466
Rattakul, Bhichai（20世紀）
　→ビチャイ・ラッタクーン　396
Ratulangie, G.S.S.J.（20世紀）
　→ラトゥランギー　467
Razak, bin Hussain, Tun Abdul（20世紀）
　→ラザク　466
Razak bin Dato Hussein al-haj, Tun Haji Abdul（20世紀）　→ラザク　466
Razak bin Hussain, Tun Abdul（20世紀）
　→ラザク　466
Razak bin Hussein, Tun Abdul（20世紀）
　→ラザク　466
Recto, Claro M.（19・20世紀）　→レクト　521
Recto, Claro Mayo（19・20世紀）　→レクト　521
Ree Ha-ung（19世紀）
　→大院君　たいいんくん　279
Rengde huanghou（11世紀）
　→仁徳皇后　じんとくこうごう＊　238
Rén-zōng（11世紀）　→仁宗（宋）　じんそう　237
Rén-zōng（13・14世紀）
　→仁宗（元）　じんそう　237
Rhee, Syngman（19・20世紀）
　→李承晩　イスンマン　20
Ricarte, Artemio（19・20世紀）　→リカルテ　473
(R) I Cha-yǒn（11世紀）
　→李子淵　りしえん　483
(R) I Che-hyǒn（13・14世紀）
　→李斉賢　りせいけん　487
Ri Chung-chun（19・20世紀）
　→李青天　りせいてん　488
(R) I Foe-ch'ang（20世紀）
　→李会昌　イフェチャン　23
Ri Geummo（20世紀）　→李根模　イクンモ　18
Ri I（16世紀）　→李珥　りじ　483
Ri (I) Chun（14・15世紀）　→李蔵　りてん　492
Ri (I) Eui-bang（12世紀）
　→李義方　りぎほう　474
Ri (I) Eui-min（12世紀）
　→李義旼　りぎびん　474
Ri (I) I（16世紀）　→李珥　りじ　483
Ri (I) In-im（14世紀）　→李仁任　りじんにん　486
Ri (I) Ja-kyum（12世紀）
　→李資謙　りしけん　483
Ri (I) Ja-yun（11世紀）　→李子淵　りしえん　483

Ri (I) Je-hyun (13・14世紀)
　→李斉賢　りせいけん　487
Ri (I) Jong-moo (14・15世紀)
　→李従茂　りじゅうも　484
Ri (I) Joon (19・20世紀) →李儁　りしゅん　485
Ri (I) Kang-nyun (19・20世紀)
　→李康年　りこうねん　480
Ri (I) Kwal (16・17世紀) →李适　りかつ　473
Ri (I) Kyoo-bo (12・13世紀)
　→李奎報　りけいほう　478
(R) I In-che (20世紀) →李仁済　イインジェ　17
Ri In-im (14世紀) →李仁任　りじんにん　486
Ri (I) Rin-jwa (18世紀)
　→李麟佐　りりんさ　514
Ri (I) Rin-yung (19・20世紀)
　→李麟栄　りりんえい　514
Ri (I) Saek (14世紀) →李穡　りしょく　486
Ri (I) Sang-jae (19・20世紀)
　→李商在　イサンジェ　18
Ri (I) Sang-ryong (19・20世紀)
　→李相龍　りそうりゅう　489
Ri (I) Seung-hoon (19・20世紀)
　→李昇薫　イスンフン　20
Ri (I) Seung-man (19・20世紀)
　→李承晩　イスンマン　20
Ri (I) Si-ae (15世紀) →李施愛　りしあい　483
Ri (I) Soo-kwang (16・17世紀)
　→李晬光　りさいこう　482
Ri (I) Soon-sin (16世紀)
　→李舜臣　イスンシン　20
Ri (I) Sung-man (19・20世紀)
　→李承晩　イスンマン　20
Ri (I) Uk-juk (15・16世紀)
　→李彦迪　イゲンテキ　479
Ri (I) Wan-yong (19・20世紀)
　→李完用　イワンヨン　24
Ri (I) Wun-ik (16・17世紀)
　→李元翼　りげんよく　479
Ri Ja-kyŏm (12世紀) →李資謙　りしけん　483
Ri Ja-yon (18・19世紀) →李止淵　りしえん　483
Ri Je-hyŏn (13・14世紀)
　→李斉賢　りせいけん　487
Ri Jong-ok (20世紀) →李鐘玉　イジョンオク　19
Ri Juyeon (20世紀) →李周淵　リジュヨン　485
Ri Ju-yon (20世紀) →李周淵　リジュヨン　485
(R) I Kwal (16・17世紀) →李适　りかつ　473
(R) I Kyu-bo (12・13世紀)
　→李奎報　りけいほう　478
Ri Kyu-bo (12・13世紀)
　→李奎報　りけいほう　478

(R) Im Ch'un-ch'u (20世紀)
　→林春秋　リムチュンチュ　496
Rim Chunchu (20世紀)
　→林春秋　リムチュンチュ　496
(R) Im Kkŏk-jŏng (16世紀)
　→林巨正　りんきょせい　515
(R) Im Kŏ-jŏng (16世紀)
　→林巨正　りんきょせい　515
(R) Im Kyŏng-ŏp (16・17世紀)
　→林慶業　りんけいぎょう　515
Rim Kyŏn-mae (14世紀)
　→林堅味　りんけんみ　515
Rim Yŏn (13世紀) →林衍　りんえん　515
(R) I Pŏm-sŏk (20世紀)
　→李範奭　イボムソク　23
(R) I Pong-ch'ang (20世紀)
　→李奉昌　イポンチャン　23
(R) I (R) Yuk-sa (20世紀)
　→李陸史　イーユクサ　24
(R) I Saek (14世紀) →李穡　りしょく　486
Ri Saek (14世紀) →李穡　りしょく　486
Ri Shih-ying (19世紀)
　→大院君　たいんくん　279
(R) I Si-ae (15世紀) →李施愛　りしあい　483
Ri Si-yong (19・20世紀)
　→李始栄　りしえい　483
(R) I Sŏng-gye (14・15世紀)
　→李成桂　りせいけい　487
Ri Sŏng-kye (14・15世紀)
　→李成桂　りせいけい　487
(R) I Su-gwang (16・17世紀)
　→李晬光　りさいこう　482
Ri Su-kwang (16・17世紀)
　→李晬光　りさいこう　482
(R) I Sŭng-hun (19・20世紀)
　→李昇薫　イスンフン　20
Ri Sung-in (14世紀) →李崇仁　イースンイン　20
(R) I Sŭng-man (19・20世紀)
　→李承晩　イスンマン　20
(R) I Sun-sin (16世紀) →李舜臣　イスンシン　20
(R) I Sun-sin (16世紀) →李舜臣　イスンシン　20
(R) I T'ae-wang (19・20世紀)
　→李太王　りたいおう　490
Ri-thae-wang (19・20世紀)
　→李太王　りたいおう　490
(R) I Tong-hŭi (20世紀) →李東輝　イトンヒ　22
Ri Tong-hyei (20世紀) →李東輝　イトンヒ　22
Ri Vi-fang (12世紀) →李義方　りぎほう　474
Ri-wang (19・20世紀) →純宗　じゅんそう　213
(R) I Wang-yong (19・20世紀)
　→李完用　イワンヨン　24

Ri Wan-yong（19・20世紀）
　→李完用　イワンヨン　24
（R）I Yong-ik（19・20世紀）
　→李容翊　りょうよく　511
（R）I Yul-gok（16世紀）→李珥　りじ　483
（R）I Yu-wŏn（19世紀）
　→李裕元　りゅうげん　499
（R）Noh Mu-hyŏn（20世紀）
　→盧武鉉　ノムヒョン　375
（R）Noh Ta'e-u（20世紀）→盧泰愚　ノテウ　375
（R）Non-gae（16世紀）→論介　ろんかい　526
Rodrigues, Eulogio（19・20世紀）
　→ロドリゲス，E.　525
Roem, Mohammad（20世紀）→ルム　519
Roeslan Abdulgani（20世紀）
　→ルスラン・アブドルガニ　519
Roh Jai-bong（20世紀）
　→盧在鳳　ノジェボン　375
Roh Moo-hyun（20世紀）
　→盧武鉉　ノムヒョン　375
Roh Shin-yong（20世紀）
　→盧信永　ノシンヨン　375
Roh Tae-woo（20世紀）→盧泰愚　ノテウ　375
Romulo, Carles Pena（20世紀）
　→ロムロ，カルロス　526
Romulo, Carlos P.（20世紀）
　→ロムロ，カルロス　526
Romulo, Carlos Pena（20世紀）
　→ロムロ，カルロス　526
Romulo, Roberto R.（20世紀）
　→ロムロ，ロベルト　526
Róng Hóng（19・20世紀）→容閎　ようこう　455
Rong Hong（19・20世紀）→容閎　ようこう　455
Róng-lù（19・20世紀）→栄禄　えいろく　38
Ronglu（19・20世紀）→栄禄　えいろく　38
Rong Yi-ren（20世紀）→栄毅仁　えいきじん　35
Ro Tae-wu（20世紀）→盧泰愚　ノテウ　375
Roxas, Acuña, Manuel（20世紀）→ロハス　525
Roxas, Geraldo M.（20世紀）
　→ロハス，ヘラルド　526
Roxas, Manuel（20世紀）→ロハス　525
Roxas, Manuel Acuña（20世紀）→ロハス　525
Roxas y Acuña, Manuel（20世紀）
　→ロハス　525
Ruǎn Dà-chéng（16・17世紀）
　→阮大鋮　げんだいせい　138
Ruì-chéng（19・20世紀）→瑞澂　ずいちょう　241
Ruì-zōng（7・8世紀）→睿宗（唐）　えいそう　36
Rú-zǐ Yīng（1世紀）→孺子嬰　じゅしえい　207

（R）Yang Ki-t'aek（19・20世紀）
　→梁起鐸　りょうきたく　508
Ryang（Yang）Kil（9世紀）
　→梁吉　りょうきつ　509
Ryang（Yang）Kì-thak（19・20世紀）
　→梁起鐸　りょうきたく　508
Ryang（Yang）Sung-ji（15世紀）
　→梁誠之　りょうせいし　510
（R）Ryoo（Yoo）Rin-suk（19・20世紀）
　→柳麟錫　りゅうりんしゃく　507
Ryoo（Yoo）Sung-ryong（16・17世紀）
　→柳成龍　りゅうせいりゅう　503
Ryoo（Yoo）Tae-chi（19世紀）
　→劉大致　りゅうたいち　503
（R）Yŏ Un-hyŏng（19・20世紀）
　→呂運亨　ヨウニョン　461
Ryu Jangsik（20世紀）
　→柳章植　リュジャンシク　508
Ryum（Yum）Heung-bang（14世紀）
　→廉興邦　れんこうほう　523
（R）Yu（R）In-sŏk（19・20世紀）
　→柳麟錫　りゅうりんしゃく　507
（R）Yu Sŏng-nyong（16・17世紀）
　→柳成龍　りゅうせいりゅう　503

【S】

Saarasin, Phoch（20世紀）
　→ポット・サーラシン　432
Sabsu（17世紀）→サブス　184
Sa Chen-ping（19・20世紀）
　→薩鎮冰　さっちんひょう　184
Sadli, Mohammad（20世紀）→サドリ　184
Sai-čung-ga（19世紀）→サイチュンガ　181
Saifuding（20世紀）→サイフジン　182
Sai Fu-ting（20世紀）→サイフジン　182
Sai Ong Hue（18世紀）→サイ・オン・フエ　178
Sai-shang-a（19世紀）
　→賽尚阿　さいしゃんあ　179
Saisisamout（18世紀）→サイシサムート　179
Sakirman（20世紀）→サキルマン　183
Sakkarin（19・20世紀）→サッカリン　184
Salas, Rafael M.（20世紀）→サラス　185
Saleh, Chairul（20世紀）→サレー　185
Salim, Hadji Agus（19・20世紀）→サリム　185
Salim, Haji Agus（19・20世紀）→サリム　185
Salim Hadji Agoes（19・20世紀）→サリム　185
Samadov, Abduzhalil Akhadovich（20世紀）
　→サマドフ，アブドゥジャリル　184

SAM

Sam Rainsy(20世紀) →サム・ランシー 185
Sananikone, Phoui(20世紀)
　→サナニコーン, P. 184
Sandjaja(8世紀) →サンジャヤ 186
Sando(19・20世紀) →サンド 186
Sandoo(19・20世紀) →サンド 186
Sanduo(19・20世紀) →サンド 186
Sanei(17・18世紀) →サネ 184
Sanga(13世紀) →サンガ 186
Sanger, Margaret(13世紀) →サンガ 186
Sāng Hóng-yáng(前2・1世紀)
　→桑弘羊 そうこうよう 262
Sang Hung-yang(前2・1世紀)
　→桑弘羊 そうこうよう 262
Sangs-rgyas-rgya-mtsho(17・18世紀)
　→サンギエ・ギャムツォ 186
Sann, Sonn(20世紀) →サン 185
Saṅs-rgyas rgya-mtsho(17・18世紀)
　→サンギエ・ギャムツォ 186
Sanya Dharmasakti(20世紀)
　→サンヤ・タマサク 186
Sanya Thammasak(20世紀)
　→サンヤ・タマサク 186
Sanya tharmasaki(20世紀)
　→サンヤ・タマサク 186
San Yu(20世紀) →サン・ユ 186
San Yu, Bouhmujon(20世紀) →サン・ユ 186
Sao Shwe Thaik(20世紀)
　→サオ・シュエ・タイク 183
Sardjono(20世紀) →サルジョノ 185
Sarin Chaak(20世紀) →サリン・チャーク 185
Sarit Thanarat(20世紀) →サリット 185
Sartaq(13世紀) →サルタク 185
Sartono(20世紀) →サルトノ 185
Sasorith, Katay Don(20世紀)
　→サソーリット 184
Sastroamidjojo, Ali(20世紀)
　→サストロアミジョヨ 183
Sau Kham Khoy(20世紀)
　→ソー・カム・コイ 269
Sauma(13世紀) →ラッバン・サウマー 467
Savang, Vatthana(20世紀)
　→シー・サウァン・ウァッタナー 189
Savang Vatthana(20世紀)
　→シー・サウァン・ウァッタナー 189
Savangvatthana(20世紀)
　→サヴァンヴァッサナ 183
Saw Maung(20世紀) →ソウ・マウン 268
Sayidiman, Suryohadiprojo(20世紀)
　→サイディマン, S. 181
Säypidin Äzizi(20世紀) →サイフジン 182

Sayyid Ajall(13世紀)
　→サイイド・アジャッル 177
Sà Zhèn-bīng(19・20世紀)
　→薩鎮氷 さっちんひょう 184
Schiban(13世紀頃) →シバン 194
Sečen qontayi-ji(16世紀)
　→セチェン・ホンタイジ 253
Se-chong(14・15世紀)
　→世宗(李朝) せいそう 249
Sein Lwin(20世紀) →セイン・ルイン 251
Sein Win(20世紀) →セイン・ウィン 251
Sein Win, Bouhmujou(20世紀)
　→セイン・ウィン 251
Se-jo(15世紀) →世祖(李朝) せいそ 248
Sejo(15世紀) →世祖(李朝) せいそ 248
Se-jong(14・15世紀)
　→世宗(李朝) せいそう 249
Sejong(14・15世紀)
　→世宗(李朝) せいそう 249
Semaun(20世紀) →スマウン 245
Senapati(16・17世紀) →セーナパティ 254
Senapati Ingalaga(16・17世紀)
　→セーナパティ 254
Senggelinčin(19世紀) →センゲ・リンチン 256
Senggelingin(19世紀) →センゲ・リンチン 256
Sengge qong taiji(16世紀)
　→センゲ・ホンタイジ 256
Senggerinchin(19世紀)
　→センゲ・リンチン 256
Sêng-ko-lin-ch'in(19世紀)
　→センゲ・リンチン 256
Seni, Momrajwongse Pramot(20世紀)
　→セーニー 255
Seni, Pramot(20世紀) →セーニー 255
Seni Pramoj(20世紀) →セーニー 255
Seni Pramot(20世紀) →セーニー 255
Senopati(16世紀) →セノパティ 255
Sentot(19世紀) →セントト 258
Seo Cheol(20世紀) →徐哲 ソチョル 272
Sergio Osmeña(19・20世紀)
　→オスメニア, セルジオ 62
Serrano, Felixberto M.(20世紀)
　→セラノ, F.M. 255
Sethathirat(16世紀)
　→セーターティラート 253
Seto Mee Tong(19・20世紀)
　→司徒美堂 しとびどう 192
Sha Cien-li(20世紀) →沙千里 させんり 183
Shādī Beg(14・15世紀)
　→シャーディー・ベグ 196
Sha Feng(20世紀) →沙風 しゃふう 197

Shahīdī, Burkhān（20世紀）→ブルハン　*414*
Shāh Rukh（14・15世紀）→シャー・ルフ　*200*
Shāh Rukh（14・15世紀）→シャー・ルフ　*200*
Shāhrukh（14・15世紀）→シャー・ルフ　*200*
Shāh Rukh, Mīrzā（14・15世紀）
　　→シャー・ルフ　*200*
Shaimiev, Mintimer Sharipovich（20世紀）
　　→シャイミエフ　*195*
Shamil'（18・19世紀）→シャミール　*198*
Shāmil, Shaykh（18・19世紀）
　　→シャミール　*198*
Shamwīl（18・19世紀）→シャミール　*198*
Shan Ch'an（2世紀）→単超　ぜんちょう　*257*
Shang Chên（19・20世紀）
　　→商震　しょうしん　*220*
Shàng-guān Yí（7世紀）
　　→上官儀　じょうかんぎ　*216*
Shàng Kě-xī（17世紀）→尚可喜　しょうかき　*216*
Shang K'o-hsi（17世紀）
　　→尚可喜　しょうかき　*216*
Shang-kuang I（7世紀）
　　→上官儀　じょうかんぎ　*216*
Shāng Lù（15世紀）→商輅　しょうろ　*225*
Shang Ti（2世紀）
　　→殤帝（後漢）　しょくてい*　*227*
Shāng-yǎng（前4世紀）→商鞅　しょうおう　*215*
Shang Yang（前4世紀）→商鞅　しょうおう　*215*
Shàng Zhī-xìn（17世紀）
　　→尚之信　しょうししん　*219*
Shān Táo（3世紀）→山濤　さんとう　*186*
Shan T'ao（3世紀）→山濤　さんとう　*186*
Shào-dì（10世紀）→少帝（後晋）　しょうてい　*222*
Shao-kung-shih（前11世紀頃）
　　→召公奭　しょうこうせき　*218*
Shao Li-tzu（19・20世紀）
　　→邵力子　しょうりきし　*225*
Shao Ti（2世紀）→廃帝（後漢）　はいてい　*377*
Shao Ti（3世紀）→曹髦　そうぼう　*268*
Shao Ti（5世紀）
　　→少帝義符　しょうていぎふ*　*222*
Shao-wêng（前2・1世紀）→少翁　しょうおう　*215*
Shào Yì-chén（19世紀）
　　→邵懿辰　しょういしん　*214*
Shao Yüan-ch'ung（19・20世紀）
　　→邵元冲　しょうげんちゅう　*217*
Shao Yü-lin（20世紀）
　　→邵毓麟　しょういくりん　*214*
Shäymiev, Mintimer（20世紀）
　　→シャイミエフ　*195*
Sheares, Benjamin Henry（20世紀）
　　→シアズ，ベンジャミン　*187*

Shê Chien-ying（20世紀）
　　→葉剣英　ようけんえい　*454*
Shê Ch'ing（20世紀）→葉青　ようせい　*458*
Shē Chóng-míng（17世紀）
　　→奢崇明　しゃすうめい　*196*
Sheh, Syed bin Syed Abdullah Sahabuddinn（20世紀）→シェフ，サイド　*187*
Shê-lun（4・5世紀）→社崙　しゃろん　*200*
Shê Mêng-tê（11・12世紀）
　　→葉夢得　ようほうとく　*462*
Shê Mêng-te（11・12世紀）
　　→葉夢得　ようほうとく　*462*
Shē Ming-ch'ên（19世紀）
　　→葉名琛　ようめいしん　*462*
Shěn Bǎo-zhēn（19世紀）
　　→陳葆楨　しんほてい　*240*
Shēn Bù-hài（前4世紀）
　　→申不害　しんふがい　*239*
Shen Chang-huan（20世紀）
　　→沈昌煥　しんしょうかん　*236*
Shen Changhuan（20世紀）
　　→沈昌煥　しんしょうかん　*236*
Shěn Chia-pên（19・20世紀）
　　→沈家本　しんかほん　*233*
Shên-ching（前4世紀）
　　→慎靚　しんけんおう*　*234*
Shěn Chin-ting（20世紀）
　　→沈覲鼎　しんきんてい　*234*
Shěn Chün-ju（19・20世紀）
　　→沈鈞儒　しんきんじゅ　*234*
Shen Cuizhen（20世紀）
　　→沈粹縝　しんすいしん*　*236*
Shěn Fǎ-xīng（7世紀）
　　→沈法興　しんほうこう　*239*
Shěng Hsüan-huai（19・20世紀）
　　→盛宣懐　せいせんかい　*248*
Shèng P'i-hua（20世紀）→盛丕華　せいひか　*251*
Shèng Shì cái（20世紀）
　　→盛世才　せいせいさい　*248*
Shèng Shìcái（20世紀）
　　→盛世才　せいせいさい　*248*
Sheng Shicai（20世紀）
　　→盛世才　せいせいさい　*248*
Shèng Shih-ts'ai（20世紀）
　　→盛世才　せいせいさい　*248*
Shèng Tsu（17・18世紀）
　　→康熙帝　こうきてい　*144*
Shêng-tsung（10・11世紀）
　　→聖宗（遼）　せいそう　*250*
Shěn Guā（11世紀）→沈括　しんかつ　*233*
Shèng Xuān-huái（19・20世紀）
　　→盛宣懐　せいせんかい　*248*

SHE

Shèng Xuānhuái（19・20世紀）
　→盛宣懐　せいせんかい　248
Sheng Xuanhuai（19・20世紀）
　→盛宣懐　せいせんかい　248
Shèng-yù（19世紀）→盛昱　せいいく　246
Shèng-zōng（10・11世紀）
　→聖宗（遼）　せいそう　250
Shěn Hung-lieh（19・20世紀）
　→沈鴻烈　しんこうれつ　235
Shěn Jiā-běn（19・20世紀）
　→沈家本　しんかほん　233
Shen Jiaben（19・20世紀）
　→沈家本　しんかほん　233
Shěn Jūn-rú（19・20世紀）
　→沈鈞儒　しんきんじゅ　234
Shen Junru（19・20世紀）
　→沈鈞儒　しんきんじゅ　234
Shěn Kua（11世紀）→沈括　しんかつ　233
Shěn K'uo（11世紀）→沈括　しんかつ　233
Shěn Kuo（11世紀）→沈括　しんかつ　233
Shên-nung　→神農　しんのう　238
Shěn Pao-chěn（19世紀）
　→陳葆楨　しんほてい　240
Shěn Pu-hai（前4世紀）
　→申不害　しんふがい　239
Shěn Tê-fu（14・15世紀）
　→沈徳符　しんとくふ　238
Shen Tse-min（20世紀）
　→沈沢民　しんたくみん　237
Shên-tsung（11世紀）→神宗（宋）　しんそう　236
Shên Tsung（13世紀）
　→神宗（西夏）　しんそう*　237
Shên-tsung（16・17世紀）
　→万暦帝　ばんれきてい　395
Shěn Wei-ching（16世紀）
　→沈惟敬　しんいけい　232
Shěn Wéi-jìng（16世紀）
　→沈惟敬　しんいけい　232
Shěn Yī-guàn（16・17世紀）
　→沈一貫　しんいっかん　232
Shěn Yuē（5・6世紀）→沈約　しんやく　240
Shěn Yüeh（5・6世紀）→沈約　しんやく　240
Shen Yüeh（5・6世紀）→沈約　しんやく　240
Shén-zōng（11世紀）→神宗（宋）　しんそう　236
Shenzong（11世紀）→神宗（宋）　しんそう　236
Shê Shui-hsin（12・13世紀）
　→葉適　ようてき　461
Shê T'ing（20世紀）→葉挺　ようてい　460
Shê Tsung-liu（15世紀）
　→葉宗留　ようそうりゅう　459
Shí Dá-kāi（19世紀）→石達開　せきたつかい　252
Shidebala（14世紀）→英宗（元）　えいそう　36

Shihab, Alwi（20世紀）→シハブ, アルウィ　194
Shih Chao-chi（19・20世紀）
　→施肇基　しちょうき　191
Shih Ch'ao-i（8世紀）→史朝義　しちょうぎ　191
Shih Ching-t'ang（9・10世紀）
　→石敬瑭　せきけいとう　252
Shí Hēng（15世紀）→石亨　せきこう　252
Shih Fu-liang（20世紀）
　→施存統　しそんとう　191
Shih Hêng（15世紀）→石亨　せきこう　252
Shih Hsieh（2・3世紀）→士燮　ししょう　190
Shih Hsing（16世紀）→石星　せきせい　252
Shih Hu（3・4世紀）→石虎　せきこ　252
Shih-huang-ti（前3世紀）
　→始皇帝　しこうてい　189
Shih Jung-chang（17世紀）
　→施閏章　しじゅんしょう　190
Shih K'o-fa（17世紀）→史可法　しかほう　188
Shih Lang（17世紀）→施琅　しろう　231
Shih Lê（3・4世紀）→石勒　せきろく　253
Shih Liang（20世紀）→史良　しりょう　231
Shih Mi-yüan（12・13世紀）
　→史弥遠　しびえん　194
Shih Pi（13・14世紀）→史弼　しひつ　194
Shih-pi-k'o-han（6・7世紀）
　→シヒツ・カガン　194
Shih Shih-lun（18世紀）
　→施世綸　しせいりん　190
Shih Shou-hsin（10世紀）
　→石守信　せきしゅしん　252
Shih Ssŭ-ming（8世紀）→史思明　ししめい　190
Shih Ta-k'ai（19世紀）
　→石達開　せきたつかい　252
Shih T'ien-tsê（13世紀）
　→史天沢　してんたく　191
Shih-tsu（13世紀）→フビライ　411
Shih-tsu（17世紀）
　→順治帝（清）　じゅんちてい　213
Shih-tsung（10世紀）
　→柴栄　さいえい　178
　→世宗（遼）　せいそう　248
Shih-tsung（12世紀）→世宗（金）　せいそう　248
Shih-tsung（16世紀）→世宗（明）　せいそう　249
Shih Tsung（17・18世紀）
　→雍正帝　ようせいてい　458
Shí Hǔ（3・4世紀）→石虎　せきこ　252
Shī-huáng-dì（前3世紀）
　→始皇帝　しこうてい　189
Shīhuángdì（前3世紀）→始皇帝　しこうてい　189
Shihuangdi（前3世紀）→始皇帝　しこうてい　189
Shih Yu（前1世紀）→史游　しゆう　200

政治・外交・軍事篇　　　　　　　　　　609　　　　　　　　　　　　SIN

Shih Yu-san（20世紀）
　→石友三　せきゆうさん　252
Shī Jiān-rú（19世紀）→史堅如　しけんじょ　188
Shi Jingtang（9・10世紀）
　→石敬瑭　せきけいとう　252
Shǐ Kě-fǎ（17世紀）→史可法　しかほう　188
Shǐ Kefa（17世紀）→史可法　しかほう　188
Shilalahi, Harry Tjan（20世紀）
　→シララヒ, ハリー・チャン　231
Shí Lè（3・4世紀）→石勒　せきろく　253
Shi Le（3・4世紀）→石勒　せきろく　253
Shǐ Liáng（20世紀）→史良　しりょう　231
Shi Liang（20世紀）→史良　しりょう　231
Shǐ Mí-yuǎn（12・13世紀）
　→史弥遠　しびえん　194
Shinawatra, Thaksin（20世紀）→タクシン　287
Shin Hyon-hwak（20世紀）
　→申鉉碻　シンヒョンハク　239
Shī Rùn-zhāng（17世紀）
　→施閏章　しじゅんしょう　190
Shǐ Sī-míng（8世紀）→史思明　ししめい　190
Shǐ Sōng-zhī（13世紀）→史嵩之　しすうし　190
Shǐ Tiān-zé（13世紀）→史天沢　してんたく　191
Shi Tianze（13世紀）→史天沢　してんたく　191
Shī Zhào-jī（19・20世紀）
　→施肇基　しちょうき　191
Shǐ Zhāo-yì（8世紀）→史朝義　しちょうぎ　191
Shì-zōng（10世紀）
　→柴栄　さいえい　178
　→世宗（遼）　せいそう　248
Shizong（10世紀）→柴栄　さいえい　178
Shì-zōng（12世紀）→世宗（金）　せいそう　248
Shìzōng（12世紀）→世宗（金）　せいそう　248
Shì-zǔ（11世紀）→世祖（遼）　せいそ　248
Shì-zǔ（13世紀）→フビライ　411
Shǒng-tê-wang（8世紀）
　→聖徳王　せいとくおう　251
Shu-lü-huang-hou（9・10世紀）
　→応天皇后　おうてんこうごう　56
Shùn　→舜　しゅん　211
Shun　→舜　しゅん　211
Shun Chih（17世紀）
　→順治帝（清）　じゅんちてい　213
Shun-chih-ti（17世紀）
　→順治帝（清）　じゅんちてい　213
Shùn-dì（14世紀）→順帝（元）　じゅんてい　213
Shundi（14世紀）→順帝（元）　じゅんてい　213
Shun-ti（2世紀）→順帝（後漢）　じゅんてい　213
Shun Ti（5世紀）
　→順帝（六朝・宋）　じゅんてい*　213
Shun-ti（14世紀）→順帝（元）　じゅんてい　213

Shun Tsung（8・9世紀）
　→順宗（唐）　じゅんそう　213
Shùn-zhì-dì（17世紀）
　→順治帝（清）　じゅんちてい　213
Shunzhidi（17世紀）
　→順治帝（清）　じゅんちてい　213
Shùn-zōng（8・9世紀）
　→順宗（唐）　じゅんそう　213
Shurestha, Marich Man Singh（20世紀）
　→シュレスタ, マリチ・マン・シン　211
Shu Tung（20世紀）→舒同　じょどう　230
Shū Yuán-yú（9世紀）→舒元輿　じょげんよ　227
Siarifuddin, Amir（20世紀）
　→シャリフディン　199
Siauw Giok Tjhan（20世紀）
　→ショウ・ギョクチャン　217
Siazon, Domingo L.（20世紀）
　→シアゾン, ドミンゴ　187
Siddhi Savetsila（20世紀）
　→シッチ・サウェッツイラ　191
Sihamoni, Norodom（20世紀）→シハモニ　194
Sihanouk, Norodom（20世紀）
　→シハヌーク　193
Sihanouk Norodom（20世紀）
　→シハヌーク　193
Si-jŭng-wang（5・6世紀）
　→智証王　ちしょうおう　298
Silpaarchaa, Banharn（20世紀）
　→バンハーン・シンラパアーチャ　393
Sī Lún-fā（14世紀）→思倫発　しりんはつ　231
Sī-mǎ Guāng（11世紀）→司馬光　しばこう　193
Sīmǎ Guāng（11世紀）→司馬光　しばこう　193
Sima Guang（11世紀）→司馬光　しばこう　193
Sima Rui（3・4世紀）→司馬睿　しばえい　192
Sima Yan（3世紀）→武帝（西晋）　ぶてい　410
Sī-mǎ Yì（2・3世紀）→司馬懿　しばい　192
Sima Yi（2・3世紀）→司馬懿　しばい　192
Sī-mǎ Zhāo（3世紀）→司馬昭　しばしょう　193
Sim Ŭi-kyŏm（16世紀）
　→沈義謙　しんぎけん　233
Sim Ui-kyŏm（16世紀）
　→沈義謙　しんぎけん　233
Sim Var（20世紀）→シム・バル　194
Sin Dol-suk（20世紀）
　→申乭石　シンドルセキ　238
Sin Don（14世紀）→辛旽　しんとん　238
Singh, Kunwar Indra Jit（20世紀）
　→シン, K.I.　231
Singh, Kunwar Indrajit（20世紀）
　→シン, K.I.　231
Singu（18世紀）→シンガー　234
Si Nhiep（2・3世紀）→シー・ニェプ　192

Sin Hŏn (19世紀) →申櫶 しんけん 234
Sin Ikheui (20世紀) →申翼熙 シンイクヒ 232
Sin Ik-hi (20世紀) →申翼熙 シンイクヒ 232
Sin Ik-hui (20世紀) →申翼熙 シンイクヒ 232
Sinjong (12・13世紀)
　→神宗 (高麗) しんそう* 237
Sin Kyoo-sik (19・20世紀)
　→申圭植 しんけいしょく 234
Sin Siksu (20世紀) →申穡秀 シンシクス 235
Sin Song-mo (20世紀) →申性模 しんせいぼ 236
Sin Sook-joo (15世紀)
　→申叔舟 しんしゅくしゅう 235
Sin Suk-chu (15世紀)
　→申叔舟 しんしゅくしゅう 235
Sin Suk-ju (15世紀)
　→申叔舟 しんしゅくしゅう 235
Sin Sung-mo (20世紀) →申性模 しんせいぼ 236
Sin Ton (14世紀) →辛旽 しんとん 238
Sin Yu-han (17世紀) →申維翰 しんいかん 232
Sirik Matak (20世紀)
　→シソワット・シリク・マタク 191
Sirik Matak, Sisowath (20世紀)
　→シソワット・シリク・マタク 191
Sisavang Vong (19・20世紀)
　→シサヴァン・ボン 189
Sisavangvong (20世紀)
　→シサワット・ケオブンパン 189
Sisavat Keobounphan (20世紀)
　→シサワット・ケオブンパン 189
Sison, Jose Maria (20世紀)
　→シソン、ホセ・マリア 191
Sisouk Na Champassak (20世紀)
　→シスーク・ナ・チャンパサク 190
Sisowath (19・20世紀) →シソワット 191
Sisowath Sirik Matak (20世紀)
　→シソワット・シリク・マタク 191
Sī-tí Měi-táng (19・20世紀)
　→司徒美堂 しとびどう 192
Sjahair, Sutan (20世紀) →シャフリル 197
Sjahrir, Soetan (20世紀) →シャフリル 197
Sjahrir, Sutan (20世紀) →シャフリル 197
Sjahrir Sutan (20世紀) →シャフリル 197
Sjarfuddin, Amir (20世紀)
　→シャリフデイン 199
Sjarifuddin, Amir (20世紀)
　→シャリフデイン 199
Sjarifueddin, Amir (20世紀)
　→シャリフデイン 199
So Bing Kong (17世紀)
　→蘇鳴崗 そめいこう 273
Sŏ Chae-p'il (19・20世紀)
　→徐載弼 ソジェビル 270

So Chae-p'il (19・20世紀)
　→徐載弼 ソジェビル 270
Soclrno, Achamet (20世紀) →スカルノ 242
Sodnom, Dumaagiyn (20世紀)
　→ソドノム、ドマーギン 272
Soedjatmoko (20世紀) →スジャトモコ 243
Soeharto (20世紀) →スハルト 244
Soeharto, T.N.J. (20世紀) →スハルト 244
Soekarno (20世紀) →スカルノ 242
Soekarno, Achmad (20世紀) →スカルノ 242
Soekarno, Ahamed (20世紀) →スカルノ 242
Soekiman, Wirjosandjojo (20世紀)
　→スキマン 243
Soepardjo (20世紀) →スパルジョ 244
Soerjaningrat, Soewardi (19・20世紀)
　→スワルディ・スルヤニングラット 246
So-ê-tê (17・18世紀) →ソンゴトゥ 276
Soewardi, Soerjanigrat (19・20世紀)
　→スワルディ・スルヤニングラット 246
Soewardi Soerjaningrat (19・20世紀)
　→スワルディ・スルヤニングラット 246
Soe Win (20世紀) →ソーウィン 259
Sögetü (13世紀) →ゾゲトゥ 270
Somdetphranaaraai Mahaaraat (17世紀)
　→ナライ 371
So Min-ho (20世紀) →徐珉濠 ソミノ 273
Somsanith (20世紀) →ソムサニット 273
Song Byong-jun (19・20世紀)
　→宋秉畯 ソンビョンジュン 277
Song Chin-u (19・20世紀)
　→宋鎮禹 ソンジヌ 276
Song-chong (10世紀)
　→成宗 (高麗) せいそう 249
Songgotu (17・18世紀) →ソンゴトゥ 276
Sòng Jiāng (12世紀頃) →宋江 そうこう 262
Sòng Jiāo-rén (19・20世紀)
　→宋教仁 そうきょうじん 261
Song Jiaoren (19・20世紀)
　→宋教仁 そうきょうじん 261
Sòng Jǐng (7・8世紀) →宋璟 そうえい 259
Sòng Jīn-gāng (7世紀)
　→宋金剛 そうこんごう 263
Sòng Jǐng-shī (19世紀)
　→宋景詩 そうけいし 261
Song Jinu (19・20世紀) →宋鎮禹 ソンジヌ 276
Sŏng-jong (10世紀)
　→成宗 (高麗) せいそう 249
Sŏngjong (10世紀) →成宗 (高麗) せいそう 249
Sŏng-jong (15世紀)
　→成宗 (李朝) せいそう 249
Sŏngjong (15世紀) →成宗 (李朝) せいそう 249

Song Joon-kil（17世紀）
　→宋浚吉　そうしゅんきつ　264
Sòng Lián（14世紀）→宋濂　そうれん　269
Sòng Měi-líng（20世紀）
　→宋美齢　そうびれい　268
Song Meiling（20世紀）
　→宋美齢　そうびれい　268
Song Meiling Mayling Soong Chiang（20世紀）
　→宋美齢　そうびれい　268
Sŏng-myŏng-wang（6世紀）
　→聖王　せいおう　247
Song Ngoc Minh（20世紀）
　→ソン・ゴック・ミン　276
Song Ngoc Thanh（20世紀）
　→ソン・ゴク・タン　276
Song Ping（20世紀）→宋平　そうへい　268
Song Pyong-chun（19・20世紀）
　→宋秉畯　ソンビョンジュン　277
Song Pyŏng-jun（19・20世紀）
　→宋秉畯　ソンビョンジュン　277
Song Pyung-joon（19・20世紀）
　→宋秉畯　ソンビョンジュン　277
Sòng Qìng（19・20世紀）→宋慶　そうけい　261
Sòng Qìng-lìng（19・20世紀）
　→宋慶齢　そうけいれい　261
Song Qingling（19・20世紀）
　→宋慶齢　そうけいれい　261
Song Ren-qiong（20世紀）
　→宋任窮　そうにんきゅう　267
Song Si-(r)yŏl（17世紀）
　→宋時烈　そうじれつ　265
Song Si-ryul（17世紀）→宋時烈　そうじれつ　265
Song Si-yŏl（17世紀）→宋時烈　そうじれつ　265
Song Si-yol（17世紀）→宋時烈　そうじれつ　265
Songt'am（17世紀）→ソングターム　275
Sŏng-wang（6世紀）→聖王　せいおう　247
Song Yo-chan（20世紀）
　→宋堯讃　ソンヨチャン　278
Song Yochan（20世紀）
　→宋堯讃　ソンヨチャン　278
Sŏng-yún（18・19世紀）→松筠　しょういん　214
Sòng Zhé yuán（19・20世紀）
　→宋哲元　そうてつげん　267
Song Zheyuan（19・20世紀）
　→宋哲元　そうてつげん　267
Sòng Zǐ-wén（20世紀）→宋子文　そうしぶん　264
Song Ziwen（20世紀）→宋子文　そうしぶん　264
Sonin（17世紀）→ソニン　272
Sŏn-jo（16・17世紀）→宣祖（李朝）　せんそ　257
Sŏnjo（16・17世紀）→宣祖（李朝）　せんそ　257
Sŏnjong（11世紀）→宣宗（高麗）　せんそう*　257

Son Ngoc Minh（20世紀）
　→ソン・ゴック・ミン　276
Son Ngoc Thanh（20世紀）
　→ソン・ゴク・タン　276
Sonomiin, Odval（20世紀）
　→ソノミン、オドヴァル　273
Son Sann（20世紀）→ソン・サン　276
Son Sen（20世紀）→ソン・セン　277
Son Si-yŏl（17世紀）→宋時烈　そうじれつ　265
Soon Chiang, Mayling（20世紀）
　→宋美齢　そうびれい　268
Soong, T.V.（20世紀）→宋子文　そうしぶん　264
Soon-jong（19・20世紀）→純宗　じゅんそう　213
Soo Sin（9世紀）→寿神　じゅしん　208
So-soo-rim-wang（4世紀）
　→小獣林王　しょうじゅうりんおう　220
Soth Pethrasy（20世紀）
　→ソット・ペトラシ　272
Sotikakuman（18世紀）→ソティカクマン　272
Soulinyavongsa（17世紀）
　→スリニャウォンサー　245
Souphanou Vong（20世紀）
　→スパーヌウォン　244
Souphanouvong（20世紀）
　→スパーヌウォン　244
Souvanna Phouma（20世紀）
　→スバナ・プーマ　244
　→プーマ　412
Souvannavong, Outhoug（20世紀）
　→スバナボン, O.　244
Sriganond, Phao（20世紀）
　→パオ・シーヤーノン　379
Sri Savang Vathana（20世紀）
　→シー・サウァン・ウァッタナー　189
Sri Savang Vatthana（20世紀）
　→シー・サウァン・ウァッタナー　189
Sri Savang Vong（19・20世紀）
　→シサヴァン・ボン　189
Srisdi Dhanarajata（20世紀）→サリット　185
Sroṅ-btsan sgam-po（6・7世紀）
　→ソンツェン・ガンポ　277
Sron-btsan-sgam-po（6・7世紀）
　→ソンツェン・ガンポ　277
Sron-btsan sgampo（6・7世紀）
　→ソンツェン・ガンポ　277
Srong btsan sgam Po（6・7世紀）
　→ソンツェン・ガンポ　277
Srong btsan sgampo（6・7世紀）
　→ソンツェン・ガンポ　277
Ssŭ Jên-fa（15世紀）→思任発　しじんはつ　190
Ssŭ-ma Chao（3世紀）→司馬昭　しばしょう　193
Ssŭ-ma I（2・3世紀）→司馬懿　しばい　192

SSU *612*

Ssŭ-ma Jui(3・4世紀) →司馬睿　しばえい　*192*
Ssŭ-ma Kuang(11世紀)
　→司馬光　しばこう　*193*
Ssu-ma Kuang(11世紀)
　→司馬光　しばこう　*193*
Ssŭ-ma Piao(3・4世紀)
　→司馬彪　しばひょう　*194*
Ssŭ-ma Yen(3世紀)　→武帝(西晋)　ぶてい　*410*
Ssu-t'u Mei-t'ang(19・20世紀)
　→司徒美堂　しとびどう　*192*
Sthiti Malla(14世紀)
　→スティティ・マッラ　*244*
Subandrio(20世紀)　→スバンドリオ　*244*
Subardjo, Achmad(20世紀)　→スバルジョ　*244*
Sübe'edei(12・13世紀)　→スベエデイ　*245*
Sübe'etei(12・13世紀)　→スブタイ　*245*
Subin Pinkhayan(20世紀)
　→スビン・ピンカヤン　*245*
Subutai(12・13世紀)　→スブタイ　*245*
Sübütei(12・13世紀)　→スブタイ　*245*
Su Chao-chêng(19・20世紀)
　→蘇兆徴　そちょうちょう　*272*
Su Ch'in(前5・4世紀)　→蘇秦　そしん　*271*
Suchinda Kraprayun(20世紀)
　→スチンダ・クラプラユーン　*243*
Su-ch'in-wang Shan-ch'i(19・20世紀)
　→粛親王善耆　しゅくしんのうぜんき　*206*
Sū Chuò(5・6世紀)　→蘇綽　そしゃく　*271*
Sù-clīn-wáng Shàn-qí(19・20世紀)
　→粛親王善耆　しゅくしんのうぜんき　*206*
Sudirman(20世紀)　→スディルマン　*244*
Sudisman(20世紀)　→スディスマン　*243*
Sudjono Humardani(20世紀)
　→スジョノ・フマルダニ　*243*
Su-ê-t'u(17・18世紀)　→ソンゴトゥ　*276*
Sugeng, Bambang(20世紀)　→スゲン,B.　*243*
Suhart(20世紀)　→スハルト　*244*
Suharto(20世紀)　→スハルト　*244*
Suharto, Ibu Tien(20世紀)
　→スハルト,イブ・ティエン　*244*
Suhede(18世紀)　→シュヘデ　*210*
Su Hewi(10世紀)　→徐熙　じょき　*227*
Su Jae-pil(19・20世紀)
　→徐載弼　ソジェピル　*270*
Su Je-pi(19・20世紀)　→徐載弼　ソジェピル　*270*
Sujono, Ruden(20世紀)　→スジョノ　*243*
Sukarni, Kartodiwirjo(20世紀)
　→スカルニ　*242*
Sukarni Kartodiwirjo(20世紀)　→スカルニ　*242*
Sukarno(20世紀)　→スカルノ　*242*

Sukarno, Achamet Sutan(20世紀)
　→スカルノ　*242*
Sukarno, Achmad(20世紀)　→スカルノ　*242*
Sukarno, Achmed(20世紀)　→スカルノ　*242*
Sukarno, Ahamad(20世紀)　→スカルノ　*242*
Sukarno, Ahmed(20世紀)　→スカルノ　*242*
Sukchong(11・12世紀)
　→粛宗(高麗)　しゅくそう*　*206*
Sukchong(17・18世紀)
　→粛宗(李朝)　しゅくそう*　*206*
Sükebaghatur, Damdiny(20世紀)
　→スヘバートル　*245*
Sükebaγatur(20世紀)　→スヘバートル　*245*
Sukhebator(20世紀)　→スヘバートル　*245*
Sukiman Wirjosandjojo(20世紀)
　→スキマン　*243*
Suksoem(19世紀)　→スクソエム　*243*
Su Kwang-pum(19・20世紀)
　→徐光範　じょこうはん　*228*
Sulṭān Ḥusayn Mīrzā b.Manṣūr b.Bāyqarā(15・16世紀)　→フサイン・バイカラ　*408*
Sulṭān Shāh Rukh Mīrzā(14・15世紀)
　→シャー・ルフ　*200*
Sū Míng-gāng(17世紀)
　→蘇鳴崗　そめいこう　*273*
Su Ming-kang(17世紀)
　→蘇鳴崗　そめいこう　*273*
Sumitro, Djojohadikusumo(20世紀)
　→スミトロ・ジョヨハディクスモ　*245*
Sumitro Djojohadikusmo(20世紀)
　→スミトロ・ジョヨハディクスモ　*245*
Sūn Bǎo-qí(19・20世紀)
　→孫宝琦　そんほうき　*278*
Sun Ch'êng-tsung(16・17世紀)
　→孫承宗　そんしょうそう　*276*
Sūn Chéng-zōng(16・17世紀)
　→孫承宗　そんしょうそう　*276*
Sun Chia-nai(19・20世紀)
　→孫家鼐　そんかだい　*274*
Sun Chien(2世紀)　→孫堅　そんけん　*275*
Sun Ch'o(4世紀)　→孫綽　そんしゃく　*276*
Sun Ch'üan(2・3世紀)　→孫権　そんけん　*275*
Sun Ch'uan-fan(19・20世紀)
　→孫伝芳　そんでんぽう　*277*
Sūn Chuán fāng(19・20世紀)
　→孫伝芳　そんでんぽう　*277*
Sun Ch'uan-fang(19・20世紀)
　→孫伝芳　そんでんぽう　*277*
Sun Fo(20世紀)　→孫科　そんか　*274*
Sūn Fŭ(11世紀頃)　→孫甫　そんほ　*278*

Sung, Mei-ling（20世紀）
　→宋美齢　そうびれい　268
Sung Chê-yüan（19・20世紀）
　→宋哲元　そうてつげん　267
Sung Chiao-jên（19・20世紀）
　→宋教仁　そうきょうじん　261
Sung Chih-ch'ing（18世紀）
　→宋之清　そうしせい　263
Sung Ching（7・8世紀）→宋璟　そうえい　259
Sung Ch'ing-ling（19・20世紀）
　→宋慶齢　そうけいれい　261
Sung Ching-ling（19・20世紀）
　→宋慶齢　そうけいれい　261
Sung Ching-shih（19世紀）
　→宋景詩　そうけいし　261
Sung Chu-yu（20世紀）→宋楚瑜　そうそゆ　266
Sung I（前3世紀）→宋義　そうぎ　260
Sung Iiāng（12世紀頃）→宋江　そうこう　262
Sung-jong（10世紀）
　→成宗（高麗）　せいそう　249
Sung-jong（15世紀）
　→成宗（李朝）　せいそう　249
Sung Lien（14世紀）→宋濂　そうれん　269
Sung Mêi-ling（20世紀）
　→宋美齢　そうびれい　268
Sung Mei-ling（20世紀）
　→宋美齢　そうびれい　268
Sung Qing-ling（19・20世紀）
　→宋慶齢　そうけいれい　261
Sung Tz'u（12・13世紀）→宋慈　そうじ　263
Sung Tzu-wen（20世紀）
　→宋子文　そうしぶん　264
Sung-wang（6世紀）→聖王　せいおう　247
Sung-yün（18・19世紀）→松筠　しょういん　214
Sūn Hào（3世紀）→孫皓　そんこう　275
Sun Hao（3世紀）→孫皓　そんこう　275
Sūn Hóng-yī（19・20世紀）
　→孫洪伊　そんこうい　275
Sun Hung-i（19・20世紀）
　→孫洪伊　そんこうい　275
Sūn Jiān（2世紀）→孫堅　そんけん　275
Sūn Jiā-nài（19・20世紀）
　→孫家鼐　そんかだい　274
Sun-jo（16・17世紀）→宣祖（李朝）　せんそ　257
Sunjo（18・19世紀）→純祖　じゅんそ　213
Sunjong（11世紀）
　→順宗（高麗）　じゅんそう*　213
Sun-jong（19・20世紀）→純宗　じゅんそう　213
Sunjong（19・20世紀）→純宗　じゅんそう　213
Sūn Jué（11世紀）→孫覚　そんかく　274
Sūn Kāng（3・4世紀）→孫康　そんこう　275

Sun K'ang（3・4世紀）→孫康　そんこう　275
Sun Ke（20世紀）→孫科　そんか　274
Sūn Kě-wàng（17世紀）
　→孫可望　そんかぼう　274
Sun K'o（20世紀）→孫科　そんか　274
Sun Li-jên（20世紀）→孫立人　そんりつじん　278
Sun Mei（19・20世紀）→孫眉　そんび　277
Sūn Miǎn（11世紀頃）→孫沔　そんべん　278
Sun Pao-ch'i（19・20世紀）
　→孫宝琦　そんほうき　278
Sun P'ing-hua（20世紀）
　→孫平化　そんへいか　278
Sun Ping-hua（20世紀）
　→孫平化　そんへいか　278
Sun Pinghua（20世紀）
　→孫平化　そんへいか　278
Sūn Quán（2・3世紀）→孫権　そんけん　275
Sun Quan（2・3世紀）→孫権　そんけん　275
Sun Shih-i（18世紀）→孫士毅　そんしき　276
Sūn Shì-yì（18世紀）→孫士毅　そんしき　276
Sūn Shú-áo（前7・6世紀頃）
　→孫叔敖　そんしゅくごう　276
Sun-tuk-wang（8世紀）
　→宣徳王　せんとくおう　258
Sun-tuk-yu-wang（7世紀）
　→善徳女王　ぜんとくじょおう　258
Sūn Wàn-róng（7世紀）
　→孫万栄　そんばんえい　277
Sūn Wén（19・20世紀）→孫文　そんぶん　278
Sun Wên（19・20世紀）→孫文　そんぶん　278
Sun Wen（19・20世紀）→孫文　そんぶん　278
Sūn Wǔ（19・20世紀）→孫武　そんぶ　278
Sun Wu（19・20世紀）→孫武　そんぶ　278
Sun Yat-Sen（19・20世紀）→孫文　そんぶん　278
Sun Yün-hsüan（20世紀）
　→孫運璿　そんうんせん　274
Supomo（20世紀）→スポモ　245
Suprajogi（20世紀）→スプラヨギ　245
Supriadi（20世紀）→スプリアディ　245
Sū Qín（前5・4世紀）→蘇秦　そしん　271
Su Qin（前5・4世紀）→蘇秦　そしん　271
Surammarit Norodom（20世紀）
　→スラマリット　245
Surapati（17・18世紀）→スーラパティ　245
Surendra（19世紀）→スレンドラ　246
Surin Pitsuwan（20世紀）
　→スリン・ピッスワン　246
Suripno（20世紀）→スリプノ　245
Suriyavong（18世紀）→スリヤヴォン　246

Surjaningrat, Suwardi（19・20世紀）
　→スワルディ・スルヤニングラット　246
Suryadarma, Utami（20世紀）
　→スリヤダルマ　246
Suryavalman Ⅱ（12世紀）
　→スーリヤヴァルマン2世　246
Sûryavarman Ⅰ（11世紀）
　→スーリヤヴァルマン1世　245
Sûryavarman Ⅱ（12世紀）
　→スーリヤヴァルマン2世　246
Suryavarman Ⅱ（12世紀）
　→スーリヤヴァルマン2世　246
Sū Shì（11・12世紀）　→蘇軾　そしょく　271
Su Shi（11・12世紀）　→蘇軾　そしょく　271
Su Shih（11・12世紀）　→蘇軾　そしょく　271
Su Shin（11・12世紀）　→蘇軾　そしょく　271
Su Shun（19世紀）　→粛順　しゅくじゅん　206
Sū Sì-shi-sān（18世紀）
　→蘇四十三　そしじゅうさん　270
Su Sung（11・12世紀）　→蘇頌　そしょう　271
Sutan Sjahrir（20世紀）　→シャフリル　197
Sutardjo Kartohadikusumo（20世紀）
　→スタルジョ　243
Su T'ing（7・8世紀）　→蘇頲　そてい　272
Su Ting-fang（6・7世紀）
　→蘇定方　そていほう　272
Sutomo（19・20世紀）　→ストモ　244
Sutomo（20世紀）　→ストモ　244
Sutomo, Raden（19・20世紀）　→ストモ　244
Su-Trach（20世紀）　→ス・チャック　243
Su-tsung（8世紀）　→粛宗（唐）　しゅくそう　206
Suu Kyi（20世紀）　→アウンサンスーチー　4
Suwardi Suryaningrat（19・20世紀）
　→スワルディ・スルヤニングラット　246
Sū Wǔ（前2・1世紀）　→蘇武　そぶ　273
Su Wu（前2・1世紀）　→蘇武　そぶ　273
Su Yü（20世紀）　→粟裕　ぞくゆう　270
Sū Zhào zhēng（19・20世紀）
　→蘇兆徴　そちょうちょう　272
Su Zhenhua（20世紀）　→蘇振華　そしんか　272
Sù-zōng（8世紀）　→粛宗（唐）　しゅくそう　206

【 T 】

Tabinshwehti（16世紀）
　→ダビンシュエティー　289
Tabinshweti（16世紀）
　→ダビンシュエティー　289

Ta-chi（前11世紀頃）　→妲己　だっき　288
Ta Ch'in-mao（8世紀）　→大欽茂　だいきんも　280
Tae Hŭm-mu（8世紀）　→大欽茂　だいきんも　280
Tae-jo（9・10世紀）　→太祖（高麗）　たいそ　281
Tae-jo（14・15世紀）　→李成桂　りせいけい　487
Tae-jong（7世紀）　→太宗（唐）　たいそう　282
T'ae-Jong（14・15世紀）
　→太宗（李朝）　たいそう　283
Tae-jong（14・15世紀）
　→太宗（李朝）　たいそう　283
Tae-jong Mooryul-wang（7世紀）
　→武烈王　ぶれつおう　415
Tae Jo-yung（7・8世紀）
　→大祚栄　だいそえい　283
Tae Mu-ye（8世紀）　→大武芸　だいぶげい　284
Taewŏng-gun（19世紀）
　→大院君　たいいんくん　279
Tae-wŏn-gun（19世紀）
　→大院君　たいいんくん　279
Tae-wun-goon（19世紀）
　→大院君　たいいんくん　279
Tài-bó（前12世紀）　→太伯　たいはく　284
T'ai Ch'ang（16・17世紀）
　→泰昌帝　たいしょうてい　280
Tài-chāng-dì（16・17世紀）
　→泰昌帝　たいしょうてい　280
Tai Chi-tao（19・20世紀）
　→戴伝賢　たいでんけん　284
Tai-chong（14・15世紀）
　→太宗（李朝）　たいそう　283
Tai Ch'uan-hsien（19・20世紀）
　→戴伝賢　たいでんけん　284
Tài-dìng-dì（13・14世紀）
　→泰定帝（元）　たいていてい　284
Taihe gongzhu（9世紀頃）
　→太和公主　たいわこうしゅ　285
Tai Hsi（19世紀）　→戴熙　たいき　279
T'ai-kung-wang（前11世紀頃）
　→太公望　たいこうぼう　280
Tài-píng-gōng-zhǔ（7・8世紀）
　→太平公主　たいへいこうしゅ　285
Taiping gongzhu（7・8世紀）
　→太平公主　たいへいこうしゅ　285
T'ai-po（前12世紀）　→太伯　たいはく　284
T'ai-ting-ti（13・14世紀）
　→泰定帝（元）　たいていてい　284
T'ai-tsu（5世紀）　→太祖（斉）　たいそ　281
T'ai Tsu（9・10世紀）
　→朱全忠　しゅぜんちゅう　209
　→耶律阿保機　やりつあほき　447
T'ai Tsu（10世紀）
　→郭威　かくい　66

政治・外交・軍事篇　　　　　　　　　　*615*　　　　　　　　　　TAN

→太祖(宋)　たいそ　*281*
T'ai Tsu(10・11世紀)
　→李継遷　りけいせん　*477*
T'ai Tsu(11・12世紀)
　→完顔阿骨打　ワンヤンアクダ　*529*
T'ai Tsu(12・13世紀)　→チンギス・ハン　*331*
Tai-tsu(12・13世紀)　→チンギス・ハン　*331*
T'ai Tsu(14世紀)
　→洪武帝(明)　こうぶてい　*160*
T'ai Tsu(16・17世紀)　→ヌルハチ　*374*
T'ai-tsung(7世紀)　→太宗(唐)　たいそう　*282*
Tai-tsung(8世紀)　→代宗(唐)　だいそう　*283*
T'ai-tsung(10世紀)
　→太宗(宋)　たいそう　*282*
　→太宗(遼)　たいそう　*282*
T'ai Tsung(11世紀)
　→太宗(西夏)　たいそう*　*283*
T'ai-tsung(11・12世紀)
　→太宗(金)　たいそう　*283*
T'ai-tsung(12・13世紀)　→オゴタイ　*61*
T'ai-tsung(16・17世紀)
　→太宗(清)　たいそう　*283*
Tài-wǔ-dì(5世紀)　→太武帝　たいぶてい　*285*
T'ai-wu-ti(5世紀)　→太武帝　たいぶてい　*285*
Tài-zōng(7世紀)　→太宗(唐)　たいそう　*282*
Tài-zōng(10世紀)
　→太宗(宋)　たいそう　*282*
　→太宗(遼)　たいそう　*282*
Tài-zōng(11・12世紀)
　→太宗(金)　たいそう　*283*
Tài-zōng(16・17世紀)
　→太宗(清)　たいそう　*283*
Tài-zǔ(9・10世紀)
　→朱全忠　しゅぜんちゅう　*209*
　→耶律阿保機　やりつあほき　*447*
　→李克用　りこくよう　*481*
Tài-zǔ(10世紀)
　→郭威　かくい　*66*
　→太祖(宋)　たいそ　*281*
Tài-zǔ(11・12世紀)
　→完顔阿骨打　ワンヤンアクダ　*529*
Tài-zǔ(16・17世紀)　→ヌルハチ　*374*
Tāj al-Dunyā Il Arslan(12世紀)　→タージ・アッドゥンヤー・イル・アルスラーン　*288*
Taksin(18世紀)　→タークシン　*287*
Tak Sin, Phya(18世紀)　→タークシン　*287*
Taksin, Phya(18世紀)　→タークシン　*287*
T'a-lan(12世紀)　→ダラン　*292*
Taliqu(14世紀)　→タリグ　*292*
Tam Chau(20世紀)　→タム・チャウ　*289*
Ta Mên-i(8世紀)　→大門芸　だいもんげい　*285*
Tamerlane(14・15世紀)　→ティムール　*345*

T'ammaraja(16世紀)　→タムマラジャ　*289*
T'an Chêng(20世紀)　→譚政　たんせい　*294*
Tan Cheng Lock(19・20世紀)
　→タン・チェンロク　*295*
T'an Chên-lin(20世紀)
　→譚震林　たんしんりん　*294*
T'an Fu-jen(20世紀)　→譚甫仁　たんほじん　*296*
Tang-Bat-Ho　→タン・バット・ホ　*295*
Táng Cái-cháng(19世紀)
　→唐才常　とうさいじょう　*355*
Tang Caichang(19世紀)
　→唐才常　とうさいじょう　*355*
T'ang Chieh(11世紀)　→唐介　とうかい　*352*
T'ang Chi-yao(19・20世紀)
　→唐継堯　とうけいぎょう　*353*
T'ang Ên-po(20世紀)
　→湯恩伯　とうおんはく　*352*
T'ang En-po(20世紀)
　→湯恩伯　とうおんはく　*352*
Tāng Ěr-hé(19・20世紀)
　→湯爾和　とうじわ　*357*
Tang Fei(20世紀)　→唐飛　とうひ　*359*
Tāng Hé(14世紀)　→湯和　とうわ　*362*
T'ang Ho(14世紀)　→湯和　とうわ　*362*
Tāng Huà-lóng(19・20世紀)
　→湯化龍　とうかりゅう　*352*
Táng Jǐng-sōng(19・20世紀)
　→唐景崧　とうけいすう　*353*
Tāng Jīn-zhāo(18・19世紀)
　→湯金釗　とうきんしょう　*353*
Táng Jì yáo(19・20世紀)
　→唐継堯　とうけいぎょう　*353*
Tang Jiyao(19・20世紀)
　→唐継堯　とうけいぎょう　*353*
Tang Jue-Dun(20世紀)
　→湯覚頓　とうかくとん　*352*
Tangkishi(14世紀)　→タンキス　*293*
T'ang P'ing-shan(19・20世紀)
　→譚平山　たんぺいざん　*295*
T'ang Shao-i(19・20世紀)
　→唐紹儀　とうしょうぎ　*356*
Táng Shào-yí(19・20世紀)
　→唐紹儀　とうしょうぎ　*356*
Tang Shaoyi(19・20世紀)
　→唐紹儀　とうしょうぎ　*356*
T'ang Shêng-chih(19・20世紀)
　→唐生智　とうせいち　*357*
Tang Shengzhi(19・20世紀)
　→唐生智　とうせいち　*357*
Tang Shou-chih(20世紀)
　→唐守治　とうしゅじ　*356*

TAN

Tāng Shòu-qián (19・20世紀)
　→湯寿潜　とうじゅせん　356
T'ang Shu-yü (前12世紀)
　→唐叔虞　とうしゅくぐ　356
T'ang Ts'ai-ch'ang (19世紀)
　→唐才常　とうさいじょう　355
T'ang Tsun (20世紀) →唐縦　とうじゅう　356
Tan Guan-san (20世紀)
　→譚冠三　たんかんぞう　293
Tan-gun →檀君　だんくん　293
Tāng-wáng (前18世紀頃) →湯王　とうおう　351
T'ang-wang (前18世紀頃) →湯王　とうおう　351
T'ang-wang (17世紀)
　→唐王朱聿鍵　とうおうしゅいっけん　352
Táng-wáng Zhū Yù-jiàn (17世紀)
　→唐王朱聿鍵　とうおうしゅいっけん　352
Tang Wensheng (20世紀)
　→唐聞生　とうぶんせい　360
Táng Wén-zhī (19世紀)
　→唐文治　とうぶんち　360
Tang Ying-nian (20世紀)
　→唐英年　とうえいねん　351
T'an Ho-chih (5世紀) →檀和之　だんわし　296
Taninganwei (18世紀) →タニンガヌウェ　288
T'an Jên-fêng (19・20世紀)
　→譚人鳳　たんじんほう　294
T'an Jên-huang (19・20世紀)
　→譚人鳳　たんじんほう　294
Tan-jong (15世紀) →端宗(李朝)　たんそう　295
Tanjong (15世紀) →端宗(李朝)　たんそう　295
Tanjung, Akbar (20世紀)
　→タンジュン, アクバル　294
Tanka Prasad, Acharya (20世紀)
　→タンカ・プラサド, アチャリヤ　293
Tan Keng Yam, Tony (20世紀)
　→タン, トニー　292
Tan Koon Swan (20世紀)
　→タン・クンスワン　293
Tan Kuan-san (20世紀)
　→譚冠三　たんかんぞう　293
Tan Ling Djie (20世紀) →タン・リンジェ　296
T'an P'ing-shan (19・20世紀)
　→譚平山　たんぺいざん　295
Tan Pingshan (19・20世紀)
　→譚平山　たんぺいざん　295
Tán Rén-fèng (19・20世紀)
　→譚人鳳　たんじんほう　294
T'an-shih-huai (2世紀)
　→檀石槐　だんせきかい　294
Tán-shí-huái (2世紀)
　→檀石槐　だんせきかい　294
Tan Sieu Sin (20世紀) →タン・シュウシン　294

Tan Siew Sin (20世紀) →タン・シュウシン　294
Tan Siewsin (20世紀) →タン・シュウシン　294
Tán Yán-kǎi (19・20世紀)
　→譚延闓　たんえんがい　292
Tán Yán-měi (10・11世紀)
　→譚延美　たんえんび　292
T'an Yen-k'ai (19・20世紀)
　→譚延闓　たんえんがい　292
Tan Zheng (20世紀) →譚政　たんせい　294
Tan Zhenlin (20世紀)
　→譚震林　たんしんりん　294
Tao (前6世紀) →悼王　とうおう*　351
T'áo Chèng-chang (19・20世紀)
　→陶成章　とうせいしょう　357
Táo Chéng-zhāng (19・20世紀)
　→陶成章　とうせいしょう　357
Tao Chu (20世紀) →陶鋳　とうちゅう　358
Táo Hóng-jīng (5・6世紀)
　→陶弘景　とうこうけい　354
Táo Hóngjīng (5・6世紀)
　→陶弘景　とうこうけい　354
T'ao Hsi-shêng (20世紀)
　→陶希聖　とうきせい　353
T'ao Hsi-sheng (20世紀)
　→陶希聖　とうきせい　353
Tao Hsi-sheng (20世紀)
　→陶希聖　とうきせい　353
T'ao Hung-ching (5・6世紀)
　→陶弘景　とうこうけい　354
Tao K'an (3・4世紀) →陶侃　とうかん　352
Tao Kuang (18・19世紀)
　→道光帝　どうこうてい　355
Tao-kuang-ti (18・19世紀)
　→道光帝　どうこうてい　355
Taolasha (14世紀) →タオラシャ　286
Táo Shù (18・19世紀) →陶澍　とうじゅ　356
Tao-tsung (11・12世紀) →道宗　どうそう　357
Tao-wu-ti (4・5世紀) →道武帝　どうぶてい　360
Táo Xī shèng (20世紀)
　→陶希聖　とうきせい　353
Tao Xisheng (20世紀) →陶希聖　とうきせい　353
Tao Xisheng (T'ao Hsi-shêng) (20世紀)
　→陶希聖　とうきせい　353
Tao-yen (14・15世紀)
　→姚広孝　ようこうこう　455
Tao Zhu (20世紀) →陶鋳　とうちゅう　358
Tapar Khaghan (6世紀) →タハツ・カガン　289
Tapinshwehti (16世紀)
　→ダビンシュエティー　289
Tǎ-qí-bù (19世紀) →塔斉布　とうせいふ　357
Ta-Quang-Cu →タ・クァン・ク　286
Tarmashirin (14世紀) →タルマシリン　292

THA

Taruc, Luis（20世紀）→タルク　292
Taruc, Luis M.（20世紀）→タルク　292
Tashi Temür（14世紀頃）→タシ・テムル　288
Ta-t'an（5世紀）→大檀　だいだん　284
Ta Ti（2・3世紀）→孫権　そんけん　275
Ta-t'ou K'o-han（6・7世紀）
　→タツトウカカン　288
Ta Tso-jung（7・8世紀）
　→大祚栄　だいそえい　283
Ta Tsu-ying（7・8世紀）
　→大祚栄　だいそえい　283
Täuke Khan（17・18世紀）→タウケ・ハン　286
Tavera, Trinidad H.Pardo de（19・20世紀）
　→タベラ　289
Tayang Khan（12・13世紀）
　→タヤン・ハン　290
Tayang qan（12・13世紀）→タヤン・ハン　290
Tayan Khan（12・13世紀）→タヤン・ハン　290
Tayan Khan（15・16世紀）→ダヤン・かん　290
Tchao Souk Vongsak（20世紀）
　→チャオ・スーク・ボンサク　299
Tegši（14世紀）→テクシ　348
Tekchi（14世紀）→テクシ　348
Tekshi（14世紀）→テクシ　348
Tê-lêng-t'ai（18・19世紀）→デレンタイ　348
Temüder（14世紀）→テムデル　348
Temünder（14世紀）→テムデル　348
Temür（13・14世紀）→成宗（元）　せいそう　249
Temür（14・15世紀）→ティムール　345
Temür Melik（14世紀）
　→ティムール・メリク　346
Temür Qoja（14世紀）
　→ティムール・コジャ　346
Temür Qutlugh（14世紀）
　→ティムール・クトルフ　346
Teng Chih（2世紀）→鄧隲　とうつし　356
Têng Ch'u-min（19・20世紀）
　→鄧初民　とうしょみん　357
Têng Hsiào-P'ing（20世紀）
　→鄧小平　とうしょうへい　357
Têng Hsiao-p'ing（20世紀）
　→鄧小平　とうしょうへい　357
Tengku Abdul Rahman（20世紀）
　→ラーマン　469
Têng-li-k'o-han（8世紀）→トリ・カガン　368
Têng Mao-ch'i（15世紀）
　→鄧茂七　とうもしち　361
Têng Mou-ch'i（15世紀）
　→鄧茂七　とうもしち　361
Têng T'ing-chên（18・19世紀）
　→鄧廷楨　とうていてい　359

Têng Tuo（20世紀）→鄧拓　とうたく　358
Têng Tzu-hui（20世紀）
　→鄧子恢　とうしかい　355
Têng Yen-ta（20世紀）
　→鄧演達　とうえんたつ　351
Têng Ying-ch'ao（20世紀）
　→鄧穎超　とうえいちょう　351
Teng Ying-ch'ao（20世紀）
　→鄧穎超　とうえいちょう　351
Têng Yü（1世紀）→鄧禹　とうう　351
Tenku Abdul Rahman Putra（20世紀）
　→アブドゥル・ラーマン　9
Tereshchenko, Sergei Aleksandrovich（20世紀）
　→テレシチェンコ、セルゲイ　348
Tê-tsung（8・9世紀）→徳宗（唐）　とくそう　364
Tê-tsung（11・12世紀）
　→徳宗（西遼）　とくそう　364
Tê Tsung（19・20世紀）
　→光緒帝　こうしょてい　151
Teuku Umar（19世紀）→テウク・ウマル　347
Teungku Uma（19世紀）→テウク・ウマル　347
Tê-wang（20世紀）→徳王　とくおう　363
Thadominbya（14世紀）→タドミンビャ　288
Thae-jo（9・10世紀）→太祖（高麗）　たいそ　281
Thae-jong（14・15世紀）
　→太宗（李朝）　たいそう　283
Thaik, Sao Shwe（20世紀）
　→サオ・シュエ・タイク　183
Thai-Phien（20世紀）→タイ・フィエン　284
Thai-tông（13世紀）
　→太宗（陳朝）　たいそう　283
Thakhin Kô Daw Hmaing（19・20世紀）
　→タキン・コードーフマイン　286
Thakin Kodaw Hmaing（19・20世紀）
　→タキン・コードーフマイン　286
Thakin Soe（20世紀）→タキン・ソウ　286
Thakin Sue（20世紀）→タキン・ソウ　286
Thakin Tan Tun（20世紀）
　→タキンタントン　286
Thakin Than Tun（20世紀）
　→タキンタントン　286
Thaksin, Shinawatra（20世紀）→タクシン　287
Thaksin Shinawatra（20世紀）→タクシン　287
Thalun（17世紀）→タールン　292
Thamrin, Mohammad Husni（20世紀）
　→タムリン　290
Thamrin, Muhamad Husni（20世紀）
　→タムリン　290
Thamrong Nawasawat（20世紀）
　→ダムロン・ナワサワット　290
Thamrong-Nawasawat, Luang（20世紀）
　→ダムロン・ナワサワット　290

Thanat, Khoman (20世紀)
→タナット・コーマン 288
Thanat Khoman (20世紀)
→タナット・コーマン 288
Thanh, Son Ngoc (20世紀)
→ソン・ゴク・タン 276
Thành Thái (19・20世紀) →タン・タイ 295
Thanh-Thai (19・20世紀) →タン・タイ 295
Thánh Tô (18・19世紀)
→グェン・フック・ドム 126
Thánh Tông (15世紀) →レー・タイントン 521
Thanh-tông (15世紀) →レー・タイントン 521
Thanin Kraivichien (20世紀)
→タニン・K. 288
Than-Nhan-Trung →タン・ニャン・チュン 295
Thanọm Kittikachon (20世紀) →タノーム 289
Thanom Kittikachon (20世紀) →タノーム 289
Thanom Kittikachorn (20世紀)
→タノーム 289
Than Shwe (20世紀) →タンシュエ 294
Thant, U (20世紀) →ウ・タント 30
Thapa, Surya Bahadur (20世紀)
→タパ、スーリヤ・バハドール 289
Tharrawaddy (19世紀) →タラワディ 292
Thaung Dan (20世紀) →タウン・ダン 286
Thaung kyi (20世紀) →タウン・チィ 286
Thawee Bunyaketu (20世紀)
→タウィー・ブンヤケート 285
Thein-Hpe-Myint (20世紀)
→テェインペーミイン 347
Thein Pê Myint (20世紀)
→テェインペーミイン 347
Thibaw (19・20世紀) →ティボウ 345
Thich Nhat Hanh (20世紀)
→ティク・ナット・ハン 341
Thien-Thanh (Cong-Chua)
→ティエン・タィン 340
Thiêu Tri (19世紀) →チエウ・チ 296
Thieu-Tri (19世紀) →チエウ・チ 296
Thoai-Ngoc-Hau (18・19世紀)
→グェン・ヴァン・トアイ 119
Thom Me The Nhem (20世紀)
→トム・メー・テニェム 367
Thong, Yaw Hong (20世紀)
→トン・ヨー・ホン 370
Thub bstan rgya mtsho (19・20世紀)
→ダライ・ラマ13世 ダライ・ラマ13セイ 291
Thuc-Phan (前3世紀)
→アン・ズオン・ヴォン 15
Thu-Khoa-Huan →グェン・フウ・ファン 125

Tián Chéng-sì (8世紀)
→田承嗣 でんしょうし 349
Tián Dān (前4・3世紀) →田単 でんたん 350
Tián Dān (前3世紀) →田儋 でんたん 350
Tián Fēng (14世紀) →田豊 でんぽう 350
Tian Ji-yun (20世紀) →田紀雲 でんきうん 349
Tián Kuàng (11世紀) →田況 でんきょう 349
Tiān-qī-dì (17世紀) →天啓帝 てんけいてい 349
Tiān-shùn-dì (14世紀)
→天順帝 てんじゅんてい 349
Tián Wén-jìng (17・18世紀)
→田文鏡 でんぶんきょう 350
Tián-wǔ (18世紀) →田五 でんご 349
Tián Xī (10世紀) →田錫 でんしゃく 349
Tián Yuè (8世紀) →田悦 でんえつ 348
Tiān-zuò-dì (11・12世紀)
→天祚帝 てんそてい 349
T'ien Ch'êng-ssu (8世紀)
→田承嗣 でんしょうし 349
T'ien Ch'i (17世紀) →天啓帝 てんけいてい 349
T'ien-ch'in Qaghan (8世紀)
→テンシン・カガン 349
Tien Hung-mao (20世紀)
→田弘茂 でんこうも 349
T'ien Ming (16・17世紀) →ヌルハチ 374
Tien Pao (20世紀) →天宝 てんぽう 350
T'ien Shun (15世紀)
→正統帝(明) せいとうてい 250
T'ien Tan (前4・3世紀) →田単 でんたん 350
T'ien Tan (前3世紀) →田儋 でんたん 350
T'ien-tso Ti (11・12世紀)
→天祚帝 てんそてい 349
Tien Wei-hsin (20世紀)
→田維新 でんいしん 348
T'ien Wên-ching (17・18世紀)
→田文鏡 でんぶんきょう 350
Tiet-Lieu →ティエット・リェウ 340
Ti Jên-chieh (7世紀)
→狄仁傑 てきじんけつ 347
Tīmūr (14・15世紀) →ティムール 345
Tīmūr (14・15世紀) →ティムール 345
Timur (14・15世紀) →ティムール 345
Tīmūr ibn Taraghay (14・15世紀)
→ティムール 345
Tīmūr the Lame (14・15世紀)
→ティムール 345
Ting (前7・6世紀) →定王 ていおう* 340
Ting Jih-ch'ang (19世紀)
→丁日昌 ていじつしょう 342
Ting Ju-ch'ang (19世紀)
→丁汝昌 ていじょしょう 342

政治・外交・軍事篇　　　　　　　　　619　　　　　　　　　　　TOU

Ting Shêng（20世紀）→丁盛　ていせい　343
Ting Tsung（13世紀）→グユク・ハン　130
Tïnï Beg（14世紀）→ティニ・ベク　344
Tïnïshbaev, Mŭkhamedjan（19・20世紀）
　　→トゥヌシュバエフ　359
Tin Pe（20世紀）→ティン・ペ　347
Tin U（20世紀）→ティン・ウ　346
Ti Ping（13世紀）→帝昺　ていへい　345
Titjanok, Kritakara（20世紀）
　　→チッチヤノック，クリダコン　298
Ti-wu Ch'i（8世紀）→第五琦　だいごき　280
Tjokroaminoto, Oemar Said（19・20世紀）
　　→チョクロアミノト　327
Tjokroaminoto, Raden Mas Umar Said（19・20世紀）→チョクロアミノト　327
Töde Möngke（13世紀）→トゥダ・マング　358
Toghon（13・14世紀）→トゴン　365
Toghon Temür（14世紀）
　　→順帝（元）　じゅんてい　213
Tögüs Temür（14世紀）→トグス・テムル　363
Tögus Temür（14世紀）→トグス・テムル　363
Toh Chin Choy（20世紀）
　　→トー・チン・チョイ　366
To-Hien-Thanh →ト・ヒエン・タイン　367
Tokaev, Kassimjomart Kemel-uly（20世紀）
　　→トカエフ，カスイムジョマルト　362
Tŏkchong（11世紀）
　　→德宗（高麗）　とくそう*　364
Tokhto Bukha（15世紀）→トクト・ブハ　364
Toktogha（14世紀）→トクタ　364
Toktogu (Toktu, Toktai)（14世紀）
　　→トクタ　364
Tolait'ê Wu êrhk'aihsi（20世紀）
　　→ウアルカイシ　27
Töle Buqa（13世紀）→トゥラ・ブカ　362
Tolentino, Arturo M.（20世紀）
　　→トレンティノ，アルツロ　368
Tolui（12・13世紀）→トルイ　368
Ton‒Đan →トン・ダン　369
Ton-Duc-Thang（19・20世紀）
　　→トン・ドゥク・タン　369
Tong-Duy-Tan（19世紀）
　　→トン・ズイ・タン　369
Tóng Guàn（11・12世紀）→童貫　どうかん　352
Tong-myong-wang（前1世紀）
　　→東明王　とうめいおう　361
Tong-Phuoc‒Đam
　　→トン・フォック・ダム　369
Tong-Phuoc-Hiep
　　→トン・フォック・ヒエップ　369
Tong-Phuoc-Hoa →トン・フォック・ホア　369

Tong-Phuoc-Khuong
　　→トン・フォック・クオン　369
Tong-Viet-Phuc →トン・ヴェット・フック　368
Tóng-zhì-dì（19世紀）→同治帝　どうちてい　358
Tongzhidi（19世紀）→同治帝　どうちてい　358
Ton-myŏng-sŏng-wang（前1世紀）
　　→東明王　とうめいおう　361
Ton-That‒Đam →トン・タット・ダム　369
Ton-That‒Đien
　　→トン・タット・ディエン　369
Ton-That-Hiep →トン・タット・ヒェップ　369
Ton-That-Hoi →トン・タット・ホイ　369
Ton-That-Man →トン・タット・マン　369
Ton That Thuyet（19・20世紀）
　　→トン・タット・トゥエット　369
Ton-That-Trang →トン・タット・チャン　369
Ton-That-Tu（17世紀）
　　→トン・タット・トゥ　369
Ton-That-Ve →トン・タット・ヴェ　369
Ton Yabghu Qaghan（7世紀）
　　→トン・ヤブグ・ハガン　370
Tonyuquq（8世紀頃）→トンユクク　370
Tonyuquq Tunyuquq（8世紀頃）
　　→トンユクク　370
T'o-pa Hsi（4・5世紀）→道武帝　どうぶてい　360
T'o-pa Kue（4・5世紀）
　　→道武帝　どうぶてい　360
T'o-pa Kuei（4・5世紀）
　　→道武帝　どうぶてい　360
T'o-pa Pao-chü（6世紀）
　　→文帝（西魏）　ぶんてい　418
T'o-pa Shan-chien（6世紀）
　　→孝静帝　こうせいてい*　153
T'o-pa Ssŭ-kung（9世紀）
　　→拓跋思恭　たくばつしきょう　287
Toqta（13・14世紀）→トクタ　364
Toqt'a（14世紀）→トクタ　364
Toqtamiš（14・15世紀）→トクタミシュ　364
Toqtamïsh（14・15世紀）→トクタミシュ　364
Toqtamish（14・15世紀）→トクタミシュ　364
Toqtaqiya（14世紀）→トクタキヤ　364
T'o-t'o（14世紀）→トクタ　364
Tou Chien-tê（6・7世紀）
　　→竇建德　とうけんとく　354
Tou Jung（前1・後1世紀）→竇融　とうゆう　361
Tou Ku（1世紀）→竇固　とうこ　354
Tóu-màn（前3・2世紀頃）
　　→頭曼単于　とうまんぜんう　361
T'ou-man（前3・2世紀頃）
　　→頭曼単于　とうまんぜんう　361

TOU 620 東洋人物レファレンス事典

T'ou-man ch'an-yü(前3・2世紀頃)
　→頭曼単于　とうまんぜんう　361
T'ou-man-shan-yü(前3・2世紀頃)
　→頭曼単于　とうまんぜんう　361
Tou t'ai-hou(1世紀)
　→竇太后　とうたいこう　358
Tou Wu(2世紀)　→竇武　とうぶ　360
Tou Yung(前1・後1世紀)　→竇融　とうゆう　361
Trailokanat(15世紀)
　→トライローカナート　367
Tran-Ann-Ton(13・14世紀)
　→チャン・アイン・トン　300
Tran-Bich-San(19世紀)
　→チャン・ビック・サン　303
Tran-Binn-Trong
　→チャン・ビン・チュオン　303
Tran Bun Kiem(20世紀)
　→チャン・ブー・キエム　303
Tran Buu Kiem(20世紀)
　→チャン・ブー・キエム　303
Tran Canh(13世紀)　→チャン・カイン　300
Tran-Cao-Van(20世紀)
　→チャン・カオ・ヴァン　300
Tran-Chanh-Chieu(19・20世紀)
　→チャン・チャイン・チェウ　302
Tran Dan Khoa(20世紀)
　→チャン・ダン・コア　302
Tran-Đinh-Tuc
　→チャン・ディン・トゥック　302
Tran-Doan-Khanh
　→チャン・ゾアン・カイン　302
Tran Duc Luong(20世紀)
　→チャン・ドク・ルオン　302
Trân Gian-Dinh(15世紀)
　→ザン・ディン・デ　186
Trân Hu'ng Dao(13世紀)
　→チャン・フンダオ　303
Tran-Hung-Đao(13世紀)
　→チャン・フンダオ　303
Tran Hung Dao(13世紀)
　→チャン・フンダオ　303
Tran Kham(13・14世紀)　→チャン・カム　301
Tran-Khanh-Du　→チャン・カイン・ズ　300
Tran-Khat-Chan
　→チャン・カット・チャン　301
Tran Nam Trung(20世紀)
　→チャン・ナム・チュン　303
Tran-Nguyen-Han　→チャン・グエン・ハン　301
Tran-Nhan-Ton(13世紀)
　→チャン・ニャン・トン　303
Tran-Nhat-Duat(13・14世紀)
　→チャン・ニャット・ズァット　303
Tran Phu(20世紀)　→チャン・フー　303

Tran-Quang-Dieu
　→チャン・クァン・ジェウ　301
Tran Quang Khai(13世紀)
　→チャン・クァン・カイ　301
Tran-Qui-Khoach(15世紀)
　→チャン・クイ・コアック　301
Tran-Quoc-Chan
　→チャン・クォック・チャン　301
Tran Quoc Hoan(20世紀)
　→チャン・クォック・ホアン　301
Tran-Quoc-Tang(13・14世紀)
　→チャン・クォック・タン　301
Tran-Quoc-Toan
　→チャン・クォック・トアン　301
Trân Quôc-Tuân(13世紀)
　→チャン・フンダオ　303
Tran-Quoc-Tuan(13世紀)
　→チャン・フンダオ　303
Trân Quý-Khoách(15世紀)
　→チャン・クイ・コアック　301
Tran-Thanh-Ton(13世紀)
　→チャン・タイン・トン　302
Tran Thien Khiem(20世紀)
　→チャン・チエン・キエム　302
Tran Thien Kiem(20世紀)
　→チャン・チエン・キエム　302
Tran-Thuc-Nhan
　→チャン・トゥック・ニャン　302
Trân Thũ-dô(12・13世紀)
　→チャン・トゥ・ド　302
Trân Thu-Dô(12・13世紀)
　→チャン・トゥ・ド　302
Tran-Thu-Đo(12・13世紀)
　→チャン・トゥ・ド　302
Tran-Trung-Lap(20世紀)
　→チャン・チュン・ラップ　302
Tran-Ung-Long　→チャン・ウン・ロン　300
Tran-Van-Chai(19世紀)
　→チャン・ヴァン・チャイ　300
Tran Van Do(20世紀)
　→チャン・ヴァン・ド　300
Tran Van Don(20世紀)
　→チャン・バン・ドン　303
Tran-Van-Du　→チャン・ヴァン・ズ　300
Tran Van Giau(20世紀)
　→チャン・ヴァン・ザウ　300
Tran Van Hu(20世紀)
　→トラン・ヴァン・フー　367
Tran Van Huong(20世紀)
　→チャン・バン・フォン　303
Tran-Van-Thach(20世紀)
　→チャン・ヴァン・タック　300
Tran-Van-Thanh
　→チャン・ヴァン・タイン　300

Tran Van Tra（20世紀）
　→チャン・バン・チャ　303
Tran-Van-Tri（18・19世紀）
　→チャン・ヴァン・チ　300
Tran-Van-Tri（19世紀）
　→チャン・ヴァン・チ　300
Tran-Xuan-Hoa →チャン・スアン・ホア　302
Tran-Xuan-Soan
　→チャン・スアン・ソアン　302
Tribhuvan（19・20世紀）→トリブフヴァン　368
Tribhuvanādityavarman（12世紀）→トゥリブヴァナーディトゥヤヴァルマン　362
Trieu Au（3世紀）→チエウ・アウ　296
Trieu-Đa（前2世紀）→趙佗　ちょうだ　321
Trieu-Quang-Phuc（6世紀）
　→チュウ・クァン・フック　304
Trieu-Trinh-Nuong
　→チェウ・チン・ヌオン　296
Trin Din Thao（20世紀）
　→チン・ジン・タオ　334
Trinh Dinh Thao（20世紀）
　→チン・ジン・タオ　334
Trinh Kiêm（16世紀）→鄭検　ていけん　341
Trinh-Thanh（15世紀）→チン・タィン　335
Trinh-Van-Can（20世紀）
　→チン・ヴァン・カン　329
Trna Hung Dao（13世紀）
　→チャン・フンダオ　303
Trung Nhi（1世紀）→チュン・ニ　307
Trung Trac（1世紀）→チュン・チャック　307
Trư'ng Trăc（20世紀）→張黎　ちょうり　327
Trung Trac（20世紀）→張黎　ちょうり　327
Trunojoyo（17世紀）→トルノジョヨ　368
Truong-Ba-Ngoc
　→チュオン・バ・グォック　306
Truong Chinh（20世紀）→チュオン・チン　306
Truong Chink（20世紀）→チュオン・チン　306
Truong-Cong-Đinh（19世紀）
　→チュオン・コン・ジン　306
Truong-Đang-Que →チュオン・ダン・クエ　306
Truong Din Dzu（20世紀）
　→チュオン・ディン・ズー　306
Truong Dinh（19世紀）
　→チュオン・コン・ディン　306
Truong-Hat →チュオン・ハット　306
Truong-Hong →チュオン・ホン　306
Truong-Minh-Giang
　→チュオン・ミン・ザン　306
Truong-Phuc-Phan
　→チュオン・フック・ファン　306
Truong-Quoc-Dung（18・19世紀）
　→チュオン・クォック・ズン　306

Truong-Tan-Buu →チュオン・タン・ブウ　306
Truoung Chinh（20世紀）
　→チュオン・チン　306
Ts'ai Ch'ang（20世紀）→蔡暢　さいちょう　181
Tsai Cheng-wen（20世紀）
　→柴成文　しせいぶん　190
Ts'ai Chi-kung（18世紀）
　→蔡済恭　さいせいきょう　180
Ts'ai Chi-min（19・20世紀）
　→蔡済民　さいせいみん　180
Ts'ai Ching（11・12世紀）→蔡京　さいけい　178
Ts'ai Ê（19・20世紀）→蔡鍔　さいがく　178
Ts'ai E（19・20世紀）→蔡鍔　さいがく　178
Ts'ai Ho-shên（19・20世紀）
　→蔡和森　さいわしん　183
Ts'ai Hsiang（11世紀）→蔡襄　さいじょう　179
Ts'ai Tao-hsien（17世紀）
　→蔡道憲　さいどうけん　181
Ts'ai T'ing-k'ai（20世紀）
　→蔡廷鍇　さいていかい　181
Ts'ai Tsê（前4・3世紀）→蔡沢　さいたく　180
Tsai-tsê（19・20世紀）→載沢　さいたく　180
Tsang Shih-i（19・20世紀）
　→蔵式毅　ぞうしくき　265
Ts'ao Chih（2・3世紀）→曹植　そうしょく　264
Ts'ao Chi-hsiang（15世紀）
　→曹吉祥　そうきっしょう　260
Ts'ao Hsüeh-ch'uan（16・17世紀）
　→曹学佺　そうがくせん　260
Ts'ao Hsüeh-hsien（16・17世紀）
　→曹学佺　そうがくせん　260
Ts'ao I-ou（20世紀）→曹軼欧　そうてつおう　267
T'sao Ju-lin（19・20世紀）
　→曹汝霖　そうじょりん　265
Ts'ao K'un（19・20世紀）→曹錕　そうこん　263
Ts'ao Li-huai（20世紀）
　→曹里懐　そうりかい　269
Tsa'o Mao（3世紀）→曹髦　そうほう　268
Ts'ao P'ei（2・3世紀）→曹丕　そうひ　267
Ts'ao P'i（2・3世紀）→曹丕　そうひ　267
Ts'ao Pin（10世紀）→曹彬　そうひん　268
Ts'ao Ts'an（前3・2世紀）→曹参　そうさん　263
Ts'ao Ts'ao（2・3世紀）→曹操　そうそう　266
Ts'ao Ya-pai（20世紀）→曹亜白　そうあはく　259
Tsedenbal, Yumzhagiin（20世紀）
　→ツェデンバル，ユムジャギン　339
Tsedenbal, Yumzhagiyn（20世紀）
　→ツェデンバル，ユムジャギン　339
T'sên Ch'un-hsüan（19・20世紀）
　→岑春煊　しんしゅんけん　235
Ts'êng Chi-tsê（19世紀）
　→曾紀沢　そうきたく　260

Tsêng Chi-tsê（19世紀）
→曾紀沢　そうきたく　260
Tseng Chung-ming（20世紀）
→曾仲鳴　そうちゅうめい　266
Tsêng Hsien（16世紀）→曾銑　そうせん　266
Tsêng Hsi-sheng（20世紀）
→曾希聖　そうきせい　260
Ts'êng Kuo-ch'üan（19世紀）
→曾国荃　そうこくせん　262
Tsêng Kuo-ch'üan（19世紀）
→曾国荃　そうこくせん　262
Tsêng Kuo-fan（19世紀）
→曾国藩　そうこくはん　262
Tsêng Kuo-hua（20世紀）
→曾国華　そうこくか　262
Ts'êng Shan（20世紀）→曾山　そうざん　263
Tsêng Shan（20世紀）→曾山　そうざん　263
Tsêng Shao-shan（20世紀）
→曾紹山　そうしょうざん　264
Ts'ên P'ang（1世紀）→岑彭　しんほう　239
Tseren（18世紀）→ツェリン　339
Tsê-t'ien-wu-hou（7・8世紀）
→則天武后　そくてんぶこう　270
Tsewang Arabtan（17・18世紀）
→ツェワン・アラプタン　339
Tsewang Araptan（17・18世紀）
→ツェワン・アラプタン　339
Tshang dbyangs rgya mtsho（17・18世紀）
→ダライ・ラマ6世　291
Tso Liang-yü（17世紀）
→左良玉　さりょうぎょく　185
Tso Shun-shêng（20世紀）
→左舜生　さしゅんせい　183
Tso Tsung-t'ang（19世紀）
→左宗棠　さそうとう　183
Tsou Jung（19・20世紀）→鄒容　すうよう　242
Tsou Lu（19・20世紀）→鄒魯　すうろ　242
Tsu Ch'êng-hsün（16・17世紀頃）
→祖承訓　そしょうくん　271
Ts'ui Hao（4・5世紀）→崔浩　さいこう　179
Ts'ui Shih（2世紀）→崔寔　さいしょく　180
Tsung-han（11・12世紀）→宗翰　そうかん　260
Ts'ung Kuo-fan（19世紀）
→曾国藩　そうこくはん　262
Tsung Lin（6世紀）→宗懍　そうりん　269
Tsung-pi（12世紀）→宗弼　そうひつ　267
Tsung Tsê（11・12世紀）→宗沢　そうたく　266
Tsung-wang（12世紀）→宗望　そうぼう　268
Tsu T'i（3・4世紀）→祖逖　そてき　272
Tuan Chih-kuei（19・20世紀）
→段芝貴　だんしき　293

Tuan Ch'i-jui（19・20世紀）
→段祺瑞　だんきずい　293
Tuan-chün-wang Tsai-i（19・20世紀）
→端郡王載漪　たんぐんおうさいい　293
Tuan-fang（19・20世紀）→端方　たんほう　296
Tuan Ssu-p'ing（9・10世紀）
→段思平　だんしへい　294
Tuan Tsung（13世紀）
→端宗（南宋）　たんそう　294
Tu-Du（Ba）（19世紀）→ツ・ズ　339
Tu'Du'c（19世紀）→トゥドゥック帝　359
Tu Duc（19世紀）→トゥドゥック帝　359
Tughluk Tīmūr（14世紀）
→トゥグルク・ティムール　353
Tughluk Timúr（14世紀）
→トゥグルク・ティムール　353
Tughluk Timur（14世紀）
→トゥグルク・ティムール　353
Tughluq Temür（14世紀）
→トゥグルク・ティムール　353
Tughluq Tīmūr（14世紀）
→トゥグルク・ティムール　353
Tughluq Timur（14世紀）
→トゥグルク・ティムール　353
Tugh Temür（14世紀）
→文宗（元）　ぶんそう　417
Tu Huan（8世紀）→杜環　とかん　363
Tu Ju-hui（6・7世紀）→杜如晦　とじょかい　365
Tūkhtamīsh（14・15世紀）→トクタミシュ　364
Tulakina（13世紀）→トゥラキナ　361
Tu-lan k'o-han（6世紀）→トラン・カガン　367
T'u Li-ch'ên（17・18世紀）
→図理琛　とりちん　368
Tului（12・13世紀）→トゥルイ　362
Tu-Muc→ツ・ムック　339
Tung Chee-Hwa（20世紀）
→董建華　とうけんか　354
T'ung Chih（19世紀）→同治帝　どうちてい　358
T'ung-chih-ti（19世紀）
→同治帝　どうちてい　358
Tung Cho（2世紀）→董卓　とうたく　358
Tung Chuo（2世紀）→董卓　とうたく　358
Tung Fu-hsiang（19・20世紀）
→董福祥　とうふくしょう　360
Tung-hai Wang（6世紀）
→廃帝曄　はいていよう*　378
Tung-hun Hou（5世紀）
→廃帝宝巻　はいていほうかん*　378
Tung K'ang（19・20世紀）→董康　とうこう　354
T'ung Kuan（11・12世紀）→童貫　どうかん　352
Tung Pi-wu（19・20世紀）
→董必武　とうひつぶ　359

T'ung Shan（15世紀）→童山　どうざん　355
Tung t'ai-hou（19世紀）
　→東太后　とうたいこう　358
Tung-tan wang（9・10世紀）
　→東丹王　とうたんおう　358
T'ung-yeh-hu k'o-han（7世紀）
　→トゥヤブグ・カガン　361
Tun Ismail Bin Dato Abdul Rahman（20世紀）
　→トゥン・イスマイル　362
Tunku Abdul Rahman（20世紀）
　→ラーマン　469
Tuoba Gui（4・5世紀）→道武帝　どうぶてい　360
Tuǒ-bá Lì-wéi（2・3世紀）
　→拓跋力微　たくばつりきび　287
Tuǒ-bá Shí-yì-jiān（4世紀）
　→拓跋什翼犍　たくばつじゅうよくけん　287
Tuǒ-bá Sī-gōng（9世紀）
　→拓跋思恭　たくばつしきょう　287
Tuǒ-bá Yī-huái（4世紀）
　→拓跋翳槐　たくばつえいかい　287
Tuǒ-bá Yī-lú（3・4世紀）
　→拓跋猗廬　たくばついろ　287
Tuǒ-bá Yī-yí（3・4世紀）
　→拓跋猗㐌　たくばついい　287
Tuǒ-bá Yù-lü（4世紀）
　→拓跋鬱律　たくばつうつりつ　287
Tuó-zhēn Kè-hán（6世紀）
　→タハツ・カガン　289
Turakina（13世紀）→トゥラキナ　361
Tú Rén-shōu（19・20世紀）
　→屠仁守　とじゅんしゅ　365
Tu Shih（1世紀頃）→杜詩　とし　365
Tu Tsung（13世紀）→度宗　たくそう　287
Tutukha（13世紀）→トトハ　366
Tuy-Le-Vuong（19世紀）
　→トゥイ・リ・ヴォン　351
Tu Yü（3世紀）→杜預　とよ　367
Tu Yu（8・9世紀）→杜佑　とゆう　367
Tu Yüeh-shêng（19・20世紀）
　→杜月笙　とげつしょう　365
TuΓluq Temür（14世紀）
　→トゥグルク・ティムール　353
Tzŭ-ch'an（前6世紀）→子産　しさん　189
Tzŭ-chian（前6世紀）→子産　しさん　189
T'zŭ Hsi（19・20世紀）
　→西太后　せいたいこう　250
Tzŭ-ying（前3世紀）→子嬰　しえい　187

【 U 】

U Ba Sein（20世紀）→ウ・バ・セイン　32
U Ba Swe（20世紀）→ウー・バ・スウェ　32
U Ba U.（19・20世紀）→ウー・バー・ウ　32
U Co Nyein（19・20世紀）
　→ウ・チョー・ニュイン　31
Udayādityavarman Ⅰ（10・11世紀）
　→ウダヤーディティヤヴァルマン1世　30
Udayādityavarman Ⅱ（11世紀）
　→ウダヤーディティヤヴァルマン2世　30
Ugyen Wangchuk（19・20世紀）
　→ウゲン・ワンチュク　29
Ŭi-ja-wang（7世紀）→義慈王　ぎじおう　90
Ŭi-jong（12世紀）→毅宗（高麗）　きそう　91
Ŭi-jong（12世紀）→毅宗（高麗）　きそう　91
U Kyaw Nyein（19・20世紀）
　→ウ・チョー・ニュイン　31
Ulaghchï（13世紀）→ウラグチ　33
U Lan-fu（20世紀）→烏蘭夫　ウランフ　34
Ulanfu（20世紀）→烏蘭夫　ウランフ　34
Ulanhu（20世紀）→烏蘭夫　ウランフ　34
Ŭl-chi Mun-dŏk（7世紀）
　→乙支文徳　おつしぶんとく　62
Ulgh Beg（14・15世紀）→ウルグ・ベク　34
Uliyasutai Chiang-chün（18世紀頃）
　→ウリヤスタイ将軍　ウリヤスタイしょうぐん　34
Ūljā'ītū Khān（13・14世紀）
　→ウルジェイトゥ　34
Ulug Beg（14・15世紀）→ウルグ・ベク　34
Ulug-Beg, Muhammad Tūrghāy（14・15世紀）
　→ウルグ・ベク　34
Ulugh Beg（14・15世紀）→ウルグ・ベク　34
Ulugh Beg, Muḥammad Tūrghāy（14・15世紀）
　→ウルグ・ベク　34
U Lwin（20世紀）→ウー・ルイン　34
'Umar Khān（19世紀）→ウマル・ハン　33
Ung-Chiem（19世紀）→ウン・チェム　35
Ung Huot（20世紀）→ウン・フォト　35
Ung-Lich（19世紀）→ウン・リック　35
Ung Van Khiem（20世紀）
　→ウン・バン・キエム　35
Un Kham（19世紀）→ウン・カム　35
U Nu（20世紀）→ウー・ヌ　32
U Nyun（20世紀）→ウ・ニュン　32
Urazbaeva, Alma Din'mukhamedovna（20世紀）
　→ウラズバーエヴァ, アルマ　33

Uriyangkhatai（13世紀）
　→ウリャンハ・タイ　*34*
Urus（14世紀）　→ウルス　*34*
U Saw（20世紀）　→ウー・ソー　*30*
U Sein Win（20世紀）
　→ウー・セイン・ウィン　*30*
U-su-mi-shih Ko-han（8世紀）
　→ウソマイシ・カガン　*30*
U Thant（20世紀）　→ウ・タント　*30*
U Thant, Sithu（20世紀）　→ウ・タント　*30*
U Thi Han（20世紀）　→ウ・チ・ハン　*31*
U Tun Shein（20世紀）
　→ウ・タン・シェイン　*30*
U Wang（14世紀）　→辛禑王　しんぐおう　*234*
U Win Maung（20世紀）
　→ウー・ウィン・マウン　*28*
Uy-Linh-Lang　→ウイ・リン・ラン　*28*
U Yoon-joong（19世紀）
　→魚允中　ぎょいんちゅう　*101*
Uzbeg Khan（13・14世紀）
　→ウズベク・ハン　*30*

【 V 】

Vajiravudh（19・20世紀）　→ラーマ6世　*469*
Van Tien Dung（20世紀）
　→バン・ティエン・ズン　*393*
Vargas, Porras José（20世紀）　→バルガス　*389*
Vathana, Sri Savang（20世紀）
　→シー・サウァン・ウァッタナー　*189*
Vatthana, Sri Savang（20世紀）
　→シー・サウァン・ウァッタナー　*189*
Vichit Vadakan（20世紀）
　→ウィチット・ワダカーン　*27*
Vijaya（13・14世紀）　→ビジャヤ　*395*
Virata, Cesar（20世紀）　→ビラタ, セサル　*398*
Virata, Cesar E.（20世紀）
　→ビラタ, セサル　*398*
Virawan, Amunuai（20世紀）
　→アムヌアイ・ウィラワン　*10*
Vo Chi Cong（20世紀）　→ボー・チ・コン　*432*
Vo-Di-Nguy（18世紀）　→ヴォ・ジ・グイ　*28*
Vo-Duy-Duong　→ヴォ・ズイ・ズオン　*28*
Vo-Duy-Ninh（19世紀）　→ヴォ・ズイ・ニン　*28*
Vo-Hoanh（20世紀）　→ヴォ・ホアイン　*28*
Vo nguen Giap（20世紀）
　→ヴォー・グエン・ザップ　*28*
Vo-Nguyen-Giap（20世紀）
　→ヴォー・グエン・ザップ　*28*

Vongvichit, Phoumi（20世紀）
　→ヴォンウィチット　*28*
Vo-Nhan　→ヴォ・ニャン　*28*
Vo-Tanh　→ヴォ・タイン　*28*
Vo-Van-Dung　→ヴォ・ヴァン・ズン　*28*
Vo Van Kiet（20世紀）
　→ボー・バン・キエト　*433*
Vu-Can　→ヴ・カン　*29*
Vu-Conh-Due　→ヴ・コン・ズエ　*29*
Vu-Hōng-Khanh（20世紀）
　→ヴー・ホン・カイン　*33*
Vu Hong-Khanh（20世紀）
　→武鴻卿　ぶこうけい　*408*
Vu-Huy-Tan　→ヴ・フイ・タン　*32*
Vuong Van Bac（20世紀）
　→ブオン・ヴァン・バグ　*406*
Vu-Phat　→ヴ・ファット　*32*
Vu-Quynh　→ヴ・クイン　*29*
Vu-Tran-Thieu　→ヴ・チャン・ティエウ　*31*
Vu Van Mau（20世紀）　→ブ・バン・マウ　*411*

【 W 】

Wachiawut（19・20世紀）　→ラーマ6世　*469*
Wachirawut（19・20世紀）　→ラーマ6世　*469*
Wahid, Abdurrahman（20世紀）　→ワヒド　*528*
Wahid, Abudurrahman（20世紀）　→ワヒド　*528*
Wanandi, Jusuf（20世紀）
　→ワナンディ, ユスフ　*528*
Wáng Ān-shí（11世紀）
　→王安石　おうあんせき　*44*
Wáng Ānshí（11世紀）
　→王安石　おうあんせき　*44*
Wang Anshi（11世紀）
　→王安石　おうあんせき　*44*
Wang An-shih（11世紀）
　→王安石　おうあんせき　*44*
Wang Ao（14・15世紀）　→王翱　おうごう　*48*
Wāng Bó-yàn（11・12世紀）
　→汪伯彦　おうはくげん　*57*
Wáng Chǎng（10世紀）　→王昶　おうちょう　*55*
Wang Ch'ang（10世紀）　→王昶　おうちょう　*55*
Wang Chao-chün（前1世紀頃）
　→王昭君　おうしょうくん　*51*
Wang Ch'ao-ming（19・20世紀）
　→汪兆銘　おうちょうめい　*55*
Wang Chao-ming（19・20世紀）
　→汪兆銘　おうちょうめい　*55*
Wang Cheh（20世紀）　→王杰　おうけつ　*48*

Wang Chên (15世紀) →王振　おうしん　52
Wang Chên (19・20世紀) →王震　おうしん　52
Wang Chên (20世紀) →王震　おうしん　52
Wang Chêng-t'ing (19・20世紀)
　→王正廷　おうせいてい　53
Wang Chi (前1世紀) →王吉　おうきつ　47
Wang Chi (14・15世紀) →王驥　おうき　46
Wang Chia-hsiang (20世紀)
　→王稼祥　おうかしょう　46
Wang Chia-tao (20世紀)
　→汪家道　おうかどう　46
Wang Chia-yin (17世紀)
　→王嘉胤　おうかいん　45
Wang Chien (9・10世紀) →王建　おうけん　48
Wang Chih (14・15世紀) →王直　おうちょく　55
Wang Chih (15世紀) →汪直　おうちょく　56
Wang Chih (16世紀) →王直　おうちょく　55
Wang Chin (8世紀) →王縉　おうしん　52
Wang Ching-hung (14・15世紀)
　→王景弘　おうけいこう　48
Wang Ch'ing-yün (18・19世紀)
　→王慶雲　おうけいうん　48
Wang Ch'in-jo (10・11世紀)
　→王欽若　おうきんじゃく　47
Wáng Chóng-gū (16世紀)
　→王崇古　おうすうこ　53
Wang Chonghui (19・20世紀)
　→王寵恵　おうちょうけい　55
Wáng Chóng-róng (9世紀)
　→王重栄　おうじゅうえい　50
Wang Chuan-yüan (19・20世紀)
　→王占元　おうせんげん　54
Wangchuck, Jigme Singye (20世紀)
　→ワンチュク, ジグメ・シンゲ　529
Wangchuk, Jigme Singh (20世紀)
　→ワンチュク, ジグメ・シンゲ　529
Wangchuk, Jigme Singye (20世紀)
　→ワンチュク, ジグメ・シンゲ　529
Wang Chün-chüe (8世紀)
　→王君㚟　おうくんちゃく　47
Wang Ch'ung-hui (19・20世紀)
　→王寵恵　おうちょうけい　55
Wáng Dàn (10・11世紀) →王旦　おうたん　55
Wang Dan (20世紀) →王丹　おうたん　54
Wáng Dào (3・4世紀) →王導　おうどう　56
Wang Dong-xing (20世紀)
　→汪東興　おうとうこう　56
Wang Dongxing (20世紀)
　→汪東興　おうとうこう　56
Wáng Dūn (3・4世紀) →王敦　おうとん　57
Wáng È (8・9世紀) →王鍔　おうがく　46

Wang Ê (8・9世紀) →王鍔　おうがく　46
Wang En-mao (20世紀)
　→王恩茂　おうおんも　45
Wáng Fǔ-chén (19・20世紀)
　→王輔臣　おうほしん　58
Wáng Fèng (前1世紀) →王鳳　おうほう　58
Wáng Fèng-shēng (18・19世紀)
　→王鳳生　おうほうせい　58
Wáng Fǔ (12世紀) →王黼　おうふ　57
Wang Fu-ch'ên (17世紀)
　→王輔臣　おうほしん　58
Wang Gon (9・10世紀)
　→太祖 (高麗)　たいそ　281
Wáng Gǒng-chén (11世紀)
　→王拱辰　おうきょうしん　47
Wang Guangmei (20世紀)
　→王光美　おうこうび　49
Wáng Guī (6・7世紀) →王珪　おうけい　47
Wáng Guī (11世紀) →王珪　おうけい　47
Wang Guo-quan (20世紀)
　→王国権　おうこくけん　49
Wang Guoquan (20世紀)
　→王国権　おうこくけん　49
Wang Hairong (20世紀)
　→王海容　おうかいよう　45
Wáng Hóng (8世紀) →王鉷　おうこう　48
Wáng Hóng (8・9世紀) →王翃　おうこう　48
Wang Hong-wen (20世紀)
　→王洪文　おうこうぶん　49
Wang Hongwen (20世紀)
　→王洪文　おうこうぶん　49
Wáng Hòng-xú (17・18世紀)
　→王鴻緒　おうこうしょ　49
Wang Hsiao-po (10世紀)
　→王小波　おうしょうは　52
Wang Hsiao-yün (20世紀)
　→王暁雲　おうぎょううん　47
Wang Hsien-chih (9世紀)
　→王仙芝　おうせんし　54
Wang Hsin (20世紀) →王新亭　おうしんてい　53
Wang Hsiu-chen (20世紀)
　→王秀珍　おうしゅうちん　50
Wang Hsüan-ts'ê (7世紀)
　→王玄策　おうげんさく　48
Wáng Huái (12世紀) →王淮　おうわい　61
Wang Huai-hsiang (20世紀)
　→王淮湘　おうじゅんしょう　51
Wang Huai-siang (20世紀)
　→王淮湘　おうじゅんしょう　51
Wang Hui-chiu (20世紀)
　→王輝球　おうききゅう　46

Wang Hui-tsu（18・19世紀）
　→汪輝祖　おうきそ　47
Wāng Huī-zǔ（18・19世紀）
　→汪輝祖　おうきそ　47
Wang Hung-hsü（17・18世紀）
　→王鴻緒　おうこうしょ　49
Wang I-jung（19世紀）→王懿栄　おういえい　44
Wang I-t'ing（19・20世紀）→王震　おうしん　52
Wang Jen-chung（20世紀）
　→王任重　おうにんじゅう　57
Wang Jên-shu（20世紀）
　→王任叔　おうじんしゅく　53
Wang Jên-wên（19・20世紀）
　→王人文　おうじんぶん　53
Wáng Jiàn（9・10世紀）→王建　おうけん　48
Wáng Jiā-yin（17世紀）→王嘉胤　おうかいん　45
Wáng Jìn（8世紀）→王縉　おうしん　52
Wang Jinxi（20世紀）→王進喜　おうしんき　53
Wáng Jī-wēng（13世紀）
　→王積翁　おうせきおう　54
Wang Jo-fei（20世紀）→王若飛　おうじゃくひ　50
Wang Jo-hsü（13世紀）
　→王若虚　おうじゃくきょ　50
Wáng Jūn-chuò（8世紀）
　→王君㚟　おうくんちゃく　47
Wang Jung（3・4世紀）→王戎　おうじゅう　50
Wāng Kāng-nián（19・20世紀）
　→汪康年　おうこうねん　49
Wang K'ang-nien（19・20世紀）
　→汪康年　おうこうねん　49
Wáng Kè-mín（19・20世紀）
　→王克敏　おうこくびん　49
Wang Kemin（19・20世紀）
　→王克敏　おうこくびん　49
Wang Khan（12・13世紀）→ワン・カン　529
Wang K'o-min（19・20世紀）
　→王克敏　おうこくびん　49
Wang Kŏn（9・10世紀）
　→太祖（高麗）　たいそ　281
Wáng Kuāng（1世紀頃）→王匡　おうきょう　47
Wang Kuei（6・7世紀）→王珪　おうけい　47
Wang Kuei（11世紀）→王珪　おうけい　47
Wang K'un-lun（20世紀）
　→王崑崙　おうこんろん　50
Wang Kuo-chüan（20世紀）
　→王国権　おうこくけん　49
Wang Li（20世紀）→王力　おうりき　60
Wáng Lún（11・12世紀）→王倫　おうりん　60
Wang Lun（11・12世紀）→王倫　おうりん　60
Wáng Lún（18世紀）→王倫　おうりん　61
Wang Lun（18世紀）→王倫　おうりん　61

Wáng Mǎng（前1・後1世紀）
　→王莽　おうもう　59
Wang Mang（前1・後1世紀）
　→王莽　おうもう　59
Wáng Měng（4世紀）→王猛　おうもう　58
Wang Mêng（4世紀）→王猛　おうもう　58
Wang Pao-pao（14世紀）→ココ・テムル　168
Wang Pi（14世紀）→王弼　おうひつ　57
Wang Ping-chang（20世紀）
　→王秉璋　おうへいしょう　58
Wang Ping-nan（20世紀）
　→王炳南　おうへいなん　58
Wang P'u（10世紀）→王溥　おうふ　57
Wang qan（12・13世紀）→ワン・カン　529
Wáng Qǐ（8・9世紀）→王起　おうき　46
Wáng Qīn-ruò（10・11世紀）
　→王欽若　おうきんじゃく　47
Wang Ren-zhong（20世紀）
　→王任重　おうにんじゅう　57
Wáng Róng（3・4世紀）→王戎　おうじゅう　50
Wáng Ruò fēi（20世紀）
　→王若飛　おうじゃくひ　50
Wáng Ruò-xū（13世紀）
　→王若虚　おうじゃくきょ　50
Wang San-huai（18世紀）
　→王三槐　おうさんかい　50
Wáng Sēn（16・17世紀頃）→王森　おうしん　52
Wang Sên（16・17世紀頃）→王森　おうしん　52
Wáng Sēng-biàn（6世紀）
　→王僧弁　おうそうべん　54
Wáng Sháo（11世紀）→王韶　おうしょう　51
Wang Shao（11世紀）→王韶　おうしょう　51
Wang Shào-po（10世紀）
　→王小波　おうしょうは　52
Wang Shao-po（10世紀）
　→王小波　おうしょうは　52
Wang Shên-ch'i（10世紀）
　→王審琦　おうしんき　52
Wang Shên-chih（9・10世紀）
　→王審知　おうしんち　53
Wáng Shěn-zhī（9・10世紀）
　→王審知　おうしんち　53
Wáng Shì-chéng（14世紀）
　→王士誠　おうしせい　50
Wáng Shì-chōng（7世紀）
　→王世充　おうせいじゅう　53
Wang Shih-chieh（20世紀）
　→王世杰　おうせいけつ　53
Wang Shih-ch'ung（7世紀）
　→王世充　おうせいじゅう　53
Wang Shi-p'êeng（12世紀）
　→王十朋　おうじっぽう　50

Wáng Shí-péng（12世紀）
→王十朋　おうじっぽう　50
Wáng Shì-zhēn（19・20世紀）
→王士珍　おうしちん　50
Wáng Shǒu-chéng（9世紀）
→王守澄　おうしゅちょう　51
Wang Shou-dao（20世紀）
→王首道　おうしゅどう　51
Wáng Shǒu-rén（15・16世紀）
→王陽明　おうようめい　60
Wang Shouren（15・16世紀）
→王陽明　おうようめい　60
Wang Shoushan（19・20世紀）
→王守善　おうしゅぜん　51
Wang Shou-tao（20世紀）
→王首道　おうしゅどう　51
Wáng Shù（15・16世紀）→王恕　おうじょ　51
Wang Shu（15・16世紀）→王恕　おうじょ　51
Wang Shu-ming（20世紀）
→王叔銘　おうしゅくめい　51
Wáng Shù-nán（19・20世紀）
→王樹枏　おうじゅなん　51
Wang Shu-nan（19・20世紀）
→王樹枏　おうじゅなん　51
Wang Shunan（19・20世紀）
→王樹枏　おうじゅなん　51
Wang Shu-shêng（20世紀）
→王樹声　おうじゅせい　51
Wang Ta-hsieh（19・20世紀）
→汪大燮　おうたいへん　54
Wang Tao（3・4世紀）→王導　おうどう　56
Wáng Tāo（19世紀）→王韜　おうとう　56
Wang T'ao（19世紀）→王韜　おうとう　56
Wang Tao（19世紀）→王韜　おうとう　56
Wang T'ing-hsiang（15・16世紀）
→王廷相　おうていしょう　56
Wáng Tíng-xiāng（15・16世紀）
→王廷相　おうていしょう　56
Wang Tse（11世紀）→王則　おうそく　54
Wang Ts'un（11・12世紀）→王存　おうそん　54
Wang Tun（3・4世紀）→王敦　おうとん　57
Wang T'ung-ho（19・20世紀）
→翁同龢　おうどうわ　56
Wang Tung-hsing（20世紀）
→汪東興　おうとうこう　56
Wang Wǎn（前3世紀頃）→王綰　おうわん　61
Wáng Wén-sháo（19・20世紀）
→王文韶　おうぶんしょう　58
Wáng Wēn-shū（前2・1世紀頃）
→王温舒　おうおんじょ　45
Wáng Xiān-zhī（9世紀）
→王仙芝　おうせんし　54

Wang Xianzhi（9世紀）→王仙芝　おうせんし　54
Wáng Xiǎo-bō（10世紀）
→王小波　おうしょうは　52
Wáng Xiào-jié（7世紀）
→王孝傑　おうこうけつ　49
Wang Xiao-yun（20世紀）
→王曉雲　おうぎょううん　47
Wang Xiaoyun（20世紀）
→王曉雲　おうぎょううん　47
Wáng Xíng-yú（9世紀）→王行瑜　おうこうゆ　49
Wáng Xuán-cè（7世紀）
→王玄策　おうげんさく　48
Wáng Yá（9世紀）→王涯　おうがい　45
Wáng Yǎn（3・4世紀）→王衍　おうえん　45
Wáng Yán-dé（10・11世紀）
→王延徳　おうえんとく　45
Wang Yande（10・11世紀）
→王延徳　おうえんとく　45
Wáng Yáng-míng（15・16世紀）
→王陽明　おうようめい　60
Wáng Yángmíng（15・16世紀）
→王陽明　おうようめい　60
Wang Yang-ming（15・16世紀）
→王陽明　おうようめい　60
Wáng Yán-sōu（11世紀）
→王巌叟　おうがんそう　46
Wang Yan-te（10・11世紀）
→王延徳　おうえんとく　45
Wáng Yán-wēi（9世紀頃）
→王彦威　おうげんい　48
Wang Yen（3・4世紀）→王衍　おうえん　45
Wang Yen（10世紀）→王衍　おうえん　45
Wang Yen-tê（10・11世紀）
→王延徳　おうえんとく　45
Wang Yeqiu（20世紀）→王冶秋　おうやしゅう　59
Wáng Yì-róng（19世紀）
→王懿栄　おういえい　44
Wang Yirong（19世紀）→王懿栄　おういえい　44
Wang You-ping（20世紀）
→王幼平　おうようへい　60
Wang Yüan（3・4世紀）→王淵　おうえん　45
Wáng Yuè（13世紀）→王㮣　おうやく　59
Wáng Yūn（2世紀）→王允　おういん　44
Wáng Yùn（13・14世紀）→王惲　おううん　45
Wang Yün（13・14世紀）→王惲　おううん　45
Wáng Zēng（10・11世紀）→王曾　おうそう　45
Wáng Zhāo-Jūn（前1世紀頃）
→王昭君　おうしょうくん　51
Wang Zhaojun（前1世紀頃）
→王昭君　おうしょうくん　51

Wang Zhaomin(19・20世紀)
　→汪兆銘　おうちょうめい　55
Wāng Zhào míng(19・20世紀)
　→汪兆銘　おうちょうめい　55
Wāng Zhàomíng(19・20世紀)
　→汪兆銘　おうちょうめい　55
Wang Zhao-ming(19・20世紀)
　→汪兆銘　おうちょうめい　55
Wang Zhaoming(19・20世紀)
　→汪兆銘　おうちょうめい　55
Wáng Zhèn(15世紀)　→王振　おうしん　52
Wáng Zhèn(19・20世紀)　→王震　おうしん　52
Wáng Zhèn(20世紀)　→王震　おうしん　52
Wang Zhen(20世紀)　→王震　おうしん　52
Wāng Zhí(15世紀)　→汪直　おうちょく　56
Wáng Zhí(16世紀)　→王直　おうちょく　55
Wáng Zhì-xīng(8・9世紀)
　→王智興　おうちきょう　55
Wáng Zhòng-shū(8・9世紀)
　→王仲舒　おうちゅうじょ　55
Wan Hai-rong(20世紀)
　→王海容　おうかいよう　45
Wan Kuo-chüan(20世紀)
　→王国権　おうこくけん　49
Wan Li(16・17世紀)
　→万暦帝　ばんれきてい　395
Wan Li(20世紀)　→万里　ばんり　394
Wanlide(16・17世紀)
　→万暦帝　ばんれきてい　395
Wàn-lì-dì(16・17世紀)
　→万暦帝　ばんれきてい　395
Wan-li-ti(16・17世紀)
　→万暦帝　ばんれきてい　395
Wan Waithayakorn(20世紀)
　→ワン・ワイタヤコン　530
Wan Wanthayakon, Krom Muen Naradhip Bongsprabandh(20世紀)
　→ワン・ワイタヤコン　530
Wán-yán Xī-yǐn(12世紀)
　→完顔希尹　ワンヤンキイン　529
Wan-yen a-ku-ta(11・12世紀)
　→完顔阿骨打　ワンヤンアクダ　529
Wan-yen Hsi-yin(12世紀)
　→完顔希尹　ワンヤンキイン　529
Wardhana, Ali(20世紀)　→ワルダナ, A.　528
Wareru(13世紀)　→ワーレルー　529
Wee Kim Wee(20世紀)　→ウィ・キムウィ　27
Wee Mon Cheng(20世紀)
　→ウイ・モンチェン　27
Wei(7・8世紀)　→韋氏　いし　18
Wéi Ān-shí(7・8世紀)　→韋安石　いあんせき　16

Wei An-shih(7・8世紀)
　→韋安石　いあんせき　16
Wèi Bó-yù(8世紀)　→衛伯玉　えいはくぎょく　37
Wei Ch'ang-hui(19世紀)
　→韋昌輝　いしょうき　19
Wei Chang-hui(19世紀)
　→韋昌輝　いしょうき　19
Wei Chao(3世紀)　→韋昭　いしょう　19
Wéi Chéng(6・7世紀)　→魏徴　ぎちょう　92
Wéi Chéng-qìng(7・8世紀)
　→韋承慶　いしょうけい　19
Wei Ch'ing(前2世紀)　→衛青　えいせい　36
Wei Ch'üeh(19・20世紀)　→韋慤　いこく　18
Wei Chung-hsien(17世紀)
　→魏忠賢　ぎちゅうけん　92
Wei Fêng-ying(20世紀)
　→尉鳳英　いほうえい　23
Wéi Gāo(8・9世紀)　→韋皋　いこう　18
Wei Guo-qing(20世紀)　→韋国清　いこくせい　18
Wei Guoqing(20世紀)　→韋国清　いこくせい　18
Weihou(7・8世紀)　→韋氏　いし　18
Wei Hsiang-shu(17世紀)
　→魏象枢　ぎしょうすう　91
Wei Jan(前4・3世紀)　→魏冉　ぎぜん　91
Wéi Jiān(8世紀)　→韋堅　いけん　18
Wéi Jié(7世紀頃)　→韋節　いせつ　21
Wei Kao(8・9世紀)　→韋皋　いこう　18
Wei Kuo-ching(20世紀)
　→韋国清　いこくせい　18
Wei-lieh(前5世紀)　→威烈王　いれつおう　24
Wei-lieh-wang(前5世紀)
　→威烈王　いれつおう　24
Wei Li-huang(20世紀)
　→衛立煌　えいりっこう　38
Wei Man(前3・2世紀)　→衛満　えいまん　37
Wei-ming Hsien(13世紀)
　→嵬名睍　しゅうめいけん*　204
Wèi Qīng(前2世紀)　→衛青　えいせい　36
Wei Qing(前2世紀)　→衛青　えいせい　36
Wéi Qú-móu(8・9世紀)
　→韋渠牟　いきょぼう　18
Wei-shao-wang(13世紀)
　→衛紹王　えいしょうおう　36
Wéi Tài-hòu(7・8世紀)　→韋氏　いし　18
Wei taihou(7・8世紀)　→韋氏　いし　18
Wei Tao-ming(20世紀)
　→魏道明　ぎどうめい　93
Wei Taoming(20世紀)　→魏道明　ぎどうめい　93
Wêi-tzǔ(前12世紀)　→微子　びし　395
Wèi Wǎn(前2世紀頃)　→衛綰　えいわん　38
Wèi Xiàng-shū(17世紀)

→魏象枢　ぎしょうすう　91
Wèi Xiāo（1世紀）　→隗囂　かいごう　63
Wèi Xuán-tóng（7世紀）
　→魏玄同　ぎげんどう　90
Wèi Zhēng（6・7世紀）　→魏徴　ぎちょう　92
Wèi Zhī-gū（7・8世紀）　→魏知古　ぎちこ　92
Wèi Zhōng-xián（17世紀）
　→魏忠賢　ぎちゅうけん　92
Wei Zhongxian（17世紀）
　→魏忠賢　ぎちゅうけん　92
Wellington KOO（19・20世紀）
　→顧維鈞　こいきん　140
Wén-chéng-gōng-zhǔ（7世紀）
　→文成公主　ぶんせいこうしゅ　416
Wencheng gongzhu（7世紀）
　→文成公主　ぶんせいこうしゅ　416
Wên-ch'êng kung-chu（7世紀）
　→文成公主　ぶんせいこうしゅ　416
Wên-ch'êng-ti（5世紀）
　→文成帝（北魏）　ぶんせいてい　417
Wende huanghou（7世紀）
　→長孫皇后　ちょうそんこうごう　321
Wén-dì（前3・2世紀）
　→文帝（前漢）　ぶんてい　418
Wén-dì（2・3世紀）　→曹丕　そうひ　267
Wén-dì（6世紀）　→文帝（西魏）　ぶんてい　418
Wén-dì（6・7世紀）　→文帝（隋）　ぶんてい　418
Wéndì（6・7世紀）　→文帝（隋）　ぶんてい　418
Wén-gìng（18・19世紀）　→文慶　ぶんけい　415
Wén-gōng（前7世紀）　→文公（晋）　ぶんこう　416
Wengong（前7世紀）　→文公（晋）　ぶんこう　416
Wēng Tóng-hé（19・20世紀）
　→翁同龢　おうどうわ　56
Weng Tonghe（19・20世紀）
　→翁同龢　おうどうわ　56
Wēng T'ung-ho（19・20世紀）
　→翁同龢　おうどうわ　56
Wēng Wên-hao（19・20世紀）
　→翁文灝　おうぶんこう　57
Weng Wenhao（19・20世紀）
　→翁文灝　おうぶんこう　57
Wēng Xīn-cún（18・19世紀）
　→翁心存　おうしんそん　53
Wén-hóu（前5・4世紀）
　→文侯（戦国魏）　ぶんこう　416
Wên-hou（前5・4世紀）
　→文侯（戦国魏）　ぶんこう　416
Wên-hsüan-ti（6世紀）
　→文宣帝（北斉）　ぶんせんてい　417
Wen Jia-bao（20世紀）　→温家宝　おんかほう　62
Wen Jiabao（20世紀）　→温家宝　おんかほう　62

Wên-kung（前8世紀）
　→文公（春秋秦）　ぶんこう　416
Wên-kung（前7世紀）　→文公（晋）　ぶんこう　416
Wên-kung（前4世紀）　→文公（燕）　ぶんこう　416
Wēn Shēng-cái（19・20世紀）
　→温生才　おんせいさい　63
Wên-ti（前3・2世紀）
　→文帝（前漢）　ぶんてい　418
Wēn Ti（2・3世紀）　→曹丕　そうひ　267
Wên-ti（5世紀）　→文帝（南朝宋）　ぶんてい　418
Wên Ti（6世紀）
　→文帝（陳）　ぶんてい*　418
　→文帝（西魏）　ぶんてい　418
Wên-ti（6・7世紀）　→文帝（隋）　ぶんてい　418
Wén Tiān-xiáng（13世紀）
　→文天祥　ぶんてんしょう　418
Wén Tiānxiáng（13世紀）
　→文天祥　ぶんてんしょう　418
Wên T'ien-hsiang（13世紀）
　→文天祥　ぶんてんしょう　418
Wén Tíng-shì（19・20世紀）
　→文廷式　ぶんていしき　418
Wên T'ing-shih（19・20世紀）
　→文廷式　ぶんていしき　418
Wēn Tǐ-rén（17世紀）　→温体仁　おんたいじん　63
Wên-tsung（9世紀）　→文宗（唐）　ぶんそう　417
Wên-tsung（14世紀）　→文宗（元）　ぶんそう　417
Wên Tsung（19世紀）　→咸豊帝　かんぽうてい　87
Wên Tsung-yao（19・20世紀）
　→温宗堯　おんそうぎょう　63
Wên-tsu-wang（4世紀頃）
　→温祚王　おんそおう　63
Wén-wáng（前11世紀頃）
　→文王（周）　ぶんおう　415
Wên-wang（前11世紀頃）
　→文王（周）　ぶんおう　415
Wenwang（前11世紀頃）
　→文王（周）　ぶんおう　415
Wén-xiáng（19世紀）　→文祥　ぶんしょう　416
Wén-xuān-dì（6世紀）
　→文宣帝（北斉）　ぶんせんてい　417
Wén Yàn-bó（11世紀）
　→文彦博　ぶんげんはく　416
Wên Yen-po（11世紀）
　→文彦博　ぶんげんはく　416
Wén-zōng（9世紀）　→文宗（唐）　ぶんそう　417
Wén-zōng（14世紀）　→文宗（元）　ぶんそう　417
Wen Zuoci（20世紀）　→温佐慈　おんさじ　63
Widjaja（13・14世紀）　→ウィジャヤ　27
Widjojo, Nitisastro（20世紀）
　→ウィジョヨ，N.　27

Widjojo Nitisastro (20世紀)	Wǔ-dì (6世紀) →武帝 (南朝陳) ぶてい *411*
→ウィジョヨ, N. *27*	Wudi (6世紀) →武帝 (北周) ぶてい *411*
Wikana (20世紀) →ウィカナ *27*	Wu Fa-hsien (20世紀) →呉法憲 ごほうけん *175*
Wilopo (20世紀) →ウイロポ *28*	Wu Fa-xian (20世紀) →呉法憲 ごほうけん *175*
Wilopo, R. (20世紀) →ウイロポ *28*	Wu Faxian (20世紀) →呉法憲 ごほうけん *175*
Wi Man (前3・2世紀) →衛満 えいまん *37*	Wú Guǎng (前3世紀) →呉広 ごこう *168*
Win Aung (20世紀) →ウィン・アウン *28*	Wu Guan-zheng (20世紀)
Wiranatakoesma, Raden (19・20世紀)	→呉官正 ごかんせい *164*
→ヴィラナタクスマ *27*	Wu Guixian (20世紀) →呉桂賢 ごけいけん *167*
Wiranto (20世紀) →ウィラント *27*	Wú Hàn (1世紀) →呉漢 ごかん *164*
Won-chong (13世紀)	Wú Hán (20世紀) →呉晗 ごがん *164*
→元宗 (高麗) げんそう *138*	Wu Han (20世紀) →呉晗 ごがん *164*
Wŏng-jog (13世紀)	Wu Hou (7・8世紀)
→元宗 (高麗) げんそう *138*	→則天武后 そくてんぶこう *270*
Wŏng-jong (13世紀)	Wú Jìng-héng (19・20世紀)
→元宗 (高麗) げんそう *138*	→呉敬恒 ごけいこう *167*
Wong Lin Ken (20世紀)	Wú Jīng-lián (19・20世紀)
→ウォン・リンケン *28*	→呉景濂 ごけいれん *167*
Wong Nai-Siong (19・20世紀)	Wu Jui-lin (20世紀) →呉瑞林 ごずいりん *171*
→黄乃裳 こうだいしょう *157*	Wu Jung-kuang (18・19世紀)
Wǒnjong (13世紀) →元宗 (高麗) げんそう *138*	→呉栄光 ごえいこう *164*
Wŏn-sŏng-wang (8世紀)	Wú Kě-dú (19世紀) →呉可読 ごかどく *164*
→元聖王 げんせいおう *137*	Wu Kuang (前3世紀) →呉広 ごこう *168*
Wu (前11世紀頃) →武王 (周) ぶおう *405*	Wu Kui-hsien (20世紀)
Wu Bang-guo (20世紀)	→呉桂賢 ごけいけん *167*
→呉邦国 ごほうこく *175*	Wu Kuo-chên (20世紀)
Wu Ch'ang-ch'ing (19世紀)	→呉国禎 ごこくてい *168*
→呉長慶 ごちょうけい *172*	Wu-lan-fu (20世紀) →烏蘭夫 ウランフ *34*
Wū Chéng-cī (8世紀) →烏承玼 うしょうし *30*	Wu Lanfu (20世紀) →烏蘭夫 ウランフ *34*
Wǔ Chéng-sì (7世紀) →武承嗣 ぶしょうし *408*	Wulanfu (20世紀) →烏蘭夫 ウランフ *34*
Wu Ch'êng Ti (6世紀)	Wu Liang-p'ing (20世紀)
→武成帝 ぶせいてい* *409*	→呉亮平 ごりょうへい *176*
Wu-ch'i (前5・4世紀) →呉起 ごき *165*	Wú Lín (12世紀) →呉璘 ごりん *176*
Wu Ch'i-chün →呉其濬 ごきしゅん *165*	Wu-ling-wang (前4世紀)
Wu-chieh T'ê-ch'in (9世紀)	→武霊王 (趙) ぶれいおう *414*
→烏介特勤 うかいとっきん *28*	Wu Lu-chên (19・20世紀)
Wu Chih-hui (19・20世紀)	→呉禄貞 ごろくてい *176*
→呉敬恒 ごけいこう *167*	Wú Lù-zhēn (19・20世紀)
Wu Ching-hêng (19・20世紀)	→呉禄貞 ごろくてい *176*
→呉敬恒 ごけいこう *167*	Wu Man-yu (20世紀) →呉満有 ごまんゆう *175*
Wú Chōng (11世紀) →呉充 ごじゅう *170*	Wun-jong (13世紀)
Wu De (20世紀) →呉徳 ごとく *174*	→元宗 (高麗) げんそう *138*
Wǔ-dì (前2・1世紀) →武帝 (前漢) ぶてい *410*	Wun-sung-wang (8世紀)
Wǔdì (前2・1世紀) →武帝 (前漢) ぶてい *410*	→元聖王 げんせいおう *137*
Wudi (前2・1世紀) →武帝 (前漢) ぶてい *410*	Wú Pèi-fú (19・20世紀) →呉佩孚 ごはいふ *174*
Wǔ-dì (3世紀) →武帝 (西晋) ぶてい *410*	Wu P'ei-fu (19・20世紀)
Wǔ-dì (4・5世紀) →武帝 (南朝宋) ぶてい *410*	→呉佩孚 ごはいふ *174*
Wudi (5世紀) →武帝 (南斉) ぶてい *410*	Wu P'ei-fu (19・20世紀)
Wǔ-dì (5・6世紀) →蕭衍 しょうえん *214*	→呉佩孚 ごはいふ *174*
Wǔdì (5・6世紀) →蕭衍 しょうえん *214*	Wu Peifu (19・20世紀) →呉佩孚 ごはいふ *174*

政治・外交・軍事篇　　　　　　　　　　　　631　　　　　　　　　　　　　　　　　　**XIA**

Wú Qī（前5・4世紀）→呉起　ごき　165
Wú Sān-guì（17世紀）→呉三桂　ごさんけい　169
Wu Sangui（17世紀）→呉三桂　ごさんけい　169
Wu San-kuei（17世紀）
　→呉三桂　ごさんけい　169
Wu Sanlian（20世紀）→呉三連　ごさんれん　169
Wŭ Sàn-sì（7・8世紀）→武三思　ぶさんし　408
Wu San-ssŭ（7・8世紀）→武三思　ぶさんし　408
Wú Shì-fán（17世紀）→呉世璠　ごせいはん　171
Wu Táo（20世紀）→呉濤　ごとう　174
Wu Te（20世紀）→呉徳　ごとく　174
Wu-ti（前2・1世紀）→武帝（前漢）　ぶてい　410
Wu-ti（3世紀）→武帝（西晋）　ぶてい　410
Wu-ti（4・5世紀）→武帝（南朝宋）　ぶてい　410
Wu Ti（5世紀）→武帝（南齊）　ぶてい　410
Wu-ti（5・6世紀）→蕭衍　しょうえん　214
Wu-ti（6世紀）
　→武帝（北周）　ぶてい　411
　→武帝（南朝陳）　ぶてい　411
Wu T'ieh-ch'êng（19・20世紀）
　→呉鉄城　ごてつじょう　174
Wŭ Tíng-fang（19・20世紀）
　→伍廷芳　ごていほう　173
Wu T'ing-fang（19・20世紀）
　→伍廷芳　ごていほう　173
Wu-tsung（9世紀）→武宗（唐）　ぶそう　409
Wu-tsung（13・14世紀）
　→武宗（元）　ぶそう　409
Wu-tsung（15・16世紀）
　→正徳帝（明）　せいとくてい　251
Wu Tsün-shêng（19・20世紀）
　→呉俊陞　ごしゅんしょう　170
Wu-tzŭ（前5・4世紀）→呉起　ごき　165
Wu Tzŭ-hsü（前5世紀）→伍子胥　ごししょ　169
Wŭ-wáng（前11世紀頃）
　→武王（周）　ぶおう　405
Wŭwáng（前11世紀頃）
　→武王（周）　ぶおう　405
Wu-wang（前11世紀頃）
　→武王（周）　ぶおう　405
Wu-wang（前8・7世紀）
　→武王（楚）　ぶおう　406
Wú-wáng Liú Pí（前3・2世紀）
　→呉王劉濞　ごおうりゅうび　164
Wu-wang Pi（前3・2世紀）
　→呉王劉濞　ごおうりゅうび　164
Wu Wenying（20世紀）
　→呉文英　ごぶんえい　175
Wu Xi（12・13世紀）→呉曦　ごぎ　165
Wú Xióng-guāng（18・19世紀）
　→呉熊光　ごゆうこう　175

Wu Xiu-quan（20世紀）
　→伍修権　ごしゅうけん　170
Wu Xiuquan（20世紀）
　→伍修権　ごしゅうけん　170
Wu Xue-qian（20世紀）
　→呉学謙　ごがくけん　164
Wu Yao-tsung（20世紀）
　→呉耀宗　ごようそう　175
Wú Yào zōng（20世紀）
　→呉耀宗　ごようそう　175
Wu Yi（20世紀）→呉儀　ごぎ　165
Wú Yuán-jì（8・9世紀）
　→呉元済　ごげんせい　168
Wu Yü-chang（19・20世紀）
　→呉玉章　ごぎょくしょう　166
Wú Yuè（19・20世紀）→呉樾　ごえつ　164
Wú Yù-zhāng（19・20世紀）
　→呉玉章　ごぎょくしょう　166
Wu ZeTian（7・8世紀）
　→則天武后　そくてんぶこう　270
Wú Zhǎng-qìng（19・20世紀）
　→呉長慶　ごちょうけい　172
Wŭ Zhòng-yìn（9世紀）
　→烏重胤　うじゅういん　30
Wúzī（前5・4世紀）→呉起　ごき　165
Wuzi（前5・4世紀）→呉起　ごき　165
Wŭ Zī-xū（前5世紀）→伍子胥　ごししょ　169
Wŭ-zōng（9世紀）→武宗（唐）　ぶそう　409
Wŭ-zōng（13・14世紀）→武宗（元）　ぶそう　409

【 X 】

Xià-hóu Dūn（3世紀）→夏侯惇　かこうとん　73
Xià-hóu Xuán（3世紀）→夏侯玄　かこうげん　73
Xià-hóu Yīng（前2世紀）
　→夏侯嬰　かこうえい　72
Xià-hóu Yuān（3世紀）→夏侯淵　かこうえん　72
Xián-ān-gōng-zhǔ（8・9世紀）
　→咸安公主　かんあんこうしゅ　80
Xianan gongzhu（8・9世紀）
　→咸安公主　かんあんこうしゅ　80
Xiàn-dì（2・3世紀）→献帝（後漢）　けんてい　138
Xián-fēng-dì（19世紀）
　→咸豊帝　かんぽうてい　87
Xianfengdi（19世紀）→咸豊帝　かんぽうてい　87
Xiàng Bó（前3世紀頃）→項伯　こうはく　159
Xiāng-gōng（前7世紀）
　→襄公（春秋・宋）　じょうこう　218

XIA

Xiàng Jīng yú (20世紀)
　→向警予　こうけいよ　*146*
Xiàng Jingyu (20世紀)
　→向警予　こうけいよ　*146*
Xiàng Liáng (前3世紀)　→項梁　こうりょう　*163*
Xiàng Mǐn-Zhōng (10・11世紀)
　→向敏中　こうびんちゅう　*159*
Xiàng Yīng (20世紀)　→項英　こうえい　*142*
Xiàng Yǔ (前3世紀)　→項羽　こうう　*141*
Xiang Yu (前3世紀)　→項羽　こうう　*141*
Xiàn-zōng (8・9世紀)
　→憲宗 (唐)　けんそう　*137*
Xiāo Dào-chéng (5世紀)
　→太祖 (斉)　たいそ　*281*
Xiao Defei (12世紀)
　→蕭徳妃　しょうとくひ*　*223*
Xiào-gōng (前4世紀)　→孝公 (秦)　こうこう　*147*
Xiaogong (前4世紀)　→孝公 (秦)　こうこう　*147*
Xiāo Hé (前3・2世紀)　→蕭何　しょうか　*215*
Xiao He (前3・2世紀)　→蕭何　しょうか　*215*
Xiao Hua (20世紀)　→蕭華　しょうか　*215*
Xiāo Wàng-zhī (前2・1世紀)
　→蕭望之　しょうぼうし　*224*
Xiào-wén-dì (5世紀)
　→孝文帝 (北魏)　こうぶんてい　*161*
Xiàowéndì (5世紀)
　→孝文帝 (北魏)　こうぶんてい　*161*
Xiaowendi (5世紀)
　→孝文帝 (北魏)　こうぶんてい　*161*
Xiào-wǔ-dì (6世紀)
　→孝武帝 (北魏)　こうぶてい　*160*
Xiāo Xiān (6・7世紀)　→蕭銑　しょうせん　*220*
Xiao Xiang-qian (20世紀)
　→肖向前　しょうこうぜん　*218*
Xiao Xiangqian (20世紀)
　→肖向前　しょうこうぜん　*218*
Xiao Yan (5・6世紀)　→蕭衍　しょうえん　*214*
Xiào-zōng (12世紀)　→孝宗 (宋)　こうそう　*155*
Xià Shí (15世紀頃)　→夏時　かじ　*74*
Xià Sǒng (11世紀)　→夏竦　かしょう　*75*
Xiè An (4世紀)　→謝安　しゃあん　*194*
Xiè Chí (19・20世紀)　→謝持　しゃじ　*196*
Xie Dongmin (20世紀)
　→謝東閔　しゃとうびん　*196*
Xiè Fāng-dé (13世紀)
　→謝枋得　しゃほうとく　*197*
Xiè Fāng-shū (13世紀)
　→謝方叔　しゃほうしゅく　*197*
Xie Fuzhi (20世紀)　→謝富治　しゃふじ　*197*
Xiè Jìn (14・15世紀)　→解縉　かいしん　*64*
Xiè Kūn (3・4世紀)　→謝鯤　しゃこん　*196*

Xiè Xuán (4世紀)　→謝玄　しゃげん　*195*
Xie Xuehong (20世紀)
　→謝雪紅　しゃせつこう　*196*
Xī-mén Bào (前5・4世紀頃)
　→西門豹　せいもんひょう　*251*
Xīn-dū (13世紀)　→忻都　きんと　*115*
Xīng-zōng (11世紀)　→興宗 (遼)　こうそう　*154*
Xīng-zōng (11・12世紀)
　→興宗 (金)　こうそう　*155*
Xìn-líng-jūn (前3世紀)
　→信陵君　しんりょうくん　*240*
Xīn Qì-jí (12・13世紀)
　→辛棄疾　しんきしつ　*233*
Xióng Tán-láng (6世紀)
　→熊曇朗　ゆうどんろう　*449*
Xióng Tíng-bì (16・17世紀)
　→熊廷弼　ゆうていひつ　*449*
Xióng Xī-líng (19・20世紀)
　→熊希齢　ゆうきれい　*448*
Xiong Xiling (19・20世紀)
　→熊希齢　ゆうきれい　*448*
Xī-tài-hòu (19・20世紀)
　→西太后　せいたいこう　*250*
Xītàihòu (19・20世紀)
　→西太后　せいたいこう　*250*
Xi taihou (19・20世紀)
　→西太后　せいたいこう　*250*
Xitaihou (19・20世紀)
　→西太后　せいたいこう　*250*
Xi Zhong-xun (20世紀)
　→習仲勲　しゅうちゅうくん　*203*
Xī-zōng (9世紀)　→僖宗　きそう　*92*
Xī-zōng (12世紀)　→熙宗 (金)　きそう　*92*
Xuān-dé-dì (14・15世紀)
　→宣徳帝 (明)　せんとくてい　*258*
Xuān-dì (前1世紀)　→宣帝 (前漢)　せんてい　*257*
Xuangyi huanghou (10世紀)
　→宣懿皇后　せんいこうごう*　*255*
Xuān-rén-tài-hòu (11世紀)
　→宣仁太后　せんじんたいこう　*256*
Xuanren taihou (11世紀)
　→宣仁太后　せんじんたいこう　*256*
Xuan Thuy (20世紀)　→スアン・トイ　*241*
Xuān-wáng (前9・8世紀)
　→宣王 (周)　せんおう　*255*
Xuān-wáng (前4世紀)
　→宣王 (斉)　せんおう　*255*
Xuán-zōng (7・8世紀)
　→玄宗 (唐)　げんそう　*138*
Xuánzōng (7・8世紀)
　→玄宗 (唐)　げんそう　*138*
Xuanzong (7・8世紀)
　→玄宗 (唐)　げんそう　*138*

Xuān-zōng（9世紀）→宣宗（唐）　せんそう　257
Xuān-zōng（12・13世紀）
　→宣宗（金）　せんそう　257
Xú Bǎo-shān（19・20世紀）
　→徐宝山　じょほうさん　230
Xú Cái（19世紀）→徐厞　じょさい　228
Xú Dá（14世紀）→徐達　じょたつ　229
Xu-Ðang →ス・ダン　243
Xu De-heng（20世紀）
　→許徳珩　きょとくこう　107
Xuē Fú-chéng（19世紀）
　→薛福成　せつふくせい　254
Xuē Huái-yì（7世紀）→薛懐義　せつかいぎ　253
Xuē Jǔ（7世紀）→薛挙　せっきょ　253
Xuē Jū-zhèng（10世紀）
　→薛居正　せつきょせい　254
Xuē Rén-gāo（6・7世紀）
　→薛仁杲　せつじんこう　254
Xuē Rén-guì（7世紀）→薛仁貴　せつじんき　254
Xuē Xuān（前1世紀頃）→薛宣　せつせん　254
Xu Guang-da（20世紀）
　→許光達　きょこうたつ　105
Xǔ Guǎng píng（20世紀）
　→許広平　きょこうへい　105
Xu Guangping（20世紀）
　→許広平　きょこうへい　105
Xú Guáng-qī（16・17世紀）
　→徐光啓　じょこうけい　227
Xú Guāngqǐ（16・17世紀）
　→徐光啓　じょこうけい　227
Xu Guangqi（16・17世紀）
　→徐光啓　じょこうけい　227
Xu Gungping（20世紀）
　→許広平　きょこうへい　105
Xú Hóng-rú（17世紀）
　→徐鴻儒　じょこうじゅ　228
Xu huanghou（前1世紀）
　→許皇后　きょこうごう＊　105
　→許皇后　きょこうごう＊　105
Xú-huáng-hòu（14・15世紀）
　→徐皇后　じょこうごう　228
Xu huanghou（14・15世紀）
　→徐皇后　じょこうごう　228
Xu Jia-tun（20世紀）→許家屯　きょかとん　105
Xú Jiē（15・16世紀）→徐階　じょかい　226
Xǔ Jìng-zōng（6・7世紀）
　→許敬宗　きょけいそう　105
Xú Jì-yú（18・19世紀）
　→徐継畬　じょけいよ　227
Xǔ Nǎi-jì（18・19世紀）
　→許乃済　きょだいせい　107
Xú Qiān（19・20世紀）→徐謙　じょけん　227

Xu Qingzhong（20世紀）
　→徐慶鐘　じょけいしょう　227
Xú Qǐ-wén（20世紀）→徐企文　じょきぶん　227
Xu-San →ス・サン　243
Xú Shào-zhēn（19・20世紀）
　→徐紹楨　じょしょうてい　229
Xú Shì-chāng（19・20世紀）
　→徐世昌　じょせいしょう　229
Xu Shichang（19・20世紀）
　→徐世昌　じょせいしょう　229
Xu Shi-you（20世紀）
　→許世友　きょせいゆう　106
Xu Shiyou（20世紀）→許世友　きょせいゆう　106
Xú Shòu-huī（14世紀）→徐寿輝　じょじゅき　229
Xú Shù-zhēng（19・20世紀）
　→徐樹錚　じょじゅそう　229
Xú Tóng（19世紀）→徐桐　じょとう　229
Xu Xiang-qian（20世紀）
　→徐向前　じょこうぜん　228
Xu Xiangqian（20世紀）
　→徐向前　じょこうぜん　228
Xú Xí-lín（19・20世紀）
　→徐錫麟　じょしゃくりん　228
Xú Yǒu-zhēn（15世紀）
　→徐有貞　じょゆうてい　230
Xǔ Yuǎn（8世紀）→許遠　きょえん　105
Xú Yuán-lǎng（7世紀）
　→徐円朗　じょえんろう　226

【 Y 】

Yaçovarman（9世紀）
　→ヤショヴァルマン1世　446
Yaçovarman Ⅰ（9世紀）
　→ヤショヴァルマン1世　446
Yalawāch, Mahmūd（13世紀）→ヤラワチ　447
Yamin, Mohammad（20世紀）→ヤミン　447
Yán Gǎo-qīng（7・8世紀）
　→顔杲卿　がんこうけい　84
Yang Bai-bing（20世紀）
　→楊白冰　ようはくひょう　461
Yang Chên（2世紀）→楊震　ようしん　458
Yang Chêng-wu（20世紀）
　→楊成武　ようせいぶ　459
Yang Chengwu（20世紀）
　→楊成武　ようせいぶ　459
Yang Chi-ch'êng（16世紀）
　→楊継盛　ようけいせい　454
Yang Chien（6・7世紀）
　→文帝（隋）　ぶんてい　418

YAN

Yang Chih-ch'i (14・15世紀)
→楊士奇　ようしき　*456*
Yang Chun-fu (20世紀)
→楊春甫　ようしゅんぽ　*457*
Yáng Dé-zhi (20世紀)　→楊得志　ようとくし　*461*
Yáng-dì (6・7世紀)　→煬帝　ようだい　*459*
Yángdì (6・7世紀)　→煬帝　ようだい　*459*
Yangdi (6・7世紀)　→煬帝　ようだい　*459*
Yáng Dù (19・20世紀)　→楊度　ようたく　*460*
Yáng Fāng (18・19世紀)　→楊芳　ようほう　*462*
Yang Fu-chên (20世紀)
→楊富珍　ようふちん　*462*
Yáng-gui-fēi (8世紀)　→楊貴妃　ようきひ　*453*
Yángguìfēi (8世紀)　→楊貴妃　ようきひ　*453*
Yang guifei (8世紀)　→楊貴妃　ようきひ　*453*
Yáng Guó-zhōng (8世紀)
→楊国忠　ようこくちゅう　*456*
Yang Guozhong (8世紀)
→楊国忠　ようこくちゅう　*456*
Yáng Hào (17世紀)　→楊鎬　ようこう　*455*
Yang Hao (17世紀)　→楊鎬　ようこう　*455*
Yang Hsien-chên (20世紀)
→楊献珍　ようけんちん　*455*
Yang Hsing-mi (9・10世紀)
→楊行密　ようこうみつ　*456*
Yang Hsiu-ch'ing (19世紀)
→楊秀清　ようしゅうせい　*457*
Yang Hsüan-kan (6・7世紀)
→楊玄感　ようげんかん　*454*
Yang huanghou (2世紀)
→閻皇后　えんこうごう*　*41*
Yáng Hú-chéng (19・20世紀)
→楊虎城　ようこじょう　*456*
Yang Hu-ch'êng (19・20世紀)
→楊虎城　ようこじょう　*456*
Yang Hucheng (19・20世紀)
→楊虎城　ようこじょう　*456*
Yang I-ch'ing (15・16世紀)
→楊一清　よういっせい　*452*
Yang Il-dong (20世紀)
→梁一東　ヤンイルドン　*448*
Yang Ildong (20世紀)
→梁一東　ヤンイルドン　*448*
Yang Jian (6・7世紀)
→文帝 (隋)　ぶんてい　*418*
Yáng Jì-shèng (16世紀)
→楊継盛　ようけいせい　*454*
Yang Jung (14・15世紀)　→楊栄　ようえい　*452*
Yang-kuei-fei (8世紀)　→楊貴妃　ようきひ　*453*
Yang Kuo-chung (8世紀)
→楊国忠　ようこくちゅう　*456*

Yang-kwei-fei (8世紀)　→楊貴妃　ようきひ　*453*
Yáng Lián (16・17世紀)　→楊漣　ようれん　*463*
Yang Lien (16・17世紀)　→楊漣　ようれん　*463*
Yang-P'u (前2世紀)　→楊僕　ようぼく　*462*
Yáng Pú (14・15世紀)　→楊溥　ようふ　*461*
Yang P'u (14・15世紀)　→楊溥　ようふ　*461*
Yáng Qú-yún (19・20世紀)
→楊衢雲　ようくうん　*454*
Yang Ru-dai (20世紀)
→楊汝岱　ようじょたい　*457*
Yáng Ruì (19世紀)　→楊鋭　ようえい　*452*
Yang Sên (19・20世紀)　→楊森　ようしん　*458*
Yang Shang-kun (20世紀)
→楊尚昆　ようしょうこん　*457*
Yang Shangkun (20世紀)
→楊尚昆　ようしょうこん　*457*
Yáng Shēn-xiù (19世紀)
→楊深秀　ようしんしゅう　*458*
Yang Shi-chi (14・15世紀)
→楊士奇　ようしき　*456*
Yang Shih-ch'i (14・15世紀)
→楊士奇　ようしき　*456*
Yáng Shì-qú (14・15世紀)
→楊士奇　ようしき　*456*
Yáng Sù (6・7世紀)　→楊素　ようそ　*459*
Yang Su (6・7世紀)　→楊素　ようそ　*459*
Yang Te-chih (20世紀)
→楊得志　ようとくし　*461*
Yang-ti (6・7世紀)　→煬帝　ようだい　*459*
Yáng Tíng-hé (15・16世紀)
→楊廷和　ようていわ　*461*
Yang Tsêng-hsin (19・20世紀)
→楊増新　ようぞうしん　*459*
Yang Tu (19・20世紀)　→楊度　ようたく　*460*
Yang Xikun (20世紀)
→楊西崑　ようせいこん　*458*
Yáng Xíng-mì (9・10世紀)
→楊行密　ようこうみつ　*456*
Yáng Xiù-qīng (19世紀)
→楊秀清　ようしゅうせい　*457*
Yáng Xuán-gǎn (6・7世紀)
→楊玄感　ようげんかん　*454*
Yáng Yán (8世紀)　→楊炎　ようえん　*452*
Yang Yan (8世紀)　→楊炎　ようえん　*452*
Yang Yen (8世紀)　→楊炎　ようえん　*452*
Yang Yīng-lung (16世紀)
→楊応龍　ようおうりゅう　*453*
Yang Ying-lung (16世紀)
→楊応龍　ようおうりゅう　*453*
Yáng Yī-qīng (15・16世紀)
→楊一清　よういっせい　*452*

Yáng Yī-zēng（18・19世紀）
　→楊以増　よういぞう　*452*
Yáng Yǒng（6・7世紀）→楊勇　ようゆう　*463*
Yang Yong（20世紀）→楊勇　ようゆう　*463*
Yáng Yǒng-tài（19・20世紀）
　→楊永泰　ようえいたい　*452*
Yáng Yù-chūn（18・19世紀）
　→楊遇春　ようぐうしゅん　*454*
Yang Yü-ch'un（18・19世紀）
　→楊遇春　ようぐうしゅん　*454*
Yang Yü-ting（19・20世紀）
　→楊宇霆　よううてい　*452*
Yáng Zēngxīn（19・20世紀）
　→楊増新　ようぞうしん　*459*
Yang Zengxin（19・20世紀）
　→楊増新　ようぞうしん　*459*
Yán Huì-qìng（19・20世紀）
　→顔恵慶　がんけいけい　*83*
Yani, Achmad（20世紀）→ヤニ　*447*
Yan Ming-fu（20世紀）
　→閻明復　えんめいふく　*43*
Yán Pí（7世紀頃）→閻毖　えんぴ　*43*
Yán Shí（12・13世紀）→厳実　げんじつ　*136*
Yàn Shū（10・11世紀）→晏殊　あんしゅ　*14*
Yán Sōng（15・16世紀）→厳嵩　げんすう　*137*
Yän-temür（14世紀）→エル・テムル　*40*
Yán Xī-shān（19・20世紀）
　→閻錫山　えんしゃくざん　*41*
Yán Xīshān（19・20世紀）
　→閻錫山　えんしゃくざん　*41*
Yan Xishan（19・20世紀）
　→閻錫山　えんしゃくざん　*41*
Yán Xiū（19・20世紀）→厳修　げんしゅう　*136*
Yán Yán-nián（前2・1世紀頃）
　→厳延年　げんえんねん　*136*
Yàn Yīng（前6・5世紀頃）→晏嬰　あんえい　*13*
Yáo →堯　ぎょう　*101*
Yao →堯　ぎょう　*101*
Yáo Cháng（4世紀）→姚萇　ようちょう　*460*
Yao Ch'ang（4世紀）→姚萇　ようちょう　*460*
Yáo Chóng（7・8世紀）→姚崇　ようすう　*458*
Yao Ch'ung（7・8世紀）→姚崇　ようすう　*458*
Yao Dengshan（20世紀）
　→姚登山　ようとうさん　*461*
Yáo Guāng-xiào（14・15世紀）
　→姚広孝　ようこうこう　*455*
Yáo Hóng（4・5世紀）→姚泓　ようこう　*455*
Yao Hsing（4・5世紀）→姚興　ようこう　*455*
Yao Kuang-hsiao（14・15世紀）
　→姚広孝　ようこうこう　*455*
Yáo Shū（13世紀）→姚枢　ようすう　*458*

Yao Shu（13世紀）→姚枢　ようすう　*458*
Yáo Sī-lian（6・7世紀）
　→姚思廉　ようしれん　*458*
Yao Ssŭ-lien（6・7世紀）
　→姚思廉　ようしれん　*458*
Yao Wen-yüan（20世紀）
　→姚文元　ようぶんげん　*462*
Yao Wen-yuan（20世紀）
　→姚文元　ようぶんげん　*462*
Yao Wenyuan（20世紀）
　→姚文元　ようぶんげん　*462*
Yáo Xīng（4・5世紀）→姚興　ようこう　*455*
Yao Yi-lin（20世紀）→姚依林　よういりん　*452*
Yaʿqūb Beg（19世紀）→ヤクブ・ベク　*446*
Yaqub Beg（19世紀）→ヤクブ・ベク　*446*
Yaʿqūb Beg, Nuhammad（19世紀）
　→ヤクブ・ベク　*446*
Yaʿqūb Bek（19世紀）→ヤクブ・ベク　*446*
Yaʿqūb Bīk（19世紀）→ヤクブ・ベク　*446*
Yaroslav Ⅱ（12・13世紀）
　→ヤロスラフ・フセヴォロトヴィチ　*448*
Yaroslav Vsevolodovich（12・13世紀）
　→ヤロスラフ・フセヴォロトヴィチ　*448*
Yaśovarman Ⅰ（9世紀）
　→ヤショヴァルマン1世　*446*
Yaśovarman I（9世紀）
　→ヤショヴァルマン1世　*446*
Yaśovarman Ⅱ（12世紀）
　→ヤショヴァルマン2世　*446*
Y Binh Aleo（20世紀）
　→イ・ビアン・アレオ　*22*
Ye Fei（20世紀）→葉飛　ようひ　*461*
Ye Gongchao（20世紀）
　→葉公超　ようこうちょう　*456*
Yè Gōng-chuò（19・20世紀）
　→葉恭綽　ようきょうしゃく　*454*
Yeh Chi-chuang（20世紀）
　→葉季壮　ようきそう　*453*
Yeh Chien-ying（20世紀）
　→葉剣英　ようけんえい　*454*
Yeh Ch'ing（20世紀）→葉青　ようせい　*458*
Yeh Chün（20世紀）→葉群　ようぐん　*454*
Yeh Hsiang-chih（20世紀）
　→葉翔之　ようしょうし　*457*
Yeh Kung-chao（20世紀）
　→葉公超　ようこうちょう　*456*
Yeh Kung-cho（19・20世紀）
　→葉恭綽　ようきょうしゃく　*454*
Yeh-lü A-pao-chi（9・10世紀）
　→耶律阿保機　やりつあほき　*447*

Yeh-lü Ch'u-ts'ai（12・13世紀）
　→耶律楚材　やりつそざい　447
Yeh-lü Hsiu-ko（10世紀）
　→耶律休哥　やりつきゅうか　447
Yeh-lü I-hsin（11世紀）
　→耶律乙辛　やりついっしん　447
Yeh-lü Liu-ko（12・13世紀）
　→耶律留哥　やりつりゅうか　448
Yeh-lü Lü-ko（12・13世紀）
　→耶律留哥　やりつりゅうか　448
Yeh-lü Lung-yün（10・11世紀）
　→耶律隆運　やりつりゅううん　448
Yeh-lü Ta-shih（11・12世紀）
　→徳宗（西遼）　とくそう　364
Yeh-lu Ta-shih（11・12世紀）
　→徳宗（西遼）　とくそう　364
Yeh Ming-ch'ên（19世紀）
　→葉名琛　ようめいしん　462
Yeh Shih（12・13世紀）　→葉適　ようてき　461
Yeh T'ing（20世紀）　→葉挺　ようてい　460
Ye Jian-ying（20世紀）
　→葉剣英　ようけんえい　454
Ye Jianying（20世紀）
　→葉剣英　ようけんえい　454
Yejong（11・12世紀）
　→睿宗（高麗）　えいそう　37
Yejong（15世紀）　→睿宗（李朝）　えいそう　37
Yekemish（14世紀）　→イクミシ　18
Yēlü Abāojī（9・10世紀）
　→耶律阿保機　やりつあほき　447
Yelü Abaoji（9・10世紀）
　→耶律阿保機　やりつあほき　447
Yē-lü Chū-cái（12・13世紀）
　→耶律楚材　やりつそざい　447
Yēlü Chǔcái（12・13世紀）
　→耶律楚材　やりつそざい　447
Yelü Cucai（12・13世紀）
　→耶律楚材　やりつそざい　447
Yelü Dashi（11・12世紀）
　→徳宗（西遼）　とくそう　364
Yē-lü Liú-gē（12・13世紀）
　→耶律留哥　やりつりゅうか　448
Yē-lü Lóng-yùn（10・11世紀）
　→耶律隆運　やりつりゅううん　448
Yē-lü Xiū-gē（10世紀）
　→耶律休哥　やりつきゅうか　447
Yē-lü Zhù（13世紀）　→耶律鋳　やりつちゅう　448
Yè Mào-cái（16・17世紀）
　→葉茂才　ようもさい　463
Yè Mèng-dé（11・12世紀）
　→葉夢得　ようほうとく　462

Yè Míng-chēn（19世紀）
　→葉名琛　ようめいしん　462
Ye Mingchen（19世紀）
　→葉名琛　ようめいしん　462
Yen Chên-hsing（20世紀）
　→閻振興　えんしんこう　42
Yen Chia-kan（20世紀）
　→厳家淦　げんかかん　136
Yen Hsi-shan（19・20世紀）
　→閻錫山　えんしゃくざん　41
Yen Hui-ch'ing（19・20世紀）
　→顔恵慶　がんけいけい　83
Yen Hui-ching（19・20世紀）
　→顔恵慶　がんけいけい　83
Yen Hung-yen（20世紀）
　→閻紅彦　えんこうげん　41
Yen Jiagan（20世紀）　→厳家淦　げんかかん　136
Yen Kao-ch'ing（7・8世紀）
　→顔杲卿　がんこうけい　84
Yen Shih（12・13世紀）　→厳実　げんじつ　136
Yen Shu（10・11世紀）　→晏殊　あんしゅ　14
Yen Sung（15・16世紀）　→厳嵩　げんすう　137
Yen-tzu（前6・5世紀頃）　→晏嬰　あんえい　13
Yen Ying（前6・5世紀頃）　→晏嬰　あんえい　13
Yeo, George（20世紀）　→ヨー，ジョージ　452
Yeoh Ghim Seng（20世紀）
　→ヨー・ギムセン　463
Yeo Un-hyeong（19・20世紀）
　→呂運亨　ヨウニョン　461
Yeo Unhyeong（19・20世紀）
　→呂運亨　ヨウニョン　461
Yè Shì（12・13世紀）　→葉適　ようてき　461
Yesü Möngke（13世紀）　→イェス・モンケ　17
Yesün Temür（13・14世紀）
　→泰定帝（元）　たいていてい　284
Yesün Temür（14世紀）
　→イェス・ティムール　17
Yè Tīng（20世紀）　→葉挺　ようてい　460
Ye Ting（20世紀）　→葉挺　ようてい　460
Yet-Kien　→イェット・キエン　17
Yè Xiàng-gāo（16・17世紀）
　→葉向高　ようこうこう　455
Ye Xuan-ping（20世紀）
　→葉選平　ようせんぺい　459*
Yi（前9世紀）　→夷王　いおう*　17
Yi Beomseok（20世紀）　→李範奭　イボムソク　23
Yi Cheolseung（20世紀）
　→李哲承　イチョルスン　21
Yi Chŏn（14・15世紀）　→李蔵　りてん　492
Yi Dongweon（20世紀）
　→李東元　イドンウォン　22

Yi Dong-won（20世紀）
　→李東元　イドンウォン　22
Yi Eun（20世紀）　→李垠　イウン　17
Yi Gibung（20世紀）　→李起鵬　イギブン　17
Yi Ha-ung（19世紀）　→大院君　たいいんくん　279
Yi Hu-rak（20世紀）　→李厚洛　イフラク　23
Yi Hurak（20世紀）　→李厚洛　イフラク　23
Yi Hyosang（20世紀）　→李孝祥　イヒョサン　22
Yi I（16世紀）　→李珥　りじ　483
Yi In-im（14世紀）　→李仁任　りじんにん　486
Yi Ja-gyŏm（12世紀）　→李資謙　りしけん　483
Yi Ji-yŏn（18・19世紀）　→李止淵　りしえん　483
Yi Jong-ok（20世紀）　→李鐘玉　イジョンオク　19
Yi Kyu-bo（12・13世紀）
　→李奎報　りけいほう　478
Yí-liáng（18・19世紀）　→怡良　いりょう　24
Yi Min-u（20世紀）　→李敏雨　イミンウ　23
Yin Ch'ang（19・20世紀）　→廕昌　いんしょう　25
Yin Chung-k'an（4世紀）
　→殷仲堪　いんちゅうかん　26
Ying-pu（前3・2世紀）　→英布　えいふ　37
Yìng-tiān-huáng-hòu（9・10世紀）
　→応天皇后　おうてんこうごう　56
Yingtian huanghou（9・10世紀）
　→応天皇后　おうてんこうごう　56
Ying-t'ien huang-hou（9・10世紀）
　→応天皇后　おうてんこうごう　56
Ying-tsung（11世紀）　→英宗（宋）　えいそう　36
Ying-tsung（14世紀）　→英宗（元）　えいそう　36
Ying-tsung（15世紀）
　→正統帝（明）　せいとうてい　250
Ying Wang（9・10世紀）
　→朱友珪　しゅゆうけい　211
Yīng-zōng（11世紀）　→英宗（宋）　えいそう　36
Yīng-zōng（14世紀）　→英宗（元）　えいそう　36
Yīn huáng-hàn（1世紀）
　→陰皇后　いんこうごう　25
Yin huanghou（1世紀）
　→陰皇后　いんこうごう　25
Yīn Jí-fǔ（前9世紀）　→尹吉甫　いんきつほ　25
Yin Ju-kêng（19・20世紀）
　→殷汝耕　いんじょこう　26
Yin-kung（前8世紀）　→隠公（魯）　いんこう　25
Yīn Rǔ gēng（19・20世紀）
　→殷汝耕　いんじょこう　26
Yin Rugeng（19・20世紀）
　→殷汝耕　いんじょこう　26
Yīn Shòu（6世紀）　→陰寿　いんじゅ　25
Yin Ti（10世紀）
　→隠帝（五代十国・後漢）　いんてい*　26

Yīn Zhòng-kān（4世紀）
　→殷仲堪　いんちゅうかん　26
Yi Seungman（19・20世紀）
　→李承晩　イスンマン　20
Yì-shān（18・19世紀）　→奕山　えきさん　39
Yishan（18・19世紀）　→奕山　えきさん　39
Yī-shān Yī-níng（13・14世紀）
　→一山一寧　いっさんいちねい　21
Yì-shēng-gōng-zhu（7世紀）
　→義生公主　ぎせいこうしゅ　91
Yi Sŏng-gye（14・15世紀）
　→李成桂　りせいけい　487
Yi Sŏnggye（14・15世紀）
　→李成桂　りせいけい　487
Yi Sun-sin（16世紀）　→李舜臣　イスンシン　20
Yisü Temür（13世紀）　→イス・チムール　20
Yi-thae-wang（19・20世紀）
　→李太王　りたいおう　490
Yi Wan-yong（19・20世紀）
　→李完用　イワンヨン　24
Yī Yǐn（前16世紀頃）　→伊尹　いいん　16
Yi Yul-kok（16世紀）　→李珥　りじ　483
Yì Zòng（前2世紀）　→義縱　ぎじゅう　90
Y-Lan Phu-Nhan　→イ・ランフ・ニャン　24
Yǒng-cháng（18世紀）　→永常　えいじょう　36
Yǒng-jo（17・18世紀）　→英祖（李朝）　えいそ　36
Yǒngjo（17・18世紀）　→英祖（李朝）　えいそ　36
Yǒng-lè-dì（14・15世紀）
　→永楽帝　えいらくてい　38
Yǒnglèdì（14・15世紀）
　→永楽帝　えいらくてい　38
Yongledi（14・15世紀）
　→永楽帝　えいらくてい　38
Yong Longgui（20世紀）
　→勇龍桂　ゆうりゅうけい　449
Yongmingwang（17世紀）
　→永明王　えいめいおう　37
Yǒng-míng-wáng Zhū Yóu-láng（17世紀）
　→永明王　えいめいおう　37
Yǒng-zhèng-dì（17・18世紀）
　→雍正帝　ようせいてい　458
Yǒngzhèngdì（17・18世紀）
　→雍正帝　ようせいてい　458
Yongzhengdi（17・18世紀）
　→雍正帝　ようせいてい　458
Yon Hyong-muk（20世紀）
　→延亨黙　ヨンヒョンムク　464
Yǒn-san-gun（15・16世紀）
　→燕山君　えんざんくん　41
Yǒnsan-gun（15・16世紀）
　→燕山君　えんざんくん　41

YON　638　東洋人物レファレンス事典

Yŏn-san-kun (15・16世紀)
→燕山君　えんざんくん　41
Yoo Chang-soon (20世紀)
→劉彰順　ユチャンスン　451
Yoo Chong-ha (20世紀)
→柳宗夏　ユジョンハ　450
Yoo Kil-Joon (19・20世紀)
→兪吉濬　ユギルチュン　450
Yoon Chi-ho (19・20世紀)
→尹致昊　ユンチホ　451
Yoon Hyoo (17世紀)　→尹鑴　いんけい　25
Yoon Kwan (11・12世紀)　→尹瓘　いんかん　25
Yoon Wun-hyung (16世紀)
→尹元衡　いんげんこう　25
Yoon Young-kwan (20世紀)
→尹永寬　ユンヨングァン　452
Yóu Liè (19・20世紀)　→尤烈　ゆうれつ　450
Yŏ Un-hyŏng (19・20世紀)
→呂運亨　ヨウニョン　461
Yōu-wáng (前8世紀)　→幽王　ゆうおう　448
Yo Yongu (20世紀)　→呂燕九　ヨヨング　464
Yü →禹　う　27
Yu →禹　う　27
Yu (前8世紀)　→幽王　ゆうおう　448
Yüan (前5世紀)　→元王　げんおう*　136
Yuán Àng (前2世紀)　→袁盎　えんおう　40
Yüàn Ch'ang (19世紀)　→袁昶　えんちょう　43
Yuán Cháo (8・9世紀)　→元稹　えんちょう　43
Yüan Chên (8・9世紀)　→元稹　げんしん　137
Yüan Chiao (8・9世紀頃)　→袁郊　えんこう　41
Yüan Chieh (15世紀)　→原傑　げんけつ　136
Yuán Chóng-huàn (17世紀)
→袁崇煥　えんすうかん　42
Yüan Chung-hsien (20世紀)
→袁仲賢　えんちゅうけん　43
Yüan Ch'ung-huan (17世紀)
→袁崇煥　えんすうかん　42
Yüan Chung-huan (17世紀)
→袁崇煥　えんすうかん　42
Yuán-dì (前1世紀)　→元帝 (前漢)　げんてい　139
Yuán-dì (3・4世紀)　→司馬睿　しばえい　192
Yüan Fu-chiao (18・19世紀)
→グェン・フック・ドム　126
Yüan Fuchiao (18・19世紀)
→グェン・フック・ドム　126
Yüan Fu-ying (18・19世紀)
→グェン・フック・アイン　125
Yuán Gāo (8世紀)　→袁高　えんこう　41
Yuán Huáng (16・17世紀)　→袁黄　えんこう　40
Yuán Jiǎ-sān (19世紀)
→袁甲三　えんこうさん　41

Yuán Jīn-Kǎi (19・20世紀)
→袁金鎧　えんきんがい　40
Yuán Shào (2・3世紀)　→袁紹　えんしょう　42
Yüan Shao (2・3世紀)　→袁紹　えんしょう　42
Yüan Shên (8・9世紀)　→元稹　げんしん　137
Yüan Shih-k'ai (19・20世紀)
→袁世凱　えんせいがい　42
Yuán Shì-Kǎi (19・20世紀)
→袁世凱　えんせいがい　42
Yuán Shìkǎi (19・20世紀)
→袁世凱　えんせいがい　42
Yuan Shikai (19・20世紀)
→袁世凱　えんせいがい　42
Yüan Shou-chein (20世紀)
→袁守謙　えんしゅけん　41
Yuán Shù (2世紀)　→袁術　えんじゅつ　42
Yüan Ta-ch'êng (16・17世紀)
→阮大鋮　げんだいせい　138
Yüan Ta-chêng (16・17世紀)
→阮大鋮　げんだいせい　138
Yüan-ti (前1世紀)　→元帝 (前漢)　げんてい　139
Yüan Ti (3・4世紀)
→元帝 (魏)　げんてい*　139
→司馬睿　しばえい　192
Yüan-ti (6世紀)　→元帝 (梁)　げんてい*　139
Yüan Tuying (18・19世紀)
→グェン・フック・アイン　125
Yüan Wên-hui (18世紀)　→グェン・フエ　125
Yuán Zhēn (8・9世紀)　→元稹　げんしん　137
Yü-chang Wang (6世紀)
→予章王　よしょうおう*　464
Yú Cháo-ēn (8世紀)
→魚朝恩　ぎょちょうおん　107
Yü-ch'êng (5世紀)　→予成　よせい　464
Yuchengco, Alfonso T. (20世紀)
→ユーチェンコ, アルフォンソ・T.　451
Yú Chéng-lóng (17世紀)
→于成龍　うせいりゅう　30
Yü Ch'ien (14・15世紀)　→于謙　うけん　29
Yu Ch'ien (14・15世紀)　→于謙　うけん　29
Yü-chien (18・19世紀)　→裕謙　ゆうけん　448
Yù-chí Gōng (6・7世紀)
→尉遅恭　うっちきょう　31
Yu Chin-san (20世紀)　→柳珍山　ユジンサン　450
Yu Chu (6世紀)　→幼主恒　ようしゅこう*　457
Yú Dà-yóu (16世紀)　→兪大猷　ゆだいゆう　450
Yudhoyono, Sucilo Bambang (20世紀)
→ユドヨノ　451
Yudhoyono, Susilo Bambang (20世紀)
→ユドヨノ　451
Yú Dí (8・9世紀)　→于頔　うてき　31

政治・外交・軍事篇　　　　　　　　　　　　YUS

Yú Dìng-guó（前2・1世紀）
　→于定国　うていこく　31
Yuè Fēi（12世紀）→岳飛　がくひ　70
Yue Fei（12世紀）→岳飛　がくひ　70
Yüeh Chung-ch'i（17・18世紀）
　→岳鍾琪　がくしょうき　69
Yüeh Fei（12世紀）→岳飛　がくひ　70
Yüeh I（前4・3世紀）→楽毅　がくき　67
Yüeh K'o（12・13世紀）→岳珂　がくか　67
Yuè Kē（12・13世紀）→岳珂　がくか　67
Yuetchechar（13・14世紀）→ユチチャル　451
Yuè Yì（前4・3世紀）→楽毅　がくき　67
Yuè Zhōng-qí（17・18世紀）
　→岳鍾琪　がくしょうき　69
Yü Han-mou（20世紀）
　→余漢謀　よかんぼう　463
Yü Hao-ch'ang（20世紀）
　→于豪章　うごうしょう　29
Yu-hsien（19・20世紀）→毓賢　いくけん　18
Yü Hsüeh-chung（19・20世紀）
　→于学忠　うがくちゅう　28
Yü Hung-chün（20世紀）
　→俞鴻鈞　ゆこうきん　450
Yü Jang（前5世紀）→予譲　よじょう　463
Yu Jang（前5世紀）→予譲　よじょう　463
Yu Ji-no（20世紀）→俞鏡午　ゆきょうご　450
Yu Jinsan（20世紀）→柳珍山　ユジンサン　450
Yukien（18・19世紀）→裕謙　ゆうけん　448
Yu Kil-chun（19・20世紀）
　→俞吉濬　ユギルチュン　450
Yu Kil-jun（19・20世紀）
　→俞吉濬　ユギルチュン　450
Yu Kuo-hua（20世紀）→俞国華　ゆこくか　450
Yü Liang（3・4世紀）→庾亮　ゆりょう　451
Yü Li-chin（20世紀）→余立金　よりつきん　464
Yü-lin Wang（5世紀）
　→廃帝昭業　はいていしょうぎょう*　378
Yu-liu-shan-yü（1世紀）
　→優留単于　ゆうりゅうぜんう　449
Yulo, Jose（20世紀）→ユロ　451
Yù-lù（19世紀）→裕禄　ゆうろく　450
Yu Mao（12世紀）→尤袤　ゆうぼう　449
Yú Mǐn-zhōng（18世紀）
　→于敏中　うびんちゅう　32
Yun Boseon（20世紀）→尹潽善　ユンボソン　451
Yun Bo-sun（20世紀）→尹潽善　ユンボソン　451
Yun Chì-ho（19・20世紀）
　→尹致昊　ユンチホ　451
Yun Chi-ho（19・20世紀）
　→尹致昊　ユンチホ　451

Yun Chi-yong（20世紀）→尹致暎　いんちえい　26
Yun Chyŏm（17世紀）→尹鑴　いんけい　25
Yùn Dài yīng（20世紀）
　→惲代英　うんだいえい　35
Yun Gae-so-moon（7世紀）
　→泉蓋蘇文　せんがいそぶん　255
Yung Chêng（17・18世紀）
　→雍正帝　ようせいてい　458
Yung-chêng-ti（17・18世紀）
　→雍正帝　ようせいてい　458
Yung-cheng-ti（17・18世紀）
　→雍正帝　ようせいてい　458
Yung Hung（19・20世紀）→容閎　ようこう　455
Yung Lo（14・15世紀）
　→永楽帝　えいらくてい　38
Yung-lô-ti（14・15世紀）
　→永楽帝　えいらくてい　38
Yung-lo-ti（14・15世紀）
　→永楽帝　えいらくてい　38
Yung-ming-wang（17世紀）
　→永明王　えいめいおう　37
Yung Wing（19・20世紀）→容閎　ようこう　455
Yun Hyu（17世紀）→尹鑴　いんけい　25
Yun-jo（17・18世紀）→英祖（李朝）　えいそ　36
Yun Kwan（11・12世紀）→尹瓘　いんかん　25
Yun Piliyong（20世紀）
　→尹必鏞　ユンピリョン　451
Yun Pong-gil（20世紀）
　→尹奉吉　ユンボンギル　452
Yun Po-sŏn（20世紀）→尹潽善　ユンボソン　451
Yun Po-sung（20世紀）
　→尹潽善　ユンボソン　451
Yun-san-koon（15・16世紀）
　→燕山君　えんざんくん　41
Yun-san-kun（15・16世紀）
　→燕山君　えんざんくん　41
Yün Tai-ying（20世紀）
　→惲代英　うんだいえい　35
Yun Wŏn-hyŏng（16世紀）
　→尹元衡　いんげんこう　25
Yú Qiān（14・15世紀）→于謙　うけん　29
Yù-qiān（18・19世紀）→裕謙　ゆうけん　448
Yú Qīng-fāng（19・20世紀）
　→余清芳　よせいほう　464
Yu Qiu-li（20世紀）→余秋里　よしゅうり　463
Yu Qiuli（20世紀）→余秋里　よしゅうり　463
Yú Quē（14世紀）→余闕　よけつ　463
Yú Ràng（前5世紀）→予譲　よじょう　463
Yü Shih-nan（6・7世紀）
　→虞世南　ぐせいなん　128

Yú Shì-nán (6・7世紀)
　→虞世南　ぐせいなん　128
Yú Shìnán (6・7世紀)　→虞世南　ぐせいなん　128
Yu Shinan (6・7世紀)　→虞世南　ぐせいなん　128
Yu Shyi-kun (20世紀)
　→游錫堃　ゆうしゃくこん　449
Yusof bin Ishak, Inche (20世紀)
　→イシャク, ユソフ・ビン　19
Yu Sŏng-ryong (16・17世紀)
　→柳成龍　りゅうせいりゅう　503
Yusuf Kalla (20世紀)　→ユスフ・カラ　450
Yu Tai-chong (20世紀)
　→尤太忠　ゆうたいちゅう　449
Yü Ta-yu (16世紀)　→兪大猷　ゆだいゆう　450
Yü Tzŭ-chün (15世紀)
　→余子俊　よししゅん　463
Yu Un-hyong (19・20世紀)
　→呂運亨　ヨウニョン　461
Yu-wang (前8世紀)　→幽王　ゆうおう　448
Yŭ Wàn-zhī (5世紀)　→虞玩之　ぐがんし　127
Yü-wên Chüe (6世紀)
　→孝閔帝　こうびんてい　159
Yü-wên Chüeh (6世紀)
　→孝閔帝　こうびんてい　159
Yü-wên Hu (5・6世紀)　→宇文護　うぶんご　33
Yü-wên Hua-chi (7世紀)
　→宇文化及　うぶんかきゅう　32
Yü-wên Huà-jí (7世紀)
　→宇文化及　うぶんかきゅう　32
Yü-wên Jung (8世紀)　→宇文融　うぶんゆう　33
Yü-wén Róng (8世紀)　→宇文融　うぶんゆう　33
Yü-wên T'ai (6世紀)　→宇文泰　うぶんたい　33
Yü-wên Tai (6世紀)　→宇文泰　うぶんたい　33
Yuwen Tai (6世紀)　→宇文泰　うぶんたい　33
Yù-xián (19・20世紀)　→毓賢　いくけん　18
Yuxian (19・20世紀)　→毓賢　いくけん　18
Yú Yòu-rèn (19・20世紀)
　→于右任　うゆうじん　33
Yü Yu-jên (19・20世紀)
　→于右任　うゆうじん　33
Yú Yŭn-wén (12世紀)　→虞允文　ぐいんぶん　118
Yŭ Zhī-mó (19・20世紀)　→禹之謨　うしぼ　29
Yú Zhì-níng (6・7世紀)　→于志寧　うしねい　29

【 Z 】

Zài-zé (19・20世紀)　→載沢　さいたく　180
Zēng Bù (11・12世紀)　→曹布　そうふ　268
Zēng Gōng-liàng (10・11世紀)
　→曾公亮　そうこうりょう　262
Zēng Guó-fán (19世紀)
　→曾国藩　そうこくはん　262
Zēng Guófán (19世紀)
　→曾国藩　そうこくはん　262
Zeng Guofan (19世紀)
　→曾国藩　そうこくはん　262
Zēng Guó-quán (19世紀)
　→曾国荃　そうこくせん　262
Zēng Jì-zé (19世紀)　→曾紀沢　そうきたく　260
Zēng Jize (19世紀)　→曾紀沢　そうきたく　260
Zeng Pei-yan (20世紀)
　→曾培炎　そうばいえん　267
Zēng-qí (19・20世紀)　→増祺　ぞうき　260
Zeng Qing-hong (20世紀)
　→曾慶紅　そうけいこう　261
Zeng Zhi (20世紀)　→曾志　そうし　263
Zé-tiān-wŭ-hòu (7・8世紀)
　→則天武后　そくてんぶこう　270
Zétiānwŭhòu (7・8世紀)
　→則天武后　そくてんぶこう　270
Zetian wuhou (7・8世紀)
　→則天武后　そくてんぶこう　270
Zetianwuhou (7・8世紀)
　→則天武后　そくてんぶこう　270
Zhang Ai-ping (20世紀)
　→張愛萍　ちょうあいへい　307
Zhāng Bāng-chāng (12世紀)
　→張邦昌　ちょうほうしょう　326
Zhang Baoshu (20世紀)
　→張宝樹　ちょうほうじゅ　326
Zhāng Bǐng-lín (19・20世紀)
　→章炳麟　しょうへいりん　223
Zhang Binglin (19・20世紀)
　→章炳麟　しょうへいりん　223
Zhāng Bó-xī (19・20世紀)
　→張百熙　ちょうひゃくせ　324
Zhāng Bó-xíng (17・18世紀)
　→張伯行　ちょうはくこう　323
Zhāng Cāng (前2世紀)　→張蒼　ちょうそう　320
Zhāng Chóng-huá (4世紀)
　→張重華　ちょうじゅうか　317
Zhang Chun-qiao (20世紀)
　→張春橋　ちょうしゅんきょう　318
Zhang Chunqiao (20世紀)
　→張春橋　ちょうしゅんきょう　318
Zhāng-dì (1世紀)
　→章帝 (後漢)　しょうてい　222
Zhang Dingcheng (20世紀)
　→張鼎丞　ちょうていじょう　322
Zhāng Dūn (11・12世紀)
　→章惇　しょうどん　223

Zhāng Ěr（前3世紀）→張耳　ちょうじ　316
Zhāng Fāng-píng（11世紀）
　→張方平　ちょうほうへい　326
Zhāng Fēi（2・3世紀）→張飛　ちょうひ　324
Zhāng Fǔ（14・15世紀）→張輔　ちょうほ　325
Zhāng Gōng-jǐn（6・7世紀）
　→張公謹　ちょうこうきん　314
Zhāng Guī（3・4世紀）→張軌　ちょうき　310
Zhang Guodao（20世紀）
　→張国燾　ちょうこくとう　315
Zhāng Guó tāo（20世紀）
　→張国燾　ちょうこくとう　315
Zhang Guotao（20世紀）
　→張国燾　ちょうこくとう　315
Zhāng Hán（前3世紀）→章邯　しょうかん　216
Zhāng Huá（3世紀）→張華　ちょうか　309
Zhāng-huái-tài-zǐ（7世紀）
　→章懐太子　しょうかいたいし　216
Zhāng Huáng-yán（17世紀）
　→張煌言　ちょうこうげん　314
Zhāng Jì（19・20世紀）→張継　ちょうけい　312
Zhang Ji（19・20世紀）→張継　ちょうけい　312
Zhang Jian（19・20世紀）
　→張謇　ちょうけん　313
Zhāng Jiǎn-zhī（7・8世紀）
　→張柬之　ちょうかんし　310
Zhāng Jiāo（2世紀）→張角　ちょうかく　309
Zhang Jiao（2世紀）→張角　ちょうかく　309
Zhāng Jǐng-huì（19・20世紀）
　→張景恵　ちょうけいけい　312
Zhāng Jiǔ-líng（7・8世紀）
　→張九齢　ちょうきゅうれい　311
Zhāng Jué（2世紀）→張角　ちょうかく　309
Zhāng Jùn（4世紀）→張駿　ちょうしゅん　318
Zhāng Jùn（11・12世紀）
　→張俊　ちょうしゅん　318
　→張浚　ちょうしゅん　318
Zhāng Jūn mài（19・20世紀）
　→張君勱　ちょうくんばい　312
Zhāng Jū-zhèng（16世紀）
　→張居正　ちょうきょせい　311
Zhāng Jūzhèng（16世紀）
　→張居正　ちょうきょせい　311
Zhang Juzheng（16世紀）
　→張居正　ちょうきょせい　311
Zhāng Lán（19・20世紀）
　→張瀾　ちょうらん　326
Zhang Lan（19・20世紀）
　→張瀾　ちょうらん　326
Zhāng Liáng（前2世紀）
　→張良　ちょうりょう　327
Zhāng-líng（18・19世紀）→長齢　ちょうれい　327

Zhāng Luò-xíng（19世紀）
　→張洛行　ちょうらくこう　326
Zhāng Nǎi qì（20世紀）
　→章乃器　しょうだいき　221
Zhang Naiqi（20世紀）
　→章乃器　しょうだいき　221
Zhāng Pèi-lún（19・20世紀）
　→張佩綸　ちょうはいりん　323
Zhāng Péng-hé（17・18世紀）
　→張鵬翮　ちょうほうかく　325
Zhāng Qiān（前2世紀）→張騫　ちょうけん　313
Zhāng Qian（前2世紀）→張騫　ちょうけん　313
Zhāng Qiān（19・20世紀）
　→張謇　ちょうけん　313
Zhāng Qí-xián（10・11世紀）
　→張斉賢　ちょうせいけん　320
Zhang Qun（19・20世紀）
　→張群　ちょうぐん　312
Zhāng Rén-jié（19・20世紀）
　→張人傑　ちょうじんけつ　319
Zhang Rui fang（20世紀）
　→張瑞芳　ちょうずいほう　320
Zhang Ruifang（20世紀）
　→張瑞芳　ちょうずいほう　320
Zhāng Shāng-yīng（11・12世紀）
　→張商英　ちょうしょうえい　319
Zhāng Shào-zēng（19・20世紀）
　→張紹曾　ちょうしょうそう　319
Zhāng Shí（3・4世紀）→張寔　ちょうしょく　319
Zhāng Shù-chéng（14世紀）
　→張士誠　ちょうしせい　316
Zhāng Shì-jié（13世紀）
　→張世傑　ちょうせいけつ　320
Zhāng Shì zhāo（19・20世紀）
　→章士釗　しょうししょう　219
Zhang Shi-zhao（19・20世紀）
　→章士釗　しょうししょう　219
Zhāng Shù-zhī（前2世紀）
　→張釈之　ちょうしゃくし　317
Zhāng Shuō（7・8世紀）→張説　ちょうえつ　308
Zhāng Shù-shēng（19世紀）
　→張樹声　ちょうじゅせい　318
Zhǎng-sūn Shèng（6・7世紀）
　→長孫晟　ちょうそんせい　321
Zhǎng-sūn Sōng（4・5世紀）
　→長孫嵩　ちょうそんすう　321
Zhǎng-sūn Wú-jì（6・7世紀）
　→長孫無忌　ちょうそんむき　321
Zhāng Suǒ（11・12世紀）→張所　ちょうしょ　318
Zhāng Tíng-yù（17・18世紀）
　→張廷玉　ちょうていぎょく　322
Zhāng Wén tiān（20世紀）
　→張聞天　ちょうぶんてん　325

Zhang Wentian (20世紀)
　→張聞天　ちょうぶんてん　325
Zhang Xiangshan (20世紀)
　→張香山　ちょうこうざん　314
Zhāng Xiàn-zhōng (17世紀)
　→張献忠　ちょうけんちゅう　313
Zhang Xianzhong (17世紀)
　→張献忠　ちょうけんちゅう　313
Zhāng Xué-liáng (20世紀)
　→張学良　ちょうがくりょう　310
Zhāng Xuéliáng (20世紀)
　→張学良　ちょうがくりょう　310
Zhang Xueliang (20世紀)
　→張学良　ちょうがくりょう　310
Zhāng Xún (8世紀) →張巡　ちょうじゅん　318
Zhāng Xūn (19・20世紀)
　→張勲　ちょうくん　311
Zhang Xun (19・20世紀)
　→張勲　ちょうくん　311
Zhāng Yǎng-hào (13・14世紀)
　→張養浩　ちょうようこう　326
Zhāng Yì-cháo (9世紀)
　→張議潮　ちょうぎちょう　310
Zhāng Yǐn-huán (19世紀)
　→張蔭桓　ちょういんかん　308
Zhāng Yì-zhī (7・8世紀)
　→張易之　ちょうえきし　308
Zhǎng Yǔ-xí (11世紀頃)
　→掌禹錫　しょううしゃく　214
Zhāng Zhào (17・18世紀)
　→張照　ちょうしょう　318
Zhāng Zhī-dòng (19・20世紀)
　→張之洞　ちょうしどう　316
Zhāng Zhīdòng (19・20世紀)
　→張之洞　ちょうしどう　316
Zhang Zhidong (19・20世紀)
　→張之洞　ちょうしどう　316
Zhāng Zhī-wàn (19世紀)
　→張之万　ちょうしばん　317
Zhang Zhizhong (19・20世紀)
　→張治中　ちょうじちゅう　316
Zhāng-zōng (12・13世紀)
　→章宗 (金)　しょうそう　221
Zhāng Zōng-xiáng (19・20世紀)
　→章宗祥　しょうそうしょう　221
Zhang Zongxiang (19・20世紀)
　→章宗祥　しょうそうしょう　221
Zhang Zongxun (20世紀)
　→張宗遜　ちょうそうそん　321
Zhāng Zuò-lín (19・20世紀)
　→張作霖　ちょうさくりん　315
Zhāng Zuòlín (19・20世紀)
　→張作霖　ちょうさくりん　315

Zhang Zuolin (19・20世紀)
　→張作霖　ちょうさくりん　315
Zhao An-bo (20世紀)
　→趙安博　ちょうあんはく　307
Zhào Bǐng-jūn (19・20世紀)
　→趙秉鈞　ちょうへいきん　325
Zhào Bǐng-wén (12・13世紀)
　→趙秉文　ちょうへいぶん　325
Zhāo-dì (前1世紀)
　→昭帝 (前漢)　しょうてい　222
Zhào Dǐng (11・12世紀) →趙鼎　ちょうてい　322
Zhào Ěr-fēng (19・20世紀)
　→趙爾豊　ちょうじほう　317
Zhào Ěr-xùn (19・20世紀)
　→趙爾巽　ちょうじそん　316
Zhao Feiyan (前1世紀)
　→趙飛燕　ちょうひえん　324
Zhào Gāo (前3世紀) →趙高　ちょうこう　314
Zhào-gong Shì (前11世紀頃)
　→召公奭　しょうこうせき　218
Zhào Guǎng-hàn (前1世紀)
　→趙広漢　ちょうこうかん　314
Zhào Kuāngyìn (10世紀)
　→太祖 (宋)　たいそ　281
Zhao Kuangyin (10世紀)
　→太祖 (宋)　たいそ　281
Zhào Liáng-bì (13世紀)
　→趙良弼　ちょうりょうひつ　327
Zhào Mǎo-fā (13世紀)
　→趙卯発　ちょうぼうはつ　326
Zhāo-míng-tài-zǐ (6世紀)
　→昭明太子　しょうめいたいし　224
Zhāomíngtàizi (6世紀)
　→昭明太子　しょうめいたいし　224
Zhaoming Taizi (6世紀)
　→昭明太子　しょうめいたいし　224
Zhào Nán-xīng (16・17世紀)
　→趙南星　ちょうなんせい　323
Zhào Pǔ (10世紀) →趙普　ちょうふ　324
Zhào Rǔ-guā (12・13世紀)
　→趙汝适　ちょうじょかつ　319
Zhào Rǔ-tán (13世紀)
　→趙汝談　ちょうじょだん　319
Zhào Rǔ-yú (12世紀)
　→趙汝愚　ちょうじょぐ　319
Zhào Yán-shòu (10世紀)
　→趙延寿　ちょうえんじゅ　309
Zhào Yù (11・12世紀) →趙遹　ちょういつ　308
Zhao Zhenghong (20世紀)
　→趙正洪　ちょうせいこう　320
Zhào Zǐ-yáng (20世紀)
　→趙紫陽　ちょうしよう　319

Zhao Zi-yang（20世紀）
→趙紫陽　ちょうしよう　319
Zhao Ziyang（20世紀）
→趙紫陽　ちょうしよう　319
Zhāo-zōng（9・10世紀）
→昭宗（唐）　しょうそう　220
Zhāug Bīng-lín（19・20世紀）
→章炳麟　しょうへいりん　223
Zhēn Dé-xiù（12・13世紀）
→真徳秀　しんとくしゅう　238
Zhèng-dé-dì（15・16世紀）
→正徳帝（明）　せいとくてい　251
Zhèng Gāng-zhōng（11・12世紀）
→鄭剛中　ていごうちゅう　341
Zhèng Hé（14・15世紀）→鄭和　ていわ　346
Zheng He（14・15世紀）→鄭和　ていわ　346
Zhèng Jí（前1世紀頃）→鄭吉　ていきつ　340
Zhèng Jīng（17世紀）→鄭経　ていけい　341
Zhèng Kè-shuǎng（17・18世紀）
→鄭克塽　ていこくそう　341
Zhèng Shì-liáng（19・20世紀）
→鄭士良　ていしりょう　342
Zhèng-tǒng-dì（15世紀）
→正統帝（明）　せいとうてい　250
Zhengtongdi（15世紀）
→正統帝（明）　せいとうてい　250
Zhèng Xiá（11・12世紀）→鄭俠　ていきょう　340
Zhèng Xiào-xū（19・20世紀）
→鄭孝胥　ていこうしょ　341
Zheng Xiaoxu（19・20世紀）
→鄭孝胥　ていこうしょ　341
Zhèng Zhī-lǒng（17世紀）
→鄭芝龍　ていしりゅう　342
Zheng Zhilong（17世紀）
→鄭芝龍　ていしりゅう　342
Zhèng Zhòng（1・2世紀）
→鄭衆　ていしゅう　342
Zhèng Zhù（9世紀）→鄭注　ていちゅう　343
Zhēn-zōng（10・11世紀）
→真宗（宋）　しんそう　236
Zhé-zōng（11世紀）→哲宗（北宋）　てっそう　348
Zhì-zhī Chán-yú（前1世紀）
→郅支単于　しっしぜんう　191
Zhizhi Chanyu（前1世紀）
→郅支単于　しっしぜんう　191
Zhōng-háng Yuè（前2世紀頃）
→中行説　ちゅうこうえつ　305
Zhōng Yáo（2・3世紀）→鍾繇　しょうよう　225
Zhōng-zōng（7・8世紀）
→中宗（唐）　ちゅうそう　305
Zhongzong（7・8世紀）
→中宗（唐）　ちゅうそう　305

Zhōu Bì-dà（12・13世紀）
→周必大　しゅうひつだい　204
Zhōu Bó（前2世紀）→周勃　しゅうぼつ　204
Zhōu Chén（14・15世紀）
→周忱　しゅうしん　203
Zhōu Ēn-lái（20世紀）
→周恩来　しゅうおんらい　201
Zhōu Ēnlái（20世紀）
→周恩来　しゅうおんらい　201
Zhou En-lai（20世紀）
→周恩来　しゅうおんらい　201
Zhou Enlai（20世紀）
→周恩来　しゅうおんらい　201
Zhou Fohai（20世紀）
→周仏海　しゅうふつかい　204
Zhōu Fù（19・20世紀）→周馥　しゅうふく　204
Zhōu Fú hǎi（20世紀）
→周仏海　しゅうふつかい　204
Zhou Fu-hai（20世紀）
→周仏海　しゅうふつかい　204
Zhōu-gōng（前12〜10世紀頃）
→周公　しゅうこう　202
Zhōugōng（前12〜10世紀頃）
→周公　しゅうこう　202
Zhougong Dan（前12〜10世紀頃）
→周公　しゅうこう　202
Zhou Nan（20世紀）→周南　しゅうなん　204
Zhou Shukai（20世紀）
→周書楷　しゅうしょかい　203
Zhòu-wáng（前11世紀頃）
→紂王　ちゅうおう　304
Zhouwang（前11世紀頃）→紂王　ちゅうおう　304
Zhōu Yà-fū（前2世紀）→周亜夫　しゅうあふ　200
Zhou Yang（20世紀）→周揚　しゅうよう　205
Zhōu Yú（2・3世紀）→周瑜　しゅうゆ　205
Zhōu Zì-qí（19・20世紀）
→周自斉　しゅうじせい　202
Zhuāng-wáng（前7・6世紀）
→荘王（楚）　そうおう　259
Zhuang Wang（前7・6世紀）
→荘王（楚）　そうおう　259
Zhuāng-zǐ（前4・3世紀）→荘周　そうしゅう　264
Zhuāngzǐ（前4・3世紀）→荘周　そうしゅう　264
Zhuangzi（前4・3世紀）→荘周　そうしゅう　264
Zhuāng-zōng（9・10世紀）
→李存勗　りそんきょく　489
Zhū Cī（8世紀）→朱泚　しゅし　207
Zhū Dé（19・20世紀）→朱徳　しゅとく　209
Zhu De（19・20世紀）→朱徳　しゅとく　209
Zhǔ-fù Yǎn（前2世紀）→主父偃　しゅほえん　210
Zhū-gě Liàng（2・3世紀）
→諸葛亮　しょかつりょう　226

ZHU 644 東洋人物レファレンス事典

Zhūgé Liàng (2・3世紀)
　→諸葛亮　しょかつりょう　226
Zhuge Liang (2・3世紀)
　→諸葛亮　しょかつりょう　226
Zhū Guāng-qīng (14世紀)
　→朱光卿　しゅこうけい　207
Zhū Guó-zhēn (17世紀)
　→朱国禎　しゅこくてい　207
Zhū Jiàn (18・19世紀)　→朱珔　しゅせん　209
Zhú Kě zhēn (19・20世紀)
　→竺可楨　じくかてい　188
Zhū Mǎi-chén (前2世紀)
　→朱買臣　しゅばいしん　210
Zhū Qīng (13・14世紀)　→朱清　しゅせい　208
Zhū Qìng-lán (19・20世紀)
　→朱慶瀾　しゅけいらん　206
Zhū Qǐ-qián (19・20世紀)
　→朱啓鈐　しゅけいきん　206
Zhū Quánzhōng (9・10世紀)
　→朱全忠　しゅぜんちゅう　209
Zhu Ron-gji (20世紀)　→朱鎔基　しゅようき　211
Zhu Rongji (20世紀)　→朱鎔基　しゅようき　211
Zhū Shēn (19・20世紀)　→朱深　しゅしん　208
Zhū Shì (17・18世紀)　→朱軾　しゅしょく　208
Zhū Wán (15・16世紀)　→朱紈　しゅがん　205
Zhu Wen (9・10世紀)
　→朱全忠　しゅぜんちゅう　209
Zhū Xī (12世紀)　→朱子　しゅし　207
Zhu Xi (12世紀)　→朱子　しゅし　207
Zhū Yī-guì (18世紀)　→朱一貴　しゅいっき　200
Zhū Yǒu-guī (9・10世紀)
　→朱友珪　しゅゆうけい　211
Zhu Yuanzhang (14世紀)
　→洪武帝 (明)　こうぶてい　160
Zhū Zhí xìn (19・20世紀)
　→朱執信　しゅしっしん　208
Zhūzǐ (12世紀)　→朱子　しゅし　207
Zǐ-chǎn (前6世紀)　→子産　しさん　189
Zǐ-yīng (前3世紀)　→子嬰　しえい　187
Zobel de Ayala, Jaime (20世紀)
　→ソベル・デ・アヤラ　273
Zōng-gàn (11・12世紀)
　→完顔宗翰　ワンヤンソウカン　530
Zōng-hàn (11・12世紀)　→宗翰　そうかん　260
Zōng-wàng (12世紀)　→宗望　そうほう　268
Zōng Zé (11・12世紀)　→宗沢　そうたく　266
Zorig, Sanjaasurengiin (20世紀)
　→ゾリグ、サンジャースレンギン　274
Zou Jia-hua (20世紀)　→鄒家華　すうかか　241
Zōu Róng (19・20世紀)　→鄒容　すうよう　242
Zou Rong (19・20世紀)　→鄒容　すうよう　242

Zōu Yuán-biāo (16・17世紀)
　→鄒元標　すうげんひょう　241
Zǔ Chéng-xùn (16・17世紀頃)
　→祖承訓　そしょうくん　271
Zuǒ Guāng-dòu (16・17世紀)
　→左光斗　さこうと　183
Zuǒ Liáng-yù (17世紀)
　→左良玉　さりょうぎょく　185
Zuǒ Zōng-táng (19世紀)
　→左宗棠　さそうとう　183
Zuǒ Zōngtáng (19世紀)
　→左宗棠　さそうとう　183
Zuo Zongtang (19世紀)
　→左宗棠　さそうとう　183
Zǔ Tì (3・4世紀)　→祖逖　そてき　272
Zǔ Wú-zé (11世紀)　→祖無沢　そむたく　273

【 キリル 】

Буяннэмэх, Сономбалжирын (20世紀)
　→ボヤンネメフ、ソノムバルジリーン　433
Буяннэмэх, Сономбалжирын (20世紀)
　→ボヤンネメフ、ソノムバルジリーン　433
Галдан (17世紀)　→ガルダン　80
Галданčерин (18世紀)　→ガルダンツェリン　80
Газан qan (13・14世紀)　→ガーザーン　74
Дамбадорж, Цэрэночирын (20世紀)
　→ダムバドルジ、ツェレノチリーン　289
Навои́, Алише́р (15世紀)
　→ナヴァーイー　370
Чимид, Чойжилын (20世紀)
　→チミド、チョイジリーン　298

漢字画数順索引

政治・外交・軍事篇

【 1画 】

一山一寧（13・14世紀）　いっさんいちねい　21
一寧（13・14世紀）
　→一山一寧　いっさんいちねい　21
乙支文徳（7世紀）　おつしぶんとく　62

【 2画 】

丁一権（20世紀）　ジョンイルグォン　231
丁公社　→ディン・コン・チャン　346
丁文左　→ディン・ヴァン・タ　346
丁日昌（19世紀）　ていじつしょう　342
丁礼　→ディン・レ　347
丁立（3世紀）　ていりつ　346
丁汝昌（19世紀）　ていじょしょう　342
丁宝楨（19世紀）　ていほうてい　345
丁咸（3世紀頃）　ていかん　340
丁封（3世紀頃）　ていほう　345
丁拱園　→ディン・クン・ヴィエン　346
丁振鐸（19・20世紀）　ていしんたく　343
丁惟汾（19・20世紀）　ていいふん　340
丁盛（20世紀）　ていせい　343
丁部領（10世紀）　→ディン・ボ・リン　347
丁貴妃（5・6世紀）　ていきひ*　340
丁墡　→ディン・ディエン　347
丁管（2世紀）　ていかん　340
丁魁楚（17世紀）　ていかいそ　340
丁黙邨（20世紀）　ていもくそん　346
丁積壤　→ディン・ティック・ニュオン　347
丁謂（10・11世紀）　てい　339
丁鑑修（19・20世紀）　ていかんしゅう　340
乃顔（13世紀）　→ナヤン　371
二世皇帝（前3世紀）
　→秦二世皇帝　しんにせいこうてい　238
八剌（13世紀）　→バラク　389
八思巴（13世紀）　→パスパ　385
刁協（4世紀頃）　ちょうきょう　311
刁衎（10・11世紀）　ちょうかん　310

【 3画 】

三多（19・20世紀）　→サンド　186
三貴（6世紀頃）　さんき　186
三廬（6世紀頃）　さんろ　186
上官儀（7世紀）　じょうかんぎ　216
上帝　じょうてい　222
万年（前1世紀）　まんねん　439
万寿公主　まんじゅこうしゅ*　439
万里（20世紀）　ばんり　394
万政（3世紀頃）　ばんせい　391
万智（7世紀頃）　まんち　439
万貴妃（15世紀）　ばんきひ*　390
万福麟（19・20世紀）　ばんふくりん　394
万暦（16・17世紀）　→万暦帝　ばんれきてい　395
万暦帝（16・17世紀）　ばんれきてい　395
万潤南（20世紀）　ばんじゅんなん　391
万樹（17世紀）　ばんじゅ　391
久礼叱（6世紀頃）　くれし　130
久麻伎（7世紀頃）　くまき　130
久貴（6世紀頃）　きゅうき　99
乞黎籠猟賛（8世紀）　→ティソンデツェン　343
也先（15世紀）　→エセン　39
也先不花（13・14世紀）　→エセンブカ　39
于舟（20世紀）　うほうしゅう　33
于右仁（19・20世紀）　→于右任　うゆうじん　33
于右任（19・20世紀）　うゆうじん　33
于光遠（20世紀）　うこうえん　29
于冲漢（19・20世紀）　うちゅうかん　31
于成龍（17世紀）　うせいりゅう　30
于志寧（6・7世紀）　うしねい　29
于芷山（19・20世紀）　うしざん　29
于学忠（19・20世紀）　うがくちゅう　28
于定国（前2・1世紀）　うていこく　31
于敏中（18世紀）　うびんちゅう　32
于詮（3世紀）　うせん　30
于豪章（20世紀）　うごうしょう　29
于頔（8・9世紀）　うてき　31
于樹徳（20世紀）　うじゅとく　30
于麋（2世紀）　うび　32
于謙（14・15世紀）　うけん　29
亡伊（12世紀）　ぼうい　422
兀良合台（13世紀）　→ウリャンハ・タイ　34
兀良哈台（13世紀）　→ウリャンハ・タイ　34
兀突骨（3世紀）　ごつとつこつ　173
兀魯伯（14・15世紀）　→ウルグ・ベク　34

3画

千金公主（6世紀）　せんきんこうしゅ　256
及烈（8世紀頃）　きゅうれつ　101
土土哈（13世紀）　→トトハ　366
土安（3世紀）　どあん　350
土門可汗（6世紀）　→イリ・カガン　24
士燮（2・3世紀）　ししょう　190
大仁秀（9世紀頃）　だいじんしゅう　281
大先晟（9世紀頃）　だいせんせい　281
大名公主（15世紀）　だいめいこうしゅ*　285
大利行（8世紀頃）　だいりこう　285
大呂慶（9世紀頃）　だいりょけい　285
大孝真（9世紀頃）　だいこうしん　280
大奈（7世紀頃）　だいな　284
大宝方（8世紀頃）　だいほうほう　285
大延真（9世紀頃）　だいえんしん　279
大延廣（9世紀頃）　だいえんこう　279
大昌勃價（8世紀頃）　たいしょうばっか　280
大昌泰（8世紀頃）　だいしょうたい　280
大明俊（9世紀頃）　だいめいしゅん　285
大武芸（8世紀頃）　だいぶげい　284
大門芸（8世紀頃）　だいもんげい　285
大帝（2・3世紀）　→孫権　そんけん　275
大胡雅（8世紀頃）　だいこが　280
大貞翰（8世紀頃）　だいていかん　284
大庭俊（9世紀頃）　だいていしゅん　284
大祚栄（7・8世紀）　だいそえい　283
大能信（8世紀頃）　だいのうしん　284
大院君（19世紀）　たいいんくん　279
大勗進（8世紀頃）　だいきょくしん　279
大常靖（8世紀頃）　だいじょうせい　280
大清允（8世紀頃）　だいせいいん　281
大術芸（8世紀頃）　だいじゅつげい　280
大都利（8世紀頃）　だいとり　284
大陳潤（9世紀頃）　だいちんじゅん　284
大欽茂（8世紀頃）　だいきんも　280
大琳（8世紀頃）　だいりん　285
大廉（9世紀頃）　だいれん　285
大義信（8世紀頃）　だいぎしん　279
大誠慎（9世紀頃）　だいせいしん　281
大撓　たいどう　284
大諲譔（10世紀）　だいいんせん　279
大檀（5世紀）　だいだん　284
大聰叡（9世紀頃）　だいそうえい　283
女媧　じょか　226
子産（前6世紀）　しさん　189
子嬰（前3世紀）　しえい　187
子灌孺子　したくじゅし　191
小次郎冠者　こじろうかじゃ　170
小寧国公主（8世紀）　しょうねいこくこうしゅ　223
小獣林王（4世紀）　しょうじゅうりんおう　220
尸佼（前4世紀）　しこう　189
山那（8世紀頃）　さんな　186
山陰公主　さんいんこうしゅ*　185
山濤（3世紀）　さんとう　186
己州己婁（6世紀頃）　こつころ　172
己珎蒙（8世紀頃）　こちんもう　172
己連（6世紀頃）　これん　176
己闕棄蒙（8世紀頃）　こあつきもう　140
弓福（9世紀頃）　きゅうふく　100
弓裔（9・10世紀）　きゅうえい　99

【 4画 】

不児罕（13・14世紀）　→ブルハン　414
不児罕皇后（13・14世紀）　→ブルハン　414
不里（13世紀）　→ブリ　414
不忽木（13・14世紀）　→ブフム　412
不賽因（14世紀）　→アブー・サイード　9
中行説（前2世紀頃）　ちゅうこうえつ　305
中宗（4世紀）　→中宗（後燕）　ちゅうそう*　305
中宗（7・8世紀）　→中宗（唐）　ちゅうそう　305
中宗（10世紀）　→中宗（南漢）　ちゅうそう*　305
中宗（15・16世紀）
　　→中宗（李朝）　ちゅうそう　305
丹陽公主　たんようこうしゅ*　296
予成（5世紀）　よせい　464
予通親王多鐸（17世紀）　→ドド　366
予章王（6世紀）　よしょうおう*　464
予章王蕭嶷（5世紀）　よしょうおうしょうぎ*　464
予譲（前5世紀）　よじょう　463
五瓊（2世紀）　ごけい　167
化狄　→貨狄　かてき　77
仇士良（8・9世紀）　きゅうしりょう　100
仇甫（9世紀頃）　→裴甫　きゅうほ　100
仇連（3世紀）　きゅうれん　101
仇鸞（16世紀）　きゅうらん　101
仁宗（11世紀）　→仁宗（宋）　じんそう　237
仁宗（12世紀）
　　→仁宗（西夏）　じんそう　237
　　→仁宗（高句麗）　じんそう　237
仁宗（13・14世紀）　→仁宗（元）　じんそう　237
仁宗（14・15世紀）　→仁宗（明）　じんそう　237
仁宗（16世紀）　→仁宗（李朝）　じんそう　237
仁宗（18・19世紀）　→嘉慶帝　かけいてい　72
仁宗（元）（13・14世紀）　じんそう　237
仁宗（北宋）（11世紀）

政治・外交・軍事篇　　　　　　　649　　　　　　　4画

→仁宗(宋)　じんそう　237
仁宗(北宋)(11世紀)
　→仁宗(宋)　じんそう　237
仁宗(宋)(11世紀)　じんそう　237
仁祖(16・17世紀)　じんそ　236
仁徳皇后(11世紀)　じんとくこうごう*　238
元(前5世紀)　→元王　げんおう*　136
元乂(6世紀)　げんさ　136
元文政(9世紀頃)　げんぶんせい　139
元王仁(前5世紀)　→元王　げんおう*　136
元妃(13世紀)　げんひ　139
元季方(9世紀頃)　げんきほう　136
元宗(10世紀)　→李璟　りえい　472
元宗(13世紀)　→元宗(高麗)　げんそう　138
元宗(高麗)(13世紀)　げんそう　138
元帝(前1世紀)　→元帝(前漢)　げんてい　139
元帝(3・4世紀)
　→元帝(魏)　げんてい*　139
　→司馬睿　しばえい　192
元帝(6世紀)　→元帝(梁)　げんてい*　139
元帝(東晋)(3・4世紀)　→司馬睿　しばえい　192
元帝(前漢)(前1世紀)　げんてい　139
元帝(晋)(3・4世紀)　→司馬睿　しばえい　192
元聖王(8世紀)　げんせいおう　137
元徳太子楊昭(7世紀)　げんとくたいしようしょう*　139
元稹(8・9世紀)　→元稹　げんしん　137
元稹(8・9世紀)　げんしん　137
公伯計(8世紀頃)　こうはくけい　159
公孫弘(前2世紀)　こうそんこう　156
公孫述(1世紀)　こうそんじゅつ　156
公孫度(2・3世紀)　こうそんど　156
公孫康(3世紀)　こうそんこう　156
公孫淵(3世紀)　こうそんえん　156
公孫瓚(2世紀)　こうそんさん　156
公劉　こうりゅう　163
切尽黄台吉(16世紀)
　→セチェン・ホンタイジ　253
勾践(前5世紀)　こうせん　153
勿部珣(7世紀頃)　ぶつぶじゅん　409
区頬贊(8世紀頃)　くきょうさん　127
升允(19・20世紀)　しょういん　214
卞季良(14・15世紀)　ビョンゲーリャン　398
卞栄泰(20世紀)　ビョンヨンテ　398
太公望(前11世紀頃)　たいこうぼう　280
太平公主(7・8世紀)　たいへいこうしゅ　285
太甲(3世紀頃)　たいこう　280
太伯(前12世紀)　たいはく　284
太和公主(9世紀)　たいわこうしゅ　285
太宗(7世紀)　→太宗(唐)　たいそう　282
太宗(10世紀)

→太宗(宋)　たいそう　282
　→太宗(閩)　たいそう*　282
　→太宗(遼)　たいそう　282
太宗(11世紀)　→太宗(西夏)　たいそう*　283
太宗(11・12世紀)　→太宗(金)　たいそう　283
太宗(12世紀)　→高宗(宋)　こうそう　155
太宗(12・13世紀)　→オゴタイ　61
太宗(13世紀)　→太宗(陳朝)　たいそう　283
太宗(14・15世紀)　→太宗(李朝)　たいそう　283
太宗(16・17世紀)　→太宗(清)　たいそう　283
太宗(元)(12・13世紀)　→オゴタイ　61
太宗(北宋)(10世紀)
　→太宗(宋)　たいそう　282
太宗(宋)(10世紀)　たいそう　282
太宗(李朝)(14・15世紀)　たいそう　283
太宗(金)(11・12世紀)　たいそう　283
太宗(唐)(7世紀)　たいそう　282
太宗(清)(16・17世紀)　たいそう　283
太宗(陳朝)(13世紀)　たいそう　283
太宗(新羅)(7世紀)　→武烈王　ぶれつおう　415
太宗(遼)(10世紀)　たいそう　282
太宗武烈王(7世紀)　→武烈王　ぶれつおう　415
太昊　たいこう　280
太武帝(5世紀)　たいぶてい　285
太祖(3・4世紀)　→石虎　せきこ　252
太祖(4世紀)
　→姚萇　ようちょう　460
　→呂光　りょこう　511
太祖(4・5世紀)
　→道武帝　どうぶてい　360
　→李暠　りこう　479
太祖(9・10世紀)
　→王審知　おうしんち　53
　→朱全忠　しゅぜんちゅう　209
　→銭鏐　せんりゅう　259
　→太祖(高麗)　たいそ　281
　→耶律阿保機　やりつあほき　447
　→楊行密　ようこうみつ　456
　→李克用　りこくよう　481
太祖(10世紀)
　→郭威　かくい　66
　→太祖(宋)　たいそ　281
太祖(10・11世紀)　→李継遷　りけいせん　477
太祖(11・12世紀)
　→完顔阿骨打　ワンヤンアクダ　529
太祖(12・13世紀)　→チンギス・ハン　331
太祖(14世紀)　→洪武帝(明)　こうぶてい　160
太祖(14・15世紀)　→李成桂　りせいけい　487
太祖(16・17世紀)　→ヌルハチ　374
太祖(ベトナム李朝)(10・11世紀)
　→リ・コン・ウアン　481
太祖(元)(12・13世紀)　→チンギス・ハン　331

太祖(北燕)(5世紀)　たいそ*　281
太祖(西秦)(5世紀)　たいそ*　281
太祖(宋)(10世紀)　たいそ　281
太祖(李朝)(14・15世紀)
　→李成桂　りせいけい　487
太祖(斉)(5世紀)　たいそ　281
太祖(明)(14世紀)
　→洪武帝(明)　こうぶてい　160
太祖(金)(11・12世紀)
　→完顔阿骨打　ワンヤンアクダ　529
太祖(後周)(10世紀)　→郭威　かくい　66
太祖(後唐)(9・10世紀)
　→李克用　りこくよう　481
太祖(後梁)(9・10世紀)
　→朱全忠　しゅぜんちゅう　209
太祖(後黎朝)(14・15世紀)　→レ一・ロイ　523
太祖(高麗)(9・10世紀)　たいそ　281
太祖(清)(16・17世紀)　→ヌルハチ　374
太祖(遼)(9・10世紀)
　→耶律阿保機　やりつあぼき　447
太祚帝(7・8世紀)　→大祚栄　だいそえい　283
太陽汗(12・13世紀)　→タヤン・ハン　290
天日槍　あめのひぼこ　10
天命(16・17世紀)　→ヌルハチ　374
天宝(20世紀)　てんぽう　350
天皇　てんこう　349
天祚帝(11・12世紀)　てんそてい　349
天啓(17世紀)　→天啓帝　てんけいてい　349
天啓帝(16世紀)　→仇鸞　きゅうらん　101
天啓帝(17世紀)　てんけいてい　349
天順(15世紀)　→正統帝(明)　せいとうてい　250
天順帝(14世紀)　てんじゅんてい　349
天順帝(15世紀)
　→正統帝(明)　せいとうてい　250
天聖公主　→ティエン・タイン　340
天親可汗(8世紀)　→テンシン・カガン　349
夫差(前5世紀)　ふさ　408
夫差(呉)(前5世紀)　→夫差　ふさ　408
孔石泉(20世紀)　こうせきせん　153
孔有徳(17世紀)　こうゆうとく　162
孔秀(2世紀)　こうしゅう　149
孔明(2・3世紀)　→諸葛亮　しょかつりょう　226
孔祥楨(20世紀)　こうしょうてい　151
孔祥熙(19・20世紀)　こうしょうき　151
孔祥熙(19・20世紀)　→孔祥熙　こうしょうき　151
孔紹安(6・7世紀)　こうしょうあん　150
孔僅(前2世紀)　こうきん　145
孔魯明(20世紀)　コンノミョン　177
少主(廃帝)(10世紀)
　→廃帝(少主)　はいてい*　377

少昊　しょうこう　218
少帝(2世紀)　→廃帝(後漢)　はいてい　377
少帝(3世紀)　→曹髦　そうぼう　268
少帝(5世紀)　→少帝義符　しょうていぎふ*　222
少帝(10世紀)　→少帝(後晋)　しょうてい　222
少帝弘(前2世紀)　しょうていこう*　222
少帝恭(前2世紀)　しょうていきょう*　222
少帝義符(5世紀)　しょうていぎふ*　222
少帝懿(2世紀)　しょうていい*　222
少翁(前2・1世紀)　しょうおう　215
尤太忠(20世紀)　ゆうたいちゅう　449
尤列(19・20世紀)　→尤烈　ゆうれつ　450
尤烈(19・20世紀)　ゆうれつ　450
尤袤(12世紀)　ゆうぼう　449
尹大目　いんだいもく　26
尹仇寬(8世紀頃)　いんきゅうかん　25
尹元衡(16世紀)　いんげんこう　25
尹必鏞(20世紀)　ユンピリョン　451
尹永寛(20世紀)　ユンヨングァン　452
尹吉甫(前9世紀)　いんきつほ　25
尹到昊(19・20世紀)　→尹致昊　ユンチホ　451
尹奉(3世紀頃)　いんほう　26
尹奉吉(20世紀)　ユンボンギル　452
尹始炳(19・20世紀)　ユンシビョン　451
尹昌衡(19・20世紀)　いんしょうこう　26
尹致昊(19・20世紀)　ユンチホ　451
尹致暎(20世紀)　いんちえい　26
尹喜(前6・5世紀頃)　いんき　25
尹順之(16・17世紀)　いんじゅんし　25
尹輔酋(8世紀頃)　いんほしゅう　27
尹潽善(20世紀)　ユンボソン　451
尹灌(11・12世紀)　→尹瓘　いんかん　25
尹鶚(9世紀)　いんがく　25
尹瓘(11・12世紀)　いんかん　25
尹鑴(17世紀)　→尹鐫　いんけい　25
尹鐫(17世紀)　いんけい　25
巴布扎布(19・20世紀)　→バボージャブ　387
巴児朮(13世紀)　→バルジュク　389
巴桑(20世紀)　→パサン　384
戈宝権(20世紀)　かほうけん　78
文公(前8世紀)　→文公(春秋秦)　ぶんこう　416
文公(前7世紀)　→文公(晋)　ぶんこう　416
文公(前4世紀)　→文公(燕)　ぶんこう　416
文公(4世紀)　→張駿　ちょうしゅん　318
文公(晋)(前7世紀)　ぶんこう　416
文天祥(13世紀)　ぶんてんしょう　418
文王　→文王(戦国楚)　ぶんおう　415
文王(前11世紀頃)　→文王(周)　ぶんおう　415
文王(8世紀)　→大欽茂　だいきんも　280

政治・外交・軍事篇　　　　　　　　651　　　　　　　　　　　　　　　　　　4画

文王(周)(前11世紀頃)　ぶんおう　415
文世光(20世紀)　ぶんせいこう　416
文成公主(7世紀)　ぶんせいこうしゅ　416
文成帝(5世紀)
　→文成帝(北魏)　ぶんせいてい　417
文成帝(北魏)(5世紀)　ぶんせいてい　417
文廷式(19・20世紀)　ぶんていしき　418
文周王(5世紀)　ぶんしゅうおう　416
文宗(9世紀)　→文宗(唐)　ぶんそう　417
文宗(11世紀)
　→文宗(李朝)　ぶんそう　417
　→文宗(高麗)　ぶんそう　417
文宗(14世紀)→文宗(元)　ぶんそう　417
文宗(19世紀)→咸豊帝　かんぽうてい　87
文宗(元)(14世紀)　ぶんそう　417
文宗(唐)(9世紀)　ぶんそう　417
文忠(前2・1世紀頃)　ぶんちゅう　417
文武王(7世紀)　ぶんぶおう　419
文帝(前3・2世紀)→文帝(前漢)　ぶんてい　418
文帝(2・3世紀)→曹丕　そうひ　267
文帝(5世紀)→文帝(南朝宋)　ぶんてい　418
文帝(6世紀)
　→文帝(陳)　ぶんてい*　418
　→文帝(西魏)　ぶんてい　418
文帝(6・7世紀)→文帝(隋)　ぶんてい　418
文帝(三国魏)(2・3世紀)→曹丕　そうひ　267
文帝(西魏)(6世紀)　ぶんてい　418
文帝(宋)(5世紀)
　→文帝(南朝宋)　ぶんてい　418
文帝(前漢)(前3・2世紀)　ぶんてい　418
文帝(南朝宋)(5世紀)　ぶんてい　418
文帝(隋)(6・7世紀)　ぶんてい　418
文帝(漢)(前3・2世紀)
　→文帝(前漢)　ぶんてい　418
文帝(魏)(2・3世紀)→曹丕　そうひ　267
文侯(前5・4世紀)
　→文侯(戦国魏)　ぶんこう　416
文侯(戦国魏)(前5・4世紀)　ぶんこう　416
文侯(魏)(前5・4世紀)
　→文侯(戦国魏)　ぶんこう　416
文宣帝(6世紀)
　→文宣帝(北斉)　ぶんせんてい　417
文宣帝(北斉)(6世紀)　ぶんせんてい　417
文彦博(11世紀)　ぶんげんはく　416
文昭王(9・10世紀)　ぶんしょうおう*　416
文桓帝(4・5世紀)→姚興　ようこう　455
文益煥(20世紀)　ムンイクファン　441
文益漸(14世紀)　ムンイクチョム　441
文祥(19世紀)　ぶんしょう　416

文喜相(20世紀)　ムンヒサン　441
文献王(9・10世紀)　ぶんけんおう*　416
文聘(3世紀頃)　ぶんぺい　419
文徳皇后(7世紀)
　→長孫皇后　ちょうそんこうごう　321
文慶(18・19世紀)　ぶんけい　415
文醜(2世紀)　ぶんしゅう　416
方(20世紀)　ほうほう　426
方励之(20世紀)　ほうれいし　427
方志敏(20世紀)　ほうしびん　424
方叔(前9世紀)　ほうしゅく　424
方皇后(16世紀)　ほうこうごう*　424
方悦(2世紀)　ほうえつ　423
方振武(19・20世紀)　ほうしんぶ　425
方維(20世紀)　ほうい　422
方維夏(19・20世紀)　ほういか　422
方毅(20世紀)　ほうき　423
方観承(18世紀)　ほうかんしょう　423
方臘(12世紀)　ほうろう　427
日佐分屋(6世紀頃)　おさぶんおく　61
日逐王比(1世紀)　にっちくおうひ　373
日羅(6世紀)　にちら　373
月即別汗(13・14世紀)→ウズベク・ハン　30
月赤察児(13・14世紀)→ユチチャル　451
木刕今敦(6世紀頃)　もくらこんとん　445
木刕文次(6世紀頃)　もくらぶんし　445
木刕麻那(6世紀頃)　もくらまな　445
木刕満致　もくらまんち　445
木杆可汗(6世紀)→モカン・カガン　445
木華黎(12・13世紀)→ムカリ　440
木骨閭(5世紀頃)　もこつりょ　445
木鹿大王(3世紀)　ぼくろくだいおう　430
毌丘倹(3世紀)　かんきゅうけん　82
毋丘倹(3世紀)→毌丘倹　かんきゅうけん　82
比干　ひかん　395
比拔(5世紀頃)　ひばつ　396
比龍(5世紀頃)　ひりゅう　398
毛人鳳(20世紀)　もうじんほう　443
毛切(7世紀)　もうせつ　443
毛文龍(16・17世紀)　もうぶんりゅう　445
毛沢民(20世紀)　もうたくみん　444
毛沢東(20世紀)　もうたくとう　443
毛沢覃(20世紀)　もうたくたん　443
毛里孩(15世紀)→モーリハイ　445
毛岸英(20世紀)　もうがんえい　443
毛皇后(3世紀頃)　もうこうごう　443
毛麻利叱智　もまりしち　445
毛澄(15・16世紀)　もうちょう　444

4画

父母大王(1世紀) →ボ・カイ ダイ・ヴォン 427
父母大王(8世紀) →フン・フン 419
牛仙客(7・8世紀) ぎゅうせんかく 100
牛弘(6・7世紀) ぎゅうこう 99
牛金(3世紀頃) ぎゅうきん 99
牛皋(11・12世紀) →牛皐 ぎゅうこう 99
牛皐(11・12世紀) ぎゅうこう 99
牛僧孺(8・9世紀) ぎゅうそうじゅ 100
牛輔(2世紀) ぎゅうほ 100
王一亭(19・20世紀) →王震 おうしん 52
王一飛(20世紀)
　→王一飛 おういつび 44
　→王一飛 おういつび 44
王人文(19・20世紀) おうじんぶん 53
王力(20世紀) おうりき 60
王十朋(12世紀) おうじっぽう 50
王三槐(18世紀) おうさんかい 50
王士珍(19・20世紀) おうしちん 50
王士誠(14世紀) おうしせい 50
王小波(10世紀) おうしょうは 52
王丹(20世紀) おうたん 54
王仁裕(9・10世紀) おうじんゆう 53
王允(2世紀) おういん 44
王元啓(18世紀) おうげんけい 48
王双(3世紀) おうそう 54
王双(3世紀頃) おうそう 54
王文明(20世紀) おうぶんめい 58
王文信(9世紀頃) おうぶんしん 58
王文矩(9世紀頃) おうぶんく 57
王文韶(19・20世紀) おうぶんしょう 58
王方(2世紀) おうほう 58
王丘各(8世紀) おうきゅうかく 47
王世充(7世紀) おうせいじゅう 53
王世杰(20世紀) おうせいけつ 53
王世武(5世紀頃) おうせいぶ 53
王丙乾(20世紀) おうへいかん 58
王以哲(19・20世紀) おういてつ 44
王仙之(9世紀) →王仙芝 おうせんし 54
王仙芝(9世紀) おうせんし 54
王占元(19・20世紀) おうせんげん 54
王平(3世紀) おうへい 58
王幼平(20世紀) おうようへい 60
王弁那(6・7世紀) おうべんな 58
王旦(10・11世紀) おうたん 55
王正廷(19・20世紀) おうせいてい 53
王永江(19・20世紀) おうえいこう 45
王玄廓 おうげんがく 48
王玄策(7世紀) おうげんさく 48
王立言(20世紀) おうりつげん 60
王仲舒(8・9世紀) おうちゅうじょ 55

王任叔(20世紀) おうじんしゅく 53
王任重(20世紀) おうにんじゅう 57
王伉(2世紀) おうこう 49
王光美(20世紀) おうこうび 49
王兆国(20世紀) おうちょうこく 55
王匡(1世紀頃) おうきょう 47
王匡(3世紀頃) おうきょう 47
王吉(前1世紀) おうきつ 47
王同龢(19・20世紀) →翁同龢 おうどうわ 56
王存(11・12世紀) おうそん 54
王安石(11世紀) おうあんせき 44
王守仁(15・16世紀) →王陽明 おうようめい 60
王守善(19・20世紀) おうしゅぜん 51
王守澄(9世紀) おうしゅちょう 51
王戎(3・4世紀) おうじゅう 50
王行瑜(9世紀) おうこうゆ 49
王佐(20世紀) おうさ 50
王体玄(5世紀頃) おうたいげん 54
王伯羣(19・20世紀) おうはくぐん 57
王克敏(19・20世紀) おうこくびん 49
王冶秋(20世紀) おうやしゅう 59
王含(3世紀頃) おうがん 46
王君政(7世紀頃) おうくんせい 47
王君奥(8世紀) おうくんちゃく 47
王孝傑(7世紀) おうこうけつ 49
王孝廉(9世紀頃) おうこうれん 49
王孝鄰(7世紀頃) おうこうりん 49
王岐山(20世紀) おうきざん 46
王廷相(15・16世紀) おうていしょう 56
王灼(12世紀) おうしゃく 50
王甫(3世紀) おうほ 58
王秀珍(20世紀) おうしゅうちん 50
王罕(12・13世紀) →ワン・カン 529
王邑(3世紀頃) おうゆう 59
王叔文(8・9世紀) おうしゅくぶん 51
王叔銘(20世紀) おうしゅくめい 51
王国権(20世紀) おうこくけん 49
王学文(20世紀) おうがくぶん 46
王宝璋(9世紀頃) おうほうしょう 58
王延徳(10・11世紀) おうえんとく 45
王忠(3世紀頃) おうちゅう 55
王昇基(8・9世紀) おうしょうき 51
王昌(1世紀頃) おうしょう 51
王明(20世紀) おうめい 58
王東興(20世紀) →汪東興 おうとうこう 56
王杰(20世紀) おうけつ 48
王法勤(19・20世紀) おうほうきん 58
王直(14・15世紀) おうちょく 55
王直(16世紀) おうちょく 55

王秉璋（20世紀）　おうへいしょう　58	王崇古（16世紀）　おうすうこ　53
王若飛（20世紀）　おうじゃくひ　50	王崑崙（20世紀）　おうこんろん　50
王若虚（13世紀）　おうじゃくきょ　50	王悼（3世紀）　おうとん　57
王金発（19・20世紀）　おうきんはつ　47	王涯（9世紀）　おうがい　45
王保保（14世紀）→ココ・テムル　168	王淵（3・4世紀）　おうえん　45
王則（3世紀頃）　おうそく　54	王淮（12世紀）　おうわい　61
王則（11世紀）　おうそく　54	王淮湘（20世紀）　おうじゅんしょう　51
王建（3世紀）　おうけん　48	王猛（4世紀）　おうもう　58
王建（9・10世紀）	王莽（前1・後1世紀）→王莽　おうもう　59
→王建　おうけん　48	王進喜（20世紀）　おうしんき　53
→太祖（高麗）　たいそ　281	王喬（1世紀頃）　おうきょう　47
王建煊（20世紀）　おうけんけん　48	王弼（14世紀）　おうひつ　57
王彦威（9世紀頃）　おうげんい　48	王惲（13・14世紀）　おううん　45
王拱辰（11世紀）　おうきょうしん　47	王揖唐（19・20世紀）　おういっとう　44
王昭君（前1世紀頃）　おうしょうくん　51	王敬祥（19・20世紀）　おうけいしょう　48
王昶（3世紀頃）　おうちょう　55	王敦（3・4世紀）　おうとん　57
王昶（10世紀）　おうちょう　55	王暁雲（20世紀）　おうぎょううん　47
王柏齢（19・20世紀）　おうはくれい　57	王景弘（14・15世紀）　おうけいこう　48
王海容（20世紀）　おうかいよう　45	王智興（8・9世紀）　おうちきょう　55
王洪文（20世紀）　おうこうぶん　49	王曾（10・11世紀）　おうそう　54
王洪軌（5世紀頃）　おうこうき　49	王植（2世紀）　おうしょく　52
王炳南（20世紀）　おうへいなん　58	王森（16・17世紀頃）　おうしん　52
王皇后（前1世紀）	王欽若（10・11世紀）　おうきんじゃく　47
→王皇后（前漢）　おうこうごう*　49	王欽若（宋）（10・11世紀）
王莽（前1・後1世紀）　おうもう　59	→王欽若　おうきんじゃく　47
王衍（3・4世紀）　おうえん　45	王温舒（前2・1世紀頃）　おうおんじょ　45
王衍（10世紀）　おうえん　45	王琰　おうえん　45
王郁（1世紀頃）　おういく　44	王禄昇（9世紀頃）　おうろくしょう　61
王重栄（9世紀）　おうじゅうえい　50	王買（3世紀頃）　おうばい　57
王首道（20世紀）　おうしゅどう　51	王陽明（15・16世紀）　おうようめい　60
王倫（11・12世紀）　おうりん　60	王僧弁（6世紀）　おうそうべん　54
王倫（18世紀）　おうりん　61	王新亭（20世紀）　おうしんてい　53
王剛（20世紀）　おうごう　48	王新福（8世紀頃）　おうしんぷく　53
王恩生（5世紀頃）　おうおんせい　45	王楽平（19・20世紀）　おうらくへい　60
王恩茂（20世紀）　おうおんも　45	王楽泉（20世紀）　おうらくせん　60
王恕（15・16世紀）　おうじょ　51	王楷（3世紀）　おうかい　45
王振（15世紀）　おうしん　52	王溥（10世紀）　おうふ　57
王朗（3世紀）　おうろう　61	王熙（17・18世紀）　おうき　46
王烏（前2世紀頃）　おうう　44	王熙（17・18世紀）→王熙　おうき　46
王珪（6・7世紀）　おうけい　47	王頎（2世紀）　おうき　46
王珪（11世紀）　おうけい　47	王頎（3世紀頃）　おうき　46
王真（3世紀）　おうしん　52	王嘉胤（17世紀）　おうかいん　45
王祥（2・3世紀）　おうしょう　51	王徳成（20世紀）　おうとくせい　57
王祚（3世紀頃）　おうそ　54	王徳林（19・20世紀）　おうとくりん　57
王翊（8・9世紀）　おうこう　48	王徳泰（20世紀）　おうとくたい　57
王荷波（19・20世紀）　おうかは　46	王綰（前3世紀頃）　おうわん　61
王起（8・9世紀）　おうき　46	王輔臣（17世紀）　おうほしん　58
王亀諜（9世紀頃）　おうきぼう　47	王銶（8世紀）　おうこう　48
王基（3世紀）　おうき　46	王韶（11世紀）　おうしょう　51

4画

王鳳(前1世紀)　おうほう　58
王鳳(1世紀)　おうほう　58
王鳳生(18・19世紀)　おうほうせい　58
王審知(9・10世紀)　おうしんち　53
王審琦(10世紀)　おうしんき　52
王導(3・4世紀)　おうどう　56
王慶(6世紀)　おうけい　47
王慶雲(18・19世紀)　おうけいうん　48
王潮(9世紀)　おうちょう　55
王稼祥(20世紀)　おうかしょう　46
王翦　おうせん　54
王輝球(20世紀)　おうききゅう　46
王震(19・20世紀)　おうしん　52
王震(20世紀)　おうしん　52
王樹声(20世紀)　おうじゅせい　51
王樹柟(19・20世紀)　おうじゅなん　51
王積翁(13世紀)　おうせきおう　54
王縉(8世紀)　おうしん　52
王賢妃(9世紀)　おうけんぴ*　48
王鍔(8・9世紀)　おうがく　46
王鴻緒(17・18世紀)　おうこうしょ　49
王爐美(19世紀)　おうじんぴ　53
王翺(14・15世紀)　おうごう　48
王観(11世紀)　おうかん　46
王寵恵(19・20世紀)　おうちょうけい　55
王韜(19世紀)　おうとう　56
王黼(12世紀)　おうふ　57
王巌叟(11世紀)　おうがんそう　46
王爚(13世紀)　おうやく　59
王瓘(3世紀)　おうかん　46
王懿栄(19世紀)　おういえい　44
王驥(14・15世紀)　おうき　46

【 5画 】

丘升頭(6世紀頃)　きゅうしょうとう　100
丘本(3世紀)　きゅうほん　101
丘行恭(6・7世紀)　きゅうこうきょう　99
丘佺(9世紀頃)　きゅうせん　100
丘冠先(5世紀頃)　きゅうかんせん　99
丘建(3世紀頃)　きゅうけん　99
丘神勣(7世紀頃)　きゅうしんせき　100
丘逢甲(19・20世紀)
　→邱逢甲　きゅうほうこう　101
丘遅(5・6世紀)　きゅうち　100
丘福(14・15世紀)　きゅうふく　100
丘濬(15世紀)　→邱濬　きゅうしゅん　99

世宗(4・5世紀)　→世宗(南燕)　せそう*　253
世宗(9・10世紀)　→世宗(呉越)　せそう*　253
世宗(10世紀)
　→柴栄　さいえい　178
　→世宗(遼)　せいそう　248
世宗(12世紀)　→世宗(金)　せいそう　248
世宗(14・15世紀)　→世宗(李朝)　せいそう　249
世宗(16世紀)　→世宗(明)　せいそう　249
世宗(17・18世紀)　→雍正帝　ようせいてい　458
世宗(李)(14・15世紀)
　→世宗(李朝)　せいそう　249
世宗(李朝)(14・15世紀)　せいそう　249
世宗(明)(16世紀)　せいそう　249
世宗(金)(12世紀)　せいそう　248
世宗(後周)(10世紀)　→柴栄　さいえい　178
世宗(朝鮮)(14・15世紀)
　→世宗(李朝)　せいそう　249
世宗(遼)(10世紀)　せいそう　248
世祖(4世紀)
　→苻堅　ふけん　407
　→慕容垂　ぼようすい　433
世祖(4・5世紀)　→赫連勃勃　かくれんぼつぼつ　71
世祖(9・10世紀)　せそ*　253
世祖(13世紀)　→フビライ　411
世祖(15世紀)　→世祖(李朝)　せいそ　248
世祖(17世紀)　→順治帝(清)　じゅんちてい　213
世祖(元)(13世紀)　→フビライ　411
世祖(李朝)(15世紀)　せいそ　248
世祖(阮朝)(18・19世紀)
　→グエン・フック・アイン　125
世祖(遼)(11世紀)　せいそ　248
丙吉(前1世紀)　へいきつ　419
主父偃(前2世紀)　しゅほえん　210
主仙(16・17世紀)　→グエン・ホアン　126
主多　→チュア・サイ　304
主尚　→チュア・トゥオン　304
主義　→チュア・ギア　304
主賢　→チュア・ヒエン　304
代宗(8世紀)　→代宗(唐)　だいそう　283
代宗(15世紀)　→景泰帝　けいたいてい　134
代宗(唐)(8世紀)　だいそう　283
令孤通(9世紀頃)　れいこつう　519
冉閔(4世紀)　ぜんびん　258
処木昆莫賀咄侯斤(7世紀頃)　しょぼくこんばくがとつしきん　230
処珊　→ス・サン　243
処鄧　→ス・ダン　243
出帝(10世紀)　→少帝(後晋)　しょうてい　222
加良井山(7世紀頃)　からじょうざん　79
加羅(7世紀頃)　から　79

政治・外交・軍事篇　　　　　655　　　　　　　　　　　　　　　　　　　5画

包拯（11世紀）　　ほうじょう　424
包恵僧（20世紀）　ほうけいそう　423
包爾漢（20世紀）→ブルハン　414
北叱智（7世紀頃）　ほくしち　429
北海王劉睦（1世紀）　ほっかいおうりゅうぼく*　432
卯貞寿（9世紀頃）　うていじゅ　31
卯問（7世紀頃）　ほうもん　427
去折豆（6世紀頃）　きょせつとう　107
去汾（5世紀頃）　きょふん　107
可婁（7世紀頃）　かる　80
句安（3世紀頃）　こうあん　141
句践（前5世紀）→勾践　こうせん　153
古公亶父（前12世紀頃）ここうたんぽ　168
古応芬（19・20世紀）　こおうふん　164
古柏（20世紀）　こはく　174
古弼（5世紀）　こひつ　174
司徒美堂（19・20世紀）　しとびどう　192
司徒華（20世紀）　しとか　192
司馬元顕（5世紀）　しばげんけん　193
司馬光（11世紀）　しばこう　193
司馬伷（3世紀）　しばちゅう　193
司馬法聰（7世紀頃）　しばほうそう　194
司馬炎（3世紀）→武帝（西晋）ぶてい　410
司馬昭（3世紀）　しばしょう　193
司馬彪（3・4世紀）　しばひょう　194
司馬望（3世紀）　しばぼう　194
司馬達（2世紀）　しばたつ　193
司馬量（3世紀頃）　しばりょう　194
司馬鈞（3世紀頃）　しばきん　193
司馬雋（3世紀頃）　しばしゅん　193
司馬睿（3・4世紀）　しばえい　192
司馬談（前2世紀）　しばだん　193
司馬穰苴　しばじょうしょ　193
司馬懿（2・3世紀）　しばい　192
司蕃（3世紀頃）　しばん　194
史天沢（13世紀）　してんたく　191
史可法（17世紀）　しかほう　188
史良（20世紀）　しりょう　231
史弥遠（12・13世紀）　しびえん　194
史思明（8世紀）　ししめい　190
史浩（12世紀）　しこう　189
史都蒙（8世紀頃）　しともう　192
史魚　しぎょ　188
史堅如（19世紀）　しけんじょ　188
史弼（13・14世紀）　しひつ　194
史朝義（8世紀）　しちょうぎ　191
史朝儀（8世紀）→史朝義　しちょうぎ　191
史渙（2世紀）　しかん　188
史游（前1世紀）　しゆう　200

史嵩之（13世紀）　しすうし　190
史適仙（8世紀頃）　ししゅうせん　190
史蹟（3世紀）　しせき　191
召公（前11世紀頃）→召公奭　しょうこうせき　218
召公姫奭（前11世紀頃）
　　　→召公奭　しょうこうせき　218
召公奭（前11世紀頃）　しょうこうせき　218
台久用善（7世紀頃）　だいくようぜん　280
失阿利（8世紀頃）　しつあり　191
奴氏（6世紀頃）　ぬて　373
奴児哈赤（16・17世紀）→ヌルハチ　374
奴児哈赤（16・17世紀）→ヌルハチ　374
奴爾哈斉（16・17世紀）→ヌルハチ　374
左光斗（16・17世紀）　さこうと　183
左良玉（17世紀）　さりょうぎょく　185
左宗棠（19世紀）　さそうとう　183
左舜生（20世紀）　さしゅんせい　183
左豊　さほう　184
左権（20世紀）　さけん　183
左霊（3世紀頃）　されい　185
左賢王（3世紀頃）　さけんおう　183
平（前8世紀）→平王　へいおう　419
平王（前8世紀）　へいおう　419
平王（周）（前8世紀）→平王　へいおう　419
平王宜臼（前8世紀）→平王　へいおう　419
平帝（前1世紀）　へいてい　420
平原公主　へいげんこうしゅ*　420
平原君（前3世紀）　へいげんくん　420
平原君趙勝（前3世紀）
　　　→平原君　へいげんくん　420
平陽公主
　　　→平陽公主（漢）　へいようこうしゅ*　420
平陽公主（7世紀頃）
　　　→平陽公主（唐）　へいようこうしゅ*　420
平陽長公主　へいようちょうこうしゅ*　420
幼主（6世紀）→幼主恒　ようしゅこう*　457
幼主恒（6世紀）　ようしゅこう*　457
広略貝勒褚英（17世紀）　こうりゃくベイレチュエン*　163
広開土王（4・5世紀）　こうかいどおう　143
広徳公主　こうとくこうしゅ*　158
弘化公主（7世紀頃）　こうかこうしゅ　143
弘光帝（17世紀）→安宗　あんそう　15
弘治（15・16世紀）→弘治帝　こうちてい　157
弘治帝（15・16世紀）　こうちてい　157
札木合（12・13世紀）→ジャムカ　198
札尼別（14世紀）→ジャニ・ベク　197
本雅失里（14・15世紀）→ブンヤシリ　419
末多王（5世紀）　またおう　437
末亭（3世紀）→孫皓　そんこう　275

末帝(9・10世紀)
　→廃帝(後唐)　はいてい　377
　→末帝(後梁)　まってい　437
末帝(13世紀)　→末帝(金)　まってい*　437
末帝友貞(9・10世紀)
　→末帝(後梁)　まってい　437
末都師父(7世紀頃)　まつしふ　437
末野門(8世紀頃)　まつやもん　437
未叱子失消(6世紀頃)　みしししっしょう　439
未野門(8世紀頃)　びやもん　397
尢赤(12・13世紀)　→ジュチ　209
正宗(18世紀)　→正祖(李朝)　せいそ　248
正珍(7世紀頃)　しょうちん　222
正祖(18世紀)　→正祖(李朝)　せいそ　248
正祖(李朝)(18世紀)　せいそ　248
正統(15世紀)　→正統帝(明)　せいとうてい　250
正統帝(15世紀)
　→正統帝(明)　せいとうてい　250
正統帝(明)(15世紀)　せいとうてい　250
正徳(15・16世紀)
　→正徳帝(明)　せいとくてい　251
正徳帝(15・16世紀)
　→正徳帝(明)　せいとくてい　251
正徳帝(明)(15・16世紀)　せいとくてい　251
永(4世紀)　えい*　35
永王李璘　えいおうりりん*　35
永平公主(15世紀)　えいへいこうしゅ*　37
永安公主(15世紀)　えいあんこうしゅ*　35
永明王(17世紀)　えいめいおう　37
永明王朱由榔(17世紀)
　→永明王　えいめいおう　37
永泰公主(7・8世紀)　えいたいこうしゅ　37
永常(18世紀)　えいじょう　36
永康公主　えいこうこうしゅ*　35
永淳公主　えいじゅんこうしゅ*　35
永楽(14・15世紀)　→永楽帝　えいらくてい　38
永楽公主(8世紀頃)　えいらくこうしゅ　38
永楽帝(14・15世紀)　えいらくてい　38
永福公主　えいふくこうしゅ*　37
永嘉公主　えいかこうしゅ*　37
永寧公主(17世紀)　えいねいこうしゅ*　37
永寧太后　えいねいたいこう　37
永寧長公主(17世紀)　えいねいちょうこうしゅ*　37
永暦帝(17世紀)　→永明王　えいめいおう　37
氾嶲　はんしゅん　391
牙老瓦赤(13世紀)　→ヤラワチ　447
玄宗(7・8世紀)　→玄宗(唐)　げんそう　138
玄宗(唐)(7・8世紀)　げんそう　138
玄宗皇帝(7・8世紀)　→玄宗(唐)　げんそう　138
玄武光(20世紀)　ヒョンムグァン　398

玄珍公主　→フエン・チャン コン・チュア　405
玄勝鍾(20世紀)　ヒョンスンジョン　398
玉昔鉄木児(13世紀)　→イス・チムール　20
玉欣公主(18・19世紀)
　→グォック・ハン コン・チュア　127
玉真公主(8世紀)　ぎょくしんこうしゅ*　105
甘乃光(20世紀)　かんだいこう　85
甘勿那(7世紀頃)　かんもつな　88
甘父(前2世紀頃)　かんぽ　87
甘延寿(前1世紀頃)　かんえんじゅ　81
甘泗淇(20世紀)　かんしき　84
甘英(1世紀)　かんえい　81
甘茂(前4・3世紀)　かんも　88
甘麻刺(13・14世紀)　→ガマラ　78
甘寧(3世紀)　かんねい　86
甲海　→ザップ・ハイ　184
申不害(前4世紀)　しんふがい　239
申仁忠　→タン・ニャン・チュン　295
申乭石(20世紀)　シンドルセキ　238
申圭植(19・20世紀)　しんけいしょく　234
申叔舟(15世紀)　しんしゅくしゅう　235
申性模(20世紀)　しんせいぼ　236
申耽(3世紀頃)　しんたん　237
申稙秀(20世紀)　シンシクス　235
申鉉碻(20世紀)　シンヒョンハク　239
申維翰(17世紀)　しんいかん　232
申翼熙(20世紀)　シンイクヒ　232
申穂(19世紀)　しんけん　234
田中玉(19・20世紀)　でんちゅうぎょく　350
田予(3世紀頃)　でんよ　350
田五(18世紀)　でんご　349
田文烈(19・20世紀)　でんぶんれつ　350
田文鏡(17・18世紀)　でんぶんきょう　350
田令孜(9世紀)　でんれいし　350
田弘茂(20世紀)　でんこうも　349
田早(9世紀頃)　でんそう　349
田承嗣(8世紀)　でんしょうし　349
田斉(前4世紀)　→宣王(斉)　せんおう　255
田況(11世紀)　でんきょう　349
田単(前4・3世紀)　でんたん　350
田洎(9世紀頃)　でんき　349
田紀雲(20世紀)　でんきうん　349
田悦(8世紀)　でんえつ　348
田務豊(9世紀頃)　でんむほう　350
田章(3世紀頃)　でんしょう　349
田景度(9世紀頃)　でんけいど　349
田楷(3世紀頃)　でんかい　349
田続(3世紀頃)　でんぞく　349
田豊(2世紀)　でんほう　350

政治・外交・軍事篇　　　　　　　　　657　　　　　　　　　　　　　　　　　6画

田豊(14世紀)　でんぽう　*350*
田維新(20世紀)　でんいしん　*348*
田儋(前3世紀)　でんたん　*350*
田横　でんおう　*348*
田錫(10世紀)　でんしゃく　*349*
田疇(2・3世紀)　でんちゅう　*350*
白斗鎮(20世紀)　ペクドゥジン　*420*
白寿(3世紀)　はくじゅ　*381*
白淳淳(20世紀)　ペクナムスン　*420*
白南雲(20世紀)　ペクナムン　*420*
白彦虎(19世紀)　はくげんご　*381*
白相国(20世紀)　はくそうこく　*381*
白眉可汗(8世紀)　→ハクビ・カガン　*382*
白朗(19・20世紀)　はくろう　*383*
白起(前3世紀)　はくき　*381*
白崇禧(20世紀)　はくすうき　*381*
白雲梯(20世紀)　はくうんてい　*380*
白寛洙(19・20世紀)　はくかんしゅ　*381*
皮久斤(6世紀頃)　ひきゅうきん　*395*
皮定均(20世紀)　ひていきん　*396*
皮羅閣(8世紀)　ひらかく　*398*
皮邏閣(8世紀)　→皮羅閣　ひらかく　*398*
石友三(20世紀)　せきゆうさん　*252*
石守信(10世紀)　せきしゅしん　*252*
石亨(15世紀)　せきこう　*252*
石抹也先(12・13世紀)　→セキマツヤセン　*252*
石苞(3世紀)　せきほう　*252*
石虎(3・4世紀)　せきこ　*252*
石星(16世紀)　せきせい　*252*
石勒(3・4世紀)　せきろく　*253*
石敬瑭(9・10世紀)　せきけいとう　*252*
石敬塘(9・10世紀)　→石敬瑭　せきけいとう　*252*
石達開(19世紀)　せきたつかい　*252*
礼塞敦(6世紀頃)　れいそくとん　*520*
礼親王代善(17世紀)　れいしんのうダイシャン*　*520*
艾知生(20世紀)　がいちせい　*64*
辺韶(2世紀)　へんしょう　*421*
辺譲(2世紀)　へんじょう　*421*

【 6画 】

丞徳(前1世紀頃)　じょうとく　*223*
亦失哈(15世紀)　→イシハ　*19*
亦黒迷失(14世紀)　→イクミシ　*18*
伊尹(前16世紀頃)　いいん　*16*
伊比夫礼智千岐　いしぶれちかんき　*19*
伊夷模(2・3世紀)　いいも　*16*
伊利之(7世紀頃)　いりし　*24*

伊利可汗(6世紀)　→イリ・カガン　*24*
伊里布(18・19世紀)　いりふ　*24*
伊弥買(7世紀頃)　いみばい　*23*
伊舎羅(7世紀頃)　いしゃら　*19*
伊特勿失可汗(7世紀頃)
　　　　→イトクブツシツ・カガン　*22*
伊秩訾(前1世紀頃)　いちつび　*21*
伊然可汗(8世紀)　→イゼン・カガン　*21*
伊稚斜単于(前2世紀)　イチシャゼンウ　*21*
伊湛善(20世紀)　→尹潭善　ユンポソン　*451*
伊難如達干羅底瞟(8世紀頃)　いなんじょたつかんら
　　　　　　ていちん　*22*
仮皇帝(摂皇帝)(前1・後1世紀)
　　　　→王莽　おうもう　*59*
会稽公主　かいけいこうしゅ*　*63*
会稽王(3世紀)　→廃帝亮　はいていりょう　*378*
会稽王司馬道子(4・5世紀)
　　　　→会稽王道子　かいけいおうどうし　*63*
会稽王司馬道子(4・5世紀)
　　　　→会稽王道子　かいけいおうどうし　*63*
会稽王道子(4・5世紀)　かいけいおうどうし　*63*
休密駄(4世紀)　きゅうみつた　*101*
伍子胥(前5世紀)　ごししょ　*169*
伍孚(2世紀)　ごふ　*174*
伍廷芳(19・20世紀)　ごていほう　*173*
伍延(3世紀)　ごえん　*164*
伍修権(20世紀)　ごしゅうけん　*170*
伍習(3世紀頃)　ごしゅう　*170*
伍朝枢(19・20世紀)　ごちょうすう　*172*
伍瓊(2世紀)　→五瓊　ごけい　*167*
全斗煥(20世紀)　チョンドゥファン　*328*
全皇后　→全皇后(南宋)　ぜんこうごう*　*256*
全琫準(19世紀)　ぜんほうじゅん　*258*
全琮(3世紀)　ぜんそう　*257*
全禕(3世紀)　ぜんい　*255*
全端(3世紀頃)　ぜんたん　*257*
全懌(3世紀頃)　ぜんえき　*255*
伝秉常(20世紀)　ふへいじょう　*412*
任可澄(19・20世紀)　にんかちょう　*373*
任城王曹彰(3世紀)　にんじょうおうそうしょう*　*373*
任建新(20世紀)　にんけんしん　*373*
任思忠(20世紀)　じんしちゅう　*235*
任栄(20世紀)　にんえい　*373*
任峻(3世紀頃)　じんしゅん　*235*
任座　じんざ　*235*
任弼時(20世紀)　にんひつじ　*373*
任敖(前2世紀頃)　じんしょう　*235*
任愛(3世紀)　じんき　*233*
伏犧　→伏羲　ふくぎ　*407*

6画

伏羲 →伏犠 ふくぎ 407	地皇 ちこう 298
伏羲 →伏犠 ふくぎ 407	多亥阿波(8世紀頃) たがいあは 286
伏犠 ふくぎ 407	多安寿(9世紀頃) たあんじゅ 279
伏謝多(8世紀頃) ふくしゃた 407	多武(7世紀頃) たぶ 289
光中(18世紀) →グエン・フエ 125	多菜特(20世紀) →ウアルカイシ 27
光中(19世紀) →クァン・チュン 118	多博勒達干刺勿(8世紀頃) たはくろくたつかんしほつ 289
光文帝(3・4世紀) →劉淵 りゅうえん 498	多蒙固(8世紀頃) たもうこ 290
光宗(10世紀) →光宗(高麗) こうそう 155	多爾袞(17世紀) →ドルゴン 368
光宗(12世紀) →光宗(南宋)	多鐸(17世紀) →ドド 366
光宗(16・17世紀) →泰昌帝 たいしょうてい 280	多攬(8世紀頃) たらん 292
光宗(南宋)(12世紀) こうそう 155	多攬達干弥羯搓(8世紀頃) たらんたつかんびかつさ 292
光武帝(前1・後1世紀) →光武帝(後漢) こうぶてい 160	夷(前9世紀) →夷王 いおう* 17
光武帝(後漢)(前1・後1世紀) こうぶてい 160	夷燮(前9世紀) →夷王 いおう* 17
光海君(16・17世紀) こうかいくん 143	好太王(4・5世紀) →広開土王 こうかいどおう 143
光緒(19・20世紀) →光緒帝 こうしょてい 151	好福(7世紀頃) こうふく 160
光緒帝(19・20世紀) こうしょてい 151	如達干(8世紀頃) じょたつかん 229
兆恵(18世紀) →ジョーホイ 230	安(前5・4世紀) →安王 あんおう* 13
共(前10・9世紀) →共王 きょおう* 105	安(1世紀頃) あん 13
共王繄扈(前10・9世紀) →共王 きょおう* 105	安刀(6世紀頃) あと 8
共愍王(14世紀) →恭愍王 きょうびんおう 104	安子文(20世紀) あんしぶん 14
冲帝(2世紀) →沖帝 ちゅうてい 305	安化王(15・16世紀) →安化王朱寘鐇 あんかおうしゅしはん 13
冲虚(9世紀頃) ちゅうきょ 304	安化王朱寘鐇(15・16世紀) あんかおうしゅしはん 13
刑西萍(20世紀) けいせいひょう 133	安王驕(前5・4世紀) →安王 あんおう* 13
刑道栄(3世紀) けいどうえい 134	安世高(2世紀) あんせいこう 15
匡(前7世紀) →匡王 きょうおう* 102	安光泉(20世紀) あんこうせん 14
匡王班(前7世紀) →匡王 きょうおう* 102	安在鴻(20世紀) アンジェホン 14
吉爾杭阿(19世紀) →チルハンガ 329	安成公主(15世紀) あんせいこうしゅ* 15
吉鴻昌(20世紀) きつこうしょう 93	安宗(17世紀) あんそう 15
向太后(11・12世紀) しょうたいこう 221	安定王(6世紀) あんていおう* 15
向氏(7世紀頃) しょうし 219	安延師(8世紀頃) あんえんし 13
向忠発(19・20世紀) こうちゅうはつ 157	安昌浩(19・20世紀) アンチャンホ 15
向皇后(12世紀) しょうこうごう* 218	安明根(19・20世紀) あんめいこん 14
向郎(3世紀) →向朗 225	安帝(1・2世紀) →安帝(後漢) あんてい 15
向敏中(10・11世紀) こうびんちゅう 159	安帝(4・5世紀) →安帝(東晋) あんてい* 15
向朗(3世紀頃) しょうろう 225	安炳瓚(19・20世紀) あんへいさん 16
向寵(3世紀) しょうちょう 222	安重根(19・20世紀) アンジュングン 14
向警予(20世紀) こうけいよ 146	安修仁(7世紀頃) あんしゅうじん 14
后稷 こうしょく 151	安珦(13・14世紀) あんきょう 13
合丹(13世紀) →カダン 76	安莫純慇(8世紀頃) あんばくじゅんしつ 16
合浦公主(7世紀) ごうほこうしゅ* 161	安康郡主(12・13世紀) あんこうぐんしゅ* 14
合賛(13・14世紀) →ガーザーン 74	安勝(7世紀) あんしょう 15
合賛汗(13・14世紀) →ガーザーン 74	安禄山(8世紀頃) あんろくざん 16
合闕達干(8世紀頃) ごうけつたつかん 146	安童(13世紀) →アントン 16
吐毛檐没師(8世紀頃) ともうえんぼっし 367	安裕(13・14世紀) →安珦 あんきょう 13
同治(19世紀) →同治帝 どうちてい 358	安貴宝(8世紀頃) あんきほう 13
同治帝(19世紀) どうちてい 358	安陽王(前3世紀) →アン・ズオン・ヴォン 15
同慶帝(19世紀) →ドン・カン 368	
名悉猟(8世紀頃) めいしつりょう 442	
回良玉(20世紀) かいりょぎよく 65	

安楽公主（7・8世紀） あんらくこうしゅ 16	成祖（14・15世紀）→永楽帝 えいらくてい 38
安義公主（6世紀頃） あんぎこうしゅ 13	成祖（李朝）（15世紀）
安維峻（19・20世紀） あんいしゅん 13	→世祖（李朝） せいそ 248
安慶緒（8世紀） あんけいちょ 14	成倅（3世紀） せいさい 247
安歓喜（9世紀頃） あんかんき 13	成泰（19・20世紀）→タン・タイ 295
安諾槃陀（6世紀頃） あんだくはんだ 15	成泰帝（19・20世紀）→タン・タイ 295
安調遹（7世紀） あんちょういつ 15	成得臣 せいとくしん 251
安駉寿（19世紀） あんけいじゅ 13	成済（3世紀） せいさい 247
宇文化及（7世紀） うぶんかきゅう 32	成都王司馬穎（4世紀） せいとおうしばえい* 251
宇文泰（6世紀） うぶんたい 33	成廉（2世紀） せいれん 251
宇文覚（6世紀）→孝閔帝 こうびんてい 159	成親王（18・19世紀） せいしんのう 247
宇文貴（6世紀） うぶんき 32	成親王永瑆（18・19世紀）
宇文歆（7世紀頃） うぶんきん 32	→成親王 せいしんのう 247
宇文融（8世紀） うぶんゆう 33	旭烈兀（13世紀）→フラグ 413
宇文護（5・6世紀頃） うぶんご 33	曲承裕（10世紀）→クック・トゥア・ズ 129
宇麻（7世紀頃） うま 33	曲顥（10世紀）→クック・ハオ 129
年羹堯（18世紀） ねんこうぎょう 375	朱一貴（18世紀） しゅいっき 200
年羹堯（18世紀）→年羹堯 ねんこうぎょう 375	朱子（12世紀） しゅし 207
弐師将軍（前2・1世紀）→李広利 りこうり 481	朱元璋（14世紀）→洪武帝（明） こうぶてい 160
忙牙長（3世紀） ぼうがちょう 423	朱友珪（9・10世紀） しゅゆうけい 211
忙哥帖木児（13世紀）	朱太后（3世紀） しゅたいこう 209
→マング・ティムール 439	朱文圭（14・15世紀） しゅぶんけい 210
戎（1世紀頃） じゅう 200	朱文奎（14・15世紀） しゅぶんけい 210
戎子和（20世紀） じゅうしわ 203	朱文接（18世紀）
成（前12・11世紀頃）→成王（周） せいおう 246	→チャウ・ヴァン・ティエップ 299
成化（15世紀）→成化帝 せいかてい 247	朱世明（20世紀） しゅせいめい 208
成化帝（15世紀） せいかてい 247	朱由校（17世紀） しゅゆうこう 211
成公（3・4世紀） せいこう* 247	朱由崧（17世紀）→安宗 あんそう 15
成王（前12・11世紀頃）	朱由検 しゅゆうけん 211
→成王（周） せいおう 246	朱由榔（17世紀）→永明王 えいめいおう 37
成王（前7世紀）→成王（楚） せいおう 247	朱全忠（9・10世紀） しゅぜんちゅう 209
成王（周）（前12・11世紀頃） せいおう 246	朱光（3世紀） しゅこう 207
成王誦（前12・11世紀頃）	朱光卿（14世紀） しゅこうけい 207
→成王（周） せいおう 246	朱応（3世紀） しゅおう 205
成可（3世紀） せいか 247	朱泚（8世紀）→朱泚 しゅし 207
成吉思汗（12・13世紀）→チンギス・ハン 331	朱芳（3世紀頃） しゅほう 210
成安公主（12世紀） せいあんこうしゅ* 246	朱見済（15世紀） しゅけんせい 207
成何（3世紀）→成可 せいか 247	朱国禎（17世紀） しゅこくてい 207
成宜（3世紀） せいぎ 247	朱学範（20世紀） しゅがくはん 205
成宗（10世紀）→成宗（高麗） せいそう 249	朱尚文（20世紀）
成宗（13・14世紀）→成宗（元） せいそう 249	→チャウ・トゥオン・ヴァン 299
成宗（15世紀）→成宗（李朝） せいそう 249	朱邪赤心（9世紀） しゅやせきしん 210
成宗（元）（13・14世紀） せいそう 249	朱泚（8世紀） しゅし 207
成宗（李朝）（15世紀） せいそう 249	朱紈（15・16世紀） しゅがん 205
成宗（高麗）（10世紀） せいそう 249	朱紅燈（19世紀） しゅこうとう 207
成杭（9世紀頃） せいこう 247	朱家宝（19・20世紀） しゅかほう 205
成帝（前1世紀頃）→成帝（前漢） せいてい 250	朱家驊（20世紀） しゅかか 205
成帝（4世紀）→成帝（東晋） せいてい 250	朱恩（3世紀） しゅおん 205
成帝（前漢）（前1世紀頃） せいてい 250	朱珵（18・19世紀） しゅせん 209
	朱珪（18・19世紀） しゅけい 206

朱訓（20世紀）　しゅくん　206
朱勔（12世紀）　しゅめん　210
朱啓鈐（19・20世紀）　しゅけいきん　206
朱執信（19・20世紀）　しゅしっしん　208
朱培徳（19・20世紀）　しゅばいとく　210
朱常洵（16・17世紀）
　→朱常洵（福王）　しゅじょうじゅん　208
朱常涝（17世紀）　しゅじょうほう　208
朱深（19・20世紀）　しゅしん　208
朱清（13・14世紀）　しゅせい　208
朱異（3世紀）　しゅい　200
朱温（9・10世紀）→朱全忠　しゅぜんちゅう　209
朱然（2・3世紀）　しゅぜん　209
朱燄（18世紀）　しゅえん　205
朱買臣（前2世紀）　しゅばいしん　210
朱雲卿（20世紀）　しゅうんけい　205
朱寛（7世紀頃）　しゅかん　205
朱慈炯　しゅじけい　208
朱慈烺　しゅじろう　208
朱蒙（前1世紀）→東明王　とうめいおう　361
朱軾（17・18世紀）　しゅしょく　208
朱寧河（20世紀）　チュリンハ　307
朱徳（19・20世紀）　しゅとく　209
朱儁（2世紀）　しゅしゅん　208
朱崟（19世紀）　しゅそん　209
朱慶瀾（19・20世紀）　しゅけいらん　206
朱撫松（19・20世紀）　しゅぶしょう　210
朱権（14・15世紀）
　→寧王朱権　ねいおうしゅけん　374
朱襃（3世紀）　しゅほう　210
朱霊（3世紀頃）　しゅれい　211
朱熹（12世紀）→朱子　しゅし　207
朱積塁（20世紀）　しゅせきるい　209
朱鎔基（20世紀）　しゅようき　211
朱讚（3世紀）　しゅさん　207
朱霽青（19・20世紀）　しゅせいせい　208
朴一禹（20世紀）　ぼくいちう　427
朴仁老（16・17世紀）　パギンロ　380
朴文奎（20世紀）　ぼくぶんけい　381
朴世直（20世紀）　パセジク　381
朴正愛（20世紀）　パジョンエ　381
朴正熙（20世紀）　パクチョンヒ　382
朴正熙（20世紀）→朴正熙　パクチョンヒ　382
朴成哲（20世紀）　パクソンチョル　381
朴次貞（20世紀）　ぼくじてい　429
朴定陽（19・20世紀）　ぼくていよう　430
朴忠勲（20世紀）　パクチュンフン　382
朴斉純（19・20世紀）　ぼくせいじゅん　429
朴昌玉（20世紀）　ぼくしょうぎょく　429
朴武摩（7世紀頃）　ぼくぶま　430

朴泳孝（19・20世紀）　パクヨンヒョ　383
朴金喆（20世紀）　パククムチョル　381
朴春琴（20世紀）　パクチュングム　382
朴星煥（19・20世紀）　ぼくせいかん　429
朴炯圭（20世紀）　パクヒョンギュー　382
朴哲彦（20世紀）　パクチョルオン　382
朴容万（19・20世紀）　ぼくようまん　430
朴殷植（19・20世紀）　パクウンシク　380
朴泰俊（20世紀）　パクテジュン　382
朴烈（20世紀）　パクヨル　383
朴珪寿（19世紀）　ぼくけいじゅ　428
朴寅亮（11世紀）　パギンニャン　380
朴強国（7世紀頃）　ぼくきょうこく　428
朴惇之　ぼくとんし　430
朴勤修（7世紀頃）　ぼくきんしゅう　428
朴堤上（5世紀）　ぼくていじょう　430
朴裕（8世紀頃）　ぼくゆう　430
朴達（20世紀）　ぼくたつ　430
朴順天（20世紀）→朴順典　ぼくじゅんてん　429
朴順典（20世紀）　ぼくじゅんてん　429
朴瑞生　ぼくずいせい　429
朴赫居世（前1・後1世紀）　ぼくかくきょせい　428
朴億徳（7世紀頃）　ぼくおくとく　428
朴憲永（20世紀）　パクホニョン　383
朴鍾圭（20世紀）　パクチョンギュ　382
染思大王（3世紀）　だしだいおう　288
次干徳（6世紀頃）　じかんとく　188
汲黯（前2・1世紀）　きゅうあん　99
江亢虎（19・20世紀）　こうこうこ　147
江沢民（20世紀）　こうたくみん　157
江忠源（19世紀）　こうちゅうげん　157
江青（20世紀）　こうせい　152
江夏王李道宗（7世紀）　こうかおうりどうそう＊　143
江彬（16世紀）　こうひん　159
江清（20世紀）→江青　こうせい　152
江都公主　こうとこうしゅ＊　158
江都王劉建（前2世紀）　こうとおうりゅうけん＊　158
江夏（5世紀頃）　こうけいげん　145
江渭清（20世紀）　こういせい　141
江統（3・4世紀）　こうとう　158
江擁輝（20世紀）　こうようき　162
池錫永（19・20世紀）　ちしゃくえい　298
汝南王司馬亮（3世紀）　じょなんおうしばりょう＊　230
汝陽公主　じょようこうしゅ＊　230
牟羽可汗（8世紀）→ボウウ・カガン　422
百里奚（前7世紀）→百里渓　ひゃくりけい　397
百里渓（前7世紀）　ひゃくりけい　397
百済王昌成（7世紀）　くだらのこにきししょうせい

政治・外交・軍事篇　　　　　　　　　　661　　　　　　　　　　7画

　　　　　128
百済王善光（7世紀）　くだらのこにきしぜんこう　128
百済昌成（7世紀）
　　→百済王昌成　くだらのこにきししょうせい　128
百済善光（7世紀）
　　→百済王善光　くだらのこにきしぜんこう　128
竹世士（7世紀頃）　ちくせいし　298
米国鈞（20世紀）　べいこくきん　420
米忽汗（8世紀頃）　めいこつかん　441
米准那（8世紀頃）　めいじゅんな　442
考（前5世紀）→考王　こうおう*　142
考王巍（前5世紀）→考王　こうおう*　142
考那（7世紀頃）　こうな　159
老上単于（前2世紀）　ろうじょうぜんう　524
自会羅（8世紀頃）　じかいら　188
自斯（7世紀頃）　じし　190
西太后（19・20世紀）　せいたいこう　250
西門豹（前5・4世紀頃）　せいもんひょう　251
西海公主（5世紀頃）　せいかいこうしゅ　247

　　　　【 7画 】

更始帝（1世紀）　こうしてい　149
何太后（2世紀）→何皇后　かこうごう　73
何天炯（19・20世紀）　かてんけい　77
何世礼（20世紀）　かせいれい　76
何処羅抜（7世紀頃）　かしょらばつ　76
何会（2・3世紀）　かそう　76
何光遠（20世紀）　かこうえん　72
何如璋（19世紀）　かじょしょう　76
何成濬（19・20世紀）　かせいしゅん　76
何克全（20世紀）　かこくぜん　73
何応欽（19・20世紀）　かおうきん　65
何叔衡（19・20世紀）　かしゅくこう　75
何国宗（16・17世紀）　かこくそう　73
何孟雄（20世紀）　かもうゆう　79
何承天（4・5世紀）　かしょうてん　75
何武（前1世紀頃）　かぶ　78
何苗（2世紀）　かびょう　78
何長工（20世紀）　かちょうこう　77
何皇后（2世紀）　かこうごう　73
何香凝（19・20世紀）　かこうぎょう　73
何啓（19・20世紀）　かけい　71
何執中（11・12世紀）　かしつちゅう　74
何康（20世紀）　かこう　72
何曼（2世紀）　かまん　79
何進（2世紀）　かしん　76

何尊権（18・19世紀）→ハ・トン・クエン　387
何曾（3世紀頃）　かそう　76
何楷（17世紀）　かかい　66
何継筠（10世紀）　かけいいん　71
何儀（2世紀）　かぎ　66
何魯之（20世紀）　かろし　80
何鍵（19・20世紀）　かけん　72
何顒（3世紀頃）　かぎょう　66
何騰蛟（17世紀）　かとうこう　78
佐宗棠（19世紀）→左宗棠　さそうとう　183
伯顔（13世紀）→バヤン　388
伯顔（14世紀）→バヤン　388
余子俊（15世紀）　よししゅん　463
余心清（20世紀）　よしんせい　464
余奴（5世紀頃）　よど　464
余立金（20世紀）　よりつきん　464
余宜受（7世紀頃）　よぎず　463
余保純（19世紀）　よほじゅん　464
余怒（6世紀頃）　よぬ　464
余秋里（20世紀）　よしゅうり　463
余清芳（19・20世紀）　よせいほう　464
余漢謀（20世紀）　よかんぼう　463
余豊璋（7世紀）→豊璋王　ほうしょうおう　425
余闕（14世紀）　よけつ　463
伶玄（前1・後1世紀）　れいげん　519
伶倫　れいりん　520
佗鉢可汗（6世紀）→タハツ・カガン　289
兒鉄失（14世紀）→テクシ　348
別里古台（13世紀）→ベルグテイ　420
利摩日夜（8世紀頃）　りまじつや　495
努爾哈赤（16・17世紀）→ヌルハチ　374
労乃宣（19・20世紀）　ろうだいせん　524
含嚓（8世紀頃）　がんさ　84
呉三桂（17世紀）　ごさんけい　169
呉三連（20世紀）　ごさんれん　169
呉士連（15世紀）→ゴ・シ・リエン　126
呉子（前5・4世紀）→呉起　ごき　165
呉子安　→ゴ・ツ・アン　127
呉子蘭（2世紀）　ごしらん　170
呉中（14・15世紀）　ごちゅう　172
呉仁静　→ゴ・ニャン・ティン　127
呉允謙（16・17世紀）　ごいんけん　141
呉元済（8・9世紀）　ごげんせい　168
呉文英（20世紀）　ごぶんえい　175
呉文楚　→ゴ・ヴァン・ソ　126
呉王劉濞（前3・2世紀）　ごおうりゅうび　164
呉王劉濞（前3・2世紀）
　　→呉王劉濞　ごおうりゅうび　164
呉王濞（前3・2世紀）

7画

→呉王劉濞　ごおうりゅうび　164
呉世昌（19・20世紀）　ごせいしょう　171
呉世璠（17世紀）　ごせいはん　171
呉可読（19世紀）　ごかどく　164
呉広（前3世紀）　ごこう　168
呉玉章（19・20世紀）　ごぎょくしょう　166
呉光浩（20世紀）　ごこうこう　168
呉充（11世紀）　ごじゅう　170
呉兆麟（19・20世紀）　ごちょうりん　172
呉匡（3世紀頃）　ごきょう　165
呉作棟（20世紀）　→ゴー・チョク・トン　172
呉伯雄（20世紀）　ごはくゆう　174
呉廷琰（20世紀）　→ゴ・ディン・ジェム　173
呉臣（3世紀）　ごしん　171
呉邦国（20世紀）　ごほうこく　175
呉佩孚（19・20世紀）　ごはいふ　174
呉其濬　ごきしゅん　165
呉国楨（20世紀）　ごこくてい　168
呉学謙（20世紀）　ごがくけん　164
呉官正（20世紀）　ごかんせい　164
呉廷可（20世紀）　→ゴォ・ディン・カ　127
呉廷琰（20世紀）　→ゴ・ディン・ジェム　173
呉昌文（10世紀）　→ゴ・スオン・ヴァン　126
呉明（20世紀）　オミョン　62
呉法憲（20世紀）　ごほうけん　175
呉長慶（19世紀）　ごちょうけい　172
呉亮平（20世紀）　ごりょうへい　176
呉俊陞（19・20世紀）　ごしゅんしょう　170
呉思鎌（8世紀頃）　ごしけん　169
呉栄光（18・19世紀）　ごえいこう　164
呉皇后（12世紀）　ごこうごう*　168
呉従周　→ゴォ・トゥン・チャウ　127
呉振宇（20世紀）　オジンウ　61
呉時任　→ゴォ・トイ・ニエム　127
呉桂賢（20世紀）　ごけいけん　167
呉起（前5・4世紀）　ごき　165
呉健彰（19世紀）　ごけんしょう　167
呉晗（20世紀）　ごがん　164
呉敬恒（19・20世紀）　ごけいこう　167
呉景濂（19・20世紀）　ごけいれん　167
呉景環（18世紀）　→ゴォ・カイン・ホアン　126
呉曾　ごそう　171
呉朝枢（19・20世紀）　ごちょうすう　172
呉椎暉（19・20世紀）　→呉敬恒　ごけいこう　167
呉満有（20世紀）　ごまんゆう　175
呉禄貞（19・20世紀）　ごろくてい　176
呉損（8世紀）　ごそん　172
呉暈（9世紀頃）　ごうん　164

呉漢（1世紀）　ごかん　164
呉瑞林（20世紀）　ごずいりん　171
呉稚暉（19・20世紀）　→呉敬恒　ごけいこう　167
呉鉄城（19・20世紀）　ごてつじょう　174
呉鼎昌（19・20世紀）　ごていしょう　173
呉徳（20世紀）　ごとく　174
呉熊光（18・19世紀）　ごゆうこう　175
呉儀（20世紀）　ごぎ　165
呉慶錫（19世紀）　ごけいしゃく　167
呉権（9・10世紀）　→ゴォ・クエン　126
呉樾（19・20世紀）　ごえつ　164
呉璘（12世紀）　ごりん　176
呉醒漢（19・20世紀）　ごせいかん　171
呉濤（20世紀）　ごとう　174
呉蘭（3世紀）　ごらん　175
呉曦（12・13世紀）　ごぎ　165
呉耀宗（20世紀）　ごようそう　175
吾爾開希（20世紀）　→ウアルカイシ　27
吾彦（3世紀頃）　ごげん　167
呂大防（11世紀）　りょだいぼう　512
呂大忠（11・12世紀）　りょたいちゅう　512
呂才（7世紀）　りょさい　512
呂不韋（前3世紀）　りょふい　513
呂公（2世紀）　りょこう　512
呂公著（11世紀）　りょこうちょ　512
呂文煥（13世紀）　りょぶんかん　513
呂文徳（13世紀）　りょぶんとく　513
呂氏（前2世紀）　→呂后　りょこう　512
呂布（2世紀）　りょふ　513
呂正操（20世紀）　りょせいそう　512
呂光（4世紀）　りょこう　511
呂向（8世紀頃）　りょきょう　511
呂后（前2世紀）　りょこう　512
呂夷簡（10・11世紀）　りょいかん　508
呂好問（11・12世紀）　りょこうもん　512
呂希哲（11・12世紀）　りょきてつ　511
呂秀蓮（20世紀）　りょしゅうれん　512
呂定琳（8世紀頃）　ろていりん　525
呂尚（前11世紀頃）　→太公望　たいこうぼう　280
呂岱（2・3世紀頃）　りょたい　512
呂拠（3世紀）　りょきょ　511
呂威璜（2世紀）　りょいこう　508
呂建（3世紀頃）　りょけん　511
呂海寰（19・20世紀）　ろかいかん　524
呂皇后（前2世紀）　→呂后　りょこう　512
呂祐吉（16・17世紀）　ろゆうきつ　526
呂恵卿（11・12世紀）　りょけいけい　511
呂通（3世紀頃）　りょつう　513
呂常（3世紀頃）　りょじょう　512

呂産　りょさん　512	李幹児出（12・13世紀）→ボオルチュ　427
呂隆（4・5世紀）　りょりゅう　513	李羅帖木児（14世紀）→ボロト・テムル　434
呂禄　りょろく　513	李羅忽勒（12・13世紀）→ボロフル　434
呂翔（3世紀）　りょしょう　512	完顔可喜　ワンヤンカキ　529
呂運亨（19・20世紀）　ヨウニョン　461	完顔希尹（12世紀）　ワンヤンキイン　529
呂義（3世紀頃）　りょぎ　511	完顔希伊（12世紀）
呂蒙（2・3世紀）　りょもう　513	→完顔希尹　ワンヤンキイン　529
呂蒙正（10・11世紀）　りょもうせい　513	完顔宗本　ワンヤンソウホン　530
呂嘉　→ル・ザ　519	完顔宗弼（12世紀）　ワンヤンソウヒツ　530
呂嘉問（11世紀頃）　りょかもん　511	完顔宗幹（11・12世紀）
呂端（10世紀）　りょたん　513	→完顔宗翰　ワンヤンソウカン　530
呂誨（11世紀頃）　りょかい　511	完顔宗翰（11・12世紀）　ワンヤンソウカン　530
呂範（3世紀）　りょはん　513	完顔阿骨打（11・12世紀）　ワンヤンアクダ　529
呂頤浩（11・12世紀）　りょいこう　508	宋子文（20世紀）　そうしぶん　264
呂燕九（20世紀）　ヨヨング　464	宋之清（18世紀）　そうしせい　263
呂曠（3世紀）　りょこう　512	宋文帝（5世紀）→文帝（南朝宋）　ぶんてい　418
呂覇（3世紀頃）　りょは　513	宋日福　→トン・ヴェット・フック　368
図們札薩克図汗（16世紀）	宋令文（7世紀頃）　そうれいぶん　269
→トゥメン・ジャサクトゥ・ハン　361	宋平（20世紀）　そうへい　268
図理琛（17・18世紀）　とりちん　368	宋任窮（20世紀）　そうにんきゅう　267
壱万福（8世紀頃）　いちまんぷく　21	宋江（12世紀頃）　そうこう　262
孝（前9世紀）→孝王（周）　こうおう*　142	宋汝霖（19・20世紀）　そうじょりん　265
孝元皇太后　こうげんこうたいごう　146	宋希璟（14・15世紀）　そうきけい　260
孝公（前4世紀）→孝公（秦）　こうこう　147	宋季文（20世紀）　そうきぶん　260
孝公（秦）（前4世紀）　こうこう　147	宋忠（3世紀頃）　そうちゅう　266
孝文帝（5世紀）	宋果（2世紀）　そうか　260
→孝文帝（北魏）　こうぶんてい　161	宋乗畯
孝文帝（北魏）（5世紀）　こうぶんてい　161	→宋乗暁　ソンビョンジュン　277
孝王辟方（前9世紀）→孝王（周）　こうおう*　142	宋乗暁（19・20世紀）　ソンビョンジュン　277
孝成王（8世紀）　こうせいおう　153	宋育仁（19・20世紀）　そういくじん　259
孝宗（12世紀）→孝宗（宋）　こうそう　155	宋金剛（7世紀）　そうこんごう　263
孝宗（15・16世紀）→弘治帝　こうちてい　157	宋庠（11世紀）　そうしょう　264
孝宗（17世紀）→孝宗（李朝）　こうそう　155	宋皇后（10世紀）　そうこうごう*　262
孝宗（宋）（12世紀）　こうそう　155	宋美齢（20世紀）　そうびれい　268
孝宗（明）（15・16世紀）	宋哲元（19・20世紀）　そうてつげん　267
→弘治帝　こうちてい　157	宋恕（19・20世紀）　そうじょ　264
孝宗（南宋）（12世紀）	宋振明（20世紀）　そうしんめい　265
→孝宗（宋）　こうそう　155	宋時烈（17世紀）　そうじれつ　265
孝明帝（6世紀）　こうめいてい*　162	宋時輪（20世紀）　そうじりん　265
孝武帝（前2・1世紀）→武帝（前漢）　ぶてい　410	宋浚吉（17世紀）　そうしゅんきつ　264
孝武帝（4世紀）	宋教仁（19・20世紀）　そうきょうじん　261
→孝武帝（東晋）　こうぶてい　160	宋堯讃（20世紀）　ソンヨチャン　278
孝武帝（5世紀）	宋景詩（19世紀）　そうけいし　261
→孝武帝（六朝・宋）　こうぶてい*　160	宋慈（12・13世紀）　そうじ　263
孝武帝（6世紀）→孝武帝（北魏）　こうぶてい　160	宋楚瑜（20世紀）　そうそゆ　266
孝昭帝（6世紀）　こうしょうてい*　151	宋福匡　→トン・フォック・クオン　369
孝荘帝（6世紀）　こうそうてい　156	宋福協　→トン・フォック・ヒエップ　369
孝閔帝（6世紀）　こうびんてい　159	宋福和　→トン・フォック・ホア　369
孝静帝（6世紀）　こうせいてい*　153	宋福湛　→トン・フォック・ダム　369
孝懐帝（3・4世紀）→懐帝　かいてい　64	宋義（前3世紀）　そうぎ　260
李来（15世紀）→ボライ　434	

宋徳福(20世紀) そうとくふく 267	杜叔静 →ド・トゥック・ティン 366
宋維新(19世紀) →トン・ズイ・タン 369	杜彀(4世紀) とどう 366
宋慶(19・20世紀) そうけい 261	杜青仁(18世紀) →ド・タイン・ニャン 366
宋慶齢(19・20世紀) そうけいれい 261	杜衍(10・11世紀) とえん 362
宋憲(2世紀) そうけん 262	杜恕(3世紀) とじょ 365
宋濂(14世紀) そうれん 269	杜真鉄(19・20世紀)
宋璟(7・8世紀) そうえい 259	→ド・チャン・ティエット 366
宋繇(5世紀頃) そうよう 269	杜微(3世紀頃) とび 366
宋襄(前7世紀)	杜祺(3世紀頃) とき 363
→襄公(春秋・宋) じょうこう 218	杜義(3世紀頃) とぎ 363
宋謙(3世紀) そうけん 262	杜詩(1世紀) とし 365
宋鎮禹(19・20世紀) ソンジヌ 276	杜路(3世紀頃) とろ 368
寿春公主(14世紀) じゅしゅんこうしゅ* 208	杜載(9世紀頃) とさい 365
寿神(9世紀) じゅしん 208	杜預(3世紀) とよ 367
寿寧大長公主(14世紀) じゅねいだいちょうこうしゅ* 210	杜叡(3世紀) とえい 362
寿寧公主 じゅねいこうしゅ* 210	杜錫珪(19・20世紀) としゃくけい 365
岐陽荘淑公主(9世紀) きようそうしゅくこうしゅ* 103	杜環(8世紀) とかん 363
岑昏(3世紀) しんこん 235	杜襲(3世紀頃) としゅう 365
岑威(3世紀) しんい 231	杜徹(3世紀頃) とび 366
岑春煊(19・20世紀) しんしゅんけん 235	来俊臣(7世紀) らいしゅんしん 464
岑彭(1世紀) しんほう 239	来敏(3世紀頃) らいびん 465
岑毓英(19世紀) しんいくえい 232	李乙雪(20世紀) イウルソル 17
岑璧(3世紀) しんへき 239	李乂(7・8世紀) りがい 473
応天皇后(9・10世紀) おうてんこうごう 56	李三才(17世紀) りさんさい 482
志鋭(19・20世紀) しえい 187	李万超(10世紀) りばんちょう 493
忻都(13世紀) きんと 115	李万燮(20世紀) イマンソプ 23
戻太子(前2・1世紀) れいたいし 520	李大釗(19・20世紀) りたいしょう 490
抜含伽(8世紀頃) ばつがんか 386	李大章(20世紀) りだいしょう 490
抜都(13世紀) →バトウ 386	李大輔(20世紀) りたいほ 490
扶董天王 →フ・ドン ティエン・ヴオン 411	李子通(7世紀) りしつう 484
扶餘隆(7世紀) ふよりゅう 413	李子淵(11世紀) りしえん 483
扶蘇(前3世紀) ふそ 409	李之龍(20世紀) りしりゅう 486
杜太后(10世紀) とたいごう* 366	李井泉(20世紀) りせいせん 488
杜文秀(19世紀) とぶんしゅう 367	李化龍(16・17世紀) りかりゅう 473
杜文瀾(19世紀) とぶんらん 367	李仁(20世紀) りじん 486
杜月笙(19・20世紀) とげつしょう 365	李仁任(14世紀) りじんにん 486
杜氏心(20世紀) →ド・ティ・タム 366	李仁宗(11・12世紀) →リ・ニャン・トン 493
杜世忠(13世紀) とせいちゅう 366	李仁済(20世紀) イインジェ 17
杜伏威(7世紀) とふくい 367	李元吉(7世紀) りげんきつ 478
杜如晦(6・7世紀) とじょかい 365	李元昊(11世紀) りげんこう 478
杜宇 とう 351	李元度(19世紀) りげんたく 479
杜汝晦(6・7世紀) →杜如晦 とじょかい 365	李元泰(8世紀頃) りげんたい 479
杜聿明(20世紀) といつめい 351	李元翼(16・17世紀) りげんよく 479
杜行 →ド・ハイン 366	李公僕(20世紀) りこうほく 481
杜行満(7世紀頃) とこうまん 365	李公蘊(10・11世紀) →リ・コン・ウアン 481
杜佑(8・9世紀) とゆう 367	李公薀(10・11世紀) →リ・コン・ウアン 481
杜近(15世紀) →ド・カン 363	李六如(19・20世紀) りりくじょ 514
杜受田(18・19世紀) とじゅでん 365	李太王(19・20世紀) りたいおう 490
	李太宗(11世紀) →リ・タイ・トン 490

李太祖（10・11世紀）	→リ・コン・ウアン	481
李天佑（20世紀）	りてんゆう	492
李文田（19世紀）	りぶんでん	494
李文成（18・19世紀）	りぶんせい	494
李文忠（14世紀）	りぶんちゅう	494
李方子（20世紀）	イパンジャ	22
李止淵（18・19世紀）	りしえん	483
李水清（20世紀）	りすいせい	487
李王（19・20世紀）	→純宗　じゅんそう	213
李王（朝鮮）（19・20世紀）→純宗　じゅんそう		213
李世民（7世紀）	→太宗（唐）　たいそう	282
李四光（19・20世紀）	りしこう	483
李失活（8世紀）	りしつかつ	484
李広（前2世紀）	りこう	479
李広（15世紀）	りこう	479
李広利（前2・1世紀）	りこうり	481
李永芳（17世紀）	りえいほう	472
李玉琴（20世紀）	りぎょくきん*	474
李甲（19・20世紀）	りこう	479
李石会（19・20世紀）	→李石曾　りせきそう	488
李石曾（19・20世紀）	りせきそう	488
李立三（20世紀）	りりつさん	514
李会昌（20世紀）	イフェチャン	23
李会栄（19・20世紀）	りかいえい	473
李全（13世紀）	りぜん	488
李伏（3世紀頃）	りふく	494
李光弼（8世紀）	りこうひつ	480
李光耀（20世紀）	→リー・クワン・ユー	477
李先念（20世紀）	りせんねん	489
李兆麟（20世紀）	りちょうりん	491
李冰（前3世紀）	りひょう	494
李吉甫（8・9世紀）	りきっぽ	474
李在明（19・20世紀）	りざいめい	482
李多祚（7・8世紀）	りたそ	491
李如松（16世紀）	りじょしょう	486
李存勖（9・10世紀）	→李存勗　りそんきょく	489
李存勗（9・10世紀）	りそんきょく	489
李安（15世紀）	りあん	471
李安世（5世紀）	りあんせい	471
李守真（7世紀頃）	りしゅしん	484
李成桂（14・15世紀）	りせいけい	487
李成梁（16・17世紀）	りせいりょう	488
李自成（17世紀）	りじせい	483
李舟河（20世紀）	りしゅうか	484
李作鵬（20世紀）	りさくほう	482
李克用（9・10世紀）	りこくよう	481
李克強（20世紀）	りこくきょう	481
李克農（20世紀）	りこくのう	481
李孝信（9世紀頃）	りこうしん	480
李孝恭（6・7世紀）	りこうきょう	480
李孝祥（20世紀）	イヒョサン	22
李孝誠（9世紀頃）	りこうせい	480
李完用（19・20世紀）	イワンヨン	24
李宋仁（20世紀）	→李宗仁　りそうじん	489
李寿成（20世紀）	イスソン	20
李希列（8世紀）	→李希烈　りきれつ	474
李希烈（8世紀）	りきれつ	474
李泗（9世紀頃）	りぜい	487
李沆（10・11世紀）	りこう	479
李沖（5世紀）	りちゅう	491
李求実（20世紀）	りきゅうじつ	474
李秀成（19世紀）	りしゅうせい	484
李芸（14・15世紀）	りげい	477
李佺（8世紀頃）	りせん	488
李周淵（20世紀）	リジュヨン	485
李周慶（9世紀頃）	りしゅうけい	484
李国昌（9世紀）	→朱邪赤心　しゅやせきしん	210
李国鼎（20世紀）	りこくてい	481
李奉昌（20世紀）	イボンチャン	23
李始末（19・20世紀）	→李始栄　りしえい	483
李始栄（19・20世紀）	りしえい	483
李宗仁（20世紀）	りそうじん	489
李宗閔（9世紀）	りそうびん	489
李宗瀚（18・19世紀）	りそうかん	489
李定国（17世紀）	りていこく	492
李居正（9世紀頃）	りきょせい	474
李延年（前2・1世紀頃）	りえんねん	472
李延禄（20世紀）	りえんろく	472
李承宗（9世紀頃）	りしょうそう	485
李承英（9世紀頃）	りしょうえい	485
李承恩（8世紀頃）	りしょうおん	485
李承寀（8世紀）	りしょうしん	485
李承晩（19・20世紀）	イスンマン	20
李承燁（20世紀）	りしょうか	485
李斉賢（13・14世紀）	りせいけん	487
李昉（10世紀）	りほう	495
李昇薫（19・20世紀）	イスンフン	20
李明漢（16・17世紀）	イーミョンハン	23
李明瑞（20世紀）	りめいずい	496
李服（3世紀頃）	りふく	494
李東元（20世紀）	イドンウォン	22
李東寧（19・20世紀）	りとうねい	492
李東輝（20世紀）	イトンヒ	22
李林甫（8世紀）	りりんぽ	514
李波達僕（8世紀頃）	りはたつぼく	493

李泌(8世紀)　りひつ　494	李家煥(18・19世紀)　りかかん　473
李秉衡(19世紀)　りへいこう　494	李容翊(19・20世紀)　りようよく　511
李英(19・20世紀)　りえい　472	李宸妃(10・11世紀)　りしんひ　486
李英宗(12世紀)→リ・アィン・トン　471	李従易(9世紀)　りじゅうえき　484
李英真(9世紀頃)　りえいしん　472	李従茂(14・15世紀)　りじゅうも　484
李若水(11・12世紀)　りじゃくすい　484	李従簡(9世紀頃)　りじゅうかん　484
李虎(3世紀頃)　りこ　479	李悝(前5・4世紀頃)　りかい　472
李長庚(18・19世紀)　りちょうこう　491	李敏雨(20世紀)　イミンウ　23
李長春(20世紀)　りちょうしゅん　491	李晟(8世紀)　りせい　487
李青天(19・20世紀)　りせいてん　488	李書城(19・20世紀)　りしょじょう　486
李俊雄(9世紀頃)　りしゅんゆう　485	李栗谷(16世紀)→李珥　りじ　483
李南呼禄(9世紀頃)　りなんころく　493	李根源(19・20世紀)　りこんげん　482
李厚洛(20世紀)　イフラク　23	李根模(20世紀)　イクンモ　18
李厚基(19・20世紀)　りこうき　480	李烈鈞(19・20世紀)　りれつきん　515
李垠(20世紀)　イウン　17	李特(4世紀)　りとく*　492
李奎報(12・13世紀)　りけいほう　478	李珪(3世紀)　りけい　477
李封(2世紀)　りほう　495	李珥(16世紀)　りじ　483
李建中(10・11世紀)　りけんちゅう　479	李純(19・20世紀)　りじゅん　485
李建成(6・7世紀)　りけんせい　478	李素文(20世紀)　りそぶん　489
李建昌(19世紀)　りけんしょう　478	李能本(8世紀頃)　りのうほん　493
李彦迪(15・16世紀)　りげんてき　479	李訓(9世紀)　りくん　477
李恢(3世紀)　りかい　473	李起鵬(20世紀)　イギブン　17
李施愛(15世紀)　りしあい　483	李通(1世紀)　りつう　491
李昇(9・10世紀)　りべん　494	李通(2・3世紀)　りつう　491
李昰応(19世紀)→大院君　たいいんくん　279	李邕(7・8世紀)　りよう　508
李昱(7世紀頃)　りいく　471	李乾徳(11・12世紀)→リ・ニャン・トン　493
李是応(19世紀)→大院君　たいいんくん　279	李亀年(9世紀)　りきねん　474
李星沅(18・19世紀)　りせいげん　487	李商在(19・20世紀)　イサンジェ　18
李栄徳(20世紀)　イヨンドク　24	李啓新(20世紀)　りけいしん　477
李柱銘(20世紀)　りちゅうめい　491	李基白(20世紀)　イキベク　17
李海瓚(20世紀)→李海瓚　イヘチャン　23	李基沢(20世紀)　イキテク　17
李海瓚(20世紀)　イヘチャン　23	李密(6・7世紀)　りみつ　495
李洪九(20世紀)　イホング　17	李崇(3世紀頃)　りすう　487
李皇后　→李皇后(北斉)　りこうごう*　480	李崇仁(14世紀)　イースンイン　20
李皇后(10世紀)	李常(11世紀)　りじょう　485
→李皇后(五代十国・後漢)　りこうごう*　480	李常傑(11・12世紀)
李皇后(12世紀)	→リ・トゥオン・キェット　492
→李皇后(南宋)　りこうごう*　480	李康(3世紀)　りこう　479
李相玉(20世紀)　イサンオク　18	李康年(19・20世紀)　りこうねん　480
李相卨(19・20世紀)　りそうせつ　489	李康国(20世紀)　りこうこく　480
李相龍(19・20世紀)　りそうりゅう　489	李済臣(16世紀)　イージェシン　19
李神宗(12世紀)→リ・タン・トン　491	李済深(19・20世紀)　りさいしん　482
李紅光(20世紀)　りこうこう　480	李済琛(19・20世紀)→李済深　りさいしん　482
李軌(6・7世紀)　りき　474	李淵(6・7世紀)→高祖(唐)　こうそ　154
李适(16・17世紀)　りかつ　473	李球(3世紀)　りきゅう　474
李重旻(9世紀頃)　りじゅうびん　484	李異(3世紀)　りい　471
李原(15世紀)　りげん　478	李盛鐸(19・20世紀)　りせいたく　488
李哲承(20世紀)　イチョルスン　21	李経方(19・20世紀)　りけいほう　478

李経義(19・20世紀)	りけいぎ 477	李漢俊(19・20世紀)	りかんしゅん 473
李紳(8・9世紀)	りしん 486	李漢基(20世紀)	イハンギ 22
李粛(2世紀)	りしゅく 484	李源京(20世紀)	イウォンギョン 17
李進 →リ・ティエン 492		李源潮(20世紀)	りげんちょう 479
李陸史(20世紀)	イーユクサ 24	李準(19・20世紀)	りじゅん 485
李隆郎(9世紀頃)	りりゅうろう 514	李煜(10世紀)	りいく 471
李陵(前2・1世紀)	りりょう 514	李煜堂(19・20世紀)	りいくどう 471
李雪峰(20世紀)	りせっぽう 488	李煥(20世紀)	りかん 473
李催(2世紀)	りかく 473	李瑋鐘(20世紀)	りいしょう 472
李善長(14世紀)	りぜんちょう 488	李瑁(8世紀頃)	りう 472
李堪(3世紀)	りかん 473	李瑞山(20世紀)	りずいざん 487
李富春(20世紀)	りふしゅん 494	李瑞環(20世紀)	りずいかん 486
李富栄(20世紀)	イブヨン 23	李福(3世紀頃)	りふく 494
李嵐清(20世紀)	りらんせい 513	李福林(19・20世紀)	りふくりん 494
李巽(8世紀頃)	りそん 489	李継捧(10・11世紀)	りけいほう 478
李弼(5・6世紀)	りひつ 494	李継嶜(9世紀頃)	りけいしょう 477
李揆(8世紀)	りき 474	李継遷(10・11世紀)	りけいせん 477
李敬業(7世紀)	りけいぎょう 477	李義方(12世紀)	りぎほう 474
李斯(前3世紀)	りし 482	李義府(7世紀)	りぎふ 474
李晬光(16・17世紀)	りさいこう 482	李義旼(12世紀)	りぎびん 474
李景林(19・20世紀)	りけいりん 478	李義表(7世紀頃)	りぎひょう 474
李景儒(9世紀頃)	りけいじゅ 477	李聖宗(11世紀) →リ・タイン・トン 490	
李最応(19世紀)	りさいおう 482	李舜臣(16世紀)	イスンシン 20
李勝(3世紀)	りしょう 485	李蒙(2世紀)	りもう 496
李朝清(9世紀頃)	りちょうせい 491	李蓮英(19・20世紀)	りれんえい 515
李森茂(20世紀)	りしんも 486	李豊(2世紀)	りほう 495
李満住(15世紀)	りまんじゅう 495	李豊(3世紀頃)	りほう 495
李登輝(20世紀)	りとうき 492	李資謙(12世紀)	りしけん 483
李葆華(20世紀)	りほうか 495	李載先(19世紀)	りさいせん 482
李裕元(19世紀)	りゆうげん 499	李載裕(20世紀)	りさいゆう 482
李訶内(9世紀頃)	りかない 473	李鉄映(20世紀)	りてつえい 492
李賁(6世紀)	りほん 495	李靖(6・7世紀)	りせい 487
李運昌(20世紀)	りうんしょう 472	李鼎銘(19・20世紀)	りていめい 492
李達(14・15世紀)	りたつ 491	李徳生(20世紀)	りとくせい 492
李道立(7世紀頃)	りどうりつ 492	李徳全(20世紀)	りとくぜん 493
李道成 →リ・ダオ・タイン 490		李徳明(10・11世紀)	りとくめい 493
李道宗(6・7世紀)	りどうそう 492	李徳林(6世紀)	りとくりん 493
李鈞(16・17世紀) →宣祖(李朝) せんそ 257		李徳裕(8・9世紀)	りとくゆう 493
李雄(3・4世紀)	りゆう 496	李愻(8・9世紀)	りそ 489
李順(5世紀)	りじゅん 485	李愬(4・5世紀)	りこう 479
李順(10世紀)	りじゅん 485	李愬(7・8世紀)	りこう 479
李勢(4世紀)	りせい 487	李端棻(19・20世紀)	りたんふん 491
李勣(6・7世紀)	りせき 488	李維漢(20世紀)	りいかん 471
李楽(2世紀)	りがく 473	李綱(11・12世紀)	りこう 479
李楽天(20世紀)	りらくてん 513	李肇星(20世紀)	りちょうせい 491
李歆(3世紀頃)	りきん 474	李輔(3世紀頃)	りほ 494
李歆(5世紀)	りきん* 474	李銛(9世紀頃)	りかつ 473
李漢東(20世紀)	イハンドン 22	李儔(19・20世紀)	りしゅん 485

李寮(9世紀頃)　りりょう　514
李摩那(9世紀頃)　りまな　495
李範允(19世紀)　りはんいん　493
李範奭(20世紀)　イボムソク　23
李範錫(20世紀)　イボムソク　23
李蔵(14・15世紀)　りてん　492
李賁(8世紀頃)　りしつ　484
李鋭(9世紀頃)　りえい　472
李震(20世紀)　りしん　486
李儒(2世紀)　りじゅ　484
李懐仙(8世紀頃)　りかいせん　473
李懐光(8世紀頃)　りかいこう　473
李憲(8・9世紀)　りけん　478
李憲寿(9世紀頃)　りけんじゅ　478
李嘉性(20世紀)　イヒソン　22
李璟(9世紀頃)　りえい　472
李璟(10世紀)　りえい　472
李興礼(9世紀頃)　りこうれい　481
李興晟(9世紀頃)　りこうせい　480
李衛(17・18世紀)　りえい　472
李賢(7世紀)→章懐太子　しょうかいたいし　216
李賢(15世紀)　りけん　478
李賢宰(20世紀)　イヒョンジェ　23
李賢輔(15・16世紀)　イーヒョンポ　23
李錫銘(20世紀)　りしゃくめい　484
李頭(8世紀頃)　りとう　492
李燭塵(19・20世紀)　りしょくじん　486
李雙和(19・20世紀)　りしょうわ　486
李壇(13世紀)　りたん　491
李膺(2世紀)　りよう　508
李鍾一(19・20世紀)　りしょういつ　485
李鴻章(19・20世紀)　りこうしょう　480
李鴻藻(19世紀)　りこうそう　480
李穡(14世紀)　りしょく　486
李顕龍(20世紀)→リー・シェンロン　483
李瀚章(19世紀)　りかんしょう　474
李鵬(3世紀)　りほう　495
李鵬(20世紀)　りほう　495
李巌(3世紀)　りげん　478
李巌(17世紀)　りがん　473
李鍾玉(20世紀)　イジョンオク　19
李鍾賛(20世紀)　りしょうさん　485
李麟佐(18世紀)　りりんさ　514
李麟栄(19・20世紀)　りりんえい　514
汶休帯山(6世紀頃)　もんくたいせん　446
汶休麻那(6世紀頃)　もんくまな　446
汶洲王(5世紀)　もんしゅうおう　446
汶斯干奴(6世紀頃)　もんしかんぬ　446

沖公(4世紀)　ちゅうこう*　305
沖帝(2世紀)　ちゅうてい　305
沙千里(20世紀)　させんり　183
沙宅孫登(7世紀頃)　さたくそんとう　184
沙咤魯(14・15世紀)→シャー・ルフ　200
沙風(20世紀)　しゃふう　197
沙鉢羅泥敦策斤(7世紀頃)　しゃはつらでいとんさくきん　197
沙鉢羅咥利失可汗(7世紀)
　　→イシバル・テレス・カガン　19
沙鉢羅特勒(7世紀頃)　しゃはつらとくろく　197
沙摩柯(3世紀)　さまか　184
沈一貫(16・17世紀)　しんいっかん　232
沈沢民(20世紀)　しんたくみん　237
沈叔安(7世紀頃)　しんしゅくあん　235
沈昌煥(20世紀)　しんしょうかん　236
沈法興(7世紀)　しんほうこう　239
沈秉坐(19・20世紀)　しんへいこん　239
沈括(11世紀)　しんかつ　233
沈皇后　ちんこうごう*　332
沈約(5・6世紀)　しんやく　240
沈茲九(20世紀)→沈慈九　しんじきゅう　235
沈家本(19・20世紀)　しんかほん　233
沈粹縝(20世紀)　しんすいしん*　236
沈惟岳(8世紀頃)　しんいがく　232
沈惟敬(16世紀)　しんいけい　232
沈鈞桐(19・20世紀)→沈鈞儒　しんきんじゅ　234
沈曾桐(19・20世紀)　しんそうとう　237
沈曾植(19・20世紀)　しんそうしょく　237
沈葆楨(19世紀)→陳葆楨　しんほてい　240
沈鈞儒(19・20世紀)　しんきんじゅ　234
沈瑩(3世紀)　しんえい　232
沈慈九(20世紀)　しんじきゅう　235
沈義謙(16世紀)　しんぎけん　233
沈徳符(14・15世紀)　しんとくふ　238
沈漫雲(19・20世紀)　しんまんうん　240
沈遘(11世紀)　しんこう　234
沈塋(3世紀)→沈瑩　しんえい　232
沈鴻烈(19・20世紀)　しんこうれつ　235
沈観鼎(20世紀)　しんきんてい　234
沈議謙(16世紀)→沈義謙　しんぎけん　233
没似半(7世紀頃)　ぼつじはん　432
汪大燮(19・20世紀)→汪大燮　おうたいへん　54
汪大燮(19・20世紀)　おうたいへん　54
汪少庭(20世紀)　おうしょうてい　52
汪兆銘(19・20世紀)　おうちょうめい　55
汪伯彦(11・12世紀)　おうはくげん　57
汪罕(12・13世紀)→ワン・カン　529
汪東興(20世紀)　おうとうこう　56
汪直(15世紀)　おうちょく　56

政治・外交・軍事篇　　　　　　　　　　669　　　　　　　　　　　　　　　　　7画

汪昭(3世紀)　　おうしょう　51
汪栄宝(19・20世紀)　おうえいほう　45
汪洋(20世紀)　　おうよう　59
汪皇后　おうこうごう*　49
汪家道(20世紀)　　おうかどう　46
汪康年(19・20世紀)　おうこうねん　49
汪精衛(19・20世紀)
　　→汪兆銘　おうちょうめい　55
汪輝祖(18・19世紀)　おうきそ　47
沐英(14世紀)　　もくえい　445
灼干那(6世紀頃)　しゃくかんな　195
狄仁傑(7世紀)　　てきじんけつ　347
狄青(11世紀)　　てきせい　347
狄葆賢(19・20世紀)　てきほけん　347
祁寯藻(18・19世紀)　きしゅんそう　90
社崙(4・5世紀)　しゃろん　200
秀王朱見澍　しゅうおうしゅけんしゅ*　201
禿鹿傀(5世紀頃)　とくろくかい　365
禿髪烏孤(4世紀)　とくはつうこ　364
肖古王　しょうこおう　219
肖向前(20世紀)　しょうこうぜん　218
良弼(20世紀)　　りょうひつ　510
花永(3世紀頃)　かえい　65
花蕊夫人　かずいふじん　76
谷王朱穂　こくおうしゅけい*　166
谷正倫(19・20世紀)　こくせいりん　166
谷正鼎(20世紀)　こくせいてい　166
谷正綱(20世紀)　こくせいこう　166
谷永(前1世紀)　こくえい　166
谷利(3世紀頃)　こくり　167
谷鐘秀(19・20世紀)　こくしょうしゅう　166
豆盧寛(6・7世紀)　とろうかん　368
貝杜(13世紀)　→バイドゥ　379
赤老温　→チラウン　329
車今奉(20世紀)　しゃこんほう　196
車冑(2世紀)　　しゃちゅう　196
車胤(4世紀)　　しゃいん　195
車鼻施達干(8世紀頃)　しゃびしたつかん　197
辛文房(13・14世紀)　しんぶんぼう　239
辛文徳(9世紀頃)　しんぶんとく　239
辛旽(14世紀)　　しんとん　238
辛昌(14世紀)　→昌王(高麗)　しょうおう*　215
辛明(3世紀頃)　しんめい　240
辛敞(3世紀頃)　→辛敞　しんしょう　235
辛敞(3世紀頃)　しんしょう　235
辛評(3世紀)　　しんひょう　239
辛愛黄台吉(16世紀)
　　→センゲ・ホンタイジ　256
辛棄疾(12・13世紀)　しんきしつ　233
辛禑(14世紀)　→辛禑王　しんぐおう　234

辛禑王(14世紀)　しんぐおう　234
近肖古王(4世紀)　きんしょうこおう　112
邢璹(8世紀頃)　けいとう　134
那邪迦(7世紀頃)　なやか　371
那彦成(18・19世紀)　なげんせい　370
那倶車鼻施　なくしゃびし　370
那桐(19・20世紀)　なとう　371
阮久談　→グエン・クウ・ダム　120
阮大学(20世紀)　→グエン・タイ・ホク　121
阮大鍼(16・17世紀)　げんだいせい　138
阮公沆(17・18世紀)　→グエン・コン・ハン　121
阮公進(18世紀)　→グエン・コン・タン　121
阮円(19世紀)　→グエン・ヴィエン　120
阮太学(20世紀)　→グエン・タイ・ホク　121
阮文仁(18・19世紀)
　　→グエン・ヴァン・ニャン　119
阮文田　→グエン・ヴァン・ディエン　119
阮文存　→グエン・ヴァン・トン　119
阮文供(20世紀)　→グエン・ヴァン・クン　119
阮文参　→グエン・ヴァン・サム　119
阮文岳(18世紀)　→グエン・ニャック　123
阮文郎　→グエン・ヴァン・ラン　119
阮文恵(18世紀)　→グエン・フエ　125
阮文張(18・19世紀)
　　→グエン・ヴァン・チュオン　119
阮文進　→グエン・ヴァン・タン　119
阮文雪　→グエン・ヴァン・チュエット　119
阮文義　→グエン・ヴァン・ギア　119
阮文誠　→グエン・ヴァン・ティン　119
阮文話(18・19世紀)
　　→グエン・ヴァン・トアイ　119
阮日趙　→グエン・ヴィエット・チェウ　120
阮可拉　→グエン・カ・ラップ　120
阮戊　→グエン・マウ　126
阮永錫(15世紀)
　　→グェン・ヴィン・ティック　120
阮仲碓　→グエン・スン・サック　121
阮光垂　→グエン・クァン・トゥイ　120
阮多方　→グエン・ダ・フオン　120
阮安康(20世紀)　→グエン・アン・カン　119
阮宇如　→グエン・ツ・ニュウ　122
阮有求(18世紀)　→グエン・フウ・カウ　124
阮有排(19・20世紀)　→グエン・フウ・バイ　125
阮有溢　→グエン・フウ・ザット　125
阮有勲　→グエン・フウ・ファン　125
阮有瓊　→グエン・フウ・クイン　125
阮有鏡　→グエン・フウ・キン　124
阮伯麟(18世紀)　→グエン・バ・ラン　124
阮伯鑾(20世紀)　→グエン・バ・ロアン　124
阮克柔(20世紀)　→グエン・カック・ニュ　120

阮克勤(20世紀) →グェン・カック・カン 120
阮希周(15世紀) →グェン・ヒ・チュ 124
阮廷堅(20世紀) →グェン・ディン・キエン 123
阮快 →グェン・コアイ 120
阮沢 →グェン・チャック 122
阮汪 →グェン・ウォン 120
阮尚賢(19・20世紀)
　→グェン・トゥオン・ヒエン 123
阮居貞 →グェン・ク・チン 120
阮岳(18世紀) →グェン・ニャック 123
阮府(18世紀) →グェン・フ 124
阮延紹(19世紀) →グェン・ディン・チュウ 123
阮忠直(19世紀)
　→グェン・チュン・チュック 122
阮忠彦(13・14世紀)
　→グェン・チュン・グァン 122
阮林(19世紀) →グェン・ラム 126
阮直(15世紀) →グェン・チュック 122
阮知方(18・19世紀) →グェン・チ・フォン 122
阮若氏(19・20世紀)
　→グェン・ニュオック・ティ 123
阮范遵(19世紀)
　→グェン・ファム・トゥアン 124
阮金安 →グェン・キム・アン 120
阮咸直 →グェン・ハム・チェック 124
阮春温(19世紀) →グェン・スァン・オン 121
阮海臣(20世紀) →グェン・ハイ・タン 123
阮科登 →グェン・コア・ダン 121
阮恵(18世紀) →グェン・フエ 125
阮晋誼 →グェン・タン・フエン 122
阮案(18・19世紀) →グェン・アン 118
阮校(19世紀) →グェン・ヒュウ 124
阮泰抜 →グェン・タイ・バット 121
阮高 →グェン・カオ 120
阮甸 →グェン・バック 123
阮惟 →グェン・ズイ 121
阮淦(16世紀) →グェン・キム 120
阮紹智 →グェン・ティエウ・チ 123
阮黄徳(18・19世紀)
　→グェン・フィン・ドゥック 124
阮善述 →グェン・ティエン・トゥアット 123
阮善継 →グェン・ティエン・ケ 123
阮巽 →グェン・トン 123
阮登長 →グェン・ダン・チャン 122
阮登遵(19世紀) →グェン・ダン・トゥアン 122
阮鷹(14・15世紀) →グェン・チャイ 122
阮瑞(19・20世紀) →グェン・トゥイ 123
阮福暎(18・19世紀)
　→グェン・フック・アイン 125
阮福胆(18・19世紀)
　→グェン・フック・ドム 126

阮福皎(18・19世紀)
　→グェン・フック・ドム 126
阮福暎(18・19世紀)
　→グェン・フック・アイン 125
阮福源(16・17世紀)
　→グェン・フォック・グェン 125
阮福溱(17世紀)
　→グェン・フォック・チャン 125
阮福濶 →グェン・フォック・コアット 125
阮福瀬(17世紀) →グェン・フォック・タン 125
阮福瀾(16・17世紀)
　→グェン・フォック・ラン 125
阮誠 →グェン・タイン 121
阮誠尾(20世紀) →グェン・タイン・ウット 121
阮誠意 →グェン・タイン・イ 121
阮詮(13世紀) →ハン・テュエン 393
阮嘉藩 →グェン・ザ・ファン 121
阮徳川(18・19世紀)
　→グェン・ドゥック・スエン 123
阮徳達(19世紀)
　→グェン・ドゥック・ダット 123
阮潢(16・17世紀) →グェン・ホアン 126
阮輝似(18世紀) →グェン・フイ・ツ 124
阮嘯仙(20世紀) げんしょうせん 137
阮熾 →グェン・シ 121
阮薦(14・15世紀) →グェン・チャイ 122
阮瓊 →グェン・クィン 120
阮識堂(20世紀)
　→グェン・トゥック・ドゥオン 123
阮儼 →グェン・ギエム 120
麦孟華(19・20世紀) ばくもうか 383

【 8画 】

兎 →禹 う 27
其悽(6世紀頃) ごりょう 176
協和帝(19世紀) →ヒエップ・ホアー 395
卓膺(3世紀頃) たくよう 288
取珍(8世紀頃) しゅちん 209
叔宝(6・7世紀) →陳後主 ちんこうしゅ 332
呼厨泉(2・3世紀) こちゅうせん 172
呼厨泉(2・3世紀) →呼厨泉 こちゅうせん 172
呼韓邪単于(前1世紀頃) こかんやぜんう 165
呼韓邪単于(1世) (前1世紀頃)
　→呼韓邪単于 こかんやぜんう 165
周・陳国大長公主(11世紀) しゅうちんこくだいこうしゅ* 203
周・漢国公主(13世紀) しゅうかんこくこうしゅ* 201

政治・外交・軍事篇　　　　　　　　　　671　　　　　　　　　　　　　　　8画

周士第 (20世紀)　しゅうしだい　202
周子昆 (20世紀)　しゅうしこん　202
周仏海 (20世紀)　しゅうふつかい　204
周元伯 (9世紀頃)　しゅうげんはく　202
周公 (前12〜10世紀頃)　しゅうこう　202
周公旦 (前12〜10世紀頃)
　→周公　しゅうこう　202
周公亶 (前12〜10世紀頃)
　→周公　しゅうこう　202
周公姫旦 (前12〜10世紀頃)
　→周公　しゅうこう　202
周王朱橚 (15世紀)　しゅうおうしゅしょう*　201
周王趙元儼 (11世紀)　しゅうおうちょうげんげん*　201
周必大 (12・13世紀)　しゅうひつだい　204
周永康 (20世紀)　しゅうえいこう　201
周旨　しゅうし　202
周自斉 (19・20世紀)　しゅうじせい　202
周至柔 (20世紀)　しゅうしじゅう　202
周行逢 (10世紀)　しゅうこうほう　202
周亜夫 (前2世紀)　しゅうあふ　200
周忱 (14・15世紀)　しゅうしん　203
周赤萍 (20世紀)　しゅうせきひょう　203
周車　→チュ・サ　306
周国長公主　しゅうこくちょうこうしゅ*　202
周尚 (3世紀頃)　しゅうしょう　203
周昕 (2世紀)　しゅうきん　201
周長齢 (19・20世紀)　しゅうちょうれい　203
周保中 (20世紀)　しゅうほちゅう　204
周保権 (10世紀)　しゅうほけん*　204
周勃 (前2世紀)　しゅうぼつ　204
周南 (20世紀)　しゅうなん　204
周春 (20世紀)　しゅうしゅん　203
周毖 (2世紀)　しゅうひ　204
周皇后 (16世紀)　しゅうこうごう*　202
周恩来 (20世紀)　しゅうおんらい　201
周書楷 (20世紀)　しゅうしょかい　203
周泰 (3世紀)　しゅうたい　203
周逸群 (20世紀)　しゅういつぐん　201
周善 (3世紀)　しゅうぜん　203
周善培 (19・20世紀)　しゅうぜんばい　203
周揚 (20世紀)　しゅうよう　205
周達観 (13・14世紀)　しゅうたつかん　203
周順昌 (16・17世紀)　しゅうじゅんしょう　203
周楊 (20世紀)　→周揚　しゅうよう　205
周瑜 (2・3世紀)　しゅうゆ　205
周震麟 (19・20世紀)　しゅうしんりん　203
周鲂 (3世紀頃)　しゅうほう　204
周興 (7世紀)　しゅうこう　202
周興 (20世紀)　しゅうこう　202
周駿鳴 (20世紀)　しゅうしゅんめい　203

周顗 (5世紀)　しゅうぎょう　201
周馥 (19・20世紀)　しゅうふく　204
周鶴芝　しゅうかくし　201
味勃計 (8世紀頃)　みぼっけい　440
和 (4世紀)　わ*　528
和加尼牙子 (20世紀)　→ホジャ・ニヤズ　431
和帝 (1・2世紀)　→和帝 (後漢)　わてい　528
和帝 (5・6世紀)　→和帝 (斉)　わてい*　528
和帝 (後漢) (1・2世紀)　わてい　528
和政公主 (8世紀頃)　わせいこうしゅ*　528
和洽 (3世紀頃)　かこう　72
和珅 (18世紀)　わしん　528
和義公主 (8世紀頃)　わぎこうしゅ　528
和碩長公主 (17世紀)　カセキちょうこうしゅ*　76
和親王弘昼 (18世紀)　わしんおうこうちゅう*　528
和薩 (8世紀頃)　わさつ　528
固安公主 (8世紀頃)　こあんこうしゅ　140
固倫和孝公主 (18・19世紀)　コリンわこうこうしゅ*　176
固倫和敬公主 (18世紀)　コリンわけいこうしゅ*　176
固倫栄憲公主 (17・18世紀)　こりんえいけんこうしゅ*　176
固倫純禧公主 (17・18世紀)　コリンじゅんきこうしゅ*　176
国主　→クォック・チュア　127
国骨富 (7世紀頃)　こくこつふ　166
国智牟 (7世紀頃)　こくちぼう　166
夜沢王 (6世紀)　→チュウ・クァン・フック　304
奄𩂹 (7世紀頃)　あんす　15
奇奴知 (6世紀頃)　がぬち　78
奇皇后 (14世紀)　きこうごう*　90
奇轍 (14世紀)　きてつ　93
奈勿王 (4・5世紀)　なもつおう　371
奈末智 (7世紀頃)　なまち　371
奈麻諸父 (7世紀頃)　なましょほ　371
姐己 (前11世紀頃)　→妲己　だっき　288
始如 (7世紀頃)　こじょ　170
始皇帝 (前3世紀)　しこうてい　189
始皇帝の母 (前3世紀)　しこうていのはは*　189
始畢可汗 (6・7世紀)　→シヒツ・カガン　194
始興王陳叔陵 (6世紀)　しこうおうちんしゅくりょう*　189
妹喜　ばっき　386
妲己 (前11世紀頃)　だっき　288
妲妃 (前11世紀頃)　→妲己　だっき　288
季方 (20世紀)　きほう　94
季雨霖 (20世紀)　きうりん　89
孟坦 (2世紀)　もうたん　444
孟知祥 (9・10世紀)　もうちしょう　444

孟威(6世紀)　もうい　443
孟思誠(14・15世紀)　もうしせい　443
孟昶(10世紀)　もうちょう　444
孟洪(12・13世紀)→孟珙　もうきょう　443
孟皇后(11・12世紀)　もうこうごう*　443
孟珙(12・13世紀)　もうきょう　443
孟智祥(9・10世紀)→孟知祥　もうちしょう　444
孟森(19・20世紀)　もうしん　443
孟達(3世紀)　もうたつ　444
孟隕(18・19世紀)→ボードーバヤー　432
孟嘗君田文　もうしょうくんでんぶん　443
孟慶樹(20世紀)　もうけいじゅ　443
孟獲(3世紀頃)　もうかく　443
官文(18・19世紀)　かんぶん　87
官文森(19・20世紀)　かんぶんしん　87
官雕(3世紀頃)　かんよう　88
宜林(7世紀頃)　ぎりん　107
宗沢(11・12世紀)　そうたく　266
宗宝(2世紀)　そうほう　268
宗果(3世紀頃)　そうか　260
宗秉畯(19・20世紀)
　→宋秉畯　ソンビョンジュン　277
宗長志(20世紀)　そうちょうし　266
宗俄(8世紀頃)　そうが　260
宗望(12世紀)　そうぼう　268
宗弼(12世紀)　そうひつ　267
宗景詩(19世紀)→宋景詩　そうけいし　261
宗舒(5世紀頃)　そうじょ　264
宗幹(11・12世紀)
　→完顔宗翰　ワンヤンソウカン　530
宗預(3世紀頃)　そうよ　269
宗懍(6世紀)　そうりん　269
宗璟(7・8世紀)→宋璟　そうえい　259
宗翰(11・12世紀)　そうかん　260
定(前7・6世紀)→定王　ていおう*　340
定(5世紀)　てい*　339
定王瑜(前7・6世紀)→定王　ていおう*　340
定安公主　ていあんこうしゅ*　339
定宗(10世紀)→定宗(高麗)　ていそう*　343
定宗(13世紀)→グユク・ハン　130
定宗(14世紀)→定宗(李朝)　ていそう*　343
定宗(元)(13世紀)
　→グユク・ハン　130
宝戚王(7世紀)→宝蔵王　ほうぞうおう　425
宝慶公主(14・15世紀)　ほうけいこうしゅ*　423
宝蔵王(7世紀)　ほうぞうおう　425
宝麟→ブウ・ラン　405
尚之信(17世紀)　しょうししん　219
尚可喜(17世紀)　しょうかき　216
尚弘　しょうこう　218

尚紇立熱(9世紀頃)　しょうこつりつねつ　219
尚恐熱(9世紀)　しょうきょうねつ　217
尚欽蔵(8世紀頃)　しょうきんぞう　217
尚結賛(8世紀頃)　しょうけつさん　217
尚綺力陀思(9世紀頃)　しょうきりきだし　217
尚賛吐(8世紀頃)　しょうさんと　219
居正(19・20世紀)　きょせい　106
屈出律(13世紀)→クチュルク　129
屈武(20世紀)　くつぶ　129
屈突通(6・7世紀)　くっとっつう　129
屈原(前4・3世紀)　くつげん　129
岳珂(12・13世紀)　がくか　67
岳飛(12世紀)　がくひ　70
岳楽(17世紀)　がくらく　71
岳鍾琪(17・18世紀)　がくしょうき　69
岳鐘琪(17・18世紀)→岳鍾琪　がくしょうき　69
岷王朱楩(15世紀)　びんおうしゅへん*　399
帖木児(14・15世紀)→ティムール　345
幷王完顔允中(12世紀)　へいおうワンヤンいんちゅう*　419
延田跌(7世紀頃)　えんでんてつ　43
延亨黙(20世紀)　ヨンヒョンムク　464
弥至己知(6世紀頃)　みしこち　439
弥寳(4世紀頃)　びてん　396
弥騰利　みどり　439
弩爾哈斉(16・17世紀)→ヌルハチ　374
怯別(14世紀)→ケベク　135
忽比烈(13世紀)→フビライ　411
忽必烈(13世紀)→フビライ　411
忽必烈汗(13世紀)→フビライ　411
忠(4世紀)　ちゅう*　304
忠元(7世紀頃)　ちゅうげん　305
忠定王(14世紀)　ちゅうていおう*　305
忠宣王(14世紀)　ちゅうせんおう*　305
忠恵王(14世紀)　ちゅうけいおう*　304
忠烈王(13・14世紀)　ちゅうれつおう　306
忠粛王(14世紀)　ちゅうしゅくおう*　305
忠勝(7世紀頃)　ちゅうしょう　305
忠献王(10世紀)　ちゅうけんおう*　305
忠荘王(14世紀)　ちゅうそんおう*　305
忠穆王(14世紀)　ちゅうもくおう*　305
忠懿王(10世紀)　ちゅういおう*　304
怡良(18・19世紀)　いりょう　24
怡親王胤祥(18世紀)　いしんのういんしょう*　20
怡親王載垣(19世紀)　いしんおうさいえん　20
房玄齢(6・7世紀)　ぼうげんれい　423
房陵王楊勇(6・7世紀)→楊勇　ようゆう*　463
拖雷(12・13世紀)→トゥルイ　362
拡廓帖木児(14世紀)→ココ・テムル　168

政治・外交・軍事篇　　　　　　　　　　673　　　　　　　　　　　　　　　　8画

承天皇太后(10・11世紀)　しょうてんこうたいごう　222
拓抜珪(4・5世紀)　→道武帝　どうぶてい　360
拓俊京(12世紀)　たくしゅんけい　287
拓跋力微(2・3世紀)　たくばつりきび　287
拓跋什翼(4世紀)
　　→拓跋什翼犍　たくばつじゅうよくけん　287
拓跋什翼犍(4世紀)　たくばつじゅうよくけん　287
拓跋宝矩(6世紀)　→文帝(西魏)　ぶんてい　418
拓跋思恭(9世紀)　たくばつしきょう　287
拓跋珪(4・5世紀)　→道武帝　どうぶてい　360
拓跋猗㐌(3・4世紀)　たくばついい　287
拓跋猗盧(3・4世紀)　たくばついろ　287
拓跋善見(6世紀)　→孝静帝　こうせいてい*　153
拓跋翳槐(4世紀)　たくばつえいかい　287
拓跋鬱律(4世紀)　たくばつうつりつ　287
拝住(14世紀)　→バイジュ　377
拝達児(13世紀)　→バイダル　377
拉蔵汗(17・18世紀)　→ラサン・ハン　466
斉王(3世紀)　→廃帝芳　はいていほう*　378
斉王司馬冏(4世紀)　→司馬冏　しばけい*　193
斉王朱由楫(4世紀)　しゅゆうしゅう*　211
斉王朱榑(15世紀)　→朱榑　しゅふ*　210
斉王劉肥(前2世紀)　→劉肥　りゅうひ*　505
斉王劉縯(1世紀)　→劉縯　りゅうえん　497
斉国昭懿公主(9世紀)　せいこくしょういこうしゅ*　247
斉泰(14・15世紀)　せいたい　250
斉燮元(19・20世紀)　せいしょうげん　247
於仇賁(1世紀頃)　おきゅうほん　61
易礼容(20世紀)　えきれいよう　39
易培基(19・20世紀)　えきばいき　39
昂加(7世紀頃)　こうか　143
昌(5世紀)　しょう*　214
昌王(14世紀)　→昌王(高麗)　しょうおう*　215
昌邑王(前1世紀)　しょうゆうおう　225
昌邑王劉賀(前1世紀)
　　→昌邑王　しょうゆうおう　225
昌奇(3世紀)　しょうき　216
昔班(13世紀頃)　→シバン　194
昔楊節(8世紀頃)　せきようせつ　253
明元帝(4・5世紀)　みんげんてい*　440
明玉珍(14世紀)　めいぎょくちん　441
明命(18・19世紀)　→グエン・フック・ドム　126
明命帝(18・19世紀)
　　→グエン・フック・ドム　126
明宗(9・10世紀)　→明宗(後唐)　めいそう　442
明宗(12世紀)　→明宗(高麗)　めいそう　442
明宗(14世紀)　→明宗(元)　めいそう　442
明宗(16世紀)　→明宗(李朝)　めいそう*　442

明宗(元)(14世紀)　めいそう　442
明宗(後唐)(9・10世紀)　めいそう　442
明帝(1世紀)　→明帝(後漢)　めいてい　442
明帝(3世紀)　→明帝(魏)　めいてい　442
明帝(4世紀)　→明帝(東晋)　みんてい*　440
明帝(5世紀)
　　→明帝(六朝・宋)　みんてい*　440
　　→明帝(斉)　みんてい*　440
明帝(6世紀)　→明帝(北周)　みんてい*　440
明帝(三国魏)(3世紀)
　　→明帝(魏)　めいてい　442
明帝(後漢)(1世紀)　めいてい　442
明帝(漢)(1世紀)　→明帝(後漢)　めいてい　442
明帝(魏)(3世紀)　めいてい　442
明亮(18・19世紀)　→ミンリャン　440
明珠(17・18世紀)　→ミンジュ　440
明瑞(18世紀)　めいずい　442
明緒(19世紀)　めいちょ　442
服虔(2世紀)　ふくけん　407
果郡王弘胆(18世紀)　かぐんおうこうせん*　71
果親王胤礼(18世紀)　かしんおういんれい*　76
松寿(20世紀)　しょうじゅ　219
松筠(18・19世紀)　しょういん　214
松賛干布(6・7世紀)　→ソンツェン・ガンポ　277
東丹王(9・10世紀)　とうたんおう　358
東太后(19世紀)　とうたいこう　358
東平王劉蒼(1世紀)　とうへいおうりゅうそう*　360
東光公主(8世紀頃)　とうこうこうしゅ　355
東坡(11・12世紀)　→蘇軾　そしょく　271
東昏侯(5世紀)
　　→廃帝宝巻　はいていほうかん*　378
東明王(前1世紀)　とうめいおう　361
東明聖王(前1世紀)　→東明王　とうめいおう　361
東城子言(6世紀頃)　とうじょうしげん　356
東城子莫古(6世紀頃)　とうじょうしまくこ　356
東海王(6世紀)　→廃帝曄　はいていよう*　378
東海王司馬越(4世紀)　とうかいおうしばえつ*　352
東海王劉強(1世紀)　とうかいおうりゅうきょう*　352
東華公主(8世紀頃)　とうこうしゅ　352
東陽王拓跋丕(6世紀)　とうようおうたくばつひ*　361
林士弘(7世紀)　りんしこう　515
林丹汗(16・17世紀)　→リグデン・ハーン　477
林巨正(16世紀)　りんきょせい　515
林弘　→ラム・ホアン　470
林光畿　→ラム・クァン・キ　470
林兆珂(16世紀)　りんちょうか　517
林旭(19世紀)　りんきょく　515
林伯生(20世紀)　りんはくせい　517

8画

林伯渠(19・20世紀)	りんはくきょ	517
林呈禄(19・20世紀)	りんていろく	517
林宗素(19・20世紀)	りんそうそ	516
林直勉(19・20世紀)	りんちょくべん	517
林述慶(19・20世紀)	りんじゅっけい	515
林金生(20世紀)	りんきんせい	515
林長民(19・20世紀)	りんちょうみん	517
林則徐(18・19世紀)	りんそくじょ	516
林春秋(20世紀)	リムチュンチュ	496
林柏生(20世紀)	りんはくせい	517
林洋港(20世紀)	りんようこう	518
林祖涵(19・20世紀) →林伯渠 りんはくきょ		517
林衍(13世紀)	りんえん	515
林祥謙(19・20世紀)	りんしょうけん	516
林彪(20世紀)	りんぴょう	517
林清(18・19世紀)	りんせい	516
林爽文(18世紀)	りんそうぶん	516
林黒児(20世紀)	りんこくじ	515
林偉民(19・20世紀)	りんいみん	515
林堅味(14世紀)	りんけんみ	515
林森(19・20世紀)	りんしん	516
林葆懌(20世紀)	りんほえき	518
林覚民(19・20世紀)	りんかくみん	515
林楓(20世紀)	りんふう	517
林献堂(19・20世紀)	りんけんどう	515
林鉄(20世紀)	りんてつ	517
林維俠 →ラム・ズイ・ヒェップ		470
林鳳祥(19世紀)	りんほうしょう	517
林慶業(16・17世紀)	りんけいぎょう	515
林霊素(11・12世紀)	りんれいそ	518
林麗韞(20世紀)	りんれいうん	518
欧陽奇(20世紀)	おうようき	59
欧陽海(20世紀)	おうようかい	59
欧陽修(11世紀)	おうようしゅう	59
欧陽脩(11世紀) →欧陽修 おうようしゅう		59
欧陽欽(20世紀)	おうようきん	59
武(前11世紀頃) →武王(周) ぶおう		405
武丁	ぶてい	410
武三思(7・8世紀)	ぶさんし	408
武元甲(20世紀) →ヴォー・グエン・ザップ		28
武公睿 →ヴ・コン・ズエ		29
武少儀(9世紀頃)	ぶしょうぎ	408
武文勇 →ヴォ・ヴァン・ズン		28
武王(前11世紀頃) →武王(周) ぶおう		405
武王(前8・7世紀) →武王(楚) ぶおう		406
武王(前4世紀) →武王(戦国秦) ぶおう		406
武王(3・4世紀) →武王(前涼) ぶおう*		406
武王(8世紀) →大武芸 だいぶげい		284
武王(周)(前11世紀頃)	ぶおう	405

武后(7・8世紀) →則天武后 そくてんぶこう		270
武安国(3世紀頃)	ぶあんこく	401
武成帝(6世紀)	ぶせいてい*	409
武成皇后(6世紀)	ぶせいこうごう	409
武宏(20世紀) →ヴォ・ホアイン		28
武芸王(8世紀) →大武芸 だいぶげい		284
武宗(9世紀) →武宗(唐) ぶそう		409
武宗(13・14世紀) →武宗(元) ぶそう		409
武宗(15・16世紀) →正徳帝(明) せいとくてい		251
武宗(元)(13・14世紀)	ぶそう	409
武宗(明)(15・16世紀) →正徳帝(明) せいとくてい		251
武宗(唐)(9世紀)	ぶそう	409
武性 →ヴォ・タイン		28
武承嗣(7世紀)	ぶしょうし	408
武亭(20世紀)	ぶてい	410
武帝(前2・1世紀) →武帝(前漢) ぶてい		410
武帝(3世紀) →武帝(西晋) ぶてい		410
武帝(3・4世紀) →李雄 りゆう		496
武帝(4・5世紀) →武帝(南朝宋) ぶてい		410
武帝(5世紀) →武帝(南斉) ぶてい		410
武帝(5・6世紀) →蕭衍 しょうえん		214
武帝(北周) →武帝(北周) ぶてい		411
武帝 →武帝(南朝陳) ぶてい		411
武帝(北周)(6世紀)	ぶてい	411
武帝(西晋)(3世紀)	ぶてい	410
武帝(宋)(4・5世紀) →武帝(南朝宋) ぶてい		410
武帝(前漢)(前2・1世紀)	ぶてい	410
武帝(南斉)(5世紀)	ぶてい	410
武帝(南朝宋)(4・5世紀)	ぶてい	410
武帝(南朝斉)(5世紀) →武帝(南斉) ぶてい		410
武帝(南朝梁)(5・6世紀) →蕭衍 しょうえん		214
武帝(南朝陳)(6世紀)	ぶてい	411
武帝(晋)(3世紀) →武帝(西晋) ぶてい		410
武帝(梁)(5・6世紀) →蕭衍 しょうえん		214
武帝(陳)(6世紀) →武帝(南朝陳) ぶてい		411
武帝(漢)(前2・1世紀) →武帝(前漢) ぶてい		410
武帝(劉裕)(4・5世紀) →武帝(南朝宋) ぶてい		410
武信王(9・10世紀) →高季興 こうきこう		144
武則天(7・8世紀) →則天武后 そくてんぶこう		270
武宣王(4・5世紀) →沮渠蒙遜 そきょもうそん		270

政治・外交・軍事篇　　　　　　　　　　　675　　　　　　　　　　　　　　　　　　　　　　　　　8画

武発　→ヴ・ファット　32
武皇后（7・8世紀）
　　→則天武后　そくてんぶこう　270
武烈王（7世紀）　ぶれつおう　415
武烈帝（4・5世紀）
　　→赫連勃勃　かくれんぼつぼつ　71
武陳紹　→ヴ・チャン・ティエウ　31
武閒　→ヴォ・ニャン　28
武幹　→ヴ・カン　29
武寧王（5・6世紀）　ぶねいおう　411
武徳（7世紀頃）　ぶとく　411
武維陽　→ヴォ・ズイ・ズオン　28
武維寧（19世紀）　→ヴォ・ズイ・ニン　28
武輝進　→ヴ・フイ・タン　32
武霊王（前4世紀）→武霊王（趙）　ぶれいおう　414
武霊王（趙）（前4世紀）　ぶれいおう　414
武穆王（9・10世紀）→馬殷　ばいん　379
武鴻卿（20世紀）　ぶこうけい　408
武彝巍（18世紀）　→ヴォ・ジ・グイ　28
武瓊　→ヴ・クイン　29
歩騭（3世紀頃）　ほしつ　431
河内部阿斯比多（6世紀頃）　かわちべのあしひた　80
河間王司馬顒（4世紀）　かかんおうしばぎょう*　66
河間王李孝恭（7世紀）　かかんおうりこうきょう*　66
況鍾（15世紀）→況鐘　きょうしょう　103
況鐘（15世紀）　きょうしょう　103
泥涅師（7・8世紀）　でいでつし　344
法力（6世紀頃）　ほうりき　427
法安（7世紀頃）　ほうあん　422
法長（5世紀頃）　ほうちょう　426
法雲（6世紀）　ほううん　422
法興王（6世紀）　ほうこうおう　424
泓（4・5世紀）→姚泓　ようこう　455
泪授（2世紀）　そじゅ　271
沮渠氏（5世紀）　そきょし　269
沮渠牧犍（5世紀）　そきょぼくけん　270
沮渠旁周（5世紀頃）　そきょぼうしゅう　269
沮渠蒙遜（4・5世紀）　そきょもうそん　270
炎帝　→神農　しんのう　238
物理多（8世紀頃）　ぶつりた　409
物部用奇多（6世紀頃）　もののべのようがた　445
物部奇非（6世紀頃）　もののべのがひ　445
物部烏（6世紀頃）　もののべのからす　445
物部麻都牟（6世紀頃）　もののべのまかむ　445
直魯古（12・13世紀）　→チルク　329
知万（7世紀頃）　ちま　298
祇陀太子　ぎだたいし　92
突利可汗（7世紀）　→トツリ・カガン　366
竺可楨（19・20世紀）　じくかてい　188

竺当抱老（6世紀頃）　じくとうほうろう　188
竺扶大（5世紀頃）　じくふだい　188
竺那馨智（5世紀頃）　じくなばち　188
竺阿弥（5世紀頃）　じくあび　188
竺留陀及多（5世紀頃）　じくるだきゅうた　188
竺須羅達（5世紀頃）　じくしゅうたつ　188
竺羅達（6世紀頃）　じくらたつ　188
育徳帝（19世紀）　→ドゥック・ドゥック　353
舎利越摩（8世紀頃）　しゃりえつま　199
舎航（8世紀）　しゃこう　196
英布（前3・2世紀）　えいふ　37
英和（18・19世紀）　えいわ　38
英宗（11世紀）　→英宗（宋）　えいそう　36
英宗（14世紀）　→英宗（元）　えいそう　36
英宗（15世紀）　→正統帝（明）　せいとうてい　250
英宗（元）（14世紀）　えいそう　36
英宗（北宋）（11世紀）　→英宗（宋）　えいそう　36
英宗（宋）（11世紀）　えいそう　36
英宗（明）（15世紀）
　　→正統帝（明）　せいとうてい　250
英武帝（10世紀）　えいぶてい*　37
英祖（17・18世紀）　→英祖（李朝）　えいそ　36
英祖（李朝）（17・18世紀）　えいそ　36
英廉（18世紀）　えいれん　38
英親王（20世紀）　→李垠　イウン　17
茅祖権（19・20世紀）　ぼうそけん　425
若光（7世紀頃）　じゃくこう　195
若徳（7世紀頃）　じゃくとく　195
苟安（3世紀頃）　こうあん　141
范子俠（20世紀）　はんしきょう　390
范五老（13・14世紀）　→ファム・グ・ラオ　400
范文（4世紀）　はんぶん　394
范文仁　→ファム・ヴァン・ニャン　400
范文巧　→ファム・ヴァン・サオ　399
范文正（10・11世紀）
　　→范仲淹　はんちゅうえん　392
范文典　→ファム・ヴァン・ディエン　399
范文虎（13世紀）　はんぶんこ　394
范文程（16・17世紀）　はんぶんてい　394
范巨卿　→ファム・ク・ルオン　400
范白虎　→ファム・バック・ホ　400
范仲淹（10・11世紀）　はんちゅうえん　392
范如曾　→ファム・ニュ・タン　400
范成大（12世紀）　はんせいだい　391
范呉求（18世紀）　→ファム・グォ・カウ　400
范承謨（17世紀）　はんしょうぼ　391
范修　→ファム・ツ　400
范旃（3世紀）　はんぜん　392
范流（5世紀頃）　はんりゅう　394
范純仁（11・12世紀）　はんじゅんじん　391

范彭 →ファム・バイン　400
范登興（18・19世紀）→ファム・ダン・フン　400
范源濂（19・20世紀）　はんげんれん　390
范雍（11世紀）　はんよう　394
范増（前3世紀）　はんぞう　392
范蔓　はんまん　394
范曄（4・5世紀）　はんよう　394
范諸農（5世紀）　はんしょのう　391
范質（10世紀）　はんしつ　390
范疆（3世紀）→范彊　はんきょう　390
范築先（19・20世紀）　はんちくせん　392
范縝（5・6世紀）　はんしん　391
范鴻泰（20世紀）→ファム・ホン・タイ　400
范鎮（11世紀）　はんちん　393
范彊（3世紀）　はんきょう　390
范蠡（前5世紀）　はんれい　394
苻健（4世紀）　ふけん　407
苻堅（4世紀）　ふけん　407
苻堅（秦）（4世紀）→苻堅　ふけん　407
述律皇后（9・10世紀）
　→応天皇后　おうてんこうごう　56
邵彤（1世紀）　ひとう　396
邯子（7世紀頃）　かんし　84
邱会作（20世紀）　きゅうかいさく　99
邱逢甲（19・20世紀）　きゅうほうこう　101
邱菽園（19・20世紀）　きゅうしゅくえん　99
邱創成（20世紀）　きゅうそうせい　100
邱濬（15世紀）　きゅうしゅん　99
邱瓊山（15世紀）→邱濬　きゅうしゅん　99
邵力子（19・20世紀）　しょうりきし　225
邵元冲（19・20世紀）　しょうげんちゅう　217
邵元冲（19・20世紀）
　→邵元冲　しょうげんちゅう　217
邵友濂（20世紀）　しょうゆうれん　225
邵同（9世紀頃）　しょうどう　223
邵伯温（11・12世紀）　しょうはくおん　223
邵毓麟（20世紀）　しょういくりん　214
邵懿辰（19世紀）　しょういしん　214
金マリア（20世紀）→金熙洙　キムヒス　97
金一（20世紀）　キムイル　94
金九（19・20世紀）　キムグ　95
金力奇（9世紀頃）　きんりっき　118
金三玄（8世紀頃）　きんさんげん　111
金万物（7世紀頃）　きんばんぶつ　116
金万金（20世紀）　キムマングム　98
金万重（17世紀）　キムマンジュン　98
金千鎰（16世紀）　きんせんいつ　114
金士信（9世紀頃）　きんししん　111
金大中（20世紀）　キムデジュン　97
金大成（8世紀）　きんたいせい　114

金大城（8世紀）　きんだいじょう　114
金大鉉（19世紀）　きんたいげん　114
金才伯（8世紀頃）　きんさいはく　111
金仇亥（6世紀）　きんきゅうがい　109
金今古（8世紀頃）　きんきんこ　109
金仁述（7世紀頃）　きんじんじゅつ　113
金仁問（7世紀）　きんじんもん　113
金仁壹（8世紀頃）　きんじんいつ　113
金仁謙（18世紀）　キムミンギョム　98
金允夫（9世紀頃）　きんいんふ　108
金允植（19・20世紀）　キムユンシク　98
金元玄（8世紀頃）　きんげんげん　110
金元珍（15世紀）　きんげんちん　110
金元容（20世紀）　きんげんよう　110
金元静（8世紀頃）　きんげんせい　110
金元鳳（20世紀）　キムウォンボン　94
金天冲（7世紀頃）　きんてんちゅう　115
金天海（20世紀）　キムチョンヘ　97
金文王（7世紀頃）　きんぶんおう　117
金文蔚（10世紀頃）　きんぶんうつ　117
金方慶（13世紀）　きんほうけい　117
金日成（20世紀）　キムイルソン　94
金日磾（前2・1世紀）　きんじってい　111
金比蘇（7世紀頃）　きんひそ　116
金世世（7世紀頃）　きんせいせい　113
金主山（7世紀頃）　きんしゅざん　112
金可紀（9世紀頃）　きんかき　108
金弘壱（20世紀）　キムホンイル　97
金弘集（19世紀）　きんこうしゅう　110
金正一（20世紀）　キムジョンイル　95
金正日（20世紀）　キムジョンイル　95
金正濂（20世紀）　キムジョンヨム　96
金永南（20世紀）　キムヨンナム　98
金玉均（19世紀）　きんぎょくきん　109
金仲華（20世紀）　きんちゅうか　115
金仲麟（20世紀）　キムジュンリン　95
金任想（7世紀頃）　きんじんそう　113
金光俠（20世紀）　きんこうきょう　110
金在鳳（19・20世紀）　きんざいほう　111
金夷魚（9世紀頃）　きんいぎょ　108
金好幨（7世紀頃）　きんこうじゅ　110
金守温（15世紀）　きんしゅおん　112
金成坤（20世紀）　キムソンゴン　96
金有成（14世紀）　きんゆうせい　117
金朱烈（20世紀）　きんしゅれつ　112
金江南（7世紀頃）　きんこうなん　111
金池山（7世紀頃）　きんちざん　115
金佐鎮（19・20世紀）　きんさちん　111
金体信（8世紀頃）　きんたいしん　114
金初正（8世紀頃）　きんしょせい　113

政治・外交・軍事篇　　　677　　　8画

金利益（7世紀頃）　きんりえき　118
金壱世（7世紀頃）　きんいっせい　108
金孝元（8世紀頃）　きんこうげん　110
金孝元（16世紀）　きんこうげん　110
金孝福（7世紀頃）　きんこうふく　111
金宏集（19世紀）→金弘集　きんこうしゅう　110
金序貞（8世紀頃）　きんじょてい　113
金志良（8世紀頃）　きんしりょう　113
金志満（8世紀頃）　きんしまん　111
金志廉（8世紀頃）　きんしれん　113
金肖古王（4世紀）
　→近肖古王　きんしょうこおう　112
金良琳（7世紀頃）　きんりょうりん　118
金芝河（20世紀）　キムジハ　95
金受（7世紀頃）　きんじゅ　112
金周漢（7世紀頃）　きんしゅうかん　112
金宗瑞（14・15世紀）　きんそうずい　114
金性洙（20世紀）　キムソンス　96
金忠仙（7世紀頃）　きんちゅうせん　115
金忠平（7世紀頃）　きんちゅうへい　115
金忠臣（8世紀頃）　きんちゅうしん　115
金忠信（9世紀頃）　きんちゅうしん　115
金忠善（17世紀）　きんちゅうぜん　115
金所毛（7・8世紀）　きんしょもう　113
金押実（7世紀頃）　きんおうじつ　108
金承元（7世紀頃）　きんしょうげん　112
金抱質（8世紀頃）　きんほうしつ　117
金昕（9世紀頃）　きんきん　109
金昌南（9世紀頃）　きんしょうなん　113
金昌柱（20世紀）　キムチャンジュ　96
金昌淑（19・20世紀）　きんしょうしゅく　112
金昌満（20世紀）　キムチャンマン　97
金昌鳳（20世紀）　キムチャンボン　96
金枓奉（19・20世紀）　キムドゥボン　97
金東吉（20世紀）　キムドンギル　97
金東奎（20世紀）　キムドンギュ　97
金東祚（20世紀）　キムドンジョ　97
金東厳（7世紀頃）　きんとうげん　116
金武亭（20世紀）　きんぶてい　117
金武勲（8世紀頃）　きんぶくん　116
金泳三（20世紀）　キムヨンサム　98
金法敏（7世紀）　きんほうびん　117
金法麟（20世紀）　きんほうりん　117
金物儒（7世紀頃）　きんぶつじゅ　117
金祇山（7世紀頃）　きんぎざん　108
金英男（20世紀）　キムヨンナム　98
金英柱（20世紀）　キムヨンジュ　98
金若水（20世紀）　きんじゃくすい　111
金若弼（7世紀頃）　きんじゃくひつ　112
金茂先（9世紀頃）　きんもせん　117

金長志（7世紀頃）　きんちょうし　115
金長言（8世紀頃）　きんちょうげん　115
金長孫（8世紀頃）　きんちょうそん　115
金俊（13世紀）　きんしゅん　112
金俊邕（8世紀頃）　きんしゅんよう　112
金俊淵（20世紀）　きんしゅんえん　112
金信福（7世紀頃）　きんしんぷく　113
金城公主（7・8世紀頃）　きんじょうこうしゅ　112
金奎植（19・20世紀）　キムギュシク　95
金度演（20世紀）　キムドヨン　97
金彦昇（9世紀頃）　きんげんしょう　110
金思国（20世紀）　きんしこく　111
金思蘭（8世紀頃）　きんしらん　113
金春秋（7世紀頃）→武烈王　ぶれつおう　415
金栄（8世紀）　きんえい　108
金柱弼（9世紀頃）　きんちゅうひつ　115
金浄（15・16世紀）　きんじょう　112
金洛水（7世紀頃）　きんらくすい　118
金炯旭（20世紀）　きんけいきょく　109
金炳始（19世紀）　きんへいし　117
金炳魯（19・20世紀）　きんへいろ　117
金相（8世紀）　きんそう　114
金相玉（19・20世紀）　きんそうぎょく　114
金相貞（8世紀頃）　きんそうてい　114
金相浹（20世紀）　キムサンヒョプ　95
金祖淳（18・19世紀）　きんそじゅん　114
金紅世（7世紀頃）　きんこうせい　111
金美賀（7世紀頃）　きんびが　116
金貞巻（8世紀頃）　きんていかん　115
金貞烈（20世紀）　キムジョンヨル　96
金貞宿（8世紀頃）　きんていしゅく　115
金貞淑（20世紀）　キムジョンスク　96
金貞楽（8世紀頃）　きんていらく　115
金風那（7世紀頃）　きんふうな　116
金原升（7世紀頃）　きんげんしょう　110
金容淳（20世紀）　キムヨンスン　98
金殷傅（10・11世紀）　きんいんふ　108
金消勿（7世紀頃）　きんしょうぶつ　113
金泰廉（8世紀頃）　きんたいれん　114
金能儒（9世紀頃）　きんのうじゅ　116
金造近（8世紀頃）　きんぞうこん　114
金高訓（7世紀頃）　きんこうくん　110
金乾安（8世紀頃）　きんけんあん　110
金健勲（7世紀頃）　きんけんしん　110
金堉（16・17世紀）　きんいく　108
金庾信（6・7世紀）　きんゆしん　117
金旋（3世紀）　きんせん　114
金深薩（7世紀頃）　きんしんさつ　113
金清平（7世紀頃）　きんせいへい　114
金紹游（9世紀頃）　きんしょうゆう　113

金郷公主　きんきょうこうしゅ* 109	金頴(9世紀頃)　きんえい 108
金釈起(7世紀頃)　きんしゃくき 111	金環三結(3世紀)　きんかんさんけつ 108
金陸珍(9世紀頃)　きんりくちん 118	金薩慕(7世紀頃)　きんさつぼ 111
金喧(8世紀頃)　きんけん 109	金薩儒(7世紀頃)　きんさつじゅ 111
金富軾(11・12世紀)　きんふしょく 116	金鍾泌(20世紀)　キムジョンピル 96
金慶信(6・7世紀)→金庾信　きんゆしん 117	金鍾泰(20世紀)　きんしょうたい 113
金弼(8世紀頃)　きんひつ 116	金霜林(7世紀頃)　きんそうりん 114
金弼言(8世紀頃)　きんひつげん 116	金鴻陸(19世紀)　きんこうりく 111
金弼徳(7世紀頃)　きんひつとく 116	金蘇忠(8世紀頃)　きんそちゅう 114
金智祥(7世紀頃)　きんちしょう 115	金蘇城(20世紀)　きんそじょう 114
金晩植(19・20世紀)　きんばんしょく 116	金蘭蓀(8世紀頃)　きんらんそん 118
金欽吉(7世紀頃)　きんきんきつ 109	金厳(8世紀頃)　きんがん 108
金欽英(8世紀頃)　きんきんえい 109	金鍾泌(20世紀)→金鍾泌　キムジョンピル 96
金欽質(8世紀頃)　きんきんしつ 109	金麟厚(16世紀)　きんりんこう 118
金策(20世紀)　キムチェク 96	長平公主(17世紀)　ちょうへいこうしゅ* 325
金達鉉(19・20世紀)　きんたつけん 115	長寿王(4・5世紀)　ちょうじゅおう 317
金達鉉(20世紀)　キムダルヒョン 96	長沙王司馬乂(4世紀)　ちょうさおうしばがい* 315
金道那(7世紀頃)　きんどうな 116	長征(20世紀)→チュオン・チン 306
金開南(19世紀)　きんかいなん 108	長孫皇后(7世紀)　ちょうそんこうごう 321
金陽元(7世紀頃)　きんようげん 118	長孫晟(6・7世紀)　ちょうそんせい 321
金雲卿(9世紀頃)　きんうんけい 108	長孫無忌(6・7世紀)　ちょうそんむき 321
金雲鵬(19・20世紀)→靳雲鵬　きんうんほう 108	長孫嵩(4・5世紀)　ちょうそんすう 321
金項那(7世紀頃)　きんこうな 111	長楽公主(6世紀頃)　ちょうらくこうしゅ 326
金順慶(8世紀頃)　きんじゅんけい 112	長福(7世紀頃)　ちょうふく 324
金嗣宗(8世紀頃)　きんしそう 111	長寧公主　ちょうねい* 323
金想純(8世紀頃)　きんそうじゅん 114	長齢(18・19世紀)　ちょうれい 327
金楓厚(8世紀頃)　きんふうこう 116	門孫宰(9世紀頃)　もんそんさい 446
金楊原(7世紀頃)　きんようげん 117	阿八哈(13世紀)→アバカ 8
金溶植(20世紀)　キムヨンシク 98	阿八哈汗(13世紀)→アバカ 8
金熙洙(20世紀)　キムヒス 97	阿毛得文(6世紀頃)　あとくとくもん 8
金献忠(9世紀頃)　きんけんちゅう 110	阿于(7世紀頃)　あう 4
金福信(20世紀)　キムボクシン 97	阿巴岱(16世紀)　あばたい 9
金福護(8世紀頃)　きんふくご 116	阿比多　あひた 9
金義忠(8世紀頃)　きんぎちゅう 109	阿古柏伯克(19世紀)→ヤクブ・ベク 446
金義琮(9世紀頃)　きんぎそう 109	阿史那社爾(7世紀頃)　あしなしゃじ 6
金誠一(16世紀)　きんせいいつ 113	阿史那弥射(7世紀頃)　あしなびしゃ 6
金載圭(20世紀)　きんさいけい 111	阿史那忠節(7・8世紀)　あしなちゅうせつ 6
金嘉鎮(19・20世紀)　キムガジン 95	阿史那歩真(7世紀)　あしなほしん 6
金瑪利亜(20世紀)→金熙洙　キムヒス 97	阿史那泥孰(7世紀頃)　あしなでいじゅく 6
金碩洙(20世紀)　キムソクス 96	阿史那思摩(7世紀頃)　あしなしま 6
金端竭丹(8世紀頃)　きんたんけつたん 115	阿史那骨咄禄(7世紀)
金綴準(20世紀)　きんてつじゅん 115	→アシナ・コットツロク 6
金綺秀(19世紀)　きんきしゅう 109	阿史那賀魯(7世紀頃)→アシナガロ 6
金隠居(8世紀頃)　きんいんきょ 108	阿史徳(7世紀頃)　あしとく 6
金馹孫(15世紀)　きんにちそん 116	阿史徳頡利発(8世紀頃)　あしとくきつりはつ 6
金標石(8世紀頃)　きんひょうせき 116	阿台(16世紀)→アタイ 7
金儒吉(8世紀頃)　きんじゅきつ 112	阿朮(13世紀)→アジュ 6
金憲昌(9世紀頃)　きんけんしょう 110	阿会喃(3世紀)　あかいなん 4
金憲章(9世紀頃)　きんけんしょう 110	阿合馬(13世紀)→アフマド 10
金樹仁(19・20世紀)　きんじゅじん 112	阿佐(6世紀)→阿佐太子　あさたいし 6

阿佐太子（6世紀）　　あさたいし　6
阿利海牙（13世紀）　→アリハイヤ　12
阿利斯等　　　　　　ありしと　11
阿求（13世紀）　→アジュ　6
阿沙不花（13・14世紀）　→アシャブカ　6
阿花王（4・5世紀）　→阿莘王　あしんおう　7
阿那壊（6世紀）　　あなかい　8
阿里不哥（13世紀）　→アリクブカ　11
阿里海牙（13世紀）　→アリハイヤ　12
阿忽台（14世紀）　→アフタイ　9
阿抜（8世紀頃）　あばつ　9
阿波可汗（6世紀）　→アハ・カガン　9
阿波伎（7世紀頃）　あはき　9
阿直岐（4・5世紀）　あちき　7
阿保機（9・10世紀）
　　→耶律阿保機　やりつあほき　447
阿剌罕（13世紀）　→アラハン　11
阿剌忽思的斤（12・13世紀）
　　→アラクシュ・テギン　11
阿剌知院（15世紀）　→アラチイン　11
阿哈嗎（13世紀）　→アフマド　10
阿桂（18世紀）　あけい　5
阿莘王（4・5世紀）　あしんおう　7
阿華王（4・5世紀）　→阿莘王　あしんおう　7
阿骨打（11・12世紀）
　　→完顔阿骨打　ワンヤンアクダ　529
阿勒坦汗（16世紀）　→アルタン・ハン　12
阿勒担汗（16世紀）　→アルタン・ハン　12
阿悉爛達払耽発黎（8世紀頃）　あしつらんだつふたつんはつれい　6
阿済格（17世紀）　→アジゲ　10
阿黒麻（15・16世紀）　→アーメッド　10
阿塔海（13世紀）　→アタハイ　7
阿順（8世紀頃）　あじゅん　7
阿睦爾撒納（18世紀）　→アムルサナ　10
阿睦爾撒納（18世紀）　→アムルサナ　10
阿解支達干思伽（8世紀頃）　あかいしたつかんしか　4
阿撒多（6世紀頃）　あてつた　8
阿魯台（15世紀）　→アルクタイ　12
阿魯図（14世紀）　→アルトゥ　13
阿魯渾汗（13世紀）　→アルグン・ハン　12
阿藍答児（13世紀）　→アラムダル　11
阿羅那順（7世紀頃）　あらなじゅん　11

【 9画 】

帝昺（13世紀）　ていへい　345

俄何燒戈（3世紀頃）　がかしょうか　66
俄琰児（7世紀頃）　がたんじ　77
侯幼平（9世紀頃）　こうようへい　163
侯成（3世紀頃）　こうせい　152
侯君集（7世紀）　こうくんしゅう　145
侯景（6世紀）　こうけい　145
侯選（3世紀頃）　こうせん　153
侯覧（2世紀）　こうらん　163
侯顕（15世紀）　こうけん　146
俊徳（7世紀頃）　しゅんとく　213
信陵君（前3世紀）　しんりょうくん　240
信陵君魏無忌（前3世紀）
　　→信陵君　しんりょうくん　240
信儀公主（7世紀頃）　しんぎこうしゅ　233
保大（20世紀）　→バオダイ帝　380
保大帝（20世紀）　→バオダイ帝　380
保島（10世紀）　ほきょく*　427
保義可汗（9世紀）　→ホギ・カガン　427
俟利莫何莫縁（6世紀頃）　しりばくかばくえん　231
俟匿伐（6世紀頃）　しとくばつ　192
兪大猷（16世紀）　ゆだいゆう　450
兪正声（20世紀）　ゆせいせい　450
兪吉濬（19・20世紀）　ユギルチュン　450
兪佐廷（19・20世紀）　ゆさてい　450
兪作伯（19・20世紀）　ゆさくはく　450
兪国華（20世紀）　ゆこくか　450
兪渉（2世紀）　ゆしょう　450
兪鴻鈞（20世紀）　→兪鴻鈞　ゆこうきん　450
兪鴻鈞（20世紀）　ゆこうきん　450
兪鏡午（20世紀）　ゆきょうご　450
前廃帝（5世紀）
　　→廃帝子業（前廃帝）　はいていしぎょう*　378
則天武后（7・8世紀）　そくてんぶこう　270
勃窣米施（8世紀頃）　ほつていめいせ　432
勇龍桂（20世紀）　ゆうりゅうけい　449
単子春（3世紀頃）　ぜんししゅん　256
単超（2世紀）　ぜんちょう　257
南日（20世紀）　ナムイル　371
南平王（5世紀）　→蕭名睍　しゅうめいけん*　204
南安王（5世紀）　なんあんおう*　372
南唐後主（10世紀）　→李煜　りいく　471
南郡王劉義宣（5世紀）　なんぐんおうりゅうぎせん*　372
南康公主（15世紀）　なんこうこうしゅ*　372
南萍（20世紀）　なんひょう　372
南惪祐（20世紀）　ナムドクウ　371
南陽公主（6世紀）　なんようこうしゅ　372
南漢宸（20世紀）　なんかんしん　372
南霽雲（8世紀）　なんせいうん　372

卑衍(3世紀)　ひえん　395
卑路斯(7世紀)　ひろす　398
哀公(前6世紀)　→哀公(秦)　あいこう　3
哀公(前6・5世紀)　→哀公(魯)　あいこう　3
哀公(4世紀)　→哀公(前涼)　あいこう　3
哀公(魯)(前6・5世紀)　あいこう　3
哀王(5世紀)　→沮渠牧犍　そきょぼくけん　270
哀平帝(4世紀)　あいへいてい*　4
哀宗(12・13世紀)　あいそう　3
哀帝(前1世紀)　→哀帝(前漢)　あいてい　3
哀帝(3・4世紀)　→哀帝(成漢)　あいてい*　3
哀帝(4世紀)　→哀帝(東晋)　あいてい　3
哀帝(9・10世紀)　→哀帝(唐)　あいてい　3
哀帝(前漢)(前1世紀)　あいてい　3
哀帝(唐)(9・10世紀)　あいてい　3
哀帝(漢)(前1世紀)　→哀帝(前漢)　あいてい　3
咸台永(20世紀)　ハムテヨン　388
咸安公主(8・9世紀)　かんあんこうしゅ　80
咸宜(19・20世紀)　→ハムギー帝　388
咸宜帝(19・20世紀)　→ハムギー帝　388
咸宜王(19・20世紀)　→ハムギー帝　388
咸豊(19世紀)　→咸豊帝　かんぽうてい　87
咸豊帝(19世紀)　かんぽうてい　87
哈丹(13世紀)　→カダン　76
哈剌哈孫(13・14世紀)　→ハラハスン　389
哈麻(14世紀)　→ハマ　387
契　せつ　253
奕山(18・19世紀)　えきさん　39
奕劻(19・20世紀)　→慶親王　けいしんおう　133
奕訢(19世紀)　→恭親王　きょうしんおう　103
威王(4世紀)　→威王(前涼)　いおう*　17
威王(斉)(前4世紀)　いおう　17
威帝(4世紀)　いてい*　22
威烈(前5世紀)　→威烈王　いれつおう　24
威烈王(前5世紀)　いれつおう　24
威烈王(周)(前5世紀)　→威烈王　いれつおう　24
威烈王午(前5世紀)　→威烈王　いれつおう　24
威徳王(6世紀)　いとくおう　22
威霊郎　→ウイ・リン・ラン　28
姜子牙(3世紀頃)　きょうしが　102
姜宇奎(19・20世紀)　きょううけい　102
姜成山(20世紀)　カンソンサン　85
姜希源(20世紀)　カンヒウォン　87
姜英勲(20世紀)　カンヨンフン　88
姜邯賛(10・11世紀)
　→姜邯賛　きょうかんさん　102
姜邯賛(10・11世紀)　きょうかんさん　102
姜春雲(20世紀)　きょうしゅうん　102
姜飛(4世紀頃)　きょうひ　104
姜桂題(20世紀)　きょうけいだい　102

姜健(20世紀)　きょうけん　102
姜維(3世紀)　きょうい　102
姜確(7世紀)　きょうかく　102
姚文元(20世紀)　ようぶんげん　462
姚広孝(14・15世紀)　ようこうこう　455
姚依林(20世紀)　よういりん　452
姚枢(13世紀)　ようすう　458
姚泓(4・5世紀)　ようこう　455
姚思廉(6・7世紀)　ようしれん　458
姚崇(7・8世紀)　ようすう　458
姚萇(4世紀)　ようちょう　460
姚登山(20世紀)　ようとうさん　461
姚興(4・5世紀)　ようこう　455
室点蜜(6世紀)　→イステミ・カガン　20
宣(前9・8世紀)　→宣王(周)　せんおう　255
宣仁太后(11世紀)　せんじんたいこう　256
宣太后(前3世紀)　せんたいごう*　257
宣王(前9・8世紀)　→宣王(周)　せんおう　255
宣王(前4世紀)　→宣王(斉)　せんおう　255
宣王(前3世紀)　→宣王(楚)　せんおう　255
宣王(周)(前9・8世紀)　せんおう　255
宣王(斉)(前4世紀)　せんおう　255
宣王静(前9・8世紀)　→宣王(周)　せんおう　255
宣宗(9世紀)　→宣宗(唐)　せんそう　257
宣宗(11世紀)　→宣宗(高麗)　せんそう*　257
宣宗(12・13世紀)　→宣宗(金)　せんそう　257
宣宗(14・15世紀)
　→宣徳帝(明)　せんとくてい　258
宣宗(18・19世紀)　→道光帝　どうこうてい　355
宣宗(明)(14・15世紀)
　→宣徳帝(明)　せんとくてい　258
宣宗(金)(12・13世紀)　せんそう　257
宣宗(唐)(9世紀)　せんそう　257
宣武帝(5・6世紀)　せんぶてい*　258
宣帝(前4世紀)　せんてい　257
宣帝(6世紀)
　→宣帝(北周)　せんてい*　257
　→宣帝(陳)　せんてい*　258
宣帝(前漢)(前1世紀)　せんてい　257
宣祖(16・17世紀)　→宣祖(李朝)　せんそ　257
宣祖(李朝)(16・17世紀)　せんそ　257
宣統(20世紀)　→溥儀　ふぎ　406
宣統帝(20世紀)　→溥儀　ふぎ　406
宣徳(14・15世紀)
　→宣徳帝(明)　せんとくてい　258
宣徳王(8世紀)　せんとくおう　258
宣徳(14・15世紀)
　→宣徳帝(明)　せんとくてい　258
宣徳帝(明)(14・15世紀)　せんとくてい　258
宣懿皇后(10世紀)　せんいこうごう*　255

政治・外交・軍事篇　　　　　　　　　　　　　　681　　　　　　　　　　　　　　　　　　　　　　9画

宦郷（20世紀）　　かんきょう　83
封諝（2世紀）　　ほうしょ　424
屋麿（8世紀頃）　　おくま　61
幽王（前8世紀）→幽王　ゆうおう　448
幽王（周）（前8世紀）→幽王　ゆうおう　448
幽王宮涅（前8世紀）→幽王　ゆうおう　448
幽帝（4世紀）
　　→幽帝（成漢）　ゆうてい*　449
　　→幽帝（前燕）　ゆうてい*　449
度宗（13世紀）　　たくそう　287
度頗多（8世紀頃）　どびんた　367
建文（14・15世紀）
　　→建文帝（明）　けんぶんてい　139
建文帝（14・15世紀）
　　→建文帝（明）　けんぶんてい　139
建文帝（明）（14・15世紀）　けんぶんてい　139
建福帝（19世紀）→キエン・フック　89
後主（3世紀）→後主（蜀）　ごしゅ*　169
後主（6世紀）→後主緯　ごしゅい*　170
後主（6・7世紀）→陳後主　ちんこうしゅ　332
後主（10世紀）
　　→後主（前蜀）　ごしゅ*　169
　　→後主（南漢）　ごしゅ*　169
　　→孟昶　もうちょう　444
後主煜（10世紀）→李煜　りいく　471
後主緯（6世紀）　　ごしゅい*　170
後廃帝（5世紀）
　　→廃帝昱（後廃帝）　はいていいく*　377
後廃帝（6世紀）
　　→廃帝朗（後廃帝）　はいていろう*　378
悔落捜何（8世紀頃）　かいらくえいか　65
思任発（15世紀）　しじんはつ　190
思倫発（14世紀）　しりんはつ　231
恂（5世紀）　　じゅん*　211
恂勤郡王胤䄉（18世紀）　しゅんきんぐんおういんだい*　212
按只吉歹（13世紀）→エルジギデイ　40
持健（8世紀頃）　　じけん　188
故国原王（4世紀）　ここくげんおう　168
施世綸（18世紀）　しせいりん　190
施存統（20世紀）　しそんとう　191
施朔（3世紀頃）　　しさく　189
施琅（17世紀）　　しろう　231
施復亮（20世紀）→施存統　しそんとう　191
施閏章（17世紀）　しじゅんしょう　190
施肇基（19・20世紀）　しちょうき　191
春申君（前3世紀）　しゅんしんくん　212
昭（前10世紀頃）→昭王（西周）　しょうおう　215
昭公（前6世紀）→昭公（魯）　しょうこう　218
昭公（3・4世紀）→昭公（前涼）　しょうこう*　218

昭文帝（3・4世紀）
　　→昭文帝（成漢）　しょうぶんてい*　223
昭文帝（4・5世紀）
　　→昭文帝（後燕）　しょうぶんてい*　223
昭王（前10世紀頃）
　　→昭王（西周）　しょうおう　215
昭王（前4・3世紀）→昭王（燕）　しょうおう　215
昭王瑕（前10世紀頃）
　　→昭王（西周）　しょうおう　215
昭成帝（5世紀）
　　→昭成帝（北燕）　しょうせいてい*　220
昭宗（9・10世紀）→昭宗（唐）　しょうそう　220
昭宗（14世紀）→昭宗（北元）　しょうそう　221
昭宗（元）（14世紀）
　　→昭宗（北元）　しょうそう　221
昭宗（北元）（14世紀）　しょうそう　221
昭宗（唐）（9・10世紀）　しょうそう　220
昭明太子（6世紀）　しょうめいたいし　224
昭明太子蕭統（6世紀）
　　→昭明太子　しょうめいたいし　224
昭帝（前1世紀）→昭帝（前漢）　しょうてい　222
昭帝（前漢）（前1世紀）　しょうてい　222
昭烈帝（2・3世紀）→劉備　りゅうび　505
昭寧公主　しょうねいこうしゅ*　223
昭襄王（前3世紀）　しょうじょうおう　220
冒頓単于（前2世紀）　ぼくとつぜんう　430
栄王完顔爽（12世紀）　えいおうわんやんそう*　35
栄禄（19・20世紀）　えいろく　38
栄祿（19・20世紀）→栄禄　えいろく　38
栄徳帝姫　えいとくていひ*　37
栄毅仁（20世紀）　えいきじん　35
査良鑑（20世紀）　さらかん　185
査郎阿（18世紀）→ジャランガ　199
査嗣庭（18世紀）　さしてい　183
柴山　さいざん　179
柴世栄（20世紀）　さいせいえい　180
柴成文（20世紀）　しせいぶん　190
柴栄（10世紀）　　さいえい　178
柴玲（20世紀）　　さいれい　183
柴紹（7世紀）　　さいしょう　179
柔然氏（5世紀頃）　じゅうぜんし　203
柔等（7世紀頃）　　じゅうとう　204
柔福帝姫　じゅうふくていひ*　204
柏文蔚（19・20世紀）　はくぶんうつ　382
柳成龍（16・17世紀）　りゅうせいりゅう　503
柳宗夏（20世紀）　ユジョンハ　450
柳珍山（20世紀）　ユジンサン　450
柳章植（20世紀）　リュジャンシク　508
柳惲（5・6世紀）　りゅううん　497
柳夢寅（16・17世紀）　ユモンイン　451

柳麟錫（19・20世紀）　りゅうりんしゃく　507
柯慶施（20世紀）　かけいし　71
枳叱政（6世紀頃）　きしせい　90
段公輔　→ドァン・コン・ブウ　350
段文巨（19・20世紀）　→ドァン・ヴァン・ク　350
段会宗（前1世紀）　だんかいそう　292
段守簡（8世紀頃）　だんしゅかん　294
段寿　→ドァン・トー　350
段芝貴（19・20世紀）　だんしき　293
段尚　→ドァン・トゥオン　350
段思平（9・10世紀）　だんしへい　294
段珪（2世紀）　だんけい　293
段鈞（9世紀頃）　だんきん　293
段業（4・5世紀）　だんぎょう　293
段煨（3世紀）　だんわい　296
段祺瑞（19・20世紀）　だんきずい　293
段義宗（9世紀頃）　だんぎそう　293
段徳昌（20世紀）　だんとくしょう　295
段熲（2世紀）　だんけい　293
毗伽可汗（7・8世紀）　→ビルゲ・カガン　398
毘伽公主（8世紀頃）　びかこうしゅ　395
毘伽可汗（7・8世紀）　→ビルゲ・カガン　398
毘紉（5世紀頃）　びじん　396
毘員跋摩（6世紀頃）　びいんばつま　395
海西公（廃帝）（4世紀）
　　→廃帝奕　はいていえき*　378
海都（13・14世紀）　→ハイドゥ　378
海陵王（5世紀）
　　→海陵王（南斉）　かいりょうおう*　65
海陵王（12世紀）
　　→海陵王（金）　かいりょうおう　65
海陵王（金）（12世紀）　かいりょうおう　65
海瑞（16世紀）　かいずい　64
海蘭察（18世紀）　→ハイランチャ　379
洪万植（19・20世紀）　ホンマンシク　435
洪仁玕（19世紀）　こうじんかん　152
洪任　→ホン・ニャム　435
洪任（19世紀）　→トゥドゥック帝　359
洪成南（20世紀）　ホンソンナム　435
洪成酋（9世紀頃）　こうせいしゅう　153
洪秀全（19世紀）　こうしゅうぜん　149
洪命熹（19・20世紀）　ホンミョンヒ　435
洪学智（20世紀）　こうがくち　143
洪承疇（16・17世紀）　こうしょうちゅう　151
洪武（14世紀）　→洪武帝（明）　こうぶてい　160
洪武帝（14世紀）　→洪武帝（明）　こうぶてい　160
洪英植（19世紀）　こうえいしょく　142
洪宣（6世紀頃）　こうせん　153
洪茶丘（13世紀）　こうちゃきゅう　157
洪适（12世紀）　こうかつ　143

洪時学（20世紀）　ホンシハク　435
洪啓薫（19世紀）　こうけいくん　145
洪基疇（20世紀）　こうきちゅう　144
洪喜男（16世紀）　こうきだん　144
洪景来（18・19世紀）　こうけいらい　146
洪皓（11・12世紀）　こうこう　147
洪鈞（19世紀）　こうきん　145
洪熙帝（14・15世紀）　→仁宗（明）　じんそう　237
洪熙帝（14・15世紀）　→仁宗（明）　じんそう　237
洪福（19世紀）　こうふく　160
洪熙（14・15世紀）　→仁宗（明）　じんそう　237
洪範図（19・20世紀）　こうはんと　159
洪遵（12世紀）　こうじゅん　150
洪邁（12・13世紀）　こうまい　161
洪鍾（15・16世紀）　こうしょう　150
洪鍾宇（19・20世紀）　こうしょうう　150
洪鐘（15・16世紀）　→洪鍾　こうしょう　150
泉蓋蘇文（7世紀）　せんがいそぶん　255
洗夫人（6世紀）　せんふじん　258
洗恒漢（20世紀）　せんこうかん　256
爰盎（3世紀頃）　えんしょう　42
爰覦（2・3世紀頃）　えんせい　42
爰覦（3世紀頃）　えんせい　42
独孤及（8世紀）　どくこきゅう　363
独孤皇后（6・7世紀）　どっここうごう*　366
独湛性瑩（6世紀頃）　→祖真　そしん　271
珍妃（19世紀）　ちんひ　337
皇子景　→グエン・フック・カイン　126
皇太極（16・17世紀）　→太宗（清）　たいそう　283
皇后弘吉剌氏（12世紀）　こうごうこうきつらつし*　147
皇后弘吉剌氏（13世紀）　こうごうこうきつらつし*　148
皇后弘吉剌氏（14世紀）　こうごうこうきつらつし*　148
皇后伯岳吾氏（13・14世紀）　→ブルハン　414
皇后奇氏　こうごうきし*　147
皇后述律氏（9・10世紀）
　　→応天皇后　おうてんこうごう　56
皇后阿魯特氏（19世紀）　こうごうアルート*　147
皇后博爾済吉特氏（16・17世紀）　こうごうボルチキツトし*　148
皇后博爾済吉特氏（姪）（17世紀）　こうごうボルチキツトし*　148
皇后富察氏（18世紀）　こうごうふさつし*　148
皇后董鄂氏（17世紀）　こうごうとうがくし*　148
皇后葉赫那拉氏（16・17世紀）　こうごうイエヘナラし*　147
皇后葉赫那拉氏（19・20世紀）　こうごうイエヘナラし*　147

| 政治・外交・軍事篇 | | | | 9画 |

皇后鈕祐氏（19世紀）　→東太后　とうたいこう　358
皇后蕭氏（11世紀）
　　→皇后蕭氏　こうごうしょうし*　148
　　→皇后蕭氏　こうごうしょうし*　148
皇甫惟明（8世紀）　こうおいめい　142
皇甫規（2世紀）　こうほき　161
皇甫嵩（2世紀）　こうほすう　161
皇甫誕（6・7世紀）　こうほたん　161
皇甫閬（3世紀頃）　こうほがい　161
相土　しょうど　222
相里玄奘（7世紀頃）　そうりげんじょう　269
祝融　しゅくゆう　206
神宗（11世紀）　→神宗（宋）　しんそう　236
神宗（12・13世紀）
　　→神宗（高麗）　しんそう*　237
神宗（13世紀）　→神宗（西夏）　しんそう*　237
神宗（16・17世紀）　→万暦帝　ばんれきてい　395
神宗（北宋）（11世紀）
　　→神宗（宋）　しんそう　236
神宗（宋）（11世紀）　しんそう　236
神宗（明）（16・17世紀）
　　→万暦帝　ばんれきてい　395
神農　しんのう　238
祖承訓（16・17世紀頃）　そしょうくん　271
祖茂（2世紀）　そも　273
祖珽（6世紀頃）　そてい　272
祖逖（3・4世紀）　そてき　272
祖珽（6世紀頃）　そしん　271
祖弼（3世紀）　そひつ　273
祖無沢（11世紀）　そむたく　273
禹　う　27
禹之謨（19・20世紀）　うしぼ　29
禹王　→禹　う　27
种輯（2世紀）　ちゅうしゅう　305
科野新羅（6世紀頃）　しなののしらぎ　192
秋瑾（19・20世紀）　しゅうきん　201
紇石烈良弼（12世紀）　きっせきれつりょうひつ　93
紇何辰（5世紀頃）　きつかしん　93
紇奚勿六跋（6世紀頃）　こつけいぶつりくばつ　172
紇設伊俱鼻施（8世紀頃）　こつせついぐびし　172
紀妃（18世紀）　きひ*　94
紀弥麻沙（6世紀頃）　きのみまさ　94
紀信（前3世紀）　きしん　91
紀喬容（8世紀頃）　ききょうよう　89
紀登奎（20世紀）　きとうけい　93
紀僧真（5世紀）　きそうしん　92
紀霊（2世紀）　きれい　107
紂（前11世紀頃）　→紂王　ちゅうおう　304
紂王（前11世紀頃）　ちゅうおう　304
美川王（4世紀）　びせんおう　396

美海　みかい　439
羿真子（7世紀頃）　げいしんし　133
耶律乙辛（11世紀）　やりついっしん　447
耶律大石（11・12世紀）
　　→徳宗（西遼）　とくそう　364
耶律休哥（10世紀）　やりつきゅうか　447
耶律阿保機（9・10世紀）　やりつあほき　447
耶律留可（12・13世紀）
　　→耶律留哥　やりつりゅうか　448
耶律留哥（12・13世紀）　やりつりゅうか　448
耶律隆運（10・11世紀）　やりつりゅううん　448
耶律楚材（12・13世紀）　やりつそざい　447
耶律鋳（13世紀）　やりつちゅう　448
胤禛（18世紀）　いんし　25
胡士棟（18世紀）　→ホ・シ・ドン　431
胡子春（19・20世紀）　こししゅん　169
胡子嬰（20世紀）　こしえい　169
胡太后（5世紀）　こたいこう　172
胡太后（5・6世紀）　こたいこう*　172
胡太后（6世紀）　こたいごう*　172
胡文牙（20世紀）　→ホ・ヴァン・ガ　422
胡文覓（20世紀）　→ホ・ヴァン・ミック　422
胡文愉　→ホ・ヴァン・ヴイ　422
胡世沢（20世紀）　こせいたく　171
胡平（20世紀）　こへい　175
胡広（14・15世紀）　ここう　168
胡亥（前3世紀）
　　→秦二世皇帝　しんにせいこうてい　238
胡志明（19・20世紀）　→ホー・チ・ミン　432
胡志強（20世紀）　こしきょう　169
胡季犛（14・15世紀）　→ホー・クイ・リ　427
胡宗南（20世紀）　こそうなん　171
胡宗鐸（20世紀）　こそうたく　171
胡宗憲（16世紀）　こそうけん　171
胡宗鏘　→ホ・トン・トック　432
胡忠（3世紀頃）　こちゅう　172
胡承珙（18・19世紀）　こしょうきょう　170
胡林翼（19世紀）　こりんよく　176
胡祗遹（13世紀）　こしいつ　169
胡思敬（19・20世紀）　こしけい　169
胡風（20世紀）　こふう　174
胡烈（3世紀頃）　これつ　176
胡健中（20世紀）　こけんちゅう　168
胡啓立（20世紀）　こけいりつ　167
胡寅（11・12世紀）　こいん　141
胡惟庸（14世紀）　こいよう　140
胡惟徳（19・20世紀）　こいとく　140
胡済（3世紀頃）　こさい　168
胡淵（3世紀頃）　こえん　164

胡厥文(20世紀)	こけつぶん 167
胡喬木(20世紀)	こきょうぼく 166
胡景翼(20世紀)	こけいよく 167
胡瑛(19・20世紀)	こえい 164
胡禄達干(8世紀頃)	ころくたつかん 176
胡軫(2世紀)	こしん 170
胡漢民(19・20世紀)	こかんみん 165
胡適(20世紀)	こてき 173
胡銓(12世紀)	こせん 171
胡縄(20世紀)	こじょう 170
胡質(3世紀)	こしつ 169
胡遵(3世紀頃)	こじゅん 170
胡奮(3世紀頃)	こふん 175
胡橘棻(19・20世紀)	こきつふん 165
胡錦濤(20世紀)	こきんとう 166
胡韓邪単于(前1世紀頃) →呼韓邪単于	こかんやぜんう 165
胡耀邦(20世紀)	こようほう 175
胥要徳(8世紀)	しょようとく 231
荊国大長公主(10・11世紀)	けいこくだいちょうこうしゅ* 132
荊軻(前3世紀)	けいか 131
荊道栄(3世紀頃)	けいどうえい 134
荘(前7世紀) →荘王(周)	そうおう* 259
荘子(前4・3世紀) →荘周	そうしゅう 264
荘公(前8世紀)	そうこう 262
荘王(前7・6世紀) →荘王(楚)	そうおう 259
荘王(楚)(前7・6世紀)	そうおう 259
荘王佗(前7世紀) →荘王(周)	そうおう* 259
荘周(前4・3世紀)	そうしゅう 264
荘宗(9・10世紀) →李存勗	りそんきょく 489
荘明理(20世紀)	そうめいり 268
荘恪太子李永(9世紀)	そうかくたいしりえい* 260
荘烈帝(17世紀) →崇禎帝	すうていてい 242
荘敬太子朱載壡(16世紀)	そうけいたいししゅさいえい* 261
荘献世子(18世紀)	しょうけんせいし 217
荘慶和碩公主(18・19世紀)	そうけいカセキこうしゅ* 161
荘親王舒爾哈斉(17世紀)	そうしんのうシュルガチ* 265
荘蹻(前4世紀頃)	そうきょう 261
荀正(2世紀)	じゅんせい 213
荀諶(3世紀頃)	じゅんしん 212
荀顗(3世紀)	じゅんぎ 212
茹富仇(8世紀頃)	じょふきゅう 230
莽古爾泰(16・17世紀) →マングルタイ 439
莽悉曩(8世紀頃)	もうしつのう 443
要離(ようり) 463
貞定(前5世紀) →貞定王	ていていおう* 344

貞定王介(前5世紀) →貞定王	ていていおう* 344
貞懿王(10世紀)	ていいおう* 339
軍君	こにきし 174
軍臣単于(前2世紀)	ぐんしんぜんう 131
軍善(7世紀頃)	ぐんぜん 131
迷当	めいとう 442
迷当大王 →迷当	めいとう 442
郅支単于(前1世紀)	しっしぜんう 191
郁久閭弥娥(6世紀頃)	いくきゅうろびが 18
酋龍(9世紀)	しゅうりゅう 205
重慶公主(15世紀)	ちょうけいこうしゅ* 313
韋(7・8世紀) →韋氏	いし 18
韋太后(7・8世紀) →韋氏	いし 18
韋氏(7・8世紀)	いし 18
韋氏(皇后)(7・8世紀) →韋氏	いし 18
韋后(7・8世紀) →韋氏	いし 18
韋安石(7・8世紀)	いあんせき 16
韋抜群(20世紀)	いばつぐん 22
韋国清(20世紀)	いこくせい 18
韋承慶(7・8世紀)	いしょうけい 19
韋昌輝(19世紀)	いしょうき 19
韋昭(3世紀)	いしょう 19
韋皇后(7・8世紀) →韋氏	いし 18
韋倫(8世紀)	いりん 24
韋皐(8・9世紀)	いこう 18
韋堅(8世紀)	いけん 18
韋渠牟(8・9世紀)	いきょぼう 18
韋節(7世紀)	いせつ 21
韋愨(19・20世紀)	いこく 18
韋審規(9世紀頃)	いしんき 20
韋賢妃(11・12世紀)	いけんひ* 18
首信(6世紀頃)	しゅしん 208
首科勲 →ゲン・フウ・ファン 125
首智買(7世紀頃)	しゅちばい 209
首露王	しゅろおう 211

【 10画 】

俺答汗(16世紀) →アルタン・ハン 12
倶文珍(8世紀)	ぐぶんちん 130
倶摩羅(8世紀頃)	ぐまら 130
候捷(20世紀)	こうしょう 150
候景(6世紀) →侯景	こうけい 145
倒剌沙(14世紀) →タオラシャ 286
倒剌沙(14世紀) →タオラシャ 286
倍侯利(5世紀頃)	ばいこうり 377
倭耳干納(13世紀) →オルガナ 62

10画

倚蘭夫人 →イ・ランフ・ニャン　24
倪元璐（16・17世紀）　げいげんろ　132
倪文俊（14世紀）　げいぶんしゅん　135
倪志福（20世紀）　げいしふく　132
倪映典（19・20世紀）　げいえいてん　131
倪嗣冲（19・20世紀）　げいしちゅう　132
倪嗣冲（19・20世紀）　げいしちゅう　132
党均（3世紀頃）　とうきん　353
凌統（2・3世紀）　りょうとう　510
凌雲（20世紀）　りょううん　508
凌鉞（19・20世紀）　りょうえつ　508
剛毅（19世紀）　ごうき　144
原川（7世紀頃）　げんせん　137
原傑（15世紀）　げんけつ　136
哱斯囉（10・11世紀）　こくしら　166
唆都（13世紀）　→ゾゲトゥ　270
哲別 →ジェベ　187
哲別（13世紀）　→ジェベ　187
哲宗（11世紀）　→哲宗（北宋）　てっそう　348
哲宗（19世紀）　→哲宗（李朝）　てっそう　348
哲宗（宋）（11世紀）
　→哲宗（北宋）　てっそう　348
唐才常（19世紀）　とうさいじょう　355
唐介（11世紀）　とうかい　352
唐太宗（7世紀）　→太宗（唐）　たいそう　282
唐文治（19世紀）　とうぶんち　360
唐氏（2世紀）　とうし　355
唐王（17世紀）
　→唐王朱聿鍵　とうおうしゅいっけん　352
唐王朱聿鍵（17世紀）　とうおうしゅいっけん　352
唐弘実（9世紀頃）　とうこうじつ　355
唐玄宗（7・8世紀）　→玄宗（唐）　げんそう　138
唐生智（19・20世紀）　とうせいち　357
唐妃（2世紀）　→唐氏　とうし　355
唐守治（20世紀）　とうしゅじ　356
唐有壬（20世紀）　とうゆうじん　361
唐叔姫虞　とうしゅくきぐ　356
唐叔虞（前12世紀）　とうしゅくぐ　356
唐周（3世紀頃）　とうしゅう　356
唐国長公主（12世紀）　とうこくちょうこうしゅ*　355
唐英年（20世紀）　とうえいねん　351
唐咨（3世紀頃）　とうし　355
唐飛（20世紀）　とうひ　359
唐倹（6・7世紀）　とうけん　354
唐基勢（14世紀）　→タンキス　293
唐彬（3世紀）　とうひん　360
唐紹儀（19・20世紀）　とうしょうぎ　356
唐景崧（19・20世紀）　とうけいすう　353
唐景崇（20世紀）　とうけいすう　354
唐継堯（19・20世紀）　とうけいぎょう　353

唐聞生（20世紀）　とうぶんせい　360
唐涛（20世紀）　とうじゅ　356
唐縦（20世紀）　とうじゅう　356
唐賽児（15世紀）　とうさいじ　355
唐臨（7世紀）　とうりん　362
哥舒道元（8世紀頃）　かじょどうげん　76
哥舒翰（8世紀）　かじょかん　75
夏斗寅（19・20世紀）　かとういん　78
夏言（15・16世紀）　かげん　72
夏侯玄（3世紀）　かこうげん　73
夏侯存（3世紀）　かこうそん　73
夏侯尚（3世紀）　かこうしょう　73
夏侯咸（3世紀頃）　かこうかん　72
夏侯恩（3世紀）　かこうおん　72
夏侯惇（3世紀）　かこうとん　73
夏侯淵（3世紀）　かこうえん　72
夏侯傑（3世紀頃）　かこうけつ　73
夏侯嬰（前2世紀）　かこうえい　72
夏侯蘭（3世紀）　かこうらん　73
夏侯覇（3世紀頃）　かこうは　73
夏侚（3世紀）　かじゅん　75
夏皇后（12世紀）　かこうごう*　73
夏候玄（3世紀）　→夏侯玄　かこうげん　73
夏候存（3世紀）　→夏侯存　かこうそん　73
夏候尚（3世紀）　→夏侯尚　かこうしょう　73
夏候咸（3世紀頃）　→夏侯咸　かこうかん　72
夏候恩（3世紀）　→夏侯恩　かこうおん　72
夏候惇（3世紀）　→夏侯惇　かこうとん　73
夏候淵（3世紀）　→夏侯淵　かこうえん　72
夏候傑（3世紀頃）　→夏侯傑　かこうけつ　73
夏候蘭（3世紀）　→夏侯蘭　かこうらん　73
夏候覇（3世紀頃）　→夏侯覇　かこうは　73
夏姫　かき　66
夏時（15世紀頃）　かじ　74
夏惲（2世紀）　かうん　65
夏曾佑（19・20世紀）　かそうゆう　76
夏竦（11世紀）　かしょう　75
夏雲杰（20世紀）　かうんけつ　65
夏曦（20世紀）　かぎ　66
奚泥（3世紀）　けいでい　134
姫氏怒喇斯致契（6世紀頃）　きしぬりしちけい　90
姫発（前11世紀頃）　→武王（周）　ぶおう　405
姫鵬飛（20世紀）　きほうひ　94
娥皇　がこう　72
孫万栄（7世紀）　そんばんえい　277
孫士毅（18世紀）　そんしき　276
孫化中（19世紀）　そんかいちゅう　274
孫文（19・20世紀）　そんぶん　278

孫可望（17世紀）	そんかぼう	274
孫平化（20世紀）	そんへいか	278
孫礼（3世紀）	そんれい	279
孫立人（20世紀）	そんりつじん	278
孫仲（2世紀）	そんちゅう	277
孫伝芳（19・20世紀）	そんでんぽう	277
孫多森（19・20世紀）	そんたしん	277
孫沔（11世紀頃）	そんべん	278
孫甫（11世紀頃）	そんほ	278
孫秀（3世紀頃）	そんしゅう	276
孫良誠（20世紀）	そんりょうせい	279
孫叔敖（前7・6世紀頃）	そんしゅくごう	276
孫宝琦（19・20世紀）	そんほうき	278
孫岳（19・20世紀）	そんがく	274
孫拠（3世紀）	そんきょ	275
孫承宗（16・17世紀）	そんしょうそう	276
孫果（9世紀頃）	そんか	274
孫武（19・20世紀）	そんぶ	278
孫洪伊（19・20世紀）	そんこうい	275
孫点（19世紀）	そんてん	277
孫皇后（15世紀）	そんこうごう*	276
孫眉（19・20世紀）	そんび	277
孫科（20世紀）	そんか	274
孫家鼐（19・20世紀）	そんかだい	274
孫恩（3世紀）	そんおん	274
孫連仲（20世紀）	そんれんちゅう	279
孫高（3世紀頃）	そんこう	275
孫康（3・4世紀）	そんこう	275
孫晧（3世紀）→孫皓	そんこう	275
孫異（3世紀頃）	そんい	274
孫堅（2世紀）	そんけん	275
孫皓（3世紀）	そんこう	275
孫策（2世紀）	そんさく	276
孫覚（11世紀）	そんかく	274
孫運璿（20世紀）	そんうんせん	274
孫幹（3世紀）	そんかん	274
孫歆（3世紀）	そんきん	275
孫殿英（20世紀）	そんでんえい	277
孫毓汶（19世紀）	そんいくぶん	274
孫資（3世紀）	そんし	276
孫徳清（20世紀）	そんとくせい	277
孫綽（4世紀）	そんしゃく	276
孫権（2・3世紀）	そんけん	275
孫翼（3世紀頃）	そんよく	275
孫興進（8世紀頃）	そんこうしん	276
孫謙（3世紀頃）	そんけん	275
宴子拔（7世紀頃）	えんしばつ	41
宮之寄（前3世紀）	きゅうしき	99

容閎（19・20世紀）	ようこう	455
宸濠（16世紀）→宸濠（寧王）	しんごう	234
帰崇敬（8世紀）	きすうけい	91
帰登（8・9世紀）	きとう	93
師沢（20世紀）→ス・チャック		243
師需嬰（7世紀頃）	しずる	190
師纂（3世紀頃）	しさん	190
席律（7世紀頃）	せきりつ	253
徐才厚（20世紀）	じょさいこう	228
徐円朗（7世紀）	じょえんろう	226
徐世昌（19・20世紀）	じょせいしょう	229
徐以新（20世紀）	じょいしん	213
徐平和（6世紀頃）	じょへいわ	230
徐広縉（19世紀）	じょこうしん	228
徐永昌（19・20世紀）	じょえいしょう	226
徐用儀（19世紀）	じょようぎ	230
徐企文（20世紀）	じょきぶん	227
徐光啓（16・17世紀）	じょこうけい	227
徐光範（19・20世紀）	じょこうはん	228
徐向前（20世紀）	じょこうぜん	228
徐有貞（15世紀）	じょゆうてい	230
徐寿輝（14世紀）	じょじゅき	229
徐市（前3世紀頃）→徐福	じょふく	230
徐国長公主（11・12世紀）	じょこくちょうこうしゅ*	228
徐宝山（19・20世紀）	じょほうさん	230
徐居正（15世紀）	ソゴジョン	270
徐昂（8・9世紀）	じょこう	227
徐知誥（9・10世紀）→李昇	りべん	494
徐俊植（20世紀）	ソジュンシク	271
徐栄（2世紀）	じょえい	226
徐海東（20世紀）	じょかいとう	226
徐珉濠（20世紀）	ソミノ	273
徐皇后（14・15世紀）	じょこうごう	228
徐哲（20世紀）	ソチョル	272
徐師曾（16世紀）	じょしそう	228
徐桐（19世紀）	じょとう	229
徐浩（8世紀）	じょこう	227
徐商（3世紀頃）	じょしょう	229
徐紹楨（19・20世紀）	じょしょうてい	229
徐陵（6世紀）	じょりょう	231
徐善行（9世紀頃）	じょぜんこう	229
徐復（9世紀頃）	じょふく	230
徐普（1世紀頃）	じょふ	230
徐勝（20世紀）	ソスン	272
徐葆光（18世紀）	じょほこう	230
徐達（14世紀）	じょたつ	229
徐階（15・16世紀）	じょかい	226
徐夢秋（20世紀）	じょむしゅう	230
徐熙（10世紀）	じょき	227

政治・外交・軍事篇　　　　　　　　　687　　　　　　　　　　　　　　　10画

徐福(前3世紀頃)　　じょふく　230
徐継畬(18・19世紀)　　じょけいよ　227
徐載弼(19・20世紀)　　ソジェピル　270
徐兢(11・12世紀)　　じょきょう　227
徐慶鐘(20世紀)　　じょけいしょう　227
徐璆(3世紀頃)　　じょきゅう　227
徐質(3世紀頃)　　じょしつ　228
徐樹錚(19・20世紀)　　じょじゅそう　229
徐穆　→ツ・ムック　339
徐錫麟(19・20世紀)　　じょしゃくりん　228
徐甫(19世紀)　　じょさい　228
徐謙(19・20世紀)　　じょけん　227
徐鍾喆(20世紀)　　じょしょうくつ　229
徐鴻儒(17世紀)　　じょこうじゅ　228
徒単氏(12世紀)　　とぜんし*　366
恭孝王(10世紀)　　きょうこうおう*　102
恭宗(13世紀)　→恭帝(宋)　きょうてい　104
恭帝(4・5世紀)　→恭帝(東晋)　きょうてい*　103
恭帝(6世紀)　→恭帝(廃帝廓)　きょうてい*　103
恭帝(7世紀)
　→恭帝(隋第3代)　きょうてい　104
　→恭帝(隋第4代)　きょうてい　104
恭帝(10世紀)　→恭帝(後周)　きょうてい　104
恭帝(13世紀)　→恭帝(宋)　きょうてい　104
恭帝(宋)(13世紀)　　きょうてい　104
恭帝(隋)(7世紀)
　→恭帝(隋第4代)　きょうてい　104
　→恭帝(隋第3代)　きょうてい　104
恭愍王(14世紀)　　きょうびんおう　104
恭親王(19世紀)　　きょうしんおう　103
恭親王奕訢(19世紀)
　→恭親王　きょうしんおう　103
恭親王奕訢(19世紀)
　→恭親王　きょうしんおう　103
恭譲王(14世紀)　　きょうじょうおう　103
恭懿王(10世紀)　　きょういおう*　102
恵(前7世紀)　→恵王(周)　けいおう*　131
恵(6世紀頃)　　けい　131
恵文(7世紀頃)　　えぶん　39
恵王(前4世紀)
　→恵王(戦国・魏)　けいおう　131
恵王朱由樥　けいおうしゅゆうぜん*　131
恵王閬(前7世紀)　→恵王(周)　けいおう*　131
恵宗(10世紀)　→恵宗(高麗)　けいそう*　133
恵宗(11世紀)　→恵宗(西夏)　けいそう*　133
恵宗(14世紀)　→順帝(元)　じゅんてい　213
恵帝(前3・2世紀)　→恵帝(前漢)　けいてい　134
恵帝(3・4世紀)　→恵帝(晋)　けいてい　134
恵帝(14・15世紀)
　→建文帝(明)　けんぶんてい　139

恵帝(前漢)(前3・2世紀)　けいてい　134
恵恭王(8世紀)　けいきょうおう　132
恵徳王(8世紀)　→景徳王　けいとくおう　134
恵親王綿愉(19世紀)　けいしんのうめんゆ*　133
恵懿帝(5世紀)　けいいてい*　131
既殿奚　こでんけい　174
曺奉岩(20世紀)　チョボンアム　328
曺晩植(19・20世紀)　チョマンシク　328
晁迥(10・11世紀)　ちょうけい　312
晋王朱棡(15世紀)　しんおうしゅこう*　232
晋昇堂(9世紀頃)　しんしょうどう　236
晋陽公主　しんようこうしゅ*　240
晏子(前6・5世紀頃)　→晏嬰　あんえい　13
晏明(3世紀)　あんめい　16
晏殊(10・11世紀)　あんしゅ　14
晏嬰(前6・5世紀頃)　あんえい　13
晁迥(10・11世紀)　→晁迥　ちょうけい　312
晁迥(11世紀)　ちょうけい　312
晁錯(前2世紀)　ちょうそ　320
格埒森礼(16世紀)　→ゲレ・サンジャ　136
桓(前8・7世紀)　→桓王　かんおう*　81
桓公(前7世紀)　→桓公(斉)　かんこう　83
桓公(4世紀)　→張重華　ちょうじゅうか　317
桓公(斉)(前7世紀)　かんこう　83
桓父(7世紀頃)　かんふ　87
桓王林(前8・7世紀)　→桓王　かんおう*　81
桓玄(4・5世紀)　かんげん　83
桓宗(12・13世紀)　かんそう*　85
桓帝(2世紀)　かんてい　86
桓帝(後漢)(2世紀)　→桓帝　かんてい　86
桓彦範(7・8世紀)　かんげんはん　83
桓温　かんおん　82
桓寛(前1世紀)　かんかん　82
桓嘉(3世紀)　かんか　82
桓彝(3世紀)　かんい　80
桓彝(3・4世紀)　かんい　81
桑弘羊(前2・1世紀)　そうこうよう　262
桑哥(13世紀)　→サンガ　186
桑結嘉再錯(17・18世紀)
　→サンギエ・ギャムツォ　186
桂王(17世紀)　→永明王　えいめいおう　37
桂永清(20世紀)　けいえいせい　131
桂良(18・19世紀)　けいりょう　135
桂涵(19世紀)　けいかん　132
桂馨(16世紀)　けいがく　132
梅世法(18世紀)　→マイ・テ・ファップ　436
梅老蚌(20世紀)　→マイ・ラオ・バン　436
梅叔鸞(8世紀)　→マイ・トゥック・ロアン　436
梅春賞(19世紀)　→マイ・スアン・トゥオン　435
梅特勒(6世紀頃)　ばいとくろく　379

10画　　　　　　　　　　　　　　　　　688　　　　　　　　　　　　東洋人物レファレンス事典

梅黒帝(8世紀)　→マイ・トゥック・ロアン　436
梅落(9世紀頃)　ばいらく　379
桀　→桀王　けつおう　135
桀王　けつおう　135
殷仲堪(4世紀)　いんちゅうかん　26
殷汝耕(19・20世紀)　いんじょこう　26
殷志瞻(8世紀頃)　いんしたん　25
殷侑(8・9世紀)　いんゆう　27
泰国康懿長公主(12世紀)　しんこくこういちょうこうしゅ*　235
泰定帝(13・14世紀)
　　→泰定帝(元)　たいていてい　284
泰定帝(元)(13・14世紀)　たいていてい　284
泰昌(16・17世紀)　→泰昌帝　たいしょうてい　280
泰昌帝(16・17世紀)　たいしょうてい　280
泰翻(20世紀)　→タイ・フィエン　284
浪些紇夜悉獵(8世紀頃)　ろうしこつやしつりょう　524
烏介特勤(9世紀)　うかいとっきん　28
烏光賛(10世紀頃)　うこうさん　29
烏利多(8世紀頃)　うりた　34
烏孝慎(9世紀頃)　うこうしん　29
烏那達利(8世紀頃)　うなたつり　32
烏里雅蘇台将軍(18世紀頃)
　　→ウリヤスタイ将軍　ウリヤスタイしょうぐん　34
烏承玼(8世紀)　うしょうし　30
烏林皇后烏林答氏　うりんこうごううりんだし*　34
烏物(8世紀頃)　うぶつ　32
烏昭度(9世紀頃)　うしょうど　30
烏重玘(9世紀頃)　うじゅうき　30
烏重胤(9世紀)　うじゅういん　30
烏借芝蒙(8世紀頃)　うしゃくしもう　29
烏程公(3世紀)　→孫皓　そんこう　275
烏須弗(8世紀頃)　うすふつ　30
烏賢偲(9世紀頃)　うけんし　29
烏蘇米施可汗(8世紀)　→ウソマイシ・カガン　30
烏蘭夫(20世紀)　ウランフ　34
烏鶻達干(8世紀頃)　うこつたつかん　29
烈(前4世紀)　→烈王　れつおう*　522
烈王喜(前4世紀)　→烈王　れつおう*　522
烈宗(4世紀)　→劉聡　りゅうそう　503
烈祖(4世紀)
　　→烈祖(西秦)　れっそ*　522
　　→烈祖(前燕)　れっそ*　522
　　→烈祖(南涼)　れっそ*　522
烈祖(9・10世紀)
　　→李昇　りべん　494
　　→劉隠　りゅういん　497
　　→烈祖(呉)　れっそ*　522
烈崇(4世紀)　れっそう*　522
珠貝智(6世紀頃)　しゅばいち　210

班勇(1・2世紀)　はんゆう　394
班第(18世紀)　→バンディ　393
班超(1・2世紀)　はんちょう　392
留平(8世紀頃)　りゅうへい　506
留正(12・13世紀)　りゅうせい　503
留異(6世紀)　りゅうい　497
留略(3世紀頃)　りゅうりゃく　507
留賛(2・3世紀)　りゅうさん　501
益王朱祐檳(16世紀)　えきおうしゅゆうひん*　38
真毛(7世紀頃)　しんもう　240
真平王(7世紀)　しんぺいおう　239
真牟貴文(6世紀頃)　しんむきぶん　240
真西山(12・13世紀)
　　→真徳秀　しんとくしゅう　238
真宗(10・11世紀)　→真宗(宋)　しんそう　236
真宗(宋)(10・11世紀)　しんそう　236
真金(13世紀)　→チンキム　331
真智王(6世紀)　しんちおう　237
真達(5世紀頃)　しんたつ　237
真聖女王(9世紀)　しんせいじょおう　236
真聖王(9世紀)
　　→真聖女王　しんせいじょおう　236
真徳女王(7世紀)　しんとくじょおう　238
真徳秀(12・13世紀)　しんとくしゅう　238
真慕宣文(6世紀頃)　しんぼせんぶん　240
真興王(6世紀)　しんこうおう　234
真檀(8世紀頃)　しんだん　238
祥哲拉吉公主　シャンガラージこうしゅ*　200
祇(4世紀)　し*　187
秦・魯国賢穆明懿大長公主　→賢穆明懿大長公主　けんぼくめいいだいちょうこうしゅ*　140
秦2世皇帝(前3世紀)
　　→秦二世皇帝　しんにせいこうてい　238
秦二世(前3世紀)
　　→秦二世皇帝　しんにせいこうてい　238
秦力山(19・20世紀)　しんりきさん　240
秦王朱樉(14世紀)　しんおうしゅそう*　232
秦王趙徳芳(10世紀)　しんおうちょうとくほう*　232
秦中達(20世紀)　しんちゅうたつ　238
秦良(3世紀)　しんりょう　240
秦良玉(17世紀)　しんりょうぎょく　240
秦邦憲(20世紀)　しんほうけん　239
秦宓(3世紀)　しんびつ　239
秦愆(8世紀頃)　しんふき　239
秦晋国大長公主　しんしんこくだいちょうこうしゅ*　236
秦晋国長公主　しんしんこくちょうこうしゅ*　236
秦朗(3世紀)　しんろう　241
秦桧(11・12世紀)　→秦檜　しんかい　232
秦基偉(20世紀)　しんきい　233

政治・外交・軍事篇　　　　　　　　689　　　　　　　　　　　　10画

秦朗（3世紀）→秦朗　しんろう　241
秦景（1世紀頃）　　しんけい　234
秦琪（2世紀）　　しんき　233
秦開（前3世紀頃）　　しんかい　232
秦毓鎏（19・20世紀）　しんいくりゅう　232
秦鼎彝（19・20世紀）　しんていい　238
秦嘉（2世紀頃）　　しんか　232
秦徳純（20世紀）　しんとくじゅん　238
秦檜（11・12世紀）　しんかい　232
秦瓊（7世紀）　　しんけい　234
索尼（17世紀）→ソニン　272
索額図（17・18世紀）→ソンゴトゥ　276
純宗（19・20世紀）　じゅんそう　213
純祖（18・19世紀）　じゅんそ　213
素子（7世紀頃）　そし　270
素目伽（5世紀頃）　そもくか　273
素延鼇（5世紀頃）　そえんてつ　269
素福（7世紀頃）　そふく　273
納哈出（14世紀）→ナガチュ　370
翁心存（18・19世紀）　おうしんそん　53
翁文灝（19・20世紀）　おうぶんこう　57
翁同龢（19・20世紀）　おうどうわ　56
翁益謙　→オン・イック・キエム　62
耆英（18・19世紀）　きえい　89
耆婆（4世紀頃）　きば　94
耿仲明（17世紀）　こうちゅうめい　157
耿秉（1世紀）　こうへい　161
耿弇（1世紀）　こうえん　142
耿恭（1世紀）　こうきょう　145
耿継茂（17世紀）　こうけいも　146
耿精忠（17世紀）　こうせいちゅう　153
耿飈（20世紀）　こうひょう　159
耿飇（20世紀）→耿飈　こうひょう　159
能妻（7世紀頃）　のうる　375
般若（8世紀）　はんにゃ　393
華国鋒（20世紀）　かこくほう　74
華崗（20世紀）　かこう　72
華雄（2世紀）　かゆう　79
華歆（2・3世紀）　かきん　66
華覈（3世紀頃）　かかく　66
莫文祥（20世紀）　ばくぶんしょう　383
莫栄新（19・20世紀）　ばくえいしん　380
莫紀彭（19・20世紀）　ばくきほう　381
莫挺之　→マック・ディン・チ　437
莫登庸（15・16世紀）→マク・ダン・ズン　436
莫賀達干（8世紀頃）　ばくがたつかん　381
莫徳恵（19・20世紀）　ばくとくけい　382
莎比（8世紀頃）　さひ　184
裒国大長公主（11世紀）　こんこくだいちょうこうし

ゅ*　176
被珍那（7世紀頃）　ひちんな　396
袁了凡（16・17世紀）　えんりょうぼん　43
袁文才（20世紀）　えんぶんさい　43
袁世凱（19・20世紀）　えんせいがい　42
袁甲三（19世紀）　えんこうさん　41
袁仲賢（20世紀）　えんちゅうけん　43
袁守謙（20世紀）　えんしゅけん　41
袁克定（19・20世紀）　えんこくてい　41
袁国平（20世紀）　えんこくへい　41
袁采（12世紀頃）　えんさい　41
袁金凱（19・20世紀）　えんきんがい　40
袁昶（19世紀）　えんちょう　43
袁皇后（5世紀頃）　えんこうごう*　41
袁郊（8・9世紀頃）　えんこう　41
袁振（8世紀）　えんしん　42
袁晁（8世紀）　えんちょう　43
袁盎（前2世紀）　えんおう　40
袁高（8世紀）　えんこう　41
袁崇煥（17世紀）　えんすうかん　42
袁紹（2・3世紀）　えんしょう　42
袁術（2世紀）　えんじゅつ　42
袁黄（16・17世紀）　えんこう　40
袁滋（8世紀頃）　えんじ　41
袁熙（3世紀）　えんき　40
袁熙（3世紀）→袁熙　えんき　40
袁綝（3世紀頃）　えんりん　44
袁遺（3世紀頃）　えんい　40
貢瓊　→グェン・クィン　120
逢克寛（16・17世紀）
　　　→フン・カック・コアン　415
逢（3世紀頃）　ほうき　423
逢興（8世紀）→フン・フン　419
速不台（12・13世紀）→スブタイ　245
連温卿（20世紀）　れんおんけい　523
連戦（20世紀）　れんせん　523
郗愔（4世紀）　ちいん　296
郗鑒（3・4世紀）　ちかん　298
郜国公主　こうこくこうしゅ*　148
郝建秀（20世紀）　かくけんしゅう　68
郝昭（3世紀）　かくしょう　69
郝柏村（20世紀）　かくはくそん　70
郝経（13世紀）　かくけい　68
郝萌（2世紀）　かくほう　70
郕王（9・10世紀）→朱友珪　しゅゆうけい　211
郕王友珪（9・10世紀）
　　　→朱友珪　しゅゆうけい　211
郤正（3世紀）　げきせい　135
除一（19・20世紀）　じょいち　213

10画

馬士英(17世紀)　ばしえい　384
馬元義(2世紀)　ばげんぎ　383
馬文升(15・16世紀)　ばぶんしょう　387
馬占山(19・20世紀)　ばせんざん　385
馬札児台(13・14世紀)→マジャルタイ　437
馬本斎(20世紀)　ばほんさい　387
馬玉(3世紀)　ばぎょく　380
馬仲英(20世紀)　ばちゅうえい　386
馬守応(17世紀)　ばしゅおう　384
馬成(1世紀)　ばせい　385
馬次文(6世紀頃)　ばしぶん　384
馬君武(19・20世紀)　ばくんぶ　383
馬宏(前1世紀頃)　ばこう　384
馬良(19・20世紀)　ばりょう　389
馬延(3世紀)　ばえん　379
馬忠(3世紀)　ばちゅう　385
馬明心(18世紀)　ばめいしん　388
馬明方(20世紀)　ばめいほう　388
馬武　めむ　443
馬歩芳(20世紀)　ばほほう　387
馬玩(3世紀)　ばがん　380
馬英九(20世紀)　ばえいきゅう　379
馬叙倫(19・20世紀)　ばじょりん　385
馬哈木(14・15世紀)→マフムード　438
馬建中(19世紀)→馬建忠　ばけんちゅう　383
馬建忠(19世紀)　ばけんちゅう　383
馬思忽惕別乞(13世紀)→マスード・ベイ　437
馬思忽惕別乞占(13世紀)
　　→マスード・ベイ　437
馬思聡(20世紀)　ばしそう　384
馬皇后(1世紀)　ばこうごう*　384
馬皇后(14世紀)　ばこうごう　384
馬祖常(13・14世紀頃)　ばそじょう　385
馬殷(9・10世紀)　ばいん　379
馬妻(5世紀頃)　ばろう　389
馬援(前1・後1世紀)　ばえん　379
馬超(2・3世紀)　ばちょう　386
馬超俊(19・20世紀)　ばちょうしゅん　386
馬漢(3世紀)　ばかん　380
馬福山(9世紀頃)　ばふくざん　387
馬福益(19・20世紀)　ばふくえき　387
馬遵(3世紀頃)　ばじゅん　384
馬樹礼(20世紀)　ばじゅれい　384
馬璘(8世紀)　ばりん　389
馬謖(2・3世紀)　ばしょく　384
馬邈(3世紀頃)　ばばく　387
馬鴻逵(20世紀)　ばこうき　384
馬騰(3世紀)　ばとう　387
骨力裴羅(8世紀)→クトルク・ボイラ　129

骨咄禄(7世紀頃)
　　→骨咄禄特勒　こっとつろくとくろく　173
骨咄禄特勒(7世紀頃)　こっとつろくとくろく　173
骨都施(8世紀)　こつとし　173
高力士(7・8世紀)　こうりきし　163
高仁義(8世紀)　こうじんぎ　152
高允(4・5世紀)　こういん　141
高元度　こうげんど　146
高太后(11世紀)
　　→宣仁太后　せんじんたいこう　256
高文信(9世紀頃)→高文宣　こうぶんせい　161
高文宣(9世紀頃)　こうぶんせい　161
高文暄(9世紀頃)　こうぶんけん　161
高王(7・8世紀)→大祚栄　だいそえい　283
高仙之(8世紀)→高仙芝　こうせんし　154
高仙芝(8世紀)　こうせんし　154
高平信(9世紀頃)　こうへいしん　161
高玉樹(20世紀)　こうぎょくじゅ　145
高礼進(9世紀頃)　こうれいしん　163
高任武(7世紀頃)　こうじんぶ　152
高多仏(9世紀頃)　こうたぶつ　157
高如岳(9世紀頃)　こうじょがく　151
高成仲(9世紀頃)　こうせいちゅう　153
高而謙(19・20世紀)　こうしけん　148
高似孫(12・13世紀)　こうじそん　149
高君宇(20世紀)　こうくんう　145
高孝英(9世紀頃)　こうこうえい　147
高応順(9世紀頃)　こうおうじゅん　142
高沛(3世紀)　こうはい　159
高辛　こうしん　152
高迎祥(17世紀)　こうげいしょう　146
高周封(9世紀頃)　こうしゅうほう　149
高季興(9・10世紀)　こうきこう　144
高宗(7世紀)→高宗(唐)　こうそう　155
高宗(12世紀)→高宗(宋)　こうそう　155
高宗(12・13世紀)→高宗(高麗)　こうそう　155
高宗(18世紀)→乾隆帝　けんりゅうてい　140
高宗(19・20世紀)→李太王　りたいおう　490
高宗(宋)(12世紀)　こうそう　155
高宗(李朝)(19・20世紀)
　　→李太王　りたいおう　490
高宗(南宋)(12世紀)
　　→高宗(宋)　こうそう　155
高宗(唐)(7世紀)　こうそう　155
高宗(高麗)(12・13世紀)　こうそう　155
高宗武(20世紀)　こうそうぶ　156
高定(3世紀頃)　こうてい　158
高承祖(9世紀頃)　こうしょうそ　151
高斉徳(8世紀頃)　こうせいとく　153
高昇(2世紀)　こうしょう　150

政治・外交・軍事篇

高明(5世紀頃)　こうめい　162
高英善(9世紀頃)　こうえいぜん　142
高表仁(7世紀頃)　こうひょうじん　159
高帝(前3・2世紀)→劉邦　りゅうほう　506
高帝(4世紀)→高帝(前秦)　こうてい*　158
高帝(5世紀)→太祖(斉)　たいそ　281
高俅(12世紀)　こうきゅう　145
高信(20世紀)　こうしん　152
高南申(8世紀頃)　こうなんしん　159
高南容(9世紀頃)　こうなんよう　159
高建(20世紀)　ココン　168
高拱(16世紀)　こうきょう　145
高春育(19・20世紀)
　→カオ・スアン・ズック　66
高洋(6世紀)→文宣帝(北斉)　ぶんせんてい　417
高洋朔(8世紀頃)　こうようしゅく　163
高皇后(11世紀)
　→宣仁太后　せんじんたいこう　256
高祖(前3・2世紀)→劉邦　りゅうほう　506
高祖(3・4世紀)
　→石勒　せきろく　253
　→劉淵　りゅうえん　498
高祖(4世紀)→苻健　ふけん　407
高祖(4・5世紀)→姚興　ようこう　455
高祖(5世紀)→高祖(西秦)　こうそ*　154
高祖(6世紀)→武帝(北周)　ぶてい　411
高祖(6・7世紀)→高祖(唐)　こうそ　154
高祖(9・10世紀)
　→王建　おうけん　48
　→高祖(五代十国・呉)　こうそ*　154
　→高祖(南漢)　こうそ*　154
　→石敬瑭　せきけいとう　252
　→孟知祥　もうちしょう　444
　→劉知遠　りゅうちえん　503
高祖(前漢)(前3・2世紀)
　→劉邦　りゅうほう　506
高祖(後晋)(9・10世紀)
　→石敬瑭　せきけいとう　252
高祖(後漢)(9・10世紀)
　→劉知遠　りゅうちえん　503
高祖(唐)(6・7世紀)　こうそ　154
高祖(漢)(前3・2世紀)→劉邦　りゅうほう　506
高貞泰(9世紀頃)　こうていたい　158
高凌霄(19・20世紀)　こうりしょう　163
高桓権(7世紀頃)　こうかんけん　144
高桂滋(20世紀)　こうけいじ　146
高珪宣(8世紀頃)　こうけいせん　146
高宿満(9世紀頃)　こうしゅくまん　149
高崇民(20世紀)　こうすうみん　152
高崗(20世紀)　こうこう　147
高崙(19・20世紀)　こうろん　163

高淑源(8世紀頃)　こうしゅくげん　149
高猛(5世紀頃)　こうもう　162
高敬亭(20世紀)　こうけいてい　146
高景秀(9世紀頃)　こうけいしゅう　146
高勝→カオ・タン　66
高禄思(8世紀頃)　こうろくし　163
高翔(3世紀頃)　こうしょう　150
高貴郷公(3世紀)→曹髦　そうほう　268
高達→カオ・ダット　66
高開道(7世紀)　こうかいどう　143
高順(2世紀)　こうじゅん　150
高幹(3世紀)　こうかん　144
高煦(15世紀頃)
　→漢王朱高煦　かんおうしゅこうく　81
高福成(9世紀頃)　こうふくせい　160
高維嵩(20世紀)　こういすう　141
高語罕(19・20世紀)　こうごかん　148
高説昌(8世紀頃)　こうせつしょう　153
高凱元(20世紀)　こうかいげん　143
高樊龍(16・17世紀)
　→高攀龍　こうはんりゅう　159
高歓(5・6世紀)　こうかん　144
高熲(6・7世紀)　こうけい　145
高賞英(9世紀頃)　こうしょうえい　150
高興善(9世紀頃)　こうこうぜん　148
高興福(8世紀頃)　こうこうふく　148
高駢(9世紀)　こうへん　161
高翼(5世紀頃)　こうよく　163
高覧(2世紀)　こうらん　163
高観(9世紀頃)　こうかん　144
高攀龍(16・17世紀)　こうはんりゅう　159
高蘭墅　こうらんしょ　163
高覇黎文(7世紀頃)　こうはれいぶん　159
高鶴林(8世紀頃)　こうかくりん　143
高欝琳(8世紀頃)　こううつりん　142
鬼力赤(14・15世紀)→クイリチ　118
鬼室福信(7世紀)　きしつふくしん　90

【 11画 】

乾隆(18世紀)→乾隆帝　けんりゅうてい　140
乾隆帝(18世紀)　けんりゅうてい　140
商鞅(15世紀)　しょうろ　225
商鞅(前4世紀)　しょうおう　215
商震(19・20世紀)　しょうしん　220
勒保(18・19世紀)→レボー　523
啓　けい　131
啓民(6・7世紀)→ケイミン・カガン　135

11画

啓民可汗(6・7世紀) →ケイミン・カガン　135
啓定帝(19・20世紀) →カイ・ディン　64
執失思力(7世紀頃)　しつしつしりき　191
婆延達干(8世紀頃)　ばえんたつかん　379
婆嫺(8世紀頃)　ばだい　385
婁太后(6世紀)　ろうたいごう*　524
婁機(12・13世紀)　ろうき　524
寄多羅(5世紀頃) →キダーラ　92
寇恂(1世紀)　こうじゅん　150
寇準(10・11世紀)　こうじゅん　150
尉仇台(2世紀頃)　いきゅうだい　17
尉比建(6世紀頃)　うつひけん　31
尉健行(20世紀)　いけんこう　18
尉屠耆(前1世紀頃)　いとき　22
尉遅伏闍信(7世紀頃)　うっちふくじゃしん　31
尉遅伏闍雄(7世紀頃)　うっちふくじゃゆう　31
尉遅玷(7世紀頃)　うっちてん　31
尉遅恭(6・7世紀頃)　うっちきょう　31
尉遅勝(8世紀頃)　うっちしょう　31
尉遅瓌(8世紀頃)　うっちかい　31
尉鳳英(20世紀)　いほうえい　23
屠仁守(19・20世紀)　とじゅんしゅ　365
崇(4世紀)　すう*　241
崇宗(11・12世紀)　すうそう*　242
崇厚(19世紀)　すうこう　241
崇禎(17世紀) →崇禎帝　すうていてい　242
崇禎帝(17世紀)　すうていてい　242
崇徳(16・17世紀) →太宗(清)　たいそう　283
崇綺(19世紀)　すうき　241
崔仁圭(20世紀)　さいじんけい　180
崔仁渷(10世紀頃)　さいじんえん　180
崔斗善(20世紀)　チェドゥソン　297
崔日用(7・8世紀)　さいじつよう　179
崔永林(20世紀)　チェヨンリム　297
崔光遠(8世紀)　さいこうえん　179
崔冲(10・11世紀)　さいちゅう　181
崔圭夏(20世紀)　チェキュハ　297
崔佐時　さいさじ　179
崔利貞(9世紀頃)　さいりてい　182
崔君粛(7世紀頃)　さいくんしゅく　178
崔延(9世紀頃)　さいてい　181
崔侊洙(20世紀)　チェクァンス　297
崔坦(13世紀)　さいたん　181
崔宗佐(9世紀頃)　さいそうさ　180
崔忠献(12・13世紀)　さいちゅうけん　181
崔怡(13世紀) →崔瑀　さいう　177
崔承老(10世紀)　さいしょうろう　180
崔承祐(9世紀頃)　さいしょうゆう　180
崔昌益(20世紀)　チェチャンイク　297

崔茂宣(14世紀)　さいもせん　182
崔勇(2世紀)　さいゆう　182
崔禹(3世紀)　さいう　177
崔胤(9・10世紀)　さいいん　177
崔衍(8世紀頃)　さいえん　178
崔浩(4・5世紀)　さいこう　179
崔浩中(20世紀)　チェホジュン　297
崔益鉉(19・20世紀)　チェイッキョン　296
崔造(8世紀)　さいぞう　180
崔庸健(20世紀)　チェヨンゴン　297
崔善為(7世紀頃)　さいぜんい　180
崔寔(2世紀)　さいしょく　180
崔敦礼(6・7世紀)　さいとんれい　181
崔滋(12・13世紀)　チェジャ　297
崔琳(8世紀頃)　さいりん　182
崔慎之(10世紀頃)　さいしんし　180
崔漢衡(8世紀)　さいかんこう　178
崔瑀(13世紀)　さいう　177
崔稜(9世紀頃)　さいりょう　182
崔鉉(9世紀)　さいげん　179
崔鳴吉(16・17世紀)　さいめいきつ　182
崔瑩(14世紀)　さいえい　178
崔諒(3世紀)　さいりょう　182
崔縦(8世紀)　さいしょう　179
崔賢(20世紀)　チェヒョン　297
崔瀚(8世紀)　さいかん　178
崔鏞健(20世紀) →崔庸健　チェヨンゴン　297
崔麟(19・20世紀)　さいりん　182
巣王李元吉(7世紀頃)　そうおうりげんきつ*　260
常恵(前1世紀)　じょうけい　217
常遇春(14世紀)　じょうぐうしゅん　217
常楽公主　じょうらくこうしゅ*　225
常楽公主(7世紀頃)　じょうらくこうしゅ　225
常魯(8世紀頃)　じょうろ　225
常雕(3世紀)　じょうちょう　222
常駿(7世紀)　じょうしゅん　220
庾公之斯　ゆこうしし　450
庾亮(3・4世紀)　ゆりょう　451
庾翼(4世紀)　ゆよく　451
康(前11・10世紀) →康王　こうおう　142
康王(前11・10世紀)　こうおう　142
康王(5世紀)　こうおう*　142
康王釗(前11・10世紀) →康王　こうおう　142
康広仁(19世紀)　こうこうじん　148
康生(20世紀)　こうせい　152
康兆(10・11世紀)　こうちょう　158
康成(8世紀頃)　こうせい　152
康有為(19・20世紀)　こうゆうい　162
康克清(20世紀)　こうこくせい　148

康良煜(20世紀) カンヤンウク 88	張耳(前3世紀) ちょうじ 316
康叔姫封 こうしゅくきふう 149	張自忠(19・20世紀) ちょうじちゅう 316
康宗(10世紀) →王昶 おうちょう 55	張作相(19・20世紀) ちょうさくそう 315
康宗(11・12世紀) →康宗(女眞) こうそう 155	張作霖(19・20世紀) ちょうさくりん 315
康宗(13世紀) →康宗(高麗) こうそう 155	張体学(20世紀) ちょうたいがく 321
康忠義(8世紀頃) こうちゅうぎ 157	張伯玉 →チュオン・バ・グォック 306
康茂才(14世紀) こうもさい 162	張伯行(17・18世紀) ちょうはくこう 323
康帝(4世紀) こうてい 158	張君勱(19・20世紀) ちょうくんばい 312
康染顛(8世紀頃) こうせんてん 154	張宋昌(19・20世紀)
康泰(2・3世紀頃) こうたい 157	→張宗昌 ちょうそうしょう 321
康基德(19・20世紀) こうきとく 145	張廷玉(17・18世紀) ちょうていぎょく 322
康稍利(7世紀頃) こうしょうり 151	張廷発(20世紀) ちょうていはつ 322
康熙帝(17・18世紀) こうきてい 144	張彤(20世紀) ちょうとう 322
康熙帝(17・18世紀) →康熙帝 こうきてい 144	張志潭(20世紀) ちょうしたん 316
康熙(17・18世紀) →康熙帝 こうきてい 144	張良(前2世紀) ちょうりょう 327
康盤石(20世紀) カンバンソク 87	張角(2世紀) ちょうかく 309
康蘇密(7世紀頃) こうそみつ 156	張赤男(20世紀) ちょうせきなん 320
張一麐(19・20世紀) ちょういちじん 307	張邦昌(12世紀) ちょうほうしょう 326
張九齡(7・8世紀) ちょうきゅうれい 311	張佩綸(19・20世紀) ちょうはいりん 323
張人傑(19・20世紀) ちょうじんけつ 319	張叔夜(11・12世紀) ちょうしゅくや 317
張士誠(14世紀) ちょうしせい 316	張国用(18・19世紀)
張大千(7世紀頃) →張大師 ちょうだいし 321	→チュオン・クォック・ズン 306
張大師(7世紀頃) ちょうだいし 321	張国華(20世紀) ちょうこくか 315
張弓福(9世紀頃) →弓福 きゅうふく 100	張国淦(19・20世紀) ちょうこくかん 315
張之万(19世紀) ちょうしばん 317	張国燾(20世紀) ちょうこくとう 315
張之江(19・20世紀) ちょうしこう 316	張学良(20世紀) ちょうがくりょう 310
張之洞(19・20世紀) ちょうしどう 316	張学思(20世紀) ちょうがくし 310
張元方(8世紀頃) ちょうげんほう 313	張宗昌(19・20世紀) ちょうそうしょう 321
張公謹(6・7世紀) ちょうこうきん 314	張宗遜(20世紀) ちょうそうそん 321
張太雷(20世紀) ちょうたいらい 322	張定(19世紀) →チュオン・コン・ディン 306
張天倫(18・19世紀) ちょうてんりん 322	張宝(2世紀) ちょうほう 325
張文収(7世紀) ちょうぶんしゅう 325	張宝高(9世紀頃) →弓福 きゅうふく 100
張方平(11世紀) ちょうほうへい 326	張宝樹(20世紀) ちょうほうじゅ 326
張世傑(13世紀) ちょうせいけつ 320	張尚 ちょうしょう 318
張仙寿(8世紀頃) ちょうせんじゅ 320	張居正(16世紀) ちょうきょせい 311
張功定(19世紀) →チュオン・コン・ディン 306	張弥(3世紀) ちょうび 324
張去逸(8世紀頃) ちょうきょいつ 311	張所(11・12世紀) ちょうしょ 318
張布(3世紀) ちょうふ 324	張承(2・3世紀) ちょうしょう 318
張弘範(13世紀) ちょうこうはん 315	張斉賢(10・11世紀) ちょうせいけん 320
張汎(6世紀頃) ちょうはん 324	張易之(7・8世紀) ちょうえきし 308
張玉書(17・18世紀) ちょうぎょくしょ 311	張明講 →チュオン・ミン・ザン 306
張先(2世紀) ちょうせん 320	張治中(19・20世紀) ちょうじちゅう 316
張吉山(17・18世紀) ちょうきつさん 310	張英(2世紀) ちょうえい 308
張名振(17世紀) ちょうめいしん 326	張苞(3世紀) ちょうほう 325
張安世 ちょうあんせい 307	張虎(2世紀) ちょうこ 313
張巡(8世紀) ちょうじゅん 318	張虎(3世紀頃) ちょうこ 313
張当(3世紀) ちょうとう 322	張金称(6・7世紀) ちょうきんしょう 311
張池明(20世紀) ちょうちめい 322	張俊(11・12世紀) ちょうしゅん 318
張百熙(19・20世紀) ちょうひゃくき 324	張俊河(20世紀) チャンジュナ 301
張羽(14世紀) ちょうう 308	張俊雄(20世紀) ちょうしゅんゆう 318
	張保皐(9世紀頃) →弓福 きゅうふく 100

張保皐（9世紀頃）　→弓福　きゅうふく　100	張都暎（20世紀）　ジャンドヨン　200
張勁夫（20世紀）　ちょうけいふ　313	張釈之（前2世紀）　ちょうしゃくし　317
張南（3世紀）　ちょうなん　323	張黄（3世紀）　→張横　ちょうおう　309
張威（5世紀頃）　ちょうい　307	張寔（3・4世紀）　ちょうしょく　309
張思徳（20世紀）　ちょうしとく　317	張廃后（16世紀）　ちょうはいごう*　323
張春橋（20世紀）　ちょうしゅんきょう　318	張敬堯（19・20世紀）　ちょうけいぎょう　312
張柔（12・13世紀）　ちょうじゅう　317	張景良（20世紀）　ちょうけいりょう　313
張東之（7・8世紀）　ちょうかんし　310	張景恵（19・20世紀）　ちょうけいけい　312
張洛行（19世紀）　ちょうらくこう　326	張普（3世紀）　ちょうふ　324
張発奎（20世紀）　ちょうはっけい　323	張温　ちょうおん　309
張皇后（3世紀）　ちょうこうごう　314	張琴秋（20世紀）　ちょうきんしゅう　311
張皇后（8世紀）　ちょうこうごう*　314	張登桂　→チュオン・ダン・クエ　306
張皇后（15世紀）　ちょうこうごう*　314	張象（3世紀頃）　ちょうしょう　319
張皇后（16世紀）　ちょうこうごう*　314	張超（2世紀）　ちょうちょう　322
張皇后（17世紀）　ちょうこうごう*　314	張達（3世紀）　ちょうたつ　322
張禹（前1世紀）　ちょうう　308	張達志（20世紀）　ちょうたつし　322
張秋人（20世紀）　ちょうしゅうじん　317	張雲逸（20世紀）　ちょううんいつ　308
張約（3世紀）　ちょうやく　326	張愛萍（20世紀）　ちょうあいへい　307
張軌（3・4世紀）　ちょうき　310	張楊（2世紀）　ちょうよう　326
張邰（3世紀）　ちょうこう　314	張照（17・18世紀）　ちょうしょう　318
張重華（4世紀）　ちょうじゅうか　317	張煌言（17世紀）　ちょうこうげん　314
張飛（2・3世紀）　ちょうひ　324	張献忠（17世紀）　ちょうけんちゅう　313
張香山（20世紀）　ちょうこうざん　314	張瑞芳（20世紀）　ちょうずいほう　320
張勉（20世紀）　チャンミョン　303	張福奢　→チュオン・フック・ファン　306
張奚若（19・20世紀）　ちょうけいじゃく　313	張継（19・20世紀）　ちょうけい　312
張悌（3世紀）　ちょうてい　322	張継生（20世紀）　ちょうけいせい　313
張時雨（20世紀）　ちょうじう　316	張義朝（9世紀）　→張議潮　ちょうぎちょう　310
張晋保　→チュオン・タン・ブウ　306	張義潮（9世紀）　→張議潮　ちょうぎちょう　310
張格爾（19世紀）　→ジハーンギール　194	張群（19・20世紀）　ちょうぐん　312
張浚（11・12世紀）　ちょうしゅん　318	張羣（19・20世紀）　→張群　ちょうぐん　312
張特（3世紀頃）　ちょうとく　323	張蒼（前2世紀）　ちょうそう　320
張紘（3世紀）　ちょうこう　314	張裔（3世紀）　ちょうえい　308
張純（2世紀）　ちょうじゅん　318	張賈（9世紀頃）　ちょうか　309
張華（3世紀）　ちょうか　309	張鼎丞（20世紀）　ちょうていじょう　322
張高麗（20世紀）　ちょうこうれい　315	張徳成（20世紀）　ちょうとくせい　323
張商英（11・12世紀）　ちょうしょうえい　319	張徳江（20世紀）　ちょうとくこう　323
張喝　→チュオン・ハット　306	張徳秀（20世紀）　ちょうとくしゅう　323
張基昀（20世紀）　ちょうきいん　310	張聞天（20世紀）　ちょうぶんてん　325
張基栄（20世紀）　チャンギヨン　301	張蔭桓（19世紀）　ちょういんかん　308
張培爵（19・20世紀）　ちょうばいしゃく　323	張説（7・8世紀）　ちょうえつ　308
張彪（20世紀）　ちょうひょう　324	張輔（14・15世紀）　ちょうほ　325
張梯（3世紀）　→張悌　ちょうてい　322	張閎　→チュオン・ホン　306
張梁（2世紀）　ちょうりょう　327	張鳳翽（19・20世紀）　ちょうほうかい　325
張済（2世紀）　ちょうさい　315	張勲（19・20世紀）　ちょうくん　311
張猛（前1世紀）　ちょうもう　326	張厲生（20世紀）　ちょうれいせい　327
張球（3世紀頃）　ちょうきゅう　310	張横（3世紀）　ちょうおう　309
張紹曾（19・20世紀）　ちょうしょうそう　319	張璁（15・16世紀）　ちょうそう　320
張粛（3世紀頃）　ちょうしゅく　317	張遵（3世紀）　ちょうじゅん　318
張著（3世紀頃）　ちょうちょ　322	張遼（2・3世紀）　ちょうりょう　327
	張養浩（13・14世紀）　ちょうようこう　326

政治・外交・軍事篇　　　　　　　　695　　　　　　　　　　　　　　11画

張黎（20世紀）　ちょうり　327
張徽纂（6世紀頃）　ちょうきさん　310
張樹声（19世紀）　ちょうじゅせい　318
張燕（3世紀頃）　ちょうえん　309
張燕卿（20世紀）　ちょうえんけい　309
張薦（8・9世紀）　ちょうせん　320
張錫鑾（19・20世紀）　ちょうしゃくらん　317
張翼（3世紀）　ちょうよく　326
張謇（19・20世紀）　ちょうけん　313
張邈（2世紀）　ちょうばく　323
張駿（4世紀）　ちょうしゅん　318
張闓（3世紀頃）　ちょうがい　309
張繡（3世紀）　ちょうしゅう　317
張翰（3世紀頃）　ちょうとう　322
張翰光（8世紀頃）　ちょうとうこう　323
張顗（3世紀）　ちょうぎ　310
張鵬翮（17・18世紀）　ちょうほうかく　325
張瀾（19・20世紀）　ちょうらん　326
張議潮（9世紀）　ちょうぎちょう　310
張譲（2世紀）　ちょうじょう　319
張騫（前2世紀）　ちょうけん　313
彬王朱友裕　りんおうしゅゆうゆう　515
悪来（3世紀頃）　あくらい　5
悉薫熱（8世紀頃）　しつくんねつ　191
悼（前6世紀）→悼王　とうおう*　351
悼公（4・5世紀）　とうこう*　354
悼王猛（前2世紀）→悼王　とうおう*　351
悼皇后（6世紀頃）　とうこうごう　355
惇親王綿愷（18・19世紀）　とんしんのうめんがい　368
戚元靖（20世紀）　せきげんせい　252
戚継光（16世紀）　せきけいこう　252
掘羅勿（9世紀頃）　くつらもつ　129
掃馬（13世紀）→ラッバン・サウマー　467
掠葉礼（6世紀頃）　けいしょうれい　133
斛律孝卿（6世紀）　こくりつこうけい　167
斛律金（5・6世紀）　こくりつきん　167
曹丕（2・3世紀）　そうひ　267
曹布（11・12世紀）　そうふ　268
曹永（3世紀）　そうえい　259
曹休（3世紀）　そうきゅう　261
曹吉祥（15世紀）　そうきっしょう　260
曹宇（3世紀頃）　そうう　259
曹汝霖（19・20世紀）　そうじょりん　265
曹亜白（20世紀）　そうあはく　259
曹否（2・3世紀）→曹丕　そうひ　267
曹芳（3世紀）　そうほう　268
曹里懐（20世紀）　そうりかい　269
曹参（前3・2世紀）　そうさん　263*
曹国長公主　そうこくちょうこうしゅ*　262

曹学佺（16・17世紀）　そうがくせん　260
曹性（2世紀）　そうせい　265
曹彦（3世紀）　そうげん　262
曹皇后（11世紀）　そうこうごう*　262
曹剛川（20世紀）　そうごうせん　262
曹敏修（14世紀）　そうびんしゅう　268
曹真（3世紀）　そうしん　265
曹訓（20世紀）→曹慶沢　そうけいたく　261
曹豹（2世紀）　そうひょう　267
曹彬（10世紀）　そうひん　268
曹爽（3世紀）　そうそう　266
曹晩植（19・20世紀）→曺晩植　チョマンシク　328
曹植（2・3世紀）　そうしょく　264
曹軼欧（20世紀）　そうてつおう　267
曹福田（20世紀）　そうふくでん　268
曹節（2世紀）　そうせつ　265
曹髦（3世紀）　そうほう　268
曹慶沢（20世紀）　そうけいたく　261
曹鋭（19・20世紀）　そうえい　259
曹叡（3世紀）→明帝（魏）　めいてい　442
曹操（2・3世紀）　そうそう　266
曹錕（19・20世紀）　そうこん　263
曹霖（3世紀）　そうりん　269
曹騰　そうとう　267
曼善→マン・ティエン　439
梁の孝王（前2世紀）→劉武　りゅうぶ　506
梁一東（20世紀）　ヤンイルドン　448
梁士詒（19・20世紀）　りょうしい　509
梁文干（19・20世紀）
　　→ルオン・ヴァン・カン　518
梁王劉武（前2世紀）→劉武　りゅうぶ　506
梁王劉暢（1世紀）→劉暢　りゅうちょう*　504
梁世栄→ルオン・テ・ヴィン　518
梁布（19・20世紀）　りょうふ　511
梁玉眷（20世紀）
　　→ルオン・ゴォック・クエン　518
梁吉（9世紀）　りょうきつ　509
梁如斛→ルオン・ニュ・ホック　518
梁有慶→ルオン・フウ・カイン　519
梁竹譚（20世紀）→ルオン・チュック・ダム　518
梁孝王（前2世紀）→劉武　りゅうぶ　506
梁宋国大長公主　りょうそうこくだいちょうこうしゅ*　510
梁弥博（6世紀頃）　りょうびはく　511
梁宣帝（5・6世紀）　りょうのぶてい　510
梁柏台（20世紀）　りょうはくたい　510
梁皇后（2世紀）　りょうこうごう*　509
梁剛（2世紀）　りょうごう　509
梁起鐸（19・20世紀）　りょうきたく　508
梁啓超（19・20世紀）　りょうけいちょう　509

11画

梁得朋 →ルオン・ダック・バン 518
梁章鉅（18・19世紀）　りょうしょうきょ 510
梁粛（8世紀）　りょうしゅく 509
梁敦彦（20世紀）　りょうとんげん 510
梁誠之（15世紀）　りょうせいし 510
梁鼎芬（19・20世紀）　りょうていふん 510
梁悚（2世紀頃）　りょうきん 509
梁慶桂（20世紀）　りょうけいけい 509
梁畿（3世紀頃）　りょうき 508
梁冀（2世紀）　りょうき 508
梁懐璥（7世紀頃）　りょうかいけい 508
梁興（3世紀）　りょうこう 509
梁錦松（20世紀）　りょうきんしょう 509
梁鴻志（19・20世紀）→廖鴻志　りょうこうし 509
梵摩（7世紀頃）　ぼんま 435
済北王（4世紀）　さいほくおう* 182
済南王劉康（1世紀）　せいなんおうりゅうこう* 251
済爾哈朗（16・17世紀）→ジルガラン 231
淳于丹（3世紀頃）　じゅんうたん 211
淳于導（3世紀）　じゅんうどう 212
淳于瓊（2世紀）　じゅんうけい 211
淳安公主　じゅんあんこうしゅ* 211
清河王高岳（6世紀頃）　せいがおうこうがく* 247
清河王劉慶（2世紀）　せいがおうりゅうけい* 247
淵浄土（7世紀頃）　えんじょうど 42
淵蓋蘇文（7世紀）
　→泉蓋蘇文　せんがいそぶん 255
淮南子（前2世紀）→劉安　りゅうあん 496
淮南王劉安（前2世紀）→劉安　りゅうあん 496
淮南王劉長（前2世紀）　わいなんおうりゅうちょう* 528
淮陽王（1世紀）→更始帝　こうしてい 149
焉耆（8世紀頃）　えんけい 40
牽弘（3世紀頃）　けんこう 136
琢進（5世紀頃）　たくしん 287
理宗（13世紀）→理宗（南宋）　りそう 489
理密親王胤礽（18世紀）　りみつしんのういんじょう* 495
異牟尋（8・9世紀）　いむじん 23
異斯夫（5・6世紀）　いしふ 19
異斯夫（5・6世紀）→異斯夫　いしふ 19
畢士安（10・11世紀）　ひつしあん 396
畢永年（19世紀）　ひつえいねん 396
畢仲衍（11世紀頃）　ひつちゅうえん 396
畢仲游（11・12世紀）　ひつちゅうゆう 396
畢軌（3世紀）　ひつき 396
盛世才（20世紀）　せいせいさい 248
盛丕華（20世紀）　せいひか 251
盛勃（3世紀頃）　せいぼう 251
盛宣懐（19・20世紀）　せいせんかい 248

盛昱（19世紀）　せいいく 246
眭元進（2世紀）　けいげんしん 132
章乃器（20世紀）　しょうだいき 221
章士釗（19・20世紀）　しょうししょう 219
章太炎（19・20世紀）
　→章炳麟　しょうへいりん 223
章伯鈞（20世紀）　しょうはくきん 223
章宗（12・13世紀）→章宗（金）　しょうそう 221
章宗（金）（12・13世紀）　しょうそう 221
章宗祥（19・20世紀）　しょうそうしょう 221
章邯（前3世紀）　しょうかん 216
章帝（1世紀）→章帝（後漢）　しょうてい 222
章帝（後漢）（1世紀）　しょうてい 222
章炳麟（19・20世紀）
　→章炳麟　しょうへいりん 223
章炳麟（19・20世紀）　しょうへいりん 223
章惇（11・12世紀）　しょうどん 223
章粛皇帝耶律洪古（10世紀）　しょうしゅくこうていやりつここ* 220
章裕昆（19・20世紀）　しょうゆうこん 225
章懐太子（7世紀）　しょうかいたいし 216
章懐太子李賢（7世紀）
　→章懐太子　しょうかいたいし 216
竟陵王司馬楙（4世紀）　きょうりょうおうしばぼう* 104
竟陵王劉誕（5世紀）　きょうりょうおうりゅうたん 104
竟陵王蕭子良（5世紀）
　→蕭子良　しょうしりょう 220
竟陵王蕭子良（5世紀）
　→蕭子良　しょうしりょう 220
第五倫（1世紀）　だいごりん 280
第五琦（8世紀）　だいごき 280
符皇后　ふこうごう* 408
経亨頤（19・20世紀）　けいこうい 132
経普椿（20世紀）　けいふちん* 135
細封歩頼（7世紀頃）　さいふうほらい 182
紹王（13世紀）→衛紹王　えいしょうおう 36
紹宗（17世紀）
　→唐王朱聿鍵　とうおうしゅいっけん 352
紹武帝（17世紀）
　→唐王朱聿鍵　とうおうしゅいっけん 352
紹治（19世紀）→チエウ・チ 296
紹治帝（19世紀）→チエウ・チ 296
習仲勲（20世紀）　しゅうちゅうくん 203
習近平（20世紀）　しゅうきんへい 202
粛宗（8世紀）→粛宗（唐）　しゅくそう 206
粛宗（11・12世紀）
　→粛宗（高麗）　しゅくそう* 206
粛宗（17・18世紀）
　→粛宗（李朝）　しゅくそう* 206
粛宗（唐）（8世紀）　しゅくそう 206

政治・外交・軍事篇　　　　　　　　　697　　　　　　　　　　　　　　　　　11画

粛武親王豪格(17世紀) →ホーゲ　431
粛順(19世紀)　しゅくじゅん　206
粛親王(19・20世紀)
　→粛親王善耆　しゅくしんのうぜんき　206
粛親王善耆(19・20世紀)　しゅくしんのうぜんき　206
脱々(14世紀) →トクタ　364
脱古思帖木児(14世紀) →トグス・テムル　363
脱列哥那(13世紀) →トゥラキナ　361
脱脱(14世紀) →トクタ　364
脱脱不花(15世紀) →トクト・ブハ　364
脱歓(13・14世紀) →トゴン　365
葛(8世紀頃)　かつ　77
葛王武隣　かつおうとんりん*　77
葛立方　かつりっぽう　77
葛栄(6世紀)　かつえい　77
葛勒可汗(8世紀) →カツロク・カガン　77
葛雍(3世紀)　かつよう　77
葛邏支(8世紀頃)　かつら　77
菩薩(7世紀)　ぼさつ　431
菴羅辰(6世紀頃)　えんらしん　43
許乃済(18・19世紀)　きょだいせい　107
許允(3世紀頃)　きょいん　101
許公平(20世紀) →許広平　きょこうへい　105
許水徳(20世紀)　きょすいとく　106
許世友(20世紀)　きょせゆう　106
許世英(19・20世紀)　きょせいえい　106
許広平(20世紀)　きょこうへい　105
許光達(20世紀)　きょこうたつ　105
許成沢(20世紀)　きょせいたく　106
許汜(3世紀頃)　きょし　106
許克祥(19・20世紀)　きょこくしょう　106
許攸(3世紀)　きょゆう　107
許芝(3世紀頃)　きょし　106
許昌(2世紀)　きょしょう　106
許政(20世紀)　ホジョン　431
許皇后(前1世紀)
　→許皇后　きょこうごう*　105
　→許皇后　きょこうごう*　105
許貞淑(20世紀)　ホジョンスク　431
許宴(3世紀)　きょえん　104
許家屯(20世紀)　きょかとん　105
許貢(3世紀頃)　きょこう　105
許崇智(19・20世紀)　きょすうち　106
許淡(20世紀)　ホダム　431
許堯佐　きょぎょうさ
許敬宗(6・7世紀)　きょけいそう　105
許景澄(19世紀)　きょけいちょう　105
許勢奇麻(6世紀頃)　こせのがま　171
許筠(16・17世紀)　きょきん　105

許継慎(20世紀)　きょけいしん　105
許遠(8世紀)　きょえん　105
許靖(3世紀)　きょせい　106
許鼎霖(19・20世紀)　きょていりん　107
許嘉誼(20世紀)　ホガイ　427
許徳珩(20世紀)　きょとくこう　107
許綱(5世紀頃)　きょこう　105
許儀(3世紀)　きょぎ　105
許蔦(19・20世紀)　きょい　101
許憲(19・20世紀)　ホホン　433
許穆夫人　きょぼくふじん*　107
許鍱(20世紀) →許淡　ホダム　431
訥祗王(5世紀)　とつぎおう　366
貨狄　かてき　77
郯緒　たんしょ　294
郭子儀(7・8世紀)　かくしぎ　68
郭子興(14世紀)　かくしこう　69
郭夫人(3世紀頃)
　→郭皇后(魏・曹叡)　かくこうごう*　68
郭広敬(7世紀頃)　かくこうけい　68
郭再佑(16・17世紀)　かくさいゆう　68
郭再祐(16・17世紀) →郭再佑　かくさいゆう　68
郭吉(前2世紀頃)　かくきつ　67
郭妃(9世紀) →郭皇后(唐)　かくこうごう*　68
郭汜(2世紀)　かくし　68
郭伯雄(20世紀)　かくはくゆう　70
郭図(3世紀)　かくと　70
郭廷宝 →クァック・ディン・バオ　118
郭志崇(9世紀頃)　かくしすう　69
郭松齢(19・20世紀)　かくしょうれい　69
郭沫若(20世紀)　かくまつじゃく　70
郭亮(20世紀)　かくりょう　71
郭冠杰(20世紀)　かくかんけつ　67
郭威(10世紀)　かくい　66
郭春濤(20世紀)　かくしゅんとう　69
郭皇后(2・3世紀)
　→郭皇后(魏・曹丕)　かくこうごう*　68
郭皇后(3世紀頃)
　→郭皇后(魏・曹叡)　かくこうごう*　68
郭皇后(9世紀) →郭皇后(唐)　かくこうごう*　68
郭皇后(11世紀)
　→郭皇后(北宋)　かくこうごう*　68
郭皇后(12世紀)
　→郭皇后(南宋)　かくこうごう*　68
郭泰祺(19・20世紀)　かくたいき　70
郭務悰(7世紀頃)　かくむそう　71
郭婉容(20世紀)　かくえんよう　67
郭寄嶠(19・20世紀)　かくききょう　67
郭崇燾(19世紀)　かくすうとう　69
郭琇(17・18世紀)　かくしゅう　69

郭勝(2世紀)　かくしょう　69
郭欽(3・4世紀頃)　かくきん　68
郭嵩燾(19世紀)　→郭崇燾　かくすうとう　69
郭嵩籌(19世紀)　→郭崇燾　かくすうとう　69
郭隗(前4・3世紀)　かくかい　67
郭滴人(20世紀)　かくてきじん　70
郭鋒(8・9世紀)　かくほう　70
郭震(7・8世紀)　かくしん　69
郭驥(20世紀)　かくき　67
都犂胡次(前1世紀頃)　とりこじ　368
都陽　→ド・ズオン　366
都藍可汗(6世紀)　→トラン・カガン　367
都羅(7世紀頃)　つら　339
釈仁貞(9世紀頃)　しゃくじんてい　195
野象　→ザ・トゥオン　184
陰寿(6世紀)　いんじゅ　25
陰皇后(1世紀)　いんこうごう　25
陳士槊(20世紀)　ちんしく　333
陳大徳(7世紀頃)　ちんだいとく　335
陳大慶(20世紀)　ちんたいけい　335
陳子龍(17世紀)　ちんしりゅう　334
陳中立(20世紀)　→チャン・チュン・ラップ　302
陳仁宗(13世紀)　→チャン・ニャン・トン　303
陳允卿　→チャン・ゾアン・カイン　302
陳元　ちんげん　332
陳元汗　→チャン・グエン・ハン　301
陳公博(20世紀)　ちんこうはく　332
陳升之(11世紀)　ちんしょうし　334
陳友仁(19・20世紀)　ちんゆうじん　338
陳友諒(14世紀)　ちんゆうりょう　338
陳天華(19・20世紀)　ちんてんか　336
陳夫人(6世紀)　ちんふじん*　337
陳少白(19・20世紀)　ちんしょうはく　334
陳文石(20世紀)　→チャン・ヴァン・タック　300
陳文灼(19世紀)　→チャン・ヴァン・チャイ　300
陳文治(19世紀)　→チャン・ヴァン・チ　300
陳文智(18・19世紀)　→チャン・ヴァン・チ　300
陳文誠　→チャン・ヴァン・タイン　300
陳文瑛　→チャン・ヴァン・ズ　300
陳日燇(13・14世紀)
　　→チャン・ニャット・ズァット　303
陳水扁(20世紀)　ちんすいへん　334
陳王曹植(3世紀)　ちんおうそうしょく*　329
陳丕士(20世紀)　ちんひし　337
陳丕顕(20世紀)　ちんひけん　337
陳去病(19・20世紀)　ちんきょへい　331
陳布雷(19・20世紀)　ちんふらい　337
陳平(前2世紀)　ちんぺい　337
陳平(20世紀)　→チン・ペン　337
陳平仲　→チャン・ビン・チュオン　303

陳正照(19・20世紀)
　　→チャン・チャイン・チェウ　302
陳永貴(20世紀)　ちんえいき　329
陳玉成(19世紀)　ちんぎょくせい　331
陳生(2世紀)　ちんせい　334
陳立夫(20世紀)　ちんりっぷ　338
陳光(20世紀)　ちんこう　332
陳光啓(13世紀)　→チャン・クァン・カイ　301
陳光耀　→チャン・クァン・ジェウ　301
陳先瑞(20世紀)　ちんせんずい　335
陳再道(20世紀)　ちんさいどう　333
陳守度(12・13世紀)　→チャン・トゥド　302
陳式(3世紀)　ちんしき　333
陳行焉(7世紀)　ちんこうえん　332
陳作新(19・20世紀)　ちんさくしん　333
陳伯達(20世紀)　ちんはくたつ　336
陳宏謀(17・18世紀)　ちんこうほう　333
陳希同(20世紀)　ちんきどう　331
陳廷肅　→チャン・ディン・トゥック　302
陳応(3世紀頃)　ちんおう　329
陳応隆　→チャン・ウン・ロン　300
陳其尤(20世紀)　ちんきゆう　331
陳其美(19・20世紀)　ちんきび　331
陳其瑗(19・20世紀)　ちんきえん　330
陳叔宝(6・7世紀)　→陳後主　ちんこうしゅ　332
陳叔訥　→チャン・トゥック・ニャン　302
陳国峻(13世紀)　→チャン・フンダオ　303
陳国真　→チャン・クォック・チャン　301
陳国碬(13・14世紀)
　　→チャン・クォック・タン　301
陳国瓚　→チャン・クォック・トアン　301
陳奇涵(20世紀)　ちんきかん　330
陳季拡(15世紀)　→チャン・クイ・コアック　301
陳宝箴(19世紀)　ちんほうしん　337
陳延年(20世紀)　ちんえんねん　329
陳吟(13・14世紀)　→チャン・カム　301
陳昌浩(20世紀)　ちんしょうこう　334
陳果夫(20世紀)　ちんかふ　330
陳東(11・12世紀)　ちんとう　336
陳牧(1世紀)　ちんぼく　338
陳英宗(13・14世紀)
　　→チャン・アィン・トン　300
陳俊(3世紀頃)　ちんしゅん　333
陳宦(19・20世紀)　ちんかん　330
陳後主(6・7世紀)　ちんこうしゅ　332
陳春和　→チャン・スアン・ホア　302
陳春撰　→チャン・スアン・ソアン　302
陳洪濤(20世紀)　ちんこうとう　332
陳炯明(19・20世紀)　→陳炯明　ちんけいめい　332
陳独秀(19・20世紀)　ちんどくしゅう　336
陳祖義(14・15世紀)　ちんそぎ　335

政治・外交・軍事篇　　　　　　　　　　　699　　　　　　　　　　　　　　　　　　11画

陳祖徳（20世紀）　ちんそとく　335
陳紀（2世紀）　ちんき　330
陳荒煤（20世紀）　ちんこうばい　332
陳衍　ちんえん　329
陳郁（20世紀）　ちんいく　329
陳修信（20世紀）→タン・シュウシン　294
陳孫（3世紀）　ちんそん　335
陳峻（3世紀頃）→陳俊　ちんしゅん　333
陳泰（3世紀）　ちんたい　335
陳高雲（20世紀）→チャン・カオ・ヴァン　300
陳崇彦（9世紀頃）　ちんすうげん　334
陳康（20世紀）　ちんこう　332
陳望道（19・20世紀）　ちんぼうどう　337
陳済棠（19・20世紀）　ちんせいとう　335
陳渉（前3世紀）→陳勝　ちんしょう　333
陳烱明（19・20世紀）　ちんけいめい　332
陳第（16・17世紀）　ちんだい　335
陳紹禹（20世紀）　ちんしょうう　334
陳葛真→チャン・カット・チャン　301
陳堯佐（10・11世紀）　ちんぎょうさ　331
陳寔（2世紀）　ちんしょく　334
陳就（3世紀）　ちんしゅう　333
陳勝（前3世紀）　ちんしょう　333
陳湯（前1世紀）　ちんとう　336
陳葆楨（19世紀）　しんほてい　240
陳雲（20世紀）　ちんうん　329
陳廉伯（19・20世紀）　ちんれんぱく　339
陳楚（20世紀）　ちんそ　335
陳曌（13世紀）→太宗（陳朝）　たいそう　283
陳曌（太宗）（13世紀）→チャン・カイン　300
陳瑄（14・15世紀）　ちんせん　335
陳禎禄（19・20世紀）→タン・チェンロク　295
陳稜（6・7世紀）　ちんりょう　338
陳群（3世紀）　ちんぐん　332
陳羣（3世紀）→陳群　ちんぐん　332
陳羣（19・20世紀）　ちんぐん　332
陳聖宗（13世紀）→チャン・タイン・トン　302
陳誠（14・15世紀）　ちんせい　334
陳誠（20世紀）　ちんせい　334
陳鉄軍（20世紀）　ちんてつぐん　336
陳慕華（20世紀）　ちんぼか　338
陳銘枢（20世紀）　ちんめいすう　338
陳儀（20世紀）　ちんぎ　330
陳履安（20世紀）　ちんりあん　338
陳慶余→チャン・カイン・ズ　300
陳横（2世紀）　ちんおう　329
陳毅（20世紀）　ちんき　330
陳潭秋（20世紀）　ちんたんしゅう　336
陳蕃（2世紀）　ちんぱん　337
陳賡（20世紀）　ちんこう　332

陳賛賢（20世紀）　ちんさんけん　333
陳頠（15世紀）→ザン・ディン・デ　186
陳璧珊（19世紀）→チャン・ビック・サン　303
陳樹藩（19・20世紀）　ちんじゅはん　333
陳熾（19世紀）　ちんし　333
陳翰章（20世紀）　ちんかんしょう　330
陳興道（13世紀）→チャン・フンダオ　303
陳錦濤（19・20世紀）　ちんきんとう　331
陳錫聯（20世紀）　ちんしゃくれん　333
陳矯（3世紀頃）　ちんきょう　331
陳襄（11世紀）　ちんじょう　333
陳壁君（20世紀）　ちんへきくん　337
陳簡定（15世紀）→ザン・ディン・デ　186
陳蘭（3世紀頃）　ちんらん　338
陳覇先（6世紀）→武帝（南朝陳）　ぶてい　411
陳騤（12世紀）　ちんき　330
陳鵬年（17・18世紀）　ちんほうねん　337
陳騫（3世紀）　ちんけん　332
陳瓘（11・12世紀）　ちんかん　330
陳霸先（6世紀）→武帝（南朝陳）　ぶてい　411
陳懿鍾（20世紀）　ジンウィジョン　232
陶尹廸→ダオ・ゾアン・ディック　286
陶弘景（5・6世紀）　とうこうけい　354
陶甘木→ダオ・カム・モック　286
陶成章（19・20世紀）　とうせいしょう　357
陶希聖（20世紀）　とうきせい　353
陶侃（3・4世紀）　とうかん　352
陶佩（3・4世紀）→陶侃　とうかん　352
陶維慈→ダオ・ズイ・ツ　286
陶澍（18・19世紀）　とうじゅ　356
陶鋳（20世紀）　とうちゅう　358
陶馴駒（20世紀）　とうしく　356
陶潜（3世紀頃）　とうしゅん　356
陸生枏（18世紀）　りくせいなん　476
陸佃（11・12世紀）　りくでん　476
陸抗（3世紀）　りくこう　475
陸秀夫（13世紀）　りくしゅうふ　476
陸宗輿（19・20世紀）　りくそうよ　476
陸定一（20世紀）　りくていいつ　476
陸栄廷（19・20世紀）　りくえいてい　475
陸紆　りくう　475
陸挺（8世紀頃）　りくてい　476
陸康（2世紀）　りくこう　475
陸張什（8世紀頃）　りくちょうじゅう　476
陸凱（2・3世紀）　りくがい　475
陸景（3世紀）　りくけい　475
陸皓東（19世紀）　りくこうとう　475
陸賈（前3・2世紀）　りくか　475
陸遜（2・3世紀）　りくそん　476

11画

陸徴祥(19・20世紀)　りくちょうしょう　476
陸潤庠(19・20世紀)　りくじゅんしょう　476
陸機(3・4世紀)　りくき　475
陸駿(3世紀頃)　りくしゅん　476
陸贄(8・9世紀)　りくし　475
陸鐘琦(19・20世紀)　りくしょうき　476
隆(4・5世紀)　→呂隆　りょりゅう　513
隆武帝(17世紀)
　→唐王朱聿鍵　とうおうしゅいっけん　352
隆慶(16世紀)　→隆慶帝　りゅうけいてい　499
隆慶帝(16世紀)　りゅうけいてい　499
頃(前7世紀)　→頃王　けいおう*　131
頃王壬臣(前7世紀)　→頃王　けいおう*　131
頂英(20世紀)　→項英　こうえい　142
魚允中(19世紀)　ぎょいんちゅう　101
魚朝恩(8世紀)　ぎょちょうおん　107
鹿鐘麟(19・20世紀)　ろくしょうりん　524
黄乃裳(19・20世紀)　こうだいしょう　157
黄子澄(14・15世紀)　こうしちょう　149
黄允吉(16世紀)　こういんきつ　141
黄公略(20世紀)　こうこうりゃく　148
黄少花　→ホアン・ティウ・ホア　422
黄少谷(20世紀)　こうしょうこく　151
黄台吉(16世紀)　→セチェン・ホンタイジ　253
黄平(20世紀)　こうへい　161
黄永勝(20世紀)　こうえいしょう　142
黄伍福　→ホアン・グ・フック　421
黄式庚(19・20世紀)
　→フイン・トゥック・カーン　403
黄佐(15・16世紀)　こうさ　148
黄佐炎　→ホアン・タ・ヴィエン　422
黄克誠(20世紀)　こうこくせい　148
黄廷体　→ホアン・ディン・テ　422
黄志勇(20世紀)　こうしゆう　149
黄花探(19・20世紀)　→デ・タム　348
黄叔沆(19・20世紀)
　→フイン・トゥック・カーン　403
黄国書(20世紀)　こうこくしょ　148
黄宗仰(19・20世紀)　こうそうぎょう　156
黄明堂(19・20世紀)　こうめいどう　162
黄杰(20世紀)　こうけつ　146
黄炎培(19・20世紀)　こうえんばい　142
黄邵(2世紀)　こうしょう　150
黄長燁(20世紀)　ファンジャンヨプ　401
黄帝　こうてい　158
黄信介(20世紀)　こうしんかい　152
黄祖(3世紀)　こうそ　154
黄華(20世紀)　こうか　142
黄郛(19・20世紀)　こうふ　160

黄寅性(20世紀)　ファンインソン　400
黄崇(3世紀)　こうすう　152
黄巣(9世紀)　こうそう　154
黄晧(3世紀)　こうこう　147
黄紹竑(20世紀)　こうしょうこう　151
黄紹雄(19・20世紀)　こうしょうゆう　151
黄菊(20世紀)　こうきく　144
黄弼達　→フイン・バット・ダット　403
黄彭年(19世紀)　こうほうねん　161
黄敬(20世紀)　こうけい　145
黄琪翔(20世紀)　こうきしょう　144
黄琬(2世紀)　こうえん　142
黄登保(20世紀)　こうとうほ　158
黄皓(3世紀)　→黄晧　こうこう　147
黄道周(16・17世紀)　こうどうしゅう　158
黄慎(16・17世紀)　フワンシン　415
黄滔(3・4世紀)　→江統　こうとう　158
黄義胡　→ホアン・ギア・ホ　421
黄蓋(3世紀頃)　こうがい　143
黄維(20世紀)　こうい　141
黄綰(16世紀)　こうわん　164
黄潜善(12世紀)　こうせんぜん　154
黄遵憲(19・20世紀)　こうじゅんけん　150
黄興(19・20世紀)　こうこう　146
黄爵滋(18・19世紀)　こうしゃくじ　149
黄鎮(20世紀)　こうちん　153
黄耀(19世紀)　→ホアン・ジュー　421
黒歯常之(7世紀)　こくしじょうし　166

【 12画 】

傅士仁(3世紀)　ふしじん　408
傅友徳(14世紀)　ふゆうとく　412
傅安(15世紀)　ふあん　400
傅作義(20世紀)　ふさくぎ　408
傅肜(3世紀)　ふとう　411
傅良佐(20世紀)　ふりょうさ　414
傅恒(18世紀)　ふこう　408
傅秋濤(20世紀)　ふしゅうとう　408
傅清(18世紀)　ふしん　408
傅僉(3世紀)　ふせん　409
傅幹(3世紀頃)　ふかん　406
傅嘏(3世紀)　ふか　406
傅爾丹(17・18世紀)　→フルダン　414
傅説　ふえつ　405
傅鼐(18・19世紀)　ふだい　409

政治・外交・軍事篇　　　　　　　　701　　　　　　　　　　　　　　　　12画

傅嬰(3世紀頃)　ふえい　405
博爾朮(12・13世紀)　→ボオルチュ　427
博爾忽(12・13世紀)　→ボロフル　434
喬巴山(20世紀)　→チョイバルサン　307
喬石(20世紀)　きょうせき　103
喬冠華(20世紀)　きょうかんか　102
喬師望(7世紀頃)　きょうしぼう　102
喬富　→キェウ・フ　89
喬夢松(8世紀頃)　きょうぼうしょう　104
喬珤(2世紀)　きょうほう　104
善耆(19・20世紀)　ぜんき　256
善徳女王(7世紀)　ぜんとくじょおう　258
堪羅(7世紀頃)　たんじ　293
塔失帖木児(14世紀頃)　→タシ・テムル　288
塔斉布(19世紀)　とうせいふ　357
堯　ぎょう　101
奧都剌合蛮(13世紀)
　　→アブドゥル・ラフマーン　9
奢崇明(17世紀)　しゃすうめい　196
富干(7世紀頃)　ふかん　406
富加抃(7世紀頃)　ふかべん　406
富弼(11世紀)　ふひつ　411
尊室四(17世紀)　→トン・タット・トゥ　369
尊室会　→トン・タット・ホイ　369
尊室壮　→トン・タット・チャン　369
尊室典　→トン・タット・ディエン　369
尊室協　→トン・タット・ヒェップ　369
尊室敏　→トン・タット・マン　369
尊室説(19・20世紀)
　　→トン・タット・トゥエット　369
尊室澹　→トン・タット・ダム　369
尊室衛　→トン・タット・ヴェ　369
尊亶　→トン・ダン　369
嵆紹(3・4世紀)　けいしょう　132
庾文素(7世紀頃)　ゆぶんそ　451
廃王希広(10世紀)　はいおうきこう*　376
廃王希崇(10世紀)　はいおうきすう*　376
廃帝(2世紀)　→廃帝(後漢)　はいてい　377
廃帝(6世紀)
　　→廃帝殷　はいていいん*　378
　　→廃帝欽　はいていきん*　378
廃帝(9・10世紀)　→廃帝(後唐)　はいてい　377
廃帝(会稽王)(3世紀)
　　→廃帝亮　はいていりょう　378
廃帝(斉王)(3世紀)
　　→廃帝芳　はいていほう*　378
廃帝(金)(13世紀)　→衛紹王　えいしょうおう　36
廃帝(後唐)(9・10世紀)　はいてい　377
廃帝(後漢)(2世紀)　はいてい　377
廃帝子業(5世紀)

　　→廃帝子業(前廃帝)　はいていしぎょう*　378
廃帝世(4世紀)　はいていせい*　378
廃帝弘(4世紀)　はいていこう*　378
廃帝生(4世紀)　はいていせい*　378
廃帝伯宗(6世紀)　はいていはくそう*　378
廃帝芳(3世紀)　はいていほう*　378
廃帝宝巻(5世紀)　はいていほうかん*　378
廃帝亮(3世紀)　はいていりょう　378
廃帝奕(4世紀)　はいていえき*　378
廃帝昱(5世紀)
　　→廃帝昱(後廃帝)　はいていいく*　377
廃帝昭文(5世紀)
　　→廃帝昭業　はいていしょうぎょう*　378
廃帝昭業(5世紀)　はいていしょうぎょう*　378
廃帝朗(6世紀)
　　→廃帝朗(後廃帝)　はいていろう*　378
廃帝殷(6世紀)　はいていいん*　378
廃帝欽(6世紀)　はいていきん*　378
廃帝廓(6世紀)
　　→恭帝(廃帝廓)　きょうてい*　103
廃帝髦(3世紀)　→曹髦　そうぼう　268
廃帝曄(6世紀)　はいていよう*　378
彭大翼　ほうたいよく　426
彭元瑞(18・19世紀)　ほうげんずい　423
彭玉麟(19世紀)　ほうぎょくりん　423
彭安(3世紀)　ほうあん　422
彭沢民(19・20世紀)　ほうたくみん　426
彭和(3世紀頃)　ほうか　423
彭孟緝(20世紀)　ほうもうしゅう　426
彭明敏(20世紀)　ほうめいびん　426
彭述之(20世紀)　ほうじゅっし　424
彭春(17世紀)　ほうしゅん　424
彭真(20世紀)　ほうしん　425
彭亀年(12・13世紀)　ほうきねん　423
彭紹輝(20世紀)　ほうしょうき　425
彭雪楓(20世紀)　ほうせっぷう　425
彭湃(20世紀)　ほうはい　426
彭越(前3・2世紀)　ほうえつ　423
彭楚藩(19・20世紀)　ほうそはん　426
彭寅(3世紀頃)　ほうよう　427
彭徳懐(20世紀)　ほうとくかい　426
彭漾(3世紀)　ほうよう　427
彭瑩玉(14世紀)　ほうえいぎょく　423
彭蘊章(18・19世紀)　ほううんしょう　422
復株絫若鞮単于(前1世紀)　ふくしゅるじゃくていぜ
　　ん　407
恽代英　うんだいえい　35
掌禹錫(11世紀頃)　しょううしゃく　214
提卑多(8世紀頃)　だいひた　284

提探（19・20世紀）→デ・タム　348
揚国大長公主（11世紀）　ようこくだいちょうこうしゅ*　456
敬（前6・5世紀）→敬王　けいおう*　131
敬王丐（前6・5世紀）→敬王　けいおう*　131
敬宗（9世紀）　けいそう　133
敬帝（6世紀）　けいてい*　134
敬順王（10世紀）　けいじゅんおう　132
斯多含（6世紀）　したがん　191
斯那奴次酒（6世紀頃）　しなののししゅ　192
斯那奴阿比多（6世紀頃）　しなのあひた　192
景（前6世紀）→景王（周）　けいおう*　131
景公（前6世紀）　けいこう　132
景王（5世紀）
　→景王（五胡十六国・南涼）　けいおう*　131
景王朱載堉（16世紀）　けいおうしゅさいしゅう*　131
景王貴（前6世紀）→景王（周）　けいおう*　131
景廷賓（19・20世紀）　けいていひん　134
景宗（10世紀）
　→景宗（遼）　けいそう*　133
　→景宗（閩）　けいそう*　133
　→景宗（高麗）　けいそう*　133
景宗（11世紀）→李元昊　りげんこう　478
景宗（18世紀）→景宗（李朝）　けいそう*　133
景帝（前2世紀）→景帝（前漢）　けいてい　134
景帝（3世紀）→景帝（呉）　けいてい　134
景帝（前漢）（前2世紀）　けいてい　134
景帝（漢）（前2世紀）
　→景帝（前漢）　けいてい　134
景昭帝（4世紀）→慕容儁　ぼようしゅん　433
景泰（15世紀）→景泰帝　けいたいてい　134
景泰帝（15世紀）　けいたいてい　134
景德王（8世紀）　けいとくおう　134
智洗爾（7世紀頃）　ちせんに　298
智証王（5・6世紀）　ちしょうおう　298
智蒙（8世紀頃）　ちもう　299
智積（7世紀頃）　ちしゃく　298
曾山（20世紀）　そうざん　263
曾中生（20世紀）　そうちゅうせい　266
曾公亮（10・11世紀）　そうこうりょう　262
曾生（20世紀）　そうせい　265
曾仲鳴（20世紀）　そうちゅうめい　266
曾希聖（20世紀）　そうきせい　260
曾志（20世紀）　そうし　263
曾抜虎　→タン・バット・ホ　295
曾参（前3・2世紀）→曹参　そうさん　263
曾国荃（19世紀）　そうこくせん　262
曾国華（20世紀）　そうこくか　262
曾国筌（19世紀）→曾国荃　そうこくせん　262
曾国藩（19世紀）　そうこくはん　262

曾宣（3世紀頃）　そうせん　265
曾紀沢（19世紀）　そうきたく　260
曾培炎（20世紀）　そうばいえん　267
曾紹山（20世紀）　そうしょうざん　264
曾琦（20世紀）　そうき　260
曾薩権（20世紀）　そういんけん　259
曾銑（16世紀）　そうせん　266
曾慶紅（20世紀）　そうけいこう　261
曾鋳（19・20世紀）　そうちゅう　266
曾憲林（20世紀）　そうけんりん　262
曾燠（18・19世紀）　そういく　259
勝之（前1世紀頃）　しょうし　219
勝鬘　しょうまん　224
欽宗（12世紀）　きんそう　114
欽宗（宋）（12世紀）→欽宗　きんそう　114
欽愛皇后（11世紀）　きんあいこうごう*　107
温生才（19・20世紀）　おんせいさい　63
温佐慈（20世紀）　おんさじ　63
温体仁（17世紀）　おんたいじん　63
温君解（7世紀頃）　おんくんかい　63
温宗堯（19・20世紀）　おんそうぎょう　63
温家宝（20世紀）　おんかほう　62
温祚王（4世紀頃）　おんそおう　63
湘王朱由栩　しょうおうしゅゆうく*　215
湯（前18世紀頃）→湯王　とうおう　351
湯化龍（19・20世紀）　とうかりゅう　352
湯王（前18世紀頃）　とうおう　351
湯玉麟（19・20世紀）　とうぎょくりん　353
湯立悉（8世紀頃）　とうりつしつ　362
湯寿潜（19・20世紀）　とうじゅせん　356
湯和（14世紀）　とうわ　362
湯金釗（18・19世紀）　とうきんしょう　353
湯剣左（7世紀頃）　とうけんさ　354
湯恩伯（20世紀）　とうおんはく　352
湯覚頓（20世紀）　とうかくとん　352
湯爾和（19・20世紀）　とうじわ　357
湯震（19・20世紀）　とうしん　357
湯薌銘（19・20世紀）　とうきょうめい　353
満速児（16世紀）→マンスール　439
渾十升（6世紀頃）　こんじゅうしょう　177
渾瑊（8世紀）　こんかん　176
渤海王劉悝（2世紀）　ぼっかいおうりゅうかい*　432
游大力（6世紀頃）　ゆうたいりき　449
游錫堃（20世紀）　ゆうしゃくこん　449
焦仲卿（2・3世紀）　しょうちゅうけい　221
焦延寿（前1世紀）　しょうえんじゅ　215
焦炳（3世紀）　しょうへい　223
焦達峰（19・20世紀）　しょうたつほう　221
焦達峯（19・20世紀）
　→焦達峰　しょうたつほう　221

政治・外交・軍事篇　　　　　　　　　　　703　　　　　　　　　　　　　　　　　12画

焦触(3世紀)　しょうしょく　220
無素(6世紀頃)　むそ　441
琦善(18・19世紀)　きぜん　91
琴伯尺　→カム・バ・トゥオック　79
琳聖　りんせい　516
登利可汗(8世紀)　→トリ・カガン　368
禄東賛(7世紀)　ろくとうさん　525
程大昌(12世紀)　ていだいしょう　343
程子華(20世紀)　ていしか　342
程天放(19・20世紀)　ていてんほう　344
程世清(20世紀)　ていせいしん　343
程可則(17・18世紀)　ていかそく　340
程克(19・20世紀)　ていこく　341
程学啓(19世紀)　ていがくけい　340
程知節(7世紀)　ていちせつ　343
程杳(3世紀頃)　ていし　342
程建人(20世紀)　ていけんじん　341
程清(15世紀)　→チン・タイン　335
程普(3世紀頃)　ていふ　344
程遠志(2世紀)　ていえんし　340
程鉅夫(13・14世紀)　ていきょふ　341
程徳全(19・20世紀)　ていとくぜん　344
程維高(20世紀)　ていいこう　340
程銀(3世紀)　ていぎん　341
程潜(19・20世紀)　ていせん　343
程畿(3世紀)　ていき　340
程璧光(19・20世紀)　ていへきこう　345
程曦(2世紀)　ていこう　341
程嶷金(7世紀)　ていぎょうきん　341
童山(15世紀)　どうざん　355
童貫(11・12世紀)　どうかん　352
策妄阿拉布坦(17・18世紀)
　　→ツェワン・アラプタン　339
策妄阿拉布担(17・18世紀)
　　→ツェワン・アラプタン　339
策凌(18世紀)　→ツェリン　339
策棱(18世紀)　→ツェリン　339
粟裕(20世紀)　ぞくゆう　270
粤蘇梅落(8世紀頃)　えつそばいらく　39
統特勒(7世紀)　とうとくろく　359
統葉護可汗(7世紀)　→トゥヤブグ・カガン　361
絳賓(前1世紀頃)　こうひん　159
舒元輿(9世紀)　じょげんよ　227
舒同(20世紀)　じょどう　230
舒赫徳(18世紀)　→シュヘデ　210
舒難陀(9世紀頃)　じょなんだ　230
茈夫須計(8世紀頃)　えんふしゅけい　43
董士錫(19世紀)　とうししゃく　356
董文炳(13世紀)　とうぶんへい　360

董必武(19・20世紀)　とうひつぶ　359
董竹君(20世紀)　とうちくくん*　358
董卓(2世紀)　とうたく　358
董和(3世紀頃)　とうか　352
董承(2世紀)　とうしょう　356
董狐(前7世紀頃)　とうこ　354
董建華(20世紀)　とうけんか　354
董重(2世紀)　とうちょう　359
董荼那(3世紀)　とうとな　359
董康(19・20世紀)　とうこう　354
董厥(3世紀頃)　とうけつ　354
董貴妃(2世紀)　とうきひ　353
董超(3世紀)　とうちょう　359
董道寧(20世紀)　とうどうねい　359
董福祥(19・20世紀)　とうふくしょう　360
董禧(3世紀)　とうき　353
葉公超(20世紀)　ようこうちょう　456
葉支阿布思(8世紀頃)　しょうしあふし　219
葉文福(20世紀)　ようぶんふく　462
葉水心(12・13世紀)　→葉適　ようてき　461
葉向高(16・17世紀)　ようこうこう　455
葉名琛(19世紀)　ようめいしん　462
葉季壮(20世紀)　ようきそう　453
葉宗留(15世紀)　ようそうりゅう　459
葉茂才(16・17世紀)　ようもさい　463
葉青(20世紀)　ようせい　458
葉昼　ようちゅう　460
葉飛(20世紀)　ようひ　461
葉剣英(20世紀)　ようけんえい　454
葉恭綽(19・20世紀)　ようきょうしゃく　454
葉挙(19・20世紀)　ようきょ　453
葉挺(20世紀)　ようてい　460
葉翔之(20世紀)　ようしょうし　457
葉夢得(11・12世紀)　ようほうとく　462
葉楚傖(19・20世紀)　ようそそう　459
葉群(20世紀)　ようぐん　454
葉聖陶(20世紀)　ようせいとう　459
葉適(12・13世紀)　ようてき　461
葉選平(20世紀)　ようせんぺい　459
裕宗真金(18世紀)　ゆうそうチンキム　449
裕禄(19世紀)　ゆうろく　450
裕憲親王福全(18世紀)　ゆうけんしんのうふくぜん*
　449
裕謙(18・19世紀)　ゆうけん　448
覃振(19・20世紀)　たんしん　294
訶黎布失畢(7世紀)　かれいふしつひつ　80
賀一龍(17世紀)　がいちりゅう　64
賀子珍(20世紀)　がしちん　74
賀王真(9世紀頃)　がおうしん　65

12画 704 東洋人物レファレンス事典

賀多羅(6世紀頃)　がたら　76
賀抜岳(6世紀)　がばつがく　78
賀取文(7世紀頃)　がしゅぶん　75
賀国光(19・20世紀)　がこくこう　73
賀国強(20世紀)　がこくきょう　73
賀若弼(6・7世紀)　がじゃくひつ　75
賀若誼(6世紀)　がじゃくぎ　75
賀長齢(18・19世紀)　がちょうれい　77
賀衷寒(20世紀)　がちゅうかん　77
賀祚慶(8世紀頃)　がそけい　76
賀福延(9世紀頃)　がふくえん　78
賀龍(20世紀)　がりゅう　79
賀耀組(19・20世紀)　がようそ　79
貴干宝(7世紀頃)　きかんぽう　89
貴由(13世紀)　→グユク・ハン　130
貴妃葉赫那拉氏(19・20世紀)　きひイエヘナラし*　94
貴智(7世紀頃)　きち　92
貴須王(4世紀)　きすおう　91
費斗斤(5世紀頃)　ひときん　396
費華(20世紀)　ひか　395
費揚古(17・18世紀)　→フィヤング　403
費禕(3世紀)　→費褘　ひい　395
費褘(3世紀)　ひい　395
費耀(3世紀)　ひよう　397
郂(前4・3世紀)　→郂王　たんおう　292
郂王(周)(前4・3世紀)　→郂王　たんおう　292
郂王延(前4・3世紀)　→郂王　たんおう　292
越王李系　えつおうりけい*　39
越王李貞(7世紀)　えつおうりてい*　39
越王楊侗(7世紀)　えつおうようどう*　39
越国公主(10世紀)　えつこくこうしゅ*　39
軻比能(3世紀)　かひのう　78
辜振甫(20世紀)　こしんぽ　171
辜顕栄(19・20世紀)　こけんえい　167
達比特勒(8世紀頃)　たつひとくろく　288
達沙(7世紀頃)　たつさ　288
達延汗(15・16世紀)　→ダヤン・かん　290
達能信(8世紀頃)　たつのうしん　288
達摩(8世紀頃)　だるま　292
達頭可汗(6・7世紀)　→タツトウカカン　288
道光(18・19世紀)　→道光帝　どうこうてい　355
道光帝(18・19世紀)　どうこうてい　355
道冲(5世紀頃)　どうちゅう　359
道宗(11・12世紀)　どうそう　357
道武帝(4・5世紀)　どうぶてい　360
道武帝(北魏)(4・5世紀)　→道武帝　どうぶてい　360
道俊(5世紀頃)　どうしゅん　356
道衍(14・15世紀)　→姚広孝　ようこうこう　455

道深(6世紀頃)　どうしん　357
通(7世紀頃)　とん　368
遍光高(7世紀頃)　へんこうこう　421
鄭国大長公主　けんこくだいちょうこうしゅ*　136
隊艮(20世紀)　→ドイ・カン　351
鄂煥(3世紀頃)　がくかん　67
鄂爾泰(17・18世紀)　→オルタイ　62
鈕永建(19・20世紀)　ちゅうえいけん　304
閔升鎬(19世紀)　びんしょうこう　399
閔宗植(19・20世紀)　びんそうしょく　399
閔泳翊(19・20世紀)　びんえいよく　399
閔泳煥(19・20世紀)　ミンヨンファン　440
閔泳駿(19世紀)　びんえいしゅん　399
閔肯鎬(19・20世紀)　びんこうこう　399
閔帝(10世紀)　びんてい　399
閔龍鎬(19・20世紀)　びんりゅうこう　399
階伯(7世紀)　かいはく　64
隨煬帝(6・7世紀)　→煬帝　ようだい　459
陽貨　ようか　453
陽羣(3世紀)　ようぐん　454
雲宝(6世紀頃)　うんぽう　35
雲英(3世紀)　うんえい　35
項羽(前3世紀)　こうう　141
項伯(前3世紀頃)　こうはく　159
項英(20世紀)　こうえい　142
項梁(前3世紀)　こうりょう　163
順宗(8・9世紀)　→順宗(唐)　じゅんそう　213
順宗(11世紀)　→順宗(高麗)　じゅんそう*　213
順宗耶律濬　じゅんそうやりつしゅん*　213
順治(17世紀)　→順治帝(清)　じゅんちてい　213
順治帝(17世紀)
　→順治帝(清)　じゅんちてい　213
順帝(2世紀)　→順帝(後漢)　じゅんてい　213
順帝(5世紀)
　→順帝(六朝・宋)　じゅんてい*　213
順帝(14世紀)　→順帝(元)　じゅんてい　213
順帝(元)(14世紀)　じゅんてい　213
馮子材(19・20世紀)　ふうしざい　404
馮太后(5世紀)　ふうたいこう　405
馮文彬(20世紀)　ふうぶんひん　405
馮玉祥(19・20世紀)　ふうぎょくしょう　404
馮玉祥(19・20世紀)
　→馮玉祥　ふうぎょくしょう　404
馮礼(3世紀)　ふうれい　405
馮仲雲(20世紀)　ふうちゅううん　405
馮汝駿(20世紀)　ふうじょき　404
馮自由(19・20世紀)　ふうじゆう　404
馮応京(16・17世紀)　ふうおうけい　403
馮京(11世紀)　ひょうけい　397

政治・外交・軍事篇

【 13画 】

馮国璋（19・20世紀）　ふうこくしょう　404
馮奉世（前1世紀）　ふうほうせい　405
馮延己（10世紀）→馮延巳　ふえんし　403
馮延巳（10世紀）　ふえんし　403
馮紞（3世紀）　ふうたん　405
馮啓聡（20世紀）　ひょうけいそう　397
馮涵清（20世紀）　ふうかんせい　403
馮異　たいじゅしょうぐん　280
馮習（3世紀）　ふうしゅう　404
馮勝（14世紀）　ひょうしょう　397
馮道（9・10世紀）　ふうどう　405
馮雲山（19世紀）　ふううんざん　403
馮徳遐（7世紀頃）　ふうとくか　405
馮銓（16・17世紀）　ふうせん　405
馮僎（6世紀頃）　ふうしゅん　404

僧格林沁（19世紀）→センゲ・リンチン　256
傅介子（前1世紀頃）　ふかいし　406
勢（4世紀）→李勢　りせい　487
嗣王（10世紀）　しおう*　187
嗣徳（19世紀）→トゥドゥック帝　359
嗣徳帝（19世紀）→トゥドゥック帝　359
盤和沙弥（5世紀頃）　ばわしゃみ　389
寗随（3世紀頃）　ねいずい　374
眞鏴（15・16世紀）
　→安化王朱眞鏴　あんかおうしゅしはん　13
寛徹普化　→コアンチヨプホア　140
嵬名睍（13世紀）　しゅうめいけん*　204
廉希憲（13世紀）　れんきけん　523
廉頗（前3世紀）　れんぱ　523
廉興邦（14世紀）　れんこうほう　523
微子（前12世紀）　びし　395
愛納噶（16・17世紀）　あいなが　4
愛新覚羅フリン（17世紀）
　→順治帝（清）　じゅんちてい　213
愛新覚羅浩（20世紀）　あいしんかくらひろ　3
愛新覚羅溥傑（20世紀）→溥傑　ふけつ　407
愛新覚羅溥儀（20世紀）→溥儀　ふぎ　406
愛獣識理達臘（14世紀）
　→昭宗（北元）　しょうそう　221
愛魯（13世紀）　あいろ　4
愛薛（13・14世紀）　あいせ　3
愛薛（13・14世紀）→愛薛　あいせ　3
慈愈夫人（19世紀）→ツ・ズ　339
慈禧（19・20世紀）→西太后　せいたいこう　250

慎靚（前4世紀）　しんけんおう*　234
慎靚王定（前4世紀）→慎靚　しんけんおう*　234
愈渉（2世紀）→兪渉　ゆしょう　450
愍帝（4世紀）　びんてい　399
愍帝（10世紀）→閔帝　びんてい　399
愍帝（18世紀）　びんてい　399
摂政王載灃（19・20世紀）
　→醇親王載灃　じゅんしんおうさいほう　212
摂耀（8世紀頃）　しょうよう　225
新野公主　しんやこうしゅ*　240
槙（17世紀）→朱国禎　しゅこくてい　207
楽安公主　がくあんこうしゅ*　66
楽成王劉党（1世紀）　がくせいおうりゅうとう*　70
楽昌公主　がくしょうこうしゅ*　69
楽就（2世紀）　がくしゅう　69
楽綝（3世紀）　がくりん　71
楽毅（前4・3世紀）　がくき　67
楚王司馬瑋（3世紀）　そおうしばい*　269
楚王朱楨（14・15世紀）　そおうしゅてい*　269
楚王劉交　そおうりゅうこう*　269
楊一清（15・16世紀）　よういっせい　452
楊士奇（14・15世紀）　ようしき　456
楊大将（3世紀頃）　ようたいしょう　460
楊中遠（9世紀頃）　ようちゅうえん　460
楊之華（20世紀）　ようしか　456
楊公懲　→ズオン・コン・チュン　242
楊文広（11世紀）　ようぶんこう　462
楊以増（18・19世紀）　よいぞう　452
楊仙逸（20世紀）　ようせんいつ　459
楊広（3世紀頃）　ようこう　455
楊広（6・7世紀）→煬帝　ようだい　459
楊永泰（19・20世紀）　ようえいたい　452
楊玄感（6・7世紀）　ようげんかん　454
楊白冰（20世紀）　ようはくひょう　461
楊立功（20世紀）　ようりつこう　463
楊任（3世紀）　ようじん　458
楊宇廷（19・20世紀）→楊宇霆　ようてい　452
楊宇霆（19・20世紀）　ようてい　452
楊成武（20世紀）　ようせいぶ　459
楊成規（9世紀頃）　ようせいき　458
楊汝岱（20世紀）　ようじょたい　457
楊汝袋（20世紀）→楊汝岱　ようじょたい　457
楊行密（9・10世紀）　ようこうみつ　456
楊西崑（20世紀）　ようせいこん　458
楊伯（3世紀）→楊柏　ようはく　461
楊宏勝（19・20世紀）　ようこうしょう　456
楊廷和（15・16世紀）　ようていわ　461
楊廷奇（9世紀頃）　ようていき　460

楊応龍（16世紀）　ようおうりゅう　453	楊庶堪（19・20世紀）　ようしょたん　457
楊志驤（19・20世紀）　ようしじょう　457	楊得志（20世紀）　ようとくし　461
楊我支特勒（7・8世紀）　ようがしとくろく　453	楊梓（13・14世紀）　ようし　456
楊杏仏（20世紀）　ようきょうふつ　454	楊済（3世紀）　ようせい　458
楊秀清（19世紀）　ようしゅうせい　457	楊済（8世紀頃）　ようさい　456
楊芳（18・19世紀）　ようほう　462	楊深秀（19世紀）　ようしんしゅう　458
楊国忠（8世紀）　ようこくちゅう　456	楊堅（6・7世紀）→文帝（隋）　ぶんてい　418
楊奇肱（9世紀頃）　ようきこう　453	楊富珍（20世紀）　ようふちん　462
楊奇混（9世紀頃）　ようきこん　453	楊惲（前1世紀）　 よううん　452
楊奉（2世紀）　ようほう　462	楊森（19・20世紀）　ようしん　458
楊季鷹（8世紀頃）　ようきよう　453	楊貴妃（8世紀）　ようきひ　453
楊定奇（9世紀頃）　ようていき　460	楊遇春（18・19世紀）　ようぐうしゅん　454
楊尚昆（20世紀）　ようしょうこん　457	楊嗣昌（16・17世紀）　ようししょう　456
楊尚奎（20世紀）　ようしょうけい　457	楊業（10世紀）　ようぎょう　454
楊延芸　→ズオン・ジェン・ゲ　242	楊連（16・17世紀）　ようれん　463
楊延昭（10・11世紀）　ようえんしょう　453	楊溥（14・15世紀）　ようふ　461
楊承慶（8世紀頃）　ようしょうけい　457	楊献珍（20世紀）　ようけんちん　455
楊昂（3世紀）　ようこう　455	楊継盛（16世紀）　ようけいせい　454
楊明軒（20世紀）　ようめいけん　462	楊靖宇（20世紀）　ようせいう　458
楊明斎（19・20世紀）　ようめいさい　462	楊増新（19・20世紀）　ようぞうしん　459
楊松（2・3世紀）　ようしょう　457	楊徳顔　→ズオン・ドゥック・ニャン　242
楊欣（3世紀頃）　ようきん　454	楊銓（20世紀）　ようせん　459
楊波（20世紀）　ようは　461	楊儀（3世紀）　ようぎ　453
楊炎（8世紀）　ようえん　452	楊潮観（18世紀）　ようちょうかん　460
楊英弐　→ズオン・アイン・ニ　242	楊鋭（19世紀）　ようえい　452
楊虎城（19・20世紀）　ようこじょう　456	楊鋒（3世紀頃）　ようほう　462
楊阜（3世紀頃）　ようふ　461	楊震（2世紀）　ようしん　458
楊信（前2世紀頃）　ようしん　458	楊懐（3世紀）　ようかい　453
楊勇（6・7世紀）　ようゆう　463	楊懐珍（8世紀頃）　ようかいちん　453
楊勇（20世紀）　ようゆう　463	楊錡（3世紀頃）　ようき　453
楊度（19・20世紀）　ようたく　460	楊樹荘（19・20世紀）　ようじゅそう　457
楊春甫（20世紀）　ようしゅんぽ　457	楊樸（前2世紀）　ようぼく　462
楊栄（14・15世紀）　ようえい　452	楊篤生（19・20世紀）　ようとくせい　461
楊柏（3世紀）　ようはく　461	楊醜（2世紀）　ようしゅう　457
楊洪（3世紀）　ようこう　455	楊闇公（20世紀）　ようあんこう　452
楊炳南（19世紀）　ようへいなん　462	楊齢（3世紀）　ようれい　463
楊皇后（3世紀）　ようこうごう*　455	楊鎮龍武（9世紀頃）　ようばくりゅうぶ　461
楊皇后（7世紀）　ようこうごう*　455	楊鎬（17世紀）　ようこう　455
楊皇后（12・13世紀）　ようこうごう*　455	楊鐘（20世紀）　ようしょう　457
楊秋（3世紀頃）　ようしゅう　457	楊顕（3世紀頃）　ようけい　454
楊荐（6世紀頃）　ようせん　459	楊衢雲（19・20世紀）　ようくうん　454
楊振懐（20世紀）　ようしんかい　458	楙磨（7世紀頃）　てんま　350
楊泰芳（20世紀）　ようたいほう　460	歇驕　→イェット・キエン　17
楊泰師（8世紀頃）　ようたいし　460	毓賢（19・20世紀）　いくけん　18
楊素（6・7世紀）　ようそ　459	漢・武帝（前2・1世紀）
楊鮑安（20世紀）　ようほうあん　462	→武帝（前漢）　ぶてい　410
楊密　ようみつ　462	漢・高祖（前3・2世紀）→劉邦　りゅうほう　506
楊崇伊（20世紀）　ようすうい　458	漢王朱高煦（15世紀頃）　かんおうしゅこうく　81

政治・外交・軍事篇　　　　　707　　　　　　　　　　　　　　　　13画

漢王朱高煦（15世紀頃）
　　→漢王朱高煦　　かんおうしゅこうく　　81
漢王楊諒（7世紀）　かんおうようりょう　82
漢王趙元佐（11世紀）　かんおうちょうげんさ*　82
漢武帝（前2・1世紀）→武帝（前漢）　ぶてい　410
漢陽公主（9世紀）　かんようこうしゅ*　88
源寂（9世紀頃）　げんせき　137
準王（前2世紀頃）　じゅんおう　212
溥傑（20世紀）　ふけつ　407
溥儀（20世紀）　ふぎ　406
熙宗（12世紀）→熙宗（金）　きそう　92
熙宗（13世紀）→熙宗（高麗）　きそう*　92
熙宗（金）（12世紀）　きそう　92
熙洽（19・20世紀）　きこう　90
煬帝（6・7世紀頃）　ようだい　459
煬矩（8世紀）　ようく　454
熙宗（12世紀）→熙宗（金）　きそう　92
牒雲具仁（6世紀頃）　ちょううんぐじん　308
献文帝（5世紀）　けんぶんてい*　140
献宗（11世紀）→献宗（高麗）　けんそう*　138
献宗（13世紀）→献宗（西夏）　けんそう*　138
献帝（2・3世紀）→献帝（後漢）　けんてい　138
献帝（後漢）（2・3世紀）　けんてい　138
献帝（漢）（2・3世紀）
　　→献帝（後漢）　けんてい　138
瑞王朱常浩（17世紀）　ずいおうしゅじょうこう*　241
瑞徴（19・20世紀）→瑞澂　ずいちょう　241
瑞澂（19・20世紀）　ずいちょう　241
督儒（7世紀頃）　とくじゅ　363
福王（16・17世紀）
　　→朱常洵（福王）　しゅじょうじゅん　208
福王（17世紀）→安宗　あんそう　15
福王朱由崧（17世紀）→安宗　あんそう　15
福王朱常洵（16・17世紀）　ふくおうしゅじょうじゅん　407
福康安（18世紀）→フカンガ　406
福富味身（6世紀頃）　ふくふみしん　407
窩含真（6世紀頃）　くつがんしん　129
節柳　→ティエット・リェウ　340
節閔帝（5・6世紀）
　　→節閔帝（前廃帝）　せつびんてい*　254
節愍太子李重俊（8世紀）　せつびんたいしりちょうしゅん*　254
継仲（10世紀）　けいちゅう*　134
継忽婆（8世紀頃）　けいこつば　132
綏理王（19世紀）→トウイ・リ・ヴォン　351
義生公主（7世紀）　ぎせいこうしゅ　91
義成公主（7世紀）→義生公主　ぎせいこうしゅ　91
義宗耶律倍（10世紀）→耶律倍　やりつばい*　448
義慈王（7世紀）　ぎじおう　90

義縦（前2世紀）　ぎじゅう　90
聖王（6世紀）　せいおう　247
聖宗（10・11世紀）→聖宗（遼）　せいそう　250
聖宗（15世紀）→レー・タイントン　521
聖宗（後黎朝）（15世紀）
　　→レー・タイントン　521
聖宗（遼）（10・11世紀）　せいそう　250
聖宗（黎）（15世紀）→レー・タイントン　521
聖宗（黎朝）（15世紀）→レー・タイントン　521
聖明王（6世紀）→聖王　せいおう　247
聖祖（17・18世紀）→康熙帝　こうきてい　144
聖祖（18・19世紀）→グエン・フック・ドム　126
聖祖（阮朝）（18・19世紀）
　　→グエン・フック・ドム　126
聖徳王（8世紀）　せいとくおう　251
粛宗（8世紀）→粛宗（唐）　しゅくそう　206
舜　しゅん　211
蓋文（6世紀頃）　がいぶん　64
蓋鹵王（5世紀）　がいろおう　65
蓋塤（8世紀頃）　がいけん　63
蒲寿庚（13世紀）　ほじゅせい　431
蒲寿晟（13世紀）→蒲寿庚　ほじゅせい　431
蒲訶粟（10世紀頃）　ほかぞく　427
蒲殿俊（19・20世紀）　ほでんしゅん　432
蒲鮮万奴（13世紀）　ほせんばんど　431
蒙力克（12・13世紀）→ムンリク　441
蒙恬（前3世紀）　もうてん　444
蒙哥（13世紀）→モンケ　446
蒙哥汗（13世紀）→モンケ　446
蒙湊羅睺（8世紀頃）　もうそうらとう　443
虞允文（12世紀）　ぐいんぶん　118
虞世南（6・7世紀）　ぐせいなん　128
虞玩之（5世紀）　ぐがんし　127
虞舜　→舜　しゅん　211
虞詡　ぐく　127
虞慶則（6世紀頃）　ぐけいそく　127
蜀王朱椿（15世紀）　しょくおうしゅちん*　227
蜀王楊秀（7世紀）　しょくおうようしゅう*　227
蜀絆（前3世紀）→アン・ゾン・ヴォン　15
裴甫（9世紀）　きゅうほ　100
解学恭（20世紀）　かいがくきょう　63
解忠順（8世紀頃）　かいちゅうじゅん　64
解琬（7・8世紀）　かいえん　63
解憂（前2・1世紀）　かいゆう　64
解憂公主（前2・1世紀）→解憂　かいゆう　64
解縉（14・15世紀）　かいしん　64
解臂鷹（8世紀頃）　かいひよう　64
詹大悲（19・20世紀）　せんたいひ　257
話玉侯（18・19世紀）

13画

　→グエン・ヴァン・トアイ　119
豊璋(7世紀)→豊璋王　ほうしょうおう　425
豊璋王(7世紀)　ほうしょうおう　425
貉龍君→ラック・ロン・クァン　467
賈士毅(19・20世紀)　かしき　74
賈充(3世紀)　かじゅう　75
賈似道(13世紀)　かじどう　74
賈思勰(6世紀頃)　かしきょう　74
賈春旺(20世紀)　かしゅんおう　75
賈皇后(3世紀)　かこうごう　73
賈耽(8・9世紀)　かたん　77
賈華(3世紀頃)　かか　66
賈復(1世紀)　かふく　78
賈逵(2・3世紀)　かき　66
賈徳耀(19・20世紀)　かとくよう　78
賈慶林(20世紀)　かけいりん　72
賈範(3世紀)　かはん　78
賈魯(13・14世紀)　かろ　80
賈謐(3世紀)　かひつ　78
路太后　ろたいごう*　525
路充国(前2世紀頃)　ろじゅうこく　525
路昭(3世紀頃)　ろしょう　525
載沢(19・20世紀)　さいたく　180
載洵(19・20世紀)　さいじゅん　179
載漪(19・20世紀)　さいい　177
載澧(19・20世紀)
　→醇親王載澧　じゅんしんおうさいほう　212
載瀾(20世紀)　さいらん　182
遏必隆(17世紀)　あつひつりゅう　7
鄒元標(16・17世紀)　すうげんひょう　241
鄒家華(20世紀)　すうかか　241
鄒容(19・20世紀)　すうよう　242
鄒瑜(20世紀)　すうゆ　242
鄒靖(3世紀頃)　すうせい　241
鄒魯(19・20世紀)　すうろ　242
鉄木迭児(14世紀)→テムデル　348
鉄失(14世紀)→テクシ　348
鉄矢(14世紀)→テクシ　348
鉄良(19・20世紀)　てつりょう　348
鉄保(18・19世紀)　てつほ　348
隗囂(1世紀)　かいごう　63
雅丹(3世紀頃)　がたん　76
雍占(19世紀)→ウン・チェム　35
雍正(17・18世紀)→雍正帝　ようせいてい　458
雍正帝(17・18世紀)　ようせいてい　458
雍闓(3世紀)　ようがい　453
雷叙(3世紀頃)　らいじょ　464
雷経天(20世紀)　らいけいてん　464

雷銅(3世紀)　らいどう　465
雷震(20世紀)　らいしん　464
雷薄(3世紀頃)　らいはく　465
靖宗(11世紀)　せいそう*　250
靳雲鵬(19・20世紀)　きんうんほう　108
靳輔(17世紀)　きんほ　117

【 14画 】

僕固懐恩(8世紀)　ぼくこかいおん　428
僕羅(8世紀頃)　ぼくら　430
僖(前7世紀)→僖王　きおう*　89
僖王胡斉(前7世紀)→僖王　きおう*　89
僖宗(9世紀)　きそう　92
厮囉囉(10・11世紀)→囉厮囉　こくしら　166
嘉国公主(12世紀)　かこくこうしゅ*　73
嘉隆(18・19世紀)
　→グエン・フック・アイン　125
嘉隆帝(18・19世紀)
　→グエン・フック・アイン　125
嘉靖(16世紀)→世宗(明)　せいそう　249
嘉靖帝(16世紀)→世宗(明)　せいそう　249
嘉徳帝姫　かとくていき　78
嘉慶(18・19世紀)→嘉慶帝　かけいてい　72
嘉慶帝(18・19世紀)　かけいてい　72
嘉慶帝仁宗(清)(18・19世紀)
　→嘉慶帝　かけいてい　72
増祺(19・20世紀)　ぞうき　260
嫘祖　るいそ　518
察八児(14世紀)→チャバル　300
察吉児公主　ジャギールこうしゅ*　196
察合台(13世紀)→チャガタイ　299
察合台汗(13世紀)→チャガタイ　299
察罕(13世紀)→チャガン　299
察罕帖木児(14世紀)→チャガン・テムル　299
察卓那斯摩没勝(8世紀頃)　さつたくなしまぼっしょう　184
察度(14世紀)　さつと　184
寧王朱宸濠(16世紀)
　→宸濠(寧王)　しんごう　234
寧王朱権(14・15世紀)　ねいおうしゅけん　374
寧王朱権(14・15世紀)
　→寧王朱権　ねいおうしゅけん　374
寧完我(17世紀)　ねいかんが　374
寧国公主(8世紀頃)　ねいこくこうしゅ　374
寧国公主(14・15世紀)　ねいこくこうしゅ　374
寧宗(12・13世紀)→寧宗(南宋)　ねいそう　374
寧宗(14世紀)→寧宗(元)　ねいそう　374

政治・外交・軍事篇　　　　　　　　　　　　709　　　　　　　　　　　　　　　　　　　　　14画

寧宗(元)(14世紀)　ねいそう　374
寧宗(南宋)(12・13世紀)　ねいそう　374
寧献王(14・15世紀)
　　→寧王朱権　ねいおうしゅけん　374
廎昌(19・20世紀)　いんしょう　25
廖化(3世紀)　りょうか　508
廖文毅(20世紀)　りょうぶんき　511
廖立(3世紀頃)　りょうりつ　511
廖仲愷(19・20世紀)　りょうちゅうがい　510
廖承志(20世紀)　りょうしょうし　510
廖沫沙(20世紀)　りょうまつさ　511
廖淳(3世紀)　→廖化　りょうか　508
廖漢生(20世紀)　りょうかんせい　508
廖鴻志(19・20世紀)　りょうこうし　509
徴弐(1世紀)
　　→チュン・チャック　307
　　→チュン・ニ　307
徴側(1世紀)　→チュン・チャック　307
徴側(20世紀)　→張黎　ちょうり　327
徳王(20世紀)　とくおう　363
徳王朱見濬(16世紀)　とくおうしゅけんりん*　363
徳安公主　とくあんこうしゅ*　363
徳周(8世紀)　とくしゅう　363
徳宗(8・9世紀)　→徳宗(唐)　とくそう　364
徳宗(11世紀)　→徳宗(高麗)　とくそう*　364
徳宗(11・12世紀)　→徳宗(西遼)　とくそう　364
徳宗(19・20世紀)　→光緒帝　こうしょてい　151
徳宗(西遼)(11・12世紀)　とくそう　364
徳宗(唐)(8・9世紀)　とくそう　364
徳清公主　とくせいこうしゅ*　364
徳富(7世紀頃)　とくふ　365
徳楞泰(18・19世紀)　→デレンタイ　348
徳福(7世紀頃)　とくふく　365
徳爾(6世紀頃)　とくに　364
徳興阿(19・20世紀)　とくこうあ　363
慕末(5世紀)　ほまつ*　433
慕昌禄(8世紀)　ぼしょうろく　431
慕施蒙(8世紀頃)　ぼしもう　431
慕容垂(4世紀)　ぼようすい　433
慕容烈(3世紀)　ぼようれつ　434
慕容順(7世紀頃)　ぼようじゅん　433
慕容廆(3・4世紀)　ぼようかい　433
慕容儁(4・5世紀)　ぼようとく　433
慕容儁(4世紀)　ぼようしゅん　433
慕容跳(3・4世紀)　ぼようこう　433
慕感徳(9世紀頃)　ぼかんとく　427
斡兀立海迷失(13世紀)
　　→オグル・ガイミシュ　61
斡魯朶(13世紀)　→オルダ　62

熊成基(19・20世紀)　ゆうせいき　449
熊克武(19・20世紀)　ゆうこくぶ　449
熊希齢(19・20世紀)　ゆうきれい　448
熊廷弼(16・17世紀)　ゆうていひつ　449
熊秉坤(19・20世紀)　ゆうへいこん　449
熊執易(9世紀頃)　ゆうしつえき　449
熊越山(19・20世紀)　ゆうえつざん　448
熊曇朗(6世紀)　ゆうどんろう　449
熙宗(12世紀)　→熙宗(金)　きそう　92
爾朱栄(5・6世紀)　じしゅえい　190
甄萱(9・10世紀)　しんけん　234
睿宗(7・8世紀)　→睿宗(唐)　えいそう　36
睿宗(10世紀)
　　→睿宗(五代十国・呉)　えいそう*　36
　　→睿宗(五代十国・北漢)　えいそう*　37
睿宗(11・12世紀)　→睿宗(高麗)　えいそう　37
睿宗(15世紀)　→睿宗(李朝)　えいそう　37
睿親王(17世紀)　→ドルゴン　368
碩幹(7世紀頃)　せきかん　251
禑王(14世紀)　→辛禑王　しんぐおう　234
窩濶台汗(12・13世紀)　→オゴタイ　61
窩闊台(12・13世紀)　→オゴタイ　61
端方(19・20世紀)　たんほう　296
端宗(13世紀)　→端宗(南宋)　たんそう　294
端宗(15世紀)　→端宗(李朝)　たんそう　295
端郡王載漪(19・20世紀)　たんぐんおうさいい　293
管子(前7世紀)　→管仲　かんちゅう　85
管亥(2世紀)　かんがい　82
管仲(前7世紀)　かんちゅう　85
管誠　→クァン・タイン　118
管歴　→クァン・リック　118
管興　→クァン・ホン　118
箕子(前11世紀頃)　きし　90
箕準(20世紀)　きじゅん　90
維新帝(20世紀)　→ズイ・タン　241
緒児馬罕(13世紀)　→チョルマグン　328
綿宗　→ミエン・トン　439
翟元(3世紀頃)　てきげん　347
翟譲(6・7世紀)　てきじょう　347
臧式毅(19・20世紀)　ぞうしきき　263
臧旻(3世紀頃)　ぞうびん　268
臧思言(7・8世紀)　ぞうしげん　263
臧倉(3世紀頃)　ぞうそう　266
臧覇(3世紀頃)　ぞうは　267
蔡卞(11・12世紀)　さいべん　182
蔡孝乾(20世紀)　さいこうけん　179
蔡廷幹(19・20世紀)　さいていかん　181
蔡廷楷(20世紀)　→蔡廷鍇　さいていかい　181
蔡廷鍇(20世紀)　さいていかい　181
蔡応彦(19・20世紀)　さいおうげん　178

14画

蔡沢(前4・3世紀)　さいたく　180	趙王司馬倫(3世紀)　ちょうおうしばりん*　309
蔡京(11・12世紀)　さいけい　178	趙王朱高燧(15世紀)　ちょうおうしゅこうすい*　309
蔡和森(19・20世紀)　さいわしん　183	趙王劉友　ちょうおうりゅうゆう*　309
蔡培火(19・20世紀)　さいばいか　181	趙世炎(20世紀)　ちょうせいえん　320
蔡済民(19・20世紀)　さいせいみん　180	趙世雄(20世紀)　ジョセウン　229
蔡済恭(18世紀)　さいせいきょう　180	趙卯発(13世紀)　ちょうぼうはつ　326
蔡牽(18・19世紀)　さいけん　179	趙広漢(前1世紀)　ちょうこうかん　314
蔡愔(1世紀頃)　さいいん　177	趙弘(2世紀)　ちょうこう　314
蔡道憲(17世紀)　さいどうけん　181	趙正洪(20世紀)　ちょうせいこう　320
蔡陽(2世紀)　さいよう　182	趙光祖(15・16世紀)　ちょうこうそ　314
蔡暢(20世紀)　さいちょう　181	趙光復(6世紀)　→チュウ・クァン・フック　304
蔡確(11世紀)　さいかく　178	趙充国(前2・1世紀)　ちょうじゅうこく　317
蔡樹藩(20世紀)　さいじゅはん　179	趙匡胤(10世紀)　→太祖(宋)　たいそ　281
蔡襄(11世紀)　さいじょう　179	趙吉士(17・18世紀)　ちょうきっし　310
蔡鍔(19・20世紀)　さいがく　178	趙安博(20世紀)　ちょうあんはく　307
裵仲孫(13世紀)　はいちゅうそん　377	趙守一(20世紀)　ちょうしゅいち　317
褚民誼(19・20世紀)　ちょみんぎ　328	趙汝适(12・13世紀)　ちょうじょかつ　319
褚淵(5世紀)　ちょえん　327	趙汝愚　ちょうじょぐ　319
褚輔成(19・20世紀)　ちょほせい　328	趙汝談(13世紀)　ちょうじょだん　319
裴元紹(2世紀)　はいげんしょう　376	趙聿(8世紀頃)　ちょういつ　308
裴氏春　→ブイ・ティ・スアン　403	趙位寵(12世紀)　ちょういちょう　308
裴氏春(18世紀)　→ブイ・ティ・フアン　403	趙佗(前2世紀)　ちょうだ　321
裴世清(6・7世紀)　はいせいせい　377	趙君道(8世紀頃)　ちょうくんどう　312
裴休(8・9世紀)　はいきゅう　376	趙声(19・20世紀)　ちょうせい　320
裴行倹(7世紀)　はいこうけん　376	趙岑(3世紀頃)　ちょうしん　319
裴行検(7世紀)　→裴行倹　はいこうけん　376	趙良弼(13世紀)　ちょうりょうひつ　327
裴国良(8世紀頃)　はいこくりょう　377	趙良棟(17世紀)　ちょうりょうとう　327
裴国概(12・13世紀)	趙国公主　ちょうこくこうしゅ*　315
→ブイ・クォック・カイ　403	趙宗政(9世紀頃)　ちょうそうせい　321
裴延齢(8世紀)　はいえんれい　376	趙宝英(8世紀)　ちょうほうえい　325
裴松子(4・5世紀)　→裴松之　はいしょうし　377	趙尚志(20世紀)　ちょうしょうし　319
裴松之(4・5世紀)　はいしょうし　377	趙延寿(10世紀)　ちょうえんじゅ　309
裴度(8・9世紀)　はいど　378	趙忠(2世紀)　ちょうちゅう　322
裴矩(6・7世紀)　はいく　376	趙昂(3世紀頃)　ちょうこう　314
裴景(3世紀頃)　はいけい　376	趙東宛(20世紀)　ちょうとうえん　322
裴璡　→ブイ・ヴィエン　402	趙東祐(20世紀)　ちょうとうゆう　323
裴緒(3世紀頃)　はいしょ　377	趙欣伯(19・20世紀)　ちょうきんぱく　311
裴璆　はいきゅう　376	趙秉文(12・13世紀)　ちょうへいぶん　325
裴頠(3世紀)　はいぎ　376	趙秉世(19・20世紀)　ちょうへいせい　325
裴廼(9世紀頃)　はいてい　377	趙秉式(19世紀)　ちょうへいしき　325
裴霜沢　→ブイ・スオン・チャック　403	趙秉鈞(19・20世紀)
豪格(17世紀)　→ホーゲ　431	→趙乗鈞　ちょうへいきん　325
赫居世(前1・後1世紀)	趙乗鈞(19・20世紀)　ちょうへいきん　325
→朴赫居世　ぼくかくきょせい　428	趙金龍(19世紀)　ちょうきんりゅう　311
赫連勃勃(4・5世紀)　かくれんぼつぼつ　71	趙南星(16・17世紀)　ちょうなんせい　323
趙一曼(20世紀)　ちょういつまん　308	趙恒惕(19・20世紀)　ちょうこうてき　315
趙三多(19・20世紀)　ちょうさんた　316	趙括(前3世紀)　ちょうかつ　310
趙士琦(12世紀)　ちょうしご　316	趙政(前3世紀)　→始皇帝　しこうてい　189
趙不意　ちょうふかん*　294	趙炳玉(20世紀)　チョビョンオク　328
	趙皇后(前1世紀)　→趙飛燕　ちょうひえん　324

政治・外交・軍事篇

趙貞娘　→チェウ・チン・ヌオン　296
趙飛燕（前1世紀）　ちょうひえん　324
趙泰億（17・18世紀）　ちょうたいおく　321
趙浚（14・15世紀）　ちょうしゅん　318
趙破奴（前2・1世紀）　ちょうはど　324
趙素昂（19・20世紀）　ちょうそこう　321
趙高（前3世紀）　ちょうこう　314
趙寅永（18・19世紀）　ちょういんえい　308
趙紫陽（20世紀）　ちょうしよう　319
趙累（3世紀）　ちょうるい　327
趙萌（3世紀頃）　ちょうほう　325
趙隆眉（9世紀）　ちょうりゅうび　327
趙奢　ちょうしゃ　317
趙普（10世紀）　ちょうふ　324
趙過（前2・1世紀頃）　ちょうか　309
趙義（6世紀頃）　ちょうぎ　310
趙鼎（11・12世紀）　ちょうてい　322
趙嫗（3世紀）　→チエウ・アウ　296
趙寧夏（19世紀）　ちょうねいか　323
趙徳（前2・1世紀頃）　ちょうとく　323
趙徳言（7世紀頃）　ちょうとくげん　323
趙徳麟（12世紀）　ちょうとくりん　323
趙爾巽（19・20世紀）　ちょうじそん　316
趙爾豊（19・20世紀）　ちょうじほう　317
趙綽（7世紀頃）　ちょうたく　322
趙範（3世紀頃）　ちょうはん　324
趙抃（11・12世紀）　ちょういつ　308
趙叡（2世紀）　ちょうえい　308
趙龍些（9世紀頃）　ちょうりゅうしゃ　327
趙翼（16・17世紀）　ちょうよく　326
趙躧（3世紀頃）　ちょうい　307
趙耀東（20世紀）　ちょうようとう　326
輔公祏（7世紀）　ほこうせき　431
銭之光（20世紀）　せんしこう　256
銭正英（20世紀）　せんせいえい　257
銭永昌（20世紀）　せんえいしょう　255
銭其琛（20世紀）　→銭基琛　せんきしん　256
銭俊瑞（20世紀）　せんしゅんずい　256
銭皇后（15世紀）　せんこうごう*　256
銭能訓（19・20世紀）　せんのうくん　258
銭基琛（20世紀）　せんきしん　256
銭惟演（11世紀）　せんいえん　255
銭復（20世紀）　せんふく　258
銭鼎銘（19世紀）　せんていめい　258
銭維城（18世紀）　せんいじょう　255
銭鏐（9・10世紀）　せんりゅう　259
銖婁渠堂（前1世紀頃）　しゅるきょどう　211
閣之（8世紀頃）　かくし　68
閣羅鳳（8世紀）　かくらほう　71
関天培（18・19世紀）　かんてんばい　86
関向応（20世紀）　かんこうおう　84
関羽（3世紀）　かんう　81
隠公（魯）（前8世紀）　いんこう　25
隠太子李建成（6・7世紀）
　→李建成　りけんせい　478
隠王（4世紀）　いんおう*　25
隠帝（4世紀）　→隠帝（前趙）　いんてい*　26
隠帝（10世紀）
　→隠帝（五代十国・後漢）　いんてい*　26
静帝（6世紀）　→静帝（北周）　せいてい　250
静楽公主（8世紀）　せいらくこうしゅ　251
頗羅鼐（17・18世紀）　→ポラネ　434
鳳迦異（8世紀）　ほうかい　423
墨啜達干（8世紀頃）　ぼくてつたつかん　430

【 15画 】

儀親王永璇（19世紀）　ぎしんのうえいせん*　91
劉七（16世紀）　りゅうしち　501
劉十九（19・20世紀）　りゅうじゅうきゅう　501
劉千斤（15世紀）　→劉通　りゅうつう　504
劉士端（20世紀）　りゅうしたん　501
劉大夏（15・16世紀）　りゅうだいか　503
劉大致（19世紀）　りゅうたいち　503
劉子厚（20世紀）　りゅうしこう　501
劉中一（20世紀）　りゅうちゅういつ　504
劉之協（18世紀）　りゅうしきょう　501
劉予（11・12世紀）　りゅうよ　507
劉仁注（15世紀）　→ルウ・ニャン・チュ　518
劉仁軌（7世紀）　りゅうじんき　503
劉仁願（7世紀頃）　りゅうじんがん　503
劉元鼎（9世紀頃）　りゅうげんてい　500
劉公（19・20世紀）　りゅうこう　500
劉六（16世紀）　りゅうろく　507
劉少奇（20世紀）　りゅうしょうき　502
劉文輝（20世紀）　りゅうぶんき　506
劉方（6・7世紀）　りゅうほう　506
劉方仁（20世紀）　りゅうほうじん　507
劉氏（3世紀）　りゅうし　501
劉王章（20世紀）　りゅうおうしょう　498
劉幼雲（9世紀頃）　りゅうようふく　507
劉永福（19・20世紀）　りゅうえいふく　497
劉玄（1世紀）　→更始帝　こうしてい　149
劉丞（3世紀）　りゅうじょう　502
劉仲ອ（20世紀）　りゅうちゅうれい　504
劉光第（19世紀）　りゅうこうてい　500
劉光裕（9世紀頃）　りゅうこうゆう　500
劉安（前2世紀）　りゅうあん　496

劉安世（11・12世紀）　りゅうあんせい　496
劉安節（11・12世紀）　りゅうあんせつ　497
劉守中（19・20世紀）　りゅうしゅちゅう　501
劉守光（9・10世紀）　りゅうしゅこう　501
劉亜楼（20世紀）　りゅうあろう　496
劉亨賻（19・20世紀）　りゅうこうふ　500
劉伯承（20世紀）　りゅうはくしょう　505
劉伯堅（20世紀）　りゅうはくけん　505
劉劭（3世紀）　りゅうしょう　502
劉劭（5世紀）　りゅうしょう　502
劉希文（20世紀）　りゅうきぶん　499
劉志丹（20世紀）　りゅうしたん　501
劉志堅（20世紀）　りゅうしけん　501
劉秀（前1・後1世紀）
　→光武帝（後漢）　こうぶてい　160
劉邠（3世紀頃）　りゅうひん　505
劉邦（前3・2世紀）　りゅうほう　506
劉坤一（19・20世紀）　りゅうこんいつ　500
劉季（前3・2世紀）　→劉邦　りゅうほう　506
劉尚清（19・20世紀）　りゅうしょうせい　502
劉延（3世紀頃）　りゅうえん　498
劉延東（20世紀）　りゅうえんとう　498
劉旻（9・10世紀）　りゅうびん　505
劉松（18世紀）　りゅうしょう　502
劉松山（19世紀）　りゅうしょうざん　502
劉武周（7世紀）　りゅうぶしゅう　506
劉知遠（9・10世紀）　りゅうちえん　503
劉秉忠（13世紀）　りゅうへいちゅう　506
劉英（19・20世紀）　りゅうえい　497
劉英（20世紀）　りゅうえい　497
劉表（2・3世紀）　りゅうひょう　505
劉長勝（20世紀）　りゅうちょうしょう　504
劉冠雄（19・20世紀）　りゅうかんゆう　498
劉恢（20世紀）　りゅうかい　498
劉峙（20世紀）　りゅうじ　501
劉幽厳（8世紀頃）　りゅうゆうげん　507
劉度（3世紀頃）　りゅうど　504
劉建勲（20世紀）　りゅうけんくん　499
劉思（6世紀頃）　りゅうし　501
劉思復（19・20世紀）　りゅうしふく　501
劉昫（9・10世紀）　りゅうく　499
劉昶（5世紀）　りゅうちょう　504
劉珍（1・2世紀）　りゅうちん　504
劉皇后（5世紀）　りゅうこうごう*　500
劉皇后（10世紀）　りゅうこうごう*　500
劉皇后（10・11世紀）　りゅうこうごう*　500
劉皇后（11・12世紀）　りゅうこうごう*　500
劉盆子（1世紀）　りゅうぼんし　507
劉邲（3世紀）　りゅうこう　500
劉夏　りゅうか　498

劉峻（3世紀頃）　→劉畯　りゅうしゅん　501
劉庫仁（4世紀）　りゅうこじん　500
劉敏（3世紀頃）　りゅうびん　505
劉晏（8世紀）　りゅうあん　496
劉格平（20世紀）　りゅうかくへい　498
劉華清（20世紀）　りゅうかせい　498
劉通（15世紀）　りゅうつう　504
劉健羣（20世紀）　りゅうけんぐん　499
劉基（14世紀）　りゅうき　498
劉畯（3世紀頃）　りゅうしゅん　501
劉淵（3・4世紀）　りゅうえん　498
劉洪（20世紀）　りゅうき　499
劉焉（2世紀）　りゅうえん　498
劉黒闥（7世紀）　りゅうこくたつ　500
劉備（2・3世紀）　りゅうび　505
劉善因（7世紀頃）　りゅうぜんいん　503
劉寔（3世紀）　りゅうしょく　503
劉復基（19・20世紀）　りゅうふくき　506
劉揆一（19・20世紀）　りゅうきいつ　499
劉敞（11世紀）　りゅうしょう　502
劉勝（3世紀頃）　りゅうしょう　502
劉湘（19・20世紀）　りゅうしょう　502
劉琨（3・4世紀）　りゅうこん　500
劉琬（3世紀頃）　りゅうえん　497
劉琰（3世紀）　りゅうえん　497
劉絵（5・6世紀）　りゅうかい　498
劉裕（4・5世紀）　→武帝（南朝宋）　ぶてい　410
劉達（3世紀頃）　りゅうたつ　503
劉道一（19・20世紀）　りゅうどういつ　504
劉雲山（20世紀）　りゅううんざん　497
劉熙（4世紀）　りゅうき　499
劉福通（14世紀）　りゅうふくつう　506
劉筠（10・11世紀）　りゅういん　497
劉綎（16・17世紀）　りゅうてい　504
劉豊（20世紀）　りゅうほう　506
劉辟（2世紀）　りゅうへき　506
劉寧（3世紀頃）　りゅうねい　504
劉寧一（20世紀）　りゅうねいいつ　504
劉彰順（20世紀）　ユチャンスン　451
劉徳高（7世紀頃）　りゅうとくこう　504
劉聡（4世紀）　りゅうそう　499
劉銘伝（19世紀）　りゅうめいでん　507
劉隠（9・10世紀）　りゅういん　497
劉颯（1世紀頃）　りゅうそう　503
劉勲（3世紀頃）　りゅうくん　499
劉賓雁（20世紀）　りゅうひんがん　505
劉慶帝（16世紀）　→隆慶帝　りゅうけいてい　499
劉慶覃　→ルウ・カイン・ダム　518
劉摯（11世紀）　りゅうし　501

政治・外交・軍事篇　　　　　　　713　　　　　　　　　　　15画

劉毅（3世紀頃）　　りゅうき　498
劉毅（4・5世紀）　　りゅうき　498
劉瑾（15・16世紀）　りゅうきん　499
劉範（2世紀）　　りゅうはん　505
劉震寰（19・20世紀）　りゅうしんかん　503
劉興元（20世紀）　りゅうこうげん　500
劉衛辰（4世紀頃）　りゅうえいしん　497
劉衡（18・19世紀）　りゅうこう　500
劉賢権（20世紀）　りゅうけんけん　499
劉鋹（10世紀）　　りゅうちょう　504
劉錦棠（19世紀）　りゅうきんとう　499
劉濞（前3・2世紀）
　→呉王劉濞　ごおうりゅうび　164
劉縯（1世紀）　　りゅうえん　497
劉鐥（20世紀）　→劉燨　りゅうかい　498
劉曜（4世紀）　　りゅうよう　507
劉寵（3世紀頃）　りゅうちょう　504
劉麗川（19世紀）　りゅうれいせん　507
劉瀾波（20世紀）　りゅうらんは　507
劉瀾濤（20世紀）　りゅうらんとう　507
厲（前9世紀）　→厲王（周）　れいおう　519
厲王（前9世紀）　→厲王（周）　れいおう　519
厲王（周）（前9世紀）　　れいおう　519
厲王胡（前9世紀）　→厲王（周）　れいおう　519
嫣覧（3世紀）　きらん　107
審配（3世紀）　しんはい　239
徹里吉（3世紀頃）　てつりきつ　348
憍陳如（5・6世紀）
　→キョウチンニョ・ジャバツマ　103
憍陳如闍邪跋摩（5・6世紀）
　→キョウチンニョ・ジャバツマ　103
慶大升（12世紀）　けいだいしょう　134
慶陽公主　けいようこうしゅ*　135
慶親王（19・20世紀）　けいしんおう　133
慶親王永璘（19世紀）　けいしんのうえいりん*　133
慶親王突劻（19・20世紀）
　→慶親王　けいしんおう　133
摩思覧達干（8世紀頃）　ましらんたつかん　437
摩婆羅（8世紀頃）　まばら　438
撥難公主　→パット・ナン・コン・チュア　386
権五高（20世紀）　ごんごせつ　176
権文海（16世紀）　ごんぶんかい　177
権近（14・15世紀）　ごんきん　176
権東鎮（19・20世紀）　ごんとうちん　177
権徳輿（8・9世紀）　けんとくよ　139
樊宏（1世紀）　はんこう　390
樊岐（3世紀頃）　はんき　390
樊沢（8世紀）　はんたく　392
樊建（3世紀頃）　はんけん　390

樊能（2世紀）　はんのう　393
樊崇（1世紀）　はんすう　391
樊噲（前3・2世紀）　→樊噲　はんかい　390
樊噲（前3・2世紀）　はんかい　390
樊稠（19・20世紀）　はんすい　391
殤帝（2世紀）　→殤帝（後漢）　しょくてい*　227
殤帝（10世紀）　→殤帝（南漢）　しょうてい*　222
毅宗（11世紀）　→毅宗（西夏）　きそう*　91
毅宗（12世紀）　→毅宗（高麗）　きそう　91
毅宗（17世紀）　→崇禎帝　すうていてい　242
毅宗（高麗）（12世紀）　きそう　91
滕代遠（20世紀）　とうたいえん　357
滕修（3世紀頃）　とうしゅう　356
滕脩（3世紀頃）　→滕修　とうしゅう　356
潭文礼　→ダム・ヴァン・レ　289
潘文卿（20世紀）　→ファン・ヴァン・フム　401
潘文達　→ファン・ヴァン・ダット　401
潘文璘　→ファン・ヴァン・ラン　401
潘世恩（18・19世紀）　はんせいおん　391
潘成才　→ファン・タイン・タイ　401
潘有慶（20世紀）　→ファン・フウ・カイン　402
潘廷逢（19世紀）　→ファン・ディン・フン　402
潘那蜜（8世紀頃）　はんなみつ　393
潘佩珠（19・20世紀）
　→ファン・ボイ・チャウ　402
潘周楨（19・20世紀）
　→ファン・チュー・チン　401
潘季馴（16世紀）　はんきしゅん　390
潘延逢（19世紀）　→ファン・ディン・フン　402
潘延通　→ファン・ディン・トン　402
潘祖蔭（19世紀）　はんそいん　392
潘美（10世紀）　はんび　393
潘挙（3世紀頃）　→藩挙　はんきょ　390
潘基文（20世紀）　パンギムン　390
潘清宗　→ファン・タイン・トン　401
潘清廉　→ファン・タイン・リエム　401
潘清簡（18・19世紀）
　→ファン・タイン・ザン　401
潘復（19・20世紀）　はんぷく　393
潘復生（20世紀）　はんふくせい　393
潘遂（3世紀頃）　→藩遂　はんすい　391
潘漢年（20世紀）　はんかんねん　390
潘魁（19・20世紀）　→ファン・コイ　401
潘鳳（2世紀）　はんほう　394
潘輝泳　→ファン・フイ・ヴィン　402
潘輝温　→ファン・フイ・オン　402
潘濬（3世紀）　→藩濬　はんしゅん　391
璋璿（9世紀頃）　しょうせん　220
盤古　ばんこ　390
盤庚（前13世紀頃）　ばんこう　390

15画

縁福（7世紀頃）	えんぷく	43	
緩部	かんしょう	84	
羯漫陀（7世紀頃）	かつまんだ	77	
舞陽君（2世紀）	ぶようくん	412	
蔣介石（19・20世紀）	しょうかいせき	216	
蔣方震（19・20世紀）	しょうほうしん	224	
蔣光鼐（19・20世紀）	しょうこうだい	218	
蔣先雲（20世紀）	しょうせんうん	220	
蔣百里（19・20世紀）	しょうひゃくり	223	
蔣作賓（19・20世紀）	しょうさくひん	219	
蔣廷黻（20世紀）	しょうていふつ	222	
蔣良騏（18世紀）	しょうりょうき	225	
蔣防	しょうほう	224	
蔣奇（2世紀）	しょうき	216	
蔣延（3世紀頃）	しょうえん	214	
蔣延黻（20世紀）→蔣廷黻	しょうていふつ	222	
蔣南翔（20世紀）	しょうなんしょう	223	
蔣洲（16世紀）	しょうしゅう	219	
蔣師仁（7世紀頃）	しょうしじん	219	
蔣経国（20世紀）	しょうけいこく	217	
蔣翊武（19・20世紀）	しょうよくぶ	225	
蔣斌（3世紀）	しょうひん	223	
蔣渭水（19・20世紀）	しょういすい	214	
蔣舒（3世紀頃）	しょうじょ	220	
蔣夢麟（19・20世紀）	しょうむりん	224	
蔣幹（3世紀頃）	しょうかん	216	
蔣義渠（3世紀頃）	しょうぎきょ	217	
蔣緯国（20世紀）	しょういこく	214	
蕊翹 →ニュイ・キェウ		373	
蔵式穀（19・20世紀）	ぞうしょくき	265	
褒姒（前8世紀）	ほうじ	424	
褥但特勒（6世紀頃）	じょくたんとくろく	227	
謁徳（8世紀頃）	えっとく	39	
諸葛孔明（2・3世紀） →諸葛亮	しょかつりょう	226	
諸葛尚（3世紀）	しょかつしょう	226	
諸葛亮（2・3世紀）	しょかつりょう	226	
諸葛慶（3世紀頃）	しょかつけん	226	
諸葛豊	しょかつほう	226	
諸葛靚（3世紀頃）	しょかつせい	226	
諸葛瞻（3世紀）	しょかつせん	226	
諸葛瞻（3世紀）→諸葛瞻	しょかつせん	226	
諾勃蔵（8世紀頃）	だくぼつぞう	287	
諾曷鉢（6世紀頃）	だくかつはつ	286	
調伊企儺（6世紀頃）	つきのいきな	339	
調信仁（7世紀頃）	ちょうしんじん	319	
論乞冉（9世紀頃）	ろんこつぜん	527	
論乞縷勃蔵（9世紀頃）	ろんこつろうぼつぞう	527	
論介（16世紀）	ろんかい	526	
論仲琮（7世紀頃）	ろんちゅうそう	527	

論吐谷渾弥（7世紀頃）	ろんとよくこんび	527	
論壮大熱（9世紀頃）	ろんそうだいねつ	527	
論尚他陴（8世紀頃）	ろんしょうたりつ	527	
論弥薩（8世紀頃）	ろんびさつ	527	
論泣稜（8世紀頃）	ろんきゅうりょう	526	
論泣蔵（8世紀頃）	ろんきゅうぞう	526	
論泣賛（8世紀頃）	ろんきゅうさん	526	
論勃蔵（9世紀頃）	ろんぼつぞう	528	
論思邪熱（9世紀頃）	ろんしじゃねつ	527	
論矩立蔵（9世紀頃）	ろんくりつぞう	527	
論悉諾（9世紀頃）	ろんしつだく	527	
論悉諾息（9世紀頃）	ろんしつだくそく	527	
論悉諾羅（8世紀頃）	ろんしつだくら	527	
論訥羅（9世紀頃）	ろんとつら	527	
論寒調傍（7世紀頃）	ろんかんちょうぼう	526	
論欽明思（8世紀頃）	ろんきんめいし	527	
論答熱（9世紀頃）	ろんとうねつ	527	
論賛熱（9世紀頃）	ろんさんねつ	527	
論頬没蔵（8世紀頃）	ろんきょうぼつぞう	527	
論頬熱（8・9世紀頃）	ろんきょうねつ	527	
論襲熱（9世紀頃）	ろんしゅうねつ	527	
質帝（2世紀）	しつてい	191	
踏匐特勒（8世紀頃）	とうふくとくろく	360	
遵（4世紀）	じゅん*	211	
鄧力群（20世紀）	とうりきぐん	362	
鄧子恢（20世紀）	とうしかい	355	
鄧小平（20世紀）	とうしょうへい	357	
鄧太芳 →ダン・タイ・フオン		295	
鄧文儀（20世紀）	とうぶんぎ	360	
鄧氏柔 →ダン・ティ・ニュ		295	
鄧占 →ダン・チェム		295	
鄧艾（3世紀）	とうがい	352	
鄧吉知（8世紀頃）	とうきっち	353	
鄧如梅（19世紀）→ダン・ニュ・マイ		295	
鄧初民（19・20世紀）	とうしょみん	357	
鄧廷楨（18・19世紀）	とうていてい	359	
鄧沢如（19・20世紀）	とうたくじょ	358	
鄧良（3世紀）	とうりょう	362	
鄧宝珊（20世紀）	とうほうさん	360	
鄧忠（3世紀）	とうちゅう	358	
鄧拓（20世紀）	とうたく	358	
鄧茂（2世紀）	とうも	361	
鄧茂七（15世紀）	とうもしち	361	
鄧発（20世紀）	とうはつ	359	
鄧皇后（1・2世紀）	とうこうごう*	355	
鄧禹（1世紀）	とうう	351	
鄧家彦（19・20世紀）	とうかげん	352	
鄧容 →ダン・ズン		294	
鄧恩銘（20世紀）	とうおんめい	352	

政治・外交・軍事篇　715　15画

鄧華（20世紀）　とうか　352
鄧通　とうつう　359
鄧悉　→ダン・タット　295
鄧陳常　→ダン・チャン・トゥオン　295
鄧傍伝（9世紀頃）　とうほうでん　360
鄧敦（3世紀）　とうとん　359
鄧瑞　→ダン・トゥイ　295
鄧蓮如（20世紀）　とうれんじょ　362
鄧徳超（18・19世紀）
　→ダン・ドゥック・シエウ　295
鄧演達（20世紀）　とうえんたつ　351
鄧銅（3世紀）　とうどう　359
鄧頴超（20世紀）　とうえいちょう　351
鄧穎超（20世紀）→鄧頴超　とうえいちょう　351
鄧龍（3世紀）　とうりゅう　362
鄧隲　とうしつ　356
鄭一亨（20世紀）　チョンイルヒョン　328
鄭士良（19・20世紀）　ていしりょう　342
鄭元植（20世紀）　ジョンウォンシク　231
鄭元璹（7世紀頃）　ていげんとう　341
鄭文（3世紀）　ていぶん　344
鄭文艮（20世紀）　→チン・ヴァン・カン　329
鄭斗源（16・17世紀）　ていとげん　344
鄭仲夫（12世紀）　ていちゅうふ　343
鄭吉（前1世紀頃）　ていきつ　340
鄭年（9世紀頃）　ていねん　344
鄭汝昌（15・16世紀）　ていじょしょう　342
鄭考胥（19・20世紀）→鄭孝胥　ていこうしょ　341
鄭克塽（17・18世紀）　ていこくそう　341
鄭孝胥（19・20世紀）　ていこうしょ　341
鄭芝龍（17世紀）　ていしりゅう　342
鄭叔矩（8・9世紀）　ていしゅくく　342
鄭和（14・15世紀）　ていわ　346
鄭宝（3世紀頃）　ていほう　345
鄭招（15世紀）　ていしょう　342
鄭拓彬（20世紀）　ていたくひん　343
鄭松（17世紀）　ていしょう　342
鄭注（9世紀）　ていちゅう　343
鄭俠（11・12世紀）　ていきょう　340
鄭恒範（20世紀）　ていかんはん　340
鄭昭（18世紀）　→タークシン　287
鄭為元（20世紀）　ていいげん　340
鄭皇后（11・12世紀）　ていこうごう*　341
鄭倫（3世紀）　ていりん　346
鄭剛中（11・12世紀）　ていごうちゅう　341
鄭泰（3世紀頃）　ていたい　343
鄭特挺（7世紀頃）　ていとくてい　344
鄭陟（14・15世紀）　ていちょく　343
鄭経（17世紀）　ていけい　341

鄭暁（15・16世紀）　ていぎょう　341
鄭検（16世紀）　ていけん　341
鄭森（18世紀）　ていしん　343
鄭琴星（20世紀）　チョングンサン　328
鄭衆（1・2世紀）　ていしゅう　342
鄭貴妃（17世紀）　ていきひ*　340
鄭道伝（14世紀）　ていどうでん　344
鄭夢周（14世紀）　ていむしゅう　345
鄭準沢（20世紀）　ていじゅんたく　342
鄭準基（20世紀）　チョンジュンギ　328
鄭鳳寿（16・17世紀）　ていほうじゅ　345
鄭澈（16世紀）　ていてつ　344
鄭親王済爾哈朗（16世紀）　ていしんのうジルガラン*　343
醇親王（19・20世紀）
　→醇親王載灃　じゅんしんおうさいほう　212
醇親王奕譞（19世紀）　じゅんしんのうえきけん　212
醇親王載灃（19・20世紀）　じゅんしんおうさいほう　212
醇親王載灃（19・20世紀）
　→醇親王載灃　じゅんしんおうさいほう　212
霊（前6世紀）　→霊王（周）　れいおう*　519
霊公（前7世紀）　れいこう　519
霊王　→霊王（春秋・楚）　れいおう　519
霊王（前6世紀）　→霊王（周）　れいおう*　519
霊王泄心（前6世紀）　→霊王（周）　れいおう*　519
霊帝（2世紀）　→霊帝（後漢）　れいてい　520
霊帝（後涼）（4世紀）　れいてい　520
霊帝（後漢）（2世紀）　れいてい　520
鞏鳳景（6世紀頃）　きょうほうけい　104
頡利可汗（7世紀）　→ケツリ・カガン　135
魯元公主（前3・2世紀）　ろげんこうしゅ*　525
魯王以海（17世紀）
　→魯王朱以海　ろおうしゅいかい　524
魯王朱以海（17世紀）　ろおうしゅいかい　524
魯世栄（13世紀）　→盧世栄　ろせいえい　525
魯芝（3世紀頃）　ろし　525
魯国大長公主　ろこくだいちょうこうしゅ*　525
魯明善（14世紀）　ろめいぜん　526
魯瑞林（20世紀）　ろずいりん　525
魯滌平（19・20世紀）　ろじょうへい　525
黎仁宗（15世紀）　→レ・ニャン・トン　522
黎允雅　→レ・ゾアン・ニャ　521
黎元洪（19・20世紀）　れいげんこう　519
黎太祖（15世紀）　→レ・タイ・ト　521
黎文勾（18世紀）　→レ・ヴァン・カウ　520
黎文恬　→レ・ヴァン・ディエム　520
黎文徳　→レ・ヴァン・ドゥック　520
黎氏玉欣（18・19世紀）
　→グォック・ハン　コン　チュア　127

黎仕　→レ・シ　521
黎玉璽(20世紀)　れいぎょくじ　519
黎石(15世紀)　→レ・タック　521
黎光定(18・19世紀)　→レ・クァン・ディン　521
黎利(14・15世紀)　→レー・ロイ　523
黎呉吉(19世紀)　→レ・グォ・カット　521
黎来(15世紀)　→レ・ライ　523
黎奉暁　→レ・フン・ヒェウ　523
黎季犛(14・15世紀)　→ホー・クイ・リ　427
黎忠廷(19世紀)　→レ・チュン・ディン　522
黎念　→レ・ニェム　522
黎林　→レ・ラム　523
黎直　→レ・チュック　522
黎俊茂　→レ・トゥアン・マウ　522
黎俊傑　→レ・トゥアン・キエット　522
黎垣(10・11世紀)　→レー・ホアン　523
黎思誠(15世紀)　→レー・タイントン　521
黎炯　→レ・クィン　521
黎峻　→レ・トゥアン　522
黎桓(10・11世紀)　→レー・ホアン　523
黎真女史　→レ・チャン　522
黎高勇　→レ・カオ・ゾン　520
黎庶昌(19世紀)　れいしょしょう　520
黎崱(13・14世紀)　れいたく　520
黎貴惇(18世紀)　→レー・クイ・ドン　521
黎嵩　→レ・トゥン　522
黎慈(19世紀)　→レ・ツ　522
黎準　→レ・チュアン　522
黎聖宗(15世紀)　→レー・タイントン　521
黎寧　→レ・ニン　522
黎輔陳　→レ・フ・チャン　523
黎魁　→レ・コイ　521
黎潔(20世紀)　→レ・キエット　520
黎質　→レ・チャット　521
黙啜可汗(7・8世紀)　→カプガン・カガン　78

【 16画 】

冀朝鼎(20世紀)　きちょうてい　93
叡親王多爾袞(17世紀)　→ドルゴン　368
噶礼(17・18世紀)　→ガリ　79
噶爾丹(17世紀)　→ガルダン　80
噶爾丹策凌(18世紀)　→ガルダンツェリン　80
噶爾弼(18世紀)　→ガルビ　80
嬴扶蘇(前3世紀)　→扶蘇　ふそ　409
彊樞(19・20世紀)　→クォン・デ　127
徽宗(11・12世紀)　きそう　91
徽宗(宋)(11・12世紀)　→徽宗　きそう　91

懐仁可汗(8世紀)　→クトルク・ボイラ　129
懐王(前3世紀)　かいおう　63
懐王(楚)(前3世紀)　→懐王　かいおう　63
懐王朱由模　かいおうしゅゆうも*　63
懐帝(3・4世紀)　かいてい　64
懐信可汗(8・9世紀)　→カイシン・カガン　64
懐慶公主　かいけいこうしゅ*　63
憲宗(8・9世紀)　→憲宗(唐)　けんそう　137
憲宗(13世紀)　→モンケ　446
憲宗(15世紀)　→成化帝　せいかてい　247
憲宗(19世紀)　→憲宗(李朝)　けんそう*　138
憲宗(モンゴルの)(13世紀)　→モンケ　446
憲宗(元)(13世紀)　→モンケ　446
憲宗(唐)(8・9世紀)　けんそう　137
憑方礼(8世紀頃)　ひょうほうれい　398
憑皇后　ひょうこうごう*　397
憑皇后(5世紀)　→馮太后　ふうたいこう　405
撻懶(12世紀)　→ダラン　292
曇摩抑(5世紀頃)　どんまよく　369
暾欲谷(8世紀頃)　→トンユクク　370
橋蕤(2世紀)　きょうずい　103
樹什伐(6世紀頃)　じゅじゅうばつ　208
潞王朱翊鏐(17世紀)　ろおうしゅよくりゅう*　524
燕山君(15・16世紀)　えんざんくん　41
燕太子姫丹　えんたいしきたん　43
燕文進(7世紀)　えんぶんしん　43
燕王趙徳昭　えんおうちょうとくしょう*　40
燕王劉旦(前1世紀)　えんおうりゅうたん*　40
燕帖木児(14世紀)　→エル・テムル　40
燕荔陽(1世紀頃)　えんれいよう　44
燕郡公主(8世紀頃)　えんぐんこうしゅ*　40
燕鉄木児(14世紀)　→エル・テムル　40
熹宗(16世紀)　→仇鸞　きゅうらん　101
熹宗(17世紀)　→天啓帝　てんけいてい　349
甌姫　→アウ・コ　4
盧世栄(13世紀)　ろせいえい　525
盧永祥(19世紀)　ろえいしょう　524
盧在鳳(20世紀)　ノジェボン　375
盧伯麟(19・20世紀)　ろはくりん　525
盧芳(1世紀)　ろほう　526
盧武鉉(20世紀)　ノムヒョン　375
盧信永(20世紀)　ノシニョン　375
盧重秋(14・15世紀)　ろじゅうれい　525
盧泰愚(20世紀)　ノテウ　375
盧陵王劉義真(3世紀)　ろりょうおうりゅうぎしん*　526
盧植(2世紀)　ろしょく　525
盧漢(20世紀)　ろかん　524
盧遜(3世紀)　ろそん　525

政治・外交・軍事篇　　　　　　　　　　717　　　　　　　　　　　　　　　　16画

盧綰（前3・2世紀）　ろわん　526
盧摯（13世紀）　ろし　525
穆（前11世紀頃）→穆王　ぼくおう　428
穆（16世紀）→隆慶帝　りゅうけいてい　499
穆公（前7世紀）　ぼくこう　428
穆公（秦）（前7世紀）→穆公　ぼくこう　428
穆王（前11世紀頃）　ぼくおう　428
穆王（周）（前11世紀頃）→穆王　ぼくおう　428
穆王満（前11世紀頃）→穆王　ぼくおう　428
穆沙諾（8世紀頃）　ぼくしゃだく　429
穆宗（8・9世紀）→穆宗（唐）　ぼくそう　429
穆宗（10世紀）→穆宗（遼）　ぼくそう　429
穆宗（10・11世紀）→穆宗（高麗）　ぼくそう　429
穆宗（16世紀）→隆慶帝　りゅうけいてい　499
穆宗（19世紀）→同治帝　どうちてい　358
穆宗（金）（11・12世紀）　ぼくそう　429
穆宗（遼）（10世紀）　ぼくそう　429
穆帝（4世紀）　ぼくてい*　430
穆順（2世紀）　ぼくじゅん　429
穆順（3世紀）　ぼくじゅん　429
穆彰阿（18・19世紀）→ムジャンガ　441
篤哇（13・14世紀）→ドワ・カン　368
興平公主　こうへいこうしゅ*　161
興宗（11世紀）→興宗（遼）　こうそう　154
興宗（金）（11・12世紀）　こうそう　155
興宗（遼）（11世紀）　こうそう　154
興道王（13世紀）→フン・ダオ・ヴォン　417
興徳王（9世紀）　こうとくおう　158
薫利囉（8世紀頃）　とうりら　362
薫臥庭（8世紀頃）　とうがてい　352
薫琬（5世紀）　とうえん　351
薫避和（8世紀頃）　とうひわ　360
薫騰（5世紀頃）　とうとう　359
薄一波（20世紀）　はくいっぱ　380
薄熙来（20世紀）→薄熙来　はくきらい　381
薄熙来（20世紀）　はくきらい　381
薬羅葛霊（8世紀頃）　やくらかつれい　446
蕭力（20世紀）　しょうりき　225
蕭万長（20世紀）　しょうまんちょう　224
蕭子良（5世紀）　しょうしりょう　220
蕭仏成（19・20世紀）　しょうふつせい　223
蕭何（前3・2世紀）　しょうか　215
蕭克（20世紀）　しょうこく　219
蕭勁光（20世紀）　しょうけいこう　217
蕭皇后（7世紀頃）　しょうこうごう　218
蕭衍（5・6世紀）　しょうえん　214
蕭華（20世紀）　しょうか　215
蕭望之（前2・1世紀）　しょうぼうし　224
蕭朝貴（19世紀）　しょうちょうき　222

蕭統（6世紀）→昭明太子　しょうめいたいし　224
蕭道成（5世紀）→太祖（斉）　たいそ　281
蕭嗣業（7世紀）　しょうしぎょう　219
蕭楚女（20世紀）　しょうそじょ　221
蕭徳妃（12世紀）　しょうとくひ*　223
蕭綱（6世紀）→簡文帝（梁）　かんぶんてい　87
蕭綽（10・11世紀）　しょうしゃく　219
蕭銑（6・7世紀）　しょうせん　220
蕭繹（6世紀）→元帝（梁）　げんてい*　139
蕭耀南（19・20世紀）　しょうようなん　225
薛仁杲（6・7世紀）　せつじんこう　254
薛仁貴（7世紀）　せつじんき　254
薛用弱（9世紀）　せつようじゃく　254
薛礼（2世紀）　せつれい　254
薛懐（8・9世紀）　せつひ　254
薛尚悉曩（8世紀頃）　せつしょうしつのう　254
薛居正（10世紀）　せつきょせい　254
薛岳（20世紀）　せつがく　253
薛直（5世紀頃）　せつちょく　254
薛則（3世紀）　せつそく　254
薛宣（前1世紀頃）　せつせん　254
薛挧（3世紀）　せつく　254
薛徑（9世紀）　せつけい　254
薛挙（7世紀）　せつきょ　253
薛珝（3世紀）　せつく　254
薛喬（3世紀頃）　せつきょう　253
薛景仙（8世紀頃）　せつけいせん　254
薛福成（19世紀）　せつふくせい　254
薛懐義（7世紀）　せつかいぎ　253
薛篤弼（20世紀）　せつとくひつ　254
薛蘭（2世紀）　せつらん　254
薛岳（20世紀）→薛岳　せつがく　253
衛太子劉拠（前2・1世紀）
　　→戻太子　れいたいし　520
衛王（13世紀）
　　→衛紹王　えいしょうおう　36
　　→帝㬎　ていへい　345
衛立煌（20世紀）　えいりっこう　38
衛伯玉（8世紀）　えいはくぎょく　37
衛青（前2世紀）　えいせい　36
衛皇后（前1世紀）　えいこうごう*　35
衛紹王（13世紀）　えいしょうおう　36
衛満（前3・2世紀）　えいまん　37
衛綰（前2世紀頃）　えいわん　38
衡陽王（10世紀）　こうようおう*　162
親智周智（7世紀頃）　しんちしゅうち　238
諦徳伊斯難珠（9世紀頃）　ていとくいすなんしゅ　344
賢（1世紀）　けん　136
錯桑結嘉穆（17・18世紀）

16画

→サンギエ・ギャムツオ 186
錫良（19・20世紀） しゃくりょう 195
閻宇（3世紀頃） えんう 40
閻芝（3世紀） えんし 41
閻明復（20世紀） えんめいふく 43
閻毗（7世紀頃） えんぴ 43
閻皇后（2世紀） えんこうごう* 41
閻紅彦（20世紀） えんこうげん 41
閻振興（20世紀） えんしんこう 42
閻晏（3世紀頃） えんあん 40
閻詳（2世紀頃） えんしょう 42
閻錫山（19・20世紀） えんしゃくざん 41
隣和公主（6世紀頃） りんわこうしゅ 518
霍弋（3世紀頃） かくよく 71
霍戈（3世紀頃）→霍弋 かくよく 71
霍去病（前2世紀） かくきょへい 67
霍光（前1世紀） かくこう 68
霍彦威（9・10世紀） かくげんい 68
霍峻（3世紀頃） かくしゅん 69
霍嗣光（8世紀頃） かくしこう 69
霍韜（15・16世紀） かくとう 70
頭曼（前3・2世紀）
→頭曼単于 とうまんぜんう 361
頭曼単于（前3・2世紀頃） とうまんぜんう 361
頼文光（19世紀） らいぶんこう 465
頼名湯（20世紀） らいめいとう 465
頼若愚（20世紀） らいじゃくぐ 464
頼際発（20世紀） らいさいはつ 464
駱秉章（18・19世紀） らくへいしょう 466
鮑叔牙（前7世紀） ほうしゅくが 424
鮑信（2世紀） ほうしん 425
鮑宣（1世紀） ほうせん 425
鮑素（3世紀頃） ほうそ 425
鮑隆（3世紀頃） ほうりゅう 427
鮑超（19世紀） ほうちょう 426
鮑爾漢（20世紀） ほうじかん 424
龍長安（8世紀頃） りゅうちょうあん 504
龍書金（20世紀） りゅうしょきん 502
龍済光（19・20世紀） りゅうさいこう 501
龍無駒（6世紀頃） りゅうむく 507
龍雲（19・20世紀） りゅううん 497
龍驤（3世紀頃） りゅうじょう 502

【 17画 】

優留単于（1世紀） ゆうりゅうぜんう 449
優福子（8世紀頃） ゆうふくし 449

厳実（12・13世紀） げんじつ 136
厳延年（前2・1世紀頃） げんえんねん 136
厳政（3世紀頃） げんせい 137
厳修（19・20世紀） げんしゅう 136
厳家淦（20世紀） げんかかん 136
厳象 げんしょう 137
厳嵩（15・16世紀） げんすう 137
厳綱（2世紀） げんこう 136
厳顔（3世紀頃） げんがん 136
嬰陽王（7世紀） えいようおう 38
孺子嬰（前3世紀）→子嬰 しえい 187
孺子嬰（1世紀） じゅしえい 207
擢元（3世紀） てきげん 347
檀石槐（2世紀） だんせきかい 294
檀君 だんくん 293
檀君王倹→檀君 だんくん 293
檀和之（5世紀頃） だんわし 296
檀道済（5世紀頃） だんどうさい 295
濮王李泰（7世紀頃） ぼくおうりたい* 428
濮王趙允譲（11世紀） ぼくおうちょういんじょう* 428
濮陽興（3世紀） ぼくようこう 430
燭番苐耳（8世紀頃） しょくばんもうじ 227
燧人 すいじん 241
燧人氏→燧人 すいじん 241
繆公（前7世紀）→穆公 ぼくこう 428
繆伯英（20世紀） ぼくはくえい 430
繆斌（19・20世紀） びゅうひん 397
膺歴→ウン・リック 35
薩布素（17世紀）→サブス 184
薩仲業（8世紀頃） さつちゅうぎょう 184
薩婆達幹（8世紀頃） さつばたつかん 184
薩鎮氷（19・20世紀） さっちんひょう 184
薩藁生（7世紀頃） さつるいせい 184
藍公武（19・20世紀） らんこうぶ 470
藍天蔚（19・20世紀） らんてんうつ 471
藍玉（14世紀） らんぎょく 470
藍亦農（20世紀） らんいのう 470
藍鼎元（17・18世紀） らんていげん 471
襄（前7世紀）→襄王（周） じょうおう 215
襄公（前7世紀）
→襄公（春秋・宋） じょうこう 218
襄公（宋）（前7世紀）
→襄公（春秋・宋） じょうこう 218
襄公（秦）（前8世紀） じょうこう 218
襄王→襄王（戦国・楚） じょうおう 215
襄王（前7世紀）→襄王（周） じょうおう 215
襄王朱瞻墡（15世紀） じょうおうしゅせんぜい* 215
襄王鄭（前7世紀）→襄王（周） じょうおう 215

政治・外交・軍事篇　　　　　　　　　　　719　　　　　　　　　　　　　　　　　17画

襄宗（13世紀）　　じょうそう*　221
襄城公主（7世紀）　　じょうじょうこうしゅ*　220
謝万（4・5世紀）　　しゃまん　197
謝子長（20世紀）　　しゃしちょう　196
謝元深（7世紀頃）　　しゃげんしん　195
謝方叔（13世紀）　　しゃほうしゅく　197
謝玄（4世紀）　　しゃげん　195
謝石（4世紀）　　しゃせき　196
謝光巨　→タ・クァン・ク　286
謝安（4世紀）　　しゃあん　194
謝良震（9世紀頃）　　しゃりょうしん　199
謝東閔（20世紀）　　しゃとうびん　196
謝枋得（13世紀）　　しゃほうとく　197
謝長廷（20世紀）　　しゃちょうてい　196
謝非（20世紀）　　しゃひ　197
謝冠生（20世紀）　　しゃかんせい　195
謝南光（20世紀）　　しゃなんこう　197
謝持（19・20世紀）　　しゃじ　196
謝春木（20世紀）　　しゃしゅんぼく　196
謝皇后（13世紀）
　　→謝皇后　しゃこうごう*　196
　　→謝皇后　しゃこうごう*　196
謝振華（20世紀）　　しゃしんか　196
謝強（7世紀頃）　　しゃきょう　195
謝旌（3世紀）　　しゃせい　196
謝雪紅（20世紀）　　しゃせつこう　196
謝富治（20世紀）　　しゃふじ　197
謝覚哉（20世紀）　　しゃかくさい　195
謝雄（20世紀）　　しゃゆう　199
謝鯤（3・4世紀）　　しゃこん　196
賽冲阿（19世紀）　→サイチュンガ　181
賽典赤（13世紀）　→サイイド・アジャッル　177
賽尚阿（19世紀）　　さいしゃんあ　179
賽福鼎（20世紀）　→サイフジン　182
蹇硯（2世紀）　→蹇碩　けんせき　137
蹇碩（2世紀）　　けんせき　137
鍾紳（3世紀）　　しょうしん　220
鍾縉（3世紀）　　しょうしん　220
鍾繇（2・3世紀）　　しょうよう　225
闍邪仙婆羅訶（5世紀頃）　じゃやせんばらか　199
霜雪（7世紀頃）　　そうせつ　265
鞠嘉（5・6世紀）　→麹嘉　きくか　89
韓山童（14世紀）　　かんざんどう　84
韓世忠（11・12世紀）　かんせいちゅう　85
韓以礼（20世紀）　　かんいれい　81
韓玄（3世紀）　　かんげん　83
韓休（7・8世紀）　　かんきゅう　82
韓先楚（20世紀）　　かんせんそ　85
韓圭卨（19・20世紀）　→韓圭萵　かんけいせつ　83
韓圭萵（19・20世紀）　　かんけいせつ　83

韓当（3世紀）　　かんとう　86
韓百謙（16・17世紀）　かんひゃくけん　87
韓羊皮（5世紀頃）　　かんようひ　88
韓完相（20世紀）　　ハンワンサン　395
韓抜（5世紀頃）　　かんばつ　86
韓侂冑（12・13世紀）
　　→韓侂冑　かんたくちゅう　85
韓侂冑（12・13世紀）　かんたくちゅう　85
韓侂冑（12・13世紀）
　　→韓侂冑　かんたくちゅう　85
韓延徽（9・10世紀）　かんえんき　81
韓忠（2世紀）　　かんちゅう　86
韓念龍（20世紀）　　かんねんりゅう　86
韓昇洲（20世紀）　　ハンスンジュ　391
韓昌（前1世紀頃）　　かんしょう　84
韓林児（14世紀）　　かんりんじ　88
韓林兒（14世紀）　→韓林児　かんりんじ　88
韓杼浜（20世紀）　　かんじょひん　84
韓信（前3・2世紀）　　かんしん　84
韓退之（8・9世紀）　→韓愈　かんゆ　88
韓浩（3世紀）　　かんこう　83
韓益洙（20世紀）　　ハンイクス　389
韓益銖（20世紀）　→韓益洙　ハンイクス　389
韓莒子（2世紀）　　かんきょし　83
韓華（7世紀）　　かんか　82
韓猛（3世紀頃）　　かんもう　88
韓偉健（20世紀）　　かんいけん　81
韓斌（19・20世紀）　かんふくく　87
韓斌（20世紀）　　かんぴん　87
韓朝宗（8世紀）　　かんちょうそう　86
韓朝彩（8世紀頃）　　かんちょうさい　86
韓琦（11世紀）　　かんき　82
韓絳（11世紀）　　かんこう　84
韓嵩（3世紀頃）　　かんすう　85
韓愈（8・9世紀）　　かんゆ　88
韓擒虎（6・7世紀）　かんきんこ　83
韓滉（8世紀）　　かんこう　83
韓熙載（10世紀）　　かんきさい　82
韓熙載（10世紀）　→韓熙載　かんきさい　82
韓禎（2世紀）　　かんてい　86
韓福（2世紀）　　かんふく　87
韓詮（13世紀）　→ハン・テュエン　393
韓雍（15世紀）　　かんよう　87
韓徳（3世紀）　　かんとく　86
韓徳銖（20世紀）　　かんとくしゅ　86
韓徳譲（10・11世紀）
　　→耶律隆運　やりつりゅううん　448
韓維（11世紀）　　かんい　81
韓綜（3世紀）　　かんそう　85
韓遂（2世紀）　　かんせん　85

17画

韓澥（9世紀頃）　かんかい　82
韓龍雲（19・20世紀）　ハンニョグン　393
韓癒（8・9世紀）→韓愈　かんゆ　88
鮮于臣済（7世紀頃）　せんうしんさい　255

【 18画 】

戴伝賢（19・20世紀）　たいでんけん　284
戴季陶（19・20世紀）→戴伝賢　たいでんけん　284
戴員（3世紀）　たいいん　279
戴笠（20世紀）　たいりゅう　285
戴陵（3世紀頃）　たいりょう　285
戴晴（20世紀）　たいせい　281
戴戡（19・20世紀）　たいかん　279
戴熙（19世紀）　たいき　279
瞿式耜（16・17世紀）　くしきし　127
瞿秋白（20世紀）　くしゅうはく　128
瞿曇悉達（8世紀頃）　くどんえしかん　130
瞿曇譔（19・20世紀）　くどんせん　127
毅有清→キェウ・フウ・タイン　89
簡（前6世紀）→簡王　かんおう*　81
簡又新（20世紀）　かんゆうしん　88
簡大獅（20世紀）　かんだいし　85
簡文帝（4世紀）
　→簡文帝（東晋）　かんぶんてい*　87
簡文帝（6世紀）→簡文帝（梁）　かんぶんてい　87
簡王夷（前6世紀）→簡王　かんおう*　81
簡王朱由樫　かんおうしゅゆうがく　82
簡定帝（15世紀）→ザン・ディン・デ　186
簡雍（3世紀頃）　かんよう　88
翹岐（7世紀）　ぎょうき　102
聶士成（20世紀）　じょうしせい　219
聶元梓（20世紀）　じょうげんし　217
聶栄臻（20世紀）　じょうえいしん　214
聶絹弩（19・20世紀）　じょうしゅうき　220
聶鶴亭（20世紀）　じょうかくてい　216
臨安公主（15世紀）　りんあんうしゅ*　515
臨洮王（6世紀）　りんとうおう*　517
臨海王（6世紀）
　→廃帝伯宗　はいていはくそう*　378
藩佩珠（19・20世紀）
　→ファン・ボイ・チャウ　402
藩周禎（19・20世紀）
　→ファン・チュー・チン　401
藩挙（3世紀頃）　はんきょ　390
藩清簡（18・19世紀）
　→ファン・タイン・ザン　401
藩遂（3世紀頃）　はんすい　391

藩濬（3世紀）　はんしゅん　391
鄺任農（20世紀）　こうじんのう　152
醫德密施（9世紀頃）　いとくみつし　22
鎮海（12・13世紀）　チンカイ　330
闕特勒（7・8世紀）→キョル・テギン　107
闕特勤（7・8世紀）→キョル・テギン　107
閭閭（前6・5世紀）　こうりょ　163
閭廬（前6・5世紀）→閭閭　こうりょ　163
難陀（8世紀頃）　なんだ　372
顓頊　せんぎょく　256
額勒登保（18・19世紀）→エルデンボー　40
顔良（2世紀）　がんりょう　88
顔杲卿（7・8世紀）　がんこうけい　84
顔恵慶（19・20世紀）　がんけいけい　83
顕（前4世紀）→顕王　けんおう*　136
顕王扁（前4世紀）→顕王　けんおう*　136
顕宗（10・11世紀）
　→顕宗（高麗）　けんそう*　138
顕宗（17世紀）→顕宗（李朝）　けんそう*　138
顕宗甘泉剌（14世紀）　けんそうカンマラ　138
顕祖（6世紀）→文宣帝（北斉）　ぶんせんてい　417
騏童（19世紀）→キ・ドン　93
魏文伯（20世紀）　ぎぶんはく　94
魏王李継岌（10世紀）　ぎおうけいきゅう*　89
魏王趙廷美（10世紀）　ぎおうちょうていび　89
魏王趙愷（12世紀）　ぎおうちょうがい*　89
魏冉（前4・3世紀）　ぎぜん　91
魏平（3世紀頃）　ぎへい　94
魏玄同（7世紀）　ぎげんどう　90
魏邦平（19・20世紀）　ぎほうへい　94
魏京生（20世紀）　ぎきょうせい　89
魏国大長公主（11世紀）　ぎおうだいちょうこうしゅ*　89
魏延（3世紀）　ぎえん　89
魏忠賢（17世紀）　ぎちゅうけん　92
魏武帝（2・3世紀）→曹操　そうそう　266
魏知古（7・8世紀）　ぎちこ　92
魏拯民（20世紀）　ぎじょうみん　91
魏宸組（19・20世紀）　ぎしんそ　91
魏泰（8世紀頃）　ぎたい　92
魏象枢（17世紀）　ぎしょうすう　91
魏道明（20世紀）　ぎどうめい　93
魏統（2世紀）　ぎぞく　92
魏軾→グイ・トゥック　118
魏徴（6・7世紀）　ぎちょう　92
魏徳和（9世紀頃）　ぎとくわ　93
魏邈（3世紀頃）　ぎばく　94
鼂錯（前2世紀）　ちょうそ　320

【 19画 】

龐人銓（20世紀）　ほうじんせん　425
龐天寿（17世紀）　ほうてんじゅ　426
龐尚鵬（16世紀）　ほうしょうほう　425
龐勛（9世紀）　ほうくん　423
龐統（2・3世紀）　ほうとう　426
龐頎（8世紀頃）　ほうき　423
龐徳（3世紀）　ほうとく　426
龐籍（10・11世紀）　ほうせき　425
廬伽逸多（7世紀頃）　ろかいつた　524
曠継勲（20世紀）　こうけいくん　145
瀛王完顔従憲（12世紀）　えいおうワンヤンじゅうけん*　35
羅卜蔵丹津（18世紀）
　→ロブサン・テンジン　526
羅大綱（19世紀）　らだいこう　467
羅元発（20世紀）　らげんはつ　466
羅友文（8世紀頃）　らゆうぶん　470
羅火援（8世紀頃）　らかえん　465
羅亦農（20世紀）　らえきのう　465
羅好心（8世紀頃）　らこうしん　466
羅汝才（17世紀）　らじょさい　467
羅沢南（19世紀）　らたくなん　467
羅芳伯（18世紀）　らほうはく　468
羅学瓚（20世紀）　らがくさん　465
羅明（20世紀）　らめい　470
羅思挙（18・19世紀）　らしきょ　466
羅栄桓（20世紀）　らえいかん　465
羅炳輝（20世紀）　らへいき　468
羅家倫（20世紀）　らかりん　465
羅章龍（20世紀）　らしょうりゅう　466
羅隆基（20世紀）　らりゅうき　470
羅喆（19・20世紀）　らてつ　467
羅欽順（15・16世紀）　らきんじゅん　466
羅登賢（20世紀）　らとうけん　467
羅貴波（20世紀）　らきは　466
羅幹（20世紀）　らかん　465
羅瑞卿（20世紀）　らずいきょう　467
羅福星（19・20世紀）　らふくせい　467
羅舜初（20世紀）　らしゅんはつ　466
羅綺園（20世紀）　らきえん　466
羅整庵（15・16世紀）→羅欽順　らきんじゅん　466
羅整菴（15・16世紀）→羅欽順　らきんじゅん　466
蘇四十三（18世紀）　そしじゅうさん　270

蘇失利之（8世紀頃）　そしつりし　270
蘇由（3世紀頃）　そゆう　273
蘇兆徴（19・20世紀）　そちょうちょう　272
蘇和素薫悉曩（8世紀頃）　そわそとうしつのう　274
蘇定方（6・7世紀）　そていほう　272
蘇易簡（10世紀）　そいかん　259
蘇東坡（11・12世紀）→蘇軾　しょく　271
蘇武（前2・1世紀）　そぶ　273
蘇物（3世紀頃）　そぶつ　273
蘇威（6・7世紀頃）　そい　259
蘇飛（3世紀頃）　そひ　273
蘇凉（9世紀頃）　そりょう　274
蘇振華（20世紀）　そしんか　272
蘇秦（前5・4世紀）　そしん　271
蘇陽信（7世紀頃）　そようしん　274
蘇軾（11・12世紀）　そしょく　271
蘇頌（11・12世紀）　そしょう　271
蘇綽（5・6世紀）　そしゃく　271
蘇鳴崗（17世紀）　そめいこう　273
蘇黎満（8世紀頃）　それいまん　274
蘇憲誠　→ト・ヒエン・タイン　367
蘇磨羅（8世紀頃）　そまら　273
蘇頲（7・8世紀）　そてい　272
蘭陵公主（6世紀頃）　らんりょうこうしゅ*　471
蘭陵公主（6世紀頃）
　→蘭陵公主　らんりょうこうしゅ　471
　→蘭陵公主　らんりょうこうしゅ　471
藺相如（前4・3世紀）　りんしょうじょ　516
盧世栄（13世紀）→盧世栄　ろせいえい　525
譚人鳳（19・20世紀）　たんじんほう　295
譚平三（19・20世紀）→譚平山　たんぺいざん　295
譚平山（19・20世紀）　たんぺいざん　295
譚甫仁（20世紀）　たんほじん　296
譚延美（10・11世紀）　たんえんび　292
譚延闓（19・20世紀）　たんえんがい　292
譚冠三（20世紀）　たんかんぞう　293
譚政（20世紀）　たんせい　294
譚紹文（20世紀）　たんしょうぶん　294
譚雄（3世紀）　たんゆう　296
譚震林（20世紀）　たんしんりん　294
麴文泰（7世紀頃）　きくぶんたい　90
麴伯雅（7世紀頃）　きくはくが　90
麴智盛（7世紀頃）　きくちせい　90
麴義（2世紀）　きくぎ　90
麴雍（7世紀頃）　きくよう　90
麴嘉（5・6世紀）　きくか　89

【 20画 】

- 嚳　こく　166
- 灌夫（前2世紀）　かんぷ　87
- 灌嬰（前2世紀）　かんえい　81
- 竇千乘（9世紀頃）　とうせんじょう　357
- 竇元礼（8世紀頃）　とうげんれい　354
- 竇太后（1世紀）　とうたいこう　358
- 竇固（1世紀）　とうこ　354
- 竇武（2世紀）　とうぶ　360
- 竇建德（6・7世紀）　とうけんとく　354
- 竇皇后（前2世紀）
  　→竇皇后（前漢）　とうこうごう　355
- 竇皇后（1世紀）
  　→竇皇后（後漢）　とうこうごう*　355
- 竇皇后（7世紀）→竇皇后（唐）　とうこうごう　355
- 竇毅（6世紀）　とうき　353
- 竇薛裕（8世紀頃）　とうせつゆう　357
- 竇融（前1・後1世紀）　とうゆう　361
- 蠕々公主（6世紀頃）　ぜんぜんこうしゅ　257
- 護真檀（8世紀頃）　ごしんだん　171
- 鐘士元（20世紀）　しょうしげん　219
- 鐘会（3世紀）　しょうかい　215
- 鐘繇（2・3世紀）→鍾繇　しょうよう　225
- 闞伯周（5世紀）　かんはくしゅう　86
- 黥布（前3・2世紀）→英布　えいふ　37

【 21画 】

- 顧秀蓮（20世紀）　こしゅうれん　170
- 顧孟余（19・20世紀）　こもうよ　175
- 顧実汗（17世紀）→グシ・ハン　128
- 顧祝同（20世紀）　こしゅくどう　170
- 顧愔（8世紀頃）　こいん　141
- 顧順章（20世紀）　こじゅんしょう　170
- 顧維鈞（19・20世紀）　こいきん　140
- 顧憲成（16・17世紀）　こけんせい　168
- 饒漱石（20世紀）　じょうそうせき　221
- 鶻汗達干（8世紀頃）　こつかんたつかん　172

【 22画 】

- 囊加真公主（13世紀）　のうかしんこうしゅ*　375
- 懿（前9世紀）→懿王　いおう*　17
- 懿王囏（前9世紀）→懿王　いおう*　17
- 懿宗（9世紀）　いそう　21
- 鑒（4世紀）　かん*　80
- 驁拝（17世紀）→オーバイ　62
- 龔心湛（19・20世紀）　きょうしんたん　103
- 龔起（3世紀）　きょうき　102
- 龔都（2世紀）　きょうと　104
- 龔景（3世紀頃）　きょうけい　102
- 龔景瀚（18・19世紀）　きょうけいかん　102

【 23画 】

- 邏盛炎（7世紀頃）　らせいしん　467

【 29画 】

- 驫習（3世紀頃）　さんしゅう　186
- 鬱于（8世紀）　うつう　31
- 鬱林王（5世紀）
  　→廃帝昭業　はいていしょうぎょう*　378

東洋人物レファレンス事典
政治・外交・軍事篇

2014年8月25日　第1刷発行

発　行　者／大高利夫
編集・発行／日外アソシエーツ株式会社
　　　　　　〒143-8550 東京都大田区大森北 1-23-8 第3下川ビル
　　　　　　電話 (03)3763-5241(代表)　FAX(03)3764-0845
　　　　　　URL http://www.nichigai.co.jp/
発　売　元／株式会社紀伊國屋書店
　　　　　　〒163-8636 東京都新宿区新宿 3-17-7
　　　　　　電話 (03)3354-0131(代表)
　　　　　　ホールセール部(営業)　電話 (03)6910-0519

　　　　　　電算漢字処理／日外アソシエーツ株式会社
　　　　　　印刷・製本／光写真印刷株式会社

　　　　　　不許複製・禁無断転載　　　　　　《中性紙三菱クリームエレガ使用》
　　　　　　<落丁・乱丁本はお取り替えいたします>
　　　　　　ISBN978-4-8169-2494-1　　　**Printed in Japan, 2014**

本書はデジタルデータでご利用いただくことができます。詳細はお問い合わせください。

西洋人物レファレンス事典
政治・外交・軍事篇

A5・2分冊　定価（本体27,000円＋税）　2013.12刊

西洋の政治・外交・軍事分野の人物がどの事典にどんな見出しで掲載されているかがわかる事典索引。古代エジプトから現代まで、欧米、アフリカ、中東、インド、中央アジアなどの各国にわたる皇帝、国王、大統領、首相、外交官、議員、軍人、革命家、独立運動家、平和運動家など、149種352冊の事典から1.7万人を収録、人名見出しのもと簡単なプロフィールも記載。

東洋人名・著者名典拠録

B5・2分冊　セット定価（本体66,000円＋税）　2010.10刊

古代から現代までの東洋人名3.2万人を収録した国内最大の典拠録。漢字文化圏（中国、韓国、北朝鮮、台湾、香港など）や世界各国の漢字で表記される人名を収録。生没年・時代、国・地域、職業・肩書、専門分野、近著など人物同定に必要な項目を記載。

中国文学研究文献要覧
古典文学 1978～2007

川合康三 監修
谷口洋, 稀代麻也子, 永田知之, 内山精也, 上田望 編集協力
B5・790頁　定価（本体40,000円＋税）　2008.7刊

1978～2007年に発表された中国の古典文学（先秦～清代）に関する研究文献、雑誌掲載論文、書評、書誌あわせて2.1万件を収録、体系化した文献目録。

近現代文学 1978～2008

藤井省三 監修　鄧捷, 藤澤太郎 編集協力
B5・720頁　定価（本体40,000円＋税）　2010.5刊

1978～2008年の31年間に発表された中国の近現代文学に関する図書、論文、書評、書誌あわせて1.7万件を収録し、体系化した文献目録。

データベースカンパニー
日外アソシエーツ

〒143-8550　東京都大田区大森北1-23-8
TEL.(03)3763-5241　FAX.(03)3764-0845　http://www.nichigai.co.jp/